JN271208

酪農大事典

生理・飼育技術・環境管理

農文協

本書は『農業技術大系　畜産編』（全8巻9分冊、加除式、全巻セット販売）の第2-①巻「乳牛（基礎編・基本技術編）」を再編して発行したものである。『農業技術大系　畜産編』は新しい情報を年1回「追録」として発行・加除しているが、最新の追録（29号、2010年9月発行）で加除したものを原本とした。なお、著者の所属は執筆時のままとし、各記事の末尾に執筆年次を示した。

舎飼(下)；写真のようなつなぎ飼育とフリーストール飼育（口絵10ページ参照）とがある。乳量や体重変化にあわせた飼料計算・給与が大切になる。
（写真：湯山　繁）

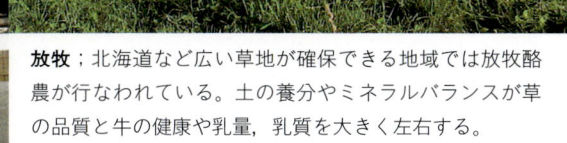

放牧；北海道など広い草地が確保できる地域では放牧酪農が行なわれている。土の養分やミネラルバランスが草の品質と牛の健康や乳量，乳質を大きく左右する。

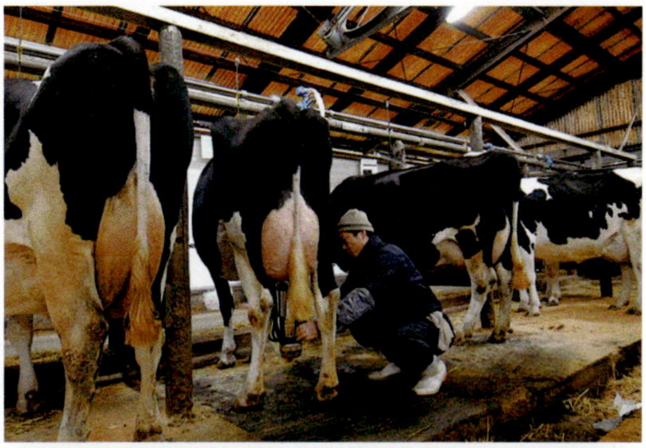

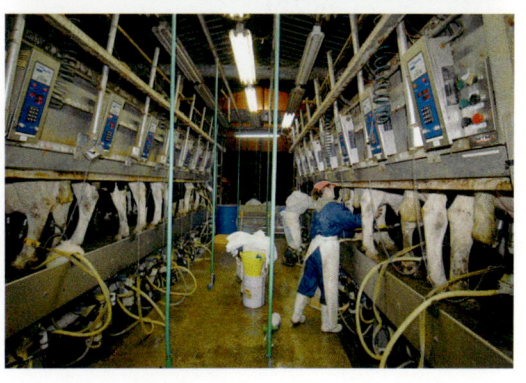

乳　　牛

＜搾乳システム＞

パイプラインミルカー(右上)；舎内につながれている牛にミルカーを装着して搾乳する。　（写真：湯山　繁）

ミルキングパーラー(右下)；放し飼い飼育で行なわれており，専用の搾乳室で搾乳する。搾乳時間になると牛は自ら搾乳室にはいる。　（写真：湯山　繁）

搾乳ロボット(左上)；センサーとコンピュータ制御で乳頭の洗浄から，ティートカップの装着，搾乳を自動的に行なう。　（写真：湯山　繁）

乳牛の品種

日本の乳牛の主体はホルスタイン種である。チーズやバター, ヨーグルトなどの加工を行なう牧場中心に, ジャージー種やブラウンスイス種の飼育も行なわれている。ガンジー種, エアシャー種の飼育はきわめてまれである。

ホルスタイン種

代表的な乳牛の一品種である。乳量は約9,200kgで, 15,000kgに達する高能力牛も多数みられる。平均的脂肪率は3.7％。

雄牛

雌牛

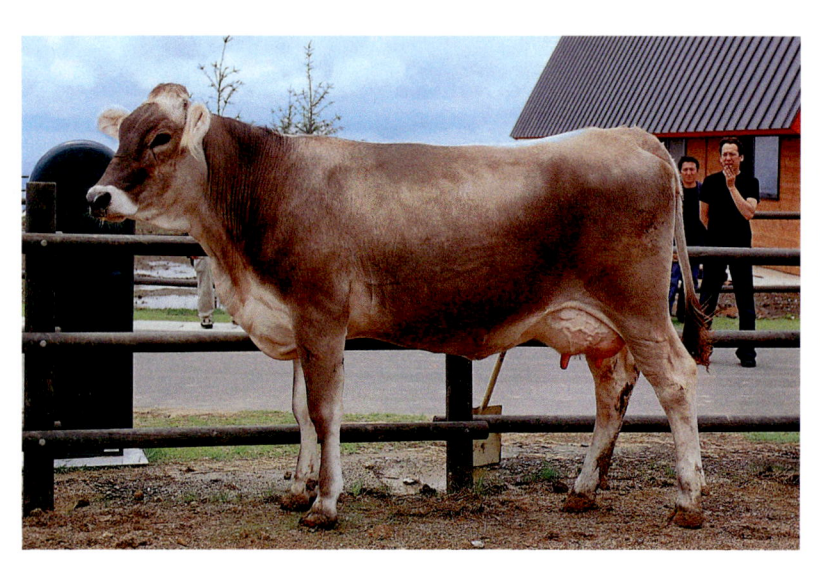

ブラウン スイス種

スイス原産のスイスブラウン種がアメリカで改良されてブラウン スイス種になった。たん白固形分が多くチーズ加工に適している。

（写真：らくのうマザーズ阿蘇ミルク牧場）

ジャージー種

ジャージー島（イギリス）原産の乳牛。体型は乳牛としては理想的な楔型をしている。乳量は4,000kgていどでやや少ないが、乳脂率は約5％と高い。

雄牛；静岡県畜産試験場。

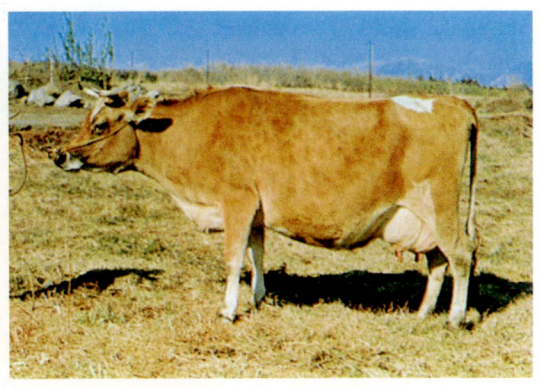

雌牛；静岡県畜酪農協。

ガーンジー種

ガーンジー島（イギリス）の原産。乳量約4,500kg。乳脂率はやや高く4.5％。

雄牛；千葉興真牛乳。

雌牛；千葉興真牛乳。

エアシャー種

スコットランドの原産。乳量は約5,200kg、乳脂率は3.9％である。粗放な飼養管理下でも能力を維持する特性をもつという。

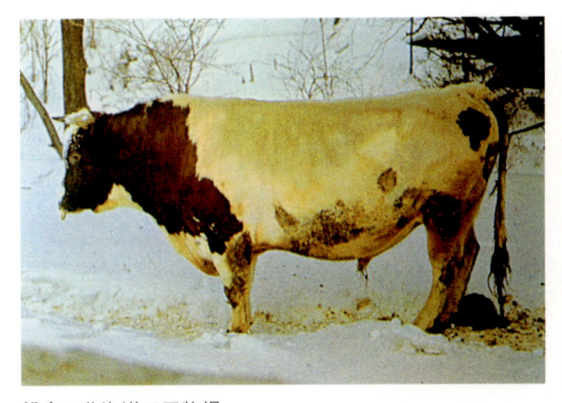

雄牛；北海道三田牧場。

雌牛；北海道三田牧場。

繁　殖

乳牛は妊娠し，子牛を生むことによってはじめて牛乳を生産する。したがって，乳牛の繁殖成績の維持向上をはかることは非常に大切である。乳牛の種付けは，人工授精によって行なわれるのが一般的である。

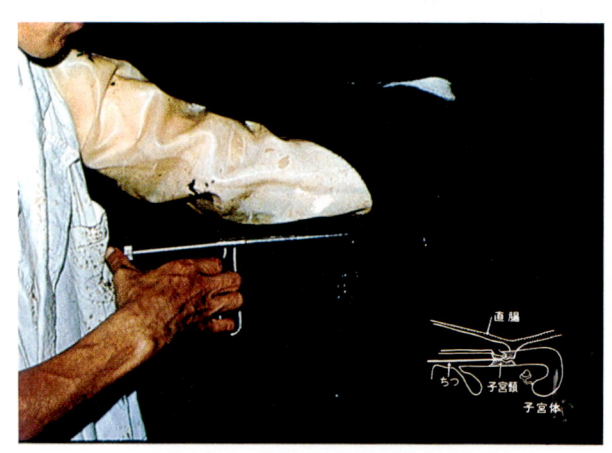

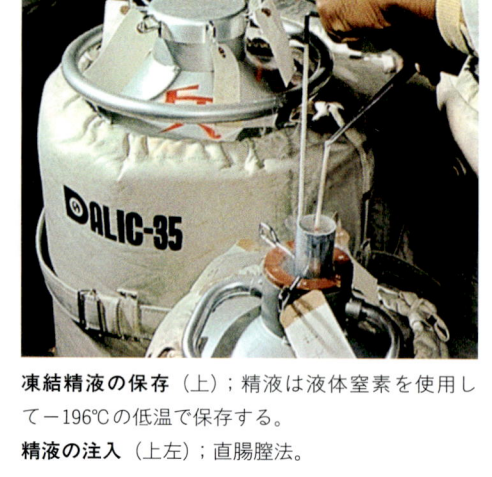

凍結精液の保存（上）；精液は液体窒素を使用して－196℃の低温で保存する。

精液の注入（上左）；直腸腟法。

人　工　授　精

種雄牛から採取した精液は凍結して保存される。凍結精液は使用に当たり融解され，雌牛の子宮内に器具を用いて注入される。

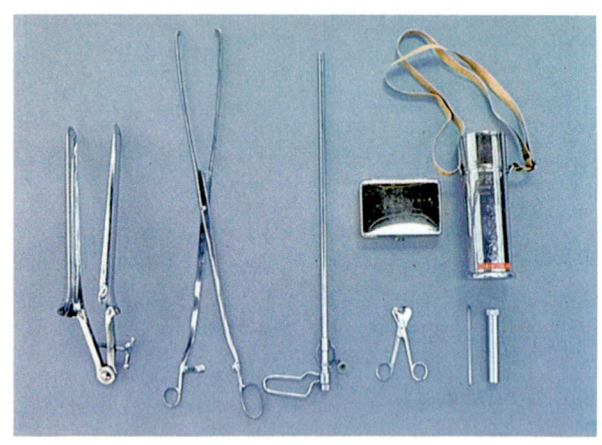

人工授精用器具一式（左）

牛の精子（下）；倍率400倍で検鏡。

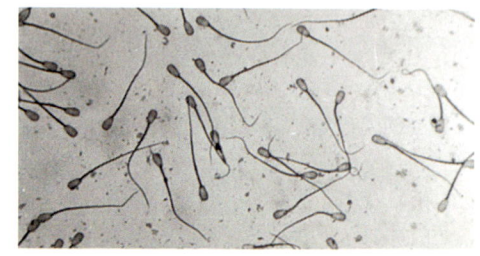

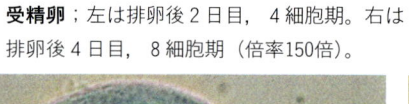

受　精

適期に子宮内に注入された精子は卵子と結合し，受精卵は子宮に着床する。

受精卵；左は排卵後2日目，4細胞期。右は排卵後4日目，8細胞期（倍率150倍）。

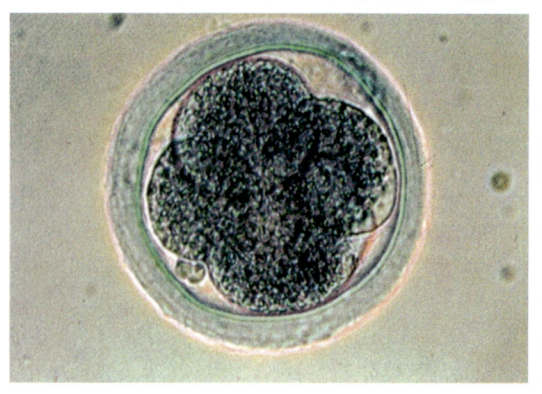

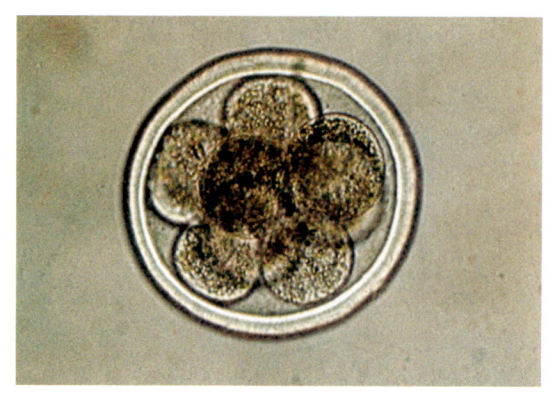

45日目の胎児；頭と四肢の区別がはっきりしている。

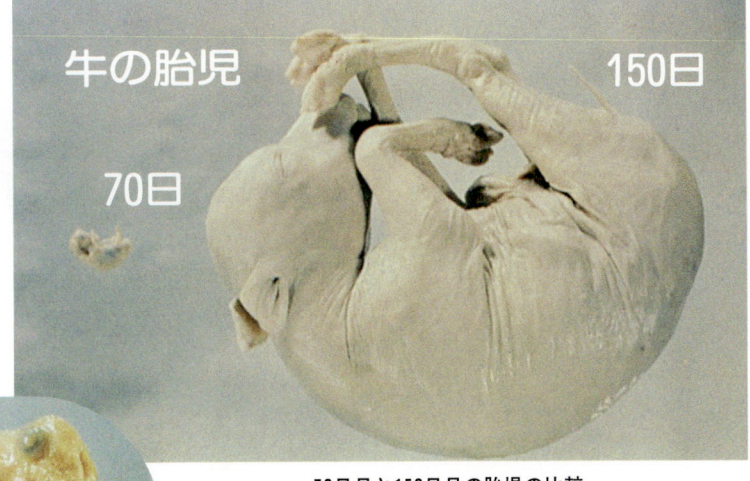

牛の胎児　150日
70日

70日目と150日目の胎児の比較

70日目の胎児

胎児の発育と出産

牛の妊娠期間は約280日であり，妊娠5か月以後になると，胎児の重量は急速に増加する。

母牛の分娩直前の外陰部；分娩直前になると外陰部からの粘液分泌が多くなる。

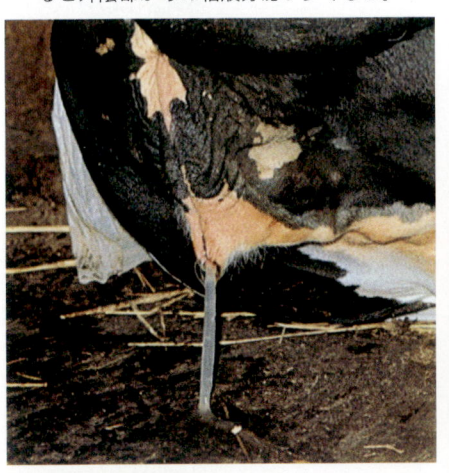

子牛の誕生

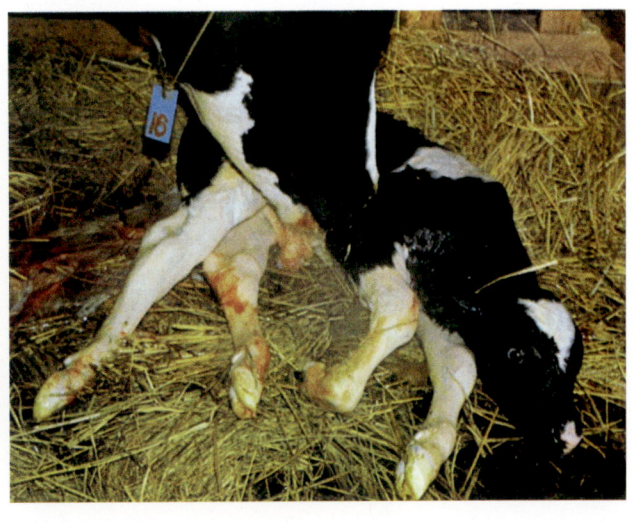

消　化

乳牛は4つの胃をもち，特殊な消化を行なう。飼料は，第1胃内にすむ多数の微生物群によって分解され，また，あらたに，栄養価値の高い蛋白質やビタミン類が合成される。この消化機構によって，乳牛は草を飼料として栄養価の高い牛乳を生産することができる。

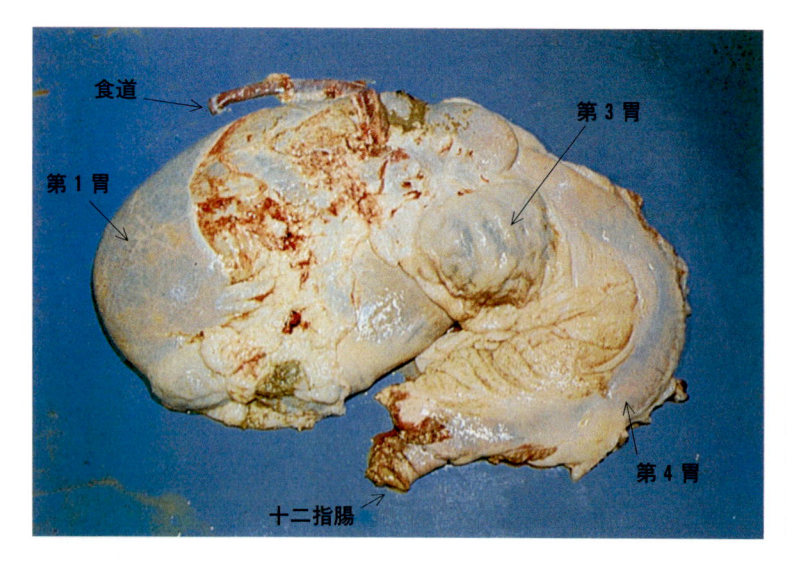

胃の外観と内面

成牛の胃；第1胃，第2胃，第3胃，第4胃の4つの胃からなり，内容物を含めて，その重量は体重の20％以上にも達する。外見的には，第2胃は第1胃と区別しにくい。

第1胃の内壁；もっとも大きな容積をもつ第1胃の内壁には多数のじゅう毛がみられる。

第2胃の内壁；内壁の形からハチの巣胃ともよばれる。

第3胃の内壁；大小の第3胃葉がみられる。

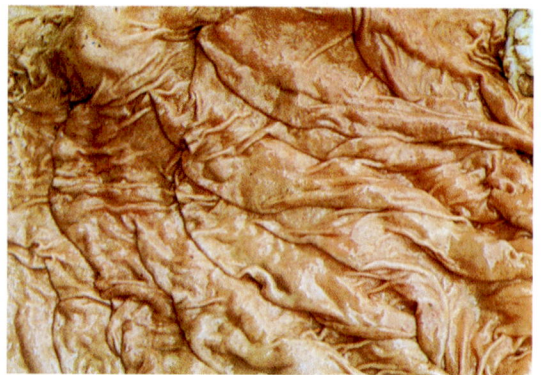

第4胃の内壁；第4胃は単胃動物の胃とほぼ同じ働きをもつ。

第 1 胃内微生物

第 1 胃内容物 1 g 中には約100万のプロトゾアと約100億のバクテリアが住み，飼料を消化している。

第 1 胃内容物の顕微鏡写真；第 1 胃内容物を顕微鏡下で観察すると多数のプロトゾアの活動がみられる。

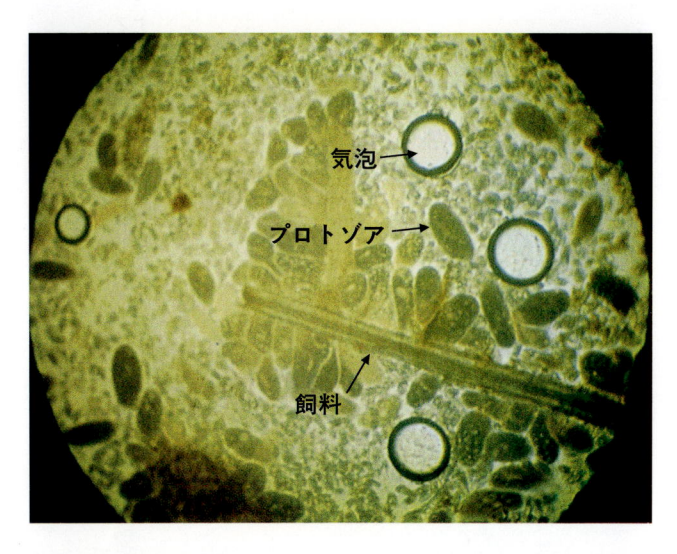

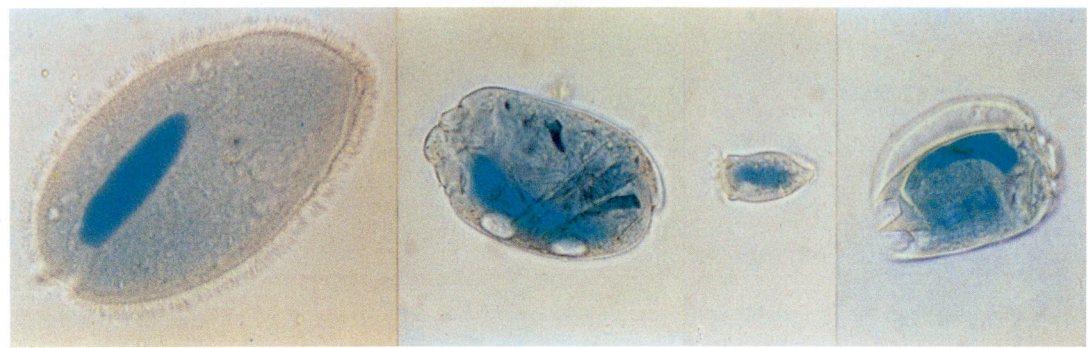

気泡→
プロトゾア→
飼料→

プロトゾア；左からイソトリカ，ユウデプロディニウム，エントデニウム（比較的小型のプロトゾア），ディプロディニウム（いずれもホルマリン固定，メチルグリン染色，400倍で検鏡）。

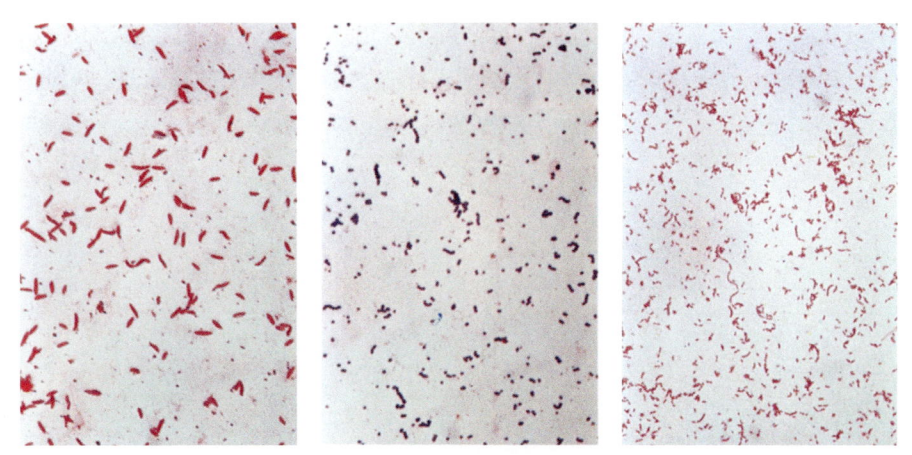

バクテリア；左からセレノモナス，ストレプトコッカス・ボビス，ブチリビブリオ（純粋培養，いずれもグラム染色，1,000倍で検鏡）。

泌　乳

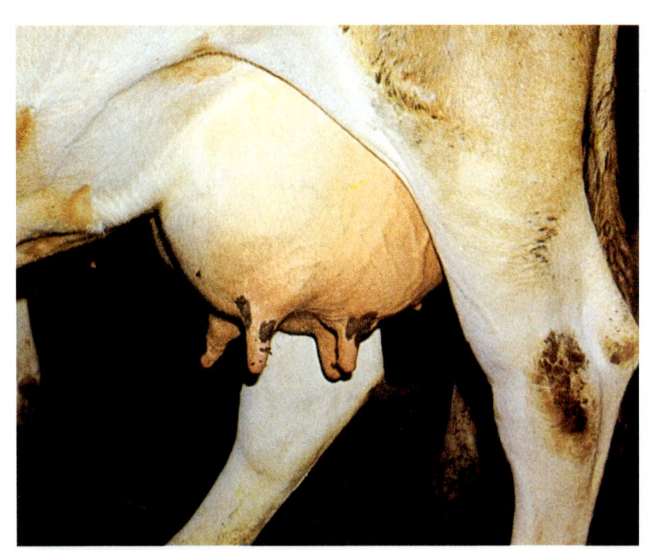

乳　房

乳房は4つの大きな分房に分かれ，それぞれに乳頭がついている。血液によって乳房内に運び込まれた栄養素は，乳腺胞の働きで牛乳になる。

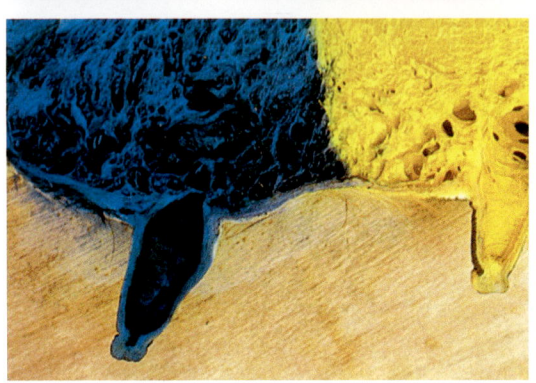

乳房の縦断面（左）と横断面（右）；青色の部分は前分房（メチレンブルー染色），黄色の部分は後分房（ピクリン酸染色）を示す。

搾　乳

手しぼりで行なわれた搾乳はほとんどミルカー搾乳に置きかえられ，毎日の搾乳作業は省力的かつ衛生的に行なわれる。

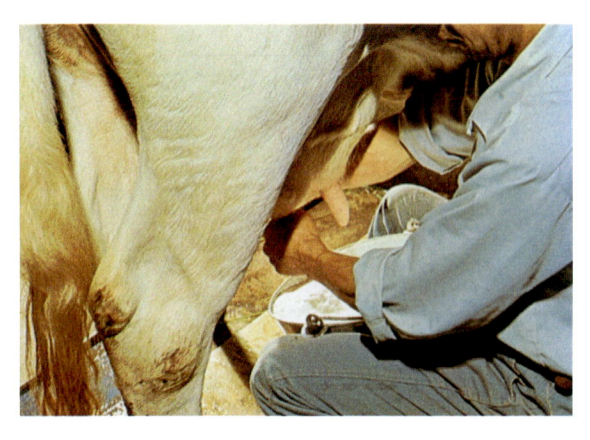

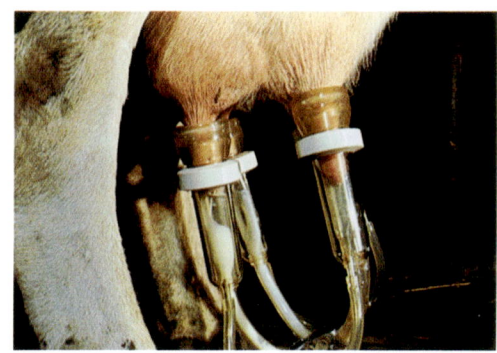

機械搾乳の一例（上）
手しぼりの風景（左）

牛乳成分の合成，泌乳の機構は複雑であるが，乳牛が牛乳を生産するばあいの効率はかなり高く，また，乳量の多いものほど飼料の利用性は高くなるといわれる。
　一方，搾乳は牛と人間の協同作業であるので，綿密な搾乳管理によって乳牛の能力を発揮させる配慮が必要である。

前しぼり；汚れやすい乳頭槽の牛乳はしぼりすてる。

乳質の管理

　高い乳量とともに，よい成分をもつ牛乳を生産することが望まれる。生産された牛乳の品質や保存には十分な注意が払われている。

アルコールテスト（左）；70％アルコールを用いるアルコール不安定乳の検査。
乳脂率の測定（右）；ゲルベル法による脂肪含量の測定。

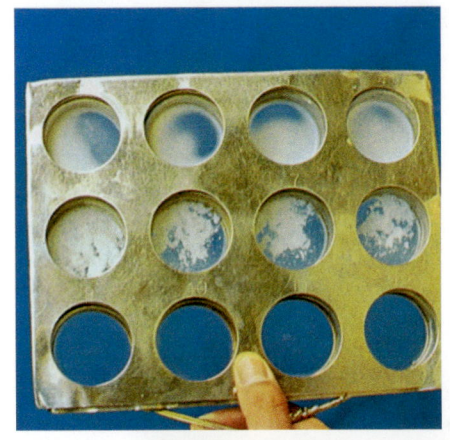

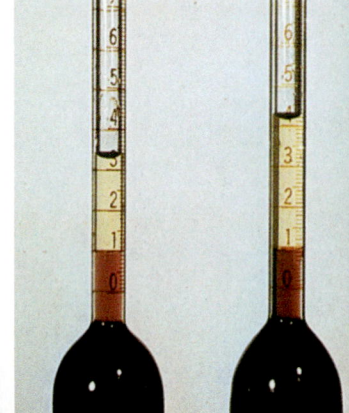

牛乳の冷却；搾乳された牛乳はバルククーラーで冷却保存して，集乳される。　　　（写真：湯山　繁）

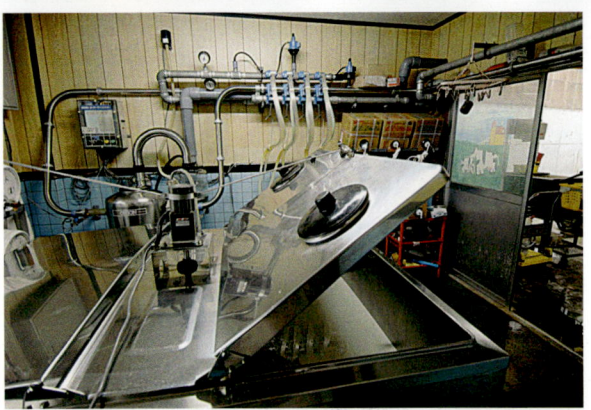

牛乳の輸送（右）；冷却した牛乳はタンクローリーによって工場へ。

施設と飼養管理

乳牛の飼養法，畜舎，施設，粗飼料生産の方式は多種多様である。最近は多頭飼育や管理の省力化にこたえ，近代的な施設，機械，あるいは新しい飼養方式の導入が盛んに行なわれている。

牛舎施設

フリーストール牛舎；多頭飼育で多く見られる。牛は放し飼いにされていて，搾乳は，併設のミルキングパーラーで行なう。

（写真：湯山　繁）

つなぎ牛舎；対頭式の牛床の配列（左）と対尻式の牛床の配列（右）。

タンデム型ミルキングパーラー；乳牛を縦列に配置して搾乳する施設。

ロータリー（回転）式ミルキングパーラー；乳牛を動くプラットホームに乗せて搾乳する施設。

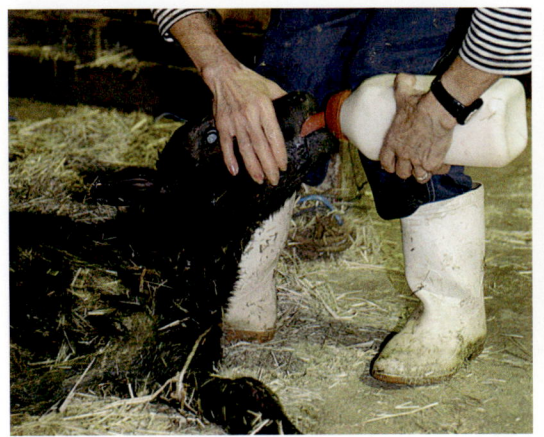

初乳の給与；出生直後には初乳を飲ませる。
（写真：湯山　繁）

哺乳器の使用；このほか，バケツから直接哺乳することも多い。

子牛の育成

　子牛が牛乳生産を開始するまでに約2年以上の年月を要する。子牛の育成の良否は乳牛の能力発揮に影響するといわれ，注意深い飼育が必要である。

カーフハッチによる保育　　　（写真：湯山　繁）

種付け前の育成牛

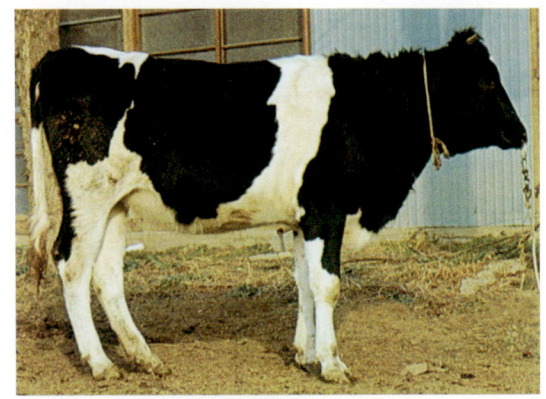

除　角

放牧育成の風景

(11)

↑乳牛の飼料（種類の一例）；左上段からアルファルファミール，ヘイキューブ，牧草サイレージ，アルファルファペレット，成型牧乾草，乾草。

粗飼料の刈取り給与

飼料の給与

　乳牛は良質の粗飼料を主体として飼育することが望ましい。発育量や乳量に合わせた濃厚飼料を組み合わせて給与することも大切である。

放牧（左）；電気牧柵を利用したストリップ放牧（帯状放牧）の例。

ルースバーンにおける給餌風景（左）
バンクフィーダー（下）；サイレージ類の自動給与装置。

糞尿の処理と利用

多量の糞尿を処理するため，省力的で，かつ肥料などに有効に利用しうる種々の方式が導入されている。

自然流下式糞尿溝（左）；糞尿をそのまま溝に落とし嫌気的状態で処理する方式。
バーンクリーナー（右）；牛舎内の溝に集まった糞尿のとり出し装置。

堆肥の散布；堆肥舎で発酵させた堆肥を，マニュアスプレッダで圃場に均一に散布。
（写真：赤松富仁）

飼料イネのホールクロップサイレージ調製；コンバイン型収穫機で刈取り・ロール形成し，自走式ベールラッパーでラッピング（密封）してロールベールサイレージに調製。

ロールベールサイレージ；ロール状に梱包しフィルムを巻いて密閉したサイレージ。サイロ詰めにくらべ大幅な省力・軽量化が実現でき，現在はほとんどこの方法で貯蔵されている。
（写真：倉持正実）

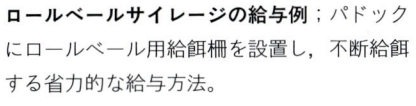

ロールベールサイレージの給与例；パドックにロールベール用給餌柵を設置し，不断給餌する省力的な給与方法。

疾病・障害 （以下3ページ）

乳牛の主な疾病としては，繁殖障害，消化障害，乳房炎，寄生虫病などがある。これらの疾病，障害の防除は，乳牛の生産性を高め，酪農経営を有利にすすめるうえで大切である。

卵巣のう腫

主な繁殖障害として，生殖器の機能不全，卵巣のう腫，リピート・ブリーダーなどがあげられる。

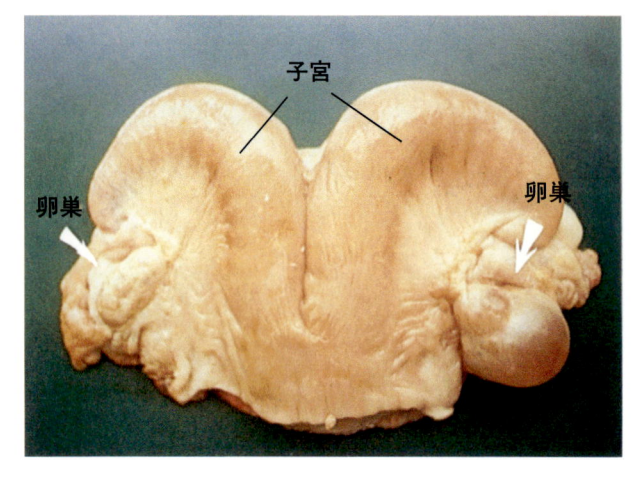

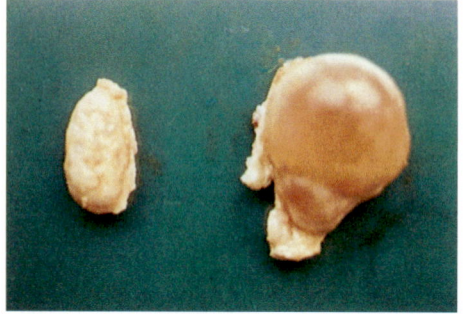

卵巣のう腫牛の生殖器（左）；上の写真は左：正常卵巣，右：卵巣のう腫。

消化障害

食滞，下痢などの消化障害は乳牛に多発しがちである。

第1胃の潰瘍；濃厚飼料などの多給によって発生した第1胃壁のびらん。

創傷性胃炎；あやまって摂取したくぎや鉄片による第2胃の損傷。

乳房炎となった乳房の外観；腫れ，発赤，しこりなどがみられる。

乳　房　炎

　乳房炎はもっとも多発する疾病であり，乳質と乳量の低下，さらに乳牛の廃用をまねくことが多い。

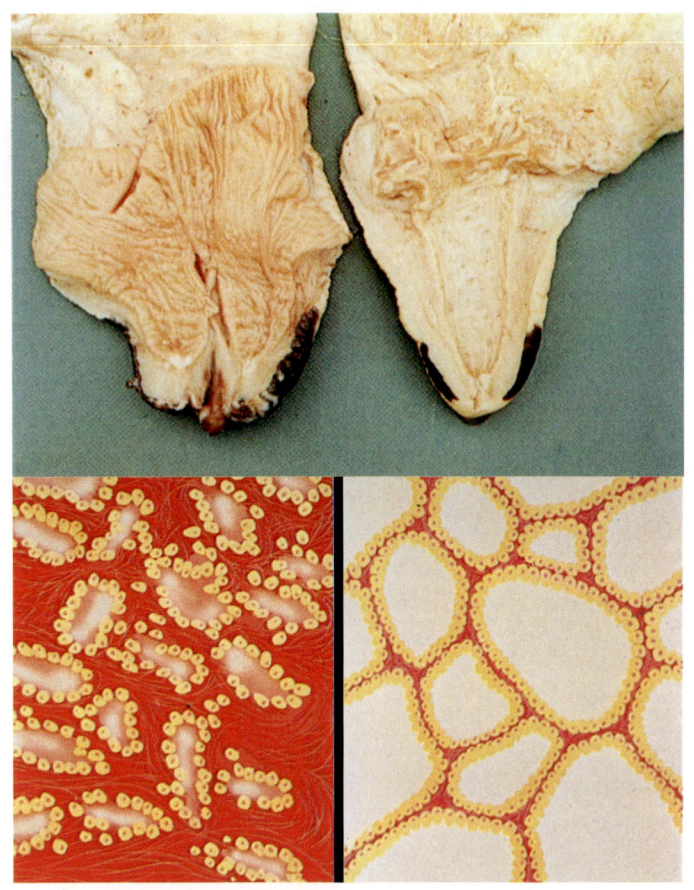

乳房炎乳房と正常乳房との比較；上の写真は乳房断面，下の図は乳腺胞のようす。いずれも左が乳房炎乳房，右が正常乳房。

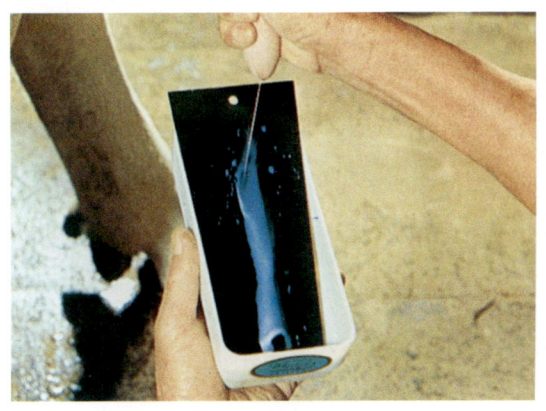

乳房炎の検査；写真右は，CMT（カルフォルニア乳房炎テスト）による炎症の程度の判定。左は，牛乳中のブツ検査。

口蹄疫

国際的に最も恐れられている家畜の伝染病で、牛、ブタ、ヒツジ、ヤギ、イノシシなど偶蹄類の動物が、口蹄疫ウイルスの感染によって起こる。

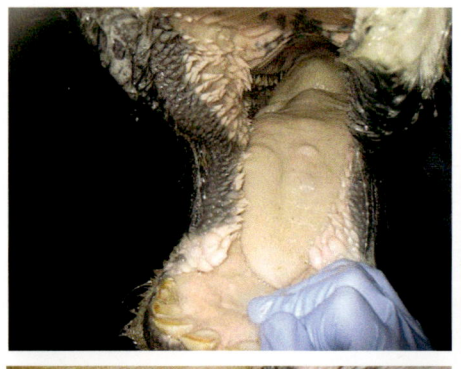

口蹄疫の特徴的な症状の例；舌の水疱（左上），乳頭の水疱（左下），鼻腔内の水疱（右上），泡沫性流涎（右下）。（写真：宮崎県）

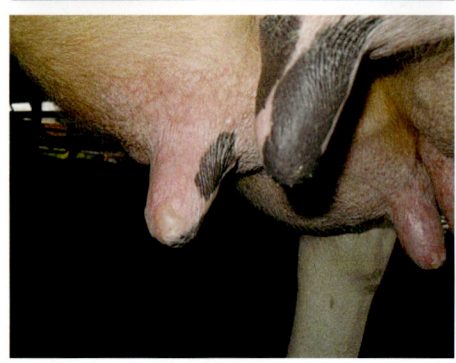

カンテツ（肝蛭）

乳牛にはカンテツの寄生が多く，定期的な検査，駆虫を行なうことが望まれる。

カンテツの寄生した肝臓；食用に適さず廃棄処分にされる。

ヒメモノアラガイ（上）；カンテツの中間宿主。
カンテツ成虫（下）

写真解説　大森昭一朗（農林省畜産試験場）
写真撮影　磯島正春（写真家），皆川健次郎（写真家），佐藤透（写真家），湯山繁（写真家），倉持正実（写真家）
写真提供　杉江佶（農林省畜産試験場），玉手英夫（東北大学），永瀬弘（農林省畜産試験場），野付巌（農林省畜産試験場），湊一（家畜衛生試験場），家畜改良事業団，日本ホルスタイン登録協会，横浜市食肉衛生検査所，らくのうマザーズ　阿蘇ミルク牧場，宮崎県

牛の受精卵移植

■受精卵移植の利用目的

受精卵は2，4，8，16…と次々と分割をくり返しながら卵管内を下り，子宮角へ降り分割球が見分けられない「桑実胚」となり，さらに右のような「胚盤胞」となって子宮壁に着床する。この桑実胚から胚盤胞の受精卵を外に取り出して別の雌牛に移植し子牛を生ませる技術を受精卵移植と呼ぶ。

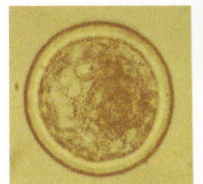

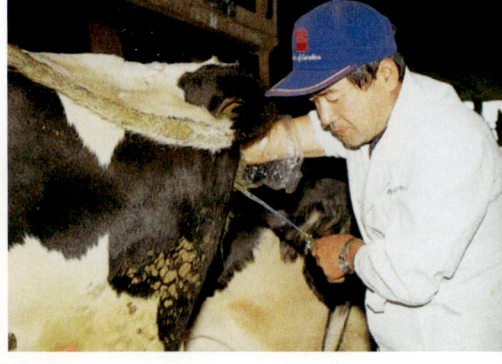

受精卵(左)と受精卵の移植(右)

①雌牛の側からの改良促進

雌牛側の高い遺伝的資質をもつ牛を一度にたくさん得られ，乳牛の改良速度が高まる。右は1頭の高能力供卵牛から一度に採取した受精卵を移植して生まれた雌子牛たち。誕生日は2か月と違わない。

②特定家畜の増産

乳用牛やF₁雌牛を受卵牛にして和牛を生産する，という方法で特定の家畜を一度にたくさんふやすことができる。

上左：初めて妊娠させる乳牛雌牛に受精卵移植をして黒毛和種を生ませた例。和牛の子牛は高く売れるし，ホルスタインより子牛が小さく分娩も楽なため，成熟途中の初妊牛の体をいためることもないという利点がある。
上右：ホルスタインと黒毛和種のF₁受卵牛(右)と受精卵移植で生まれた和牛子牛(左)。F₁の雌牛は黒毛和種に比べ乳房が大きく，繁殖性や子牛を育てる能力が高い。体が丈夫で病気にもかかりにくい。そこで黒毛和種の受精卵を移植して放牧に出すと，放牧地で分娩・哺育がスムーズに行なわれ，手間がかからず，低コストで和牛をふやせる。

③品種や系統を長期保存する

たくさんある家畜の品種や系統を，経費や労力をかけることなく，凍結受精卵の状態で半永久的に保存することができる。

■受精卵移植の手順

①過排卵処理と人工受精

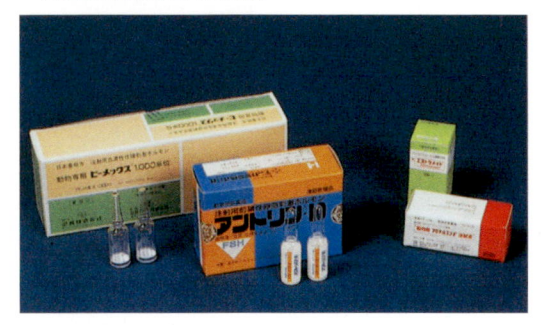

過排卵誘起ホルモン 左は卵胞の発育と成熟を促すホルモン「FSH…卵胞刺激ホルモン」と「PMSG…妊馬血清性性腺刺激ホルモン」。右は卵巣の黄体を退行させ、発情を引き起こすための「PGF2α…プロスタグランジンF2α」。

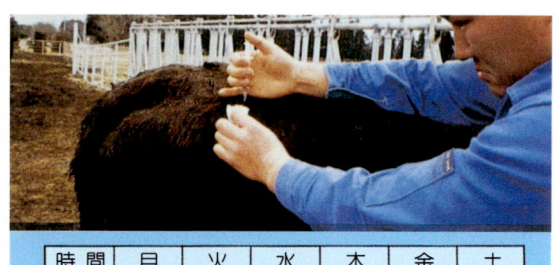

ホルモンの投与 FSHを使った処理例。この例では発情は金曜日の朝に見られるので、その日の昼と翌日朝の2回人工受精を行なう。発情の7日後にあたる次週の金曜日に受精卵を採取する。

時間	月	火	水	木	金	土
8:00	💉FSH	💉	💉	💉	発情	人工授精2回目
12:00						
17:00	💉	💉	💉	💉	人工授精1回目	

②受精卵の回収

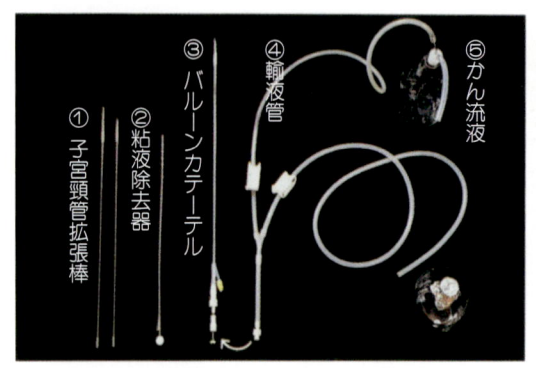

採卵用具の構成：①子宮頸管拡張棒 ②粘液除去器 ③バルーンカテーテル ④輸液管 ⑤かん流液

採卵用具 受精卵の採卵にはこのような滅菌済みの器具を用意する。

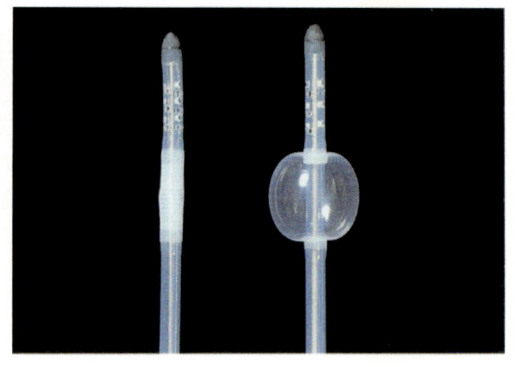

バルーンカテーテル バルーンカテーテルの先には受精卵を採取するための穴があいており、灌流時に空気を送り込むと右のようにバルーンが膨らみ子宮角を塞ぐ。

受精卵の採取とバルーンカテーテルの位置 ウォーターバスで37〜38℃に暖められた灌流液が矢印のように流れて子宮角の中を洗い、受精卵と一緒に左側のビンに回収される。

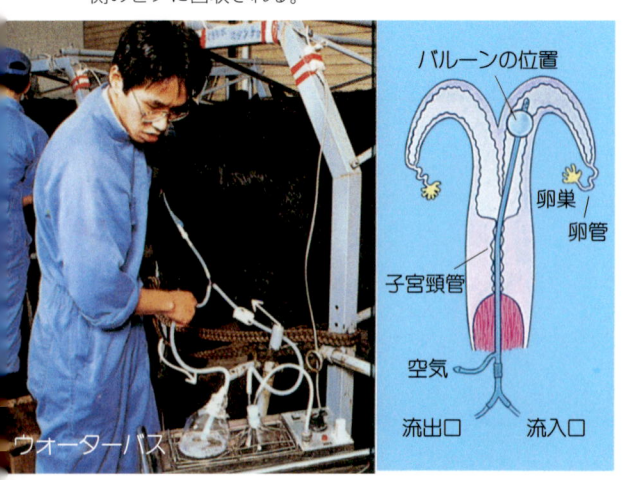

ウォーターバス

図：バルーンの位置／卵巣／卵管／子宮頸管／空気／流出口／流入口

採取した受精卵 保存液に移し、実体顕微鏡下で確認する。

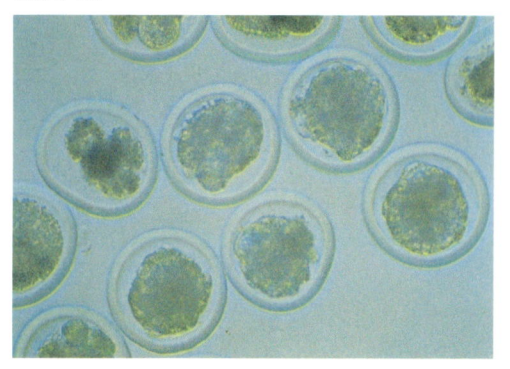

③受精卵の鑑別

検卵 人工授精して7日目に回収した受精卵の発育ステージは様々で，すべての受精卵が移植に使えるわけではない。そこで受精卵を形によってランク付けし，どのように使うかを検討する。

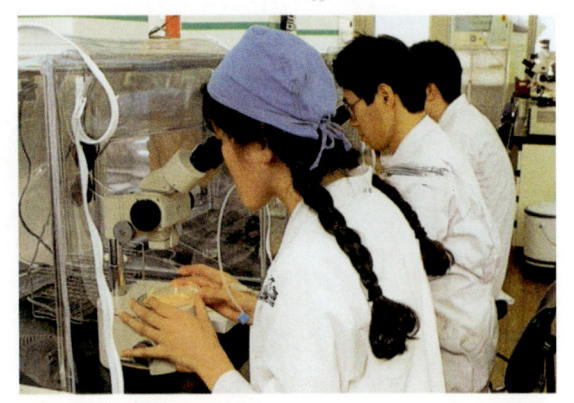

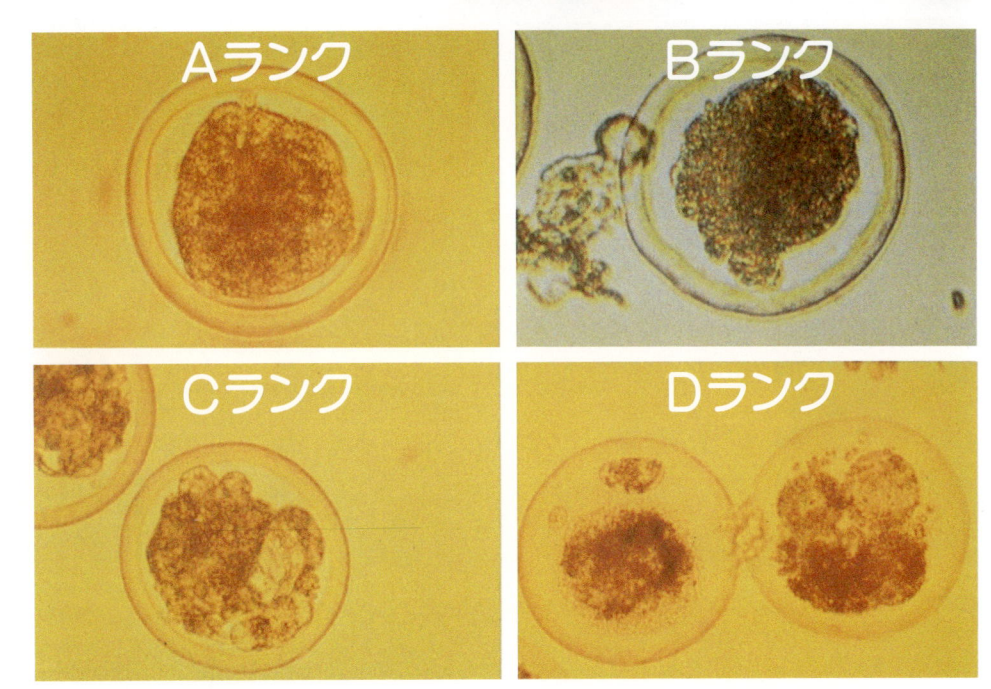

受精卵の4つのランクづけ 左上のAランクの受精卵は輪郭が明らかで細胞の密度が高い。Bランクは輪郭が明らかで細胞の密度もよいが，一部に突き出した細胞や水胞が見られる。Cランクは輪郭がはっきりせず，色が黒ずみ細胞の密度が低く，かなりの部分に突き出した細胞や水胞が見られる。Dランクは形が崩れるか未受精のもので移植には使えない。新鮮卵での移植はCランク以上，凍結にはAランク，Bランクの受精卵を使う。

④凍結と保存

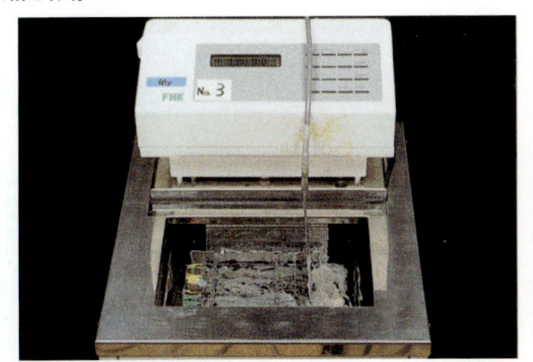

凍結中のストロー 受精卵はストローに入れて凍結する。凍結はプログラミングフリーザーで行なう。

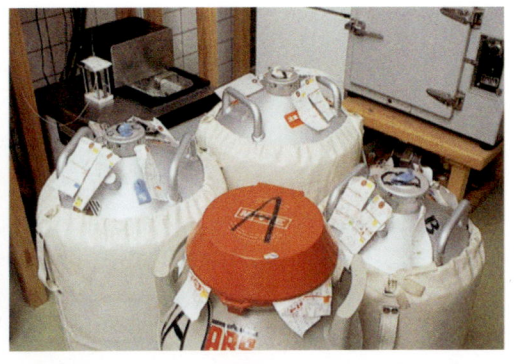

液体窒素ボンベ 凍結受精卵のストローは液体窒素ボンベの中でマイナス196℃で保存する。

⑤発情周期の同期化と受精卵の移植

移植にあたっては供卵牛と受卵牛の子宮環境が同じでないと受胎は難しい。採卵日が発情後7日目ならば，やはり発情後7日目の受卵牛に移植する。その許容範囲は±1日である。

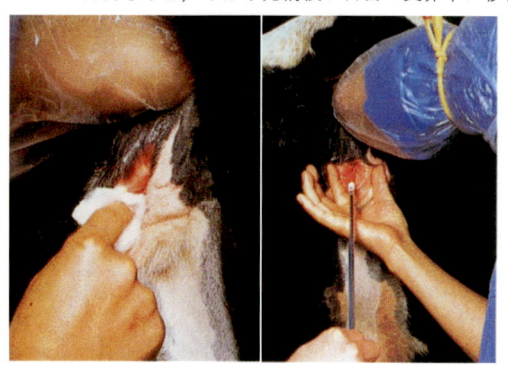

受精卵移植　移植のときには徹底した無菌操作を行なう。外陰部の洗浄と消毒を徹底し，膣内の細菌を子宮に持ち込まないよう，移植器もしっかりと消毒する。

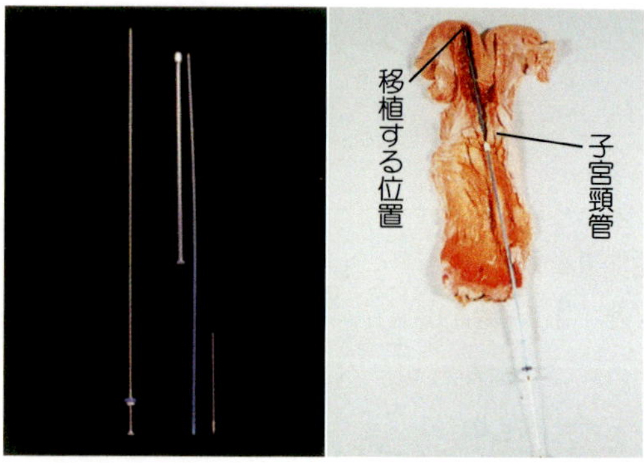

移植に使う器具(左)　左から移植器，移植器を膣内の細菌から守る外鞘，移植器にセットするプラスチック製の外筒，ストロー。
移植の位置(右)　子宮頸管まで移植器を外鞘でカバーし，その後子宮角の深部まで挿入する。

■体外受精

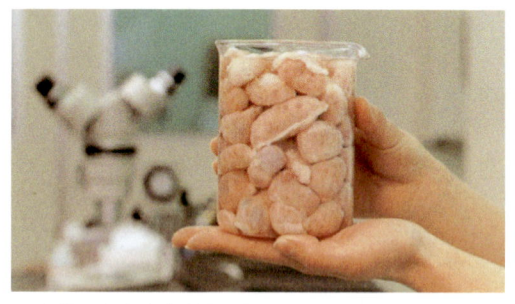

卵巣　東京食肉市場で屠殺される牛のなかには相当数の和牛の雌が含まれる。その卵巣の表面に見えるたくさんの卵胞には卵子がつまっている。今までは捨てられていたが現在はすべて家畜改良事業団東京バイテクセンターが引きとっている。

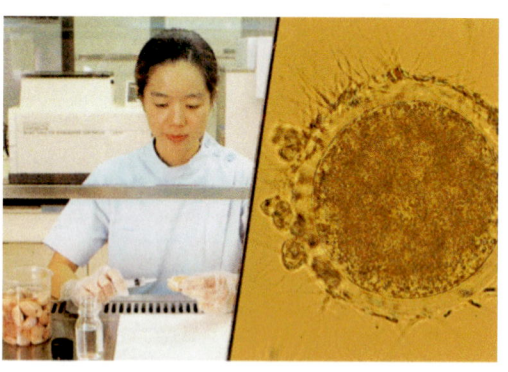

卵子の採取と体外受精　左は無菌的に卵胞から卵子を取り出しているところ。右は卵子に精子を体外受精させているところ。体外受精した受精卵を培養すれば，供卵牛から採取した受精卵と同じように移植することができる。

■受精卵の分割

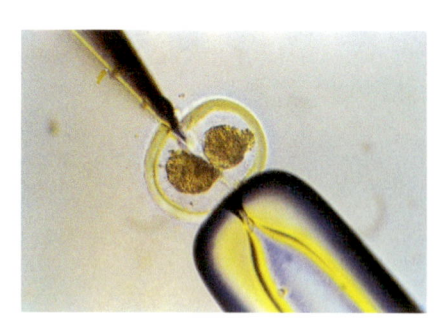

受精卵の分割　受精卵を顕微鏡下でまっ二つに分割して2個の受精卵をつくる。

分割卵で生まれた双子牛　分割した受精卵を1頭の受卵牛に移植して生まれた双子の子牛。2頭は全く同じ優れた遺伝子をもった子牛たちである。

写真提供　　農水省家畜改良センター　下平乙夫
　　　　　　㈳家畜改良事業団東京バイテクセンター　浜野晴三
撮　　影　　飯塚明夫

刊行にあたって

　初産牛で1万kg、経産牛では2万kg以上、1日80kg以上もの牛乳を出す牛があたりまえに登場してきた。1 l（約1.05kg）の牛乳に必要な血流量は500 lといわれているが、1日80kgの牛乳を出すためには、なんと4万 l以上もの血流量にのぼる。これをコントロールする牛の生理作用は、かつてとは比べものにならないほどデリケートになってきており、病気など事故なく飼いこなすには、より綿密な栄養管理や環境管理が求められる。

　その一方で広まっているのが、低投入型酪農。放牧や自給飼料を基本にして濃厚飼料の給与をできるだけ押さえ、高乳量を追求せず、牛にも人間にも無理なく飼育しようという酪農である。高乳量を追及しないといっても、牧草や自給粗飼料の栄養成分や品質が牛の健康や乳質を左右するし、乳量や牛の状態に合わせた飼料給与が必要なことはいうまでもない。

　高泌乳牛の飼育から放牧、低投入型酪農まで、牛を健康に飼いこなすための技術や研究を網羅的にまとめたのが本書である。発育や繁殖、泌乳など乳牛の生理から、育成牛、搾乳牛の飼育管理や飼料給与・栄養管理、環境管理、鍼灸治療も含めた健康診断と病気対策などの基本技術を各分野の専門家がまとめている。さらに、受精卵移植（ＥＴ）、雌雄分離精液の利用、種雄牛評価と改良、ビタミンやミネラル給与、乳質の改善、ジャージ種の飼育、カウコンフォート、口蹄疫など今日的な課題についても詳しく解説している。本書を縦横に活用することで、経営のねらいにあわせて飼いこなすための技術確立に役立てていただけるはずである。

　本書は『農業技術大系　畜産編』（全8巻9分冊、全巻セット販売）の第2−①巻「乳牛（基礎編・基本技術編）」を再編成して、単行本として発行したものである。『農業技術大系　畜産編』は1977年（昭和52年）に発行された加除式出版物で、刊行以来、その年の課題や新技術、新研究を毎年「追録」として発行し、今日まで常に新しい情報を提供し続けている。こうして蓄積された情報を、多くの方にご利用いただくことを目的に単行本化させていただいた。酪農家をはじめ、指導者、研究者の方々に広く利用していただければ幸いである。

2011年3月　　　　　　　　　　　　　　　　社団法人農山漁村文化協会

執筆者一覧 （執筆順　所属は執筆時）

大森昭一朗（中国農業試験場）
岡本昌三（元北海道農業試験場）
正木淳二（東北大学）
坂口　実（（独）農研機構北海道農業研究センター）
大島正尚（日本獣医畜産大学）
加藤和雄（東北大学）
伊藤文彰（（独）農研機構北海道農業研究センター）
向居彰夫（農業研究センター）
福川晧一郎（畜産試験場）
内藤元男（元東京大学）
鈴木一郎（畜産試験場）
三谷朋弘（北海道大学創成研究機構研究部）
光本孝次（帯広畜産大学）
守部公博（家畜改良事業団）
湊　芳明（家畜改良事業団）
平子　誠（（独）農研機構畜産草地研究所）
堂地　修（酪農学園大学）
竹之内直樹（（独）農研機構東北農業研究センター）
大久保正彦（北海道大学）
佐々木修（畜産試験場）
阿部又信（麻布大学）
田中和宏（鹿児島県畜産課）
木下善之（元北海道農業試験場）
森田　茂（酪農学園大学）
植竹勝治（麻布大学）
干場信司（酪農学園大学）
照井信一（日本全薬工業・株）
大坂郁夫（北海道畜産試験場）
坂口　実（（独）農研機構北海道農業研究センター）
前之園孝光（千葉県酪農農業協同組合連合会）
塩谷　繁（九州農業試験場）
仮屋喜弘（鯉淵学園農業栄養専門学校）
手島道明（元草地試験場）
糟谷広高（北海道根釧農業試験場）
野中敏道（熊本県阿蘇地域振興局）

石黒明裕（山形県農研研修センター）
渡辺高俊（千葉県共済連・獣医師）
高橋　透（畜産試験場）
久米新一（（独）農研機構北海道農業研究センター）
中尾敏彦（酪農学園大学）
上村俊一（鹿児島大学）
木村容子（群馬県畜産試験場）
星野邦夫（東京農工大学）
林　孝（畜産試験場）
菊地　実（北海道専門技術員）
吉田宮雄（長野県専門技術員）
斉藤友喜（群馬県農業技術課）
足立憲隆（茨城県畜産試験場）
伊藤　晃（畜産システム研究所）
菅　徹行（山口大学）
川俣昌和（十勝ライブストックマネージメント）
松崎　正（北海道宗谷地区農業共済組合）
野附　巌（東京農工大学）
平田　晃（（独）農研機構生研センター）
権藤昭博（北海道農業試験場畑作管理部）
有賀秀子（帯広畜産大学）
小沢　泰（北海道北根室普及センター）
谷本光生（北海道南根室普及センター）
栂村恭子（草地試験場）
落合一彦（北海道農業試験場）
的場和弘（（独）農究機構畜産草地研究所）
原　悟志（北海道根釧農業試験場）
久保田学（北海道釧路地区NOSAI）
須藤純一（北海道酪農畜産協会）
佐々木章晴（北海道当別高等学校）
エリック川辺（オーストラリア在住農業コンサルタント，農学博士）
永西　修（（独）農究機構畜産草地研究所）
日本NGO河北省鹿泉市酪農発展協力事業メンバー
佐々木富士夫（宮城県酪農家）
岡田啓司（岩手大学）

梶川　博（畜産試験場）	中井文徳（徳島県農業大学校）
甫立京子（畜産試験場）	戸田克史（愛媛県畜産試験場）
阿部　亮（日本大学）	萩原一也（高知県畜産試験場）
齋藤浩和（岩手県農業研究センター畜産研究所）	太田竜太郎（酪農施設アドバイザー）
	佐藤和久(岡山県真庭農業普及指導センター)
石崎重信（千葉県畜産センター）	元井葭子（家畜衛生試験場）
扇　勉（北海道根釧農業試験場）	永幡　肇（酪農学園大学）
古賀照章（長野県畜産試験場）	生田健太郎（兵庫県淡路農業技術センター）
中垣一成（秋田県畜産試験場）	内藤善久（岩手大学）
中野　覚（日本乳業技術協会）	永岡正宏（NOSAI兵庫東播基幹家畜診療所）
鈴木一郎（畜産試験場）	小田雄作（獣医師）
田辺裕司（岡山県総合畜産センター）	恵本茂樹（山口県農林総合技術センター畜産技術部）
斎藤善一（北海道大学）	
鈴木忠敏（酪農学園大学）	平井洋次（デイリーアドバイザー）
岡本全弘（酪農学園大学）	川路利和（元日本大学）
池口厚男（畜産試験場）	坂本研一（(独)農研機構動物衛生研究所）

酪農大事典　目次

カラー口絵
刊行にあたって
執筆者一覧

乳牛の生理

乳牛の一生とその生理的特性
　　　　(大森昭一朗)……………… 3
乳牛の発育・飼育ステージと
生理的特性 ………………………… 3
　1. 発育・飼育ステージの区分 …… 3
　2. 哺育期 ……………………………… 4
　　(1) 新生子牛 ……………………… 4
　　(2) 母子分離と初乳の給与 ……… 4
　　(3) 消化機能の発達 ……………… 5
　　(4) エネルギー代謝の変化 ……… 6
　3. 育成期 ……………………………… 6
　　(1) 体重・体型の発達 …………… 6
　　(2) 繁殖機能の発達 ……………… 7
　　(3) 交配の適期 …………………… 8
　　(4) 消化機能の発達 ……………… 9
　　(5) 発育に伴う養分要求量の変化 … 9
　　(6) 放牧育成の効果 ……………… 10
　4. 妊娠期 ……………………………… 11
　　(1) 胎児の発育 …………………… 11
　　(2) 妊娠時の栄養素の配分 ……… 12
　　(3) 初産分娩時の母牛の
　　　　体重 ……………………………… 12
　　(4) 分　娩 ………………………… 12
　5. 泌乳期 ……………………………… 13
　　(1) 牛乳生産とホルモン ………… 13
　　(2) 乳期の進行と乳量 …………… 14
　　(3) 乳期の進行と乳成分 ………… 14
　　(4) 泌乳期の体重の変化 ………… 15
　　(5) 牛乳生産における栄養素の
　　　　利用 ……………………………… 16
　　(6) 泌乳期の採食量 ……………… 17
　　(7) 牛乳生産と環境条件 ………… 18
　　(8) 分娩から次回の妊娠まで …… 19
　　(9) 乾乳期 ………………………… 19
　6. 分娩, 妊娠, 泌乳の反覆期 …… 20
　　(1) 産次と乳量, 乳成分 ………… 20
　　(2) 産次と発育 …………………… 20
　　(3) 産次と繁殖効率 ……………… 21
　　(4) 産次と疾病 …………………… 21
乳牛の耐用年数ならびに産肉性 … 23
　1. 耐用年数 ………………………… 23
　2. 乳牛の疾病 ……………………… 24
　3. 乳牛の産肉性 …………………… 24
牛乳生産における効率論 ………… 26
　1. 乳牛の牛乳成分生産量 ………… 26
　2. 太陽エネルギーの利用効率 …… 27
　3. 資源利用と牛乳生産 …………… 28
　4. 牛乳生産と飼料エネルギーの
　　　利用効率 ………………………… 28
　5. 乳量と牛乳生産効率 …………… 29
　6. 乳牛の能力と生涯乳量について … 30

栄養消化生理（大森昭一朗）……… 33
牛の消化のしくみ ………………… 33
　1. 口腔内消化 ……………………… 33
　　(1) 採食, 咀しゃく ……………… 33
　　(2) 唾液分泌 ……………………… 34
　2. 第一胃・第二胃の消化 ………… 34
　　(1) 第一胃・第二胃の構造と
　　　　運動 ……………………………… 34
　　(2) 第一胃発酵と微生物 ………… 36
　　(3) 第一胃内容物の性状 ………… 38
　　(4) 第一胃壁の養分吸収 ………… 38
　3. 第三胃・第四胃のはたらき …… 39
　　(1) 構　造 ………………………… 39

（2）第三胃の機能と内容物の
　　　　移動……………………… 39
　　（3）第四胃の機能……………… 40
　4. 腸における消化・吸収………… 40
　　（1）小腸の消化………………… 40
　　（2）大腸における消化………… 40

飼料の消化………………………… 41
　1. 消化管各部位における
　　　消化の割合…………………… 41
　2. 飼料炭水化物の消化…………… 41
　　（1）糖類の消化………………… 42
　　（2）澱粉質飼料の消化………… 42
　　（3）繊維質飼料の消化………… 43
　　（4）第一胃におけるVFAの
　　　　生産……………………… 43
　3. 飼料蛋白質の消化と利用……… 44
　　（1）第一胃における分解……… 44
　　（2）第一胃内微生物蛋白質の
　　　　合成……………………… 45
　　（3）第一胃内微生物蛋白質の
　　　　組成……………………… 45
　　（4）蛋白質の消化・吸収……… 45
　4. 脂質の消化・吸収……………… 46
　5. ビタミンの合成………………… 46

飼料の特性と給与技術…………… 47
　1. 採食の調節……………………… 47
　　（1）採食の生理的調節機構…… 47
　　（2）消化管充満度と採食量…… 48
　　（3）泌乳牛の採食量…………… 48
　2. 飼料の特性……………………… 49
　　（1）飼料の消化率と採食量…… 49
　　（2）飼料の物理性……………… 50
　3. 飼料給与………………………… 51
　　（1）濃厚飼料と粗飼料の割合… 51
　　（2）給餌方法…………………… 51
　　（3）泌乳牛における飼料給与… 52

代謝障害…………………………… 53
　1. 消化に関係する障害…………… 54
　　（1）鼓脹症……………………… 54

　　（2）乳酸アシドーシス
　　　　（急性消化不良）………… 55
　　（3）亜硝酸中毒（硝酸塩中毒）… 55
　　（4）アンモニア中毒（尿素中毒）… 55
　　（5）グラステタニー…………… 56
　　（6）第四胃変位………………… 56
　2. 牛乳生産に関係する代謝障害… 57
　　（1）乳熱（産後麻痺）………… 57
　　（2）ケトージス………………… 57
　　（3）低脂肪乳…………………… 57

発育生理（岡本昌三）……………… 59
　発育の原則…………………………… 59
　1. 発育についての概念…………… 59
　2. 発育の型………………………… 61
　3. とくに胃の発達について……… 63
　　（1）容積の増大について……… 63
　　（2）機能の発達について……… 64
　発育に影響する諸要因……………… 65
　1. 栄養供給量……………………… 65
　2. 気象環境………………………… 67
　3. 管理……………………………… 67
　初産月齢…………………………… 67
　1. 性成熟…………………………… 67
　2. 分娩……………………………… 68
　3. 分娩後の乳量…………………… 68
　相対成長…………………………… 70
　代償成長…………………………… 71
　1. 代償成長の発現に関連する
　　　要因…………………………… 71
　2. 代償成長の発現の限界………… 73
　3. 代償成長の生理的機構………… 73
　4. 代償成長の応用………………… 75

繁殖生理…………………………… 77
　繁殖の周期性（正木淳二）………… 77
　繁殖機能と生殖ホルモン

（正木淳二）……… 78
　1. 雄の繁殖機能 ……………… 78
　　（1）雄の生殖器………………… 78
　　（2）精子の生産………………… 79
　　（3）精子の成熟と貯留………… 80
　　（4）射　精……………………… 80
　　（5）雄生殖器の分泌機能……… 81
　2. 雌の繁殖機能 ……………… 81
　　（1）雌の生殖器………………… 81
　　（2）卵子の生産………………… 82
　　（3）発情と排卵………………… 83
　　（4）雌生殖器の分泌機能……… 84
　3. 生殖ホルモン ……………… 84
　　（1）種類と役割………………… 84
　　（2）発情周期中の消長………… 85
　　（3）妊娠中の消長……………… 86
　　（4）雄の繁殖機能と
　　　　 生殖ホルモン……………… 86

精液と人工授精（正木淳二）……… 87
　1. 精　液 ……………………… 87
　2. 人工授精 …………………… 89
　　（1）精液の採取………………… 89
　　（2）精液の検査………………… 90
　　（3）精液の希釈と保存………… 91
　　（4）精液の注入………………… 91

受精, 妊娠, 分娩（正木淳二）… 92
　1. 受　精 ……………………… 92
　2. 妊　娠 ……………………… 93
　　（1）胚の発育と着床…………… 93
　　（2）胎盤形成…………………… 93
　　（3）妊娠診断…………………… 94
　　（4）胎児の発育………………… 94
　　（5）泌乳と妊娠………………… 95
　3. 分　娩 ……………………… 95
　　（1）分娩の経過………………… 95
　　（2）分娩後の繁殖機能………… 95
　　（3）計画分娩…………………… 95

受精卵移植（正木淳二）…………… 96
　1. 受精卵移植とは …………… 96
　2. 供卵牛と受卵牛 …………… 96
　3. 過剰排卵処置 ……………… 96
　4. 受精卵の回収 ……………… 97
　　（1）供卵牛, 回収用器具, 灌流
　　　　 液の準備………………… 98
　　（2）回収操作…………………… 98
　5. 受精卵の検査 ……………… 99
　6. 受精卵の処理と保存 ……… 99
　7. 受精卵の移植 ……………… 99
　8. 受精卵移植に関連した
　　 繁殖技術 …………………… 100
　　（1）体外受精…………………… 100
　　（2）双子生産…………………… 100
　　（3）性の判別…………………… 100

繁殖障害（正木淳二）……………… 101
　1. 生理的繁殖障害 …………… 101
　　（1）発情周期の異常…………… 101
　　（2）受精の異常………………… 102
　　（3）妊娠, 分娩の異常………… 102
　2. 微生物感染による繁殖障害 … 103
　　（1）ブルセラ病………………… 103
　　（2）ビブリオ病………………… 103
　　（3）トリコモナス病…………… 103
　　（4）子宮疾患…………………… 104
　3. その他の要因による繁殖障害 … 104
　　（1）栄養障害…………………… 104
　　（2）温度障害…………………… 104

高泌乳牛の繁殖生理（坂口　実）106
　1. はじめに …………………… 106
　2. 繁殖性について考える前に … 106
　3. 乳量と分娩間隔 …………… 106
　4. 1年1産は必要か ………… 107
　5. 分娩後の繁殖機能回復 …… 107
　　（1）分娩後の排卵と発情回帰… 108
　　（2）分娩後の初回排卵・発情
　　　　 時期に影響する要因……… 109
　6. 高泌乳牛の繁殖性 ………… 109
　7. 遺伝的背景と飼養管理 …… 111
　8. 繁殖補助技術の利用 ……… 112

9．おわりに …………………… 113

泌乳生理 ……………………………… 115
乳房の構造とはたらき（大島正尚）115
　1．乳房と分房 ………………… 115
　2．乳房の血管系 ……………… 116
　3．乳腺の構造の変化 ………… 117
　4．乳腺胞 ……………………… 118
　5．乳汁分泌 …………………… 118
　6．乳腺細胞 …………………… 119
牛乳の生成のしくみ（大島正尚）120
　1．牛乳の成分 ………………… 120
　2．乳脂肪の分泌 ……………… 121
　3．蛋白質と乳糖の生成と分泌 … 122
　4．細胞へのエネルギーの供給 … 122
乳量と乳成分に影響する要因
（大島正尚）……………………… 123
　1．乳量曲線 …………………… 123
　　（1）最高乳量 ………………… 123
　　（2）泌乳持続性 ……………… 123
　2．遺伝的な素質 ……………… 124
　3．乳期 ………………………… 124
　4．飼料給与 …………………… 125
　5．温熱環境 …………………… 125
　6．搾乳と搾乳間隔 …………… 125
　　（1）搾乳間隔の延長の影響 … 125
　　（2）搾乳中の乳成分の
　　　　連続的変化 ……………… 125
　　（3）残乳と不等間隔搾乳 …… 126
　7．乳房炎 ……………………… 126
　　（1）潜在性乳房炎 …………… 126
　　（2）乳房炎の乳質への影響 … 127
　　（3）乳房炎の乳生産への影響 … 128
泌乳とホルモン（大島正尚）……… 128
代謝・内分泌からみた泌乳生理
（加藤和雄）……………………… 130
　1．はじめに …………………… 130
　　（1）牛の家畜化と利用の歴史 … 130

　　（2）本論の3つの課題 ……… 131
　　（3）スーパーカウ登場のなかで … 132
　2．哺乳子牛の生理学 ………… 132
　　（1）反芻胃の発達 …………… 132
　　（2）哺乳時の内分泌変動 …… 133
　　（3）反芻胃の恒常性と唾液分泌 … 134
　3．乳腺の構造と発達 ………… 135
　　（1）乳腺の構造と機能 ……… 135
　　（2）乳腺の発達，泌乳開始と
　　　　退行 ……………………… 137
　4．泌乳期の内分泌と代謝 …… 139
　　（1）ソマトトロピン軸 ……… 141
　　（2）泌乳とbST …………… 145
　　（3）泌乳とインスリン抵抗性因子 147
　　（4）乳成分の生成 …………… 148
　5．乳腺細胞の生物学 ………… 150
　　（1）培養乳腺細胞の特徴 …… 150
　　（2）GHの作用 ……………… 150
　　（3）カゼイン分泌 …………… 151
　　（4）脂肪酸の作用と脂肪蓄積 … 152
　6．まとめ ……………………… 153
高泌乳を制御する内分泌調節機構と
暑熱ストレスによる乳量低下
（伊藤文彰）……………………… 155
　1．乳牛の大型化・改良と高泌乳化 155
　2．内分泌系による泌乳調節 ……… 156
　3．ソマトトロピン軸 ……………… 156
　4．レプチンとグレリンの発見 …… 157
　5．ソマトトロピン軸による泌乳制御157
　　（1）成長と泌乳の両方にかかわる
　　　　ソマトトロピン …………… 157
　　（2）成長期と泌乳期のGH分泌
　　　　調節の違い—グレリンの重要性 158
　　（3）グレリンによる泌乳牛の糖
　　　　代謝関連ホルモンの分泌調節 … 159
　6．ソマトトロピン軸と栄養素の
　　取り込み ……………………… 159
　　（1）泌乳牛におけるグルコースの
　　　　重要性 …………………… 159
　　（2）ソマトトロピン軸を介する

グルコース分配―インスリン
　　　　抵抗性……………………… 159
　　(3) 泌乳牛の乳腺と脂肪への
　　　　グルコース取り込みの特徴…… 161
　7. 高泌乳牛の泌乳調節機構に及ぼす
　　　暑熱ストレスの影響 …………… 161
　　(1) 地球温暖化と暑熱ストレスに
　　　　敏感な高泌乳牛………………… 161
　　(2) 暑熱環境下での内分泌――
　　　　泌乳調節機構の機能低下……… 162
　8. 安定した高泌乳を実現するために163

環境生理と放牧生態
　　　（向井彰夫・福川晘一郎）………… 165
環境と乳牛の生理………………………… 165
　1. 環境とは ………………………… 165
　　(1) 環境要因……………………… 165
　　(2) わが国の気候………………… 165
　2. 体温調節機能 …………………… 166
　　(1) 体温の恒常性………………… 166
　　(2) 熱発生と熱放散……………… 167
　　(3) 体温の調節…………………… 168

　3. 環境の変化と生理反応 ………… 169
　　(1) 体温，呼吸数，脈拍数……… 169
　　(2) 飲水，採食量と飼料効率…… 171
　　(3) 血液成分と内分泌機能……… 173
　4. 環境に対する順応 ……………… 173
環境温度と乳牛の生産機能……………… 175
　1. 繁殖に及ぼす影響 ……………… 175
　　(1) 雄………………………………… 175
　　(2) 雌………………………………… 175
　2. 発育に及ぼす影響 ……………… 176
　3. 牛乳生産に及ぼす影響 ………… 176
　　(1) 牛乳生産量に及ぼす影響…… 176
　　(2) 牛乳成分に及ぼす影響……… 177
　　(3) 高温時の牛乳生産量減少に
　　　　関与する要因………………… 178
乳牛の放牧生態…………………………… 179
　1. 放牧生態とは …………………… 179
　2. 群行動 …………………………… 180
　　(1) 群れの成り立ち……………… 180
　　(2) 行動型………………………… 181

乳牛の品種と育種

品種とは何か（内藤元男）………… 191
主な品種（内藤元男）……………… 192
　1. ヨーロッパ牛乳用種 …………… 192
　　(1) ホルスタイン………………… 192
　　(2) 赤白斑ホルスタイン………… 195
　　(3) ジャージー…………………… 196
　　(4) ガーンジー…………………… 197
　　(5) エアシャー…………………… 197
　　(6) レッドデーニッシュ………… 198
　2. ヨーロッパ牛乳肉兼用種 ……… 199
　　(1) デイリーショートホーン…… 199
　　(2) レッドポール………………… 200
　　(3) サウスデボン………………… 200
　　(4) ノルマンド…………………… 201

　　(5) ブラウンスイス……………… 202
　　(6) シンメンタール……………… 203
　　(7) ピンツガウエル……………… 204
　　(8) ミューズラインイーセル…… 205
　　(9) グロニンゲン………………… 205
　　(10) ピールージュフランドル … 205
　　(11) モワイエンヌオートベル
　　　　ジック…………………………… 206
　　(12) ゲルプフィー ……………… 206
　3. インド牛乳用種と乳役兼用種 … 207
　　(1) サヒワール…………………… 208
　　(2) シンド………………………… 208
　　(3) ギ　ル………………………… 208
　　(4) カンクレイ…………………… 208
　4. アフリカ牛，西アジア牛，南米牛208

わが国での乳牛―とくに
　ホルスタインの育種
　　（内藤元男）……………… 209
　1. 育種目標 ………………… 209
　2. 選抜法 …………………… 212
　　(1) 乳牛の外貌審査…………… 212
　　(2) 能力検定………………… 214
　　(3) 血　統………………… 215
　　(4) 後代検定………………… 216

牛乳の成分と機能性

牛乳の成分と栄養（鈴木一郎）… 221
　1. 牛乳中の成分の特徴 ……… 221
　　(1) 牛乳に含まれる栄養素…… 221
　　(2) 蛋白質………………… 221
　　(3) 脂　質………………… 222
　　(4) 糖　質………………… 222
　　(5) ビタミン……………… 222
　　(6) ミネラル……………… 222
　2. 牛乳の成分と構造 ………… 222
　　(1) 牛乳成分の構造と役割…… 222
　　(2) 蛋白質の構造…………… 223
　　(3) 脂肪の構造……………… 224
牛乳の脂肪酸組成――舎飼いと放牧
　での比較（三谷朋弘）………… 227
　1. 放牧牛乳の特徴を解明する
　　　必要性 ……………………… 227
　2. 乳脂肪合成のしくみ ……… 228
　　(1) 乳脂肪率の年間変動とその
　　　　要因…………………… 228
　　(2) 乳中の脂肪酸の種類……… 229
　　(3) 乳脂肪の合成ルート……… 229
　3. 地域・放牧・舎飼いと乳成分の
　　特徴 ………………………… 231
　4. 地域・放牧・舎飼いと脂肪酸組成 232
　　(1) 炭素数の違い…………… 232
　　(2) 不飽和脂肪酸の割合……… 233
　　(3) 炭素数18の脂肪酸 ……… 233
　　(4) 放牧草によるリノレン酸摂
　　　　取の増加と乳脂率低下…… 234
　5. 生乳の特徴を生かした乳製品を 234

改良と飼育技術をめぐって

改良目標の考え方と方法
　（光本孝次）……………… 239
　1. 日本での改良の現状と問題 …… 239
　　(1) なぜ遺伝的改良が急がれるか 239
　　(2) 乳牛の特質……………… 239
　　(3) 乳牛の育種に関する側面…… 239
　　(4) ホルスタインの産乳能力の
　　　　国際比較……………… 240
　　(5) 導入育種の問題点………… 241
　　(6) 導入牛の血統構造………… 241
　　(7) わが国の牛群検定………… 242
　　(8) 種雄牛の後代検定………… 242
　　(9) 改良目標と方法…………… 243
　2. 能力改良の基礎知識 ……… 243
　　(1) 遺伝的改良に関連する要因… 243
　　(2) 遺伝的変異の考え方……… 243
　　(3) 体型と産乳能力………… 244
　　(4) 乳量と乳成分…………… 245
　　(5) 牛群検定の重要性………… 246
　　(6) 補正係数の役割………… 247
　3. 自家牛群の改良の考え方と方法 247
　　(1) レベルアップの4つの方法… 247
　　(2) 種雄牛の改良における
　　　　役割と利用……………… 248
　　(3) 血統情報の利用………… 249

(4) 牛群内の改良法……………… 249
　4. 人工授精種雄牛に関する今後の
　　方向 …………………………… 250
　　(1) 一般戦略…………………… 250
　　(2) MOET 中核育種法 ………… 251
　5. これからの改良戦略 …………… 252

乳牛の遺伝的改良（守部公博）… 253
　1. 遺伝的改良に果たす種雄牛の
　　役割 …………………………… 253
　2. 乳牛の後代検定の歴史 ………… 253
　　(1) 組織的な乳牛改良システムの
　　　構築………………………… 253
　　(2) 全国規模での計画的な
　　　後代検定…………………… 254
　　(3) 遺伝的能力評価手法の変遷… 255
　3. 種雄牛選抜の考え方と効果 …… 255
　　(1) 総合指数 NTP の利用 …… 255
　　(2) NTP による効果 ………… 256
　4. 国内評価と国際評価 …………… 256
　　(1) 他国の評価値ではわからない
　　　貢献度……………………… 256
　　(2) 国内評価値と国際評価値は
　　　同一基準…………………… 257
　5. 乳用種雄牛評価の方法 ………… 258
　　(1) 分析・評価に用いる
　　　データの範囲……………… 258
　　(2) 分析・評価の手法………… 259
　　(3) 分析に使用する各形質の
　　　遺伝率と反復率…………… 262
　6. 乳用種雄牛評価成績の見方 …… 262
　　(1) 個体識別………………… 262
　　(2) 泌乳形質および体型形質… 262
　　(3) その他の形質…………… 264
　　(4) 遺伝能力曲線…………… 264
　　(5) SBV（Standardized Breeding
　　　Value：標準化育種価）による
　　　表示………………………… 265
　　(6) 成牛換算値……………… 265
　　(7) 所有者区分・精液情報…… 265
　7. 乳牛の改良事業の効果 ………… 265

　　(1) 泌乳能力向上の背景……… 265
　　(2) 日本の種雄牛の優位性…… 266
　8. 自国で改良事業を行なうことの
　　意味 …………………………… 267
　9. 新たな視点，泌乳持続性の
　　改良 …………………………… 268

雌雄産み分け技術とその利用
（湊　芳明）…………………… 271
　1. 精子レベルでの雌雄産み分け … 271
　　(1) フローサイトメーター法で
　　　精子の分離が実現………… 271
　　(2) 精子選別技術導入の経緯…… 271
　　(3) フローサイトメーター法に
　　　よる精子選別技術………… 271
　　(4) 選別精液によるフィールド
　　　試験成績…………………… 272
　　(5) 選別精液の市販………… 274
　　(6) 国内外の選別精液を用いた
　　　最近の研究報告から……… 274
　2. 受精卵レベルでの雌雄産み分け… 275
　　(1) DNA 検査法で実用化 …… 275
　　(2) PCR 法 ………………… 275
　　(3) LAMP 法 ……………… 275
　3. 雌雄産み分け技術の導入効果 … 275

乳牛の繁殖性低下の実態と
考えられる要因（平子　誠）… 277
　1. 繁殖性にかかわる指標の推移 … 277
　　(1) 品種別受胎成績………… 277
　　(2) 未経産牛と経産牛の
　　　受胎成績…………………… 278
　　(3) 地域別の受胎成績……… 278
　　(4) 分娩間隔………………… 279
　　(5) 受精卵移植の受胎率…… 280
　　(6) 発情兆候の微弱化……… 280
　　(7) 胚死滅頻度の上昇……… 281
　2. 繁殖性低下の要因 …………… 282
　　(1) 育種改良による変化…… 282
　　(2) 暑熱による繁殖性低下… 283
　　(3) 雄側の要因……………… 283
　　(4) 高泌乳牛での栄養と

繁殖の関係……………………… 284
（5）肝機能の昂進………………… 285

受精卵移植（ET）

受精卵移植技術の基本
　（堂地　修）………………… 291
　1. 日本の牛受精卵移植技術の
　　実用化の歴史 ………………… 291
　2. 国内外での最近の受精卵移植の
　　実施状況 ……………………… 291
　3. 受精卵移植技術の流れ ……… 293
　4. 受精卵移植の計画 …………… 293
　5. 過剰排卵誘起処置に用いる
　　性腺刺激ホルモンと投与方法 …… 293
　6. 新しい過剰排卵誘起処置方法 … 293
　7. 供卵牛の選定 ………………… 294
　8. 受卵牛の選定 ………………… 294
　9. 受精卵の採取 ………………… 294
　10. 受精卵の評価………………… 295
　11. 受精卵の洗浄………………… 296
　12. 受精卵の凍結保存…………… 297
　13. 凍結受精卵の融解…………… 297
　14. 凍結融解した受精卵からの
　　耐凍剤の除去 ………………… 298
　15. 受精卵移植の受胎率に影響
　　する要因 ……………………… 298
受精卵移植の実際 ……………… 301
過剰排卵誘起処置および発情排卵
　同期化処置（堂地　修）……… 301
　（1）卵胞発育ウェーブ…………… 301
　（2）過剰排卵誘起処置…………… 301
　（3）発情（排卵）同期化処置…… 303
　（4）受精卵移植スケジュールの
　　設計……………………………… 304
経腟採卵（OPU）技術
　（竹之内直樹）………………… 305
　（1）優良遺伝資源としての
　　卵巣内卵子の有効利用………… 305
　（2）経腟採卵と従来法
　　（過排卵誘起法）との比較 …… 306
　（3）経腟採卵の卵巣機能への影響 308
　（4）経腟採卵の技法……………… 309
　（5）経腟採卵技術の可能性……… 313
　（6）留意点………………………… 314
受精卵の凍結保存（ダイレクト法）
　（堂地　修）…………………… 315
　（1）牛受精卵の凍結方法………… 315
　（2）ダイレクト法による
　　牛凍結受精卵移植のあゆみ…… 315
　（3）ダイレクト法に用いる
　　耐凍剤の条件…………………… 316
　（4）グリセリンとショ糖を用いた
　　ダイレクト法…………………… 316
　（5）エチレングリコールを用いた
　　ダイレクト法…………………… 316
　（6）エチレングリコール濃度と
　　ショ糖の添加…………………… 317
雌雄の産み分け技術（性判別）
　（堂地　修）…………………… 319
　（1）精子の分離技術……………… 319
　（2）フローサイトメーターによる
　　XY精子の分離………………… 319
　（3）受精卵の性判別……………… 320
リピートブリーダー対策（堂地　修）… 322
　（1）リピートブリーダーの増加… 322
　（2）リピートブリーダーに対する
　　胚移植の効果…………………… 322
　（3）リピートブリーダーへの
　　胚移植の実際…………………… 323
体外受精卵の利用（堂地　修）……… 325
　（1）体外受精卵利用の推移……… 325
　（2）体外受精技術の流れ………… 326
　（3）生体卵子吸引技術（OPU）… 327
　（4）体外受精卵の利用…………… 327

育　成

子牛の発育と育成の目標 ………… 333
子牛育成の目標と考え方
　（大久保正彦）……………………… 333
　　（1）育成の目標……………… 333
　　（2）育成の評価指標——最も
　　　　重要な骨格と内臓…………… 333
　　（3）子牛の発育基準…………… 334
　　（4）発育速度と生産性………… 334
　　（5）発育速度に影響する要因…… 335
育成牛の発育目標（佐々木修）…… 336
　　（1）高能力化に伴う大型化…… 336
　　（2）泌乳量と発育……………… 336
　　（3）春機発動前の発育と
　　　　乳器の発達………………… 336
　　（4）発育速度と生涯生産量…… 338
　　（5）発育目標…………………… 338
　　（6）発育速度を高めるときの
　　　　注意点……………………… 339
育成牛の交配方針と選抜（佐々木修） 341
　　（1）分娩後の母牛の目標体重… 341
　　（2）後継牛の確保と肉牛交配率… 341
　　（3）世代間隔と改良…………… 341
　　（4）牛群の遺伝的改良………… 342

哺育期の飼養管理
　（出生～3か月齢）……………… 345
子牛の胃の形態と機能の発達，
　固形飼料の摂取（阿部又信）…… 345
　　（1）反芻胃の組織……………… 345
　　（2）第二胃溝（食道溝）……… 346
　　（3）子牛の胃の発達…………… 347
　　（4）固形飼料の摂取量………… 348
　　（5）固形飼料の摂取と水分出納… 348
初乳の役割と飲ませ方（田中和宏）… 353
　　（1）初乳の役割………………… 353
　　（2）初乳の給与方法…………… 353
早期離乳技術（田中和宏）………… 355
　　（1）早期離乳の意義…………… 355

　　（2）分娩前の準備……………… 355
　　（3）出生時の管理……………… 355
　　（4）早期離乳技術の実際……… 355
　　（5）離乳時期の判断…………… 359
　　（6）早期離乳の普及指導上の
　　　　留意点……………………… 360
初乳の貯蔵と利用（木下善之）…… 361
　　（1）初乳の生産量……………… 361
　　（2）初乳の貯蔵方法…………… 361
　　（3）発酵初乳による哺育……… 364
哺育期の日常管理
　（森田　茂・植竹勝治）………… 365
　　（1）除　角……………………… 365
　　（2）日常的な牛体の手入れ…… 366
　　（3）日常管理と子牛の扱いやすさ 366
哺育牛の施設・設備（干場信司）… 368
　　（1）発育ステージ別収容施設の
　　　　必要性……………………… 368
　　（2）カーフハッチ
　　　　（哺育牛収容施設）………… 368
自動哺乳機の利用（森田　茂）…… 370
　　（1）群飼育による管理の省力化… 370
　　（2）自動哺乳機への慣れ……… 370
　　（3）子牛の観察と疾病への対応… 370
　　（4）人工乳採食量の増加……… 371
　　（5）運動量の増大……………… 371
衛生管理と疾病対策（照井信一）… 372
　　（1）衛生管理の要点…………… 372
　　（2）多発疾病対策……………… 374

育成期の飼養管理
　（4か月齢～初産分娩）………… 375
育成期の3つの課題——初産分娩月齢，
　初産乳量，難産（大坂郁夫）…… 375
　　（1）育成管理の新たな重要性… 375
　　（2）初産分娩月齢……………… 375
　　（3）初産乳量…………………… 375
　　（4）初産牛の難産……………… 376

(5) ステージごとの目標を持とう 376
初産月齢の考え方—乳量と繁殖成績
　への影響（坂口　実）……………… 378
　　(1) 初産月齢早期化の可能性…… 378
　　(2) 体格の向上と初産月齢・
　　　乳生産性・繁殖性の関係……… 378
　　(3) 24か月齢以下への初産
　　　月齢の早期化…………………… 380
　　(4) 初産月齢早期化と繁殖性…… 381
　　(5) 授精開始時の体重と
　　　体高の目安……………………… 382
　　(6) 育成期の飼養管理…………… 382
　　(7) 実際に授精開始を
　　　早めるには……………………… 383
離乳から種付け時期までの栄養管理と
　飼料給与（大坂郁夫）……………… 384
　　(1) 離乳から4か月齢までの
　　　管理……………………………… 384
　　(2) 4か月齢から種付け時期まで
　　　の管理…………………………… 384
　　(3) この時期の飼養管理の
　　　ポイント………………………… 386
種付け時期から初産分娩直前までの
　栄養管理と飼料給与（大坂郁夫）… 387
　　(1) この時期の発育の特徴……… 387
　　(2) 目標とする体重，養分含量，
　　　ボディコンディションスコア… 388
　　(3) この時期の飼養管理の
　　　ポイント………………………… 388
初産牛移行期の栄養管理と飼料給与
　（大坂郁夫）………………………… 390
　　(1) 飼養管理で最も重要な移行期 390
　　(2) クローズアップ期の管理…… 390
　　(3) 泌乳初期の管理……………… 392
　　(4) 難産に影響を与える要因…… 392
　　(5) この時期の飼養管理の
　　　ポイント………………………… 393
育成期の日常管理（前之園孝光）…… 395
　　(1) 敷料の交換，ベッド
　　　メーキング，除糞……………… 395
　　(2) 換　気………………………… 395
　　(3) 運動と日光浴………………… 395
　　(4) 給餌・給水と観察…………… 396
　　(5) 群飼にするか個別管理か…… 396
　　(6) 除　角………………………… 397
　　(7) 削蹄と副乳頭の除去………… 398
　　(8) 発育（体高，胸囲，BCS）を
　　　測定して飼養管理を改善……… 398
　　(9) "強化"哺育・育成体系"の
　　　活用……………………………… 400
繁殖管理—早期育成牛の繁殖管理と
　黒毛和種の利用（坂口　実）……… 403
　　(1) 平均月齢，初産月齢，
　　　産次数の推移と酪農経営……… 403
　　(2) 初回種付けの基準…………… 403
　　(3) 発情同期化と定時人工授精… 404
　　(4) 交雑種（F_1）生産と胚
　　　（受精卵）移植………………… 405
初産分娩での注意点—難産の実態と
　育成目標体重（坂口　実）………… 407
　　(1) 難産発生状況………………… 407
　　(2) 初産分娩時体重と難産
　　　発生率…………………………… 407
育成牛の施設・設備（干場信司）…… 409
　　(1) スーパーカーフハッチ……… 409
　　(2) 自然換気型哺育育成牛舎…… 409
　　(3) 育成後期用PT型ハウス…… 410
衛生管理と疾病対策（照井信一）…… 413
　　(1) 飼養管理と留意点…………… 413
　　(2) 舎飼い育成の衛生管理の要点 413
　　(3) ストレスの軽減対策………… 413
　　(4) 多発疾病対策………………… 413

放牧育成 …………………………… 417

放牧管理—増体と強健性を同時実現
　するポイント（塩谷　繁）………… 417
　　(1) 放牧利用の現状……………… 417
　　(2) 放牧条件が養分要求量に
　　　及ぼす影響とその対策………… 417
　　(3) 放牧牛の採食量とエネルギー
　　　要求量…………………………… 418
　　(4) 草種の選択と草地の管理…… 419

（5）放牧育成で目標となる
　　　日増体量…………………… 420
　（6）放牧前の準備（放牧馴致）… 421
　（7）理想的な放牧管理
　　　（スーパー放牧）…………… 421
繁殖管理（平子　誠）……………… 423
　（1）発情のしくみ………………… 423
　（2）発情の発見…………………… 423
　（3）発情の同期化………………… 425
　（4）牧牛交配による受胎………… 426
　（5）夜間給餌による昼間分娩
　　　誘導法………………………… 426
　（6）分娩誘起の問題点…………… 427
衛生管理（仮屋喜弘）……………… 429
　（1）入牧前の対策………………… 429
　（2）入牧後の管理………………… 430
　（3）疾病対策……………………… 430
　（4）衛生管理プログラム………… 432
公共牧場の利用（手島道明）……… 433
　（1）公共牧場の意義と利用状況… 433
　（2）放牧馴致と入牧前，入牧時
　　　の牛の管理…………………… 433
　（3）放牧育成牛の発育…………… 434
　（4）草地の効率的利用…………… 434
　（5）公共牧場の課題……………… 435
放牧馴致の有無と
　放牧中の事故・疾病（仮屋喜弘）… 436
　（1）入牧によるストレスと馴致
　　　の必要性……………………… 436
　（2）放牧馴致のやり方…………… 436
　（3）放牧馴致の有無と入牧後の
　　　疾病発生……………………… 437
　（4）増体量との関係……………… 439
飼料体系別育成法…………………… 441

サイレージ利用体系（コーン，グラス）
　（糟谷広高）………………………… 441
　（1）牧草サイレージを利用した
　　　育成牛の飼養技術…………… 441
　（2）トウモロコシサイレージを
　　　利用した育成牛の飼養技術… 442
　（3）サイレージ利用体系での育
　　　成牛の飼料給与指標………… 446
混合飼料（TMR）利用体系
　（野中敏道）………………………… 447
　（1）初産分娩月齢の早期化と育
　　　成技術の課題………………… 447
　（2）初産分娩の実態……………… 447
　（3）初産分娩月齢を早める効果… 447
　（4）21か月分娩のための早期
　　　育成技術「スーパー育成」…… 448
　（5）取組みにあたっての注意点… 453
副産物を利用した混合飼料（TMR）
　利用体系（石黒明裕）……………… 454
　（1）副産物の資源とその利用可
　　　能性…………………………… 454
　（2）農場副産物・製造かす類を
　　　活用した混合飼料の嗜好性… 455
　（3）混合飼料給与と分離給与
　　　との比較……………………… 456
純粗飼料育成法（渡辺高俊）……… 460
　1．経済牛の体型と能力 …………… 460
　（1）能力数量化の視点…………… 460
　（2）能力の決定要因と表型……… 461
　（3）個体能力の推定……………… 463
　2．純粗飼料育成法 ………………… 467
　（1）経済牛育成の基本…………… 467
　（2）純粗飼料給与法とその成果… 468
　（3）純粗飼料給与法の要点……… 471
　（4）体型・能力関係の把握の基本 475

搾乳牛

移行期のとらえ方と栄養管理 …… 479
繁殖サイクルの中での移行期の意味
　（高橋　透）………………………… 479
　（1）妊娠末期の内分泌機構から
　　　みた移行期………………… 479

- (2) 妊娠末期の内分泌機構と代謝との関連……………… 480
- (3) 移行期をうまく乗り切る繁殖管理技術…………… 482

移行期各ステージの意味と栄養目標（久米新一）……………… 482
- (1) 移行期栄養管理の意義……… 482
- (2) 高泌乳牛の飼養と移行期…… 482
- (3) 移行期各ステージの意味と飼料摂取量……………… 485
- (4) 乾乳後期の飼料給与と分娩予知………………………… 486
- (5) 移行期の代謝成分の変動と栄養目標………………… 487

分娩前から分娩直後にかけての飼料給与（前之園孝光）…………… 491
- (1) 1乳期におけるエネルギーバランス………………… 491
- (2) 乾乳の目的と乾乳牛飼養管理の考え方……………… 493
- (3) 乾乳期の飼料給与…………… 495
- (4) 分娩後の飼料給与…………… 498
- (5) 飼料給与プログラムを活用しよう……………………… 498
- (6) 乾乳に向けたBCS調整…… 500
- (7) 牛群検定を実施し，活用しよう……………………… 501

分娩前後のストレスと繁殖機能への影響（中尾敏彦）……………… 503
- (1) 明らかになっていないストレスの影響……………… 503
- (2) ストレスとは何か…………… 503
- (3) ストレスの客観的指標……… 504
- (4) ストレスの要因とその程度… 504
- (5) 分娩前後のストレスが繁殖機能に及ぼす影響……… 506
- (6) 分娩前後のストレス対策…… 509

分娩前後の繁殖内分泌動態とその変動要因（上村俊一）……………… 511
- (1) 分娩前後の牛の繁殖内分泌動態……………………… 511
- (2) 異常分娩と分娩誘起………… 513
- (3) 産褥期の繁殖生理…………… 513
- (4) 分娩後の繁殖機能の回復…… 515

分娩前後の飼養管理と疾病（木村容子）……………………… 519
- (1) 飼養管理の適否と周産期疾病 519
- (2) 脂肪肝………………………… 519
- (3) ケトーシス…………………… 519
- (4) 第四胃変位…………………… 523
- (5) ルーメンアシドーシス……… 524
- (6) 低カルシウム血症（乳熱）… 525
- (7) 乳房炎………………………… 527
- (8) 分娩前後の疾病対策………… 527
- (9) 疾病対策，飼養管理の課題… 530

分娩期 ……………………………… 533

分娩の準備（星野邦夫）…………… 533
- (1) 分娩室………………………… 533
- (2) 消毒液………………………… 533
- (3) 産科縄………………………… 533
- (4) 代用羊水……………………… 533

分娩の徴候と判断（星野邦夫）…… 534
- (1) 乳房の変化…………………… 534
- (2) 尾根部の変化………………… 535
- (3) 腹部の変化…………………… 535
- (4) 外陰部と粘液の変化………… 536

分　娩（星野邦夫）………………… 537
- (1) 第1期………………………… 537
- (2) 第2期………………………… 537
- (3) 第3期………………………… 539
- (4) 新生子牛への哺乳…………… 540
- (5) 異常分娩……………………… 540

助　産（星野邦夫）………………… 541
- (1) 衛生的な助産………………… 541
- (2) 助産のコツ…………………… 541

泌乳期 ……………………………… 543

乳牛の産次・能力と泌乳曲線（林　孝）……………………… 543
- (1) 泌乳曲線モデル……………… 543
- (2) 泌乳曲線とその検討………… 544

(3) 泌乳曲線の読取りと利用法… 546
泌乳曲線のタイプと飼養管理
　　(菊地　実)…………………… 547
　　(1) 分娩時………………………… 547
　　(2) 飛び出し乳量をどう読むか… 547
　　(3) 産褥期………………………… 548
　　(4) 乳量上昇期…………………… 548
　　(5) ピーク乳量期に表現される
　　　　飼養管理の全体……………… 549
季節，環境条件と乳質・乳量
　　(塩谷　繁)…………………… 551
　　(1) 乳量水準と暑熱の影響……… 551
　　(2) 牛体からの熱の放出（顕熱
　　　　放散と潜熱放散）…………… 551
　　(3) 温湿度条件と乳牛の生理,
　　　　乳生産………………………… 552
　　(4) 乳牛の生理からみた暑熱対策 553
初産牛の能力判断と飼料給与
　　(大坂郁夫)…………………… 555
　　(1) 重要性を増す初産牛をめ
　　　　ぐる課題……………………… 555
　　(2) 初産分娩月齢の短縮──
　　　　離乳から受胎までの飼養管理… 555
　　(3) 初産乳量の向上──
　　　　育成妊娠期の飼養管理……… 557
　　(4) 初産牛の難産の回避──
　　　　妊娠末期の飼養管理………… 558
泌乳中の栄養とボディーコンディション
　　(吉田宮雄)…………………… 560
　　(1) ボディーコンディション
　　　　スコア（BCS）とは………… 560
　　(2) BCSの見方と判定基準 …… 560
　　(3) BCSによる栄養状況の判
　　　　断の意義……………………… 560
　　(4) 泌乳ステージ別の推奨BC
　　　　Sと許容範囲………………… 564
　　(5) 乳牛の生産性とBCSの関係 564
泌乳期の飼料給与の考え方と給与法
　　(斉藤友喜)…………………… 566
　　(1) 乳牛の飼養条件の変化と
　　　　飼料給与……………………… 566

　　(2) 泌乳初期における飼料摂取,
　　　　乳生産の特徴と飼料給与……… 566
　　(3) 泌乳初期の飼料中の繊維水準 566
　　(4) 泌乳初期の飼料中のデン
　　　　プン水準……………………… 567
　　(5) 粗飼料の種類と乳生産……… 568
　　(6) 泌乳牛への蛋白質給与……… 569
　　(7) 泌乳牛の飼料給与方式……… 569
泌乳と発情，種付けの関係
　　(足立憲隆)…………………… 572
　　(1) 高泌乳牛のエネルギーバラ
　　　　ンス…………………………… 572
　　(2) 泌乳と繁殖機能……………… 572
　　(3) 繁殖率向上のための栄養管理 574
　　(4) 1年1産のマネージメント… 575

種付け ……………………………… 577

種雄牛の選定(伊藤　晃)………… 577
　　(1) 経営改善の鍵を握る交配種
　　　　雄牛…………………………… 577
　　(2) 乳牛改良の進め方…………… 578
　　(3) 交配種雄牛の選定…………… 585
　　(4) 種雄牛の能力評価…………… 589
分娩後の種付け時期(菅　徹行) …… 593
　　(1) 卵巣と子宮機能の回復……… 593
　　(2) 早すぎる種付け……………… 593
　　(3) 遅すぎる種付け……………… 593
　　(4) 種付け開始の適期…………… 593
発情の発見(菅　徹行) …………… 595
　　(1) 放牧牛の発情発見…………… 595
　　(2) 舎内につないだ牛の発情
　　　　発見…………………………… 595
　　(3) 発情が不鮮明なばあいの
　　　　判断…………………………… 596
高泌乳牛の授精（種付け）
　　適期の判断(坂口　実)……… 598
　　(1) はじめに……………………… 598
　　(2) 適期判断の基本と受精開始
　　　　時期…………………………… 598
　　(3) 高泌乳牛の発情・排卵の特
　　　　徴と授精適期………………… 599

（4）発情観察……………………… 600
　　（5）発情発見補助器具の利用…… 601
　　（6）ホルモン剤の利用…………… 603
　　（7）まとめと展望………………… 603
種付け（菅　徹行）……………………… 604
　　（1）自然交配と人工授精による
　　　　 受胎率…………………………… 604
　　（2）人工授精による種付け……… 604
夏期高温時の管理と受胎（菅　徹行）… 607
　　（1）高温による受胎率の低下…… 607
　　（2）受胎率向上のための夏の管理 607
妊娠の確認（菅　徹行）………………… 608
　　（1）ノンリターン法……………… 608
　　（2）直腸検査法…………………… 608
　　（3）中子宮動脈による方法……… 608
　　（4）子宮頸管粘液の変化………… 608
　　（5）膣粘膜の変化………………… 609
　　（6）牛乳，血清中の黄体ホルモ
　　　　 ン量の変化…………………… 609
胚移植での受胎率を高める方法
　　（川俣昌和）……………………… 610
　　（1）凍結胚受胎率の現状………… 610
　　（2）受胎率を左右する要因……… 610
　　（3）胚側の要因と受胎率向上の
　　　　 ポイント……………………… 610
　　（4）移植者側の要因と受胎率向
　　　　 上のポイント………………… 611
　　（5）レシーピエント牛側の要因
　　　　 と受胎率向上のポイント…… 612
　　（6）要因別の注意点……………… 614
乾　乳 ……………………………………… 617
乾乳の判断と方法（菊地　実）………… 617
　　（1）乾乳の意味と実態…………… 617
　　（2）乾乳の適切な判断…………… 617
　　（3）乾乳日数に影響を与える要因 619
　　（4）乾乳開始日の決定，乾乳
　　　　 の方法………………………… 619
乾乳牛の環境・管理と分娩および
　　分娩後の疾病，生産性（松崎　正） 621
　　（1）生産病の背景………………… 621

　　（2）乾乳期の意義と目的………… 621
　　（3）乾乳牛の管理と生産病……… 622
　　（4）乾乳牛の管理と生産性へ
　　　　 の影響………………………… 627
搾乳と牛乳の処理………………………… 629
搾乳の生理（野附　巖）………………… 629
　　（1）乳房の外観と内部構造……… 629
　　（2）乳の生成と移動……………… 629
　　（3）乳の排出機構と搾乳刺激…… 630
　　（4）乳房内圧と搾乳回数………… 630
　　（5）乳頭孔の構造と乳の出やすさ 631
搾乳機と搾乳施設（野附　巖）………… 632
　　（1）ミルカーの種類と特徴……… 632
　　（2）ミルカーの搾乳原理………… 632
　　（3）バケットミルカーの構造と
　　　　 機構…………………………… 633
　　（4）パイプラインミルカーの構
　　　　 造と機能……………………… 636
　　（5）ミルカーの規格基準………… 638
　　（6）ミルカーと乳房炎の関係…… 639
　　（7）搾乳施設の種類と特徴……… 640
　　（8）搾乳方式の選択……………… 641
搾乳機と搾乳施設の使用法
　　（野附　巖）……………………… 642
　　（1）搾乳場所の衛生管理………… 642
　　（2）ミルカーの点検と整備……… 642
　　（3）ミルカーの操作法…………… 643
　　（4）ミルカーの洗浄・消毒……… 645
　　（5）ミルキングパーラーの使用法 645
汚れ除去効果の高い乳頭洗浄・
　　清拭装置（平田　晃）…………… 647
　　（1）乳頭清拭の目的……………… 647
　　（2）洗浄による汚れの除去……… 647
　　（3）洗浄（清拭）装置に求める
　　　　 機能…………………………… 649
　　（4）清拭装置の構造・機構……… 649
　　（5）清拭装置の作用・効果……… 650
牛乳処理施設・機器と使い方
　　（野附　巖）……………………… 652
　　（1）牛乳処理室の機能と構造…… 652

- (2) 牛乳処理用機器の種類と特徴 652
- (3) 急冷用器具の構造と使用法… 653
- (4) 缶浸漬式牛乳冷却機の構造と使用法…………………… 654
- (5) 冷却水槽の構造……………… 654
- (6) バルククーラーの種類……… 655
- (7) バルククーラーの構造と使用法…………………………… 655
- (8) バルククーラーの導入上の注意………………………… 656
- (9) 温水器………………………… 657
- (10) 牛乳輸送機器の種類と構造 657

搾乳施設の作業能率（権藤昭博）…… 658
- (1) 搾乳能率の考え方…………… 658
- (2) 搾乳機械・装置の種類ごとの搾乳能率………………… 658

搾乳施設（パイプライン，処理施設）洗浄での課題（有賀秀子）…… 667
- (1) パイプラインの衛生管理…… 667
- (2) パイプラインミルカーの衛生管理………………………… 671
- (3) ミルキングユニットの衛生管理………………………… 671
- (4) バルククーラーの衛生管理… 673

日常の観察と管理……………………… 677

日常の観察（小沢　泰）……………… 677
- (1) 観察の意義…………………… 677
- (2) 観察の要点…………………… 677
- (3) 毎日行なう観察事項………… 681
- (4) 育成牛の発育の観察………… 682
- (5) 観察を十分に行なうために… 683

牛の行動と群管理（谷本光生）……… 685
- (1) 群管理とは…………………… 685
- (2) 乳牛の行動と群管理のポイント……………………………… 685
- (3) 牛の感覚と群管理のポイント 687

搾乳牛の放牧………………………… 689

草種の選択・維持管理と栄養特性（栂村恭子）……………………… 689

- (1) 放牧酪農の効果……………… 689
- (2) 放牧に用いる草種とその利用特性……………………… 689
- (3) 放牧時の養分要求量の考え方 690
- (4) 放牧草の栄養特性に対応した補助飼料…………………… 691

土地条件，乳量水準と放牧導入の考え方（落合一彦）……………… 694
- (1) 土地条件と放牧方法………… 694
- (2) 乳量水準と放牧方法………… 695

放牧方法と年間の飼養計画（落合一彦）……………………… 697
- (1) 牧区の面積，数，利用率など，放牧方法…………………… 697
- (2) 放牧導入による１年間の飼養計画………………………… 697

放牧地の設計・施工（落合一彦）…… 699
- (1) １牧区の面積，形…………… 699
- (2) 通路の設計…………………… 699
- (3) ぬかるみの防止策…………… 699
- (4) 牧　柵………………………… 700
- (5) 水飲み場……………………… 700

集約放牧の草地管理と購入飼料削減効果（的場和弘）………………… 702
- (1) 短草利用と短期輪換………… 702
- (2) 放牧草の栄養価……………… 703
- (3) 集約放牧導入の効果………… 705
- (4) 集約放牧導入の留意点と今後の可能性…………………… 707

チモシー基幹草地を用いた集約放牧――昼夜放牧で乳量 8,600 ～ 8,800kg（原　悟志）……………………… 708
- (1) 放牧草の役割と放牧の現状… 708
- (2) 根釧地方に適した放牧草…… 708
- (3) チモシー基幹草地の特徴…… 708
- (4) 放牧牛の併給飼料と乳生産… 710
- (5) チモシー基幹草地を用いた飼料給与指針………………… 710

低投入酪農への転換技術 ………… 713

草地型酪農地帯（久保田学）………… 713

(1) 低投入酪農の考え方……… 713
　(2) 飼養適正頭数の限界と低投
　　入酪農の方向性…………… 713
　(3) 転換後の経営面の変化…… 714
　(4) 繁殖への影響……………… 716
　(5) 繁殖とエネルギーバランス
　　に対する発想の転換……… 717
　(6) 低投入飼養と病気………… 718
　(7) 牛群のバラツキと病気…… 721
　(8) 低投入酪農のキーポイント… 721
　(9) 転換のための技術………… 723
地域資源活用による集約的輪換放牧─
　足寄町の放牧酪農研究会─
　(須藤純一)………………………… 725
　(1) 自給飼料を生かした低コス
　　ト「ゆとり」酪農………… 725
　(2) 足寄町の地域環境とその集
　　約的輪換放牧導入の経緯… 725
　(3) 経営経済の成果…………… 728
　(4) 放牧利用の課題と展望…… 734
マイペース酪農への科学的アプローチ─
　北海道中標津町・三友盛行さんの草地に
　学ぶ─(佐々木章晴)……………… 737
　(1) 高 TDN の飼料給与と本来
　　の酪農……………………… 737
　(2) マイペース酪農…………… 737
　(3) 窒素の効率がよい経営…… 737
　(4) 肥料は全部草に吸収され水
　　も汚さない………………… 738
　(5) pH と窒素から見える, 牧
　　草優勢になる草地………… 739
　(6) 施用時期にこだわった春施
　　肥のタイミング…………… 739
　(7) 少ない窒素を興奮剤に土壌
　　窒素を引き出す…………… 741

　(8) 遅刈りの乾草は牛の病気
　　を減らす…………………… 741
　(9) 繊維の多い糞はゆっくり完
　　熟堆肥になる……………… 742
　(10) 腐植酸が豊富な堆肥を投
　　入する意義………………… 742
　(11) 完熟堆肥はコスト削減の要 743
　(12) 窒素がむだにならない適正
　　規模………………………… 743
　(13) 表層5cmが窒素を保持…… 744
　(14) マイペース酪農への転換
　　と課題……………………… 745
　(15) 森林生態系との類似 ……… 745
土, 草と放牧酪農の基本
　(エリック川辺)…………………… 747
　1. 放牧の本来の姿 ……………… 747
　2. 牛のグレイジング
　　(草を食う行動)………………… 748
　　(1) 放牧動物の行動と草地の再生 748
　　(2) 草の条件と1回の採食量…… 748
　　(3) 草の高さと採食量………… 749
　3. 採食量を左右する要因 ……… 749
　　(1) マメ科草の草地に占める割合 749
　　(2) 草の成熟度と牛の生理的要求 750
　　(3) 草の種類………………… 751
　　(4) 土の肥沃性……………… 751
　　(5) ストッキングレート………… 752
　　(6) 気候条件………………… 754
　4. 放牧の限度と補助飼料給与 …… 754
　　(1) PMR (牧草混合飼料
　　　Pasture Mix Ratio) ………… 754
　　(2) 草地の栄養と補助飼料の設計 755
　5. 農家への手引き ……………… 755

飼養標準とその使い方

日本飼養標準の考え方と使い方
　(永西　修)………………………… 759

1. 日本飼養標準 (2006年版) の
　基本的な考え方と特徴 ………… 759
　(1) 基本的な考え方……………… 759

(19)

(2) 2006年版の主な改訂点 …… 760
　2. 乳牛の養分要求量 ………………… 763
　　(1) 育成に要する要求量………… 763
　　(2) 維持に要する養分量………… 763
　　(3) 妊娠末期2か月間の維持に
　　　　加える養分量………………… 763
　　(4) 産乳に要する養分量………… 763
　　(5) 高泌乳時の飼養……………… 763
　　(6) 水分要求量…………………… 765
　　(7) 無機物の要求量……………… 765
　　(8) ビタミン要求量……………… 767
　3. 飼養標準の使い方と注意点 …… 767
　　(1) 養分要求量に影響する要因… 767
　　(2) 要求量の計算例……………… 767
　　(3) 飼料給与設計の実際と注意点 768

二本立て給与法と新二本立て給与法 ………………………………… 769

二本立て給与法とその現代的意義（日本NGO河北省鹿泉市酪農発展協力事業メンバー）………………… 769
　　(1) 二本立て給与法の基本—基礎飼料と変数飼料……………… 769
　　(2) 基礎飼料と変数飼料の規格… 769
　　(3) 二本立て飼料規格はどのように導き出されたか……………… 771
　　(4) 乳質を左右する正味有効繊維とRVI ………………… 776
　　(5) 給与法の実際—乾乳期……… 777
　　(6) 給与法の実際—泌乳期……… 778
　　(7) 給与法の実際—分娩から最高泌乳期まで…………………… 779
　　(8) 種付け時期はできるだけ分娩後100日ころに……………… 780
　　(9) 乳量1万kgへの二本立て給与法の展望 ………………… 780

新二本立て給与法による高能力牛の安定飼養技術（佐々木富士夫）… 783
　　(1) 二本立て給与法との出会い… 783
　　(2) 新二本立て給与法の基本スタンス……………………… 783
　　(3) 理想とする台形の泌乳曲線… 784
　　(4) 新二本立て給与法の理念…… 785
　　(5) 新二本立て給与法の実際…… 787

代謝プロファイルテストによる栄養診断（岡田啓司）…………… 794
　1. 生産獣医療 ………………………… 794
　　(1) 生産獣医療（プロダクションメディスン）の目的………… 794
　　(2) 生産獣医療の武器としての代謝プロファイルテスト……… 794
　2. 代謝プロファイルテストに基づく牛群検診 ……………………… 795
　　(1) 目的と概要…………………… 795
　　(2) 代謝プロファイルテストデータの分析の基礎となる情報…… 795
　　(3) 生産獣医療における代謝プロファイルテストの意義……… 796
　3. 代謝プロファイルテスト実施上の留意点 ……………………… 797
　　(1) 代謝プロファイルテスト実施者の注意すべきこと………… 797
　　(2) 牛群検診の手順……………… 799
　　(3) 効果的に牛群検診をするためのポイント………………… 800
　4. 代謝プロファイルテストデータの解釈 …………………………… 801
　　(1) エネルギー代謝検査………… 801
　　(2) 蛋白質代謝検査……………… 803
　　(3) 無機質代謝検査……………… 804
　　(4) ルーメンコンディション検査 804
　5. 代謝プロファイルテストデータと生産性の関連 ………………… 805
　　(1) エネルギー供給が適正な場合 805
　　(2) エネルギー供給が過剰な場合 806
　　(3) エネルギー供給が不足する場合………………………… 806
　6. 飼料診断と代謝プロファイルテスト診断の食い違いの原因 …… 807
　　(1) ルーメン環境………………… 807
　　(2) 肝臓機能……………………… 807

(3) 農家の牛群管理能力………… 808　　(4) 獣医師の問題………………… 808

栄養素の機能・動態と給与

ミネラル（久米新一）…………… 811
　1. 見直されるミネラルの役割 …… 811
　2. 乳牛の健康とミネラル要求量 … 811
　3. ミネラルの生体調節機能と栄
　　養素全体のバランス ……………… 812
　4. 高泌乳牛とミネラルの生体調節
　　機能 …………………………………… 812
　　（1）ミネラルと骨代謝…………… 812
　　（2）ミネラルと酸塩基平衡……… 813
　　（3）微量ミネラルと造血機能・
　　　　抗酸化作用…………………… 815
　5. 乳牛のミネラル栄養と給与方法 816
　　（1）乳牛のミネラル不足………… 816
　　（2）乳牛のミネラル過剰摂取…… 817
　　（3）乳牛に対するミネラルの
　　　　給与方法……………………… 817
蛋白質・アミノ酸（梶川　博）… 818
　1. 蛋白質の給与の基本 …………… 818
　2. ルーメン内における蛋白質代謝 818
　　（1）インビトロ試験におけるルー
　　　　メン細菌の増殖効率………… 818
　　（2）飼養標準で示された微生物
　　　　蛋白質合成量………………… 820
　　（3）微生物合成量に影響を与
　　　　える要因……………………… 821
　　（4）ルーメン微生物への窒素供給 823
　3. 宿主としての家畜における蛋
　　白質代謝 …………………………… 824
　　（1）小腸における蛋白質の消
　　　　化と吸収……………………… 824
　　（2）吸収された代謝蛋白質の配分 825
　　（3）維持に使われる蛋白質……… 826
　　（4）生産に使われる蛋白質……… 826
　4. 乳牛におけるアミノ酸栄養と
　　その給与 …………………………… 827
　　（1）アミノ酸バランスの重要性… 827
　　（2）CNCPSによる代謝アミノ
　　　　酸の算定……………………… 828
ビタミン（甫立京子）…………… 830
　1. 現代のビタミン問題の特徴 …… 830
　2. わが国におけるビタミンの添加
　　試験 ………………………………… 830
　3. 脂溶性ビタミン添加と効果 …… 831
　　（1）脂溶性ビタミンの作用……… 831
　　（2）脂溶性ビタミンの添加と
　　　　繁殖成績……………………… 832
　　（3）飼料給与と脂溶性ビタミン
　　　　添加の方法…………………… 833
　4. β-カロテンの作用と効果 …… 833
　　（1）β-カロテンと高産次牛の
　　　　繁殖成績……………………… 833
　　（2）飼料の種類と血漿中β-カ
　　　　ロテン含量への影響………… 834
　　（3）β-カロテンとビタミンA,
　　　　Eとの関係…………………… 835
　　（4）飼料給与とβ-カロテン添
　　　　加の方法……………………… 835
　5. ビタミンB群の添加と効果 …… 836
　　（1）ビタミンB群の作用 ……… 836
　　（2）ビタミンB群添加と乳量・
　　　　乳質…………………………… 836
　　（3）ビタミンB群添加と繁殖成績 837
　　（4）飼料給与とビタミンB群
　　　　添加の方法…………………… 837
Ca代謝（低Ca血症）とカチオン・
アニオンバランス（久米新一） 838
　1. 高泌乳牛の栄養管理と乳熱の
　　関係 ………………………………… 839
　　（1）分娩後に極度のエネルギー
　　　　不足になる高泌乳牛………… 839

（2）乳量増加とCa代謝の乱れ … 839
　　（3）濃厚飼料・高品質粗飼料
　　　　によるCa摂取量の増加 ……… 839
　2．乳熱発生のメカニズムと乳牛の
　　適応 ……………………………… 840
　3．乳熱発生と加齢の関係 ………… 840
　4．乳熱発生と給与飼料の関係 …… 841
　　（1）分娩前後の窒素・ミネラル
　　　　出納 ………………………… 841
　　（2）K過剰摂取の影響 …………… 841
　5．乳熱予防とカチオン・アニオ
　　　　ンバランス ………………… 842
　6．カチオン・アニオンバランス
　　のわが国への適用 ……………… 843
　　（1）飼料構成と経営規模の相違 … 843
　　（2）飼料成分の相違 …………… 844
　7．わが国での乳熱予防法 ………… 844
　　（1）K含量の低減 ………………… 844
　　（2）陰イオン塩利用の注意 …… 844
　　（3）Mg剤利用の注意 …………… 844
　　（4）分娩後のCa剤投与 ………… 845
　　（5）TMRとミネラル給与 ……… 845

飼料の使い方と給与技術

トウモロコシサイレージの使い方
　（阿部　亮）……………………… 849
　1．刈取り時期とサイレージの飼料
　　特性 ……………………………… 849
　　（1）デンプンと総繊維の比率 … 849
　　（2）カルシウムとリンの比率 … 849
　　（3）子実蛋白質の比率と分解特性 849
　2．給与量と飼料設計・飼料給与診断 850
　　（1）給与量の実態 ……………… 850
　　（2）飼料給与設計・診断の
　　　　チェックポイント ………… 850
　　（3）トウモロコシサイレージ
　　　　の切断長 …………………… 851
　3．トウモロコシサイレージの繊維
　　水準 ……………………………… 852
　4．トウモロコシサイレージの飼料
　　特性と給与方法 ………………… 853
　　（1）泌乳前期のトウモロコシサ
　　　　イレージ，チモシー乾草，ア
　　　　ルファルファ乾草給与の比較 … 853

破砕処理トウモロコシサイレージの
　泌乳牛への多給による購入穀類の
　低減（齋藤浩和）………………… 856
　1．破砕処理の利点 ………………… 856
　　（1）採食性と栄養価の向上 …… 856
　　（2）収穫適期の延長（完熟前期） 858
　　（3）反芻を促す物理的有効繊維
　　　　の確保 ……………………… 858
　2．乳量・乳成分と購入穀類の節約
　　効果 ……………………………… 859
　3．多給する場合の留意点 ………… 859
　4．今後の課題 ……………………… 860

食品製造かすの利用（石崎重信）… 861
　1．かす類の発生量と利用の現状 … 861
　2．かす類利用によるコスト削減 … 861
　3．かす類利用の注意点と効果 …… 862
　　（1）一般的な注意点 …………… 862
　　（2）TMRへの利用 ……………… 862
　　（3）繊維質飼料としての利用 … 862
　4．かす類の化学成分の違いと分解
　　特性 ……………………………… 862
　　（1）繊維含量 …………………… 862
　　（2）繊維の消化率とTDN含量 … 863
　　（3）化学成分の含量と機能 …… 863
　　（4）第一胃内での分解特性 …… 864
　5．主なかす類の特徴と利用法 …… 864
　　（1）豆腐かす …………………… 864
　　（2）大豆皮 ……………………… 866
　　（3）ビールかす ………………… 866
　　（4）米ぬか ……………………… 867
　　（5）ふすま ……………………… 867
　　（6）ビートパルプ ……………… 867

(7) 糖蜜 …………………… 868
　6. 都市近郊酪農での給与指標 …… 868
　　(1) 豆腐かす，ビールかす，生
　　　米ぬかの多給 ………………… 868
　　(2) 豆腐かす，ビールかす，専管
　　　ふすまの多給と粉砕トウモロコ
　　　シ ……………………………… 869
　7. 飼料のトータルバランス ……… 870
　　(1) 目標成分値と物理性の評価… 870
　　(2) 嗜好性 ……………………… 871

TMR（混合飼料）の配合と給与
　（斉藤友喜） ………………… 873
　1. TMR給与技術の基本 ………… 873
　2. TMRの利点と欠点 …………… 873
　　(1) TMRの利点 ……………… 873
　　(2) TMRの欠点 ……………… 873
　3. 主な飼料原料と特性 …………… 874
　4. 泌乳期別の要求養分特性と
　　TMR給与 ……………………… 875
　　(1) 泌乳前期（分娩から分娩後
　　　20週次） …………………… 875
　　(2) 泌乳中・後期（分娩後20
　　　週次以降〜乾乳前） ………… 876
　　(3) 乾乳期（乾乳〜分娩） ……… 876
　5. TMR給与での注意点 ………… 876
　　(1) 粗飼料分析の実施 ………… 876
　　(2) 泌乳前期の飼料 …………… 876
　　(3) 給与飼料と乳成分 ………… 876
　　(4) 採食量を高めるための工夫… 876
　　(5) 飼料の水分 ………………… 877
　　(6) 給与回数 …………………… 877
　6. TMRの調製と給与の実際 …… 877
　　(1) 配合設計と調製 …………… 877
　　(2) 飼料の混合 ………………… 879
　　(3) 給与の実際 ………………… 879
　　(4) 日常管理 …………………… 880

牧草サイレージの品質と給与・北海道
　（扇　勉） ………………… 881
　1. 牧草の刈取り時期と栄養価・
　　産乳性 …………………………… 881
　　(1) 刈取り時期と栄養価 ……… 881
　　(2) 刈取り時期と産乳性 ……… 881
　2. 牧草サイレージの調製条件と品質 882
　　(1) 牧草サイレージの判定基準… 882
　　(2) 調製条件と蛋白質分画 …… 883
　　(3) 調製条件とβ-カロチン含量 883
　3. 牧草サイレージ主体の給与と
　　乾物摂取量 ……………………… 884
　　(1) トウモロコシサイレージ主体との
　　　乾物摂取量の比較 …………… 884
　　(2) 全飼料中NDF含量とDMI
　　　との関係 ……………………… 884

牧草サイレージの品質と給与・都府県
　（古賀照章） ………………… 886
　1. 牧草サイレージの品質 ………… 886
　　(1)「良質」の意味 …………… 886
　　(2) 発酵品質の評価方法 ……… 886
　　(3) 飼料成分の特徴と使い方 … 887
　　(4) 高栄養粗飼料としての利用… 888
　2. 牧草サイレージを用いた給与例 888
　　(1) 代表的な給与例 …………… 889
　　(2) 低品質の乾草を牧草サイ
　　　レージで補う例 ……………… 889
　　(3) 牧草サイレージが豊富な
　　　場合の例 ……………………… 889
　　(4) 飼料設計修正の注意点 …… 890

輸入乾草の品質と評価方法
　（阿部　亮） ………………… 891
　1. 都府県酪農での輸入乾草の位置
　　づけ ……………………………… 891
　2. 輸入乾草の成分と栄養価 ……… 891
　　(1) 栄養価とその変動 ………… 891
　　(2) 輸入乾草の成分変動の実態… 892
　　(3) 生産地での刈取り・調製例… 893
　3. 輸入乾草の乾物摂取量とその
　　評価方法 ………………………… 893
　　(1) 乾物摂取量と低消化性繊維
　　　含量の関係 …………………… 893
　　(2) 採食TDN量の把握と品質
　　　評価 …………………………… 893

ホルスタイン以外の品種の特徴と飼育技術

ジャージー種（中垣一成）………… 897
 1．ジャージー種の特性 …………… 897
  （1）ジャージー種の原産地と分布 897
  （2）一般的な生理・形態的特徴… 897
 2．ジャージー種の生かし方 ……… 898
  （1）消費者の求める牛乳………… 898
  （2）秋田県におけるジャージー
   牛乳の生産，乳製品の流通…… 899
 3．ジャージー種の育成法 ………… 899
  （1）ジャージー種育成牛の養分
   要求量と発育標準……………… 899
  （2）生後～3か月齢までの飼養
   管理……………………………… 899
  （3）3～12か月齢までの飼養管理 901
  （4）12か月齢～初産分娩まで
   の飼養管理……………………… 901
 4．ジャージー種泌乳牛の飼料給与法 902
  （1）泌乳牛および乾乳牛の養分量 902
  （2）乾物摂取量および粗飼料給
   与量の基準……………………… 902
 5．ジャージー種泌乳牛の飼養管理 903
  （1）泌乳前期の飼養管理………… 903
  （2）泌乳中期～後期にかけての
   飼養管理………………………… 904
  （3）乾乳期の飼養管理…………… 904
  （4）乳　熱……………………………… 904

乳質とその改善

乳蛋白質（阿部　亮）……………… 909
 1．乳蛋白質の合成と乳脂肪・乳
  糖との相互関係 ………………… 909
  （1）乳蛋白質を左右する乳脂
   肪・乳糖………………………… 909
  （2）大きい乳糖の影響…………… 909
  （3）脂肪給与で乳蛋白質が低下
   する理由………………………… 909
 2．乳蛋白質率を高める飼料給与の
  要点 ……………………………… 910
  （1）ルーメンでの菌体蛋白質合
   成量を高める…………………… 910
  （2）給与飼料中のデンプン濃度
   水準……………………………… 910
  （3）飼料中非分解性蛋白質の含
   量の目安………………………… 910
 3．飼料給与方法と蛋白質分解率の
  変動 ……………………………… 911
 4．非分解性蛋白質のアミノ酸組成
  と給与効果 ……………………… 912
 5．乳蛋白質に関する飼料給与診断 912
乳脂率の改善（阿部　亮）………… 914
 1．乳脂肪の合成と乳脂率制御の方法 914
 2．乳脂率改善の方法 ……………… 914
  （1）酢酸優勢型ルーメン発酵の
   維持……………………………… 914
  （2）脂肪の給与…………………… 916
 3．乳脂率に関する飼料給与診断 … 916
細菌汚染乳（中野　覚）…………… 918
 1．細菌汚染乳問題の現状 ………… 918
 2．生乳の細菌汚染 ………………… 918
 3．生乳で問題となる病原菌 ……… 919
  （1）スタヒロコッカス・アウレウ
   ス（ブドウ球菌）……………… 919
  （2）病原大腸菌…………………… 920
  （3）リステリア・モノサイドゲ
   ネス……………………………… 920
  （4）その他の注目される病原菌… 920
 4．処理加工上問題となる細菌 …… 920

5. 基本技術の励行と今後の課題 … 921
加工からみた乳成分・乳質と飼料・
　飼育管理（鈴木一郎）…………… 922
　1. 発酵乳とチーズ ……………… 922
　　(1) 発酵乳の製造と牛乳の条件… 922
　　(2) チーズ製造の特徴………… 922
　2. チーズ製造に用いる原料乳の
　　条件 …………………………… 923
　　(1) 健康な牛から生産された牛乳 923
　　(2) 脂肪球の健全な牛乳……… 923
　　(3) 蛋白質と脂肪のバランス…… 924
　　(4) カゼイン含量の高い牛乳…… 924
　　(5) ミネラルバランス………… 925
　　(6) 細菌で汚染されていない牛乳 925
　　(7) 体細胞数の少ない牛乳…… 925
　3. 飼養管理と原料乳の加工適性 … 925
　　(1) 乳牛の種類と原料乳……… 925
　　(2) 飼料，飼養条件と原料乳…… 926
　　(3) 季節の変化と原料乳……… 926

ジャージー種の生乳脂肪色の改善―
　緑茶がらのTMRへの利用
　（田辺裕司）…………………… 927
　1. ジャージー種生乳黄色度の変動
　　要因 …………………………… 927
　　(1) 飼料のβ-カロチン含量…… 927
　　(2) 乳脂肪率…………………… 927
　2. 緑茶がら給与による生乳の黄色
　　度向上 ………………………… 928

　　(1) 緑茶がらの利用特性……… 928
　　(2) 緑茶がらの保存性………… 929
　　(3) 生乳黄色度の改善効果…… 929
　　(4) 生産性への影響…………… 930
　　(5) 緑茶がらの嗜好性………… 930
　3. 入手方法 ……………………… 930

生乳の品質（風味）と生産環境
　（斎藤善一）…………………… 931
　1. 生乳の品質と風味 …………… 931
　　(1) 正常乳……………………… 931
　　(2) 成分組成…………………… 931
　　(3) 微生物……………………… 931
　　(4) 乳房炎と潜在性乳房炎…… 932
　2. 風味を左右する要因 ………… 932
　　(1) 飼料臭，雑草臭…………… 932
　　(2) 脂肪分解臭………………… 933
　　(3) 酸化臭……………………… 935
　　(4) 牛　臭……………………… 935
　3. 風味をよくする技術，課題 …… 935

牛乳の多様化，高品質化と消費動向
　（鈴木忠敏）…………………… 937
　1. 牛乳生産の状況 ……………… 937
　2. 飲用牛乳の流通と需要 ……… 938
　　(1) 飲用牛乳の流通…………… 938
　　(2) 普通牛乳…………………… 939
　　(3) 加工乳……………………… 939
　3. 成熟時代の「牛乳」の価値 …… 940
　4. 牛乳の課題と方向 …………… 941

環境管理

牛の快適環境と牛舎構造
　（干場信司）…………………… 947
　1. 牛が必要としている環境と環境
　　管理 …………………………… 947
　　(1) 熱環境だけでは説明できな
　　　い子牛の死廃率…………… 947
　　(2) 空気の新鮮さが重要……… 947

　　(3) 環境要因の分類…………… 948
　2. 環境管理からみた牛舎の分類 … 948
　　(1) ウォームバーン…………… 948
　　(2) コールドバーン…………… 949
　　(3) 簡易環境調節牛舎………… 949
　　(4) 換気量の確保が共通の原則… 949
　3. 換気法の基礎と実際 ………… 950
　　(1) 自然換気方式……………… 950

(2) 強制換気方式……………… 952
　4. 断熱法の基礎と実際 ……… 955
　　(1) 断熱材の効果……………… 955
　　(2) 断熱材使用上の注意……… 955
　5. 防暑・防寒対策の考え方 … 956
　　(1) 防暑対策…………………… 956
　　(2) 防寒対策…………………… 956

乳牛の耐寒性と寒冷対策
（岡本全弘）……………… 958
　1. 牛の体の恒常性 …………… 958
　　(1) 恒常性と外部環境………… 958
　　(2) 体温の恒常性と末梢の温度
　　　　変化………………………… 958
　　(3) 体熱の由来………………… 958
　2. 環境温度と体温調節 ……… 959
　　(1) 下臨界温と寒冷適応限界… 959
　　(2) 乳牛の下臨界温…………… 959
　3. 初生子牛の耐寒性 ………… 960
　　(1) 寒冷適応限界と凍死事故… 960
　　(2) カーフハッチの効果……… 961
　4. 乳牛の寒冷への適応 ……… 961
　　(1) 飼養環境・季節と耐寒性… 961
　　(2) 緊急避難的な適応と長時間
　　　　を要する適応……………… 961
　　(3) 牛体の断熱性の向上……… 962
　　(4) 代謝水準と耐寒性………… 962
　5. 寒冷による消化機能への影響 … 962
　　(1) 消化率の低下……………… 962
　　(2) 飼料効率の低下…………… 963
　6. 寒冷下での注意点 ………… 963
　　(1) 凍　傷…………………… 963
　　(2) 乳量の減少………………… 963

牛舎環境の改善による暑熱対策
（池口厚男）……………… 965
　1. 牛舎での熱の伝わり方 …… 965
　　(1) 熱伝導……………………… 965
　　(2) 対流伝熱…………………… 965
　　(3) 熱放射……………………… 965
　2. 牛体と環境との熱の流れ … 965
　　(1) 牛体への熱の伝わり方…… 965
　　(2) 牛体からの熱の放散……… 965
　3. 日射からの熱の遮断法 …… 966
　　(1) 屋根材と色………………… 966
　　(2) 屋根の断熱………………… 967
　　(3) 屋根散水…………………… 967
　4. 送風による熱の放散 ……… 967
　　(1) 換気の重要性……………… 967
　　(2) 懸垂型送風機による送風… 968
　　(3) ダクト送風………………… 969
　5. 気化冷却を利用した冷房 … 969
　　(1) 冷水のドリップ…………… 969
　　(2) 細　霧…………………… 969
　　(3) パッド・アンド・ファン…… 970
　6. 夜間電力の利用 …………… 970

夏バテの予測方法と「夏バテ警報装置」
（中井文徳）……………… 971
　1. 暑熱被害の現状と課題 …… 971
　2. 夏バテの反応 ……………… 971
　　(1) 夏バテの現われ方………… 971
　　(2) 乳量の低下………………… 972
　　(3) 飼料摂取量の変化………… 972
　　(4) 呼吸数の変化……………… 973
　　(5) 直腸温の変化……………… 973
　　(6) 牛体へのその他の影響…… 973
　3. 夏バテの予測方法 ………… 974
　　(1) 予測法の指標となる反応… 974
　　(2) 夏バテ予測式……………… 974
　　(3) 乳牛体感温度早見表……… 975
　4. 夏バテ警報装置の利用 …… 976
　　(1) 装置の内容………………… 976
　　(2) 装置の利用方法…………… 977

簡易で効果的な暑熱対策「ダクト
細霧法」（戸田克史・萩原一也）979
　1. ダクト細霧法の構成機器 …… 979
　　(1) ダクト送風機……………… 979
　　(2) 細霧散水装置……………… 979
　　(3) 換気扇……………………… 979
　　(4) 制御装置…………………… 979
　2. 設置方法 …………………… 980
　3. 運転方法 …………………… 980

- 4. 経　費 ……………………… 981
  - (1) 設置費用 ……………… 981
  - (2) 運転経費 ……………… 981
- 5. ダクト細霧法の効果 ……… 981
  - (1) 牛体周辺の温度低下 … 981
  - (2) 牛体への効果 ………… 981
  - (3) 乾物摂取量，乳生産への効果 …………………… 982
- 6. ダクト細霧法の導入事例 … 982
  - (1) 導入前の暑熱対策 …… 982
  - (2) 経　費 ………………… 983
  - (3) 導入後の改善効果 …… 983

飼料給与の改善による暑熱対策（塩谷　繁）……………… 984
- 1. 夏季の乳牛の栄養状態 …… 984
- 2. 飼料摂取量が減少する原因 … 984
  - (1) 温度の影響 …………… 985
  - (2) 湿度の影響 …………… 985
  - (3) 夏季の飼料給与の課題 … 985
- 3. 暑熱期の飼料給与の留意点 … 985
  - (1) エネルギーとデンプン質飼料 ………………… 985
  - (2) 油脂類 ………………… 987
  - (3) 蛋白質 ………………… 988
  - (4) 繊　維 ………………… 988
  - (5) ビタミン，ミネラル類 … 989
  - (6) 水　分 ………………… 989
- 4. 暑熱期の給与方法 ………… 990
  - (1) TMR の利用 ………… 990
  - (2) 給餌回数と夜間放牧 … 990
- 5. 分娩前後の飼料給与 ……… 990

フリーストール牛舎設計上のポイント（太田竜太郎）…………… 992
- 1. ケース別レイアウト ……… 992
  - (1) 搾乳牛50頭規模，既存施設の活用 ……………… 992
  - (2) 搾乳牛100頭以上の規模での新設 ……………… 992
- 2. フリーストール各部の設計 … 994
  - (1) ストールの長さ ……… 994
  - (2) 後部縁石 ……………… 994
  - (3) 床の勾配 ……………… 995
  - (4) 隔柵（間仕切り柵）… 995
  - (5) 前柵の寸法 …………… 995
  - (6) ネックレイル（トレイニングレール）……………… 995
  - (7) ブリスケットボード（胸板）………………… 995
  - (8) ストールの床各種 …… 995
- 3. 給餌・給水施設 …………… 997
  - (1) 飼槽設計の要点 ……… 997
  - (2) 給水槽 ………………… 997
- 4. 換気装置（ベンティレーション）………… 998
- 5. ミルキングセンター ……… 999
  - (1) 簡易アブレスト導入の順序 … 999
  - (2) 大型規模の搾乳施設 … 1000
- 6. ふん尿処理施設 …………… 1000
  - (1) 堆きゅう肥処理 ……… 1000
  - (2) セミソリッドふん尿処理 … 1000
  - (3) 液肥処理（スラリー）… 1001
  - (4) フラッシュ型牛舎 …… 1001

カウコンフォート（快適性）の向上―岡山県での実践（佐藤和久） 1002
- 1. 牛の居住空間を快適にするカウコンフォート …………… 1002
- 2. 牛舎改造による改善効果 … 1002
  - (1) 改造前の状況と工事内容 … 1002
  - (2) 改造後の牛の変化 …… 1003
  - (3) 実施農家の声 ………… 1004
- 3. 暑熱対策 …………………… 1004
  - (1) 気温より体感温度 …… 1004
  - (2) 冬から始める暑熱対策の準備 1005
  - (3) 牛体への風のあて方 … 1005
  - (4) 夏の乳量が落ちず，発情も改善 ……………………… 1006
  - (5) 送風機の増設 ………… 1006
- 4. 経費のかからない暑熱対策 … 1008
  - (1) 送風機を飼槽寄りに移動，高さも下げて角度も強く …… 1008

(2) 送風機を採食通路とストール
　　　に集中……………………… 1009
　　(3) 送風機の羽根の掃除……… 1009
　　(4) 裏ガードの除去…………… 1010
　　(5) 後ろの壁の除去…………… 1010
　5. 給水改善 ……………………… 1011
　　(1) 牛は水を「食うために飲む」1011
　　(2) フロートからウォーター
　　　カップに……………………… 1012
　　(3) フロート水槽から連続水槽に 1012
　　(4) カップは吐水口が大きなも
　　　のに…………………………… 1013
　6. 飼槽の改善 …………………… 1014
　　(1) 飼槽を牛床から10cmかさ
　　　上げ…………………………… 1014
　　(2) プライマー樹脂で安上がり
　　　な飼槽表面の改善…………… 1015
　　(3) 飼槽表面の資材…………… 1016
　　(4) 放し飼い牛舎は飼槽幅を十
　　　分に…………………………… 1016
　7. 牛床の改善 …………………… 1017
　　(1) 寝起きに「勇気と決断」を

　　　要する牛床とは……………… 1017
　　(2) 厚みのあるマットを敷いて
　　　やる…………………………… 1017
　　(3) 牛床の延長，特別席づくり，
　　　障害除去……………………… 1018
　8. つなぎ方の改善 ……………… 1019
　　(1) 首にこぶ・シワをつくる，
　　　ません棒方式………………… 1019
　　(2) ません棒で牛床が30〜
　　　40cm短縮 …………………… 1019
　　(3) 首と足の痛みで大きなスト
　　　レス…………………………… 1021
　　(4) ニューヨークタイストール＋
　　　カウトレーナー……………… 1021
　9. 牛舎改造の心構え …………… 1023
　　(1) 施工業者との入念な打合わせ 1023
　　(2) 「牛は正直じゃのう」……… 1023
　　(3) 技術相互の関連性………… 1024
　10. 牛のサシバエ対策…………… 1025
　　(1) 「残酷ダンス」……………… 1025
　　(2) 発生場所と飛行距離……… 1025
　　(3) 牛舎をネットで囲む……… 1026

健康診断と病気対策

病気対策の基礎（元井葭子）…… 1029
　1. 乳牛の健康と病気の特性 …… 1029
　　(1) 健康と病気………………… 1029
　　(2) 乳牛の病気の特性………… 1029
　2. 病牛の早期発見 ……………… 1029
　　(1) 外部の変化………………… 1030
　　(2) 内部の変化………………… 1031
　3. 異常牛の見分け方 …………… 1033
　4. 病牛の看護 …………………… 1033
　　(1) 獣医師のくるまで………… 1033
　　(2) 診療の前後………………… 1034
　　(3) 診療後の看護……………… 1034
　5. 常備薬と応急手当の手順 …… 1034
　　(1) 常備薬……………………… 1034
　　(2) 応急手当の手順…………… 1034

牛舎の衛生管理と病気対策
　（永幡　肇）……………………… 1036
　1. 牛舎の衛生環境と管理の
　　ポイント ……………………… 1036
　　(1) 牛舎環境と乳牛の快適性，
　　　搾乳衛生……………………… 1036
　　(2) 環境管理のポイント……… 1037
　2. 事例にみる牛舎環境の問題点
　　と改善 ………………………… 1038
　　(1) 牛舎環境の実態と問題点… 1038
　　(2) 牛舎環境改善事例………… 1038
　3. 衛生管理と病気 ……………… 1040
　　(1) 乳房炎……………………… 1040
　　(2) 蹄　病……………………… 1041
　　(3) 飛節周囲炎………………… 1042

(4) 子牛の下痢・肺炎………… 1042
　　(5) クリプトスポリジウム
　　　　下痢症…………………… 1042
　　(6) サルモネラ感染症………… 1042
　　(7) ヨーネ病…………………… 1043
　4. 主な衛生管理 ………………… 1043
　　(1) 消　毒……………………… 1043
　　(2) 牛舎内外の衛生害虫……… 1043
　　(3) 搾乳施設などの衛生対策… 1044
　　(4) その他の管理……………… 1044

慢性・潜在性乳房炎牛の対策―
　ステビア抽出発酵液の経口投与
　(生田健太郎)………………… 1045
　1. ステビアとは ………………… 1045
　2. 乳房炎の分類と特徴 ………… 1045
　3. ステビア液投与試験の概要と
　　成果 …………………………… 1045
　　(1) 試験の方法………………… 1045
　　(2) 試験成績…………………… 1046
　　(3) 乳房炎の改善効果………… 1047
　4. 使用方法と注意点 …………… 1048
　5. ステビア液の入手方法 ……… 1048

フリーストール牛舎での疾病予防
　(内藤善久)…………………… 1050
　1. フリーストール牛舎と繋ぎ牛
　　舎との疾病発生の違い……… 1050
　　(1) 畜舎構造の違いと疾病…… 1050
　　(2) 乳牛の行動と疾病………… 1051
　　(3) 飼養管理と疾病…………… 1051
　2. フリーストール牛舎の構造と
　　疾病予防 ……………………… 1051
　　(1) 子牛牛舎と疾病予防……… 1051
　　(2) 育成牛（6〜24か月齢）
　　　　牛舎と疾病予防…………… 1052
　　(3) 搾乳牛牛舎と疾病予防…… 1052
　　(4) 乾乳牛牛舎と疾病予防…… 1053
　　(5) 特殊管理用施設（分娩牛舎
　　　　と病牛舎）と疾病予防……… 1054
　3. フリーストール牛舎内での異

常牛の早期発見 ………………… 1054
　　(1) 乳房の状況と乳量………… 1054
　　(2) 行　動……………………… 1055
　　(3) 栄養状態…………………… 1055
　　(4) 新しい診断方法…………… 1055
　4. フリーストール牛舎と関連す
　　る疾病 ………………………… 1055
　　(1) 蹄　病……………………… 1055
　　(2) 乳房炎
　　　　―大腸菌群性乳房炎―…… 1056
　　(3) 第四胃の疾患……………… 1057
　　(4) ケトーシス………………… 1058
　　(5) 乳熱と産前産後起立不能症 1059

趾皮膚炎の発生と対策
　(永岡正宏)…………………… 1061
　1. 発生の状況 …………………… 1061
　2. 臨床症状と治療内容 ………… 1061
　3. 発生原因と対策 ……………… 1062

放牧牛の衛生管理（照井信一） 1064
　1. 放牧牛の病気と特徴 ………… 1064
　　(1) 放牧牛に見られる病気…… 1064
　　(2) 放牧牛の病気の特徴……… 1065
　2. 放牧牛の疾病発生の背景 …… 1065
　　(1) 気象の影響………………… 1065
　　(2) 飼料の変化の影響………… 1065
　　(3) 群構成の影響……………… 1066
　　(4) エネルギー消費量の増加… 1066
　　(5) 家畜害虫の影響…………… 1067
　　(6) 微生物感染の影響………… 1067
　3. 入牧前の衛生管理 …………… 1068
　　(1) 入牧予定牛の選定と放牧馴致 1068
　　(2) 予防接種…………………… 1068
　4. 放牧中の衛生管理 …………… 1068
　　(1) 放牧初期…………………… 1068
　　(2) 放牧中期…………………… 1069
　　(3) 放牧後期…………………… 1069
　5. 退牧時の衛生管理 …………… 1069
　6. 衛生管理の施設 ……………… 1070
　　(1) 追込み柵と誘導柵………… 1070

(2) 検診柵と保定枠……………… 1070
　　(3) 衛生害虫の防除施設………… 1070
　　(4) 病畜舎の設置………………… 1070
　7. 放牧牛の重要疾病 ……………… 1070
　　(1) 小型ピロプラズマ病………… 1070
　　(2) 消化器病……………………… 1071
　　(3) 呼吸器病……………………… 1071
　8. 衛生管理プログラムの設定 … 1072

針灸による治療（小田雄作）…… 1074
　1. 針灸療法の沿革 ………………… 1074
　2. 針灸療法の考え方 ……………… 1074
　　(1) 針灸療法はなぜ効くのか… 1074
　　(2) 経絡と経穴…………………… 1074
　3. 針灸療法の対象と効果 ………… 1076
　　(1) 針灸療法の対象症例………… 1076
　　(2) 主要症例に対する治療効果 1076
　4. 針灸療法の種類と方法 ………… 1077
　5. 各種疾患に対する応用 ………… 1080
　　(1) 運動器病……………………… 1080
　　(2) 消化器病……………………… 1080
　　(3) 繁殖障害および周産期病… 1081
　　(4) 乳房炎………………………… 1081
　　(5) 気管支炎，肺炎……………… 1081
　　(6) 農家が所有する乳牛に対して行なえる予防と治療……… 1081
　6. 針灸療法を学ぶには ………… 1083

少量モグサとデンプンのりを用いた施灸技術（恵本茂樹）……… 1084
　1. 施灸による弊害の現状 ……… 1084
　2. 火傷を防止できる条件 ……… 1084
　　(1) モグサ量と接着剤の選定… 1084
　　(2) 燃焼温度と施灸時間……… 1084
　3. 改良した施灸方法の効果 …… 1085
　　(1) 生体反応と施灸後のカサブタ 1085
　　(2) 繁殖機能回復への効果…… 1086
　　(3) 生体反応の改善と火傷痕の消失………………………… 1086
　4. 現場での展開 ………………… 1087

生産獣医療から見た酪農の展開と乳牛の飼養（岡田啓司）……… 1088
　1. 生産獣医療の目的と考え方 … 1088
　2. 優良牛群の飼養管理 ………… 1088
　　(1) 飼料設計の基本的考え方… 1089
　　(2) 乳期ごとの給与方法……… 1089
　3. 高乳量指向の弊害 …………… 1090
　　(1) 脂肪依存の飼料で肝臓障害が続出……………………… 1090
　　(2) 高デンプン給与でルーメン発酵が悪化……………………… 1090
　　(3) 粗飼料増給の壁……………… 1091
　　(4) 高泌乳と粗利益減少……… 1091
　4. これからの酪農形態 ………… 1092
　5. 牛群の自己診断 ……………… 1092
　　(1) 乳検は貴重な情報源……… 1092
　　(2) 自分でできる牛群診断… 1092
　6. 牛乳からわかる飼養管理の問題点と対策 ……………… 1094
　　(1) 乳量不良……………………… 1094
　　(2) 乳脂率の異常……………… 1095
　　(3) 乳蛋白率の異常…………… 1095
　　(4) 体細胞数の異常…………… 1096
　7. 繁殖不良の原因と対策 ……… 1096
　　(1) 繁殖不良の悪循環………… 1096
　　(2) 泌乳初期〜最盛期のエネルギー不足………………………… 1096
　　(3) ホルモン注射よりもエネルギーバランスの回復………… 1097
　　(4) 初回発情は早いが，その後見えなくなる………………… 1097
　　(5) 泌乳中・後期に欲をだすとますます悪化………………… 1098
　　(6) 乾乳期の飢餓状態………… 1098
　　(7) 乾乳期には体重を減らさない 1098
　8. 人工授精の迷信・思い込み … 1099
　　(1) 適期判断が早すぎる……… 1099
　　(2) 直腸検査の繰返しは授精に最悪…………………………… 1099
　　(3) 腟鏡による観察…………… 1100
　　(4) 授精器具の入れ方………… 1101

9. 飼料給与の間違いと代謝病 … 1101
　　(1) 乳熱多発群………………… 1101
　　(2) 第四胃変位多発群………… 1102
　　(3) ケトーシス多発群………… 1103
　　(4) その他の問題……………… 1103

飼料給与の改善による乳牛の病気対策（平井洋次）………… 1105

　1. TMR発酵飼料 …………… 1105
　　(1) TMR発酵飼料の利点 …… 1105
　　(2) 消化・吸収の充実と疾病
　　　　防止効果…………………… 1105
　　(3) 発酵飼料のつくり方と給与法 1106
　2. 発酵飼料によるアルコール不安
　　定乳の改善事例 ………………… 1107
　3. 低カルシウム血症 ……………… 1109
　　(1) 症状と原因………………… 1109
　　(2) 乾乳後期の強いアルカリ性
　　　　飼料がおもな原因………… 1110
　　(3) 飼料のDCAD値を50以
　　　　下にする…………………… 1111
　　(4) 乾乳後期の濃厚飼料を5kg
　　　　に増やす…………………… 1112
　　(5) 乳房炎，血乳，第四胃変位
　　　　への対策…………………… 1112
　　(6) そのほかの低カル防止対策 1113
　4. 着床障害―発情がきても種が
　　とまらない ……………………… 1114
　　(1) 乳汁中尿素窒素量の上昇… 1114
　　(2) ビタミンA添加の必要性 1115
　5. 異常発情――発情がこない,
　　おかしい ………………………… 1115
　　(1) 乾乳後期の増給で絨毛を伸
　　　　ばす………………………… 1115
　　(2) 分娩後の増し飼いで不足を
　　　　補う………………………… 1116
　　(3) TMR飼料の不断給餌＋
　　　　トップドレスでルーメン発酵を
　　　　安定させる………………… 1116
　　(4) 指標値ではビタミンAが
　　　　不足………………………… 1117
　　(5) 微量ミネラルの不足ほか… 1117
　6. 乳房炎 …………………………… 1118
　　(1) ビタミンの投与が必要…… 1118
　　(2) 高蛋白・低エネルギーの飼
　　　　料，低カルも発症に関与…… 1118
　　(3) 硝酸態窒素によるビタミ
　　　　ンAの破壊 ……………… 1119
　　(4) 微量ミネラルの不足……… 1120
　　(5) クローズアップ期はマメ科
　　　　を避ける…………………… 1121
　7. ルーメン内発酵の充実 ……… 1120
　　(1) 蛋白質と炭水化物のバランス 1122
　　(2) 摂取回数を多くする……… 1122
　　(3) 汚れ，えさの切換え,
　　　　えさの形状などに注意……… 1123

牛の健康を保つ削蹄― その意義と方法（川路利和） 1124

　1. 牛の声 …………………………… 1124
　　(1) 牛の骨格と機能を考える… 1124
　　(2) 人は52個，牛は8個の骨
　　　　で立つ……………………… 1124
　2. 蹄の構造と機能 ……………… 1126
　　(1) 死廃・病傷・事故の要因と
　　　　なる蹄疾患………………… 1126
　　(2) 構造と機能………………… 1126
　　(3) 短い蹄で滑走と亀裂が…… 1127
　3. 牛床と肢蹄への影響 ………… 1128
　4. 寝起きで滑ったら危険信号 … 1131
　　(1) 管理不十分による蹄の凸凹 1131
　　(2) 牛床の勾配，硬いマット… 1132
　5. 従来の削蹄の間違い ………… 1132
　6. 蹄底の観察で削蹄適期をつかむ 1134
　7. 適切な削蹄が牛を生かす …… 1134

口蹄疫とその対応― とくに生産現場で知っておくべきこと（坂本研一）………………… 1135

　1. 口蹄疫発生の概要 …………… 1135
　　(1) 症状と世界での発生……… 1135
　　(2) 日本での発生……………… 1136
　　(3) 大切な日常的警戒と対策… 1137

(31)

2. 農家での口蹄疫の症状とそ
観察のポイント …………… 1137
   (1) 潜伏期…………………… 1137
   (2) 症　状…………………… 1137
   (3) 観察と蔓延を防ぐポイント 1138
3. 口蹄疫の発生と拡大防止のた
めに ………………………… 1138
   (1) 農場，農家の対策………… 1138
   (2) 発生地域での対策………… 1139
   (3) 感受性動物の移動制限と処分 1140
   (4) イベントなどの制限……… 1140
   (5) 発生国からウイルスを持ち
込まない…………………… 1140
4. 口蹄疫ワクチンの使用について 1141
   (1) 国の責任で管理，備蓄，使用 1141
   (2) ワクチン使用の判断……… 1141
5. 口蹄疫ウイルスの特徴 ……… 1141
   (1) 口蹄疫ウイルスとは……… 1141
   (2) 口蹄疫ウイルスの仲間…… 1142
   (3) 温度とpHへの感受性…… 1142
   (4) ワクチン接種動物と感染動
物の識別…………………… 1142
6. 世界での発生状況と感染経路 1143
   (1) 東アジア…………………… 1143
   (2) 東南アジア………………… 1143
   (3) 南　米……………………… 1144
   (4) イギリス…………………… 1144
   (5) 口蹄疫の感染経路………… 1144
7. 2010年宮崎県で発生した日本
の口蹄疫 …………………… 1144
   (1) 発生の経過………………… 1144
   (2) 今後への教訓……………… 1145
8. 2010年に発生した韓国の口蹄疫
(2011年2月現在) ………… 1145
   (1) 発生の経過………………… 1145
   (2) 感染拡大の原因…………… 1145
9. 口蹄疫の歴史 ……………… 1146
   (1) 400年以上前から発生 …… 1146
   (2) 口蹄疫ウイルスの発見とワ
クチンの開発……………… 1146
10. 動物衛生研究所（旧称：家畜
衛生試験場）での口蹄疫研究 … 1146
   (1) 研究のスタート…………… 1146
   (2) 2000年の国内発生以降の
進展………………………… 1147
11. 口蹄疫の診断と予防・治療… 1147
   (1) 口蹄疫の診断……………… 1147
   (2) 予防および治療法………… 1147
12. 口蹄疫を防ぐために―「備
えあれば憂いなし」………… 1148

乳牛の生理

乳牛の一生と生理的特性

乳牛の発育・飼育ステージと生理的特性

1. 発育・飼育ステージの区分

　ホルスタイン種を例にとると，牛乳の生産を開始する時期はおよそ25～30か月齢，その後も発育は続き，体重と体型が完熟するのは60か月齢またはそれ以上とされている。経済動物である乳牛の寿命は経済的使命とともに消滅するもので，生物学的寿命については不明な点が多い。

　また，乳牛の一生をどのように区分するかについても定説はないが，ここでは，乳牛の最大の特徴である牛乳生産を中心に，その時期をいくつかに区分してその生理的特性の概要を述べることとする。

　第1表には，乳牛の発育・飼育のステージを便宜的に育成期，妊娠期，初産期，泌乳・出産反覆期に分けた。各時期はさらに細分化できるし，また，相互に重なり合っている部分も多く

第1表　乳牛の発育・飼育ステージの分類とその特徴

ステージ	およその時期	生理上の特徴	管理上の特徴
① 育　成　期			
新　生　期	0～7日齢	外界との初めての接触	初乳の給与，哺乳
哺　育　期	1週～3か月齢	発育：消化機能の変化	哺乳，哺育用飼料給与，離乳
移　行　期	3～6か月齢	発育：体型，体重の発達	粗飼料主体飼育への移行
育　成　期	6～18か月齢	発育：体型，体重の発達 性成熟	放牧 交配
② 妊　娠　期 （育成後期）	初産分娩まで 15～24か月齢	妊娠，乳房の発達 発育	妊娠管理
③ 初　産　期	分娩・泌乳・乾乳 24～36か月齢	分娩 泌乳 発育	分娩管理 搾乳管理 交配
④ 泌乳　出産反覆期	2産以降の反覆 36か月齢以降	泌乳 妊娠 分娩 泌乳	乾乳管理 分娩管理 搾乳管理 交配

＊　新生期は生後4週間とする例もある

第2表 出生時の子牛の平均体重と体高
(ロイ, 1970)

品　　種	体　重		体　高	
	雌	雄	雌	雄
ホルスタイン種	42 kg	46 kg	74 cm	75 cm
ジャージー種	24	26	66	67

第3表 初乳成分と常乳成分の比較
(ロイ, 1970；ホレイら, 1978)

成　　　　分	初乳	常乳
脂　　　　　肪(%)	3.60	3.50
Ｓ　Ｎ　　Ｆ(%)	18.50	8.60
タンパク質(%)	14.30	3.25
カ ゼ イ ン(%)	5.20	2.60
アルブミン(%)	1.50	0.47
β－ラクトグロブリン(%)	0.80	0.30
α－ラクトアルブミン(%)	0.27	0.13
血清アルブミン(%)	0.13	0.04
免疫グロブリン(%)	5.5〜6.8	0.09
乳　糖(無水)(%)	3.10	4.60
灰　　　　　分(%)	0.97	0.75
カルシウム(%)	0.26	0.13
マグネシウム(%)	0.04	0.01
カ リ ウ ム(%)	0.14	0.15
ナ ト リ ウ ム(%)	0.07	0.04
リ　　　　　ン(%)	0.24	0.11
ク ロ ー ル(%)	0.12	0.07
鉄　(mg/100g)	0.20	0.01〜0.07
亜　　　　　鉛(〃)	1.22	0.30
マンガン(〃)	0.02	0.004
銅　(〃)	0.06	0.01
コバルト(μg/100g)	0.5	0.1
カロチノイド μg/g 脂肪	25〜45	7
ビタミンA μg/g 脂肪	42〜48	8
ビタミンD IU/g 〃	0.9〜1.8	0.6
ビタミンE μg/g 〃	100〜150	20

みられるが，乳牛の特性を一生という長期的視点より眺めるための便法と考えたい。表に示した月齢区分，管理上の特徴はホルスタイン種を対象としたひとつのめやすである。

2. 哺育期

(1) 新生子牛

ホルスタイン種およびジャージー種子牛の出生時体重と体高の標準的な数値は第2表のとおりである。出生直後の子牛は新生子牛と呼ばれるが，新生期は人間などのばあいのように明確な定義はなく，初乳を給与する期間または，生後1か月ぐらいを指すことが多い。

子牛の体熱発生機構は出生直後すでに完成しているが，実用上の新生子牛の臨界温度(熱発生量が増加しはじめる外気温)は約15℃と報告され，寒さにやや弱い。この温度は12週齢以降になると約2℃となり，外気温に対する抵抗性はしだいに増大してくる。

最近，生後ただちに母子分離して畜舎外のカーフ・ハッチで飼育する方式が採用されており，北海道の厳冬期においても子牛は健康に発育することが証明され，新生子牛の耐寒性はかなり高いことが明らかになった。子牛は低温に対応するために，常温に比べて多くの栄養素を必要とし，とくにエネルギーを多く摂取して体熱を産生して体温を維持するものと思われる。戸外に設置したカーフ・ハッチは畜舎内に比べて細菌汚染の頻度が少なく，衛生的に優れた飼育環境となっている。

(2) 母子分離と初乳の給与

新生子牛は出生数時間以内に母乳を吸引し，従来の所見では生後4日間は母子同居させて自由に吸乳させる，あるいは生後1〜2日で母子を分離し，バケツまたは哺乳器で牛乳を給与する人工哺乳に移行するのが一般的であった。母乳を自由に吸引しているときの吸乳量は1日7〜10kgに達し，バケツ哺乳よりも多い哺乳量となる。

しかし，その後の成績では，ホルスタイン種の新生子牛には出生後に自立して吸乳できないものがあり，また，初乳を確実に給与するために出生直後に母子を分離し，人工哺育をすることが奨められている。

分娩直後3〜5日間の牛乳は初乳と呼ばれ，常乳と明らかに成分含量がちがっている(第3表)。初乳は蛋白質，灰分，カロチン，ビタミンなどの含量が高いが，これらの初乳成分は分娩前に乳房内に貯溜するもので，搾乳回数がすすむにつれ，初乳成分の濃度は低くなる。たとえ

ば，初乳中の免疫グロブリン濃度は分娩後1回目の初乳中にもっとも多く，搾乳回数がすすむにつれその濃度は急激に減少してくる。したがって，初乳のもつ免疫抗体を子牛に与えるうえでは，分娩後1回目搾乳の初乳を有効に活用する必要がある。

新生子牛は初乳を飲むまでは血清中に免疫グロブリンはほとんど含んでいない。出生間もない子牛はこの分画に含まれている病原性大腸菌などに対する抗体を持たず，初乳の給与により，はじめて免疫抗体を獲得することになる。一方，子牛の小腸壁は生後約24時間をすぎると，初乳中の免疫抗体を吸収する能力を失う。新生子牛は小腸壁から免疫グロブリンを"細胞吸水（ピノサイトーシス）"の機構によってそのままの形で血液中にとり込むが，この機構は出生直後がもっとも活発で，その後しだいに吸収能が低下し，24時間以降にはほぼ消失してしまう。

以上の点から，子牛には生後できるだけ早く，良質初乳（第1回目搾乳）を給与することが子牛の健康管理上重要なことである。

10日齢をすぎると，子牛はしだいに自力で抗体を産生するようになり，8週齢前後には血清中の免疫グロブリン濃度はほぼ正常値を示すようになるが，初乳の給与は生後1か月以内に多発する子牛の下痢症の発生に対して有効な措置となっている。

(3) 消化機能の発達

新生子牛の消化機能は成牛と明らかに違っている。新生子牛も成牛のように第1～第4胃の4つの胃をもつが，第4胃だけが機能的であり，その容積も他の3つの胃の合計の約2倍と大きい。成牛ではもっとも機能的な胃である第1胃は，新生子牛では飼料の消化にはほとんど関与していない。

第4胃は単胃動物の胃に相当し，哺乳している子牛の第4胃ではペプシン，レンニンを分泌し，消化酵素による牛乳蛋白質の消化が行なわれる。牛乳，代用乳などの液状飼料は，食道溝反射によって第3胃溝をとおって直接第4胃に入り，第1胃内に入ることはほとんどない。一

第4表 子牛の胃の発達（各胃の組織重量比）
（ワーナーとフラット，1965）

	週					齢	
	0	4	8	12	16	20～26	34～38
第1胃＋第2胃	% 38	% 52	% 60	% 64	% 67	% 64	% 64
第3胃	13	12	13	14	18	22	25
第4胃	49	36	27	22	15	14	11

方，濃厚飼料，粗飼料はまず第1胃に入るが，採食量がふえるにつれ微生物類が第1胃内に定着し，しだいに第1胃内発酵が活発になってくる。第1胃の発達は濃厚飼料，粗飼料などの固形状の飼料の採食量が増加するにつれ促進される。第2胃，第3胃も固形状飼料の摂取量の増加によって発達する。各胃の重量の比率は，第4表に示すように週齢がすすむにつれて変化し，第1胃の相対的重量は12～16週で成牛のレベルとなり，第3胃重量はさらに遅れて完成する。

第1胃の発達程度を指標として，この時期を，
①前反芻動物期（pre-ruminant stage）：生後3～4週間
②移行期
③反芻動物期（ruminant stage）：生後8～12週以降という呼び方で分類することもできる。

第1胃の未発達な時期の子牛の栄養素は，すべて液状飼料によって供給されなければならない。液状飼料の中止を離乳というが，この時期は第1胃の発達の程度，給与飼料の質によって相違する。たとえば，液状飼料の給与を生後6～7週齢で中止する早期離乳法では，良質の離乳用飼料を1日当たり1.0～1.5kg摂取できるようになった時点で離乳することになる。もし離乳用飼料（市販の人工乳，カーフ・スターター）の代わりにふつうの乾草などだけを給与するばあいには，第1胃の発達は遅れ，離乳可能の時期は遅れてくる。また，第1胃機能が未完成のまま，低品質の飼料を給与するときには，子牛の発育が遅れるだけでなく，腹部だけ膨らんだ体型の悪い子牛になることがある。

第1胃，第2胃，第3胃の発達に対しては，固形状飼料の給与が必要である。これは，固形状飼料の物理的刺激（容積や機械的刺激）と，

微生物発酵の結果生じる数種の低級脂肪酸による化学的刺激とが第1胃などの発育を促進するためであり、この効果は牛乳などの液状飼料には認められない。

離乳して濃厚飼料や粗飼料主体の飼育に移行すると、第1胃の機能も活発となってくる。しかし、3か月齢になっても第1胃容積はまだ充分に大きいとはいえない。したがってこの時期（本格的な育成への移行期）の養分要求量を牧乾草などの粗飼料だけで充足することは困難で、養分含量の高い濃厚飼料を補助的に給与し続ける必要がある。粗飼料の品質にもよるが、粗飼料だけで子牛を飼育できる月齢はおおよそ6～10か月齢以降であり、昼夜放牧などの本格的放牧はこの時期以降となる。

（4） エネルギー代謝の変化

反芻動物である乳牛の最大の生理的特徴は、草を利用することと大量の牛乳を生産する点にあるといわれる。

草の利用に関しては第1胃を中心とする反芻胃の機能が中心となる。第1胃内で行なわれる微生物による飼料成分の分解、再合成は第1胃発酵と呼ばれるユニークなものであり、ここでは、微生物が炭水化物を分解して低級脂肪酸を生産し、さらに種々の窒素化合物を原料とした微生物体蛋白質の生成とビタミンB群の合成とが行なわれている。

第1胃で生産される低級脂肪酸は維持、成長および泌乳の主要なエネルギー源であり、また、微生物体蛋白質も栄養価の高い蛋白質として同じく維持、成長、泌乳に利用される。第1胃機能の発達は、この意味で、子牛が消化しうる飼料の質が変化するとともに、第1胃発酵によって生じる種々の生産物の利用のために体の代謝機能も変化してくることを示している。

牛乳あるいは代用乳を給与している時期の子牛の主要なエネルギー源は乳糖および脂肪であり、子牛はこれらの栄養素を他の単胃動物とほぼ同様に利用する。乳糖は小腸で消化され、グルコースとして吸収される。したがって、子牛の血糖値は高く、インシュリンに対する感受性、グルコースの利用性も高くなっている。

一方、第1胃機能が活発となっている子牛では、摂取した炭水化物は第1胃内で大部分低級脂肪酸に変化するので、小腸以下に移って消化吸収される糖類は極めて小ない。成長するにつれて、子牛の血糖値は低くなり、グルコースの利用性も低くなってくる。もちろん、グルコースは乳牛にとって重要な栄養素なので、必要な量だけは体内でアミノ酸やプロピオン酸などを材料にして合成される。第1胃機能の完成している成牛では腸管における糖類の吸収はほとんどなく、低級脂肪酸にエネルギー源を依存するために"脂質依存動物"と称されることがあるが、哺育期後半の子牛は糖を利用する代謝の体制から低級脂肪酸を利用する代謝への移行期に相当しているとみることができよう。

糖質代謝主体から脂肪酸代謝主体への代謝系の変化は、主として解糖ならびに糖新生の過程にみられ、また、これらの代謝系を制御する内分泌系にも変化を生じる。

3. 育　成　期

（1） 体重・体型の発達

ホルスタイン種雌の標準的発育値（第5表）は各種の設定条件により相違しているが、日本ホルスタイン登録協会（1983）の正常発育曲線によると、24か月齢で体重 509 kg、体高 135.5 cm となっており、この間の1日当たり増体重（DG）は約 0.64 kg である。しかし、一般に生物の発育は必ずしも直線的ではなく、いわゆるS字状の成長曲線を描くもので、乳牛のばあいにも同様である。米国におけるホルスタイン種の標準的発育のめやすをみると、哺育期のDGは約 0.7 kg、その後離乳から6～8か月齢まで約 0.73 kg、6か月齢から14か月齢まで約 0.68 kg、14か月齢から20か月齢まで約 0.59 kg、21か月齢以降約 0.66 kg のDGが望ましいとしている（ブラウン，1986）。

体重の増加量はとうぜん給与飼料の種類や栄養水準によって強く影響され、また、運動量や

一生と生理的特性

第5表 ホルスタイン種雌牛の発育基準
(体重：kg)

月齢	日本飼養標準(1974)	日ホ協(1983)	NRC標準(1978)	ベルツビル標準(1954)	モリソン標準(1956)
生時	40	41.5	—	42	42.2
1	56	62.5	55	54	52.2
2	73	85.7	70	72	70.3
3	90	113.7	88	96	—
4	113	140.8	107	123	118.0
5	136	167.3	129	151	—
6	160	192.9	150	178	172.1
7	184	—	172	205	—
8	207	241.7	194	230	222.9
9	229	—	214	253	—
10	251	287.1	234	275	267.4
11	272	—	254	297	—
12	292	329.1	276	323	311.0
13	312	—	298	337	—
14	331	367.5	319	350	341.4
15	349	—	341	366	—
16	367	402.5	363	383	372.0
18	400	434.0	406	419	404.1
20	432	—	450	453	435.9
22	464	—	489	483	470.8
24	496	509.4	529	506	501.2
30	564	559.9	—	542	—
36	600	591.7	—	592	—
48	—	627.6	—	629	—
60	—	661.1	—	657	—

第6表 完熟時(60か月齢)の測尺値のほぼ90%に達する月齢 (ブロディ，1964)

部位		部位	
管囲	10～12か月	胸幅	26～29か月
体高	18～19	胸囲	24～26
十字部高	14～15	臗幅	29～30
体長	20～22	腰角幅	28～30
胸深	20～22		

注 完熟時体重550kg，体高135cm として

乳牛の発育は60か月齢以上まで継続するもので，初産以降も泌乳，妊娠を繰り返しながら体重，体尺値が増加し，各個体本来の体重，体尺値を示すようになる。

子牛の骨格の発達の状況を体尺測定値からみると，発育は測尺部位によって差がみられる。この状況を完熟時の体尺測定値の90%に達する月齢で比較すると，第6表のとおりである。最も早く完熟期に近づく部位は管囲であり，次に，十字部高，体高が早く，体の容積，体重に関係する胸囲，臗幅，胸幅，腰角幅はこれらに比べて遅くまで発育が継続している。体高は生後2～6か月齢でもっとも速やかに増加し，その後しだいに速度が落ちていき，また，腰角幅は性成熟，妊娠期にはいってから発育速度が増加するなどの特徴がみられる。

これらの骨格の発達は育成時の栄養条件などによって影響を受け，低栄養の条件では発育は停滞する傾向がある。しかし，部位によって発育阻害の程度に差がみられ，畜試における子牛の栄養障害発生に関する試験(1964)では，6か月齢以降の低栄養飼育による体高の発育停滞は体の幅や体重に比べて軽度であり，このため，体重/体高比の測定によって子牛の栄養状態を明示できることを報告している。この数値は，その後の乳牛の栄養状態の判定にも利用することができる。

環境温度もこれに影響するなど変動が大きいが，子牛の体重増加量は常に一定である必要はなく，たとえばある時期に受けた発育停滞は，その後の飼い直しによって充分に回復する例が多い。この現象は代償成長と呼ばれ，放牧育成などではよく見られることである。しかし，発育の停滞がきわめて重度であり，また，疾病や栄養素の欠乏症状を伴うばあいには回復は困難となる。

子牛の成長速度がその後の繁殖，泌乳にどのような影響を及ぼすかについては多くの成績が報告されている。その結果では，一般に標準的飼育に比べて，エネルギー給与量が20～30%低い程度の子牛の発育低下または停滞はその後充分に回復し，泌乳成績，繁殖成績にはほとんど影響していない。むしろ反対に，栄養水準を高めて発育を促進するばあいには乳泌成績は向上しないか，あるいは逆に低下する傾向にあることが指摘されている。

(2) 繁殖機能の発達

子牛の卵巣機能はかなり早い月齢から活動するといわれる。ホルスタイン種雌の卵巣機能が完成する，いわゆる性成熟に達する時期は6～14か月齢と非常に幅が大きい。平均的には雌性

第7表 乳牛の初発情発現の月齢と体重・体高

栄養条件など	月齢	体重	研究者
一般　ホル種	9.6	239kg	枡田 (1950)
ホル雑	14.8	282	
TDN140%飼育	9.2	278 (115cm)	レイドら (1964)
100%	11.2	264 (114cm)	
62%	20.2	288 (118cm)	
標準飼育	9.8	255	畜試 (1964)
低栄養飼育	13.8	237	
高栄養飼育	9.7	248	
DG0.72kg	10.3	276 (116cm)	北農試
DG0.60	11.9	256 (117cm)	(1979)

生殖器の発達は，6か月齢以前では体発育とほぼ並行しているが，5〜6か月齢から生殖器の発達は体発育を上回り，10か月齢以降になって速度は鈍化してくる。

枡田は，ホルスタイン種の初発情発現の時期を平均9.9か月齢，そのときの平均体重を240kgとし，ホルスタイン系種はこれより遅れると報告している。性成熟に達する月齢は品種や栄養水準によってかなり変化し，とくに低栄養状態で飼育されている子牛の性成熟は遅れ，高栄養状態では促進される。栄養水準を変えて育成した子牛の性成熟期の変化の例を第7表に示した。

このように飼育条件によって性成熟に達する月齢には大きな差がみられるが，性成熟に達したときの体重，体高はいずれの条件下でもかなりよく合致し，おおむね体重250kg以上，体高110〜115cm以上となっている。体格の小さいジャージー種は，ホルスタイン種に比べて性成熟に達する月齢は早い。

しかし，低栄養条件で飼育したホルスタイン種雌牛の発育が停滞し長期にわたりDG0.4kg以下になるときには，発情，排卵の出現は非常に遅れ，繁殖機能の発達は大きく抑制されており，DG0.4kgの発育値はホルスタイン種雌子牛の正常発育の下限値に相当するものとみられる。

乳房の発達は性ホルモンの作用に依存するところが大きい。性成熟に達する以前には乳管，分泌細胞の発達は全くみられないが，性成熟に達したのち卵胞から放出されるエストロジェンの働きにより乳管の発達が促され，その後の性周期の反覆によってしだいに乳房は大きさを増してくる。乳腺の本格的な発達は妊娠期に入って行なわれるもので，乳腺細胞は妊娠期にしだいに乳房全体に拡がり，妊娠末期には牛乳を分泌する準備を完了する。

乳房の発達の速度は子牛の体の発育速度と関係するが，これは前述の卵巣機能の発達と並行したものと考えられる。しかし，育成期に過度の体重増加をはかる飼養法をとるときには，乳房重量は増加するが，乳房内に多くの脂肪が蓄積し，乳腺組織の発達はそのわりには低くなる傾向がある。とくに，12か月齢までの間に体重を著しく増加する高栄養飼養法をとるときには，乳房内脂肪の蓄積が異常に多くなり，乳管組織をはじめ乳腺組織の発育が著しく阻害されることが報告（ハリソンら，1983）されている。

(3) 交配の適期

性成熟に達し，排卵を伴う発情があれば受胎は可能となるが，通常は初回発情後数回の発情を見送ったのちに種付けをする。これは，母牛の体重，体格が小さすぎるばあい，初産分娩時に難産の危険性が多くなることや初産乳量が少なくなることなどの理由によるものである。一方，母牛の体格が充実するのを待って交配すると，月齢がすすみすぎ，牛乳生産開始月齢が長くなり，育成費用が高くつくという欠点がみられる。

種付け開始を遅くし，牛乳生産開始月齢を遅らせるほうが初産乳量が多くなるので有利であるという意見もあるが，初産乳量の増加よりも初産分娩の遅れによる経済的損失のほうが大きいという見解のほうが強くなっている。

初産月齢を早めるために，積極的に早期繁殖をすすめようという試みもいくつか報告されている。たとえば，受胎月齢10か月齢，初産月齢20か月齢とするウィスコンシン大学の報告，また，平均12.5か月齢で受胎させ，5産次まで飼養している徳島畜試の報告などがあるが，これらの報告では初産次乳量がやや低いこと，難産の危険性が高いことが指摘され，技術的にまだ難点が残されているといえよう。

第8表　乳牛の受胎適期
（キャンベルとマーシャル，1975）

品　種	月　齢	体　重
ホルスタイン	14〜17か月	333〜400kg
ジャージー	13〜15	225〜267

注　アメリカにおける基準の一例

交配の適期は，このように乳牛の繁殖生理の面と経済性の面から検討されているものである。わが国では，従来18か月齢，体重400kgがホルスタイン種の種付け適期とされていたが，最近は，これより早い15か月齢，体重350kgが種付け開始の時期として適当であるとされている。アメリカにおける若雌牛の繁殖適期の基準例は第8表に示すとおりである。また，24か月齢初産分娩を予定するときの種付け開始は月齢14か月，体重340kg，体高125cmとするのがひとつのめやすとなっている（米国，1986）。

(4) 消化機能の発達

子牛の消化器は哺育期の後半に非常に大きく変化し，とくに第1胃発酵能の発達に関連して第1胃，第2胃，第3胃ならびに唾液腺などの著しい発達がみられたが，育成期にはこれらの機能が徐々に完成していく経過をとっている。

第1図は，乾草主体で飼育した育成牛の体重60〜500kgまでの間の消化管の組織重量の比率を示したものである。体重200kgまでは第1胃（第2胃を含む）および第3胃の組織重量の割合は大きく増加し，その後も増加率は小さいが徐々に増加している。一方，第4胃および腸はこれらと反対に引き続いて減少していく傾向がみられる。

消化器官の発達には給与飼料の構成，量が大きく影響し，育成牛では濃厚飼料多給に比べて粗飼料主体のほうが第1胃，第2胃，第3胃は大きくなり，また内容物重量も多くなっている。育成期において消化管が重量，容積ともに大きくなることは，牛乳生産開始期に多量の飼料を摂取できるという点から大いに期待されるところである。また，放牧中においても単に体重の増加を期待するよりは消化管や心肺機能の強化の効果を期待すべきものと思われる。

育成期の給与飼料構成と泌乳期の採食量との関係についての科学的試験研究はあまり多くない。最近オランダの研究者（1984）は育成時の粗飼料主体飼育と濃厚飼料多給飼育が泌乳時の採食に及ぼす影響を調べているが，粗飼料主体育成のほうが，分娩後の採食量とくに粗飼料の採食量が多くなることを報告している。しかし，この効果は泌乳後期まで持続しないこと，また，高能力牛について粗飼料採食量増加のための訓練は困難であることなどを述べており，飼料順致の長期に及ぶ効果についてはまだ充分に明らかではない。

(5) 発育に伴う養分要求量の変化

乳牛のばあいも，他の家畜と同様に，発育段階によって給与する飼料の質と量とが変化する。発育速度の早い時期にはエネルギー，蛋白質，ミネラル，ビタミンの要求量は大きく，したがって良質の飼料を補給することが必要であるが，発育速度の低下に伴い養分の低い飼料の給与ですむことになる。

たとえば成長に要する蛋白質必要量は，維持に要する分と体組織の生成に要する分とに分けられ，このうち，維持に要する蛋白質の量は体重が大きくなるにつれて当然増加し，一方体組織の生成に要する蛋白質は年齢や体重が増加するにつれてむしろ減少する傾向がある。したがって，発育するにつれて1日当たり蛋白質の要

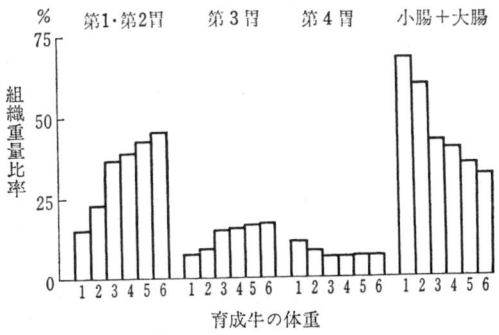

第1図　育成牛における消化管組織重量の比率の変化　（ベイレイ，1986）
注　1 = 60kg，2 = 100kg，3 = 200kg，
　　4 = 300kg，5 = 400kg，6 = 500kg

乳牛の生理

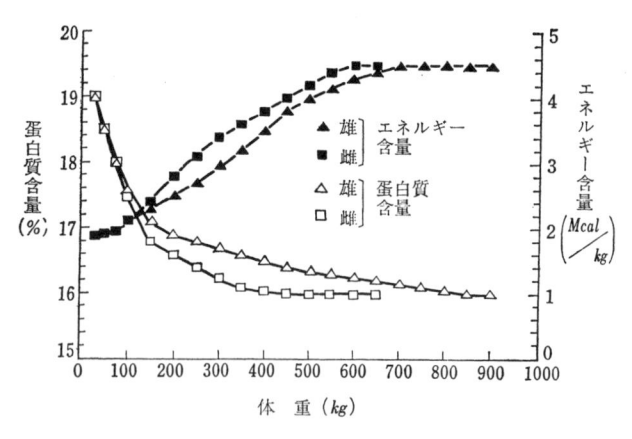

第2図 発育に伴う育成牛の体重増加分における蛋白質とエネルギー含量の変化　（NRC, 1978）

求量は増加するが，単位体重当たりの要求量はむしろ減少することになる。このため，成長がすすむにつれて，蛋白質含量の比較的低い飼料によってその必要量をみたすことができるようになる。

この関係はエネルギーの要求量のばあいにも同様である。

一方，体重が大きくなるにつれて，体重増加に要する飼料の利用効率はしだいに低下する傾向がみられる。これは動物一般にみられる現象であり，発育に伴う体構成分の変化，あるいは脂肪蓄積の増加や蛋白質蓄積率の減少などがその理由としてあげられている。

第2図は発育中に体成分として蓄積される蛋白質およびエネルギーの割合を示したものである。体重 $100kg$ 以下の子牛の体重増加分には約 $17.5〜19\%$ の蛋白質を含むが，体重 $300kg$ 以上になると，増体分の蛋白質含量は約 16% に低下してくる。また，反対に増体分のエネルギー含量は，体重 $100kg$ 以下のばあいには約 $2 Mcal$ /kg であるが，体重 $300kg$ では約 $3 Mcal$/kg，体重 $500kg$ では約 $4 Mcal/kg$ と増加している。体重がふえるにつれて，増加する体構成分の蛋白質含量は減り，エネルギー含量はふえる傾向を示している。体重が大きくなると増体分のエネルギー含量が高くなるが，これは増体分の水分が減り，脂肪として蓄積される割合が高くなっていることを意味しているものである。

このように，発育に伴って子牛の養分要求量に変化を生じるので，給与飼料の構成もとうぜん変化してくる。第1胃の発達の状況や期待する発育量によってもちがうが，哺育期に比べて育成期には蛋白質含量，エネルギー含量が低く，粗繊維含量の比較的多い粗飼料を主体とする飼養法が適当であることになる。第9表には哺育期と育成期に給与する飼料の成分含量を比較して示した。

(6) 放牧育成の効果

放牧育成は子牛を集団的にまた効果的に飼育するうえで最も望ましい形態である。

放牧が子牛の発育に及ぼす主な利点は，豊富な運動量と粗飼料給与とによって得られる心肺機能や肢蹄の強化と消化機能の向上があげられる。これらは牛乳生産開始以降の乳牛の強健性や耐用年数の延長などによい結果をもたらすと考えられている。

放牧時のエネルギー消費量は舎飼いに比べて50〜100%増しになっているといわれる。これは，運動によるエネルギー消費の増加や環境に適応するための熱生産量の増加を反映したものであろう。放牧による心肺機能の強化や肢蹄の鍛練の効果についての実験的な証明は少ないが，$1,000m$ 前後の高地で放牧育成した子牛の心肺機能に運動による効果が長く残ることが報告されている。条件によるが，放牧による心肺機能の強化は充分に期待されると考えられる。

一方，放牧時における子牛の増体量は必ずしも高いものではない。北海道，東

第9表　各ステージにおける給与飼料の標準的成分構成(%)

	哺育期飼料		育成用飼料	乾乳牛飼料	乳量 20kg以下	乳量 29kg以上
	代用乳	人工乳				
粗蛋白質	22.0	16.0	12.0	11.0	14.0	16.0
TDN	95	80	60	60	67	75
カルシウム	0.70	0.60	0.4	0.37	0.48	0.60
リン	0.50	0.42	0.26	0.26	0.34	0.40
粗繊維	—	—	15	17	17	17

(NRC 1978)

北の一部を除いて育成牛の発育は標準発育を下回り，関東以西では放牧中のホルスタイン種雌子牛のばあいの1日当たり体重増加は0.5kg前後以下のことが多い。これは放牧地の草生，草質などが子牛の養分要求量を充足するのに不充分であることと同時に，種々の疾病の発生が大きく影響しているからで，このため放牧育成の効果はかなり低く評価されることがある。

もともと牛は草地に生息してきたものであるが，近代酪農の対象となる乳牛は，在来のものに比べて，乳量はもちろん子牛の増体量についてもかなり高い水準のものが要望されるようになっている。これに対応した放牧は必ずしも粗放な飼養形態を指すものではないことを認識する必要があり，草地管理，疾病対策を含めた計画性のある放牧育成技術を適用する必要がある。

4. 妊娠期

(1) 胎児の発育

受精卵は子宮壁に着床し，牛胎児として発育する。胎児は約280日間の妊娠期間を経て出生するが，この間母牛から胎盤を通じて養分が補給される。

胎児の発育，重量の増加は出生後の子牛の発育曲線とやや違った傾向となり，初期の重量増加に比べて妊娠後期のほうの重量増加が著しく大きい。これを重量の増加割合，いわゆる発育の比速度でみると，妊娠初期のほうが速く，受精卵が倍になる速度は時間単位で計測されるほどであるが，妊娠の進行につれてこの比速度はしだいに遅くなる。しかし，胎児重量の絶対値は指数函数的に増加しており，妊娠末期には急激な重量の増加を示すようになる。

妊娠の進行に伴う子宮および胎児の重量と窒素・エネルギーの蓄積量の変化は第3図のとおりである。子宮重量には牛胎児のほかに胎盤その他の組織重量を含み，胎児の重量はこれの60～70%に相当している。この例では，子宮重量が20kgとなるのは妊娠200日目であり，その後の80日間でこの重量は3.5～4.0倍の大きさにな

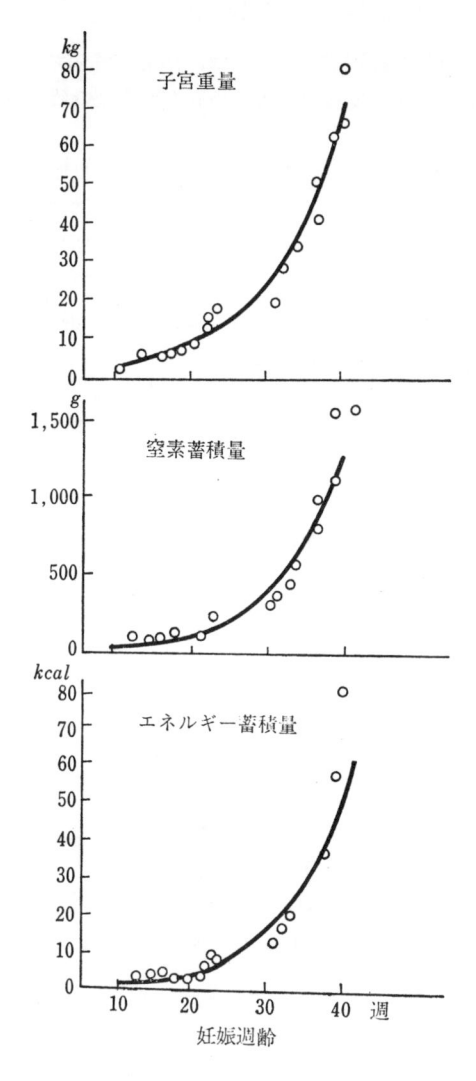

第3図 受胎後の子宮（胎児を含む）の重量と成分の変化　　　　　（ヤコブソン，1957）

る。また，子宮や胎児における窒素やエネルギーの蓄積量もこれに並行して，この時期に急速に増加している。

このような胎児の発育傾向に合わせて，飼養標準では妊娠末期の2か月間に妊娠に要する養分を増加給与するようにしている。これ以前の胎児の発育については，とくに養分補給のための飼料の増給は必要としていない。

(2) 妊娠時の栄養素の配分

妊娠を継続するためには，卵巣の黄体および胎盤に由来するホルモンの存在が重要な役割を果たしている。

妊娠期における牛胎児への栄養補給は胎盤を通して行なわれる。胎児における栄養素の代謝については不明の点が多いが，また，胎児に特有の代謝も営まれている。母体⇌胎盤⇌胎児におけるグルコース，アミノ酸，低級脂肪酸の利用過程の大要は第4図に示すとおりである。

妊娠中の母牛が過剰の栄養素を摂取しても，その養分は母牛の体組織，とくに骨や脂肪組織などに蓄えられ，直接胎児の発育を促進するとは限らず，一方，養分摂取量が多少不足しても母牛の蓄積養分の利用により胎児の発育はほとんど阻害されない。これらの養分の体内配分の順位についてはプロジェステロンなどのホルモンが関与するものと考えられる。

経産牛では泌乳と妊娠が並行してすすむが，胎児の発育は摂取養分の多少の増減では，直接影響されることは少ない。飼料供給が不足するときには，まず，乳量の減少があり，ついで母牛の体重減少があり，胎児の発育は最後まで優先して維持される特性をもっている。

しかし，さらに極端な低栄養状態が続くときには，母体だけではなく胎児の発育に影響し，妊娠の持続が困難となり，死・流産の事態を生じることになる。

(3) 初産分娩時の母牛の体重

初産分娩時の母牛の体重は，育成期，妊娠期の栄養水準や種付け月齢などによって変動するが，その適正な体重は出産時の難産の回避，初産時の乳量の面から検討されている。出産の難易は，胎位，胎児の大きさ，あるいは母牛の素因などによっても影響されるもので，たとえば，胎児の出生時体重が母牛の体重の9％を超えるときには難産発生の確率は増加するといわれる。

これらを考慮して，初産分娩時の体重はホルスタイン種で485～500kg以上，ジャージー種では約350kg以上が必要であるとされる。米国では，ホルスタイン種の初産分娩時の体重，体高のめやすとして，分娩後体重525kg，体高136cm，また分娩前のボディー・コンディション・スコア（栄養状態の指標）は3.5とするというのが実際的であるとしている。

(4) 分　娩

ホルスタイン種の平均妊娠期間280日を過ぎると，分娩を迎える。妊娠の維持に関与するプロジェステロンの血中濃度は分娩3週間前から急激に低下し，一方，胎盤に由来するエストロジェンの血中濃度は分娩前に上昇し，ふたたび低下する。このプロジェステロンとエストロジェンの割合の変化によって子宮はオキシトシンやプロスタグランジンに対して反応し，分娩が開始される。

乳牛の出産の徴候は分娩数日前から観察される。分娩2週間前からは乳房，下部腹，肢蹄などをきれいにし，きれいな分娩房に収容して，分娩後の飼料に順致する。分娩は陣痛と外陰部の変化で始まり，十数時間で胎児を娩出する。その後数時間以内に胎盤（後産）が排出されて分娩を終了する。胎児出産後24時間を経ても後産が排出されない状況は後産停滞と呼ばれ，母牛の体力の低下，繁殖機能の不順なときに起こりやすい。

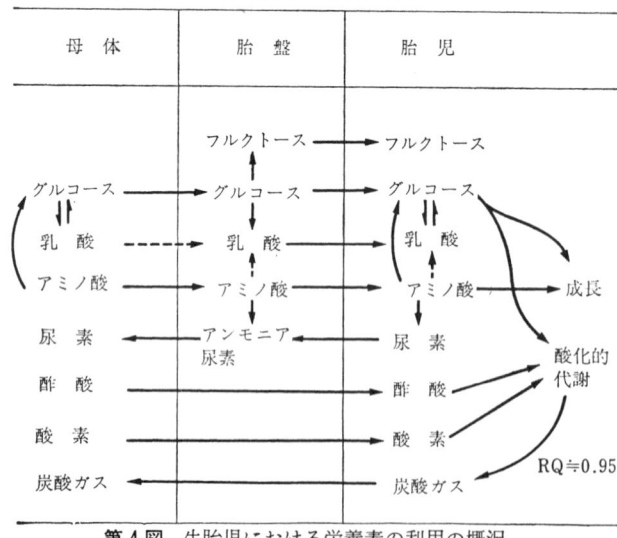

第4図　牛胎児における栄養素の利用の概況

子宮重量は分娩直後は約 10kg とかなり大きいが，分娩後30日以内には本来の大きさに収縮する。分娩後10～15日で初回排卵が起こるが，多くのばあいは鈍性発情であり，2回目以降に正常な発情・排卵がみられることが多い。

5. 泌乳期

(1) 牛乳生産とホルモン

性成熟に達した子牛の乳腺は発情を繰り返すにつれて乳管，乳腺胞が発達し，さらに妊娠期にはいって乳腺構造が明瞭な発達をとげ，妊娠後期になると乳管末端の乳腺胞が大きく成熟して，泌乳の準備体制が整い，分娩によって泌乳が開始される。

この乳腺の発育，泌乳の開始，泌乳の持続，さらに乳汁の排出にはいくつかのホルモンが協同して作用している。乳腺の働きとホルモンとの関係のあらましを第5図に示した。乳腺の発達に対しては卵胞より分泌されるエストロジェン，プロジェステロンが作用し，乳管の発育にはエストロジェンが，腺胞や小葉の発育にはプロジェステロンがおもに働きかける。妊娠期には胎盤からラクトージェンが分泌され乳腺の発育を促している。妊娠末期には乳腺細胞は徐々に分泌機能をもち，初乳様分泌物が乳腺内に貯留されてくる。

分娩前になると，血中プロジェステロン濃度は低下し，エストロジェン，ラクトージェン濃度が増加し，また，プロラクチンや成長ホルモン，副腎皮質ホルモンも分娩前後に増加し，これらの相互作用により泌乳が開始される。

泌乳を続けていくためには，プロラクチンや副腎皮質ホルモン，甲状腺ホルモン，成長ホルモン，膵臓ホルモンなどが協同して乳腺に作用するものと考えられている。最近，成長ホルモンを投与することにより乳量を増加させる効果のあることが報告され，また，ケトージスの治療などに副腎皮質ホルモンを投与すると乳量減少がみられること，またエストロジェン，インシュリンなどの単独投与でも乳量の低下がみられるなどホルモン相互のバランスが重要と考えられる。

乳腺，乳管内に生成，貯留した乳汁の排出には下垂体後葉より分泌されるオキシトシンが関係する。適切な搾乳刺激により後葉から放出されたオキシトシンが乳腺の筋上皮細胞の収縮をおこして乳汁を排出する。

乳汁の合成に働く多くのホルモンは単に乳腺細胞における合成作用を高めるだけでなく，乳牛の体内代謝を牛乳生産に適応させる方向に向けて大きい変化をもたらしている。

乳腺における牛乳成分の合成に対応して，飼料養分の利用とともに体蓄積脂肪の分解，利用や体蛋白質の流動の増加，あるいは肝臓における糖新生の増加など体蓄積養分を消費しながら

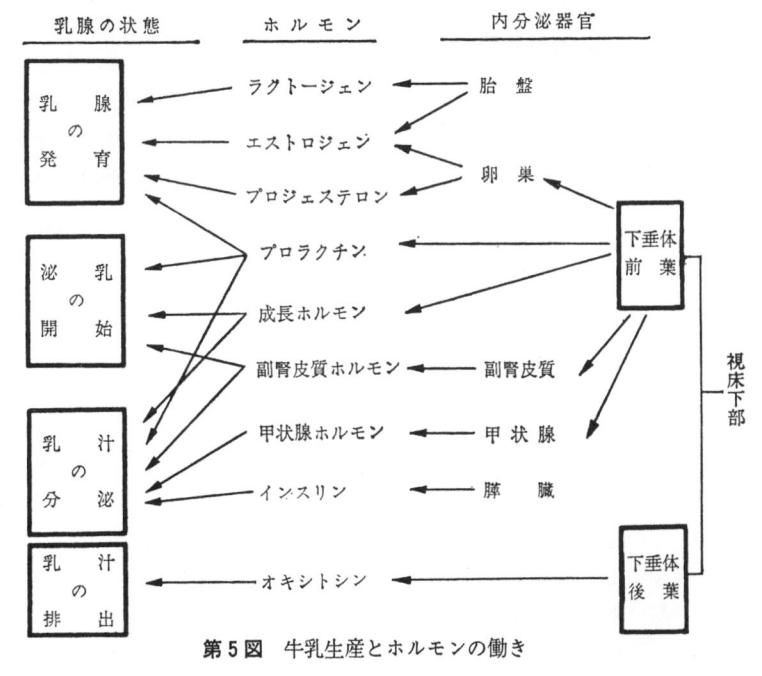

第5図 牛乳生産とホルモンの働き

乳牛の生理

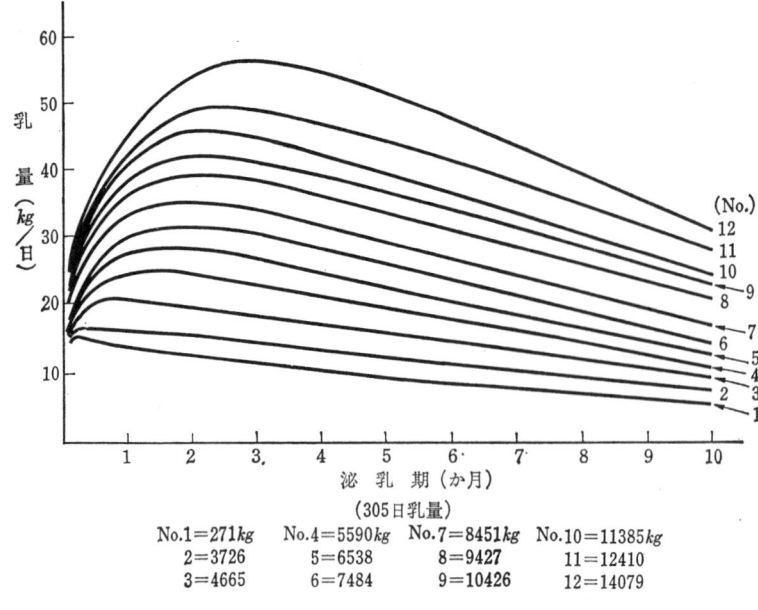

第6図 乳量水準別の乳量曲線 （富樫・大森，1981年）

(305日乳量)
No.1＝271kg　No.4＝5590kg　No.7＝8451kg　No.10＝11385kg
2＝3726　　　5＝6538　　　8＝9427　　　11＝12410
3＝4665　　　6＝7484　　　9＝10426　　　12＝14079

も牛乳生産を持続する体内代謝の体制がつくられる。牛乳生産のために起こるこれらの代謝の恒常性の変化をボーマンら（1980）はホメオレーシスと名付けており，とくに泌乳前期の乳牛の体内代謝は牛乳生産をすすめるのに適した体制となっている。

(2) 乳期の進行と乳量

乳期の進行に伴って乳量はいったん増加し，その後しだいに減少するが，この変化は乳量曲線（または泌乳曲線）として描かれる。この曲線はブロディらの実験式その他いくつかの数式によって表示されているが，乳牛の素質，泌乳量，産次，妊娠の有無，飼料給与法によってかなり変動する性格のものである。

第6図は北海道乳検成績（昭55年度）から求めた種々の乳量水準の記録をもとに，WOODの計算式により描いた乳量曲線の例であり，産次，季節などの補正は行なっていない。

最高乳量は一般に分娩後3〜8週目にみられるが，この時期は飼料給与法や乳牛の個体によって変動する。前述の乳量曲線の例では，乳量水準の高いものほど最高乳量を示す時期が遅れる傾向がみられる。しかし，この関係は必ずしも一定ではなく，理想的には最高乳量に早く達し，高い乳量を持続するような飼料給与法をとるほうが望ましい。

最高乳量はまた，乳牛の泌乳能力との関係が大きく，高泌乳牛ほど最高乳量は高く，ホルスタイン種における総乳量と最高乳量との相関はおよそ＋0.8となっている。

泌乳の持続性は乳牛の個体，産次，妊娠の有無，飼料給与法などの影響を受ける。初産次は2産次以降に比べて最高乳量は低いが，泌乳量の低下は少なく高い持続性を示す傾向があり，また，妊娠の影響は妊娠5か月以降に現われて乳量は減少する。一般に，搾乳期間は10〜12か月とされるが，種々の事情により変動するので，一般には305日乳量または365日乳量に換算して比較される。高い乳量のばあいには，分娩10か月後でも30kg/日前後の乳量を保持しており，適正な乾乳期間を確保するためには，分娩間隔を延長する種付け計画あるいは高い乳量でも乾乳するなどの新しい問題も生じている。

(3) 乳期の進行と乳成分

乳期の進行に伴うおもな牛乳成分の変動は第7図に示すとおりである。牛乳脂肪率，無脂固形分率，牛乳蛋白質率は泌乳初期にいったん低下し，その後ふたたび上昇し，乳量の増減に反比例している。一方，乳糖率はこれらの成分と異なり，初乳期および泌乳末期に低く，泌乳中期は比較的安定した動きを示している。

乳量の増加するときに乳脂肪，乳蛋白濃度が減少するのは，乳腺におけるこれら成分の合成能力の限界を示すのではないかと思われる。この意味で，乳牛の能力は牛乳成分の生産量で

示すほうが，乳量だけで示すよりは合理的であり，このためFCM (Fat corrected milk yield；乳脂補正乳量) や SCM (Solid corrected milk yield；乳固形分補正乳量) などの表示法がとられる。

牛乳成分は，乳期，産次とともに，季節や給与飼料，乳房炎などの影響を強く受けるものである。一般に，牛乳脂肪率は濃厚飼料と粗飼料の給与比率や粗繊維含量によって影響され，濃厚飼料多給，粗飼料少給の条件あるいは粗繊維給与量が不足する条件では低脂肪乳を生産する傾向がある。また，牛乳無脂固形分率，牛乳蛋白質率は，給与エネルギーの不足により低下する傾向がある。乳房炎にかかると，乳糖率の低下，無脂固形分の減少，さらに脂肪率の低下を起こすなど，広範な牛乳成分の変化がみられる。

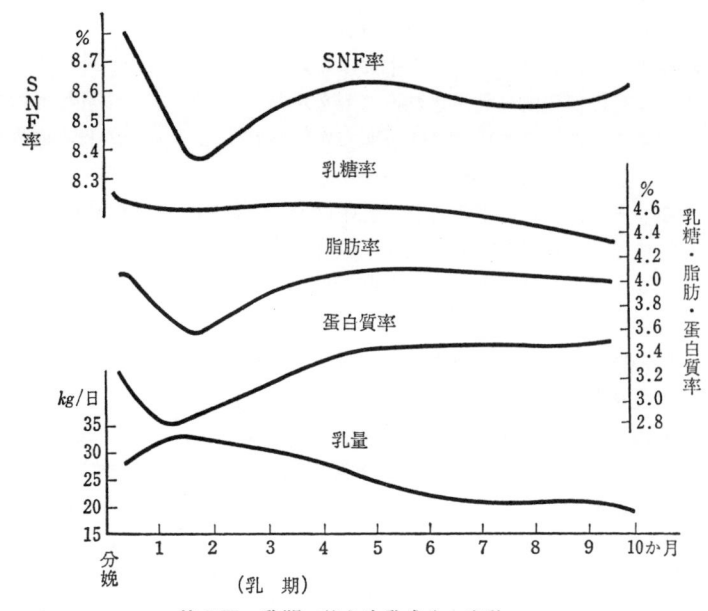

第7図 乳期に伴う牛乳成分の変動
（横内ら，1982）
$n=56$
平均乳量$=26.3kg/$日

(4) 泌乳期の体重の変化

分娩によって母牛の体重は約60〜70kg減少するが，乳牛ではその後も体重の減少が続いている。分娩時の母牛の体重減少は胎児や胎盤その他の娩出によるもので，この減少割合はほぼ一定であるが，泌乳初期の体重減少の割合は乳量，飼料給与法によってかなり違いがみられる。一般に乳量の多い乳牛ほど泌乳初期の体重減少率は大きい傾向がある。これは泌乳初期には不足する摂取養分の代わりに体蓄積養分の消費によって泌乳を行なう乳牛の特性によるもので，したがって，乳量が多く，飼料給与量が少ないほど体重の減少率は大きくなる。

乳牛では，体重1kg減少するにつれて牛乳7〜10kg生産されると計算されており，この体重減少は牛乳生産のための養分供給に大きい役割を占めている。この特性は乳牛にとくに強くみられるもので，第8図に示した乳牛と肉牛の分娩後の体重変動の傾向からも知ることができる。肉牛は分娩後ほぼ直線的に体重が回復するが，乳牛はこれに比べて体重の回復は著しく

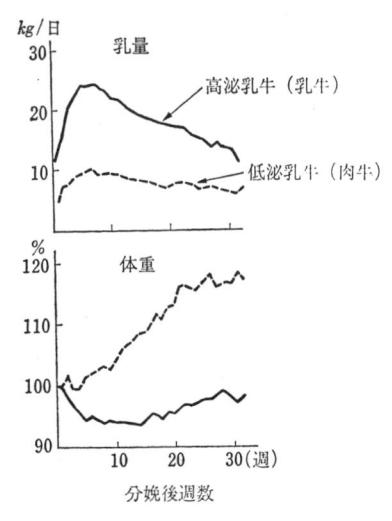

第8図 乳牛と肉牛における乳量と体重の変化
（ハートら，1978）

遅れる。肉牛ではこの時期の摂取養分は体蓄積に優先して使われ，一方，乳牛ではこの養分は牛乳生産に優先的に利用されることを示しているが，この機構についてはまだ明らかにされていない。ハートら（1980）は，肉牛と乳牛の血中ホルモン濃度に差がみられ，乳牛は肉牛に比べて成長ホルモン，プロラクチン濃度が高く，インシュリン，サイロキシン濃度が低いことなどを指摘し，これらのホルモンバランスの相違がこの特性に関係する可能性を示唆している。

泌乳初期には乳牛の体重減少はさけられないものの母牛の体重が極端に減少し，また，この減少が長期に及ぶときには卵巣機能の回復が遅れ，乳量減少とともに繁殖成績の低下を起こすことが多い。

母牛の体重は最高乳量期をすぎ，乳量と飼料摂取量とのバランスが保たれはじめると，しだいに回復する。この回復は乳量，飼料の量などによってかなり変動するが，泌乳中期をすぎると，摂取養分は牛乳生産とともに体蓄積のほうにかなり配分されはじめる。

体重の変化は，乳牛の健康状態，とくに栄養摂取の過不足を反映する重要な指標であり，泌乳初期でも体重の大きい増減は望ましいものではない。この時期の体重の減少を少なく抑えるために，高泌乳牛の飼養では分娩前に比較的低い栄養水準とし，分娩後は高い栄養水準で飼育する方式が開発され，体重の極端な減少を避けつつ，乳量を高く維持することができるようになった。

泌乳後期になると体重は回復または増加し，養分の体蓄積も盛んになる。カルシウムの出納試験では，泌乳期の前半ではカルシウムは牛乳生産のために牛体からどんどん失われているが，後半になると牛体内にカルシウムが盛んに蓄積される。このほかの栄養素の体蓄積の効率も泌乳後期に高くなるので，この特徴を利用して，従来は乾乳期に行なっていた母牛の栄養回復を泌乳末期に行なう飼養方式も採られるようになってきた。

(5) 牛乳生産における栄養素の利用

牛乳生産のための飼料の利用効率はかなり高い。日本飼養標準（1974）によると，牛乳エネルギー1,000 $kcal$ を生産するためにはTDN 459g（可消化エネルギーとして2,024$kcal$）を必要とし，また，牛乳蛋白質100gを生産するのに可消化蛋白質（DCP）154gを必要としている。それぞれの利用効率を計算すると，おおよそエネルギーについては49％，蛋白質については65％となっている。

牛乳生産に要する栄養素の要求量は飼養標準に示されるとおりであるが，前述のように泌乳初期では栄養素要求量が摂取量を上回り，養分摂取量の不足をきたすことになる。しかし，摂取養分量の不足にもかかわらずこの時期の乳量は急速に増加し，あたかも飼料給与とは無関係に牛乳生産が行なわれるような観を呈する。

栄養素が体内で代謝される過程においては過剰な栄養素は体組織に蓄積され，また，不足するときには体蓄積養分は流用されるものであるが，泌乳初期の牛乳生産では体蓄積養分への依存がきわめて大きい点に一つの特徴がある。

体蓄積養分が牛乳生産に利用されるときの効率は予想よりも高く，エネルギー（代謝エネルギー）の利用を例にとると，体蓄積エネルギー（主として脂肪）が牛乳エネルギーに転換される効率は約82％と計算される。飼料の代謝エネルギーが牛乳エネルギーに転換する効率は約64％と計算されているので，これに比べて体蓄積エネルギーの利用効率はかなり高いといえよう。もちろん，体蓄積エネルギーは飼料のエネルギーがいったん体組織に蓄積されてから牛乳エネルギーに変化するので，このばあいには，飼料エネルギーが体蓄積エネルギーに変化するさいの損失を加算しなければならないことは当然である。

この関係の大要を第9図に示した。飼料→牛乳の一段のコースをとるときには，飼料エネルギーの利用効率はもっとも高く，飼料→体蓄積→牛乳の二段のコースはこれに比べて利用効率は低くなる。しかし，飼料エネルギーが体内に

蓄積される過程での効率は乾乳期と泌乳末期とでは，泌乳末期における養分の蓄積効率は高くなっており，泌乳末期に体蓄積された養分による牛乳の生産効率はかなり改善されてくる。このため，泌乳期の母牛の体力の回復は泌乳末期に行ない，乾乳期は母牛の栄養条件の調整，乳腺の回復などに当てる飼養方式はかなり合理的であると考えられる。

従来，分娩前に母牛の体蓄積養分をかなり多くする飼養方式がとられたが，蓄積養分を過剰にしても必ずしも乳量が増加するとは限らず，さらに過肥の状態にすると，ケトージス，第4胃変位その他のいわゆる過肥症候群と呼ばれる病的条件となり，分娩前後の事故多発につながることから，最近は分娩前の母牛の体蓄積養分をあまり過剰にしない方向に変化してきている。

また，分娩前後の母牛の栄養状態を表示するために，ボディー・コンディション・スコアが用いられるようになり，5段階表示ではその中間値の3.0をわずかに超える3.5が母牛の分娩前の栄養条件としてほぼ適正であるといわれる。

(6) 泌乳期の採食量

泌乳期にはいると，乳牛の採食量は大きく増加する。採食量は体重当たりの乾物摂取量，または維持要求量に対する倍数で示されることが多いが，泌乳期の乾物摂取量は体重比3％以上，または維持要求量の2〜数倍のエネルギーを摂取するようになる。

採食量は飼料の性質や構成などによって影響され，乳牛飼料では一般に消化率の高いものほど採食量は増加する傾向があり，とくに粗飼料は消化率や不消化物の消化管内通過速度に比例して採食量が増加する傾向がみられる。したがって，飼料採食量は第一に飼料の性質，とくに消化率に影響されている。

採食量は，一方では，妊娠，泌乳，成長期のように，動物のエネルギー要求量が高まる時期に増加する傾向があり，また，動物の栄養条件，

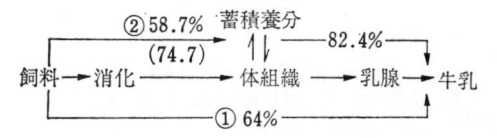

```
            ② 58.7%   蓄積養分
              (74.7)  ↑↓  ── 82.4% ──
   飼料 ── 消化 ──── 体組織 ── 乳腺 ── 牛乳
              └──── ① 64% ────┘
```

① 飼料の代謝エネルギー → 牛乳エネルギーへの転換効率 ≒ 64%

② 飼料の代謝エネルギーが体蓄積されるときの効率 × 体蓄積養分の牛乳エネルギーへの転換効率 ≒ 飼料の牛乳エネルギーへの転換効率

〈乾乳期〉 58.7% × 82.4% ≒ 48%
〈泌乳期〉 74.7% × 82.4% ≒ 61.6%

第9図 牛乳生産と飼料養分との関係
(モー・フラット，1972)

消化管の容積，とくに第1胃の容積によって影響され，肥満の状態や第1胃容積の小さい状態では採食量は低くなる。妊娠，泌乳，成長期には体内代謝の亢進，ホルモンバランスの変化，あるいは消化管内飼料通過速度の増加などによって採食量は増加する。泌乳期のように維持量の数倍にもエネルギー必要量が増加するばあいには，良質，高エネルギー飼料を給与するとともに多量の飼料が摂取できる牛側の条件整備も必要となる。

乳牛の分娩後の最大乾物摂取量は最高乳量期を過ぎた時期にみられる。最高乳量期は分娩3週以降であるが，最大乾物摂取量を示す時期は6〜8週以降となるケースが多い。

泌乳中の母牛のエネルギー要求量は，たとえば1日20kgの乳量のときには維持要求量の約2.4倍，40kgの乳量のときには約3.8倍に相当するもので，大量の牛乳生産のためには，このように多量の養分を摂取できる体の条件を比較的短時間に整える必要がある。このため，牛の消化機能を多量の養分摂取に順応できるように飼料順致期間を設け，また，母牛を肥満に導かない飼養法が必要となる。

最近では分娩前に約2週間の飼料順致期間を設けて分娩後の多量の産乳飼料の採食に備える飼養法（リードフィーデング）がとられるようになった。

泌乳期の採食量は母牛の状態や乳量の多少によって影響されるが，第10表に泌乳全期間を通しての採食量と牛乳生産粗効率を乳量水準別に

乳牛の生理

第10表 全泌乳期間の乳量水準と乾物摂取量，エネルギー利用効率 （スミス，1971）

乳量水準	乳量 (kg)	乾物摂取量 (kg)	乾物摂取量 体重(%)	体重の変化 (kg)	牛乳生産粗効率(%)
高水準	10,996	5,850	3.13	+48	42.1
中水準	6,945	4,652	2.45	+34	33.9
低水準	4,560	3,950	2.24	+59	26.7

注 308日間の集計

比較した成績を示した。高い乳量水準では，泌乳期間を通じて体重当たり約3.1％の乾物摂取量となり，一方，低い乳量水準では，約2.2％の乾物摂取量となっている。高い乳量水準ではまた，低い乳量水準に比べて牛乳生産効率も高くなっている点が注目されよう。

高乳量牛の採食量の記録としては，305日22,800kgの高乳量牛（米国）が，88.7kg/日の最高乳量期に良質アルファルファ乾草26kg，濃厚飼料25kg/日を採食したことが報告されている（モー，1981）。今後高乳量牛の記録では，系統などの遺伝的記録とともに，飼養管理，飼料給与量などの詳細についても調査されることが望まれる。

(7) 牛乳生産と環境条件

ホルスタイン種の飼育適温は4〜24℃といわれ，ジャージー種はこれよりやや高い温度域に飼育の適温がある。この範囲をはずれると採食量の変化や種々の生理機能の変化をきたし，ときには発育量の減少，乳量の低下，繁殖成績の低下，などの生産性の低下がみられる。

適温の範囲は，乳牛の品種による相違のほか乳牛の状態，たとえば成長の段階とか，乳量の多少とかによって変化し，また環境に対する適応の程度などによっても違ってくる。たとえば寒冷の環境下におかれたとき，乳牛の熱発生量や養分要求量が増加し始めるときの温度つまり臨界温度は，乾乳牛では2℃であるが，FCM乳量10kg/日および20kg/日の乳牛では，それぞれ−4℃，−10℃となっている。

寒冷の影響は体重に対する体表面積の比が大きい動物ほど大きくなり，したがって育成牛のほうが成牛よりも寒さに弱い傾向がみられる。

しかし，ホルスタイン種は比較的寒冷に対する適応性が大きく，北海道の低温期に開放式牛舎で飼育される乳牛の乳量，乳成分の成績は一般牛舎における成績よりも優れており，飼料摂取量はわずかに増加するもののホルスタイン種はわが国の寒冷環境に対してはよく適応できるものとみることができる。

暑熱の影響は高温ストレスとも呼ばれ，ホルスタイン種では気温が26〜27℃以上になると，種々の生理反応に変化が現われる。ジャージー種は比較的高温に強く，生産反応の変化は29℃以上であらわれる。気温が高くなると，牛の呼吸数は増加し，食欲の低下，流涎の増加がおこり，さらに気温が上がると，体温も上昇する。気温の上昇につれて乳量はしだいに低下し，乳脂率，無脂固形分率も低下する傾向がみられる。気温の増加と生理機能，牛乳生産との関係について，人工気象室を用いた成績の一例を第10図に示した。

わが国の夏期には乳量の減少，乳成分の低下，受胎率の低下など暑熱の影響が大きく，とくに西南暖地と呼ばれる関東以西の地域における牛

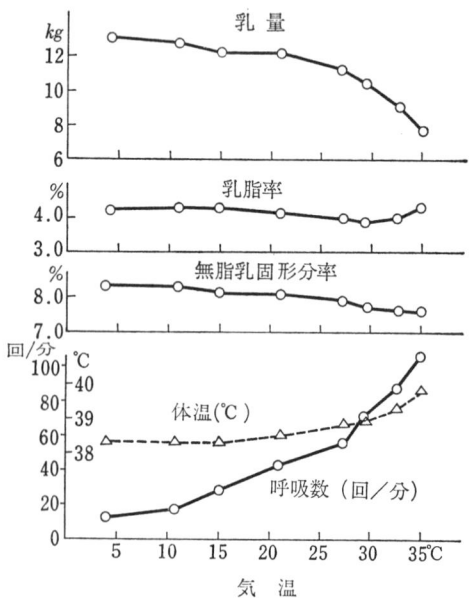

第10図 気温と乳量，乳組織，生理機能との関係
（リーガンとリチャードソン，1938）
ホルスタイン，ジャージー，ガンジー種
湿度60％，気流0.25m/秒

乳生産の阻害は大きい問題となっている。九州農試の推定では，九州地域における夏期の乳量減少は約16％に及ぶものと計算されている。種々の暑熱対策や飼料給与の改善により夏期の乳量，乳成分の低下はしだいに改善されつつあるものの，一方，乳牛の産乳能力がさらに増加していることから，高温ストレスへの対策は依然として乳牛飼養上の大きい問題となっている。

第11表 乳牛群の繁殖効率を評価するための指数

（ヘンリィ，1986）

発情検出の評価指数	総合的な評価指数	受胎率の評価指数
分娩後 第1回種付けまでの日数 （60〜65日）	分娩間隔 （12.4〜12.7か月）	第1回種付けの受胎率 （50〜55％）
発情発見率 （80〜85％）	空胎期間 （95〜105日間）	受胎当りの平均種付け回数 （1.5〜1.8回）
妊娠鑑定日の妊娠率 （80〜85％）	特定の時期における 妊娠牛の割合 （HRS65以上）	3回種付け以内の受胎牛率 （85〜88％）
分娩後60日までの 発情牛の割合 （80％以上）	150日以上の空胎期間 を持つ牛の割合 10％以下	4回以上の種付けを要する牛 （15％以下）
分娩後90日までの 授精牛の割合 （90％以上）	不妊による淘汰率 6％以下	

注 （ ）内は牛群の指数として望ましい数値
HRS＝分娩後100〜120日における受胎牛の割合

（8） 分娩から次回の妊娠まで

分娩後，子宮や卵巣機能が回復すると，再び発情が現われ，妊娠が可能となる。分娩後発情再帰までの日数について枡田ら（1950）は平均58日と述べているが，その前に発情をともなわないで排卵する例もみられる。

分娩後の交配は発情再帰を待って開始する。一般には分娩後60〜90日に交配をするのが望ましいとされる。1受胎当たりの種付回数を平均2回前後とみると分娩後受胎までの日数は60〜130日となるが，このさいの分娩間隔は60〜130日＋妊娠期間＝340〜410日（約11〜14か月）と計算される。わが国の乳牛の平均分娩間隔は13〜14か月といわれているが，これより長い分娩間隔をもつ乳牛もかなり多い。分娩後受胎までの空胎期間あるいは分娩間隔の長短は，乳牛の繁殖効率の指標として重要な意味をもっているが，同時に経営的な立場からは初産牛13か月，経産牛12か月の分娩間隔が望ましいという意見がある。

わが国のホルスタイン種の子牛生産率は，統計上では約85％/年間 となっているが，繁殖成績の向上は牛乳の生産性向上の大きい条件である。乳牛群の繁殖効率の評価法にはいくつかの提案があるが，牛群の90％以上の牛が13か月以内の分娩間隔をもち，不妊による淘汰率が6％以内にはいることが実現可能な目標（米国）とされている。このためには，牛群の飼養条件を適正に保ち健康管理に留意するとともに，発情発見率の向上，授精技術の向上にまつところが大きい。第11表には，アメリカにおける牛群の繁殖効率を高めるうえでの発情発見，受胎率の優劣を判定する指標を示した。これによって分娩間隔12.4〜12.7か月，空胎期間95〜105日間を保つようにすることが望ましいとされる。

（9） 乾 乳 期

妊娠の後期にはいり乳量が低下してくると，搾乳を中止し，乾乳（dry）する。従来は乾乳にはいる前の乳量は10kg/日 前後であったが，高産乳量牛では乾乳前の乳量が20kg/日 前後を保っている例も少なくない。

乾乳の時期と期間は妊娠期間と乳量を参考にして決められるが，次期分娩から40〜70日前とするのが適当とされる。泌乳期は乾乳によって消耗した母牛の体の条件を整え，胎児の発育に要する養分を補給するうえで大切な期間であり，また，乾乳は乳腺機能の回復をはかるうえでも大切である。

乾乳期間と次期乳量との関係をみると，極端

に短い乾乳期間や100日を超す乾乳期間のものでは次期乳量が低下する傾向がある。乾乳期の短いばあいに乳量が低くなるのは，母牛の体調の調整がうまくいかないことや乳腺細胞の更新が不充分なためと考えられる。また，乾乳期が不必要に長いのは飼料費の無駄であり，また，この期間に母牛が肥りすぎるなどの弊害を伴うことなどの欠点が指摘されている。

乾乳期間を全く設定しない飼養法もみられるが，これは繁殖供用を対象としない都市近郊酪農などの「一腹搾り」がその例である。また，外国ではマラソンミルキングとして，45か月間搾乳を継続した乳牛などの報告もあるが，これは特殊な例であると考えられる。

6. 分娩，妊娠，泌乳の反覆期

(1) 産次と乳量，乳成分

産次がすすむにつれて乳量は増加し，ほぼ3〜5産次を最高にして，その後しだいに減少する。産次の影響には年齢増加の影響も加わるが年齢的には6〜7歳に最も高い乳量となる。産次と年齢は切り離しにくい条件であるが，産次の増加によって妊娠，泌乳が繰り返され，乳腺機能が発達するのに対して，年齢の増加によって体重の増加，体積の増加など消化器官やその他の臓器の充実がもたらされるとみられる。

産次の増加による乳量増加の傾向から，異なる産次間の乳量を比較するために産次についての能力標準化係数が採用されている。成年型乳量（6年型）に換算するための係数は2年型1.30，3年型1.15，4年型1.05，5年型1.01，6年型1.00であり，その後7年型1.01，8年型1.03と係数は増加し，10年型では1.10となる（日本ホルスタイン登録協会）。

産次の増加に伴い牛乳成分にも変化がみられるが，牛乳成分含量は乳量とほぼ逆に産次につれて減少する傾向がある。第11図に，年齢の増加に伴う無脂固形分率，乳脂率，牛乳蛋白質率の変化を示した。乳脂率は年齢に伴って直線的に，その他の成分も年齢がすすむにつれてしだいに減少している。

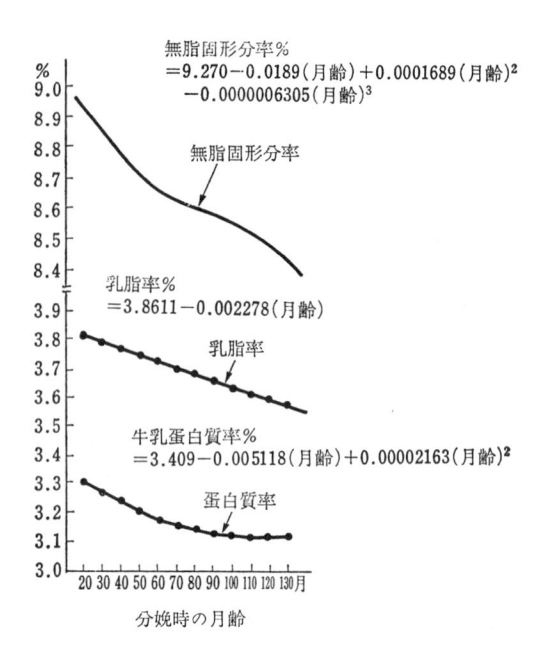

第11図 月齢の増加と牛乳成分の変動

無脂固形分率% $=9.270-0.0189(月齢)+0.0001689(月齢)^2-0.0000006305(月齢)^3$

乳脂率% $=3.8611-0.002278(月齢)$

牛乳蛋白質率% $=3.409-0.005118(月齢)+0.00002163(月齢)^2$

(2) 産次と発育

ホルスタイン種の体重，体型はおよそ60か月齢で完熟に達することから，初産次以降においても体重，体型の増加がみられる。第12図は育成中に栄養水準を変えて飼育し，発育に高低の生じた乳牛が分娩，泌乳を繰り返す間に体重の増加する状況を示したものである。いずれも産次がすすむにつれて体重は増加し，発育の遅れていた乳牛もほぼ3産目までには他と同じような体重を示すまでに回復している。

とくに初産次，2産次では明らかに乳牛の発育が継続していることから，この時期の給与飼料には発育のための栄養分を補給する必要があり，日本飼養標準ではこれらの産次には発育中の若雌牛の養分要求量をあてはめることを，また，NRC飼養標準（1978）では初産次には体重維持の養分要求量の20%増し，2産次には10%増しの養分を追加することをすすめている。

一生と生理的特性

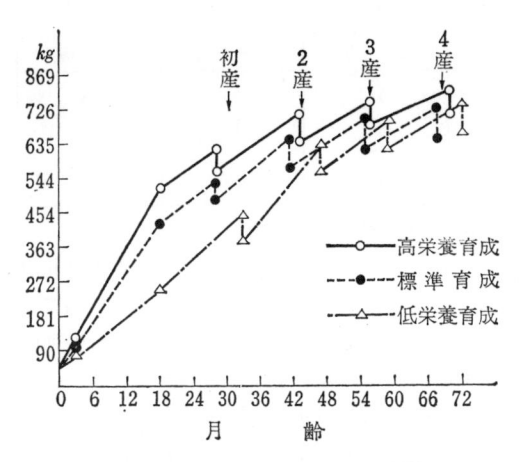

第12図 乳牛の体重の増加とその変動
（レイドら，1964）

第12表 ホルスタイン種繁殖成績に及ぼす産次の影響
（マツオカとフェアチャイルド，1975）

項　　目	1～5産	6産	7産	8産	9産
例　　数	953	35	16	7	3
1受胎当たり種付け回数	2.03～2.27	2.71	2.43	2.86	3.33
分娩間隔（日）	393～412	425	442	448	467

注　1953年～1969年におけるホルスタイン種1,015回の繁殖成績は，分娩間隔401日，種付回数2.12回。供試牛370頭の平均乳量は7,858kg

（3） 産次と繁殖効率

分娩後適期に交配し，適正な分娩間隔を保つことが望ましいが，現実にはなかなか困難なことが多く，繁殖成績が不良なために淘汰される乳牛の割合はかなり多い。

アメリカ北東部におけるホルスタイン種検定牛の平均分娩間隔は 381 日といわれる。しかし乳量の高い牛はこれよりも長く，能力の低い牛は365日と短い。乳牛の繁殖に関する成績では，成績不良のものを淘汰していることが多いので，正確な数値の比較にならないことがあるが，一般に産次の進行，乳量の増加によって繁殖成績は低下する傾向がある。

第12表はアメリカの4つの大学で14年間にわたって飼養されたホルスタイン牛群の繁殖成績の報告である。調査牛1,051頭の平均乳量は7,858kg（305日，2回搾乳），平均分娩間隔は13.4か月だが，繁殖成績は1～5産までほぼ変化なく，6産以降で分娩間隔の延長，1受胎当たりの種付回数の増加する傾向がみられる。また，コーネル大学の調査では，調査牛約9,800頭で，1受胎当たり2回種付けのさいの受胎率は平均76%，また3回種付けの受胎率は89%となっている。乳量7,200kgを超えると受胎に要する種付回数は増加する傾向があり，また，84か月齢を超えると受胎率は低下する傾向にある

ことを報告している。

このほかにも，産次の増加によって受胎率が低下するという報告が多く，また，乳量が高くなるにつれ繁殖成績が悪くなるという報告もみられるが，一方では高乳量牛を飼育する農家と低乳量牛を飼育する農家の比較では，高乳量牛飼育農家群のほうが優れた繁殖成績を示し，また乳牛の事故率も少ないなどの報告がみられ，今後，高乳量牛飼育を指向する場面では乳牛の能力に見合った飼養ならびに管理技術によって，高産次，高乳量牛の繁殖成績を改善することも可能と思われる。

後述するように，繁殖障害の発生は産次を重ねるにつれて増加する傾向にあることは否定できない。これらの原因は多岐にわたるものであるが，分娩後の卵巣のう腫，卵巣機能減退などのように乳牛の栄養管理の不備に起因すると思われる繁殖障害が多発しており，適正な飼養管理によって防止できるものがかなり含まれている。

（4） 産次と疾病

出産，泌乳を繰り返す過程で，繁殖障害を含めて種々の疾病が発生し，これが牛乳の生産効率を低下させ，ときには乳牛の死亡・廃用事故につながっている。

疾病の発生率は産次の進行につれて増加してくるといわれる。第13表に乳牛の産次と疾病発生の傾向についての例を引用した。ケトージス，乳熱，乳房炎，卵巣のう腫はいずれも産次がすすむにつれて発生が増加する傾向がみられる。

乳熱，ケトージスは分娩後の泌乳開始時にお

第13表　乳牛の産次と疾病発生率（％）　　　　　　　　（ノーマン，1970）

疾　　病	1　産	2　産	3〜4産	5〜6産	7〜8産	9〜10産
ケトージス	2	4	9	15	20	23
乳　　熱	0	1	2	7	15	25
乳　房　炎	10	19	30	39	48	60
卵巣のう腫	3	6	9	10	15	17

ける体内代謝の混乱に誘因する特異な代謝障害である。このうち，乳熱は従来から老齢牛に多く発生する傾向があるといわれていて，産次がすすむにつれて無機物代謝を調節する内分泌系の機能減退あるいは腸管吸収その他に変化をおこす個体のあることが予想される。また，ケトージスは高乳量の乳牛に多発するといわれ，産次の進行にともなう乳量の増加や飼養失宜の累積がこの疾病の増加に関係するのであろう。

一方，乳牛の職業病の最右翼に位置する乳房炎の発生も，産次の進行にともなって増加する傾向にある。泌乳を反覆する間に，乳房の細菌感染，搾乳の失敗などの機会が多くなり，また，乳腺機能の亢進，減退の反覆によって乳腺の疾病感受性も高まってくることが予想される。

乳牛の耐用年数ならびに産肉性

1. 耐用年数

　乳牛の寿命は，その経済的価値を失ったときにつきる。この年月を耐用年数と呼び，耐用年数から育成期間および乾乳期間を除いた年月を生産供用年数と呼んでいる。

　乳牛の耐用年数や供用年数の平均値はそれほど長いものではない。これらの年数は飼育条件によって変化するもので，従来の報告でも，ホルスタイン種の耐用年数は60～79か月，生産供用年数は30～49か月と幅が広い。このほか，初産後の平均利用年数では，アメリカ3.5～3.9年，ドイツ3.7～4.2年，イギリス3.9年という成績もある。

　檜垣は農林省畜試に繋用されている乳牛80頭について耐用年数，繁殖成績，泌乳量を調査したところ，耐用年数は平均7.8年，供用期間は5.3年であって，供用期間は育成期間の2.2倍となり，この間の分娩回数は平均4.4回と報告している。この例は試験場という比較的恵まれた飼育環境における成績なので，一般飼養のばあいに比べるとやや長い耐用年数であると考えられる。

　また，都市近郊酪農と農村酪農の比較では，都市近郊型のほうが短い供用年数をもち，北海道地域と府県の酪農の比較では，北海道のほうが長い供用年数をもつなど，飼養型態，土地基盤などの相違によっても差がみられる。

　牛群から乳牛が離れる理由としては，疾病，低乳量，繁殖障害，乳用売却，その他となっており，第14表には米国中西部における乳牛離群の理由と産次の進行にともなう傾向を示した。この地域の年間牛群更新率は平均約30％に及ぶという。

　生産供用年数の延長が牛乳生産に及ぼす効果は，①育成という投資期間に対して泌乳という利潤を回収する期間が長ければ長いほど，投資に対する利潤の増加をもたらすことが期待されるところにある。さらに，②牛群の更新率を下げて育成費を低減し，③産次や年齢の増加によって1頭当たりの乳量を増加するとともに，④牛群の改良淘汰の効率を向上する，などの利点をもっている。

　耐用年数の向上をはかるためには適正かつ周到な飼養管理による事故発生の防止が最も大切であり，また導入する乳牛の選定も要件となっている。乳牛の体型と泌乳能力との遺伝相関はそれほど高いものではないといわれており，乳牛の体型審査による遺伝的能力の改良が困難なことはよく知られているが，一方，体型の良否は乳牛の生産供用年数の延長をはかるうえで重要な指標であるという見解がある。たとえば，肢蹄の強健性や乳房の付着などの良否は，長期間飼養するための乳牛の重要な選定条件であるといわれる。しかし，現時点での知識はこれらの判定に必ずしも科学的手法が活用されているとはいえない難点もあり，今後さらに検討を要する問題であろう。

第14表　乳牛の離群理由と産次および能力
（ホーズデーリィマン，1984）

条件 離群理由	初産	2産	3産	4産以上	群平均との乳量差
創傷など	28.3	26.8	28.5	30.4	−418
ケトージスなど	0.5	0.6	0.6	0.6	−571
低乳量	26.1	24.3	21.6	19.3	−862
乳房炎，乳房障害	6.1	8.0	9.7	11.7	−280
繁殖障害	11.3	13.5	14.2	15.3	78
死亡	3.6	3.3	3.6	4.0	20
乳用売却	8.8	8.7	7.3	5.8	−141
不明	15.4	14.8	14.4	12.9	−369

注　離群理由：％，乳量差単位：kg

第15表　子牛損耗（死亡率）の平均発生状況
（ロイ，1983）

時　　期	死亡率の平均
流　産（妊娠270日以前）	2.0～2.5%
死　産（妊娠270日以降，生後24時間以内）	3.5～5.0
新生期の死亡（生後24時間以降28日齢まで）	3
育成期の死亡（生後29～84日齢）	1
〃　　　　（生後29～182日齢）	2

2. 乳牛の疾病

　乳牛の疾病は非常に多様であるが，わが国の疾病発生の状況は農林共済統計などから知ることができよう。1年間に共済加入頭数(約133万頭，59年度）の約5％が死亡，廃用となり，また，治療を要した頭数は延べ約90％に近い。

　このうち，生殖器や乳房関係の死廃・病害事故の発生が最も多く，ついで消化器病，外傷である。とくに，乳房炎は死廃事故，病害事故のうちでもっとも多い発生率を示し，年次間で差があるものの，死廃事故のうちの十数％を占めている。乳用牛の死廃事故の多発疾病としては，このほかに卵巣疾患，子宮疾患，産後起立不能症，鼓脹症や第4胃変位などの消化器病，肢蹄疾患，外傷などがあげられる。また，牛乳生産費に占める衛生費は平均して1.8～2.0％となっている。

　乳牛の疾病事故で，比較的統計に現われないものに子牛の損耗がある。子牛の損耗率については乳用雄子牛の哺育成績が不良であることから，いくつかの調査が行なわれ，生後2～3か月齢の間に下痢，肺炎の多発することが報告されている。わが国では雌子牛の損耗については知られていないが，英国のロイ（1983）は流産，死産を含めて生後6か月齢までに発生が予想される子牛の死廃率の概要についてとりまとめている（第15表）。

　これらの乳牛の疾病発生率は地域により，農家により相違しており，また，これらの疾病発生に対しては飼養管理，搾乳衛生，飼育環境の整備の良，不良などが大きく関与しているものと思われる。

3. 乳牛の産肉性

　ホルスタイン種は代表的な乳用種であるが，同時に優れた産肉性をもつことが知られている。わが国におけるホルスタイン種による牛肉生産量は昭和50年前後から急速に増加しており，最近では全牛肉生産量の約70％を占めるにいたっている。その内訳は，老廃（乳）牛と呼ばれる乳用成雌牛と乳雄と呼ばれる乳用種去勢牛がそれぞれ2分の1を占めている。

　ホルスタイン種は，黒毛和種などの肉専用種に比べて増体速度が速く，仕上げ体重も大きくなるなどの利点をもつが，枝肉歩留り，肉質は劣り，とくに脂肪交雑や枝肉格付の成績は黒毛和種に比べてかなりの差がみられる。ホルスタイン種去勢牛の発育にともなう体構成重量の変化は，第13図のとおりである。筋肉重量は体重約300kgまでほぼ直線的に増加し，その後脂肪の蓄積によって筋肉重量の増加は低くなるが，700kgにおいても脂肪蓄積量はあまり高くない。

　ホルスタイン種は肉専用種に比べると，晩熟であり，脂肪蓄積は遅い月齢で始まり，また，蓄積脂肪量も少ない傾向がある。このため，若齢時より比較的高い栄養水準で飼育しても，脂

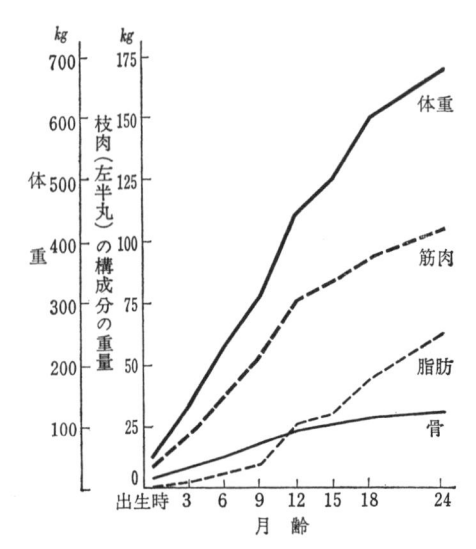

第13図　ホルスタイン種去勢牛の発育にともなう体構成の変化　　（竹下ら，1975）

肪蓄積が少なく，飼料を効率的に利用して増体が速く，高い赤肉生産をする産肉性が評価されている。

一方，老廃乳牛は牛肉生産量に占める位置づけは高いものがあるが，肉質的には乳用種去勢牛を下回っていることが多い。老廃牛の肉利用については，牛群更新率の高い府県において盛んであり，また，肉用肥育についての試験もわが国では多く行なわれている。

廃用乳牛は出荷前3～5か月間の短期肥育によって肉用価値を増加させることができるが，肥育性能には個体差が大きい。これは廃用原因が多岐にわたっているためであるが，繁殖障害牛，低能力牛あるいは軽度の乳房炎牛などは比較的肥育効率がよいといわれる。また，若齢牛は老廃牛に比べて肥育効率は優れている。

乳用種の肉利用に関連して，最近，肉専用種との交雑についても検討されている。乳用種雌と肉専用種雄の交配では，初産時の難産が少ないこと，雑種（F_1）子牛は肉質，肉量とも親品種の中間値を示すこと，また，雑種（F_1）雌子牛の乳量は親品種の中間値，繁殖性能は親品種を上回ることなどから，F_1雄子牛の肉利用とともに新しい肉用素牛生産の繁殖基礎牛としてのF_1雌牛の利活用も検討されている。

牛乳生産における効率論

1. 乳牛の牛乳成分生産量

品種や個体によって，牛乳の生産量は違っている。代表的乳用種であるホルスタイン種とジャージー種とで，乳量と牛乳成分の生産量の一例をアメリカにおける検定牛群の成績からみると，第16表に示すとおりである。この例では，2つの品種の乳牛は1搾乳期間（305日間）にそれぞれの体重の約10倍に匹敵する牛乳を生産しており，一般に知られているように，ホルスタイン種のほうが総乳量，乳成分の生産量は高く，一方のジャージー種は乳成分の高い牛乳を生産する能力をもっている。

ホルスタイン種の乳牛が一乳期に生産する主要な牛乳成分量は牛乳蛋白質 $226kg$，牛乳脂肪 $264kg$，乳糖と無機物の合計量 $442kg$ であり，その総カロリー量は456万2千カロリー（$4,562M cal$）となっている。この量を日本人1人が1年間に必要とする蛋白質や脂肪，カロリー量に換算してみると，蛋白質は約8人分，脂肪は14人分，カロリーは5人分に相当している。ただし，日本人の1日当たり蛋白質，脂肪，カロリー摂取量をそれぞれ $80g$，$40g$，$2,500kcal$ として計算する。

この数値は牛乳だけを飲んで生活すると仮定したばあいのものであるが，実際に日本人の食生活のうちに占める動物性食品の割合はカロリーで約14%，蛋白質で約40%であり，さらに牛乳や乳製品の占める割合はもっと少ない。かりに動物性蛋白質をすべて牛乳で供給したとすると，このホルスタイン種の乳牛は約21人の日本人が1年間に必要とする動物性蛋白質を供給できることになる。同様に，ジャージー種の乳牛は約16人分の蛋白質を生産する能力をもっていると考えることができる。

わが国の乳牛1頭当たりの年間牛乳生産量は

第16表　ホルスタイン種とジャージー種の乳量，乳成分生産量（ウイルコックスら，1971）

項　　　目	ホルスタイン種	ジャージー種
乳　　　　量（kg）	7,073	4,444
乳固形分量（kg）	865	642
乳　脂　量（kg）	264	230
無脂固形分量（kg）	601	411
蛋白質量（kg）	226	175
乳糖+灰分量（kg）	442	269
カロリー量（$Mcal$）	4,562	3,552

注　アメリカの検定牛平均値。305日，2回搾乳，成牛換算。カロリー量は平均値

約 $5,640kg$（昭和60年度）であり，脂肪率の平均を $3.3%$，牛乳蛋白質率を約 $3.0%$ とすると，乳牛1頭当たり1年間に生産する牛乳蛋白質は約 $169kg$，牛乳脂肪は約 $186kg$ であって，表に示した成績よりもかなり低い生産量となる。また，このばあいに生産される動物性蛋白質は，約15人の年間消費量に相当する量と計算することができる。

このように，品種や個体による差はみられるが，乳牛の良質蛋白質の生産能力はかなり高い。一方，牛乳蛋白質の栄養価値の高いこともあって，牛乳生産は今後も国民の良質蛋白質の大きな供給源となると予想される。また，このほかに，乳牛は廃用時に肉資源として利用されるのが通例であり，この段階でも約 $40kg$ の牛肉蛋白質（体重 $600kg$，筋肉量が体重の約33%，筋肉中の蛋白質含量20%として計算する）を生産することになり，わが国の貴重な蛋白資源の一翼をになっている。

乳牛飼養の主目的は牛乳生産にあるが，飼料資源の少ないわが国の酪農にとっては，いかに効率的に良品質の牛乳生産をおしすすめるかは将来とも重要な技術的課題となろう。次に資源の活用，飼料の有効利用の観点から，牛乳の生産効率に関するいくつかの問題点に簡単にふれ

てみたい。

2. 太陽エネルギーの利用効率

資源的に，エネルギーの利用効率を比較するとき，牛乳生産の効率はかなり高いといわれる。農業はもともと，太陽エネルギーを人間が利用できる食糧という形として固定する点に大きな特徴をもつものである。生物が太陽エネルギーを固定する効率はそれほど高い数値ではないが，工業的な他の方法に比べると，はるかに効率的であるといわれる。

いま太陽エネルギーの利用から牛乳生産の効率をみると第17表のようになる。これはカリフォルニア州のさんさんとふりそそぐ陽光をもとに計算したものである。植物のうちでは牧草の太陽エネルギーの固定能力はかなり大きく，それに比べて穀物ではあまり大きいものではない。

牧草はそれ自体ではもちろん食料にならず，いったん牛に給与し，牛乳や牛肉に転換する必要がある。太陽→牧草→牛乳の2段階の過程を経るときのエネルギーの利用効率は第17表の下段に示すとおりである。牛乳生産の効率は穀物のばあいにほぼ匹敵し，1ha 当たりにふりそそぐ太陽エネルギーの0.04%が牛乳中のカロリーに変換されることになる。

植物のうちではサトウキビの太陽エネルギー固定能力が最も高く，イネ，サツマイモなども高いほうに属している。牛乳生産のばあいの効率はこれよりはやや低いが，マメ類などに比べると明らかに高く，これらのうちではほぼ中間に属している。さらに，牛乳蛋白質の高い栄養価を考えると，農業のうちでも牛乳の生産は高い評価を与えうるものと思われる。

牧草あるいは飼料作物の単位面積当たりTDN生産量を増加させれば，牛乳生産における太陽エネルギーの利用効率をさらに高めることが可能である。この点について大久保（1972）は，現状における太陽エネルギーから牧草生産を経て牛乳を生産する過程での効率を0.06%と試算しており，さらに今後の目標としてこれを0.26%まで引上げうる可能性のあることを述べて

第17表　太陽エネルギーの利用率
（クライバー，1961）

作物	年間1ha当たり生産量		太陽エネルギーの利用率
	重量	カロリー	
	t	千Mcal	%
アルファルファ乾草	8.4	32.0	0.29
ジャガイモ	15.0	11.0	0.10
ブ ド ウ	9.0	6.6	0.06
穀 物	2.1	5.5	0.05
ス モ モ（乾燥）	3.0	4.4	0.04
マ メ 類	1.0	1.6	0.015
（米）	5.0	20.0	0.20
牛 乳	（体重545kg，1日9kgの乳量）		0.042
豚 肉			0.015
鶏 卵			0.002

注　年間の太陽の放射エネルギーを 11×10^{12} cal/ha とする

いる。

乳牛の飼養法のうちで太陽エネルギーの利用効率の最も高いのは，粗飼料主体の飼養法をとるときである。穀実の給与が増加すると，この効率は低下することになるが，これは太陽エネルギー→穀物→牛乳生産の過程をみれば容易に理解できる。

ところが，粗飼料主体の乳牛飼養では期待乳量が低すぎるという問題がある。現在の技術水準では，粗飼料だけで飼養をするとき，年間乳量は3,000～4,000kg の水準にとどまることになる。粗飼料主体で飼育するときの乳量の伸びに限界を生ずるのは，後述するように乳牛が摂取可能な飼料量に限界があるためで，この問題は粗飼料の品質が劣悪なほど強くなる傾向がみられる。

粗飼料給与を中心に，かつ乳量を高めようとするときには，できるだけ良品質の粗飼料（TDNの高い粗飼料）を確保し，さらに適量の濃厚飼料を給与することが必要である。乳量の増加は乳牛の牛乳生産の効率を高めるので，適切な濃厚飼料給与と良品質粗飼料の給与との組合わせで乳量の向上をはかることは，太陽エネルギーの利用効率の増進にも寄与する。最近，穀実を含むサイレージ（ホールクロップサイレージ）の調製利用がさかんになってきているが，

このようなTDNの高い良質粗飼料を多収穫する技術の確立は今後もっとも望ましい技術の一つと考える。

3. 資源利用と牛乳生産

畜産における資源の活用については，太陽エネルギー利用と違ったもう一つの観点がある。それは，乳牛が草を利用して牛乳を生産するように，家畜は本質的には人間が一次的に食糧とする資源の利用と競合しないかたちで飼養され，人間のための良質食品を生産してきたという歴史的な特徴である。つまり，食品として価値の低い資源（もっと広い意味での低価値資源を含むことが多い）を良品質食品に転換する機能を畜産が果たしてきたわけである。これの身近な例は，従来の残飯養豚であり，また農家の庭先で行なわれた鶏の放飼などにみられる。

このような粗放なかたちをとっている畜産では，人間が食糧として利用できない資源をもとにして可食物を生産するという意味で，その資源利用の効率は100％に近い数値を示すものといえよう。食糧としての，また資源としての利用価値の低いものを上手に利用するほど資源利用の効率は高くなってくることは当然である。

近代畜産でもこのような例はみられるようである。たとえば，アメリカ中部にあるコーンベルト地帯（トウモロコシ生産地帯）での養豚，肉牛の肥育は，余剰ともいえるトウモロコシ生産を中心に，その付加価値を求めて発展してきたものといわれる。また，やや皮相的な見方だが，アメリカの余剰穀物の放出によって急成長してきたわが国畜産の初期の発展のばあいにもあてはまるかもしれない。また，都市近郊にみられる新鮮な食品製造粕を利用したいわゆる粕酪農の成立も，資源利用の面からみるかぎり，すぐれた発想であるといえよう。

反芻動物である乳牛の資源利用の特徴は，その消化機能が示すように，第1胃内微生物の活動にある。この過程は飼料→微生物→動物体の3段階となるので，飼料→動物体という2段階の過程で飼料を消化利用する他の家畜に比べる

第18表　育成・生産過程を含む畜産物の生産効率
（レード，1970）

畜産物名	可消化エネルギーの利用効率[1]	蛋白質の生産効率[2]
牛　乳[3]（3,600kg/年）	22	10.5
〃　　（5,400kg/年）	27	12.8
牛　肉[4]	6	2.9
豚　肉	18	6.1
鶏　肉	12	10.1
ブロイラー	12	11.9

注　1）摂取可消化エネルギーと生産畜産物のエネルギーの比（％）
　　2）摂取可消化エネルギー Mcal 当たりの蛋白質の生産量（g）
　　3）牛乳生産の条件：5産次までの乳量と飼料摂取量と廃用時の牛肉生産を含めて計算する
　　4）牛肉生産の条件：繁殖供用期間5年間，産子は3.8頭，1頭は更新用，母牛と子牛2.8頭を産肉用とし，その間の飼料給与量から計算する

と効率は高くはない。とくにエネルギー価の高い比較的良質な穀実などの利用では豚，ブロイラーなどのほうが，むしろ有利な場面もみられる。しかし，高繊維低カロリーの資源，あるいは化学的合成物にいたる人間ばかりか他の家畜も利用できない低価値資源を利用できる反芻動物の有利性は大きく，さらに，牛乳生産の過程におけるエネルギーの利用効率の高いことと相まって食糧生産における乳牛飼養の意義はきわめて大きいと考えられる。

4. 牛乳生産と飼料エネルギーの利用効率

日本飼養標準（1974）によると，3.5％の脂肪率の牛乳1kgを生産するためには，飼料としてTDNを0.305kg，DCPを45g給与する必要がある。これには母牛の維持に要するエネルギーや蛋白質は含まれず，牛乳生産だけに必要な養分量が示されている。この数値は，1,000 kcal の牛乳エネルギーを生産するためにはTDN459g（2,024kcal の可消化エネルギーとなる）を必要とし，牛乳蛋白質100gを生産す

るためには可消化蛋白質 154 g を必要とするいう試験結果から算出されたものである。つまり，牛乳生産のために給与した可消化エネルギーの約50％は牛乳中のカロリーに変わり，同様に可消化蛋白質の約65％は牛乳蛋白質に変化するとみることができる。この数値は，生物体を利用したエネルギーや蛋白質の転換効率としてはきわめて高い水準だということができる。

しかし，乳牛が牛乳を生産するまでには，育成から妊娠，乾乳期においても多量の飼料給与を必要とし，また，泌乳中にも乳牛の体の維持に要する養分を飼料として給与する必要がある。したがって，牛乳生産のための飼料の利用性を評価するためには，乳牛の一生を通して摂取した養分量と生涯の牛乳生産量とから検討することが大切である。

アメリカのレード（1970）は家畜の一生涯での畜産物の生産におけるエネルギーの利用効率を計算している。それによると第18表のようになり，他の家畜に比べて牛乳生産でのエネルギーの利用効率は最高だった。また，年間3,600 kg 乳量のばあいと5,400kg 乳量のばあいの効率を比較すると，乳量5,400kg 生産のほうの効率が良くなっている。

この計算では育成のさいの飼料消費量を含み，乳牛の耐用年数を5産次までとし，また廃用時の牛肉生産量を加えてある。このような計算をしてみると，乳量の多少や耐用年数・育成期間の長短，さらに連産性などの乳牛飼養における重要な技術目標の優劣が牛乳生産の効率に大きく影響を与えていることが理解される。

5. 乳量と牛乳生産効率

一般に，乳量が多くなるにつれて牛乳生産のための飼料の利用性は高くなるといわれる。これは，一つには，母牛の体重の維持に要する養

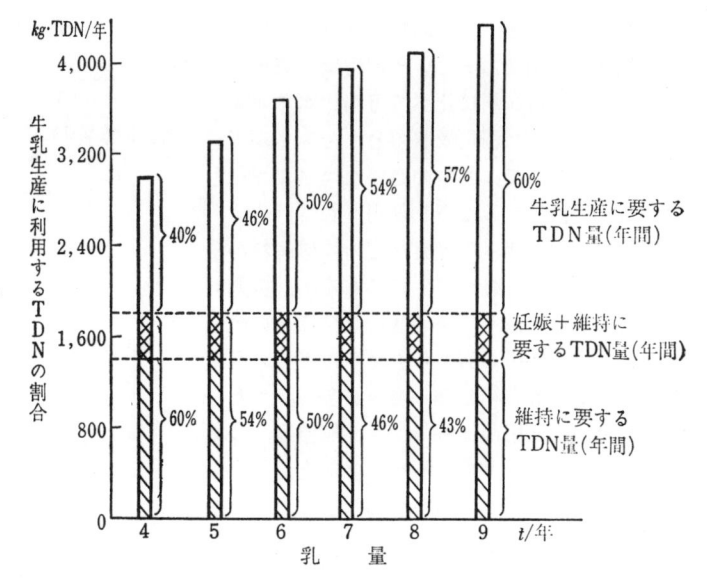

第14図 高能力牛の有利性（飼料エネルギーの利用率）
①平均体重600kg，平均乳脂率3.5％
②搾乳期間305日（産乳＋維持要求量）
③乾乳期間60日（妊娠＋維持要求量）
④日本飼養標準（1974）による

分要求量は乳量の多少にかかわりなく，一定しているからと考えられる。

第14図に乳量と飼料養分の牛乳生産のための利用割合との関係を示した。これは，搾乳期間の維持＋牛乳生産に要するTDN量と乾乳期間の維持＋妊娠に要するTDN量とを加算し，全TDN摂取量のうちから牛乳生産に利用されるTDN量の割合を計算したものである。これによると，乳量4,000kg のばあいには牛乳生産に利用されるTDN量は給与全量の約40％にすぎないが，8,000kg になると57％に増加してくる。つまり，乳量の低いときには体の維持などに消費されるTDNの割合が多く，直接牛乳生産に回されるTDNの割合は低いことを示している。

乳牛1頭当たりの牛乳生産量が5,000kg では酪農の経営収支をむずかしく，経営的には7,000 kg 以上の乳量が望ましいとされるが，飼料効率からみても，乳量の多いほうが有利だということになる。

前にも述べたように，年間4,000kg 以上の乳量は粗飼料だけの給与では無理で，高乳量牛の飼養には相当量の穀実あるいは濃厚飼料の給与

を必要としている。濃厚飼料が粗飼料に比べて乳量増加に有利であるという理由は，簡単には，穀実のほうが粗飼料に比べて可消化エネルギー含量が高く，また消化吸収のときのエネルギー損失が少ないので，乳牛の必要なエネルギーを効率よく補給できるためと説明されている。

乳量の増加に伴って穀実などの濃厚飼料の給与量を増加させる必要が生じてくるが，粗飼料の品質の向上と濃厚飼料の適切な給与との組合わせは，資源利用の面からもエネルギーの利用効率の面からも有利となる場合が多い。また，低価値資源の活用のばあいにも，無機物，ビタミン，あるいはエネルギーなどを補充して，栄養的にバランスのよい飼料構成とする工夫は牛乳生産を効率的に進めるうえで望ましいことだ。

6. 乳牛の能力と生涯乳量について

牛乳生産の効率を高めるためには系統的，遺伝的に牛乳生産能力の高い乳牛を選択して飼養することが望ましいといわれる。この条件は粗放な酪農を進めるばあいには必ずしも必要といえないが，集約的な酪農が行なわれるにつれて，その必要性は高まってくる傾向がある。

牛乳を効率よく生産する乳牛とは，飼料の利用性がよく，かつ，ある水準以上の乳量を保つ乳牛を指している。飼料の利用性を示す方法としては一般に飼料要求率または飼料効率を求めるが，乳牛のばあいにはこのほか種々の方法が提案されている。

ブロティらは乳生産のエネルギー粗効率*と称する方法を提案していて，比較的よく使われる。エネルギー粗効率は乳期の進行，体重の増減などの影響を受けるので，短期間の測定ではかなり変動することがある。このため，この粗効率は一乳期にわたって計算するのが最もよい。

ブロティの乳生産エネルギー粗効率による評価はかなり正確ではあるが，給与飼料を計測する繁雑さがある。そこで，より簡単な方法とし

第19表 乳牛の牛乳総生産量と生産効率
(カーツ・エベレット，1976)

項　　目	平均的事例	優良事例
育成期間（初産分娩まで）	30か月	24か月
生産供用年数	4産次終了	4産次終了
4産次までのTDN摂取量	17,786 kg	21,068 kg
各期のTDNの摂取割合		
初産分娩まで	22 %	16 %
4泌乳期間の計	72 %	78 %
3乾乳期間の計	6 %	6 %
4産次までの総乳量	20,832 kg (5,208)	31,528 kg (7,882)
生涯の牛乳生産における		
エネルギーの利用率	17 %	22 %
蛋白質の利用率	20 %	24 %

注 （ ）内は1産次の平均乳量

て，乳量・体重指数，乳量・体高指数，乳量・胸囲指数などの簡易指標を用いることが多い。これらはいずれも乳牛の体の大きさと乳量との関係を示したものである。枡田は総乳量／体重比から乳量・体重指数を求め，この値が10以上となるものが望ましいとしている。または体重能率指数（305日間乳量／平均体重）で示す方法もある。

乳牛の体格が大きくなれば乳量はそれに比例して高くなるという期待はある。しかし飼料の利用性を考えると，むしろ乳量・体重指数の高い乳牛のほうが好ましいといえよう。

乳量を比べるばあい，一般に成牛型，305日，2回搾乳という公式的な表現が使われるが，飼料の利用性からみるときには，この一乳期乳量のほかに，乳牛が生涯の間に生産する総乳量（生涯乳量）を比較するほうがより合理的なことがある。同じ乳量の乳牛なら，2産で廃用にされるよりは，4産まで飼育できる乳牛のほうが，より牛乳生産の効率が高いのは当然のことである。また，同じ4産まで飼育するのなら，乳量の高い乳牛を飼育するほうが効率が高い。

このことはすでに第18表でも述べたとおりだが，さらに育成期間，泌乳期間，乾乳期間を通じての飼料摂取量と牛乳生産の効率との関係をみて行なう。

---

* 乳生産のエネルギー粗効率　生産牛乳の総カロリー／摂取飼料カロリー比で表わし，25～40%の値を示す。

第19表に，アメリカにおける平均的乳牛飼養と期待される合理的な乳牛飼養との，生涯の牛乳生産効率を比較して掲げた。アメリカでの平均的乳牛の耐用年数は4産，乳量は約5,200kg，初産分娩までの月齢は30か月とすると，生涯の牛乳生産におけるエネルギー利用率は約17％（廃用後の肉利用分は計算していない）となる。一方，初産分娩までの育成期間を24か月に短縮し，乳量が7,800kgと高い水準にある乳牛では，耐用年数は同じ4産としても，エネルギーの利用率は約22％に増加している。この例は，平均的乳牛と平均的な飼養法に比べてすぐれた素質の乳牛と合理的な飼養法とを組み合わせれば，牛乳生産の効率を高めることが可能であることを示している。

　もし耐用年数をさらに延長することができれば，牛乳生産の効率はさらに向上すると思われるが，この例で示された生涯乳量約3万kgという数値は，現在の技術水準では乳牛飼養の目標値としてはほぼ適切なものと思われる。これを達成するためには，すぐれた能力の乳牛の確保，合理的な育成期間の設定，連産性の保持，耐用年数の延長，さらに適正な飼養管理法などの総合的な技術体系を要求されることになろう。乳量の増加をともなった牛群の耐用年数の延長は，牛乳生産の効率を向上するためにきわめて重要な条件なのである。

執筆　大森昭一朗(元中国農業試験場)
1987年記

参考文献

I, II 章

American Association of Dairy Science. 1981. 75th anniversary issue. J. Dairy sci.. 64, 1120—1402.

有馬俊太郎編. 1981, 新乳質改善のすべて. デーリィマン社.

BLANCHARD, R. P.. 1966. 牛乳成分生産量の変動. J. Dairy Sci.. 49, 593.

BROODY. S.. 1964. Bioenergetics and growth. Hafner.

CAMPBELL, J. R. and R.T. MARSHALL. 1975. The Science of providing Milk for Men. McGrow-Hill.

FOLEY, R.C., D. C. BATH, F. DICKENSEN and A. TUCKER. 1972. Dairy Cattfle. Lea-Febiger.

朝日田康司・大森昭一朗監修. 1986. 最新飼養管理のすべて. デーリィマン社.

HAWARD, J. L 編. 1986. Current Veterinary therapy. Food Animal Pracfice. Saunderr.

檜垣繁光. 1966. 乳牛の繁殖能力. 畜試年報. 6, 135.

広瀬可恒編. 1971. 酪農ハンドブック. 養賢堂.

JACOBSON, P. E.. 1957. 牛胎児の養分蓄積. Beretning. Forsøkslanb. København. 299.

LARSON, B. L. and V. R. SMITH. 1974. Lactation III. Academic Press.

三橋堯. 1975. 酪農増益全講. 養賢堂.

MOE, R.W. and W. P. FLATT. 1971. 泌乳牛のエネルギー代謝. J. Dairy Sci.. 54, 547.

MATSUOUKAS, J. and T. P. FAIRCHILD. 1975. 繁殖効率に及ぼす種々の要因. J. Dairy Sci.. 59, 540.

NRC. 1978. Nutrient Requirements of Dairy Cattle. Fifth revised ed..

農林水産技術会議. 1964. 子牛の栄養障害に関する研究.

岡本正幹. 1970. 家畜・家禽の環境と生理. 養賢堂.

REGAN, W. H. and G. A. RICHARDSON. 1938. 気温と牛乳生産. J. Diary Sci.. 21, 73.

REID, J. T. et al.. 1964. 子牛の発育時の栄養水準と牛乳生産能力. Bull. Cornell Agric. Exptl. Sta.

ROY, J.H.B.. 1970. The Calf I, II. Iliffe.

SCHMIDT, G. H. and L.D. VAN VLECK. 1974. principles of Dairy Seiences. Freeman.

津田恒之ら編. 1984. 畜産ハンドブック. 講談社.

VAN VLECK, L. D. and H. D. NORMAN. 1972. 牛群の更新理由と体型との関係. J. Dairy Sci.. 55, 1968.

III 章

KLIBER, M.. 1961. Fire of the Life. John Wiley & Sons Inc..

KERTZ, A. F. and J.P. EVERETT. 1976. 乳牛の生涯生産における飼料の利用効率. J. Dairy Sci.. 59, 775.

久米小十郎. 1976. 乳牛の搾乳年数と搾乳量. 畜産の研究. 30, 1403.

近藤康男編. 1976. 食糧自給力の技術的展望. 農林統

計協会.

農林水産技術会議. 1974. 日本飼養標準・乳牛.

REID, J. T. 1970. 畜産における反芻動物の今後の役割. PHILLIPSON 編. Physiology of Digestion and Metabolism in the Ruminant. Oriel Press.

栄養消化生理

牛の消化のしくみ

牛の消化機構は大きくは，次のように分けられる。
1) 第一胃を中心とする微生物による消化。
2) 第四胃〜小腸における消化酵素による消化。
3) 盲腸，結腸における微生物による消化。

摂取した飼料は，口腔内で磨砕されたのち，第一胃において微生物群による分解と合成作用を受け，同時に栄養素の一部は第一胃壁から吸収される。第四胃と小腸では，各種の消化酵素によって消化された栄養素は小腸壁から吸収される。第一胃発酵および消化酵素による消化をまぬかれた飼料成分は，盲腸，結腸で微生物のはたらきにより分解される。

第一胃を中心とする消化機構は反芻動物である乳牛の大きな特徴であり，同時にこれらの特異な消化の結果，生産吸収された栄養素について特異な代謝が営まれている。一方，消化酵素による単胃動物にみられるような消化も行なわれており，この異質の二つの消化過程がたくみに組み合わされて，乳牛はわら類などから穀実類にいたる多種多様の飼料を利用し，産乳，産肉などの生産活動をつづけている。

1. 口腔内消化

(1) 採食，咀しゃく

採食の主役は長くて丈夫な舌であり，飼料や草類を巻き込むようにして口内に送り，下歯と上顎の歯齦で，これを切り取る。上顎には門歯はなく，下顎には8本の門歯をもつ。上顎の歯齦部は歯板と呼ばれ，厚い上皮でおおわれる。乳牛には犬歯はなく，上下に3本ずつの前臼歯と臼歯をもっている。永久歯と乳歯の歯式は次のとおりである。

永久歯

$$2\times\left\{\begin{array}{cccc}0本 & 0本 & 3本 & 3本\\ 門歯—犬歯—前臼歯—臼歯\\ 4 & 0 & 3 & 3\end{array}\right\}\begin{array}{c}上顎\\ —\\ 下顎\end{array}$$

乳歯

$$2\times\left\{\begin{array}{ccc}0 & 0 & 3\\ 門歯—犬歯—前臼歯\\ 4 & 0 & 3\end{array}\right\}\begin{array}{c}上顎\\ —\\ 下顎\end{array}$$

採食した飼料は臼歯で磨砕されるが，咀しゃく回数は非常に多く，また飼料の種類によってかなりのちがいがある。たとえば，採食時には乾草で約74回/分，濃厚飼料で約94回/分ほどの咀しゃくがみられ，また，一部消化した第一胃内容物は吐きもどされ，再咀しゃくされる。再咀しゃくの時間は粗飼料のほうが著しく長い（反芻の項参照）。咀しゃくにより，飼料は粉砕され，唾液と混合される。飲み込まれる食塊の飼料片の粒度は平均1.2〜1.6mmていどであり，長い乾草も採食時に平均1.7cmていどの長さに切断され，その50％以上が1.0cm以下に嚙み砕かれている。

乳牛の生理

第1表　牛の混合唾液の成分
（津田，1983）

固形物	(％)	1.02
Na	(ミリ当量/l)	120～171
K	(ミリ当量/l)	6
Ca	(ミリ当量/l)	3.3～7.1
Cl	(ミリ当量/l)	4.3～7.1
P	(ミリ当量/l)	26
重炭酸	(ミリ当量/l)	92～126
蛋白質	(mg/dl)	9～183
尿素	(mg/dl)	13.5
pH		8.1～8.8

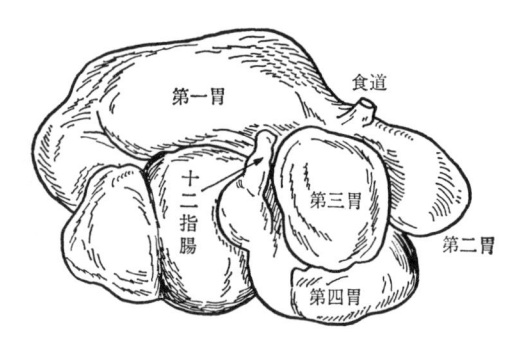

第1図　牛の胃（右側から見たもの）
（シッソン，1953）

(2) 唾液分泌

　牛の唾液腺の主要なものは各1対の耳下腺，下顎腺，舌下腺であり，その他下臼歯腺，頬腺などがある。各腺から分泌される唾液の性状にはちがいがあるが，唾液はこれらの腺の混合したもので，混合唾液ともいわれる。混合唾液の成分は第1表に示すとおりで，主体は無機成分であり，ほかに尿素，ムコ蛋白質を含んでいる。

　牛の唾液の特徴は，消化酵素を含まず，多量の重炭酸ナトリウムや適量の尿素を含んでいることである。成牛の唾液分泌量は1日100～190 l といわれ，採食時や反芻時に分泌量は増加する。また，飼料の種類によって唾液分泌量がちがい，乾草多給時に多く，濃厚飼料多給時に少なくなるが，この相違は主として反芻時の咀しゃく時間のちがいによるものである。唾液分泌は口腔内の物理的刺激によって促進される。また，副交感神経を刺激すると，唾液が多く分泌され，交感神経が緊張すると，分泌は少なくなってくる。これら多量の唾液は，第一胃内に水分やpH調節作用をもつ重炭酸ナトリウムを補給するなどの重要な役割をもっている。

2. 第一胃・第二胃の消化

(1) 第一胃・第二胃の構造と運動

①第一胃・第二胃の構造

　第一胃（ルーメン）は，全消化管の約70％に相当する容積をもち，体重の10～20％の重量の内容物を入れることのできる大きい消化器官である。第一胃～第四胃の外側からみた模式図は第1図のようであり，第一胃と第二胃の内面は第2図のようである。第一胃内は筋柱とひだによって7つの部位に区分され，また，第二胃とは腹側で

第2図　第一胃・第二胃の内面模式図
（フィリップソン，1970）

は，ひだによって分けられているが，背側は連続し，内容物は相互に移動しやすい。このため，この二つの胃を第一・第二胃としてまとめて呼ぶことがある。しかし，その構造や運動には明らかなちがいがみられる。

第一胃壁は第一胃上皮と呼ばれ，特徴のある多数の半絨毛が密生している。半絨毛の形は葉状，舌状など多様であり，暗黒色ないし黒褐色で，長さ 2～3 cm に達し，腹側部に多く背側部には少ない。第二胃壁には第一胃のような半絨毛はなく，規則的な 4～6 角形をした特有の上皮をもち，蜂巣胃と呼ばれる。

②第一胃・第二胃の運動

第一胃と第二胃は協調して，内容物の混合，反芻，噯気の排出，内容物の移動のために活発な運動を行なう。収縮運動は，第二胃に始まりしだいに第一胃全体に波及するタイプ（A型収縮）と，第一胃の一部にみられるタイプ（B型収縮）を基本とし，このほか第二胃だけの収縮やこれらの混合型がみられる。第一胃の収縮する回数は採食中に最も多く，80～100回/時，反芻中は55～75回/時，休息時は47～80回/時ていどである。

第一胃の運動の頻度や強弱は給与飼料によって変化し，粗飼料の給与が不充分であると，運動は弱く不充分であり，さらに第一胃発酵が異常になると，運動はほとんど停止する。

③反　芻

第一胃運動と連動して，反芻，または噯気の放出が行なわれる。反芻は，第二胃壁に対する粗飼料片などの接触刺激に基づいた延髄反射によって起こる。第一胃内容物が第二胃の収縮につづく第一胃収縮によって口腔内に吐出され，再咀しゃく，再嚥下される一連の過程が反芻である。1 吐出当たりの咀しゃく回数は 40～60 回/分で，通常 30～60 分継続する。反芻は採食後約 1 時間で始まり，間隔をおいて反復し，1 日当たりの反芻時間は 6～10 時間ていどである。反芻によって飼料は粉砕され，同時に多量の唾液が分泌される。反芻時間は飼料の構成や採食量によって変動し，粗飼料の摂取量と比例して増加する傾向がみられる。

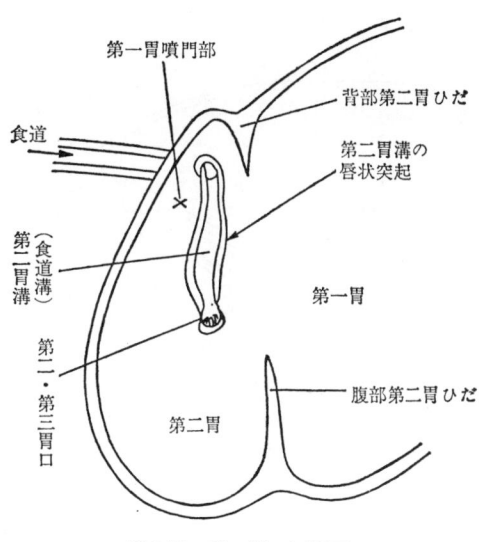

第 3 図　第二胃の切断面

④噯　気

第一胃発酵の結果生じた多量のガスは主として噯気として口から排出される。噯気の排出は第一胃がガスで拡張すると，反射的に行なわれる。噯気反射の刺激受容器は第一胃の噴門部にあるが，この部分が胃内容や泡沫でおおわれると，噯気反射は起きない。鼓脹症では，噯気反射が消失し，ガスの排出は不完全になる。

⑤食道溝（第二胃）反射

食道溝は第一胃噴門部から第二・第三胃口にわたる 2 枚の唇状突起でつくられる溝であり，この唇状突起がねじれるように強く収縮すると，食道溝は閉鎖する（第 3 図）。食道溝閉鎖は哺乳中の幼牛に起こる現象で，この閉鎖によって牛乳は第一胃に入らず，第三胃を経て第四胃に入る。食道溝閉鎖は牛乳などの給与によって反射的に起こり，哺乳を中止すると，この反射はしだいに消失し，成牛ではみられなくなる。ただし，離乳後も訓練によってこの反射を持続させることはできる。

⑥内容物の移動

食道から入ってきた食塊は，比較的規則的に前方に集まるが，第一胃の運動によって攪拌され，しだいに後方に送られる。採食後，第一胃内容は不均一な状態で，比重の軽い粗飼料片は上層に，液状物は下層に分布するが，第一胃運

乳牛の生理

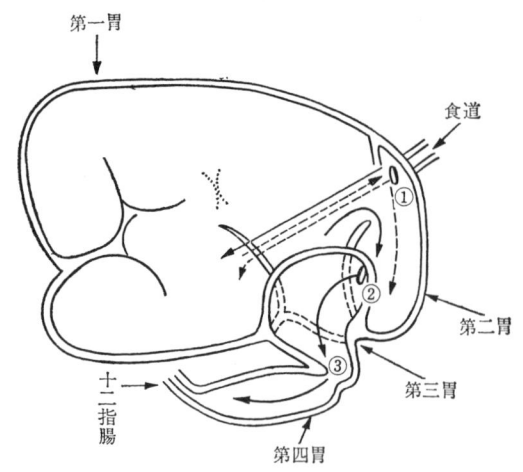

第4図　第一胃～第四胃の切断図（右側）と内容物の移動経路
①食道口，②第二・第三胃口，③第三・第四胃口

動や反芻により攪拌され，さらに第一胃発酵により粒度は小さくなり，また，かなり均一化してくる。

　第一胃内容物は水溶性区分と固形区分に分かれ，固形区分はさらに第二胃方向に移動できる第一胃通過可能区分と通過不能区分とに分けられる。第一胃通過可能区分の粒度はおおむね1 mm以下と考えられる。第一胃内を最も速く通過するのは水溶性区分で，次に第一胃通過可能区分であり，通過不能区分は咀しゃく，発酵をくり返す。第二胃内容物は第一胃内容に比べて水分が多く，粒度が小さくなっており，第二・第三胃口を通じて第三胃のほうに移動する。この内容物の移動には第三胃の運動も関係している（第4図）。

　第一胃内に飼料が滞留する時間は液状物ほど短くなるが，牛の第一胃内容物は平均2.1～2.7日間で一回転すると報告されている。また，第一胃内容物の移動速度は採食量により変動し，両者の関係はほぼ次のとおりである。

　①採食量が体の維持量の水準か，粉砕飼料を給与したときには，内容物は1時間当たり約2％のわりで第一胃から移動し，②子牛や低乳量牛（1日乳量15 kg以下）などで維持量の2倍以下の飼料を採食しているときは約5％，③高い乳量の牛（15 kg以上）に維持量の2倍以上の飼料を給与しているときは約8％のわりで移動し，採食量の増加につれて移動速度は増加する。

（2）　第一胃発酵と微生物

　第一胃内で微生物群によって行なわれる飼料の分解と同化は第一胃（ルーメン）発酵と呼ばれる。第一胃内の環境は多数の微生物群が生存できる条件をそなえており（第一胃内容の恒常性），また，単胃動物とちがって絶食状態がつづいても第一胃内はからになることはない。第一胃発酵の状態は給与飼料によってかなり変化するが，正常な条件では，微生物相は調和のとれた構成を保って発酵がすすめられる。

　第一胃内に生息する微生物群は細菌類（バクテリア）と原生動物類（プロトゾア）に大別される。これらの微生物群は飼料とともに第一胃内に入り，その後，第一胃内環境に適応した微生物群として定着し，第一胃発酵に関与するようになったものである。第一胃内に定着する微生物相は第一胃内環境と給与飼料の種類によってほぼ一定しており，飼料を採食した直後には活発に増殖し，時間の経過とともに再び採食前の状態にもどってくる。この微生物相は給与飼料が一定しているかぎりほとんど変化せず，したがって第一胃内容組成もある範囲の変動を示すだけで，かなり安定した環境を維持することになる。給与飼料の急激な変化は第一胃内微生物相や胃内環境に大きな混乱をもたらし，正常な第一胃発酵の進行を妨げ，種々の消化障害の原因となることが多い。

①第一胃内細菌類

　細菌群は第一胃発酵の主役であるが，かなり種類が多く，機能に不明な点がまだ残されている。第一胃内容濾液1 mlにはおおよそ150億～800億（第一胃内容1 g中に10億～1,000億という報告もある）の細菌がおり，その数と種類は採食条件によってかなり変動がある。

　第一胃内細菌群は酸素を必要としない偏性嫌気性菌あるいは好気的，嫌気的な条件で生育する通性嫌気性菌に属するものが大部分である。第一胃内細菌群はその作用から，セルロース分

第2表 主な第一胃内細菌とその作用

主な作用	名称	形状	主な生成物
繊維素分解	バクテロイデス サクシノゲネス	グラム陰性，桿菌	酢酸，コハク酸
	ブチリビブリオ フィブリソルベンス	グラム陰性，弯曲桿菌	酪酸，ギ酸，乳酸，CO_2
	ルミノコッカス フラボファシエンス	グラム陽性，短鎖球菌	酢酸，ギ酸，コハク酸
	ルミノコッカス アルブス	グラム陰性，球菌	酢酸，ギ酸，エタノール
澱粉，糖分解	バクテロイデス アミロフィルス	グラム陰性，短桿菌	ギ酸，コハク酸，酢酸
	サクシニビブリオ デキストリノソルベンス	グラム陰性，ラセン桿菌*	コハク酸，酢酸，ギ酸
	セレノモナス ルミナンチウム	グラム陰性，三日月状桿菌*	酢酸，プロピオン酸，乳酸
	ストレプトコッカス ボビス	グラム陽性，連鎖球菌	乳酸
乳酸分解	ビロネラ アルコレッセンス	グラム陰性，球菌	酢酸，プロピオン酸，CO_2
	ペプトストレプトコッカス エルスデニ	グラム陰性，大型連鎖球菌	酢酸，プロピオン酸，酪酸，バレリアン酸，カプロン酸
脱アミノ，蛋白分解	バクテロイデス ルミニコラ	グラム陰性，桿菌	酢酸，コハク酸，ギ酸，イソ酪酸，イソバレリアン酸
	バクテロイデス アミロフィルス	（前出）	
メタン形成	メタノバクテリウム ルミナンチウム	グラム陽性，卵円形桿菌	メタン

*：運動性を有する

第3表 大麦と乾草給与時の第一胃内微生物の変化 （押尾，1980）

項目		大麦：乾草比				
		1:0	3:1	1:1	1:3	0:1
プロトゾア数	($10^5/ml$)	0.0	6.1	5.6	3.9	1.5
総菌数	($10^9/ml$)	30.0	16.1	9.8	13.1	15.0
生菌数	($10^9/ml$)	7.0	3.1	2.2	2.8	1.9
乳酸利用菌数	($10^7/ml$)	105.4	7.9	0.8	1.5	0.4
澱粉分解菌割合	(%)	84.0	69.4	69.9	59.0	68.3
繊維分解菌割合	(%)	0.0	8.1	8.1	12.0	15.0
乳酸生産菌割合	(%)	80.0	37.9	38.2	38.5	39.2

第4表 第一胃内繊毛虫類の分類 （中村，1985）

科	属
オフリオスコレックス科	
エントデニウム亜科	エントデニウム
ディプロディニウム亜科	エオデニウム，デプロデニウム，ユウデプロデニウム，デプロプラストロン，メタデニウムなど
エピデニウム亜科	エピデニウム
オフリオスコレックス亜科	オフリオス コレックス
イソトリカ科	イソトリカ，ダシトリカ

解，澱粉分解，糖分解，有機酸利用，蛋白質分解，脂肪分解などの細菌群に分けられ，また，発酵産物の面からは，酢酸生産菌をはじめ，プロピオン酸，酪酸，ギ酸，乳酸，コハク酸，エタノール，メタン，炭酸ガス，水素，硫化水素などの生産に関与する細菌群に分けることができる。第一胃内の主な細菌とその作用について第2表にとりまとめた。

第3表は，大麦と乾草の給与割合を変えたばあいの第一胃内細菌群の変化の例を示したものである。大麦多給では，澱粉分解菌，乳酸生成菌，乳酸利用菌が多く，乾草給与割合がふえるにつれて繊維素分解菌がしだいに増加し，他の細菌群は減少してくる。また，大麦多給時には細菌数が多く，原生動物数が少ないが，乾草の給与割合がふえるにつれて，この傾向は反対に なってくる。

②原生動物類

第一胃内原生動物は大部分が繊毛虫類に属するもので，その数は第一胃内容濾液 $1\ ml$ 中に20万～200万（第一胃内容 $1\ g$ 当たり10万～100万）ていどである。繊毛虫類は，体表全体が短い繊毛でおおわれているイソトリカ科と体表が平滑で体前方にだけ繊毛のあるオフリオスコレックス科に大別される。これらはさらにいくつかの亜科，属，種に分けられる。繊毛虫の大きさは $20～25\mu \times 10～15\mu$ の小型のものから，$150～250\mu \times 100～180\mu$ の大型のものまであり，その多くは活発な運動性をもっている。

繊毛虫類はその大きさ，形態的特徴から第4表のように分類されている。日本の牛から分離された繊毛虫類は15属44種で，1頭の牛から平

均14種の繊毛虫類が分離されている。

原生動物が第一胃内で果たしている役割については不明なところがあるが，原生動物は飼料の澱粉粒や細菌類を捕食して生活するところから，直接第一胃発酵に関与するというよりは細菌類を捕食して第一胃内微生物相の構成や調和を保ちつつ，第一胃発酵に間接的に関与するものとみられる。第3表のように濃厚飼料多給時に原生動物数は減少して細菌数が多くなり，逆に，乾草多給時に原生動物がふえ細菌数が少なくなるのは両者の関係の一端を示すものと思われる。また，原生動物の生存には第一胃内 pH が強く影響し，低い pH では原生動物は減少する傾向がみられる。原生動物の体蛋白質の栄養価は飼料や細菌の蛋白質よりもすぐれており，飼料蛋白質の第一胃内におけるつくり変えに原生動物が大きく関与することも無視できない点である。原生動物の数は細菌数に比べるとはるかに少ないが，体が比較的大きいために，微生物全体に占める重量は細菌群とほぼ等しく，微生物蛋白質の栄養価向上に及ぼす影響は大きいものと思われる。

(3) 第一胃内容物の性状

第一胃発酵は連続的に進行し，第一胃内容物の組成は給与飼料や採食条件によって変動するが，同一飼養条件では日周的変動を示しながら比較的一定している。第一胃内容は固形物と液状物に分けられ，固形物は採食直後に多く，発酵がすすむにつれて減少する。また，牛の第一胃内容物はかなり不均一であって，平均乾物濃度は10～15%である。

第一胃内容物を圧搾すると液状物が分離するが，これは第一胃内容濾液（ルーメン・ジュース）と呼ばれる。第5表は，各種の条件で飼養された牛の第一胃内容濾液の主要成分値である。無機物は主として飼料から溶出したものであり，揮発性脂肪酸（VFA），各種窒素化合物は第一胃発酵の生産物である。また，pH，浸透圧，温度などは微生物の生息条件として重要な項目となっている。また，これらの数値は，第一胃内容組成が飼養条件によってかなり幅広く変動

第5表 牛の第一胃内容濾液の性状

項 目		範 囲
Ca	（ミリモル/l）	0.4～8.6
Mg	（ミリモル/l）	1～18
Na	（ミリモル/l）	71～170
K	（ミリモル/l）	25～111
PO_4	（ミリモル/l）	1～45
Cl	（ミリモル/l）	6～34
VFA	（ミリモル/l）	60～180
アミノ－N	（mg/dl）	0.1～1.5
ペプチド－N	（mg/dl）	0.2～1.0
アンモニア－N	（mg/dl）	5～60
蛋白－N	（mg/dl）	100～400
核酸－N	（mg/dl）	1.5～4.0
pH		5.7～7.4
浸透圧	（ミリオスモル/kg）	280～420
水分	（%）	85～90
温度	（℃）	38.0～41.0

注　各種飼料給与時に観察されたおおよその範囲

することを示している。

第一胃内容は高い嫌気性を保持しており，その酸化還元電位は-250～$-450mV$である。また，第一胃背のう部には発酵によって生じたガスがたまっており，その組成は炭酸ガス45～65%，メタン25～35%，窒素約10%，水素1～3%で，酸素はほとんど含まれていない。

第一胃発酵については別に飼料の消化の項で述べる。

(4) 第一胃壁の養分吸収

第一胃上皮の半絨毛は角質層でおおわれて保護され，第一胃内微生物は角質層を通過することはできないが，第一胃発酵産物をはじめ水溶性の栄養素は角質層を通過して吸収される。また，第一胃上皮では吸収したVFAの特異な代謝が行なわれている。

第一胃発酵で生産されたVFAの90～97%は第一胃～第三胃の間で吸収されるが，第一胃壁から最も多く吸収される。VFAの吸収は濃度勾配に従って移動する単純拡散によるものである。pHの低下はVFAの吸収を促進し，また，VFAを構成する3種の酸の吸収速度は酪酸＞プロピオン酸＞酢酸の順となるが，通常ではこ

の3種の酸の吸収速度にはほとんど差がみられない。

第一胃壁より吸収されたVFAは門脈を通り，肝臓に入るが，この間に第一胃上皮で一部の酸は代謝される。VFAの吸収と体内代謝の概要は第5図に示すとおりである。酪酸の大部分と酢酸の一部は第一胃上皮でアセト酢酸，βオキシ酪酸などのケトン体となり，また，プロピオン酸のかなりの部分は乳酸となる。VFA，乳酸，ケトン体はさらに肝臓で代謝されるので，循環血中のVFAの主体は酢酸が占め，ほかにわずかのプロピオン酸が含まれるにすぎない。

第一胃内で生産された過剰のアンモニアも第一胃壁から吸収される。アンモニアの吸収は第一胃内pHの上昇によって促進される。吸収されたアンモニアは肝臓で尿素となって無毒化され，循環血中の濃度はきわめて少ない。無機物も第一胃壁を通過する。ナトリウムは能動輸送の機構によって，濃度勾配に逆らって吸収される。カリウム，マグネシウムも吸収されるが，カルシウムはほとんど吸収されない。陰イオンではクロールがよく吸収されるが，リン酸はほとんど吸収されない。乳酸の吸収も通常の条件では多くない。水分は第一胃内と血液との浸透圧の勾配によって第一胃壁を移動するが，ふつうには第一胃壁からの水の吸収量は少ないものとみられている。

3. 第三胃・第四胃のはたらき

(1) 構造

第三胃は第二・三胃口で第二胃と連絡し，第三・四胃口で第四胃と連絡している。第三胃の構造は第三胃体と第三胃管に分かれる。第三胃体の内面には100枚前後の大小の第三胃葉をも

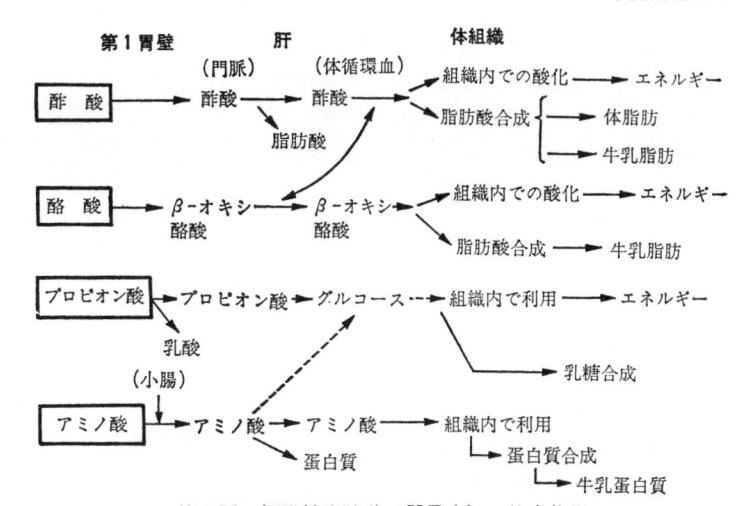

第5図 揮発性脂肪酸（VFA）の体内代謝

ち，第三胃管は第二・三胃口と第三・四胃口とを結ぶ通路となっている（第5図）。

第四胃内面は粘膜上皮でおおわれ，十数枚の粘膜のひだがある。第四胃液の分泌は噴門部，胃体部，幽門部でみられる。分泌胃液は塩酸とペプシノーゲンを含み，そのpHは1.0～1.3と強酸性である。幽門部の胃液は弱アルカリで，ペプシン活性も弱い。

(2) 第三胃の機能と内容物の移動

第二胃内容物は第二胃が収縮し，第二・三胃口が開いているときに第三胃管に流入する。

第三胃管に入った内容物は収縮によって第三胃体の小葉間に移動する。ここで粗大な飼料片は濾別され，第二胃に押しもどされ，液状物は第四胃に送り込まれる。第6表に第三胃を通過

第6表 牛の第一胃内容物と第三胃を通過した内容物の組成の比較 （大森，1972）

組　　成	第一胃内容物	第三胃通過物
揮発性脂肪酸濃度（ミリモル/dl）	11.9	3.4
酢酸　　　　　　　　　（％）	68.0	72.8
プロピオン酸　　　　　（％）	18.2	17.0
酪酸　　　　　　　　　（％）	12.8	9.2
ナトリウム　　　（ミリ当量/l）	121.2	72.9
カリウム　　　　（ミリ当量/l）	32.5	39.0
リン　　　　　　（ミリ当量/l）	15.3	18.4
塩素　　　　　　（ミリ当量/l）	11.6	66.8

した内容物と第一胃内容物の組成を比較して示した。第三胃を通過した内容物ではＶＦＡ濃度は低下し，また，ナトリウムの減少，クロールの増加がみられる。第三胃は第二胃内容物の移動の調節と，栄養素の吸収を行ない，第一胃発酵と第四胃以下の消化酵素による消化機構という異質の消化を円滑に結びつけるうえで重要な接点の役割をもっている。

(3) 第四胃の機能

第四胃の主要なはたらきはペプシンによる蛋白質の消化である。第四胃は1分間当たり1～2回の収縮運動を行ない，内容物の攪拌，十二指腸への移動をたすけている。第四胃液の分泌は副交感神経に支配されるが，同時に消化管ホルモンであるガストリンあるいは胃粘膜の直接刺激によっても分泌は促進される。第四胃液の分泌は単胃動物とちがい，採食時にみる分泌量の増加はそれほど大きくなく，その分泌は持続的であるという特徴がある。

4. 腸における消化・吸収

(1) 小腸の消化

小腸内の主要な消化液は，単胃動物と同じように，膵液，腸液，胆汁である。

腸液は腸壁から分泌される液状物の総称で，マルターゼ，イソマルターゼ，オリゴグルコシダーゼなどの糖類の分解酵素やリパーゼ，アミノペプチダーゼ，ヌクレアーゼなどの消化酵素を含んでいる。

膵液はアミラーゼ，リパーゼ，エラスチンなどの消化酵素とトリプシノーゲン，キモトリプシノーゲン，プロカルボキシペプチダーゼなどの不活性型のプロ消化酵素を含み，不活性型消化酵素は腸管内で活性化される。反芻動物の膵液は重炭酸塩濃度が低く，リボヌクレアーゼ活性が高いなどの特徴をもっている。

胆汁は胆汁酸を含み，胆汁酸は脂肪と結合して脂肪の消化吸収をたすけている。

牛の小腸では，蛋白質，炭水化物，脂肪の消化と，水分，アミノ酸，糖，脂肪酸，ミネラルなどの吸収が行なわれるが，その詳細については不明の点が多い。蛋白質は第四胃でペプシン消化を受けるが，十二指腸内でもペプシン消化は持続する。小腸における蛋白質の消化吸収は比較的活発である。

第7表に第四胃以下における飼料蛋白質の消化率の例を示した。アミノ酸は単胃動物と同様の機構で効率よく吸収される。小腸でのアミノ態窒素の吸収率は70～80％であり，また，核酸態窒素も約80％の高い吸収率を示す。

従来，十二指腸に到達する糖や澱粉の量はわずかであり，小腸でのアミラーゼ活性はあまり強くないとみられていたが，穀実多給などの条件では十二指腸に達する澱粉の量はかなり多く，また，アミラーゼ活性も増加してくることが知られ，吸収するグルコース量の多い例がみられる。脂肪は十二指腸で胆汁酸塩ならびに膵リパーゼのはたらきにより遊離脂肪酸とモノグリセリドに分解し，胆汁酸塩と複合ミセルをつくり，吸収される。吸収された脂肪はカイロマイクロンとなってリンパ管に入り，胸管を経て循環血に入る。無機物の多くは小腸壁から吸収される。

(2) 大腸における消化

結腸，盲腸の消化は微生物による発酵である。第一胃発酵や小腸消化もまぬかれた炭水化物や窒素化合物はここで消化される。セルロース，ヘミセルロース，澱粉の分解力は高い。分解によって生じたＶＦＡやアンモニアは大腸壁を通して吸収される。また，水分は直腸で比較的よく吸収される。

第7表 蛋白質の第四胃以下における消化率
(ハゲマイスタ，1981)

飼　　料	蛋白質含量	消化率
大豆かす	52％	84％
綿実かす	42	93
亜麻仁かす	36	80
ヒマワリかす	37	75
魚かす	75	90
第一胃バクテリア	53	83

飼料の消化

1. 消化管各部位における消化の割合

牛の消化管各部位における栄養素の消化・吸収の程度は給与飼料の構成によって変動する。第8表にその一例を示した。可消化エネルギーの約53％は第一胃〜第四胃の間で消化・吸収され，約35％は小腸で，残りの12％が盲腸と結腸で消化されている。窒素化合物は第一胃〜第四胃間でマイナスの収支となるが，これは，この部位では窒素化合物の吸収はほとんどなく，一方，唾液による尿素の供給があるためである。窒素化合物の消化・吸収は大部分小腸で行なわれている。澱粉は第一胃発酵によって約77％が消化され，残りが小腸，盲腸，結腸で消化される。セルロースは第一胃発酵によって約90％が消化され，残り10％は盲腸，結腸で消化されている。

第一胃で消化・吸収されるエネルギーはほとんどVFAのかたちをとっている。このほか，第一胃内では第一胃内微生物の増殖や発酵エネルギーとしての損失なども見込まれる。

泌乳牛における飼料のエネルギーの吸収形態についての試算例は第9表のとおりである。ここでは可消化エネルギーの約55％が第一胃と盲腸内で生産されるVFAとして利用され，第一胃発酵によるメタンの生産，熱エネルギーの損失は約12％と見込まれている。このばあい，飼料中の蛋白質の約30％は第一胃発酵をまぬかれて，小腸で消化を受け，また，同じように飼料中の澱粉の約20％が第一胃発酵を受けずに十二指腸に入り，そのうちの約75％がグルコースとして吸収されている。この試算によると，メタンおよび熱としての損失を差し引いた代謝エネルギーの約63％がVFAとして利用され，蛋白質，脂肪としてはそれぞれ14％，17％が，また，グルコースとしては6％が利用されることにな

第8表 牛の消化管における飼料成分の消化吸収の割合　　（ワトソン，1972）

	エネルギー	窒素化合物	セルロース	澱粉
みかけの消化率(％)	74.8	71.2	73.8	97.5
(各消化管における消化の割合 ％)*				
第一胃〜第四胃	53.4	−15.5	88.9	76.6
小　腸	34.7	106.2	3.9	16.1
盲腸・大腸	12.0	9.3	7.2	7.3

注　＊：みかけの消化率を100とする

第9表 乳牛におけるエネルギーの吸収利用の割合　　（サットン，1976）

項　目	割　合
VFA（第一胃＋盲腸）	54.6％
酢　酸	24.6
プロピオン酸	11.0
酪　酸	15.3
バレリアン酸	3.7
熱，メタン発生	12.3
グルコース（澱粉）	5.5
脂　質	15.3
蛋白質	12.3

注　1日当たり吸収エネルギー量 38.93 Mcal
6 kg 乾草と 9 kg 濃厚飼料給与の例

る。

このように，乳牛の条件や給与飼料によって消化・吸収されるエネルギーの形態に変動があり，下部消化管における消化・吸収の役割もしだいに明らかになりつつあるが，やはり第一胃発酵の重要度は大きく，また，生産されるVFAの必要エネルギーに占める割合も大きなものがある。

2. 飼料炭水化物の消化

飼料の炭水化物は種類が多いが，その消化・吸収過程の概要は第6図に示すとおりである。

乳牛の生理

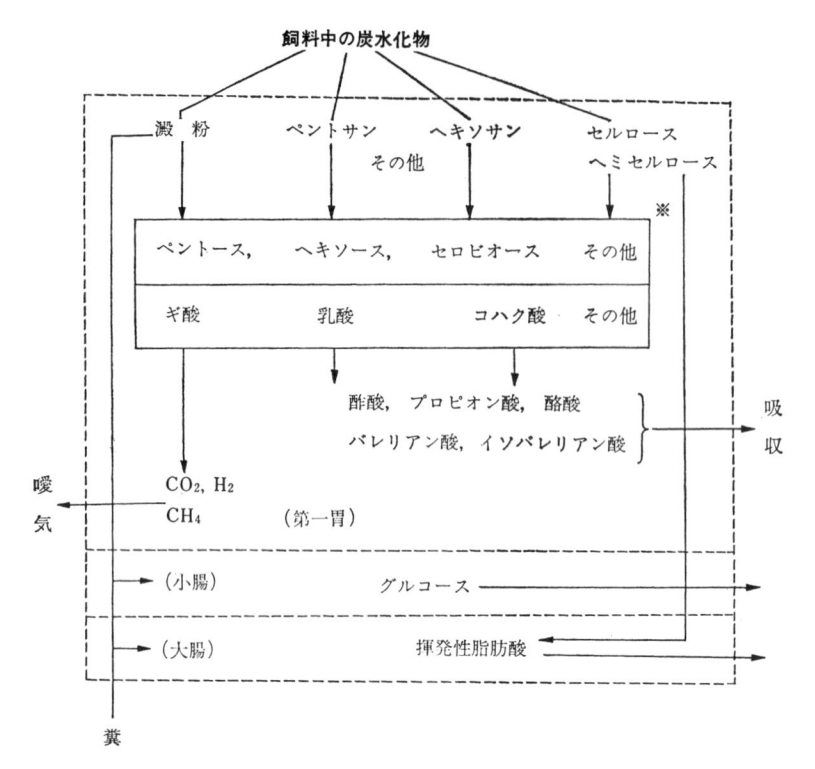

第6図　炭水化物の消化・吸収
□内の化合物は通常検出されない

(1) 糖類の消化

　グルコース，果糖，ガラクトースなどの単糖類，麦芽糖，ショ糖などの2糖類やフラクトサンなどの可溶性糖類は若い牧草，ビート，糖蜜飼料などに多く含まれ，乳牛によく利用される。
　これらの可溶性糖類は第一胃内で急速に分解され，VFAとして第一胃壁から吸収され，小腸以下に移行する量はきわめて少ない。しかし出穂前の良質の青草給与や人工草地への放牧では，可溶性糖類が多量に摂取されて小腸以下に移るため，下痢の一因になることもある。また，可溶性糖類は第一胃内でほとんどVFAとなるが，摂取量が多く発酵が急速にすすむとき，第一胃内に多量の乳酸がつくられ，VFAの生産量が減少することがある。第一胃内に乳酸が多量に蓄積すると，第一胃内pHは低下し，動物はアシドーシスとなる。これは乳酸アシドーシス，ルーメンアシドーシスと呼ばれ，澱粉の大量摂取でもみられる消化障害である。

(2) 澱粉質飼料の消化

　澱粉は第一胃発酵を受けるが，可溶性糖類に比べて発酵速度はおそい。第一胃発酵の結果，VFAとなるが，糖類と同様にプロピオン酸の生産割合が多い。澱粉粒はまたプロトゾアによって捕食される。このばあい，プロトゾア体内にアミロペクチンとして蓄積され，さらに主として酪酸に変化する。
　澱粉の第一胃内発酵の程度は飼料給与量，穀実の種類，粉砕，加熱などの処理によって変化がある。採食量がふえると，第一胃発酵を受けずに小腸に達する澱粉量は増加する。また，穀実の種類によって第一胃内における澱粉消化率にも差がみられる。第10表に大麦とトウモロコシの澱粉の消化状況を示した。大麦は第一胃内で90〜99％とよく消化されるが，トウモロコシは第一胃内で70％前後の消化を示すにすぎず，小腸での消化割合が多い。また，ソルガムは加

第10表　大麦とトウモロコシの消化性の比較
（サットンら，1980）

項　目	穀実：乾草の給与割合			
	60：40		90：10	
	大麦	トウモロコシ	大麦	トウモロコシ
摂取エネルギー（Mcal/日）	232	227	220	217
同消化率，全消化管（％）	69.6	69.3	73.0	68.6
〃　　，第一胃内（％）	51.5	48.2	52.2	42.9
摂取澱粉　　　　（kg/日）	4.10	4.35	5.75	6.37
同消化率，全消化管（％）	99	92	99	89
〃　　，第一胃内（％）	89	72	99	67

熱処理によって消化率は増加するが，第一胃内消化率は処理の有無によって42%～83%と大きく変動する。穀実澱粉の性状と第一胃発酵速度との関連についてはなお究明すべき問題が残されている。

第一胃発酵をまぬかれた澱粉は小腸で消化酵素による消化を受けてグルコースとして吸収され，また，一部はさらに大腸での微生物の作用を受けて消化される。

(3) 繊維質飼料の消化

繊維成分の主体は植物の細胞膜構成成分であるペクチン，セルロース，ヘミセルロース，リグニンであり，その含量と構成は植物の種類や成熟の度合によって大きな相違がみられる。これらの成分は主として第一胃内で分解されるが，このうち，ペクチンは溶解しやすく，糖類と同様に分解される。セルロース，ヘミセルロースは糖類，澱粉に比べて第一胃内の発酵速度はきわめておそい。リグニンはほとんど分解されない。セルロース，ヘミセルロースは動物のもつ消化酵素では分解されず，第一胃または盲腸における微生物発酵によって分解され，VFAをつくる。生産されるVFAは酢酸が主である。

牛の盲腸でのセルロース，ヘミセルロースの分解作用はかなり強いが，ふつう，盲腸消化がこれらの消化に占める役割は10%ていどとみられる。しかし，繊維質飼料を粉砕して給与すると，繊維の消化率は低下するとともに，盲腸におけるセルロース，ヘミセルロースの消化の割合は高くなる。これは粉砕によって第一胃の通過速度が早くなり，反芻が減少し，第一胃発酵を充分に受けないまま下部消化管に移動する飼料の量がふえるためである。

飼料の炭水化物の第一胃発酵には適量の蛋白質の供給を必要とするが，繊維質のばあいにも適量の蛋白質と澱粉の供給が大切である。しかし澱粉質飼料が多くなりすぎると，繊維成分の消化率は低下する。この現象は澱粉減退と呼ばれる。粗飼料の給与はまた，他の飼料の消化をたすけ第一胃内微生物蛋白質の生産量を高める効果がある。粗飼料の給与は反芻を盛んにし，唾液分泌量をふやして第一胃発酵を円滑にすすめ，同時に第一胃内容液状部分の第三胃への移動を促進する。第一胃内液状物の移動の促進は微生物相の世代の更新を促し，微生物増殖を効率的にすすめるうえで欠かせない条件である。

第11表 牛の第一胃内における揮発性脂肪酸の割合
(フィリップソン, 1970)

給与飼料	酢酸	プロピオン酸	酪酸	バレリアン酸
粗飼料多給・濃厚飼料少給	65～75%	15～21%	5～14%	2.5%
濃厚飼料多給・粗飼料少給	40～66	18～41	7～15	3～14
牧草だけ	63～68	17～20	10～12	3～5

(4) 第一胃におけるVFAの生産

第一胃発酵によって各種の炭水化物源から多量のVFAが生産される。VFAの構成は酢酸，プロピオン酸，酪酸を主体に，さらに少量のバレリアン酸，イソバレリアン酸，カプロン酸などである。

第一胃でのVFA生産は，①飼料的要因，②微生物の構成，③第一胃内環境の変化，④添加物の使用などによってかなり変動する。このうち，飼料的要因の影響は大きく，VFA生産は飼料の構成，品質，採食量，給餌回数などによって大きな変動がある。

濃厚飼料と粗飼料との給与割合は第一胃内VFAの生成割合に大きな変化を与える。第11表にその例を示したが，濃厚飼料の増加はプロピオン酸の生産割合を増し，粗飼料の増加は酢酸の割合を増加させる。この傾向は飼料の品質，形状によって相違がみられる。また，同一飼料でも採食量が増加するとプロピオン酸が増加し，減少すると酢酸が増加する傾向がある。

第一胃における可消化有機物の消化割合は平均65±10%である。また，第一胃内で生産されるVFAのエネルギー量は可消化エネルギーのほぼ50～60%に相当している。種々の方法で測定された第一胃内VFA生産量は給与飼料乾物1kg当たり4～6モルであり，また，各酸の生成割合は第一胃内におけるVFA比率にほぼ比例するとみられる。

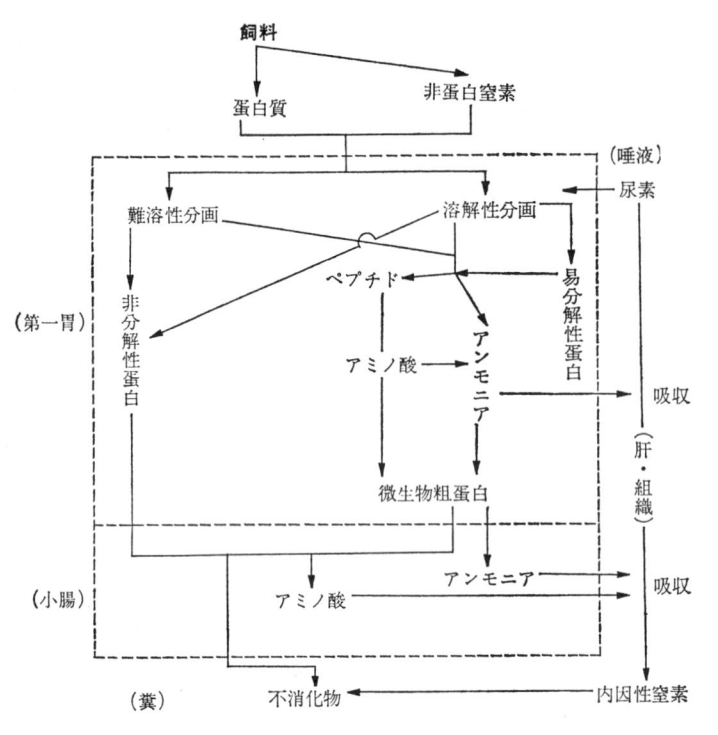

第7図　蛋白質の消化・吸収

3. 飼料蛋白質の消化と利用

飼料蛋白質は蛋白態窒素と非蛋白態窒素からなるが、その消化の概要は第7図のとおりである。

(1) 第一胃における分解

飼料蛋白質は第一胃発酵によりアミノ酸、アンモニアに分解され、その後再び微生物蛋白質に合成される。第一胃内での飼料蛋白質の分解性は蛋白質の溶解度にほぼ比例し、溶解しやすいものほどよく分解する。また、分解の程度は第一胃内容の移動速度と関係し、移動が速くなると分解性は低下してくる。

第一胃内の分解速度の相違から飼料蛋白質は次のように分けることができる。①第一胃内容物の移動速度（2～8%/時）の10倍以上の速さで分解されるもので、非蛋白窒素や易分解性蛋白質など、②第一胃内容物の移動速度の10分の1から10倍の速さで分解される蛋白質で、その分解率は移動速度の影響をうけるもの、③内容物の移動速度の10分の1以下の分解速度を示すもので、難分解性または非分解性蛋白質である。したがって、①に含まれる非蛋白窒素などはほぼ100%第一胃内で分解されるが、②、③に含まれる蛋白質は条件によって第一胃内で分解されずに第四胃以下に移動する部分がかなり多くなる。第一胃内で分解されずに第四胃に移動する飼料蛋白質はルーメンバイパス蛋白質または第一胃非分解性蛋白質と呼ばれる。第12表に各種飼料蛋白質について第一胃内で分解されない蛋白質の割合を示した。この割合は採食量によって変動するので、ここでは体重の2%の乾物摂取量という条件で計算している。

非蛋白窒素や易分解性蛋白質は急速に分解してアンモニアを生産するが、非分解性蛋白質が多いとアンモニア生産量は少なくなる。第一胃内微生物の増殖のためには適量のアンモニアの供給が必要であり、易分解性蛋白質が不足すると、第一胃内微生物の増殖が阻害される。一方、第一胃内アンモニア濃度が大きく増加すると、過剰のアンモニアは第一胃壁から吸収され、肝臓で尿素となり、尿中に排泄される尿素量は増

第12表　飼料蛋白質の第一胃内非分解率の試算例　　　（NRC, 1985）

飼　　料	分解率	飼　　料	分解率
大　　　麦	0.21%	コーングルテンミール	0.55%
トウモロコシ	0.65	血粉ミール	0.82
ソルガム	0.52	魚　　粉	0.80
綿実かす	0.41	落花生かす	0.30
亜麻仁かす	0.44	アルファルファ(デハイ)	0.62
大豆かす	0.28	アルファルファ乾草	0.28
ヒマワリかす	0.24	チモシー乾草	0.42
ビールかす(乾)	0.53	コーンサイレージ	0.27

注　乾物摂取量が体重の2%以上の条件

加する。第一胃内アンモニア濃度は，飼料蛋白質の分解性と摂取量のほか，同時に摂取する炭水化物の質と量にも影響される。飼料蛋白質とともに糖類，澱粉質飼料が適正に供給されるとき，第一胃内アンモニア濃度は低下し，微生物へのとり込みが盛んになる。

(2) 第一胃内微生物蛋白質の合成

第一胃内での蛋白質の合成は微生物群の増殖によるものである。微生物の効率的増殖のためには，適正な窒素，エネルギー，硫黄，リンなどの供給，さらに第一胃内環境条件，第一胃内容物の移動の適正化が大切である。

第一胃内アンモニア濃度は飼料中の粗蛋白質濃度と可消化エネルギー濃度によって変化するが，効率的な微生物の増殖のためには，3～5 $mg/100ml$ のアンモニア濃度が望ましく，6 $mg/100ml$ 以上になるとアンモニアは過剰であり，3 $mg/100ml$ 以下では不足である。たとえば，飼料のＣＰ11％ではＴＤＮ60前後で，ＣＰ13％ではＴＤＮ75ていどで効率よく微生物が増殖するが，ＣＰ10％以下では第一胃内の窒素は不足し，微生物の増殖，消化率，採食量は低下してくる。

微生物蛋白質の合成にはエネルギー（ＡＴＰ）が必要であり，その合成量はこのエネルギー生産量と密接に関係する。種々の飼料による微生物蛋白質の生産量は単位エネルギー当たりで示されるが，第一胃内可消化有機物1kg当たりの微生物蛋白質窒素の平均生産量は約32gと報告されている（ＡＲＣ，1984）。この生産量は当然，飼料の種類や品質によって変動し，濃厚飼料と粗飼料の給与比率によっても変動する。濃厚飼料の給与割合が30～70％のとき，微生物蛋白質が最も多く生産され，この範囲をはずれるといずれも生産量は減少する。粗飼料多給の条件では養分供給に適正を欠き，一方，濃厚飼料多給では第一胃内環境や内容物の移動が不適正となって微生物蛋白質の生産は減少するものと思われる。

第一胃発酵による微生物蛋白質の生産は乳牛の蛋白質栄養にとって非常に重要であるが，高

第13表 第一胃内微生物の体組成（乾物中％）
（ヘスペル・ブライアント，1979）

組成	平均	高多糖類のもの	高蛋白高脂肪のもの
蛋白質	47.5	47.5	65.0
ＲＮＡ	11.4	8.0	8.0
ＤＮＡ	3.4	1.0	1.0
リピド	7.0	7.0	12.0
多糖類	12.3	30.1	7.6
ペプチドグリカン	14.0	2.0	2.0
灰分	4.4	4.4	4.4

泌乳牛のように蛋白質要求量が高くなると，微生物蛋白質だけでその要求量を充たすことは困難となる。不足する蛋白質は，第一胃発酵を受けない飼料蛋白質によって供給する必要がある。乳牛の適正な飼育のためには両システムによる蛋白質供給のバランスに配慮しなければならない。

(3) 第一胃内微生物蛋白質の組成

飼料蛋白質に比べて第一胃細菌類とプロトゾアの蛋白質は，リジン，アルギニン，ヒスチジンなどの必須アミノ酸を多く含み，栄養価値は高い。また，細菌類は2,6ジアミノピメリン酸，プロトゾアはシリアチンというリンを含む特別なアミノ酸を合成する。

第13表に，微生物細胞の組成を示した。蛋白質，核酸が多く含まれ，また，細胞膜構成分のペプチドグリカンや脂質含量も高い。微生物体の組成は必ずしも一定ではなく，増殖が遅く栄養条件の悪いばあいに比べ，増殖が速く栄養条件のよいばあいには蛋白質ならびに脂肪含量が高くなっている。

(4) 蛋白質の消化・吸収

第一胃から流出する内容物中の窒素化合物には，微生物蛋白質，第一胃内非分解性蛋白質，非蛋白窒素化合物が含まれる。微生物蛋白質と飼料蛋白質の第四胃以下への流入量は飼養条件によってかなり差があり，微生物蛋白質の占める割合は30～100％と変動することが報告されている。バイパスする飼料蛋白質の量は飼料摂取量が増加するにつれ，また第一胃内分解率の

低い蛋白質の割合が高くなるにつれて増加する。泌乳牛のふつうの飼養条件では，飼料蛋白質の約25〜35％が第一胃をバイパスするものとみられる。また，十二指腸に達する蛋白態窒素は，摂取代謝エネルギー 1 Mcal 当たり 10.5〜12.5 g と計算されている。

乳牛の十二指腸内容物中の窒素化合物の構成は，必須アミノ酸35％，非必須アミノ酸30％，核酸11％，アマイド4％，アンモニア6％，その他14％ていどと報告されており，これらの窒素化合物は小腸内で活発に消化吸収される。

4. 脂質の消化・吸収

乳牛の飼料中の脂肪含量はふつう5％以下で，脂肪の形態としては複合脂質が多く，また，リノール酸，リノレン酸などの不飽和脂肪酸が多いなどの特徴がある。しかし，最近，乳牛飼料のエネルギー含量を高めるために植物油脂，動物脂肪を添加して給与する例もみられる。

第一胃内に入った脂質は，①加水分解されて脂肪酸とグリセロールとなり，②不飽和脂肪酸は水素添加されて飽和脂肪酸となり，③糖やグリセロールは分解されてVFAとなる（第8図）。また，④第一胃内細菌は酢酸などを原料として長鎖脂肪酸を合成するが，牛の第一胃内で生成する微生物体脂質は1日100〜200gていどになるとみられる。

乳牛は脂肪をよく利用するが，動物脂肪，植物油脂の添加量が多くなると牛の採食量や繊維質の消化率は低下する。繊維質の消化率の低下は油脂の種類によって差はあるが，5％以上の添加では消化率が低下することが多く，添加量はこれ以内に制限すべきである。

綿実は，高蛋白・高脂肪飼料として高乳量牛の飼料に利用される。綿実に含まれるゴシポールは幼牛に対して貧血などの害作用を示すが，成牛では第一胃内で分解され，毒性は少なくなる。しかし，飼料中18％添加の例では，綿実中のゴシポール，シクロプロペノイドは乳牛体内に蓄積されるので，添加量はこれ以下に制限するほうがよい。

牛の十二指腸に流入する内容物中の長鎖脂肪酸は約77％が遊離形であり，約20％がトリグリセリド，残りはリン脂質のかたちとされている。泌乳牛は1日に 400g ていどの長鎖脂肪酸を吸収しているとみられる。

5. ビタミンの合成

第一胃内微生物はビタミンB群を合成するので，成長した動物ではビタミンB群の欠乏はみられない。乳牛の体維持，産乳，成長のためにはかなりのビタミンを必要とすると考えられるが，第一胃内におけるビタミンB群の生成過程，生産量については不明な点が多い。微生物はビ

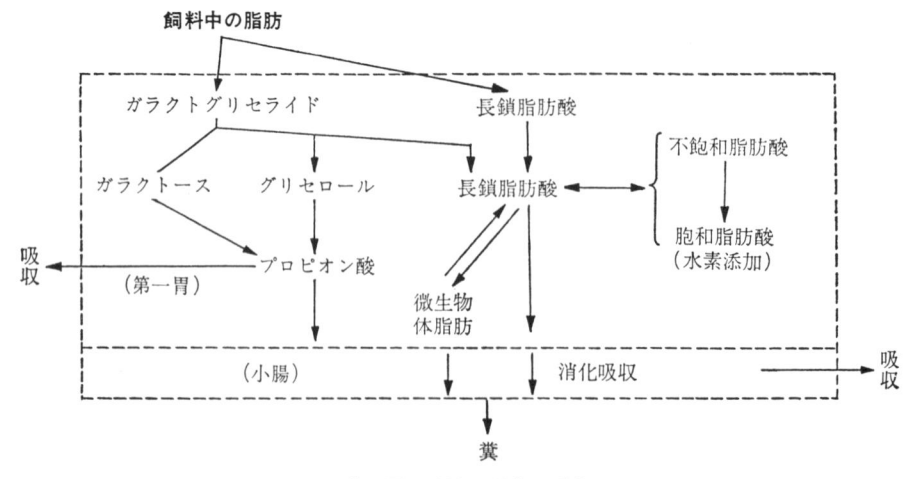

第8図 脂肪の消化・吸収

タミンB群を合成するとともに、ビオチン、葉酸、チアミンなどのB群のビタミンを成長のために必要としている。ビタミンCは第一胃内で分解されるが、体内で合成されるために不足は起こりにくい。脂溶性ビタミンであるA, D, Eおよびカロチンは動物は合成できないので、飼料として給与する必要がある。

飼料の特性と給与技術

乳牛だけでなく、家畜が多量の飼料を採食できれば、成長は促進され、乳量は増加するなど多くの利点が期待されるが、どの家畜でも飼料を無制限に摂取させることはできない。飼料の給与にあたっては、栄養条件、経済条件をみたすことが第一義的に配慮されるべきであるが、同時に、飼料の特性や動物の状態にみあった飼料構成や飼料の最大摂取量についての予測を行なうことが大切である。

ので、乳牛もその例外ではない。この中枢は動物に空腹感あるいは満腹感を与え、採食行動を規制するとみることができる。食欲中枢は視床下部腹内側核の採食を抑制する飽満（満腹）中枢と外側核の採食を促す摂食（空腹）中枢とからなり、両者が緊密に協調して採食を調節して

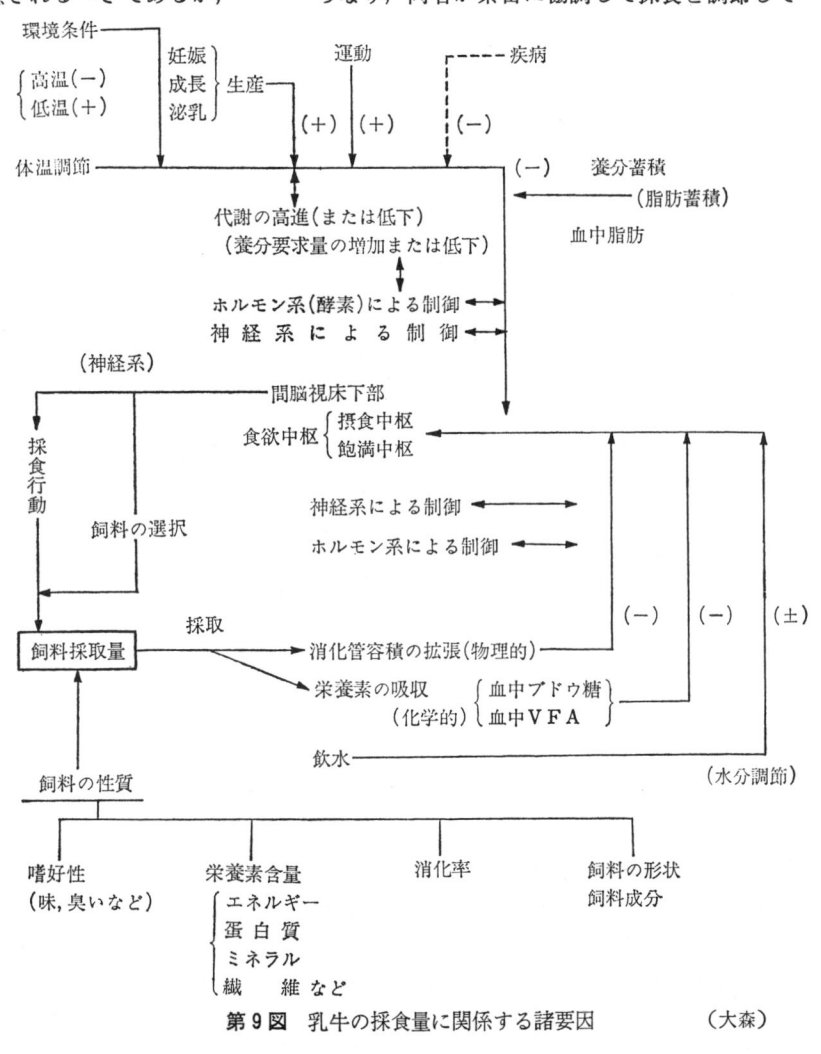

1. 採食の調節

乳牛の飼料摂取量に関係する要因は、①動物の品種、性別、年齢、体重、妊娠、泌乳、運動などの動物側の要因、②飼料の種類、品質、栄養価、消化率、嗜好性などの飼料側の要因、さらに③気温などの環境要因に分けられる。第9図に乳牛の採食の変動要因と調節機構の概要をとりまとめた。

(1) 採食の生理的調節機構

動物の採食調節は間脳視床下部にある食欲中枢の支配を受けるも

第9図 乳牛の採食量に関係する諸要因　　　　　（大森）

いる。この二つの採食中枢は神経系，内分泌系の信号に反応するが，この伝達系に対する刺激の種類，刺激受容器の存在についてはまだ論議が残っている。

採食調節の機構としては，温熱恒常説，脂質恒常説，化学的恒常説，消化管拡張説などがあげられている。反芻動物と単胃動物とでは採食調節機構の位置づけに差がみられ，たとえば，化学的調節では単胃動物の血中グルコース濃度の変動が採食に影響するのに対し，反芻動物では第一胃内で生産されるＶＦＡ濃度の上昇が採食を抑制する。また，単胃動物ではエネルギー摂取量が採食量を強く規制するのに対し，反芻動物では消化管容積が採食を規制することが多い。これらの相違は単胃動物と反芻動物の給与飼料の特性や消化機構の相違に基づくものと考えられる。

乳牛の採食調節に関係する動物側の要因としては養分要求量，肥満の程度，消化管の充満度，環境温度などがあげられる。発育，泌乳など養分要求量の高い時期には採食量の増加がある。また，肥満の程度も採食に関係している。消化管の拡張は最も単純な食欲の調節機構であり，反芻動物では第一胃の充満度が採食の調節に大きく関係している。

(2) 消化管充満度と採食量

粗飼料など比較的容積の大きい飼料を必要とする反芻動物では，消化管内容物の充満度が採食に大きく影響している。消化率の低い粗飼料を給与すると，充分に養分（エネルギー）を摂取していないにもかかわらず，採食を中止する。これは第一胃内に飼料が最大限にたまった結果，第二胃壁に分布する拡張刺激受容器から迷走神経を介して信号が送られ，脳が採食抑制の指令を発するためである。

消化管充満度からみた乳牛の採食可能量は第一胃内の内容物貯溜量と飼料の消失速度によって決められる。第一胃内容物の貯溜量は第一胃容積に比例し，第一胃容積はほぼ体重に比例する。乳牛の体重当たりの第一胃容積は生後３〜６か月齢が最も大きく，体重の約３％の乾物量を摂取できる。その後，成長に伴って第一胃容積は増加するが，体重当たりの比率は小さくなる。体重500kgの牛では体重の約２％の乾物摂取量となる。放牧牛で得られた成績（田畑，1979）では，体重100kgで体重の4.2％，体重400kgで体重の2.6％の乾物摂取量となっている。第一胃容積はほぼ体重に比例するが，個体差がみられ，また，体組織に脂肪蓄積が多いときには体重に比べて第一胃容積は小さく，採食量はみかけより少ない。

飼料の第一胃内消失速度は，動物の条件と飼料の性質の両者が関係し，とくに飼料側の影響が大きい。第一胃内消失速度は飼料の分解速度と第三胃方向への不消化物の移動速度の和であり，消化率が高く，第一胃内から移動しやすい飼料ほど採食量が多くなる。乳牛の第一胃内容物の移動速度を規定している要因については不明な点があるが，実験的には採食量と移動速度とは有意に関係し，第一胃内容物の移動速度は１時間当たり２〜８％の間で変動していることが知られている。

(3) 泌乳牛の採食量

泌乳牛は乾乳牛に比べて，同一体重，同一飼料の条件で平均35〜50％もよけいに飼料を採食する。また，成長中の牛の乾物摂取量は87〜90g/kg体重$^{0.75}$/日であるのに対して，泌乳牛では126〜141g/kg体重$^{0.75}$/日と報告されている。泌乳牛では牛乳生産に要する養分要求量の増加から採食量は増加するとみられるが，実際には泌乳牛の採食量と産乳量との関係にはいくつかの例外的な現象がみられる。

泌乳牛の採食量の調節には，乳期，体重，乳量，飼料のエネルギー含量，環境が関係している。乳期における採食量の変動について全泌乳期間をほぼ同一飼料条件で飼育した乳牛の成績を第14表に示した。よく知られているように分娩直後から泌乳初期にかけての乾物摂取量は低く，分娩３〜６か月目に採食量が最大となり，その後再び採食量は低くなる。泌乳初期は乳量が高いにもかかわらず，食欲が低いが，この機構は明らかではない。

第14表 泌乳期における乳牛の乾物摂取量の変化 （ARC，1980）

泌乳期	相対摂取量	泌乳期	相対摂取量
1か月	81%	6か月	108%
2	98	7	101
3	107	8	99
4	108	9	97
5	109	10	93

第15表 粗飼料の採食量および消化率と飼料成分との相関係数（バン－ソエスト，1982）

項目	飼料摂取量	消化率
消化率	+0.61	―
インビトロ消化率	+0.47	+0.80
リグニン含量	−0.08	−0.61
ADF含量	−0.61	−0.75
CP含量	+0.56	+0.44
セルロース含量	−0.75	−0.56
NDF含量	−0.76	−0.45
ヘミセルロース含量	−0.58	−0.12
消化速度	+0.53	+0.44

注　ADF＝酸性デタージェントファイバー
（主にセルロース，リグニンを含む）
　　NDF＝中性デタージェントファイバー
（主にセルロース，ヘミセルロース，リグニンを含む）
　　CP＝粗蛋白質

体重では，体重の大きいものほど採食量は多くなるが，個体差が大きく，体重に比例しない例もみられる。採食量は基礎体重（$W^{0.75}$）で比較するよりも実体重のほうが実際的であると思われる。また，肥満状態の牛は，同一体重でもやせた状態の牛より体重当たり採食量は低くなっている。

乳量の面からみると，採食量は乳量の多いほうが多くなり，牛乳生産に要するエネルギー要求量に比例している。種々の飼料を用いての試験成績では，FCM乳量1 kg の増加について 0.13～0.5 kg の乾物摂取量の増加がみられる。しかし，乳期の異なる乳牛の比較ではこの関係は成り立たないことは前述のとおりである。

飼料のエネルギー含量も泌乳牛の採食量に関係するが，2.0～2.86 $Mcal/kg$ 乾物のエネルギー含量をもつ飼料の採食量が最も多くなる傾向があり，この範囲をはずれると乾物摂取量は低下する。この理由も明確ではないが，濃厚飼料と粗飼料の構成割合，あるいは飼料の消化率などが関係していると思われる。コンプリートフィードを用いた試験成績（コーボック，1974）では，その最大採食量は濃厚飼料を35～55%含む飼料で得られている。

このように，泌乳牛の採食量を決める条件は単純ではないが，一般的な乳牛飼料の採食量のめやすとして，ARCでは次の簡単な推定式を提案している。

　　乾物採食量＝0.025×体重＋0.1×乳量
　　　　　　　　　　　　　　　（単位 kg）

このばあい，泌乳初期（約10週間）は食欲が低下しているので，計算値より2～3 kg 差し引く必要がある。

2. 飼料の特性

(1) 飼料の消化率と採食量

採食量は飼料の消化率と密接な関係があり，一般に消化率の向上につれて採食量は増加する。コンラッド（1964）が消化率52～80%の飼料を用いて検討した中乳量牛（17 kg／日の乳量）の試験では，乾物消化率が66.7%に達するまで採食量は消化率に比例して増加し，それ以上では消化率が増加しても採食量は増加しない。乾物の糞中排泄量からみると，体重の約1.1%が限界で，糞の量がこの水準に達すると採食量は抑制されるので，消化率による採食量の規制は消化管の物理的容積と関係するものと説明される。これ以上の消化率をもつ飼料の採食量は動物の養分要求量によって規制されるが，高乳量牛（28 kg／日）では，乾物消化率がさらに数%高くなるまで採食量は比例的に増加している。

飼料の消化率と採食量との関係はインビトロの消化率やセルロース消化率とのあいだでも成立しており，いずれも消化率の向上につれて採食量は増加している。粗飼料の消化率，採食量はその飼料成分と高い相関をもつ。第15表にこれらの関係を示した。

飼料乾物摂取量は消化率，粗蛋白質含量，消化速度と正の相関を示し，ＡＤＦ（酸性デタージェントファイバー），ＮＤＦ（中性デタージェントファイバー），セルロース，ヘミセルロース含量と負の相関をもっている。消化率は粗蛋白質含量と正の相関をもつが，ＡＤＦ，ＮＤＦ，セルロース，リグニン含量と負の相関を示している。また，ＡＤＦ含量は消化率に高い相関を示し，ＮＤＦ含量は採食量に高い相関を示していることが注目される。

一方，同じ消化率を示していても草種によって採食量に相違がみられる。とくにマメ科草はイネ科草に比べて採食量が多く，アルファルファは同一消化率のオーチャードグラスに比べて40％ちかく採食量が多くなる。両草種の採食量の相違は，主として細胞膜構成成分含量の差に基づくと考えられる。マメ科草はイネ科草に比べてＮＤＦ含量の少ない特徴をもつが，ＮＤＦは第一胃内で分解速度のおそい細胞膜構成成分からなり，この含量の少ないマメ科草は第一胃内での分解が速くすすみ，一方，イネ科草ではＮＤＦ分画の分解に長い時間を必要とする。したがって同一消化率でも第一胃内分解の速い飼料がよく採食されることになる。

採食量が増加すると，同一飼料でも消化率は減少する傾向がみられる。乳牛において維持レベルと生産レベルの飼料給与量の相違からＴＤＮ値に差を生じるが，生産レベルにおけるＴＤＮは相対ＴＤＮとして＝105.27－4.58×（維持レベルの給与量の倍数）の関係式で求められ，飼料給与量が増加するにつれて相対ＴＤＮ値は低くなる傾向がみられる。

（2） 飼料の物理性

乳牛飼料は多くの栄養素を適正に含むうえに適正な物理性をもつ必要がある。飼料の物理性は第一胃運動や唾液分泌の正常化を通じて第一胃発酵を円滑にすすめるが，飼料物理性が不足すると消化障害や乳脂率の低下をまねくことはよく知られている。

物理性の尺度としては飼料の粗繊維やＡＤＦなどの化学成分あるいは粗飼料の給与割合が使

第16表 主な飼料の粗飼料価指数
（サドウイークら，1981）

飼　　　料	咀しゃく時間(分)/kg.DM
アルファルファ乾草	
長いまま	61.5
細　切	44.3
ペレット	36.9
エンバクわら	
長いもの	160.0
粉砕，ペレット	18.0
オーチャードグラス	
早刈り　（一番刈り）	74.0
おそ刈り（一番刈り）	90.0
副　産　物	
ミカンかす	30.9±15.4
粉砕籾がら	16.0
バカスペレット	18.0
サイレージ	
アルファルファサイレージ	26.0
コーンサイレージ	
長切断	66.1
中切断	59.6
細切断	40.0
グラスサイレージ	99～120
ソルガムサイレージ	67.3
コムギサイレージ	68.9
濃　厚　飼　料	
大麦粉砕	15.0
コーン粉砕	5.1
マイロ粉砕	11.0
ミネラル	0

われ，また，粗飼料価指数など飼料の咀しゃく時間や飼料の粒度，切断長なども使われる。日本飼養標準（1974）では，粗繊維含量13％以上，粗飼料割合30％以上を推奨しているが，ＮＲＣ標準（1978）では粗繊維含量17％，ＡＤＦ22％，粗飼料割合40％を最低値としている。両標準の相違は，日米両国の乳牛の粗飼料の種類や品質などの相違によるものと思われる。また，これらの指標には，実用的にはまだいくつかの問題点が残されている。

飼料の咀しゃく時間をもとにした粗飼料価指数は測定にかなりの困難があるが，物理性の尺度としてはより合理的な方法である。主な飼料の咀しゃく時間を第16表に示した。また，これらの値をもとに，飼料成分や粒度の値から粗飼料価指数（ＲＶＩ）を求める計算式も報告されている。乳脂率を3.5％以上に保つためには飼料の咀しゃく時間は31.1分/kg 乾物以上が望ましく，乳脂肪生産を最大にするためには49.3分

/kg 乾物の咀しゃく時間が必要とされる。

3. 飼料給与

飼料給与は動物の飼料利用性，飼料の栄養特性，管理労力などを考慮して行なわれ，飼料がより効率的に利用されるよう種々の改善がすすめられている。

(1) 濃厚飼料と粗飼料の割合

一般に濃厚飼料はエネルギー密度が高い高栄養飼料として，粗飼料はエネルギー密度が低い容積の大きい飼料として位置づけられる。乳牛に対する濃厚飼料の給与は発育，泌乳など動物の生産活動の増大に対応し，能力の高いもの，乳量の多いものほど濃厚飼料給与の必要性は高くなっている。濃厚飼料と粗飼料の給与割合は栄養的，経済的な面と同時に乳牛の消化機能の面からも検討されるべき点が多い。

濃厚飼料と粗飼料とでは消化率がちがうので，その給与割合がちがうと全体の消化率も変化するが，同時に濃厚飼料，粗飼料の各消化率にも変化がみられる。濃厚飼料の消化率は給与割合が変わっても大きく変化しないが，粗飼料の消化率は濃厚飼料の割合が50％ていどまでは大きな変化はないが，それ以上濃厚飼料が増加すると，澱粉減退のため明らかに低下する。また，第一胃発酵からみると，濃厚飼料給与割合が70％を超すと第一胃内の酢酸比の減少，プロピオン酸比の増加が明らかになり，牛乳脂肪率の低下が起きる。

第17表に濃厚飼料を多給して乳脂率の低下がみられる試験例について，第一胃内微生物相やＶＦＡ生産の変化を示した。濃厚飼料の多給によって第一胃pHの低下，プロトゾアの減少，糖，澱粉分解菌や乳酸利用菌群の増加，酢酸比の減少，プロピオン酸比の増加がみられる。繊維分解菌は，第一胃内pHが5.5以下になると，その発育は著しく阻害される。

牛乳生産の粗効率（牛乳エネルギー/飼料エネルギー）からみると，粗飼料だけの給与では養分摂取量，乳量は増加せず，牛乳生産粗効率

第17表 濃厚飼料多給による第一胃内性状の変化　　　　（ラサムら，1974）

項　目		対照	濃厚飼料多給
濃厚飼料	(kg/日)	10	10
乾　草	(kg/日)	8	1
乳脂率	(%)	3.56	2.81
第一胃組成	pH	6.3	6.0
	ＶＦＡ (ミリモル/l)	96	92
	酢酸 (%)	64	53
	プロピオン酸 (%)	17	25
	酪酸 (%)	15	17
	乳酸 (ミリモル/l)	0.3	4.7
プロトゾア総数	($10^3/g$)	130	45
バクテリア（分離菌10^3の割合）	ブチリビブリオ	250	39
	バクテロイデス	141	88
	セレノモナス	82	168
	ルミノコッカス	111	92
	メガスフェーラ	65	107
	ストレプトコッカス	40	52
	ラクトバチルス	31	54
	ビフィードバクテリウム	26	103

は低いが，濃厚飼料と粗飼料が適当に組み合わされると，養分摂取量，乳量が高く生産粗効率も改善されてくる。しかし，濃厚飼料の給与がさらに増加すると，乳脂率が低下するため牛乳生産粗効率は低下してくる。このため，乳量が高く，濃厚飼料給与の必要性が高い時期でも，濃厚飼料と粗飼料の給与割合はほぼ50：50にとどめることが望ましいとされる。

(2) 給餌方法

乳牛の飼料給与は個別給与，群給与あるいは制限給与，自由採食，混合飼料の給与など各種各様である。第10図にその概要を示した。放牧などを除き，飼料は1日1～3回給与され，搾

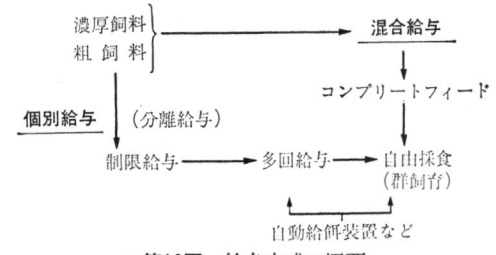

第10図　給与方式の概要

乳牛の例では，濃厚飼料は搾乳にあわせて1日2～3回，粗飼料は比較的自由に採食させる濃厚飼料と粗飼料の分離給与が一般的である。

給与回数の増加は採食量を増加させ，また，第一胃発酵を変化させる。1日2回給与では第一胃発酵は1日2回の発酵の盛んな時間帯をみるが，4～6回給与になると第一胃発酵は平準化し，pHは安定して高くなる。このため第一胃内の酢酸割合は増加する傾向がある。高乳量時には給与回数の増加が望ましいが，多労となる欠点がある。最近，濃厚飼料の自動給与装置が開発され，給与量は個体別に設定され，自由採食させることができる。群飼育している乳牛の自由採食時の採食回数は1日6～10回ていどで，かなり頻繁である。

飼料の自由採食方式としては混合飼料の使用がある。濃厚飼料と粗飼料，それに添加物を混合した飼料は混合飼料またはコンプリートフィードと呼ばれる。混合飼料の自由採食により，乳牛はそれぞれの食欲に応じて回数多く採食し，第一胃発酵は安定する。

コンプリートフィードシステムは混合飼料の構成，養分含量を適正に設定することが大切であるが，その利点として次の事柄があげられる。①嗜好性の低い低品質飼料や添加物をうまく採食させられる。②自由採食のため，乳牛が食欲に応じて何回にも採食し，第一胃発酵は安定し消化障害が起こりにくい。③採食量がふえ，とくに出産後速やかに乾物摂取量が増加し，また，牛の潜在能力に応じて限界まで飼料を採食する。混合飼料の水分は40～50％が望ましく，良質サイレージなどは混合飼料の基礎原料として大切である。

一方，このシステムの問題点としては次の事柄があげられる。①正確な飼料分析，飼料設計を要する。②長い乾草類の切断，飼料の計量，混合，給与装置などが必要である。③乳期別の牛群の群分けを要する。④高温時の飼料の変敗をいかに防ぐか。また，混合飼料の給与では消化率の向上，牛乳生産粗効率の向上は期待できないとされる。

飼料の切替え時における消化機能の新しい飼料への馴致もきわめて大切である。とくに粗飼料主体飼養から濃厚飼料主体飼養への移行では，第一胃発酵をむりなく新しい飼料に適応させる注意が重要である。このため，濃厚飼料の増加量は1kg/2日ていどの割とするのが原則であり，また，新しく給与する飼料の性質にもよるが，馴致には約2週間の期間をみたい。混合飼料では切替え時の変化が比較的少ないとされている。

(3) 泌乳牛における飼料給与

牛乳生産における栄養素の利用過程には二つの経路があると考えられている。一つは養分が直接的に牛乳生産に利用される経路，他はいったん体組織に蓄積されたのち，体組織から流動して牛乳生産に利用される経路である。エネルギーの利用を例にとると，飼料エネルギーの直接的利用効率は約64％とされ，いったん体組織に蓄積されたのちに牛乳生産に利用される効率は48％または62％と計算されている。前者（48％）はエネルギーの体蓄積が乾乳期に行なわれたときの，後者（62％）は泌乳期に行なわれたときの利用効率である。

乳牛では泌乳前期の採食量の増加が少なく，この時期には牛乳生産にみあう飼料養分の摂取は困難

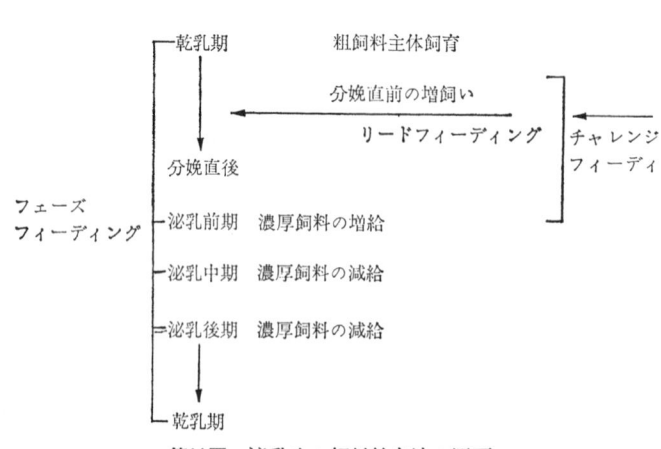

第11図 泌乳牛の飼料給与法の概要

であり，不足する養分は体蓄積養分から供給される。この傾向は乳量の高いほど大きく，したがって体重の減少量も大きい。従来の飼料給与法では乳量上昇期のこれらの欠点を打破することは困難であったが，最近，リードフィーディング，チャレンジフィーディング，フェーズフィーディングなどの新しい高乳量牛の飼料給与法が登場してきた。これらの給与方式の概要は第11図のとおりである。

リードフィーディング 乾乳期の飼料給与法で，分娩2週間前から濃厚飼料を増給し，出産直前に体重の0.5〜1.0%の給与量とする。乾乳期の母牛の飼養では過肥をさけることが重要で，粗飼料主体の飼育が推奨されている。しかし，一方では分娩後の濃厚飼料多給にそなえて飼料馴致を出産時までにすませることが望まれる。リードフィーディングは，乾乳期を粗飼料主体で飼育されている母牛ではとくに重要な飼料馴致法となっている。

チャレンジフィーディング 高乳量を期待するため，出産後積極的に濃厚飼料を採食させる飼料給与法である。原法は穀実の自由採食を基本としたが，良質粗飼料の確保や消化障害防止の点から修正が加えられている。わが国では出産後2日に1kgの割で濃厚飼料の増給とするなどの工夫が加えられ，濃厚飼料の最大摂取量は12〜13kgとすることが多い。泌乳初期の飼料摂取量を高めることは乳量増加，繁殖成績の向上から大切であり，このため，①乾乳期は過肥としない，②出産前の飼料馴致（リードフィーディング）を行なう，③良品質粗飼料を給与，④出産後は濃厚飼料の積極的給与，などがすすめられる。

フェーズフィーディング 混合飼料の自由採食を前提とする飼料給与法で，ステージフィーディングとも呼ばれる。乳期を泌乳前期，中期，後期に分け，これに乾乳期を加えて各時期に適した構成，養分含量の混合飼料をそれぞれ自由に採食させる。この給与法にはコンプリートフィードシステムやリードフィーディングを組み込んでおり，高乳量牛の省力的飼養法としてすぐれている。また，この給与方式の開発によって高乳量牛の消化，栄養生理の解明も大いに促進された。

第18表は，フェーズフィーディングにおける飼料構成と採食量，第一胃内容物の移動状況を示したものである。各乳期の飼料構成はちがっているが，泌乳期には採食量の増加に伴い，第一胃内容の増加，内容物の移動速度の促進がみられる。高泌乳牛の飼養に関しては，蛋白質栄養，エネルギー代謝，微量要素などの新しい知見が加わり，消化機能，採食調節機構の解明，第一胃発酵の調節など今後いっそう進展するものと思われる。

第18表 ステージ別の給与飼料，第一胃内容および消化率

（ハートネルとサター，1979）

項　目	乾乳期	分娩後（週）		
		0〜12	13〜24	25〜44
乳　量　(kg/日)	0	28.5	24.4	16.0
体　重　(kg)	700	606	628	656
乾物摂取量　(kg/日)	10.8	16.9	19.8	17.6
乾草：濃厚飼料比(%)	82:18	45:55	57:43	67:33
乾物消化率　(%)	64.1	67.2	68.3	66.4
第一胃内容物重量(kg)	71.7	95.4	105.3	101.7
第一胃内容物平均滞留時間（時間）				
液状物	28.5	27.7	26.4	28.6
穀実	47.2	37.9	39.2	45.1

注　混合飼料として給与

代謝障害

乳牛では，第一胃発酵をはじめとする消化機構の特殊性と多量に牛乳を生産するための養分出納の特殊性とに関係して，反芻動物に特有の疾病，代謝障害がみられる。その主なものは鼓脹症，乳酸アシドーシス，硝酸塩中毒，アンモニア中毒，乳熱，ケトージス，グラステタニーなどである。第19表に，乳用ならびに肉用飼育されているときに予想される種々の代謝障害の

第19表 飼養形式と反芻家畜の主な代謝障害

①濃厚飼料多給のさいに発生しやすい代謝障害（粗飼料不足）

代　謝　障　害	原　因　の　類　別
1. 急性過食（ルーメンアシドーシス）	第一胃発酵の異常，乳酸の異常蓄積
2. 夜盲症	ビタミンA欠乏
3. ルーメンパラケラトージス	粗飼料不足，濃厚飼料多給
4. 肝膿瘍	第一胃発酵の異常＋化膿菌の侵入
5. 尿石症	リン，マグネシウムなど塩類代謝の混乱
6. 低脂肪乳	粗飼料不足，第一胃内プロピオン酸の増加
7. 蹄葉炎	第一胃内発酵の変化＋固い床
8. 繁殖障害	ビタミンA不足，蛋白質過剰，過肥
9. 鼓脹症	第一胃発酵の変化，繊維不足

②粗飼料多給（放牧を含む）のさいに発生しやすい代謝障害

代　謝　障　害	原　因　の　類　別
1. 微量要素の欠乏	セレン，コバルトなどの不足
2. 鼓脹症	第一胃発酵の変化，マメ科草の多食
3. グラステタニー	マグネシウムの吸収不足
4. 硝酸塩中毒	硝酸塩の過剰摂取
5. 寄生性疾患による栄養低下	ピロプロズマ病など
6. 繁殖障害	カロリー不足，リン不足
7. 乳量低下	カロリー不足

③牛乳生産に関連した代謝障害

代　謝　障　害	原　因　の　類　別
1. ケトージス	体脂肪の不完全燃焼，内分泌の変化，肝機能の低下
2. 乳熱	無機物代謝の混乱，内分泌の変化
3. 無脂乳固形分の低下	カロリー不足，蛋白質不足，その他
4. （2等乳）乳質低下	無機物代謝，肝機能の低下，内分泌の変化
5. 低脂肪乳	粗飼料不足，第一胃内プロピオン酸の増加
6. 繁殖障害	栄養素の過剰または不足

④子牛に発生しやすい代謝障害

代　謝　障　害	原　因　の　類　別
1. 血色素尿症	大量飲水
2. くる病	ビタミンD不足
3. 発育不良	ビタミンA不足，下痢，蛋白質不足，カロリー不足

大要を参考のためにまとめた。

1. 消化に関係する障害

(1) 鼓脹症

鼓脹症は第一胃が飼料またはガスによって異常に拡張した状態で，場合によっては腹腔，胸腔を圧迫して，呼吸や循環機能に障害を起こし，死亡する。鼓脹症は急性と慢性とに大別される。急性のものでは第一胃内発酵の異常から多量の泡沫性のガスを生じ，また噯気の放出が阻害され，症状は急激に進行する。慢性型は，ときには他の疾病の二次的な症状として現われることもあるが，噯気の放出が阻害され，第一胃内にガスが貯溜するものである。

鼓脹症は早春の放牧中の子牛あるいは良質な飼料を多量に採食したときに起こりやすく，易発酵性飼料の急速な発酵がその一因となっている。また，泡沫の産生は植物性の蛋白質，ペクチン，サポニンなどを多量に摂取することに関係するといわれる。この泡沫は比較的強靭で，噴門部を包んで噯気の放出を阻害する。

鼓脹症の防止には，比較的粗剛な粗飼料を併

給することが最も効果的である。また，治療のためには，抗生物質，界面活性剤の投与，第一胃の穿刺などが行なわれる。

(2) 乳酸アシドーシス（急性消化不良）

急性過食症候群とも呼ばれる。大量の濃厚飼料，澱粉質飼料を給与したとき，あるいは大麦など穀実を盗食したとき，などに発生する第一胃発酵の異常である。特徴的なのは第一胃内に多量の乳酸が蓄積することで，このため第一胃内pHは5ていど以下にまで低下し，第一胃運動は停止して，微生物の増殖は阻害される。また，乳酸が多量に生産，吸収されるために，血液中の乳酸濃度は増加し，急性アシドーシスの状態となり，動物は死亡する。このさい第一胃内に生産される乳酸はD型が多くなる。D型乳酸は，動物体では代謝されにくい性質をもっている。

乳酸アシドーシスになると第一胃内の正常な微生物の構成は混乱をきたしているので，治療としては，他の健康な牛の第一胃内容を病牛に移す方法が最も効果的だとされる。

軽度の第一胃発酵の混乱は飼料の切替え時，とくに粗飼料から濃厚飼料多給に変わるときにみられるが，飼料の構成を徐々に変えるときにはその障害は少ない。したがって，飼料への馴致を充分に行なうことは，この疾病の予防に最も大切なことである。

(3) 亜硝酸中毒（硝酸塩中毒）

硝酸塩はもともと植物体の主要な窒素成分であり，第一胃内では微生物の作用によりアンモニアに変化して利用されている。しかし，飼料中の硝酸塩含量が高いときには，第一胃内に亜硝酸塩の蓄積が起こり，亜硝酸が血中に吸収されてヘモグロビンと結合し，メトヘモグロビンを形成する（第12図）。

メトヘモグロビンは酸素を運搬する機能をもたないので，多量のメトヘモグロビンが生成すると，動物は窒息の状態となり死亡する。症状は飼料採食後比較的短時間に現われ，急激な経過をたどる。一方，慢性型の硝酸塩中毒の実態

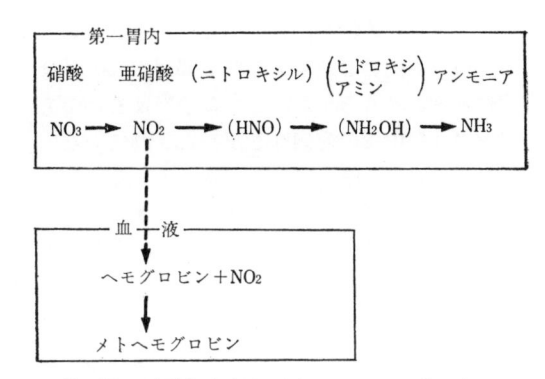

```
―第一胃内―――――――――――――――
 硝酸  亜硝酸 (ニトロキシル) (ヒドロキシ) アンモニア
                            アミン
 NO₃ → NO₂ → (HNO) → (NH₂OH) → NH₃
―――――――――――――――――――――
         ↓
―血 液―――――――――――――――――
   ヘモグロビン＋NO₂
         ↓
   メトヘモグロビン
―――――――――――――――――――――
```

第12図 硝酸塩中毒におけるメトヘモグロビンの生成

についてはあまり詳しくは知られていない。

硝酸塩中毒を起こしやすい草種には青刈り利用されるソルゴー，イタリアンライグラス，青刈エンバク，カブ葉などがある。ラドレフらの著書によると，飼料乾物中の硝酸塩（NO_3/乾物）が約2％になるとき動物は死亡し，約1％では中毒の危険性があり，0.5％以下では障害はみられないという。さらに，硝酸塩中毒の発生には飼料条件や牛の状態なども関係する。

硝酸塩中毒の防止には，飼料作物の硝酸塩含量を高めない栽培法が最も肝要である。また給与時の注意としては，全飼料中のNO_3含量が0.5％以下（KNO_3含量約1.0％）となるようにすることが望ましく，高硝酸塩含量の飼料の単味給与はさけなければならない。

(4) アンモニア中毒（尿素中毒）

第一胃には常時アンモニアが生産され，微生物群に利用されているが，アンモニア濃度が急激に増加するときにはアンモニア中毒を発生することがある。アンモニアは血液に吸収され，正常時には肝のオルニチン－サイクルによって尿素を形成して無毒化される。しかし，肝の処理能力を上回るアンモニアが吸収されると血中アンモニア濃度が増加し，約$1mg/100ml$以上の濃度となると動物はけいれん症状を起こし，やがて死亡する。血中のアンモニア濃度は正常では$0.1mg/100ml$以下にすぎない。

第一胃内アンモニア濃度の増加は高蛋白質飼料の給与，春先の若草への放牧などによってみ

られ、とくに澱粉質飼料の少ないときにみられる。第一胃内アンモニア濃度は60mg/100mlほどになることもあるが、このようなばあいでも、アンモニア中毒の症例はまだ報告されていない。

一方、尿素を第一胃内に大量投与するとき、第一胃内アンモニア濃度は急速に高まり、アンモニア中毒を発生することがある。この尿素中毒は実験的に尿素を液状にして給与したばあいにだけ発生するもので、尿素を飼料に配合して給与するときには、かなり多量の尿素を与えても中毒症状はみられない。これは、尿素からのアンモニア放出がゆるやかであること、他の栄養素、とくに澱粉質の併給による第一胃内微生物のアンモニア利用がさかんになること、などのためである。また、低品質粗飼料のアンモニア処理は消化率を高め、また、保存性は向上するが、ときにはアンモニアの残存から嗜好性を低下させる例がみられる。

飼料への尿素の配合は2.0%以下にとどめられていることが多く、また、尿素を効率的に利用するために他の成分とのバランスについても配慮がはらわれているので、中毒の心配はほとんどない。

(5) グラステタニー

反芻動物のマグネシウム欠乏症はグラステタニーとして知られている。比較的良質の放牧地でこの疾病は発生する。症状は急性、亜急性、慢性と区別されるが、急性のばあいには、動物は起立不能となり、激しいけいれんを伴い、血中のマグネシウム濃度はほぼ0.5mg/100mlまで低下する。正常時の血中マグネシウム濃度は2〜3mg/100mlであり、これよりも低下するときには低マグネシウム血症と呼ばれるが、特別の症状を伴わないことが多い。

グラステタニーは、単純な飼料中のマグネシウム不足によって発生するだけでなく、マグネシウムの消化管内での吸収不良、あるいは体内での代謝過程の変化など、飼料側あるいは動物側の種々の要因が複雑に関与している。たとえば高蛋白質の牧草あるいは高カリウム飼料などを給与した条件ではマグネシウムの吸収は阻害されるという見解、植物中の有機酸、トランスアコニット酸、クエン酸などがマグネシウムの吸収を阻害するという説、これらが複合して関係するという説などがある。また、動物側では、比較的老齢のもの、泌乳中のものに起こりやすく、さらに気温の変化などの環境感作の影響も無視できない。

予防法としては草地へのマグネシウムの施用、放牧牛へのマグネシウム剤の投与などが効果をあげている。

(6) 第四胃変位

第四胃が左方または右方に変位するもので、左方変位のほうが多く発生する(第13図)。左方変位は大型の高能力牛に多く、また、一般に分娩直後に発生しやすい。罹病すると、食欲は減退または廃絶し、乳量は激減する。ケトン尿を伴うこともある。左方季肋骨部が膨張し、この部の打診で金属音がきこえる。

原因として分娩前後の飼養法の不備と出産による腹腔内の変形とが関与するものと考えられる。高泌乳牛では分娩前のトウモロコシサイレージや濃厚飼料の多給は重要な誘因となる。また、出産後の粗飼料不足、穀実多給による第四胃機能低下も関係する。分娩前の過肥は本症ならびにケトージスをまねきやすい。

予防法としては分娩前後の飼料給与を適正にして過肥をさけることが大切である。治療には外科的手術による整復または牛体の回転による整復が行なわれる。

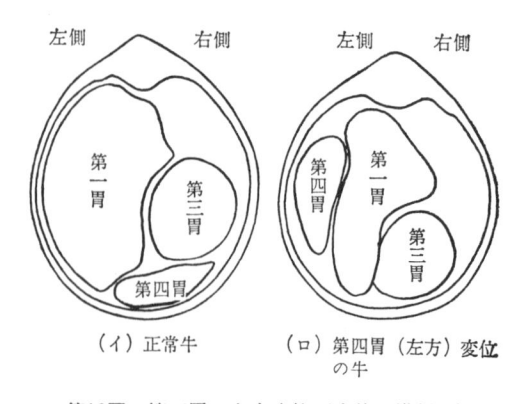

第13図 第四胃の左方変位（牛体の横断面）
(イ) 正常牛
(ロ) 第四胃（左方）変位の牛

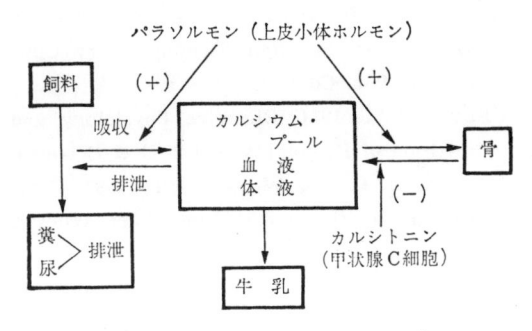

第14図　乳牛のカルシウム代謝の調節
＋：促進，－：抑制

2. 牛乳生産に関係する代謝障害

(1) 乳熱（産後麻痺）

　乳熱は主として分娩直後に起こり，動物は起立不能となり，昏睡症状を呈し，時にはけいれんを伴い死亡する。乳熱の名称に反して体温は上昇しないか，むしろ低下する。主な血液成分の変化としては，明らかなカルシウム濃度の低下（$9～10 mg/100 ml \rightarrow 5～6 mg/100 ml$）がみられる。

　乳熱は，分娩後に多量のカルシウムが牛乳中へ急激に移行するために起こる急性のカルシウム欠乏症と考えられるが，その発生機構は単純ではない。第14図に，牛乳生産におけるカルシウム代謝の大要を示した。正常な乳牛では，牛乳中へ移行するカルシウムは飼料と骨のカルシウムに由来し，とくに骨からの移動は重要な部分を占めている。分娩後の牛乳生産にさいして，骨からのカルシウムの移動が円滑でないときには乳熱が発生すると考えられる。

　乳熱は比較的老齢の牛に多くみられ，また個体差もあるが，分娩直前にカルシウムを多給するばあいには多発しがちである。このため，予防としては，分娩直前にカルシウム給与を減らしたり，燐酸塩の投与あるいはビタミンD剤の注射などによったりしてカルシウムの吸収をたすけ，あるいは骨からのカルシウムの流動を盛んにする方法がとられている。

(2) ケトージス

　ケトージスは分娩後数日ないし数週間に発生しやすい代謝障害であり，食欲減退，乳量減少のほか，ときには種々の神経症状を示す。この病気の特徴は尿中に多量のケトン体が検出されることで，血液中でもケトン体（アセトン，アセト酢酸，β-オキシ酪酸の総称）の増加，血液グルコース値の減少がみられる。

　ケトン体の増加は本病の大きな特徴でもあるが，この現象はまた，他の疾病のばあいの二次的症状としてみられることが多い。ケトン体は体内で脂肪が不完全燃焼を起こしたばあいに増加し，飼料摂取の不足あるいは絶食などのばあいにも増加することが多い。

　牛乳を生産するためには多量の養分摂取を必要とし，高能力牛ではとくに泌乳初期にエネルギーの不足をきたしがちなので，体蓄積養分の分解によるエネルギー補給にたよらざるをえない。牛乳生産のためにはまた多量のグルコースを必要としている。これは乳糖の合成原料であるが，同時に，体蓄積脂肪を完全に利用するさいに必要なオキザロ酢酸の供給源としても重要である。ケトージスにかかった牛では，血中グルコース濃度は低下しており，プロピオン酸やアミノ酸からグルコースが新生される段階，あるいはその中間産物であるオキザロ酢酸の供給に欠陥をきたしているものと考えられる。ケトージスは，高能力の乳牛あるいは分娩時に太りすぎの状態の乳牛に発生しやすいが，これらの乳牛ではエネルギー摂取量が不足し，泌乳のために体蓄積脂肪の分解が多くなる可能性が大きい。

　ケトージスの予防には，分娩前に母牛の太りすぎをさけること，分娩後に飼料を充分に摂取できるような飼養法が望ましい。治療にはグルコース，副腎皮質ホルモンの注射，あるいはプロピレングリコールの給与などの処置がとられる。

(3) 低脂肪乳

　ホルスタイン種の牛乳脂肪率は平均3.5％だ

が，飼料的要因によって3.0%以下，ときには2.0%以下の脂肪率を示す牛乳を生産することがある。このように極端に脂肪率の少ない牛乳を低脂肪乳（low fat milk）と呼んでいる。

低脂肪乳は，主として濃厚飼料を多給し，粗飼料の給与量が不足するときにみられる。このような飼養条件では，第一胃内で生産される揮発性脂肪酸の比率が変化し，酢酸比が減って，プロピオン酸比が増加してくる。濃厚飼料と粗飼料の給与割合が適正であるときには，第一胃内の酢酸，プロピオン酸，酪酸の比はおよそ70：20：10であるが，濃厚飼料を多給するときには，この比率は45〜55：35〜45：10〜15に変化する。このように第一胃内揮発性脂肪酸の比率に変化を生じる条件，たとえば濃厚飼料多給以外にも，春先の若草の多給などでは牛乳の脂肪率は低下し，反対に無脂固形分率は増加する傾向を示してくる。

このような条件における牛乳脂肪率の低下する機構としては，①牛乳脂肪の原料となる酢酸の不足，②第一胃内での長鎖脂肪酸の飽和化の減少，③プロピオン酸の増加による体内および乳腺の代謝の変化などが関係している。

低脂肪乳の発生を防止するためには，基本的には粗飼料の給与量をふやすことが大切で，少なくとも全飼料の30%以上の粗飼料を給与する。また，全飼料中の粗繊維率（飼料全体の粗繊維含量）を少なくとも13〜15%以上とすることも，牛乳脂肪率の低下を防ぐために必要な条件となっている。

執筆　大森昭一朗（中国農業試験場）

1986年記

参考文献

ARC. 1980. The Nutritive Requirements of Ruminant Livestock. CAB.

ARC. 1984. ibid. supplement. No. 1. CAB.

BAILE, C. A. et al. 1981. Nature of Hunger and Satiety Control System in Ruminants. J. Dairy Sci. 64, 1140—1152.

BROSTER, W. H. and H. SWAN. 1979. Feeding Strategy for the High Yielding Dairy Cow. Granada Pub. Co.

CHURCH, D. C. 1974. Digestive Physiology and Nutrition of Ruminants. Vol 2. O & B Books.

CHURCH, D. C. and W. G. POND. 1982. Basic Animal Nutrition and Feeding. John. Wiley & Sons.

COPPOCK, C. E. et al. 1981. From Feeding to Feeding System. J. Dairy Sci. 64, 1130—1149.

DOUGHERTY, R. W. 1965. Physiology of Digestion in the Ruminant. Butterworth.

HUNGATE, R. E. 1966. The Rumen and its Microbes. Academic Press.

神立誠・須藤恒二監修．1985．ルーメンの世界．農文協．日本飼養標準（乳牛）．1974．中央畜産会．

NRC. 1978. Nutritive Requirement of Dairy Cattle. National Academic Press.

NRC. 1985. Ruminant Nitrogen Usage. National Academic Press.

大原久友編．1981．乳牛飼養管理の基本と実際．近代酪農全書第4巻．酪総研．

大森昭一朗．1974，1975．低脂肪乳の発生原因とその対策．畜産の研究．28, 1417, 29, 51.

大森昭一朗編．1984．北海道の酪農技術ー乳牛の消化生理と飼料給与技術．農業技術普及協会．

大森常良編．1980．牛病学．近代出版．

ROOK, J. A. F. and P. C. THOMAS. 1983. Nutritional Physiology of Farm Animals. Longman.

SWENSEN, M. J. 1970. Duke's Physiology of Domestic Animals. Conell Univ.

津田恒之．1983．家畜生理学．養賢堂．

植村定治郎．1970．発酵と微生物．朝倉書店．

梅津元昌編．1966．乳牛の科学．農文協．

WOLDO, D. R. and N. A. JORGENSEN. 1981. Forage for High Animal Production. J. Dairy Sci. 64, 1207—1229.

発 育 生 理

発 育 の 原 則

1. 発育についての概念

　日本語には，発育，成長，生長という三つの言葉があり，これらの言葉は，あまり区別されずに広く一般に用いられているように思われる。清水は，用いられている文字がそれぞれもつ本来の意味から，発育は「鳥類，哺乳類のような高等な動物の形態形成の過程を意味」し，量・質を含めて用い，成長と生長はともに「量の増加」を示すが，厳密にいうばあいには，成長は動物に，生長は植物に用いることをすすめている。成長と生長については国語審議会でも，このように定めている。

　発育という生理的変化は言葉よりもさらに複雑である。発育にはいわゆる姿，形の増大と，総体あるいは各部分各器官の機能の発達とが含まれるが，ここでは量の増加に限定し，学者が行なった2～3の定義をみておこう。

　シュロス；発育とは種の特性に従い，限定された時期に，体の大きさを相対的に増加すること。

　ブラディ；測定されるディメンジョンにおける相対的，非逆行的時間的変化。

　メイナード；真の発育とは，器管および筋，骨などそれを構成する組織の重量の増加である。

　ハモンド；発育とは成熟の大きさに達するまでの重量の増加である。

　発育について，このように多くの，かつ難解な言葉を用い，なお完全とされない理由の一つは，家畜において肥育という，脂肪の形で行なわれるエネルギーの体内蓄積を，発育とどう区別するかが明確でないためである。

　ボロメイは，脂肪には単にエネルギーの蓄積だけでなく，温度調節のための機能があることを指摘しているが，メイナードの真の発育という観念に立脚すれば，発育とは，蛋白，ミネラルおよび水の蓄積として特性化される。農業では，非常に多くのばあい発育そのものを生産としてとらえるのであるが，とくに畜産分野の一例として，肉の生産の大部分は発育の過程ないしその引続きとしての脂肪の沈着を含めての技術であって，発育と肥育とは，生理なり技術なりの面で区別できないばあいが多い。

　動物では，卵子が精子を受け入れて分裂を開始し，胎児となり，出生という過程を経て体を増大し，やがて成熟の大きさに達する。発育とは，このように受胎に始まる経時的な一連の生理的変化をとらえていうのである。このような観点から，出生とは発育の一過程であって体をとりまく環境が非常に重大な変化をする点であり，また，栄養摂取が血液から消化器に変化する時と考えることもできる。

　細胞レベルで考えると，発育には細胞の分裂による数の増大によるものと，細胞そのものの肥大による容積の増大によるものとがある。哺乳動物の神経細胞を例にとれば，出生直後までは分裂によって数を増すが，その後は分裂はし

乳牛の生理

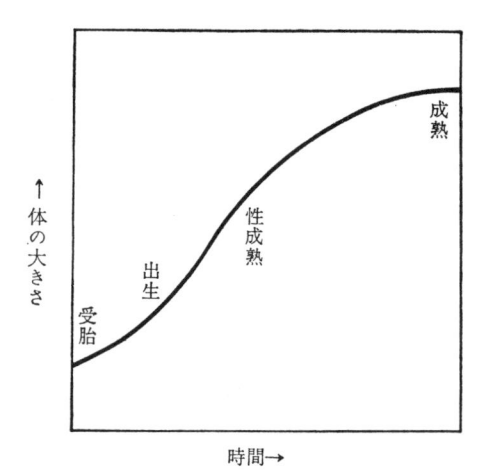

第1図　基本的な発育の形

(図：縦軸「体の大きさ↑」、横軸「時間→」、曲線上に「受胎」「出生」「性成熟」「成熟」)

ないで容積を増大する。発育がこのような分裂による数の増加と、容積の増大とのどちらによるかは、時期的に、あるいは器官組織によって異なり、また、両者が並行的に行なわれるばあいもあろう。このような考え方から細胞を3種に分類することがある。すなわち、①発育初期に分裂して数を増加するが、その後一定し、再生が困難な永久細胞、②大部分は成長後一定であるが、一部は分裂増加する安定細胞、そして③血球や上皮細胞のように、成長後も絶えず造成を繰り返えす易変細胞、の3種がこれである。

発育をグラフに表わすばあい、横軸に時間の経過を、縦軸に大きさをとるのが最もふつうである。動物の受胎時から成熟時までの発育をこのようなグラフにおくと、発育は初めのうち非常にゆっくりと進み、徐々に速度を速めてやがて最高に達し、その後再び速度をゆるめて成熟に至って停止し、その線はS字状をなす。

牛を例にとれば、妊娠末期の1日当たり増体量は約270gといわれる。生後6〜10か月ころに最大の増体に達し、15〜18か月以後しだいに速度をゆるめる。日本ホルスタイン登録協会が示した正常発育値では、成熟値に達するのは60か月齢とされている。

このS字状の発育曲線の二つの弧の接する点は、変異点または反曲点といわれ、発育の過程で非常に注目される時期である。すなわち、①最大の発育速度の時期であることは当然であるが、②動物においては性成熟、植物においては開花期に一致し、また③動物において死亡率が最低の時期でもある。

ハモンドはこのような経過をたどる発育について、成長促進力（Self accelerating phase）と成長抑制力（Self retarding phase）のあい拮抗する二つの力のバランスを考えた。発育の前半では前者が優勢を占め、後半では後者が優勢を占める。その入れ換わる時期が前述の変異点であるとしている。

胎児中の生活をウィンターは3相に分けた。すなわち、

卵子相　卵子の受胎から着床までで、牛では約11日間であり、胚の形はほとんど変化なく、ほぼ球形のままである。

胚相　主な組織、器官およびそれらの系統が区別される期間であって、牛では11日から45日の間に当たる。個体内で継続的に大きな変化を示すが、体重にはほとんど増加はない。

胎児相　胚相終了後分娩までの期間で、いろいろな器官は、成長率に非常な差を生ずる。

ハックスレイも妊娠期間を、Chemo-differentiation（化学的分化期）*、Histo-differentiation（肥大成長期）*、Auxano-differentiation（組織分化期）*の3期に分けている。この各期はそれぞれ前述のウィンターの区別とほぼ同じである。

出生後の発育についても、それぞれの立場によっていろいろな分け方があろうが、栄養生理と育成技術の立場から、牛について、単胃期から反芻期への変化は見すごすことができない重要な変化である。

単胃期　牛は生時すでに4個の胃を有しているが、生理的に機能を有しているのは、このうち第4胃だけである。そのため、この時期の消化の機構はむしろ人や豚に近い。

反芻期　子牛は発育するにつれて前胃（第1，

---

*　和訳は清水三雄による。

2胃）の大きさを増し，その機能を発達させて本来の反芻獣になる。単胃期から反芻期への移行は徐々に円滑に行なわれるのであって，画然としたものではない。また，その移行の時期は給与する飼料によってかなり変動するが，代用乳・人工乳を用いての早期離乳方式によれば，おおむね1～1.5か月齢と考えてよい。この時期は主な栄養供給源が液状飼料から固形飼料に変わる時期でもある。

2. 発育の型

出生時に，ウサギは被毛がなく，その眼も見えないが，モルモットはすでに全身に被毛を有し，眼も開いている。つまり，モルモットのほうがウサギより出生時の成熟度が進んでいると判断できる。このように，出生時の成熟度は種によって異なり，家畜で比較すると，最も進んでいるのは馬で，牛，ヒツジがこれに次ぎ，豚は最もおくれている。

出生時の成熟度がおくれているということは，外界の諸感作に対して抵抗力が弱いわけであるから，その後の発育過程においていっそう注意深い養育を必要とするわけである。同一種内においても，個体によっては，種間ほどでないにしろ，出生時の成長の程度に差がある。この差は，遺伝，母畜の妊娠中の栄養摂取量，子畜の数などにもとづくものと考えられる。

ワーラスは，妊娠後期の母羊の栄養水準は子羊の生時体重に著しく影響することを示した。

牛の双子は単子に比べて妊娠日数がやや短く，生時体重が小さい。ハインリッヒセンによると，生後2週間内の死亡率は，双子のばあいに単子の2倍であるという。ハモンドは，多胎などの理由で品種の平均より小さく生まれたものは，生理的にあるいは解剖的にみて未熟であるとし，ブロディは，このような個体はしばしば体温調節機構が正常に発達しておらず，生存力が不足しているとした。これらは出生時の成熟度の変動の例であろう。そして，ジャコブソンは，出生後の初期の発育は在胎中のカルシウム，リン，蛋白，水の蓄積量によるという。清水は，人について出生時に体重が極端に軽いもの，または重いものは別として，出生時体重と学童期の身長や体重とはほとんど関係ないが，生後満2年の身長や体重の順位はおおむねそのまま学童期につながるという。乳牛については，主に雄子牛で出生時の体重とその後の発育について多くの報告があるが，まだ明確でない部分が多い。

次に個体の発育をみると，体の各部位が写真を引伸ばすように相対的に同じ比率で大きくなるのではなく，各部位や器官，組織の発育に序列があり，それぞれの部位が最大の発育速度に到達する時期は異なる。牛で，出生時の測定値は成熟時の測定値に対して，体重6.5%，肢長63.0%，十字部高57.0%，体高56.0，胸幅37.0%，腰角幅31.0%というように，部位によって異なる。このことを表現をかえれば，それぞれの部位の成熟時の大きさに達するまでの獲得量の大小である。これらの数値をみると，一般に高さにかかわる部位は出生時の比率が大きく，体重は最小で，幅にかかわる部位はその中間にある。

動物の発育は，頭蓋から顔および腰の方向に向かって起こる第一の波と，中指（趾）骨から，蹄に下がり，あるいは肢に沿って上る第二の波とがあることについて多くの学者が認めている。このことが上述の出生時における部位別の成熟度の差になって現われるのであって，牛を例にとれば，初生子牛は成牛に比べて相対的に頭部が大きく，肢が長い。発育が進むにつれて体の長さが増し，そして，深み，幅が増大していわゆる体積を生じ，体の形が完成する。

第4図は，ホルスタイン去勢牛の7か月齢から17か月齢までの測定値を用い，比較的幼い時期に発育する顔面長と体各部位との比率をみたものであるが，体長のようにこの期間の増加量が顔面長とほぼ同じ比率である部位，体高のようにむしろ小さい部位，腰角幅のようにむしろ大きい部位，などがあることを示している。

このような発育の序列は，体のいろいろな部分についてみられる。長骨ではまず長さが優先して太さがこれに次ぎ，胸部臓器は消化管よりも最大の発育速度を示す時期が早く，脂肪の沈

乳牛の生理

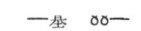

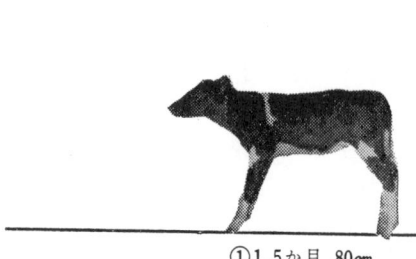

① 1.5か月 80cm
② 6か月 101cm
③ 12か月 121cm
④ 15か月(受胎) 125cm
⑤ 24か月(初産) 133cm
⑥ 36か月(2産) 137cm
⑦ 50か月(3産) 139cm
⑧ 60か月 139cm

第2図　発育に伴う体形の変化
写真下の数字は体高

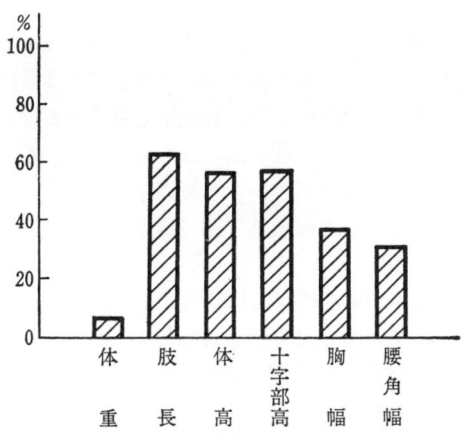

第3図　牛が出生時に成熟時体尺値に対して獲得している量
（ハモンド）

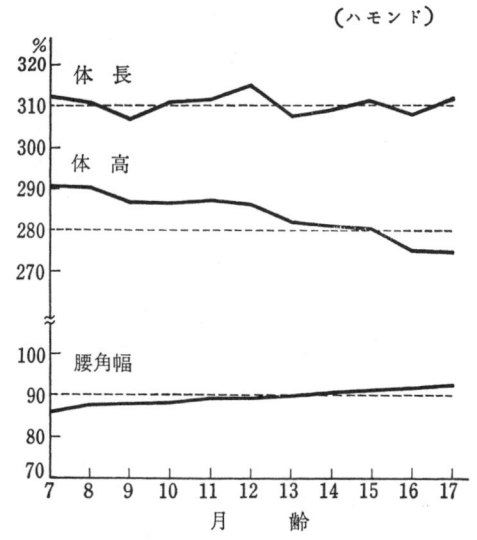

第4図　顔面長と各部位の発育の比較
（北海道農試）

$$\frac{各部位測尺値}{顔面長} \times 100$$

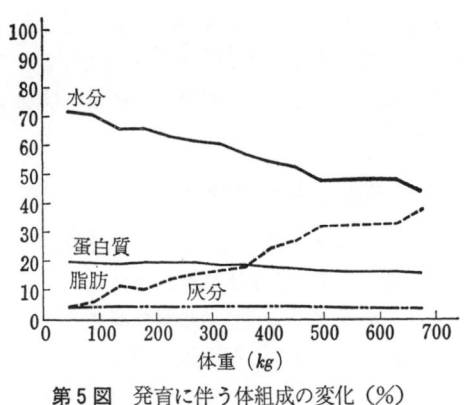

第5図　発育に伴う体組成の変化（％）
（モリソン）
消化管内容を除く

着は，腸間膜，腎，筋間，皮下，筋肉内の順で行なわれる。体全体の構成でみると，脳，神経から骨，筋の順で発育の波を示し，脂肪は最もおくれる。

体の組成も，体重の増大に応じてしだいに変化する。すなわち，水分の割合は減少し，脂肪は増加する。脂肪を除いたばあいには，体組成中の水分が安定するのは比較的早期で，生後1年未満である。蛋白と灰分は体重の増加に比例して蓄積量が増加するので，体組成割合での変化はほとんどない。第5図に，モリソンが示した体重の増加にともなう体成分の変化を図示した。

3. とくに胃の発育について

前に述べたように，子牛は出生時4個の胃をもっているが，機能を有しているのは第4胃だけであり，第1～3胃は全身の発育につれて急速に大きさを増し，機能的に発達していく。前胃の発育は飼料の給与法に強く影響されるが，半面，給与する飼料は胃の発育の過程をふまえて決定しなくてはならないことも当然である。

(1) 容積の増大について

出生時，第1胃と第2胃との内容積は第4胃の約25％にすぎない。哺乳をつづけると，子牛は正常に発育するが，第1胃の発育はこの状態で全く停止する。このさい濃厚飼料や粗飼料を与えると，第1胃は急激に発育することが認められている。12週齢において，全乳，乾草，穀実を給与した牛の前胃の大きさは全乳だけを給与したものの約2倍にも達したが，両者の第4胃の大きさには差がなかったという報告もある。

子牛の最大の乾物摂取量は，体重50kgのときに体重の2.2％ていどであるが，体重120kgでは3％ほどに達する。この率は成牛の単位体重当たりの乾物摂取量にほぼ一致する。このレ

ベルに達したのちは，前胃の容積は体の発育にともなって増大し，胃全体の80%を超えるようになる。第4胃の容積や筋肉組織の発育も，ごく大雑把にとらえれば，だいたい体重の増加に比例するとみられる。

(2) 機能の発達について

離乳期の前後に固形飼料が第1・2胃に入り，その重量は急激に増加するが，そのなかで，筋層の厚さの増大に比べて粘膜層の厚さの増大が顕著である。これは，第1胃内壁に絨毛が発達するためであって，この絨毛は出生時2.6mmていどであるが，哺乳中高さ1mmほどの低い丘状に退化してしまう。固形飼料を摂取することによってその高さを急激に増し，8週齢で5～7mmと，成牛とほぼ同等の高さを有するようになるという。

おが屑のような不消化物を給与すると，第1胃は拡大し，筋層が発達するが，絨毛の発達は全く起こらないという。絨毛は第1胃内の発酵産物によって発達することは明らかで，酪酸はもっとも強く刺激し，酢酸の影響は少ない。また，離乳期における第1胃の発育に対しては，飼料の粒子の大きさ，固さなど物理的性状も二次的に関与していると考えられている。第1胃内の絨毛は胃内で生産される重要な栄養源である低級脂肪酸を吸収するものであるから，この発育の良否は将来の飼料の利用性に重大な影響をもつ。

いろいろな養分を消化吸収するさいに，酵素活性がきわめて重要な役割を果たすことはいうまでもないが，出生後の酵素活性の変化についてはまだ不明のまま残された点も多い。酵素による養分の分解ではエネルギーの損耗はほとんどないが，細菌発酵による分解ではエネルギー損耗はかなり大きい。つまり，前胃が機能をもつようになる以前の，液状飼料を主にした養分摂取時の飼料の効率はたいへんすぐれたものであるが，このような時期には活性を有する酵素の種類は限られている。

唾液リパーゼは出生時認められ，その後数日中に著しく増加する。唾液リパーゼは粗飼料摂取量が増加するにつれて減少し，3か月齢では消失するという。一方，膵臓のリパーゼは1日齢ではごくわずかであるが，8日齢で約3倍になり，その後変化ない。乳頭から吸乳するばあいは，バケツから乳を飲むばあいに比べ，唾液リパーゼの分泌が多いことが知られている。一方で，このことは吸乳時間の長さの差であるとする説もある。

レンニンは生時すでに活性が高い。生後2週間ではまだ全牛で分泌が認められるが，6～8週間になると，ごくわずかな頭数にしか認められなくなる。

プロテアーゼは，出生後8日目には1日目の3倍に達する。その後レベルに変化がないとするものと，しだいに減ずるとするものとがある。

ラクターゼも出生時活性が高く，6週齢の約6倍あるといわれる。その後しだいにレベルが下がる。子牛の中にラクターゼ活性の低いものが認められ，これが原発性のものか，継発性のものかについては決定されていない。

反芻獣には唾液中にアミラーゼはない。膵臓のアミラーゼは出生時きわめて低く，3週齢から8週齢の間にわずかに増加する。

マルターゼも3週齢から8週齢の間にわずかに増加する。

ペプシンは一般に2週齢の子牛では認められるほどは分泌していないが，6～8週齢ではすべての子牛に認められる。

以上，酵素活性の経時的な消長をみると，出生時には乳成分を分解するために必要な最小限の酵素が存在するだけであり，6～8週齢ころには一般の養分を分解できる酵素活性が整うようである。

細菌は，哺乳や固形飼料の舐食を通じて前胃中に入り，定着増数する。固形飼料を給与されている子牛では，生後3週間において好気性の細菌が急激に減少するが，前胃内容物の単位量当たりの細菌数は12週齢まで増加をつづけるという。原虫の数も3週齢までは非常に少ないが，その後12週齢まで急激に増加し，第1胃内の微生物によるセルローズ分解活性は6週齢で成熟水準に達すると報告されている。

第1胃内の絨毛の発育程度は胃内で行なわれる発酵のもっとも良い形態的指標とされているが、以上のような胃の機能的な発達の結果として、前胃中の低級脂肪酸の濃度は、固形飼料給与子牛では6〜8週齢で成牛の水準に達することが認められている。

これらの諸点から、胃の機能的な発達は、前に述べたように、給与する飼料の形、組合わせ、質、量などに強く影響されるが、早期から固形飼料を給与している子牛では生後2〜3か月の間にほぼ成牛と同等のレベルに達すると考えられる。しかしながら、子牛では、単位体重当たりの養分要求量は成牛の維持のための体重当たり要求量に比べて著しく大きいため、総体として、成牛のばあいより乾物中の養分含量を高く

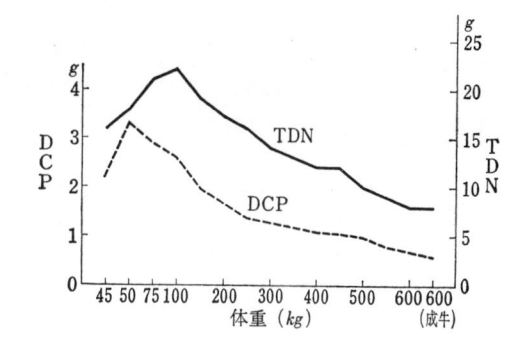

第6図 雌育成の体重増に伴う養分要求量の変化（体重1kg当たり）
（日本飼養標準 乳牛，1974）

しなければ、可食量によって制約され、養分要求量を充足することはできない。

発育に影響する諸要因

発育の形や成熟時の大きさについては、その動物が本来持っている遺伝因子の支配を強くうけるが、発育の速さについてはむしろ外的ないろいろな要因に左右される。外的な要因のなかで発育の速さに最も強く影響するのは、摂取する栄養の量と質、それら相互のバランスであり、そのほか気象的環境、管理法なども無視しえない要因である。

1. 栄養供給量

乳牛の育成にあたって栄養上とくに注意しなくてはならないことは、①豊富な蛋白、②適当な品質の蛋白、③正常な発育が可能なカロリー、④十分なミネラル、とくに Ca, P, NaCl、⑤豊富なビタミン類などが確保されることであると指摘されている。ブラックスターは、飼料中にエネルギーが不足したばあいは、通常、蛋白、ビタミン、ミネラルなどが不足したばあいより家畜の生産性にいっそう重大な低下を起こすとし、どんなばあいでも、特殊な養分の大部分は代謝されるエネルギーに比例して必要なのであると述べている。

栄養学としての栄養と発育との基本的な関連については別項にゆずるとして、以下、乳牛の更新用雌子牛で、エネルギー供給量の多少による発育の遅速と生産性とのかかわりあいについてふれる。ここではブラックスターのエネルギー重視の主張に従って、栄養としては可消化養分総量（以下TDN）をとりあげるが、飼養標準に示されているTDNの要求量を基準として、経験上、その50〜60%の摂取では増体量はほとんどなく、それ以下では体重が減少する。一方、舎飼いの一般的な飼養条件下では、要求量の120〜130%以上を継続的に長期採食させることは困難である。設定すべき発育の速さは必然的にこの範囲の栄養水準で実現できるものになる。この中で、まず生産性を阻害する危険がない範囲を設定し、次に経済性を検討しなくてはならない。

発育の速さと生産性について行なわれたいくつかの試験をみると、発育を著しく促進したばあいに生産性に好ましくない影響を与えるとしたものが多い。スワンソンは、発育を著しく促進したジャージーでは、標準的な育成をしたものに比べて初産前の体重が32%も重かったにも

乳牛の生理

第1表 発育時の栄養量を変えた2群の乳量
(北海道農試，1972～1976)

			高栄養区	低栄養区	低/高×100
初産までのDG (kg)			0.71	0.60	
初産	月	齢	24	24	
	体	重 (kg)	548.5	469.6	85.6
	乳	量 (kg)	3,507.3	3,472.1	99.0
2	月	齢	40	41	
	体	重 (kg)	626.6	619.4	98.9
産	乳	量 (kg)	4,132.5	4,089.4	99.0
3	月	齢	54	54	
	体	重 (kg)	680.8	640.7	94.1
産	乳	量 (kg)	4,375.8	4,407.0	100.7
合 計 乳 量 (kg)			12,015.6	11,968.5	99.6

注　1.　ホルスタイン双子10組の平均
　　2.　乳量は305日間

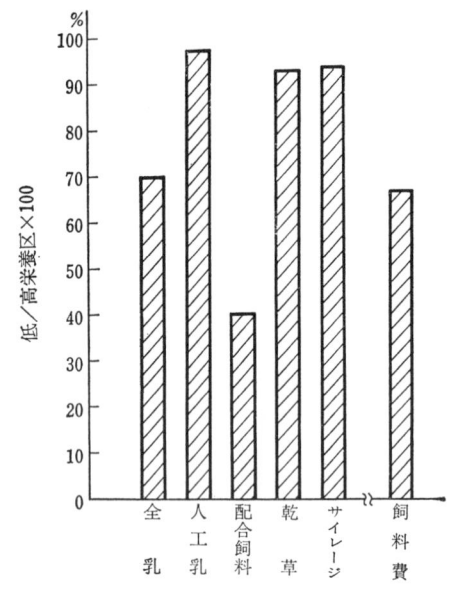

第7図 第1表に示した2群の初産までの
飼料摂取量，飼料費の比
(北海道農試)

飼料費は45年単価によって算出

かかわらず，初産のFCM乳量は15.2%も少なく，この乳量の差は減少しながらも2産でも認められたと報告した。これらの供試牛のうち4頭を2産泌乳末期に屠殺して調べた結果，3頭の乳腺組織に異常を認めたという。この結果と同じ傾向を報告した試験は数多い。この点に関して，アミールは，高栄養水準で育成した牛について明らかに乳腺組織への脂肪の沈着が多いことを認めながら，性成熟の時期との関連を無視しえず，また，その脂肪の沈着は同時に起こる乳腺の発達を妨げるものではないと主張している。

一方，極端な低栄養による発育の抑制も好ましくないことは当然である。スワンソンの一連の試験の中で，体重が標準区の75%になるように育成した区では，初産までにTDNの摂取量は66%であったが，初産のFCM乳は86%にとどまったと報告している。農林省の畜産試験場の報告では，高栄養群は受胎しにくく，低栄養群は発育遅延と鈍性発情とのため交配が不可能であったという。

この分野ではクリクトンらの試験も代表的なものの一つである。彼らはホルスタインやエアシャーの双子24組を用い，生時から初産2か月前まで，ラグスデールが報告した飼養標準に示されたTDN要求量の60～70%と110%をそれぞれ給与した。3産までのFCM乳量の合計は，高栄養区に対し，低栄養区がわずかながら（2%）多かったという。また北海道農試でも，ホルスタイン双子10組を用いて，生時から初産まで，おのおのの双子のうちの1頭を1日当たり増体量0.71kgで，残りの1頭を0.60kgで育成し，両区の乳量を比較した。その成績を第1表に示した。

初産前の両区の体重には14%の差があるが，3産までの両区の乳量にはほとんど差はない。この両区の初産までの飼料の摂取量では，全乳，配合飼料に差が大きく，摂取したTDNは，低栄養区は高栄養区の83.7%にとどまり，高栄養区はその67.5%を粗飼料から入手し，低栄養区は80.7%を粗飼料から入手した。低栄養区の飼料構成は著しく粗飼料依存型になっている。初産までの期間で1kg増体に要したTDNは，高栄養区6.19kg，低栄養区5.69kgで，飼料効率の点でも低栄養区がはるかにすぐれていた。おのおのの飼料に生産費ないし購入単価を乗じて試算してみると，低栄養区の初産までの飼料費は高栄養区の66.5%にすぎない結果を得た。

販売を目的とした子牛の育成のばあい，現状

では発育も速く，肉付きも良好なもののほうが人の目をひきやすく，価格も高いことが多いであろう。しかし，更新用の子牛では，以上示した発育の速さの幅の中から自己の経営の要求に合致する速さを選べばよい。ここに示した範囲であれば生産性に影響はなく，その中で，発育をやや抑制することによって粗飼料依存度を高め，飼料費を節減することができる。

2. 気象環境

気温，湿度，日照，風などによって構成される気象条件が牛の生理機能に複雑な影響を与えて，生産性を低下させ，あるいは疾病発生の要因になることが知られている。高温は全身の代謝機能を抑制し，食欲を減退させることによって，一方，低温は熱生産を増大させるために，摂取養分を消費することによって，ともに発育を抑制する方向に働くものと考えられる。しかし気象条件と発育に関する研究は多くなく，必ずしも満足なデータは得られていない。

ミゾーリの研究者は，ブラマー，サンタガルトルーディス，ショートホーンの3品種の子牛を気温26.7℃で育成したばあい，ショートホーンがつねに生物的緊張を呈し，16か月齢では他品種より約90kgも体重が少なかったと報告した。また，この報告から，10.0℃と26.7℃でそれぞれ育成したショートホーンの16か月齢における体重差は83kgと計算される。九州農試でのホルスタイン育成牛についての10年間の調査でも，1日当たり増体量の年間平均0.73kgに対し，夏期7月0.48kg，8月0.48kgで，最低値を示したことが報告されている。

一方，低温が発育を抑制することについては報告をみない。ホルスタイン種の適温帯は0～18℃といわれ，とくに初生子牛については，哺乳舎は12.5～15.6℃の温度が好ましいとされている。

そのほか，子牛1頭当たりの気容，換気量，アンモニア許容濃度などは，イギリス，アメリカなどで基準が示されているが，それらの視点はむしろ疾病予防からのものであって，発育の速さとの関係で提示されたものはない。

3. 管理

管理のいかんが発育に広汎な影響を有することは推察されるが，具体的にそのことを示した報告はほとんどない。

放牧は，飼料を得るための歩行や悪い気象感作などのために養分をかなり損耗するであろうが，一方では筋骨を鍛え，疾病に対する抵抗性や環境の変化に対する適応性を増大する。熟達した酪農家は，子牛の形から運動の経験の有無を見分けるが，それほど運動は体の形成に大きな影響を持つ。たとえば，放牧育成された牛がより長期にわたって供用できると広く伝えられている。

群飼は競合によって食欲を増大するが，群の構成や飼料の給与法いかんでは発育のばらつきを大きくする。多頭飼養の中では，群育成を経験した牛は管理が容易であるという指摘もある。

初産月齢

初産の時期を決定するためには，①受胎と妊娠の経続が可能な体になっていること，②子牛を無事に分娩し，乳汁生産を行ない，続いて再び妊娠するために正常に分娩できること，③泌乳牛群に加わり，採算のあう生産を持続できること，などが満たされなくてはならない。また，生涯生産量の点でも有利なことが要求される。

1. 性成熟

雌の性成熟は初発情の発現によって判定されるので，雄に比べ判断しやすい。初発情は，発

第2表 初発情発現の日齢と体尺値

(北海道農試, 1972～1976)

区	初産までのDG	日齢	体重	体高	体長	腰角幅	尻長
	kg	日	kg	cm	cm	cm	cm
高栄養区	0.73	309.4	263.5	114.9	127.7	37.4	41.0
低栄養区	0.61	385.8	251.0	115.8	126.8	37.1	40.4
低/高×100		124.7	95.3	100.8	99.3	99.2	98.5
全平均		347.6	257.2	115.3	127.2	37.2	40.7
標準偏差		51.7	22.6	3.8	5.0	1.8	1.6
変動係数		14.9	8.8	3.3	3.9	4.8	3.9

注 ホルスタイン双子20組

育曲線の説明のところで付言したように、変異点または反曲点といわれる時期に発現するものである。

第2表は、北海道農試でホルスタイン双子20組を用い、発育の速さを変えて初発情の時期を調べた結果である。この表で認められるように、各項目のばらつきは日齢で最大であり、体重はこれより小さく、ほかの部位はさらに小さく、標準偏差は3～4％にとどまっている。クリクトン、ソレンセン、レイド、畜試などの報告をみても同様な傾向を示している。これらの結果から、初発情発現の時期は日齢で考えるより体格で考えるべきであり、ホルスタインの雌では、体重250kg、体高115cm 前後と考えてよいと思われる。

日齢については栄養の供給量の多少、換言すれば発育の速さによってかなり大きく変動すると考えるのが妥当である。要するに、性成熟の時期は、暦年齢よりも後述の生理的年齢に従うことが示される。

2. 分娩

難産発生の要因の一つとして、母牛と子牛の相対的な大きさの関係が問題になる。第3表に示された牛は比較的早期に繁殖に供用した群であるが、この表にみられるように、分娩直前の母牛の体重に対する子牛の初生時体重の比率は、初産次のばあいにはそれ以後の産次に比べてかなり大きい。

第3表 分娩時の母牛と子牛の体重
(北海道農試, 1972～1976)

産次	例数	母牛の分娩前体重	子牛（雄）の体重	子牛/母牛体重
		kg	kg	％
1	27	509.4±41.6	42.9±4.4	8.4±1.1
2	25	591.3±54.3	44.6±6.9	7.5±0.9
3	20	633.7±39.5	48.0±4.9	7.6±0.8

注 平均値±標準偏差。同一牛群の追跡調査

経験的に述べると、その比率が9％以下であればほとんど助産を要せず、10％未満では索引など軽度の助産を要し、10％以上では難産となる例が多い。

第3表に示した牛群では、初産で9％以上が8例、2産、3産では合計2例発生した。シュルツも、この比率が9％以上のばあいにはその後繁殖障害を発しやすいと報告している。そこで、初産のばあい、子牛の体重を45kgとして、上述の比率が9％以下であるためには、母牛の分娩前の体重が500kg以上でなくてはならない。妊娠中に1日当たり0.7kg 増体させれば、280日間で約200kg 増体することになる。つまり、300kg の体重に達したときに交配、受胎させ、妊娠中に1日当たり増体量0.7kg を維持させるという技術が組立てられるし、このことは困難ではない。

3. 分娩後の乳量

ハンソンはいろいろな月齢で初産した乳牛の8歳までの合計乳脂量と飼料の摂取量を調べ、

第4表 初産月齢と8歳までの乳脂量
(ハンソン, 1956)

初産月齢	例数	8歳までの乳脂量	8歳までの飼料摂取量	1,000FU当たり乳脂量
		kg	FU	kg
24～26	2	1,039	22,276	46.6
27～29	17	936	21,169	44.2
30～32	126	889	20,664	43.0
33～35	159	839	20,126	41.7
36～38	67	807	19,782	40.8
39～41	25	769	19,374	39.7
42～44	13	734	18,998	38.6
45～47	6	704	18,675	37.7
48～50	3	599	17,546	34.1
51～53	3	657	18,170	36.2

第5表 発育の速さをかえた2群を同じ体重で分娩させたときの乳量
(1968～1976)

			福島畜試	北海道農試
初産	月齢	高栄養区	25.1	21
		低栄養区	28.1	24
	体重(kg)	高栄養区	573.6	513.1
		低栄養区	571.5	492.0
		低/高 %	99.6	95.9
	乳量*(kg)	高栄養区	11.0	2,505.5
		低栄養区	12.4	2,787.0
		低/高 %	112.7	111.2

注 * 北海道農試は305日間FCM乳量、福島畜試は全搾乳期間についての1日平均乳量

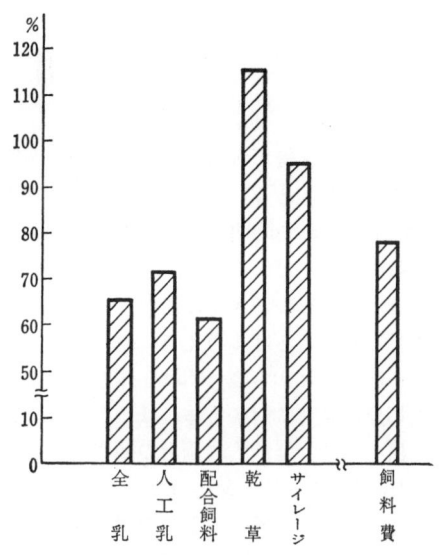

第8図 第5表での北海道農試の2群の初産までの飼料摂取量と飼料費の比
(縦軸：低栄養区／高栄養区×100)

初産月齢が早いほど有利なことを報告している。

体の大きさと乳量との間に正の相関を認めた報告は多いが、育成時の高栄養の結果としての初産時の体の大きさは、乳量に対して効果を期待できない。初産乳量に対しては、多くの報告が、初産時の体重よりもむしろ月齢の影響が大きいことを認めている。

ターナーは、初産月齢別に乳量を調べると、その変動は成長曲線によく似ており、30か月齢までは月齢の増加に伴い急激に、その後はわずかずつ乳量が増加するという。スワンソンは双子5組を用い、同一の速さで発育させ、その片方は24か月齢で、残りの片方は36か月齢でおのおの初産させた。初産乳量は、36か月齢初産グループのほうが23.8%多かったという。

北海道農試と福島県畜試で行なった試験を第5表に示した。発育の速さをかえた両区を同じ体重で初産させたので、初産の月齢には両試験とも3か月ていどの差を生じた。初産乳量は、両試験ともに初産月齢のおくれたほうが11～13%多い。北海道農試のこの試験はホルスタイン双子10組を用いたものであるが、初産までの飼料摂取量は第8図にみるように、低栄養区のほうが3か月長いにもかかわらず、乾草を除いて少なく、飼料費でも22%節減できた。

初産月齢を定めるばあい、生理的には、機能と体の大きさとが、分娩とそれに伴う泌乳に堪えられることが必要である。従来350kgを目安に受胎させるということが広く普及しているが、必要に応じては300kgでも可能である。しかし、前述のように、初産乳量に対しては初産分娩前の体重よりも初産月齢の影響が大きいと認められるのであるから、本質的には、むしろ、その体重に到達するまでの発育の速さが重要な問題であろう。さらに、妊娠中の増体、初産までの飼料構成・飼料費との関連、初産乳量と生涯乳量、牛群の季節別の分娩数の分布、老齢牛、故障牛の淘汰の時期など考慮して、最も有利に決定しなくてはならない。

相 対 成 長

　一般に発育を論ずるばあい，時間の経過に対応しての大きさあるいは機能の変化をとりあげ，または限定された時間内での増加量を問題にする場面がほとんどであった。

　このように形の増大や機能の変化を，時間を函数としてとりあげる考え方に対して，ハックスレイとテッシェらの一門は，体の全体またはある部分の発育に対する体のほかの部分の発育の関係を論じ，経験的に両者の間に $y=bx^\alpha$ の関係*が成立することを認めた。ここで，y，x は全体またはそれぞれの部分の発育であり，b と α とは常数である。b は，$x=1$ のさいの y の値となり，測定開始当初の y の大きさに影響されるので始原成長指数といい，α は x および y の発育の関係を示すので相対成長係数という。そして，この式をアロメトリー式とよぶ。

　この新しい発育の研究分野を相対成長(Relative growth, Allometry)とよぶが，これに対して，従来の研究分野を絶対成長とよぶことがある。アロメトリー式に時間を表わす項がないように，相対成長の分野では時間の経過は考慮にはいらない。つまり，時間は潜在的要因であるにすぎない。換言すれば，時間とは暦の上の年齢であり，相対成長の場で考えるのは生理的年齢である。

　動植物について，相対成長の分野の研究が進むにつれて，アロメトリー式は単に形態上の比較だけでなく，体の成分や機能の分野にも広く適用されることが経験的に明らかになった。そして「アロメトリーとは，生物の個体発生と系統発生の過程に体の形態的，化学的な均整が変わること」といわれる。

　上述のようにアロメトリー式は 2 発育系の発育の関係を示すものであり，この式の両辺の対数をとれば，$\log y = \log b + \alpha \log x$ となる。

　この関係は直線で示すことができ，グラフに示される角度によって次のように 3 分類される（第 9 図）。すなわち，第一は，y の発育が x の発育よりまさるばあいで，α は 1.0 より大きく，y は x に対して優成長であるという。第二は，グラフの上で x 軸，y 軸に対しちょうど 45° を示し，つまり y と x との発育が等しいばあいで，$\alpha=1.0$ となり，等成長という。第三は，y が x より劣る発育を示すばあいで，$\alpha<1.0$ であり，劣成長という。さらに，劣成長は，y と x がともに発育をつづけるばあい（$0<\alpha<1.0$），x だけが発育し y は全く発育が停滞するばあい（$\alpha=0$），x は発育するが y はむしろ数値が減少するばあい（$\alpha<0$），に分けられる。

　すでに述べたように，ある発育系は，発育中，同一の速さを持続するわけでなく，速さが変化することが多い。そのため，相対成長係数も一つではなく，発育が進むにつれていくつか得られることになる。グラフの上には曲折した線が引けて変移点ができる。この直線の数によって，単相，複相，三相アロメトリーなどに分ける。アロメトリー式は下等な動物から経験的に得ら

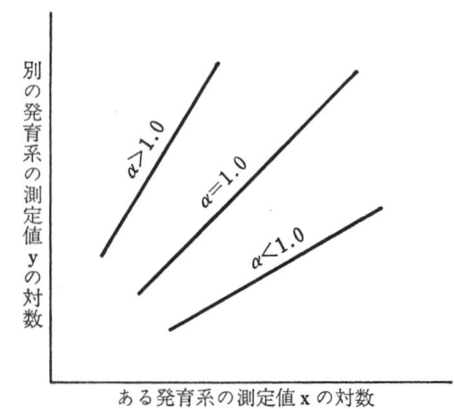

第 9 図　2 発育系の相対的関係の分類

＊　当初 $y=bx^k$ として発表されたが，その後かれら自身によって k を α に変えることが提唱され，今日ではこれが広く用いられている。

れたものであるが、その後この分野の研究が進展し、人を含めて哺乳類など高等動物にまで適用できることが明確になった。また、それは外貌の計測値だけでなく、内臓や体内の生化学的に定量される物質、ある器官やある系の機能などの相互の関係の解析にも用いられている。また、それだけでなく、個体の変異の摘出や、種間の近縁関係や類別などにも、解析の手段として用いられる。

相対成長にかかわりのある牛の研究は国内では数少ない。秋元は乳牛と和牛とについて、正常発育牛の体尺値間で相対成長係数を示した。また、岡本・四十万谷は、ホルスタイン種の雌双子20組を用い、双子の対をそれぞれ1日当たり増体量0.72kg（A区）と0.56kg（B区）で発育させ、2か月から18か月齢までの間の両区の体の均整を比較した。その結果、体高に対する相対成長で、A区とB区の直線が全く重なるもの、両線が平行するもの、両線が交叉するものに分けられることを認めた。岡田らはホルスタイン去勢牛を用い、いろいろな年齢において寛骨重を基準に、体尺値、主要骨重、主要筋肉重の相対的変化を調べるなど、幅の広い研究を展開している。

発育に関する研究分野で、相対成長的な視点に立つ研究は、発育の生理的機構や栄養と発育のかかわりあいについての解析の一手段として、今後おおいにとりいれられることが望ましい。

代 償 成 長[*]

動物は基本的にはS字状の発育曲線に従い、種固有の速さで発育していくのであるが、栄養、環境、管理法などの諸要因によって発育の形や速さは強い影響をうける。これらの要因の影響が著しく強いときは、発育が不自然なまでに促進され、また停滞することさえある。野生の動物では極寒や干ばつによる餌の不足で、家畜では管理の失宜や飼料不足で、栄養摂取に制約をうける。

発育の停滞を経験する動物は順調に発育する動物よりはるかに多く、季節によって発育の速さに変動があるのがむしろ一般的とさえ思われる。そして動物は、発育が停滞しても、その原因が除去され、条件が改善されると、発育のおくれを取り戻す能力をもっており、しかもその能力は非常に強いと推測される。発育の停滞後のこのような取戻し現象を代償成長と呼んでいる。この語は1955年ボーマンによって初めて使用された。

代償成長については、まだ必ずしも定義が明確になってはいない。代償成長の前提となる発育停滞についてもその原因が限定されているわけではないが、代償成長に関する報告の多くは、栄養供給量の多少をその要因として設定している。栄養条件は、発育の速度に対する影響が大きく、また条件として設定しやすいので、この分野のほとんどすべての研究で栄養条件の変動を動物に負荷しているが、たとえば、不適な気象条件や疾病などによる発育停滞後にも取戻し現象は生ずるであろう。1929年、キャノンはホメオスタシス homeostatis という語を用い、生体器官の恒常性について主張し、ブロディはキャノンの恒常性の理論が体温や血液の成分だけでなく発育や機能の発達についても原則的には広く応用できるとした。代償成長の原点はここにあると思われる。

1. 代償成長の発現に関連する要因

代償成長の発現に関連する要因としては、以下の諸点が考えられる。

---

[*] 代償成長とはボーマンによって用いられた compensatory growth の訳語である。この訳語の適否について日本では必ずしも同意がえられていない。最も妥当な訳語は将来の検討にまつとして、今回は「代償成長」を使用する。

①栄養の種類

発育停滞をおこす栄養の不足ないし欠乏のなかで，ブラックスターらが指摘したように，エネルギーが非常に重要な位置づけにあることは間違いなかろう。しかし蛋白も無視できないし，ミネラルやビタミンの欠乏による発育の停滞もあろう。犬では，蛋白欠乏によって発育停滞を生じたばあいは，エネルギー欠乏によって生じたばあいより回復しにくいという報告がある。ラットや牛ではこのようなことは認められないともいわれ，ビタミンやミネラルによる発育停滞に関しては，代償成長の分野からの解析はない。今後の究明がまたれる。

②低栄養の程度

低栄養飼養期間に体重が多少の増加を示すか，全く維持なのか，あるいは減少してしまうのか——つまり，低栄養の程度が代償成長の発現とその様相とに重大な影響を有する。発育過程にある動物の体重が増加せず，あるいは減少するという事態では，体内の物質代謝をはじめとするすべての生理現象が，体重の増加している状態とは（程度の多少は別として）異なったものになるであろう。

③低栄養期間の長さ

低栄養期間が長くつづいたときほど回復に長期間を要することが認められている。

低栄養をうけたばあい，体重と骨の発育とでは影響が現われる時期に差がある。体重はきわめて早期に増体を停止するが，体高，体長などはなおしばらく速度をゆるめながら増加をつづける。

ホーガンは3か月齢の牛を用い，それぞれ1日当たり150 g，225 g，450 g増体する3区を設け，さらにそれぞれの区ごとに，この増体を38か月，51か月，78か月の間つづけたのちに飼い直しを行なった。その結果，増体の程度が同一ならば，期間が短いほど飼い直し後に大きな増体を示し，また，期間が同じならば，抑制がきびしい区ほど飼い直し初期の増体は大きいけれど，最終的には抑制が少ない区のほうが大きな体重に達したという。つまり，低栄養の程度と長さは相加的あるいは相乗的な影響をもつ可能性が考えられる。

④低栄養をうける年齢

若いときに低栄養をうけるほど，その影響が強いことが認められている。一方で，体のある部分が最大の発育速度にあるとき低栄養をうけると，その部分が最も強い影響をうけるともいわれる。ブロディは，子羊で単子と双子とのばあいの体重の差は，妊娠中と分娩後哺乳の栄養供給量の差であるとし，その差は2歳までも残ることを認めた。

⑤早　熟　性

ジョーベルトは，ショートホーンとアフリカ在来種とでは，同様な低栄養給与をうけてもその回復は前者のほうがはるかに早いとした。ところが，このことに関して，同年齢で低栄養をうけるとすれば，早熟な品種ではそれだけ成熟に近づいていることになるという解釈もある。このような考え方とは別に，低栄養から回復する能力には品種間に差があることが指摘されている。

⑥飼い直し時の飼料の質と栄養水準

代償成長にかかわる多くの試験では，飼い直し時には自由採食をたてまえとしている。飼い直し時には食欲の昂進が認められるが，摂取する飼料が総体としてどれほど濃厚な形で養分を含んでいるかが問題になる。

北海道農試で，ヒツジを用いて代償成長発現の機構について行なった試験では，飼い直し期に配合飼料と乾草を与えたばあい，試験区のヒツジは，対照区のものに比べ，より配合飼料に依存することが認められた。飼い直し期の飼料

第6表　ヒツジの代償成長に関する試験の飼料摂取量

（北海道農試，1975）

時　期 試験区	抑制期		飼い直し期			
	配合	乾草	配合	摂取/給与	乾草	摂取/給与
	kg	kg	kg	%	kg	%
試　験　区	9.35	50.70	25.93	100.0	86.63	62.0
対　照　区	18.00	89.03	18.43	88.9	89.51	79.9
試／対×100	51.9	56.9	140.7		96.8	

注　飼料摂取量は抑制期・飼い直し期各80日間の合計量

は，当然蛋白，エネルギー，粗繊維，必須アミノ酸，ミネラル，ビタミンなどが，家畜の要求を満たすように含まれていなくてはならないと考えられるが，養分のバランスや濃度について解析する試験は行なわれていない。

以上のような条件を満たしたうえで，飼料をどれだけ給与するか，つまり自由採食にするか制限するかなど，栄養水準の設定によって，取り戻しの反応が異なる。常識的な飼養では，NRCの飼養標準に示されたTDN要求量の120％前後の摂取量がほぼ限界だが，代償成長発現時に限定された期間ながら150％ものTDNを摂取した例がある。

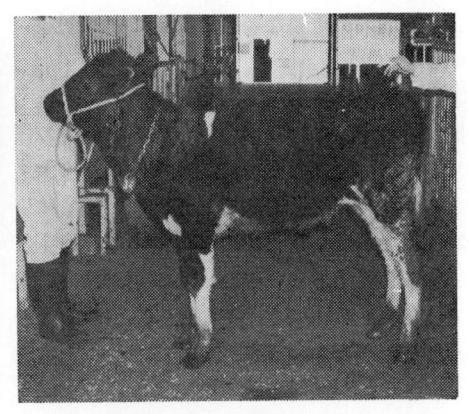

第10図　7か月齢から5か月間に体重を20％減少させた牛
左：被毛の脱落，潰瘍などを生じる
右：大きな頭部，長い四肢，ぼさぼさの被毛などに注意

2. 代償成長の発現の限界

発育の抑制があまりにきびしければ，のちにその原因が除去されても，ついに成熟体に至らないで発育が停止するものがあると想像される。ラットを用いた試験で，体重を500日維持したときには代償成長を発現したが，1,000日ではついに回復しなかったという。

前項で述べたように，低栄養の程度とその期間の長さとの総体的な関係がここでも問題になる。ホーガンの例では，3か月齢の牛を78か月間，1日当たり増体量150gで飼養したのちもなお代償成長を示したという。

北海道農試の試験では7か月齢から5か月間に体重を20％減少させたが，その後回復した。この例では第10図のように，子牛は皮膚に皺を生じ，潰瘍を発し，皮毛は抜け，肛門が突出した。しかも，肺炎などの感染病に対する抵抗性はきわめて低下するようである。直腸温，皮温は低下し，脈拍も減少した。5か月目には死を予測させるようなみじめな状態に至った。それにもかかわらず，飼い直し開始後ほぼ14日で，減少した20％の体重を取り戻し，以後旺盛な食欲を持続して，体重や各部位が迅速な増量を示した。

牛が発育の停滞を取り戻すことのできる限界について，発育停滞の年齢，期間，程度などを相互に関連づけてまとめた報告はない。個々の研究で積み重ねているのが現状である。

3. 代償成長の生理的機構

①食欲の増大

低栄養が解除されたのち，家畜は採食量を著しく増大させることが認められている。北海道農試でヒツジを用いて，151日齢から80日間，体重を維持にとどめ，その後飼い直しを行なった試験では，飼い直し期に入った直後10日間の採食量は乾物で体重の4.01％に達し，30日間でも平均3.80％を採食した。

この結果をみても，採食量の増大は漸次減少しながらも，かなり長期間つづくことが認められる。低栄養後の食欲の増大は血糖説，神経支配説など従来の食欲発現に対する生理的機構だけでは十分に説明できない。バインらは，過肥の牛に比べて，やせている牛では採食量が増大することを認め，ブロディは，体重を一定に保つ機構の一つとして食欲を考えた。

代償成長の発現について，まず，このような

採食量の増大が重要な要因となることは間違いないと思われる。

②消化管内容物の増大

低栄養が解除されるばあい，養分摂取量の増大とともに，上述のように乾物摂取量が増大することもきわめて一般的であり，飼い直しによる増体のなかに消化管内の飼料量の差が含まれることも必然である。それには乾物だけの重量差ではなく，消化管内にその乾物を保有するのに必要な水の量も加算される。前述の体重を20％減少させた北海道農試の試験では，飼い直し直後の13日間の1日当たりの増体量はじつに3.34 kg に達し，1か月間の平均では1.83 kg，2か月間では1.24 kg となった。

直後の13日間の1日当たり増体量のうち，すべてが，消化管内容物の差に起因するわけではないが，かなりの部分はその増加によるものであろう。

この試験では，飼い直し期間150日の増体量は203.0 kg であり，そのうち，前述の飼い直し開始直後の13日間の増体量（43.4 kg）は21.4％を占めることになる。マクミーカンが豚で主張したように，飼い直し期間に得られた増体のうち，直線的に増体させた対照区よりも大きな部分はすべて消化管内容物の増加によるものであるということは，消化管内容物を過大視したものであろうが，飼い直し期間中の増体のある部分は消化管内容物の増量によることは事実であって，その増体に占める大きさは飼い直しの期間の長さによって変動し，期間が長くなるにつれて急激に小さくなる。

③消化率の変動

飼料摂取量が増大すると消化率が低下することを認めた報告は多い。ブラッスターとグラハムは，そのようなばあいの消化率の低下は可溶性無窒素物と粗脂肪についてだけ認められることを示した。一方，北海道農試では，体重維持が10か月にも及ぶばあいに各成分の消化率が低下する傾向があることと，5か月間で体重を20％減少させたときに粗脂肪の消化率が低下することを認めた。消化率の変動にも，栄養量あるいは飼料量の多少の程度と，期間の長さとがかかわるであろう。

同一飼料を用いたばあいに，高栄養期には低栄養期より消化率が向上するという報告はみない。消化率が高い飼料のほうが採食量が大きいという事実は，飼い直しの実際の場面で有効な対策をたてる助けになろうが，ここでの論議とは色あいが異なる。

この種の試験では，供試家畜の年齢，消化試験を行なう季節，飼料の質などが低栄養期と飼い直し期とで異なることに注意しなくてはならない。

代償成長発現の機構として，消化率の向上に対する期待は大きくない。

④飼料効率の向上

低栄養を給与されている動物では活動力が減じ，基礎代謝も低下することが認められている。北海道農試でも牛で低栄養飼養時にサイロキシンの分泌率が低いことを認め，その条件下で代謝機能の低下を推定した。

このような低栄養条件下での代謝機能の低下は，その後高栄養に切り換えたさいにもなおしばらく持続し，新しい栄養水準に代謝機能をあわせるには時間的なずれがあると推定される。この"ずれ"の間，摂取した養分のうち体維持

第7表　代償成長時の飼料要求率　　　　　　　　（北海道農試，1972）

群	前期				後期			全期	
	開始時体重	終了時体重	DG	$\frac{TDN\,kg}{増体\,kg}$	終了時体重	DG	$\frac{TDN\,kg}{増体\,kg}$	DG	$\frac{TDN\,kg}{増体\,kg}$
	kg	kg	kg		kg	kg		kg	
A	182.4	251.5	0.46	6.04	317.0	0.44	8.41	0.45	7.19
B	181.4	218.0	0.24	8.70	330.7	0.75	5.49	0.50	6.28
C	181.8	189.0	0.05	32.29	318.0	0.86	5.46	0.45	6.88

注　各群7か月齢のホルスタイン去勢牛3頭

発育生理

第8表 代償成長時の窒素蓄積量　　　（北海道農試，1972〜1976）

試験No.	区	開始月齢	抑制期 DG	抑制期 N摂取量	抑制期 N蓄積量	抑制期 蓄／摂	飼い直し期 DG	飼い直し期 N摂取量	飼い直し期 N蓄積量	飼い直し期 蓄／摂
			kg	g/日	g/日	%	kg	g/日	g/日	%
①	試験	7	−0.25	37.4	−0.2	−0.5	1.36	172.3	67.8	39.3
	対照	7	0.63	105.7	24.0	22.7	0.74	140.5	36.7	26.1
②	試験	4	0.04	48.3	2.6	5.4	1.20	127.0	36.8	29.0
	対照	4	0.88	108.7	33.1	30.5	0.79	120.4	21.2	17.6
③	試験	2	0.18	50.1	10.1	20.2	1.11	106.6	29.8	28.0
	対照	2	0.79	87.1	21.7	24.9	0.86	103.0	27.9	27.1

に用いる養分量が少ないので，発育のために使用できる養分量は大きくなるであろう。

第7表に北海道農試の代償成長に関する試験から，体重の増加と各群のTDN要求率を示した。この試験では7か月齢のホルスタイン去勢牛をそれぞれ前期150日間，表中の増体を得るように飼養し，後期それをどのように取り戻すかをみている。全期間を通じては，軽度の抑制をしたB群の飼料効率がもっともすぐれた結果を得た。

低から高へ栄養水準を切り換えたばあい，基礎代謝をその水準に合致させるのに上述のように時間的なずれがあると考えるのは現在のところ推定にすぎない。北海道農試の前述の試験では，飼い直し開始後3週間でメタボリックボディサイズ*当たりサイロキシン分泌率は直線的に発育したものと等しく，上記の推定を証明できなかった。

また，北海道農試で現在までに牛を用いて行なった3回の代償成長関係の試験では，第8表に見るように，いずれも発育を抑制した群は順調に発育した群より，飼い直し期での窒素の摂取量に対する蓄積量の率が高く，それは経験した抑制がきびしい群ほど高いように認められた。シィーヒィとセニアも同様なことを報告している。

以上述べた飼料効率の向上と窒素の蓄積の増大とは代償成長の重要な要因と考えられる。

⑤発育期間の延長

成熟時の体の大きさは遺伝的な支配を受けるが，その大きさに到達する速さは供給される栄養量に強く影響されることは広く知られている。低栄養で飼養されたばあい，順調に発育した同年齢の牛が発育を停止したのちもなお発育をつづけ，ついに同じ大きさに達する。長骨端の軟骨の化骨で発育は止まるが，低栄養によって発育を抑制したときはこの時期が遅れるのであろう。豚，ヒツジ，ヤギなどについて，このことを実証した報告は多い。この考え方には，相対成長の中で述べた生理的年齢と合致するものがあるのだろう。

4. 代償成長の応用

クラークとスミスは，代償成長したラットの体重が対照区の体重を超えるばあいがあることを認め，過代償（over compensation；仮邦訳）と呼んだ。しかしウイルソンとオズボンは，飼い直し動物での過代償の実質は付加的な脂肪のほかの何物でもないとして，この考え方を支持していない。彼らは，体重の損耗がなく，飼い直し期に自由摂取によって増大した食欲が満たされるという条件ならば，発育停滞とその後の代償成長は，継続的な発育をするばあいに比

* メタボリックボディサイズ　哺乳動物の熱発生量は体の大きさと関係あることが知られている。いろいろな動物で調べた結果，1日当たり平均基礎代謝量は，体重 (kg) の $3/4$ 乗の約70倍である。この体重 (kg)$^{0.75}$ をメタボリックボディサイズという。

べ，増体や飼料利用の面で不利ということはないと述べている。

肉生産のばあいに，発育過程後半に代償成長したものは脂肪組成が高いとする説と，体組成に変化はないとする説とがある。

動物が何らかの原因で停滞した発育を取り戻す能力をもっているということは，非常に重要なことである。発育が停滞した家畜について，単に取り戻しをはかるという代償成長の本来的な考え方だけでなく，この能力をより効率的に発揮させるための飼養技術について研究の推進が望まれる。

一方，飼料の評価を家畜の発育量によって行なう試験では，供試家畜の試験前の発育の状態が重要であって，発育が遅滞している家畜を用いるときは試験の過程で代償成長が発現し，飼料について過大な評価をする危険があることを心にとめておかなくてはならない。

執筆　岡本昌三（元北海道農業試験場）

1977年記

参 考 文 献

ALLDEN, W. G. 1970. The effects of nutritional deprivation on the subsequent productivity of sheep and cattle. Review. Nutr. Abs. & Rev. 40, 1167—1184.

BRODY, S. 1964. Bioenergetics and growth. N.Y., HAFNER Publ. Co.

HAMMOND. J., Ed. 1955. Progress in the physiology of farm animals. Vol. 2. Chapter 9, 10. LONDON, BUTTERWORTHS Sci. Co.

今泉英太郎・岡本昌三・四十万谷吉郎．1972．1972．1976．子牛の発育時における低栄養の影響とその補償法に関する研究．第1～3報．北海道農試彙報．100．58—77．，北海道農試研究報告．103，57—63．116，73—94．

JACOBSON, N. L. 1969. Energy and protein requirements of the Calf. J. Dairy Sci. 52, 1316—1321.

MORRISON, F. B. 1959. Feeds and feeding. 22ed. CLINTON, MORRISON Publ. Co.

岡本昌三・今泉英太郎．1970．乳用子牛育成時の栄養水準と初産月令．綜説．畜産の研究．24，1289—1294，1415—1418.

―――――・―――――・四十万谷吉郎．1972，1974，1975，1976．乳用子牛の育成時における栄養水準がその後の生産性に及ぼす影響．第1～4報．北海道農試研究報告．103，41—55．，109，131—148．，110，45—58．，116，25—34．

佐々木清綱監修．1969．畜産大事典．6版．V．家畜の栄養．養賢堂．

清水三雄．1957．動物の成長．北隆館．

玉手英夫．1967．第1胃の形態と発育．梅津元昌編．乳牛の科学．農山漁村文化協会．

RADOSTITS, O. M. and J. M. BELL. 1970. Nutrition of the preruminant dairy calf with special reference to the digestion and absorption of nutrients., Review. Canadian J. of animal Sci. 50, 405—452.

WIDDOWSON, E. W. 1968. The effect of growth retardation of postnatal dvelopment., LODGE, G. A. & LAMMING. G. E. ed. Growth and development of mammals. 224—233.

WILSON, P. N. and D. F. OSBOURN. 1960. Compensatory growth after undernutrition in mammals and birds. Biol. Rev. 35, 324—363.

WINTERS, L. M. 1948. Animal breeding. New York, London, John Wiley & Sons, Inc. cited from 3.

繁 殖 生 理

繁 殖 の 周 期 性

　1日に昼夜があり1年に四季があるように，動物の繁殖現象にも各種の周期が存在する。この中には，世代を通じての長期のものや数日間という短期のものが含まれている。各周期の長さは動物の種類によってほぼ一定しているが，生活環境の影響をうけて延長したり，短縮したり，あるいは全く停止したりする。正常な繁殖機能を維持するには，これらの周期を乱さないことが本質的に重要であるが，家畜の繁殖率を飛躍的に向上させようとしたり，多頭飼育で省力管理を必要としたりするようなばあいは，繁殖周期の積極的な制御が要求されてくる。

　繁殖周期の中で最も長いのは，ライフサイクルといわれるものである。これは，性の成熟期から老化期に至るまでの繁殖活動が次の世代でも同じように出現し，くりかえされてゆく現象で，雌雄に共通している。

　性成熟の開始期を春機発動期と呼ぶ。この時期に到達すると雌雄の生殖器では受精可能な卵子および精子が生産されはじめ，繁殖に必要な内分泌機能も整備されてくる。しかし家畜では，春機発動期からさらに数か月以上経過して性成熟が完成するので，厳密には春機発動期と性成熟期を区別している。

　乳牛の春機発動期は品種や飼養環境によっても左右されるが，通常10～12か月齢である。しかし，この時期の牛は体重も軽く，まだ成長過程にあるので，繁殖に供用するには，さらに数か月を経過してからのほうが安全であり，実際に雌牛の交配適齢期は15か月齢くらいとされている。人工授精に供用されている種雄牛のばあい，繁殖成績が最高に達する年齢は3～4歳で，一般に10歳をすぎると精液性状や性欲の低下が顕著になる。雌牛の繁殖機能の推移もほぼ同様で，通常7～8歳になると受胎率が低下し始める。記録のうえでは20産以上の産歴を有するものも知られているが，一般に老齢化すると，排卵率や受胎率がそれほど低下しないばあいでも，胚死亡，死産，産子死亡の発生率が高くなる。これは，老化によって子宮機能の低下や乳量の減少が起こりやすくなるからである。以上から，経済性を考えたばあいの乳牛の繁殖寿命または繁殖活動期間は，雌雄を通じて10歳前後とみるのが妥当であろう。

　馬やヒツジに見られる季節周期は，繁殖機能の発現が特定の季節に限定される現象である。牛は周年繁殖動物であるから，この種の周期性は見られないが，年間を通して細かく観察すると，精液性状や受胎率に季節的変化が認められる。たとえば日本では，多くの地方で夏季に乳牛の繁殖機能が低下し，一方，高緯度の国では冬季に受胎率が低下し，分娩後の繁殖機能の回復が遅延したりする。

　季節周期は本来，動物の生活環境と関連が深いものとされており，自然界が春を迎え青草が生育し始めるころ，すなわち飼料が豊富になり産子が生育しやすくなる時期に分娩が多くなるようにしくまれている。したがって，四季の変

乳牛の生理

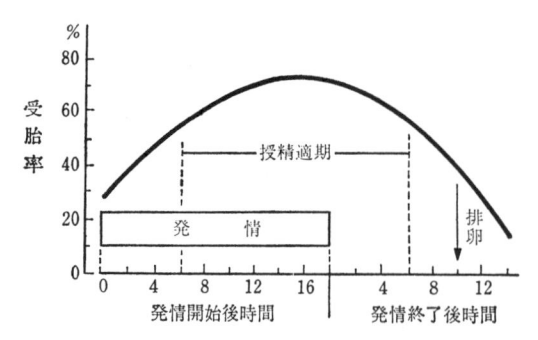

第1図 牛の発情, 排卵の時期と授精適期
（ハモンドら1971, フォーリーら1972）

化が少ない熱帯の家畜のばあいや，温帯でも家畜化が進み飼料が一年中豊富に給与されるようになると，季節周期は不明瞭になってゆくことが知られている。この点から見ると，繁殖季節を失った牛は，家畜化の進んだ動物といえるかもしれない。

性成熟に達した雌動物には規則正しい発情周期（または性周期）が現われ，受胎したばあいは一定の妊娠期間を経て分娩することになる。分娩後の繁殖機能回復に要する日数も動物の種類によってほぼ一定している。したがって，雌の繁殖機能が正常で適期に授精が行なわれるばあい，発情，排卵，妊娠，分娩の一連の現象が周期的に反覆され，一方，授精されないばあいや受胎しないばあいには発情周期だけのくりかえしとなる。牛の発情周期は未経産で20日，経産で21日のものが多い。

周期中に起こる発情の発現と排卵との時間的関係は動物の種類によって一定しており，牛では第1図に示すような関係が認められている。すなわち発情時間は18時間前後で家畜の中では比較的短く，排卵は発情終了後11時間前後に起こることが多い。これらの数字は牛の産歴や飼養環境によっても異なり，発情持続時間についていえば，未経産牛では比較的短くなる。

牛の妊娠期間は平均280日であるが，品種間でも数日の差がみられ，たとえばエアシャー278日，ホルスタイン279日，乳用ショートホーン282日，ガーンジー284日，ブラウンスイス290日である。また胎児（家畜では胎子とも書く）が雄のばあいは，雌のばあいより1〜2日長くなるのがふつうである。

牛の分娩後の初発情は馬，豚のそれに比べて遅く，35日くらいであるが，子宮収復にも最低このていどの日数を要する。したがって繁殖活動期間中，雌牛は1産子を得るために1年ないしそれ以上の歳月を必要とする。この点からも牛の繁殖は，豚やヒツジに比べて効率がよいとはいえない。

雄動物に特有な周期としては，精液性状が季節的に変化する例などが知られているが，外部からは見えない精巣の精細管内では，どの動物でも一定の周期性をもって精子の形成が行なわれている。そこでは精祖細胞を出発点として精子が絶えず形成されているが，ある特定の部位についてみると，生殖細胞群の種類または組合わせは経時的に変化しており，細胞像の変化に一定の周期性が認められる。これは精子形成の周期または精上皮の周期と呼ばれるもので，牛では約10日である。この周期をくりかえすことによって，精細管内の生殖細胞は周辺から内腔へと順次移動し，通常，5周期を経て精子形成が完了する。

繁殖機能と生殖ホルモン

1. 雄の繁殖機能

(1) 雄の生殖器

雄牛の生殖器は他の哺乳動物と同様に，精巣，精巣上体，精管，副生殖腺，陰茎からなる。精巣は左右1対の器官で，腹腔から垂直にたれ下がった陰のう内に位置し，生殖細胞である精子と，雄の生殖に必要なホルモン（テストステロンなど）を生産している。精巣上体は精子の成熟，貯留の役割を果たし，精管とともに精子の

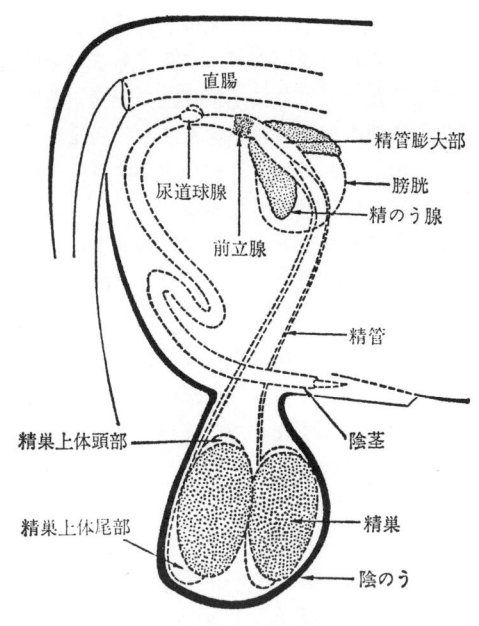

繁殖生理

第1表　雄牛生殖器の測定値
（アッシュダウンら，1976）

精　　　巣	長　　　さ	13cm
	直　　　径	7cm
	重　　　量	350 g
精 巣 上 体	管　　　長	4,000cm
	重　　　量	36g
精　　　管	長　　　さ	102cm
精管膨大部	長　　　さ	15cm
	直　　　径	1.2cm
精 の う 腺	長　　　さ	13cm
	幅　　　さ	3cm
	厚　　　さ	2cm
	重　　　量	75g
前 立 腺	体　　　部	3×1×1cm
	伝　播　部	12×1.5×1cm
尿 道 球 腺	長　　　さ	3cm
	幅　　　さ	2cm
	厚　　　さ	1.5cm
	重　　　量	6g
陰　　　茎	全　　　長	102cm
	遊離部の長さ	9.5cm
	尿 道 突 起	0.2cm
包　皮　長　さ		30cm

第2図　雄牛の生殖器

通路となる。副生殖腺の主なものは，精のう腺，前立腺，尿道球腺で，副生殖腺液を分泌する。射精時には精巣上体に貯留した精子と副生殖腺液が混合して精液となり，尿道，陰茎を経由して放出される。雄成牛の生殖器の形態と測定値は，第2図，第1表に示すとおりである。

(2) 精子の生産

精子は精巣の精細管で形成され，精巣網，精巣輸出管を経て精巣上体へと運ばれる。精細管の横断面を顕微鏡で観察すると，周辺部から中央部へ向かって順次，精子が形成されてゆく過程がみられる（第3図）。これを細胞像の変化で示すと，精祖細胞→精母細胞→精娘細胞→精子細胞→精子となり，精母細胞が精娘細胞に分裂する過程で染色体が半減する。

精子形成に要する日数は，牛のばあいは約60日である（オータバンら 1969）。牛精巣における精子生産能は，組織1g当たりにみると1日に1,300万～1,900万で（アマン 1970），成牛のば

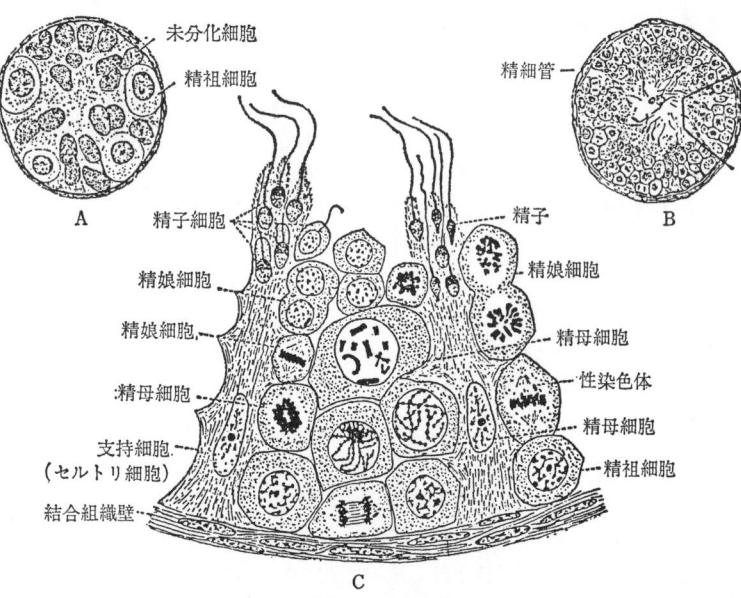

第3図　哺乳動物精細管の横断模式図（アレイ，1954を一部改変）
A：新生時，B：成熟時，C：B図の一部拡大

あい精子生産数は1日100億前後に達する。

精子生産が正常に行なわれるためには，とくにホルモン（後述）と温度が重要な要因となる。精巣および精巣上体は陰のう内に収容されており，腹腔内に比べて温度が数℃低い環境におかれている。このことは，精巣での精子形成と精巣上体での精子成熟および貯留の適温が，37℃より数度低いことを意味している。陰のうは，この適温を維持するのに役だっている。

したがって，陰のうの温度調節機構が損なわれるばあい——たとえば，精巣が腹腔内に停留したり，陰のうが30℃以上に長時間加温されたり，陰のうに炎症が生じたばあい——造精機能障害をひき起こす。この障害の中には，無精子のほか，精子減少，精子活力減退，精子奇形率増加などが含まれる。一般に温帯種の乳牛は夏季の高温環境に弱いため，上記の症状を起こしやすい。

高温または低温ストレスによって生じた造精機能障害は，軽症であれば間もなく回復するが，無精子症を起こすほどの重症のものでは，生殖細胞群が壊滅し，回復不能となることが多い。

(3) 精子の成熟と貯留

精巣で形成された精子は，精巣の分泌液とともに，精巣上体頭部へ運ばれる。この時期の精子は，生存に必要な代謝能を備えているが，射出された精子に比べると未熟で，受精能はもちろん，運動能もほとんど発現できない。これらの機能は精子が精巣上体管を通過する間に完成するもので，いいかえると，精巣上体が精子の成熟に重要な役割を果たしていることになる。

精巣上体は頭部，体部，尾部に区分され，この中を1本の小管が曲がりくねって通っている。精子はここでも自ら運動することなく，もっぱら精巣上体管の運動に依存して精巣上体頭部から尾部へと移動する。牛精子の移動所要日数は約10日で，この速度は射精間隔を変えてもほとんど影響されない。

精巣上体通過中に精子がうける成熟変化のうち，形態にみられる明らかな変化は細胞質小滴の移動である。この小滴は，精巣上体通過中に精子の頸部から中片部の末端まで移動し，射出精子ではみられないのがふつうである。その他の主な変化として，精子細胞膜の形態や性質の変化，比重の増加，精子含有成分の変化などがあり，機能の面では受精能や運動能が射出精子とほぼ同程度に備わってくる。

精子の成熟変化と関連して，精巣上体には吸収活動と分泌活動とが認められる。精巣から流入した精巣の分泌液は精巣上体頭部でほとんど吸収されるため，精巣上体尾部における精子濃度は著しく高くなる。精巣上体の尾部では頭部に比べて管が太くなっているが，この中に精子は過密状態で貯留され，射精の機会を待つことになる。

この部位は，精子に対して長期生存に有利な環境を与えており，牛の精子は60日間も受精能を失わずに生存することができる（ホワイト1974）。このように長期間生存できる理由は，精子の代謝を活発にさせる物質がなく，また精子が過密状態にあるので，運動による損耗がほとんどないためとみられる。しかし，長期間射精されないばあいは精子の生存や貯留が限界に達し，分解されたり，尿中に混入したり，あるいはマスターベーションによって排泄されたりする。また定期的に精液採取が行なわれるばあいでも，精巣で生産された精子のすべてが精液として射出されることにはならず，牛では半数近くが精巣上体通過中に失われてゆく。

(4) 射 精

勃起と射精は自律神経の支配下で行なわれる。性的興奮が陰茎に伝わると血流が増加して勃起し，平時は体内でS字状に彎曲している牛の陰茎も，直線状に伸長する。膣内への陰茎挿入・射精時間は牛のばあい瞬間的で，数分間を要する豚とは対照的である。

射精直前に尿道の骨盤部で精子と副生殖腺液が出あうことになるが，牛では両者が完全に混合して射精されるのに反し，射精時間の長い豚や馬では，経時的に精子濃度や化学成分濃度の異なる精液が射出される。

(5) 雄生殖器の分泌機能

前述のとおり，雄の主な副生殖腺は精のう腺，前立腺，尿道球腺であるが，それぞれの分泌機能は動物の種類によって著しく異なり，牛では精のう腺が主役を果たしている。副生殖腺の分泌液は，濃厚な精巣上体精子の集団を希釈して射精を円滑にするばかりでなく，精子の代謝を促進する作用がある。この作用は人工授精のばあいのように長時間精液を保存する立場からみると好ましいことではないが，自然交配時のように精液が直接雌体内に射精される条件下では，活力ある精子を受精部位に到達させるうえで重要な役割を果たしているとみられる。

牛の精のう腺液は射出精液の約半量を占め，主成分として，フラクトース，ソルビトール，クエン酸を含んでいる。牛では精のう腺以外の副生殖腺の分泌機能はあまり目立たない。射精前に包皮から滴下する液は主として尿道球腺液で，射精に先だって尿道を洗浄する作用がある。これら副生殖腺の分泌機能は雄性ホルモンの支配をうけて維持されているので，内分泌機能に直接影響を及ぼすようなホルモンの投与や去勢によって変化し，間接的には栄養水準の影響もうける。

以上の副生殖腺のほかに，精子の通路となる諸器官も分泌活動を営んでいる。とくに精巣および精巣上体の分泌機能は，精子の生理と結びついているので意義が大きい。精巣の分泌液は精細管から精巣網に至る過程で分泌され，この圧力によって精子は精巣上体へと運ばれている。精巣分泌液の流下量は牛精巣100g当たり1日12mlで，精子濃度は約1億/mlであるが(ボグルメイアら1970)，精巣上体頭部で水分の大部分が吸収されるために，精巣上体尾部における精子濃度は40億/mlまでに濃縮されている。精巣分泌液の化学的組成は血漿の組成と著しく異なっており，グルコースはないが，イノシトールの濃度は血漿中の値の100倍にも及ぶ(セッチェルら1969)。

精子が精巣や精巣上体の中でどのようにして生命を維持しているかについては明確でないが，精子内のリン脂質を利用しているのではないかとみられている。

精巣上体尾部に到達した精子は射出精子とほとんど同じ程度に成熟している。しかし雄の体内では，精子の運動能や受精能は抑止されている。精子運動の発現には，多くの条件が関与している。無機イオンやサイクリックAMP(環状アデノシン1リン酸)の動きも注目されているもののひとつである。

精巣上体からは多量のグリセロリン酸コリンが分泌され，精液成分の一部を占める。

2. 雌の繁殖機能

(1) 雌の生殖器

雌牛の生殖器は卵巣，卵管，子宮，頸管，腟および外陰部からなる。卵巣は左右1対の器官

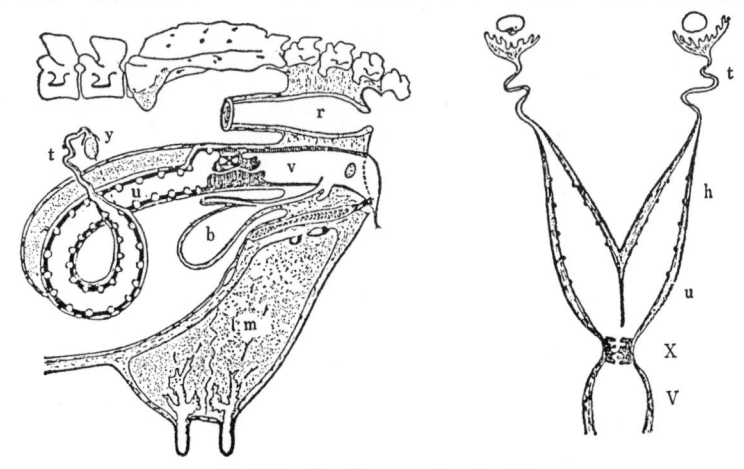

第4図 雌牛の生殖器
(エレンバーガー1943，ハフェッツ1974)
b：膀胱, h：子宮角, m：乳腺, r：直腸, t：卵管,
u：子宮, V：腟, X：頸管, y：卵巣

第2表　雌牛生殖器の測定値
（ハフェッツ，1974）

卵　　巣	形	アーモンド状
	重　　量	10～20 g
グラーフ卵胞	数	1～2
	直　　径	12～19 mm
	卵子直径（透明帯を含まない）	120～160 μ
開花期黄体	直　　径	20～25 mm
	最大に達する時期（排卵後日数）	10
	退行開始の時期（排卵後日数）	14～15
卵　　管	長　　さ	25 mm
子　　宮	形	両分子宮
	子宮角の長さ	35～40 cm
	子宮体の長さ	2～4 cm
	子宮小丘数	70～120
頸　　管	長　　さ	8～10 cm
	外　　径	3～4 cm
膣	長　　さ	25～30 cm
膣　前　庭	長　　さ	10～12 cm

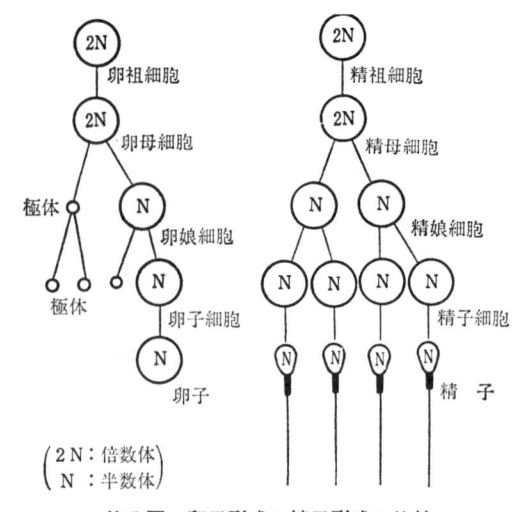

第5図　卵子形成と精子形成の比較
極体は卵と同じ細胞だが退化しているので生殖にはあずからない

（2N：倍数体　N：半数体）

で腹腔内に位置し，生殖細胞である卵子と卵巣ホルモンを生産している。卵巣ホルモンは，分泌部位から卵胞ホルモンと黄体ホルモンに，生理学的作用からエストロジェンとプロジェスチンに大別される。

卵管，子宮，頸管，膣は生殖道の役割を果たしている。すなわち，卵管は精子と卵子とに受精の場所を提供し，子宮は精子を卵管へ送りこむとともに，受精後は胚の着床から胎児発育の場所として重要である。牛の子宮は形態学的には両分子宮に属する。また他の反芻家畜と同じく，子宮小丘と呼ばれる多数の小突起が存在し，子宮体から子宮角に至るまで規則正しく配列している。頸管は子宮の関門として異物の侵入を阻む役割があり，発情期や分娩期を除くと閉鎖されている。膣は交尾器であるとともに産道の役割も果たしている。雌成牛の生殖器の形態および測定値は第4図，第2表に示すとおりである。

（2）卵子の生産

卵子は卵巣の卵胞内において成熟分裂の結果，形成される。その過程は精子形成のばあいと本質的に変わらないが，精子が精母細胞1つから4つできるのに対し，卵子は卵母細胞1つから1つしか形成されない（第5図）。また，卵母細胞が卵巣中に見いだされる時期は精巣に精母細胞が出現する時期よりも早く，牛では胎生期にすでにつくられている。これらの卵母細胞は1個ずつ卵胞の中に保蔵され，成熟の機会を待っているが，出生時の総数は胎生期の最高値よりもはるかに減少しており，2個の卵巣中に6～10万個となる。このうち卵子にまで成熟できるのはごく一部で，多くの卵母細胞は成熟できずに退行してゆく。

春機発動期を迎えると，成熟の機会を得た一部の卵母細胞は卵胞の発育を伴いながら大きさを増し，減数分裂を終えたのち第1成熟分裂を果たす。このときにできる卵娘細胞は2つではなく，分裂した細胞の1つは第1極体となって消滅する。続いて起こる第2成熟分裂では，卵娘細胞から卵子細胞と第2極体を生ずる。牛を含む多くの哺乳動物では，これらの成熟分裂が排卵の時期までに完了しているわけではなく，排卵時に放出される卵子は卵娘細胞の段階のもので，極体1つを伴っている。卵子はその後受精に至るまで成熟を続け，第2極体は受精直後に放出される。したがって牛の卵子形成は受精によって全過程が完了する。第5図の卵子形成過程の細胞名は精子形成過程と対比したもので，一般には卵胞卵子，排卵卵子などの呼称のほう

(3) 発情と排卵

性成熟に達した雌牛は，妊娠しないかぎり平均20〜21日の発情周期をくりかえす。発情周期中に卵巣にみられる一連の変化は第6図に示すとおり，卵胞発育，排卵，黄体形成，黄体退行であり，排卵に先だって発情徴候が現われる。排卵前の大卵胞はグラーフ卵胞と呼ばれ，直径 20 mm 前後にまで発育する。また，排卵後形成される黄体は，8〜10日後に最大となり，25 mm 前後に達する。牛の発情周期は他の家畜のばあいと同様で，卵胞期が短く（約4日），黄体期が長い（約16日）。また発情時間は主要家畜の中で最も短い（約18時間）。

発情に伴って，性行動，外陰部，子宮および卵巣，生殖器分泌液，血中の生殖ホルモン濃度などに以下に記すような特徴が認められるので，これを利用して発情の検出が行なわれる。

性行動 雄動物に対する乗駕許容は，発情した雌動物に共通の性行動であるが，発情牛のばあいは雌に乗駕されても逃げない。このほか，他の牛に連続して乗駕したり，他の牛に近づいて接触を求めたり，終始おちつかない行動を示す。

外部徴候 外陰部が充血，腫張し，腟を経由して透明な粘液が排出される。粘液は子宮と頸管からの分泌物が混合したもので，発情初期は透明で粘性が強く量も多いが，中期および末期には粘性も量も低下する。

子宮，卵巣 直腸検査によってしらべる。発情期が近づくと，刺激に対する感受性が高まるので，直腸内に手を入れると，子宮は強直性の収縮を示す。子宮の収縮運動は発情期に最高に

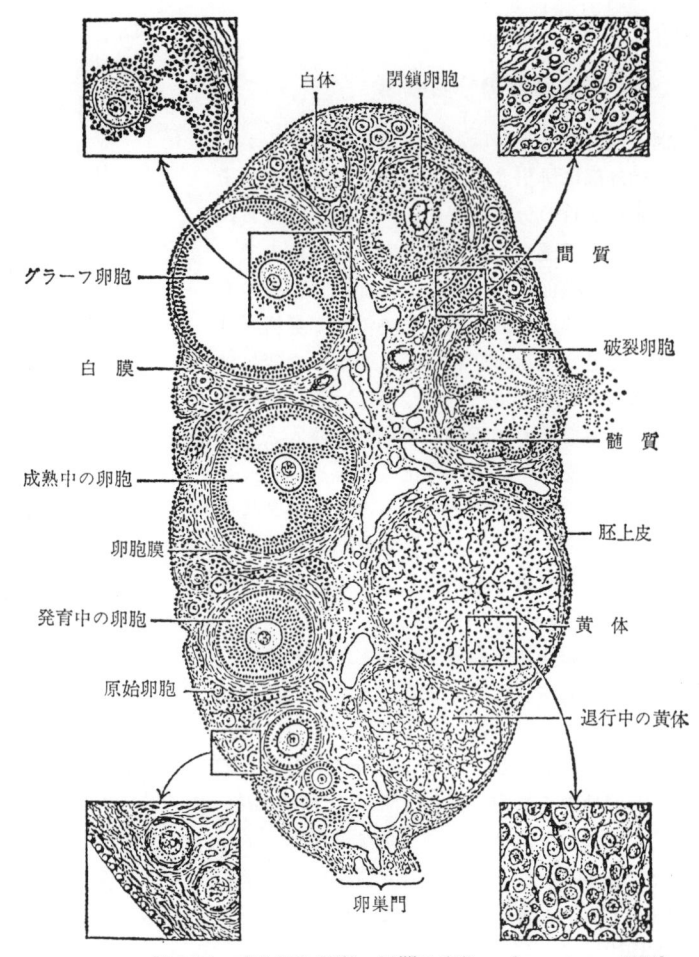

第6図　哺乳動物卵巣の周期的変化　（ターナー，1948）

なり，排卵直後に減退する。一方，卵巣を触診すると，卵胞および黄体の大きさ，硬さがわかるので，発情周期中の時期を推定できる。発情期には，表面が平滑で柔らかい排卵直前の卵胞が触診される。

出血 発情終了後に外陰部に出血の認められるものが多い。この発情後期出血は主として子宮内膜の血管から出たもので，時期的にみても人の月経とは異なる。この出血は次回発情日の予測に役だつ。

生殖ホルモン 発情周期は生殖ホルモンの支配をうけて発現するので，下垂体や卵巣から分泌される生殖ホルモンに明らかな周期的変化が認められる。とくに発情期には黄体形成ホルモンや発情ホルモン（エストロジェン）濃度に明

(4) 雌生殖器の分泌機能

雌生殖器の分泌液は、生殖道に貯留するか、または外部に排出される。主なものは卵管、子宮、頸管からの分泌液であるが、生殖道において各液が一部混合していると考えられるので、雄の副生殖腺液にみられるような器官特有のものとはいえない。雌生殖器分泌液は、発情周期に伴って量や性状が変わる。このような変化は卵巣ホルモンの作用にもとづいている。生理的役割のうちでとくに重要な事項は、注入された精子に対し受精に必要な変化（キャパシテーションまたは受精能獲得と呼ばれる）をひき起こさせることと、受精により発育を開始した着床前の胚に対して栄養を供給していることである。そのほか精子の生存にも役だっている。

卵管液 卵管粘膜の分泌細胞または分泌顆粒に由来し、発情期に増加する。ムコ蛋白、ムコ多糖類を含み、子宮液とともに精子のキャパシテーションに関与している。発情周期を通じての牛卵管液中の平均蛋白量は濃度 $1.2mg/ml$、総量 $1.9mg$、平均グルコース量は濃度 $13.1\mu g/ml$、総量 $24.3\mu g$ で、液量は発情期に日量でようやく $1ml$ を超える ていどである（カールソンら1970）。

子宮液 子宮腺からの分泌液のほかに、一部血漿成分が混入しているとみられている。発情期に増加し、一部は頸管粘液とともに膣から流出する。子宮液と血清の化学的性状を比較すると、還元糖、カリウム、無機リン、ホスファターゼは子宮液のほうが値が高く、カルシウムやナトリウムは血清のほうが高い（シュルツら1971）。また牛子宮液中には高濃度のソルビトールが検出されている（菅1973）。

頸管粘液 頸管表皮由来の粘液物質からなり、主成分は糖蛋白質である。卵管や子宮の分泌液と同様、エストロジェンで分泌が刺激され、プロジェステロン（プロジェスチンの代表）で抑制される。また発情期には粘性が低下し、蛋白分子の間隙が増し、精子の通過が容易になる。これに反し、黄体期には粘性が高まり、妊娠中はさらに濃厚となって頸管を閉塞する。発情期の頸管粘液をスライドに塗抹して乾燥させると、特徴ある羊歯（シダ）状結晶が析出する。

3. 生殖ホルモン

(1) 種類と役割

生殖器の機能は雌雄とも生殖ホルモンによって調節されている。主な生殖ホルモンは第3表に示すとおりである。

化学構造からみると、視床下部で生産されるホルモンはペプチド、下垂体前葉ホルモンは蛋白質である。一方、下垂体後葉ホルモンとして知られるオキシトシンは視床下部で生産され、下垂体後葉から分泌されるペプチドである。精巣と卵巣は内分泌腺をもつため生殖腺とも呼ばれる。ここから分泌される主なホルモンはステロイド構造をもつため、性ステロイドホルモンまたは単に性ホルモンと呼ばれている。胎盤からは下垂体前葉ホルモンによく似た蛋白ホルモンや卵巣ホルモンと同様のステロイドホルモンが分泌される。

視床下部、下垂体、生殖腺の間には、ホルモン分泌の点で密接な関係が保たれている。

たとえばエストラジオールのばあいは、まず視床下部の性腺刺激ホルモン放出ホルモンが下垂体からの卵胞刺激ホルモン（FSH）と黄体形成ホルモン（LH）との分泌を促し、卵巣はFSHとLHに反応して卵胞からエストラジオールを分泌する。エストラジオールには発情誘起作用や雌生殖器の発育促進・機能維持作用がある。また、上部器官である視床下部や下垂体にも作用して、ホルモン分泌を促進したり、抑制したりする。このような関係は他のホルモン間にもみられ、出力が入力に逆作用する関係と似ているため、フィードバックと呼ばれている。

以上の性ホルモンのほかに、繁殖現象に関与する生体成分としてプロスタグランジンが話題を呼んでいる。プロスタグランジンは哺乳動物から水棲動物に至るまで多くの動物組織中に見いだされる脂質性の物質で、不飽和脂肪酸の一

第3表 主な生殖ホルモン

器官	ホルモンの名称	化学構造	主な生理作用
視床下部	性腺刺激ホルモン放出ホルモン (GnRH)	ペプチド	FSHおよびLHの放出
下垂体			
前葉	性腺刺激ホルモン（ゴナドトロピン）		
	卵胞刺激ホルモン（FSH）	糖蛋白質	卵胞発育，精子形成
	黄体形成ホルモン（LH）	糖蛋白質	排卵，黄体形成，ステロイド分泌
	プロラクチン（PRL）	蛋白質	泌乳
後葉	オキシトシン**	ペプチド	分娩，乳汁射出，生殖細胞の輸送
生殖腺			
精巣	テストステロン（アンドロジェンの代表）	ステロイド	雄の二次性徴，雄の副生殖器の発育と機能維持，精子形成同化作用，性欲
卵巣	エストラジオール（エストロジェンの代表）	ステロイド	雌の二次性徴，発情 雌生殖道の発育と機能維持 性腺刺激ホルモンのフィードバックによる制御 乳腺管の発育，子宮の収縮運動促進
	プロジェステロン（プロジェスチンの代表）	ステロイド	エストロジェンと協同または拮抗作用 妊娠維持 性腺刺激ホルモンに対する負（抑制）のフィードバック 乳腺胞の発育，子宮腺の発育促進 子宮の収縮運動抑制
胎盤*	妊馬血清性性腺刺激ホルモン（PMSG）	糖蛋白質	FSH＋LH作用
	絨毛性性腺刺激ホルモン（hCG）	糖蛋白質	LH作用

注　*　PMSGは妊馬血清，hCGは妊婦尿に出現するもので，牛には見いだされない
　　**　視床下部で生産される

種とみられる炭素数20の化合物の一群である（第7図）。哺乳動物の体内に見いだされるのはプロスタグランジンEとFとで，牛を含む家畜では$F_{2\alpha}$の作用がよく知られている。プロスタグランジンの作用は平滑筋の収縮などであるが，$F_{2\alpha}$には強力な黄体退行作用が認められている。

(2) 発情周期中の消長

牛の発情周期中における生殖ホルモンの消長は，本質的には他の家畜や霊長類と変わらない。すなわち，黄体期の終わりにおそらくプロスタグランジンの作用をうけて黄体退行とプロジェステロンの分泌低下とが起こり，続いて卵胞成熟が始まり，エストロジェン（主としてエストラジオール）の分泌が増加する。エストロジェンは発情期の後半には減少し始め，牛では発情終了後に排卵が起こる。そのあとに形成された黄体からプロジェステロンが分泌されることになるが，この一連の卵巣ホルモンの変化は，下垂体の性腺刺激ホルモンの分泌と関連している。下垂体ホルモン分泌にみられる最も特徴ある変化は，排卵前（発情期）における血中黄体形成ホルモン（LH）濃度の急上昇であるが（第8図），このLH上昇の持続時間は家畜の中で牛が最も短く，4～6時間である（カーグ1976）。

ホルモンまたはこれに関連する薬物を投与して牛の発情周期を随意に調整しようとする試みは以前から行なわれていたが，最近この目的のためにプロスタグランジンが用いられている。プロスタグランジン製剤としては，天然のものより効力が強くて副作用の少ない誘導体が次々に開発されている。牛における発情周期の調整または同期化は受精卵移植の中の重要技術であるが，このほかにも間接的に分娩の時期を調整

乳牛の生理

テストステロン

エストラジオール

プロジェステロン

プロスタグランジン $F_{2\alpha}$
($PGF_{2\alpha}$)

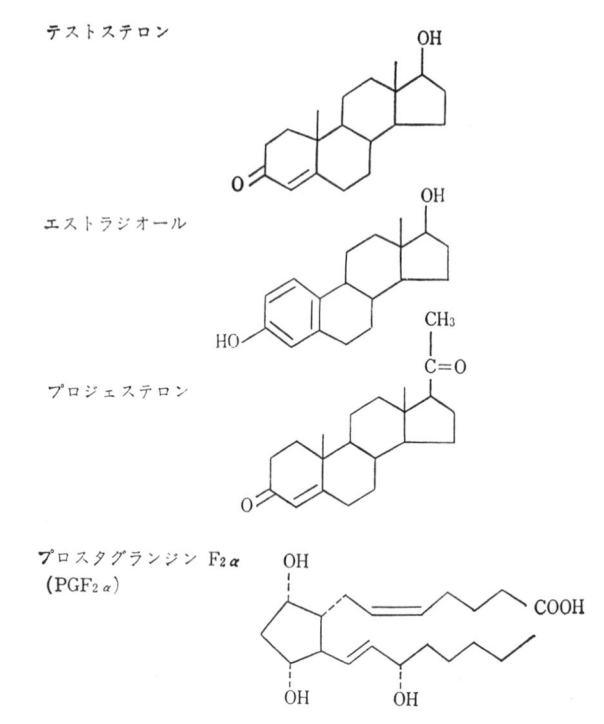

第7図　性ステロイドホルモンとプロスタグランジンの化学構造

したり，授精労力を軽減したりするための有効な方法として注目されている。

(3) 妊娠中の消長

妊娠牛では妊馬や妊婦にみられるような胎盤性性腺刺激ホルモンの特徴ある消長は認められず，血中の黄体形成ホルモン濃度にも著しい変化はみられない。しかし妊娠末期から分娩前後にかけて，ステロイドホルモンの血中濃度が著しく変化する。すなわち，妊娠維持に必要なプロジェステロンは分娩前より減少するが，エストロジェンは妊娠中期〜末期に増加し，とくに分娩前に急増する（第9図）。副腎皮質ホルモンもエストロジェンに似た動きを示すが，胎児血中の濃度が高くなることから，分娩には胎児の副腎皮質ホルモンが関与しているとみられている。

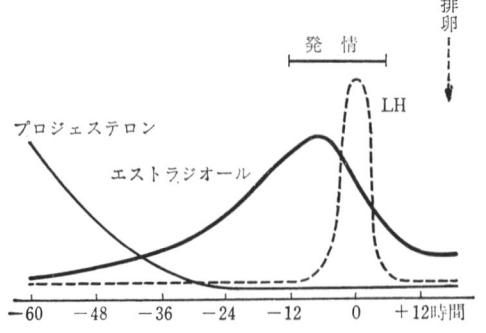

(4) 雄の繁殖機能と生殖ホルモン

雄では，雌にみられるような血中生殖ホルモン濃度の周期的変化は認められない。しかし視床下部や下垂体摘出によって精子形成機能が停止したり，去勢によって血中性腺刺激ホルモン濃度が上昇したりすることなどから，精子形成が視床下部・下垂体系のホルモンによって支配されていることや，精巣ホルモンにもフィードバック作用のあることが明らかである。

これまでの知見から，卵胞刺激ホルモン（FSH）は精子形成に作用し，黄体形成ホルモン（LH）は精巣の間質の細胞（ライディヒ細胞）を刺激してアンドロジェン分泌を促し，でてきたアンドロジェンはFSHとともに精子形成に働くことが知られている。

FSHは精細管内にあるセルトリ細胞を刺激して，アンドロジェン結合蛋白質を生産させる。

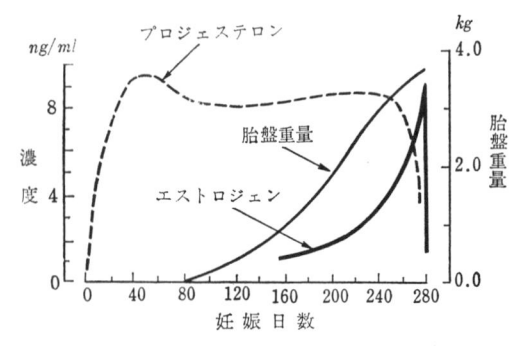

第8図　発情前後における牛血中の生殖ホルモンの消長
LHのピークを0時間とする

第9図　妊娠牛における血中ホルモン濃度と胎盤重量の変化
（ベッドフォード，1972）

これによってアンドロジェンが精細管内にとりこまれ，精子形成過程の細胞群に供給される。セルトリ細胞は多目的の機能をもち，精巣液やインヒビン，エストロジェンなどの生産に関与している。インヒビンは下垂体からのFSH分泌を抑制するペプチドで，同様な作用をもつ物質が雌では卵胞液中に見いだされている。

下垂体のLHと精巣のアンドロジェンが密接に関連して分泌されることは，射精前の血中ホルモン濃度をみれば明らかである。精巣からは少量のエストロジェンも分泌されている。その役割については明らかでないが，下垂体ホルモンに対するフィードバック機構に関係があるかもしれない。一般に精子形成機能に対するホルモンの役割についてはラットなどの実験小動物で得られた知見が多く，ホルモンの支配機構についても不明の点が多い。したがって牛の造精機能増進や機能障害の回復の目的でホルモン投与を行なっても，期待した効果が得られないことがしばしばある。

精液と人工授精

1. 精液

精液は，生殖細胞である精子と液状成分である精漿とで構成されている。精漿は副生殖腺液の混合物で，その中で精子が生存し活発に運動できるような条件をそなえている。精子の形態には家畜の種類による差はあまりなく，長さは $50〜60\mu m$ である（第10図）。頭部は平板な紡錘形（$8 \times 4 \times 1\ \mu m$）をなし，細胞の核に相当する成分が含まれている。主成分は遺伝子を含むディオキシリボ核酸（DNA）と蛋白質の複合体であるが，精子のDNA量は精子形成過程における減数分裂の結果，体細胞の2分の1量に減少している。また，哺乳動物では精子頭部にX染色体を含むX精子とY染色体を含むY精子とが存在し，受精が行なわれるとそれぞれ雌および雄が生まれることになる。

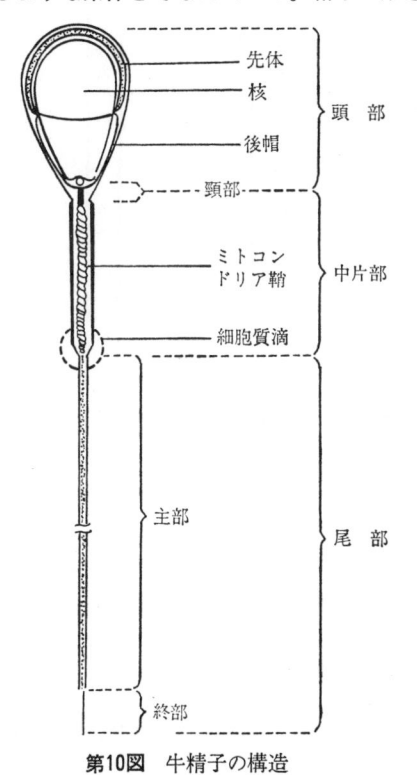

頭部の前半部には先体（アクロソーム）と呼ばれる帽子様の付属物がある。これは細胞のゴルジ体に由来したもので，受精に必要な酵素が含まれている。中片・尾部は $40〜50\mu m$ の長さで，この中を一定数の微小管が通っている。このうち頭部に近い中片部（$10〜15\mu m$）には細胞のミトコンドリア由来の成分が含まれ，精子運動に必要なエネルギーが生産されている（中片部を尾部の一部として区分するばあいもある）。中片・尾部を走る微小管は筋繊維に似かよった蛋白質を含み，精子運動に寄与している。

精液中に含まれる化学成分のうち，精子のエネルギー源として利用されるのは主に精漿中のフラクトース，ソルビトール，グリセロリン酸コリン（GPCともいい，雌体内で酵素分解をうけたのち精子に利用される），精子中のリン脂質などである。これらの成分が精子に利用さ

第10図 牛精子の構造

乳牛の生理

第11図　家畜精液中の主な化学成分の濃度

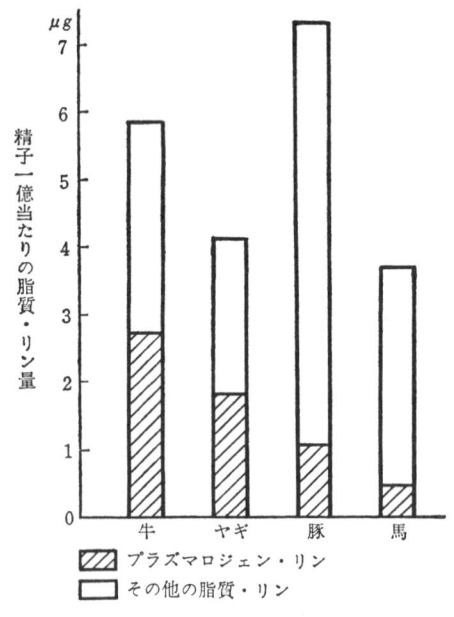

第12図　家畜精子のリン脂質含量
（正木，1964）
プラズマロジェンはリン脂質の一種で
反芻動物に多い

れるときは酸素を必要とするが，フラクトースのばあいは無酸素条件下でも利用される。このように，精子の生命は呼吸または解糖によって維持されており，得られたエネルギーが主として運動や受精能の発現のために使われてゆく。

正常な代謝能を有する牛精子のばあい，呼吸能は酸素消費量で表わすと37℃1時間に精子1億当たり約20μlで，解糖能はフラクトース消費量で表わすと37℃1時間に精子10億当たり約2mgである（マン1964）。精子は回転しながら前進する三次元の運動を示し，その速度は37℃で約100μm/秒である（ビショップ1962）。精子の運動は，卵管の受精部位に到達するまでよりも，卵子内に進入するさいにいっそう重要であるとみられている。

牛精液の精子濃度はヒツジやヤギよりも低いが，馬や豚よりもはるかに高い。精液量や精子濃度は採取条件によって変わってくるが，成牛では5～8mlの精液量で10～15億/mlの精子を含むものが多い。牛精液中には精子のエネルギー源となる有効物質を高濃度に含んでいる。主な化学成分の濃度は第11，12図に示すとおりである。射出された牛精子の生存性は他の家畜精子と比較しても高く，高倍率の希釈や長期保存にも耐える能力を有している。これらの特性

から，牛精液は家畜精液の中で最も利用効率が高く，人工授精に供用する種雄牛から性状のよい精液を採取したばあいは，1回の射精によって約100億の活力ある精子が得られ，これを希釈して1,000頭の雌牛に授精することも可能である。

2. 人工授精

人工授精（artificial insemination を略してAIともいう）は1780年イタリアの生理学者スパランツァーニにより初めて犬に用いられ，1900年に入りソビエトのイワノフによって牛を含む家畜に対し改良，増殖の目的で応用されるようになった。以来，進歩を重ねて今日に至ったが，とくに牛の人工授精は全世界に広く普及し高度に利用されている畜産技術で，牛の繁殖効率と能力の増進に果たした役割はきわめて大きい。わが国での乳牛の人工授精は普及率が100％近くに達し，1965年には凍結精液時代に対応して家畜改良事業団（本部：東京都中央区銀座4－9－2）が設立され，優良な凍結精液の配布組織が整備されるに至った。

(1) 精液の採取

人工授精用の精液は通常，人工膣法によって採取される。人工膣は筒状の器具で2種類のゴム内筒を付属し，採取時には適度の温度と圧力を加えることによって射精に導くしくみになっている（第13図）。人工膣内の温度は温湯によって45℃前後に保たれている。採取者は雄牛の傍に立ち，雄牛の乗駕行動にあわせて勃起した陰茎をすばやく人工膣内に誘導し，射精衝撃に逆らわないように人工膣を保持し，射精を完了させる。

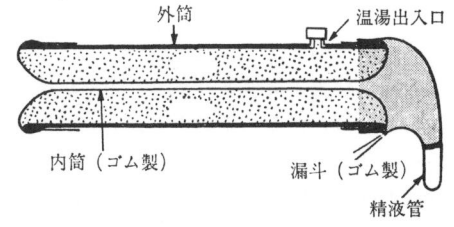

第13図 牛用・人工膣

第14図 牛用擬牝（ぎひん）台

種雄牛の乗駕に用いる台としては，雌牛，去勢牛，若齢雄牛などの生体のほか，第14図のような擬牝台も普及している。後者は安定性があることや衛生的であることなどから人工授精所で広く用いられており，訓練された種雄牛のばあいは，台牛に対面したときと同様に興奮し，これに乗駕する。射精前，台に偽乗させたり，他の雄牛を視野においたりすると性欲が高まり，良質の精液を射精させることができる。

電気射精法は人工膣で採取できないときの採取方法として重要である。これは電極を直腸内に挿入し，断続的に電気刺激を与えて陰茎の勃起と射精を起こさせる方法である。この方法で得られた精液は人工膣で採取したものに比べて液量がやや多く，精子濃度が低い傾向はあるが，精子の受精能力には差がない。電気射精法のばあいは雄牛が台に乗駕する必要がないので，四肢に障害のある牛や人工膣をきらう牛，乗駕欲のない牛，若齢の牛などに用いられる。

精液の採取回数は精液の生産能力に応じて決めるのが理想的であるが，実際には個体差を考慮せず，毎週一定の間隔で一様に採取されている。牛精液の採取回数は毎週1～6回のものが多く，通常週2回の採取で，採取日には1回または2～3回の連続採取が行なわれる。採取回数が異常に多くなると総精子数の減少をまねき，逆に間隔があきすぎると，精子数は増加しても精子の運動性が低下したり，奇形精子が増加したりする。

(2) 精液の検査

採取した精液はできるだけ速やかに性状を検査しなければならない。精液検査の主目的は，人工授精に使用できる受精能力のある精子がどれだけ含まれているかをしらべることである。しかし，精子の受精能力を直接評価しうる方法はまだ見いだされていないので，実際には間接的な方法のうち簡便ながら信頼性の高いものをいくつか選び，検査成績を総合して判定の資料としている。精液検査に用いられる主な項目は，精液量，精液 pH，精子運動性，精子濃度，精子形態などである。

精液量と外観　正常な牛精液は乳白色で，わずかに黄色を帯びるものもある。精子濃度が低いときは透明に近くなる。精液量は精子濃度と同様，採取条件や雄牛の年齢によって変わってくるが，成牛のばあい $5～8\,ml$ のものが多い。しかし精液量がこれより少なくても，受精能力のある精子を高濃度に含むものであれば，性状はよいとみなされる。

精液の pH　pH 測定用の試験紙または計器で測定する。採取直後の正常牛精液の pH 値は $6.3～6.9$ で，7.0 以上になると受胎率の低下を起こしやすい。精液を常温に放置すると，精子の代謝産物として乳酸や炭酸ガスが蓄積し，pH が低くなる。

精子の運動性，生存性　精子の活力検査として知られる。一般的な検査方法は，スライド上に供試精液または希釈精液をのせ，$37～40℃$ の恒温下で顕微鏡により観察するもので，テレビ装置を顕微鏡に接続して拡大観察することもできる。精子運動の中には，活発な前進運動を示すものから静止したものに至るまで種々の段階がみられるが，活発な前進運動を示すものが 75% 以上含まれていれば，通常良好な精液とみなされる。精子運動性は評価の基準が客観性をもたないことや，精子の受精能を直接表わすものではないことなどから限界はあるが，精液量や精子濃度とともに重要な検査項目になっている。

精子の生存性を判定するためには従来から染色に対する反応をしらべる方法が用いられており，ニグロシン・エオシン法はその代表例である。この方法によると，スライドグラスに塗抹した精子標本のうち生存精子は染色されないが，死滅精子はニグロシンの黒色を背景にエオシンで赤く染まるので，顕微鏡下で精子生存率が計数できる。

精子濃度　採取した精液を一定倍率に希釈したのち血球計数用のスライドにのせ，顕微鏡下で計数する方法が一般に用いられる。しかし，人工授精所では短時間に多数の精液検査を行なう必要があるので，光電比色計の吸光度で濁度を測定し，これによって間接的に計数する方法が普及している。後者のばあいは，あらかじめ同一精液について血球計数板により測定した数値と比色計の吸光度とを求めて，両数値の換算表を作成しておく。牛精液の精子濃度は精液の採取条件，個体，年齢などによって変わってくるが，成牛では $10～15$ 億$/ml$ のものが多い。

精子の形態　主として奇形精子の割合をしらべるために希釈精液について顕微鏡下で検査するものであるが，その方法は前述の精子生存性の検査と同様である。奇形精子のばあいは通常，運動性の低下または消失を伴うので，精子運動性の検査成績と比例することが多い。精子奇形は部位によって頭部奇形と尾部奇形に分けられる。また先天的および後天的奇形は，それぞれ 1 次奇形および 2 次奇形として表わされる。これらの奇形精子を 20% 以上含む精液では，受胎率が低下するのがふつうである。

このほか，一見正常にみえる精子でも，先体の奇形を伴うものが見いだされている。この部位は受精現象と直接関連が深いので，先体の異常が見いだされる精子は，たとい運動能力に異常がなくても受精能力は失われている公算が強い。老化や低温衝撃（コールドショック），凍結処理などによって障害をうけた精子は，先体や細胞膜の損傷を伴うものが多い。

その他の検査　実験室などで時間をかけて詳細に精液を検査する必要があるばあい，上記のほかに精子の代謝能検査，精液の化学的・物理的性状の検査が行なわれる。精子の代謝能検査は，主としてマノメーターを用いた酸素消費量

の測定と，分光光度計によるフラクトース消費量の測定とによる。

(3) 精液の希釈と保存

精液検査の結果，人工授精に使用しうると認められた精液は，できるだけ早く希釈処理される。希釈液は，精液量を増すとともに精子の生存時間を延長させるために加えられるもので，通常，卵黄・クエン酸ソーダ液か牛乳または脱脂乳を主成分としている。また，凍結保存のばあいは，精子の保護用としてグリセロールなどを添加する。牛精液の凍結保存に用いる希釈液の組成について一例を示すと，無水クエン酸ソーダ23.2g，ペニシリン1,000単位/ml，ストレプトマイシン 1,000μg/ml，グリセロール70ml，卵黄200mlに蒸溜水を加えて1,000mlとする（フート1974）。

精液希釈の手順を例示すると以下のとおりである。

①採取した精液と一次希釈液を30℃の温浴中におく。これは精子に対する低温衝撃をさけるためである

②精液の一部を検査用としてとり，残りを希釈，保存用として処理する

③30℃下で一次希釈し，4℃（または5℃）に移す

④約1時間後，凍結保存のための二次希釈に入る。グリセロールの最終濃度は通常5～10%で，グリセロールの添加には1時間以上をかけ，添加後4℃（または5℃）に4～6時間おく。精液の希釈倍率は本質的には精液性状によって決められるべきものであるが，凍結精液のばあいは10～75倍の希釈で，活力ある精子を1,500～2,000万含むものが基準とされる

⑤希釈精液を塩化ビニール製のストロー（第15図；またはガラスアンプル）に分注する

⑥液体窒素（－196℃）で凍結し，液体窒素を入れた保管器（第16図）内に保存する

錠剤型式の凍結（永瀬1974）によるばあいは上記の手順と異なり，一次希釈液にグリセロールを含むものを用い，希釈精液をドライアイス上に滴下して錠剤型式の凍結精液をつくる。こ

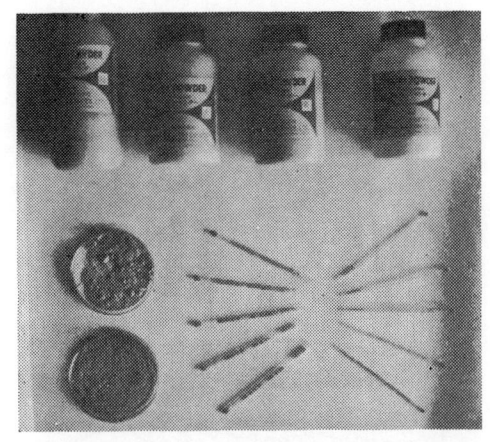

第15図　牛精液用ストローと封入用パウダー

第16図　凍結精液用液体窒素保管器

のばあいも，長期保存が必要なときは液体窒素の保管器に移す。

牛精液を液状で4℃以下に保存したばあいは，精子の受精能力が数日間しか保たれないが，現在行なわれているように－196℃（液体窒素）下に凍結保存したばあいは，数年間のうちに受精能力が著しく低下することはないので，長期間にわたる保存が可能である。

(4) 精液の注入

牛の発情時間は比較的短いが，発情徴候には特徴があるので，これを見逃さないようにする。前回の発情日の記録に従って発情予定日を予測し，発情期が近づいたら1日2回は巡回する。

授精適期の基準としては，第1図に示したように発情開始後6時間から終了後6時間までの約18時間があげられるが，実際的な算定法とし

乳牛の生理

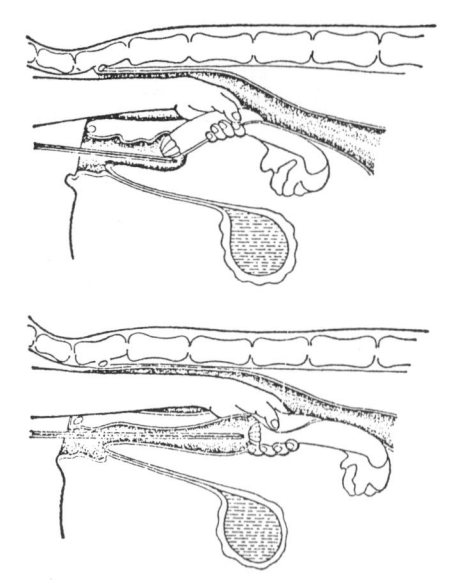

第17図　直腸・膣法による牛精液の注入
（トリムバーガー，1962）
上：悪い例，下：よい例

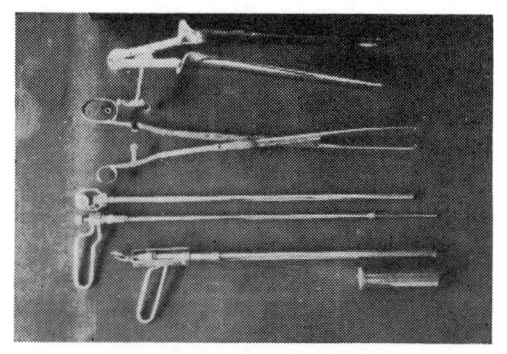

第18図　牛用人工授精器具

ては液状精液時代から用いられている方法がある。これは，発情が午前中に出現したばあいは同日中に授精し，午後出現したばあいは翌日午後3時までに授精することを指針とするもので ある。凍結精液では融解後の生存時間が短縮するとみられるので，上記の適期の範囲はさらにせばまると考えられる。

注入にさいしては雌牛をスタンチョンまたは牛房内にたたせ，直腸・膣法（頸管深部注入法）または頸管鉗子法を用いて注入する。現在は主として前者が用いられているが，このばあいは，第17図のように直腸に片手を挿入し，直腸壁を通して頸管部をつかみ，他方の手で注入器を頸管深部に導き，精液を子宮体内に注入する。精液注入用の器具は直径5〜6mm，長さ40cmのものを用いる（第18図）。

受　精，妊　娠，分　娩

1. 受　精

膣，頸管，または子宮体内に注入された精子は比較的短時間のうちに卵管内の受精部位に到達する。牛の子宮内に授精したばあいは，精子の運動の良，不良に関係なく，卵管には5分以内に精子が認められている。以後，時間の経過に伴って卵管内の精子数は増加し，授精後8時間で最高になる（ハフェッツ 1974）。

雌生殖道内における精子輸送に主役を演じているのは膣，子宮，卵管で，発情期には子宮運動が活発になり精子の輸送をたすける。精子は子宮ないしは卵管内でキャパシテーション（受精能獲得）と呼ばれる受精準備変化をうける。

この過程で精子に形態学的，生理学的，生化学的変化が起き，これによって初めて卵子内に進入することができるようになる。とくに，精子先体には明瞭な変化が認められるので，ここに含まれる受精関連酵素が放出されやすくなるものとみられている。また，キャパシテーションによって精子運動の型も変わってくる。

授精された精子は，頸管，子宮，卵管接合部，卵管峡部を通過するに従って数が激減する。受精部位に到達しなかった精子または卵子内に進入する機会を得なかった精子は，食細胞の作用で分解されたり，膣に排出されたりして処分される。

卵子の大きさは家畜の大きさとは関係なく，通常 $185\mu m$ 以下である。排卵直後の卵子には

繁殖生理

顆粒膜細胞が付着している。卵子の外層は透明帯と呼ばれる複合蛋白質の構造で囲まれている。その内層には細胞膜に相当する卵黄膜があり，卵子の主要構成をなす核と卵黄を包んでいる。透明帯と卵黄膜の間のすき間は囲卵腔と呼ばれ，ここには成熟分裂の副産物である極体が認められる。雌生殖道内における卵子の受精能保持時間は精子に比べて一般に短く，牛では精子30〜48時間に対して卵子8〜12時間である。

受精にさいして，精子は卵子に付着する顆粒膜細胞群，透明帯，卵黄膜を通過しなければならない。精子先体から放出されるヒアルロニダーゼとアクロシンは，それぞれ顆粒膜細胞と透明帯を溶かして精子の進路を開いている。卵子内に進入した精子は頭部が膨潤してゲル状となり，尾部は分離する。このようにして精子頭部から発達した雄性前核に対し，卵子は精子進入後に第2極体を放出し，続いて雌性前核の形成を始める。両前核の形成は同調し，両者が接合するに至って受精が完了する。受精所要時間，すなわち，精子進入から卵割が始まるまでの時間は，牛で20〜24時間と推定されている。

2. 妊　　娠

(1) 胚の発育と着床

受精卵は卵割によって2細胞となり，以後，胚と呼ばれる段階に入るが，牛のばあいは排卵後1日で2細胞，3日で8細胞となり，3〜3.5日で子宮に到達する（第19図）。分割を続ける胚は透明帯を付着したまま桑実胚となり，その後，内腔に液を貯えた胚盤胞へと進んでゆく。胚の代謝能は初期は低いが，桑実胚から胚盤胞期に進むに従い，急激に上昇する。

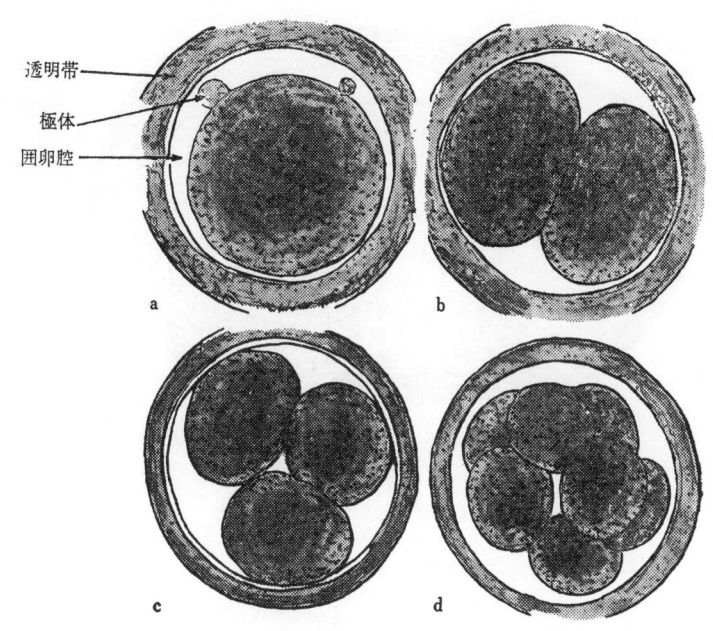

第19図　牛の受精卵（×384）　　（レィング，1956）
a：1細胞期，b：2細胞期，c：4細胞期，d：8細胞期

牛のばあい，透明帯が胚から脱落するのは胚盤胞期の初期にあたる8日目ころである。一方，子宮内膜は卵子を着床させる準備を始め，子宮乳と呼ばれる分泌液を出すようになる。この子宮乳は着床前や着床時の胚に栄養を供給する役割を果たしている。33日ころ（11〜40日）になると胎盤が形成される。続いて母体と胎児の組織が接合し，宮阜を通じて母子間の物質交換が開始される。着床には物理的，化学的要因が関与している。着床前における胚死亡は牛のばあい25％以上に及び，繁殖率低下の主要な部分をしめている。

(2) 胎盤形成

胚の発育に伴い，これに相応した栄養供給を行なうために胎盤が形成される。胎盤は胎児を包む胎膜が子宮内膜と接合する部分で，胎児に属する脈絡膜（絨毛膜）の絨毛部を胎児胎盤，子宮内膜の部分を母胎盤と呼ぶ。胎盤の主な役割は，母体を通じて胎児に栄養を供給し，一方，胎児からの老廃物を母体を経由して排泄させることにあるが，このほかに妊娠維持に必要な生殖ホルモンの分泌も行なっている。

乳牛の生理

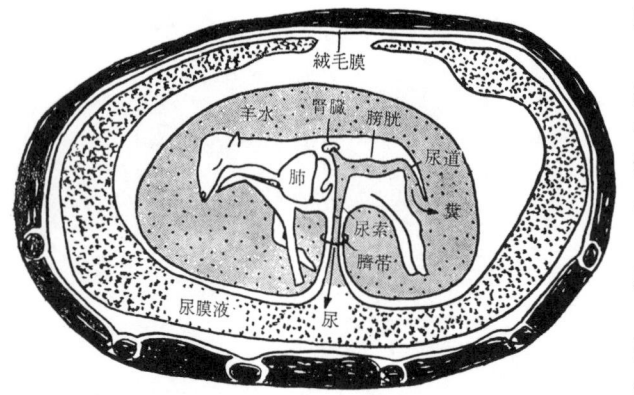

第20図 牛の胎膜 （ハーベイ，1959）

胎児を包む胎膜は，内層の羊膜，外層の脈絡膜，その中間に存在する尿膜からなり，羊膜と尿膜の内部には，それぞれ羊水（羊膜液）と尿膜液を貯留する（第20図）。これらの胎膜や胎液は胎児の保護に役だっている。牛尿膜液中のテストステロン濃度を妊娠90～150日の間に測定してみると，胎児が雄のばあいは雌のばあいに比べて2倍も高い値を示すことから，性の診断に利用できることが示唆されている（ボンソラ 1976）。牛の胎盤はヒツジやヤギと同様，子宮内膜の子宮小丘に対向した部位に発達したもので，宮阜性胎盤と呼ばれている。

(3) 妊娠診断

牛の妊娠診断は，主として直腸検査によるか，または発情停止の観察によって行なわれる。また，ホルモン測定もとりいれられている。

直腸検査法 最も確実な診断法で，第21図に示すとおり直腸を経由して胎膜を触診することにより，熟練した技術者は，授精後40日でほぼ100％の的中率をあげることができる。授精後50日をすぎると子宮角の妊角が大きさを増し，60日ころにはダイズ大の胎盤を触診できるようになる。

ノンリターンによる方法 ノンリターンとは授精された雌牛に発情が現われず，したがって再授精の必要がないことをいう。本法は授精後60～90日または90～120日の間に発情が現われなかったものを妊娠とみなす方法で，人工授精に供用する種雄牛の受精能力判定にも広く用いられている。

ホルモン測定による方法 実験室で行なう方法の一つとして牛乳中のプロジェステロン測定が実用化されている。牛乳中のプロジェステロン濃度は発情期に低下し，黄体期に上昇する。授精後22～24日の牛乳を供試し，プロジェステロン濃度の基準値に従って妊娠かどうかを判定する。

(4) 胎児の発育

牛胎児の発育過程は第4表に示すとおりである。着床前の胚の主な栄養源は子宮分泌液（子

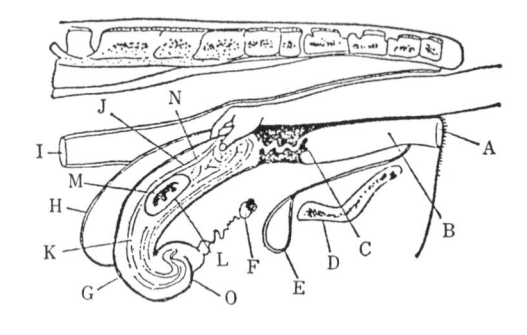

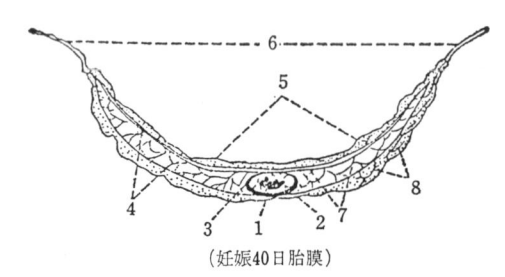

（妊娠40日胎膜）

第21図 直腸検査による胎膜の触診の要領
　　　　　　　　　　　　　　　　　（檜垣，1964）

A. 外陰部　B. 膣　C. 子宮外口
D. 骨盤　E. 膀胱　F. 卵巣
G. 妊娠角　H. 不妊角　I. 直腸
J. 絨毛膜　K. 尿膜　L. 羊膜
M. 胎児　N. 胎児血管　O. 胎膜紐状部
1. 胎児　2. 臍帯　3. 羊膜　4. 尿膜
5. 絨毛膜　6. 胎膜紐状部　7. 脈絡膜に分布する血管　8. 絨毛膜と尿膜の層

第4表　牛胎児の発育
（フレイザー，1971）

妊娠月数	胎児の体長	胎児の体重
2	6〜7 cm	8〜15 g
3	10〜17	100〜200
4	25〜30	500〜800
5	30〜40	2〜3 kg
6	50〜60	5〜8
7	60〜80	8〜12
8	70〜90	15〜30
9	70〜95	25〜50

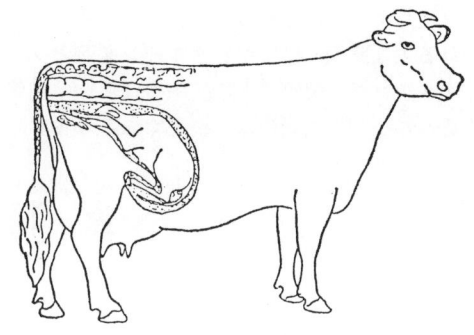

第22図　分娩時の子牛の正常姿勢
（サリスベリーら，1961）

宮乳）であるが，着床後の胎児は胎盤を介して母体の血液から栄養をうけとる。

(5) 泌乳と妊娠

泌乳または哺乳は分娩後の繁殖機能回復を遅らせる要因となる。しかし回復後の乳牛は泌乳中でも発情し，妊娠することができる。乳量に対する妊娠の影響は，妊娠5か月ころまでは目だたないが，それ以降になると非妊牛に比べて乳量が急速に低下する。乳量低下の背景には，胎児の発育のほかに次期泌乳に備えての乳腺細胞の準備開始がある。妊娠末期には通常50日間の乾乳期間をとり，次期泌乳の準備に入る。この時期は胎児発育の最終段階であり，分娩を間近にひかえた重要な時期でもある。

3. 分　　娩

(1) 分娩の経過

分娩期が近づくと乳房の腫張が顕著になるほか，外陰部の膨潤，弛緩，頸管の拡張，粘液の排出，仙坐靱帯の陥没がみられるようになる。

分娩は，①開口期，②娩出期，③後産期の三期に分けることができる。各時期の長さは動物によってほぼ一定しているが，娩出期が最短である点は共通している。

開口期　0.5〜24時間（多くは2〜6時間）。頸管が拡張し，子宮の収縮運動がさかんになり，陣痛が開始される。胎児および胎膜は頸管を圧迫し，開口へと導く。頸管全開後，尿膜破裂による第一破水が起こり，暗紫赤色の液が流出する。胎位が異常のときは，この時期の時間が長くかかる。

娩出期　0.5〜4時間（多くは0.5〜1時間）。この時期に入ると，胎児を包む羊膜のうが産道へ入る。胎児は胎盤組織を離れ，呼吸を開始する。子宮筋は収縮期が長く弛緩期が短い運動をくりかえす。第一破水から約30分で淡黄白色の羊膜が陰門から現われる。羊膜破裂による第二破水が起こると，中から足が現われる。娩出期は，初産牛のほうが経産牛より長くかかる。

後産期　0.5〜8時間（多くは4〜5時間）。後産が排出される時期で，強い子宮収縮運動が続く。12時間をすぎても後産が排出されないときは，胎盤（後産）停滞とみなされる。

(2) 分娩後の繁殖機能

乳牛では分娩後，子宮が妊娠前の大きさに戻るまでに30〜50日を要する。分娩後の初発情の出現時期には個体差があるが，通常35日前後である。分娩後，卵巣および子宮機能が回復しないうちに授精したばあいは低受胎や流産を起こしやすい。したがって，乳牛における分娩後の授精適期は通常50〜60日とされている。

(3) 計画分娩

妊娠期間は家畜の種類によってほぼ一定しているので，授精日がわかれば分娩時期も推定できる。しかし，分娩時期を数時間または数日間の範囲で計画的に増減できれば，家畜管理上好つごうなことが多い。牛の計画分娩もこのよう

な観点から検討されている。この目的に用いられる主な薬剤は副腎皮質ホルモン製剤とプロスタグランジン製剤である。牛のばあいは副腎皮質ホルモンの薬効のほうがよく知られており，たとえばデキサメサゾン5～10mgを筋肉内注射すると，1～3日後に分娩を発来させることができる。

受精卵移植

1. 受精卵移植とは

受精卵移植は胚移植（embryo transfer または略してET）とも呼ばれている。この繁殖技術は人工授精に遅れること約100年，イギリスのヒープ（1890）がウサギで実験に成功したことから始まる。しかし，牛の受精卵移植が実験的な段階を経て，ようやく実用化への期待を集めるようになったのは，1970年代に入ってからである。そのころすでに牛の人工授精技術は世界的に確立，普及していたが，あとを追いかけるかのように受精卵移植技術も最近，著しい進展を見せている。その背景には，受精卵（または胚）の回収，保存，移植の各操作が簡易化されてきたことがあげられる。国内では昭和58年（1983）に人工授精関係の法規である家畜改良増殖法の一部が改正され，新たに受精卵移植に関する規制条項が加えられた。

受精卵移植の本来の目的は，遺伝的にすぐれた形質をもつ雌や利用価値ある雌から多数の受精卵を回収し，これを他の雌の子宮内に移植して，多くの産子を得ようとするものである。

受精卵移植の全操作は次の順序で行なわれる（第23図）。すなわち，①供卵牛と受卵牛の選択，②供卵牛に対する過剰排卵（過排卵）処置，③供卵牛に対する人工授精または自然交配，④受精卵の回収，⑤受精卵の検査，⑥受精卵の保存，⑦受卵牛に対する受精卵の移植，である。以下，それぞれの要点について述べる。

2. 供卵牛と受卵牛

牛のように1回の発情周期中，通常，1個しか排卵しない家畜では，まずホルモンを注射して多数の卵子を発育させ，これを排卵に導く必要がある。この処置をうけるのが卵子を提供する牛，すなわち供卵牛である。供卵牛は前に述べたように，原則として価値の高い雌牛が選ばれる。また，正常な卵子を数多く排卵できるものでなければならない。これに対し，卵子を移植される牛，すなわち受卵牛の条件としては繁殖性の確かなことが第一で，そのほかに体格が大きく，哺乳能力のすぐれたものが望ましい。また肉牛増産のために，供卵牛は肉用種，受卵牛は乳用種を用いることも広く行なわれている。

移植された受精卵が正常に発育するためには，供卵牛と受卵牛の発情周期が一致していなければならない。そのため，回収した受精卵を保存することなく，いわゆる新鮮卵として直ちに移植するばあいは，あらかじめ供卵牛の発情周期に同調させた受卵牛，または自然条件下で発情周期が供卵牛のそれと一致した受卵牛を用意しなければならない。発情周期の同期化には通常，プロスタグランジン$F_{2\alpha}$製剤が用いられる。妊娠成立のためには，供卵牛と受卵牛の発情周期の差を±1日ていどにおさえることが必要である。凍結保存した受精卵のばあいは，発情周期が採卵時点における供卵牛の周期と一致する受卵牛を選ぶ。これは，受精卵の発育段階に見あった子宮環境が必要になるからである。

3. 過剰排卵処置

供卵牛に対する過剰排卵処置は妊馬血清性性腺刺激ホルモン（以下PMSGと略す）または卵胞刺激ホルモン（以下FSHと略す）の筋肉内または皮下注射と，プロスタグランジン$F_{2\alpha}$

製剤の筋肉内注射を組み合わせて行なわれることが多い。PMSGは作用が持続するので1回の注射でよいが、FSHのばあいは数日間連続注射する。しかし、安定した過剰排卵成績が得られるという点で、FSHの使用例が多くなっている。投与量は、PMSGのばあいは1,500～3,000IU（国際単位）、FSHのばあいは総量20～50 mg で、それぞれ黄体期に注射し、注射開始後2～3日目にプロスタグランジン $F_{2\alpha}$ 製剤を注射する。その結果、2日後に発情が出現し、この時期に人工授精を行なう。

実例を示すと、発情周期の15日から18日の4日間にFSHは順次 5 mg×2、4 mg×2、3 mg×2、2 mg×2 と減量しながら筋肉内注射し、発情周期の17日にプロスタグランジン $F_{2\alpha}$ 製剤を 15 mg、10 mg、5 mg と3回に分けて筋肉内注射したばあい、移植可能な正常卵子は供卵牛1頭当たり平均6個得られている（鈴木 1985）。

ホルモンに対する反応には個体差がみられる。過剰排卵処置を3回以上行なった結果では、第1回の成績の良否が第2回以降の成績と関連があることを示している。

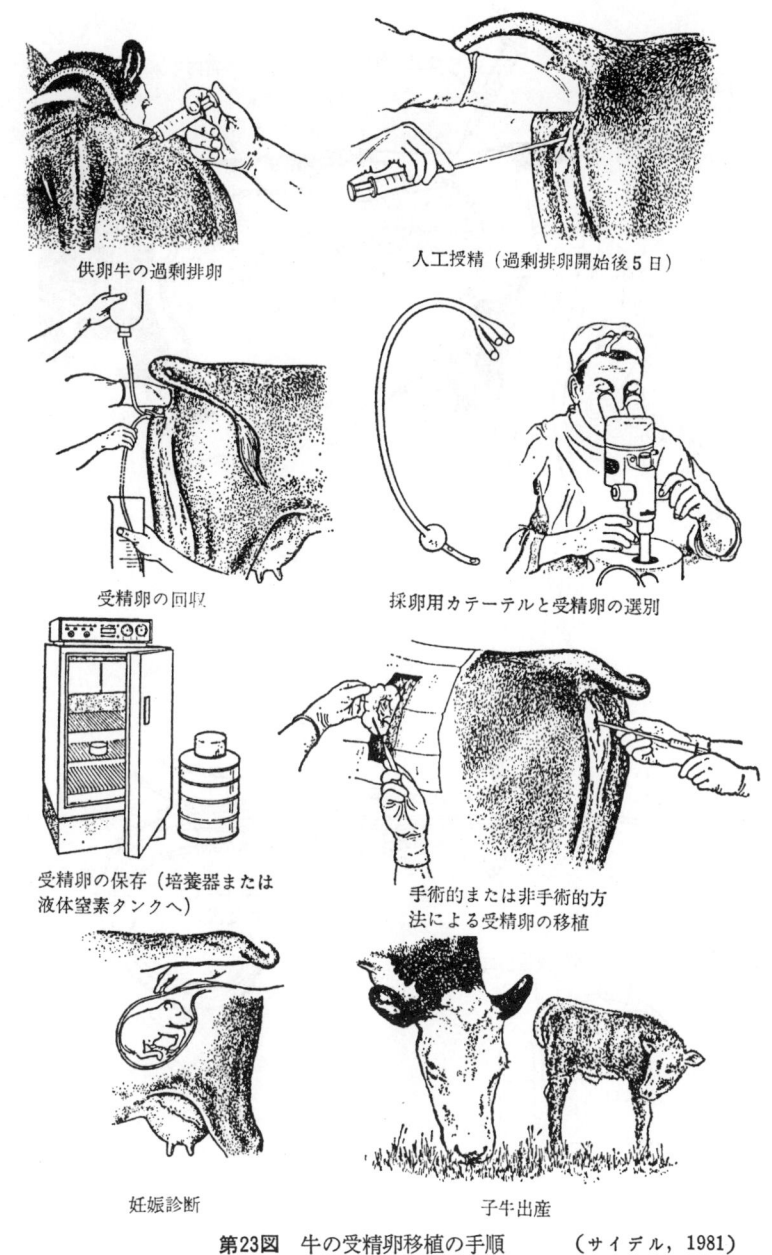

第23図　牛の受精卵移植の手順　　（サイデル、1981）

4. 受精卵の回収

ホルモン処置によって供卵牛に過剰排卵を起こさせたあと、人工授精または自然交配により精液を注入すると、卵管内で複数の受精卵が得られる。これを回収するために、初期のころは

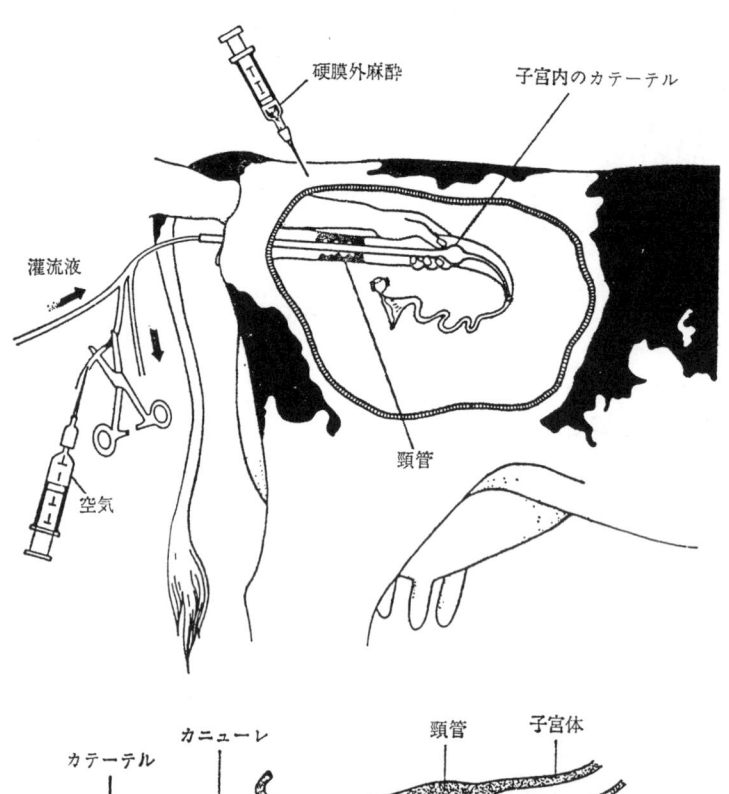

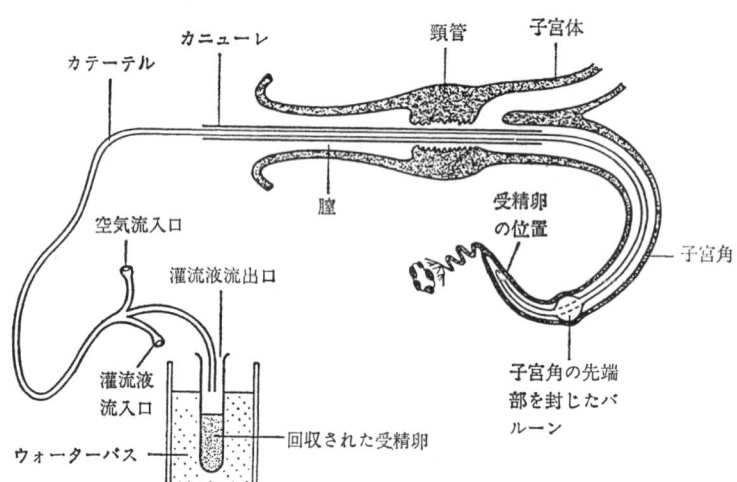

乳牛の生理

る受精卵の回収は，人工授精後7日以降に子宮を灌流して行なう。以下に操作の概要を示す。

(1) 供卵牛，回収用器具，灌流液の準備

供卵牛を枠場に保定し，直腸から糞尿を取り除き，尾椎硬膜外に局所麻酔を行なう。回収用の主器具として消毒したバルーンカテーテル，補助器具として粘液除去器などを準備する。灌流液には，主にリン酸緩衝食塩液が用いられる。

(2) 回収操作

バルーンカテーテルを外陰部より子宮内に挿入し，カテーテルの先端が片側子宮角に到達したのち，注射筒で空気を導入してバルーンをふくらませ，子宮内に固定する。ついで体温と同温度にあたためた灌流液を注入して子宮角内を灌流し，同カテーテルを介して回収する。1回の灌流液量は30～50mlとし，数多く洗う。灌流後はバルーンの空気をぬいてカテーテルをとり出

第24図　牛受精卵の回収　　　（ハンター，1982）

屠体の卵管や子宮を切開する方法が用いられていた。その後，生体からの手術的または非手術的方法が行なわれるようになり，現在では牛に関するかぎり非手術的方法による回収が主体になっている（第24図）。この方法の利点としては，手術に伴う悪影響（ゆ着など）がないことだけでなく，同一供卵牛をくり返し使用できること，手術的方法に比べて容易であり普及性が高いことなどがあげられる。非手術的方法によ

し，別のカテーテルで反対側子宮角を同様に灌流する。回収後は抗生物質を子宮内に注入し，内膜炎を予防する。回収した灌流液は，含まれている受精卵を探すため，速やかに検査室へ運ぶ。

以上の操作を効率よく行なうために種々のくふうがなされており，バルーンカテーテルの目づまりを防ぐための粘液除去器や自動灌流器が開発されている（鈴木1985）。

5. 受精卵の検査

　回収した灌流液の中から実体顕微鏡下で卵子を探し出したのち，これを培養液の入った小型シャーレに移して形態検査を行なう。培養液にはリン酸緩衝液や重炭酸緩衝液が用いられており，これに血清または血清成分が添加されることが多い。卵子のばあいは精子と違い，運動性によって性状を判定することはできない。しかし，一般的な形態観察のほか，分割の状態や割球の均一性によって移植可能な正常卵を選ぶことができる。実際には授精後7日目の牛受精卵をA，B，Cの3ランクやA，B，C，Dの4ランクに分ける方法が行なわれている。これらの判定は観察者の主観に基づくものであるが，検査結果は移植後の成績とよく結びついている。

6. 受精卵の処理と保存

　受精卵は，適切な培養条件下におくと体外でも発生を続けることができる。培養液の組成や添加物の有効性については，これまで多くの研究が行なわれてきたが，体外での卵子培養技術はまだ充分とはいえない。検査後の移植可能な受精卵を保存せずに新鮮卵として移植するばあいは，37℃の培養液に移し，所定の気相（5％CO_2，95％空気の条件など）下に保管する。この状態を24時間以上続けたばあい，移植後の受胎率（妊娠率ともいう）は一般に低下する。

　受精卵の長期保存をめざした凍結保存については1970年代から本格的な試験が開始され，1980年代に入って実用化の見通しが得られるようになった。その原理および方法は精子の凍結とほとんど変わらないが，発生過程の生物材料を対象にしている点で，取扱いが難しくなっている。

　凍結操作の実例を示すと，①発情後6～8日目の受精卵を供卵牛から回収。②血清を添加したリン酸緩衝液中に受精卵を移す。③凍結による細胞障害を防ぐためグリセロールを添加し，室温に10～20分間放置する。④受精卵を0.25mlのストローに封入する。このばあい，封入の仕方やストロー内の空気相および液相の配置には，種々のくふうがなされている。⑤凍結操作は－6～－7℃までは毎分5℃の速度で冷却し，ここで植氷操作を行なう。ついで－30℃まで毎分0.3～0.5℃の速度でゆっくり温度を下げ，－30℃に到達したあとは直接，液体窒素（－196℃）中に浸漬する。⑥融解は37℃の温湯中に直接ストローをつけ，時間をかけずに処理を完了する。

　このように受精卵の凍結保存操作には微妙な温度制御が要求されるので，実施にあたってはこれらの機能を備えた凍結用装置（プログラムフリーザー）が一般に用いられている。

7. 受精卵の移植

　受精卵の回収操作と同様，移植操作にも手術的方法と非手術的方法がある。移植操作のばあいは，まだ実績のある手術的方法が多用されているところもあるが，大勢としては非手術的方法に移行している。

　手術的方法では全身麻酔下で腹部正中線を切開するか，または局所麻酔下で䑊部を切開して生殖器を探し出し，卵管移植のばあいは毛細管ピペットで卵管峡部から膨大部に，子宮へ移植するばあいは子宮角壁を通して子宮腔内にそれぞれ受精卵を注入する。

　非手術的方法では尾椎硬膜外に局所麻酔を行なったのち，移植器を子宮頸管経由で子宮体まで入れる（第25図）。移植器には人工授精の注入器と同様，ストローを装着する。ストロー内には移植される新鮮卵または凍結保存した卵が入れられている。この方法で最も注意しなければならないことの一つは，無菌状態の子宮内に細菌を持ち込まないことである。移植器の通る膣前庭には特に多くの細菌が検出されているので，移植器が汚染しないようにプラスチック製外筒が考案されている。将来，凍結保存卵の利用がますます多くなると考えられるが，現地における庭先融解後の移植操作をできるだけ簡易化できるように凍結および移植方法については

乳牛の生理

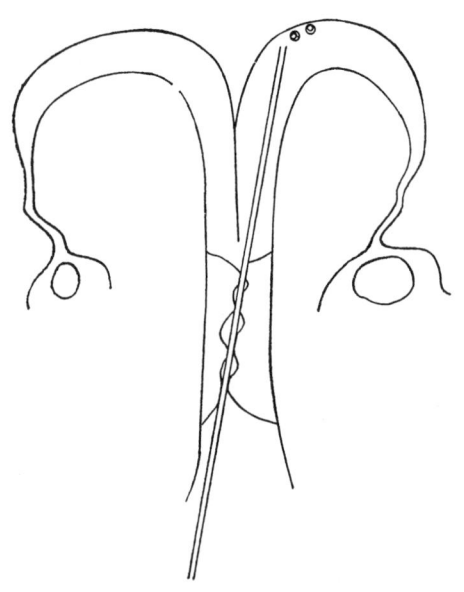

第25図　牛受精卵の子宮内移植部位
　　　　　　　　　　　（鈴木，1985）

検討が続けられている。

　なお，非手術的方法については，現在行なわれている頸管経由法に先だって頸管迂回法による移植例が報告された（杉江 1965）。この方法は現在ほとんど用いられていないが，世界最初の非手術的方法として注目され，受精卵移植技術の発展に寄与した点で特筆されてよい。

　受精卵移植による受胎率は年々向上しており，熟練した技術者のばあいは人工授精の受胎率に近い成績を残せるまでになっている。しかし，一般にはまだ期待したほどの受胎率は得られておらず，特に凍結保存卵のばあいはいっそうの向上が要求されている。

8. 受精卵移植に関連した繁殖技術

(1) 体外受精

　本技術は，研究，実用両面で注目されている受精卵移植関連技術である。呼び名のとおり，精子と卵子を体外に取り出して人工的に受精させたのち，受精卵を卵管または子宮内に移植して（または戻して）産子を得る方法である。精子は射出精子のほか精巣上体精子も用いられる。卵子は排卵直後に卵管から回収するか，卵巣から直接採取する。体外受精にさいしては，精子および卵子の前処理が必要である。特に精子のばあいは，この過程で受精のための準備変化（受精能獲得またはキャパシテーションと呼ばれている）が完了する。一方，卵巣からとり出した卵子の中には未成熟のものが含まれているので，体外培養によって成熟させる。

　牛の体外受精では屠体の卵巣から多数の卵子を入手できることや，体外で受精過程の観察を行なえるという利点がある。したがって肉牛増産などへの応用が期待されるほか，受精機構解明の手法としても利用されている。しかし成功率はまだ低く，多くの検討課題を残している。

(2) 双子生産

　受精卵移植による牛の双子生産は，畜産技術として魅力ある課題となっている。方法の一つとして，左右子宮角に1卵ずつ計2個の受精卵を移植したばあい，70％以上の受胎率が得られたとの報告がある（ローソンら 1971）。また，黄体が存在する側の子宮角に2卵移植する方法も試みられている。

　一方，1個の受精卵を2つに切断し（このばあい，発生過程の卵子〈胚〉を透明帯からとり出して切断後あらためて別の透明帯内にそれぞれを入れる方法と，透明帯ごと切断する方法とがある），両者を2卵のばあいと同様に移植すると，一卵性双子が得られることになる（第26図）。この方法は一卵性の三つ子や四つ子の生産にも応用されている。しかし，牛のばあいは子宮の収容力が単胎動物用にできているため，たとい受精卵が複数個着床できたとしても最後まで発育できないことが多く，したがって双子生産の効率はまだ低い。

(3) 性の判別

　雄，雌の産み分けや判別は畜産分野でも古くから関心をもたれてきた。牛精子をX精子とY精子に分けることができれば，それぞれを人工授精することによって，雌（性染色体がXX）

および雄（性染色体がXY）が産まれることになる。ヒトも含む哺乳動物では，これまでにX精子とY精子の分離についていろいろな方法が報告され，そのつど関心を集めてきたが，追試の結果，少なくとも牛では満足すべき結果はほとんど得られていない。しかし，性判別については染色体分析によって行なうことができるので，前述のように受精卵を切断して1つを性判別用に，他の1つを移植用として凍結保存しておくことが可能である。たとえば，切断した卵の一方が染色体分析によって雌性と判定されたばあいは，凍結保存中の他方の切断卵を融解して移植に用い，雌産子の生産を計画的に行なうことができる。

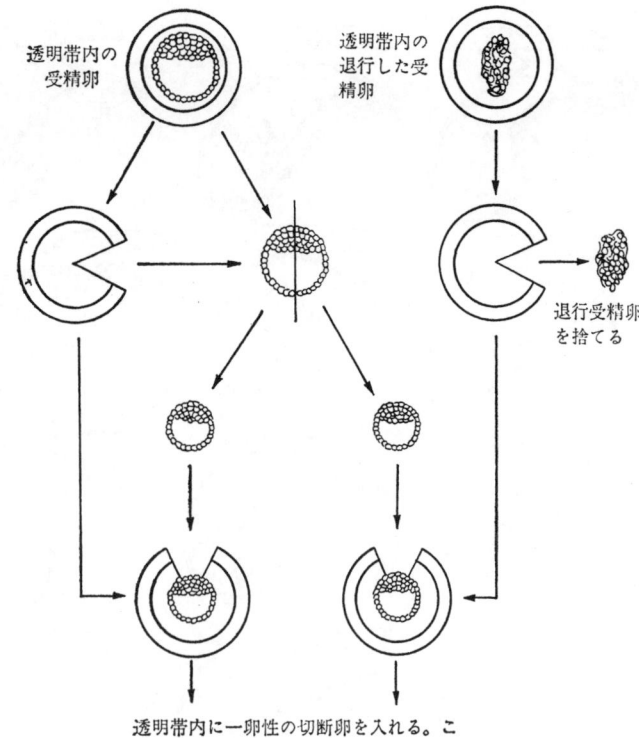

第26図　受精卵切断の模式図
（ベタリッジ，1986）

繁　殖　障　害

人工授精が普及している乳牛のばあい，種雄牛は専門技術者によって集中管理され，衛生面でも配慮がゆきとどいているので，繁殖障害に関する問題は少ない。したがって酪農家の対象となるのは，主として雌の繁殖障害である。繁殖障害は原因によって，生理的なもの，病理的なもの，飼養管理に起因するものなどに分けられる。また器官別にみると，卵巣，子宮，その他の生殖器の疾患に分けられる。

1. 生理的繁殖障害

(1) 発情周期の異常

無発情　発情や排卵のみられないもので，卵巣の発育不全によるものが多いが，遺伝的欠陥，栄養障害，胎盤停滞，子宮蓄膿症，永久黄体，黄体のう腫にも関連がある。治療には性腺刺激ホルモン製剤やプロスタグランジン $F_{2\alpha}$ 製剤が用いられる。

鈍性発情（サイレントヒート）　卵巣の周期的変化や排卵機能は正常であるが，発情が不全のもので，分娩後の牛や性成熟に達したばかりの若齢牛に多発する。性腺刺激ホルモンの分泌異常と，これに伴う卵巣のエストロジェン分泌の不足が主な原因とされている。排卵を指標として適期に授精すれば受胎可能である。

持続性発情　発情が異常に持続するもので，卵巣にのう腫化卵胞が存在し，思牡狂（ニンホマニア）を示すものなどにみられる。思牡狂は

乳牛の生理

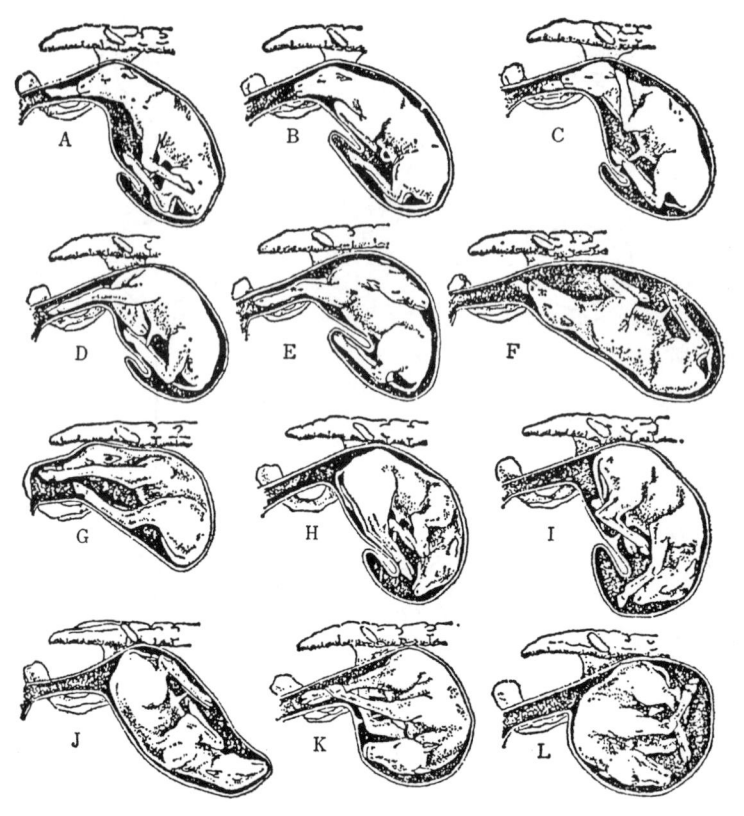

第27図　分娩時での子牛の異常姿勢
（サリスベリー，1961）

低受胎牛ではこの割合がさらに高くなる。胚死亡の原因は複雑で，プロジェステロン不足などの内分泌要因，外気温の上昇，精子および卵子の老化，母体の栄養や年齢などが関係しているとみられる。また特定の家畜に多発したり，近親繁殖や系統繁殖により増加したりすることも知られている。過剰排卵のばあいにも増加する。生殖器に明らかな異常が認められないのに受胎しにくい牛は，いわゆる低受胎牛に入れられる。低受胎の主因は胚の早期死亡や受精障害とみられている。

流産　病原微生物の感染（後述）による流産のほか，非病原性細菌，遺伝的要因，染色体異常，内分泌異常，栄養障害なども原因となる。若齢牛や分娩後，繁殖機能の回復が充分でない牛に授精したばあいに起こりやすい。

胎児のミイラ変性　胎児が死亡したあと排出や吸収が行なわれないばあい，水分を失ってミイラ化したものをいう。直腸検査では黄体が認められるが，胎盤や胎液は触知できない。妊娠5～7か月のころ発生しやすい。エストロジェン注射によって排出させることができ，排出後は繁殖機能が正常に回復するのがふつうである。遺伝性が認められるが，原因は明らかでない。

難産　胎児側の原因として，胎位異常や胎児の過大がある。胎位異常（第27図）は難産のなかで最も多く，獣医師の手で正常位に戻すなどの処置がとられるが，不能なときは帝王切開も行なわれる。胎児の過大は長期在胎のばあいにみられるほか，〔小型母牛〕×〔大型子牛を生産

肉牛よりも乳牛に多発する。処置として黄体形成ホルモン製剤の注射などが行なわれている。なお，卵巣のう腫には卵胞のう腫のほかに黄体のう腫があり，ともに排卵障害を伴う。また，卵胞のう腫のばあいは思牡狂のほかに無発情のものも現われる。

（2）受精の異常

内分泌機能が正常でも，生殖器や生殖細胞の形態および機能に異常があるさいに起こる。受精が成立しないほか，成立しても胚が異常になったり吸収されたりする。

（3）妊娠，分娩の異常

胚死亡　妊娠初期の30日間は胚と胎膜の発育が急速に進むが，これらに栄養を供給する子宮環境が適正でないと，胚は途中で死亡する。牛では少なくとも胚の25％が着床できずに死亡し，

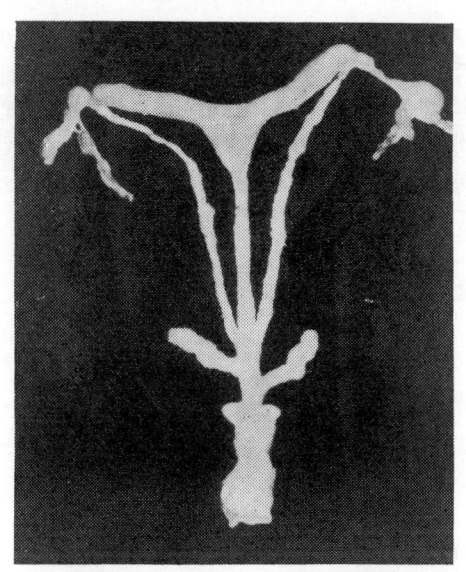

第28図　フリーマーチン牛の生殖器

する父牛〕の交配で起こるケースも多い。難産や死産は初産に多い。また膣脱や子宮脱が起こりやすくなる。母体側に原因のある難産は経産牛にしばしばみられるもので，子宮収縮運動の欠如が主因となる。

胎盤（後産）停滞　牛では産後12時間以上胎盤が停滞するばあいに異常とみなされる。ブルセラ菌，ビブリオ菌，難産，多胎などと関連が深い。子宮機能の回復が遅れると，繁殖・泌乳機能の発現に及ぼす影響が大きくなる。治療は獣医師の手で行なわれるが，抗生物質を子宮内に注入して自然排出を待つ方法が一般に用いられている。

フリーマーチン　異性双子の雌に90％以上発現する奇形（第28図）。双胎児の間に血液交流が行なわれる結果起こるもので，外陰部は正常にみえるが，卵巣は雄性化を起こし，生殖道は両性化を示す。また血液型や性染色体も両性のものを持ちあわせている。

2. 微生物感染による繁殖障害

病原菌または病原虫によるもので，生殖道に病変を起こし，不妊や流産の原因となる。

(1) ブルセラ病

牛のばあいは　ブルセラ　アボルタス菌によって経口感染し，人にも牛乳などを経由して感染する。妊娠牛が本病にかかると絨毛膜に炎症が起こり，胎児への血液供給が減退し，多くは妊娠5か月以降に流産する。胎盤停滞や不妊のばあいにも本病の疑いがもたれる。診断には，菌の分離のほか血清および牛乳の凝集試験が用いられる。処置として，流産胎盤や子宮排泄物の焼却，病牛の殺処分を行なう。予防法としてワクチン接種も行なわれるが，完全な方法とはいえないので，成牛について定期的血液検査を行なう。

(2) ビブリオ病

ビブリオ　フェータス菌によって感染するもので，経路は主として感染雄牛との交配による。症状は，雄牛では外部徴候がなく，雌牛では妊娠4～7か月に流産が多発する。胎盤停滞，発情周期異常，低受胎のばあいにも本病の疑いがもたれる。診断には，菌の分離のほか血清の凝集試験が用いられるが，膣粘液，流産胎児の胎液も材料とされる。予防法としては，精液に抗生物質を添加して人工授精を行なうことが最良である。感染牛に対しては，流産後3か月以上休息を与えると免疫が進み，受胎が正常に回復する可能性がある。雌牛が回復不能のときや感染雄牛については廃用とする。

(3) トリコモナス病

トリコモナス　フェータス原虫によって感染する。雄牛の包皮に棲息するので，自然交配が主な感染経路となる。雌牛が感染すると子宮蓄膿症を起こしたり，妊娠3か月以内に胎児の死亡・分解を起こしたりする。妊娠初期に子宮排泄物があるばあい本病の疑いがもたれる。対策としては，人工授精の導入が第一である。感染雌牛では，子宮排泄物が続いたあと1～2か月間繁殖を休ませると免疫が進む。精液に対する抗生物質の添加も有効であるが，病原虫の影響を100％なくすことはできない。

(4) 子宮疾患

ブルセラ菌，ビブリオ菌などの病原菌やトリコモナス原虫などによる感染も原因となるが，多くは連鎖球菌，ブドウ球菌，大腸菌などによって起こる非伝染性のものである。感染は主として膣経由または授精・産科用器具類の汚染による。

子宮内膜炎は代表的な子宮疾患で，急性症と慢性症があるが，実際には後者が多い。急性症は流産，難産をはじめ，正常分娩のときでも発生する。治療には，子宮洗浄後サルファ剤や抗生物質などの薬液の注入が行なわれる。

子宮蓄膿症は子宮内に膿汁が貯留したもので，牛に多発する。本病と関連のある伝染病はトリコモナス病で，頸管閉塞や子宮の収縮不能によって重症におちいる。卵巣には永久黄体の存在するものが多い。処置としては，エストロジェン注射または黄体除去によって膿汁を排出し，ついで子宮洗浄と薬液の注入を行なう。

3. その他の要因による繁殖障害

(1) 栄養障害

主なものはエネルギーおよび蛋白摂取量の不足によるもので，性成熟遅延や卵巣発育不全を起こす。軽症のばあいは栄養補給によって回復するが，重症のばあいは卵巣発育不全を続けるか，よくても発情周期が不規則となったり，低受胎を起こしたりする。

ビタミン欠乏による障害は乳牛では比較的少ないが，A欠乏によって流産，死産，胎盤停滞の起こる可能性があり，D欠乏によって妊娠牛ではクル病の子牛が生まれることがある。

ミネラルのうちではリン欠乏が比較的乳牛に起こりやすく，性成熟，発情周期，受胎に影響が及ぶとみられている。

(2) 温度障害

環境要因のうち，温度による負荷は乳牛の繁殖機能に大きな影響を及ぼす。とくに高温環境は雄牛に対して造精機能障害を起こすが，雌牛でも発情時間が短縮したり，発情徴候が不明瞭になったりする。また受精が成立しても胚死亡が増加する。一方，高温の影響ほど著しくないが，低温環境下でも繁殖機能の低下が認められている。

執筆　正木淳二（東北大学）

1988年記

文　献

（関係図書を中心に紹介する）

ADAMS, C. E.（編）. 1982. Mammalian Egg Transfer. CRC Press, Boca Raton.

AUSTIN, C. R. and R. V. SHORT. 1972, 1976, 1979, 1980. Reproduction in Mammals. 1, 2, 3, 4, 5, 6, 7, 8, Cambridge Univ. Press, London.

────── and ──────. 1982, 1984, 1985, 1986. Reproduction in Mammals. 2nd ed. 1, 2, 3, 4, 5, Cambridge Univ. Press, Cambridge.

BRACKETT, B. G., G. E. SEIDEL, Jr. and S. M. SEIDEL（編）. 1981. New Technologies in Animal Breeding. Academic Press, New york.

COLE, H. H. and P. T. CUPPS（編）. 1969. Reproduction in Domestic Animals. 2nd ed. Academic Press, New York.

FOLEY, R. C., D. L. BATH, F. N. DICKINSON and H. A. TUCKER. 1972. Dairy Cattle. Lea & Febiger, Philadelphia.

FRASER, A. F. 1971. Animal Reproduction. Tabulated Data. Baillière Tindall, London.

GORDON, I. 1983. Controlled Breeding in Farm Animals. Pergamon Press, Oxford.

HADLEY, M. E. 1984. Endocrinology. Prentice-Hall, Englewood Cliffs.

HAFEZ, E. S. E.（編）. 1987. Reproduction in Farm Animals. 5th ed. Lea & Febiger, Philadelphia.

HAMMOND, J. Jr., I. L. MASON and T. J. ROBINSON. 1983. Hammond's Farm Animals. 5th ed. Arnold, London.

HUNTER, R. H. F. 1982. Reproduction of Farm Animals. Longman, New York.

星冬四郎（編）．1968．繁殖学辞典．文永堂，東京．
入谷明・正木淳二・横山昭（編）．1987．家畜家禽繁殖学．改訂版．養賢堂，東京．
金川弘司編著．1988．牛の受精卵(胚)移植法．近代出版，東京．
加藤浩・星修三・西川義正（編）．1973．新家畜繁殖講座 I，II，III．朝倉書店，東京．
LAING, J. A. 1979. Fertility and Infertility in the Domestic Animals. 3rd ed. Baillière, London.
MANN, T. and C. LUTWAK-MANN. 1981. Male Reproductive Function and Semen. Springer-Verlag, Heidelberg.
正木淳二・富塚常夫・広江一正．1964．家畜精子のプラズマロジェン含量について．日畜会報，35 特別号，67-74．
永瀬弘．1974．牛精液の錠剤化凍結法の開発とその効果．畜試年報 14, 121-141．
内藤元男（監修）．1978．畜産大事典．養賢堂，東京．
日本家畜人工授精師協会（編）．1984．家畜人工授精講習会テキスト（改訂版）．日本家畜人工授精師協会，東京．
_____．1985．家畜人工授精講習会テキスト（家畜受精卵移植編）．日本家畜人工授精師協会，東京．
西川義正．1951．家畜人工授精法．養賢堂，東京．
_____（監修）・飯田勲（編）．1972．哺乳動物の精子．学窓社，東京．
丹羽太左衛門・桝田精一・西川義正・吉岡善三郎．1970．家畜の人工授精．改訂版．明文書房，東京．

野口弥吉・川田信一郎（監修）．1987．農学大事典．養賢堂，東京．
PERRY, J.(編)．1968. The Artificial Insemination of Farm Animals. 4th ed. Rutgers Univ. Press, New Brunswick.
ROWSON, L. E. A., R. A. S. LAWSON and R. M. MOOR. 1971. Production of twins in cattle by egg transfer. J. Reprod. Fert. 25, 261-268.
SALISBURY, G. W. and N. L. VAN DEMARK. 1961. Physiology of Reproduction and Artificial Insemination of Cattle. Freeman, San Francisco.
佐々木清綱（監修）．1964．畜産大事典．養賢堂，東京．
菅原七郎（編）・佐久間勇次・正木淳二（監修）．1986．図説 哺乳動物の発生工学実験法．学会出版センター，東京．
鈴木達行．1987．ウシの胚移植に関する開発的研究．家畜繁殖誌 33, 11p-23p.
鈴木善祐・高橋迪雄・堤義雄・豊田裕・入谷明・正木淳二・横山昭・森純一・古賀脩．1988．新家畜繁殖学．朝倉書店，東京．
SUGIE, T. 1965. Successful transfer of a fertilized bovine egg by nonsurgical techniques. J. Reprod. Fert. 10, 197-201.
TURNER, C. D. and J. T. BAGNARA. 1976. General Endocrinology. 6th ed. Saunders, Philadelphia.
山内亮（編）．1978．家畜繁殖学最近の進歩．文永堂，東京．

高泌乳牛の繁殖生理

1. はじめに

育種改良によってもたらされた高泌乳化に伴い，21世紀を迎えた乳牛の繁殖性は大きく変化している。育成牛では体格の向上により，初産分娩を早めることが可能となった。一方，泌乳期にある乳牛（経産牛）では，分娩後の繁殖性が低下し続けており，初回授精の遅れや授精回数増加の結果，分娩間隔は延長している。

こうした乳牛の繁殖性低下は，世界的にも大きな問題となっており（Lucy, 2007），将来的には，よりいっそうの悪化が懸念される。泌乳していない乳用育成牛の受胎性に大きな変化はないことから，近年の持続的な高泌乳化は，繁殖性の低下に影響しているのはまちがいない。原因として，北米ホルスタイン遺伝子の導入による高能力化が関わっていると推測されるため，長期的には育種学（遺伝学）的解決，すなわち，改良面での対策が重要である。一方で，酪農生産を持続的に維持していくためには，高泌乳化した乳牛の繁殖生理を理解したうえで，可能な限り良好な繁殖性を維持することが求められる（坂口，2007）。

2. 繁殖性について考える前に

遺伝的背景，つまり高能力化による乳牛繁殖性の低下については，国レベルの大きな集団では明らかであるが，個々の牛群単位では必ずしも一様ではない。たとえば，管理の行き届いた高泌乳牛群では，問題を多く抱える低泌乳牛群よりも繁殖性がよい，という事例は珍しくない。これに関連して，高泌乳牛群では乳量が上がると繁殖性は下がる，という負の相関があるが，低泌乳牛群ではそのような関係は認められないという報告もある。ある牛群が低泌乳であるということは，遺伝的能力に差がないとすれば，高泌乳牛群と比べて牛群管理のレベルが低いことを意味する。管理レベルが低いために，低泌乳牛群では本来の遺伝的な能力を発揮することができず，また健康状態に問題を抱える牛も多くなる。結果的に，繁殖性は乳量に左右されることなく，もっぱら，個体の健康状態の影響をうける。つまりこのような牛群では，乳量以前の問題が繁殖性を規定している。

いいかえると，国レベルなどの大きな集団でみれば，遺伝的な要因による，平均値としての繁殖性の低下は明らかである。しかし，個々の農家のようなより小さな集団（牛群）では，遺伝的背景よりも飼養条件などの環境因子が，繁殖性に大きく影響している可能性がある。つまり，乳牛繁殖性の維持あるいは向上について考えるとき，国レベル，地域レベル，牛群レベル，個体レベルで同一の尺度を当てはめることはできないのである。これは高泌乳牛の繁殖性低下に関する議論が，往々にして混乱する大きな原因であろう。

3. 乳量と分娩間隔

乳量増加（高泌乳化）と分娩間隔の推移について，第1図でみてみよう。これは1980（昭和55）年から2005（平成17）年までの，乳検データにもとづいた北海道での変化である。乳量は1980年代初頭から2000年代前半まで直線的に増加しており，平均すると年当たり100kg以上増えてきたことがわかる。これに対し，分娩間隔は1984年から1993年の10年間は400日以下であったが，これ以降増加基調に転じ，2005年には426日に達した。1990年の394日からみると，毎年平均で2日ずつ延長している。この間，平均乾乳日数は大きく変化していない。このため，分娩間隔の延長は，そのまま泌乳日数の増加に反映されて

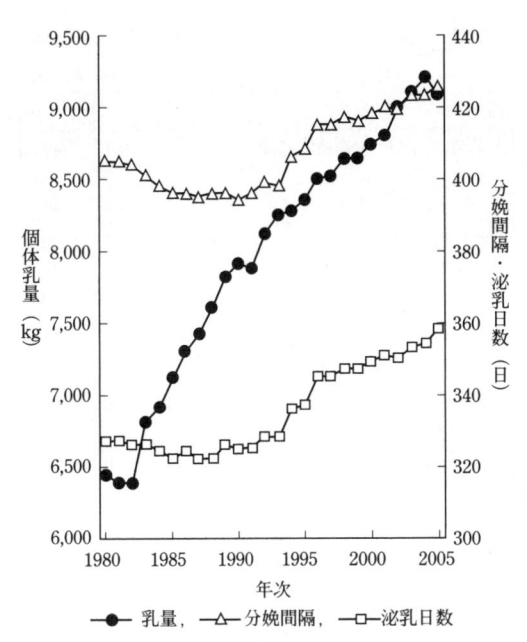

第1図　乳量・分娩間隔・泌乳日数の年次別推移
（家畜改良事業団，北海道酪農検定検査協会）

いる。ここで注目したいのは，分娩間隔の延長は，急激な乳量の増加開始よりも遅れて始まっていることである。このことについては後に再考する。

4．1年1産は必要か

乳牛・肉牛を問わず，牛の理想的な分娩間隔は365日とされてきた。肉牛ではこの目標は変わりようもなく，可能な限り短いほうが生産性は高くなる。一方，乳牛では子牛生産よりも乳生産を主な目的とする。牛群検定成績は305日乳量で表示されているにもかかわらず，21世紀を迎えた乳牛では，305日平均乳量が9,000kgに到達すると同時に，搾乳日数も350日を超えた。これらの数字から明らかなように，1年1産，すなわち平均空胎日数85日は，もはや現実的な目標とはいえない。また，総乳量が増えるということは，泌乳末期の1日乳量が増えるということでもある。高泌乳牛で分娩間隔を365日に近づけることは，まだ十分に生産可能な時点での乾乳を意味し，必ずしも生産性の向上にはつながらない。

しかし，乳量増加に伴い，分娩間隔も延長し続けるという傾向が続けば，酪農経営の大きな不安定要因となることは避けられない。

では，酪農経営で最適な分娩間隔とは，一体どのくらいなのであろうか。搾乳牛では，個体販売を別にして考えると，牛群の乳代から，えさ代などの経費を差し引いた利益が最大となる日数である。乳量は，飼養管理方法や乳牛の泌乳曲線の特性など，互いに影響しあう多くの要因によって決まるため，最適な分娩間隔を一律に決めることは不可能に近く，また現実的でもない。1日3回搾乳の条件下ならば，分娩間隔を18か月としても，12か月の分娩間隔で1日2回搾乳よりも生産性は高いという報告もある。つまり，最適な分娩間隔は，それぞれの酪農家の経営方針および管理形態によって，大きく異なるものである。したがって，経営状況にあわせた分娩間隔の目標設定が必要となる。

これについては，1年1産を目標に，分娩間隔が1日延長すると一律に千数百円の損失，というような，わかりやすいが現実離れした指導もされてきた。この数字は，分娩間隔の延長問題が顕在化した1990年代前半のかなり大まかな試算にもとづいている。しかし，高泌乳牛ではこのように単純な状況はもはやあり得ず，分娩間隔と経営収支との関係について，より詳細に調査したうえで，分娩間隔延長の得失を考えねばならない。乳量が増えたり購入飼料価格が高騰したりすれば，最適な分娩間隔も変わってくるからである。

5．分娩後の繁殖機能回復

高泌乳の系統でも，育成牛の繁殖性に大きな変化はないことから，泌乳期間中の受胎能力の回復が問題となる。そこで，北海道農業研究センター（北農研）の搾乳牛50頭について，分娩後の繁殖性を卵巣機能の回復を中心に調べた（坂口，2004；Sakaguchi et al., 2004）。第1表には，これら50頭の生産性と繁殖性の，平均値および範囲を示してある。乳量は初産牛で8,000kg，経産牛（2産以上）で11,000kg弱と，ある程度の

乳牛の生理

高泌乳を達成した牛群である。

(1) 分娩後の排卵と発情回帰

超音波診断装置で、卵巣と子宮を、分娩から初回の人工授精（種付け）まで観察した。最初の排卵（初回排卵）は、平均31日でみられるが、最も遅い2頭では79日だった。通常は21日前後で繰り返される排卵の間隔は、以前からいわれているように最初の周期で短いが、3回目の排卵までに正常の長さに戻った。次に発情回帰については、50頭中30頭（60％）で、2回目の排卵までに最初の発情（初回発情）を観察した（第2図）。残り20頭中、17頭は3回目の排卵で発情したが、3頭（6％）は3回目の排卵も無発情で、4回目になってはじめて発情を確認した。乳牛の分娩後の初回発情までの日数は、35日くらいといわれてきた。しかし、高泌乳化した北農研の牛群では、平均で55日、8頭（16％）では80日以降となり、100日を超えるものもあった。

肉牛では普通、いったん発情が回帰した後は周期的な発情が繰り返される。乳牛でもかつては同様だったと思われる。ところがここまで述べたように、調査した50頭では4回目の排卵までに発情が回帰したが、これら50頭のうち7頭（14％）では、初回発情の次の排卵は発情を伴わなかった（第2図、灰色部分）。これは、発情回帰後の「無発情への回帰」ともいえる状況であり、泌乳最盛期としばしば重なっていた。つまり、高泌乳牛では、分娩後の発情回帰を確認できても、その次に予定される時期に、必ずしも再度発情がみられるとは限らないのである。このように、経産牛で乳量10,000kg前後の高泌乳牛群では、分娩後最初の排卵や発情がかなり遅

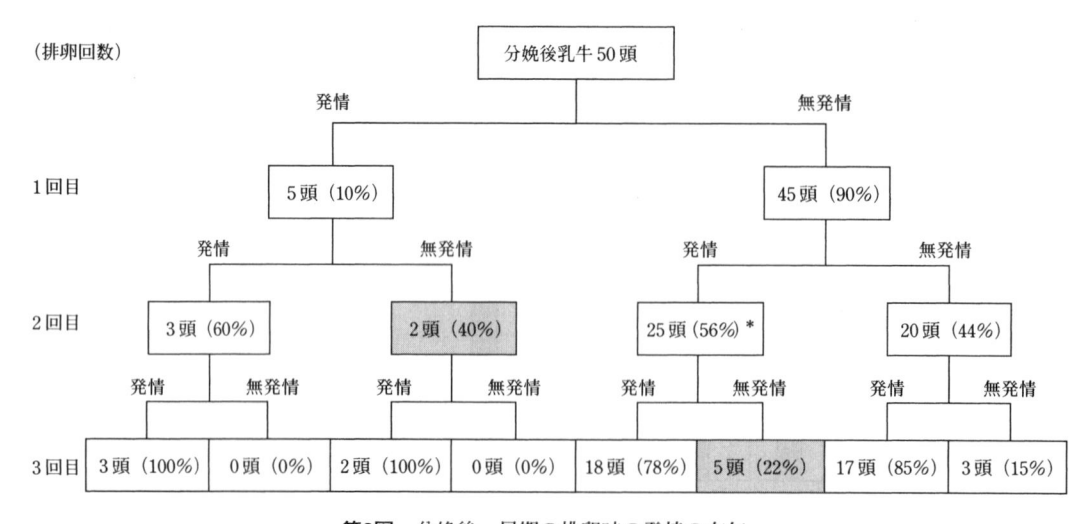

第1表 分娩後乳牛50頭の生産性と繁殖性のまとめ

項　目	平　均	最　小	最　大
産　次	2.18	1	7
日乳量(kg/日,分娩後10週間)	35.8	24.1	49.7
うち初産牛（26頭）	30.0	24.7	39.0
うち経産牛（24頭）	42.0	24.1	49.7
305日乳量（kg）	9,265	5,847	13,718
うち初産牛（26頭）	7,932	6,348	10,325
うち経産牛（24頭）	10,708	5,847	13,718
分娩時のBCS	3.14	2.14	3.77
分娩後のBCS減少の最大値	0.47	0.13	1.28
初回排卵日	30.9	10	79
初回卵巣周期	15.8	6	26
無発情排卵回数	1.36	0	3
初回発情日	55.2	21	107
初回授精日	71.5	45	129
受胎に要した授精回数（45頭）	1.62	1	4
空胎期間（45頭）	89.6	45	168
調整した空胎期間（50頭）＊	96.2	45	191

注　＊不受胎牛は最終授精＋21日として計算

第2図 分娩後、早期の排卵時の発情の有無

＊このうち2頭は2回目排卵前の発情時に人工授精し受胎した

くなることも珍しくなく，発情回帰後の無発情排卵もしばしば起こる。したがって発情回帰について，乳量5,000kg程度の時代にいわれていたことが，高泌乳牛には必ずしも当てはまらないことに注意が必要である。

（2）分娩後の初回排卵・発情時期に影響する要因

第3図には，分娩後最初の排卵・発情時期に影響する要因についてまとめた（坂口ら，2003）。

第3図左のグラフでは，分娩後10週間の平均日乳量をもとに，低（20kg台），中（30kg台）。高（40kg台）の3つの群に分けて比較した。低乳量群で初回排卵が明らかに早い（平均20日）ことが読み取れるが，中および高乳量群間ではほとんど差はない（35日および37日）。また，乳量水準が上がるにしたがい，初回発情の時期が43日，58日，65日と，遅くなることもわかる。乳量と初回排卵時期の関係については，多くの報告があるが，影響があるかないかについて，意見は分かれている。これには，試験を行なう際の飼養条件（とくにエネルギー充足）や，試験牛の乳量水準が影響しているのだろう。初回発情時期については，高乳量の牛で遅れる，という報告が多く，北農研での結果もこのことを裏付けている。

第3図中央のグラフでは，初産牛と2産以上の牛（経産牛）を比較した。初回排卵時期は，経産牛で初産牛よりも平均で9日遅く，初回発情は15日遅い。これとは逆，つまり初産牛で排卵・発情が遅れるという報告もあるが，初産牛が食い負けするような飼養環境が原因だろう。

牛では性腺刺激ホルモンの変動により，季節によって卵巣機能は異なるといわれているので，第3図右のグラフには分娩季節（夏・冬）による違いを示した。冬期分娩牛の初回発情は夏期に比べて2週間遅かった。初回排卵時期は夏・冬に違いはないことから，少なくとも北海道の冬期では，無発情排卵の発生率が夏期よりも高いことがわかる。

6. 高泌乳牛の繁殖性

1970年代前半に，「初回授精までの発情回数が多いほど受胎性が高い」と報告されて以来，発情の前提となる初回排卵は，早ければ早いほどその後の受胎性も良好である，とされてきた。排卵が早く起これば発情も早まり，その結果，初回授精までの発情回数も多くなる，という考えである。したがって，高泌乳の影響で初回の排卵が遅れると発情も遅れ，初回の受胎率も下がるため，分娩間隔は延長すると説明されてきた。しかしその後，初回排卵の早さは必ずしも早期の受胎には結びつかない，という報告もみられるようになった。また，生産現場での高泌乳の影響に関して，高泌乳牛では障害があっても可能な限り繁殖を試みるが，低泌乳牛では早期に淘汰されやすい，という米国での統計的な調査もある。この報告によると，高泌乳牛については遅くまで受胎をあきらめないため，繁殖性は見かけ上低下しているが，最終的に乳量が繁殖性（分娩間隔）に与える影響は小さいという。

北農研の牛群ではどうだろうか。第2表に初回排

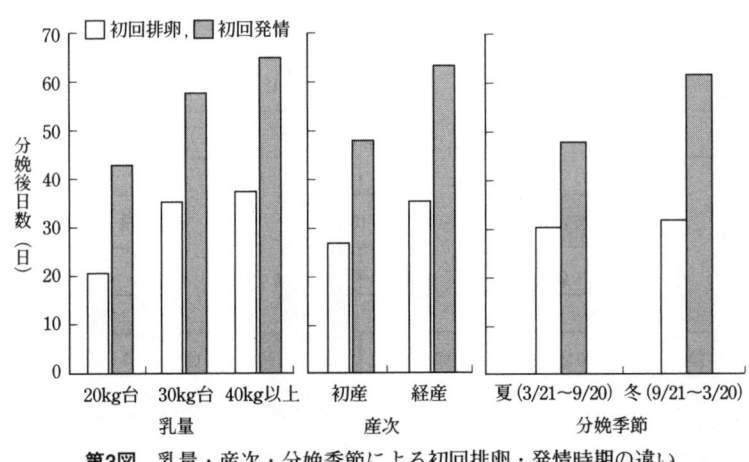

第3図 乳量・産次・分娩季節による初回排卵・発情時期の違い

卵の時期別に繁殖性をまとめた。ここでは，分娩後3週（21日）以内の初回排卵を「早い」，7週（43日）以降を「遅い」とし，4～6週（22～42日）をその「中間」とした。確かに，初回排卵が早いほど，初回発情および初回授精の時期も早い。しかし，最終的な妊娠率は初回排卵の早い群で低くなった。また，受胎までの授精回数は，初回排卵の遅い群で少なかった。不受胎牛を除いた場合の受胎までの日数（空胎日数）は，初回排卵の早い群で平均81日と短いが，不受胎牛も加味した平均では，遅い群と変わらなかった。初回排卵の早い群で予想以上に繁殖性が低いのは，早い時期の初回排卵により，子宮の修復が遅れるためかもしれない。子宮の修復期と黄体期が重なることにより，黄体から分泌されるプロジェステロンが，修復期の子宮に悪影響を及ぼすからである（第4図）。これを裏付けるように，初回排卵の早い群では，左右子宮角の断面の直径が，妊娠前の状態に戻るのが遅れる傾向にあった（第2表，子宮角径修復日）。

この試験では，分娩後最初の人工授精を45日以降に設定した。このため，初回排卵・発情の早い牛では，2回目以降の発情で最初の人工授精となることが多かった。そこで，人工授精時の発情回数と受胎率の関係を調べた。第5図に示すように，分娩後初回の発情時に最初の授精をしたときの受胎率は，2回目以降の発情時の授精と比較して高かった。やや早い初回発情を見送ることにより，受胎率が下がったともいえる。見方を変えると，北農研の牛群では初回排卵が早い牛では初回発情も早く，2回目以降の発情から授精を始める割合が高くなり，受胎率は初回発情時の授精よりも低かったため，授精回数が増えて空胎日数を長くしたとも考えられる。

以上の結果から，研究機関の牛群のように，

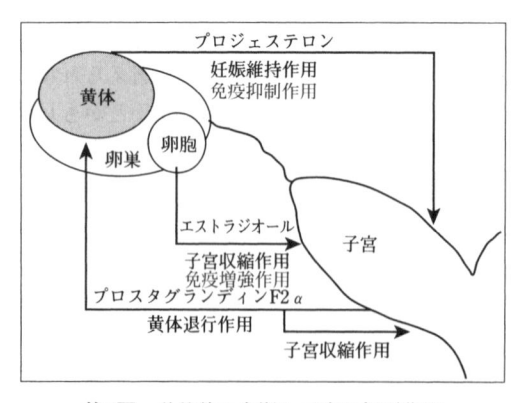

第2表　初回排卵時期別の繁殖性

初回排卵時期	早 ≦ 21日	中 22～42日	遅 ≧ 43日
頭　数	20	18	12
日乳量（kg/日）	31.7	37.2	40.5
分娩時のBCS	3.08	3.14	3.25
分娩後のBCS減少の最大値	0.42	0.48	0.55
初回排卵日	16.6	30.0	56.1
初回発情日	44.6	52.8	76.3
無発情排卵回数	1.50	1.28	1.25
子宮角径修復日	19.0	18.2	15.2
初回授精日	63.2	69.3	88.8
受胎頭数（％）	15（75）	18（100）	12（100）
受胎に要した授精回数（45頭）	1.73	1.78	1.25
空胎期間（45頭）	80.6	90.0	100.2
調整した空胎期間（50頭）*	99.4	90.0	100.2

注　＊不受胎牛は最終受精＋21日として計算

第4図　分娩後の卵巣と子宮の相互作用

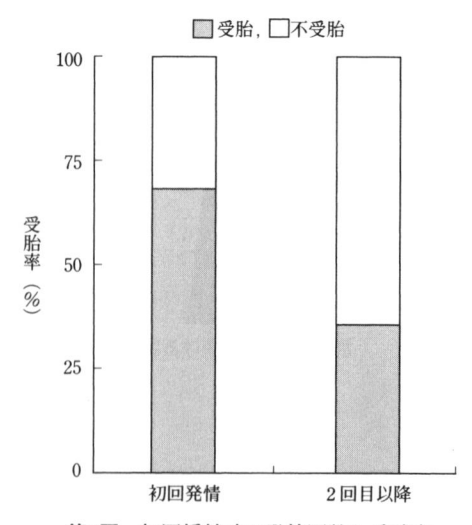

第5図　初回授精時の発情回数と受胎率

管理のよい条件下では，少なくとも経産牛で11,000kg程度の牛群ならば，平均値としての1年1産は可能であることがわかった。しかし，この結果は牛の卵巣の状況を常に把握し，1日2回以上の発情観察を厳密に実施して，適期授精に努めた結果である。つまり，90日の平均空胎日数（370日程度の分娩間隔）は，高泌乳牛群での下限値と考えてよいだろう。また，このように管理の良い条件下では，初回の排卵や発情が多少遅れても，確実に発情を見つけ，適期に授精すれば，平均分娩間隔を400日未満に保つことは十分可能であるといえる。実際の生産現場では，このように厳密な繁殖管理は難しいが，可能な限り近づけることが繁殖性向上につながる。発情発見精度が低ければ低いほど，初回排卵時期の遅れは不適期の授精とともに，空胎期間の延長をもたらす。したがって，高泌乳に対応しきれていない飼養管理や，発情発見率の低下，不適期授精などの程度に応じ，牛群の空胎日数（分娩間隔）は延長してしまうのである。

7. 遺伝的背景と飼養管理

第6図は，これまで述べた高泌乳化に伴う変化について，模式的にまとめたものである。高泌乳化を達成した牛群では，ほんのささいな飼養管理の失宜により，すべての面でバランスを崩しやすい状態にある。前に述べたように，乳量の急上昇は1980年代に始まったにもかかわらず，分娩間隔はこれに遅れて，1990年代から延長が始まっている。このことは，1980年代の乳量上昇に対しては，まだバランスを崩す牛群は増えておらず，1990年代にいたって，耐えられなくなった牛群が増え始めた，ということかもしれない。もちろん，多頭化の進展やフリーストールの導入など，酪農経営側の要因も関わっているだろう。

一方で北農研の牛群での調査結果からわかるように，栄養管理を中心とした牛群管理が高泌乳に見合った適切なものであれば，繁殖性を損なうことなく，より高い生産性を追求することは，当面可能かもしれない。ただし，「適切」の

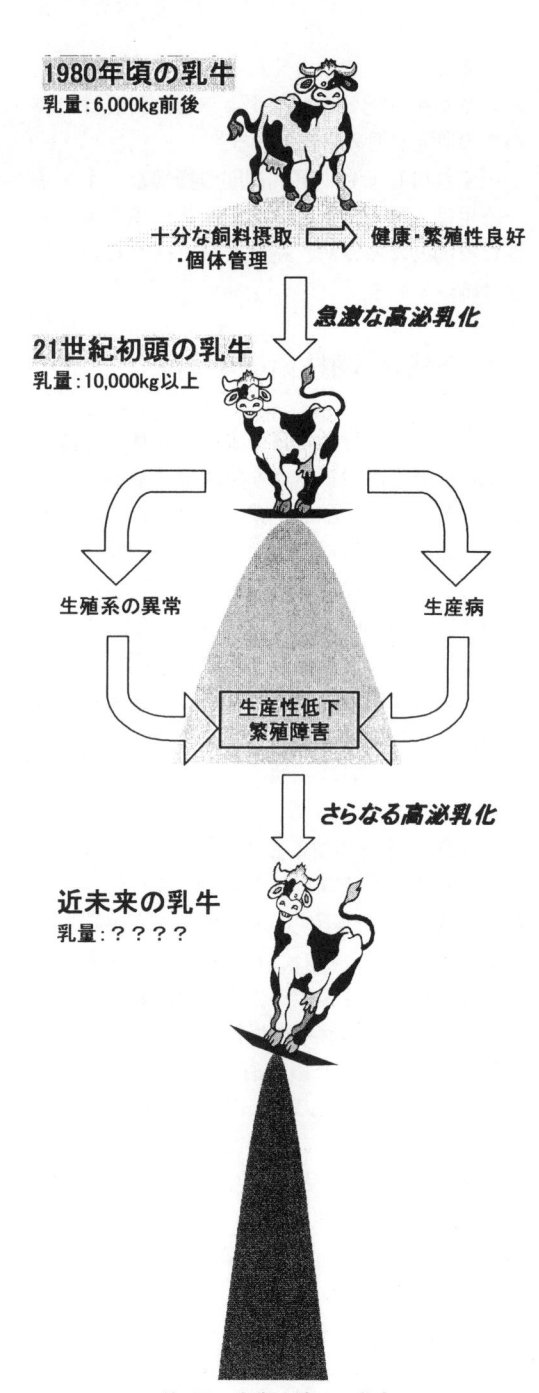

第6図 変化し続ける乳牛

範囲は，乳量の増加とともにますます狭くなっていくことだけは確かであり，高泌乳の追求がこれまでどおりに続けば，よりいっそう狭くなることは避けられない（第6図）。

ホルスタイン種を中心とした高泌乳牛の繁殖性の低下について，世界各国で共通しているのは，乳量増加の目的で北米の遺伝子を導入したことである。日本よりも遅れて北米遺伝子を導入した英国やニュージーランドでの調査結果から，北米遺伝子導入による乳量の増加は，遺伝的な繁殖性の低下を伴っていることがわかった。したがって，高泌乳牛の繁殖性の問題を解決するには，育種（改良）システムを，何らかの形で繁殖性を選抜形質に取り入れたものに変えていく必要がある。また，効率的な改良のためには，繁殖性低下をまねいている遺伝的な実体を，分子生物学的に明らかにすることも必要である。しかし，こうした取組みには長い時間が必要であり，目前の問題の解決には間に合わない。

飼養管理の面から考えると，分娩後の急激な乳量の上昇に飼料摂取量が追いつかない，いわゆる負のエネルギーバランスの問題は，繁殖性低下の重要な要因の一つである。しかし，どの程度の負担になると繁殖性に悪影響を及ぼすか，という重要な点についてははっきりしていない。また，個体差や系統間差も大きいだろう。哺乳動物では，分娩後の授乳期に負のエネルギーバランスに陥ることは生理的な現象である。要は程度の問題であり，産子を養うのに必要な量の10倍もの乳生産を，遺伝的に背負わされているのが高泌乳牛である。その結果泌乳初期の乳牛は，体脂肪を削って乳生産にあてている。

対応策として，乾乳末期から泌乳最盛期にかけて，できる限り多くのエネルギーを，その他の必要な栄養分とともにバランス良く摂取させることが推奨されてきた。しかし，高泌乳牛では増給されたエネルギーも脂肪組織には回らずに，乳生産に振り向けられてしまうのではないか，という指摘もある（Lucy, 2007）。つまり，高泌乳牛では乳生産が最優先されるようにプログラムされ，摂取飼料の多寡にかかわらず，体脂肪を削って泌乳するのは避けられない，という考えである。この考えにそって，脂肪組織へのエネルギー配分を増やすような飼料設計についての研究が進められている。

いずれにしても，泌乳初期の極端なエネルギー不足は，繁殖障害も含めた産後疾患発生の大きな原因となるため，避けなければならないことは確かである。

8. 繁殖補助技術の利用

長期的には，育種改良による繁殖性の維持・向上が，有力かつ根本的な解決策であるが，短期的な対応策も，酪農産業の持続性にとって重要である。すでに述べたように，高泌乳化に伴い，分娩後の発情回帰は遅れ，初回発情後の無発情状態への回帰もしばしばみられる。これらのことに加えて，高泌乳牛の発情に関してはもう一つ大きな問題がある。それは，発情行動の微弱化と，発情持続時間の変化である。

牛の発情の定義は，他の牛に乗られても逃げないでいる状態，すなわち，スタンディング（被乗駕）行動を示すことである。このスタンディングがまったくみられないか，みられても少ない回数を短時間示すのみの牛が，高泌乳牛で増えている。これらのことから，分娩後あまり早くない時期に発現する，数少ない発情の機会を的確にとらえて適期に授精することは，分娩間隔延長を止めるために有効である。ただし，ここで注意すべきなのは，発情持続時間，つまり発情開始と終了の定義である。スタンディング行動を基準にすると，明らかに発情持続時間は短くなっている。しかし，マウンティング（乗駕）行動など，他の発情徴候についても同様に短くなっているのだろうか。これについては，第2-①巻基本技術編「高泌乳牛の授精適期の判断」（技154の2〜154の7ページ）で詳しく述べる。

発情回帰が遅れ，かつ行動自体はっきりしない，という牛側の要因と，多頭化などによる発情観察時間の不足，という経営側の要因が重なっている状況で，どのような対応策があるだろうか。繁殖管理については，大きな分かれ道にあるといえるだろう。個体管理の徹底という，

かつての原則に戻るか，それとも，米国を中心に開発された，ホルモン剤を用いた定時授精に進むかである。後者は，発情を見つけにくいのならば，見つけなくてよい方法をとる，つまり個体管理を捨て，発情監視を必要としない繁殖管理に向かう方向である。発情発見に十分な時間をとることが不可能なメガファームなど，多頭化が進んで群管理しか方法のないケースでは，定時人工授精技術の導入は，それなりの効果を期待できるだろう。ホルモン剤投与の費用は，わが国では米国と比較するとかなり高価だが，採算に合うような導入方法，条件はあるはずである。しかし，100頭未満の中小規模の家族経営ではどうだろう。たとえ経費的な面はクリアーできても，繁殖を含めた個体管理を放棄するのは，酪農家の技術力の維持も含め，将来的に深刻な問題になるだろう。

そこでもう一つの方向性として，省力的な発情発見補助器具を使って，なんとか発情を見つけ，繁殖の個体管理を維持していくという道がある。これにはスタンディング行動を自動的に検出する方法と，歩行数の自動計測から，発情時の行動量の増加をとらえる方法とがある。発情監視の省力化になるだけではなく，観察の困難な夜間の発情を見つけることも期待できる。これらの方法については，基本技術編「高泌乳牛の授精適期の判断」で詳しく述べる。

9. おわりに

以上みてきたように，乳牛の高能力化は繁殖性に大きく影響しており，単純な乳量の増加路線がとられる限り，この傾向は続いていく。また，短期的には，適正な栄養管理の徹底や，ホルモン剤の治療目的以外での使用，あるいは自動監視装置による省力的な発情監視技術により，ある程度の対応は可能である。しかし，問題の根底にあるのが，高泌乳牛の遺伝的な要因である以上，高乳量が繁殖性を阻害する遺伝的なメカニズムの解明，それをうけての選抜方法の改良は，長期的に重要な課題である。

執筆　坂口　実（(独)農業・食品産業技術総合研究機構北海道農業研究センター）

2007年記

参考文献

Lucy, MC. 2007. Fertility in high-producing dairy cows: Reasons for decline and corrective strategies for sustainable improvement. Reproduction in Domestic Ruminants Ⅵ（Society for Reproduction and Fertility Vol. 64）. Nottingham Univ. Press. pp.237—254.

坂口実ら．2003．産次，分娩季節，乳量およびボディーコンディションスコア低下が分娩後乳牛の繁殖性に与える影響．北海道畜産学会報．**45**，33—40．

坂口実．2004．分娩後乳牛の繁殖生理と受胎性の関係．酪農ジャーナル2003年度臨時増刊号．87—101．酪農学園大学エクステンションセンター．

Sakaguchi, M. *et al*., 2004. Postpartum ovarian follicular dynamics and estrous activity in lactating dairy cows. J Dairy Sci. **87**（7），2114—2121.

坂口実．2007．乳牛繁殖性の現状と将来展望．畜産の研究．**61**（1），75—80．

泌 乳 生 理

　牛乳は乳腺で産出される。乳腺は胎児のとき，表皮から分化してできた皮膚に付属する外分泌腺で，牛乳は乳腺の分泌物である。

　乳腺のはたらきは，子を産むという母体のはたらきと密接に関係し，それは生殖のしくみの一部となっている。ほかの外分泌腺，たとえば唾液腺とか消化腺などは，長期間にわたりはたらきを休むことはないが，乳腺は子を産むことがなければ分泌活動はいつまでも休止したままになる。牛が妊娠してはじめて乳腺は分泌活動にそなえて発達し，分娩してはじめてはたらき始める。

　産まれたばかりの子にとって，母乳は唯一の栄養源であり，母体はみずからが摂取した栄養素を母乳につくり変えて子に栄養を供給する。この母体のはたらきは，とりもなおさず乳腺による乳汁分泌であって，それは母体の栄養に関するはたらきの重要な部分を占めることになる。とくに乳牛のばあいは，人類が飲食物として利用するために遺伝的改良が積み重ねられた結果，子牛が必要とする乳量をはるかに上回る牛乳を生産するから，乳汁分泌における栄養の側面は，乳牛の栄養要求量の問題として飼料と栄養学の大きな問題となっている。

　子は哺乳によって母体から乳を吸う。哺乳は母体側の授乳と，子の吸乳との双方により成立する。母体から乳を子が飲むとき，それはただ母親が子の接近を受け入れて，乳頭を子が口にふくみ，吸乳するにまかせるにとどまらず，それに応じて乳腺内にたまっている母乳を積極的に圧をかけて排出する母体側のはたらきを伴っている。

　乳牛ではミルカーで搾乳して，母体から牛乳を搾るが，そのさい，ミルカーの一方的な吸引力で乳房から牛乳が搾られるのではなく，同時に乳牛はみずから乳房内圧を高めて，乳腺内にたまっている牛乳を積極的に排出している。

　泌乳生理は以上のような乳腺の乳汁分泌についての生理的なしくみがその内容である。それらを理解するため一般生理のほか，形態学や内分泌，生化学などが総合的にかかわってきている。

乳房の構造とはたらき

1. 乳房と分房

　子牛を産むと母牛は，毎日多量の牛乳を出しはじめ，そのはたらきは10か月あるいはそれ以上にわたって絶えずつづけられる。搾乳のすぐ後で計っても，乳房の重さは20〜30kgに達し，そこで1日24時間に乳房重量とほぼ等しいか，それよりもう少し余計の牛乳が生産される。

　乳房は4分房に分かれ，それらは互いに密接しながらも独立していて，各分房で生産された牛乳が別々の乳頭から排出される。左右の分房は，重い乳房を腹筋にしっかりとひきつけている中央支持靭帯によって，それらの間をはっきりと区分けされているが，前後の分房の境界は肉眼では不明である(第1図)。通常，後ろの分

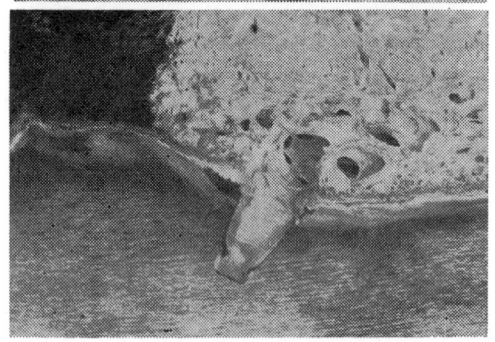

乳牛の生理

第1図 乳房の断面
上：色素注入によって前（写真の左方），
後（右方）の分房の境界を明らかにした
下：上の写真の乳槽，乳頭部の拡大

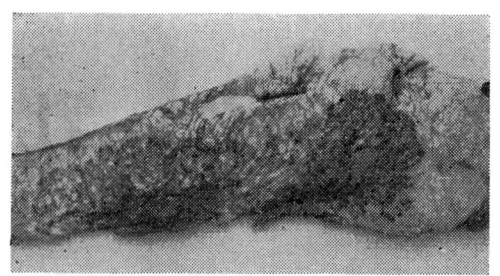

第2図 育成期雌牛の乳房（12か月齢）
乳房部位の脂肪組織内に，前後の
分房の実質組織がひろがっている

房は，前の分房に比べてやや大きいが，左右はほぼ対称である。

4分房の乳量を比べると，乳牛によってはこのような前後左右の大きさの関係が変化しているものがある。たとえば1分房が乳房炎にかかれば，その分房の乳量は減少するが，ほかの分房は必ずしも同時に乳房炎にかからないので左右対称でなくなる。

2. 乳房の血管系

乳腺で生産される牛乳の原料はすべて，そこを環流する血液から乳腺に供給される。1 l の牛乳が乳腺で生産される間に乳腺を環流する血液量は，その約500倍であることが知られている。したがって，30kgの牛乳を生産している牛の乳房には，1日約15 t の血液が環流していることになる。

乳房に血液を送る1対の太い動脈は，後肢のつけねの内側の鼠蹊輪で腹壁を通って乳房に入るので，この血管は外部からは見えない。動脈は乳房内で枝分かれしてゆき，ついには毛細血管網となって，それが乳腺胞の周囲に分布したあと，再び細静脈に集まって動脈と並行する1対の太い静脈となり，鼠蹊輪を通って乳房を出る。そのほかに，腹部皮下には，外観上も目立つ乳静脈が走り，静脈血はまたこの静脈を通って乳房を出ていく。

乳腺はもともと，汗腺と同様な皮膚に付属する腺の一つで，皮膚と腹筋の中間にはさまれた形をとり，そこに分布する動脈や静脈，神経やリンパ管は，本来はその部位の皮膚や皮下組織に固有のものである。したがってそれらは，泌乳牛でも未経産牛のばあいと同じものである。ただ，泌乳期には乳腺に送られる血液量が著しく増加するために，血管の著しい拡大と変形とが起こっている。乳静脈はことにその拡大と変形が目立って外からも見える静脈である。

静脈血は，乳牛が立っている姿勢ならば，乳静脈を通って乳房から前方へと流れ，胸壁を通って，大静脈に合流する経路によって心臓に戻る。したがって乳牛では，静脈血の流れは主にこれによるとみられるが牛が座っている姿勢では，乳静脈が圧迫され，静脈血は，鼠蹊輪を通る静脈からも心臓に戻る。

3. 乳腺の構造の変化

乳腺の発達を牛の一生について眺めると，体長がまだ約15cmくらいの胎児の時期にはすでに，下腹部に乳頭ができている。生後，乳房と乳頭とは，体全体の成長と並行して発育するが，性成熟期に達して性周期がくりかえされるようになると，性腺機能の影響によって，乳房部分の皮下に厚く脂肪が蓄積するようになり，同時に乳腺実質組織である乳管系が，脂肪組織の中に伸び広がって発達する。

しかし，妊娠しなければ，乳腺胞は形成されない。妊娠期には，乳牛の血液中の性ホルモン濃度が持続的に高まり，その作用によって，妊娠中期以降には乳管系から無数の乳腺胞が形成される。

乳腺の発達が完成するのは，牛の9か月余の妊娠期の終わりである。乳腺胞は，妊娠期中の乳腺の発達過程で初めて生じ，乳腺細胞の分裂増殖によってその数を増し，やがて乳房内部全体を占めるようになって，実質組織が脂肪組織と置き換わる。

分娩が近づくと，乳房は急に著しくふくらんで大きくなる。分娩前2週間前ころから乳房容積の著しい増大が始まる。乳房容積の変化の正確な実測は困難であるが，あらかじめ乳房の前後に4点ずつ印をつけておき，この8点によって決まる直方体（六面体）の体積が，分娩が近づくにつれてどう変化するかを測定した結果を示したのが第3図である。この図によれば，分娩の約2週間前から，乳房容積が急に増大する様子が見てとれる。こうして分娩前日ころになると，乳房ははちきれるように大きくなり，赤みが増して，分娩の間近なことを予測させる。

分娩後乳腺の構造は，泌乳期間中を通してほとんど変化しない。またこの期間中は乳腺細胞の増殖は起こらないといわれる。ただ，乳腺胞からは上皮細胞がだんだんに脱落し，また泌乳末期にかけて，分泌活動を休止する乳腺小葉がふえる。こうして乳房の実質組織量は漸減していき，乳量も減少する。

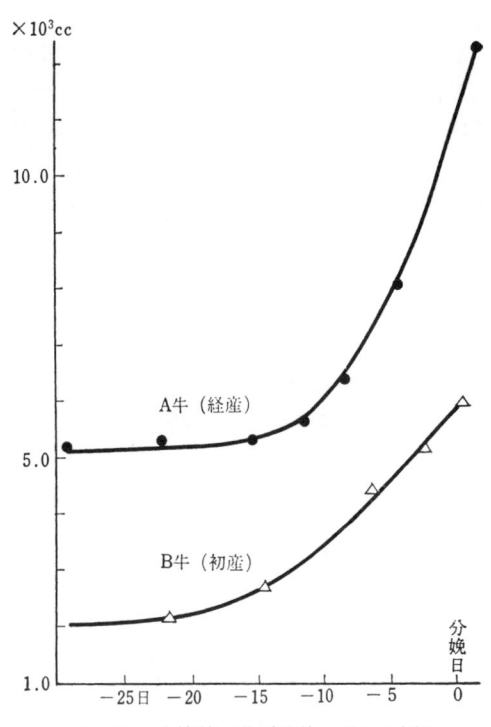

第3図 分娩前の乳房体積の増加の傾向

一泌乳期を終わり，次の分娩につづく新しい泌乳期が始まる前に，乳牛の乳生産活動は乾乳によって一休みする。乾乳期には，搾乳が行なわれないため，乳腺内に分泌物が貯溜して，はじめは乳房が腫張するが，やがてそれは吸収されて乳房は縮小し，それまでつづいた泌乳期に活動した乳腺組織が一部壊れて吸収されると同時に，次回の泌乳期に活動する実質組織が増殖し，乳腺の修復と準備のための乳腺の再構成が進行する。そして分娩の時に乳腺は再び完全に

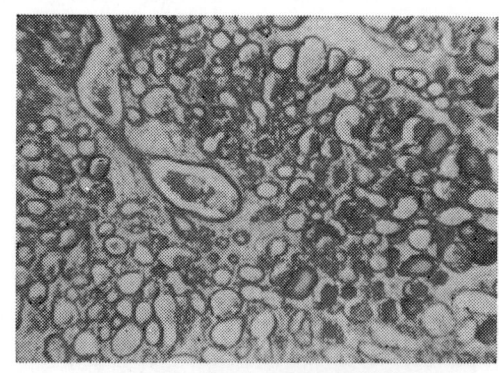

第4図 乾乳中の乳腺の組織像

発達する。

　乾乳をしないまま分娩がきて，つぎの泌乳期へと搾乳が継続される乳牛では，そのあとの泌乳期の総乳量が，期待しうる量の70～80％以下にとどまる。それは，乾乳による乳腺の修復と準備とが充分に行なわれなかったことにもよると考えられる。

4. 乳 腺 胞

　牛では乳房を構成する4分房がすなわち4個の乳腺である。乳腺は，乳腺細胞の集まりであるが，その無秩序な塊ではなく，細胞は1層に整然と配列して乳腺胞を形づくっている。径0.01mmくらいの大きさの細胞が集まってほぼ球状の乳腺胞を形成する。乳腺胞は径約0.1mmで，牛乳を生産する構造上の単位である。

　乳腺は，太い乳管や乳槽など牛乳の貯溜する腔所，すなわち乳管系の部分を除けば，その大部分は乳腺胞により占められているから，乳腺胞は莫大な数に達する。

　乳腺胞の構造を第6図に示した。ひと粒のぶどう，あるいはゴムまりのように，一層に配列した乳腺細胞が，内側に腔所（乳腺胞腔）を囲み，その乳腺細胞層を外側から，筋上皮細胞がかごのように囲み，さらにその外側を毛細血管網がとり巻いている。

　乳腺細胞から分泌された乳は，腺胞腔にたまり，乳腺胞腔の出口から細乳管へ移行する。数百個の乳腺胞が集まって結合組織で一まとまりになって乳腺小葉をつくり，それがまた多数集まって結合組織で区画されて乳腺葉となってい

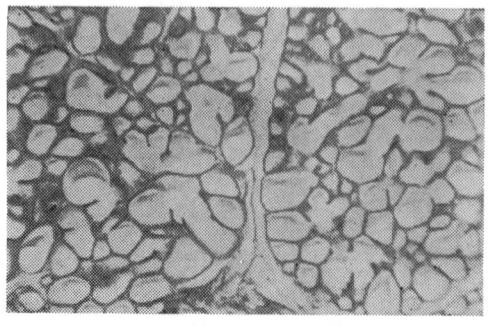

第5図　乳腺組織像

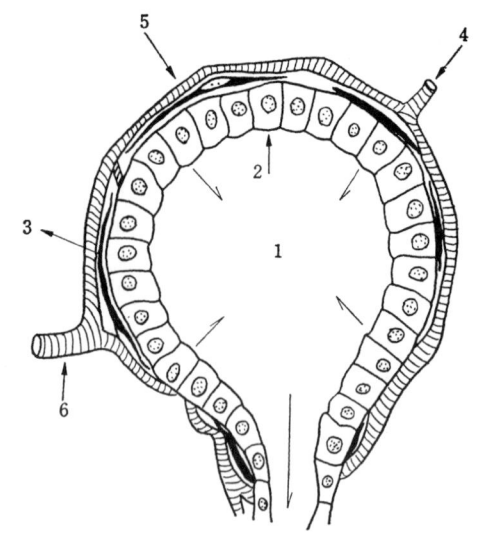

矢印は牛乳の流れ
第6図　乳腺胞の断面（模式図）
1：乳腺胞腔，2：乳腺細胞，3：筋上皮細胞，4：細動脈，5：毛細血管網，6：細静脈

る。そこでできた牛乳は次第に太い乳管に集まり，その乳管系は合流して，樹木でいえば幹にあたるところで乳槽に，さらに乳頭につながる。乳管系は，牛乳の貯溜場所であると同時に，排出の通路である。

　乳腺胞の周囲は，搾乳のとき収縮を起こして，内腔にたまった牛乳に圧力を加え，能動的にそれを送り出すはたらきをもつ筋上皮細胞によってとり巻かれている。牛乳の排出，つまり搾乳についての生理は，別の「搾乳の生理」（基361ページ）で詳しく述べられる。

　乳腺胞の周囲は，構造上もう一つの重要な要素，毛細血管網でとり巻かれている。毛細血管は，酸素や乳成分の原料となる前駆物質を血液から乳腺組織へと受け渡す場所であると同時に，乳腺組織で生じた炭酸ガスや廃物を血液中へ受けとる場所でもある。

5. 乳 汁 分 泌

　このようにして乳腺細胞はとり込んだ原料から，乳脂肪，乳蛋白質，および乳糖をつくり出

す。さらに乳腺細胞は，細胞内でつくられた乳成分を，あとに述べるようなしくみによって細胞外に放出する。このような原料のとり込み，乳成分の生合成およびその細胞外への放出が，乳腺細胞による乳汁分泌である。そして分泌された乳は乳腺胞腔内にたまり，搾乳のときにそこから乳管系を通過し，乳頭を経て，乳腺の外へ排出される。

これら血液中に含まれる乳成分の原料はすべて乳牛が摂取した飼料に由来しており，乳牛が摂取した飼料が，牛の反芻胃をはじめ消化管内で分解消化され，吸収されて循環する血流に入って乳腺に運ばれてくる。乳成分の原料は，泌乳をしていない牛にとっても生命を維持するために欠くことのできない共通な栄養素である。乳牛は，牛乳の生産のために，これらの物質をそれだけ余分に消費するから，泌乳期には産乳飼料として維持のための分よりも余計の飼料が必要となるわけである。

6. 乳 腺 細 胞

乳腺細胞の大きさは，径100分の1mmていどの微細なものである。しかし，この細胞は1個で，すべての乳成分を含む完全な牛乳をつくって分泌するはたらきをもっている。

電子顕微鏡の発達により，乳腺細胞の微細構造が明らかになり，脂肪球やカゼインが細胞内ででき，それが分泌される様子が詳しく解明された。電子顕微鏡では，乳腺細胞を1万倍から数万倍に拡大して観察できる。その倍率は，長

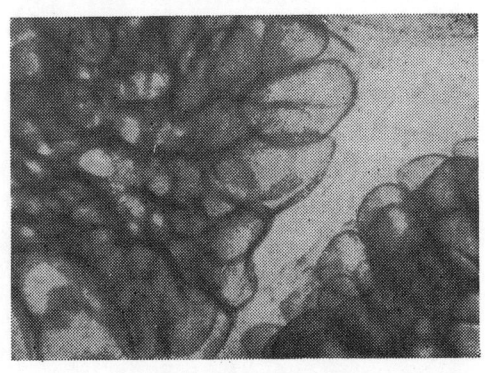

第7図　乳腺小葉と乳腺胞

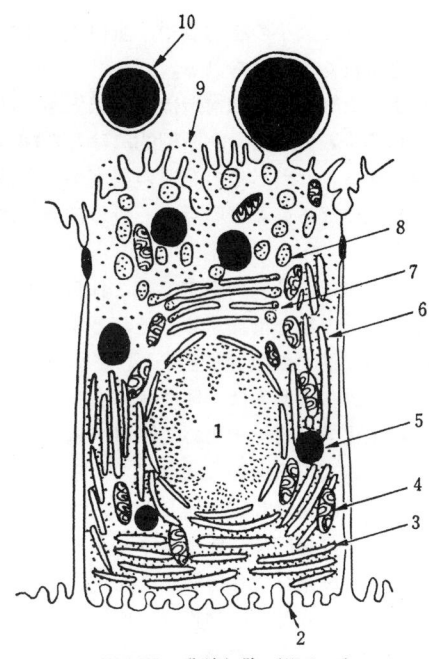

第8図　乳腺細胞（模式図）
1：核，　2：細胞膜，　3：粗面小胞体，
4：ミトコンドリア，　5：小脂肪球，
6：遊離リボソーム，　7：ゴルジ複合体，
8：小胞，　9：蛋白質顆粒，　10：脂肪球

径5mmの米粒を50mあるいはその数倍の巨大な物体に拡大して微に入り細に入って調べることに相当する。こうして乳腺細胞内にある，牛乳の製造装置に相当する，細胞膜や種々の細胞内顆粒や，細胞内膜の構造や配列を見ることが可能になり，生化学的な研究の進展とあわせて，そこで乳成分が血液からきた原料から組み立てられるしくみが明らかにされてきた。

乳腺胞を形成している乳腺細胞の基底部は，毛細血管と緊密な関係をもつ。その部分の細胞膜は，牛乳の原料物質を細胞内に活発にとり込むことができるように，入りくんだひだ状をなして細胞の表面積を広げている（第8図参照）。

細胞の側面は，隣接する細胞同士が隙間なく接しあう接点があって，細胞は緊密な横のつながりをもっている。細胞内には，牛乳成分の合成に関係する装置として，細胞核，非常によく発達した粗面小胞体とゴルジ複合体があり，顆粒状のリボソームとミトコンドリアが多数認められる。そのほか細胞内には，これらの細胞内

小器官で生じた大小の脂肪滴や，蛋白質顆粒を含む小胞もたくさん見られる。

このような細胞内微細構造は，乳腺細胞だけに見られるものではなく，原則的にはどの細胞にも存在する。しかしその発達の程度が泌乳期の乳腺細胞のばあい著しい点で一般の細胞と違っている。

分娩前，すでに乳腺細胞内ではこれらは著しく発達し，その数を増加する。それと並行して，乳腺細胞内に種々の酵素が生成し，その量が増加する。これらの酵素は，乳成分の合成のための多くの生化学反応をすすめて原料から乳成分を完全に組み立てる過程に関与している。

また細胞内に発達し数を増したミトコンドリアは，乳成分の合成に必要なエネルギーを供給する発電室の役割を受け持ち，また毛細血管に近い，細胞の基底部の細胞膜は，血管で運ばれてきた原料を，必要なものだけを選んで細胞の内部へと速やかに搬入する。

微細ではあるが，このような複雑な構造をもった乳腺細胞が数百個集まって乳腺胞を形成し，乳腺胞が無数に集まって乳腺を構成し，そしてそれらが一斉に休みなく牛乳をつくる分泌活動を継続しているわけである。

乳腺を流れる血液の中には，乳腺でつくられる牛乳の原料となる乳成分の前駆物質の全部と乳腺のはたらきのエネルギー源としての栄養素と酸素とが含まれている。

おもな前駆物質は，ブドウ糖，アミノ酸，遊離脂肪酸などである。

乳腺へ送られてきた血液が乳腺胞を網目状にとり囲む微細な毛細血管を通る間に，そこで前駆物質は，うすい血管壁を通過して血管の外の組織液中に出る。乳成分の原料は小さい分子の物質で，容易に血管の外へ出ることができる。毛細血管に接する乳腺胞の乳腺細胞は，細胞膜から，血液によって運ばれてきて毛細血管から外へ出た血液成分のうち必要なものを選んで細胞内にとり込む。

アミノ酸，ブドウ糖，脂肪酸が細胞膜を通って乳腺細胞の中に入ると，ただちにそれらは乳成分の合成の生化学的過程に組み込まれ，そのため再び膜を通ってそのまま外へ出られなくなる。細胞の分泌活動が活発であるほど，種々の原料は速やかに細胞内へとり込まれる。

乳脂肪の原料として利用される血液中の脂肪は，乳腺の毛細血管壁で酵素により分解されてから血管の外に出て，乳腺細胞にとり込まれる。

牛乳の生成のしくみ

牛乳は乳腺で乳腺細胞によって，血液に含まれる前駆物質を原料としてつくられる。それがいかにして行なわれるかは，泌乳生理分野の研究の進歩によって詳しくわかってきた。そのような研究の進歩を背景にすれば，乳腺の分泌活動を，牛乳を製造する工場にたとえて，工場設備，原料の搬入，製品の製造工程，工場へのエネルギーの供給，製品の工場外への搬出というように，それらに相当する乳腺のはたらきについて，あらすじを説明することも可能になった。

1. 牛乳の成分

乳はどの動物でも，生まれたばかりの赤子が飲んで育つ唯一の食物であるから，栄養価が高く，乳には多種多様な栄養素が充分に含まれており，その化学成分組成は非常に複雑である。

牛乳成分の組成を示すと，第1表のようである。

乳腺でつくられる主な乳成分は，脂肪，蛋白質，乳糖である。牛乳に含まれる脂質の大部分は中性脂肪であり，糖質の大部分は乳糖で，これら以外に種々の脂質，糖質が含まれてもごくわずかにすぎない。

牛乳に含まれている蛋白質のうち，カゼインが8割余りを占めている。そのほかに乳腺でつくられる α-ラクトアルブミンと β-ラクトグロブリンが蛋白質全体の約1割，それらのほかに，

第1表 牛乳の組成

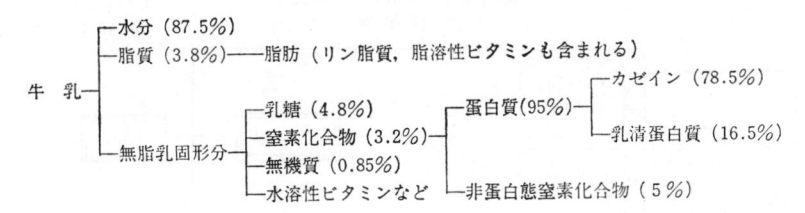

```
          ┌─水分 (87.5%)
          ├─脂質 (3.8%)──────脂肪 (リン脂質, 脂溶性ビタミンも含まれる)
牛 乳      │                              ┌─カゼイン (78.5%)
          │              ┌─乳糖 (4.8%)    ┌─蛋白質(95%)─┤
          │              ├─窒素化合物 (3.2%)─┤            └─乳清蛋白質 (16.5%)
          └─無脂乳固形分─┤              │
                         ├─無機質 (0.85%) └─非蛋白態窒素化合物 (5%)
                         └─水溶性ビタミンなど
```

第2表 乳牛の血液成分と牛乳成分との比較
（メイナードとルースリ, 1969）

成 分	血 液	牛 乳
水　　　　　分	91.0 %	87.0 %
ブ ド ウ 糖	0.05	──
乳　　　　　糖	──	4.90
血清アルブミン	3.20	0.02
血清グロブリン	4.40	0.10
カ ゼ イ ン	──	2.90
α-ラクトアルブミン	──	0.52
β-ラクトグロブリン	──	0.20
中 性 脂 肪	0.06	3.70
リ ン 脂 質	0.24	0.10
カ ル シ ウ ム	0.009	0.12
リ ン	0.011	0.10
ナ ト リ ウ ム	0.34	0.05
カ リ ウ ム	0.03	0.15
塩 素	0.35	0.11
ク エ ン 酸	──	0.20

血漿の蛋白質がそのまま牛乳に移行してきたものが少量ある。乳糖，乳脂肪および乳蛋白質の大部分は，体の中で乳腺だけに見出される生体成分である。

牛乳の無機質には，ナトリウム，カリウム，塩素，カルシウム，リン，マグネシウムなどが含まれている。これらの無機質は血液にも含まれている成分であるが，それぞれの濃度は両方の間で大きな違いがあり，リンやカルシウム，カリウムは血液よりも牛乳中の濃度のほうが高い。これに対してナトリウムと塩素は，血液中よりもはるかに低い（第2表）。

2. 乳脂肪の分泌

牛乳に含まれている脂質は，ほとんど全部が中性脂肪である。これは1分子のグリセロールに対して，種々の脂肪酸3分子が結合してできた物質である。乳脂肪の構成要素になっている脂肪酸のうち，量的に主なものは約10種類である。それらの脂肪酸は二通りに分けられる。

一つは，乳腺内で新しく合成された脂肪酸が乳脂肪の素材として組み入れられるもの，もう一つは，血液に含まれる遊離脂肪酸と血液中の中性脂肪の脂肪酸が乳脂肪に組み入れられたものである（後者のばあいは一部が細胞内で不飽和化される）。

はじめの分類に含まれる脂肪酸は，乳脂肪の構成要素となっている脂肪酸のうち，その炭素数が4～14個までの低級，中級脂肪酸の全部と，炭素数16個の脂肪酸（パルミチン酸）のおよそ半分である。それらは反芻胃から吸収された揮発性脂肪酸の内の酢酸とβ-ヒドロキシ酪酸とを原料として，乳腺細胞内で新しく合成され，それらが乳脂肪の脂肪酸として使われている。その中には乳脂肪だけに特有の脂肪酸もある。

他方，炭素数18個と16個の脂肪酸（ステアリン酸，オレイン酸とパルミチン酸）は，血液中のものがそのまま，あるいは分解された中性脂肪からとり込まれて，グリセロールと結合したものである。このような乳脂肪の組立てには，乳腺細胞内の小胞体が関与しているらしい（第8図参照）。

顕微鏡によって，乳腺細胞からの脂肪球の分泌は，つぎのようにして進行することが明らかにされている。

最初に，細胞の基底部に小さな脂肪滴が出現し，それがしだいに細胞内で大きさを増して，乳腺胞腔側の細胞膜のほうに移動する。そして，その脂肪滴が細胞膜に接すると，細胞膜を下から押しあげて細胞表面から突出し，ついには細胞膜で包まれた脂肪球と細胞のつながりが1点だけとなるに至り，そこで細胞から離れて，細胞膜をかぶった脂肪球が乳腺胞腔内に遊離する。こうして，細胞の大きさに比べて，大きな脂肪

乳牛の生理

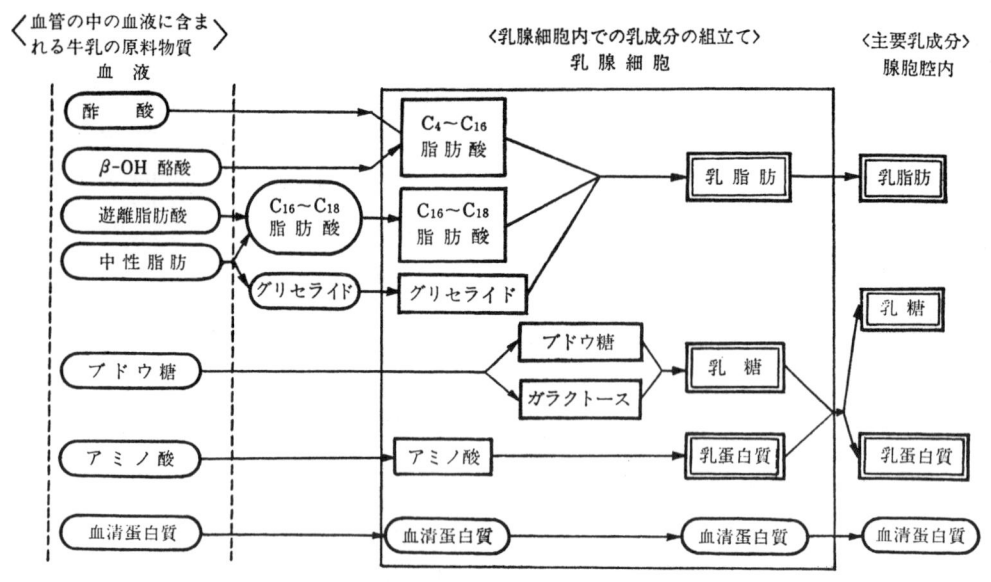

〈血管の中の血液に含まれる牛乳の原料物質〉
血液

〈乳腺細胞内での乳成分の組立て〉
乳腺細胞

〈主要乳成分〉
腺胞腔内

```
酢酸 ─────────┐
              ├──→ C₄~C₁₆脂肪酸 ──┐
β-OH 酪酸 ────┘                    ├──→ 乳脂肪 ──→ 乳脂肪
遊離脂肪酸 ──→ C₁₆~C₁₈脂肪酸 ──→ C₁₆~C₁₈脂肪酸 ┘
中性脂肪 ──→ グリセライド ──→ グリセライド

ブドウ糖 ──────→ ブドウ糖 ──┐
                            ├──→ 乳糖 ──→ 乳糖
                ガラクトース ┘

アミノ酸 ──→ アミノ酸 ──→ 乳蛋白質 ──→ 乳蛋白質

血清蛋白質 ──→ 血清蛋白質 ──→ 血清蛋白質 ──→ 血清蛋白質
```

第 9 図　乳腺での乳成分の生成

球（平均 4μ）が細胞に損傷を与えずにつぎつぎと細胞の外に放出される。

3. 蛋白質と乳糖の生成と分泌

牛乳に含まれる蛋白質の大部分は，乳腺細胞内で合成された蛋白質で，それらはカゼイン，α-ラクトアルブミン，β-ラクトグロブリンである。そのほか少量の血清アルブミンと血清グロブリンとが血液中から牛乳に移行していることは前に述べた。

乳腺で合成される蛋白質の原料はアミノ酸で，その合成は，核酸や酵素が関与する一般組織での蛋白質合成の経路によって行なわれる。蛋白質は，細胞内に豊富に発達した粗面小胞体であるところまで組み立てられ，それからゴルジ装置へと移行し，そこでさらに複雑な大分子に構成され修飾されてから細胞外へ排出される。カゼインはこのようにして構成された蛋白質であり，高倍率の電子顕微鏡によって細胞内外にそれを粒子として見ることができる。

乳糖の原料はブドウ糖で，ブドウ糖は血液に含まれる血糖である。乳腺細胞にとり込まれたブドウ糖は，一部はガラクトースに変えられ，これが乳糖合成酵素によってブドウ糖と結合して 1 分子の乳糖が生成する。乳糖合成酵素は細胞内のゴルジ装置に位置すると推定されている。

ゴルジ装置は，その本体から小さな小胞をつぎつぎと分離し，小胞は細胞内を乳腺胞腔に面する細胞膜のほうへと移動する。この小胞の分離と細胞内での移動は，細胞の分泌活動，つまり細胞内でできた成分を細胞外へ排出するしくみそのもので，この小胞の中には先に述べたカゼイン粒子が含まれる。観察することはできないが，乳糖も，また無機成分の一部も，このゴルジ装置から分かれる小胞の中に一緒になって包み込まれていると推定されている。

この小胞は，ゴルジ装置から分かれて移動し，やがて細胞膜に到達し，そこに開口部ができて，小胞の内容が全部細胞外に放出される。エクソサイトーシスと呼ばれるこのようなしくみによって，細胞内で生成した乳糖，蛋白質その他の成分が細胞内部から乳腺胞の内腔へと送り出される。

4. 細胞へのエネルギーの供給

乳腺細胞により乳成分を合成し，それらを細胞の外へ排出（分泌）するはたらきにはエネルギーが必要である。また細胞膜による原料の活

発なとり込みや，無機成分の移動にもエネルギーが使われる。そのエネルギーは，主として酢酸とブドウ糖が細胞にとり込まれてから多くの段階を経て分解し，酸化されて，炭酸ガスと水とを生ずる過程に伴って生じ，それがATPと呼ばれる物質にたくわえられて，必要に応じてそれから供給されるものである。この発電室のような役割を受け持っているのは，乳腺細胞に多数見られるミトコンドリアである。

先に述べたように，ブドウ糖は牛乳の中に4〜5％含まれている乳糖の原料である。それはまた乳脂肪の構成要素であるグリセロールの原料ともなり，エネルギーの供給のためにも利用される。したがって，泌乳牛の体内でブドウ糖の需要は非常に大きく，それに対応してブドウ糖を供給するはたらきが能率的に行なわれなければ，乳生産を維持することはできない。したがって乳牛の体内でいろいろな栄養素からブドウ糖を生ずる糖新生のはたらきは，重要な生理学的問題となっている。

乳量と乳成分に影響する要因

1. 乳量曲線

分娩後乳量は，40〜60日ごろまでだんだんと増加し，やがて最高に達してから徐々に下降し始め，200日ごろからは妊娠の乳量に対する影響もうけて乳量はさらに減少し，やがて乾乳によって泌乳は停止する。これが一乳期についての典型的な乳量の推移で，それを示すのが乳量曲線である。

第10図に示した乳量曲線は滑らかな形をしているが，これは多数の乳牛の乳量記録の平均から求めたばあいの形で，個体別の乳量曲線は，さまざまな要因の影響によって不規則に折れ曲がり，滑らかな曲線にはならないのがふつうである。

乳量曲線の形状を決める主な要素は，最高乳量と泌乳持続性との二つである。

(1) 最高乳量

最高乳量は総乳量との間に高い相関があり，乳房の乳腺胞の総数とその分泌活動の程度とが最大に達した時期の乳量を示すと考えられる。

最高乳量は，乳牛の産乳能力と深い関係がある。最高乳量と総乳量との相関係数は，多くの報告によれば，0.7から0.9の高い値になっている。

(2) 泌乳持続性

泌乳持続性とは，最高乳量に達したのちの乳量の減り方を表わす数字である。最高乳量に達したあとで，乳量の減少のしかたが早いものは泌乳持続性が低く，減少のしかたが遅くて長期間最高乳量に近い乳量を維持するようなもの，つまり乳量曲線が平らなものは，泌乳持続性が高い。

泌乳持続性を示す数値の算出のしかたは種々あるが，ヨハンソンの泌乳持続性は，搾乳開始後最初の100日間の総乳量 T_1 とそれにつづく100日間の総乳量 T_2 とを求め，T_2/T_1 を百分率で表わした数値である。

初産の牛は最高乳量が比較的低く，泌乳持続性は高い。産次を重ねると，最高乳量は高くなっていくが，泌乳持続性は漸減する傾向がある。最高乳量が高ければ高いほど，乳量をその水準

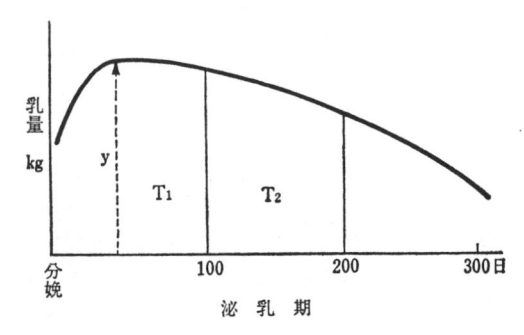

第10図 乳牛の乳量曲線
y は最高乳量

に長期間維持することは困難であるから泌乳持続性は，環境条件つまり飼養管理条件と密接に関連している。泌乳持続性は，飼養管理のよしあしを示す"めじるし"ともなっているとも考えうる。

数十年間にわたる試験場の牛群の乳量記録のなかから，昭和10年，20年，40年を中心とするそれぞれの時期について，最高乳量が最も高いものの乳量記録22例ずつを選び出した。これらの最高乳量はいずれも30kg/日以上であった。三つの時期別に求めたヨハンソンの泌乳持続性の平均値と標準偏差は，昭和10年83.6±10.4％，昭和20年69.4±21.9％，昭和40年73.5±16.6％であった。泌乳持続性が85％以上の高い値であったものは，それぞれ22例中10例，1例，2例，これに対して70％以下のものは，1例，9例，6例であった。

この調査では，試験場の各時期での最もすぐれた階層の乳牛について泌乳持続性の値を比較するとき，昭和10年当時は持続性が高いものが多く，そのばらつきも小さかった。これに対して昭和20年当時は，泌乳持続性は低く，また，ばらつきも大きかった。

これは昭和10年当時この試験場では，すぐれた乳牛に充分な飼料が与えられ，乳牛は個別的に取り扱われて，よい飼養管理をうけていた。

昭和20年当時はこれに対して，乳牛の大幅な他場所への移動があったうえ飼料事情も悪く飼養管理もまた充分でなかった。昭和40年当時は，乳牛の管理は個別的なやり方から集団的な管理に移り，すぐれた乳牛も昔のようには個別的な取扱いをうけず，また飼料事情も試験場の現況に比べると制約があった。つまり，調査によってえた泌乳持続性の数値は，それら各時代の飼養管理の状況を反映しているものであった。

2. 遺伝的な素質

乳牛の品種間には乳量と乳成分に明らかな違いがある。また同じ品種の多くの乳牛を同じ飼養条件で飼養したばあいにも，量には大きな差異が生じ，個体乳の成分含量にもやはり個体間

第3表 初乳と分娩直後の乳成分の変化
(パリッシら，1950)

分娩後の搾乳回数	全固形分率	脂肪率	無脂固形分率	蛋白質率	乳糖	灰分
第1回	23.9	6.7	16.7	14.0	2.7	1.11
第2回	17.9	5.4	12.2	8.4	3.9	0.95
第3回	14.1	3.9	9.8	5.1	4.4	0.87
第4回	13.0	4.4	9.4	4.2	4.6	0.82
5と6	13.6	4.3	9.5	4.1	4.7	0.81
7と8	13.7	4.4	9.3	3.9	4.8	0.81
15と16	13.6	4.3	9.1	3.4	4.9	0.78
27と28	12.9	4.0	8.8	3.1	5.0	0.74

の差が認められる。これらの違いは，それぞれの乳牛の泌乳能力の差，つまり体質的な性質の違いに帰せられる。これに対し，飼料給与をはじめ乳牛を飼養するうえでのいわゆる飼養環境条件は，遺伝的な性質をどれだけ発揮させることができるかにかかわる問題になる。

3. 乳　期

分娩後数日間の初乳のうち，最初の初乳は固形分含量が常乳の約2倍，蛋白質含量が4～5倍の粘稠な分泌液である。初乳成分は，急速に変化して5日後には常乳の成分とほぼ同様になる（第3表）。初乳の蛋白質の大半は，乳腺で母体の血液からそのまま乳汁に移行した免疫グロブリンで，出生直後の時期に限り，これを新生子が飲むと，免疫抗体がそのまま腸管から吸収されて免疫が伝達される。

泌乳初期から中期の終わりにかけての期間は乳成分の変化は小さい。しかし泌乳末期になると乳量の減少とともに乳成分が変化して，末期乳では乳糖は低下し，乳脂率，蛋白質は増加の傾向を生ずる。またナトリウムやクロールは増加する。

この泌乳末期の乳量と乳成分の変化に妊娠が影響している。乳牛はこの時期には妊娠末期に近づいているから，性ホルモンの血中濃度は高い水準に保たれて妊娠を維持するはたらきをしている。そのホルモンの状態は，乳腺の乳汁分泌に対して抑制的な効果を及ぼし，やがて分泌活動の一時的休止すなわち乾乳につながる。

4. 飼料給与

飼料給与条件の乳量と乳成分に対する影響については多くの詳しい解説があるので，それらを参照されたい。濃厚飼料の割合が多く，粗飼料すなわち繊維成分の割合が適度の水準を下回るときに，乳脂率が異常に低い牛乳が生産される。

これは反芻胃内発酵で産生される揮発性脂肪酸のうち，プロピオン酸の割合が増加し，乳脂肪の重要な前駆物質である酢酸の割合が減少することに関係する。

5. 温熱環境

乳牛ことにホルスタイン種は，暑熱環境に対する抵抗性が低く，気温が25～27℃以上に達すると，呼吸数は顕著に増加し，体温が上昇しはじめる。これは暑熱環境のもとでは，乳牛の体内で産生される熱と，体表面からや呼気などによって体外へ放散できる熱とのバランスがとれなくなり，体内に熱が蓄積する傾向を生ずるためで，それに対応して採食量は抑制される。そして適温域の環境に飼養されているときと比べて乳量が減少し，乳脂率と無脂乳固形分含量も低下することになる。夏季の乳量と乳質の低下問題に対する具体的な対応策は酪農にとって大きな問題である。

6. 搾乳と搾乳間隔

搾乳間隔は乳量と乳成分に対して多様な影響を及ぼす要因である。1日の搾乳回数は，産乳量と関係が深く，2回搾乳と3回搾乳には総乳量に5～10%の差を生ずるといわれる。

しかしこのような長期的な問題のほかに，それぞれの搾乳のときの乳量，乳成分に搾乳間隔が影響する問題がある。

(1) 搾乳間隔の延長の影響

乳腺が単位時間に分泌する乳量は一定してい

第4表 搾乳経過中の乳成分の変化
（ゴーント，1962）

区　分	乳脂率(%)		蛋白質率(%)		無脂乳固形分率(%)	
	朝乳	夕乳	朝乳	夕乳	朝乳	夕乳
搾り始めから1分まで	1.6	2.3	3.10	3.20	8.51	8.68
1～2分	2.2	3.1	3.06	3.21	8.68	8.87
2～3分	3.3	4.3	3.02	3.17	8.58	8.81
4分以後	4.7	5.4	2.98	3.11	8.52	8.70

るから，搾乳量は前回の搾乳からの時間，すなわち搾乳間隔に比例する。搾乳間隔が約20時間になるまでは，分泌速度の減少の程度はわずかである。これは乳牛の乳腺は牛乳を収容する容量が大きく，また高い伸展性をもつためである。しかしそれ以上搾乳間隔が延びると，乳腺内に貯溜した牛乳で乳腺が腫張し，ついには乳房内圧が乳腺の細い血管の血圧（約30mmHg）以上に上昇すると，血行障害により分泌活動は停止するようになる。

それにひきつづいて乳腺で牛乳が逆に吸収されはじめると，乳成分にも著しい変化が生ずる。

搾乳間隔が24時間以内，すなわち1日2回の搾乳のうち1回が省略されたときには，それに伴う悪影響は軽く，回復もはやく，2回搾乳の再開後24時間経てば乳腺のはたらきはほぼ回復するが，搾乳間隔が36時間に延びると2回搾乳再開後も分泌速度は著しく低下して約48時間まで回復せず，また乳成分も著しく変化して，回復はもっと遅れる。

(2) 搾乳中の乳成分の連続的変化

1回の搾乳で，分房から排出されてくる分房乳を，はじめから順次分けてとり，乳脂率を測定すると，出始めの乳脂率は低く，順次高くなって，終わりの部分では最も高く，はじめの約5倍に達することもある（第4表）。このような大きな差は，乳脂肪だけに認められ，他の乳成分には，はじめと終わりに大きな差はない。脂肪は他の乳成分と違って，平均直径が $3\,\mu m$ ほどの球状の有形成分として牛乳に浮遊した形で存在していることと関係があるらしい。

第5表 不等間隔搾乳と乳成分の相違
（オーミストン，1967）

搾 乳 間 隔	乳脂率 (%)	無脂乳固形分率 (%)
朝 乳：夕 乳 12.5時間：11.5時間	朝乳：夕乳 3.75：3.83	朝乳：夕乳 8.60：8.62
14.5 ： 9.5	3.56：4.07	8.58：8.65

第6表 搾乳間隔と乳脂率
（ヨハンソン，1957）

搾乳間隔	乳 量 (kg)	乳脂率 (%)
2時間	4.6	6.00
4	9.3	4.57
6	13.3	4.52
8	15.7	4.13
10	18.7	3.62
12	21.3	3.24

(3) 残乳と不等間隔搾乳

通常の搾乳のあと，乳腺から排出される牛乳のほかに，乳腺内に残る牛乳がある。

肺活量を調べるときに，できる限り呼気を吐き出してもなお肺の中に残る空気は残気と呼ばれるが，乳腺のばあいには搾乳のあとに残乳が残る。残乳は脳下垂体後葉ホルモン，オキシトシンを投与してはじめて排出できるが，こうしてえられる残乳量は搾乳量の5～20％で，その乳脂肪含有率は非常に高い。

残乳を考慮に入れると，1回の搾乳でえられる搾乳量はつぎの式で表わされる。

搾乳量＝(前回の搾乳後分泌された乳量＋前回の残乳量)－(今回の残乳量)

搾乳間隔が異なる搾乳では同じ個体でも乳脂率が異なることはよく知られている。1日2回搾乳で，明らかな不等間隔搾乳のばあいには，朝夕の個体乳の乳脂率には明らかな差が生ずる（第5表）。そのため個体乳の乳成分測定のためのサンプル採取に際しては，朝乳と夕乳の搾乳量に比例した量のサンプルをそれぞれ採って混合したものを個体乳のサンプルとしている。1日2回搾乳が等間隔搾乳であれば朝乳と夕乳の乳量と乳成分の間に実質的な差は生じない。つまり乳牛の乳腺は常に一定の成分の乳を，ほぼ一定の速度で分泌しているが，搾乳の時間的間隔によって，朝と夕の間に，乳脂率の差が生ずるのである。

たとえば夕方の搾乳から朝搾乳までの時間が14時間，朝から夕方までの時間が10時間のばあい，より長い不等間隔搾乳の朝乳よりも，夕乳のほうが乳脂率は明らかに高くなる。

その原因は残乳の影響として説明される。この例では朝と夕の乳量の比は14対10で，またそれぞれの搾乳の残乳量は，残乳量が搾乳量に比例することから，その比はほぼ14対10に近い。朝の残乳は夕乳に，夕の残乳は朝乳に持ち込まれるから，前に記した搾乳量，搾乳の間に分泌された乳量および残乳量の関係式によって，夕乳の乳脂率のほうが高くなることの説明がつく。搾乳間隔の差が開けば開くほど乳脂率の差は大きくなる（第6表）。

7. 乳 房 炎

乳牛の職業病といわれる乳房炎は，程度の差はあれ，牛群の約半数の牛がこれをもっているといわれる。症状がはっきり現われる臨床型乳房炎では，乳量にも乳成分にも著しい変化が生ずるから治療なしには済まされない。

(1) 潜在性乳房炎

しかしそれ以外にはっきりした症状が現われないが，牛乳をとって検査すると，乳成分が正常な乳と比べて変化している，軽い程度の乳房炎，いわゆる潜在性乳房炎が多くあり，これは初産から産次が高くなるにつれて増える傾向がある。

潜在性乳房炎による乳成分の変化でもっとも広く，古くから認められているのは，ナトリウムとクロール（塩素）の増加と，乳糖とカリウムの減少である。牛乳は多くの成分を含む非常に複雑な組成の分泌液であるから，これら4成分のほかに，カゼイン，カルシウムあるいはクエン酸などの減少や，血清蛋白質や特定の酵素の増加などがあり，乳房炎による複雑な乳成分の変化は細かく研究されている。

また牛乳の化学的成分とは別に，正常な牛乳でも1mlに万の単位で含まれている細胞成分，とくに白血球が乳房炎では程度に応じて増数し，数百万にも達することも珍しくない。

これらの乳成分の変化は，乳牛の乳房炎の検出に用いられていて，それらのうち検査しやすいもの，たとえば細胞数，クロール濃度，pHすなわち水素イオン濃度，あるいは電気伝導度などが，炎症のもとになっている，病原菌をつきとめる診断法の補助的診断法として広く利用されている。

(2) 乳房炎の乳質への影響

もっとも端的な影響は無脂乳固形分含量の低下である。乳脂率への影響には一定した傾向が認められないし，乳蛋白質含量への影響は，乳腺でつくられて分泌される蛋白質，カゼインなどの減少に対し，血清蛋白質は増加するから，蛋白質含量全体としては変化が小さいが無脂乳固形分は確実に低下する。そのしくみはつぎに述べるように，外分泌腺としての乳腺の構造と，体液の浸透圧の恒常性に関連している。

無脂乳固形分は牛乳の水分以外の成分のうち，乳脂肪以外のすべての成分を，栄養的に価値の高い成分も，そうでないものも一括している。それは牛乳の全固形分含量から乳脂肪含量を差し引いて求め，大きく乳糖，乳蛋白質，塩類で構成される。個々の微量成分は問題にしない。ホルスタイン種乳牛の標準的な無脂乳固形分含量を8.5%とすれば，乳糖は4.5%，塩類は約0.8%を占め，蛋白質が3.2%である。塩類成分にはカルシウム，マグネシウム，リン酸，ナトリウム（Na），カリウム（K），クロール（塩素，Cl）などの無機質が含まれる。そのうち前3者は蛋白質など有機化合物と結合しており，一部分だけがイオンとして存在するが，Na，K，Clは一価の無機電解質として大部分がイオンとして存在する。

ホルスタイン種乳牛で牛乳100ml当たりの標準的な濃度は，Naは34.5mg，Kは176mg，Clは113mgとすれば，単位を変えて牛乳1l当たりのモル数で表わすと，Naは15ミリモル，

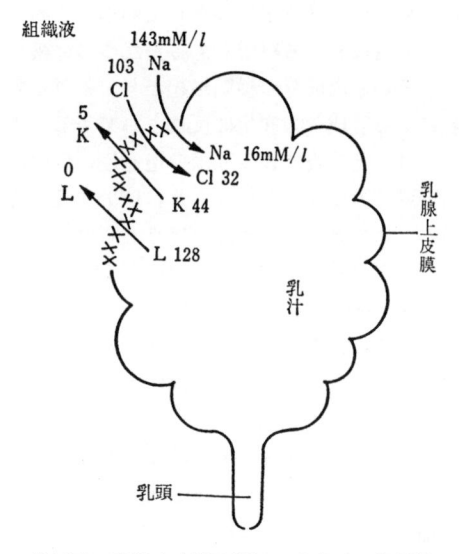

第11図 乳腺上皮膜を隔てて存在する組織液と乳汁との成分濃度の較差と，上皮の損傷による成分の相互移行を示す模式図
××：乳房炎による損傷部位

Kは45ミリモル，Clは32ミリモルである。

前に述べたように牛乳の生成の場である乳腺胞は乳腺細胞が一層に配列した上皮からなる上皮組織で，乳腺上皮組織は乳腺の内腔全体をおおって，乳腺の内腔を形づくっているからこれを一枚の膜（乳腺上皮膜）とみなすことができる。そうすると，第11図に示したように乳腺はひとつの膜に囲まれた腔所として図示することができ，膜の内腔側は牛乳に接し，反対側すなわち膜の外側は組織液に接する。

組織液の電解質濃度は1l当たりNaは142，Kは5，Clは104ミリモルで，これらの値は乳牛の血漿中の電解質濃度と等しい値として示してあるが，これは動物の生体の生理的しくみにより血漿中でそれぞれが非常に狭い変動幅の内に一定するように調節されている。

牛乳についてこれらの電解質濃度は，Naは組織液の9分の1，Kは約9倍，Clは約3分の1で，健康な乳腺では，乳腺上皮膜の両面に接する二種類の体液（牛乳と組織液）の間のこのように大きな電解質濃度の較差が常に維持されている。

そこで乳房炎のばあいに，細菌によってこの

乳腺上皮膜の一部分が損傷されて膜がほころびると，非常に異なる組成をもった二つの体液の間にいろいろな成分の移動が起こり，それが乳房炎による乳成分の変化に反映されてくる。このことは，乳房炎による乳腺の透過性の変化による乳成分の変化，ということのいいかえでもあるが，このとき濃度の高いほうから低い方向に各成分が移動する結果，乳房炎では牛乳のNaとClが増加し，Kと乳糖が減少する。そしてまたこのばあい，この4種類の乳成分濃度の変化の大きさの間には相互間に定量的な関係がある。

くわしいことは文献を参照していただきたいが，牛乳は血液と同様その浸透圧には恒常性があり，牛乳のばあい，乳糖（4.5%）が示す浸透圧の牛乳浸透圧全体への寄与は約47%，またNa，K，Clの寄与は合わせて約33%である。重量としては，合計して約0.3%にすぎない電解質が，牛乳浸透圧に対しては全成分の寄与の約3分の1を占める。

そして乳房炎乳では，NaとCl濃度が2倍に増え，乳糖が約4分の3に減っても浸透圧は変わらない。乳房炎による乳成分の変化は，牛乳浸透圧の枠内で各成分が相互に関連しつつ，より具体的にはNaとClが増えるとき，モル単位でそれにほぼ相当する量の乳糖とKの減少が起こる。またこのとき増加したNaとClの変化の大きさ（ミリモル単位）の比率は，血漿のNaとCl濃度の比率にほぼ等しく，乳糖とKの減少の変化の大きさの比率は，正常乳の乳糖濃度とK濃度の比率に近似した値になっている。

そこで乳房炎の無脂乳固形分含量に及ぼす影響を結論的に述べれば，重量ではわずかであるが，浸透圧では大きな要素になっている，栄養的に価値の低い乳成分の増加が，より価値のある乳成分，とくに乳糖の実質的な減少と組み合わさって無脂乳固形分含量を低下させるということになる。

(3) 乳房炎の乳生産への影響

臨床型乳房炎のばあい，乳量は激減し，抗生物質の使用のため出荷できない損失もあるから，乳量には大きな影響があるが，障害が軽い潜在性乳房炎のばあいにも乳生産量は，障害の程度に比例して減少することが分房乳量比を求めることにより示された。これは4分房がそれぞれ独立していると考えて，その中の健康な分房が泌乳期中に生産した乳量（相対値）に対する，乳房炎のある分房が生産した乳量（相対値）の比率である。

搾乳牛約50頭のよく管理された試験場の牛群全体について，乳房炎のくわしい検査データにもとづいて，潜在性乳房炎による乳量の損失をこの方法により推定すると約4%の損失があると推定された。牛群内に程度の高い潜在性乳房炎が多いほど牛群の乳量の損失は大きくなる。

泌乳とホルモン

乳腺は種々のホルモンの作用によって発達し，分泌活動を始動し，また維持されている。

妊娠期に妊娠を維持するホルモンの状態は，乳腺に対しては，乳腺細胞の細胞分裂による増殖と分化を起こすように作用する。こうして妊娠末期に泌乳の準備が完成し，それに分娩の時期に種々のホルモンが血液中で急な増加や減少を示して変動して，それが分泌抑制の解除や，分泌活動の刺激として乳腺に作用し，分娩後本格的な乳汁分泌が開始される。種々のホルモンによる乳腺のはたらきの支配については，文献を参照されたい。

最後にホルモンが乳腺に対してもっている著しい効果を示す例をあげると，乳牛にエストロジェンとプロジェステロンを7日間投与するだけで，正常な分娩につづく泌乳期の70～80%に相当する総乳量がえられる誘起泌乳（人工泌乳），一時的ではあるが著しい乳量と乳固形分含量の増加を起こす甲状腺ホルモン，さらに高能力牛の限界を突破して，さらに高い生産性の

達成の実現が期待されている成長ホルモンの使用などがある。

執筆　大島正尚（日本獣医畜産大学）
1990年記

参考文献（書名と発行年）

①乳質改善ハンドブック．全国乳質改善協会（昭和48年9月）．
②生乳成分の変動要因と改善対策．全国乳質改善協会（昭和51年1月）．
③乳質改善資料　No.20．全国乳質改善協会（昭和49年8月）．
④畜産コンサルタント　No.76, 77．中央畜産会（昭和46年4月, 5月号）．
⑤畜産の研究　30巻3号．養賢堂（昭和51年3月）．
⑥農林水産省畜産試験場年報 第18号, 111（昭和53年度）〔乳房炎と乳質〕．
⑦日本農業研究所研究報告「農業研究」第2号, 137（平成1年）〔乳房炎と乳量〕．

代謝・内分泌からみた泌乳生理

1. はじめに

(1) 牛の家畜化と利用の歴史

　反芻動物を含む草食動物の数は，地球上に植物が繁茂し草原が出現した1200万年前に急激に増加したと考えられている。彼らは，植物細胞壁成分であるセルロースを分解・利用するための消化酵素を持つ微生物に棲家を提供しようとして，胃の前の部分（前胃）もしくは後腸（盲腸や結腸）を膨大化するような進化的戦略をとってきた。反芻動物は前者を，馬やウサギなどは後者の発達を選択した。

　現在のヒツジやヤギは，中近東付近すなわち地中海東海岸からユーフラテス川にかけての「肥沃な三日月地帯」にすんでいた野生ヒツジのムフロンと，野生ヤギであるベゾアールが家畜化されてできたといわれている。15世紀のルネッサンス時代には，この「肥沃な三日月地帯」を中心として，西はヨーロッパや北アフリカ，東は中国・モンゴルまで，広大な地域で牧畜農業が行なわれるようになっていた。津田恒之東北大名誉教授の著書（『牛と日本人』，2001）によれば，牛の家畜化は，ヤギやヒツジよりも新しいと考えられている。理由は，牛は大型でヒツジやヤギより扱いにくいことや，エジプトの壁画（第1図）にその証拠が残っているからである。すなわち，この図にあるように搾乳する男性は，牛の真後ろに立っており，このまま搾乳するとすれば後肢の間からになる。この搾乳法は，従来ヒツジやヤギで行なわれてきた方法であるというのである。この絵の示唆する他の観点についてはまた後述する。

　牛は，1万年以上前から，角，ミルク，肉，皮革，血，胆石，骨などを人の食糧や生活必需品として提供し，さらに，糞尿さえも燃料や肥料として，さらに労役としても利用できる重要な財産であった。また，津田によれば，牛やヒツジは犠牲獣として，宗教的観点からも重要な動物であったという。古代においては，満月と新月を繰り返す月の周期は，それ自体が不思議であり，かつ植物や動物の豊かな実りをもたらすための重要な尺度であった。月の形を連想させる大きな角は畏敬の念で崇められ，主に雄の反芻獣が神への捧げものとされた。牛の角が宗教的儀礼に使用されたという証拠は，最古の遺跡（紀元前6400年ころ）があるトルコで発見されている。また，エジプト時代にはすでに牛の屠畜場があったらしく，その模型がニューヨークのメトロポリタン美術館に展示してある。

　わが国においては，氷河期に野牛がいた証拠はあるが，この野牛は絶滅した。現在の日本にいる牛は朝鮮半島を経由して持ち込まれたもので，遺伝子的にはヨーロッパ型に近い。3世紀末の『三国志・魏志倭人伝』にあるように，そのころの日本では，牛，ヒツジ，馬の頭数はわずかだった可能性が強い。しかし，少なくとも大化の改新で大和地方に強力な政権が誕生したころには，牛や馬はすでに飼育されていた。なぜなら，天武天皇の治世の676年に食肉禁止令

第1図　牛乳房からのミルク摂取の習慣を示唆するエジプトの壁画

（『牛と日本人』から引用）

が発令され，牛，馬，イヌ，サルおよび鶏を食べることが禁止されているからである。このころには，ミルクを煮詰めてつくった乳製品「蘇」やヨーグルト状の「酪」などがあったとされている。

家畜の乳汁は，子動物ばかりでなく，生乳のまま，ときには乳酸発酵産物としてし，あるいはチーズのように固形化されて人間の貴重な食料として長い間利用されてきた。聖書時代は「ミルクとハチ蜜に満ち溢れる」ことが豊かさの象徴であった。最初の搾乳は，子動物が吸飲するのを横取りすることから始まったとする説がある。また，第1図に見られるように，人間の子供がミルクを飲むようになった理由は，分娩時の事故や疾病によって母親を亡くした子供を養うため，あるいは子供の数を増やすためと推測されている。

乳汁を生成する乳腺は，皮脂腺から進化発達した器官である。私たちが対象とする家畜は明確な乳頭部を有し，子動物は乳頭を口腔内に入れてミルクを吸飲するが，海獣やカモノハシなどのように明確な乳頭部をもたず，皮膚表面に滲み出てくる乳汁を子動物が吸飲する動物種も存在する。また，動物は種々の環境に適応して棲息しているため，それらの環境に子動物が適応できるように乳汁組成を変化させている。乳汁を体外に放出するには，下垂体後葉ホルモンであるオキシトシンが必須である。オキシトシンが，乳腺胞の外側を被っている筋上皮細胞を収縮させて射乳する。今までの教科書では，オキシトシンはこのような射乳反射だけでなく，胎児の娩出に必須と記述されてきた。しかし最近の発達が著しい分子生物学的研究結果では，オキシトシン受容体を遺伝子的に欠如させたマウスでも分娩は発来すること，また，オキシトシン受容体は乳腺細胞ばかりではなく中枢神経系にも存在し，性格の温和さに関与すること，などがわかってきた。したがって，今後，オキシトシンとその受容体および行動に関する理解が進めば，野生動物の家畜化の歴史過程を分子生物学的にも解明できる日がくる可能性がある。

(2) 本論の3つの課題

牛などの反芻動物の特徴は，前胃（第一胃から第三胃）と呼ばれる特殊な胃にある。反芻胃（第一・二胃）内に棲息する膨大な数の微生物による植物細胞壁の消化・発酵にともなって生じる短鎖脂肪酸（SCFA，古典的にはVFA）が，牛の個体維持と乳汁生成に不可欠である。すなわち，ミルクの生成は草の摂取から始まるのであり，前胃の発達や機能を中心とした反芻動物の栄養生理学（ルミノロジー）の理解なしには，乳生産を理解することにはならない。東北大学名誉教授の故・梅津元昌先生の絶筆は，「ルミナント・フィジオロジー（反芻動物生理学）は世界を救う」という言葉であった。「反芻動物生理学」のなかで，とくに反芻胃とそれに関連する栄養生理学分野を「ルミノロジー」と呼ぶ。この学問分野は泌乳生理学を真に理解するための基礎学問である。

本論文の目的は，牛の泌乳生理を紹介することにあるが，乳腺の構造や乳房炎に関しては前版の大島の論文をはじめとして，すでに多くの優れた著書や総説があるのでそれらを参照していただくことにして，ここでの記述は最少にとどめ，牛の代謝・内分泌や最近のトピックスを中心に，以下のような3点に力点を置いて最新の科学的基礎知見を紹介することにする。

1）乳汁分泌の目的は，本来，新生子動物の栄養と免疫系を確保することにある。乳汁中の栄養素や免疫活性化物質に関しては多くの優れた著書があるものの，子動物に対する影響に関する情報は少ない。したがって，本論文では子動物の哺乳反応に関する最近の知見を紹介する。子動物の哺乳期の栄養条件やそれに伴う生理的変化は，離乳後の成長・増体，泌乳などの生産性に大きく影響すると考えられるからである。

2）乳汁分泌を増大するホルモンとしての遺伝子組換え牛成長ホルモン（bST）は，アメリカ合衆国や韓国など（日本やヨーロッパ諸国連合を除く）多くの国で市販され，投与されている。本論文では，成長ホルモン（GH）の分泌

調節や作用効果について紹介する。泌乳を支える代謝や内分泌機構がどこまで理解されたかについて，各泌乳期における乳腺細胞や，それと密接な関連性をもつ脂肪細胞でのホルモンやサイトカインの動態を紹介する。GHの作用機構を理解することは，泌乳生理を理解するうえで必須となっている。

3) 培養乳腺細胞を用いた乳汁分泌機構解明のための，最近の研究成果を紹介する。乳腺は妊娠・泌乳・離乳に伴って，増殖・退行を繰り返す器官である。最近，乳腺細胞を培養する技術が確立され，乳腺細胞の諸機能にかかわる詳細な細胞内機構の解明に貢献している。とくに，GHの作用効果やカゼインの生成にかかわる優れた研究が行なわれているので紹介する。

(3) スーパーカウ登場のなかで

乳房は，乳腺組織だけでなく脂肪組織をも含む。乳腺組織は，泌乳終了後に退行し，やがて一部は脂肪組織に置き換わる。脂肪細胞は，単に脂肪の蓄積・放出だけでなく，さまざまなサイトカイン（アディポカインと呼ぶ）を分泌し，乳腺上皮細胞（乳汁成分を生成する細胞，ここでは単に乳腺細胞と呼ぶ）での栄養素の代謝に深く関与する。また，脂肪の蓄積は性成熟と密接な関連性をもち，脂肪の蓄積なしには性成熟は完成しない。したがって，乳腺の発育は，種々の性ホルモン以外に，脂肪組織や脂肪酸との関連性が重要である。この点に関する研究成果ついては，「4. 泌乳期の内分泌と代謝」や「5. 乳腺細胞の生物学」で述べることにする。

泌乳量は最近飛躍的に増大し，一乳期2万5,000lの泌乳量をもつスーパーカウも存在するようになった。1日当たり平均80l以上の泌乳量になる。泌乳は，血管系から乳腺細胞への栄養素の輸送と供給，乳腺細胞での乳汁生成と分泌，乳腺胞内での移動，射乳などを含めた複雑な過程を含んでいる。したがって，この複雑な過程のどこかに障害が生じれば，泌乳量は低下することになる。すなわち，高泌乳を達成するには，分泌能力の高い乳腺と，その機能を適切に発揮させるための栄養条件，栄養素および栄養素の輸送体の完備，さらにそれらを統御する内分泌系などが健全に同期化しなければならない。

2. 哺乳子牛の生理学

(1) 反芻胃の発達

①第一胃の発育と絨毛

牛の胃は，第一胃から第四胃までの4つに区分されている。第一胃と第二胃は「反芻胃」と呼ばれ，第二胃は食道の末端すなわち噴門部に接しており，第一胃の前に位置している。成獣の胃の容積は，第一胃＞第四胃＞第二胃＞第三胃の順である。反芻胃の容積は体重の30％，胃全体の80％の容積を占める。しかし，生後間もない子動物は，草食ではなくミルクを飲んで成長しているので，第四胃の重量のほうが反芻胃より大きい。反芻胃は離乳期前後に急激に発達し，6週齢時の反芻胃の重量は第四胃よりおおよそ2.5倍大きくはなる（第2図）が，体重の数％を占めるにすぎない。哺乳のみを維持して粗飼料やスターターを給与しないと，第一胃の発育は停滞する。スターターを100％給与しても粗飼料を給与しないと，絨毛の成長が不良になる。しかし，スターターと乾草の比率を90：10にしても，あるいは10：90にしても，

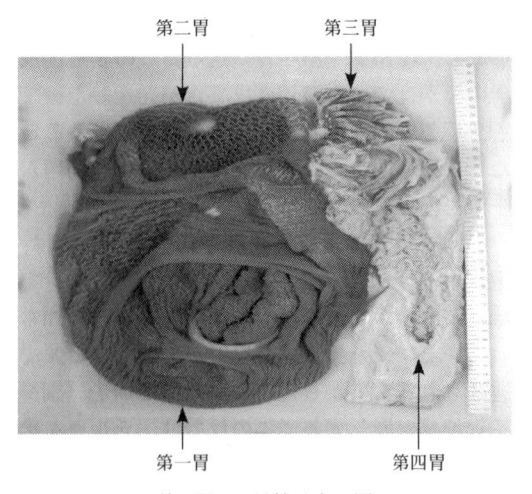

第2図 6週齢子牛の胃

絨毛の発育には差がないとされている。

故・玉手英夫東北大名誉教授は，1960年前後に子牛第一胃内への短鎖脂肪酸（SCFA）の投与実験を行ない，酪酸が強い絨毛発育促進効果を示すことを報告している。この研究では，子牛を全乳で飼育しながら，第一胃内に酢酸，プロピオン酸，酪酸の中性水溶液を直接投与した。その結果，16kgのSCFA塩を12週間にわけて投与すると，第一胃絨毛の発育促進と重量増加が認められた。3種類の酸のうちプロピオン酸と酪酸が有効であり，投与量は乾草やスターターから生産されたSCFA量とほぼ同等であった。また，SCFA投与の効果は，離乳時にスターターや乾草を給与したときと同様の組織変化を起こした。SCFA投与効果は，炭酸水や食塩水では再現されず，グルコースにも効果は認められなかった。

②子牛の食道溝反射

子牛と人間の子供が母牛の乳房からミルクを飲んでいるエジプトの壁画（前述の第1図）を見ると，この子牛は尻尾をもち上げている。ミルクを飲んでいる子牛が，このような反応を示すことが古くから知られていたことは驚きである。この反応は，「食道溝反射」が起こっていることを示す。

「食道溝反射」とは，子牛がミルクを摂取したときにミルクが前胃をバイパスして，直接第四胃に送られる機構を呼ぶ。すなわち，第二・第三胃口に存在する食道溝が管状の立体構造を形成し，ミルクを第四胃に送る。この食道溝反射のおかげで，ある程度反芻胃が発達した後でも，反芻胃内の微生物による分解を受けることなしに，第四胃でミルクを凝乳・消化し利用が十分可能である。

ミルク以外で食道溝反射を誘引する物質は，重炭酸ナトリウムとされている。子ヒツジでは，硫酸銅が食道溝反射を誘引することが知られている。また，食道溝反射が，アトロピンで遮断されることから，この反射には迷走（副交感）神経が関与する。この反射は，ミルクを給与し続けることで維持できるが，その期間の長さは不明である。いずれにしても，この反射を

利用すれば，子動物の第一および第二胃内微生物に影響を与えずに，栄養素や添加物，薬物などを給与することができる。

現在広く採用されている早期離乳法では，6週齢で代用乳（リプレーサー）給与をやめて，固形の人工乳（スターター）と乾草を給与する。この時期は，流動食としてのミルクが固形の濃厚飼料に変化することになるので，消化管の組織や形態の変化あるいは吸収される栄養素の変化に対応した内分泌的変化が生じる。

早期離乳法のメリットは，粗飼料の物理的刺激や発酵によるSCFA産生を早めることによって，反芻胃の発達を促進することにある。一方，デメリットはあまり強調されずにきたが，早期離乳を強行したホルスタイン種子牛では，第一胃にパラケラトーシス様変化がときどき見られることが多い。その原因は，生後6週齢という時期が子牛の離乳にとって早すぎ，消化機能が十分対応できないのに濃厚飼料を多給するためであろう。逆に，哺乳時期に十分な量のリプレーサーを給与することは，体躯や体重を有意に大きくする。この方法によって生じた体重増などのメリットが，反芻胃の発育も含めて，将来の生産性（たとえば泌乳量や産肉性）にどのような効果をもたらすのかについての研究は不足している。

(2) 哺乳時の内分泌変動

①血中GH濃度

通常，成獣に飼料を給与したときに，ヒツジでは血中GH濃度の大きな低下が観察されるが，牛ではあまり顕著ではない。しかし，ミルクを飲ませたときの子牛の変化は驚くべきもので，ミルク摂取後に血中GH濃度は増加する（第3図）。加齢とともに増加程度は小さくなり，やがて消失する。下垂体からのGH分泌を刺激するホルモンを血中に投与したときのGH分泌増加反応も減少することから，基本的には，加齢がGH分泌反応を低下させる第一義的原因と考えられている。

インスリンやグルコースの血中濃度も，ミルクの摂取後に増大する。この原因は，ミルク中

の乳糖が消化・吸収された結果，血中グルコース濃度が上昇し，その上昇を抑制するためにインスリンが分泌されると解釈される。

通常，成獣では栄養価の高い飼料を給与すると血中GH濃度は低下し，インスリン濃度は増大する。このように，GHとインスリンは多くの場合反対方向に変化する場合が多い。しかし，前述したように，哺乳期の子牛では，両ホルモンの血中濃度は平行して変化する。このような変化は哺乳時以外に報告がなく，この哺乳期の内分泌調節機構が成獣のそれとは異なることを示している。

②「強化哺乳」が示唆するもの

最近，通常の2倍量のミルクを給与する「強化哺乳」という方法がある。成獣での常識では，ミルク量を2倍にすることは，ミルク中の脂肪含量をたとえ減らしたとしても，栄養価あるいはエネルギー給与量が増大することになるので，GH分泌量低下を起こし，インスリン分泌量増大することになる。明治飼糧との共同研究によると，子牛への2倍量のミルクの給与は，通常給与子牛と比較して血中インスリンやIGF-I（インスリン様成長因子I）濃度を有意に増大したが，GH濃度は低下しなかった。このとき，6週齢時の体重や体躯も，通常給与子牛より大きくなっていた。栄養価あるいはエネルギー給与量を増大してもGH濃度が低下しないという哺乳時期の反応は，成獣では考えにくい反応である。

この子牛での結果は，子牛の使用管理に関して，多くの示唆を与えてくれる。すなわち，ある種の栄養素などをミルクに添加し給与することによって，さらにGH分泌を促進する技術を開発できる可能性がある。また，哺乳時期には高栄養条件にしてもGH分泌は抑制されないことから，高栄養条件を維持することによって子牛の成長を著しく促進できる。子牛の哺乳行動とそれに伴う胃腸の神経反射は，ミルクを与え続ければ長期にわたって持続することが可能なので，単に早期離乳するよりは，この貴重な時期を有効に利用することも一つの新技術開発になりうる。

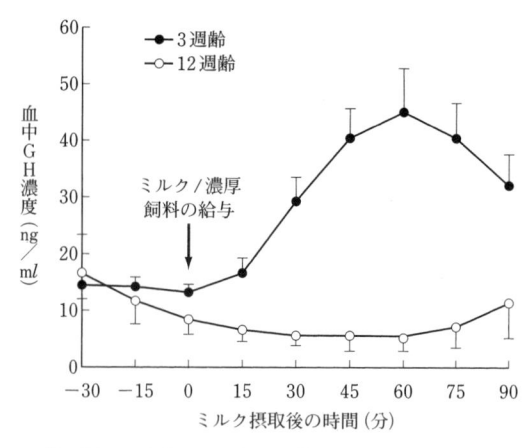

第3図　3週齢および12週齢子牛で見られるミルクもしくは濃厚飼料摂取時の血中GH濃度変化

（『ルミノロジーの基礎と応用』から引用）

(3) 反芻胃の恒常性と唾液分泌

①エネルギー源の特殊性

離乳した牛は，植物細胞壁（植物繊維もしくは主成分であるセルロースやヘミセルロース）を分解できる酵素（セルラーゼ）をもたない。しかし，反芻胃内に棲息する膨大な数の微生物のなかには，セルラーゼをもち，植物細胞壁成分を分解し，嫌気的発酵によってSCFAを生産できるものがいる。主に酢酸，プロピオン酸および酪酸から構成されるSCFAは，反芻胃の絨毛から吸収され，反芻動物の安静時エネルギーの70％を賄うことができる。したがって，反芻動物はエネルギー源をこれらの脂肪酸に依存している動物である。反芻動物が，一般の哺乳動物のようにエネルギー源をグルコースではなく，主にSCFAを吸収し利用しているために，必要なグルコースはプロピオン酸やアミノ酸から糖新生で生成しなければならない。反芻動物の血中グルコース濃度が人の血中濃度よりやや低いのは，そのためである。

②胃内pHを維持するしくみ

反芻胃内での脂肪酸の生産は，胃内pHの低下を引き起こすので，酸（Hイオン）を中和して減らす必要がある。そのために唾液中の重炭酸イオン（HCO_3^-）が必須となる。反芻動物

の唾液のNaHCO₃濃度は反芻胃の発達に伴って増加し，120（血中濃度は25）mmol/lにもなる（第4図）ので，pHは8以上である。このような高濃度のNaHCO₃は，人やネズミでは膵液しかない。このような唾液を分泌する最大の唾液腺は耳下腺であるが，ミルクのみで飼育した子牛の耳下腺唾液中のNaHCO₃濃度は，濃厚飼料および粗飼料を給与した動物より低いままである（佐々木，1968）。

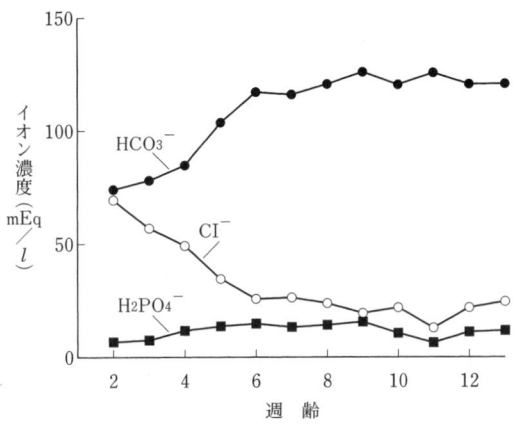

耳下腺唾液のNaHCO₃は二酸化炭素と水の結合から生じ，炭酸脱水酵素がこの反応を促進する。したがって，反芻胃内での発酵が顕著に開始される離乳期に，炭酸脱水酵素の活性が急激に上昇する。一方，第四胃ではHCl分泌が盛んなので，Hイオン生成のために炭酸脱水酵素が関与する。しかし，子牛のミルクの摂取は誕生後まもなく始まるので，ミルクの消化のために第四胃の炭酸脱水酵素の活性は，生後まもなく最大となる（小原，2006）。

牛の耳下腺は，毎日，100l以上の唾液を分泌する。pHの高い唾液を多量に分泌することによって，反芻胃の恒常性（pH6～7）を維持しているのである。濃厚飼料多給時には乳酸発酵が優位になるため，反芻胃内のpH低下が顕著になり，pH5以下では繊維分解菌やプロトゾアの数が激減し，繊維の分解低下が起こる。繊維の分解低下は乳脂率の低下を起こす。このような反芻胃の発酵異常を防止するために粗飼料の多給が必要であるが，乳生産を維持するために粗飼料不足が解消できないときには，緩衝剤としてのNaHCO₃や酸化マグネシウムの補給が必要となる。また，反芻胃内抗酸化能の低下と，それに伴う異常臭ヘキサナールの生成は，牛乳の異常風味に関連するとされている。

第4図 子牛の唾液中陰イオン濃度の週齢に伴う変化 （『反芻動物の栄養生理学』から引用）

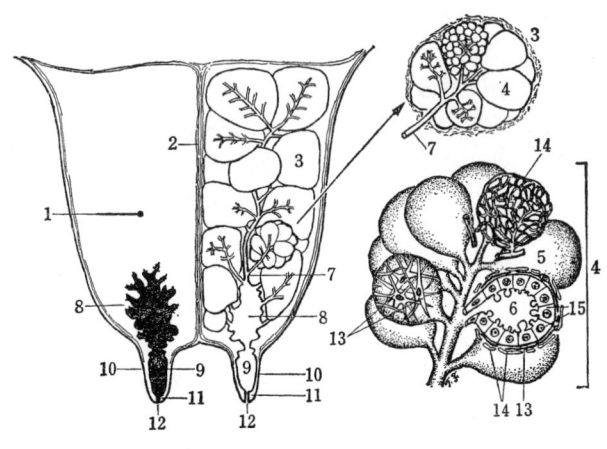

3. 乳腺の構造と発達

(1) 乳腺の構造と機能

①乳腺組織の構造と「射乳反射」システム

乳汁を生成する乳腺組織は乳房内に存在（第5図）する。乳腺の主体は乳腺細胞であり，乳汁の生成・分泌を行なうが，この乳腺細胞や導管細胞は筋上皮細胞によって網目状に覆われている。乳腺細胞は，唾液腺，涙腺および膵外分泌腺などと同じ「外分泌腺細胞」に分類される。外分泌腺の終末部は腺房と呼ばれ，逆ピラミッド形の数百の腺房細胞の集団から構成され，中空の

第5図 牛乳腺の構造
（『畜産用語辞典』から引用）

1：分房，2：中央支持靭帯，3：乳腺葉，4：乳腺小葉，5：乳腺胞，6：腺胞腔，7：乳（腺）管，8：乳腺槽，9：乳頭槽，8＋9：乳槽，10：乳頭，11：乳頭管，12：乳頭孔，13：筋上皮細胞，14：毛細血管網，15：乳腺細胞

ボール状構造を示す。腺房からは導管が出ているので，その形は楽器のマラカスに似ている。その"マラカス"の表面を筋上皮細胞が覆っている。

　筋上皮細胞は，平滑筋様の構造と役割を示し，腺房細胞や導管を取り囲み，収縮することによって腺腔内に蓄積した乳汁を体外に押し出す。筋上皮細胞は，下垂体後葉ホルモンであるオキシトシン感受性をもち，オキシトシンによって強力に収縮する。子牛が乳頭を吸引する感覚刺激が間脳の視床下部に達し，視床下部や下垂体後葉から血中へのオキシトシン分泌が亢進する。オキシトシンは，乳腺の筋上皮細胞にある受容体に結合し，収縮を惹起することにより腺腔内の乳汁を体外に排出する。これが，「射乳反射」である。筋上皮細胞以外のオキシトシン感受性の器官としては，子宮平滑筋がよく知られている。

　数百の細胞から構成される乳腺腺房は，ひとつの単位として機能する。すなわち，たとえばひとつの（あるいは数個の）腺房細胞に刺激が加わるだけで，細胞内に生じた情報伝達物質は腺房全体に伝播し，情報を共有することができる。このシステムは，小分子の情報伝達物質を腺房内に拡散できる細胞間連絡機構（ギャップ・ジャンクション）によって支えられている。細胞内の情報伝達物質として，カルシウムイオンやサイクリックAMP，電位変化などがある。

　また，乳腺では，ATPが細胞間情報伝達物質として考えられている。この可能性はマウスの乳腺細胞で確立されたものであるが，牛の乳腺細胞もATPに対して十分に反応する。牛の培養乳腺細胞内のカルシウムイオン濃度は，ATP投与で顕著に増大した（第6図）。この反応は，基本的にマウスでの結果と一致している。牛乳腺の細胞に何らかの刺激が加わったときにも，細胞内のATPが細胞外に出て，近傍の細胞のATP受容体に結合し，情報を伝達している可能性がある。ATPは筋上皮細胞の収縮も起こす。ATPの放出が，腺房細胞に対する物理的刺激によって起こることも知られてい

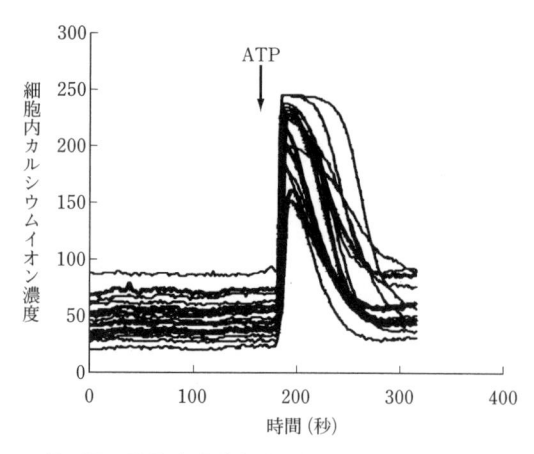

第6図　培養牛乳腺細胞の細胞内カルシウムイオン濃度に対するATPの影響

る。子動物の乳房への吸引刺激，洗浄刺激あるいは搾乳刺激などが，乳腺細胞への物理的刺激となる。搾乳回数の増大が乳量を10％程度増大することは昔から知られているが，乳腺細胞への物理的刺激は細胞増殖促進や退行の減少，酵素活性の増大などを引き起こす可能性がある。

②乳量と乳房内血流量

　乳腺は外分泌器官なので，基本的には，血管の拡張に伴う血流量の増大があれば，それだけで乳腺細胞への栄養素の供給が増大し，乳量は増大する可能性がある。生体で乳腺の血流量を測定することは困難なことから，血管灌流実験や麻酔による血流量低下実験を行なったリンゼルの報告では，乳量が血流量に依存して変化する（大島，1960・1987）。乳腺組織100g当たり50ml以上の泌乳量の場合，約50ml/分の血流量が必要である。また，1lのミルクを生成するのに必要な血流量は500lとされている。リンゼルら（1974）が行なった牛乳腺での実験結果では，乳量と乳房血流量の間には，正の相関関係が認められている。

　GH刺激により肝臓で生成・分泌されるIGF-Iには，血管拡張因子としての機能があると考えられている。この因子は，本来は，硫黄の取込みを促進し，長骨の先端部の軟骨の成長を促進することによって，体長を大きくする効

果を示す成長因子である。同時に，乳腺をはじめとする多くの細胞でも生成・分泌され，細胞の増殖を促進する因子でもある。また，フィードバック作用により下垂体GH分泌を抑制する作用も示す（「4.（1）ソマトトロピン軸」）。常識的には，血流量が低い条件では乳量は血流量に依存すると考えられるが，一定以上の血流量が確保された条件では，乳腺の分泌機能や代謝・内分泌的サポートが乳量を決定すると考えられる。

③腺房細胞の近くにある脂肪細胞の働き

一方，腺房細胞の近傍に存在する脂肪細胞は，蓄積している脂肪を泌乳期のエネルギー源として動員するばかりではなく，種々のアディポカインと呼ばれるホルモン様物質を放出している。アディポカインとして知られているのは，TNF-α，レプチン，アディポネクチン，レジスチンなどである。これらのホルモン様物質は，乳腺や他の組織でのインスリン作用やグルコース代謝に影響する。

たとえば，TNF-αは乳房炎などの炎症性マーカーであり，インスリン抵抗性（耐性）を増大する。レプチンは，本来，採食量を抑制するペプチドであり，生体での脂肪蓄積が増大するにしたがって血中への分泌が増大する。このペプチドは，視床下部に存在する満腹中枢に作用して，採食量を抑制する作用がある。この物質の分泌・作用系のどこかに欠損が生じると，採食量の調節が障害されることになり，肥満や糖尿病が生じることになる。また，アディポネクチンはインスリン抵抗性を改善するが，レジスチンはインスリン抵抗性を増大する。泌乳時には，インスリン抵抗性が増大し，乳腺以外の組織でのグルコースなどの栄養素利用を最小にすることによって，乳腺への栄養素分配を最大する必要がある。したがって，脂肪細胞が分泌するこれらのアディポカインの動態は，泌乳の機構を知るうえで必須となる。これらサイトカインの詳細な動態や機能に関しては，「4.（3）泌乳とインスリン抵抗性因子」で述べる。

（2）乳腺の発達，泌乳開始と退行

①乳腺の発達とホルモン

乳腺は，春季発動以降，妊娠をきっかけとして急速に発達する。したがって，性ホルモンが関与することは昔から知られている。同時に，下垂体前葉ホルモンであるGHも必須である。GHは，あとで述べるように（「4. 泌乳期の内分泌と代謝」），乳腺の発達ばかりでなく，強力な増乳効果を示すホルモンとして，酪農を産業として考えるとき重要なホルモンである。GHの作用機構の解明は，泌乳生理の進歩に対して多くの貴重な情報を供給している。

性成熟前から泌乳までの乳腺形態の変化と，関与するホルモンの関係を第7図に示す。また，妊娠から泌乳までのホルモンによる調節を第8図に示す。これらの図には，乳腺発達の各ステージとその発達に貢献する各種ホルモンが示してある。基本的に必要なホルモンは，卵巣ホルモン（エストロジェンやプロジ

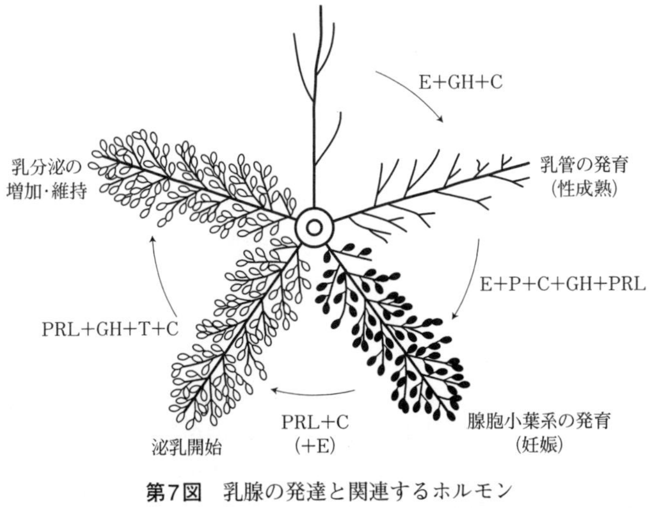

第7図 乳腺の発達と関連するホルモン
（『反芻動物の栄養生理学』から引用）

E：エストロジェン，GH：成長ホルモン，C：グルココルチコイド，P：プロジェステロン，PRL：プロラクチン

乳牛の生理

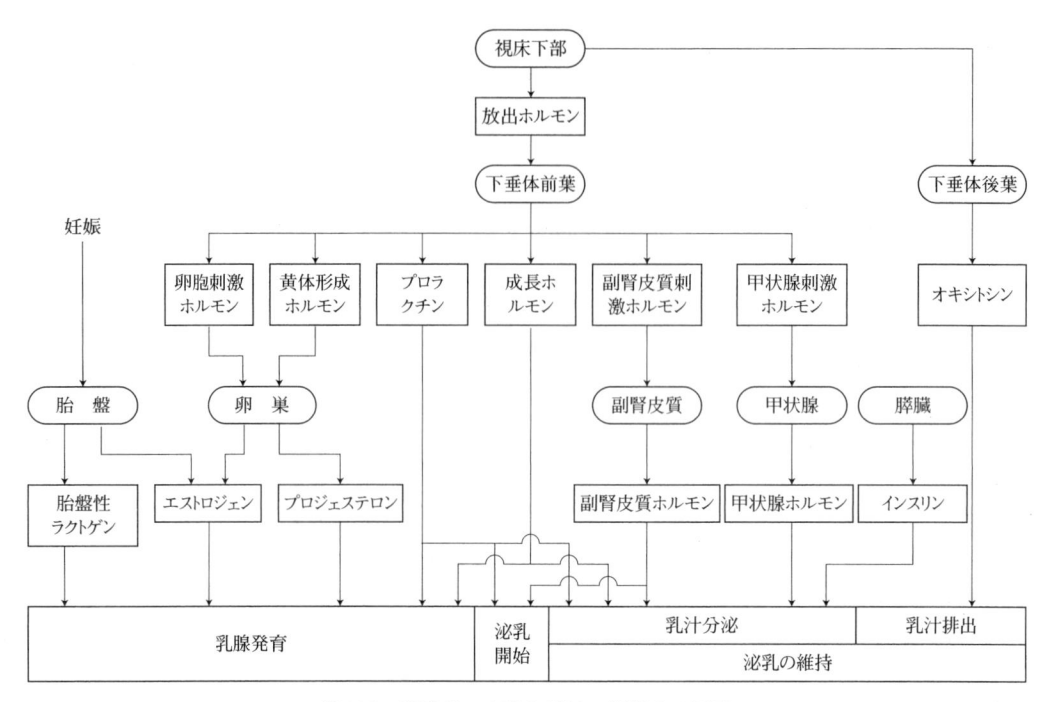

第8図 泌乳量の変化と維持に影響する因子

(『Ruminant Physiology, 2006』を改変・引用)

ェステロン）以外に，下垂体前葉ホルモンに含まれるプロラクチンとGH，副腎皮質ホルモンであるグルココルチコイド，甲状腺ホルモンなどである。

乳牛の血中プロラクチン濃度は，GHとともに分娩時に一過性に増大するが，ヒツジやヤギよりも低く，乳腺発達への関与は疑わしいとされていた。しかし，搾乳刺激が血中プロラクチン濃度を急激に増大すること，また，分娩前2週間にドーパミン作動薬を皮下投与すると分娩時のプロラクチン濃度増大が抑制され，乳量も低下することなどが上家（1983）によって報告されている。そのことからみて，プロラクチンは泌乳開始前に乳腺機能に影響していると考えられる。しかし，泌乳後期でのドーパミン作動薬の投与は，プロラクチン分泌を抑制するものの，乳量の低下はわずかであった。

グルココルチコイドは乳腺細胞の分化，すなわち乳汁の生成に必要なホルモンとして作用しているとされているが，詳細は不明である。グルココルチコイドは，筋組織からのグルタミンの放出を促進するので，アラニンとともに肝臓でグルコース生成の基質となることを促進することによって乳汁生成に貢献しているのかも知れない。

泌乳にとって胎盤性ラクトジェンが重要な役割を有することは，乾乳牛や未経産ヤギなどでの「誘起泌乳」でも明らかである。「誘起泌乳」とは，妊娠・分娩なしに，ホルモンの処理だけで泌乳を誘起することである。たとえば，卵巣ホルモンであるエストロジェンとプロジェステロンを12時間間隔で交互に7日間投与すると，泌乳が開始される。胎盤性ラクトジェンとコルチゾールでも再現できるが，誘起泌乳による乳量にはバラツキが大きく，分娩に伴う乳量の80％程度が最大とされている。

第7，8図には記載されていないが，インスリンもしくはIGF-Iは，培養乳腺細胞の増殖や分化（乳汁生成）を促進する因子として使用される。泌乳初期では血中濃度は低く，乾乳期で高くなるので，乾乳期における乳腺細胞の栄養素輸送にかかわることによって，細胞の

生存に関与すると考えられる。乳腺細胞には，インスリン感受性のグルコース輸送体であるGLUT12は存在するが，GLUT4は存在しない。

②乾乳期の考え方

乳期と泌乳量の関係を，乳腺細胞の機能とそれに影響する因子から説明したのが第9図である。乳期が進むにしたがって泌乳量の低下が起こるが，その原因は主に分泌細胞の減少であり，細胞活性の低下も一部関与する。泌乳の終わりには，乳腺細胞数は泌乳開始時のおおよそ半分になる。

乳量を高く維持（グレーの部分を指す）する方法として，bST（遺伝子組換え牛GH）投与，搾乳頻度の増加や照明時間の操作などが考えられている。逆に，乳房炎，ストレス因子，妊娠，搾乳頻度の低下などは，アポトーシスによる細胞死を増大し，乳量維持にはマイナスとなる。

乾乳期は，古い細胞が新しい細胞へ更新する時期である。ヤギやbSTを投与した経産牛にとっては，乾乳期がほとんどなくとも次の泌乳には影響しないが，初産牛では十分な乾乳期がないと次の泌乳期に十分な乳量を達成できない。イギリスのグループが，乳腺退行因子の一つとして，ヤギのミルク中に分泌されるFILという糖蛋白質を報告している。搾乳せずに乳腺内にミルクを蓄積した状態にしておくと，ミルク中のFIL濃度が増大する。しかし，退行作用を示す物質は，ほかにも複数存在する可能性がある。

乾乳期をどうするかについては1800年代から考慮されてきた。そのころの乾乳期は，10日から10週間まで幅があった。1900年代のはじめには，8週間（56日）の乾乳期間が最も多く採用されていた。現在採用されている60日間の乾乳期間（305日間の搾乳）は，第二次世界大戦時の食糧不足の時代に最大の泌乳量を得るためと，遺伝的な改良を維持するために採用されたものであり，それが現在も標準として用いられている。

牛やヤギでは，他の家畜と異なり，泌乳と妊娠が重複する。この重複が乾乳期の必要性の根拠となってはいるものの，泌乳の維持や乾乳期間を短縮することによって，乳量を増加することは可能である。しかし，カプコら（2006）は，乾乳期を「再生的な退行」と前向きに解釈している。なぜなら，乾乳期においては乳腺の細胞数の減少は認められず，乾乳期の後期に向かって細胞数はむしろ増加していく。また，乾乳期は，古い乳腺細胞を新しい細胞に置き換え，その数を増大し維持する機能を有する幹細胞にとって重要な期間だからである。

今日の高泌乳牛に最適な長さの乾乳期間を再検討する必要はあるが，泌乳量や組成などに関する飼料給与や飼養管理，動物の健康，周産期管理の観点から見直すためには，基礎と応用科学の協調作業が不可欠である。

4. 泌乳期の内分泌と代謝

乳腺などの外分泌腺における「分泌現象」は，複雑な過程を含む。これらの過程に密接にかかわり，サポートする因子は，物質代謝とそれを制御する内分泌系である。いくら乳腺の分泌機能が優れていても，それをサポートする代謝や内分泌体制が不十分であれば，高泌乳は達成できない。

動物の代謝は短期的および長期的に調節され

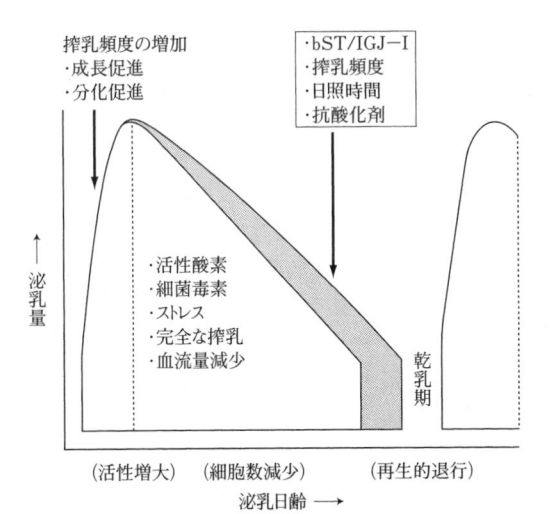

第9図 牛における泌乳ステージとそれを制御する因子 (Ruminant Physiology, 2006)
グレー部分の泌乳増大は図中の□内の因子によって起

乳牛の生理

第1表 泌乳ステージにおける血中ホルモン濃度の変化および黒毛和種牛とホルスタイン種牛の比較

血中ホルモン濃度	泌乳初期	泌乳後期	乾乳期	黒毛和種	ホルスタイン
インスリン	低	低	高	ND	ND
GH	やや高	ND	ND	ND	ND
レプチン				高	低
NEFA	ND	ND	ND	ND	ND
グルコース	ND	ND	ND	ND	ND

注 ND：差なし

第2表 泌乳ステージにおける脂肪組織と乳腺組織におけるアディポカインとグルコース輸送体遺伝子発現の変化および黒毛和種牛とホルスタイン種牛の比較

(小松ら，2005・2007改変)

調節因子		脂肪組織			乳腺組織			脂肪組織	
		泌乳初期	泌乳後期	乾乳期	泌乳初期	泌乳後期	乾乳期	黒毛和種	ホルスタイン
遺伝子発現	アディポネクチン	低	中	高					
	レプチン	低	中	高	ND	ND	ND		
	レジスチン	高	中	低	低	中	高	低	高
	PPARγ2	低	中	高	ND	ND	ND		
	Glut1	低	高	高	高	高	低	ND	ND
	Glut4	ND	ND	ND	N	N	N		
	Glut12	ND	ND	ND	低	低	高		
ホルモン受容体数や感受性	GHR	ND	ND	ND	ND	ND	ND	高	低
	グレリン感受性	高	低	低					

注 ND：差なし，N：検出不能，Glut：グルコース輸送体

る。「短期的調節（ホメオスタシス）」とは、たとえば、運動などにより肝臓や骨格筋のグリコーゲン蓄積量が減少したとき、すぐにグリコーゲン蓄積量を回復する調節を指す。これに対して、「長期的調節（ホメオレシス）」とは、成長、妊娠、泌乳などの目的のために、比較的長期にわたって代謝レベルのセット・ポイントを変更し、その状態を維持することである。ホメオレシスという概念は、20世紀後半にワディングトン（1957）やケネディ（1967）らによって提唱され、ボウマンとカリー（1980）によって確立された。

各泌乳ステージにおける血中ホルモン濃度の変化を第1表に示す（小松ら，2005，2007改変）。通常の泌乳期間のなかで最も大きく変化する血中ホルモンは、インスリンである。インスリンの分泌低下と効果の抑制（インスリン抵抗性）が泌乳の駆動力となるが、その中心となっているのがGHやアディポカイ

第3表 泌乳期におけるホメオレシス調節因子と反応の変化

(『Ruminant Physiology, 1995』から作成)

組織	ホメオレシス調節因子	反応の変化
採食量	複数	食欲増加と満腹感の変化
脂肪組織	インスリン	脂肪分解低下
		脂肪酸取込み低下
	カテコールアミン	脂肪分解促進
	アデノシン	脂肪分解抑制作用増強
骨格筋	インスリン	グルコース取込み低下
		蛋白質生成低下
		蛋白質分解促進
		アミノ酸取込み低下
肝臓	インスリン	糖新生促進
膵臓	インスリン分泌刺激因子	インスリン分泌刺激作用低下
生体全体	インスリン	グルコース酸化低下
		乳腺以外での利用低下

ンである（第2表）。インスリンを中心としたホルモンとその作用の変化を第3表にまとめた（ボウマン，1995）。泌乳は、外因性（食餌性）や内因性の栄養素を、乳汁生成のために乳腺に向けて動員することを必須としている。

(1) ソマトトロピン軸

① GH（成長ホルモン）

牛のGHの化学構造は，プロラクチンと似ている。GH遺伝子は19番目染色体の長腕部にあり，5つのエキソン（ホルモンの生成に利用される遺伝子部分）から構成されている。この5番目のエキソンの2箇所に変異が存在する。変異のある箇所によって，3種類（A，B，C型）の変異（多型と呼ぶ）に分類されている。日本のホルスタイン種では，2本の相同染色体のうちの両方もしくは片方がA型であり，ほぼ100％のホルスタイン種がA型のGH遺伝子をもっている。A型の動物は体が大きく，脂肪蓄積が少なく，泌乳に適している。一方，C型は黒毛和種牛でのみ報告されている多型で，体は小さいが，脂肪を蓄積しやすいとされている。

GHをソマトトロピンとも呼ぶことから，この分泌調節機構を「ソマトトロピン軸」と呼ぶ。この古典的な基本概念はネズミで確立されたものであるが，基本概念は反芻動物にも適用できる。ソマトトロピン軸を構成する因子の中核はGHとIGF-Iであり，乳腺だけでなく，脂肪組織，肝臓，骨，骨格筋や平滑筋，生殖器官などに至るすべての組織の機能や代謝にとって不可欠な調節系である。

GHの分泌調節は，基本的には間脳の視床下部から分泌される2種類のホルモンによって行なわれている。GHRH（GH放出ホルモン）はGH分泌を刺激し，ソマトスタチン（SST）はGH分泌を抑制する。最近，グレリンと呼ばれる新規なホルモンが胃から分泌されていることが証明され，その機能が注目されている。

反芻家畜におけるGH分泌調節には，いくつか動物種特異性がある。

反芻動物の胎児血中のGH濃度は高いが，誕生前に徐々に低下し始める。とくに，分娩直前に母牛の血中に一過性のコルチゾール濃度上昇が起こるときに，胎児血中GH濃度は大きく減少する。誕生後は，24時間以内にかなり低下し，成獣のパターンに似てくる。胎児のGH受容体（GHR）の数は，妊娠中期や後期では少ない。とくに，肝臓では誕生後でも少ない。したがって，誕生直後は血中IGF-I濃度も低く，GHRの数とともに急速に増大し，成長が急激に加速されてくる。GHはGHRと1：2の比率で結合する。牛やヒツジの血中には，他の動物種と同様に，GH受容体の一部と考えられている溶解性GH結合蛋白質が存在する。この結合蛋白質の役割は，GHの分解を遅らせると想定されている。

GHは下垂体前葉にある内分泌細胞（ソマトトロフ）から，1日に数回の割合で，パルス状に分泌される。したがって，1日1回の血液中のGH濃度測定は，必ずしも，基礎濃度を測定したことにはならない場合があり，また他の動物種間との比較も困難である。

筆者らの研究では，ヤギの培養下垂体前葉細胞に占めるGH分泌細胞の割合は，おおよそ40％であった。それでは，胎児のソマトトロフはいつからGHRHなどの刺激に反応し始めるのだろうか？　筆者らは，妊娠3か月のホルスタイン胎児から採取した下垂体細胞を3日間培養し，GHRHやGHRP（GH放出ペプチド，③グレリン参照）で刺激を行なったところ，新生子牛や成獣よりは小さいが，GH放出増加を認めている。ヒツジの胎児では，GHRHとソマトスタチンの効果が妊娠70日齢で報告されている。これらの結果は，反芻動物の胎児は発生の初期

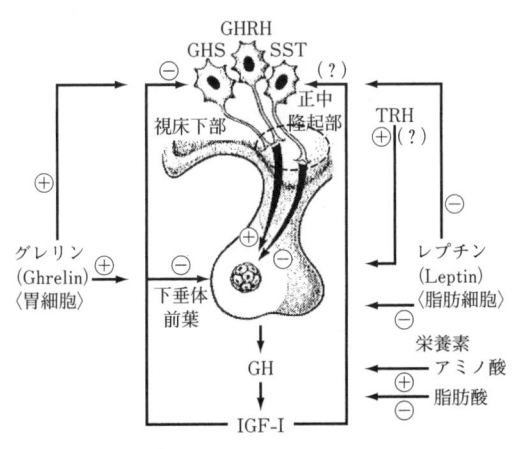

第10図　反芻動物の「ソマトトロピン軸」
（『ルミノロジーの基礎と応用』から引用）
図中，⊕：促進効果，⊖：抑制効果，（?）：不明

から，GHRH受容体やその細胞内シグナル伝達系がある程度確立していることを示している。

GHRHやGHRP刺激に対するGH分泌反応は，加齢とともに減少する。筆者らは，3週齢（哺乳期）および12週齢（離乳期）のホルスタイン子牛を用いて，GHRHもしくはGHRPを頸静脈内に投与したときの血中GH濃度増加を検討した。その結果，基礎および刺激時の血中GH濃度増加は，3週齢と比較して，12週齢で有意に低下していた。

② **GHRH**（GH放出ホルモン）

正中隆起部の上にある視床下部の弓状核で生成され，正中隆起部で下垂体門脈系に放出されるホルモンである。牛，ヒツジおよびヤギのGHRHは44個のアミノ酸から成るが，人と比較すると，牛とヤギでは5個，ヒツジでは6個異なっている。しかし，人GHRHおよびその誘導体を牛に投与しても，十分なGHやIGF-I分泌増加および増乳効果が得られる。人のGHも，GHRHと同様に反芻動物には有効であるが，逆はない。

③ **グレリン**（Ghrelin）

末梢組織から分泌されるGH分泌刺激因子として，28個（反芻家畜では27個）のアミノ酸からなるグレリンというホルモンが1999年に発見され，GH分泌と食欲を刺激することが，日本人の研究者によってネズミと人で初めて証明された。牛とヤギのグレリンの構造は同じであるが，ヒツジではアミノ酸が1個だけ牛と異なっている。このホルモンは，脂肪酸を結合している珍しいホルモンであり，脂肪酸の欠如はGH分泌活性を消失させる。このホルモンは反芻動物の第四胃の上皮組織に多く存在するが，他の多くの組織でもわずかながら生成されている。

グレリンの血中濃度は，予定された食餌時間の前や空腹時に増大するので，グレリンが採食のシグナルとなっている可能性がある。さらに，グレリンは脂肪の酸化を抑制し，インスリン分泌を促進して，エネルギーバランスに関係する多くの過程に影響する。グレリンは，次に述べるようなGHS（GH分泌刺激物質）受容体の内因性リガンド（活性物質）として，古典的なソマトトロピン軸に新しい概念を加えた。

グレリン発見の歴史を短く紹介する。アメリカのトレーン大学のバウアー教授らは，1970年代にストレスに関連する下垂体前葉ホルモンの前駆体から生じるオピオイド（脳内で麻酔作用をもつ物質）が弱いGH分泌作用を示す事実を発見し，よりGH分泌活性の強いペプチド（GHRP）を合成するために，オピオイドのアミノ酸組成を置換する研究を行なっていた。その結果，新しく開発した6個のアミノ酸からなるペプチドは，ヤギの口腔，第四胃および十二指腸内に注入しても，静脈内注入よりは弱いが，GH分泌効果を現わすまでになった。この理由は，わずか6個のアミノ酸からなる短いペプチドなので，容易に消化管や鼻粘膜から体内に吸収されるからである。

1993年になって，メルク社の研究者たちが，非ペプチド性のGHRP合成に成功した。1996年に，GHRP受容体の遺伝子解析に成功し，GHRPの受容体がGHRH受容体と異なることを証明した。これらの結果は，GHRP受容体に結合する物質はペプチドでなくてもかまわないことを明らかにした。現在は，GHRPはGHSというカテゴリーに包括されるようになった。同時に，GHS受容体がGHRH受容体とは別に存在するという事実は，GHS受容体に結合する新規な物質が生体内に存在する可能性を予見した。その結果，寒川ら（1999）が，GH分泌刺激物質がラットや人の脳や消化管に存在することを発見し，この物質を「GH分泌刺激効果を示す内因性物質」という意味で「グレリン」と名付けた。グレリンの生物学的意義は，GH分泌刺激因子としてばかりではなく，レプチンと競合しながら，採食調節を含めたエネルギーバランスを広範に調節している点にあるが，反芻動物での作用には不明な点が多い。

グレリン投与は，血中GH濃度の増大を介して，泌乳量を増大する。また，重要な点は，泌乳期によってグレリン感受性が変化することである。すなわち，伊藤ら（2005）は，泌乳初期のグレリン刺激によるGH分泌反応が，泌乳後

期のGH分泌反応より有意に大きいと報告している。

④ソマトスタチン（SST）

ソマトスタチンは，13個のアミノ酸からなるペプチドで，視床下部以外に膵臓のランゲルハンス島にも存在する。その機能は，他のホルモンの分泌を抑制することである。反芻動物においては，GH分泌抑制効果を示すソマトスタチンの機能には不明の点が多い。まず，ソマトスタチンの谷間（あるいはピーク）はGH濃度のピーク（あるいは谷間）に一致しなければならないが，ヒツジの下垂体門脈血中のソマトスタチン濃度とGH濃度はほとんど一致しない。さらに，ソマトスタチンのアミノ酸配列に種差はないにもかかわらず，ヒツジ下垂体細胞に対するソマトスタチンのGH分泌抑制効果はラットより小さい。このような相違が生じる原因のひとつとして，ソマトスタチン受容体の多様さなどが考えられる。

低栄養条件では，GH分泌が促進し，IGF-I生成・分泌が低下する。この理由は，視床下部からのソマトスタチン分泌が低下することでGH分泌は促進するが，肝細胞のGHRが減少するためにIGF-I生成が低下するためである。

⑤IGF-I

GHは，高蛋白質やアミノ酸給与と同様に，肝臓でのIGF-Iの生成と血中への放出を促進する。この効果は肝細胞にあるGHRを介するものである。IGF-I遺伝子は，少なくとも6つのエキソンから構成されている。そのうちの3番目と4番目のエキソンが，IGF-Iペプチドの生成に重要である。IGF-I以外に，IGF-IIも存在する。IGF-IIは，IGF-Iの同化作用を阻害することが知られている。IGF-Iは，長骨の成長を促すことによって骨格を大きくするので，GH作用の一部を分担している。

一方で，負のフィードバック機構によりGH分泌を抑制する。しかし，培養ヤギ下垂体前葉細胞では，IGF-Iの抑制効果はさほど大きいものではなかった。なぜなら，GHRH刺激によるGH放出が有意に抑制されたのは，GHRH刺激時に100ng/mlのIGF-Iが同時に存在したときのみで，たとえ1,000ng/mlのIGF-Iを含む培養液で48時間細胞を培養したとしても，GHRH刺激時にIGF-Iが存在しなければ，IGF-Iの抑制効果は見られなかったからである。

黒毛和種牛では，元気ではあるが体躯が小さい子動物が生まれるときがある。この動物の血中ホルモン濃度を測定すると，GH濃度は高いのにIGF-I濃度は低い。この原因は，人の「ラローン型小人症」と類似した遺伝的障害で，肝臓のGHRの障害である。GH刺激によるIGF-Iの産生・分泌が上昇しないので体躯が大きくならないと同時に，GH分泌抑制力が弱くなるので血中GH濃度がさらに上昇する結果になる。

初乳中のIGF-I濃度はきわめて高く，これは乳腺細胞自体がIGF-Iを生成・分泌しているためであり，子動物の消化管の発達を促進する可能性がある。一方，常乳中のIGF-I濃度は低いが，GHの投与で上昇する（「4.（2）泌乳とbST」参照）。

IGF-Iは遊離した形で活性を示すが，血中では6種類以上のIGF-I結合蛋白質と結合して存在し，IGF-Iの機能に対して複雑な効果を示す。初乳中のIGF-Iも，何らかの結合蛋白質と結合して存在する。IGF-I結合蛋白質と結合したIGF-Iは結合した蛋白質の種類によってIGFBP-Xと表わされる。IGFBP-1は主に肝臓でつくられ，胎児の血漿では高いが，誕生後は低下する。また，インスリン濃度とは逆の相関を示す。IGFBP-2は主に肝臓でつくられ，ミルクや精漿中に高濃度で存在する。異化作用時にはIGFBP-2濃度は増大し，逆に，IGFBP-3は減少することによって，IGF-Iの利用性を制限するらしい。IGFBP-3は多くの組織でつくられ，リン酸化され，IGF-Iの分解に関係している。IGFBP-4, -5および-6の機能はよくわかっていない。ただし，IGFBP-6はIGF-IよりもIGF-IIに親和性が強いことが知られている。

⑥TRH（甲状腺刺激ホルモン放出ホルモン）と甲状腺ホルモン

甲状腺機能の低下が泌乳量を低下することはよく知られている。視床下部ホルモンである

TRHが下垂体からのTSH（甲状腺刺激ホルモン）分泌を刺激し，甲状腺ホルモンであるT4とT3の放出増大になる。しかし，TRHの投与効果はもっと複雑かも知れない。なぜなら，牛へのTRH投与は，TSHだけでなくGH分泌をも刺激するからである。

⑦グルココルチコイド

ソマトスタチンやIGF-I以外でGH分泌を抑制する生体内因子として，副腎皮質ホルモンの一つであるグルココルチコイドが知られている。人では，幼児にグルココルチコイドを多用すると成長遅延が起こることはよく知られている。これは，過剰なグルココルチコイドが下垂体GH分泌を抑制し，成長を抑制するからである。反芻動物の下垂体前葉細胞でもグルココルチコイドの抑制作用が認められる。

⑧栄養および栄養素

栄養レベルとGH 増乳を目的として，乳腺への栄養素分配を効果的に高めるために濃厚飼料の多給が必要となるが，一般的に栄養レベルの増大はGH分泌を抑制し，インスリン分泌を増大する。逆に，低栄養条件では，GH分泌を促進し，インスリン分泌を抑制する。すなわち，GH分泌とインスリン分泌は，栄養状態によって相反する方向に変化する。この理由は，GHは異化ホルモンであり，インスリンは同化ホルモンだからである。したがって，給与する栄養レベルや組成は，生産性に直接影響する。

栄養素では，アミノ酸や蛋白質がGH分泌刺激効果を，脂肪酸が抑制効果を示す。今まで，膵内分泌に及ぼす栄養素や栄養状態の効果はよく知られているが，GH分泌細胞に及ぼす効果は不明であった。栄養や栄養素の効果が，直接的な効果か，それともソマトトロピン軸の構成因子を変化させることによって生じる二次的な効果なのか，必ずしも明確ではない。両者の共同効果と考えるのが妥当である。

栄養（もしくは栄養素）がGH放出に影響するか否かを知るための方法は，採食が血中GH濃度に影響するかどうかを知ることである。新生哺乳動物に見られるミルク給与時の血中GH濃度の変化については，「2.（2）哺乳時の内分泌変動」で述べた。

採食行動とGH 成反芻動物だけでなく成人でも，採食行動は血中GH濃度を低下させる。反芻動物でのGHRH刺激時のGH濃度増大も，採食に伴って減少する。この反応は，給餌時間の予測，バルーンによるルーメン拡張あるいは疑似採食によっても再現できる。こうした事実は，採食に伴うGH分泌の抑制機構に，消化管に存在する化学的あるいは物理的受容体と中枢神経系が関与する可能性を強く示唆する。

採食に伴う血中GH濃度変化は，乳期におけるエネルギーバランスによって影響される可能性がある。なぜなら，泌乳初期のエネルギーバランスが負の時には採食に伴って血中GH濃度が増大したが，泌乳後期のエネルギーバランスが正のときには採食に伴う血中GH濃度は変化しなかった，という報告があるからである（ブラッドフォードとアレン，2008）。泌乳初期にのみ見られるこの採食に伴う血中GH濃度の増大は，血中NEFAやインスリンの変化では説明できない。唯一，血中グレリン濃度がGH濃度上昇に先駆けて増大することから，グレリン関与の可能性が示唆されている。

蛋白質やアミノ酸とGH 高蛋白質飼料は，血中GH濃度を低下し，IGF-I濃度を増大する。この原因は，血中アミノ酸濃度が増加するためであると解釈されている。一方，低蛋白質飼料や低栄養条件は，血中GH濃度を増大するが，IGF-I濃度を低下させる。低蛋白および低栄養条件下は，肝細胞のGHR数の低下を起こすために，GH刺激に対するIGF-I産生能が低下するためである。

一方，興奮性のアミノ酸（酸性アミノ酸）やその誘導体は，GH分泌を刺激することが，ヒツジ，豚およびラットなど多くの動物種で報告されており，GHRH分泌増大が原因とされている。分岐鎖および非必須アミノ酸もGH分泌を刺激することが，ヤギやヒヒで報告されている。これらの効果は，イン・ビトロ実験でも確認されている。

このように，高蛋白質とアミノ酸ではGH分泌効果に矛盾が見られる。その理由は，高蛋白

質飼料給餌効果が，高エネルギー給与と同様の効果になるためであろう。すなわち，高蛋白質飼料給餌が高エネルギー供給になっている可能性がある。高エネルギー状態ではGH分泌は抑制され，インスリン分泌が促進される。

脂肪酸とGH 脂肪酸は，炭素数や不飽和基の数に関わらず，基礎およびGHRHやGHRP刺激によるGH分泌増加を抑制する。今までに報告されている結果をまとめると以下のようになるが，抑制効果を示す長鎖脂肪酸（LCFA）の濃度は，通常の血液中の濃度範囲内であることから，生体内で実際に起こりうる生理的効果であると考えられる。

1) LCFAの効果：牛，ヒツジ，人およびラットのGH分泌を抑制する。

2) SCFAの効果：プロピオン酸や酪酸をヒツジの血中や前胃内に投与すると，血漿GH濃度が低下する。この抑制効果は，ヤギやラットの下垂体前葉細胞でも確認されている。

3) 下垂体前葉細胞での抑制効果は，広範囲に起こる。すなわち，GHRHの受容体との結合の抑制，細胞内カルシウムイオンやサイクリックAMPなどのシグナル伝達系の抑制，GHメッセンジャーRNA発現の抑制などである。

一方，脂肪酸は膵臓のインスリン分泌と消化酵素分泌を刺激するので，今回の下垂体GH分泌の抑制効果と合わせて考えると，脂肪酸の給与は反芻動物の代謝を同化作用の強い状態にすることになる。また，GHは異化作用を示すホルモンであり，採食に伴って血中SCFA濃度が上昇し，GH分泌が低下することは合目的的といえる。

グルコースとGH 泌乳牛へのグルコース投与は，分娩後のGH分泌を促進する。また，グルコース濃度の増加は，下垂体前葉細胞のGH分泌も増大する。しかし，生体での実験結果の解釈は，細胞での結果より複雑である。なぜなら，血中グルコース濃度の増加は，同時に，血中NEFA濃度の低下を伴うからである。すなわち，上記で述べたように，血中LCFA濃度の低下はGH分泌を増大させるので，グルコース濃度増加による直接的影響かNEFAを介した間接的影響か簡単には区別できない。

(2) 泌乳とbST

ホルスタイン種牛，日本短角種牛，日本黒毛和種牛を比較した報告によると，分娩前後における母牛の血中GH濃度は，ホルスタイン種牛＞日本短角種牛＞日本黒毛和種牛の順序であり，血中GH濃度と泌乳量は一致する（新宮，2006）。

①商品化されるホルモン

泌乳量を劇的に増大するホルモンとして商品化され，多量に流通している物質（ホルモン）は，遺伝子組換え牛成長ホルモン（bST）のみである。GHの効果は，1937年にロシアの科学者アシモフとクロウゼが，牛下垂体の抽出物が乳量を増大することを報告したのが始まりとされている。1947年に，この増乳効果がGHの効果であることが確認された。しかし，GHの投与効果に関する研究が顕著に進歩したのは，1960年代以降に分子生物学が進歩し，遺伝子組換え技術が確立し，安価なbSTが入手可能となってからである。増乳目的でのbST使用が1993年にアメリカ合衆国の食品医薬品局（FDA）によって，世界ではじめて商業販売が許可され，その後韓国などでも販売されている。通常，bGHは191個のアミノ酸から構成されているが，上の実験に使用したbSTは，遺伝子工学によって微生物につくらせたbGHで，N末端にメチオニンが付いている。

bSTの増乳効果は，初産次よりも多産時の牛で大きく，泌乳牛，ヤギおよびヒツジでも認められる。GHの代わりに，下垂体からのGH分泌を刺激するGHRH投与でも増乳効果が認められる。

bST投与時の乳量変化を第11図に示す。1981年に，アメリカのコーネル大学のボウマン教授らとモンサント社が行なった，泌乳牛へのbST投与実験結果が初めて報告された。この研究では，1日当たり13.5～40.5mgのbSTあるいは牛下垂体抽出GH（27mg）を，泌乳開始88～188日間投与した。泌乳曲線が高く維持され，20％以上の増乳効果が得られた。bST

乳牛の生理

投与直後では，乳量が増大しても飼料摂取量が増大しないので，エネルギーバランスは負になる。したがって，分娩直後の負のエネルギーバランスのときには，bSTによる増乳効果は明確ではない。

泌乳牛への除放性bST投与（640mg，皮下注）では，血中bST濃度が3日目にピークに達したあと，漸減した。乳量は，投与後5日目にピーク値に達し，5日間ピークを維持した後，漸減した。同時にIGF-I濃度も有意に増大した。この時，ミルク中のbSTとIGF-I濃度も，血中bST濃度増大と平行して増加し，投与前と比較して，最大4倍程度（血中の30分の1程度の濃度）まで増大した。bSTの投与は，最初の数週間はミルク中の脂肪濃度を増大する。おそらく，bSTの蓄積脂肪分解作用によるものであろう。しかし，チーズ製造時の性質には影響はないとされている。

②増乳効果を生む機構

GHの増乳効果に関する機構を，第12図に示す。この機構では，GHがグルコース，脂肪代謝およびIGF-I生成増大を介した間接的な効果以外に，乳腺細胞への直接的な効果も含んでいる。直接効果の証拠は「5．（2）GHの作用」で説明する。bSTの長期投与は，肝臓におけるGHR数および血中IGF-I濃度の増加を高める。血中のIGF-I濃度増加は，増体量や蛋白質蓄積を有意に増大する。また，bSTは蛋白質生成の増加，蛋白質分配の抑制，骨成長の促進の他に，乳腺組織でのエネルギー源になると考えられている血中NEFA濃度の増加を起こす。しかし，bSTの蛋白質生成増加，脂肪分解作用やIGF-Iの成長促進効

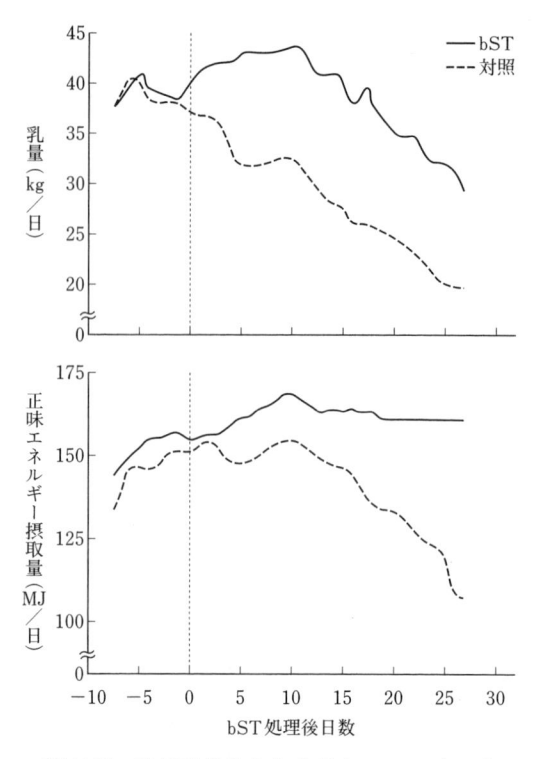

第11図　遺伝子組換え牛成長ホルモン（bST）投与時の泌乳量増大とエネルギー摂取量
（『新乳牛の科学』から引用）

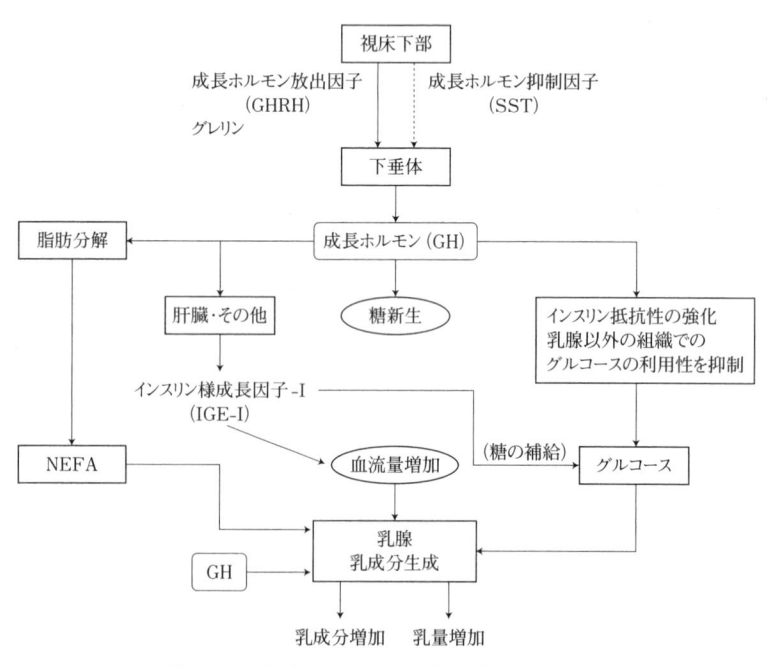

第12図　成長ホルモン（GH）の増乳効果機構
（『反芻動物の栄養生理学』から改変・引用）

果は，エネルギーバランスが正のときには必ずしも明瞭ではない。また，bST投与によるインスリン濃度の変化も一定ではない。bST投与は下垂体重量を増加するが，GH含量は低下する。

bST投与は血中IGF-IとIGFBP-3濃度を増大し，IGFBP-2濃度を低下する。しかし，泌乳初期のbST投与は血中IGF-I濃度を増大させないが，1か月後のbSTの再投与は血中IGF-I濃度を有意に増大した（ボウマン，1995）。したがって，bSTのIGF-I濃度分泌増大効果は，泌乳牛のエネルギーバランスに依存し，正のバランスでないとIGF-I濃度増大は起きないようである。IGF-Iが乳腺動脈の血流量を増大することは報告されているが，乳腺細胞の細胞分裂やDNA合成を促進するという報告はない。しかし，細胞が死滅するのを抑制することによって正味の乳腺細胞数を維持する可能性がある。

(3) 泌乳とインスリン抵抗性因子

① GHとインスリン抵抗性

GHは，泌乳牛のインスリン抵抗性を増大し，第12図に示すような効果によって乳量を増加する。泌乳期の血中GH濃度は，一般的に非泌乳期よりも高い。少なくとも，GHR遺伝子発現は乳期を通して変化しないので，血中GH濃度の変化が乳量を左右する可能性が強い。ローズと小原らの研究（1996・1997・1998）によると，泌乳中期と後期において，GHあるいはGHRHの投与は，乳腺以外の組織でのインスリン依存性およびインスリン非依存性グルコース消費量を低減し，乳腺によるインスリン非依存性のグルコース消費量を増大した。また，これらの研究では，グルコース利用が最大になる泌乳前期の乳腺組織では，GHの効果が観察しづらいと考察されている。

泌乳にとって，乳腺以外の組織でのインスリン抵抗性の増大が，栄養素を乳腺に分配するために必須であるといわれているが，インスリンの役割は単純ではない。たとえば，ボウマンら（2000）が行なったインスリン・クランプ実験では，血中グルコース濃度を変化させないようにインスリンとグルコースを4日間持続注入すると，乳量と乳蛋白質量は劇的に増大した。このとき，血中尿素濃度は，アミノ酸酸化の低下によって顕著に減少した。この実験で，乳腺の血流量と必須アミノ酸取り込みの増大が観察されている。

② グルコースとインスリン抵抗性

グルコースは，2種類の輸送体すなわちインスリン依存性と非依存性輸送体によって細胞内に取り込まれる（小松ら，2005・2007，第2表）。

まず，インスリン依存性の輸送体としてGLUT4やGLUT12などが知られている。インスリン非依存性の輸送体としては，GLUT1，GLUT2およびナトリウム依存性グルコース輸送体（SGLT）などが知られている。泌乳期には，乳腺でのインスリン非依存性のGLUT1によるグルコース摂取が増大する。逆に，乳腺以外の組織，たとえば脂肪組織でのGLUT1によるグルコースの輸送が低下することによって，グルコースを乳腺に動員する。乳腺細胞にはGLUT4は存在しないが，培養乳腺細胞の増殖や分化にインスリンが関与することから，GLUT4以外のインスリン依存性輸送体の存在が予想されていた。最近，GLUT12がその輸送体である可能性が示唆され，GLUT12遺伝子の発現が乾乳期に増大することが発見された。一般的に，泌乳牛における血中インスリン濃度は，乾乳牛で高い。したがって，インスリンがGLUT12を活性化して乳腺細胞のグルコース輸送を増大するのは，乾乳期であろう。この時期は，搾乳を中止し，栄養素を乳腺の回復と胎児の成長に振り向けなければならない時期である。一方，脂肪組織では，乳期が変化してもGLUT4の遺伝子発現は変化しない。しかし，インスリン抵抗性は増大することから，おそらく，細胞内に貯蔵されているGLUT4が細胞膜へ移動する割合が抑制されるのであろう。反芻動物は，人などと比較して，インスリン抵抗性が強い動物とされているので，泌乳能力は潜在的に高い。

③ アデポカイン，レプチン，レジスチン，TNF-αとインスリン抵抗性

脂肪組織および乳腺組織でのアディポカイン

や，グルコース輸送体の遺伝子発現やGHR数などの，各ステージの変化を第2表に示す（小松ら，2005・2007を改変）。

アディポネクチンは血中濃度が高く，インスリン作用を強力に促進する。このホルモンの遺伝子発現には，レプチンと同様に，PPAR（脂肪蓄積を促進する核内受容体）が必要である。したがって，脂肪蓄積時にはPPARとアディポネクチンの発現増大が起こる。脂肪組織のアディポネクチンは，乾乳期で発現が高い。したがって，この時期はインスリン効果が高く，逆に乳腺ではグルコースの供給が相対的に低くなることを意味する。脂肪組織でのレプチンの変化もアディポネクチンの変化と類似する。乾乳期の脂肪蓄積の増大は，PPARの変化と一致する。

レプチンは，インスリン情報伝達系に影響する。中枢神経系においては，食欲と代謝を調節するためのエネルギー蓄積のセンサーとして働く。泌乳開始時にはGH濃度は上昇する（もしくはその傾向を示す）が，レプチン濃度は低下する。レプチンは，16kDの分子量をもつ肥満関連遺伝子がつくるホルモンとして，脂肪細胞から分泌され採食を抑制するホルモンとして発見された。牛では，視床下部や下垂体だけでなく，消化管などでも広範に生成される。

牛とヒツジのレプチンを比較すると，アミノ酸が2個異なっている。牛の第一胃と第四胃の上皮組織でのレプチン遺伝子の発現は，離乳時期に一致して消失するが，脂肪組織と十二指腸上皮組織での発現は消失せずに残る。

メルボルンにあるプリンス・ヘンリー医学研究所のクラーキ教授らの研究によれば，ヒツジの第三脳室内へレプチンを注入すると採食は低下するが，下垂体前葉ホルモン（GH，LH，FSHおよびプロラクチン）分泌には影響しなかった。この結果は，少なくともヒツジでは，レプチンの採食と内分泌機能に対する影響が乖離する場合があることを示す。しかし，長期的に制限給餌したヒツジにレプチンを投与すると，採食量や血中GH濃度は変化せずに，血中LH濃度のみが増大したという報告や，逆に血中GH濃度を増大したという報告もあって，レ

プチンの役割を結論付けることは困難な状況である。一方，信州大学の盧准教授は，培養羊下垂体前葉細胞での研究で，レプチンがGHRH刺激によるGH分泌増加を抑制するが，GHRP刺激によるGH分泌増加は促進した，と報告している。

レジスチンは，グルコース耐性を不全にし，インスリン抵抗性を増大する。脂肪前駆細胞での遺伝子発現は泌乳初期に高いが，乳腺では逆である。レジスチンは，脂肪細胞の分化（脂肪蓄積）を抑制し，脂肪酸を乳腺に分配するよう働く。

さらに，TNF-αはエンドトキシン・ショック時のマーカーであり，マクロファージ，単球，肝クッファー細胞から分泌され，高インスリン血漿を起こし，インスリン抵抗性を増大する。乳腺への大腸菌注入は，ミルク中や血中のTNF-α濃度を増大する。このTNF-αは，乳腺中のマクロファージによって生産され，大腸菌による乳房炎に関与する。泌乳牛の頸静脈内へのエンドトキシン投与は，乳房炎の促進，血中ACTH，コルチゾールやプロラクチン濃度の増加を引き起こす。TNF-α（2.5mg/kg）を皮下中に投与したときに，以下のような効果が報告されている（櫛引ら，2006）。1) 乳量を有意に減少させる，2)（異化作用によって）乳脂肪率を増大するが，乳蛋白質率を減少する，3) GHRHやTRH刺激によるGHやTSH分泌増加を抑制する，などである。

(4) 乳成分の生成

基本的な栄養素は消化管から吸収され，門脈をとおり，肝臓に運ばれて一部は変換される。ここでは，乳腺細胞で生成される物質を，ラクトース（乳糖），乳蛋白質および乳脂肪として説明する（第13図）。また，牛乳腺は酢酸をエネルギー源や脂肪酸生成の材料としていることが，血管灌流実験で示されている。

①ラクトース

ラクトースは，基本的に乳腺細胞内に存在するラクトース合成酵素で，グルコースとガラクトースが1：1の比率で結合され，生成される。

アシカとアザラシのミルクは乳糖を含まない。ラクトース合成はミルク生成の律速段階である。乳腺にはG-6-P水解酵素が欠如しているので，糖以外からのグルコースの合成・放出はない。したがって，グルコースがラクトース合成の主要な前駆物質である。その結果，乳腺へのグルコース取込み，ラクトース合成および乳量の間には正の相関が認められる。

② 蛋白質

乳腺での蛋白質生成は，血中の遊離アミノ酸を利用して行なわれる。カゼインは，材料となるアミノ酸がアミノ酸輸送体によって血液から細胞内に輸送される。どのような輸送体が細胞膜にあるのかの研究は少ない。アニソンら（1974）の研究では，血中の必須アミノ酸のなかで最も高い濃度のアミノ酸はバリンとロイシンであり，最も低いアミノ酸はメチオニンである。ちなみに，リジンは中程度である。必須アミノ酸のなかで，動静脈差が大きな（乳腺組織での取込みが大きい）アミノ酸は，リジン，メチオニンおよびアルギニンであった。

泌乳初期でのルーメン・バイパス・アミノ酸（リジンやメチオニン）給与の試みは多い。両者の給与によってミルク中蛋白質や脂質濃度は増大するが，乳量に関してはあまり明確な効果は認められない。この結果は，アミノ酸給与効果が，給与する乳期や給与量，与えている飼料組成や量などによって変化する可能性を示唆している。栄養的に十分な管理下にある泌乳牛では，バイパス・アミノ酸の効果は小さいとされる。一方，アルギニンのホルモン分泌には動物種差が認められるので，給与には注意が必要である。たとえば，アルギニンの血中投与では，人ではGHとインスリン分泌を高めるが，牛ではGH分泌を高めずインスリン分泌だけを高めるからである。

③ 乳脂肪

乳脂肪の98％はトリグリセリドであり，リン脂質，コレステロール，ヂアシルグリセロール，モノグリセロールはわずかである。乳脂肪の組成には種差があり，牛，ヤギおよびヒツジではパルミチン酸が多く，続いてオレイン酸である。ウサギではカプリル酸とカプリン酸が多い。牛では，不飽和脂肪酸／飽和脂肪酸脂肪酸の比率は，おおよそ0.25である。牛乳腺の脂肪酸は，ATPクエン酸解裂酵素がないために，グルコースからは生成されない。

脂肪酸生成には以下の二通りがある。すなわち，短鎖および中鎖の脂肪酸（C4:0からC16:0）は，ミルク中脂肪酸の約50％を占めるが，その大部分は，乳腺でルーメン発酵産物やその代謝産物である酢酸やβ-ヒドロキシ酪酸を材料として新規に生成される。脂肪酸生成に必要な酵素であるアセチルCoA合成酵素やNADP-イソクエン酸脱水酵素の活性が高い。一方，長鎖脂肪酸（C18以上）は，血中の脂肪酸が乳腺に移行したものである。すなわち，血中のキロミクロンやVLDLに含まれているトリグリセリドからリポプロテイン・リパーゼ（LPL）の活性によって遊離されたものか，アルブミンと結合しているNEFAが起源である。

いずれにしても，この脂肪酸の由来は，飼料由来のものが消化管から吸収されるか，蓄積脂肪から放出されるかである。ミルク中の脂肪酸の10％程度が蓄積脂肪由来と考えられているが，

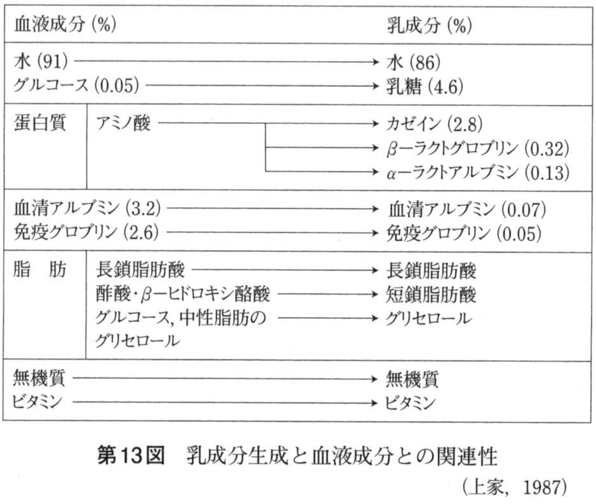

血液成分 (%)		乳成分 (%)
水 (91)		水 (86)
グルコース (0.05)		乳糖 (4.6)
蛋白質	アミノ酸	カゼイン (2.8)
		β-ラクトグロブリン (0.32)
		α-ラクトアルブミン (0.13)
血清アルブミン (3.2)		血清アルブミン (0.07)
免疫グロブリン (2.6)		免疫グロブリン (0.05)
脂肪	長鎖脂肪酸	長鎖脂肪酸
	酢酸・β-ヒドロキシ酪酸	短鎖脂肪酸
	グルコース，中性脂肪のグリセロール	グリセロール
無機質		無機質
ビタミン		ビタミン

第13図　乳成分生成と血液成分との関連性
(上家，1987)

『反芻動物の栄養生理学』から引用

泌乳初期のようにエネルギーバランスが負になったときには，この比率はさらに増大する。乳腺のLPL活性は，分娩前から上昇し，泌乳期間をとおして高い活性を維持する。同時に，この時期の脂肪組織でのLPL活性は低下することが，牛やヤギで報告されている。ミルク中にもLPL活性が認められ，搾乳頻度の低下は，この酵素活性を低下する。

新規の脂肪酸生成には，2種類の酵素が関与する。すなわち，ACCとFASである。一方，脂肪酸の一部は，SCDによって不飽和化される。ミルク中の不飽和脂肪酸濃度の上昇は，最近の健康食品嗜好の観点から，ミルクの栄養的・商業的価値を高めると考えられる。ミルク中のリノール酸濃度は，放牧すなわち生草の摂取によって上昇する。一方，不飽和脂肪酸の給与法も考えられるが，低脂肪乳症（MFD）との関連性で問題が指摘されている。たとえば，魚油の添加は，乳腺組織のSCD活性の低下を引き起こすことが知られている。しかし，大豆油では変化が見られない。MFDを起こす飼料条件下では，乳腺組織でのACCの遺伝子発現も低下する。

MFDでは乳量と乳脂率に顕著な減少が認められ，この減少を引き起こす飼料は乳牛のエネルギーバランスをより正にし，血中インスリン濃度と体脂肪蓄積を起こす。この原因として，高インスリン血症が乳腺以外でのグルコース利用を促進し，結果的に乳腺に動員されるグルコース量が低下するためと考えられる。最近，低粗飼料・高濃厚飼料給与条件下で起こるMFDは，第一胃内で生産される不飽和脂肪酸である共役リノール酸の一種（トランス-10，シス-12CLA）が関与することが示されている。すなわち，第四胃内にトランス-10，シス-12CLAを10g/日で4日間注入すると，乳量と乳脂率が40％も減少した（ボウマン，2000）。

5. 乳腺細胞の生物学

GH投与による増乳機構に関する従来の仮説では，乳腺細胞に対するGHの作用は直接作用ではなく，代謝や内分泌的変化を介する間接作用であるとされてきた。すなわち，血液中GH濃度の増大は脂肪分解作用により脂肪組織からの脂肪酸遊離を高め，遊離脂肪酸は乳腺細胞のエネルギー源として乳汁生成を高め，IGF-Iは乳腺の血管拡張作用により血流量を増大して乳汁生成を高めるとともにインスリン抵抗性を高めて，乳腺以外でのグルコースの利用を抑制し乳汁生成を促進する，というものであった。

一方，GHの直接作用が，培養乳腺細胞を用いた研究で最近明らかにされてきた。東北大学農学部動物生理科学研究室では，妊娠ホルスタイン未経産牛の乳腺から採取した乳腺細胞を用いた一連の研究を行なってきている。その成果の一部を紹介する。

(1) 培養乳腺細胞の特徴

牛乳腺細胞は，妊娠100日前後の未経産雌牛の乳腺から採取した細胞で，20代以上にもわたって増殖を続けることができる。細胞数は培養時間とともに増加し，フラスコいっぱいになると増殖を停止する。と同時に，ドーム型の立体的な三次構造を構築し始め，ドーム内部にはカゼインの分泌を開始する（第14図，萩野ら，2000）。このドーム状構造物はマンモスフェアと呼ばれ，ネズミの乳腺細胞でも報告されている。この結果から，細胞が集まって立体的になることが，カゼイン分泌を刺激する因子であることが示唆される。

(2) GHの作用

牛乳腺細胞はGHR遺伝子を発現している。この受容体は，肝細胞でも見出されるが，牛乳腺細胞での報告は少なかった。乳腺細胞での受容体の遺伝子発現は，この細胞にGHが直接作用する可能性を示しており，GH刺激に応答することが初めて示された。

もし，細胞の代謝が促進されれば細胞内にHイオンが生成されるので，細胞は細胞内pHを下げないようにHイオンを細胞外へと排出し，細胞内の恒常性を維持する。なぜなら，細胞内pHが大きく変動すると，細胞内で働いている

泌乳生理＝代謝・内分泌からみた泌乳生理

酵素活性の制御が不能になり，細胞機能の維持が困難となるからである。もし，GH刺激で細胞内代謝が促進されれば，細胞内から細胞外へのHイオン排出が高まり，細胞の外側の培養液中のpHが低下することになる。培養液中のわずかなpH変化を測定する装置（サイトセンサー）を用いて，GHで刺激したときの乳腺細胞の代謝増大を測定した。

乳腺細胞の培養液中にbSTを投与しても，細胞の代謝は増大しなかった（第15図右）。しかし，この細胞を催乳ホルモン（インスリン，糖質コルチコイドおよびプロラクチン）を含む培養液中で培養し，細胞環境を妊娠・分娩後の内分泌状態にすると，bST刺激に反応し代謝の増大が認められた。また，bST投与刺激が細胞内カルシウムイオンの増大をも引き起こすことがわかった。この結果は，GHの刺激効果は妊娠・分娩後の内分泌状態にならないと効果が現われないこと，およびGH刺激は細胞内代謝やカルシウムイオン濃度を上昇させること，を示している。このとき用いられたGH濃度は，搾乳牛の血液中濃度に匹敵する濃度（100ng/ml）であった。

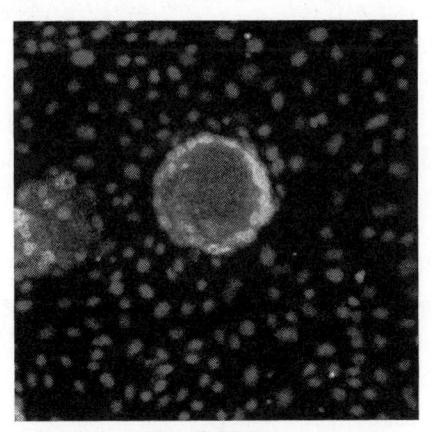

一方，ATP刺激による代謝および細胞内カルシウムイオン濃度増大反応（第6図および第15図左）は，催乳ホルモン処理によって顕著に減少した。GH刺激による反応が増強されたこととは対照的である。乳腺細胞は，唾液腺や膵外分泌腺のような外分泌腺細胞なので，細胞内カルシウムイオン濃度の増大は蛋白質の開口放出による分泌増加の指標にもなる。したがって，この催乳ホルモン処理の結果は，催乳ホルモンがGH刺激による蛋白質分泌を促進するが，ATP刺激による蛋白質分泌を抑制するか細胞間の情報伝達機能を抑制する可能性を示唆している。

(3) カゼイン分泌

牛の乳腺細胞は種々の因子で分化（ミルク成分の合成や分泌）を開始する。すなわち，まず，(1)で述べたように，マンモスフェアを形成し

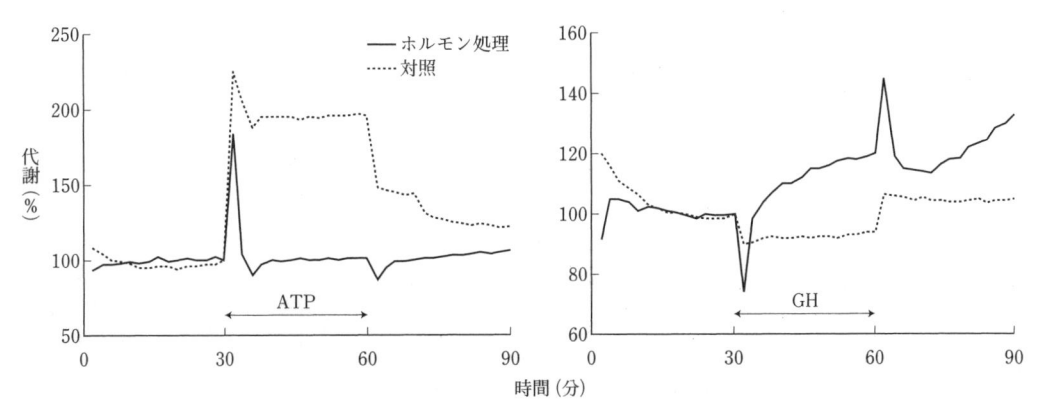

第14図　培養牛乳腺細胞によるマンモスフェアの形成　（荻野ら，2000）
小さな点が細胞の核，大きな円（マンモスフェア）の中の緑の点がカゼイン

第15図　ATPもしくはGH刺激による培養牛乳腺細胞の代謝変化に及ぼす催乳ホルモンの影響
（『ルミノロジーの基礎と応用』から引用）

た時や催乳ホルモンを添加したとき，あるいは細胞外マトリックス（ECM）が存在したときに，カゼイン生成の増大が起こる。一般的には，インスリン（もしくはIGF-I）は細胞の生存に，コルチゾールは細胞の分化に，プロラクチンはミルクの生合成に関与するとされている。

　培養牛乳腺細胞をメッシュ（網）の上で培養し，培養皿の底から離して培養する方法（トランスウエル・インサート法）を用いると，カゼインが上下の培養液中に分泌される。このときのカゼイン分泌は，一方の培養液にではなく，両方の培養液に分泌されるので，細胞の接着する方向が一様ではないか，もしくは血液側にもある程度カゼインが分泌されるのかも知れない。トランスウエル・インサート法で培養し，培養液中GH濃度を100ng/ml以上にすると，催乳ホルモン存在下でカゼイン分泌が有意に増大した。GH単独刺激でもカゼイン遺伝子発現を増大した。このように，GHは単独でも催乳ホルモン存在下でも，カゼイン生成・分泌を増大する（坂本ら，2005）。

　また，トランスウエル・インサート法で培養すると，カゼイン生成に対するECMの重要性がより顕著になる。すなわち，ラミニンやコラーゲンIVなどでコーティングしたメッシュ上で牛乳腺細胞を培養すると，細胞は顕著なカゼイン生成を起こした。カゼイン分泌は，催乳ホルモン存在下のほうが，非存在下よりも，有意に大きな量であった。しかし，このときには，ギャップ・ジャンクション形成に関与する蛋白質の生成は減少していた。したがって，カゼイン分泌時には，細胞間の連絡が低下し，生じた細胞間隙からカゼインが血液側に漏出する可能性がある。

（4）脂肪酸の作用と脂肪蓄積

　脂肪酸は，GH分泌細胞や膵外分泌腺細胞と同じように，乳腺細胞に対してもきわめて興味のある広範な作用を示す。まず，乳腺細胞へのオクタン酸および長鎖脂肪酸刺激は，100nM以上で細胞内の脂肪蓄積を促進した（第16図）。人乳腺細胞には，LCFAの受容体（GPR40）の遺伝子が存在し，この受容体のLCFA刺激により，濃度依存的に細胞内カルシウムイオン濃度が増大したことから，この脂肪酸受容体は実際に機能していると考えている。牛乳腺細胞でもGPR40の存在を確認しているが，この受容体と脂肪蓄積作用などとの関連性は明らかではない。

　脂肪酸は，脂肪代謝関連酵素や種々の遺伝子発現を濃度依存的に調節する。まず，長鎖の不飽和脂肪酸は，レプチン，CD36（脂肪酸輸送体）およびカゼインの遺伝子発現を増大した。さらに，酪酸やオクタン酸は，ミトコンドリアの脱共役蛋白質の遺伝子発現を増大した。これらの結果は，脂肪酸は乳腺細胞内の脂肪蓄積を促進するとともに，ミトコンドリアでの酸化（熱産生）を促進して，グルコースの節約を促進し，

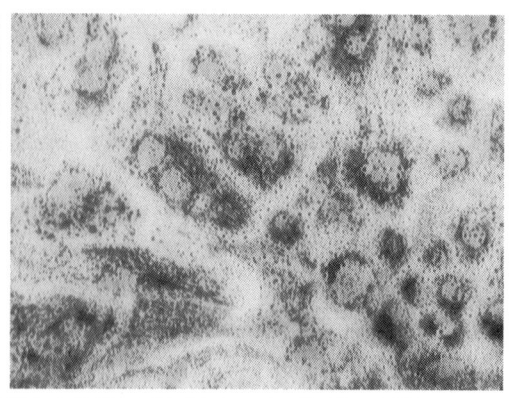

第16図　培養牛乳腺細胞での脂肪蓄積（濃く見える部分）に及ぼすオレイン酸添加の影響
　　　　左：対照，右：オレイン酸添加

グルコースを乳糖生成に動員する方向性を示唆している。また，分娩時の血中GH濃度増加や外因性のGH投与により引き起こされる血中GH濃度の増大は，蓄積脂肪を分解することより脂肪酸を動員するが，この脂肪酸がカゼインの生成を刺激する可能性があることを示している。

乳腺は，乳汁蛋白質以外に種々の活性物質を分泌している。レプチンもその活性物質の一つである。最近の研究では，牛乳腺細胞へのGH刺激は，3日目以降からカゼイン遺伝子発現や分泌増大反応を引き起こしたが，2日目以降からレプチン遺伝子発現を抑制した。すなわち，GHによるレプチンの遺伝子発現抑制は，泌乳時に母牛の採食行動を促進するシグナルになるかも知れない（米倉ら，2006）。

以上のように，牛乳腺細胞を用いた結果では，GHが乳腺細胞に対して直接作用を示すばかりではなく，GHの異化作用により蓄積脂肪から動員された遊離脂肪酸自体が乳汁成分生成の刺激因子になるという，ホルモンと栄養素による乳腺細胞の分泌調節機構が存在することを示唆している。

6. まとめ

牛は，ヒツジやヤギよりも遅く家畜化されたと考えられるが，貴重な蛋白質，労役，日用品，肥料を供給する動物として，また，宗教的に必須な犠牲獣として，1万年以上前から飼育されてきた。わが国でのこれら反芻動物の導入は大化の改新以前に行なわれ，搾乳もある程度行なわれていたと考えられる。搾乳技術は，子動物が吸飲するのを横取りすることから始まったとする説がある。横取りしなければならなかった理由は，分娩時の事故によって母親を亡くした子供の食料として，あるいは子供の数を増やすためと考えられる。

現在，一搾乳期間に2万5,000kg以上の泌乳量を示す泌乳牛が存在するようになった。その生理的機構については未だ十分に明らかではないが，「ルミノロジー」と呼ばれる反芻動物の栄養生理学の発達によって，代謝的および内分泌的背景が明らかになりつつある。この論文では，最近の「ルミノロジー」の発展の一部を，とくにGH分泌や作用を中心として紹介した。

1）哺乳子牛の生理学では，子牛の成長に伴う消化管や内分泌の発達を紹介した。新生子牛は約6週間ミルクを飲み成長するが，ミルクは食道溝反射によって速やかに第四胃に入り，凝乳と消化が開始される。子牛は，この6週間の哺乳期の間にスターターの摂取を開始し，前胃（第一胃～第三胃）を急速に発達させて離乳に備える。同時に，反芻胃内での微生物活性が高まり，SCFA生産が行なわれ，宿主の重要なエネルギー源となる。このとき，反芻胃内に生じたSCFAを中和するための重炭酸ナトリウムの分泌を行なう唾液腺の機能が重要となる。哺乳期と離乳期の採食に伴う内分泌変動は，大きく異なる。哺乳時期には，栄養管理によって子牛の成長や将来の生産性を改善できる方法のヒントがある。一方，牛成獣の消化吸収の特徴に関しては，読者の方々はすでに多くの書物で豊富な知識を得ているので，反芻胃の詳細な機能や恒常性についての記述は最少にとどめた。

2）乳腺の構造と発展では，この分野に関しては多くの書物があるので，とくに，内分泌関与とともに乳腺の基礎的構造について紹介した。ここでも，GHの重要性や新規な情報伝達機能についてのトピックを記載し，とくに，乳腺細胞と脂肪細胞の関連性，乾乳期の意義や乳腺細胞の退行についての知見も紹介した。

3）泌乳の内分泌と代謝は，この論文の中心をなすもので，強力な増乳効果を示すGHの効果，GH分泌の調節機構，および泌乳を促進する中心的機構としてのインスリン抵抗性に関して，泌乳生理の根幹的は背景を理解するために必須となる最近の知識を紹介した。GHの増乳作用に関する多くの研究は，泌乳生理の発展に対して多大な情報を供給してきた。

4）乳腺細胞の生物学では，最近の培養牛乳腺細胞の研究成果を紹介した。とくに，GHの作用効果は培養細胞でも確認され，脂肪蓄積やカゼイン生成機構に関して，貴重な知識を供給

しているので，その知見を紹介している。また，脂肪酸は，特殊な受容体が存在し，カゼイン生成や脂肪蓄積などに関する遺伝子の発現にもかかわる重要な因子であることを紹介している。

以上のように，従来の「泌乳生理」とは異なる観点，すなわち，反芻動物の栄養素代謝や内分泌機能の特徴，および乳腺細胞の研究結果を重視した立場（ルミノロジー）から，泌乳生理を理解しようとした。泌乳という複雑な分泌過程を支えている機構が，遺伝的に選抜された優れた乳腺機能とその機能を最大限に発揮させるために乳腺への栄養素を動員する代謝および内分泌機能の調和的サポートにあることが，読者の方々にご理解いただければ幸甚である。

*

本論文の内容は，参考文献に記した成書に依存している箇所が多い。優れた研究成果を紹介されている多くの研究者の方々に，心から感謝いたします。

執筆　加藤和雄（東北大学）

2008年記

参 考 文 献

小原嘉昭編. 2006. ルミノロジーの基礎と応用. 農文協.

Ruminant Physiology. 1995. Digestion, Metabolism, Growth and Reproduction, Edited by W. v. Engelhardt, S. Leonhard-Marek, G. Breves and D. Giesecke, Ferdinand Enke Verlag, Stuttgart, Germany.

Ruminant Physiology. 2000. Digestion, Metabolism, Growth and Reproduction, Edited by P. B. Cronje, CABI Publishing, Wallingford, UK.

Ruminant Physiology. 2006. Digestion, metabolism and impact of nutrition on gene expression, immunology and stress, Edited by K. Sejrsen, T. Hvelplund and M. O. Nielsen, Wageningen Academic Publishers, Wageningen, The Netherlands.

佐々木康之監修. 小原嘉昭編. 1998. 反芻動物の栄養生理学. 農文協.

津田恒之・柴田章夫編. 1987. 新　乳牛の科学. 農文協.

津田恒之. 2001. 牛と日本人. 東北大学出版会.

梅津元昌編. 1966. 乳牛の科学. 農文協.

高泌乳を制御する内分泌調節機構と暑熱ストレスによる乳量低下

1. 乳牛の大型化・改良と高泌乳化

　ホルスタイン種乳牛は育種改良によって高泌乳化を達成し，その泌乳能力は依然として伸び続けている。第1図には，家畜改良事業団が公表した1975年から2005年までの30年間における北海道と都府県の305日乳量の推移を示した。どちらの地域でも，平均すると1年に110kgほどの増加ペースでほぼ右肩上がりに高泌乳化が進んでおり，乳量1万kgの時代を迎えようとしている。個々には，すでに初産牛で1万6,000kg，経産牛では2万kgを超えるものまでいる。

　これに伴い，乳牛の体格にも変化がみられる。たとえば，第2図に示すように60か月齢のホルスタイン種雌牛の標準発育値（体重）は，1983年から1995年までの12年間で約19kg増加しており，体格が大型化していることがわかる。さらに，家畜改良センターが公表している乳用牛能力評価成績では，泌乳能力などと統計的に関連深い体型の各項目の評価が順調に伸びていることが示されている。これらのことから，乳牛の大型化と体型の育種改良が高泌乳化を支えていることがわかる。

　高泌乳化により，乳牛の泌乳生理的な機能，すなわち，より多くの乳生産に対応できるように乳汁の合成メカニズムも変化してきたと考えられる。泌乳量と飼料摂取量，乳腺上皮細胞数（乳合成の場），乳房血流量（乳合成の原料となる栄養素を乳合成の場に運搬する作用）には正の相関が認められる（Johke et al., 1994）。このことは，高泌乳牛はたくさんの飼料を食べることができ，それによって得た栄養素を乳汁合成の場である乳腺で効率よく利用する能力に優れていることを示す。

　泌乳はおもにホルモンの作用を利用した内分泌系によって制御されており，生殖を調節するホルモンと栄養素の代謝・分配に関係するホルモン，乳腺などの発達を制御するホルモンなどが複雑で絶妙なバランスを保ちながら機能して

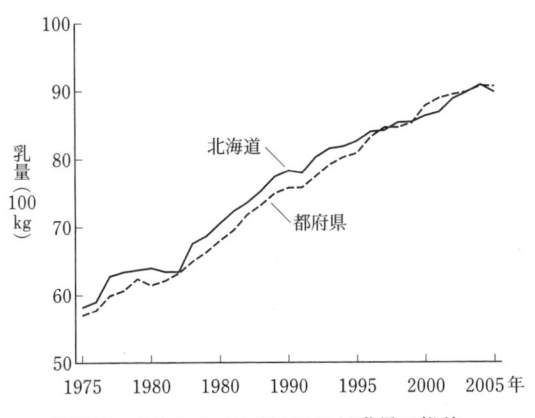

第1図 ホルスタイン種の305日乳量の推移
(家畜改良事業団)

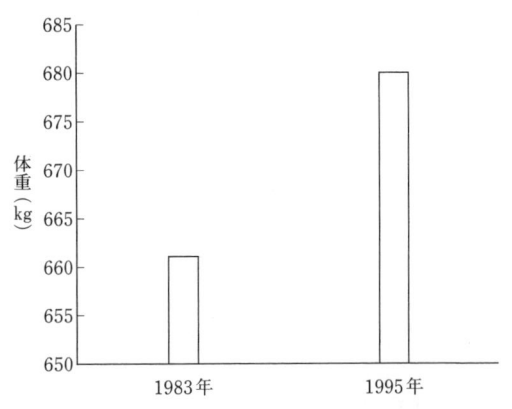

第2図 ホルスタイン種雌牛（60か月齢）の標準発育値
(日本ホルスタイン登録協会)

いる。

ここでは，高泌乳を維持しているメカニズムを泌乳生理の視点から概説し，さらなる高泌乳化に向けた育種改良とそれに対応する飼養管理技術の開発，周産期問題の解決などに結びつけるための基礎的な知見を検証する。

2. 内分泌系による泌乳調節

妊娠とともに泌乳に向けた準備が開始される。まず，胎盤から分泌される胎盤性ラクトジェン，卵巣から分泌され性周期や妊娠の維持に関与するエストロジェンとプロジェステロン，下垂体前葉から分泌される泌乳ホルモンであるプロラクチンと成長ホルモン（GH），おもに肝臓でつくられる成長因子，インスリン様成長因子-I（IGF-I）などが乳腺の発育に関与し，いわば乳汁を合成・分泌する工場の機能を整備する。

続いて，分娩を引き金として，発達した乳腺組織において本格的な乳汁合成が始まるが，この泌乳の開始には，プロラクチンが重要な役割を果たすことがわかっている。また，副腎から分泌される副腎皮質ホルモンも泌乳の開始に関与する。

その後の泌乳の維持は，GH，プロラクチン，副腎皮質ホルモン，甲状腺ホルモンと，膵臓から分泌されるインスリンなどにより調節される。また，乳汁合成ではないが，乳腺組織にたまった乳汁を排出するという点で，下垂体後葉から分泌されるオキシトシンも重要な役割を果たしている。

このように泌乳は，時間的な流れに沿って多くのホルモンが互いに関係しあったり，それぞれの役割の重要性を変化させたりしながら複雑に調節されている（小原，2006）。

3. ソマトトロピン軸

げっ歯類（実験動物）と反芻家畜の泌乳に伴う血中ホルモン濃度の変化をみると，プロラクチンは両方の動物種で上昇するのに対し，GHは反芻家畜で上昇するものの，げっ歯類では変化しない。このことから，乳牛を含む反芻家畜の泌乳―内分泌調節においては，GHが重要な役割を果たすという特徴があると推察される。また，高泌乳化は，泌乳牛のGH分泌能力と関係があることも明らかになってきた。たとえば上家らは，305日乳量で2万kgを超え，日乳量の平均が63kgのスーパーカウ4頭と27kg/日の乳量の泌乳牛8頭の内分泌（血漿ホルモン濃度）を比較し，スーパーカウではGH濃度が高く，IGF-I濃度とインスリン濃度が低い傾向にあるという特徴を報告している（Johke et al., 1994）。

これらのことから，高泌乳牛の高い泌乳能力を支える生理的なメカニズムにおいて，GHが主要なファクターの一つであることは間違いない。

GHはソマトトロピンとも呼ばれ，このGHを中心とした内分泌系はソマトトロピン軸といわれている。第3図に，そのソマトトロピン軸による泌乳調節の流れを示す。なお，ホルモンの相互作用は複雑で，すべての作用経路を示すと図が煩雑になるため一部は割愛している。

ソマトトロピン軸は，GH分泌調節ホルモンの分泌→GHの分泌→IGF-Iの分泌→GH分泌に対するフィードバック作用と連鎖する内分泌系である。間脳の視床下部から分泌されるGH放出ホルモンはGHの分泌を促進し，同じ視床下部から分泌されるソマトスタチンはこれを抑制する。視床下部から分泌されるこの2つのホルモンは，下流に位置する下垂体前葉のソマトトロフという細胞に作用してGHの分泌をON/OFFするスイッチのような役割をしている。分泌されたGHは肝臓に作用してIGF-Iの合成と分泌を促進する。血中IGF-I濃度の上昇は，GHが十分に分泌されて末梢組織において作用していることを，上流の下垂体前葉に伝えるシグナルの役割を果たし，GH分泌を抑制するフィードバック作用を示す。なお，IGF-Iは，下垂体前葉におけるGHの合成には影響しないと考えられている。

ここまで，すなわちGH放出ホルモン・ソマ

トスタチン（視床下部）→GH（下垂体前葉）→IGF-I（肝臓）という流れが，比較的クラシックなソマトトロピン軸の構成である。

4. レプチンとグレリンの発見

さらに，1996年にレプチン，1999年にはグレリンという2つの，末梢組織から分泌されるホルモンが新規に発見され，これらがソマトトロピン軸における重要な因子であることが明らかになった。レプチンは肥満遺伝子による産物で，多くは脂肪細胞で産生・分泌され，下垂体前葉とその上流の視床下部に作用してGH分泌を抑制する。一方，グレリンは胃を中心とした消化管などから分泌され，視床下部と下垂体前葉に作用してGHの分泌を促進する。このグレリンによるGH分泌促進作用は，GH放出ホルモンと協調的に行なわれていることがわかっている。また，グレリンとレプチンの作用経路には共通する部分が多く，GH分泌をはじめとするさまざまな生理機能を調節するうえで，拮抗しあっている。

最近の末梢性ソマトトロピン軸関連ホルモンの発見により，泌乳や成長を調節するために中枢である脳から末梢組織に向けて送られるGHのシグナルが，末梢組織の栄養状態に敏感に反応するホルモンによっても制御されていることが明らかになった。とくに，グレリンは現在までにわかっている範囲では，末梢性にGHの分泌を「促進する」唯一のホルモンであり，後述するようにソマトトロピン軸ー泌乳調節機構を構成する新規の重要なホルモンである可能性が示唆される。

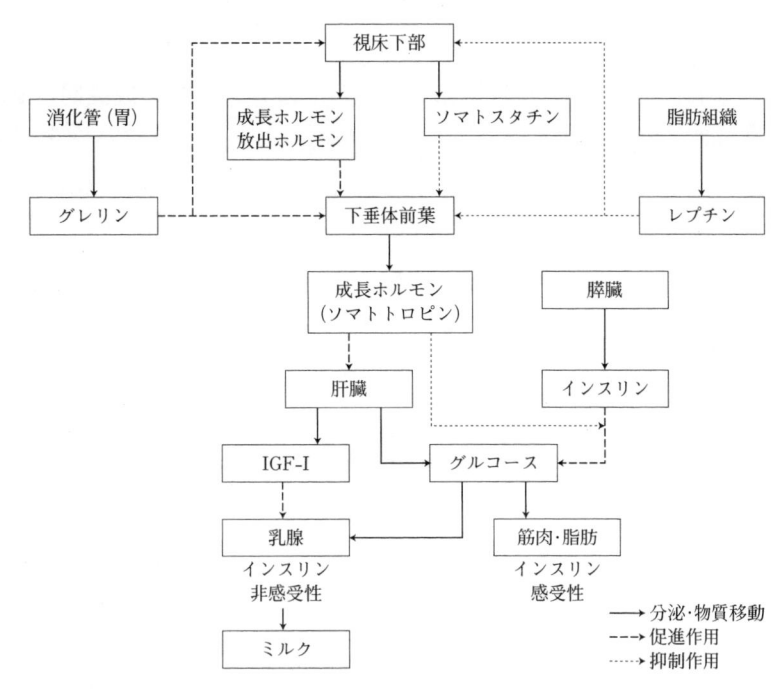

第3図 ソマトトロピン軸による泌乳調節の概念

ソマトトロピン軸を構成する内分泌因子ではないが，末梢の栄養状態と成長ホルモン分泌の関係という点でいえば，血液中の栄養素や代謝産物にも直接GHの分泌を調節するものがある。数種のアミノ酸はGH分泌を促進し，脂肪酸は逆に抑制することが知られている。また，反芻動物の主要なエネルギー源である揮発性脂肪酸（VFA）は，GH分泌を抑制する。栄養素・代謝産物は，さらに，消化管から中枢につながる神経系を刺激したり，グレリンなど消化管ホルモンの分泌を介したりと間接的にソマトトロピン軸の機能を調節している。

5. ソマトトロピン軸による泌乳制御

(1) 成長と泌乳の両方にかかわるソマトトロピン

GHは，ソマトトロピン軸を構成する主要な泌乳調節ホルモンであるが，成長ホルモンという名が示すように，成長期における筋肉や骨格

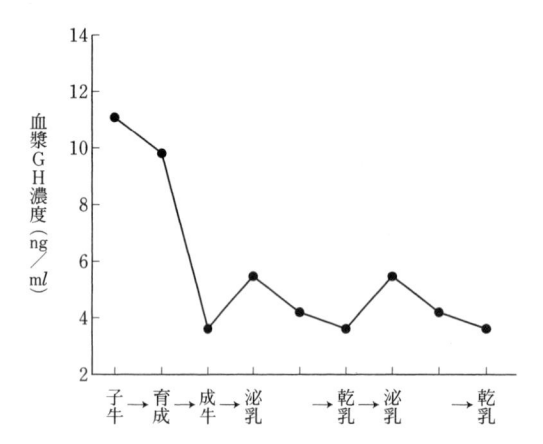

乳牛の生理

第4図 乳牛の成長・泌乳に伴う血漿GH濃度変化の模式図

の構築を促進する重要な役割も担っている。

乳牛の血中GH濃度の変化を、生理ステージに沿って観察すると、子牛の時期が最も高く、成長するにしたがって低下してくる（第4図）。成熟し、種付けできる段階の成牛では低値を示すが、分娩後、泌乳を開始すると子牛の時期ほどではないが再び上昇する。泌乳期のGH濃度は泌乳前期に最も高く、乳期の進行に伴って低下し、乾乳期には低値となる。その後は、分娩・泌乳を繰り返すごとにGH濃度も上昇・低下を繰り返す。乳牛におけるこのような血中GH濃度の変化は、GHが成長と泌乳の両方に重要な役割を果たしていることを示す。

(2) 成長期と泌乳期のGH分泌調節の違い——グレリンの重要性

それではGH分泌調節のメカニズムは成長期と泌乳期で同じであろうか。GHは乳牛に限らず、ヒトも含め成熟すると低下し、老化とともにさらに低値となってしまうため、時として骨粗鬆症などの疾患原因ともなる。それなのに、乳牛ではどうしてGH濃度が泌乳の維持に十分なほど上昇するのか。

この疑問に対して、視床下部から分泌されるGH放出ホルモン（中枢性の因子）と消化管から分泌されるグレリン（末梢性の因子）という2つのGH分泌促進ホルモンを、種々の生理ステージの乳牛に投与してGHの分泌反応をみる実験が行なわれ、興味深い答えが得られている（Itoh et al., 2005）（第5図）。また、グレリンの生理的、すなわち自然状態における血中濃度の変化も同時に検討された（第6図）。

GH放出ホルモンとグレリンの投与によって、血中GH濃度は、すべての生理ステージの乳牛において増大した。GH放出ホルモンによるGH分泌反応は、哺乳子牛では大きかったが、成長に伴って反応が緩慢になる傾向にあった。一方、グレリンによるGH分泌促進作用は、子

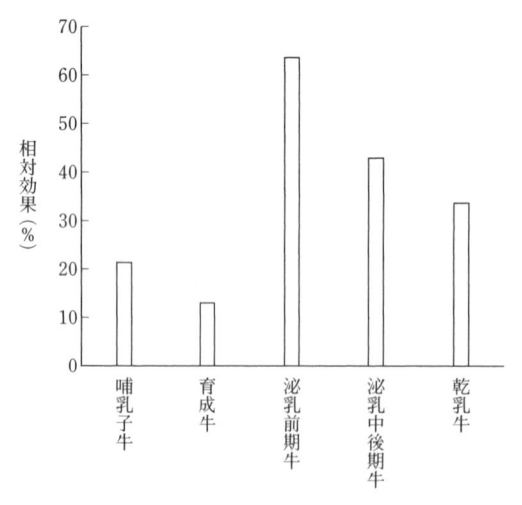

第5図 GH分泌におけるグレリンのGH放出ホルモンに対する相対効果

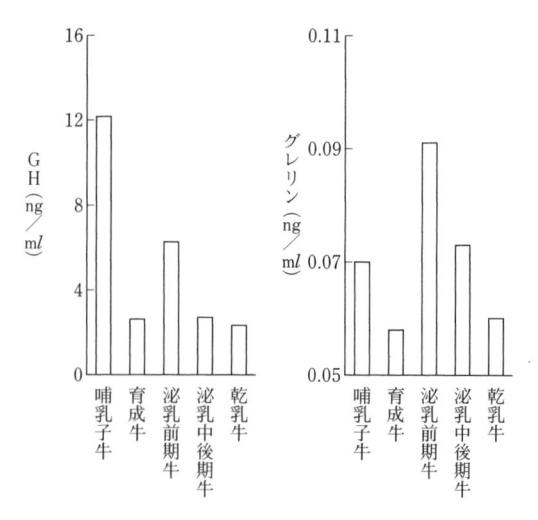

第6図 乳牛の種々の生理ステージにおける血中GHとグレリン濃度

牛に比べて泌乳前期に増大した。GH放出ホルモンとグレリンに対するGH分泌反応を比較すると，哺乳子牛ではGH放出ホルモンのほうがグレリンよりもはるかに大きいが，成牛ではこの差が小さくなり，とくに泌乳前期の乳牛ではGH放出ホルモンに対するグレリン作用の相対的な比率が増大した（第5図）。すなわち，GH分泌促進作用はGH放出ホルモンのほうがグレリンよりも大きいものの，泌乳期にはGH分泌促進に占めるグレリンの作用が大きくなることがわかった。

この反応は，単に実験的にホルモンを投与したときにだけみられるものではないことが，生理的なGHとグレリンの血中濃度の変動からうかがえる。すでに述べたように，GH濃度は哺乳期に最も高く，育成期には低下するが，泌乳期に再び上昇する（第6図）。前述の実験と同じ乳牛の血中グレリン濃度をみると，他の生理ステージに比べて泌乳前期に最も高くなっていた（第6図）。

以上の結果は，成長期の子牛におけるGH分泌には中枢性のGH放出ホルモンの寄与が大きいのに対し，泌乳促進のためのGH分泌ではグレリンの役割が増大することを示唆する。そして，この反応が，成長・加齢に伴って乳牛のGH放出ホルモンによるGH分泌作用が低下しても，泌乳期にGH濃度の上昇が維持できる一因であると考えられる。

(3) グレリンによる泌乳牛の糖代謝関連ホルモンの分泌調節

グレリンを血中に投与すると，GH濃度の上昇とともに泌乳牛（泌乳中期）では持続的な高血糖が観察される。インスリン（同化ホルモン）とグルカゴン（糖新生を促進する異化ホルモン）の血漿濃度は，泌乳牛ではグレリン投与によって一過性に上昇するが，子牛では逆にインスリン濃度は低下する。

このような，泌乳牛に特徴的な反応として観察されるグレリン投与後の血糖値，インスリン，グルカゴン濃度の上昇は，後述するインスリン抵抗性（第3図の下部）の亢進など，高泌乳を維持するための内分泌・代謝の特性を反映したものである可能性が考えられる。

6. ソマトトロピン軸と栄養素の取り込み

(1) 泌乳牛におけるグルコースの重要性

乳成分は血中の栄養素を取り込んで乳腺細胞において合成される。乳牛では，乳脂肪は酢酸や遊離脂肪酸，中性脂肪を原料に，乳蛋白はアミノ酸，乳糖は血糖（グルコース）から合成される。このうち，乳糖は乳量を規定する第一義的な要因であり，グルコースの利用性が乳量に大きな影響を及ぼしている。

ところが，反芻家畜はヒトなどの単胃動物と異なり，グルコースの材料となる飼料成分から消化により直接グルコースを吸収することはできない。デンプンなどは，いったん第一胃（ルーメン）内の微生物によって分解・利用されてプロピオン酸などの揮発性脂肪酸となり，それが肝臓に取り込まれ，糖新生されてグルコースが供給される仕組みになっている。

濃厚飼料を多給する飼養管理においては，下部消化管で直接グルコースとして吸収される量も少なくない。しかし，グルコースが，乳糖合成の基質として必要である以外に，酢酸とともに生体を維持するエネルギー源であること，乳脂肪の構成要素であるグリセロールの原料としても利用されることを考えると，泌乳牛においてグルコースはきわめて貴重な栄養素であることは間違いない。このように需要の大きなグルコースを，高泌乳牛は優先的・能率的に乳生産に利用しているのである。

(2) ソマトトロピン軸を介するグルコース分配——インスリン抵抗性

泌乳牛の生体内におけるグルコースの分配には，ソマトトロピン軸が重要な役割を果たしている。糖代謝には，脂肪組織や筋肉にグルコースを取り込み貯蔵するインスリンと，糖新生によりグルコースを産生するグルカゴン，コルチ

ゾール，アドレナリン，GHなどが関与している。とくに，ソマトトロピン軸を介して分泌されるGHは，グルコースを体蓄積ではなく乳腺での乳生産に優先的に分配する役割を果たす（第3図下部）。

GHが泌乳を促進するメカニズムについて，泌乳牛の生体（全身）でのインスリン作用と糖代謝に焦点を当てて検討した実験では，次のような結果が報告されている（Rose et al., 1996）。なお，実験には，GH投与，ユーグリセミック・インスリンクランプ法（外因性にインスリンを連続注入して血中のインスリン濃度を高めるとともに，血糖値がインスリン注入によって低下しないようにグルコースも外因性に注入する手法）と $[6, 6-{}^2H_2]$ グルコースを使った同位元素希釈法（同位元素で目印をつけたグルコースを一定量注入して，その希釈速度から体内にグルコースが蓄えられている総量とその利用速度を動的に求める手法）を併用する方法が用いられた（小原，2006）。

外因的にGH濃度を上昇させると，乳牛の血中IGF-I濃度は上昇した。また，泌乳中後期の乳牛では，注入するインスリンの量を増やしていくとグルコースの利用速度は高まったが，血中のGH濃度が高い場合には，この反応は抑制された。すなわち，GHによってインスリンの作用は抑制されることがわかった。インスリンに対して生体が抵抗性を示してインスリンの作用が弱まることを，インスリン抵抗性と呼ぶ。

インスリンは生体のあらゆる組織に作用するのではなく，インスリンが結合するための標的（インスリン受容体）をもつ組織に作用する。インスリンが作用する代表的な組織は脂肪組織や筋肉などであり（インスリン依存性組織），インスリンに依存しないでグルコースを利用する組織（インスリン非依存性組織）は，泌乳牛では乳腺組織や脳・中枢神経系，消化管などである。GHによるインスリン抵抗性は，泌乳前期の乳牛では認められない。

同じ実験では，グルコースが生体内のどこでどれだけ利用されるかの推定量も示されている（第7図）。なお，第7図は比率を模式的に示したもので，泌乳期には飼料摂取量が増加して糖新生も活発になり，糖代謝量が増大すること，ヒツジと泌乳牛では糖代謝量が大きく異なることなどから，グラフが糖代謝の量的な比較を示すものではないことに注意されたい。

さて，反芻家畜では，エネルギー源として揮発性脂肪酸を利用するなどの代謝特性を反映して，インスリン抵抗性はヒトなどの単胃動物よりも強い。ヒツジではインスリンによって取り込まれる（インスリン依存性の）グルコースの量は，生体全体のグルコース代謝量の19.3％であった。これに対し，ソマトトロピン軸の作用によってインスリン抵抗性が増強されている泌乳牛ではインスリン依存的なグルコースの利用は15.2％と少なく，外因的にGHを投与して血中のGH濃度を高めるとさらに減少して10.4％となった。インスリン抵抗性によって節約されたグルコースは，乳腺にインスリン非依存的に取り込まれ，乳生産に利用される。乳腺以外の組織によるインスリン非依存性のグルコース消費量も，GH投与によって減少していることから，GHは中枢神経系や腸管でのグルコースの利用も節約させて，グルコースを乳腺（乳生産）に優先的に分配するようである。

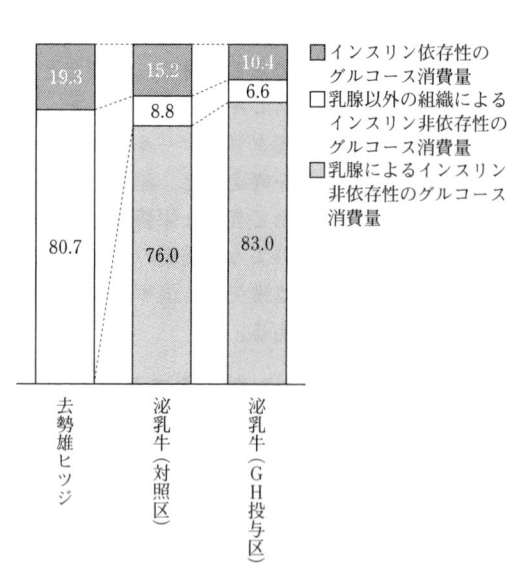

第7図 GH投与による生体内でのグルコース分配の変化（単位：％）

(3) 泌乳牛の乳腺と脂肪へのグルコース取り込みの特徴

グルコースを乳腺細胞や脂肪細胞などに取り込む場合には，グルコース輸送担体（GLUT：グルコーストランスポーター）の作用が必要とされる。GLUTには十数種類あり，体内の各組織で働くGLUTの構成はそれぞれ異なっている。

泌乳に関係する主要な部分では，インスリンのシグナルを感知してグルコースを取り込むのにGLUT-4が，乳腺でインスリン非依存的にグルコースを取り込む仕組みではGLUT-1が主に使われる。乳牛では，インスリン依存的にグルコースを取り込むGLUT-4の脂肪組織における発現自体には，泌乳の有無や乳期による差はない。しかし，GLUT-4を調節するシグナルであるインスリンの血中濃度は，泌乳期に低下する（Komatsu et al., 2005）。一方，インスリン非依存的にグルコースを取り込むGLUT-1の乳腺における発現は，泌乳期に増大する。

以上のように，泌乳期には，脂肪組織などにインスリン依存的にグルコースを取り込むメカニズムは活性化せず，乳腺にインスリン非依存的にグルコースを取り込む機構が増大して，乳腺での優先的なグルコースの利用を支えている。詳細な相互作用の解明については今後の研究が待たれるが，ソマトトロピン軸がこれらの糖取り込み機構にも作用していると考えて間違いないだろう。

7. 高泌乳牛の泌乳調節機構に及ぼす暑熱ストレスの影響

(1) 地球温暖化と暑熱ストレスに敏感な高泌乳牛

泌乳牛では，夏季の暑熱環境下において呼気や発汗による熱放散が増加し，それでも適応できない場合には体温が上昇し，採食量は減少する。これに伴い乳生産や繁殖成績も低下するため，酪農業において暑熱対策は大きな課題となっている。

夏季の飼料摂取量（乾物摂取量）は，乳牛の体重と乳脂補正乳量（FCM）で示されるエネルギー要求量（動物の要因），粗濃比と粗蛋白質含量で示される給与飼料の品質（餌の要因），乾球温度と相対湿度で示される環境の要因によって規定されている（小原，2006：第2章第3節寺田の項参照）。したがって，乳牛の乳生産に及ぼす暑熱の影響と一言でいっても，関係する要因は複雑であることに注意したい。目安として，乳量と環境要因の関係から乳量の低下が始まる温湿度を推定すると，乳量が1日30kg程度の乳牛では，温度24℃・相対湿度66％，あるいは26℃・50％となる。

乳牛は乳生産（飼料の摂取・栄養素代謝・乳合成）の過程で発熱するため，高泌乳牛になればなるほど暑熱ストレスを受けやすくなるし，夏季における粗飼料の質の低下はこれを悪化させる。また，近年，温室効果ガスなどの影響により地球規模での温暖化が懸念されており，この傾向は乳量1万kg時代の高泌乳牛の暑熱ストレスをさらに深刻化させる。

第8図には，農研機構北海道農業研究センターがある札幌市羊ヶ丘において，約40年間に日内の最高―最低気温の平均が25℃以上であった日数と，北海道内における乳牛の熱射病死廃（死亡あるいは廃用）頭数の関係を示した。これをみると，防暑対策技術が年々進歩している酪農現場においても，「暑い年」には乳牛の死廃が多いという傾向が読み取れるし，死廃という事態には至らないまでも生産性への影響がきわめて大きいだろうということは容易に想像できる。また，25℃以上の日が多かった年の頻度は，最近の20年間とその前の20年で大きく違わないが，「暑い年」に25℃以上だった日数は倍増している。

本データだけでは地球温暖化が酪農・乳生産におよぼす影響を正確に評価することはできないが，比較的冷涼な北海道でさえ，乳牛の生産性に影響する夏季の暑熱環境は厳しさを増してきている。

乳牛の生理

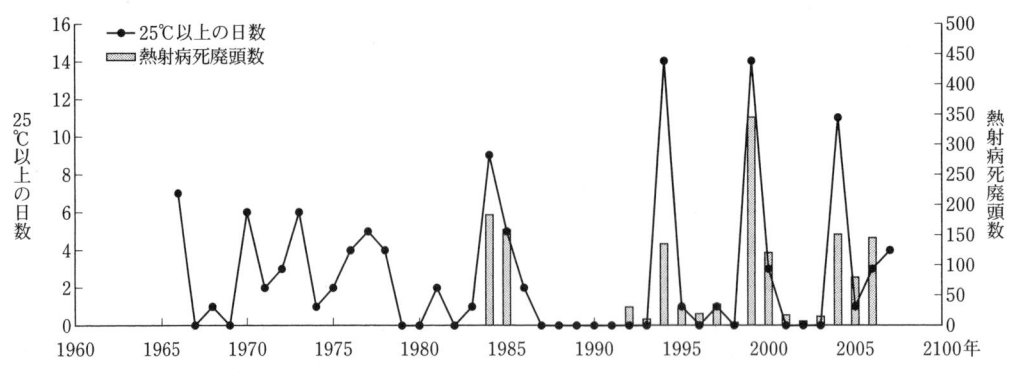

第8図 最高—最低平均気温（羊ヶ丘気象月報による）と道内熱射病死廃頭数

1984年猛暑：183頭死廃，1985年：158頭死廃，1994年猛暑：135頭死廃，1999年猛暑：345頭死廃，2004年猛暑：151頭死廃，2006年猛暑：145頭死廃
気象データ：北海道農業研究センター寒地温暖化研究チーム，熱射病データ：北海道農政部

(2) 暑熱環境下での内分泌——泌乳調節機構の機能低下

暑熱環境下での乳量低下の主要な原因は飼料摂取量の減少であるが，内分泌系による泌乳制御も影響を受けて変化し，効率よく泌乳を維持するための栄養素分配調節機能が低下していることがわかってきた（Itoh et al., 1998）。

人工気象実験室（ズートロン）を用いて暑熱環境に暴露した泌乳牛では，血中GH濃度の基礎レベルに明らかな影響は認められないが，GH放出ホルモンに対する分泌反応は一過性に増大する傾向にある。暑熱環境下では，代謝量とそれに伴う熱発生量を高めるGHの分泌は，泌乳牛の体温上昇を防ぐため抑制される傾向にあるが，一方で，泌乳を持続するために下垂体前葉（ソマトトロフ）におけるGH分泌機能は維持されているために，外因性のGH放出ホルモンの刺激に対して分泌反応が一時的に大きくなるのだと思われる。すなわち，暑熱ストレスに対するGH分泌の適応調節は，視床下部からGH分泌器官である下垂体にシグナルを送る経路で作用していることが示唆される。

泌乳期にはインスリンの作用はGHによって抑制され，グルコースはインスリン非依存性の取り込み機構をもつ乳腺に優先的に分配されることを先に述べた。同時に，乳牛では，インスリンの分泌も泌乳期に抑制されている。これは，栄養素の流れを泌乳に向けるための二重のロックなのかも知れない。

栄養素投与に対するインスリン分泌反応を検討した実験（Itoh et al., 1998）から，暑熱環境下では泌乳期のインスリン分泌の抑制機構が変化し，インスリン分泌は増大することが明らかになった（第9図）。この反応により，暑熱環境下ではグルコースなどの栄養素は，エネルギー産生の基質として利用されたり，体蓄積のために筋肉や脂肪組織

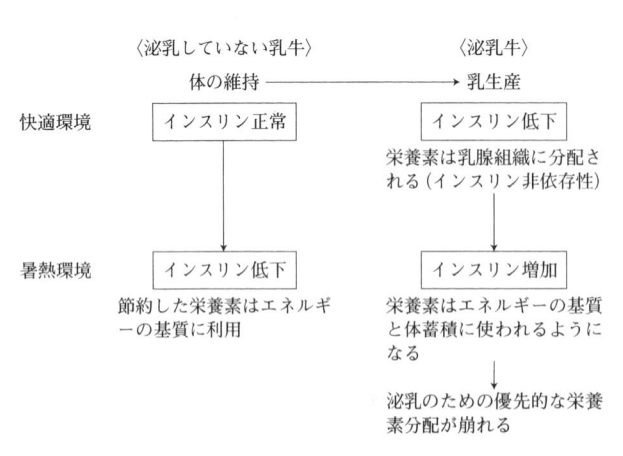

第9図 泌乳牛と乾乳牛のインスリン分泌に対する暑熱の影響

	〈泌乳していない乳牛〉	〈泌乳牛〉
	体の維持 →	乳生産
快適環境	インスリン正常	インスリン低下 栄養素は乳腺組織に分配される（インスリン非依存性）
暑熱環境	インスリン低下 節約した栄養素はエネルギーの基質に利用	インスリン増加 栄養素はエネルギーの基質と体蓄積に使われるようになる ↓ 泌乳のための優先的な栄養素分配が崩れる

に取り込まれたりするため，乳腺で利用できる産乳の基質が減少し，それが暑熱環境下における乳量低下の一因となると考えられる。暑熱ストレスは，飼料摂取量の減少による栄養素の不足だけでなく，栄養素の分配にも影響を与えて，泌乳量を低下させるようである。

一方，乾乳牛では，暑熱環境下でインスリン分泌は抑制され，同化作用を逃れて節約された栄養素は，暑熱によって増大する維持エネルギー要求量に対応している。

8. 安定した高泌乳を実現するために

泌乳の維持に重要な生理的要素は，飼料摂取量，泌乳調節ホルモンの機能，栄養素の代謝・分配，乳房への血流量，乳腺の発達・維持と栄養素の取込みなどである（第10図）。要するに，「たくさんの飼料を食べることができ，それによって得た栄養素を乳汁合成の場である乳腺で効率よく利用する」ことであり，育種改良された高泌乳牛はその能力に優れているのである。

これらの要素のうち，ソマトトロピン軸を介する内分泌系は，代謝に関係するホルモンの分泌と作用，乳腺への栄養素の分配と取込みの調節に関与していることがわかっている。さらに，末梢性の新規ソマトトロピン軸関連ホルモンであるグレリンには，GHやインスリン，グルカゴンなどの分泌調節のほか，摂食促進作用（視床下部の摂食調節神経に直接・間接的に作用），エネルギーバランスの改善，消化管運動の亢進，血流量の増加という生理作用があることがわかってきた。これらは，いずれも泌乳の調節に重要な要因である。グレリンの泌乳調節に対する役割をさらに明らかにすることは，栄養素を効率的に泌乳に利用する高泌乳調節メカニズムの解明に

つながるものと思われる。

泌乳前期のヤギを用いた予備的な実験（伊藤ら，未発表）では，グレリンは飼料摂取量や泌乳量を増加させるとともに，エネルギーバランスの改善効果も示すなど，期待できる成果が得られている。

現在の高泌乳化には，繁殖成績低下や疾患発生の増加など，問題点も残されている。その原因の一つとして，急激な泌乳能力の向上による，とくに泌乳前期におけるエネルギーバランスの悪化が指摘されている。これを解決する具体的な方策として，泌乳曲線の平準化（育種改良手法）や乾乳期短縮（飼養管理）などが検討されている（小原，2006：第2章第1節寺田の項参照）。さらに，高泌乳を維持するためには濃厚飼料の多給が不可欠となっているが，これは食料生産（輸入飼料多用による食料自給率の低下），乳牛の健康，環境の点それぞれにおいて問題である。本来，乳牛を用いた牛乳生産には，「牧草などの粗飼料に含まれる植物性の繊維質など人が栄養素として利用できない成分から，栄養素バランスに優れた高品質な動物性の食品である乳を生産する」という利点がある。泌乳レベルを維持しながら，粗飼料を中心として乳牛を飼養し，可能な地域では放牧もうまく

〈ソマトトロピン軸による泌乳調節作用〉

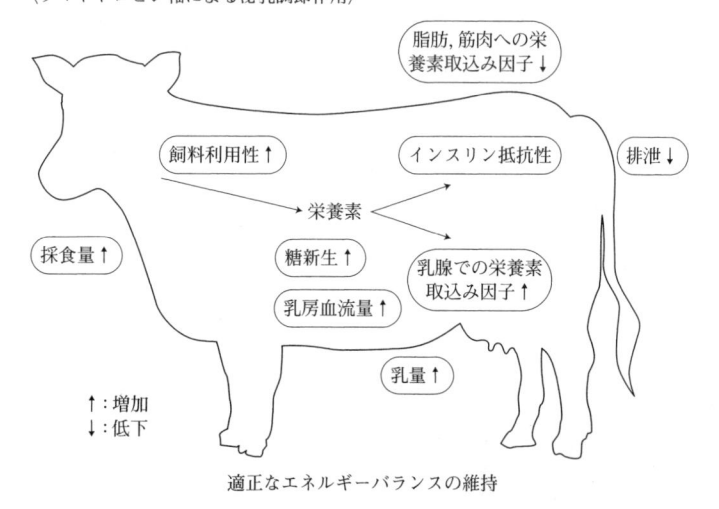

脂肪，筋肉への栄養素取込み因子↓
飼料利用性↑
インスリン抵抗性
排泄↓
栄養素
採食量↑
糖新生↑
乳腺での栄養素取込み因子↑
乳房血流量↑
乳量↑

↑：増加
↓：低下

適正なエネルギーバランスの維持

第10図 安定して高泌乳を実現するための理想的な泌乳調節系の機能

取り入れた飼養管理技術を構築することが望まれる。

基礎的な泌乳調節機構の解明は、高泌乳牛が直面する問題を一朝一夕に解決しうるものではないが、泌乳曲線の制御やさらに効率的な栄養素の利用による乳生産など、科学や酪農現場における大きな技術的進歩を生み出すうえでは必要不可欠であると思われる。ソマトトロピン軸と泌乳に関する研究は、栄養生理学、内分泌学や分子生物学的手法を用いてめざましく進展してきたが、安定した高泌乳の実現と健全な乳牛飼養管理技術構築のために、新しい手法や理論を取り入れながら、さらにその速度を上げて深化していかなくてはならない。

執筆　伊藤文彰（(独) 農業・食品産業技術総合研究機構北海道農業研究センター）

2008年記

参考文献

Itoh, F. *et al*. 1998. Insulin and glucagon secretion in lactating cows during heat exposure. J. Anim. Sci. **76**, 2182—2189.

Itoh, F. *et al*. 2005. GH secretory responses to ghrelin and GHRH in growing and lactating dairy cattle. Domest. Anim. Endocrinol. **28**, 34—45.

Itoh, F. *et al*. 2006. Effects of ghrelin injection on plasma concentrations of glucose, pancreatic hormones and cortisol in Holstein dairy cattle. Comp. Biochem. Physiol. **143**, 97—102.

Johke, T. *et al*. 1994. A study of plasma concentrations of metabolic hormones in supercows. Anim. Sci. Technol. (Jpn.) **65** (1), 45—48.

Komatsu, T. *et al*. 2005. Changes in gene expression of glucose transporters in lactating and nonlactating cows. J. Anim. Sci. **83**, 557—564.

大島正尚. 1990. 泌乳生理. 農業技術大系畜産編第2-①巻　追録第9号.

小原嘉昭編. 2006. ルミノロジーの基礎と応用－高泌乳牛の栄養生理と疾病対策. 農文協.

Rose, M. T. *et al*. 1996. Effect of growth hormone-releasing factor on the response to insulin of cows during early and late lactation. J. Dairy Sci. **79**, 1734—1745.

環境生理と放牧生態

環境と乳牛の生理

1. 環境とは

(1) 環境要因

　乳牛は自然環境下,あるいは畜舎などの人為的につくられた環境下で生活し,生産活動を行なっている。これらの飼育環境には数多くの環境要因があり,直接的,間接的にさまざまな影響を乳牛に与えている。飼育環境の要因のなかでも重要なものに,物理化学的環境要因として気温,湿度,日射,風,気圧,空気,音,水,土壌などがあり,生物環境要因として飼料となる植物や,乳牛にとって有害な植物や昆虫などがあげられる。

　これらのうち,気温や湿度などの気象要素は,気候的要因としてとくに重要視されている。それは,家畜にとって1年中連続して自然の気候が最適であるという場所は世界中でもわずかであり,大部分の地域で飼育される家畜は多かれ少なかれ気候の影響を受けているからである。元来,野生の動物は快適な環境を求めてさまよい歩くことが可能であるが,人類が野生の動物を家畜化して以来,彼らがもっていた最適環境選択の自由はしだいに制限され,快適でない場所で飼育されるようになった。

　このように家畜にとって好ましくない環境のもとで,その生産を増大させ,あるいは生産地帯拡大の可能性を探ることを目的として,気候的要因と家畜の反応との関係について数多くの研究がなされてきた。ここでは気温や湿度を中心とした気候的要因と乳牛の反応との関係について述べてみよう。

　なお,飼料の量や質などは乳牛の生産にもっとも大きな影響をもつ環境要因であるが,これらの栄養環境要因についてはここではとりあげないことにする。

(2) わが国の気候

　わが国で飼育される乳牛の大部分を占めるホルスタイン種の原産地はオランダである。

　第1図はオランダの首都アムステルダムの南東40kmにあるデビルトの月平均気温と日本各地のそれを比較したものである。図中の破線は,動物にとって一般的に寒さも暑さも大きな影響を及ぼさないと考えられている温度(18℃)を示しており,点線は乳牛の生産に暑さの影響が現われないといわれている上限の温度(24℃)を示している。

　デビルトでは冬の1月でも平均気温は0℃以上であり,夏になっても18℃以上にはなっていない。しかしわが国の札幌では冬の3か月の月平均気温は氷点下であり,夏には20℃を越えている。また,東京,熊本では月平均気温が24℃を越える期間は7月から9月までの3か月,沖縄の那覇では5か月にもおよんでいる。

　また,外国でホルスタイン種乳牛に対する暑熱の影響を問題視して古くから研究を行なって

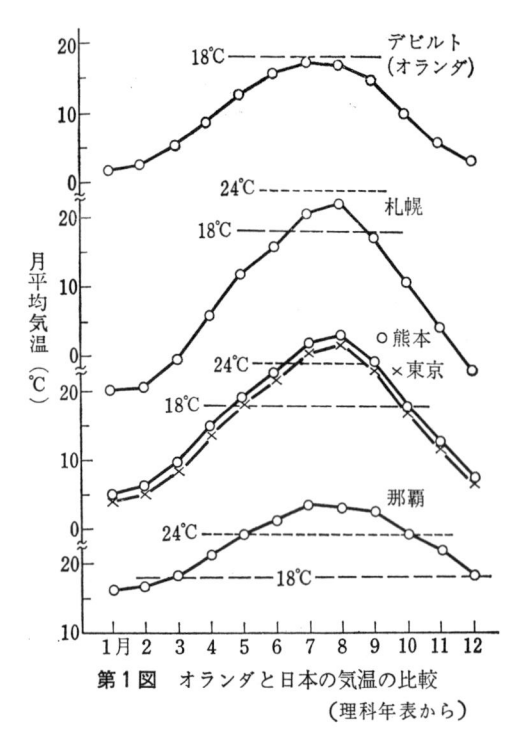

乳牛の生理

第1図 オランダと日本の気温の比較
（理科年表から）

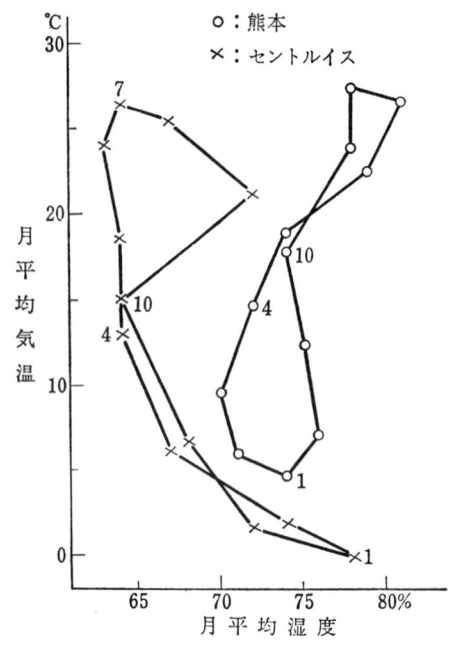

第2図 熊本とセントルイス（ミズリー州）の気候の比較
図中数字は月

いるアメリカ中部（セントルイス，ミズリー州）の気候とわが国で暑熱の影響がきびしい西南暖地（熊本）の気候とを対比してみると第2図のようになる。すなわちセントルイスでは，気温の上昇する夏期に相対湿度は低下し空気が乾燥するのに対し，熊本では気温の上昇に伴い相対湿度も上昇して蒸し暑い夏となっている。

このように南北に細長く，温帯モンスーン気候の日本列島で飼育される乳牛は，一方では寒冷の影響を，他方では暑熱の影響を受けながら生産活動を行なっていることになる。

2. 体温調節機能

(1) 体温の恒常性

家畜や家きんはあらゆる環境下においてその生理状態をほぼ一定に維持しようとしており，そのために体内では神経，内分泌，循環，消化，排泄などの諸器官が協力して働いている。このように生体が生理的な安定状態を維持しようとする傾向はホメオスタシス（生体恒常性）と呼

第1表 鳥類，哺乳類の体温（ブロディ，1956）

体温* ℃	動物種名
36〜38	ヒト，サル，ウマ，ラット，マウス，ゾウ
38〜40	ウシ，ヤギ，ヒツジ，ブタ，ウサギ，イヌ，ネコ
40〜41	アヒル，シチメンチョウ，フクロウ，ガチョウ，ペリカン
41〜42	ニワトリ，ウズラ，ハト，ムクドリ，キジ

注 * 直腸温で示した

ばれ，家畜や家きんのような恒温動物では，この恒常性は主として体温で代表される。

家畜や家きん，その他の恒温動物の体温は，第1表に示したようにおよそ39℃前後である。体温はもちろん，その動物の年齢や生理的な状態によって，また体内の熱発生量によって変動するほか，環境温度や日射の影響によっても変動するが，その変動の範囲はあまり大きいものではなく，およそ3℃も上昇すると致命的な影響が現われる。

体温には恒常性があるといっても，身体のあ

らゆる部分が39℃前後の温度になっているのではなく，ある部分では著しく低い温度を示すことがある。環境温度が-10℃にまで下がると，牛の胴体の部分でも皮膚温は体温より25℃も低く，手，足，耳，尻尾の皮膚温はもっと低下する。また，皮膚と体内の組織との間には大きな温度差があり，体内組織の中でも肝臓は体温よりやや高い温度を示すが，これは肝臓の代謝活動が他の組織より盛んであるためとみられている。

このように動物の体温は確かに一定ではない。これは，動物が環境温度の変化に応じて体表近くの組織や付属物の温度を変化させ，体外への熱の放散を促進したり抑制したりしながら体温の恒常性を維持しているからである。

(2) 熱発生と熱放散

体温の恒常性は体内における熱発生と体外への熱放散との平衡によって維持されており，これを牛について描くと第3図のようになる。

①熱発生

体内で発生する熱はもともと飼料中のエネルギーに由来している。

飼料から消化吸収された炭水化物，脂肪，蛋白質などの栄養素，あるいは体内に貯蔵蓄積されていた栄養素はいろいろの目的で利用されるが，その代謝過程における栄養素の酸化（燃焼）によって熱が発生する。たとえばブドウ糖1モル（180.16g）が体内で酸化するときは673$kcal$の熱が発生する。

$$C_6H_{12}O_6 + 6O_2 \longrightarrow 6CO_2 + 6H_2O + 673 kcal$$
$$180.16g \quad 192.00 \quad 264.7 \quad 180.06$$

体内で発生する熱の一部は体温を維持するために必須なもので自然に起こる体表面からの熱放散に対応しているが，そのほかは運動や乳，肉の生産，胎児の発育などの代謝活動に伴って生ずる副次的なものである。体内における熱の貯留を防ぐためには，体外への熱の放散を促進させなければならない。

このほか，牛やメンヨウなどの反芻動物では第1胃内での飼料の発酵に由来する熱があり，寒冷時や暑熱時には体温の恒常性維持の面で無視できないものとなる。

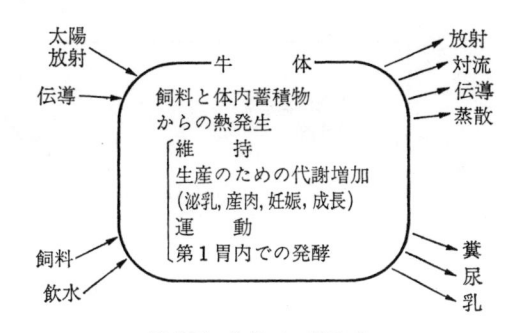

②熱放散

体外への熱放散は大きく分けて二つの経路によっている。一つは放射，伝導，対流によるもので，ブラクスター（1962）は体感熱放散と名付けている。他の一つは蒸散で，皮膚や呼吸気道からの水分蒸発によるものであり，必要な蒸発熱は体内から供給される。

体感熱放散 放射，伝導，対流による熱放散量はいずれも体表面および体温と環境温度との差に比例しており，低温時は大きく，温度が上昇するにつれて小さくなる。対流による熱放散は，このほか，風速の平方根に比例して増減する。

このように，体感熱放散の大きさは，環境温度，風速，周囲の物体からの放射熱などの物理的条件で大部分が決められる。家畜側で放散量を調節できる部分は，四肢の屈伸による体表面積の変化，皮膚表面下の血管収縮あるいは拡張で生ずる体表面付近への血流量の増減による体中心部—体表面の熱伝導率の変化，立毛による体表面での熱伝導や対流の阻止，などに限られている。

蒸散 蒸散による熱放散は，体表面および呼吸気道から水分が蒸発するばあい，その蒸発熱を体内から奪うために起こるものである。水1gの蒸発熱は皮膚などの表面温度が変化する範囲では〔597.2-0.58t〕cal（tは表面温度）で，示され，蒸散による熱放散量は，体表面積，体表面付近での水蒸気圧と空気中の水蒸気圧との差および風速の平方根に比例している。すな

第3図 牛体での熱収支
（向居，1972）

乳牛の生理

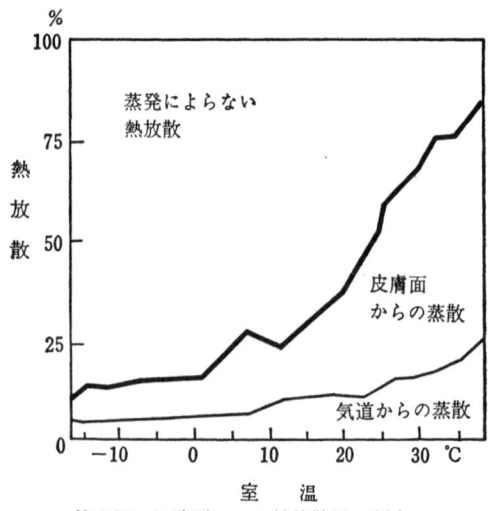

第4図 経路別にみた熱放散量の割合
(キブラーとブロディ，1950から)

わち周囲の空気が乾燥して風のあるときは増加し，湿度が高く無風状態のときは減少する。

環境温度が低下すると体感熱放散は増加し，温度が上昇すると放散量は減少する。そこで家畜は環境温度の変化に対して主として蒸散による熱放散量を増減する調節を行なう。体感熱放散量の調節を含め，これらを物理的調節という。

キブラーとブロディ (1950) は種々の室温で牛から放散される熱を経路別に調べ，第4図のような結果を得ている。牛はヒトや馬に比べて汗腺機能が低いとされているが，高温時には皮膚表面からの水分蒸発による熱放散が主体を占めるようになっている。もちろん皮膚からの水分蒸散量も体表の部位によって異なっている。

(3) 体温の調節

体温の恒常性維持が主として物理的調節だけで無理なく行なわれる温度の範囲を快適温度帯という(第5図)。快適温度帯では家畜は最小の努力で体温の恒常性が維持できる。ヒトのばあいとちがって家畜では，快適温度帯の上・下限を決めるのは必ずしも容易ではないが，すべての体表面の皮膚で血管の拡張も収縮もなく，水の蒸発が最小で，低温や高温に対する生態の反応や立毛がない状態を示す温度域 (A-A') を快適温度帯としている。

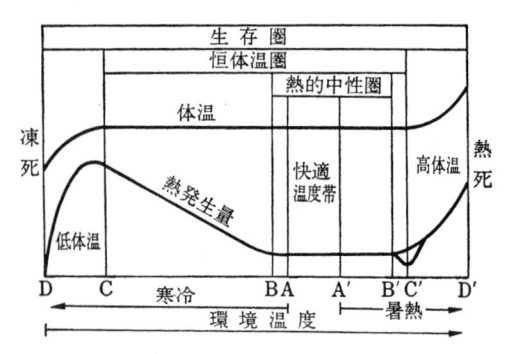

第5図 環境温度と熱発生量，体温 (模式図)
(ビアンカ，1968)

快適温度帯をはずれて低温あるいは高温となると，家畜は一連の防御機構を活動させる。

環境温度が低下すると，全体的な血管収縮や立毛が起こるが，さらに低温度になると物理的調節だけでは体温の恒常性維持が困難となり，化学的調節すなわち代謝機能の変更による体熱発生量の増加が必要となる。このように物理的調節に加えて化学的調節が必要となる環境温度を臨界低温度という。

さらに低いある環境温度では，ついに化学的調節による熱発生の増加は最大に達するが，それでも寒さに耐えるには不十分だと体温は下降しはじめ，それとともに熱発生量も減少し (ファントホッフの法則)，体はいっそう冷却されて凍死 (D) する。以上の説明では時間の経過を省略したが，現実には重要な役割をもっている。

一方，環境温度が上昇すると，全身的な血管拡張，発汗，多呼吸など，体の過熱に対応する物理的調節による防御機構が活発に動きはじめる (A')。さらに温度が上昇すると，発汗や多呼吸ははげしくなり，家畜は採食量を減らすなどして体内の熱発生量を減ずる (B')。暑熱がいっそう強くなると発汗や多呼吸はさらに増加するが，それによって得られる冷却では体温の恒常性維持には不十分であるため体温は上昇しはじめ，ファントホッフの法則に従って代謝率の増加をもたらす。このようにして，体温上昇→代謝率の増加→熱発生量の増加→体温上昇という悪循環に入りこんでしまい熱死 (D') する。

もちろんここでも時間の経過が重要な役割をもっている。

自然界での暑熱は，正午ごろの数時間に最大となるような時間のリズムをもっており，日中に上昇した体温は夜の涼しい間に回復することになる。

牛における快適温度はウイリアムス（1965）によればヨーロッパ系の品種で1〜10℃，インド系の品種で10〜18℃であるという。また，ホルスタイン種乳牛での臨界低温度は，乾乳牛で2℃，泌乳量（FCM量）が10kgの牛で−4℃，20kgの牛で−10℃であるといわれ，臨界高温度は乾乳牛で29〜32℃，泌乳牛ではもっと低いと考えられている。

体温調節機能を支配する中枢は間脳の視床下部にあるといわれている。環境温度の変化を視床下部に伝える機構は，体表面で温度の変化を感受した神経系によるものと，血液温度の変化によるものとの二つが考えられている。また，体温調節中枢から他の種々の中枢，その他の器官への命令情報の伝達も，神経系のほかに，体液的なものがあるといわれている。

家畜や家きんの新生児の体温は快適温度帯で測定しても成長したものの体温よりかなり低く，哺乳動物では約2日後，ヒナでは2〜3週間後に，ようやく成長したものの水準に達する。このような現象は，新生児の体温調節機能が未発達のまま母体や孵卵器から出されるためである。

3. 環境の変化と生理反応

(1) 体温，呼吸数，脈拍数

①体　温

乳牛の低温に対する体温調節機能はすぐれており，気温が−26.6℃に低下しても，体温の低下を認めることはなかったという。だが，環境温度の低下による体温の変化はよくわかっていない。

一方，高温時には一般的に体温の上昇が認められる。しかし，体温上昇の起こる臨界温度は品種や乾乳，泌乳などの生理的条件により，一

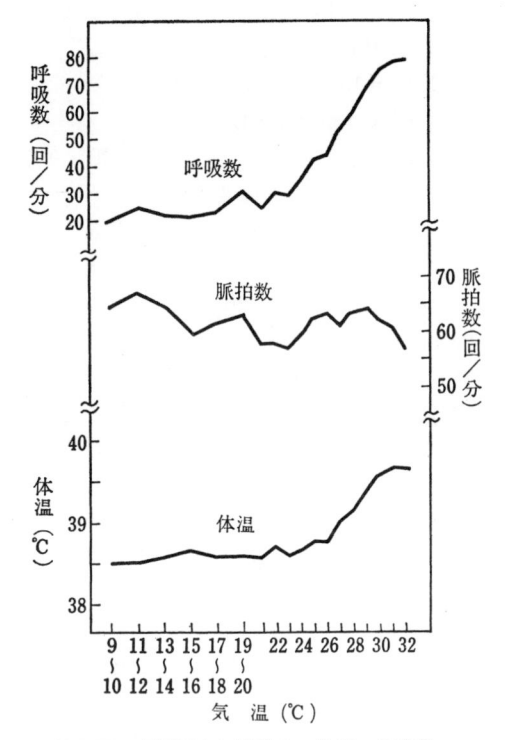

第6図　環境温度と泌乳牛の体温，呼吸数，脈拍数　　　　　　　　（石井，1964）
ホルスタイン種，午後1時測定

定ではない。

第6図は午後1時に測定したホルスタイン種泌乳牛の体温，呼吸数，脈拍数を気温別に示したもので，9〜26℃の範囲では，気温の上昇につれて体温はわずかながら上昇する傾向がみられる。また26℃以上では，気温の上昇に伴う体温上昇は著しくなる。このことから，ホルスタイン種泌乳牛では26〜27℃付近に体温上昇の臨界温度があるとみられている。なお，体内における熱発生量の少ない乾乳牛では，30℃くらいまでは体温の上昇がみられない。

品種による体温上昇のちがいは，ホルスタイン種やジャージー種などのヨーロッパ系の牛とゼブーなどのインド系の牛との間で大きくみられる。同じヨーロッパ系の品種でも，ジャージー種とホルスタイン種とはちがっており，泌乳牛での体温上昇の臨界温度は前者が後者より2〜3℃高いようである。

暑さに対する体温反応のちがいを利用して牛

の耐暑性の強弱を表わす指標を算出する提案がロード（1944）によってなされている。

　　HTC＝100－10(BT－101)
　　　HTC：耐暑性係数
　　　BT：直射日光下で測定した午前・午後の平均直腸温度（°F）
　　　101は標準直腸温（°F），10は恒数

　この提案は，ホルスタイン種乳牛でも高温時における乳量の減少率と体温上昇の程度との相関が0.68と高い（岡本ら1965）など，牛では一般に環境温度の上昇による体温の上昇は生産能力を低下させる危険性が強く，当然のことといえよう。しかしながら泌乳牛では体温反応測定時の乳量の多少が体内における熱発生量を大きく変化させ，ひいては体温の反応，耐暑性係数に強く影響を与えるため，得られた結果は必ずしも本質的な耐暑性の強弱を表現しないことがあり，この方法はあまり利用できない。

　乳牛の体温は季節とは無関係な日周期変動のあることが知られており，午前よりも午後の体温が高い。これは動物固有の代謝リズムと，採食などの活動に伴う体内熱発生量の変化によるものと考えられる。体温の日周期変動は気温の高いばあい，とくに体内における熱発生量の大きい泌乳牛ではより顕著に現われてくる。第7図は夏期の泌乳牛と乾乳牛との体温，呼吸数，脈拍数の日周期変動を示したもので，体温は乾乳牛，泌乳牛とも朝から夕方―夜半にかけて上昇し，夜から朝までの間に下降している。調査日の気温は乾乳牛のばあいのほうが高かったが，体温は泌乳牛のほうが高く，朝と夕方との体温差も泌乳牛のばあいに大きい。

　②呼　吸　数

　環境温度の変化に伴う呼吸数の変化はきわめて顕著である。これは，熱的中性圏（第5図参照）の温度では，体熱放散量の調節は呼吸数の増減に負うところが大きいからである。

　呼吸数は環境温度の上昇につれてわずかずつ増加するが，ホルスタイン種ではおおよそ，温度が23℃を越えると著しく増加するようになる（第6図）。体温の上昇が起こる温度より低い温度でこのように呼吸数の著増がみられるのは

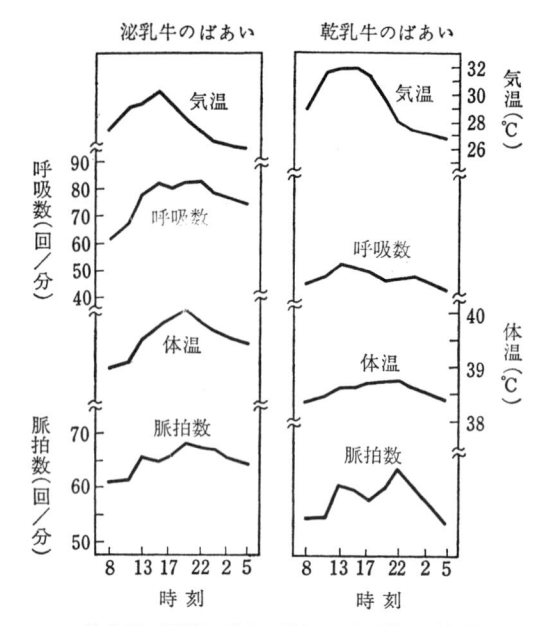

第7図　夏期の乳牛の体温，呼吸数，脈拍数の日周期変動　　　　（石井，1964）

牛の特徴である。しかし呼吸数の増加には限界があり，気温が35℃付近になると呼吸数の増加はとまる。このとき，呼吸数はホルスタイン種では毎分80～90回，体格の小さいジャージー種では120回ていどに達する。呼吸数が増加すると開口して舌を出しながらあえいで多量のよだれを流すことがある。

　高温時におけるこのような多呼吸をパンティングとよんでいる。パンティングの初期は浅くて速い軽快な呼吸で第Ⅰ型とよばれ，上部呼吸気道の換気を主体とし，1分当たりの換気量はあまり多くならない。第Ⅰ型のピークの後に現われる第Ⅱ型では呼吸数はやや減って，深く激しい呼吸となり，肺胞の換気が増加するので1分当たりの換気量も著しく多くなる。

　高温時における呼吸数の増加は体熱放散量の増加を目的としているが，呼吸数の増加はまた，そのための筋肉運動によるエネルギー消費を多くさせ，体内の熱発生量増加をもたらすことになる。とくに第Ⅱ型のパンティングでは著しい。多呼吸が数時間以上も継続するばあいは，採食や反芻が妨げられ，生産に用いられるべきエネルギーが消費されるほか，肺胞での換気が盛ん

なために，血液の炭酸ガス抱合能の減少による呼吸性アルカローシスを起こすなどの障害をもたらす。

③ 脈拍数

牛の脈拍数は37℃ていどまでの環境温度では，その上昇に伴ってわずかに減少する傾向がみられる。しかし，環境温度と脈拍数との関係については研究者の間で意見が一致していない。脈拍数は環境温度の影響よりも，ほかの生理的要因に左右されるところが大きいと考えられる。

④ 湿度，風，放射熱の影響

前節までは環境温度の影響について述べたが，ここでは湿度，風，放射熱などの影響を増強あるいは軽減する気象要素をとりあげる。

多くの研究によると，24℃以下の温度では湿度の高低は牛の生理，生産機能に影響を与えないが，高温時では湿度の影響の大きいことが明らかにされている。第2表は27～32℃のばあいにホルスタイン種泌乳牛の体温，呼吸数と気温などとの相関関係を求めたもので，体温や呼吸数は乾球温度（ふつう 気温という），湿球温度または絶対湿度と強い相関をもっているが相対湿度との間の相関は認められない。

高温時にはこのように乾球温度ばかりでなく湿球温度も牛の体温や呼吸数に大きい影響をもつため，ヒトのばあいに用いられる"不快指数"と同じ考え方にもとづいて温度と湿度とを一元的に表現する示標（体感温度）を作成しようという試みがいくつかなされている。乳牛についてはビアンカ（1962）や三村ら（1971）が，

　　DBT×0.35＋WBT×0.65

DBT は乾球温度(℃)，WBT は湿球温度(℃)を提案している。なお，アメリカでは考え方が多少異なっていて気象局の作成した温湿度指数，

　　THI＝DB×0.55＋DP×0.2＋17.5

DB は乾球温度(°F)，DP は露点温度(°F)がしばしば用いられている。

風は高温の影響を緩和する傾向が強いが，低温の影響はとくに低温のばあいに風によって増強される。第8図は32℃－60％の人工気候室内で泌乳牛に送風（約5 m/秒）したときの体温の変化を示したもので，送風は体温の上昇を抑

第2表 体温，呼吸数と気温，湿度などとの相関係数　　（石井，1964）

	体温	呼吸数
乾 球 温 度	0.375**	0.424**
湿 球 温 度	0.390**	0.398**
絶 対 湿 度	0.301**	0.345**
相 対 湿 度	－0.034	－0.043

注　気温27～32℃のとき，ホルスタイン種泌乳牛の調査。**1％水準で有意

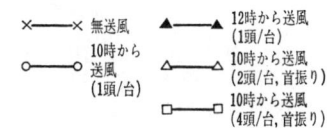

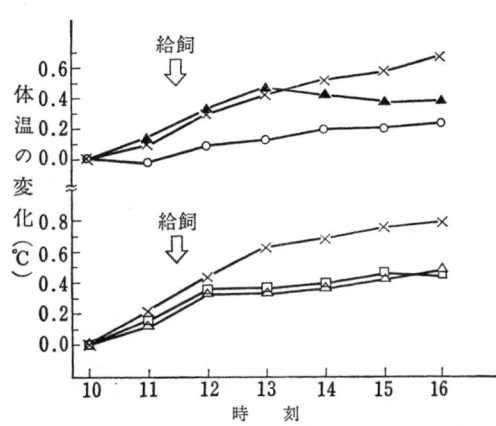

第8図　送風と体温の変化（向居・柴田，未発表）
32℃－60％の人工気候室内で泌乳牛に工業用扇風機を用いて送風

制しているが，このばあい送風が間けつ的であっても，その効果では連続風と大差は認められない。

また，放射熱は当然のことながら高温の影響を増強し，放射熱量の多い直射日光下では体温の上昇，呼吸数の増加が著しい。

(2) 飲水，採食量と飼料効率

① 飲　水

環境温度が上昇すると体表面からの水分蒸散が盛んになる。この水分は血液から供給され，また血液へは消化管内の水分やいろいろな器官での貯蔵養分の酸化によって生じた水が補充される。こうして生じた体内の水分不足を補うた

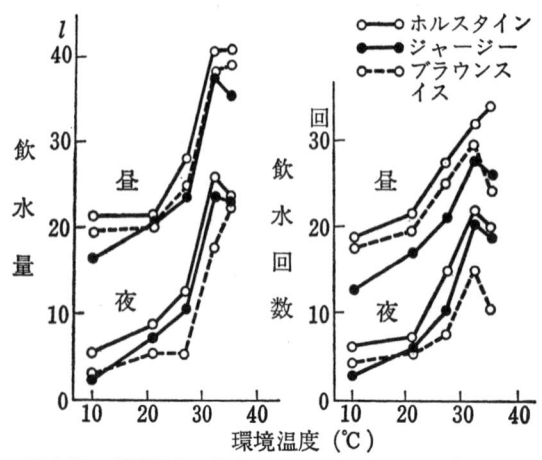

乳牛の生理

第9図　環境温度と飲水（ジョンソンら，1964）
未経産牛3頭平均

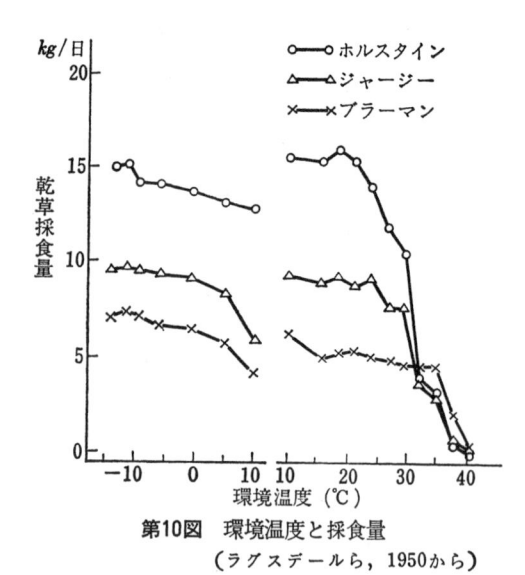

第10図　環境温度と採食量
（ラグスデールら，1950から）

めに飲水が始まる。

第9図はホルスタインなど3品種について調べた結果で，20℃以上では飲水量，飲水回数とも著増している。飲水量は乳量や採食量とも相関が高いため，高温時にこれらが減少すると飲水量の増加がみられないこともある。

高温時の飲水量の増加は，水分損失を補う以外に，体温上昇を直接的に抑制する効果もあると考えられる。牛の個体によっては高温による飲水量の増加と同時に尿量の増加がみられることがあり，飲水量が1日当たり120 l 以上に，排尿量が50～100 l 以上に達することがある。このような個体は内分泌機能の異常を起こしていると考えられている。

②採食量と飼料効率

ラグスデールら（1950）はホルスタイン，ジャージー，ブラーマン（インド系）の3品種の泌乳牛について，環境温度を変化させて採食量を調査した（第10図）。温度が低下するばあい，ホルスタイン種では採食量の増加はわずかであるが，他の2品種では明らかな増加がみられる。一方，温度が上昇するとホルスタイン種では24℃から，ジャージー種では27℃から採食量の著しい減少がみられるが，ブラーマン種では32℃付近でようやく採食量の減少がみられた。

摂取した飼料の消化も環境温度の影響を受け，高温時には消化率がわずかに上昇するようである。しかし，これは高温時に消化機能が活発になるためではなくて，第1，第2胃をはじめ消化管の運動が鈍くなり（アッテベリら1969），飼料が消化管内を通過する速度が低下して消化管内における滞留時間が延長される（ワーレンら1974）ことによっていると考えられている。

体内での熱発生量（エネルギー代謝量）も，前述したように環境温度の変化によって影響を受ける。その結果，乳生産に対する飼料効率も変化することになる。

ホルスタイン種では10～-13℃の低温でもあまり影響を受けないが，ジャージー種では明らかな飼料効率の低下がみられる。また24℃以上では両品種とも飼料効率の低下がみられる。これは摂取した飼料のエネルギーが低温時には体温の維持のために，高温時には体熱放散促進のためにそれぞれ消費され，乳生産の減少をきたすためである。

環境温度の変化による採食量の増減は体温の恒常性維持のための化学的調節の一つの表現であり，不可避のものである。しかし，酪農経営の面からみれば，生産に結びつかない飼料消費の増加，あるいは飼料摂取の減少による生産の低下は重大な問題である。

(3) 血液成分と内分泌機能

①血液成分

赤血球数，白血球数，ヘモグロビン濃度と環境温度の変化との関係について多くの研究がなされたが，結果は一致していない。おそらく一定の傾向を示さないものと思われる。

そのほかの成分については，高温時に血清カルシウム，血中アスコルビン酸，血中コレステロールの濃度の低下が認められている。また，$-9 \sim -27°C$の低温時には筋肉のふるえによると考えられる血中乳酸濃度の増加が認められている。

②内分泌機能

環境温度の変化に伴い，体内の熱発生量は大きく変動する。このエネルギー代謝量の調節と関係が深い甲状腺の機能について古くから注目されている。

プレマチヤンドラら(1958)は，いったん甲状腺に摂取されたI^{131}（ヨードの放射性同位元素）の放出率を測定して，甲状腺機能は気温の低い冬に高く，夏には低下することを認め，岡本ら(1965)は血漿蛋白結合ヨードを測定した結果から同じく夏に甲状腺機能が低下することを認めている。

環境温度の変化に対応する生体側の反応のいまひとつの中心として副腎皮質がとりあげられ，その機能の変化について多くの研究が行なわれている。これは，セリエのストレス学説以来，適応症候群のなかで副腎皮質の役割が位置づけられ注目されているからである。

第11図はホルスタイン種について季節別に副腎皮質機能と関係が深い血中・尿中成分を測定した結果である。血中アスコルビン酸は副腎皮質ホルモンの産生と関係があり，血清コレステロールは同ホルモンの母体であると考えられている。また，ケモコルチコイズは，ミネラロコルチコイズ，グルココルチコイズなど副腎皮質由来のホルモンを含む集合体である。岡本ら(1965)はこれらの成分の変動から，5～6月から10月ころまでの高温時には副腎皮質機能が高進の状態にあると推定している。

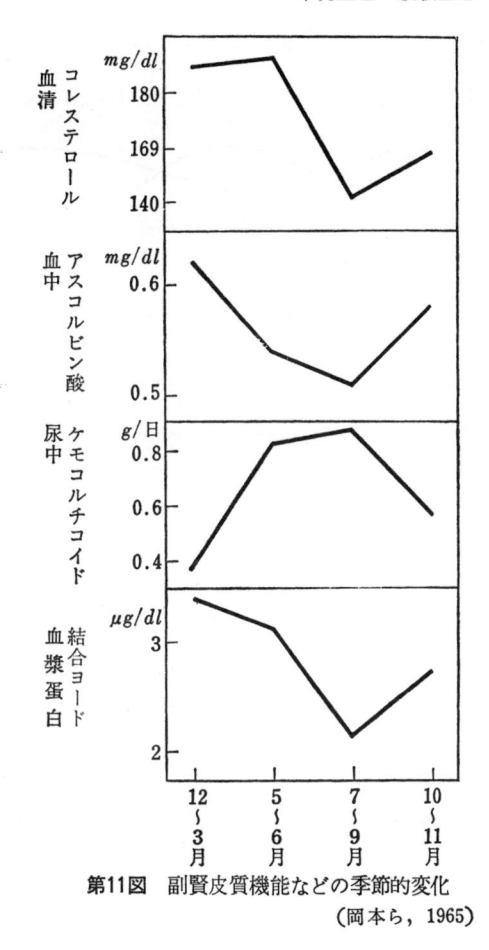

第11図 副腎皮質機能などの季節的変化
(岡本ら，1965)

以上のほか，高温時には脳下垂体前葉からの催乳ホルモンの分泌や性腺刺激ホルモンの放出が低下することが知られている。

4. 環境に対する順応

動物は新しい環境におかれたばあい，その環境に順応して生活しようとする。順応という言葉は遺伝学的な意味で使われることもあるが，ここでは生理学的な意味で，とくに外部の物理的環境に対する動物の調節過程と調節能力とを指すことにする。

ヘンセル(1968)は，寒冷に対する順応を次のように説明している。

寒冷感作が長時間つづくと多くの生理反応が起こるが，それらは発現する時間によって，①外部や内部からの冷却に対して秒または分の単

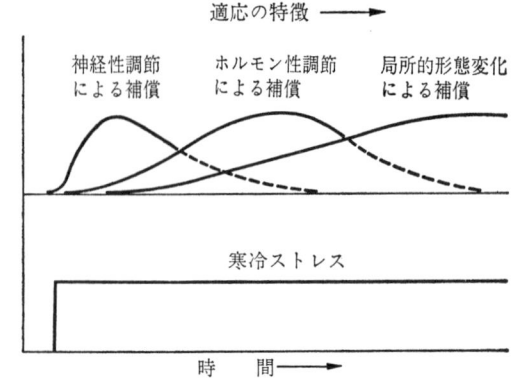

乳牛の生理

第12図 寒冷環境に対する順応での一連の反応
（ヘンセル，1968）

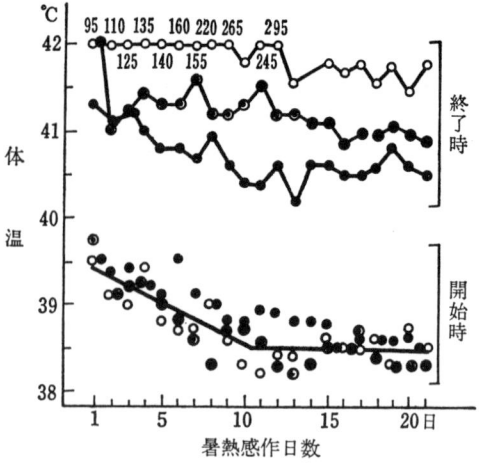

第13図 暑熱に対する順応（ビアンカ，1959）
図中数字は体温が42℃に達するまでの時間（分）
○ ◉ ● は子牛の個体を示す

位，ときには時間の単位の範囲で起こるような急速な調節反応，②時間または月，ときには年の単位の範囲で起こるような寒冷に対する慢性の順応反応，に分けられる。

寒冷環境への順応には各種の時定数をもった一連の反応が含まれている。初期の反応は過渡的なものが多く，寒冷感作が長びけば初期の反応は消えて，より安定で特徴的な反応が現われる。たとえば，

ⓐ寒冷感作を受けると，まず四肢の表面部分の"ふるえ"が始まる。

ⓑ数時間のうちにふるえの部位が腿や胴体などの身体の中心部に移動し，ふるえはいっそう強くなるが，四肢の末梢部分のふるえは減少する。ふるえの部分が身体の中心部にとじこめられるので，ふるえによって発生した熱は効率よく利用できるようになる。

ⓒ数日から数週間を経過すると，ふるえを伴わない熱発生が著しく増加して，ふるえは減少する。このような代謝面での順応反応の初期は，副腎や甲状腺などの内分泌腺の異常肥大が特徴的である。

ⓓ寒冷が数か月もつづけば内分泌腺の異常肥大は消失する。

ⓔもっとも効果的で長く残る順応反応は，皮膚の断熱性をより高くするような形態的な変化である（第12図参照）。

暑熱に対する順応を調べた例として，ビアンカ（1959）の実験を引用しよう（第13図）。

彼はエアーシャー種の子牛3頭を45℃—28%の高温乾燥条件の人工気候室に毎日5時間，3週間にわたって収容して体温などを測定した。第13図は結果を体温についてまとめたもので，図中の数字は子牛の体温が42℃に到達する（これ以上は危険なので実験を中止した）までの時間（分）を示しているが，暑熱感作の回数を重ねるにつれてこの時間は長くなり，13日以降では42℃に到達しなくなった。また毎日の実験開始時と終了時の体温もしだいに低下し，子牛が暑熱感作に順応してきたことを示している。同時に測定した呼吸数には明瞭な反応の変化がみられなかったが，脈拍数の反応は体温と同じような傾向が認められた。

環境温度と乳牛の生産機能

1. 繁殖に及ぼす影響

(1) 雄

乳牛の受胎率は季節によって変動することが知られている。その一つの原因は雄牛の造精機能や精液性状の季節的変化である。

多くの研究報告によると、3～5月は良好であった精液性状が7～9月にはかなり悪化し、精子の活力と保存性の低下、異常精子率の増加が認められるが、10月になると著しい回復がみられる。精液性状の変化は気温の変化よりかなり遅れて発現する特徴をもっている。

岡本ら(1962)はジャージー種雄牛2頭を30～32℃の人工気候室に収容し、そのうち1頭の陰のうを流水で冷却して5週間にわたって精液性状を調査した。陰のうを冷却しなかった牛では第2週から精子の活力の低下がみられ、第4～5週には生存精子の割合は40%に低下するとともに、頭部や尾部の奇形を主体とする異常精子の割合も90%に達した。しかし陰のうを冷却した牛では精子の活力、異常精子率に変化を認めなかった。精子濃度や1射精当たり総精子数は両牛間に差がないものの、第3週以降は急激な減少を示した。以上の結果から、直接的に精巣に及ぼす高温感作によって精子の活力低下、異常精子の増加が起こり、全身的に感受される高温の影響は、間脳―下垂体系を通して造精機能の低下、精子数の減少をもたらす、と推察している。

(2) 雌

受胎率の季節的変動のもう一つの原因は雌牛側にある。

ハフェッツ(1968)によると、高温の影響によって脳下垂体前葉は一般的な機能減退を起こし、性腺刺激ホルモン(卵胞刺激ホルモンと黄体形成ホルモン)の分泌が不十分となる。そのため卵胞ホルモンや黄体ホルモンの生産が不適当になって、繁殖機能が阻害される。黄体形成ホルモンの減少によって卵巣からの排卵、つづいて起こる黄体形成も不調に終わる、と述べている。

ガングワーら(1965)は調節された温度条件下で未経産牛の発情を調査し、17～18℃では20～21日であった発情周期が、24～29℃または35℃のばあいは25日に延長され、発情の持続期間は20時間から11時間に短縮されること、また夏の自然条件下では発情周期21日で変わらなかったが、発情持続期間は14時間に短縮されることを認めた。

さらにストットら(1962)は、アリゾナで3～5月に分娩し生殖器に異常のない406頭の牛に凍結精液を用いて授精し、第3表のような結果を得た。すなわち5月は26頭に授精し(A)、そのうち21頭が35日後までに発情回帰しなかった(B)が、35～41日目に直腸検査を行なったところ16頭の牛で胚(胎児)の存在を確認(C)した。この胚を確認する割合(C/A)は7～8月

第3表 夏期における受胎率の低下　　　　　　　　　　(ストットら，1962)

項　　　　　　　　目	5 月	6 月	7 月	8 月	9 月	10 月	11 月	12 月	計
授精頭数 (A)	26	86	97	111	148	171	128	62	829
35日ノンリターン頭数 (B)	21	57	59	65	79	116	85	54	536
同上のうち妊娠が確認されたもの (C)	16	31	27	19	46	76	61	34	310
B/A　　　(%)	80.8	66.3	60.8	58.6	53.4	67.8	66.4	87.1	64.7
C/B　　　(%)	76.2	54.4	45.8	29.2	58.2	65.5	71.0	63.0	58.0
C/A　　　(%)	61.5	36.1	27.8	17.1	31.1	44.4	47.7	54.8	37.5

に大きく低下している。

ストットらは，乳牛の高い体温によって子宮内の状態が受精卵の発育に適さなくなったために，たとい受精に成功しても卵の発育停止や胚の死滅による早期の流産が起こっていると考察している。この考察を裏付けるような実験データがビンセントら（1967）によって報告されている。彼らはヒツジの受精卵をウサギの子宮に24時間預けたのち，再びもとのヒツジに移植し，25日後に胚の生死を確認した。その結果，32℃の環境下におかれて体温が平均40.5℃だったウサギに受精卵を預けたばあいは，21℃の環境下で体温が39.1℃だったウサギに預けたものより胚の生存率が10％少なかった。

2. 発育に及ぼす影響

温帯地方では，子牛の生時体重は母牛の妊娠期における栄養摂取量の季節性によって変動する。一方，熱帯地方で，現地の環境に十分順応していない欧州種の牛が夏期に妊娠期を迎えると，その後小さい子牛を分娩するといわれている。高温環境下におかれた妊娠ヒツジも小さい子羊を分娩するが，これは高温の特殊な影響であり，飼料摂取量の減少によるものではないことが明らかにされている（イエーツ1958）。

新生児は娩出されるまで母体とほぼ同じ体温をもっているが，分娩によって急激に低い温度の環境におかれることになり，ふつうは体温が下降する。この下降の程度は，気温が臨界低温度以下のばあいに大きくなる。新生児は体重に比べて体表面積が大きいうえ羊膜液で濡れているため，断熱性が悪く，体熱放散量は大きい。しかし体内での熱発生源となるエネルギーの蓄積は少ない。そこで，新生児が完全な体温調節機能をもつようになるまでは助けを必要とする。

もし新生児が非常に冷えているばあい，第一に必要なものは熱発生のエネルギー源となる食物であり，第二が体外からの加温である。エネルギー源の補給がないまま体温が上昇すると代謝率の上昇を招き，低血糖や"けいれん"を起こし，死に至ることになる。

第4表 未経産牛の成長に及ぼす環境温度の影響
（ガングワー，1970）

群別	1日増体量（kg）		
	自然条件（春）	人工気候室（24～29℃～35℃）	自然条件（夏）
1群	1.05	0.43	0.81
2群	1.01	0.40	0.99（空調牛舎）

注 各群とも10～15か月齢のもの5頭

哺乳期の子牛の発育は環境の影響を直接的に受けるとともに，授乳する母牛の栄養摂取や泌乳に及ぼす環境の影響もあわせて受けることになる。

離乳後の発育は高温によって阻害される。ガングワー（1970）はホルスタイン種の育成牛の発育を春と夏の季節，24～29℃または35℃に調節した人工気候室などで調査し，第4表のような結果を得ている。発育阻害の程度は月齢や品種，栄養状態のほか湿度によっても異なるが，欧州種の牛では24℃以上の気温がつづくと発育が抑制される。29～32℃になると発育はほとんど停止し，41℃で高湿度のばあい子は衰弱するという。

冬期に屋外飼育される家畜は，屋内飼育される家畜より体重の減少が大きい。しかし十分に飼料を与えられた子牛の発育は，0℃以下の気温であっても減退することはない。

3. 牛乳生産に及ぼす影響

(1) 牛乳生産量に及ぼす影響

わが国各地域の牛乳生産量の推移を月別にみると第14図のようになる。数値は地域ごとの年間総生産量に対する各月生産量の百分率で示してある。

北海道では冬期の生産量は年平均を大きく下回っており，5月から夏にかけて急増している。これは冬期の寒冷の影響のほか，夏と冬との粗飼料の量・質の差，またそれに伴う分娩時期調整の影響が含まれていると考えられる。同じような傾向は東北，東山地方など比較的冷涼な地

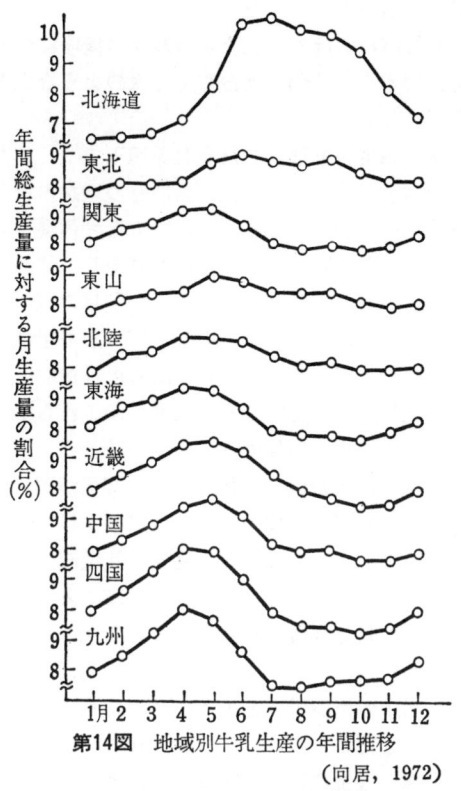

第14図　地域別牛乳生産の年間推移
（向居，1972）
「農林統計」1961～1970から作成

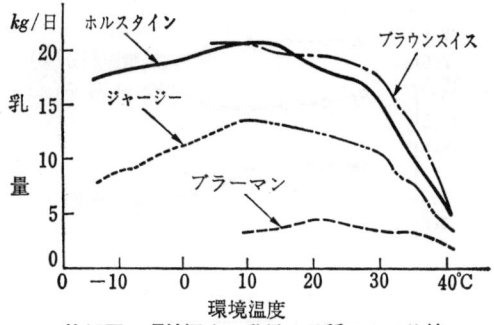

第15図　環境温度と乳量，品種による比較
（ジョンソン，1965）

一方，関東以西の各地では生産量のピークは4～5月に現われ，飲用牛乳の消費が増加する夏には生産量の減少がみられる。これは暑熱が乳牛に直接的に感作した結果であると同時に，青刈粗飼料の粗剛化，外部寄生虫の多発など暑熱の間接的影響の結果でもある。

熊本での調査（岡本ら1965）によると6月から9月までの4か月間に生産される総乳量は，暑熱の影響がないばあいに比べて16.7％の減少を示している。

乳量に及ぼす環境温度の影響は品種によってかなりの差があり，わが国の乳用牛の大部分を占めるホルスタイン種はとくに高温の影響を強く受ける。相対湿度が50％のばあい，ホルスタイン種では21℃付近から乳量が減少し始めるが，ジャージー種やブラウンスイス種では24～27℃から，ゼブー系のブラーマン種ではおよそ32℃で，ようやく乳量の減少がみられる。一方，低温の影響はジャージー種では2℃以下で現われるが，ホルスタイン種では－13℃ていどに低下するまで影響が現われない（第15図）。このような低温時におけるジャージー種とホルスタイン種との差は，体表面積の差によっていると考えられている。

湿度や風など温度以外の気象要素は147ページで述べた体温などに及ぼす影響と同じように，牛乳生産に対しても温度の影響を増強あるいは軽減する。

ウイリアムスとベル（1963）は，－20.6℃まで温度が低下するルースハウジング型牛舎のホルスタイン種乳牛について調査した。相対湿度が90～100％のときには－12℃で乳量の減少がみられたが，牛舎を改造して相対湿度を72～79％に低下させたところ乳量の減少はみられなくなった。これは，相対湿度が高いときは，気温が露点温度以下になると空気中の水分が牛体に落ち，被毛の断熱性を低下させるためであると述べている。

(2) 牛乳成分に及ぼす影響

牛乳に含まれるいろいろな成分も環境温度，とくに高温の影響を受けて生産量が変化する。ジョンソン（1965）はいくつかの研究報告を引用して第16図を示した。

乳脂肪の生産量は，乳量と同じようにほぼ20℃以上で減少がみられる。乳脂率の変化についての研究の多くは高温時にその低下を認めているが，きびしい高温感作が急激に与えられると，乳量の減少が著しいために乳脂率はかえって上

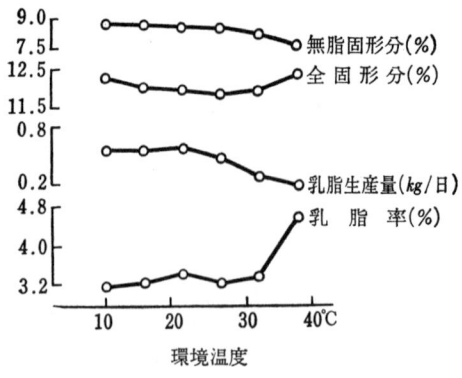

第16図　環境温度と牛乳成分
　　　　　　（ジョンソン，1965）

昇する（岡本ら1965）ことがある。

　無脂固形分率についても，高温時に低下するという報告が多い。広島地方における穴釜ら（1957）の調査では6～8月に低下を認めており，無脂固形分のうち低下するのはカゼイン含量で，乳糖や灰分の含量は低下しなかった。

　牛乳成分の生産は，環境温度の影響以外に，摂取する飼料の量や質の影響を受ける。高温時には採食量の低下とあわせて飼料の嗜好性の差に起因する選択的採食が起こる（向居・柴田1974）ため，結果的に飼料の量と質は変更されるので，牛乳成分の生産に対する高温の影響はいっそう複雑なものとなっている。

(3) 高温時の牛乳生産量減少に関与する要因

　ブロディ（1956）は，高温時の乳量減少は大部分が採食量の減少によっているとした。しかし第1胃フィステルを装着した泌乳牛を用い，高温時に食べ残した飼料を第1胃へ強制給与して，乳量の変化を調べたウエイマンら（1962）の実験では，乳量の減少は強制給与によってあるていど防止できたが完全ではなく，飼料利用効率の低下がみられた。

　高温時における牛乳生産量減少の機序について，岡本ら（1965）はあらまし次のような仮説をたてた。

　快適温度帯を逸脱した高温環境下では，体温の上昇を防ぐため呼吸数，蒸散量の増加のほか，飲水量の増加が起こる。これでもなお体温上昇を抑制できないばあいは食欲が減退し，体温上昇は摂取養分量の不足と相まって乳量の減少を招く。また，体温上昇の抑制手段として甲状腺機能の低下が起こり，さらに副腎皮質機能は体温の上昇に伴っていっそう高進し，これらはまた乳量の減少を助長する。

　高温時の乳量減少が体温上昇と関係が強いことから，向居ら（1970）は牛体に散水して体温を降下させ，これによって夏期の乳量減少がかなり防止できること，しかし，高温によって減少した乳量を回復させることはできないことを明らかにした。

　飼料中の粗繊維含量が多いと，高温時には体温上昇を招きやすいことが知られている。しかし粗繊維含量の差が6％以上のときは乳量に効果を認めた（レイトンとルーベル1959）ものの，2％ていどの差では，明確な効果はみられない（ウエイマンら1962）ようである。

　体温の上昇は代謝率を上昇させ熱発生量を増加させる。飼料摂取量を一定にした乾乳牛は32℃において体温が上昇し，熱発生量の増加，いいかえればエネルギー消費の増加を示す。マクドウェルら（1969）は，高温時には飼料エネルギー摂取量の減少の2倍だけ牛乳エネルギー生産量が減少することから，維持に要する養分量が増大していると推論している。

　これらの事実から高温時の牛乳生産量の減少には，採食量の減少，体温の上昇，無効な熱発生の増加などが大きく関与しているとみられる。

乳牛の放牧生態

1. 放牧生態とは

　放牧家畜は草や木を採食してエネルギーを獲得し、それを体の維持や代謝のためのエネルギーや成長、生産（繁殖、泌乳）のためエネルギーとして利用する。利用されなかったエネルギーは排泄物となる。物質循環としては、草の一部は採食され、残りは枯死し土壌に還元される、採食された草は一部が家畜に利用され、残りは排泄され土壌に還元される。土壌中では微生物の働きにより分解され再び利用可能な形になり、草にとり込まれる。

　このように、放牧地では土—草—家畜が一つの生態系（エコシステム）をつくりあげている。放牧生態は、この草地生態系の一部であり、この生態系の家畜に関するサブシステムとみることができる。

　放牧生態研究の目的は、太陽—草—家畜—家畜生産物という大きなエネルギーの流れ（第17図）の過程である草—家畜—家畜生産物のしくみを解明し、その効率を有効に利用する技術を開発することである。

　草—家畜の過程は草と家畜の接点であり、家畜の採食行動として表現され、採食量（摂取エネルギー）として表わされる。家畜—家畜産物の過程は家畜の消化率、維持エネルギー、運動エネルギーにより左右される。

　放牧では、人間に餌を給与されているばあいと異なり、家畜はみずから餌を確保する必要があり、草と家畜の接点すなわち家畜の採食行動が重要である。

　また放牧地での家畜は、多数が一緒に放牧されており、それらが群れをつくり集団行動をしている。群れの行動は、家畜をとりまく環境（自然環境）との相互作用としての行動だけでなく、集団内における各個体間の相互作用すなわち社会関係（社会環境）の結果としての行動、の両者を含んでいる。

　したがって放牧生態の研究は「家畜と自然環境および社会環境との相互作用の表現形である群行動の解明と、行動を介した家畜生産の解明」としてとらえることができる。放牧家畜の自然環境、社会環境の特性を理解するため、飼養形態別にこれらの要因に影響される程度を表わすと第5表のようになる。

　一般に乳牛では、育成期は放牧されるばあい

第17図　草地生態系のエネルギー効率

全日射量
→ 熱および反射エネルギー（90〜100%）
（0〜10%）光合成利用エネルギー
→ 呼吸および根への転流エネルギー（50〜100）
（0〜50）地上部の蓄積エネルギー
→ 不採食エネルギー（0〜99）
（1〜100）採食エネルギー
→ 不消化、尿、メタンガスのエネルギー（20〜70%）
（30〜80）代謝エネルギー
→ ヒートインクリメント*（15〜40%）
（60〜85）正味（Net）エネルギー
→ 運動・維持エネルギー（75〜100%）
（0〜25）家畜の蓄積エネルギー（増体、泌乳）
→ 解体による廃棄物（0〜100）
（0〜100）家畜生産物（商品）

＊ ヒートインクリメント：食物の摂取に伴って起きる熱発生量の増加

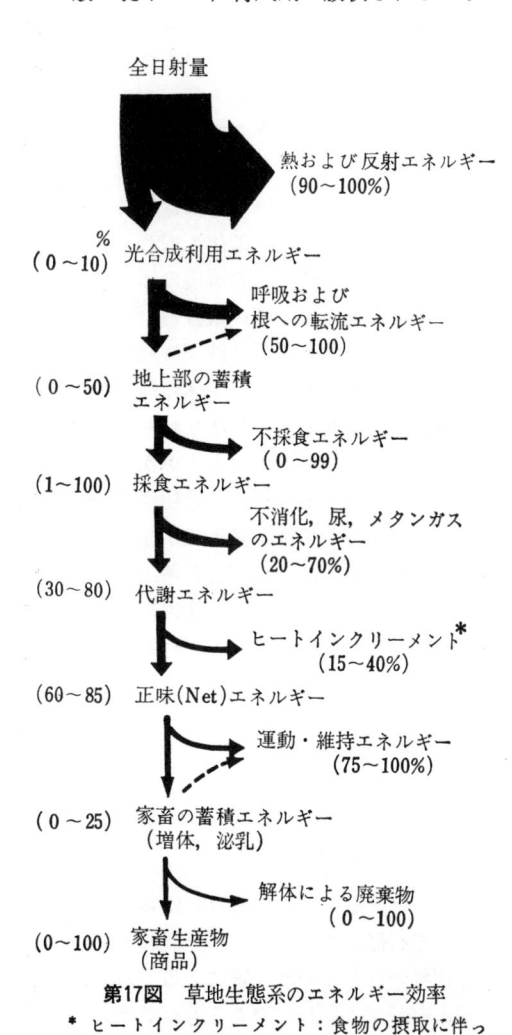

第5表　飼養形態別にみた環境要因に影響される程度

飼養形態	自然環境		社会環境
	餌	外界	
個体飼養	-	-	-
集団飼養			
フィードロット	-	+	±
放牧	+	+	+

注　-：影響なし
　　+：影響あり
　　±：影響強い

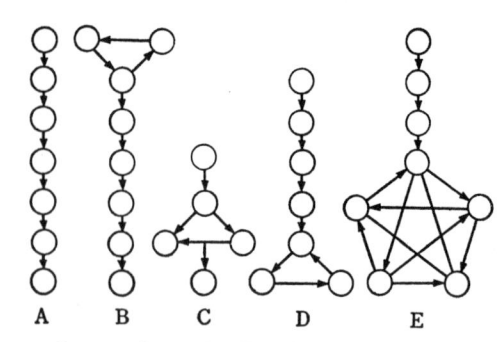

第18図　牛の社会的階級（ブウイッシュ，1956）
A：直線的階級
B，C，D：直線的傾向の階級
E：複合的階級

が多いが，成牛になると泌乳中はルースバーン飼養や個体飼養が多い。個体飼養のばあいには，餌は人為管理下にあり，外界の影響も少ない。集団飼養のばあいでもルースバーンでは，餌は量的に制限される例とされない例があるが，餌の供給面積は限られており，競合（社会環境）が起こる。競合が著しいときには維持のエネルギーの確保さえできない個体も現われる。

放牧では自然環境，社会環境の影響をうける。しかし社会環境の影響は，競合という形ではなくむしろ集団化による個体性（独立的排他的傾向）の抑制の結果として，個体の能力が十分に発揮されないことである。すなわち，採食や飲水が十分でなくても群れの大半が次の行動（たとえば休息）に移るとそれに追随する傾向が強いので，結果として採食量や飲水量に個体差が生ずる。集団化の傾向は家畜管理上好ましい性質ではあるが，家畜の個体の能力を十分に発揮させるという点では必ずしも有利とはいえない。

2. 群行動

(1) 群れの成り立ち

放牧牛は一般に，一つあるいは幾つかの集団となって行動している。これを群れといい，それは"集合性"という性質によるものである。一般に有蹄類は群れをつくるものが多いが，草原に棲むものは群れをつくりやすく，森林に棲むものは群れをつくりにくいといわれている。

集合性の構成要因には次のものが考えられている。もっとも単純なものは食物を求めて集まるような"環境への傾斜"である。次には"スクール的傾向"と呼ばれるもので，そこでは似たもの同士が集まって行動し，メンバーは固定的でなく出入りが自由である。最後は"家族的傾向"と呼ばれる性質で親子，夫婦関係の強さである。有蹄類は一般にスクール的傾向と家族的傾向とをもつ集団をつくるが，牛のように固定的ねぐらをもたないものではスクール的傾向が強く，家庭的傾向は弱い。育児は雌中心で，離乳とともに家族的傾向は消滅する。

群れをつくるからといって個体の独立的・排他的傾向（個体的傾向）は消滅するのではなく，個体的傾向と集合性とのバランスによって群れが成立，維持される。

また，集団がつねに群れとして維持されるには一定の秩序をもった体制が存在するからだと考えられており，その体制として"順位制""リーダー制"がある。牛の群れは順位体制をもっている。順位制のもとでは個体間の強弱関係が固定化しており，弱い個体はその個体的傾向を抑えて群れにとどまる。すなわち個体の主張（反発）よりも集合性（吸引）のほうが強いからである。牛の順位制は peck-night 型（上位のものが下位のものをつつく一方向型）である。しかし，その順位は完全な直線型から環状を含む型まである（第18図）。

第6表 行動学からみた行動の分類

スコット (1956)	ウィッカート (1970)
1. 接触行動	1. 社会行動
2. 摂食行動	2. 性行動
3. 排泄行動	3. 気質的行動
4. 性行動	4. 摂食および排泄行動
5. 母—子（世話）行動	5. 反射行動
6. 子—母（世話要求）行動	6. 学習行動
7. 闘争行動	
8. 相互感応行動	
9. 探索行動	

リーダー制は順位制と異なる現象である。リーダーは群行動の先導者ではあるが，必ずしも最優位の個体とは限らない。放牧牛群では明確にリーダーといえる個体は見当たらないが，特定の行動における先頭の個体が固定している例は，搾乳場への進入や移牧のばあいにみられる。

(2) 行 動 型

行動型の分類には，行動学（エソロジー）の立場からなされたもの（第6表）と実用上から便宜的になされたものとがある。ここでは実用的な立場から，生活史的行動と社会的行動に大別し，前者を摂取行動 (ingestive behaviour) と性行動 (sexual behaviour) に分け，後者を社会行動 (social behaviour) とした。

①摂取行動

ここでは放牧牛が採食，反芻，排泄するまでの行動を含める*。摂取行動の行動型の分類も調査の目的により異なるが，よく用いられる分類は第7表のようである。

採食と反芻行動の調査だけでも放牧牛の生活史の概略は推定できる。さらに，休息や佇立やぶらぶら歩き行動の調査が加われば，放牧牛の生活史をほぼ完全に把握できる。黒崎らの補充採食形や大野らの移行形という行動は，群の大半が反芻や休息をしている周辺で少数の個体が採食を続けるばあいをいい，群行動に吸引されながら個体性を主張している例である。放牧牛の1日の摂取行動は第8表のとおりである。

第7表 放牧牛の行動型の分類

（三村，1962）

行動型の分類	報告者		備考
採食，その他	シースら	1947	簡単に概況を把握できる
採食，反芻	ブランビイ	1959	同上
採食，佇立，横臥	アトケソン	1942	佇立をぶらぶら歩きとした
	マクミーカン	1954	
	フリーア	1960	
採食，反芻，休息，ぶらぶら歩き	ハンコック	1950	ほぼ生活史がわかる
採食，佇立反芻，横臥反芻，食塩をなめる，塩水，佇立，横臥，ぶらぶら歩き	ホームズ	1952	反芻を二つに区分している
	ハーカー	1954	生活史が完全にわかる
	ローリンソン	1956	
	ブランデージ	1953	
	青木ら	1961	
採食・休息・移動・補食	黒崎ら	1956	群としてとらえる
	大野ら		

第8表 牛の摂取行動

行動型	行動	値
採食	採食時間	4～9時間
	喫食回数（計）	24,000回
	喫食速度（喫食回数／分）	50～80
	採食量（生重）	体重の10%
	〃（乾重）	6～12 kg
	採食移動距離	3～5 km
反芻	反芻時間	4～9時間
	反芻期の回数	15～20回
	食塊数	360
	食塊当たり噛む回数	48回
飲水その他	飲水回数	1～4回
	横臥時間	9～12時間
	佇立時間	8～9

注 ハフェッツ編「家畜の行動」1969から多くの研究者のデータの平均

採食行動 採食行動は，①グレージング：放牧地で草を食べる（広義では放牧，狭義では草を食べること），②ブラウジング：木の葉や芽を食べる，③フィーデング：人為的に供給される餌（濃厚飼料，乾草，サイレージ，生草など）を食べる行動に分けられる。放牧地ではグレージングとブラウジングが主である。

---

* 厳密には，摂取行動とは採食，飲水，乳を飲む行動だけをいう。

乳牛の生理

第19図　各月の採食型の日周変化
（大野・田中，1975）
乳用育成牛7〜16か月齢（5月現在）

第9表　草生状態の良否と若牛の日中活動
（三股ら，1957）

	良好更新区	不良更新区
	%	%
採　　食	56.5	80.4
反　　芻	12.1	6.0
休息，遊歩	28.2	11.4
乾草採食と飲水	3.2	2.2
計	100.0	100.0
活動時間	68.6時	86.5時

注　1日8時間放牧

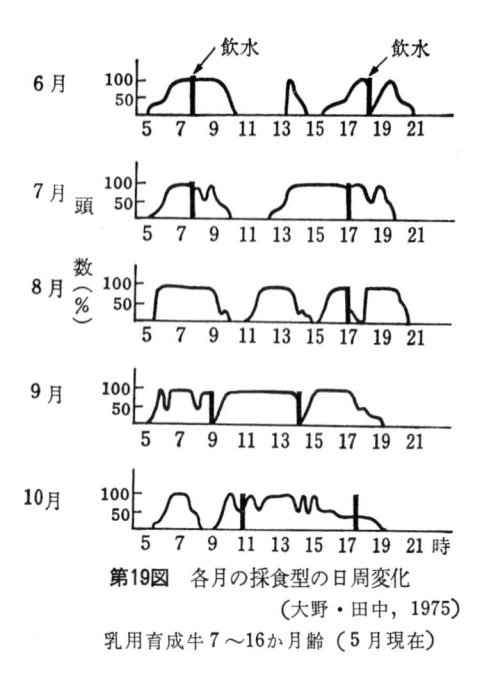

牛には上顎に門歯がないため，舌で草を巻き込み，下顎とはさんで引きちぎる。この顎の構造のため地上3cm前後が利用限界と考えられている。採食はゆっくり歩きながら行なわれ，一口ずつ草を引きちぎり飲み込む。

採食行動の周期は採食―休息（反芻）―採食のくり返しである。採食開始はばらばらであり，食べ方も断続的であるが，しだいに群れ全体が採食に入り食べ方も連続的になる。終わりころになるとまた食べ方は断続的になり，休息もばらばらに入る。

採食行動には日の出前後からの数時間と夕方の数時間との二つの大きなピークがあり，日中にもいくつかの小さいピークがある。このパターンは季節によって変化する（第19図）。春（6月）の採食は朝夕の二つのピークを中心に行なわれる。夏から秋（8〜10月）には朝夕以外にも採食が行なわれ，時間も長くなる。しかしこのパターンは必ずしも固定的なものではなく，育成牛と搾乳牛とではパターンも異なる。

牛の品種，草種，草量，草質，気象条件などが採食時間に影響する要因である。牛の品種による差は主としてその気候適応性が関係すると考えられる。熱帯ではヨーロッパ系（Bos taurus）の牛は朝夕に採食し日中は行なわないが，ゼブー（Bos indicus）は日中も採食する。同じヨーロッパ系の牛でも，ジャージー種のほうがホルスタイン種よりも高温下でよく採食する。草量，草質を含めた草生状態が劣る草地では採食時間が長くなる（第9表）。不良な天候は採食時間を短縮させる。少しの降雨下では採食を行なうが，強い降雨下では採食を中止する。吸血昆虫とくにアブの飛来も採食に影響する。

採食量は採食速度と採食時間の積で表わされるが，採食速度は単位時間当たり喫食回数と1回当たり喫食量とによって決まる。1回当たりの喫食量は草高や草の密度によって影響される。草高はあるていど高いほうが1回当たりの喫食量は多いが，高すぎると喫食回数が減少し，かえって採食速度は低下する。効率がよいのは15〜20cmの草高といわれている。しかし採食量を左右する最大の要因は採食時間である。

選択採食も採食行動に影響する重要な要因である。選択採食は，草種だけでなく，同一草種の生育段階や部位に対してもみられる。草種では，有毒草を除けばほとんど可食草と考えられる。

草量が減少するとともに，被食植物種は増加する。選択採食は，味覚による学習を経て，視覚によって識別して行なわれると考えられる。味覚は喫食したものが拒否すべきかどうかを判断する重要な感覚である。試薬による味覚試験によると，苦味は嫌うが，甘味はかなりの濃度でも拒否しない（第10表）。不食過繁地は排泄物に対する嗅覚の反応であるが，植物種そのものの臭いに対して選択的に反応するかどうかは

第10表 子牛の味覚限界値（ベルら，1959）

味	試 薬	限界値（モル）	
		拒 否	受 容
苦 味	塩酸キニーネ	9×10^{-5}	2.4×10^{-5}
酸 味	酢 酸	2.6×10^{-2}	8.3×10^{-3}
塩 味	食 塩	4.2×10^{-1}	1.05×10^{-1}
甘 味	グルコース	拒否せず	1.11

注　2つのバケツに水（対照）と試薬を入れ自由に選ばせた
拒否：20％以下しか飲まない
受容：50％以上飲む

不明である。触覚の影響についても明らかではない。

放牧地ではタラノキやキイチゴ類のような有刺植物も採食される。第11表に牧草地や野草地でも採食された植物の一例を示す。

反芻　放牧地で採食された植物は，ほとんど咀嚼されずに第1胃（ルーメン）に貯えられる。休息時に吐き戻され，咀嚼され，再び飲み込まれる。反芻は草原棲でしかも有効な式器をもたない動物が餌を確保するための環境適応だとされている。第1胃は餌の貯蔵の場だけでなく，牛に必要なエネルギーの大半を第1胃内の微生物の働きによって揮発性脂肪酸（VFA）の形で供給する重要な場でもある。

反芻行動は横臥状態で行なわれることが多い（全反芻時間の65～80％）が，佇立状態でも行なわれる。1日の反芻時間は4～9時間であり，何期にも分けて行なわれる（多いばあいは15～20期）。1回の反芻（吐き戻し―咀嚼―再飲み込み）に要する時間は1分前後である。

＜反芻行動に影響する要因＞　反芻時間は草の質と量に影響される。ハンコックが乾草を用いた実験では，乾物摂取量が増すと反芻時間は直線的にふえるが，同じ乾物摂取量でも繊維含量の高いほうが反芻時間が長くなった。（第20図）。牧草（生）の切断長を変えても反芻時間，反芻回数，1回の反芻の咀嚼回数に影響はみられないが，乾草のばあいには影響するという報告もある。

＜R:G比＝反芻時間：採食時間比＞　草地の状態を判断する方法としてよく用いられる。

第11表　放牧牛の採食植物（栃木県那須）
（五十嵐，1975）

採食植物	春	夏	秋	野草（夏）
	％	％	％	％
オーチャードグラス	100	95.7	97.8	
トールフェスク	93.8	82.8	94.7	
ケンタッキーブルーグラス	94.9	88.4	95.8	
レッドトップ	100	94.1	95.2	
ペレニアルライグラス	100	91.5	97.8	
シロクローバ	77.3	50.0	80.0	
ハルガヤ		(33.3)		77.8
スズメノヒエ		88.9	85.7	60.0
ススキ	94.6	90.2	97.3	88.9
トダシバ	100	100	83.8	91.8
ササ	91.2	42.3	61.5	62.5
シバ				91.3
シバスゲ	89.3	79.2	80.0	61.1
ヒカゲスゲ	93.8	78.9	60.0	
サイトウガヤ	100	91.3	81.8	50.0
ヒメヤブラン	40.7	43.5	71.4	73.3
ニガナ	77.8	30.0	88.2	12.5
アキノキリンソウ	95.7	26.1	64.3	40.0
オカトラノオ	100			
ノアザミ		60.0		50.0
ワレモコウ	66.7	18.2	28.6	
オトギリソウ				15.4
ミツバチグリ	25.0	0	38.5	0
スミレ				0
ワラビ	8.9	0	0	5.6
ニガイチゴ	100	73.3	68.8	87.5
ヤマハギ	68.4	59.1	(94.7)	
フジ	94.1	88.2	64.3	
エゴ	100	83.3	90.9	
ヤマツツジ	31.6	50.0	31.3	
レンゲツツジ		0		0
サルトリイバラ	70.0	56.3	33.3	13.3
テリハノイバラ		25.0		
ガマズミ	66.7	87.5	62.5	
サワフタギ	62.5	50.0	71.4	
アオツヅラフジ	22.2	35.7	40.0	29.2
リョウブ	100	42.9	57.1	
コナラ	29.4	70.3	73.9	
クリ	45.0	47.4	64.3	
ナツハゼ	45.5	44.4	16.7	

注　数値は採食頻度（採食回数／出現回数）
ホルスタイン種育成牛

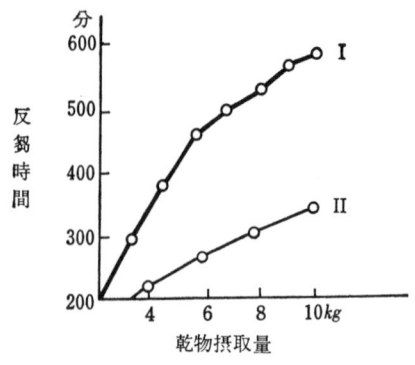

乳牛の生理

第20図 乾物摂取量と反芻時間との関係
（ハンコック，1953）
繊維含量はIが29％，IIが17.5％

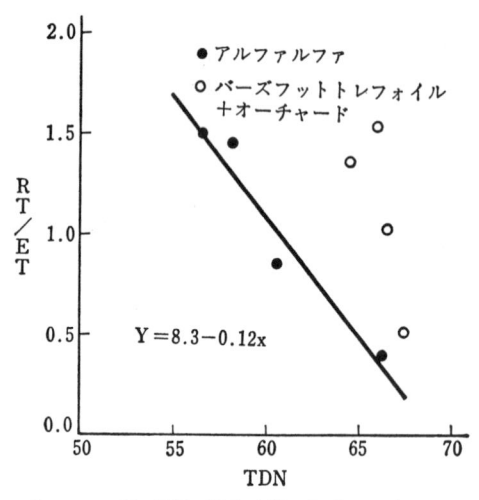

第12表 種々の生理状態における水の消費量
（サイクス，1955）

種類	条件	水消費量
ホルスタイン子牛	4週齢	4.5〜5.4 kg/日
	12	8.2〜9.1
	26	15.0〜21.8
乳用雌牛	妊娠	27.2〜31.8
	泌乳量 36.3kg	86.2
	乾乳	40.8
去勢牛	肥育	31.8
放牧牛	野草地	15.9〜31.8

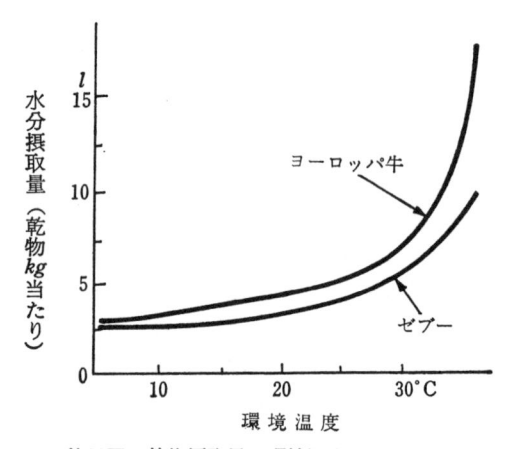

第21図 反芻時間と採食時間の比（RT／ET）とTDNとの関係
（ロフグリーンら，1957）

$Y = 8.3 - 0.12x$

第22図 乾物摂取量と環境温度の関係としての水分摂取量
（ウインチェスターとモリス，1956）

これは採食が草の量と質に依存しているとの考えにもとづいたものである。ロフグリーンはアルファルファを用いた試験で，TDN含量が高くなるにつれてR：G比が低くなることを見い出した。（第21図）。これは草種により異なる。しかし放牧強度が増すと，採食時間は増すが反芻時間は減少するとの報告もある。一般には，R：G比は季節的に1：1から0.5：1まで変化する。

飲水行動 放牧牛は水分含量の高い草を摂取しているにもかかわらず1日に数回の飲水を行なう。泌乳中の牛はかなりの飲水量を必要とする（第12表）。乾物摂取量当たりの飲水量は環境温度の上昇とともに増加する（第22図）。

②**性行動**

乳牛の繁殖はほぼ完全に人為管理下にある。したがって性行動も本来の姿からはかなり変形していると考えられる。ここでは人工授精のばあいの性行動は除外する。

雄の性行動 雄の性行動は一般に求愛―乗駕―交尾の過程で行なわれる。擬牝台での精液採取のばあいでもこれらの行動がみられる。求愛行動は，臭いを嗅ぐ，性器の周辺をなめる，フレーメン（頸をのばし頭を上げて上唇を反転する動作）を行なう，などである。乗駕は何回か試みる。交尾は偶蹄類に共通で時間は短く，射精は1回の射出だけである。

雄の性行動は嗅覚が重要な働きをすると考え

られている。乗駕行為そのものは視覚刺激によるらしく、逆U字型の物には乗駕を試みるという報告がある。交尾（射精）回数は、人工授精センターでは一般に1～2回/週であるが、実験的には70回/週を6週間継続した例もある。

　雄の性行動の開始はかなり早く、4～5か月齢の子牛が発情牛に追随し乗駕を試みることも知られている。

　雌の性行動　雌の性行動は発情周期と関連しており、発情した雌はぶらぶら歩きが多くなり、他の雌に乗駕を試みたり乗駕されたりする。乗駕される回数のほうが多い。発情に伴う性行動の強さには個体差が大きい。

　発情期以外の性行動には発情牛への乗駕がある。しかし広い放牧地では、人間が追わない限り雌同士の乗駕はみられないという報告もある。

③ 社 会 行 動

　対の関係　これには母子関係、性的関係、闘争行動がある。

　＜母子関係＞　母子関係は家族的傾向という群れの基本的性質の一つである。牛では雌だけが子育てをする。一般に乳牛が野外で分娩することはまれであり、また哺育も初乳期間に限られるばあいが多い。したがって乳牛では母子関係にもとづく社会行動はほとんどみられない。

　一般には分娩前後は群れから離脱し、分娩1～2日後に合流する。母子関係は離乳後には完全に消滅する。母子の確認は母牛が主で子牛は従であると考えられている。母子の確認は嗅覚、聴覚、視覚によるが、嗅覚がとくに重要である。

　乳牛では一般に初乳期をすぎると母子を分離するが、それに対し母牛は鳴いたり歩き回ったりして反応を示す。一方、子牛はほとんど反応を示さず管理人になつき、世話要求行動を示す。

　＜性的関係＞　一般に放牧牛の性的関係は雌の発情期間だけであり、固定した関係は存在しない。乳牛では自然交配することはまれであり、性的関係は存在しない。

　＜闘争行動＞　闘争行動は順位制と関連の深い行動である。一般に2頭間で行なわれるが、まれにはさらに1頭が加わり2対1の闘争を行なうこともある。放牧牛群での闘争行動は順位の確立するまでの短期間にみられる。その後はきわめて少なく、順位の近い個体間で行なわれるだけである。

　闘争行動は、接近―おどし―物理的接触（角突き）の三段階からなる。各段階で優劣が決まり、物理的接触に至る例は比較的少ない。角突きは数秒間から10分間近く続くこともある。

　順位確定後の角突きは飲水場、給塩場、補助飼料給与場など狭い場所に多い。ルースバーン方式では角突きによる闘争が餌の競合になり、泌乳や維持のエネルギー確保にとって重要な影響をおよぼす。

　群れの相互作用　ここでは順位と先導―追随とについて述べる。

　＜順位＞　順位制は群れの闘争エネルギーを減少させる。放牧牛の順位は品種、年齢、体重、角、放牧歴などの影響をうける。順位と品種との関連については、傾向的なものと考えられるが、品種による体の大きさの違いも影響しているのであろう。順位と体重との間には相関があるという報告が多い。順位と年齢との関係は明らかではないが、群れのメンバーとしての古さを現わす"古参権"と順位との相関は高い。角は順位に重要な役割を果たす。体重差が小さければ角のある個体が優位になる。一度形成された順位は除角しても変わらない。放牧経験のあ

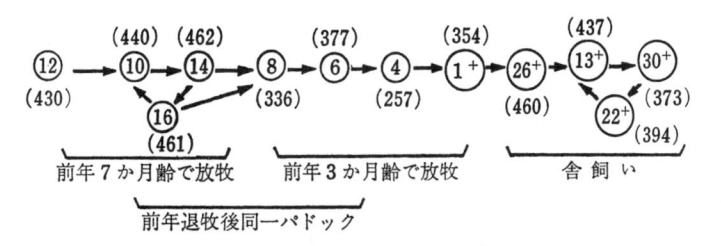

第23図　放牧経験の有無と角突き順位

(福川ら，1973)

矢印は順位を表わし、矢印の根元側が優位
括弧内数字は入牧時体重（kg）、＋は無角、丸つき数字は牛の個体番号を表わす

るグループがないグループよりも優位になるという報告もある（第23図）。

順位がその後の生産（成長）に影響するかどうかは明らかでない。放牧においては順位と泌乳量との間には関連がないと報告されている。

＜リーダーシップ―フォロワーシップ（先導―追随）＞ リーダーは群行動の先頭に立つ個体であるが，必ずしも最優位の個体とは限らない。放牧牛の群れでは，リーダーの存在は必ずしも明確でない。しかし特定の行動においては決まった序列で行動することが認められている。搾乳場への進入順序，移牧の順序などがそれである。しかし同じ個体がすべての行動において同じ順序とは限らない。搾乳場への進入順序は固定的であり，人為的に攪乱しても容易にくずれない。ただしこの順序と泌乳量との間には関連がない。

放牧牛ではリーダーシップよりもフォロワーシップの比重が大きいと考えられる。放牧牛の行動は活発な個体の行動に追随する傾向がある。あるていど採食時間を経た群れに新たに採食していない牛を加えることで採食時間を延長しようとしたり，音で牛舎に入る訓練を経た個体を加えることで未経験の個体を誘導したりする試みがなされている。

④その他の行動

＜グルーミング＞ 動物が体の部分をなめたり，こすりつけたりする身づくろい行動をいう。これは体の手入れという生理的意義であろう。しかし相互になめ合ったりするのは順位の近い個体に多いとの報告もあり，野生動物では社会的意義があるとされている。

＜学習＞ 学習には古典的条件づけと道具的条件づけとがある。前者は管理上よく利用されている。音で誘導する例では，餌が条件として利用されている。後者がいわゆる学習であり，ウォーターカップの使用がその例である。

執筆　向居彰夫（農業研究センター）
　　　福川晄一郎（畜産試験場）
　　　　　　　　　　　　　1977年記

参考文献

I, II 章

ANAGAMA, Y. and T. KAMI. 1957. Jahreszeitliche schvankungen des gehaltes an fettfreier trockenmasse der Kuhmilch. 広大水畜産学部紀要. 1, 373—378.

ATTEBERY, J. and H. D. JOHNSON. 1969. Effects of environmental temperature, controlled feeding and fasting on rumen motility. J. Animal Sci. 29, 734—737.

BIANCA, W. 1959. Acclimatization of calves to a hot dry environment. J. Agric. Sci. 52, 296—304.

―――――. 1962. Thermoregulation. HAFEZ, E. S. E. Ed., Adaptation of domestic animals. 97—140, Lea & Febiger Pub. Philadelphia.

BRODY, S. 1945. Bioenergetics and Growth. Hafner Pub. Company. New York.

―――――. 1956. Climatic physiology of cattle. J. Dairy Sci. 39, 715—725.

GANGWAR, P. C. 1970. The effect of environmental temperature on growth of dairy heifer. Indian Vet. J. 47, 128—135.

―――――, C. BRANTON and D. L. EVANS. 1965. Reproductive and physiological response of Holstein heifers to controlled and natural climatic conditions. J. Dairy Sci. 48, 222—227.

HAFEZ, E.S.E. 1968. Environmental effects on animal productivity. HAFEZ, E.S.E. Ed., Adaptation of domestic animals. 74—93, Lea & Febiger Pub. Philadelphia.

HAMADA, T. 1971. Estimation of lower critical temperature for dry and lactating dairy cows. J. Dairy Sci. 54, 1704—1705.

HENSEL, H. 1968. Adaptation to cold. HAFEZ, E. S. E., Ed., Adaptation of domestic animals. 183—193, Lea & Febiger Pub. Philadelphia.

石井尚一. 1964. 高温時におけるホルスタイン種雌牛の体温，脈搏数および呼吸数の変動に関する研究. 九州農試彙報. 9, 103—116.

JOHNSON, H.D. 1965. Environmental temperature and lactation (with sepcial reference to cattle). Int. J. Biometeor. 9, 103—116.

_____. and R. G. YECK. 1964. Environmental physiology and shelter engineering with special reference to domestic animals. LXVIII. Age and temperature effects on TDN, water consumption and balance of dairy calves and heifers exposed to environmental temperature of 35° to 95°F. Missouri Agric. Expt. Sta. Research Bull. No. 865.

KIBLER, H.H. and S. BRODY. 1950. Environmental physiology with special reference to domestic animals. X. Influence of temperature, 5° to 95°F, on evaporative cooling from the respiratory and exterior body surfaces in Jersey and Holstein cows. Missouri Agric. Expt. Sta. Research Bull. No. 461.

McDOWELL, R.E., E.G. MOODY, P.J. VAN SOEST, R.P. LEHMANN and G.L. FORD. 1969. Effects of heat stress on energy and water utilization of lactating cows. J. Dairy Sci. 52, 188—194.

三村耕・山本禎紀・伊藤敏明・住田正彦・新谷勝彦・藤井宏敏. 1971. 家畜の体感温度に関する研究. I. 乳牛の体感温度. 日畜会報. 42, 493—500.

向居彰夫・岡本昌三・相井孝允. 1970. 高気温時における牛体への散水が乳牛の体温および乳量等におよぼす影響. 九州農試報告. 15, 367—401.

_____・柴田正貴. 1974. 高温時における乳牛の体温, 乳量および熱発生量におよぼす乾草と濃厚飼料の給与比率の影響. 昭和47年度九州農試年報. 56—61.

岡本正幹・大坪孝雄・増満洲市郎. 1957. 家畜の耐暑性に関する研究. ホルスタイン種の血清および牛乳カルシウム量の季節的変動. 鹿大農学部学術報告. 6, 120—124.

岡本昌二・石井尚一・向居彰夫. 1962. 高温が牛の精液性状に及ぼす影響ならびに陰嚢冷却によるその防除効果について. 九州農試彙報. 7, 409—418.

_____・_____・犬童幸人. 1965. 乳牛の生理機能におよぼす暑熱の影響に関する研究. 九州農試彙報. 11, 183—243.

RAGSDALE, A.C., H. J. THOMPSON, D. M. WORSTEL and S. BRODY. 1958. Environmental physiology with special reference to domestic animals. IX. Milk production and feed and water 各種生理反応に及ぼす環境温度並びに乾草摂取量の影響. 日畜会報.

STOTT, G.H. and R.J. WILLIAMS. 1962. Causes of low breeding efficiency in dairy cattle associated with seasonal high temperature. J. Dairy Sci. 45, 1369—1375.

VINCENT, C.K., D.S. ELLIOT and L. C. ULBERG. 1967. Stress on incubation and temperature on sheep ova. J. Animal Sci. 26, 250.

WARREN, W. P., F. A. MARTZ, K. H. ASAY, E. S. HILDERBRAND, C. G. PAYNE and J. R. VOGT. 1974. Digestibility and rate of passage by stress fed tall fescue, alfalfa and orchard grass hay in 18 and 32°C ambient temperatures. J. Animal Sci. 39, 93—96.

WAYMAN, O., H.D. JOHNSON, C.P. MERILAN and I.L. BERRY. 1962. Effect of ad libitum or force feeding of two ration on lactating dairy cows subject to temperature stress. J. Dairy Sci. 45, 1472—1478.

WILLAMS, C. M. 1965. Livestock production in cold climates. SHAW, R.H., Ed., Ground level climatology, 221—231. American Association for the Advancement of Science Pub. No. 86.

_____. and J. M. BELL. 1963. Effects of low fluctuating temperatures on farm animals. V. Influence of humidity on lactating dairy cows. Can. J. Animal Sci. 44, 114—119.

III 章

HAFEZ, E.S.E. and M.W. SCHEIN. 1969. The behaviour of cattle. In The behaviour of domestic animals. 2nd ed. Ed. E.S.E. HAFEZ. London, Bailliere, Tindall & Cox Ltd.

黒崎順二. 1971. 家畜の放牧とその衛生管理(8, 9). 畜産の研究. 25, 1385, 1531.

三村耕. 1962. 1963. 家畜管理に関する諸問題 (2～4, 12～13, 16～20). 畜産の研究16, 359, 477, 617, 1601, 17, 81, 999, 1131, 1249, 1379, 1535.

consumption responses of Brahman, Jersey, and Holstein cows to changes in temperature, 50° to 105°F. and 50° to 8°F. Missouri Agric. Expt. Sta. Research Bull. No. 460.

柴田正貴・向居彰夫 (投稿中). 乾乳牛の熱発生量,

青木晋平ら. 1959. 放牧牛の生理生態に関する研究 I. 1〜9. 島根農大研報 7 A, 49, 10A, 49, 11A, 35, 12A, 32, 13A, 58, 14A, 55, 15A, 69, 島根大農研報. 1, 43.

鈴木省三. 1971. 乳牛の行動. 日畜会報. 42, 363.

乳牛の品種と育種

品種とは何か

　動物の分類学上の単位は種（species）である。たとえば家畜では牛，水牛，馬，驢（ろ），ヒツジ，ヤギ，豚，ウサギ，鶏，アヒルなどがそれである。種とは外部形態，臓器が類似しており，染色体の数や形が同じで，同じ種内では繁殖に異常がなく，血清蛋白質にも類似性が高い動物集団である。

　種の中で主として外部形態でかなりの変異を示すものを分けて変種（variety）といっている。たとえば豚は動物学上イノシシと同じ種に属するが，その変種として家畜化したイノシシという学名で扱われていて，染色体にも差がなく，両者間繁殖が可能であり，血清蛋白質にも共通のものが多い。牛とその近縁のものの動物分類学上の位置を示すと前出「乳牛の起源と特性」第1表（21ページ）のようである。

　すなわち牛亜科に牛属と野牛属と水牛属とがあり，それぞれ染色体数や形が違っている。牛と野牛の間には子ができるが，その子自体は，雌では一般に繁殖力があるが，雄ではこれを欠いている。水牛は牛とも野牛ともその間に子ができない。縁が遠いわけである。

　牛属を分けて準家畜牛と家畜牛とする。準家畜牛は半野牛ともいい，多く野生しているが，子を捕えて飼うと馴れるし，繁殖させることもできる。人によっては牛属と別の属として扱っている。それは，なかに，牛属との間に子はできても，その子自体の雄は繁殖力を欠くものがあるからである（ガウル，ガヤール，ヤク）。家畜牛は肩のこぶ（肩峰）の有無によってヨーロッパ牛とインド牛とに分けられているが，染色体にも全く差がないし，その間の繁殖にも問題がない。ヨーロッパ牛をさらに頭骨の形態によって5つに変種として分ける人も多いが，現在の大方の考えは，起源としては同一で原牛といわれるものであることに一致している。

　畜産学や作物学のように動・植物を利用する学問分野では種をさらに細かく分けて，その単位に品種（breed）を設けている。品種とは，人類がその用途を助長し改良してきたため外貌，体格，能力上の特徴が分かれ，かつその特徴が遺伝するばあいに，その共通の特徴をもつ動物集団を呼んでいる。たとえばホルスタインは品種名で，体は大型で，黒と白の斑の毛色をもち，乳量は多く，乳質はやや薄い。これに対しジャージーは，小型で淡褐色などにボカシのある毛色で糊口（鼻鏡と口の周辺が白い）があり，毛量は多くないが濃いという，それぞれ品種の中で共通の遺伝的な特徴をもっている。

　品種は，同じ種に属する家畜の中で，昔は突然変異により生じた変わり種をもととして国，地域の環境条件や農法その他の経済条件にもとづいて人がある方向に選抜改良してできたものであるが，18世紀のころからは，それらの品種間の交配をして，それぞれの品種の特徴をあわせ持つようにし，さらに選抜淘汰を長年にわたって繰り返して作出したものである。たとえばデイリーショートホーンはショートホーンの中から乳の多いものを選び出して新しい品種としたものであり，ジャージーはフランスの古い在来種であるブルトンとノルマンの交配によってできたものがもとになっている。

　品種だけでは不便なことがあるので，さらに品種をいくつか合わせてグループに分けている。その方法として，原産国（たとえば英国種，ドイツ種），地勢（たとえば高地種，低地種），外観（たとえば長角種，短角種）などによることもあるが，用途によるものが各種の家畜を通じて最もふつうで，牛のばあいにもこれによることが多い。すなわち乳用種，肉用種，役用種，乳肉兼用種，乳役兼用種，肉役兼用種，乳肉役三用途兼用種である。

　第二次大戦後，文明諸国では農業作業機の発達・普及により役用はほとんどすたれ，したが

って役用種，乳役兼用種，肉役兼用種，乳肉役三用途兼用種は，乳用種か乳肉兼用種か肉用種かに改良目標が切り換えられ，体型の用途による特徴も変わってきている。しかし，開発途上国，ことに東南アジア，アフリカではなお役用が重要な牛の用途であって無視できない。

ただし乳用種，乳肉兼用種，肉用種といっても，その主用途を示す相対的なものであって，乳用種でも雄子牛や淘汰雌の肉はさかんに食用に供されている。したがって乳用種から肉用種までの変異は連続的である。一般に国土が広くゆとりがあり，気候や草生などの立地条件の豊かな国，たとえばアメリカ，カナダ，オーストラリアなどでは乳または肉に偏した専用種が多く，ヨーロッパの国土面積の小さい国では兼用種が主体をなしている。同じ国内では比較的経営面積が大きく，大消費地に近い地域ではやや乳に傾き，経営面積ひいては飼育規模の小さい地域では雄子牛の肉用による収入が無視できず，乳，肉が平等に重視されている。肉用に傾くことの少ない理由は乳価が安定しており，国によっては生産費の何％かを国が補助しているためで，ちょうどわが国の米のように乳生産が安全なために続けているわけである。

同じ品種でも国により地域により，乳に傾いたもの，肉に傾いたもの，乳肉同等視のものがあり，これらの変異は三用途兼用種であったスイス原産のブラウンスイス，シンメンタールで著しい。ホルスタインも，肉に傾くことはないが，乳主体のものと兼用色の強いものとがある。

これらの特徴は体型にかなり明瞭に出ている。乳に傾いたものでは体が伸び伸びしており，乳房の発達がよい。乳肉同等重視のものや肉に傾いたものでは体積があってずんぐりしており，上級肉の生産部位である背腰，尻の肉付きがよい。そこで以下の品種の解説では体型に現われた用途による特徴の相対的なウエイトを「乳肉用体型比率」として数値で示すことにする。乳用種ではこの値を9：1から6：4までとし，肉用種では逆に1：9から4：6とし，兼用種はこの間にあって，0.5刻みで示す。すなわち5.5：4.5，5：5，4.5：5.5である。

主 な 品 種

この章ではわが国と関係の深いヨーロッパ牛の主な品種の紹介をし，あまり重要でないものは品種名を挙げるにとどめ，インド牛，アフリカ牛については最も重要なものについて簡単に解説するにとどめる。

記述の中での体格，能力の数値は平均的な値である。また分布の括弧内は，とくに断わらない限り，その国の牛の総頭数での％，産乳性は成牛305日2回搾乳の記録，産肉性は若雄の肥育のばあいを示す。

1. ヨーロッパ牛乳用種

乳用種の共通的な特徴は痩型で前軀が軽く，中軀が長く，後軀が発達し，乳房が大きく，乳量が多く，泌乳期間も長いことである。

(1) ホルスタイン (Holstein)

アメリカ，カナダではホルスタインフリーシアン (Holstein-Friesian)，ヨーロッパでは一般にフリーシアン (Friesian)，ドイツ語国ではシュバルツブンテ (Schwarzbunte；黒白斑牛) と称している。

起源 頭骨の分類からは類原牛に属する。ライン川デルタ地域からオランダフリースランド，ドイツホルスタイン地域へ移住してきた民族がもたらしたもので，そのもとになるものから2,000年くらい経過したと考えられている古い牛である。その後イギリス産のショートホーンが混じっている。

分布 ドイツ（北部の牛の40％），オランダ，デンマーク（45％），ベルギー（6％），イギリ

ス（搾乳牛の64％），フランス（14％），イタリア（15％），スイス（9％），オーストリア（1％），ポーランド（75％），アメリカ，カナダ，イスラエル，日本（48％，乳牛の99％），チリー，エクアドル，ペルー（これらの国にはアメリカから入った），アルゼリア，アルゼンチン，アゾレス，チェコ，ギリシャ，ハンガリー，ケニア，レバノン，リビア，ルクセンブルグ，ポルトガル，ルーマニア，スペイン，南アフリカ，チュニジア，トルコなどである。また，ソ連では在来種と交配して新しい品種チェルノペストラーヤ（Cernopestraja，38％），タギールスカヤ（Tagilskaja）が作出されている。

外貌上の特徴 毛色は黒がちの黒白斑，白がちの白黒斑で，白面斑がないから顔には必ず黒があり，優性の鼠蹊部白斑があるので黒がちの牛でも必ず下腹部，乳房部，尾房の先端，蹄冠部は白い。一般にヨーロッパの牛では黒斑が大きく小出入りはないが，アメリカの牛には黒斑の出入りの複雑なもの，小黒点のあるものもある。

有角で側前（下）方に伸び内側に曲がる。角は黒か角根が白く角尖の黒いものもある。なおイギリスには無角もある。

体格，体型上の特徴 成立の途中にショートホーンがかけられているため，乳用種としては前胸部がやや重い。体格，体型ともに国による変異がかなりある。

アメリカ，カナダでは大型で成熟雌の体高140 cm，体重650 kg，雄の体高160 cm，体重1,100 kg で，体型で乳肉用体型比率は8：2とみなせる。痩型で肉付きはよくないが，中躯が深く長く体積は豊か，乳房の付着面積が広く大きく乳頭間隔が広い。

ドイツ，オランダ，デンマークでは中型で成雌の体高130 cm，体重650 kg，成雄の体高150 cm，体重1,150 kg。体重は同等でも体高がアメリカ，カナダのものより低い。乳肉用体型比率は6.5：3.5くらいで肉のウエイトが少し高くなっている感じがある。頸，中躯が短いが深く，体積は豊かで，ずんぐりして肉付き，とくに尻の肉付きがよく，後方に少し出張っている。

第1図 日本のアメリカ型ホルスタイン
上：雌（1975年・第6回全共での成雌名誉賞受賞牛），下：雄

第2図 フリーシアン（ヨーロッパでのホルスタインの通称）
上：オランダ（雌），下：デンマーク（雄）

イギリス，フランスの牛は中型だがドイツ，オランダのよりわずかに大きく，成雌の体高132cm，体重650kg，成雄でそれぞれ150cm，1,100kg。乳肉用体型比率は7：3で，アメリカ，カナダとドイツ，オランダとの中間だがやや後者に近く，ずんぐり型が多い。ヨーロッパのずんぐり型は，腰角幅が大きく，腰角直前での腰椎幅も大きく，絶対値では大型のアメリカ，カナダのものと同等であるが，体高比ではぐっと大きくなる。しかし尻長が短く，乳房長がやや短い。イギリスでは乳房の付着が広く形もよいが，他のヨーロッパの国では垂れ乳房，乳頭間隔の狭いものが往々にして見られる。

体格をもう少し大きくし，乳房を良くするため，原産地のドイツ，オランダではアメリカやカナダの雄または精液を輸入して授精しているものの，アメリカ・カナダ型ホルスタインに向け累進するのではなく，最高50％でとめている。それは，それ以上アメリカ，カナダのものに近づけると肉付き，とくに尻の肉付きが悪くなり肉用価値が下がるからだ，といっている。

なお，面白いことにフィンランド，スウェーデンのフリーシアンは小型に近く，成雌の体高127cm，体重500kg，雄で145cm，900kgであるが体型はアメリカ，カナダのように痩型で乳肉用体型比率は8：2である。また各国で在来種の乳量の改良にも用いられている。

能力での特徴

〔産乳性〕 この品種は乳用種中で乳量が最も多いが，固形分含量がやや低いのが共通的な特徴で，搾乳性は高い。

平均的な値は，305日2回搾乳・成年型（以下の品種も同様の条件で示す）の総乳量（M）が5,000kg，乳脂率（F）3.5％，蛋白質率（P）3.2％，平均搾乳速度（R）2.5kg/分，前乳区搾乳率（Fr/T）45％。次に主な国での1974年の平均能力検定記録を示すと，

　ドイツ：M4,855kg，F3.93％（最高14,057kg，3.93％），P3.31％，R2.53kg/分，Fr/T 43％

　オランダ：M5,016kg，F4.11％，P3.39％

　デンマーク：M4,854kg，F4.02％（最高

第3図　ブリティッシュフリーシアン
（イギリス，雌）

　　11,713kg，4.10％）

　ベルギー：M3,900kg，F3.50％

　フィンランド：M5,176kg，F4.20％

　スウェーデン：M5,822kg，F3.94％

　イギリス：M4,940kg，F3.68％

　イギリス，カナダ産ホル：M5,023kg，F3.90％

　スイス：M5,287kg，F4.09％，P3.29％，澱粉価／FCM0.55

　オーストリア：M4,627kg，F3.97％（最高10,315kg，4.30％）

　ポーランド：M3,275kg，F3.72％

　アメリカ（13州，雄40の娘7,408頭の平均）：M7,537kg，F3.61％（最高17,635kg，3.90％）。ただしこの値は一般の能力検定の平均値より遙かに高いものと考えられる。

〔産肉能力〕 500日齢まで1日増体量（DG）1.1kg，枝肉歩留り（D％）57％。

発育は早くDGは大きいが，枝肉歩留りは肉牛より3％くらい低い。骨率は18％で高く，ロース芯面積はやや小さい。しかし上級肉量は，背が長く広く，尻が大きいので肉牛より多いといわれている。

日本との関係　わが国には明治18年（1885）に初めてホルスタインが輸入されたが，これはオランダからのものである。「日本酪農のあり方」の章でも記したように，わが国の酪農が東京，横浜などの大都市内またはその周辺の専業搾乳に始まったため，当時の洋牛の奨励品種はエアシャー，ブラウンスイス，デボンなどであった。しかし乳量が多かったためホルスタイン

が他の品種を圧倒し，明治44年（1911）には本種も奨励品種に繰り入れられた。このころ入ったホルスタインは主にオランダ系だった。

北海道での開拓が進みアメリカ農法が採り入れられるとともにアメリカ式の酪農が標準にされ，乳牛もしだいにアメリカ型となった。ことに第二次大戦後は，種牛はすべてアメリカ，カナダから輸入され現在に至っている。したがってわが国のホルスタインは大部分アメリカ，カナダ型の痩型の乳専用種で，乳肉用体型比率は8：2くらいである。

昭和39年（1964）からイギリスのブリティッシュフリーシアンがわずかずつ輸入され，局地的に全国8か所で試験的に飼われ，現在およそ400頭にふえている。乳量はやや低いながらも，雄子牛や廃牛の肉の評価がホルスタインより枝肉1kg当たり100円くらい高いため，飼育者は満足しているようである。

(2) 赤白斑ホルスタイン（Red and White Holstein）

英語ではレッドアンドホワイトホルスタインまたはフリーシアン（Red and White Holstein or Friesian），ドイツ語国ではロートブンテ（Rotbunte）と呼んでいる。

起源 ホルスタインの毛色の特徴は白と黒との斑であるが，その成立の途中にショートホーンが入っているため，それからきた黒に対し劣性の赤の遺伝子がホモになると赤白斑になる。当初ドイツ以外の国では失格にされていたが，有力種雄がこの赤色遺伝子をヘテロにもっていたため，その子孫に赤白斑が多発し，体格，体型，能力に遜色がないのでアメリカ，カナダ，イギリスでは別の協会をつくり独立して登録することになった。

ドイツでは早くから赤白斑があり，それがホルスタイン州のシュレスウィヒ地方に多発したため，その地名をとってシュレスウィヒホルスタイン（Schleswig Holstein）と称していたが，現在は前記のようにロートブンテと呼んでいる。

わが国でも赤白斑遺伝子をもった種雄の子孫が入っており，ぽつぽつ発生しているが，まだそれほど多くないので失格のままである。いずれ近いうちに赤白斑ホルスタインとして登録する必要があろう。

分布 はっきりと赤白斑ホルスタインとして独立した品種の扱いをしているのはイギリス，アメリカ，カナダ，ドイツ，オランダ，デンマークであるが，ホルスタインの分布が広く世界中にわたっているので，そのうちにこれらの国でも同じ問題が起こるであろう。

デンマークの赤白斑牛は，ドイツの赤白斑牛にショートホーンを交配し，さらにオランダのミューズラインイッセルを交配したものである。

外貌での特徴 毛色は赤白斑または白赤斑で，ホルスタインの黒と同様，赤斑に複雑な出入りはない。なお，ドイツの赤白斑では古くアングラーが入っているのか，赤に局部的な濃い黒ボカシがある。鼻鏡，蹄も黒い。

有角で側前（下）方に伸び内側に曲がる。

体格，体型上の特徴 国による変異はあまりない。ただしアメリカ，カナダのものはやや大きい。中型で，成雌は体高130cm，体重650kg，雄では150cm，1,000kg。

体型はやや肉のウエイトが高まり，乳肉用体

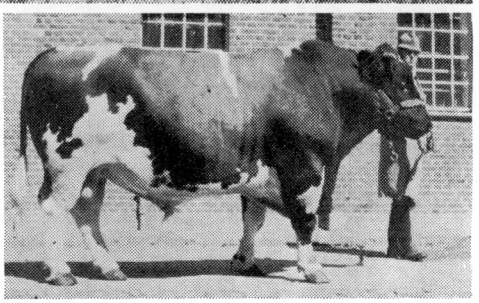

第4図　赤白斑ホルスタイン
上：雌，下：雄（ドイツ）

型比率は6：4くらいである。
　能力での特徴
　〔産乳性〕総乳量4,500kg，乳脂率3.9%。
　ドイツでの最高は10,416kg，5.13%，オランダでの試験では初産牛で体高122.5cm，腰角幅50.8cm，総乳量4,697kg，乳脂率4.09%，蛋白質率3.45%，最高搾乳速度3.24kg/分，前乳区搾乳量比率40.8%と前乳区でやや少なく，受胎所要授精回数1.72であった。
　〔産肉性〕1日増体量1.1kg，枝肉歩留り60%。ドイツでの試験では460日，547kg，DG1.11kg，D%は60%であり，オランダでの試験では365日間で422kg，DG1.10kg，D%57.3%，所要澱粉価10.4，肉付評価3.1，脂肪2.7であった。
　日本との関係　前記のように最近は赤白斑が出現しているが，まだ登録しておらず，赤白斑牛の輸入もされていない。

(3)　ジャージー（Jersey）

　どの国も呼称はジャージーである。
　起源　頭骨からは長額牛に属する。
　英領海峡諸島中のジャージー島原産。この島はフランスに近い。フランス産の在来牛ブリタニーとノルマンを交配したものがもとになっている。200年来他品種が混じっていない。血液型のうちZ'ファクターと血球蛋白質のヘモグロビンのB型Hb^Bをもっており，これはインド牛，アフリカ牛にはあるが他のヨーロッパ牛にはないので，遠い昔，これらの牛が混じっている疑いがもたれている。
　分布　イギリス（乳牛の4%），スウェーデン（5%），ノルウェー（2%），デンマーク（18%），アメリカ，カナダ，オーストラリア，ニュージーランド，インド，日本（0.4%，乳牛の0.7%）。各国で在来種の乳質改良にも用いられている。
　外貌での特徴　毛色は淡褐，灰褐の単色で，体下部に黒いボカシのあるものもある。逆に体下部，肢の内側の淡いものもある。また小黒点，小白斑のあるものもある。雄は一般に色が濃い。鼻鏡，口の周りの白い糊口がある。有角で側前下方に伸び内側に曲っている。角根は白く，

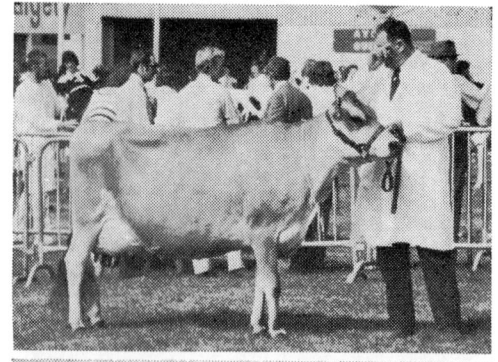

第5図　ジャージー
上：イギリス（雌），下：デンマーク（雄）

角尖は黒い。
　体格と体型　国による変異が小さい。小型で，成雌は体高122cm，体重380kg，雄は130cm，750kg，しかし，デンマーク，アメリカ，カナダのものはやや大きく，雌で125cm，430kg，雄で135cm，800kg。
　体型は典型的な乳用型で前軀軽く，角ばっていて後軀が大きい。尻長はかなり長いが腰角幅がやや小さい。乳房は体のわりに大きく付着面積が広く，垂れ乳房が少ない。乳肉用体型比率は9：1。
　能力での特徴
　〔産乳性〕乳量3,600kg，5.0%であるが，デンマーク，アメリカには6,000kgを超すものもある。脂肪球が大きいのでバター用に適する。
　〔産肉性〕肉価値に乏しく，体脂肪が黄色なので嫌われる。アメリカでの肥育試験によると，527日齢，378日間肥育で359kg，DG 0.71kg，飼料要求率4.35，D%57.5%，赤肉/枝肉率51.0%，骨率16.2%。ニュージーランドではホルスタインとのF_1をつくっているが，脂肪は白色に近く，D%57%。

日本との関係 明治8年に初めて入り，38年に群馬県神津牧場，下総御領牧場に入った。また都市近郊の専業搾乳経営では，乳脂率の基準を割らないために1～2頭くらい飼っていた。昭和29年の酪農振興法によりアメリカ，オーストラリア，ニュージーランドから2か年にわたって合計1万2,000頭輸入され，原料乳地帯に国の補助により配布され，一時は2万5,000頭にふえたものの，しだいに減り，1万3,000頭ぐらいになってしまった。耐暑性に富み，傾斜に耐え，粗飼料の利用性がよいことが知られた。

(4) ガーンジー（Guernsey）

名称はどこでもガーンジーである。

起源 この牛も頭骨からは長額牛に属する。英領の海峡諸島中のガーンジー島原産，ジャージーと同様，ブリタニーとノルマンとを交配したものに発しているが，ノルマンがやや濃厚。

分布 イギリス（乳牛の5%），アメリカ，カナダ，オーストラリア，西インド，ケニヤ，南アフリカ，ペルー，アルゼンチン，日本（200頭ぐらい）。

外貌での特徴 毛色は淡褐色に白斑。一般に体下部に白斑があるものが多いが，肋，腹にあるものもある。斑の境は複雑に出入りがある。糊口（鼻，口の周辺が白または淡色のもの）がある。有角で側前（下）方に伸び内側に曲がる。角根は白く，角尖は黒い。

体格，体型での特徴 国による変異は小さい。体格は小型でやや大きく，成雌は体高127cm，体重450kg，雄では140cm，900kg。ジャージーに比べやや粗大で，肉用にわずかに重く，乳肉用体型比率は8：2くらい。

能力での特徴

〔産乳性〕乳量3,800kg，乳脂率4.5%。

〔産肉性〕500日齢でDG 0.8kg，D%57%。耐寒性がかなり強い。

日本との関係 明治20年（1887）に東京市外に入り，同22年（1889）に北大第2農場にアメリカから輸入され維持されている。昭和27年（1952）にはイギリスから雌雄を輸入した。そのほか愛知県，千葉県でも篤志家が飼っている。

(5) エアシャー（Ayrshire）

呼称はすべてエアシャーであるが，その前にその国の名前がつくことが多い。

起源 頭骨から類原牛に属する。スコットランドのエヤ州原産の古くからいた在来種を改良したものである。

分布 イギリス（乳牛の15%，イングランドの北部，スコットランドの南西部），フィンランド（63%），スウェーデン（1%），アメリカ，カナダ，ニュージーランド，オーストラリア。

第6図 ガーンジー（イギリス，雌）

第7図 エアシャー
（イギリス，上：雌，下：雄）

主に北欧の在来種の改良に用いられた。

各国とも，わずかながら増加している。

外貌での特徴 白地に赤（褐）斑，または赤白斑。斑の境が複雑で出入りが多い。

有角で，側上方に伸び，堅琴状の特異な形をしている。角根は白く，角尖は黒い。

体格，体型での特徴 国による変異が小さいがアメリカ，カナダでやや大。中型で成雌は体高130cm，体重550kg，成雄は145cm，850kg。フィンランドではやや小さく，雌で128cm，450kg，雄で140cm，800kg。肉付きがよく，乳肉用体型比率は7：3くらいである。乳房は大きく付着面積は広く，垂れ乳房のものは少ない。

能力での特徴

〔産乳性〕 最近乳量の向上が著しい。乳量は4,500kg，乳脂率3.9％，スウェーデンで最高9,949kg，3.70％の記録がある。搾乳速度はやや小さく，しぶい。

〔産肉性〕 500日齢でのDG 0.85kg，D％ 58％。フィンランドで433kgまでのDG 1.18kgの成績もある。

耐寒性に富み，粗放な飼養に耐える。

日本との関係 明治11年（1878）に入っており，早くから奨励品種とされたが，都市近郊専業搾乳経営ではホルスタインに乳量の点で圧倒され，あまりふえなかった。昭和10年代まで北海道に残っていたが，今では純粋性は絶えている。

なお，本種に関係の深いものにスウェーデン赤白斑牛（Swedish Red and White），ノルウェー赤牛（Norwegian Red）がある。

前者はスウェーデンで，在来種と19世紀に入ったエアシャーとわずかにショートホーンが混じたもので，スウェーデンの牛の69％を占める。濃赤褐白斑（体下部白）で中型，成雌は体高129cm，530kg，成雄は140cm，900kg。体は深く長いが，乳房に前後乳区不均称のものがある。乳量は4,500kg，4.0％で7,000kg以上のも珍しくない。肢蹄が強く，耐寒性，耐病性が高い。

後者のノルウェー赤牛も，ノルウェーの在来種をエアシャー，スウェーデン赤白斑牛で改良したもので，ノルウェー牛の94.5％を占めているが，なお5地方種がある。小型で，能力はス

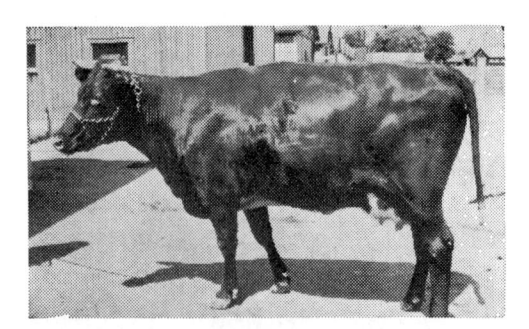

第8図　スウェーデン赤白斑（スウェーデン，雌）

第9図　ノルウェー赤牛（ノルウェー，雌）

第10図　フィンランド牛（フィンランド，雌）

ウェーデン牛よりわずかに低い。

フィンランド牛（Finnish）もスウェーデン赤白斑牛と同起源だが，なお3地方種があり，フィンランド牛の33.4％を占めている。主なものは淡褐単色で小型，乳量は3,000kg，4.4％である。

(6) レッドデーニッシュ
　　　　　　　　　(Red Danish)

起源 類原牛に属し，デンマークのユーランド原産。デンマークの在来種に，ドイツの古い乳用種アングラーとシュレスウィッヒホルスタ

主な品種

第11図 レッドデーニッシュ（デンマーク，雌）

第12図 ケリー（イギリス，雌）

インとが交配されて成立したものである。

分布 デンマーク（29%），スウェーデン（1%），ポーランド（30%），アメリカなどに分布。

外貌での特徴 濃赤褐単色で顔，下肢に黒いボカシがある。鼻鏡，蹄は黒い。有角で側上方に伸び黒色。

体格，体型での特徴 中型で成雌は体高130cm，体重650kg，雄は145cm，950kg。体積豊かでかなり肉のウエイトが大きく，乳肉用体型比率は6.5：3.5であるが，最近乳への傾斜がやや強くなっている。前後乳区間の切れ込みの深いもの，尾根の前のへこんだものがかなりある。

能力での特徴

〔産乳性〕 乳量4,500kg，乳脂率4.1%（デンマークでの最高10,599kg，4.76%）。

〔産肉性〕 500kgまでのDG 1.0kg，D% 61%で粗放な飼養に耐える。

日本との関係 昭和43年千葉県で開かれた畜産ショウに特別出陳されたものが，そのまま静岡県下に寄贈され，その子孫が若干頭数いるていど。

このレッドデーニッシュの成立に関係したものにドイツ北部アンゲルン地方原産の古い乳用種アングラー（Angler）があり，ドイツ，スウェーデン，デンマーク，ノルウェー，ポーランド（12%）に飼われている。濃赤褐単色・黒ボカシがあり，小型で，乳量4,200kg，乳脂率4.5%であり，この高い脂肪率がよく維持されている。

このほか乳用種としてアイルランド原産のきわめて小さいケリー（Kerry），ソ連産のホルモゴール（Kholmogor），レッドステップ（Red Steppe），リトアニアン（Lithuanian），ペチョラ（Petschora），ウクライナ白頭牛（Ukrainian Whitehead），ヤクート（Yakut），ヤロスラフ（Yaroslav），カナダ産のフレンチカナディアン（French Canadian）などがある。

2. ヨーロッパ牛乳肉兼用種

ヨーロッパ大陸では，安定した乳収入と肉用としての雄子牛からの収入が無視できず，乳肉兼用種が牛の主体をなしている。しかし，乳にやや傾いたもの，肉にやや傾いたもののあることは既述のとおりである。

(1) デイリーショートホーン
　　　（Dairy Shorthorn）

わが国では乳用ショートホーンともいい，アメリカではミルキングショートホーン（Milking Shorthorn）ともいう。

起源 頭骨からは類原牛。イングランド北東部で，19世紀の初め産業革命による人口の都市集中に応じて，商品としての牛乳増産のために肉用ショートホーンの中からベイツらが多乳のものを選抜したのに始まり，後にブースらが別に選抜したものと交配して成立した。

分布 イギリスでは今世紀の初めごろには搾乳中の71%を本種が占めていたが，しだいにフリーシアンに押され，1960年代には6%に下がった。そのほかアメリカ，オーストラリア，南アメリカなどに分布。

外貌での特徴 毛色は多様で，白地に濃赤褐の糟毛が最も多いが，濃赤単色から白単色のも

199

第13図　デイリーショートホーン（イギリス，雌）

第14図　レッドポール（イギリス，雌）

のまである。鼻鏡，蹄は肉色。有角で側下方に伸びる。肉色。

体格，体型での特徴　中型で成雌は体高130 cm，650kg，雄では145 cm．900kg。体積豊かで，乳房は体格の割合に小さいが付着は広い。乳肉用体型比率は5：5。

能力での特徴

〔産乳性〕　乳量は4,100kg，乳脂率3.5%。

〔産肉性〕　500日齢までのDG0.8kg，D%58%，骨率13%。強健で粗放な飼養に耐える。

産乳性，産肉性ともに悪くないが，中途半端のため，フリーシアンにイギリスでも押された。

日本との関係　明治30年代に肉用ショートホーンとともに東北，北海道に雄が数頭入って日本短角種の改良に使われているが，その寄与は大きくない。

本種に似たものに，イギリスのリンカーン州原産のリンカーンレッド (Lincoln Red)，ノーザンデイリーショートホーン (Northern Dairy Shorthorn)，オーストラリアでつくられたイラワラショートホーン (Illawara Shorthorn) がある。前二者は赤褐単色で体格がやや大きく，やや粗野。能力はいずれも乳量3,500 kg，乳脂率3.7%くらい，産肉性もDG0.9kg，D%56%くらいで，あまり広く分布していない。

(2)　レッドポール (Red Poll)

起源　頭骨からは類原牛。イングランドサフォーク州で肉用型の在来種ノーフォーク (Norfolk) に乳用型のサフォーク (Suffolk) をかけ，さらに肉用種のギャロウエー (Galloway) をかけて成立したもので，19世紀の初めに公認されている。

分布　原産地のほか，オーストラリア，カナダ，アメリカ，コロンビア，ブラジル，ニュージーランド，ローデシア，南アフリカと分布は広い。

外貌での特徴　毛色は濃赤単色で無角。

体格，体型での特徴　体格は小型だが大きいほうで，成雌で体高127cm，体重520kg，雄で138cm，750kg。体型は肉用にやや重く，乳肉用体型比率は4.5：5.5。

能力での特徴

〔産乳性〕　乳量は3,800kg，乳脂率3.5%，乳質がすぐれているとされる。

〔産肉性〕　500日齢でのDG0.9kg，D%61%。肉質がよい。また，強健で耐寒性に富むがやや晩熟。

日本との関係　なし。

(3)　サウスデボン (South Devon)

起源　頭骨からは短頭牛に属す。イングランド，デボン州南部の谷間が原産地。19世紀後半に成立。

分布　イギリスではデボン州南部，コーンウォール州北部。米では肉用の F_1 作出に用いられている。南アフリカにも分布。

外貌での特徴　毛色は淡褐単色で鼻鏡，蹄は肉色，有角で側前方に伸びる。肉色。

体格，体型での特徴　体格は大型，イギリス産の牛中最大で，成雌は体高137cm，体重650 kg，雄では150cm，1,000kg。体型は肉用型に傾き，乳肉用体型比率は4.5：5.5。

第15図 サウスデボン（イギリス，雌）

能力での特徴
〔産乳性〕乳量は3,300kg，乳脂率4.1%。
〔産肉性〕D％56%とやや低いが腿が大きく，昔からサウスハムの名が高い。強健で粗放な飼養に耐える。イギリスでの試験によると，生時体重が雌で40kg，雄で43kgと大きく，200日でそれぞれ216kg，280kg，400日でそれぞれ335kg，525kg，500日で380kg，592kg。肥育試験では，571日齢屠殺での上級肉率40.1%，赤肉/枝肉率70.8%，背脂防の厚さ3.6cm。

日本との関係 明治42年島根に肉牛デボンとともに雄が3頭入れられ，黒毛和種の改良に寄与しているが，純粋種としては絶えた。

イギリスにはそのほかに兼用種としてアイルランド原産のデキスター（Dexter），ウエールズ原産のウエルシュブラック（Welsh Black）がある。いずれも黒単色であり小型で，むしろ肉用のウエイトが高い。なお，デキスターには遺伝的致死の化骨不全症の遺伝子をもっているものがある。これは第二次大戦後，神津牧場に数頭寄贈されている。

さらに絶滅に瀕しているものに，原牛に近いホワイトパーク（White Park）を改良したブリティッシュホワイト（British White），ブルーアルビオン（Blue Albion），グロースターオールド（Gloucester Old）がある。

(4) **ノルマンド**（Normande）

起源 頭骨からは長額牛。フランスノルマンディ地方に古くからいた在来種を，19世紀中ごろに改良したものである。
分布 フランス北西部（25%）。
外貌での特徴 毛色は白地に濃褐色または黒

第16図 デキスター（イギリス，雌）

第17図 ウエルシュブラック（イギリス，雌）

褐色の斑点があり，この着色部にさらに虎斑がある。また，白面で眼鏡（眼の周りの着色）がある。鼻鏡，蹄は肉色。有角で側前方に伸び内側に曲がる。角は肉色。

体格，体型での特徴 大型で，成雌は体高138cm，体重700kg，雄は150cm，1,000kg。体型は中軀が短いが，深く体積がある。乳房やや垂れぎみのものが多い。乳肉用体型比率は5.5：4.5。

能力での特徴
〔産乳性〕乳量4,300kg，乳脂率4.1%。
〔産肉性〕500kgまでのDG 1.2kg，D％58%。

日本との関係 なし。

その他フランスには地方的に在来種から改良した在来種が多い。列挙すると，大型のメナジュー（Maine-Anjou），モンベリエール（Montbéliarde），パルテネーズ（Parthenaise），中型のブロンドデピレネー（Blond des Pyrene-

201

乳牛の品種と育種

第18図 ノルマンド（フランス，雌）

es），オーブラース（Aubrace），サレール（Salers）などである。

　　　　　＊　　　　　＊

　以下に記するものは乳肉役三用途兼用種から役が廃されたため乳肉兼用種に改良目標を切り換えたものである。それにも，乳にややウエイトの重いものと肉に重いものとがある。

(5) ブラウンスイス（Brown Swiss）

　分布の非常に広い品種で，アメリカではブラウンスイスといっているが，原産地をはじめドイツ語国ではブラウンフィー（Braunvieh）といい，イギリスではアメリカと逆のスイスブラウン（Swiss Brown）と呼んでいる。

　起源　長額牛に属するが3世紀に類原牛が混じた。スイス北東部のシュビッツ県原産。最も古い品種の一つで，そのもとは湖棲民族の遺蹟から骨の発掘された泥炭牛である。三用途兼用種から乳肉兼用種に切換えたもので，アメリカでは乳用種に改良が進められている。

　分布　経営面積が比較的小さく土壌の軽いスイス北東部（45%），ドイツ南部（6%），オーストリア西部（14%），フランス東南部（1.5%），イタリア北部（8%），ルーマニア（28%）。ソ連，インドでは在来種の改良用に用いられている。そのほかエクアドル，日本に数頭現存する。いずれも山岳地帯。

　外貌での特徴　灰褐単色で体下部，四肢内側は淡い。雄で濃い。淡色の鰻線（背線の色変わり），糊口がある。鼻鏡，蹄は黒。アメリカには灰白色のものもある。

　有角で，角は短く側前方または側上後方に伸

第19図　ブラウンスイス
上：スイス（雌），中：ドイツ（雌），
下：アメリカ（雌）

びる。角根は白く角尖は黒い。

　体格，体型での特徴　国による変異が大きい。肉用のウエイトがとくに高いわけではないが，乳主体でも肉の加味具合が異なる。スイス，ドイツ，オーストリア，フランス，イタリアでは小型である。

　スイス，オーストリア，フランス，イタリアでは成雌で体高125cm，体重550kg，雄で140cm，700kg。ドイツではわずかに大きく成雌で127cm，550kg，雄で145cm，900kg。これらの国では乳肉用体型比率6.5：3.5。頭はやや大きく，

202

中軀短く骨太。乳房は下に尖り，乳頭間隔が狭い。尻の腿の肉付きがよい。

アメリカではむしろ中型で，成雌で体高132 cm，600kg，雄で150cm，1,000kg。乳肉用体型比率は7：3と乳用種型である。

中軀も長く深く体積豊かであるが痩型で，尻の肉付きは乏しい。乳房付着は広く大きい。

スイス，ドイツではアメリカの雄または精液を入れて体格をわずか大型化し，乳房付着と大きさの改良を試みている。ただし，25％にとどめるのが最もよく，それ以上アメリカ型に近づけると尻が貧弱となり，雄子牛の肉としての評価が下がるとしている。

能力での特徴

〔産乳性〕スイス，オーストリア，フランスでは乳量4,000kg，乳脂率4.0％，蛋白質率3.5％（最高10,349kg，4.40％）。ルーマニアでは2,500kg，3.8％。ドイツでは乳量4,500kg，乳脂率4.0％，平均搾乳速度2.1kg/分 とやや小さく，前乳区乳量率45％。アメリカでは乳量4,800kg，乳脂率4.0％（最高15,841kg，4.5％）。

〔産肉性〕ドイツでの例では500kg までDG 1.1kg，D％62％，オーストリアでは365日間肥育でDG1.2kg，D％59％。

日本との関係 明治34年（1901）以降たびたび輸入され，兵庫，岡山，広島の黒毛和種の改良に貢献したが，純粋種としては絶えていた。第二次大戦後，援助物資としてアメリカから50頭ばかり寄贈され，東北地方に配布されたが，性能的にみるべきものがなく，これまた絶えた。しかし最近，八ヶ岳の酪農家がアメリカから優良牛を3頭輸入している。

(6) シンメンタール (Simmental)

英語ではシンメンタールと呼んでいるが，ドイツ語国ではフレックフィー (Fleckvieh)，フランスではピールージュドレスト (Pie Rouge de l'Est) と呼んでいる。

起源 大額牛に属し，スイス西部シンメンタール谷の原産。やはり古い牛で，中世にすでに知られていた。三用途兼用種から乳肉兼用種に切り換えたものである。

分布 スイスの経営面積が大きく，重い粘土質土壌の西部(45％)，オーストリア東部(71％)，ドイツ南中部(24％)，フランス東南部(10％)，ハンガリー，ブルガリア，ポーランド，チェコ，イタリア北部（8％），ルーマニア，ソ連，イギリス，アメリカ，南アフリカ，ブラジルと分布が広い。イギリス，アメリカではむしろ肉用として F_1 作出に使われている。

外貌での特徴 淡黄褐色または赤褐色に白斑。白面と下肢白がある。鼻鏡，蹄は肉色。有角で側前上方に伸びる。肉色。

体格，体型での特徴 国による変異が大きい。とくに，体型で肉用にウエイトをおいた国もあ

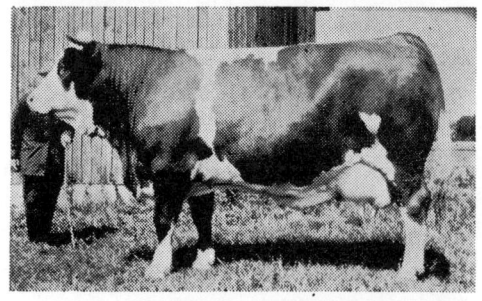

第20図　ブラウンスイス（雌），アメリカ×ドイツのF_1

第21図　シンメンタール
上：スイス（雌），下：ドイツ（雌）

る。イタリア牛と並んでヨーロッパ牛中最大で，雌でも体高150cm以上のものも珍しくなかったが，役用がすたれ，乳肉兼用に目標が切り換えられてから体高に上限が定められたため，過大のものはみられなくなった。

大型で，ヨーロッパでは成雌で体高140cm，体重750kg，雄で150cm，1,150kg，アメリカでは成雌で142cm，800kg，雄で155cm，1,250kg。

乳肉用体型比率はスイス，フランスでは5：5，オーストリアでは5.5：4.5，ドイツでは逆に4.5：5.5，イギリス，アメリカではむしろ肉用種に入れるべきで4：6。原産地では中軀がやや短く肢長であったが，最近では中軀が長く肢が短くなり，肉付きがよくなった。乳房は下に尖り，乳頭間隔が狭い。直飛のもの（飛節の立ったもの）がかなりある。

能力での特徴

〔産乳性〕スイス，フランス，オーストリアでは乳量3,900kg，乳脂率3.9%，蛋白質率3.4%（スイスでの最高7,393kg，4.12%），ドイツではやや多く4,000kg，4.0%。平均搾乳速度2.1kg/分とやや小さく，前乳区搾乳率43%。

〔産肉性〕成牛は骨太のためD%は56%くらいであるが，尻，腿の肉が多い。ドイツ，イギリス，アメリカのものはとくに尻が丸い。

イギリスでの発育試験では，生時体重雌39kg，雄42kg，200日齢でそれぞれ252kg，287kg，400日齢で404kg，528kg，500日齢で451kg，631kg。ドイツでの肥育試験では，16か月齢で602kg，DG1.23kg，D%62.9%，上級肉率41.3%，背脂肪の厚さ3.5cm。フランスでの成績では，490日齢で620kg，DG1.4kg，D%58%。オーストリアでの成績では，365日齢で478kg，DG1.27kg，D%59.5%。このように，かなりまちまちであるが，およそDG1.3kg，D%60%くらいである。

ドイツでの雌の繁殖成績は分娩率90%，分娩間隔383日，難産率は初産で2.4%，経産で1.3%と良好であった。

日本との関係 明治40年代に入り，熊本県で褐毛和種の成立に寄与した。当初，在来種（主に韓国牛系のもの）とのF_1は大きすぎたので，在来種の良いものに戻し交雑したようである。純粋種としてはその後絶えた。

本種に似たものにフランスの中型のアボンダン（Abondance），ドイツの小型やや大のフォルデルベルデル（Vorderwälder），小型のヒンターベルデル（Hinterwälder）があり，いずれも白面斑をもつが，後二者は起源的には長額牛である。

(7) ピンツガウエル（Pinzgauer）

起源 長額牛に属し，オーストリア中部ピンツガウ谷原産。古くからいる在来種を改良したものである。三用途兼用種から乳肉兼用種に切り換えたものである。

分布 オーストリア中部（13%），その75%は800～1,200mの山岳地帯で飼われている。イタリア北部（3%），チェコ，ユーゴ，ドイツ，ソ連，トランスバニア，南アフリカ。アフリカで粗放な放牧に向くのでふえている。最近アメリカにも入り，肉用F_1作出用に供されている。

外貌での特徴 濃赤褐色で背，尻，下腹，腿に白線斑をもつ。あるいは逆に頭，胴，下肢が濃赤褐色ともいえる。有角で側上後方または前方に伸びる。

体格，体型での特徴 中型で成雌は体高130cm，体重650kg，雄は143cm，1,100kg。体型は中軀長く，肢は短め，尻が丸い。乳肉用体型比率は5：5とみるべきであろう。

能力での特徴

〔産乳性〕乳量3,900kg，乳脂率4.0%（最高8,958kg，3.87%）。

〔産肉性〕集約飼育では473日齢で体重589kg，

第22図 ピンツガウエル（オーストリア，雌）

DG1.26*kg*，粗放飼育では536日齢で564*kg*，DG1.09。D％は両飼育法ともに61％，上級肉量が多い。

そのほかの特徴として舎飼い，放牧いずれにも適し，粗放な飼養に耐え，耐寒性が強く受胎率が高く，連産性で難産も少なく，四肢，蹄が強く長命であるといわれる。

日本との関係 なし。

* *

以下はまた乳肉兼用種である。

(8) ミューズラインイーセル
(Meuse-Rhine Issel)

原産地オランダではロートボントマースリーンイーッセル（Roodbont Maas-Rijn Ijssel），フランスではピールージュデプレーン（Pie Rouge des Plaines）と呼んでいる。

起源 類原牛で，オランダ南東部原産，在来種にドイツのシュレスウィヒホルスタインをかけたものがもとになっている。

分布 オランダ南東部（29％），フランス，ベルギー，アメリカ，カナダ。オランダではふえつつある。

外貌での特徴 毛色は白赤斑（鮮赤色が喜ばれる）で赤斑の出入り複雑。鼻鏡，蹄は肉色。有角で側前下方に伸びる。肉色。

体格，体型での特徴 大型で成雌は体高140*cm*，体重700*kg*，雄は155*cm*，1,150*kg*。体は長くないが深く，体積豊かである。しかし乳肉用体型比率は5.5：4.5。垂乳房がかなりある。

能力での特徴

〔産乳性〕 乳量4,500*kg*，乳脂率3.7％，蛋白

第23図 ミューズラインイーセル（オランダ，雌）

第24図 グロニンゲン（オランダ，雌）

質率3.2％（最高7,400*kg*，4.1％）。

〔産肉性〕 500*kg*までの肥育でDG1.15*kg*，D％62％。尻の肉付きよく上級肉量が多い。

日本との関係 なし。

(9) グロニンゲン（Groningen）

起源 類原牛で，そのもとはオランダのフリーシアンと同じ。

分布 オランダの北部と西部（1％）。

外貌での特徴 黒色で白面斑，眼鏡があり，下腹部も白斑がある。鼻鏡，蹄は黒。有角で側前下方に伸び内方に曲がる。なお5％くらい赤があるが，失格でない。

体格，体型での特徴 中型，成雌で体高133*cm*，体重600*kg*，雄で145*cm*，900*kg*。体深く体積豊か。乳房も大きい。乳肉用体型比率は5.5：4.5。

能力での特徴

〔産乳性〕 乳量4,500*kg*，乳脂率3.8％，蛋白質率3.3％。搾乳速度は大。

〔産肉性〕 500*kg*までの肥育でDG1.1*kg*，D％60％。

日本との関係 なし。

(10) ピールージュフランドル
(Pie Rouge Flandre)

英語ではレッドアンドホワイトフレミッシュ（Red and White Flemish）。

起源 類原牛で，ベルギー東部と東北部原産。いまだ二つの地方種があるが，いずれも19世紀半ばに成立した。一つはピールージュキャンピノー（Pie Rouge Campinoise；P.R.C.），他

はピールージュドラオリエンタール（Pie Rouge de la Orientale; P.R.O.）である。前者は在来種にイギリスの肉用ショートホーン，オランダのミューズラインイーセルを交配したもの，後者は在来種に肉用ショートホーン，フリーシアンを交配したものである。

分布 ベルギー東部（P.R.O.），東北部（P.R.C.）23%。

外貌での特徴 毛色は白地に赤褐斑で斑に小出入りが多く複雑。P.R.O.では頭，頸だけに赤斑のあるものが多い。鼻鏡，蹄は肉色。有角で側前下方に伸び内方に曲がる。肉色。

体格，体型での特徴 地方的な変異がいまだ存在し，P.R.C.は中型で，成雌の体高129cm，体重550kg，雄で138cm，900kgで，乳肉用体型比率は6：4とむしろ乳用型である。これに対してP.R.O.は大型で，成雌の体高138cm，体重750kg，雄で150cm，1,300kgで，体型比率は5.5：4.5である。

能力での特徴

〔産乳性〕 両地方種間に差がある。P.R.C.は乳量4,500kg，乳脂率4.0%，P.R.O.はそれぞれ4,300kg，3.5%。

〔産肉性〕 P.R.O.では，18か月齢で553kg，DG1.3kg，D%60%。

日本との関係 なし。

(11) モワイエンヌエオートベルジック（Moyenne et Hautebelgique）

英語ではベルジアンホワイトブリュー（Belgian Whiteblue），ドイツ語ではブラウバイッセベルギール（Blauweisse Belgier）という。

起源 類原牛に属し，ベルギー中部高地原産。19世紀の後半にオランダからのフリーシアンとイギリスからの肉用ショートホーンを交配して作出した。

分布 ベルギー中部高地（48%），そのほかドイツ，イギリス，アメリカに入り，肉用F_1作出に供されている。

外貌での特徴 毛色は白地に局部的な黒糟毛がある。鼻鏡，蹄は黒，有角で側前下方に伸び内方に曲がる。黒色。

第25図 モワイエンヌ エ オートベルジック（ベルギー，雌）

体格，体型での特徴 大型で成雌は体高138cm，体重750kg，雄は150cm，1,250kg。中軀は長く深く，体積豊かで尻が丸い。乳肉用体型比率はむしろ肉用に重く4.5：5.5。

能力での特徴

〔産乳性〕 乳量3,900kg，乳脂率3.5%。

〔産肉性〕 550kgまでの肥育でDG1.3kg，D%59%。シャロレーとのF_1はD%61%との成績がある。やや骨太。

生時体重大きく雌で42kg，雄で45kg。

日本との関係 なし。

(12) ゲルプフィー（Gelbvieh）

英語ではジャーマンイエロー（German Yellow）。

起源 類原牛と長額牛との交配に発している。ドイツ中部ビルツブルグ周辺の原産。18世紀後半から19世紀にかけて，在来の赤牛にスイスブラウンを交配して作り出した。これも三用途兼用種から乳肉兼用種へ切り換えたものである。

分布 原産地付近のドイツ中部（3%），カナダ，アメリカ（肉用F_1作出用），アンゴラ，アルゼンチン，オーストリア，コロンビア，フランス，イギリス，ポルトガル，南アフリカ，トーゴー。

外貌での特徴 毛色は黄褐単色。鼻鏡は肉色，蹄は黒。有角で側前方に曲がる。肉色。

体格，体型での特徴 中型でやや大きく，成雌は体高135cm，体重700kg，雄は145cm，1,050kg。体長は深く体積豊かで，尻が丸い。肉用にやや重く，乳肉用体型比率は4.5：5.5。

第26図　グラウフィー（雌）

第27図　スウェーデン無角牛の一種フェール（雌）

能力での特徴

〔産乳性〕　乳量は4,000kg、乳脂率4.0%。

〔産肉性〕　500日齢までの肥育で623kg、DG 1.17kg、D%63%、ロース芯面積199cm^2。

イギリスでの発育試験は、200日齢で雌228kg、雄256kg、400日齢では377kg、519kg。早熟で初産月齢28か月、連産性に富み分娩率90%。

原産地では日本と同様、年中舎飼いの農家が多い。

日本との関係　なし。

これらのほかにも、前にも記したようにヨーロッパ大陸には地方的な乳肉兼用種が多い。その名前だけを以下列挙する。

スイス産：小型のエリンガー（Eringer）、大型のフライブルグ（Freiburg）

オーストリア産：小型のグラウフィー（Grauvieh）、中型のエステルライヒブロンドフィー（Österreich Blondvieh）、ムルボーデン（Murboden）

ベルギー産：大型のフランドル（Flandre）

ドイツ産：中型のロートフィー（Rotvieh）、小型のムルナウベルデルフェルゼル（Murnau—Wälderferser）

スウェーデン産：小型のスウェーデン無角牛（Svensk kullig Boskap）

ノルウエー産：小型のシーデットトレンデルフェ（Sidet Trønderfe）

イタリア産：小型のバルドスタナ（Valdostana）、中型のガルファグニナ（Garfagnina）、大型のモデナオビアンカパダナ（Modena o bianca padana）、シチリアナ（Siziliana）

スペイン産：中型のガレーガ（Galega）、アストリアナ（Asturiana）、レオネーザ（Leonesa）、マンテクエラレオネーザ（Mantequera Leonesa）、ツダンカ（Tudanca）

ハンガリー産：ボニイハーデル（Bonyháder）、ステッペンフィー（Steppenvieh）

ソ連産：コストローマ（Kostroma）、クラスノゴルバトフ（Krasnogorbatovskaja）、ジュリンスカヤ（Jurinskaja）、レベディンスカヤ（Lebedinskaja）、ウクライナ灰色牛（Seraja Ukrainiskaja）、トンボワ（Tombowa）

3. インド牛乳用種と乳役兼用種

インド牛はヨーロッパ牛とは起源が異なり、種も違う。通有的な特徴として肩峰がある。これは骨によるのでなく、頸菱形筋の著しい発達と脂肪とによる。第2次性徴で雄で大きく、雌で小さい。そのほか顎垂、胸垂、腰垂など垂皮が大きく、坐骨が低く斜尻で、また耳が大きく垂れているものが多い。

耐暑性に富み、ピロプラズマによる熱病に対する抗病性も強いので熱帯地方で重要である。アメリカ、オーストラリアではこの性質を利用してヨーロッパ牛の肉用種と交配している。

インド本国では宗教上牛肉を食べないので主な用途は役用であり、一般に肢が長く痩せている。少数の乳用種もあるが、多くは乳役兼用種である。他の国では肉用に供しているところもある。乳用種といっても、最高日量は多いが持続性に乏しいため、総乳量は多くない。

ヨーロッパ牛との間にF_1ができ、F_1自体も繁殖力があり問題がないので、ヨーロッパの乳

用種や乳肉兼用種とかけて泌乳能力の改善が試みられている。たとえばジャージーやブラウンスイスが用いられている。しかし，あまりヨーロッパ牛に代を累ねて近づけると耐暑性が低くなり，産乳性も落ちてくる。

以下主な品種だけを挙げて簡単に紹介する。

(1) サヒワール (Sahiwal)

インド北東部デリー地方の原産で，原産地付近とバングラデシュに分布している。濃赤褐色に黒ボカシ，糊口がある。小型で，成雌の体高124cm，体重400kg，雄で130cm，520kg。乳量2,150kg，乳脂率5.0％。

(2) シンド (Sind, Sindhi)

インド西部シンド省原産で，原産地とパキスタンで飼われている。毛色は濃赤単色で体下部は淡い。小型で成雌は体高115cm，体重300kg，雄は125cm，400kg。肢が短く，体のわりに乳房は大きい。総乳量1,500kg，乳脂率4.5％（最高5,443kg）。

本種と同じ起源で銀灰色やや大きいものとしてタルパーカー (Tharparker) がある。

(3) ギル (Gir)

乳役兼用種でインド西海岸カチアワール半島，ギル丘陵原産である。淡黄褐色または濃褐色に黒ボカシがあり，中型で成雌は体高130cm，体重380kg，雄は135cm，500kg。四肢はかなり長い。乳量は1,700kg，乳脂率4.5％。

(4) カンクレイ (Kankrej)

インド西部ボンベイ省バランプール地方の原産で乳役兼用種だが，役用のウエイトが高い。原産地のほか，アメリカに入り，アメリカブラーマン (American Brahman) の成立に関係が深い。銀灰単色で黒ボカシがあり，中型で成雌は体高131cm，体重400kg，雄は135cm，550kg。乳量は1,600kg，乳脂率4.6％。産肉性を調べた成績では352日齢で329kg，DG0.73kg，D％50％であった。

そのほか乳役兼用種として，銀白色中型のハリアナ (Hariana)，白単色中型のヒッサール (Hissar)，オンゴール (Ongole または Nellore)，赤白点で小型のロハニ (Lohani)，灰単色で中型のマルビ (Malvi)，大型のナゴリ (Nagori)，ラース (Lath)，最小型，赤褐単色，スリランカ原産のシンハラ (Sinhara) などがある。

4. アフリカ牛，西アジア牛，南米牛

西アジア，アフリカ北部にはヨーロッパ牛系の肩峰のない牛，アフリカ東部にはインド牛系の肩峰のある牛もあるが，多くはこの両者の交雑に発するものである。南米の牛も，スペイン系のヨーロッパ牛と19世紀に入れられたインド牛系のものとの雑種が主である。乳役兼用種，乳肉役三用途兼用種であっても乳量はいずれも少なくて1,000kg前後である。みるべきものはあまりないので，主なものの名称と産地だけを列挙するにとどめる。

アフリカ ホワイトフラニ (White Fulani)：西アフリカ，ナイジェリア，カメルーン。マウレ (Maure)：西アフリカのセネガル川沿岸。スダネーズ (Sudanese)：東アフリカ，北スーダン。ボラン (Boran)：東アフリカ，南エチオピア，ソマリア，ケニア。チューリ (Tuli)：中南部アフリカ，ローデシア。ングニ (Nguni)：南アフリカ，モザンビーク，ズールーランド。ラナ (Rana)：マダガスカル島。

西アジア シャーミ (Shami)：シリア，トルコ，キプロス，イラク，エジプト。バラディ (Baladi)：シリア。ジュラニ (Julani)：シリア。レバネーズ (Lebanese)：レバノン南部。

南米 ミルキングクリオロ (Milking Criollo)；コロンビア，ベネズエラ，ボリビア，パナマ。カラーク (Caracu)：ブラジル。ジャマイカホープ (Jamaica Hope)：ジャマイカ。

その他 インドネシアのジャワ島にはグラチ (Grati) といって，バンテンにインド牛，さらにエアシャーとジャージー，ホルスタインを交配したものがある。中型で乳量2,700kg（最

高3,743kg)，乳脂率4.4％。耐暑性，耐乾性に富むといわれる。

わが国での乳牛
——とくにホルスタインの育種

わが国の酪農の特徴の一つは，乳牛の品種が少ないことである。ホルスタインが乳牛の99％を占め，他にはわずかのジャージー，ガーンジー，ブラウンスイスがいるだけである。ホルスタインがふえつつあるのは欧米でも共通の現象だが，わが国のようにホルスタイン一色というのも珍しい。これは，わが国の酪農が飲用乳を主対象とする都市近郊の専業搾乳業に始まったこと，すべてが外来種であることに加え，あまり多様を好まない政策によるところもあるかもしれない。

この傾向は今後ともさほど変わらないであろう。それは道路網の拡張，改善により飲用乳圏がいっそう拡大すること，北から南へと国土は長いが，それほど気候が違わないこともあって一部の山岳傾斜地でのジャージーを除いてはホルスタインが最適だからである。また，たとい他に好ましい品種があったとしても，それに変えるということは牛のような大家畜では容易でなく，やはり現存し主体をなしている品種を基としていっそう望ましい方向にもってゆくのが常道である。

そこで乳牛の育種について一般論は別として，具体的にホルスタインを対象として以下話を進める。

1. 育種目標

家畜の育種において生産能力は高ければ高いほどよい，とは必ずしもいえず，そのおかれた飼育環境，経済条件において所得を最も高めるものがよいのである。

乳牛でも，乳が多ければ多いほどよいというのではない。1万kgを超すような牛はとかく故障が起こりやすく，周到な管理，良質の飼料を要したり，繁殖が順調でなかったりして，その牛の生涯の合計乳量が必ずしも多くないし，生産費がかさんで，思ったほど所得があがらないこともある。

また乳だけではなく，半数生まれる雄子牛の価格や廃用にしたときの価格が高いことも望ましい。わが国の現状では乳牛肉の評価が低く，また価格変動が大きく，肉に重きをおいた品種は考えられないが，中～小経営ではこの収入も無視できない。ここにヨーロッパ大陸の諸国で乳肉兼用種がすたれない理由があるわけである。

農林省畜産局では家畜改良増殖法にもとづいて10年ごとの家畜改良増殖目標を公表しており，最近昭和60年度の目標が示された。これは最大公約数的なもので，

①総頭数は294万頭とする。
②乳量の増加と乳質の改善を図る。
③飼料の利用性，連産性，発育率および強健性の向上を図る。
④ホルスタインにあってはとくに乳房，乳頭の形状，付着および中軀，後軀の充実による体積の増大を図るとともに体型の斉一化に努める。
⑤ジャージーにあっては後軀，とくに坐骨幅の改良を図る。
⑥暖地で飼養するものにあっては，耐暑性の向上に努める。
⑦遺伝的改良の推進とあわせて飼養管理技術の向上を図ることとし，目標年における能力および体型に関する数値（全国平均）を次のとおりとする（第1表）。

これはその時点のものであって究極の目標ではない。いま究極の目標として私案を示してみ

第1表 乳牛の改良目標

品　種	区　分	能　　力				体　　　　型				
		305日2回搾乳			分娩間隔	体高	体重	胸囲	腰角幅	尻長
		乳量	乳脂率	無脂固形分						
ホルスタイン	現在	kg 4,400	% 3.4	% 8.30	か月 13.5	cm 133	kg 570	cm 192	cm 53	cm 51
	目標(60年)	4,800	3.4	8.50	13.0	136	600	196	55	53
ジャージー	現在	3,000	5.0	8.90	13.0	119	400	167		
	目標(60年)	3,300	5.0	9.00	13.0	123	420	174		

よう。

①乳量は初産で5,000kg，成年で7,000kgぐらいで，乳脂率3.5%，無脂固形分率8.5%。

②飼料，とくに粗飼料の利用性のよいもの。

③肢蹄が丈夫で，皮膚も適度の薄さで，高地での放牧に耐えるもの。

④体格は過大でなく，成熟時体重600kg，体高140cm前後で，中・後躯の発達がよく，尻長，腰角幅55cmくらい（体高比40%）のもの。

⑤乳房は付着が広く，4区均等によく発達し，垂乳房でないもの。

⑥連産性，耐暑性に富むもの。

⑦乾乳期に肥りやすいもの。

とくに説明は要しないと思うが，④と⑦で産肉性とくに上級肉量が多く，乳房付着面積とも関係の深い後躯の充実を図りたいのである。しかし脂肪のさしの多いのを欲張ると，泌乳と生理的に相反するので赤肉量の増大を図るべきである。

ここで④の体格，体型について少し詳しく記すことにする。

わが国，とくに北海道では牛は大きい方がよく，乳も多いとの考えが根強い。アメリカのゴウエン(1924, 1925)が体重と総乳量との相関を+0.65と報告してから，いっそう根拠のあるものと考えられてきた。彼がどのような資料を用いてこの値を算出したかにもよるが，体格，乳量ともに非常に変異幅の大きいものであろう。ところが，最近のように体格がかなり揃ってくると，このような高い相関は得難い。その後発表されたアメリカでの報告でも，またわが国の畜試や筆者が小岩井農場の資料を使って最近計算したところでも，相関値はぐっと小さい。もちろん，あまり過小なのでは乳は多くないが，同じ乳量なら体の小さいほど飼料効率はよいことになるので，この両者の矛盾をどこかで解決しなければならない。

さらに，大きいほうがよいと考える他の理由も見出せる。このごろのように乳牛にも産肉性が要求されるようになると体の大きいほうが絶対肉量も多いはずだとか，機械搾乳の普及した今日では肢の長いほうが作業が楽だとか，農家では牛は小さくなりがちだから種畜生産者は種畜を大きくしておかなければならないとかいうわけである。昭和25年(1950)から開始され，5年ごとに開催されている全国ホルスタイン共進会でも，出陳牛の体格は回をおって大きくなっている。

このような大きな牛が，最大公約数的に見てわが国の酪農経営に果たして適するのか，はなはだ疑問である。——すなわち，上記のように大きな牛が必ずしも多乳ではなく，また将来とも経営面積が非常に大きくなることは考えられず，飼料にゆとりがあるようにはなるまい。したがって飼料効率を無視できない。飼料効率は一般に大きい牛で低い。さらに，大型論者への反論であるが，肉の面でも現在のわが国の肥育牛評価の最大の眼目は霜降り，脂肪のさしである。しかし，赤肉への嗜好が高まると，欧米どおりではないにしても枝肉歩留りが重視されよう。そのさい，肢の長いものは歩留りが低く，評価が下がる（数cmの肢の長さの差が搾乳時のティートカップの着脱やマッサージの労力に

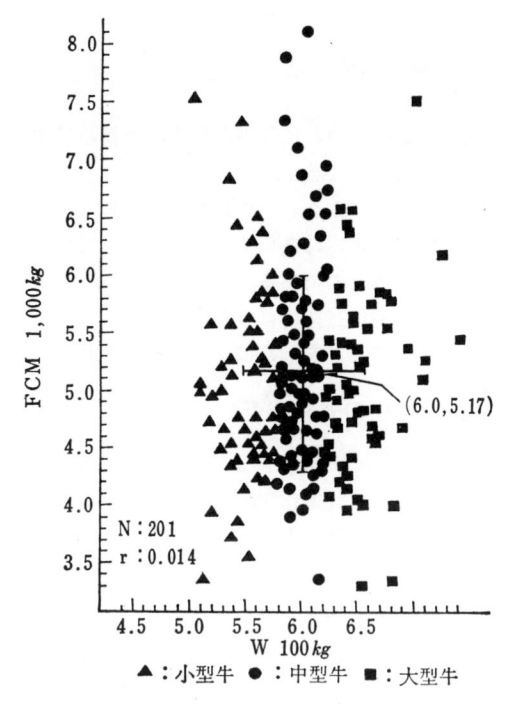

第28図 小岩井農場ホルスタイン種乳牛群の3産平均値での体重とFCM量との表型相関図（原図）

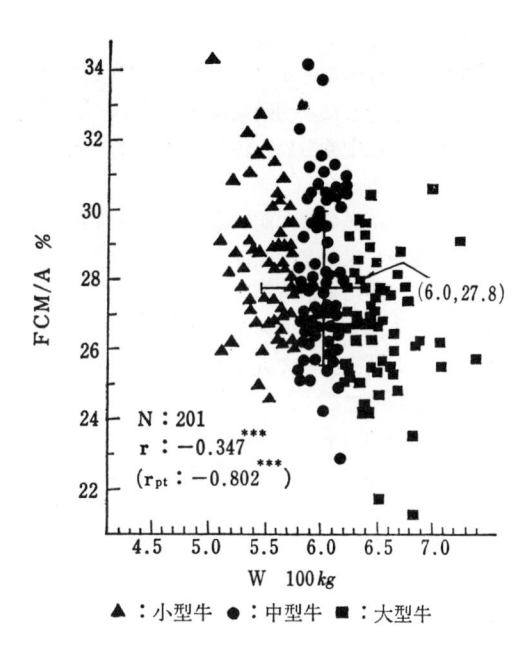

第30図 小岩井農場ホルスタイン種乳牛群の3産平均値での体重とFCM／Aとの表型相関図（原図）
rpt：FCMを一定とした偏相関値

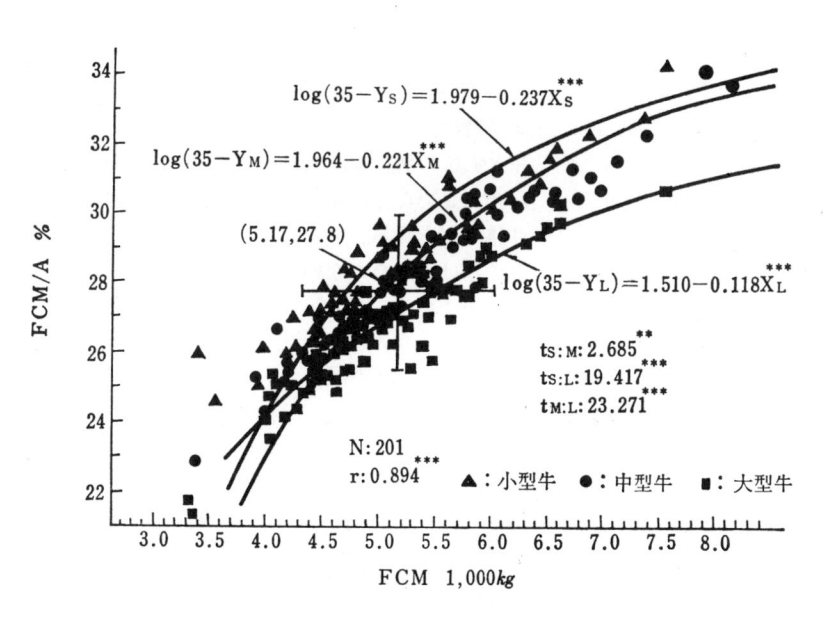

第29図 小岩井農場ホルスタイン種乳牛群の3産平均値でのFCM量とFCM／Aとの表型相関図（原図）
A：2（7×体重＋FCM）（％表示）

それほど影響するであろうか）。さらに大きくなりうるものが飼養管理条件の不十分なため小さくしか育たなかったならば、そこには当然無理があり、どこかに歪みが出てき、泌乳にも悪影響があるはずである。よって酪農家は当然、十分発育できるように育成時の運動、飼養管理に留意せねばならないし、その半面で、考えられる一般酪農家での環境条件にふさわしい種畜のほうが望ましいわけである。

それならば、どのく

ろを図示すると第28〜30図のようである。

第28図では体重と4％への補正乳量（FCM）との関係を示した。相関値は0に近く，最も乳量の多いのは中くらいの体格のものであることを示している。

第29図ではFCMと飼料粗効率（維持を含めた）を現わす指数との関係を示す。FCMの多いもので一般に指数も高いが，その関係は直線的ではなく，FCMの非常に多いところでは指数はしだいに頭打ちに近づく。また体格別にみると，小型牛で高く，大型牛で低く，中型牛はその中間の傾向を示した。

第30図は体重と指数との関係を示し，体重の大きいもので効率が悪い傾向がある。その相関値は−0.3で，FCMを一定とした偏相関値は−0.8といっそう明らかになる。つまり同じFCMなら小型牛のほうが効率が高いことになる。

なお，飼料粗効率を表わす指数には，体重との関係を端的に示すものとして乳量/体重，FCM/体重があるが，理論的な維持所要とFCM生産所要に対するFCM量としてカロリーから算出したFCM/Aを筆者は推しており，この図でもそれを用いた。

$$FCM/A(\%) = \frac{FCM}{2(7 \times 体重 + FCM)} \times 100$$

以上のことから，能力についての選択には乳量と効率の二本建てが望ましく，体格，乳量，効率の三者を考えると中型のものが安全であろう。ここから前記の目標の④の前段を導いたものである。具体的にいえばヨーロッパのフリーシアンとアメリカのホルスタインとの中間くらいが，体格の線での日本ホルスタインとして適

2. 選 抜 法

家畜の選抜はつねに外貌，能力，血統の三本建てで行なわれてきた。十分な能力をもち，それを発揮するにふさわしい体格，体型をもち，かつそれらが確実に遺伝する裏付けとして血統が重んぜられたのである。これは，形質の遺伝率によって個体選抜のほうが有効なばあいも，家族選抜のほうが有効なばあいも適用される。

(1) 乳牛の外貌審査

手っとり早く実施できることもあって重用されているが，統計遺伝学者からは批判がある。それは審査得点と能力との相関が高くないこと，得点の遺伝率が低いこと，同じ牛でも審査員によって得点が異なること，同じ牛を同じ審査員が見ても時期によって評点が変わること，などが理由である。

確かに審査だけで乳牛の価値を定めるのはゆきすぎである。しかし，第2表のアメリカでの例のように，広い範囲内ではやはり得点の高いものが乳量が多い。また，長命性などは1回の能力検定だけではわからず，外貌審査での背線や肢蹄の強さなどから知られるものである。

審査の要点は，まず用途による特徴，品種による特徴，性による特徴を見ることである。乳牛としての特徴は，楔型をし，中躯，後躯，乳房が大きいこと，ホルスタインならばその毛色，体格などを見る。また雌は雌らしく，雄は雄らしくなければならない。

審査に当たっては眼と手を使う。まず斑紋か

第2表　ホルスタインの体型評点階級と能力との関係

階　　　　　級	評　　点	頭　　数（％）	乳　　量	乳脂率	乳脂量
			lb	％	lb
エクセレント (Excellent)	90〜	860　(1.4)	14,034	3.62	507.8
ベリーグッド (Very good)	85〜89	10,371 (17.4)	13,267	3.60	477.5
グッドプラス (Good plus)	80〜84	23,697 (39.7)	12,688	3.59	455.9
グッド (Good)	75〜79	19,161 (32.1)	12,150	3.58	435.4
フェア (Fair)	65〜74	5,403 (9.1)	11,621	3.56	413.7
プーア (Poor)	64〜	150 (0.3)	10,970	3.49	382.4

注　lb：ポンド。1 lb ≒ 0.4536 kg

らその個体に間違いないことを確認し，若いものでは門歯の歯換わり，成熟したものでは臼歯の磨耗程度，角のあるものでは角輪から産次ひいては年齢を確認する。次いで審査に入るが，牛を平坦地に立たせ，姿勢を正常に保たせて，普通牛の左側から見てゆく。眼を動かさないで体全体を見られる離れた位置に，牛体を底辺とする二等辺三角形の頂点に立って，体格，体積，体各部の大きさのつり合い，移行，背線乳房の形状，大きさ，肢勢などを見，次に前に回り顔，前胸を調べ，右側に回って左側と同様に検し，尻のほうに回って乳房の後部の大きさ，付着の高さ，坐骨，尾の状態などを見る。次に，左斜め前から牛に警戒心を解かせるよう声をかけながらゆっくり近づき，軽く叩いて親愛感を示し，眼と手で肋張り，肩の角度，肩から胸への移行，肋部での皮膚の厚さ，背線の平直さ，頸側での皮膚の厚さ，乳房の質，しこりの有無などを調べ，前から右に回り同様に調べ，後ろに回って後乳区の状態を詳しく見る。最後に歩かせて歩様，肢蹄の強さを見る。

老牛は一般に背線がゆるく，乳房も垂れぎみである。望ましくはないが，あるていどのものはやむをえない。育成時に運動不足のものは肩端粗大，羽交い肩で肋張りが悪く，飛節が曲がり弱い。

各品種について審査標準があり，重要度に応じて配点され，合計100点となっている。また，その内容が文章で示されている。

ホルスタインの雌を例にとると，

一般外貌に30点——内訳：品種の特徴（毛色，大きさ，頭，角）8点，肩，背，腰5点，尻（大きさ，腰角，臀，坐骨，尾根，尾）8点，肢蹄（前肢，後肢，蹄）9点

乳用牛の特質に20点——内訳：頸，き甲，肋，膁，腿13点，皮膚被毛7点

体積に20点——内訳：前肋，胸8点，肋腹12点

乳器に30点——内訳：乳房質8点，容積，形状14点，乳頭5点，乳静脈3点

肢蹄に案外配点の多いのは持久性との関係からであり，軀幹に13点，肋腹12点と多いのは呼吸器，消化器と関係して健康と飼料利用性を重視するからである。かんじんの乳房では容積，形状に14点と配点が多い。この中に付着も入っており，付着の広いことが望まれ，垂れ乳房は点が下がる。

理想を100とし，それぞれの配点に対し，その牛が何％であるかを5％刻みでつけ，それを合計したものが，その牛の総得点となる。体格は品種の特徴に入っており，品種の標準に比べて著しく小さいものは付点が低い。現在，標準より大きいものは減点されていないが，過大のものはむしろ減点すべきであろう。なお各部において50％以下しか付点できないものは失格にされる。

第31図は昭和50年開催の第6回全共での成雌の名誉賞牛と次位，三位の牛を並べたところである。

また名誉賞の牛で乳器で最高だったものの乳房を第32図に示す。

乳房については泌乳中の牛では分娩後の時期を考慮する。最盛期をすぎると小さくなる。乾乳期には乳腺実質の乳腺胞，細乳管，毛細

第31図　第6回全共高等登録牛の名誉賞と上位牛

第23図　アメリカ型ホルスタインの乳房
第33図　乾乳期のよい乳房

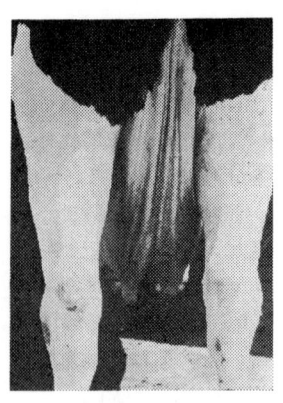

血管が退行するため主として左右に扁平となるので，後面には小さいひだの多いものがよい。これを第33図に示す。搾乳前後を比べたばあいにも，搾乳後は乳管乳槽に溜っていた乳が出る（乳槽ではそのときの搾乳量のおよそ40％）ので小さくなる。搾乳前後や，泌乳盛期をすぎても（ことに乾乳期にも）大きいままなのは結合組織の多い牛で，多乳は望めない。

また，若い牛では股間が広く，将来乳房となる後面の皮膚にひだの多いほうがよい。これは乳房発達のゆとりのあることを示すものである。

(2) 能力検定

何といっても乳牛では乳がかんじんである。その向上のためには経営上からもそうだが，個体ごとの記録をとることが第一歩である。できれば公式検定を受けたい。欧米諸国では搾乳牛の30％以上，オランダでは58％が公式検定を受けているのに対し，わが国では2～3％が高等登録を受け，その条件の一つとして公式検定を受けていたにすぎない。

そこで，能力検定と審査を高等登録から切り離し，その両者の規準に合格したものを結果として高等登録することに規程を改めた。また昭和50年（1975）から牛群検定が開始された。これは農家の搾乳牛すべてを検定するもので，現状ではまだ限られた優良農家だけが選ばれているが，広く普及することが望まれる。最近その成績がまとまったので紹介すると，全国の総検定頭数は6,721頭で，その総平均で総乳量5,800 kg，乳脂量208kg，乳脂率3.6％，体重590 kg，乳量体重指数9.9となっている。

検定に当たってはこれらの項目を調べるわけだが，乳量は毎日の記録をとり，乳脂率は月1回くらい調べる。ヨーロッパ諸国ではそのほかに無脂固形分率，蛋白質率，搾乳速度（最高または平均），前乳区搾乳量率，難産率などを調べ，国によっては飼料効率も調べている。

総乳量に影響するのは，飼料を別として搾乳期間，年齢および産次と1日搾乳回数，妊娠前の乾乳期間などである。高等登録の合格規準は，これらのうち初めの3つを条件として分けて定められている。

周知のように乳量は毎日同じでなく，分娩後上昇し，1か月前後で最高となり，その後漸減する。妊娠すると6か月くらいで乳量は急に下がる。その様相を第34図に示す。妊娠6か月で生産が落ちるのは，主として胎盤から大量に出るエストロジェンとプロジェステロンというホルモンが共同して泌乳抑制に働くためである。

成分率の変化では，乳糖率は初め高く，その後下がる一方である。乳脂率と蛋白質率は乳量の変化とちょうど逆の傾向で，最盛期に最も低い。第35図のようである。

初めの3つの条件については，搾乳期間は長いほど当然乳量も多くなり，年齢，産次では第

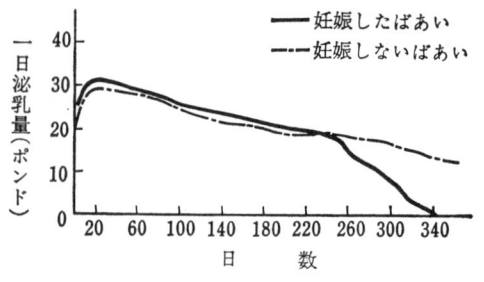

第34図　乳量曲線（エックルス，1939）

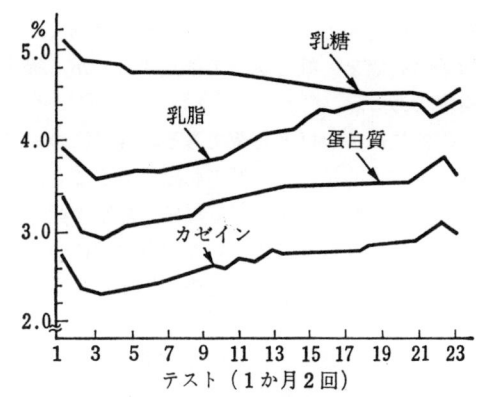

第35図　泌乳期間中の乳汁各成分の変化
（ポリティエク，1957）

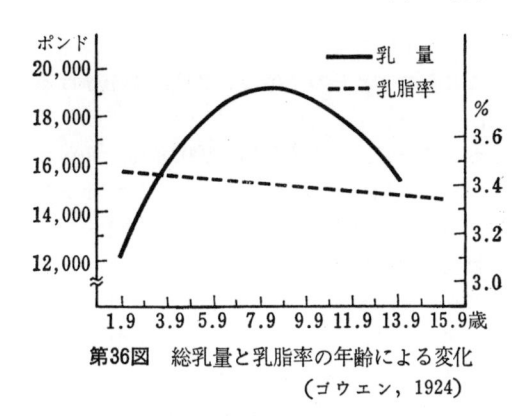

第36図　総乳量と乳脂率の年齢による変化
（ゴウエン，1924）

36図のように8歳5産ころが最高で，その前後に下がってゆく。1日の搾乳回数も多いほど乳量は多いが，回数に比例してはふえないので，特別の多乳でない限り，今では2回搾乳がふつうである。

牛を比べるときには，これらの条件が同じでないと不公平になる。やむをえず条件の異なるものを比較するさいは同じ条件に補正しなければならない。しかし，この補正係数は多数の例から導いたもので，必ずしもその個体に当てはまるとはいえないから，できる限り同じ条件で，生の値で比較したほうがよい。これらの条件が一定のばあいに，総乳量は最高日量（5日間平均）と+0.845の相関値をもち，その後の下がり具合を持続指数で表わしたとき，これと総乳量との相関は+0.330であって，最高日量との関係のほうが深いわけである。

$$持続指数 = \frac{180日乳量 - 70日乳量}{70日乳量} \times 100$$

年齢と産次は並行して進むので切り離せないが，年齢は全身的な機能とからんで乳の原料補給と関係し，産次は乳腺の量，質での発達に関係しているようである。

なお能力による選択淘汰にさいしては，特定の年の環境条件の影響を防ぐため1，2，3産の連続記録の平均値を用いるのが望ましい。1回だけなら初産次の記録が，遺伝率が高いことと，雄の後代検定を早める意味で推奨されている。ただ，系統によって多少成熟に早晩もあり，飼育条件への馴れ，繁殖の順不順もあるので，3産次の成績が比較的安定していて良いようである。

(3) 血　統

血統は遺伝の確実さを見るためのもので，血統登録された牛は一応安心できる。しかし，血統登録の始まったころは優秀牛が採られたが，現在はそれが拡大され，人の戸籍に似た状況になってきた。これでは育種のための選抜には不十分である。そこで高等登録を加えて，体型，能力の両面ですぐれたものを公示するようになった。昭和49年の高等登録牛1万250頭の平均値は，得点78.6点，体高139cm，胸囲197cm，乳量8,594kg，乳脂率3.71%，能力指数（標準との比率）178であった。

乳牛にも優良な系統がある。厳密な意味での系統といえば遺伝子型の固定度からみて近交系であるべきだが，これは淘汰の容易な実験動物ではつくれても，経済動物である乳牛では近交退化の危険性があるので避けられている。乳牛で系統といっているのは，特定の優良形質で遺伝的に固定しているというのではなく，ある優良な個体の子孫で，その優良な牛の遺伝素質を受けついでいる可能性があるもの，くらいに考えるべきであろう。

アメリカ，カナダ，日本のホルスタインの改良に貢献した牛は明治の末ごろからアメリカで出始め，その主流はキングセジスとサービーターチェ　オームスビー　マーセーズの子孫であり，しかも両者ともマーセーズ　ジュリプス　ビ

ーターチェにつながっている。

これらの牛とその子孫の有名種雄牛を挙げると，

キングセジス（明治3年；1903年生）……キングセジス ポンチアク，キングセジス ポンチアク ルンド，サー インカ メー（カーネーション牧場功労牛），セジス ルンド パーク，10キングセジス，セジス ウォーカー マタドア，マタドア セジス オームスビー（乳量の記録雌牛カーネーション オームスビー バターキングの父），スプリング ファーム フォンド ポープ，ガバナー オブ カーネーション（乳脂量の記録雌牛カーネーション ホームステッド デージー マドキャップの父）など。

サー ピーターチェ オームスビー マーセーズ（明治40年；1907年生）……オームスビー，パーク系の祖で，キング オブ ザ オームスビー，キング ベッシー ジェラルディン（畜試の功労牛），37サー ピーターチェ オームスビー マーセーズ，ベッス ジョハナ オームスビー，ゼルデンラスト ローヤル チャーマー，その分枝でパークの元祖牛ウイスコンシン アドミラル パークラッド，マラソン ベッスパーク，アンバサダー フォーブス，バブスト ローマー，バブスト ローマー ディーン ウォーカー，バブスト ウォーカー ロベルなど。

カナダでは昭和元年（1926）アメリカのウイスコンシンから購入したジョハナ ラグ アブル バブストが功労牛である。これもキングセジスの分枝で，その子孫にはボンド ヘイブン ラグ アブルメープル，モントビーク ラグ アブルソブリン，エービーシー レフレクション ソブリン，オスボンデール アイバンホーなどがある。

現在優良牛として貢献している牛の多くはこれらの系統の入り混じったものである。

(4) 後代検定

乳牛ではとくに人工授精が普及しているので，雄の影響は広くかつ代々にわたって残る。そこで雄の選抜はとくに厳重にやらなければならない。体格，体型などは誰でも表に現われているのでわかるが，泌乳能力はわからない。その潜在的な泌乳能力の遺伝子型の値や不良形質の遺伝子の有無を，娘を調べて推定するのが，後代検定である。

娘の数は多いほど正確である。乳量については，ふつう25頭以上の娘の記録のあることが望ましい。それも娘が高等登録条件だけの記録を使ったのでは偏るので，いろいろの娘について無作為に資料をとって，その平均値を使うほうがよい。

雄の遺伝子型価を示す値として，種雄牛指数というのが用いられる。それには，

① 娘に対し半ば責任をもつ母と娘とを比較する母娘比較法：ヤップとハンソンの指数

$$S = 2D - M$$

D は，M は母の記録のそれぞれの平均値

② 同時期に生まれ同時期に分娩した他の雄の娘と，その雄の娘とを比較する同期娘比較法：ロバートソンの指数

$$\sum \frac{n_1 \times n_2}{n_1 + n_2}(D - D')$$

n_1 はその雄の娘の数，n_2 は他の雄の娘の数，D はその雄の娘の平均値，D' は他の雄の娘の平均値，$\sum$ は農家ごとのこの比の値を集計

③ さらに②に恒数を乗じ，平均値の"下駄"をはかせる方法

$$2b\sum \frac{n_1 \times n_2}{n_1 + n_2}(D - D') + A$$

b は反復率，A は記録のとられた牛群の平均値などがある。

①の方法は環境の影響が比較的小さい形質，たとえば乳脂率などにはよい。しかし，乳量のように遺伝率の高くない形質では，母娘の記録の採られた年が異なるから環境が違っており，その記録を直接比較しても信頼度が低い――ということで，②③の方法を採る国が多い。

わが国では昭和26年からホル協で①の式を使って有名種雄について報告している。昭和38年から農林省畜産局主管によって正式に開始された。初めは，同じ暦年に分娩した母娘の組の記録を年齢補正して母娘比較法で実施したが，このような組の記録が集まりにくかったので，その後昭和41年から同期娘比較法に切り換えた。その成績が人工授精所の雄のカタログに記載さ

その後家畜改良事業団ができ，各県割拠でなく精液の広域利用が実施された．同時にアメリカ，カナダの優良系の遺伝子はすでに日本に集まっていると考えられるとして国内で計画的に優良種雄を生産することとなった．すなわち，昭和46年から，母が能力指数180以上，体型得点78点以上で，それ自身乳量1万kg（成年換算）以上，能力指数190以上，体格得点80以上，乳器得点80%以上の雌を選び，それに運営協議会で後代検定ずみの雄から選定した優良雄群を畜主に示し，賛成を得て計画的に交配してもらう．その交配によって生まれた子の雄を買って種畜牧場で集団育成して発育，体格，体型で選択し，広い範囲の雌に交配して生まれた娘を種畜牧場，県畜試に集め，また農家での記録をも用いた改善された後代検定を実施し始めた．ようやく最近，この娘の記録が出始めたところである．

ヨーロッパでも雄の計画生産を始めているが，種雄をテスティング，ウエイティング，ブルーブドの3階級に分けている．前二者はいわば候補牛で，テスティングがまだ娘の記録の出ていないもの，ウエイティングは若干記録があるが例数がまだ不十分なもの，ブルーブドは信頼できる例数があり，かつすぐれたものである．前二者は，遺伝能力未知のため年間の授精アンプグブルをつけることにして，早く後代検定が終わるように計っている．

また，後代検定用の娘は農家の現場で検定するが，雄子牛と計画生産による雄は集団飼育して同じ条件下で発育を調べ，それにより不良の雄はもちろん，子の不良のものはその父が，いずれも候補牛から落とされる．雄の後代検定のため調べられる娘の形質は，総乳量，乳脂率，蛋白質率，搾乳速度，前乳区搾乳量比率，難産率，受胎所要授精回数などである．これらの後代検定のための雌の乳生産費に対しては，その何%かに国庫補助がある．また，雄もブルーブドされると，購入時の価格にさらに追加して支払われている．

執筆　内藤元男（元東京大学）

1977年記

参考文献

内藤元男．1973．家畜育種学．養賢堂．東京．

＿＿＿＿ら．1976．小岩井農場ホルスタイン種牛群の3産連続記録平均での体格．FCMと日本飼養標準による飼料粗効率指数の遺伝母数とこれらの間の関係．日本畜産学会報．47(1)，39—49．

各品種カタログ．1974～76．各品種協会．各国．

日本ホルスタイン登録協会．1975．ホルスタイン著名牛系統譜．同協会．東京．

牛乳の成分と機能性

牛乳の成分と栄養

1. 牛乳中の成分の特徴

(1) 牛乳に含まれる栄養素

牛乳は，新生子牛の発育に必要な栄養素がすべて備わっており，卵と並んで完全栄養食品といわれている。したがって，各栄養素はバランスよく含まれているが，その濃度は品種，給与飼料，季節などによってかなり変動する。

第1表は日本食品標準成分表（四訂版，1982）に記載されている牛乳の成分値であるが，最近の成分値と一致しない部分もある。特に脂肪，蛋白質含量は1982年当時に比べ大幅に増加しており，現在改訂が進められている五訂版では新しい数値と置き換わる予定である。

牛乳が栄養学的に優れた食品であるというのは，必須アミノ酸（人間が体内で合成できないアミノ酸）をバランスよく含んだ良質の蛋白質と，体内に吸収されやすいカルシウム，ビタミンB_2を豊富に含んでいることによる。また，牛乳は消化性の点でも優れた食品で，牛乳の適度な摂取は乳幼児からお年寄りまで食生活に不可欠である。

(2) 蛋白質

日本人の蛋白質必要量は，おおよそ65g/日である。牛乳には約3.2%の蛋白質が含まれているので，これをすべて牛乳で補うには毎日2ℓ必要となる計算である。しかし，実際には日本人の平均牛乳消費量は200mℓ程度であり，蛋白質必要量の1/5～1/10を牛乳から摂取していることになる。

牛乳蛋白質は必須アミノ酸をバランスよく含んでいるので，卵の蛋白質に次ぐ高い栄養価をしめす。牛乳蛋白質はカゼイン（全体の約80％）とホエー蛋白質（約20％）から構成されている（第1図）。

ホエー蛋白質は必須アミノ酸の割合がカゼインより高く，含硫アミノ酸も多く含まれていることからカゼインより栄養価が優れているが，含まれている量が少ない。牛乳中のカゼインとホエー蛋白質は栄養素として互いに補いあっている関係にある。

カゼインは，胃の中の酸で凝固物（カード）となり消化酵素による分解が促進されるため，消化性に優れている。また，カゼインが分解されて生成するカゼインフォスホペプチド（CPP）

第1表 牛乳の成分（100g当たり）

(四訂日本食品標準成分表，1982)

		生乳	普通牛乳	加工乳			脱脂乳
				普通	濃厚	低脂肪	
エネルギー	(kcal)	60	59	63	69	51	32
	(kJ)	251	247	264	289	213	134
水分	(g)	88.6	88.7	88.0	87.1	88.4	91.5
蛋白質	(g)	2.9	2.9	3.1	3.2	3.6	3.0
脂質	(g)	3.3	3.2	3.4	4.0	1.5	0.1
糖質	(g)	4.5	4.5	4.8	4.9	5.6	4.7
繊維	(g)	0	0	0	0	0	0
灰分	(g)	0.7	0.7	0.7	0.8	0.9	0.7
ミネラル							
カルシウム	(mg)	100	100	100	110	130	100
リン	(mg)	90	90	95	100	90	95
鉄	(mg)	0.1	0.1	0.1	0.1	0.1	0.1
ナトリウム	(mg)	50	50	50	55	60	50
カリウム	(mg)	150	150	150	170	190	150
ビタミン							
A	A効力(IU)	120	110	120	140	43	0
B_1	(mg)	0.04	0.03	0.03	0.03	0.04	0.04
B_2	(mg)	0.15	0.15	0.16	0.17	0.18	0.15
ナイアシン	(mg)	0.1	0.1	0.1	0.1	0.1	0.1
C	(mg)	2	0	0	0	0	2

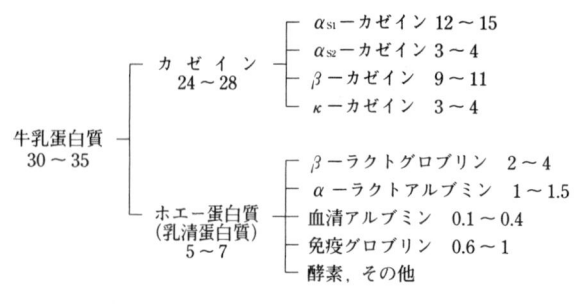

```
牛乳蛋白質    カゼイン         ┌ αs1-カゼイン  12～15
30～35      24～28          ├ αs2-カゼイン  3～4
                            ├ β-カゼイン    9～11
                            └ κ-カゼイン    3～4

            ホエー蛋白質      ┌ β-ラクトグロブリン  2～4
            (乳清蛋白質)      ├ α-ラクトアルブミン  1～1.5
            5～7            ├ 血清アルブミン     0.1～0.4
                            ├ 免疫グロブリン     0.6～1
                            └ 酵素, その他
```

第1図　牛乳蛋白質の種類と含量
数値は牛乳1ℓ中に含まれる量 (g)

は，腸管内でのカルシウムの不溶化を阻止し，カルシウムの吸収を促進する。

(3) 脂　質

脂質の97％以上は脂肪酸とグリセロールの結合したトリグリセライドであり，残りはリン脂質やカロチノイド，コレステロール，脂溶性ビタミン (A, D, E, K) などである。乳脂肪は脂肪球と呼ばれるユニークな形態をとっている (牛乳の成分と構造の項を参照) ため，消化管内で脂肪分解酵素が反応しやすくなっている。

脂肪は牛乳を構成する栄養素のうちで主要なエネルギー源であり，消化性に優れていることから，胆嚢，胃腸，肝臓疾患などの患者の食餌としても重視されている。また，必須脂肪酸 (体内で合成できないリノール酸，リノレン酸，アラキドン酸) 源としての質が高いのも特徴といえよう。

脂質にはコレステロールが含まれる。しかし，牛乳では12mg/100g程度であり，バターやチーズを大量に摂取しなければ健康に問題が生じることはない。

(4) 糖　質

牛乳は約4.7％の糖質を含み，ほとんどすべてが乳糖である。乳糖の甘さは砂糖の1/3～1/4であり，牛乳にわずかな甘味を付与している。

乳糖は小腸から吸収されるが，そのままの形では吸収されにくく，ラクターゼと呼ばれる酵素によってグルコースとガラクトースに分解されてから吸収される。

乳糖は生体のエネルギー源として利用されるほか，腸管内の微生物のエネルギー源として重要である。ビフィズス菌や乳酸菌は腸管環境を酸性下におき，悪玉菌の繁殖を抑えるとともにカルシウムの吸収を促進する。なお，牛乳を飲むと下痢やおなかの張りを訴える人がいるが，これは先述のラクターゼ活性の低い人にみられる。このような人にはヨーグルトが勧められる。

(5) ビタミン

牛乳中にはヒトが必要とするビタミンがすべて含まれている。

ビタミンは水溶性と脂溶性に分けられる。水溶性ビタミンではB_2, B_1, B_6, B_{12}, パントテン酸が，脂溶性ではAが牛乳から多く摂取されている。ビタミンCは熱安定性が低く，加熱殺菌により減少するため，牛乳は良好な給源とはいえない。

(6) ミネラル

牛乳はカルシウムの給源として最も重要な地位をしめている。

人における1日当たりのカルシウム必要量は，600～800mgであり，牛乳はカルシウムを100mg/100mℓ程度含んでいるので，牛乳を毎日600～800mℓ飲めば十分ということになる。また，牛乳中のカルシウムとリンの比率 (1.3:1) はちょうど骨や歯の形成維持に適切な割合となっている。牛乳はマグネシウムのよい給源でもある。

2. 牛乳の成分と構造

(1) 牛乳成分の構造と役割

乳は哺乳動物が赤ちゃんを育てるための食料であり，すくすくと育つための工夫がいたるところにちりばめられている。その工夫の基本は，母乳にできるだけ多くの栄養素を均質な液体として溶かし込むことにある。

体を大きくするのに必要な蛋白質は，カゼインと呼ばれるいくつもの蛋白質からなる粒子構

造（カゼインミセル）をとり，乳中に懸濁している。牛乳の乳白色はこのカゼインに光が当ったときの乱反射による。

急激に大きくなる新生子牛の骨格形成には，多量のカルシウムとリン酸が必要である。そのためのリン酸カルシウムはカゼインミセルに結合している。一般にカルシウムを多く含む溶液は不安定で沈澱しやすいが，カゼインに結合させることにより安定な状態で均質に存在させている。また，乳中のカルシウムは子牛に利用されやすい形で存在している。小魚にはカルシウムが豊富に含まれているが，これは骨に由来していて，消化吸収される割合は非常に低いが，牛乳では60～96％のカルシウムが利用されるといわれている。

脂肪はエネルギー源として利用されるが，牛乳中では小さな球形をしていて，その周囲が膜で覆われている。これを脂肪球皮膜と呼んでいるが，この膜で覆われているために脂肪同士がくっついて固まりになるのを防いでいる。乳糖はエネルギー源であり，グルコースとガラクトースと呼ばれる単糖が結合している。

乳糖は哺乳類にだけ存在する糖で，一般の微生物に利用されにくく，浸透圧の上昇を抑えながら多くの量を乳中に含ませる構造をとっている。

以上が多量に含まれる成分である。また，新生子牛に必要な免疫蛋白質や鉄の吸収を促進する蛋白質，微量の各種ミネラル，ビタミン類もまんべんなく含まれている。

(2) 蛋白質の構造

①蛋白質の特徴

牛乳蛋白質は多くの蛋白質から成り立っているが，カゼインとホエー蛋白質に大別される。

カゼインは牛乳蛋白質の約80％をしめ，チーズやヨーグルト製造に必須な蛋白質である。そのカゼインは，α(アルファ)$_{s1}$, α_{s2}, β(ベータ)，およびκ(カッパー)と呼ばれるカゼイン蛋白質から構成されている（第1図）。

これらの蛋白質は相互に集合し，10～15nm（nm：ナノメーター，1ミリメーターの100万分の1）の大きさの固まりを形成している。これをサブミセルと呼んでいるが，このサブミセルはリン酸カルシウムによって結びつけられ，大きなミセル（カゼインミセル）を構成している（第2図）。このミセルの大きさはまちまちであるが，多くは100～300nmの範囲にあり，牛乳1ml当たり10^{14}から10^{16}個含まれる。

②カゼイン

カゼインは酸性下で安定を失い，固まりを形成する。ヨーグルトに代表される発酵乳は，乳酸菌の生産する乳酸でpHを低下させてカゼインを凝固させ，牛乳全体を固めたものである。また，カゼインは子牛の胃から抽出した蛋白分解酵素（レンネット）によっても凝固する。この性質を利用した乳製品がチーズである。

このように牛乳蛋白質のうちカゼインは乳製品製造に重要な役割を果たしている蛋白質であり，特にチーズ製造にはカゼインの含量とともにカゼインミセルの構造も影響を与える。

③ホエー蛋白質

ホエー蛋白質は，カゼインのように酸性化で沈澱を形成したり，レンネットで凝固したりし

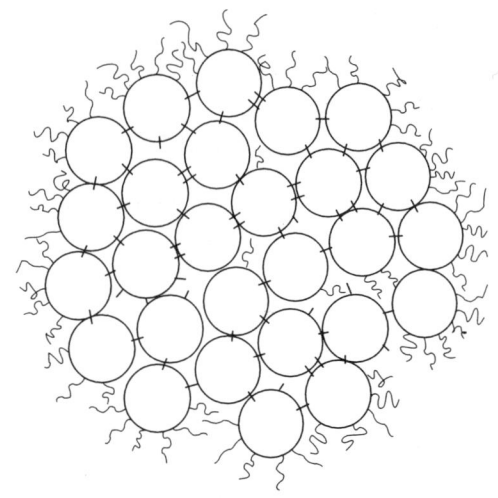

丸印はサブミセルを表わし，サブミセルから突き出したヘアーは，κ-カゼインのC末端酸性領域を示す。サブミセル間のブリッジおよび突き出たーは，コロイド性リン酸カルシウムを表わしている

第2図 模式的に表わしたカゼインミセルの構造
(Walstra, 1990)

ない。発酵乳ではカゼインの凝固物のなかに取り込まれるが、チーズでは不要物として排除されてしまう（チーズホエー）。

ホエー蛋白質は牛乳蛋白質の約20％をしめるが、そのうちの半分はβ－ラクトグロブリンと呼ばれる蛋白質で、ビタミンAなどの輸送に関与している。この蛋白質は他の乳蛋白質に比べて熱に弱く、加熱臭の発生源となる。

α－ラクトアルブミンは乳糖合成に関与している蛋白質である。ホエー蛋白質全体の約20％を占めている。血清アルブミンは血液中に含まれる蛋白質で、脂肪酸や胆汁酸と結合し、輸送する機能を持っている。ホエー蛋白質全体の5％程度をしめる。

そのほか牛乳中には免疫グロブリンが含まれる。免疫グロブリンは新生子牛の免疫力を高めるため初乳に多く含まれていて、最高で50g/lを超えるが、しだいに減少し、常乳では1g/l以下である。

(3) 脂肪の構造

牛乳脂肪の95％以上は中性脂肪の形で存在する。すなわち、3個の脂肪酸が1個のグリセロールと結合している。牛乳の脂肪酸は、人や豚のような単胃動物に比べて種類が多いのが特徴である。

一般に脂肪は、脂肪酸を構成している炭素の長さ（炭素鎖）が長くなれば固化し、不飽和度（二重結合）が多くなれば液化する性質がある。牛乳はパルミチン酸（炭素鎖16個、二重結合0）、ステアリン酸（炭素鎖18個、二重結合0）を多く含んでいるため、他の動物よりも高い融点（38～42℃）を持つことが特徴である。また、酪酸をはじめとする低級脂肪酸が多く、加水分解されると酪酸臭（ランシッド臭）が発生する。

牛乳中に含まれる脂質の95％以上は、脂肪球と呼ばれる直径0.1～20μm（マイクロメーター、1,000分の1ミリメーター）の油滴となって乳中に分散している。脂肪球は牛乳1ml中に15×10^{9}個ほど存在しており、そのうち約80％は直径が1μm以下の小さいものである。しかし、これらの小さい脂肪球に含まれる脂肪量は全体の数％にすぎず、全脂肪の90％以上は1～8μmの脂肪球として存在している。

脂肪球は表面を薄い膜で覆われている。この膜を脂肪球皮膜と呼んでいるが、この膜は乳腺細胞由来の細胞膜であり、乳腺で合成された脂肪が腺胞腔（ルーメン）へ分泌されるさい、包み込まれるのである（第3図）。脂肪が乳中に安定した状態で分散していられるのは、脂肪球皮膜が親水性となっていて、蛋白質やリン脂質の電荷に起因する静電的反発力をもつためである。

脂肪球皮膜に覆われた状態の脂肪はクリームであり、クリームから脂肪球

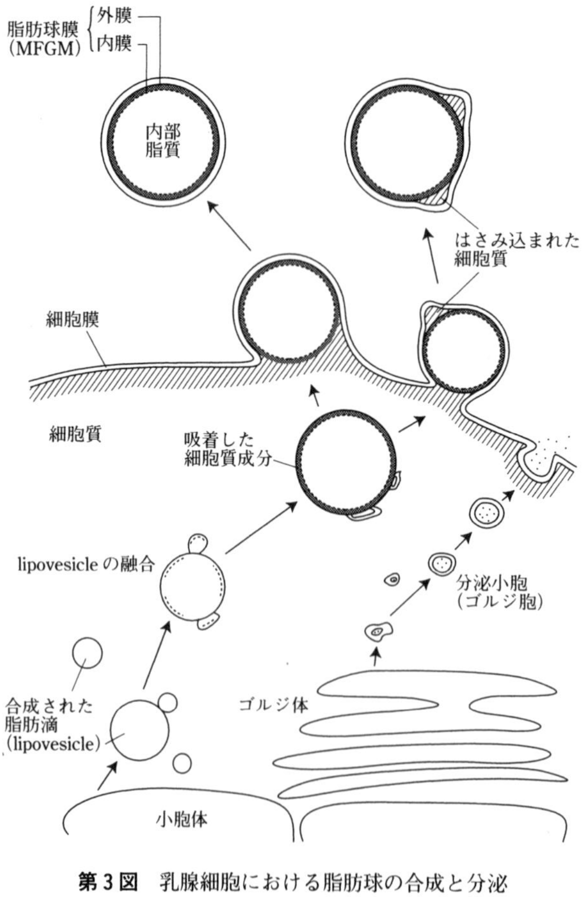

第3図 乳腺細胞における脂肪球の合成と分泌

皮膜を除いた脂肪がバターである。

(4) カルシウムの存在形態

牛乳に含まれるカルシウムは，100mg/100mlの量であり，そのうちの約3分の2はコロイド状のリン酸カルシウムとしてカゼインと結合している。残りの3分の1はカルシウムイオンの状態で存在している。

コロイド状のリン酸カルシウムはプラスに荷電していて，カゼイン蛋白質のリン酸基と結合している。牛乳のpHは6.80前後であり，この状態では安定的に存在しているが，pHが低くなると解離してカルシウムとリン酸が容易に遊離する。こうなるとカゼインの安定性も失われてくる。

農家段階での生乳のなかにはpHが6.80を下回っているものもみられる。この原因として，リポリシス（脂肪の加水分解による脂肪酸の遊離）による遊離脂肪酸の増加が考えられる。現在の乳質検査では生乳のpHを重視していないが，高品質牛乳の条件としてのpHの重要性を再認識すべきではなかろうか。

執筆　鈴木一郎（農林水産省畜産試験場）

1998年記

牛乳の脂肪酸組成——舎飼いと放牧での比較

1. 放牧牛乳の特徴を解明する必要性

　脂肪は，乳成分の中でも最も重要な成分である。乳脂肪は，食品としてエネルギー価が高く，農家にとっては乳価の単価，収入に直結し，加工業者にとってはバターやクリームなどの歩留りに影響する。さらに，乳脂肪は乳蛋白質や乳糖と比較して変動しやすい成分であり，飼養方法の影響を強く受ける。そのため，乳脂肪率の制御に関する研究は数多く，多くのことが明らかになっている。

　乳脂肪は，その成分量（多くは％で表わす）のみではなく，その脂肪の中身，構成成分が重要である。詳しくは後述するが，脂肪を構成する脂肪酸の組成がバターやクリーム，チーズなどの加工品の物理的特性（食感，溶けやすさ，軟らかさなど）に大きな影響を与えるためである。したがって，加工品にまで目を向けた場合，乳脂肪含量のみではなく，脂肪酸組成にまで着目する必要がある。

　近年，乳牛の飼養技術として放牧が再び注目されている。それは，飼料としての価値だけではなく，労働力や家畜福祉，糞尿処理などの観点からである。さらに，その牧歌的な風景に消費者は良いイメージをもち，放牧飼養で生産された牛乳およびその生乳からつくられた乳製品は今後ますます注目されるであろう。

　放牧草は，粗飼料のなかでは貯蔵や収穫によるロスがないため，トウモロコシサイレージに匹敵するか，それ以上の栄養価をもつ。しかし，短草利用された放牧草は繊維含量が低く，粗飼料的な効果が低いため，乳脂肪率が舎飼い時期と比較して，極端に低下するとされている。一方，これも詳しくは後述するが，放牧草中の脂肪酸の一部が乳脂肪へ移行し，その特殊な脂肪酸が放牧牛乳の特徴の一つともなっている。

　北海道がわが国の酪農基地であることに異存を唱える人はいないと思う。北海道は他の地域と比較して土地資源が豊富であることから，唯一，自給飼料主体の酪農生産を行なえる地域といっても過言ではない。しかし，北海道と一言にいっても地域ごとに気候・土壌条件は異なり，適した栽培作物も異なる。例を挙げると，冷涼な道北・根釧地域ではトウモロコシの栽培が困難なため，必然的に草地型酪農地域にならざるを得ないなどである。したがって，北海道のなかでも飼養方法については必然的に地域性がみられる。

　わが国の年間生乳生産量は約800万t，そのうち北海道は約400万tで，約半量が北海道で生産されている。その400万tのうち，飲用として利用される量は約100万tで，7～8割はバターやクリーム，脱脂乳などの加工向けに利用されている。しかし現状では，どのような製品向けに利用するかは，その生乳の特徴からではなく，単に立地条件など（都市部からの距離など）で決定されているように思われる。

　今後，質・付加価値の高い乳製品を生産・製造するためには，原料乳の特徴を明らかにし，その特徴を活かした乳製品を生産する必要がある。これまで，実験条件下で飼養条件の違いが乳成分や脂肪酸の組成に及ぼす影響について数多くの試験・研究がなされ，多くのことが明らかにされている。しかし，実際の酪農現場でこれらの関係，または地域性などを検討した例はほとんどない。

　私たちの研究室では，北海道酪農を活性化するため，また北海道で生産される生乳の特徴を明らかにするため，約3年間にわたり，現地調査および生乳の分析を行なってきた。ここで

は，牛乳の脂肪，とくにその特性を左右する脂肪酸組成について，北海道のなかでも特殊になりつつある飼養法である放牧飼養に注目し，舎飼い時期やその他の飼養方法と比較することにより，その特徴および牛乳中脂肪酸組成の変動要因について解説する。

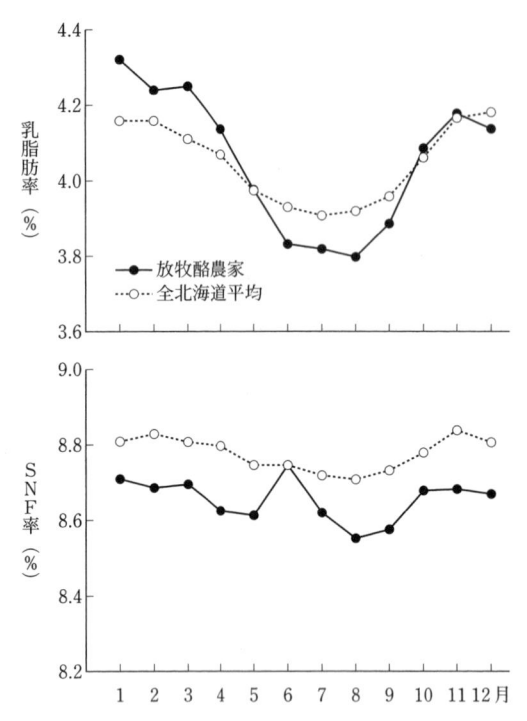

2. 乳脂肪合成のしくみ

(1) 乳脂肪率の年間変動とその要因

北海道北部の13戸の放牧酪農家の平均乳脂肪および無脂固形分（SNF）率の年間変動を全北海道平均とともに第1図に示した。前述したとおり，乳脂肪率はSNF率と比較して非常に変動しやすいことは明白である。SNF率のおもな変動要因は蛋白質率であるが，その変動幅は0.1％程度と非常に小さく，夏場にやや低下した程度である。それと比較して，乳脂肪率の変動幅は大きく，全北海道平均で0.3％，放牧酪農家では0.5％の幅があり，いずれもが夏場に低下していた。この例だけみても，乳脂肪率は変動しやすいことがわかる。

乳脂肪およびSNF率ともに変動要因は，夏場の暑熱環境および粗飼料の劣化による食い込み，すなわち摂取量不足が影響していることは容易に想像できる。しかし，乳脂肪率の変動幅が大きい要因は，乳蛋白質や乳糖と比較してやや複雑な合成ルートで合成されることにある

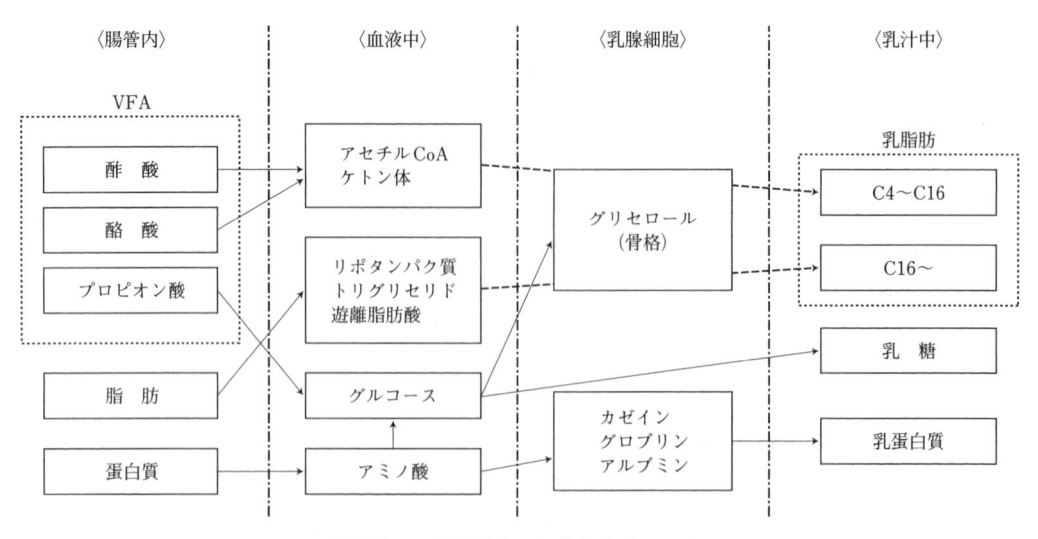

第1図 放牧酪農家（13戸）の乳脂肪率および無脂固形分（SNF）率の年間変動（月別平均）
全北海道平均は検定成績から算出

第2図 一般乳成分のおもな合成ルート

（第2図）。

(2) 乳中の脂肪酸の種類

脂肪にはさまざまな種類，リン脂質やコレステロール，遊離脂肪酸などがあるが，乳脂肪中の脂質の95％以上はトリグリセリドからなる。トリグリセリドとは，グリセロールを骨格とし，3分子の脂肪酸が結合したものである（第3図）。脂肪酸は，炭素数および不飽和度（二重結合の数，位置）の違いにより多くの種類があり，それぞれ性質が異なる。一般的に乳汁中の脂肪酸は炭素数が4（C4）から20（C20）程度までのものがみられるが，おもな脂肪酸は炭素数が16（C16）と18（C18）の脂肪酸である。一般的に，脂肪酸は炭素数が増加すると融点が上昇し，二重結合数が増加すると融点が急激に低下する（第1表）。したがって，乳脂肪の物理的特性（軟らかさや口溶け）などはトリグリセリドに結合している脂肪酸の種類に大きく左右される（玖村，2005）。

(3) 乳脂肪の合成ルート

① VFA 由来の脂肪酸

乳脂肪の合成ルートにはおもに2つのルートがある。一つ目は反芻胃で生成されるVFA由来のルートである。基質となるVFAは酢酸および酪酸であり，酢酸は血液中をアセチルCoA，酪酸はβ-ヒドロキシ酪酸（ケトン体）として輸送され，乳腺内で脂肪酸合成酵素により炭素数が2個ずつ伸張し，酪酸（C4：0）からパルミチン酸（C16：0）までが合成される。パルミチン酸（C16：0）以上の脂肪酸を合成することは不可能であるため，牛乳中の炭素数16以下で炭素数が偶数の脂肪酸は，粗飼料が反芻胃で分解された際に産生されたVFA由来の脂肪酸が由来である。

② 飼料中脂質由来の脂肪酸

一方，炭素数16の脂肪酸の一部と乳汁中の炭素数18以上の脂肪酸は，飼料中の脂質由来のものである。現在，乳牛用の飼料としては，牧草や穀類から油実までさまざまな飼料が給与されているが，飼料によりその脂肪酸組成の特

$$\begin{array}{ccccc}
CH_2-OH & & HOOC-R_1 & & CH_2-OOC-R_1 \\
| & & | & & | \\
CH-OH & + & HOOC-R_2 & = & CH-OOC-R_2 & + & 3H_2O \\
| & & | & & | \\
CH_2-OH & & HOOC-R_3 & & CH_2-OOC-R_3
\end{array}$$

　グリセロール　　脂肪酸　　　　トリグリセリド　　　水

第3図 トリグリセリドの構成

第1表 乳中に含まれるおもな脂肪酸とその融点

脂肪酸	炭素数：二重結合数	融点（℃）
酪酸	C4：0	−7.3
カプロン酸	C6：0	−3.4
カプリル酸	C8：0	16.7
カプリン酸	C10：0	31.6
ラウリン酸	C12：0	44.2
ミリスチン酸	C14：0	53.9
パルミチン酸	C16：0	63.1
パルミトレイン酸	C16：1	45.0
ステアリン酸	C18：0	69.6
オレイン酸	C18：1	13.4
リノール酸	C18：2	−5.2
リノレン酸	C18：3	−11.3

徴は大きく異なる（第2表）。特徴を簡単に説明すると，穀類や油実類はオレイン酸（C18：1）やリノール酸（C18：2）が多く，リノレン酸（C18：3）が少ない。一方，牧草類はオレイン酸やリノール酸と比較して，リノレン酸が非常に多いのが特徴である。したがって，基本的にはこれら飼料中の脂肪酸組成が乳中の脂肪酸組成に影響する。しかし，これらの脂肪酸がそのまま乳脂肪に反映されるわけではない。

③ 反芻胃内微生物の影響

反芻動物の最も大きな特徴は，反芻胃をもち，その中に微生物を飼う（共生）ことにより，ヒトが利用できない繊維などを利用できることである。飼料中の脂肪酸も例外ではなく，反芻胃を通過する際に反芻胃内微生物の影響を受ける。前述したが，不飽和脂肪酸は二重結合の数および位置により多くの種があり，さらに二重結合の立体的な構造の違いにより，さらに多くの異性体が存在する。

脂肪酸の二重結合の立体構造には，*cis*型と*trans*型の2種類がある。自然界に存在する不

第2表 飼料中の脂肪酸組成 (%) （上田, 2010；Walker ら, 2004 から抜粋）

飼料	脂肪酸	C14:0	C16:0	C16:1	C18:0	C18:1	C18:2	C18:3
穀類	トウモロコシ	—	16.3	—	2.6	30.9	47.8	2.3
	オオムギ	—	27.6	0.9	1.5	20.5	42.3	4.3
粗飼料	トウモロコシサイレージ	—	19.0	2.2	—	21.4	50.3	7.1
	イネ科牧草	1.1	16.0	2.5	2.0	3.4	13.2	61.3
	イネ科牧草（ペレニアルライグラス）	—	20.4	2.8	—	3.7	17.1	56.0
	シロクローバ	1.1	6.5	2.5	0.5	6.6	18.5	60.7
	アルファルファ	0.7	28.5	2.4	3.8	6.5	18.4	39.0
油実類	大豆油	—	10.7	—	3.9	22.8	50.8	6.8
	菜種油	—	3.8	2.5	—	80.6	10.2	2.8
	綿実	0.8	25.3	—	2.8	17.1	53.2	—

飽和脂肪酸のほとんどは cis 型であり，trans 型の結合はほとんど存在しない．ふつう，オレイン酸は，脂肪酸の-COOH基から数えて9番目の炭素の左側が cis 型で二重結合した炭素数18の脂肪酸であり（cis-9 C18:1と表わす），リノール酸は9番目と12番目が cis 型で二重結合した炭素数18の脂肪酸（cis-9, cis-12 C18:2）である．

基本的に，反芻胃内で脂肪酸は飽和化（水素添加）の方向で微生物の影響を受ける．また，その際に微生物の影響により二重結合の位置や構造が変化する（上田, 2010）．そのため，反芻家畜の蓄積脂肪は摂取した脂肪酸組成と比較して飽和度が高く，さらに反芻動物特有の脂肪酸が多く存在する．炭素数18の脂肪酸を例に挙げると，飼料中にはリノール酸（C18:2）やリノレン酸（C18:3）が多く含まれるが，これらの脂肪酸は，反芻胃内で異性化（位置,

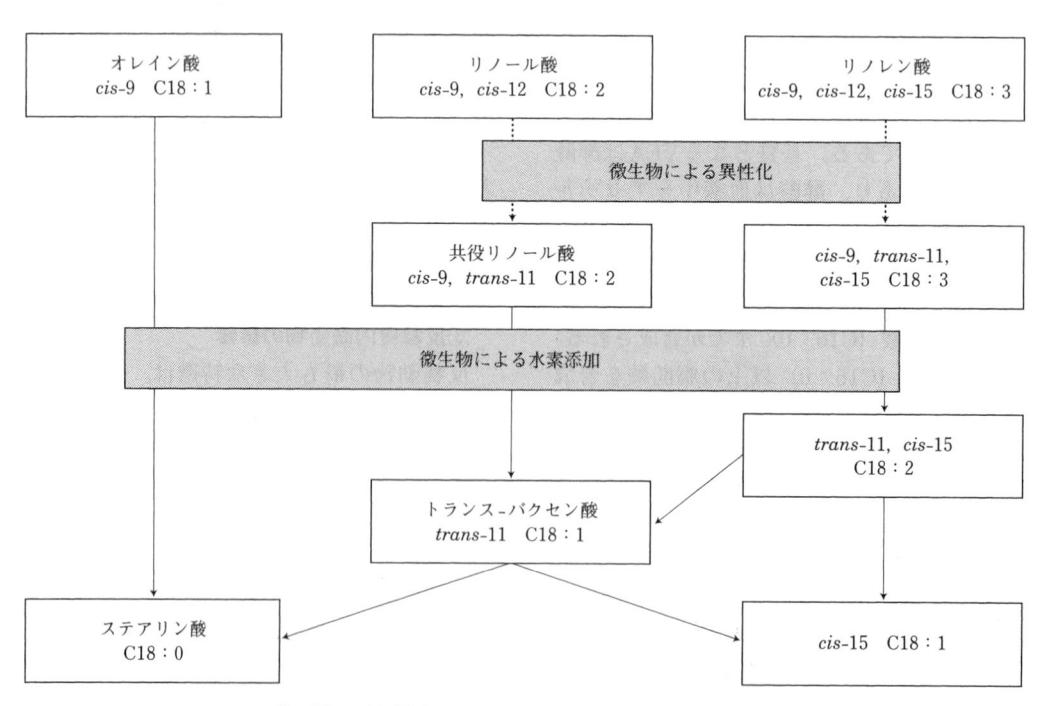

第4図 反芻胃内における脂肪酸の異性化，水素添加
（上田, 2010；Salter ら, 2006を改変）

cis→*trans* 型）や水素添加（飽和化）の影響を受けて，基本的にはステアリン酸（C18：0）にまでなる（第4図，Salterら，2006）。

④反芻動物特有の脂肪酸

しかし，リノール酸やリノレン酸の摂取量が多かったり，微生物の活動が弱かったりすると，異性化や水素添加が半端なまま反芻胃から流出し，十二指腸で吸収され，体脂肪に蓄積されたり，乳脂肪に排泄される場合がある。とくに，反芻動物特有の脂肪酸として，トランス-バクセン酸（*trans*-11 C18：1）や共役リノール酸（*cis*-9, *trans*-11 C18：2）がよく知られており，共役リノール酸はルメニン酸（反芻動物特有の脂肪酸という意味）とも呼ばれる。

一般的に，トランス型の二重結合をもった脂肪酸は健康に悪いとされている。そのため，米国ではその含有量の表示が義務化されたほどである。しかし，上記のトランス-バクセン酸や共役リノール酸は，健康に良い作用をもつという研究結果が発表されており，抗動脈硬化作用や抗ガン作用をもつといわれている（Clancy，2006）。したがって，これらの脂肪酸を多く含む乳製品を作製するための飼養条件を追求した研究も数多くある（Chilliardら，2001）。

以上，乳脂肪の合成のしくみについて詳しく示した。乳蛋白質や乳糖と比較して，乳脂肪はそのもととなる基質や合成ルートが複雑なことは明白である。そのため，乳脂肪はその含量のみではなく脂肪酸組成が，外部環境，とくに摂取飼料の影響を強く受ける。次に，実際の事例を基に，牛乳中の乳脂肪の特徴について示す。

3. 地域・放牧・舎飼いと乳成分の特徴

私たちの研究室では，2007～2008年度および2008～2009年度の約3年にわたり，北海道各地域の酪農家調査を行なった。2007～2008年度は，草地型酪農地域の生乳の特徴を明らかにするために，道北（26戸），根釧（29戸）および道央（7戸）地域の酪農家を対象に，舎飼い時期（秋および冬）および放牧時期（初夏および夏）の計4季節（道央は3季節）調査を行なった。2008～2009年度は，十勝地域を含め，道央（9戸），十勝（25戸）および道北（13戸）の酪農家を対象に，道央および十勝地域は3季節（冬，春，夏），道北地域は舎飼い時期（秋および冬）および放牧時期（初夏および夏）に調査を行なった。飼養条件，出荷乳量および搾乳頭数などは聞取り調査により明らかにし，乳サンプルはバルク乳を採取し，一般乳成分および脂肪酸組成を分析した。

調査農家の概要を第3表に示す。当然ではあるが，地域ごとに飼養条件（飼料構成）は大きく異なった。道北・根釧地域は約6割が粗飼料であり，放牧時期はほとんどが放牧草，舎飼い時期はグラスサイレージ・乾草がおもであった。それに対して，道央地域の粗飼料割合は5割程度であり，そのうちトウモロコシサイレージが占める割合が高い。十勝地域も同様に，粗飼料割合は5割程度，粗飼料のうちトウモロコシサイレージが占める割合が高い。また，道央や十勝地域では，食品副産物（ジュースやビールかすなど）や農業副産物（デンプンかすや規格外野菜くずなど）などを給与している農家が比較的多かった。

これらの飼養条件の特徴は従来から知られているとおりであり，それぞれの地域の気候的・立地的特徴をよく表わしている。

乳蛋白質や乳糖，SNF率に地域間，時期間（舎飼いvs放牧）で大きな差はない。しかし，乳脂肪率は地域間では大きな差はないが，道北・根釧地域の放牧時期は舎飼い時期と比較して大きく低下した（2007～2008年度：0.43％，2008～2009年度：0.21％）。従来この乳脂肪率の低下は，放牧草の粗繊維含量の低さおよび繊維効果の低さが要因であるとされていた。しかし，後述するが，近年それ以外の要因，脂肪酸組成との関係の要因も示唆されている。

第3表　調査対

		2007～2008年度調査		
		道央地域	道北・根釧地域	
			舎飼い時期	放牧時期
分析サンプル数		21	110	110
粗飼料率（%）		51.5	57.5	64.5
各飼料割合（% of total intake）	放牧草	—	—	47.7
	トウモロコシサイレージ	29.2	0.4	0.3
	グラスサイレージ	3.7	20.2	4.5
	乾草もしくは低水分グラスサイレージ	18.5	37.0	11.9
	配合および穀物飼料	35.3	32.7	26.4
	ビートパルプ	8.4	9.7	9.0
	その他（副産物，油脂など）	4.8	0.1	0.2
乳脂肪率（%）		3.95	4.23	3.80
乳蛋白質率（%）		3.27	3.25	3.21
乳糖率（%）		4.47	4.38	4.39
無脂乳固形分率（%）		8.73	8.63	8.60
乳中尿素態窒素（mg/dl）		13.9	13.1	16.8

第4表　調査対象農

		2007～2008年度調査（%）		
		道央地域	道北・根釧地域	
			舎飼い時期	放牧時期
炭素数の違い	＜C16	19.9	19.3	18.5
	C16	33.3	36.1	29.4
	≧C17	38.5	36.3	43.2
飽和度	飽和脂肪酸	64.2	66.2	60.9
	一価不飽和脂肪酸	25.9	24.8	28.3
	多価不飽和脂肪酸	3.1	2.4	3.3
炭素数18の脂肪酸	ステアリン酸（C18：0）	11.2	10.9	12.9
	オレイン酸（c9 C18：1）	21.9	20.5	22.8
	トランス-バクセン酸（t11 C18：1）	1.40	1.38	3.09
	リノール酸（c9, c12 C18：2）	2.32	1.46	1.66
	共役リノール酸（c9, t11 C18：2）	0.52	0.54	1.07
	α-リノレン酸（c9, c12, c15 C18：3）	0.30	0.44	0.60

4. 地域・放牧・舎飼いと脂肪酸組成

(1) 炭素数の違い

　脂肪酸組成の結果を第4表に示す。炭素数16未満の脂肪酸はいずれの年度，地域，時期でも大きな違いはなかった。炭素数16の脂肪酸割合は道北・根釧地域（2007～2008年度）および道北地域（2008～2009年度）の季節間で大きく異なった。放牧時期は舎飼い時期と比較して，約7%程度低かった。それに対して，炭素数が17以上の脂肪酸割合は，放牧時期で高かった。道央地域や十勝地域は，道北・根釧地域の放牧時期と舎飼い時期の中間程度の値であった。

　乳脂肪中の炭素数16とそれ以下の脂肪酸は，反芻胃内のVFA由来の脂肪酸である。言い換えると，これらの脂肪酸は飼料の粗飼料的効果

象農家の概要　　　　　　　　　　（三谷ら，未発表）

2008〜2009年度調査			
十勝地域	道央地域	道北地域	
		舎飼い時期	放牧時期
75	27	26	26
49.1	46.7	63.7	67.0
0.2	0.6	—	55.7
25.1	17.2	—	—
15.7	5.4	20.0	3.2
8.1	23.5	43.6	8.1
36.5	34.5	27.3	22.9
8.0	10.6	9.0	10.1
6.3	8.2	0.0	0.0
3.93	4.03	4.06	3.85
3.26	3.25	3.21	3.26
4.51	4.50	4.42	4.44
8.77	8.75	8.62	8.70
12.3	13.3	10.6	14.6

家の脂肪酸組成　　　　　　　　　（三谷ら，未発表）

2008〜2009年度調査（％）			
十勝地域	道央地域	道北地域	
		舎飼い時期	放牧時期
18.8	19.3	18.7	18.6
33.8	35.3	37.4	30.7
38.5	37.1	35.6	41.3
62.8	64.7	65.2	60.3
25.4	24.7	24.6	26.0
3.8	3.4	3.0	3.7
11.2	11.0	10.2	11.8
21.8	21.1	20.7	22.5
1.60	1.49	1.54	3.21
2.56	2.22	1.58	1.57
0.58	0.54	0.66	1.28
0.37	0.34	0.55	0.63

と強い関係があるといえる。この観点からみると，やはり放牧草は粗飼料的な効果の低い粗飼料といえるのかもしれない。ちなみに，道北・根釧地域の舎飼い時期には，明らかに粗飼料的効果が高いと考えられる乾草や低水分のラップサイレージが多く給与されていた。

(2) 不飽和脂肪酸の割合

では，道北・根釧地域の放牧時期の脂肪は炭素数の多い脂肪酸が多いので，舎飼い時期と比較して融点が高い，硬い脂肪かといえば，まったく正反対である。それは，放牧時期の脂肪酸は不飽和脂肪酸の割合が高いためである。脂肪酸の融点は不飽和度が上がる（二重結合数が増加）と融点が急激に低下する（第1表）。海外の研究結果であるが，トウモロコシサイレージと生草の給与比率を変えた場合，生草の比率が増加すればするほど，不飽和脂肪酸割合は増加し，生草100％の飼料は他の飼料と比較して口溶けが良く，軟らかかったことが示されている（Couvreurら，2006）。

(3) 炭素数18の脂肪酸

①地域・放牧・舎飼いによる違い

道北・根釧地域の放牧時期の不飽和脂肪酸割合は舎飼い時期と比較すると明らかに高いが，十勝や道央地域と比較するとそれほど大きな差はなかった。しかし，その脂肪酸組成，とくに特徴的な炭素数18の脂肪酸は大きく異なった（第4表）。ステアリン酸（C18：0）やオレイン酸（c9 C18：1）割合は，道北・根釧地域の放牧時期が最も高く，十勝および道央地域，道北・根釧地域の舎飼い時期の順であったが，それほど大きな差はなかった。それ以外の炭素数18の脂肪酸は，地域間，季節間で絶対値は低いが，大きく異なった。

リノール酸（c9，c12 C18：2）の割合は地域間で大きく異なり，十勝および道央地域が道北・根釧地域と比較して1.5〜2倍程度高かった。トランス-バクセン酸（t11 C18：1），共役リノール酸（c9，t11 C18：2）およびα-リノレン酸（c9，c12，c15 C18：3）割合は，道北・根釧地域の放牧時期が舎飼い時期の2倍程度高く，舎飼い時期と十勝および道央地域の間に差はなかった。これらの脂肪酸組成に摂取飼料が強く影響しているのは明白である。

②摂取飼料との関係

道北・根釧地域は，基本的にトウモロコシの栽培が困難であるため，粗飼料は牧草サイレージや乾草が多くを占める。それに対して，十勝や道央地域では粗飼料の約半分がトウモロコシサイレージ，配合飼料量もやや多く，大豆など

を給与している農家も多い。配合飼料の多くを占める穀類やトウモロコシサイレージ中の脂肪酸はリノール酸（c9, c12 C18：2）が多く含まれ（第2表），反芻胃で異性化・水素添加されるとはいえ，摂取量が高い場合はリノール酸のまま吸収される量はかなり多い。十勝や道央地域のリノール酸割合が高い要因はトウモロコシなどの穀類摂取量の高さである。

牧草中の脂肪酸はほとんどがリノレン酸（c9, c12, c15 C18：3）であり（第2表），サイレージ〉乾草と徐々に低下する。したがって，一般的な飼料のなかで放牧草はリノレン酸を最も多く含む飼料である。二重結合を多くもつリノレン酸は，反芻胃で異性化・水素添加の影響を受け，その過程でトランス-バクセン酸（t11 C18：1）が多く産生され，その状態で吸収されるものも多い（第4図）。

③不飽和化酵素による脂肪酸の転換

体内（乳腺）には，-COOH基から9番目の結合を不飽和化する酵素がつくられている（Δ-9不飽和化酵素）。この酵素により，ステアリン酸の一部はオレイン酸に（C18：0→c9 C18：1），トランス-バクセン酸の一部が共役リノール酸に（t11 C18：1→c9, t11 C18：2）転換される。リノレン酸を多く含む放牧草を多く摂取した場合，吸収された時点でトランス-バクセン酸であっても，乳腺で共役リノール酸に転換され，乳脂肪中に放出される。したがって，この脂肪酸は放牧飼養特有の脂肪酸といえるだろう。

(4) 放牧草によるリノレン酸摂取の増加と乳脂肪率低下

近年，不飽和脂肪酸摂取量（とくに$trans$型）と乳脂肪率および脂肪酸組成との関係が明らかになりつつあり，単に繊維摂取不足のみが低乳脂肪率の原因ではないことが明らかになっている。乳脂肪率の低下は，不飽和脂肪酸の摂取量（吸収量）と関係があり，不飽和脂肪酸が多くなると，乳腺での脂肪酸の合成（C16までの）が阻害され，乳脂肪率が低下するというものである（Harvatineら，2006）。ルーメン保護油脂を給与した場合でも乳脂肪率が低下する現象は，同様のしくみによる。したがって，放牧草多給時の乳脂肪率の低下は繊維摂取量低下によるものだけではなく，多価不飽和脂肪酸（リノレン酸）摂取量の増加による影響も大きいと考えられている。

以上をまとめると，トウモロコシや穀類の摂取量が比較的多い十勝および道央地域の乳脂肪は，多価不飽和脂肪酸，とくにリノール酸割合が高く，軟らかく・溶けやすい脂肪といえるだろう。道北・根釧地域の舎飼い時期における脂肪は，飽和脂肪酸割合が高く，硬く・溶けづらい脂肪，放牧時期の脂肪は多価不飽和脂肪酸（トランス-バクセン酸，共役リノール酸，リノレン酸）割合が高く，軟らかく・溶けやすい脂肪といえるだろう。

5. 生乳の特徴を生かした乳製品を

酸化された脂質が原因の脂質酸化臭は，異常風味乳の大きな要因であり，不飽和度の高い脂肪酸が酸化されやすいことは昔からよく知られている。冷蔵技術が発展した現在では生乳の状態で輸送される量はますます増加し，ごく稀にではあるが，おそらく脂質酸化臭が原因の異常風味が発生している。十勝や道央地域はリノール酸などの多価不飽和脂肪酸，道北・根釧地域の放牧時期ではさらに酸化されやすい共役リノール酸やリノレン酸が多く含まれる。今後は，これらの多価不飽和脂肪酸含量と抗酸化物質量のバランスなど，脂質酸化の制御に関する栄養学的研究が望まれる。

北海道でも，地域や時期によって牛乳中の乳脂肪率や脂肪酸組成が大きく変化することはこれまで示したとおりである。日本全国で考えるとさらに幅は広がるであろう。しかし，これらの脂肪酸組成の違いと加工品特性との関係など，いまだ不明な点は数多い。加えて，放牧時期には牧草由来のβ-カロテン含量が増加し，脂肪が黄色みを帯びやすく，牧草由来の香り成分も移行するという。今後，生乳の物理的特性

に加え，官能的特性（色，風味など）が乳製品の特性・特徴に及ぼす影響を明らかにする必要がある。

酪農業界を含め，どのような業界においてもであるが，今後は"多様性"が大きなキーワードになるであろう。より特徴的な製品の種類が増加することは，消費者を刺激し，業界の活性化に寄与すると考えられる。

今後は，単に「○○産の牛乳でつくりました」だけではなく，「○○産で，このような飼養方法で飼われた牛から搾った牛乳でつくりました。そのため，特徴としてはこのような特徴があります」というキャッチコピーが必要である。したがって，今後，地域や時期，飼養方法と生産される生乳の特徴との関係について，より実質的な研究成果の蓄積が望まれる。

執筆　三谷朋弘（北海道大学創成研究機構研究部）
2010年記

参考文献

Chilliard, Y., A, Ferlay and M. Doreau. 2001. Effect of different types of forages, animal fat or marine oils in cow's diet on milk fat secretion and composition, especially cojugated linoleic acid (CLA) and polyunsaturated fatty acids. Livestock Production Science. **70**, 31—48.

Clancy, K. 2006. Greener Pastures How grass-fed beef and milk contribute to healthy eating. UCS Publications. Cambridge, MA, US.

Couvreur, S., C. Hurtaud, C. Lopez, L. Delaby and JL. Peyraud. 2006. The linear relationship between the proportion of fresh grass in the cow diet, milk fatty acid composition, and butter properties. Journal of Dairy Science. **89**, 1956—1969.

Harvatine, K. J. and M. S. Allen. 2006. Effect of fatty acid supplements on ruminal and total tract digestion in lactating dairy cows. Journal of Dairy Science. **89**, 1092—1103.

玖村朗人. 2005. 第2章　乳の成分科学. 阿久澤良造・坂田亮一・島崎敬一・服部昭仁編著. 乳肉卵の機能と利用. アイ・ケイコーポレーション. pp.86—107.

Salter, AM., AL. Lock, PC. Garnsworthy and DE. Bauman. 2006. Milk fatty acids: implications for human health. In: Garnsworthy PC, Wiseman J (eds), Recent Advances in Animal Nutrition. Nottingham University Press. Nottingham, UK. pp.1—18.

上田宏一郎. 2010. 第5章　脂質. 増子孝義・花田正明・中辻浩喜編著. 乳牛栄養学の基礎と応用. デーリィ・ジャパン社. pp.64—78.

Walker. GP., FR. Dunshea and PT. Doyle. 2004. Effects of nutrition and management on the production and composition of milk fat and protein: a review. Australian Journal of Agricultural Research. **55**, 1009—1028.

改良と飼育技術をめぐって

改良目標の考え方と方法

1. 日本での改良の現状と問題

(1) なぜ遺伝的改良が急がれるか

日本のホルスタインは約80年にわたる北米からの導入により，今日の集団の遺伝的構造が形成された。生体輸入から凍結精液や受精卵の輸入が主流となる方向になるにしろ，今後も遺伝資源の導入はつづく可能性がある。北米の遺伝資源に百パーセント依存しながら，その間，日本では科学的に有効な選抜が加わる育種組織の発展は欧米のそれに比較して遅れた水準となっていた。

ホルスタインの導入以来，改良が言及され，ブリーダーも乳牛関係技術者もその時代のトップの種雄牛と雌牛を導入しつづけ，乳牛の良否を判定できる技術者や酪農家がおり，そして繁殖した結果であれば，アメリカと同等以上の遺伝的能力を期待できるのがふつうである。しかし，結果的にはアメリカと比べて，かなりの格差を示している。これは，生産効率の高い遺伝資源に関連する乳牛が導入されていなかったことと後代検定後の選抜圧が低いためと考えるのが矛盾がない。

わが国では北海道を含め，外国よりも牛乳生産費に関連する諸要因は，すべて高価になる条件ばかりであり，遺伝的能力の国際比較の精度の向上による遺伝的格差の明確化に加えて，貿易立国の建前から，世界酪農国のなかでも最も高能力の乳牛群による酪農経営が目標となる。酪農経営の効率化には多くの技術的，システム的要因が関与する。しかし乳牛自体の遺伝的能力に依存するボトル・ネックがあるために，乳牛改良はとくに急がれる。

(2) 乳牛の特質

乳牛は成長に長期間を要し，初産の完成記録は35か月齢に達する。その後，2，3産と高産次へと進行する乳牛もある。雌の繁殖率は低く，遺伝的評価には世代間隔も長くなるが，人工授精で繁殖される。乳牛の個体価格は高くなり，酪農経営費の全体に占める乳牛資本の比率は高くなる。

一般に，1頭当たり乳量の増加による労働報酬の増加は大きく，その割合に飼料費などの増加率は小さい。乳量4,000kgクラスと8,000kgクラスの牛群の労働報酬を比較すると後者は前者の約3.6倍で，飼料費の増加は約1.5倍にとどまる。低能力牛群では，同じ程度の利益を得るために約3倍の頭数を飼養する必要が生じる。粗飼料の生産，施設と労働時間を総合すれば，飼養効率も労働生産性も問題にならない。

(3) 乳牛の育種に関する側面

産乳記録は雌に限定され，体型スコアにしても多くの環境要因に支配されている。記録は複数であり，世代は重複する。繁殖は人工授精であり，特定雌牛に対する人工授精用種雄牛は酪農家自身が決定できる。しかも，育種群と生産群の区別はなく，育種組織と遺伝的水準の格差のために導入牛と輸入精液が存在する。

乳牛の遺伝的改良は，牛群検定の資料を分析し，種雄牛は待機牛制をとり，検定終了後に人工授精に供用することを基本としているが，検定体制への非加入群も存在する。加入群からの情報は種雄牛評価値として，非加入牛群の改良にも貢献する。これは，種雄牛の遺伝的改良に貢献する割合が75〜95％であることからも重要視されなければならない。

わが国の条件下では，国際的競争力のない日本独自のホルスタインの改良目標は存在しにく

第1表 ホルスタイン系統間の乳量の遺伝的差
(1983)

	カナダ	アメリカ	ニュージーランド
フランス	kg	－800kg	kg
カナダ		－390	
イギリス	－702		－248
西ドイツ	－553	－852	
オランダ	－781	－1,038	

注 アメリカに比べて北海道は乳量で約400kg、乳脂量で約15kg少ない

第2表 ヨーロッパの黒白斑牛若種雄牛候補における北米ホルスタイン遺伝子の比率
(ブラスカンプ、1989)

国 名	1980	1988
デンマーク	53 %	100 %
フランス	80 %	100 %
西ドイツ	72 %	100 %
オランダ	24 %	98 %
イギリス	26 %	55 %

イギリスは1991年には90%に達するという

い。そのため、日本のホルスタインの遺伝的能力は国際的水準かそれ以上の水準を保持する必要がある。

(4) ホルスタインの産乳能力の国際比較

酪農主要国の乳量に関する国際比較は第1表に示した。現在のところ、北米でもアメリカのホルスタインがトップにランクされている。国間にかなり大きな遺伝的差が推定されているために、各国間では改良目標による凍結精液の導入なども実施されている。凍結精液と受精卵によるホルスタイン資源の国際交流は必然的に遺伝的能力の国際比較を容易にしたので、EC諸国ではきわめて急速なホルスタイン化が進行した(第2表)。

アメリカにおける遺伝的改良傾向の出現は1968年といわれている。しかし、アメリカの北東部では1960年代前半から遺伝的改良が出現していた。これらはすべて、牛群検定資料を統計的に分析し、種雄牛と雌牛評価の精度が高く、エリート牛の選抜が有効となったためである。

興味がもたれるは、北米の改良傾向の出現の時期と北海道における出現の時期にはかなりの時間的ずれが生じていて、並行移動する傾向も示さなかったことである。

わが国の興味はアメリカとカナダの比較であるが、アメリカとカナダの差はヨーロッパの研究では約390kgであるとしている。北海道における研究では、その差は約400kgで、乳脂量では約15kgであった。

最近北海道とアメリカの遺伝的差を研究したところ、その差は乳量で約400kg、乳脂量で約18kg、乳蛋白量で約13kg以上となった。この10年間における遺伝的格差は同程度と見えるが、10年前までの体型改良型の種雄牛の存在を考慮すれば、遺伝的格差は拡大していると予測される。それはアメリカの年当たりの改良速度が約130kgで、北海道は約60から80kgであることからも予測される。

体型に重点をおいたとするカナダ系は赤肉生産性においてもアメリカ系に劣るという報告もある(第3表)。結果的に現時点では、アメリ

第3表 ホルスタインにおける雑種第1代雄の肥育時における1日増体重と飼料要求率の国際比較
(レクレルウィスキー、1982)

系統	頭数	赤肉1日増体量	系統	頭数	飼料要求率 (エンバクkg/赤肉kg)
アメリカ	27	417.9 g	アメリカ	27	12.76
イスラエル	27	414.0	イスラエル	27	13.13
スウェーデン	28	409.5	西ドイツ	28	13.25
ポーランド	29	409.2	ポーランド	29	13.27
カナダ	28	405.4	イギリス	28	13.39
オランダ	26	405.3	カナダ	28	13.39
イギリス	28	403.2	スウェーデン	28	13.48
西ドイツ	28	397.6	オランダ	26	13.57
デンマーク	29	383.3	デンマーク	29	14.14
ニュージーランド	27	375.5	ニュージーランド	30	14.73

カ系ホルスタインが乳牛として，肉資源として，特定の栄養条件のなかで経済効率の高さを示している。

（5） 導入育種の問題点

北海道に限らず，わが国のホルスタインは北米の遺伝資源に百パーセント依存してきた。今後もこの傾向はつづく可能性が強い。これは環境の類似性があり，遺伝的能力および育種システムの組織化に差が存在すると予測されるためである。

導入牛の増殖と国内でのそれなりの改良活動にもかかわらず，アメリカと同等かそれ以上の遺伝的能力が期待されるものではなかった。これらはすべて，目的と方法の一致がなく，酪農経営上最も必要な生産効率の高い乳牛資源が導入されていなかったことからして当然のことである。

経験技術にだけ強く依存し，科学的改良情報に対する充分な対応をしなかったために生じた好ましくない現象の典型である。導入遺伝資源による改良を考える場合，供給側の過去，現在，将来への動的傾向の改良情報の把握なしに，供給側と導入側の能力差は解消しにくい。

（6） 導入牛の血統構造

わが国における導入牛は北米で何かの基準による有名種雄牛の息子牛か娘牛である。導入の段階である種の選抜圧は加わるにしても改良目標と方法が一致することを保証しない。第4表に示した種雄牛はかなり以前に有名牛であったものもあるが，それぞれ遺伝的特徴のある北米の有名種雄牛である。若い導入牛の改良情報としては父牛の評価値とその息子牛の平均的な評価値が重要となるためである。

種雄牛の誕生年に差はあるが，テンポやクリストファーなどからは，現在のアメリカの改良傾向の条件下で，乳量の遺伝的改良に貢献する

第4表 米国における有名種雄牛の息子牛のPTA P＄の平均値とプラスになる比率と増頭数

(光本，1992.2)

父牛の登録番号と名号		息子牛数	増頭/年	PTA M	+％PTA	PTA ＄	I$_{PF}$
	1773417 ウォークウェイ チーフ マーク	438	243	＋1,247	100	＋139	＋117
	1697572 アーリンダ ローテート	623	419	＋1,228	100	＋138	＋115
＊	1799693 アーリンダ カール ツイン	33	33	＋1,358	100	＋130	＋107
	1721509 ブラウンクロフト ジエットソン	174	25	＋1,370	99	＋127	＋ 97
＊	1806201 ホィッターファーム ネッド ボーイ	493	493	＋ 995	100	＋125	＋113
＊	1821208 レッカー バリアント ロイヤルティ	102	102	＋1,285	99	＋125	＋105
	1721333 ムーディ パット トロイ	71	9	＋1,097	100	＋121	＋101
	1747862 コーアベル エンチャントメント	236	30	＋1,267	99	＋117	＋ 88
	1811754 サーシー バラー	130	34	＋ 803	100	＋111	＋101
	1667366 カーリンエム アイバンホー ベル	1016	175	＋ 914	98	＋104	＋ 90
	1665634 ロッカリ ソン オブ ボバ	466	59	＋1,270	97	＋100	＋ 68
＊	1810969 フィシャープレース マンディゴ ツイン	66	66	＋ 745	97	＋ 88	＋ 76
	343514 グレナフトン エンハンサー	217	83	＋ 619	92	＋ 83	＋ 73
	1725714 サニー クラフト チーフ スピリット	96	16	＋ 791	96	＋ 83	＋ 66
	1682485 スウィート ヘーブン トラデッション	818	82	＋ 789	90	＋ 70	＋ 54
	1723741 カルクラーク ボード チアマン	832	104	＋ 622	90	＋ 66	＋ 58
＊	352790 ハノバーヒル スターバック	59	59	＋ 350	85	＋ 60	＋ 57
	1691097 ソーニマ エレクトラ	161	8	＋ 628	87	＋ 53	＋ 41
	1650414 エスダブリウディー バリアント	2494	226	＋ 301	79	＋ 42	＋ 40
	1672151 オーシャンビュ セクセーション	393	21	－ 109	67	＋ 18	＋ 25
	1724657 リードフィールド コロンバス イーティ	310	10	＋ 157	56	＋ 11	＋ 2
	336337 ブラウンデール サー クリストファー	71	6	－ 176	30	－ 31	－ 30
	330643 ロイブルック テンポ	119	12	－ 354	22	－ 33	－ 27
	320891 クォリティ アルティメート	52	1	－1,050	0	－116	－102

＊：1991年1月から1992年1月の1年間に新しく出現した父牛名
  $I_{PF} = 2 \times$（乳蛋白量のETA）＋$1 \times$（乳脂量のETA）

第5表 牛群検定の推移

年　度	地　域	組合数	検定戸数	検　定　牛　頭　数			1戸当たり頭　数	検定牛率
				立　会	自　家	合　計		
1975	北海道	46	3,412	42,969	11,086	54,055	15.8	15.5
	府　県	61	4,219	41,473	1,511	42,984	10.2	5.5
	全　国	107	7,631	84,442	12,597	97,039	12.7	8.6
1991	北海道	148	7,970	310,138	2,638	312,776	39.2	66.8
	府　県	201	9,317	227,688	2,712	230,400	24.7	28.2
	全　国	349	17,287	537,826	5,350	543,176	31.4	42.3

息子牛を期待できないことを示している。

バリアントは2,500頭の息子牛が後代検定済であり、この年に226頭の息子牛が後代検定を受けている。また、ネッドボーイは493頭の息子牛を後代検定済としたことになる。しかも、すべての若種雄牛がアメリカの現在の遺伝的水準で改良に貢献できる。バリアントの息子牛のPTA $ の平均値において、チーフマークのそれとの遺伝的能力差が約3分の1となり、遺伝的改良スピードの大きさが明確である。しかし、十数年前までは産乳量の遺伝的改良には貢献する可能性の低い種雄牛の息子牛がわが国の人工授精種雄牛の大部分を占めていた。現在の人工授精種雄牛の血統構造とは大きく異なるものであった。

これらの種雄牛の血統構造は、遺伝的な改良情報として高度の質をもつものではあるが、導入側の情報として時間のずれが大きくなる。そこで北米のエリート・カウ集団の血統を調査すればよい結果が得られる。

（7） わが国の牛群検定

酪農家の飼養する乳牛の生涯検定記録を組織的に集積し、個々の乳牛および牛群の情報から、酪農家に経営情報と改良情報を提供するのが酪農先進国の方法であり、確実な有効性と発展性が実証されている。改良情報とは、種雄牛評価値（後代検定）や雌牛評価値、そして牛群内の改良情報を作成することである。

日本の牛群検定は、昭和50年に乳用牛群改良推進事業として始まった。第5表にその年次経過を示した。北海道の検定率の増加は著しく、約67％に達している。現在は、牛群検定資料を用いて、種雄牛評価と雌牛評価システムを実施している。このように酪農家の牛群の記録を用いて、エリート雄と雌を科学的に選抜し、計画交配、種雄牛の後代検定を実施するシステムをフィールド方式（現場検定）という。

（8） 種雄牛の後代検定

雄の後代検定は次の条件下で有効となる。①その能力の遺伝率が低い。②能力の発現が一方の性に限られる。③能力が屠殺後に判明する。④検定によって、世代間隔は極端に長くならない。⑤雌の繁殖力が低い。⑥雄は人工授精に供用される。これらの条件は乳牛にそのままあてはまるものである。

乳牛で、種雄牛の遺伝的改良に貢献できる割合が75～95％とされるのは、選抜の強さと能力評価時の精度が雌のそれより大きいためである。科学的にエリート牛を選抜し、若種雄牛の計画生産と遺伝的評価を通して正確に強く選抜しなければ遺伝的改良はできない。欧米の酪農先進国はすべて牛群検定に基づく後代検定方式を採用している。日本は検定場方式（ステーション方式）による後代検定方式をとり、昭和63年度までに約200頭の検定済種雄牛が、主として本州方面で人工授精に供用された。

検定場方式の種雄牛評価システムは検定規模、経済性、予測のための統計手法、精度、年次間比較などに弱点をもつため、昭和64年度からは牛群検定を利用した種雄牛評価方式に変更された。統計手法も北海道において用いられていた最良線形不偏予測法（ブラップ法）のなかでもアニマルモデルに変更された。

(9) 改良目標と方法

酪農家の牛群の改良目標をつくる場合，どのような問題を解決するために，どの能力（形質）を選抜の対象とし，その結果，何を期待するのかを科学的に明確に解答することは容易でない。特に日本の条件のなかで，それらの基礎となる情報をつくる研究組織と応用的分野の協力関係の弱さにも原因がある。

欧米の研究資料と種雄牛評価の対象となる形質群は，わが国の問題解決の緒となる。乳牛には，経済的形質として重要な産乳形質のほかに管理形質に関与する体型などの形質も存在することは事実である。わが国で改良戦略的科学情報のないままに多くの形質を選抜の対象とすることは，改良目標が世界のホルスタインの改良に貢献できる水準であるだけに，大きな問題を含むことになる。世界の酪農先進国では，乳蛋白量と乳脂量を選抜対象形質とし，特に乳蛋白量に重点を移行されている。今後のホルスタインの改良はますます科学的改良情報に支配される条件下にあるために，複数の研究グループと牛群検定組織等の協力関係が必要となる。

2. 能力改良の基礎知識

(1) 遺伝的改良に関連する要因

親世代からの遺伝的変化量を最大にするために，父牛と母牛を選んで交配するが，基本的には娘牛の遺伝的能力は次のようになる。

娘牛の遺伝的能力
　＝（父牛の遺伝的能力＋母牛の遺伝的能力）÷2

遺伝的能力は，期待値として予測できるので，高い遺伝的能力をもつ種雄牛と高い遺伝的能力をもつ雌牛を交配すれば，次の世代には両親の世代より遺伝的に高い牛がつくられる。遺伝的改良量は次の四つの要因により構成される。

遺伝的改良量／年
　＝（評価の正確度×選抜の強度×遺伝的標準偏差）／（種雄牛の世代間隔＋雌牛の世代間隔）

ただし，
遺伝的改良量：選抜前の親の世代の平均値と子の世代の平均値の差，選抜反応
評価の正確度：測定値から遺伝的推定値を得るときの精度
選抜の強度：全集団に対する選抜個体数の割合。選抜の強さ
遺伝的標準偏差：遺伝的バラツキのめやすで，遺伝率を開平したもの
世代間隔：個体の遺伝的能力を推定する期間を含めた親子世代交代の長さで，雄と雌とで異なる。

乳牛では，種雄牛の遺伝的改良量と雌牛の遺伝的改良量に対する貢献度の差は非常に大きく，その差は主として評価の正確度と選抜強度に由来する。また，種雄牛の世代間隔は後代検定の条件のもとでは約7.0年，雌のそれは約5.0年である。遺伝的改良に種雄牛の果たす貢献度は，後代検定が実施されているときは75～95％になる。

(2) 遺伝的変異の考え方

①遺伝率の概念

遺伝率は遺伝的改良を得るために不可欠の情報で，相加的遺伝分散（複数の遺伝子の支配による遺伝的バラツキ）を全分散で割った値である。改良の難易や評価の方法，交配の方法の指針となる。遺伝率は0から1.00あるいは0から100％として表示する。乳量の遺伝率が25％であることは，個体差の25％が遺伝によるバラツキにより説明され，75％は種々の環境のそれによるものと理解すればよい。

②遺伝相関と相関反応

説明のために，乳量と体型得点の2つの能力の相関関係を第1図に示した。遺伝相関は各能力の発現に関与している遺伝子群間の相関係数で，-1.00から0を含んで+1.00までに分布する推定値である。正の値であれば一方の能力の改良により，他の能力もその相関係数の大きさに応じて改良される。また，負の相関では一方の能力の改良により，他の能力は低下する関係

第1図 相関の種類

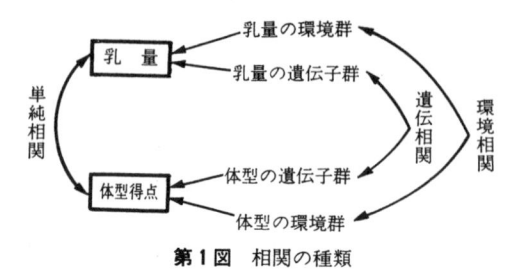

第2図 遺伝的改良量の比較

を示す。このように，ある能力を遺伝的に改良することによって，これと遺伝相関をもつ他の能力が遺伝的に変化することを相関反応という。

乳牛は改良したい能力がいくつも存在するので，第2図のように同時に選抜する能力の数が増加すると，$1/\sqrt{n}$の比率で目的とした能力の改良量は低下すると考えられている。この図は遺伝相関はゼロで，遺伝率と経済的重みづけがすべての能力で等しいと仮定し，標準偏差の増加にもすべて能力で等しいとしている。正か負の遺伝相関係数が各能力間に存在すれば，正の効果，負の効果が出現する。

相関反応を利用できる間接選抜には，乳量から飼料効率や乳成分重量を改良する場合と，体型得点から他の体型各部位を改良するばあいとがある。乳量と飼料効率の遺伝相関は0.8であるために，飼料効率は乳量を改良することにより，直接に飼料効率を改良するよりも効果があると考えられる。

（3） 体型と産乳能力

一般に，酪農家が改良したいことは，個体販

第6表 人工授精種雄牛の各能力と生涯能力の関係 （ピアソン）

種雄牛の例数	期待差の平均値		平均累積総乳量	4 産生存率	5 産生存率
	乳 量	体 型			
24	1,099ポンド	−.6	67,746ポンド	52.7%	40.3 %
48	738	−.9	62,152	52.1	37.8
102	435	−.6	60,889	52.3	37.9
144	140	−.5	58,195	50.0	35.0
166	− 156	−.3	55,889	48.7	35.2
149	− 442	−.1	53,791	47.0	32.8
92	− 712	+.1	50,558	44.9	30.2
39	−1,035	+.3	49,550	42.4	32.6
24	−1,500	+.3	44,180	39.0	28.1

第7表 ホルスタインにおける産乳量，牛群内生存率，体型得点間の遺伝相関係数

（エバレット，1984）

能 力	乳脂量	生 存 率					ETA$_T$
		36か月	48か月	60か月	72か月	84か月	
乳 量	0.85	0.27	0.41	0.55	0.51	0.51	−0.32
乳 脂 量		0.20	0.32	0.45	0.43	0.47	−0.34
36か月生存率			0.94	0.82	0.62	0.58	−0.11
48か月生存率				1.00	0.99	0.86	−0.14
60か月生存率					1.00	1.00	−0.15
72か月生存率						1.00	−0.11
84か月生存率							−0.09
Ｅ Ｔ Ａ $_T$							

売のための体型の改良と産乳能力である。わが国の酪農技術者の間には、現在でも体型のよい乳牛は長命・連産、そして高能力というイメージが存在している。しかし、最近、北米ではこれに相反する結果が報告され始めた。記述方式による体型評価と産乳能力の遺伝相関では乳牛特質だけが正の相関を示し、ほかは低いが負の相関を示していた。

第6、7表には体型と乳量、とくに生涯能力の関係を示した。4産次および5産次までの総乳量や長命性においても体型と産乳能力との関係は負である。他の研究でも乳量と長命性は正で、体型との相関は低いが負であった。体型の評価は多頭数飼育との関係から重要視される乳房の評価もあり、また、大型の乳牛群をつくりたいという改良のイメージも存在する。

体型審査は従来の審査得点に加えて、より生物学的に評価できる線形審査法が導入され、種雄牛評価値も公表されるようになった。線形評価値間にも遺伝相関係数が存在するために、また、体型評価値の数も多いために、体型と産乳能力にバランスのとれた選抜圧を加える必要もある。

アメリカでは乳量：乳脂率：体型に3：1：1の重みをつけた総合能力指数を公表していたが、1987年からは乳脂量：蛋白量：体型（2：2：1）の総合能力指数としたが、現在では乳蛋白量：乳脂量：体型：乳器（3：1：1：1）のTPI指数を用いている。わが国では北米からの導入時に体型にかなりの選抜圧を加えているので、人工授精種雄牛は産乳能力か経済価値（乳円価、経済効果）あるいはIPF（乳蛋白量2：乳脂量1）を基準にしてランク付けし、交配牛の選択の一つの手段とすべきである。

（4） 乳量と乳成分

①乳成分の遺伝率と遺伝相関

乳成分も乳量も遺伝的能力であり、欧米では、後代検定の成績を利用し、酪農家の牛群の改良が実証されている。第8表には北米の報告の遺伝率を示し、北海道での推定値を第9表に示した。

このように遺伝率は条件により大小の値となる。しかし、重要なのは選抜反応が期待できる遺伝的分散の量が充分に存在することである。成分重量の遺伝率は成分率のそれより低いが、この程度の遺伝率があれば後代検定済種雄牛を人工授精に供用すれば、酪農家の雌牛の乳成分量、成分率とも必ず改良される。

第10表に、北海道の乳成分間の遺伝相関係数を示した。乳量と成分重量間あるいは成分率間のなかで、成分重量間の遺伝相関係数が相対的に高く、乳量と各成分率間の係数は負である。

第8表 ホルスタインの生乳成分形質の遺伝率

		a	b	c	d	e
重量	乳　　　　　量	.29	.28	.23	.27	.25
	乳　脂　　量	.29	.17	.25	.38	.25
	蛋　白　質　量	—	.21	.17	.29	.25
	無脂固形分量	.28	.24	.21	—	—
	全　固　形　分量	.27	.21	.21	—	—
率	乳　　脂（%）	.68	.62	.57	.64	.60
	蛋　白　質（%）	—	.47	.37	.64	.50
	無脂固形分（%）	.68	.53	.54	—	—
	全　固　形　分（%）	.71	.62	.57	—	—
	蛋白(%)／乳脂(%)			.34	.63	

注　a：ブランチャード'66、b：ブッチャー'67、
　　c：ガウント'73、d：ハーディー'78、
　　e：バン・ブレック'78

第9表 北海道でのホルスタインの遺伝率と遺伝相関＊　　　（鈴木・光本，1981）

	遺　伝　率		
	初　産	2　産	3　産
乳　　　　量	0.27	0.20	0.14
乳　脂　量	0.25	0.20	0.20
	遺　伝　相　関		
乳量と乳脂量	0.75	0.60	0.50

注　＊初産時の遺伝率や遺伝相関は環境効果が少ないために、他の産次と比較して高い

第10表 北海道における乳成分の遺伝率と遺伝相関　　　（鈴木・光本）

	乳　量	乳脂量	乳蛋白量	乳脂率	乳蛋白率
乳　　量	0.36				
乳脂量	0.62	0.29			
乳蛋白量	0.91	0.76	0.26		
乳脂率	−0.56	0.29	−0.31	0.82	
乳蛋白率	−0.68	−0.09	−0.32	0.75	0.70

注　対角は遺伝率、対角下は遺伝相関

第11表　単一形質の選抜による直接反応と相関反応　　　（ガウント，1973）

選抜形質		乳			質			率			
		乳量	乳脂量	無脂固形分量	全固形分量	蛋白質量	乳糖+ミネラル	乳脂	無脂固形分	全固形分	蛋白質
重量	乳　　　量	**275**	10.6	21.3	29.2	6.2	16.2	% −.036	% −.021	% −.060	% −.018
	乳　脂　量	201	**15.7**	18.0	30.0	6.4	12.6	.056	.022	.076	.010
	無脂固形分量	253	11.2	**21.2**	30.0	6.6	15.8	−.018	.004	−.016	−.003
	全固形分量	242	13.0	20.8	**30.3**	6.7	15.2	.006	.010	.013	.002
	蛋白質量	194	10.5	17.4	25.3	**6.5**	10.3	.014	.020	.032	.014
	乳糖+ミネラル	241	9.9	19.9	27.2	4.9	**14.5**	−.025	−.002	−.030	−.009
率	乳　脂(%)	−130	10.9	− 5.6	2.5	1.5	− 5.9	**.190**	.082	.268	.051
	無脂固形分(%)	− 93	5.1	1.7	5.4	2.9	− 0.8	.102	**.144**	.243	.073
	全固形分(%)	−139	9.3	− 3.1	3.5	2.4	− 4.6	.173	.126	**.294**	.072
	蛋白質(%)	−105	3.3	− 1.4	1.2	2.7	− 3.7	.084	.097	.183	**.075**

注　太字は直接選抜形質の改良量を示す

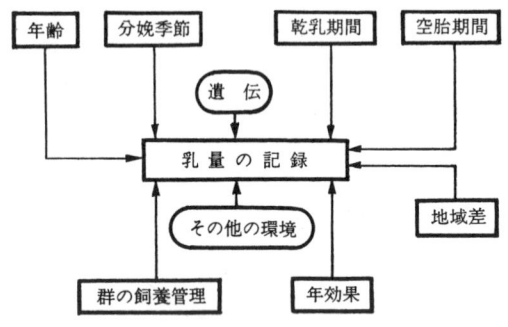

第3図　乳量に及ぼす9つの要因

重量と成分率の相関は一般に低い。

②選抜の直接反応と間接反応

乳量だけを改良すれば，各成分の重量は相関反応として間接的に選抜されて増加するが，各成分率は低下するか，あるいは改良されてもその率の増加はわずかである。乳成分率のいずれか一つを改良すれば，相関反応として，相関係数の大きさに応じて乳量の低下が予測される。それらの直接反応と相関反応の関係を第11表に示した。

成分重量間には高い遺伝相関が存在するため，乳量に対する選抜がほかの成分重量を改良する。その反応量は，その成分重量を直接選抜したときの直接反応にちかい。しかし成分率をわずかに低下させる。乳脂量と乳蛋白量をともに直接選抜したときには，乳量の低下も大きくなく，各成分率の変化もそれほど大きくない（第11表）。

しかし，各成分率の一つを選抜するとその成分率は最も改良されるが，乳量の低下がかなり大きくなる。それが他の重量成分に大きく影響して，成分重量の増加には遺伝的に貢献しない。欧米では乳脂重量と蛋白重量をともに改良する意図が試みられている。バランスのとれた改良計画を実施するにしても，種雄牛の後代検定と雌牛の評価値が各能力について公表されていなければ，酪農家の牛群の改良を計画し実現することは困難である。

（5）　**牛群検定の重要性**

乳牛では育種群と生産群の区別がなく，酪農家の牛群は，年齢や分娩月の異なる乳牛から構成されている。産乳記録には明確な物理的要因のほかに9つの要因が第3図のように関連している。このなかで遺伝的要因をいかに正確に評価するかに関心がもたれ，世界の酪農先進国で牛群検定による方法が採用されている。正確でタイムリーな経営情報の作成，エリート雌牛の評価，種雄牛の遺伝的評価（後代検定）をするためには，遺伝以外の要因を除去する必要がある。

牛群検定の資料なしには上記3種の情報を作成することが困難である。その好例として，第4図に北海道における月齢とか分娩月による産乳量の変動を示した。全月齢をとおして，8月分娩牛が最低であり，かつ月齢と分娩月の関係

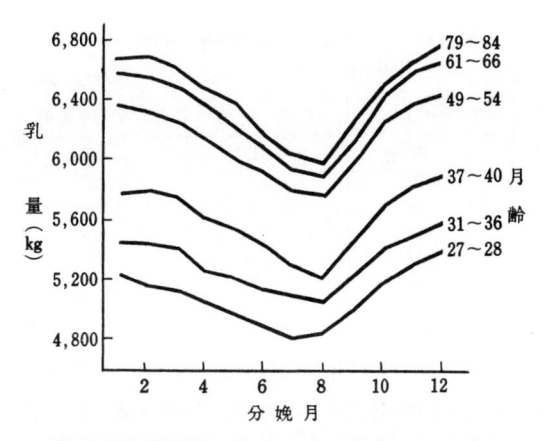

第4図 北海道における分娩年齢と分娩月による乳量の変化　　（光本・鈴木）

第12表　空胎日数の補正係数

（アメリカ）

空胎日数	補正係数	空胎日数	補正係数
20～29	1.07	100～119	1.00
30～39	1.05	120～149	0.99
40～49	1.04	150～189	0.98
50～59	1.03	190～219	0.97
60～69	1.02	220～259	0.96
70～79	1.02	260～289	0.95
80～99	1.01	290～305	0.94

第13表　体型得点のための年齢補正係数

（アメリカ）

月　　齢	補　正　係　数
< 24	1.04
26 ～ 28	1.03
30 ～ 34	1.02
36	1.01
38 ～ 96	1.00
98 ～112	0.99
114	0.98
>116	0.97

は一様でない。また，月齢とともに乳量が増加していることが明らかである。体型評価にも月齢と泌乳時期の効果が存在する。北海道では種雄牛と雌牛の遺伝的評価には最良線形不偏予測法が適用され，高い評価と実効が生じている。

（6）　補正係数の役割

①月齢・分娩月補正係数

牛群内で乳牛のランキングを作成するときは，月齢・分娩月の影響を補正しなければ比較の意味がないほど，月齢と分娩月の影響は大きい（第4図）。地域により分娩月の影響は異なるので，地域ごとに補正係数が推定されると好都合である。この補正係数は乳量，乳脂量，乳蛋白量，無脂固形分量について推定され使用されている。種雄牛評価や雌牛評価に有効である。とくに牛群が小さい場合に有効となる。

②その他の補正係数

通常の牛群検定は月1回，10か月検定，2回搾乳である。空胎期間の補正係数（第12表）や部分記録を使用するさいは，305日乳量に補正する拡張係数が必要である。第13表に体型の補正係数を示したが，第12表とともにアメリカのものである。

現在では，150日以上の記録が種雄牛と雌牛の遺伝的評価に拡張係数を使用して用いられている。わが国の牛群検定では受胎日の記録がないため，空胎日数の補正は適用しにくい。

3.　自家牛群の改良の考え方と方法

（1）　レベルアップの4つの方法

産乳形質あるいは体型など，牛群のレベルアップは次のような方法による。

①優秀な基礎雌牛の導入

改良目標に合致する乳牛を正確に評価できる条件が重要であり，導入資金の償却と導入牛を増殖し，牛群を構成するのに時間が必要となる。とくに秀たものでは，受精卵移植技術の利用も考えられる。

②血統情報の利用

北米から導入すると考えれば，カナダやアメリカの改良傾向，血統情報や現役種雄牛の後代検定成績などの改良情報を必要とする。これは種雄牛センターの必要とする情報と同時に，改良のための情報が少ない時点では酪農家の必要な改良情報ともなる。輸入精液などの総合判定に必要である。

③牛群検定による能力の把握

これによって遺伝的能力による序列がつけら

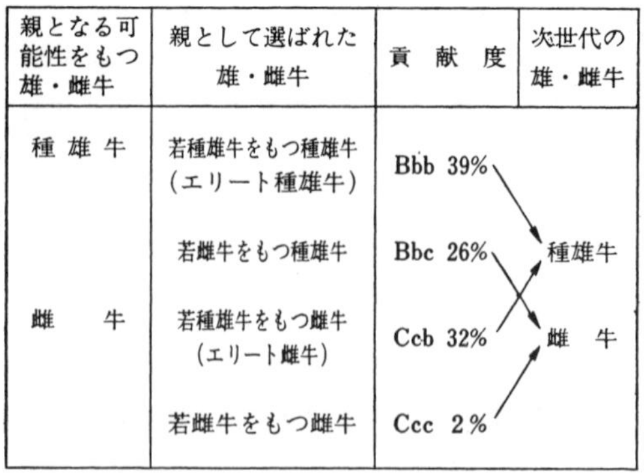

親となる可能性をもつ雄・雌牛	親として選ばれた雄・雌牛	貢献度	次世代の雄・雌牛
種雄牛	若種雄牛をもつ種雄牛（エリート種雄牛）	Bbb 39%	種雄牛
	若雌牛をもつ種雄牛	Bbc 26%	
雌牛	若雌牛をもつ雌牛（エリート雌牛）	Ccb 32%	雌牛
	若雌牛をもつ雌牛	Ccc 2%	

B：種雄牛，b：種雄牛経路，C：雌牛，
c：雌牛経路

第5図 種雄牛と雌牛の改良貢献経路
(バン・ブレック)

第14表 乳量における父牛の遺伝的能力と牛群平均生産量
(バウエル)

父牛の平均期待差	牛群の数	牛群平均生産量
501 kg	22	7,379 kg
379	208	7,290
248	2,031	7,209
114	2,803	7,007
− 22	1,589	6,827
−110	592	6,608
−286	105	6,419

れ，牛群の改善と更新計画と交配計画とが可能となる。トップエリート雌牛の選抜，受精卵のドナー牛の選抜などである。

④種雄牛の後代検定からの改良情報

特定の雌牛群の改良目標に直結する種雄牛を選抜し，計画交配を可能にする。牛群レベルアップには最も効果のある方法であり，種雄牛評価値の精度は高くなっているために，乳牛は改良しやすい家畜となった。

（2） 種雄牛の改良における役割と利用

牛群検定集団の中で，検定され，選抜された種雄牛であれば，遺伝的改良に果たす貢献度は75〜95％と推定される。第5図には乳牛の遺伝的改良が4つの経路からどれほど期待できるかを示した。これは牛群検定とそれによる後代検定を実施しているばあいである。

雌が改良に大きく貢献できるのは種雄牛の母親（エリート雌牛）に選ばれたときであり，牛群内の淘汰更新からはわずかな改良量しか期待できない。エリート雌牛の正確で，強い選抜がいかに大切かも理解できる。全体として，種雄牛の経路が遺伝的改良に果たす役割が大きくなる。

乳牛における選抜の機会は第6図に示すように3段階に分けられる。第一のステップ①では最も強い選抜圧が加わる。エリート・ブルの評価精度は高く，選抜圧もきわめて高い。エリート・カウの評価精度はエリート・ブルほど高くはないが，選抜圧は大きい。改良目標に応じた世界的視野からのサンプリングが必要である。導入の場合には精液にしろ受精卵にしろ，北米のエリート牛の組合わせは日本の牛群の遺伝的水準に影響されない高い遺伝的水準がサンプリングされるべきである。

つぎに②の後代検定後の選抜では，評価精度は高いが，選抜率が問題となる。酪農先進国の大部分の国では10から20分の1の選抜率である。米国は毎年約1,500頭を後代検定するので，そのトップグループはきわめて高い遺伝的水準を維持できるはずである。

国内の牛群検定 → ① エリート・ブルの選抜 →
　　　　　　　　遺伝的評価値による → 　　　　　　　若種雄牛の計画生産
　　　　　　　　比較　　　　　　　　　　　　　　　　（ETの利用）
北米の牛群検定 → 　　　　　　　　　　　　エリート・カウの選抜 →

→ 牛群検定による遺伝的評価 → ② AIブルの選抜 → AIブル
　（後代検定）

→ ③ 酪農家における交配 → 遺伝的改良
　　（交配相談プログラム）

第6図 乳牛の選抜の機会 (光本)

最後の③の酪農家における交配も選抜圧となる可能性を持つ。この段階ではＡＩブルの中からの選抜で，近親交配や体型等に対する選抜も加えられるため，強い選抜圧は期待できない。しかし，米国などの導入精液を授精するばあいには高い選抜圧が期待できる。

それを説明すると，遺伝的標準偏差は雄牛と雌牛で同じとし，世代間隔は雄7.5年，雌で5.5年と仮定すると遺伝率は0.25とし，正確度は娘牛の数を50頭として雄で0.88，雌は初産として0.50とする。選抜強度は種雄牛に20分の1，雌に100分の90とする。これでは1年当たりの改良量の95％が種雄牛の選抜に由来することになり，遺伝率が0.50になれば，それは93％となる。

（3） 血統情報の利用

遺伝的改良に対する種雄牛の貢献度が95％にもなる条件，エリート雌牛を科学的に選抜できる条件は血統情報の重要性を増加させる。父牛の後代検定成績と母方祖父牛の後代検定成績に注目する必要がある。一般に血統指数は次に示すものが使用される。

血統指数＝1/4（父牛の育種価）
　　　　＋1/8（母方祖父の育種価）

あるいは

血統指数＝1/2（父牛の期待差）
　　　　＋1/4（母方祖父牛の期待差）

である。ただし，アメリカの期待差（PTA）は1985年を基準にしているので，乳量のばあい，年200ポンドくらいは改良がすすむことを計算にいれる必要もある。

父牛の評価値と雌牛の評価値が存在するばあいには，遺伝指数が使用できる。それは

遺伝指数＝1/2（父牛の期待差）
　　　　＋1/2（母牛の雌牛指数）

息子牛の後代検定成績と，実際の牛群について父牛の期待差と牛群の平均産乳能力を第14表に示した。明確な関連性があり，父牛となる種雄牛の遺伝的能力が改良のキーポイントとなることを示している。

第15表 ある牛群の能力ランキング

牛群	能力	牛群	能力
1	10,000kg	11	6,500kg
2	9,500	12	6,500
3	9,000	13	6,500
4	8,500	14	6,000
5	8,000	15	6,000
6	8,000	16	5,500
7	7,500	17	5,300 $\bar{x}_{16}=7,375$
8	7,000	18	5,000
9	7,000	19	4,500
10	6,500	20	4,500
			$\bar{x}_{20}=6,865$

（4） 牛群内の改良法

①淘汰と更新牛の生産

産乳能力に関与する要因は第3図に示した。わが国の全体をカバーする種々の補正係数も推定されているので，月齢・分娩月補正係数や拡張係数を使用すると，かなり遺伝的能力の評価値に近づくことになり，牛群内のランキングに意味が生じる。

牛群検定による雌牛指数が存在すれば，遺伝的改良にはこのランキングを使用するとよい。一般に酪農家では牛群内の淘汰更新は25％以上になることは事実上困難と考えられる。通常の淘汰の大部分が老齢，繁殖障害，乳房炎，その他の疾病であるが，経営的な視点からも低乳量牛の淘汰と高能力牛の娘牛による更新が重要となる。

第15表の例では，上位80％に入る乳牛16頭の平均は7,375kgで牛群全体の平均6,865kgに比べて510kg多い。下位牛4頭に病気などの明確な原因がないばあいは，当然淘汰の対象となる。淘汰牛はいくつかの条件で判断できるとしても，問題は能力の高い更新用娘牛の生産にある。種雄牛の評価値を調査し，明確な理由のある交配を計画すべきである。

種雄牛の選定には産乳能力に重点をおき，精液の価格と入手しやすさを考慮すべきである。エリート・カウにランクされるくらいの雌牛には輸入精液を使用することも理由となる。牛群の上位牛に交配する種雄牛は各雌牛ごとに2頭

第16表　近親交配による退化 （ヤング）

	近 交 係 数		
	6.25%	12.5%	25.0%
乳　　　　量(kg)	−136	−273	−545
脂　　　　肪(kg)	−4.0	−8.2	−16.4
脂　肪　率(%)	+0.02	+0.04	+0.12
生 時 体 重(kg)	−0.68	−1.36	−2.73
1 歳時体重(kg)	−4.55	−11.40	−27.30
2 歳時体重(kg)	−9.10	−18.20	−27.30
成 時 体 重(kg)	?	?	?
1 歳時体高(cm)	−0.60	−1.2	−2.4
2 歳時体高(cm)	−0.4	−0.8	−2.4
成 時 体 高(cm)	0	0	0
1 歳時胸囲(cm)	−1.0	−2.0	−4.0
2 歳時胸囲(cm)	−1.2	−2.4	−4.8
成 時 胸 囲(cm)	−0.8	−1.6	−3.2
死 亡 率(%)*	112	125	150

注　*近交係数 0 を100とした比率

第17表　ミニ近交係数の代表例

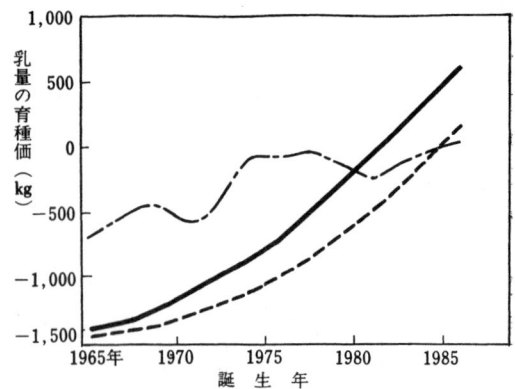

種 雄 牛	雌　　牛	ミニの近交係数
雄　　A	雄 A の娘	25.0%
雄　　A	雄 A の孫娘	12.5
雄 A の息子	雄 A の娘	12.5
雄 A の息子	雄 A の孫娘	6.25
雄 A の孫	雄 A の娘	6.25
雄 A の孫	雄 A の孫娘	3.13

第7図　米国における乳量の種雄牛(━)と雌牛(--)の遺伝的改良量と牛群(-･-)効果の年次に対する変化　（ウィガンス，1991）

ていど選定する。各雌牛に交配する種雄牛が確定したら，人工授精師に改良方針と精液の確保について相談する。授精の時期は 1 年前から判明するはずであるから，早めに計画することが重要となる。20～50頭の牛群では，種雄牛は 5～8 頭にとどめる。

人工授精サブセンターでは，種雄牛の遺伝的能力について，その地域の基準を設定し，その中から酪農家の選定と，交配計画を実施するのもきわめて有効な方法である。更新用の若雌牛は，少なくとも牛群の上位50％の母牛から生産されたものとしたい。

②近親交配への対応

種雄牛センターは世代ごとに異なる血統の種雄牛を確保する計画はなく，導入牛でも国産牛でも特定の血統に集中しがちである。このことは，近親交配による能力の退化現象に直面する危険性がある。近親交配はすべての遺伝子型をホモにする可能性をもつが，強い選抜計画がなければ近交退化に対抗しきれない。

第16表に近交退化の一般傾向を示した。一度の交配で近交係数が約 3 ％の増加にとどめたほうがよい。近交係数 1 ％と乳量の期待差の45kgがバランスするという報告もあるため，少なくとも，6.25％を超す近交係数の上昇が一度の交配によって生じることはさけるべきである。成雌牛の父親の血統と交配する種雄牛の血統を調査して，近い世代に同じ名号の種雄牛が出現する場合，いわゆるミニの近交係数となる。代表例は第17表に示した。

導入牛の有名な血統には近親交配によるものが見うけられるが，その背景には非常に強い選抜と淘汰があることに注意する必要がある。とくに改良情報の不足している情況下では，近親交配による能力の向上は一般酪農家では期待できない。近交と改良情報の組合わせによるパソコン処理による交配相談も必要となっている。

4. 人工授精種雄牛に関する今後の方向

（1）一 般 戦 略

世界の人工授精種雄牛の生産方式は牛群検定をとおして，エリート雄牛とエリート雌牛を科学的に選び，目的に応じた計画交配による若種雄牛を生産し，牛群検定により後代検定済種雄

牛とする方式である。わが国の後代検定はステーション方式（検定場方式）で実施していた。エリート雄牛とエリート雌牛の選抜と年次による評価値の変動および年間必要頭数の供給などに弱点をもっていた。1989年から牛群検定に基づく種雄牛評価値が用いられている。人工授精牛はすべて後代検定済（条件として産乳能力の種雄牛評価値をもつ）となった。

検定される能力には産乳能力，体型，分娩障害，受精率，長命性，搾乳性，乳房炎，気質などがあり，それに産肉性が加わる。

北米ではホルスタインの改良傾向は非常に大きく，乳量は第7図のようであり，年々遺伝的能力

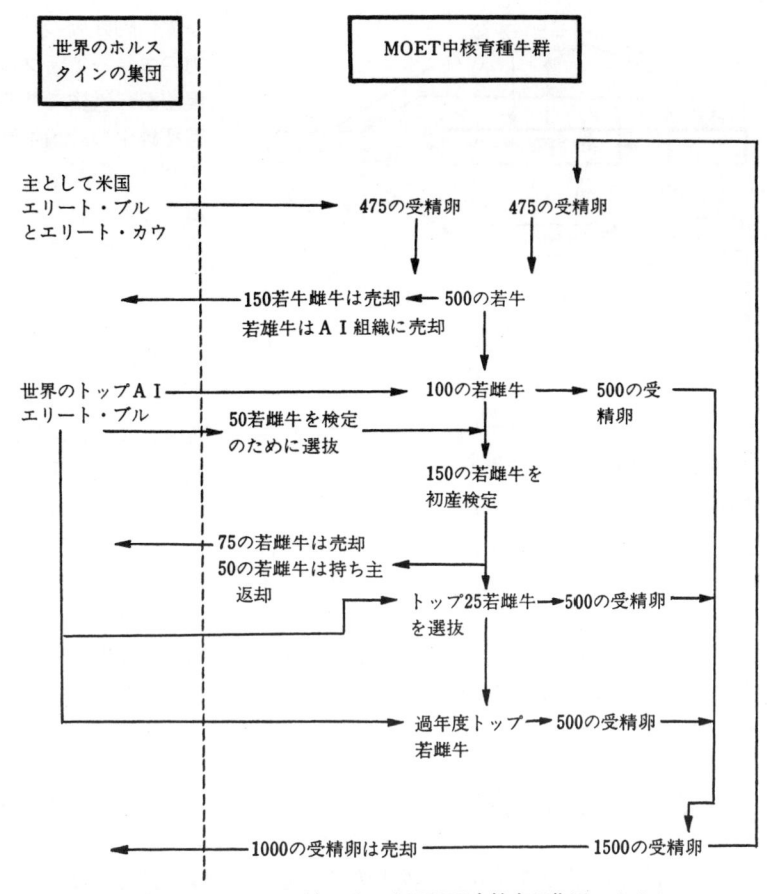

第8図　オランダにおけるデルタMOET中核育種集団のサイクル

は向上しているために遺伝的改良は加速度的にすすむことになる。遺伝資源のサンプリングには，血統情報や後代検定成績を分析し，エリート雄牛の精液や受精卵ではエリート雌牛の組合わせを重視せざるをえなくなる。

（2）　MOET中核育種法

MOETはホルモン処理による過剰排卵と授精後に，受精卵を採取する。受精卵である胚を他の健康な雌牛に移植し，子牛を生産する方法である。1個体から一定期間内に多数の子孫が可能となるために，生産集団とは異なる育種集団を造成できる。この育種集団内で高精度の強い選抜圧を加える。それを増殖するかAIに用いて，遺伝的価値を生産集団に移すのである。したがって，鶏や豚と同程度の改良速度が期待でき，しかも世代間隔を短縮できる。MOET

に必要な費用は高額なので，育種集団に利用するのが最適であり，かつ投資効果を大きくすることが可能となる。ホルスタインの場合，アメリカやオランダに牛群検定を基礎とする大規模な集団があり，しかも，海外市場を展開できる遺伝的水準を持っている。これらの集団からエリート・ブルとエリート・カウを選抜し，MOET育種集団を効果的に造成することが可能である。このMOET育種集団は自国の集団の遺伝的水準から直接に影響をうけない高い遺伝的水準を保持するために，科学的にコントロールされた集団からの精液や受精卵は海外市場にも対応可能な遺伝的水準となる。したがって，経済的な効果も期待できる。

MOET中核育種法には牛群が存在する場合と酪農家の牛群を利用する遺伝中核法がある。遺伝中核法は牛群検定システムが存在すれば，

改良と飼育技術をめぐって

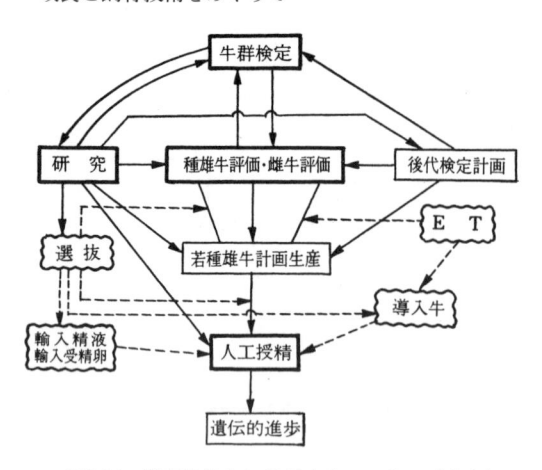

第9図 遺伝的進歩に貢献するシステム（光本）

経済的に容易であり，酪農家へのインパクトが強いものである。前者にはイギリス，オランダ，デンマーク，ドイツなどがあり，後者にはフランスとカナダがある。参考のためにオランダの開放 MOET 中核育種集団のサイクルを第8図に示しておくが，詳細は畜産の研究，46:3号と5号を参照されたい。

5. これからの改良戦略

今後，乳牛の改良目標が世界の乳牛改良の遺伝資源として貢献できるところにあるとすれば，エリート雄牛とエリート雌牛の重要性が非常に大きくなると考えられる。それは牛群検定による遺伝的評価の結果，科学的に，目的とする能力のエリート・ブルとエリート・カウを大きな集団から選抜できる条件である。これを基礎に若種雄牛の計画生産にも世界の遺伝資源を活用すればよい。また，受精卵の移植技術なども利用するとよい。そして，人工授精時に酪農家の選抜が科学的資料に基づいて実施されることになり，確実に特定の方向に遺伝的改良が生じることになる。

第9図は乳牛の遺伝的改良に必須のシステムを示したものである。このなかで，牛検検定，研究グループ，種雄牛評価と雌牛評価，そして，人工授精は必須の4つのシステムである。これに，わが国では北米からの遺伝資源の利用が存在するために輸入精液や受精卵の導入が加わる。ここでは北米の血統構造の変化などの改良情報も必要となってくる。当然の結果として，効率的な若種雄牛の計画生産や後代検定計画が必要となるが，すべて研究グループのサポートなしには実現しにくい。

このように乳牛の改良は複数の研究組織のサポートなしには実現しないことは確実であるため，検定組織や登録組織，関連事業体は研究組織の密接な協力関係の場を積極的に育成するよう継続的努力が必要となる。

執筆　光本孝次（帯広畜産大学）

1992年記

乳牛の遺伝的改良

1. 遺伝的改良に果たす種雄牛の役割

　改良は交配と選抜の繰返しである。優れたもの同士を交配し，生まれた子牛のなかからさらに優れたものを選び出して交配する。これを方向性をもっていかに継続的に行なうかで結果は決まる。技術的には，選抜のための検定や審査，交配のための人工授精が必須となる。

　一方，集団の遺伝的改良量は，1) 候補種雄牛の父牛の選抜，2) 候補種雄牛の母牛の選抜，3) 後継牛生産のための父牛の選抜，4) 後継牛生産のための母牛の選抜，の4つの経路で説明される。

　第1図は，その経路別の貢献度をみたものであるが，1) と2)，すなわち次世代の雄となる候補種雄牛を生産する両親の選び方で全体の4分の3が説明され，これに3) の牛群内での交配種雄牛の選び方の貢献度を加えると，集団の遺伝的改良の可能性のじつに9割以上は雄によって説明されることになる。世界各国が競って後代検定の拡充を図ってきたゆえんであり，そこには理論を背景とした計画的で組織的な取組みが求められる。

　なお，この経路別の貢献度の分析は液状精液の時代に行なわれたもので，凍結精液技術を背景に進められる現在の乳牛改良においては，雄の影響力がさらに大きくなっているであろうことは想像に難くない。

2. 乳牛の後代検定の歴史

(1) 組織的な乳牛改良システムの構築

①後代検定の始まり

　後代検定は1905年にデンマークで始まった。デンマークではその10年前，1895年に世界に先がけて牛群検定を開始している。この2つの技術はその後，世界各地に広まるところとなるが，各国が後代検定の重要性を強く認識し始めたのはそう古いことではなく，凍結精液技術が普及を始めた1965 (昭和40) 年前後といってよい。

　それは，液状精液時代には限られた範囲でしか利用できなかった種雄牛が，凍結精液時代に入ってより広範囲に利用できるようになり，影響力が格段に増大したことによる。この時期，各国とも人工授精所の統合・広域化，牛群検定の普及と本格的な後代検定の拡充を進め，わが国でも都道府県や地域単位で行なわれていた人工授精の広域化を図るため，1971年には都道府県を会員とした家畜改良事業団が設立されている。

②ステーション方式で開始された後代検定

　ところが，当時，わが国には後代検定を実施しようにも牛群検定はまだ存在していなかった。そこでとられたのが，娘牛を検定施設 (検定場) に収容して能力検定を行なうステーション方式による後代検定で，1969年に国立種畜牧場が自らの育種雌牛群から生産する候補種雄牛を対象に実施に踏み切っている。

　ついで，その2年後の1971年には，全国22道県の検定場と関係団体が娘牛生産と能力検

(レンデル＆ロバートソン)

遺伝的改良の可能性 (100%)
- (76%)
  - 43% 将来の候補種雄牛の父牛の選抜から
  - 33% 将来の候補種雄牛の母牛の選抜から
- (24%)
  - 18% 後継牛生産のための父牛の選抜から
  - 6% 後継牛生産のための母牛の選抜から

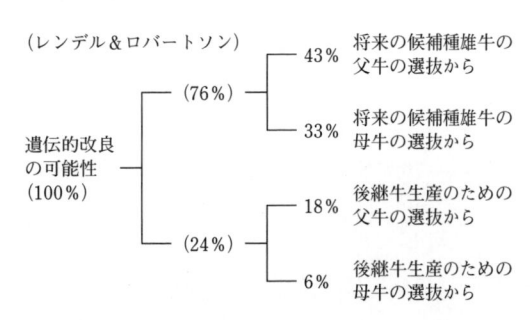

第1図　遺伝的改良に及ぼす各経路の貢献度

定，家畜改良事業団が候補種雄牛の生産と待機，選抜後の種雄牛の全国供用，国立種畜牧場が候補雄子牛の育成を，それぞれ分担実施する優良乳用種雄牛選抜事業が開始された。

③フィールド方式への移行

そして，1983年の海外産精液の利用自由化を踏まえ，翌1984年には国内で広域利用されるすべての種雄牛を後代検定すべく，乳用牛群総合改良推進事業（総合検定）に移行した。

この事業は当時，開始からすでに10年を経過していた牛群検定の参加農家にも後代検定への参加を求める，いわゆるステーション・フィールド併用方式で実施され，さらにその6年後の1990年には，検定の場を完全に牛群検定に移したフィールド方式へと発展して今日に至る。

いずれも，主要酪農国のような生産者による広域の改良組織をもたないわが国が，全国規模で改良事業を実施するには，国，都道府県，関係団体，生産者が役割を分担し一体的に取り組む以外に方法はないとしてとられたもので，この状況はその後も変わっていない。

(2) 全国規模での計画的な後代検定

第2図は，わが国の後代検定の仕組みを示したものである。候補種雄牛生産のための交配（計画交配）から起算すると7年，後代検定娘牛を生産するための交配（調整交配）から数えても，4年半から5年を要する息の長い取組みとなる。

調整交配以降の基本計画は次のとおりで，最終的な遺伝評価値の信頼度（r^2）が泌乳能力（乳量）で85％，体型（決定得点）で75％以上となるように計画されている。

1年目：調整交配；候補種雄牛1頭につき（雄当たり）450頭の牛群検定牛に調整交配

2年目：後代検定娘牛の生産；雄当たり81頭の娘牛を生産

3年目：娘牛の保留・育成，牛群検定加入；雄当たり61頭の保留頭数を確保

4年目：娘牛の泌乳能力検定，体型調査；雄当たり55頭の検定実施頭数を確保

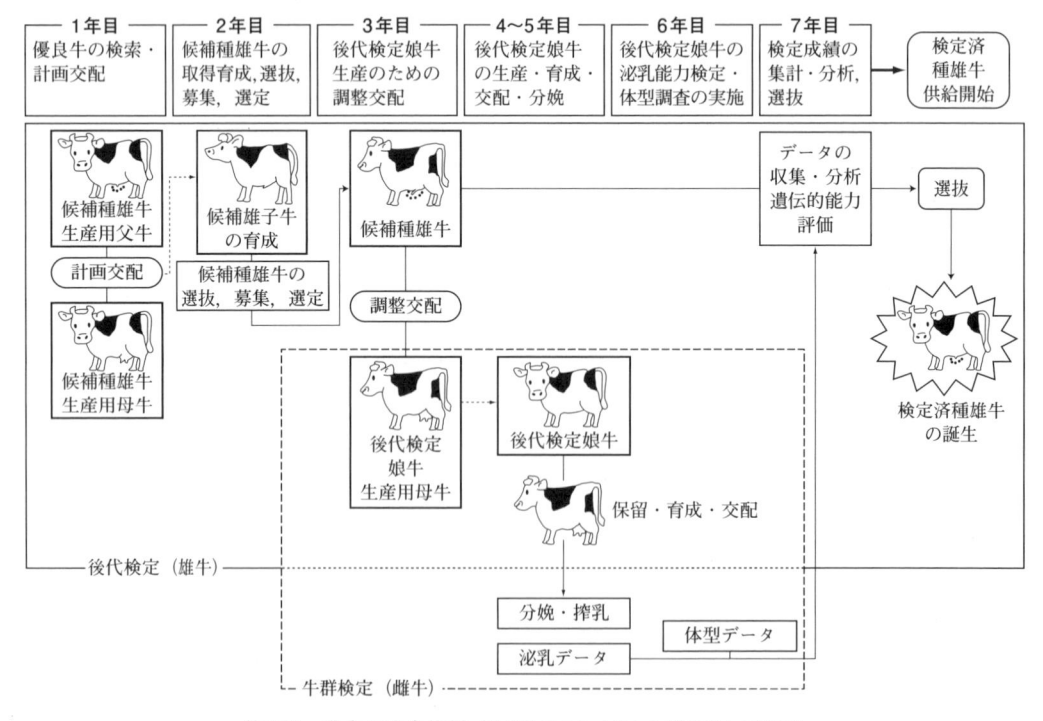

第2図　乳牛の改良体制（後代検定のしくみと牛群検定との関係）

5年目：遺伝的能力評価；雄当たり50頭のデータ採用頭数を確保し遺伝評価，検定済種雄牛の選抜；7～9頭の候補種雄牛から1頭程度を選抜（実績値）

後代検定では最終的に，選抜された検定済種雄牛の改良力の大きさが問われる。これは種雄牛を交配した雌牛とその娘牛との遺伝的能力の差と同義語で，次式で表わされる世代間の改良量の大きさといい換えることができる。

世代間の改良量＝選抜の強さ×選抜の正確さ×集団の遺伝変異の大きさ

すなわち，遺伝変異に富んだ集団のなかから優れた候補種雄牛をできるだけ多く確保し，これをいかに強く正確に選抜するかが後代検定を実施する際のキーとなる。

そこで，わが国では基本計画の着実な実施と併せて，以下の点にとくに留意した運用が行なわれている。

1）候補種雄牛は，毎年策定されるガイドラインに沿って生産確保されたものであること。

2）後代検定娘牛は，生産時の偏りを防止するため，全国規模の配置計画に基づく調整交配によりランダムに確保すること。

3）候補種雄牛は，後代検定が終了するまで精液を他人に譲渡しない（完全待機する）こと。

4）検定済種雄牛の選抜に際しては，ガイドラインの定めるところにより総合指数（NTP）の上位のものを選抜すること。

(3) 遺伝的能力評価手法の変遷

遺伝的能力の評価手法は，コンピュータ技術の発達とともに進展してきた。わが国では，ステーション検定当時は娘牛の検定が全国22道県の公的施設で行なわれ，今日的なフィールド検定に比べれば規模的にも限られていたことから，選抜結果に影響を及ぼす要因をできるだけ事前にコントロールし，得られたデータを最小二乗法により分析する方法がとられた。

これが1984年に開始された総合検定では，ステーション検定に加えて，さまざまな飼養環境下で収集される牛群検定のデータも分析に用いることとなり，娘牛の分娩時期や月齢，産次などのほか，交配の偏りや飼養環境の違いなども考慮した評価手法が求められるところとなる。

そこで，1989年の評価開始に向けて開発されたのがBLUP法（最良線形不偏予測法）MGSモデルで，この分析モデルの採用により後代検定にかけられた候補種雄牛だけでなく，供用中やこれまでに供用されたものを含むすべての種雄牛の遺伝的能力を同じ基準で比較することが可能となった。

一方，進展するコンピュータ技術を背景とした評価手法の進歩は著しく，世界的には雌牛の遺伝評価も可能な，さらに高次の評価手法が実用化されるところとなる。そこで，ハード面を含めてこれらの動きに的確に対応するため，それまで家畜改良事業団が実施してきた評価業務を家畜改良センターが担うこととし，1993年からはBLUP法アニマルモデルが採用されるところとなった。

この評価手法は，両親や兄弟・姉妹，娘牛などの血縁情報を各雌牛の記録とともに分析に用い，各個体の育種価を雌雄同時に推定するもので，以来，種雄牛だけでなく雌牛についても遺伝的能力が把握可能となる。

なお，泌乳形質の遺伝評価では長年，乳期の記録を分析に用いる乳期モデルが用いられてきたが，2010年以降，わが国では毎月の検定日の記録を用いる検定日モデルに移行している。

3. 種雄牛選抜の考え方と効果

(1) 総合指数NTPの利用

種雄牛の選抜は，各国とも総合指数により行なうのが一般的で，国によってその計算式は異なる。乳牛に求める形質ごとの改良の進み具合や方向性，経済性などが異なっていることによるもので，わが国ではNTPという総合指数が使われている。

① NTPの開発

NTPは，日本ホルスタイン登録協会が，1994（平成6）年から開発に着手し，2年にわ

たる分析・検討を経て，1996年2月に種雄牛の選抜指数として公表された。そして，同年9月には雌牛についても公表が開始され，1998年にはNTP上位40位までの種雄牛の利用を推奨する措置がとられた。

この推奨制度の導入により，人工授精に供する種雄牛の数がおのずと制限され，結果的には後代検定の課題のひとつである選抜圧の強化につながるところとなった。

② NTP$_{2010}$ の採用

NTPは，その後，時代の要求に応えて数次にわたり改訂が行なわれ，2010年からはNTP$_{2010}$ が採用されている。

その基本的な考え方は乳牛の生涯生産性の向上に置かれ，指数を構成する産乳成分，耐久性成分，疾病繁殖成分には，乳成分率の改良方向をプラスに維持したうえで，乳量・乳成分量と生産寿命，機能的寿命の改良量が最大になるように重みづけされている。

(2) NTPによる効果

このNTPによる種雄牛選抜の効果は著しく，第3図に示すとおり，上位40頭推奨制度の導入などの具体的な対応が始まった1999年生まれを境に，それまでの泌乳形質に加えて，長命性に関係する体型形質においても，顕著な改良効果が認められるようになる。しかしながら，その一方で，2000年ころから明らかに過度に体型を重視したと思われる海外産精液の輸入が増加し，このことがわが国の乳牛改良を推進するうえでの最大の懸念材料となってくる。

泌乳形質と長命性をバランスよく改良しようとするNTPに基づく種雄牛の選定と，泌乳能力が一定の水準に達したから次は体型の改良をといったような，順繰り選抜的な種雄牛の選定が混在する生産現場の実態を表わすものともいえるが，経済動物である大家畜の遺伝的改良において，その優位性が前者にあることはいうまでもない。

NTPの変遷を第1表に示す。

4. 国内評価と国際評価

(1) 他国の評価値ではわからない貢献度

種雄牛評価成績の国際比較（国際評価）は，1994年（平成6年）にインターブルによって開始された。これは，1970年前後から各国で世界中の種雄牛が利用可能となっていたなかで，これらのなかから自国の改良に真に有益な種雄牛をみきわめることの必要性を，おもにヨーロッパの国々が強く認識していたことが背景にある。

評価そのものは，参加国からインターブルに提供される各国の国内評価成績をもとに，国間の遺伝相関と種雄牛間の血縁関係を利用した，MACE法と呼ばれる評価手法によって行なわれ，それぞれの国の環境に適した各国の評価基準に沿った評価成績が計算される。これを模式的に示したのが第4図で，種雄牛1頭1頭について参加国の数だけ国際評価値と信頼度が計算されることになる。したがって，インターブルから返されてくる国際評価値で種雄牛を順位づけすると，そのランキングは国によって異なるという現象が起きる。また，他国の種雄牛がその後代検定プロ

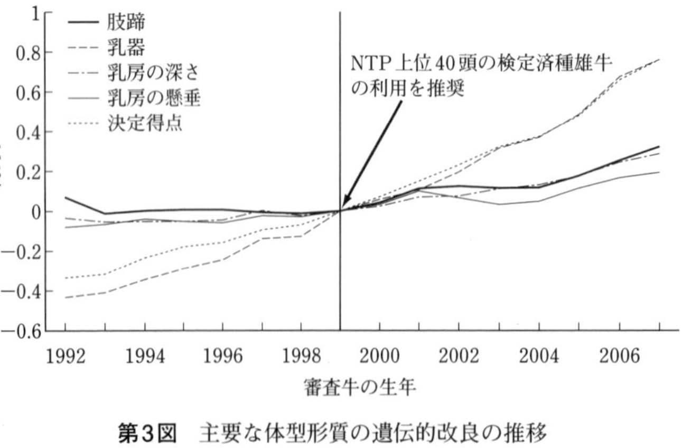

第3図 主要な体型形質の遺伝的改良の推移
（家畜改良センター，2010年8月評価）

第1表　NTPの変遷

1995（平成7）年7月	総合指数NTP（Nippon Total Profit index）の開発終了，名称を決定 $$NTP = \left(3 \times \frac{産乳成分}{166} + 1 \times \frac{体型成分}{1.212}\right) \times 100$$ 産乳成分＝－0.07（乳量）＋1（乳脂量）＋8（乳蛋白質量） 体型成分＝（決定得点）＋（乳房成分） 乳房成分＝0.22（前乳房の付着）＋0.14（後乳房の高さ）＋0.05（後乳房の幅）＋0.16（乳房の懸垂）＋0.35（乳房の深さ）＋0.08（前乳頭の配置）
1996（平成8）年3月	日本ホルスタイン登録協会から，種雄牛のNTPを公表
1996（平成8）年9月	雌牛のNTPを公表
1998（平成10）年2月	NTPの公表を家畜改良センターに移管
2000（平成12）年2月	得点形質データを正規化（標準化） 線形形質スコアを50区分から9区分に変更 体型成分に肢蹄得率を追加し公表 $$NTP = \left(3 \times \frac{産乳成分}{114} + 1 \times \frac{体型成分}{1.144}\right) \times 100$$ 体型成分＝（決定得点）＋（肢蹄得率）＋（乳房成分）
2001（平成13）年8月	乳量に対する負の重みを－0.07から－0.03に変更し公表 $$NTP = \left(3 \times \frac{産乳成分}{131} + 1 \times \frac{体型成分}{1.144}\right) \times 100$$ 産乳成分＝－0.03（乳量）＋1（乳脂量）＋8（乳蛋白質量）
2003（平成15）年8月	インタープルが実施する国際評価に参加 NTPの指数式を大幅に改訂 決定得点，後乳房の幅を削除，乳器得率を追加 $$NTP = 4.5 \left(27 \times \frac{乳脂量}{SD_{fat}} + 73 \times \frac{乳蛋白質量}{SD_{pro}}\right) + 1.5 \left(15 \times \frac{肢蹄得率}{SD_{fl}} + 85 \times \frac{乳房成分}{SD_{ud}}\right)$$ 乳房成分＝0.32（乳器得率）＋0.68 |0.16（前乳房の付着）＋0.10（後乳房の高さ）＋0.28（乳房の懸垂）＋0.35（乳房の深さ）＋0.11（前乳頭の配置）| SDは各遺伝標準偏差
2010（平成22）年2月	体細胞スコアを追加 各成分の呼び方を，国際的な呼称の産乳成分，耐久性成分，疾病繁殖成分に統一 $$NTP = 7.2 \left(27 \times \frac{乳脂量}{SD_{fat}} + 73 \times \frac{乳蛋白質量}{SD_{pro}}\right) + 2.4 \left(15 \times \frac{肢蹄得率}{SD_{fl}} + 85 \times \frac{乳房成分}{SD_{ud}}\right)$$ $$+ 0.4 \left(\frac{-100 \,(体細胞スコア － ベース年生まれの雌牛の体細胞スコア)}{SD_{scc}}\right)$$ 乳房成分＝0.17（乳器得率）＋0.83 |0.18（前乳房の付着）＋0.09（後乳房の高さ）＋0.10（乳房の懸垂）＋0.24（乳房の深さ）＋0.07（前乳頭の配置）－0.10（前乳頭の長さ）－0.22（前乳頭の配置）|

グラムのなかで自国の種雄牛より多めの娘牛を確保していても，国際評価から得られる信頼度は自国の種雄牛より劣るという逆転現象も起きてくる。

(2) 国内評価値と国際評価値は同一基準

このように国際評価成績は，他国の種雄牛を利用した場合の効果を，自国の評価基準で知ることができる有益な情報である。しかも，各国の国内評価成績と国間の遺伝相関，種雄牛の血縁関係をよりどころとする国際評価は，同じ海外の種雄牛でも，わが国での利用実績がなく娘牛が国内にいない種雄牛の評価値の推定精度は，国内に娘牛がいる種雄牛より低下するという遺伝評価の本質的な事項も教えている。

つまるところ，わが国の飼養環境下で得られた記録に基づく評価成績（国内評価）が，日本の雌牛の改良には最も反映しやすく，海外の評価成績はその対極にあることになる。わが国からみた，この海外評価成績のズレを修正したのが国際評価でということになる。

わが国では評価値のもつこのような特性を勘案し，国内の種雄牛については国内評価成績を，海外種雄牛については国際評価成績を，そ

改良と飼育技術をめぐって

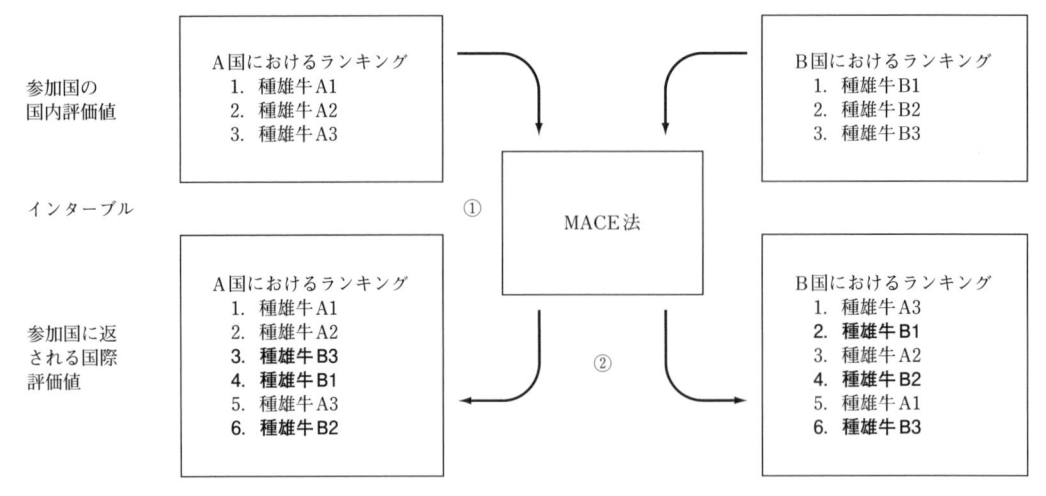

```
参加国の          A国におけるランキング              B国におけるランキング
国内評価値         1. 種雄牛A1                      1. 種雄牛B1
                2. 種雄牛A2                      2. 種雄牛B2
                3. 種雄牛A3                      3. 種雄牛B3

インターブル              ①        MACE法

参加国に返         A国におけるランキング              B国におけるランキング
される国際         1. 種雄牛A1                      1. 種雄牛A3
評価値           2. 種雄牛A2                      2. 種雄牛B1
                3. 種雄牛B3                      3. 種雄牛A2
                4. 種雄牛B1                      4. 種雄牛B2
                5. 種雄牛A3                      5. 種雄牛A1
                6. 種雄牛B2                      6. 種雄牛B3
```

第4図 インターブルによる国際評価
①参加国の国内評価値をデータとして集計分析し，全参加国の全種雄牛について特定の国で利用した場合に期待される評価値を算出
②参加国によって飼養環境が異なるため，ランキングは変化することがある

れぞれ公式な評価成績として公表することになっている。

国内評価に基づく交配種雄牛の選定を基本としたうえで，国内で不足する遺伝子の導入を行なう場合には，相手国の評価成績を鵜呑みにすることなく，国際評価成績でその特徴や遺伝水準，信頼度などを把握することが欠かせない。

5. 乳用種雄牛評価の方法

わが国で行なわれている乳用種雄牛の遺伝的能力評価の方法を，「乳用種雄牛評価成績」より抜粋して紹介する。遺伝評価では，常に新しい評価形質の採用や評価手法の見直しが行なわれているので，最新の評価方法については直近の乳用種雄牛評価成績で確認してほしい。

(1) 分析・評価に用いるデータの範囲

①**泌乳形質**（乳量，乳脂量，無脂固形分量，乳蛋白質量）

1）フィールドデータ

評価成績公表の概ね2か月半前までに検定データの集計処理を終えた牛群検定記録のうち，以下の条件を満たす記録。

ア）ホルスタイン種
イ）父牛が明らか
ウ）検定の種類は立会検定（A4法またはAT法（2回搾乳））または自動検定
エ）初産から3産までの検定日記録（分娩後305日以内）

ただし，初産時の記録は，分娩月齢が18～35か月齢であること

オ）ICAR（International Committee for Animal Recording：家畜の能力検定に関する国際委員会）の検定記録ガイドラインに準じ，一定の精度が保たれていること
カ）同一管理グループ（牛群・搾乳回数・検定日）に同期牛が存在すること

2）ステーションデータ

家畜改良センター（岩手県，宮崎牧場）および22道県で実施していたステーション検定は1989年度に着手した事業で終了しているが，それまでに収集された記録については評価に用いている。今後データは追加されない。

②**体型形質**（決定得点および体貌と骨格，肢蹄，乳用強健性，乳器，線形一次形質）

評価成績公表の概ね2か月前までに乳用種雄牛の後代検定事業で実施されたフィールドおよ

びステーション（泌乳形質同様，1989年度に着手した事業で終了）における体型調査記録，ならびに日本ホルスタイン登録協会が実施した牛群審査などの記録で，以下の条件を満たす記録。
　ア）ホルスタイン種
　イ）父牛が明らか
　ウ）初産分娩月齢18～35か月
　エ）初産記録
　オ）審査時に分娩後365日以内で正常に泌乳中（盲乳がないこと）
　カ）同一審査グループに同期牛が存在すること

③体細胞スコア
　評価成績公表の概ね2か月半前までに検定データの集計処理を終えた牛群検定記録のうち，以下の条件を満たす記録。
　ア）ホルスタイン種
　イ）父牛が明らか
　ウ）検定の種類は立会検定（A4法またはAT法（2回搾乳））または自動検定
　エ）初産の検定日記録
　ただし，分娩月齢が18～35か月齢であること
　オ）同一管理グループ（牛群・検定日・搾乳回数）に同期記録が存在すること
　カ）ウ）およびエ）を満たす記録が62日以内に1つ以上，305日以内に3つ以上あること

④在群期間
　以下の条件を満たす記録
　ア）泌乳形質（305日乳量）および体型形質に関する従前のデータ採用条件を満たしていること
　イ）初産乳量，胸の幅，尻の角度，蹄の角度，後乳房の高さ，乳房の懸垂，乳房の深さおよび前乳頭の配置に欠測がないこと
　ウ）同一管理グループに同期牛が存在すること

⑤泌乳持続性
　泌乳形質の評価に採用されたデータ

⑥管理形質
　・気質，搾乳性

評価成績公表の概ね2か月前までに乳用種雄牛の後代検定事業で実施されたフィールドおよびステーション（泌乳形質同様，1989年度に着手した事業で終了）における聞取り調査記録で，以下の条件を満たすもの。
　ア）ホルスタイン種
　イ）父牛が明らか
　ウ）初産記録
　ただし，分娩月齢が18～35か月齢であること
　エ）聞取り時に分娩後365日以内で正常に泌乳中
　ただし，盲乳がないこと
　オ）同一審査グループに同期牛が存在すること

・分娩難易
1）フィールドデータ
　評価成績公表の概ね2か月前までに集計処理を終えた牛群検定記録で，以下の条件を満たすもの。
　ア）産子と娘牛の両方の父牛が明らかで，かつホルスタイン種
　イ）初産分娩18～35か月齢（ただし，分娩難易予測値の計算においては2産以降の記録を含む）
　ウ）産子の性別が判明
　エ）単子を分娩した記録（死産でない）
　オ）同一管理グループに同期牛が存在すること

2）ステーションデータ
　1984年度から1989年度に着手した事業のステーション検定の記録で上記の条件を満たす記録。

(2) 分析・評価の手法
①泌乳形質と体型形質の能力評価法
a) 乳量，乳成分量（変量回帰検定日モデル）
評価モデル
$$y = (HTDT + \Sigma BPAM \cdot w + \Sigma pe \cdot z + \Sigma u \cdot z + e) \exp(\gamma/2)$$
ただし，
　　y　　　　：検定日乳量または乳成分量

HTDT ：牛群・検定日・搾乳回数（母数効果）
BPAM ：地域（北海道または都府県）・産次・分娩月齢・分娩月（母数回帰）
u ：個体の育種価（変量回帰）
pe ：恒久的環境効果（変量回帰）
e ：残差（変量効果）
w ：$(1\ \phi_1(t)\ \phi_2(t)\ \phi_3(t)\ \phi_4(t)\ \exp(-0.05t))$ と表わされる母数回帰式
z ：$(1\ \phi_1(t)\ \phi_2(t))$ と表わされる変量回帰式
$\exp(\gamma/2)$：牛群内分散の補正値（Meuissen et al., 1996）

$\phi_1(t)$ から $\phi_4(t)$ は分娩後t日目に関するLegendre多項式を表わす。なお，分子血縁行列の逆行列をつくる際，近交を考慮している。

b）乳成分率

乳成分率は乳量と乳成分量の比によって決定するため，乳量・乳成分量の育種価と基準値（ベース）から，次の式により間接的に計算した。下記は乳脂率の例である。

$$EBV \cdot F\% = \left(\frac{EBV \cdot F + F_{base}}{EBV \cdot M + M_{base}} - \frac{F_{base}}{M_{base}}\right) \times 100$$

ただし，EBV・F％：乳脂率のEBV
EBV・F ：乳脂量のEBV
F_{base} ：乳脂量の全平均
EBV・M ：乳量のEBV
M_{base} ：乳量の全平均

無脂乳固形分率，乳蛋白率についても同様の方法で計算される。

c）体型形質（BLUP（最良線形不偏予測）法アニマルモデル）

評価モデル
y＝HCD＋A＋L＋u＋e
ただし，
y ：WeigelとGianolaの簡易化ベイズ法により牛群内分散を前補正した，体型形質の初産記録（スコア）
HCD：牛群，審査員，審査日によって区分される審査グループの効果（母数効果）
A ：審査時月齢の効果（母数効果）
L ：審査日における泌乳ステージの効果（母数効果）
u ：個体の育種価（変量効果）
e ：残差（変量効果）

d）遺伝ベース（泌乳・体型形質）

5年ごとに移動するステップワイズ方式とし，2014年までの評価は2005年生まれの雌牛の評価成績を基準値（ゼロ）として表示。

②体細胞スコアの能力評価法

a）体細胞数の変換

わが国では多くの場合，乳汁中の体細胞数を1m*l*当たりの細胞数によって表示しているが，体細胞数の分布は正規分布しないため，この値をそのまま能力評価に利用することはできない。そこで，体細胞数X（千個/m*l*）の場合，

$\log_2(X/100) + 3$

という計算によって体細胞数を変換し，評価に用いており，変換後の数値の小数点以下を四捨五入し整数表記したものを「体細胞スコア」という。

体細胞数をそのまま評価しているわけではないことを強調するため，評価形質名は「体細胞数」ではなく「体細胞スコア」としているが，実際の計算では，体細胞数を対数変換した値を小数点以下も含め，評価に用いている。

b）評価モデル（母数回帰検定日モデル）

評価モデル
$y = HTDT + A + pe + u + a \times t + b \times \exp(-0.05 \times t) + e$

ただし，
y ：対数変換後の初産体細胞数（スコア）
HTDT ：牛群，検定日，搾乳回数（飼養管理グループ）の効果（母数効果）
A ：分娩時月齢の効果（母数効果）
pe ：恒久的環境効果（変量効果）
u ：個体の育種価（変量効果）
t ：搾乳日数

a および b：Wilmink の泌乳曲線で用いる定
　　　　　　　　数
　　　e　　：残差（変量効果）
　c）遺伝ベースおよび評価値の表記
　遺伝ベースは5年ごとに移動するステップワイズ方式とし，2014年までの評価は2005年生まれの雌牛の評価成績を基準値（ただし，ゼロではなくベース年生まれの雌牛の体細胞スコア平均値）として表示している。
　また体細胞スコアは小さいほうが好ましいため，優劣と数字の大小関係が乳量などの多くの形質と逆になる。
③**在群期間の能力評価法**（多形質アニマルモデル）
評価モデル
　　　$y_{HL} = HYT + A + u + e$
　　　$y_{Milk} = HYT + BMY + A + u + e$
　　　$y_{Type} = HCD + A + L + u + e$
ただし，
　　　y_{HL}　：在群期間（84か月齢を超えて牛群内にとどまった個体は84か月とし，84か月齢以内で5産目の検定を終えた個体は終了時実月齢を評価用記録として利用。また，84か月齢以内で死亡・廃用・淘汰した個体は，その時点での実月齢を評価用記録として利用するが，在群の有無にかかわらず，誕生後84か月を経過していない個体の記録は用いない）。
　　　y_{Milk}：305日初産乳量
　　　y_{Type}：体型7形質（胸の幅，尻の角度，蹄の角度，後乳房の高さ，乳房の懸垂，乳房の深さ，前乳頭の配置）の観測値
　　　HYT：牛群・年次・搾乳回数の効果（母数効果）
　　　BMY：地域（北海道，都府県）・分娩月・分娩年（母数効果）
　　　A　　：月齢グループ（母数効果）
　　　HCD：牛群・審査員・審査日によって区分される審査グループの効果（母数効果）

　　　L　　：泌乳ステージの効果（母数効果）
　　　u　　：個体の育種価（変量効果）
　　　e　　：残差（変量効果）
④**泌乳持続性の能力評価法**（変量回帰検定日モデル）
評価モデル
　乳量と同様。検定日モデルにより推定された泌乳曲線から，分娩後60日目の乳量と分娩後240日目の乳量の差を泌乳持続性として表わす。
⑤**管理形質の能力評価法**
　初産の分娩難易と気質，搾乳性の評価は，閾値モデルにより計算している。
　a）分娩難易（種雄牛間の血縁を考慮したサイアーモデル）
評価モデル
　　　$y = hy + BM + A + X + sc + sd + e$
ただし，
　　　y　　：潜在的に正規分布しているカテゴリカルデータ
　　　hy　：牛群・年次（飼養管理グループ）の効果（変量効果）
　　　BM：地域・分娩月効果（母数効果）
　　　A　　：分娩時月齢効果（母数効果）
　　　X　　：産子の性別の効果（母数効果）
　　　sc　：産子の父牛の効果（変量効果）
　　　sd　：娘牛の父牛の効果（変量効果）
　　　e　　：残差（変量効果）
分娩難易予測値
　上記の分娩難易評価結果は，10牛群50頭以上の分娩記録（ホルスタイン種未経産牛に交配した種雄牛の産子が生まれる際の記録）が評価に用いられた場合に公表されるが，この条件を満たさない場合には，以下の評価値を用いて最良予測法による初産の分娩難易予測値を計算し，分娩難易として公表する（ただし，国内に産子の分娩記録をもたない種雄牛は除く）。
　・ホルスタイン種経産牛に交配した種雄牛の産子が生まれる際の記録を用いた分娩難易
　・乳量・乳脂量・高さ・体の深さ・前乳房の付着・後乳房の高さ・後乳房の幅
　b）気質，搾乳性（種雄牛間の血縁を考慮し

たMGSモデル）

評価モデル

$y = hcd + A + L + s + mgs + e$

ただし，

y ：潜在的に正規分布しているカテゴリカルデータ

hcd ：牛群・審査員・審査日（飼養審査グループ）の効果（変量効果）

A ：審査月齢効果（母数効果）
L ：泌乳ステージの効果（母数効果）
s ：父牛の効果（変量効果）
mgs：母方祖父の効果（変量効果）
e ：残差（変量効果）

※各効果はETA（推定伝達能力：育種価の2分の1）で計算される。

(3) 分析に使用する各形質の遺伝率と反復率

各形質の遺伝率を第2表にまとめた。

6. 乳用種雄牛評価成績の見方

「乳用種雄牛評価成績」より抜粋して紹介する。第5図に示した種雄牛の評価成績見本の各区分ごとに解説しているので，見本と対比しながら確認してもらいたい。

(1) 個体識別

種雄牛名号，略号，血統登録番号，生年月日，体型得点，血統濃度，父牛登録番号・名号，母牛登録番号・名号，母の父登録番号・名号を示した。

なお，牛白血球粘着性欠如症（BLAD），牛複合脊椎形成不全症（CVM）の検査結果を名号の下に次により表示した。

BL：BLADキャリア
TL：BLADキャリアでないもの
CV：CVMキャリア
TV：CVMキャリアでないもの

(2) 泌乳形質および体型形質

EBV（Estimated Breeding Value：推定育種価） EBVは種雄牛の遺伝的能力（育種価）の推定値である。泌乳形質については，乳量，乳脂量，乳脂率，無脂固形分量，無脂固形分率，乳蛋白質量，乳蛋白質率を，体型形質については，決定得点および体貌と骨格，肢蹄，乳用強健性，乳器の各区分の得率を示した。

信頼幅 EBVの推定誤差の範囲。EBVに±を付して併記した。約70％の確率で真値がこ

第2表　各形質の遺伝率

〈泌乳形質〉

	形　質	遺伝率
2010-Iより採用	乳量	0.484
	乳脂量	0.469
	無脂固形分量	0.435
	乳蛋白質量	0.424

〈体型形質〉

	形　質	遺伝率
2008-IIIより採用	高さ	0.53
	胸の幅	0.30
	体の深さ	0.38
	鋭角性	0.25
	尻の角度	0.41
	坐骨幅	0.34
	後肢側望	0.20
	後肢後望	0.11
	蹄の角度	0.05
	前乳房の付着	0.21
	後乳房の高さ	0.26
	後乳房の幅	0.21
	乳房の懸垂	0.20
	乳房の深さ	0.46
	前乳頭の配置	0.38
	後乳頭の配置	0.31
	前乳頭の長さ	0.40
2008-IIIより採用	体貌と骨格	0.27
	肢蹄	0.13
	乳用強健性	0.34
	乳器	0.20
	決定得点	0.27

〈管理形質〉

	形　質	遺伝率
2007-5月より採用	体細胞スコア	0.082
2007-11月より採用	在群期間	0.07
2010-I月より採用	泌乳持続性	0.34
2007-5月より採用	分娩難易	0.04
	気質	0.08
	搾乳性	0.11

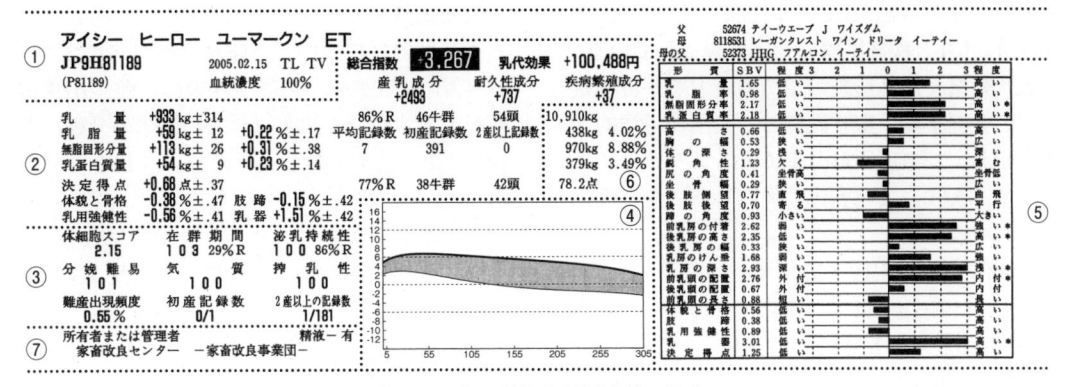

第5図　乳用種雄牛評価成績の見本

①〜⑦は本文「6. 乳用種雄牛評価成績の見方」の（1）〜（7）の見出しに対応する

$$総合指数 = 7.2 \times 産乳成分 + 2.4 \times 耐久性成分 + 0.4 \times 疾病繁殖成分$$

$$= 7.2 \left\{ 27 \frac{(乳脂量 EBV)}{SD_{fat}} + 73 \frac{(乳蛋白質量 EBV)}{SD_{prt}} \right\}$$

$$+ 2.4 \left\{ 15 \frac{(肢蹄 EBV)}{SD_{fl}} + 85 \frac{(乳房成分)}{SD_{ud}} \right\}$$

$$+ 0.4 \left\{ \frac{-100 \,(体細胞スコア EBV - ベース年生まれ雌牛の体細胞スコア EBV の平均)}{SD_{scs}} \right\}$$

EBV：推定育種価，SD：推定育種価の標準偏差，fat：乳脂量，
prt：乳蛋白質量，fl：肢蹄，ud：乳房成分，SCS：体細胞スコア

乳房成分 = 0.17 × 乳器得率 + 0.83 × (0.18 × 前乳房の付着
　　　　＋ 0.09 × 後乳房の高さ + 0.10 × 乳房の懸垂
　　　　＋ 0.24 × 乳房の深さ + 0.07 × 前乳頭の配置
　　　　− 0.10 × 前乳頭の長さ − 0.22 × 後乳頭の配置)

第6図　総合指数

の範囲に入る。

信頼度（% R）　この数値が大きいほど評価値が真値に近似していることを示しており，ここでは，泌乳形質については乳量の，体型形質については決定得点の信頼度をそれぞれ示した。

牛群数と娘牛数　データ採用となった娘牛数とその所属する牛群数を示した（ただし，泌乳形質については，分娩後90日以上経過した娘牛とその所属する牛群数）。

平均記録数　泌乳記録が採用となった娘牛（ただし，分娩後90日以上経過した娘牛）の，305日以内の平均検定日記録数を整数で示した。

　　平均記録数 ＝ Σ娘牛の検定日記録数 ÷ 娘牛の頭数

初めて公表対象となった種雄牛では4前後であり，次回の評価以降では最大30（1産次当たり10×3産次分）を限度にこの数値は大きくなる。ただし，セカンドクロップ（検定済種雄牛として選抜されたあとに交配され生産された娘牛）が多数評価に採用された場合，平均記録数は小さな値となる。

初産記録数　初産時の泌乳記録が採用となった娘牛（ただし，分娩後90日以上経過した娘牛）の，検定日記録数の合計を示した。

2産以上記録数　2産以降の泌乳記録が採用となった娘牛（ただし，分娩後90日以上経過した娘牛）の，検定日記録数の合計を示した。

総合指数（Nippon Total Profit index：NTP）
生涯生産性を高めるための選抜指数で，日本ホルスタイン登録協会が開発した指数を第6図に示した。

なお，評価値として公表している各成分は，

重みづけ後の数値（7.2×産乳成分，2.4×耐久性成分，0.4×疾病繁殖成分）を表示している。

乳代効果 泌乳形質の遺伝的能力を牛群検定農家の全国平均手取り乳価と，全国の平均的な乳脂率および無脂固形分率によるスライド額によって，次式により乳代に換算した値を乳代効果として表示した。

$$乳代効果 = EBV・M \times A$$
$$+ \{EBV・M \times (EBV・F\% + F\%_{ベース} - 3.5\%) + M_{ベース} \times EBV・F\%\} \times 4$$
$$+ \{EBV・M \times (EBV・SNF\% + SNF\%_{ベース} - 8.3\%) + M_{ベース} \times EBV・SNF\%\} \times 4$$

ただし，Aは牛群検定平均乳価（乳脂率3.5％，無脂固形分率8.3％に換算）で，ベースは遺伝ベース年に生まれた雌牛のそれぞれの平均値。

(3) その他の形質

体細胞スコア 体細胞の記録がもつ特性から1m*l* 当たりの個数で表わされた体細胞数をスコアに変換して評価した。

数値が小さいほど体細胞数は少なくなる。環境の影響を受けやすい形質なので，補助的情報として利用することが望ましい。

在群期間・泌乳持続性・分娩難易・気質・搾乳性 遺伝的評価値は，遺伝ベースを100として，標準偏差により標準化された97から103の7段階で表示される。それぞれの評価値の目安な意味は以下（第3表）に示したとおりである。

なお，分娩難易は，初産記録数が50頭未満の場合，2産以降の記録などを用いて推定した値である。また，遺伝率が比較的低いため，種雄牛間の遺伝的な違いは小さいと認識して利用することを推奨する。

難産出現頻度 50件以上の単子分娩記録がある産子の父について，難産（スコア4および5）の出現頻度を次式により求め，難産出現頻度が大きく異なる初産（＝未経産牛の分娩）と2産以降（経産牛の分娩）のデータ数を併せて示した。

$$難産出現頻度（\%）=（分娩難易コード4または5の分娩記録数／全分娩記録数）\times 100.00$$

(4) 遺伝能力曲線

遺伝能力曲線は，平均的な雌牛の泌乳曲線に種雄牛の搾乳日ごとの遺伝的能力を加えて描いた曲線（当該種雄牛の泌乳曲線を示すものではない）。太線で遺伝能力曲線を示し，比較の対象として北海道・初産・26か月齢・4月分娩の雌牛の平均的な泌乳曲線（ベース曲線という）を，乳期全体の平均が±0（ゼロ）となるような細線で示している。遺伝能力曲線とベース曲線に挟まれた部分の面積が，乳期当たりの遺伝的能力に相当する。

なお，遺伝能力曲線は以下の式によって得られた搾乳日ごとの値ををグラフ化したものである。

$$y_i = a \times A_i + b \times B_i + c \times C_i + D_i$$

ただし，

y_i	：搾乳日i日目の遺伝的能力
a, b, c	：遺伝的能力を計算するためのパラメータであり，種雄牛ごとに異なる（評価時期ごとに更新される）
A_i, B_i, C_i	：搾乳日i日目に対する係数
D_i	：搾乳日i日目のベースの値（北海道・初産・26か月齢・4月分娩の平均的な泌乳曲線の形状）

第3表 在群期間・泌乳持続性・分娩難易・気質・搾乳性評価値の目安

評価値	在群期間	泌乳持続性	分娩難易	気質	搾乳性
102～103	在群期間が比較的長い	泌乳持続性が比較的高い	未経産牛に交配した場合難産が比較的少ない	温順性が比較的高い	搾乳が比較的早い
99～101	普通	普通	普通	普通	普通
97～98	在群期間が比較的短い	泌乳持続性が比較的低い	未経産牛に交配した場合難産が比較的多い	温順性が比較的低い	搾乳が比較的遅い

※各値 (a, b, c, A_i, B_i, C_i, D_i) は，家畜改良センターホームページ (http://www.nlbc.go.jp/) を参照。

$$SBV = \frac{種雄牛のEBV - ベース年生まれの雌のEBVの平均値}{ベース年生まれの雌のEBVの標準偏差}$$

第7図　標準化育種価

(5) SBV（Standardized Breeding Value：標準化育種価）による表示

形質ごとに異なる評価値の散らばりや単位の違いを標準偏差単位で揃え，遺伝的な特徴をつかみやすくしたのがSBV（標準化育種価）である（第7図）。

ここでは泌乳形質の乳量，乳脂率，無脂固形分率，乳蛋白質率，体型形質の線形形質（17形質），体貌と骨格，肢蹄，乳用強健性，乳器，決定得点の計26形質を表示した。

各形質の特徴は棒グラフの向きと長さで示され，SBV値が2（2標準偏差）を超える形質は"程度"を表現する字句に＊印を，また，グラフの枠を超える形質には棒グラフの先端に＞印を付した。

(6) 成牛換算値

後代検定参加牛について，日本ホルスタイン登録協会が開発した成牛換算など諸係数を用いて計算した娘牛の平均表型値を泌乳7形質と決定得点について示した。

(7) 所有者区分・精液情報

所有者または管理者名，精液の有無を示した。

なお，精液情報の欄に※印を付した種雄牛は，待機を継続中であることを示す。

7. 乳牛の改良事業の効果

(1) 泌乳能力向上の背景

わが国では，1975（昭和50）年2月に牛群検定が開始された。その2011年現在の実施状況は，酪農家戸数で約1万戸，経産牛頭数で約57万頭となっている。第8図は，この間の経産牛1頭当たり乳量の推移をみたものである。1975年に4,464kgであった全国の平均乳量が2008年には8,046kgと，34年間で3,600kg近く向上している。年当たりでは，牛群検定が開始される以前の4倍近い111kgの増加となっており，そこには非検定牛の1.5倍の速度で乳量増を果たした牛群検定牛の存在がある。

ところが，このように順調に向上してきた乳量も，ある時期，深刻な状況に直面していたことが，後日の遺伝評価の結果，判明している。第9図は，実乳量とそれを構成する遺伝的能力，飼養環境の効果の推移をみたものである。それまで直線的に伸びていた飼養環境の効果が，

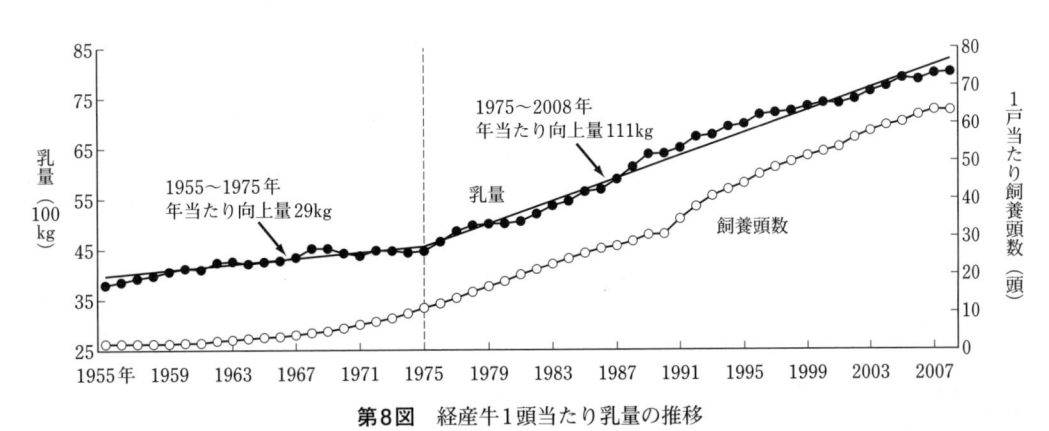

第8図　経産牛1頭当たり乳量の推移
（農林水産省畜産統計および牛乳・乳製品統計より）

1988年分娩牛（第9図では1986年生まれ）から急速に鈍化し、その影響が実乳量に及んでいる。これは、1987年度に行なわれた牛乳の取引基準の変更（F3.2％→3.5％）が飼料給与内容の変化などをもたらした結果、飼養環境の効果の急減速、乳量の伸び悩みへとつながったとみることができる。

ところが、飼養環境の効果はその後も横ばいに近い形で推移しているのに、乳量の伸び悩みは3年ほどで解消し、1992年分娩牛（第8図では1990年生まれ）あたりから再び年100kgを超える速度で向上し始める。それはなぜか。じつはこの局面を救ったのが後代検定なのである。

すなわち、1984年に始まった総合検定では、1989年に最初の遺伝評価とこれに基づく検定済種雄牛の選抜が行なわれている。1990年生まれの雌牛とは、この全国評価に基づく強い選抜を受けて誕生した種雄牛による最初の娘たちであり、ここからわが国の雌牛の遺伝的能力はそれまでの2倍の速度で向上し始める。これが飼養環境の効果の減速分を補い、乳量の伸びを元に近い形に戻したのである。以来、泌乳能力の伸びのほとんどを遺伝的能力が占めるところとなる。

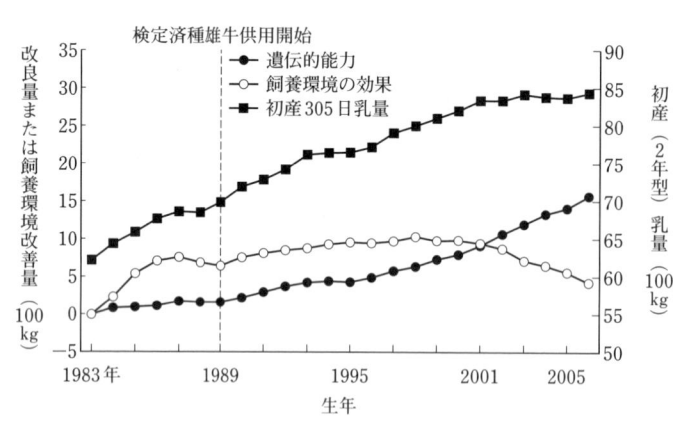

なお、2004年（第9図では2002年生まれ）以降、乳量は横ばいの状態にある。2004年の猛暑とその後の配合飼料価格の高騰・高止まりなどの影響により、飼養環境の効果が急速に低下したことによる。遺伝的能力の向上により実乳量の低下は回避できているが、飼料価格と乳価の関係（乳飼比や単価）、飼料給与量と乳量の関係（飼料効果）など、基本的な経営指標の周知とこれを踏まえた飼料給与の適正化が求められる。

(2) 日本の種雄牛の優位性

わが国が国際評価に参加した2003年以降、日本のホルスタイン種雄牛の遺伝的能力を世界各国の種雄牛と比較できるようになった。その概況を2010年12月評価でみると、この時点の最新世代である2004年生まれの種雄牛の評価成績（乳量）は、第4表のとおりである。種雄牛頭数が極端に少ないスロバキアを除くと、参加29か国のなかで日本の種雄牛の評価値が最も高くなっている。ちなみに、主要国の種雄牛の遺伝的なトレンドをNTPでみたのが第10図である。泌乳能力だけでなく、生涯生産性の向上という視点においても日本の種雄牛の優位性が際立っている。

また、公表基準を満たした世界の種雄牛の上位100頭をみると、日本の種雄牛がNTPで58頭、乳量で62頭、乳脂量で60頭、乳蛋白質量で58頭、肢蹄で30頭、乳器で25頭、決定得点で17頭を数える。ちなみに、日本の公表基準を無視すると、世界の種雄牛はNTPで約8万6千頭、乳量で約11万8千頭に達する。そのなかでみたNTP上位100頭でも、トップと第2位を含む9頭が日本の種雄牛である。次世代の雄として確保している候補種雄牛群、そこから選抜された検定済種雄牛のいずれにおいても、日本の種雄牛は世界的

第9図　初産305日乳量と遺伝的能力、飼養環境の効果の推移
家畜改良センター2010年8月評価および家畜改良事業団「乳用牛群能力検定成績のまとめ―平成21年度―」から
生年で評価される遺伝的能力とのずれを合わせるため、分娩年で評価される飼養環境の効果は2年、検定終了年で集計される305日乳量は3年、それぞれもどして表示
遺伝的能力と飼養環境の効果は1983年をゼロとして表示

第4表 2004年生まれの各国種雄牛の遺伝評価値の平均（乳量）（単位：kg）

(家畜改良センター)

国	種雄牛数	育種価	国	種雄牛数	育種価	国	種雄牛数	育種価
オーストラリア	192	−246	フィンランド	38	155	ラトビア	2	−621
オーストリア	5	−484	フランス	700	433	オランダ	632	−6
ベルギー	11	−79	イギリス	81	91	ニュージーランド	275	−633
カナダ	276	149	ハンガリー	14	−250	ポーランド	169	−204
スイス	76	−651	アイルランド	39	−717	スロバキア	3	690
チェコ	89	291	イスラエル	52	−165	スロベニア	6	−54
ドイツ	877	−75	イタリア	323	229	スウェーデン	88	223
デンマーク	268	219	日本	209	660	アメリカ	1469	422
スペイン	68	355	リトアニア	6	−790	南アフリカ	10	−611
エストニア	32	−228	ルクセンブルグ	5	40			

注 日本の雌牛（2005年生まれ）の平均能力をベース（0）とし，日本は日本の登録番号をもつ種雄牛，海外は日本の登録番号をもたない種雄牛について原産国別に集計

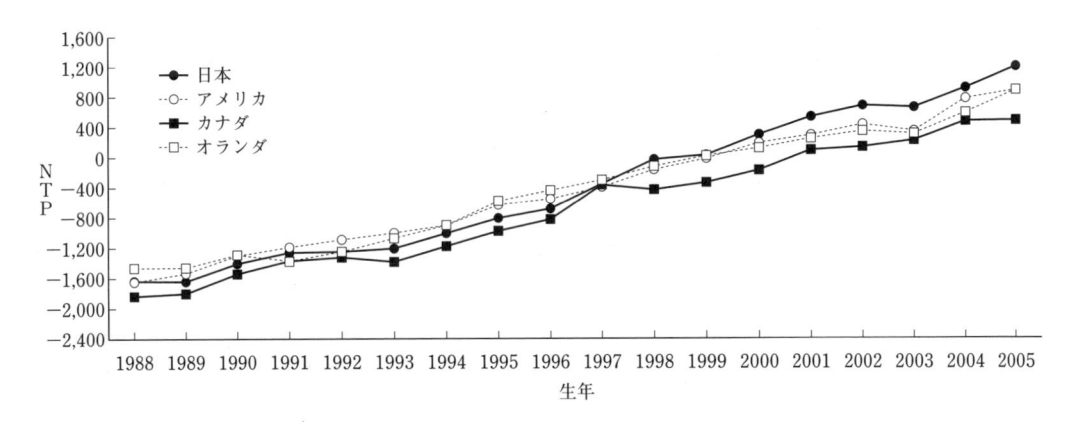

第10図 主要国のホルスタイン種雄牛の遺伝的能力の推移（NTP）

(家畜改良センター，2010年8月評価)

第5表 日本とアメリカの精液供給可能種雄牛の遺伝的能力の平均値

国	乳量 (kg)	乳脂量 (kg)	乳蛋白質量 (kg)	肢蹄 (%)	乳器 (%)	決定得点 (点)	NTP
日本	1189	30	32	0.37	0.76	0.83	1678
アメリカ	525	15	14	0.53	0.82	0.93	1040

注 Active AI Sire List（NAAB）および家畜改良センター 2010年8月評価

に高い遺伝水準にあることになる。

第5表は，日本とアメリカの精液供給可能種雄牛を比較したものである。体型の平均値ではアメリカにやや歩があるものの，泌乳能力では日本が優位にあり，総合評価であるNTPでは明らかに日本の種雄牛が優れている。第11図は，その階層別分布（構成割合）をみたものである。日本の種雄牛がレベルの高いところに分布し，分布の幅も狭くなっている。安心して利用できる種雄牛の割合が日本はそれだけ多く，乳牛の改良システムがしっかりと機能していることがわかる。

8. 自国で改良事業を行なうことの意味

改良事業を実施する目的は，目標に沿った経済性の高い乳牛を効率よく主体性をもってつく

改良と飼育技術をめぐって

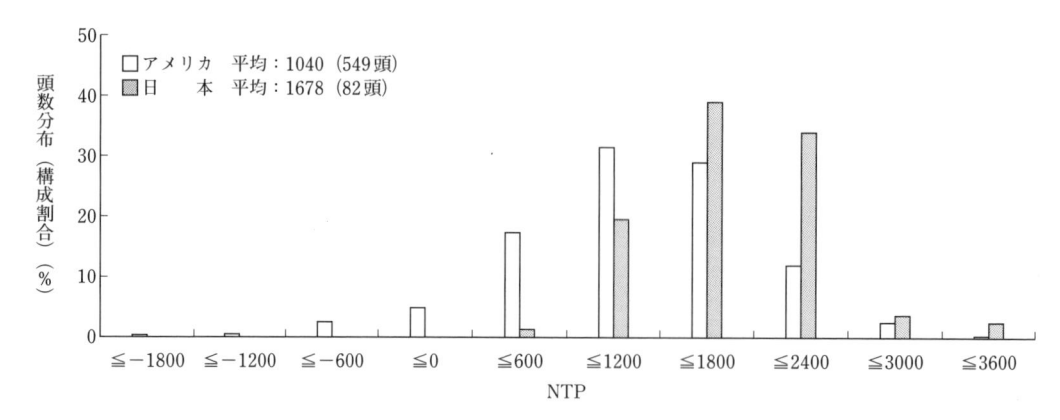

第11図　精液供給可能種雄牛の頭数分布（NTP）
（Active AI Sire List（NAAB）および家畜改良センター2010年8月評価）

り上げることにある。そして，それに必要な遺伝的な水準と特徴を有する種雄牛を確保するための取組みが後代検定であり，具体的な成果として，わが国の後代検定は遺伝的改良量を倍増させる効果を発揮してきた。しかしながら，海外産精液の利用が自由化されているなか，なぜ国内で改良事業を行なう必要があるのかという声も耳にする。

前述のとおり，わが国は2003（平成15）年に種雄牛の国際評価に参加した。結果は日本の種雄牛のレベルの高さを示すところとなったが，それはここでの本題ではない。問題は各国がなぜ国内評価成績をインタープルに持ち寄り，手間と経費をかけて国際評価を行なっているのかである。結論的には，各国の国内評価成績に及ぼしている国の効果を考慮したのが国際評価と考えれば，遺伝的能力は国を含む環境の違いの影響を受けているということが理解できよう。このことは，各国の国内評価値はその国の飼養環境のなかにおいてこそ，表示内容に沿った改良効果を発揮するものである（自国で遺伝評価された種雄牛の成績が最も信頼できる）ということと併せて，飼養管理や気候条件などが変われば評価値が変化することを意味している。

前述した1990年生まれの雌牛から生じた大幅な遺伝的改良量の増加も，単に優れた種雄牛が国内に確保できていたからという理解にとど

めるのではなく，その直前に起きた濃厚飼料多給から硬めの良質粗飼料給与への切替えという飼養環境の変化に，的確に対応できる種雄牛を準備できる体制が整っていたことの効果という見方をすれば，改良事業を自国で行なうことの必要性や意味は理解しやすい。

すなわち，国内で継続的に後代検定を実施できているがゆえに，常に直近の飼養環境下で検定・収集された記録を用いて遺伝評価が行なわれ，その飼養環境下で優れた遺伝的能力を発揮した雌牛の父親をいち早く検定済種雄牛として選抜し，利用することが可能となるのである。家畜が風土の産物とされるゆえんでもあり，交配種雄牛を海外に依存する限り，このようなことは期待すべくもない。

9．新たな視点，泌乳持続性の改良

遺伝的能力を引き出すためには，それに見合った飼養管理技術が求められる。とくに近年，遺伝的改良が急速に進展してきたなかにあって，周産期の飼養管理の重要性が繁殖管理とのからみで強くいわれている。

第12図は，乳量階層別の分娩間隔を経産牛1頭当たり乳量でみたものである。乳量階層が上がるほど分娩間隔は短く，下がるほど長くなっている。高乳量を確保しながら適度の分娩間隔を維持している牛群がある反面，分娩間隔が

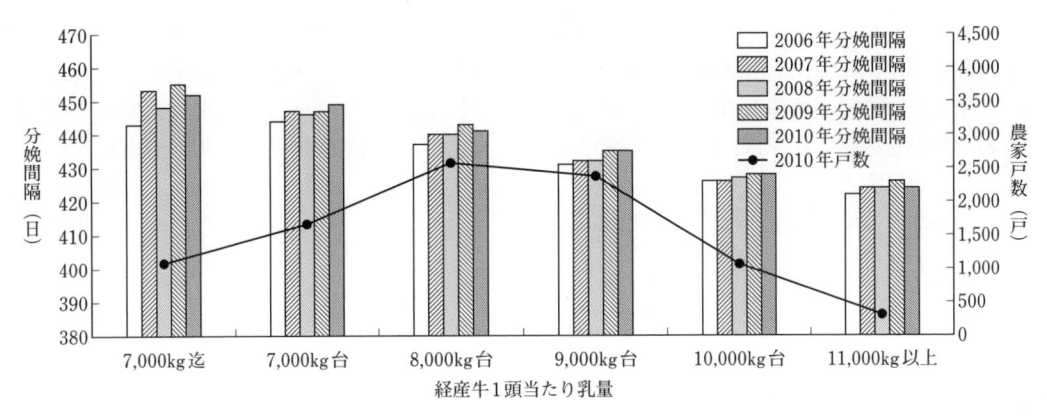

第12図　乳量階層別にみた牛群検定農家の平均分娩間隔（全国）

440日を超える牛群が全体の6割近くを占め、酪農家の多くが繁殖管理に苦慮している実態が浮かび上がっている。

いうまでもなく、雌牛の繁殖性の低下は泌乳ピーク時の負のエネルギーバランスに起因するとされる。このため、これまで講じられてきた対策も、乾乳期や分娩後の泌乳ステージ、牛の状態などを考慮した飼養管理技術の開発や普及が中心で、これらの高度な技術への習熟度や経験の差が分娩間隔の違いとなり、経産牛当たり乳量に影響を及ぼす結果となっていた。

最近、注目されている泌乳持続性という概念は、ある程度平易な飼養管理のもとでも管理しやすい、高能力の乳牛をつくり出すことはできないかという考え方のもと、農業・食品産業技術総合研究機構北海道農業研究センターが中心となって開発を続けてきた、新しい改良技術である。

その考え方は、乳期全体の乳量の改良を続けながら、乳牛に強いストレスがかかる泌乳前期の乳量を抑制し、ストレスが少ない泌乳中後期の乳量を高めようとするもので、泌乳ピークに達した後の乳量の落ち方が急な場合を持続性が低い、なだらかな場合を持続性が高いとみる。

今後、泌乳持続性の改良が進展することによって、乳期を通じてエネルギーバランスの改善が図られ、第13図に示したような、泌乳持続性の低い牛にみられる泌乳ピーク時前後での削痩と、これに伴う受胎の低下など繁殖性の悪

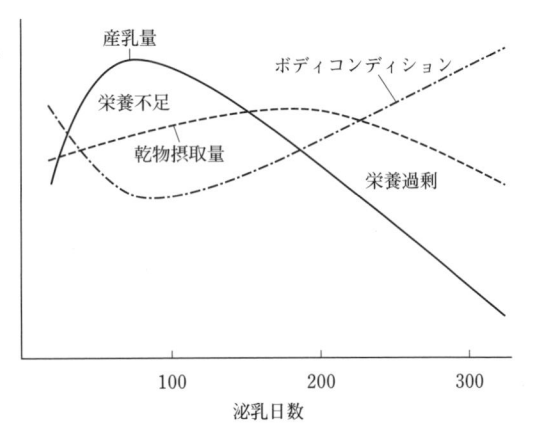

第13図　産乳量とエネルギーバランス

化、免疫機能の低下による病気の増加、泌乳中後期におけるエネルギー蓄積による過肥などが防止され、飼料の利用性も高まるものと期待されている。

泌乳持続性は、国が2010（平成22）年に公表した家畜改良増殖目標にも今後の乳牛改良における重要な形質として組み込まれ、その遺伝評価は2008年に開始された種雄牛に続き、2010年には雌牛についても評価・公表が開始されたところである。

なお、泌乳持続性の改良にあたって大事なことは、乳期の生産乳量を減少させないで泌乳期間中の1日当たり乳量の変動を抑えることである。したがって、この遺伝情報は遺伝的能力に優れた種雄牛の活用が前提にあって初めて、意

269

味のある生きた情報となる。乳用種雄牛評価成績では種雄牛ごとに遺伝能力曲線が表示されるので，泌乳形質の遺伝的能力の大きさと泌乳持続性の改良力を視認しながら，種雄牛の選定を行なうことが可能となっている。

従来の手法では限界のあった繁殖性や耐病性の改善，泌乳後期の過肥の防止，飼料の利用性の向上，これらの相乗効果がもたらす長命性の付与など，この新たな改良技術に寄せる期待は大きい。情報の積極的な活用が望まれる。

執筆　守部　公博（(社)家畜改良事業団）

2011年記

雌雄産み分け技術とその利用

家畜の改良・増殖は、繁殖技術である人工授精あるいは受精卵移植を利用し、遺伝的に優良な形質を受け継いだ種畜の交配によって行なわれている。この繁殖技術と組み合わせて、雌あるいは雄の家畜を選択的に生産する技術が、雌雄産み分け技術である。たとえば、乳用牛では後継牛生産のために雌牛を、肉用牛ではより多くの肉量が期待される雄牛をというように、求める性の家畜を効率的に生産することができ、畜産農家の要望が強かった技術である。

すでに移植に供する受精卵（胚）の一部分（細胞）を切り取り、DNA検査により性判別を行なう受精卵レベルでの方法が実用化されているが、この方法では性判別した受精卵の活性低下や望まない性の受精卵の廃棄など、リスクを伴う問題点がある。これに対して、精子レベルでの雌雄産み分け技術は、X精子あるいはY精子のみを特異的に選別し、人工授精などにより容易に目的の性の産子を得ることを可能とするものである。とくに酪農経営で牛群高位層からは後継牛、また中～低位層からは肉用種ないしF₁子牛の計画的生産が可能になることから、牛群改良と子牛販売の両面でメリットが期待されるものである。

1. 精子レベルでの雌雄産み分け

(1) フローサイトメーター法で精子の分離が実現

哺乳動物の性は、受精する精子によって決定される。雄ではX染色体をもつX精子とY染色体をもつY精子の2種類の配偶子がつくられ、雌の配偶子である卵子の性染色体はXのみであり、X精子が受精すればXXとなり雌に、Y精子が受精すればXYとなり雄になる。これが牛をはじめとする哺乳動物の性の決定機構であり、X精子あるいはY精子のみを選別した精液を用いることにより精子レベルでの雌雄産み分けができることになる。

X精子とY精子の分離・選別することは、研究者にとっても長年の夢であり、精子の特性を利用したパーコール密度勾配遠心分離法や電気泳動法などによって行なわれたが、いずれの方法でも信頼性のある結果は得られなかった。しかし、X、Y精子のDNA含量の違いを利用したフローサイトメーター法が開発され、この方法は精子活力を保持した状態でかつ高精度でX、Y精子に選別することのできる唯一の方法であり、牛精子にも適応されている。

(2) 精子選別技術導入の経緯

このフローサイトメーター法による精子選別技術は、米国農務省のジョンソン（Johnson）博士らによって開発された国際特許技術である。1996年、米国の高速フローサイトメーターのメーカーなどが中心となって設立されたXY社が、米国農務省から特許の独占実施権を取得し、X、Y精子選別専用のフローサイトメーター（以下、MoFloと略す）が開発されたのを契機に、牛の選別精液生産技術が急速に進展した。

国内では、家畜改良事業団がMoFlo（第1図）の性能調査などを行ない、XY社と共同研究契約を結んで同機を導入し、2000年8月から選別精液の生産試験を開始した。翌2001年4月からは、生産技術開発および人工授精試験を含む本格的な実用化試験が行なわれた。

(3) フローサイトメーター法による精子選別技術

フローサイトメーターによる牛のX、Y精子の選別は、X精子とY精子の間でDNA含量に3.8％の違いがあることを利用し、蛍光色素（ヘ

改良と飼育技術をめぐって

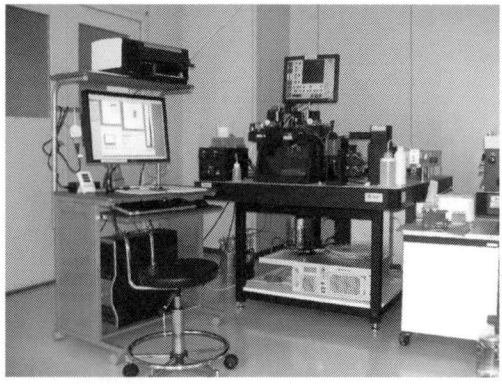

第1図　X, Y精子選別専用機
左：初期機（SX-MoFlo），右：最新機（MoFlo XDP SX）

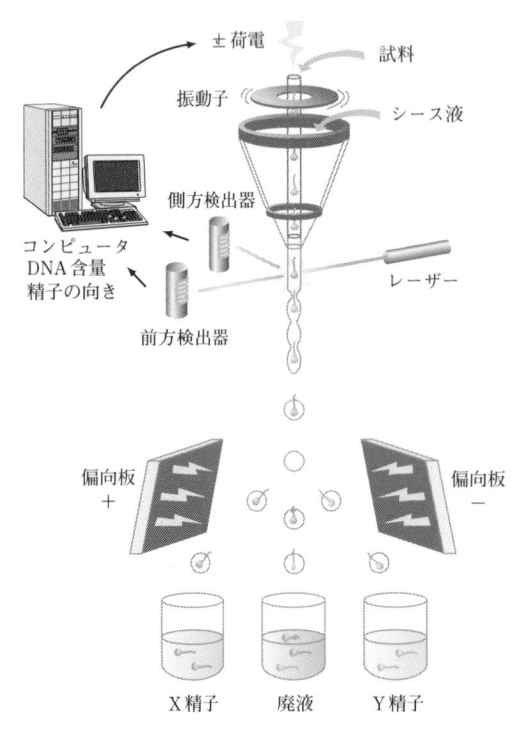

第2図　フローサイトメーターによるX, Y精子の選別

キスト33342)で染色した精子にレーザー光線を照射して，そのDNA含量に比例した蛍光量の差に基づいて判定し分離する方法である。

第2図には，MoFloによるX, Y精子の選別方法を模式的に示した。新鮮な精液を用い，あらかじめ精子を蛍光色素とアルラレッド（食紅）で染色する。染色した精液（試料）は，シース液（試料の流れを安定させるための補助液）とともに流す。レーザー光を照射すると励起され，精子の方向性およびDNA含量に応じて異なった強度の蛍光を発する。90度の検出器（測方検出器）では液流内の精子の方向性を検査し，0度の検出器（前方検出器）では一定の方向性を維持した精子の蛍光強度の違いからX精子かY精子かを判定する。

X精子の蛍光はY精子よりも強くなるため，コンピュータ上には二つの集団として示される（第3図）。XあるいはY精子の集団に選別範囲を設定し，コンピュータを介して液滴荷電装置により正（あるいは負）に荷電する。荷電された液滴（精子）は，偏向板で液流が変更され，採取管に回収される。選別後の凍結保存までの処理過程は，通常精液の場合と同様である。

(4) 選別精液によるフィールド試験成績

選別精液の実用性を検証するために，家畜改良事業団で実施した人工授精試験，体外受精試験および体内受精卵生産試験の成績概要は，次のとおりである。

①人工授精

人工授精では，凍結精液の融解温度は38℃とし，ストローを温湯中に15～20秒間浸漬し気泡が上がったら取り出すこと，滅菌済みシース管装着型の精液注入器を使用すること，子宮内への細菌の持込みを防ぐために注入器にはビニールカバーをかぶせて腟内に挿入すること，

注入部位は子宮体とすること，発情開始後12～14時間を目安とした適期に授精すること，を原則とした。対照区には，同じ種雄牛の非選別精液（通常精液）を用いた。

未経産牛と経産牛の受胎率の比較
受胎成績は，第4図に示した。対照区の通常精液では未経産牛と経産牛の受胎率に有意差はなかったが，選別精液では経産牛の受胎率が未経産牛より有意に低下していた（34.7％対52.1％）。

注入精子数の比較 未経産牛における注入精子数200万区および300万区の平均受胎率は，それぞれ45.6％および49.8％であった。両者間に有意差はなかったが，種雄牛の個体差が見られた。

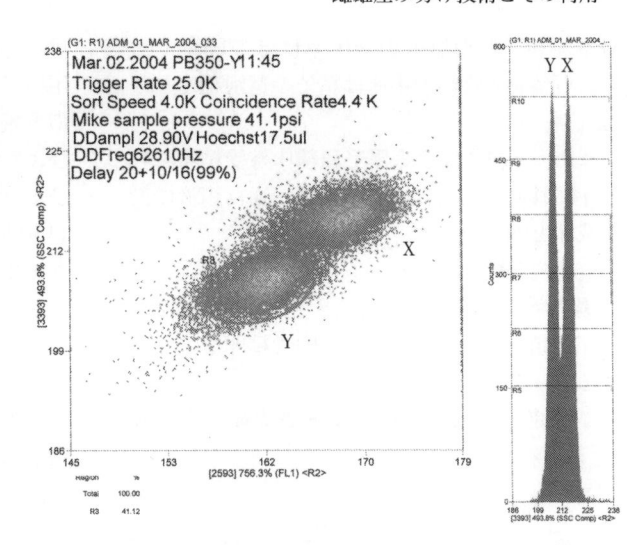

分娩成績 選別精液および通常精液による生存子牛分娩率は，それぞれ88.8％および89.3％であり，両者間に有意差はなかった。性の的中率は，X精子で93.8％，Y精子で92.5％であった。

子牛の発育性 乳用牛278頭の胸囲の測定値をホルスタイン種雌牛・月齢別標準発育値（日本ホルスタイン登録協会）と比較すると，14か月齢の平均値以外はすべて同等または上回る値であった（第5図）。

第3図　MoFlo操作時のコンピュータ画面
（Y精子の選別範囲の設定）

子牛の繁殖性 176頭の初回種付け時期は平均15.0か月齢（最小10.1か月齢，最大27.0か月齢）であり，多くは13～16か月齢で人工授精あるいは受精卵移植が行なわれていた。

選別精液を経産牛に人工授精した場合の受胎率は未経産牛より低下するが，分娩成績，子牛の発育性および繁殖性は通常精液を用いた場合と同じである。

②**体外受精**
同一種雄牛のX精子およびY精子を用いた体

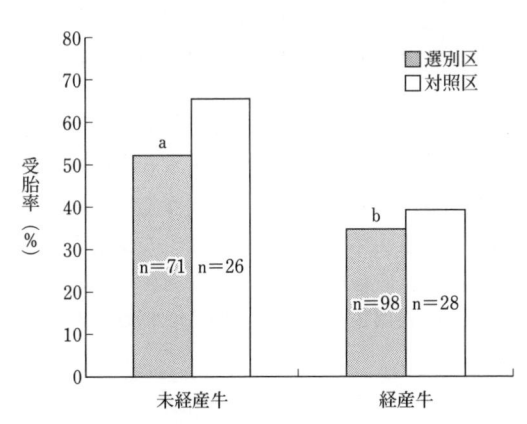

第4図　選別精液で人工授精した未経産牛と経産牛の受胎率の比較
a対b：$P<0.05$

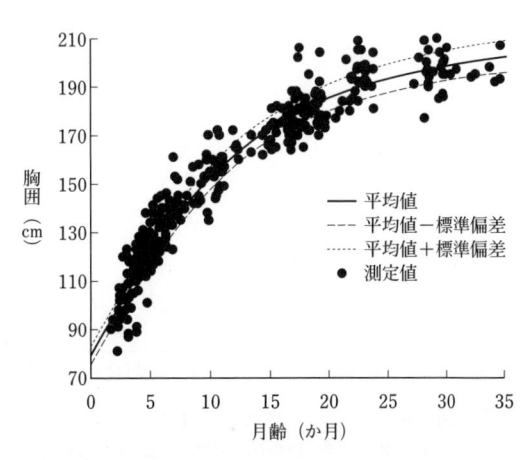

第5図　選別精液で生産されたホルスタイン種雌牛の発育性（胸囲）

外受精後の胚盤胞への発生率はほぼ同率であり，胚盤胞の性の的中率は精子の選別精度と差はない。

また，Y精子による黒毛和種体外受精卵を乳用牛に移植した場合の受胎率は，通常精液による成績と同等である。

③体内受精卵の生産

過排卵処理牛に選別精液を1回あるいは2回人工授精することにより，体内受精卵を生産できる。

試験協力機関の実践的な方法で経産牛の過排卵処理を行ない，精子数600万のストローを用いて2回授精した場合，ホルモン処理開始時の分娩後平均日数は異なっていたが，2産および3産牛の平均受精卵数はそれぞれ5.1個および4.4個であり，乳用牛の全国平均の正常卵数（4.9個，畜産振興課生産技術室情報）に近似した値である。

(5) 選別精液の市販

国内では，選別精液を用いて生産した黒毛和種体外受精卵は2006年10月から，国産の選別精液自体は2007年2月から販売され利用されている。

(6) 国内外の選別精液を用いた最近の研究報告から

選別精液の人工授精法に関連して，未経産牛の授精適期はスタンディング発情開始後18〜24時間と推定されること，定時人工授精用にホルモン処理された乳用未経産牛ではCIDR（腟内留置型プロジェステロン製剤）除去後52時間より58時間の子宮角内授精により受胎率が高くなること，乳用経産牛（平均産次2.5〜2.7）に定時人工授精用のホルモン処理（オブシンク法）を開始し，9日目のGnRH投与後16〜17時間に受精卵移植用の子宮角深部注入器を用いて授精（第6図）すると，通常精液を子宮体に授精した場合と同等の受胎率が得られること（第7図），が報告されている。

繋ぎ牛舎で発情発見器を用いている酪農家において，選別精液を発情開始後18時間で授精した1〜2産の経産牛では65〜70％の受胎率が得られている事例（私信）もあり，自然発情の開始時期のチェックと子宮角深部注入法の採用により選別精液を用いた経産牛の受胎率はさらに高まり，後継牛の効率的な生産のために選別精液の利用拡大が一段と期待されるものである。

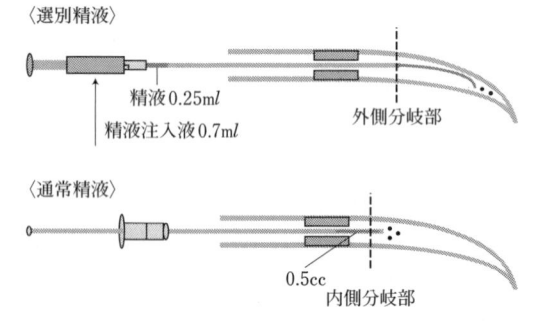

第6図　選別精液の子宮角深部注入法
（原図：砂川）
動物用受精卵注入カテーテル，モ4号（ミサワ医科工業）を使用
精液を0.25m*l*のストローに移し替えてセットし，精液注入液としてBO液あるいは生理食塩水0.7m*l*を追加注入する

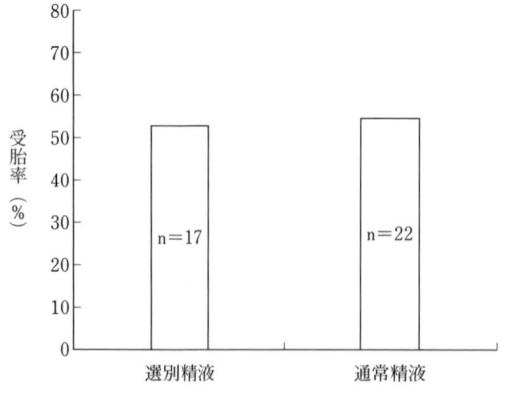

第7図　選別精液の子宮角深部注入法によるホルスタイン種経産牛の受胎率（砂川，2010）
第6図に示した方法により授精したときの成績
授精時期：2010年2〜10月，8月除く

2. 受精卵レベルでの雌雄産み分け

(1) DNA検査法で実用化

受精卵はすでに性が決定しており，その受精卵の性を判別する代表的な方法には性染色体検査法とDNA検査法がある。

性染色体検査法は，受精卵の一部の細胞を用いた染色体標本作製までに多くの処理と時間および熟練を要し普及には至らなかった。その後，ごく微量のDNAがあれば短時間で容易に解析できるPCR（Polymerase Chain Reaction）法が発明された。

このPCR法を利用した最初の牛受精卵の性判別が1990年にハー（Herr）によって報告されて以来，DNA検査による性判別関連の研究開発が急速に進み，すでに受精卵の性判別は実用化された技術であり，フィールドでは検査キットを用いて行なわれている。

このDNA検査法は，Y染色体上の雄にしか存在しないDNA（雄特異的DNA）を検出し判別する方法であり，これまでに牛の雄特異的DNAはいくつか見つかっている。この牛の雄特異的DNA検査法には，PCR法とLAMP（Loop-mediated Isothermal Amplification）法がある。

(2) PCR法

PCR法では，DNAを数十万倍に増幅させるために，温度変化による一連の行程を数十回繰り返す必要があり，約2時間を要する。

国内では，PCR法による牛受精卵の性判別キットが販売されている。一つはXYセレクター（伊藤ハム（株）製，1994年販売）であり，これを用いた場合には，最終的にPCR産物を電気泳動し雄特異的DNAの有無を確認する。受精卵の採取から性判別して移植するまでの所要時間は約5～8時間である。

もう一つは，Ampli-Y（フィンランド，Finnzymes社製）である。このキットでは，PCR産物の入ったチューブに紫外線照射して雄特異的DNAを検出することができる。電気泳動の必要がないことから，器具や試薬の節約と検査時間の短縮が可能である。

(3) LAMP法

LAMP法は，1999年に栄研化学（株）で開発された新たな遺伝子増幅方法である。この方法は，短時間に特異的かつ大量に目的のDNAを増幅させることができ，また，簡易な専用装置（ヒートブロック付の濁度測定装置）を用いて一定温度（約65℃）で反応が進行し，反応液の白濁により増幅産物を検出できる特長がある。

この点に着目して，独自に同定した雄特異的DNA配列と新しい遺伝子増幅技術を組み合わせた，簡易で迅速にできる牛受精卵の性判別技術の開発が北海道立畜産試験場と栄研化学の共同研究で行なわれ，北海道大学，酪農学園大学などの協力を得てキット化された。これがLoopamp牛胚性判別試薬キット（2002年4月販売）である。

このLAMP法を採用したキットの開発により，PCR法で判別するための温度制御装置，電気泳動装置および紫外線照射装置などの高価な設備が不要になり，簡易で採卵から性判別まで半日程度でできるようになった。これが評価され，国内では徐々にLAMP法に切り替わり，現在は9割以上のシェアを占めている。

いずれのキットを用いても，DAN検査による受精卵の性判別の正確度は95％以上である。しかし，DNA増幅時の細胞の操作ミスや受精卵以外のDNAの混入が原因で誤判定が発生することがある。前述のとおり，選別精液が人工授精あるいは受精卵生産に利用できるようになり，受精卵の性判別をする頻度は減少している。

3. 雌雄産み分け技術の導入効果

酪農は，第8図に示すように，常に厳しい受給バランスが求められる生乳を生産する産業であると同時に，絶対的に不足している牛肉を生

改良と飼育技術をめぐって

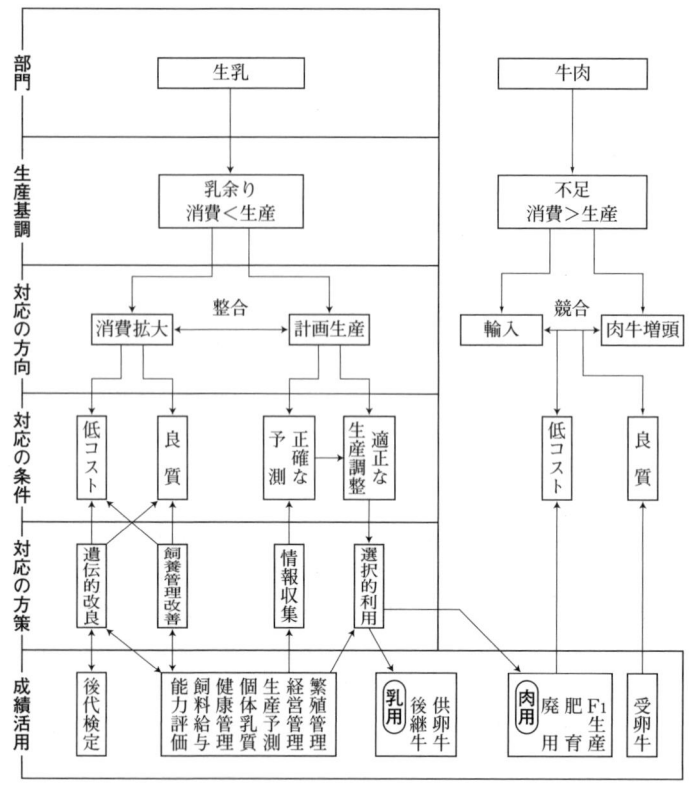

第8図　酪肉効率生産体系
（家畜改良事業団ホームページから引用，一部改変）

産する産業であり，これらを消費者ニーズに応えて生産する複雑で高度な技術情報集約産業である。この酪農経営においては，効率的・合理的な生産基盤を形成するために牛群検定システムを活用することができる。その成績には，牛群の検定日成績のほかに，個体ごとの検定日成績と検定開始から検定当日までの乳量・乳成分の305日期待量などの累積成績等（詳細は省略）がある。

後継牛はこれらの検定成績に優れている個体から生産することが理想であり，ここに雌雄産み分け技術を導入することにより，計画的かつ効率的に後継牛を生産することができるようになる。さらに，後継牛生産用の交配をしない雌牛には，黒毛和種受精卵の移植などにより高付加価値子牛を産ませることができ，子牛販売による高収益性が期待できる。

　　執筆　湊　芳明（（株）家畜改良
　　　　　事業団）

2011年記

参 考 文 献

Johnson, L. E. and G. R. Welch. 1999. Sex preselection: High-speed flow cytometric sorting of X and Y sperm maximum efficiency. Theriogenology. **52**, 1323—1341.

陰山聡一・平山博樹. 2003. 新しい遺伝子増幅法（LAMP法）による牛胚の性判別. 日本胚移植学雑誌. **25**, 136—140.

湊芳明. 2008. 牛の雌雄産み分け用の選別精液の生産技術とその実用性. 家畜人工授精. **245**, 21—34.

乳牛の繁殖性低下の実態と考えられる要因

繁殖性とは子畜の生産効率のことであり、その良否は、雌側だけでも、発育速度、発情発現の時期や強度、受胎性、早期胚死滅や流死産の頻度、産子数、分娩事故率、新生子損耗率、分娩間隔など、さまざまな要素が絡み合った複合的な結果として現われる。家畜の繁殖性は畜産業の生産性に直結するきわめて重要な要素である。にもかかわらず、世界的な傾向として前世紀末ころから乳牛の繁殖性が徐々に低下してきており、イギリスでは、このまま何もしなければ、最短10年以内に牛群を維持できなくなるとまでいわれている（Maasら、2009）。わが国でも、人工授精受胎率が過去20年間低下の一途をたどっており、分娩間隔も延長し続けている。とくに搾乳牛の受胎率が顕著に低下しており、現在では40％を切る危機的な状況となっている。

一方、種雄牛の後代検定と雌牛の牛群検定を活用した育種改良の推進により、ホルスタイン種の泌乳能力は飛躍的に向上している。全体として、これまでは改良による乳量の増加が繁殖性低下によるデメリットを吸収するかたちとなっていた。ところが、近年の世界的な穀物需要の増大を背景とする飼料価格の高騰や国内の若年人口減少と景気低迷に伴う乳製品需要の後退などの影響で酪農業の収益性が低下し、さらなる生産性の向上に向け、乳牛の繁殖性改善の重要性が高まっている。

乳牛の繁殖性低下についてはさまざまな原因が指摘され、改善策も講じられているが、21世紀に入っても改善の兆しはなく、受胎率低下の傾向が続いている。ここでは乳牛の繁殖性を示すさまざまな指標の推移と繁殖性低下の要因について紹介する。

1. 繁殖性にかかわる指標の推移

(1) 品種別受胎成績

家畜改良事業団が毎年まとめている受胎調査成績によれば、種雄牛の品種別初回人工授精受胎率は、過去20年間漸減傾向にあり、2008年の調査では20年前と比べて肉用種が10％弱、乳用種は15％強低下している（第1図）。同事業団では、1～3回の授精による受胎率をまとめた成績も公表しており、初回のみより若干（0.4～2.6％）低いものの、初回とほぼ並行して推移（低下）している。この調査は、2008年時点で肉用種・乳用種それぞれ約2万頭の雌牛への授精成績をまとめたもので、国内で飼養されている繁殖雌牛の約2％が対象となっており、信頼性の高い調査結果である。

ただし、おもにホルスタイン種で占められる乳用種雄牛の精液は、ほとんどが同じホルスタイン種の雌牛に授精されているのに対し、肉用

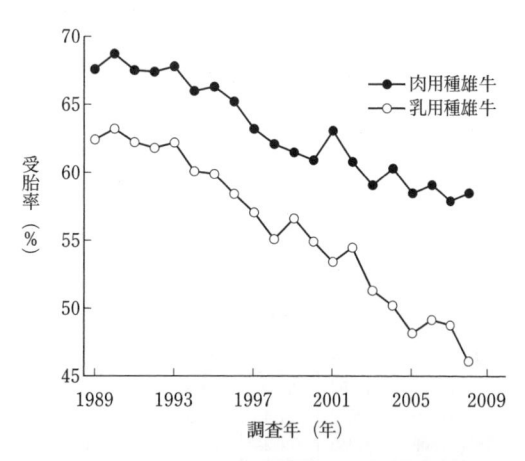

第1図 種雄牛の品種別初回人工授精受胎率
((社) 家畜改良事業団2008年調べ)

種雄牛の精液は，肉用繁殖牛だけでなくホルスタイン種にも交配され，F₁生産に利用されている。日本家畜人工授精師協会の調査によれば，乳用牛への黒毛和種の交配状況は過去10年間ほぼ30％（北海道が15％，都府県は40％）前後で推移しており，大きく変化していない。また，同協会が2004年度に行なった乳用雌牛への肉用種雄牛交配状況調査では，経産牛への授精が半数以上を占めている。次項に示すとおり，乳用経産牛は未経産牛より受胎率が低く，年次による漸減傾向も強い。乳用経産牛の受胎率低下と黒毛和種精液の交配状況から概算すると，肉用種雄牛精液の受胎率低下全体の3～4割は乳用経産牛の繁殖性低下の影響によるものであり，肉用繁殖牛の受胎率は第1図のグラフほど顕著には低下していない。

(2) 未経産牛と経産牛の受胎成績

日本家畜人工授精師協会が発行する「家畜人工授精」誌に2002～2004年の3年間にわたり家畜人工授精師から聴き取りを行ない，人工授精による受胎率を調査した報告が掲載されている（中尾・小野，2003；金田義宏，2005，第1表）。乳用種でも未経産牛の受胎率は50％台の後半で推移しており，肉用種よりは劣るものの，年次とともに低下する傾向は認められない。一方，乳用経産牛の受胎率は調査時点で未経産牛より約10％低く，2004年以降も低下を続け，現在，未経産牛との差はさらに広がっている。

この報告では，2003年と2004年にホルスタイン種の雌牛に授精した種雄牛の品種別受胎率の調査も行なっており，ホルスタイン種未経産牛・経産牛ともに，黒毛和種の精液を授精したほうがホルスタイン種の精液より受胎率が若干高くなる傾向が認められている。

(3) 地域別の受胎成績

日本家畜人工授精師協会では，用途別・地域別の受胎率も調査している。2004年の調査結果をまとめたものを第2表に示す。調査年次によりバラツキがあるものの，乳用種では，未経産牛・経産牛ともに飼養頭数の多い北海道での受胎率が低い。北海道は肉用種の受胎率も低い傾向にあり，地域的な問題がありそうである。

家畜改良事業団がとりまとめている牛群検定成

第1表　未経産牛と経産牛の人工授精成績

（『家畜人工授精』215号および229号から抜粋）

調査年	乳用種[1]				肉用種			
	未経産牛		経産牛		未経産牛		経産牛	
	頭数[2]	受胎率(％)	頭数	受胎率(％)	頭数	受胎率(％)	頭数	受胎率(％)
2002年	50,311	56.6	176,115	48.2	9,147	64.3	55,783	58.0
2003年	45,199	58.7	158,248	47.8	8,047	66.0	40,702	60.8
2004年	77,170	55.2	211,126	45.5	7,798	62.3	49,973	58.5

注　1)「乳用種」は乳用種雄牛と肉用種雄牛の精液を授精した乳牛の合計
　　2)「頭数」は調査した授精延べ頭数から認否不明頭数を差し引いた数

第2表　用途別・地域別受胎成績（2004年）

（『家畜人工授精』229号から抜粋）

地域	乳用種[1]				肉用種			
	未経産牛		経産牛		未経産牛		経産牛	
	頭数[2]	受胎率(％)	頭数	受胎率(％)	頭数	受胎率(％)	頭数	受胎率(％)
北海道	53,107	52.4	100,663	42.2	1,748	54.1	7,225	56.4
東　北	5,422	50.8	12,096	52.9	1,516	63.7	9,813	61.2
関　東	12,157	65.3	60,585	48.3	788	66.2	3,490	56.3
北陸・東海	2,018	58.5	14,034	42.9	423	57.9	2,620	56.5
近　畿	1,363	66.0	8,072	51.1	214	57.9	2,073	55.4
中国・四国	2,058	61.4	9,791	47.6	437	60.2	4,986	56.3
九州・沖縄	1,045	71.2	5,885	50.7	2,672	67.2	19,766	59.3

注　1)「乳用種」は乳用種雄牛と肉用種雄牛の精液を授精した乳牛の合計
　　2)「頭数」は調査した授精延べ頭数から認否不明頭数を差し引いた数

績によれば，1993年ころまで北海道の平均乳量は都府県より100〜300kg程度高く推移していたが，その後，両者の差は徐々に縮小し，1998年ころに同レベルとなり，2003年ころから逆転している（第2図）。2003年以降も都府県の乳量は増加しているが，北海道の乳量が低下しているため，全体の平均では横這いとなっており，乳生産についても，北海道がやや特異な状態となっている。

なお，九州・沖縄地域で乳用未経産牛の受胎率が極端に高いのは，年次によるバラツキによるもので，調査頭数が少なく，データの抽出範囲が狭いからだと思われる。

(4) 分娩間隔

牛群検定成績によれば，1985年から2005年までの20年間で平均分娩間隔が約30日延長した（第3図）。この間，平均乾乳日数はだいたい70日前後で推移しており，実質的には搾乳日数が伸び，一乳期の乳量は検定乳量以上に増加している。

分娩後の初回授精日数は90日前後（87〜94日）で推移しており，授精開始時期は大きく変わっていない。それに対し，空胎期間は2003年まで徐々に延長し，最短だった1987年の123日から

35日程度延長している（第4図）。受胎に要する授精回数が1.9回から2.3回に増加したが，これは，発情周期の長さから勘案して8日程度の

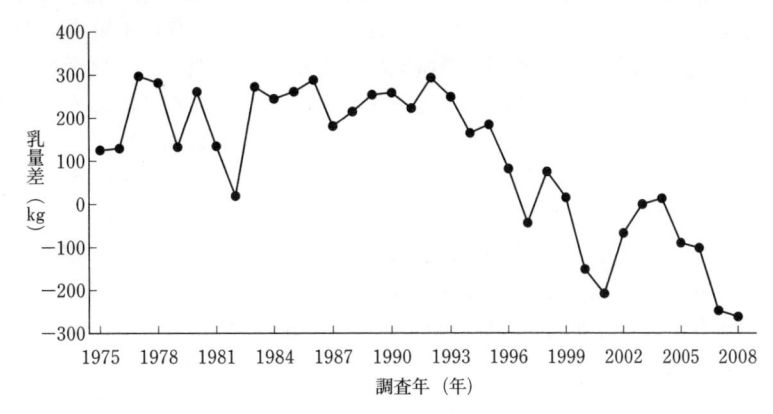

第2図　北海道と都府県の乳量差　（牛群検定成績から）

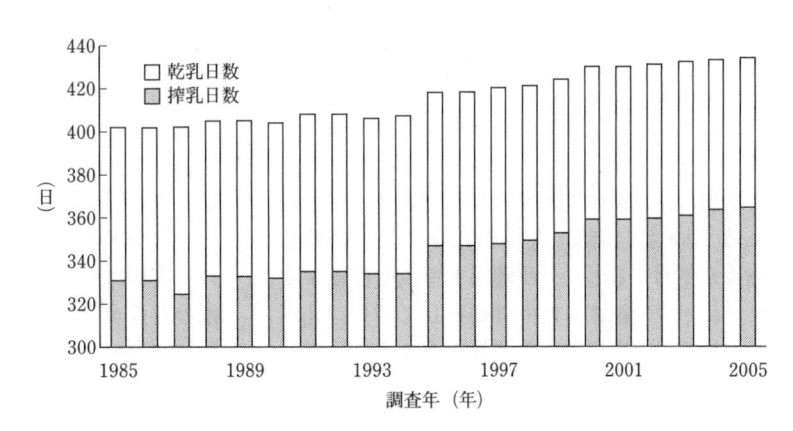

第3図　ホルスタイン種の分娩間隔　（牛群検定成績から）

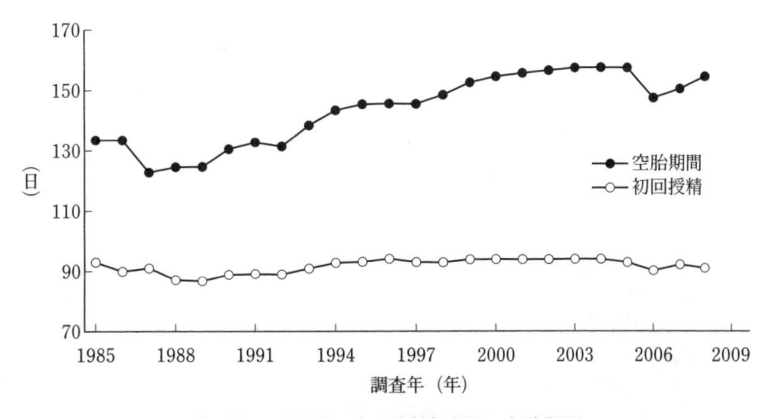

第4図　分娩後の初回授精時期と空胎期間

（牛群検定成績から）

分娩間隔延長に相当し，残り4週間弱の延長は，初回発情後の卵巣疾患や発情の見逃しなど，それ以外の要因によるものと考えられる。

初産分娩月齢は28か月から25か月強へと2か月半ほど短縮し，平均産次が3産から2.7産へと0.3産ほど短縮したが，分娩間隔が延長しているため，実質的な耐用年数はあまり変わっていない。

一方，牛群検定成績の生産性にかかわる指標の年次変化を見ると，乳量は1985年から2004年まで平均すると毎年100kg以上のペースでコンスタントに増加してきたが，飼料価格高騰の影響により，2004年以降の数年間は9,100kg台で頭打ちの状態となっている。乳脂率，乳脂量，乳蛋白率，無脂固形分率も，1985年以降それぞれ年率平均0.017％，5.5kg，0.011％，0.0081％の割合で上昇してきたが，2003，2004年を境に頭打ちあるいはやや低下傾向となっている。

第5図は，乳量と分娩間隔の推移を1つのグラフにまとめたもので，2003年ころまで乳量の増加に伴い分娩間隔が延長していることがわかる。2003年以降，乳量や乳質など生産性の指標が停滞すると，分娩間隔もそれと付随するようにやや短縮する傾向で推移しており，乳量と分娩間隔の間に強い関連性があるように思われる。

(5) 受精卵移植の受胎率

農林水産省では1987年から毎年受精卵移植の実施状況を調査している（第3表）。受精卵移植の実施頭数は年を追って増加し，狂牛病騒動による風評被害の影響などで2001年以降数年間停滞したものの，2004年からは再び増加傾向に転じている（第6図）。近年は延べ8万頭以上の牛に受精卵が移植されており，総受胎頭数の2％以上を占めている。

状態別に見ると，体内受精卵移植の受胎率は，新鮮卵が調査開始直後から50％代前半でほぼ一定しており，凍結卵はダイレクト移植法の普及により1995年以降45～46％で推移している。体外受精卵移植の受胎率は，体内受精卵移植より若干低く，新鮮卵が40％強，凍結卵が40％弱で推移している。体外受精でも新鮮卵と凍結卵の受胎率には差があるものの，差は体内受精卵より小さい。

人工授精成績と異なり，受精卵移植の受胎率に低下の傾向は認められない。家畜改良事業団が公表しているETチャレンジ50の成績を見ると，70％前後の受胎率を達成している機関も多い。受精卵移植技術は徐々に進歩しており，技術の改良が受胎性の低下を補っているため，受精卵移植の受胎率が変化していないのかも知れない。また，受精卵移植は発情・排卵やその後の黄体形成を確認して行なわれるため，受精卵移植対象牛の繁殖性はあまり低下していないとも考えられる。

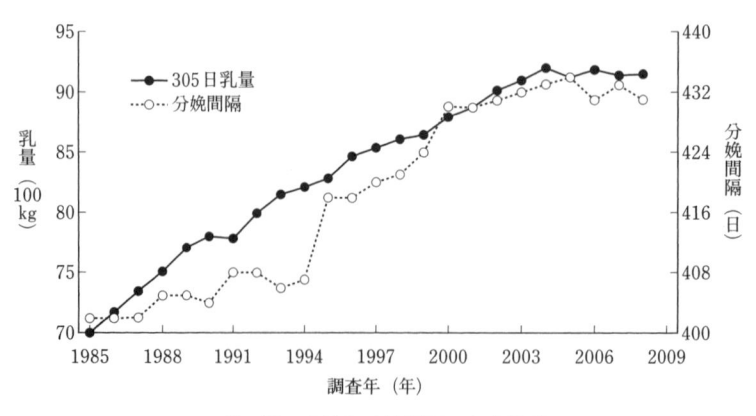

(6) 発情兆候の微弱化

先に述べた日本家畜人工授精師協会の調査や，酪農家，家畜人工授精師および獣医師を対象に畜産草地研究所の吉ざわら（2009）が行なった聴き取り調査によれば，最近の乳牛は発情が見つけにくくなったと感じている

第5図　乳量と分娩間隔の年次推移（牛群検定成績から）

関係者が多かった。

新潟大学の吉田（2006）や北海道農業研究センターの坂口ら（2010）の調査によれば，乳牛の被乗駕（スタンディング）発情の持続時間が短縮しており，毎日朝夕2回の観察だけでは発情を見逃す可能性が高くなっている。また，高泌乳牛群では全体の3分の1以上がスタンディング行動自体を示さなくなっている。

しかし，家畜改良センターの吉岡ら（2008）が歩数計を活用した発情発見システム（牛歩）で同センターに繋養されている搾乳牛の発情行動を調査したところ，歩数の増加を判定基準とすると，発情持続時間や発情開始から排卵までの時間は教科書に掲載されているとおりであり，ほとんど変化していないことがわかった。

これらのことを総合すると，最近の乳牛は，分娩後の生殖機能回復が遅延しているのではなく，比較的早い時期から発情周期を繰り返してはいるものの，発情兆候が微弱化して発情が見つけにくくなっているのではないかと推察される。

(7) 胚死滅頻度の上昇

Humblot（2001）は，妊娠認識（受精後16日）以前に胚が死滅した場合を早期胚死滅（発情周期が24日より短い），それ以後，妊娠42日までを後期胚死滅と定義し，不受胎の4分の1（授精牛全体の15％前後）は後期胚死滅が原因としている。ちなみに，妊娠42日以後は胚ではなく胎子と呼ばれるので，それ以降は胚死滅ではなく流産となる。後期胚死滅は栄養状態や泌乳との関連性が深く，泌乳牛は未経産牛より後期胚死滅率が高い。

また，ボディコンディションスコアが2.5以

第3表．受精卵移植の状態別移植頭数および受胎率の推移

年度(年)	体内受精卵移植			体外受精卵移植			総移植頭数
	移植頭数	受胎率（%）		移植頭数	受胎率（%）		
		新鮮1卵	凍結1卵		新鮮1卵	凍結1卵	
1987	8,559	48	31	390	41		8,949
1988	12,253	51	35	1,184	37		13,437
1989	15,788	52	39	1,920	38		17,708
1990	19,865	51	41	3,916	36		23,781
1991	26,613	50	41	4,229	36		30,842
1992	32,811	51	43	5,102	33		37,913
1993	36,876	51	42	6,264	30		43,140
1994	37,744	51	43	6,918	28		44,662
1995	40,742	51	46	4,642	34		45,384
1996	44,657	50	46	7,211	37		51,868
1997	46,925	51	45	9,479	36	32	56,404
1998	49,206	50	46	9,328	41	32	58,534
1999	52,147	52	46	9,726	39	33	61,873
2000	52,761	52	46	11,653	37	35	64,414
2001	53,048	52	46	9,774	41	35	62,822
2002	55,198	51	46	8,209	42	36	63,407
2003	56,205	50	45	7,890	43	37	64,095
2004	57,239	50	46	9,525	46	36	66,764
2005	58,098	51	45	10,726	41	39	68,824
2006	61,538	52	45	12,386	41	38	73,924
2007	74,215	52	46	13,204	42	39	87,419

注　都道府県を通じて各受精卵移植実施機関からの報告をとりまとめたもの
体外受精卵移植では1996年まで新鮮卵と凍結卵の区別をしていなかった
農林水産省ホームページ（http://www.maff.go.jp/j/chikusan/sinko/lin/l_katiku/）牛受精卵移植実施状況（2007年度）から抜粋

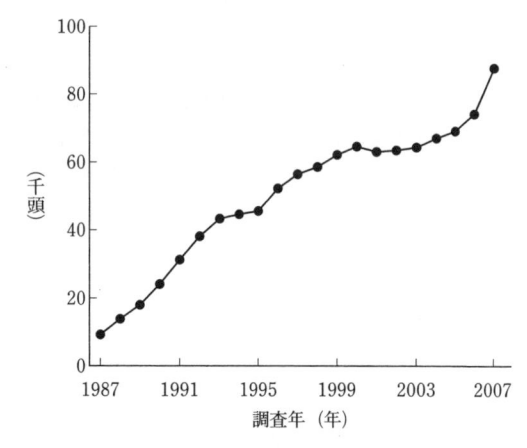

第6図　移植頭数の推移

上の乳牛は，乳量が多いほど後期胚死滅率が高くなる。分娩から1か月間のボディコンディションスコアの急激な低下（1＜）は以後の受胎での後期胚死滅率を2倍以上に増加させる。さらに，妊娠1～2か月の間にボディコンディションスコアが低下すると，維持あるいは増加した牛より2倍以上後期胚死滅と早期流産が増加する。

代謝の昂進や栄養バランスの乱れ，蛋白過剰による体液中の尿素やアンモニア濃度の上昇が胚死滅を招く原因と考えられており，発情期の卵胞ホルモン濃度が低かったり，妊娠20日前後の黄体ホルモン濃度が低かったりすると後期胚死滅が増加する。

2. 繁殖性低下の要因

乳牛の繁殖性低下の要因は，第7図に示す3つに大別される。生理的要因とは，育種改良による牛自体の変化によるもので，最初に述べた雌に起因する要素に加え，雄に起因するもの（精子の活力，運動性，濃度，生存性，受精能など）の変化も含まれる。環境要因とは，地球規模のあるいは地域的な環境の変化によるもので，乳牛ではとくに温暖化による暑熱ストレスの増大が影響している。人為的要因とは，牛の管理にかかわる問題であり，牛舎の隔離・団地化など飼養形態の変化，フリーストール化など畜舎構造の変化，飼養頭数の増大，指導員・家畜人工授精師・獣医師などの所属する農協・共済の広域化や連携不足，従事者の高齢化など，さまざまな要因が想定される。

これらの要因は密接に関連しており，たとえば，乳牛が大型化したことにより，耐暑性が低下し，牛舎の規格が合わなくなったことが原因で繁殖性が低下するというように，相乗的な影響も認められる。人為的要因の影響は複雑で，地域や個々の農家によって異なるため，ここではより普遍的で研究成果の蓄積も多い生理的要因，とくに高泌乳化による牛の繁殖性低下のメカニズムについて紹介する。

(1) 育種改良による変化

牛群に何らかの選抜圧がかからなければ，受胎率や分娩間隔などの繁殖性にかかわる指標は変化しないはずである。現在の乳牛は泌乳能力を中心に選抜や改良が進められており，環境変化など他の選抜圧を考慮しても，この育種手法が繁殖性低下の原因であることは間違いない。実際，世界的な傾向として，ホルスタイン種種雄牛の娘牛の受胎性に関する育種指標（Daughter Fertility Index）は2005年ころまで年々低下していた。

繁殖性や抗病性に関連した形質は遺伝率が低く，後代検定など従来の育種手法による改良が困難とされている。そのため，これまではデータ収集の容易さ，データの信頼性などの問題から，生産性のうち，遺伝率と経済効果の高い乳量と乳質に特化した改良が進められてきた。しかし，これらの生産形質と繁殖性は遺伝的に相反する傾向があり，乳量や乳脂率の増加，体型の大型化は，繁殖性を低下させる要因となる。一方，繁殖性の改善は生産性の向上に直結する問題であり，繁殖性も考慮に入れた育種手法の開発が望まれる。

このような背景から，1990年代にはわが国を含め世界各国で，間接的ではあるが繁殖性の指標ともなる生産寿命を加味した選抜が行なわれるようになっている。さらに，アメリカでは，2003年から種雄牛の改良効果（Net Merit）のなかに娘牛の空胎期間（Daughter Pregnancy Rate）や子牛出生時と娘牛分娩時の難産・死産率（Calving Ability）など，繁殖性に関する直接的な指標を組み込んでおり，2006年ころから繁殖成績が改善されつつあると報告されている。ヨーロッパ諸国でも2000年代以降乳用種

それぞれが関連	・生理的要因 高泌乳化，発育速度の向上，大型化など
	・環境要因 暑熱，寒冷，湿度，日照，病原体の分布など
	・人為的要因 畜舎，飼養管理，発情観察，人工授精など

第7図　推定される牛の繁殖性低下要因

雄牛の育種価評価に繁殖性の指標を組み込む割合を高めており，近年繁殖にかかわる形質の育種価が顕著に改善してきている。

一方わが国では，乳用種雄牛評価成績に難産率が表示されているものの，総合指数（Nippon Total Profit Index）に繁殖性にかかわる直接的な指標は組み込まれていない。世界主要国のなかで，健常性や繁殖性に関する指標をまったく組み込んでいないのはわが国だけである（Migliorら，2005）。逆に生産形質の比重は75％と，イスラエルに次いで2番目に高く，未だに乳生産に特化した育種が進められている。

バランスのとれた改良を図るためには，産乳能力，耐久性，繁殖性などの生産形質だけでなく，飼いやすさなども含めた飼養効率や日和見的な疾病への抵抗性まで含めた抗病性など，できるだけ多くの情報を育種に活用する必要がある。

(2) 暑熱による繁殖性低下

暑熱ストレスがかかったときの乳牛の生理状態の変化を第8図に示した。ホルスタイン種をはじめとする乳牛は，夏季でも冷涼な気候の欧州北部原産であり，また，ルーメンの微生物発酵により常に発熱しているため，耐寒性には優れているものの，暑熱には弱い体質である。ホルスタイン種は温湿度指数（不快指数）が72を超えると暑熱ストレスを感じ始める。つまり，気温が22℃を超えると湿度によっては乳量低下などの影響が現われることになる。加えて，最近の乳牛は，乳器が大きくなるよう改良されたことに伴い，昔と比べて体格も大型化しており，維持エネルギーが30年前より25％以上増加している（Agnewら，2003）。また，実際に乳量が増加したことにより，エネルギー消費量が増え，体内での産熱量も増大している。それに気候の温暖化が加わり，生理的な許容量を超える暑熱ストレスの増大により，繁殖性が低下すると考えられる。第8図に示すように，暑熱環境下では，高温感作の影響だけでなく，食欲不振によるエネルギー不足の影響（後述）も大きい。

温湿度環境の改善，放熱量の増加，産熱量の低減，暑熱感作時間の短縮など，さまざまな対策がとられているが，今後，温暖化がさらに進めば影響はより深刻化することから，遺伝的な耐暑性の強化など，抜本的な対策の開発が待たれる。

(3) 雄側の要因

先に，乳牛の繁殖性低下の生理的要因として，雄に起因するものも含まれると述べたが，最近の研究により，受精卵の初期発生には精子の質も影響することがわかってきた（Miller, and Ostermeier, 2006）。牛ではまだ調べられていないが，少なくとも霊長類や齧歯類では，精子の中に蛋白質合成のもととなるメッセンジャーRNAが多数存在し，遺伝子発現を制御するマイクロRNAなど，遺伝情報をもたないRNAを合わせると，最大3,000種程度のRNAが含まれている。これらのRNAは，雄特異的

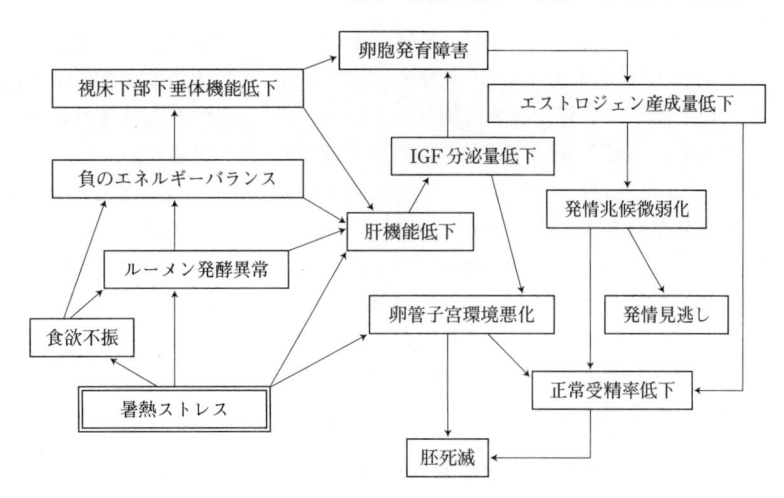

第8図 暑熱ストレスが生殖機能に及ぼす影響

に発現するものが多く，DNA配列の変化を伴わないエピジェネティックな遺伝子修飾により，胚や胎子の発育や形成に関与していると考えられる。不妊や受胎性の低い雄の精子はこれらのRNAに異常が認められ，それが初期胚発生の異常を引き起こしている可能性は高い。

先に示した日本人工授精師協会の調査では，黒毛和種精液のほうがホルスタイン種の精液より受胎率が高いことが示唆されており，牛でも精子の遺伝形質や遺伝子発現が受胎性に影響している可能性がある。

(4) 高泌乳牛での栄養と繁殖の関係

動物の繁殖性は健康状態と密接に関係している。牛は，反芻とルーメン発酵により難消化性の繊維質を栄養源として効率的に利用できるように進化した動物である。そのため，牛の健康維持には，ルーメン発酵の安定的な制御が重要である。

ルーメンの微生物叢は，繊維質が多く発酵速度の遅い粗飼料の消化に適しており，発酵速度の速い濃厚飼料を多給すると発酵異常を起こし，さまざまな疾病の原因となる。つまり，摂取する栄養素のバランスが崩れると，牛は不健康となり，繁殖性も低下する。肉用繁殖牛では，粗飼料主体の給与によりこの問題を解決できるが，乳牛の場合，栄養価の低い粗飼料主体の飼養では高乳量を維持できないため，たとえ繁殖性が改善されたとしても生産性の向上にはつながらない。

濃厚飼料の単独給与を避け，TMRなど，飼料調整の工夫により粗飼料とのバランスを図りつつ栄養給与量を増やしてはいるものの，乳量に見合った栄養要求量を満たすには限界がある。そのため，高泌乳牛では必然的に栄養バランスの乱れが生じることとなり，繁殖性の低下を含め，さまざまな障害が発生する。栄養面が原因となる繁殖性の低下では，以下に示す3つのメカニズが想定されている。

①エネルギー不足

近年の乳牛は育種改良によって泌乳能力が飛躍的に向上している。その能力を最大限に発揮させるには十分な栄養補給が不可欠であり，栄養価の高い濃厚飼料を多量に給与する必要がある。しかし，すでに述べた理由から牛が濃厚飼料を食い込める量には制約があり，乳量の多い泌乳初期～最盛期には栄養不足に陥り，体に蓄積した脂肪などの養分を動員して乳生産を賄っている。草食動物である牛は常時採食できるため，栄養の過不足に弱く，変化が急激だったり不足期間が長引いたりすると，さまざまな障害が生じる。第9図は，エネルギー不足に由来する繁殖性低下について，一般に指摘されている因果関係をまとめたもので，中枢性の生殖機能抑制と肝機能・免疫機能の低下に伴って生殖機能に異常が生じるという経路が推定されている。

高泌乳牛では，泌乳初期の栄養不足を完全に解消することはむずかしいが，乾乳期に食い込める体をつくっておくことにより，泌乳開始後の採食量を増やし，不足の程度を軽減することはでき

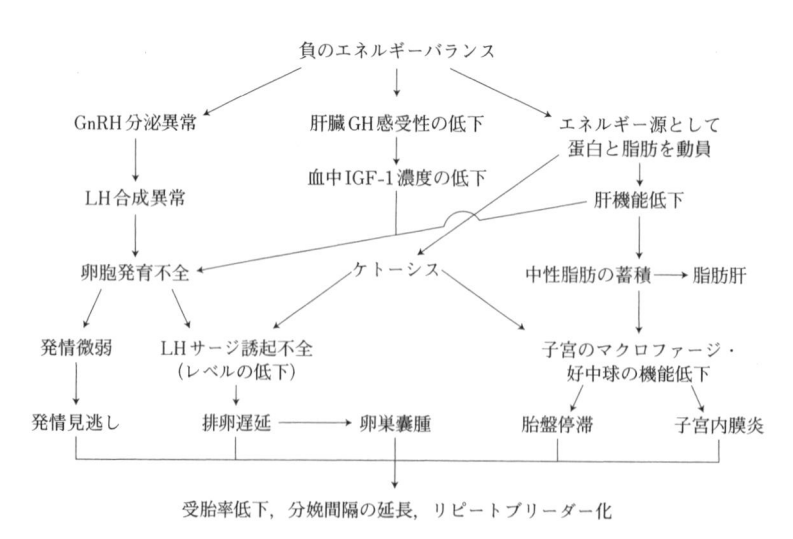

第9図 エネルギー不足が生殖機能に及ぼす影響

る。乾乳期の急激なボディコンディションの変化，分娩前の過肥や削痩は禁物である。そのためには，泌乳後期の栄養状態にも注意を払い，乳量を期待するあまり，栄養過多とならないよう気をつける必要がある。

②酸化ストレスの増大

乳牛は泌乳量の増加に伴い，体内の酸化ストレスが増大する。乳生産に必要なエネルギーを確保するため，代謝が活発化することにより，活性酸素やフリーラジカルなどの産生量が増加する。また，乳生産や恒常性の維持には十分な蛋白源が必要だが，余剰な蛋白質は，ルーメンでアンモニアや硝酸体を発生させ，肝臓や腎臓などの代謝器官にとって負荷となるだけでなく，全身に悪影響を及ぼし，酸化ストレスの増大にもつながる。さらに，暑熱や疾病，以下で述べるエンドトキシンの解毒過程でも酸化ストレスが発生する。結果的に，高泌乳牛では，卵巣や子宮などの生殖器官も強い酸化ストレスに曝されることになる。酸化ストレスは細胞内外の膜や遺伝子を傷つけ，卵子や胚の品質，黄体や子宮の機能を低下させ，受胎率を低下させる。酸化ストレスの軽減・解消は，乳牛の健康維持に直結しており，繁殖性向上の観点からもきわめて重要な課題である。

酸化ストレスに対しては，原因の除去が最も効果的な対策となるが，高泌乳牛のように酸化ストレスの回避がむずかしい場合，抗酸化物質の給与が効果的である。抗酸化物質は粗飼料に多く含まれているが，給与飼料の粗濃比が低くならざるを得ない高泌乳牛では，補助飼料としてビタミン（A, C, E）などの抗酸化物質や体内で抗酸化酵素の合成に使われるミネラル（Cu, Mn, Zn, Se）を適切に補給することにより酸化ストレスへの抵抗力を高める必要がある。

③ルーメン発酵異常

反芻動物のルーメンにはエンドトキシンの発生源となる細菌（グラム陰性菌）が多く棲息している。エンドトキシンは，グラム陰性菌が死滅してその細胞壁成分であるリポ多糖（Lipopolysaccharide：LPS）が壊れて水に溶け出したもので，血液中に入ると発熱，呼吸促拍，低血圧，過剰炎症反応など，さまざまな障害を引き起こす。繊維質を主体とする適切な飼料（粗飼料）を給与すれば，ゆるやかな発酵によってルーメン環境の恒常性が保たれ，エンドトキシンの産生は低く抑えられる。しかし，泌乳に必要なエネルギーを補うため穀類など易消化性の糖質（濃厚飼料）を多量に給与すると，急速な発酵によって発生した乳酸やVFAがpHを低下させ，ルーメンアシドーシスを引き起こす。その結果グラム陰性菌が死滅し，大量のエンドトキシンが発生する。ルーメンで生じたエンドトキシンは血中に移行して直接，あるいは腫瘍壊死因子（TNFα）などの炎症性サイトカインを介して間接的に多くの臓器に影響を及ぼす（第10図）。

繁殖への影響について見ると，エンドトキシンは，卵子の成熟と胚の発生を阻害する。また，TNFαは，適量であれば，免疫系の活性化や黄体退行など，生理的に有益な働きをしているが，過剰量では卵胞の発育，黄体の形成と退行，子宮内膜上皮の増殖を阻害する。これらのことから，高泌乳牛では，ルーメンで発生する内因性のエンドトキシンが卵巣や子宮などの生殖制御機能に負の影響を及ぼしていることが推察される。

不適切な濃厚飼料の多給によって生じるルーメン発酵の異常は，繁殖性の低下だけでなく，吸収エネルギー不足による乳量と乳質の低下，エンドトキシンによる潜在性肝機能障害を引き起こし，さらには，消化器病，蹄病，乳房炎など，生産病の原因ともなる。

これらのことを総括すると，乳牛の高泌乳化に伴う繁殖性低下は，おもに第11図に示すような因果関係によって生じると推察される。分娩間隔延長のおもな原因であるエネルギー不足，酸化ストレス，ルーメン発酵異常に対処するためには，乳期ごとの要求量に見合った栄養素をバランスよく給与することが大切である。

(5) 肝機能の昂進

高泌乳牛では，乳生産に向けエネルギー代謝

改良と飼育技術をめぐって

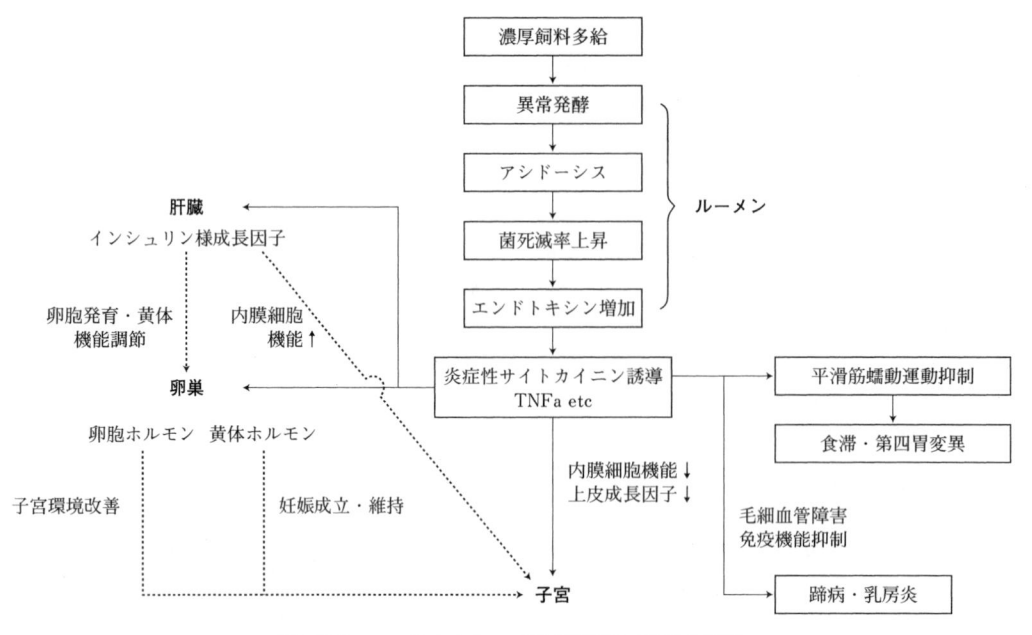

第10図　エンドトキシンが生殖機能に及ぼす影響
破線は生理作用の経路

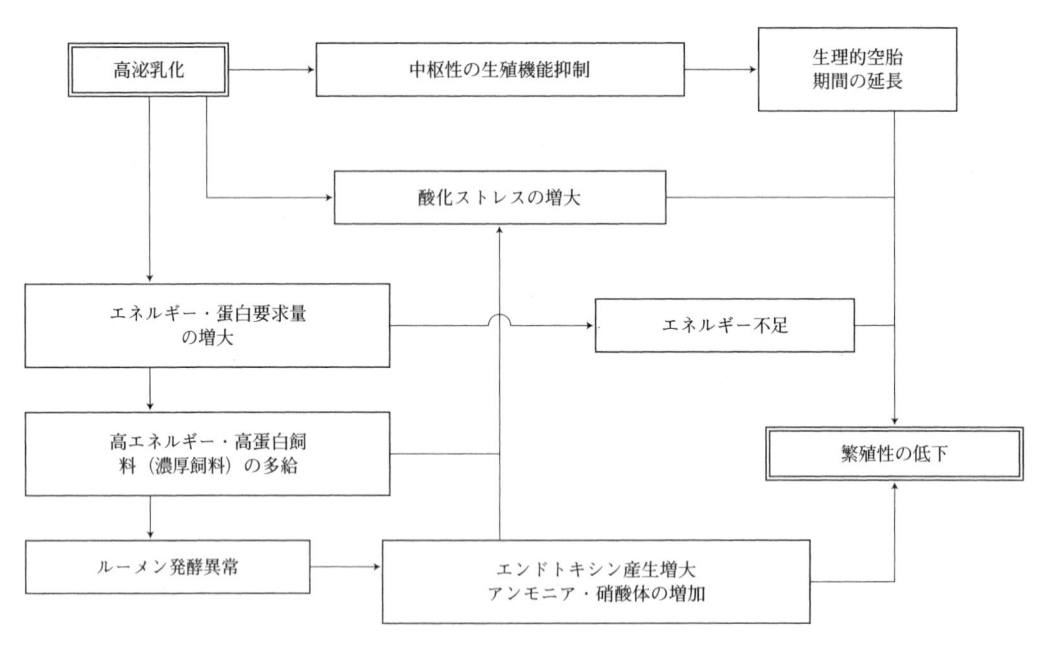

第11図　高泌乳牛の繁殖性低下原因

を活発にするため，肝機能が昂進する。発情を発現させる卵胞ホルモンや妊娠維持に必要な黄体ホルモンなどのステロイドホルモンは肝臓で代謝されるため，肝機能が昂進すると，これらのホルモンの代謝速度が速くなる。その結果，卵胞や黄体の機能が正常でも，末梢血中のステロイドホルモン濃度が低下し，発情微弱や早期胚死滅の原因となる（Wiltbank，ら，2006）。

また，肝臓での卵胞ホルモンの代謝が活発になると，下垂体の黄体形成ホルモン分泌に対する負のフィードバック機構を介した主席卵胞の選抜が適切に行なわれなくなるため，複数排卵が増加する。双胎の場合，単胎より胚死滅，流産，分娩事故などの比率が高くなるので，結果として高泌乳牛の繁殖性低下につながる。

*

乳牛の繁殖性低下の問題が顕在化してから久しいが，乳量や乳質など，繁殖性と相反する生産形質の向上をはかりつつ繁殖性も向上させるという矛盾から，いまだにその抜本的な解決策は見出されていない。しかし，近年の飼料価格高騰により給与飼料の栄養バランスの乱れが拡大したせいか，飼養管理による乳量増効果はマイナスの状況が続いており，その点に関しては改善の余地が残されているように思われる。つまり，適切な時期に適切な量の栄養素を給与すれば，飼料の栄養吸収率が高まり，泌乳能力を最大限に発揮させつつ繁殖性も改善させることができるのではないだろうか。このことは，繁殖性の改善による分娩間隔の短縮だけでなく，飼料利用効率の向上，乳量の増加や乳質の改善，生産病発症率の低減にもつながると考えられる。

しかし，栄養面の管理だけで乳牛の繁殖性低下にかかわる問題のすべてが解決するわけではない。先にも述べたとおり，牛の繁殖性低下の原因はさまざまであり，多くの課題が残されている。とくに，繁殖性を考慮した育種手法の見直しと今後ますます影響が大きくなると考えられる暑熱対策は，喫緊かつ最重要な課題であり，これらの研究の進展が待たれるところである。

執筆　平子　誠（(独)農業・食品産業技術総合研究機構畜産草地研究所）

2010 年記

参 考 文 献

Agnew, R. E., T. Yan, J. J. Murphy, C. P. Fems and F. J. Gordon. 2003. Development of maintenance requirement and energetic efficiency for lactation from production data of dairy cows. Livest. Prod. Sci. **82**, 151—162.

Humblot, P. 2001. Use of pregnancy specific proteins and progesterone assays to monitor pregnancy and determine the timing, frequencies and sources of embryonic mortality in ruminants. Theriogenology. **56**, 1417—1433.

金田義宏．2005．平成16年度繁殖成績実態調査における調査員のプロフィールと牛の人工授精による受胎成績．家畜人工授精．**229**, 19—30.

Maas, J. A., P. C. Garnsworthy and A. P. F. Flint. 2009. Modelling responses to nutritional, endocrine and genetic strategies to increase fertility in the UK dairy herd. Vet. J. **180**, 356—362.

Miglior, F., B. L. Muir and B. J. Van Doormaal. 2005. Selection indices in Holstein cattle of various countries. J. Dairy Sci. **88**, 1255—1263.

Miller, D. and G. C. Ostermeier. 2006. Spermatozoal RNA: Why is it there and what does it do? Gynecol. Obstet. Fertil. **34**, 840—846.

中尾敏彦・小野和弘．2003．牛の人工授精による受胎成績および人工授精技術の実態．家畜人工授精．**215**, 11—38.

Sakaguchi. M. 2010. Oestrous expression and relapse back into anoestrus at early postpartum ovulations in fertile dairy cows. Vet. Rec. (in press)

(社) 家畜改良事業団．2009．平成20年受胎調査成績．p.45.

吉田智佳子．2006．乳牛における発情徴候の短縮化と発情徴候を抑制しうる内分泌的機序．新潟大学農学部研究報告．**59** (1)，1—9.

吉岡一．2008．泌乳牛における発情微弱化の要因調査．畜産草地研究所資料．20—6，45—48.

吉ざわ努・平子誠・下司雅也・高橋昌志・永井卓．2009．生産現場における受胎に係る要因について．日本胚移植学雑誌．**31** (2)，105—118.

Wiltbank, M., H. Lopez, R. Sartori, S. Sangsritavong and A. Gümen. 2006. Changes in reproductive physiology of lactating dairy cows due to elevated steroid metabolism. Theriogenology. **65**, 17—29.

受精卵移植(ET)

受精卵移植技術の基本

1. 日本の牛受精卵移植技術の実用化の歴史

わが国の受精卵移植技術の開発・普及の歴史において，1967～1970年に農林水産省畜産試験場，福島・岩手種畜牧場および栃木県酪農試験場の共同で実施された農林水産技術会議の特別研究「牛の人工妊娠の技術化に関する研究」と，1976年に紹介された「カナダ・アメリカにおける牛の胚移植実用化の実際」(金川)は重要な役割を果たした。1982年以降，農林水産省や都道府県による多くの普及事業のなかで，技術研修会や施設・整備が計画的に行なわれ，団体や民間もとり込んだ普及活動も積極的に行なわれた。そして，わが国の胚移植技術実用化の取組みは約25年以上が経過した。

これまで，わが国の受精卵移植技術の開発・普及は，諸外国とは異なる取組みがなされてきた。

北米では1970年代に受精卵移植を専門に行なう民間会社が設立され，普及に大きな役割を果たした。今日でも商業的に受精卵移植技術を行なう民間企業が多く，受精卵の輸出など活発な活動を行なっている。さらには，先端的技術の研究開発も積極的に行なわれており，体外受精技術，クローン技術，XY精子の分離技術などへの取組みも盛んである。

一方，わが国は，国を中心として都道府県およびその下部の公共機関が連携し，技術普及を組織的に行なってきた。このような技術普及はわが国独特の手法であり，その成果は大きかったといえる。受精卵移植技術に関連する周辺技術の研究開発でも，諸外国に遅れることなく世界的水準にある。とくに，体外受精技術，クローン技術，受精卵性別判別技術に関する研究とその技術レベルは世界のトップレベルにある。

今日，受精卵移植技術の利用は，酪農・畜産を取り巻く激しい状況変化の渦中にあって，新たな展開が求められている。

たとえば，牛乳消費の減少に伴い，酪農経営の強化が必要になっている。その対策として，乳用牛に黒毛和種の受精卵を移植する農家が増えている。また，乳用経産牛の受胎率低下の打開策の一つとして，リピートブリーダー牛への胚移植による受胎率向上である。

このような受精卵移植の利用を成功させるためには，安定的に良質胚を生産し供給することと，受胎率（とくに凍結胚）を高めることが必要である。凍結胚の移植では，耐凍剤（凍害防止剤あるいは凍結保護物質）の希釈を必要とせず，簡易に移植できるダイレクト法のいっそうの普及と，ダイレクト法の受胎率の向上と安定化が大切である。

2. 国内外での最近の受精卵移植の実施状況

わが国の受精卵移植実施頭数は，毎年農林水産省より公表される。この数値を見ると，昭和63年度（1988年度）以降，体内受精卵の移植実施頭数は1万頭を超え，2005年度には5万8,098頭にのぼっている（第1図）。体外受精卵の移植頭数は，1997年度以降9千頭を超え，2005年度には1万0,726頭に移植されている。

一方，国際受精卵移植学会が毎年公表する全世界の受精卵移植実施数を見ると，1994年以降の伸びが顕著で，2006年には67万個の受精卵が移植されている（第2図）。2006年のデータをみると，最も多い地域は北米（43.6％）で，ついでアジア（27.4％），南米（13.1％），欧州（13.1％），オセアニア（1.9％），アフリカ（0.8％）の順である。

北米と欧州を除く国別の移植受精卵数は，長

受精卵移植（ET）

い間，ブラジルに次いで日本が多かったが，ここ2～3年は中国の伸びが急速であり，2006年には日本を追い越し，2倍の約12万個の受精卵が移植されている。

2006年の体外受精卵の生産個数は，南米（約20万個）が最も多く，ついで北米（約13万個），アジア（約8.7万個）の順である。移植された体外受精卵数は，南米が最も多く，ついでアジア，北米の順である。南米のなかでも，ブラジルでは体外受精卵の生産・移植が多いといわれている。ブラジルではブラーマン種での受精卵移植が多く，この品種では生体卵子吸引で採取される卵子数がきわめて多いため，過剰排卵誘起処置よりも受精卵の生産効率が高いためであるといわれている。また，北米では約13万個の体外受精卵が生産されているが，移植された受精卵の個数はわずかに4,300個である。残りの多くは輸出されている。とくにカナダから中国への輸出個数は3万個にのぼるといわれている。

このように中国での受精卵移植頭数は今後も急速に伸びると予想されており，北米を追い越すとみられている。その主な理由は，中国の経済発展と中国国内の牛乳の消費が急速に伸びており，これに呼応して北米の民間企業が多数の受精卵を中国に輸出しているためである。今後も中国への受精卵の輸出は確実に増えるとみられ，中国は近い将来最も受精卵移植頭数の多い国になる可能性が高い。

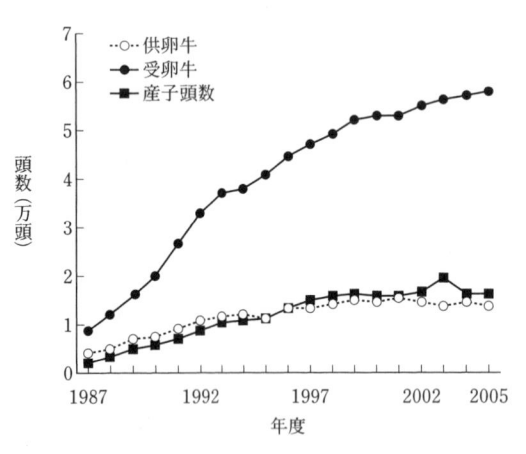

第1図　供卵牛，受卵牛および産子数の推移
（農水省生産局調べ）

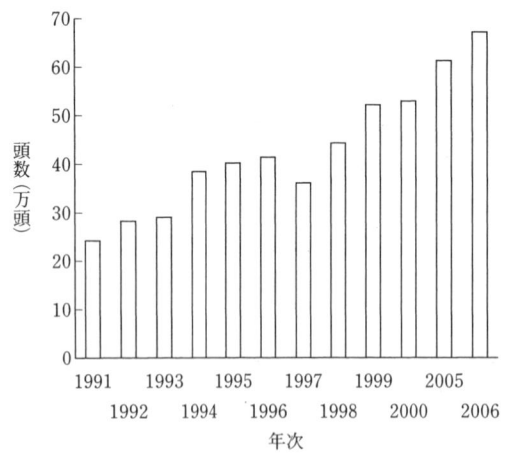

第2図　世界での牛受精卵移植頭数の推移
（体内受精卵）
（国際受精卵移植学会調べ）

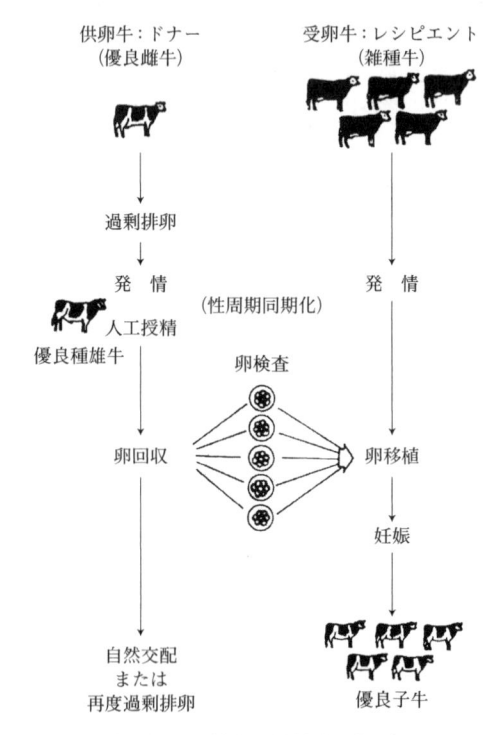

第3図　受精卵移植技術の概要
（金川，1984を一部修正）

3. 受精卵移植技術の流れ

受精卵移植技術は，受精卵を採取する供卵牛（ドナー）と受精卵を移植する受卵牛（レシピエント）の準備，過剰排卵誘起処置，受精卵の採取，受精卵の移植，妊娠診断，分娩と多くの段階によって形成される技術である（第3図）。

受精卵移植技術が完結するためには，複合された技術が必要であるため，受精卵移植技術者は直腸検査や人工授精の基本技術に熟練しておく必要がある。さらには受精卵の検索や評価，凍結保存など顕微鏡を使用する技術にも熟練しておく必要がある。一方，供卵牛や受卵牛を管理する飼養者は，受精卵移植技術の全体をよく理解し，日常の飼養管理を適切に行なうとともに，実施計画の設計を行なわなければならない。

4. 受精卵移植の計画

受精卵移植の実施計画を作成するときは，まず，供卵牛の発情発現日を確認する必要がある。供卵牛から受精卵を回収するためには，性腺刺激ホルモンを投与して過剰排卵誘起処置を行ない，同時に胚牛の発情を供卵牛に揃える必要がある（第1表）。受卵牛は，供卵牛の発情日と同じ日および翌日に発情が発現するように調節する。

このように，新鮮卵移植計画の作成は，供卵牛と受卵牛の両方の発情周期を揃えることが重要である。そのため，わが国のように受卵牛集団が小さい場合は，受精卵の凍結保存技術が重要である。

5. 過剰排卵誘起処置に用いる性腺刺激ホルモンと投与方法

過剰排卵誘起処置には，卵胞刺激ホルモン（FSH），妊馬血清性性腺刺激ホルモン（eCG），人閉経期性腺刺激ホルモン（hMG）の3つのホルモンを用いることができる。

第1表　牛の受精卵移植の実施計画例

発情後日数（日目）	供卵牛	受卵牛
0	発情日	
10	FSH	
11	FSH	
12	FSH，PGF	PGF
13	FSH	
14	人工授精	発情
15	人工授精	発情
20		移植前検査
21	受精卵回収	受精卵移植

注　FSH：卵胞刺激ホルモン
　　PGF：プロスタグランジン$F_{2\alpha}$
　　発情後10日目に過剰排卵誘起処置を開始，新鮮卵移植を行なう場合の計画例

今日わが国では，FSHが主に用いられており，総量18〜44mg（AU）を朝夕2回，3〜5日間に分けて筋肉内投与されている。第1回目のFSH投与開始後，48時間あるいは72時間目にプロスタグランジン$F_{2\alpha}$（PGF）を投与して黄体退行を誘起する。発情はPGF投与後36〜48時間後に発現する。

人工授精はPGF投与後2.5日および3日目の2回実施する。FSHは体内での半減期が5時間以内と短いため，1日2回，連続して投与しなければならない。一方，eCGの半減期は40時間と長いため，1回しか投与しない。PGFはeCG投与後48時間目に投与する。人工授精はFSHの場合と同じである。わが国でも受精卵移植技術の普及の初期の頃にはeCGが多く使われていたが，FSHに比べて受精卵の回収成績が低いため，最近は使用される機会が少なくなってきている。

6. 新しい過剰排卵誘起処置方法

供卵牛の黄体期に過剰排卵誘起処置を開始する方法は，供卵牛の発情発現を待って受精卵の回収および移植を行なわなければならないため，計画的な受精卵移植を行なうにはやや難点がある。そのため，供卵牛の発情周期を調節したうえで過剰排卵誘起処置を行なう必要がある。

供卵牛の発情周期を調節する方法として

PGFの投与がよく利用される。PGF投与の場合は，発情観察を行ない，発情発現日を起点として過剰排卵誘起処置の日程が決定される。もし，供卵牛の発情周期に関係なく過剰排卵誘起処置が開始できれば，必要に応じて自在に受精卵移植計画を設計することができる。最近報告されている卵胞発育ウェーブの制御技術を利用すれば，供卵牛の発情周期に左右されることなく，任意の時期に過剰排卵誘起処置を開始できる。また，受卵牛の発情周期も，予定した特定日に受精卵移植が実施できるようになってきた。

卵胞発育ウェーブの制御法ついては後述するが，現在最も新しい過剰排卵誘起処置法は，供卵牛の任意の発情周期にエストラジオールとプロジェステロンを用いて，新しい卵胞発育ウェーブの出現を誘起して開始する方法である。この方法を用いることにより，供卵牛の発情周期に影響されることなく，自由に過剰排卵誘起処置を開始することができる。受卵牛の発情も同様に制御でき，特定の日に受精卵移植が実施できる（定時受精卵移植）。

7. 供卵牛の選定

受精卵移植の成否は，供卵牛の選定がカギとなる。すなわち，供卵牛を選定する場合は，遺伝的能力に優れ，経済価値の高い能力を有することと，繁殖機能が正常であることが重要である。繁殖障害を有する牛では良好な受精卵の回収成績は期待できない。過剰排卵誘起処置前には，2回以上の正常な発情周期が確認されていることが大切である。

分娩後間もない牛では，ホルモンに対する反応性が低く，搾乳牛では分娩後60日以内に過剰排卵誘起処置を開始しても受精卵の回収成績は不良な場合が多い。育成牛では，春機発動後，正常な発情周期を営んでいることが重要であり，一般に経産牛より回収受精卵数は少ない。老齢牛は過剰排卵誘起処置に対する反応性が低く，10歳以上では回収成績が低下する傾向がみられる。

過剰排卵誘起処置1回当たりの平均回収正常受精卵の個数は約6個であるが，供卵牛間の差が大きく，過剰排卵誘起処置を実施した牛の約30％は正常受精卵が回収されないといわれている。最近，高泌乳牛では過剰排卵誘起処置成績が低下傾向にあることが指摘されている。このことは，最近の高泌乳牛の繁殖性成績低下の問題と何らかの関連があると考えられることから，適正な飼養管理の励行が重要である。

8. 受卵牛の選定

受卵牛は繁殖機能が正常であり，妊娠の継続および分娩に支障のない体格を有することが必要条件である。受精卵移植の受胎率は，人工授精のそれと同様に，栄養と飼養環境に大きく影響される。したがって，受卵牛選定にあたっては，正常な発情が確認され，受精卵移植時に機能的で正常な大きさの黄体が形成されていることが重要である。移植時の黄体の形状や弾力性によって受胎率に差があるとする報告もみられるが，明瞭な発情が確認されており，直腸検査によって明確に黄体と判別される大きさがあれば問題はない。しかし，正常な機能性黄体が形成されていても，子宮に問題がある場合の受胎率は低い。

一般に未経産牛のほうが経産牛より受胎率が高く，受卵牛として優れている。その理由は，未経産牛では分娩や泌乳に伴うストレスの影響がないことがあげられる。経産牛では子宮に問題のある牛が散見されるため，移植時の検査では直腸検査に加えて腟検査も実施することが望ましい。また，直腸検査による卵巣触診は主観的であるため，誤診が多いとされる。受卵牛の選定では発情発見を最重要視し，総合的に判定すべきである。最近は，携帯型の超音波診断装置が市販されており，受卵牛の選定作業に有効に利用できるようになった。

9. 受精卵の採取

受精卵の採取は，バルーンカテーテルを用い

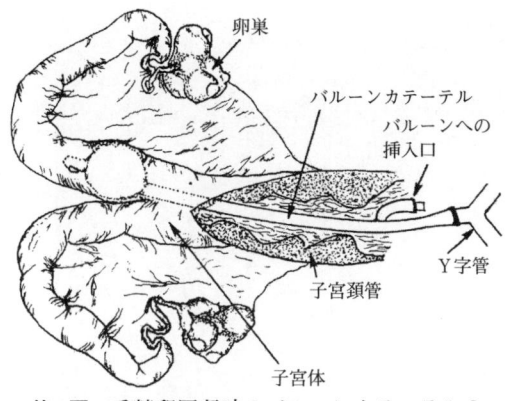

第4図 受精卵回収時のバルーンカテーテルの位置　(Seidel GE Jr. and Seidel SM, 1991)

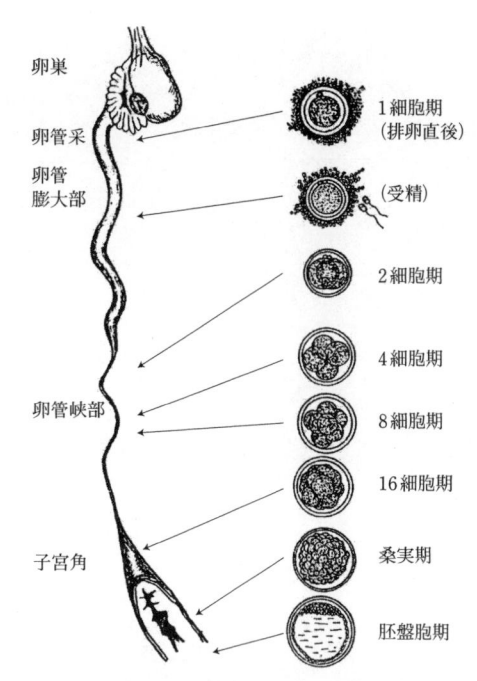

第5図 牛受精卵の発育と卵管下降
(杉江, 1989)

て子宮洗浄の要領で行なう（第4図）。子宮洗浄で回収される受精卵のステージは，桑実期以降の受精卵である。受精卵の回収は，発情後7日目に実施されることが多いが，この時期には受精卵は卵管から子宮に下降し，多くは後期桑実期から胚盤胞期のステージに達している（第5図）。

受精卵の回収に用いられる還流液は，子牛血清を0.5〜1％添加した1〜2lのダルベッコリン酸緩衝液，または乳酸リンゲル液が用いられる。子宮洗浄は，左右の子宮角をそれぞれ洗浄する場合と，両側子宮角を同時に洗浄する2つの方法がある。

10. 受精卵の評価

回収した受精卵は，形態的な状態によって品質評価を行なう。受精卵の品質評価は，国際受精卵移植学会が示している基準に従って行なうのが一般的である（第2表）。

受精卵の発育ステージは8段階，品質は4段階にそれぞれ分類される。

受精卵の発育ステージは，発情後の経過日数に適合したステージであるかどうかを判定する。たとえば，発情後7日目に回収した場合，正常な発育ステージの範囲は後期桑実期から胚盤胞期である。しかし，桑実期や拡張胚盤胞期の受精卵も回収されることも少なくない。

第2表 国際受精卵移植学会の牛受精卵の品質評価基準

番号	発育ステージ	番号	受精卵の品質
1	未受精卵	1	エクセレント・グッド
2	2から12細胞期胚	2	フェアー
3	早期桑実胚	3	プアー
4	後期桑実胚	4	死滅または変性
5	初期胚盤胞		
6	胚盤胞		
7	拡張胚盤胞		
8	脱出胚盤胞		

受精卵の品質は下記のとおり，判定基準が示されている（第6図）。

エクセレントまたはグッド（Excellent or Good）　個々の割球（細胞）の大きさ，色および集合性が一様であり，対称的で均整のとれた球形の受精卵。変性細胞は，比較的少なく，少なくとも85％の細胞質は無傷であり，生存性のある細胞質がある。突出した細胞質の割合を基本に判定する。透明帯は，明瞭で凹凸がなく，またシャーレやストローに接着するような平面でない。

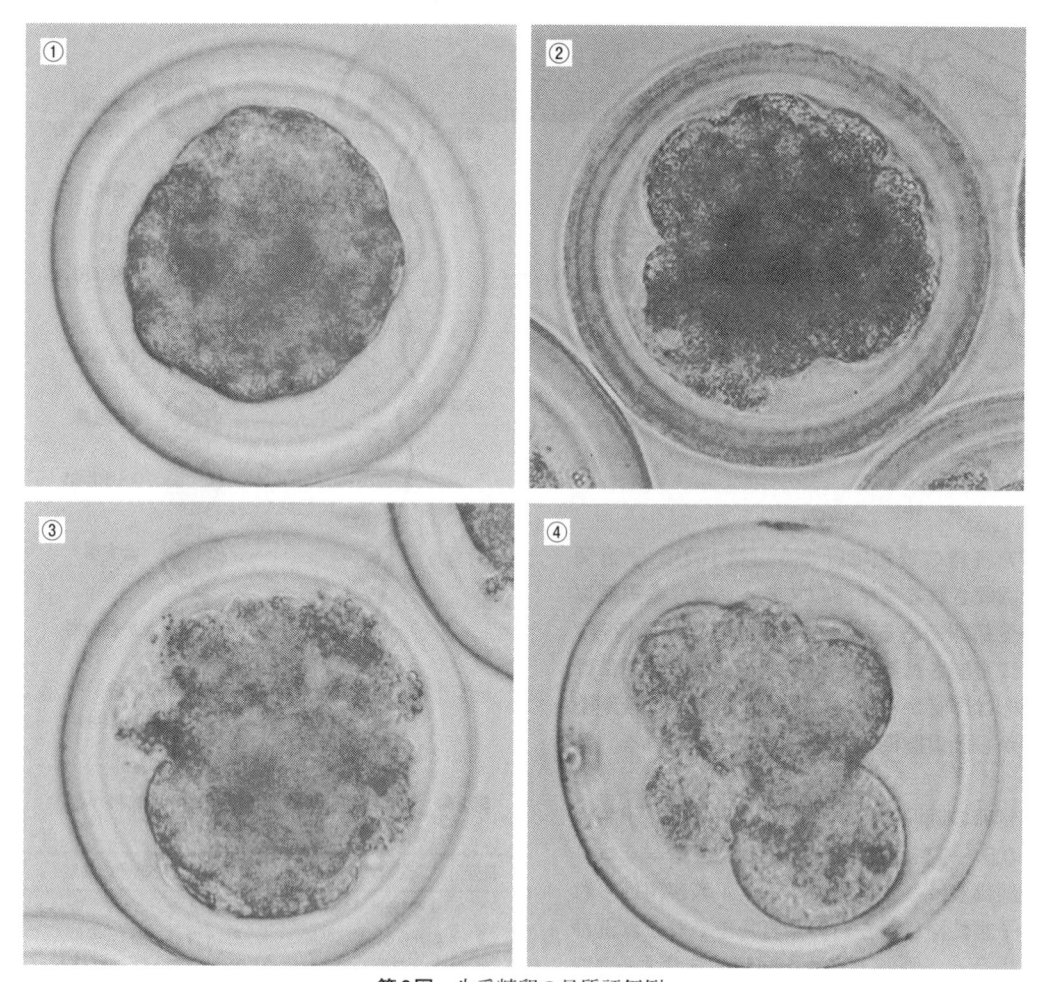

第6図　牛受精卵の品質評価例
①エクセレント（グレード1），②フェア（グレード2），③プアー（グレード3），④死滅または変性（グレード4）

　フェアー（Fair）　受精卵の細胞質，大きさ，色，個々の細胞の集合性および受精卵の全体的な形状などに問題となるような点がない。少なくとも50％の細胞質が完全で生存性がある。
　プアー（Poor）　細胞の輪郭や大きさ，色と個々の細胞において異常が多く，少なくとも25％の細胞質が無傷で生存性がある。
　死滅または変性（Dead or Degenerating）変性した受精卵，卵子または1細胞期（生存性なし）。

11. 受精卵の洗浄

　受精卵を移植あるいは凍結保存する前に，粘液，細菌，ウイルスなどを除去するために洗浄する必要がある。受精卵の洗浄も国際受精卵移植学会がその基準を示している（第7図）。
　受精卵の洗浄は，新しい保存液（抗生物質および3〜5％の子牛血清を添加したダルベッコリン酸緩衝液）に受精卵を移し替えることにより行なう。受精卵の洗浄に用いる保存液は，2ml以上の保存液を満たした直径35mmのプラスチックシャーレなどを用いて10回以上洗浄

する必要があるとされている。また，トリプシン溶液を用いて洗浄する方法も示されている。

受精卵を洗浄する場合，注意すべき点は，供卵牛ごとにシャーレと洗浄液を準備し，供卵牛間で共有しないこと，洗浄液ごとにパスツールピペットなどの器具も交換することである。

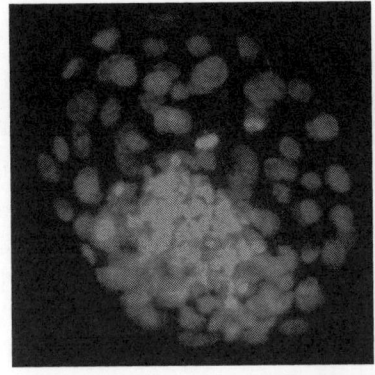

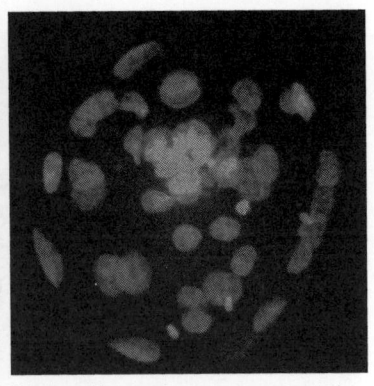

第7図　受精卵の品質　（原図：Dochi and J. Singh）
左：細胞数の多い受精卵（高品質），右：細胞数の少ない受精卵（低品質）
細胞の核が白く染まっている

12. 受精卵の凍結保存

牛受精卵の凍結保存には，耐凍剤としてグリセロール，エチレングリコール，プロピレングリコール，ジメチルスルホキシドが用いられる。最近は主としてグリセロールとエチレングリコールが用いられる。凍結に用いる溶液（凍結媒液）は，20％子牛血清を添加したダルベッコリン酸緩衝液に8～10％のグリセロールとエチレングリコールが添加される。また，0.1モルのショ糖やトレハロースが凍結媒液に加えられる場合もある。耐凍剤の添加は，最終濃度まで数段階で添加する方法が用いられていたが，現在では最終濃度に受精卵を直接浸漬する一段階添加が主流である。

耐凍剤を添加した受精卵は0.25mlのストローに吸引し，封印する（第8図）。受精卵を入れたストローはプログラムフリーザーに移し，第9図に示すような曲線に従って冷却し，最終的に液体窒素に投入して凍結を完了する。

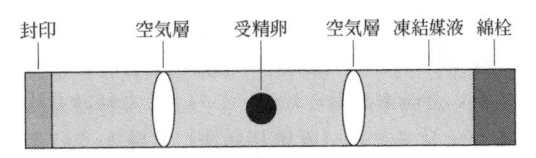

第8図　牛受精卵の凍結保存のストロー内の液層構成

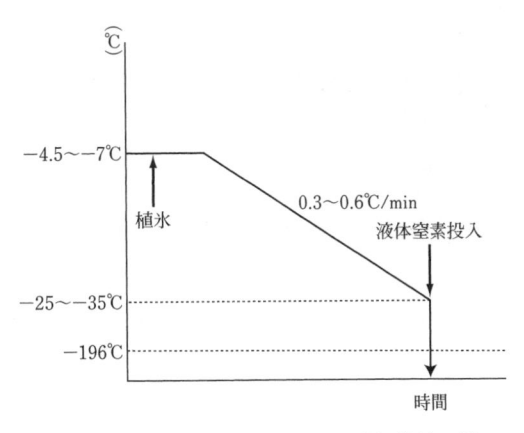

第9図　牛受精卵の凍結における冷却曲線の例

13. 凍結受精卵の融解

凍結した受精卵は，液体窒素からストローを取り出し，空気中に5～10秒間保持したのち，20～38℃の水に10～20秒浸漬して融解する。ストローを空気中に保持しないまま直接水に浸漬すると，透明帯の破損が高率（30～40％）に発生し，場合によっては受精卵細胞を分断するような亀裂が発生する。空気中に保持すると，透明帯の破損は数％に低減される。このようなことから，現在では空気中に保持することが一般的に行なわれている。

14. 凍結融解した受精卵からの耐凍剤の除去

グリセロールを用いて凍結した受精卵は，融解後，グリセロールを希釈する必要がある。グリセロールを希釈しないで受卵牛に移植した場合の受胎率はきわめて低い。その主な理由は，浸透圧障害の発生によるものである。したがって，グリセロールを段階的に希釈する必要がある。現在推奨されているグリセロールの希釈法は，6％，3％，0％グリセロールに0.3モルのショ糖を添加した溶液に，それぞれ5〜10分間浸漬する方法である（第10図）。

エチレングリコールは牛受精卵に対する細胞膜透過性が高く，受卵牛に融解後直接移植しても高い受胎率が得られる。このような移植方法をダイレクト法（直接移植法）と呼んでいる（詳細は後述）。グリセロールも0.25モルのショ糖を添加することにより，ダイレクト法による凍結・融解卵を移植できる。

15. 受精卵移植の受胎率に影響する要因

①発情の同期化

受精卵移植の受胎率に影響する重要な条件は，供卵牛と受卵牛の発情が揃っていることである。

すなわち，発情後7日目の供卵牛から回収した受精卵は，発情後7日目の受卵牛に移植するのが最適である。供卵牛と受卵牛の発情日の違いが前後1日までは許容範囲である。したがって，発情後7日目に回収した受精卵は，発情後6〜8日目の受卵牛に移植できる。供卵牛と受卵牛の発情後の経過日数が2日違うと受胎率は著しく低下し，3日違うと受胎の可能性はほとんどなくなる。

②受精卵の品質

受精卵の品質も受胎率に影響する重要な要因である。

たとえば，新鮮卵移植を行なった場合，エクセレントとグッドの受精卵は60％，フェアーは40％，プアーは20％というように受胎率に差がある。凍結保存卵の受胎率は，新鮮卵より一般に約10％程度低下し，とくに受精卵の品質の影響は大きい。

③黄体の存在と移植子宮角

受胎率は，黄体の存在する子宮角に受精卵を移植した場合が，非黄体側子宮角に移植した場合より高い。非黄体側子宮角に移植しても受胎は可能である。

④移植部位

移植技術者は，常にできるだけ子宮角の深部

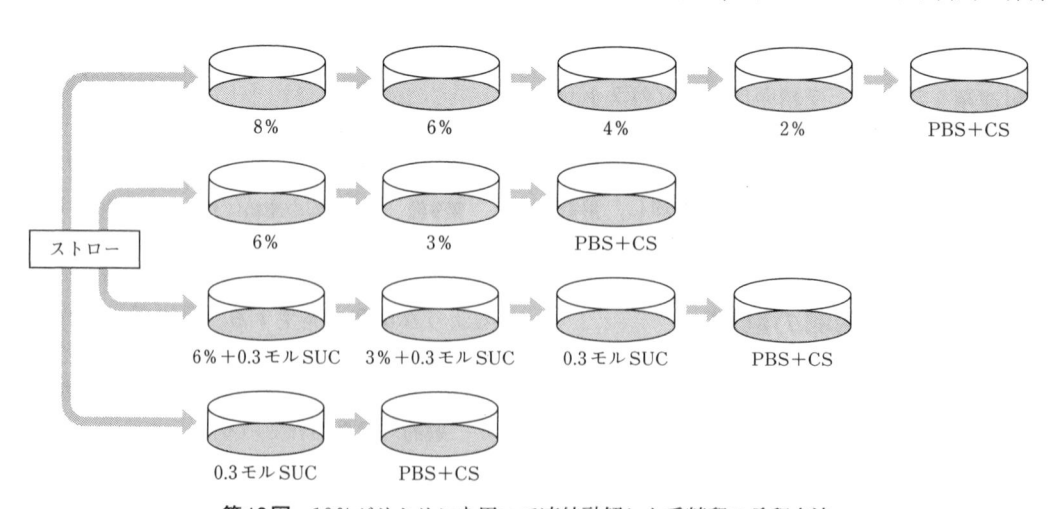

第10図 10％グリセリンを用いて凍結融解した受精卵の希釈方法

PBS＋CS：子牛血清を添加したリン酸緩衝液，SUC：ショ糖

に受精卵を移植したいと考える。しかし，受精卵に移植部位と受胎率に大きな差はないとする報告が多い。むしろ，子宮角の深部に移植しようとして，子宮内膜を傷つけ出血を誘発すると受胎率は有意に低下する。したがって，子宮角の深部に移植器を挿入する場合は，むりなく挿入できるところまで進めて移植するのが無難である。

⑤移植技術

移植技術の良否は，受精卵移植の受胎率に影響する重要な要因の一つである。受精卵移植技術は基本的に人工授精技術と同じであり，直腸検査と人工授精の技術に習熟している必要がある。一般に初心者の受胎率は低く，経験を重ねるにしたがって受胎率は向上する。移植技術が受胎率に影響する要因は，第一に経験の差であるが，衛生的な操作が実施されるかどうかも重要な要因である。

執筆　堂地　修（酪農学園大学）

2008年記

参 考 文 献

金川弘司編．1988．牛の受精卵（胚）移植（第2版）．近代出版．東京．

Seidel, G. E. Jr. and S. M. Seidel. 1991. Training manual for embryo transfer in cattle. FAO animal production and health paper 77. Rome. Food and Agriculture Organization of The United Nations.

杉江佶．1989．家畜胚の移植．養賢堂．東京．

Thibier, M. 2007. Data retrieval committee statistics of embryo transfer-Year 2006. IETS Newsletter. 25, 15—20.

受精卵移植の実際

過剰排卵誘起処置および発情排卵同期化処置

執筆　堂地　修（酪農学園大学）

　超音波診断技術の進展にともない，1980年代中ごろから牛の卵胞発育の動態が詳しく理解されるようになった。それまで，牛では発情前に卵胞が発育し発情が発現し，排卵に至ると理解されていたが，実際には発情周期中に卵胞の発育・閉鎖退行（卵胞発育ウェーブ）が繰り返されていることが明らかになった。卵胞発育ウェーブの発見は，新しい卵胞発育の調節技術の開発につながった。そのなかで，最近の過剰排卵誘起処置および発情排卵同期化処置は卵胞発育ウェーブの理論に基づいて行なわれ，計画的な受精卵移植が可能になっている。

(1) 卵胞発育ウェーブ

　牛では発情周期中に，卵胞の発育・退行が2回または3回起こる。この卵胞の発育・退行があたかも波状的に起こることから，卵胞発育ウェーブ（卵胞発育波）と呼ばれる。卵胞発育ウェーブの回数は報告によって大きな差があり，ほとんどの牛が2回のウェーブ（2ウェーブ）であるとするものや，反対に3回（3ウェーブ）であるとする報告がみられる。春機発動時と分娩後の最初の卵胞発育ウェーブは1回である。発情周期の長さは卵胞発育ウェーブ数によって異なり，2ウェーブの牛は約20日間，3ウェーブの牛は約23日間である。

　最初の卵胞発育ウェーブは，ウェーブ数にかかわらず，すべての牛で排卵日（0日目）に出現する。このとき，直径3～4mmの20個以上の小卵胞が同時に発育（卵胞発育の同期化）する。発育を開始した小卵胞の集団は約2日間発育を継続したのち，1個の卵胞が選抜され発育を続ける。残りの小卵胞はすべて閉鎖・退行する。この選抜された卵胞を主席卵胞（dominant follicle）と呼んでいる。

　2回目の卵胞発育ウェーブの出現日は，2回のウェーブをもつ牛と3回のウェーブをもつ牛で異なり，2回の牛では排卵後9～10日目に，3回の牛では8～9日目に出現する。2回のウェーブをもつ牛では，2回目のウェーブで選抜された主席卵胞が次回の発情卵胞となり排卵に至る。3回のウェーブをもつ牛では，15～16日目に3回目のウェーブが出現し，このウェーブで選抜された主席卵胞が次回の発情卵胞となり排卵に至る（第1図）。

(2) 過剰排卵誘起処置

　過剰排卵誘起処置を行なう場合，卵胞発育ウェーブの出現時に性腺刺激ホルモンの投与開始が一致すると，高い卵巣反応が得られることが明らかになっている。性腺刺激ホルモンの投与開始が，卵胞発育ウェーブの出現より1日ずれると卵巣反応は低下することも明らかになっている。

①発情周期中期にホルモン処理を開始する方法（従来法）

　発情後8～12日に性腺刺激ホルモンの投与を開始し，FSH（卵胞刺激ホルモン）あるいはeCG（妊馬血清性性腺刺激ホルモン）を投与する（第1表）。発情後8～12日目は，第2回目の卵胞発育ウェーブの出現時期にあたり，性腺刺激ホルモンの投与開始が卵胞発育ウェーブの出現に合致すれば，良好な採卵成績が得られる。しかし，実際には2回目の卵胞発育ウェーブの出現時期は，2回のウェーブをもつ牛では3回のウェーブをもつ牛より1～2日遅れることや，ウェーブの出現時期は牛によって差がある。そのため，発情周期中期に性腺刺激ホルモン投与を開始する従来法では，2回目の卵胞発

受精卵移植（ET）

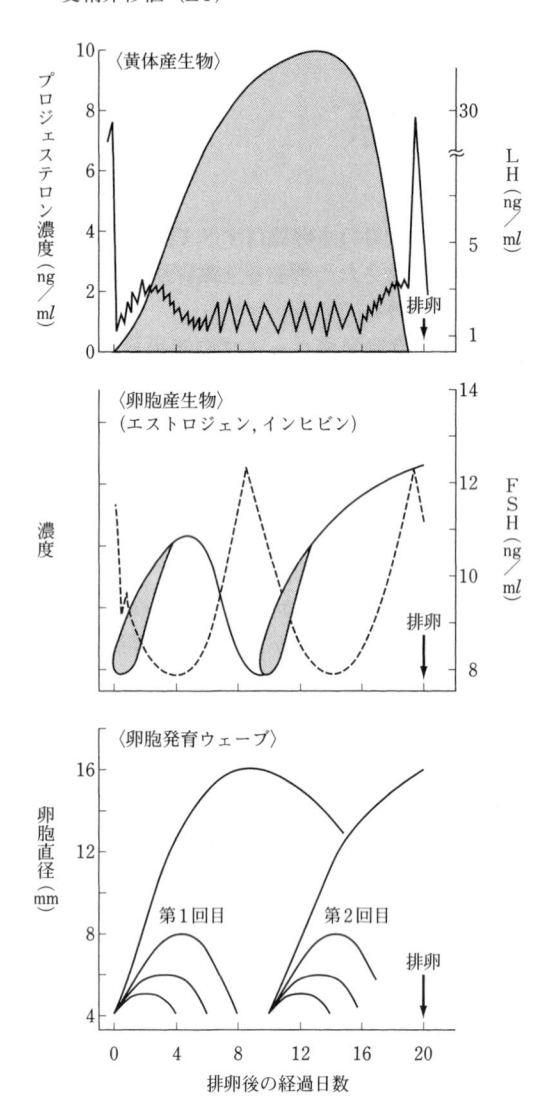

第1図 発情周期中に2回の卵胞発育ウェーブを示す牛での卵胞発育ウェーブ動態
(Mapletoft and Bo, 2005)
図中の灰色部分は分泌量（積算量）を示している

第1表 黄体期に開始する過剰排卵誘起処置スケジュール例

発情後の日数	午　前	午　後
10日目	FSH	FSH
12日目	FSH	FSH
13日目	FSH	FSH
14日目	FSH, PGF	FSH, PGF
15日目		
16日目		AI
17日目	AI	
23日目	受精卵回収	

注　FSH：卵胞刺激ホルモン，PGF：プロスタグランジンF_{2a}，AI：人工授精

第2表 卵胞吸引を併用した過剰排卵誘起処置スケジュール例

発情後の日数	午　前	午　後
0日目	卵胞吸引除去（最大径2個の卵胞）CIDR挿入	
1日目	FSH	FSH
2日目	FSH	FSH
3日目	FSH	FSH
4日目	FSH, PGF	FSH, PGF, CIDR除去
5日目		
6日目		AI
7日目	AI	
13日目	受精卵回収	

注　吸引する卵胞は，最も直径の大きい卵胞と2番目に大きい卵胞を吸引する
CIDR：膣内留置型プロジェステロン製剤
FSH：卵胞刺激ホルモン
PGF：プロスタグランジンF_{2a}
AI：人工授精

育ウェーブ出現時期に的確に合わせて性腺刺激ホルモンを投与することは難しい。

そのため，最近は卵胞発育ウェーブを調節したうえで過剰排卵誘起処置を開始する方法が多く用いられるようになった。

②卵胞発育ウェーブの同期化後の過剰排卵誘起処置方法

卵胞の吸引除去による方法　超音波診断装置を用いて生体卵子吸引法により直径5mm以上の卵胞を吸引除去すると直ちに卵胞発育ウェーブが出現する。直径5mm以上の卵胞を吸引し，その1日あるいは2日後から過剰排卵誘起処置を開始すると，発情後8〜12日目にFSH投与を開始した従来法と同等の成績が得られる（第2表）。

GnRHおよびLHの利用による方法　排卵誘起作用のあるGnRH（性腺刺激ホルモン放出ホルモン）やLH（黄体形成ホルモン）製剤を投与すると卵胞発育ウェーブの同期化が可能である。GnRH投与により主席卵胞が排卵すると，

その2日後に新しい卵胞発育ウェーブが出現する。性腺刺激ホルモンをGnRHあるいはLH投与後2日目に開始して，過剰排卵誘起処置を行なう。しかし，卵胞発育ウェーブの出現時期に幅があること，排卵が誘起されない場合があること，排卵が誘起されても新しい卵胞発育ウェーブが誘起されないことがある。そのため，本法による過剰排卵誘起処置では受精卵の回収成績が低い場合がある。

プロジェステロンとエストラジオールの利用による方法 エストラジオールを投与するとFSH分泌を抑制し，血中FSH濃度が低下すると卵胞発育を抑制する。投与したエストラジオールが代謝されて血中濃度が低下すると一過性のFSH分泌（サージ）が起こり，卵胞発育ウェーブが新たに出現する。膣内に留置できるプロジェステロン製剤（CIDR）とエストラジオール製剤を併用すると，投与3〜5日後に卵胞発育ウェーブが出現する。卵胞発育ウェーブの出現時期にFSH投与を開始すると，過剰排卵を誘起できる。本法は，発情周期の任意の時期に処置を開始できることから，計画的な過剰排卵誘起処置を実行できるため，今日広く利用されている。

(3) 発情（排卵）同期化処置

①プロスタグランジン $F_{2\alpha}$ の投与による方法

牛の発情同期化処置には，プロスタグランジン $F_{2\alpha}$（PGF）が広く用いられている。PGFは，発情後5〜16日頃までの機能的黄体を有する牛に投与すると，多くの牛はPGF投与後2日目，あるいは3日目に発現するが，発情発現の幅は1〜6日目とバラツキがある。PGFを11〜12日間隔で2回投与すると，ほとんどの牛の発情を同期化できる（第2図）。

② GnRH と PGF の投与による方法

発情周期の任意の時期にGnRHを投与し，その7日後にPGFを投与し，さらにその48時間後に2回目のGnRHを投与する。人工授精を行なう場合は，2回目のGnRH投与後0〜24時間（あるいは12〜16時間）に行ない，受精卵移植は7日後に行なう。排卵は2回目のGnRH投与後19〜32時間目に誘起される。

第2図 PGF（プロスタグランジン $F_{2\alpha}$）の2回投与による発情同期化

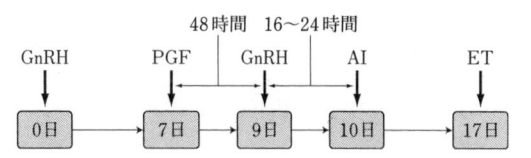

第3図 GnRHとPGFを用いた排卵同期化法（オブシンク法）による定時人工授精あるいは定時受精卵移植

GnRH：性腺刺激ホルモン放出ホルモン，PGF：プロスタグランジン $F_{2\alpha}$，AI：人工授精，ET：受精卵移植

第3表 オブシンク法による発情排卵同期化処置における胚移植後の受胎率

(堂地ら，未発表)

供試牛	産 次	頭 数	移植供用頭数 (%)	受胎頭数 (%)
排卵同期化	未経産	47	44 (93.6)	25 (56.8)
	経 産	20	13 (65.0)	7 (53.8)
自然発情	未経産	23	22 (96.7)	9 (40.9)
	経 産	24	20 (83.3)	10 (50.0)
計		121	106 (87.6)	56 (52.8)

この処置方法はオブシンク法（第3図，Ovsync）と呼ばれ，広く定時人工授精や定時受精卵移植に利用されている。オブシンク法は，未経産牛でやや発情排卵の誘起率が低いとされている。しかし，オブシンク法により発情排卵同期化した牛の受精卵移植後の受胎率は，自然発情牛のそれと差がなく良好である（第3表）。

③プロジェステロン，エストラジオールおよびプロスタグランジン $F_{2\alpha}$ を用いた方法

本法は，プロジェステロン（CIDR）を膣内に挿入すると同時にエストラジオールを投与し，7〜8日目にPGFを投与し，24時間後にさらにエストラジオールを投与し，エストラジオール投与後32時間目に人工授精を行なう（第

受精卵移植（ET）

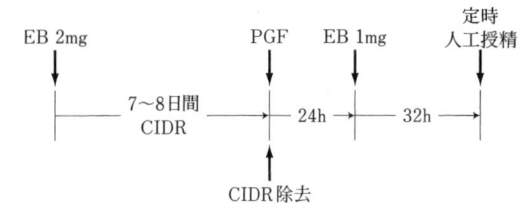

第4図　安息香酸エストラジオールとプロジェステロン製剤を用いた定時人工授精
(Reuben Mapletoft氏提供)
EB：安息香酸エストラジオール，CIDR：膣内留置型プロジェステロン製剤，PGF：プロスタグランジン$F_{2\alpha}$

〈供卵牛の過剰排卵誘起処置スケジュール〉

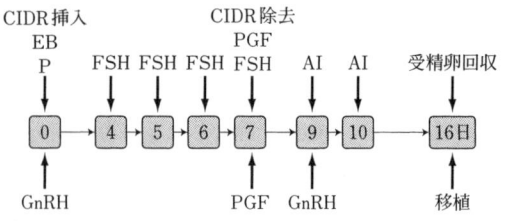

〈受卵牛の発情排卵同期化処置スケジュール〉

第5図　CIDRとEBによる過剰排卵誘起装置法と発情排卵同期化処置法を併用した受精卵回収・移植スケジュールの一例
CIDR：膣内留置型プロジェステロン製剤，EB：安息香酸エストラジオール，P：プロジェステロン，FSH：卵胞刺激ホルモン，PGF：プロスタグランジン$F_{2\alpha}$，GnRH：性腺刺激ホルモン放出ホルモン，AI：人工授精

2008年記

4図）。本法は，未経産牛でも高率に発情排卵が誘起されることから，広く利用されている。

(4) 受精卵移植スケジュールの設計

卵胞発育ウェーブの調節後の過剰排卵誘起処置法と発情排卵同期化処置法を併用した計画的な受精卵移植スケジュールの設計は，次のように行なわれる。

プロジェステロンとエストラジオールの利用による過剰排卵誘起処置法とGnRHとPGFの投与による発情排卵同期化処置法を併用することにより，供卵牛や受卵牛の発情周期に拘束されることなく，計画的に受精卵の回収と移植を行なうことができる（第5図）。この方法は，育種プログラムの設計や計画的な産子生産に効果的に利用できる。

参考文献

Mapletoft, R. J. and G. A. Bo. 2005. 発情，排卵および過剰排卵処理を同期化するための卵胞発育ウェーブの制御．北海道牛受精卵移植研究会報．**24**, 41—47.

Mapletoft, R. J., G. A. Bo and G. P. Adams. 2006. Superovulation in the cow: Effect of Gonadotrophins and follicular wave status. J. Reprod. Dev. **52**, S7—S18.

経膣採卵（OPU）技術

執筆　竹之内直樹（(独) 農業　食品産業技術総合研究機構東北農業研究センター）

(1) 優良遺伝資源としての卵巣内卵子の有効利用

①胚（受精卵）移植の有用性

現在では，牛の繁殖技術として胚移植が広く行なわれるようになっている。胚移植では人工授精技術の「優秀な種雄牛を効率的に活用する」ことに加え，「優秀な雌牛も効率的に活用する」ことも目的としており，優れた雌牛と種雄牛の優秀な子畜が増産できることが利点である。そのことから，胚（受精卵）移植は育種改良速度を高めるために，とくに育種改良への貢献度が大きい，種雄牛の生産や優秀な基幹雌牛の増産に際して利用されている場合が多い。

②卵巣内の卵子を活用する意義

卵巣の中には卵胞が数多くあり，生後3か月齢の牛では左右の卵巣に15万個もの原始卵胞（将来卵胞となる卵胞の原器）が存在し，1個の原始卵胞にはそれぞれ1個の発育途上卵母細胞（卵子の卵）が入っている。しかし，すべてが最終段階の成熟卵胞に至るわけではなく，卵胞が発育し，さらに成熟していく過程でほとんどの卵胞は退行し消えていく（第1図）。

牛では1発情周期中に主席卵胞（10mm以上の大型卵胞で，1個だけ発育する）の発育と退行が2〜3回規則的に繰り返され，主席卵胞の発育と同時に複数の卵胞が発育を始めるが，これらの卵胞は数日で退行して消失する。牛の1発情周期中，この消えていく卵胞は超音波画像で確認できるmm単位の卵胞だけでも数十個に及び，これに対して排卵に至る卵胞はわずか1個のみである。さらに，排卵した卵子が受精し，最終的に子牛となるものはきわめてわずかでしかない。たとえば10産した雌牛では10個にすぎないのである。

胚移植関連技術では，優秀な雌牛の卵子を優良な遺伝資源として考え，消えいく運命にある卵子から胚をつくることで「優秀な雌牛をより効率的に活用」することが目的である。

移植胚の確保には，牛の体内から胚を採取する方法（過排卵誘起法）と，卵巣から卵子を取り出し体外で胚をつくる方法（体外受精法）の2つがある。なお，前者で採取した胚は「体内受精（由来）胚」，また後者で作出した胚は「体外受精（由来）胚」と称される。過排卵誘起法では排卵に至る成熟卵胞を複数発育させ，複数の卵子が体内で受精できるようにすることで卵巣内卵子の活用を図っており，体外受精法では多数存在する未熟な卵胞内卵子を取り出し，体外で発育受精させることで卵子の活用を図って

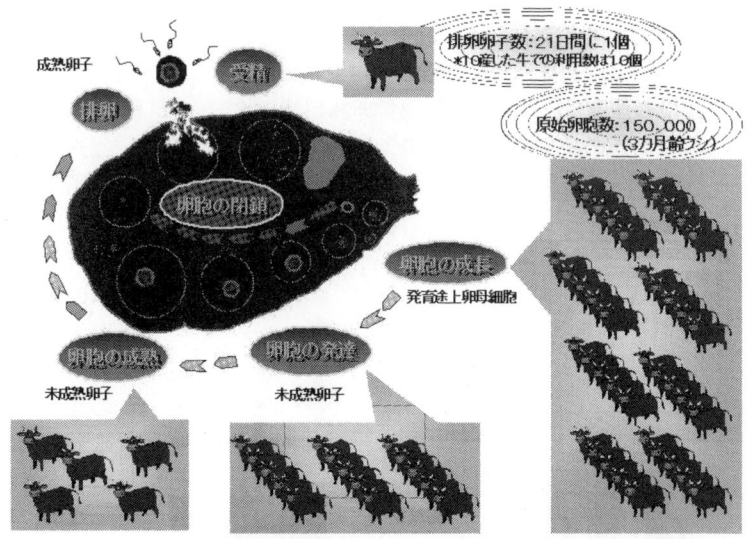

第1図　卵胞内の卵子を活用する意義

卵胞の成長・発育・成熟が進む過程でほとんどの卵胞は閉鎖退行して消えていく
この消えていく卵胞の中にある卵子を利用することで，優秀な牛から多くの子畜をつくることができる
また，未熟な卵子ほど数は多く，その利用はより多くの優良子畜生産に有効である

③経腟採卵技術の考え方とねらい

胚の確保に際して，優れた雌牛1頭当たりからどれだけ胚を採取または作出できるかが重要となる。近年，生体から大量に卵子を確保できる経腟採卵が大きく注目されている。経腟採卵は，卵子確保の安定性，最終的な胚生産性の高さ，実施の簡便さ，反復実施の容易さ，生体に対する安全性などが利点である。このため，優れた雌牛1頭当たり多くの卵子が採取でき，経腟採卵・体外受精技術は優れた雌牛と種雄牛由来の体外受精胚を飛躍的に増産させうる技術として広く実施されるようになっている。

(2) 経腟採卵と従来法（過排卵誘起法）との比較

①過排卵誘起法の概念とその実施方法

体外受精技術が開発されるまでは，卵胞内卵子を体外に取り出して利用することはできず，過排卵誘起法が胚を確保する唯一の技術であった。この技術では，排卵後の卵子と精子の受精，さらに受精卵が胚に発育するまでの一連の過程は牛に委ねるが，通常1個の卵胞でしか起こらない排卵を，複数の卵胞で起こるようにすることが特徴的な考えである（第2図）。

この技術は，過排卵誘起処置と体内受精胚採取の2つの作業に分けられる。過排卵誘起法ではホルモン剤の投与が必須であり，国内では卵胞刺激ホルモン剤の減量投与と黄体退行薬との併用が代表的な方法である。通常は主席卵胞1個のみが発育を継続し，その過程で他の卵胞群は退行し消えていくが，連続して卵胞刺激ホルモン剤を投与することで，この消えていく運命にある卵胞群も主席卵胞とともに継続して発育するようになる。

次いで，黄体退行薬を投与すると黄体機能が消失していくとともに，発育している卵胞群はさらに発情卵胞まで成熟し発情が起こる。この発情日の発情適期に人工授精を行ない過排卵誘起処置は完了する。なお，排卵が起こるのは，一般的な発情と同様に発情発現日の翌日である。過排卵誘起処置後，子宮内で胚が十分に発育するまでに約1週間を要し，発情後約1週間目に子宮内を還流し胚を採取する。

②反復性と採取結果の安定性

過排卵誘起法の反復可能回数は1年間に5回程度が平均的な回数であり，過排卵誘起処置を行なった後，2～3か月の休薬期間をおく必要がある。これは，過排卵誘起処置で用いる卵胞刺激ホルモン剤によって起こる卵巣反応は，卵巣にとって大きなストレスであり，卵巣反応の回復に数か月かかるためである。

一方，経腟採卵は数日単位の短い間隔で反復して実施でき，従来法よりも頻繁に実施できる点が利点である。連日，隔日，3日間隔，1週間間隔，2週間間隔で反復実施した場合，実施間隔が短いほど採取卵子は少なくなるが，いずれも安定して卵子の採取が可能である（第3図）。卵子採取数は卵巣上の卵胞数に大きく依存しており，採取できる卵子数は卵胞数の約7割であり，体外受精に利用できる良質な卵子の比率はそのうちの7割程度である。これらの数や比率は安定しており，これも大きな利点である。

なお，卵胞数は個体差がある。そのため，あらかじめ超音波画像診断装置で卵胞数を計測しておくことで，採取できる良質な卵子数を予測することが可能である。

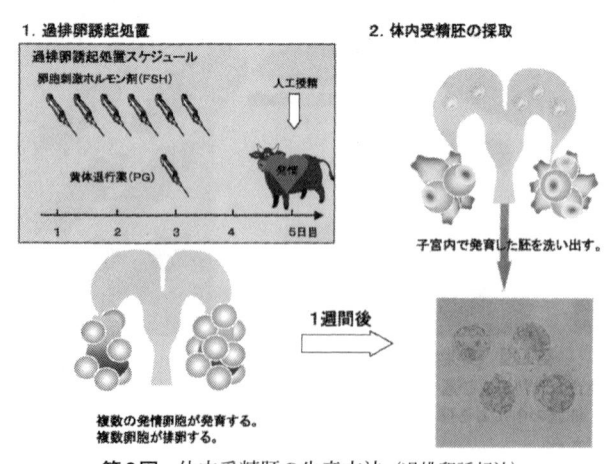

第2図 体内受精胚の生産方法（過排卵誘起法）

従来法による胚採取の安定性の低さは，過排卵誘起法の開発から30年が経過した現在でも残されている大きな問題点である。従来法では胚の採取結果は個体間でのバラツキが大きいため，初めて過排卵誘起処置を行なう牛では採取胚数が予測しがたく，また反復により採取成績が低下する場合もある。これらのことは，従来法が基本的に多くの部分で生体の反応や環境に依存しており，人為的な制御調節が行ないにくいことを示している。

③胚の生産性

過排卵誘起法による移植可能胚の採取数は黒毛和種の場合で全国平均は1回当たり約5個であり，1年間に5回反復した場合，採取できる移植可能胚数は約25個／頭／年である。

一方，黒毛和種の経腟採卵・体外受精では，生産できる体外受精胚数は1回当たり3個と従来法より少ない。しかし，前述のとおり反復性の高さが利点であり，1週間間隔の反復では約50回／年もの実施が可能である。年間を通して1週間間隔で実施し続けた場合，総生産胚数は100個以上／頭／年にも及び，この生産性は従来法を大きく上まわる（第1表）。

④胚の受胎性

胚の受胎性の点では過排卵誘起法が優れており，後述する操作性も含めこのことは従来法の大きな利点である。近年の受胎率は，新鮮体内受精胚，凍結体内受精胚，新鮮体外受精胚および凍結体外受精胚の移植でそれぞれ50，47，43，37％であり，このように体内受精胚の受胎性は高い。

従来法では，卵子の成熟→受精→胚発育の過程が生殖器内の理想的な環境下で進むため，採取される胚は本来の発育能力や受胎能力を獲得している。これに対して，体外受精技術では生体内の環境をいまだ完全に再現できないため，従来法と比べて体外受精胚は完全な能力を獲得できていないのである。これらのことが従来法での胚が受胎性に優れている理由である。

体外受精胚は体内受精胚と比べて受胎能が劣るのが現状である。しかし，体外授精技術はこれまでの多くの研究により確実に進歩してきており，現在でもさらに研究開発が進められている。体外受精胚の受胎能向上については，さらに今後の技術開発に期待したい。

⑤実施面での操作性

操作性はそれぞれ一長一短がある。

実施時期の適応範囲　従来法は，正常に発情を営む牛のみが対象である。その実施には過排卵誘起処置が必須であり，かつ黄体開花期に黄体退行薬の投与を行なう必要がある。このように，従来法では薬物処置の必要性と処置時期の制約がある。

一方，経腟採卵は実施時期の自由度や適応範囲が格段に広いことが大きな利点の一つである。発情周期を営む雌牛では常時可能であり，

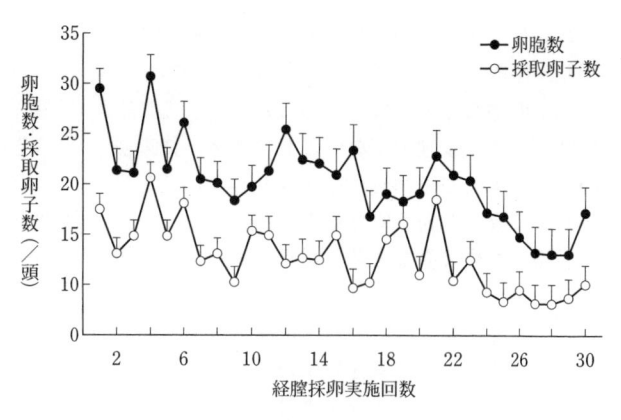

第3図　経腟採卵を7日間隔で繰り返し行なった場合の卵胞数と採取卵子数の変化
平均＋標準偏差，N＝6／OPU

第1表　経腟採卵の胚生産に関する試算

反復間隔	実施可能 (回数／年)	採取卵子 (数／回)	1年当たりの期待値		
			採取卵子 総数	体外受精 可能数[1]	生産胚 総数[2]
3日	120	7.41	889	620	186
7日	52	12.28	639	445	134
14日	26	12.88	335	233	70

注　1)　採取した卵子のうちA，Bランクの卵子
　　2)　胚発生率を30％として算出

それ以外に春期発動前の若齢牛，人工授精での受胎が困難となった老齢牛，さらには妊娠牛でもほぼ問題なく実施可能である。このように実施時期に大きな制約がないことに加え，従来法のように事前の薬物処置を必要としないことはきわめて優れた利点である。

実施のための必要機器　従来法では，子宮還流のための簡便な器具のみで実施可能である。一方，経腟採卵では，特殊医療機器である超音波画像診断装置と経腟採卵用の探触子が必要である。現在では持ち運びが容易なポータブルタイプの超音波画像診断装置が市販されているが，価格は200万円程度と高価であることが欠点である。

採取実施の操作性　胚または卵子の採取は，いずれも牛舎内での実施が可能であり容易である。実施時間としては従来法および経腟採卵でそれぞれ1頭当たり30分，15分程度と短時間で操作は完了する。実施前の機器や器具の準備を含めても，熟練者であれば両者の違いはない。

胚または卵子採取後の操作性　経腟採卵では，卵子採取後の簡便性や即時性に欠けることが欠点である。すなわち，採取した卵子を培養施設に持ち込み，約1週間かけて体外受精胚を作出する必要がある。その際，細胞培養が可能である高度な施設が完備されていることや，体外受精に熟練した技術者の存在が必要である。

一方，従来法では，子宮還流により胚採取が完了しており，新鮮胚移植の場合，実体顕微鏡などの簡便な機器があれば子宮還流当日に移植が可能である。従来法は前述の受胎性の高さに加え，その技術が胚の採取法であり実施面での制約が少ないことも大きな利点である。

(3) 経腟採卵の卵巣機能への影響

経腟採卵による卵胞の吸引除去は，新たな卵胞発育を促進することが特徴である。すなわち，経腟採卵で卵胞を吸引除去すると，直ちに新たな卵胞群の発育が開始するのである。第4図に示すように，卵胞の吸引除去後，卵胞数は日数経過にともなって増加し約10日程度で回復する。かつ，この卵胞群の発育は，繰り返して経腟採卵を行なった場合でも同様に観察されることも特徴である。経腟採卵が反復性に優れることは，この卵胞除去後に常に起こる新たな卵胞発育が理由である。そのことから，長期的に経腟採卵を繰り返した場合でも，卵胞の減少や卵胞機能の低下などの危険性はない。

なお，発情周期中において，発情卵胞は機能的な成熟が最も進んだ卵胞であり，他の卵胞とは異なる。この卵胞を吸引除去した場合は，吸引部位に正常な機能をもつ黄体組織が形成されることが特徴である。

「反復性と採取結果の安定性」の項目で記述したが，経腟採卵を1週間に1～2回反復して実施する場合，実施間隔が短いほど1回当たりに採取できる卵子数は少なくなる特性がある。これは，卵胞数がほぼ回復する10日間以内では卵胞数はまだ回復の過程にあり，採取卵子数が経腟採卵時の卵胞数に依存するためである（第5図）。ただし，この採取卵子数が少ないことは必ずしも欠点ではない。その理由としては，第1表に示したように中長期的には最終的に採取できる卵子数は短い間隔での反復実施で多くなるからである。

経腟採卵での黄体穿刺は，黄体に対

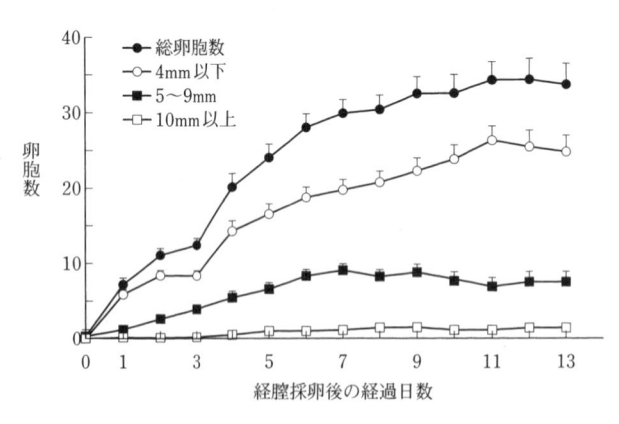

第4図　黒毛和種における卵胞の吸引除去後の卵胞数の推移

最小自乗平均＋標準誤差，N＝35
経過日数0日が経腟採卵日

しても悪影響がないことが特徴である。黄体の周辺にある卵胞を吸引する際に，黄体を穿刺する場合が少なくない。この場合でも，黄体機能に変化はなく，正常な発情周期が繰り返されるのである。

(4) 経腟採卵の技法

①生体からの卵子採取技術の変遷

経腟採卵は，「生体から卵子を採取する技術」である生体内卵子吸引技術の一手法である。生体内卵子吸引技術は人医学領域で不妊治療の目的で開発された技術であり，それに続いて，家畜では1980年代後半に有効性が実証された。いくつかの方法があるが，いずれの方法でも卵巣にある卵胞に針を穿刺し，卵胞の中の卵子を吸引することが共通した手法である。現在では，1990年代初めに確立された超音波による卵巣の観察と，卵胞への吸引針の穿刺を腟壁経由で行なう「超音波ガイドによる経腟採卵」が一般的な手法となっている。

それ以外の方法としては，腹腔鏡で卵巣を観察しながら行なう方法や，超音波画像を用いて体表から卵巣へアプローチする方法などがあるが，経腟採卵と比べると実施の簡便性，卵子の採取効率，生体に対する侵襲性の面で劣ることから，現在ではあまり実施されていない。

②実施方法

必要機器と試薬 超音波画像診断装置，経腟採卵用探触子，吸引ポンプ，回収液用の保温器ならびに吸引針が必要であり，試薬として抗凝固剤を加えた吸引液が必要となる。超音波画像診断装置に探触子を接続し，探触子内に吸引針を装填する。また，吸引針は吸引液採取用の試験管を介して吸引ポンプに接続する（第6図）。

これら機器の性能や設定条件と採取結果との間には関連性がある。超音波周波数が高いほど，卵胞の観察が容易となるため採取卵子数は増加する。現在では，7.5MHz以上が推奨周波数である。また，吸引圧を上げた場合や細い吸引針を用いた場合では，採取卵子数は増加するが，採取卵子の品質が低下する。

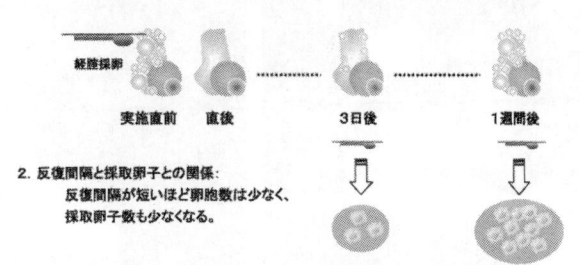

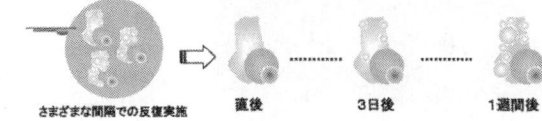

第5図 卵胞除去の卵胞発育刺激作用および経腟採卵の反復間隔と採取卵子数との関係

牛の保定と前処置 経腟採卵では卵巣上の数mmの卵胞に吸引針を穿刺する繊細な操作を行なうため，牛の保定は胚移植や胚採取などと比べてさらに重要である。また，馴致されていない牛，あるいは馴致された牛でも授乳期や発情期の牛では，枠場での機械的保定のみでは安静を保ちがたいことが少なくない。その場合，細かな挙動や直腸内での手指操作を容易にするために，鎮静薬，蠕動（ぜんどう）抑制薬および尾椎麻酔などの化学的保定が有効である（第7図）。

洗浄消毒 直腸内の宿便を除去し，外陰部周辺の洗浄と消毒を行なう。経腟採卵に限らず，腟内に器具を挿入する技術では洗浄と消毒の励行は感染予防のために励行すべきである（第7図）。

超音波画像による卵巣の描出 経腟採卵用探触子を腟内に静かに挿入し，次いで空いた手を直腸内に挿入する。直腸検査と同様の要領で，直腸内に挿入した手で卵巣を把握する。その卵巣に対して，腟内にある経腟採卵用探触子の先端部分（超音波ビーム面）を腟壁ごしに軽く押し当て，超音波画像上に卵巣を描出する。卵胞の吸引除去に先んじて，画像上で卵巣上の卵胞を観察し卵胞数を計測する（第8図）。

受精卵移植（ET）

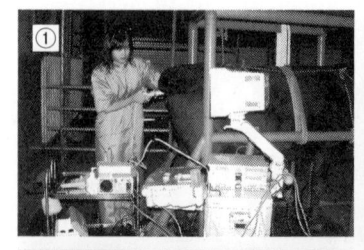

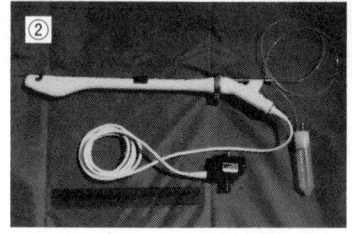

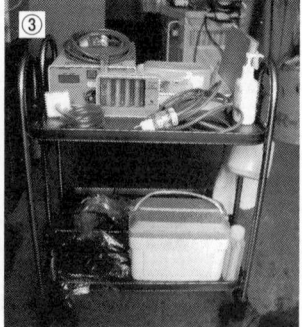

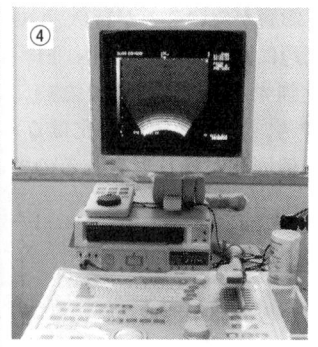

第6図　経腟採卵用機器と実施時の設置位置
　①経腟採卵実施時の機器設置位地
　②経腟用生体内卵子吸引用探触子（UST-M15-2366-1，aloka社）
　③吸引装置（KMAR-50000，cook社），チューブヒーター
　　（K-FTH-1115，cook社）
　④超音波画像診断装置（SSD-1200，aloka社）

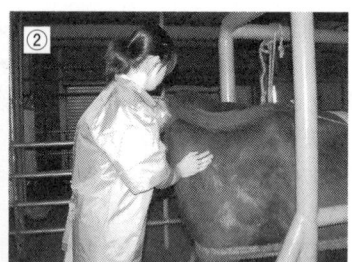

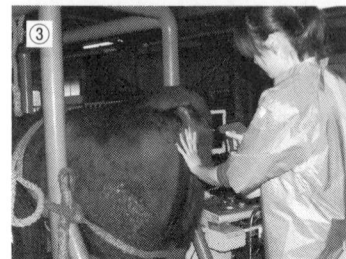

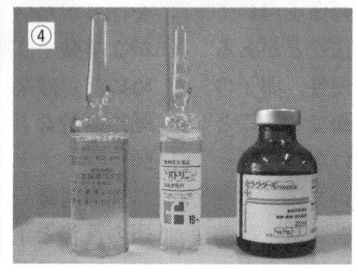

第7図　経腟採卵のための準備
　①ドナーの枠場内保定
　②直腸検査と生殖器所見の記録
　③外陰部の洗浄と消毒
　④前処置薬

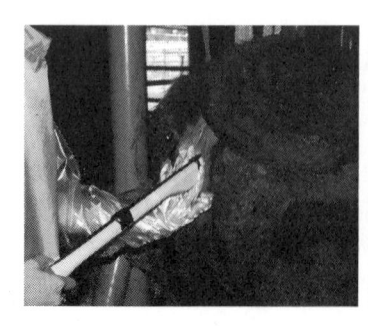

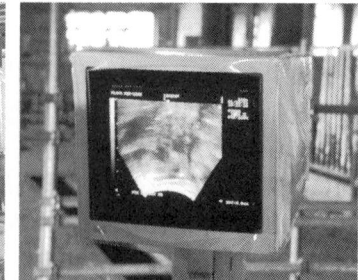

第8図　経腟採卵の実施風景
　左：探触子の挿入，中：超音波画像による卵胞数の計測と卵胞の吸引除去，右：超音波画像

卵胞の大きさや位置の把握は，どのような順序で卵胞を吸引していくかを決定するために有効である。たとえば大型の卵胞と小さな卵胞が近接して混在する場合，先に小型の卵胞を吸引すると穿刺操作が容易である。また，卵胞数は牛によって差があり，その把握は各牛の特徴を知るため，かつ採取卵子数の予測のために重要である。

卵胞への針の穿刺と卵胞液の吸引　事前に，吸引針に吸引液を吸引しておく。これは，卵胞液は空気に触れると凝固する性質があり，回収した吸引液の凝固を防ぐためである。術者は，超音波画像で卵胞を確認しながら，卵胞へ吸引針を穿刺し，画像上で確認できる卵胞を吸引除去する（第9図）。この吸引時には吸引ポンプを常に作動させておく。

卵巣を保持した手指による卵巣の操作と超音波探触子に装着した吸引針の推進で卵胞の吸引を行なう際，卵巣操作が最も重要である。超音波探触子の操作は補助的に行ない，さらに吸引針の操作は推進と後退のみに限定する。卵胞への正確な吸引針の穿刺と確実な卵胞液の吸引のためにいくつかポイントがある。

画像に描出される構造物の識別　卵胞は超音波画像では円形でエコーレベルの低い（黒い）構造物として描出されることが特徴である。類似する画像として血管があるが，卵巣を動かすと管状の構造物とし描出されることから識別が可能である。そのほかに，吸引直後の出血による卵胞の再拡張や嚢腫様黄体の内腔との識別が必要であり，前者は点状エコーや内部に凝固した塊を含むことや，後者では内腔周辺の黄体組

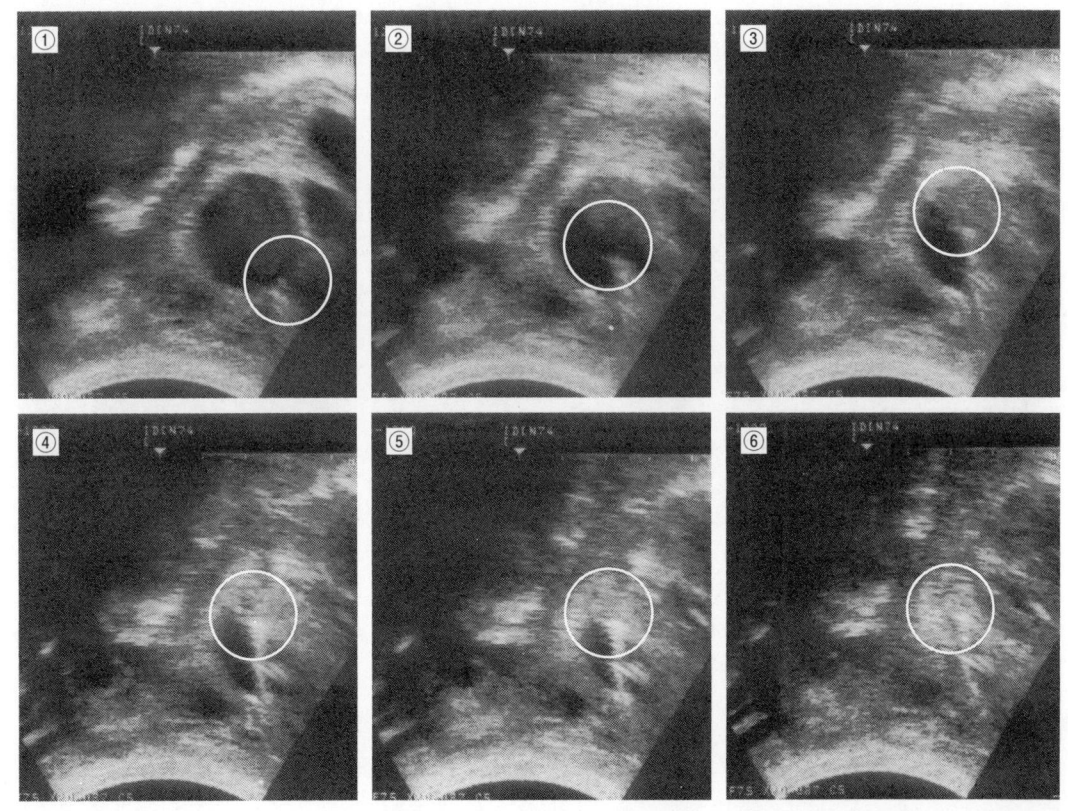

第9図　卵胞吸引時の超音波画像
○内は吸引針先端
①吸引直前，②0秒（吸引開始），③0.3秒，④0.6秒，⑤1秒，⑥2.5秒（吸引完了）
吸引ポンプ：KMAR-50000（cook社），吸引圧：80mmHg，吸引針：17G，シングルルーメン（cova needle，ミサワ医科）

受精卵移植（ET）

腹腔内での卵巣と超音波探触子の操作　卵巣描出の際，卵巣を超音波ビーム面へ向かって過度に牽引せず，探触子を前方に推進し超音波ビーム面を卵巣に押し当てることで，卵巣操作は容易となる。これは，卵巣が存在する本来の位置付近での操作を行なったほうが，卵巣操作の自由度が高いためである。

吸引針推進時の操作　まず，卵胞が描出されない部分に静かに針を穿刺し，腹腔内に吸引針先端を位置させる。次いで，卵巣内から吸引針を後退させた後，吸引する卵胞を吸引針の延長線上に描出させる。この後，卵胞に向かって静かに針先端を進め，卵胞に針を穿刺する。

なお，卵巣は柔軟性の高い器官であるため，卵巣の保持が十分でないと，卵胞に吸引針が到達するまでの間に，針の延長線上から卵胞が消失する。したがって，卵胞に向かって吸引針を推進させる過程でも，手指で卵巣を繊細に操作しながら，常に吸引針の延長線上に卵胞を最大径で描出する操作が重要である。

吸引針穿刺後の操作　穿刺後卵胞が消失するまでの間，針先端部を卵胞中央部に常に位置させておく。ただし，これは大型の卵胞の吸引では重要であるが，小型の卵胞は瞬時に吸引が完了するため，前項の「吸引針推進時の操作」の項目を守っていればとくに意識する必要はない。

吸引液のろ過と検卵　卵胞吸引液は，新鮮な吸引液でろ過洗浄し，混入した血液を除去する。実体顕微鏡下で，ろ過洗浄した吸引液中の卵子を回収する（第10図）。

卵子の品質判定と体外受精　採取卵子の数を調べるとともに品質判定を行なう。判定は卵丘細胞層の形態により，Aランク（ち密で厚い），Bランク（ち密で薄い），Cランク（裸化），Dランク（退行または変性）に分類する。このうちA，Bランクの卵子が体外受精胚生産に利用できる卵子である。この卵子について成熟培養ならびに体外受精を行ない，さらに発生培養により胚を作出する（第11，12図）。

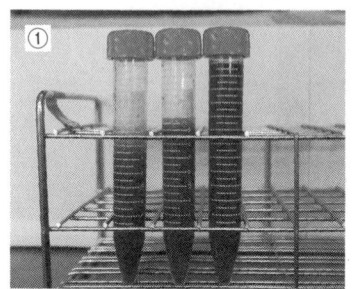

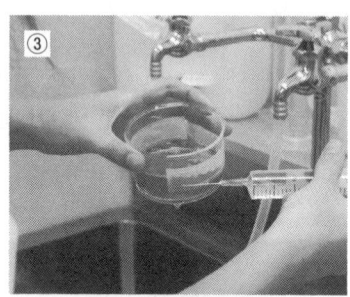

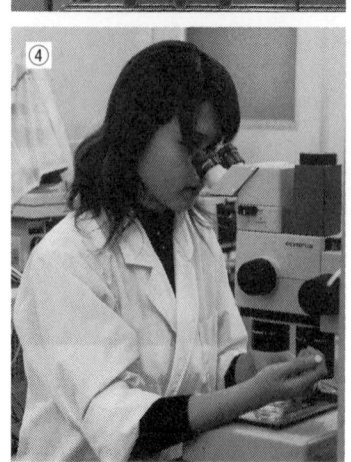

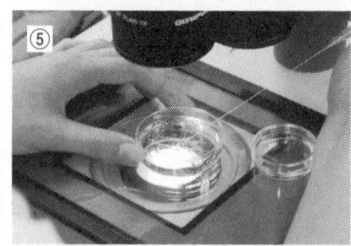

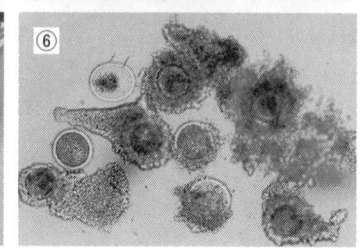

第10図　卵子回収の操作手順
①吸引液をフィルター容器（セルコレクター，富士平）へ移し替える
②回収用試験管内容物を数回の洗浄により，フィルター容器に移す。移し替えの際は，気泡をつくらないように静かに行なう
③吸引液のろ過。血液成分を完全に除去する。フィルター面に付着した細胞，組織は容器内へ十分に洗い流す
④検卵作業　⑤凝血は引き延ばしながら，注意深く観察する　⑥卵子の回収

(5) 経腟採卵技術の可能性

①胚生産技術としての活用

現在，牛で経腟採卵を行なうことが主な目的であり，すでに実用段階にある。優良個体からの胚生産を飛躍的に向上させうる技術である。

②希少品種の保存技術としての活用

国内における純系肉用種としては，黒毛和種，褐毛和種（土佐系，肥後系），日本短角種，無角和種，見島牛などがあげられる。そのうち黒毛和種は，重要な肉用種として長年にわたる全国規模の育種改良が進められている。一方，

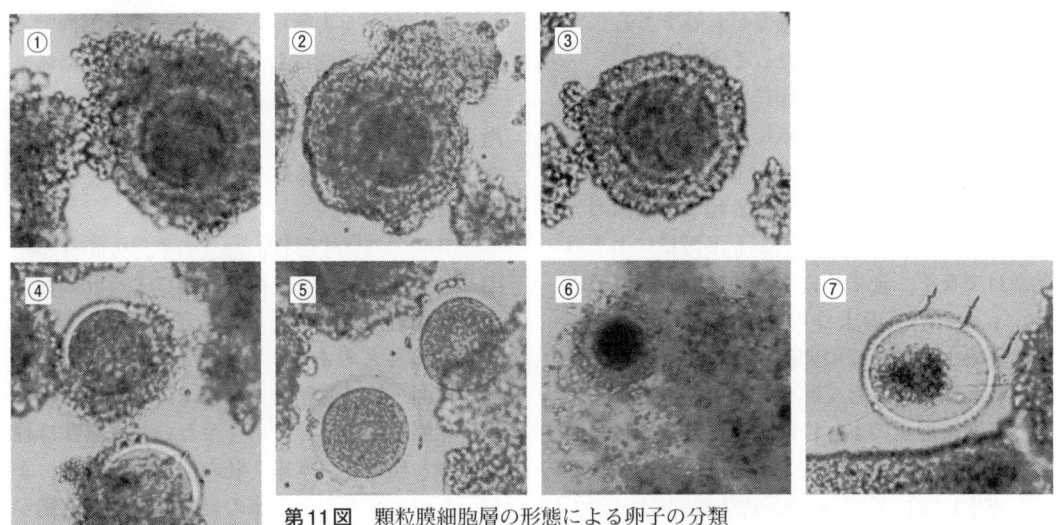

第11図　顆粒膜細胞層の形態による卵子の分類
①，②：Aランク。ち密で厚い　③：Bランク。ち密で薄い　④，⑤：Cランク。裸化
⑥，⑦：Dランク。退行または変性。顆粒膜細胞層（⑥）はクモの巣状を呈している

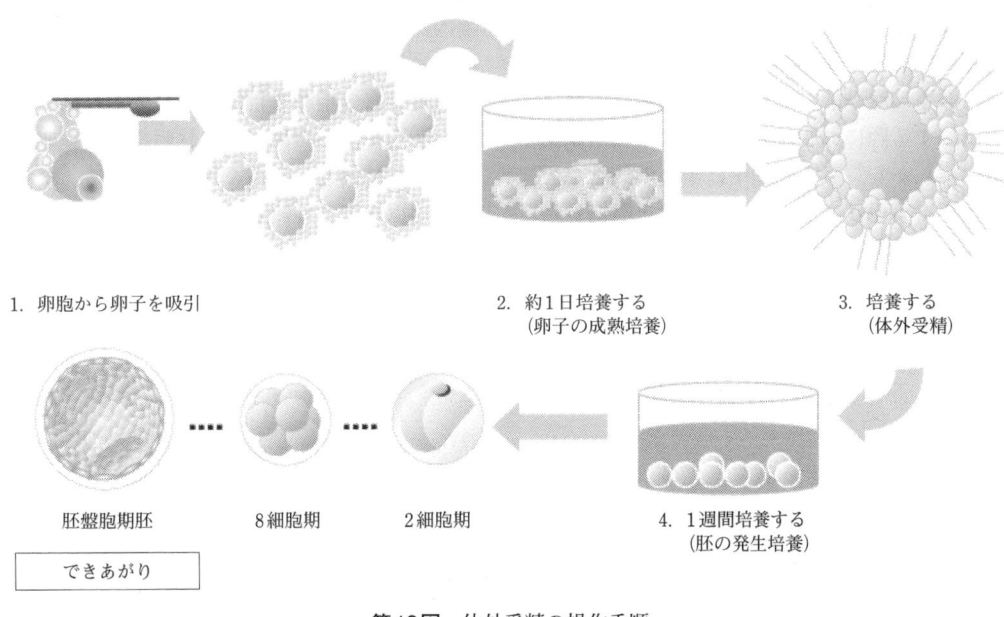

1. 卵胞から卵子を吸引
2. 約1日培養する（卵子の成熟培養）
3. 培養する（体外受精）
4. 1週間培養する（胚の発生培養）

胚盤胞期胚　8細胞期　2細胞期

できあがり

第12図　体外受精の操作手順

他の品種は地域特定品種であり，黒毛和種と比べ飼養頭数は格段に少ない。またいくつかの品種では飼養頭数の減少が問題となっており，その存続が懸念されている。

日本短角種と黒毛和種との比較検討では，日本短角種は従来法での卵巣反応が弱く，体内受精胚の大量確保が困難である場合がある。そのような品種では遺伝資源の保存方法として経腟採卵・体外受精による胚確保が有効である。

③ **繁殖障害の治療技術としての活用**

ヒト医学領域では，経腟採卵は主に不妊治療のための技術であり，家畜においても同様の概念が適応できる。排卵障害や子宮疾患を原因とする繁殖障害などは不妊を引き起こす原因の一つである。これらの牛では，人工授精による受胎だけでなく，従来法による胚採取も困難である。しかし，このような繁殖障害の牛であっても卵巣上には多くの卵胞が存在する場合が多く，経腟採卵によって胚生産が可能である。ただし，卵巣静止のように卵胞が存在しない繁殖障害は適応外である。また卵胞囊腫のように，その発生に遺伝的要因をもつ繁殖障害では適応するべきではない。

④ **卵胞波制御技術としての活用**

卵巣上には発育時期や退行時期などさまざまな発育時期の卵胞が混在している。このうち，発育型の卵胞はホルモン剤に対する感受性や包括する卵子の受精能力が高いことから，繁殖技術を実施する際に卵胞群の発育時期は利用価値が高い。しかし，発情周期中に多くの卵胞が発育時期にあるのは，主席卵胞が発育を開始した後の3〜4日間程度とわずかな期間でしかない。経腟採卵で行なわれる卵胞除去は常に新たな卵胞群の発育を促す作用があるため，人為的に発育型の卵胞群を誘起する技術として有効である。なお，この作用はすべての卵胞を除去せずとも，主席卵胞の除去のみでもほぼ同様に起こる。

(6) 留意点

経腟採卵・体外受精は，胚生産を飛躍的に向上できる技術であり，さまざまな繁殖ステージや繁殖状況下で実施可能である。また国内での体外受精実施機関は100か所以上と十分に体外受精技術が定着しており，優良な体外受精胚作出を飛躍的に向上させうる技術として，経腟採卵・体外受精による胚生産はさらに拡大していくと考えられる。

諸外国では胚生産性の高さやその安定性を理由として，経腟採卵・体外受精による胚の作出法が胚確保のための代表的な方法となるであろうとする考えもある。しかし，国内において，経腟採卵・体外受精法が従来法に代わる技術として発展していくとは考えがたい。従来法は経腟採卵と異なり，本来，胚の採取法である。また，各自治体などで実施のために十分な整備がなされていることに加え，特殊機器を必要としないことや，子畜生産と直結する胚の受胎性の高さが大きな利点である。それらのことから，国内において胚移植で生産される子畜の9割は体内受精胚に由来するのが現状である。

優良子畜の増産を目的として繁殖技術の効率的な活用を図るためには，経腟採卵と従来法を乖離した技術として捉えるのではなく，それぞれの利点を生かし組み合わせた活用が重要なのである。

2008年記

受精卵の凍結保存（ダイレクト法）

執筆　堂地　修（酪農学園大学）

(1) 牛受精卵の凍結方法

　牛受精卵の凍結技術が開発されて30年以上が経過し，良好な受胎率が得られるようになった（Niemann, 1991; Fahning and Garcia, 1992; Palasz and Mapletoft, 1996）。凍結保存の技術は，今日の受精卵移植において必要不可欠になっている。

　牛受精卵の凍結保存は1973年に最初の成功が報告されている。当初は耐凍剤としてジメチルスルホキシド（DMSO）が用いられていたが，その後は主としてグリセリンが使用されるようになった。グリセリンは浸透圧障害を避けるため2％，4％，6％，8％，10％（あるいは3％，6％，10％）と低い濃度から段階的に10％まで添加し，融解後は10％から0％まで段階的に希釈する方法（ステップワイズ法）が用いられた。

　しかし，生産現場で凍結受精卵の利用が増えるにしたがい，より簡易な耐凍剤の除去方法が必要となり，1982～1984年に欧州や米国の研究者がショ糖溶液を用いたグリセリンの一段階希釈法を相次いで報告した（Niemanら，1982；Renardら，1982；Leibo，1984）。わが国では，米国で報告（Leibo, 1984）されたストロー内でショ糖を用いてグリセリンの希釈が可能な方法に修正を加えたワンステップ・ストロー法の普及が試みられた。当初，国や都道府県の研究機関で行なわれたワンステップ・ストロー法の試験では良好な受胎率が得られた（高倉ら，1987）が，野外試験では良好な受胎率が得られず，より簡易な凍結受精卵の移植方法が必要となった。その方法とは，凍結精液とまったく同じように融解後耐凍剤の希釈操作を一切行なわず移植できる方法であった。それが今日ダイレクト法と呼ばれる方法であった。

(2) ダイレクト法による牛凍結受精卵移植のあゆみ

　耐凍剤を希釈せず凍結受精卵を受卵牛に移植する最初の試みは，Willadsenら（1978）によって行なわれている。彼らは，DMSOで凍結した受精卵を融解後，DMSOの希釈を行なわずに移植する試験を行なっている。しかし，20頭中1頭の受胎に終わっている。その後，グリセリンで凍結した受精卵を同様に移植しても受胎が得られなかったことが報告されている（高倉・高橋，1983）。

　その後，1984年にベルギーのMassipとZwalmen（1984）が，10％グリセリンに0.25モルのショ糖を加えた凍結媒液を用いて凍結した受精卵を耐凍剤の希釈をすることなく受卵牛に移植して，良好な受胎率を得たことを報告している。Massipらはその後も研究をすすめ，1987年にグリセリンとショ糖を用いたダイレクト法の移植試験の結果を詳しく報告している（第1表）。

　わが国でもグリセリンとショ糖を用いたダイレクト法が追試され，良好な受胎率が得られている（大谷ら，1989）。その後，1, 2-プロパンディオールを用いたダイレクト法が報告（Suzukiら，1990）された。さらには，1991年にエチレングリコールを用いた方法が発表され

第1表　ダイレクト法による牛凍結胚の移植に関する報告

凍害防止剤	受胎頭数/移植頭数（％）	報告者
1.5モルDMSO	1/20 (5)	Willadosen et al., (1978)
1.0モルGLY	0/10 (0)	高倉と高橋（1983）
1.4モルGLY	2/15 (13)	Suzuki et al., (1990)
1.4モルGLY＋0.25モルSUC	5/10 (50)	Massip and Zwalmen (1984)
	14/24 (52)	Massip et al., (1987)
1.6モルPG (0.25モルSUC)	20/33 (61)	Suzuki et al., (1990)
1.8モルEG	20/29 (69)	堂地ら（1991）
1.5モルEG	12/24 (50)	Voelkel and Hu (1992)

注　DMSO：ジメチルスルホキシド，GLY：グリセロール，SUC：ショ糖，PG：プロピレングリコール，EG：エチレングリコール

た。この他にも，いくつかの耐凍剤が報告されている。このように，わが国はダイレクト法の開発においては，他の国に先駆けて取組みを開始し，今日の普及に至っている。

(3) ダイレクト法に用いる耐凍剤の条件

耐凍剤を希釈をすることなく，融解受精卵をそのまま受卵牛に移植するダイレクト法で重要なことは，子宮内に移植された受精卵が，浸透圧障害によって生存性を損なわない条件で凍結することである。

子宮内に移植された凍結・融解受精卵が受ける浸透圧障害は，耐凍剤が受精卵細胞から流出するより早く水が受精卵細胞内に流入して，受精卵細胞が過度に膨張するために起こる。このような浸透圧障害は，細胞膜透過性の低い凍害防止剤を用いて受精卵を凍結した場合に起こりやすい。

そのため，ダイレクト法には細胞膜透過性の高い耐凍剤を用いるか，ショ糖などの細胞膜非透過物質を浸透圧緩衝剤として耐凍剤に加える必要がある。なかでもエチレングリコールは牛受精卵に対する細胞膜透過性が高く（Széllら，1989），ダイレクト法の耐凍剤として適している。一方，グリセリンは，単独ではダイレクト法の耐凍剤として用いることができないが，ショ糖を加えるとダイレクト法の耐凍剤として使用できる。

(4) グリセリンとショ糖を用いたダイレクト法

グリセリンとショ糖を用いたダイレクト法では，10％グリセリンに0.25モルのショ糖を添加した混合液を凍結媒液として用いる。この場合，受精卵とともに凍結媒液を0.25mlのストローに吸引し，－7℃のプログラムフリーザーの冷却槽に移し，同温度で強制植氷し10分間保持後，－25℃まで0.3℃/分で冷却し，－25℃で液体窒素に投入して凍結するのが一般的である。液体窒素投入を－35℃で行なうと受胎率が低下することが報告（Massipら，1987）されている。

グリセリンとショ糖を用いたダイレクト法は，諸外国ではあまり利用されていないが，わが国ではよく利用されており，体外受精卵の凍結にも利用され，良好な受胎率が得られている。

(5) エチレングリコールを用いたダイレクト法

エチレングリコールを用いた牛受精卵のダイレクト法は，1991年の日本畜産学会で初めて移植成績が公表された。翌1992年，米国のグループ（Voelkel and Hu, 1992）が同じくエチレングリコールを用いたダイレクト法を発表した。この後，エチレングリコールを用いたダイレクト法は一気に世界各国に普及した。これまで，エチレングリコールを用いたダイレクト法

第2表 1997年のグリセリンまたはエチレングリコールを用いて凍結した牛胚の受胎率の比較（アメリカ胚移植学会調べ）

(Leibo and Mapletoft, 1998)

供卵牛品種	グリセリン		エチレングリコール	
	凍結胚数	受胎率(%)	凍結胚数	受胎率(%)
乳 牛	3,337	59.3	5,516	60.3
肉 牛	5,868	54.2	3,158	54.5
交雑種	3,206	59.2	6,759	59.0
合 計	12,411	56.9	15,433	58.5

注 エチレングリコールはダイレクト法

第3表 1997年のグリセリンまたはエチレングリコールを用いて凍結した牛胚の受胎率の比較（カナダ胚移植学会調べ）

(Leibo and Mapletoft, 1998)

供卵牛品種	グリセリン		エチレングリコール	
	凍結胚数	受胎率(%)	凍結胚数	受胎率(%)
乳 牛	437	54.2	8,190	59.8
肉 牛	657	59.2	1,663	59.7
交雑種	515	59.8	1,523	55.2
合 計	1,609	58.0	11,376	59.2

注 エチレングリコールはダイレクト法

の受胎率は，グリセリンを用いたステップワイズ法と差のないことがたくさん報告されている。国内で行なわれた野外移植試験でも同様の結果が得られ（Dochiら，1998），欧州（Nibart and Humblot, 1997）や北米（Leibo and Mapletoft, 1998）でも高い受胎率が得られている（第2, 3表）。

(6) エチレングリコール濃度とショ糖の添加

エチレングリコールを用いたダイレクト法では，当初10％（1.8モル）のエチレングリコールが用いられ良好な受胎率が得られていた（Dochiら，1995）が，その後の濃度の比較の結果，8.3％でも同等の受胎率が得られることが確認され，現在は8.3％が主として用いられている。

北米の調査結果（Leibo and Mapletoft, 1998）では，エチレングリコールにショ糖を添加しても受胎率の向上は認められていない。しかし，わが国では体外受精卵を用いた実験により，0.1モルのショ糖を添加することにより融解後の生存率が向上することが認められている（堂地・今井，1999）（第4表）。胚盤胞や拡張胚盤胞のようにステージの進んだ受精卵は，胞胚腔を形成するため後期桑実胚や初期胚盤胞より浸透圧障害を受けやすく融解後の生存率が低い（Dochiら，1998）。そのためショ糖を添加することにより凍結前の受精卵から効果的に脱水し，融解過程では急激な腹水を和らげることができると考えられることから，8.3％エチレングリコールに0.1モルのショ糖を加えることが推奨されている。

2008年記

第4表 エチレングリコールおよびショ糖を用いて凍結・融解した牛体外受精由来胚の生存率

（堂地・今井，1999）

凍害防止剤	凍結胚数	生存胚数 (%)	脱出胚盤胞 (%)
1.5M EG	59	43 (72.9) [b]	32 (54.2) [d]
1.5M EG + 0.1M SUC	51	47 (92.2) [a]	39 (76.5) [c]
1.8M EG	50	33 (66.0) [b]	24 (48.0) [d]
1.8M EG + 0.1M SUC	50	44 (88.0) [a]	43 (86.0) [c]

注　EG：エチレングリコール，SUC：ショ糖
　　a, b : c, d : $P < 0.05$

参考文献

Dochi, O., K. Imai and H. Takakura 1995. Birth of calves after direct transfer of thawed bovine embryos stored frozen in ethylene glycol. Anim. Reprod. Sci. **38**, 179—185.

Dochi, O., Y. Yamamoto, H. Saga, N. Yoshiba, N. Kano, J. Maeda, K. Miyata, A. Yamauchi, K. Tominaga, Y. Oda, T. Nakashima and S. Inohae. 1998. Direct transfer of bovine embryos frozen-thawed in the presence of propylene glycol or ethylene glycol under on-farm conditions in an integrated embryo transfer program. Theriogenology. **49**, 1051—1058.

堂地修・今井敬．1999．ウシ凍結受精卵の直接移植法．日本受精卵移植学雑誌．**21**, 28—34.

Fahning M. I., and M. A. Garcia. 1992. Status of cryopreservation of embryos from domestic animals. Cryobiology. **29**, 1—18

Leibo, S. P. 1984. A one-step method for direct nonsurgical transfer of frozen-thawed bovine embryos. Theriogenology. **21**, 767—790.

Massip, A and P. Van Der Zwalmen. 1984. Direct transfer of frozen cow embryos in glycerol-sucrose. Vet. Rec. **115**, 327—328.

Leibo, S. P. and R. J. Mapletoft. 1998. Direct transfer of cryopreserved cattle embryos in North America. In: Proc 12th Ann. Conv. AETA. San Antonio, TX.

Massip, A, P. Van Der Zwalmen and F. Ectors. 1987. Recent progress in cryopreservation of cattle embryos. Theriogenology. **27**, 69—79.

Nibart, M. and P. Humblot. 1997. Pregnancy rates following direct transfer of glycerol sucrose or ethylene glycol cryopreserved bovine embryos. Theriogenology. **47**, p.371.

Niemann, H. 1991. Cryoperservation of ova and embryos from livestock: current status ad research needs. Theriogenology. **35**, 109—124.

Niemann, H., B, Sacher E., Schilling and D. Smidt. 1982. Improvement of survival rates of bovine blastocytes with sucrose for glycerol dilution after a fast freezing and thawing method. Therigenology. 17, p.102.

大谷健・向島幸司・内海恭三・入谷明. 1989. 無希釈移植のためのウシ受精卵凍結保存と移植法の開発. 家畜繁殖技術研究会誌. 11, 14—19.

Palasz, A. T. and R. J. Mapletoft. 1996. Cryopreservation of mammalian embryos and oocytes: recent advances. Biotechnol Adv. 14, 127—149.

Renard, J. P., Y., Heyman and J. P. Ozil. 1982. Congelation de l'embryon bovin: une nouvelle methode de decongelation pure le transfert cervical des embryos conditionnes une seule fois en paillettes. Am Met Vet. 126, 23—32.

Suzuki. T., M. Yamamoto, M. Ooe, A. Sakata, M. Matsuoka, Y. Nishikata and K. Okamoto. 1990. Effect of sucrose concentration used for one-step dilution upon in vitro and in vivo survival of bovine embryos refrigerated in glycerol and 1, 2-propanediol. vTheriogenology. 34, 1051—1057.

Szell, A., J. N. Shelton, and K. Szell. 1989. Osmotic characteristics of sheep and cattle embryos. Cryobiology. 26, 297—301.

高橋芳幸・高倉宏輔. 1983. 牛受精卵の凍結保存における凍結融解法の検討. 北海道牛受精卵移植研究会報. 2, 28—30.

高倉宏輔・高橋博人・堂地修・有山賢一・今井敬. 1987. ストロー内でグリセロール除去した牛凍結受精卵の移植成績について. 北海道牛受精卵移植研究会報. 6, 42—44.

Voelkel, S. A. and X. Hu. 1992. Direct transfer of frozen-thawed bovine embryos. Theriogenology. 37, 23—37.

Willadsen, S., C. Polge and L. E. A. Rowson. 1978. The viability of deep-frozen cow embryos. J. Reprod. Fertil. 52, 391—393.

雌雄の産み分け技術（性判別）

執筆　堂地　修（酪農学園大学）

雌雄の産み分け技術（性判別）は，畜産業界が長年持ち続けた夢の技術である。もし，生まれてくる産子の性を思いのままにコントロールできれば，乳牛であれば雌子牛を選択的に生産し，肉牛であれば発育の早い雄子牛を選択的に生産することが可能になり，経営的には大きなメリットが生まれる。また，後代検定などの能力評価のための試験牛を生産する場合，雌雄の産み分けが自由にできれば，効率的かつ経済的に能力検定を行なうこともできる。

牛の雌雄産み分け方法には，X精子とY精子を分離する方法と，受精卵の性を判別する方法がある。今日，牛の性判別技術は精子の分離技術の進展により，雌雄の産み分け技術の実用的利用が現実的なものになってきた。

(1) 精子の分離技術

哺乳動物では，精子が性を決定する。精子にはXとYの性染色体をもつX精子と，Y精子の2種類がある。卵子の性染色体はXのみである。したがって，X精子が受精すればXXとなり雌になり，Y精子が受精すればXYとなり雄になる。これが哺乳動物での性の決定機構であり，牛もこれに従って性が決定する。もし，X精子とY精子を機械的に選別・分離できれば，そしてX精子あるいはY精子のみを使用して人工授精できれば，思いのままに雌雄の産み分けが可能になる。

XY精子の分離に関する研究は長年行なわれてきた。過去には電気泳動法やパーコール遠心分離法といった方法に期待がもたれた時期もあったが，いずれの方法でも確実な結果は得られなかった。しかし，フローサイトメーターによるXY精子の分離が報告されると，牛精子の分離技術は現実味を帯びることになる。

(2) フローサイトメーターによるXY精子の分離

X精子とY精子の違いは，そのDNA含量の違いにある。X染色体のDNA量は，Y染色体より約3〜5％多いことがわかっている。このわずかなDNA量の違いを機械的に判定して分別できれば，X精子とY精子を分離できることになる。フローサイトメーターによるXY精子の分離は，精子をDNAに結合する蛍光色素で染色し，X精子とY精子の蛍光量の差で分別する方法である。

今日，フローサイトメーターによって分離した牛精液を用いた人工授精に関する報告が多くみられる。

一般に，分離精液を用いた人工授精の場合は，ストローに封入される精子数が少なく，通常の精液（未分離）の1/2〜1/10程度である。分離精液を用いた人工授精の受胎率は，未経産牛では通常の精液と同等であるが，経産牛では，分離精液の受胎率は通常の精液より低い（第1表）。そのため，分離精液は未経産牛での使用が推奨されることが多い。分離精液を用いた場合の在胎日数，分娩時の事故，離乳時の体重などは，いずれも通常の精液を用いた場合と同じである（第2表）。

今後，XY分離精液の需要は急速に増えることは間違いないと考えられる。残された課題

第1表　フローサイトメーターで分離した精子を用いた人工授精における授精回数およびストロー本数が未経産牛および経産牛の受胎率に及ぼす影響　　（Remillard, 2006）

授精回数	ストロー本数	産暦	授精頭数	受胎頭数	受胎率(％)
1	1	経産牛 未経産牛	139 749	44 361	32 48
1	2	経産牛 未経産牛	79 263	22 142	28 54
2	1	経産牛 未経産牛	11 96	5 54	45 56
合計		経産牛 未経産牛	229 1,108	71 557	31 50

第2表　フローサイトメーターで分離した牛精子の分娩成績　(Tubman et al., 2003)

項　目	分離精子	未分離精子
人工授精頭数	574	385
在胎日数（日）	279	279
生後直死（%）	3.9	3.9
分娩難易度	1.31	1.30
生時体重（kg）	34.1	34.3
離乳時の生存率（%）	92.0	88.9
離乳時体重（kg）	239	239
性比（%）		
X精子（♀）	87.7	
Y精子（♂）	93.6	51.0

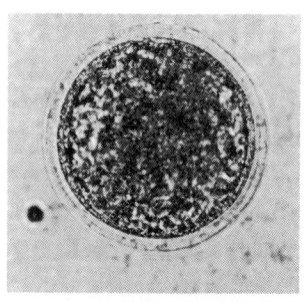

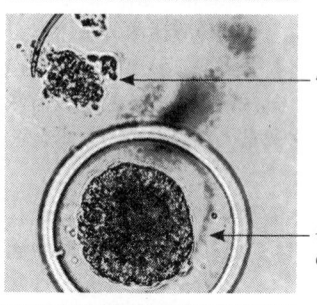

第1図　性判別のためのサンプル細胞の採取後の発育
上：切断前，中：切断直後，下：培養後3時間

―性判別用の細胞
―切断分離した移植用の受精卵
―再拡張し発育した切断分離後の受精卵

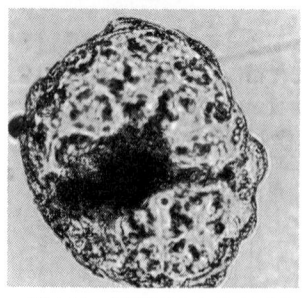

は，フローサイトメーターによる分離処理後の生存率は種雄牛によって差があり，分離処理に適する牛の精液しか利用できないことである。また，時間当たりの分離処理できる精液量が限られているため，需要に見合う精液量を供給できないことである。

(3) 受精卵の性判別

受精卵はすでに性が決定しており，雄に特異的なDNAを調べることにより性を判別できる。

受精卵の性判別に関する技術開発は種々行なわれてきた。当初は，受精卵の性染色体を調べる方法が行なわれた。この方法では，桑実期や胚盤胞期の受精卵を，顕微鏡の下でマイクロマニュプレーターに取り付けたガラスや金属刃を用いて切断二分離し，半分を染色体検査に使い，残り半分を移植する（第1図）。染色体検査は，標本作製に時間と技術を要することから普及には至らなかった。

哺乳動物の雄は，雌がもたないY染色を有し，Y染色体上には雄にしか存在しないDNAがあり，この雄に特異的なDNAを検出すれば，簡単に性を判別できる。これまで，牛の雄特異的DNAがいくつか見つかっている。

雄特異的DNA検出による方法は，いくつかの方法があるが，今日代表的な方法は，PCR法（Polymerase chain Reaction：ポリメラーゼ連鎖反応法）とLAMP法（Loop-Mediated Isothermal Amplification）である。PCR法もLAMP法も，少量のDNAを短時間で数十万倍に増幅できる方法である。両方法とも，数個の受精卵細胞のDNAを増幅して，雄に特異的なDNAの有無を調べて性を判別する方法である。

PCR法では数時間でDNAを増幅し，最終的に電気泳動を行なって雄特異的DNAの有無を確認する（第2, 3図）。PCR法による受精卵の性判別に要する全体の時間（採卵～移植）は，おおよそ5～8時間である。

一方，LAMP法はPCR法より短時間（40分以内）でDNAを増幅することができ，DNA増幅の過程で雄特異的DNAが存在すると反応液が白濁化するように工夫されているため，電気

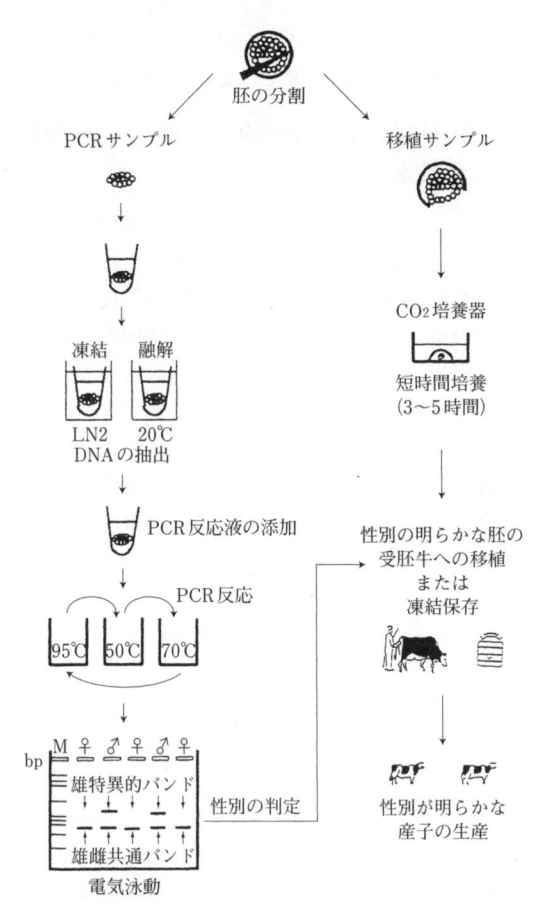

受精卵移植の実際＝雌雄の産み分け技術

第2図 PCR法による牛受精卵の性判別法の概要

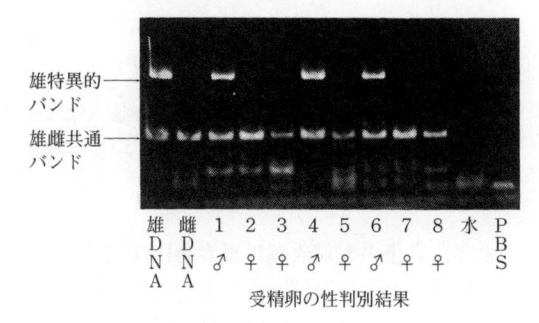

第3図 PCR法による牛受精卵の性判別における電気泳動像

泳動を行なう必要がなく簡便である（陰山・平山，2003）。最近は，短時間でかつ少数の細胞でも効率的にDNA増幅が可能なLAMP法が牛受精卵の性判別に用いられることが多くなってきている。

受精卵の性判別の的中率（判別結果と産子の性の適合率）は95％以上であり，すでに実用的な技術水準に到達している。しかし，DNA増幅のための細胞の取込みミスにより判別できない場合や目的以外のDNA混入（受精卵以外のDANの混入）による誤判定が発生することがある。

2008年記

参考文献

陰山聡一・平山博樹. 2003. 新しい遺伝子増幅法（LAMP法）による牛胚の性判別. 日本胚移植学雑誌. **25**, 136—140.

Remillard, R. 2006. Sexed semen. In: Proc Joint Conv. AETA and CETA; Ottawa, Ontario, Canada.

Tubman, L. M., Z. Brink, T. K. Suh and G. Jr. Seidel. 2003. Normality of calves resulting from sexed sperm. Theriogenology. **595**, p.17 (abstr).

受精卵移植（ET）

リピートブリーダー対策

執筆　堂地　修（酪農学園大学）

(1) リピートブリーダーの増加

近年，乳牛の繁殖成績は世界各国で低下し続けている。とくに高泌乳牛において繁殖成績の低下は顕著であり，その原因は多岐にわたっている。乳牛では，泌乳能力の向上が繁殖成績低下の主因であると考えられているが，ほかにも気候，管理頭数の増加，コンクリート床の増加，閉鎖型牛舎の普及などが複雑に関係していると思われる。

また，暑熱ストレスも繁殖成績に悪影響を及ぼす。とくに，過度な暑熱ストレスは黄体形成ホルモン（LH）の分泌を阻害し，卵胞発育を阻害すると考えられている。また，受精卵の初期発育も暑熱ストレスによって阻害される。

乳牛の分娩後の初回受胎率は，20年以上にわたって世界中で低下し続けている。また，受胎に要する人工授精回数も増加し，空胎日数も延長している。家畜改良事業団の調べによると，2006年の受胎に要する人工授精回数は2.3回で，空胎日数は158日であり，1985年と比較すると悪化している（第1表）。

また，このようななかにあって，人工授精を何回繰り返しても長期間受胎しない"リピートブリーダー"の増加が指摘され，とくに高泌乳牛で問題になっている。

人工授精を3回以上行なっても受胎しない乳牛は約20％強存在し，4回目以降の受胎率は10％以下の低率であると考えられる（堂地ら，未発表）。これまで"リピートブリーダー"の問題解決のためにさまざまな試みがなされてきたが，有効な対応策は未だに見出されていない。

(2) リピートブリーダーに対する胚移植の効果

"リピートブリーダー"の主な原因として，受精障害と受精卵の発育障害が考えられる。

受精障害は卵子の低受精能や不適期授精によって発生し，受精卵の発育障害は遺伝的異常や子宮環境の異常によって発生する。とくに，高泌乳牛の低受胎の原因の一つに，低あるいは負のエネルギー状態が卵子品質に影響している可能性も考えられる。しかし，卵子の受精能や胚の発生能に問題があっても，正常な機能的黄体が形成される牛であれば，受精卵を移植して受胎させることが可能である。

長期間受胎しない牛に受精卵を移植することにより，受胎が得られる可能性があることは認識されていた。たとえば，卵管に障害があり，正常に発情が回帰し機能的黄体が形成される牛に受精卵を移植すれば，受胎する可能性は高いと考えられる。米国の研究グループ（Tanabeら，1985）は，人工授精を4回以上行なっても受胎しなかった乳牛に，正常な牛から回収した受精卵を外科的に移植して，正常牛に移植した牛と同等の受胎率（70％と80％）が得られたことを報告している（第2表）。

最近は，乳牛の受胎率低下の対応策として，リピートブリーダーへの受精卵移植の利用が多く行なわれるようになってきている。

人工授精を3回以上（〜21回）実施しても

第1表　乳牛の繁殖成績の推移

項　目	1985年	2006年	推　移
乳量（kg）	6,852	9,179	111kg/年
分娩間隔（日）	402	434	1.5日/年
空胎日数（日）	134	158	1.1日/年
初回授精日数（日）	93	93	—
人工授精回数（回）	1.9	2.3	0.4

注　家畜改良事業団牛群検定成績から作成

第2表　乳牛における受精卵移植後の正常牛とリピートブリーダー牛の受胎率比較

(Tanabe et al., 1985)

	移植頭数	受胎頭数	受胎率（％）
正常牛	28	23	82
リピートブリーダー	23	16	70
合　計	51	39	76

注　受卵牛は4回人工授精して受胎しなかったリピートブリーダー
　　受卵牛は発情同期化後に受精卵を移植
　　正常牛から回収した受精卵を移植に用いた

受胎しなかった泌乳牛に，凍結体外受精卵を移植して20～50％の受胎率が得られている（Takahashiら，2006；Dochiら，2008；浦川ら，2005；三津橋ら，2003；戸丸ら，2007）（第3表）。これらの結果は，人工授精を3回以上繰り返しても受胎しない"リピートブリーダー"に受精卵を行なうと，受胎する牛が多く存在することを示している。

人工授精後に胚移植（追い移植）を行なうと，受精卵移植のみを行なった場合よりも高い受胎率が得られており，"リピートブリーダー"の受胎率向上に効果が大きいこと明らかになっている（Dochi et al., 2008）（第4表）。これまでの報告では，追い移植を行なった場合の双子率は低く（10％以下），生まれてくる産子は一般に人工授精由来産子が多いが，受精卵由来産子が多い場合もある。

受精卵移植を行なっても，少なくとも半分のリピートブリーダーは受胎しないことも事実である。明瞭な発情が発現したとしても，子宮環境に問題があれば，受精卵移植を行なったとしても受胎する可能性はない。

また，リピートブリーダー牛は受精卵の発育に重要な役割を果たす上皮細胞増殖因子（EGF）濃度が正常牛に比べて低く，子宮の治療を加えてEGF濃度が正常に回復すると受胎率が高くなることが報告されている（Katagiri, 2006）。この報告は，リピートブリーダーに胚移植を行なう場合，子宮の治療を併用して行なうことにより高い受胎率が期待できる可能性があることを示している。

(3) リピートブリーダーへの胚移植の実際

リピートブリーダーに胚移植を行なう場合，通常の胚移植と同じ要領で実施するが，発情観察と移植前の黄体形成および子宮の検査をしっかり行なう必要がある。経産牛では膣検査を行ない，子宮頸管粘液や膿様物の漏出，尿腟の有無を調べ，異常が認められる牛では，移植を行なっても受胎の可能性が低いため中止すべきである。

追い移植は，人工授精後7～8日目に非黄体側子宮角に受精卵を移植するのが一般的である。追い移植を行なった場合，双子を妊娠する可能性があり，双子を妊娠した牛では妊娠後期の栄養管理に注意する必要がある。また，双子妊娠牛の分娩は単子に比べて5～7日間早くなり，分娩時の介助や分娩後の胎盤停滞に注意する必要がある。そのため，可能な限り双子診断を行なうことが望ましい。双子かどうかは直腸検査により経験的に判断できる場合もあるが，誤診の可能性が高い。そのため，超音波診断装置を用いて胎齢35～50日頃に行なう必要がある。

リピートブリーダーに受精卵移植を行なう場合，安価な受精卵を確保する必要がある。安価な受精卵を安定的に確保するためには，体外受精卵を活用するのが最も適している。また，リピートブリーダーに移植する受精卵には，肉用牛（和牛）の受精卵の利用により，受胎率の向上と肉用子牛の生産の両面から大きな期待がもたれる。

そのほかにも，リピートブリーダーへの受精卵移植は，リピートブリーダーの原因解明やその治療法の研究にも

第3表 乳牛のリピートブリーダー牛への受精卵移植における受胎率

報告者（年）	移植頭数	受胎頭数	受胎率（％）	備　考
浦川ら（2005）	207	77	37.2	
	98	44	44.9	2個移植
	141	72	51.1	人工授精後に移植
三津橋ら（2003）	86	39	45.3	
戸丸ら（2007）	102	44	43.1	人工授精後に移植

第4表 ホルスタイン種リピートブリーダー牛に対する凍結体外受精卵移植における受胎率 （Dochi et al., 2008）

産　暦	移植方法	移植頭数	受胎頭数	受胎率（％）
未経産牛	追い移植	61	30	49.2a
	移植のみ	61	18	29.5b
経産牛	追い移植	273	114	41.5ac
	移植のみ	137	28	20.4bd

注　ab有意差あり（$P<0.05$），cd有意差あり（$P<0.01$）

受精卵移植（ET）

貢献すると期待される。

2008年記

参 考 文 献

Dochi, O., K. Takahashi, T. Hirai, H. Hayakawa, M. Tanisawa, Y. Yamamoto and H. Koyama. 2008. The use of embryo transfer to produce pregnancies in repeat breeding dairy cattle. Theriogenology.

Katagiri, S. 2006. Relationship between endometrial epidermal growth factor and fertility after embryo transfer. J Reprod Dev. **52** (Suppl), S133―37.

三津橋吾郎・佐藤健也・赤井優・津田輝幸・矢藤伸也・伊藤正史・神崎秀夫・川添綾・高橋健一・松崎重範. 2003. リピートブリーダー牛へ胚移植試験，その後の経過について. 繁殖技術. **209**, 25―26.

Takahashi, K., T. Hirai, H. Hayakawa, O. Dochi and H. Koyama. 2006. J Reprod Dev. **52** (Suppl). S139―S45.

Tanabe T. Y., H. W. Hawk, and J. F. Hasler. 1985. Comparative fertility of normal and repeat-breeding cows as embryo recipients. Theriogenology. **23**, 687―96.

戸丸瑞穂・武田英理子・御囲雅昭・登丸亨介・森好政晴・中田健・澤向豊. 2007. 低受胎牛に対する胚移植後の受胎および分娩成績. 北海道牛受精卵移植研究会報. **26**, 21―24.

浦川真実・出田篤司・齋藤暁子・酒井久美子・岩佐昇司・酒井伸一・青柳敬人. 2005. 長期不受胎牛に対するF₁体外受精卵の移植について. 北海道牛受精卵移植研究会報. **24**, 28―31.

体外受精卵の利用

執筆　堂地　修（酪農学園大学）

(1) 体外受精卵利用の推移

牛の体外受精による最初の成功は，1982年Brackettらによって報告された。現在では，日常的に体外受精卵が生産され産子が得られている。農林水産省生産局の調べによると，わが国での体外受精卵の移植頭数は順調な伸びを示し，2005年度の移植頭数は10,726頭で，受胎率は40％である（第1図）。体外受精卵の受胎率は徐々に向上し，2005年度には新鮮卵，凍結卵ともに約40％である（第2図）。しかし，まだ体内受精卵に比べて受胎率は低く，受精卵の品質向上が課題となっている。

わが国での体外受精卵の利用の特徴は，乳牛から黒毛和種の子牛を生産することである。最近，牛乳消費の低下，穀物飼料の高騰，泌乳牛の受胎率低下などの影響を受け，乳牛への体外受精卵の移植は増加傾向にある。

一方，海外での体外受精卵の移植は，ほぼ世界各地域で実施されており，とくに南米，北米，アジアが多い（第1表）。

南米では，とくにブラジルが体外受精卵の生産が盛んである。その理由として，主品種であるブラーマン種は卵巣中に多数の小卵胞を有するため，過剰排卵誘起処置を施すより，生体卵子吸引法（後述）により卵子を採取して，体外受精によって受精卵を生産したほうが効率が良いためである。

北米ではカナダで体外受精卵の生産が盛んであるが，北米内で移植される頭数は少ない。北米で生産された体外受精卵のほとんどは海外に輸出され，その多くは中国に輸出されている。

アジアでの体外受精卵の生産は，中国，日本，韓国が主要国である。今後，中国では牛乳需要の急速な増加を見込んで，

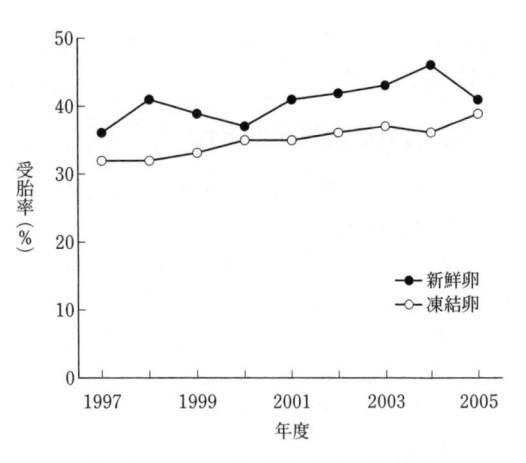

第2図　牛体外受精卵の受胎率の推移
（農水省生産局調べ）

第1表　世界各地域での牛体外受精卵の移植頭数（2006年分）

(IETS Newsletter 25：15—20, 2007)

地域	移植可能卵数	移植卵数		
		新鮮卵	凍結卵	合計
北　米	134,162	4,306	3	4,309
南　米	204,469	196,759	32	196,791
アジア	86,945	20,859	61,448	82,307
欧　州	13,942	2,763	4,082	6,845
オセアニア	1,846	1,390	203	1,593
合　計	441,364	226,077	65,768	291,845

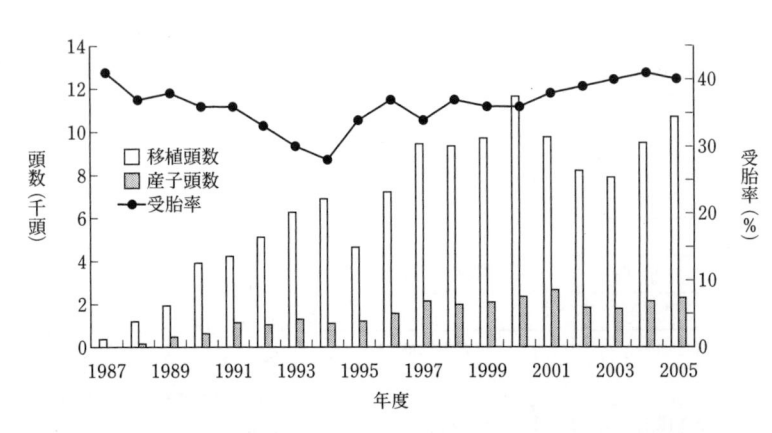

第1図　体外受精胚の移植頭数，受胎率および産子頭数の推移
（農水省生産局調べ）

受精卵移植（ET）

体外受精卵の生産および移植が急速に増えると見込まれている。

(2) 体外受精技術の流れ

牛の体外受精技術の流れを第3図に示す。

①卵子の採取

体外受精には，食肉処理場で採取した卵巣から採取した卵子を用いる方法と，超音波診断装置を使って生体の卵巣を映しながら，腟壁を介して専用針を卵巣に刺して卵胞液を吸引して採取する方法（生体卵子吸引技術，OPU）がある（第3図）。

前者は，卵巣の由来（品種，年齢，健康状態）が不明の場合があるが，1個の卵巣から10～20個の卵子を採取することができるが，個体によって差がある。OPUでの回収卵子数は回当たり10～25個であるが，吸引間隔，供卵牛の繁殖性，技術者の経験が回収卵子数に影響することがわかっている。

②卵子の成熟培養

食肉処理場で採取した卵巣から採取した卵子は成熟しておらず，受精できる状態（GV期）にない。そのため，培養液中で採取した卵子の体外培養を20～24時間行なう必要がある。ほとんどの卵子が20時間の成熟培養により受精できる状態（MII期）に成熟する。

成熟培養には，一般に市販の培養液（TCM199）に子牛血清あるいは胎子血清，FSH，エストラジオール，LHなどのホルモンを添加して用いられる。あらかじめFSHなどの性腺刺激ホルモンを供卵牛に投与し，OPUにより成熟卵胞から卵子を採取する場合は成熟培養を行なう必要はなく，直ぐに体外受精を行なう。成熟培養は，プラスチックシャーレ内に培養液で作製した100 μl のマイクロドロップ（微小滴）に卵子（約20個，卵子/5 μl）を入れ，パラフィンあるいはミネラルオイルで覆い，これを炭酸ガス培養器（5％ CO_2，95％空気，湿度飽和）の中で行なう。

③体外受精（媒精）

射出直後の牛精子は受精能をまだ獲得しておらず，成熟卵子と一緒にしても受精は起こらない。そのため，受精能を獲得させるための処理が必要であり，ヘパリンとカフェインあるいはヒポタウリンを添加した培養液で処理する必要がある。

凍結精液は融解したのち，遠心分離により洗浄し，精子のみを回収して体外受精に用いる。また，場合によって，パーコール溶液を用いて生存精子と死滅精子を分離して体外受精に用いる。

体外受精に用いる精子数は300～1000万/mlで，成熟培養と同様に100 μl の精子浮遊液中に約20個の成熟卵子を入れ，炭酸ガス培養器内

〈食肉処理場由来卵巣を用いた場合〉

卵巣の採取 → 卵子の採取 → 卵子の成熟培養（20～24時間） → 体外受精（6～18時間） → 発生培養（7～9日間） → 受精卵の移植・保存 → 妊娠診断 → 子牛誕生

〈生体卵子吸引法（OPU）を用いた場合〉

供卵牛の準備
- 卵子の採取 → 卵子の成熟培養（20～24時間） → 体外受精（6～18時間） → 発生培養（7～9日間） → 受精卵の移植・保存 → 妊娠診断 → 子牛誕生
- 供卵牛のホルモン処置 → 卵子の採取 → 体外受精（6～18時間） → 発生培養（7～9日間） → 受精卵の移植・保存 → 妊娠診断 → 子牛誕生

第3図　牛の体外受精技術の流れ

で6〜20時間培養するのが一般的である。

体外受精時の精子数が少なければ受精卵の発生率は低下し，多すぎても多精子侵入の割合が増加し，受精卵の発生率は低下する。また，体外受精後の受精卵発生成績は種雄牛による差が大きく，受精卵の発生成績の低い種雄牛が見られ，それぞれの種雄牛に適した受精能獲得処理法や精子数をあらかじめ調べておく必要がある。

④発生培養

体外受精が終了した卵子は発生培養液に移し，6〜9日間体外培養を行なう。発生培養には，卵子に付着している卵丘細胞や卵管上皮細胞などの細胞と一緒に培養する共培養法と，受精卵のみを培養する非共培養法がある。

近年は，培養液や気相などの培養条件の検討が進み，非共培養法が多く用いられるようになっている。卵子への精子侵入は，体外受精開始後3〜6時間で起こる。体外受精後，24〜28時間で2細胞期，33〜44時間で4細胞期，6〜9日で胚盤胞〜拡張胚盤胞期に達する（第2表）。

(3) 生体卵子吸引技術（OPU）

経腟用のプローブを用いて生体の卵巣に針を刺し，卵胞卵子を直接吸引する技術を生体卵子吸引技術（OPU：Ovum pick up）という（第4図）。OPU技術を用いることにより，生きている牛の卵巣から卵子を週1〜3回採取することができる。1回のOPUで採取される卵子数は，吸引間隔が短くなると減少し，3日あるいは4日間隔で採取するより7日間隔で採取した場合のほうが，反復して採取しても卵子数の減少が少ない。

OPU技術は過剰排卵誘起処置を施しても受精卵が採取されない牛，妊娠牛，育成牛，肥育牛（前期），老齢牛からも卵子を採取でき，これらの牛からも産子の生産が可能である。

(4) 体外受精卵の利用

①酪農における肉用子牛の生産

体外受精卵の生産コストは体内受精卵より低く，流通価格も安価である。近年，乳牛に黒毛和種の体外受精卵を移植することが多く行なわれている。とくに最近の牛乳消費低下，燃料や濃厚飼料費の高騰にともなう酪農経営の改善策として，体外受精卵の利用に取り組む酪農家や

第2表　牛の体外受精卵の発育過程

体外受精後の経過時間	発生段階
3〜6時間	卵細胞質内への精子の侵入
4〜8時間	精子頭部の膨化
8〜10時間	前核形成の開始
24〜28時間	2細胞期への分割開始
38〜44時間	4細胞期への分割開始
68〜76時間	16細胞期への分割開始
5〜6日	桑実期
6〜7日	胚盤胞期
7〜9日	拡張胚盤胞期
9〜10日	脱出胚盤胞期

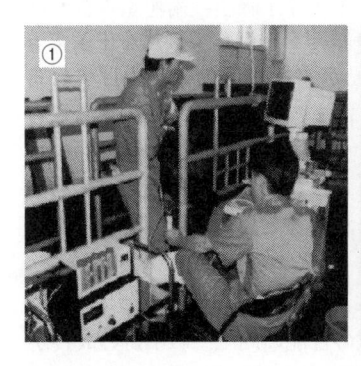

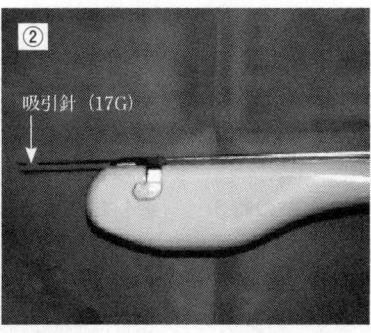

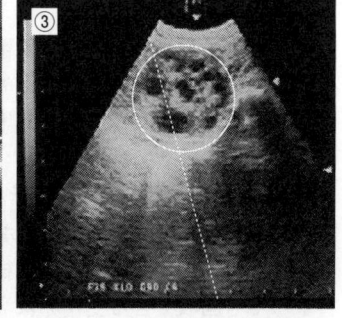

第4図　牛の生体卵子吸引技術（OPU）　　（写真提供：今井　敬）

①生体卵子吸引の風景
②生体卵子吸引に用いるコンベックス型経腟用プローブ（17Gの吸引針のガイドが付属している）
③コンベックス型経腟用プローブで映し出された卵巣像。円内の黒い円形像が小卵胞。吸引針は破線上に侵入してくる

農協系組織が増えている。乳用雄子牛に比べて体外受精卵由来の黒毛和種子牛は数倍高い市場価格で取引きされており、体外受精卵産子の市場が確立している地域もある。

乳牛に体外受精卵を移植した場合の受胎率は、体内受精卵と同様に受卵牛の状況に最も影響される。未経産牛は経産牛より高い受胎率が得られる。泌乳牛では、分娩後の経過日数、栄養状態（ボディコンディションスコア）などが受胎率に影響し、牛群間に受胎率の大きな差が見られる。また、酪農経営に体外受精卵の移植を導入する場合、肉用子牛の哺育技術も新たに導入する必要がある。とくに黒毛和種子牛の哺育・育成の段階でトラブルが発生し、下痢や発育停滞が発生している農家が多く見られる。

②**事故牛や高齢牛からの子牛の生産**

突発的な事故により淘汰を余儀なくされた牛の卵巣を、食肉処理場で回収して卵子を採取し、体外受精すれば受精卵を生産できる。骨折や事故による起立不能牛で回復の見込みのない牛から、体外受精による子牛の生産に成功した例は多い。このような場合、事故発生からの経過時間が長くなればなるほど卵巣機能は低下し、採取される正常卵子の数も少なくなり、体外受精後の受精卵の発生率も低下する。

受胎の可能性の低い高齢牛であっても、屠殺後、卵巣を回収して卵子を採取して体外受精すれば、受精卵を生産できる可能性がある。高能力牛で遺伝的能力の高い雌牛から、後継牛を1頭でも多く生産する方法として、体外受精技術は有効に利用できる。

③**生体卵子技術による体外受精産子の生産**

過剰排卵誘起処置を行なっても、卵巣反応の低い個体や、正常な受精卵が採取できない個体が多く見られる。

一般に過剰排卵誘起処置を行なった牛の約3割は、1個の受精卵も生産できないといわれている。また、高齢牛では、過剰排卵誘起処置を行なっても回収できる受精卵は少なく、卵巣反応も低い。このような過剰排卵誘起処置に対する低反応牛や高齢牛でも、生体卵子吸引技術により、卵子を採取して体外受精すると受精卵を生産できることが多い。

肥育雌牛でも、生体卵子吸引技術を利用して卵子を採取して受精卵を生産できる。肥育牛の場合、肥育が進めば直腸検査による子宮・卵巣の操作が難しくなるが、子宮・卵巣操作が可能なあいだは生体卵子吸引も可能である。また、妊娠牛でも卵子の吸引採取が可能であり、肥育牛と同様に子宮・卵巣操作が可能なあいだは生体卵子吸引も可能である。生体卵子吸引による流産などの悪影響が心配されるが、その報告はなされていない。さらに育成牛では、直腸検査が可能な体格であれば、子牛用に作製した経腟プローブを用いると卵子の採取が可能であり、春機発動前の子牛からも体外受精卵および産子の生産が報告されている。

④**育種プログラムへの利用**

遺伝的能力の高い特定の雌牛から後継牛や種雄牛候補牛を生産する場合、過剰排卵誘起処置を利用するより、生体卵子吸引技術を利用して体外受精卵を生産するほうが効率的である可能性が高い。これは、過剰排卵誘起処置は1～2か月の間隔をおかなければならないが、生体卵子吸引では週1回の卵子採取が可能だからである。採取した卵子を異なる種雄牛の精液を用いて体外受精すれば、1頭の優秀な雌牛から同時期に複数の種雄牛との組合わせを可能にすることができ、バリエーションに富んだ後代を生産できる。

オランダやフランスでは、育成雌牛から過剰排卵誘起処置と生体卵子吸引技術を組み合わせて、効率的に受精卵を作出して後代を生産する育種プログラムが実行され効果を上げている（第5図）。今後日本においても、このような育種プログラムが本格的に導入されと予想され、今後の育種改良事業において体外受精技術の重要性はますます高まると思われる。

*

以上のように、今日の生体卵子吸引技術は、超音波診断装置の性能の向上、吸引針の改良が進み、卵子の採取成績も向上し、過剰排卵誘起処置より効率的な受精卵生産が可能になりつつある。

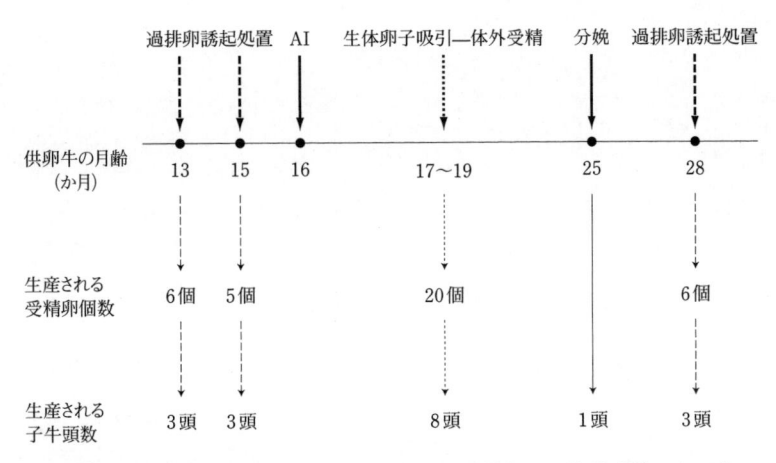

供卵牛の月齢 (か月)	過排卵誘起処置 ↓ 13	AI ↓ 15	生体卵子吸引―体外受精 ↓ 16	分娩 ↓ 17〜19	過排卵誘起処置 ↓ 25	↓ 28
生産される 受精卵個数	6個	5個		20個		6個
生産される 子牛頭数	3頭	3頭		8頭	1頭	3頭

第5図　過剰排卵誘起処置および生体卵子吸引技術——体外受精による育種プログラムの例

供卵牛が生後13および15か月齢時に過剰排卵誘起処置を実施し，それぞれ6および5個の受精卵を生産する．人工授精を16か月時に実施し妊娠させ，妊娠確認後17〜19か月に1週間に生体卵子吸引法により卵子を吸引採取し，体外受精を行ない受精卵を合計20個生産する．供卵牛は25か月で分娩し，28か月時に再度，過剰排卵誘起処置を実施して受精卵を6個生産する．供卵牛が28か月になった時点で，合計18頭の後継牛が生産または妊娠している

2008 年記

参 考 文 献

Brackett, B. G., D. Bousquet, M. L. Boice, W. J. Donawick, J. F. Evans and M. A. Dressel. 1982. Normal development following in vitro fertilization in the cow. Biol. Reprod. **27**, 147—158.

今井敬・田川真人．2006．OPU-IVFによるウシ胚の作出，その効率と汎用性．日本胚移植学雑誌．**28**, 29—35.

Imai, K., M. Tagawa, H. Yoshioka, S. Matoba, M. Narita, Y. Inaba, Y. Aikawa, M. Ohtake and S. Kobayashi. 2006. The efficiency of embryo production by ovum pick-up and in vitro fertilization in cattle. J Reprod Dev. **52**, S19-S29.

Thibier, M. 2007. Data retrieval committee statistics of embryo transfer-Year 2006. IETS Newsletter. **25**, 15—20.

育　成

子牛の発育と育成の目標

子牛育成の目標と考え方

執筆　大久保正彦（北海道大学）

(1) 育成の目標

①変わる育成の目標

乳用後継牛の育成を考えるとき，その目標や背景を明確にしておく必要がある。もちろん次の時代の牛乳生産を担う牛を育てることが基本的な目標だが，牛乳生産を担う牛として，どのような牛を望ましいと考えるかは，必ずしも固定したものではない。すなわち，酪農をめぐる社会状況が歴史的に変化していることから，また経営・生産についての考え方によっても，目標は異なってくる。さらに，将来への展望も考慮する必要がある。

かつて，乳牛については長命・連産が重視された。ところが最近では，産乳能力向上のための更新を重視し，比較的短い期間，限定された条件のもとでの生産性向上を追求してきたため，乳牛の供用年数が短くなり，長命・連産という言葉はあまり聞かれなくなった。極論すれば，乳牛を単なる牛乳生産のための使い捨ての道具としかみず，育成についても，こうした観点から考えるということになる。他方，こうした傾向に対し，土地を基盤とした物質循環のなかでの本来あるべき酪農に目を向け，疾病の少ない健康な牛からの安全でおいしい牛乳の生産を求める声も強くなっている。このような考え方の相異によって当然，育成についての考え方も変わらざるを得ない。

②共通する4つの育成目標

こうした背景を考慮しつつ，育成目標として常に共通するのは何か。

第1に，牛のもっている遺伝的能力を最大限引き出すことである。いかに遺伝的な改良が進んでも，能力が引き出されなければ無意味である。育成は能力を引き出す最初の段階である。

第2に，健康な牛をつくることである。長命・連産をあまり考えなくても，健康は重要な前提であろう。

第3に，管理しやすい牛づくりである。大規模化，機械化・群管理がすすむなかで，管理のしやすさは非常に重要になってきている。

第4に，低コストで省力的な育成も目標として考える必要がある。育成期間は，収入に直接つながらない，ある意味では先行投資の期間ともいえるため，経営全体にあまり負担がかからないようにしなくてはいけない。

このように，まず目標をどうもつかを決定することが前提になる。

(2) 育成の評価指標——最も重要な骨格と内臓

目標をもって育成にあたるとき，何を評価の指標と考えればよいか。昔から乳牛の育成に大事なのは「骨づくり・腹づくり」といわれてきたように，骨格と内臓は最も重要な評価指標となる。高い乳生産能力，繁殖能力を長期間にわたって確実に発揮するためには，飼料の摂取・消化，乳汁の合成・分泌，受胎・妊娠などに関連する内臓諸器官の十分な発達が前提となる。

いうまでもなく，牧草など繊維質飼料を利用できるのが，反芻家畜である乳牛の最大の特徴であり，それを保証するのが巨大な反芻胃（第1，2胃）である。しかし，子牛の反芻胃は出生時にはほとんど発達しておらず，発育につれて発達してくる。したがって，育成段階での飼養法によって反芻胃の発達が大きく影響されることになる。一言でいえば，早期離乳をさせ，固形飼料，特に乾草など粗剛な形状の粗飼料を早くから食いこませることが，反芻胃の発達に最も重

育成

要である。もちろん，反芻胃の発達程度は，子牛の外見からは評価できないが，粗飼料の採食能力から容易に判断できる。高い泌乳能力を長期にわたって発揮するためには，繊維質飼料を十分食いこみ，消化できることが大前提となる。

吸収した栄養素の代謝に関連する内臓諸器官，牛乳を合成する乳腺，繁殖に関連する卵巣・子宮などを維持するのは，しっかりした骨格である。肉付きの良否は育成時の重要な評価指標にはならない。それより，骨格づくりを重視しなければならない。骨格づくりのためには栄養面での考慮だけでなく，十分運動させることも不可欠である。

さらに，大規模化，群管理がすすむなかでは，扱いやすさも重要な評価指標になる。遺伝的な要素もあるが，育成時の管理のしかたのほうが大きく影響するであろう。市場で購入した牛に接すれば，その牛がどのような扱いを受けてきたかがよくわかるといわれている。

こうしたいくつかの指標をいつも頭に浮かべながら，育成にあたる必要がある。

(3) 子牛の発育基準

①発育基準値をどう読むか

乳牛の育成にあたるとき，どの程度の発育が達成できればよいかの基準が必要になる。一般的には各国の登録協会や飼養標準に発育基準値が示されているが，どのような前提で，どのような手順で，この発育基準が作成されたかを考えると，その評価は難しい。これらの発育基準は，決して生物学的な解析に基づいて作成されたものでも，将来の乳生産や繁殖，健康などへの影響を含めたデータに基づいて作成されたものでもないからである。

これらの基準は，基本的に実際に飼養されている乳牛の体重，体格などのデータをもとにして作成されたものであり，各月齢時の平均値や変動の幅を示しているにすぎない。もちろん，データの質やその変化・変動の法則性，生産・健康などとの関係も一定程度考慮してはいるが，本質的には実態をとりまとめたものにすぎない。発育基準を参考にするときは，このことを考えておくべきであろう。

②主要な発育基準としての体重

発育基準は主に体重で表わされている。体高や体の各部位の値が示されることもあるが，きわめて少ない。前述のように，育成時には骨格づくりが重要で，必要以上に太らせるべきではないので，体重のみを基準とするのは必ずしも適当ではない。しかし，最もデータが多いこと，飼養条件の影響を受けやすいこと，また極端な場合を除いて体重が骨格など全体の発育を反映していることなどの認識から，体重が取りあげられているといえるだろう。

第1表に示したように，発育基準は時代とともに変化してきている。この表から，日本のホルスタイン種が年代の進行とともにしだいに大型化してきているのが読みとれるが，特に12か月ないし24か月までの前半の発育速度が速くなっている。遺伝的改良と飼養管理の改善の結果と考えてよいが，健康や繁殖などの面からは検討の余地が残る。

(4) 発育速度と生産性

①日増体重と乳腺組織の発達

乳牛の育成期間は，農家にとって直接の収入をいっさい生み出さない。そこで，なるべく早く育て，種付けをし，牛乳生産に向けるため，発育速度を早くしようと考える。ところが，発育速度が早すぎると生産に悪影響を及ぼすことも知られている。なぜ発育速度，特に体重の増加速度が早すぎるとよくないのか。早すぎる発育速度によって不必要な脂肪蓄積などが生じ，将来の生産に重要な器官，部位の発達が不十分

第1表 雌牛の発育基準値の比較（体重）

（単位：kg）

月齢	日本飼養標準				ホルスタイン登録協会	
	1999年	1994	1987	1974	1995年	1962
生時	43	43	43	40	40	43
6	166	161	161	160	172	176
12	301	287	287	292	328	309
24	524	500	486	496	540	495
36	608	587	582	600	609	558
60	670	650	650	—	680	—

になってしまうからである。

最もよく取りあげられるのは、牛乳生産に直接関与する乳腺組織の発達が、発育速度が早すぎると不十分になるという事実である。本来、体重より乳腺発達が勝る12か月齢までの間に、日増体量1kg以上で育成すると、乳房内に脂肪組織が形成され、牛乳を合成する乳腺実質組織の発達が妨げられるからである。いったん脂肪組織が入りこんだ乳房では、その後も悪影響が続き、十分な泌乳能力を発揮できないことになる。

②日増体量と消化器官・繁殖器官の発達

発育速度は消化器官や繁殖器官の発達にも影響する。高い日増体量は決して粗飼料だけでは得られない。つまり、哺乳期間が長くなったり、濃厚飼料の給与量が多かったりした結果、発育速度が早くなるわけで、このような飼養条件は反芻胃など消化器官の発達には望ましくないのである。また、高い日増体量は、肉畜の肥育でみられるように運動不足と結びつきやすい。さらに、みかけだけの体重、体格の増加は、早期種付け、早期分娩につながっていくが、繁殖器官の発達がそれに追いつかないと繁殖上のトラブルにもつながる危険がある。

発育速度の生産への影響を正しく評価するには、長期にわたる試験・調査による総合的なデータ、情報が必要だが、残念ながら十分とはいえない。酪農家自身の日常的な観察、記録が必要であろう。

(5) 発育速度に影響する要因

①最も重要な飼料給与条件

遺伝的要因を除くと、発育速度に影響する要因として最も重要なのは飼料給与条件である。給与する飼料の種類、質、量、それらによって決定されるエネルギーや蛋白質などの栄養供給量によって、発育が大きく左右されることはよく知られている。

1999年版日本飼養標準乳牛では、第2表のように、雌牛の育成に要する1日当たり養分量を3

子牛の発育と育成の目標＝子牛育成の目標と考え方

第2表　雌牛の育成に要する1日当たり養分量

体重(kg)	週齢(週)	日増体量(kg)	乾物量(kg)	粗蛋白質(g)	可消化養分総量(kg)
100	13	0.5	2.72	317	1.76
		0.7	2.90	381	2.01
		0.9	3.09	446	2.26
200	33	0.5	4.49	514	2.93
		0.7	4.67	590	3.35
		0.9	4.85	666	3.78
400	71	0.5	8.02	751	4.92
		0.7	8.21	825	5.64
		0.9	8.39	898	6.36

注　日本飼養標準乳牛，1999より抜粋

段階の日増体量別に示しており、日増体量0.5kgと0.9kgでは必要な養分量が30％程度変わってきている。育成時に濃厚飼料を多給すれば、1kg以上の日増体量を達成するのは容易だが、前述のように日増体量が高すぎることは決して有利とはいえない。また、消化器官などの発達に必要な飼料の物理性についても飼養標準はふれており、給与飼料の内容についても留意が必要である。

②管理条件，疾病の有無

飼料給与以外の管理条件、疾病の有無なども発育に影響する。育成段階は直接の収入につながらないため、管理が省力化され、観察が不十分になりがちである。畜舎内、運動場、放牧地を問わず管理環境が悪い例もよくみられる。その結果、疾病にかかったり、事故がおきたり、採食や休息が十分できない状態が生じたりする。これらがすべて発育に悪影響をもたらすことはいうまでもない。幼齢時には一般的にも環境ストレスや疾病の影響を受けやすい。一度発育が停滞しても、後で取り戻せる場合もあるが、時期や程度によっては長期にわたって影響が残る危険性もある。省力化は決して"手抜き"ではないことを認識しておくべきであろう。

育成の目標を明確にすえて、どの程度の基準の発育を達成させるか、留意点は何かを把握して育成にあたらねばならない。

2000年記

育成

育成牛の発育目標

執筆　佐々木修（農林水産省畜産試験場）

(1) 高能力化に伴う大型化

国内のホルスタイン種の標準発育値が，1995年に日本ホルスタイン登録協会（ホル協）から公表されており，現在，これが最も標準的な数字と考えられる。24か月齢までの体重（第1図）および体高（第2図）の標準発育値を，1959年および1983年のものとともに示した。これをみると，12か月齢までの体重は，1983年より1995年のほうが小さいが，14か月齢以降は1995年のほうが大きくなっている。体高も体重とほぼ同じ月齢か，少し遅れて成長が逆転している。

このような近年のホルスタイン種の大型化は，高能力化に伴う変化と考えることができる。実際に1983年の標準発育の調査は1977年であり，1995年の標準発育の調査が行なわれた1994年までの17年間に，牛群検定での305日乳量は2,000kg以上も上昇している。

アメリカ合衆国では，1983～1985年のペンシルベニア州の記録（Heinrichs・Hargrove, 1987），および1991～1992年の全国28州の記録（Heinrichs・Losinger, 1998）による発育基準がそれぞれ公表されている（第3図，第4図）。これらは24か月齢までの結果だが，最近のデータのほうが若齢時の体重が若干小さく，成熟時体重が大きい傾向がみられた。これは，ホル協の標準発育値とほぼ同じ傾向であり，両国で同じ変化が起こっていることを示している。体高はホル協（1995）の値のほうが少し大きく，国内のホルスタイン種の特徴と考えられる。

(2) 泌乳量と発育

発育曲線を牛群の平均乳量によりグループ分けしたところ，24か月齢までの増体は，牛群の平均乳量が大きいほど大きくなる（第5図）。平均乳量が7,258kg未満の牛群では20か月齢で成長が停滞している。ホル協の成長曲線では，20か月齢は急速に体重が増加している時期に当たり，60か月齢においても体重の増加が認められることから，20か月齢のような若い時期で成長が停滞することは考えにくく，成長が抑制されていると考えられた（Heinrichs・Losinger, 1998）。

このことは，高生産を得るためには育成牛を適切に飼養し，十分な成長をさせることが重要であることを示している。

(3) 春機発動前の発育と乳器の発達

①春機発動前の増体と春機発動の時期

春機発動前の増体を大きくすることで春機発動を早められる。これは，春機発動は日齢に関係なく，体重によって起きることによる

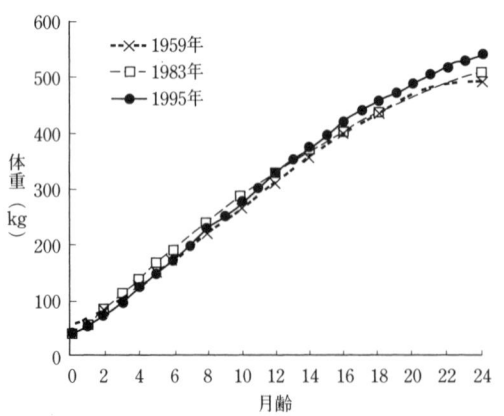

第1図 日本のホルスタイン種の体重の標準発育曲線（日本ホルスタイン登録協会公表）

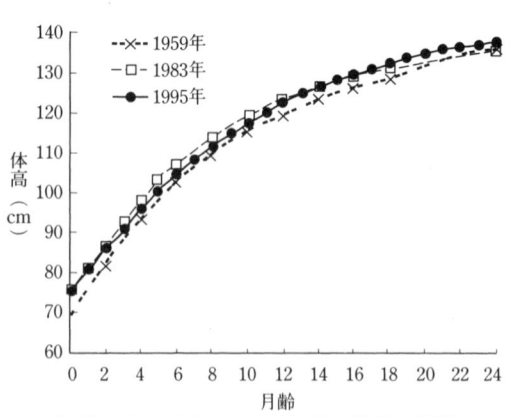

第2図 日本のホルスタイン種の体高の標準発育曲線（日本ホルスタイン登録協会公表）

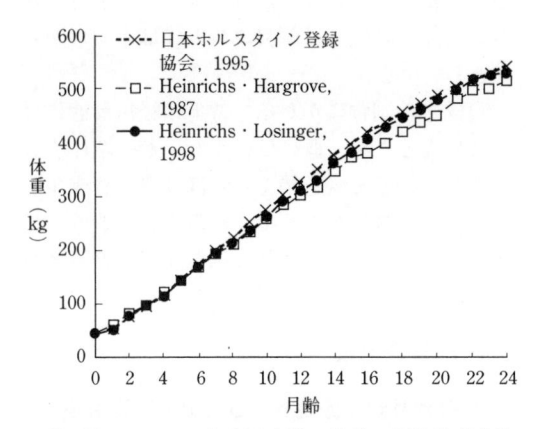

子牛の発育と育成の目標＝育成牛の発育目標

第3図　アメリカ合衆国牛群の体重の標準発育曲線

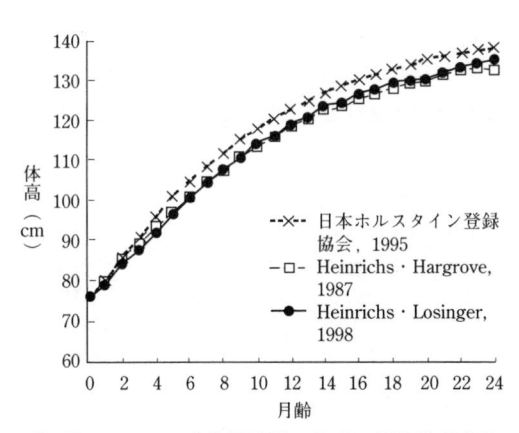

第4図　アメリカ合衆国牛群の体高の標準発育曲線

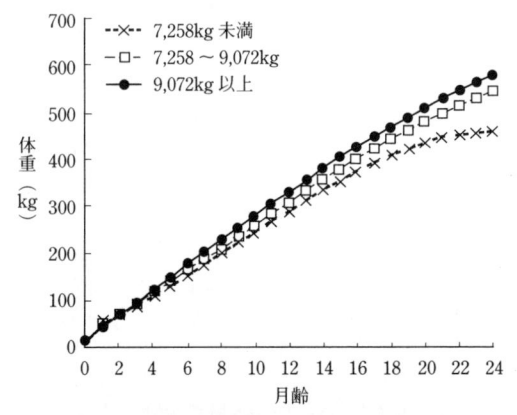

第5図　牛群平均乳量別の体重の成長曲線
Heinrichs・Losinger（1998）の3次回帰式より作成

（Stelwagenら，1990）。飼養標準（1999）では，初産の種付けは月齢よりも体重や体格で決定しており，13か月齢以降で体重350kg以上，体高125cm以上で実施することを推奨している。

「家畜改良増殖目標」での2010年度の初産月齢は26か月齢とされており，これは24か月齢で分娩が可能となるように発育目標を定めることで十分達成可能である。1998年度の「乳用牛群能力検定成績のまとめ」によれば，全国の平均初産月齢は27か月齢であり，実際の初産月齢はこれら目標値よりもさらに遅くなっている。

②春機発動前後の発育と乳器発達のちがい

春機発動前の増体が大きいものは，小さいものに比べて，同じ年齢の時の乳房重量は大きいが，乳房中のDNA量には差がない（Stelwagenら，1990）。このことから，春機発動前の乳腺組織の発達は，体重ではなく年齢に関係していると考えられる。DNAは，1つの細胞の中にほぼ同じ量含まれているため，乳房中の乳腺細胞数を示す目安となる。DNA量が多いことは，乳腺細胞数が多く，乳腺組織が発達していることを示す。

春機発動前の増体を大きくした場合，乳腺組織の発達を阻害するとの報告もある（Sejrsenら，1982）。しかし，この報告では，体重をそろえて調査しているために，増体を制限した区よりも，増体を大きくした区の乳房重量などの測定月齢が4か月若くなっている。そのことを考慮すると，増体を大きくした区で乳房中のDNA量が少なかったことは，乳腺組織の発達が阻害されたというよりも，月齢の違いによる乳器の発達の差と考えることができる。

一方，春機発動後の発育では，増体を抑制した区と増体を大きくした区で，体重をそろえて乳器に関する種々の形質を測定した場合，測定月齢がそれぞれ20.9か月，16.9か月齢と異なったにもかかわらず，乳房のDNA量に差がなかった（Sejrsenら，1982）。このことから，春機発動後には，月齢ではなく体重の増加にあわせて乳器の発達が起こると考えられる。

③春機発動前の発育と乳量

したがって，育成牛の発育速度を考える場合，

増体を高めるのを春機発動の前にするか後にするかは重要な問題である。春機発動前に増体を高めても乳腺組織の発達には影響しないが，春機発動後では増体を高めることで乳腺の発達を促進できる。

しかし，分娩前の体重が同じであっても，春機発動前の増体を大きくした場合は，通常管理したときよりも分娩後の体重が小さくなり，乳量が低い傾向がみられる（Hoffmanら，1996）。このことは，通常飼育の場合よりも，春機発動前の増体を大きくした個体の分娩時月齢が若いために，骨格が十分発達していないことが原因と考えられる。

また，春機発動前の増体を大きくした場合における分娩後の増体が，春機発動前の増体を小さくした区より大きくなっている。これは，泌乳に使われるべきエネルギーが，増体のために使われていることを示すため，乳量が低くなった原因の一つと考えられる。

また，春機発動前の増体を大きくした場合の分娩後の増体が，春機発動前の増体を抑制した区より大きくなることも，乳量が低くなった原因の一つと考えられる。

（4）発育速度と生涯生産量

Gardnerら（1988）は，誕生から交配までの増体を大きくした場合と，通常管理の場合とで，7産目までの種々の生産形質を比較している。初産分娩月齢は，増体を大きくした区で2.4か月早くなったが，各産次の乳量，および初産から5産目までの総乳量には差がなかった。また，5産目まで生存した個体にも差はなく，育成期の増体の大きさと生涯生産量，および生産寿命には関係がないと考えられる。

配合飼料と粗飼料の価格差が小さいか，配合飼料のほうが安ければ，配合飼料を中心に給与することで増体を大きくしたほうが，育成期間が短くなる分，基礎代謝や運動など体の維持のために消費されるエネルギーが少なくなり，育成期にかかる飼料コストは小さくなる。いっぽう，配合飼料の価格が高く，粗飼料との価格差が大きければ，育成期間が長くなっても粗飼料中心の給与としたほうが飼料コストは小さくなる。上述の試験では飼料コストには差がなかったとしている。

育成牛の飼育にかかるコストは経営形態によって異なるため一概にはいえないが，増体を大きくし，初産分娩を早くしたほうが，育成牛を飼うスペースが少なくてすむので，一般的には成長を早めたほうが有利な場合が多いと考えられる。

（5）発育目標

①24か月齢で分娩させるための発育目標

「日本飼養標準乳牛（1999年版）」の発育基準を，ほかのいくつかの発育基準とともに第1表に示した。飼養標準の発育基準は，ホル協の標準発育値（1995）とほぼ同じ値である。

ただし，ホル協の数値が妊娠中の個体の胎児および子宮重量を含む実測値であるのに対して，

第1表　雌牛の標準発育値（体重/kg）

月齢	日本飼養標準[1]	ホル協[2]	Hoffman[3]
生時	43.0	40.0	42.0
1	57.0	56.3	63.0
2	76.0	76.5	84.0
3	98.0	98.6	108.5
4	121.0	122.2	132.5
5	143.0	146.9	157.5
6	166.0	172.4	181.5
7	188.0	198.4	206.0
8	211.0	224.6	230.0
9	233.0	250.8	255.0
10	256.0	276.9	279.0
11	278.0	302.5	303.5
12	301.0	327.5	327.5
13	323.0	351.7	352.5
14	346.0	375.1	376.5
15	368.0	397.5	401.0
16	391.0	418.8	425.0
17	413.0	439.0	449.5
18	436.0	458.0	474.0
19	458.0	471.0	498.5
20	481.0	484.0	522.5
22	504.0	514.0	571.5
24	524.0	540.3	620.0

注　[1] 農林水産省農林水産技術会議事務局（1999）より
　　[2] 日本ホルスタイン登録協会（1995）より
　　[3] Hoffman（1997）の上限界と下限界より算出した平均値

飼養標準では妊娠を考えていないことに注意が必要である。飼養標準では24か月齢時体重を524kgとしているが，これは妊娠していない場合の体重である。

分娩による体重の減少は分娩前体重の9.9%（約62kg）であるから（Hoffman，1997），初産分娩月齢を24か月齢とした場合，飼養標準での分娩前体重は582kg前後になると考えられる。Van Amburghら（1998）は，初産分娩後の体重はせめて525kg必要であるとしており，飼養標準での24か月齢体重とほぼ同じ値となっている。したがって，飼養標準の発育値は，24か月齢で分娩させる場合の，最低限クリアすべき目標だといえる。

②初産乳量を高めるための発育目標

Hoffman（1997）は，初産乳量を最大にする24か月齢時の分娩前体重を620kgとした。このときの，分娩後1～7日の平均体重は559kgであり，飼養標準での24か月齢時体重よりも少し大きい。

初産乳量は，分娩後の体重が567kgまで急速にふえ，その後も658kgまでは上昇するが，それより体重が大きくなると低下する。初産乳量を高めるために適切な分娩後の体重は544～567kgである（Keown・Everett，1986）。このように，初産分娩までの発育には，適切な範囲があることがわかる。後述するが，初産乳量に限らず，体重が大きいほど乳量が多くなるわけではない。

③分娩事故を避けるための発育目標

分娩前の体重が子の生時体重の11倍を超えると，分娩事故が少ないとされている。飼養標準の発育基準では，体重が20か月齢以前に子の生時体重の11倍（473kg）を超えるように設定されている。交配の目安としている体重350kgは，15か月齢以前に超えるように設定されており，ここで交配した場合，初産分娩は24か月齢になる。

このことから，飼養標準に従って発育させれば，分娩事故は十分に避けることができると考えられる。ホル協の標準発育値における生時体重の上限（45.8kg）に対しても，22か月齢でその11倍の体重を超える。

(6) 発育速度を高めるときの注意点

①生産効率の高い体重

1998年度の「乳用牛群能力検定成績のまとめ」を見ると，都府県では体重が600kgを超えると乳量の増加が小さくなり，650kgを超えると乳量の増加が止まる（第6図）。この傾向は，1998年度に比べて平均乳量が565kg低かった1993年度の結果とほぼ同じである。年次を超えて同じ傾向がみられることは，体重と乳量との関係が，年齢による遺伝的能力の差によるものではないことを示している。したがって，都府県では，体を大きくすることが必ずしも生産効率を高めることにはならないと考えられる。

いっぽう北海道では，都府県と異なり，体重が大きいほうが乳量が高くなる傾向がみられる。1998年度では体重900kgで乳量の低下がみられるが，950kgでは回復している。他の年次の成績からも，体重の増加に伴う乳量の低下は体重900kgで一時的にみられるものの，全体の傾向としては体重が大きくなるにつれて乳量が高くなっている。しかし，700kgを超えたあたりから，体重の増加に対する乳量の増加が小さくなっており，都府県と同様に，生産効率の高い適切な体重があると考えられる。

春機発動前に増体を高める場合でも，

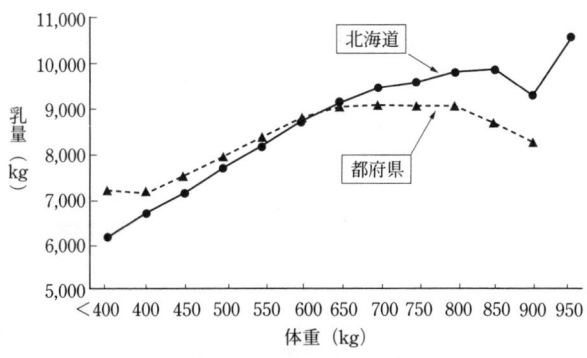

第6図　体重別にみた乳量
乳用牛群能力検定成績のまとめ，1999より一部変更して掲載

22か月齢以前に分娩させたときには、初産次乳量が低下する危険があるので（Hoffmanら、1996）、交配を極端に早くする場合には注意が必要である。

②分娩時のボディコンディションスコア

また、分娩時のボディコンディションスコア（BCS）が3.5のとき、90日間乳量が最大となり、それ以上では低下する（Waltnerら、1993）。したがって、BCSを極端に高くすることは望ましくない（第7図）。

繁殖形質では、1歳から妊娠3か月まで飽食させた場合、それ以降の給餌方法に関係なく、制限給仕した場合に比べて分娩後初回発情までの期間が長く、授精回数も多かった（Lacasseら、1993）。

また、極端に増体を大きくすると代謝障害を起こす可能性が高くなることからも、増体を大きくする場合には、過肥とならないようにすることが重要である。

2000年記

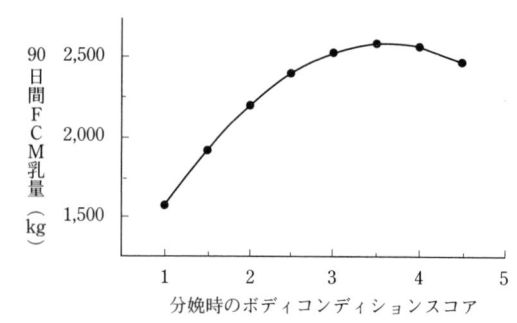

第7図 分娩時のボディコンディションスコアからの90日間乳量の予測式

（Waltnerら、1993より一部変更して掲載）

参考文献

Gardner, R.W., L.W. Smith and R.L. Park. 1988. Feeding and management of dairy heifers for optimal lifetime productivity. J. Dairy Sci. **71**, 996－999.

Heinrichs, A.J. and G.L. Hargrove. 1987. Standards of weight and height for Holstein heifers. J. Dairy Sci. **70**, 653－660.

Heinrichs, A.J. and W.C.Losinger. 1998. Growth of Holstein heihers in the United States. J. Anim. Sci. **76**, 1254－1260.

Hoffman, P.C.. 1997. Optimum body size of Holstein replacement heifers. J. Anim. Sci. **75**, 836－845.

Hoffman, P. C., N.M. Brehm, S.G. Price and A. Prill-Adams. 1996. Effect of accelerated postpubertal growth and early calving on lactation performance of primiparous Holstein heifers. 79, 2024－2031.

家畜改良事業団. 1994.乳用牛群能力検定成績のまとめ—平成5年度—.

家畜改良事業団. 1999.乳用牛群能力検定成績のまとめ—平成10年度—.

Keown, J.F. and R.W. Everett. 1986. Effect of days carried calf, days dry, and weight of first calf heifers on yield. J. Dairy Sci. **69**, 1891－1896.

Lacasse, P., E. Block, L.A. Guilbault and D. Petitclerc. 1993. Effect of plane of nutrition of dairy heifers before and during gestation on milk production, reproduction, and health. J. Dairy Sci. **76**, 3420－3427.

日本ホルスタイン登録協会. 1959.ホルスタイン種牛の正常発育曲線.

日本ホルスタイン登録協会. 1983.ホルスタイン種牝牛の正常発育曲線.

日本ホルスタイン登録協会. 1995.ホルスタイン種雌牛の標準発育値.

農林水産省農林水産技術会議事務局. 1999.日本飼養標準乳牛（1999年版）.

Sejrsen, K., J.T. Huber, H.A. Tucker and R.M. Akers. 1982. Influence of nutrition on mammary development in pre－and postpubertal heifers. J. Dairy. Sci. **65**, 793－800.

Stelwagen, K. and D.G. Grieve. 1990. Effect of plane of nutrition on growth and mammary grand development in Holstein heifers. J. Dairy Sci. **73**, 2333－2341.

Van Amburgh, M.E., D.M. Galton, D.E. Bauman, R.W. Everett, D.G. Fox, L.E. Chase and H.N. Erb. 1998. Effect of three prepubertal body growth rates on performance of Holstein heifers during first lactation. J. Dairy Sci. **81**, 527－538.

Waltner, S.S., J.P. McNamara and J.K. Hillers. 1993. Relationships of body condition score to production variables in high producing holstein dairy cattle. J. Dairy Sci. **76**, 3410－3419.

育成牛の交配方針と選抜

執筆　佐々木修（農林水産省畜産試験場）

(1) 分娩後の母牛の目標体重

未経産牛に交配を行なう場合，初産分娩時の難産を避けるために，出生子牛体重の小さい品種の種雄牛または胚を用いて妊娠させることが考えられる。しかし，日本飼養標準（1999）に従って発育させた場合，24か月齢時に分娩させても十分に難産をさけることが可能である。したがって，難産については，よほど大きい種雄牛や胚を用いない限り，ほとんど問題はないと考えられる。

むしろ母牛の分娩後の体重が，初産乳量を高めるのに最小限必要としている525kgを超えるように，交配や交配後の飼養管理を行なうことが重要である。

(2) 後継牛の確保と肉牛交配率

乳用牛群に肉牛を交配するなど後継牛を残さない交配を行なう場合，牛群頭数を維持することが難しくなるという問題がある。後継牛を自分で再生産する場合は，年当たりに必要な後継牛数と，それを得るために必要な交配数を考える必要がある。農林水産省北海道農業試験場牛群を例に考えてみよう。

北海道農業試験場で飼養されているホルスタイン種雌牛は約100頭で，成牛頭数は63頭，年間約53頭の分娩があり，約25頭（47％）の雌牛が生まれている。分娩牛のうち15頭（29％）が初産である。分娩間隔は436日，初産分娩月齢が26か月齢，平均産次は2.9産である。

ちなみに1998年度の「乳用牛群検定成績のまとめ」では，初産牛割合の全国平均が29.4％，分娩間隔が421日，初産分娩月齢が27か月齢，平均産次が2.7産である。畜産統計（1999）では1999年2月1日調査の乳用牛における経産牛割合は64.5％，1戸当たりの飼養頭数が51.3頭なので，北海道農業試験場牛群は，飼養頭数は多いが牛群構成は一般的な牛群と考えることができる。

育成牛のうち初産分娩まで到達する割合（育成率）は72％であるから，北海道農業試験場牛群で頭数を維持するためには年間21頭の雌牛が生まれる必要がある（必要頭数（21）＝初産分娩頭数（25）／育成率（0.72））。年間に生まれる雌牛数は25頭なので，事故などの発生を考えると，肉牛の交配を行なうことは，牛群を維持するうえである程度の危険を伴うことになる。牛群頭数が少なくなれば，牛群を維持できなくなる危険がさらに大きくなることが予測される。全国の平均飼養頭数である51.3頭は，北海道農業試験場牛群の約半分であるから，育成牛の余裕は，北海道農業試験場牛群の余裕（雌牛頭数の余裕（4）＝年間に生まれる雌牛数（25）－牛群維持に必要な雌牛数（21））の半分の2頭しかない。

富樫（1991）は，平均産次，育成率，牛群を維持する確率を考慮した場合に可能な，肉牛の交配率について報告している（第1表）。ここでは，生まれる雌の割合を50％，育成率を80％と，北海道農業試験場牛群よりも雌が牛群内に残る確率を高く設定している。このような設定でも，平均産次が全国平均とほぼ同じである3産の牛群に肉牛の交配を試みることは，大きな牛群でなければ牛群頭数を維持するうえでかなりの危険を伴う。

(3) 世代間隔と改良

親と子の遺伝的能力の差を，世代間の遺伝的改良量と呼ぶ。それにかかる時間（世代間隔）は子供を生んだ親の年齢と同じである。たとえば，2歳の時に初産分娩をすれば，初産の時の子との世代間隔は2年，3歳で2産目の分娩をすると，2産の時の子との世代間隔は3年となる。初産の子と2産目の子の父親が同じ種雄牛であれば，世代間の遺伝的改良量は同じになることが期待されるが改良には初産の子で2年，2産の子で3年かかる。1年当たりで考えると，年当たりの遺伝的改良量は，

年当たりの遺伝的改良量＝世代間の遺伝的改良量／世代間隔

であらわされ，2産目の子の年当たりの遺伝的

育成

第1表 肉牛交配率と乳用牛群を維持するために必要な成雌牛の頭数[1]

牛群平均産次	肉牛交配率(%)	牛群を維持する確率	
		0.8	0.9
3	0	24	75
	5	30	93
	10	39	117
	20	78	213
	30	189	(0.849)[2]
	40	(0.709)	
	50	(0.523)	
4	0	12	12
	5	12	12
	10	12	12
	20	12	16
	30	12	20
	40	12	20
	50	12	28

注 [1] 初産牛の選抜がない場合（富樫，1991より一部抜粋）
　平均産次が3産の牛群で，肉牛を10％交配する場合，80％の確率で牛群頭数を維持するためには，最低39頭の成雌牛が必要である
[2] 牛群の最大規模を初産牛頭数100頭とする。経産牛頭数は規定した牛群平均産次にあうように配置する。（　）内の数字は，牛群規模を最大にしたとき（初産牛頭数が100頭のとき）に牛群頭数を維持できる確率。
　たとえば，平均産次が3産の牛群で，肉牛を30％交配する場合，初産牛頭数100頭の牛群規模では90％の確率で牛群頭数を維持できず，牛群維持は90％よりも小さい84.9％となる。

改良量は，初産の子の3分の2になる。3産目以降であればさらに改良効果は小さくなる。したがって，牛群を改良する場合には経産時の娘牛を後継牛とするよりも，初産時の娘牛を後継牛とするほうが改良の世代間隔が短くなり，遺伝的改良が速くなる。したがって，未経産牛に肉牛の交配を行なうことは遺伝的改良の点からも得策ではない。

1987～1996年生まれの牛群検定に参加している個体を生年ごとにそろえ，生年ごとに乳量の遺伝的能力の平均値を求めた場合，生年が1年異なるときの遺伝的能力の差（生年当たりの乳量の遺伝的改良量）は107kgであり（乳用牛群評価報告，1999），若い個体のほうが遺伝的能力が高い可能性が高い。したがって，肉牛などの後継牛を残さない交配をする場合は，若い未経産牛に交配するよりも，低能力などの理由で後代が必要ない雌牛に交配することが望ましい。

(4) 牛群の遺伝的改良

①雌牛の遺伝的能力と種雄牛の選定

牛群の改良は，交配する種雄牛の選定の影響が大きいが，現存する雌牛の遺伝的能力を把握することも重要である。牛群の改良目標にあわせて，現状より，どの形質をどのように改良するかに応じて，個体ごとに交配する種雄牛を選定することで，生まれてくる娘牛の遺伝的能力を望ましいものとすることができる。これにより，その牛群で目標とする改良，および遺伝的能力をそろえることが可能となる。

実際に交配する種雄牛は，現存する雌牛に足りない能力を補うような能力をもつものか，今ある能力をさらに伸ばすような能力をもつものを選定するのが適当である。

交配に用いる雌牛の遺伝的能力としては，実際に測定された泌乳記録を用いるよりも，推定育種価（EBV）を用いるほうが正確である。EBVは，分娩年次，産次，分娩月，分娩時月齢などの，環境や管理の影響を取り除いた，その個体がもつ遺伝的能力を表わす。また，EBVは未経産牛でも，母牛を含む血縁個体の泌乳記録を基に推定され，泌乳記録をもたない個体の泌乳能力を把握するために有効な値である。

後代へは，父牛と母牛から半分ずつ能力が伝わることから，交配して生まれてくる後代の遺伝的能力は，父牛と母牛のEBVの平均になる。たとえば，乳量のEBVが+500kgの雌牛に，+1,000kgの種雄牛を交配すると，生まれてくる後代の遺伝的能力は，$(500+1,000)\div 2=+750$kgになることが期待できる。

農家が牛群検定に参加している場合は，泌乳成績をもつ雌牛については「牛群改良情報」が，泌乳記録のない雌牛については「牛群改良参考情報」が報告されており，そのなかに個体ごと，形質ごとのEBVが掲載されている。

②遺伝的能力を把握する重要性

種雄牛の遺伝的能力は，泌乳形質と体型形質

とに分けて公表されている。泌乳形質は，乳量，乳脂量，乳蛋白質量などの生産形質そのものである。体型形質は，決定得点，外貌，肢蹄などの得点形質，高さ，強さ，体の深さなどの線形形質，気質，搾乳性，分娩難易といった管理形質を含む，直接生産とは関係ない二次的形質である。また，泌乳形質から算出される乳代効果や，泌乳形質の他に体型形質も考慮した総合指数NTP（Nippon Total Profit Index）も公表されている。

したがって，父牛と母牛のEBVの平均値を求めて後代牛の遺伝的能力を計算し，それによって娘牛が母牛よりも望ましい形質をもつように，交配する種雄牛を選ぶ。

しかし，牛群検定に参加していない場合は，雌牛の遺伝的能力が得られないので，このような遺伝的改良を目指した交配は難しい。農家によっては個体の泌乳記録を把握しているところもあるが，このような泌乳成績は表型値と呼ばれ，分娩年次，季節，産次など多くの環境要因の影響を受けるため，遺伝的能力を直接表わしてはいない。

表型値による遺伝的改良はEBVを利用した改良に比べて効率が低い。また，種雄牛の選定のみによる遺伝的改良も，母牛の能力を考慮した場合よりも効率が低くなる。特に，泌乳記録をもたない未経産牛の交配計画を作成する場合，両親を含む血縁個体の遺伝的能力から推定されるEBVは，効率的な遺伝的改良のために重要である。

このことから，牛群の遺伝的改良のためには牛群検定への参加が推奨される。

③体型形質と長命性の改良

遺伝的改良を行なう形質としては，泌乳形質のほかに体型形質がある（用種雄牛評価成績，2000）。現在，長命性との関係について研究が進められている。

個体の淘汰理由としては，泌乳能力を除けば，繁殖障害，疾病，肢蹄障害などが考えられる。月齢が若ければこれらの障害を起こす機会が少ないため，抵抗性が低くても牛群に残るが，月齢が高くなるにしたがって抵抗性の弱いものは淘汰され，強いものが残ると考えられる。したがって，高い月齢で測定した測定値のほうが，長命性に関する遺伝的要因を強く反映していると予想される。河原ら（1996）は，長命性の遺伝率は，測定時の月齢が高いほど大きくなる傾向がみられるとした。しかし，72か月齢の観測でも遺伝率は0.07～0.12と低く，長命性に関するEBVを推定して選抜することは難しい。また，EBVの正確な推定には多くのデータが必要だが，長命性は計測まで時間がかかり，データを集めること自体が困難である。さらに，未経産牛を含む多くの現存個体が自分の記録をもち得ないため，長命性のEBVは正確度が低くなることも問題になる。

そこで，長命性と遺伝的な関係をもつ体型形質により，間接的に改良することが考えられている。体型形質は多くの形質を同時に計測できることから，一つひとつの形質が長命性とあまり大きな遺伝相関をもたなくとも，複数の形質の情報を同時に用いることで長命性を改良できる可能性がある。

河原ら（1996）は，北海道のホルスタイン種牛群のデータを用いて長命性と体型形質との遺伝的関係について報告している。ここでは，長命性に関係する形質と尻の角度との間に比較的大きな正の遺伝相関がみられた。また，鋭角性および後乳房の高さが正の，尻の幅が負の中程度の遺伝相関を示した。したがって，個体の生産寿命を長くするために，これらの体型形質に注目し改良することは有用であると考えられる。

ここでは，長命性と体型形質の間に直線的な関係があることを前提にしているが，Burke・Funk（1993）は，長命性と前乳房の付着，乳房の深さなどの乳器形状に関する項目との間に二次的な関係があることを示唆している。また，遺伝相関は小さいが，長命性が後肢側望，蹄の角度とも二次的な関係にあることを示唆している（第1図）。特に，後肢側望については50段階評価の24付近で長命性が最大となり，直飛でも曲飛でもない中庸のものが優れている。

長命性と体型形質との関係が二次的であることは，長命性の改良を目的に体型の改良を行な

育成

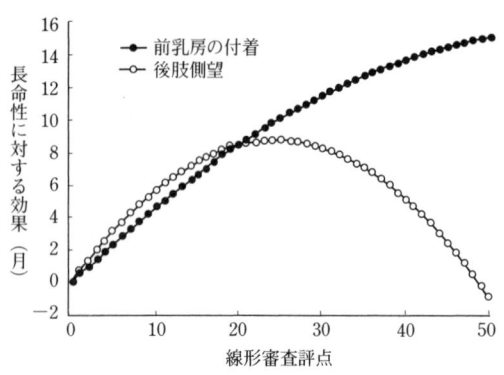

第1図 長命性と線形審査形質との関係
（Burke・Funk，1993より一部変更して掲載）

う場合，必ずしも一方向への改良が適切ではなく，最適の型があると考えられる。したがって，泌乳形質と同様に，交配する雌牛と種雄牛から，娘牛がどのような体型になるかを予測して，種雄牛を選定することが重要である。

④泌乳形質と体系形質を考慮した総合指数（NTP）

種雄牛の選定では，泌乳形質と体型形質にそれぞれ重みづけをした総合的な評価基準として，NTPが公表されている。NTPにおける産乳成分と体型成分の重みづけは3対1にされている。NTPは長命性を考慮し，体型成分として決定得点，および乳房成分を含んでいる。2000年度種雄牛評価からは，さらに肢蹄が体型成分に含められた。

したがって，NTPは泌乳能力と体型を総合的に考慮した1つの指標として有用である。未経産牛の場合も交配する種雄牛を選定する場合，泌乳形質以外に肢蹄の形状，母牛の乳房の形状などをある程度考慮する必要があろう。

2000 年記

参 考 文 献

Burke. B. P. and D. A. Funk. 1993. Relationship of linear type traits and herd life under diferent management systems. **76**. 2773－2782.

家畜改良事業団．2000．乳用種雄牛評価成績2000-Ⅰ．297-300.

河原孝吉・鈴木三義・池内豊．1996．ホルスタイン種集団における産乳と体型形質および長命性の遺伝的パラメータ．日畜会報．**67**, 463－475.

農林水産省家畜改良センター．1999．乳用牛評価報告 **15**.

農林水産省農林水産技術会議事務局．1999．日本飼養標準乳牛（1999年版）．

農林水産省統計情報部．1999．畜産統計．

富樫研治．1991．乳用牛群改良と交雑利用．畜産の研究．**45**, 15－21.

哺育期の飼養管理（出生〜3か月齢）

子牛の胃の形態と機能の発達，固形飼料の摂取

執筆　阿部又信（麻布大学）

(1) 反芻胃の組織

　牛のような真反芻獣の胃は，三つの前胃（第一〜第三胃）と一つの真胃（第四胃）からなる。第一胃は連続発酵タンク，第二胃は第一胃に付随する攪拌装置に相当する。第三胃は一種の濃縮装置であり，また口径の小さな第二・三胃口ともども「ふるい」の役目をしている（第1図）。第四胃は動物一般の胃と同じく外側から管腔内に向かって漿膜，筋層，粘膜層（粘膜下織と粘膜上皮）からできているが，前胃は組織学的にも機能的にも胃や食道とは異なる。

　第一胃は，吸収機能をもたない胃や食道と違い，VFA（揮発性脂肪酸）やアンモニアを吸収する機能をもち，その意味ではむしろ小腸に近い。実際，第一胃内壁には小腸の絨毛（villi）に似て，しかし絨毛よりはるかにサイズが大きい乳頭突起（papillae）が密生し，主要な吸収部位となっている。

　しかし，小腸の上皮組織が吸収に適した円柱上皮であるのに対し，第一胃の上皮組織は角化重層扁平上皮で，絨毛と乳頭突起は組織学的にまったく異なるものである。なぜ皮膚と同類の組織でありながら第一胃では吸収が行なわれるのか。その理由は完全にはわかっていないが，小腸上皮との構造上の類似性が指摘されている（第2図）。

　すなわち，小腸絨毛の吸収上皮は一層の円柱細胞が刷子縁をもつ頂端膜側で密着結合しているが，側方膜下部は離れていて広い側方腔を形成しており，この構造が物質の吸収を可能にしている。一方，第一胃乳頭突起の上皮組織は基底膜側から管腔表面の順に基底層，有棘層，顆粒層（角質層）の三層から成り，顆粒層の表面は角質化している。顆粒層は互いに密着し，円柱上皮の密着結合に相応する一方，有棘層や基底層の細胞は隣同士が接しておらず，基底膜に

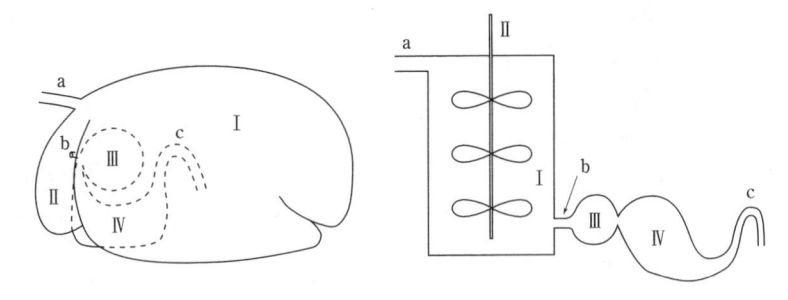

第1図　牛（真反芻獣）の反芻胃
Ⅰ：第一胃（連続発酵タンク），Ⅱ：第二胃（攪拌装置），Ⅲ：第三胃（ふるい兼濃縮装置），Ⅳ：第四胃（真胃），a：食道，b：第二・第三胃口，c：十二指腸

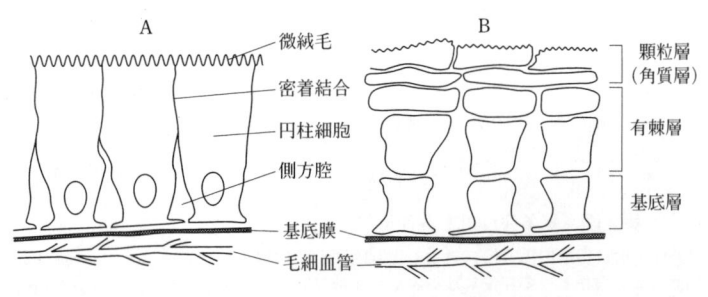

第2図　小腸絨毛の吸収上皮（A）と第一胃乳頭突起の重層扁平上皮（B）

育成

近いほど広い間隙がある。したがって、マクロに見れば円柱上皮の構造に近似であり、それゆえに吸収が可能なのであるとされている（Cunninghum, 1994）。

(2) 第二胃溝（食道溝）

出生直後の子牛の前胃は未発達で、容積比では第四胃が反芻胃全体の70％、組織重量比では60％を占める。出生後1週間は固形飼料を食べようとせず、母乳や代用乳のような液状物のみを摂取するが、この液状物は第二胃溝（reticular groove）を通じて直接第四胃に入る。第二胃溝は、第二胃壁面上にあって噴門部と第二・三胃口とをつなぐ縦の切れ込み（スリット）で、表面は2枚の肥厚した唇状突起で覆われている（第3図）。子牛が液状物を摂取する際は唇状突起が閉じて第二胃溝が一本の管になり、液状物は食道→第二胃溝→第三胃→第四胃へと移行する。しかし固形飼料を摂取した場合は唇状突起が閉鎖しないため、固形飼料は第一胃に入る。

第二胃溝の閉鎖機序については、古くは、乳中のNaイオンなどが口腔内受容器を刺激し、その刺激によって第二胃溝が閉鎖されるという化学刺激説や、母牛の乳首に吸いつくときのように首を上向けて吸乳する場合は第二胃溝が閉鎖するが、バケツから飲むときのように首を下に向けて飲む場合は閉鎖しない（姿勢説）など諸説あった。しかし1970年代に条件反射によっても閉鎖することが証明された（Ørskovら, 1970; Abeら, 1979,）。ただし、生まれたばかりの子牛に条件反射があるはずはないので、おそらく初期には化学的または物理的刺激によって無条件反射的に閉鎖し、乳汁の味を覚えた後は視覚・聴覚・嗅覚などを通じて条件反射的に閉鎖するものと考えられる（第4図）。

慣れさせれば乳首でもバケツからでも、第二胃溝は十分に閉鎖する（Abeら, 1979）（第5図）。しかし、消化管内通過速度は明らかに異なり、

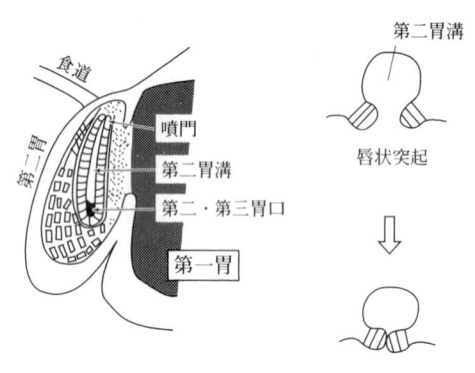

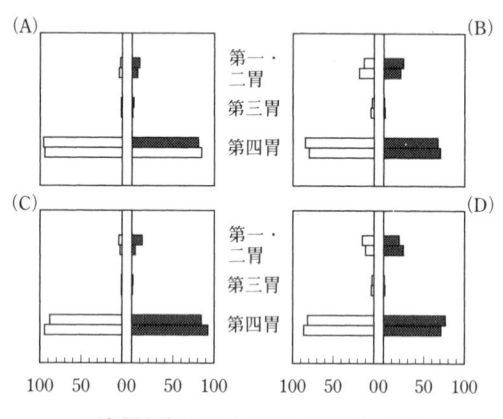

第3図 第二胃溝

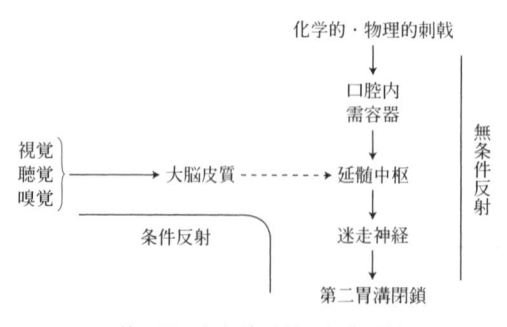

第4図 無条件反射と条件反射
無条件反射は口腔内需容器に対する化学的または物理的刺激により機作し、条件反射は点線で示す神経回路が形成されて初めて機作する

第5図 1週齢から1週間乳首哺乳に慣らした後に（A）乳首哺乳、（B）バケツ哺乳、または同様に1週間バケツ哺乳に慣らした後に（C）バケツ哺乳、（D）乳首哺乳した直後の代用乳の反芻胃内部

☐：酸化クロムを標識とした場合、■：塩化ストロンチウムを標識とした場合。各区2頭ずつ供試

バケツから飲ませるほうが通過速度は速い（第6図）。これは生乳や代用乳をバケツで与えると一気呵成に飲み，第四胃内での凝乳が不十分になるためと考えられる。他の実験（Abeら，1981）では，代用乳をバケツで与えた場合，乳首法で与えた場合と比較して全還元性糖の消化率には差がなかったが，粗脂肪の消化率は有意に低下し，粗蛋白質の消化率にも低下傾向が認められた（第1表）。第四胃内で凝乳酵素（レンニン）によってカゼインが凝固する際，乳脂肪もまきこまれて凝固するが，乳糖はもともと凝乳にまきこまれないため差が生じなかったのであろう。

(3) 子牛の胃の発達

2週齢に入ると，おそらく空腹感から子牛は母親の食べている固形飼料を拾い食いし始め，これによって前胃の発達が促される。前述のように固形飼料は第一胃に入るが，子牛の第一胃には母親の産道をとおった時点からすでにある種の嫌気性菌が棲みついている。そのため，発酵（微生物による嫌気的な糖の酸化分解）によってVFAが生じ，なかでも酪酸とプロピオン酸は乳頭突起の成長を促進する（Tamateら，1962，Warnerら，1965）。また，固形飼料による物理的な刺激は筋層を発達させることにより第一胃容積の発達を促すと同時に，乳頭突起の角質化を促して角化不全症（parakeratosis）を防ぐ効果もある（Tamateら，1962，Warnerら，1965）。

いわゆる子牛の早期離乳法は，早期から固形飼料の摂取を促すことにより第一胃を発達させ，それによって離乳を早める育成技術である。成牛の反芻胃は，第一・二胃が容積比で80％，組織重量比で65％を占めるが，早期離乳法を採れば第一・二胃が急速に発達するため，生後30日以内に成牛に近い比率になる。

しかし，固形飼料摂取量とVFA吸収能の発達は必ずしもパラレルではない。第7図に示すように，1週齢子牛の第一胃内はアンモニア濃度が高く，VFA濃度は低い。唾液や血流を通して第一胃内に流入した尿素からアンモニアが生じるが，乳頭突起が未発達でその吸収が悪い一方，VFAの生成量が少ないためpHは7に近い。しかし，固形飼料の摂取量が増加するに従って第一胃内は急速に酸性化し，3〜5週齢ではpHが6以下に低下する。第一胃内pHが成牛なみに6〜7で安定するには生後5〜6週間は必要で（6〜7週齢），早ければ7週齢頃から第一胃内にプロトゾアが定着し始める。

このようなpHの変化は，固形飼料摂取量の増加に比例してVFA生成量も増加するが，VFA吸収能は必ずしも固形飼料摂取量に比例して発達しないことを示唆する。このことは早期離乳に際して十分に留意する必要がある。この観点か

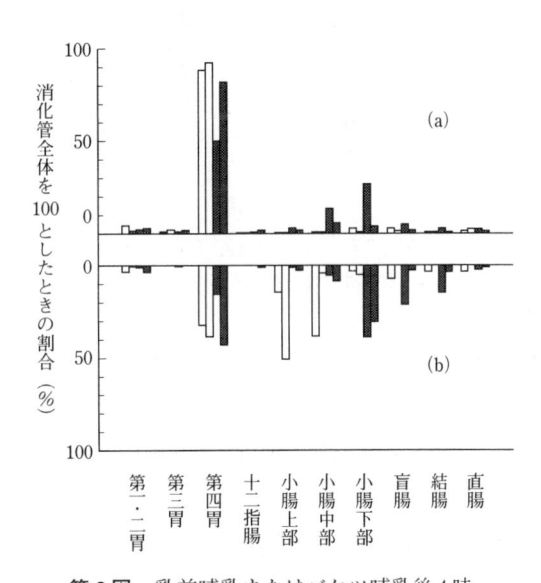

第6図 乳首哺乳またはバケツ哺乳後4時間目における代用乳の消化管内分布

(Abeら，1979)

□：乳首哺乳，■：バケツ哺乳，(a) 酸化クロムを標識とした場合，(b) 塩化ストロンチウムを標識とした場合。各区2頭ずつ供試

第1表 代用乳400g/日を乳首またはバケツ哺乳した場合の成分消化率

(Abeら，1981)

成　分	見かけの消化率（％）	
	乳首哺乳	バケツ哺乳
乾　物	91.7	87.6
粗蛋白質	89.1	82.0
粗脂肪	86.0 *	73.2
全還元性糖	97.4	97.4

注　$*P < 0/05$

育成

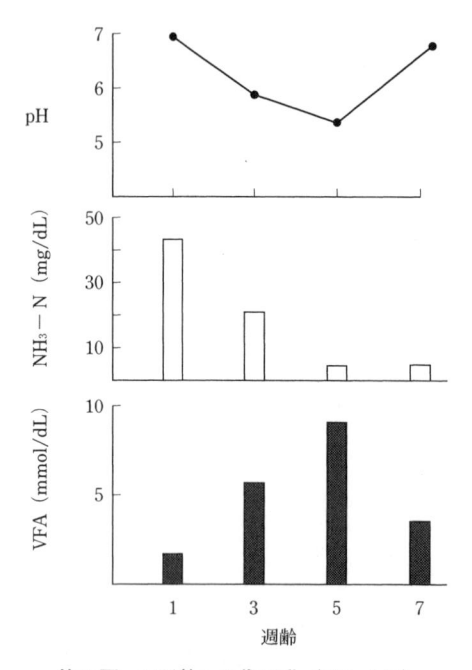

第7図 1週齢から代用乳（500g／日）と固形飼料（スターターと稲わら）を不断給与した場合の第一胃内 pH，NH_3-N，および VFA 濃度の週齢による変化

ら，筆者は3〜4週齢での超早期離乳には消極的である。

（4）固形飼料の摂取量

哺乳期と離乳前後の子牛は，濃厚飼料（スターター）に関してはエネルギー要求量を満足するために摂取する（第8図）。哺乳期間中に代用乳を定量給与した場合，週齢に伴って濃厚飼料の摂取量が増加するが，これは子牛のエネルギー要求量が増加するためである。また，代用乳給与量が多ければ濃厚飼料摂取量は少なく，少なければ濃厚飼料を多く食べる（阿部ら，1987）。離乳はその極端な場合に相当し，離乳と同時に濃厚飼料の摂取量が飛躍的に増加するのは，エネルギー不足を解消するためといえる（阿部ら，1987）。

しかし，粗飼料の場合は摂取する動機が異なるようで，エネルギー価値が低い稲わらの摂取量は代用乳給与量の影響をあまり受けない

(Abeら，1991a，Abeら，1991b)。また，濃厚飼料と稲わらを同時に給与すると，初めの15〜30分はもっぱら濃厚飼料を食べるが，その後一時的に稲わらの採食率が高くなり，その後はほぼ均等に摂取する（Abeら，1991b）（第9図）。さらに，濃厚飼料だけを単独で給与するより，稲わらや乾草を同時に給与した場合のほうが濃厚飼料の摂取量はむしろ増加する（Abeら，1999a，Abeら，1999b）（第2表）。

このことから，稲わらの摂取には2つの目的があったと考えられる。1つは満腹感を得るためであるが，もう1つは第一胃壁への刺激効果で，それによって唾液分泌が促進され，第一胃内発酵が正常に維持される。

ただし，これはわが国で主流のペレットタイプのスターターを用いる場合であって，アメリカのようにグレインタイプのスターターを用いる場合は事情が異なり，粗飼料の給与はスターター摂取量を減少させる。ペレットは第一胃内でただちに崩壊するため第一胃壁刺激効果は期待できないが，未粉砕，荒びき，またはフレーク加工した穀類を主体とするグレインタイプの場合は，それ自体に刺激効果があるためと考えられる。したがって，アメリカでは子牛を6週齢以内に早期離乳する場合，哺乳期間中の粗飼料給与は必ずしも奨励されていない。

（5）固形飼料の摂取と水分出納

①固形飼料が水分出納に影響するメカニズムの検討

固形飼料の摂取は哺乳期子牛の水分出納に影響を及ぼす。制限給水下では，固形飼料の給与を開始して2週間以内に尿量が激減する一方，水分保持量と糞中への水分排泄が増加し，糞の水分含量も増加する（Abeら，1999a）（第2表）。不断給水下では尿量の減少は生じないが，やはり糞中水分排泄と糞水分含量が増加する（Abeら，1999b）（第3表）。このような影響は濃厚飼料（スターター）で最大，稲わらで最小，乾草では効果が両者のほぼ中間である。なお，濃厚飼料単独よりも濃厚飼料と乾草を同時に給与するほうが影響は大きいが，それは濃厚飼料の摂

哺育期の飼養管理＝子牛の胃の形態と機能の発達，固形飼料の摂取

第8図　6週齢離乳前後のスターター，稲わら，TDN摂取量の変化

(阿部ら，1987)

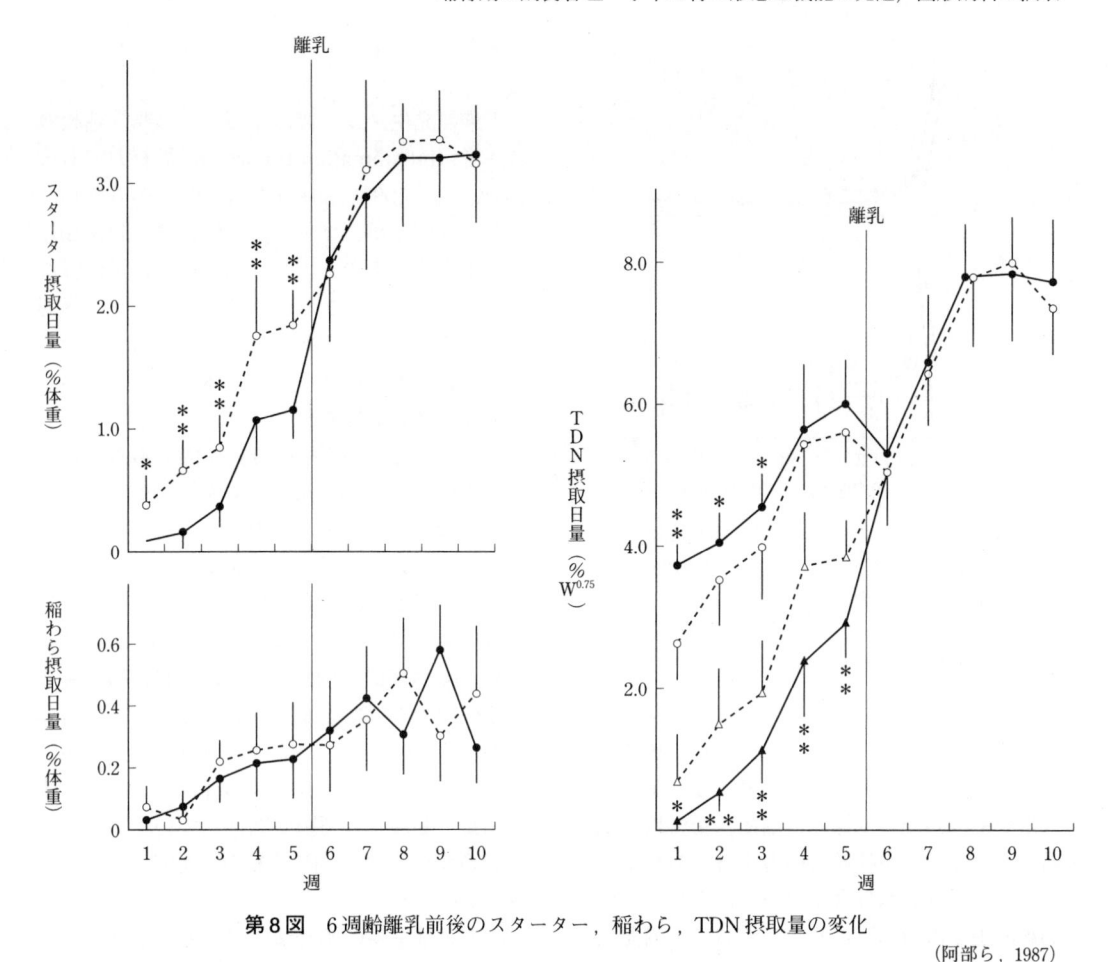

代用乳給与量：600g/日（●）または300g/日（○）。TDN摂取量における哺乳期間中の▲と△は，固形飼料だけからの供給量を示す。＊$P < 0.05$，＊＊$P < 0.01$

取量が増加することも一因である（第2表）。

　制限給水下における固形飼料の給与は血漿中の抗利尿ホルモン（ADH）濃度を増加させ（第10図），血漿ADH濃度と血漿ケトン体および酢酸濃度との間には有意な正相関が認められた（Abeら，1999a）。さらに，第一胃内への酪酸250 mmol（22 g）の注入は血漿ケトン体とADH濃度を顕著に増加させた（未発表）。これらの結果から，第一胃内発酵と水分出納との関連が推察される。

　発酵産物の吸収によって血漿浸透圧が増加すると，不断給水下では飲水量が増加することにより体液が希釈され，浸透圧が維持されるが，制限給水下では脳下垂体からADHが分泌され，尿細管からの水の再吸収を促進することにより体液を希釈して，浸透圧が維持されるものと考えられる（Abeら，1999a）。その場合，余分な水分は尿ではなく糞中に排泄されることにより体水分が調節され，その結果，水分保持量だけでなく糞中への水分排泄も増加した可能性が強い（Abeら，1999b）。しかし，本研究は現在もなお継続中であり，固形飼料の摂取が哺乳期子牛の水分出納に影響するメカニズムについては，なお検討の余地が残されている。

②**下痢発生のメカニズムとの関連**

　制限・不断給水を問わず，固形飼料の摂取に伴う糞水分含量の増加は10％程度で，一般に固形飼料摂取前は70％程度であった糞水分含量が

育成

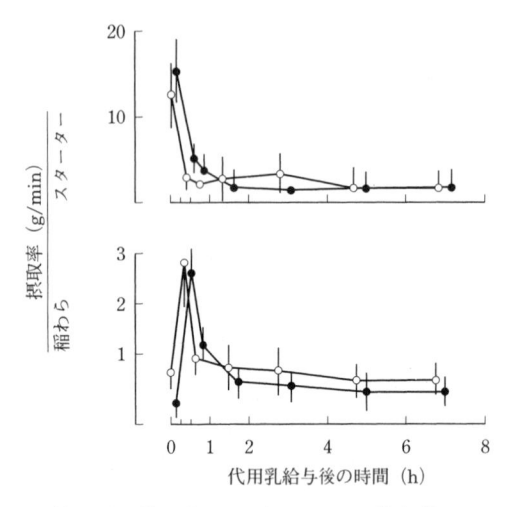

第9図 代用乳100gまたは300g給与後8時間までのスターター（上）と稲わら（下）の摂取率

(Abeら，1991b)

● : 代用乳100g，○ : 代用乳300g

最高78％程度にまで上昇する（Abeら，1999a，Abeら，1999b）。この時期の子牛では，糞の水分含量が85％以上が水様の下痢便，80％以下が正常便，その中間が軟便に相当する。したがって，ここでいう糞水分含量の増加はあくまで生理的範囲内での増加である。しかし，下痢発生率を高める要因の1つにはなり得ると考えられる。

下痢の発生メカニズムに関しては腸管粘膜の炎症説（inflammation theory）が最有力である（Sarterら，1991，Sissons，1989）。その詳細は別項にゆずるが，コレラ菌や病原性大腸菌などが産生する毒素や，まれには飼料中の蛋白質などがアレルゲンとなり，一種のアレルギー反応によって種々の炎症物質が産生される。その結果，腸管粘膜に炎症が生じ，体内から腸管内への水分分泌が亢進する。

しかし，それが下痢の直接原因であるにしても，下痢の発生率には多くの要因が関与する。たとえば，ロタウイルスやコロナウイルスは炎症を増悪させるので，下痢発生の引き金になりやすい。腸管運動の亢進や大量の未消化物の腸管内流入も下痢発生率の増加要因になり得る（Sissons，1989）。同様に，固形飼料の給与もその要因の1つに数えることができよう。代用乳を用いる早期離乳法では1週齢から約2週間が最も下痢しやすい。それには移行抗体と獲得抗体の消長など種々の要因が関与しているが，水分出納の変化も固形飼料を給与し始めてからの2週間が最も著しい。

③哺乳期子牛の飼育法についての示唆

以上の知見から哺乳期子牛の飼養法について言及するのは早計であり，本項の主題からもはずれるが，あえて若干の私見を述べる。

固形飼料を給与すると制限給水でも不断給水でも糞水分含量は増加するので，給水はあまり関係ない（第3表の数値では不断給水のほうが糞水分含量の上昇が大きかったが有意差はなく，この試験では差を確認できなかった）。その場合，1週齢から10日～2週間の下痢多発期に固形飼料を給与しないことも1つの選択肢かもしれない。固形飼料を給与し始めてからは不断給水する

第2表 1週齢から代用乳500g/日に加えて固形飼料を給与しなかった場合（None），または濃厚飼料のみ（C），Cと稲わら（C＋RS），Cとスーダングラス乾草（C＋H）を不断給与した場合の，2週目における固形飼料摂取量，水分出納，糞水分含有量（全区において飲水は給与せず）

(Abeら，1999b)

	区			
	None (n＝4)	C (n＝4)	C＋RS (n＝4)	C＋H (n＝4)
2週目末体重（kg）	46.9	53.4	51.4	49.5
C摂取量（gDM/日）	0 [a]	349 [b]	490 [c]	463 [c]
RSまたはH摂取量（gDM/日）	0 [a]	0 [a]	55 [b]	70 [b]
水分出納（ml/日）				
総水分摂取量	3,617	3,665	3,689	3,689
尿量	2,536 [a]	1,983 [b]	1,786 [bc]	1,491 [c]
糞中水分排泄量	108 [a]	302 [b]	513 [c]	604 [c]
AWR[1]	973 [a]	1,380 [ab]	1,391 [ab]	1,594 [b]
糞水分含量（％）	69.0 [a]	73.8 [ab]	74.4 [ab]	77.2 [b]

注　a，b，c $P < 0.05$
　[1] 見かけの水分保持（＝総水分摂取量－尿量－糞中水分排泄量）

が，それまでは代用乳以外に飲水を与える必要はない。実際にフランスでは行われており，この方式でも固形飼料摂取量は短期間で急速に増加するので，5～6週齢での離乳は十分に可能である。

なお，1週齢から固形飼料を不断給与する場合でも，最初の2週間は不断給水しないほうが無難である。不断給水することで固形飼料の摂取量に差が生じるのは3週齢以降であり（Kertzら，1984），初めの2週間は，給水してもしなくても固形飼料の摂取量にほとんど差が生じない（第3表）。

2000年記

第3表 1週齢から飲水を与えずに代用乳500g/日のみ，または代用乳に加えて固形飼料（スターター＋スーダングラス乾草）を不断給与した場合，および不断給水化で代用乳500g/日と固形飼料を不断給与した場合の，2週目における固形飼料摂取量，水分出納，糞水分含量

(Abeら，1999b)

	代用乳のみ 給水なし (n=6)	代用乳＋固形飼料 給水なし (n=6)	代用乳＋固形飼料 給水あり (n=6)
2週目末体重（kg）	49.8	57.1	56.4
スターター摂取量（gDM/日）	0a	551b	555b
乾草摂取量（gDM/日）	0a	67b	73b
水分出納（ml/日）			
総水分摂取量	3,619a	3,708a	5,879b
尿量	2,582c	1,294d	2,619c
糞中水分排泄量	126a	612ab	806b
AWR[1]	912a	1,801ab	2,455b
糞水分含量（％）	68.4a	74.7ab	78.4b

注 a，b $P<0.05$
  c，d $P<0.10$
[1] 見かけの水分保持（＝総水分摂取量－尿量－糞中水分排泄量）

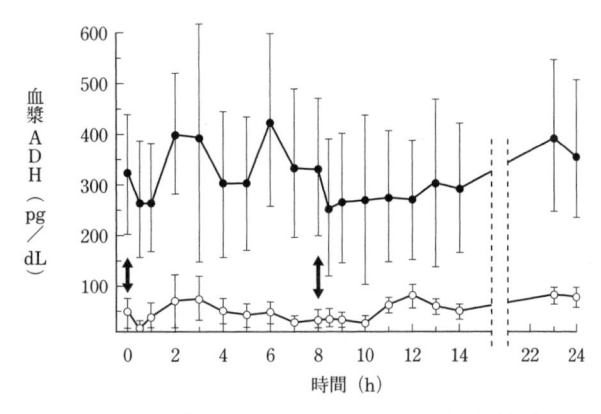

第10図 3週齢子牛に代用乳500g/日と固形飼料（スターター，稲わら），または代用乳200g/日のみを給与した場合の血漿抗利尿ホルモン（ADH）濃度

(Abeら，1999a)

●：代用乳500g/日と固形飼料，○：代用乳200g/日のみ。矢印は代用乳の給与時刻を示す

引用文献

阿部又信・阿部孝志・入来常徳.1987.早期離乳子牛における自由採食量と血液代謝像.日畜会報，**58**，946－953.

Abe, M. and T. Iriki.1991a. Short-term regulation of intakes of concentrate and rice straw in calves. Anim. Sci. Technol. (Jpn.) **62**, 25－31.

Abe, M., T. Iriki, K. Kondoh and H. Shibui.1979. Effect of nipple or bucket feeding of milk substitute on rumen by-pass and on rate of passage in calves. Br. J. Nutr. **41**, 175－181.

Abe, M., M. Matsunaga, T. Iriki, M. Funaba, T. Honjo and Y. Wada.1999a. Water balance and fecal moisture content in suckling calves as influenced by free access to dry feed. J. Dairy Sci. **82**, 320－332.

Abe, M., Y. Miyajima, T. Hara, Y. Wada. M. Funaba and T. Iriki.1999b. Factors affecting Water balance and fecal moisture content in suckling calves given dry feed. J. Dairy Sci. **82**, 1960－1967.

Abe, M., T. Satoh and T. Iriki.1991b. Feed intake and blood metabolite-profile in pre-weaning calves supplied with different amounts of milk replacer. Anim. Sci. Technol. (Jpn.) **62**, 18－24.

Abe, M., O. Takase, H. Shibui and T. Iriki.1981. Neonatal diarrhoea in calves given milk-substitutes different in fat source and fed by different procedures. Br. J. Nutr. **46**, 543－548.

Cunninghum, J.G. 獣医生理学（高橋迪雄・監訳）1994. 344－316.文永堂.東京.

Kertz, A. F., L. F. Reutzel and J. H. Mahoney.1984. Ad

libitum water intake by neonatal calves and its relationship to calf starter intake, weight gain, feces score, and seasons. J. Dairy Sci. **67**, 2964−2969.

Ørskov, E. R., D. Benzie and R. N. B. Kay.1970. The effect of feeding procedures on closure of the oesophageal groove in young calves. Br. J. Nutr. **24**, 785−794.

Sarter, R. B. and D. W. Powell.1991. Mechanisms of diarrhea in intestinal inflammation and hypersensitivity: immune system modulation of intestinal transport. In Diarrheal Diseases. (M. Field, ed.) 75−114. Elsvier, New York.

Sissons, J. W.1989. Aetiology of diarrhea in pigs and preruminant calves. In Recent Advances in Animal Nutrition. (W. Haresign and D.J.A. Cole, eds.) 261−282. Butterworths, London.

Tamate, H., A. D. McGilliard, N. L. Jacobson and R. Getty.1962. Effect of various dietaries on the anatomical development the stomach in the calf. J. Dairy Sci. **45**, 408−420.

Warner, R. G. and W. P. Flatt.1965. Anatomical development of the ruminant stomach. In Physiology of Digestion in the Ruminant. (R. W. Dougherty, ed.) 24−38. Butterworths, London.

初乳の役割と飲ませ方

執筆　田中和宏（鹿児島県畜産課）

(1) 初乳の役割

分娩後3日ぐらいまでに分泌される濃厚で黄色みを帯びた乳汁を初乳と呼んでいる。その成分は，第1表に示したように普通の牛乳に比べて濃厚で固形物が多く，特にカロチンとビタミンA，D，Eの含量が多く，また免疫グロブリンを多く含んでいる。

出生直後の子牛の血液中には免疫グロブリンがほとんど含まれていないので，各種の疾病に対する免疫抗体や抵抗性が不足している。そこで，初乳を飲ませることは，新生児に対して免疫抗体を供給したり，各種疾病に対する抵抗性を獲得させることを目的としている。

(2) 初乳の給与方法

①多くの免疫グロブリンを給与するために

第1図のように，分娩後時間の経過とともに初乳中の免疫グロブリンの濃度は低下していく。そこで，できるだけ多くの免疫グロブリンを子牛に給与するには，分娩後できるだけ早く母牛の初乳を搾乳するか，貯蔵しておいた初乳を準備して，子牛に給与する必要がある。

ここで重要なのは，1回目の搾乳とそれ以後の搾乳による初乳は成分濃度を反映して比重が異なるため（第2表），できるだけ1回目の初乳を子牛へ給与するべきだということである。さらに，初産牛より経産牛の初乳のほうが比重が大きいことが知られており，初産牛からの出生子牛には経産牛の初乳を準備するべきである。

②給与する時間と量

子牛へ給与する時間と量は，第1回目が分娩後30分以内に2〜3l，第2回目が6時間以内に2〜3l程度とすることが望ましい。この初乳の給与時間についてはさまざまな提唱があるが，大事なのは確実に子牛が摂取したかどうかを確認することである。自然哺育の場合，初乳の摂取時間と摂取量について把握することは困難である。

③初乳の代替品

近年，初乳の代替品の役割をもつ製品がある。これらはIg-Gを含み，子牛に給与することで血清中のIg-G濃度を向上させることが可能とされている。親牛の初乳が手に入らなかった場合や，初乳の貯蔵がない場合は，このような製品を活用することが可能である。

④給与時の器具

初乳の給与時の器具は，バケツや乳首付きバケツ，哺乳ボトル，チューブ式投与器（ストマ

第1表　分娩後24時間以内に搾乳した初乳と常乳の成分の比較　（JHB Roy, 1980）

成　　分	初　乳	牛　乳
脂肪　(g/100g)	3.6	3.5
無脂固形分　(g/100g)	18.5	8.6
蛋白質　(g/100g)	14.3	3.25
カゼイン　(g/100g)	5.2	2.6
アルブミン　(g/100g)	1.5	0.47
βラクトグロブリン　(g/100g)	0.8	0.3
αラクトアルブミン　(g/100g)	0.27	0.13
血清アルブミン　(g/100g)	0.13	0.04
免疫グロブリン　(g/100g)	5.5〜6.8	0.09
乳糖（無水）　(g/100g)	3.1	4.6
無機物　(g/100g)	0.97	0.75
カルシウム　(g/100g)	0.26	0.13
リン　(g/100g)	0.24	0.11
マグネシウム　(g/100g)	0.04	0.01
カリウム　(g/100g)	0.14	0.15
ナトリウム　(g/100g)	0.07	0.04
塩素　(g/100g)	0.12	0.07
鉄　(mg/kg)	2.0	0.1〜0.7
銅　(mg/kg)	0.6	0.1〜0.3
コバルト　(μg/kg)	5.0	0.5〜0.6
マンガン　(mg/kg)	0.16	0.03
カロチン　(μg/g脂肪)	25〜45	7
ビタミンA　(μg/g脂肪)	42〜48	8
ビタミンD　(μg/g脂肪)	23〜45	15
ビタミンE　(μg/g脂肪)	100〜150	20
ビタミンB_1　(mg/kg)	0.6〜1.0	0.4
ビタミンB_2　(mg/kg)	4.5	1.5
ビタミンB_6　(mg/kg)		0.35
ビタミンB_{12}　(μg/kg)	10〜50	5
ナイアシン　(mg/kg)	0.8〜1.0	0.8
パントテン酸　(mg/kg)	2.0	3.5
ビオチン　(μg/kg)	20〜80	20
葉酸　(μg/kg)	1〜8	1
アスコルビン酸　(mg/kg)	25	20
コリン　(mg/kg)	390〜690	130

育成

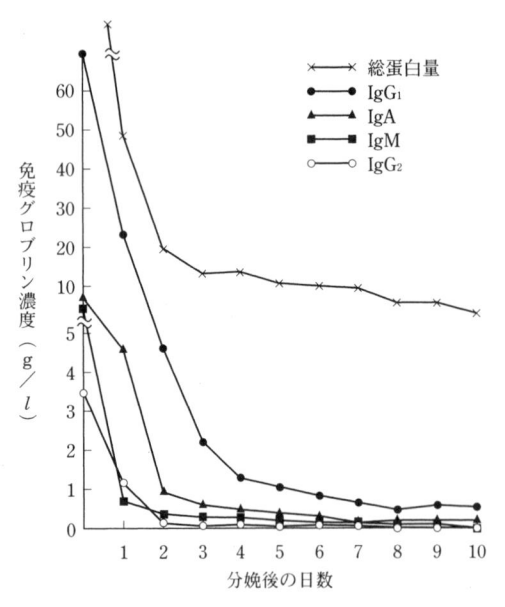

第1図 ウシ乳汁の免疫グロブリンの分娩後の推移　(Porter, 1971)

第2表 ホルスタイン種乳牛の初乳と初期乳の性状　(Parrish et al, 1950)

搾乳回数	比　重	全固形分(%)	無脂固形分(%)
1	1.056	23.9	16.7
2	1.040	17.9	12.2
3	1.035	14.1	9.8
4	1.033	13.9	9.4
5〜6	1.033	13.6	9.5

ックチューブ）などがあり，酪農家の扱いやすい器具が選択されている。しかし，初生牛で吸付きの悪い子牛に対しては，獣医師の指導のもとチューブ式投与器（ストマックチューブ）で確実に給与する場合がある。この際注意しなければならないのは，チューブ式投与器の場合，初乳が第四胃ではなくルーメンへ入っていくことである。ルーメンから第四胃へ流出するのに時間がかかるため，初乳の役割が十分果たされているか確かでないので，頻繁に使用すべきではない。

2000年記

参 考 文 献

Butler J. E. Immunoglobulins of the Mammary Secretions. Lactation N. Nutrition and Biochemistry of Milk / Maintenance. ed. Larson, B. L. & Smith, V.R. 217−255. Academic Press. New York & London.

田辺忍. 昭和50年度. 哺乳子牛の消化生理と代用乳. 畜産試験場年報. **15**, 93−107.

早期離乳技術

執筆　田中和宏（鹿児島県畜産課）

(1) 早期離乳の意義

反芻動物では，生後固形飼料（粗飼料や人工乳）の摂取量に応じて反芻胃が発達するが，液状飼料（牛乳や代用乳）の給与量は反芻胃の発達に影響を及ぼさないといわれている（浜田，1983；田辺，1975；大森ら，1966）。高泌乳牛は養分要求量を充足するのに十分な飼料を摂取することが必要だが，そのためには早期離乳によって固形飼料を早い時期に摂取させ，反芻胃の発達を促進させることが必要である（浜田，昭58）。

また，早期離乳は，哺育作業の省力化をもたらし，哺乳コストの低減，さらには哺乳期間中の疾病などの事故率低減化にもつながるので，広く酪農家に普及している。

(2) 分娩前の準備

人工哺育の場合，そのほとんどがカーフハッチなどの個体管理のできる施設で飼養するため，分娩前に施設を準備し，さらに設置場所の土壌の入れ換えもしくは消毒，また施設の消毒を実施し，十分で清潔な敷料を準備しておく。

また，初乳に予備があるかどうかを確認しておく。これは，親牛の初乳が乳房炎に感染していたり，親が初産で初乳の比重が軽かったり，初乳が十分搾乳できなかったりした場合に，初乳が得られないことを想定して準備する必要があるからである。

(3) 出生時の管理

子牛が出生する場所は，乾燥して清潔であることが必要である。さらに子牛自身が各種の病気に対して十分な抵抗力をつけるまで，清潔な環境で飼養すべきことはいうまでもない。

出生直後の子牛はまず呼吸を確認し，次にタオルなどで体を拭いてやり，乾かした後で速やかに親から離し，カーフハッチなどの個体管理のできる施設へ移す。子牛のへそをヨード系の消毒液で消毒し，できれば体重を測定して，出生時の情報（日時，性，出産時の処置，母牛，体重）を記録しておく。子牛は1時間以内に自力で起立するが，できれば起立する前に初乳を給与する。

(4) 早期離乳技術の実際

哺育技術は，子牛の発育を向上させつつ離乳期間を短縮する方向で発展してきたが（第1図），現在酪農家でもっとも広く実施されている人工哺育方法は，1日2回哺乳による2または3か月齢離乳である。また，早期離乳として知られている1日2回哺乳による6週齢離乳（日本飼養標準乳牛等，1994）や，より省力・低コスト技術として知られている1日1回哺乳による6週齢離乳（第1表）などがある。現在，人工哺乳による最

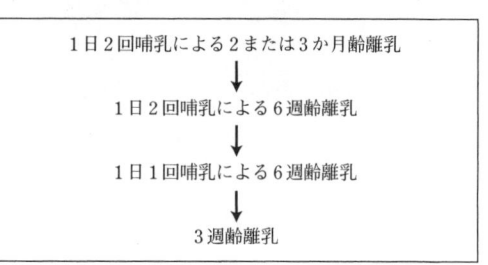

```
1日2回哺乳による2または3か月齢離乳
        ↓
1日2回哺乳による6週齢離乳
        ↓
1日1回哺乳による6週齢離乳
        ↓
    3週齢離乳
```

第1図　人工哺育技術の発展

第1表　1日1回哺乳による6週齢離乳の方法

日齢	生乳	代用乳	湯	給与回数	飼料給与	水
0～3	2.0～2.5kg			×2回/日		自由飲水
4～5	1.0～1.2kg	+200g	+1,000g	×2回/日	人工乳給餌器で給与開始	
6～7	0.5～0.6kg	+300g	+2,000g	×2回/日	アルファルファヘイキューブ給与開始	
8～9		400g	+2,800g	×2回/日		
10～42		400g	+2,800g	×1回/日		
43	離乳					

育成

第2表　3週齢離乳での哺育方法

日　齢	生　乳	代用乳	湯	給与回数	飼料給与	水
0～3	2.0～2.5kg			×2回/日		自由飲水
4～5	1.0～1.2kg	＋200g	＋1,000g	×2回/日	人工乳給餌器で給与開始	
6～7	0.5～0.6kg	＋300g	＋2,000g	×2回/日	アルファルファヘイキューブ給与開始	
8～14		400g	＋2,800g	×2回/日		
15～21		400g	＋2,800g	×1回/日		
22	離　乳					

第2図　3週齢離乳の子牛と2か月間飼養するカーフハッチ

第4図　人工乳給与中の子牛

第3図　人工乳給餌器

も短期的に離乳可能な期間は，3週齢と考えられている。

そこで，3週齢離乳がホルスタイン種雌子牛の発育に及ぼす影響について調査した（田中，1996）。

①3週齢離乳の方法と材料

調査したホルスタイン種雌子牛は20頭で，体測尺は体重，体高，体長，胸囲，胸深，腰角幅，尻長を月に1回測定した。3週齢までの哺育方法は第2表のとおりである。

子牛は，カーフハッチで2か月間飼養した（第2図）。初乳は生後3日頃まで哺乳ボトルで給与し，その後代用乳に徐々に切り替えて，バケツで給与した。代用乳は生後2週間は1日2回給与，その後の1週間は1日1回給与で，6～7倍程度の湯（39～41℃）に溶かして与える。人工乳は，人工乳給餌器（第3図）で生後4日頃から離乳まで給与（第4図）し，離乳後はコンテナに入れて給与した。粗飼料としてアルファルファキューブのクラッシュしたものを生後7日頃からバケツで給与し，飼料摂取量を生後60日まで毎日測定した。また，飲み水は生後から自由摂取である。

給与した飼料の成分は，代用乳，粗飼料（ヘイキューブ）については日本標準飼料成分表（1995年版）の値を用い，人工乳については保証

第3表　3週齢離乳の飼料成分（DM%）

	代用乳	人工乳	粗飼料（ヘイキューブ）
乾物率	94.1	86.0	89.2
TDN	87.9	86.0	55.2
CP	35.8	23.3	16.5

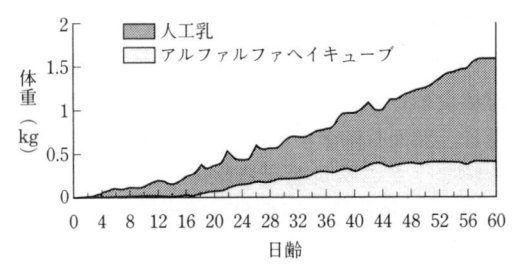

第4表　3週齢離乳での日増体量

月齢	DG（kg/日）	月齢	DG（kg/日）
0～1	0.43±0.22	12～13	0.78±0.18
1～2	0.72±0.18	13～14	0.86±0.34
2～3	0.67±0.20	14～15	0.71±0.36
3～4	0.81±0.18	15～16	0.47±0.31
4～5	0.78±0.22	16～17	0.71±0.40
5～6	0.82±0.23	17～18	0.57±0.26
6～7	0.88±0.23	18～19	0.79±0.33
7～8	0.63±0.31	19～20	0.86±0.60
8～9	0.93±0.27	20～21	0.86±0.22
9～10	1.02±0.25	21～22	0.51±0.32
10～11	0.75±0.25	22～23	0.68±0.04
11～12	0.80±0.43	23～24	0.68±0.03
1～12	0.766		
1～24	0.742		

日齢	人工乳（kg/日）	粗飼料（kg/日）
0	0.0±0	0.0±0
10	0.122±0.121	0.012±0.029
22（離乳後）	0.538±0.454	0.108±0.080
30	0.653±0.227	0.228±0.140
40	0.983±0.217	0.302±0.141
50	1.267±0.197	0.408±0.138
60	1.600±0.148	0.418±0.034

第5図　3週齢離乳での人工乳と粗飼料（アルファルファヘイキューブ）の摂取量

第5表　早期離乳の違いによる飼料摂取量
（単位：kg）

	6週齢離乳	3週齢離乳
総現物摂取量	38.6±4.4	40.1±7.7
代用乳摂取量	17.1	10.4
人工乳摂取量	19.3±2.8	22.8±5.0
粗飼料摂取量	2.2±1.6	6.9±2.7
総乾物摂取量	34.7±3.8	35.5±6.7
代用乳摂取量	16.1	9.8
人工乳摂取量	16.6±2.4	19.6±4.3
粗飼料摂取量	2.0±1.4	6.2±2.4
総TDN摂取量	32.8±3.3	32.6±5.8
代用乳摂取量	15.0	9.1
人工乳摂取量	16.6±2.4	19.6±4.3
粗飼料摂取量	1.2±0.9	3.8±1.5
総CP摂取量	11.0±0.9	10.2±1.6
代用乳摂取量	6.1	3.7
人工乳摂取量	4.5±0.7	5.3±1.2
粗飼料摂取量	0.4±0.3	1.1±0.4

成分値を用いた（第3表）。

②**飼料摂取性**

　固形飼料である人工乳と粗飼料（アルファルファヘイキューブ）の摂取量は，哺乳回数が1日2回から1日1回になることで増加し始め，離乳時期には人工乳が540g/日，粗飼料（アルファルファヘイキューブ）が110g/日程度になっている（第5図）。また，人工乳の摂取量は40日齢で1kg/日近くになり，2か月齢では固形飼料の摂取量の合計が2kg/日を超えている（第5図）。

　3週齢離乳による日増体量は，1か月齢以内では0.44kg/日程度だったが，その後バラツキはあるものの0.6～1.0kg/日の増体を示していた（第4表）。12か月間のレンジで見ると，12か月齢以下で0.77kg/日，24か月齢以下で0.74kg/日の増体だった（第4表）。

　次に早期離乳の違いによる飼料摂取量を，3週齢離乳と6週齢離乳で比較した。6週齢離乳は，鹿児島畜試の平成2～5年の1日2回哺乳によるデータを用いている。また，両哺育方法とも飼料摂取量は6週齢までの積算を比較した。

　それによると，3週齢離乳雌子牛の6週齢までの人工乳の摂取量は22.8±5.0kgで，粗飼料は6.9±2.7kgである。これは鹿児島畜試の6週齢離乳2回哺乳による人工乳の摂取量19.3kg±2.8kg，粗飼料の摂取量2.2±1.6kgと比較しても，人工乳で＋18％，粗飼料で＋213％増加している（第5表）。

　また，総TDN摂取量は両区に差がないが，総TDNに占める固形飼料から供給されるTDN摂取量は6週齢離乳で54％，3週齢離乳で72％で，3

育成

週齢離乳の子牛のほうが固形飼料からのTDN摂取量が多くなっている。(第5表)。CP摂取量は6週齢離乳のほうが若干多いが,総CPに占める固形飼料から供給されるCP摂取量は6週齢離乳で45％,3週齢離乳で63％で,3週齢離乳子牛のほうが固形飼料からのCP摂取量が多くなっている。3週齢離乳の子牛のほうが固形飼料からより多くのCPを摂取していることがわかる(第3表)。

若齢牛は反芻胃の発達が十分でないため,養分供給を固形飼料よりも液状飼料からの栄養素に頼る。しかし,より早い時期に反芻胃の発達を促し,固形飼料の栄養素にその養分要求の割合が増えれば,液状飼料からの栄養素の供給を止めることが可能になる(大森ら,1968)と考えられる。

たとえば大森ら(1966)は,子牛の乾草粗繊維の消化能力は300～400g/日の乾草摂取量に達するとき一定水準になることを証明し,子牛の乾草粗繊維消化能力には年齢よりも摂取水準が重要な影響を有することを示した。また,Harrisonら(1960)は,第一胃粘膜上皮と筋層の発達は独立して生じ,前者はVFAの化学的刺激によるが,後者は粗飼料様物質の物理的刺激作用によるという仮説を提供している。3週齢離乳は栄養摂取が固形飼料に依存する割合が高いため,反芻胃の消化能力や容積の発達が他の早期離乳よりも優れていたと推察される。

③発育状況

体測値は,24か月齢まで日本ホルスタイン登録協会標準発育値(平成7年)と比較した。体重は,20か月齢頃まではホル協標準値と同様に推移し,その後は若干標準値を上回っている(第6図)。体高は,14か月齢頃まではホル協標準値と同様に推移し,その後は標準値を若干上回っている(第7図)。さらに体長,胸囲,胸深,腰角幅,尻長なども,14か月齢頃まではホル協標準値と同様に推移し,その後は標準値を若干上回っている。

これらのことから,3週齢離乳による固形飼料の摂取量増加は,固形飼料由来の養分の供給割合を増加させ,十分な発育をもたらすことが推察される。

④哺乳期間の違いがルーメン発育へ及ぼす影響

早期離乳の技術目標は,1)管理の省力化,2)哺育費用の低減化,3)ルーメン発育の促進などである。このうち,哺乳期間の違いがルーメンの発育にどのように影響するかを調査した(第96回日本畜産学会講演要旨,1999)。試験区としては,ホルスタイン種雄子牛を3週齢と8週齢で離乳する2区を設けた。試験方法は,それぞれの区に5頭ずつ配し,両区とも8週齢時に解剖して,ルーメン重量・容積,ルーメン液性状を測定した。

ルーメンの重量と容積については第6表のと

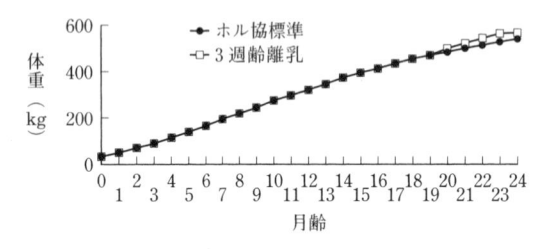

第6図　3週齢離乳牛の体重の推移

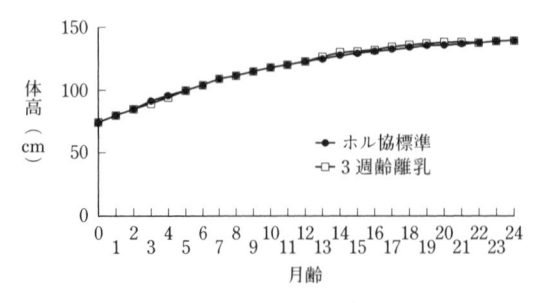

第7図　3週齢離乳牛の体高の推移

第6表　哺乳期間の違いがルーメンの重量と容積に及ぼす影響(8週齢時)

	3週齢離乳	8週齢離乳
ルーメン重量 (kg)	2.0 ± 0.5	1.6 ± 0.5
ルーメン内容積 (l)	27.1 ± 4.6	20.9 ± 5.2
ルーメン内容積/体重 (l/kg)	0.35 ± 0.07	0.22 ± 0.05 **

注　**：1％水準有意差

第7表 哺乳期間の違いがルーメン液性状に及ぼす影響（8週齢時）

	3週齢離乳	8週齢離乳
ルーメン pH	5.13 ± 0.05	5.12 ± 0.13
VFA総モル濃度（mmol/dl）	17.6 ± 1.9	17.8 ± 3.0
モル比率（%）酢酸	46.0 ± 7.9	45.1 ± 4.4
プロピオン酸	32.9 ± 4.6	38.7 ± 7.6
酪酸	16.2 ± 6.2	10.8 ± 5.2
I-吉草酸	0.5 ± 0.1	0.8 ± 0.2 *

注 *：5%水準有意差

第8表 早期離乳の違いによる飼料コスト, 哺育時間

	6週齢離乳	3週齢離乳
代用乳経費（円）	4,275	2,600
人工乳経費（円）	1,158 ± 168	1,368 ± 300
粗飼料経費（円）	99 ± 72	311 ± 122
合　計（円）	5,532 ± 240	4,279 ± 422
哺育時間（分）	840	350

注　両哺育方法とも6週齢までの積算
　　積算基礎：代用乳 250円/kg, 人工乳 60円/kg
　　哺育時間は子牛2頭飼養時の哺育期間のみの積算

第9表 3週齢離乳による疾病の発生状況（20頭）

	下痢または軟便	肺炎	その他
初回発生日齢（日）	74.1 ± 52.5	0	0
離乳時発生件数（件）	3	0	0

注　下痢または軟便のうち伝染性下痢症（白痢やサルモネラ、コクシジウム症など）の発生はない

おりである。重量は明らかに3週齢離乳のほうが大きく、体重1kg当たりのルーメン容積も3週齢離乳のほうが有意に大きくなっている。また、ルーメン液性状については第7表のように差は認められていない。

⑤飼料コスト, 哺育時間

早期離乳の違いによる飼料コスト、哺育時間を、3週齢離乳と6週齢離乳で比較した。6週齢離乳については、当場の平成2～5年の1日2回哺乳によるデータを用いた。また、両哺育方法とも飼料コストは6週齢までの積算を比較し、哺育時間は子牛2頭飼養時の哺育期間のみを積算した。哺育時間とは、代用乳を湯に溶かし、子牛に給与して、子牛が飲み終わったらバケツを取りあげ、バケツを洗浄するまでの時間の計測である。

代用乳の経費は、当然のことながら6週齢離乳のほうが高いが、人工乳、粗飼料の経費は摂取量の増加した3週齢離乳のほうが高くなっている。合計では3週齢離乳の経費が6週齢離乳より23%程度低い（第8表）。哺育時間は3週齢離乳のほうが6週齢離乳の41%程度に短くなった（第8表）。

哺育期の飼料コストは大部分（7～8割）が代用乳のコストで占められる。それゆえ、早期離乳は哺育期の飼料コストを低減化することにつながる。3週齢離乳では、人工乳と粗飼料の摂取量が増加したため固形飼料の飼料コストが6週齢離乳よりも高くなったが、代用乳の飼料コストが6週齢離乳の6割程度しかなかったため全体の飼料コストは2割程度の節減になっている。

さらに哺育作業は酪農家にとって毎日欠かすことのできないものであるが、早期離乳は哺育作業時間の短縮化につながり、3週齢離乳は6週齢離乳と比較して2頭飼養時に490分（8.2時間）短縮されている。今後、酪農家の労働時間低減化のためにも、ぜひとも取り入れていきたい技術である。

⑥疾病の発生状況

3週齢離乳による疾病の発生状況については、下痢または軟便の発生のみが見られた。このうち、哺乳期間中に発生したのは3頭のみで、その他は離乳後にカーフハッチからフリーバーンへ移動する時期（2か月以降）に発生している。また、この下痢または軟便の中に、伝染性下痢症は発生していない（第9表）。

(5) 離乳時期の判断

浜田（1983）は、17の人工哺育試験の結果から、人工乳の摂取量が500g/日以上になる時期は3～5週齢の間にくるので、早期離乳できるもっとも早い週齢は3週齢であるとしている。また、Owenら（1965）は、1日1回哺乳で3週齢離乳させた子牛は、1日2回哺乳で6週齢離乳させた子牛と比べて、6週齢までの人工乳の消費量が40%高くなり、体重と肩高が高くなったと報告

している。これらのことは，ホルスタン種雌子牛の早期離乳が3週齢まで可能であり，発育も早期離乳により向上する可能性を示している。

早期離乳技術では，できるだけ初期から子牛に栄養価の高い固形飼料（人工乳）を多く摂取させなければならないが，浜田はこの固形飼料の摂取について3段階に区分できることを示している（浜田，昭58）。1）子牛が固形飼料を食べ始めてから250g/日摂取できるまでの2〜3週齢の間の「適応準備期」，2）このころ液状飼料の給与を打ち切ることで急激に固形飼料の摂取量が高まり，固形飼料を250〜1,000gまで摂取できるようになる「加速増加期」，3）やがて摂取量増加が緩やかになる「安定増加期」の3段階である。

実際の早期離乳にこの3段階をあてはめてみると，1日2回哺乳の時期が「適応準備期」，1日1回哺乳で人工乳の摂取量が増加する時期が「加速増加期」，離乳後が「安定増加期」に相当すると考えられる。早期離乳では「加速増加期」にいかに人工乳の摂取量を増加させるかがキーポイントになるが，1日1回哺乳は液状飼料の摂取量と摂取回数が制限されるため，子牛の固形飼料に対する食欲を刺激すると考えられる。また，個体や品種によってこの離乳時期の判断が異なってくるので，飼養者は柔軟に離乳時期を変更することが望まれる。

(6) 早期離乳の普及指導上の留意点

1）早期離乳の技術導入にあたっては，急激に離乳期を短縮するのではなく，技術の発展段階ごとに取り入れていく。

2）早期離乳のポイントは子牛が人工乳に早期に慣れることにあるので，人工乳を人工乳給餌器を用いて給与し始めるほうが望ましい。

3）離乳時期のポイントは人工乳の摂取量増加（500g程度）にあるので，人工乳の摂取量が増加しない場合は，早期離乳にこだわらず，1日1回哺乳の期間を延期する。

2000年記

参考文献

浜田龍夫．1983．子牛の早期離乳技術に関する研究．畜産試験場年報．23，昭和58年度．125-139．

Harrison, H.N., R.G.Warner, E.G.Sander and J.K.Loosli. 1960. Changes in the tissue and volume of the stomachs of calves following the removal of dry feed or consumption of inert bulk. J. Dairy Sci. 43, 1301.

森浩一郎・田中和宏．1993年9月．1日1回哺乳によるホルスタイン種雌子牛の省力育成技術．九州農業の新技術．1993．6 (2)，40-44．

大森昭一朗・小林剛・川端麻夫・浜田龍夫・亀岡喧一．1966．子牛の第1胃における乾草粗繊維消化能力の発達．畜産試験場研究報告．12，145．

大森昭一朗・亀岡喧一・浜田龍夫・川端麻夫・小林剛．1968．早期離乳子牛の消化管重量に対する給与飼料の影響．畜産試験場研究報告．18，199．

田辺忍．哺乳子牛の消化生理と代用乳．畜産試験場年報．15，昭和50年度．93-107．

田中和宏．1996．3週齢離乳によるホルスタイン種雌子牛の飼料摂取性，発育状況．畜産の研究．50 (2)．

Owen, F.G., M.Plum and L.Harris. 1965. Once versus twice dairy feeding of milk to calves weaned at 21 or 42 days of age. J. Dairy Sci. 48, 824 (Abstr.).

初乳の貯蔵と利用

木下善之（北海道農業試験場）

(1) 初乳の生産量

分娩後5日間に搾乳される牛乳は初乳とよばれ，食品衛生法により飲用として出荷することは禁じられている。この間に生産される初乳の量は1頭当たり約100kgと推測されるが，この間に子牛が必要とする量は20～25kgであり，残りの75～80kgの初乳は廃棄されることが多い。牛乳にもまさる栄養分をもっている初乳を子牛の哺育に活用したいものである。

(2) 初乳の貯蔵方法

①貯蔵法のいろいろ

初乳の貯蔵方法としては，①冷凍法，②自然発酵法，③酸添加法の3つがある。

①の冷凍法は栄養分の損失が少なく，免疫グロブリンやビタミンの破壊も少ないのでよい方法であるが，大量の初乳を貯蔵するための冷凍庫が必要であり，施設面で問題がある。

②の自然発酵法は室温下で乳酸発酵させ，酸の生成により他の微生物の増殖を抑制して保存性をよくする方法である。乳酸発酵のため乳糖が乳酸に変わったり，蛋白質の一部が分解したりすることもあって，多少の養分の損失はあるが，子牛の嗜好性はよい。貯蔵用の容器さえあればよい。

③の酸添加法は，発酵による養分損失を少なくし保存性を増すが，子牛の嗜好性は低下する。

これらの方法のうち①の冷凍保存法は，設備の関係で一般には実施が困難であるし，設備さえあればとくに説明する必要もないので，②と③について説明する。

②乳酸発酵による保存方法

乳房炎乳や血乳，抗生物質の混入している初乳は使用してはいけない。健康な牛の初乳を使用する。

貯蔵するには酸と反応しないプラスチック製の容器がよく，蓋付きで撹拌が容易にできるも

第1図　初乳の貯蔵
ポリ製大型蓋付きバケツに貯蔵した初乳。毎日1～2回よく撹拌する

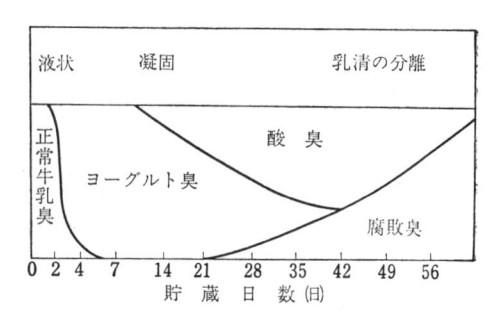

第2図　発酵初乳のにおいと性状の変化

のであること。大型の蓋付きポリ製バケツ（90ℓ容）や灯油用に使うポリ製容器（18ℓ容）などが使いやすい。90ℓ容のものであれば母牛1頭の初乳のほぼ5日分，18ℓ容であれば1日分が貯蔵できる。

搾乳した初乳は放置して室温まで冷したのち貯蔵容器に追加する。容器を置く場所は直射日光の当たらない冷暗所を選ぶ。初乳は粘度が強く，蛋白や脂肪が分離してかたまりやすいので1日1～2回は必ず撹拌する。

乳酸発酵は温度の影響を受けることが大きいが，気温15℃前後が最も発酵しやすい。このあたりの温度のばあいは，2～3日すると発酵がすすみ，密閉した容器ではガスがたまってくるので栓をゆるめガス抜きをする。このころからヨーグルト臭がしはじめ，カードが形成され豆腐状になる。このような状態のときが子牛の嗜好性がよく，30～40日ほどつづく。

40～50日をすぎると酸臭やランシッドフレー

バー（脂肪分解臭）が強くなり，保存初乳は上層に脂肪層，中層に乳清，下層に沈澱物と3層に分離して，子牛も飲まなくなる。

発酵初乳のにおいと性状の変化を示したのが第2図である。この図は室温が15℃前後のばあいを示している。これより温度が低いと乳酸発酵の進行はおくれるが，保存期間は長くなる。反対に高温では，発酵の進行が早く，保存期間は短縮される。

乳酸発酵のすすみぐあいを手軽に検査するにはpHを調べればよく，発酵状態のめやすとなる。新鮮初乳のpHは6.6であるが，乳酸発酵が完了すると4.2〜4.4となり，この状態が約40日つづく。腐敗がはじまるとpHは高くなる。この状態を保存温度との関係でみると，第3図のようになる。

脂肪が分解して生成する遊離脂肪酸（FFA）は第4図のような経過を示す。脂肪酸がふえてくると，ランシッドフレーバーが強くなる。

蛋白質が分解して生成する非蛋白態窒素（N

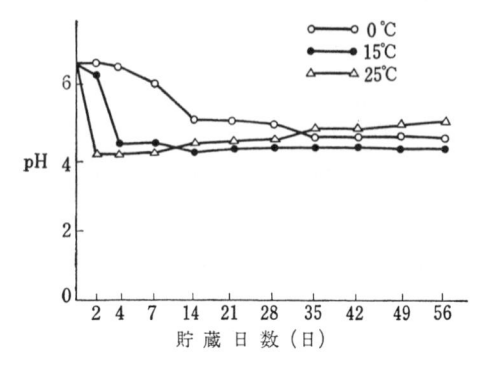

第3図　発酵初乳のpHの変化

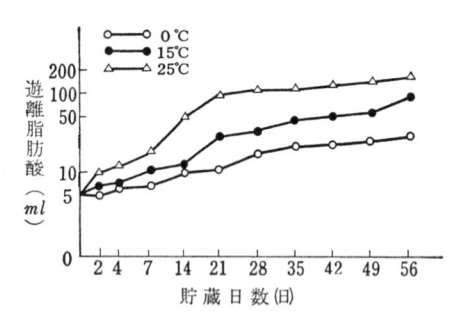

第4図　発酵初乳中の遊離脂肪酸の変化
遊離脂肪酸は脂肪100g中の0.1規定アルカリ溶出量

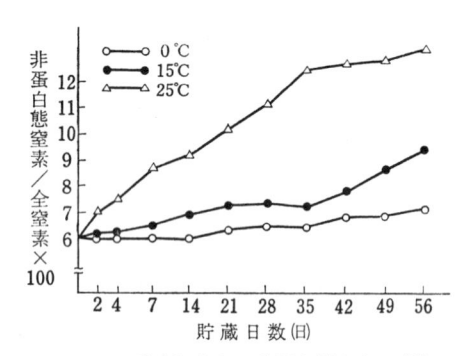

第5図　発酵初乳中の非蛋白態窒素の変化

第1表　自然発酵および有機酸添加による酸性初乳の経時変化

測定項目	処理方法	数	貯蔵日数				
			0	14	28	42	56
pH	自然発酵	6	6.6	4.0	3.9	3.9	3.9
	乳酸1%	2	4.0	4.0	3.9	3.9	3.7
	蟻酸1%	2	3.9	3.9	3.8	3.8	3.6
	プロピオン酸1%	2	4.2	4.1	4.2	4.1	4.1
NPN (%)	自然発酵	6	6.2	8.8	9.7	12.8	15.6
	乳酸1%	2	6.1	6.6	6.5	7.3	10.3
	蟻酸1%	2	6.2	6.5	6.7	7.1	7.4
	プロピオン酸1%	2	6.2	6.5	6.8	7.4	8.0
FFA ml/1Nアルカリ/100g脂肪	自然発酵	6	7.7	95.3	167.5	215.0	257.9
	乳酸1%	2	12.0	21.0	22.0	30.0	32.3
	蟻酸1%	2	33.7	40.3	46.8	45.0	51.8
	プロピオン酸1%	2	74.1	74.8	73.6	75.9	74.4

注　1.　貯蔵期間：52年7月5日〜9月5日
　　2.　日最高温度平均23.3℃，日最低温度平均18.8℃

PN）は第5図のようであり，温度が高いばあい短時日のうちに蛋白質は分解がすすむ。

このように自然発酵による保存では，室温によって保存期間の長短が左右される。

③有機酸の添加による保存方法

1日の平均気温（保存場所の最高温度＋最低温度／2）が20℃を超えると，自然発酵のばあい保存性が悪くなり，養分損失も大きく，分離や腐敗が早まる。そこで有機酸を添加すれば保存性を増すことができる。

蟻酸やプロピオン酸などの有機酸を初乳に1～0.5％添加し，よく攪拌して保存する。有機酸添加のばあいも，酸を添加したあとは自然発酵と同じ保存方法を行なう。

酸添加後の脂肪変成によって生成するFFAや蛋白分解の結果できるNPNの推移は，第1表のようである。かなりの期間安定性がある。これは札幌の夏期間に行なった試験で，7～8月の調査期間の日最高温度の平均は23.3℃，日最低温度の平均18.8℃であった。有機酸を添加したばあいでも温度の影響は受け，保存温度が

第2表　飼料の給与計画

		0	1	2	3	4	5	6 週
発酵初乳	両区とも母乳を4.5lを1日3回にわけて給与			発酵初乳4lを1日2回にわけて給与　人工乳，乾草は自由摂取				離乳
代用乳				代用乳600gを1日2回にわけて給与　人工乳，乾草は自由摂取				

第3表　体重，日増体量（kg）と飼料摂取量（1日1頭当たり）

区　分	項　目	生　時	1 週	2 週	3 週	4 週	5 週	6 週	全　期
発酵初乳区	体　重 日増体量	44.8±4.7	47.5±3.8 0.39	51.1±3.4 0.52	55.3±4.1 0.59	59.3±3.7 0.57	64.5±4.7 0.68	71.0±5.9 0.93	0.625
代用乳区	体　重 日増体量	43.0±2.4	46.8±2.9 0.53	50.4±2.1 0.52	54.3±1.6 0.55	58.9±1.3 0.66	64.8±2.6 0.84	70.5±4.9 0.82	0.655
発酵初乳区	初　乳（l） 人　工　乳（g） 人工乳／日（g）		31.5 0 0	28 554 79	28 1,021 146	28 2,039 292	28 3,264 466	28 4,973 710	171.5 12,003 286
代用乳区	初乳，代用乳（l） 人　工　乳（g） 人工乳／日（g）		31.5 （初乳） 42 6	4.2 413 59	4.2 1,214 173	4.2 3,030 433	4.2 4,564 652	4.2 6,801 972	31.5＋21 16,055 382

注　供試牛：ホルスタイン雄子牛，各区4頭

第4表　体重，日増体量（kg）と飼料摂取量（1日1頭当たり）

区分	項目	生時	1 週	2 週	3 週	4 週	6 週	8 週	10 週	13 週	全期
発酵初乳区	体　重 日増体量	41.0±3.0	42.4±3.2 0.20	44.4±3.1 0.29	47.4±2.6 0.48	50.1±2.0 0.34	60.1±3.2 0.73	69.9±4.0 0.70	79.6±7.8 0.70	97.8±8.9 0.86	0.624
全乳区	体　重 日増体量	36.8±9.3	40.0±7.6 0.55	43.4±7.7 0.48	45.8±7.8 0.34	52.1±8.8 0.91	64.3±10.6 0.95	72.8±9.2 0.61	85.6±11.4 0.92	105.1±13.8 0.93	0.759
発酵初乳区	初　乳（l） 人　工　乳（g） 乾　草（g）		3.5 53 	2.5 242 8	2.5 643 26	 872 50	 1,752 200	 1,986 431	 2,000 700	 2,000 1,164	57.5 l 126 kg 43.5 kg
全乳区	全　乳（l） 人　工　乳（g） 乾　草（g）		4.4 1 	4.4 113 4	4.5 301 46	4.5 360 130	4.9 846 370	 1,300 600	 1,900 1,000	 2,000 	194 l 103 kg 36.5 kg

注　1.　供試牛：ホルスタイン雌子牛，各区4頭
　　2.　発酵初乳区は発酵初乳2.5lに水0.5lを加え定量給与
　　3.　全乳区は全乳2～2.5lを1日2回給与

30℃を超えるようなときには保存性は非常に悪くなる。

(3) 発酵初乳による哺育

発酵初乳による哺育について，北海道農試で行なった試験の結果を第2～4表に示した。

第2, 3表は, 42日離乳での代用乳との比較をみたものである。発酵初乳, 代用乳ともほとんど差のない発育を示している。

42日離乳では170kgの発酵初乳が必要になる。しかし，母牛1頭からは約100kgの初乳しかしぼれない。そこで，発酵初乳による21日離乳の試験を行なった。その結果が第4表で，全乳42日離乳と比較した。

発酵初乳区では10週齢になっても，全乳区の体重まで回復しなかった。これは，人工乳の給与限度量を2kg，日増体目標700gとし，人工乳の増量をゆるやかにしたためと考えられる。しかし，発酵初乳区も13週齢では，日本飼養標準の発育基準と同等の発育を示している。

これらの試験からも，適切に貯蔵された発酵初乳は，全乳や代用乳にくらべて劣っていることなく，同じように使えることがわかる。

なお，1週齢前後の導入乳用雄子牛についての試験も行なったが，全乳や代用乳とくらべて遜色なく充分利用できるという結果を得ている。

1982年記

哺育期の日常管理

執筆　森田　茂（酪農学園大学）
　　　植竹勝治（麻布大学）

　哺育期の日常管理では，哺乳やその他の飼料給与（給水）および除糞などが主な作業となる。これ以外にも，健康管理のためのチェックや治療なども哺育期の作業に含まれる。また，除角は日常的に実施される作業ではないが，哺育期初期に行なうことが推奨されており，ここでは特に項目を設けて記述する。

(1) 除　角

①除角の必要性

　日常的に行なう作業ではないものの，除角作業は作業者側には労力を必要とし，牛側には多くのストレスを与えると考えられる。このため，実際の酪農現場ではある程度成長してから除角を実施することもある。しかし次のような理由から，ぜひとも早期に実施することが必要である。

　将来，放し飼い牛舎で飼育する場合はもちろんのこと，繋ぎ飼い牛舎で飼養することが明らかな場合でも，離乳後の育成期は群飼養することが多いため，確実に除角しなければならない。また，除角により管理者の安全性も格段に向上する。

　群飼育時に，群内に除角を行なっていない個体や除角が不完全な個体が存在すると，群内での敵対行動時に相手個体を損傷してしまうおそれがある。このことは，子牛の飼育管理上，不利となる。

　また，除角をしないで群飼育する場合には，1頭当たりの飼育面積は，完全に除角を実施した牛群に比べ，大きくしなければならないといわれている。

　一般的に子牛の群飼育が開始される時期が2〜3か月齢程度であることや，角の成長を考えれば，この時期までには除角を実施することが，飼養管理上は必要である。

②除角の方法

　除角の方法には，灼熱したコテを利用する方法や，棒状の苛性カリ（水酸化カリウム）などの薬品を用いる方法，断角器による方法，あるいはゴムリングを用いる方法などがあるが，出生後の早い時期に行なう方法としては，灼熱したコテを用いる方法が一般的である。

　断角器やゴムリングによる方法は，成長後の角を除去するときの方法である。しかし，加齢してからの除角は，保定の労力，除角後の措置・影響および除角の確実性から考えて不利な面が多い。

　作業の容易さも考え合わせ，できれば，まだ角はほとんど出ていない1週齢程度のときに，除角用の電気ゴテを用いて行なうとよい。

　出生後1週齢ほどで，角の発生部がわずかに盛り上がってくる。この角の成長点を焼きゴテあるいは苛性カリなどの薬品で除去すれば，以後角は生えてこない。どちらの方法でも，角の突起部の周囲の毛はきれいに刈り取る必要がある。また，薬品を用いる場合は，目的の突起部以外に薬品が付着しないよう苛性カリを含んだ液はこまめに拭き取りながら作業する。また，出血がある場合には，焼きゴテなどで血管を焼烙しなければならない。もちろん薬品を操作するときは手袋をして作業するなど，管理者の皮膚の保護にも細心の注意が必要である。

　除角時期が遅れると角が成長し，まもなく親指の先端大の大きさになる。この場合は，角の突起部を中心にして，周囲に窪みができる程度まで十分に焼き，その後，焼きゴテを斜めにして，角の突起をえぐるようにして取り除く。除角器を斜めにして利用する際，焼きゴテが触れないように注意する。また角の部分をえぐり取った後に，角の中心部を十分焼くと，除角の確実性が増す。

　また，除角をした部分の周囲からの出血は，その後の化膿の原因ともなるので，焼きゴテで十分焼烙しておき，消毒も施す。

　一時的に子牛の活力が低下する場合もあるが，まもなく回復する。しかし，疾病にかかっていたり，下痢をしていたりする場合には，その回

育成

復後まで除角を見合わせなければならないこともある。また，除角後の子牛の健康状態や除角部の状況などには，管理者が注意を払わなければならない。

(2) 日常的な牛体の手入れ

子牛のからだの汚れは，下痢や軟便などによるが，それらを除去するためにブラッシングを行なうことは，作業的には煩雑と考えられがちである。しかし，からだの汚れは，敷料の汚れとともに疾病の発生や発育の障害となることもある。

哺乳やその他の飼料給与（給水）および除糞作業を除けば，哺育期の子牛と実際に接触する作業は意外と少ないものである。このため，牛体の手入れのための作業は，人と動物の関係を構築するために，貴重な作業ともなる。

(3) 日常管理と子牛の扱いやすさ

①子牛と母牛，飼育者との関係の深まりとその効果

牛など集団で生活する動物には，成長する過程で母親をはじめとする他個体との関係を築く社会化期あるいは感受期が存在することが知られている。牛は野生の状態では，老齢雌牛とその子牛，および成熟娘牛とその子牛から成る母系集団をつくって生活する。分娩時には母牛は集団から一時的に離れ，生まれた子牛は母牛とともに集団に合流するまでの3～4日間隠れている。この時期が牛にとっての第一の感受期と考えられ，授乳とともに休息時や授乳時などに母牛が自分の子牛の体を舐めることを通して母子関係が強まっていく。

このような現象は母牛だけでなく飼育者を対象にしても起こり，出生後の早い時期に人が子牛と出会い接触することで，その後の子牛の飼育者に対する反応が穏やかになることが報告されている（小迫・井村，1999）。この効果は恒常的に人が牛に接触する機会の少ない周年放牧のような飼育形態で顕著である。

生後間もない時期の子牛はまた，母牛に追随する性質をもつが，母牛以外，たとえば人に対しても追随反応が示される。この性質を利用することで，出生後すぐに1週間程度毎日数十分ずつ飼育者に追随させる誘導訓練を子牛に施しておくと，出荷や輸送時に頭絡を付けた牛の誘導作業がスムーズになることが報告されている（小迫・井村，2000）。

②子牛と飼育者の親和関係を強める管理法

さらに，出生直後に子牛を母牛から離し，その後一貫して人手によって育てることが一般的な乳用牛では，哺育期を通じた長期的な飼育者との関わり方が，牛と飼育者との親和関係の形成に少なからず影響する。

哺育期の牛に対する日常管理作業を，カーフハッチやペンで飼育されている子牛と飼育者と

第1図　哺育子牛に対する哺乳作業
飼育者と子牛の関わり方でいえば，「柵越」作業に相当する

第2図　哺育子牛が収容されている施設内での敷料掃除作業
「柵内」作業として分類され，他の作業と比べて子牛に対する管理者の接触は頻繁である

の関わり方の観点で大別すると,「柵内」「柵越」「柵外」に分けることができる。そのうち柵内作業は敷料掃除・交換が主であり,作業の際に近寄ってきた子牛に対して撫でたりやさしく叩いたりするハンドリング(物理的接触)を施すことが,牛の飼育者に対する親和性の向上に役立つ。

また,哺育期の柵越作業の大部分は哺乳で占められている。初乳や代用乳を入れたバケツを子牛の前に放置し,バケツからがぶ飲みさせるやり方も見受けられるが,飼育者との親和関係の形成のみならず,ストレスの観点からも好ましくない。授乳は栄養摂取だけでなく,飼育者との絆の形成にも重要な役割を果たしており,飼育者は哺乳中にできる限り子牛の傍らにいることが望ましい。ニップル付きの哺乳瓶やバケツを使うので作業時間は長くなるが,親和関係を形成するうえで有効である。

また,高レベルのストレス反応である吸引行動(仲間の体の一部や物を繰り返し吸引する行動)は,バケツでがぶ飲みした後に多く出現するとの報告もある(佐藤,1992)。このため,吸乳の欲求を満たすうえでも,ニップル付きの器具を使い時間をかけて哺乳することが望ましい。

哺育期の作業時間の大半は,実際には飼育者が他の牛の世話をしたり,通路を通ったりといった柵外作業である。互いの物理的接触がなくても,牛が飼育者の気配をどれだけ頻繁に感じるかということも,牛の人に対する慣れに関係する。

たとえば自動哺乳機を導入すると,日常の管理作業のなかで飼育者が哺乳子牛に接触する機会と仕方が大きく変化する。そのような場合には,作業動線のなかで飼育者がよく通る場所に子牛の収容施設を設置すると,牛が人に出会う機会を増やすことができる。そして,直接的な物理的接触が減ったとしても,両者の親和関係が自然に醸成されることが期待できる。また,子牛を観察する機会が増えるなど,健康管理上も望ましい。

2000年記

参考文献

小迫孝実・井村毅.1999.黒毛和種子牛に対する生後3日間のヒトの接触処理がその後の対人反応に及ぼす影響.日畜会誌.**70**(10),J409−J414.

小迫孝実・井村毅.2000.黒毛和種育成牛のロープ誘導能率に及ぼす初期訓練および哺乳方法の影響.日畜会誌.**71**(7),J75−J81.

佐藤衆介.1992.家畜福祉と家畜生産―家畜福祉視点からの畜産技術の評価―.畜産の研究.**46**(2),237−245.

育成

哺育牛の施設・設備

執筆　干場信司（酪農学園大学）

(1) 発育ステージ別収容施設の必要性

哺育・育成段階の乳牛は，以下に記す3つの理由により，発育ステージ別の収容施設で飼育されなくてはならない。

第一は，感染病に対する抵抗性の発育ステージ別相違である。哺育牛（0～2か月齢）は生まれてすぐに母牛の初乳を飲むことにより，免疫抗体を得ることはできる。しかし，感染病に対する抵抗性は不十分であり，肺炎や下痢などへの罹患率はこの時期に最も高い。したがって，特に出産直後の子牛の収容施設は，搾乳牛群と隔離されていなくてはならない。

離乳後，子牛はしだいに抵抗性を強めていくが，離乳後であっても，2～3か月以上月齢の離れた子牛同士を同一ペンに入れることは避けるべきである。これは，疾病の感染が，月齢の大きい慢性的な保菌牛から，免疫性をあまり持っていない若齢牛へ広がっていくためである。

第二の理由は，管理内容の発育ステージ別相違である。米国で行なわれた調査によると，出産した子牛が母牛から分離されるまでの時間が長いほど，子牛の死廃率が高かった。これは，酪農家が，母牛の持っている子牛の面倒を見る能力を過大評価しているためであろうと考えられる。母牛から早期に分離して，人間の手により，確実にまた注意深く管理する必要がある。

哺乳期にはこのような個体別管理が必要であるのに対して，育成の前期（3～6か月齢）は，個体管理から群管理への移行期にあたり，また，育成の後期（7か月齢～初産前）には群管理が行なわれる。なお，育成の前期においては，群の大きさは7～8頭以内が適当とされている。

第三の理由は，要求する飼料の発育ステージ別相違である。哺乳牛は液状飼料を要求し，育成牛はルーメンの発達を促すべく，粗飼料を主体とした飼料を要求する。

発育ステージ別収容施設の必要性は，牧場の飼育頭数が多くなるにつれて，より明瞭になる。以下に発育ステージ別収容施設の例を示す。

なお，多頭数飼育や高泌乳牛群づくりを志向していない酪農家においては，子牛にもむりがかかっていないので，必ずしも発育ステージ別に収容するという考え方が必要とは限らないであろう。

(2) カーフハッチ（哺育牛収容施設）

カーフハッチは，第1図に示すように，生まれて間もない子牛を屋外で1頭ずつ隔離して飼育するための小屋で，寒冷地の厳寒期においても用いられている哺育施設である。この施設は，米国で1970年代前半より急速に普及し出したもので，わが国には，1977年にアメリカ・ミネソタ大学より来日していたベイツ教授によって紹介され，各地で利用されている。

カーフハッチがこのように普及した理由としては，子牛の罹患率や死廃率が非常に低いことがあげられる。寒冷地でも，飼料効率は低いにもかかわらず，健康な子牛を育てることができるために利用されている。このカーフハッチの優秀さを支えるキーポイントは，空気の新鮮さ（優れた空気衛生環境）と1頭ずつの隔離飼養にある。

第2図は，カーフハッチ内部や周囲の空中浮遊細菌数を，哺乳牛から成牛までの全発育ステージの牛が同居している在来の，牛舎内のそれと比較したものであるが，カーフハッチの空気がいかに新鮮であるかが明らかである（干場ら，1986）。第3図に示したのは，カーフハッチ内の

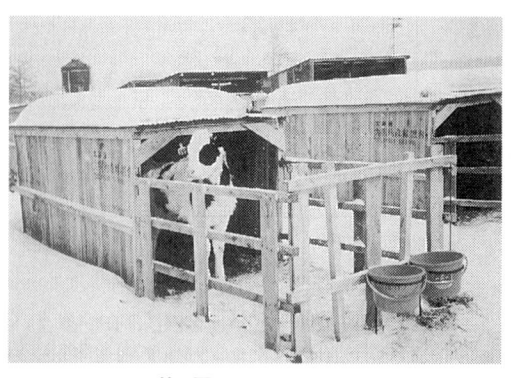

第1図　カーフハッチ

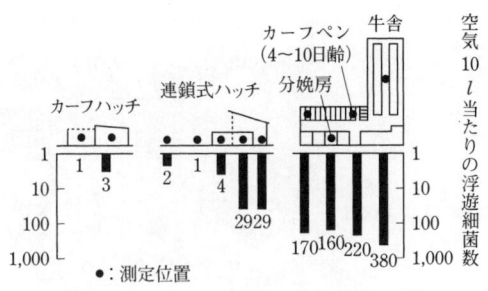

哺育期の飼養管理＝哺育牛の施設・設備

第2図 カーフハッチにおける空中浮遊細菌数（冬季）

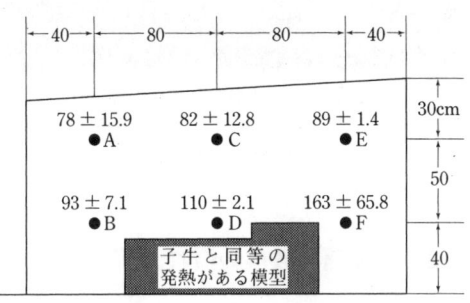

第3図 カーフハッチにおける換気回数の分布（冬季）

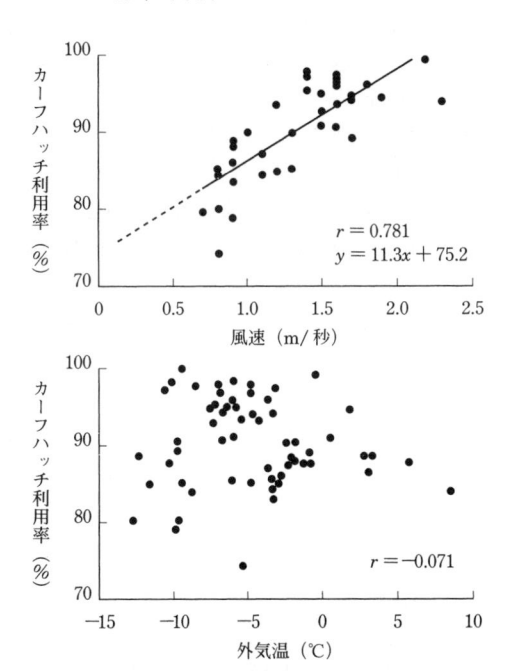

第4図 子牛がカーフハッチ内に滞在する時間の割合（カーフハッチ利用率）と風速・外気温との関係

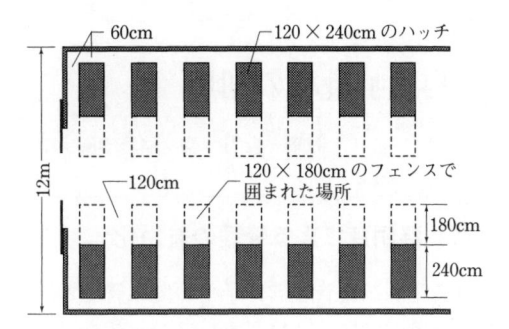

第5図 屋内に設置したカーフハッチ
一列の屋根付きカーフハッチの場合は、北側と東西に壁をつくり、南側は網にして空気の通りをよくする

換気回数である（干場ら，1985）。換気回数とは，測定位置の空気が1時間に屋外の新鮮空気と13回置き変わるかを示すもので，米国のMWPSによると，畜舎での冬期間の最低換気回数は4回／時，夏期間は35回／時とされている。第3図に示したカーフハッチ内部の換気回数は夏期間の最低換気量をはるかに上回っており，換気の良さが明らかとなっている。

一方，カーフハッチの箱自体の役割は，子牛を雨や風から守ることにある。第4図は，子牛が気温の低いときではなく，風の強いときにカーフハッチ内に滞在することを示している（干場ら，1985）。

カーフハッチは屋外に設置されるため，雨天のときには当然ながら作業者も雨にさらされる。また，積雪寒冷地帯の冬期間には除雪が必要となり，作業環境は厳しいものとなる。そのようなときには第5図に示すように，屋根のついた場所にカーフハッチを設置する方法もある。

2000年記

参 考 文 献

干場信司・鮫島良次・佐藤隆光・曽根章夫・岡本全弘・堂腰純．1986．カーフハッチにおける空中浮遊細菌数．農業施設．**34**，41-47．

干場信司・佐藤隆光・五十部誠一郎・堂腰純．1985．カーフハッチの換気回数．農業施設．**32**，14-18．

干場信司・佐藤義和・湯汲三世史・曽根章夫・岡本全弘・堂腰純．1985．冬期における子牛のカーフハッチ内滞在時間と気象環境．家畜の管理．**21**，67-72．

育成

自動哺乳機の利用

執筆　森田　茂（酪農学園大学）

（1）群飼育による管理の省力化

哺育牛の飼養管理は，子牛の健康管理と適正な増体量の確保のため，カーフハッチなどの施設を用いて，子牛を個体別に飼育する方法が一般的であった。個別に管理する方法により，1頭ごとの健康や発育状況を見極め，適切に管理することが可能であった。しかし，管理作業に比較的多くの時間を費やすことから，酪農家の負担も大きかった。

そのため，管理作業の省力化を目的として，代用乳自動哺乳機を導入し，子牛を群飼養する農家が現われている。この方式では，1台の自動哺乳機に2台までのドリンクステーションが設置でき，1つのドリンクステーションに約25頭の子牛を上限として群飼育が可能である。この方法では哺乳作業以外にも，子牛を群飼養として飼育することで収容施設としてある程度のまとまりをもつことになり，哺育牛施設の除糞作業などの機械化が可能となる。

この結果，哺乳作業が自動化し，群飼養することで，子牛に対する作業量は大きく減少する。さらに，施設面積からみれば，1頭当たりの収容面積はこれまでの一般的なカーフハッチに比べて小さくなる。

ただし，一般的な酪農家で，自動哺乳機の能力（25頭群飼）を満たすだけの哺育子牛を保有するケースはきわめて少ない。近隣の酪農家から哺育子牛の預託を受けて，この施設を最大限に利用する方法も考えられるが，現状では特殊な例を除き現実的ではないだろう。むしろ，哺乳可能な頭数（機械の処理能力）に満たない状態であることを容認したうえで本施設を運用し，哺乳の作業時間を軽減することが酪農現場での主な利用方法となる。

第1図　自動哺乳機の代用乳調合部
ドリンクステーションに進入した子牛を個体識別し，そのときに代用乳を調合し吸乳可能にできる仕組みになっている

（2）自動哺乳機への慣れ

26頭の約1週齢の子牛を同時に導入した肉牛生産農家で，導入後の経過日数と哺乳介助の有無を調査した結果がある。それによると，導入1日目には21頭の利用介助を行なったのに対し，2日目で介助が必要な子牛は10頭までに減少し，4日目には1頭のみとなった。したがって，導入初期に適切な馴致を行なえば，長くとも4日程度で自動哺乳機の利用は容易に習得できる。

特に，酪農家での自動哺乳機の利用を想定すると，肉牛生産現場と異なり，同時に同様な日齢の子牛が施設に導入されることはほとんどない。群内に日齢（体格）の異なる子牛が混在するため，攻撃的な行動による損傷の危険もあるが，競合の起こりやすい人工乳用飼槽や自動哺乳機手前の待機すべき場所を十分に確保することで，ある程度は防止できるであろう。むしろ，日齢の異なる子牛との混在は，施設の利用方法をすでに習得している「先輩」が存在することで，新規導入子牛の社会的な学習にとって有益なものとなる可能性がある。

（3）子牛の観察と疾病への対応

これまで，哺育子牛の個別飼育が推奨されてきた理由の一つに，疾病の感染の問題がある。

哺育期の飼養管理＝自動哺乳機の利用

第2図　哺育子牛の群飼養のようす
自動哺乳機を利用する場合には，哺育子牛は群飼養する。この群飼養を伴う点が，飼養管理方法に大きく影響を及ぼす

この感染症への対応は，子牛を群飼養することで弱まってしまう。

また，これまでの個別管理では，子牛ごとの観察が容易であり，疾病の早期発見や早期対応（幼齢子牛では特に早期対応が必要）も可能であった。しかし，作業時間が長いために，管理者が実際に十分な観察を行なえないケースも見受けられた。

哺育子牛の群飼養は，観察や早期対応の容易さという面では個別飼育に劣るものの，観察時間の確保という面では優れている。ただし，単なる観察だけでなく，自動哺乳機をコントロールしているコンピュータから出力される各種データを読み，各子牛の状態を理解する方法を習得する必要もある。

(4) 人工乳採食量の増加

子牛の成長を全体としてとらえれば，代用乳の摂取とともに人工乳や乾草の摂取，哺育期間中の増体成績なども問題となる。

このうち人工乳について，実際に自動哺乳機を用いて群飼養している農家では，採食量が増加し，増体量が改善したとの印象をもっているようである。実際に，カーフハッチでの単飼育と比較し，自動哺乳機を用いて群飼育された子牛では，哺乳期の初期の人工乳摂取量が多いとの実験結果がある。ただし，この実験では4週齢を境に，両飼養条件下での人工乳摂取量は逆転している。

初期の人工乳採食量の多さは，いわゆる人工乳への食い付きのよさを表わしているのかもしれない。この原因の一つとして，人工乳を給与している飼槽利用の社会的学習（他の牛が利用しているのを見て，自分が利用する方法などを学習する）や，人工乳採食の社会的促進（他の牛が採食していると，すでに自分は採食したのに，また採食したくなる）が考えられる。

さらに，待機中の子牛が，自動哺乳機が利用可能となるのを待ちきれず，人工乳採食に移行するといった行動が多いことも，初期の人工乳採食量の多さに関与しているのかもしれない。

ただし，群飼養条件下の人工乳採食時間は平均すれば長いものの，個体ごとにみれば，人工乳の飼槽をまったく利用していない子牛が存在することも事実である。当然のことながら，自動哺乳機のデータには人工乳の個体別採食状況は記録されていない。管理する側からは，このような牛をどのように把握するかが問題となる。

(5) 運動量の増大

自動哺乳機を利用することで哺育子牛が群飼養となることは，牛舎内での牛の移動にも大きな影響を及ぼす。たとえば1頭当たりの牛舎面積は減少しても，群飼養している子牛が利用できる面積は増加する。

また，代用乳摂取は自動哺乳機で，人工乳の採食は設置された飼槽で，飲水は共通で利用する水槽でと別々の場所で行なわれるので，収容施設内での移動距離は単飼養に比べきわめて長くなる。この移動距離の差が，どのような利点や欠点を生むのかは明らかになっていない。しかし，移動のためのエネルギー消費から考えてそれほど大きな損失とはならず，むしろ，群飼養子牛の豊富な運動量は子牛の健康状態に良好な効果をもたらすものと考えられている。

2000年記

育成

衛生管理と疾病対策

執筆　照井信一（日本全薬工業株式会社）

(1) 衛生管理の要点

牛の一生のなかで最も病気にかかりやすく管理が難しいのが哺乳期である。この時期は特に消化器病と呼吸器病にかかりやすく，一度これらの病気にかかると進展増悪が早く致死率も高い（第1表）。このことは子牛の抗病性が低いことと同時に，輸送ストレス，密飼い，換気不良，糞尿汚染などの影響も大きい。このような背景から哺乳期の衛生管理の要点として次のような対応が望ましい。

①免疫力の賦与

新生子牛は母親由来の免疫力を全くもたない無防備の状態で出生し，初乳を摂取することで初めて免疫力を獲得する。したがって，出生後はできるだけ早く（2時間以内）2lの初乳を給与し，免疫力を高めることが健康な子牛を育成するための第一条件である（第1図）。

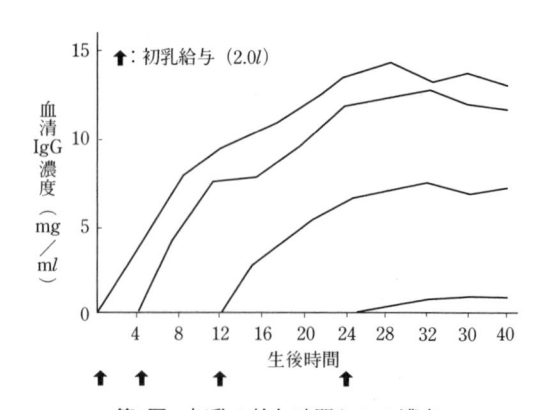

第1図 初乳の給与時間とIgG濃度

(G. H. Stott, Hoad's Dairyman, 1993)

実線は各給与時間ごとのIgG（免疫グロブリン）濃度の推移。初乳の給与時間が遅くなるとIgG濃度の上昇が低い

第2表 乳牛における環境温度の限界

牛の成育期	下限温度（℃）	上限温度（℃）
哺　育　牛	13	26
育　成　牛	−5	26
乾　乳　牛	−14	25
泌　乳　牛	−25	25

注　(社) 全国衛指協編：生産獣医療システム乳牛編より

第1表 乳用牛の疾病発生状況

畜種	年度	検査頭数 ①	病類別発病率 (%)						発病頭数 ②	総発病率 ②/①	死亡率・致死率 (%)		
			寄生虫病	伝染病	消化器病	呼吸器病	泌尿生殖器病	外傷・不慮	その他			死亡頭数 ③	総死亡率 ③/①	致死率 ③/②
哺育牛	平成1年	47,179	1.22		8.76	7.48	0.47	0.85	1.31	9,480	20.09	1,567	3.32	16.53
	2	39,898	0.76		9.03	6.59	0.52	0.90	1.34	7,636	19.14	1,307	3.28	17.12
	3	39,978	0.75		9.73	9.05	0.49	0.96	1.37	8,930	22.34	1,288	3.22	14.42
	4	37,772	1.01		9.77	6.83	0.60	0.92	1.65	7,861	20.81	1,236	3.27	15.72
	5	41,694	1.06		8.91	6.89	0.78	1.21	1.88	8,645	20.73	1,602	3.84	18.53
	6	40,178	1.06		9.49	7.21	0.70	1.33	2.06	8,781	21.86	1,626	4.05	18.52
	7	35,955	0.93		9.63	5.41	0.57	1.15	2.13	7,126	19.82	1,430	3.98	20.07
育成・成牛	平成1年	310,148	0.85		6.94	2.66	12.88	0.90	7.12	97,213	31.34	7,987	2.58	8.22
	2	313,516	0.84		7.35	2.48	14.23	1.09	7.77	105,822	33.75	10,585	3.38	10.00
	3	290,866	0.66		7.42	1.83	15.80	0.99	8.21	101,529	34.91	10,772	3.70	10.61
	4	309,551	0.56		6.56	1.54	15.36	1.35	6.85	100,058	32.32	10,533	3.40	10.53
	5	289,456	0.77		7.34	2.29	15.63	1.81	7.13	101,208	34.96	11,602	4.01	11.46
	6	259,625	0.57		6.21	1.57	13.74	1.36	6.82	78,602	30.28	9,658	3.72	12.29
	7	317,763	0.72		7.62	1.88	16.92	1.55	7.11	113,761	35.80	12,454	3.90	10.95

注　畜産局衛生課：全国家畜衛生主任者会議資料より算出

第3表　幼・若齢牛の観察のポイント

観察のポイント	正常な状態	主な異常	疑われる疾病
元気・食欲	食欲おう盛 元気良好	1. 飼槽に寄りつかない 2. 残食が多い 3. 群から離れている	消化器病 発熱性疾患 歯疾患
眼	温和で活力あり	4. 活力がない 5. 結膜の貧血 6. 結膜の充血 7. 結膜の黄色化 8. 膿性の結膜炎 9. 多量の流涙	貧　血 黄　疸 呼吸器病の初期
鼻	鼻鏡は適度に湿り冷たい	10. 黄白色～黄緑色の鼻漏 11. 鼻鏡の乾燥	呼吸器病 発熱性疾患
挙　動	活発、歩様は軽くて確実	12. 不穏、流涎、歯ぎしり、怒責、前掻き、苦悶、腹部をかえりみる 13. 沈鬱、異常な興奮、旋回、狂騒、けいれん、麻痺などの意識障害、神経症状 14. 跛行 15. 打撲、捻挫、関節炎 16. 歩行時、排尿、排糞時背、飛節の異常湾曲 17. 壁、柱などに体を擦りつける 18. 肩、腰のふらつき	内臓の疼痛 中　毒 神経障害 蹄　病 床構造の不備 下　痢 皮膚病 脳炎、中毒
尾	尾根部は清潔で汚物の付着もない	19. 尾根部の毛がはげ落ちている 20. 尾根部に黄白色や黒褐色の汚物が付着している 21. 尾全体に汚物が付着している	高度の下痢 下　痢 下　痢
呼　吸	10～30回/分	22. 開口呼吸、努力性呼吸 23. 呼吸数の増加 24. 腹式呼吸	重度な呼吸器病 呼吸器病 重度な呼吸器病
発　咳	なし	25. 発　咳	誤飲、呼吸器病
体　温	38.5～39.5℃	26. 発熱（40℃以上） 27. 全身の震え	呼吸器病など 呼吸器病など
被　毛	光沢あり	28. 粗剛、失沢 29. 長く、不揃い、ねじれ 30. 脱　毛 31. 陰毛先端部に白色小結石の付着	栄養不良 栄養不良 皮膚病 尿石症
可視粘膜	薄桃色	32. 黄色化 33. 蒼白化 34. 潮紅、赤斑	黄　疸 貧　血 発　熱
皮　膚	なし	35. 水　疱 36. 膿　胞 37. 膿　瘍 38. 脱　毛 39. 痂　皮	皮膚病 皮膚病 皮膚病 皮膚病 皮膚病
嘔　吐	なし	40. 嘔　吐 41. 吐出物に血液含む 42. 吐出物に胃腸内容物含む	過食など
糞	長楕円形 固さは地上に落下したときわずかに扁平	43. 便秘（団子状） 44. 下痢（軟泥状～水様） 45. 多量の粘液 46. 赤色～黒褐色	水分不足 飼料の腐敗 感染症
尿	淡黄褐色	47. 排尿困難など 48. 赤色尿	過飲水

注　農水省畜産局衛生課編：乳用雄子牛損耗防止マニュアルより

② 感染防止対策

新生子牛の免疫力が一定の水準に達するまでの生後3～4週間は、病原微生物感染や種々の汚染源から遠ざけるために、カーフハッチなどを用いての個別飼養が望ましい。この間を他の牛に邪魔されずに十分に栄養を補給し、環境に対する順応性を養うことは、健康な子牛育成の基本である。

③ 体温の保持対策

新生子牛は体温調節機能が未熟なことと生理的な耐性下限温度が約13℃と高いことから、寒冷時の分娩では過度の冷却で凍死してしまうこともまれではない。したがって、出生後はできるだけ早く全身を乾かし、十分に敷料を入れた子牛房かカーフハッチに収容し、すきま風などを防ぎ、できるだけ保温に努めることが必要である（第2表）。

④ 脱水防止対策

新生子牛は成牛に比べて体内の水分含量が多いのが特徴である。しかも、循環器や腎臓機能が未熟なために、ちょっとした下痢でもすぐ脱水症を起こす。したがって、特に下痢症の場合には症状に応じて補液を行なうか経

育成

口補液剤を投与し，水と電解質の補給に努め体力の維持を図ることが必要である。

(2) 多発疾病対策

①病牛の早期発見・早期治療

種々の疾病が発症しやすく，しかも進展増悪しやすい哺乳期の子牛では，病気はできるだけ早く発見し，早期に治療を行なうことが原則である。その場合，個体の状況はもとより，群全体としてどのような状況にあるかを素早く確かめることが必要である。元気，食欲（飲欲），咳，下痢，体温，神経症状，鼻汁，腫れ，痛み，歩様などを素早く観察し，異常がみられた場合には迅速に処置することが必要である（第3表）。

②消化器病と呼吸器病

この時期に最も多発する疾病は消化器病と呼吸器病である。食べものを摂取し消化吸収するための口から直腸に至るまでの経路も，呼吸を行なうための鼻から肺に至る経路も直接外界に接しているために，外界の種々のものが無差別に体内にとり込まれてしまう。その結果，往々にして病原微生物，有毒，有害なものまでも一緒にとり込んでしまい，それが原因で発症することも多い。

消化器病の予防としてはミルクの質，量の吟味はもちろん，給与する場合の温度，時間，回数などにも留意し，どの子牛にも平等に給与することが必要である。

呼吸器病の予防として最も留意しなければならないことは十分な換気である。

この2つの病気は哺育期の子牛に最も発生しやすく，その後の成育にも大きく影響するので，その予防には十分注意しなければならない。

なお，生後2週間を過ぎる頃から血液の混じった赤い下利便を排出することがあり，多くの場合コクシジウムが検出され，重度感染牛で栄養状態の悪化から衰弱死することもある。したがって，赤色下痢便がみられた場合にはただちに補液などによる栄養補給と脱水防止，サルファ剤の投与などによる対症療法が必要である。

③ワクチン接種

初乳の摂取だけで十分な免疫力を獲得することは不可能なので，ワクチンを併用することが得策である。したがって，生後2か月をめどにワクチン接種を行ない，効率的に抗体を上昇させるとよい。ワクチンの種類はそれぞれの地域の実情に応じて選択し適切に投与することが望ましい。

2000年記

育成期の飼養管理（4か月齢～初産分娩）

育成期の3つの課題
―初産分娩月齢，初産乳量，難産

執筆　大坂郁夫（北海道立畜産試験場）

(1) 育成管理の新たな重要性

　従来，乳牛の飼養管理は主に泌乳期を重点としていた。乳量は収入の増減に直接かかわってくるため，酪農家にとってわかりやすい指標になるからであろう。一方，育成期の管理については放牧の利用や，泌乳牛の残食の利用など，なるべく労力を少なくし，コストがかからないような飼養法を行なっていた。これには，酪農規模が小さく育成牛の頭数も少なかったため，経済的負担もわずかであったこと，また育成期の発育状態が必ずしも初産乳量に反映しなかったこと，さらに育成飼養に関する情報がきわめて少なかったこと，などが理由として考えられる。

　ところが近年，遺伝的改良が進んで体格が大型化し，高泌乳が期待できる後継牛が次々と輩出されてくると，既存の育成に関する知識や技術の応用だけでは対応できなくなってきた。また，初産牛頭数が泌乳牛の3割を超している現在では，初産牛にかかわる問題がいくつか表面化してきた。特に，初産分娩月齢の遅延，初産次の低乳量，初産分娩時の高難産率は，酪農経営にとって大きなマイナスであり，逆にこれらを改善することで大きな収入アップにつながる。

　これら3つの問題点は，いずれも育成期の飼養法と切り離すことができない密接な関係にあるため，育成期の飼養管理法について関心が高まってきている。以下に，これらの現状と具体的問題点について要約する。

(2) 初産分娩月齢

　初産分娩月齢を短縮させることは，育成期の飼養コストを軽減するだけでなく，早期から乳生産という収入源を得られるため経済効果が高い。初産牛では，かなり前から24か月齢分娩が推奨されている。しかし，全国平均では昭和62年に，北海道では昭和63年に28か月齢から27か月齢に短縮された後は，10年以上短縮されていない。第1表に，北海道の最近10年間における乳牛の分娩月齢別割合の動向を示した。分娩月齢が26か月齢以下と27か月齢以上の割合で見ると，ほぼ同じであり，ここ数年間では26か月齢以下の割合が増加しているものの，その差はわずかである。

　現状より1か月齢でも分娩月齢を短縮するには，まず26か月齢以下の分娩割合を増加させることである。そのためには，遅くとも17か月齢までには受胎を完了していなければならない。そこで，1) 交配基準の設定（月齢か，体格か），2) 早期分娩が初産乳量や難産に及ぼす影響について明らかにする必要がある。

(3) 初産乳量

　乳量の向上については，一部で「どこまで乳

第1表　初産分娩月齢割合の推移（単位：%）
（北海道酪農検定検査協会）

年度	26か月齢以下	27か月齢以上
1989	49.0	51.0
1990	52.1	47.9
1991	52.8	47.2
1992	49.1	50.9
1993	49.0	51.0
1994	48.9	51.1
1995	49.1	50.9
1996	51.4	48.6
1997	53.6	46.4
1998	54.3	45.7

量を向上させればよいのか」疑問視する声が聞かれる。確かに，飼養形態が多様化してきた昨今では，1頭当たりの乳量向上を追求することが必ずしも酪農経営を改善するとはいえなくなった。

たとえば，乳牛を大頭数規模で飼養してミルキングパーラーを使用している農家では，乳量や体格が斉一化されているほうが作業効率はよい。その群のなかに乳量が飛び抜けて高いスーパーカウが1頭だけいたために，搾乳時間が延びたり，給与飼料を別メニューにしなければならないなど逆に労力が多くなり，結果的にスーパーカウを売り払わなければならないということになりかねない。一方で，少頭数規模経営では個体乳量が高いことは大いにメリットになる。要するに，乳量基準一つにしても，各酪農家のシステムを見据えたうえで設定すべきであり，その設定に到達するのに必要な技術を選択すべきである。

しかし，初産乳量を向上させることは，飼養規模の大小にかかわらず経済的効果を期待できるのではないだろうか。というのも，一般的に経産牛よりも乳量が少なく全泌乳牛の3割以上を占める初産牛が，経産牛乳量に近い乳量を生産することで，飼養規模の大きな酪農家で求められている乳量の斉一性という面でも，飼養規模の小さい酪農家に必要な個体乳量の向上という面でも，大きなメリットになるからである。

ところで，この初産乳量と育成期の飼養法との関連については，古くから増体を高めると乳腺の発達に悪影響を与えて初産乳量が低下するといわれている。一方，最近では分娩時体重が高いほど初産乳量が増加するという報告がある。

一見矛盾したこの現象は，日増体量を高める時期や給与飼料の成分の違いが初産乳量に影響を与えていると思われる。

加えて，高増体量の定義も異なるなど，情報が混乱しており，整理する必要がある。

(4) 初産牛の難産

一般に，難産は経産牛より初産牛に多発する。また，乳牛のほうが肉牛よりも難産の発生率が明らかに高いといわれている。

初産牛が難産になる要因は多岐にわたっている。母胎側の要因としては産道の狭窄をきたす因子，あるいは胎子が産道に正常に進入することを阻害する場合，また胎子側の要因としては胎子異常や奇形などがあげられる。そのなかには骨盤の骨折，遺伝的・先天的な産道の発育不全，子宮捻転や子宮感染，胎子のミイラ化，異常胎位など人為的に予測が不可能あるいは困難な要因もある。しかし，若齢時の交配や飼養条件が悪いことによる胎盤の発育不全，胎子過大などは，育成期の飼養管理に関連する。

初産時の子牛体重が母牛体重の9％以上になると，繁殖機能に障害を起こす危険性が高いといわれている。しかし，要因は母胎側なのか胎子側なのか，あるいはその相互作用なのかは不明である。

(5) ステージごとの目標を持とう

乳牛の場合は肉牛と異なり，育成期が約2年間と長い。この期間は離乳，成長，諸器官の発達，妊娠，分娩と乳牛にとって一生の間で劇的な変化を遂げる時期であるため，それらに対応した飼養管理が望ましい。まして，上記の3つの問題点が飼養管理と関連するのであれば，なおさらである。

現実的には，酪農家の規模の大小を問わず，一部で機械化が進んだとはいえ，いまだに泌乳牛の管理（搾乳，飼料給与，疾病対策など）と子牛の管理（哺乳，下痢対策など）にかなりの時間が割かれている。また，公共育成牧場でも放牧中心の飼養であるため，きめ細かな飼養管理はきわめて困難である。

しかし，飼料基盤はさまざまで，発育目標も異なるとしても，育成ステージごとの考え方や飼養管理の基本を押さえておくことが必要である。そこで，育成期を3つのステージに分け，各ステージの目標とチェック項目を明確にし，最近の情報も把握しながら，育成期の飼養管理を進めていくことが必要になる。育成期の3つのステージとは，1) 離乳期から種付け時期まで，2) 種付け時期から初産分娩直前まで，3) 初産

牛移行期（分娩2週間前から分娩後4週間くらいまで）である。

2000年記

参考文献

Foldager, J. and K. Sejrsen. 1987. Research in Cattle Production Danish Status and Perspectives. 8. Mammary gland development and milk production in dairy cows in relation to feeding and hormone manipulation during rearing. Landhusholdningsselkabets Forlag, Tryk, Denmark.

Gardner, R. W., J. D. Shum and L. G. Vargus. 1977. Accelerated growth and early breeding of Holstein heifers. J. Dairy. Sci. **602**, 1941−1948.

Harrison. R. D., I. P. Reynolds and W. Little. 1983. A quantitative analysis of mammary glands od dairy heifers reared at different rate of live weight gain. J. Dairy. Res. **50**, 405−412.

北海道酪農検定検査協会．1989−1998．個体の305日間成績．vol. 14−23.

Little. W. and R. M. Kay. 1979. The effect of rapid rearing and early calving on the subsequent performance of dairy heifers. Anim. Prod. **29**, 131−142.

岡本昌三ら．1975．乳用子牛の育成期における栄養水準がその後の生産性に及ぼす影響．北海道農業試験場研究報告，第2報同月齢交配群の18か月齢から36か月齢までの成長と初産泌乳成績．**109**，131−147.

Sejrsen, K., J.T.Huber, H. A. Tuker and R. M. Akers. 1982. Influence of nutrition on mammary development in pre−and postpubertal heifers. **65**, 793−800.

Swanson, E. W. 1960. Effect of rapid growth with fatting of dairy heifers on their lactational ability. J. Dairy. Sci. **43**, 377−387.

育成

初産月齢の考え方――乳量と繁殖成績への影響

執筆　坂口　実((独)農業・食品産業総合研究機構北海道農業研究センター)

(1) 初産月齢早期化の可能性

1980年代から持続的に上昇してきた乳量の増加は，乳牛の体格向上をもたらした。育成牛の発育性や体格も必然的に向上し，春期発動や授精開始が可能となる月齢も下がってきている。しかし，乳牛の平均初産分娩月齢はわずかながら早まる傾向は見られるものの，1980年代後半以降，2000年代に入っても25～27か月と大きな変化はない。こうした状況に対し，初産月齢を下げることの必要性あるいは有用性が，搾乳牛の適切な分娩間隔の維持や，平均産次数の延長とともに指摘され続けてきた。

乳量の多い搾乳牛では，分娩後の発情がなかなかこなかったり，わかりにくくなってきたりしており，世界的にみても乳量増加は繁殖性低下の大きな要因の一つである。しかし，泌乳開始前の育成牛では搾乳牛と異なり，乳量の増加による繁殖性の悪化はないと考えられ，適切な管理がなされれば，初産分娩を早めることに障害はないと考えられる。一部に，高泌乳化により育成牛の繁殖性も低下しているとの声もあるが，多頭化など，経営環境の変化が飼養管理を通じて影響している面が大きいだろう。

初産分娩を早めることにより育成コストの削減が期待できるが，乳量の減少，初産後の2産に向けての繁殖性低下，あるいは初産時の難産などへの不安といった経済的な損失への危惧が，生産現場には依然として根強いと思われる。そこでまず，北海道農業研究センター(北農研)で生産された過去の育成牛のデータをもとに，近年の育成牛の初産月齢と乳生産性，および繁殖性との関係について整理した。この結果は，高能力化した乳牛の初産分娩を24か月齢以降にしても，乳生産性の向上は期待できないことを示すものとなった。そこで24か月以下へ初産月齢を早める可能性について，北農研の結果をもとに紹介する。最後に，初産月齢を早める際に求められる育成法の条件を整理する。

(2) 体格の向上と初産月齢・乳生産性・繁殖性の関係

①高泌乳化の経緯

北農研ではホルスタイン種乳牛を試験研究用に飼養している。1970年代までは実験牛群としての維持を主な目的としてきたため，乳量の平均は検定乳量を下まわっていた。しかし，このような牛群では，生産現場での課題解決に貢献できるような試験成績に結びつけられないのではないかとの危惧から，乳量を実際の生産現場でのレベルに向上させるための改良が始まった。その結果，1990年代には検定乳量の平均をやや上まわる水準になった。こうした経緯からわかるように，急速に改良された牛群であることが特徴である。

この牛群について，約20年間にわたる育成牛の初産分娩，体重，乳量および人工授精(AI)の記録を用い，初産時月齢，体重(分娩後)および乳量(305日補正)と初回分娩後の空胎日数を抽出し，分析することができた(鈴木ら，2002)。具体的には，1979年から1997年までに生産されたホルスタイン種雌牛267頭について，牛群改良の時期をもとに区分した各期において，初産分娩月齢と生産性および繁殖性との関係がどう変化してきたか，という点に注目した。調査対象牛は北農研の慣行法で飼養管理され，夏期の放牧期間中は，育成期，搾乳期ともに濃厚飼料の給餌量を調整した。なお，牛群改良の経緯に基づく分類は次の3期(頭数)とした。

1) 改良初期：乳牛の頭数維持を主な目的として繁殖管理を実施していた1979～1986年生まれ(83頭)

2) 改良中期：泌乳能力の向上を重視した改良を始めた1987～1991年生まれ(83頭)

3) 改良後期：改良の結果，初期の牛群から高能力牛群に置換された1992～1997年生まれ(101頭)

②高泌乳化に伴う変化

改良に伴う初産後乳量（305日補正），初産後体重，初産分娩月齢についての，平均値の変化を第1図に示した。各期をとおして，育成牛の授精開始時期は15か月齢以降と一定であったため，初産月齢にも大きな変化はない。しかし，改良に伴い乳量と初産分娩後体重は大きく増加している。

第2図は，初産分娩月齢と乳量の関係を示したものである。改良初期では，初産月齢が遅くなると初産時の乳量が増加する傾向にあり，1か月の遅れで256kg乳量が増加する関係にあった。この傾向は中期になると弱まり，1か月あたりで82kg程度の増加となった。さらに後期では，初産月齢が遅れても乳量は増加せず，わずかながら減少する傾向さえ見られる。

したがって，初産分娩後体重で550kgを超え，初産乳量も7,000kgを超える1990年代末以降の乳牛では，分娩月齢を24か月以降に遅らせても乳量は増加しないことがわかる。つまり，北農研慣行の育成条件下では，初産月齢を遅らせても育成コストが上昇するだけで，乳生産性は向上しないのである。

繁殖性は初期のデータが得られなかったため，第3図では中期と後期についてのみ，初産分娩月齢とその後の2産に向けての空胎日数の関係を示してある。中期では両者間に関係は

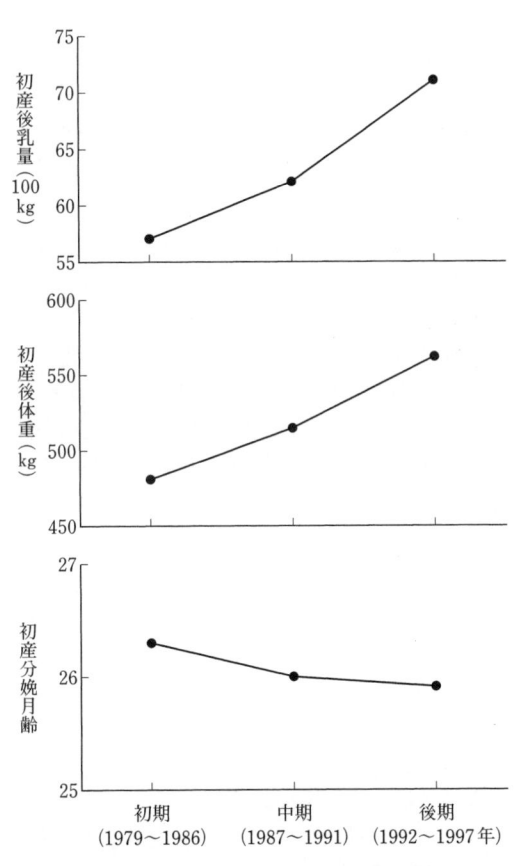

第1図　改良に伴う初産後乳量，初産後体重，初産分娩月齢の推移

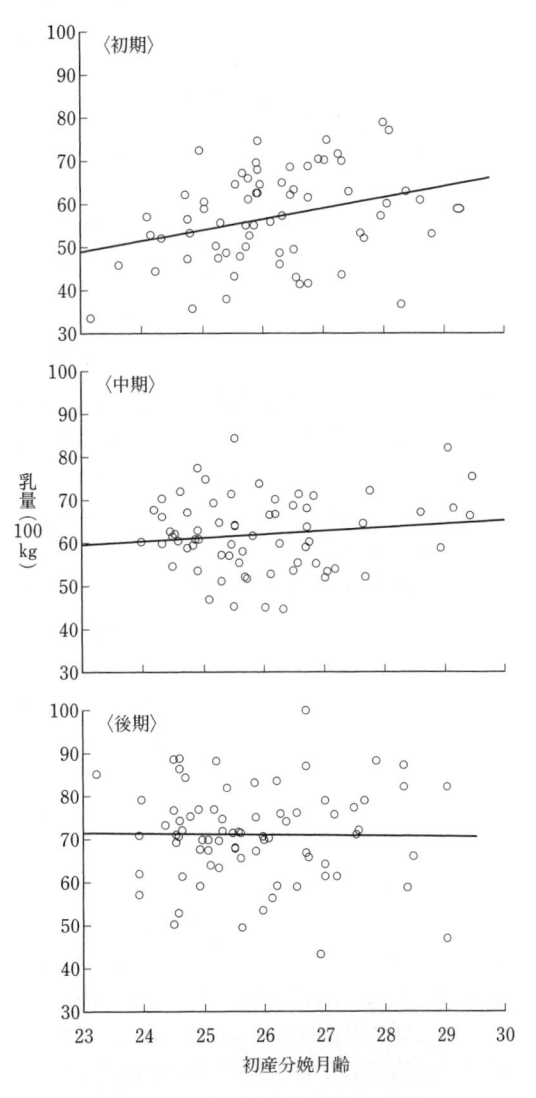

第2図　初産分娩月齢と乳量の関係

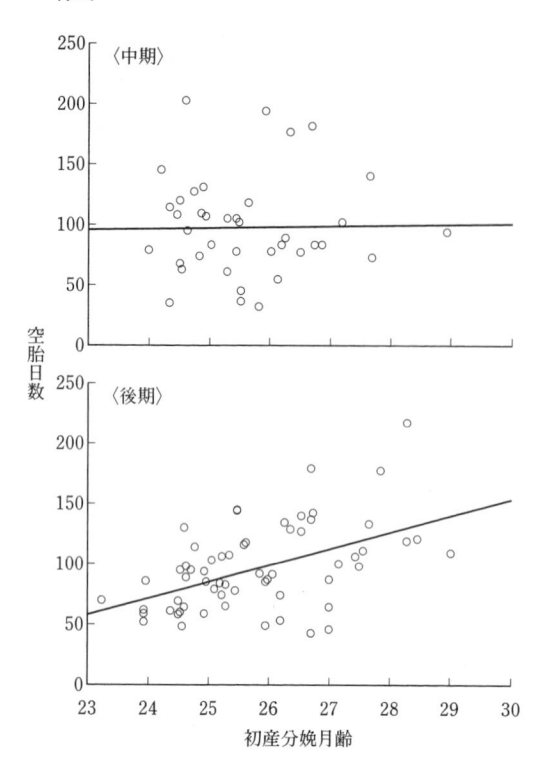

育成

〈中期〉

〈後期〉

第3図　初産分娩月齢と空胎日数の関係

第1表　授精開始時期を早めた育成牛の平均繁殖月齢

授精開始時期	初回授精時	受胎時	初産時	2産時	3産時
12か月	12.2	12.3	21.5	34.1	46.9
15か月	15.0	15.9	25.1	38.0	51.2

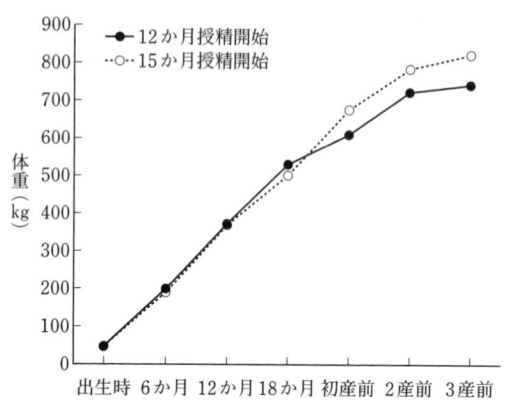

第4図　初産早期化牛の3産までの体重の変化

認められず、空胎日数は初産分娩月齢にかかわらず100日前後であった。ところが後期になると、初産分娩が1か月遅れることにより、空胎日数も約14日延長するという傾向がみられ、これは予想外の結果となった。

こうした北農研の過去の育成牛のデータから、1990年代以降の乳牛では初産分娩月齢を24か月以降にしても、乳生産性および繁殖性の向上は期待できないといえ、さらには初産分娩が遅れることにより、空胎日数はかえって延長する可能性すら示されたのである。

(3) 24か月齢以下への初産月齢の早期化

この結果は、平均初産月齢を24か月に、という目標設定を、少なくとも否定しないものである。しかし、24か月齢よりも早い初産分娩については、過去のデータがなかった。また実際の生産現場の牛群で、平均初産月齢を24か月とすることを想定すると、24か月を超える牛が出てくることは避けられないため、早い牛では21～22か月齢程度で受胎することが前提とならざるを得ない。

そこで、初産分娩月齢をより早めた場合の影響について調べてみた（Sakaguchi et al., 2005）。北農研で1998～1999年に生産され、同様に育成された16頭を8頭ずつの2群に分け、目標分娩月齢を21および24か月に設定し、それぞれ12か月および15か月齢から授精を開始し、3産までの乳生産性と繁殖性を追跡することにした。

①3産までの分娩月齢

第1表に授精開始時期別の平均繁殖月齢を示す。12か月開始群では平均21.5か月齢で初産分娩したのに対し、15か月開始群では25.1か月齢となり、両群間の月齢の差は、3産分娩までほぼ維持されていた。

②体重変化

第4図は3産分娩前までの体重の変化を示している。12か月および15か月授精開始の両群とも、12か月齢までの平均増体量は約890g/日で、平均体重は370kgに達する。また、授精開

始を12か月に早めても，初産分娩前の体重は600kgを超え，分娩後体重は560kg程度となり，初産分娩時の両群間の体重の差は，3産分娩時まで60～80kgのまま維持されている。

③乳生産性

乳量は両群間に大きな差はない（第5図）。初産時はどちらも7,800kg程度で，2産では15か月群が若干高くなるが，3産では12か月群が高い。3産終了時の月齢は12か月開始群で約4か月早いが，3産時までの平均累積乳量は，12か月群で2万8,823kg（6頭），15か月群で2万8,630kg（5頭）と，ほぼ同等である。この結果，出生から3産搾乳終了時まで，乳生産のない日もすべて含んだ1日当たり平均乳量は，12か月開始群で16.6kgとなる。これは15か月群の15.5kgよりも1.1kg多いことから，初産月齢を21か月程度に早めても乳生産性に問題はなく，3産目までの全生涯の日平均乳量はむしろ高くなる傾向があるといえる。

(4) 初産月齢早期化と繁殖性

このように，初産分娩を早めても乳生産性に悪影響は認められないが，分娩時の母牛の体重は低くなる。一方，3産までの産子の体重は，第2表に示すようにほぼ同等であり，初産時の分娩難易度も2群間で差はない（第3表）。初産後の繁殖機能回復および3産までの分娩間隔にも早期化の悪影響は認められない（第3表）。

このように，12か月授精開始で21～22か月齢分娩としても，繁殖性に対する悪影響は認められないが，初産分娩から2産にかけては，乳生産しながら体も成長し，なおかつ，新たに妊娠しなければならない時期である。したがって，この時期は乳牛の生涯生産性にとって重要な時期であり，初産月齢にかかわらず，飼養管理には細心の注意が必要なのはいうまでもない。

そこで，これら初産早期化牛の，初産分娩後10週までの体重とボディコンディションスコア（BCS）の変化をまとめてみた（第6図）。15か月授精開始（25か月分娩）群では，体重はおおむね600kg弱，BCSは3.0弱を保っている。一方で12か月開始（21か月分娩）群では，分娩2週後に体重は500kg近くまで低下し，BCSも2.75以下まで下がっている。おそらく，この水準を維持できていれば，21か月初産分娩でも大きなトラブルを招くことは少ないであろうが，群管理上の問題など何らかの理由によりこれを下まわるような場合，生産病や繁殖性低下などのトラブルの可能性が増えると予想される。

つまり，ここに示された12か月開始群の体

第2表 初産早期化牛の平均産子体重（kg）

授精開始時期	産 次		
	初 産	2 産	3 産
12か月	40	48	49
15か月	42	45	51

第3表 初産早期化牛の3産までの繁殖性

授精開始時期	12か月	15か月
初産分娩難易度[1]	3.0	2.6
初産後初回発情日	49	49
初産後初回授精日	68	67
授精回数	1.75	1.75
受胎頭数／授精頭数	8/8	5/8
調整した空胎日数[2]	83	110
分娩間隔日数（初産～2産）	382	384
分娩間隔日数（2産～3産）	391	400

注 1）スコア1（自然分娩）～スコア5（外科的処置が必要，あるいは母牛死亡）の5段階評価
    2）受胎しなかった初産牛は最終授精日＋21日として計算

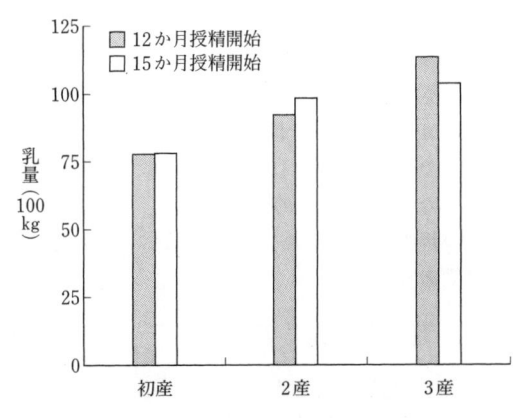

第5図 初産早期化牛の3産までの乳量

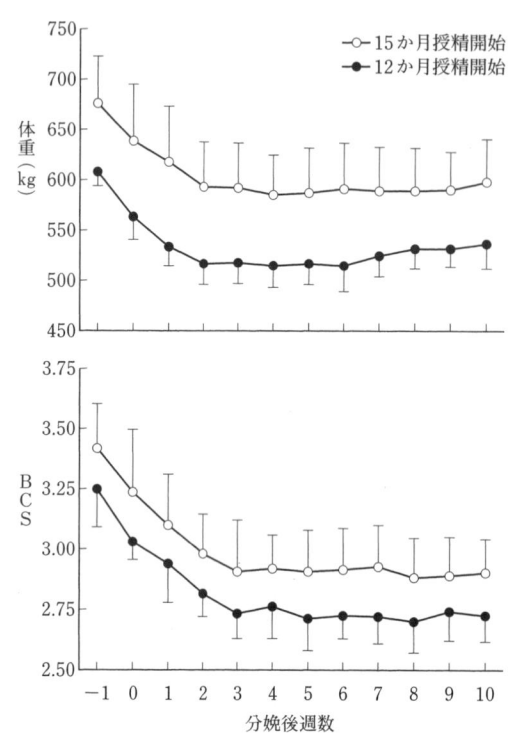

第6図　初産分娩後の体重とボディコンディションスコア（BCS）の変化

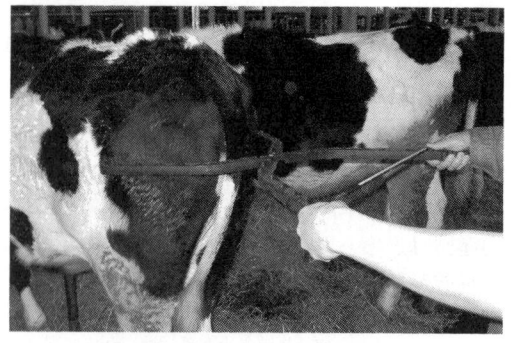

第7図　寛幅からの体重推定作業

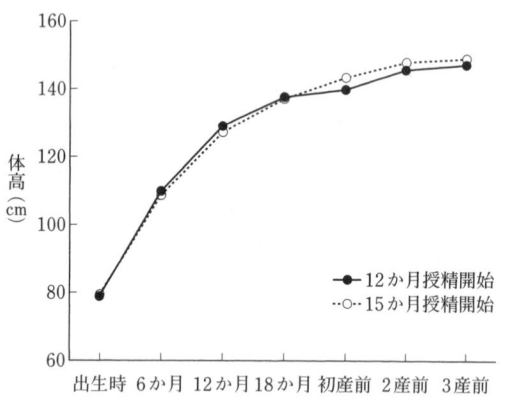

第8図　初産早期化牛の3産までの体高の変化

重とBCSは，15か月開始群と比べ，余裕のないレベルであるといえ，分娩後の最低体重とBCSはそれぞれ500kg，2.5以上を維持できることが，2産，3産へと順調につなげていくための必要条件だと考えている。

(5) 授精開始時の体重と体高の目安

このように，2000年を迎えた乳牛では，授精開始月齢を15か月から12か月に早めても，3産までの乳生産性および繁殖性に悪影響はなく，初産早期化の目安となる体重は，受胎時で370kg，分娩前では600kg（分娩後で560kg）程度と思われる。

育成牛の体重は，胸囲から推定する体重推定尺を用いて比較的正確に測定できるが，2名以上の人手が必要であり，とくに人との接触になれていない育成牛の場合，保定に苦労することも多い。その点，寛幅から推定する器具は低体重域での精度はやや劣るものの，授精の目安となる300〜400kg台の育成牛では精度に問題はなく，一人でも短時間で比較的容易に測定できる（坂口ら，2006）（第7図）。

実際の現場では，体重ではなく体高を目安に育成牛の授精開始時期を判断していることも多いと思われる。そこで，今回紹介した試験牛の体高の変化を第8図に示す。12か月齢での平均の体高は127〜129cmであった。グラフからも読み取れるように，これらの牛の飼養条件では，12か月齢くらいまで体高もほぼ直線的に増加するので，体重に代わる目安にできるだろう。ただし，体高では測り方によって，1cmくらいの誤差は簡単に出てしまうことには注意が必要である。

(6) 育成期の飼養管理

ここまで述べてきたように，初産を早める目安としての受胎時体重は370kg程度である。

出生時の体重を50kgとすると，12か月間で320kgの増体が必要となる。これを達成するには，平均日増体量を約900gとする必要がある。公共牧場などへの外部預託で放牧育成した場合は，この水準を確実にクリアできる可能性は低いため，初産早期化の実現には自家育成が前提となるだろう。

かつて，育成期に高い増体量を維持すると乳腺発達に悪影響を与え，初産乳量はかえって低下するといわれたこともある。この現象については，エネルギー摂取量と比べて，蛋白質摂取量が相対的に低いことが原因と考えられ，バランスのとれた飼養管理を行なえば，そうした悪影響は避けられることがわかっている。

育成期に推奨されるTDNとCP含量は，それぞれ70％および16％程度といわれている（大坂，2000）。エネルギー供給に比べて蛋白供給が不足する場合は過肥，すなわち，体高に比較して体重の成長が大きくなり，乳腺発育にも悪影響を及ぼす。飼養管理のバランスがとれているかどうか判断するためには，ボディコンディションに注意するとよい。目安としては3.00～3.25のスコアを保つことが必要であり，これより低い場合はエネルギー不足，高い場合はエネルギー過剰か蛋白不足が疑われる（大坂，2000）。

(7) 実際に授精開始を早めるには

近年の育成牛では，初産分娩を24か月齢以降に遅くしても乳量は増えず，初産後の繁殖性は，かえって低下する可能性があることを示した。また，受胎時で370kg，分娩前で600kg（分娩後で560kg）程度の体重があれば，授精開始を12か月齢に早めても3産までの乳生産性と繁殖性に悪影響はない，という北農研での結果も紹介した。ただし悪影響を避けるためには，育成期の飼養管理を，TDN70％，CP16％を目安に組み立て，平均900g/日の日増体量を維持することが前提となる。

今回参考とした結果から，初産分娩前に600kg程度の体重があれば，初産月齢は分娩の難易度に影響しないと思われるが，例数も少なく，難産の不安は残るかもしれない。また，種々の理由により，分娩前までに目標体重にもっていけるかどうか，不安な場合もあるだろう。実際には初産に向けた授精開始時期を一気に何か月も早めるのではなく，成長に問題のなさそうな育成牛を対象に目標体重（体高）に十分注意しながら，1か月くらいずつ下げていくのが現実的である。また，F_1生産や黒毛和種胚移植の利用も，難産の不安解消には有効かもしれない（坂口，2000a，b）。

2008年記

参考文献

大坂郁夫．2000．育成期の飼養管理．農業技術大系，畜産編（追録19号），第2巻，乳牛①，基本技術編．育成，育成期の飼養管理．pp.69—85．農山漁村文化協会．

坂口実．2000a．繁殖管理—早期育成牛の繁殖管理と黒毛和種の利用．農業技術大系，畜産編（追録19号），第2巻，乳牛①，基本技術編．育成，育成期の飼養管理．pp.91—94．農山漁村文化協会．

坂口実．2000b．初産分娩での注意点—難産の実態と育成目標体重．農業技術大系，畜産編（追録19号），第2巻，乳牛①，基本技術編．育成，育成期の飼養管理．pp.94の2—94の3．農山漁村文化協会．

Sakaguchi, M., et al. 2005. Effects of first breeding age on production and reproduction of Holstein heifers up to the third lactation. Anim. Sci. J. **76**, 419—426.

坂口実ら．2006．ホルスタイン種育成牛における寛幅による簡易体重推定法の評価．日本畜産学会報．**77**，89—93．

鈴木貴博ら．2002．乳牛の初産月齢が乳量および繁殖成績に及ぼす影響．北海道畜産学会報．**44**，65—70．

育成

離乳から種付け時期までの栄養管理と飼料給与

執筆　大坂郁夫（北海道立畜産試験場）

　この時期の発育は初産分娩月齢を短縮するのに大きな意味を持つ。というのも、以前は月齢を基準に種付け時期を設定していたが、最近では月齢にとらわれず、体格が重視されるようになってきたからである。体格とは、日増体量だけでなくフレームサイズやボディコンディションスコアを含めた総合的な大きさをいう。早期にバランスがとれた体格にすれば受胎月齢も早めることができ、結果的に初産分娩月齢の短縮につながる。

　そのためには、いくつかのポイントがある。

（1）離乳から4か月齢までの管理

　離乳後は、スーパーハッチなどの施設を用いて、ほぼ同じくらいの月齢の子牛を少頭数（5～6頭）規模の群で飼養するのが望ましい。それは、群での生活を学習させるためと、喰い負けを防ぐためである。

　離乳後しばらくはスタータ（CP20％程度）を給与し、徐々に育成配合飼料（CP16％程度）の割合を多くしていく。この時期はルーメンが発達段階にあるので、粗飼料は物理的刺激がある良質のイネ科乾草を給与することが望ましい。蛋白質も同様な理由からルーメンで分解・吸収される量が少ないため、非分解性蛋白質割合40％程度の蛋白質を給与することで、この時期の発育改善が見込まれる。

（2）4か月齢から種付け時期までの管理

①日増体量を高めることが初産分娩月齢短縮のポイント

　上記のように飼養すると、4か月齢では体重が120～130kg程度になる。前述したように、種付けは体格が交配基準に達していれば行なえるので、この時期にいかに体格を早く大きくするかが、初産分娩月齢を短縮する大きなポイントになる。

　平均日増体量を0.7kgにすれば、15か月齢で交配可能な体格になる。飼料乾物中のTDN含量が60％後半で、蛋白質含量を6か月齢までは16％、それ以降は12％にすれば、0.7kgの日増体量と蛋白質要求量の充足は達成可能である。これは、粗飼料として乾草を利用したり、公共牧場のように放牧が主体になる場合の目標値として、一応の目安になる。栄養価の高い粗飼料の利用が可能な場合、あるいは濃厚飼料の割合を比較的高めることができるような条件であれば、さらに日増体量は高く設定することができる。

②日増体量と乳腺の発達の関係

　従来、種付け前の時期に日増体量を高めることは乳生産にマイナスの影響を与えるので、好ましくないとされてきた。その理由として次のようなことがあげられている。

　乳腺の発達は、3か月齢から性成熟に達する9か月齢の間は、生体重の成長の速さに対して3.5倍ほど速く成長する。この間、乳房の内部では乳腺実質と呼ばれる乳腺細胞の基になる組織が、元来ある乳脂肪層(fat pad)に置き換わって形成されている。分娩後の泌乳量を高めるためには、この乳腺実質を十分に増殖させることが不可欠だが、日増体量を高めると、増殖が阻害されて初産乳量が低下する、というものである。

　しかし、これらの「日増体量を高めると初産乳量が低下する」という根拠となっている報告の給与飼料をみると（第1表）、1）日増体量を高めるためにエネルギー源となる飼料を多給していること、2）骨や筋肉の成長が著しいこの時期に必要な飼料中の蛋白質が低い、ことがあげられる。育成前期に日増体量を高めること自体が問題なのではなく、低蛋白質・高エネルギー、アンバランスな飼料給与で増体量を高めることで、余剰エネルギーを乳房に蓄積することが問題であり、乳腺発達の阻害、ひいては初産乳量の低下の原因になると推定できる。

③蛋白質とエネルギーの両方を適正に高める

　最近では、初産分娩月齢短縮のための飼養管理の試験が相次いで行なわれている。それらの

結果から，蛋白質が十分供給された条件でエネルギーも高めれば，オーバーコンディションにならずに日増体量を高めることができるのではないか，また遺伝的に改良された結果，現在の育成牛は大型化されてきているので，目標値としての日増体量をもっと高く設定すべきだという指摘が多くなっている。その主なものを第2表に示した。

いずれの試験においても6か月齢までは，飼料中の蛋白質含量が類似した値となっている。育成前期のなかでも特に骨・筋肉の発育が著しいこの時期でも，16～17％の蛋白質含量で適正なエネルギーが供給されていれば，オーバーコンディションなしで日増体量1kg程度まで可能なことが確認されている。

しかし，それ以上に飼料中の蛋白質含有率を高めても，余剰のアンモニアとなり，ルーメンから血中を経由して最終的には尿に変換されて体外に排出されるため，増加分のほとんどがムダになる。逆に，アンモニアから尿素を生成する際にエネルギーが必要なため，エネルギーのロスにもなる。

④日増体量を0.9～1.0に上げるには

第2表のうちコーネル大学と北海道立畜産試験場の飼料プログラムでNRC（National Research Council）と最も違う点は，7か月齢以降の飼料中蛋白質含量を高く設定していることである。NRCでは12％だが，この数値はルーメン内で正常な発酵をするのに必要な最低のラインといわれている。最近では，7か月齢以降の発育割合も依然として高いため，日増体量を0.9～1.0程度まであげる場合は，体組織の要求量に見

第1表　乳腺発達が阻害され初産次乳量が低下したときの給与法

	日増体量 (g/日)	粗濃比	飼料構成	給与法
Gardner ら（1977）	1,100 770	1:9 ～ 3:7 5:5 ～ 10:0	ルーサン乾草 配合飼料（CP14％）	自由摂取 配合飼料（1.8kg/d）
Little & Kay（1979）	1,090 620	— —	大麦/肉牛飼料（CP14％） 冬：配合と乾草，夏：放牧	自由摂取 配合飼料（1.8kg/d）
Sejrsen ら（1982）	1,271 637	4:6 4:6	配合飼料（CP15％） （サイレージ：メイズ，大豆）	自由摂取 制限給与
Harrison ら（1983）	1,180 570	— —	大麦/肉牛飼料 アルファルファ乾草，大麦	自由摂取 制限給与

第2表　初産分娩月齢短縮のための育成牛飼養プログラム

	月齢 (体重kg)	3～6 (91～181)	7～9 (181～272)	10～12 (272～360)
NRC（1989）	日増体量（kg/day） 乾物摂取量（kg/day） TDN含量（％ in DM） 蛋白質含量（％ in DM）	0.9 3.0～4.9 68～70 16～14	0.9 4.9～6.8 65～68 12	0.9 6.8～8.9 62～65 12
コーネル大学*（1991）	日増体量（kg/day） 乾物摂取量（kg/day） TDN含量（％ in DM） 蛋白質含量（％ in DM）	1.0 3.1～4.1 71～74 17	1.0 4.5～6.3 68～71 16～17	1.0 6.8～8.1 64～66 15～16
北海道立畜産試験場（2000）	日増体量（kg/day） 乾物摂取量（kg/day） TDN含量（％ in DM） 蛋白質含量（％ in DM）	0.9 2.7～4.0 72 16	1.0 4.7～6.6 70～72 16	1.0 6.9～7.8 70～71 16

注　* Van Amburgh et al.（1991）から引用。エネルギー含量はTDNに換算した

合う蛋白質を供給するために，最低ラインより2～4％高い数値を採用している。

また，NRCでは250kg以下の育成牛に対して，飼料中蛋白質の50％以上を非分解性蛋白質にしている。これは，菌体蛋白質だけでは体組織が必要とする蛋白質量の大部分を補うことができないという理由からである。しかし，実際に非分解性蛋白質割合の高い飼料を多く与えても，一定の改善効果が見られていないことから，現在では35～40％程度あればよいとされている。

⑤ **種付け時の体格の目安とその後の蛋白質含量**

種付け時の体格の目安は，体重が350～375kg程度，体高125～127cm，ボディコンディション3.0～3.25である。その際には，初回発情日や発情の周期が規則的であることなど，繁殖に関する基本的事項をおさえておくことはいうまでもない。育成前期に飼料中の蛋白質含量を上げるのは，フレームサイズを早期に大きくすることにある。体格が交配基準になったのちは，依然として発育が続くが速度は緩慢になってくること，飼料中蛋白質含量が高いと繁殖に悪影響を及ぼすことがいわれているため，飼料中蛋白質含量は12～14％程度でよい。

(3) この時期の飼養管理のポイント

以上，離乳から種付け時期まで，日増体量を高める場合の飼養法を中心に述べてきた。以下に，そのポイントについてまとめておく。

1) スタータから育成用飼料へ徐々に移行する。粗飼料は良質乾草を自由摂取。

2) 日増体量0.7kg台を目標に飼養する場合は，NRC飼養標準に準じて行なう。

3) 日増体量0.9～1kg台を目標にする場合は，飼料中のエネルギーと蛋白質含量をいずれも高める必要がある。特に7か月齢以降の蛋白質含量はNRCよりも2～4％程度高い値に設定する。

4) 種付けは月齢ではなく体格を基準として行なう。そのときの基準は体高125～127cm，体重350～375kg，ボディコンディション3.0～3.25とする。

参 考 文 献

Gardner, R. W., J. D. Shum and L. G. Vargus. 1977. Accelerated growth and early breeding of Holstein heifers. J. Dairy. Sci. **602**, 1941－1948.

Harrison. R. D., I. P. Reynolds and W. Little. 1983. A quantititave analysis of mammary glands od dairy heifers reared at different rate of live weight gain. J. Dairy. Res. **50**, 405－412.

Heinrichs, A. J. and G. L. Hargrove. 1987. Standards of weight and height for Holstein heifers. J. Dairy. Sci. **70**, 653－660.

北海道立新得畜産試験場. 2000. 早期受胎を目指した乳用牛育成前期の飼養法. 北海道農業試験会議（成績会議）資料. 平成11年度.

Little. W. and R. M. Kay. 1979. The effect of rapid rearing and early calving on the subsequent performance of dairy heifers. Anim. Prod. **29**, 131－142.

Nutrition requirements of dairy cattle. (six revised edition). 1989. National Research Council(NRC).

Sejrsen, K., J. T. Huber, H. A. Tuker and R. M. Akers. 1982. Influence of nutrition on mammary development in pre－and postpubertal heifers. **65**, 793－800.

Sejrsen, K., J. T. Huber and H. A. Tuker. 1983. Influence of amount fed on hormone concentration and their relationship to mammary growth in heifers. J. Dairy. Sci. **66**, 845－855.

Shinha, Y. N., H. A. Tucker. 1969. Mammary development and pituitary prolactin level of heifers from birth through puberty and during the estrous cycle. J. Dairy. Sci. **52**, 507－512.

Van Amburgh, M. E. D. M. Galton, D. G. Fox and C. Holtz., 1993 Northeast Winter Dairy Management Schools. Animal Science Mimeo Series 158. Cornell University, Ithaca, NY.

Van Amburgh, M. E., D.G. Fox, D. M. Galton, D. E. Bouman and L. E. Chase. 1998. Evaluation of National Research Council and Cornell Net Carbohydrate and Protein Systems for predicting requirements of Holstein heifers. J. Dairy. Sci. **81**, 509－526.

Van Amburgh, M. E., D. M. Galton, D. E. Bouman, R. W. Everett D. G. Fox, L. E. Chase and H. N. Erb.1998. Effects of prepubertal body growth rates on performance of Holstein heifers during first lactation. J. Dairy. Sci. **81**, 527－538.

種付け時期から初産分娩直前までの栄養管理と飼料給与

執筆　大坂郁夫（北海道立畜産試験場）

(1) この時期の発育の特徴

①牛の成長，胎子への栄養供給，体脂肪蓄積

育成前期の飼養目標は初産分娩月齢の短縮であったのに対し，育成後期（妊娠期）の飼養目標は，初産乳量の向上である。というのも，初産分娩時の体重がある程度高いほうが初産乳量が高まること，また育成前期よりも育成後期の体重差が初産乳量に影響を与えるといわれているからである。特に妊娠後期（おおよそ200日以降）は自身の成長に加えて，胎児が著しく成長する時期なので，それに見合った栄養供給，さらには経産牛の乾乳期同様に，泌乳初期の乳生産に動員されるある程度の体脂肪蓄積，などを考慮すれば，この時期に日増体重を上げることは合理的である。したがって，これら（自身の成長，胎子への栄養供給，体脂肪蓄積）を含めた日増体量や飼料中の養分濃度を設定する必要がある。

②日増体量と初産乳量

日増体量に関しては，種付け時期の目標体重が設定してあるので，分娩時体重をどれくらいに設定するかで自ずと目標とする日増体量を算出することができる。問題なのは，「分娩時体重」の定義が分娩前なのか，分娩直後なのか曖昧なことである。ここでは，妊娠期の日増体量を算出するのが目的なので，分娩前の体重について述べる。

分娩時の体重やボディコンディションは高すぎても低すぎてもいけない。妊娠期では，発育は続いているが，その速度は育成前期よりも遅くなる。この時期に日増体量を必要以上に高めても，体格が大きくなるより，むしろ過剰にエネルギーを蓄積し，オーバーコンディションになる。コンディションスコアが高すぎる場合の分娩は，急激な体脂肪動員により脂肪肝をはじめ，それから派生するさまざまな代謝病を誘引する。一方，体重が少なくボディコンディションが低い場合には，乳量が伸び悩んでしまう。乳量が低くなる理由について，次に示す試験結果から説明することができる。

この試験は，妊娠期の日増体量を0.8kgと0.5kgにしたときの初産乳量を比較したものである。分娩後は処理に関係なく同一の飼料を給与した。その結果，妊娠期に日増体量を高めたほうが，分娩後の摂取量には差がないにもかかわらず，305日間乳量で約1,000kg程度多かったのである。

そのときの体重の推移を第1図に示した。日増体量が0.8kgのほうは，泌乳初期に体重が低下しているのに対し，0.5kgのほうはそれが見られず，最初から体重が増加している。このことは，妊娠期に日増体量が低いと体脂肪の蓄積が少ないため，体脂肪動員も少なく，乳量の立ち上がりが小さかったことを示している。

もう一つは，第1表に示したように，受胎時には日増体重0.8kgと0.5kgの間に体格値の差が見られていないが，分娩時には差が見られたことである。このことから，育成妊娠期に日増体量を替えたことで，体蓄積のほかに体格値にも影響を与えたことがわかる。しかし，一乳期終了時には，再びその差がなくなっている。

このように，経産牛と違い，初産牛は泌乳期においても成長をすることが特徴である。それゆえ，摂取した栄養は体の維持，泌乳のほかに成長のためにも利用される。育成期に日増体量

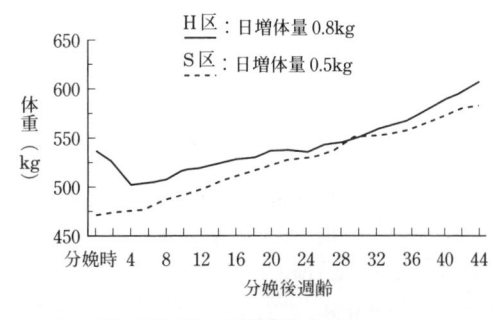

第1図 妊娠期の日増体量を0.8kgと0.5kgにしたときの分娩後の体重の推移

育成

を高めて体格が成熟値に近づいたことで，泌乳後に成長に使われる栄養分が少なくてすみ，その分を乳量に利用できた結果，乳量が向上したものと考えられる。

(2) 目標とする体重，養分含量，ボディコンディションスコア

第2表に，乳生産が高かった初産牛の分娩前体重の調査あるいは試験結果について示した。これらのデータから，分娩前の体重は600kg程度が目安となる。受胎体重を350～375kgとすると，妊娠期の日増体量はおおむね0.8～0.9kg程度ということになる。このときの飼料中TDN含量は，65％程度で達成することができる。目安として，TDN60％程度の粗飼料と濃厚飼料2～3kg程度を給与すると，目標とする日増体量に近づく。飼料中蛋白質含量は，妊娠期前半では12％程度でよいが，妊娠期後半では胎子が急速に成長するため14％程度は必要となるので，濃厚飼料の一部を蛋白質含量の高い飼料に替える必要がある。

分娩時には，体高は137～140cm程度が見込まれる。適度な体脂肪動員をさせるための分娩時のボディコンディションスコアは3.5～3.75であり，急激な変動をさせずに受胎時から徐々に増加させる。

(3) この時期の飼養管理のポイント

種付け時期から初産分娩直前までの栄養管理と飼料給与のポイントは，次のとおりである。

1) 日増体量を0.8kg程度とし，分娩前体重600kg，体高137～140cm程度を目標とする。

2) 乳量の向上が期待でき，しかも分娩後に過剰な脂肪動員をさせないボディコンディションスコアは3.5～3.75で，受胎時から徐々に増加させる。

3) このときの飼料養分含量はTDNで65％程度，蛋白質で妊娠期前半は12％程度，後半は14％程度とする。

2000年記

第1表　妊娠期の日増体量の違いによる受胎時，分娩時，一乳期終了時の体格値　　（北海道立畜産試験場）（単位：cm）

日増体量 部位	受胎時		分娩時		一乳期終了時	
	0.8kg	0.5kg	0.8kg	0.5kg	0.8kg	0.5kg
体高	128.6	128.1	139.4	135.6	140.0	140.0
体長	141.5	139.8	158.1	152.7	163.4	165.1
十字部高	131.8	132.6	140.0	139.7	140.1	142.6
座骨高	129.8	129.6	138	137.2	138.8	139.4
胸深	66.0	64.1	75.2	71.7	75.4	74.9
尻長	46.2	45.9	51.6	49.7	52.7	52.9
腰角幅	44.3	43.8	52.0	50.7	53.5	55.1
かん幅	44.1	42.6	47.8	47.3	50.7	50.0
座骨幅	23.5	24.4	29.7	27.3	29.8	28.7
胸囲	172.2	170.5	195.9	187.2	196.7	197.1
管囲	17.6	17.1	19.0	18.0	19.1	18.7

第2表　初産乳量向上のための分娩前体重推奨値

	分娩前体重（kg）	備考
Keown and Everett (1986)	590～635	DHIデータより
Waldoら (1989)	580～635	フィールドデータより
Hoffmanら (1992)	616	乳量水準1万kg以上の平均
北海道立畜産試験場 (1994)	614	平成5年度成績会議資料より

参考文献

Foldager, J., and K. Sejrsen. 1987. Research in Cattle Production Danish Status and Perspectives. 8. Mammary gland development and milk production in dairy cows in relation to feeding and hormone manipulation during rearing. Landhusholdningsselkabets Forlag, Tryk, Denmark.

Gardner, R. W., J. D. Shum and L. G. Vargus. 1977. Accelerated growth and early breeding of Holstein heifers. J. Dairy. Sci. **602**, 1941-1948.

Harrison. R. D., I. P. Reynolds and W. Little. 1983. A quantititave analysis of mammary glands od dairy heifers reared at different rate of live weight gain . J. Dairy. Res. **50**, 405-412.

北海道酪農検定検査協会．1989-1998. 個体の305日間成績. vol. 14-23.

Little. W. and R. M. Kay. 1979. The effect of rapid rearing and early calving on the subsequent performance of dairy heifers. Anim.

Prod. **29**, 131－142.

岡本昌三・今泉英太郎・四十万谷吉郎．1975．乳用子牛の育成期における栄養水準がその後の生産性に及ぼす影響．北海道農業試験場研究報告第2報同月齢交配群の18か月齢から36か月齢までの成長と初産泌乳成績．**109**，131－147.

Sejrsen, K., J. T. Huber, H. A. Tuker and R. M. Akers.1982. Influence of nutrition on mammary development in pre－and postpubertal heifers. **65**, 793－800.

Swanson, E. W. 1960. Effect of rapid growth with fatting of dairy heifers on their lactational ability. J. Dairy. Sci. **43**, 377－387.

初産牛移行期の栄養管理と飼料給与

執筆　大坂郁夫（北海道立畜産試験場）

(1) 飼養管理で最も重要な移行期

初産牛，経産牛を問わず，最も飼養管理で重要な時期でもあり，研究面でも最後まで残されていたのがこの移行期である。なぜなら，飼養管理では，エネルギー，蛋白質と分娩後の乳生産・繁殖・代謝病との関係，ミネラルと乳熱や起立不能症との関係など，単なる栄養状態と乳生産だけにとどまらず，繁殖や疾病にも関連すること，分娩時周辺で発症した牛は他の疾病も発症する可能性があることなど，いろいろな要因が複雑に絡み合っており，因果関係を明らかにするのが困難だからである。

代謝病に関しては，以前は2産以降の経産牛に見られるのが普通であったが現在では初産牛の発生が珍しくなくなってきている。このことが，供用年数を短縮させる要因の一つと考えられている。これは遺伝的泌乳能力の高い牛が揃ってきたこと，フレームサイズを大きくする育成飼養法でその産乳能力が高まったことによるのかもしれない。だからといって，今まで述べてきた育成飼養法が否定されることではない。むしろ育成期の飼養法よりも，移行期の飼養管理の影響が大きいと考えられる。というのも，移行期の育成妊娠牛は，フリーストールでは新しい牛群に入ることでの社会的ストレス，個別飼いでは繋留されることのストレス，給与飼料が変わることのストレス，分娩時のストレスと多種多様なストレスがかかる。これに加えて，妊娠牛は分娩予定2週前くらいから摂取量が低下することが知られており，分娩前の摂取量低下によるエネルギー動員が代謝病の引き金になっていることが考えられる。これらの問題は早急に解決しなければならない部分であり，ここ数年，栄養と疾病の両面からアプローチがなされてきているが，それぞれについての有用な情報はまだ少ない。

ここでは，乾物摂取量が低下し始める分娩2週前から疾病の発生割合が高い分娩後4週くらいまでの期間を移行期，特に分娩2週前から分娩までをクローズアップ期，それ以降を泌乳初期として論をすすめたい。この時期は栄養管理だけでなく，施設や環境などの要因も無視できないが，ここでは栄養と関連することについてのみ述べることとし，主に栄養面について触れる。

(2) クローズアップ期の管理

①牛のグループ分け

乾乳牛においても，育成妊娠牛においても妊娠末期に摂取量が低下することが古くから知られていたが，最近になって調査，研究が行なわれて，分娩10日〜2週間前頃から低下し始めることが確認された。十分な栄養を摂取できないと，分娩に続く乳生産の低下や代謝病の発症を引き起こすため，それを防ぐためにも適切な飼養管理をしなければならない。

そこで，まず初めにすべきことは牛のグループ分けである。可能であれば，初産牛だけのグループに分けることが理想である。実際問題，そのようなスペースを所有している酪農家は少ないであろうが，最低でも乾乳前期とクローズアップ期の2つに分けて管理する必要がある。繋ぎ飼い牛舎の場合は，各期ごとにかためて繋養するように配慮する。これは，給与する飼料が異なること，効率的な作業を行なうことを考慮すれば重要である。また，分娩予定日が早まる可能性もあるため，実際には3週間前から馴致したほうがよいかもしれない。

②初産牛グループに必要な養分含量

飼料は質の高い粗飼料を給与して，摂取量の低下を最小限にする必要がある。というのも，NDFは摂取量を規定する要因なので，ルーメンの容積が小さい育成妊娠牛に対しては，NDF含量の高い飼料を給与することはできないからである。質の高い粗飼料とは，NDF含量が低く，消化性の高い繊維を含んでいる飼料である。具体的には，NDF含量が65％以下の牧草サイレー

ジあるいは乾草が必要である。

飼料全体の蛋白質含量としては14％でよいが，蛋白質中の溶解性蛋白質が50％以上と高い場合は，代謝病を引き起こす可能性が指摘されており，その割合を少なくする方向にある。現在では30％程度といわれている。一方，非分解性蛋白質は35～40％必要とされている。

飼料急変による嗜好性の問題を最小限にするために，泌乳用飼料の一部分を用いることも重要である。しかし，大規模酪農家で多く用いられている高泌乳用のTMRを何割か与える場合，後で述べるミネラルバランスの問題から，イオンバランスを考慮したミネラル剤を給与するなど注意を払う必要がある。

③胎子の成長と母体の栄養

育成牛が受胎してから胎子の成長が始まるが，妊娠期間280日間を通して一定の割合で成長するわけではない。妊娠期間の最後の60日間で飛躍的に大きくなる。それにともない，胎子の栄養要求量も加速していき，乾物摂取量が低下するおそれのあるクローズアップ期に要求量は最大となる。

この胎子の成長は母体の栄養に影響されにくい。第1表は，育成妊娠期のボディコンディションを人為的にコントロールした牛を分娩予定2週前に屠殺し，胎子体重と胎盤重量を比較したものである。これをみると，胎子体重には差がなく，ボディコンディションの低い区で胎盤重量が重くなっている。これは，母体の栄養状態が悪い場合，胎盤を大きくして胎子への栄養供給を優先的に行なっていたためと考えられる。

第1表 ボディコンディションの違いによる胎子および胎盤重の比較

(RASBYら，1990)

	ボディコンディション [1]	
胎子数（頭）	3	4
♂	3	4
♀	5	5
平均胎子体重（kg）	25.4[NS]	27.5[NS]
胎盤重量（kg）	1.29[a]	1.06[b]

注 [1] 1～9の9段階（Wagnerら（1988）による）
　a，b：$p<0.07$　NS：$p>0.10$

このような状態からクローズアップ期に移行して栄養状態が改善されると，大きくなった胎盤から栄養が増給され，胎子も急激に大きくなって難産になる可能性がある。舎飼いよりも放牧時，特に草量が不足しがちな時期にこのようなことが想定されるので，受胎が確認できれば，分娩予定の胎子が大きくなる数か月前に下牧して調整すべきである。

④イオンバランスをマイナスにする意味

飼料設計を行なううえで，乳牛のイオンバランス(DCAD)の概念が考慮されるようになった。一般的には，次のように表現している。

$[(K+Na)-(Cl+S)]$ mEq/100g(飼料乾物中)

通常，飼料中の上記ミネラルを分析すると，陽イオンであるKやNaは陰イオンのClやSよりも濃度が高いため，DCAD値はプラスになる。

クローズアップ期にこの値をマイナスに向けることは，代謝病の軽減，あるいは乳生産や繁殖成績を向上させるためによいといわれている。

DCADをマイナスにすることにより，軽度の代謝的アシドーシスを起こさせる。このような状態にすると，骨からのCa動員を増加させるといわれており，また腸管からのCa吸収を促進させることが指摘されている。さらに，乳牛が正常範囲の血中Ca濃度を維持しようとする機能が亢進される。これによって，泌乳初期の乳量が急激に増加するときに移行するCaと維持に必要なCaに対して，飼料からの供給と体内からの動員で対応しようというものである。

不随意筋（意志によって収縮や弛緩ができない筋肉）である平滑筋は，Caが関与して収縮している。血中のCa濃度が低下すると筋肉が収縮しなくなり，第4胃変位や後産停滞を発症させ，二義的に飼料摂取量の低下，それにともなう体脂肪動員の上昇，ケトーシスなど，さまざまな症状が出てくる。DCADマイナス化の基本的考え方は，これら症状の根本にある低カルシウム血症を防ぐことがねらいである。

⑤イオンバランスをマイナスにする具体的方法

DCAD値をマイナスにする具体的方法として，飼料中のK濃度を下げること，塩化アンモ

ニウム，硫化マグネシウム，硫化カルシウムのような陰イオン製剤の活用があげられる。

DCAD値を算出するに当たって，Kは一番変動しやすいイオンである。また，Kは強い陽イオンであり，吸収効率もきわめて高い。NaもK同様に強い陽イオンだが，含量が少ないので大きな問題にならないため，Kの含量がDCAD値に大きな影響を与えることになる。ただし，単位当たりの飼養頭数が増加して，飼料作物畑への糞尿の還元が過剰気味になっている地域では，DCAD値を下げるのにKが問題になるが，その他の地域では施肥管理を適正に行なってKだけが突出していなければ，これにこだわる必要はない。むしろ，Kだけにこだわり，肝心の作物が育たなければ本末転倒だろう。そんな地域ではまず，土壌分析を行なうことが重要である。

陰イオン製剤に関しては現在，何種類か市販されている。欠点は，嗜好性があまりよくないため給与量に限界があることである。対策としては，飼料と混合することである。また，給与期間はクローズアップ期の2週間程度を目安とし，長期間の給与は避けるべきである。長期にわたって酸性に維持されているのは，生理的に正常ではない。陰イオン製剤の目的は，Caの一番不足するときにCa動員を亢進させ，吸収を強化させる一時的なものである。

イオンバランスに関しては，まだ新しい概念であるため，説明できない部分もある。今のところは，あくまでも補足的な活用が望まれる。今後，研究が進められていく中で，新しい情報を提供することができるであろう。

(3) 泌乳初期の管理

泌乳初期に最も重要なことは，泌乳にまわすための急激な体脂肪動員をさせることなく，できるかぎり摂取量を向上させてまかなうことである。

群飼養の場合は，初産牛だけの10～15頭程度の群で飼養するなど，可能な限りストレスをかけないことが必要である。飼料中の養分濃度は，75％程度のTDN含量とする。NRCでは，蛋白質は18％，うち分解性蛋白質65％，非分解性蛋白質35％を推奨している。構造性炭水化物，非構造性炭水化物がバランスよく含まれていることも重要である。構造性炭水化物ではNDFとして25～30％，非構造性炭水化物では35～40％程度が目安となる。

(4) 難産に影響を与える要因

栄養と難産の関係については一部，クローズアップ期のところで胎子が過大になる可能性について触れた。ここでは，初産に関する難易度のデータがきわめて少ないことから，補足的に栄養以外の要因について検討する。

①母側からの要因

第2表に，初産牛と経産牛に分けて体重別の難産頭数と難産率を示した。初産牛は経産牛と比較して常に難産割合が高かったが，初産牛だけをみると体重の違いによって難産率が変化することはなかった。つまり，初産牛は分娩時体重が少ないという理由から難産率が高くなったのではないことが示されている。

②子牛側からの要因

第3表に子牛体重と難産割合について示した。初産牛，経産牛を問わず，子牛体重が45kg以上の場合に難産割合が高くなった。特に初産牛では，子牛体重が45kgを超した16例のうち9割近い14例が難産で，9例は難易度のスコアが4以上であった。また，体重45kg以上で難産になった子牛の性別は初産牛では全頭，経産牛では16例中13例が雄だった。以上のことから，子牛体重が45kg以上で性別が雄であれば難産になる可能

第2表　母牛体重別の難産頭数と難産割合
（北海道乳牛検定協会，1996）

体重（kg）		～449	450～	500～	550～	600～	650～	700～
難産頭数	初産牛	362	1,305	2,775	2,477	1,337	492	118
	経産牛	12	107	518	1,328	2,576	2,509	1,806
難産割合(％)	初産牛	14.3	12.6	11.1	12.2	13.2	14.9	14.0
	経産牛	4.1	5.8	4.4	5.2	5.2	5.2	5.5

第3表 産次別の子牛体重と難産割合
(北海道立畜産試験場)

産　次	1		2		3		4以上	
分娩頭数[1)]	64		52		38		57	
子牛体重別[2)]	～44	45～	～44	45～	～44	45～	～44	45～
頭　数	48	16	30	22	15	23	19	28
難産頭数	24	14	0	7	0	4	1	5
雄	13	14	0	6	0	3	1	4
雌	11	0	0	1	0	1	0	1
難産割合	50.0	87.5	0.0	31.8	0.0	17.4	3.4	17.9

注 [1)] 2産次以降はのべ頭数
　　[2)] ～44：体重44kg以下, 45～：体重45kg以上

第4表 種雄牛別の子牛体重と分娩難易性
(北海道立畜産試験場)

種雄牛	A	B	C	D	E	F
分娩頭数	5	5	7	9	15	20
雄	3	5	4	5	9	14
雌	2	0	3	4	6	6
子牛体重(kg) 雄	44.3	39.8	41.0	40.2	42.9	44.5
雌	37.5	―[1)]	39.3	36.8	41.7	40.3
分娩難易スコア[2)] 雄	3.7	2.0	2.5	2.3	2.8	3.1
雌	2.5	―[1)]	2.0	1.8	2.7	2.5
分娩難易[3)]	98	101	101	101	99	99

注 [1)] データなし
　　[2)] 1～5の5段階：新得畜産試験場データ
　　[3)] 97（難）～103（易）までの7段階：乳用種雄牛評価成績（家畜改良事業団）による

性があり，初産牛ではその確率がきわめて高くなることがわかる。

初産牛が経産牛と異なる点は，子牛体重が44kg以下でも難産がかなり多いことである。これは，産道の大きさ，子宮頸管開大のメカニズムなどが経産牛と初産牛では形態的に異なるために，子牛体重が少ない場合でも初産牛では難産になると考えられる。母牛体重は産道の大きさや難産の指標に必ずしもなり得えない。そのうえ，形態的なメカニズムを人為的にコントロールするのは，現時点ではきわめて困難な技術といえる。むしろ，初産牛の難産を減少させるには，子牛側からの要因も大きいと思われるので，子牛体重が大きくならないような管理が必要である。

③種雄牛からの要因

難産を減少させるには，あらかじめ子牛体重を推測できるような情報が必要である。たとえば，ホルスタインより明らかに生時体重が小さい黒毛和種の精液を用いれば難産割合が低下するが，生まれてきた子牛は雌雄に関係なく肉用となるため，この方法ばかりに頼ると後継牛の確保が難しくなるのが欠点である。

最近，乳用牛では種雄牛の評価成績の一項目として分娩難易についても記載されるようになった。そこで，第4表に種雄牛の違いが子牛体重に与える影響について示した。いずれの種雄牛においても，雄子牛のほうが体重が多く，分娩難易度も高くなる傾向が認められている。また，北海道立畜産試験場と家畜改良事業団の難易性は類似した傾向を示していた。特に，雄子牛体重と難易スコアはかなり一致している数値となった。

分娩難易性については，遺伝率は極端に低いといわれているが，初産牛に交配する種雄牛を選定する場合に補助的情報として娩難易性を参考にすることも有効である。

(5) この時期の飼養管理のポイント

移行期のポイントは次のとおりである。

1) クローズアップ期にはグループ分けをする。分娩2週間前から，NDF含量が65％以下，蛋白質14％，非分解性蛋白質40％程度で溶解性蛋白質の少ない（蛋白質中30％程度）飼料を給与して，摂取量の低下を最小限に防ぐ。

2) 代謝病対策として，K含量が少ない飼料，あるいは陰イオン製剤などでDCAD値を下げる方法もある。ただし，陰イオン製剤を用いる場合は2週間程度とする。

3) 泌乳初期には，初産牛群を設けるなどストレスを最小限にとどめる。

4) 泌乳初期の飼料養分含量は，TDN75％，蛋白質18％（うち分解性蛋白質65％，非分解性蛋白質35％程度）とする。また，NDF含量は30％，非構造性蛋白質は35～40％程度とする。

5）栄養以外での難産の要因には，子牛の性別と体重，種雄牛の影響が考えられる．

2000年記

参 考 文 献

Hoffman. P. C. 1997. Optimum body size of Holstein replacement heifers. J. Anim. Sci. **75**, 836－845.

北海道立新得畜産試験場．1994．初産次乳生産向上を目指した育成妊娠期の栄養水準．北海道農業試験会議（成績会議）資料．平成5年度．

Keown. J. F., and R. W. Everett. 1986. Effect of days carried calf, days dry, and weight of first calf heifers on yield. J. Dairy. Sci. **69**, 1891－1896.

Nutrition requirements of dairy cattle. (six revised edition). 1989. National Research Council(NRC).

Oetzel, G. R., J. D. Olson, C. R. Curtis and M. J. Fettman. 1988. Ammonium chloride and ammonium sulfate for prevention of parturient paresis in dairy cows. J. Dairy. Sci. **74**, 965－972.

Oetzel, G. R. 1991. Meta－analysis of nutritional risk factors for milh fever in dairy cattle. J. Dairy. Sci. **74**, 3863－3871.

大坂郁夫．1998．初産牛の難産について北農．**65**, 77－79.

Rasby. R. J., R.P.Wettman, R. D. Geisert, L. E. Rice and C. R. Wallace. 1990. Nutrition, body condition and reproduction in beef cows: fetal and placental development, and estrogens and progesteron in plasma. J. Anim. Sci. **68**, 4267－4276.

育成期の日常管理

執筆　前之園孝光（千葉県酪農農業協同組合連合会）

育成牛は，分娩後，健康で能力を発揮できるように飼養管理すべきである。

しかし，離乳後の4か月齢〜初産分娩の時期は，疾病も少なく手のかからない時期でもあるせいか，日常の管理が放漫的飼育環境にさらされていることは否めない。このような認識では，これからの酪農経営を考えた場合，生き残れない。育成牛の成否が経産牛の産乳量，長命連産性，健康に大きく影響するわけだから，4か月齢〜初産分娩月齢期はむしろ最も大切な時期といえる。

育成牛を正しく飼養管理するためには，1）適正な栄養を考慮した飼料給与，2）運動や日光浴ができるスペース，3）十分な休息ができるベッド，が三大要素となる。これらを念頭に，給餌，清掃，敷料，運動，換気などの日常作業とその施設，また削蹄，除角，副乳頭の除去などについて点検してみたい。

（1）敷料の交換，ベッドメーキング，除糞

牛房はクリーン（清潔）に，ドライ（乾燥）に，カンフォータブル（安楽）にするよう努めなければならない。

そのためには，牛房内での湿気などの吸収，保温，牛体を清潔に保つための敷料（乾草，わら，麦稈，籾がら，おがくずなど）の投入を十分に行なう必要がある。牛が安楽で十分に休息できると，発育もよく，性質もよくなる基となる。

S牧場の場合，主として籾がらを豊富に入れて，その汚れた部分のみを朝夕取り除いている。

また，時間があると昼間もそのつど取り除いているため，牛がゆったりと休んでいるし，かえって敷料の節約にもなっている。さらに，籾がらを通路に落としておくため，通路の滑走防止にもなる。この通路は，ショベルローダで，朝1回清掃する。糞尿と籾がらが混じっているため，水分が調整され，堆肥化もスムーズに行なわれている。

最近，敷料が不足するせいか，おがくず，木材チップ，紙片（シュレッダー），そして戻し堆肥（温度が60〜70℃まで上昇して堆肥内の細菌が死滅し，サラサラと乾いたもの）をベッドに敷いているフリーストール牛舎も出てきた。不衛生な環境は子牛に影響し，下痢や呼吸器病，蹄踵の弱さなど，いろいろな障害の原因になる。特にパドックの著しいぬかるみは，蹄踵（特に爪）を弱くし，発育に大きな障害をもたらしかねない。そのために正常な発育が得られないと，大きな損失を招くことになる。

牛床を清潔，乾燥，快適に保つことが育成牛を健康に飼養する重要なポイントである。これが将来，遺伝的能力を発揮させ，利益をもたらしてくれるわけである。

（2）換気

舎内の湿気，感染源を含んだ塵埃などで汚染された空気を常に新鮮な空気と入れ替えるためには換気が必要である。

また，夏期の暑熱のストレスにより食欲が減少することは，よく知られている。これをコントロールして快適な環境を提供するためにも，換気が必要である。

（3）運動と日光浴

運動をさせない乳牛は蹄踵が弱く，体が早く

第1図 フリーストール内でゆっくり休息する

育成

第1表 各種牛房の大きさの基準　　　　　　（森野ら）

牛房の種類	乳牛区分	1頭当たりの広さ(m^2) 単飼	1頭当たりの広さ(m^2) 群飼	牛房の一辺の最小寸法(m)	間仕切り柵の高さ(m)	出入口幅の最小寸法(m)
分娩	乾涸妊牛	7.2～12.6	5.4～7.2	2.7*	1.4	1.0～1.2*
育成	育成牛	(5.4*)	3.6	1.5*	1.2	0.9*
子牛	子牛（6週以上）	—	1.8	1.2*	1.2	0.6*
哺育	子牛（6週未満）	1.8	—	1.2*	1.2	0.6*
雄牛	雄牛	10.4～14.4	—	2.7*	1.6	1.2*

注　*印は従来の経験に基づく数値，（　）内はわが国だけの例で，いずれも標準設計に採用したものである

くずれ，長持ちしない。運動することによって筋肉や骨とともに，内臓（肺や心臓など）も適正に発育するため，特に趾蹄を丈夫にする適度の日光浴と運動が必要である。育成期，牛舎につながれていたのでは，その後の妊娠，分娩，泌乳を繰り返す乳牛本来の生産機能は十分に発揮されない。

太陽のもとに放牧して育成できれば一番よいわけだが，それができない場合，パドックだけでも用意することが望まれる。

第1表に各種牛房の大きさの基準を示した。育成牛の場合，単飼の状況で5.4m²（2m×2.7m），群飼の状況で3.6m²必要である。

可能なかぎり自由に運動できる環境を与えることも，育成期の重要な管理事項の1つである。

(4) 給餌・給水と観察

4か月齢からの育成牛の管理目的のなかでは，反芻動物としての発育促進，すなわちルーメン（第一胃）をはじめとする消化器の発達が大事になってくる。したがって，発育に応じた栄養素（エネルギー，蛋白，ビタミン，ミネラル）を充足した飼料給与量が大事である。

この目的に沿うためには，飼槽のスペースを十分にとる必要がある。また，清潔で掃除しやすい構造のものがよい。給餌回数は朝夕の1～2回が多いが，最近ではTMR（Total mixed Ration）方式で濃厚飼料と粗飼料を混合して給与するやり方で，24時間自由に採食できるよう工夫している酪農家も出てきた。これにより，子牛の採食量を最大限に伸ばし，21～24か月齢で体重600kg，体高140cmの立派なフレームをつくり，分娩時の難産を防止している。

これらの酪農家は全般に育成牛の観察がしっかりしており，食欲，便の状態（軟便，下痢など），歩様，活気などをよく観察している。また，牛舎の柱に120～130cmの目印をマジックインキなどでつけ，発育，発情，人工授精の目安や参考にしている。

給水については，粗飼料や濃厚飼料の食い込み，反芻胃の発達を促進するので，常に自由に新鮮な水が飲めるような環境が必要である。さらに大切なのは，常に清潔で新鮮な水を自由に飲めているか，毎日点検・清掃することである。

(5) 群飼にするか個別管理か

哺育期の育成方式としては，カーフハッチに代表される個別管理により，環境に対する適応能力を獲得するまで十分に世話をする必要がある。4か月齢～初産分娩の育成牛も毎日急速な成長（1日増体量；DG0.5～0.9kg）をしているから，常に栄養要求量も内容も変化している。このような観点からすれば，個体別管理は発育に応じた飼料給与ができるし観察もしやすいため，最もよい方法である。

一方，酪農場の牛舎と牛房のスペース，飼養

第2図　連動スタンチョンで牛の食欲，コンディションを観察

育成期の飼養管理＝日常管理

管理労力の省力化を考え，群飼するケースも多い。この方法では，牛がお互いに動き回り，牛舎の面積を広く利用することにもなるので，自動的に運動する機会が多くなる。

そのうえ飼料を競って食べることになるので，独房で個別飼いするより飼料の採食量を多くする手段にもなり得る。

第1表に示したように，育成牛の1頭当たりの牛房の広さは単飼の場合で$5.4m^2$必要だが，群飼の場合では$3.6m^2$である。10頭の育成牛を管理しようとすると，群飼のほうが$18m^2$少ないスペースですむことになる。敷料の量や清掃の労力を考えると群飼の管理がベターといえる。

しかし，発育過程がさまざまな混成群では，牛の強弱の差による競り合いの結果，弱い牛が飼槽で自由に採食できず，発育を阻害され，最終的には発育不良牛になってしまう。このような状態では群飼のメリットが生かされないので，群分けの原則として体格的にほぼ同程度の3～4頭を一群とするほうがよい。

S牧場のフリーストール牛舎の平面図を第3図に示した。この酪農家は，哺育牛を旧牛舎で個別に管理し，4～5か月齢になるとフリーストール牛舎に移動して，4頭くらいで慣らしていく。通路のほうに飼料を置き，連動スタンチョンで自由に食べさせるとともに，牛舎からパドックへ自由に出入りさせるようにしている。このような工夫により，牛は天気のよいときにパドックで日光浴ができ，土を踏んで趾蹄を丈夫にすることができる。

ストールに籾がらを十分に敷き，乾燥に努めている。通路に籾がらを敷き，糞尿ですべらないように気を配っている。

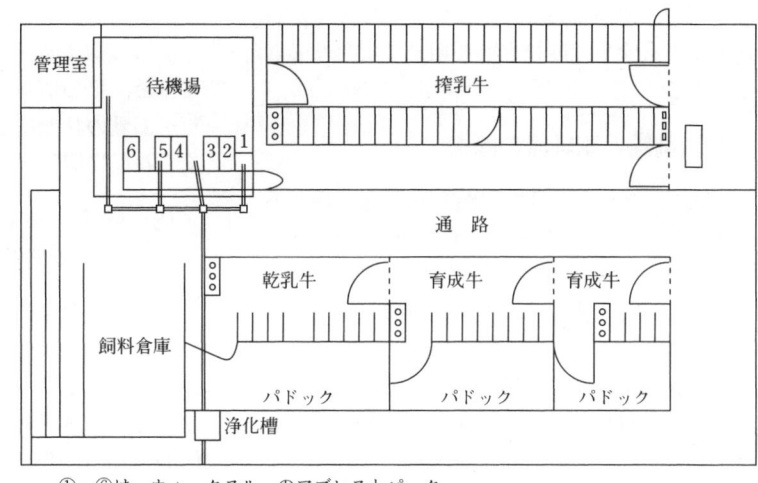

①～⑥は，ウォークスルーのアブレストパーク
真ん中の通路兼飼槽をはさんで，搾乳牛専用のフリーストール（46）と育成牛，乾乳牛のフリーストールに分けている

第3図　牛舎平面図（フリーストール）

もちろん，搾乳牛専門のフリーストールも同様の管理を行なう。このような育成牛の管理の結果，S牧場の搾乳牛群は10,000kg牛群である。

(6) 除　角

除角すると牛が温順になり，角突きによる外傷や流産を予防でき，管理も容易となるばかりでなく，牛体に何ら支障がないことから，ほとんどの牛が除角されるようになった。

除角の方法には，実施の時期によっていろいろあるが，最も簡便なのは生後10～20日目ぐらいのときに焼きゴテで焼く方法である。3か月齢をすぎて群飼するとき，除角していないと牛の強弱が出てくるので，必ず実施すべきである。

第4図　すべらないよう通路にも敷料を置く

育成

この場合，角が成長してきているのでやっかいになるが，除角剪断機などを用いて実施することになる。

(7) 削蹄と副乳頭の除去

削蹄は，4～5か月齢で蹄尖や蹄底を揃える目的で実施し，その後6か月に1回実施するほうがよい。たとえ蹄が伸びていない場合でも，不均衡な摩耗を調整する意味で削蹄は大切である。

副乳頭は，直接には障害とならない場合もあるが，見た目によくないばかりか，搾乳のとき邪魔になったり，わずかではあるが泌乳するようになったりして，わずらわしいこともあるので，切除すべきである。この場合，あまりおそくなって初産の乳房が活動を始めるころに切除すると，その切り口が完全に癒合することもなく，漏乳の状態になってしまう。必ず乳房のふくらむ前に切除すべきである。

(8) 発育（体高，胸囲，BCS）を測定して飼養管理を改善

①常に標準発育値と比較して育成する

育成技術とは，一定期間（24か月）内にフレームサイズを確実に実現させる技術といえる。育種改良された日本のホルスタイン種の遺伝的能力は，24か月齢で分娩した牛で，体高142cm，体重が（出生子牛体重が，育成母牛の

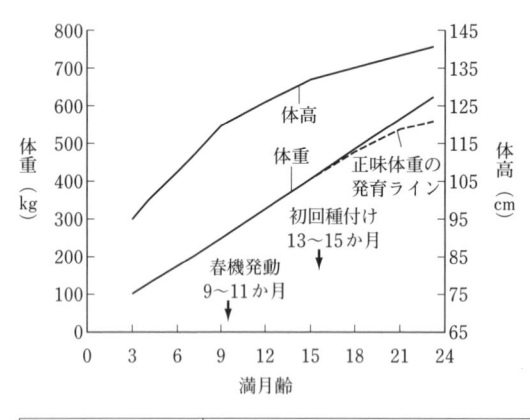

チェックポイント	体重 (kg)	体高 (cm)	BCS[2]
6か月齢	180	108	2.5
春機発動 (9～11か月齢)	280	122	2.75
授精開始 (13～15か月齢)	358～380	128	3.0
初産分娩直前	535～557 (595～618)[1]	138～140	3.5

注 1) 子宮および子宮内容物重量（約60kg）を含む
  2) ボディーコンディションスコア

6か月齢	3か月齢～春機発動までの期間は，骨格の基礎をつくると同時に乳腺組織の発達においても重要。上のグラフにも示されているように，この時期は特に体高の伸びが顕著であり，体高を基本とした発育チェックが重要
春機発動： 9～11か月齢	春機発動とは，生殖腺の発育が開始され，生殖機能の一部が発現してくる状態をいう。雌牛では卵巣の急激な発育と排卵可能な大卵胞の発育が開始される。乳腺組織は「生後3か月齢から第2，3発情サイクル」にかけて劇的に発達することが報告されており，この期間における乳腺の発達が，将来における乳生産の基礎になる ただし，成長を急ぐあまりこの時期に太らせてしまうと乳腺の発達の妨げとなり，将来の乳生産の障害ともなるので，BCSのチェックは重要
授精開始： 13～15か月齢	育成牛を24か月齢までに確実に分娩させるためには，おそくとも15か月齢までには受胎させる必要がある。ただし，妊娠率（発情発見率×受胎率）は100％ではないので，授精開始は13か月齢が目処になる。この時期に注意することは，授精開始の決定は月齢でなくあくまでも体高を基準に決定すること
初産分娩前： 分娩2か月前～分娩	分娩までに十分な骨格に発育させ，適切なBCSに調整することは，高い初産乳量と難産および代謝性疾患を低減するために重要 また，この時期は胎児の急速な発育による栄養要求を満たすことが重要であり，育成用飼料から乾乳牛専用飼料に切り替えて栄養バランスを満たすことが大切。この期間の飼養管理は，分娩後の飼養摂取量・乳生産・繁殖成績に大きな影響を及ぼす

注 このパンフレットにおける月齢表示は，すべて満月齢

第5図 育成牛の成長目標：各月齢の平均値　　　　　（全酪連資料から）

分娩前体重の9％以下で難産の発生率が低下するとされるので）分娩前650kg，または分娩後で590kg，およびボディーコンディションスコア（BCS）3.5（1～5法）の発育値を達成させることは可能である。

つまり，この期間内に遺伝的能力どおりに成長させることが育成技術である。したがって，育成管理技術とは育成牛の発育値を定期的に測定して，その結果を標準発育値と比較し，その差を修正する毎日の管理作業のことである（第

第2表 ホルスタイン種雌牛の月齢別標準発育値

(日本ホルスタイン登録協会，1995年3月)

月 齢	区 分	体重 (kg)	体高 (cm)	尻長 (cm)	腰角幅 (cm)	胸囲 (cm)
生 時	平均値	40.0	75.1	23.0	17.1	78.9
	範囲	34.2～45.8	71.4～78.8	21.2～24.8	15.4～18.8	74.9～82.9
1月	平均値	56.3	80.6	25.0	18.8	87.3
	範囲	47.1～65.5	76.9～84.3	23.2～26.8	17.1～20.5	83.3～91.3
2月	平均値	76.5	86.2	27.3	21.2	96.6
	範囲	62.5～90.5	82.5～89.9	25.5～29.1	19.5～22.9	92.5～100.7
3月	平均値	98.6	91.3	29.4	23.5	105.4
	範囲	82.6～114.6	87.5～95.1	27.6～31.2	21.8～25.2	101.2～109.6
4月	平均値	122.2	96.1	31.4	25.7	113.6
	範囲	103.2～141.2	92.3～99.9	29.6～33.2	23.9～27.5	109.3～117.9
5月	平均値	146.9	100.5	33.3	27.8	121.2
	範囲	124.9～168.9	96.7～104.3	31.5～35.1	26.0～29.6	116.9～125.5
6月	平均値	172.4	104.5	35.1	29.8	128.3
	範囲	151.2～193.6	100.7～108.3	33.3～36.9	28.0～31.6	123.9～132.7
8月	平均値	224.6	111.6	38.3	33.5	141.1
	範囲	198.1～251.1	107.8～115.4	36.5～40.1	31.6～35.4	136.5～145.7
10月	平均値	276.9	117.5	41.1	36.8	152.1
	範囲	250.3～303.5	113.6～121.4	39.2～43.0	34.9～38.7	147.4～156.8
12月	平均値	327.5	122.4	43.6	39.7	161.5
	範囲	296.7～358.3	118.5～126.3	41.7～45.5	37.8～41.6	156.6～166.4
14月	平均値	375.1	126.5	45.6	42.3	169.3
	範囲	342.7～407.5	122.6～130.4	43.7～47.5	40.3～44.3	164.3～174.3
16月	平均値	418.8	129.8	47.4	44.5	175.9
	範囲	387.0～450.6	125.8～133.8	45.5～49.3	42.5～46.5	170.7～181.1
18月	平均値	458.0	132.5	48.8	46.4	181.3
	範囲	422.7～493.3	128.5～136.5	46.8～50.8	44.3～48.5	176.0～186.6
24月	平均値	540.3	137.7	51.8	50.6	191.9
	範囲	496.4～584.2	133.6～141.8	49.8～53.8	48.4～52.8	186.1～197.7
30月	平均値	582.1	140.3	53.6	53.0	198.2
	範囲	530.8～633.4	136.1～144.5	51.5～55.7	50.7～55.3	192.0～204.4
36月	平均値	609.4	141.6	54.7	54.5	203.0
	範囲	552.3～666.5	137.3～145.9	52.5～56.9	52.0～57.0	196.3～209.7
48月	平均値	651.2	143.2	56.2	56.8	207.5
	範囲	587.7～714.7	138.7～147.7	53.9～58.5	54.1～59.5	199.9～215.1
60月	平均値	680.0	144.0	56.5	58.0	208.5
	範囲	613.6～746.4	139.3～148.7	54.0～59.0	55.0～61.0	200.2～216.2

注 範囲は平均値±標準偏差

5図)。

わが国での子牛の発育指標は，日本ホルスタイン登録協会のホルスタイン標準発育値（第2表）や日本飼養標準に示されている。また，アメリカでもホルスタイン発育スタンダード（ペンシルベニア大学式，Dr. A. P. Johnson）が開発され紹介されている。

設定されている発育曲線は，多少の差はあるとしてもあくまでも理論的な遺伝的潜在能力を表わしたもので，その理論値と比較することで，現状の管理作業の結果が判断できるのである。

②育成期の栄養管理は特に重要

一方，乳生産に直接関係する器官として乳腺があり，その発達の可否は，牛の泌乳能力と不可分の関係にある。乳腺の発達は性成熟期に始まるが，ホルモンと密接な関係にある。乳腺を正常に発達させるためには，初回種付け時期以前の栄養（特にエネルギーと蛋白質）のバランスが最も重要である。

さらに，この時期の栄養管理（給与）の失敗は，適齢期の発情不明や受胎不良などの繁殖成績低下を招き，標準的フレームサイズにほど遠い牛を多くする。

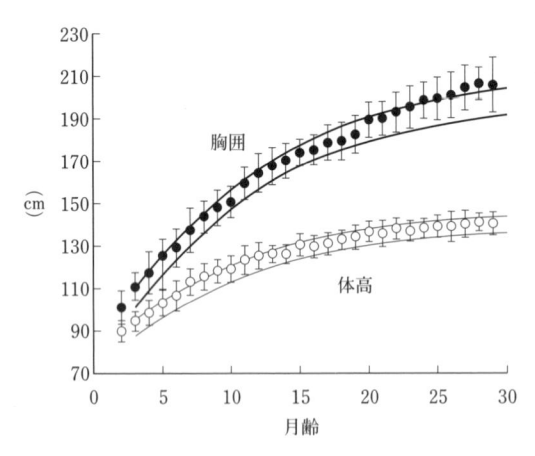

第6図　牛群検定農家の育成牛の胸囲と体高測定結果（千葉県）
　上下の実線内は，日本ホルスタイン協会の標準発育の範囲
　白丸，黒丸印は平均値で，上下の棒は測定牛のバラツキの範囲を示す

この時期の栄養管理（給与）は特に慎重を要する。

③千葉県での測定例

2009年11月から2010年3月まで，千葉県の牛群検定農家101戸の2か月以上30か月未満の育成牛1,175頭の体高と胸囲を測定した。その測定結果を日本ホルスタイン登録協会の標準発育曲線と比較したのが第6図である。

体高，胸囲とも平均値は，日本ホルスタイン登録協会の標準発育曲線の範囲内にあった。しかし，個々の酪農家のデータによっては，標準発育曲線の範囲を下回っている例もある。

体高によって蛋白の過不足が，胸囲とBCSによってエネルギーの過不足がわかる。育成牛の標準発育曲線と測尺値（データ）を比較して，飼料給与量を調整することが大事である。

今回，飼料給与量調査も併せて実施したが，個々の酪農家の育成牛の発育値を発育標準曲線と比較し，その結果を基にエネルギー，蛋白質の過不足や飼養管理などを改善することができた。

日常管理に育成牛の発育調査と飼料給与量調査を組み込み，その結果を標準発育値と比較し，その差を修正する毎日の管理作業の大事さを痛感した。

（9）「"強化"哺育・育成体系」の活用

近年，下記1)～3)の目的で，全国酪農業協同組合連合会（全酪連）によって「"強化"哺育・育成体系」が開発され，専用の飼料（カーフトップEX，ニューメイクスター）が市販されているので紹介する（第3，4表）。

1) 過肥に陥らせることなく，哺乳期からのフレームサイズの発育・発達を加速させる。

2) 初産分娩時期（Age at First Calving以下AFCとする）を早期化（24か月）させる。

3) 正常な免疫機能を維持させる。

「"強化"哺育・育成体系」では，従来の代用乳の給与量の2倍以上の量を給与する。

脂肪は，幼若な哺育期の子牛のエネルギー源としては不可欠であるが，蛋白質や炭水化物にくらべ固形飼料の摂取量を抑制する傾向があ

る。また，多給すると体脂肪の過剰蓄積につながる。

したがって，「"強化"哺育・育成体系」で用いる代用乳は，それらを防ぎながら骨組織や筋肉の発育を促進させるため，従来の標準哺育体系用の代用乳に比べ，高蛋白質・低脂肪の代用乳となっている。

また，初産分娩時期（AFC）早期化のメリットとして，「育成牛保有頭数の削減」，「遺伝的に能力の低い牛や運営上不都合な牛の早期淘汰と更新による牛群改良速度の改善」が可能となる。

また，生後3か月以降の「"強化"哺育・育成体系」育成期の目標体重と給与の例（全酪連の資料から）を第5表に示した。

これらの育成給与体系を参考にしながら，各経営体にあった育成牛の飼養管理に努めていくことが，経営改善につながっていくものと考えられる。

早期育成と早期分娩のメリットは実際に計算

第3表　「"強化"哺育・育成体系」哺育期の目標体重と給与例　（全酪連資料から）

週齢（満）	目標体重（kg）	カーフトップEX					ニューメイクスター	良質乾草	水
		1日給与量（g）	1回給与量（g）	1回当たりのお湯の量（l）	給与回数（1日）	1日給与量（kg）	1日給与量（kg）	
0	45	初乳給与				3回	馴致開始	原則として不要	自由飲水
1		600	300	1.5	2回	0.1		
2		800	400	2.0				
3	60	1,200	600	3.0		0.2		
4						0.3		
5						0.4		
6	77	800	400	2.0		0.7		
7		600	300	1.5		1.3		
8		離乳の目安は56日齢					2.0	0.2	
9						2.4	0.4	
10						2.5	0.6	
11							0.8	
90日齢	120						1.0	
給与量計（kg）		44.8					102.5	20	

注　「カーフトップEX」は，生後8日目から給与体系に示された量に従って給与する
　　「ニューメイクスター」は，生後4日目ごろから，口に入れてやり，馴致させる
　　新鮮な水が常に飲めるようにする。ただし，哺乳後30分間は水を与えない
　　離乳は生後56日齢（満8週齢）が目安になる
　　哺乳中の「ニューメイクスター」は表の給与量を目安に不断給餌する。離乳当日は，1日当たり2.0kgを目安にする
　　「ニューメイクスター」は，離乳後1日当たり2.5kgを上限として，満3か月齢まで給与する

第4表　カーフトップEX（エクセレント），ニューメイクスターの保証成分値

（全酪連資料から）

銘柄	粗蛋白質（％以上）	粗脂肪（％以上）	粗繊維（％以下）	粗灰分（％以下）	カルシウム（％以上）	リン（％以上）	TDN（％以上）
カーフトップEX	28.0	15.0	1.0	8.0	0.6	0.4	103.0
ニューメイクスター	18.0	2.0	8.0	8.0	0.6	0.4	72.0

育成

第5表 「"強化"哺育・育成体系」育成期の目標体重と給与例　　(全酪連資料から)

月齢(満)	目標体重(kg)	全酪育成前期(kg)	全酪育成後期(kg)	乾乳期用配合(kg)	アルファルファ(kg)	禾本科牧草(kg)	水
3	120	2.5			0.5	1.0	自由飲水
4	145					1.5	
5	170				1.0	2.0	
6	195						
7	220						
8	245					3.0	
春機発動	280					4.5	
10	295		2.5				
11～20	321～555		2.5～3.0		1.5	4.5～7.0	
分娩2か月前	566			3.0		7.0	
分娩1か月前	592			4.0		8.0	
分娩	618						
給与量計		480	960	210	726	2,772	

してみないと理解できないので，育成部門を軽視する人が多いが，長い目でみると大きな利益をもたらすのである．反対にないがしろにすると，目に見えないだけに経営全体のお荷物になることが多い．

育成費用については，誕生月，育成方法によって大きな差があるが，24か月分娩で30～35万円前後と考えられる．早期分娩を実現するためには，これまでより高い栄養価の飼料を給与することが必要であるが，全体的には低コストになってくる．

2011年記

参　考　文　献

デーリィ・ジャパン社．1995．利益を生み出す育成技術．臨時増刊号第40巻第13号．
DAIRYMAN臨時増刊号．2010．徹底・後継牛づくり．
伊藤紘一．1994．酪農セミナー資料．ウィリアムマイナー農業研究所日本事務所．
前之園孝光．1999．50頭50万kgを通過点として．酪農ジャーナル．9，31—33．
日本ホルスタイン登録協会．1995．ホルスタイン種雌牛の標準発育値．
農林水産省技術会議事務局．2008．日本飼養標準乳牛（2006年版）．中央畜産会．東京．
小倉喜八郎．1999．哺育・育成プログラム．生産獣医療システム．乳牛編．1，(社)全国家畜畜産物衛生指導協会．農山漁村文化協会．
社団法人家畜改良事業団．乳用牛群能力検定成績のまとめ（平成21年度）．
全国酪農業協同組合連合会．21世紀哺育・育成体系．
全国酪農業協同組合連合会．2007．"強化"哺育システム．COW BELL特集号．

繁殖管理—早期育成牛の繁殖管理と黒毛和種の利用

執筆　坂口　実（農林水産省北海道農業試験場）

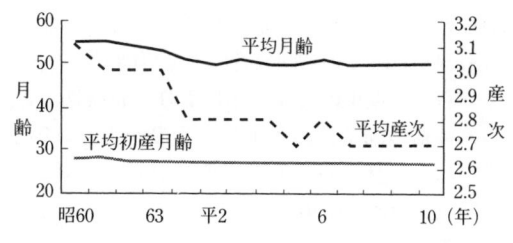

第1図　乳牛の月齢，初産月齢，産次の推移

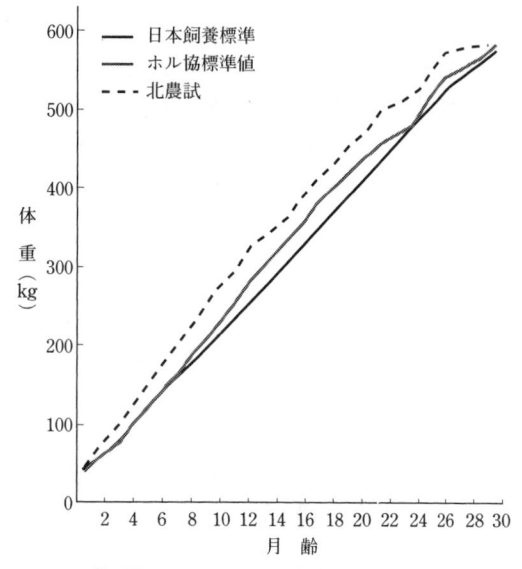

第2図　ホルスタイン育成牛の発育値

(1) 平均月齢，初産月齢，産次数の推移と酪農経営

乳牛の平均初産月齢は，乳用牛群検定事業から得られたデータによると，平成10年度現在27か月である（家畜改良事業団）。この数字は昭和60年度の28か月から，この14年間ほとんど変わっていない（第1図）。その一方で，乳牛全体の平均月齢は昭和60年度の55か月（4歳7か月）から50か月（4歳2か月）と，9％減少している。さらに，平均産次数は3.1産（昭和60年）から2.7産（平成10年）と13％も減少している。この間，1頭あたりの平均乳量は初産牛も含めて持続的に上昇している。

これらのことは何を意味するのであろうか。簡単にいえば，乳牛1頭あたりの1乳期での生産性を高め，同時に世代交代を早めることで，収益を確保するという方向性である。技術開発の立場からは，経済効率優先のみではなく，将来の食糧不足や自給率の向上を考えると多様な生産様式が必要と考えられる。しかし，乳価の長期低落傾向など，酪農家のおかれている厳しい状況を考えると，現在の方向性を否定することは現実的ではない。また，世代交代を早めることは，遺伝的改良を早めることにもつながる。

本稿では，乳牛1頭当たり，年間の生産量を最大にすることを目標とする立場から，育成牛の繁殖管理とその結果としての分娩について概説する。

(2) 初回種付けの基準

①初回種付け・分娩の限界月齢

乳牛全体の平均月齢および平均産次が低下し続けている現状で，今後，乳牛の1日・1頭当たりの生産性をあげるための1つの有力な手段は，初産月齢を早めることである。ただしこの場合，育成にかかる飼料代が，それ以前よりも高くならないことが前提となる。乳牛では，排卵を伴った初回発情は，おおむね280kgまでに出現する。したがって，初回発情後，正常な発情周期を示しているものについては，体重にかかわらず人工授精が可能である。

日本飼養標準・乳牛（1999年版）では，初産種付けの目標として，13か月齢以降で，体重350kg，体高125cmを目標に掲げている。第2図にホルスタイン種雌牛の標準発育曲線を示した。日本ホルスタイン登録協会（ホル協）の標準値は，飼養標準で採用されているものよりも若干高めであるが，どちらも13～14か月齢でほぼ350kgに到達しており，この月齢で初回種付けが可能であることを示している。したがって，

現在の標準の発育値を示す育成牛では，少なくとも24か月齢での初回分娩は十分可能である。

さらに，近年の高能力化により，育成期も含めた体格の向上はめざましいものがある。第2図には，農林水産省北海道農業試験場で最近3年間（平成8～10年）に生産されたホルスタイン雌牛，約60頭の平均発育曲線も同時に示してある。これによると，12か月齢での平均体重は360kgであり，理論的には初産月齢21か月が可能である。

②初産月齢を早めるための栄養条件

試験研究レベルでは，熊本県農業研究センター畜産研究所が21か月齢での初産分娩が可能であることを示している（野中ら，1998）。その条件として，出生から12か月齢までの平均増体量を0.8～1.0kg/日とすることが必要であり，このためには，TDNで約70％，CPで15％程度の高品質の飼料を給与する必要があると結論している。この試験では，TMRを採用することにより，必要な乾物摂取量を維持しているが，現場レベルでは，泌乳牛のTMR残滓を利用して発育を早めることも可能であろう。北海道立新得畜産試験場でも，同様の初産月齢を早める試みがなされており，熊本での結果と同様な栄養条件の必要性を示している。

ここで重要なのは，TDNのみではなく，十分な体格の発育（体高目標値：125cm）を促すためには，高タンパク飼料の給与が必要であるということである。

海外でも最近，コーネル大学で273頭を供試した大規模な試験が行なわれ，初産月齢21か月で大きな乳量の低下はないことが示されている。

一方で，育成期の高増体は乳腺発育への悪影響を及ぼし，乳量にマイナスに働くともいわれてきた。この原因としては，低タンパクー高エネルギー飼料が原因であるという指摘もある。このことは，コーネル大学の，適切な蛋白質を含んだ飼料による早期育成は，少なくとも2産目の乳量には影響しないという結果からも示されている。

また，受胎後の発育の目安としては，難産防止の意味からも，分娩後の体重を少なくとも550kg，可能ならば600kg近くにもっていく必要がある。したがって，あらかじめ離乳から初回分娩まで，一貫した飼養管理計画を立てることが必要である。

③早期育成での課題

初産月齢21か月というのは，現時点で，連産性を前提とした乳牛の生物学的な限界であると考えられ，生産現場で今すぐ現実的な目標となるものではない。実際に初産月齢を下げることを考えた場合，一気に目標とする月齢にまで下げるのではなく，飼料の栄養価を高めることによって発育を早め，段階的に下げてゆくのが現実的であろう。

また，早期育成によるメリットを事前に試算しておく必要もある。ポイントとしては，育成期の経費をどれだけ削減できるか，世代交代を早めることにより，どの程度の遺伝的改良効果が見込めるか，が重要になる。したがって，個々の経営目標や飼料基盤あるいは管理形態に応じて，望ましい初産月齢を設定すべきであろう。

（3）発情同期化と定時人工授精

①繁殖管理の省力化

経産・未経産を問わず，牛の繁殖管理の基本は，発情発見と適期人工授精である。しかし，酪農経営の大規模化が進んできた結果，繁殖も含めた飼養管理方式は，プロダクションメディスンに代表されるように個体管理から群管理へと大きく転換しつつある。そこで，未経産牛の人工授精でも，発情発見や人工授精の省力化が求められている。また，放牧育成を行ない放牧条件下で初回人工授精を行なう場合も，牛群として繁殖管理を行なったほうが，より効率的である。

繁殖予定の全頭について朝・夕十分な発情監視が不可能な場合は，薬剤の投与による発情の同期化で監視の省力化が可能である。また，これをさらに一歩進めて，排卵時期を同期化する方法も開発されている。方法については基本的には経産牛と変わらないので概略にとどめ，育成牛での留意点を加える。

②発情同期化の方法

発情同期化には,大きく分けて,黄体退行作用をもつプロスタグランジン（PG）を用いる方法と,黄体ホルモンであるプロジェステロン（P_4）を用いる方法がある。

前者については数種類の製剤が市販されているので,それぞれの処方に従って注射すればよいが,投与時の牛の状態,および投与回数によって発情同期化の効率が異なる。黄体期であることを確認したうえで投与する場合は,1回の投与で実用的な発情同期化を期待できるが,そうでない場合は2回の投与が望ましい。未経産牛では,大型の経産牛よりも少ない投与量で十分な効果が得られる場合もある。

プロジェステロン製剤については,注射薬ではなく,膣内挿入剤が近年急速に普及しており,エストロジェン（E_2）製剤との併用で用いられることが多い。

③定時人工授精

また,PGとP_4,E_2製剤を組み合わせて,より精度の高い同期化も可能である。さらに最近では,性腺刺激ホルモン放出ホルモン（GnRH）製剤を組み合わせて,より確実に発情同期化する方法も実用化されている。GnRHは発育した卵胞を排卵させる作用をもつので,これを利用してPGあるいはP_4と組み合わせることにより,発情発見の有無に関わらず,定時に人工授精する方法も種々開発されている（中尾,1998）。

対象牛が初回発情（排卵）後であり,正常な発情周期（正常な黄体機能）を示していれば,これらの薬剤を用いた方法は原則として経産牛と同様に,育成牛にも使うことができる。しかし,一部の定時人工授精法では,未経産牛での効果が経産牛と比較して低いとの報告もあり,未経産牛に適した定時人工授精法の開発が望まれる。

また,これらの薬剤および投与プログラムは主に米国などで開発され普及してきたが,わが国ではこれらの薬剤の価格が比較的高いことから,投資に見合った省力効果が得られるかどうか,事前に十分検討する必要がある。

（4）交雑種（F_1）生産と胚（受精卵）移植

初産時の乳牛は通常発育期にあり,生まれてくる子牛が大きな場合は難産の比率が高くなる。これを避けるために,比較的生時体重の小さい黒毛和種とのF_1,あるいは黒毛和種胚（受精卵）の移植（ET）が利用されることが多くなってきている。ホルスタイン雄子牛の価格低迷もこの傾向に拍車をかけている。

しかし,乳牛の平均産次が2.7という現状では,こうしたF_1やETによる生産の急速な拡大は,後継牛確保の面から,日本の酪農の将来にとって重大な問題である。今後とも平均産次数の上昇が見込めないとすれば,後継牛確保については,牛群改良への影響も考慮したうえでの,全国的な見地での政策的な誘導が別途必要であろう。とはいえ,個々の経営の存続を大前提と考えれば,少しでも高く子牛が売れ,分娩事故の発生も抑えられるのならば,有力な手段となる。

①F_1生産の考え方

F_1生産にあたっては,生産された子牛による利益をどう考えるかがポイントとなる。とにかく分娩させればよいということであれば,なるべく安い黒毛和種精液を使用して,少なくとも乳雄を上回る価格で売れればよいということになる。

これに対して,子牛をなるべく高く売りたい,あるいは肥育まで手がけた複合経営で,肉生産での収益を期待する場合には状況は異なる。理論的には,ホルスタイン種の産肉性についての遺伝的なバラツキは小さいため,選択した黒毛和種種雄牛の能力がF_1の遺伝的な産肉性に大きな影響を与える。このことを利用してF_1の産肉性から,黒毛和種種雄牛を評価する試みもなされている（長嶺ら,1996）。これらのことから,黒毛和種純粋種生産で高能力の種雄牛が,より付加価値の高いF_1生産にも適しているとの予測は十分可能である。しかし,純粋種とF_1では,肥育期間をはじめ,肥育方式が異なるため,種雄牛の遺伝的能力から期待されるほどの肥育成績がでないこともある。逆に,F_1の肥育生産で

育成

は，黒毛純粋種生産ではそれほど評価されていない種雄牛でも，最終的な肥育成績として高い能力を発揮する可能性もある。この点についてはより詳細な調査が待たれるところである。

②受精卵移植（ET）による黒毛和種子牛の生産

ETについても同様に，子牛販売の収益をねらうか，とにかく生ませればよいかで移植する胚の選択基準は異なる。現行の黒毛和種子牛の価格決定要因として最大のものは血統である。したがって，両親ともに優れた血統の組み合わせから生産された胚を移植すれば，市場価値の高い子牛を生産できる。一般的には，過剰排卵処置後に人工授精し，7～8日後に子宮灌流して移植胚を得，そのままあるいは凍結保存後に移植する。

域内に酪農家のみでなく，肉牛繁殖農家が混在するような地域では，優良な血統の胚を入手しやすい。黒毛和種の肥育素牛および繁殖素牛の全国的な供給地帯である，岩手県南部のある自治体の例では，酪農家と肉牛農家との連携がうまくとれ，酪農家にとって魅力的な，ETによる黒毛子牛生産が行なわれている（坂口，1997）。

成功している要因としては，自治体営の農業公社が，子牛の流通もふくめて両者を仲介していることが大きい。酪農家での黒毛子牛生産は哺育が問題となることが多いが，このケースでは，無料で胚移植を行ない，産子は定額で自治体営の哺育センターが買い上げるシステムをとっている。最終的には，ETで生産された子牛の地域内での保留割合を増やし，畜産地帯としての酪農経営と肉牛経営の総合的な発展を目指している。

③黒毛和種体外受精胚の利用

このように，肉牛農家との混在地帯では，酪農家が肉牛農家とうまく連携することにより共存共栄をはかりうるが，酪農単作に近い地域では移植胚を精液と同様に購入する必要がある。

流通している優良血統の胚を購入することも可能であるが，もう一つの選択肢として，体外受精胚の利用が考えられる。一般的に体外受精胚は，過剰排卵処置により生体内から回収した胚と比べて受胎率が低く，また，胚の父親は特定できるものの，卵子を提供した母親は不明である。したがって，子牛市場では高値で取り引きされることはないが，胚の価格も安いことから，ある程度の受胎率が確保できれば，初産乳牛で利用しやすいといえる。また，最近では，母牛が特定された子牛登記可能な体外受精胚が，家畜改良事業団から販売されている。

このように，黒毛和種胚のET利用については，地域の畜産事情や経営目的にあわせて，受胎率を勘案して移植胚を選択する必要がある。

2000年記

参考文献

家畜改良事業団．1988―1998．乳用牛群能力検定成績のまとめ．(社) 家畜改良事業団．

長嶺慶隆・三田村強．1996．交雑種を用いた黒毛和種改良の可能性．畜産の研究．**59**，31―34．

中尾敏彦．1998．牛におけるプログラム人工授精の現状と課題．臨床獣医．**16**，12―16．

野中敏道・圓山茂・関俊彦．1998．高エネルギー・高蛋白混合飼料（TMR）による乳用子牛の早期育成技術．熊本県農業研究センター研究報告．No.7，46―54．

坂口実．1997．胚移植実用化の事例分析－岩手県藤沢町農業開発公社の例－．日本胚移植研究会誌．**19**，13―23．

初産分娩での注意点―難産の実態と育成目標体重

執筆　坂口　実（農林水産省北海道農業試験場）

(1) 難産発生状況

　初産牛の分娩にあたって，最も注意しなければならないのは難産である。北海道酪農検定検査協会が，道内の約23万頭の乳牛について分娩難易度をまとめている（1998）。分娩難易度が1（介助なしの自然分娩）～2（ごく軽い介助）の割合は，経産牛では産次にかかわらず約95％であったが，初産牛では約89％であった。分娩難易度3以上の内訳を第1図に示したが，分娩難易度3（2～3人を必要とした助産）および4（数人を必要とした難産）の発生率は，経産牛のほぼ2倍である。難易度5（外科的処置を必要とした難産または分娩時母牛死亡）の発生率は，産次による違いはない。

　平成元年以降の，分娩難易度3以上の発生率の推移を同じ資料からまとめてみた（第2図）。経産牛では，産次に関わらず平成3年にかけて1.5％程度の低下が見られる。これに対して初産牛では，平成元年の16.7％から平成10年には10.9％と，大きく低下している。

　このような変化の原因としては，初産分娩月齢がほとんど変化しないなか，初産時の体格は向上し続けていることが大きいと思われる。北海道では，初産牛の分娩後の平均体重は平成6年以降550kgを超えている。体格の向上に伴って難易度の高い分娩が減少していることから，初産月齢を下げることを疑問視する向きもあろう。しかし，分娩難易度を左右する大きな要因は，月齢ではなく体重であることを次に示す。

(2) 初産分娩時体重と難産発生率

　成長期にある初産牛は，経産牛と比べて体重が少ないことから，第3図に分娩難易度4以上の難産の発生頻度を体重別に集計してみた。この

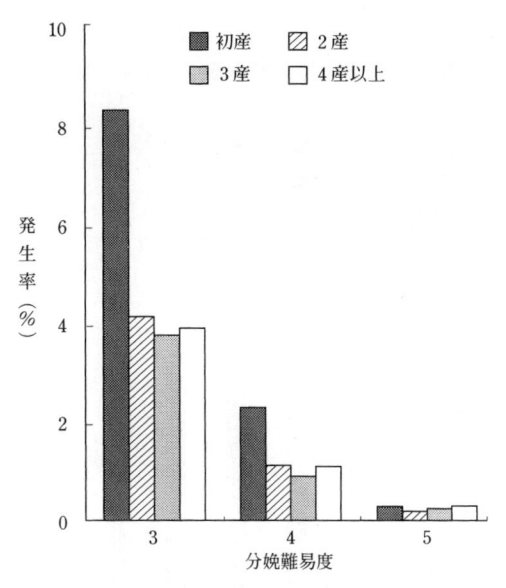

第1図　産次別の難産発生割合

分娩難易度
1：介助なしの自然分娩
2：ごく軽い介助
3：2～3人を必要とした助産
4：数人を必要とした難産
5：外科的処置を必要とした難産または分娩時母牛死亡

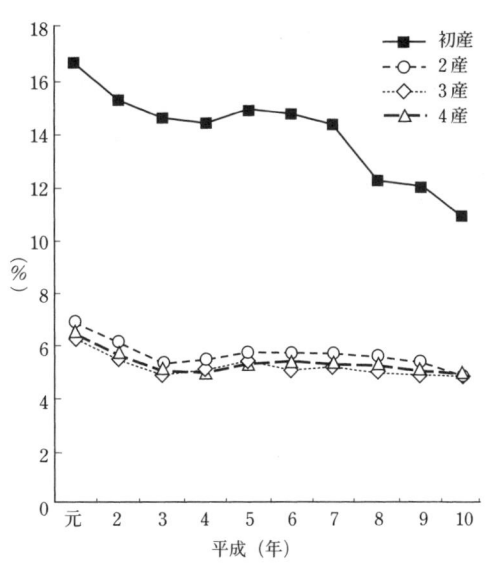

第2図　産次別分娩難易度3以上の推移

図から，初産牛では体重の増加とともに難産の発生率は低下し，550～600kgで最低となっていることがわかる。600kgを超えると，難易度5の

育成

発生率はほとんど変わらないものの，難易度4の発生率が若干上昇している。

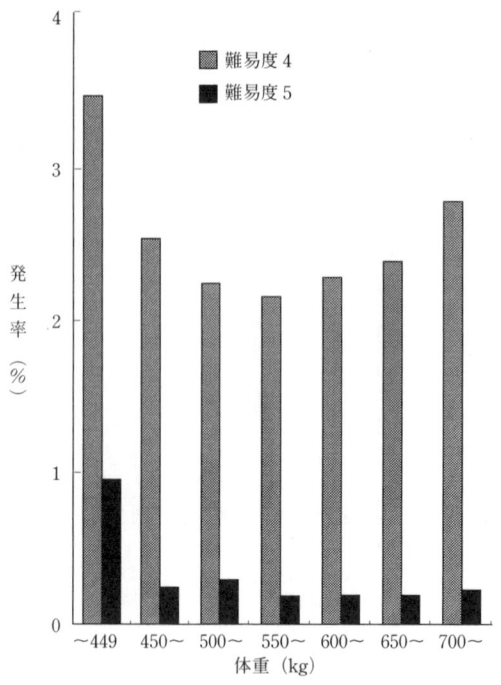

第3図 初産牛の体重別分娩難易度

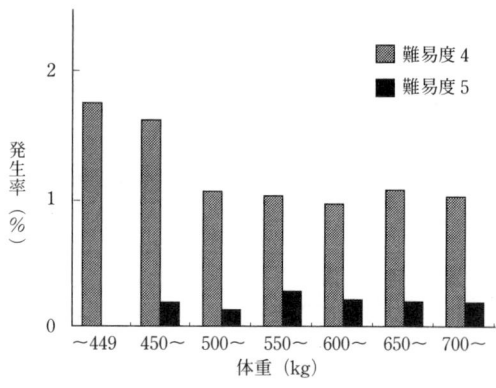

第4図 2産牛の体重別分娩難易度

したがって，難産防止の面からも，初産分娩時の体重は550～600kgであることが望ましい。特に，最近では子牛の生時体重が50kgを超えることも珍しくないので，遺伝的な情報から大きな産子が予想される場合は，550～600kgで初産分娩を迎えることを目標に，妊娠期の飼養管理をすることが肝要である。とりわけ，初産月齢を早める場合，初産時に目的体重までもってゆくことができるかどうかが，大きなポイントとなる。

第4図には比較のため2産以上の経産牛の難産発生頻度を示したが，同じ体重でも難産の発生率は，おおむね初産牛の半分かそれ以下である。このことは初産牛では，体重によるものだけでなく，分娩に慣れていないことによる難産も多いことを示している。

当然のことではあるが，初産牛の分娩にあたっては，経産牛よりも多くの注意を払うべきであり，とりわけ体重・体格の小さなものについては，難産への対応をあらかじめ準備しておく必要がある。また，予定日をすぎても分娩しない場合は，経産牛よりも早めに分娩誘起，場合によっては帝王切開の決断をする必要がある。

2000年記

参 考 文 献

北海道酪農検定検査協会．1998．個体の305日間成績（付・繁殖成績）．（社）北海道酪農検定検査協会．Vol. 21.

育成牛の施設・設備

執筆　干場信司（酪農学園大学）

哺乳期が個体別管理であったのに対して，離乳後は，個体別管理から群管理への移行期にあたる育成前期（3～6か月齢）と，その後の群管理による分娩までの育成後期（7か月齢～分娩前）に分けて考えなければならない。疾病の感染，発育ステージによる管理や飼料給与の面からも，それぞれのステージごとの収容施設が必要となる。

(1) スーパーカーフハッチ

カーフハッチで2か月齢まで飼った後の収容施設としては，スーパーカーフハッチ（第1,2図）が用いられる。これは，カーフハッチで健康に育った子牛を，その後，成牛が飼われている牛舎に収容したところ，ほとんどが病気にかかってしまったという経験を基にして考案された育成施設であり，およそ3か月齢から6か月齢までの育成前期の牛が収容される。

スーパーカーフハッチの特徴は，カーフハッチと同様に新鮮な空気のもとで飼うという点と，月齢のあまり離れていない子牛同士を7～8頭の群で飼うという点である。

月齢の離れた子牛を一緒にすると，未だに十分な免疫を保持していない子牛が，月齢が大きい子牛から病気の感染を受ける可能性がある。スーパーカーフハッチで飼われることにより，カーフハッチで隔離状態にあった子牛同士が小頭数の群飼いになってお互いに軽い疾病の感染を受け，免疫を獲得してゆく期間であると，とらえることができるであろう。

発育ステージ別収容施設の必要性の項で述べたように，育成の前期には，2～3か月齢以上離れた子牛同士を一緒に収容してはならない。また，スーパーカーフハッチに収容する子牛の数は最大でも8頭である。7～8頭というサイズは，子牛同士の敵対行動などの社会的行動からみても適正なサイズとされている。

なお，第3図にスーパーカーフハッチの原型となった車庫を示すが，スーパーカーフハッチを使う理由は新鮮な空気のもとで飼うことであり，その形は自由である。

(2) 自然換気型哺育育成牛舎

第4図は，米国中西部の普及機関であるMWPSが推奨している哺育牛と離乳直後の牛（3～4か月齢）を収容するための自然換気型哺育・育成牛

第2図　スーパーカーフハッチ

第1図　建築中のスーパーカーフハッチ

第3図　スーパーカーフハッチの原型（アメリカ・ミネソタ州　酪農家の車庫）

育成

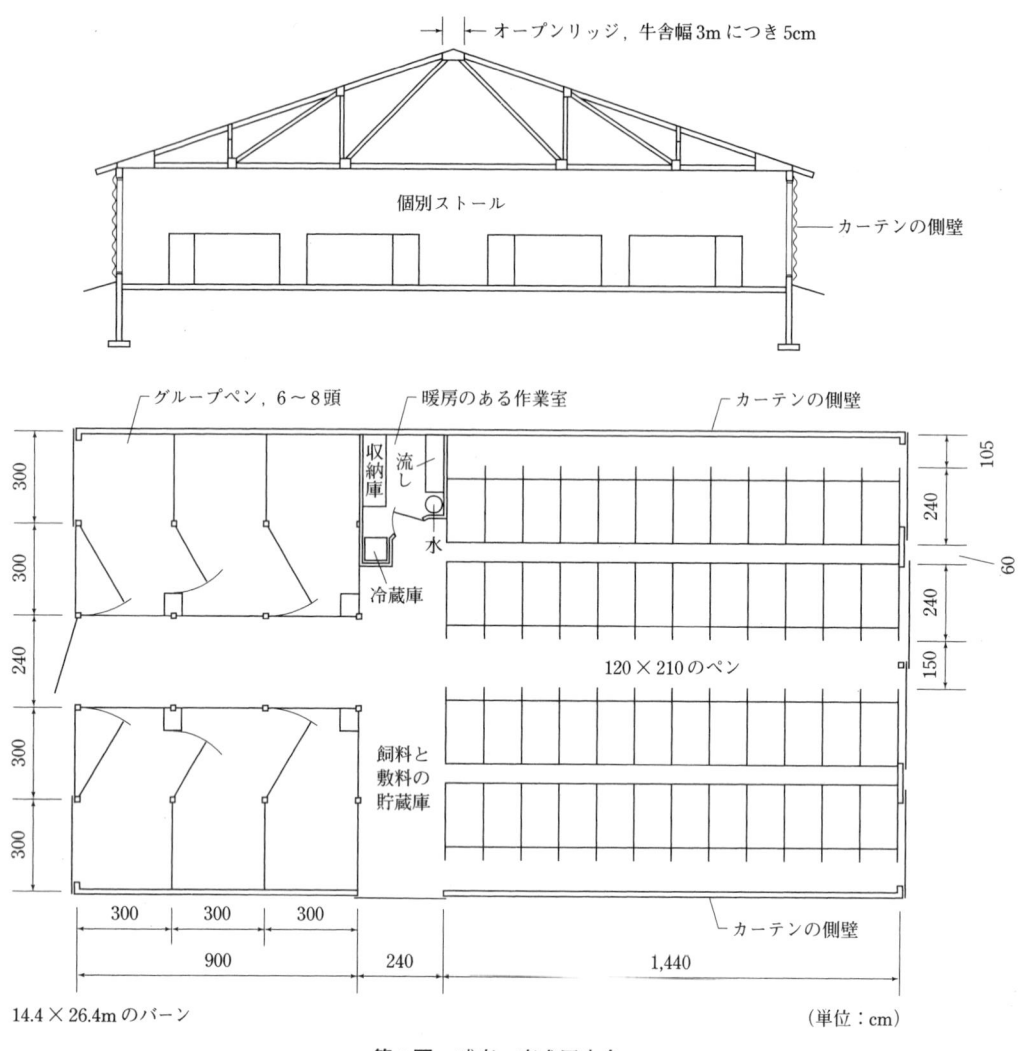

第4図 哺育・育成用牛舎
(MWPS－7, 日本語版 伊藤, 高橋 監訳, 1996年)

舎である。内部の詳細などを第4, 5図に示す(伊藤・高橋, 1996)。図からもわかるように, 単飼用哺育ペンには, 子牛同士が接触できないように工夫がなされている。また, 牛舎の側壁や棟には連続した換気用開口部を設けて, 屋外の新鮮な空気を十分に取り込むことができるようになっている。

(3) 育成後期用PT型ハウス

PT型ハウスとは, ポール(堀立柱)とトラスを組み合わせて造る建物のことであり, 間伐材などの中小径丸太材を使用する(北海道木質材料需要拡大協議会, 1983)。トラスもすべて釘打ちで複雑な加工がなく, 組立も容易である。特に丸太材を自家生産できる農家では, 労力は要するもののかなりの低コスト化が可能である。この構造を採用した育成後期用の施設(第6図)は, 搾乳牛40～50頭規模, または, それ以上の牧場に適している。このPT型ハウスも自然換気方式を採用している。

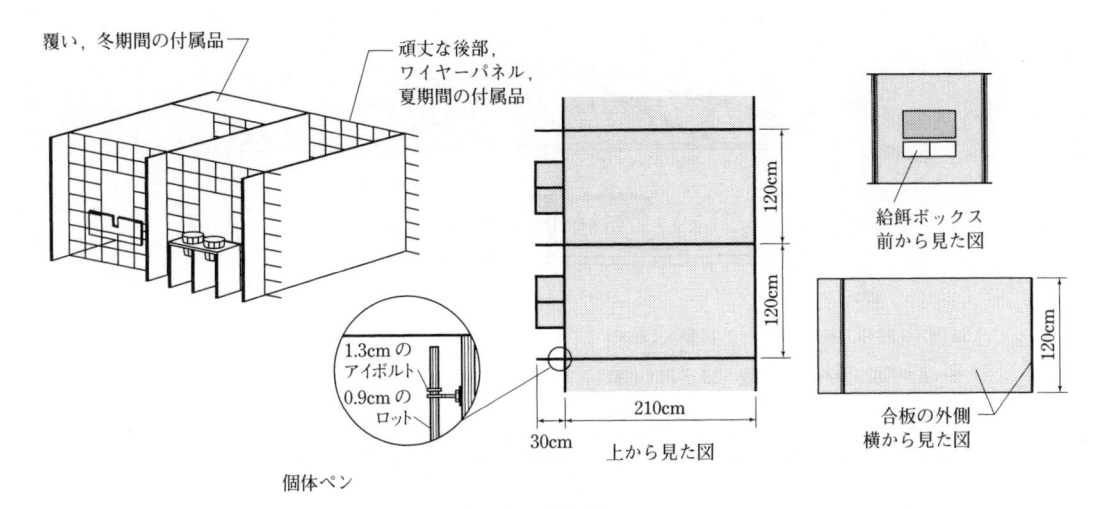

第5図　哺育用ペン

（MWPS-7，日本語版　伊藤，高橋　監訳，1996年．）

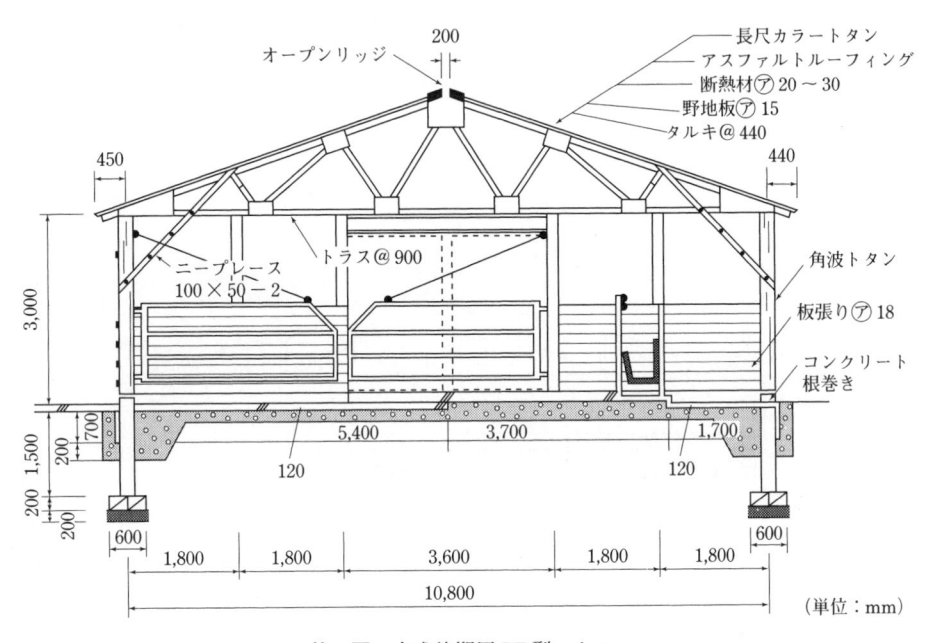

第6図　育成後期用PT型ハウス

その他，MWPSが推奨している施設の事例を第7，8図に示す。

2000年記

参　考　文　献

北海道木質材料需要拡大協議会．1983．カラマツ材を使った牛舎建設の手引き．1-79．

伊藤絃一・高橋圭二（監修）．1996．MWPSフリーストール牛舎ハンドブック．ウィリアムマイヤー農業研究所．1-118．

育成

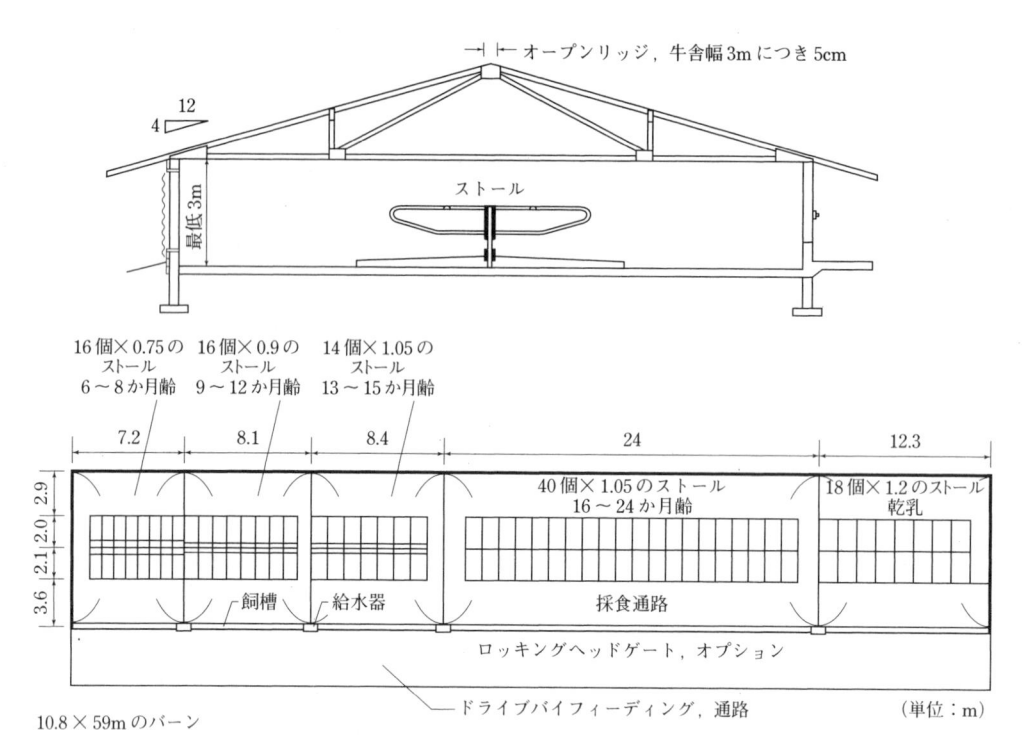

第7図 MWPS推奨の育成用フリーストール牛舎（頭合わせ）
（MWPS，日本語版　伊藤，髙橋　監訳，1996年）

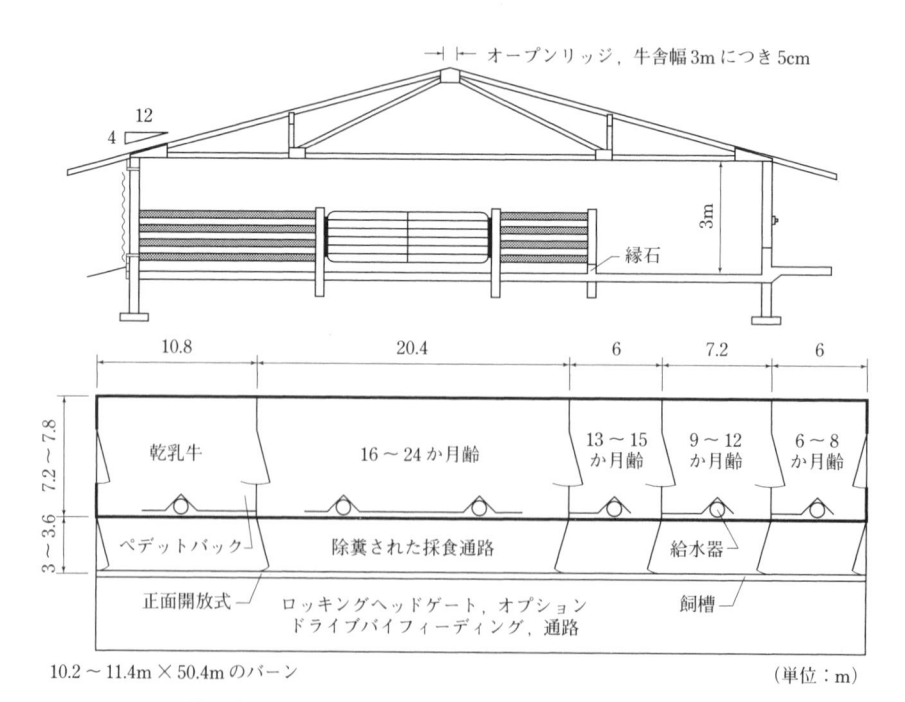

第8図 MWPS推奨の育成牛と乾乳牛用のルースバーン
（MWPS，日本語版　伊藤，髙橋　監訳，1996年）

衛生管理と疾病対策

執筆　照井信一（日本全薬工業株式会社）

(1) 飼養管理と留意点

　この時期は将来の生産性に向けて丈夫な体を作る重要な時期であり、特に第一胃の発達を促し、種々の飼料を十分に消化・吸収できるような強い内臓諸器官を作る時期である。そのためには十分な粗飼料の給与と十分な運動を行なうことが基本である。

　また、6か月をすぎる頃から一部の牛は放牧育成が行なわれる。このような牛に対しては気象環境と青草に対し少なくとも1～2週間の馴致を行ない、放牧初期のストレスを少しでも緩和し、増体率の低下や疾病発生のリスク低減を図ることが得策である。なお、放牧時の衛生については別項で詳細に述べられるので省略する。

(2) 舎飼い育成の衛生管理の要点

　この時期になると、哺乳期の個別または少頭数飼養から、月齢が進むにつれて群を構成する牛の頭数も次第に多くなる。牛の体も日ごとに大きくなり、運動量も格段に増加してくる。一般には3か月齢頃までは1群5頭、3～9か月齢では1群約10頭が衛生管理上望ましい集団とされている。

　1群の頭数が増加するにつれて、一般に牛群間での順位争いが盛んになり、特に順位が下の牛にとっては大きなストレスとなる。また、頭数の増加は病原微生物に対する新たな感染の機会を増加させるため、幼齢期のワクチンに加えて地域の実情に応じて、新たなワクチンの追加接種が必要である。ワクチン接種を含めた衛生管理プログラムの例を第1表に示す。また、消化管内寄生虫の感染も増加することから、定期的に駆虫剤の投与を行なうことが望ましい。

(3) ストレスの軽減対策

　精神的・肉体的両面から作用するストレスを、同時に完全に回避することはきわめて難しい。そこで順位下位のものが少しでもストレスを回避できるように管理面からの工夫が必要である。

①畜舎構造

　ストレスの影響で最も大きいのは採食が十分できないことと、十分に休息できないことである。したがって、できるだけ密飼いを避け、頭数に見合った大きさ（あるいは幅）の飼槽を設置し、また、休息場所には危険のない範囲で仕切りを設けるなど、弱い牛でも安心できる場所を意識的に設置することが必要である。

②気象環境

　牛が日常実際に肌で感じる温度、いわゆる「体感温度」は次の式で表わされる。

$$牛の体感温度＝気温 \times 0.35 ＋ 湿球温度 \times 0.65$$
$$（三村ら、1972）$$

　つまり、牛にとって湿度の影響が非常に大きいことがうかがわれる。また、風の影響も体感温度に置き換えると次の式で表される。

$$風の体感温度＝気温－10 \times \sqrt{風速(m/sec)}$$
$$（山本、1991）$$

　この式から計算すると、気温30℃の時1m/secの風が吹くと、気温が20℃の時と同じ効果が期待でき、風を送ることは夏季には非常に有効な防暑効果が期待される。しかし、逆に冬季には著しい冷却効果となり、体力の大きな消耗をもたらす。

　したがって、気象環境の面からも牛に過度のストレスを与えないように、各季節を通じ環境の調節に留意することが望ましい。

(4) 多発疾病対策

①肺　炎

　この時期の肺炎は慢性化の経過をたどりやすく、後に発育遅延を招くこともあり、経済的損失が大きい。原因は病原微生物の感染であるが、この時期の肺炎の発症には輸送、寒冷、序列争いなどのストレスが誘因になっていて、いわゆる「日和見感染」であることが多い。したがって、治療を行なう場合にも抗生物質の薬剤耐性が起きないように十分留意しながら対症療法を進めることが必要である。また、ストレス要因

育成

第1表 哺育・育成期の衛生管理プログラムの一例

農林水産省畜産局衛生課：乳用雄子牛損耗防止マニュアルを一部修正（中根）

日（月）齢	0	7日	14日	35日	2月	3月	4月	6月	備考
出生から育成期		導入 (45kg)		←哺乳期→ 哺育期・哺乳期 (65～70kg)		(130kg)	←育成期→ (230kg)		
導入子牛の選定	・初乳を十分飲んでいるもの ・標準体重に達しているもの ・健康なもの								・初乳を十分飲んだか否かは血清検査で判定
導入子牛の輸送	・輸送によるストレスを避けるため近いところから導入する。・夏季日中の輸送は避ける。・輸送車は清掃する								
導入直後の管理	・到着したら微温湯等を経口補液剤を与える。・十分休養させる。・他の牛と隔離し少なくとも2週間体温を測定する								・異常子牛について精密検査を行なう
飼育方法	初乳	カーフハッチ等による個体飼育			スーパーカーフハッチ等による少頭数群管理（自由採食）		通常の群管理		・密飼を避ける。・踏病に注意
飼料の給与		代用乳（2回/日）（人工乳）					育成用配合飼料（不断給与）		・初乳は出生後できるだけ早く十分に飲ませる
		良質乾草（初め1～2週間は制限、以後は自由採食）					乾草または稲わら		
各種ストレスの防止									・導入後のストレス緩和、飼料変更時にビタミン剤の補給
下痢の予防									・牛舎の清掃と乾燥、消毒の徹底、換気 ・病牛の早期発見と隔離治療 ・下痢の子牛には抗菌剤、発酵初乳の投与も良い ・細菌性の下痢は抗生物質製剤などを投与する
呼吸器病の予防									
寄生虫駆除									・特に乳頭糞線虫3か月齢で検査、駆虫
消化器症の予防									・過食の防止
ミネラルの補給									・粗飼料の適正給与
牛伝染性鼻気管炎（IBR）					△		△	△	第1回：生後20～39日 第2回：4か月後
牛RSウイルス感染症（RS）					△		△	△	同上
牛ウイルス性下痢・粘膜病（BVD・MD）					△		△	△	同上
牛パラインフルエンザ（PI-3）					△		△	△	
予防接種 イバラキ病、牛流行熱、炭疽、気腫疽	・流行地域では6月までに接種する ・発生のあった地域では季節を問わず接種する								・接種時体は都道府県家畜産物衛生指導協会の指導を受ける
牛舎	・最低月に1回は消毒する。・導入牛舎は少なくとも導入2週間前に消毒・使用済のカーフハッチは直ちに消毒し約1か月後に使用								・消毒は汚物の除去、水洗、乾燥後に行なう。消毒薬は用途別に選び、散布量、薬液濃度、浸漬時間に注意
踏込消毒槽	・哺育牛舎には必ず消毒槽を設置。消毒液は毎週2回取りかえる								
運動場	・年2回以上消毒（サラシ粉または生石灰/3.3m²）								
衛生害虫駆除	・サシバエ、イエバエ、アブ 殺虫剤の牛舎内外、牛体への噴霧、堆肥に散布								
ネズミの駆除	・牛舎消毒時に行なう								
換気	・毎朝飼料給与時に点検する。特に夏季には舎内の通風をよくする								・汚染空気は牛舎の上、中央から排気する

注1）肥育仕向用乳用雄子牛を基準としている
2）←→は発生しやすい時期を示す

の緩和策として，一時，隔離房や病畜舎に収容するなど，安静条件の下で治療を行なうことが必要である。

②下　痢

この時期の下痢も月齢の若い牛ほど多発の傾向があり，その発生要因は病原微生物の感染と同時に，飼料の急変，輸送，気象条件の変化等がストレスになって発症することも多い。したがって，その原因を究明することは難しいことが多い。下痢を発症すると脱水症状が急速に進行することから，まず脱水防止として経口補液剤の投与を行ない，同時に輸液・強肝剤・抗生物質などの投与が必要である。

③**寄生虫病**

増体量の減少や間歇的な下痢の発生には，内部寄生虫の影響があげられる。また，近年は幼齢育成牛の乳頭糞線虫による「ポックリ病」の発生が全国的に知られている。これは近年特におがくずを敷料に使用する場合が多く，これが乳頭糞線虫増殖の温床になっているためである。その他，コクシジュウム症なども見られることから定期的に検査を行ない，定期的に駆虫薬を投与することが望ましい。

2000年記

放 牧 育 成

放牧管理—増体と強健性を同時実現するポイント

執筆 塩谷 繁（九州農業試験場）

(1) 放牧利用の現状

　放牧で育成された牛は，舎飼いで育成された牛よりも強健性，体格の伸長度，第一胃の発達などの点で優れているといわれる。こうした放牧育成の効果は，乳牛では，体格を大きくし，食い込みをよくして直接その後の産乳量の増加につながるほか，連産性や耐用年数の向上に寄与すると考えられる。

　さらに，近年の酪農では飼養頭数が増加していることから，省力化が経営上の大課題であり，その点放牧を利用すると，育成にかかる労力を他の作業に振り換えられるメリットがある。

　ところが，乳牛の育成では放牧が十分に活用されていないのが現状である。その主な原因は，「放牧では期待どおりの増体量が得られない」という過去のイメージにあると思われる。実際，過去には，放牧に出すと体重がほとんど増えずに帰ってくる牛もいた。しかし，放牧で低増体になる原因を科学的に明らかにすることにより，その対策も開発され，現在では舎飼いに匹敵する増体が得られるようになった。

　放牧により乳用子牛を健康で十分な体重，体高に育成するためには，放牧が家畜に及ぼす栄養・生理的な影響を十分に理解し，それぞれの放牧条件に対して正しい方策を立てる必要がある。ここでは，このような放牧の基礎をエネルギーの出納という立場から考えてみるとともに，それに対しどのような放牧方法をとったらよいかについて概説し，最後に理想的な放牧管理について紹介する。

(2) 放牧条件が養分要求量に及ぼす影響とその対策

　放牧で牛を舎飼いと同じような発育をさせるためには，より多くの養分が必要となる。同じカロリーを摂取しても運動をしてカロリーを消費する人は太らないように，放牧では運動量が増加するため多くのエネルギーを消費してしまう。そのため，運動をあまりしない舎飼いの牛と同じ体重まで太るには，よりたくさん食べる必要がある。

　日本飼養標準・乳牛（1999版）では，放牧条件により体重維持のために必要な養分要求量が15～50％増加するとされている（第1表）。そこで，採食や歩行など放牧時にエネルギーの消費につながる各項目ごとに問題点を整理し，それに対する改善方策を考える。

①採食

　放牧時には，舎飼い時に比べて採食時間が長くなる。舎飼いでは，飼料が牛の口元に運ばれるため効率的に採食できるので，1日に2～4時間の採食時間ですむのに対し，放牧では草を求めての移動時間が入るため採食時間が6～8時間にもなる。採食には移動のための歩行や顎を動かすための筋肉の活動が必要なため，長時間になるほど消費エネルギーが増えることになる。

第1表 放牧条件と舎飼いに対する維持エネルギーの増加割合　　（日本飼養標準・乳牛，1999年版）

放牧条件	良好	やや厳しい	厳しい
草量（乾物 g/m²）	十分（150以上）	やや不良（80～150）	かなり不良（80以下）
草地の平均斜度（度）	平坦（5以下）	やや起伏（5～15）	かなり起伏（15以上）
採食時間（時間）	6	6～8	8以上
歩行距離（km）	2～4	4～6	6以上
舎飼いに対する維持エネルギー要求量の増加割合（％）	15	30	50

育成

したがって，採食時間が不必要に長くならないように，短時間に効率的に採食させる必要がある。

牛は，牧草が密に生えている状態では，高さが20～30cmのときに1回に飲み込む草の量が最大となる（第1図）。また，草量が150g/m²以下では採食時間が増加する。したがって，採食時の無駄なエネルギーの消費を減らすには，牧草の密度を高く保ち，草高が20～30cmで，草量が150g/m²以上の状態で食べさせるのがよい。

②歩 行

放牧が舎飼いと大きく異なる点として歩行があげられる。舎飼いではほとんど歩行しないのに対し，放牧では採食や飲水のために，1日に2～6km歩行しなければならず，条件によってはそれ以上歩行することもある。日本飼養標準・乳牛（1999版）によれば，水平方向の移動には，1mにつき体重1kg当たり0.5cal程度，垂直方向の下りではその3分の2，登りでは約7calが必要とされる。

したがって，歩行によるエネルギーの消費量を抑えるには，起伏の多い場所を避け，放牧地を細かく区切って面積を狭めることが必要である。特に，初めての放牧では放牧場の隅々まで走り回り地形を確認する行動をとるので，入牧初期はできるだけ狭く，看視もしやすい見通しのよい草地に放牧すべきである。

また，飲水場や休息場など牛が頻繁に利用する施設は，放牧場の各所に設置したり，各牧区から均等な距離に配置するのが好ましい。

③気 象

寒冷時には体温を維持するための血管の収縮やふるえなどにより，また，暑熱時には体から発生する熱を放散するための呼吸数や発汗の増加などにより，エネルギーの消費量が増加する。また，日射による放射熱や風雨によってもエネルギー消費量が増加する。

したがって，このような気象の影響を緩和するために，庇陰林や休息場を整備することが望ましい。特に，入牧当初の寒冷時の風雨は体温を奪いエネルギー消費量を増大させるだけでなく，体力が奪われるので注意する必要がある。

④害 虫

アブやハエなどの吸血昆虫に対する足払い，尾払いなどの忌避行動もエネルギー消費量の増加や採食量の低下を招く。さらに，ダニが媒介するピロプラズマ病では，貧血により採食行動が阻害されエネルギーの摂取量が減少する。したがって，このような害虫を駆除するための衛生対策を施す必要がある。

以上のように，放牧時には舎飼いではみられないさまざまな要因によってエネルギーの消費量が増大するため，それらのマイナス要因を極力少なくすることにより要求量の増加を最小限に抑えることが重要である。第2表に放牧でエネルギー消費量を増大させる要因と，その対策についての概略を整理した。

(3) 放牧牛の採食量とエネルギー要求量

放牧牛の採食量は栄養管理を行なううえで最も重要な情報の一つである。放牧では舎飼いに比べてエネルギー消費量が多くなるので，舎飼

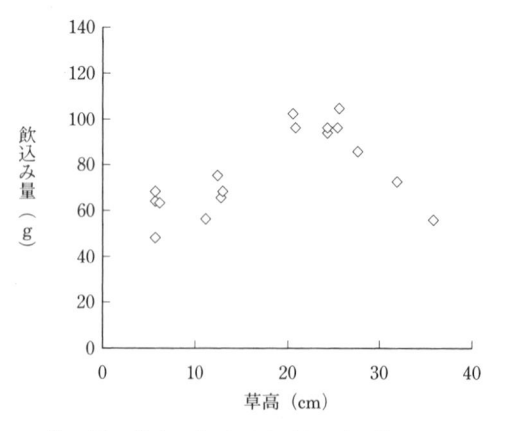

第1図 草高と牛が1回に飲み込む草の量

第2表 放牧でエネルギー消費量を増大させる要因とその対策

要　因	対　策
採　食	草高20～30cm，草量150g/m²以上
歩行（水平）	牧区を区切り草地の面積を狭める
歩行（垂直）	起伏の激しい場所に放牧しない
気　象	退避舎，庇陰林の整備など
害　虫	忌避剤，殺虫剤の投与

い時に比べ多くの乾物量を摂取する必要がある。放牧牛の採食量を推定することは非常に難しいが，採食後の草地の状況や牛の採食行動ならびに牛の腹の膨れ具合などから，十分に採食しているかどうかを総合的に判断する必要がある。日本飼養標準・乳牛（1999版）では，放牧育成牛の標準的な採食量が示されている（第3表）。

草地を細かく区切り，牛が採食した面積を想定できる場合には，採食前後の牧草の量から採食量が推定できる。また，牛の状態からは，鼓腸症を疑うくらいに両側の腹部が膨れた状態であれば，体重の3％以上を採食していると考えてよい。

日本飼養標準・乳牛（1999版）に記載された，ホルスタイン種育成雌牛の放牧でのエネルギー要求量を第4表に示した。第1表に示した維持エネルギーの増加割合が15％（良好な放牧条件）と30％（やや厳しい放牧条件）の場合について，牛の体重と日増体量ごとに示してある。エネルギー要求量の約50～70％を維持エネルギーが占めるため，放牧条件が15％厳しくなると全要求量が7～9％も増加する。

さらに，第3表と第4表から，補助飼料の必要量が計算できる。たとえば，体重200kgで目標日増体量が0.9kgで放牧条件が良好の場合，第4表からエネルギー要求量がTDNで3.7kgであることがわかる。また第3表からは，放牧草の乾物消化率が70％ならば5.7kgの乾物が摂取可能なので，飼料として必要なTDN濃度が3.7/5.7＝65％以上であることがわかる。消化率70％の牧草であれば，TDN濃度は65％以上が想定されるので，この場合は牧草のみでの増体が可能と判断される。

逆に，消化率が50％の場合は，3.9kgの乾物しか摂取できないので，3.7/3.9＝95％のTDN濃度が必要となり，到底牧草のみでは摂取できない。したがって，牧草中のTDN濃度を50％とすると3.9×50％＝1.9kgのTDNは牧草から摂取し，残り3.7－1.9＝1.8kgのTDNを補助飼料で給与する必要がある。

（4）草種の選択と草地の管理

これまで述べてきたように，牧草の消化率が高いほど多くの養分を摂取できるので目標の増体を得やすくなる。放牧で牧草の消化率を高めるには，造成時に，消化性のよい草種を選ぶ必要がある。第5表は，日本標準飼料成分表（1995年版）に記載されている牧草種ごとの生育期別の栄養価を示している。

地域によって栽培可能な草種が異なるため，いちがいにどの草種がよいとはいえない。また，同じ草種であっても耐暑性や耐寒性が異なるので，最新の品種情報を参考に牧草を選ぶとよい。

また，草種によって生育期による栄養価の変化のパターンが異なり，マメ科牧草は開花期の

第3表 放牧育成牛の標準的な採食量

（日本飼養標準・乳牛，1999年版）

体重 (kg)	放牧草の乾物消化率							
	50％		60％		70％		80％	
	乾物 kg	（体重比）(％)	乾物 kg	（体重比）(％)	乾物 kg	（体重比）(％)	乾物 kg	（体重比）(％)
200	3.9	(2.0)	4.8	(2.4)	5.7	(2.9)	6.6	(3.3)
250	4.6	(1.8)	5.7	(2.3)	6.8	(2.7)	7.8	(3.1)
300	5.3	(1.8)	6.5	(2.2)	7.7	(2.6)	8.9	(3.0)
350	5.8	(1.7)	7.1	(2.0)	8.4	(2.4)	9.7	(2.8)

第4表 放牧育成牛のエネルギー要求量

（日本飼養標準・乳牛，1999年版）

体重 (kg)	日増体量 (kg/日)	放牧条件良好		放牧条件やや厳しい	
		TDN (kg)	ME (Mcal)	TDN (kg)	ME (Mcal)
200	0.5	2.9	10.7	3.2	11.6
	0.7	3.3	12.0	3.6	13.0
	0.9	3.7	13.4	4.0	14.4
250	0.5	3.5	12.6	3.8	13.7
	0.7	3.9	14.2	4.2	15.4
	0.9	4.4	15.9	4.7	17.0
300	0.5	4.0	14.5	4.3	15.7
	0.7	4.5	16.3	4.9	17.6
	0.9	5.0	18.2	5.4	19.5
350	0.4	4.2	15.2	4.6	16.6
	0.6	4.8	17.3	5.2	18.7
	0.8	5.4	19.4	5.8	20.8

育成

第5表 牧草類（生草）の生育期別のTDN含量
（日本飼養標準・乳牛，1999年版）

草種	出穂前	出穂期	開花期	結実期	再生草（出穂前）
オーチャードグラス	68.8	63.9	57.5	45.2	67.2
ペレニアルライグラス	71.3	69.7	58.7	—	69.4
トールフェスク	70.2	62.7	55.5	—	70.2
混播オーチャード主体	68.7	65.2	60.5	—	66.2
アルファルファ	67.2	—	60.4	—	63.8
アカクローバ	70.5	—	63.8	—	69.9
シロクローバ	73.8	—	71.8	—	—

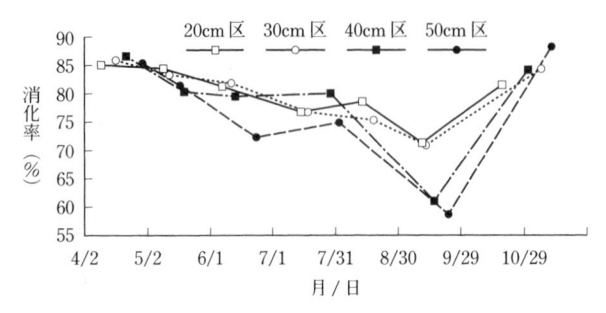

第2図 異なった草高で放牧した草地の消化率の推移

第6表 育成牛の発育基準とDG（日増体量）
（日本飼養標準・乳牛，1999年版）

月齢	飼養標準 体重(kg)	DG	ホル協平均 体重(kg)	DG	ホル協下限 体重(kg)	DG
生時	43		40.0		34.2	
2	76	0.68	76.5	0.74	62.5	0.65
4	121		122.2		103.2	
6	166		172.4		151.2	
8	211	0.75	224.6	0.84	198.1	0.80
10	256		276.9		250.3	
14	346		375.1		342.7	
18	436	0.59	458.0	0.55	422.7	0.51
24	524		540.3		496.4	

栄養価の低下が少ないのでマメ科牧草の混播も有効と考えられる。

草地管理の面では，牧草の栄養価を低下させないために草高の管理が重要である。第2図は異なる草高で放牧した場合の，放牧草の栄養価指標となる消化率の推移を示している。草高40cm以上で放牧した場合には夏季から晩夏にかけて極端に栄養価が低下するのに対し，常に草高30cm以下で放牧してやると栄養価の低下が抑えられる。採食時のエネルギー消費量を少なくするためにも常に草高を30cm以下にし，柔らかく新鮮な牧草の状態を保つことが重要である。

そのためには，最初の放牧時に草高が短い状態で開始し（そうでないと他の牧区の草が伸びすぎてしまう），草高が高くなる時期には刈取りを併用するか，可能であれば入牧頭数を増やす必要がある。

(5) 放牧育成で目標となる日増体量

乳用子牛の発育は，交配時で14か月齢，体重350kg，初産時で24か月齢，体重520kgが目標となるので，放牧育成でもこれらの数値が目標となる。生時から入牧，交配および初産までの各時期の発育目標は，日本飼養標準・乳牛（1999年版）の雌牛の発育値および日本ホルスタイン協会の標準発育値をもとに示すことができる（第6表）。

入牧時の体重は，子牛の環境適応性および採食性を考慮すると，170kg以上が望ましいことから，6か月齢，体重166kgで入牧するには0.68kg以上の日増体量が必要となる。入牧から交配までの日増体量の目標は0.75kg以上，交配から初産分娩までの日増体量の目標は0.59kg以上となる。入牧から分娩までを通算すると0.65kg以上の日増体量が必要となる。日本ホルスタイン協会の下限値でも，入牧から分娩までの日増体量は0.65kgとなるので，放牧期間中では常時0.65kg以上の日増体量が必要と考えられる。

一方，放牧での日増体量の現状としては，試験場の成績が0.6〜0.9kgで，放牧利用の大半を支えている公共牧場でも，ほとんどが日増体量で0.65kg以上を達成している。放牧時の期待養分摂取量からみた期待増体量を第7表に示したが，前述のようにエネルギー消費量の増加を抑えるような管理を行ない，乾物消化率が70%程度の牧草が十分にあれば各体重で上記の目標が

第7表 放牧時の期待養分摂取量からみた
期待増体量
（日本飼養標準・乳牛, 1999年版より作成）

体重 (kg)	採食草量 (乾物 kg)	TDN摂取量 (kg)	期待DG（日増体量） (kg/日)
150	4.5	3.13	0.733
200	5.7	3.97	0.769
250	6.8	4.73	0.782
300	7.7	5.36	0.763

注　放牧草の乾物消化率を70％とした
　　放牧による維持要求量の増加を15％とした

達成可能である。

(6) 放牧前の準備（放牧馴致）

放牧初期は，飼料構成，気象環境，行動などの急変により大きなストレスを受け，採食量の低下やエネルギー消費量の増加およびストレスに伴う免疫力の低下による罹病率の増加がみられる。こうした損耗の回復には2～4週間かかるといわれる。また，放牧初期の牧草は，栄養価が最も高い時期にあたり，本来，高増体が期待できるこの時期の体重の停滞は，放牧期全体の増体を低下させる大きな要因となる。

そこで，これらの影響を最小限にとどめるために，放牧開始前の放牧馴致が有効である。放牧前の2～4週間前からパドックや牧草の伸びが早い草地を利用して1日2～3時間放し飼いを行ないその間生草を給与するなどの模擬的な放牧を行ない，生草の採食，野外での夜間の気候，牛群としての集団での行動などに徐々に慣れさせる。公共牧場によっては，入牧審査の条件として放牧馴致を掲げているところもあるが，そうでなくても必ず実行すべきである。

(7) 理想的な放牧管理（スーパー放牧）

これまで述べてきたように，育成牛の放牧にはエネルギー消費を増大させるさまざまな要因がつきまとうことから，これらのマイナス要因を少なくするとともに，養分を要求量以上に摂取できるよう

な方策を立てることにより期待の増体量が実現できる。そして，増体量確保のために考えられる方策をすべて体系化した理想的な放牧管理法をスーパー放牧と呼んでいる。この方法では，ホルスタイン種育成雌牛で実際に0.8kg以上の個体増体量と，ha当たり1,000kg以上の総増体量を達成している。

放牧管理の技術的な項目別に，スーパー放牧の管理のポイントを整理すると次のとおりである。

地形と牧区配置　起伏の激しい場所には放牧しない。飲水場，休息場を牧場全体の中心に配置するか牧場内に数か所設置し，飲水などのための移動距離を少なくする。

環境ストレス　寒冷，暑熱，風雨などのストレスを緩和するための庇陰林，退避舎などを設置する。

草種・品種　地域の気象環境に応じて永続性のある草種・品種で，できるだけ栄養価の高い草種・品種を選ぶ。また，養分含量の季節変動を少なくするためにマメ科牧草を混播する。

草地管理　育成牛が1日に食べきれる草量分の牧区の面積を割り当てる。草高を30cm以下になるように刈取りなどを併用した管理を行なう。牧草の生長速度に応じて季節ごとに輪換日数（一度放牧した牧区を再び利用するまで休牧させる日数）を変える。たとえば，関東地域では，春季が10日前後，晩春で20日前後，夏季以降は30日程度とする。

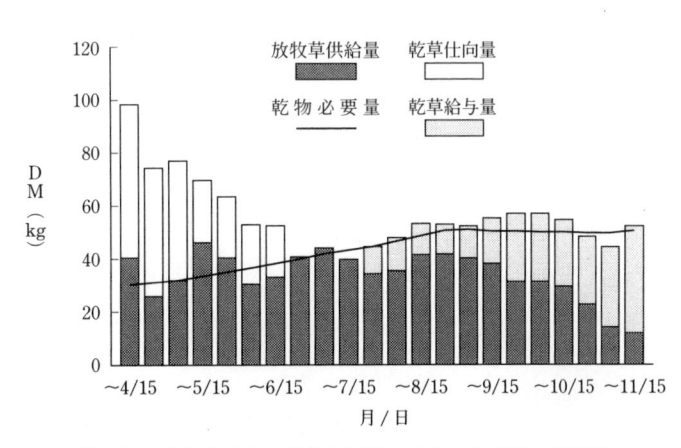

第3図　放牧育成牛の乾物必要量に合わせた草地の利用法

育成

季節生産性 関東地域を例にとると、牧草の生産量は春季にきわめて多く、夏季に低下し秋季に若干回復するパターンをとる。家畜の栄養要求量は、頭数が変わらない場合、体重の増加とともに徐々に増加する。したがって、第3図に示すように、春季に余る草を乾草などで備蓄し、草量が不足する夏季から秋季にかけて給与することにより、牧草生産量の季節変動を要求量に合わせることができる。

衛生管理 ピロプラズマ病対策などのため寄生虫、吸血昆虫などの駆除に努める。

放牧馴致 放牧開始前2～4週間前からの飼料、気象、牛群への馴致を徹底する。

省力化 上記の管理にかかる作業を効率的に行なうため電気牧柵などを利用し、省力化を図る。

これらの管理を矛盾・混乱なく進めるためには、牧草の季節別生産量を把握し、綿密な放牧計画を立てる必要がある。一見、非常に手間のかかる放牧管理と思われるが、一度しっかりとした計画を立てて準備をすれば、翌年からの放牧は順調に行なうことができる。

これまで述べてきた管理のポイントを踏まえ、各農家、牧場の条件に合った管理を行ない、放牧育成のメリットを十分に引き出していただきたい。

2000年記

繁殖管理

執筆 平子 誠（農林水産省草地試験場）

(1) 発情のしくみ

繁殖管理は基本的に個体管理であるが、放牧育成では個体管理がむずかしいという問題がある。それを解決するためにいろいろな技術が開発されている。

しかし、さまざまな繁殖技術を示されても、牛の生理を知らなければ、なぜそのようなことをするのか理解できない。そこでまず、発情の仕組みについて概略を紹介する。これを知っておけば、後で述べる発情同期化の仕組みも理解しやすくなる。

第1図に春機発動前後の卵胞と、血液中の性ホルモン濃度の変化を模式的に示した。

生理的には、春機発動の時期が近づくと静止状態にあった卵巣が活動を開始し、卵胞が発育と退行を繰り返すようになる。やがて、発育した卵胞から分泌されたエストロジェン（発情ホルモン、成熟過程の卵胞から分泌され発情兆候を発現させる）に反応して、下垂体から黄体形成ホルモン（排卵誘起ホルモン、排卵を誘起し黄体の形成を促す）の一過性の放出が起こり、その刺激によって排卵が誘起される（森，1997）。

黄体形成ホルモンの放出は、黄体から分泌されるプロジェステロン（黄体ホルモン、受胎の準備と妊娠の維持に関与する）によって抑制されるが、黄体がない状態では低濃度のエストロジェンでも黄体形成ホルモンが放出されてしまうため、最初の排卵は卵子が未成熟なまま起こることが多い。

また、発情兆候はエストロジェンの分泌量に依存して強くなるが、エストロジェン濃度が明瞭な発情兆候を引き起こすほど多くなる前に黄体形成ホルモンによって排卵させられてしまうため、初回排卵時にはほとんどスタンディング発情が認められない。数％の牛では、短時間ではあるが、最初の排卵時からスタンディング発情が発現し、また、多くの牛で微弱な発情兆候が認められるが、排卵時の卵胞の成熟が十分でないため、初回排卵時に授精してもほとんど受胎しない。初回排卵後に形成された黄体は不完全で、数日で退行するが、この黄体からある程度のプロジェステロンが分泌されていれば、次からは発情を伴う排卵が起こるようになる。

これらのことから、良好な発情兆候の発現と正常な排卵には、黄体の退行による血中プロジェステロン濃度の急激な低下と、高濃度のエストロジェンが必要だといえる。

(2) 発情の発見

①スタンディング発情

雌牛の生殖周期において、交配の準備が整い、雄を許容できるようになった状態が発情である。牛は他の動物と異なり雌にも乗駕意欲があるため、集団内に雄がいなくても雌同士で乗駕し合

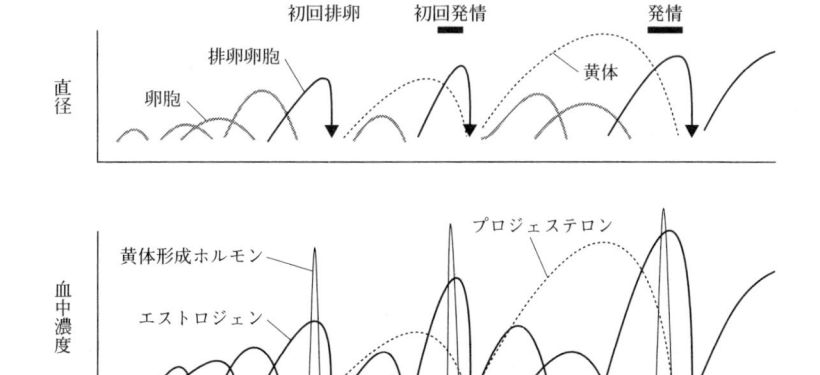

第1図 春機発動前後の卵胞と黄体の消長および末梢血中の性ホルモン濃度の変化

うことから，他の牛に乗りかかられてもじっとして乗駕を許容している状態によって発情を確認することができる。この状態を「スタンディング発情」と呼び，1回の被乗駕時間は数秒程度と短いが，発情期間中は何度も繰り返し被乗駕行動が認められる。時間帯別に見ると，発情は未明から明け方にかけて始まることが多く，朝の観察はより重要である。

密度の高いパドック内などでは発情の近い牛が逃げられないで乗られてしまう誤乗駕も多いため，一度乗られたから発情と判定するのではなく，数回は乗られるのを確認する必要がある。

また，黄体期にも卵胞は発育と退行を繰り返しており，特に排卵後3〜5日くらいのエストロジェンレベルの高い時期の牛は乗駕されやすいので，注意深い観察が必要である。この時期の牛は，黄体が形成途上で小さいのに加えて，直径1cm以上の比較的大きな卵胞があるため，直腸検査でも誤って発情と判定されることが多い。

②育成牛での発情観察の注意

1）春機発動後しばらくの間は，発情間隔が不定期で発情がとぶこともある。

内分泌機構が確立されていないため，卵胞発育と黄体退行のタイミングがずれてしまい，発育した卵胞が排卵せず，次の卵胞が発育して排卵するまで，排卵日が数日遅延することがある。その場合，春機発動直後と同様に，次回の発情までの間隔は短くなることが多い。

2）発情間隔が短い。

発情間隔は年齢とともに長くなり，季節的には夏に長くなり冬に短くなる。育成牛は平均19〜20日程度であるが，正常な牛でも短い場合は16〜17日で発情が回帰する。

3）発情持続時間が短い。

経産牛ではスタンディング発情が16〜21時間持続するので，朝夕12時間間隔で30分程度観察を行なえば，ほとんどの発情を見つけることができる。しかし，育成牛は発情の持続時間が12時間より短いことも多く，発情を見逃してしまう場合もある。

③乗駕の確認方法

ヒートマウントディテクターなどの，圧力がかかるとつぶれるインクの入ったチューブを，発情の近づいた雌牛の腰背部（十字部〜尾根部）に貼り付け，他の牛と一緒に放しておく。これによって，他の牛に乗りかかられたときにチューブが圧力で潰れて周りがインクの色に染まるので，常時観察していなくてもマーカーによって発情がきたことがわかる。

また，インクの退色とマーカーの汚れ具合によってどれくらい前から乗られていたかもある程度推察できる。

性成熟後間もない育成牛は，生殖機能が十分発達しきっていないため発情の持続時間が12時間より短いことも多いが，このような発情の持続時間が観察の間隔よりも短い牛でも発情を見つけることができる。また，観察が12時間間隔でなくても発情を見つけることができるという利点もある。

マーカーを1頭1頭貼るのは大変だが，発情観察にかける時間を節約することができ，価格も安くてすむので，放牧条件下では実用性の高い方法である。特に，発情を同期化した際などには便利である。

ただし，牛が身体を掻くために何かに擦りつけたり，乗りかかられたときに逃げたにもかかわらず，そのときの圧力でつぶれたり，あるいは強い日差しに照らされてパンクしたりして誤って発色することも多い。特に，性成熟後間もない育成牛は遊びによる誤乗駕・誤発色が多いので，他の兆候も含めて判断する必要がある。しかし，このような場合は，インクの漏れ出しが少ないためディテクターの一部しか発色しておらず，慣れれば誤発色の判定はそれほどむずかしくない。

逆に，発情で発色しても雨でインクが流されたり，カラスにつつかれてインク部分が抜き取られてしまうこともある。これでは，発情で乗られても発色しないことがあるので注意が必要である。

また，雌牛の後躯にチョークの粉など剥離しやすい塗料で色を付けておき，乗駕による退色状況によって発情を判定するテールペイント法も同様の効果を期待できる。

(3) 発情の同期化

家畜の繁殖機能の制御に関与している種々のホルモン，あるいはその類縁物質を注射することにより，発情の発現時期を人為的に調節することができる（鈴木，1994）。発情誘起処置を行なえば発情の発現時期が予測できるので，その時期だけ重点的に注意深く観察すればよく，発情の見逃しが減り，授精適期の把握も容易で，結果的に受胎率の向上につながる。

① $PGF_2\alpha$ の利用

十分に発育した黄体が存在する場合（おおむね排卵後5日以降），黄体退行因子であるプロスタグランジン（PG）$F_2\alpha$，あるいはその化学的な類縁物質を投与することにより，人為的に発情を誘起することができる。

$PGF_2\alpha$ は生体内に広く分布する生理活性物質で，さまざまな生理作用を担っているが，外から投与（注射）した場合，主に平滑筋の収縮と黄体の退行を促す。それぞれの作用の強さは動物種によって異なっており，牛では平滑筋の収縮作用は弱く，黄体退行作用は顕著である。

牛に $PGF_2\alpha$ を投与すると24時間以内に黄体が退行し，黄体ホルモンの分泌量が激減する。あとは正常な発情のときと同じメカニズムに従って小卵胞が発育し，発情が発現する。黄体の退行速度や，処置時に存在している卵胞の発育度合によって発情発現までの時間は異なるが，投与後おおむね2～4日で発情がくる。

ただし，$PGF_2\alpha$ は排卵してから数日（発情開始後4日以内）しかたっていない形成期の黄体には効果がなく，黄体が存在しない春機発動前も発情を誘起することはできない。また，黄体がすでに退行過程にある場合は，$PGF_2\alpha$ を投与しても，自然の発情がくることになる。

$PGF_2\alpha$ は機能的な黄体が存在するときにしか効果を示さない。しかし，発情周期の任意の日に投与すれば，$PGF_2\alpha$ の効かない時期の牛も含めて，投与された牛群全体の発情周期が同調する。このため，初回投与の10日後に $PGF_2\alpha$ を再投与することにより，投与時に黄体を確認しなくても，ほとんどの牛の発情を誘起することができる。

なお，経産牛では2回目の $PGF_2\alpha$ 投与の時期を1回目の10日～2週間後と幅をもたせることができるが，未経産牛は発情周期が短く不安定なため，2回目までの間隔が長くなりすぎると，発情同期効果が低下する。

② オブシンク法

また，最近アメリカで $PGF_2\alpha$ と性腺刺激ホルモン放出ホルモン（GnRH）製剤の投与とを組み合わせた発情同期化・定時授精プログラム（オブシンク法）が開発され，高い受胎成績を上げている（中尾，1998）。GnRHは排卵を誘起するホルモンで，投与時に直径5～6mm以上の発育期の卵胞が存在すれば，それを排卵させて黄体形成を促す作用がある。

第2図の1）にその具体的なスケジュールを示

1) オブシンク法

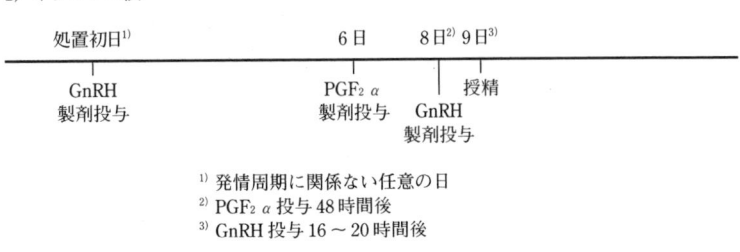

処置初日[1]		6日	8日[2]	9日[3]
GnRH製剤投与		$PGF_2\alpha$ 製剤投与	GnRH製剤投与	授精

[1] 発情周期に関係ない任意の日
[2] $PGF_2\alpha$ 投与 48時間後
[3] GnRH 投与 16～20 時間後

2) イージーブリード法

処置初日[1]	6日	10日	12日[3]
イージーブリード（EB）挿入 エストラジオール 5mg 投与[2]	$PGF_2\alpha$ 製剤投与（泌乳牛の半量）	EB除去	授精

[1] 発情周期に関係ない任意の日
[2] 処置法の改良により最近では 1mg でも有効とされている
[3] EB除去 50時間後定時授精

第2図 未経産牛の発情同期化と定時授精プログラム

育成

した。まず，発情周期の任意の時期にGnRHを投与し，主席卵胞を排卵させて卵胞の発育周期を同調させておく。そして，次の卵胞が発育してきた頃にPGF$_2\alpha$で発情を誘起し，再度GnRHを投与して排卵時刻を揃える。この方法により，未経産牛では5～6割の受胎率を得ることができる。

なお，経産牛の場合は，PGF$_2\alpha$投与をGnRHの7日後とし，以後のスケジュールを1日繰り下げるほうが受胎成績がよい。

PGF$_2\alpha$は人の女性に対して強い子宮収縮作用をもっており，妊婦の場合，胎盤の剥離による流産や大量出血の危険がある。PGF$_2\alpha$は皮膚からも吸収されるので，取扱いには十分な注意を払う必要がある。

③プロジェステロン徐放剤の利用

プロジェステロンを持続的に投与して卵胞の発育を抑制しておき，投与を止めることによって発情を誘起することができる。膣内に挿入して持続的にプロジェステロンを放出する器具（イージーブリードなど）が市販されており，これを使えば簡単に発情時期を調節することができる（沼辺，1997）。

処置は黄体開花期から始めるのが一般的だが，PGF$_2\alpha$投与の場合と違って，分娩後黄体がない時期や性成熟直前の未経産牛にも使うことができる。

ただし，この方法によって人為的に発情を起こさせた場合，そのときの繁殖成績は自然発情での受胎率と比較して10％程度低下するという報告がある。これは，一部の牛では，放出されたプロジェステロンによって卵胞の発育が十分抑制されていないためかもしれない。

利便性と繁殖成績を考慮すれば，処置後明瞭な発情兆候を示した牛だけ授精するようにするか，大規模飼養条件下で多くの牛の発情周期を同期化し，次の発情で人工授精するにはよい方法である。

④イージーブリード法

最近では，プロジェステロンの徐放剤とエストロジェンやPGF$_2\alpha$処置を併用することによって，より効果的な発情の誘起ができるようになってきている。併用法は両者の長所を生かした方法で，応用範囲が広く，発情の確実性，受胎率ともに高いことから，今後普及する方法だと考えられる。

第2図の2)にイージーブリードの製造元であるニュージーランドのインターアグが推奨している未経産牛の同期化法を紹介する。この方法で90％以上の発情誘起率と，65％以上の受胎率が確保できる。なお，未経産牛の処置法は，薬剤の用量や処置期間が泌乳牛とは異なるので注意する。

(4) 牧牛交配による受胎

一般には人工授精が行なわれているが，多頭数の放牧牛に対しては牧牛交配も省力的で有効な方法である。管理しやすい15か月齢前後の若齢雄牛を使って肉用繁殖牛への牧牛交配を行なった寺田ら（1998）の報告によれば，牧牛を入れてから20日で約60％が受胎し，2発情周期（42日）以内に90％以上が受胎している。ただし，短期間に受胎させる場合は，雄牛1頭当たりの雌牛の数が20頭を超えると受胎成績が低下する。また，夏季は雄牛の精力が落ちるので，雄1頭当たりの雌牛の頭数が少なくても受胎率が下がる。

牧牛交配には，授精日を特定できないため分娩日の予測ができない，優秀な系統の種雄牛を利用できないなどの欠点もある。牧牛の遺伝形質では，現在，多くの研究機関で牛のクローン技術の開発が行なわれており，すでに優秀な種雄牛のクローンも生産されている。このため，将来的には優秀な種雄牛のクローンを牧牛として利用することにより，放牧育成での繁殖管理作業の大幅な省力化が期待できる。

現時点では，体細胞クローン牛の産業的な使用が認められていないため利用することはできないが，早急な承認が待ち望まれるところである。

(5) 夜間給餌による昼間分娩誘導法

肉用種は放牧地でそのまま分娩させることも多いが，乳用種の場合，搾乳や新生子牛の管理

の都合から、放牧で育成した牛でも分娩前後は畜舎内で管理するのが一般的である。初産牛はまだ発育途上であるため体型が小さく、分娩経験もないことから、経産牛に比べて難産率が高い。

牛が昼間産んでくれれば分娩事故の防止にも役立ち、管理上有利なことが多いのだが、一般に、1日2回朝と夕方に給餌されている状態では、分娩の昼夜比はおおむね等しく、偏りはない。また、夜間に分娩する場合、深夜から早朝にかけて分娩することも多く、難産牛の介護の遅れによる予後悪化の一因となっている。

しかし、分娩予定日の3週間以上前から夕方1回のみの給餌で、粗飼料の比率を7割以上となるようにしておけば、昼間（7：00～19：00）分娩の比率を約80％まで上げることができる（青木ら、1997）。これは、夜間の粗飼料摂取により持続的な消化吸収が起こり、夜間の体温が高く維持されるためだと考えられる。

体温の変化は分娩の重要な指標となっており、分娩24時間前には前日の同時刻より約0.5℃低下するので、体温変化によって分娩を予知することもできる。

昼間分娩させるためには、昼間体温が高くならないように朝食べ残しているえさを取り除き、昼間はえさが食べられないようにしてやることも大切である。

また、周囲の他の牛への給餌時間が違っていたりすると、食餌を得られないストレスにより分娩時刻がずれてしまうので、できるだけストレスの少ない環境で、分娩房の周りの牛もすべて同じ給餌方法で管理する必要がある。そうすることにより、分娩看視が可能な時間（6：00～21：00）内での分娩率は9割以上になる。特に、胚移植による双子生産などの場合、難産の確率が高くなるが、この方法を採用することにより、分娩事故に至る率を低下させることができる。

また、放牧牛の場合は、夜間のみ粗飼料を摂取できる状態にしておくことにより、昼間分娩の比率を上げることができると考えられる。

(6) 分娩誘起の問題点

妊娠末期の牛は黄体からのプロジェステロン分泌によって妊娠が維持されているので、黄体を退行させる$PGF_2\alpha$製剤を投与することにより、だいたい72時間以内に分娩を誘起することができる。

しかし、分娩開始の合図は本来胎子から母体に伝えられるものであるため、この方法では胎子の準備が整っていないことが多く、娩出された新生子牛の蘇生介護を行なう必要がある。また、母体も正常な分娩プロセスを経ていないので、難産になることも多く、後産停滞など、分娩後の経過もよくない。現在、子宮の収縮力の増強や頸管の開大を促すエストロジェン製剤の持続投与法と$PGF_2\alpha$製剤の投与とを組み合わせた分娩誘起法が研究されているが、今のところ後産停滞は解消されていない。

一方、プロスタグランジンの生理的な合成経路を遮断して分娩の誘発を抑えるインドメタシンや、子宮平滑筋を弛緩させて胎子の娩出を抑制するリトドリンなどの薬剤を投与しておき、分娩時期を予定より遅らせたうえで、投与を止めて分娩を誘起する方法もある。しかし、過大子による難産や新生子虚弱をまねくことが多く、あまりよい方法とはいえない。

今のところ、分娩誘起法として安全確実な方法はないので、どうしても必要な場合や緊急時以外は利用しないほうがよい。

2000年記

参 考 文 献

青木真理・木村康二・鈴木修. 1997. 夜間給餌による分娩時刻の制御と分娩周時の膣温の変化. 草地飼料作研究成果最新情報. **12**, 81-82.

森純一. 1997. 家畜繁殖研究の最近の進展-ホルモン分野を中心として-. 獣医界. **140**, 1-49.

中尾俊彦. 1998. 牛におけるプログラム人工授精の現状と課題. 臨床獣医. **16**(8), 12-16.

沼辺孝. 1997. 黄体ホルモン製剤を用いた黒毛和種の連続的過剰排卵処理法. 受精卵移植の新技術紹介. 家畜受精卵移植技術研究組合編. （社）家畜改良事

育成業団．東京．pp6—13．

鈴木修．1994．牛群の発情制御技術．大家畜生産におけるゆとり創出技術．（社）畜産技術協会．東京．pp126－139．

寺田隆慶・櫛引史郎・木戸恭子．1998．自家産の若雄牛を利用したマキ牛交配の交配期間．草地飼料作研究成果最新情報．**13**，117－118．

衛生管理

執筆　仮屋喜弘（農林水産省草地試験場）

　放牧は草食動物である牛の特性を利用した省力的飼養方法で，牛にとってはのびのびと生活できる理想的な環境ともいえる。しかし，放牧環境に適した病原微生物や寄生虫にとっても理想的な環境であり，これらの汚染牧場では小型ピロプラズマ病などの放牧病による被害は現在も大きい。

　このため，放牧牛に対して適切な衛生管理を行なう必要がある。放牧地では細やかな治療が困難であり，また，いったん病気が発生すると群内に急速に広がり，その被害は大きくなりやすいので，できるだけ病気を発生させないようにすることが最も重要である。このためには放牧馴致，ワクチン接種および入牧前の検査や治療により，病気に強くかつ他の牛への感染源にならない牛にして放牧すること，また病気のもとになる微生物などや病気を媒介するダニ・昆虫類をできるだけ牧場から排除することがポイントとなる。

(1) 入牧前の対策

①衛生検査とワクチン接種

　入牧の1か月くらい前には一般臨床検査，血液検査，糞便検査などの衛生検査を行ない，伝染病の感染の有無や栄養状態を調べ，感染している場合は速やかに治療を行ない，その後の経過によって放牧に適するか否かの判定を行なう。

　感染力や毒性の強い病原体に対しては入牧前にワクチンを接種することが重要で，通常は牛伝染性鼻気管炎（IBR），牛ウイルス性下痢粘膜病（BVD－MD）および牛パラインフルエンザ（PI）の3種混合ワクチン，またはこれに牛RSウイルス感染症，牛アデノウイルス感染症ワクチンを加えた4種および5種混合ワクチンが用いられる。このほかに，その牧場の疾病発生状況に合わせて気腫疽，アカバネ病，イバラキ病，牛ヘモフィルス・ソムナス感染症などのワクチンを，入牧前あるいは放牧中に追加する。

　ワクチンの利点として，これらの病気の発生を抑制するのみならず，たとえば小型ピロプラズマ病などとの混合感染による症状の重篤化を防止する効果も期待できるため，その経済的価値は高い。

②入牧時のストレスと放牧馴致

　牛は入牧後，劇的ともいえる環境の変化に曝される。とくに，入牧時の早春の天気は不安定で気温の日較差は大きく，これに加えて風，雨，直射日光の影響をまともに受ける。また，飼料の変化の影響も大きく，舎飼時に配合飼料，乾草，サイレージなどを与えられていたものが，入牧後は青草の単一摂取に変わる。これらの飼料の変化に適応するためには第1胃内の微生物群を入れ換えなければならないが，これに要する期間は少なくとも2～3週間は必要で，この間の牛の消化機能は不安定な状態におかれる。

　さらに，入牧直後の重要な変化として群飼の問題がある。今まで単飼または数頭単位で飼養されていた牛が，放牧では大きな集団に編入され，これに伴って生じる社会的ストレスも入牧と同時に受けることになる。

　このように入牧時にはいくつかのストレス要因をまとめて受けるため，牛のダメージは大きくなる。このダメージをできるだけ少なくするために，入牧前から種々の環境に適応させること，つまり放牧馴致が重要になる。十分に放牧馴致した牛や，放牧前に放飼や群飼にした牛は，馴致しなかった牛に比べて放牧期間を通じて病気の発生は少なく増体量は多い。

　放牧馴致方法の例を第1図に示した。各農家の実状はさまざまであり，なかなか実施できない事項もあると思われるが，できるだけ本方式にのっとって行なうことが望ましい。馴致が不十分で放牧中に発病すると，ほかの牛に伝染病を伝播する源になって全放牧牛に影響を与えることになるため，実施に当たっては，牧場管理者の強い指導力も必要である。

③予備放牧

　農家での放牧馴致が困難な場合は，牧場で予備放牧を実施することが望ましい。予備放牧で

育成

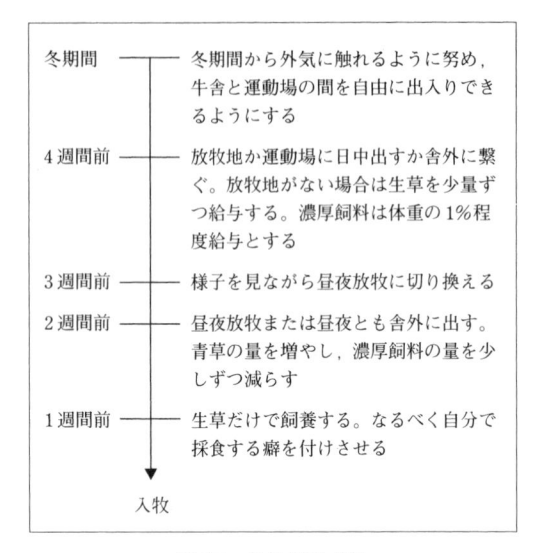

```
冬期間 ──── 冬期間から外気に触れるように努め,
              牛舎と運動場の間を自由に出入りでき
              るようにする
4週間前 ── 放牧地か運動場に日中出すか舎外に繋
              ぐ。放牧地がない場合は生草を少量ず
              つ給与する。濃厚飼料は体重の1%程
              度給与とする
3週間前 ── 様子を見ながら昼夜放牧に切り換える
2週間前 ── 昼夜放牧または昼夜とも舎外に出す。
              青草の量を増やし,濃厚飼料の量を少
              しずつ減らす
1週間前 ── 生草だけで飼養する。なるべく自分で
              採食する癖を付けさせる
    ↓
   入牧
```

第1図　放牧馴致方法

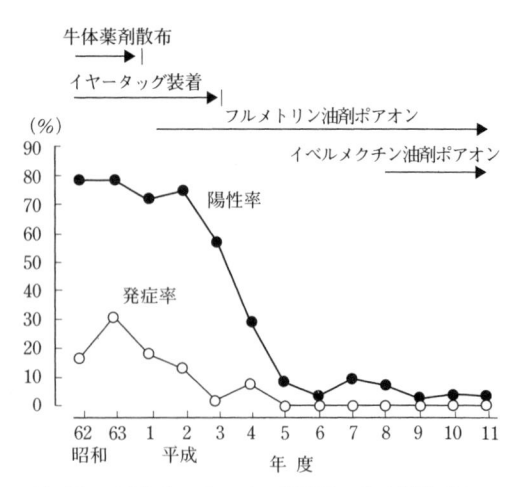

第2図　小型ピロプラズマ病対策による陽性率と発症率の低下例

は入牧直後から3～4週間にわたり徐々に放牧時間を延長し，また乾草，配合飼料などの補助飼料も給与しながら本放牧に移行させる。この間，十分に牛の観察を行ない，放牧不適格牛を再度摘出することも必要である。

(2) 入牧後の管理

①放牧適否の判定

入牧時には体重，胸囲などの体格検査と臨床所見の観察を行ない，必要に応じて体温測定や血液検査なども追加し，最終的な放牧適否の判定を行なう。放牧不適格牛は入牧させないことが，畜主にとっても牧場にとっても良い結果を生むことを十分考慮すべきである。

②放牧牛の監視と病牛発見

十分な放牧馴致が行なわれたにしても，実際の放牧環境に慣れるまでの入牧後1～2か月間は，衛生管理面でも家畜管理面でも，とくに注意を要する時期である。放牧牛の監視は1日2回以上行なうことが望ましく，また臨床所見の観察，血液検査，殺ダニ剤の投与などを必要に応じて実施する。これらの検査および処置の間隔はその牧場の過去の疾病発生状況に基づいて決定するが，入牧初期には少なくとも2週間に1回は行なうことが望ましい。

入牧後1～2か月間をすぎても，梅雨期から夏期へと気象条件の変化は大きい。梅雨期は連日の降雨により牛の採食時間は短くなり，また多湿環境のため微生物類が増殖しやすい非衛生的な時期である。さらに，夏期は暑熱による牛の採食量低下や牧草の夏枯れによる品質低下などの栄養条件の悪化に加えて，ダニ，アブ，ハエなどの害虫の活動時期と重なり，牛の体力が減退しやすいので，少なくとも1日1回は監視し，病牛の発見に努める必要がある。

このように，放牧牛はしばしば厳しい自然環境に曝され，また，日本では牧場が急峻な地形上に位置することが多く体力の消耗が激しいためと考えられるが，発病した場合の疾病の進行は舎飼牛に比べて早く，早期発見・早期治療が放牧牛ではとくに重要である。このため日常の監視をしっかり行なう必要がある。

(3) 疾病対策

①疾病の種類

放牧牛では舎飼牛と同様に，寄生虫病・伝染病，呼吸器病，消化器病などの一般的な疾病が発生するが，このほか放牧牛に特徴的な病気として小型ピロプラズマ病，伝染性角結膜炎（ピンクアイ），未経産牛乳房炎，白血病，皮膚真菌症，牛肺虫症，ワラビ中毒，グラステタニーなどがあげられる。これらは吸血昆虫やダニ，毒草あるいは放牧草の成分の過剰や不足によって

放牧育成＝衛生管理

第1表　放牧牛衛生管理プログラム（例）

	実施事項	月・日	曜	実施内容	備考
舎飼	年間衛生管理方針の策定	○○	○	過去の疾病発生状況，昨年の反省点などを参考に策定する	
	預託受付・書類審査	○○	○	対象牛の入牧条件を明示し，書類で審査する 個体カード作製（生年月日，体重，治療・繁殖記録など）	入牧条件：①6か月齢以上，②三種混合ワクチン接種後2週間以上経過した牛，③除角，削蹄済み，④皮膚病のない牛，⑤その他伝染性疾病にかかっていない牛，虚弱体質でないことなど
	入牧前の衛生検査 　(1) 準備	○○	○	検査班編成。農家への連絡	
	(2) 実施	○○	○	臨床検査，血液検査，小型ピロプラズマ病，牛白血病，結核，ヨーネ，ブルセラ検査等。混合ワクチン接種	発生状況に応じて検査項目およびワクチンの種類を決める
	(3) 結果の通知	○○	○	各農家へ連絡，指示	
放牧馴致	放牧馴致	○○	○	農家へ指導，パンフレット配布	
	放牧地の整備 　(1) 有毒植物の除去	○○	○	有毒植物抜取り	以後も日常管理のなかで対応する
	(2) 草地の整備	○○	○	牧柵補修，地表障害物除去	
	(3) 施設，器材の点検・整備	○○	○	体重計，連続枠場，畜舎，パドックなどの整備および消毒	
本放牧	入牧 入牧時の衛生検査	○○	○	体重測定，個体カードチェック，臨床検査，殺ダニ剤牛体滴下	入牧時検査項目およびチェック事項：①咳・鼻水・下痢などの臨床所見，②皮膚病の有無と程度，③削蹄状況（良・不・要），④栄養状態（過・良・貧），⑤発育状況（大・中・小・極小），⑥入牧前の飼養状況（繋ぎ・屋外・その他），⑦その他（歩行状況など）
	（予備放牧）	○○	○	放牧馴致不十分の牛を対象として実施する	
	放牧中の衛生検査 　(1) 第1回（1週目）	○○	○	臨床検査，血液検査，	
	(2) 第2回（3週目）	○○	○	同上　　　殺ダニ剤牛体滴下	小型ピロプラズマ病，呼吸器病，消化器病，皮膚真菌症，乳頭腫症，眼病，趾間腐爛，牛肺虫症などに注意する
	(3) 第3回（5週目）	○○	○	同上　　　殺ダニ剤牛体滴下	
	(4) 第4回（8週目）	○○	○	同上　　　殺ダニ剤牛体滴下	
	(5) 第5回（12週目）	○○	○	同上　　　駆虫剤牛体滴下	
	(6) 第6回（16週目）	○○	○	同上　　　駆虫剤牛体滴下	発生が予測されるときはヘモフィルスソムナス感染症やアカバネ病などのワクチンを接種する
	(7) 第7回（20週目）	○○	○	同上　　　駆虫剤牛体滴下	
	(8) 第8回（24週目）	○○	○	同上　　　殺ダニ剤牛体滴下	
退牧	退牧時の衛生検査 諸記録の交付	○○	○	臨床検査，体重測定など 発育状況，診療記録，繁殖記録などを記入した個体カードのコピーを交付	病気を農家に持ち帰らないように注意

注　小型ピロプラズマ病や牛肺虫汚染牧野を想定したおよその計画であるので，各牧場では実状を考慮して作成する
　　毎日の監査は監視日誌，病牛は診療日誌に，それぞれ状況を記載し，個体カードに転記する
　　検査結果などは，詳細に記録して翌年の計画の参考にする

発生するもので，対策としてはできるだけ原因を排除することが基本である。

②小型ピロプラズマ病

とくに小型ピロプラズマ病は被害が大きくなりやすいため重要である。この病気は主にフタトゲチマダニによって媒介されるためダニ駆除が予防のポイントとなり，現在のところダニ駆除薬の油剤滴下法（プア・オン法）が最も省力的かつ効率的な方法である。本法は薬液を一定量牛の頭部から背中線に沿って滴下するだけの

431

育成

簡単な処置ですみ，しかも薬の効果は15日間以上持続するため放牧場には最適な方法である。

かつて小型ピロプラズマ病による被害に悩まされ，牛体や草地へのダニ駆除剤散布などの対策でも十分な効果が得られなかったが，本法によってこの病気の被害から解放された例を第2図に示す。

近年，牛の肺虫や消化管内線虫などの駆虫薬にもプア・オン法用の製剤が開発され，これらの薬剤と組み合わせて使用することにより，寄生虫類による被害を少なくすることが可能である。

(4) 衛生管理プログラム

放牧衛生管理のポイントをまとめたプログラムの例を第1表に示した。実施時期，回数および実施項目などは獣医師や家畜保健衛生所と相談して，各牧場の過去の病歴や施設の実状に合ったものを策定する必要がある。

2000年記

参 考 文 献

鮎田安司・福田修・半田真明・高橋律子・片柳裕・黒崎英夫．1993．一乳用育成牛牧場における小型ピロプラズマ病とその防あつ対策．畜産の研究．**47**，489－493．

仮屋喜弘．1996．放牧牛の衛生管理一般．畜産の研究．**50**，845－850．

日本草地協会．1999．草地管理指標―放牧牛の管理編―．85－142．

農林水産技術会議事務局．1984．山地畜産技術マニュアル．第1編．155－171．

照井信一．1991．放牧病とその対策．臨床獣医．**9**(8)，43－50．

公共牧場の利用

執筆　手島道明（元農林水産省草地試験場）

(1) 公共牧場の意義と利用状況

①公共牧場の意義と目的

公共牧場は，地方公共団体，農業協同組合，畜産公社などにより，地域の畜産振興を図るために昭和36年に設置された。その目的は，乳牛や肉用牛の育成，共同放牧，優良種畜や粗飼料の供給など生産活動の一部機能，とくに個別経営にとって経営採算上負担となることが多い育成過程を集団的，組織的に担うことによって育成費の低廉化を図ることにある。また，個別経営の限られた資源（飼料・労働力）を搾乳や肥育といった生産過程に集中させることによって，規模拡大と収益性の向上を図ることをも目的にしている。

公共牧場の利用には，以上のほかにも，1）放牧による適度の運動，牧草採食によるルーメンの発達した健康な牛の育成，2）受精卵移植などによる牛群の改良などのメリットもある。そして，公共牧場は生産機能以外にも，たとえばアメニティ機能などの多面的機能を有しており，社会的に高い評価を受けている。

②公共牧場の概況と利用状況

牧場数は昭和60年頃までは年々増加し，全国で1,200牧場に達したが，その後漸減して現在では約1,000牧場となっている。利用頭数は平成3年の22万頭をピークに，現在は17万8,000頭（乳用牛11万頭，肉用牛6万8,000頭）が放牧されている。乳用牛はほとんどが育成牛であるのに対し，肉用牛は妊娠繁殖牛と子付繁殖牛である。

草地面積は平成4年の18万3,000haをピークに，現在は14万5,000ha（牧草地11万ha，野草地3万5,000ha）である。1牧場当たりの牧草地面積は109haで，177頭の牛が放牧されている（第1表）。

平成9年度の公共牧場を地域別にみると，北海道278（27.7％），東北355（35.3％），関東132（13.1％），北陸・東海・近畿・中四国141（14.0％），九州・沖縄99（9.9％）で，東北と北海道に集中している。全国で11万頭の乳用牛が公共牧場を利用しているが，そのうち北海道が8万7,000頭で79％を占めている。

(2) 放牧馴致と入牧前，入牧時の牛の管理

①放牧馴致

舎飼いから放牧への移行に当たって，気象や飼料などの飼養環境の急変を避けるために，時間をかけて放牧に徐々に慣らしておくことは，入牧時の病気や発育停滞を少なくし，その後の健全で正常な発育のためにきわめて重要である。放牧経験のある未経産牛に対しても放牧馴致が必要である。

気象に対する馴致　入牧の約1か月前から晴れた日中は舎外に出すようにし，2週間前頃からは夜間も舎外に出して外気に慣れさせる。

生草とその食べ方に対する馴致　入牧の約1か月前から濃厚飼料を徐々に減らして体重の1％以下とし，良質粗飼料に切り替える。牧草が伸長し始めたら青刈りして給与する。生草をよく食べるようになったら畜舎近くの草地に放牧

第1表　公共牧場の概況

		1970年	1980	1985	1990	1991	1995	1996	1997
全国	牧場数	914	1,179	1,196	1,146	1,138	1,053	1,028	1,005
	利用頭数（頭）	112,762	213,205	213,036	213,808	219,943	187,177	182,209	178,089
	乳用牛	69,382	128,717	124,172	119,073	125,650	119,984	115,532	109,993
	肉用牛	43,380	84,488	88,864	94,735	94,293	67,193	66,677	68,096
	牧草地面積（ha）	47,882	97,359	107,788	108,049	112,744	109,946	109,368	109,699
当たり一牧場	利用頭数	123	181	178	187	193	178	177	177
	牧草地面積（ha）	52	83	90	94	99	104	106	109

し，牧草の採食の仕方を覚えさせる。

馴致用牧区の設置 畜舎の近くにイタリアンライグラスなどの低温伸長性牧草の馴致用牧区を設けておくと，気象，生草，運動等に対する総合的な馴致ができる。風雨を避けるために屋根付きの簡易なシェルターを設け，昼夜放牧できるようになったら，そこで乾草と生草を自由採食させながら，栄養の不足分を濃厚飼料で補って飼養する。

②放牧の可否を決定するための事前検査

放牧中の事故や病気の蔓延の防止，放牧によって正常な発育が期待できない牛の事前チェック，畜主と放牧管理者とのトラブル防止などのために事前検査を行なう。

基本的な入牧条件として，次のようなことがチェックされる。

1) 6～7か月齢以上の健康な牛
2) 集団管理に支障のある悪癖がない牛
3) 家畜共済保険に加入していること
4) 除角されていること
5) 雄子牛を放牧する場合は去勢済であること

③入牧時期の決定

放牧開始時期は平均気温が8℃前後，植物の季節ではサクラ（ソメイヨシノ）の開花時期がよいといわれているが，この時期の寒地型牧草は急速に伸長するので，牧草が再生を開始したらできるだけ早く放牧を開始するよう心がける。公共牧場は面積が広いため隔障物などの整備に時間がかかり，入牧時期は全国的に遅れ気味である。その結果，牧草の伸長に利用が追いつかず，大量の余剰草を生じて草質の劣化をまねく。そればかりでなく，その後も短草利用ができなくなり，所期の発育が期待できなくなる。

早い時期に放牧する牛は，低温気象や牧草採食に慣れた放牧経験牛あるいは馴致を十分行なった高月齢の牛とする。

④入牧時の牛の管理

入牧時の牛の管理には次のようなものがある。
1) 名簿・血統書・個体標識の確認
2) 獣医師による検診
3) 体重・体尺測定
4) 写真撮影
5) 牛体消毒
6) 該当牛群に編入

⑤牛群編成と入牧初期の管理

月齢，授精対象，妊娠などによっていくつかの牛群に編成する。1群の大きさは監視人の数や牧区の大きさによって決める。

初めて放牧する低月齢牛群は，馴致が不十分な牛もおり，病気や事故を起こしやすいので，監視舎近くの馴致用牧区に放牧し，健康状態や行動を頻繁に観察するようにする。

牧区の牛群割当ては，傾斜度，草質，転牧の難易，追込み施設の有無などを考慮して行なう。

(3) 放牧育成牛の発育

初産時の月齢・体重が発育期待値となるように育成する。入牧時の月齢7か月，体重188kg（日本飼養標準・雌），交配時の月齢15か月，体重370kg，初産時の月齢24か月，体重520kgとなるように育成するには入牧前は日増体量0.7kg，入牧後も交配までは日増体量0.7kg，妊娠期間は日増体量0.5kgを目標に育成する。

適切に管理・利用した牧草のTDN含量は60～70%である。牧草の乾物摂取量を体重の2.5%とすると，体重250kg以下の育成牛では，よく管理された牧草を草丈20cm以下で利用すれば増体目標を達成することができるが，濃厚飼料を体重の0.5%程度給与したほうが安心である。体重250kg以上の育成牛では，短草利用に心がければ，通常の放牧で0.7kg以上の日増体量が容易に達成できる。

(4) 草地の効率的利用

育成牛を預託する牧場の草地は，発育に要する高い養分要求量を満たすために高栄養でなければならない。そのためには，それぞれの地域に適した草種・品種を用い，適切な施肥管理を行なうことはもちろん，常に短草状態で利用することが肝要である。

季節によって生産性が大きく変動する牧草を常に短草状態で利用することは容易ではない。つまり，平坦な草地では放牧地と採草地の面積

比率を季節によって調節し，放牧草地に余剰草が出ないようにすることができるが，多くが山地傾斜地に存在する公共牧場では両者の自由な調節は困難である。しかし，従来放牧専用で利用した草地で機械作業のできる牧区では，採草・放牧の兼用利用をして余剰草をなくし，また，低月齢牛を先行放牧して高月齢牛を後追い放牧するなどの養分要求量に見合った放牧を行なって，草地の利用率を高めることが可能である。今後，このような預託牛の発育改善と牧場の経営改善が望まれる。

(5) 公共牧場の課題

近年，閉場する牧場が増える傾向にあり，利用頭数も年々減少している。これらの主な原因として，ピロプラズマ病などによる家畜の損耗，発育不良，受胎の遅延などが考えられる。収容頭数が確保できなくなると，牧場経営が苦しくなって，優秀な管理者を雇用できなくなったり草地の適切な管理もできなくなり，悪循環に拍車をかけることになる。

公共牧場の活性化を図るためには，牧場の特徴を生かすことである。たとえば平坦な牧場では採草専用とし，ET技術者のいる牧場では優秀なドナーを揃えて繁殖センターとするなど，機能別の広域利用態勢を整えることなどが必要になる。このような機能を強化すれば，公共牧場の存在意義はこれまで以上に高まるであろう。

公共牧場は牧草・家畜の生産機能のほかに，土壌・水・大気などの環境保全機能，排泄された糞尿の物質循環機能，景観保全，草地・家畜とのふれあいなどのアメニティ機能を有している。したがって，生産機能と調和させた適切な利用が望まれる。

2000年記

育成

放牧馴致の有無と放牧中の事故・疾病

執筆　假屋喜弘（鯉淵学園農業栄養専門学校）

(1) 入牧によるストレスと馴致の必要性

舎飼いと放牧とでは牛の生活環境がかなり違う。まず牛を取り巻く気象環境の種類や強さが異なり，放牧牛は舎飼い牛に比べて風，雨，直射日光の影響をまともに受ける。また，日内の気温変動は放牧地が大きく，とくに入牧時の早春の天気は不安定で，晴天と雨天が繰り返されることが多く，気温の急上昇や急低下などによる影響を受けやすい。放牧牛は社会生活の面でも大きな変化を余儀なくされ，今まで単飼または数頭単位で飼養されていた牛が，放牧では大きな集団に編入され，これに伴って生じるストレスも入牧と同時に受けることになる。さらに，飼料の変化による影響も大きく，舎飼い時に濃厚飼料，乾草，サイレージなどを食べていたものが，入牧後は青草だけになる。

このように，放牧牛は入牧と同時に気象環境や飼料の急変あるいは群飼育などの飼養環境の変化などに伴うストレスを集中的に受ける。これらのストレスにより牛の生体防御機能が低下し，呼吸器病，消化器病および小型ピロプラズマ病などの各種の疾病にかかりやすくなると考えられている。このため，入牧初期のストレスを緩和し，生体防御機能の低下を防ぐために放牧前に放牧環境や生草あるいは群飼育に馴れさせる放牧馴致が必要とされている。

しかし，放牧馴致を行なうにはそれなりのスペースと手間が必要であり，実施するのはむずかしいと考えている農家も多いのが現状である。このような農家ではできる部分からまず取り組むことが重要で，部分的な馴致でもそれなりの効果が期待できる。

ここでは，公共牧場などへの放牧を行なう際の馴致について述べるが，馴致する必要がある項目として，1)気象環境, 2)群飼 3)生草, 4)粗飼料（濃厚飼料無給与への馴致）があげられる。

放牧馴致方法の概要を第1図に示したが，放牧馴致は遅くとも入牧の1か月前から始める。これは反すう動物が気象環境へ馴致するためには3〜4週間必要であることと，飼料の変化に適応するためには第一胃の細菌や原生動物の種類や数を新しい飼料に合うようにしなければならないが，これには少なくとも2〜5週間かかるためである。

(2) 放牧馴致のやり方

①気象環境への馴致

気象環境への馴致では，可能ならば冬期間も柵で囲ったミニ放牧地で飼養する。牛は寒さには結構強いので，十分なえさを与えればとくに障害はなく，気象環境への馴致も十分に行なえ

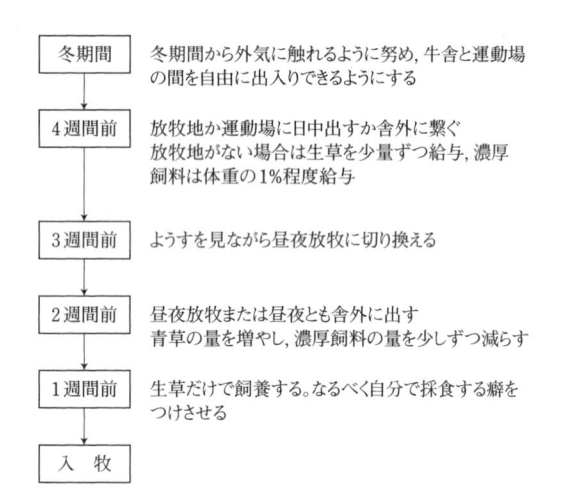

冬期間	冬期間から外気に触れるように努め，牛舎と運動場の間を自由に出入りできるようにする
↓	
4週間前	放牧地か運動場に日中出すか舎外に繋ぐ 放牧地がない場合は生草を少量ずつ給与，濃厚飼料は体重の1％程度給与
↓	
3週間前	ようすを見ながら昼夜放牧に切り換える
↓	
2週間前	昼夜放牧または昼夜とも舎外に出す 青草の量を増やし，濃厚飼料の量を少しずつ減らす
↓	
1週間前	生草だけで飼養する。なるべく自分で採食する癖をつけさせる
↓	
入　牧	

第1図　放牧馴致方法の概要

第2図　馴致用の放牧地

第3図 開放的牛舎でも屋外の環境に馴らすことができる

る（第2図）。また，第3図に示したように壁の少ない開放的な牛舎では屋外の環境に近い環境であり，壁に囲まれた一般的な舎飼いに比べると気象環境への馴致効果が認められる。牛舎の近くにミニ放牧地をつくるスペースがない場合でも，開放的牛舎によって少なくとも屋外の環境に馴らすことは可能といえる。

このほかの気象環境馴致法としては，入牧の1か月前から2時間ほど屋外に係留し，係留時間を徐々に長くして最終的には昼夜係留する方法でも馴致効果が認められる。

②群飼への馴致

群飼への馴致は子牛のころから群飼にして団体生活に馴れさせることである。公共牧場などで預託牛を放牧するときのように，新しい群に編成されると牛は順位づけのために誇示，威嚇，闘争などを行なう。幼牛は群で飼養されると，その群のなかで模擬闘争や追いかけ合いなどをして自然に社会的順位をつけるようになる。つまり幼いときから群で飼われた牛は激しい闘争をしなくても優劣関係の順位をつける方法を学習できることになり，少ないストレスで社会生活への適応が可能である。

群飼への馴致を行なうときの1群の頭数は3頭以上が望ましい。2頭では放牧地でこの2頭だけが他の牛から一定の距離をおいて行動し，集団生活になかなか適応できない例も見られるからである。飼養頭数の少ない農家で子牛だけでは群飼できない場合は，少し年長の育成牛との群編成にしても効果が期待できる。

③飼料馴致

飼料馴致では，入牧の4週間前には濃厚飼料を体重の1％程度にし，生草を少量採食させる。その後，濃厚飼料は徐々に減らして生草の摂取量を増やし，2週間前には濃厚飼料を給与せず粗飼料だけの飼養にし，入牧1週間前には放牧場と同じように生草だけを摂取させる。

このように飼料馴致は若干手間がかかること，また放牧前には生草が手に入りにくいことなどから，きちんとした馴致はあまり行なわれていないのが実態である。しかし，若干でも飼料への馴致を行なった牛は，何もしなかった牛に比べて呼吸器病などにかかりにくいので，可能な範囲で飼料への馴致を行なうべきである。

牛は草を舌で巻き込んで口の中に入れ，下顎の歯と上顎の歯茎（歯床板）ではさみ，頭を動かして引きちぎるという，やや複雑な動きで草を食べる。ほとんどの牛は何もしなくてもじょうずに採食するが，たまに草地で草を食べられない牛も見られる。このときはベテラン牛といっしょに草地に出すとじょうずに食べられるようになる。このため，わずかな空き地しかなくても，秋にイタリアンライグラスやライムギなどの春早くから生長する牧草を播種しておき，この草地で生草摂取の訓練をすると効果的である。牛舎の近くに生草の生えた空き地がない場合は畑や畦から生草を刈り取って給与し，できるだけ早く生草の味に馴れさせ，また第一胃の微生物を生草に適する状態にもっていく。

濃厚飼料の給与量を徐々に少なくして，最終的に粗飼料だけの給与にすることは場所や施設による制約は少なく，意欲さえあれば容易に取り組める。しかし，このとき重要なことは，濃厚飼料の代替えとして給与する粗飼料は品質のよいものでなければ必要な栄養素を摂取できないということである。可能な限り生草を食べさせるが，むずかしい場合はできるだけ良質の乾草を給与する。

(3) 放牧馴致の有無と入牧後の疾病発生

放牧馴致による疾病予防効果は病気の種類によって異なる。

育成

①呼吸器病・消化器病

呼吸器病および消化器病の発生率は何らかの放牧馴致を行なった牛のほうが馴致しなかった牛より低い。また，図中に黒塗りで示した，放牧中に呼吸器病や消化器病が原因で死亡した牛，およびこれらの疾病による症状が重く放牧を続けることがむずかしいために途中で退牧させられた牛の発生率も無馴致牛で多い傾向がある（第4図）。

このように，環境，群飼および飼料へのいずれの馴致方法でも，何らかの馴致を行なえば放牧中の呼吸器病や消化器病の発症が抑えられる傾向があり，たとえ発症したとしても重症になりにくい。

②皮膚病・蹄病

牛乳頭腫症，皮膚真菌症および趾間腐爛などの皮膚病や蹄病は，屋外環境および粗飼料への馴致を行なった群が無馴致群に比べて発症率が低い傾向が見られた。しかし，群飼養馴致では馴致した群飼区が無馴致の単飼区よりも発生率が高い傾向を示した（第5図）。

牛乳頭腫症や皮膚真菌症は主に感染牛との接触により伝播するものであり，また，趾間腐爛は切り株や石などによる傷が感染の機会を増やすとされている。群飼への馴致を行なった牛は馴致していない牛に比べて活発に動きまわり，また他の牛とも頻繁に接触することから感染の機会が比較的多かったと考えられる。

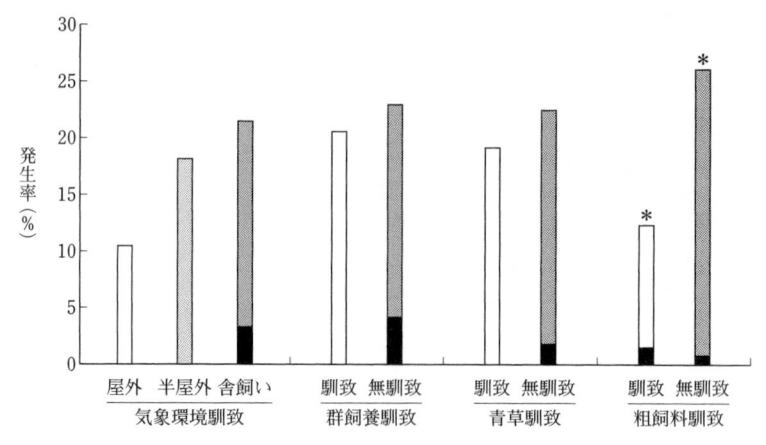

第4図　放牧馴致の形態別に比較した放牧期間中の呼吸器病・消化器病の発生率
黒塗り部は死亡および途中退牧した牛の発生率
＊同一馴致分類内の同符号間で有意差あり（$P<0.05$）

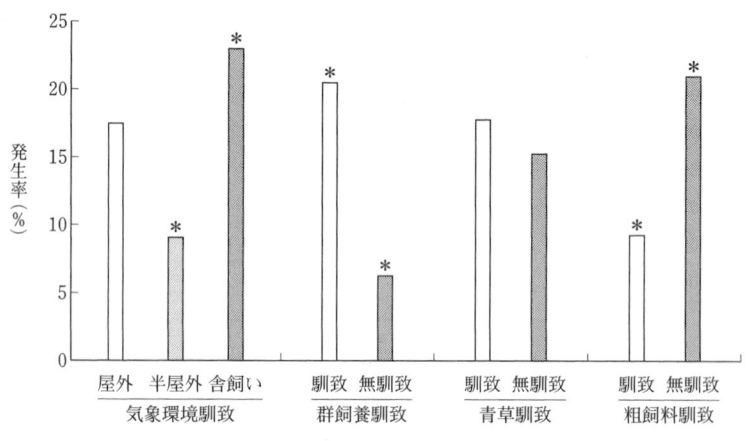

第5図　放牧馴致の形態別に比較した放牧期間中の皮膚病・蹄病の発生率
＊同一馴致分類内の同符号間で有意差あり（$P<0.05$）

③小型ピロプラズマ病

小型ピロプラズマの発生率は屋外飼養牛と舎飼い飼養牛で高かったが，症状が重くて途中退牧した牛は舎飼い牛に多く見られた。このほか，群飼牛で多く発症し，また飼料への馴致との関係では青草馴致牛と粗飼料無馴致牛で発生率が高い傾向が見られた（第6図）。このように，小型ピロプラズマ病の発生率には放牧馴致効果は認められなかった。

小型ピロプラズマ病はフタトゲチマダニなどによって媒介され，小型ピロプラズマ原虫への

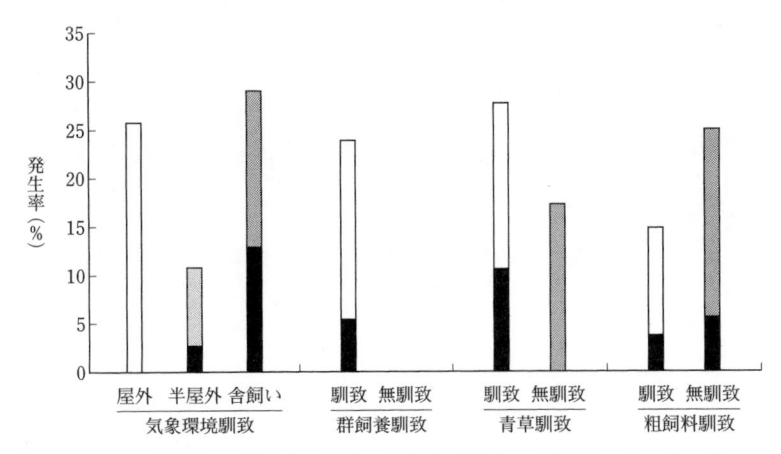

第6図 放牧馴致の形態別に比較した放牧期間中の小型ピロプラズマ病の発生率
黒塗り部は死亡および途中退牧した牛の発生率

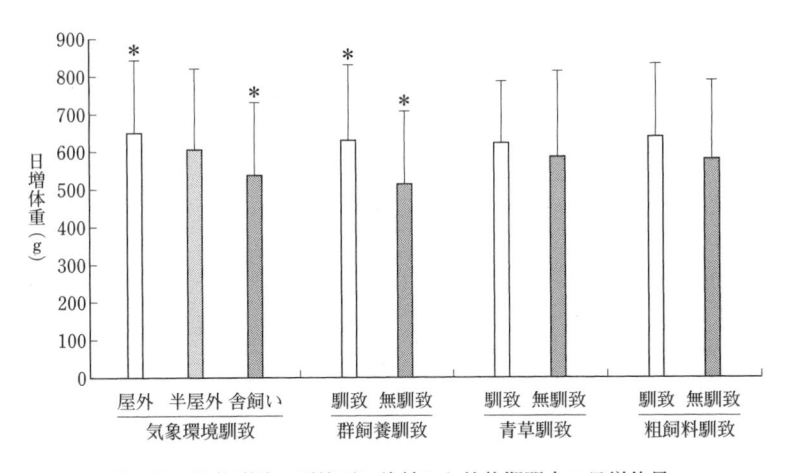

第7図 放牧馴致の形態別に比較した放牧期間中の日増体量
グラフのバーは標準偏差
＊同一馴致分類内の同符号間で有意差あり（$P<0.05$）

抗体をもたない牛では，感染原虫数によって増殖のスピードや程度に差はあるものの，体内に侵入した原虫は容易に増殖して感染が成立する。今回調査した牛はすべて初放牧牛であり，馴致の有無にかかわらず小型ピロプラズマ原虫への抗体はもっていなかった。したがって，小型ピロプラズマ病に感染するかしないかは，原虫を保有するダニに吸血される機会があったかどうかに左右される。

このように，小型ピロプラズマ病の発生に対しては馴致の効果は認められなかった。しかし，小型ピロプラズマ病により死亡または途中退牧した牛は環境への馴致が不十分な舎飼い牛に多くみられたことから，放牧馴致をした牛は無馴致牛に比べて回復力が強いと考えられ，放牧馴致によるメリットは大きいといえる。

以上のように，病気の種類によって放牧馴致効果は違ってくることが明らかになった。馴致効果が認められたのは呼吸器病や消化器病であり，これらは多くの病原体によって引き起こされる。とくに近年は，皮膚や粘膜に，これらの病原体がふつうに存在しており，牛の免疫力が低下したときに増殖し発症する，いわゆる日和見感染症の発生が多い。この日和見感染のような，牛の免疫力によって発症するかどうかが決まる疾病には放牧馴致による発症抑制効果は大きい。さらに，放牧馴致すると感染しても重症となりにくく，回復も早いため病気による損耗を小さくできる。

(4) 増体量との関係

環境馴致，群飼馴致および飼料馴致のいずれでも，馴致したほうが放牧期間中の日増体量は多かった（第7図）。馴致せずにいきなり放牧した牛では自然環境や社会環境および飼料の環境が急激に変化することから，発育が停滞する。この発育停滞は放牧環境に馴れる入牧1か月目ころまで続き，その後は増体するものの，

育成

この1か月間の差をとり戻すことなく退牧を迎えるケースが多い。

　放牧初期の1か月はスプリングフラッシュが始まる時期と重なり，牧草の栄養価は高く，また盛んに生長している。この時期に牛が十分にえさを食べることができないと増体が少なくなるだけでなく，牧草は生長しすぎて硬くなり嗜好性も落ちることから，草の利用性の面からも好ましいことではない。

2008年記

参 考 文 献

仮屋喜弘ら．2005．放牧馴致と呼吸器病などの疾病や日増体量との関係．畜産の研究．**59**, 122—126.

農林水産省畜産局．2000．草地管理指標—放牧牛の管理編—．85—87.

飼料体系別育成法

サイレージ利用体系（コーン，グラス）

執筆　糟谷広高（北海道立根釧農業試験場）

(1) 牧草サイレージを利用した育成牛の飼養技術

育成期における一般的な粗飼料としては，良質な乾草が推奨されており，牧草サイレージや生草などの多汁質飼料を給与する場合は，反芻胃発達への悪影響や乾物摂取量の低下などへの懸念から，乾草との併給給与が望ましいとされてきた。しかし，調製技術の向上により，乾草よりも良好な品質の牧草サイレージを省力的に生産する体系が確立され，育成牛にも安定的に給与することが可能となってきた。

そこで，牧草サイレージを生時から単独給与した場合の，飼料摂取量，反芻胃発達，発育に及ぼす影響について，根釧農試で検討した。

①哺育期の飼料摂取量と発育

第1表は，粗飼料として生時から牧草サイレージを給与したときの乾物摂取量の推移を乾草給与と比較したものである。この試験では，生時から6週齢まで全乳4.0kgの定量哺乳，人工乳制限給与とし，牧草サイレージはチモシー主体1番刈り細切りのものを，乾草はチモシー主体2番刈りのロール乾草を細切りして給与した。給与した牧草サイレージの乾物率は45.3％と高く，乾草の乾物率は82.0％であった。また，乾物中の粗蛋白質含量はそれぞれ11.8％，11.2％であり，どちらも中程度の品質のものであった。

牧草サイレージ給与区は，乾草給与区と同様に，離乳後に乾物摂取量が増加し，12週齢には約3kg/日に達して，体重当たりの乾物摂取量もほぼ3％であった。牧草サイレージ給与による飼料摂取量は乾草給与に比べて同様かやや高く，懸念された乾物摂取量の低下はみられていない。

日増体量は，哺育期全体を通して両区とも0.76kgで，給与した粗飼料による差はなく，日本飼養標準の標準体重を上回っている。体尺値も，日本ホルスタイン登録協会の標準発育値とほぼ同様であった。

このように，哺育期の牧草サイレージ給与は乾草給与に比べて飼料摂取量，発育ともに問題はなく，人工乳の給与量が今回のような条件であれば哺育期からでも牧草サイレージを積極的に利用した育成が可能である。

②育成期の飼料摂取量と発育

この試験では，哺育期と同様に粗飼料として牧草サイレージを単独給与した場合の育成期の乾物摂取量，養分摂取量，発育へ及ぼす影響を乾草給与と比較している。ただし，9か月齢から12か月齢までの4か月間は，オーチャードグラス主体草地に1日8時間の制限放牧を行なっている。給与した牧草サイレージは，チモシー主体の1番刈り細切りサイレージであり，乾物率が38.0％，粗蛋白質含量が10.3％であった。濃厚飼料は，3か月齢以降，給与量の上限を日量2.5kgとして市販の育成用配合飼料（TDN86.5％，CP18.3％）を給与し，月齢に応じて2.0〜1.5kg

第1表　哺育期の乾物摂取量の累計

(単位：kg)

飼料	処理	週齢		
		0〜6	7〜13	全期
全乳	S区	18.5		18.5
	H区	18.4		18.4
人工乳	S区	14.4	92.0	106.4
	H区	15.4	91.7	107.0
粗飼料	S区	1.3	24.9	26.2
	H区	1.0	18.2	19.2
総摂取量	S区	34.2	116.9	151.1
	H区	34.8	109.9	144.7

注　S区：牧草サイレージ給与区，H区：乾草給与区

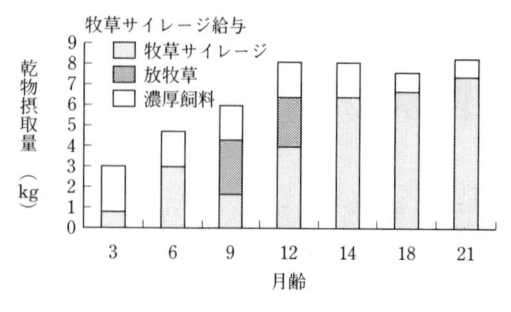

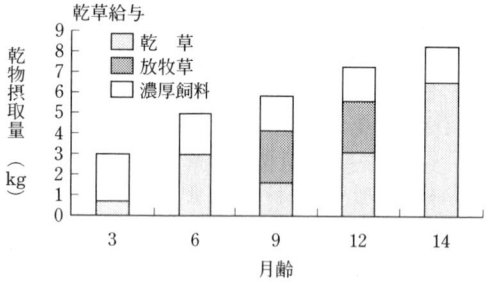

育成

第1図 牧草サイレージ給与区，乾草給与区の乾物摂取量の推移（育成期）

り，体高はホル協会の標準発育をやや上回った。泌乳前期の過栄養は乳腺組織の発達を阻害し，また育成後期の過肥は分娩後の代謝病の発生につながる。そのため，日増体量が1kg前後であっても乳生産に悪影響が認められないとの報告もあるが，日本飼養標準では，給与飼料の主体を粗飼料として日増体量を0.9kg以下にすることを奨めている。牧草サイレージを給与した区の日増体量は育成期全体を通して0.88kgであり，4～14か月齢の日増体量は0.91kgとなったが，体重とともに骨格の発育も高まっており，過肥という状態ではなかった。また，繁殖成績も良好で，供試牛は約14か月齢で交配され，24か月齢で分娩している。

このように，育成牛に哺育期から牧草サイレージを給与しても，乾物摂取量や発育などに悪影響はみられず，育成期に牧草サイレージを積極的に活用することが可能である。

(2) トウモロコシサイレージを利用した育成牛の飼養技術

育成牛用の飼料としてトウモロコシサイレージは，反芻胃の発達阻害やいわゆる"腹ぼて"と呼ばれるような体型的な崩れを引き起こすことなどが古くから指摘されてきたため，あまり積極的には取り入れられてこなかった。しかし，トウモロコシサイレージは，牧草に比べてTDN含量が高く嗜好性が優れており，比較的良質なサイレージを調製できることなどから，泌乳牛と同様の給与効果が期待できる。このため今後育成牛においても，トウモロコシサイレージのような濃厚飼料の代替効果が期待できる自給飼料を積極的に取り入れる飼養技術が必要である。

そこで，育成期の粗飼料にトウモロコシサイレージを継続的に取り入れる飼養形態を想定し，育成期のトウモロコシサイレージ給与が反芻胃発達，乾物摂取量，発育状況，初産産乳に及ぼす影響について検討した新得畜試の成績を紹介する。この試験では，第2表のようなトウモロコシサイレージ多給モデルを設定し，3か月齢，6か月齢で1）屠殺解剖して実際の反芻胃の発達を調べた屠殺試験，2）初産分娩後の乾物摂取量

と段階的に減らしている。

第1図は，育成期の乾物摂取量の推移を示したものである。牧草サイレージを給与した区の乾物摂取量は12か月齢まで増加して約8kgとなり，それ以降はほぼ一定で推移した。これに対して乾草を給与した区の乾物摂取量は，14か月齢まで増加して約8kgとなった。このように乾物摂取量の推移では育成中期に差がみられ，牧草サイレージ給与のほうが乾草給与より上回って推移した。

体重は日本飼養標準の標準発育を大きく上回

第2表 トウモロコシサイレージの多給モデル

	CS区	乾草区
粗飼料	トウモロコシサイレージと切断乾草を乾物比1：1で混和給与	切断乾草のみ
濃厚飼料	日増体が0.7kg/日になるよう調整	
試験処理期間	6週齢早期離乳後から分娩後予定日2週間前まで（飼養試験）6週齢早期離乳後から屠殺時まで（屠殺試験）	
飼養形態	スーパーハッチによる群飼育	

飼料体系別育成法＝サイレージ利用体系（コーン，グラス）

第3表 トウモロコシサイレージ多給区と乾草単用区での第1胃内容液の性状

月齢	3	6	9	12	15	18	21
PH							
ＣＳ区	7.32	7.26	7.22	6.73	6.94	7.09	7.22
乾草区	7.39	7.41	7.13	6.87	7.10	7.16	7.19
アンモニア態窒素 mg/dl							
ＣＳ区	7.2	5.8	4.1	3.8	4.2	3.7	4.9
乾草区	7.3	5.6	6.3	5.2	5.1	4.7	7.2
総VFA mM							
ＣＳ区	3.16	5.73	5.20	5.75	4.89	6.95	7.37
乾草区	4.06	3.38	6.27	6.59	7.20	8.93	9.43
酢酸/プロピオン酸							
ＣＳ区	3.3	4.5	4.4	4.2	4.3	4.6	4.7
乾草区	3.4	4.5	5.0	4.8	5.1	4.9	4.7

と泌乳成績まで検討した飼養試験の2つの試験を行なっている。

①反芻胃の発達に及ぼす影響

第3表に，第1胃内容液のVFA（揮発性脂肪酸）濃度を示した。一般に反芻胃の発達には飼料の物理的粗剛性とともにVFAなどの発酵物質の刺激が必要であるが，トウモロコシサイレージ多給区（CS区）のVFA濃度は，各月齢で乾草単用区（乾草区）と同様の濃度を示し，反芻胃の発達に必要な発酵が正常になされていることを示している。また，実際に，3か月齢と6か月齢の時点で屠殺解剖を行ない，反芻胃の発達を調べた結果では，両時期にもCS区は乾草区と同様の反芻胃容積と絨毛の密度，長さを示した（第2図，第4表）。

このように，トウモロコシサイレージを多給した場合でも，乾草単用給与となんら変わりなく反芻胃内での発酵がなされ，反芻胃と絨毛も順調に発達する。

②乾物摂取量に及ぼす影響

第3，4図に飼料乾物摂取量の推移について示した。CS区は，育成期後期に乾草区に比べて若干低く推移したが，初産分娩後では初期の低下が少なく，回復も早い傾向が認められた。第5表に，各区の濃厚飼料給与量を示したが，第3図の7か月齢から9か月齢における乾物摂取量の伸びの停滞は，濃厚飼料給与量の減量による影響と考えられ，同様に19か月齢以降にCS区が乾草区より低く推移したのも，濃厚飼料給与量減量の影響と考えられる。また，CS区は約1か月齢受胎月齢が早く（CS区14.5か月齢，乾草区

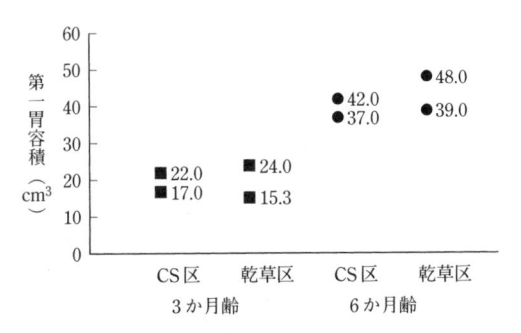

第2図 トウモロコシサイレージ多給区と乾草単用区での第1胃容積

第4表 トウモロコシサイレージ多給区と乾草単用区での第1胃絨毛の密度と長さ

	3か月齢		6か月齢	
密度（本/cm²）				
前房				
ＣＳ区	98	114	85	53
乾草区	103	123	114	79
腹のう				
ＣＳ区	135	141	65	60
乾草区	156	141	90	59
長さ（mm）				
前房				
ＣＳ区	4.0	5.0	11.0	9.5
乾草区	5.0	4.5	7.0	10.0
腹のう				
ＣＳ区	3.5	3.0	1.0	5.0
乾草区	3.5	4.0	5.0	4.5

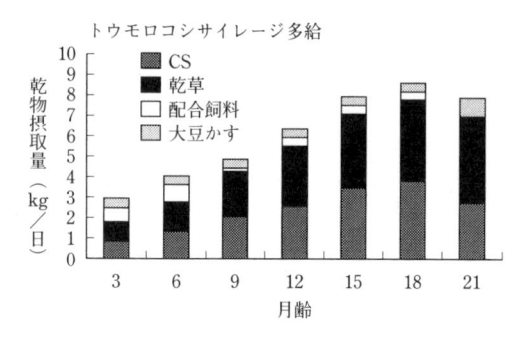

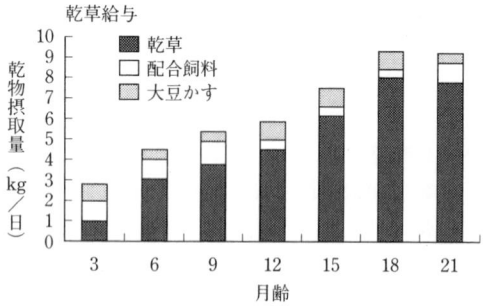

育成

第3図 トウモロコシサイレージ多給区，乾草給与区の乾物摂取量の推移

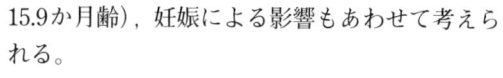

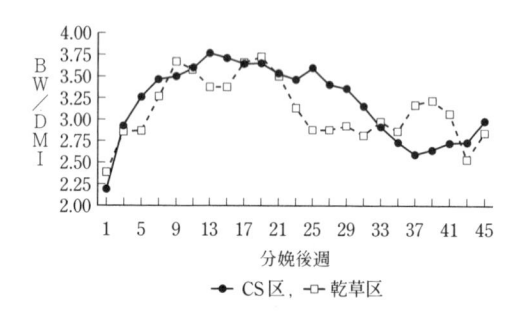

第4図 分娩後の飼料乾物摂取量の推移（体重当たり）

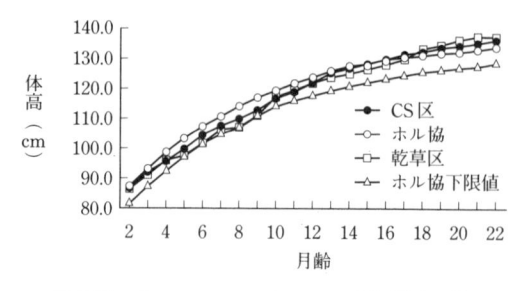

15.9か月齢），妊娠による影響もあわせて考えられる。

このように育成期の乾物摂取量の推移には，濃厚飼料給与量や受胎月齢などの影響があると考えられ，粗飼料源による差は明らかにならなかった。しかし，分娩後の同一給与条件下では，CS区は乾草区に比べて順調な乾物摂取量の回復がみられ，また分娩後期の低下も乾草区より遅い傾向を示し，良好な傾向となった。

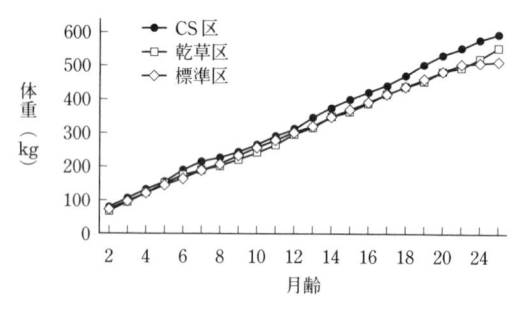

第5図 トウモロコシサイレージ多給区，乾草給与区での体重の推移
標準：日本飼養標準

第6図 トウモロコシサイレージ多給区，乾草給与区での体高の推移

第5表 トウモロコシサイレージ多給区と乾草単用区での濃厚飼料給与量　　（乾物，kg/日）

月　齢	2～3	4～6	7～9	10～12	13～15	16～18	19～21	21～
大豆かす								
CS区	0.43	0.42	0.44	0.44	0.43	0.44	0.58	0.87
乾草区	0.86	0.58	0.44	0.44	0.43	0.44	0.44	0.44
配合飼料								
CS区	0.85	0.86	0.20	0.55	0.43	0.44	0.29	0.00
乾草区	0.87S	1.09	0.61	1.58	0.87	0.87	0.88	0.88

注　S：スタータを含む

飼料体系別育成法＝サイレージ利用体系（コーン，グラス）

第6表 トウモロコシサイレージ多給区，乾草給与区での繁殖成績

	授精月齢	分娩月齢	妊娠期間
CS区	14.5	23.6	277.5
乾草区	15.9	25.4	287.0

③発育と繁殖に及ぼす影響

体重の推移と体高の推移を第5，6図に示した。CS区は乾草区を若干上回って推移し，試験期間中の平均日増体量が0.81kgで，乾草区の0.73kgより高い値となった。しかし，第6図に示した体高をはじめ各体尺値もホル協の標準発育値を上回っており，過肥という状況にはならなかった。また，腹囲も乾草区と同様の推移を示し，いわゆる"腹ぼて"と呼ばれるような体型的な崩れも認められなかった。

本試験での初回授精は14か月齢以降，体重と体高がそれぞれ350kg，120cm以上に達した時点から開始したが，発育が高まったCS区のほうが約1か月早く授精を開始できた。両区とも1～2回の授精で受胎し，繁殖不良のものはみられなかった。妊娠期間は有意差がないものの，CS区のほうが若干短い傾向にあり，その結果，分娩月齢もCS区のほうが約1か月早く，平均23.6か月齢分娩となっている（第6表）。

④サイレージ給与による育成費用（飼料費）の節減効果

第7表は，本モデルでの濃厚飼料給与量からみた育成費用節減効果ついて試算したものである。自給飼料の生産単価は，農水省統計情報部発表の「平成4年度畜産物生産費調査報告」（平成6年7月公刊）を使用している。その結果，育成期飼料費として約2万6,000円程度の経費節減

第8表 トウモロコシサイレージ多給によって飼養した育成牛の分娩後の泌乳成績

	乳量(kg)	FCM乳量(kg)	乳脂肪(%)	乳蛋白質(%)	乳糖(%)	SNF(%)
CS区	6,873.6	7,299.4	4.42	3.24	4.62	8.86
乾草区	6,634.7	6,406.3	3.83	2.90	4.55	8.45

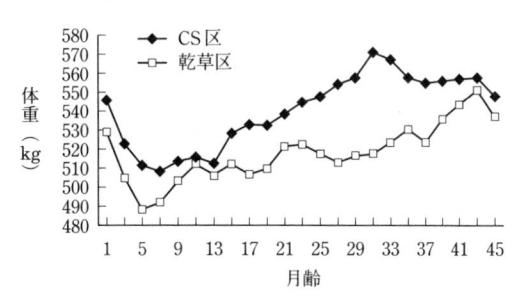

第7図 トウモロコシサイレージ多給によって飼養した育成牛の分娩後体重の推移

が図られることが示された。

⑤初産泌乳成績

トウモロコシサイレージ多給によって飼養した育成牛の分娩後の泌乳成績について第8表に示す。

乳量では，FCM換算でCS区が有意に高く，乳成分でも乳蛋白質とSNFが高くなった。このことには，先に第3図で示した乾物摂取量の推移の差が影響していると思われ，第7図に示した体重の推移を見ても，CS区は乾草区より体重の低下が少なく，回復も早い傾向が見られた。

以上，本試験で示した給与モデルのようにトウモロコシサイレージを育成期に積極的に利用

第7表 トウモロコシサイレージ給与による育成費用削減効果

2か月齢から3か月齢までの平均スタータ節約量（現物0.355kg/日）	計	2,652円
3～4.5か月齢の平均育成配合飼料節約量（現物0.355kg/日）	計	812円
4.5～22.5か月齢の平均育成配合飼料節約量（現物0.728kg/日）	計	19,970円
以上の濃厚飼料節減金額	合計	23,434円
トウモロコシサイレージ平均摂取量（全期間総平均現物8.077kg/日）	計	44,932円
乾草現物摂取平均減少量（全期間総平均現物2.613kg/日）	計	47,896円
以上の粗飼料金額の差額	合計	2,964円
育成期飼料経費差額	計	26,398円

育成

第9表　サイレージ主体飼養での飼料給与指標

飼養法 飼料	育成ステージ （月齢）	哺 育 期		育成前期 (4～6)	育成中期 (7～14)	育成後期 (15～24)
		離乳前	離乳後			
牧草サイレージ主体飼料		kg/日	kg/日	kg/日	kg/日	kg/日
牧草サイレージ		0 →0.2	0.5→1.0	1.0→2.5	4.0→12.0	13.0→18.0
全乳		4.0→4.5				
人工乳		0.1→1.2	1.5→2.5			
配合飼料				2.5	2.0	1.0
トウモロコシサイレージ主体飼養				kg/日	kg/日	kg/日
トウモロコシサイレージ				3.0	6.0	14.0
配合飼料				2.0	0.5	
大豆かす					0.5	1.0
乾草				0.5→1.5	3.5→ 5.0	5.0

第10表　飼料給与指標の算定に用いた飼料成分

	乾物率	CP	TDN
	(%)	乾物中 (%)	乾物中 (%)
牧草サイレージ主体飼料			
牧草サイレージ	35	11	60
全乳	12	24	127
人工乳	86	21	96
配合飼料	86	18	90
トウモロコシサイレージ主体飼養			
トウモロコシサイレージ	30	8	67
配合飼料	86	20	85
大豆かす	86	50	85
乾草	85	10	63

することにより，反芻胃の発達や発育，初産乳生産を犠牲にすることなく，約33％の濃厚飼料の削減が可能となる。

(3) サイレージ利用体系での育成牛の飼料給与指標

　第9表は，根釧農試，新得畜試での試験成績と日本飼養標準の雌牛の育成に要する養分量を参考に算出した飼料給与量の目安である。算定の条件は，6週齢の早期離乳，15か月齢までの授精による24か月齢分娩，哺育期から育成前中期の日増体量0.7kg，育成後期の日増体量0.8kgとした。また，トウモロコシサイレージ主体飼養では，乾草飽食条件下でのトウモロコシサイレージ，配合飼料，大豆かすの給与量である。

2000年記

混合飼料（TMR）利用体系

執筆　野中敏道（熊本県阿蘇地域振興局）

（1）初産分娩月齢の早期化と育成技術の課題

　平成22年度を目標とした家畜改良増殖目標が改正され，新たな目標に向かって乳牛の改良が進められようとしている。泌乳能力は8,300kgへ，乳蛋白質率と無脂固形分率はそれぞれ0.2％の引き上げを目指している。体型でも体高が143cm，体重が680kgとやや大型になり，初産分娩月齢も26か月へと1か月短縮される。このように泌乳能力はこの20年間に実に1.5倍と急速に伸びて技術や改良の成果が表われているが，その反面で初産分娩月齢はほとんど変わっていない。全国的にもまた世界的にも同様である。

　ところで，一般に子牛は12か月齢前になると発情兆候を表わして妊娠も可能だが，体が小さいと，あまりに早い人工授精では分娩時に難産などを起こし，泌乳成績も悪くなる。

　そこで，初産分娩月齢を早めるには，まず体格を大きくすることが前提となる。今回の早期育成技術「スーパー育成法」では初産分娩を21か月齢まで早めるが，そのためには人工授精時期を12か月齢にし，その時点の大きさを体高130cm，体重350kg程度とし，分娩時の大きさは体高140cm，体重560kg以上としている。

　これまで，子牛育成には時間と手間がかかり，経営的にはマイナスだといわれてきた。確かに，これまでのように27か月で約40万円の育成費をかけるのであれば，初妊牛を導入したほうが安くなる。しかし，初産分娩を21か月まで早くできれば育成コストを3割も削減でき，この問題は解決するだろう。さらに，これからの課題である農場HACCPなどの衛生対策や，わが家の環境に適した系統を残す意味からすると，自家育成は重要な選択肢になる。

　これまで畜産の歴史のなかで，鶏や豚などの経営が衛生問題を敏感に感じ，導入から一貫経営や，契約農場からの導入に，さらにはSPFに変わっていった過程を見ると，乳牛においても，家畜の移動を制限するような対応をそろそろ考え始める時期かもしれない。

（2）初産分娩の実態

　熊本県の牛群検定成績を分析したデータを見ると，初産分娩月齢は平均26.9か月で，全国平均とほとんど変わらないし，過去十数年変わっていない。大半は23〜29か月齢に分布し，月齢の遅いほうに偏っている。それでも当面の目標24か月齢分娩の割合は増加していることから，もう少し技術を見直せば分娩を早めることは十分可能である。

　ところで，初産分娩を早くすることで発生する心配は「泌乳」と「繁殖」である。泌乳成績について検定乳量を見ると，分娩月齢が早いほど乳量は減少するが，乳脂肪率を加えた4％FCM乳量では逆転して増加する。一方の繁殖性をみると，初産分娩後2産までの分娩間隔が月齢が早くなるほど短くなる傾向にあり，繁殖性でも問題はない。

（3）初産分娩月齢を早める効果

　初産分娩を早める効果は，これまで育成の大きな課題であったコストの削減である。現在，多くの酪農家が北海道から妊娠牛を導入しているが，その価格は40万円以上する。また，農家で自家育成した場合でも27か月齢分娩であれば40万5,000円と試算され，経費のみを考えれば自家育成よりも後継牛を導入するほうが安くなる。

　これに対して21か月齢で早期分娩させると，経費は28万5,000円となり，その差は12万円にもなる（第1表）。実に約3割のコスト削減ができるのである。ここまで差がでてくれば自家育成が断然有利になる。

　そのほかにも，更新牛の保有数を減らすことで経費節減ができる。50頭搾乳牛経営の場合で考えると，年間8頭の育成牛が不要となり，その差額は約200万円にもなる（第2表）。同様に施設経費も約2割が不要になってくるから，トータルとしてのコスト削減効果はかなりのもの

育成

になる。

(4) 21か月分娩のための早期育成技術「スーパー育成」

「スーパー育成」技術のポイントは以下の3つで、これを組み合わせることによって21か月早期分娩が確実にできるようになる。

1) 8ℓ哺乳→初期発育の促進
2) TMR育成→乾物摂取量の増加
3) ルーサンペレット→低コスト蛋白質の多給

①8ℓ哺乳技術——哺乳期の管理（生後1か月間）

8ℓ4週間哺乳技術 子牛の哺乳技術については、これまでの技術進展のなかで哺乳量を少なくする方向に進み、代用乳・人工乳が改良されてきた。そのなかで、一般的な早期哺乳技術として、1回哺乳量を2ℓにして1日2回与え、6週間哺乳する技術が定着してきた。離乳後は良質乾草を主体とした育成方法をとるが、栄養不足から初期発育が遅れがちになる。

そこで、初期発育を促進するために哺乳期の栄養濃度を高める必要があるが、それには固形飼料では追いつかないためミルク量を2倍量にする。具体的には、第3表のように1回4ℓ量を1日2回にし、計8ℓをバケツで飲ませる。

2週目にはスターター（人工乳）と水の給与を始め、哺乳期間は4週間とする。哺乳時期はスターターのみの給与である。スターターに慣れさせるには、少量を口に押し込んだり給餌器具を使うなど、積極的に食べさせる工夫が必要である。

離乳時のスターター摂取量は0.5kg～0.7kgといったところだが、この程度食べていれば少々スターター摂取量が少なくても離乳する。離乳を2～3日間延ばしたとしても、スターター摂取が急激に増加するものではなく、むしろすっきりと離乳したほうが、2～3日後にはスターターの摂取量が増加し、1週間もすれば1kg以上を食べるようになる。

哺乳期と離乳時期のスターター摂取量を把握することは子牛の発育をモニターする意味で特に重要で、この時期を1頭ごとに管理する意味はここにもある。生時体重が40kg程度以上であればこのままのプログラムで大丈夫だが、30kgを下回るような極端に小さい場合には4ℓを飲めるようになるのもスターターの摂取も遅れがちだから、若干の延長も必要になる。

これにより、離乳後の体高の伸びが大幅に改善され、ホルスタイン登録協会の発育標準を大幅に上回るようになる。従来の4ℓ6週間哺乳法が3か月頃に発育標準の平均並になっているのに比べると、8ℓ4週間哺乳法では1か月目ですでに標準以上になり、以後発育上線を上回って発育する。

この要因について栄養供給量から見ると、TDNエネルギーの日本飼養標準に対する充足率が従来の4ℓ哺乳に比べて大きく改善されており、8ℓ区ではすでに2週目で100%に達し、3週目には140%まで増加している。蛋白質の充足についても同様な傾向にあり、この差が体高差になったものと考えられる（第1、2図）。

下痢などの対策 哺乳期の下痢は生後1週間

第1表 早期分娩のコスト削減効果
(単位：千円)

	21か月齢	27か月齢	差	1か月当たり
飼料費	221	323	△102	△17
管理費	64	82	△18	△3
計	285	405	△120	△20

注 飼料費はコーン主体のTMRで計算
　　管理費は、1日10分の管理として、パート時給600円から10分100円で計算

第2表 50頭の搾乳牛を維持するための育成牛頭数

	必要頭数(頭)	差(頭)	年間差額(万円)	施設面積の削減(%)
21か月分娩	29	8	200	21.6
27か月分娩	37			

注 更新率を33%、評価額を1頭25万円として試算

第3表 生後1か月間の哺乳プログラム
(単位：ℓ)

	朝	昼	夕	計
1週目	2	2	2	6
2～4週	4		4	8

〜10日頃の時期に発生しやすい。哺乳量が増加したことで下痢が増加することはないので、分娩前の子牛ハッチやペンの消毒、清潔な敷料、温度管理などを含めた衛生対策が基本になる。また、3週から4週にかけて人工乳摂取量が増える時期に消化不良性の下痢が起きることがあるが、特にミルク量を減らすことはせず、下痢止めなどの投与で回復する。

最近はそうでもないようだが、よく生まれたばかりの子牛を通路や部屋の隅につないだままにして育成する光景を見かけた。しかし、育成を成功させる基本は育成する場所をきちんと確保することである。個別に飼い、風通しがよくて乾燥し、冬はすきま風に曝されないような場所を与えることが大切である。まずこれができなければ、決してよい子牛は育たない。

生後1か月間は特に大事にする心がけが必要である。この時期にはいろいろなストレスに曝されやすく、ちょっとしたことが一生尾を引く原因になるものだ。特に下痢や肺炎を起こすと育成成績も悪くなり、その後の泌乳成績にも影響する。対策としては、一般にもいわれているように初乳をきちんと与えることだが、最近は各種の免疫製剤や乳酸菌製剤なども市販されており、こうしたものを上手に使うのも1つの方法である。また、発酵初乳の利用を始め、酸を添加したりヨーグルトを加えて発酵させた牛乳を給与するのも効果的である。

しかし、この時期に一番大事なのは、農家間の移動を行なわないことである。特に大腸菌の菌相が各農家間で微妙に異なり、異なった農家の菌に曝されるとそれに対する免疫がないため、途端に下痢を引き起こしてしまう。育成の外部委託などでやむを得ず移動するにしても、限られた農家間だけにするべきである。

②TMR育成技術—離乳後の管理（2〜3か月）

離乳後は人工乳と乾草とを混合したTMR給与に移行する。TMRは搾乳牛用の餌でも泌乳前期のTMRであればそのままでも栄養的には十分だが、不足する場合にはスターターを加えて調整する。この時期には混合調整後にTDN82％以上、CP23％以上になるのが目安である。スタータ

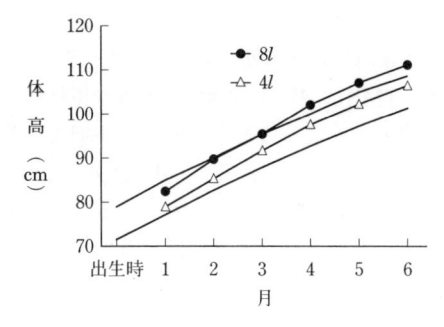

飼料体系別育成法＝混合飼料（TMR）利用体系

第1図　8ℓ4週間哺乳法による体高の推移

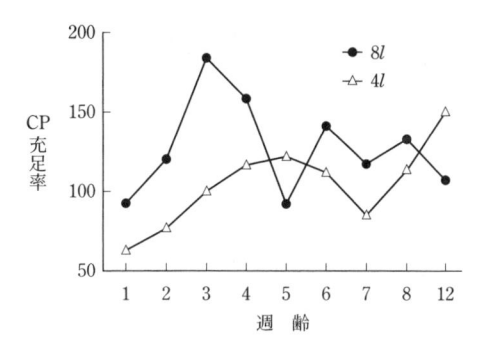

第2図　8ℓ4週間哺乳法によるCP充足率

ーの摂取量は、最初の3か月間に1日量3kgを上限に徐々に増やす。多くの農家で育成に問題が見られるのは、この時期のスターター量が少ないことによる栄養不足が原因である。この時期の粗飼料摂取量は少ないので、スターターを増やすことで栄養を充足させる。

体重はTDNエネルギー濃度を高めることで容易に増やすことができるが、12か月齢で130cmの体高にするには、これまでよりも4か月も早く大きくする必要がある。そのためには蛋白質を増やす必要があるが、反芻動物では単に蛋白質を増やしても問題がある。つまり、蛋白質が急に増えるとルーメン内でアンモニアの異常発酵が起き、過剰なアンモニアが血液に吸収されることから、生理的悪影響が出てくる。特に子牛ではルーメンの生理機能が未発達なので、その影響が大きく表われる。

しかし、TMR給与方法では蛋白質も一定の混合割合で摂取されるため、飼料の"選び食い"がなく、発酵が安定する。そのために蛋白質が

増加しても健康への悪影響が少ないわけだ。もちろん，蛋白質の利用効率も上がってくる。

また，TMRに調製する過程で繊維が攪拌されて短く柔らかくなることも，摂取量が増加する要因である。成牛の場合でもTMR給与で乾物摂取量が2割程度増加するが，子牛でも同様に増加する。これにより，栄養摂取量も増加し，さらに発育が加速される。

TMRの調整には，省力化の意味からは第4表のような基礎TMRをつくり置きして，給餌の際に濃厚飼料やルーサンペレットを混合する方法が便利である。基礎TMRの栄養濃度は第5表に示す。

この時期の給与量としては，1日当たりの基礎TMR0.5～1kg程度に，人工乳を3kgを上限として加える。ルーサンペレットはまだ給与しない（第6表）。

TMRの安全性は血液検査で見るとよくわかる。蛋白質が急激な発酵を起こすと，発生したアンモニアが微生物に利用されないまま血中に取り込まれ，血中尿素窒素（BUN）レベルの上昇を招く。しかし，TMR給与では，このBUN値の上昇を低く抑えることができる。また，血中アンモニアは肝臓に負担をかけるため，持続的にBUNの高値が続くと肝機能の指標となるGOTレベルが変化するが，TMR給与ではGOTレベルも低値で安定している。これらのことから，TMR給与は子牛育成にとって安全で効果的な飼料給与方式といえる。

③ルーサンペレットの活用

育成前期（4～7か月） 4か月に入る前から育成前期用の配合に切り替え，1頭当たり2.5kgから2kgに下げていく。基礎TMRは2kgから4kg程度へ徐々に増やす。また，蛋白飼料としてルーサンペレットを0.5kg程度から給与し始め，3kgまで増やしていく。ルーサンペレットは量が増えてくるとやや軟便になるが，消化不良とは異なり，それほどの心配はいらない。

この時期はTDNで70％前後，CPで20％程度が飼料中の濃度になる。蛋白質にもいろいろ種類があるが，今回は蛋白質飼料としてルーサンペレットを使っている。当初は価格が安いことによる経済性で選択したが，そのほかにも以下のような大きな特徴があり，育成にとっては最も理想的な蛋白飼料であるといえる。

まず1つは，ルーメンバイパス性が高いことがある。前段でも述べたように，ルーメンの発育が不十分な子牛にとって過剰な蛋白質は，異常発酵という形で健康的にも悪影響を及ぼしむだにもなるが，ルーメンで分解されずに通過して下部消化管で分解される蛋白質，いわゆるバイパス性蛋白の割合が多いルーサンペレットは子牛にとって都合のよい蛋白源である。

2つ目に，小さくペレット化されているので食べやすく，風味もよいことから，全体として乾物摂取量が増加する。

3つ目には，直接骨格の成長に結びつくカルシウムや生理機能を維持するβ-カロティンが大量に含まれていることから，発育促進効果が高いことが上げられる。

育成中期（8～13か月） 8か月頃からは濃厚飼料の上限を2kg，ルーサンペレットを4kgとし，基礎TMRは4.5～6kg給与する。TDNは67％くらいに下げ，CPも18％程度まで落とす（第7表）。

9か月頃からの過剰なエネルギー摂取は脂肪蓄積を招き，特に乳房への脂肪付着により分娩

第4表　基礎TMRの構成例

（単位：％）

	乾物重混合割合
イタリアン乾草	35
ルーサン乾草	35
ビートパルプ	20
大豆かす	9
その他	1

第5表　基礎TMRの栄養濃度

（単位：％）

	乾物濃度
TDN	65
CP	16
NDF	47
ADF	31
UIP	31

第6表　月齢別飼料給与

（単位：現物kg）

月齢	TMR	濃厚飼料	ルーサンペレット
1		0.4	
2～3	0.3～1	2～3	
4～7	2～4	2.5	1～3
8～13	4.5～6		4
14～20	5～7	1.5～1	3～2
21	7		2

後の泌乳成績が低下するとされており，9か月齢以降は重要な時期にあたる。しかし，この時期にエネルギーを落として発育を押さえるのは得策ではない。そこで，この時期に高蛋白で飼養することで，乳房への脂肪沈着や体脂肪の蓄積を防ぐことができ，全体として過肥にならずに良好なボディコンディションを保って高成長を続けることができる。これは育成後期にもいえることだが，特に育成前期の発育が顕著な時期にはエネルギーも蛋白も両方とも必要であるといえる。

体高の伸びと蛋白摂取量の関係を13か月時の体高と3～12か月齢の1日当たり平均CP摂取量で見ると，第3図のようにCP摂取量が増加するにつれて体高が伸びていく。これから見ると，1日当たりCP摂取量が1.3kg程度の場合に13か月で体高が130cmとなる。

人工授精のタイミング　10か月頃に入ると，早いものでは発情兆候を表わし始める。

ただ，このころの発情は不規則なので，基準体高130cm程度で12か月前後に規則的にくるのを見て人工授精を実施する。この時期の人工授精は成功する確率が高く，大半の牛が1回で妊娠する。ただ，次の発情までのサイクルがやや短めなので，予定日より早めから観察を始めて発情を見逃さない注意が必要になる。従来の育成方法でも同じだが，発情を見逃していると受精が遅れて過肥に進み，治療が必要になったりすればコスト削減どころではなくなってしまう。

繁殖成績は第8表のとおりで，初回人工授精は11か月齢から開始でき最終授精は12か月齢となる。この結果，分娩月齢はTMR区で平均21か月齢になる。

飼料体系別育成法＝混合飼料（TMR）利用体系

第3図 CP摂取量と体高

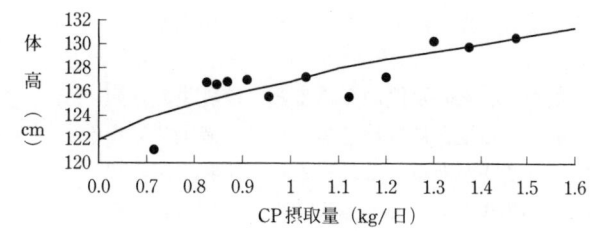

R^2乗＝0.681　標本数＝12
$y = 127 + 9.35 (\ln x)$
3～12か月齢平均CP摂取量
13か月体高

「スーパー育成」技術は12か月齢で130cmの体高を目指す育成方法だが，なかにはどうしても体高が伸びないものも現われる。しかし，この育成方法でやってきた場合には130cmに達するまで待つよりも，125cmを超えていれば人工授精を行なうべきだろう。

④育成後期（14～20か月）

人工授精後に受胎確認ができる頃から育成後期に移る。

濃厚飼料は1.5～1kgへと徐々に下げ，ルーサンペレットも2kg程度にする。また，TMRから乾草に切り替えて粗飼料中心で飼養する。この時期の粗飼料は，品質が特によいものである必要もなく，ロールサイレージでも腹一杯給与することが重要である。ただ，蛋白質については若干不足することも考えられることから，ルーサンペレットを引き続き給与する。

育成後期の栄養度は，分娩後にどの程度の体格をつくるかによって考える必要がある。言い換えれば，繋ぎ飼養の農家ではコンパクトな牛が好まれ，フリーストール農家ではある程度大きく頑丈な牛にしたいという希望があるだろう。この後期の栄養を高めに設定すれば大きめの牛にできるし，低めに設定すればコンパクトな牛に仕上げることができると考えられる。いずれ

第7表　月齢ごとの栄養濃度
（単位：％）

月齢	TDN	CP	UIP	TDN充足率	CP充足率
1	108	25	10	174	290
2～3	82～83	23	39	110	150
4～7	68～72	20～19	45	110～120	150～200
8～13	67	18	47	100～110	190～200
14～20	64～63	14～12	40～35	90～80	120～110
21	65	13	35	97	140

第8表　TMR育成による繁殖成績

	TMR区（月齢）	STD	対照区（月齢）	STD
初回人工授精	11.9	1.1	16.3	0.8
最終人工授精	12.7	1.3	18.9	3.7
分娩月齢	21.9	1.2	28.1	3.7

にしても，食い込める牛にすることが大事である。

ただ，農家の事例からみると，搾乳牛の残餌を給与する場合には特にエネルギー過剰に気をつける必要がある。このところの搾乳牛用の餌はTDN濃度で75％前後まで上がっている。この残餌を育成後期の牛がふんだんに食べていると，それこそ肥育状態になり，難産や脂肪肝，ケトージスなど，次から次に悲惨な状況になるのは目に見えている。

あくまでも「低エネルギーで繊維は十分に」が，この時期の飼養のポイントになる。

⑤分娩前の飼養管理（21か月）

分娩前の管理については搾乳牛ではリード飼養法を中心にした栄養管理法があるが，育成牛にこのまま適応できるかどうかについてはそれほど明確な指標がない。育成牛では，この時期は成長途上にある一方で胎児への栄養供給も急激に増加する時期だから，経産牛以上に養分量の増量が必要と考えられる。

育成後期に低栄養の粗飼料に慣れてきたルーメンを高栄養に慣れさせるために，徐々に栄養を上げていく。基本的には分娩前2か月頃から搾乳牛用のTMRに切り替え，TDN含量を必要量の90％程度に，CP含量を120％程度くらいにして，分娩3週前まで飼養する。3週前からTDNは同じく必要量の120％，CPは140％程度まで引き上げる。このときの乾物中CP濃度は13～14％となる。

分娩前の蛋白質レベルについては，いろいろと話題になっているが，当研究所で試験した結果からみると蛋白質レベルが高くなるほど泌乳成績がよい傾向にある。ただ初産牛では，あまり高いと胎児が大きくなり難産を起こす危険性があるので，初産牛では上記の蛋白水準が適当だと考えられる。

また，周産期病と呼ばれる代謝病を予防する目的で，持続性のビタミンA，D，E剤を分娩前1か月に注射する。

特に夏場の暑熱期に分娩を迎える初産牛には，分娩後の回復を早くするためにプロピレングリコールの経口投与が効果的である。使用法は500mlを毎日1回強制的に経口投与するが，初産牛では分娩1週間前から分娩後2週間程度まで連続投与する。経産牛でも，分娩後に不調が続く場合に投与すると効果がある。血液検査でみると，分娩前から上昇し始めたNEFA値が分娩後早めに低下し始める。肝機能の指標であるGOTの値も同様な傾向を示すことから，夏期分娩牛に対して効果があると考えられる。

⑥初産分娩

こうして分娩した乳牛は分娩時の体高が140cmを超え，体重は分娩前に560kgを超え，分娩後には480kg程度になる（第4図）。しかし，経産牛でもそうであるように，分娩後1か月までの飼料摂取量は低く，必要栄養に満たない状況が続くが，早めに対応すれば，体重の極端な落ち込みを防ぐことができる。そのためには，初産牛については1か月間，毎日の摂取量を確認し，残滓の程度によって飼料の濃度を上げることも考える必要がある。

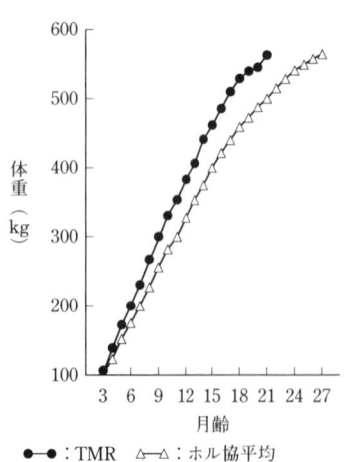

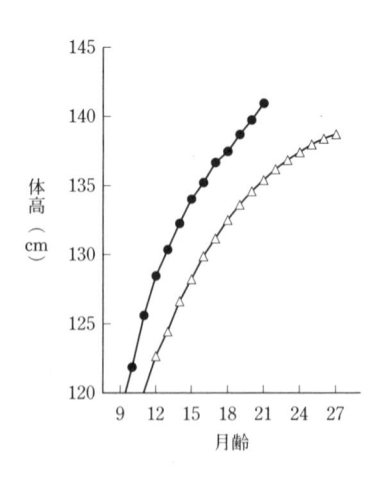

第4図　TMR育成技術による体重と体高の推移

(5) 取組みにあたっての注意点

ここで，早期分娩技術を導入するにあたっての注意点を整理してみよう。

早期分娩の目的をはっきりさせる　経営計画のなかで，搾乳頭数を明確化することが先決である。ここしばらく生乳生産は計画未達成になっており，この傾向がしばらく続くと予想される。だからといって必要以上の頭数を抱えることは経費のむだになる。逆に，更新率を下げて生涯生産性を少しでも伸ばす工夫をすることが経営的にはプラスになる。

餌給与を十分に行なう　今回の方法では哺乳量を倍にして初期に十分な栄養を与えているが，早くからスターターに慣れさせるためにバーデンスタートのような器具を使うことや，子牛の前を通るたびにスターターを手で口に入れてやるなど，積極的に食べさせる工夫をしている。朝夕ほんの2，3分でよいので，声をかけて触れ合うことも大事な要素になる。

また，離乳後の濃厚飼料も十分に与える。この時期の濃厚飼料の単価は高いが，食べる量が限られている。まして，6か月も育成期間を短縮するわけだから合計では安くなる。

もちろん蛋白質も月齢に合わせて増やしていく。蛋白質飼料としてルーサンペレット以外のものでもよいかもしれないが，前にも触れたように，価格・摂取量・バイパス性・カルシウム・βーカロティンなどを考えると，ルーサンペレット以上のものはないと思われる。

早めに人工授精を行なう　本育成法は12か月齢で130cmの体高を目指すものだが，改良が進んで個体間のバラツキが少ないとはいえ，なかにはどうしても体高が伸びない牛も現われる。繰り返すことになるが，この育成方法でやってきた場合には130cmに達するまで待つよりも，12か月で125cmを超えていれば人工授精を行なうべきだろう。発育がよいために人工授精が遅れると過肥になり，発情が見えなくなるおそれがある。その場合には，育成後期に少し蛋白を高めてやれば，ある程度の体高になってくると考えられる。

育成後期の粗飼料をふんだんに与える　育成前期に体格ができて，胃もよく発達していることから，育成後期の餌の食い込みには目を見張るものがある。この時期の粗飼料は低質でもかまわないから，どんどん食べさせてルーメンを発達させる。

過肥は問題になるが，分娩前の体重は大きいほうがその後の泌乳成績が良いとする報告もあることから，粗飼料主体の給与であれば，600kg以上となるような飼養管理でも効果が高い。

分娩前後に摂取量をよく把握する　初産牛の分娩前後の栄養レベルについては試験が進められているところだが，これまでのところ，エネルギーについてはリード飼養法に準じてコントロールし，蛋白については少々高めに給与することで，安全な分娩を迎えることができると考えられる。

初産牛はどうしても分娩後のショックが大きい傾向にあるから，個体ごとの摂取量の把握は必要条件である。約1か月，少なくとも3週間は観察し，濃度調整などを行なう必要がある。

2000年記

副産物を利用した混合飼料（TMR）利用体系

執筆　石黒明裕（山形県農業研究研修センター）

　昭和60年頃に，乳牛の遺伝的能力を十分に発揮させる飼養技術として，混合飼料（TMR）給与法が脚光を浴びてきた。この給与法の利点としては，

　1）群管理飼養・飼料給与の機械化による作業省力化

　2）自由採食による乾物摂取量の増加

　3）均一な飼料（濃厚飼料と粗飼料）給与による選択採食の防止

　4）乳量・乳成分の増加による収益性の向上

などがあげられている。

　しかし，留意点として，飼料調製のための機械購入によって過剰投資になる危険性があるといわれている。経営上での過剰投資を防ぐためには，これまでの搾乳牛への混合飼料給与だけでなく，育成牛にもこの給与法を実施すれば，1）ミキサーの利用コスト低減，2）低・未利用資源の利用率向上による，さらなる飼料コスト低減を図ることができる。そのためには，育成牛へ低・未利用資源を有効活用した混合飼料給与が可能かどうか検討する必要がある。そこで，まず，農業副産物がどの程度存在するか調査した。

（1）副産物の資源とその利用可能性

　東北・北海道での低未利用資源としては，稲わらや麦稈などの農場副生産物や豆腐かす，ビールかすといった食品加工業からの製造かす類が多量存在しているにもかかわらず，飼料資源としての利用率はごく低い状態にある。これらの購入価格は20円/kg未満と安く，現状では飼料利用として生のままの給与かサイレージ化が行なわれている。これまでも，泌乳牛への混合飼料に組み入れることにより，有効利用化が可能であることは認められている。また，育成牛の製造かす類に対する嗜好性についての研究もあり，酒かすが良好で，豆腐かすはやや低く（籠橋ら，福島），その混合割合や水分含有量によっても嗜好性は変動することが報告されている。

　ただ，一般的に稲わらなどの農場副産物である粗飼料は嗜好性が低く，栄養分も低いため，そのままでは乾草などの代替えにはならないため飼料費の低コスト化へはつながらない。また，製造かす類は水分が高く，長期保存が難しいものもある。いずれも季節的に生産量が大きく変わることから，通年給与しようとすればこれら副産物の保存・加工は不可欠である。この加工については，サイレージ調製技術化によって品質は長期保存が可能となった。

　国内での製造かす類・低未利用資源は第1表に示すようにかなりの量があり，利用状態は低い。しかしこれらの副産物およびかす類の畜産での利用技術は既述のとおり検討されており，経済性に関しても単価が非常に低価であることから，副産物利用によって飼料費削減に結びつくことは証明されている（新出ら，広島）。今後は，これらの成分含有量・消化率などの正確な分析がなされれば可能性はもっとひろがるであろう。

第1表　製造かす類など副産物の生産・利用状況

副産物名	副産物発生量（千t）	細目	飼料化仕向TDN割合（%）
酒類副産物	3,030.2	ビールかす	100.0
		ウイスキーかす	82.2
		米ぬか	90.1
大豆加工副産物	794.7	豆腐かす	52.1
		醤油かす	48.9
果汁加工副産物	116.0	ミカンジュースかす	98.3
		リンゴジュースかす	51.0
デンプン製造副産物	1,162.0	コーングルテンフィード	99.1

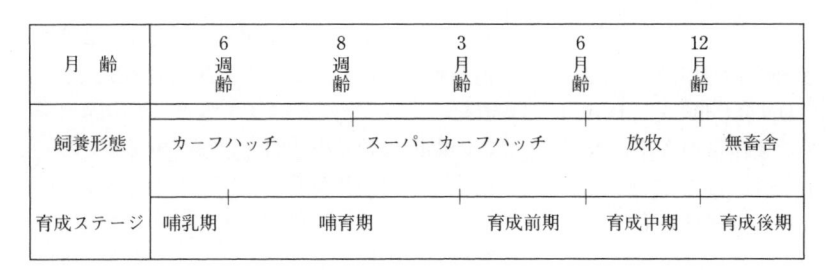

第1図 育成期の飼養形態

月齢	6週齢	8週齢	3月齢	6月齢	12月齢
飼養形態	カーフハッチ	スーパーカーフハッチ		放牧	無畜舎
育成ステージ	哺乳期	哺育期	育成前期	育成中期	育成後期

(2) 農場副産物・製造かす類を活用した混合飼料の嗜好性

乳牛において，高能力後継牛の能力を十分に発揮させるには，哺育・育成期からの反芻胃機能の発達がその後の能力発揮に大きな影響を及ぼす。そこで，混合飼料給与技術を哺育・育成牛に応用できないか，また，その際に農副産物・製造かす類を活用することによって飼料コスト削減ができないか，検討してみた。

山形県内においては，製造かす類としてビールかすが1年をとおして十分な量が購入でき，稲わらに関してもその生産量が十分である。よって，育成ステージを4段階（第1図）に分けて，哺育期・育成前期・育成後期ごとにこれらの材料を加えた各種飼料の混合割合をどのように設定したら実用性があるのか，それぞれ2種類の混合飼料をつくり，主にその嗜好性について検討した。なお，各飼料の一般成分・消化率については，日本標準飼料成分表を参考として算出している。

飼養条件として，哺乳期間はカーフハッチで個体管理を行ない，離乳以降は群飼とした。混合飼料作成法は，乾草・稲わらなどの粗飼料は切断して利用し，主に混合機械で毎日作製し，1日1〜2回の給与を行なっている。

①哺育期間の混合飼料

哺育期（離乳以降13週齢まで）の混合飼料については，嗜好性についてはわずかな差しか認められず，給与時にすぐ食い込むようすが観察された。この時期は，乾物当たりのTDN含量が高くて水分含量の低い混合飼料Aのほうがやや嗜好性が優れており，飼料費は高かったが，日増体量も高い傾向にあった。しかし，A・Bいずれの哺育期飼料でも食べすぎによる下痢が数例発生した。

離乳後は，配合飼料を多給することにより増体速度を速めることができるともいわれており，今回の調査でも配合飼料の割合が高い混合飼料のほうが嗜好性・増体量が優れていた。さらに，今回試作・給与した混合飼料よりも配合飼料の割合を高めれば発育成績はよくなると推察されるが，過肥による脂肪沈着で乳組織の発達が抑制され，生産乳量が減少する危険性，肢蹄の弱体化，繁殖性への悪影響より連産性にも問題が生じる。

こうしたことから考えると，哺育時期には飼料コストはやや高くなるが，良質な粗飼料を利用して嗜好性を高め，摂取量増加を図ることに重点をおいた混合飼料調製が必要であると思われる。

第2表 給与混合飼料の混合割合

飼料名	哺育期 A	哺育期 B	育成前期 A	育成前期 B	育成後期 A	育成後期 B
配合飼料	2.0	1.7	2.8	2.0	1.8	2.0
ビールかす	0.8	1.5	1.0	1.8	2.4	1.2
ヘイキューブ	0.3	0.2	0.7	0.9	0.3	0.8
稲わら	1.2	1.2	0.9	0.8	1.2	0.7
乾草	0.3	0.2	1.5	1.0	5.0	6.0
サイレージ	—	—	—	—	6.0	5.0
原物重	4.6	4.8	6.9	6.5	16.7	15.7
DM	77.0	68.4	79.0	70.8	57.3	64.1
粗濃比*	45:55	43:57	50:50	52:48	77:23	80:20
TDN*	72.0	69.0	66.4	65.7	61.2	61.2
CP*	16.8	16.9	14.8	15.1	10.6	12.0
飼料摂取量**	1.56	1.48	6.10	6.35	10.42	9.99
日増体量（kg/日）	0.4	0.2	0.8	0.7	0.3	0.5
飼料費***	52.0	46.5	54.4	48.1	43.5	38.7

注 *：乾物中での割合
 **：原物重 kg/日・頭
 ***：円/kg

育成

②育成前期の混合飼料

育成前期用に作成した混合飼料の計算値では，A・B両者ともに目標値のTDNより低く，CPが高いと算出された。ビールかす含量が多く，水分含量が高いB混合飼料の嗜好性が良好で，TDN必要量の120％を上限として給与していたものの，残飼が認められない日が数日続いた。有意差は認められなかったが，B混合飼料のほうが1日当たりの摂取量が多く，飼料費を抑制できた。ただし，この2種類の混合飼料間での日増体量にはほとんど差が認められなかった。

離乳時から5月齢までに，配合飼料の代替えとして大豆かすを利用すると発育性向上が図られるとの報告もあるが，混合飼料の嗜好性は，水分含量に左右されるとの結果が得られている。また，水分含量の多い「かす類＋稲わら」給与法が，「配合飼料＋乾草」給与法よりも日増体量は高く，飼料費も低く抑えられるとの報告もある。

育成牛の消化能力に関しては，乾草を摂取し始めて3～4週間が経てば成牛並みで，1日当たり300～400gの乾草を摂取するようになれば，揮発性脂肪酸の生成能は完成するといわれている。このことから，育成前期になれば第1胃内には十分な微生物が定着しており，生産された揮発性脂肪酸の吸収力・代謝能力は成牛とほぼ変わりないまでに発達していると思われる。

これらも含めて考慮すれば，育成前期には稲わらやモルトかすの有効利用は可能である。ただし，哺育期のときと同じく太りすぎには留意する必要がある。

③育成後期の混合飼料

育成後期（12月齢以降）の試行混合飼料では，A・Bどちにも嗜好性に優れていた。摂取量がやや少なかったB混合飼料のほうが，CP含有率が高く計算されたが，日増体量の値が高く，乾草のかわりに稲わらを利用したことから飼料費も低く抑えられた。

この期間は乾草の代替えとしてサイレージを利用すると日増体量向上が図られるともいわれている。ただし，夏季間のサイレージ変敗・二次発酵の危険性をも考慮して，混合飼料調製を行なう必要がある。また，群飼飼養のため1日当たりの給与量が他のステージよりも大量であったことから，1日の給与回数を増やすか，飼料添加剤（プロピオン酸ナトリウムやギ酸など）を加え，飼槽内の混合飼料の品質（含水分含量）にも留意しなければならない。

(3) 混合飼料給与と分離給与との比較

各育成ステージごとの混合飼料給与で，嗜好性が十分と認められる飼料調製が可能であると推察されたことから，次に，分離給与と混合飼料給与との飼養試験を行ない，育成期間を通しての混合飼料給与が可能かどうかについて検討した。なお，育成中期は放牧場での飼養条件を入れて，さらに，飼料コスト低減ができないかをも含めた試験とした（第2図）。

この試験では11月に生まれた牛を10頭を対照にした。なお，この母牛は乳量が1万kg以上の牛である。これらを2群に分け，分離給与の区は日本飼養標準に準じた飼料給与（粗飼料・濃厚飼料比）とした。配合飼料は最高量を2.5kg/

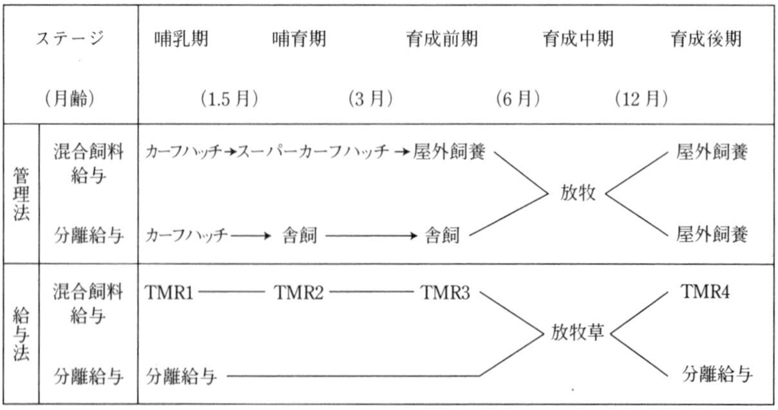

	ステージ	哺乳期	哺育期	育成前期	育成中期	育成後期
	（月齢）	(1.5月)	(3月)	(6月)	(12月)	
管理法	混合飼料給与	カーフハッチ→スーパーカーフハッチ→屋外飼養			放牧	屋外飼養
	分離給与	カーフハッチ→舎飼→舎飼				屋外飼養
給与法	混合飼料給与	TMR1——TMR2——TMR3			放牧草	TMR4
	分離給与	分離給与				分離給与

第2図　飼養管理体系

頭を最高量とし，他には乾草を主として給与した。混合飼料は第3表に示した条件で新たにプログラムして作成・給与した。

飼養管理条件は，哺乳期間を6週齢までカーフハッチによる個体管理とし，その後，育成前期はスーパーカーフハッチで群飼，育成中期は放牧場で補助飼料なしの群飼とし，12月齢以降を育成後期として群飼管理を行なった。この試験では，飼料摂取量・体重のほかに，繁殖状況などについても調査した。

①飼料摂取量

哺乳期間 この時期は稲わら・ビールかすは混合飼料内に利用せず人工乳とヘイキューブ，乾草の3種類とし，固形飼料給与は3週齢以降とした。給与した牛乳を含めての乾物摂取量は，分離給与区・混合飼料給与区との間に差はなかった。しかし，分離給与の牛は人工乳の摂取が主で，人工乳を含めた430g/日/頭の摂取量のうち粗飼料として給与したヘイキューブの摂取量は6週齢でも50g/日/頭（ヘイキューブ50g＋人工乳380g）とごくわずかであった。混合飼料給与牛の摂取量は580g/日/頭（TMR1（第3表）を580g摂取）だった。ただし，哺乳期間の牛は健康状態により摂取量は大きく変動し，個体差も大きかったことから，有意差は認められなかった。

哺育期間 分離給与を行なった牛群のほうが，乾物摂取量は常時多めで推移した。飼料摂取量の特徴としてどちらともに7週間では増加がみられずほぼ一定で推移した。ただ，分離給与の方法は，はじめに配合飼料を与え，2時間後に粗飼料を与える方式をとったことから，分離給与区の牛群の摂取飼料中の約60％が配合飼料で占められており，粗飼料の割合については混合飼料給与のほうが多くなった。また，混合飼料内の粗飼料の大部分が稲わらで，配合飼料の一部を水分含量の高い生ビールかすで置き換えたことから，摂取飼料の容積は混合飼料給与した牛群のほうが大きかった。

育成前期・後期 育成前期は哺育期と同様，分離給与のほうが乾物摂取量が多く，5月齢以降にようやく混合飼料給与の牛の乾物摂取量の増加がみられた。また，この時期には分離給与区内の牛群の配合飼料摂取量が多いことから，太りすぎとみられる牛も発生した。

デントコーンサイレージの給与も始めた育成後期では，摂取量に両区の差がなく，両区とも漸増していった。

＊

以上，飼料摂取量については分離給与のほうがやや多めに推移したが，体重1kg当たりの乾物摂取量はほとんど同じであったことから，混合飼料に粗飼料としての稲わら，配合飼料の代替えとしたビールかすを有効に利用できると思われる。ただし，混合飼料調製の際には，栄養価の高い補助飼料をバランスよく添加することが必要である（神奈川：1986業務年報）との報告と同じように，消化率を測定したうえで詳細なメニューを作成する必要がある。また，この試験での混合飼料切替え時期にやや摂取量過剰

第3表　混合飼料成分＊および飼料混合割合
(kg/頭)

	TMR1 (哺乳期)	TMR2 (哺育期)	TMR3 (育成前期)	TMR4 (育成後期)
配合飼料	1.5	2.0	2.0	2.2
ビールかす	—	0.8	1.8	0.8
ヘイキューブ	0.2	0.3	0.9	0.5
稲わら	—	1.2	0.8	2.0
乾草	0.2	0.3	1.0	4.5
サイレージ＊＊	—	—	—	6.0
TDN＊	80.0	72.0	65.7	60.0
CP＊	20.0	16.8	15.1	10.0
粗濃比＊	20:80	45:55	52:48	80:20

注　＊：飼料成分は乾物中の比率
　　＊＊：デントコーンサイレージ

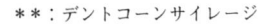

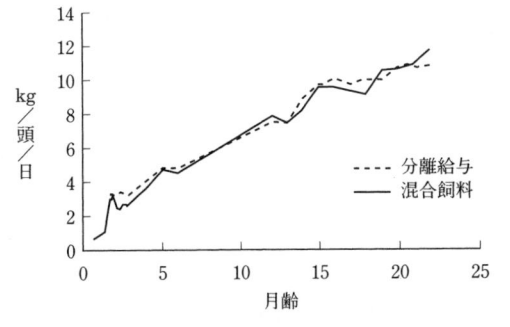

第3図　乾物摂取量の推移

育成

の傾向がみられて軟便状態がやや多く発生したことから，ステージごとの混合飼料切替え時には，飼料馴致期間を1週間ほど設けたほうがいいのではないか，とも考えられた。

②発育状況

消化器官の発育を示す体長や第一胃の容量と相関性をもつ腹囲など含めて，成育過程を観察した。

各月齢ごとの体尺値は次のとおりである。

育成前期までの体各位（体長・体高・胸囲・腹囲・尻長など）の値は，腹囲を除いて分離給与を行なった牛のほうがわずかに上回っていた。同一条件で飼養管理を行なった育成中期の放牧期間は両区間に差はなかったことから，この時期には粗飼料消化能力には差がなかったものと推測される。なお，放牧初期は，両区ともに体重減少が認められた。これは，放牧馴致期間の短さや飼養管理法に一因があると考えられる。また，放牧初期に，補助飼料給与を行なわなかったのも大きな要因であろう。ただし，哺乳期間から育成後期までの試験期間をとおしての胸腹囲比率（第4図）および栄養度指数は両区ともほぼ同じ値であった。また，育成後期に舎外放飼を行なっても，両区とも日本飼養標準が示す発育性に劣ることはなかった。

これら体尺値や消化器官の発達指標となる胸腹囲比率は，混合飼料給与を行なった牛群でも離乳前後に著しく急上し，乾物摂取量の増加と時期が一致した。

③繁殖状況

参考までに繁殖状況を紹介すると，第4表に示したとおりで，両区間での差はなかった。ただし，人工授精は体重350kg以上・体高125cm以上になってから開始することとしており，今回の成績では育成中期間の放牧時にやや発育停滞が生じたために，両区ともに受胎月齢は遅延ぎみであった。

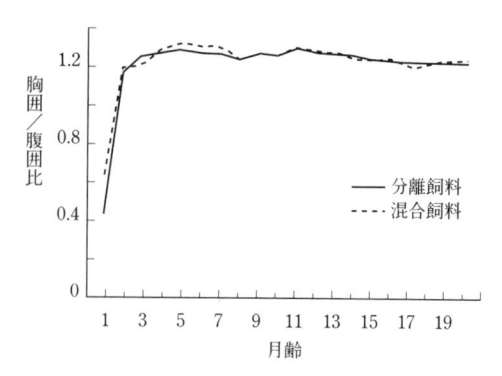

第4図 胸腹囲比率の推移

第4表 繁殖性の比較

	初回AI月齢	AI回数	受胎月齢
混合飼料給与区	16.0 ± 0.7	1.8 ± 0.8	17.1 ± 1.3
分離給与区	16.9 ± 1.4	2.6 ± 1.7	18.6 ± 1.7

④疾病発生状況

哺乳期間に下痢・軟便の発生が数例みられたが，その発生率は両区に差がなく，これらはすべて整腸剤を2～3日間経口投与することによって治癒した。ほかに，給与飼料が起因と考えられる疾病はみられなかった。

⑤分娩後の泌乳能力

最高乳量は第5表に示すように，分離給与区の牛群が26.5kg，混合飼料給与区の牛群が29.7kg，最高乳量到達日数はそれぞれ44.8日，57.5日であった。70日間の総乳量では，分離給与群は1,681kg，混合飼料給与群は1,866kgであった。乳成分では混合飼料給与群の乳脂率がやや高く，分離給与群の乳蛋白率・無脂固形分率が高い傾向を示したが，個体ごとのバラツキも大きいため，2群間に有意差はなかった。この試験だけでは，育成時のかす類など利用時における生産性への影響は明確に把握できなかったが，分離給与群との有意差が認められないことから，今後，育成時の混合飼料によるかす類利用の可能性を検討するに足る十分な結果は得られた。

第5表 産乳能力の比較

	最高乳量（kg）	70日間乳量（kg）	乳脂率（%）	無脂固形分率（%）	乳蛋白率（%）
混合飼料給与	29.7 ± 4.4	1,866 ± 264	4.11 ± 0.40	8.53 ± 0.34	3.03 ± 0.31
分離給与	26.5 ± 4.2	1,681 ± 310	3.90 ± 0.29	8.76 ± 0.09	3.20 ± 0.08

飼料体系別育成法＝副産物利用の混合飼料（TMR）利用体系

第6表　TMR給与量（1日1頭当たり）とステージごとの飼料費

	哺乳期	哺育期	育成前期	育成後期
配合（kg）	1.5	2.0	2.0	2.2
モルトかす（kg）	―	0.8	1.8	0.8
ヘイキューブ（kg）	0.2	0.3	0.9	0.5
稲わら（kg）	―	1.2	0.8	2.0
乾草（kg）	0.2	0.3	1.0	4.5
サイレージ（kg）	―	―	―	6.0
費用（円/日）	72.6	52.0	48.0	31.8
摂取量（kg/日）	1.3	3.6	6.2	15.1
混合飼料費	3,994	9,198	26,796	148,201
分離給与飼料費	4,237	13,487	31,191	199,921
飼料費 a	－243	－4,289	－4,395	－51,720

注　a：混合飼料給与法と分離給与法との飼料費の差額

⑥飼料コスト

試算した飼料費では，TMR（混合飼料）のほうが23月齢（育成後期）までで1頭当たり約60,000円ほど節減できるとの結果が得られた。特に，稲わらなどの低未利用資源をさらに有効に利用できれば，その差はもっと大きくなる可能性もある（第6表）。

このように農業副産物などを利用したTMR給与法は，飼料費は慣行法よりも節減できるが，混合飼料調製のための労働時間がかかる。経営的にみれば労働費は多くなり，混合飼料機などの施設費もかさむことになる。TMR給与法を実施する際には，飼養規模を含めた経済性を考慮しなければならない。

経済的な試算では，育成牛についてのみTMR給与法を実施すると労働費および施設費に関する費用がかさむが，成牛24頭・育成牛6頭以上の飼養規模の酪農経営では，飼料費の低減が図られるとの結果も得られた。中核酪農家への実用技術として貢献すると思われる。

2000年記

参考文献

東北農業研究推進会議．平成6年度，東北・北海道地域の飼養形態に適応した反すう胃機能促進による乳牛育成技術の確立．東北地域重要新技術研究成果 No19, 20.

神奈川県畜産試験場業務年報．1986，育成期での稲わら給与が発育に及ぼす影響．11―12.

大森昭一朗ら．1968．子牛の腹囲測定の意義について．畜産試験場研究報告18, 69―75.

新出ら．1992．ビールかす給与量と季節の違いが乳量と乳成分に及ぼす影響．広島県立畜産試験場研究報告8, 1―10.

育成

純粗飼料育成法

執筆　渡辺高俊（千葉県・獣医師）

　牛飼いにとって最も大切な技術は，"働く牛"を見分ける技術と，その働く牛を充分に働かせるための"給与技術"の二つだと私は考える。「純粗飼料育成」という技術は，この働く牛をつくるための私がみつけた育成技術のことである。そこで，まず最初に働く牛（経済牛）とはどんな牛かを明らかにし，ついでその働く牛の育て方として純粗飼料育成の技術に入っていこうと思う。

1. 経済牛の体型と能力

(1) 能力数量化の視点

①体測による能力把握の必要

　乳牛の体を測って得た数値から，その能力を推定することを私は工夫した。つまり，この推定能力を基礎にして牛を見分けようとするのである。

　調査をはじめてから，もう十数年がたった。その間私は，まっくら闇の中を手さぐりで歩くような調査の旅をつづけてきたのであった。このように私を駆りたてた動機は何か。

　現在まで世に行なわれている乳牛の見分け方が，体を測りながら，その結果をもって能力推定することができず，調べた結果を点数で表わしながら，観察を数量化して説明することができず，結果として非常に主観的な評価がなされていることであった。しかも審査の第一目標を乳牛の生産性（能力に制限してよい）におきながらその評価が不徹底で，おぼろげな比較にとどまり，個体能力の推定を基礎とした評価がされていないということであった。

　能力はたしかに遺伝支配を大きくうけるが，遺伝といえども，それはすべてその個体の中に内蔵されたものである。それゆえ個体の表型を調べることで，能力を数量化してとらえる方法があるはずだ。要は，その能力に個体的な差異がみつけられればよいことであろう。こう考えて私は向こうみずな調査をはじめたのであった。

②能力のきめては消化器

　無力の私には文献あさりも満足にはできなかったが，それでも文献から次の二つをみつけたことは大きな力となったと思う。

　①の牛の自由採食量と乾物消化率との間には+0.9の相関がある（クランプトン，1957）。

　②牛の消化器容積は，体容積よりも，その骨組にいっそう深い関係をもつ（マセス，1959）。

　この二つから私は次の推測に導かれた。

　△①では，たくさん食べられる牛が消化する力の強い牛だという。つまり消化器の大きい牛が消化する力の強い牛ということになるだろう。

　△ところが②で，消化器の大きさは体の大きさよりも牛の骨組みできまるという。それなら，どんな骨組みの牛が消化器の大きい牛かがわかれば，消化する力の判断も，それによってできることになる。

　△これは，その牛の生産性（能力）の判断に役立つだろう。

③消化器を表現する背骨

　「骨組の基本は，背骨だ」という考えから，消化器の大きさを背骨に結びつけることを私は考えだしたのである。そしてこの考えを発展させ，消化器の大きさを背骨の部分長で示すことができるようになると，消化器の大きさが体長比の形に変えられ，個体間で大きさの程度――これを機能の程度におきかえることも考慮にいれて――を比較することもできると考えたのであった。このような発想が背骨をはかるきっかけとなった。

　私は大急ぎで屠場にいった。消化器と背骨の関係――骨組みとの関係――を知るためである。二つに引き割った胴体をみると，胸腔，腹腔，骨盤腔という三つの部分は明らかに分かれていた。胸腔と腹腔とは横隔膜で区切られ，また，骨盤入口ははっきりと腹腔と骨盤腔とを分けていた。

　これは，腹腔――消化器――の大きさを左右する要因としての骨組みとは，横隔膜の付着点

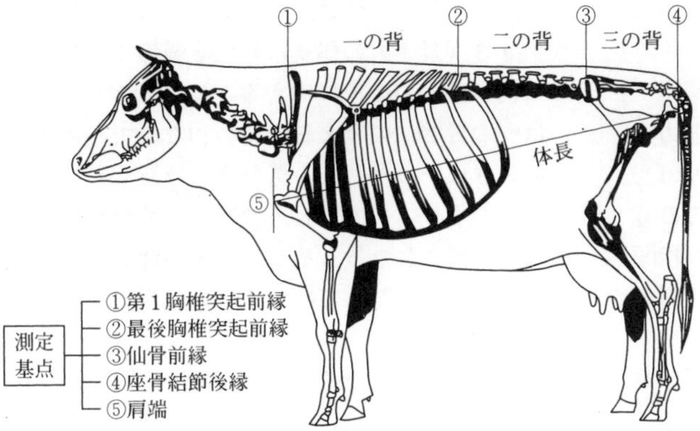

飼料体系別育成法＝純粗飼料育成法

第1図　牛の骨組み

測定基点
① 第1胸椎突起前縁
② 最後胸椎突起前縁
③ 仙骨前縁
④ 座骨結節後縁
⑤ 肩端

第1表　各種表型比と能力の相関

能力指数	胸囲比	胸深比	三の背比	二の背比	一の背比	
0.906	0.434	0.322	－0.058	0.691	－0.401	実能力
		0.064	－0.857	0.226	0.134	胸囲比
			－0.014	0.203	0.018	胸深比
				－0.047	0.300	三の背比
					－0.715	二の背比

と骨盤入口の背線上の区切り点（仙骨の前縁――百会）とで区切られる背骨の部分である，ということを示している。そこで，この2点を背骨の上に移すと，背骨は三つの部分に分けられる。

こうして区分される背骨の三つの部分を私は，前方から一の背，二の背，三の背と呼ぶことにした（第1図）。すると，消化器の位置する部分は二の背の部分となり，その長さが消化器の大きさを示す数字となり，さらに，これを体長比の形にすることもできるようになった。

④二の背長と生産性

仮説の到達点　私がはじめに立てた仮説は，次のように変わっていった。

「二の背の長い牛は，消化器の大きい牛である。消化器の大きい牛は，食べる力の強い牛である。食べる力の強い牛は，消化する力の強い牛である」

「消化する力の強い牛は，生産性の高い牛である」と。

以上の推測は結局「二の背の長い牛は生産性の高い牛だ」ということになる。そして私は，これを実証することができた。と同時に，その逆，すなわち「生産性の高い牛は二の背の長い牛である」ということも実証することができた。この間に十数年の歳月がすぎ，私は乳牛の一の背・二の背・三の背ならびにその体長比と能力との関係を追究してきたのであった。

実証までの過程　ただ，この調査はそう簡単ではなかった。いちばん困ったのが，乳牛の能力の把握だった。牛舎が変わっただけで，乳量が極端に変わる牛もある。飼料でも同じような変化がおこる。高等登録の乳量検定も，信頼できるものと，そうでないものとがある。

サンプル選びにも苦労があった。熱意ある記帳酪農家をさがし，その記録をたよりにしたのだが，これとても無差別には受け入れられなかったのである。記帳は正確でも病気をした牛では，その能力を正常とみることはできないからである。これと同じように，飼料についての吟味も必要だった。

結局，私は，次に示す三つの条件で牛を選んだのである。①記帳が信頼できること，②能力に影響するほどの病気をしなかったこと，③能力に影響するほどの飼養失宜がなかったこと。

しかし条件は決めても，実際の選り分けはそう簡単にはできなかった。私は今日までの長い年月を，牛の体の測尺によるサンプル集めと，そのサンプルの選り分けとですごしてしまったのだった。せっかく集めたサンプルが捨てられてゆくのはさびしいものだが，それでも最近ようやく148個のサンプルを残すことができた。これ以上選べないという気持が強くなってきたので，ようやく落ちついて計算をしてみた。

(2) 能力の決定要因と表型

①二の背・二の背体長比と能力

第1表は，一の背・二の背・三の背ならびにそれらの体長比と能力との相関を調べたもので

ある。この表には私の立てた仮説があざやかに実証されている。

二の背と二の背体長比は，能力との相関がプラスで，しかも高い相関値だ〔二の背と能力＋0.795，二の背体長比と能力＋0.690（P＜0.01）〕。そして一の背，一の背体長比，三の背，三の背体長比はみんなマイナスである（能力との相関：一の背－0.034，一の背体長比－0.401，三の背－0.096，三の背体長比－0.58）。

これは，背骨を消化器の大きさを示す部分と消化器の大きさに関係のない部分とに分けて，能力との相関をみると，消化器の大きさを示す部分は，長くなるほど能力が高くなる傾向が認められるが，消化器の大きさに関係のない部分は，長くなると逆に能力は低くなる傾向があるということだ。これをいいかえれば，二の背が長くなれば能力は高くなるが，一の背と三の背とは長くなればなるほど能力は低くなるおそれがあるということである。

②消化器の立体的表現

最初立てた仮説がこのように実証されたことに力を得て，私はさらに調査をつづけた。上の調査は，消化器の大きさといっても長さについてだけなので，これを立体化するためである。立体的表現ができたら，その関係がいっそうはっきりしてくるだろうと考えたからである。そこで調査の対象をひろげ，体高，体長，胸深，胸囲，足ならびに二の背，二の背体長比，胸深体高比，胸囲体高比について能力との関係を調べるとともに，それら相互間の関係も調べた。

第2表にその結果をまとめた。この表から私は，最初に消化器の大きさに関係のあるものを物色し，それらを能力に対する相関の高い順に拾い出してみた。

能力との相関のいちばん高いものは二の背で，その相関は0.795だった。

ついで二の背体長比である。これは消化器の大きさ（長さ）の体長に対する関係であり，その内容は次のように考えることができる。体長は一の背と二の背と三の背の和なので，消化器の長さに一の背と三の背を合わせたものといえる。つまり，一の背と三の背は，消化器を除いた体の長さとなる。そして，一の背と三の背はともに能力に対してはマイナスの相関をもっている。

以上から，二の背体長比は，消化器が体からの制約をうけて成り立つ消化器の機能に比例する数字とみることができる。したがって，二の背体長比の能力に対する相関は0.690だが，これはその機能の程度を示す数字とみてよいと考えられる。

③胸囲体高比と胸深体高比

その次に能力との相関の高いものは，胸囲体高比である。胸囲は消化器の太さに比例する数字とみなせる。

消化器の機能が消化器の大きさに高い関係があるとの考え方からは，胸囲の太さを消化機能に関係づけることができよう。

胸囲は体重と高い相関をもつが，これを支えるエネルギーは消化器からの生産であることはいうまでもないことで，その必要エネルギーは体高に比例するはずである。すると胸囲体高比は，体高によるエネルギー制約を経た消化器の機能に比例する数字とみなせるだろう。

そして，二の背体長比にならって，0.420と

第2表　各種表型と能力の相関

	一の背	二の背	三の背	体高	体長	胸深	胸囲	足	能力指数
二の背	0.087								
三の背	0.308	−0.044							
体高	0.583	0.356	0.416						
体長	0.799	0.557	0.324	0.706					
胸深	0.447	0.373	0.182	0.904	0.621				
胸囲	0.590	0.399	0.306	0.661	0.663	0.616			
足	0.518	0.207	0.373	0.791	0.537	0.478	0.499		
実能力	−0.034	0.795	−0.096	0.157	0.371	0.226	0.420	−0.093	0.906

いう数値は，その機能の程度を示すものとみなすことができる。この数値は，胸囲が能力に対してもつ相関に比べて高い。ということは，胸囲（消化器の太さ）は，体高の制約をうけることによって，いっそうその生産機能の実際に近い数字になるということであろう。

胸囲の次に能力に対して高い相関を示すものは，胸深体高比である。胸深は消化器の深さに比例する数字とみられる。体高は，胸深に肢を加えたものである。肢は能力に対してマイナスの相関である。

以上の推理は，胸深体高比と能力との関係を，二の背体長比と能力との関係と同様の関係として理解できる。

④経済性の数量表現

以上調べた三つの比，すなわち二の背体長比，胸囲体高比，胸深体高比を，次に掛け合わせてみる。

$$\frac{\text{二の背}}{\text{体 長}} \times \frac{\text{胸 囲}}{\text{体 高}} \times \frac{\text{胸 深}}{\text{体 高}}$$

分子は消化器の長さと深さと太さに比例する数字の積となり，消化器を立体化した数字といえるだろう。

分母はそれぞれ，二の背（消化器の長さ），胸囲（消化器の太さ），胸深（消化器の深さ）に対して制約を加える表型値である。

つまり，掛け合わせたものの比は，体のもつ生産能の正の要因と負の要因との相殺でできる正味の生産能に比例する数値（経済性を示す数値）とみることができると考えられる。ただし，この数値は結局，個体間の能力比を示す数値であり，個体の能力を示す数字とはならない。

⑤個体能力の表現——能力指数

調査の目標は個体別の能力の推定法を得ることにある。それゆえ，この調べ得た能力比を個体化することが必要である。それには能力の個体性を示す数値がなければならない。

再び第2表をみよう。個体性を示す表型——個体別に大きさのちがう表型——のなかで，能力に対し最も高い相関をもつものを，その個体を代表するものとすることとして求めると，二の背（相関係数0.795）がこれに該当すること

が認められる。能力的に牛の大小を決めようとすれば，その体全体の大きさよりも，二の背の大きさによるべきだと考えられる。

そこで，これを能力の個体化の要因として，さきに求めた表型の三つの比の積に掛け合わせてみた。三つの比の積は，その牛の生産効率（経済性）に比例する数字だが，これに二の背の長さをさらに掛けた値は，その個体の能力に比例するものと受けとれた。

私はこの数字を能力指数と考え，これと実際の能力とを対比させ，両者の相関を求めることにした。ただしこの計算ではじき出される数値は小さくて，高等登録の点数に慣らされた私たちには取扱いにくい感じがあるので，実際には上の計算で得られる数字にさらに4.7を掛けたものを実用上の能力指数とすることにした(4.7は単純な常用係数で，他に何の意味も含んでいない)。

＊　　　　　＊

要約　以上を要約すると次のようになる。

①二の背体長比×胸深体高比×胸囲体高比を求める。これは個体の正・負両要因の制約下に生まれるその牛の生産効率（経済性）である。

②二の背実測値——能力の個体差を示す。

③上の二つを掛け合わせたものを，個体の能力に比例する数値とみる。これに，さらに4.7（常用係数）を掛けたものを"能力指数"とする。

(3)　個体能力の推定

①乳量算出方程式

実験上こうして生まれた能力指数は，その個体の能力（成年型，305日ＦＣＭ—脂肪率4.0%，2回搾乳）の頭2桁にきわめて近い数字となる。だから，能力指数の100倍が，その牛の推定能力の近似値といえる。

ただし，能力指数の実能力との相関は0.906（$P<0.01$, $n=148$）で，その推定能力（成年型，305日ＦＣＭ，2回搾乳）は次の回帰式によって算出される。

$$y = 112.3x - 856.6$$

y：推定能力，x：能力指数

育成

第3表　発育数値の換算係数
①従来法のばあい

月齢	一の背	二の背	三の背	体長	体高	胸深	胸囲
2	2.024				1.687	1.840	2.104
4	1.749				1.479	1.520	1.790
6	1.571				1.347	1.410	1.593
8	1.448				1.260	1.360	1.459
10	1.360				1.198	1.310	1.369
12	1.295	左に同じ	左に同じ	左に同じ	1.152	1.240	1.293
14	1.244				1.120	1.180	1.240
16	1.205				1.095	1.160	1.199
18	1.175				1.076	1.120	1.170
24	1.116				1.042	1.060	1.105
30	1.084				1.025	1.035	1.078
36	1.057				1.009	1.013	1.048
42	1.048				1.008	1.013	1.041
48	1.047				1.008	1.013	1.035

②純粗飼料育成法のばあい

月齢	一の背	二の背	三の背	体長	体高	胸深	胸囲
6	1.534	1.639	1.551	1.574	1.470	1.469	1.647
8	1.466	1.552	1.551	1.517	1.314	1.411	1.543
10	1.435	1.404	1.406	1.416	1.221	1.285	1.430
12	1.320	1.282	1.363	1.317	1.189	1.263	1.331
14	1.269	1.255	1.285	1.268	1.150	1.220	1.272
16	1.220	1.229	1.216	1.223	1.121	1.180	1.209
18	1.200	1.180	1.184	1.188	1.095	1.142	1.173
24	1.158	1.113	1.097	1.125	1.053	1.090	1.101

注　24か月以上は従来法係数を使う

第4表　年型2回搾乳係数

年型	係数	年型	係数	年型	係数
2.0	1.30	6.5	1.00	11.0	1.15
2.5	1.22	7.0	1.01	11.5	1.18
3.0	1.15	7.5	1.02	12.0	1.21
3.5	1.10	8.0	1.03	12.5	1.23
4.0	1.05	8.5	1.05	13.0	1.27
4.5	1.02	9.0	1.06	13.5	1.30
5.0	1.00	9.5	1.07	14.0	1.32
5.5	1.00	10.0	1.10	14.5	1.34
6.0	1.00	10.5	1.13	15.0	1.36

第5表　脂肪率の換算係数

脂肪率(%)	FCMへの換算	FCMからの換算	脂肪率(%)	FCMへの換算	FCMからの換算
5.0	1.150	0.869	3.7	0.955	1.047
4.9	1.135	0.881	3.6	0.940	1.064
4.8	1.120	0.892	3.5	0.925	1.081
4.7	1.105	0.904	3.4	0.910	1.099
4.6	1.090	0.917	3.3	0.895	1.117
4.5	1.075	0.930	3.2	0.880	1.136
4.4	1.060	0.943	3.1	0.865	1.150
4.3	1.045	0.957	3.0	0.850	1.176
4.2	1.030	0.971	2.9	0.835	1.197
4.1	1.015	0.985	2.8	0.820	1.220
4.0	1.000	1.000	2.7	0.805	1.242
3.9	0.985	1.015	2.6	0.790	1.265
3.8	0.971	1.031			

第6表　DHIA係数
——305日乳量，脂肪量推定係数——

日数	乳量	脂肪量	日数	乳量	脂肪量
91～95	2.606	2.593	231～235	1.191	1.203
96～100	2.486	2.476	236～240	1.173	1.184
101～105	2.371	2.370	241～245	1.155	1.166
106～110	2.274	2.277	246～250	1.138	1.148
111～115	2.184	2.186	251～255	1.122	1.132
116～120	2.102	2.106	256～260	1.108	1.117
121～125	2.004	2.034	261～265	1.092	1.101
126～130	1.954	1.964	266～270	1.079	1.087
131～135	1.889	1.899	271～275	1.066	1.074
136～140	1.827	1.843	276～280	1.055	1.060
141～145	1.772	1.796	281～285	1.044	1.049
146～150	1.722	1.735	286～290	1.034	1.037
151～155	1.675	1.690	291～295	1.025	1.025
156～160	1.629	1.644	296～300	1.014	1.014
161～165	1.584	1.598	300～308	1.100	
166～170	1.546	1.559	309～312	0.990	
171～175	1.507	1.522	313～316	0.980	
176～180	1.474	1.487	317～320	0.970	
181～185	1.440	1.454	321～324	0.960	
186～190	1.409	1.425	325～328	0.950	
191～195	1.384	1.395	329～332	0.940	
196～200	1.352	1.366	333～336	0.930	
201～205	1.325	1.338	337～340	0.920	
206～210	1.300	1.313	341～348	0.900	
211～215	1.276	1.288	349～352	0.890	
216～220	1.253	1.216	353～356	0.880	
221～225	1.231	1.246	357～360	0.870	
226～230	1.211	1.224	361～365	0.850	

　これを用いることによって，初対面の乳牛でも生年月日，分娩月日，産次だけを既知事項とすれば血統や泌乳量などいっさい未知のままで，測尺値から乳量（成年型，305日FCM，2回搾乳）を推定できるようになった。

　ただし，この計算に用いる表型値は，ホルスタイン協会所定の成年型（48か月以上）の発育数値のため，成年に充たない乳牛では第3表を用いて成年型の発育値に換算したのち回帰式を適用する。第3表①は従来の育成法であり，第3表②は私が考案した純粗飼料育成法で発育中の乳牛に適用することとする。なお，第3表②

飼料体系別育成法＝純粗飼料育成法

第7表　小沢禎一郎氏

検定番号	名　　　　　号	生年月日	分娩年月日	年型	産次	一の背① (cm)	二の背 (cm)	三の背 (cm)	体長 (cm)
1	ベッシー　アイバンホーモデル	47. 8.23	54.12.28	7.08	5	68	59	46	173
13	ベッシー　マークス　バングル	48. 9. 2	54. 9.24	6.08	4	66	63	45	174
16	ベッシー　エックス　バチェラー	50. 9.23	54.11.24	4.07	2	70	64	41	175
40	シルクトリファーム　ボリス　ネーシャン　ジュニア	51. 7.18	55. 3.26	3.09	2	61	55	46	163
							58		171
33	ブレンオサバンカー　ヒムベル	47. 3. 3	53.12.28	8.02	4	64	59	44	167
41	シルクトリファーム　ボリス　ネーシャン　イモート	50. 1.28	55. 2. 1	5.03	3	65	60	44	169
32		50.12. 2	55. 3.16	4.05		64	58	44	166
26	シルクトリファーム　ロメオ　ノーザン　フラップ	52.10.26	55. 2.19	2.06		56	58	41	155
							63		168
20	ブリリー　ホワイト　ラグアップル　モデル	50.10.15		4.07		65	62	46	173
10		52. 1. 5	55. 4.29	3.04		63	57	42	162
							60		171
24	ブリリー　デージー　グラハム	44. 3.16		11.01	9	65	58	45	168
22	シルクトリファーム　ブリリー　ブライド	52.11.20	55. 2.15	2.05	1	61	58	42	161
							63		175
	シルクトリファーム　クレセント　デージー	51. 9. 7	54.10.24	3.08		71	56	45	172
							59		181
30	ロックアイ　アールチェ　キャビテン	45.11.21		9.05	5	69	62	46	177
23		48. 9.23				62	59	42	163
2	サンデー　エムクロー　ネリー	53. 4.23		2.00		65	55	42	162
							61		181
	シルクトリファーム　レークバストチャーマー	52. 6.16	54. 7.28	2.10	1	62	61	45	168
							65		179
4	ロックアイ　チャーマー　シューアン	49. 2.15	54. 4.16	5.03		62	64	43	169
45	ロックアイ　シルビア　アーロチェ	50. 9. 8	54. 4. 4	4.08		67	60	44	171
34	ミス　リリー　アドミラル	49. 9.26	54.12. 8	5.07	2	68	62	43	173
15	ミドル	48.12. 5		6.04		76	56	47	179
14	シルクトリファーム　ラフルトン	52. 1. 2	55. 4.14	3.04		70	58	43	171
							61		181
17	シルクトリファーム　ブリリー　ホープ	51.10.25	54. 9.16	3.07		67	58	45	170
							61		179
29	シルクトリファーム　キラヤ　ジュニア	51. 3.24	54. 6.27	4.01		67	55	45	167
10	シルクトリファーム　マタドア　ノーベル　アルバ	52. 3.27	54. 6. 8	3.01		65	60	46	171
							63		181
9	ロメオ　エックス　バチェラー	50. 8.21	54.12.28	4.08		67	59	47	173
36	マタドアバター　ローモント	50. 1.28	54. 9.13	5.03		74	56	48	178
28	シルクトリファーム　ボリス　ネーチャン	45.11.13	54.12. 8	9.06		65	59	46	170
35	シルクトリファーム　テンポリス　ジュニア	51. 5.10	54. 5.31	4.00		67	60	43	170
38	シルクトリファーム　クリスタン　ペット	52. 3. 2	55. 5. 6	3.02		64	54	45	163
							57		172
37	ビニアルパイニー　ジェマイマ	46. 3.10	54.12. 3	9.02		71	60	46	177

注　1.　測定値2段記載のものは，上段：実数値，下段：成年型換算。能力推定は成年型で行なう
　　2.　経済性の計算には，百分率ではなく計算値を用いる
　　3.　全28頭の合計乳量200,432.2kg，1頭当たり平均乳量7,158.2kg

育成

飼育牛の調査表 　　　　　　　　　　　　　　　　　　　　　　　　　　　　　　　　　　　　　　（昭和55年5月6日調査）

体高 (cm)	胸深 (cm)	胸囲 (cm)	② 二の背体長比 (%)	③ 胸深体高比 (%)	④ 胸囲体高比 (%)	⑤ 経済性 ①×②×④	⑥ 能力指数 ⑤×① ×4.7	⑦ 成年型 305日 FCM推定	年型	係数	脂肪率 (%)	305日 実能力 (kg)	当年型 305日 FCM 実能力 (kg)	⑧ 成年型 305日 FCM 実能力 (kg)	⑦/⑧ ×100
136	71	190	34.1	52.2	139.7	0.249	68.94	6,885.3	6.04	1.0	3.3	7,503.6	6,715.7	6,715.7	97.5
138	72	196	36.2	52.1	140.2	0.234	79.28	8,046.5	5.01	1.0	3.8	8,244.7	8,005.6	8,005.6	99.5
138	72	190	36.5	52.1	137.6	0.232	78.67	7,978.0	3.01	1.15	4.0	5,316.0	6,113.4	6,113.4	87.6
138	72	178													
140	73	192	33.9	52.1	137.1	0.242	65.98	6,553.7	2.04	1.3	3.3	4,800.0	4,296.0	5,584.8	85.2
137	73	186	35.3	53.2	135.7	0.255	70.64	7,076.2	5.09	1.0	3.7	8,040.8	7,678.9	7,678.9	108.5
133	71	185	35.5	53.3	139.0	0.263	74.16	7,471.5	4.00	1.05	3.8	7,006.8	6,803.1	7,143.2	95.6
135	72	184	34.9	53.3	136.2	0.253	69.04	6,896.5	2.03	1.3	3.8	5,697.0	5,483.2	7,127.9	103.3
134	71	185													
137	73	159	37.5	53.2	145.2	0.290	91.24	9,389.6							
140	75	188	35.8	53.5	134.2	0.257	74.87	7,551.3	3.00	1.15	3.7	7,201.2	6,877.2	7,908.7	104.7
135	71	181													
137	72	195	35.0	52.5	142.3	0.261	73.69	7,418.7	2.01	1.3	3.9	6,195.6	5,637.9	7,329.3	98.8
139	73	187	34.5	52.5	132.3	0.240	65.32	6,478.8	9.09	1.07	3.3	7,471.0	6,631.9	7,329.3	102.4
137	70	180													
140	72	194	36.0	51.4	138.5	0.256	75.85	7,661.3							
145	75	194													
147	77	201	32.5	52.3	136.7	0.232	64.39	6,374.3							
145	77	213	35.0	53.1	146.8	0.273	79.47	8,067.8	7.03	1.01	4.1	6,817.0	6,919.2	6,988.3	86.6
132	67	187	36.1	50.7	141.6	0.259	71.86	7,213.2	5.04	1.0	3.4	9,888.0	8,998.0	6,988.3	124.7
136	69	175													
142	73	193	33.7	51.4	135.9	0.235	67.49	6,722.5	1.11	1.3	3.6	5,610.0	5,273.4	6,855.4	101.9
146	77	186													
149	79	196	36.3	53.0	131.5	0.253	77.26	7,819.6	2.01	1.3	4.2	4,900.3	5,047.3	6,561.4	83.9
140	75	193	37.8	53.5	137.8	0.279	83.80	8,554.1	4.07	1.02	4.0	7,837.8	5,047.3	7,994.5	93.5
146	80	197	35.0	54.7	134.9	0.258	72.80	7,318.8	2.06	1.22	4.1	4,708.0	4,778.6	5,829.9	79.7
143	75	190	35.8	32.4	132.8	0.249	72.56	7,291.9	3.06	1.1	4.4	8,007.0	8,487.4	9,336.2	128.0
140	71	202	31.2	50.7	144.2	0.228	60.01	5,882.5	4.01	1.05	3.9	5,132.0	5,055.0	5,307.7	90.2
139	74	191													
141	75	200	33.7	53.1	141.8	0.254	72.70	7,307.6	2.03	1.3	3.7	4,957.9	4,734.8	6,155.2	84.2
142	73	191													
144	74	198	34.0	51.3	137.5	0.240	68.71	6,803.4	2.01	1.3	4.4	6,100.0	6,466.0	8,408.5	123.6
139	75	186	32.9	53.9	133.8	0.237	61.28	6,025.1	2.02	1.3	3.4	5,099.0	4,640.0	6,032.0	100.1
144	76	191													
146	78	200	34.8	53.4	136.9	0.252	75.29	7,598.5	2.02	1.3	4.1	4,700.0	4,770.5	6,201.6	81.6
142	76	195	34.1	53.5	137.3	0.250	69.41	6,938.1	3.05	1.15	3.3	6,900.0	6,175.5	7,101.8	102.3
143	76	205	31.4	53.1	143.3	0.239	62.88	6,204.8	3.02	1.15	3.4	7,300.0	6,643.0	7,639.4	123.1
137	75	191	34.7	54.7	139.4	0.265	73.36	7,381.7	8.00	1.03	3.5	7,689.0	7,108.6	7,321.8	99.2
137	72	189	35.2	52.5	137.9	0.255	71.86	7,213.3	3.00	1.15	4.1	7,300.0	7,407.5	8,518.6	118.1
144	78	187													
146	80	196	33.1	54.7	134.2	0.243	65.04	6,447.4	2.03	1.3	4.3	5,700.0	5,956.5	7,743.4	120.1
149	79	201	33.8	53.0	134.8	0.241	68.05	6,785.4	7.07	1.02	3.2	8,875.0	7,810.0	7,966.2	117.4

第8表 遺伝と環境

表型	遺　伝	環　境
体　高	○○○	○
体　長	○○○	○
胸　深	○○	○○
肢		○○○
前　軀	○	○○○
中　軀	○	○○○
後　軀	○	○○○

は，ふつうはその適用を初産分娩までで打ち切り，分娩後は第3表①を使う。

また，私の推定能力は成年型，305日FCM，2回搾乳の形で算出されるが，実際の記録はさまざまなので，次の諸表を用いて条件合わせを行なってから比較することになる。そのばあい第4表は年型，第5表は脂肪率，第6表は搾乳日数を適合するために使われる。

②推定能力と実能力との適合

私たちの関心は，このような計算が果たしてどのていど事実に適合するかということだろう。そこで次に一例を掲げよう。

第7表は長野県松本市島内の小沢禎一郎氏の飼養牛中，搾乳中のもの全頭（32）の調査結果である。この牛舎では早くから私の二本立て給与法を実施しており，病気も少なく記録も適正である。個々の牛については，私の推定能力と実能力との間に幅のあるものも見受けられるが，記録をもつ牛全頭（28）の平均値の比較では，記録による実能力（7,178.5kg）が，私の推定能力（7,158.2kg）に対して100.3％となっている。

③各種実能力との関係

ところで，私の推定能力と実能力との比較についてだが，ここにもう一つめんどうな事態が想定されるのである。実能力といわれるものにも，じつは何種類かがあって，そこにめんどうさが生ずるわけである。

まず，毎日の乳量をそのまま記帳し，これを集計したものがある。次に，現行の牛群検定のように，月1回の検定を期間日数倍して集計したものがある。また従来の検定法では305日検定で5回，年検で6回の乳量検定から，それぞれの検定期間内総乳量が計量されることになる。

調査頭数がそう多くはないので，あるいはなお誤認を含むかもしれないが，私の調査では，毎日実乳量を記帳したものが私の推定の80～90％ていど，牛群検定様式の月1回検定が90～100％ていど，従来の検定様式では80～130％ていどと広い幅となるようである。

以上の所見にかんがみると，第7表の実例はおおむね事実を示すものといえるかと考える。これを逆にいえば，私の推定にあるていどの信憑性を認めることができるということになるかと思われる。

2. 純粗飼料育成法

(1) 経済牛育成の基本

私は以上のようにして働く牛の見分け方を求めた。次は，この働く牛をつくる技術をみつけることである。

①経済牛の条件

働く牛（経済牛）は，その第一条件が，二の背の長いことである。

その二は，二の背体長比，胸深体高比，胸囲体高比の積の大きいことである。

第一の条件は，個体の能力を決める。第二の条件は，その牛の経済性（乳生産効率）を決めていく。したがって，この二つの条件を充たすことは，効率が高く，能力の絶対値の大きいことを示すことになる。

二の背の長さは遺伝と環境のどちらの支配が大きいのだろうか。興味ある課題なので，これを調べて第8表を得た。表から，次の答が得られる。

▷体長も体高も，全体としては遺伝の支配が強い。

▷体長を前軀，中軀，後軀に分け，また体高を胸深と肢に分けると，前軀，中軀，後軀，肢は遺伝よりも環境支配を強くうけ，胸深だけが二つの支配を等しく受ける。

これは前軀，中軀，後軀，肢の発育には環境支配の入りこむ余地があるということだろう。だとすれば，私たちの望む表型の発育相を，そ

の発育段階で，あるていどまでは実現できるということだと考えられる。

このばあいの私の考えを一言でいえば，二の背は飼い方であるていど自由になるということである。これを可能にするための育成技術としてみつけたものが「純粗飼料育成」である。すなわち従来の乳牛の育成が粗飼料と濃厚飼料とを適当に組み合わせて行なわれたのに対し，純粋に粗飼料だけを用いて育成する方法である。

②二の背長を伸ばす

純粗飼料育成を考えた理由は，それが二の背を大きくする方法だとみたためである。

私たちはふつう，体が大きくなったことを体重の増加で示す。これをもっと分析的にいうと，体高，体長，胸囲，胸深という体の大きさを決める要素（表型）が大きくなったことである。ところが，これら体の大きさを決める表型の間には緊密な関係があり，発育には互いの関連がある。このことを第2表で調べると，たとえば体高に対して体長は0.706，胸深は0.904，胸囲は0.661の相関があり，体長に対して胸深は0.621，胸囲は0.663，また胸囲と胸深との間には0.616の相関が認められる。

ところが，こんどは体長を一の背，二の背，三の背に分け，その各部分と体高，胸囲，胸深との関係をみると，一の背は体高に対しては0.900，体長に対しては0.799，胸深に対しては0.447となるが，二の背は体高に対しては0.356，胸深に対しては0.242，胸囲に対しては0.373となる。

また一の背と二の背の相関は0.087である。

以上をまとめると，一般表型の相互間の相関は一様に高く，またそれらと一の背の間にも高い相関が認められるが，二の背はちがい，一般表型の間の相関がうすく特に一の背との相関がうすい。これは，一の背は一般表型を大きくする育成の仕方で長くできるが，二の背は同じ方法では長くすることがむずかしいということである。

能力を高めるためには，すでに述べたように，二の背を長くすることがまず必要である。しかしそれは，一般表型を大きくする育成方法からは望みうすだ，ということにほかならない。

③粗飼料給与の意義

これに気づいたとき私はふと，主として質のわるい粗飼料で飼われた，いわゆる発育不全の牛たちを思いだした。これらの牛は，発育不全のため泌乳量は特に高くはないが，その多くが経済性の認められる牛で，二の背体長比が大きく，それが特異に思われたものであった。この現象から，粗飼料と二の背とを結びつけて考えるようになった。粗飼料が二の背を伸ばすという実例を見た思いがしたからである。

粗飼料で二の背を伸ばし，しかも牛を発育不全にしない工夫，これが次の課題となった。基本は，養分量が同じなら，粗飼料でも，濃厚飼料でも発育差はおこらないのではないかということであった。

一般に見うける二の背の長い発育不全の牛は，養分量の摂取不足からくると考えた。ここから，必要養分量を充たすものを採食可能な粗飼料で献立することだ，との考えにいきついた。

(2) 純粗飼料給与法とその成果

①給与の実際

第9表は以上の考えをもとに，生乳・粉乳のほかは初産分娩までを純粗飼料で育成するばあいの給与基準としてつくったものである。

この表は大きく分けて，生乳・粉乳を給与している期間と，それを断ってからの期間の二つになる。

生乳・粉乳の給与期間は粗飼料へ蛋白飼料を加える必要がなく，もっぱらわらを主とし，これにビートパルプをあしらうことを原型とする。もしクサがあれば，生草でも干草でも自由にこれと置きかえて給与をする。

このばあい注意したいことは，ビートパルプで給与量をわらの採食量に合わせることで，ビートパルプの給与量はわらの目方を越えない注意が必要だということである。乾草を多く与えすぎても，わらを食べなくなるので，これも注意が必要である。

生乳・粉乳を断ってからは，わら，ビートパルプ，ヘイキューブを等量の割合に与えること

飼料体系別育成法＝純粗飼料育成法

第9表　育成飼料の給与基準表　　　　　　　　　　　　　　　　　（単位：kg）

月齢	生乳(kg)	粉乳(kg)	わら(kg)	ビートパルプ(kg)	ヘイキューブ(kg)	乾草(kg)	青草(kg)	DM(kg)	DCP(kg)	TDN(kg)	NR	標準 体重	増体日量	DM	DCP	TDN	NR
1	1.5											45	0.30	0.6	0.100	0.7	6.0
	⟩2.0																
10	3.0																
	⟩4.0																
20	5.0		自由採食	自由採食								50	0.54	1.2	0.165	0.9	4.4
30	⟩5.0																
40	3.5	0.25	同上	同上													
50	2.0	0.5	同上	同上													
2			0.75	0.5	1.5			2,397	0.223	1,698	6.6						
			0.75		2.0			2,392	0.243	1,849	6.6	75	0.68	2.1	0.22	1.6	6.2
			0.75	0.5	2.0			2,831	0.244	2,034	7.3						
3			0.75	1.0	2.0			3,270	0.245	2,219	8.0	100	0.75	2.9	0.255	2.2	7.0
			0.75	0.5	1.5	1.0		3,250	0.306	2,085	6.4						
			0.75	0.5	2.5			3,265	0.264	2,370	7.9						
4			0.75	1.0	1.5	1.0		3,599	0.307	2,470	7.0						
5				1.0	2.0	1.5		3,966	0.273	2,489	8.1						
				0.5	1.0	1.0	8.0	4,616	0.281	2,565	8.1						
				1.5	2.0	1.5		4,406	0.274	2,674	8.7						
				1.0	2.0	2.0		4,416	0.336	2,747	7.1						
				1.0	1.0	1.0	8.0	5,056	0.284	2,751	8.7						
				0.5	1.5	1.0	8.0	5,050	0.301	2,901	7.6	150	0.79	4.1	0.305	2.8	8.1
				2.0	2.0	2.0		5,296	0.340	3,118	8.1						
6				0.5	1.5	1.5	8.0	5,500	0.364	3,159	7.6						
7				1.5	1.5	1.0	10.0	6,031	0.331	3,570	9.7	200	0.74	5.4	0.330	3.4	9.3
				1.5	3.0	2.5		5,724	0.380	3,604	8.4						
				1.0	1.5	1.0	10.0	6,542	0.393	3,643	8.2						
				2.0	2.5	2.5		6,180	0.423	3,720	7.7						
				1.5	1.5	1.5	10.0	6,981	0.394	3,828	8.8						
				2.5	2.5	2.5		6,619	0.424	3,905	8.2	250	0.68	6.4	0.355	3.9	9.9
10				1.5	2.0	1.5	10.0	7,415	0.415	4,164	9.0						
12				2.5	3.0	2.0		7,504	0.509	4,491	7.8	300	0.63	7.3	0.375	4.3	10.4
				2.0	2.0	2.0	10.0	8,306	0.480	4,608	8.6	350	0.57	8.1	0.405	4.6	10.3
				3.0	3.0	3.0		8,944	0.510	4,677	8.1						
				2.5	2.0	2.0	10.0	8,345	0.481	4,793	9.2						
15				3.0	2.0	2.0	10.0	9,185	0.482	4,987	9.3	400	0.53	8.7	0.440	4.9	10.1
18				4.0	3.0	3.0		9,823	0.512	5,048	8.8						
				2.5	2.5	2.0	10.0	8,779	0.501	5,129	9.2						
				3.0	2.5	2.0	10.0	9,619	0.562	5,323	9.6	450	0.53	9.0	0.485	5.25	9.8
				2.5	3.0	2.0	10.0	9,630	0.565	5,341	8.5	500	0.42	9.5	0.495	5.20	9.5
				3.0	4.0	3.0		9,812	0.551	5,349	8.7						
				2.5	2.5	2.5	10.0	9,629	0.564	5,395	8.5						
				2.5	3.0	2.0	10.0	10,514	0.649	5,981	8.2	550	0.22	9.9	0.434	4.8	10.0
				4.0	4.0	4.0		11,592	0.680	6,236	8.1						
36				3.0	3.0	3.0	10.0	11,415	0.776	6,497	8.3	600		10.20	0.406	4.60	10.3

注　1.　乾草：オーチャード(2)計算，青草：野草計算

　　2.　わら1kg＋ビートパルプ1kg＋ヘイキューブ1kg≒野草10kg

　　　　$\frac{1}{3}$（わら1kg＋ビートパルプ1kg＋ヘイキューブ1kg）≒オーチャード(2)乾草1kg

育成

(1) 40頭平均

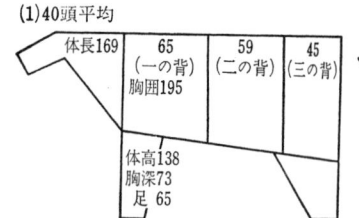

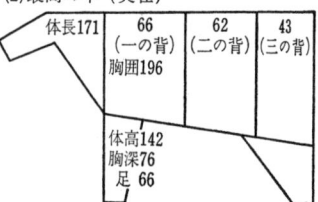

体長169 | 65(一の背) | 59(二の背) | 45(三の背)
胸囲195
体高138
胸深73
足 65

① $0.349 \times 0.529 \times 1.413 = 0.261$
② $0.261 \times 59 \times 4.7 = 72.34$
③ 成年型，305日FCM，2回搾乳
　　$112.3 \times 72.34 - 856.6 = 7,267.1 kg$
　　305日脂肪率3.5%，2回搾乳
　　　　　　　　　　　　　　$7,855.8 kg$
　　最高1日乳量　　　$35.3 \sim 39.9 kg$

(2) 最高の牛（実在）

体長171 | 66(一の背) | 62(二の背) | 43(三の背)
胸囲196
体高142
胸深76
足 66

① $0.362 \times 0.533 \times 1.38 = 0.267$
② $0.267 \times 62 \times 4.7 = 81.66$
③ 成年型，305日FCM，2回搾乳
　　$112.3 \times 81.66 - 856.6 = 8,313.8 kg$
　　同上3回搾乳　　　　　　$9,976.5 kg$
　　305日脂肪率3.5%，2回搾乳
　　　　　　　　　　　　　　$8,987.2 kg$
　　同上3回搾乳　　　　　$10,784.7 kg$

(3) 最低の牛（実在）

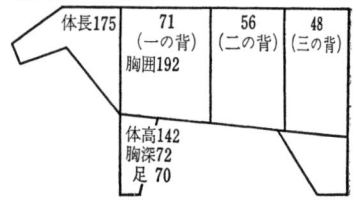

体長175 | 71(一の背) | 56(二の背) | 48(三の背)
胸囲192
体高142
胸深72
足 70

① $0.322 \times 0.507 \times 1.352 = 0.219$
② $0.219 \times 56 \times 4.7 = 57.73$
③ 成年型，305日FCM，2回搾乳
　　$112.3 \times 57.73 - 856.6 = 5,626.4 kg$
　　305日脂肪率3.5%，2回搾乳
　　　　　　　　　　　　　　$6,082.1 kg$

第2図　純粗飼料育成した牛の測定値（体型の単位：cm）

安房酪青研の研究組織による調査結果
①：経済性＝二の背体長比×胸深体高比×胸囲体高比
②：能力指数＝経済性×二の背長×4.7
③：推定能力（成年型，305日FCM，2回搾乳）＝$112.3 \times$能力指数-856.6

を給与の原型と考える。そしてこれを乾草，生草，サイレージ類で置きかえることは自由である。

ふつう，わら，ビートパルプ，ヘイキューブ各1kgずつの和が野菜10kgに匹敵する。イタリアンのようなものだと刈取期で差があるが，その10kgにわらを1～2kg加えたものと同じ養分量となる。置きかえのばあい，詳しくは拙著『乳牛・二本立てエサ給与献立集』を参考にしていただきたい。

②従来法との体型比較

純粗飼育成の結果について私はいろいろ調べた。そのなかで特筆したいのは，従来の育成法では，濃厚飼料の加え方に比例するように一の背は大きくなるが二の背がこれに伴わず，純粗飼料育成では，その反対の傾向が認められることである。

③純粗飼料育成牛の体型と能力

現地の実践成果　私をとりまく安房酪農青年研究会は，昭和48年発足以来，乳牛の飼料給与の仕方と純粗飼料育成の方法を勉強の対象としてきた。特に昭和54年以来，会員の一部が特別な組織をつくって純粗飼料育成の調査がつづけられ，今回3回目の報告が行なわれた。

この報告は会員によって行なわれた育成牛の生の姿である。生後4か月以上の牛について報告されているが，ここでは成牛（48か月齢以上）について記す。

3か年間に調査した成牛数は40頭であった。その体の測定値の平均値を計算し，それで模型をつくったところ第2図(1)ができた。この模型の牛は，二の背59cm，二の背体長比34.9%，胸深73cm，胸深体高比52.9%，胸囲195cm，胸囲体高比141.3%となった。

さきに示した能力推定の回帰式をこれに適用しよう。

①経済性（生産効率）の判定
　　$0.349 \times 0.529 \times 1.413 = 0.261$

②能力指数の算出
　　$0.261 \times 59 \times 4.7 = 72.34$

③能力推定（成年型，305日FCM，2回搾乳）
　　$112.3 \times 72.34 - 856.6 = 7,267.1 (kg)$

いまこれを，脂肪率3.5%の乳に換算すると7,855.8となり，これから最高1日乳量は35.3～39.9kgと推定される。

また40個のサンプルのうち最高と最低の牛を図示すると第2図(2)，(3)のようになる。

第2図(2)の牛は，経済性0.267，能力指数81.66，推定能力8,313.8kgとなる。

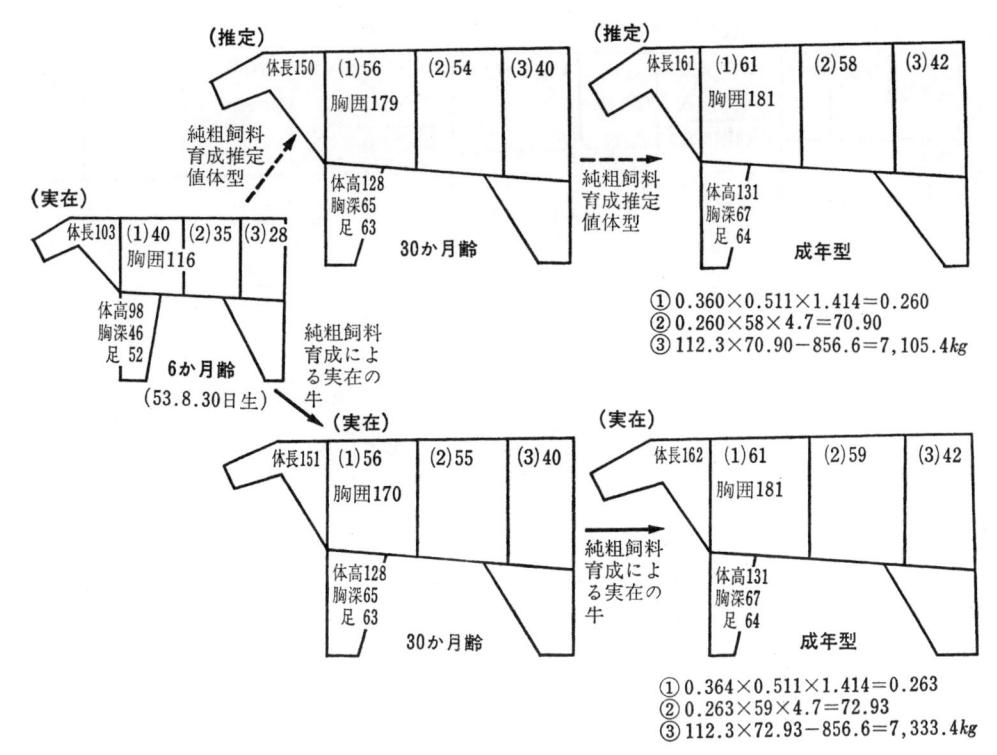

飼料体系別育成法＝純粗飼料育成法

```
（推定）
体長150  (1)56  (2)54  (3)40
       胸囲179
純粗飼料
育成推定        体高128
値体型         胸深65
            足 63      30か月齢
（実在）
体長103  (1)40  (2)35  (3)28
       胸囲116
      体高98
      胸深46
      足 52  6か月齢
            (53.8.30日生)
純粗飼料
育成による実在の牛

（推定）
体長161  (1)61  (2)58  (3)42
       胸囲181
純粗飼料
育成推定        体高131
値体型         胸深67
            足 64      成年型
① 0.360×0.511×1.414＝0.260
② 0.260×58×4.7＝70.90
③ 112.3×70.90－856.6＝7,105.4kg

（実在）
体長151  (1)56  (2)55  (3)40
       胸囲170
            体高128
            胸深65
            足 63      30か月齢
純粗飼料
育成による実在の牛

（実在）
体長162  (1)61  (2)59  (3)42
       胸囲181
            体高131
            胸深67
            足 64      成年型
① 0.364×0.511×1.414＝0.263
② 0.263×59×4.7＝72.93
③ 112.3×72.93－856.6＝7,333.4kg
```

第3図　純粗飼料育成による育成牛の体型と能力（実在と推定）　　（体型の単位：cm）

第3～7図では次のように略して表記してある
　牛の体型図で，(1)：一の背，(2)：二の背，(3)：三の背
　計算式で，①：経済性，②：能力指数，③：推定能力（成年型，305日FCM，2回搾乳）

第2図(3)の牛は，経済性 0.219，能力指数 57.73，推定能力 5,626.4kg となる。

いまこの二例とも，脂肪率を3.5％に換算すると，第2図(2)の牛は 8,987.2kg，(3)の牛は 6,082.2kg となる。

推定能力と実能力　私の推定乳量の計算は，健康で適正な飼料給与の牛の正確な記録を土台につくられたものなので，実在の牛の乳量はこれより少なく，ふつうのばあい推定の80～90％となる。

私の推定乳量と実乳量との間にあまり大きなちがいのない例は，すでに第7表に示したが，表型の推定値もあまり大きなちがいがないようである。

次に一例を記す。第3図は昭和53年8月30日生まれの牛で，模型は生後6か月齢，30か月齢，成牛の3回の測定でできたものである。実線でつないだものは実在の牛，点線でつないだものは推定値でつくった模型の牛である。

二つの成牛図を比べてわかることだが，その出来上がりについては牛の体型にも能力にもほとんどちがいがない。

(3) 純粗飼料給与法の要点

①給与法と体型・能力

従来法と純粗飼料育成法との間には牛の体型にも能力にも相当のちがいが認められる（第4，5図）。

第4図は，初生時からずっと純粗飼料育成法で育てた牛の5か月齢，9か月齢，成牛と三つの測定値の模型である（上段実線でつないだもの）。下段には，育成法が5か月齢と9か月齢に従来法に変わったばあいを想定し，その発育相を推定して模型をつくり，それぞれ点線でつないである。

これをみると，9か月齢で従来法に変わった

育成

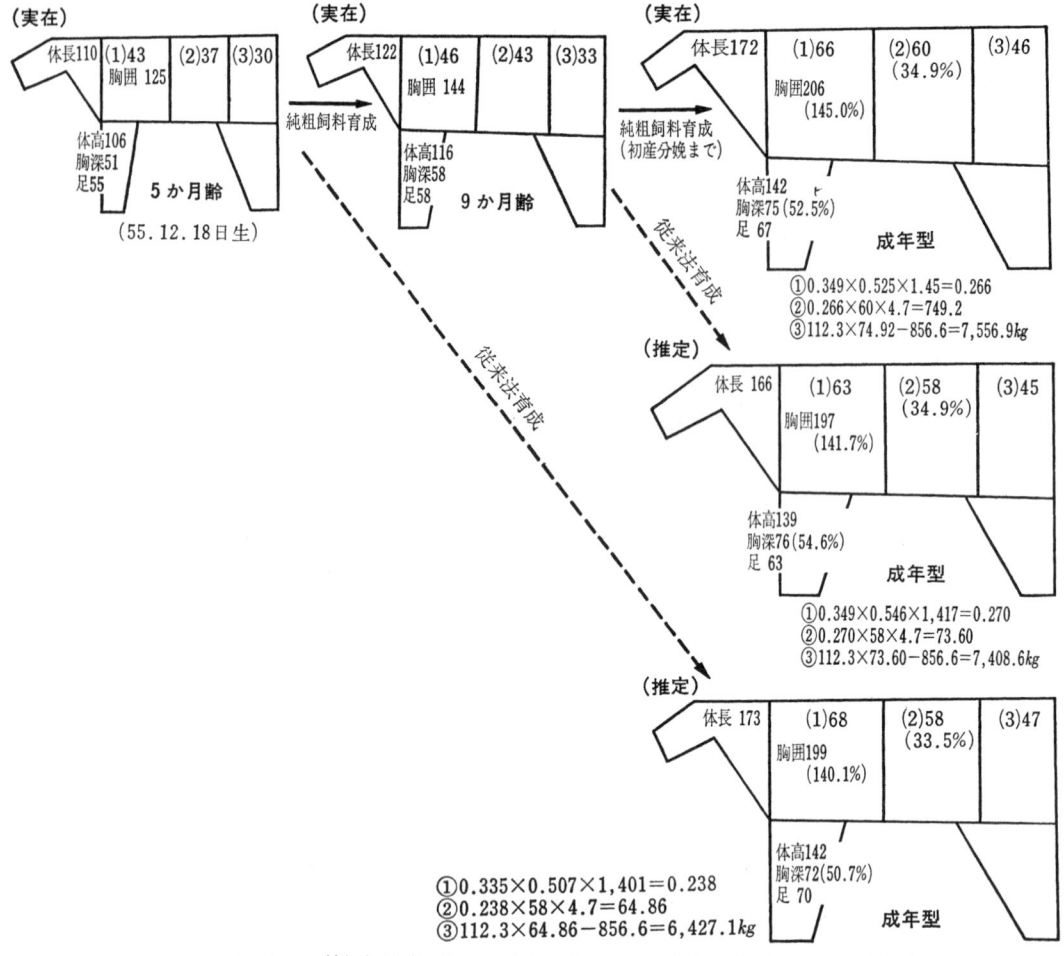

第4図 純粗飼料育成法（実際）と従来法（推定）の比較　　（体型の単位：cm）

（実在）
体長110　(1)43　(2)37　(3)30
胸囲125
体高106
胸深51
足55
5か月齢
（55.12.18日生）

→ 純粗飼料育成

（実在）
体長122　(1)46　(2)43　(3)33
胸囲144
体高116
胸深58
足58
9か月齢

→ 純粗飼料育成（初産分娩まで）

（実在）
体長172　(1)66　(2)60(34.9%)　(3)46
胸囲206(145.0%)
体高142
胸深75(52.5%)
足67
成年型

① 0.349×0.525×1.45＝0.266
② 0.266×60×4.7＝749.2
③ 112.3×74.92−856.6＝7,556.9kg

従来法育成

（推定）
体長166　(1)63　(2)58(34.9%)　(3)45
胸囲197(141.7%)
体高139
胸深76(54.6%)
足63
成年型

① 0.349×0.546×1.417＝0.270
② 0.270×58×4.7＝73.60
③ 112.3×73.60−856.6＝7,408.6kg

従来法育成

（推定）
体長173　(1)68　(2)58(33.5%)　(3)47
胸囲199(140.1%)
体高142
胸深72(50.7%)
足70
成年型

① 0.335×0.507×1,401＝0.238
② 0.238×58×4.7＝64.86
③ 112.3×64.86−856.6＝6,427.1kg

ばあいは能力に大きな差がみられないが，5か月で変わると乳量約1,000kgの差が生じる。

第5図は，昭和50年11月19日生まれ，生後ずっと従来法で成年になった牛で，成長の経過は実線で示してある。上段に点線で示したのが，5か月齢で純粗飼料育成に変えて初産分娩までこの育成法をつづけたばあいと，9か月齢ころから再び従来法に変わったばあいの体の発育相と能力を推定したものである。

結果は第4図と同様に，純粗飼料育成の牛は最初から従来法で育成した牛に比べて乳量が約1,000kg多くなる。

②特に重要な時期

ここで一つ不思議なことは，5か月齢以後9か月齢までを純粗飼料育成ですごした牛は，その後従来法に変わっても，乳量は全発育期を純粗飼料ですごした牛とあまり変わらないことである。第4図でも認められたこの事実は，二の背の長い能力的にすぐれた牛をつくるためには，発育期のどの時期に特に純粗飼料育成が必要かを決めるための重要な実例だと考えられる。

③粗飼料の種類

純粗飼料育成法で飼われた牛にも次のようなちがいの起こる事実には注意すべきだと思う。第10，11表はどちらも純粗飼料育成にはちがいないが，第10表はわら主体，第11表はわらと一緒にビートパルプとヘイキューブが充分与えられたため，わら摂取量が少なかった牛群である。少ない例数だが同じ粗飼料でも種類のちがいが体の発育相から乳量にまで大きくひびくことを

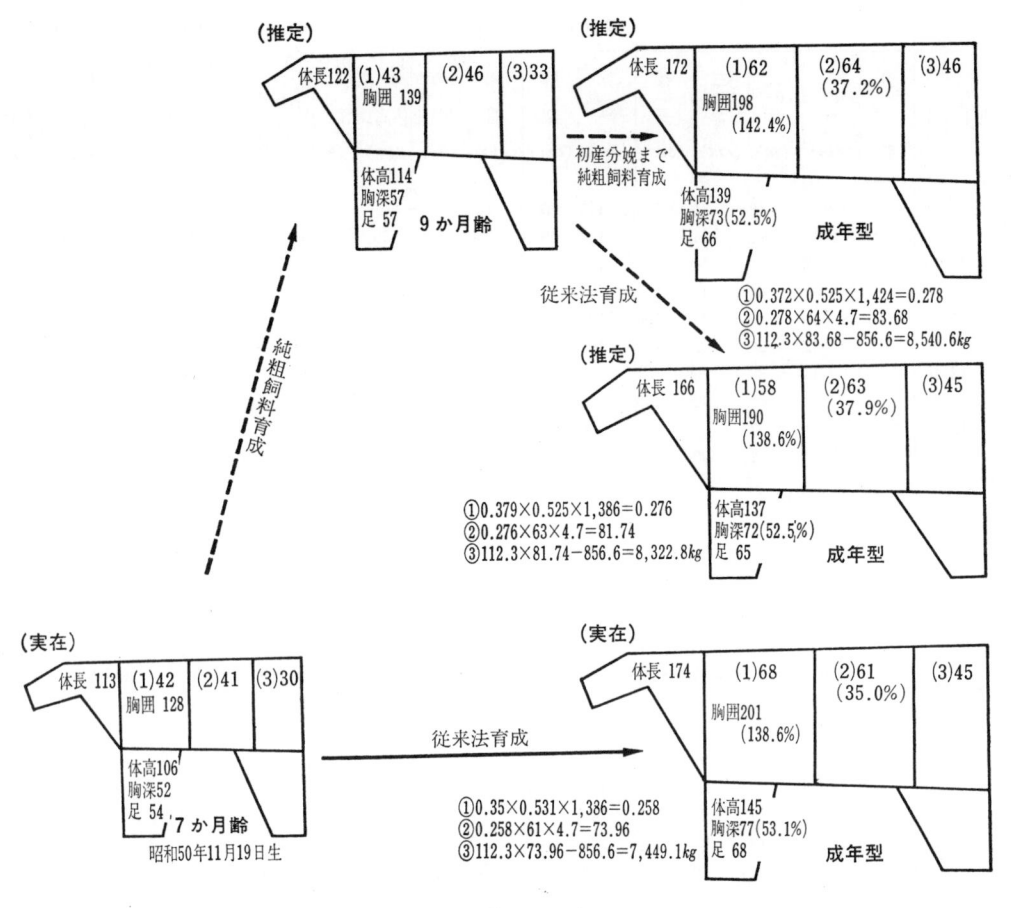

飼料体系別育成法＝純粗飼料育成法

第5図 純粗飼料育成法（推定）と従来法（実際）の比較　　（体型の単位：cm）

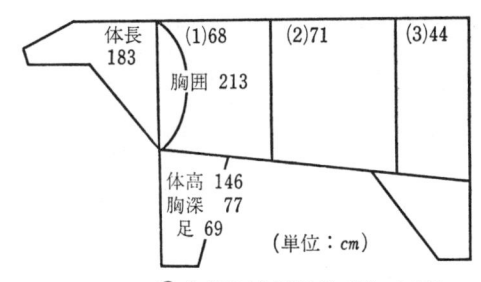

第6図 全国視野で選んだ305日FCM，2回搾乳1万kg以上の牛の表型平均値（n=6）

示している。

その能力のちがいの原因を体型のなかにさぐると，①二の背，②胸囲体高比というような答が浮かぶ。そして，それらをさらに大きくするには，あるていど消化しにくい粗飼料を加えなければいけないこともわかる。

④牛の素質の重要性

それなら純粗飼料育成のやり方さえよければいくらでもよい牛がつくり出せるかというと，そこにはまた俄かに決められないものがある。

純粗飼料育成はたしかに二の背を伸ばす。胸囲体高比も従来法に比べれば大きくなるといって間違いないと思う。しかし，これだけで万事すむかというと，どうもそうはいかないものがあるのだ。

過去10年ちかくの間，酪青研の人たちが努力してつくってくれた純粗飼料育成の体型決定値をもう一度見直してみよう。その平均値から能力にかかわりの深い数値を次々にひろい出してみる。——二の背59cm，二の背体長比34.9％，

473

育成

第10表 わら主体の育成例　　　　　　　　　　　（昭和51年6月12日調べ）

生年月日	月齢	①一の背(cm)	②二の背(cm)	③三の背(cm)	体長(cm)	体高(cm)	胸深(cm)	胸囲(cm)	②二の背体長比(%)	③胸深体高比(%)	④胸囲体高比(%)	⑤経済性②×③×④	⑥⑤×①	能力指数⑥×4.7	成年型305日FCM推定能力(kg)
50. 4.21	13	50	48	34	132	118	56.5	161							
		63	60	44	167	136	69	200	35.9	50.7	14.71	0.268	16.07	75.56	7,606.1
11.19	7	42	41	30	113	106	52	128							
		62	64	46	172	139	73	197	37.2	52.5	14.17	0.277	17.72	83.26	8,478.0
11.12	7	42	36	28	106	106	54	125							
		62	56	43	161	139	76	193	34.8	54.7	13.88	0.264	14.79	69.51	6,920.6
12.14	6	38	38	25	101	99	52	125							
		58	62	39	159	133	76	206	39.0	57.1	15.49	0.345	21.38	100.51	10,431.0
12.26	5	37	37	26	100	100	48	125							
		57	61	39	157	134	71	206	38.9	52.9	15.37	0.316	19.27	90.57	9,305.0

注　平均能力　8,548.1kg

第11表 ビートパルプ，ヘイキューブ多給型の育成例　　　（昭和51年4月調べ）

生年月日	月齢	①一の背(cm)	②二の背(cm)	③三の背(cm)	体長(cm)	体高(cm)	胸深(cm)	胸囲(cm)	②二の背体長比(%)	③胸深体高比(%)	④胸囲体高比(%)	⑤経済性②×③×④	⑥⑤×①	能力指数⑥×4.7	成年型305日FCM推定能力(kg)
50. 3.26	13	50	51	36	137	133	69	159							
		63	64	46	173	153	84	197	37.0	54.9	128.7	0.262	16.73	78.67	7,958.3
3.20	14	55	47	41	143	125	61	168							
		70	59	52	181	144	74	209	32.6	51.4	145.1	0.243	14.34	67.43	6,686.6
2.16	15	55	46	43	144	124	60	150							
		67	57	52	176	139	71	181	32.4	51.1	130.2	0.216	12.29	57.76	5,590.5
49.12.25	17	60	50	42	152	125	62	174							
		72	59	50	181	137	71	204	32.6	51.8	148.9	0.251	14.84	59.72	5,945.4
7.20	21	57	51	42	150	134	69	179							
		66	57	46	169	141	75	197	33.7	53.2	139.7	0.251	14.29	67.15	6,654.2
8.29	20	60	50	41	151	131	66	166							
		69	56	45	170	138	72	183	32.9	52.2	132.6	0.228	12.77	60.01	5,845.8
7.15	21	55	49	43	147	132	66	178							
		64	55	47	166	139	72	196	33.1	51.8	141.0	0.228	12.52	58.82	5,711.8
6. 1	22	57	50	43	150	127	64	178							
		66	56	47	169	134	70	196	33.1	52.2	146.3	0.253	14.17	66.60	6,592.0
7. 1	21	61	49	42	152	130	67	176							
		70	55	46	171	137	73	194	32.2	53.2	141.6	0.243	13.36	62.80	6,161.8

注　平均能力　6,349.6kg

胸囲体高比141.3%，胸深体高比52.9%となる。

ところで第6図は，私が全国を歩いて親しくみせていただいた成年型，305日FCM，2回搾乳で1万kg以上の成績を示した6頭の牛の測定値の平均である。——二の背71cm，二の背体長比38.1%，胸囲体高比145.9%，胸深体高比52.7%。

両者を比較すると，そこに明らかに体型上のスケールのちがいが認められる。71cmの二の背をもつ牛の体長は180cmていどなければ不合理だということになり，体長が180cmの牛では体高も胸囲も胸深もみなそれに釣り合った大きさがあることになる。

どうして，これができるか。もちろん給与飼

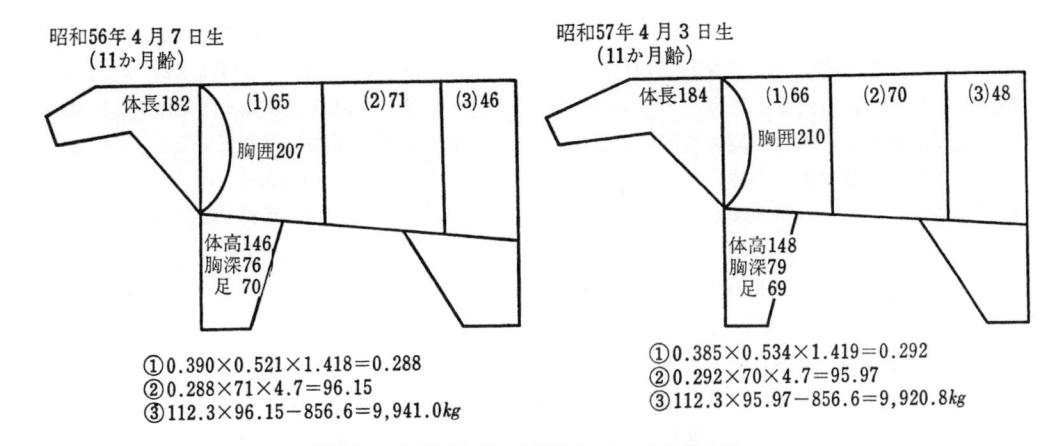

飼料体系別育成法＝純粗飼料育成法

昭和56年4月7日生
（11か月齢）

体長182　(1)65　(2)71　(3)46
胸囲207
体高146
胸深76
足 70

① 0.390×0.521×1.418＝0.288
② 0.288×71×4.7＝96.15
③ 112.3×96.15−856.6＝9,941.0kg

昭和57年4月3日生
（11か月齢）

体長184　(1)66　(2)70　(3)48
胸囲210
体高148
胸深79
足 69

① 0.385×0.534×1.419＝0.292
② 0.292×70×4.7＝95.97
③ 112.3×95.97−856.6＝9,920.8kg

第7図　酪青研会員の飼養子牛での推定発育値

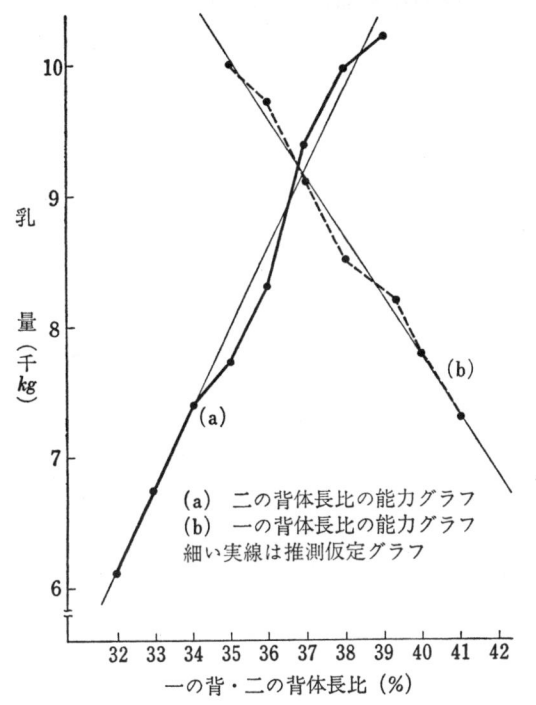

体長180　(1)62　(2)72　(3)46
胸囲207
体高144
胸深 74
足 70

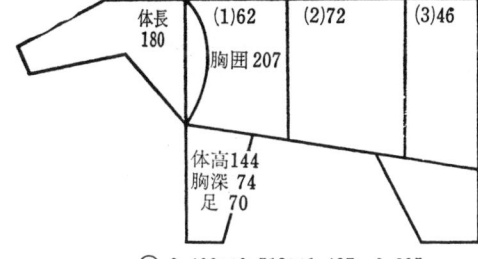

① 0.400×0.513×1.437＝0.295
② 0.295×72×4.7＝99.78
③ 112.3×99.78−856.6＝10,349.2kg

第9図　ドナンデールテルスターサリーの体型
長野県茅野牧場，43.7.3生

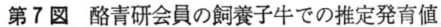

(a) 二の背体長比の能力グラフ
(b) 一の背体長比の能力グラフ
細い実線は推測仮定グラフ

第8図　一の背・二の背体長比と泌乳能力

料の絶対量が一役買うことはたしかだが，それ以前の問題として遺伝の力が考えられる。すなわち，ほんとうによい牛をつくるためには，まず素質のよいものを選び，これに純粗飼料育成法を適用することが必要だと考えるのである。

じつは，その実証も酪青研の調査研究のなかに認められるのである。第7図は現在会員が育てつつある子牛の推測発育値である。これらの牛は305日ＦＣＭ，2回搾乳1万kgにはわずか

に不足ではあるが，それに挑戦できるとみることができよう。

(4) 体型・能力関係の把握の基本

上の実例から，素質と育成技術との相乗的効果といったものが，事実上期待できるといえる。

最後に，一の背と二の背についての発育上のバランスを考えよう。高能力牛をつくるには，二の背を長くし，二の背体長比を胸深・胸囲の体高比ともども大きくすることが要求され，そのためには一の背，三の背，足はむしろ短くなることが望ましいという調査結果となったからである。しかし考えてみると，消化器がその機能を充分に発揮することは消化器単独でできるものではなく，胸腔内臓器をはじめすべての臓器の協力活動が必要なはずであり，そのためには胸腔などに必要な容積が要求されると考えら

れる。

　この関係は，概念的には一の背と二の背の長さの関係におきかえられると思う。

　このような考えから私は，能力を間にはさんで，一の背と二の背の長さの関係をそれぞれの体長比で模索してみた。第8図が，その結果である。

　(a)と(b)との組合わせで，その体ができることになるが，能力1万kgの牛となると，一の背35〜36％，二の背38〜39％というところが指摘される。これは，一の背と二の背との配りがそのていどであれば，牛は支障なく働けるということだと考えられる。

　この調査に用いたサンプルのなかに，一の背体長比34.4％，二の背体長比40.0％という牛が含まれていた。すなわち，第9図の牛である。

これまで私が出会った乳牛のなかで，最高に二の背が長く，最高に一の背が短い牛だが，305日FCM，2回搾乳1万kg以上の乳を出し，しかも順調に産次を重ねている。

　このことは，一の背と二の背の長さがこのような割合でも，牛の活動に支障がないと理解してよい。

　私たちは，共進会などで"前軀の発育良好"などという講評に接し，また一般に"体積"が重要視される傾向を認める。しかし，能力というものを主題としてこれをみるとき，ただ単純に，それらが発育しているということだけでの乳牛の価値の判断は困難であり，体のバランス，特に一の背に対する二の背の関係に重点をおいた判断が必要だと考えられる。

1982年記

搾乳牛

移行期のとらえ方と栄養管理

繁殖サイクルの中での移行期の意味

執筆　高橋　透（農林水産省畜産試験場）

妊娠末期から分娩後にかけての時期は「周産期」とも呼ばれ，獣医用語として「周産期疾患」などの使い方がされている。本稿における「移行期」は，周産期とほぼ同様の時期を指すものとして定義される。

以下，妊娠の末期2～3週間から分娩直後までの繁殖に関わる生体現象について記述し，あわせてこの時期をうまく乗り切るための技術（開発途上の技術も含めて）のいくつかを紹介したい。

(1) 妊娠末期の内分泌機構からみた移行期

牛の場合，排卵後に形成された黄体は，妊娠末期まで存続してプロジェステロンの分泌を継続する（第1図）。牛以外の哺乳動物では，妊娠の中期以降は胎盤由来のプロジェステロンが妊娠維持に主要な役割を果たす動物種（馬など）もあるが，牛胎盤におけるプロジェステロン生成はきわめて微量で，妊娠維持への関与は低いと考えられている。

母体末梢血中のプロジェステロン濃度は，妊娠期間を通じてほぼ一定した値（3～10ng/mlで，個体によって幅がある）で推移し，分娩の約1か月前ころから緩やかに下降しはじめ，分娩1週間前ころから急減して分娩を迎える。

双子を妊娠したときは2個の黄体が形成されるので，妊娠の前半は母体血中のプロジェステロン濃度が高く維持されるが，中期以降は単胎の場合と大差がない。これは，必要なプロジェステロンの分泌が確保されれば，それ以上は必要なく，生体の恒常性調節機構によって分泌の下降調節（ダウンレギュレーション）機構が働いた結果と考えられる。

一方，エストロジェン濃度は，妊娠初期はきわめて低いが妊娠が進むにつれて激増する（第2図）。エストロジェンの主な産生部位は胎盤であり，母体血中のエストロジェン濃度は胎盤の発達と密接に関連している。牛の主要なエストロジェンはエストラジオール17βとエストロンであり，妊娠婦人にみられるエストリオールはほとんど認められない。

妊娠末期の血中エストロジェン濃度は，発情期の100倍以上というきわめて高い濃度（～5ng/ml）を示し，そのために妊娠牛の外陰部は腫脹・発赤して，発情牛に対して積極的に乗駕を試みたりする。

また，エストロンの硫酸抱合産物であるエストロンサルフェートは，妊娠の経過とともに濃度が上昇し，分娩の直前にきわめて高い値を示す（～10ng/ml）（第3図）。硫酸抱合は胎盤で起こるため，エストロンサルフェートの血中濃度もまた胎盤の発育と密接に関連している。

エストロンサルフェートは，エストロジェン

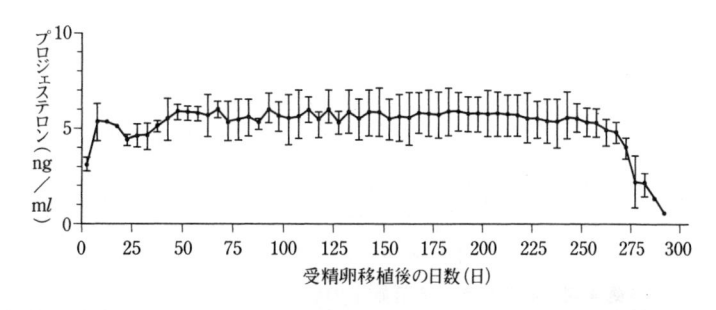

第1図 乳牛における妊娠中の血漿中プロジェステロン濃度

(パテルら，1995)

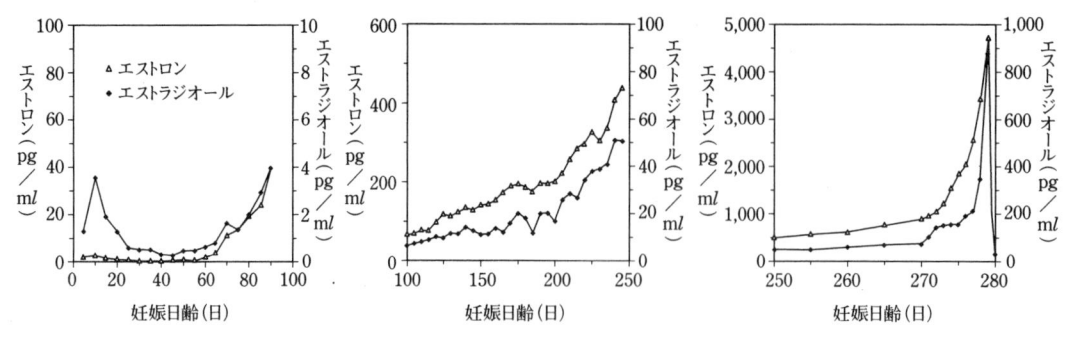

第2図　乳牛における妊娠中の血漿中エストロン，エストラジオール濃度　（パテルら，1995）

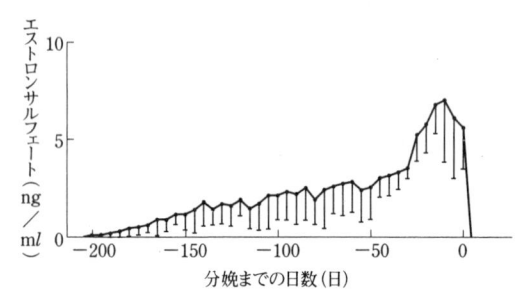

第3図　乳牛における妊娠中の血漿中エストロンサルフェート濃度　（高橋ら，1997）

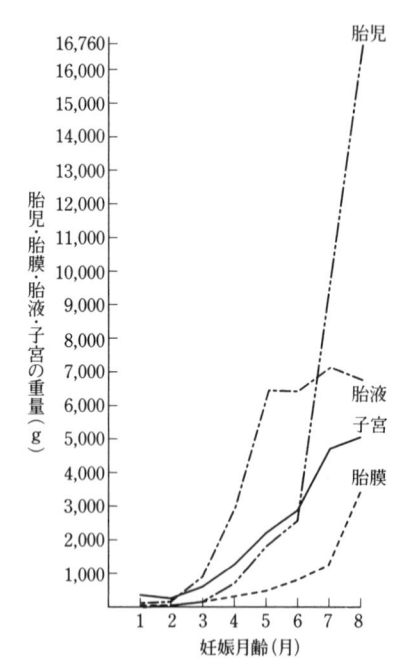

第4図　乳牛における妊娠中の胎児，子宮，胎盤の発達
（ハモンド，1927を改図）

作用をもたない物質であるが，母体の血中濃度の高低は胎児の体重，強健度，胎児数（単胎か双胎か），胎盤停滞発生の有無などと関連が深いことが報告されており，今後エストロンサルフェート濃度を測定して，胎児の出生前診断や胎盤停滞の予測が試みられるものと思われる。

(2) 妊娠末期の内分泌機構と代謝との関連

①内分泌機構とエネルギー代謝

家畜が妊娠すると，子宮内で胎児が発育するための栄養素が必要になってくる。着床前や着床後のごく初期の段階では，必要とされる栄養素もきわめてわずかな量でしかないが，胎児や胎盤が急激に発育する妊娠中期以降（第4図）は，必要とする養分量が急増する。

胎児は胎盤組織を流れる母親の血液から栄養素の供給を受けるが，栄養素の利用に関して胎児は母親に対して高い優位性をもっている。換言すれば，母親が摂取した栄養素は優先して胎児に利用され，もしも総量としての栄養供給が不足した場合は，母親への蓄積を停止しても胎児の発育を確保する機構が存在する。実際，妊娠中の給餌量が不十分で妊娠牛が相当にやせてしまっても，生まれる子牛は親ほどにはやせていないことがよく経験される。これなども胎児の栄養素利用の優位性を示したものといえる。通俗的な表現になるが，「親のスネかじり」は胎児の時期から始まっているのである。

また，妊娠期の代謝にみられる特徴として，上述の胎児の優位性のほか，プレグナンシーア

ナボリズムと呼ばれる妊娠期に特有の同化作用，すなわち体重増加があることが知られており，妊娠期には空胎期と異なった代謝の機構が働いているものと思われる。

それでは，これらの代謝機構の変化はどのように制御されているのであろうか。詳細な機構は不明であるが，一つの因子として性ステロイドホルモンの関与が示唆されている。古典的な実験として，卵巣を手術で摘出したラットに対して，給餌量を段階的に減らしていくとついには餓死してしまうが，この水準の量を卵巣を摘出しないラットに給与しても，ラットは餓死しない。この場合の卵巣は，性ステロイドホルモンの産生源であり，ステロイドホルモンが代謝機構を調節していることを示唆するものである。

牛の場合，空胎のときでも排卵や黄体の形成を周期的に繰り返しているので，妊娠期の同化作用の亢進には，黄体のプロジェステロンよりも胎盤から大量に分泌されているエストロジェンが関与していることが推察される。

一方，胎児の優先的な栄養素利用についても，胎盤性のホルモンの関与が推察されている。牛の胎盤では，胎盤性ラクトジェンと呼ばれる分子量約32,000の糖蛋白質ホルモンが産生される。このホルモンは，下垂体から分泌される成長ホルモンやプロラクチンと類似した構造を有し，プロラクチンの受容体に結合してプロラクチン作用を示す。主に齧歯類の実験動物を使った実験から，胎盤性ラクトジェンは胎児の発育に促進的に作用していることを示唆するいくつかの知見が得られている。

牛の場合も，胎盤性ラクトジェン濃度は母親よりも胎児の血液中で高く，胎盤における合成は妊娠末期に急増することが知られており，反芻動物においても胎盤性ラクトジェンが胎児のエネルギー代謝に影響を及ぼしている可能性がある。

②**内分泌機構とミネラル代謝**

乳牛の場合，分娩後の泌乳開始に伴って，カルシウム代謝の不均衡から低カルシウム血症をきたし，乳熱，分娩麻痺，産後起立不能症，ダウナー症候群などと呼ばれる疾患が起きること

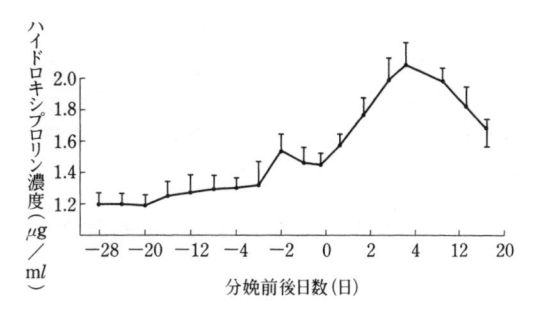

第5図 乳牛における分娩前後の血漿中ハイドロキシプロリン濃度 （ホルスト，1997を改図）

がある。カルシウム代謝は複雑な機構で維持されており，関与する因子もきわめて多岐にわたるが，妊娠期に大量に分泌されるエストロジェンもその維持に重要な役割を果たしている。

一般にエストロジェンは，骨端の化骨を促進してカルシウム沈着による骨形成を促進する。乳牛の場合，妊娠末期に急増したエストロジェンは，カルシウムの骨組織への蓄積に促進的に作用して，体内のカルシウムプールの増大に役立っていると推察されるが，高濃度のエストロジェンは摂食行動を抑制し，腸管からのカルシウム吸収量を低下させている可能性も考えられる。したがって，高エストロジェン状態がトータルとしてのカルシウム代謝にどう影響しているのかは明らかでない。

胎児の娩出と胎盤の排出に伴って，血中のエストロジェンは劇的に減少する。高エストロジェン環境の骨細胞は，上皮小体ホルモンや活性型ビタミンD_3などに不応性であるが，エストロジェンの抑制効果が消失すると，これらに反応してカルシウム動員が起こるようになる。この事実は，分娩直後から血中のハイドロキシプロリン濃度が上昇することによっても裏付けられる（第5図）。

ハイドロキシプロリンはアミノ酸に似た物質で，骨を構成するコラーゲン蛋白質の構成成分である。骨からカルシウムが溶脱すると，コラーゲンなどの蛋白質が分解されて，その構成成分であるハイドロキシプロリンが血中にふえてくる。

以上を要約すると，妊娠中の高エストロジェ

ン状態は，カルシウムを骨に蓄積させる作用があり，分娩後にエストロジェンが急減すると，骨から血液にカルシウムが溶脱して乳汁中に分泌され，失われたカルシウムを補う効果がある，と考察される。

(3) 移行期をうまく乗り切る繁殖管理技術

泌乳開始の最大のシグナルともいうべき分娩を事故なく乗り切るために，従来各種の管理技術が考案されてきた。繁殖サイドから考えると，分娩時期の人為的制御に研究の主眼がおかれ，分娩時刻の制御，分娩誘起，分娩抑制などの手法が開発されてきた。しかし，現在の時点ではいずれの技術も不完全であり，いくつかの問題点を抱えていることを念頭におきながら以下の記述を読んでいただきたい。

①昼間分娩法（夜間分娩の回避）

夜間の分娩は，飼養管理者にとって大きな負担となる。これを回避するために，1日1回深夜に給餌する（残飼は取り除く）ことで昼間に分娩させようという方法がある。夜間に摂食することで，従来の「昼型」の生体リズムを強制的に変えて夜間分娩を昼間にもってこようというものである。生理学的に機構が解明されたわけではないが，一部の肉用牛の繁殖農家では実践されている。研究者による試験の成績によると，この方法による昼間分娩率は約80%に達するという。

この方法は，薬や施設を必要とせず，給餌時間の変更のみですむために応用の価値が高いように思われるが問題点もある。深夜に給餌をすること自体がかなりな負担になり，搾乳牛群に通常の管理をしたうえに分娩牛に夜間給餌をするのは得策ではない。いっそのこと夜間分娩は覚悟のうえで，通常の飼養管理を行ないながら，夜間に観察を行なうほうがまだましという考え方もある。

そこで，従来の深夜の制限給餌からやや後退して，1日1回夕方に給餌を行ない，昼間に分娩させようという試みが行なわれている。この簡略法の効果について，従来の深夜1回法に劣らないとする報告もあるが，この方法の有効性については今後さらに検討が必要である。

制限給餌による昼間分娩法の適用にあたって考慮すべき最も重要な点は，本法が肉用繁殖牛の技術として発展してきたという事実であろう。すなわち，1日1回の制限給餌は必然的に摂食量の低下をもたらし，これが乳牛では見すごせない問題となるからである。乳牛の栄養管理技術が高度化した時代に，あえて摂食量を低下させるような飼養管理技術を導入すべきか否か疑問を感じる。今後，本法の適用にあたって考慮すべき点であろう。

②分娩誘起法

これは，分娩の兆候が現われる以前に薬物を投与して分娩を開始させようというものである。実際の応用としては，分娩予定日に親戚の結婚式があってどうしても家をあけねばならず，その前に分娩をすましてしまいたいとか，昼間になるように計画的に分娩をさせたいなどの事例が考えられる。

牛の分娩誘起にはプロスタグランディン$F_2\alpha$や副腎皮質ホルモンなどが用いられ，一定の効果が認められている（第6図）。しかしこの方法の最大の欠点は，分娩そのものではなく，分娩後に後産停滞がきわめて多発することにある。これを回避するために，薬剤の選択や投与法に

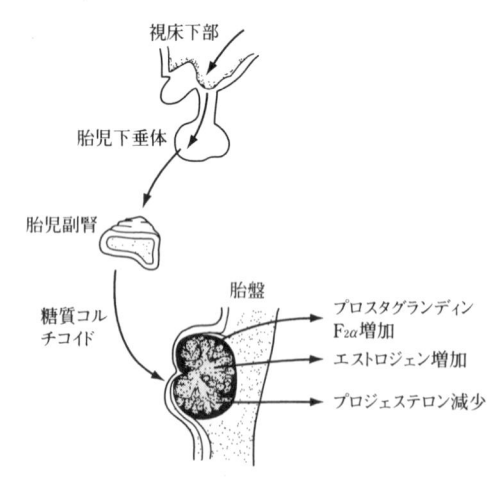

第6図 分娩発来の模式図
（リギンス，1972を改図）

ついて幾多の試みがなされたが，問題点は克服されていない。

また，副腎皮質ホルモンは免疫抑制作用をもつために，これを投与された母牛の潜在的な感染症が顕在化したり，初乳中の免疫グロブリン濃度が低下する危険性をあわせもっていることも留意すべきである。

③分娩抑制法

これは上記の誘起法とは反対に，分娩を遅らせようとする方法で，今夜分娩されると大変だから明日の日中に分娩させようというような例に適用が可能である。この目的のために，子宮の平滑筋を弛緩させる作用の強い交感神経のベータ作働薬である塩酸リトドリンなどが使用される。実際の応用としては，いかにも今夜分娩しそうだというときに本剤を投与すると，子宮筋の収縮が抑制されて分娩の進行が遅れ，翌日の日中に分娩することになる。

こう書くといいことずくめのようであるが，この薬は投与が遅れると効果がなく，また早すぎる投与では全く意味がない（もともと分娩しないところに投与しても何の意味もない）。実に使い方の難しい薬剤である。もともとこの類の薬物は産婦人科の切迫流産治療薬として開発されてきたものであり，牛への適用は本来の目的ではない。今の時点では，分娩抑制は分娩誘起以上に現実味のない技術といえよう。

乳牛の妊娠末期から分娩にかけては，牛の生理機能に大転換が訪れる時期であるが，繁殖サイドからの新技術といっても目新しいものはあまりなく，従来の基本的な管理手法を越えるものではないといってよかろう。乳牛の飼養管理がこれだけ高度化して，栄養管理が精密化され，飼養形態が変革されたとしても，牛の基本的な繁殖生理機能は変わっていないのだから当然である。

換言すれば，繁殖管理技術はいまだに技術集約型でも資本集約型でもなく，「手間暇集約型」というべき技術体系であり，手間を惜しまない管理手法が成功を導くといってよい。

この現状を変革して新しい技術体系を樹立することは，今の大きな研究課題であるが，考え方を変えて牛を飼う側からみれば，設備投資やハイテクに頼らずとも（ハイテクも少しは必要であろうが），現在の技術体系のなかで改善の余地が残っているのである。繁殖技術の現状に対する研究者としての自戒とともに，これを読まれる方の奮起を期待してまとめとしたい。

1998年記

搾乳牛

移行期各ステージの意味と栄養目標

執筆 久米新一（農林水産省北海道農業試験場）

(1) 移行期栄養管理の意義

　乳牛の生産性向上とともに，乳牛に対する栄養管理の考え方も変わってきている。近年，高泌乳牛の栄養管理で最も改善が著しいのは分娩前後（移行期）の栄養管理である。

　従来，分娩前には乳生産をしていないことから，酪農家が管理を軽視しがちであったことは否定できない。しかし，1万kgレベルの高泌乳牛がふえるにしたがって，現在では分娩前の適正な栄養管理が分娩後の乾物摂取量，乳量や繁殖成績の改善に非常に重要なことが認められている。また，分娩は母牛にとって非常に大きなストレスであるが，分娩前の栄養管理が適切でないと分娩時の事故や代謝障害・繁殖障害が多発することになる。

　母牛の移行期の栄養管理とともに，最近では受精卵移植による双子分娩の普及などにより，子牛に対する栄養管理も改善されつつある。そのさい，新生子牛にとっても出生は最大のストレスになるため，移行期の栄養管理は母牛だけでなく，生まれてくる子牛のことも考えないと十分なものにならない。

　このように，移行期の適切な栄養管理は，分娩に伴う母牛と子牛のストレスを和らげ，その後の生産性を高めるために非常に重要なことである，と指摘できる。

　それでは，なぜ移行期の栄養管理がこれほど注目されてきたのか，その理由と栄養目標について以下で説明したい。

(2) 高泌乳牛の飼養と移行期

①飼養管理の基本としての移行期栄養管理

　近年，わが国における乳牛の生産性向上は非常に著しく，平成8年度の乳用牛群能力検定成績によると305日乳量8,464kg，乳脂率3.82％，蛋白質率3.18％となっている。

　乳牛の飼養管理の基本は，このような高泌乳牛管理の現状を踏まえ，高泌乳牛の乳量，乳成分，繁殖成績などの能力に見合う管理，あるいはそれ以上の泌乳成績を得るための管理にあるといえる。そのために，移行期の栄養管理が重要な位置を占めることになる。

②高泌乳牛にとっての移行期栄養管理の意味

　ここで，北海道農業試験場の乳牛161頭の乳量の変動を第1図に例示してみよう。これによると，305日乳量は初産牛で7,351kg，2産牛で9,059kg，3産牛で9,364kg，4産牛で9,669kg，5産牛で10,004kg，6産以上の牛で9,913kgになり，初産牛と2産以上の牛で乳量に大きな相違がある。

　また，初産牛の泌乳末期（36か月齢）の体重（682kg）と日本飼養標準の発育基準（587kg）にも大差がみられた。これは，北海道農試の乳牛が24か月齢で体重628kgであり，従来の日本飼養標準の発育基準（500kg）より大きいことを反映している。

　以上の例から明らかなように，生産コスト低減のために子牛・育成牛の増体率を高めて初産月齢を早めることは，その後の乳量水準を上昇させる効果をもたらす。特に高泌乳牛の場合，育成段階の早期発育により初産牛と2産以上の牛で乳量が大きく異なり，泌乳前期の乳量が分娩1週間後に30kgを超えること，泌乳末期においても乳量が20kgを超えることなど，分娩直後の顕著な乳量増加と乾乳前の高水準の乳量が特

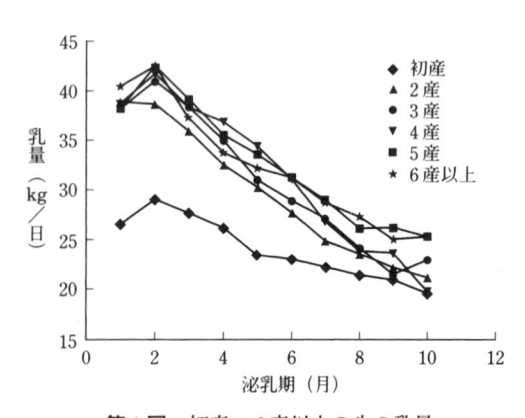

第1図　初産〜6産以上の牛の乳量

徴としてあげられる。

　高泌乳牛のこのような現状を踏まえると、乾乳期の栄養管理も大きく変わらざるをえなくなる。これは、乾乳期を疲れた体調を整えて次の泌乳に備える時期として位置づけるだけではなく、妊娠末期（乾乳後期）を、泌乳開始直後と同様に乳生産に大きく関わる時期として、すなわち移行期と位置づける考え方である。

　この移行期に基づいた飼養管理が広まり、乾乳後期の飼料給与量が従来よりも増加しているのが、現時点の状況である。

(3) 移行期各ステージの意味と飼料摂取量

①移行期の各ステージと栄養管理のポイント

　移行期は、乾乳後期―分娩時―泌乳初期としてとらえられる。すなわち、一般に分娩3週間前から分娩3週間後までの期間と考えられている。

　この移行期は、乳牛体内における栄養素（エネルギー、蛋白質、ミネラル、ビタミン）の代謝産物が非常にダイナミックに変動する時期であり、特に分娩時の変動が著しい。そのため、乾乳後期の栄養管理が不十分になると、分娩時代謝障害の発生の増加、分娩後の乳生産や繁殖成績の低下につながり、最悪の場合は致死や廃用にまで至る。

　これまで、日本飼養標準やNRC標準では乾乳期を1つの要求量で示していたが、現在では乾乳期を乾乳前期と乾乳後期に分けることが推奨

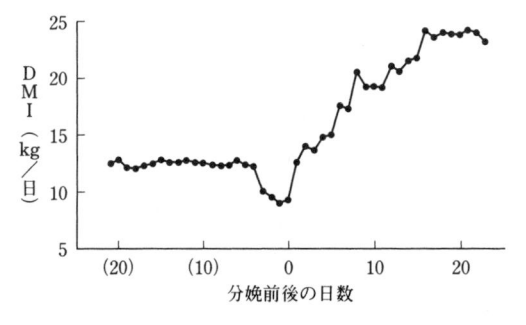

第2図　妊娠末期から泌乳前期の乳牛の乾物摂取量
(Grantら, 1995)

されている。また、乾乳後期は分娩3週間前から分娩時までと設定され、その時期の養分要求量は乾乳前期より増加し、TDN要求量で乾乳前期の1.2倍程度にする方向にある。

　従来、分娩前後の栄養管理には、いくつかの問題点があった。すなわち、乾乳期の粗飼料主体の飼養から泌乳前期の濃厚飼料主体の飼養へと大きく変わるため、飼料急変による代謝・栄養障害が多発しやすいことと、泌乳前期の乳量増加に飼料摂取量が追いつかないことである。

　これらの弊害を避けるために、移行期の栄養管理では、次の点を重視したい。まず、乾乳後期から濃厚飼料の比率を高めるとともに、分娩前後の粗濃比は異なっても、粗飼料などの飼料構成は移行期を通してほぼ同様にすることが基本になる。それと同時に、各栄養素を適正に含有した飼料を乳牛に充足させること、すなわち乾物摂取量の増加が最も重要になる。

②移行期乾物摂取量の特徴と留意点

　第2図に移行期の乾物摂取量の特徴を示したが、この図には乳牛の乾物摂取量の特徴が現われている。すなわち、妊娠末期の分娩前数日間は、胎児の成長とともにルーメンが圧迫されて乾物摂取量が減少すること、泌乳前期の分娩後3週間は乳量の急激な増加に対して乾物摂取量の増加が追いつかないことである。

　その結果、泌乳前期に、体内に蓄積している養分を泌乳のために利用せざるをえなくなり、高泌乳牛ではこの時期に体重が減少する。体重が極端に減少すると乳量の減少や受胎率の低下につながるため、移行期の飼養管理として、分娩後の乳量の急激な増加に見合う栄養素を十分摂取できるようにすることが求められる。

　しかし、ここで重要なことは、分娩1日前の乾物摂取量が少ないと、摂取量のピークに近づく分娩3週間後の摂取量も少なく、逆に分娩1日前の乾物摂取量が多ければ多いほど、分娩3週間後の摂取量も多くなることである（第3図）。このことは、移行期を一体的にとらえた栄養管理の重要性を明確に示している。したがって、TMRなどを利用して分娩前後の乾物摂取量を増加させることが、移行期栄養管理の第一のポイ

移行期の栄養管理では，特に成長過程にある初産牛の乾物摂取量に注意しなくてはならない。牛群検定における乳牛の平均産次は，2.7産と短くなっているが，生涯生産性が低い理由として初産牛の移行期における栄養管理の不備があげられる。

第1図に示した北農試の初産牛は，分娩1か月後の576kgから分娩10か月後の682kgまで増体している。これから明らかなように，初産牛の栄養管理では，乳生産とともに増体も十分考慮しなければならない。しかし，初産牛では移行期に乾物摂取量が増加しないケースがよくあり，それがエネルギー不足などによる疾病の増加や繁殖成績の低下につながり，乳牛の平均産次の短縮をまねく一因になっている。

また，移行期の乾物摂取量には乾乳期のボディーコンディションが影響する。乾乳期に太りすぎても，やせすぎても，分娩前後の乾物摂取量に支障をきたすから，その乾乳期のボディーコンディションを適正にするための移行期のボディーコンディションスコアは3.5程度が適切である。

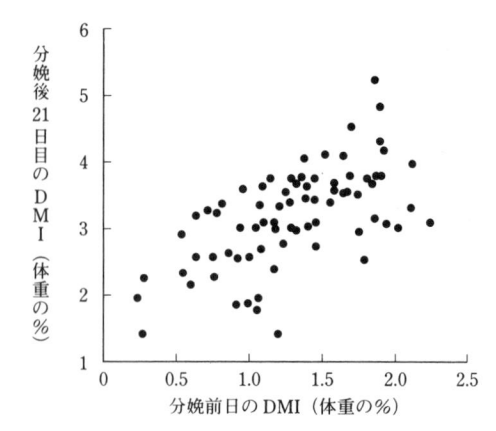

第3図 乳牛の分娩1日前と分娩21日後の乾物摂取量の関係 　　　　(Grummerら，1995)

(4) 乾乳後期の飼料給与と分娩予知

分娩時の難産などによる母牛と子牛の事故を防ぐためには，正確な分娩予知と分娩時における早急で適確な助産・治療が必要である。また，わが国では夜間給餌による昼間分娩の誘起などが実際に行なわれているが，そのさいの分娩予知に利用される体温変動と乾乳後期の栄養状態が密接な関係にある。

しかし，ここで問題になるのが，わが国の夏季の高温多湿の気候条件である。一般に乾乳牛の体温は分娩前に上昇し，分娩直前に急降下するが，分娩予知にはこの分娩直前の直腸温の低下（0.5℃程度）がよく利用されている。ところが，分娩前にエネルギー水準が高くなると，夏季に体温が急上昇する危険がある。

そこで，夏季と秋・冬季の分娩牛32頭について，分娩4週間前からTDNの維持要求量を給与する区（M），維持＋妊娠要求量を給与する区

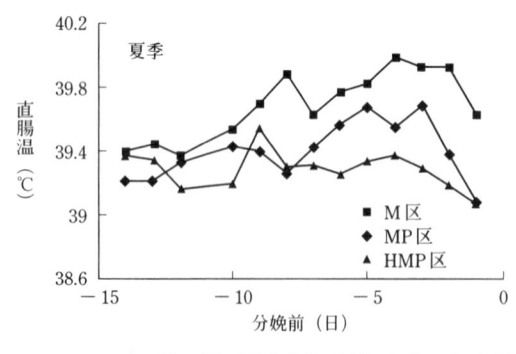

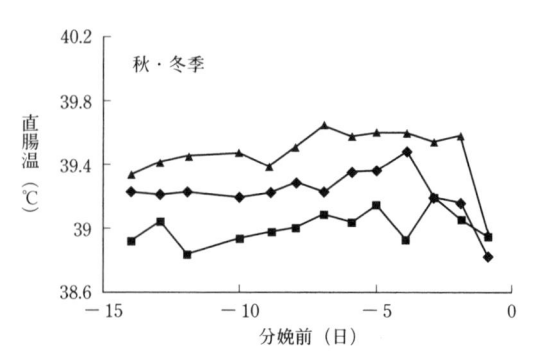

第4図 夏季分娩（左）と秋・冬季分娩（右）の乳牛における分娩前体温の変動
M区：分娩4週間前からTDNの維持要求量を給与
MP区：同じく維持＋妊娠要求量を給与
HMP区：同じくMP区の1.2倍を給与

(MP) とMP区の1.2倍を給与する区（HMP）を設け，分娩前の体温の変動を調べた（第4図）。MP区は日本飼養標準によるTDN要求量を満たすように給与しているが，M区はTDN要求量の7割摂取と栄養不足の状態にあり，またHMP区は今後の栄養目標となる水準である。

冷涼な秋・冬季分娩牛では，TDN摂取量の増加とともに体温が上昇しているが，MP区とHMP区が分娩直前に体温が急降下しているのに対して，M区では体温の低下がほとんどみられない。

一方，暑熱ストレスの影響をうける夏季分娩牛では，逆にM区の体温が最も高く，夏季に乳牛が栄養不足になると分娩前の体温の急上昇をまねくことが認められた。それに加えてM区では，乾物摂取量が少ないのにもかかわらず，分娩1週間前に乾物摂取量が1割近くも減るなど，体温の急上昇が飼料摂取量をいっそう減少させる結果となった。

筆者らは，猛暑の平成6年夏季に，乳牛の分娩前後における栄養状態を調べた。その結果，分娩前の体温の急上昇と飼料摂取量の急減が生じ，分娩後の乳生産が低下するとともに，なかには致死する牛もみられた。一方，夏季の双子妊娠牛でも飼料給与を適正に保つと，分娩前に体温の急降下がみられ，分娩時の事故も発生しなかった。

以上の結果から，分娩前に乳牛が栄養不足になると体温調節機能に変調をきたし，直腸温からの分娩予知が困難になり，特に夏季分娩牛では体温の急上昇から難産などの事故多発という最悪の結果をまねくことが示唆される。

したがって，分娩前に十分な飼料を給与することが，移行期の栄養管理の重要なポイントといえる。特に，猛暑の場合には，TDN要求量の1.2倍給与よりも，まず要求量を満たすことが先決である。

（5）移行期の代謝成分の変動と栄養目標

高泌乳牛の栄養管理の基本は，エネルギー，蛋白質，ミネラル，ビタミンなどの栄養素をバランスよく給与するとともに，高乳量の維持のために乾物摂取量を分娩後急速に増加させることである。また，高泌乳牛では飼料中の繊維の含量が少ないと乳脂率が低下するだけでなく，代謝障害・繁殖障害が多発するため，飼料中には繊維（NDF：35%）が適切に含まれていなければならない。

しかし，高泌乳牛では濃厚飼料多給による繊維の不足や栄養素摂取量のアンバランスが生じやすく，このことが繁殖成績の低下や疾病の増加につながっている。

そこで，移行期におけるエネルギー，蛋白質，ミネラル，ビタミンの代謝成分の変動を紹介し，移行期の栄養管理の目標を考えてみたい。

①飼料摂取量と栄養管理

高泌乳牛において，高乳量を維持させるとともに，繁殖成績を向上させ，疾病を予防するためのポイントは，前述したように分娩後の乾物摂取量を早期に高めることである。

しかし，高泌乳牛の養分要求量を満たすように飼料を給与しても，泌乳量の増加とともに乾物摂取量が増加しなければ，乳牛は必然的にエネルギー不足，蛋白質不足など，栄養素の不足に陥ってしまう。逆に，飼料中の特定の養分含量にバラツキがあれば，乾物摂取量の減少による相対的な繊維不足，蛋白質過剰など，特定の栄養素の過不足にも結びつく。

このような飼料給与の結果，高泌乳牛では体内の栄養バランスがくずれ，生体調節機能に異常をきたし，乳量減少，疾病増加，繁殖成績低下などを起こしやすい。

したがって，移行期の栄養管理では，飼料から栄養素を過不足なく摂取できること，分娩後の乾物摂取量の早期増加のためにTMRで給与することが最も望ましい。

特に，分娩後は段階的に乾物摂取量が増加するため，TMRで自由採食させ，乾物摂取量を早期に増加させることが重要である。それに対して分娩前には，ほとんど残餌が認められないが，分娩直前に乾物摂取量が減少するため，少なくとも分娩1週間前からTMRで給与することが必要である。

搾乳牛

②エネルギー代謝と栄養管理

飼料中のエネルギー含量が低いと，養分要求量を満たすための乾物摂取量が多量に必要になる。そのため，分娩後はエネルギーの指標となるTDN含量の高い飼料が必要であり，また乾乳後期も従来よりTDN含量の高い飼料が求められる。一般に，濃厚飼料はTDN含量が高いため，濃厚飼料と粗飼料の給与比率により飼料中のTDN含量は大きく異なる。

移行期のエネルギー代謝の指標となる血漿中のグルコースと遊離脂肪酸の変動を，第5図に示した。飼料の給与水準は第4図と同様である（TDN含量66％）。

第5図によると，血漿中のグルコース濃度は，分娩時に一過性の急上昇を示すものの，給与量の多いHMP区がMP区より高かった。逆に遊離脂肪酸濃度は，分娩時にかけて徐々に増加し，HMP区がMP区より低く推移した。

このことから，移行期に飼料摂取量が少ないと，体内に蓄積している脂肪をエネルギー源として利用せざるをえなくなることが明らかである。また，大量に蓄積脂肪が動員されると，脂肪肝やケトーシス発生の原因や，乳量減少などをもたらすことが推察される。

移行期のエネルギー栄養の目標として，乾乳後期にはTDN含量66～69％の飼料で，現在の日本飼養標準のTDN要求量の1.2倍に設定する。分娩後はTDN含量76～79％で，乾物摂取量の増加の早期促進が必要である。

③蛋白質代謝と栄養管理

飼料中の蛋白質要求量は粗蛋白質（CP）要求量として示されるが，最近はルーメン分解性蛋白質（DIP）と非分解性蛋白質（UIP）の比率も重要になり，血漿中や乳中の尿素窒素濃度がその指標として利用されている。

移行期の蛋白質代謝の指標となる血漿中の総蛋白質と尿素窒素の変動を，第6図に示した。第4図と同様の給与水準（CP含量12.5％）である。

第6図によると，血漿中の総蛋白質濃度は分娩時にかけて減少するものの，グルコースと同様にHMP区がMP区より高かった。逆に尿素窒素濃度は分娩時に増加するが，秋季MP区が高く推移した。

このことから，移行期のCP摂取量が少ないと，蛋白質栄養が低下することが推察された。また，分娩後の尿素窒素濃度を一定の範囲に維持するためには，DIPとUIPの適正な比率と，ルーメンで合成される蛋白質に必要な非繊維性炭水化物（NFC）の適切な給与が重要になる。

移行期の蛋白質栄養の目標としては，乾乳後期のCP含量12～15％，分娩後のCP含量17～

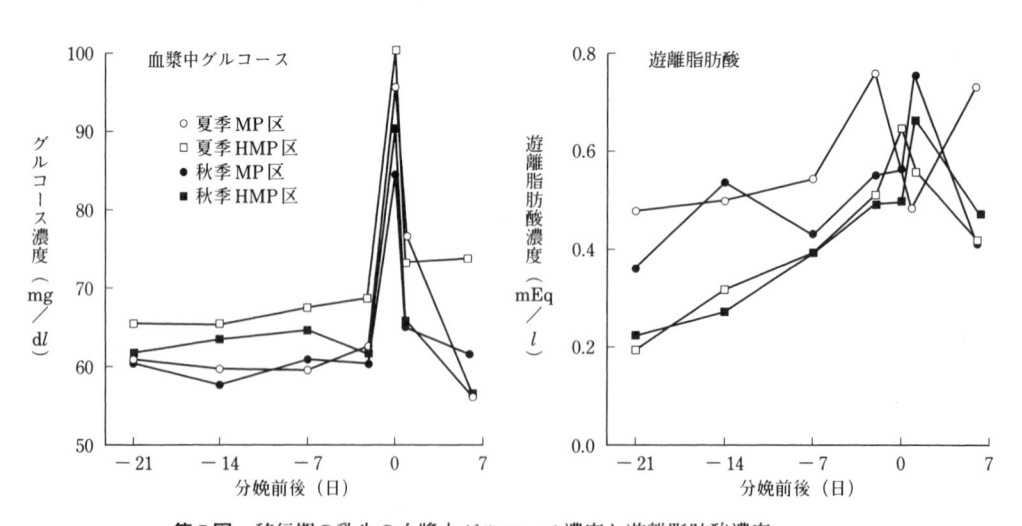

第5図 移行期の乳牛の血漿中グルコース濃度と遊離脂肪酸濃度
MP, HMPについては第4図を参照

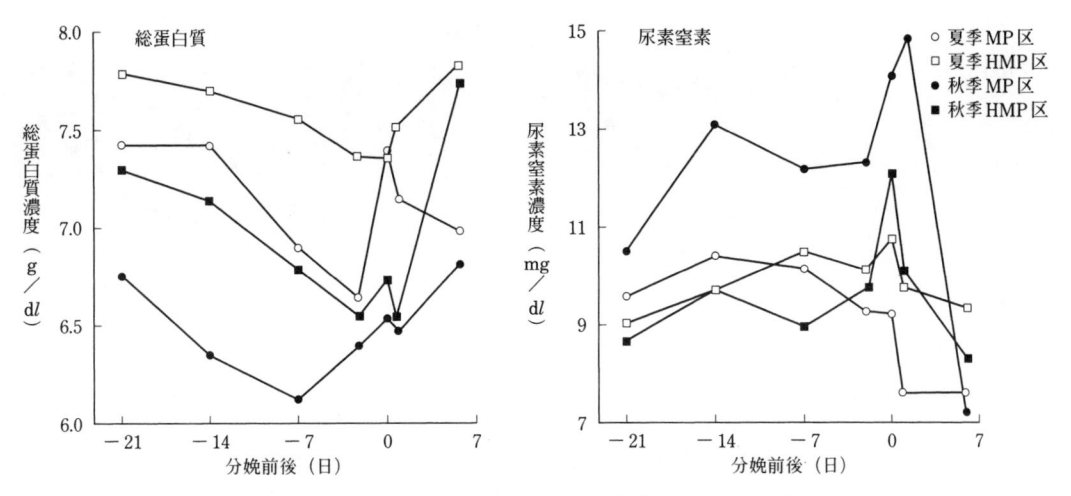

第6図　移行期の乳牛の血漿中総蛋白質濃度と尿素窒素濃度
MP, HMPについては第4図を参照

第1表　乳牛（体重600kg）の移行期の栄養目標（目安）

	乾乳後期 （分娩3週前～分娩）	泌乳前期 （分娩～分娩3週後）
給与方法	TMR （最低1週間前から）	TMR
給与粗飼料	良質粗飼料 （K含量2%以下）	良質粗飼料
粗濃比	7：3	4：6
TDN給与量（kg）	6.64	自由採食（飽食）
飼料中含量（％）		
TDN	66～69	76～79
CP	12～15	17～18
UIP	4～5	6～7
NFC	30	40
NDF	45	35
Ca	0.4	0.8
P	0.25	0.5

18％を基準にして，第1表の飼料構成が必要になる。

④ミネラル代謝と栄養管理

移行期にはミネラルの代謝異常が原因となる乳熱，グラステタニーなどが発生しやすいので，ミネラルの給与にも配慮が必要である。

移行期の乳牛のミネラル代謝においては，産次による影響が最も大きい。第7図に移行期の乳牛24頭の血漿中CaとMg濃度の産次による変動を示した。

血漿中Ca, Pi（無機リン）濃度は初産牛で高く，産次が進むにつれて減少するのに対して，血漿中Mg, Fe, Zn濃度は初産牛で最低になる。このことは，老齢牛では乳熱が発生しやすくな

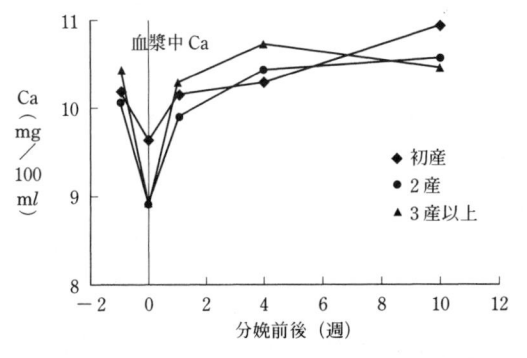

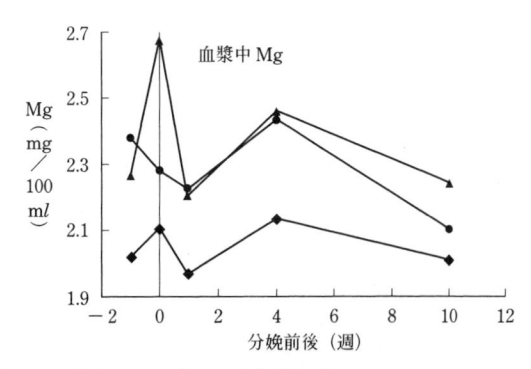

第7図　移行期における乳牛の血漿中Ca濃度とMg濃度の産次別変動

搾乳牛

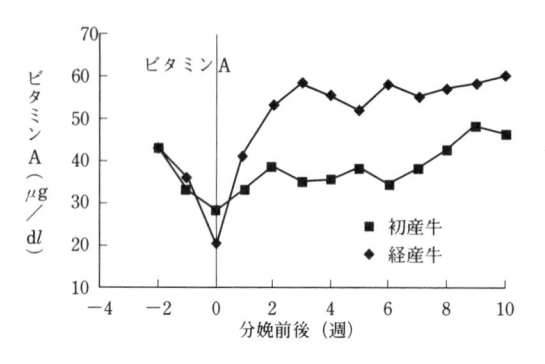

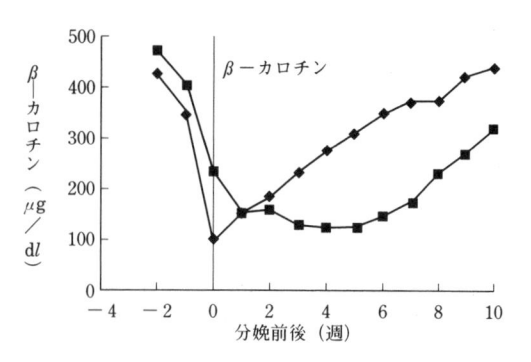

第8図 移行期の乳牛の血漿中ビタミンA濃度とβ-カロチン濃度

るのに対して，初産牛では低Mg血症などが発生しやすいことを示している。

移行期のミネラル栄養の給与にあたって，経産牛ではCaとPに，初産牛ではMg，Znなどに注意して，それらの要求量を満たすように給与することが必要である。

また，乳熱予防のためにイオンバランスが注目されているが，分娩前には粗飼料中のK含量を2％以下にすることや，粗飼料の比率を7割程度にすることで，分娩前のカリウムの過剰摂取を避けることが最も重要である。それとともに，分娩時にCaを大量給与するなど，分娩後のCaなどのミネラル給与量を高めることも必要である。

⑤ビタミン代謝と栄養管理

乳牛に必要なビタミンA，β-カロチン，ビタミンEなどの脂溶性ビタミンは，良質粗飼料に多量に含有されている。しかし，粗飼料の品質が低下すると，その含量は急減する。

移行期には脂溶性ビタミンが関係する後産停滞，乳房炎などの疾病が増加するが，これは酪農家が分娩前に質の悪い粗飼料を使う場合が多いためである。移行期の栄養管理ではビタミン栄養の重要性を強調しなければならない。

第8図に移行期の血漿中ビタミンAとβ-カロチン濃度の変動を示した。

脂溶性ビタミンは，分娩3週間前から分娩時にかけて急激に低下し，分娩後に急増する特性がある。しかし，血漿中のビタミンは飼料中の脂溶性ビタミンの影響を強くうけ，飼料中のビタミン含量が少ないと血漿中のビタミン濃度は極端に低下する。特に，その影響は移行期に顕著に現われ，乾乳後期に品質の低下したサイレージや乾草を使うと分娩前の血漿中ビタミン濃度が急減し，移行期の種々の障害発生の一因となる。

移行期のビタミン栄養においては，良質の粗飼料を利用して血漿中脂溶性ビタミン濃度を高めるとともに，分娩前の血漿中ビタミン濃度が低い場合にはビタミン剤の補給が必要になる。

⑥移行期の栄養目標

移行期の栄養目標の一応の目安を，今まで述べたことを踏まえて第1表に示した。ただし，泌乳前期の数値が分娩後3週間の限定されたものであることに留意すること，また実際に給与する場合には分娩後数日かけて徐々に泌乳前期の値に変更することが望ましい。

1998年記

分娩前から分娩直後にかけての飼料給与

執筆 前之園孝光(千葉県酪農農業協同組合連合会)

(1) 1乳期におけるエネルギーバランス

①泌乳最盛期はマイナスバランス

第1,2図に示したように,分娩直後から最高乳量のピーク時にかけては,泌乳量に比較して採食量が追いつかず,エネルギーバランスはマイナスとなる。このため,乳牛は身体を削って牛乳を生産するわけで,ボディーコンディションスコアも3(3=正常または適正)から2.5へと低下してくる。

分娩直後の乳牛の食欲は,あまり強くないが,数週間で徐々に回復していく。このため分娩後は,濃厚飼料(配合飼料,トウモロコシ,大麦,ふすま,加熱大豆など)や綿実,サプリメントなどの産乳用飼料を増給していく。また,このときには,栄養を補給するとともに,消化器障害を起こさないように良質の粗飼料を食い込ませることが大切である。

このような意味からすると,TMR(Total Mixed Ration)を採用することがベターである。この方法によれば,どの牛にも一口ごとに同じ成分濃度のえさを24時間自由採食させることができるので,ルーメンコンディションを正常に維持し,牛の能力を引き出すには非常によい方法である。

すなわち,分娩直後から泌乳最盛期にむかっては,食滞や下痢などの消化器障害,ケトーシスなどの代謝病を防ぎながら,いかに飼料をバランスよく食い込ませ,栄養を摂取させるかが重要である。このためには,分娩後の飼料給与とともに乾乳期の飼養管理が大事となる。

②泌乳後期(乾乳前約100日)で栄養調節

牛体への栄養蓄積の時期は,乾乳期がよいのか,泌乳後期がよいのかの問題がある。

かつては,乾乳期に十分なエネルギーを供給し,胎児の発育に要する以上のエネルギーを母体の体内に体脂肪として蓄積させることが,分娩後の泌乳に対しても有意義であるという見解があった。

しかしその後,維持養分量以上に給与した代謝エネルギーを体脂肪に転換する効率は,泌乳牛と乾乳牛の間で著しく異なり,泌乳牛では74.7%,乾乳牛は58.7%であることがわかった。また,蓄積された脂肪が牛乳生産に利用されるときのエネルギー変換効率は82.4%である。

したがって,乾乳時に体脂肪を蓄積しても泌

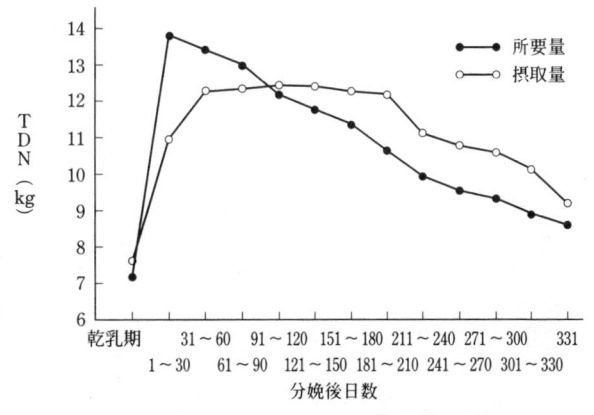

第1図 乳期別におけるTDN所要量と摂取量

(前之園ら)

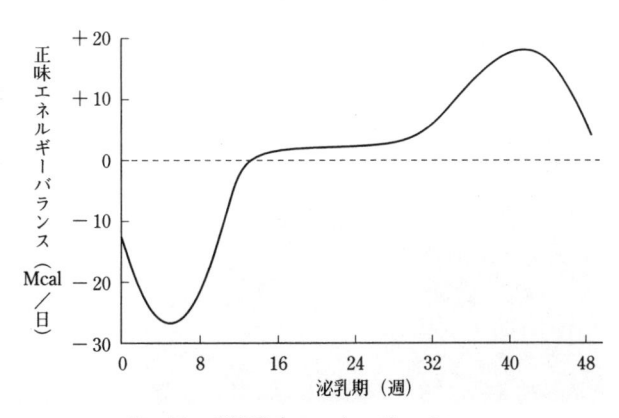

第2図 高泌乳牛のエネルギーバランス

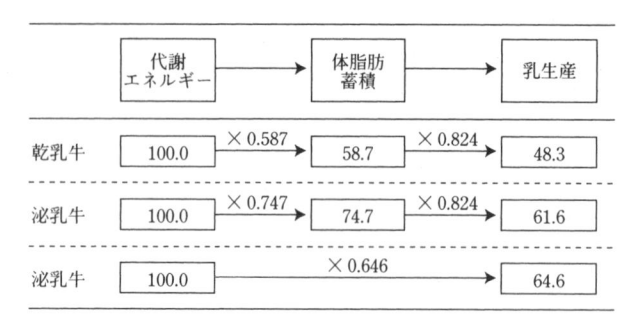

搾乳牛

第3図　代謝エネルギーから乳生産への効率
（Moe, Tyrrel & Flatt, 1971から作図）

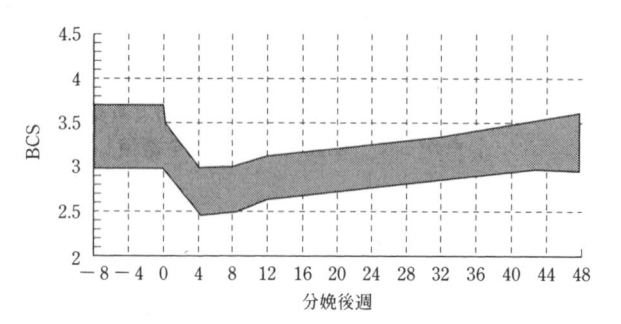

乾乳牛	100.0	×0.587	58.7	×0.824	48.3
泌乳牛	100.0	×0.747	74.7	×0.824	61.6
泌乳牛	100.0	×0.646			64.6

（代謝エネルギー → 体脂肪蓄積 → 乳生産）

第4図　乳期別のボディーコンディションスコア（BCS）

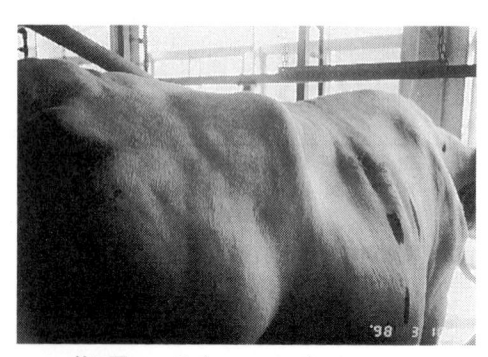

第5図-1　ボディーコンディション3.7

第5図-2　ボディーコンディション2.5

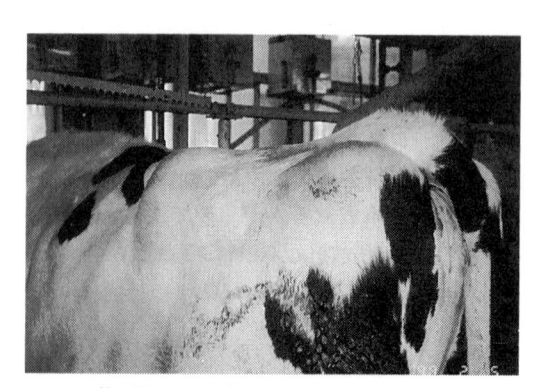

第5図-3　ボディーコンディション4.0

乳にまわすばあいは48.3％の効率にしかならない。ところが，もし泌乳時に代謝エネルギーを体脂肪に変えて乳生産を行なうと，その効率は61.6％となる。なお，泌乳牛が代謝エネルギーを直接，乳生産にまわすと，効率は64.6％であることも明らかになった（モーら，第3図）。

このことは，妊娠末期の乾乳中に胎児の発育に必要なエネルギー以上の栄養を供給して母体に体脂肪を蓄積させ，それを次の泌乳期の乳生産に利用するばあいは効率が低く，それよりも乾乳前の泌乳末期に養分蓄積を回復するほうが，より効率的であることを意味している。

さらに，乾乳中にエネルギーを増給して過肥になると，代謝障害など周産期に種々の疾病が発生しやすいこと，分娩後の採食の伸びが思わしくないこと，乳量を増加させる効果も期待できないことなどもわかってきた。

したがって，むしろ泌乳後期にボディーコンディションを整え，乾乳期は体調の回復を主にして，分娩を無事にのりこえ，次期泌乳のための準備期間と考えるほうがよい。

具体的には，すべての牛は分娩後200日の時点でボディーコンディションをチェックし，その後乾乳までの約100日間に栄養管理などによって目標のコンディションに調整する。

たとえば，200日の時点でスコアが2.5以下の

牛では，飼料エネルギー濃度を高めてコンディションアップをはかる必要がある。逆に200日の時点で3.5のスコアに達していたら，その後は飼料のエネルギー濃度を下げたりして，体重を増加させないようにする。

このように，ボディーコンディションの調節は乾乳期にすべきでなく，泌乳後期に調節して，乾乳時の目標は3.0～3.5にすべきである（第4図）。

(2) 乾乳の目的と乾乳牛飼養管理の考え方

①乾乳の目的

乾乳期とは分娩前約60日間の期間をさし，乾乳期間が短すぎても，長すぎても以降の泌乳成績にマイナスの影響がある（第1表）。さらに，分娩前3週間を境として，乾乳期は乾乳前期と乾乳後期（クローズアップ(Close up)期，移行期）に分けられる。

乾乳の目的は次のとおりである。

①乳房の休息と回復のためである。搾乳によって酷使された乳腺組織と乳頭をいったん休息させることによって，新鮮な乳腺細胞を再生させ，次の泌乳の再起をはかる。

②胎児は，7か月で8～12kg，9か月で30～50kgに急成長するため，摂取した栄養を胎児の発育と母体の栄養回復に優先的に利用するためである。

③第一胃の回復，すなわち第一胃絨毛を修復させる。

④適度な運動と休息で健康を増進させる。

⑤分娩という大仕事の前の準備期間である。

このように，乾乳期は乳牛の生産サイクルにおいて非常に重要な位置をしめており，乳を生産していないから，粗末な管理でよいという観念をなくさなければならない。むしろ，分娩などのストレスにさらされ，最も難しい代謝シフトおよび内分泌シフトを経験しなければならない期間である。それゆえに，厳しい栄養管理が要求されてくることを十分理解しなければならない（第6図）。

②乾乳前期と後期の考え方

乾乳前期は休息的意味合いが強く，泌乳期間

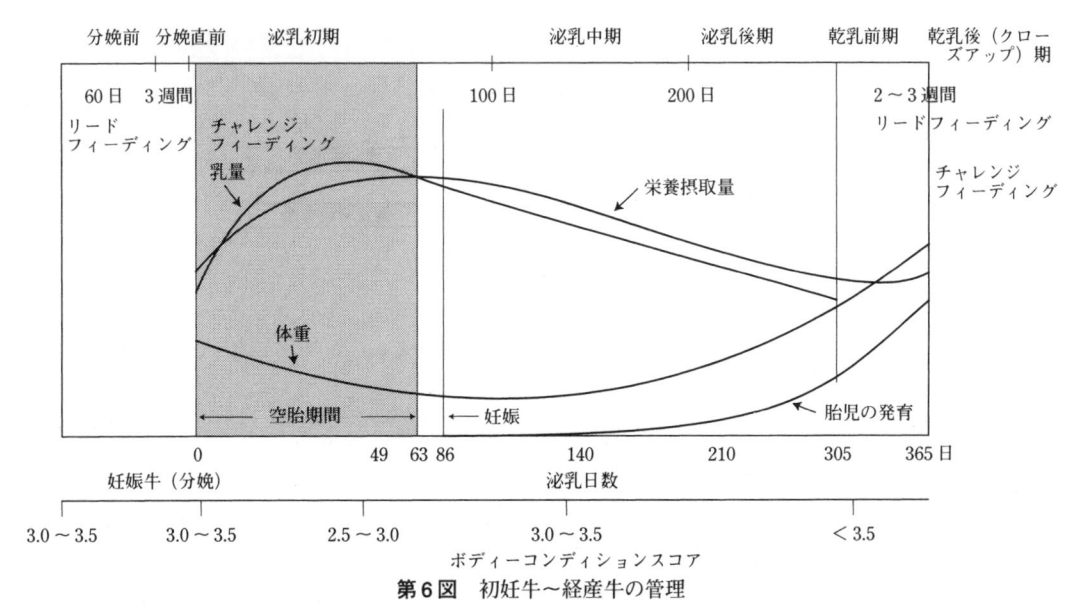

第1表 乾乳期間と乳量との関係

（ミシガン州DHI，1996）

	乾乳期間（日）			
	40以下	41～60	61～70	71以上
頭数比率（%）	15.4	48.5	15.5	20.6
305日乳量（kg）	8,209	9,510	9,465	8,708

第6図 初妊牛～経産牛の管理

搾乳牛

に酷使した第一胃の回復を考慮し，粗飼料中心的な飼養管理になる。

乾乳後期は，分娩，泌乳開始へむかう準備期間と考え，栄養中心的な管理が基本となる。また，この時期の牛は食欲が減少し，とくに分娩の3〜5日前には30％も減少する（第7図）。一方，この時期は分娩や泌乳にそなえて，エネルギーや蛋白質の給与を多くしたいものである。

この両方の課題を解決するためには，採食可能な乾物中に栄養濃度を高めた飼料を給与することになる。すなわち，粗飼料の給与量を低めて，穀物などの濃厚飼料の給与量を高めて，エネルギーおよび蛋白質の含量を高める。

こうして牛のエネルギー摂取を高めれば，脂肪の動員を減少させ，血液のNEFA（非エステル脂肪酸）濃度の上昇も緩和できる。これは分娩後の脂肪肝やケトーシスの低減にも役立つ。さらに第一胃内微生物叢（デンプン分解菌など）を適応させることと，第一胃絨毛を発達させる効果もある。

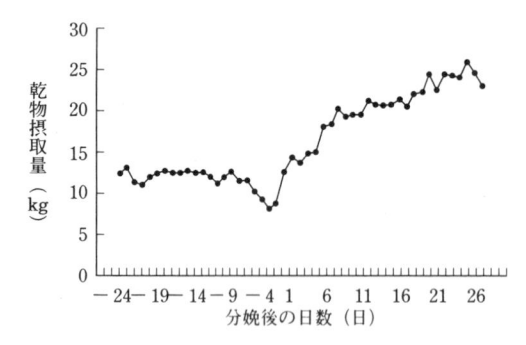

第7図　周産期の乳牛の乾物摂取量
（Berticsら，1992から改変引用）

1. 分娩近くになり，胎児が大きくなることによるDMI（乾物摂取量）の低下。個体間のバラツキは多い
2. DMIが低下するにもかかわらず，栄養要求量は増大し，さらに栄養不足をまねく
3. 胎児の栄養要求量が意外と多く，しかもアミノ酸で要求される。胎児の糖分は母体のアミノ酸よりつくられる。したがって，母体のアミノ酸は枯渇しやすい
4. 胎児は乾乳期に急速に成長する
5. 分娩近くになるとDMIが低下してルーメン機能が低下するために，ルーメンで生成されるアミノ酸は減少する
6. 劣悪な環境で飼われていることが多い
7. 栄養に気を使われていない

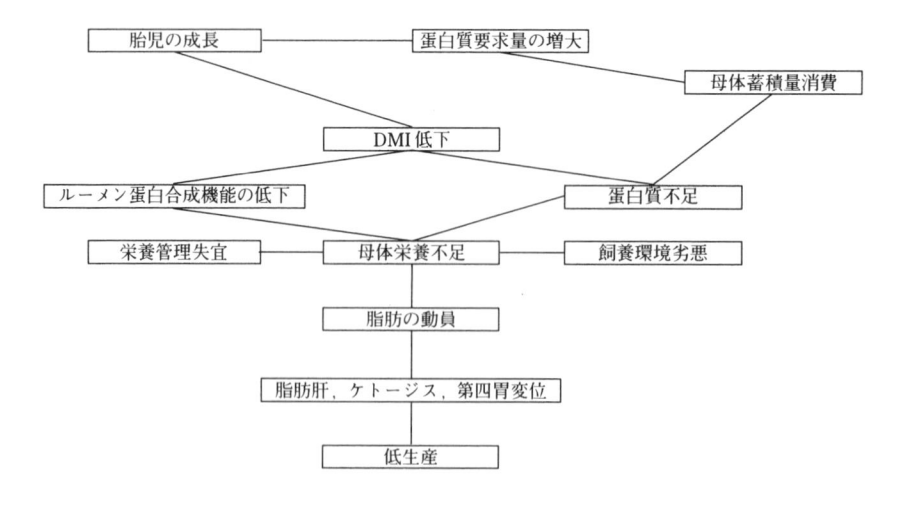

○乾乳中のCP（粗蛋白）供給量は乳成分に影響する
○乾乳中バイパス蛋白が低い（蛋白不足）と胎盤は重くなり水分量が多くなる。停滞も多くなる

第8図　分娩前後に乳牛が病気になる原因

第一胃の内側（粘膜）を覆っている絨毛は，乳牛にとって主要なエネルギー源である揮発性脂肪酸（VFA）の吸収部位である。この絨毛の発達が第一胃粘膜の表面積を拡大させ，VFAの吸収能を向上させる。

高泌乳に要するエネルギーを満たすのは大量のVFAであり，これを効率よく吸収するためには，第一胃絨毛の発達が不可欠である。VFAの吸収が不十分なばあいには，吸収されなかったVFAは第四胃に到達し，第四胃の運動性を減退させる（第四胃弛緩症）。これが，第四胃変位の要因のひとつになっている。したがって，クローズアップ期の濃厚飼料の増給は微生物叢の適応だけでなく，分娩後の多量の穀物給与による，大量のVFA産生に第一胃を適応させるためにも重要なことである。

乾乳牛の栄養ガイドライン例を示すと第2表のとおりである。

(3) 乾乳期の飼料給与

①乾乳前期の飼料給与

乾乳前期は粗飼料中心の飼養形態となるが，第2表に示した栄養成分必要量を満たそうとすると，粗飼料だけでは充足できない。したがって濃厚飼料を1～3kg程度，給与する必要がある。

分娩前60日で，現在の体重670kg，ボディーコンディションスコア（BCS）3.5の3産牛（50か月齢）で，分娩時体重690kgを目標にしたばあいと未経産牛の例を第3，4表に示した。未経産牛は乾物摂取量が経産牛に比べて少ないため，ミネラル・ビタミン以外は少なめに給与することになる。

なお，乾乳期にトウモロコシサイレージを使わないばあいの分娩前後の給与例を第9図に示した。

なお，ここではイネ科乾草を中心に記述してきたが，自給飼料のトウモロコシサイレージ，イタリアンサイレージなどを給与するばあいは，最低でも，水分を測ってから適正に給与することが大事である。また，変敗したものやカビのあるものの給与は控えるべきである。

②乾乳後期（クローズアップ期）の飼料給与

この時期は，乾物摂取量（DMI）が下がって

第2表 乾乳牛の栄養ガイドライン例

(Sniffenn, 1994)

栄養素		乾乳前期	乾乳後期
DMI（乾物摂取量/体重）	（%/体重）	1.8～2.2	1.6～1.8
TDN（可消化養分総量）	（%/DM）	60	65
NFC（非繊維性炭水化物）	（%/DM）	22	37
デンプン	（%/DM）	12	28
CP（粗蛋白）	（%/DM）	12	15
SIP（可溶性摂取蛋白質）	（%/CP）	40	28
DIP（分解性摂取蛋白質）	（%/CP）	70	62
UIP（非分解性摂取蛋白質）	（%/CP）	30	38
Ca	（%/DM）	0.31～0.25	0.36～0.41
P	（%/DM）	0.19～0.21	0.22～0.25
Mg	（%/DM）	0.18～0.20	0.22～0.25
K	（%/DM）	0.66～0.75	0.70～0.80

注　Kが1%以上なら，Mgを0.30～0.35%にする

第3表 乾乳期給与メニュー

	経産牛		未経産牛	
	乾乳前期	乾乳後期	乾乳前期	乾乳後期
乾乳用配合飼料	3kg	5kg	3kg	4.5kg
イネ科乾草	7kg	6kg	6kg	5.5kg
アルファルファ乾草	1kg	—	1kg	—
ミネラル・ビタミン	50g	50g	50g	50g

注　経産牛：体重620～670kg，未経産牛：体重550～600kg
　　乾乳後期（クローズアップ期）は分娩21日前より
　　乾乳用配合飼料の保証成分は，粗蛋白質18.5%以上，粗脂肪1.0%以上，粗繊維10.0%以下，粗灰分10%以下，カルシウム0.30%以上，リン0.01%，TDN73.0%以上の乾乳用配合飼料で試算した

第4表 乾乳期給与メニュー（コーンサイレージを使用したばあい）

	経産牛		未経産牛	
	乾乳前期	乾乳後期	乾乳前期	乾乳後期
乾乳用配合飼料	3kg	5kg	3kg	5kg
イネ科乾草	5kg	4kg	4kg	3kg
アルファルファ乾草	1kg	—	1kg	—
コーンサイレージ	6kg	4kg	6kg	4kg
ミネラル・ビタミン	50g	50g	50g	50g

注　経産牛：体重620～670kg，未経産牛：体重550～600kg
　　乾乳後期（クローズアップ期）は分娩21日前より

搾乳牛

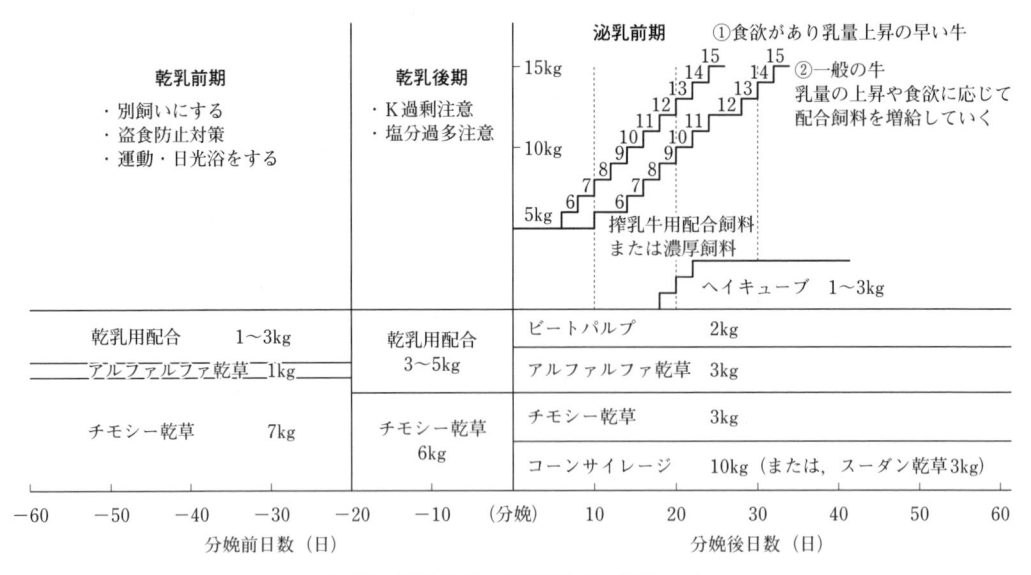

第9図　分娩前後の飼料給与例（単位：kg）

くる。とくに分娩直前の3～4日間は採食量が30％くらい下がるとの報告（第7図）もあるので、乾物摂取量を最大にするよう不断給餌がよい。

推奨値として乾物摂取量は1.5～2.0％（体重比）、CPは14～15％、SIPは26～30％、UIPは33～38％、TDNで65％くらいになる。

経産牛と未経産牛の飼料給与例を第3、4表に示した。経産牛は、分娩前20日で、現在の体重670kg、ボディーコンディションスコア3.5の3産牛（50か月齢）で、分娩時体重690kgを目標にしたばあいである。

未経産牛は乾物摂取量が経産牛に比べて少ないため、給与量も少なくなる。

このように、乾乳後期は採食量が低下する分だけ栄養濃度を高めた飼料設計で給与体系を決めることになる。しかし、粗飼料の採食量は濃厚飼料の採食量より多くなるように努める必要がある。栄養を補給するとともに、消化器障害を起こさないように良質の粗飼料を食い込ませることが大切である。

そのため、TMR（Total Mixed Ration）がベターである。どの牛にも一口ごとに同じ成分濃度のえさを24時間自由採食させることができるので、ルーメンコンディションを正常に維持

し、牛の能力を引き出すには非常に良い方法である。

③乾乳用配合飼料の利用

近年、乾乳用配合飼料が多く販売されており、周産期病（乳熱、起立不能、後産停滞など）を防ぐための工夫がされている。

1) カリウムの多い飼料を採食すると、血中のpHが上昇（アルカリ化）し、骨からのカルシウム動員が阻害され、筋肉運動の制限、ひいては低カルシウム血症（乳熱、起立不能、後産停滞など）になる可能性が多くなる。そのためカリウムレベルを低減し、全飼料中のカリウム濃度が乾物中1.3％以下を目指した配合内容に工夫されている。

2) ケトーシス、脂肪肝の予防に、炭水化物や必須アミノ酸（バイパスメチオニン、リジンなど）を強化して肝機能代謝の適正化を図っている。

3) 分娩前後の乾物摂取量の急激な低下を抑制するなど、周産期病の減少、乳房炎の減少、空胎日数の減少、淘汰率の減少を目指した乾乳用配合が販売されているので、配合飼料を販売している人によく相談して、使用中の自給飼料、購入乾草、配合飼料の給与量を飼料設計する。

もちろん，乾乳している最中は濃厚飼料やコーンサイレージなどの多汁性のサイレージはひかえる。完全に乾乳を確認したら，徐々に濃厚飼料をふやしていくことになる。BCSによって乾乳期用の配合飼料を1～3kg給与するなど，自分の飼養管理に合った方法で乾乳牛の状況に合わせて給与量を決めることになる。

④乾乳期のBCSと給与

乾乳前期（約40日間）の牛は，乾乳時と分娩直前以外，意識して見ないと観察が不足がちになる。乾乳期のBCSは変動させないことが鉄則である。

しかし，乾乳期にBCSを変動させないようにすることは難しいことである。そのため，BCS3.3（今までより少し低め）のBCSで乾乳期を迎えるほうが乾乳期の管理は容易で，産後の肥立ちは良い例が多いように経験している。

全般的には，オーバーコンディション（BCS4以上）は過肥症候群の原因となり難産，起立不能，後産停滞，食欲不振，ケトーシス，脂肪肝，第四胃変位，繁殖障害などを引き起こしやすく生産性を低める結果となる。

一方，BCSが適正（スコア3）以下で分娩する牛も見受けられるが，栄養が不足すると体脂肪と蛋白質が発育する胎児にとられてしまうため，分娩時の難産や起立不能などを起こしやすくなる。

すなわち，乾乳期の管理は，お産と分娩後の産乳性・繁殖に大きくかかわってくるためBCSを3.3～3.8にすることが望ましい。また，適切な運動や日光浴も励行したい。

分娩3週間前からは，ルーメン内の絨毛を発達させ消化，吸収を図るために，徐々に濃厚飼料をふやしていくことになる。採食量，ボディーコンディション，乳房の張りなどを観察しながら増給する。

この時期の適正な栄養水準を第5表に示した。

⑤ビタミン，ミネラルの給与

近年，カリウム含量の高い飼料の多給が，起立不能症などに関与していることがわかってきた。また，イオンバランス（DCAD：Dietary Cation Anion Difference）を調整することで，乳熱のみならず，分娩後に起こる種々の代謝性疾病，周産期病の予防が可能になったとの報告もある。

なお，セレンとビタミンA，D，Eを投与することによって，後産停滞や起立不能が少なくなり，それらによる食欲減退，ケトーシス，第四胃変位などが減少することが報告されており，マクロミネラル，ミクロミネラルにも十分考慮する必要があるので，推奨値を第5表に示した。ビタミンは，ADE剤を給与することはいうまでもない。

なお，分娩後のケトーシス，脂肪肝の予防に

第5表　乾乳前期・後期牛の栄養水準の推奨値

（パーキンスら）

栄養素		乾乳前期	乾乳後期
乾物摂取量	(kg)	11.8～12.7	9.0～10.9
CP（粗蛋白）	(%/DM)	12.5～13.0	14.0～15.0
UIP（非分解性摂取蛋白質）	(%/CP)	30～33	34～38
SIP（可溶性摂取蛋白質）	(%/CP)	30～40	20～45
ADF（酸性デタージェント繊維）（最小）	(%/DM)	30～35	25～29
NDF（中性デタージェント繊維）（最小）	(%/DM)	42～50	37～43
粗飼料由来NDF（最小）	(%/NDF)	35～38	31～34
NFC（非繊維性炭水化物）	(%/DM)	30～40	34～38
粗飼料割合（最小）	(%/DM)	60	55
TDN（可消化養分総量）	(%/DM)	60	65
粗脂肪	(%/DM)	3～4	4～5
Ca	(%/DM)	0.60～0.80	0.45～1.50[1]
P	(%/DM)	0.30～0.35	0.35～0.40
Mg	(%/DM)	0.25～0.30	0.35～0.45[1]
K	(%/DM)	0.70～0.80	0.70～0.80
Na	(%/DM)	0.1	0.1
Cl	(%/DM)	0.2	0.30～1.00
NaCl	(%/DM)	0.22～0.25	0.20～0.25
S	(%/DM)	0.20～0.30	0.30～0.45[1]
Se	(ppm)	0.3	0.3
ビタミンA	(IU/日)	100,000	130,000
ビタミンD	(IU/日)	20,000	30,000
ビタミンE	(IU/日)	800	1,000

注　1）DCADを調節したばあいは上限値を給与する

搾乳牛

ナイアシンをクローズアップ期から泌乳ピーク時まで添加すると効果があるとの報告もある。

⑥乾乳期の別飼いの意味

牛の健康は，栄養管理，休息，運動の三つがそろって，はじめて向上する。

そのため乾乳牛は泌乳牛と別飼いすることが大事である。別飼いを実施しなければ，以下のような問題点が生じる可能性がある。

1) 泌乳牛と間違って搾乳したばあい，乾乳軟膏の抗生物質が混入するおそれがある。

2) 搾乳牛の搾乳時にミルカーの音を聞くことによるストレス。

3) 搾乳牛用の飼料を盗食したりして，適切な栄養管理ができない。

4) スタンチョンなどの繋ぎ飼いのばあい，ゆったりとした休息が得られない。

牛舎の構造上，別飼いが難しいばあいもあるが，別飼いのメリットは大きい。

酪農経営のポイントは，分娩がいちばん大きいハードルなので，工夫してほしいものである。

(4) 分娩後の飼料給与

無事に分娩したら，味噌とふすまをお湯に溶かし，15〜20 l くらい飲ませる。このとき，第二リン酸カルシウムやビタミンも添加するのも良い方法である。

良質の粗飼料（ルーサン乾草，チモシー乾草，コーンサイレージなど）を飽食させる。第9図に示したように，分娩後5日後あたりから配合飼料を5kgから1日0.5kgずつ増給していく。酪農家によっては，2日に1kgずつ増給している人もいる。

給与にあたっては，乳房の腫脹，浮腫（できたら浮腫はないほうがよい）の状況を観察しながら増給することが大切である。初産牛と乳量の多い経産牛では，泌乳量のふえる量もスピードが違うし，BCSによっても異なってくるので，分離給与方式のばあい，このサジ加減が細やかであればあるほど良い結果をもたらしているようである。高泌乳牛群農家は，この時期の観察力と経験，工夫が豊富のようである。

(5) 飼料給与プログラムを活用しよう

乾乳期から分娩直後の飼料給与とボディーコンディションについて述べたが，乾乳期の60日間でボディーコンディションを整えることは比較的難しい技術である。したがって，泌乳後期からボディーコンディションを整えるようにしたいものである。

体重 (kg)	650	650	650	650	650	650	680	700
乳量 (kg)	50	40	35	30	25	20	15	乾乳
乳脂質 (%)	3.5	3.5	3.5	3.8	3.8	4.0	4.0	
無脂乳固形分率 (%)	8.3	8.3	8.3	8.5	8.5	8.7	8.7	
TDN (kg)	19.7	18.3	17.6	16.2	14.3	12.3	11.1	6.5
CP (g)	4,561	4,317	3,866	3,583	3,189	2,206	2,018	1,142
CFi/DM (%)	17.3	18.1	18.5	18.1	18.4	19.1	19.5	24.1
NDF (%)	37.8	38.9	39.8	38.9	39.3	40.9	41.2	47.0
TDN/DM (%)	73.8	73.7	73.2	72.8	73.1	72.6	73.0	65.7
CP/DM (%)	17.1	17.3	16.1	16.1	16.3	13.0	13.3	11.6
濃厚/DM (%)	55.8	52.5	50.8	50.6	50.4	47.6	47.0	17.9

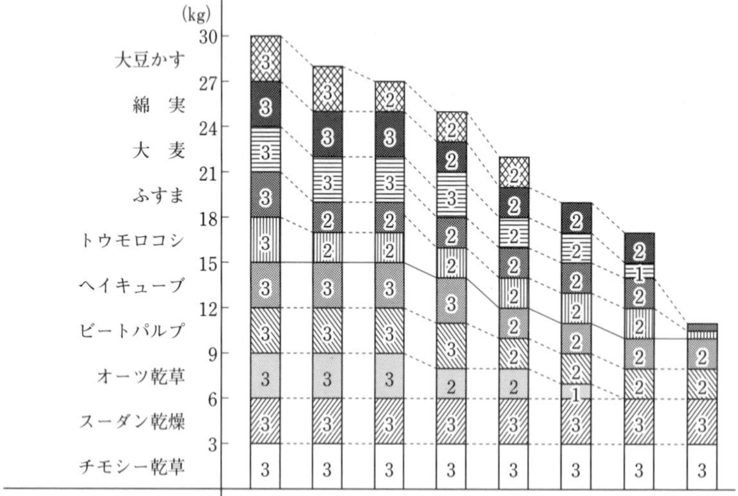

第10図　飼料給与プログラム

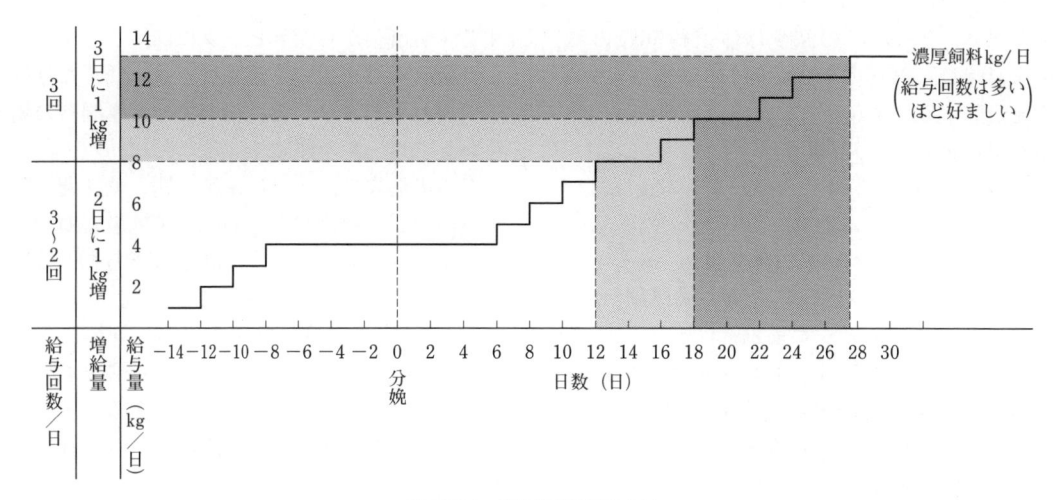

移行期のとらえ方と栄養管理＝分娩前から分娩直後にかけての飼料給与

第11図　濃厚飼料増給方法

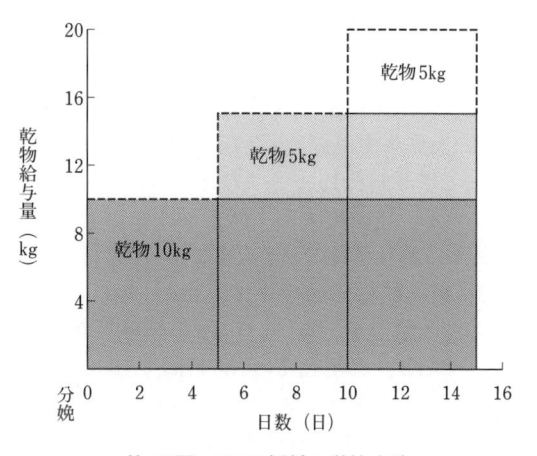

第12図　TMR飼料の増給方法

　乾乳期、乳量別に飼料給与プログラムを第10図に示した。これは、ある酪農家（搾乳牛1万kg牛群）の給与事例を少しアレンジしたものである。ミネラルやビタミンなどの給与量は記載していないので、パーフェクトなものではないが、参考にしながら述べてみたい。また、濃厚飼料とTMRの増給方法を第11、12図に示した。

　1）第11図では、分娩後12日目で8kgの濃厚飼料給与になっている。このときに大事なことは、粗飼料も風乾物量（乾草類はそのままの重量で、コーンサイレージは水分を測定する必要があるが、実重の約30％で計算すると10kgのコーンサイレージは3kgの乾物になる）8kg以上は採食していることが必要である。すなわち、採食した粗飼料の風乾物量より少なめに配合飼料を増給することになる。

　2）乳量が25kgくらいのときの粗飼料は、できたら12kgくらいは採食してほしいものである。第10図では、チモシー乾草3kg（コーンサイレージ10kgに相当）、スーダン乾草3kg、オーツ乾草2kg、ビートパルプ2kg、ヘイキューブ2kg（ビートパルプ、ヘイキューブは粗飼料と濃厚飼料の中間の飼料であるが、ここでは便宜上、粗飼料にした）になる。濃厚飼料は、トウモロコシ2kg、ふすま2kg、大麦2kg、綿実2kg、大豆かす2kgとなっている。すなわち、配合飼料に置き換えると10kgとなる。粗飼料12kgと濃厚飼料10kgとなり粗濃比率は55：45となる。

　配合飼料の給与ピークは、できたら分娩後25（2日に1kg増飼）～30日にもっていきたい。栄養（飼料）が不足すると体重が急激に減少し、分娩後の発情回帰が明確にならない。分娩後20日には卵巣が機能し始めるが、給与不足による栄養不良では十分に発育した卵胞が排卵しない。たとえ排卵し受精しても良い黄体が形成されず、受精卵が子宮内に着床しないため、不受胎となる可能性が高い。

　BCSは2.75以下にならないように配慮すべ

きである。BCSの1の減少は体重約56kgの減少を意味し，BCSの2の減少は体重112kgの減少を意味する。すなわち，分娩直後600kgの体重が488kgになってしまう。

3) 乳量40kgの牛はチモシー乾草3kg（コーンサイレージ10kgに相当），スーダン乾草3kg，オーツ乾草3kg，ビートパルプ3kg，ヘイキューブ3kg，で粗飼料15kgになる。濃厚飼料は，トウモロコシ2kg，ふすま2kg，大麦3kg，綿実3kg，大豆かす3kgで，13kgとなる。粗飼料15kgと濃厚飼料13kgとなり比率は54：46となっている。粗濃比は50：50を超えないように，注意して給与することが大事である。

4) 最高乳量50kgの牛はチモシー乾草3kg（コーンサイレージ10kgに相当），スーダン乾草3kg，オーツ乾草3kg，ビートパルプ3kg，ヘイキューブ3kgで粗飼料15kgになる。濃厚飼料はトウモロコシ3kg，ふすま3kg，大麦3kg，綿実3kg，大豆かす3kgで合計15kgとなる。粗飼料15kgと濃厚飼料15kgとなり比率は50：50となっている。粗濃比は50：50を超えないように，注意して給与することが大事である。

5) 最高乳量50kgの牛は，305日で1万kg以上の泌乳能力がある。1日1kgの飼料摂取量が足りないと，高泌乳期の100日間で100kgの不足となり，乳脂率も3.5％を下回るし，乳蛋白質率も3.0％を下回る可能性が出てくる。なかなか良い発情もこないし，体重も減少しケトーシスなどにもなりやすくなる可能性が高まる。免疫機能も低下しとりかえしがつかなくなる。

6) 泌乳最盛期の高泌乳牛は，ボディーコンディション（BCS）が落ち込みやすいので注意する。分娩後から泌乳ピークには，しっかりとした栄養を与えないと泌乳ピークは低くなり妊娠が遅れてしまい，泌乳後期での濃厚飼料の給与コントロールが難しくなる。

多くの農場で，じつは泌乳後期・乾乳期で肥り難産などの原因になるのは，泌乳最盛期で十分な栄養を与えておらず，乳牛の能力を十分に引き出していないことが原因である。

7) すなわち，高泌乳牛を健康に管理しながら，能力を十分に発揮させるには，必要な飼料を十分に採食させる工夫が必要である。そのためには飼料給与回数も大事になってくる。また，暑熱対策も非常に大事である。

第13図に示したように，15kgの粗飼料と15kgの濃厚飼料を5回に分けて給与している例もある。1回の給与量は粗飼料と濃厚飼料を3kgずつ6kgである。当然，粗飼料を先に給与する。これによってルーメンマットができルーメン内の醱酵が適切になるようになる。

以上，セパレート方式（分離給与方式）について述べてきたが，分娩後の栄養要求量は毎日，増加していくし，食滞などを起こさないように粗飼料を食い込ませながら，濃厚飼料を給与する技術は，毎日の観察力が必要となる。

8) 第12図は，TMRの増給方法である。フリーストール牛舎では，分娩後すぐに不断給飼させている例も多いが，つなぎ牛舎のばあい，分娩後5日までにTMR10kg，分娩後10日までにTMR15kg，分娩後15日までにTMR20kgをめどに，採取量を観察しながら増給していく。TMRは，ルーメンコンディションを正常に維持しながら牛の能力を引き出すには非常に良い方法である。

(6) 乾乳に向けたBCS調整

乾乳時にBCSを3.5に整え，乾乳後期（クローズアップ期），分娩後増飼することは，分娩後の疾病発生防止と良い発情回帰に寄与する。そのためには妊娠5か月（正常に分娩後60日で受胎した牛では分娩から7か月後，乾乳3か月前）からの泌乳後期の濃厚飼料給与量は乳量も参考にするが，あくまでBCSを見て給与量を

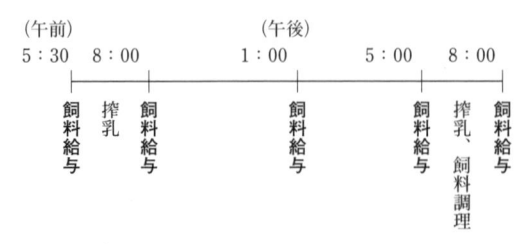

第13図 飼料の給与回数
1回の給与量は粗飼料，濃厚飼料各3kg
粗飼料を先に給与し，その後，濃厚飼料を給与

調整する。

乳量のおおよそ3分の1が濃厚飼料の給与量である。第10図では、乾乳前3か月で乳量30kgの泌乳牛の濃厚飼料の給与量は11kgになっているが、BCS3.5以上の乳牛では、濃厚飼料の給与量を8kgくらいに抑え、その分粗飼料を3kg増やし、乾物摂取量は減らさず摂取エネルギーを抑える。一方、BCS 2.0以下では、濃厚飼料の給与量は12kgが目安になる。

乳量15kgでBCS3.3くらいのばあい、濃厚飼料の給与量5～6kgだが、太った泌乳牛は3～4kg、やせた泌乳牛では7～8kgの給与量が目安になる。

このように、乳量に応じた飼料給与プログラムを活用しながら、受胎状況を確認し、さらに、BCSを加味して飼料給与量を決めていく必要がある。

(7) 牛群検定を実施し、活用しよう

乳量に応じて飼料給与量が決まってくる。それには、牛群検定（個体ごとに繁殖記録、飼料給与量の記録、乳量測定、乳成分・乳質検査用のサンプリングをして検定する）を実施して乳牛の状況（乳量、乳質）を把握しなければならない。経営の改善を目指すなら、牛群検定を実施することは大事なことである。

現在では、乳質の検査も行なわれるようになっているので、乳脂率が低いばあいは粗飼料給与を検討することもできるようになっている。検定数値を活用して給与量を加減することが大事である。

近ごろは自動給餌機も普及してきた。一日に6～8回も給与できる。しかし、乳量が把握できず給与量が適切でない農場も見受けられる。まず、乳量を把握することが先決であるし、さらに乳脂肪率、乳蛋白質率も把握し飼料給与が適切であるかどうか検討し、あわせてBCSも加味して給与量を加減することが大事である。

このように設計された飼料を給与した結果、その牛がどうなったか（設計後の変化、反応）確認することが不可欠である。期待した成果が現われないばあいは、栄養、環境、施設、作業労働などをからめて再度、解決策の検討が必要となる。

*

以上、乾乳期の飼料給与と分娩前後の飼料給与とボディーコンディションを中心について述べてきたが、乾乳期の60日間でボディーコンディションを整えることは比較的難しい技術である。そこで泌乳中、後期の間からボディーコンディションを整えるようにしたいものである。

また、第10図の飼料給与プログラムに示したように基本を押さえて、牛の状況を観察して応用するためにも、一泌乳期のプログラムを各農場の状況に応じて作成し、乳量、乳成分、ボディーコンディションを加味して飼料給与にあたりたいものである。

今回は、単味飼料を中心に記述したが、配合飼料を使うときは、配合飼料の成分がよくわかっている飼料メーカーなどに飼料設計してもらうことが大事である。そのうえで、適正な給与量を適切に給与し、さらに採食量をよく観察して修正していくことが大事である。

毎日毎日の飼料給与量のミスが大きなロス（損失）につながらないよう、隣の牛からの盗み食いなどにも十分、配慮した飼養管理こそが高泌乳牛の飼養管理技術の一歩といえる。

牛群平均乳量が7,500kgの農場で、3年後に1万kgに上げようとすると通常は大きな困難がある。栄養だけのアプローチで安易に乳量を上げることができても、繁殖、乳房炎など、種々の問題が出てくる。このことは多くの酪農家が経験してきたことである。

しかし、2008年度の牛群検定成績は、9,152kgの平均乳量（305日2回搾乳）となっており、1万kg以上の階層は都府県で33.8%、北海道で30.3%を占めている。

これは、栄養、繁殖、乳房炎、BCSの管理、換気、Cow Comfort（快適性）、グループ分け、環境、育種改良などすべての範囲でマネジメントレベルを向上させてきた酪農家の成果である。

まずは、栄養面や飼料給与面を正しく改善し

搾乳牛

その効果が現われたら，次の搾乳管理技術の改善，繁殖率向上へとレベルアップし，換気，Cow Comfort，グループ分け，環境，育種改良などすべての範囲でマネジメントレベルを向上させていくことが必要である．

2011年記

参 考 文 献

後藤幸雄・津吉烱・前之園孝光ら．1979．牛乳高位生産のための飼料給与基準に関する研究（飼養試験の部）．栃木県酪農試験場特別研究報告書1号．

桧垣繁光．1982．乳牛における分娩前後の飼養管理技術．畜産の研究．36巻5号，8—14．

伊藤紘一．1979．乾乳牛のアメリカ式飼養管理方法．畜産の研究．33巻12号，32—34．

家畜改良事業団．2008．乳用牛群能力検定成績のまとめ．

前之園孝光・田中農夫幸ら．1979．乳牛の乳期別における飼料給与の実態．日本畜産学会第70回大会特別号．

前之園孝光・山田真希夫ら．1983．コンプリートフィードにおける産乳量と飼料効率について．日本畜産学会第74回大会特別号．

本好茂一．1982．乳牛の過肥症候群．獣医界．121号．

農林水産技術会議事務局．1975．乳牛における濃厚飼料多給の生理限界究明に関する研究．研究成果No.31．

農林水産省技術会議事務局．2008．日本飼養標準乳牛（2006年版）．中央畜産会．東京．

大野光男・前之園孝光ら．1979．経営内における高産乳量確保の条件．日本畜産学会第70回大会講演．

大野光男・前之園孝光ら．1980．牛乳高位生産のための飼料給与基準に関する試験成績書（調査研究の部）．栃木県酪農試験場特別研究報告書第2号．

佐藤博ら．2005．これだけは知っておきたい周産期の管理．Dairy Japan．

社団法人全国家畜畜産物衛生指導協会．乳牛編1．生産獣医療システム．

高野信雄．1979．変貌する米国酪農とそれを支える革新技術．畜産の研究．33巻9号，11—18．

津吉烱・後藤幸雄・前之園孝光ら．1982．乳牛の自由採食飼養法に関する試験．栃木県酪農試験場特別研究報告書．

分娩前後のストレスと繁殖機能への影響

執筆　中尾敏彦（酪農学園大学）

(1) 明らかになっていないストレスの影響

　分娩が近くなると，乳牛では胎子が急速に発育し，泌乳の準備が始まる。分娩は陣痛から始まり，産道の開大，胎子の娩出および胎盤の排出によって終了する。分娩後は，子宮が急速に収縮し，悪露が排出され，子宮内膜も再生し，卵巣の活動に伴い発情が発現する。

　一方，分娩後まもなく泌乳が始まり，分娩後30〜60日ごろの泌乳ピークに達するまで，乳量は著しく増加し続ける。泌乳能力の高い牛では，この時期の乳の生産に必要なエネルギーを，飼料から摂取した栄養からだけではまかないきれなくなるため，体に蓄えられている蛋白質や脂肪から必要なエネルギーを産生する。その結果として，分娩後に体重が減少する。

　このように，乳牛では分娩前後に生体の著しい変化がみられる。しかもこの時期には，乳牛の起立不能症やケトーシスなどの代謝性疾患や第四胃変位，および乳房炎や子宮炎などの感染症が集中してみられる。

　したがって，これまで一般に，乳牛では分娩前後はストレスによる影響が大きく，これと関連して周産期疾患が起こりやすく，子宮の修復や卵巣機能の回復が遅れ，繁殖障害や低受胎につながるものと考えられていた。

　しかし従来，牛にとってストレスであろうと考えられてきたこれらの要因が，実際にどの程度のストレスとなっているか，そしてそれらのストレスが繁殖機能にどのように影響するのかについては，これまであまり明らかにはされていない。

　そこで本稿では，まずストレスの概念について述べ，次いで分娩，泌乳，栄養障害などの要因が実際にどの程度のストレスになるのかについて解説する。さらに，これらのストレスがその後の繁殖機能に及ぼす影響についても触れてみたい。

(2) ストレスとは何か

　生体に対する非特異的な刺激をストレッサーといい，ストレッサーに対する生体の反応（たとえば緊張状態）をストレスという。ここでは，ストレッサーとストレスを特に区別せず，両者を含めた形でストレスという用語を使うことにする。

　生体には常にある程度のストレスは必要であり，また，ストレスを経験することによってストレスに対する耐性を高めることができる。全くストレスのない環境下におかれると，ストレスにさらされたときにそれに適応する機能が低下してしまうことが考えられる。しかし，ストレスがその程度と持続時間において生体の適応能力を超えるような場合は，生体の機能に悪影響を及ぼし，疾病の発生や生産性および繁殖性の低下に結びつくことになる。このように，ひとくちにストレスといっても，その種類や程度および持続時間などによって，その意味は異なってくる。

　一般にストレスは，①生体にとって有益なストレス，すなわち，生体の機能を高めるもの，②有益ではないが，特に有害でもないもの，③生体に悪影響を及ぼすもの，の三つに区分される。問題になるのは，③の生体に対して有害なストレスである。

　ところで，ストレスによる悪影響は，生体にどのような形で現われるのであろうか。これまでに，一般的に明らかにされている悪影響は，第1表に示したとおりである。

第1表　ストレスが乳牛の生体に及ぼす影響

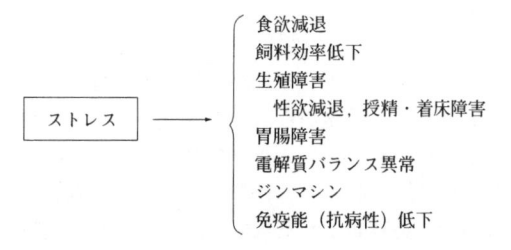

ストレス　→　食欲減退
　　　　　　飼料効率低下
　　　　　　生殖障害
　　　　　　　性欲減退，授精・着床障害
　　　　　　胃腸障害
　　　　　　電解質バランス異常
　　　　　　ジンマシン
　　　　　　免疫能（抗病性）低下

搾乳牛

ストレスにさらされると，乳牛は食欲が低下し，乾物摂取量が不足してエネルギー不足が起こる可能性がある。乾物摂取量の不足は，第四胃変位やケトーシスなどの原因ともなる。また，免疫能の低下は，子宮の細菌感染や産褥熱および乳房炎などの原因となる。このように，ストレスは分娩後の卵巣機能の回復や子宮の修復を遅らせ，繁殖成績を低下させることになる。

さて，乳牛にこのような悪影響を及ぼすような有害なストレスには，どのようなものがあるだろうか。従来，ストレス要因と考えられていた分娩，泌乳，栄養障害および分娩後疾患などは，はたして有害ストレスなのであろうか。あるいは，どの程度のストレスとなるのであろうか。

(3) ストレスの客観的指標

たとえば，分娩という事象は母体にとっても，また新生子にとってもストレスであるとみなされている。しかし，乳牛は分娩が正常で，栄養状態が良好であれば，分娩後速やかに食欲を回復し，乳の分泌を開始し，卵巣や子宮も順調に回復することが多い。このような分娩は生体にとって必ずしも有害なストレスとはいえない。

これに対して，分娩後に子宮に細菌感染が起こり，食欲が低下し，第四胃変位を発症したような場合は，分娩自体が有害ストレスとして作用したものと推察される。ただし，この場合，分娩後疾患がはたして分娩によるストレスによって起きたものか，あるいはそれ以外の要因の関与によるものか必ずしも明確でない場合がある。そこで，ストレスの程度を客観的に表わす指標が必要となる。

ストレスに反応して，生体では視床下部—下垂体—副腎系の機能が活性化し，視床下部からはコルチコートロピン放出ホルモン（CRH），下垂体からは副腎皮質刺激ホルモン（ACTH）が，副腎からはコルチゾールが，それぞれ分泌される。また，下垂体からはβ—エンドルフィンが分泌され，ストレスに対する生体の反応に関与している。そして，これらのホルモンが過剰にあるいは長時間にわたって分泌されると，直接

または間接的に神経内分泌系や生殖内分泌系に悪影響を及ぼすことになる。

したがって，血中のコルチゾール濃度やβ—エンドルフィン濃度を測定することは，ストレスの程度を知るうえで重要な指標となる。ただし，血中コルチゾール濃度は日内変動が大きく，軽度の刺激に対しても反応するため，測定値の解釈には注意が必要である。ACTHを負荷し，負荷前の基底値と負荷後のピーク値を測定すれば，ストレスに対する副腎機能の変化をより的確に推定し，ストレスの程度を推定することができる。

(4) ストレスの要因とその程度

①正常分娩によるストレスは一過性

正常分娩例と分娩異常例の分娩前後の血中コルチゾールおよびβ—エンドルフィン濃度の変動を第1図に示した。コルチゾール濃度は，正常分娩例では分娩の2日前から上昇し始め，二次破水時にピークに達し，分娩後12時間目にはほぼ基底値に戻っている。これに比べ分娩異常例では，ピークが胎子娩出時に認められ，その後1週間は比較的高い値で推移し，15日目まで正常分娩例よりも高い値を維持している。β—エンドルフィン濃度もコルチゾール濃度とほぼ同様に，分娩異常例のほうが高値の持続する時間が長い傾向が認められる。

このように，コルチゾール濃度およびβ—エンドルフィン濃度を指標としてみた場合，正常分娩によるストレスは比較的軽度で一過性のものであることが推察される。これに対し異常分娩の場合は，ストレスが大きく，長期間その影響が現われることが示唆された。

②難産の程度とストレス

次に，分娩ストレスの程度をさらに詳しく検討するために，分娩状況と分娩後の副腎皮質機能の回復との関係を調べた。第2図は，分娩後24時間以内，4日目，および8日目における副腎皮質機能を，正常分娩例と難産救助を行なった分娩異常例とで比較したものである。

正常分娩牛では，分娩後1日目では，ACTH負荷前のコルチゾール濃度と負荷後1時間目の濃

度とも,平常時(分娩後20〜50日)よりもやや高く,軽度の亢進状態にあるものと推察された。しかし,4日目にはほぼ平常時の状態に戻っていることがわかった。

これに比べ,難産例では正常分娩例よりも副腎皮質機能の亢進の程度が高く,しかも難産が重度になるほど亢進の程度が高い傾向が認められた。難産例のなかで,軽度の牽引で容易に胎子を摘出できた例や,分娩開始後早い段階で帝王切開を行なった例では,亢進の程度が軽度で,分娩後8日目にはほぼ平常時の状態に戻っていた。

これらに比べ,難産救助のため胎子の失位の整復や牽引を行なったにもかかわらず,胎子を摘出できなかったために帝王切開を行なった例や,分娩開始後かなり時間が経過し,胎子がすでに死亡していたために全切胎を行なった例では,副腎皮質機能の著しい亢進が認められ,分娩後8日目でもまだ,軽度の亢進の状態にあった。

このように,分娩は正常であれば有害なストレスとはいえないこと,そして,難産の場合は有害なストレスになりうることが確認された。さらに難産のなかでも,助産が長引いたり,時間が経過して胎子がすでに死亡しているような例では,特にストレスが大きく,かなり長期間に

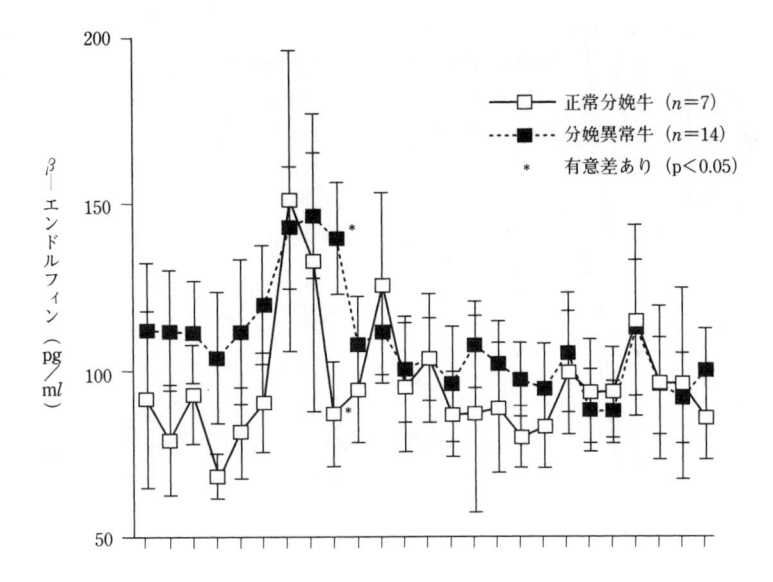

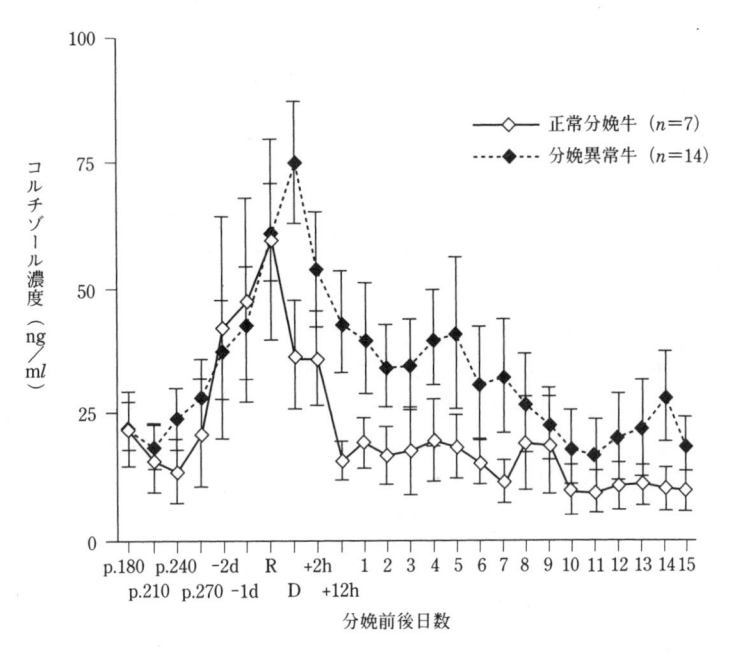

第1図 乳牛の正常分娩例と分娩異常例における分娩前後の血中β-エンドルフィンおよびコルチゾール濃度の変動

分娩前後日数におけるRは二次破水,Dは胎子娩出,2h,12hは2時間,12時間後を示す。またpは妊娠,dは日を示す

わたって副腎皮質機能の亢進をまねくという意味で,このようなストレスは明らかに有害であると考えられる。

③分娩後疾患によるストレス

分娩後にみられる胎盤停滞,食欲減退,ケト

搾乳牛

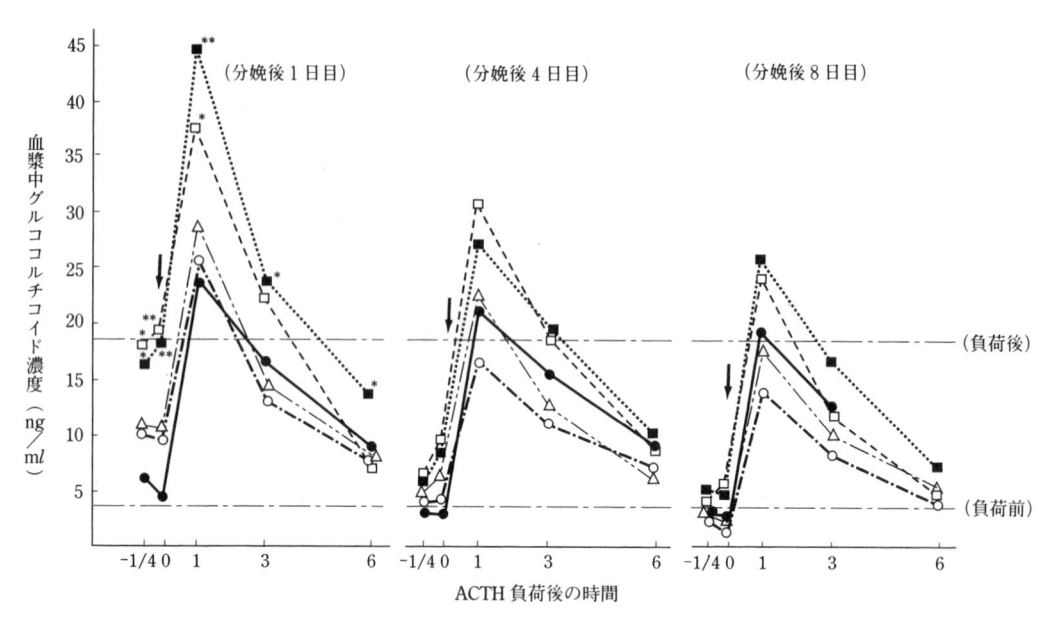

第2図 乳牛の正常分娩後および難産後における副腎皮質の副腎皮質刺激ホルモン(ACTH)に対する反応

0＝分娩日, ** p＜0.01, * p＜0.05
●――● 正常分娩例 ($n=10$), ○--○ 牽引分娩例 ($n=17$), △----△ 帝王切開例 ($n=13$),
□---□ 全切胎 ($n=13$), ■……■ 整復牽引後帝王切開例 ($n=9$)
矢印はACTH, 25IUの筋肉注射を示す。―・― 線は分娩後20〜50日の健康牛12頭のACTH負荷前および負荷後1時間の血中グルココルチコイド濃度の平均値を示す。グルココルチコイドにはコルチコステロンとともにコルチゾールが含まれている

ン尿症, 子宮内膜炎, 乳房炎などの疾患が, 分娩時のストレスを経験した牛に対して, 新たなストレスとなりうるかどうかについても検討が行なわれている(第2表)。分娩後1日目では, 難産のほか, 胎盤停滞例で副腎皮質機能の亢進が認められ, 子宮内膜炎例でも機能亢進がみられた。したがって, これらの疾患は分娩後の牛に対して, 新たなストレスになっていると思われる。

なお, ケトン尿症の例では分娩後1, 4, 8日のいずれも副腎皮質機能の低下が認められた。いわゆる起立不能の牛では, 著しい副腎皮質機能の亢進が認められ, 起立不能の状態が長引くほど亢進が進み, ACTH負荷に対して反応できない段階にまで達するものもある。

④泌乳量とストレス

泌乳がストレスであることは, 泌乳に伴う血中コルチゾール濃度の上昇からも明らかである。

しかし, 泌乳に必要な栄養分が適切に供給されていれば, 泌乳そのものが有害なストレスとなることはないと考えられる。高泌乳にともなって栄養の摂取量が不足すると, 副腎皮質機能は亢進し, 体重が減少し, 生殖障害や代謝障害が起こる。このような場合は, 泌乳が有害なストレスとなっているものと考えられる。

(5) 分娩前後のストレスが繁殖機能に及ぼす影響

①下垂体の機能回復を遅らせる副腎皮質機能の亢進

乳牛の場合, 分娩の直前に卵巣の妊娠黄体が退行した後, 分娩後卵巣に卵胞が発育し始めるのは7〜10日ごろとされている。この卵胞が成熟し排卵するのは, 一般には分娩後15〜20日である。この後, 黄体が形成され, 卵巣の周期が始まる。分娩後におけるこのような卵巣機能の

回復は，卵巣の活動に必要な性腺刺激ホルモンを生成し，分泌する下垂体の機能の回復と密接な関係にある。

妊娠の末期から分娩直後の間は，下垂体からはほとんど性腺刺激ホルモンは分泌されない。分娩後，下垂体が性腺刺激ホルモンを生成し分泌するようになるのは，7～10日目ごろである。これは卵巣機能の回復開始時期と一致している（第3図）。つまり，分娩後の卵巣機能が回復し始めるためには，まず下垂体機能が回復する必要があるということになる。そして，この下垂体機能の回復を遅らせるのが，分娩前後のストレスの持続による副腎皮質機能の亢進である。

したがって理想的には，分娩前後のストレスが軽度で，副腎皮質機能の亢進も軽度で速やかに回復し，それに伴って7～10日目ごろに下垂体機能が回復して卵巣の活動が始まり，40日目ごろまでに子宮が修復することが望ましい。

②副腎皮質機能の回復から子宮修復までの経過

第4図は，44頭の乳牛について，分娩後1週間目と3週間目前後の副腎皮質機能と下垂体機能の回復状態を調べ，さらにその後の卵巣機能回復と子宮修復の状態を追跡した成績をまとめたものである。分娩後1週間目では，副腎皮質はやや亢進の状態にあり，下垂体機能の回復も不十分であるが，3週間目には副腎皮質機能がほぼ平常の状態に戻り，それに伴って，下垂体機能も正常に回復していることがわかる。また，卵巣機能の回復も20日目までに70％の牛で，30日までには88％で認められた。子宮の修復は，サイズ的には20～30日で完了しているが，子宮内細菌の清浄化と子宮内膜の再生という点では，45日ごろまでかかっているものが多かった。

分娩前後のストレスと副腎皮質機能の回復との関係については，すでに述べたので，ここではストレスと下垂体機能および卵巣機能の回復

第2表 乳牛分娩後の副腎皮質機能（副腎皮質刺激ホルモン（ACTH）負荷前後の血中グルココルチコイド値）に及ぼす分娩後疾患の影響

	自由度 (df)	平方和 (Sum of square)					
		分娩後1日以内		4日目		8日目	
		ACTH負荷前	負荷後	負荷前	負荷後	負荷前	負荷後
ケトン尿症	2	9,449	67,837*	13,479	99,453**	180	42,052
胎盤停滞	1	4,594	58,913*	1,261	916	42	129
子宮内膜炎	1	735	25,316	2,337	1,154	1,813†	4,662
乳房炎	1	5,793	7,365	2,341	14,681	256	5,153
食欲減退	1	1,199	21,074	6	633	9	24,634
分娩異常	4	76,492*	213,329**	16,052	43,685	2,719	32,644
産次数	1	294	579	11,219	9,553	168	6,833
新生子の生死	1	53	131,316**	7,189	35,170†	9	0.4

注 $**p<0.01$，$*p<0.05$，$†p<0.10$

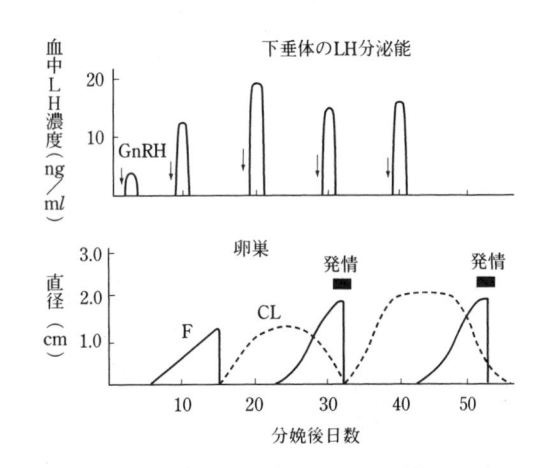

第3図 乳牛の分娩後における下垂体および卵巣機能の回復

GnRH：性腺刺激ホルモン放出ホルモン，LH：黄体形成ホルモン，CL：黄体，F：卵胞

と子宮修復との関係について述べてみよう。

③下垂体機能の回復を遅らせる要因

副腎皮質機能を指標とした場合のストレスと下垂体機能との関係を第3表に示した。分娩後8日目と22日目に副腎皮質機能の亢進を示した牛では，分娩後7日目の下垂体機能が著しく低下していた。一方，副腎皮質機能がむしろ低下の傾向を示した牛では，下垂体機能は良好であった。

同様に，分娩後のβ－エンドルフィンの分泌量と下垂体から分泌される黄体形成ホルモンと

の間にも負の相関が認められており，ストレスが持続すると下垂体機能が抑制されることが確認された。

下垂体機能に影響する要因としては，分娩，泌乳，栄養，分娩後疾患などが考えられる。第4表は，分娩後7日目と21日目の下垂体機能に及ぼす要因の分析を行なった成績である。これによると産次，分娩時のボディーコンディションスコア（BCS），および乳量などが影響していることが示されている。

④卵巣機能回復と子宮修復を妨げる要因

分娩異常，分娩後疾患，分娩時および分娩後のBCS，乳量などは，卵巣機能の回復を遅らせる要因でもある。

第5表は，乳牛72頭について，分娩後の卵巣機能回復と子宮修復に要する日数に及ぼすいくつかの要因の影響を示したものである。卵巣機能の回復に関しては，分娩異常と分娩後のエネルギー摂取不足，さらに子宮の修復遅延などが，また子宮修復に関しては，産次数の増加，分娩異常，分娩季節および卵巣機能の回復遅延などが，それぞれ悪影響を及ぼすことが確認された。

古くから，牛の分娩後の卵巣機能の回復を妨げる要因としてあげられているのは，①子宮修復遅延，②高泌乳，③体重の減少，④栄養の不足，⑤分娩後疾患，⑥分娩季節，⑦産次などである。また，子宮修復を妨げる要因としては，①分娩異常後の子宮無力，②低カルシウム血症後の子宮無力，③胎盤停滞，④

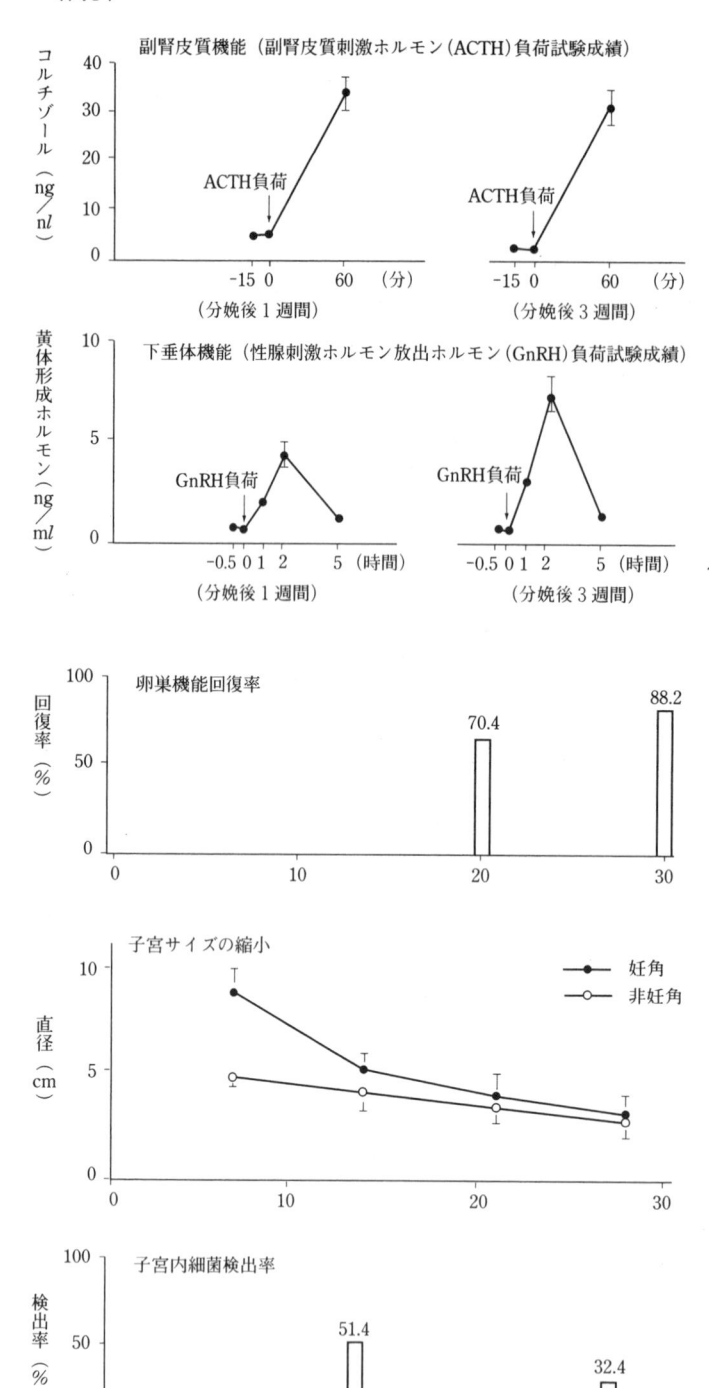

第4図 乳牛の分娩後における副腎皮質，下垂体，卵巣機能の回復と子宮修復状況（44頭）

産次数の増加，⑤季節，⑥子宮内膜炎などがあげられている。

先に紹介した内分泌学的研究によって明らかにされた要因は，ほとんどすべてここにあげた要因に含まれている。これらの要因がストレスとして副腎皮質機能の亢進をまねき，下垂体機能の回復を遅らせていることが明確となった。

⑤生殖器の回復遅延による受胎率の低下

分娩前後のストレスと繁殖成績とをダイレクトに結びつけて考えるのはなかなか難しい。一つには，分娩前後と人工授精を行なう時期までの間に2か月近い時間的ずれがあり，この間に分娩時のストレス以外の別の要因が加わる可能性が大きいからである。もう一つは，人工授精による受胎率には，実に多くの要因が関与しており，分娩時のストレス以上に重要な影響を及ぼす要因が多いためである。

したがって，方法としては，分娩時ストレスが分娩後における下垂体機能を低下させ，その結果として卵巣機能の回復が遅れ，子宮の修復が遅れることを明らかにしたうえで，このような生殖器の回復の遅延がどの程度繁殖成績に影響を及ぼすのかを調査するのが適当と考えられる。

そこで，分娩後35～49日までに卵巣機能が回復していたものと，回復していなかったものについて，その後の繁殖成績を比較してみた。その結果，卵巣機能回復遅延例のほうが，明らかに初回授精受胎率が低く，空胎日数が長びくことがわかった（第6表）。また，分娩後1か月前後の検診で子宮内膜炎と診断され，子宮の修復が遅延していた例では，やはり受胎率が低く，空胎日数が長くなることが示された（第7表）。

以上のように，分娩前後のストレスは結果的に繁殖成績に悪影響を及ぼすことが明らかにさ

第3表 分娩後の副腎皮質機能と下垂体機能との関係

副腎皮質機能		頭数	血中LH濃度 (ng/ml)			
分娩後8日	22日		7日		21日	
			負荷前	GnRH負荷後値	負荷前	GnRH負荷後値
亢進	平常	10	0.6±0.2	3.5± 3.1	0.6±0.4	9.6± 6.9
平常	平常	24	0.7±0.3	7.6± 6.9	0.8±0.3	10.1± 6.9
低下	平常	10	0.6±0.2	12.0±13.1	0.7±0.2	17.2±10.6

注 LH：黄体形成ホルモン，GnRH：性腺刺激ホルモン放出ホルモン

第4表 乳牛分娩後の下垂体機能回復（GnRH負荷前後のLH値）に及ぼす産次，ボディーコンディションスコア（BCS），分娩異常，泌乳量の影響

要因	自由度(df)	F 値			
		7日目		21日目	
		負荷前	GnRH負荷後値	負荷前	GnRH負荷後値
産次	1	6.13*	1.67	2.21	1.53
BCS	1	4.66*	0.10	3.57	1.85
分娩異常	1	0.38	0.15	0.05	0.04
泌乳量	1	8.30**	0.21	5.40*	0.17

注 $p<0.10$, *$p<0.05$, **$p<0.01$
GnRH：性腺刺激ホルモン放出ホルモン，LH：黄体形成ホルモン

第5表 ホルスタイン種乳牛の分娩後の卵巣機能回復および子宮修復に影響する要因

(Analysis of variance - covariance, SAS)

要因	分娩後初回排卵までの日数		分娩後子宮修復までの日数	
	自由度(df)	平均平方和	自由度(df)	平均平方和
産次	2	31.35	2	27.78 **
分娩時・分娩後異常	1	193.12 *	1	615.80 **
分娩季節	1	116.71	1	25.77 *
年齢（月齢）	1	0.69	1	0.95
分娩後1か月間平均乳量(4%FCM)	1	9.79	1	0.24
分娩後1か月間TDN充足率	1	819.12 **	1	7.83
分娩後1か月間CP充足率	1	7.08	1	8.39
子宮修復日数	1	128.92 †		
初回排卵日数			1	10.45 †

注 **：$p<0.01$, *：$p<0.05$, †：$p<0.10$

れた。

(6) 分娩前後のストレス対策

①分娩異常の判断基準

分娩は正常であれば，有害なストレスとはな

搾乳牛

第6表 乳牛における分娩後の卵巣機能回復状況と繁殖成績

	高泌乳牛群		標準泌乳牛群	
	正常回復群	回復遅延群	正常回復群	回復遅延群
頭　数（頭）	40	15	22	20
初回排卵日数（日）	33±11	61±19	35±11	59±27
初回AI日数（日）	70±22	74±17	46±17	79±31
初回AI受胎率（%）	41.7	20.0	63.6 [a]	15.0 [a]
最終受胎率（%）	91.9	80.0	100.0 [b]	65.0 [b]
空胎日数（日）	94±49	110±36	85±44	114±34

注　正常回復群：分娩後35～49日以内に回復，回復遅延群：分娩後50日以降
　　平均±SD，a/a，b/b間に有意差あり（p<0.05）

第7表 乳牛における分娩後子宮内膜炎とその後の繁殖成績

	高泌乳牛群		標準泌乳牛群	
	正　常	子宮内膜炎	正　常	子宮内膜炎
頭　数（頭）	22	32	20	22
初回AI日数（日）	67±19	73±22	69±18	73±27
初回AI受胎率（%）	40.9	28.1	50.0	31.8
最終受胎率（%）	86.4	90.6	90.0	86.4
空胎日数（日）	88±33	105±55	80±33	107±46

注　平均±SD

第8表 分娩異常の判断基準

☆ 産出期陣痛開始後胎子娩出までの時間は？
　　平均4時間以内，8～10時間は生存
1. 開口期陣痛開始後6時間経ても産出期陣痛が始まらない
　　陣痛微弱？　子宮捻転？
2. 産出期陣痛開始後2～3時間経過しても分娩が進まない
　　胎子過大？　胎子失位？　子宮捻転？　胎子奇形？
3. 足胞形成後2時間経過しても胎子が娩出されない
　　胎子過大？　胎子失位？　陣痛微弱？　胎子奇形？
4. 一次破水後3～4時間経過しても胎子が娩出されない
5. 一次破水後1時間経過しても足胞が形成されない

らないこと，難産であっても，早い段階で，軽度の牽引で胎子を抽出できた場合や，速やかに帝王切開で胎子を摘出した場合も，ストレスは軽度であることはすでに述べたとおりである。

したがって分娩にあたっては，注意深い観察によって分娩の開始時間を確認し，分娩異常を早めに発見し，速やかに適当な方法で胎子を摘出することが重要である。分娩異常の判断基準の一例を第8表に示した。特に，長時間にわたって胎子の失位の整復や牽引を行なった場合はストレスが大きいので，できるだけ早い段階で帝王切開に切り替えることが必要である。

また，分娩予定日を超過すると胎子はどんどん発育して大きくなり，特に初産例では重度の難産になりやすい。このため，早めに分娩を誘起することも，分娩異常によるストレスを軽減するうえで重要である。

さらに，分娩時に騒音や接触などのストレスがかかると，陣痛が抑制され微弱となり，分娩時間が長くなるだけでなく，胎子の失位も起こりやすくなる。これを防ぐためには，十分に消毒した牛床と，よく乾燥した清潔な敷料を用意して，衛生的な環境で静かに分娩させることが必要である。

②分娩後疾患の早期発見

胎盤停滞，子宮内膜炎，ケトーシス，第四胃変位などは予防策を講じるのが一番である。発症した場合は速やかに治療を施し，できるだけ短期間で治癒させることが重要である。そのためには，胎盤排出の遅れ，悪露の異臭や膿汁の混在，食欲の低下，発熱などを少なくても1日に1回はチェックするなど，分娩後の牛を注意深く観察し，異常を早期に発見する必要がある。

③乾乳期の過肥を防ぐ

分娩後におけるエネルギー摂取不足は，牛が分娩後十分に乾物を摂取できないことによって起こることが多い。分娩後の乾物摂取量の不足は，乾乳期に過肥状態になっていた牛に多い。これを防ぐためには，泌乳の後期から乳牛の栄養状態に注意し，ちょうどよいBCSで乾乳期にはいるように飼料給与を行なう必要がある。

④ストレス耐性の高い系統の選抜

ストレスに対する生体の抵抗性は個体によってある程度差がある。そして，このような素因は遺伝するとされている。したがって，ストレスに対する耐性の高い系統を選抜しふやすことも，長期的には重要な課題となる。

1998年記

分娩前後の繁殖内分泌動態とその変動要因

執筆　上村俊一（鹿児島大学）

(1) 分娩前後の牛の繁殖内分泌動態

①分娩の発来

分娩の開始は動物種によりやや異なるが、一般的には胎子が母体外で生存できる段階まで発育すると、内分泌的環境が変化し、妊娠状態が終了するとともに分娩が発来する。

分娩の徴候として、母牛の外陰部が腫脹するとともに、子宮頸管の粘液栓が融解し、子宮外口が開大する。血液中のエストロジェンやリラキシンの濃度が増加すると、尾根部両側の陥没を特徴とする骨盤靱帯が弛緩する。そして、母牛の産道が拡張し、子宮の収縮、胎子の娩出がみられるとともに母性行動が起こり、乳汁の合成と泌乳が始まる。

母牛は、分娩時、不安な状態を示し、排尿回数が増加するとともに、体温も1℃ほど下降してくるので、敷わらを施した分娩室へ移すことが必要である。

分娩は本来生理的な現象であるが、動物にとって大きなストレスであり、また分娩発来の引き金が必ずしも完全には解明されていない。最近の研究では、胎子の視床下部—下垂体—副腎軸の働きにより、分娩が発来するとされ、このため、胎子の脳や副腎に異常があると、妊娠途中で流産したり、逆に分娩予定日になっても分娩徴候が現われず、長期在胎となる（第1図）。

②分娩時のホルモン動態

分娩前2〜3日になると、胎子の副腎から副腎皮質ホルモン（コルチゾール）の分泌が増加し、その後、母牛の血中コルチゾール濃度が上昇す

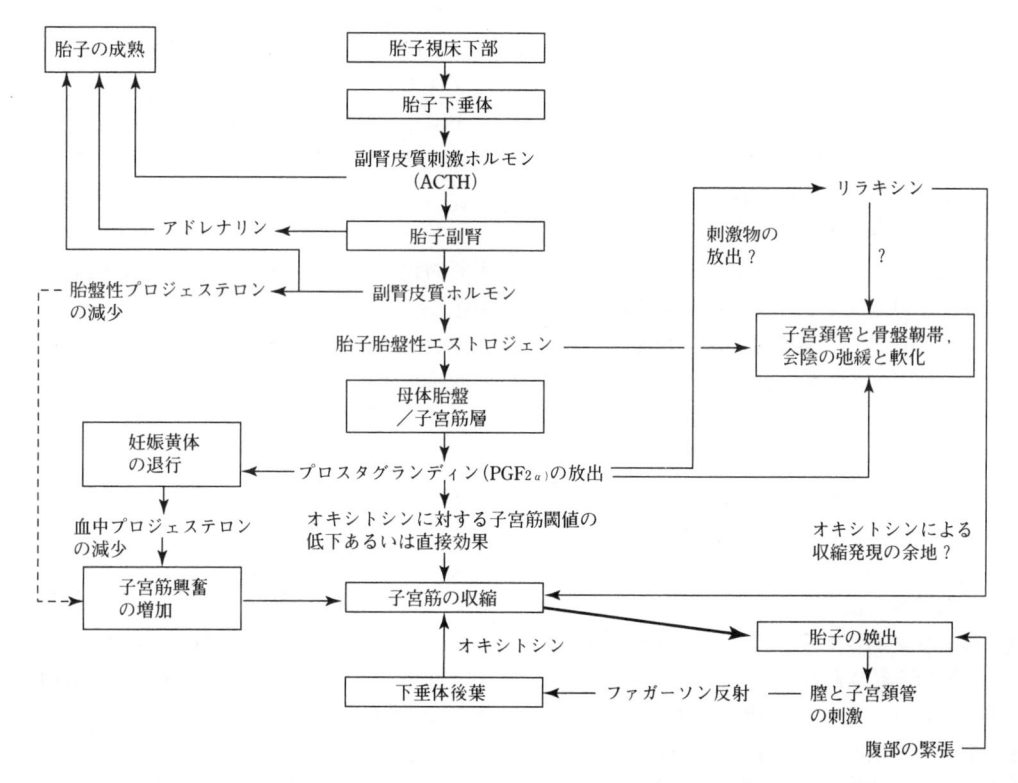

第1図　牛、豚、羊の分娩前および分娩中に起こる繁殖内分泌動態とその影響
(Noakes et al, 1996)

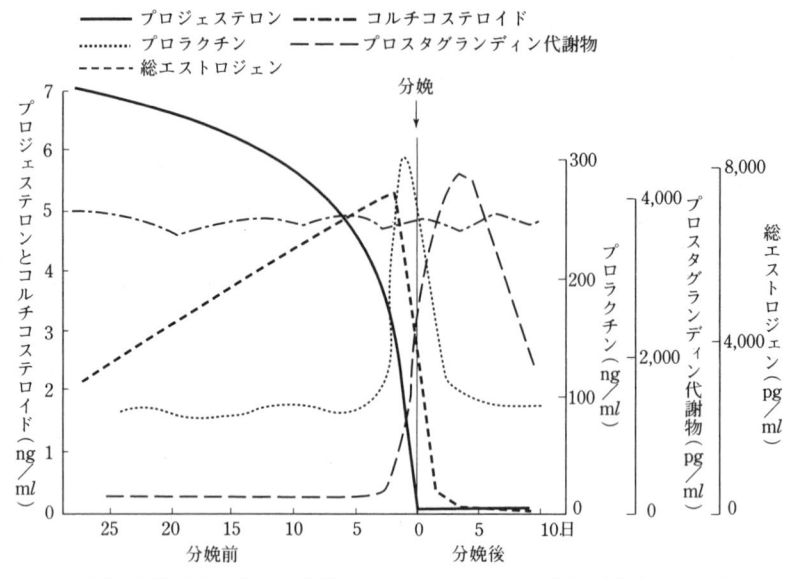

第2図 分娩前後の牛の血中性ステロイドホルモンの動態（分娩日＝0日）
(Noakes et al, 1996)

る（第2図）。また，血中のコルチゾール結合能も上昇し，フリーのコルチゾールが減少して，下垂体からの副腎皮質刺激ホルモン（ACTH）分泌に対するネガティブフィードバックを抑制する。

胎子コルチゾールは，胎盤由来プロジェステロンを17α-OH-プロジェステロンによりジヒドロエピアンドロステロンに変え，アロマターゼ活性によりエストロジェンに変換する。そして，エストロジェン濃度は急激に増加し，直接子宮筋に作用してオキシトシン感受性を高め，また子宮頸管のコラーゲン繊維を弛緩させ，次いで胎盤子宮節－小丘接合部に働き，プロスタグランディン（PGF$_2\alpha$）分泌を刺激する。

この反応は，プロジェステロンの低下とエストロジェンの増加により刺激されたフォスフォリラーゼA$_2$酵素の活性化により誘起される。この酵素は，リン脂質からアラキドン酸を遊離させ，PG合成酵素のもとでPGF$_2\alpha$を産生する。子宮筋からのホルモンの合成と分泌の刺激は，オキシトシン作用と腟の拡張による機械的刺激により，さらに促進される。

子宮では2種のプロスタグランディン（PG）が産生される。その2種とは，子宮内膜で産生されるPGF$_2\alpha$，胎子娩出時に子宮筋で産生されるプロスタサイクリン（PGI$_2$）である。

PGF$_2\alpha$には多様な作用があり，子宮平滑筋を収縮させ，黄体退行作用を示すとともに，子宮頸管のコラーゲンを軟化させ，平滑筋細胞にギャップジャンクションと呼ばれる接合をふやし，電気的刺激を通過させて，最終的な子宮の収縮を起こす。

PGF$_2\alpha$には固有の平滑筋収縮作用もある。この収縮により，胎子は頸管や腟の方向に進み，腟の拡張圧センサーを刺激し，神経内分泌反射であるファーガソン（Ferguson）反射をひき起こす。この反射により，下垂体から多量のオキシトシンが分泌され，オキシトシンはさらに子宮筋を収縮させることにより，子宮内膜からのPGF$_2\alpha$の分泌をひき起こす。

この両ホルモンは，子宮収縮とともにポジティブフィードバックによりその濃度を増加し，さらに子宮収縮を刺激して，胎子の娩出となる。

牛では妊娠150～200日に胎盤がプロジェステロン産生の主な部位となる。そのため，妊娠中期以降に卵巣の黄体を除去しても流産はしない。

しかし，妊娠中に黄体を除去した牛では異常分娩が多い。したがって，正常な分娩発来の内分泌的変化を誘起するため，分娩時の黄体の退行が必要である。他の要因として，グルココルチコイドや胎盤性エストロジェンも分娩時の黄体退行に必要である。

新生子に対する影響として，分娩時の内分泌的変化が胎子のコルチゾール濃度を増加させ，胎子肺の成熟，特に肺胞サーファクタントの産生を刺激する。

(2) 異常分娩と分娩誘起

①分娩調整の目的

乳牛にホルモン製剤などを注射することにより，分娩時期を人為的に調節でき，分娩管理が可能となる。分娩誘起の適応症，つまり分娩調整の目的として次の点をあげることができる。

①放牧主体の給与体系では，泌乳初期や育成時期に高栄養の放牧草を摂取できるよう，分娩時期を合わせることができる。

②監視分娩が可能となり，分娩に関連する事故を予防できる。

③胎子の体重増加をある程度抑えることにより，新生子の過大化を防ぐ。特に，妊娠の最終週に胎子は1日当たり0.25〜0.5kgと急激に発育するため，もし母牛が小格の未経産牛で難産が予想される場合，分娩誘起により難産を予防できる。

④母牛が分娩前，起立不能症などの疾病にかかったり，その他の突発的な事故で分娩直前に廃用しなければならないとき，新生子を取り出すために行なう。胎膜水腫はその例である。しかし，妊娠270日以前の分娩誘起では，新生子が未熟になる可能性がある。

②分娩誘起法

乳牛の分娩発来に関する生体内のホルモンの役割が明らかになり，そのうちいくつかのホルモン製剤が人為的な分娩誘起に用いられている。

副腎皮質ホルモンとして，デキサメサゾン20〜30mgやフルメサゾン10mgの筋肉内注射が行なわれ，分娩予定の2週間前以降，投与してから24〜72時間で胎子が確実に娩出される。この場合，分娩後に胎盤停滞が発生しやすい（およそ50％の発生）。この胎盤停滞は，エストラジオール10〜20mgの併用により，その発生率を低減できる。

$PGF_2\alpha$製剤として，$PGF_2\alpha$ 15〜25mg（ジノプロスト）か，$PGF_2\alpha$の類縁物質（$PGF_2\alpha$ーA：クロプロステノール）500μgの筋肉内注射が用いられる。また，筋肉内注射の代わりに母体の子宮羊水内への投与や，胎子に直接投与することも行なわれている。

先天的に胎子の下垂体や副腎に異常がある場合，妊娠300日を超えても分娩徴候が発来せず，長期在胎となり難産になることが多い。このような症例に対しても，副腎皮質ホルモンや$PGF_2\alpha$製剤による分娩誘起が行なわれる。

分娩誘起による副作用として，新生子の体重が自然分娩子牛より少なく，その後の発育も遅れる傾向にある。また，母牛の泌乳量も影響を受け（泌乳ステージの初期に最高乳量への立上がりが遅い），胎盤停滞がおよそ50％みられ，分娩後子宮内膜炎を併発した場合はその後の受胎が遅れる。さらに，初乳中の免疫性成分とその含有量が正常分娩牛に比べるとやや少ないことも報告されている。

(3) 産褥期の繁殖生理

①産褥期の内分泌動態

分娩が終了してから生殖器が正常な状態に回復するまでの期間を産褥期といい，他の発情周期や妊娠期とは区別して扱う。

12か月の分娩間隔，つまり1年1産が酪農経営にとって有利な理由として，①305日搾乳期間で高泌乳が得られる，②分娩がほぼ同じ時期にあり，同じ粗飼料が給与できる，③同じような月齢と体重の子牛を集団で飼育できる，などがあげられる。しかし，初産牛や高泌乳牛では13か月の分娩間隔，あるいはそれ以上が有利なこともある。

12か月の分娩間隔を得るには，乳牛の産褥期における繁殖活動が正常で，分娩後85日までに受胎する必要がある。産褥期にみられる繁殖生理として，①卵胞発育ー排卵ー黄体形成の正常

搾乳牛

な周期性をもつ卵巣活動に戻る，②肥大して腹腔内に下垂した妊娠子宮が左右対称となり，骨盤腔内に収まる（修復），③子宮内膜が再生する，④分娩時の細菌感染を排除する，などがあげられる。

妊娠中，子宮は無菌的であるが，分娩時に頸管が弛緩し，ふんや牛体周囲から細菌が子宮内に侵入する。通常，分娩後4～5週間で子宮内の細菌は排除され，壊死層がはがれ落ちたり，収縮子宮や悪露となり子宮外へ排除され，また牛自体の細菌貪食能が回復する。しかし，分娩時の胎盤停滞や子宮の外傷，子宮収縮不全，発情回帰の遅延で，子宮からの細菌排除が遅れる。

生殖器の修復には主にオキシトシンと$PGF_2\alpha$が関与する。特に$PGF_2\alpha$濃度は分娩後3日に最高値に達し，15日ころ基底値に戻る。

②子宮の修復

分娩時や後産の排出後も律動的な子宮の収縮運動は続き（後陣痛），分娩後ほぼ4日で陣痛が消失する。

子宮の妊角の大きさは分娩後5日で半減し，長さは15日までに半減する。子宮頸管は，分娩後1日で手（5本指）の挿入が困難となり，4日で2本の指が入る程度にまで閉鎖する。子宮頸管の内子宮口と外子宮口は分娩後2週および4週でほとんど閉鎖する。子宮小丘は分娩後急速に萎縮し，脂肪変性を起こして2週でその茎がなくなり，約3週で妊娠前の大きさに復する。

正常分娩牛でも，分娩後12日では子宮腔はいまだ大きく拡張し，腔内に多量の悪露が貯溜していることが超音波診断装置により観察できる（第3図）。分娩後18日になると子宮の修復はさらに進行するが，内部に雪嵐状に描出される悪露が認められ，40日で貯溜粘液が消失し，前回の妊娠子宮角と非妊娠角の差がほとんど認められなくなる。

子宮収縮は能動的な過程をとり，コラーゲンの損失と，子宮角サイズの減少や子宮筋の繊維数の減少が進行する。$PGF_2\alpha$が分娩後の子宮で産生され，分娩後3日で最高となり，その状態が2～3週続き，子宮修復に関与する。

分娩後，子宮はこの収縮作用と充血，漿液浸潤の減退により容積を減じ，子宮壁の組織は緻密となる。牛では通常，分娩後30～45日で修復が完了する。

子宮修復に影響を及ぼす要因として，産次や季節，哺乳，分娩時の異常などがあげられる。要因別に整理すると次のとおりである。

①産次：初産牛が経産牛より早い。

②季節：春夏分娩牛の子宮修復が秋冬分娩牛より早い。

③哺乳：哺乳している母牛や頻回搾乳の母牛で修復が早まる。

④分娩時の異常：双子分娩，難産，胎盤停滞，産道の外傷や感染により子宮修復が遅延する。

⑤その他：放牧牛は舎飼牛より修復が早く，逆に分娩後の低栄養により子宮修復が遅延する。

超音波診断装置を用い，生殖器を継続的に観察することにより，分娩後の子宮の修復状態が的確に判断できる。

③悪露の排出

産褥時にみられる子宮からの排出液を悪露という。悪露は，子宮内膜からの分泌液，血液，胎膜および胎盤組織の変性分解物の混合したもので，初めは赤褐色～チョコレート色を呈する。その後，しだいに退色して透明硝子様の粘液となり，これに灰白色の叙状物（膿や組織片の融解物）が混じって量も減少し，やがて消失する。

正常分娩牛では，分娩後48時間の子宮内の悪露は1,400～1,600mlあり，8日までに500mlに減少し，約2週間で悪露の排出はみられなくなる。

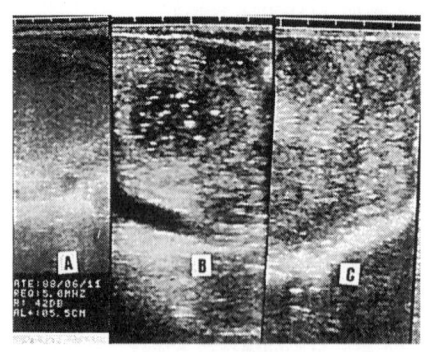

第3図　超音波診断装置で観察した分娩後の牛の子宮修復状況
同じ牛をA：分娩後12日，B：18日，C：40日に観察したもの

④卵巣機能の回復

分娩後の一定期間，下垂体機能は低下し，卵巣も静止状態にある。

この状態からの卵巣機能の回復は，哺乳の有無や泌乳量により変動する。発情行動を伴う卵巣機能の回復は，哺乳中の肉牛では50～80日，乳牛では30～80日かかる。

正常分娩の乳牛では分娩後，10日～2週までに直径10mm以上のドミナントフォリクル（優性卵胞）が前回妊娠角と反対側の卵巣に形成され，2～3週に初回排卵する。しかし，初回排卵は通常，無発情排卵である。分娩直後の卵巣の特徴として卵胞嚢腫の多発があり，これらは発情周期中の卵胞嚢腫と異なり，寿命が短く自然治癒する場合が多い。

初回排卵後の卵巣周期は短い（14～16日）。これは黄体寿命が短いことによる。

卵巣機能の回復の判定法として，直腸検査による黄体形成の確認や血中あるいは乳中プロジェステロン濃度の測定が有用である。

分娩後の卵巣の周期的活動に影響する要因として，以下があげられる。

①分娩時の異常：難産，子宮内膜炎，胎盤停滞，乳房炎は回復を遅らせる。

②高泌乳では，分娩後の初回排卵が遅れる傾向にある。

③妊娠末期あるいは分娩後の低栄養が卵巣機能の回復を遅らせる。特に，エネルギー摂取量が不十分であると，ボディーコンディションが低下し，無発情となりやすい。

④牛の品種：肉牛では乳牛に比べて遅延する傾向にある（哺乳ストレスの影響）。

⑤産次：初産牛は経産牛より卵巣機能の回復が遅い。

⑥季節：日照時間が卵巣機能の回復を促進する。

⑦気候：熱帯性の高温多湿気候より温帯性気候のもとで，卵巣機能は早く回復する。

⑧哺乳や頻回搾乳で卵巣機能の回復が遅延する。

⑤泌　乳

乳腺は分娩とともに急激に機能を発揮し，泌乳が始まる。

分娩後2～3日を初乳といい，乳固形分，乳蛋白質，乳脂肪および灰分が正常乳より多い。免疫グロブリンやビタミンAを多く含み，子牛は初乳を摂取することにより免疫抗体を獲得する。初乳には通痢効果があり，胎便の排出を促進する。

（4）分娩後の繁殖機能の回復

①分娩後の定期繁殖検診

近年，プロダクションメディシン，いわゆる予防獣医学の重要性が提唱され，その中で分娩後の繁殖牛群の定期検診が実施されている。そ

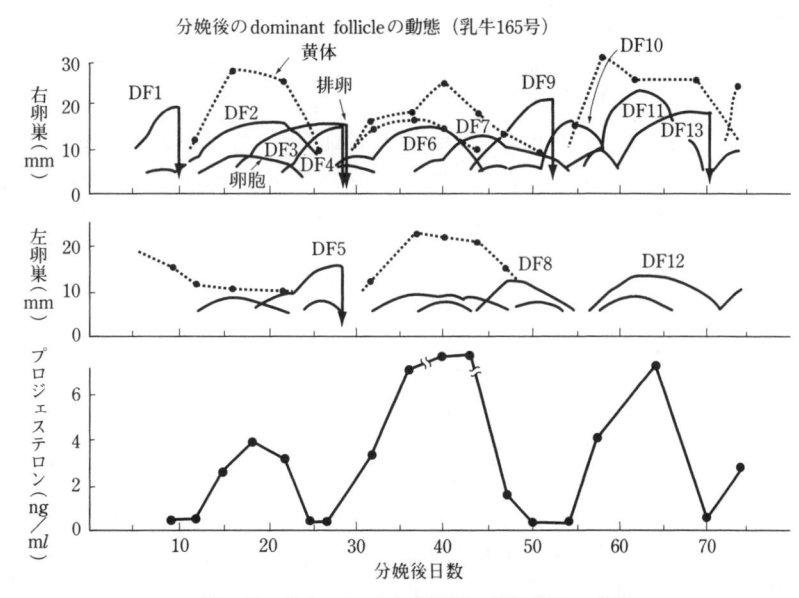

第4図　乳牛における産褥期の優性卵胞の動態

左右の卵巣ごとに卵胞や黄体の発育を超音波診断装置で観察するとともに，血中プロジェステロン濃度を示す。分娩後，最初に形成された優性卵胞（DF1）が10日目に排卵している

搾乳牛

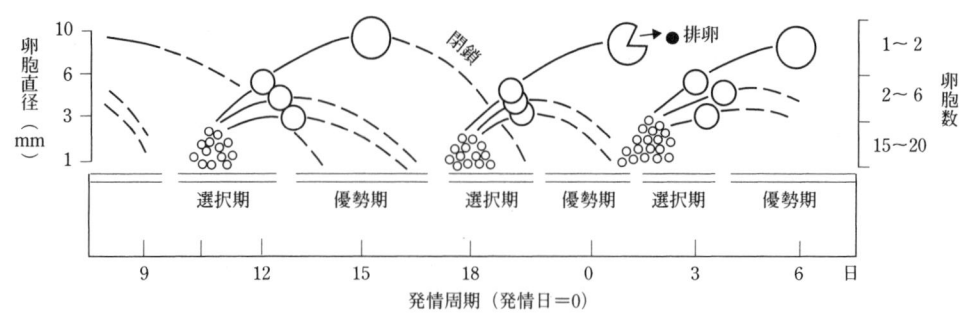

第5図 発情周期における牛の優性卵胞 (dominant follicle) の周期的発育
　　　直径2〜6mmの3〜4個の卵胞が選抜発育し，1個が優性卵胞として選択され，発育する。
　　　優勢期 (dominant phase) には他の中卵胞の発育を抑制する　　　（Ireland and Roche, 1987）

第1表　分娩後，初回排卵前の優性卵胞数（直径≧10mm），最初の優性卵胞出現までの日数および初回排卵までの日数

頭数（頭）	初回排卵前の優性卵胞数	初回優性卵胞の出現日（日）	初回排卵日（日）
25	1	7.9	16.0
10	2	7.3	24.2
4	3	11.3	37.5
1	4	17	55
平均（40）	1.5	8.3	21.2

こでは，乳牛群の栄養状態がチェックされ，直腸検査により分娩後の子宮の修復状態や卵巣機能の回復状況が定期的に調査される。

従来，乳牛では，分娩後の2か月間は生殖器が回復する産褥期で，生理的な繁殖機能の休止期とされてきた。しかし，正常分娩牛の卵巣では，分娩1週前後で卵胞の発育が始まり，10日過ぎると急激に活発になる（第4図）。また，分娩後30〜50日の生理的な無発情期間に，前回の妊娠子宮が妊娠前の状態に修復する。

この繁殖機能の回復には，牛の年齢，産歴および分娩前後の飼養環境，飼養管理，衛生管理など多くの要因が関与する。特に，栄養摂取量および泌乳量と繁殖機能には密接な関係がある。

低栄養状態（低エネルギー飼料の給与）の牛や哺乳牛，頻回搾乳牛では発情回帰の遅延がみられる。また，高泌乳は視床下部ー下垂体系を介して一時的に卵巣機能を抑制する。

分娩後の初回排卵は発情を伴わない鈍性発情が普通で，分娩後2回目あるいは3回目の排卵か
ら正常な発情行動を伴う。

②優性卵胞の出現

近年，超音波診断装置を使った研究により，牛の卵巣で直径2〜6mmの卵胞3〜4個が発育し，そのうち1個がドミナントフォリクル（優性卵胞）として選択され，発育して，他の中型卵胞の発育を抑制することが観察された（第5図）。また，発情周期では，その優性卵胞が2〜3回にわたり順次発育し，黄体退行時に存在した優性卵胞が排卵するが，それ以外の優性卵胞は閉鎖退行する。

このような現象は分娩直後の卵巣においても観察される。すなわち，分娩後の初回排卵に先だって卵胞が発育してくる。

正常分娩した40頭の乳牛について，分娩後の卵胞発育状況を超音波診断装置で観察したところ，分娩後平均8.3日に直径10mm以上の優性卵胞の発現が観察された（第1表）。

これらの卵胞は，40頭中30頭では前回妊娠角と反対側の卵巣に観察され，9頭は同側の卵巣に，1頭は両側の卵巣に観察された。40頭のうち25頭では，これらの卵胞が平均16.0日にそのまま初回排卵した。しかし10頭では，これらの卵胞はしばらく発育した後，閉鎖退行し，2番目に形成された優性卵胞が初回排卵した。同様に，4頭では3番目，1頭では4番目に形成された優性卵胞が初回排卵した。

分娩後，初回排卵までの平均日数（21.2日）と優性卵胞数には高い相関関係が認められた（$r=0.886$）。

排卵後に形成される黄体は，性周期の9日ごろまで増大し，黄体の大きさ（超音波診断装置による黄体面積）と血中のプロジェステロン濃度は連動する。分娩後，初回排卵後に形成された黄体面積より，第2回排卵後の黄体面積が大きく，また，血中プロジェステロン濃度の最大値は初回排卵後5.9 ng/ml，第2回排卵後6.8 ng/ml，第3回排卵後7.6 ng/mlとなり，初回排卵後の黄体機能は第2回排卵以後に比べて未熟であった。

③分娩後の栄養状況と繁殖機能の回復

乳牛の繁殖能力に関与する要因として，飼養管理によって制御できるものと乳牛本来の生理的要因によるものとがある。乳牛において，栄養と繁殖能力の関連を検討するさい，最終的な受胎率や空胎日数だけではなく，分娩後早期の卵胞発育状況や黄体形成および子宮の修復状況なども考慮し，総合的に判定する必要がある。

正常分娩した乳牛60頭について，分娩後6日から，超音波診断装置を用い，卵胞の形成状況や子宮の修復を経時的に観察した。

そのさい，給与飼料として，夏季は生草主体，冬季はチモシーの牧草サイレージ主体に給与し，それぞれ乳牛用配合飼料を加えた。栄養摂取量と乳量を毎日求め，最終的に日本飼養標準の要求量に対する可消化養分総量（TDN）充足率を毎日算出した。そして，TDN充足率の毎日の変動パターンにより4つの型に分類し，分娩後の繁殖能力との関係について検討した。

Ⅰ型では，TDN充足率は分娩直後に減少し，1週ごろから徐々に増加した。20日までにTDN充足率80％を超える小ピークを形成した後再び減少し，40日ごろに100％程度にまで回復した。Ⅱ型は分娩後のTDN充足率の減少期間が2〜3週と長く，Ⅲ型は臨床型乳房炎などの疾病によりTDN充足率が極端に低下した。また，Ⅳ型は要求量に対してTDN摂取量が常に3〜5kg不足し，TDN充足率のピークが特にみられなかった。

乳牛では分娩後，TDN充足率は毎日変動し，

第2表 分娩後のTDN充足率で4型に分けた牛群の初回排卵前の優性卵胞数およびその後の繁殖性

TDN充足率型	供試頭数（頭）	受胎頭数（頭）	受胎牛の成績				
			受胎率（％）	受胎日数（日）	優性卵胞数（個）	初回排卵日（日）	2回排卵日（日）
Ⅰ	29	28	96.6	90.2	1.1	15.9	39.3
Ⅱ	5	5	100.0	74.8	2.2	26.8	47.8
Ⅲ	8	4	50.0	75.5	2.3	36.3	58.1
Ⅳ	5	3	60.0	120.0	3.3	47.7	84.7
平均	47	40	85.1	89.0	1.5	21.7	45.6

注　供試牛60頭のうち，13頭はいずれのTDN充足率型にも分類できなかった

分娩後TDN充足率80％程度の小ピーク付近で優性卵胞が発育して排卵する傾向にあった（第2表）。しかし，TDN充足率の減少期間が長い牛では，優性卵胞は形成されても排卵せず，閉鎖退行を繰り返した。分娩後のTDN充足率は，分娩後早期の卵胞の発育状況に影響し，TDN充足率が速やかに回復するほど，小型卵胞から中型および大型卵胞への発育が早く，初回排卵までの日数が短縮する傾向にあった。

分娩後，生殖器の修復が早く初回排卵が早いほど受胎までの日数が短縮されることから，分娩後速やかにTDN充足率を回復させることが卵巣機能を刺激し，乳牛が早期に受胎するための必要条件と思われる。

分娩時の難産や起立不能などの異常，あるいは乳房炎や蹄病に罹患した場合など，栄養的要因以外のストレスも，分娩後の繁殖機能の回復に影響する。また，繁殖機能に関与する栄養的要因として，エネルギーや蛋白質のほかに，βカロチン，脂溶性ビタミンおよびミネラルなどが影響してくる。

分娩後，子宮の修復や卵巣機能の回復が速やかに行なえるよう，とりわけ飼料摂取量の少ない牛については，適切な栄養充足率となるように飼養管理の改善を図る必要がある。

1998年記

参考文献

Authur, G. H., D. E. Noakes, H. Pearson and T. J. Parkinson. 1996. Veterinary Reproduction &

Obstetrics. 7th edition, 141−170. Saunders Co. London.

Kamimura, S. and K. Hamana. 1992. Energy balance and follicular profiles detected by ultrasonography in early postpartum dairy cows. Proc. 17th World Buiatrics Cong. **3**, 54−57.

Kamimura, S., T. Ohgi, M. Takahashi and T. Tsukamoto. 1993. Turnover of dominant follicles prior to first ovulation and subsequent fertility in postpartum dairy cows. Reprod. Dom. Anim. **28**, 85−90.

Kamimura, S., T. Ohgi, M. Takahashi and T. Tsukamoto. 1993. Postpartum resumption of ovarian activity and uterine involution monitored by ultrasonography in Holstein cows. J. Vet. Med. Sci. **55**, 643−647.

分娩前後の飼養管理と疾病

執筆　木村容子（群馬県畜産試験場）

(1) 飼養管理の適否と周産期疾病

　乳牛の分娩前後の疾病には，周産期疾病といわれる脂肪肝，ケトーシス，第四胃変位，起立不能症やルーメンアシドーシスなどがある。この時期の飼養管理と疾病を考えるにあたり，周産期疾病は異なる個々の原因によって発生するものではないということを認識する必要がある。これらの疾病は，いずれも分娩前後の飼養管理の失宜と密接な関係があり，周産期疾病を個々の疾病として捉えることはナンセンスである。これらを互いに関連ある疾病として複合的に考えないかぎり，農場内から周産期疾病を根絶させることはできないであろう。

　しかし，個々の疾病の成因について知らなければ対策がたてられない。そこで，まず主な周産期疾病について飼養管理との関連を中心に述べ，次に分娩前後における疾病対策を述べることにしたい。

(2) 脂肪肝

①最も発生頻度の高い脂肪肝

　周産期疾病のうち，脂肪肝は最も発生頻度が高い。また，脂肪肝から二次的にケトーシス，ダウナー症候群，第四胃変位，繁殖障害，乳房炎や蹄病などの発生を導く場合が多く，搾乳牛にとって重要な疾病である。

　肝臓には，腸管から吸収された飼料由来の脂質，体内の脂肪組織から動員された脂肪酸などが存在し，常に，これらを組織が利用可能な脂質であるリポ蛋白に転換して，血液中に放出している。脂肪肝は，この体脂由来の脂肪酸が肝臓へ過剰に流入するか，何らかの原因で肝臓でのリポ蛋白の生成が低下したさい，肝細胞内に大量の中性脂肪が蓄積するものである。その結果，肝機能が低下してさまざまな臨床症状が現われる。

②症状と原因

　本病には特異的な臨床症状はないが，一般的に濃厚飼料を中心とした食欲不振，元気消失，第一胃運動の低下，軟便などがみられる。重篤なものでは食欲廃絶，可視粘膜の黄疸，下痢便の排泄があり，興奮または沈鬱状態を呈することもある。

　脂肪肝は妊娠後期から分娩直後にかけて，オーバーコンディションであった牛に発生率が高い。第1図は乾乳期にボディーコンディション5と判定された牛で，第2図は第1図の分娩3週後の肝臓で，肝細胞内に大小さまざまな脂肪滴の沈着が認められる。

　分娩直後に発生する脂肪肝は，肥満状態にあった牛が分娩後，泌乳の開始によって急激に増加する消費エネルギー量を採食によって充足できない場合，不足となったエネルギーを補うため体脂肪が大量に動員されて，血液を介して肝臓に流入することから始まる。

　肥満傾向がみられた牛でも，採食量が順調に

第1図　ボディーコンディション5の過肥牛

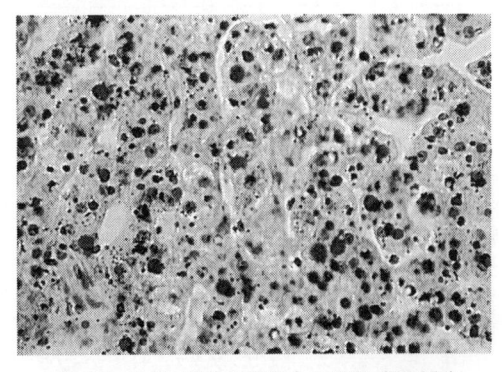

第2図　分娩3週後の過肥牛の肝臓（脂肪肝）

伸びている場合，ある程度の脂肪が肝臓に動員されてきても，それが体内で利用可能なリポ蛋白に転換されている間は，臨床症状は認められない。しかし，分娩後，食欲不振が長期化したり，肥満傾向が強かったりする高泌乳牛では，肝臓に流入する脂肪量が大量となるため，リポ蛋白への転換が追いつかず，肝機能が低下して動員された遊離脂肪酸が中性脂肪として肝臓に蓄積されることになる。

また，脂肪肝を発生させる誘因としては，メチオニンなどのアミノ酸，マグネシウム，リン，セレンなどのミネラル，ビタミンEの不足があげられる。さらに，二次的に脂肪肝を誘発する疾病として，食欲不振を伴う産後起立不能症，乳房炎，第四胃変位，難産や胎盤停滞などがある。

③飼養管理との関連

分娩後の脂肪肝の発生は，搾乳牛の泌乳能力，分娩前のオーバーコンディションと関係が深い。泌乳後期から乾乳期にかけて，高エネルギー飼料を給与すると，泌乳量の少ない牛では過剰となったエネルギーが脂肪に転換されて体内に蓄積され，オーバーコンディションに陥る。こうした牛では，分娩後の泌乳の開始に伴って採食量が順調に伸びず，低栄養状態が継続することになる。

筆者らの過去の調査で，泌乳期間中にTDN72％，DCP13％のTMRを自由採食させ，乾乳期にコーンサイレージとチモシー乾草主体に飼養された12頭のボディーコンディションを観察したところ，7頭が5と判定され，乾乳時の体重はいずれも800kg以上であった。これら12頭のうち，ボディーコンディションが異なる4頭を選定して，分娩後13週間の泌乳成績と分娩前1週から分娩後9週までの肝臓の脂肪沈着度を比較した。

第1表に分娩後13週間の泌乳成績を示し，第2表にこれらの肝臓の脂肪沈着度を示した。分娩前に肥満（ボディーコンディション5および4）と判定され，かつ，分娩後高泌乳であった牛ほど肝臓への脂肪沈着量が多く，期間も長期化している（1号，9号牛）。逆に，過肥であっても泌乳量の少ない牛では，肝臓への脂肪沈着はほとんど認められていない（22号牛）。これらの試験牛は分娩後食欲不振が認められず，肝臓に脂肪が沈着している時期にも何らの臨床症状もみられなかった。

泌乳の開始に伴って急速に増大する消費エネルギーを充足するため，ほとんどの牛で多かれ少なかれ体脂肪の動員は起こる。しかし，たとえ肥満であっても，低能力牛では早期にエネルギー出納が平行に達する。これに対して肥満傾向が強い高泌乳の牛では，分娩後何らかの原因で採食量が順調に伸びない場合，負のエネルギーバランスが長期化して大量の体脂肪の動員が継続する。そのため，肝臓の脂肪沈着量が増大し，その期間が長びき，肝機能が低下して先に記した臨床症状を発現する。

(3) ケトーシス

①乳牛の特異なエネルギー代謝とケトーシス

反芻胃を持つ乳牛にとってケトーシスは，その特異なエネルギー代謝機構ゆえに陥る危険性が高い疾病といえる。

ケトーシスは，糖質と脂質の代謝障害により，体内にケトン体が異常に増量して，臨床症状が現われる病態をいう。血液中のケトン体は上昇

第1表 ボディーコンディション（BCS）の異なる乳牛4頭の分娩後13週間の泌乳成績

牛No.	BCS	泌乳量（日量）（kg）
19	3	2,986.4 (32.8)
22	5	2,367.8 (26.0)
1	4	3,277.4 (36.0)
9	5	3,103.4 (34.1)

第2表 ボディーコンディション（BCS）の異なる乳牛4頭の肝臓の脂肪沈着度

牛No.	BCS	分娩前1週	分娩後1週	3週	6週	9週
19	3	−	+	++	+	−
22	5	−	+	+	−	−
1	4	−	+	+++	++	+
9	5	+	++	+++	++	+

注 −：マイナス，＋：ワンプラス，++：ツープラス，+++：スリープラス

するが臨床症状を伴わない場合はケトン血症あるいはケトン尿症といい，免疫機能が低下して乳房炎や子宮感染症の誘因になることもある。

一般にケトン体は，次のようにして生成される。すなわち，体内の炭水化物が不足して血液中グルコース濃度が低下したさい，エネルギー源として体脂肪から動員された遊離脂肪酸が肝細胞に取り込まれる。これがアセチルCoAに転換された後，オキザロ酢酸と縮合してクエン酸回路で酸化され，エネルギーを発生する。その一方でアセチルCoAの一部からケトン体が生成される。

ところが，摂取エネルギーが不足して低血糖状態が継続すると，ケトン体の生成量が増大する。すなわち，低血糖状態が継続すると，クエン酸回路での糖新生が亢進してオキザロ酢酸の不足をきたす。オキザロ酢酸が不足すると，遊離脂肪酸動員の亢進によって産生されたアセチルCoAは糖新生には利用されず，ケトン（アセト酢酸，βーヒドロキシ酪酸，アセトン）の生成量が増加することになる。ケトン体が大量に生成されると，強酸性物質であることから，またアセトンには中枢神経毒性があることから，臨床症状の発現に至る。

しかし，反芻動物では病的状態でなくても第一胃や第三胃粘膜において酪酸からβーヒドロキシ酪酸が生成され，乳腺において酢酸とβーヒドロキシ酪酸からアセト酢酸が生成されている。これらケトン体の一部は第3のエネルギー源として，また乳生産に利用されている。

ケトーシスには2型8亜型の病型があるが，ここでは分娩前後の飼養管理と関連が深い原発性低栄養性ケトーシスについて記載する。

②症状と原因

ケトーシスの症状としては，食欲不振，第一胃運動の低下，泌乳量の低下，ケトン尿症が，いずれの病型にも共通して認められる。

脂肪肝とケトーシスの因果関係　原発性低栄養性ケトーシスは，脂肪肝の発生と関連がある。分娩後の泌乳開始に伴って増大する消費エネルギー量を採食によって補えない状態が継続すると，肝臓において産乳に必要なグルコースの新生が低下して血糖値が下がる。そして，不足となったエネルギーを補給するため，体脂肪から大量の遊離脂肪酸が動員されて肝臓に流入する。動員された脂肪酸は，肝臓においてトリグリセライド（中性脂肪）に転換される。これがリポ蛋白に組み込まれて血液中に放出され，エネルギーや乳生産に利用される。

しかし，継続的に大量の脂肪酸が動員されてトリグリセライドの生成量が増加し続けると，肝臓でのリポ蛋白の生成が阻害される。その結果，トリグリセライドが肝臓に蓄積されて脂肪肝に至る。

また，泌乳に必要な糖新生の不足が継続すると，体脂肪から動員された遊離脂肪酸が糖新生には利用されず，アセチルCoAを介してケトン体の生成が亢進されケトン血症が発生し，臨床症状の発現に至る。

ケトーシス牛の病理組織所見，症状　第3図にケトーシス牛の肝臓の病理組織所見を示した。先の脂肪肝牛の肝臓に比較すると，沈着する脂肪滴が全体に大きく，一部に脂肪滴が融合する所見も見られ，脂肪肝の発生が長期にわたっていることを示唆している。

また，第4図に臨床型ケトーシス牛の治療に伴う尿および血液中ケトン体，遊離脂肪酸と血糖値の変動を示した。治療開始時に，血糖値の低下とアセト酢酸および遊離脂肪酸の著明な増加が認められる。

第3表に重度の肝機能障害から糖尿病を併発し，予後不良で廃用にされたケトーシス牛の血液および尿の所見を示した。患畜では高血糖，

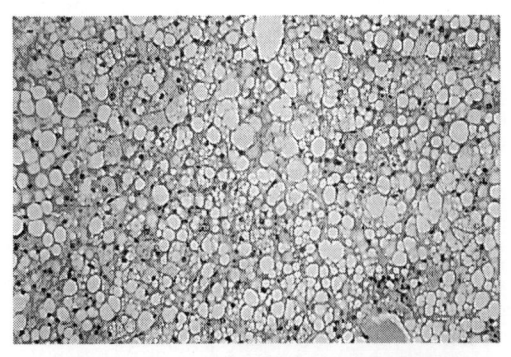

第3図　ケトーシス牛の肝臓（重度の脂肪肝）

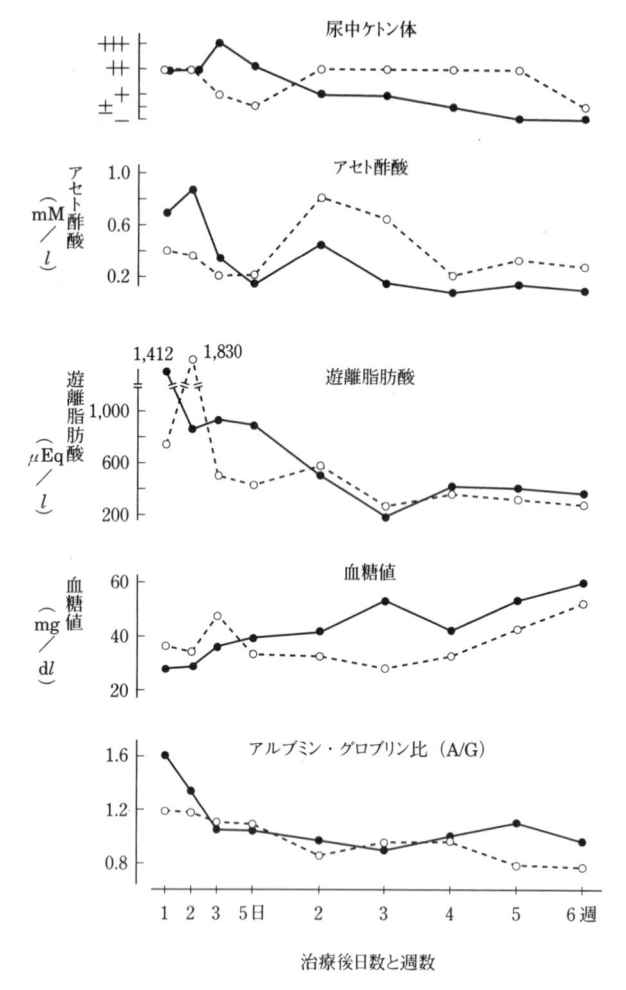

搾乳牛

第4図 ケトーシス牛の治療に伴う体液成分の変動

第3表 重度の肝機能障害を伴って廃用されたケトーシス牛の血液および尿の所見

血液所見			尿所見	
赤血球数	(10^4/mm^3)	630	pH	<6
白血球数	(/mm^3)	2,500	蛋白	++
血糖値	(mg/dl)	361.5	ケトン体	++
遊離脂肪酸	(μEq/l)	1,015.3	ブドウ糖	+
トリグリセライド	(mg/dl)	429.7	ビリルビン	+
総コレステロール	(mg/dl)	296.1	ウロビリノーゲン	±
遊離コレステロール	(mg/dl)	87.9		
リン脂質	(mg/dl)	387.9		
GOT	(KU)	1,035		
γ-GTP	(IU/l)	582.2		
CPK	(mU/ml)	605.8		
ALP	(KAU)	54.2		

遊離脂肪酸とトリグリセライドの著明な増加がみられ，またGOT，γ-GTP，CPKなど肝臓由来の酵素活性値が異常な高値を示し，重度脂肪肝の発生による肝機能の破綻を示唆している。

ケトーシス発症牛は濃厚飼料の採食を嫌い，第一胃運動の低下がみられ，反芻回数も減少する。呼気や乳汁および尿がアセトン臭を呈し，泌乳量が減少して栄養状態は急速に低下する。著しい低血糖と高ケトン血症を伴う例では，呻吟，歩様異常，知覚過敏などの神経症状を認めることもある。

内分泌系の障害とケトーシス また，分娩前後は生理的に内分泌機構に大きな変動がみられる時期であるが，分娩を契機に内分泌系の障害が発生すると，低血糖が助長されたり，ケトン体の生成量が増強されたりする。第5図に，ヒトの内分泌失調診断に応用されているアルギニン負荷試験を健康牛とケトーシス牛に実施したさいのホルモンの変動を示した。この試験の結果から，以下の点が明らかである。

健康牛では，アルギニン負荷によって誘導されるグルカゴンの上昇と同時に血糖値の著明な増加がみられ，これを低下させるためにインスリンが大量に分泌されて血糖値は直ちに低下する。しかし，ケトーシス牛ではアルギニン負荷後，グルカゴンの著しい上昇がみられたにもかかわらず血糖値はほとんど増加せず，インスリン分泌は全く認められず，副腎から分泌されるグルココルチコイドがアルギニン負荷後長期にわたって著明な上昇を示している。

これは一例であるが，ケトーシス牛のアルギニン負荷に対する応答は

さまざまで，健康牛のような一定のパターンが示されなかった。このことから，本病発症牛は内分泌系の異常も併発していると推察される。

③飼養管理との関連

原発性低栄養性ケトーシスと飼養管理との関連は，先の脂肪肝に準じる。

また，分娩前後に強いストレスを感じるような飼養管理が行なわれている場合には，内分泌機構の恒常性が破綻しやすく，ケトーシスに対する感受性が高まる。

（4）第四胃変位

①妊娠，給与飼料と第四胃変位

牛の第四胃変位には左方変位と右方変位があるが，発生原因については未だ解明されていない点が多い。

第四胃変位は，生産性の向上を目的に集約的飼養形態が定着し始めた1980年代頃から世界的に増加している。

第四胃変位が発生する背景として，妊娠末期の第四胃の位置があげられる。すなわち，妊娠時の第四胃は非妊娠時と異なり，第一胃の左下前方に移動する。さらに，妊娠末期には膨満した子宮が消化管を圧迫して腹底から押し上げるため，第四胃もこれに伴って腹底の左右に移動し，第四胃の運動が抑制されて拡張が始まり，変位のバックグラウンドができあがるといわれている。

また，本病の発生は給与飼料と関連が深い。綿実，圧扁麦やふすまなどの濃厚飼料，とうふかすやビールかすなどのかす類，不良発酵サイレージが多給されていた牛に多発する傾向がみられている。

②症状と原因

第四胃変位の症状は元気消失，食欲の減退あるいは廃絶，泌乳量の減少，削痩などである。これらの症状は特異的なものではないが，聴診によって変位発生部付近で金属性反響音を聴取することができる。

第四胃変位の発生は，2産から3産の比較的若い牛で，分娩直後から2か月間くらいの泌乳最盛期に多発する傾向がみられている。この時期は産歴別にみて最も泌乳量が多い時期にあたり，産乳量の増加を求めて高エネルギー・高蛋白・低繊維粗飼料が多給される傾向にある。このことが本病発生の誘因となっている。それゆえ，第四胃変位はまさに生産病の一つといえる。

高穀物飼料やコーンサイレージの多給は，飼料が第一胃に滞留する時間を短縮させて第一胃内容の第四胃への流入量を増加させるとともに，第一胃において第四胃運動を抑制させる作用のある酪酸濃度を上昇させる。そのため，第四胃内容が停滞して大量のガスが発生し，第四胃の拡張やアトニーが起こる。

また，コーンサイレージに含まれる高級脂肪酸のうち，不飽和脂肪酸であるパルミトレイン酸，オレイン酸，リノール酸やリノレイン酸も

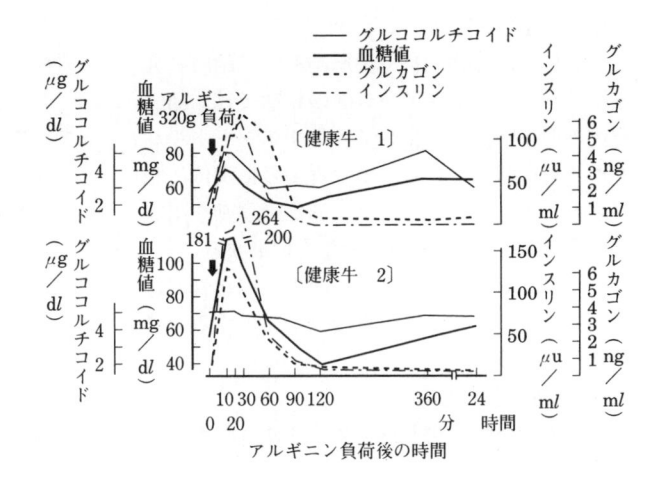

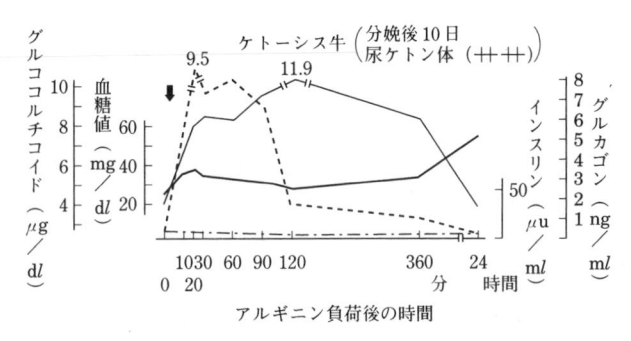

第5図　健康牛とケトーシス牛のアルギニン負荷による血糖値とホルモンの変動

第四胃の運動を抑制するといわれている。

さらに，高穀物飼料や濃厚飼料の多給時に発生するルーメンアシドーシスの状態では，第一胃内の微生物叢が変化して乳酸やエンドトキシンが大量に産生される。第一胃から血流内に吸収されたエンドトキシンは，消化管運動を阻害して第四胃アトニーやガス産生を促進する。

このような飼養条件と分娩前後の消化管の位置関係が相まって，第四胃変位が発生すると考えられている。

③飼養管理との関連

本病も脂肪肝やケトーシスと共通した点がある。

乾乳期から分娩直前までは胎児が急速に成長する時期にあたり，膨大な容積の子宮が第一胃を圧迫して乾物摂取量が減少し，第一胃容積は泌乳期より縮小を余儀なくされる。こうした状態で分娩が行なわれ，泌乳が開始されるが，乾物摂取量はすぐには回復せず，相対的に濃厚飼料の摂取量が多くなる。分娩前の第四胃の解剖学的位置と分娩後の濃厚飼料，かす類やコーンサイレージの多給が第四胃運動を阻害する誘因をつくり，第四胃の拡張とガス産生を促進させて変位に導く。

このような状態を防ぐためには，育成期から大量の乾物を摂取できる第一胃の形成に努める必要がある。乾乳期にも十分な粗飼料を与え，分娩後の泌乳開始直後から大量の乾物が摂取できる第一胃を保持させておく必要がある。

（5）ルーメンアシドーシス

①第一胃内微生物叢の変化

粗飼料と濃厚飼料をバランスよく給与されている牛では，第一胃液pHは6〜7に保たれている。このような牛の第一胃ではグラム陰性菌が優勢である。しかし，大量の濃厚飼料や高穀物飼料が給与されると，第一胃内の微生物叢が変化して異常発酵を起こし，pHが急激に低下する。この第一胃液pHの低下は乳酸の蓄積によるもので，乳酸アシドーシスともいわれる。

第6図に第一胃液pHと産生される低級脂肪酸，乳酸との関係を示した。

ルーメンアシドーシスには甚急性から慢性までさまざまな程度の病態がある。

ルーメンアシドーシスは，その発生自体も問題であるが，二次的に蹄葉炎およびそれに継発する蹄底潰瘍などの蹄病，第一胃胃壁の障害による肝膿瘍の原因にもなっている。

②症状と原因

本病の症状は，炭水化物の摂取量，第一胃液pHの低下の程度，発症経過の長短によって以下の病型に分けられる。

甚急性型 穀物の盗食や飼養管理の失宜に由来する穀物の過剰給与が原因になっている場合が多い。

採食後数時間から，中毒症状，水溶性下痢および疝痛症状を呈するようになる。発症牛は狂騒あるいは沈鬱，食欲廃絶，流涎，歩様失調，粘膜充血などを呈し，後に横臥から起立不能に陥る。体温が低下し，頻脈で，第一胃運動が停止して腹囲が異常に膨満し，死に至るものも多い。

急性型 原因は甚急性と同様である。

食欲の廃絶ないし著しい低下，沈鬱，疝痛症状，反芻停止，呻吟などがみられ，横臥を好み，飲水量が増加する。軟便から水様下痢便を排泄し，反応が鈍く，腹囲が膨満して，眼球陥没などの脱水症状がみられる。

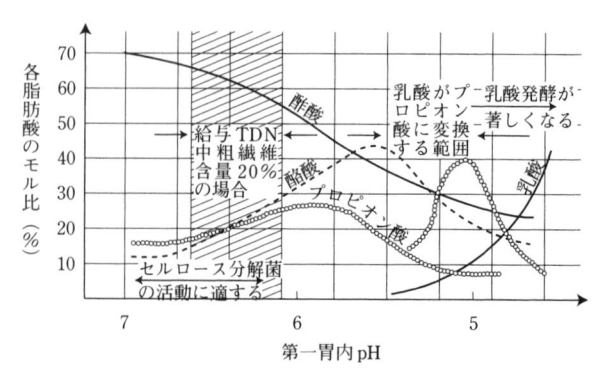

第6図 第一胃液pHと産生される低級脂肪酸および乳酸との関係

(Durksen,1970) 新乳牛の科学 (1990)

亜急性ないし慢性型 粗飼料摂取不足で，炭水化物含量が高い濃厚飼料が一時的あるいは継続的に多給されている牛に発生する病態である。

症状が軽度なため，見逃されたり発見が遅れたりすることが多い。しかし，この型のルーメンアシドーシスは，それ自体大きな障害をもたらすことはないが，蹄病や肝膿瘍発生の誘因となるため，重要視しなければならない疾病といえる。

本病の症状は一時的な食欲減退，第一胃運動の低下，飲水量の増加などで，第一胃が中等度に緊張し，ガス発生音を聴取できる。

③飼養管理との関連

ルーメンアシドーシスを誘発する飼料としては，大麦，小麦，トウモロコシなどすべての穀類，テンサイ，パンくずなどがある。

管理との関連では，盗食や管理者の給与失宜による穀物の多給があげられる。一度にTDNにして10kg以上を摂取した場合には重度のアシドーシスに陥る危険性が高い。

以下に飼養管理の失宜に起因する典型的なルーメンアシドーシス（乳酸アシドーシス）の症例を紹介する。

これは運動場に飼養されていた育成牛群に発生したもので，11頭からなる育成牛群が通常1日当たり濃厚飼料16.5kg，ヘイキューブ30kgと稲わら20kgを給与されていた。発生前日，台風の襲来で育成牛群に全く飼料が給与されなかった。台風通過後，ヘイキューブ40kg，脱脂大豆20kg，濃厚飼料10kg，粉砕麦40kgが午前中に給与され，直ちに全量が採食された。夕方には青刈りトウモロコシ70〜80kgと稲わら10〜15kgが給与された。

翌日午前中の観察では運動場の牛のほとんどが横臥し，昏睡状態の1頭はまもなく死亡した。第4表に死亡牛の第一胃液の性状を示した。pHが4.5と著明に低下し，プロトゾアとVFAの著しい減少がみられ，乳酸（1,390mg/dl）とヒスタミン（535.6ng/ml）の異常な増加が認められた。

第5表に同居牛10頭の血液の生化学的所見を示した。生存していた10頭のうち1頭は横臥し，7頭が伏臥しており，起立していた2頭も動作が

第4表 乳酸アシドーシスで死亡した育成牛の第一胃液所見

pH		4.5
プロトゾア数	(10^3/ml)	1.4
entodinium	(%)	100
VFA総量	(mM/dl)	1.32
酢酸モル比率	(%)	89.3
プロピオン酸モル比率	(%)	7.6
酢酸モル比率	(%)	2.3
その他の酸のモル比率	(%)	0.8
乳酸	(mg/dl)	1,390.0
ヒスタミン	(ng/ml)	535.6

第5表 ルーメンアシドーシス牛の血液生化学的所見

項目		平均値	± 標準偏差
赤血球容積	(%)	36.0	7.5
血清蛋白	(g/dl)	7.0	1.1
A/G比		1.11	0.19
血糖値	(mg/dl)	68.9	29.4
乳酸	(mg/dl)	118.7	88.8
ヒスタミン	(ng/ml)	157.1	112.8
コルチゾール	(μg/dl)	7.6	5.2
カルシウム	(mg/dl)	11.0	2.9
無機リン	(mg/dl)	7.9	2.5
マグネシウム	(mg/dl)	2.37	0.85
ナトリウム	(mEq/l)	138.6	2.8
カリウム	(mEq/l)	4.9	1.1
GOT	(KU)	63.0	13.3
ALP	(KAU)	14.9	4.6
LDH	(WU)	6,549	1,205

不活発で，全頭灰緑色で水様ないし泥状の下痢便を排泄していた。血液所見では，乳酸，ヒスタミン，コルチゾール，無機リンおよび乳酸脱水素酵素（LDH）の著明な上昇が認められた。

本症例は，1日の絶食後に大量の飼料が一度に給与され，易発酵性の炭水化物の過食によって起きた典型的な急性ルーメンアシドーシスである。

(6) 低カルシウム血症（乳熱）

①症状と原因

牛乳中には血中濃度の10倍のカルシウムが含まれている。平成8年度の乳用牛群能力検定成績によると，わが国の平均乳量は8,500kgである。これを305日乳量として1日の平均を求めると

28kgとなり、毎日34gのカルシウムが牛乳中に分泌されていることになる。

さらに、最高泌乳期に50～60kgを産乳する高泌乳牛では、1日の牛乳中に分泌されるカルシウムは61～73gに達する。この量は飼料中のカルシウムだけでは到底補えず、効率よく骨からカルシウムを動員できないと容易に低カルシウム血症に陥ってしまう。

正常な乳用牛の血液中カルシウム濃度は10mg/dl前後であり、これが7mg/dl以下に低下した状態を低カルシウム血症という。

分娩後の低カルシウム血症は、産次の進んだ高泌乳牛ほど発生率が高い傾向にある。その原因として、加齢に伴う泌乳量の増加と腸管からのカルシウム吸収に必要な活性型ビタミンDレセプターの減少があげられている。さらに、分娩性低カルシウム血症の状態が乳熱発生の引き金になっている。

正常牛においても、分娩後2～3日は常乳より1.3倍のカルシウム濃度を有する初乳を生産するため、血中カルシウム濃度は低下する。乳汁中に分泌されるカルシウムは、分娩後1週間までは腸管からの吸収に依存し、骨からの動員は期待できないといわれている（第7図に、分娩後の乳牛におけるカルシウム流入量の動態を示した）。それゆえ、腸管からのカルシウム吸収を促進する活性型ビタミンDの不足は乳熱発生の誘因となる。

特に、分娩直後における消化管からのカルシウム吸収は、分娩前のミネラル給与を中心とした飼養管理と、カルシウム制御ホルモンの反応性に密接な関係があるとされている。

乳熱の原因は、分娩後典型的な低カルシウム血症に陥ったために発生した病態と、カルシウム制御ホルモンの異常に起因した病態の2種類がある。

典型的な低カルシウム血症により乳熱に陥った牛は、カルシウム製剤の治療に反応して予後は良好で、その時カルシウム制御ホルモンである活性型ビタミンDや上皮小体ホルモンが低カルシウム血症に反応して上昇している。

一方、カルシウム制御ホルモンの異常に由来する乳熱では二つのタイプが存在する。一つは、低カルシウム血症に対して腸管からのカルシウム吸収を促進させる活性型ビタミンDの上昇が鈍い例である。この場合、活性型ビタミンDの腸管内レセプター量が低下しているためとされている。二つめは、骨からのカルシウム動員や尿へのカルシウム排泄を抑制して血中カルシウム濃度を維持する働きをもつ上皮小体ホルモンの分泌が低下している例である。

このようなカルシウム制御ホルモンの反応性遅延は、カルシウム剤の治療効果を阻害したり、乳熱を再発しやすくしていると考えられている。

分娩後、乳熱（分娩麻痺）に陥った牛では、低カルシウム血症が認められるとともに、横臥ないし起立不能、心搏数増加、発熱、泡沫性流涎、呼吸困難などが示される。

②飼養管理との関連

分娩後、カルシウム制御ホルモンの分泌を促進させるためには、妊娠末期のカルシウム摂取量を1日100g以下に抑えることが必要である。一般的には妊娠末期の全飼料中のカルシウムを0.4％に、リンを0.25％程度にすることが望ましいとされている。

また近年、分娩前における高カリウム飼料の摂取が牛体内へのマグネシウム吸収を阻害して低マグネシウム血症を誘発し、これが二次的に低カルシウム血症を導くといわれている。

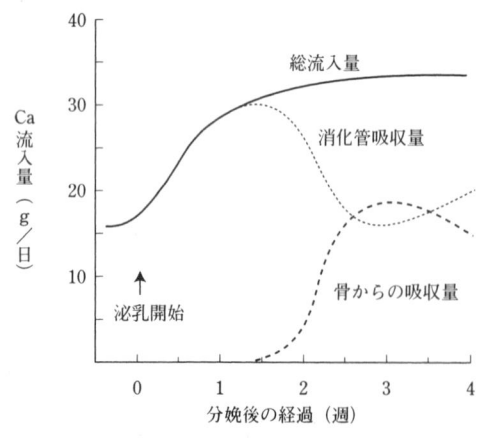

第7図　分娩後の乳牛におけるカルシウム流入量の動態

(7) 乳房炎

健康な乳牛には生体防御機構がはたらいて，細菌の進入に抵抗する能力がある。しかし，分娩前後の乳牛には多様な生理的変動があり，これらがストレスとなって本来牛が保有する抵抗力の減退する時期がある。それゆえ，分娩前後の乳腺は細菌感染に対する感受性が高まり，臨床的乳房炎の発生率が高い。

また，この時期は飼養管理面での変化も大きく，栄養面での不安定性も乳房炎発症の誘因となっている。

①症状と原因

乳房炎はさまざまな菌によって引き起こされるが，特に問題となるのは黄色ブドウ球菌と大腸菌による乳房炎である。

乳房炎の一般的症状は食欲不振，熱発，乳房の腫脹・硬結，ブツ混入など乳汁の異常で，大腸菌性乳房炎では大腸菌が産生する毒素によって，心拍数の増加，眼球陥没，水溶性下痢が発生して，起立不能に陥ることもある。

大腸菌感染に由来する乳房炎では，いったん治癒しても体細胞数が下がらず，黄色ブドウ球菌による乳房炎では，治癒したようにみえても再発を繰り返し，完治することがない。

②飼養管理との関連

乾乳後期から最高泌乳期に達するまでの間は，栄養管理面での変動が大きい時期で，特に分娩から最高泌乳期までの間は，消費エネルギー量が採食によって賄えず，体脂肪を動員して不足分を補う時期である。この間に乾物摂取量が大きく不足すると，それがストレスとなって牛の抗病性が低下し，乳房炎など細菌感染症への感受性が高まる。

一般に分娩後，産乳量の増加にあわせて急激に高エネルギー飼料の給与量が増加される。粗飼料主体であった乾乳期から急激に易発酵性の高エネルギー飼料が多給されると，第一胃内はルーメンアシドーシス状態に陥る。ルーメンアシドーシスに陥った第一胃内では，エンドトキシンやヒスタミンの産生量が増加する。これらは免疫機能に影響を及ぼして牛の生体防御機能を低下させ，乳房炎起因菌への感受性を高める。

また，ルーメンアシドーシスのみでなく周産期の各種疾病の発生は，それが牛へのストレスとなって生体防御機能の低下をきたし，乳房炎発症への危険性を招来する。

さらに，暑熱感作，牛床の大きさや質，管理者の牛の取扱いなど牛を取り巻くすべての劣悪な環境は，疾病同様に牛に心理的ストレスを与えることになり，乳房炎発症への感受性を高める。

(8) 分娩前後の疾病対策

①疾病発生の背景に生体防御機能の低下

家畜の"疾病"は大別すると2種類ある。一つは細菌，ウイルス，真菌，原生動物，寄生虫などによって起こる感染症である。もう一つは代謝性疾病，内分泌異常，栄養障害，ガンなど体内由来の疾病である。

これらの疾病に対して，生体では体内への病原体の進入を防ぐ防御機能や恒常性を維持する機能がはたらいて，本能的に疾病を排除しようとする。栄養管理が適切で，快適な環境に飼育され，ストレスが加わらない状況にある家畜では，生体防御機能が十分発揮されるため，悪性の急性伝染病以外の疾病はほとんどみられない。しかし，栄養管理の不適切，暑熱，換気不良や不衛生などのストレスが加わると，生体防御機能が低下して疾病にかかりやすくなる。

牛群内に疾病の発生が目立つ場合には，その背景に生体防御機能を低下させている誘因があると考える必要がある。個々の疾病を治療によって治癒させたとしても，生体防御機能を回復させる対策をとらないかぎり，同様な疾病の発生が繰り返されるからである。

最初に述べたとおり，周産期にみられる疾病は異なる原因によって発生するのではなく，分娩前後の一連の管理のなかに存在する不適切な飼養管理がストレスとなって，疾病を顕在化させていると考えられる。

たとえば，生産性の向上を求めて濃厚飼料を多給したり，生産コストの低減をめざして安価ではあるが低品質の飼料を多給したり，分娩前

後のミネラル給与法に誤りがあったりする場合である。これらはすべて管理者の飼養管理の失宜で，牛自体に問題があるわけではない。こうした不適切な飼養管理が牛の生体防御機能を低下させて，周産期疾病が発生しやすい背景をつくっていることを認識しなければならない。

② 抗病性が強い牛の育成

疾病の多発傾向がみられる分娩前後に健康が保持できる牛の基礎は，子牛の管理に始まる。

哺育期の疾病は，十分な抵抗力を保持していない子牛にとって致命的になることが多い。これを予防するためには，出生直後の第1回の初乳をなるべく早く，確実に飲ませることが必要である。

新生子牛が飼育される環境の周辺にはさまざまな病原体が潜んでいる可能性が考えられることから，子牛を収容する前にハッチの消毒を行なうことが欠かせない。さらに，感染性疾病が流行している場合には，子牛同士が直接接することによって容易に感染するため，カーフハッチを子牛同士が直接接触できない程度の距離に置き，日当たりのよい位置に設置する必要がある。

下痢や肺炎など哺育期の疾病が長期化すると，抗病性の弱い牛になる危険性があることから，子牛の観察を強化して疾病の早期発見・早期治療に心がける。そして，哺乳期から良質粗飼料を自由採食させるように心がける。

離乳後は，将来食い込みのよい牛になるよう，第一胃の充実を図る管理を行なう。すなわち，離乳後の子牛は数頭ずつの群管理とし，集団行動の馴致を行なうとともに，子牛同士の競争心による飼料摂取量の増進を図る。育成牛の第一胃の形成にとって，運動は飼料摂取量を増加させる手段となり，特に寒冷期に屋外で運動させると，飼料摂取量が20～30％増加する。育成牛には濃厚飼料を多給せず，屋外の飼槽や草架に自由採食ができるよう乾草やロールベールサイレージを切らさないようにする。

以上のように，育成期の粗飼料摂取量が第一胃容積と乳腺実質の発達を決めていることを押さえておくことが大切である。

③ 分娩前の飼養管理

乾乳期の粗飼料主体の飼養管理 一般的に，乾乳は分娩日の60日前をめどに行なうが，空胎期間が延長してしまった牛では低泌乳量の期間が長くなり，過肥に陥る傾向が高まるので，ボディーコンディションを見ながら早期に乾乳する。乾乳時のボディーコンディションは3.5程度が望ましく，4以上の場合には分娩後脂肪肝に陥る危険性が高まる。

乾乳前期には，乾草を中心とした粗飼料主体の飼養管理によって，膨満した子宮の圧迫で縮小を余儀なくされていた第一胃の容積を回復させるように努める。

乾乳期の低栄養が胎児の発育や分娩後の母牛の健康状態に悪影響を及ぼすことは周知のとおりであるが，最近の飼養管理ではむしろエネルギーの過剰摂取が問題となっている。オーバーコンディションに陥る原因は濃厚飼料や穀類の多給はもちろん，コーンサイレージの多給であることが多い。また，ヘイキューブやアルファルファ乾草も蛋白，カルシウム，カリウム含量が高く繊維含量が低いことから，乾乳牛の粗飼料として多給することは問題がある。

乾乳できた牛は屋外の運動場で別管理することが望ましい。こうすることによって搾乳牛の飼料を盗食することが避けられ，運動することで筋肉が強化され，紫外線の照射でビタミンD活性化が促進される。

乾乳後期はクローズアップ期にあたり，泌乳開始に向けての準備が行なわれる時期である。この時期の飼料給与方法についてはここでは省略する。

分娩4週間前からのカルシウム，ビタミン給与 分娩前4ないし3週間はカルシウム摂取量を制限し，全飼料中のカルシウム含量を0.4％，リン含量を0.25％程度にすることが望ましいとされる。特に産歴の進んだ高泌乳牛は乳熱に陥る危険性があることから，分娩前1週間はカルシウムの給与量を極端に減少させるようにする。こうすると，カルシウム摂取量の減少に伴って上皮小体ホルモンの分泌が刺激され，カルシウムの骨からの動員と消化管での吸収が促進され

るようになる。

分娩2週間前から分娩房に収容し，ビタミンAD₃E剤を給与する。

ビタミンDの補給は乳熱の発生予防につながる。ビタミンEは，セレンとともに過酸化脂質やフリーラジカルによる生体膜の酸化的破壊から，生体膜を保護する作用がある。セレンの欠乏は胎盤停滞を誘発し，子宮内膜炎に至る場合や筋肉変性を伴った虚弱子牛の娩出につながるため，こうした疾病が多発傾向にある場合はセレンとビタミンEの合剤（ESE）を分娩前に投与するとよい。

また，ビタミンAは視覚と上皮組織の維持に欠くことのできない必須栄養素で，牛では繁殖に対して重要なビタミンである。ビタミンAが欠乏すると流産や早産，胎盤停滞，新生子牛の盲目や虚弱子牛の出生がみられる。

周産期疾病を誘発するビタミンA欠乏 ビタミンAは他の脂溶性ビタミンと異なる特殊な代謝機構をもつ。また，分娩前の複合ビタミン剤の給与は一般的に行なわれているが，給与されたビタミンAが常に必要に応じて利用できるとはかぎらない。こうした事情から，特にここで取り上げることにしたい。

経口的あるいは注射によって投与されたビタミンAは血液中に吸収されて，カイロミクロンに組み込まれて肝臓に運ばれ，エステルの形で肝臓のビタミンA貯蔵細胞に貯蔵される。そして，必要に応じて貯蔵細胞から肝細胞へ動員され，そこでアルコール型（レチノール）に転換されて肝細胞内で産生されるレチノール結合蛋白と結合する。これが血液中に放出され，標的細胞に輸送される。

この肝臓を介したビタミンAの代謝機構が，分娩後の生理的ビタミンA欠乏の発生の鍵となっている。すなわち，分娩後脂肪肝の発生があると，肝細胞内でのレチノール結合蛋白の生成が阻害されて，肝臓内に十分なビタミンAが蓄積されていても，血液中に放出できない状態に陥ってしまう。

第8図に乾乳時の平均体重が774kgで平均ボディーコンディションが4.3であった12頭の牛群の分娩前8週から分娩後13週間の血液中ビタミンAと血糖値の変動を示し，第9図に同じ牛群の遊離脂肪酸とケトン体の変動を示した。供試牛には試験期間をとおして連日ビタミンA50,000単位を投与した。

供試牛の遊離脂肪酸とケトン体は分娩直前から急激に増加し，その状態は分娩後3週まで継続していた。血糖値は分娩時に一過性に上昇した後，軽度の低下を示した。これらの所見は，肥満傾向にある牛では，分娩後泌乳の開始に伴って一時的に消費エネルギーの不足をきたして体脂肪の動員が生じ，脂肪肝が発生して肝機能が低下し，肝臓に蓄積されたビタミンAが利用できない状況を導いていることを示している。

これらの供試牛は特に病的症状を現わさなかったが，分娩直後の搾乳牛に認められたこうした変化は，この時期の牛が各種の周産期疾病に陥りやすい状態にあることを示唆している。分娩後に生理的ビタミンA不足に陥った牛では，粘膜組織の角化が進み，胎盤停滞や子宮内膜炎，乳房炎などに罹患する感受性が高まる。

それゆえ，分娩前のビタミンAの投与は，脂

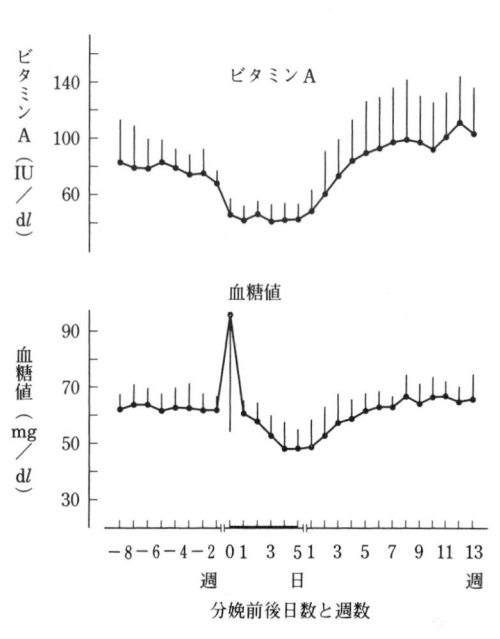

第8図 搾乳牛の分娩前後における血液中ビタミンAと血糖値の変動

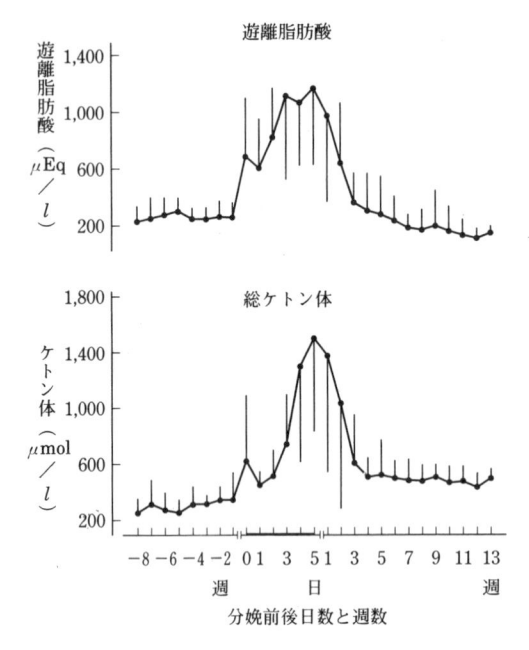

搾乳牛

第9図 搾乳牛の分娩前後における血液中遊離脂肪酸とケトン体の変動

肪肝など肝機能障害が予防できて初めて効果があることを認識しなければならない。

④**分娩後の飼養管理**

乾物大量摂取のための第一胃容積 分娩直後に最初に行なうことは新生子牛の看護であるが，同時に，初乳の搾乳前に母牛に対して経口カルシウム剤と複合ビタミン剤を投与する。

分娩後，泌乳開始に伴って大量の乾物摂取が要求されるが，一般には最高泌乳期は6～8週後になり，乾物摂取量のピークはこれよりさらに4～6週間遅れる。したがって，高泌乳牛ほど泌乳初期の乳生産に必要なエネルギー量を採食によって補えず，体脂肪を動員してこれを乳生産に利用することから，泌乳初期の体重減少が著しい。適正な乳成分を確保して高泌乳を維持するためには，体重の4％以上にあたる乾物を摂取する必要がある。

分娩後，このような大量の乾物を摂取するためには，大量の粗飼料が食い込める第一胃容積が必須である。

第一胃の容積確保は育成期からの適切な飼養管理にかかっているが，泌乳後期の過肥も関連している。特に腹腔内に蓄積した脂肪は，乾乳期の粗飼料食い込みを阻害し，第一胃を縮小させる。そして，腹腔内脂肪の動員は皮下脂肪より遅れることから，分娩後の食欲回復にも影響を及ぼす。順調な採食量の回復がみられない場合は，体脂肪の大量動員がおこり，脂肪肝やケトーシスの発生に結びつく。

分娩後泌乳量の急速な増加がみられる牛では，産乳に必要なエネルギーが採食によって補えないので，臨床型脂肪肝の発生を予防するため，糖源物質であるプロピレングリコール製剤などを投与する。

飼養管理を切り替えるさいの留意点 分娩後，乾草主体の飼養管理から急激に濃厚飼料多給の飼養管理に切り替えると，ルーメンアシドーシスなどの第一胃発酵の異常をまねく。それゆえ，分娩前2週間からリードフィーディングを行なって，分娩後における飼料の質に第一胃内微生物叢を馴致させるための管理が望まれる。また，濃厚飼料や穀類の偏食を避けるため，分別給与の場合は粗飼料から給与し，濃厚飼料の給与は回数を増やし，一度に大量に給与することを避ける必要がある。ルーメンアシドーシスの発生予防の一つにTMR（混合飼料）の自由採食があげられる。

(9) 疾病対策，飼養管理の課題

近年，わが国の搾乳牛は遺伝的能力の急速な改良によって，経産牛の泌乳量が年々増加し，平成8年度のホルスタイン種における305日乳量の平均は8,500kgに達している。

このように急速な高泌乳化の進展に伴って，搾乳牛に発生する疾病のほとんどが周産期に集中する傾向がみられている。これらの疾病は，管理者である畜主の予防衛生に関する認識不足や高泌乳を期待した無理な飼料給与が，乳牛の生理機能に過剰な負担を与えて，発生が助長されている。

最近，管理獣医師などによる搾乳牛の健康管理システムとして，代謝プロファイルテストが導入されてきている。代謝プロファイルテストは，牛群のさまざまな情報と繁殖検診や血液検

査の成績を総合的に判定して生産病を早期に発見し，飼養改善を行ない，乳牛本来の健康状態を回復させ，生産性の向上を図ろうとするシステムである。分娩前後の疾病の発生を予防するために，このようなシステムをとり入れることも一つの方法である。

しかし，こうしたシステムは全国各地で行なわれているものではない。それゆえ，分娩前後の疾病予防には，育成期から適正な飼養管理の徹底に努め，大量の乾物が食い込める第一胃を形成する必要がある。さらに，分娩前のボディーコンディションが過肥にならないよう調整に努め，泌乳初期のエネルギー摂取不足が増強されないよう注意しなければならない。また，初産から濃厚飼料や高エネルギー飼料を多給して無理な産乳を強いることは避けるようにしたい。

周産期疾病は互いに関連がある場合が多いから，これらの発生にあたって個々の疾病を治療で治癒させたとしても，根本的対策が講じられない限り発生が繰り返される危険性が高い。それゆえ，基本的飼養管理を徹底することで第一胃の恒常性を維持し，生体防御機能を十分に発揮できる健康な牛群の育成に努めたい。

1998年記

参 考 文 献

川村清市．1998．牛のルーメン代謝・13，ルーメンと代謝障害，ルーメンアシドーシス．臨床獣医．**16** (1), 75-87.

神立誠・須藤恒二．1994．ルーメンの世界―微生物生態と代謝機能―．612-621．

木村容子・若松脩継・関根淳二・元井葭子・本好茂一．1984．アルギニンおよびデキサメサゾン負荷後のケトーシス牛の血漿脂質と関連ホルモンの変動．日獣会誌．**37**, 208-214．

木村容子．1988．ビタミンA欠乏症の最近の知見について (2)，分娩前後の搾乳牛におけるビタミンAの動態．家畜診療．**305**, 5-18．

内藤善久．1990．牛の代謝性疾患．129-165．

津田恒之監修・柴田章夫編．1987．新乳牛の科学．335-383．

若松脩継．1991．反芻動物における各種脂肪酸とリポ多糖体の第四胃の筋電図に及ぼす影響―第四胃変位発症機構の考察―．学位論文．1-111．

分娩期

分娩の準備

星野邦夫(東京農工大学)

(1) 分娩室

柔らかいフロア(コンクリートの上に牛床マット敷きが理想)で$13m^2$(4坪)ぐらいの広さが必要である。

分娩室が必要な理由 つなぎの牛舎でそのまま分娩させる酪農家が多いが,このような酪農家の乳牛には,乳頭損傷,乳房水腫,肢蹄異常が多い。足をすべらせて脱臼して廃用となってしまうものもある。勾配の強い牛床では膣脱,子宮脱を起こしやすい。これらの事故は,分娩室で分娩させれば起こりえないかあるいは防止できるのである。

牛床マット敷きのフロアが必要な理由 土の上に敷わらを入れている分娩室では,充分な清掃,消毒が困難なため不潔となり,産褥*感染の危険性が高い。柔らかい清潔な分娩室では,万一,産前産後の起立不能を起こしても,二次的に起こる股関節脱臼,褥創を防ぐことができる。

(2) 消毒液

牛舎や牛体には種々の病原菌が常在している。産褥期のこれらの病原菌の感染症は,甚急性で治療が間にあわず予後不良となることもある。分娩時だけでなく,分娩直前から分娩3日後までは,牛体(特に外陰部,乳房周辺,後蹄)および牛床の消毒を欠かしてはならない。消毒液は,刺激性の少ない良質のものが市販されているので用意する。

注意事項として,消毒薬は濃いほうが有効と勘違いして使用されていることが多い。使用法は,薬剤の説明書をよく読んでそれに従うこと。

(3) 産科縄

これはどの酪農家にもあるが,ふだんの保管が悪く,使用後よく洗わずに乾かしてあったり,しょうが抜けて肝心なときに切れたりすることがある。早めの点検を励行する。できれば,衛生的に使用できる産科チェーンを購入しておく。

(4) 代用羊水

衛生的な産道粘滑剤が市販されているのでこれを常備する。娩出に時間を要し,すべりが悪くなったとき,この粘滑剤を清潔な湯にとかして代用羊水をつくり使用する。

1982年記

第1図 このような牛舎でのお産は子宮脱,膣脱,起立不能,乳頭損傷などを起こしやすい

第2図 インスタント羊水
(品名プロサボ)
卵白やふのりよりも衛生的ですぐれている。ポンプは子宮内に注入するためのもの

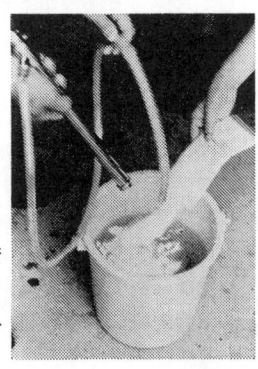

---

* 産褥 家畜では「産蓐」の字が用いられるが,本農業技術大系では産褥によって統一している。

搾乳牛

分娩の徴候と判断

星野邦夫（東京農工大学）

(1) 乳房の変化

俗に"乳房の水気"といわれる浮腫は，分娩前1～2週目ころから目立ちはじめ，分娩に向かってどんどん増加する。分娩直前には赤みのある大きな乳房に発達する。分娩開始ころは，乳頭もピンと張ってくる。

この乳房の浮腫は，卵巣ホルモンの影響，その他複雑な機構によって生ずる生理的なもので，分娩期が近づいたことを知るつごうのよい目印である。しかし，この浮腫の程度は個体差が大きいうえに，年齢，給与飼料，季節，繋養状況あるいは乳房炎などの病的要因によって異なるので，分娩開始の予測の目印とするには若干の知識と経験が必要と思われる。

また，この浮腫は，あまり強度だとのちに種種の障害に発展するので，できるだけ分娩前の早いうちに異常であるかどうかを判定し，対処したい。しかし，正常と異常との境界が明らかではなく，病的浮腫にまで発展させてしまった事例は少なくない。

①年齢による相違

初産牛では，分娩前3週ころから浮腫が現われるものもあるが，2週ころからどんどん進行するものが多い。浮腫の程度も強く，乳房だけでなく臍の付近まで及ぶことも少なくない。下腹部全面から胸部下面まで及ぶものもあるが，これまでになるのは異常で，早期に専門家と相談して対処する必要がある。

経産牛でも若い牛では初産牛のようなものもあるが，概して浮腫の発現は遅く（分娩前10～7日）その程度も軽い。しかし，初産のとき強度の浮腫を経験した牛では，経産牛でも毎回強度の浮腫をくりかえすことが多いので，分娩前からの注意がそのつど必要である。

②給与飼料による影響

産前に高蛋白飼料を多給すると乳房の浮腫が強くなることは，理論的にも説明され，酪農家も経験的に知っている。したがって，産前の乳房の浮腫が見え始めた牛には，濃厚飼料を徐々に減らす給与法が一般に行なわれている。しかし，高蛋白粗飼料（マメ科牧草など），多汁質粗飼料（青刈トウモロコシなど）の給与によっても乳房の浮腫が強度になることは案外知られておらず，失敗している事例も多い。飼料は，その成分をよく知ったうえで給与しなければならない。高蛋白飼料給与による乳房浮腫の増加は，分娩後2週くらいまでの乳牛にも起こるので付記しておく。

③夏季暑熱の影響

夏は，初妊牛も経産牛も早めに乳房の腫大しはじめるものが多い。特に高温のつづく年の夏はこの傾向が強い。夏の乳房の早めの腫大は，浮腫そのものより，乳房組織から漏出した体液と乳汁の混合したものが乳槽部に貯留しているために起こると考えられる。

この貯留物（乳汁色の）を乳頭孔から漏出している牛を夏はよく見うける。したがって，乳房の変化を主眼に分娩日を推定しても間違いやすい。また，夏は分娩が予定より早いものが多く，この点も混乱を起こさせる原因となる。いずれにしても，夏分娩のばあいは乳房炎にかかりやすい条件がそろっているので，乳房炎への配慮は分娩への配慮と同様，怠ってはならない。

④繋養の仕方による相違

妊娠末期の牛では，卵胞ホルモンの影響によって血管の透過性が高まり，乳房だけでなく，からだの組織全体に水分が多くたまった状態，すなわち全身が浮腫ぎみなのである。したがって長い間立ちつづけると，組織の水分は下方に流れ，乳房や下腹部に集まる。乳房は腹よりも下方にあり，袋状でゆとりが多いため水分が最も集まりやすい。乳房の下面で浮腫が特に強いのはこのためである。分娩近い牛を窮屈な搾乳用の牛床に繋いでおくと，長時間立っていることが多いので，極度の乳房浮腫を起こしやすい。早めに分娩室に移したばあい乳房の浮腫は生理的な範囲にとどまる。

このように，繋養のしかたで乳房の浮腫の程度がおおいに相違する。

⑤ **病的要因による乳房の浮腫**

心臓あるいは腎臓機能の異常，産前乳房炎などの病的原因による浮腫を見分ける必要がある。心臓，腎臓の異常からくるものは，乳房からは見分けることができないので，その個体の病歴やその他の症状を勘案して早く検診をうけるようにする。

乳房炎によるものは，泌乳中とちがって毎日手で触れていないこと，外見的に生理的な腫張のようにみえることから見すごしやすい。分娩後の初回の搾乳時に発見し，手遅れにしてしまうことが稀ではない。しかし，各分房の大きさに相違があったり，乳房の張りぐあいが分娩予定日からみて進みすぎであったりするので，注意を怠らなければ分娩前の発見が不可能ではない。この乳房炎は，分娩前に発見して治療すれば大事に至ることは少ないが，分娩後に発見したばあいは，治療しても効果が低く，減乳，無乳などの大損害をこうむる確率が高い。

乳房に浮腫が現われてからは，毎日乳房を観察し，さらに触診によって左右の分房の硬さに相違がないかどうか調べなければならない。夏分娩する牛，夏乾乳して秋に分娩する牛は，とくにこれが必要である。

(2) 尾根部の変化

分娩開始を推定するのに最もよい着眼点である。尾根部の両側が柔らかくなって落ち込んでくるのが，分娩の数日前から徐々に目立つ。そのために尾根部の頂上が急に高くなったようにみえる。しかし，この部分の落込みがきわ立ってくるのは，分娩に入る約12時間以内の時期である。これは，ふだんは強く張っている仙坐靱帯と仙腸骨靱帯とが弛緩したためで，産道がゆるんできた証拠である。たとえば午前中より夕方にさらに落込みが目立ってきたというばあい，たいていその夜に分娩となる。

(3) 腹部の変化

妊娠末期になるほど腹部とくに右腹部が横に大きく張ってくるが，尾根部の落込みがきわだった直後ころになると，横張りでなく腹が垂れ下がって牛が細くなったようにみえる。それまでにみられた胎動がみられなくなる。分娩開

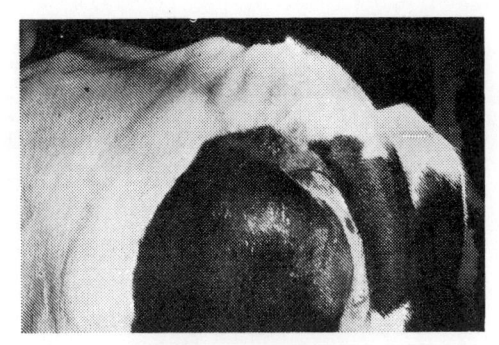

第1図　仙坐靱帯の弛緩

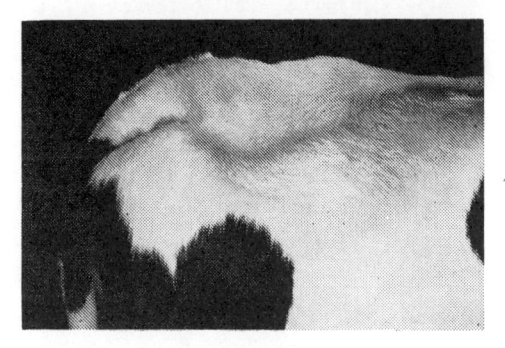

第2図　仙腸骨靱帯の弛緩
この牛は撮影の翌々日に分娩した

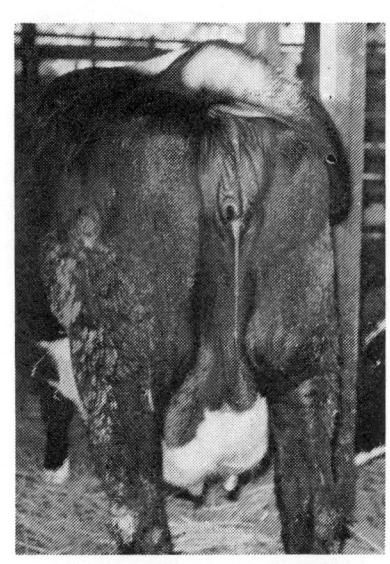

第3図　分娩直前の外陰部
大きくゆるんで粘液が下がっている

始直前である。

(4) 外陰部と粘液の変化

　胎児が育ち子宮が大きくなるにつれ，外陰部は大きくゆるんでくる。陣痛が起こる前までは，外陰部表面はしわが細かくノッペリしている。伏臥しているときは赤い膣粘膜が見えることが多い。妊娠中ずっと子宮頸管の中につまって，外からの細菌などの侵入を防ぎ，胎児を保護していた粘稠な粘液が，分娩の2～3日前から外陰部の外に出始める。はじめは少ないが，しだいに量を増し，指の太さぐらいのものが引きつづいて外陰部に下がってくる。個体によってその量は異なるが，分娩開始直前にはどっさりと落ちる。

　子宮に胎児を娩出するための収縮運動が起こると，その運動のたびに外陰部表面に深いしわが現われる。この変化の直前ごろ，肛門がときどき緊縮しはじめ，しだいにその間隔が短くなる。肛門の動きを分娩開始のきざしとして，目印にしている人たちもある。

1982年記

分　娩

星野邦夫（東京農工大学）

　分娩は三期に分けられる。第1期は子宮頸管（胎児が通過しなければならない第一の関門）が押し広げられる段階，すなわち娩出準備の時期にあたる。第2期はいよいよ胎児が娩出される時期，第3期は胎児が娩出された直後から，胎児の胎盤（後産）が排出されるまでの時期である。

(1) 第 1 期

　開口期または準備期ともいう。妊娠の維持は牛のばあい主に卵巣の黄体からでる黄体ホルモンによって行なわれている。胎児が外界に出て充分生存できる状態にまで発育すると，胎児の副腎から分娩開始"ON"の信号が発せられる。すると，胎盤付近にプロスタグランジンというホルモンが産生され，これが卵巣の黄体を退行させる。黄体が退行すると妊娠維持の働きをしている黄体ホルモンは急速に少なくなる。すると子宮は，脳下垂体後葉からでる子宮収縮作用のオキシトシンに対する感度がよくなり，先方から後方へ向かって収縮を開始する。これには，卵胞ホルモンの作用など複雑な機構が関与するが，現在のところ分娩の開始についてはこのように考えられている。

　したがって，第1期の子宮収縮は無意識的に起こるといえる。これを開口期陣痛または準備陣痛という。第2期に入って胎児を娩出するさい主体となって起こる腹の筋肉の意識的な収縮とは異なる。

　この子宮の収縮は疼痛と不安感をともなうので，尾をあげて糞をたびたびしたり，ねたり起きたり歩き回ったり，低い声でないたりする。腹のほうを不安げに見たり，腹部を軽く蹴るような動作をすることもある。収縮は時間を追って強く頻繁となり，ついには意識的な"いきみ"が加わってくる。これらの徴候は，初産牛が強く，産を重ねるにつれおだやかになる傾向がある。運動不足の経産牛や高齢牛では，おお

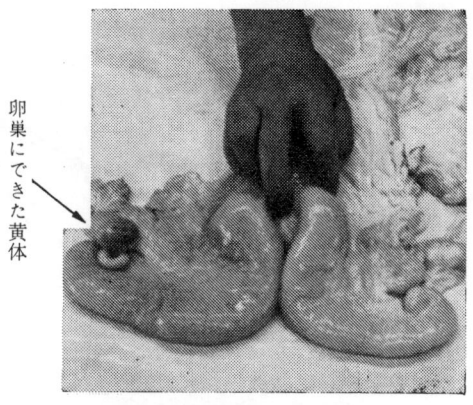

第1図　妊娠維持に必要な黄体
妊娠中ずっと卵巣にあり黄体ホルモンをだしている。これが退行して小さくなり，分娩となる

（卵巣にできた黄体）

むね弱いので注意を要する。

　第1期の内部では，引きつづいて起こってくる子宮の収縮によって，胎児の入っている胎膜と胎水が，子宮頸管さらに膣を押し広げながら，ついには外陰部から体外にまですすんでくる。この最初に出てきたものが第1胎胞である。この第1胎胞は，尿膜といわれるもので内部に大量の尿水（胎児の尿と考えてよい）が入っている。第1胎胞は薄く赤黒い色にみえるが，これが破けて出る尿水は黄褐色の液である。第1胎胞が破けることを第1破水という。

　ここで注意を要する点は，第1破水は膣内で起こることが多く，また膣外で起こっても膣外に出るとすぐ破けてしまうので，気づかなかったり見のがしたりしやすいことである。10年以上乳牛を飼っていても，第1胎胞を1回も見たことがなく，たまたま遭遇して「変なものが出た」とあわてて診療を依頼する酪農家もあるほどである。牛では第1期と第2期の境界がはっきりしないが，第1破水が終了したあとを第2期と呼ぶことが多い。

(2) 第 2 期

①羊膜の破れるまで

　娩出期ともいう。第1破水が終わると，陣痛はきわだってはげしさを増し，間隔もちぢまり意識的ないきみがはっきりわかるようになる。子宮の収縮と意識的な腹筋，横隔膜の圧迫とに

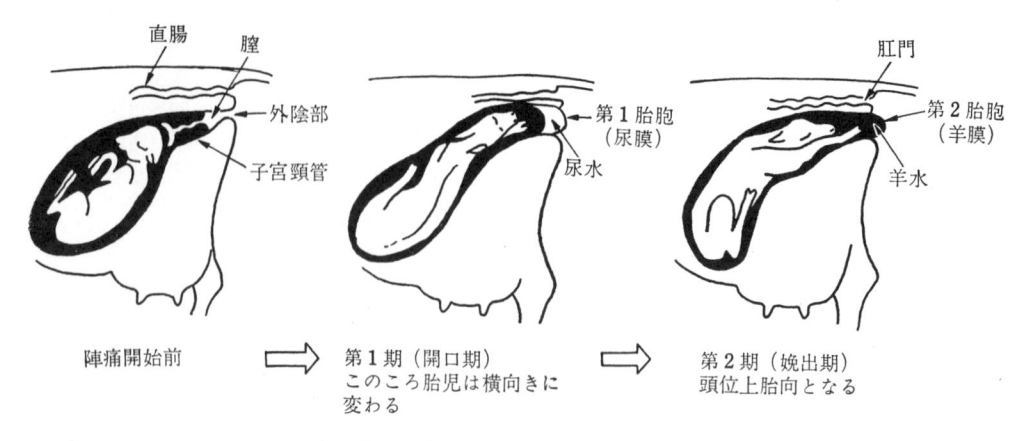

搾乳牛

第2図　正常な分娩のすすみ方と胎位の変化　　　　　（松浦原図）

陣痛開始前 ⇒ 第1期（開口期）このころ胎児は横向きに変わる ⇒ 第2期（娩出期）頭位上胎向となる

第3図　第2胎胞（羊水）

第4図　逆子（さかご）の分娩
蹄が反対に向いている。このようにどんどん出てくるので破水が早い

よって、胎児を娩出しようとするのである。

　第1期の初めころには15～30分間もの間隔であった陣痛が、1～2分間隔にちぢまる。そして、いよいよ丸く張った白っぽい袋が、いきむたびに外陰部から見えるようになる。この袋は羊膜と呼ばれ、内部には白い糊状の羊水が多量に入っている。これを第2胎胞という。初めは拳大から、まもなく人頭大ぐらい出てくる。張ってくると羊膜の表面の細い血管が破れて少量の出血がみられるが、これは心配する必要がない。人頭大までに出てくると、胎児の蹄が中にうっすら見える。このことから、これを足胞ともいう。この蹄は意外に大きく見えるが、多くのばあい心配する必要はない。

　第2胎胞は厚く丈夫で、すぐには破れない。いきみのたびに出たり引っ込んだりして、第二の難所（関門）である外陰唇を充分に広げようとしているのである。頭位の分娩では、蹄のす

ぐあとに頭がついてきているので、蹄の次には鼻鏡が見えてくる。このばあいは、頭位上胎向といい正常分娩の体位であり、ひと安心である。

　俗に"さかご"といわれる後肢からの分娩では、胎胞の中の蹄が裏がえしに見える。このばあい、尾位上胎向といい、やはり正常分娩の体位として扱われる。尾位のばあいは頭位のものと異なり、頭が膣口でつかえないため、飛節のところまでがどんどん出てきてしまうので、胎胞の破れるのは頭位より早い。

　いずれにしても、第2胎胞は人の手で破かず、自然に破れるのを待つのが正しい。初産牛などでは陣痛が強く、動作も苦しそうにみえるし外陰唇も小さくて、なかなか進んでこないので、つい羊膜を破いて引いてやりたくなるが、できるかぎり待つべきである。このほうが、外陰唇が無理なく充分に広がり、かえって胎児が通過

しやすい。あわてて破って引き出したために，外陰唇が大きく裂けてしまったという実例はめずらしくない。

②胎児の娩出

第2胎胞が人頭大になって一進一退をくり返すうちに，ふつうは10～20分間で破れ，どろっとした羊水が流れだす。破れてから立ち上がる牛もあるが，間もなく坐るので心配はいらない。どろどろの羊水は，胎児が産道をスムーズに通過するための役割をする。

順調な分娩では，羊膜が破けるとすぐ次の段階で前肢，鼻端と出てくるが，まぶたのふくらみから額のところが外陰唇の膣口にきたところで最も時間がかかる。このとき母牛は最大のいきみを発し，胎児は赤紫の舌を露出している。経験がないと赤紫の舌を見て胎児が死ぬかと思いあわてるが，これは，胎児の血液循環が力強く行なわれているためであり，胎児が丈夫な証拠なのである。心配なら，その舌を強く爪でつまんでやると，痛さで引っこめるのでためしてみるとよい。出てきた舌に血の気がなく白っぽいばあいは，胎児が死亡しているか，死に瀕していると考えてよい。

この前肢上部と頭部とが一緒になったときが，胎児の最も太い状態で膣口は最大に広げられるのである。したがって，これが通ったら分娩の山は一応すぎたと思ってよい。多くの牛はここで，いきむのをひと休みする。再びいきみが始まると，胸部，腰，尻と出てくる。ただし，胎児がやや大きめのときに腰（腰角の前）が膣口にしめつけられ，それ以上進まなくなることがあるが，このときは軽く引いて，いきみを強くさせてやると娩出できる。

尻が抜けると，つづいて後肢まで容易に出てしまい娩出は完了である。神経質な母牛は，立って胎児を生み落とすことがあるが，そのまま落下してもまず心配はない。下の柔らかい場所ならなお安心である。

③娩出直後

胎児が娩出されると同時に臍帯は牛のばあい自然にひきちぎれ，5～8cmの長さで新生児の側に残る。母牛が坐って娩出したときまれに臍帯が切れないでいることもあるが，子牛が動くか母牛が立ち上がるかすれば自然に切れるので心配はない。二か所を紐で結んで切ってもよいが，この必要はほとんどない。また母牛側の切れた臍帯から，かなりの勢いで血液が噴出することもあるが，これも間もなく止まるので心配ない。しかし，お産が重かったあとなどは母牛の産道に裂傷が起こり，そこから出血がつづくことがあるし，軽いお産でもそのあと子宮脱を起こすこともあるので，子牛ばかりに気をとられず母牛の観察も忘れないようにする。

子牛は娩出されるとすぐ大きく息を吸い込み呼吸を開始する。娩出に時間を要したために，娩出されても大きく息を吸い込めないようなときは，鼻や口の中の羊水をふき取ってから，バケツ1杯の冷水を体（頭はさけて）にザッとかけてやると，反射的に息を吸い込むので，おぼえておくと役に立つ。このような子牛は，呼吸を開始しないのに心臓だけは早がねのように強く拍動している。これは，手で子牛の左側わきの下をさわってみるとすぐわかる。呼吸がなくあるいは弱く，心臓の拍動も微弱となっている子牛は，ほとんど助からない。

子牛は，娩出後早いもので15分，多くは30分ぐらいでヨロヨロ立ち上がり，歩きだす。

(3) 第 3 期

後産期ともいう。娩出完了から後産の排出が終了するまでの間にあたる。後産すなわち胎膜は，子宮が再び収縮を起こして発する後陣痛によって排出される。30分ぐらいで排出する牛もあるがこれは稀であって，3時間から6時間くらいが最も多く，8～12時間かかることもある。それ以上たって排出しない牛は胎盤停滞として扱われる。乳牛では胎盤停滞が特に多く問題になっている。

胎盤停滞となったときは，通常，分娩後冬はまる4日，夏はまる3日で獣医師が除去している。多くの動物では胎盤が停滞したら全身的な異常に発展する。牛ではそれほどでなく，食欲も変わらず，放置しても自然に融解して悪露となり2～3週で排出されるので，停滞した胎盤

搾乳牛

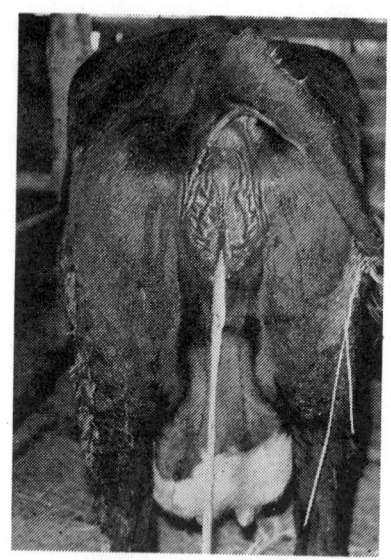

第5図 娩出直後の後産
この牛は3時間後に後産が排出した

は産褥熱などの全身症状が現われないかぎり除去する必要なしとしている人もある。しかし乳牛は食品である牛乳を生産する動物であるから、衛生的な問題を考えて除去すべきであろう。

(4) 新生子牛への哺乳

近年, 新生子牛の細菌性下痢や哺乳子牛の虚弱化が問題となっている。とくに肥育用哺乳雄子牛の消耗による損害は莫大である。

新生子牛には、できるだけ早く初乳を飲ませるほど、母牛からの免疫の移行がよく、新生子牛の種々の疾病を防止できるとされている。

従来のやり方では、初回搾乳が分娩後6時間がふつうだったので、初乳給与も当然遅かった。これからは、初乳給与を生後1時間以内のなるべく早いうちに行なう必要があろう。また、雌の子牛だけでなく、雄の新生子牛にも初乳を充分与えて、だいじな肉資源の確保に協力していきたいものである。

(5) 異 常 分 娩

乳牛のお産の多くは安産である。しかし、獣医師の手を借りる必要のあるお産も10％前後（地域によって差がある）と考えられる。異常なお産のときは、専門の獣医師をたのむべきであり、素人の難産介助はさらにやっかいな難産に発展することが多い。

異常分娩には、産道に比べて胎児が大きすぎる過大児のもの、奇形児、体位異常（約23種）、胎内胎児死亡、子宮捻転、早期破水によるもの、陣痛微弱のものなどがある。しかしこれらは、早期に発見しさえすれば、獣医師の適切な処置によって多くのばあい助かるし、最悪でも母牛は助けることができる。したがって異常分娩は、そのきざしを早く発見することが大切である。

難産のきざしには、次にあげるようないろいろなものがある。

▷分娩開始ころ、血液の多く混じったおりものが出てきたもの——これは主に過大児、早期破水、子宮捻転のものにみられる。

▷盛んにいきんでいるのに、尿水様のものや羊水様のものだけ流れて、胎児が見えてこないもの——これは、胎児失位、過大児、早期破水、中度の子宮捻転のものにみられる。

▷確かにお産が始まっているようだが、えさを食べたり反芻したりしているもの——これは、陣痛微弱といって夏ばてぎみのもの、高能力牛、老齢牛、体力の弱い牛、双子を妊娠しているものなどにみられる。また、夜半などに分娩開始したが、過大児あるいは胎児失位で娩出できず、陣痛が弱まってしまったものにもみられる。すなわち発見が遅れたものである。

▷片方の足だけ出てきたり、頭だけ出てきたり、尾だけ出てきたりするもの——これはすぐに異常とわかるが、胎児失位である。

▷ゆるんで大きかった外陰部が、小さく血の気がなく締まってきたり、ゆがんだりしたもの——これは、子宮捻転のときに起こる。

▷前日までだんだん大きくなっていた乳房がしぼんできたとき——これは子宮捻転の特徴。

▷悪臭のあるおりものが出るもの——これは、胎児が死亡しているおそれがある。

▷食欲や元気が全くなくなったもの——分娩開始しても食欲や元気が全くなくなることはない。食欲や元気が全くないときは、乳熱や細菌感染症の疑いがあるので要注意である。

1982年記

助　産

星野邦夫（東京農工大学）

わが国に最も多いホルスタイン乳牛は，概して胎児が大きいこと，近年の乳牛が運動不足の状態で飼われているため陣痛の弱いものが少なくないことなどから，助産を必要とする分娩も多いので，助産の要点を記載しておく。

(1) 衛生的な助産

陣痛が始まり胎児が産道に入ってくると，産道のすぐ上にある直腸が圧迫されるため，肛門から糞が押し出される。軟便の母牛のお産では糞がどんどん出て困ることも多い。そして，この糞がせっかく消毒してあった外陰部を汚し，一進一退しながら出てくる胎膜や胎児も汚染してしまう。分娩の途中で牛が立ち上がるときなどは，糞が膣内に吸い込まれてしまう。

助産に夢中になっていると，糞で汚れた手をそのまま産道に入れてしまうことさえある。このようなことがないよう消毒液は大量に用意し，糞が付いたら，そのつど消毒しなおす。一般にこの点はお粗末にされているので注意を喚起しておく。

また，分娩中は消毒に留意するが，分娩してしまうと忘れてしまうのもふつうである。とくに，下がっている後産に糞がついていても放置してあることが多い。軽いお産であっても産道の傷は皆無ではないのである。また，産褥期の細菌感染は恐ろしい結果となることも多い。分娩後3日ぐらいは外陰部や牛床の清潔に心がけなければならない。

(2) 助産のコツ

前肢から出てきても後肢から出てきても，胎児の足は左右のどちらかがやや前になっていて，そろっていることはまずない。まず，前になっている足（小づめの上方の細いところ）に充分消毒ずみの産科縄をかける。もう一本の足には縄をかけない。次に，かけた縄を大人2人ぐらいで引いてぴんと張る。そして，いきみのたびに少しずつ出てきた分を，いきみがやんだときも戻らないようにするのである。

助産のコツは，一進一退ではなく，"一進一進"なのである。すなわち，出てきた分は，いきみが止まっているときも戻らないように縄を張っておくのである。縄の張りぐあいは大人2人が縄引をして軽く体重をかけた状態でよい。坐った牛の助産では，いきみの止まったときも出てきた分があまり戻らないが，立ってお産をする牛の助産では，いきみが止まると，胎児の重みで出た分ぐらいすぐに戻ってしまう。したがって，出た分を戻さないようにする引き方がコツなのである。

このような助産をす

第1図　片方の足だけに縄をかける
縄はぴんと張り，いきみで出てきた分は，いきみが止まったときも戻らないようにする

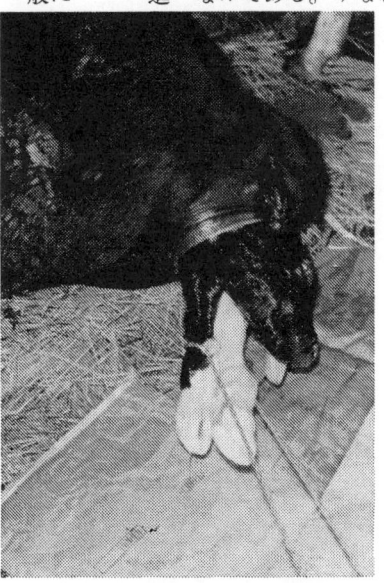

第2図　産科縄をかける場所
このようなお産では縄は1本でよい。引くときは両足がそろわないようにする

れば，たいてい片足に縄をつけるだけで娩出させることができる。もう片方の足は，おくれないように手で引いてやるていどで充分である。この引き方は逆子の助産のばあいも同様である。ただし，逆子のばあいは，胎児失位のうちの側頭位という異常と間違うことがあるので，引き始めて少し進んだところで胎児の尾があるかどうか調べる必要がある。

引いてもなかなか出ず，時間がかかるときは，4～5分間引くのを休み母牛も休ませてやり，この間に代用羊水をつくって外陰部から手くびに入るていどの位置の胎児の周囲にぬって再び引き始めると，意外に容易に出るものである。

陣痛に合わせて引くこと，これは常識として誰でも知っている。しかしこのばあい，いきみが止まったときに力をぬきやすく，なかなか出なくて不安となり，引き手を3人，4人とふやしてしまうことになる。

引き手を3人にふやしても少しも進まないと

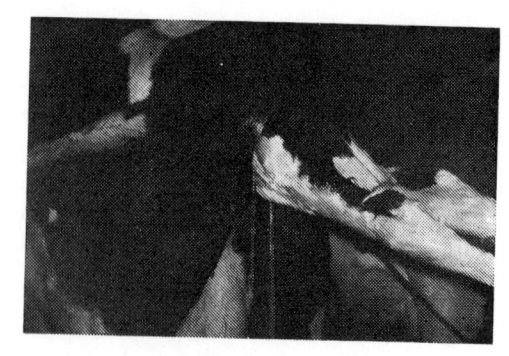

第3図　逆子のお産
引き始める前に胎児の尾を確認すること

きは，過大児や奇形児のおそれがあるので，助産を中止して獣医師を依頼する。胎児を引いて母牛もひきずられるような引き方は絶対に禁物である。

最近，トラクターや耕うん機で引くような乱暴な酪農家があるが，これは母牛をこわしてしまう危険があり厳に慎しむべきである。

1982年記

泌 乳 期

乳牛の産次・能力と泌乳曲線

執筆 林 孝(農林水産省畜産試験場)

泌乳曲線は遺伝的背景，気象条件，栄養状態，繁殖管理，疾病などの多くの要因の影響を受けると考えられる。現実の毎日の乳量を測定記録した泌乳曲線は，乳量の推移が滑らかではなく，不規則な増減をくり返すことが多い。泌乳曲線の細かな変動は気象，栄養，疾病などの短期的な変動に起因すると考えられるので，まずはこれらの短期的変動に関する要因を考えずに大局的な泌乳の趨勢をとらえる必要がある。そのために，時間（分娩後日数）の関数として表わされる単純な数式による泌乳曲線の記述が試みられてきた。しかしながら，泌乳曲線は上に述べたようにピークを挟んで増加と減少の2つの相をもつことから，解析を進めるうえで数学的な表現が複雑なものとなり，現象を説明するためのモデルの策定が困難であった。これまでに十数個の泌乳曲線モデルが提案され，主に欧米の研究者がそれらのモデルの当てはまりや，305日乳量の推定精度等について幅広く検討を行なってきた。本稿では，前段において代表的な泌乳曲線モデルを取り上げ，後段では現実の毎日乳量を記録した泌乳曲線について検討した。

(1) 泌乳曲線モデル

①台形モデル（テストインターバル方式）

乳用牛群能力検定事業（牛群検定）が国内で広く実施され，同様の事業が欧米を中心に世界各国で行なわれている。この事業では，月に一度検定員が農家に出向き，検定牛の乳量の測定と乳成分分析用のサンプルの採取を行なっている。月に一度の測定により1乳期の総乳量を十分な精度で推定することができることは多くの研究によって確認されている。

この方式では，これらの乳量データをプロットして，台形が連なった泌乳曲線を描き，その台形の面積の合計を計算することにより305日乳量の推定値を得ており，テストインターバル方式あるいは台形モデルなどと呼ばれている。その名前のとおり台形を形づくり，その面積と累計を計算するだけであるから，計算手順がごく単純であり，理解しやすい。しかし，測定回数が10回に満たない場合にどのようにデータの不足を補完するか，というような問題を考えると，やや複雑な計算が必要となる（第1図）。

②2点法

振動モデルを用いて，1乳期のなかの2点のデータによって泌乳曲線を再現する手法である。なお振動モデルは振り子が示すような振動現象を現わす方程式を改変したものである。第1点は最高乳量日および最高乳量であり，第2点は任意日および任意日乳量である。これらの分娩後日数と日乳量の合計4個のデータを利用し，泌乳曲線を構築する。最高乳量日は多少のずれがあっても泌乳曲線の形状に大きな影響を及ぼ

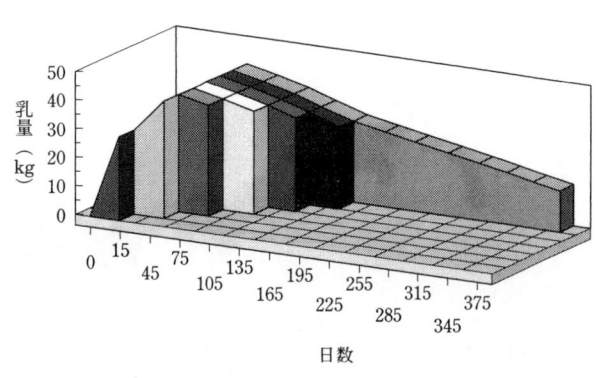

第1図 台形モデルによる総乳量の計算

搾乳牛

さないが，任意日の乳量は総乳量に大きな影響を及ぼすので，正確な測定を必要とする。任意日を分娩後200日付近とすることにより，現実の乳量データに近い泌乳曲線が得られる。

2点法の計算手順は，表計算ソフトウエア（ロータス1-2-3）のスプレッドシートとして，農水省畜産試験場飼養システム研究室から公開されている（第2図）。利用者はスプレッドシートの入力データ欄に4個のデータを入力することにより，泌乳曲線を構築することができる。泌乳曲線モデルとして振動モデルを利用しているので，推定されたパラメータを比較検討することにより，分娩後の乳量の立ち上がりが早い，遅い，またピーク後の乳量低下が早い，遅いなどの乳期の特徴を明らかにすることができる。

(2) 泌乳曲線とその検討

①九州地方の例

第3図に九州地方にあるM牧場のD牛の泌乳曲線を示した。初産，3月分娩である。その泌乳曲線は分娩後30日に34kgの最高乳量に達し，その後低下し，180日におおよそ20kgとなっている。その後変動をくり返し，やや上昇しているように見える。この泌乳曲線は250日までのデータが描かれているが，2点法により305日乳量を計算したところ，おおよそ6,800kgとなった。初産牛としては評価されるべき成績である。

この泌乳曲線の特徴は，ピークに到達する日数が約30日と短いこと，ピーク後高水準の持続期間が短く，220日以降乳量が増加に転じていることなどである。早くピークに達したことは，飼養管理のなかで分娩前後の栄養管理および搾乳作業が適切であったことを示している。高い乳量水準の維持ができなかったことは，十分な乾物，エネルギーの摂取が行なわれなかったためと考えられるが，早めに人工授精を行なうことによっても早期の乳量低下が引き起こされることもある。泌乳期最後の乳量の増加は気象条件の影響を受けた可能性が強い。このD牛は九州地方で繋養され，3月に分娩しているから，分娩後90日間は冷涼あるいは温暖な気象条件下にあったが，120日以降は暑熱に曝されていたことが推定される。この期間の暑熱が乳量の低下をもたらすとともに，秋季の冷涼化にともない210日以降の乳量の回復に結びついたと考えられる。

第4図には九州地方M牧場のL牛の泌乳曲線を示した。L牛は初産，4月分娩であり，2点法による305日乳量は6,800kgとなりD牛と同じであった。総乳量は同じであるが，D牛と比較し，乳量の立ち上がりがやや遅く，140日に急激な乳量低下を起こしている。この低下は8月下旬に起きていることから，暑熱ストレスに起因するトラブルが予想される。その後の乳量の変動はD牛よりも大きいが，トラブル後の乳量変動はしばしば観察される。

②関東地方の例

第5図に関東地方のY牧場F牛の泌乳曲線を示した。F牛は3産，4月分娩である。乳量の立ち上が

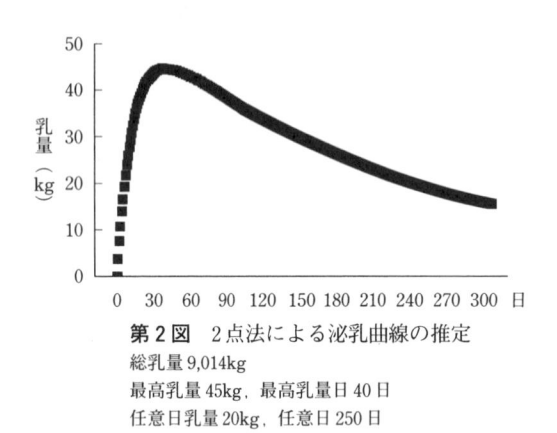

第2図　2点法による泌乳曲線の推定
総乳量9,014kg
最高乳量45kg，最高乳日40日
任意日乳量20kg，任意日250日

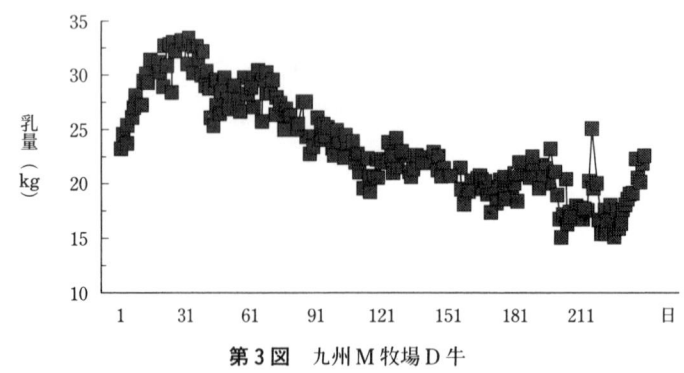

第3図　九州M牧場D牛

りが早く，最高乳量は40kgに達するが，90日以降の乳量の低下が早く，2点法による305日乳量は7,600kgとなった。なお，2点法では最高乳量よりも任意日の200日付近の乳量が総乳量に大きな影響を及ぼす。

このF牛の泌乳曲線にはところどころに一時的な1〜2日の乳量の低下が見られるが，これは計量，記録のミスである可能性が高い。しかし，発情，突発的なトラブルと急速な回復による乳量の一時低下である可能性も捨てきれない。いずれにしろ，中規模以上の牧場の毎日の泌乳記録には1〜2日間の一時的な乳量低下がよく現われる。

第6図には関東地方のY牧場AG牛の泌乳曲線を示した。AG牛は4産，1月分娩である。最高乳量は47kgであるが，立ち上がりが遅く，最高乳量日は58日であった。2点法による305日乳量は9,200kgとなり，間違いなく高泌乳牛である。

このAG牛は分娩後の寒冷期に40kg以上の乳量を維持し，春から初夏にかけても25kg以上を保ったことから，9,000kg以上の泌乳成績となった。しかし210日以降の8月には，泌乳曲線の趨勢以上に，明らかに乳量が低下している。関東Y牧場は高能力，低能力に関わらず1年1産を目標としていることから，分娩後早期の人工授精，乾乳に向けたエネルギー制限などから泌乳後期の乳量低下が明瞭である。

③東北地方の例

第7図には東北地方のT牧場E牛の泌乳曲線を示した。E牛は5産，12月分娩であり，おおよそ

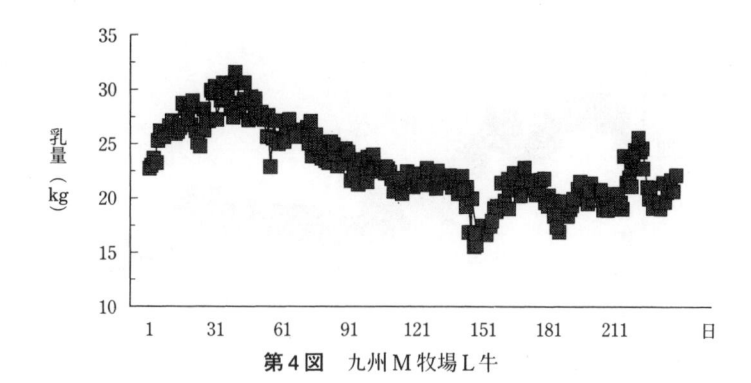

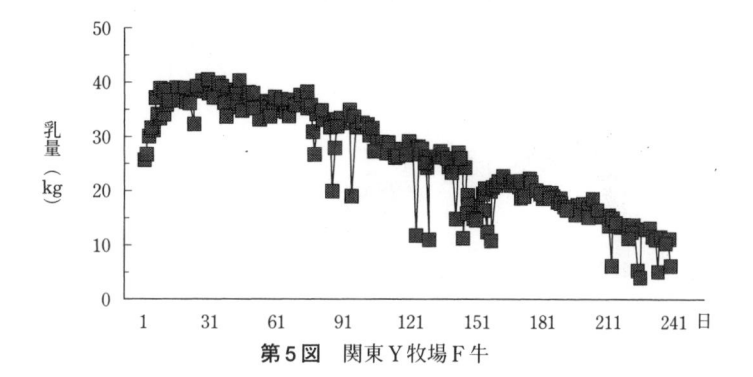

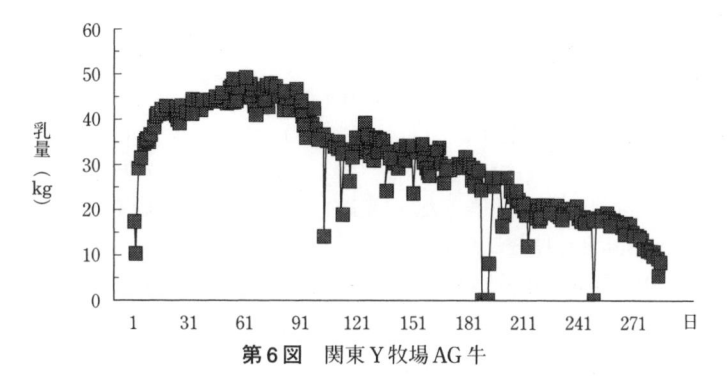

第4図　九州M牧場L牛

第5図　関東Y牧場F牛

第6図　関東Y牧場AG牛

700日搾乳を続けた。40kgの最高乳量には40日で到達し，2点法による305日乳量は9,000kgとなったから，高泌乳牛である。

寒冷期の90日間は30kg以上の乳量を維持し，その後低下するが，晩春に放牧が開始され，牧草のスプリングフラッシュにより飼養条件が改善されることから，150日以降再度乳量が増加している。計画的な不受胎により300日以降も搾乳を継続し，おおよそ20kgの乳量を維持した。510日以降再度放牧され，わずかではあるが，乳

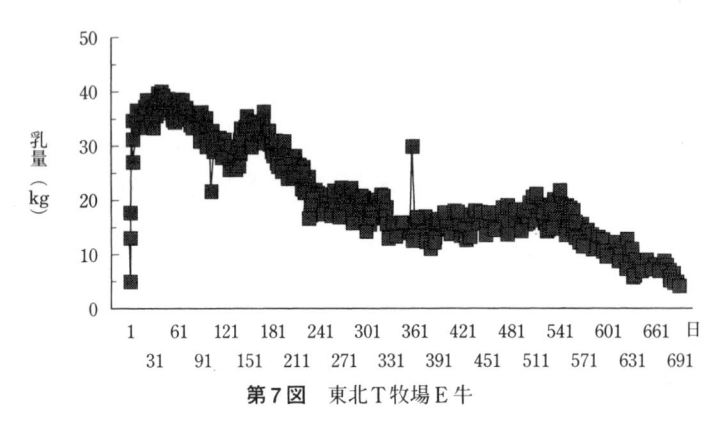

搾乳牛

第7図　東北T牧場E牛

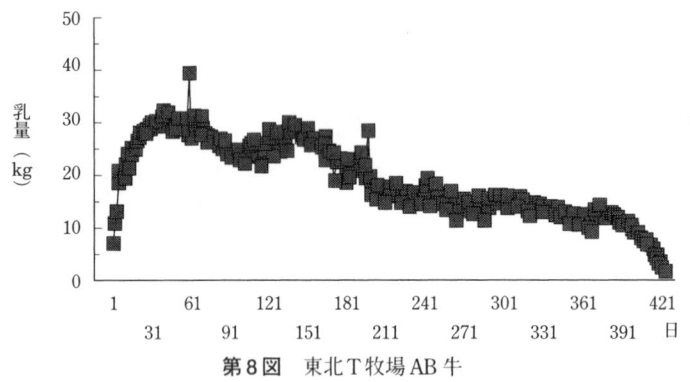

第8図　東北T牧場AB牛

量が増加している。

第8図には、東北地方のT牧場AB牛の泌乳曲線を示した。AB牛は4産、1月分娩であり、400日を超えて搾乳を継続している。2点法による305日乳量は7,100kgとなった。4産はもっとも多い305日乳量を搾ることができる産次であるから、AB牛は高泌乳牛とはいえない。

60日以降乳量が低下しているが、120日前後の放牧開始以降再び乳量が増加している。このように、放牧により乳量増加が起こることは、栄養管理に改善の余地が残されていることを示すと考えられるが、労働コストを含めた飼養管理の最適化を考える場合には、放牧は一概に劣った飼養システムであると結論づけることはできない。放牧における排泄物処理の容易さを含め今後の再評価が待たれる。

(3) 泌乳曲線の読取りと利用法

以上に述べたように、前段では泌乳曲線の当てはめによる解析について、後段では九州、関東、東北地方の中規模以上の牧場で毎日の泌乳記録のあるものを摘出して検討した。乳牛の品種を問わず、一般に産次を重ねるほど305日乳量は増加し、4～5産で最高となる。

上にあげた6頭の例では泌乳期間の長さがまちまちであるが、泌乳期間が長いほどピーク後の乳量低下が遅い。また、この泌乳期間は繁殖管理により制御することができる。分娩後早く受胎すれば、つまり空胎期間が短ければ、泌乳期間も短くなる傾向がある。逆に空胎期間が長ければ泌乳期間も長くなる。これは経験的にも広く知られていることである。

乳量の立ち上がりの早さによっても乳量や泌乳期間が左右されるが、その立ち上がりの早さが飼養管理のなかでどのように決められるのかの解答は得られていない。おそらく、分娩前後のエネルギー、蛋白、ミネラル等の要求量が急激に変化する過程で、産乳および母体回復の制限要因となる栄養成分の供給が過不足なく行なわれることにより、早い乳量の立ち上がりが実現されると考えられる。しかし、急激な変化に対応した栄養供給の実現には、より精密な飼養管理システムが必要となろう。

このほかにも、個別の泌乳曲線の解説で述べたように、泌乳曲線は気象、飼養形態などの影響を強く受ける。九州M牧場の例では暑熱に起因すると考えられる乳量低下が発生し、東北T牧場では晩春の放牧開始時の乳量増加が確認された。放牧を含む飼養システムにおいては、晩春の乳量増加と夏季の乳量低下が対になって観察されることが多い。また発情、飼料の切替えにより短期間の乳量低下が発生する。これらの変動をすべて重ね合わせ、その結果として泌乳曲線は複雑な形状を示す。

1998年記

泌乳曲線のタイプと飼養管理

執筆　菊地　実（北海道専門技術員）

泌乳曲線は，飼養管理の内容と水準を反映したものである。

泌乳曲線の解釈には，乳期全体を通して過去の管理内容を振り返る観点と，ある時点で過去と将来を予測する観点の二つがある。

本稿では，第1図のとおり，乳期前半を搾乳日数によって三つに区分し，それぞれの段階で産乳量と乳成分のデータを解釈するポイントを述べる。

（1）分娩時

①初乳の比重・品質と飼養管理

初乳とは，分娩後1回目に搾られた乳をいう。

初乳の比重は，分娩前の母体の健康状態，管理環境，摂取栄養の状態を反映したものである。初乳の品質は比重によって次のように区分される。なお，初乳の品質は初乳用比重計（コロストロメータ）によって計測する。

1.050以上：品質良好
1.047前後：適品質
1.045未満：品質不良

初乳の品質を経験的に判断する場合は，搾った初乳の濃さ，いわゆる濃い薄いで判断する。濃い場合は比重が高く，薄い場合は比重が低い傾向にある。

初乳の比重が低いとすれば，問題の素因は乾乳後期（クローズアップ期）の摂取栄養，特に蛋白の量と質に問題があることが示唆される。現場経験によれば，初乳の比重が低い場合は母体の健康度が低く生産性も低い。さらに初生子も活力に欠ける場合が多い。

なお，初産牛は経産牛に対して初乳の比重が低い割合が多いことに留意されたい。

②初乳の産乳量と飼養管理

初乳の産乳量が多いことと，その乳期の産乳量が多いことは同義ではない。

初乳の産乳量が多く乳房にしこりができる，あるいは乳腺の毛細血管が切れて血乳となる，または漏乳を起こす，これらは必ずしも望ましいことではない。これらの原因の多くは，乾乳後期に過剰に栄養を摂取した結果である。

（2）飛び出し乳量をどう読むか

搾乳日数5日前後の乳量を「飛び出し乳量」と呼ぶ。なお，この飛び出し乳量という表現は，

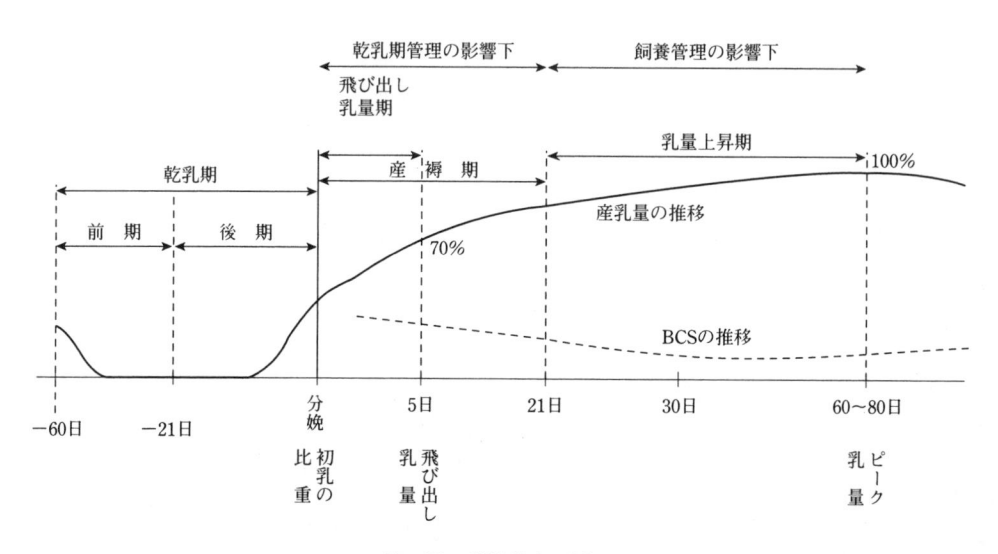

第1図　乳期前半の区分

一般に認知された表現ではない。現場で理解されやすい表現として用いていることに留意されたい。

飛び出し乳量2～3kgの差は、乳期乳量に換算すると約1,000kg弱の差となる。たとえば、産乳量が約8,500kgのグループの飛び出し乳量が29kgであるのに対し、産乳量が約9,500kgのグループの飛び出し乳量は31.1kgである。

飛び出し乳量の高さは、多くの場合分娩前後の栄養管理と健康水準が反映されたものである。

飛び出し乳量とピーク乳量には、おおむね次のような関係がある。

飛び出し乳量：ピーク乳量＝70：100

たとえば、飛び出し乳量が28kgであればピーク乳量は40kgであり、35kgであればピーク乳量は50kgに達すると予測される。

順調に分娩を迎え、初乳の比重が高いにもかかわらず、飛び出し乳量が低い場合がある。こういうケースでは、管理上の問題は、第1図に示した飛び出し乳量期の数日間にある。

また、分娩は順調であったが、初乳の比重が低く、さらに飛び出し乳量が低い場合がある。こういうケースでは、問題の本質は飛び出し乳量期ではなく、乾乳後期の管理にある。

（3）産褥期

産褥期の管理が、牛の健康と産乳量を決定するといっても過言ではない。この時期に発症する代謝性疾病の素因は、乾乳後期にあると認識されたい。また、産褥期は産乳量のカーブが一気に上昇する時期であり、体蓄積栄養の大量動員が起こる時期であることに留意されたい。

①BCSの下降スピード

産褥期の産乳量や乳脂肪率は、動員される体蓄積栄養の量および速度と関係が深い。

産褥期に体脂肪が動員され、BCSが下降基調に入ることは乳牛の宿命である。問題は下降のスピードである。急速にBCSが低下するようであれば、仮に飛び出し乳量が高くても、真のピーク乳量に向かって持続的に乳量が上昇することはない。

②体脂肪の動員による乳脂肪率の変化

BCSの低下スピードが早いことは、体脂肪の動員が急激かつ大量に起きていることを示す。その結果、乳脂肪率は高くなる。この時期の乳脂肪率4.3％前後は要注意状態であり、4.5％以上は牛に何らかの代謝異常が起きつつある警告ととらえたほうがよいだろう。

③産乳量カーブが伸び悩む原因

産褥期の産乳量上昇を支えるのは、体組織から動員される蛋白である。乾乳後期から産褥期にかけて摂取蛋白が不足すると、体蛋白の動員が起きる。体蛋白は体脂肪に比べて動員可能量が小さく、しかも動員可能な期間が短い。

産褥期に産乳量が伸びない原因は二つある。

一つには、分娩前に体蛋白の動員があったことによる、動員できる体蛋白の不足である。

二つには、摂取蛋白の不足である。その原因は、乾物摂取量の低さに起因する蛋白の摂取量不足か、エサ中の蛋白濃度の不足および分画のアンバランスである。

（4）乳量上昇期

①乳量の上昇カーブと乾物摂取量

乾物摂取量が高いから産乳量が高いのではなく、産乳量が高いから乾物摂取量が高いと認識されたほうがよいだろう。換言すると、飛び出し乳量が高く、産褥期の乳量上昇カーブが高ければ高いほど、乾物摂取量のカーブが高くなる。

産褥期まで順調であったにもかかわらず、乳量上昇期に産乳量が立ち上がらない原因の大半は、乾物摂取量の低さにある。換言すると、乾物摂取量の制限が原因である。もちろん、給与する栄養の量とバランスの影響もあるが、第一義的には乾物摂取量にある。乾物摂取量を制限する要因を排除することが重要である。

②BCSの低下程度と乳成分

BCSの曲線は、分娩後30～40日で底を打ち、おおむね60～80日以降から上昇基調に入る。

BCS曲線はエネルギー収支を反映したものである。降下はエネルギーのマイナス収支を、横這いは収支が見合った状態を、上昇はプラス収支を意味する。

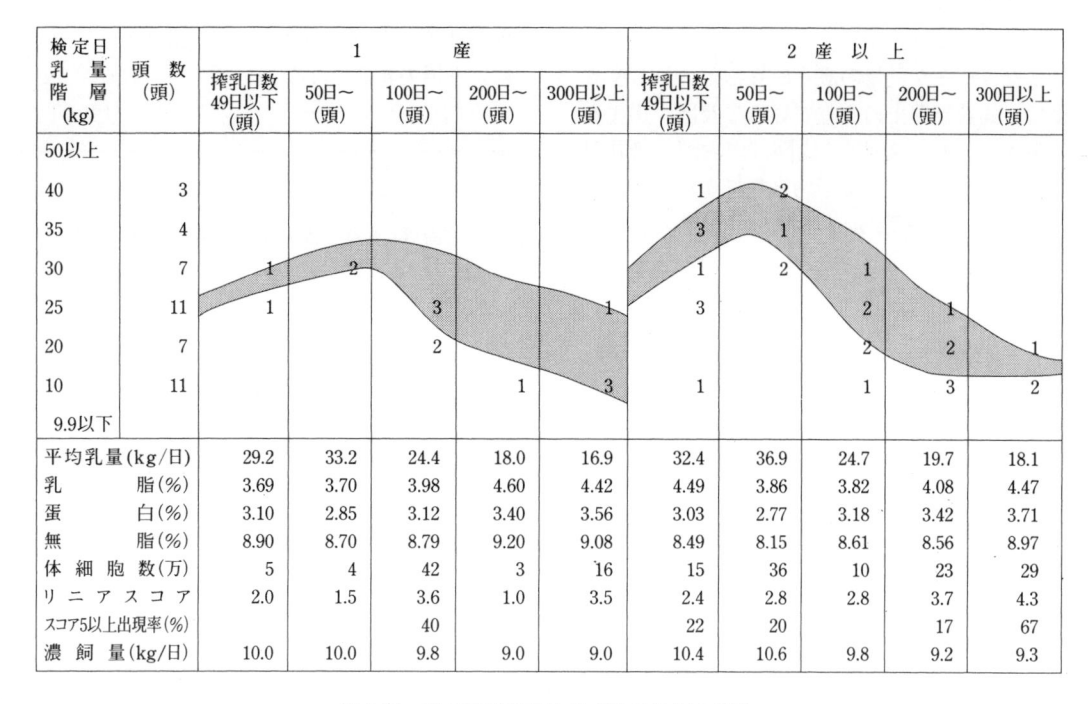

泌乳期＝泌乳曲線のタイプと飼養管理

検定日乳量階層(kg)	頭数(頭)	1 産					2 産 以 上				
		搾乳日数49日以下(頭)	50日〜(頭)	100日〜(頭)	200日〜(頭)	300日以上(頭)	搾乳日数49日以下(頭)	50日〜(頭)	100日〜(頭)	200日〜(頭)	300日以上(頭)
50以上											
40	3							1	2		
35	4							3	1		
30	7	1	2						2	1	
25	11	1			3		1	3		2	1
20	7				2					2	2	1
10	11					1	3	1		1	3	2
9.9以下											
平均乳量(kg/日)		29.2	33.2	24.4	18.0	16.9	32.4	36.9	24.7	19.7	18.1
乳　　脂(％)		3.69	3.70	3.98	4.60	4.42	4.49	3.86	3.82	4.08	4.47
蛋　　白(％)		3.10	2.85	3.12	3.40	3.56	3.03	2.77	3.18	3.42	3.71
無　　脂(％)		8.90	8.70	8.79	9.20	9.08	8.49	8.15	8.61	8.56	8.97
体細胞数(万)		5	4	42	3	16	15	36	10	23	29
リニアスコア		2.0	1.5	3.6	1.0	3.5	2.4	2.8	2.8	3.7	4.3
スコア5以上出現率(％)				40				22	20		17	67
濃飼量(kg/日)		10.0	10.0	9.8	9.0	9.0	10.4	10.6	9.8	9.2	9.3

第2図　群の泌乳曲線から求める乳量の損失

乳量上昇期には，産乳量と乳脂肪・乳蛋白の成分率とバランスをモニターする必要がある。乳脂肪率は3.5％以上あればよい。乳蛋白率は3.0％以上あればよい。

乳成分のバランスは，乳蛋白率÷乳脂肪率によって求める。求められた数値が，0.85〜0.88であれば，摂取栄養のバランスがとれていると考えてよいだろう。

大まかな目安でいうと，比率が0.85〜0.88よりも大きくなる場合は，乳脂肪率に問題がある。また，比率が0.85〜0.88よりも小さくなる場合には乳蛋白率に問題がある。

たとえば，求められた数値が0.84未満であれば，次のことが考えられる。乳脂肪率が高すぎるか，乳蛋白率が低すぎる。多くの場合は，乳脂肪率に対して乳蛋白率が低いことが原因である。

仮に乳蛋白率が低いことで乳成分のバランスが崩れているとしたら，その原因は，①摂取するNFCが不足していること，②摂取する蛋白の量が不足しているか，または分画のバランスが崩れていることである。

このように乳量上昇期は，摂取する栄養の量とバランスの影響をもっとも受ける時期である。

(5) ピーク乳量期に表現される飼養管理の全体

ピーク乳量の高さは，過去と将来の二つの観点から検討する。

過去の観点は，飛び出し乳量との関係である。前述したとおり，飛び出し乳量が高いにもかかわらずピーク乳量が低いとすれば，産褥期以降の飼養管理の問題である。

将来の観点は，産乳量の推定である。ピーク乳量のおよそ225倍がその乳期の産乳量となる。たとえば，ピーク乳量が40kgであれば，その乳期の産乳量は9,000kgと推定される。もしも，産乳量が9,000kgに達しなかったとすれば，飼養管理上の問題はピーク乳量期以降の管理にあることを示唆する。

乾乳期から産褥期，乳量上昇期を通じて行なってきた管理は，ピーク乳量の高さに表現され

搾乳牛

ると考えてよいだろう。

また,ピーク乳量の高さから推定される産乳量は,飼養管理上の失宜が経営に及ぼす損失を表現する。たとえば,第2図は産次別・搾乳日数別にグループ化して平均産乳量を表わしたものである。第2図が示す実際の群の産乳曲線と理想曲線の差(灰色部分)が飼養管理上の失宜による損失乳量である。

1998年記

参考文献

(社)北海道乳牛検定協会.1989.乳牛の泌乳曲線.

季節，環境条件と乳質・乳量

執筆 塩谷 繁（農林水産省九州農業試験場）

(1) 乳量水準と暑熱の影響

　乳牛は環境温度の変化に対し，体内で発生する熱と体外へ放出する熱との平衡をはかり，一定の体温に保持している。牛体で発生する熱は飼料に由来するもので，消化吸収される過程で，栄養素が酸化されることにより生じる。また，反芻動物では第一胃内の発酵によっても熱が生じる。

　熱発生量は牛乳の生産量に比例して増加し，乳量30kgの泌乳牛の発熱量は1.4kWの電熱器1台分にも相当するが，乾乳牛ではその半分しか熱が発生しない。したがって，同じ暑熱の負荷が加わっても，熱発生量の多い高泌乳牛ほどその影響が大きくなる。

　第1図に，1994年の熊本県における乳量水準別の暑熱による乳量の被害を示した。この図は，乳用牛群能力検定成績のなかから2，3月に分娩した牛だけを抽出し，5月の乳量でランク分けし，そのときの乳量を100として7月の乳量がどれだけ低下したかを指標に被害を表わした。乳量が多いほど暑熱ストレスを強く受けており，高泌乳牛ではいかに効率よく熱を逃がすかが重要となってくる。

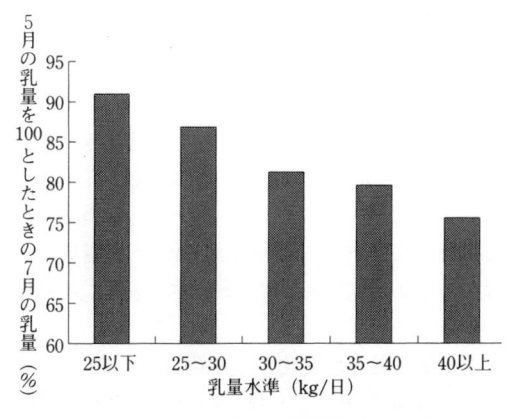

第1図　乳量水準別の暑熱被害の程度

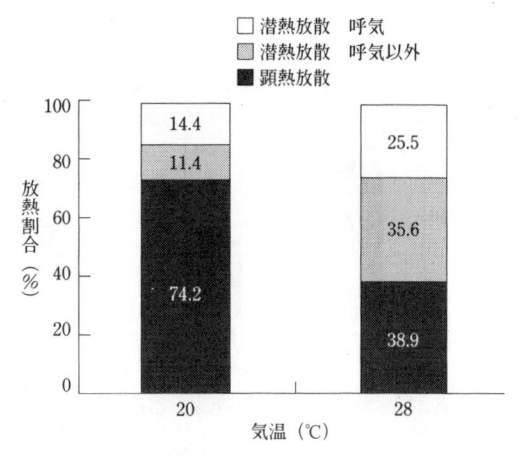

第2図　気温と潜熱放散と顕熱放散の割合

(2) 牛体からの熱の放出（顕熱放散と潜熱放散）

　体内で生産された熱は，2種類の径路により体外に放出される。その一つは，主に体表面から伝導，対流により発散されるもので，顕熱放散と呼ばれる。他方は，呼気や汗の中の水分の蒸発により放出される熱で，潜熱放散と呼ばれる。顕熱放散と潜熱放散の割合は，両者の熱放散経路の違いにより環境の温・湿度によって変化する。

　第2図に，20℃と28℃における顕熱と潜熱の割合を示した。顕熱放散は，牛の体表面積あるいは体温と気温の差によってほぼ決まってしまうため，動物側で調節できる量は限られている。20℃では，4分の3の熱を顕熱で放散できるが，気温が上昇すると体温と気温の温度差が少なくなり，28℃では顕熱による放散量が40％弱にまで低下する。対照的に，潜熱は発汗や呼吸数の増加により放散量を増大させることが可能で，28℃では呼気による潜熱も，呼気以外による潜熱もともに増大している。

　また，第3図に顕熱と潜熱の放散量に及ぼす気温と湿度の影響について示した。気温18℃－湿度60％の穏和な環境では，顕熱による放散量が16.5Mcalと多いのに対し，高温・低湿（28℃－40％）の条件では，潜熱によりほぼ同量の放散を行なっている。顕熱，潜熱合計の熱

搾乳牛

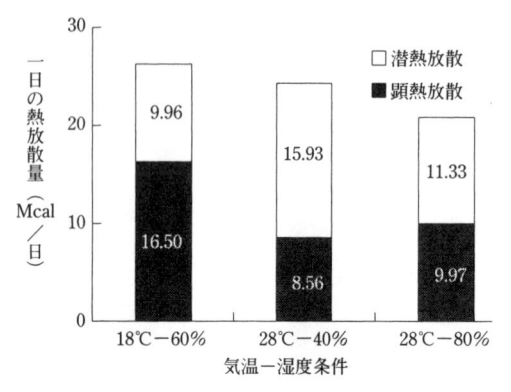

第3図 熱放散に及ぼす気温と湿度の影響

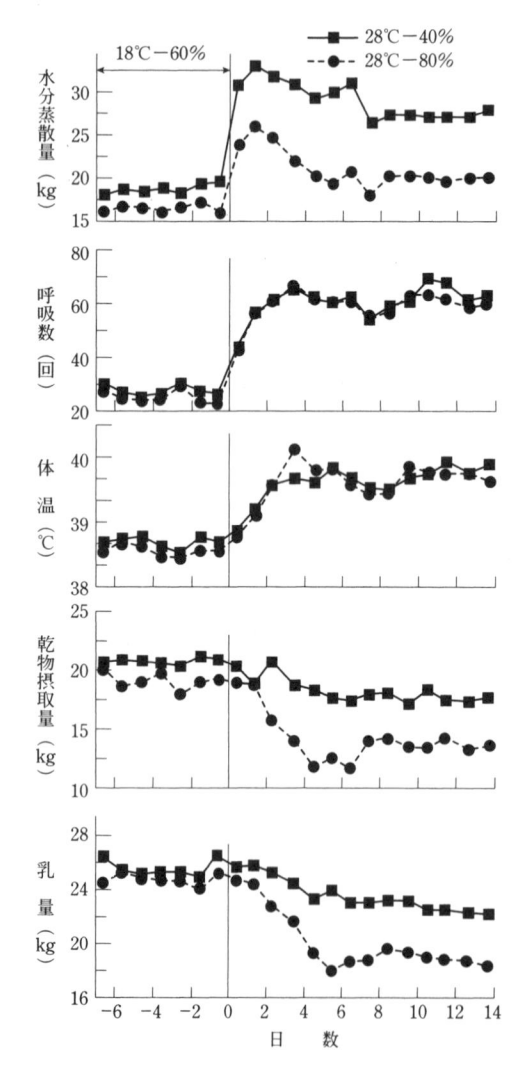

第4図 湿度－湿度条件の変化に対する乳牛の生理・生産反応

放散量（熱の発生量に等しい）も，18℃－60％の場合の約93％となっている。このことは，高温環境下でも湿度が低い場合には，呼気や体表面からの水分の蒸発量が多く，大量の熱を潜熱で放散せざるをえないことを示している。一方，高温・高湿（28℃－80％）の条件では，潜熱による放散も十分に行なえず，その代償として，採食量を減らすことで熱の発生量を減少させることになると考えられる。

このように，生体の体温調節が基本となって熱発生量，すなわち採食量がコントロールされているといえる。

(3) 温湿度条件と乳牛の生理，乳生産

①温湿度の変化への生理的反応

次に，暑熱に対する乳牛の生理的な変化と乳生産への影響について考えてみる。第4図に，実験的に暑熱の感作を加えたさいの乳牛の生理変化を経時的に示した。気温18℃，湿度60％の快適な環境から，28℃の高温条件にさらされると，直ちに体温が上昇する。体温を一定に保つ必要から，呼吸数が増加し，潜熱放散量（水分蒸散量）も増加する。体温，呼吸数は，湿度40％，80％のどちらにおいても3日後にほぼ最高値に達し，その後安定していた。このことから，気温28℃では，体温40℃，呼吸数70回前後が安定的に乳生産するための生理的な上限と考えられる。

湿度40％の条件では，呼吸数の増加などから水分蒸散量が約2倍に増加して体熱を効率よく放散している。しかし湿度80％の条件では，呼吸数を最大まで増加しても熱放散が十分できず，発熱量を減らすために乾物摂取量が徐々に減少している。その結果，乳量は，高温環境におかれてから3～4日後に減少しはじめている。したがって，暑熱のストレスを牛の食込みの減少から判断していたのでは，乳量の低下は避けられなく，その前に何らかの暑熱対策を講じる必要がある。

②1日の温湿度変化と乳牛のストレス

同じ高温条件下でも夜間に涼しくなる条件では，乳牛のストレスが少ないといわれている。

泌乳期＝季節，環境条件と乳質・乳量

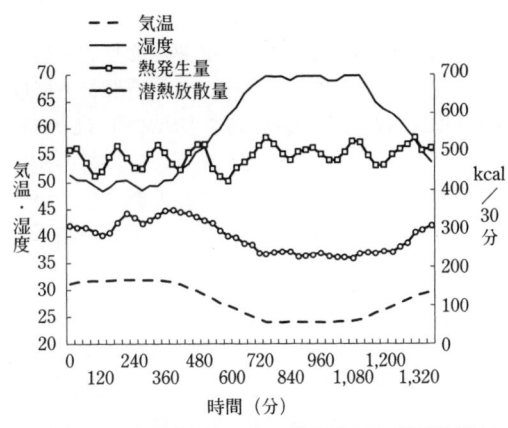

第5図 変温環境下における熱発生量と潜熱放散量

第1表 乳量に及ぼす気温，風速および放射熱の影響

温度(℃)	風速(m/秒)			放射熱(cal/cm²・分)		
	0.18	2.24	4.02	0.19	0.42	0.60
適温	100	100	100	100	100	100
21	—	—	—	100	93	90
27	85	95	95	92	77	69
35	63	79	79	—	—	—

第5図は，気温32℃，湿度50％から気温24℃，湿度70％に毎日変化する条件で乳牛を飼養した場合の熱発生量と潜熱放散量を示している。高温時は主に潜熱によって，また低温時は主に顕熱（熱発生量－潜熱放散量）によって熱の放散が行なわれている。熱発生量のグラフで，増加している部分は主に採食や佇立などの筋肉活動によって増加した熱である。通常は横臥している夜間の低温期にも，佇立して外気と触れる表面積をふやす行動が観察される。また，この高温期は夜間においても採食がみられ，熱放散の面で効率のよいことが推察できる。その結果，変温環境では恒温環境に比べ，乾物摂取量，乳成分が高くなる傾向がみられた。以上のことから，夏季には夜間の気温についても十分に低下させ，低温の時間帯をふやすことが重要であるといえる。

③風と放射熱の影響

第1表に，乳生産に対する風と放射熱の影響について示した。風は，顕熱と潜熱の両方の放散を促進し，扇風機の弱～中に相当する2.2m/秒の風により気温35℃における乳量の低下を無風時の37％から21％に抑えられる。

逆に，放射熱は高温の影響を増強する。気温27℃における乳量の比較では，断熱材を施した場合に相当する0.2cal/cm²・分の放射熱の負荷で8％の低下であったものが，夏季日中の焼け付いた屋根の裏面からの放射熱に相当する0.6cal/cm²・分の負荷では約4倍の31％も乳量が低下する。

(4) 乳牛の生理からみた暑熱対策

①熱源を減らす

畜舎に入り込む最大の熱は太陽光である。これを遮断するには，夏季に最も日射量の多い西日を避ける畜舎の配置が重要であるが，既設の畜舎では，のきの延長，よしず，カーテン，ブラインド，庇陰樹などの利用による日よけの必要がある。

第二に，太陽光を浴びて加熱された屋根や壁からの放射熱を少なくする必要がある。そのためには，日射吸収率の小さい建材を使用して効率よく太陽光をはね返したり，屋根に散水を行ない屋根面の温度上昇を抑えるなどの方法が考えられる。さらに，断熱材を設置したり，屋根裏に空気の層をつくり断熱効果を上げて放射熱を少なくする。

第三に，牛体や牛ふんも畜舎内の熱源となることから，夏場は飼養密度を少なくし，除ふんをこまめに行なう必要がある。特に，夜間の涼しさが有効と考えられるので，夜間に半数の牛を畜舎外に出して畜舎内を十分に冷やす方法なども有効と考えられる。

②気温を下げる

畜舎全体を冷房することは，コスト的に無理であるが，搾乳室や牛舎の一部にクーラーを設置している農家もある。気化熱を利用した細霧装置の設置により，ある程度，気温をさげることは可能である。最も低コストな方法としては，畜舎に入り込む風の温度を下げることで，風の流入口の前方に庇陰林などを設置して比較的面積の広い日陰をつくり，畜舎に入る風を冷却す

553

搾乳牛

③湿度を下げる

湿度を制御することが最も難しいと思われるが，高温環境下では熱放散における潜熱放散の比重が大きくなることから，畜舎内の水分をできるだけ取り除く必要がある。畜舎内に出る水分として多いのはふん尿であり，特に湿度が上昇する夜間には，これの除去が必要と考えられる。水分の除去に最も効果があるのは乾いた風であり，水分除去の観点からも畜舎への風の導入を促進する方策が必要である。

④体温を下げる

施設面とは異なるが，暑熱のストレスを軽減する方法として，体温を低下させる方法がある。冷水を体表面にかけることで，体温は1～2℃降下する。イスラエルのような乾燥地域では有効な方法として普及しているが，日本のように湿潤な地域では水処理の問題などがあってなかなか実行しにくい。

そこで，熊本県下の酪農家が工夫している方法を紹介する。送風機の前に細霧用のノズルを4個程度設置し，間欠的に噴霧する。こうすることにより，牛床を濡らさず牛体に十分な水を浴びせることが可能となる。また，バルククーラーの廃用利用などにより，飲用水や噴霧用の水の温度を下げる方法も有効と考えられる。

⑤飼料環境の改善

高温時には，呼吸数や血流量の増加など，熱放散機能の亢進に伴うエネルギー消費量が増加するため，維持に要するエネルギー要求量が適温時より約10％増加する。エネルギーが不足すると，特に乳成分のうち無脂固形分や蛋白質率が減少する。一方，暑熱時には，食欲が低下し採食量が減少することから，増加したエネルギー要求量を満たすために，エネルギー含量が高く，利用効率の高い飼料が必要となる。そのため，トウモロコシなどのデンプン質飼料や脂肪酸カルシウムなどの油脂類を多めに利用したり，乳質を落とさないために，良質な粗飼料の確保が重要となってくる。飼料給与の要点については詳しくは本編の「乳質とその改善」の項を参照されたい。

乳牛の適温域は4～24℃で，24℃を超えると生理的な影響が現われはじめ，27℃を上回ると著しく生産性が低下するといわれている。これまで述べてきたように，高泌乳牛ほど暑熱環境に弱いのであるから，今後も高泌乳化の傾向が続くとすると，冷涼で暑熱のストレスの心配のいらなかった地域にまで，暑熱の問題が広がるものと考えられる。さらに，近年の地球温暖化の影響を考慮すると，泌乳牛に対する暑熱対策技術をより一層強化することが緊急な課題といえる。これまでも暑熱対策に関する多くの取組みが行なわれてきたが，一つの技術で万全といえる暑熱対策が確立されていない現状を考慮すると，乳牛の生理を理解したうえで基本的な取組みを積み重ねていくことが重要だと考える。

1998年記

参 考 文 献

家畜改良事業団．1995．乳用牛群能力検定成績のまとめ—平成7年度—．

塩谷繁・寺田文典．1997．環境ストレス低減化による高品質乳生産マニュアル．北海道農業試験場編．75-83，87-93．

塩谷繁・寺田文典・岩間裕子．1997．暑熱環境下における泌乳牛の生理反応．栄養生理研究会報．41 (2)，61-68．

初産牛の能力判断と飼料給与

執筆　大坂郁夫（北海道立新得畜産試験場）

(1) 重要性を増す初産牛をめぐる課題

①経営状態を左右する初産牛

ひと昔以上も前には，初産牛の割合は少なく，分娩事故さえなければ泌乳量はそう重要な問題ではなかった。2産目以降に能力を発揮すればそれでよかったのである。

しかし，飼養規模が拡大し，遺伝的に高泌乳が期待できる後継牛が次々と輩出され，淘汰・更新率が早まった結果，初産牛は泌乳牛の3割を超すに至った。今や初産牛は即戦力を望まれており，初産牛の成績いかんで経営状態が左右されるといっても過言ではない状況である。

このようななかで，酪農経営改善のために初産牛に関して次のような問題点を解決することが必要となってきた。

②初産分娩月齢の遅延

24か月齢分娩が推奨されて久しいが，平均初産分娩月齢は27か月齢が現状である。この数値は昭和62年以降変化が見られていない。ところが一般に，初産分娩月齢が22〜23か月齢以降に延びても，乳量増加のメリットはない。

初産分娩月齢が遅延する原因として，体格が小さく，発情が確認できないなどにより15か月齢で交配が開始されていない場合が多いこと，また1回の人工授精で受胎しないことなどが重なっている。こうして，平均受胎月齢が2〜3か月遅れると考えられる。

③初産次乳量の停滞

経産牛と比較すると，初産牛の乳量は1,000kg以上低い。これは単に遺伝的な能力の違いではない。

もし遺伝的能力に原因があるとすれば，現在の牛は遺伝的に改良されてきているのだから，年々経産牛との差が縮まるはずである。ところが，そのような現象は見られていない。一方で同一の牛において2産目以降の乳量が高いことからも，乳量の差が遺伝的な要因だけによるとは言い難い。

④高割合の初産牛の難産

遺伝的に高泌乳量が期待される牛でも，分娩における事故で，能力を発揮できずに不本意な乳量であったり，最悪の場合は淘汰されたりすることもある。初産牛の難産は経産牛の2倍以上であることからも，分娩にはより注意を払う必要がある。

子牛体重が母牛体重の9％以上になると難産になることはよく知られているが，これはあくまでも結果である。問題は，どうして難産になるのか，またどのような原因が考えられるのかだが，これについてはまだ明らかにされていない。

⑤育成期の飼養管理が理想の初産牛をつくる

以上のことを総合すれば，「分娩月齢が早く，乳量が多い，安産で丈夫な初産牛」が理想である。そして，能力のある初産牛を早く判断できれば申し分ない。

しかし，すべての能力を一定の尺度を指標として事前に判断することは，きわめて困難で危険である。

たとえば，遺伝（血統）を尺度として泌乳能力が高いと判断したとしても，期待どおりの結果にならないことは珍しくない。なぜなら，初産牛は2年余りの育成期を終えて"誕生"するのであり，その育成期の環境要因が遺伝的能力の発現に大きな影響を与えるからである。

環境要因のなかでも特に栄養は最も重要な外的因子であり，上述の3つの問題点のいずれも育成期の飼養法と密接な関わりがある。

そこで，ここでは初産牛の能力判断というより，むしろ上記の問題点を念頭におき，初産次に能力を十分発揮するための飼料給与について，最近の研究成果をまじえながら育成期を重点として概説する。

(2) 初産分娩月齢の短縮——離乳から受胎までの飼養管理

①育成期の日増体量を高める

現在の交配基準は月齢と体重を基本にしてい

搾乳牛

第1表 乳牛の乳腺発達阻害と初産次乳量低下に関する文献

	日増体量 (g/日)	粗濃比	飼料構成	給与法
Gardnerら (1977年)	1,100	1:9～3:7	ルーサン乾草	自由摂取
	770	5:5～10:0	配合飼料 (CP14%)	配合飼料制限 (1.8kg/日)
Little & Kay (1979年)	1,090	—	大麦/肉牛飼料 (CP14%)	自由摂取
	620	—	冬：配合と乾草、夏：放牧	配合飼料制限 (1.8kg/日)
Sejrsenら (1982年)	1,271	4:6	混合飼料 (CP15%)	自由摂取
	637	4:6	(ルーサンサイレージ：メイズ：大豆＝39:55:6)	制限給与
Harrisonら (1983年)	1,180	—	大麦/肉牛飼料	自由摂取
	570	—	アルファルファ乾草, 大麦	制限給与

第2表 交配基準到達月齢の体重・体高値および受胎月齢

	基準到達月齢	体高 (cm)	体重 (kg)	体重/体高値 (kg/cm)	受胎月齢
新得畜試	12.2	127.7	367	2.877	14.0
ホル協*	14.0	126.5	375	2.965	……

注 *：日本ホルスタイン登録協会

る。しかし、月齢は重要な問題ではない。重要なのは、発情が定期的（21日サイクル）にあるか、体重・体格がある程度の大きさに達しているか、ということである。

具体的には、体高125cm、体重350kgが交配基準の目安となる。前項で述べたような理由で受胎月齢が2～3か月遅延するのならば、13か月前後でこの基準に達するような飼養管理を行なえばよい。そうすれば、遅くとも24か月前後での分娩は可能である。

そのためには、現在推奨されている日増体量0.7kgを0.9kg程度に高める必要がある。

②高増体を骨・筋肉の増加に結びつける

これまで、育成前期の高増体による乳腺の発達阻害および初産乳量の低下に関する多くの報告がされてきた（第1表）。これらの報告では共通して、増体を高めるために濃厚飼料の割合を極端に多くし、その濃厚飼料として大麦、メイズ、肉牛用飼料など非構造性炭水化物（特にデンプン）割合が高い飼料を用いている。

その結果、骨・筋肉が著しく発達するこの時期には蛋白質要求量が高いにもかかわらず、低蛋白質で高エネルギーの飼料構成となっている。このような飼養法は、過剰なエネルギーを乳房内に蓄積させて乳腺の発達を妨げていると考えられる。

すなわち、高増体が脂肪を蓄積する過肥に結びつくような飼養法ではなく、骨・筋肉が増加するような飼養法であれば、乳腺の発達阻害は起こらないのではないかと考えられる。

③24か月齢分娩達成のための飼養法

そこで、筆者らは上記のことを考慮しつつ、新得畜産試験場において日増体量を0.9kgに設定したときの牛の発育状況を調査した。

このときの粗飼料は、エネルギー価の高いトウモロコシおよび牧草サイレージを用いて粗飼料割合を高めた（約80%）もの、また濃厚飼料は、大豆かすおよび魚かすを用いて蛋白質含量を高めたものである。飼料全体の栄養価はTDN72%、CP16%であった。

飼料はTDN、CPともにNRCの日増体量0.9kgの要求量を満たし、牛は早くて11か月齢、遅くても13か月齢で交配基準に達している。ボディーコンディションは3.0～3.25程度であり、体重/体高比においてもホルスタイン登録協会の標準発育値を下回り、過肥になっていないことがうかがえる（第2表）。

しかし、乳腺の発達が阻害されていないという直接的な証拠はなく、今後の検討課題である。

その後、これらの牛の一部が現在分娩しており、初産乳量が高く推移していることから、24か月齢分娩達成のための飼養法として今後活用される可能性は十分ある。

(3) 初産乳量の向上――育成妊娠期の飼養管理

①体蓄積のために増体量を高める

この期間になると，栄養状態を高めても乳腺発達に対する悪影響はみられなくなる。むしろ，母胎の成長，胎子への栄養供給，泌乳に備えたある程度の体蓄積を考慮すれば，増体量を高める飼養法が目的に合致している。

それでは，どの程度の日増体量を目安とすればよいのだろうか。

第3表に分娩時体重と初産乳量の関係について集計した結果を示した。ここでいう分娩時とは胎子が腹の中にいる状態のことであり，正確には分娩時体重は分娩直前の体重である。

集計結果によれば，590kgまでは体重増加に伴い直線的に乳量が増加しているが，636kgになるとほとんど増加がみられない。根釧農業試験場の農家調査でも同様の結果が得られている。

これらのことから，受胎体重が350kgとすれば分娩時体重は600kg前後が一応の目安となり，約0.8kgの日増体量が必要と推測される。この関係についてさらに明確にするため，新得畜産試験場において試験を行なったので紹介する。

②初産乳量を向上させる飼養管理

新得畜産試験場の試験において，この期間の日増体量を0.8kgと0.5kgにした2処理区を設け，

第3表 初産牛の分娩時体重と産乳量との関係（kg） (Keown, 1986)

分娩時体重	産乳増加量*
409	―
454	+424.5
499	+567.5
545	+806.8
590	+884.8
636	+907.5

注 *：体重409kgで分娩したときの産乳量に対する増加量

第4表 乳牛の受胎時，分娩時の体格と増加量（cm）
（北海道立新得畜産試験場，1994）

部位	受胎時		分娩時		増加量	
	0.8kg区	0.5kg区	0.8kg区	0.5kg区	0.8kg区	0.5kg区
体　　　高	128.6	128.1	139.4	135.6	10.8	7.5*
十字部高	131.8	132.6	140.0	139.7	8.2	7.1
坐骨高	129.8	129.6	138.0	137.2	8.2	7.6
体　　　長	141.5	139.8	158.1	152.7	16.6	12.9
胸　　　深	66.0	64.1	75.2	71.7	9.2	7.6
尻　　　長	46.2	45.9	51.6	49.7	5.4	3.8*
腰角幅	44.3	43.8	52.0	50.7	7.7	6.9
かん幅	44.1	42.6	47.8	47.3	5.2	4.7
坐骨幅	23.5	24.4	29.7	27.3	5.3	2.9
胸　　　囲	172.2	170.5	195.9	187.2	23.7	16.7*
管　　　囲	17.6	17.1	19.0	18.0	1.4	0.9

注 *P<0.05

第5表 初産牛の305日間乳量と乳成分
（北海道立新得畜産試験場，1994）

処　　　理	0.8kg区	0.5kg区
供試数	9	6
乳量（kg）	7,638*	6,821*
4%FCM量（kg）	7,777**	6,776**
乳脂肪（%）	4.13	3.96
乳蛋白質（%）	3.12	3.19
乳糖（%）	4.60	4.70
SNF（%）	8.72	8.89

注 *p<0.05 **p<0.01

飼料としてTDN60%程度のチモシー乾草を自由摂取させた。また，設定の日増体量にするため，TDN85%程度の濃厚飼料量を個体ごとに調整して給与した。

その結果，0.8kg区では濃厚飼料を原物で約3kg，0.5kg区ではほとんど給与せずに，設定の日増体量となった。分娩時になると，0.8kg区は体重だけでなく体格値も大きくなった（第4表）。

分娩後は，両区とも全く同一の飼料を給与し，摂取量にも差がないにもかかわらず，0.8kg区では乳量が約800kg，4%脂肪補正乳量（FCM量）が約1,000kg向上した（第5表）。

乳量にこのような大きな差がでたことについて，つぎの2つの要因が考えられた。

③体脂肪蓄積量の違いと初産乳量

泌乳初期の乳牛の場合，摂取量が乳量に追い

搾乳牛

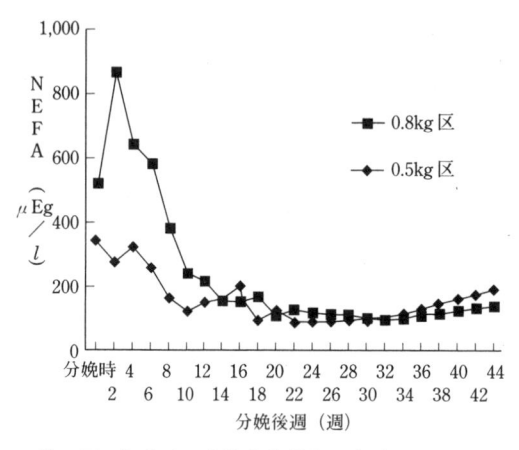

第1図 初産牛の血漿中遊離脂肪酸（NEFA）の推移

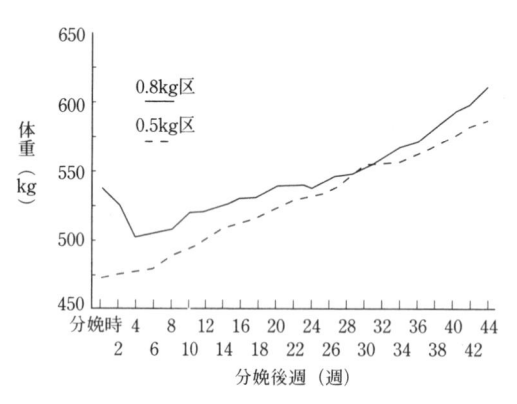

第2図 初産牛の体重の推移

つかないと、蓄積体脂肪を動員して乳生産することが知られている。この試験においても、体脂肪動員の指標である血中遊離脂肪酸（NEFA）および分娩後の体重の推移（第1、2図）からみても、0.8kg区は多くの体蓄積量が乳生産に利用されたと考えられる。

④体格，栄養の利用割合の違いと初産乳量

初産牛は泌乳期においても成長を続けているので、摂取した栄養分は乳生産と成長の両方に利用される。

1乳期終了時点の体格値が両区で差がなかった（第6表）ことから、分娩時に体格が成熟値に近かった0.8kg区では分娩後の成長に利用する栄養が少なくてすみ、その分を乳生産に利用している可能性がある。

第6表 初産牛の乳期終了時の体格の比較(cm)

(北海道立新得畜産試験場，1994)

部　位	0.8kg区	0.5kg区
体　　高	140.0	140.0
十字部高	140.1	142.6
坐骨　高	138.8	139.4
体　　長	163.4	165.1
胸　　深	75.4	74.9
尻　　長	52.7	52.9
腰角　幅	53.5	55.1
かん　幅	50.7	50.0
坐骨　幅	29.8	28.7
胸　　囲	196.7	197.1
管　　囲	19.1	18.7

(4) 初産牛の難産の回避──妊娠末期の飼養管理

①分娩時体重，子牛体重と難産

体重の少ない初産牛は、おそらく体格も小さく、それが難産の要因になると推測できる。しかし、初産牛と経産牛に分けて体重別難産頭数、難産率をみると、体重に関係なく、常に初産牛の難産は一定の割合で高かった（第7表）。このことは分娩時の体重は難産の指標にはなりにくいことを示している。

一方、子牛体重と難産の関係をみると、子牛体重が45kg以上で性別が雄のときに難産の確率が高くなる。特に初産牛ではきわめて高い確率で難産になる（第8表）。

初産牛の場合、子牛体重が44kg以下でも難産がかなり多い。それは、産道の大きさ、あるいは子宮頸管開大のメカニズムなどが、経産牛と初産牛で形態的に異なるためと考えられる。このようなメカニズムを人為的に制御するのはきわめて困難である。しかし子牛側の要因は、種雄牛の選択や一般的ではないが性判別などにより、ある程度の回避は可能である。

②妊娠後期の栄養状態を改善する

また、妊娠後期の栄養状態によっても難産になる可能性が十分にある。

第9表は、妊娠145日目から分娩予定2週間前まで、異なるボディーコンディションで飼養したときの胎子と胎盤の発育状況を調査した結果

である。胎子体重には差は見られないが，胎盤重量はボディーコンディションを低くしたほうが増加している。

この結果は，母胎の栄養状態が悪い場合に，胎盤を大きくして胎子へ優先的に栄養を供給することを意味している。たとえば，育成妊娠牛が放牧飼養で季節的に草量不足になるとき，あるいは十分量の飼料給与がなされていないときに，このような場面が想定される。

乳用牛では，分娩が近づくと馴致の目的で栄養価の高い泌乳牛用飼料を給与する。しかし，栄養状態の不良な育成牛へ給与すると，大きくなった胎盤を通して栄養供給が著しく改善され，胎子が大きくなりすぎて難産に結びつくことになる。

乳量向上だけでなく正常な胎子発育のためにも，妊娠期間には増体を高めるべきである。また妊娠末期になると，胎子の急速な発育や摂取量の低下が認められるので，飼料の栄養濃度を高くする。特に蛋白質の要求量が高くなるので，最低でもCP12％は必要である。

1998年記

第7表　母牛体重別の難産頭数および割合

(北海道乳牛検定協会，1996)

体　重（kg）	～449	450～	500～	550～	600～	650～	700～
難産頭数							
初産牛	362	1,305	2,775	2,477	1,337	492	118
経産牛	12	107	518	1,328	2,576	2,509	1,806
難産割合（％）							
初産牛	14.3	12.6	11.1	12.2	13.2	14.9	14.0
経産牛	4.1	5.8	4.4	5.2	5.2	5.2	5.5

第8表　産次別の子牛体重と難産割合

(新得畜産試験場)

産　次	1		2		3		4以上	
分娩頭数	64		52		38		57	
子牛体重別（kg）	～44	45～	～44	45～	～44	45～	～44	45～
頭　　数	48	16	30	22	15	23	29	28
難産頭数	24	14	0	7	0	4	1	5
雄	13	14	0	6	0	3	1	4
雌	11	0	0	1	0	1	0	1
難産割合（％）	50.0	87.5	0.0	31.8	0.0	17.4	3.4	17.9

注　2産以降は延べ頭数

第9表　ボディーコンディションの違いによる胎子および胎盤重の比較

(RASBYら，1990)

	ボディーコンディション[1]	
	BCS4	BCS6
胎　子　数（頭）		
♂	3	4
♀	5	5
平均胎子体重（kg）	25.4[NS]	27.5[NS]
胎盤重量（kg）	1.29[a]	1.06[b]

注　1）1～9の9段階（Wagnerら，1988による）
　　a，b：p＜0.07，NS：p＞0.10

搾乳牛

泌乳中の栄養とボディーコンディション

執筆　吉田宮雄（長野県専門技術員）

(1) ボディーコンディションスコア（BCS）とは

　近年，乳牛の泌乳能力の向上が著しく，特に分娩から泌乳ピーク時における乳量の増加は急激であり，栄養要求量も膨大になる。しかし，乳牛の飼料摂取量の増加が乳量の伸びに追いつかず，消化機能およびルーメン内微生物の適応も短期間では不可能なため，この時期の乳牛の栄養素は「負の出納」に陥りやすい。この不足の程度を感知し，それに対応できる牛群の飼料給与プログラムを立案するためには，乳量・乳成分や体重の計測が不可欠である。
　このなかの乳量・乳成分は，牛群検定システムのなかでほぼ正確に測定できるが，体重計を備えている農家は少なく，体重は胸囲からの推定尺によることが多くなっており，栄養状態のモニターとしては不十分になる。また，体重のみの計測では分娩後の飼料摂取量の増加分も加味されるため，必ずしも栄養状況の指標になりにくい。そこで，体脂肪の蓄積や消費状況を直接モニターする「ボディーコンディションスコア（以下，BCSと略）」が提唱され，栄養状況を評価するのに便利であることが確認されている。

(2) BCSの見方と判定基準

　BCSの見方は，視覚による評価と，手の触覚による牛の腰，尻，尾根の皮下脂肪量の評価との両方を用いて，1～5のスコアとするワイルドマンシステムが従来使われてきた。しかし，現実の牛群ではほとんどの牛が2.5～4.0の範囲に入り，スコアの間を0.5刻みにしたのでは，ダイナミックに変化する泌乳期の栄養状態を正しく把握できなかった。また，BCSはあくまでも主観的なものであるため，従来の見方では，ちょうど中間点のBCSである3.0ポイントが観察者により上下しやすかった。

　そのためここでは，1～5の評価の概要は従来どおりにしながら，特に腰，尻の観察を精密に行なって，2.5～4.0の間を0.25刻みとするファーガソンの手法について紹介する（詳細は『Dr.Fergusonのボディーコンディション評価法』ウイリアムマイナー農業研究所日本事務所発行）。
　この手法でのスコア2，3，4の評価のポイントを第1図に示しが，ここでは評価の分岐点である3.0を，寛骨端（大腿股関節）を中心とする側望と触診により見きわめることから始める。以後の評価の手順を第2図に示し，実際場面でのキーポイントとなる評価基準を第3図に示した。
　従来の背骨（きょく状突起）と腰骨（腰椎横突起）の肉づきと，腰角と坐骨端の丸みを見る方法では，どのポイントを中心に判定するかにより，BCSのずれが生じやすかった。これに対し今回の手法は，皮下脂肪が抜けるときは腰角→坐骨端の順で，脂肪が付着するときは逆に尻（尾骨靭帯）→腰（仙骨靭帯）の順であるという理論により，腰と尻の観察のみにより2.5～4の間で，0.25刻みのBCSを明解に判断することが可能である。
　ただし，最初のキーポイントである3.0以下と3.25以上との区分けをするとき，「V型」か「U型」かの判断を下すには，経験者から教示を受けながら何回か訓練する必要がある。また，観察にあたっては特に光線の具合に留意する必要があり，皮毛の光沢によりUがVに見えることがあるので，光線を遮ったり，中心となる寛骨端を触診して確認することが大切である。

(3) BCSによる栄養状況の判断の意義

　牛群全体のBCS評価を行なったうえで，そのデータを用いて栄養状況の判断を行なう方法（意義）は次のように考えられる。

①個体ごとの泌乳ステージに伴うBCSの変化

　各個体について乾乳期～泌乳期にかけてのBCSの変化を追跡し，泌乳最盛期での低下程度や，泌乳中後期に向けての回復状況を判定する

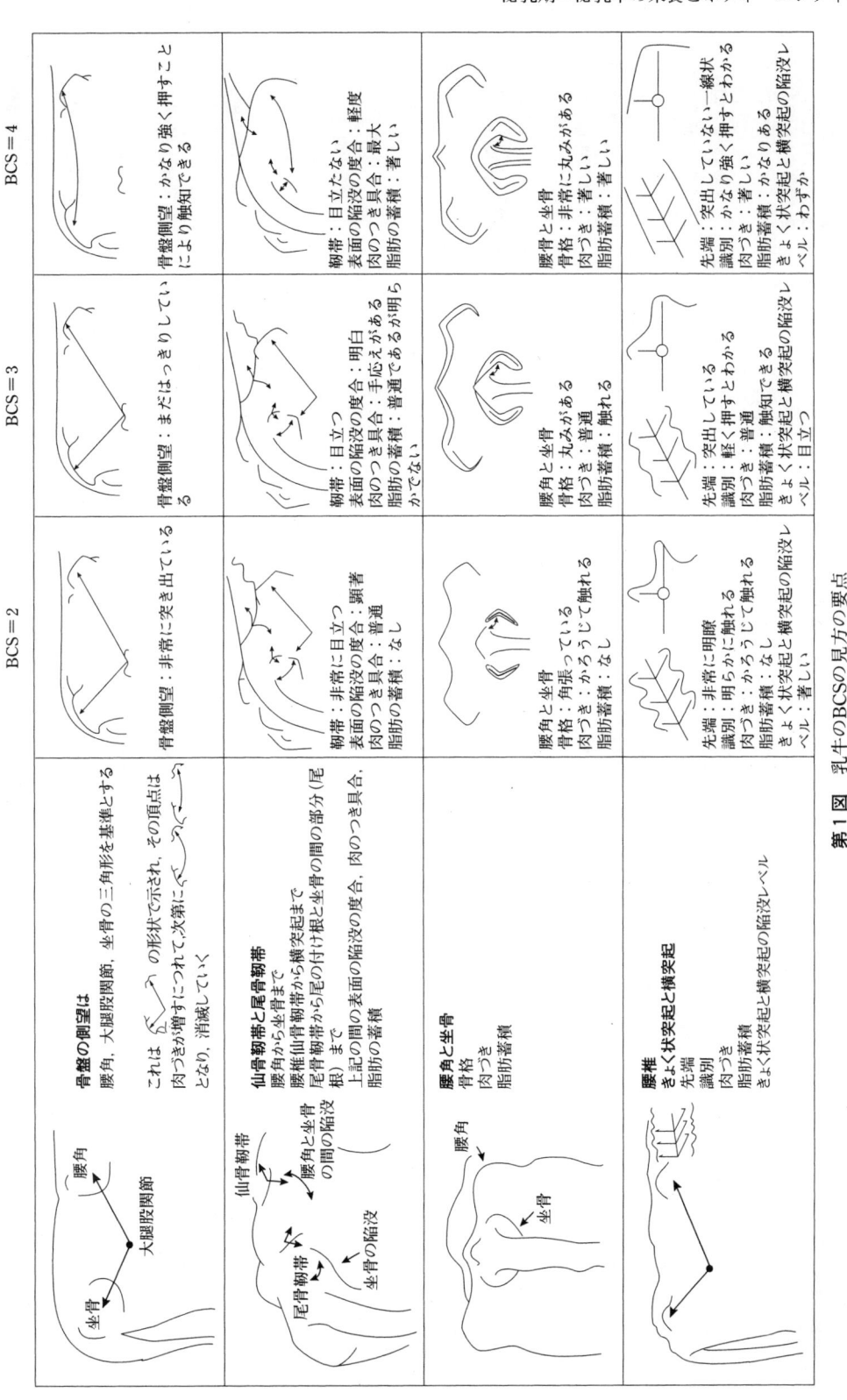

泌乳期＝泌乳中の栄養とボディーコンディション

第1図 乳牛のBCSの見方の要点

観察部位	評価項目	BCS=2	BCS=3	BCS=4
骨盤の側望	腰角、大腿股関節、坐骨の三角形を基準とする。これは ▽ の形状で示され、その頂点は肉づきが増すにつれて、次第に ▽ となり、消滅していく	骨盤側望：非常に突き出している	骨盤側望：まだはっきりしている	骨盤側望：かなり強く押すことにより触知できる
仙骨靭帯と尾骨靭帯	腰角から坐骨まで腰椎（仙骨靭帯から横突起まで尾骨靭帯から尾の付け根と坐骨の間の部分（尾根）まで上記の表面の陥没の度合、肉のつき具合、脂肪の蓄積	靭帯：非常に目立つ 表面の陥没の度合：顕著 肉のつき具合：普通 脂肪の蓄積：なし	靭帯：目立つ 表面の陥没の度合：明白 肉のつき具合：手応えがあるが普通である 脂肪の蓄積：普通であるが明らかでない	靭帯：目立たない 表面の陥没の度合：軽度 肉のつき具合：最大 脂肪の蓄積：著しい
腰角と坐骨	骨格 肉づき 脂肪蓄積	腰角と坐骨 骨格：角張っている 肉づき：かろうじて触れる 脂肪蓄積：なし	腰角と坐骨 骨格：丸みがある 肉づき：普通 脂肪蓄積：触れる	腰角と坐骨 骨格：非常に丸みがある 肉づき：著しい 脂肪蓄積：著しい
腰椎	きょく状突起と横突起 先端 識別 肉づき 脂肪蓄積 きょく状突起と横突起の陥没レベル	先端：非常に明瞭 識別：明らかに触れる 肉づき：かろうじて触れる 脂肪蓄積：なし きょく状突起と横突起の陥没レベル：著しい	先端：突出している 識別：軽く押すとわかる 肉づき：触知できる 脂肪蓄積：触れる きょく状突起と横突起の陥没レベル：目立つ	先端：突出していない一続状 識別：かなり強く押すとわかる 肉づき：かなりある 脂肪蓄積：かなりある きょく状突起と横突起の陥没レベル：わずか

（原図：『Dr. Fergusonのボディーコンディション評価法』監修 伊藤紘一、ウイリアムマイナー農業研究所）

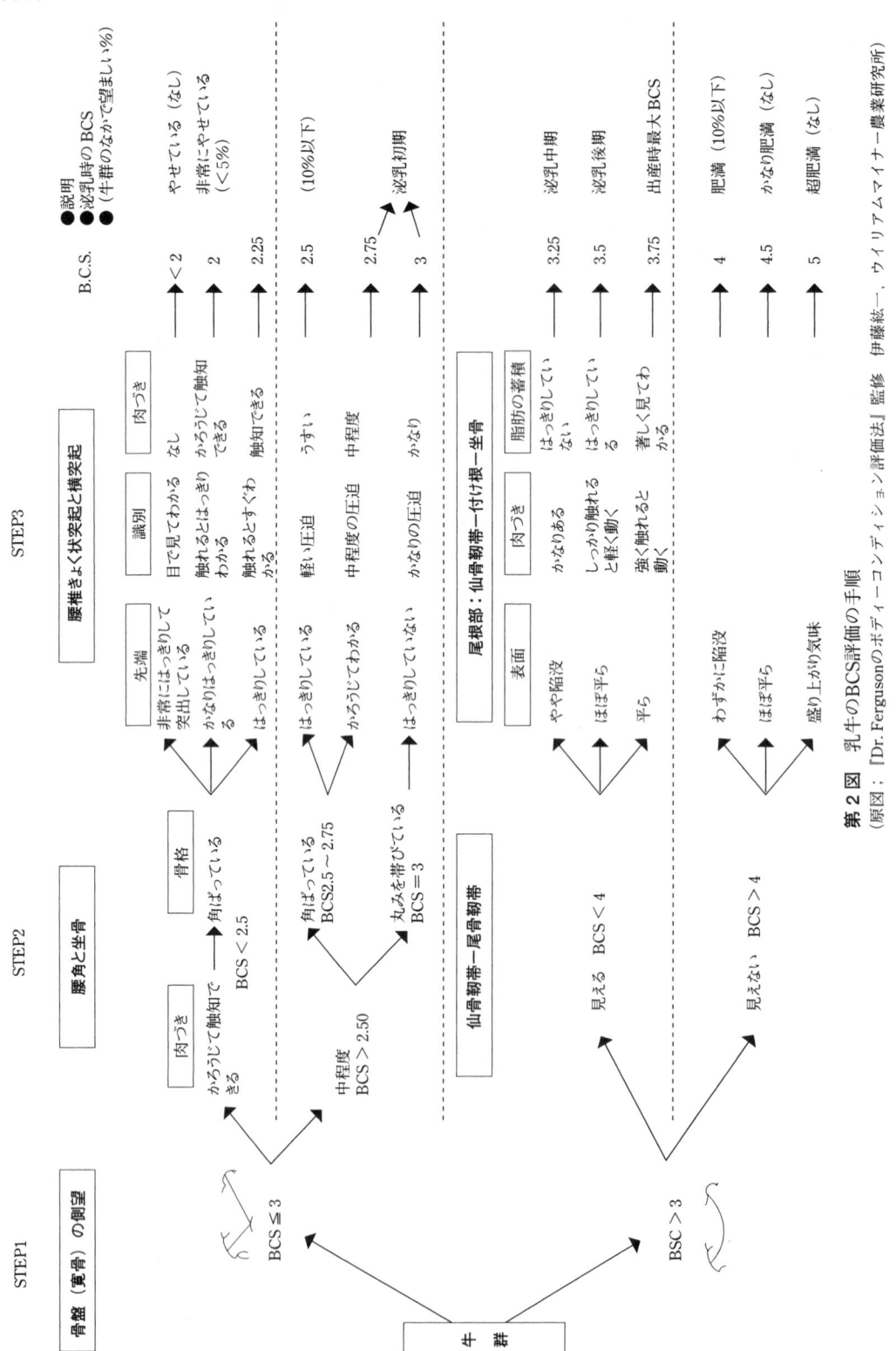

搾乳牛

第2図 乳牛のBCS評価の手順

(原図：『Dr. FergusonのボディーコンディションⅠ評価法』監修 伊藤紘一、ウイリアム・マイナー農業研究所)

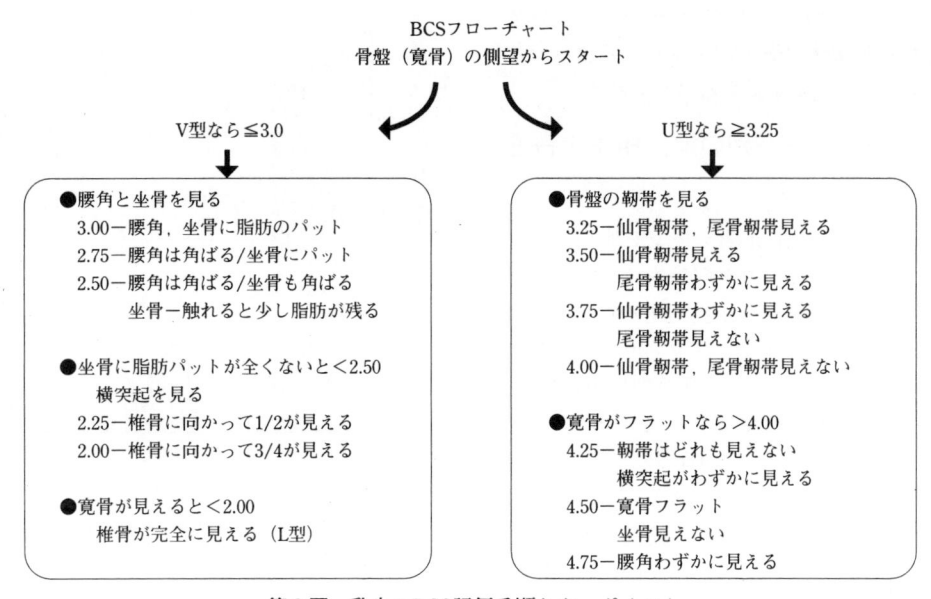

泌乳期＝泌乳中の栄養とボディーコンディション

BCSフローチャート
骨盤（寛骨）の側望からスタート

V型なら≦3.0 / U型なら≧3.25

●腰角と坐骨を見る
　3.00―腰角，坐骨に脂肪のパット
　2.75―腰角は角ばる/坐骨にパット
　2.50―腰角は角ばる/坐骨も角ばる
　　　　坐骨―触れると少し脂肪が残る

●坐骨に脂肪パットが全くないと＜2.50
　横突起を見る
　2.25―椎骨に向かって1/2が見える
　2.00―椎骨に向かって3/4が見える

●寛骨が見えると＜2.00
　椎骨が完全に見える（L型）

●骨盤の靭帯を見る
　3.25―仙骨靭帯，尾骨靭帯見える
　3.50―仙骨靭帯見える
　　　　尾骨靭帯わずかに見える
　3.75―仙骨靭帯わずかに見える
　　　　尾骨靭帯見えない
　4.00―仙骨靭帯，尾骨靭帯見えない

●寛骨がフラットなら＞4.00
　4.25―靭帯はどれも見えない
　　　　横突起がわずかに見える
　4.50―寛骨フラット
　　　　坐骨見えない
　4.75―腰角わずかに見える

第3図　乳牛のBCS評価手順とキーポイント
（原図『Dr.Fergusonのボディーコンディション評価法』監修　伊藤紘一，ウイリアムマイナー農業研究所）

ことができる。特に牛群検定時に合わせて行なうことで，乳成分との関わりや，繁殖成績への影響を推察することができる。しかし，分娩から泌乳前期のBCSが大きく変化する時期には，2週間ごとのスコアリングが必要で，かつ結果をデータベースに入力する必要がある。このような煩雑な作業を行なっても，その結果を即日常管理に取り込むというより，結果論として長期的な管理状態の良否を判断することが主目的になる。したがって，このようなBCSの利用方法は，農家自身で有用というより指導者がデータベースを作成して使う意義が大きい。

②月ごとの牛群全体のBCS平均値の比較

毎月の牛群全体のBCS平均値や異常個体の比率などを集計し，前月と比較することで，自給飼料なども含めた季節ごとの管理状況の変化を知ることができる。もし著しく変動する月があるとすれば，その原因を抽出し対処することで，農家にとって有効な利用方法となる。

③牛群全体のBCSを泌乳ステージ別に分け比較する

ある月のBCSを泌乳ステージ別や，牛群分けしたグループ別に集計し，それぞれのグループを比較する方法である。泌乳ステージ別の比較を行なう場合は，各グループの構成頭数がほぼ均一であれば，苦労して①の方法を行なわないでも，泌乳ステージ別の飼養管理の欠点を推察できる。また，同一ステージでも産次や泌乳能力により，さらにグループ分けしてある場合は，それぞれのグループ間の比較を行なうことで，給与飼料の養分濃度や量の正否を検討することができる。

なお，このような検討を行なう場合，BCSの平均値での判断も必要であるが，各ステージ（グループ）においてBCS許容範囲を下回ったり，超えている個体の比率（％）を中心に判断することも重要である。たとえば，乾乳期のBCSはほとんどの個体が許容範囲に入っているのに，泌乳初期牛群での異常個体の比率が多いなら，泌乳初期でBCSが大きく低下する要因として飼料給与体系が考えられ，その改善が必要と判断できる。また，泌乳中期牛でBCSオーバーな個体が多い場合は，飼料中の養分濃度が高すぎるか，泌乳後期牛群への移動が遅れているかの原因が考えられる。

一般的に，適正な飼養管理が行なわれている

場合は，牛群の80％前後は適正BCSであるはずで，もし異常個体比率が20％を超えるような場合は，何らかの処置を講ずるべきである。

（4）泌乳ステージ別の推奨BCSと許容範囲

基本的にはどの泌乳ステージにおいても，BCSが3.0〜3.5となるのが理想的である。しかし，高泌乳牛の宿命から泌乳初期のロスが避けられないため，分娩時に3.5であったものが，泌乳最盛期に3.0まで落ち，泌乳後期に再び3.5に回復させることが推奨されている。第1表にスニッフェンとファーガソンの推奨値を示した。

なお，ここに示した許容範囲のなかに入っていればよいというのではなく，泌乳初期においては，BCSの低下を理想的には0.5ポイント程度，最大でも1ポイント以内にとどめることが重要である。したがって分娩時に3.75であったものは，泌乳初期には下限の2.5まで低下させてはならず，2.75までが許容範囲である。また，乾乳期にBCSの加減を行なうことは禁忌で，周産期疾病の大きな要因になるので（第4図），BCSの調整は泌乳後期までに確実に行なっておくべきである。

BCSの調整は，主として飼料中のエネルギー濃度（分離給与では濃厚飼料給与量，詳細は「泌乳期の飼料給与の考え方と給与法」の項参照）で行なうが，綿密な飼料設計を行なっても，盗食により水の泡になることが多い。特にBCSのオーバーを防止するためには，フリーストール飼養ではもちろんのこと，繋ぎ飼いでもBCS調整牛を別グループで飼うことが成功の秘訣である。

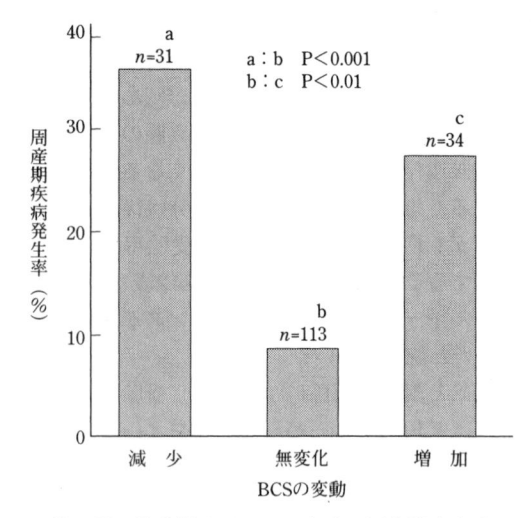

第4図 乾乳期中のBCSの変動と周産期疾病発生率（中尾『デイリージャパン臨時増刊』1993.2）

（5）乳牛の生産性とBCSの関係

一般的には，分娩時のBCSが高い牛ほど分娩後のBCSのロスが大きく，このことが産乳量や繁殖に悪影響を与えている。この原因として，オーバーコンディションの牛は，分娩直前の乾物摂取量の低下が著しく，かつ分娩後にくる採食量のピークが遅れるためだと説明されている。ただし，乳量とBCSの関係については，単純にBCSの高い牛のほうが次産での産乳量が低いとはいいきれない面もあり，むしろ泌乳能力の低い牛だからこそ太りやすいことは農家がよく経験することである。分娩前にBCSが高めの牛でも，分娩後の適切な飼料給与により，高泌乳を

第1表　泌乳ステージ別推奨BCS

泌乳ステージ	最適値	許容範囲
分娩時	3.50	3.25〜3.75
泌乳初期	3.00	2.50〜3.25
泌乳中期	3.25	2.75〜3.25
泌乳後期	3.50	3.00〜3.50
乾乳期	3.50	3.25〜3.75

出典　B. A. Crooker & W. J. Weber : Dairy Science Update マネージメント28．1997年5月．No 132

第2表　分娩後のBCS変化と受胎率の関係

BCSの変化		受胎率（％）
幅	平均	
0.51〜1.00	0.75	55.9
0.01〜0.50	0.25	49.5
変化なし	0	46.3
−0.01〜−0.50	−0.25	43.2
−0.51〜−1.00	−0.75	37.0
−1.0以上	−1.50	28.6

出典　B. A. Crooker & W. J. Weber : Dairy Science Update マネージメント28．1997年5月．No 132

泌乳期＝泌乳中の栄養とボディーコンディション

維持できた例も報告されている。

　一方，繁殖成績については，いくつかの報告でBCSが高いほど低下することが認められ，繁殖障害の内容としては，卵巣のう腫の発生のほか，後産停滞や子宮内膜炎も多くなるといわれている。また，ファーガソンは分娩後のBCSの低下が1ポイントを超えると，受胎率が著しく低下することを立証しており（第2表），これはエネルギー出納のマイナスバランスが長く続くためだと説明している。

　BCSと繁殖の関係については，受胎が遅れたものほどBCSがオーバーになりやすいことを多くの農家が知っていると思うが，このことがさらに次産での繁殖成績を悪くするという悪循環に陥っていることも少なくない。したがって，これを断ち切るためには，BCSの高い牛では，分娩後の栄養管理をよりていねいに行ないながら，ホルモン処理なども積極的に取り入れ，適期受胎をめざすことが何より必要である。

　最後に，BCSを念頭においた飼養管理を考える場合，初産牛は泌乳末期まで高濃度の飼料給与を続けてもBCSがオーバーにならないばかりか，ややアンダーな状態で乾乳を迎えてしまうことを酪農家の多くが経験していると思う。これは，初産牛の増体分の多くが，脂肪蓄積でなく体格全体の発育によるためである。したがって，牛群全体の飼養管理方針として，初産牛と2産以上の経産牛とは明確な区分けをして考えることが重要であり，特に大規模酪農ではBCSを考慮しながら，泌乳牛を少なくとも①泌乳初期牛，②2産以上の泌乳牛，③初産牛，④BCS調整牛の4群に区分けすべきだと考える。

1998年記

搾乳牛

泌乳期の飼料給与の考え方と給与法

執筆　斉藤友喜（群馬県専門技術員）

(1) 乳牛の飼養条件の変化と飼料給与

近年，乳牛の飼養は大きく変化している。その一つは経産牛1頭当たり乳量の改善が著しいこと，二つ目は混合飼料（TMR）による群管理に対応した飼養の普及である。さらに，消費者の乳成分への期待が，乳脂肪から乳蛋白質など無脂固形分へと移行してきており，成分的乳質改善を含めた飼料給与技術が重要になっている。

(2) 泌乳初期における飼料摂取，乳生産の特徴と飼料給与

乳牛の乳量は，分娩後に漸次増加して5～7週目で最高乳量に到達し，その後徐々に低下する。一方，飼料摂取量は乳量の増大に伴って増加するが，分娩後のストレスの影響がなくなって採食能力が回復するのは8週目以降となる。この間の乾物摂取量は，最大摂取量に対して分娩後1週目で66％，2週目で78％，3週目で87％，5週目94％程度であり，摂取量が不足すると体脂肪の動員による乳生産がいっそう進み，体重が減少する。

また，分娩前に過肥であった場合やこの時期の不適切な飼料給与は，乳量，乳成分の低下のみならず，ケトーシス，脂肪肝などの代謝病の発生の増加や，繁殖成績の低下など生産性に大きく影響することが知られている。高泌乳の場合，この時期の乳量は45～50kgにも達し，最高乳量に比例して年間乳量も増加することから，ピーク時乳量を高めて泌乳持続性をよくすることが飼料給与の基本となる。

泌乳初期の乾物摂取量は，飼料の種類や品質，給与方法，乳期などによって左右されるが，一般的に体重と乳量によって規制され，体重が重くなるほど，また乳量が多いものほど多くなる。日本飼養標準には，体重と乳量から乾物摂取量を推定する計算式が示されており，飼料設計

第1表　泌乳牛の乾物摂取量（体重当たり%）

4%FCM/1日(kg)	体　重　(kg)				
	400	500	600	700	800
20	3.76	3.21	2.84	2.58	2.38
25	4.31	3.65	3.21	2.89	2.66
30	4.85	4.08	3.57	3.20	2.93
35	5.39	4.52	3.93	3.51	3.20
40	5.94	4.95	4.30	3.83	3.47
45		5.39	4.66	4.14	3.75
50		5.82	5.02	4.45	4.02

注　日本飼養標準・乳牛（1994年版）から
　　4%FCM：4%の乳脂率に補正した乳量

にあたっては乾物摂取量を把握し，体重当たりの乾物摂取量割合（乾物体重比）を求めて採食性の良否の判断とする（第1表）。

1日の乳量が40kg（体重600kg，乳脂率4.0％）の場合4.3％となる。この最大乾物摂取量は，自由採食により5.0％程度を示すものもみられるが，一般的には体重の4.0％程度が摂取可能限界とされている。このために，泌乳初期はエネルギー要求量を満たすためにTDN濃度をより高める必要がある。

(3) 泌乳初期の飼料中の繊維水準

乳牛にとって繊維は必要不可欠のものであり，養分の補給をはじめ，咀嚼を促し唾液を分泌させ，第一胃内のpHを弱酸性から中性に保つのに重要な役割を果たしている。もしも粗飼料の給与が少なく繊維が不足した場合には，第一胃内は酸性に傾く。このような状態が継続した場合は，揮発性脂肪酸（VFA）組成のうち酢酸割合が低下し，プロピオン酸割合が増加して乳脂率が低下する。さらに継続した場合は，消化器障害を引き起こすことが知られている。このことから，乳牛に給与する繊維は飼料乾物中に13％以上が必要とされている。また，繊維量は採食量と関係が深く，あまり高いと採食量が低下することから米国のNRC飼養標準（1988，89年版）では，給与飼料乾物中にNDF（中性デタージェント繊維）28％を推奨しており，そのうち75％以上を粗飼料として給与すべきとしている。

しかし，ふすまをはじめビートパルプなどの

食品製造副産物を多く給与しているような条件では、粗飼料からの繊維が不足するので適正水準を設定する必要がある。ここでは、農林水産省畜産試験場の協力のもとに関東東海地域をはじめとする7都県の試験場で行なわれた泌乳牛60～70頭（試験期間：分娩後15週間）を用いた一連の試験（7都県または8都県協定研究）を紹介しながら、飼料給与について考えてみたい。

この試験は、飼料中の乾草の割合を変化させて乾物中のNDF含量を30％、35％および40％として、CPとTDNの濃度は17％、75％に揃えて分娩後15週間の泌乳成績を比較した（第2表）。乾物摂取量と乳量は35％区が高く、乳成分は中間的な成績を示し、乳脂率は40％区が一番高かった。また、第一胃内の発酵状況はNDFが高いほど酢酸割合が高く、乳脂率は高くなった。これらの結果、乳成分率の安定、体重当たりの乾物摂取量(％)などからみてNDF35％が泌乳初期の給与量として妥当と考えられた。

(4) 泌乳初期の飼料中のデンプン水準

①デンプンの適正水準

繊維が反芻機能を正常に維持するために必要最小量として下限値が示されているのに対して、デンプンの給与限界は、これ以上に給与すると生理的に問題が発生すると考えられる上限値で示すことになる。

従来は、乳牛の飼料給与は、粗飼料と濃厚飼料の給与比率によって適正給与の検討が行なわれてきており、トウモロコシサイレージを主体とした泌乳前期牛の飼料給与では、濃厚飼料の乾物給与割合は50％程度が上限と考えられている。しかしながら、濃厚飼料を構成する原料も最近では、ふすまや米ぬかなどの糠糟類や配合飼料に含まれていた粉砕穀類にかわって、穀実を多給する方法が増加し、同じ濃厚飼料でも成分に大きな違いがでてきた。また、ホールクロップタイプのサイレージのように子実は濃厚飼料で、茎葉は粗飼料の性質を持つものを正確に区分し評価する必要性が生じてきた。そこで、構造性の炭水化物をNDFで測定し、非構造性炭水化物成分のデンプン、糖、有機酸類のうち主要な成分であるデンプンを指標とした検討がされるようになった。

デンプン質飼料の多給は繊維の消化率を低下させ、第一胃内容液のpHや酢酸：プロピオン酸比を低下させて、低乳脂をまねくことが知られている。そこで、トウモロコシの給与割合により、乾物中のデンプン濃度を28％、24％、20％と差をもたせた3区による試験を行なった（第3表）。この結果、乾物摂取量に顕著な差は見られなかった。飼料中のデンプン濃度を28％に高めた場合、乳蛋白質率、SNF率の向上は図れるものの、採食状況は、分娩後1～6週にかけて高い摂取量を示したが、6週目をピークに停滞傾向がみられた。また、第一胃内容液の酢酸：プロピオン酸比の低下により、分娩後3～10週目の乳脂率が3.5％以下で推移し、この低下の程度と期間は他の2区より大きかった。このことから、デンプン水準はおおむね20％前後が上限値と考えられた。

②大麦とトウモロコシ

デンプン質飼料の代表的なものは、大麦とトウモロコシであり、一般に第一胃内での発酵速度はトウモロコシに比べて大麦が速い。このため、大麦を多給した場合はデンプンの急激な発酵による低乳脂などの悪影響が懸念される。しかし、蒸煮圧扁トウモロコシと皮付蒸煮圧扁大麦とを比較した試験では、大麦でも飼料中のNDFが36％と繊維が充足されれば第一胃内のVFA組成や乳脂率には差はみられず、デンプンの影響が小さいことが明らかとなっている。

第2表 飼料NDF水準と乾物摂取量、乳量および乳成分　（関東東海7都県共同研究、1991）

NDF水準	30％区	35％区	40％区
乾物摂取量（kg/日）	23.5	23.8	23.3
乾物/体重（％）	3.68a	3.84ab	3.54b
乳量（kg/日）	36.4	37.4	35.9
乳脂率（％）	3.28A	3.50AB	3.71B
乳蛋白質率（％）	3.10A	2.86B	2.86B
SNF率（％）	8.69a	8.61ab	8.37b

注　異符号間に有意差あり、A, B, C；p＜0.01：a, b, c；p＜0.05

第3表 飼料中のデンプン濃度と飼料摂取量，乳量および乳成分

（関東東海7都県共同研究，1991）

デンプン濃度	28％区	24％区	20％区
乾物摂取量（kg/日）	24.2	24.3	24.2
乾物/体重（％）	3.76	3.79	3.78
乳量（kg/日）	36.3	35.1	35.0
乳脂率（％）	3.43	3.49	3.55
乳蛋白質率（％）	3.12a	3.03b	3.06b
SNF率（％）	8.69a	8.49b	8.59ab

注 異符号間に有意差あり，a, b（p＜0.05）

第4表 粗飼料の種類と乾物摂取量，乳量および乳成分 （関東東海8都県共同研究，1998）

試験区	チモシー乾草	アルファルファ乾草	トウモロコシサイレージ
乾物摂取量（kg/日）	25.0	24.6	24.7
乾物/体重（％）	3.97	3.92	3.97
乳量（kg/日）	39.2	41.3	39.5
乳脂率（％）	3.70	3.51	3.53
乳蛋白質率（％）	3.12	3.10	3.11
SNF率（％）	8.73	8.70	8.72
採食反芻時間(CT,分)	30.1	25.4	32.3

③トウモロコシの加工形態

トウモロコシは，加工形態により発酵性に差がみられ，一般に加工度合いを高めると第一胃内の発酵速度も速くなる。これを速いものから分類すると，薄押しトウモロコシ＞厚押しトウモロコシ＞荒びきトウモロコシの順となる。乾物中のデンプン水準を24％に設定して，これを泌乳牛に給与した試験では，乳脂率は加工程度が低くなるにつれて少し高くなる傾向がみられるものの，ルーメン内のプロピオン酸割合や繊維の消化率に差は認められていない（石崎ら，1992，千葉畜産セ研究報告）。

トウモロコシの加工形態には多種類のものがあり，現在のところ蒸煮加熱圧扁トウモロコシが消化性に優れるとして広く利用されているが，1995年以降全粒での利用も可能となり，いろいろな加工法による利用が検討されている。

(5) 粗飼料の種類と乳生産

①粗飼料の採食反芻時間と乳脂率

飼料中の繊維が十分であっても，飼料の物理性が保たれていなければ正常な反芻行動ができなくなり，第四胃変位などの消化器障害をおこすことが知られており，乳牛に給与する粗飼料は繊維量と同時に，咀嚼時間を満足させるような給与が必要となっている。この点に関しては，飼料ごとの乾物摂取1kg当たりの採食反芻時間（CT：Chewing Time）が測定されており，泌乳牛を使用した試験から，乳脂肪率を一定に保つためにチューイングタイムは30分以上確保することが必要だと報告されている。そこで，これまでに検討してきた，泌乳前期飼料としての必要な繊維やデンプン設定条件を取り入れた飼料を調製して，粗飼料の種類が乳量，乳成分に及ぼす影響を検討した。

試験は，乾物中のCPとTDNを18％，76％に揃えて，粗飼料原料の種類によりチモシー乾草，アルファルファ乾草およびトウモロコシサイレージの3区を設けた。なお，トウモロコシサイレージ給与量は都府県での平均的な使用量を想定して原物で12.5kg（乾物27.2％）とし，アルファルファ乾草を3kgを混ぜて給与した。この結果を第4表に示した。

乾物摂取量に大きな差は認められず，乳量も粗飼料の種類による大きな差はなかった。乳成分のうち乳蛋白質率，SNF率はほとんど差はなかったが，アルファルファ乾草のCTが短くなり，乳脂率が低下する傾向があった。以上の結果，いずれの粗飼料を利用しても，NDF：35％，デンプン：20％程度，CT：30分以上を確保すれば，高い水準の乾物摂取量と乳成分を達成できると考えられた。

②アルファルファ乾草はイネ科草と併用が効果的

最近，高泌乳期用飼料としてアルファルファ乾草の利用が増加している。アルファルファは繊維含量が低いが，泌乳前期に給与すると採食性に優れイネ科草に比べて乾物摂取量が増加する。これは飼料乾物の消化速度が速いことが原因と考えられる。しかし，給与割合を増加させると飼料全体のCP濃度が高くなったりTDN濃度が低下するので，両方のバランスを取るよう

に心がける必要がある。特に，単一給与については第一胃内の過剰なアンモニアの生成による血液尿素窒素値（BUN）の上昇などの問題が認められ，繁殖への影響も懸念される。したがって，チモシー乾草などのイネ科草と混合して給与することが得策であり，アルファルファ乾草60％程度の併用比率で給与すると乳成分が安定し，泌乳持続性が優れるなどの効果がみられる。

(6) 泌乳牛への蛋白質給与

飼料中の蛋白質の充足率が低いもとでは，蛋白質の給与量をふやしてやると乳量や乳蛋白質率が改善される。しかし，充足量を超えて給与量を増加させても，乳量や乳蛋白質率の改善は認められず，過給の場合は卵胞嚢腫などの繁殖障害の発生が増加する。したがって，泌乳期の乾物中の蛋白濃度は，適正範囲である乾物中14～18％に設定する。また，泌乳前期では17％前後が適正濃度となっている。

蛋白質原料は大豆かすが中心となるが，1日の乳量が30kgを超えるような泌乳牛では，第一胃内での微生物の発酵を満足させる程度の蛋白質では十分な栄養がまかなえないので，第一胃内での分解を免れて下部消化管で利用できる非分解性（バイパス）の蛋白質を補給する。この割合は粗蛋白質中35～40％程度に設定する。

トウモロコシやアルファルファペレットなども非分解性蛋白質の割合が比較的高いが，さらに高める場合には，加熱大豆，魚粉などの添加が乳量増加に有効である。しかし，バイパス蛋白は必ずしも乳蛋白質率や乳量の改善に結びつかない場合が多い。これまでの多くの報告では，TDN濃度を乾物中75％以上に高めることによって，乳蛋白質率や乳量が改善される。

(7) 泌乳牛の飼料給与方式

①飼料給与方式の特徴

泌乳牛の飼料給与方式は，①畜舎の構造，②乳牛の能力，③飼料条件，④経営条件によって決定されるが，現在のところ，大きく分けて，粗飼料と濃厚飼料を混合して給与する方法（TMR）と，粗飼料と濃厚飼料を個別に給与する分離給与方式に分けられる（第5表）。

TMRは，1980年代はじめころから普及され始め，最初はコンプリートフィーデングと呼ばれた。この方式の大きな特徴は，粗飼料と濃厚飼料を混合して給与することから，第一胃内の発酵が安定し乳成分が安定すること，また自由採食により乾物摂取量が増加するなどのメリット確認されている。このことから，この方法を採用する酪農家が増加するようになり，今日では，混合飼料（TMR）と呼ばれ，群飼育の中心的な給与方法として定着しつつある。

飼料調製は，泌乳量の多い時期には栄養価を高め，泌乳最盛期をすぎてからの中期から後期には栄養価を低くして，満腹感が十分に味わえるような設計を考える。

調製する飼料の種類は1種類から4種類程度までが普及しており，省力管理から1群管理を行なう農家も多いが，一般的には泌乳前期と中・後期に分けた2種類の飼料を調製する方法が，泌乳初期の高乳量と中期から後期にかけての養分摂取過剰による過肥満を防止することができるので推奨される。

分離給与方式には，乳期別と乳量別の給与があり，粗飼料は全頭に一定量を給与し，濃厚飼料の給与量で充足率を調製する方法が行なわれている。

TMRや分離給与は給与方式は異なっているものの，飼養標準に基づく養分充足に見合った給与を基本としている点では，考え方と基本は同じであり，泌乳ステージ別の養分指標の例を挙げると第6表のようになる。次にそれぞれの具体的な設計と給与について考えてみたい。

第5表 飼料給与方式

```
混合飼料給与方式（自由採食）
    ①一群管理
    ②乳期（乳量）別群管理（2～3群）
    ③産歴・乳量別群管理
分離給与方式
    ①乳量別飼料給与（制限給餌）
    ②乳期別飼料給与（制限給餌）
フィードステーション方式
            （自由採食＋制限給餌）
```

第6表 泌乳ステージ別給与の養分指標

泌乳ステージ		泌乳前期	泌乳中期	泌乳後期	乾乳前期	乾乳後期
乳量の目安(初産)		30kg以上	20〜30kg	20kg以下		
乳量の目安(2産以上)		35〜45kg	25〜35kg	25kg以下		
分娩後の目安		分娩〜120日	120〜240日	240日〜乾乳	分娩予定日 60日前〜3週	分娩予定日 3週前〜分娩
DMI/BW(%)		4.0前後	2.8〜3.5	2.0〜2.8	1.5〜2.0	1.5〜2.0
TDN充足率(%)		100前後	100〜110	100〜110	100	100
乾物中の養分濃度(%)	CP	16〜17	14〜15	12〜13	10〜12	14〜15
	UIP/CP	35〜40	35前後	30〜35	—	—
	TDN	74〜78	68〜72	63〜67	61〜66	67〜72
	ADF	19〜21	21〜25	25〜27	27以上	22〜27
	NDF	34〜35	36〜38	38〜40	40以上	35〜40
	OCW	39〜41	42〜45	45〜48	45以上	42〜45
	デンプン	18〜22	13〜18	10〜13	13以下	15〜20
	粗脂肪	3〜5	2〜4	2〜4	2〜4	2〜4
	カルシウム	0.7以上	0.6〜0.7	0.5〜0.6	0.45以下	0.45以下
	リン	0.5以上	0.4〜0.5	0.3〜0.4	0.3〜0.4	0.3〜0.4

注 UIP:非分解性蛋白質
 分娩後3〜4週までは,採食量が漸増するので指標適用から除外する
 分娩予定日2,3週間前からTMRの馴致をはじめ,分娩後は自由採食とする
 分娩予定日2,3週間はCa添加剤の給与を中止する。ビタミン剤は適宜給与する
 CaとPの比率は1〜2:1が望ましい

②TMR(混合飼料の自由採食飼養法)

 飼料の摂取を牛自体にゆだねた場合に,適度に体重を維持しながら生産性を最も発揮でき養分濃度を設定する。これが自由採食の考え方の出発点であり,20年近くの年月を経て,調製技術も年々進歩している。

 泌乳前期と中・後期の2種類の混合飼料調製例を第7表に示した。泌乳前期は,トウモロコシや大麦などのデンプン質飼料や大豆かすを使用してCP濃度を17%,TDN濃度を74%に設定し,乾物摂取量として体重の4.0%摂取を目標に,NDFは35%,CTは30〜35分確保できるように設計してある。採食・反芻時間の確保のための粗飼料給与量の目安として,乾物中18%以上の粗飼料繊維(FNDF)を確保することが必要で,これはNDF量の半分以上は粗飼料からまかなうという形である。一般に,前期飼料を頭数分給与すると残飼が大量に出るのが普通である。この場合,残飼が出るからといって給与量を少なくすると,自由採食にならなくなってしまう。自由採食のためには,残飼量は原物で給与量の10〜15%が望ましいとされているが,実用上は5%程度を目安とする。

 中・後期飼料は高エネルギー飼料であるトウモロコシや綿実の割合を低くしたり,あるいは除いたりして,CP濃度を14%,TDN濃度を70%前後に調製する。最高泌乳期を過ぎた牛は,分娩後日数,乳量,産歴を基本に,前期から中・後期飼料に切り替える。普通は,分娩後3〜4か月経過,乳量30kg(初産では25kg)程度が群換えを行なう適期である。しかし,切替え時に伴う乳量低下は決して小さくないので,高乳量を持続しているものは前期飼料の給与期間を伸ばして対応する。泌乳中期,後期においても食欲は旺盛であるから,自由採食させると太りがちになりやすい,この場合は制限給与を行なう。

 給与回数は,朝夕の2回に行なう方法や一度に配餌して,飼槽にえさが少なくなると追加する方法が取られている。粗飼料品質がよく,夏のサイレージの変敗や発熱などがなければ,牛は好きな時間帯に採食をし,自由採食を意図し

泌乳期＝泌乳期の飼料給与の考え方と給与法

第7表　混合飼料（TMR）給与表

泌乳期	泌乳前期	泌乳中・後期
飼養条件		
産次（産）	3	3
体重（kg）	630	660
乳量（kg）	40.0	20.0
乳脂率（％）	3.60	3.90
飼料名（kg）		
トウモロコシサイレージ	14.0	14.0
アルファルファ乾草	3.0	3.0
チモシー乾草	1.0	1.0
スーダン乾草	1.0	1.7
ビートパルプ	3.0	3.0
圧扁トウモロコシ	5.7	2.1
圧扁大麦	1.5	0.7
大豆かす	3.0	1.0
ふすま	2.0	2.0
全粒綿実	1.5	─
アルファルファペレット	1.0	1.0
ミネラル	0.3	0.2
食塩	0.05	0.05
乾物中（％）		
乾物体重比	3.90	2.75
TDN充足率	100	110
CP充足率	109	118
Ca充足率	108	149
P充足率	146	163
Ca：P比	1.3	1.5
CP	16.6	14.0
UIP/CP	37.5	34.0
TDN	74.1	68.0
NDF	34.1	41.2
ADF	20.3	24.5
デンプン	22.0	15.8
粗脂肪	3.7	2.5

注　充足率の計算は日本飼養標準（1994年版）による
　　ビタミン剤添加
　　UIP：非分解性蛋白質

第8表　乳量別飼料給与表（分離給与方式）

乳量（kg）	40	35	30	25	20
飼養条件					
産次（産）	3	3	3	3	3
体重（kg）	620	620	620	640	640
乳脂率（％）	3.60	3.60	3.60	3.90	3.90
給与飼料名（kg）					
トウモロコシサイレージ	12.0	12.0	12.0	12.0	12.0
イタリアンロールベール	3.0	3.0	3.0	3.0	3.0
アルファルファ乾草	3.0	3.0	3.0	3.0	3.0
オーツ乾草	1.5	1.5	1.5	2.5	2.5
高蛋白乳牛配合	4.3	3.9			
乳牛配合	7.0	7.0	9.6	8.2	7.8
圧扁トウモロコシ	2.5	2.5	1.5		
ビートパルプ	2.0	2.0	2.0	2.0	2.0
ビールかす(DM32%)	4.0	4.0	4.0	4.0	4.0
ミネラル	0.25	0.25	0.15	0.15	0.15
食塩	0.05	0.05	0.05	0.05	0.05
乾物中（％）					
乾物体重比	3.93	3.88	3.54	3.18	3.13
TDN充足率	100	110	110	110	110
CP充足率	106	117	113	117	117
Ca充足率	112	125	115	124	124
P充足率	125	139	123	126	129
Ca：P比	1.5	1.5	1.6	1.6	1.6
CP	16.5	16.2	14.9	14.6	14.4
UIP/CP	36.5	36.4	34.6	33.2	33.0
TDN	74.5	74.3	71.9	70.0	69.8
NDF	34.0	38.4	34.0	38.4	38.4
ADF	18.3	18.4	19.3	22.0	22.2
デンプン	22.4	22.2	19.4	14.7	14.4
粗脂肪	2.6	2.6	2.6	2.5	2.5

注　日本飼養標準（1994年版）によるビタミン剤添加
　　UIP：非分解性蛋白質

た給与回数は朝と夕方の2回で十分対応できる。

③分離給与法

　濃厚飼料・粗飼料分離給与方式の場合は，粗飼料を一定量としたうえで，濃厚飼料を増減させて乳量，あるいは泌乳期の飼養条件を満たすように飼料設計する。このとき，給与量は養分変動や食いこぼしを考慮して，CP110～140％，TDN100～110％の範囲におさめる。また，設計にあたっては，乳量ごとに20～40kgまで5kg刻みに5段階程度を設定して，飼料原料や組合わせを検討しておくと便利である（第8表）。

　飼料給与回数は1日2回給与であるが，乳量が40kgを超える高泌乳の場合は，濃厚飼料給与量が15kgを超えるので，3回給与を行なう。給与飼料の順序を工夫して乾草先行型の飼料給与を行なうと，pHの低下やデンプン大量給与の影響を緩和できる。最近では，個体別自動給餌装置を取り付けて，1日に6～8回の多回給与により産乳成績を向上させている例もふえている。

　なお，飼料調製には混合機をはじめ給餌車などが普及しており，今後，省力管理が進展するものと思われる。

1998年記

搾乳牛

泌乳と発情，種付けの関係

執筆　足立憲隆（茨城県畜産試験場）

(1) 高泌乳牛のエネルギーバランス

　乳牛は，分娩直前の3週間（移行期）から分娩直後の4週間に，代謝や内分泌の働きを劇的に変えるという，非常にストレスの高い作業をしなければならない。この時期の飼養管理は最も注意を要するが，上手に乗り切れば高い産乳能力を引き出しつつ乳牛を健康に保つ，繁殖成績のよい経営が可能となる。

　第1図に，分娩後20週間の高泌乳牛の泌乳曲線と栄養摂取の関係を模式的に示した（茨城県が中心となって実施した10県協定研究より）。

　乳牛は分娩後，急速に乳量をふやし，約4週間でピークを迎える。しかし，栄養摂取量の指標である乾物摂取量は，それより遅く8週ごろとなる。このずれが，エネルギーのバランスが負になっている状態といえる。そのため，体重は分娩直後から低下しはじめ3週目に最低となり，分娩直後のレベルに回復するのに約8週間かかっている。

　高泌乳牛はその高い産乳能力ゆえに，泌乳に見合う飼料摂取量以上の乳を生産しようとする。しかし，泌乳初期には乾物摂取量に限界があるため，エネルギーが充足できない。その場合，不足分を体脂肪など蓄積養分から動員し，それが急激な場合は代謝障害や繁殖障害に結びつくのである。

　高泌乳牛の特徴は乳量のピークが高く，その後もあまり乳量が下がらない。そのため，一般牛よりもエネルギーバランスのマイナスの期間が長くなりやすく，注意が必要である。乳牛における栄養分配の優先順位は，泌乳＞体の維持＞繁殖＞増体の順といわれている。エネルギーが充足して初めて繁殖に栄養が分配されるのである。

(2) 泌乳と繁殖機能

①繁殖生理に関係する性ホルモンの働き

　脳の視床下部から性腺刺激ホルモン放出ホルモン（GnRH）が分泌される。このホルモンは下垂体に作用し，卵胞刺激ホルモン（FSH）や黄体形成ホルモン（LH）を分泌させる。卵胞とは卵子を包んでいる袋のようなもので，卵胞刺激ホルモンはこの卵胞を刺激し大きく発育させる作用を持っている。

　発育し大きくなった卵胞は発情ホルモン（estrogen）を分泌し，牛に発情行動を起こさせる。発情ホルモンの作用が高まってくると同時に，視床下部・下垂体からの黄体形成ホルモンのパルス状の分泌頻度が高まり，LHサージと呼ばれる急激な高まりが起こる。これが排卵の引き金となる。牛の場合，このLHサージの約30時間後に排卵が起こるとされている。

　以上が繁殖機能の概要であるが，重要なことは，第2図に示したように高泌乳牛に特徴的な栄養不足や泌乳の亢進は，飼料摂取量を高めるように作用する一方，LHやFSHの分泌を抑制してしまうことである。これらの性ホルモンの分泌低下が，排卵と発情回帰を遅らせるのである。

②分娩後の生殖器の回復（初回排卵と発情回帰）

　茨城県が中心となって実施した，乳牛の栄養分配に関する9県協定研究（平成3年から4年間）の132頭のデータを試験設計を除外して分類集計

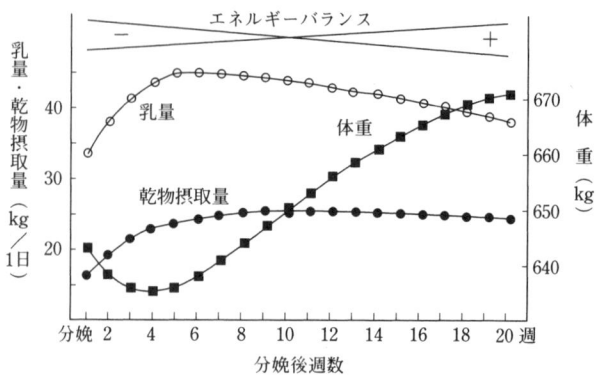

第1図　分娩後の乳量，乾物摂取量と体重の変化

泌乳期＝泌乳と発情，種付けの関係

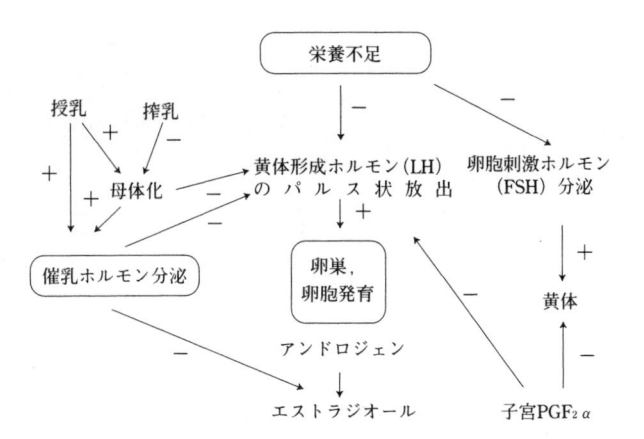

第2図 乳牛の分娩後の卵巣機能に関与する内，外分泌の関係
(ターキ，1982改変)

第1表 乳量，栄養充足率と繁殖の関係
(茨城グループ協定研究から)

乳量	栄養充足	20週間の総乳量(kg)	10週間のTDN充足(%)	子宮復古日数(日)	初回排卵日数(日)	発情回帰日数(日)
高	高	5,129	97.6	33.4	32.1	58.2
	低	5,318	82.1	34.4	37.1	73.4
低	高	4,024	106.3	28.3	29.3	49.8
	低	4,393	87.4	32.9	28.3	67.8

し，繁殖成績を第1表に示した。乳量の高低と10週間の可消化養分総量（TDN）充足率の高低で4群に分け，それぞれの繁殖成績を集計した。

乳量の高い群は，子宮復古，初回排卵，発情回帰日数，すべてがやや遅れる傾向を示した。しかし，栄養充足度ごとに比較すると，乳量が高く栄養充足度が低い群は初回排卵が37.1日で，充足した群より5日遅れた。また，明瞭な発情兆候を伴った発情回帰は，乳量の高低にかかわらず，栄養充足度が低い群は充足した群より15〜18日遅れた。また，バトラーらは，初回排卵はエネルギーバランスが最大のマイナスになってから10日後に起こると報告している。

高泌乳牛群で栄養充足率の低かった群の繁殖成績が最も悪い。これは，乳量が高いものは繁殖機能の回復が遅いということではなく，あくまでも，エネルギーバランスのマイナスの状態の度合いと長さがポイントであることを強調したい。

中尾らは，高泌乳牛群と一般泌乳牛群で，分娩後の卵巣機能の回復の正常なものと遅いものに分けた場合，どちらの牛群でも卵巣機能の回復が正常なものは，その後の受胎性が高いと報告している。つまり，分娩後のエネルギーバランスの回復がよければ，高泌乳牛でも良好な繁殖成績を残せるということである。

以上のように，高泌乳牛の場合は，エネルギーバランスのマイナスの大きさと回復の度合いが，卵巣機能の回復とその後の繁殖性を決める重要なものになっている。

③卵胞発育周期と受胎率

一般に，分娩後50日以内を生理的空胎期間として，良好な発情がみられても授精を見送る場合が多い。そして，次回以降の発情を待つわけだが，60〜70日ごろの発情が不明瞭であったり，授精しても不受胎であることが経験としてある。

解明されたことではないが，ブリットらは，エネルギーのマイナスの状況で発育してきた卵胞は，ダメージを受けており，排卵された卵子の品質も悪く，黄体機能も不十分な可能性が高いことを報告している。卵胞は発情卵胞まで発育するのに約60日かかるとされており，60日前後に発情した場合の卵胞が，最もエネルギー不足の影響を受けている可能性がある。よって，牛の状態がよく発情もよい場合は，分娩後日数にとらわれず40〜50日で授精することも受胎率を向上させる一法と思われる。

④繁殖障害と栄養

繁殖障害には胎盤停滞，卵胞嚢腫，黄体嚢腫，卵巣静止，子宮内膜炎，鈍性発情，胚の早期死滅などがある。これらの原因は，複雑で特定するのは困難であるが，高泌乳牛で泌乳初期にエネルギー，ビタミン，ミネラルに不足の大きかったものは，繁殖障害の発生の可能性が高くなるので注意が必要である。

また，蛋白質の飼料給与が不適切であったり，炭水化物とのバランスが悪い場合，ルーメン内アンモニア濃度が上がる場合がある。その結果，上昇した血中アンモニアや尿素態窒素は精子，卵子，胎子に毒性的に働くともいわれている。蛋白質の給与方法も繁殖成績と大きく関係しているのである。また，アンモニアは主に肝臓で尿素として処理され，一部は乳中に拡散する。近年この乳中の尿素測定が簡便に行なわれ始めており，尿素値を参考に繁殖成績を改善することも可能となってきた。

(3) 繁殖率向上のための栄養管理

①移行期から分娩直後の管理

移行期は，泌乳初期のための助走期間である。よって，第一胃の微生物を栄養濃度の高い泌乳飼料に合わせてふやさなければならない。それには最低3週間必要である。また，分娩直前に乾物摂取量の高い牛は分娩後の乾物摂取量も高いという報告があることから，徐々に濃厚飼料をふやし，最終的に4kg前後に高める（体重の0.50～0.75％）。蛋白質の質と量も重要である。

胎盤停滞予防のため，ミネラルではセレンの欠乏にも注意したい。

分娩直後から，乳量は急激に増加する。妊娠末期から泌乳初期にかけては，脂肪動員を促す内分泌的動態となり，乳生産に対応しようとする。この時期は，エネルギーバランスがマイナスの状態である。この時期に重要なことは，いかに乾物摂取量を無理なく高めるかである。第一胃の恒常性を保ちつつ給与量をふやすためには，TMR方式が有効であるが，分離給与方式でも多回給餌や，一部の混合給与によって可能となるので工夫してもらいたい。

②ボディーコンディションスコア（BCS）と繁殖性

先に，高泌乳牛にみられる，分娩後のエネルギーのマイナス状態を体重の減少曲線で示したが，生産現場ではBCSの活用が有効である。なぜなら，体蓄積栄養の変動を観察するには，消化管内容物や乳房重量を含んでいる体重よりも，脂肪や筋肉の状態を示すBCSのほうが的確なの

第2表 ボディーコンディションスコアの変化と繁殖性　　　　（バトラー，1989）

	分娩後1～5週でのBCSの減少		
	<0.5	0.5～1.0	1.0<
頭　　数	17	64	12
初回排卵日数	27	31	42
発情回帰日数	48	41	62
初回授精日数	68	67	79
初回授精受胎率	65	53	17
妊娠/授精回数	1.8	2.3	2.3

第3表 高泌乳牛への微量要素添加量（1日1頭当たり）　　（茨城グループ協定研究から）

添加物名	分娩前投与量	分娩後投与量
ニコチン酸アミド	4.5g	9g
コリン	10g	20g
チアミン	0.5g	1g
硫酸銅	176mg	352mg
硫酸亜鉛	1,160.5mg	2,321mg
硫酸マンガン	550mg	1,100mg
亜セレン酸ソーダ	4.4mg	8.8mg
ビタミンA	25,000IU	50,000IU
ビタミンD	3,000IU	6,000IU
ビタミンE	500IU	1,000IU
β－カロチン	100mg	200mg

である。

BCSの変化と繁殖性に関する報告を第2表に示した。バトラーは，分娩後から5週目までのBCSの減少が，0.5以内の牛群に比べて，0.5～1.0，1.0以上の牛群では，初回排卵，初回種付けおよび受胎率が低下したことを報告している。

③分娩前後のビタミン，ミネラルと繁殖性

茨城県畜産試験場が中心となって，分娩前後の飼養法に関する研究から得られた知見を紹介する。1983年から4年間，脂溶性ビタミンと泌乳繁殖性の関係を，1987年から4年間はセレンとの関係を，1991年からはビタミンB群との関係を研究した。それらの結果から，第3表に示した微量要素の添加が繁殖性の改善に有効であることを認めたので推奨したい。

泌乳期＝泌乳と発情，種付けの関係

```
                         ┌ 飼料摂取量, BCSチェック（酪農家）
                         ├ 授精開始日の設定（酪農家）
              初回授精まで ├ 膣, 卵巣機能チェック（獣医師）
              65日        ├ 子宮復古チェック（獣医師）
分娩から妊娠まで          └ 正確な発情発見（酪農家）
85日
              次回授精まで ┌ 再発情の発見率向上（酪農家）
              21日        └ 受胎率の技術的向上（獣医師）

妊娠期間280日
```

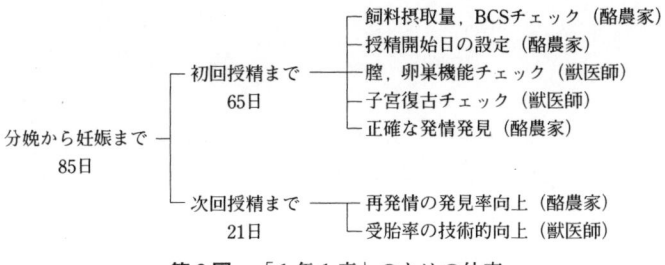

第3図　「1年1産」のための仕事

（4）1年1産のマネージメント

①繁殖成績低下による経済的損失

分娩間隔の延長による経済的損失が最大である。繁殖に関わる損益計算は困難なため，積極的な繁殖検診を希望する酪農経営者は少ない。しかし，発情見逃しや栄養管理の失敗による発情回帰の遅れがもたらす経済損失はあなどれない。牛群検定のデータからも，分娩間隔が370日から390日の場合が，もっとも乳量が多いと証明されている。

酪農経営者がたてるべき繁殖目標は，「1年1産」の設定。これが最も効率のよい繁殖であり，最大の収益が得られるのである。

②受胎率を決定するものとは

繁殖成績の指標の一つに受胎率がある。分娩後の生理的空胎期間後1日も早く受胎，妊娠させたいのであるが，その受胎率を決定するいくつかの要因があげられている。

①雌牛の繁殖機能の回復，②発情発見技術，③精液または受精卵の品質，④AI，ET技術，以上4つのどこかに大きなエラーがあれば，繁殖成績は低下してしまう。

また，繁殖成績を向上させるための繁殖検診に取り組むことも有効である。

①牛群検定資料の活用，②飼料構成，飼料分析値，③ボディーコンディションスコア（BCS），④生殖器の検査（分娩後1か月），の4つのチェックを計画的に行なうことで，高泌乳牛の繁殖成績はかなり改善されるはずである。

1998年記

種付け

種雄牛の選定

執筆 伊藤 晃(畜産システム研究所)

(1) 経営改善の鍵を握る交配種雄牛

①雌牛の生産性と収益性

飼養雌牛が生産する生乳の多寡は,酪農経営に直接影響する。酪農に限らずすべての分野で,収益性を高め経営内容を改善し向上させる最善の手段は,収入を増加させ支出を減少させることである。

しかし,収入増と支出減を両立させることはきわめて困難であり,至難の技といえる。したがって次善の策として,収入をふやすため支出がふえる場合でも,支出の増を可能な限り抑制することである。これは酪農でもまったく同じである。

たとえば,生産乳量(乳代)を増加させながら同時に飼料費を減少させることは,至難の技といえる。しかし,「泌乳持続性」を高めることで泌乳中・後期の乳量増を図って,粗飼料による乳生産の可能性の増大,購入飼料費・診療薬品費の減,最適分娩間隔に近づけることによる生産乳量の増,乳房炎防除を進めることによる損失乳量の低減,給与飼料を診断して能力や泌乳ステージにフィットした飼料の設計・給与,などによって牛乳1kg生産に要する生産費の低減,などで支出を抑制できる。

1頭当たりの生産乳量と収益(所得)との間には,以下1)～4)の関係が明らかにみられる。

1) 粗収益は乳量の増に比例して増加する。
2) 飼料費を中心とした支出も増加するが,その増加傾向は粗収益の増に比べて少ない。
3) その結果,所得は大きく増加する。
4) 生産乳量1kg当たりの費用合計(生産コスト)は,乳量の増に応じて減少する。

第1図は,2006年の「牛乳生産費統計」を組替集計したものである。この傾向は毎年の牛乳生産費統計を組替集計した結果でも同様にみられる。第2図は,高野博士(元農水省草地試験場長)が牛群検定の記録から計算した産乳量と牛乳1kg生産に必要な濃厚飼料費との関係をグラフで示したものである。

以上をまとめれば,遺伝的能力の優れた牛を作出し揃えることが,収益性を高め経営を改善するための基盤と断言できよう。

②乳牛改良(育種)の目的

はじめに,乳牛の改良(育種)の目的について考える。乳牛の改良(育種)には,二つの目的がある。

その一つは,経済形質の遺伝的改良である。乳牛に要求される経済形質は一つや二つではなく,数多くある。それらの形質の多くは量的形質と呼ばれ,数多くの遺伝子が関与し複雑な働きをする。

数多くの形質を同時に効率よく,かつ,バランスよく改良するために,選抜指数(総合指数)法がある。わが国で使われている指数は,NTP (Nippon Total Profit Index) と呼ばれている。

もう一つの目的は,遺伝的障害の防除である。すなわち,経済形質の発現を妨げる遺伝病を取り除くこと,および遺伝的障害が発現しないように乳牛を守ることである。以上の内容と具体的な対策をまとめると,第1表のとおりである。

近年,遺伝子型検査技術が急速に発達し,いくつかの遺伝病でその遺伝子をヘテロにもつ個体(キャリア)の検証が可能となった。現時点で,検証できる乳牛の遺伝病は,牛白球粘着不全症(BLAD)と牛複合脊椎形成不全症(CVM)である。そのいずれもが,劣性遺伝形質である。

搾乳牛

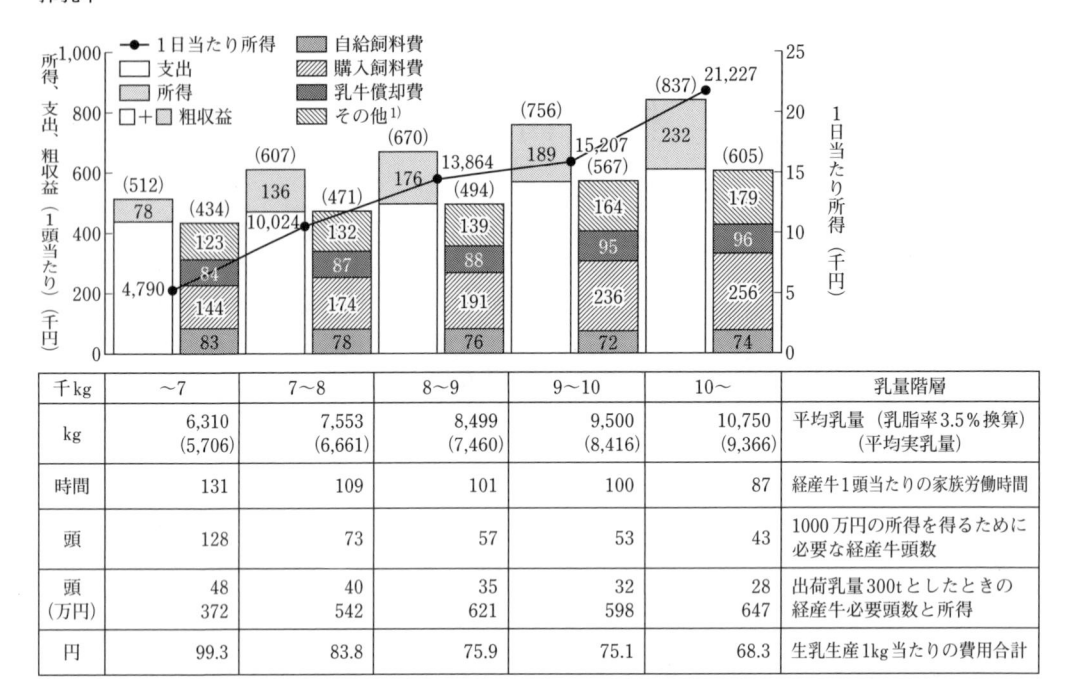

千kg	～7	7～8	8～9	9～10	10～	乳量階層
kg	6,310 (5,706)	7,553 (6,661)	8,499 (7,460)	9,500 (8,416)	10,750 (9,366)	平均乳量（乳脂率3.5％換算） （平均実乳量）
時間	131	109	101	100	87	経産牛1頭当たりの家族労働時間
頭	128	73	57	53	43	1000万円の所得を得るために必要な経産牛頭数
頭 (万円)	48 372	40 542	35 621	32 598	28 647	出荷乳量300tとしたときの経産牛必要頭数と所得
円	99.3	83.8	75.9	75.1	68.3	生乳生産1kg当たりの費用合計

第1図　乳用牛の能力差と収益差（2006年，全国）

平均乳量は乳脂率3.5％換算
資料：農林水産省統計部「平成18年牛乳生産費統計」による組替集計結果
1) 自給飼料費，購入飼料費，乳牛償却費以外の物財費と雇用労働費，支払利子・地代

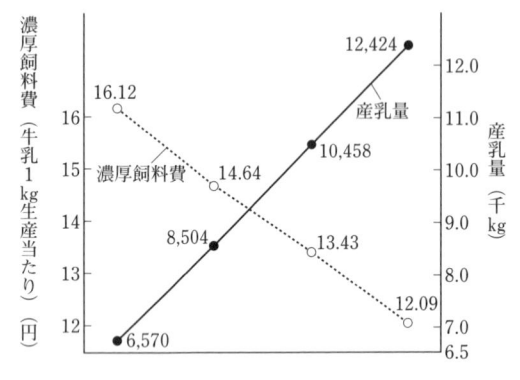

第2図　産乳量と濃厚飼料費（牛乳1kg生産当たり）
牛群検定データから計算，高野信雄

劣性遺伝形質の特徴として，疾患遺伝子をヘテロでもっている個体は，外見上，正常個体（疾患遺伝子をもたないもの）とまったく変わりがない。そして，疾患遺伝子がホモになったときのみに発現する形質（遺伝病）で，その個体は死亡してしまう。

わが国では，BLADについては1992年度から，CVMについては2001年度後半から，後代検定する候補雄牛の検査が義務づけられ，疾患遺伝子ヘテロの雄は後代検定から除かれる処置がとられている。したがって，現在では，検定済種雄牛には両形質ともキャリアの個体はゼロとなっている。

なお，輸入精液にあっては，まれにキャリア個体のものがあるから，使用の際に必ず確認することが必要である。

(2) 乳牛改良の進め方

①乳牛改良の手順

泌乳形質の改良を中心に，具体的な乳牛改良の手順を述べてみる。乳牛の改良は，血統（血縁情報）・能力・体型の記録を指標として，選抜・淘汰と交配・繁殖をくり返すことによって進められる。

酪農家が飼養する乳牛（雌牛）を改良していくための具体的な手法は以下の1)～5)であり，それをくり返し実行することである。

種付け=種雄牛の選定

1) 飼養雌牛全牛について，遺伝的評価を可能な限り正確に行なう（検定・評価）。

2) 検定・評価に基づいて，乳用牛として残すべき牛と淘汰する牛とを選び分ける（選抜・淘汰）。

3) 乳用牛として選抜された雌牛について，1頭ごとに改良しようとする形質とその度合いを，具体的な数字で明確に設定する（目標の設定）。

4) 設定した改良目標の達成が期待できる種雄牛を選定し，交配する（種雄牛の選定・交配）。

5) 生まれた娘牛の血統を正確に記録（登録）し，検定と審査で期待どおりか否かを確かめ，選抜・淘汰する（改良効果の確認）。

したがって，改良が効率よく進むためのキーポイントは，能力の遺伝評価，選抜・淘汰，交配種雄牛の選定である。

②雌牛の能力評価

乳牛の改良でとくに重要な形質は泌乳形質である。泌乳形質のなかの乳量を例にして，改良の出発点となる遺伝的評価の変遷についてふり返ってみる。泌乳形質は，最も代表的な量的形質である。遺伝支配を受けると同時に，乳牛をとり巻く環境からも複雑な影響を受けて，表現型と遺伝子型との間にずれが生じる。

第1表　育種・改良の目的（乳牛）

	内　容	おもな具体的対策
遺伝的改良	乳牛に要求される経済形質の遺伝資質を改善し，その利用価値を積極的に増加させること	検定データと血縁情報から計算された遺伝評価値を用いた的確な選抜・淘汰 後代検定結果を利用した最適種雄牛の選定・交配 NTPを利用した生涯生産性の向上
遺伝的障害の防除	経済形質の発現を妨げる遺伝病を取り除くこと 遺伝的障害が発現しないよう乳牛を守ること	種雄牛を検査し，結果を公表 キャリアの種雄牛は後代検定から除去（経済形質がとくに優れたものは要検討） キャリア同士の交配を避けるように指導。そのためには，雄牛の検査結果を登録証明書の血統欄に記載

注　『Dairy Japan』Vol.48, No.7 から

このような形質では，表現型の記録から遺伝的能力をいかに正確に推定するかが，きわめて重要な問題である。この問題は，近代的（＝科学的）な乳牛改良がスタートしたときからの課題であった。しかし，牛群検定の急速な普及と量的遺伝学の進展により，大きく変貌を遂げた。

雌牛の遺伝的能力を最も正確に評価するには，牛群検定に参加してそこから提供される「牛群改良情報」を利用することである。牛群検定で検定委員が毎月1回不時に立会する「立会検定」を受け，血縁情報（血統登録による）と体型情報（牛群審査による）があれば，現時点で最も高い正確度が期待できる改良情報（第2表）が定期的に提供されるので，それを用いることが最善である。

第2表　牛群改良情報（個体情報の「EBV」「EPA」）

乳量 (kg)	信頼度 (%)	乳脂量 (kg)	乳脂率 (%)	蛋白質量 (kg)	蛋白質率 (%)	無脂固形分量 (kg)	無脂固形分率 (%)	体細胞スコア	泌乳持続性
+1,052 +2,480	37	+26 +87	-0.15 -0.09	+31 +80	-0.03 -0.01	+96 +236	+0.04 +0.16		101
+1,136 +1,358	57	+13 +22	-0.31 -0.30	+33 +41	-0.04 -0.03	+84 +101	-0.15 -0.17	2.69	100
+1,359 +796	43	+11 -19	-0.40 -0.50	+31 +17	-0.13 -0.09	+106 +57	-0.13 -0.13		100
+750 +483	62	+34 +27	+0.04 +0.08	+24 +25	+0.00 +0.10	+65 +55	-0.01 +0.13	2.12	100

注　上段：推定育種価（EBV）
　　下段：推定生産能力（EPA）

搾乳牛

改良情報は，牛群検定農家が飼養する全検定牛について，個畜ごとにEBV（推定育種価），EPA（推定生産能力），NTP（総合指数）などの貴重なデータが満載されており，牛群検定参加農家に提供される。

牛群検定未参加の酪農家は，残念ながらこのような情報が入手できない。早急に牛群検定に参加するか，参加できない場合は自主的な検定を行なって，そのデータを用いて評価する以外に有効な手段がない。後者にあっては，莫大な労力と忍耐を必要とするとともに，得られる評価値の正確度が牛群検定に比較して2分の1にも満たない。さらに自主的検定も実施できない場合は，雌牛の選抜・淘汰による改良はゼロになってしまうことを覚悟せざるを得ない。

③多くの酪農家が参加した乳牛改良

20世紀，とくにその後半における，乳牛改良の特色は，多数の酪農家が牛群検定に参加して，牛群検定を通して改良の枢軸を担ったことであり，量的形質に関する遺伝学が飛躍的に進展したことである。

牛群検定の発端は，デンマークの農業試験場長夫人であったアンナ・ハンセン女史の働きかけによって，1895年1月24日にデンマーク・ヴァエン村の酪農家による世界初の乳牛経済検定組合がつくられたことである。女史は，つねづね酪農家たちに「乳牛から搾る乳を計ってみると1頭ごとに違っており，与えた飼料一定量当たりの産乳量も牛ごとに違う。したがって，飼料給与量を計り，給与飼料1kg当たり産乳量の多い牛を選んで飼わなければ，経営はよくならない」と説いていた。それが村の牛飼いの人たちを動かし，牛群検定がスタートした。

この組織的な牛群検定は，19世紀末から20世紀初頭にかけて，デンマーク周辺の北欧諸国に燎原の火のごとく広がり，1905年には北米（アメリカ・ミシガン州）に広がった。

わが国においても，牛群検定の重要性が早くから認識され，識者によって必要性が熱心に説かれていた。しかし，酪農家の経営規模があまりにも零細なうえに副業的な経営が長く続いたために，酪農家に改良意欲が乏しく，また，検定経費の負担に耐えられない状態が続いていた。以上の理由が重なって牛群検定を開始できなかった。

昭和40年代に入り，いわゆる選択的拡大によって，経営規模拡大が進み，1戸当たり飼養頭数の急速な増加が見られるようになった。一方，1972～1973年の世界的な飼料穀物の需給ひっ迫と第1次石油ショックにより，食料自給政策の根本的な見直しが求められた。酪農にあっても，生産過程全般にわたっての厳しい見直

第3表　牛群検定農家戸数，検定牛頭数の推移

年　度	検定組合数	検定農家戸数(戸)	検定牛頭数(頭)	1戸当たり検定頭数(頭)	検定農家比率(％)	検定牛比率(％)
1975	107	7,631	96,953	12.7	4.8	8.7
1980	205	13,833	293,409	21.2	14.4	22.5
1985	345	17,578	461,224	26.2	24.2	35.1
1990	349	17,287	543,176	31.4	29.2	42.3
1995	346	13,755	528,434	38.4	34.1	43.6
2000	323	11,599	522,947	45.1	37.1	46.5
2004	291	11,059	561,752	50.8	41.1	53.2
2005	282	10,929	570,335	52.2	42.5	54.5
2006	282	10,680	561,892	52.6	43.4	55.6
2007	281	10,381	569,515	54.9	42.2	56.3
2008	276	10,142	569,782	56.2	43.2	57.1
2009	273	9,932	566,472	57.0	44.5	57.5
2009（北海道）	111	5,053	361,587	71.6	67.3	73.7
2009（道府県）	162	4,879	204,885	42.0	33.0	41.4

注　家畜改良事業団『乳用牛群能力検定のまとめ』から

第4表 検定牛比率が50％以上の都府県

順 位	都府県	検定農家戸数 (戸)	検定牛頭数 (頭)	1戸当たり頭数 (頭)	検定農家比率 (%)	検定牛比率 (%)
1	鳥取県	147	6,205	42.2	71.0	85.8
2	鹿児島県	178	8,583	48.2	64.7	73.4
3	福岡県	214	8,810	40.6	67.4	72.8
4	宮崎県	266	9,009	33.9	73.1	72.7
5	愛媛県	85	3,612	42.5	48.9	68.0
6	熊本県	419	20,444	48.8	53.9	67.0
7	岡山県	234	9,291	39.7	54.3	66.8
8	広島県	127	4,695	37.0	58.5	62.8
9	岩手県	493	17,366	35.2	36.8	58.3
10	福井県	19	655	34.5	50.0	57.0
11	大分県	87	6,763	77.7	40.8	56.4
12	秋田県	87	2,539	29.2	53.7	53.8
13	山口県	38	1,513	39.8	42.2	53.5
14	東京都	26	802	30.8	36.6	51.1
15	沖縄県	47	2,044	43.5	49.0	50.3

注 家畜改良事業団『乳用牛群能力検定のまとめ』から

しと資源の有効活用の努力が必要となり，そのために不可欠な手段・手法として牛群検定がスタート（検定開始1975年2月1日）した。

牛群検定は順調に普及・拡大を続け，第3表に示すような推移を示している。ちなみに，2009年度（2010年3月現在）の検定牛比率50％以上の都道府県は16を占め，そのうち，都府県は第4表の15都県であるが，都府県間には大きなバラツキがあり問題点の一つとなっている。20％に満たないところが6県（府）を数え，特段の普及推進が強く望まれている。

牛群検定に多数の酪農家が参加し改良の中枢を担うようになったことにより，従来のブリーダーによる個畜を中心とした乳牛改良が，多数の酪農家が参加する組織化された群としての改良へと転換した。

その大きな要因が，牛群検定の拡大・普及と凍結精液による人工授精である。後者は，交配種雄牛選定の重要性を強調している。

酪農家の牛群検定を中核とした改良システムを示すと第3図のとおりである。"酪農家の，酪農家による，酪農家のため"の改良システムである。

④酪農家自らが実行できること

経営の改善を図り，収益性の高い酪農経営をめざすために，酪農家自らが実行できることは，以下の3点である。

1) 飼育雌牛について的確な選抜・淘汰を実施し，遺伝能力の優れた雌牛を揃える。

2) 雌牛のもっている遺伝的能力を最大限に発揮できる飼養環境を与える。

3) 期待する能力の後継牛を作出できる種雄牛を選定し交配する。

そのうち，遺伝・改良が関与できるのは，1)と3)である。

⑤雌牛の選抜・淘汰

酪農家が自ら行なえる改良手段の一つが，雌牛の選抜・淘汰である。選抜によって得られる世代当たりの遺伝的改良量（$\varDelta G$＝デルタジー）は，1) 選抜の強さ（$\bar{i}$＝アイバー）と2) 選抜の正確度（r_{GX}＝アール・ジーエックス），3) 選抜を受ける集団の遺伝変異の大きさ（σ_G＝シグマー・ジー）によって決定され，数式では$\varDelta G = \bar{i} \times r_{GX} \times \sigma_G$で表わされる。

選抜の強さ　「選抜の強さ」というのは「淘汰の強さ」と言い換えてもよい。何らかの資料で序列づけしそれによって選ぶわけであるが，最下位の一部の個体を淘汰して大部分を残す「弱い選抜」と，逆に最上位の一部だけを残してそれ以外はすべてを淘汰する「強い選抜」と

搾乳牛

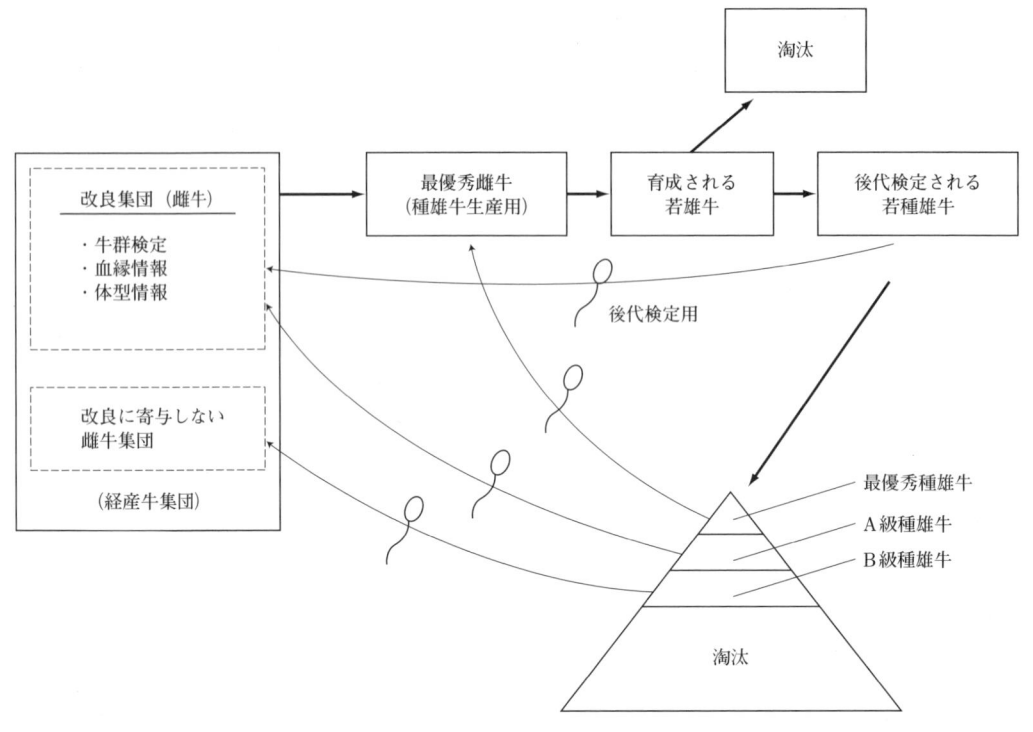

第3図　酪農家の牛群検定を中核とした改良システム
『品種改良の世界史：家畜篇』から

を比較すれば，残された（選抜された）個体群の平均値は，後者の方が優れていることが容易に理解できる。

遺伝変異の大きさ　次の「遺伝変異の大きさ」は，その集団に属する個体間にある遺伝素質のバラツキがどの程度あるかを表わす数値である。この遺伝変異の大きさは，選抜方法や選抜計画などによって左右されるものではなく，選抜対象集団（具体的には，わが国の乳牛集団）がもっている固有の，いわば与えられたものである。

選抜の正確度　最後は「選抜の正確度」である。選抜の正確度というのは，選抜に使う資料（データ）と遺伝素質との関係の親密さの程度を示す数字である。たとえば，正確度が1か1に近い値であれば，データの値が優れているものは遺伝素質も優れ，きわめて正確な選び分けができる。反対に正確度がゼロに近い場合は，データの値の優劣は，その個体が受けた飼養管理や環境のよしあしによるもので，「良い牛だ」と思って選んでも遺伝的に優れた牛を選んだことにならない。

このように「選抜の正確度」は，改良にとって非常に重要である。ことに「選抜の強さ」に大きな制約のある雌牛の場合には，「選抜の正確度」がとくに重要な意味をもってくる。したがって，少しでも正確度の高い資料が求められる。

現在，最も高い正確度が期待できる選抜資料は，アニマルモデルBLUP（個体模型による最良線形不偏予測）法を用いて計算されたEBV（推定育種価）である。初産分娩前で本牛のEBVが計算できない場合は，両親のEBVの平均値（ペアレントアベレージ）を用いる。

これらの資料は，牛群検定に参加し血縁情報が使える雌牛について計算され，酪農家が飼養する雌牛についてその農家に提供される。酪農家が飼っている雌牛を正確かつ効率よく選抜す

るためには，「牛群改良情報」で提供される本牛のEBV値（または両親のEBVの平均値）を用いるのが最も好ましいと結論づけられる。

牛群改良情報を利用できる場合と利用できない場合とで，「選抜の正確度」がどのように違うかを，1) 牛群検定に参加し牛群改良情報が利用できる場合，2) 自主的検定を行ないそのデータを利用する場合，3) 泌乳記録がない，について比較すると第5表のようになる。「牛群検定＋血縁情報（＝血統登録）」が改良を進めるうえで，いかに重要であるかがよく理解されよう。

⑥選抜に用いる資料と改良量への影響

選抜に用いる資料によって選抜の正確度が第5表のように異なれば，選抜で得られる遺伝的改良量，実乳量，乳代も大きく変わってくるはずで検証が必要である。検証は，資料以外の条件を以下，a) ～ g) のようにして行なった。

a) 選抜は3回の逐次選抜とし，1回目を育成段階に，2回目を初産の泌乳成績が判明する2産分娩直後に，3回目を3産直後（2産の泌乳成績が判明した段階）に実施する。3回目の選抜で選ばれた雌牛は，6産以上分娩させて最終乳期が終わった時点で廃用する。これは，近年生涯生産性の向上が強く望まれ改良目標にとり入れられたことから何産分娩が最も好ましいかを，改良速度を計算しその度合によってきめる。

b) 毎年生まれる雌子牛を25頭とする。
c) 生まれる子の性比を50：50とする。
d) 初産分娩月齢を26か月，分娩間隔を12.5月（380日）とする。

第5表　選抜に用いる資料の正確度（rGX）

選抜に用いる資料 \ 選抜時期	自己の記録をもたない若雌牛	初産記録	初産記録＋2産記録
1) 牛群改良情報	0.59以上	0.71以上	0.74
2) 自主検定データ	0.22	0.45	0.52
3) 泌乳記録なし	0	0	0

e) 選抜計画に基づく淘汰以外の理由で廃用されるものをゼロとする。

f) 選抜回次ごとの選抜率は，酪農家の現場で使いやすくて実用性に富む（選抜回次ごとに選ばれる頭数が整数になる）計画案とする。

g) 計画がスタートするときの初産の平均乳量を1) で7,600kg, 2) と3) で5,900kgとする。

以上の条件で比較検討した結果，以下のとおりになる。

```
     初産   2産    3産   4産   7産
  ㉕ ＋ ⑮ → ⑮ ＋ ⑧ ＋ ③ ～ ③ 廃用
       1次       2次    3次
       選抜      選抜   選抜
```

改良速度が高く，酪農家の現場で実行しやすい実用性に富む計画案として浮びあがった。

第6表は，条件a) で述べた最も好ましい生産期間について，牛群改良情報のEBVを用いて検討した結果である。「1～7産」が最も優れていると結論された。

第7表は，選抜資料の違いによる，年間の総実乳量と総乳代，1頭・1乳期当たりの実乳量と乳代を，年間の分娩頭数50頭規模の経営で検討した結果である。

第8表は，第7表の経営規模で牛群改良情報が利用できる場合とそうでない場合の乳代の違

第6表　生産期間の相違による世代当たりの遺伝的改良量，改良速度などの違い

| 生産期間 | 選抜回次ごとの遺伝的改良量（kg） | | | 世代当たりの遺伝的改良量（kg） | 平均世代間隔 | 改良速度 | |
	1次選抜	2次選抜	3次選抜			(kg)	1～6産を100とした指数
1～6産	237.5	307.2	299.6	432.3	3.81	113.5	100
1～7産	237.5	307.2	379.5	451.5	3.94	114.6	101.0
1～8産	237.5	307.2	435.1	464.8	4.06	114.5	100.9
1～9産	237.5	307.2	477.1	474.9	4.19	113.3	99.8

注　『Dairy Japan』Vol.48, No.10から

搾乳牛

第7表 選抜資料の違いによる乳量・乳代の違い

	総実乳量 (kg)	総乳代 (円)	1頭当たり	
			実乳量 (kg)	乳代 (円)
1) 牛群改良情報	470,913	38,393,040	9,418	753,440
2) 自主検定データ	343,242	27,459,360	6,865	549,200
3) 泌乳記録なし	330,882	26,470,560	6,618	529,440

注 1) のスタート時点の乳量(2年型)を7,600kg, 2) と3) のそれを5,900kgとする
乳価を80円/kgと想定する

第8表 「牛群検定に参加する」ことのメリット(試算)

	1) との収益の差	期待できる乳代の増	対応策	対応策の実施に要する経費	差引増減額
2) 自主検定データ	1090万円	1090万円	牛群検定 血統登録 牛群審査	牛群検定負担金15万円 登録・審査10万円	1065万円の増
3) 泌乳記録なし	1190万円	1190万円	牛群検定 血統登録 牛群審査	牛群検定負担金15万円 登録・審査10万円	1165万円の増

い,牛群改良情報の利用ができるようにするための出費(支出)を整理したものである。牛群改良情報を利用するための必要経費(検定経費,血統登録費および,牛群審査費)は収入増に比べて微々たるものといえよう。牛群検定プラス血縁登録プラス牛群審査こそ,「酪農家の,酪農家による,酪農家のため」の改良システムである。

⑦生涯生産性の向上

生涯生産性の向上が改良で重要視されている。その実現にはいくつかの課題があるが,改良の面からは,1) 泌乳持続性の高い泌乳曲線への改良,2) NTPを構成している耐久性成分の改良,とがある。

泌乳持続性の改良 わが国乳牛の1頭当たりの産乳量は,遺伝的改良に成功して,年当たり100〜120kgの増加が続いている。その中軸となった高泌乳牛の特性は,分娩直後から泌乳ピーク時まで急激に乳生産を増加させ,ピーク到達後急速な減少に転じることである。

分娩後から泌乳ピークに達するまでの約2か月間は,乳生産が採食量を大きく上まわり,負のエネルギーバランスとなる。そのため,その間牛は自らの体組織を削ることで乳生産を乗り切っている。過度な負のエネルギーバランスになると,子宮や卵巣機能の回復遅延,免疫機能低下などの周産期障害に直面し,多大の負担が生じる。

泌乳持続性の高い泌乳曲線への改良は,分娩後の乳量増加が穏やかになり,ピーク乳量が相対的に下がる。しかし,ピーク以後における乳量の減少傾向が緩やかとなり,泌乳中・後期の産乳量が増加する。これらによって,1) ピーク時に必要な高い栄養濃度の飼料の量が下がる,2) 泌乳の中・後期の生産乳量が上がり粗飼料による乳生産の可能性が大きくなる,3) 高泌乳牛の分娩後の負のエネルギーバランスを低減させること,とくに免疫機能や繁殖機能を向上させ,最適分娩間隔に近づけられる,など生涯生産性の向上に大きな効果を与えることができる。

乳量水準の高い酪農家(1万〜1万1,000kg)について,持続性の良い牛と悪い牛の収益性について調査し,持続性の良い牛は収益が乳牛1頭当たり約4万円ほど高かったという結果(第9表)が報告(富樫)されている。

泌乳持続性の高い泌乳曲線への改良は,泌乳改良量の内容を泌乳前期から泌乳中・後期に移す牛づくりを行なうことによって,1乳期の泌乳量の改良量100〜120kgを確保することを意

図しているものである。

そして，穀物飼料が安価で安定的に継続して入手できない状況，短くなってきた牛の供用年数，周産期疾病や繁殖障害の増加，多頭化などによる労働力不足など酪農をとり巻く障害を軽減する。酪農家自らが飼いやすい牛を作出し，誰もが容易に高い能力を発揮できるようにするためには，泌乳持続性の高い泌乳曲線の改良は，欠かすことのできないものである。

「泌乳持続性」の育種価は，種雄牛で2008年11月，雌牛で2010年8月から公表され，さらに2010年4月からは種雄牛の遺伝的な泌乳曲線が公表されている。

耐久性の改良　酪農経営にとって，乳牛は直接の担い手である。酪農経営に最も貢献する乳牛の条件を整理すると，連産性に富み毎年分娩し，生涯にわたって故障せず健康に活躍し，良質の牛乳を大量に毎産次安定して生産する乳牛，すなわち酪農家に長くとどまって活躍する乳牛となる。そのためには以下の3点が必要である。

1) 形状と付着がよく，長期間・毎産次の高乳量にも崩れない乳房。

2) 与えられた飼料を効率よく消化吸収し乳に変える素材を提供する消化器，長期間・生涯にわたって高い生産力を維持し，発揮できる呼吸器や循環器などの内臓。

3) これらの内臓を収納できる十分な体躯とそれを支える丈夫な肢蹄。

すなわち，酪農家に長くとどまって活躍する乳牛の要件は，耐久性（乳器，肢蹄および内臓が優れて，持久性に優れていること）に富む体型をそなえていることである。

体型審査で得られる乳器，肢蹄，決定得点と生産期間や生涯乳量との間では，表型相関および遺伝相関とも好ましい関係にあるとの研究結果（乳用牛生涯生産向上技術研究開発事業）が報告されている。

第9表　持続性が高い乳牛の経営的特徴（単位：円）

	高持続型	低持続型	差（高－低）
全治療費	8,860	17,781	－8,921
授精費	11,355	12,018	－663
配合飼料費	298,190	303,609	－5,419
廃乳損失（乳房炎）	0	31,227	－31,227
収入計－経費計	332,047	292,478	39,569

注　『畜産大賞　受賞事例の概要』（富樫研治）より

(3) 交配種雄牛の選定

①生まれてくる子牛の期待能力

生まれてくる子牛に期待される遺伝的能力は，父牛からその牛の育種価（EBV）の2分の1が伝えられ，同様に母牛からもその牛のEBVの2分の1が伝えられる。すなわち，子に期待される遺伝的能力は，両親のEBVの平均値（ペアレント・アベレージ＝PA）となり，両親のEBV値がわかっていれば容易に計算できる。

なお，父または母もしくは両者ともEBV値が計算されていない（父が後代検定中の若雄牛である場合，母が泌乳能力検定中などのためEBV値が計算されていない）場合には，該当する牛のPA値を用いて計算する。

これらの交配種雄牛を的確に選定するための資料としては，雄・雌両者のEBV値（またはPA値）が必要である。これらは，後代検定と牛群検定（プラス血縁情報＝血縁登録および牛群審査）から得られる。

②酪農家がなすべきこと

交配種雄牛を選ぶために，酪農家自身が検討し決めなければならないことがいくつかある。それは，1) 後継牛を産ませようとする雌牛の長所と短所を把握し整理することであり，2) 経営改善の目標と後継雌牛に対する改良の目標を設定することであり，3) 繁殖管理の徹底，である。

雌牛の長所・短所を把握・整理　酪農家が飼っている雌牛には，それぞれに特徴があり，各形質の遺伝的評価も同じではない。したがって，それぞれの特徴を牛群検定データや体型審査データなどから計算される遺伝評価値やNTPの価などを基にして，把握し整理する。

搾乳牛

経営改善目標と後継雌牛の改良目標 経営改善の目標設定であるが、その第一歩は経営の現状をきちんと把握することである。把握する項目としては、年間の出荷乳量と乳代、搾乳牛1頭当たりの平均乳量、平均飼養頭数（平均搾乳牛頭数＋平均乾乳牛頭数＋平均育成牛頭数）、年間の労働時間、1人1日当たりの労働時間、年間の所得（乳量）などがある。

経営の現状を把握したら、続いては今後1年間にぜひとも実現させたい改善項目をピックアップし、改善目標の設定とそれを実現させ得る具体的方策を検討し計画を樹立する。

経営者としての立場で考える場合、最も多い目標は収益増であると想像されるから、そこに焦点を合わせた例を検討してみよう。

収益増に直接影響を与える要因は、遺伝的改良によるものと飼養管理の改善によるものとに大別される。

最初に飼養管理の改善について述べる。これには、1）給与資料の診断と的確な飼料の設計と給与を行なうことによる生産乳量の増、2）分娩間隔の短縮による生産乳量の増（牛群検定参加で提供されるアクション・シートの利用により容易に実現可能。1日短縮で10kgの増が可能）、3）乳房炎防除を徹底し安全・安心できる牛乳の提供による生産乳量の増（牛群検定参加で月1回の体細胞数の測定で防除が徹底できる）、などが期待できる。

続いては、遺伝的改良に基づく生産乳量の増である。牛群検定の普及と遺伝評価法の進展（BLUPアニマルモデルによる評価）およびスーパーコンピューターの実現により、雄牛のみならず雌牛の泌乳形質や体型形質などのEBVが雄・雌同一基準値で同時に正確に推定されるようになった。また後述するように、国内種雄牛が世界のトップに踊り出るとともに世界のベスト10くらいまでのなかに国内種雄牛が5頭ランクされるなど、国内種雄牛は海外種雄牛トップ集団と比較してもまさるとも劣らない種雄牛が多数作出されている。したがって、次の世代に付与すべき改良量の実現を国内種雄牛の交配で可能となった。

さらに、富樫博士らが開発した高い泌乳持続性への泌乳曲線の改良により、泌乳持続性の良い牛は、1）治療費が低い、2）配合飼料費が低い、3）廃乳損失がないなどの支出減により、高い乳量水準（1万～1万1,000kg）の酪農家で1頭当たりの収益を4万円程度高めるという成果（前掲の第9表参照）を挙げている。

以上述べたように、経営改善目標と後継雌牛に対する改良目標の設定と実現への努力が大切である。

改良の目標を設定するときに、注意しなければならないポイントがもう一つある。それは、次の世代でぜひとも改良したいという形質をできるだけ数少なく絞り込むことである。1頭の種雄牛ですべてを改良できるようなスーパーサイアはめったにいるものではない。加えて、改良しようとする形質を多くすると、その数が増加するにつれて改良しようとする形質の改良効果は第10表のように低下する。したがって、世代を重ねて改良することが必要である。あれもこれもと欲張ると、結局「あぶ蜂とらず」になってしまう。「次の世代でぜひこれだけは改良したい」という形質に絞り込み、目標に焦点を合わせることが必要である。

繁殖管理の徹底 酪農経営での収入増の決め手は、経産牛1日1頭当たりの生産乳量を高めることである。アメリカのDHI記録を用いた研究結果では、分娩間隔が380～385日のとき最大の生産量をもたらし、360日より短くなるか405日より長引くと生産乳量が著しく減少することが明らかにされた。

第10表　改良目標の数と改良効果
（形質間の遺伝相関はゼロ）

	求める形質の数	結果
・求める形質の数が多いと、一つの形質に対する改良度合いが落ちる	1	100
・N個に着目して選抜するとそれぞれの値は $\frac{1}{\sqrt{N}}$ に落ちる	2	71
	3	58
	4	50
	5	45

注　『Dairy Japan』Vol.48, No.11から（THE GENETICS OF POPULATIONSおよびその他の資料を参考にして筆者が整理した）

したがって，最も好ましい分娩間隔に近づけることが必要である。そのためには，発情の兆候を確認し，発情開始時期と授精適期を的確に推定することが最も大切である。これには最低でも朝夕2回の発情兆候の観察が欠かせない。

③交配種雄牛の具体的選定

生まれてくる後継雌牛に期待する改良目標を設定したら，その目標が達成できると思われる種雄牛を選び出して交配する。

交配種雄牛を選ぶ資料としては，家畜改良事業団の「乳用種雄牛評価成績」（通称「赤本」と呼ばれている）の最新版を用いるのが最も好ましい。2010年末現在では「2010-8版」である。この赤本は，牛群検定に参加している全酪農家には配布されるように計画されている。牛群検定未参加の場合は，各県（都道府）の家畜改良事業団精液取扱窓口団体に連絡すればよい。

赤本は毎年2月と8月に印刷配布される。赤本のおもな内容は，評価時点での，1) 総合指数（NTP）トップ40，2) 総合指数トップ40-形質別トップ10，3)「国内種雄牛：その1」（供用中または供用停止後1年以内のものなど），4) 参考情報（10歳未満の海外種雄牛と15歳未満で直近まで輸入実績のある海外種雄牛）である。なお，海外種雄牛については，評価時点でわが国の公表基準を満たし，かつ，わが国で供用する場合を考慮したうえでのトップ40頭が参考情報として，家畜改良センターから公表されている。

赤本の「国内種雄牛：その1」に掲載されている乳用種雄牛評価成績の例として，2010-IIで1位と2位にランクされた種雄牛のデータを第4，5図に掲げておく。

次に，交配種雄牛選定の具体例について述べてみる。乳量のEBVが＋800kgで乳脂率のEBVが－0.10％の雌牛を想定する。この雌牛に交配して生まれる後継娘牛に対して異なった次の二通りの目標があるとし，それぞれの目標を満足させる種雄牛を選んでみる。二つの異なった目標は，以下のとおりとする。

1) 乳量は現状維持でよいが，乳脂率は－0.01％を＋0.10％に改良したい。

2) 乳量は200kg以上向上させてEBV＋1,000kgにし，乳脂率は現状維持または±0％にしたい。

1) の目標達成が期待できる種雄牛を「2010-II」のトップ40から選ぶと，順位30位のスプリングヒルオー ティー ラウンドアップ

エンドレス ジアンビ

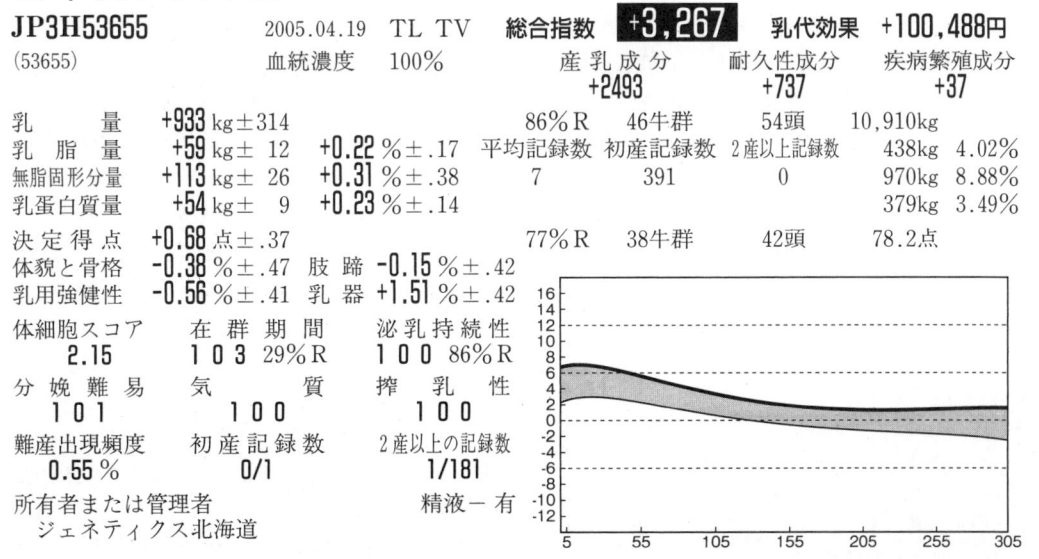

JP3H53655　　2005.04.19　TL TV　　総合指数 **+3,267**　　乳代効果 +100,488円
(53655)　　　　血統濃度　100%　　産乳成分 +2493　耐久性成分 +737　疾病繁殖成分 +37

乳　　量	+933 kg±314		86%R　46牛群　54頭　10,910kg
乳 脂 量	+59 kg± 12	+0.22%±.17	平均記録数　初産記録数　2産以上記録数　438kg 4.02%
無脂固形分量	+113 kg± 26	+0.31%±.38	7　391　0　970kg 8.88%
乳蛋白質量	+54 kg± 9	+0.23%±.14	379kg 3.49%
決定得点	+0.68 点±.37		77%R　38牛群　42頭　78.2点
体貌と骨格	-0.38%±.47	肢 蹄 -0.15%±.42	
乳用強健性	-0.56%±.41	乳 器 +1.51%±.42	

体細胞スコア　　在群期間　　泌乳持続性
2.15　　　　103 29%R　　100 86%R
分娩難易　　気　質　　搾乳性
101　　　　100　　　　100
難産出現頻度　初産記録数　2産以上の記録数
0.55%　　　0/1　　　　1/181
所有者または管理者　　　　精液－有
　ジェネティクス北海道

第4図 「2010-II」で第1位にランクされた種雄牛

搾乳牛

オーケーフアーム　ハート　ランカスター　ET

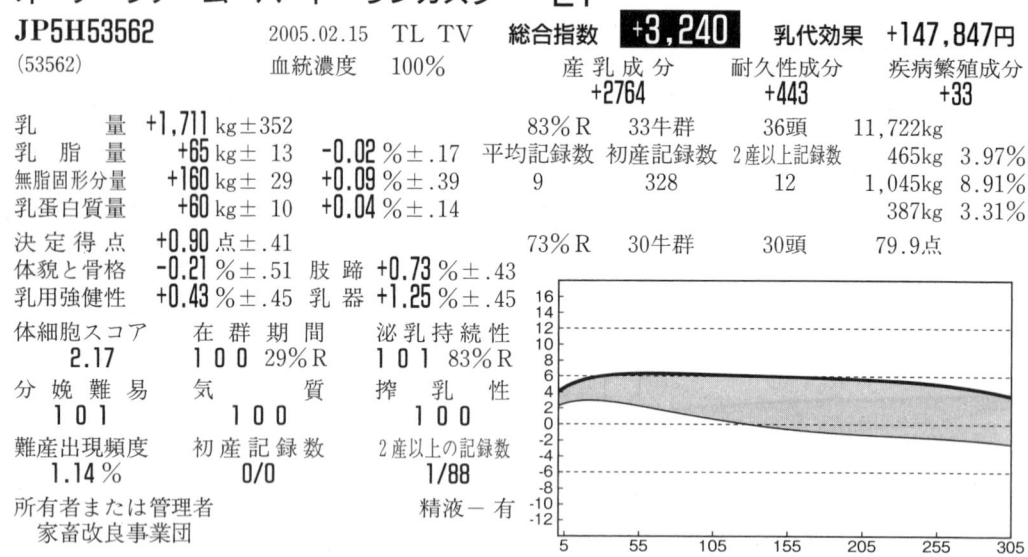

JP5H53562　　2005.02.15　TL TV　　総合指数 **+3,240**　　乳代効果　+147,847円
(53562)　　　　　血統濃度　100%　　産乳成分　耐久性成分　疾病繁殖成分
　　　　　　　　　　　　　　　　　　　+2764　　　+443　　　　+33

乳　　量	+1,711 kg±352		83%R　33牛群　36頭	11,722kg
乳脂量	+65 kg±13　−0.02%±.17	平均記録数　初産記録数　2産以上記録数		465kg 3.97%
無脂固形分量	+160 kg±29　+0.09%±.39	9　　　　328　　　　12		1,045kg 8.91%
乳蛋白質量	+60 kg±10　+0.04%±.14			387kg 3.31%

決定得点　+0.90 点±.41　　　　　　　73%R　30牛群　30頭　79.9点
体貌と骨格　−0.21%±.51　肢蹄　+0.73%±.43
乳用強健性　+0.43%±.45　乳器　+1.25%±.45

体細胞スコア　　在群期間　　　泌乳持続性
　2.17　　　　100 29%R　　101 83%R
分娩難易　　気　質　　　搾乳性
　101　　　100　　　　　100
難産出現頻度　初産記録数　2産以上の記録数
　1.14%　　　　0/0　　　　1/88

所有者または管理者　　　　　精液−有
家畜改良事業団

第5図　「2010-II」で第2位にランクされた種雄牛

(乳量のEBV＋982kg，乳脂率のEBV＋0.29%)，順位1位のエンドレス ジアンビ（乳量のEBV＋933kg，乳脂率のEBV＋0.22%）などが挙げられる。

次に2)の目標達成が期待できる種雄牛としては，順位4位のWHGオーシャニック ショビアン（乳量のEBV＋1,467kg，乳脂率のEBV＋0.09%），順位2位のオーケーファーム ハート ランカスター（乳量のEBV＋1,711kg，乳脂率のEBV−0.02%），順位3位のスミックランド フリー トレジャー（乳量のEBV＋1,645kg，乳脂率のEBV−0.01%），順位16位のミッドフィールドCCMアイオーン（乳量のEBV＋1,318kg，乳脂率のEBV−0.01%）などが挙げられる。

④性選別精液の利用

「男女（雌雄）の産み分けを人為的に行なう」ことは，人類の長い間の夢の技術であった。その土台となる精子選別技術が，1980年代にアメリカ農務省のジョンソン博士によって開発された。

この問題にわが国で初めて取り組んだのは，(社)家畜改良事業団であった。同事業団は，1988年にジョンソン博士の下に職員を派遣して技術移転を図り，翌1989年最初の機器（FCM＝フローサイトメーター）を導入した。その後同事業団は，野外試験を重ねるとともに，FCMの相次ぐ性能向上に対応した技術習得に努め，2007年に性選別した人工授精用凍結精液の供給を開始した。同事業団がまとめた「選別精液の受胎成績」「生産子牛の性の適中率」を第11，12表に示した。

一方，北海道でも，「(社)ジェネティックス北海道」が2000年にFCMを導入して実用化試験に取り組み，2007年からホルスタイン種の雌雄選別精液「GH-X」の供給を始めた。

性選別精液利用にあたって留意することをま

第11表　選別精液の受胎成績（ホルスタイン種）

区　分	産　歴	授精頭数	妊否不明頭数	受胎頭数（%）
野外試験	未経産	1,939	0	929 (47.9)
	経産	307	0	98 (31.9)
供給後[1]	未経産	834	45	395 (50.1)
	経産	631	17	189 (30.8)

注　1) 2009年7月7日現在
　　戸田昌平『Dairy news』から

種付け＝種雄牛の選定

とめると次のとおりである。

1) 生産子牛の性の適中率は90％以上を示しているが，100％保証するものではない。

2) 未経産牛と経産牛との間の受胎率に10％以上の差があり，未経産牛への授精が奨められている。

3) 初回または2回までの人工授精に利用する。

4) 良好に飼養されている牛（牛群）に授精する。

5) 発情の兆候を確認し，発情開始時期と授精適期を的確に推定できること。そのためには，最低でも朝夕2回，発情兆候を観察することを心がける。

6) 優れた人工授精師に依頼する。

7) 性選別精液は，NTPがトップクラスであること。輸入の性選別精液を利用しようとするとき，輸出国の評価でなく，NTPで確認してトップクラスの種雄牛の精液であることを必ず確認する。

なお，性選別精液の利用を希望するときは，都道府県にある精液取扱窓口団体に問い合わせるとよい。

⑤ NTP（総合指数）

乳牛に要求される経済形質は数多くある。その多数の経済形質を，同時に効率よく，かつ，バランスよく改良する手法に，選抜指数（総合指数）法があり，世界各国で広く使われている。選抜指数（総合指数）は，それぞれの国の酪農状況や消費動向および改良目標などによって決められるものである。したがって，各国によって微妙に違うものとなる。

わが国の改良目標は，10年後（2020年）の達成を目指して2010年に公表されている。その概要は，「1頭当たり乳量の増加に加え乳脂率を下げずに，乳蛋白質率の遺伝的改良量がマイナスにならないようにするとともに，泌乳持続性を高めることにより，乳量・乳成分量と生産寿命の改良量が最大となる」と定められている。わが国の総合指数NTPは，改良を効率的に進め，2010年に定められた改良目標が達成されるように見直された。新しいNTPは，以下のとおりである。

NTP ＝ 7.2 × 産乳成分 ＋ 2.4 × 耐久性成分
　　　＋ 0.4 × 疾病繁殖成分

NTPを用いて種雄牛と雌牛の選抜を進めることにより，年当たりの期待改良量は，第13表のとおりである。

第12表　生産子牛の性の的中率（X精子）

区　分	選別精液の正確度	子牛頭数	性の的中頭数（％）
野外試験	92.6	608	507（93.8）
供給後[1]	93.5	162	148（91.4）

注　1) 2009年7月7日現在
戸田昌平『Dairy news』から

(4) 種雄牛の能力評価

① 後代検定と雄牛評価の変遷

母娘比較　乳牛の改良上に占める種雄牛の役割はきわめて大きいが，雄牛自身は泌乳現象がないために雄牛の泌乳能力を直接知ることができない。雄牛の泌乳能力を推定するためには，雄牛の娘牛を生産させて，娘牛のデータから推定するよりほかに有効な方法が見あたらない。言い替えれば雄牛の泌乳能力を知るためには，後代検定が必要不可欠となる。そして，このことは早くから知られていた。

デンマークでは，1895年に開始された牛群検定の記録を用いた雄牛評価が1902年から始められた。1913年には，スウェーデンのハンソン博士が母娘比較の種雄牛指数を提案した。

第13表　年当たり改良量の期待値

乳　量	乳脂量	乳蛋白質	SNF	決定得点	乳用強健性	乳　器	肢　蹄	生産寿命
＋139kg	＋6kg（0.00％）	＋5kg（0.00％）	＋13kg（0.00％）	＋0.11	＋0.12	＋0.18	＋0.04	＋11.4日

注　家畜改良事業団『乳用種雄牛評価成績2010-8月』から

さらに、1925年にアメリカのヤップ博士が同様の指数を提案した。この指数は、ハンソン・ヤップの指数と呼ばれ、アメリカでは1960年ころまで、わが国でも1970年ころまで使われていた。

この母娘比較法は、母と娘の記録で年次・産次で異なることが普通なこと、多くの対の記録を有する種雄牛が限られるなどの難点から、新しい評価法が強く求められた。

同期比較 同期比較法は、ロバートソンおよびレンデルによって1950年に提案された。この方法は、同一農家で飼われ同じ時期に分娩した初産娘牛の泌乳記録を、父牛（種雄牛）ごとに比較し評価するものである。それとともに、いろいろな条件に合わせて適応できる柔軟性をもった方法でもある。

たとえば、1) 小規模経営の酪農家が同一地域に多数集っている場合には、生産水準の類似した農家をまとめて牛群のグループをつくり、牛群グループごとに父を同じくする雌牛群を同期牛と比較する、2) 娘牛を、年齢補正した牛群仲間の平均記録と比較する、などが用いられたりした。

その後の理論的研究で、遺伝的あるいは環境的にトレンドがある場合には、推定値に偏りがあることが明らかとなり、改良同期比較法や修正同期比較法などが考えられたが、それでもなお限界があり、さらなる検討が進められた。

ブラップ法への進展 遺伝的あるいは環境的にトレンドがある場合にあっても、偏りのない推定値を得るために、種雄牛効果（および雌牛効果）を母数効果としてではなく変量効果として取り扱うブラップ（最良線型不偏予測）法へと発展していった。

種雄牛評価にブラップ法が用いられるようになった背景の一つは、コンピューターの性能向上である。そして、どの範囲の血縁まで評価の対象とし得るかもコンピューターの能力に依存する。評価の対象とする血縁の範囲によって、用いられる数学模型は、サイアモデル、母方祖父（MGS）モデル、アニマルモデルと呼ばれる。

わが国では、1989年5月にMGSモデルによる乳用種雄牛評価成績が公表され、全国規模でのブラップ法による種雄牛評価がスタートした。さらに、家畜改良センターにスーパーコンピューターが設置されたことによって、1992年からアニマルモデルによる雄雌同時評価が実施され、今日に至っている。

種雄牛評価の手法とその機能（偏りの防止と血縁関係の利用範囲）を第14表に示すとともに、イギリス、アメリカ、日本における乳用種雄牛評価法の変遷を第6図に掲げておく。

②**国際種雄牛評価**

国際比較への参加 1970年代初期に始まった牛凍結精液の国際商品化は急速に進展し、他国の雄牛の自国で期待される改良効果の正しい予測が強く要請された。これを受けて、国際酪農連盟（IDF）、欧州畜産学会（EAAP）、家畜の能力検定に関する国際委員会（ICAR）による共同活動体として、1983年に設立された組

第14表 雄牛評価法と機能（偏りの防止と血縁関係の利用範囲）

評価法		偏りの原因になりうる要因				血縁関係利用範囲
		牛群間の環境差	牛群間の遺伝水準の差[1]	牛群内の選択的交配	牛群内の不平等管理	
同期比較法、牛群仲間比較法		○[2]				
改良同期比較法、修正同期比較法		○	○			
ブラップ法	父牛模型	○	○			雄牛相互間
	母方祖父模型	○	○	△		雄牛相互間
	母体模型	○	○	○		雌雄全個体間

注 1) 年代によって生じる差も含む
2) ○：偏りのほとんどを防止、△：偏りの一部を防止
『Dairy Japan』Vol.48, No.8から

織がインタ−ブルである。

インタ−ブルでは，参加各国から提出される国内種雄牛の評価結果から，MACE法（BLUP多形質サイアモデル）で解析する。そして，いずれかの国で一定の基準を満たした全種雄牛について，参加国ごとのものさしでそれぞれの国の環境に応じた評価値を計算し，参加各国に提供する。

すなわち，インタ−ブルに参加することで，客観的分析結果に基づき，世界のすべての種雄牛の能力を直接比較することが可能となる。インタ−ブルの国際比較に参加するには，公式AI計画（後代検定）が確立し，検定娘牛の配置から国内評価値算出に至るまでの仕組みが整備されていることが必要である。

わが国も，検定娘牛の無作為配置による牛群検定データを用いた全国統一の後代検定，アニマルモデルBLUP法による雌雄同時評価の実施など着々と準備を進めてきた。そして，2003年8月にインタ−ブルの国際評価に参加した。

基本は国内評価　わが国の飼養環境下で再現される遺伝効果には，わが国で検定された検定娘牛の成績から算出される雄牛の遺伝評価値が一番よく反映される。国内に検定娘牛がいない場合は，海外での成績を基にして，国ごとの相関関係と種雄牛の血縁情報から計算されたのが，MACE法による評価値である。

インタ−ブルは，国際評価値を計算するための条件として，公式AI計画（後代検定事業）で無作為に検定娘牛が配置されていることを定めてはいる。しかし，公式AI計画の内容は国ごとの判断によることにしているため，わが国のような厳しい規制を課していない例がかなりある。

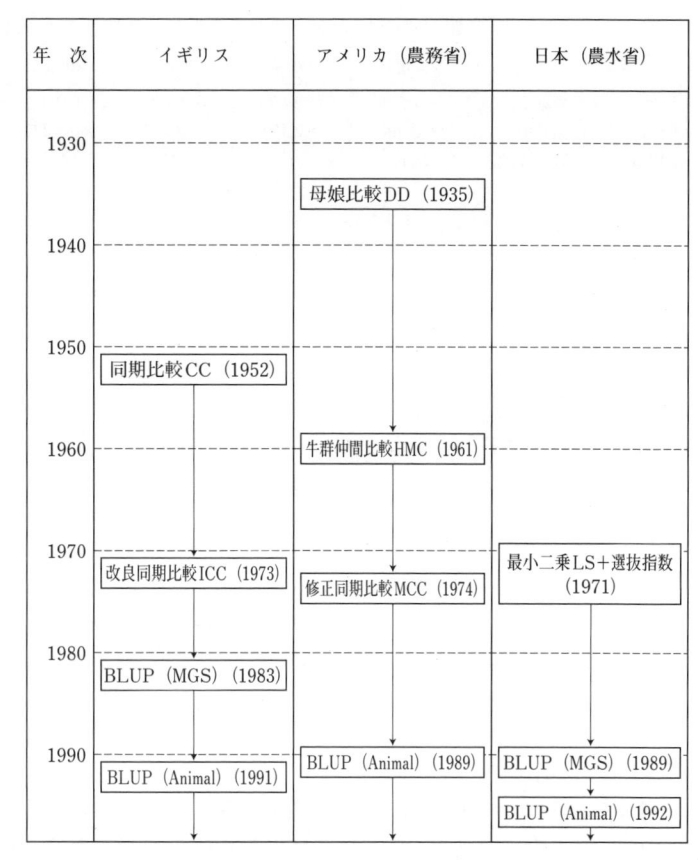

年　次	イギリス	アメリカ（農務省）	日本（農水省）
1930			
1940		母娘比較DD（1935）	
1950	同期比較CC（1952）		
1960		牛群仲間比較HMC（1961）	
1970	改良同期比較ICC（1973）	修正同期比較MCC（1974）	最小二乗LS＋選抜指数（1971）
1980	BLUP（MGS）（1983）		
1990	BLUP（Animal）（1991）	BLUP（Animal）（1989）	BLUP（MGS）（1989）
			BLUP（Animal）（1992）

第6図　イギリス，アメリカ，日本での乳用雄牛評価法の変遷
注　『Dairy Japan』Vol.48, No.8から

したがって，種雄牛の遺伝評価は国内評価を基本とし，海外種雄牛を利用する場合は十分考慮して高能力のものを厳選して利用することが重要である。

国内種雄牛の評価値　わが国が国際評価に初めて参加した2003年8月の結果では，国内種雄牛トップの種雄牛は参考資料（海外種雄牛トップ40）の18位にランクされる評価値であった。その後，毎年徐々に上昇を続けていたが，2009年ころから顕著な上昇を示すようになった。

第15表は，2006年から2009年までの8月とそれに続く直近3回の国内種雄牛トップと海外種雄牛トップ同士の評価値を比較したものである。

「2009-Ⅱ」では国内種雄牛トップが海外トッ

搾乳牛

第15表 国内トップの種雄牛と参考情報トップ牛の比較（NTP）

	2006-II	2007-II	2008-II	2009-II	2009-III	2010-I	2010-II
海外トップの種雄牛	＋2,599	＋2,495	＋2,631	＋2,881	＋2,955	＋2,562	＋2,650
国内トップの種雄牛	＋2,000	＋2,171	＋2,291	＋2,345	＋2,579	＋3,083	＋3,267
国内トップ牛の世界順位	10位	8位	8位	4位	3位	1位	1位
その差	－599	－324	－340	－536	－376	＋521	＋617

注　家畜改良センター『乳用牛評価報告』から

第16表 国内種雄牛トップ40頭と海外種雄牛トップ40頭との比較

	2006-II	2007-II	2008-II	2009-II	2009-III	2010-I	2010-II
1～10位の国内牛	1	1	1	1	1	5	5
11～20位の国内牛	1	2	2	2	1	4	5
海外種雄牛40位の評価値以上の国内牛	9	6	11	11	10	32	36

注　家畜改良センター『乳用牛評価報告』から

プを含めて4位，「2009-III」で3位とトップに迫っていた。そして2010年2月には，国内種雄牛トップと2位のオーケーファーム ハート ランカスターとスミックランド フリー トレンジャーが海外種雄牛を抜いてトップと2位に躍り出た。

続いて「2010-II」（8月）の評価では，新たに選抜されたエンドレス ジアンビが国内種雄牛のトップとなり，前出の2頭と合わせて世界の1位から3位をしめることになった。

第16表は，国内種雄牛トップ40頭と海外種雄牛トップ40頭の計80頭を並べ替え，1）1～10位の10頭のなかにランクされる国内種雄牛の頭数，2）11～20位の10頭のなかにランクされる国内種雄牛頭数を，3）海外種雄牛40位のNTP値以上のNTPを示す国内種雄牛の頭数を示したものである。

「2010-I」と「2010-II」でトップ40位までにランクされた国内種雄牛の集団は，能力および頭数ともに海外トップ40の集団と比較して優るとも劣らないといえる。そのうえ，わが国の後代検定システムは非常に厳しい規制を課した優れた制度で，高い推定精度をもっている。

これらの現実を直視して，海外の輸入精液崇拝から脱却する必要がある。雌牛の改良が期待できる種雄牛を評価値と評価精度に基づいて，最適の種雄牛を科学的に選定すべきである。

2011年記

分娩後の種付け時期

菅　徹行（山口大学）

（1）卵巣と子宮機能の回復

妊娠中は発情しないが，分娩するとやがて発情し，再び妊娠できるように回復する。しかし，回復時期は泌乳量，搾乳回数，分娩前後の栄養状況，全身病，生殖器病などによって影響を受けるために一定していない。

分娩後，泌乳させなかった牛では，分娩後7～14日，平均11日目に発情するのが正常である。一般に1日に2回搾乳している牛では14～30日，平均23日で初回排卵する。4回搾乳をつづける牛かあるいは2頭の子牛に哺乳させている母牛は，分娩後50日以上排卵しないことが多い。

分娩時の子宮は約9kg（ホルスタイン種）あるが，妊娠するためには20分の1の450gまで小さくなる必要がある。子宮が，妊娠できるまで縮むのに要する期間は20～60日，平均45日であるが，さらに卵巣ホルモンの作用を受けて受精卵が着床し，発育するための準備調整が行なわれる。したがって，卵巣と子宮の機能は，分娩後60日で60％，80～120日目に約80％妊娠できるまでに回復する。

（2）早すぎる種付け

分娩後の牛の初回排卵は発情しないで起こり，2回目から発情を現わしてから排卵することが多い。ふつう，初回発情は分娩後40～60日目に起こるが，まれには30日以前に発情して，種付けをすれば妊娠することがある。

早く発情する牛は概して乳量が少ない牛に多く，低泌乳の理由で廃用になる割合が高い。牛の乳量は妊娠6か月目から大きく減少するため，総乳量が少なくなる。一方，泌乳能力が高い牛が早く妊娠すれば，乾乳に入るときの乳量が多すぎて困る。

早すぎる妊娠は，牛に過労や無理が起こって難産が増加する。かりに安産したとしても，次の分娩後に休息して妊娠が遅れ乳量も減るため，1産おきに低泌乳と休息とを繰り返すことになり，生涯の生産効率からみて得にならない。

早く種付けをしないと，分娩後40～60日には発情しなくなると心配する向きがある。事実，最高泌乳量に達した前後，特に最高泌乳の直後に受胎率が低下し，あるいは発情がこなくなることがある。けれども栄養と飼養環境とが良好な牛群では，年間の生産乳量7,000kgまで発情や受胎に影響しない。

（3）遅すぎる種付け

妊娠しなかった牛の乳量は，分娩後3か月以内に妊娠した牛より約30％多くなる。しかし，遅れて受胎した牛では，遅れた期間の80％だけ泌乳期間が長くなる。すなわち分娩後60日目に受胎した牛と，100日遅れて160日目に受胎した牛とでは，後者は前者より80日間多く搾乳できるが，残る20日間は乾乳期間が長くなる計算になる。さらに泌乳量が少ない期間を長く搾乳することになるので，1日当たりの平均乳量は減少し，生産効率が低下する。

乾乳期間が長くなるとしばしば太りすぎによる障害が起こる。特に妊娠8～9か月目の高栄養は胎子を過熟にして，胎子過大による難産がある。

母体に脂肪がつきすぎているものは，産道が狭いため難産し，安産してものちに子宮脱の危険性が高い。分娩後には牛乳を生産するために熱が出るが，皮下脂肪に妨げられてこの熱の放出が困難になるため，体内に残ってうっ積熱が起こる。脂肪が落ちるまでは分娩時に減退した食欲の回復は望めない。乳房は過度に腫脹し，卵巣や子宮機能の回復は遅れる。特に妊娠8～9か月目の牛は，隣の牛の飼料を盗食しないよう栄養管理に注意を払いたい。とはいえ最高泌乳時の栄養は食べた量だけでは不足するから，必要な栄養は，妊娠6～7か月目に肉付きの調節を行なって万全を期したい。

（4）種付け開始の適期

分娩後の種付け開始期は，早すぎても遅すぎ

搾乳牛

ても危険性が高まることは，すでに述べた。

第1図に示すとおり，分娩後40日より早い種付けは，子宮や卵巣の回復が不完全なために受胎率が低く，無駄に終わることが多い。かりに受精卵になったとしても胎子になるまでに死滅するもの，胎子になってから流産するものがある。妊娠しなかったばあいは21日後に発情するので，種付けができる。しかし胎子が早期に死亡したばあいは，次の発情が胎子の生存期間に比例して遅れるので，受胎がさらに遅れる。これらのことから，分娩後40日以前の種付けは得策とはいえない。

ホルスタイン種の，子宮や卵巣の回復は分娩後80～120日目に最高に達するから，この時期の受胎率が最も高い。しかし1年に1産するためには，妊娠期間を280日として，分娩後85日までに妊娠する必要がある。受胎している牛頭数当たりの人工授精延回数は平均1.7回であるから，分娩後60日目までに初回種付けを行なえばまに合う計算になる。

乳牛は，一生涯にわたって分娩と泌乳とを繰り返すよう改良された動物であるから，生涯に生産した総乳量によって，その能力を評価することが望ましい。

分娩後の生涯にわたった初回種付け日と総乳量の関係は第1表に示すとおりである。分娩後60日から種付けを開始したばあいが最も乳量が多く，1日当たり産乳量も最高値になっている。また2産次以上の経産牛について，受胎の時期と産乳量との関係を第2表に示した。分娩後50～80日間に種付けをして妊娠したばあいが，1日当たり産乳量の平均が最も高くなることがわかる。

以上の理由から，乳牛の生産効率を高めるための種付け時期は，分娩後40～60日間に初回種付けをすればよいことになる。

1982年記

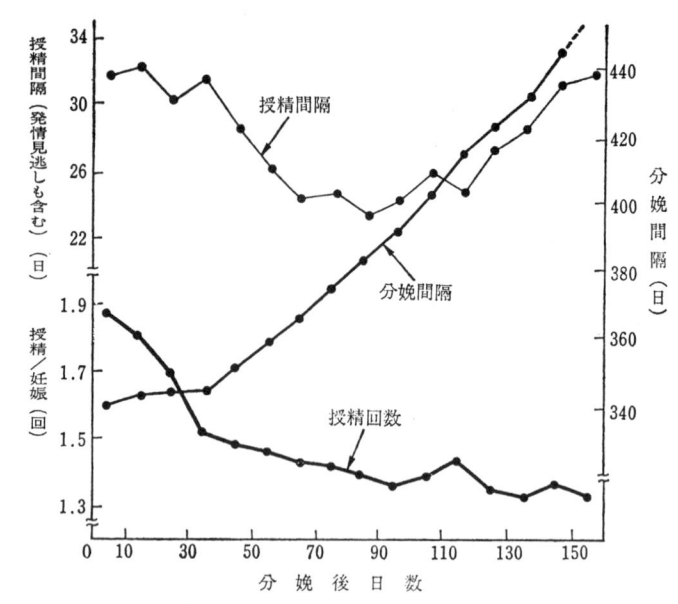

第1図 乳牛の分娩後授精時期と分娩間隔 （オルズら，1970）

第1表 生涯にわたる授精開始時期と泌乳量 （ハリソン，1974）

群	分娩後授精開始日	空胎期間	乳量	廃用頭数	
				低泌乳	低受胎
			kg/日		
1	40日	103日	6,053(14.8)	13頭	0頭
2	60	135	6,806(16.3)	5	8
3	100	145	6,192(15.9)	5	10
4	120	143	6,252(15.2)	7	5

注 供用牛はガンジー種104頭，（ ）は日乳量

第2表 2産次以後の受胎時期と泌乳量 （ブリット，1975）

分娩後受胎日	牛頭数	搾乳期間	乾乳期間	乳量	
				総量	乳量/日*
40　日	398頭	248日	66日	5,506kg	17.6kg
41～ 50	1,104	254	67	5,664	17.7
51～ 60	1,943	266	68	6,064	18.2
61～ 70	1,878	273	70	6,170	18.1
71～ 80	1,692	283	71	6,396	18.1
81～ 90	1,564	289	74	6,503	17.9
91～100	1,243	298	75	6,616	17.8
101～120	2,073	310	78	6,851	17.7
121～140	1,463	323	85	7,138	17.5
141～160	1,010	337	91	7,347	17.3
161～180	729	354	94	7,717	17.2
181～200	477	365	103	7,956	17.0

注 * 乳総量/分娩間隔日数

発情の発見

菅　徹行（山口大学）

牛の発情期間とは，雄牛を乗せて交尾を許す期間をいう。一般に1発情期間の交尾は1回から数回，数時間内に集中しているが，雄牛を乗せて（被乗駕）嫌わないで立っている（乗駕許容）期間は10～30時間，平均20時間である。したがって牛の発情期間は20時間ぐらいと見込まれる。しかし人工授精が普及した今日，雄牛を乗せて（試乗）発情を調べることは実際には困難なことが多い。

(1) 放牧牛の発情発見

雄牛がいなくなった現在では，便宜上，雌牛を乗せて嫌わないで立っている期間を発情期として取り扱うことが多い。しかし乗駕する牛は，発情期およびその前後2～3日にあるものあるいは性的衝動が強い特例のものにかぎられるから，乗駕する牛がいないときには発情の見落としが起こる。

発情している牛の約80％は別な牛に乗駕する。けれども乗駕は発情期に近い牛，卵胞のう腫の牛，ほかにも妊娠している牛の約5％が示すから，乗駕している牛を発情として取り扱かうと約20％の間違いが起こる。

そのほかに，発情している牛は坐らないで立っている，群から離れて歩き回る，仲間の牛に接近する，などの徴候を示す。これらは，二つあるいはいくつかの徴候を総合すれば，発情発見の補助手段として役だつ。

発情期が短く5～6時間で終わる牛もある。これらは夜間に発情すれば発見困難であるから，背に乗られて引っかき傷がある，背や後軀に土が着いている，被毛が不自然に逆立っている，など微かな徴候も見落とさないで発情の発見に努める必要がある。排卵後に出血した牛は，17～20日後に気をつけて観察すれば，次回の発情日を予測できる（第1表）。

牛の発情は夜間に開始して朝発見されるものが60％，残る40％は昼間に始まる。しかし，朝発情していた60％のうち40％は夕方までに発情を終えるから，少なくとも朝夕2回，各30分間ずつ観察する必要があり，20分では発情を見落とすことがある。

(2) 舎内につないだ牛の発情発見

一年じゅう舎内につないで飼養されている牛は，発情行動を現わすことができないので，的確に発情を発見し種付けをすることは至難の業である。にもかかわらず，授精率，受胎率がともに世界的高水準にある農家があることは，外国の畜産技術の常識では説明できないことである。一般には飼養頭数の増加につれて，兼業や複合経営農家では観察時間の不足によって発情の見落としが増加し，繁殖率の低下がめだつ傾向にある。

千葉県農業共済連の調査では，約75％の農家が運動場をもたないで飼養していると見込まれる牛の母集団での発情の発見は，約35％が粘液により，20％は外陰部の腫張により，他の20％は挙動と咆哮によっており，受胎率は62％で世界的高水準（約60％）にあるといえる。けれども発情が不明，見落とし，その他の理由で種付けできなかった牛の割合は明らかでない（第2表）。

酪農家の収入は，種付けを行なった牛の受胎率ではなくて，飼料を食べている繁殖用牛総頭数当たりの妊娠牛の率（正確には繁殖率）によ

第1表　発情期にみられる挙動

運動場	牛舎内
乗駕する	粘液を出している
別の雌に乗駕されて嫌わないで立っている	外陰部が充血してふくらんでいる
尾を上げて振る	膣粘膜は湿って光沢がある
群からはなれて歩く	隣の牛に近寄る
大声でほえる	人にすり寄ってくる
不自然に雌に近寄る	後軀にさわっても嫌わない
後軀に顎を乗せる	坐らないで立っている
尾根の毛が逆立っている	大声でなく
十字部の近くに土が着いている	十字部をたたくと尾を上げる
尾に粘液が着いている	陰部にさわると尾を上げる
前足で土をかく	
乳を上げる	

って影響を受ける。後述するように，発情徴候の強弱が受胎率におよぼす影響は少ないから，牛が隣りの牛に近寄る，人にすり寄ってくる，糞を不自然に踏みつけている，など微細な発情徴候をもらさず観察する。そして，人工授精を行なう牛の頭数をふやすことが，飼養頭数当たりの受胎率を高めることにつながる。このことから，牛の受胎率を高める特効薬は，畜主が牛舎に足しげく通う足音であるといえる。

(3) 発情が不鮮明なばあいの判断

発情徴候を強くすることができれば，発情の発見が容易になり，繁殖率が高まるだけでなく省力管理にも役だつので，酪農家はもちろんのこと畜産技術者，研究者の間でもこれらに関連した技術の開発が強く望まれている。しかし残念ながらまだ満足な方法はないようである。

発情ホルモンを注射すれば発情は強くなる。けれども子宮や卵巣に害作用があり，排卵が遅れる，子宮に受精卵が着床できない，まれには卵胞のう腫になることもあり，受胎率はむしろ低下する。

最近の研究では，発情外部徴候は発情ホルモンの量よりも，子宮や脳がホルモンを取り込む力およびホルモン作用をさらに深部へ伝えるホルモン情報伝達のしくみが，より強く関与していると目されている。

発情行動は脳で，目の奥にある視床下部の近くの部分が発情ホルモンを感知して起こすものであり，妊娠は子宮内で成立するから，発情行動がなくても卵巣と子宮に異常がなければ妊娠できる。事実，牛の発情徴候の強弱が受胎率におよぼす影響は少ない（第3表）。

その他ビタミンA，カロチン，ビタミンB_2などを給与するか注射するかして，発情が強くなるなどいわれているが，無効なこともあり，特効薬的効果は期待できない。

乳牛の乳量は遺伝，栄養，搾乳回数，年齢などによって相違するが，分娩後25～60日間，平均約50日目に最高泌乳量に達する。けれども分娩後食欲の回復に100日を要することから，栄養の不足が生じる。分娩後には妊娠することよりも泌乳することが優先するので，栄養のかたよりや不足があると，発情が不明確になり排卵が遅れるなど卵巣の機能に異常が起こる。また充分な飼料を与えても，消化不良や下痢によっても栄養が不足する。逆に太りすぎによっても異常をきたす。従来は，ホルモンの分泌に異常がある結果，不妊や過肥になったが，近年飼料事情の好転により，栄養過剰に原因した過肥がある。

発情期には発情ホルモンが脂肪内にとり込まれ，着床時には放出されてホルモンの調子を乱すために，卵巣の働きが異常になる。近年，低栄養に原因した発情障害は乳牛に，高栄養に原因した障害は肉用牛に比較的多い。その他，室

第2表 発情発見の状態（ホルスタイン種）
（千葉県農共連，1977）

発情発見	全体例	受胎例
頭数（頭）	1,513	945
		(62%)
粘液（%）	35.8	60.2
外陰部（%）	21.9	61.9
乗駕（%）	16.3	65.9
挙動（%）	13.9	64.8
咆哮（%）	9.0	65.2
その他（%）	2.4	80.7

第3表 授精時の状態と妊否
（千葉県農共連，1977）

状態		総頭数	受胎頭数	受胎率
		頭	頭	%
外陰部腫脹	有	1,236	764	61.8
	無	253	147	58.1
粘液量	有	1,205	742	61.6
	無	259	166	64.1
粘液性状	良	1,174	741	63.1
	否	43	25	58.1
挙動	強	451	292	64.7
	弱	1,011	639	63.2
栄養状態	過	132	73	55.3
	普	1,112	701	63.0
	悪	205	133	64.9
総合判定	良	297	221	74.4
	普	1,033	627	60.7
	悪	120	60	50.0
授精時期	早	277	134	48.4
	適	880	581	66.0
	遅	303	191	63.0

種付け＝発情の発見

素成分が多い牧草を与えると発情が弱くなり，受胎率が低下することがわかっている。牧草中の硝酸態窒素は牛のビタミンAを無効にする作用があるからである。

　動物は子を産み，繁殖することが健康の指標になる。牛の食欲は粗飼料と濃厚飼料の適度なバランスによって増進するものであり，カルシウムやビタミンなども含む栄養のよいバランスが牛の健康体をつくり，ひいては繁殖率を増進させる基本になることは，いうまでもない。

1982年記

高泌乳牛の授精（種付け）適期の判断

執筆　坂口　実（(独) 農業・食品産業技術総合研究機構北海道農業研究センター）

（1）はじめに

　遺伝的改良による高泌乳化は乳牛の繁殖性に大きく影響し（第2-①巻，基礎編「高泌乳牛の繁殖生理」参照），飼養管理法の変化などの環境要因も加わって複雑な問題となっている。高泌乳牛の能力を維持していくためには，凍結精液による人工授精が必要なことから，本稿ではこれを前提に，授精の適期について考える。

　人工授精の基本は，卵巣から放出（排卵）された卵子が元気な時期に，元気な精子を雌牛の卵管（受精が起こる場所）へ送り込むことである。授精のタイミングがずれると，精子が到着したとき卵管に卵子がない，あるいは，いても老化していて受精する能力がない，ということになる。そこで，排卵の時期を予測し，精子が卵管に到着するまでの時間を見込んで，タイミングよく精液を注入することが重要となる。

　雌が雄を受け入れる状態を発情というが，人工授精をいつ行なうか（授精適期）は，発情の開始または終了を基準に決める。日本の乳牛での人工授精普及率は1955年には90％を超え，その後1960年代末になって，凍結精液が急速に普及した。これらの前後になされた多くの試験結果から，排卵の大部分は発情終了の10～15時間後に起こることがわかっている。しかし乳牛では高能力化とともに，発情終了から排卵までの時間が変わってきたともいわれ，授精適期の指標としての発情開始・終了の定義も含め，再検討すべき課題は多い。

（2）適期判断の基本と受精開始時期

　では，適期はどう判断すればよいのか。自然交配では，雌牛は受精可能な時期にのみ雄牛の乗駕を許容し，交尾が行なわれる。ちなみに，受精（受胎）の可能性がないのに交尾するのは，霊長類の一部のみとされる。また，通常，乗る―乗られるという行動は，雌雄間でのみ認められるが，牛では例外的に，雌同士でも同様の行動が見られる。何頭かが同時に発情している雌の群に種雄を入れると，発情した雌が雄に乗ろうとすることさえある。われわれはこの行動を利用して，牛の人工授精の時期を決めてきた。

　また，もうひとつ牛で特徴的なことは，発情と排卵の時間的関係である。馬などでは発情期間が長く，発情が終わる前に排卵するが，牛では通常，発情終了後一定の時間を経過して排卵が起こる。こうした発情―排卵についての特徴は，凍結精液の実用化とならんで，牛の人工授精が広く普及した大きな要因であろう。発情の開始あるいは終了から，排卵時期を予想でき，人工授精の適期を決められるからである。

　分娩後のどの時期から人工授精を開始するかは，乳牛の繁殖管理にとって重要である。分娩後，発情があっても授精を行なわない期間を，ボランタリーウェイティングピリオド（授精猶予期間）という。受胎が期待できるのは，明瞭な発情があり，続いて適切な時間に排卵するときである。これに加え，子宮がもとの状態に戻っていること（子宮修復）も欠かせない。

　高泌乳牛の分娩後最初の発情（初回発情）は，平均すると分娩後の8週前後（50～60日）に起こる。早いものでは，3週（21日）でみられることもあるが，この時点で，完全な子宮修復はほとんど期待できないので，受胎する可能性はかなり低い。では，分娩後40日前後で発情を見つけたらどうするか。その時点の授精で妊娠した場合，分娩間隔は320日前後となり，乾乳時期や期間との関係が問題となる。しかし，直腸検査や膣検査で，子宮修復に問題がないと診断できれば，この時点でも十分受胎可能である。分娩間隔の短縮を繁殖管理の最優先目標とするならば，この時点で授精すべきである。分娩後早い時期では，一度発情を確認した次の排卵が無発情となることもしばしば起こるからである（基礎編「高泌乳牛の繁殖生理」参照）。

（3）高泌乳牛の発情・排卵の特徴と授精適期

一般的に発情と判定する基準となるのは，他の牛に乗られる（被乗駕，スタンディング）行動（第1図）である。このとき気をつけたいのは，逃げることなく乗られている牛（第1図では下になっている牛）のみ，確実に発情と判定できることである。乗っているほうの牛も発情の可能性はあるので，この後，他の牛に乗られるかどうかしばらく観察する。

①乗駕行動による判断の弱点

高泌乳牛の繁殖性の低下を示すものとして，初回発情の遅れがある。さらに，遅れて発情しても，行動自体が弱く（微弱化）なったり，発情行動の続く時間（持続時間）が短くなったりすることもある。スタンディング行動を基本とすると，発情の微弱化とは，スタンディング行動を示さないか，示した場合でも，明らかに回数が少ないということである。また，発情持続時間の短縮とは，これまで12～20時間といわれてきた発情の開始から終了までの時間が，10時間以下というように短くなっていることをいう。

高泌乳牛でこうしたことを裏付ける報告は多くあるが，情報の解釈にあたっては十分な注意が必要である。それは，スタンディング行動自体の問題である。スタンディングとは，他の牛に「乗られて」成り立つので，発情している牛がいくら乗ってもらいたくても，相手がいなければスタンディング行動にはいたらない。つまり，同時に発情している牛がいない場合，スタンディングを示すかどうかは，発情していない他の牛の乗ろうとする意欲（乗駕欲）に左右されるのである。また，同居している牛の頭数もスタンディング行動に大きく影響する。さらに，フリーストールなどの滑りやすい床の条件は，乗駕行動を抑制する。しかし，スタンディング行動以外の基準で開始と終了を判定すると，発情持続時間は短くはなっていないのかもしれない。

②排卵確認の有効性

人工授精は注入した精子によって，発情牛の卵巣から放出された卵子を受精させることを目的とする。一般的に，精子の注入は排卵の24時間前から6時間前に行なうのがよいとされる（第2図）。排卵は発情の終了から12時間（10～15時間）後くらいに起こるので，発情持続時間を18時間とすると，排卵は発情開始の約30時間後となる。したがって，人工授精に適した時期は発情開始の6～24時間後，発情終了の12時間前～6時間後とされる（第2図）。これらはあくまで目安であり，一般的な管理のもとでは，発情の開始や終了の時間を特定することはほとんどできないし，高泌乳牛に限らず，牛によって発情持続時間は大きく異なる。

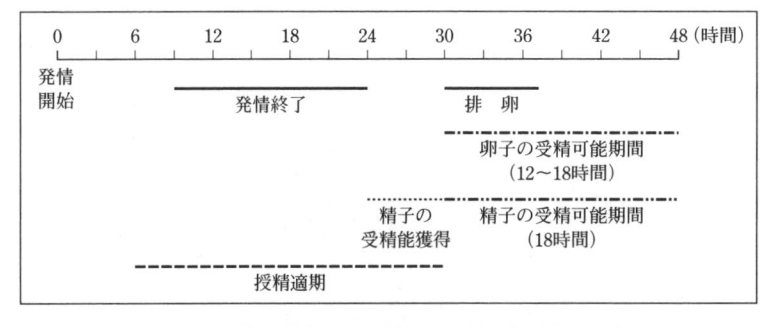

第1図 乳牛のスタンディング行動
（坂口原図）

第2図 発情・排卵と人工授精（種付け）適期の関係

そこで，実際的には午前（am）に発情を発見したら午後（pm）に，午後に発見したら翌朝に受精するという方法（am-pm法）がとられることが多い。明瞭な発情が，短すぎず長すぎない期間続く場合は，これでほぼ問題はない。しかし，発情行動が弱く，しかも短い場合（微弱発情）には，注意が必要である。微弱発情の乳牛で，どうしても受胎させる必要がある場合は，予想よりも早く排卵することも多いので，授精が遅れないようにする。この場合，可能ならば，授精の1日（24時間）後に直腸検査で排卵を確認し，その時点で排卵していないならば再度授精する。逆に，発情終了から排卵までの時間が長くなること（排卵遅延）も，高泌乳牛ではしばしばみられるので，その疑いがあるときも排卵確認し，排卵していなければ再授精が必要となる。雌の生殖器内での，精子の寿命（受精可能な期間）は18時間程度と考えられているからである（第2図）。

高泌乳牛では，一定の傾向（たとえば発情から排卵までの時間が短い）があると考えるよりも，むしろバラツキが大きいと考えたほうが，失敗は少ないだろう。したがって，受胎率に問題がある場合，授精後の排卵確認は，授精適期の再確認に有効である。なお，排卵直前の卵胞は破裂しやすく，また排卵直後はその後黄体となる細胞がはがれやすいので，細心の注意が必要である。

さらに注意が必要なのは，第2図に示したタイムスケジュールは，1940〜1960年代の試験結果に基づいていることである。初期の試験は凍結精液の普及前で，液状（ナマ）精液の時代に行なわれている。したがって，とくに精子の寿命については，凍結精液の種類（種雄牛，凍結方法，融解方法など）によって，短いこともありうる。この場合，授精適期の範囲は狭くなり，排卵確認・再授精の間隔も短くする必要がある。しかし，残念ながらこれらのことに関する詳しい報告はない。

（4）発情観察

では，高泌乳牛で発情を確実に見つけるにはどうしたらよいか。肉用牛，とくに黒毛和種では，明瞭で持続的なスタンディング行動が，ほとんどの牛で見られる。一方，乳用牛，とくにホルスタイン種の高泌乳牛では，発情行動が弱く，また短い期間しか観察できないことも多い。とくに分娩後の泌乳最盛期前後では，卵巣の周期が回復し，排卵は始まっているにもかかわらず，発情行動をまったく示さないことも少なくない。また，乗ってくれる牛がいないためにスタンディング行動を示さないこともあるので，他の牛に乗る（マウンティング），あるいは乗ろうとする行動（第3図）や，その他の発情徴候に注意しなければならない。たとえば，陰部の腫れや充血，透明な発情粘液の漏出，咆えたり，落ち着きなく歩き回ったり，他の牛のにおいをかいだりする行動などに注目する。

終日つなぎ飼いの場合は，乗る，乗られるという行動や，歩き回ったりにおいをかいだりする行動は観察できない。この場合も，発情かどうかは，陰部を中心に観察することである程度判断できるが，開始と終了のみきわめは難しい。できる限りの適期に授精をするには，1日1回は運動に出したいところである。

基本はあくまで，個体ごとの発情観察である。発情観察は最低でも1日2回必要で，観察に適した時間帯については，牛群によって異なる。自分の牛群では，どういうタイミングで発情を見つけることが多いか，日頃から注意しておくとよい。たとえばつなぎ飼いでは，運動に出した

第3図　他の牛に乗ろうとしているところ

(坂口原図)

直後に観察されることが多いし，パーラー搾乳では，待機場に追い込んだ際によく見つかることもある。

これまで述べたように，授精適期は発情の開始か終了のどちらかを基準に考える。もちろん，両方わかればより正確であるが，実際にはどちらもはっきりしないことが多い。また，スタンディング行動が見られなくなったら発情終了とは限らない。他の牛が相手をしてくれないだけ，あるいは採食を優先しているだけであることも多い。時折でも，歩き回って相手を探しているうちは発情が続いていると考える。

発情は夜から早朝にかけて始まることが多い。しかし，可能な限り発情を観察するとしても，家族経営では夜間の観察は不可能である。とくに，発情持続時間が短縮している場合は，夜始まって朝には終わってしまい，まったく気づかないケースも増える。また，飼料の収穫時など繁忙期には，発情観察に時間を割けない日も当然出てくる。こうしたことに対応するには，次に述べる発情発見補助器具を，目的にあわせて利用するとよいだろう。

(5) 発情発見補助器具の利用

①ヒートマウントディテクターとテイルペイント

第4図にヒートマウントディテクター（頭部よりの白いもの）とテイルペイント（尾根部に塗布）を同時に使用している例を示した。これらは比較的安価な方法であるが，実際の使用ではどちらか一方で十分である。

ヒートマウントディテクターは他の牛に乗られることにより，中の薬剤が赤く発色することにより発情を知らせる。接着剤で固定するが，貼り付け方が十分ではないと脱落することがあり，まれに発情以外の圧迫で発色することがある。発色部以外の布の部分が，真っ白で汚れていないときは乗られていない可能性が高い。春先には，カラスのいたずらにも注意が必要である。

テイルペイントは，乗られるとペイントがはがれることを利用する方法で，ヒートマウントディテクターよりも経費がかからず，簡単に使える。ただし，牛がなめたり，時間が経過したりするとはがれていくので，定期的に確認して塗り直すことも必要となる。

どちらも，発情観察不能な時間帯でのスタンディング行動の有無を知らせてくれるが，頻繁にチェックしない限り，いつ始まったかを知ることはできない。

②乗駕検出装置と歩数計

スタンディング行動を自動的に検知するシステムが，1990年代の初めごろ，米国で実用化された。ヒートマウントディテクターの電子版である。尾根部にセンサーを取りつけ，他の牛による乗駕を検出する。センサー単独で使うスタンドアローンタイプと，コンピュータに情報を無線送信するシステムがある。この方式の利点としては，発情行動そのものを直接検出できることである。ただし，乗駕と判定する圧力や，その持続時間の設定によっては，見逃しや誤報の可能性は残る。また，多くの方式でセンサーを尾根部に接着剤で取りつけるため，脱落や牛の皮膚への悪影響が起こりうる。さらに問題なのは，発情の弱い牛や，乗駕してくれる牛がいない状況では検出できないことである。無線送信型は日本でも開発・販売されたが，その後，歩数計による方法が主流となった。

ほとんどの発情牛は，乗駕してくれる牛がいない場合も相手を求めて歩き回る。また，発情

第4図　ヒートマウントディテクターとテイルペイント　　　　　（坂口原図）

搾乳牛

自体が微弱で，乗駕行動すらほとんど示さない牛でも，行動量は増えることが多い。ある程度の時間をかけて観察すれば，機械がなくてもこうした牛を見つけるのは難しくはなく，実際の授精でも参考にされてきた。しかし繁忙期や夜間は，観察できず見逃すことも多くなる。ましてや，持続時間が短いときは，より見逃しやすい。そこで考え出されたのが，歩行数を連続的かつ自動的に把握し，一定の基準をもとに歩数の増加から発情を推定する方法である。

1970年代の米国でヒト用の歩数計（万歩計）を使った検討が始まり，現在では牛の発情発見専用のシステムがいくつか実用化されている（坂口，2005a）。歩数計は首または肢に取りつける（第5図）。これにも，スタンドアローン型と無線送信型の2種類がある。前者では，歩数計自体にマイクロプロセッサーが組み込まれ，歩数が上昇したときに発光して知らせる。後者にはデータを搾乳時にまとめて読み込むタイプと，常時読み込むタイプがある。また，歩数を合計する時間単位も1時間から12時間まであり，発見精度に影響する。第6図に，1時間ごとの歩数の出力例を示す。

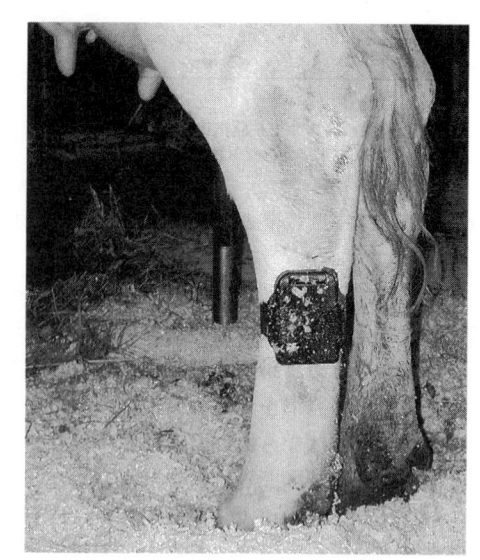

第5図 搾乳牛の後肢につけた歩数計
（坂口原図）

歩数による方法は乗駕検出装置と異なり，発情行動そのものを検出するものではないので，注意が必要である。たとえば放牧搾乳牛では，牧区の変更に伴う搾乳施設との距離の変化が行動量に大きく影響し，天候や突発的な出来事の

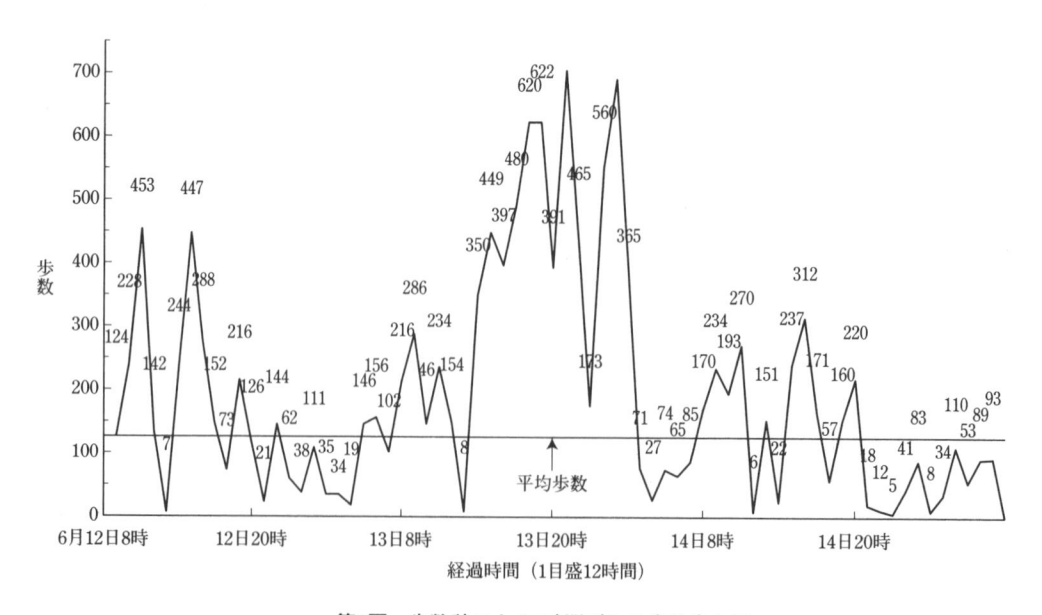

第6図 歩数計による1時間ごとの歩数出力例

```
GnRH                    PGF2α   GnRH  AI
├──────────────────────┼───────┼─────┤
0日                      7日     9日   10日
```
GnRH：性腺刺激ホルモン放出ホルモン製剤
PGF$_{2α}$：プロスタグランジンF$_{2α}$製剤
AI：人工授精

第7図　定時人工授精法の例（Ovsynch法による）

影響も受ける。行動量は他の飼養環境にも大きく影響されるため，乗駕・被乗駕も含めた他の情報を併用して発情を見定め，授精の適否や適期を決めなければならない。また，歩数計の取付け位置や計測時間間隔はシステムによって異なるため，システムによって発情判定の最適基準は異なる。さらに，緩い基準では発見率は上がるが誤報率も上がり，厳しい基準では逆になるため，使用目的に合わせて牛群に最適の設定を調整する必要がある（坂口，2005b）。

（6）ホルモン剤の利用

歩数計による発情発見補助法は，行動がわかりにくく，またその機会の少ない発情を，機械の力を借りて何とか見つけ，受胎につなげようという考えに基づいている。その一方で，米国を中心に盛んに研究され実用化されている方法に，ホルモン剤を使用した定時授精がある。ホルモン剤を使用した発情同期化や，排卵同期化による定時授精法については，各方面で紹介されているので詳細については省略する。

第7図には，さまざまなバリエーションの原型となった，オブシンク（Ovsynch）法による定時人工授精の例を示す。単なる発情同期化の場合は，プロスタグランジンF$_{2α}$製剤（PGF$_{2α}$）のみの投与だが，最初の性腺刺激ホルモン放出ホルモン製剤（GnRH）の投与から7日目にPGF$_{2α}$を投与，その2日後に再度GnRHを投与し，排卵を同期化する。2回めのGnRH投与後，16〜20時間の定時に人工授精するため，原則として発情観察を必要としない。

定時授精法は，飼養管理などに大きな問題がなく，発情観察に振り向ける余力がないだけ，というような場合には有効だろう。ただし，注意しなければならないのは，こうしたホルモン・プログラムによる方法は，乳牛の繁殖性そのものを改善するものではないことである。つまり，発情発見率低下への対症療法にすぎないのであって，繁殖性自体が，何らかの原因でいっそう低下すれば，無効となる可能性も高い。もちろん，治療目的でのホルモン剤の使用までも，否定するものではない。しかし一方で，食の安全性への意識の高まりや，家畜福祉への関心なども考えると，濫用は避けるべきである。

（7）まとめと展望

このように，高泌乳牛だからといって，授精適期をそれほど特別に考える必要はない。しかし，発情行動については注意が必要であり，基本はあくまで発情観察である。省力的でより正確な繁殖管理をめざすならば，高泌乳牛の繁殖生理を理解したうえで，発情発見補助器具をうまく利用し，必要に応じ，治療目的でホルモン剤を使用していくしかないだろう。また，牛群の排卵時期をおおよそ把握するために，排卵確認は重要である。

最後にもう一つ重要なことをあげるとすれば，記録である。授精適期をみきわめようとするとき，牛群によってそれほど大きな違いはないだろう。しかし，微妙なタイミングで受胎率があがらないこともあるので，発情と授精の記録は重要である。とくに両者の時間的な関係を記録し，これに排卵確認の結果もあれば，その牛群の授精適期を決めるのに非常に参考になる。

2007年記

参　考　文　献

坂口実．2005a．牛の歩数で発情を見つける（前編）万歩計による発情発見の有効性と注意点．Dairy Japan．3月号，10—13．

坂口実．2005b．牛の歩数で発情を見つける（後編）育成牛での使用例．Dairy Japan．4月号，14—18．

搾乳牛

種付け

菅　徹行（山口大学）

(1) 自然交配と人工授精による受胎率

人工授精よりも自然交尾による受胎率が高いと考えて，雄牛をつないで自然交配を行なっている一部の農家がある。事実，自然交配によって子宮内に入った精子の寿命は，液状や凍結状態で保存し人工授精によって子宮内へ注入されたものよりも長い証拠がある。このために，排卵が著しく遅れて起こった牛の受胎率は，自然交配したほうが高くなる。けれども人工授精を行なって15～20時間以内に排卵した牛では受胎率に相違がほとんどない。千葉県酪農試験場における調査（第1表）では，初回種付け時の受胎率は自然交配例が人工授精例より高くなっているが，2回目までの累積受胎率はいずれも約80％になりほぼ一致している。

自然交配を行なえば雄牛を飼養する飼料代金がかさむだけでなく，凶暴な雄牛のために管理に危険性がともなう。資質が劣れば娘牛の改良が遅れる。同一雄牛は8～10年間利用できるので，娘，孫娘にも交配させれば近親交配による損失が起こるおそれがある。そのほかに性病をうつすなどの欠点がある。

(2) 人工授精による種付け

牛の人工授精による種付けには重要な三要素，①適当な時期に，②適当な場所へ，③細心の注意をもって注入すること，がある。

①種付けの適期

発情初期には濃厚な粘液が多く出る。これは妊娠を守るために細菌が子宮内へ入らないように，受精卵が腟内へ出ないように子宮の入口に栓をして頸管を塞いでいた粘液が，妊娠しなかったため不用になって排出するもので，濃厚で中に老廃物を含むので精子の進入や生存には不適である。やがて薄くなり，外陰部から垂れ下がり，途中で切れて落ちるようになれば，精子は粘液内を上昇して子宮内へ入る。この時期に

第1表　自然交配と人工授精による受胎率
（ホルスタイン種）　　（千葉県酪試）

授精別	産次	授精回数	受胎頭数	受胎率	2回目まで受胎率
自然交配	未経産	1	96	70.5%	87.4%
		2	23	16.9	
		3<	17	12.5	
人工授精	未経産	1	2,561	61.2	85.2
		2	1,004	24.0	
		3<	621	14.8	
〃	経産牛	1	5,944	52.0	78.2
		2	2,700	26.2	
		3<	2,511	21.8	

注　育成牧場，昭47.4～49.3

種付けをすると，初期に種付けしたものよりも受胎率が約20％高くなる。

発情終了後の種付けでは，粘液中に白血球が出て精子に害作用があるので受胎率が5～10％ほど低下する。しかし，子宮頸管深部に精液を注入すれば，精液の多くは粘液と関係なく直接に子宮内へ入るので，精子の寿命を考えて，できるだけ排卵に近づけて種付けをしたほうがよいとする説がある。事実，排卵が遅れる牛では，12～24時間間隔に排卵するまで追加種付けを行なえば受胎率が高まる。しかし，卵子は排卵後6時間のあいだ受精力をもっており，精子は種付け後20時間以上のあいだ受精させる力をもっているから，一般には従来どおり発情を朝発見すれば当日の午後に，午後に発情を発見したものは翌日の午前中に種付けをすれば大きな間違いはない。

けれども種付け時期をさらに厳密に選ぶことによって，早すぎるばあいには48％であるのが，適期には66％の受胎率が得られている（第3表，技153ページ参照）。ＥＣ諸国畜産学会では，乳牛の受胎率が延べ種付け回数に対して悪いもの40％，普通のもの50％，よいものを60％とする指針が1979年に示された。

牛舎内に周年つないでいる牛で，粘液や外陰部の変化で発情を判定すれば，発情期でない時期に種付けをすることがある。種付けが発情期よりも早すぎれば精子が，遅すぎれば卵子が老化して，かりに受精卵になったとしても早期に死滅するので種付け時期には注意を要する（第

第2表　牛の発情徴候と種付けの適期

	早い	可	適期	可	遅い
	0	6　　　9	18	24	28時間
発情前期 6〜10時間	発情期			発情後期	排卵
①隣の牛に近寄る ②別の牛に乗駕 ③外陰部は赤く腫張し湿っている	①乗駕を許して立っている ②大声で咆哮 ③乗駕する ④十字部を叩くと尾を上げる ⑤後駆に手を触れても嫌わない ⑥坐らないで立っている ⑦透明な粘液が出る ⑧瞳孔が拡大 ⑨人にすり寄る ⑩食欲と乳量低下 ⑪群から離れて歩き回る			①後駆に手を触れると嫌う ②透明な粘液が出る ③乗駕を嫌う	①排卵後10時間くらいまでは受胎することがある

2表)。

　種付けをするときには，授精師のつごうもあるからできるだけ早く連絡し，発情徴候を詳しく述べて畜主と授精師とが協力して種付け適期を選んで行ない，受胎率を高めるよう努力する必要がある。しかし，受胎率が40％くらいに低い時期と予想される理由から種付けをしないで，次回の発情時まで見送ることは考えものである。それは毎回の受胎率がかりに40％であったとしても，3回の種付けで合計80％の牛が妊娠する計算になるからである。

　②精液の注入場所

　以前は，精液の注入を子宮頸管の入口へ行なってきた。ブァンデマルクら(1952)は，頸管の深部へ注入すれば入口注入したものよりも受胎率が約10％高くなることを知り，現在では国の内外をとわず頸管深部へ注入されるようになった。けれども，さらに奥に進めて子宮内へ精液を注入しても，受胎率は上がらない。頸管深部へ注入すれば精液の多くは子宮内へ入るので，子宮内注入と同様な受胎率になる。

　牛では妊娠していながら乗駕したり乗駕を許したりして発情様行動をするものが約5％あり，妊娠初期に比較的多いが，まれには分娩するまで21日間隔で発情とまぎらわしい行動をする牛がある。妊娠していながら発情様行動をするものを妊娠発情といい，子宮内へ精液が入れば流産する。妊娠発情の疑いがある牛には子宮頸管中間部に精液を注入すれば流産をすることはなく，発情であれば妊娠できる。妊娠発情には粘液の流出がなく，外陰部の腫張，腟粘膜の光沢や赤みが少ない，などの特徴がある。

　③精液注入時の注意

　わが国の牛は，98％が凍結精液を人工授精されて生まれている。人工授精には大きく分けて二つの様式がある。ひとつは腟鏡を用いて腟を広げ，目で見ながら精液を注入する方法(腟鏡法または頸管鉗子法)である。他のひとつは牛の直腸内へ手を入れ，精液注入器が腟を通って子宮頸管内へ入る状態を手さぐりで確かめながら深部まですすめて注入する方法(直腸一腟法)である。

　牛の子宮頸管はかるく弓形に曲がっており，内面には深い縦じわと大きな横ひだがあって管空は複雑に折れ曲がり，不定形な螺旋状になっている。

　腟鏡法では子宮頸管入口へ注入するには危険でないが，注入器を深部まで入れるとしばしば頸管を傷つけ炎症が起こるおそれがある。頸管を傷つければその箇所にこぶができて管空は強く折れ曲がり，狭くなり，あるいはふさがって精子が子宮内へ進入できないことがあるので妊娠しない。注入器をさらに子宮内まで押し込めば子宮はいっそう傷つきやすく，子宮を突き破ることもある。

　子宮頸管深部や子宮を傷つけたばあい，目に見えない箇所で出血し，血液は子宮内にたまって出ないので気づかない。精液注入方法の失敗によって不妊症になることがある。

　直腸一腟法では，直腸に入れた手で注入器を誘導しながら入れるので，比較的安全に，望む場所へ確実に精液を注入できる。

なお腟鏡法では，種付けした直後に腟から出血することがある。この出血は腟鏡で腟を傷つけたために起こったもので，子宮が正常であれば妊娠する。

そのほかに発情した翌日あるいは翌々日に腟から出血する牛がある。分娩直後には少ないが，未経産牛や長期間妊娠しなかった若牛に比較的多い。これは，発情していた子宮が，次にくる受精卵を着床させるための準備に入ったときの変化が急に起こったばあいの出血であるから，病気ではなく，妊娠するかしないかには関係がない。

④ **種付け時の低温と精液あつかいの注意**

牛の精液は液体窒素（$-196℃$）内に保存すれば30年以上，半永久的に保存でき，溶かしていつでも種付けに使用できる。しかし溶かしたり凍結したりするときに精子は危険な温度を通過することになるので専門的技術を要する。すなわち，液状から氷に，逆に氷から液状に精液を処理するばあい，$0℃$から$-30℃$くらいまでの温度が有害で，通過する速さが早すぎても遅すぎても死滅する。規則どおりに融解して凍結保存されていた精液をじょうずに液化したとしても，冬に牛舎内の温度が$0℃$以下になることがあれば，精子は再度危険な温度にあうことになる。

冬期低温地帯での種付けは，溶かした精液が注入する前に$0℃$以下にならないよう，手の中に入れて温めながら発情している牛の場所まで持ち運び，すみやかに注入するなど，精液の温度管理に注意を要する。

1982年記

夏期高温時の管理と受胎

菅　徹行（山口大学）

（1）　高温による受胎率の低下

夏には高温のために受胎率が低下する。雄牛に原因して20％，雌牛の原因で20％，合計40％受胎率が低下する地区さえある。特に放牧牛に対する影響が強い。

現今では凍結精液を利用できるようになったので，雄牛の夏季疲労に関係した問題はほぼ解決されている。雌牛では牛乳を生産するために熱が出るので，夏に泌乳最盛期になった牛の体温は42℃まで上昇することがあり，乳量が多い牛ほど体温が高くなる。

西南暖地において，好天気の夏季に泌乳最盛期の牛を放牧すれば，午前10時ごろから日没まで体温が上昇し，熱帯夜（25℃以上）では夜10時ごろまで平熱（38.5〜39.5℃）に下がらない。

ウサギを用いた実験では，体温が0.5℃上昇すると妊娠できない。とくに排卵後の3時間，すなわち卵子が精子と接合して受精する時期の高温が最も有害なことがわかっている。

（2）　受胎率向上のための夏の管理

牛の体温の調節には，被毛が冬毛から夏毛に替わることも重要な役割がある。栄養不良牛は被毛の抜け替わりが遅れる。サクラの開花前線をめどにして，花が咲くころには冬毛から夏毛に替わるような栄養の管理が望ましい。

夏には，牧草や野草が多い季節であるから充分に利用したい。しかし夏草は栄養が低下しており，消化が悪く，消化熱も多くでるので頼りすぎることは禁物である。

牛を1年に1産させるためには，泌乳の最盛期に妊娠させる必要がある。夏には必要に応じて濃厚飼料を添加して，バランスのよい，消化のよい飼料を調製して，受胎率を高めるための栄養管理が重要なポイントになる。

そのほかに昼間は牛舎内につないで夜間放牧をする。牛舎内では扇風器，ダクトファン，霧吹き，屋根に散水などを行なって舎温を下げれば，夏負けや高温による食欲低下から守ることができ，夏季不妊を防止する効果がある。夜間に涼しくなってから種付けをする方法もあるが，排卵が高温時に起こるものには効果がない。

1982年記

第1表　牛での授精後の温度と受胎との関係
（バンラブタル，1971）

初回授精後の舎内温度	湿度	時間	直腸温	受胎率
発情発見後12時間間隔に2回授精				
21.1℃	65％	72時間	38.5℃	48％
32.2	65	72	40.0	0

注　ヘレフォード種未経産牛，43頭

妊娠の確認

菅　徹行（山口大学）

牛には，妊娠していながら発情しているような行動をするものがある。一方，妊娠していないにもかかわらず発情しないものがあるので，種付けをすれば一定期間ののち妊娠診断をする必要がある。

(1) ノンリターン法

牛は通常18～24日，平均21日の間隔で発情を繰り返すが，妊娠した牛は発情しなくなるので，種付け後に発情しない牛を妊娠とみなす診断法をノンリターン法という。この方法は早くて簡単なため，雄牛や雌牛の繁殖能力を調べることのほか，人工授精技術を比較することにも用いられ，広く普及している。

しかし妊娠していながら発情様行動をするもの，妊娠していないのに発情しないもの，発情を見落としたもの，妊娠していたが流産したもの，などがあるので間違いが起こる。

牛の妊娠には危険な時期が2回ある。初回は種付け後1週間目で，子宮の受入れ準備が悪いためである。2回目は15～35日間で，子宮の栄養不足，受精卵の異常，あるいは種付けが早すぎて排卵までに精子が老化したり，種付けが遅すぎて卵子が老化したなどの人工授精の技術に関することのほか，分娩後の種付け時期が早すぎて子宮の回復が不充分なことなどに原因して胚子が死亡する。したがって，ノンリターン法による妊娠牛の的中率は，種付け後40～60日間発情しないものでは70～80％，90日間発情しないものでは90～95％である。

(2) 直腸検査法（妊娠40日～4か月間）

子宮の中に胎子を育てている胎膜があるかどうかを，牛の直腸内に手を入れて直接に触れて確かめる方法で，現在最も確実な診断法である。

胎膜は種付け後50～60日からはっきりしてくるが，訓練して技術が上達すれば40日目ころから診断できる。けれどもなお，分娩するまでには流産したりミイラ変性になったりするなど，胎子が死亡する割合が数％ある。

妊娠4か月下旬から5か月上旬になると，胎子が発育して子宮が重くなり，腹腔内下方に沈むので，診断できない。

(3) 中子宮動脈による方法（妊娠5か月～10か月）

直腸検査を行なって調べる。妊娠5～6か月になると子宮は腹腔内へ沈んで触診できないが，子宮に栄養を送っている中子宮動脈が太くなり拍動するようになるので，診断に役だつ。

中子宮動脈は骨盤のやや前方にあり，妊娠4か月まではわからないが，5か月末期には箸くらいの大きさになり拍動している。中子宮動脈はしだいに大きくなってゆき，分娩の直前にはひとさし指大になる。胎子が着床していない側の動脈は，小型で発育が劣る。また，中子宮動脈に代わって，卵巣動脈が大きくなるものが約5％ある。

(4) 子宮頸管粘液の変化（妊娠2か月～10か月）

妊娠すると，子宮の入口や子宮頸管内に粘液を溜めて栓をするしくみがある。この粘液は妊娠がすすむにつれて増量し，濃厚になるので，妊娠のめやすになる。

腟内へ手を入れて，あるいは粘液採取器を用いて頸管外口部の粘液を取り出して調べる。粘液を2枚のガラスではさみ，粘液を転がしてガラスに塗りつけてみる。妊娠していれば細く羊毛状に付着する。その他，比重の変化でみたり，苛性ソーダ液に入れて色の変化でみたりする方法などがある。

妊娠5～6か月目には粘液が増量し，子宮頸管外口部から押し出されて突出してくる。取り出して調べると，2～3月目のものより濃厚で弾力があり，のり状にやや濁ってみえる。この粘液の一部は外陰部から垂れさがることもあり，わらやゴミなどが付着して陰毛にぶらさがって，尾ガラミ（尾もつれともいう）をつくることもある。妊娠8～9か月ではさらに増量し頸管外

口部に充満し，生ゴム様あるいはコンニャク状の弾力がある。粘液の変化による方法は，すべての雌牛に応用できるが，太りすぎて直腸検査による診断が困難なばあいには，主要な方法である。

(5) 腟粘膜の変化（妊娠6か月〜10か月）

妊娠6か月目になれば胎子は約50cmに育ち，子宮も相応して大きくなるので，血管は太くなり，血液の流れも増加し，子宮に連続している腟の粘膜も赤く充血する。発情期にも赤くなるが，妊娠期には発情期にみられるような光沢はない。妊娠を判定するさいの参考になる。

(6) 牛乳，血清中の黄体ホルモン量の変化（妊娠21日〜24日目）

現在，最も早くできる妊娠診断法である。
妊娠中に発情すると流産するので，妊娠すれば卵巣から黄体ホルモンを放出して発情を止めているしくみがある。種付けをしても妊娠しなかったときは，黄体ホルモンが不足するので発情する。しかし発情がなくても，種付け後18〜24日間に牛乳か血液中の黄体ホルモン量を調べると，妊娠していない牛は少なくなっているので判断できる。海外では実用化されている地域が一部あるようだが，放射性物質を使用し，高価な装置と特殊な技術を要するため，わが国ではまだ普及の段階にない。同様な結果は，直腸検査を行なって卵巣内にある黄体を調べても得られる。なおノンリターン法と同様，検査後に胚の早期死亡や永久黄体などがあれば間違いになる。

その他，婦人では胎盤性ホルモンを検査して早期妊娠診断ができるが，牛にはこの種のホルモンがないので役だたない。

1982年記

搾乳牛

胚移植での受胎率を高める方法

川俣昌和((有)十勝ライブストックマネージメント)

(1) 凍結胚受胎率の現状

凍結胚による全国の平均受胎率は十数年来ほぼ横ばいで、40％前後である。その中で、年間受胎頭数50頭以上で、かつ受胎率50％以上という「ETチャレンジ50」と称する基準を達成した機関は年々増加しており、平成6年度には38機関となった（農林水産省畜産局家畜生産課、1996）。その38機関の平均受胎率は56.8％となっている。

当社は、その達成機関の一つであり、平成5、6年度にはトップにランキングされ、受胎率はそれぞれ77.5、72.5％であった。今回、受胎率をいかにして高めるかということで、当社のデータを加えて、そのポイントについていくつか私見を述べたい。

本題に入る前に、当社の胚移植事業について簡単に紹介する。

当社は、乳牛の胚移植をコマーシャルベースで行なっている民間企業の一つであり、平成2年から胚移植事業に着手した。その事業の主旨は、従来の凍結精液による雄側の遺伝子だけではなく、雌雄両側から優秀な遺伝子を提供して乳牛を改良していくということである。そのために、北米からドナー牛（供胚牛）を導入し、そのドナー牛に北米のトップクラスの種雄牛を交配することにより、受精卵を生産している。

こうして当社は、輸入受精卵の解禁前から輸入受精卵と同等のものを供給し、現在までに約1,000個の凍結胚を販売している。また、フィールドサービスと称して、採胚・移植といった従来の胚移植技術も近隣の酪農家に提供している。

(2) 受胎率を左右する要因

牛胚移植を行なうにあたって、受胎に影響を及ぼす要因は数多くあげられるが、大別すると、次の3つに分けることができると筆者は考えている。
1) 胚（受精卵）側の要因
2) 移植者側の要因
3) レシーピエント牛（受胚牛）側の要因

胚側の要因では、品質、発育ステージ、凍結の処理などが影響を及ぼすと考えられる。

移植者側の要因では、移植技術、レシーピエント牛の選定の方法などが影響を及ぼすと考えられる。

レシーピエント牛側の要因では、牛自身の発育状況と栄養状態、移植する胚とレシーピエント牛の発情の同調性、生殖器特に黄体の品質などが影響を及ぼすと考えられる。なお、レシーピエント牛が管理されている環境も、この中に含まれる。

以下に、それぞれの要因に分けて説明する。

(3) 胚側の要因と受胎率向上のポイント

①胚の品質

いかにすばらしい移植技術があり、コンディションのよいレシーピエント牛が用意できても、移植する胚の品質がよくなければ受胎しないのはいうまでもない。そのことを明らかにするために、第2表に、当社で採胚・移植した胚の品質別受胎率を、凍結処理の有無に分けて示した。この表では、胚の品質はLindnerとWright（1983）に従って評価した。

表からわかるように新鮮胚を移植した場合には、品質による受胎率の差はみられない。しかし、凍結処理することによって、品質による差がはっきりと出てくる。特にfair以下の品質の胚

第1表 胚の品質分類

分類	ランク分け		説　明
	IETS	国内	
Excellent	1	A	球形で対称的な理想的形態をした胚
Good	1	A	少しの割球が突出したり、やや不均整の認められる普通の胚
Fair	2	B	明らかに割球や変性細胞が認められる胚
Poor	3	C	かなりの数の割球や変性細胞、いろいろな大きさの細胞の認められる胚　しかし胚の細胞塊が明らかに認められる

注　IETS：International Embryo Transfer Society

第2表 胚の品質別受胎率

胚の品質	新鮮胚			凍結胚		
	移植数[a]	受胎数	受胎率(%)	移植数[a]	受胎数	受胎率(%)
Excellent	79	58	73.4	98	65	66.3[d]
Good	54	43	79.6[B]	101	63	62.4[d,C]
Fair	249	176	70.7[D]	20	4	20.0[e,E]
Poor	55	39	70.9			
合 計	437	316	72.3	219	132	60.3

注 a：データは1991年1月〜1996年10月に行なった移植
B−C：異符号間に有意差あり（P<0.05）
d−e，D−E：異符号間に有意差あり（P<0.001）

第3表 胚の発育ステージ別受胎率

胚の発育ステージ	新鮮胚			凍結胚		
	移植数[a]	受胎数	受胎率(%)	移植数[a]	受胎数	受胎率(%)
初期桑実胚	56	41	73.2[D]	13	3	23.1[b,d,E]
桑実胚	175	127	72.6[B]	36	20	55.6[c,C]
初期胚盤胞	156	114	73.1[B]	132	82	62.1[e,C]
胚盤胞	41	26	63.4	34	23	67.6[e]
拡張胚盤胞	9	8	88.9	4	4	100.0[c]
合 計	437	316	72.3	219	132	60.3

注 a：データは1991年1月〜1996年10月に行なった移植
b−c，B−C：異符号間に有意差あり（P<0.05）
d−e，D−E：異符号間に有意差あり（P<0.01）

第4表 ドナー牛別胚の耐凍性[a]の比較

ドナー牛	採胚数	移植数	受胎数	受胎率[b](%)
A	5	17	14	82.4
B	6	11	9	81.8
C	9	22	17	77.3
D	5	22	15	68.2
E	14	64	40	62.5
F	7	38	23	60.5
G	4	10	6	60.0
H	5	22	13	59.1
I	6	17	10	58.8
J	11	71	41	57.7
K	6	33	18	54.5
L	13	44	22	50.0
M	3	12	6	50.0
N	6	17	8	47.1
O	8	35	15	42.9
P	12	90	36	40.0
Q	3	15	6	40.0
R	7	16	6	37.5
S	7	40	5	12.5

注 a：1.4Mグリセリンで凍結した胚の受胎率
b：受胎頭数／移植頭数×100（%）
ドナー牛間に有意差あり（P<0.000004）

種付け＝胚移植での受胎率を高める方法

は，凍結処理することにより著しく受胎率が低下する。

②胚の発育ステージ

同じように，当社で採胚・移植した胚の発育ステージ別受胎率を第3表に示した。新鮮胚の場合，発育ステージによる受胎率の差はみられないが，凍結胚の場合，特に初期桑実胚で受胎率の著しい低下がみられた。

凍結処理すると受胎率が低下するが，胚の品質・発育ステージによってはさらに低下する場合がある。したがって，凍結処理する場合には，胚の評価（品質，発育ステージ）を正確に行なうことが要求され，凍結に向いていない胚の処理は避けるべきである。さらに，現在のように凍結胚が流通するようになると，凍結処理する胚の基準を設ける必要がある。ちなみに，輸入受精卵の場合，品質はexcellentまたはgood，発育ステージは桑実胚から胚盤胞の良質な凍結胚が輸入されている。

③ドナー牛でちがう胚の耐凍性

第4表は，当社のドナー牛から採胚した，品質がgood以上の形態学的にみて問題のない胚を凍結後，融解・移植した結果である。ドナー牛の中には，胚を凍結処理することにより，その胚の受胎率が下がる牛がみられる。耐凍剤にエチレングリコールを使用した場合には，さらに顕著に差がみられることがある（Looneyら，1996）。したがって，耐凍性の低いドナー牛の胚を使用する場合は，あえて凍結処理をしないで新鮮胚移植を行なう方法が，今の段階では最もよい解決策ではないかと思われる。

(4) 移植者側の要因と受胎率向上のポイント

第5，6表は，移植時間ごと，移植者ごとの受胎率の比較を行なった報告である（山科，1988）。新鮮胚移植における受胎率は，移植時間10分以内が最も高く，30分以上かかった場合は最も低い結果になっている。

搾乳牛

移植者間の受胎率を比較すると，78.4〜28.6%の開きがある。この開きからもわかるように，牛における胚移植と人工授精の技術を単純に比較すると，明らかに移植のほうが難しいと思われる。しかし，子宮内膜などの生殖器を傷つけないように移植を行なうトレーニングを積むことにより，スムーズに移植することが可能になる。

フランスにおいて，獣医師と授精師の胚移植の受胎率を比較した報告がある（NibartとHumbolt，1997）。この報告では，獣医師のほうが授精師よりも，わずかではあるが有意に高いという結果になっている（50.0% vs 46.9%，P<0.02）。これは，移植の技術的な差というよりは，レシーピエント牛が移植に適するかどうかを総合的に判断する部分での差が現われているものと推察される。

移植者は胚の品質・発育ステージを正確に評価し，またレシーピエント牛の黄体はいうまでもなく，管理状況・コンディションを判断することも必要になってくる。

(5) レシーピエント牛側の要因と受胎率向上のポイント

①飼育管理上の問題と改善のポイント

3つの要因の中で，レシーピエント牛が最も受胎に影響を与える。レシーピエント牛の移植の適否について，管理状況・コンディションをまとめて1つの尺度で客観的に評価することは困難である。そこで，当社が依頼を受けた牧場別の受胎成績を表にしたので，それをもとに話を進めたい（第7表）。

第7表では，それぞれの牧場を受胎率によって3つのグループに分けた。グループ1は受胎率が高いグループである。コンディションのよいレシーピエント牛を準備しているため，胚を移植すると高い率で受胎する。

他のグループとのいちばんの違いは，胚移植に対して理解があり，積極的に行なっていることである。

グループ2は，平均的な受胎率のグループである。胚移植に対する関心はあるが，畜主が思っているほど受胎率は伸びていない。もし，こ

第5表 移植時間と受胎率[a]（山科，1988）

時 間	移植数	受胎数	受胎率（%）
10分以内	277	179	64.6[b]
11〜20分	78	43	55.1[c]
21〜30分	26	11	42.3[d]
31分以上	22	6	27.3[e]

注 a：データは1985年4月〜1986年12月に行なった新鮮胚移植
b-d，c-e：異符号間に有意差あり（P<0.05）
b-e：異符号間に有意差あり（P<0.001）

第6表 移植者と受胎率[a]（山科，1988）

移植者	移植数	受胎数	受胎率（%）
N	51	40	78.4[b]
Y	28	19	67.9
K	47	31	66.0
T	39	25	64.1
O	9	4	44.4
H	7	2	28.6[c]

注 a：データは1985年1月〜1986年12月に行なった新鮮胚移植
b-c：異符号間に有意差あり（P<0.05）

第7表 牧場別のレシーピエント牛の受胎率[a]

グループ	牧場	合計			新鮮胚			凍結胚		
		移植数	受胎数	受胎率	移植数	受胎数	受胎率	移植数	受胎数	受胎率
1	A	143	110	76.9[b]	62	50	80.6[b]	81	60	74.1[b]
	B	55	41	74.5	13	10	76.9	42	31	73.8
	C	45	33	73.3	7	6	85.7	38	27	71.1
	D	8	6	75.0	1	1	100.0	7	5	71.4
	E	5	5	100.0				5	5	100.0
	F	5	4	80.0				5	4	80.0
2	G	35	17	48.6				35	17	48.6
	H	32	19	59.4				32	19	59.4
	I	12	7	58.3				12	7	58.3
	J	8	4	50.0	3	3	100.0	5	1	20.0
3	K	6	1	16.7				6	1	16.7
	L	3	1	33.3				3	1	33.3
	M	2	0	0.0				2	0	0.0
	N	2	0	0.0				2	0	0.0

注 a：データは1991年1月〜1996年12月に行なった移植
b：受胎頭数/移植頭数×100（%）

第8表　胚移植の適否からみた各牧場の特徴

グループ1：高受胎率の牧場
B牧場：経産・未経産牛を対象。発情は正確にチェック・記録している。多頭数飼育のため、コンディションのよい状態の牛に移植することが可能。給与飼料は、主に乾草、デントコーンサイレージと配合飼料。毎日パドックに出して運動させている
C牧場：経産・未経産牛を対象。特に、育成牛の飼養管理が良好。発情は正確にチェック・記録している。給与飼料は、乾草、デントコーンサイレージ、パルプと配合飼料
D牧場：主に未経産牛を対象。未経産牛はフリーストール牛舎で飼育し、給与飼料はグラスとデントコーンサイレージを主体に安定して高品質なものを給与
E牧場：主に未経産牛を対象。多頭数飼育のため、コンディションのよい状態の牛に移植することが可能。給与飼料は、乾草、デントコーンサイレージと配合飼料
F牧場：主に未経産牛を対象。未経産牛はフリーストール牛舎で飼育。給与飼料は、乾草と配合飼料
グループ2：平均的な受胎率の牧場
G牧場：経産・未経産牛を対象。経済を優先するため、給与する飼料内容の変更が著しい
H牧場：未経産牛を対象。年ごとに受胎率のバラツキがある。発情発見は正確であるが、給与飼料が変化し、牛が過肥になると受胎率が低下する。給与飼料は、グラスサイレージと配合飼料
I牧場：未経産牛を対象。発情の記録があまり正確でない。過肥傾向であるが、傾斜のきつい放牧地で運動量が多い。給与飼料は、乾草とスウィートコーンを収穫した残渣（主に皮と芯）と生パルプのサイレージ
J牧場：主に未経産牛を対象。粗飼料の給与不足で、育成牛の発育が悪く、受胎しにくい。給与飼料は、乾草、パルプと配合飼料
グループ3：低受胎率の牧場
K牧場：未経産牛を対象。個別識別、発情の記録はあまり正確でない。発情のチェックは1日朝1回で、見逃すことが多い。過肥になりがち。給与飼料は、乾草と配合飼料
L牧場：未経産牛を対象。通常は育成牛を飼育しておらず、移植するために新たに購入。育成牛の管理に慣れていない。現在は、他の牧場の牛に移植を依頼している
M牧場：未経産牛を対象。移植する牛を限定するため、コンディションのよりよい状態の牛に移植することができない。給与飼料は、デントコーンサイレージ主体
O牧場：経産牛を対象。胎盤停滞、子宮内膜炎の牛が多く、繁殖成績の悪い牛群。産後の回復の遅れる牛が多い

各牧場ごとの状況を第8表に示した。表には示さなかったが、A牧場は当社である。当社では、経産牛と比較して受胎率の高い未経産牛を移植対象牛としている。その管理上のポイントを第9表に示した。

②発情の同調性

上記のほかに、受胎に影響を及ぼす要因として、発情の同調性、黄体の品質、$PGF_2\alpha$処置があげられることがある。

まず、ドナー牛とレシーピエント牛の発情の同調性が受胎に及ぼす影響である。一般に、ドナー牛は発情から7日目に採胚するため、発情から7日目のレシーピエント牛に胚移植をすることが多い。以

れ以上の受胎率を望むのであれば、管理上改善すべき点（第8表参照）が認められる。

グループ3は受胎率の低いグループである。胚を移植しても受胎しないので、次の準備をする意欲を失っていく。条件のよいレシーピエント牛を準備できないため、受胎率が下がっていき、ますます悪循環に陥っていく。

このグループは、移植対象牛に発情がきても、発情後7日目の黄体検査の結果、レシーピエント牛に移植できないことが多い。さらに、複数の管理上の問題を抱えていることも低受胎率の一因となっている。たとえば、給与飼料の品質が悪かったり、育成牛の発育が悪かったり、個体の確認が不正確であったり、発情が正確に記録されていなかったり、除角や移動直後で牛が牛群になれていなかったりなどである。

下、発情発現の時間差が受胎に及ぼす影響を検討してみよう。

第1図は、アメリカのエムトラン社のデータを示している（Haslerら、1987）。これによると、ドナー牛とレシーピエント牛の発情発現の時間差が、だいたい±12時間以内であれば受胎率に差がみられないようである。表では、レシーピエント牛がドナー牛よりも早く発情発現する場合は受胎に影響しないが、遅い場合には有意に受胎率が下がることも示されている。また、レシーピエント牛は発情後7日目が最も受胎率が高く、これを頂点として発情発現の時間が前後に経過するに従い有意に受胎率が減少するといわれている（Haslerら、1987）。このような理由から、レシーピエント牛の正確な発情の記録が必要になってくる。

搾乳牛

③黄体の品質との関係

黄体の品質が受胎に及ぼす影響については，Haslerら（1987）が報告している。彼らは，1.5cm以上の大きさの黄体とそれ以下の黄体および嚢腫様黄体の比較を行なっている。3つの分類による受胎率の差は認められず，受胎率はそれぞれ76，72および79％であった。

黄体の品質については，受胎とあまり関係がないという報告が多く，むしろ発情がよくて機能的な黄体が存在すれば，レシーピエント牛として使うことができると考えられる。

④PGF$_2\alpha$処置の効果

レシーピエント牛に対してPGF$_2\alpha$処置をしても，受胎への影響はないと考えられている。一方で，Haslerら（1987）はPGF$_2\alpha$処置による誘起発情と自然発情を比較した場合，誘起発情後の胚移植のほうが有意に受胎率が高いと報告している（75% vs 68%，$P<0.025$）。この原因の一つとして，発情を誘起すると，自然発情に比べ発情時期をあらかじめ予測できるため，畜主が注意をして，発情のチェックをより確実に行なうことができるためではないかと思われる。

また，PGF$_2\alpha$を注射しても発情がこなかったり，黄体形成がよくなかったりする場合がある。このようなときは，レシーピエント牛がPGF$_2\alpha$に反応するような状態ではないということを示している。つまり，PGF$_2\alpha$処置前に直腸検査で黄体が存在しても，それが機能していないような栄養状態であることを示しており，移植は見合わせたほうが賢明である。

(6) 要因別の注意点

まとめとして，各要因別におもな注意点を以下に示す。

1) 胚側の注意点

一般に新鮮胚は凍結胚と比較して受胎率が高

第9表　胚移植対象牛の管理のポイント　　　（A牧場）

導入	12か月齢前後の育成牛を導入
	不健康な牛，角のある牛は導入しない
導入時の検査	健康検査，生殖器の検査（直腸検査）を行なう
	衛生検査（牛結核病，ブルセラ病，牛白血病，ヨーネ病他）を行なう
	個体識別（耳標）を行なう
一般の管理	ワクチネーション（IBR・BVD・PI），駆虫（イベルメクチン）を行なう
	フリーストール牛舎で管理する
	1つのペンに10頭くらい飼育する
	受胎までそのペンの牛の出し入れをしたり環境を変えたりしない
	移動する場合は，ペンごと移動する
飼養管理	NRC飼養基準に従って計算（TDN61%，CP12%）し，給与飼料を決める
	受胎まで給与飼料の種類・内容を変えないようにする
	TMRを主体に，乾草を自由採食させる
	移植時のボディ・コンディション・スコアーを2〜3の範囲に調整する
発情検査	1日朝夕2回チェックする
	移植まで2回の性周期，最低でも2回の発情を確認する
胚移植	14か月齢以降に，体高が約125cm以上に発育したら移植を開始する
	フリーストール牛舎で，連動スタンチョンに入った状態で移植する
受胎確認	最終発情後35〜40日目に直腸検査を行なう
	分娩直前までフリーストール牛舎で管理する

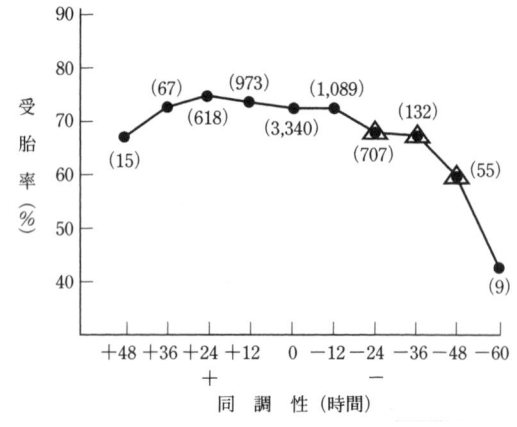

第1図　ドナー牛とレシーピエント牛の発情同調性が受胎率に及ぼす影響　　　（Haslerら，1987）
　＋：レシーピエント牛はドナー牛よりも早く発情発見
　－：レシーピエント牛はドナー牛よりも遅く発情発見
　（　）：移植頭数
　△：＋24時間と比較して受胎率が有意に低い（$p<0.05$）

い。

凍結処理を行なう場合には品質のよい胚を処理する。

小型化した桑実胚（各割球が融合して小型化し，囲卵腔の60〜70%に縮まった状態）以上の

ステージの胚を凍結処理する。

　2）移植者側の注意点

　移植はある程度の熟練を要し，生殖器を傷つけるような無理な操作をしてはいけない。

　レシーピエント牛の移植の適否を管理状況・コンディションから総合的に判断する。

　3）レシーピエント牛側の注意点

　経産牛の場合，分娩時の事故や胎盤停滞を起こした牛は移植の対象としない。

　未経産牛の場合，過肥の牛や極端に削痩した牛は避ける。

　個体識別・発情の記録を正確に行なう。

　ストレスをかけない快適な環境で飼育する。

　質・バランスのよい飼料を給与し，受胎までは内容を変更しないようにする。

　受胎率をいかにして高めるかということで，受胎に影響を及ぼす要因ごとに述べてきた。その3つの要因は互いに他の要因と関連し合っているため，すべての要因がうまくいってはじめて受胎するのであり，どれ一つ欠けても成功には結びつかない。したがって，受胎率をよくすることができるかどうかは，それぞれのステップをどれだけ忠実に実行するかにかかってくる。そのためには，技術者と畜主の相互理解が必要不可欠なものと考えられる。

　着床と妊娠機構の科学的な解明がよりいっそう進めば，将来的には，受胎率をいま以上に高めることが可能になるかもしれない。

1997年記

参 考 文 献

Hasler, J.F., A.D. McCauley, W.F. Lathrop & R.H. Foote. 1987. Effect of donor-embryo-recipient interactions on pregnancy rate in a large-scale bovine embryo transfer program. Theriogenology. **27**, 139―168.

Lindner, G.M. & R.W. Wright, Jr.. 1983. Bovine embryo morphology and evaluation. Theriogenology. **20**, 407―416.

Looney, C.R., D.M. Broek, C.S. Gue, D.J. Funk & D.C. Faber. 1996. Field experiences with bovine embryos frozen-thawed in ethylene glycol. Theriogenology. **45**, 170.

Nibart, M. & P. Humbolt. 1997. Pregnancy rates following direct transfer of glycerol sucrose or ethylene glycol cryopreserved bovine embryos. Theriogenology. **47**, 371.

農林水産省畜産局家畜生産課．1996．平成6年度の受精卵移植の実施状況について．ETニュースレター．**18**, 97―101.

山科秀也．1988．牛受精卵移植における実施上の問題と課題．ETニュースレター．**3**, 5―9.

乾　　　乳

乾乳の判断と方法

執筆　菊地　実（北海道専門技術員）

(1) 乾乳の意味と実態

①乳牛の健康と生産性に大きく影響する乾乳

乾乳期には，「泌乳の終わり」と「泌乳の始まり」という二つの意味がある。

乾乳期に入る時の状態，乾乳期間中の状態，乾乳終了（分娩）時の状態が，次乳期の健康と生産性に大きな影響を与える。

ここでいう「状態」とは，母体の健康，ボディーコンディション，母体が摂取する栄養の量とバランス，飼養環境，肢蹄損傷や乳房炎の有無など，「母体と母体を取り巻くすべての状態」を意味する。

乾乳期は，「泌乳を始めるまでの休息期間」ではなく，「健康を維持しながら最大の生産を得るための管理がスタートする期間」と認識すべきである。

周産期疾病を発症する，分娩後の飛び出し乳量が低い，ピーク乳量が低い，受胎が芳しくない，産褥期に乳房炎に感染する，これらの素因のほとんどは乾乳期にあると考えてもよい。

乾乳期は，おおむね分娩2か月前から分娩までの，搾乳または泌乳していない期間をいう。分娩2か月前の初妊牛も，経産牛と同じ概念でこのグループに入れられる。

②乾乳日数と産乳量

第1図に示すとおり，乾乳日数が短すぎる場合は明らかに産乳量が低下する。それとは逆に，乾乳日数を長くしても産乳量に貢献しない。

③乾乳日数の実態

第2図は北海道の乾乳日数の実態である。

初産牛の乾乳日数の目安は60～70日であるが，その範囲に入る割合は22％と少なく，乾乳日数60日以下の割合が53％を占める。

経産牛（2産以上）の乾乳日数の目安は50～60日であるが，その範囲に入る割合は21～24％でしかない。

(2) 乾乳の適切な判断

①乾乳日数データの解釈

乾乳日数のデータを，平均値だけで解釈するのは間違いである。データは平均値もさることながら，バラツキにも留意すべきである。

第1表に示した二つの農場の平均乾乳日数は

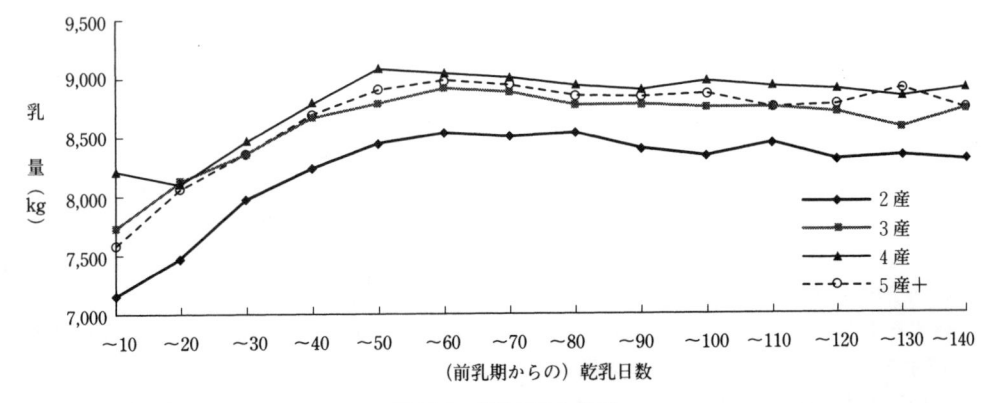

第1図　乾乳日数と乳量
「個体の305日間成績」より（北海道乳牛検定協会）

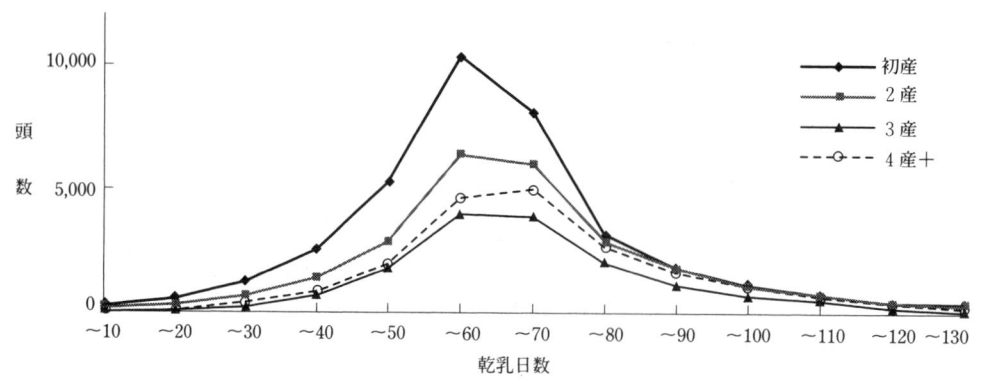

搾乳牛

第2図 乾乳日数別の頭数
「個体の305日間成績」より（北海道乳牛検定協会）

第1表 乾乳日数の比較

A農家

検定月日	乾乳日数 平均(日)	39日以下(%)	40～69日(%)	70日以上(%)
8.12	65		100	
9.11	57		100	
10.14				
11.12	48		100	
12.9	52	50		50
1.8	55		100	
2.6	61		75	25
3.6	65		33	67
4.5				
5.12	70		50	50
6.3	32	50	50	
7.6	51		100	
8.2				
平均・計	56	6	78	16

B農家

検定月日	乾乳日数 平均(日)	39日以下(%)	40～69日(%)	70日以上(%)
8.25	26	100		
9.21	35	100		
10.19	11	100		
11.19	123		33	67
12.13	63		50	50
1.15	40	50	25	25
2.10	62		100	
3.10	72			100
4.13	32	100		
5.25	45	50		50
6.27	41		100	
7.19	71	50	17	33
8.20	52		100	
平均・計	59	42	27	31

ほぼ同じである。しかし，そのバラツキを見ると，A農場は78％の牛が適切な範囲にいるのに対し，B農場では適切な範囲にいる牛はわずかに27％である。B農場では，乾乳期間が短すぎる牛が42％，長すぎる牛が31％で，じつに73％が不適切な乾乳期間で分娩を迎えていることになる。

牛群の生産効率を決定するのは，群の下位3分の1に属する牛の生産性である。これらのグループに属する牛の大半が，不適切な乾乳期間で飼われている事実を見逃してはならない。

②牛の状態と乾乳期間

適切な乾乳期間は，産次数，産乳量，分娩間隔，母体の成長度合，ボディーコンディションによって個体ごとに異なる。

一般的な乾乳日数の目安は，次のとおりである。

初産牛：60～65日

経産牛：50～55日

初産牛の乾乳日数が，経産牛に対して長めに必要な理由は次のとおりである。

③長めの乾乳日数が必要な初産牛

母体の成長 初産牛（体格の小さい2産牛も同じ考え方）は成長途上にあり，その分の栄養要求量が大きい。乾乳期の少ない乾物摂取量内で必要な栄養を摂取させるために長めの期間を保証し，栄養由来のストレスをやわらげる必要がある。

産乳に必要な栄養要求量が大きい 経産牛に対して初産牛は，前述した成長の要求量に加えて次の二つのハンディキャップがある。

・経産牛に対して初産牛の乾物摂取量は小さい。一般論で言えば，乾物摂取量にもっとも影響を与えるのは体格の大きさである。

・体重当たりの維持栄養要求量は，体格が小さいほど相対的に大きくなる。

社会的・環境的ストレス 初産牛の社会的地位は，牛群内の下位にある。そのため初産牛はエサや水への自由なアクセスを制限されることが多い。このことが，栄養摂取量の制限に結び

つく。また，分娩，搾乳，新たな施設や群への移動など，初産牛が曝されてきた環境的ストレスは数多い。

乾乳期は，これらの諸ストレスから初産牛を解放させる期間でもある。

(3) 乾乳日数に影響を与える要因

諸条件に伴う乾乳日数設定の考え方は，第2表を参照されたい。これは絶対的な乾乳日数ではなく，あくまでも目安である。次に示すような考え方に基づき，牛の状態から乾乳期間を延長あるいは短縮すべきである。

産次数と体格 前述したとおり，成長途上で体格が小さい初産牛は，乾乳日数を長めにすべきである。このことは，体格が小さい2産牛でも同じである。

産乳量 産乳量が高い牛には，長めの乾乳日数が必要である。換言すれば，乾乳時点の産乳量が高ければ高いほど，長めの乾乳期間を保証する必要性が高まる。産乳量が高いからと搾乳を続け，乾乳日数を短縮することは間違いである。

産乳量が低い牛は，総じてBCSも高く，乾乳日数が短めでも問題は少ない。

ボディーコンディション ボディーコンディションがオーバーな牛は，摂取エネルギーの量を制限し，乾乳日数を50日前後まで短縮する。

受胎の遅延などにより搾乳日数が長い牛は，ボディーコンディションが過剰になりがちである。このような場合，搾乳期にエネルギーを制限してBCSを調整するのは実際上は難しい。乾乳期間が多少長くなっても乾乳にして，エネルギー摂取量を制限するほうが得策である。

逆に，乾乳時までにBCSが適切なレベルまで上がらない場合は，泌乳期間中のエネルギー給与量で対応するのが得策である。乾乳後にエネルギー給与量を上げてBCSを上昇させる管理は避けなければならない。

分娩間隔 産次数に関係なく分娩間隔が短ければ，乾乳日数を長めに設定したほうがよい。同じ分娩間隔であれば，産乳量が高い牛ほど乾乳日数を長めにし，低い牛は短めにする。

第2表 確保すべき乾乳日数

分娩間隔	産乳水準（ストレス水準）	確保すべき乾乳日数（日）
11か月前後	高	75～70
	中	70～65
	低	65～60
12か月前後	高	65
	中	60
	低	55
13か月前後	高	60
	中	55
	低	50
14か月以上	高～低	55～50

ストレスの総和 牛にとって必要な乾乳日数は，前乳期に受けてきたストレスと，次乳期に受けるであろうストレスの総和の大きさによって決定される。

(4) 乾乳開始日の決定，乾乳の方法

①乾乳開始日

ここまでに示した諸条件を勘案して乾乳日数を設定し，分娩予定日から逆算して乾乳開始日を決定する。

②産乳量の調整

産乳量が多い場合 たとえば，産乳量が25kgを超えるような場合，乾乳予定日1週間前から濃厚飼料の給与量を減らし，乾乳当日には乾乳用の飼料メニューに切り替わっているようにする。この目的は乾乳当日の産乳量を下げておくことにある。

なお，この場合制限するのは濃厚飼料であって，粗飼料は飽食状態とする。飲水量を制限し産乳量を下げる方法もあるが，これは日常的にではなく，やむを得ない場合の方法と考えたい。

産乳量が少ない場合 たとえば，産乳量が15kg以下の場合，乾乳に向かって産乳量をコントロールする必要はない。

乳房炎感染牛の場合 黄色ブドウ球菌などによる乳房炎感染牛の場合は，産乳量にかかわらず濃厚飼料の給与量を制限することもある。搾乳回数を漸減する方法もあるが，むしろ乾乳開始日を早めにして，その後の乳房炎発症の有無

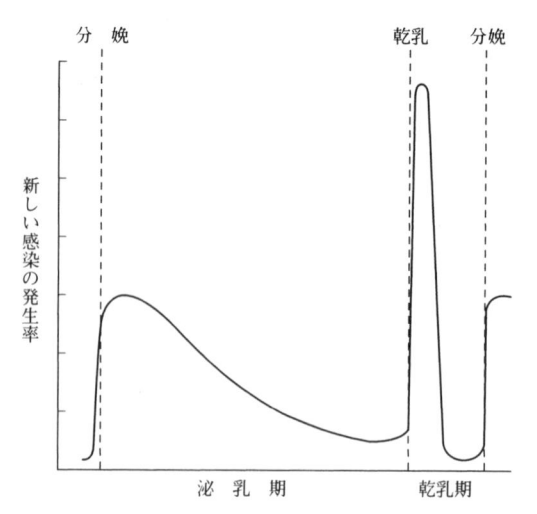

第3図　泌乳期，乾乳期と新しい乳房炎感染の発生率との関係　　（Natzke, 1981）

によって対応することを奨めたい。

③乾乳に向けた搾乳回数

段階的に搾乳回数を減らすのではなく，乾乳予定日の最終搾乳後一気に乾乳する。つまり，普通いわれるところの，一発乾乳方式が奨められる。

泌乳を停止させるためには，搾乳停止後に乳房内圧が高まる必要がある。搾乳回数を漸減させる方法は，この乳房内圧があいまいに高い期間が長くなるために，むしろ乳房炎感染のリスクを高くすることにつながる。

④乾乳に伴う処置

最終搾乳が終わった時点で，次の要領で乾乳期用乳房炎軟膏を注入する。

①アルコール綿で乳頭先端を消毒する。アルコール綿に汚れが付かなくなるまで完全に汚れを拭き取る。

②乾乳期用乳房炎軟膏のカニューレの先端（3mm）だけを乳頭口に差し込み，軟膏を注入する。

③ポストディッピング用のディッピング液で乳頭全体をディッピングする。

④乾乳開始日から3～7日間，朝夕乳頭ディッピングを行ないながら乳房の状態を観察する。

⑤乾乳期治療として乾乳期用乳房炎軟膏を全頭全分房に注入するか，選択的に注入するかは臨機応変に判断するべきである。選択的に注入する場合の考え方は次のとおりである。

・乳房炎を発症した経験のある牛
・臨床的乳房炎は認められなかったが，乳検の体細胞数情報で30万以上を記録した経験のある牛

これらの牛には乾乳期用乳房炎軟膏を注入することを奨めたい。

乾乳時点の処置が完全であったとしても，乾乳後3～7日間の乳房の観察は必要である。乾乳後1週間に乳房炎の新規感染率が高いことが，この間の観察の重要性を物語る（第3図）。

乾乳後に乳房炎による乳房の腫脹が認められた場合は，直ちに乾乳を中断し，乳房内の乳を搾り，原因菌を特定して適切な治療を行なう。

⑤乾乳牛の飼養環境を整える

スムーズに乾乳させるために必要な飼養管理と環境は，次のとおりである。

①搾乳刺激から遠ざける。目的は，搾乳に伴う条件反射で乳房内圧が高まる苦痛と心理的ストレスを牛に与えないためである。

②産乳を刺激するような飼料を給与しない。乾乳状態に入るまでは，産乳を刺激する穀物の給与をひかえる。

③乳房を清潔で乾燥した状態に保つ。乳房炎の新規感染率は，第3図のとおり乾乳初期に高くなる。その主な理由は，乾乳開始時点に乳房内圧が高まり，その圧力で乳頭口が開き，細菌感染のリスクが高くなるためである。そこで，乾乳が達成されるまでの間，特に乾乳開始後1週間は乳頭を清潔に保つように牛床管理を徹底する。

1998年記

参照文献

遠藤成典. 1996. 乳検成績からの視点. G1,vol.4. 北海道乳牛検定協会.

乾乳牛の環境・管理と分娩および分娩後の疾病，生産性

執筆　松崎　正（北海道宗谷地区農業共済組合中部支所）

(1) 生産病の背景

乳牛のケトーシス，脂肪肝，ルーメンアシドーシス，乳熱，低マグネシウム血症，第四胃変位，繁殖障害，乳房炎，蹄病などのいわゆる生産病は，移行期，特に乾乳後期の環境や管理状況に大きく左右される。乾乳期と妊娠後期は，管理がおざなりにされがちである。しかし，乾乳期の管理は，乳牛の生産性や収益性にきわめて重要な決定要因であり，分娩後の障害，産乳量と繁殖に直接的に影響する。

具体的に，生産病多発牛群の飼養環境の特徴をみると，
1) 乾乳牛が削痩している，泌乳後期に太っていたものが乾乳中に削痩が進行している，
2) 乾乳牛の乾物摂取量（以下DMI）が不足している，
3) 乾乳牛の飼料バランスが損なわれている，
4) 分娩前に馴らし給与が行なわれていない，
5) 馴らし給与が乱暴である，
6) 分娩後濃厚飼料の増給が早すぎたり，あるいは遅すぎる，
7) 泌乳期のミネラル給与が不足している，
8) 分娩前後に管理環境が急変し，牛が多くのストレスにさらされている，

などがあげられる。

また，高生産・低事故牛群の特徴をみると，
1) ボディーコンディション（以下BCS）の管理が適切で，乾乳期に痩せさせない，
2) 粗飼料が高品質である，
3) 飼槽に飼料がいつもある，
4) 乾乳牛の管理に気を使っている，
5) 育成牛の管理がしっかりしている，

などがあげられる（木田，1997）。

このように，生産病多発牛群と高生産・低事故牛群では乾乳牛の管理の差が歴然としている。

カーチスらの調査によると，第1図のように乾乳期中の栄養レベルと分娩後の疾病発症とは関連性があり，乾乳期の栄養管理の重要性を示唆している。

(2) 乾乳期の意義と目的

乾乳とは，分娩2か月前から分娩までの泌乳が停止した状態を意味する。この期間には，分娩2か月前から分娩までの初妊牛も含まれる。

乾乳の目的は，泌乳組織の機能回復，ルーメン機能の回復，胎児への栄養供給，母体の栄養状態の調整にある。

①乳腺の退行萎縮と増殖再生

経産牛：乾乳に入ると乳腺組織は退行萎縮する。分娩が近づくと，乳腺組織が増殖再生し，初乳の泌乳準備を完了して分娩をむかえる。その過程は以下のようなものである。

乾乳に入り搾乳を停止すると，乳房内圧は充満した乳汁によって高められる。乳房内圧が高い状態が続くと，乳汁の分泌量は減少し，やがて停止する。その後，乳腺内に貯留している乳汁は分解されて

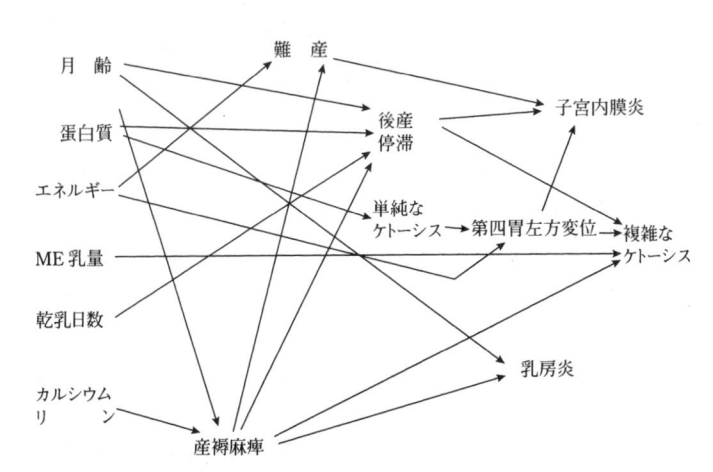

第1図　乳牛における乾乳期中の栄養レベルと分娩後の疾病との関連
(Curtis. et. al., 1985)

血液中に再吸収され，乳房内は安定した状態に保たれる。乳腺胞内の乳汁が再吸収された後も乳腺胞の退行萎縮は進む。その後，分娩前20日ごろから乳腺上皮細胞の再生と分化が起こり，乳腺胞が発育し，初乳の分泌が開始される。

初妊牛：一方初妊牛では，卵胞ホルモンの作用により発育した小乳管や大乳管から，黄体ホルモンの作用により乳腺葉への発育が促進され，卵胞ホルモンとの共同作用によって乳腺胞の十分な発育がなされる。この乳腺葉の完全な発達は，9か月余の妊娠期間を経過して完成する。

②ルーメン壁絨毛の再生

乳牛は産乳中に濃厚飼料の摂取によって，ルーメン内pHの変動を繰り返す。このpHの変動は，しばしば潜在性アシドーシスを引き起こし，ルーメン粘膜を損傷する。

そのため乾乳前期には，長い繊維の粗飼料を主体に給与し，ルーメン粘膜の再生をはかる。また，分娩後の最大乾物摂取量に対応するため，ルーメンの膨満度を維持するような管理を行なう。

しかし粗飼料のみでは，ルーメン壁絨毛は退縮したままなので，これを発達させるように管理する。ルーメン壁絨毛の発達には，適量のプロピオン酸などが必要である。したがって乾乳後半には，ルーメン壁絨毛の発達と分娩後の給与飼料の変化に対応するため濃厚飼料の給与が必要である。

③胎児の成長

胎児の総成長の60％は乾乳期に集中する（第2図）。ここで注意しなければならないことは，妊娠のための栄養要求量には優先順位があることである。すなわち，乾乳中に栄養が不足すると，胎児関係物の成長が優先され，母体の体脂肪を動員して胎児の成長に必要なエネルギーを供給することになる。

このことは，あとで述べる脂肪肝の発生にきわめて重大な影響を及ぼす。

④肝臓のリフレッシュ

乾乳期は，BCSを変動させない管理をすることにより，泌乳中に肝臓に蓄積されたトリグリセリド（以下TG）を減少させ，分娩後の脂肪代謝に備える期間である。

（3）乾乳牛の管理と生産病

①乾乳牛の環境管理と制約要因

乾乳牛管理の基本は「カウコンフォート（乳牛の安楽性＝気分よく，不安なく過ごせる環境条件）」である。

施設由来のストレスとカウコンフォート：乾乳牛にとって快適で安楽な施設環境とは，新鮮な空気，自由な寝起き，十分な休息スペース，飲みやすい水，歩きやすい通路，快適なパドックなどの条件を満たす施設である。

心理的ストレスとカウコンフォート：乾乳牛が受けるであろう心理的ストレスは，次のとおりである。

＜繋ぎ飼いの場合＞繋ぎ飼いでは，繋ぐ場所の移動による新たな対牛関係の発生，周囲の牛に給与される濃厚飼料が食えないストレス，隣接牛がじゃまになり休息できないストレスと疲労などの心理的ストレスが発生する。

また初妊牛では，繋がれることのストレスと隣接牛からの威圧，牛床が安楽性に欠けるストレス，飲水・採食がままならないストレス，分娩のさいに隣接牛が近すぎる不安感などがあげられる。

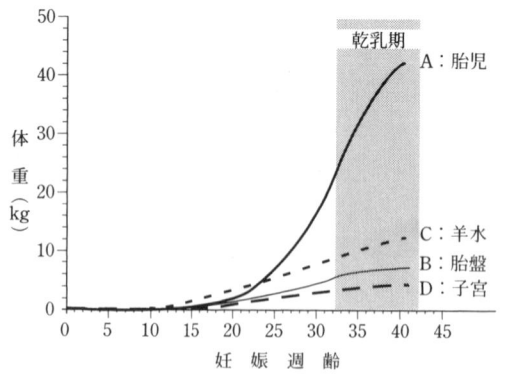

第2図　乳牛における受胎産物の累積重量と妊娠週齢との関係

(Prior & Laster, Fox. et al. より)

受胎産物とは胎児，胎盤，羊水，子宮などの総称
妊娠牛体重1,320lbs，出生子牛の生時体重92.5lbs

＜フリーバーン，フリーストールの場合＞新参者として新しい群に入るストレス，飲水・採食・休息がままならないストレス，牛床・通路・パドックなどが滑ったりぬかったりすることにより行動が思いどおりにいかないストレス，分娩時に他の牛が近すぎたり（分娩房がない場合），他の牛が見えなかったり（隔離された分娩房）するためのストレスなどがあげられる。

② 環境と疾病

環境とは，牛を取り巻くすべてのことを意味する。つまり，人と牛，牛と牛，施設の構造，気候，栄養，管理方法などすべての要素を意味する。環境要因はストレッサーとして牛に重大な影響を与えている。

ストレスによる影響は，「食えない」という事態をまねく。この「食えない」ことが，エネルギー不足をまねき，大半の疾病問題や生産性低下の原因となる。

エネルギー不足：牛がエネルギー不足になるもっとも大きな原因は，DMIの不足にある。DMIの不足は，すなわち粗飼料の食い込み量の不足である。

このことを無視し，エネルギー不足の改善のために単純に穀物を増給すれば，即座に粗濃比が限界を割り込み，今度はアシドーシス・食滞・第四胃変位などの疾病を引き起こすことになる。問題の本質は粗飼料の食い込み量がなぜ低いかにある。

粗飼料を食い込めない環境要因：粗飼料を食い込めない環境要因は以下のとおりである。

1) 飲水量の不足と水質の悪さ。
2) 飼料の変敗，凍結や飼槽などの腐敗臭，異臭。
3) 口と餌の位置の関係では，飼槽や草架の構造，牛の繋ぎ方，餌寄せの有無，飼槽までの移動の容易さがあげられる。
4) 急激な粗飼料への切替え。

5) 栄養バランスの優先順位の無視。栄養バランスの優先順位は繊維（NDF）＞エネルギー（TDN）＞蛋白（CP）＞脂肪＞マクロミネラル＞ミクロミネラルである。
6) 産褥期のルーメンアシドーシス。濃厚飼料の増給ペースの急ぎすぎが粗濃比を崩し，食い止まりを起こす。
7) 寝起きがしにくい。
8) 肢蹄のトラブル。
9) 換気の悪さ。
10) 通路のぬかるみや牛床のスリップ。
11) 牛と人間の信頼感の欠如。
12) 牛同士の強弱関係。

③ 乾乳期に必要なグループ分け管理

乾乳牛は，栄養要求量の違いからグループ分けして管理する。その管理のさい，炭水化物，蛋白質，ミネラルの要求量については第1～3表を参照されたい。

牛群サイズが十分に大きい場合は，次の4グ

第1表　乾乳牛の炭水化物についての推奨値

(Charles J. Sniffen, 1995)

栄養素	乾乳前期 (BCS3.0～3.5)	乾乳前期 (BCS＞3.5)	初妊牛近腹	クローズアップ
中性デタージェント繊維 (eNDF)（%DM）	48.0	50.0	36	32
非繊維性炭水化物 (NFC)（%DM）	22	19	39	37
デンプン（%DM）	12	9	26	28
発酵性デンプン （デンプン中の%）	73	69	70	71
正味エネルギー (NEI)（Mcal/kg）	1.23	1.102	1.66	1.54

第2表　乾乳牛の蛋白要求量

(Charles J. Sniffen, 1995)

栄養素	乾乳前期 (BCS3.0～3.5)	乾乳前期 (BCS＞3.5)	初妊牛近腹	クローズアップ
粗蛋白質 (CP)（%DM）	12	12	14	15
可溶性摂取蛋白質 (SIP)（%CP）	40	35	26	26
分解性摂取蛋白質 (DIP)（%CP）	70	67	65	62
非分解性摂取蛋白質 (UIP)（%CP）	30	33	35	38

第3表 乾乳牛のミネラル要求量（%DM）

(Charles J. Sniffen, 1995)

栄養素	乾乳前期 (BCS3.0〜3.5)	乾乳前期 (BCS＞3.5)	初妊牛近腹*	クローズアップ* (close up)
Ca	0.5	0.5	1.5〜1.8	1.2〜1.5
P	0.3	0.3	0.4	0.38
Mg	0.2	0.2	0.35〜0.45	0.35〜0.4
K	＜1.5	＜1.5	＜1.5	＜1.2
S	0.2	0.2	0.35〜0.45	0.3〜0.4

注 *これらの数値は飼料作物のKのレベルが高いことを前提としている。飼料プログラム中のKを0.8%に設計できるなら、Ca, Mg, Sのレベルを下げることが可能である

第4表 乾乳牛の飼料プログラム

	乾乳前期	乾乳後期
NEI（Mcal/kg）	1.37	1.59
CP（%DM）	12	14〜15
SIP（%DM）	＜35	＜30
UIP（%DM）	＜32	＜36〜38

ループに分ける。

1) 乾乳前期グループ（BCS3.0〜3.5）
2) 乾乳前期グループ（BCS3.5以上）
3) 分娩直前の初妊牛グループ（分娩前4週間）
4) 乾乳後期グループ（経産牛の場合2〜3週間）

牛群サイズが小さい場合は、次の2グループに分ける。

1) 乾乳前期グループ（乾乳から分娩前3週間まで）
2) 乾乳後期グループ（分娩前3週間から分娩まで）

この場合飼料プログラムは、各グループの産次数とBCSの状況によって調整する必要がある。

グループごとの飼料プログラムのバランスは第4表のとおりである。

④乾乳時の管理

乾乳の方法として、不要なボディーコンディションの低下を防ぐため、一発急速乾乳が望ましい。そのさい可能なら、搾乳環境から隔離する。

乾乳時の管理で最も重要なことは乳房炎の治療と予防である。乾乳初期の乳房炎感染予防のために乾乳期用乳房炎軟膏の使用も推奨される。軟膏の選択は獣医師の指示に従い、乾乳期用乳房炎軟膏の注入は、乳頭をアルコールで消毒してから行なう。さらに、注入抗生物質耐性の細菌感染に備え、3〜5日間はティート・ディッピングを続け、乳房の観察を十分にする。

⑤乾乳前期までの管理

この時期（乾乳から分娩前3週間、初妊牛では分娩前60〜30日）は、自由な行動がとれ、乾燥して換気がよく、風雨や雪、強い日差しから避けられる場所があることが必要である。また、肢蹄の管理を行ない、運動を十分にさせ、できれば土の上で飼養する。新鮮な水と飼料に常にアクセス可能な状態にしておきたい。

良質な粗飼料を飽食させ、肝臓からの余分な脂肪を取り除く。このことにより分娩後に急激な脂肪代謝が起こったさい、脂肪肝状態になる時期を遅らせ、その間にDMIの上昇が間に合えば脂肪肝症候群の発生を防止することができる。

前述したように、ルーメン絨毛の再生をはかり、ルーメンの膨満度を維持し、分娩後のDMI低下を防ぐ。粗飼料の品質が低い場合は濃厚飼料やサプリメントを給与し、栄養の充足に努める。

⑥分娩前3週間から分娩までの管理

この時期が、分娩前後の代謝病や生産性にとって最も重要である。

BCSの変化とDMIに注意しながら、適切な栄養水準を保つ。この時期には、濃厚飼料をリードフィーディングする必要がある。このことによって、ルーメン壁絨毛の再生を十分に促し、分娩後に増給される濃厚飼料の分解によって発生するVFAの吸収を速やかにさせ、ルーメンアシドーシスを防ぐことができる。

搾乳用配合飼料を給与する場合は、摂取されるCaの量に十分注意を払う必要がある。一般的には濃厚飼料は体重の0.75%、粗濃比で50%に制限する。

この時期にBCSが低下する牛は，すでに体脂肪の動員が始まり，体脂肪動員の程度によって，すでにケトーシスや脂肪肝の病態に入っていることを意味する。

さらに，この時期の栄養水準は繁殖能力の高い卵胞を成長させるという考え方からも，きたるべき繁殖性にとっても重要な時期である。Ca給与量を制限するか，DCADを操作するかのいずれかの方法で，低Ca血症の対策をとる必要がある。このことが，分娩前後の平滑筋機能の低下に関連する疾病の予防につながる。

乳房浮腫を予防するために食塩の給与を制限する。分娩予定3週間前のセレンの注射による胎盤停滞の予防も有効な方法である。

分娩が近づき乳房が張ってきたら，乳房の毛刈りまたは毛焼きをし，ティート・ディッピングをして，前述の分娩前後の環境性乳房炎感染のリスクを減少させる。

この時期に，初妊牛がグループペンからスタンチョンなどのタイストールに移される現場をよく見かける。これは，繋ぎによる起立動作の制限，隣接牛から受ける社会的環境変化によるストレス，冬季間であれば体毛の密生によるヒートストレスなどをまねき，これらすべてがDMIの低下を引き起こす要因となる。移動は2か月前に行ない，十分な馴致期間をとる必要がある。

⑦分娩時の管理

分娩は清潔で敷き料の豊富な場所で行ない，「監視すれども関与せず」（村上）の基本を守る。介助が必要な場合は清潔な状態を保ち，手指や助産器具からの子宮内感染に注意し，産褥熱や子宮内膜炎の予防に努める。

⑧生産病発症のメカニズム

乳熱：乳熱は，泌乳開始に伴うCaの乳房内への流出に消化管からの吸収が対応できずに，低Ca血症を引き起こして発生するといわれている。消化管からのCa吸収は，$1,25-(OH)_2-D_3$（活性化ビタミンD_3）や副甲状腺ホルモン，カルシトニンなどのホルモンによって調整される。

乳熱の発生予防には，乾乳後期のCa給与量の制限やビタミンD_3の使用，分娩直後の第2リン酸Caの給与などの方法がとられてきた。しかし近年，飼料中の陽イオンと陰イオンの差（DCAD：Dietary Cation Anion Difference）を操作し，乳熱をコントロールする方法が注目されている。

しかし，陰イオン塩は嗜好性が悪いのでDMIのモニターが必要であり，陰イオン飼料を長期にわたり給与することは代謝性アシドーシス，カルシトニンの低Ca飼料に対する反応低下などの問題をまねくから注意を要する。

低Ca血症は，第3図に示すような"分娩後初期の低Ca血症連鎖関係"を引き起こす。すなわち，低Ca血症は平滑筋の収縮性低下を起こして，子宮においては胎盤停滞や子宮内膜炎を誘発し，ひいては繁殖成績の低下をまねく。また，消化管においては運動性の低下を起こし，第四胃変位の発症や飼料摂取量の低下によってケトーシスの発症や産乳量の低下をまねく。

乳房炎：乳房炎の新規感染率は，第4図のように乾乳初期と分娩前後に高く（ナツケ，1981），乾乳期は乳房炎制圧の重要な時期である。

乾乳初期に感染率が高まるのは，①搾乳停止により乳頭内の細菌が流出し

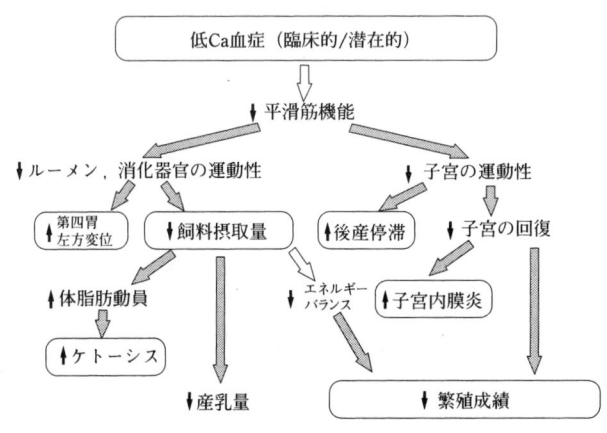

第3図　分娩後初期の低Ca血症連鎖関係
Dairy Science Update（'96/10）より

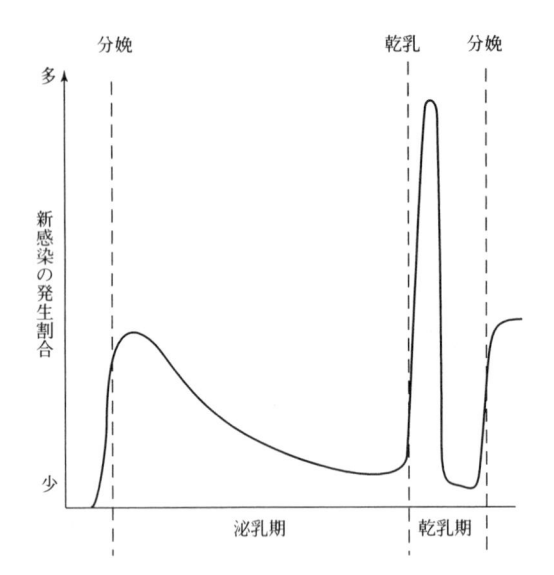

第4図 泌乳期と乾燥期における乳房炎の新しい感染の発生率
(Natzke, 1981)

なくなる、②乳房内圧が高まって乳頭口が開いた状態となり、細菌の侵入を容易にする、③乳頭口周囲を中心に乳頭表面の細菌数が増加する等々による。

乾乳中期になると、乳頭管がケラチンで塞がれて細菌感染を防御する。乾乳後の乳腺分泌液において、ラクトフェリン濃度が乾乳の進行に伴って増加し、細菌の発育を抑えるので、乳房炎の感染はほぼない。

分娩前後に乳房炎に感染しやすくなるのは、乳汁によって乳房内圧が高められ、乳頭管が弛緩し、細菌が侵入しやすくなることと、乾乳期間中に乳房内で細菌増殖を押さえていたラクトフェリンが乳汁によって薄められ、相対的に抑制力が低下するためである。また、乳頭管の弛緩は、低Ca血症による乳頭平滑筋の弛緩と関わりをもつ。

脂肪肝：乳牛は、酢酸・酪酸などの低級脂肪酸およびケトン体を原料として脂肪酸を合成する。合成された脂肪酸は、エステル化されてTGとなり、TGは分解（脂肪動員）されて遊離脂肪酸（以下NEFA）となる。NEFAはおもに乳腺と

肝臓に取り込まれるが、乾乳中は泌乳がないので肝臓に取り込まれ、酸化されてクエン酸回路あるいはケトン体合成の経路に入る。酸化されなかったNEFAは再びエステル化され、TGとして肝臓に蓄積される。

正常な場合でも、肝臓には4％程度のTGが含まれているが、10％を超えた病態を脂肪肝と呼ぶ。

脂肪肝の発生要因は、①脂肪組織からの脂肪動員が増加し、肝臓にNEFAが過剰に動員された場合と、②リポ蛋白の産生低下により、肝臓に沈着したTGの排出が阻害された場合とに分けられる。

体脂肪の動員は、BCS4.0以上の過肥牛や双子妊娠牛で多い。これは腹腔内脂肪塊や胎児の物理的圧迫によって乾乳後半、特に分娩予定3週間前からのDMIの低下が大きくなり、エネルギー不足が増大するためである。

ケトーシス：分娩後、急激なエネルギー不足が生じて血糖値が減少するとともに、体内にケトン体が増量し、食欲不振などの臨床症状を発現した状態をケトーシスという。

原因は、①酪酸発酵サイレージの給与により、ルーメン壁からの酪酸の吸収量増加に伴うケトン体の増量、②脂肪組織からの脂肪動員が激しい場合、NEFAは肝臓に取り込まれ、酸化されてケトン体を産生し、脂肪肝を伴ってケトン体が増量する場合などがある。

ルーメンアシドーシス：ルーメンアシドーシスは、濃厚飼料の過剰摂取か粗濃比の低下によって起こる。現場では多くの場合、濃厚飼料の相対的過剰摂取が原因である。つまり、粗飼料を食い込めず、粗濃比が限界を割るからである。

粗飼料が食い込めない原因は、前述したとおりである。

第四胃変位：第四胃変位は分娩後に発症しやすいが、低Ca血症による平滑筋の弛緩や脂肪肝、ケトーシスによるDMIの低下などとの関連が深い。

これは①DMIが低下するとルーメンマットの形成が不十分となり、濃厚飼料が急速に分解されて過剰な低級脂肪酸（以下VFA）が産生され、

このVFAが第四胃に流入する，②またルーメンマットが不十分なため，分解不十分なデンプン質飼料が第四胃に流入してVFAを産生し，アトニーを引き起こすからである。

胎盤停滞：胎盤停滞の栄養的原因には，エネルギー不足，蛋白不足，リン不足，セレン，ビタミンA，銅，ヨウ素の欠乏があげられる。分娩前のセレン注射は発症を低下させる。また，発症率は低Ca血症と過肥牛症候群で増加するので，これらの対策と併せて予防する必要がある。

繁殖率低下：乾乳後期にBCSが下がるような状態になると繁殖率の低下が起こる。これは，極端なエネルギー不足が続くと卵胞の発育がダメージを受け，その結果，質の悪い卵胞細胞が形成されて，さらに黄体組織が分泌するプロジェステロン濃度の低下をまねくためである（ブリット，1992）。

低マグネシウム血症：低Mg血症の原因は，①飼料中のKの含量が多く，Mgの吸収が阻害される，②ルーメン内でアンモニア過剰が起こり，PおよびMgと結合して不溶性のリン酸アンモニウムマグネシウムとなり，Mgの吸収が阻害されるためである。

蹄葉炎：蹄葉炎とは，蹄真皮のうっ血と炎症を意味する。栄養的要因で蹄葉炎の発症と関連があるのは，ルーメンアシドーシスである。蹄の角質が生成されるためには蹄内の血流量が十分に維持される必要があるが，ルーメンアシドーシス時には蹄真皮内の血液のうっ帯が起こり，蹄葉炎を発症させるとされている。

（4）乾乳牛の管理と生産性への影響

乾乳牛の管理は生産性へどのように影響するだろうか。これは生産病の観点からと損失乳量の観点から考えることができる。

①生産病による損失

乾乳牛の管理と分娩後の疾病発症には深い関係がある。猿払村の調査でも，ケトーシスや第四胃変位などの周産期疾病の約70％は，分娩後3週間以内に発症している（第5表）。

生産病による損失額は，1頭当たり乳量×乳価×所得率×年間の疾病による淘汰頭数で計算

第5表 ケトーシスと第四胃変位の分娩から発症までの日数

(藤井，宗谷地区農業共済組合，1994)

		ケトーシス(182頭中)		第四胃変位(145頭中)	
		頭数	割合(%)	頭数	割合(%)
分娩前	10日以内	1	0.5	4	2.8
分娩後	1〜10日	106	58	69	47.5
	11〜20	23	13	27	18.6
	21〜30	22	12	10	6.9
	31〜40	12	7	8	5.5
	41〜50	7	4	4	2.8
	51日以上	11	6	23	15.8

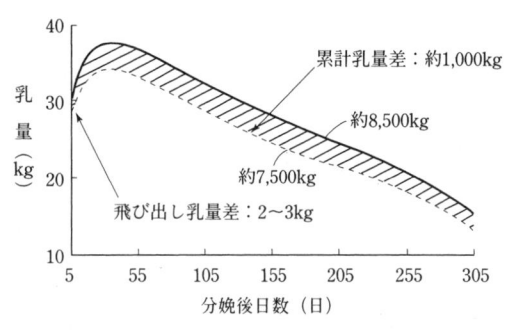

第5図 飛び出し乳量の違いによる泌乳推移

される。たとえば，1頭当たり乳量8,000kg，乳価75円/kg，所得率25％，年間の疾病による淘汰頭数5頭とすると，損失額は75万円となる。なお，この計算式には治療費，労賃，原価償却費は含まれていない。

②損失乳量

北海道乳牛検定協会の泌乳曲線の分析によれば，飛び出し乳量約3kgの差は，一乳期の産乳量としてほぼ1,000kgの差となる（第5図）。飛び出し乳量の水準は，乾乳後期にどのような状態で過ごしたかによって上下する。したがって，乾乳期の環境・管理がよくないと，分娩直後の飛び出し乳量を低下させ，一乳期乳量を低下させることになる。

1998年記

参 考 文 献

Brian Gerloff. 1993．栄養管理と代謝病．イリノイ大学特別セミナー講義録．共立商事株式会社．

Charles J. Sniffen. 1995．移行期牛の栄養マネジメント．Dairy Science Update (1995 Autumn Seminar).

David Beede．1996．移行期牛のためのマクロミネラルの栄養．Dairy Science Update (1996.10).

Gary Oetzel. 1993．乾乳牛の栄養．イリノイ大学特別セミナー講義録．共立商事株式会社．

Jack H. Britt. 1995．栄養と環境に関係する乳牛の繁殖効率．イリノイ大学特別セミナー講義録．共立商事株式会社．

James E. Nocek. 1996．移行期牛についての栄養的考察．Dairy Science Update (1996.6).

菊地実.1994．乾乳牛の管理．酪農宗谷．

川原隆人．1995．乳検情報誌G1.2，北海道乳牛検定協会．

前田浩貴．1996．乳検情報誌G1.5，北海道乳牛検定協会．

Roger Blowey. 1993．牛のフットケア・ガイド．チクサン出版社．

佐藤正三監訳．1990．乳牛の飼養標準．デーリィ・ジャパン社．

梅津元昌.1966．乳牛の科学．農山漁村文化協会．

Robert J. Van Saun and Charles J. Sniffen. 1993．妊娠牛の栄養管理．Dairy Science Update.

搾乳と牛乳の処理

搾乳の生理

野附 巌（東京農工大学）

(1) 乳房の外観と内部構造

牛の乳房は，股間の腹壁に密着していて，一般に前方が高く後方が低い。すなわち，乳房と乳頭の境界を結んだ線は，水平線に対して約10度の角度で前が高く，その角度は年齢がすすむと大きくなる。そして，乳頭は，乳房の底面とほぼ直角をなしているため，ふつう前下方に向くことになる。したがって，ミルカー搾乳のばあいは，子牛の哺乳時のように，ティートカップは前下方に引きぎみにして搾るのが合理的である。

乳房の大きさは，乳牛の能力，泌乳の時期などによって差があるが，搾乳後の重量は10～30kgであり，この中に乳が貯留しているばあい25～65kgにも達する。このように巨大な乳房は，正中支持靱帯や外側支持靱帯によって腹壁に密着している。この靱帯がゆるい牛は，いわゆる垂れ乳房となり，搾乳がしにくくなる。

乳房の内部は，正中支持靱帯や薄い結合組織の膜によって四つの分房に分かれている。各分房はそれぞれ独立していて，乳房内部で互いに直接通じ合うことがない。各分房の大きさは左右はほぼ同じであるが，前後の分房は均等に発達しておらず，乳量からみておおよそ4：6で後乳区が大きい。したがって機械搾乳のばあい，各分房からの乳の流出速度が同じときは，前の分房が先にからになる。

乳房内部の構造は第1図のようで，乳腺胞，大小の乳管（乳腺管），乳槽などからなっている。乳腺胞の大きさは直径0.1～0.3mmで，7～10μの乳腺細胞が球形に配列し，中は腺胞腔という空所になっている。乳腺管はこれにつな

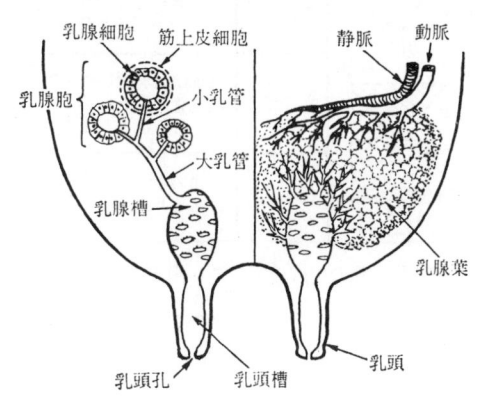

第1図 乳房の構造

がる細管で，小乳管には乳腺胞と同じく乳腺細胞が管壁に並んでいるが，大乳管には分泌細胞がない。乳槽は，乳を貯える"うつわ"で，乳房内のものを乳腺槽，乳頭部のものを乳頭槽という。前者は100～400mlの内容積の不定形をし，後者は30～40mlの容積の内面の平滑な空所である。

なお，搾乳のさい，これら両槽内の乳を搾り出すわけであるが，4分房の乳槽を合計しても約2lしかない。多くの乳は腺胞腔や乳腺管の中に貯留されているため，搾乳にさいしては，これらの乳を乳槽へ送り出すことがとくに重要である。

(2) 乳の生成と移動

乳の原料は血液によって輸送されるが，多量の乳をつくるために，乳房へは多量の血液が送られる。その量は生成される乳の量の400倍ていどであろうといわれている。このようにして乳房に運ばれた栄養素は，乳腺細胞の中で乳成分に変化する。これを乳の生成という。

乳腺細胞で生成された乳は，第2図のような過程を経て体外にとり出される。すなわち，搾乳後次回の搾乳までの間，乳房内の乳腺細胞では絶え間なく乳を生成しているが，大部分の乳

629

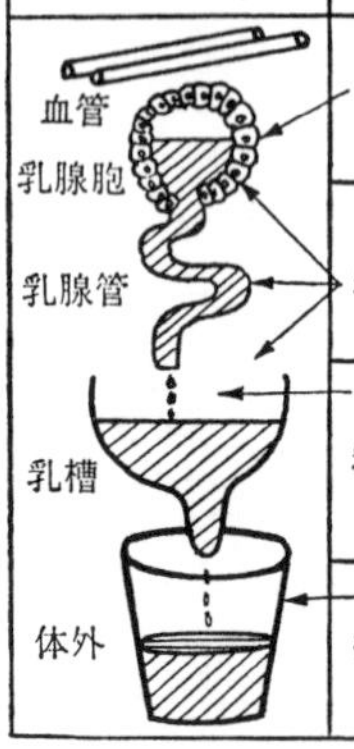

搾乳牛

場所	乳の移動の過程	
血管 乳腺胞	乳の生成	乳汁は，血液から栄養分をとり，主に乳腺胞の中でつくられる	牛の役目
乳腺管	乳の貯留	乳は主に乳腺胞や乳腺管の中で搾乳までの間貯えられる	牛の役目
乳槽	乳の排出	搾乳時に乳腺胞や乳腺管の中から乳槽へ押し出される	牛と人の共同作業
体外	搾乳	乳槽の中の乳を体外へとり出す	人の役目

第2図　乳の生成後，体外へ出るまでの過程

は，乳腺胞や細い乳腺管の中に，ちょうどスポンジが水を貯えるようにたまってゆく。そして，ごく一部分の乳が乳槽の中に貯えられる。

搾乳が開始されると，まず乳槽の中の乳が搾り出され，つづいて乳腺管や乳腺胞の中の乳がスポンジを絞ったときのように乳槽へと押し出され，ここから体外に搾り出される。この乳腺管や乳腺胞腔の乳を乳槽へ押し出すことを，乳の排出という。搾乳のとき，もしこの排出が起こらないと，乳槽の容積は前述したように小さいので，すぐに乳は出なくなってしまう。

乳の排出は搾乳時のいろいろな刺激によって起こるもので，搾乳刺激をじょうずに与えることが順調な排出を起こさせるための秘訣である。乳槽の中の乳を体外にとり出すことだけが搾乳と思われがちであるが，じつは乳の排出をじょうずに起こさせることからが搾乳なのである。

(3) 乳の排出機構と搾乳刺激

乳の排出のメカニズムは，神経―ホルモンによって支配されている。すなわち，搾乳時に，牛に対して乳房の洗浄，マッサージなどの搾乳刺激が加わると，この刺激は神経を介して視床下部，下垂体に伝わり，下垂体から乳汁排出のためのホルモンが分泌される。このホルモンはオキシトシンと呼ばれ，これがただちに血液中に入り，心臓を経て乳房に運ばれる。

一方，乳腺組織には，乳腺胞や小乳管の表面に筋上皮細胞という特殊な収縮組織がある。これは牛の意志で収縮できる随意筋とは異なり，刺激によって放出されたオキシトシンの作用によってだけ収縮が起こる。血液によって運ばれてきたオキシトシンによって，この細胞が収縮を始めると，乳腺実質の乳は，乳槽のほうへ押し出されるわけである。

牛に刺激が加わってから乳腺にホルモンが作用するまでの時間は20～40秒で，このホルモンの作用持続時間は2～10分といわれている。したがって，乳房を拭き始めてから30秒ないし1分の間に搾り始め，ホルモンの有効時間内に速やかに搾り終えるようにすべきである。

なお，乳の排出をひき起こす最も一般的な刺激は，乳頭に触れることであるが，ある特定の条件づけられた刺激によってもオキシトシンが放出されるようになる。これを条件反射というが，その条件にはいろいろのものを使うことができる。たとえば搾乳の前に餌を与えるとか，搾乳機具を見せたり音を聞かせたりするなどの条件刺激をくり返すことによって，刺激を与えただけで反射的に乳の排出が起こるようになる。しかしながら，反応の強さを調べた成績によれば，乳房を温かい布でよくマッサージする操作は，搾乳操作中で最も強い刺激となるので，搾乳機を装着する前の乳房清拭はとくに慎重に行なう必要がある。

一般に，一定の形に定められた条件は，その順序や方法を変えると条件反射としての機能が弱まり，乳の排出が悪くなる。また搾乳前や搾乳中に牛を驚かしたり痛めにあわせたりすると，アドレナリンが分泌されて乳の排出を阻害する。したがって，条件反射を起こさせる刺激を変えないこと，牛を興奮させないことが搾乳時の注意点である。

(4) 乳房内圧と搾乳回数

乳房は，ある一定の容積をもった"うつわ"である。したがって，間断なく乳が生成されていると，乳房の中はしだいに内圧が高まってゆく。内圧が低いほど乳の分泌は旺盛で，これが高まるにつれて生成能力がにぶくなる。そしてさらに内圧が高まると，乳房の中の乳は血液中

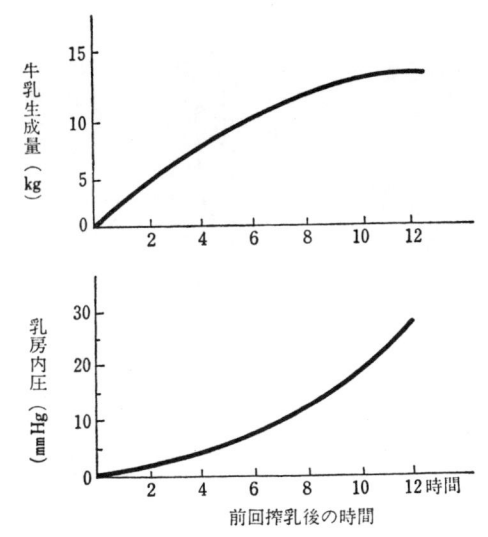

第3図 搾乳後の乳房内圧の上昇と乳の生成速度との関係

へ逆吸収されてしまうこともある。

ふつう，乳房内圧は搾乳直後には0で，しばらくたってから上昇し始め，その後数時間はゆっくり上昇し，8時間くらいから加速される。搾乳時の乳の排出前の内圧は10～35mmHgになっている。そして排出反応が起きたあとは40～100mmHgになり，搾乳中に低下する。搾乳後のこれら乳房内圧と乳の生成速度との間には，第3図のように深い関係がある。したがって頻繁に搾乳を行なえば，乳房内圧は高まらず，乳の生成が抑制されないため，1日の合計乳量は増加する。12時間間隔の2回搾乳を，8時間おきの3回搾乳にすると，乳量は20％くらいも増加するといわれている。

しかし搾乳回数をふやすことは実際の酪農経営では，労力が多くかかり，また牛の障害が多発するので，2回にすべきであるという意見が強い。

（5）乳頭孔の構造と乳の出やすさ

乳頭の最先端には，乳の出口にあたる乳頭孔（乳頭管孔ともいう）がある。ここはリング状の括約筋によって囲まれた管状の孔で，管の長さは8～12mm，直径は3mm前後である。そして乳頭槽側の口には多くのひだをもち，括約筋の働きとともに，乳槽から乳が漏れるのを防ぎ，外部からの細菌やごみなどの侵入を防止している。

搾乳時，乳槽内の乳を体外にとり出すさいに，乳の出やすい乳頭と出にくい乳頭とがある。前者を俗に軽い牛，後者をしぶい牛というが，乳の出の良否は主に乳頭孔の有効孔径によって決まる。すなわち，手搾りのとき乳頭槽内の乳を手で圧迫すると，その圧力は乳頭孔の入口付近に伝わり，管を押し広げて乳が体外に出るわけであるが，管の太さが細いばあい，または括約筋が強すぎるばあいには，一度に出る乳の量が少ない。これは手搾りのときだけでなく，ミルカーの真空による乳頭孔の開口のばあいも同様である。この乳頭孔の有効孔径は，牛によって相当に差があり，また同じ牛でも乳区によっていくぶん違いがある。

あまりに乳の出の遅い牛は，作業能率上嫌われる。速すぎる牛は，乳頭孔から細菌が感染しやすいため，乳房炎にかかりやすいといわれている。また分房によって搾り切る時間が異なる牛は，先に空になった分房にそのままミルカーをつけておくと，真空による障害を受けやすい。

搾乳時間がどのくらいの牛がよいかについての規定はないが，搾り始めの3分間に全搾乳量の40％以下の乳しか出ない牛は，乳の出の遅い牛とみてよかろう。搾乳時間を調べたイギリスでの結果によれば，5～6分間で搾り終わっているものが多い。わが国の牛も，おおかたこのていどのものが多いと思われる。

1990年記

搾乳機と搾乳施設

野附 巖（東京農工大学）

（1） ミルカーの種類と特徴

わが国で用いられているミルカーを大別すると第1図のようになる。

すなわち，乳をバケットのなかに搾るバケットミルカーと，搾乳した乳をすぐにパイプで処理室まで自動送乳するパイプラインミルカーとがあり，前者には，バケットを床に置くフロア型と，牛の体に吊るすサスペンド型の二つのタイプがある。後者には配管を高くしたハイライン型と低くしたローライン型があり，また，これを設置する場所によって牛舎内で用いるカウシェード用と，専用の搾乳室で用いるミルキングパーラー用とがある。ローライン型はほとんどがミルキングパーラー用であるが，カウシェード用のものもある。

近年，ミルカーは国際的に規格化がすすめられているが，そのひとつのＩＳＯ—3918によればミルカーは第2図のように分類されている。わが国においては，①および③が一般的であるが③に改良を加えてクロー内の真空度の安定化を図るものや，洗浄時の真空度を高めるものなどがある。なお，②はわが国ではほとんど使用されていない。④はパーラーで，⑤はカウシェードで今後の導入が見込まれる。

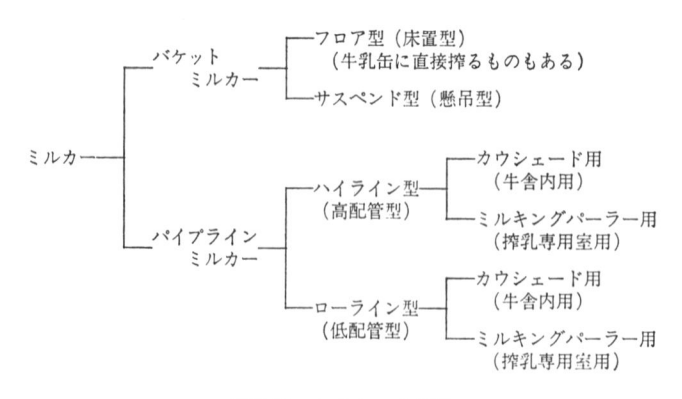

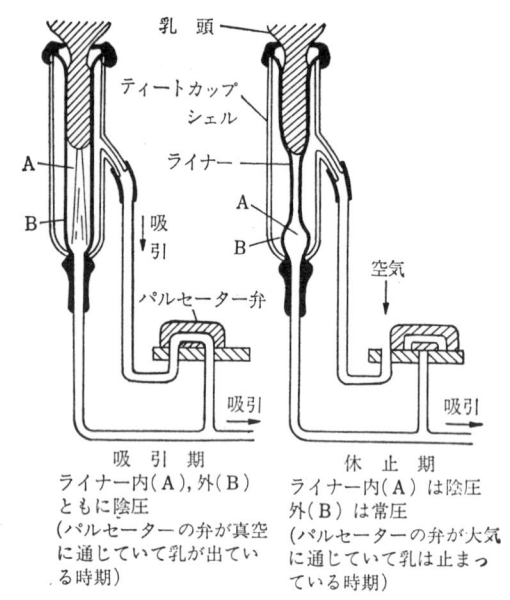

第3図 ミルカーの吸引機構

吸引期
ライナー内（A），外（B）ともに陰圧
（パルセーターの弁が真空に通じていて乳が出ている時期）

休止期
ライナー内（A）は陰圧
外（B）は常圧
（パルセーターの弁が大気に通じていて乳は止まっている時期）

（2） ミルカーの搾乳原理

乳房の中の乳を体外にとり出す方法には，哺乳，手搾り，機械搾乳の三つの方法がある。原理的には乳頭の内外に圧力差をつくって乳頭孔を開き，乳槽から乳を体外へとり出している点で共通である。しかしながら，手搾りは指で乳頭のもとをしめつけてから，指と手掌とで乳頭を押し，乳頭の中の圧力を 40〜80cmHg に上げ，乳頭内圧を外の圧力よりも高くしているので加圧式である。これに反し，哺乳やミルカー搾乳は，乳頭の中の圧力はそのままにして，体外の圧力をふつうの大気圧より下げて（哺乳28〜45cmHg，ミルカー30〜38cmHg）乳頭孔を開口させているので，陰圧式である。

このように，ミルカーは陰圧を用いて乳頭内の乳を吸い出す機械であるが，吸引のメカニズムは第3図のとおりである。

すなわち，乳頭にとりつけるティートカップの中はゴム製のライナーにより2室に区別され

```
ミルカー ─┬─ バケット    ─┬─ フロア型（床置型）
          │ ミルカー       │   （牛乳缶に直接搾るものもある）
          │                └─ サスペンド型（懸吊型）
          │
          └─ パイプライン ─┬─ ハイライン型 ─┬─ カウシェード用（牛舎内用）
             ミルカー       │ （高配管型）    └─ ミルキングパーラー用（搾乳専用室用）
                            │
                            └─ ローライン型 ─┬─ カウシェード用（牛舎内用）
                              （低配管型）    └─ ミルキングパーラー用（搾乳専用室用）
```

第1図 ミルカーの区分

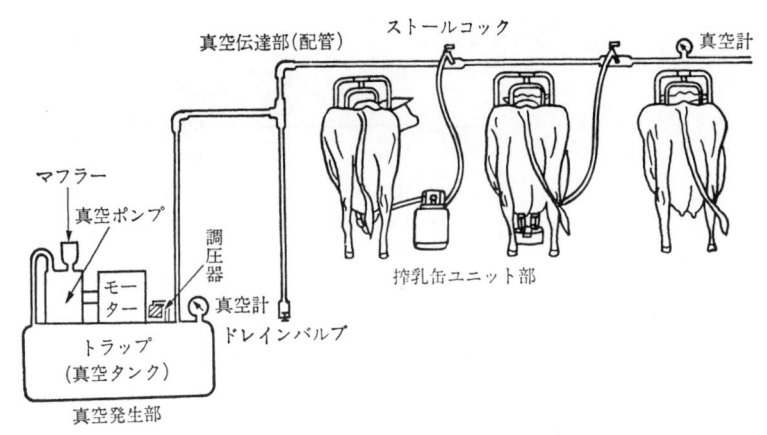

ており，ライナーの中側（A）は搾乳中常時陰圧が導かれ，ライナーの外側と金属性のティートカップシェルの間隙の拍動室（B）には，パルセーターの働きによって陰圧と常圧が交互に導かれている。そして，ライナーの中（A）も外（B）も陰圧のときが吸引期といって乳の出ている時期（第3図の左），ライナーの中（A）は陰圧でも拍動室（B）が常圧のときは休止期またはマッサージ期といい，この時期にはライナーゴムによって乳頭が圧迫されるので乳が止まっている（第3図の右）。このように，乳の出る時期は，拍動室内の真空度の変化，つまり拍動によって支配されている。

第4図 バケットミルカーの全体の構成

(3) バケットミルカーの構造と機構

①構　造

バケットミルカーは，第4図のように，陰圧をつくりだし，これを一定に保つ機能を有する真空発生部，発生した陰圧状態を末端へ導く真空伝達部，牛から乳を搾り，これを貯留する搾乳缶ユニット部からなっている。

真空発生部は，モーターが動力源となり，真空ポンプで陰圧状態をつくり，調圧器や真空タンクでこれを一定にまた安定にする。真空伝達部は，ふつう塩化ビニール製または鉄製，内径25～38mmのパイプが用いられ，これに真空計とストールコックとが設置される。搾乳缶ユニット部は，牛の乳房に吸着して乳を吸い出す部分のティートカップ，4分房からの乳を集める部分のミルククロー，搾った乳を貯える搾乳缶，拍動を起こさせるパルセーター，真空の伝達や乳の通路となるチューブ類からなっている。ただしサスペンド型では，上記のうちのミルククローがなく，乳はティートカップライナーから直接バケット（サスペンド型ではこれをペイル

と呼ぶことが多い）の中へ入る。

②搾乳に用いる真空の性質

普通の空気すなわち大気圧中の空気よりも密度が希薄になった状態が真空（正しくは部分真空）であり，これは圧力面からみれば陰圧状態である。そして，大気を基準にして空気の希薄になった度合いを真空度と称し，これを一般に水銀柱の高さをもってcmHgまたはmmHgで表わしてきた。最近国際的にこれをkPa（キロパスカル）という単位で表現するようになってきたが，わが国ではまだなじみが薄いので本書では主にcmHgで示す。なお両者の関係は

1 cmHg＝約1.333kPa

1 kpa＝約0.75cmHg

である。

では，ミルカー搾乳にはどのくらいの真空度が必要で，それをどのようにして維持するかについてであるが，ミルカーにはふつう30～38cmHgていどの真空度を用いている。これは，大気0cmHgと空気のまったくない状態76cmHgのほぼ中間にあたる。いいかえれば，ある容器の中の空気を約半分だけ排除した状態であり，したがって容器の中と大気との間には圧力差が生じており，その圧力差によって乳頭内から乳がとり出されている。

このように空気が一部排除された状態で搾乳が行なわれるが，このばあい，その状態が安定して継続する必要がある。すなわち，搾乳にさいしてミルカーの装着時や搾乳中に，ライナー

搾乳牛

① バケットミルカー

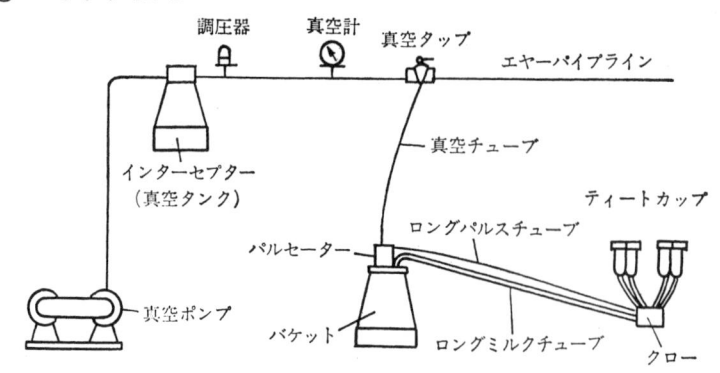

ティートカップユニットからの乳の流れが，バケットの中へ入る形のミルカー。このバケットは真空系につながっている。

② 牛乳缶直送ミルカー

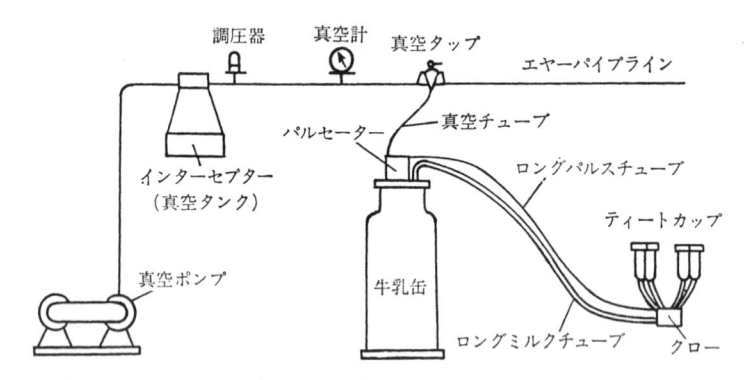

ティートカップユニットからの乳が牛乳缶（輸送缶）に直接流れ込む形のミルカー。この牛乳缶は真空系につながっている。

③ パイプラインミルカー

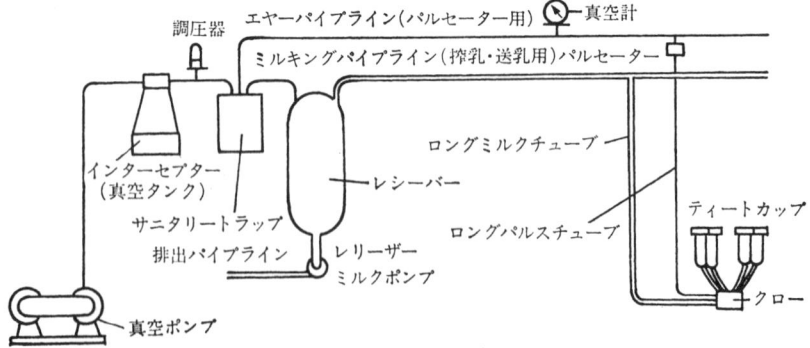

レシーバーとレリーザーが一体となった形式のものもある

ティートカップユニットからの乳がパイプラインへ流れ込む形のもので，このパイプラインは，搾乳のための真空を伝える役目と乳をミルクレシーバーへと運ぶ役目の二重の機能を持っている。

④ 搾乳送乳異系列パイプラインミルカー

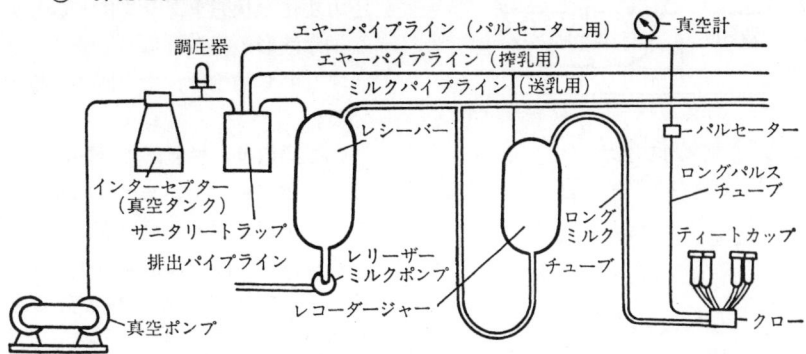

レシーバーとレリーザーが一体となった形式のものもある

ティートカップユニットからの乳がレコーダージャー（乳量計用ガラス容器）へと流れる形のミルカーで，レコーダージャーは真空パイプラインから導いた真空下にある。レコーダージャーからミルクレシーバーへつながる送乳用パイプラインか，または集乳缶へと乳を送る場合には，ここから放出されるようになっている。

⑤ 異系列送乳高陰圧パイプラインミルカー

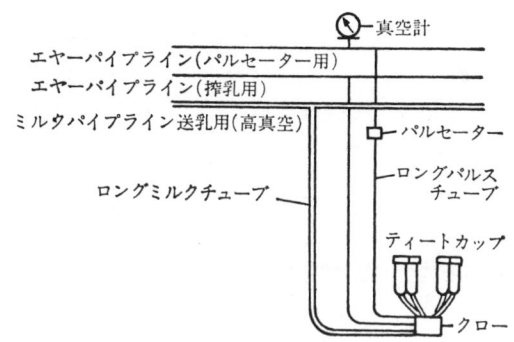

レシーバーとレリーザーが一体となった形式のものもある

空気（真空）と乳がティートカップの下部で分離され，それぞれのパイプラインで送られるようになった形のミルカー。

第2図　ISO規格によるミルカーの分類

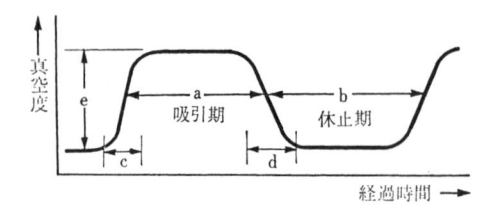

搾乳牛

第5図 拍動室内の圧力変化

拍動数：1分間当たりの波形変化数
$$=\frac{60}{1\text{サイクルの時間（秒）}}$$

拍動比：吸引期比率＝$\frac{a}{a+b}\times 100$

移行速度：$\begin{cases}\text{休止期→吸引期}=c\text{（秒）}\\ \text{吸引期→休止期}=d\text{（秒）}\end{cases}$

到達真空度：e（cmHg）

と乳頭との間隙やパルセーターなどから空気が器内に吸い込まれるので，常にこれらの容積に相当する量の空気を排除しなくてはならない。そのため真空ポンプが搾乳中，常に稼動し，空気を排除しつづけているのである。真空ポンプの空気を排除する能力をポンプの排気量という。ミルカーの必要排気量はミルカーの種類および使用するユニット数などによって異なるがこれについては後述する。

③ミルカーの拍動の性質

乳を搾るとき，ミルカーには吸引期と休止期をくり返す拍動のリズムがあり，これはパルセーターにより支配されることを前述した。この拍動の性質をくわしくみるために，拍動室内の圧力変化の状態をグラフにとると第5図のような拍動波形が得られる。

すなわち拍動は，次の四つの要因からなっている。

①拍動数は，拍動が1分間に何回くり返されるかを示すもので，ふつうパルセーターが速すぎるとか遅すぎるとかいうばあいの数である。一般には音を聞いて数えるが，図からも読みとることができる。30〜60回/分で使うミルカーが多い。

②拍動比は，吸引期と休止期の時間的比率をいい，従来は拍動波形の中央線上の比率（第5図）を求めた。最近，解析しにくい波形も多く，第6図の解析方法もとられている。拍動比の広いもの，すなわち吸引期が休止期よりも長いものは一定時間内の乳の流出時間が長く，したがって短時間で搾れる理由から，最近のミルカーはこの点を改良したものが多い。たとえば，従来は吸引期：休止期が50：50であったものが，現在75：25ていどまで吸引期を長くした機械がある。また，乳量が多い牛の後乳区につくティートカップの吸引期を前乳区のそれより長くして，速く搾れるようにし，後と前の乳を同時に搾り終えるようにした前後変率ミルカーも販売されている。

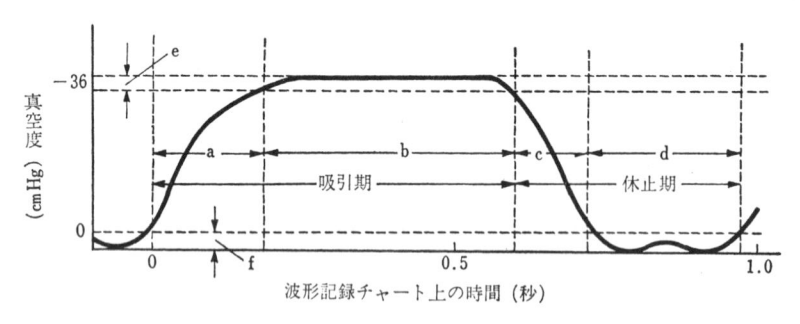

③移行速度は，吸引期から休止期，または休止期から吸引期へ移行する速さをいう。

④到達真空度は，拍動室内の吸引期の真空度をいう。

第6図 パルセーター拍動特性とその解析法（ISO規格による）

拍動数：1分間当たりの波形変化数＝$\frac{60}{1\text{サイクルの時間（秒）}}$

拍動比：吸引期比率＝$\frac{a+b}{a+b+c+d}\times 100$

移行時間：休止期→吸引期 a（秒）
　　　　　吸引期→休止期 c（秒）

e，f：3 cmHg

(4) パイプラインミルカーの構造と機能

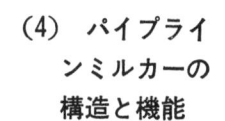

①構　造

パイプラインミルカーの乳を搾り出す機構はバケットミルカーと

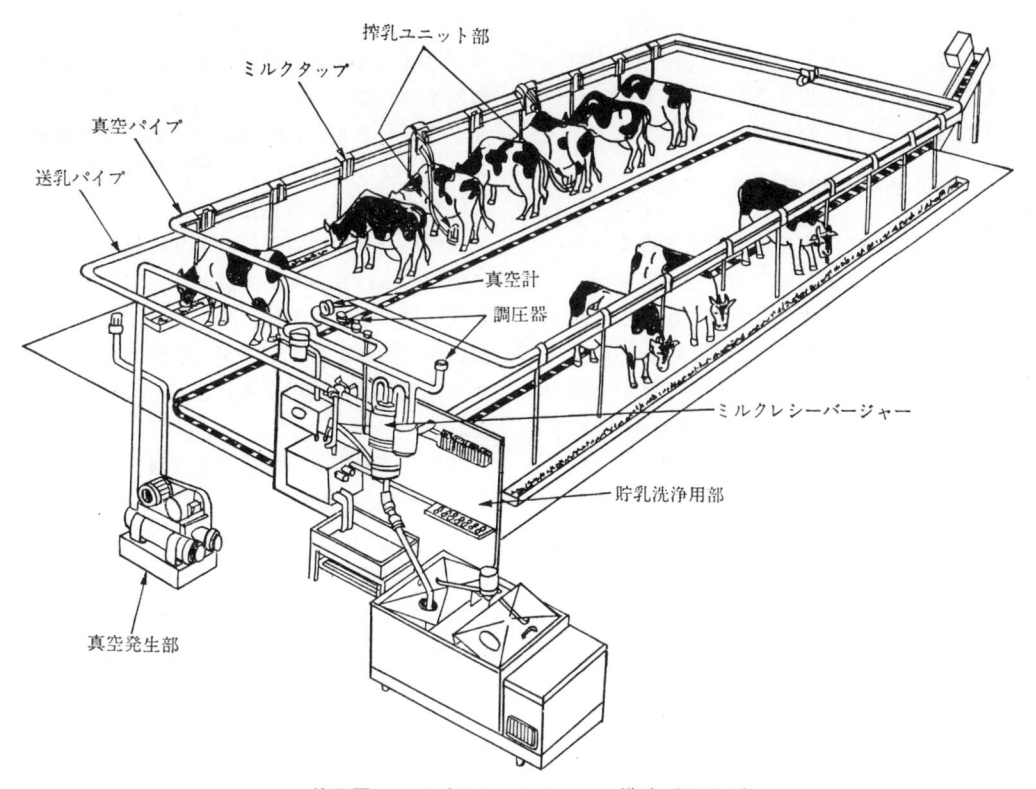

第7図 パイプラインミルカーの構造（模式図）

同一であるが，バケットミルカーは搾った乳を搾乳缶の中に貯えるのに対し，パイプラインミルカーはパイプで直接牛乳処理室へ送乳する。したがって，構造的には第7図のように乳を送るためのパイプを必要とするほか，これに付随する種々の装置がつく。

バケットミルカーと異なる点を列記すればつぎのようである。

真空伝達部が真空伝達送乳部となり，搾乳陰圧の伝達と送乳のためのパイプのほかに，もう一本拍動用の真空パイプがつく。搾乳ユニット部は搾乳缶を欠き，牛乳処理室には，送られてきた乳と空気を分離するためやパイプ内の洗浄のための種々の装置からなる貯乳洗浄用部がつく。ここはミルクレシーバー，レリーザー，洗浄用パルセーター，牛乳缶などからなる。このほかに，搾乳ユニット部に個体乳量を測定するための乳量計や，バルククーラーを併設するばあいが多い。

②搾乳・送乳の機構

搾乳にさいして電源スイッチを入れると，真空系内の真空度が高まり，調圧器の働きによって各部は所定の真空度に達する。ミルクタップに搾乳ユニットを接続すると，パルセーターが駆動し始め，ティートカップを牛に装着すると乳が出始める。ティートカップの中の乳は，ミルククロー，ミルクチューブを経てミルクタップから送乳パイプ内に入る。そしてミルクパイプの中を通り，ミルクレシーバージャーに入る。この部分は乳と空気を分離するところで，空気は上部からポンプの方へ流れ，乳は下部へたまる。つぎに，ここの乳を大気中に解放する必要があるが，これには二通りの方式がある。ひとつはミルクレシーバージャー内にたまった乳を，その水位の検出によって作動するミルクポンプを用いて大気中に排出する方式で，最も一般的である。他のひとつは以前に多く用いられていた方式で，ミルクレシーバーの下部にレリーザージャーとその横にパルセーターを備えたもの

である。これはパルセーターで上下の空間の圧力を切り替え，下のレリーザージャー内を大気圧にしたときに乳を排出する方式であるが，今日あまり用いられなくなった。

(5) ミルカーの規格基準

ミルカーは，牛に障害を与えることなく，生乳の品質を低下させることなく，迅速に能率よく，そして省力的に乳牛の乳を搾り出すことができる機械でなくてはならない。このため，ミルカーの材料，構造，性能などはあるていどの基準を満たすものが必要である。諸外国とくに酪農先進国のアメリカ，ヨーロッパ諸国およびオーストラリアなどにおいては，これまで搾乳機器に関する規格や基準を自国の事情に合わせて取り決め，ミルカーに備えるべき諸条件を明らかにしてきた。しかしながら最近は，交通機関の発達や貿易の振興などにより機器の流通範囲が拡大し，自国だけの規格基準では通用しにくくなった。そのため多くの国々に共通する基準を作成し，規格の統一化を計ろうという機運が高まった。

その原動力となったのはIDF (International Dairy Federation 国際酪農連盟) であるが，国際的な機関であるISO (International Organization for Standardization＝国際標準機構) が検討を重ねた結果，

　ＩＳＯ－3918(1977)：搾乳装置－用語
　ＩＳＯ－5707(1983)：搾乳装置－構造と性能
　ＩＳＯ－6690(1983)：搾乳装置－機械的試験

の三つの規格が誕生した。

これらの規格は現在，すべての国で承認されたわけではなく，上記の各規格はそれぞれ1〜3か国がいろいろの事情により賛同しないでいる。とくに影響力の大きいアメリカは，ＩＳＯ－3918は認めているが，ＩＳＯ－5707と6690の二つの規格を承認しておらず，アメリカ独自の3－A認可基準の"搾乳ならびに牛乳処理装置の設計・製造および設備"の基準を適用している。この基準はＩＳＯ規格よりもポンプの容量などがかなり大きめにつくられているため，わが国の酪農家において，アメリカ製とヨーロッパ製のミルカーの導入をめぐる販売競争において，しばしば問題を提起している。これらの規格基準の詳細については専門書にゆずるが，パイプラインミルカーの真空ポンプの排気量とミルクパイプの口径についてのみ触れておく。

①真空ポンプの排気量

真空ポンプの排気量は，ＩＳＯ規格では同時に使用する搾乳ユニット数が10台以下は下記の(1)式，11台以上は(2)式とし，これに自動離脱装置，ゲートおよびフィーダーなどの真空で作動する補助装置を使用するときはその分を加算する。

10台以下のばあいの排気量（Ｎ1/min）
$$= 150 + 60n_1 \quad \cdots\cdots(1)$$
11台以上のばあいの 〃 〃
$$= 750 + 45n_2 \quad \cdots\cdots(2)$$

ただし，Ｎ1は大気圧換算の空気量リットル，n_1は使用ユニット数，n_2は10台を超える使用ユニット数

これに対しアメリカの基準はバケットミルカー，パイプラインミルカーごとに排気量の最低基準が決められており，またパイプラインミルカーのばあいは，搾乳装置の各部分ごとの必要空気量を定め，それらを合計して装置全体の空気量を求める方法を併用している。各部分の必要空気量をいくつか例示すると，

搾乳ユニット	170.0（Ｎ1/min）
レリーザー	142.0
ミルクポンプ	0.0
調圧器	85.0
乳量計	28.0
（ブリードホール付き）	
継ぎ手（20個当たり）	28.0

などである。

これらの規格基準に基づき，ごく普通の装備の4ユニット使用のパイプラインミルカーで試算してみると，ＩＳＯのばあいが500〜600Ｎ1/minである。これに対し，アメリカの基準では部分ごとの計算値で800〜900Ｎ1/minていどであるが，パイプラインミルカーの最低基準が992Ｎ1/minであるため，これを採用することになるので，真空ポンプはＩＳＯの約2倍の

第1表　ミルカーと乳房炎の関係―その原因と対策―　　　　　　　　　　　（野附）

原		因	対　　策
ミルカー自体に問題があるばあい	○真空度が高すぎるとき	乳頭，乳腺に対する刺激が増大する。乳頭孔がびらんし細菌が侵入しやすくなる。ティートカップが乳頭基部をしめつけやすくなる。	○ミルカー導入時に性能をよく検討する。○ミルカー導入後は点検整備を励行する。　○日常の点検整備　○定期点検整備　○計器による点検整備
	○真空度が変動するとき	変動の都度ライナー内で乳の逆流が起こり，乳の逆流時に細菌が乳頭孔から侵入する。	
	○拍動（パルセーター）が不調のとき	真空刺激が増大する。乳頭のマッサージ効果が減少し乳頭の血行障害をまねく。	
	○ティートカップライナーが劣化したとき	硬化により物理的刺激が増大する。亀裂や乳石により病原菌が付着しやすくなる。	
ミルカーの操作法に問題があるばあい	○作業者の手指の消毒が不完全なとき	作業者を介した病原菌の移行が増大する。	○乳牛の生理（泌乳生理，搾乳生理）をよく知る。○ミルカーの構造，機能をよく理解する。○ミルカーの適正使用法を完全に習得する。○正しい操作方法と操作順序を決め，これを実行する。
	○ミルカーの洗浄・消毒が不完全なとき	ミルカーを介した病原菌の移行が増大する。	
	○乳房・乳頭の消毒が不完全なとき	乳房乳頭の抗菌力が低下し感染が促進する。	
	○乳房マッサージが不良で排乳反応が悪いとき	排乳の阻害と不快刺激による残乳の増加のため，感染牛では菌の増殖が活発化する。	
	○ミルカーをかけすぎたとき	カップのせり上がり現象により乳頭内が陰圧となって感染が増加し，刺激の増大のための発症が起こる。	
	○乳を乳房内に残しすぎたとき	感染牛では菌の増殖が活発化し発症することが多い。	

排気量のものが必要となる。

②ミルクパイプの口径

普通のパイプラインミルカーのミルクパイプは搾乳陰圧の伝達と送乳の二つの役割を持つため，パイプ内の圧力変動が起きやすい。この変動は，乳房炎の原因となるばかりでなく搾乳能率を阻害するなどの悪影響があるので，できるだけ変動を少なくするようにしなければならない。そのため配管には立ち上がりを禁止し，下流へ向かってゆるやかな勾配をとることなどが規定とされているが，影響の大きいパイプの口径にも取り決めがなされている。

ISO規格は片引き配管，両引き配管のそれぞれについて，パイプがいくらの口径で全長が何メートルのときは同時に何ユニット使えるかというように，太さ，長さ，ユニット数の3者の関係が示されている。その関係からいくつかを例示すると，片引き配管のばあい4ユニット（U）使用し，パイプが40メートル（m）のとき口径は46ミリメートル（mm），7U，50mのとき61mm，9U，60mのとき73mm，となっている。

一方，アメリカの基準は配管1スロープ当たりについてユニット数と口径の関係が決められている。これによると，4Uのときは51mm，6Uのときは64mm，9Uのときは76mmであり，ISO規格よりいずれもかなり太い。

(6) ミルカーと乳房炎の関係

乳房炎の直接の原因は細菌などの病原微生物によるものと考えられている。しかしながら，感染防止に注意していてもある日突然発病したり，乳房内に原因菌が侵入しても感染しないことさえもあり，乳房炎発生の機構は複雑である。それは牛の素質，神経・ホルモン支配などの内因性誘因および飼育環境，飼料，管理法などの

搾乳牛

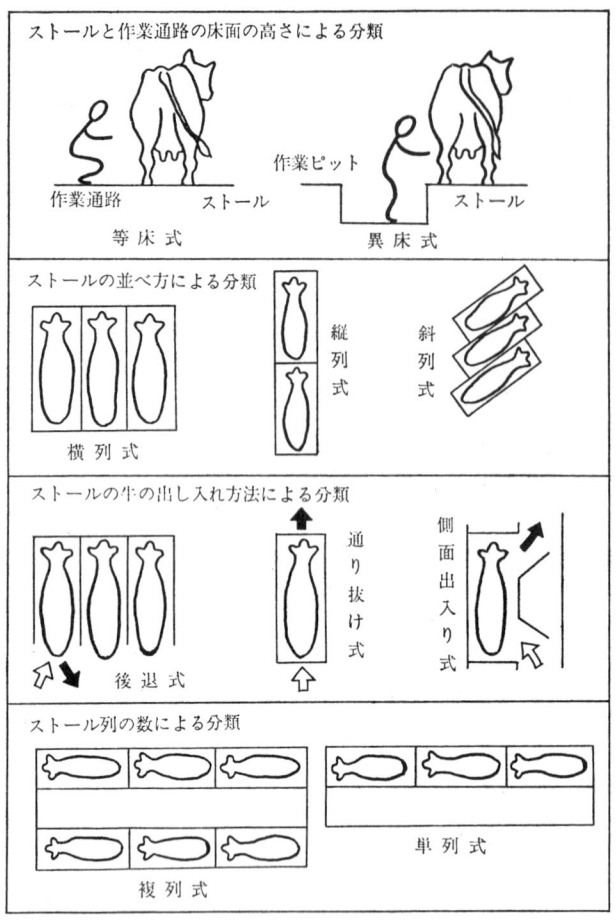

第8図 ストールの配列方式などによるミルキングパーラーの分類

外因性誘因が関係するからで，これらの誘因が原因菌の侵入を促進または抑制し，あるいは感受性を変化させ，さらには環境の変化によって菌の増殖が早められたり遅延したりするからである。

これらの誘因のうち搾乳法の適否は最も影響が大で，とくにミルカーは乳房炎と深い関係にある。それは，ミルカーはひとつは汚染したティートカップが病原菌の移行を促すときのように，感染牛から健康牛へ菌を伝播する役目を果たす可能性があること，もうひとつは，ミルカーは乳頭孔をびらんさせて乳頭孔の防衛力を減退させるとか，乳頭内部に真空が入り込み，その刺激によって発症させること，などである。すなわち，ミルカーは菌の感染を受けやすい状態に乳頭を変化させ，または発症を促進させるような刺激となる可能性がある，ということである。これらの関係を原因別に分類してみると第1表のように発生原因がミルカー自体にあるばあいと，ミルカーの操作法にあるばあいとがある。したがって，ミルカーは導入時に性能をよく検討し，導入後は点検整備を励行して不調ミルカーを排除すること，およびミルカーの適正使用法を完全に習得しこれを実行することが大切である。

(7) 搾乳施設の種類と特徴

搾乳は，牛舎内で行なうばあいと，専用の搾乳施設を使用するばあいとがある。

① 搾乳牛舎

乳牛の飼い方がつなぎ飼い方式のばあいは，ふつう，牛を舎内に繋留したままで搾乳を行なう。したがって牛舎それ自体が搾乳の場であり，同時に採食，飲水，排糞，排尿などの牛の生活の場としての機能も兼ねることになる。

搾乳牛舎には牛を繋留するストールの種類や牛の配列方式，壁体構造などによって，種々の名称のものがある。搾乳は，作業者が牛のそばへ寄って行なうことが特徴である。

② 専用搾乳室

搾乳室（ミルキングパーラー）は乳牛の搾乳を行なう専用の施設で，搾乳作業の能率向上のために，ストールの並べ方などに種々の検討が加えられた結果，分類の基準別に第8図のようなものがある。作業者側からは，腰をかがめなくても作業ができる異床式（作業ピットが牛の床面より低いもの）が，また，移動距離が短くてすむヘリンボーン式（斜めに牛を配列するストールの並べ方）が，そして搾乳所要時間が一定でない牛群のばあいは，終わった牛から外へ出し，新たな牛を入れることのできる側面出入り式（サイドオープン式ともいう）がよいといわれている。一般には搾乳牛が50〜60頭のばあいは異床式の4頭複列のヘリンボーンが多く用

第2表 搾乳形式による搾乳能率の違い

搾乳装置の形式	頭数規模	ストール数	ユニット数	作業人数	1時間当たり搾乳頭数	1人1時間での搾乳頭数
バケットミルカー	10～20	10～20	1～2	1	13～15	13～15
	20～30	20～30	2～4	2	30～40	15～20
牛舎内パイプラインミルカー	20～30	20～30	2～3	1	20～30	20～30
	50～70	50～70	3～4	2	40～70	20～35
タンデムパーラー	15～20	4	2	1	15～20	15～20
	20～50	6	3	1	24～35	24～35
	50～80	8	4	2	40～50	20～25
アブレストパーラー	15～25	4	2	1	16～20	16～20
	20～50	6	3	1	24～35	24～35
	50～80	8	4	2	40～50	20～25
	60以上	12	6	2	50～70	25～35
ヘリンボーンパーラー	40～60	8	4	1	35～45	35～45
	60～80	10	5	1	40～50	40～50
	80以上	16	8	2	80～90	40～45
	150以上	20	10	2	100～110	50～55

いられている。なお上記の搾乳室は、搾乳中の牛を動かさない方式の静止式であるが、作業者の動線を最短にするために、牛を円形または楕円形の円周上に配列して回転させ、近距離内でミルカーの着脱ができるようにした回転搾乳室（ロータリーパーラー）があるが、わが国ではあまり普及していない。

搾乳室の基本的な構成は搾乳中の牛を収容するストール、搾乳者の入る作業ピットおよび牛や人の出入口と通路からなっている。ここはとくに衛生的でなくてはならず換気、排水、照明、保温などに充分配慮する必要がある。

(8) 搾乳方式の選択

ミルカーの導入にさいしては、飼育規模、労働力および資金などを勘案して適正タイプの施設機器を選定することが大切である。飼育方式別には、小規模のつなぎ飼い牛舎のばあいは、バケットミルカー、中～大規模ではカウシェードパイプラインミルカーが、放し飼い式牛舎では、パーラーパイプラインミルカーが用いられるが、これらの形式や能力は基本的には所定の時間内に所定の労働力で飼育牛の搾乳を完了しうるものでなくてはならない。搾乳方式別の搾乳作業能率は乳牛の乳量や乳の出やすさ、作業者の手順や性格など種々の要因による変動が大きいが、概略の数値を示すと第2表のとおりである。これらの数値を参考にし、また使用実態からみてつぎのものが一般的と思われる。

つなぎ飼い式では、搾乳牛が10頭以下ではユニット1～2台、10～20頭くらいまでは2～4台のバケットミルカーが使用される。バケットミルカー使用の限界はおおよそ30頭である。搾乳牛が20頭を超えると、多くはパイプラインミルカーとするが、20～30頭はユニット2～4台、40～50頭で4～6台を使用する。搾乳牛頭数が50～60頭以上になると、パイプラインの配管全長が長くなりすぎ、パイプ内の圧力変動などの障害を起こしやすい。したがって、ポンプの容量、パイプの口径、配管法などに充分注意するなど長配管の障害を最小にとどめる配慮が必要で、できれば、2系列配管が望ましい。

放し飼い式牛舎ではパーラーとするが、わが国では、アブレストパーラーは普及が少なくタンデムとヘリンボーンパーラーが多く普及している。なお、回転式のロータリーパーラーは一時わが国でも用いられたが、150～200頭以上の、とくに規模が大きい経営でないとその威力が発揮できないので、今日はあまり使われていない。

1990年記

搾乳牛

搾乳機と搾乳施設の使用法

野附　巌（東京農工大学）

(1) 搾乳場所の衛生管理

搾乳の場をできるだけ清潔にし，搾乳の過程で牛乳が汚染されないよう心がけると同時に，乳牛の健康，とくに乳房炎の発生防止につとめる。そのためには牛舎構造，牛舎管理に注意をはらい，牛舎内外の通風，採光，換気をよくし，牛舎内に湿気や有害ガスが蓄積しないようにする。牛舎内は常に清掃，整理，整頓がゆきとどき，敷料のよごれたものは頻繁に舎外に搬出し，床は乾燥させておく。また，舎内は薬液かスチームを用いて天井，柱，壁などを定期的に消毒する。

牛体の汚染がないよう，とくに後躯が汚れないようにする。汚れたものは水洗いやブラシかけを励行する。

なお，蹄の伸びた牛は乳頭損傷の危険があるので，ときおり削蹄することも必要である。

(2) ミルカーの点検と整備

ミルカーは古くなると，購入当初の性能がでなくなる。また，新しくしても点検整備が悪いときは，それが直接・間接に搾乳能率の低下や乳房炎発生などの障害をひき起こす。したがって，ミルカーが正常に作動しているかどうかを点検整備し，機械を最良の状態で使用することが大切である。

ミルカーの点検のしかたは，注意深く目や耳で調べるだけのものと，特別の計器を必要とするばあいとがある。また，搾乳のつど必ず調べなければならない箇所と，定期的に調べる必要のある箇所とがある。

①総合的な検査法

これは，酪農家自身が行なう必要のある検査で，主に真空系統の異常の発見に役立つ。少なくとも半年に一度は実施するとよい。

バケットミルカーのばあい　ミルカーのポンプを始動し，真空度が安定したのち，全部のストールコックが閉まった状態で，配管中に設置してある真空計の指針を読み，つぎに搾乳を始め，使用ユニット全部が作動しているときの真空計の目盛をもう一度読んで，その差を求める。もし差が 5 cmHg 以上のときは，どこかに異常があるので，専門家に計器を使って調べてもらう。このばあいは真空ポンプの排気量不足（ポンプの能力低下），調圧器不調，配管のつまり，または空気漏れ，真空計の狂いなどが疑われる。

パイプラインミルカーのばあい　真空計を一つ用意し，これを牛乳配管のポンプから一番遠い位置（牛乳の流れの最上流部）のミルクタップに接続する。まず，真空ポンプを始動し，真空度が安定してから搾乳にとりかかる前に，この真空計の指針を読む。つぎに，搾乳中に全部のユニットから送乳パイプへ乳が流れ込んでいる時期に，真空計の目盛がどれだけ振れるかを読みとる。このときの指針の最低値（振れの最大値）が，搾乳前の値より 4 cmHg 以上も下がっているときは，どこかに異常があるので専門家に相談すること。このばあいは，真空ポンプの排気量不足（能力低下），配管の口径不適，真空系統の空気漏れ，配管法の不適（立ち上がり，引き方，勾配など），使用法（ユニット数など）に問題がある。

②毎日の点検整備

朝夕の搾乳時に，真空計の読み，調圧器の音，パルセーターの音およびライナーゴムの状態に気を配りながら作業を行なう。真空計と調圧器は真空度が指定された値どおりかどうかに関係するので，搾乳作業中，真空計の近くを通るときは，真空計を見るくせ，調圧器のそばを通るときは音を聞くくせをつける。

なお，調圧器は 2〜3 か月に一度は必ず空気吸込口付近をよく掃除しておく。

つぎに，ティートカップの着脱や装着中はパルセーターの調子がどうか注意する。搾乳が終わり，ミルカーの洗浄を始める前には必ずティートカップライナーの内側に指を入れて内面の状態を調べ，異常があればただちに交換する。

③定期的な点検整備

最低1か月に1回，できれば2回，日を決めて真空ポンプ，トラップ，調圧器，真空計，真空パイプ，送乳パイプ，ミルクレシーバージャー，レリーザー，ティートカップ，パルセター，ミルククロー，バケット，チューブ類について，取扱説明書などを参考にしながらよく調べ，必要により調整または修理する。

④計器による検査

前述の総合的な点検の結果，異常が認められたばあいには，計器を用いて検査することになる。

検査用の計器は，ふつうメーカーやディーラーが所持しているが，団体または数戸の酪農家が共同して準備する方法もある。このばあいエアフローメーター，水銀マノメーター，パルセーターレコーダーなどが必要である。これらがあれば，真空系統の異常（ポンプの排気量の測定，配管などからの空気もれや配管のつまりの検査），真空計の誤差の測定，拍動波形の異常などが調べられる。

(3) ミルカーの操作法

ミルカーは酪農家の必需品であり便利な機械であるが操作法が適切でないときは，前にも述べたように乳房炎の発生を促し（185ページ第1表参照），また，思うような能率向上も図れない。したがって，ミルカーは正しく操作することがとくに大切である。

①一般的注意事項

搾乳環境の整備　搾乳の場をできるだけ清潔にして舎内の浮遊細菌を最少にする。また，暑熱，寒冷，高湿，有害ガスの蓄積などの不良環境を排除して，良好な搾乳環境下で搾乳を行なう。

搾乳牛の取扱い　牛を落ち着かせ安心させ，牛に親しみをもって接すること。搾乳時に牛を驚かしたり痛めにあわせると，乳の排出反応が阻害され，乳おろしが不充分になるばかりでなく，蹴りぐせがついたり搾乳をいやがるようになって搾乳が不完全になる。

搾乳前の手指の消毒　乳房衛生ならびに食品衛生の見地から，搾乳時には常に清潔に気を配る。その具体的行動は手指の洗浄・消毒である。搾乳前は石けんとブラッシで爪の間までよくこすり洗いし，両性または逆性石けんの500～1,000倍液で消毒する。搾乳作業中もできるだけ頻繁に洗浄・消毒する。薄手のゴム手袋を付けると，作業は幾分しづらいかもしれないが，消毒効果は向上する。

ミルカーの調整　ミルカーの使用条件は機種により異なるが，それぞれの使用説明書に記載されている真空度，拍動数などの使用条件どおりにミルカーを常によく調整しておき，使用時にこれを確認する。

ユニットの適正使用台数　操作台数が多すぎると，過搾乳が起こりやすく危険である。バケットミルカーは1人2台以内，パイプラインミルカーは1人3台以内が適正である。なお，慣れるまでは少なめとし，慣れてからでも，パイプラインのばあい，2人で5台ていどのほうがゆとりがあってよい。

牛の搾乳順序　乳房炎の防除に重点をおき，初産牛を先に経産牛は後に，牛群中に感染牛がいるときはCMT法などで検査を行ない，陰性牛を先に反応の強い牛ほど後に搾る。臨床症状を示す発症牛は，必ず最後に手またはバケットミルカーで搾り，感染の防止を図る。一方，作業性を重視し，搾乳速度の速い牛と遅い牛を交互に搾るなどして作業性の向上を図る。

②基本的操作法

機器の確認　搾乳に取りかかる前に使用するミルカーがよく洗浄・消毒されているか，ミルカーの真空度や拍動数などの使用条件がよく調整，整備されているか，搾乳時に使用するバケツ，濾過器，クーラーなどの器具の準備はよいか，およびパイプラインミルカーでは，搾乳回路への切り替えが完全に行なわれているか，などについて確認する。

前搾り　乳房清拭の前に黒布法またはストリップカップ法により検乳を兼ねて実施する。以前には乳房清拭の後に行なうよう指導がなされていたが，乳房・乳頭のマッサージによって乳頭内の汚染乳が乳房内のきれいな乳と混合する

搾乳牛

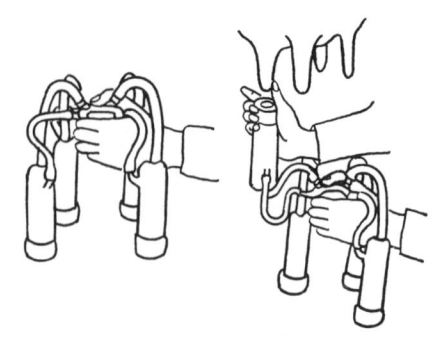

第1図 カップの装着のしかた

ことを防止するため，最近は乳房清拭前に行なうべきであるという意見が強い。ミルカー搾りのばあいは各乳区の乳の状態を調べうる機会は，ふつう，この前搾りのときしかないので，必ず検乳を兼ねて実施し，各分房の健康状態を常によく把握しておくことが大切である。

乳房・乳頭の清拭・消毒 これは乳房・乳頭の汚れを落とし，乳頭に付着する細菌を殺し，また，牛の排乳に必要な刺激をあたえるために実施する。その方法は，バケツ二つを用意し，一つには湯を他の一つには両性または逆性石けん温液を入れ，布と小布を搾乳牛頭数分以上ずつ用意する。まず，布を用いて湯で乳房と乳頭を洗う。このばあい乳房はあまり広範囲に湯水をつけて洗わなくてすむように，常日頃から乳房の汚染防止に留意することが大切である。すなわち，乳房はできるだけ乳頭付近だけを洗い，乳頭はとくに入念に洗ってから，絞った布で水分をよく拭き取る。この洗浄用の湯はできるだけ頻繁にとり替える。つぎに小布を用い消毒薬液で乳頭，とくに乳頭口付近をよく消毒し，小布をかたく絞って水分を拭き取る。なお，乳頭が濡れたままでティートカップを装置してはならない。充分に水分を拭き取るために使い捨てのペーパータオルの使用が推奨されている。

ティートカップの装着 カップの装着は乳頭消毒後なるべく早く，しかも乳頭表面の水気がなくなってから行なう。順序は普通対側の後乳区，対側の前乳区，同側の後乳区同側の前乳区とするが，とくに乳量の多い乳区または乳の出る速度の遅い乳区があるときはそれを先にし，空気を吸い込まないように注意して装置する

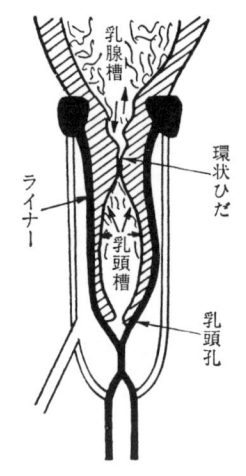

第2図 クリーピングアップ
（カップのはい上がり現象）

（第1図）。

搾乳終了の判断 搾乳の終了はチューブやミルククローの中の乳の通過の状態および乳房の感触などにより判断する。最近は搾乳の終了を自動的に検知してカップを離脱する装置が使用されている。なお，乳房内の乳が少なくなり，乳房がしぼんでくると，カップがはい上がって乳頭基部を締めつけるクリーピングアップ（第2図）という現象が起こる。この状態のまま放置すると，乳房乳頭に大きな障害を与えるので危険である。

ティートカップの離脱 機械による搾り切り（マシンストリッピング）は，従来はすべての牛について行なうよう指導がなされてきた。しかしながら，最近の研究によれば，この時期には乳の逆流現象が起きやすく，その刺激が大きいので必要な牛のみ，しかもできるだけ短時間に行なうのがよいとされている。すなわち，マシンストリッピングは，残乳のとくに多い牛以外は行なわないほうがよく，普通の牛は搾乳終了時期を的確に判断し，過搾乳にならないうちに，カップを取りはずす。なお，乳を残すと体細胞数が増加したり発症する牛は，多くはすでに潜在性乳房炎または慢性乳房炎に罹患している牛である。したがって，これらの牛は，治療法の一つという考えで早めにカップをはずし，手でよくもみ搾りをして，完全に乳房内の乳を

取り出すようにしなければならない。

乳頭ディッピング 搾乳後の乳頭は最も感染を受けやすい状態にあるので、乳房炎の予防のために必ず専用の薬剤で乳頭消毒をしなければならない。薬液に乳頭を浸漬するディッピングのほかに、同様の効果を有する乳頭スプレーの方法もある。いずれもティートカップを離脱直後に、速やかに行なうことが要点である。

機器のあとしまつ 使用後のミルカーや搾乳関連の機器はよく洗浄し、必要なものは消毒を行なってから、次回の搾乳まで清潔に保管する。

③ **パイプラインミルカーに特有な操作上の注意点**

搾乳順序 カウシェイド式の牛舎内配管のばあい、搾乳の順序はミルクレシーバージャーに近いほうの牛から搾る。すなわち、送乳パイプの中の乳の流れからみて下流の牛を先に上流を後に搾る。なお、前述の初産牛、健康牛は先に、感染牛は後から搾るという条件とを併せて、これらに適した牛の配列を考慮する必要がある。

乳の回収 搾乳終了後の送乳パイプ内の乳の回収方法には、スポンジを使用する方式とパイプの勾配で自然に流出する方式とがある。前者はよく洗浄・消毒したきれいなスポンジを使用し、送乳パイプへ入れる空気の量を加減しながらスポンジをゆっくり送ること。後者は送乳パイプの勾配のとり方によってはかなり時間がかかるばあいもあるが、気長に回収すること。

特殊な牛の分離搾乳 分娩直後の牛または乳房炎牛などの乳は、正常乳と混ぜることができないので、バケットミルカーのユニットを用意しておき、パイプラインのミルクタップに接続して搾る。パイプラインに接続するための部品はミルカーの販売店に相談して入手しておく必要がある。なお最近は1分房の乳だけを別容器に分離する装置も販売されているので、異常分房の乳だけを分離することが可能になった。

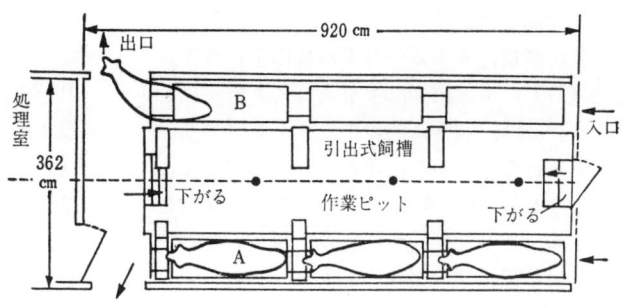

第3図 3頭複列, タンデム・ウォークスルータイプの搾乳室

(4) ミルカーの洗浄・消毒

ミルカーは、細菌汚染の少ない清潔な牛乳を生産するためにも、乳房炎の発生を防止するためにも、ライナーなどの機械部分を長持ちさせるためにも搾乳前後に完全な洗浄・消毒を行なうこと、搾乳中もつぎの牛へ移す前にこまめに消毒を実施すること、そして搾乳と搾乳のあいだは清潔な場所に保管することが大切である。洗浄、消毒、保管の要点はつぎのようである。

①搾乳後は汚れをとり除くことに主眼をおく。そのため、まず水洗いをし、つぎに湯で洗剤液を調整し、専用のブラシでよく洗う。消毒も実施するほうがよい。

②搾乳前は消毒を主とし、塩素剤などの消毒薬、または高温の熱湯を用いて消毒する。

③搾乳中の消毒は有機ヨード剤、両性または逆性石けんなどを用い、ティートカップをつぎの牛に移す前によく消毒する。

④以上は毎搾乳時とその直前・直後とに行なう洗浄・消毒であるが、夏期は週2回、その他は週1回、日を決めて完全な分解掃除を行なう。このばあい、酸性石けんを用いて乳石の付着防止をはかる。

⑤乾式法のばあいは、ユニットなどの保管に、防虫網をつけた清潔な戸棚を用意すべきである。

⑥パイプラインミルカーのパイプの洗浄・消毒は自動洗浄が多いが、指定された方法をよく守ることが大切である。

(5) ミルキングパーラーの使用法

第3図のような静止式複列の搾乳室の例について述べる。

搾乳牛

　まず片側（A）の全ストールに牛を入れ，順次，乳房清拭，ミルカー装着の操作を行なう。対側（B）にも，同様に牛を入れて乳房清拭を行なう。次に，（A）側の牛のマシンストリッピングを行なってから，ミルカーをはずして，反対の（B）側の牛にミルカーを移し，装着を完了する。そして搾乳が終わった（A）側の牛を外に出して再びつぎの牛を入れ，これをくり返す。

　なお，片側の1番目の牛にミルカーをつけ始めてから，対側の牛を搾り，再びもとの側の1番目の牛にミルカーを装着し始めるまでのような一巡の操作に必要な時間を"サイクルタイム"という。このサイクルタイムは，搾乳室内の施設の配置（ストールの配列など），機械の性能（戸の開閉装置，給餌装置，ミルカーなどの性能），作業対象物（乳房の汚れぐあい，牛の乳の出やすさなどの良否），作業手順（むだのない合理的な操作かどうか）によって差異があり，これが短時間にできるパーラーほど搾乳能率がよいことになる。

1990年記

汚れ除去効果の高い乳頭洗浄・清拭装置

執筆　平田　晃((独)農業・食品産業技術総合研究機構生物系特定産業技術研究支援センター)

(1) 乳頭清拭の目的

①衛生的乳質の確保

生乳の衛生的乳質に起因する事故を防止し，食品安全性に対する信頼を高めていくには，生乳生産の現場から消費者を意識した適切な搾乳管理が求められている。搾乳作業は，休むことなく毎日2回行なわれているが，衛生的乳質を確保するには，1) 洗浄・殺菌された衛生的な搾乳機器の使用，2) 搾乳前の清潔な乳頭準備（乳頭清拭），3) 搾乳した生乳の急速冷却と適切な低温保持が不可欠である。

1) については，プログラム制御による自動洗浄により搾乳機器の衛生管理状況は大きく改善され，3) 生乳の冷却・乳温管理についても，集乳までの乳温を自動記録する取組みが始まっている。しかし，衛生的乳質管理の一貫として行なわれる，2) 乳頭表面からの糞などの汚れ除去については，依然として手作業で行なわれている。

②環境性の乳房炎原因菌の除去

乳房炎は，原因菌が乳頭孔から乳房内に侵入し乳腺組織に炎症を起こす病気であり，搾乳作業時の「感染経路」として，乳頭から排出後に汚染された乳汁の乳房内への逆流現象および搾乳後の開いた乳頭孔からの侵入がある。

乳頭先端に向かうライナー内への乳汁逆流は，搾乳中のライナー内真空度とミルククロー内真空度との逆転によって頻繁に生じている。とくに低乳量時には，ライナースリップなどによるほかのライナーからの空気流入に併せて，ライナー拡張期の真空度逆転によって乳頭孔への吸入に至る危険性が高いことが示されている（本田ら，2004）。また，搾乳中の乳頭内への乳汁侵入を検証するために，ライナー内にデンプン液を滴下し，途中手搾りした乳汁をヨードデンプン反応で確認し，搾乳が正常でもこの現象は発生し，防止は困難であるとの見方が報告されている（板垣，2006）。

③適切な搾乳刺激

乳頭孔から乳房内に原因菌が侵入しても，生体防御機能が働くので，正常な組織には感染（定着・増殖）しにくい。しかし，過搾乳などによって長くうっ血状態に曝されると，乳頭先端の糜爛（びらん）や乳腺組織に微少な出血を伴う損傷が生じ，原因菌の定着・増殖が起こりやすくなるといわれている。

感染の3要素「原因菌」「感染経路」「定着・増殖」のどれかを断ち切ることが，搾乳時の乳房炎防除の場合にも必要である。この場合「感染経路」を断つことは困難なことから，1) 乳頭表面に付着している乳房炎原因菌の数を徹底して減らすことに加え，2) 適切に乳頭刺激を与えて催乳ホルモン（オキシトシン）の分泌を促し，スムースな搾乳により過搾乳を避けることが，非常に重要である。

以上，概観したように，乳頭清拭は搾乳時ティートカップを装着する前に，清潔な資材を用いて適切に行なう必要があるが，作業者の技量や注意力に依存しており，十分な効果が得られていない事例も少なくない。そこで筆者らは，操作が簡単で，許容時間内に誰でも同じように高い汚れ除去効果を得ることのできる乳頭洗浄（清拭）装置の開発に取り組んできた。装置化を実現するには，洗浄のメカニズムと乳頭のようす（大きさ，形状，配置，硬さ，汚れ具合など），乳牛の行動や生理，作業者の動作を理解し，要求される機能を選択し，それを可能にする構造と機構が必要となる（第1図）。

(2) 洗浄による汚れの除去

①洗浄の基本的なメカニズム

洗浄は，「基質界面（被洗浄物表面）に付着している汚れを，外部から必要なエネルギーを加えることによって懸濁・溶解状態に移行させて取り除く操作」である（福崎，1993）。乳頭の洗浄・清拭では，基質表面とは乳頭（皮膚）表面である。

搾乳牛

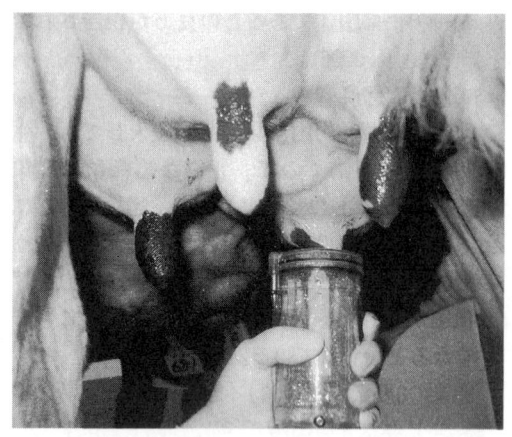

第1図 開発した乳頭清拭装置による清拭のようす

洗浄力を汚れと基質の接触界面に伝達するのが洗浄液である。洗浄液に添加される界面活性剤には水の表面張力を下げる働きがあり、水だけではなかなか染み込まない汚れや繊維の中まで洗浄液を入り込ませることができる。汚れの付着層内部および汚れと基質の接触界面に洗浄液が浸透することにより、汚れ物質の膨潤や溶解が起こり、さらには汚れと基質表面との間に静電的斥力が生じるなどして、汚れが離脱しやすくなる。このとき、洗浄液の温度は常温より高いほうが、ほとんどの汚れ物質の溶解度や溶解速度を高めると同時に、汚れ層の膨潤による洗浄液の浸透や拡散速度をいっそう促進させる。

ここに機械的・物理的作用を加えることにより、汚れの離脱と分散が促進され、新たな境界面が更新される。

また、基質表面では一度離脱した汚れが再び吸着する現象（再汚染）が起こりやすい。洗浄液は、懸濁・溶解した汚れを安定的に分散保持する役割も併せもつ。洗浄の最終工程では、汚れの懸濁・溶解した洗浄液を排出する操作が必要となる。

実際の場面では、いかに短い時間で洗浄を行なうかが問題となる。一般的に洗浄作用の約70～80％は、ブラシなどの摩擦力や高圧噴射による衝撃力といった機械的・物理的作用に頼っているといわれている。洗浄液の化学作用は上述のように、汚れを剥がれやすくして機械的・物理的作用を助け、同時に汚れを分解し再付着を防止する。

②従来の乳頭清拭

通常行なわれている、温湯ですすぎ、絞った布による乳頭清拭では、汚れ（有機物や微生物）は水分（洗剤など界面活性剤を含む）によって乳頭皮膚表面で膨軟化され、布との摩擦力によって布の繊維の間に絡め取られる。汚れの程度によって拭き取る回数は多少変化するが、推奨される1頭1布を基本としても、清拭面が更新されなければ、清拭中に布に付着した汚れにより再汚染が生じる。清拭布1枚をバケツに入れた温湯ですすぎながら使う場合は、再汚染は避けられない。

乳房炎予防効果が高いとされるプレディッピング法（変法ミネソタ法を含む）であっても、用いる資材や作業方法によって清拭効果は異なる。また、拭取りが十分でないと牛乳中のヨウ素濃度が上昇する。変法ミネソタ法は、乳頭消毒液（界面活性剤を含む）に乳頭を浸漬し、乳頭マッサージと前搾りによって汚れを溶解させたあと、ペーパータオルや脱水タオルで汚れを拭き取る方法で、時間をかけて丹念に行なえば、汚れ除去効果は非常に高い。しかし、作業時間が長くなることから、実施している農家はほとんどない。

第1表は、1）温湯洗浄＋布タオル、2）変法ミネソタ法（ペーパータオル）、3）変法ミネソタ法（脱水タオル）の清拭効果を清拭後の乳頭表面細菌数によって比較したものである（長谷川ら、

第1表 乳頭清拭方法による清拭後乳頭表面細菌数の比較

	1）温湯洗浄＋布タオル	2）変法ミネソタ法（ペーパータオル）	3）変法ミネソタ法＊＊（脱水タオル）
乳頭表面細菌数 log（CFU/cm^2）	4.3 ± 0.3 ～ 3.5 ± 0.3 平均値	3.2 ± 0.4 ～ 2.6 ± 0.3 平均値	1.91 50％タイル値
調査乳頭数	48	36	38

注　＊＊1頭について脱水タオルを2枚使い、乳頭先端まで70～90秒と時間をかけて丹念に清拭。先端部の細菌数は2.81（50％タイル値）と、側面部より1桁多かった
　　汚れ除去率：99.7％（清拭後乳頭表面の細菌残存率0.3％）
　　採取部位：乳頭側面

2005；平田ら，2006より一部抜粋し再構成）。ただし3）は，本法により汚れはどの程度まで除去できるかを調べる目的で，1頭について脱水タオルを2枚使い，乳頭先端まで70〜90秒と時間をかけて丹念に清拭したものである。しかし，乳頭先端部の細菌数は，側面部よりおおむね1桁多かった。通常の清拭でも，乳頭先端の付着細菌数は，清拭しやすい側面に比べて相当多いと推定される。

（3）洗浄（清拭）装置に求める機能

乳頭の洗浄（清拭）装置に求める機能は，以下1）〜9）に列挙したとおりで，これを満たす構造・機構と作用・効果を（4），（5）項に示した。

1）目標性能：1頭当たり30〜40秒の機械清拭で，1本ずつ乳頭先端まで丹念に清拭した変法ミネソタ法と同等の清拭効果を得る。乳頭に搾乳刺激（前搾り：10〜15秒）を与えてから，オキシトシンが分泌され乳房内圧が高まる60秒後にティートカップを装着するとすれば，正味の清拭時間は30〜40秒になる。

2）対象乳頭：ティートカップを装着できる乳頭すべてを対象とする。

　長さ：40〜80mm
　太さ：根元部50〜35mm，乳頭部35〜15mm
　形状：乳頭先端（凸，平ら，斜め，凹），イボあり。
　性状：乾乳が近く乳房・乳頭の張りが弱い，分娩後で乳頭に腫脹あり，乳頭先端が過搾乳でいたんでいる，などさまざまである。
　汚れ：清拭前の付着細菌数4.0〜7.0log（CFU/cm²），固着している汚れがある。

3）清拭範囲：搾乳中，ティートカップライナーが接触する範囲（クリーピングアップ時に接触する乳頭の根元径50mm以下から先端まで）を洗浄・清拭する（第1図）。

4）乳頭刺激：初めて搾乳される初産の乳牛に対しても，乳頭清拭がストレスとならないよう，乳頭に痛みを与えないで，心地よい乳頭刺激を加えながら洗浄（清拭）する。

5）洗浄容器の外径サイズ：乳頭間隔の狭い牛に使用できるよう，ティートカップマウス部外径を目標にできるだけ小さくする。

6）洗浄汚水の回収：新鮮な洗浄液を供給しながら洗浄し，乳頭の再汚染を防止し，洗浄汚水は回収する。

7）清拭後の乳頭乾燥：マジックウォーターがなく，そのままティートカップを装着できる程度に水切り乾燥する。

8）清拭作用部の接触によって伝染性乳房炎を媒介しない。

9）装置の分解保守と衛生管理は容易にできる。

（4）清拭装置の構造・機構

①清拭作用機構の選択

乳頭に洗浄液を噴射し，乳頭を包囲して縦軸回りに正逆転するブラシによって乳頭表面を擦りながら，汚れや細菌を洗い流す方式とした。1頭（4乳頭）当たり30〜40秒程度の短時間で効果的な洗浄・清拭を行なうためには，物理的作用の選択が重要である。

乳頭の洗浄・清拭に縦軸回転ブラシによる洗浄方式を選択・考案した理由は，大きく分けて2つある。1つは，洗浄液の噴射水流だけでは汚れの溶解・隔離に多量の用水と時間を必要とし，固着した汚れは高圧噴射によっても落ちにくく，乳頭先端に効果的な噴射方向は乳頭孔の損傷が懸念されたからである。2つ目は，対向する横軸回転ブラシで乳頭を挟んで擦り洗う方式は，構造・機構はシンプルにできるが，著者らの試作による検証では，乳頭先端にブラシが作用しない部分が残りやすく，小型化の限界から乳頭間隔の狭い牛には適用がむずかしいと判断されたためである。

②構造・機構

構造・機構は次のとおりである（平田ら，2006）。

1）開発した装置は，乳頭清拭作用部（0.5kg），洗浄水供給部，汚水回収部（吸引ファン含む）および制御部で構成した（第2図）。

2）乳頭清拭作用部（第3図）は，円筒型の洗浄ケース（φ57×110）外周に挿入口を境に上下2層に分かれた洗浄水噴射口を備え，洗浄ケース

搾乳牛

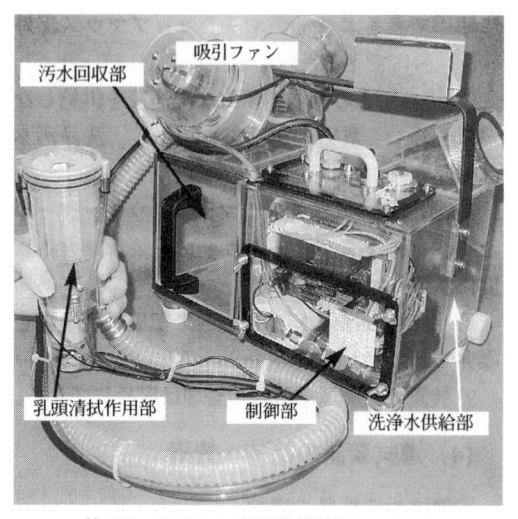

第2図　開発した乳頭清拭装置（試作機）

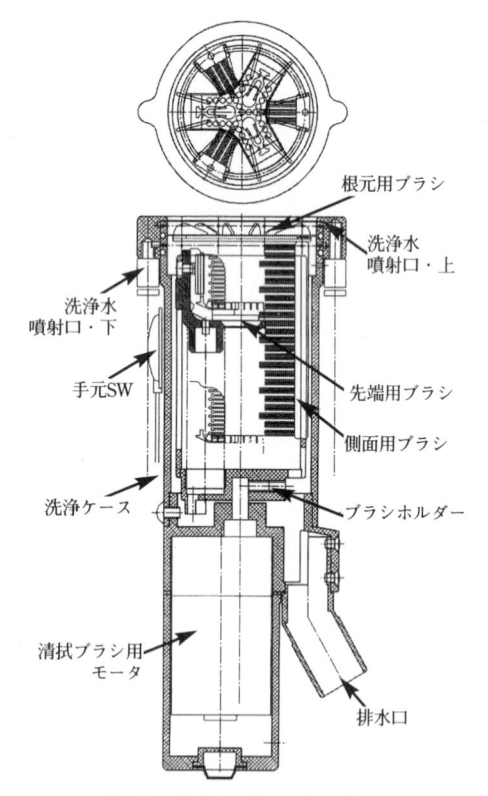

第3図　乳頭清拭作用部の構造

内のブラシホルダーに取り付けた清拭ブラシセットは，底部に設けた清拭ブラシ用モータにより縦中心軸回りに正逆転し，洗浄汚水は吸引ファンにより洗浄ケース底部から汚水回収部に吸引排出される。

3) 清拭ブラシセットは，乳頭挿入口となる根元用ブラシ（フィン付きシリコン膜0.5mm厚），側面用ブラシ（外周3分割位置に配置）および先端用ブラシによって構成されている。先端用ブラシは，さまざまな先端形状に適応できる深さと柔軟性（軟質シリコンゴム）をもっている。また，コイルバネに支持され，挿入口より深さ25～80mmまで乳頭長さに応じて上下スライドし，乳頭挿入時から抜き取る直前まで乳頭先端に40～140gfの範囲で押圧力を与えている。このように，清拭ブラシセットは，乳頭の大きさ・形状に応じて変形・密着して包み込み，汚れをかき落とす構造となっている。

4) 制御部は充電式DC24Vを電源とし，乳頭清拭作用部の手元SW（スイッチ）操作により清拭ブラシ用モータ，洗浄水供給ポンプおよび汚水吸引ファンモータの駆動インターバルを制御する。

(5) 清拭装置の作用・効果

①洗浄・清拭作用

乳頭を挿入し，手元SWを押し，挿入口上面を乳房に押し当てると，正逆転する根元用ブラシのフィン12枚と，挿入口上面に噴射される洗浄水とによって根元接触部分の汚れが除去され，挿入口から引き込まれる空気流により乾燥される。同時に，根元以下から先端は，挿入口下層から噴射される洗浄水と，正逆転する側面用ブラシおよび先端用ブラシにより清拭され，抜取り時に挿入口のシリコン膜によるかき取り作用と，汚水吸引空気流により水切り乾燥される。

②清拭効果

清拭ブラシ用モータの正逆転インターバル1回につき0.6秒回転－0.2秒停止とし，4分房各乳頭を1巡目に2回清拭（予洗）し，2巡目に各6回作用させた場合（約30秒/頭），変法ミネソタ法（70～90秒/頭）の場合と同等以上の除菌効果が

あった。さらに薬液浸漬と乳頭マッサージのあとに機械清拭を行なうと除菌効果はいっそう改善された（第2表）。洗浄液は，40℃程度の温湯に乳頭洗浄剤（シュアコンフォート）を0.2％添加した溶液を用いた。ただし，無添加でも除去効果にあまり差はなかった。

なお，清拭後のブラシ各部へのごみなどの付着は，ほとんど認められなかった。

③酪農家でのテスト

実用化に向けた課題として，作業性・取扱い性の改善点，長期連用したときの乳頭への影響，衛生的乳質の変化，ブラシの耐久性（交換頻度）などを把握するために，農家テスト（40頭搾乳規模，2か所）を開始した（第4図）。酪農家の目視観察では，どの乳頭もティートカップが接触する根元から先端まで汚れが除去されていた。3週間経過時点であるが，乳頭・ブラシともに問題は生じていない。

乳牛の反応は，初めて使用したにもかかわらず，初産牛，2産以上牛とも機械清拭を許容した。また，布での清拭のように足を上げることも少なく，乳房と乳頭の張りは非常に良好であった。

2007年記

第2表 清拭後の乳頭表面付着菌数（表面1cm^{2}当たりのコロニー個数の対数値）

部 位	清拭方法	清拭時間/頭	清拭後の付着菌数のパーセンタイル値				
			10	25	50	75	90
乳頭先端	変法ミネソタ法[1]	70〜90秒	1.00	1.81	2.81	3.59	4.12
（清拭前菌数	機械清拭－1[2]	30	1.30	1.30	2.45	3.28	3.88
4.25〜6.50）	機械清拭－2[3]	63	1.30	1.30	1.69	2.50	3.08
乳頭側面	変法ミネソタ法	70〜90	1.00	1.30	1.91	2.61	3.39
（清拭前菌数	機械清拭－1	30	1.30	1.30	2.15	2.89	
4.25〜6.50）	機械清拭－2	63	1.30	1.30	1.30	1.78	2.45

注 1) 変法ミネソタ法：薬液浸漬（有効ヨウ素0.1％）後，薬液を作用させる時間（30秒）中に汚れの溶解を図るために乳頭をマッサージし，脱水タオルで拭き取りを行なった。延べ10頭
　　2) 機械清拭－1：清拭ブラシ用モータの正逆転インターバル（0.6秒回転－0.2秒停止）を清拭1回とし，4分房各乳頭を1巡目に2回清拭し，2巡目に各6回清拭した（洗浄水流量：1,200mℓ/分）。延べ40頭
　　3) 機械清拭－2：変法ミネソタ法の薬液浸漬〜乳頭マッサージのあと，機械清拭－1を実施した。延べ14頭

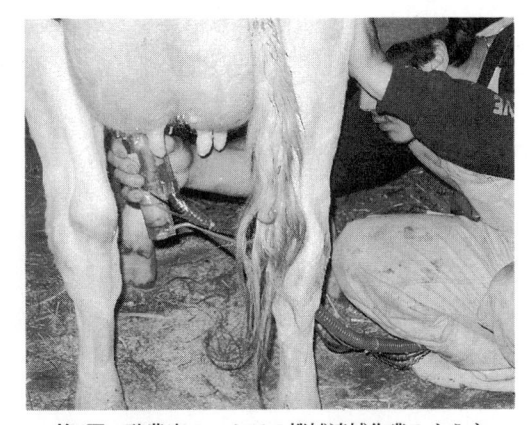

第4図 酪農家テストでの機械清拭作業のようす

参 考 文 献

福崎智司．1993．洗浄殺菌の科学と技術．サイエンスフォーラム．40―51．

長谷川三喜・石田三佳・市来秀之．2005．乳頭ディッピング作業への泡利用について．日本家畜管理学会誌．**41**（1），36―37．

平田晃・後藤裕・川出哲生・オリオン機械（株）・高橋雅信（根釧農試）．2006．除菌効果の高い乳頭清拭装置．平成18年度成果情報．（独）農業・食品産業技術総合研究機構．

本田善文・長谷川三喜・市来秀之．2004．ミルカのライナ内における乳汁の逆流防止に関する研究．63回農機学会講要．53―54．

板垣昌志．2006．乳房炎における病原菌侵入のメカニズムと予防対策．日本乳房炎研究会抄録集．17p．

牛乳処理施設・機器と使い方

野附 巌（東京農工大学）

(1) 牛乳処理室の機能と構造

①牛乳処理室の機能

牛乳処理室は人の作業の場，乳の貯蔵の場，機器・資材の保管の場としての三つの機能を備えなければならない。牛乳処理室内で行なわれる作業は，1）ミルカーの消毒，搾乳機器の調整・取り揃え，バルククーラーの点検などの搾乳の準備作業，2）バケットミルカー搾乳では，搾った乳を濾過しクーラーに入れる作業，パイプラインミルカー搾乳では，バルククーラーへの送乳状態の確認作業，3）使用後のミルカーおよび搾乳機器の洗浄・消毒，クーラー内の乳の点検，床の水洗，流し台，乾燥台，戸棚の整理などの後しまつ作業，4）乳の出荷後のクーラーの洗浄作業，以上が主なものである。これらの作業が能率よく省力的に行なえるよう，処理室の構造，内部の施設・機材の配置，採用する機器の選定および作業手順などについてよく検討することが大切である。

乳の貯蔵には，主としてバルククーラーが用いられ，一部でユニット型クーラーも使用されている。これらのクーラーが正常な能力を発揮するようにして，牛乳の品質保持に努めなくてはならない。三つ目の機能としてあげた機器・資材の保管は，搾乳および牛乳処理に関連する機器・資材を次回使用までの間，衛生的に保管することである。したがって，ミルカー，牛乳缶，バケツなどは決められた方法にしたがって洗浄・消毒を実施し，適切な方法で衛生的に保管することが大切である。

②牛乳処理室の構造

牛乳処理室は上記の機能を満たすために作業性のよい衛生的な部屋とする必要がある。とくに牛乳は変質しやすく臭いが移りやすいので，とくに衛生に留意しなければならない。すなわち，牛乳処理室は牛舎の中にあってもまったく独立した部屋であり，出入口には戸があって完全に閉鎖できる構造でなくてはならない。また，パーラーに付設される牛乳処理室はパーラーから直接出入りできない構造のほうが好ましい。なお，牛乳処理室にはミルカーの真空ポンプ，コンプレッサーなどは置いてはならず，これらは機械室をつくって別に収容する。バルククーラーの放熱部なども室外に出せるものは出し，やむをえず置くばあいは壁に放熱専用の換気扇をつけて充分な換気を図る。

牛乳処理室の広さはここで使用する機器によって異なる。一般的な設置機器は，バルククーラー，温水機，ミルカーの受乳および制御パネル，洗浄槽，流し台，乾燥台，薬品棚などである。これら機器の設置スペース，点検スペースならびに作業スペースなどを勘案して面積を決定するが，狭すぎると作業がおろそかになるので，あるていどの余裕をみるほうがよい。なお，最近，パーラー搾乳においてはパーラー内にミルカーの受乳，制御部を設置する例が多く，このばあいは牛乳処理室のその部分のスペースが少なくてすむ。

牛乳処理室の窓は採光のために適当な広さとし，必ず網戸を設ける。床には水を通さない材料を用い，適度の水勾配をつけて排水をよくし，汚水の排出部には深水シール式トラップなどを使用して，悪臭の逆流防止と排水を図る。壁，天井は表面の滑らかな，しかも洗える素材を用いるか，耐水ペイント仕上げとする。臭気などを排除するため換気扇をつける。室内には充分な照明設備を取り付ける。水道の蛇口は流し台以外に1～2か所設け，手指洗い用およびバルククーラーや床などの洗浄用とし，これには長いホースをつけておくと便利である。

(2) 牛乳処理用機器の種類と特徴

①牛乳の処理方法

搾乳後の牛乳の処理方法は，大別すると，バケットミルカーで搾って処理室に運搬後，濾過して牛乳缶に入れ，これを冷却水槽などに浸けて冷却保存するばあい，パイプラインミルカーで搾って牛乳缶に詰め，冷却水槽で保存するば

あい，パイプラインミルカーで搾ってバルククーラーで冷却保存し，タンクローリーで出荷するばあいがある。

これらの処理過程で用いられる機器には，濾過器，牛乳缶，冷却水槽および冷却機（器）がある。なお，このほか搾乳および牛乳処理用機器の洗浄に多量の温水が使われるため，牛乳処理室内には温水器を設置することが多い。

②牛乳濾過器

牛乳中の塵埃を除去するもので，ポリエチレン製のロートに濾過布または濾紙を装着して使用する。パイプラインミルカーのばあいは，ミルクレシーバージャーとレリーザーの間に濾布を挿入するか，バルククーラーの入口に上記濾過器をおく。

③牛乳缶

牛乳の保存および輸送用の容器で，日本工業規格（JIS）により，種類，材料，容量，製造方法，形状，寸法，品質などが規定されている。A型（トックリ型）には12，20，30および40kg入り，B型（ダルマ型）には28および40kg入りのものがある。

④牛乳冷却機（器）

牛乳冷却機は機能的にみて，乳の温度を速やかに下げるためのもの，乳温を長時間低温に保つためのもの，両機能を兼ねたものがある。ふつう，搾りたての乳の温度は35℃前後であるが，これを牛乳缶に入れて水槽に浸けただけでは，乳温が下がるまでに2時間以上もかかる。したがって細菌の増殖を抑制するために，なるべく速やかに，少なくとも15℃まで予冷する必要があり，これには急冷用の器具が用いられる。そして，牛乳缶の乳を長時間低温に保つには，缶浸漬式冷却機が用いられる。バルククーラーは比較的冷却速度が速く，しかも安定した長時間の冷却保存が可能な機械である。

（3）急冷用器具の構造と使用法

①攪拌棒

これは最も簡単な器具で，冷水につけた牛乳缶内の乳をときどき攪拌する棒である。牛乳のサンプリング前の均一化にも用いられる。

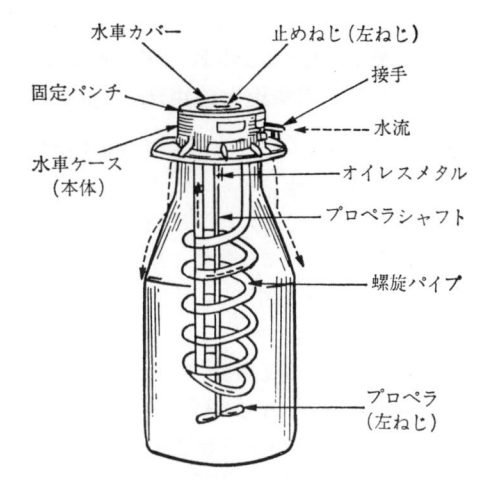

第1図　水流式攪拌冷却器（トップクーラー）

②水流式攪拌冷却器（トップクーラー）

構造は第1図に示すとおりであり，水道の蛇口に連結して螺旋状の冷却管内に冷水を流し，缶内の牛乳を冷却し，さらに水圧を利用して下のプロペラを回転させて牛乳を攪拌し，最後に循環した水は，上部から牛乳缶の外壁を伝わって落下するようになっている。

したがって，牛乳は缶の内外から同時に冷却されるので，構造が簡単なわりに冷却効率がよく，循環水の水温ちかくまでに乳温が下がる時間は15～20分くらいである。これはバケットミルカーの搾乳後に使用するもので，搾った牛乳缶の乳を順次この器具で予冷し，乳温を下げてから冷水槽に浸けてゆくような作業手順を考え，それに合わせて必要台数を揃えるとよい。

③表面熱交換冷却機

バケットミルカー用として，サーフェースクーラーなどの製品が以前はかなり使用されていたが，最近はあまり用いられなくなった。

パイプラインミルカー用としては，ダイレクトクーラーなどの製品がある。これはレリーザーの下部に設けられ，螺旋状のパイプ内に水道水または冷却水槽の水をポンプで循環させ，この表面を牛乳が伝わって落下する構造になっている。冷却能力は送乳速度や水温などによって異なるが，ある成績によれば，牛乳がこのクーラー内を落下する間に，約13℃の乳温低下が認められたという。

搾乳牛

(4) 缶浸漬式牛乳冷却機（ユニット型クーラー）の構造と使用法

この方式のクーラーは，冷却水槽の水を冷却機で冷やし，冷えた水槽の水中に牛乳缶を入れておくものである。これには，水槽の水をポンプでいったん吸いあげて冷却機で冷やし，再び水槽に戻す方式（第2図）と，水槽内で直接冷却する方式とがある。

冷却機は，いずれも圧縮機（コンプレッサー），凝縮器（コンデンサー），受液器（レシーバー），膨張弁（エクスパンジョンバルブ），蒸発器（エバポレーター）その他の付属機器からなる。冷却のしくみはある種の物質（冷媒）を循環させながら圧縮と膨張とをくり返すと，冷媒は液化，気化をくり返す。このサイクルにおいて，冷媒が気化するときに冷却作用を示し，液化するときに冷却のさいに奪った熱を放出するという原理を利用したものである。

実際のクーラーでは冷媒にフレオン12または22などをふつう使用する。そして，圧縮機でこの冷媒が圧縮されると高温・高圧になり，つぎに冷媒は凝縮器で冷やされて熱を放出し，液体の状態になる。この液化した冷媒は，受液器，膨張弁を経て蒸発器で急激に気化し，ここで蒸発熱を奪って水を冷却する。この水から奪った熱は，再び圧縮機に吸い込まれて，凝縮器に送られたときに水または空気中に放出される。

この方式のクーラーは200〜1,500kgの牛乳を冷却する能力を有する大きさのものがある。ただし，搾乳牛頭数が30〜40頭以上になると多くはバルククーラーを使用するように

なり，現在では200〜720kgの大きさが主体をなしている。また，クーラーステーションで使用するときは，一時的な冷却を目的とした使い方が多い。

設置，使用上の注意点はつぎのとおり。①水槽は断熱，防水施工とする。②冷却機は水のかかりにくいところに設置する。③放熱があるため室内の換気に注意する。④水槽に牛乳缶を浸ける前に，急冷用クーラーで予冷するか，浸漬後に攪拌器を用いて冷却を早めるかする必要がある。⑤凝縮器などはときどき掃除する。⑥サーモスタットの作動が正確かどうか，ときどきチェックする。⑦水槽の水は汚れやすいので，汚れぐあいをみて交換する。⑧寒冷地で冬季使用しないときは水抜きをしカバーをかけておく。

(5) 冷却水槽の構造

缶浸漬式牛乳冷却機は，冷却水槽を必要とする。水槽の冷却効率を高めるため，周囲の壁内に発泡スチロールなどの断熱材を埋設施工し，さらに防水モルタルで仕上げる。水槽底部には排水管を設けるが，このほか牛乳缶が水没しないように，牛乳缶の口から50〜100mm下の水

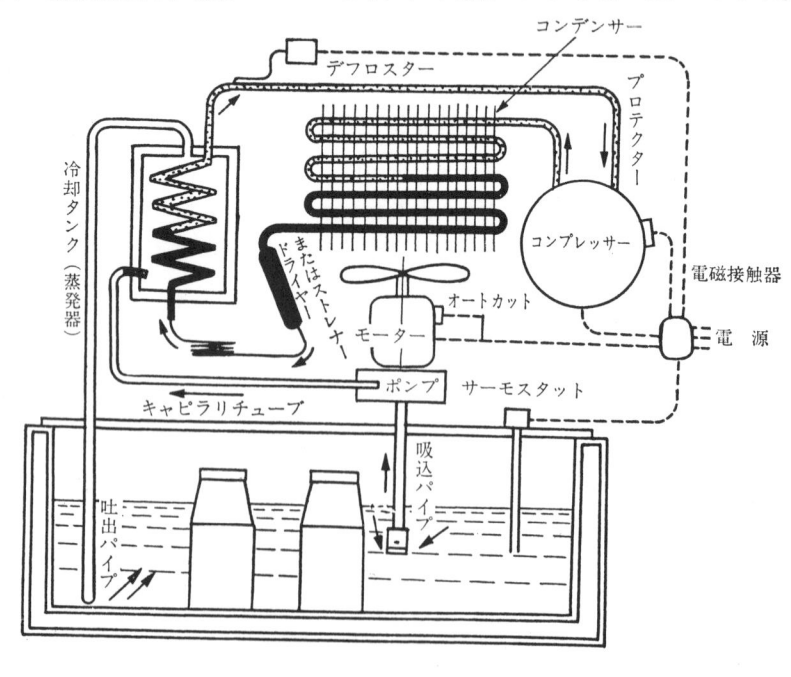

第2図 缶浸漬式牛乳冷却機の構造

位になるようなオーバーフロー用の排水口を設ける。水槽の蓋は，耐水合板の中に発泡スチロールなどの断熱材を入れてつくると，軽くて断熱効果もよい。

水槽の大きさは，搾乳量，貯蔵時間，牛乳缶の種類などによって決まる。また，冷却機もこれに見合った能力のものが必要となる。

(6) バルククーラーの種類

バルククーラーは，分類の基準により，つぎのように分類されている。

《冷却方法による分類》
- 直接冷却式
- 間接冷却式 ─ 製氷式
  - ブライン式

《構造による分類》
- 大気圧状態で使用するもの
- 陰圧状態で使用するもの

《冷却性能による分類》
- 毎日集乳式
- 隔日集乳式

直接冷却式は直膨式ともいい，蒸発器（冷却部）がタンクの底面または底面から側壁にかけて設けられており，牛乳を直接冷やす方式である。間接冷却式は，直接牛乳を冷やさずに中間に媒体をおいて冷やすもので，媒体が水のもの（製氷式またはアイスバンク式）と，ブライン（不凍液のようなもの）のもの（ブライン式）とがある。

大気圧と陰圧状態で使用するクーラーの差異は，後者は内部を陰圧に保つために蓋が小さく，人力による洗浄がむずかしいので自動洗浄機を備えなければならないが，密閉状態を保つため外部からの熱の出入りやほこり，衛生昆虫の侵入が少なく，衛生的である。

毎日集乳式と隔日集乳式の差は，前者は定格容量の2分の1量（1日2回）の牛乳を投入したとき，所定の時間内に所定の温度まで冷却させる能力を有するが，後者は定格容量の4分の1量の投入のとき同じ能力がでればよいため前者より冷却能力は低い。

(7) バルククーラーの構造と使用法

①構　造

バルククーラーは，金属製（多くはステンレススチール）の大きな容器に牛乳を入れて，器内の牛乳を冷却・撹拌しながら保存する機械である。直膨式バルククーラーの構造は第3図のようになっており，冷却の機構は缶浸漬式牛乳冷却機と同様で，蒸発器は容器の底部に密着している。

牛乳タンクの大きさはふつう360～3,000 l のものが多く，この中に撹拌器（アジテーター）と計量尺とが設けられている。なお計量の精度を高めるために，水準器が設置してある。

②操　作　法

バルククーラーの操作の方法は，それぞれメーカーや機種によって異なる。ディーラー，技術員の説明，機械の取扱説明書をよく理解し，正しい使い方を守ることが大切である。とくに共同で利用するばあいは，利用者全員がそれぞれ責任を持った使い方をすると同時に，必ず取扱責任者を決めて，日常の機械の保守に当たる必要がある。

③保　守

保守の要点はつぎのとおりである。

①空冷式では，凝縮器の放熱効果を下げないため，室内温度を適正（10～30℃）に保つこと

②空冷式の凝縮器はごみが付着しやすく，そ

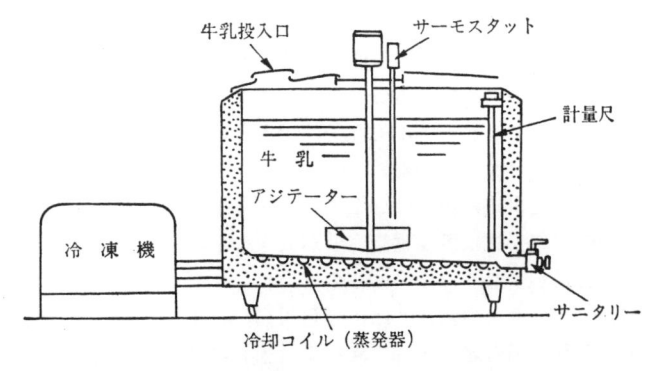

第3図 直膨式バルククーラーの構造

搾乳牛

第1表 直膨式と製氷式のバルククーラーの得失

項　　目	直　膨　式	製　氷　式
所要電気容量と消費電力量	製氷式に比べて所要電気容量は大きいが消費電力量は少ない	所要電気容量は小さいが，製氷のため長時間運転するので，一般に消費電力量は大きくなる
冷却温度と凍結乳の発生	サーモスタットの調節が悪かったりすると，乳量の少ないばあいに凍結乳がでるおそれがある	氷水で冷却するため1℃くらいまでの冷却が可能で，凍結乳のできる心配は少ない
構造，価格	構造が比較的簡単で価格は安い	構造がやや複雑で価格も高い
停　電　時	停電中は冷却不可能	製氷があるていど進んでいれば数時間は冷却可能
タンク容量	所要電気容量の関係で比較的小容量のものに適する	直膨式に比べて大容量のものに用いることができる

のため能力低下をきたすので，つねに清掃に心がけること

③水冷式の凝縮器は冷却水温，水量に注意をはらう。クーリングタワーを使用するものについては，水質低下による障害防止のため，月1回くらいの割合で水の交換を行なうこと

④電圧低下，単相運転に注意すること

⑤メーカー指定の最低乳量以下では使用しないこと

⑥アイスバンク方式のばあいは水槽水量が不足しないようにし，過度に汚染しているときは取り換えること

⑦洗浄時に水や洗剤液が電装品に飛散しないように注意すること

(8) バルククーラーの導入上の注意

①基本条件の検討

バルククーラーの最も効率的な使い方は，パイプラインミルカーによる搾乳，バルククーラーによる冷蔵，タンクローリーによる集乳の三条件が整ったときである。また，集乳用ローリーが牛舎まで入れる道路が整備されていること，電気系統が整備されていることも，バルククーラーを導入するときの基本的な条件である。

②冷却方式と大きさの検討

直膨式と製氷式の得失は第1表のとおりである。一般に直膨式は所要電気容量が大きいが，消費電力量が少なく，価格はやや安い。

バルククーラーの大きさは，経営規模，将来計画，集乳形態などによって異なる。当分現状の飼養規模で搾乳牛の個体能力の向上に主力をおく経営のばあい，バルククーラーは，ピーク時の1日あたり乳量の2～3割増の大きさのものを導入するとよい。なお，隔日集乳地区では，その2倍容量のものとなる。

③バルククーラーの性能基準

導入にあたっては充分な性能を有する機種を選定することが大切である。バルククーラーの性能基準は，わが国では生物系特定産業技術研究機構（前農業機械化研究所）がアメリカの3Aの基準に準拠して鑑定試験を実施しており，各メーカーが自主的に鑑定を受けている。その要点は以下のようである。

攪拌器　5分以内の運転で生乳が均質に攪拌でき，同時に効果的に冷却ができること。タンクの全容量について脂肪率の変動が±0.1％以上ないこと。

断熱性　バルククーラーに水を満たし，水と外気の温度差が27.8℃以上のとき18時間放置して水温が1.7℃以上上昇しないこと。

冷却基準

A：第一回投入時の冷却能力

a．毎日集乳用バルククーラーは，冷凍器運転中にタンク容量の50％の生乳を投入し，その生乳を最初の1時間以内に32℃から10℃に，つぎの1時間以内に10℃から4.4℃に冷却できること。

b．隔日集乳用バルククーラーは，冷凍器運転中にタンク容量の25％の生乳を投入し，その生乳を最初の1時間以内に32℃から10℃に，つぎの1時間以内に10℃から4.4℃に冷却できること。

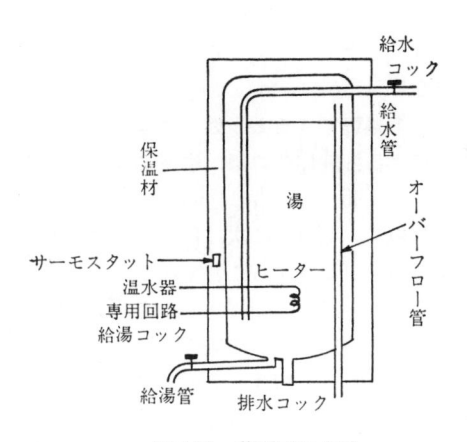

第4図 落下式温水器

B：第二回またはそれ以降投入時の冷却能力

毎日集乳，隔日集乳を問わずタンクに後から搾乳した乳を投入したばあい，タンク内の生乳温度が10℃以上に上昇しないこと。

(9) 温水器

搾乳時の乳房清拭，ミルカー，バルククーラーなどの搾乳・貯乳機器の洗浄に湯は欠かせないが，これをそのつど沸かすより，便利でかつ経済的な貯湯式温水器が用いられ，とくにコストの安い夜間電力がしばしば利用されている。また，最近はバルククーラーの廃熱を利用したものも開発されている。

貯湯式温水器の構造は，円筒形または角形で，タンクはステンレス製のものが多く，保温材としてグラスウールなどが用いられている。電熱容量は単相または三相，200Wないし5kWていどで，温度調節器が付設されている。送水方式により落下式と押上式とがある。

落下式温水器は第4図のような構造で，小型のものが多く，給水は温水タンクへの給水栓を開いてタンク上部から行ない，給水量は水位計により確認する。給水量がタンク容量よりオーバーしたばあいはオーバーフロー管から排出される。温湯は下部のコックを開くと出るが，タンクがからのときのからだきが起きないように水位計のついた残湯確認装置が取り付けてある。なお，この型の温水器は構造が簡単で価格も比較的安いが，落差によって温湯が出るので，搾乳時にシャワーで乳房を洗浄するようなばあいは，水圧がないため不適当である。また落下式温水器には，湯・水混合バルブが付いていないので，使用目的に応じて水で湯温を調節して使用する。

押上式温水器は，温水タンクへの給水をタンク下部から行ない，バッフル（タンク内にゆっくり注水する装置）により，温湯と混合しないようにしてある。給水コックを開くと湯はタンク上部から排出され，出た量の水が自動的にタンクに入る。したがって，タンク落下式のようにからになることはない。押上式温水器は大型のものが多く，水圧があるので，乳房洗浄をシャワーで行なうばあいにも適している。

(10) 牛乳輸送機器の種類と構造

牛乳の出荷時に用いる輸送手段は，トラックとミルクタンクローリーがある。前者は主として牛乳缶貯乳のばあいで，後者はバルククーラー使用のばあいである。

ミルクタンクローリーは，車輛に横型の円形，楕円形または角形のタンクを取り付けた自動車で，牛乳吸上げ用ポンプ，吸込み用ホース，牛乳検査用サンプル箱などを備えている。この車はタンクの安定性に考慮がはらわれており，また振動による乳脂肪のチャーニングを防ぐため内部に"じゃま板"が取り付けてある。タンク内面はステンレス板張付けで，炭化コルク，グラスファイバー，発泡スチロールなどで断熱が充分にしてある。なお一部には冷却機を備えたものもあり，このほか乳量計測装置やポンプなどが必要に応じて取り付けられている。

1990年記

搾乳牛

搾乳施設の作業能率

権藤昭博（農水省北海道農試）

(1) 搾乳能率の考え方

　搾乳機械・装置は，他の一般の農業用の作業機械と異なり，単に機械的な性能を高めたり，機械の規模を拡大することによって能率が向上するのではなく，搾乳牛の乳汁排出速度および牛群の乳汁排出時間のばらつきなど「牛」の側の能力と，洗浄・清拭作業やマシンストリッピング・後搾り作業など作業をする「人」の能力いかんによって搾乳能率が大きく左右される。しかも，一見高性能であると思われる大規模搾乳方式ほど「牛」や「人」の能力に強く規制されるので，高性能な機械・装置を導入する場合には，それに対応できる牛の泌乳能力や飼養管理を行なうことができるかどうかを十二分に検討することが重要である。

①搾乳能率を左右する作業時間

　1頭にどれだけの作業時間がかかるかによって，1時間当たり搾乳可能頭数が決まる。たとえば1頭に3分間の作業時間が必要であれば，1人で1時間に処理できる頭数は20頭ということになり，1.5分必要であれば40頭処理することができるが，それ以上には決してならない。これはどのような搾乳施設であっても同様であり，第1表の式①のようになる。

②搾乳能率を左右する泌乳時間

　搾乳牛1頭がミルカーを取り付けている時間がどれだけあるかによって，1時間当たりの搾乳可能頭数が決まる。たとえば1頭をミルカーで搾乳する場合に6分間が必要であれば，ミルカー1ユニットで1時間に処理できる頭数は10頭ということになり，8分かかるならば7.5頭しか処理できないことになり，第1表の式②のようになる。

③1人で処理できるミルカーユニット数

　機械による搾乳作業では，牛がミルカーで搾乳されている間，作業者は他の作業をすることができるので，その間に次に搾乳する牛の乳房・乳頭を洗浄・清拭することになる。たとえば，1頭をミルカーで6分間搾乳する必要があり，1頭の洗浄・清拭などの作業時間が3分かかる場合は，ミルカーで搾乳している間に2頭洗浄できるので2ユニット対応できることになり，もし作業時間が1分で済むならば6ユニットまで持てることになり，第1表の式③のようになる。それ以上のユニットを持てば，作業時間のほうが搾乳時間より多くなり，牛は過搾乳になるわけで，いくらでもミルカーユニットをふやせば能率が上がるということにはならない。

　以上は，理論上の単純計算であって，最大の搾乳能率を求めるものである。実際には，各牛の乳房の汚れの程度によって洗浄・清拭時間にばらつきがあったり，マシンストリッピングや後搾りの必要な牛がいたり，また，泌乳時間が牛の個体や乳期によって異なったり，さらに，ミルキングパーラーでは方式によって牛の出入りの時間が異なるなど単純にはいかない。

(2) 搾乳機械・装置の種類ごとの搾乳能率

　現在，搾乳作業は，ほとんどが機械搾乳であり，ミルカー方式とパーラー方式に大別することができる。ミルカー方式ではバケットミルカー方式とパイプラインミルカー方式があり，パーラー方式はロータリーパーラー方式とスタティックパーラー方式に大別できる。さらにスタティックパーラー方式にはサイドオープンパーラー，ヘリンボンパーラー，さらに現在北海道で関心が高まっているパラレルパーラー，および現在はほとんど見られなくなったアブレストパーラー（したがって説明を省く）がある。各方式の実態調査の結果はいろいろあるが，作業

第1表　搾乳作業の理論式

```
搾乳頭数／1時間＝60÷(1頭当たり作業時間)×(作業者数)‥‥‥‥①
搾乳頭数／1時間＝60÷(1頭当たり搾乳時間)×(ユニット数)‥‥‥②
対応可能ユニット数＝(1頭当たり搾乳時間)÷(1頭当たり作業時間)‥‥③
```

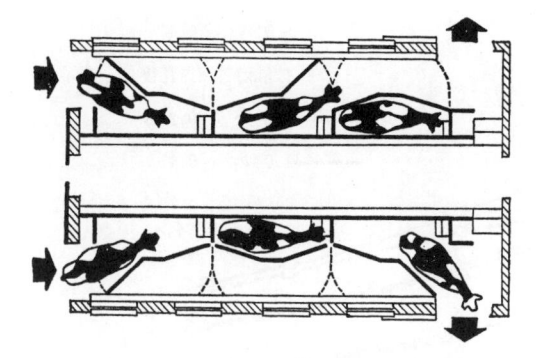

第1図　サイドオープンパーラー（3頭複列）
（市川原図）

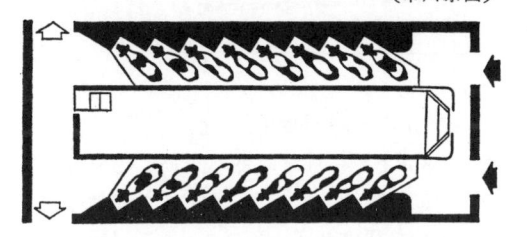

第2図　ヘリンボンパーラー（8頭複列）
（市川原図）

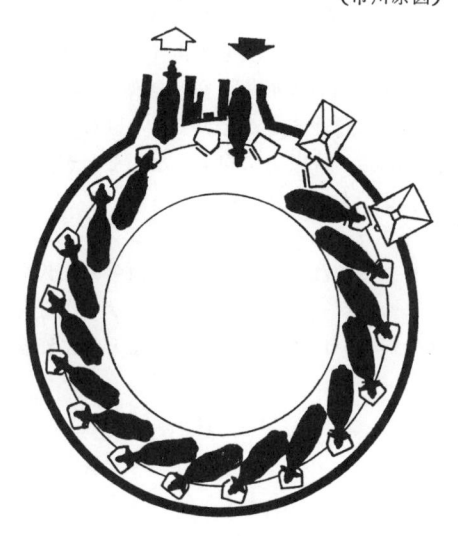

第3図　ロータリパーラー（18ストール）
（クロー原図）

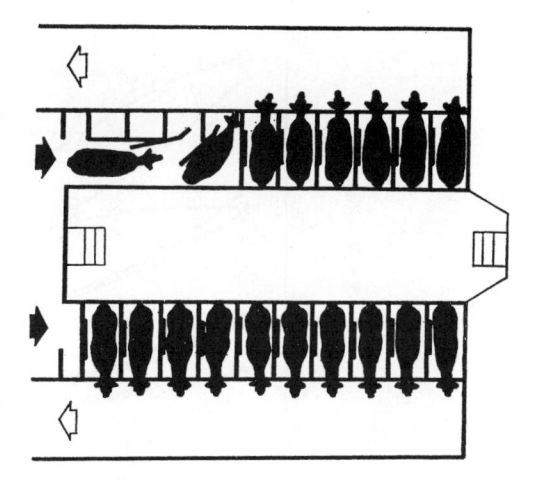

第4図　パラレルパーラー（10頭複列）

で数ユニットを管理することができ，労力の軽減にもなる。また，作業者は牛の位置より低いピットのなかで作業をするので，ミルカー方式のように腰をかがめるなどのむりな姿勢をとることが少なくなる。また，牛体との間に隔柵があるため安全に作業ができる。このように作業者にとって有利な点もあるが，逆に不利な点としては，ミルカー方式と異なり牛をパーラーまで歩かせるので，「牛歩」でゆっくり歩く牛の移動時間に時間がかかり，搾乳能率が低下することもある。

そこで，ここではそれぞれの搾乳能率を，条件ごとにタイムスタディ的に試算した結果をもとに詳述する。

①バケットミルカー

この方式は，1頭の搾乳が終了するごとにバケットに搾乳した牛乳を牛乳処理室まで運搬する方式なので，おおむね1人で1ユニットを担当するが，第5図に示すように，前処理作業時間・後処理作業時間に関係なく，牛群の平均搾乳時間が10分のときは5頭／時，4分のときは10頭／時である。

②パイプラインミルカー

この方式は，バケットミルカーのように牛乳の入ったバケットを運搬する必要がないので，1人で複数のミルカーユニットが対応できる。

第5図に示すように，1人2ユニットまでは，前処理作業時間・後処理作業時間に関係なく平

条件が種々異なるため，同一方式・規模の搾乳機械・装置であっても搾乳能率の幅は大きい。

パーラー方式は，決められた数の搾乳装置とストールがあり，牛がそのストールまで歩いてくるので作業者の移動距離は短く，また，ミルカーユニットを運搬する必要がないので，1人

搾乳牛

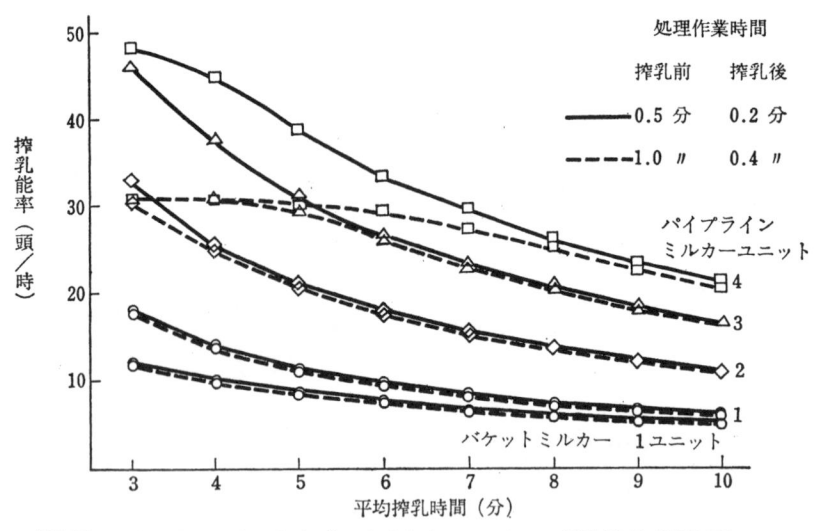

第5図 バケットミルカーおよびパイプラインミルカーの搾乳能率（試算値）

均搾乳時間が短くなるにしたがって搾乳能率が向上する。しかし，1人3ユニット対応する場合は，平均搾乳時間が5分以下に短縮されても前処理作業時間1分・後処理作業時間0.4分では搾乳能率は約30頭／時以上には向上しなくなる。また，1人4ユニット対応では平均搾乳時間が6分以下に短縮されても搾乳能率は約30頭／時以上には向上しなくなる。これは前述したように，作業時間が機械搾乳時間より長くなり，平均搾乳時間が短くなっても搾乳能率が向上しないためである。

以上により，牛群の平均搾乳時間を5分にすることができ，1人当たり4ユニットで使用することを想定すると，前処理作業時間が1頭当たり0.5分でできるなら38頭／時，1分かかるなら31頭／時搾乳できる。同じく前処理作業時間に1分を要すれば，3ユニットで31頭／時，2ユニットで21頭／時，1ユニットで11頭／時の搾乳が可能なことがわかる。また，1人当たりの対応ユニット数を3.4ユニットとふやしても，前処理作業時間1分・後処理作業時間0.4分以下に短縮することができなければ，搾乳能率は31頭／時以上に向上しないことが分かる。

③サイドオープンバーラー

この方式は一般に片側2～5ストールの複列であり，それぞれのストールに牛の出入のための2つのゲートを持っている。ゲートなど可動部分が多いため，年月の経過とともに腐食によ

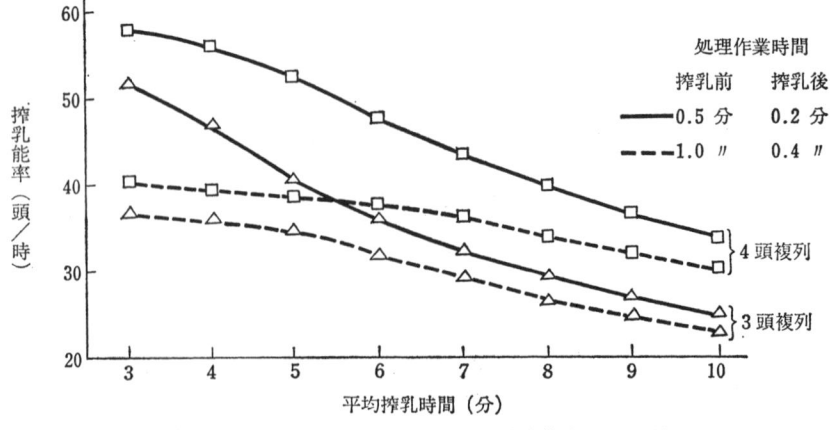

第6図 サイドオープンバーラーの搾乳能率（試算値）

る故障が多いこと，牛の並びが縦になりパーラーが長くなるため作業者の移動距離（作業動線）が長いこと，搾乳時間のばらつきの多い牛群の場合に適合するものの，1頭終了するごとに1頭ずつ入室する手間がわずらわしいことなどの理由で，新設は少ない。この方式では，1頭の搾乳が終了すると次の牛を入室させるなど，牛があちこちのストールから頻繁に出入りするため2人作業が一般的である。

第6図に示すように，前処理作業時間が0.5分のときは，3頭複列・4頭複列（以下3D・4Dと略す）の両方式とも平均搾乳時間が短くなるほど搾乳能率は向上し，前処理作業時間が0.5分かかり，平均搾乳時間が5分のときは，3Dで41頭／時，4Dで52頭／時となる。しかし，前処理作業時間が1分かかる場合は，3Dでは平均搾乳時間が5分のときに35頭／時で，平均搾乳時間をそれ以上短縮できても搾乳能率はほとんど向上しない。同じく，4Dでは平均搾乳時間が7分のとき36頭／時，5分のとき39頭／時で，平均搾乳時間を短縮できても搾乳能率はほとんど向上しない。したがって，この方式では前処理作業時間・後処理作業時間を短縮することで搾乳能率の向上を図る必要がある。

④ヘリンボンパーラー

この方式はパーラーに牛が並んだ様子が魚の背骨（Herringbone：にしんの骨）のような形をしているところから命名された。牛を斜めに並べるため，隣接する牛との乳房の間隔がサイドオープンパーラーより狭くなり，その結果，作業者の移動距離が短く，搾乳施設の長さも短くなるため有利である。しかし，牛群の出入ゲートは前方と後方に1つだけあり，片側を1群として取り扱うので，牛を個別管理することは難しく，また，搾乳時間は片側の牛群のなかでも最も長い牛に規制される。また，パーラー内での給飼の有無については，牛をできるだけ早く入室させるためにはあったほうがよいが，牛乳の衛生管理上，搾乳中は給飼しないほうがよいといわれている。

この方式では，ミルカーユニットをすべてのストールに装備しているものと，片側ストール分だけ装備し両側に共用の方式とがある。

第7図にミルカーユニット全装備で1人作業の2頭複列・3頭複列・4頭複列（以後2D，3D，4Dと略す）の場合を示した。前処理作業時間0.5分・後処理作業時間0.2分の場合は，平均搾乳時間が短くなるほど搾乳能率は向上し，平均搾乳時間が5分のとき，2Dで29頭／時，3Dで36頭／時，4Dでは42頭／時となる。しかし，前処理作業時間1分・後処理作業時間0.4分かかると，平均搾乳時間が，2Dでは4分以下，3Dでは5分以下，4Dでは6分以下のように，ある時間以下になっても搾乳能率は向上しなくなり，約30頭／時以下で一定となり，この場合，平均搾乳時間が5分のとき，2Dで25頭／時，3Dで29頭／時，4Dで29.5頭／時となる。

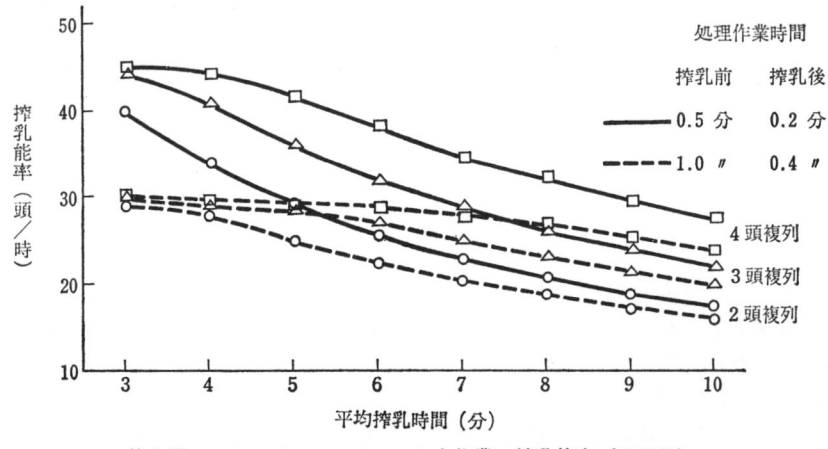

第7図　ヘリンボンパーラー・1人作業の搾乳能率（試算値）

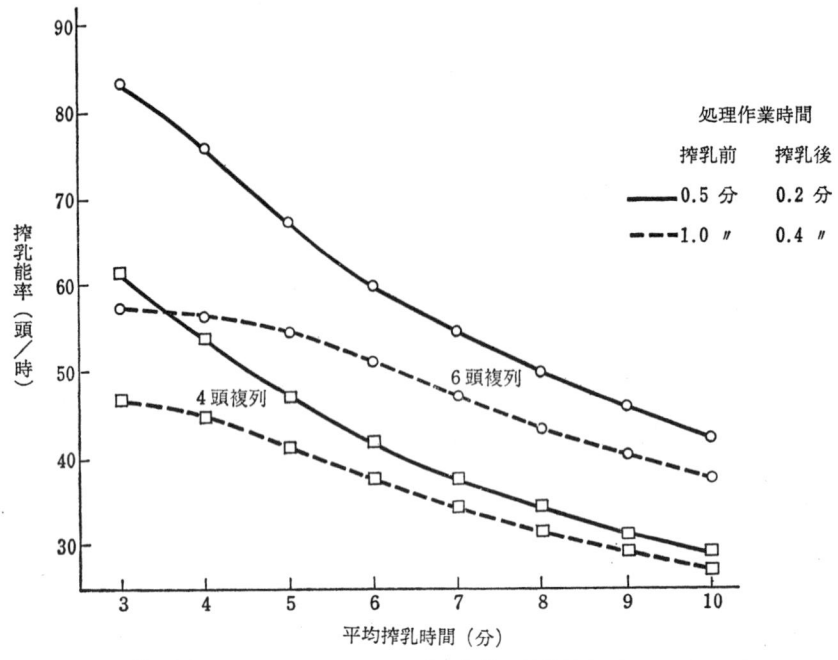

搾乳牛

第8図 ヘリンボンパーラー・2人作業の搾乳能率（試算値）

第8図にミルカーユニット全装備で2人作業の4D・6Dの場合を示した。前処理作業時間0.5分・後処理作業時間0.2分の場合は，第7図の2D・3D・4Dと同様に平均搾乳時間が短くなるほど搾乳能率は向上し，平均搾乳時間が5分のとき，4Dで47頭/時，6Dで67頭/時となる。また，前処理作業時間1分・後処理作業時間0.4分のときも4Dでは平均搾乳時間が短くなるほど搾乳能率が向上し，また，6Dでは平均搾乳時間が4分までは搾乳能率が向上し，平均搾乳時間が5分のとき，4Dで42頭/時，6Dで55頭/時となる。

以上により，作業者1人当たりのパーラーのストール数が多くなるほど，前処理作業時間・後処理作業時間に時間がかかると平均搾乳時間が短くなっても搾乳能率が向上しないことが分かる。第9図にミルカーユニット半装備の場合の搾乳能率を示した。搾乳能率は全装備に比較すると当然低くなるが，半減するわけではない。

たとえば，平均搾乳時間が5分の場合，前処理作業時間0.5分・後処理作業時間0.2分のときの搾乳能率（かっこ内は全装備の搾乳能率）は，2Dで22頭/時（29頭/時），3Dで31頭/時（36頭/時），4Dで1人作業のとき38頭/時（42頭/時），2人作業のとき41頭/時（47頭/時），6Dで64頭/時（67頭/時）であり，前処理作業時間1分・後処理作業時間0.4分のときは2Dで20頭/時（25頭/時），3Dで28頭/時（28頭/時），4Dで1人作業のとき29頭/時（29頭/時），2人作業のとき38頭/時（41頭/時），6Dで55頭/時（55頭/時）である。

以上のようにストール数が多くなるにしたがって，作業能率の差は少なくなる。また，牛群の平均搾乳時間が5～6分のとき，前処理作業時間1分・後処理作業時間0.4分と作業時間が長くかかる場合は，全装備と半装備の差はほとんどみられない。

⑤ ロータリーパーラー

この方式は，最も装置化した搾乳装置として搾乳能率が高いものと考えられていたが，必ずしもそうでないことがわかってきて，最近の導入はほとんどない。とくに牛群の平均搾乳時間が長かったり，搾乳時間のばらつきが大きい牛群の場合は予想以上に搾乳能率が低い。このことは，この方式が，1回転するまで空ストールがあることであり，また，搾乳が早く終了して

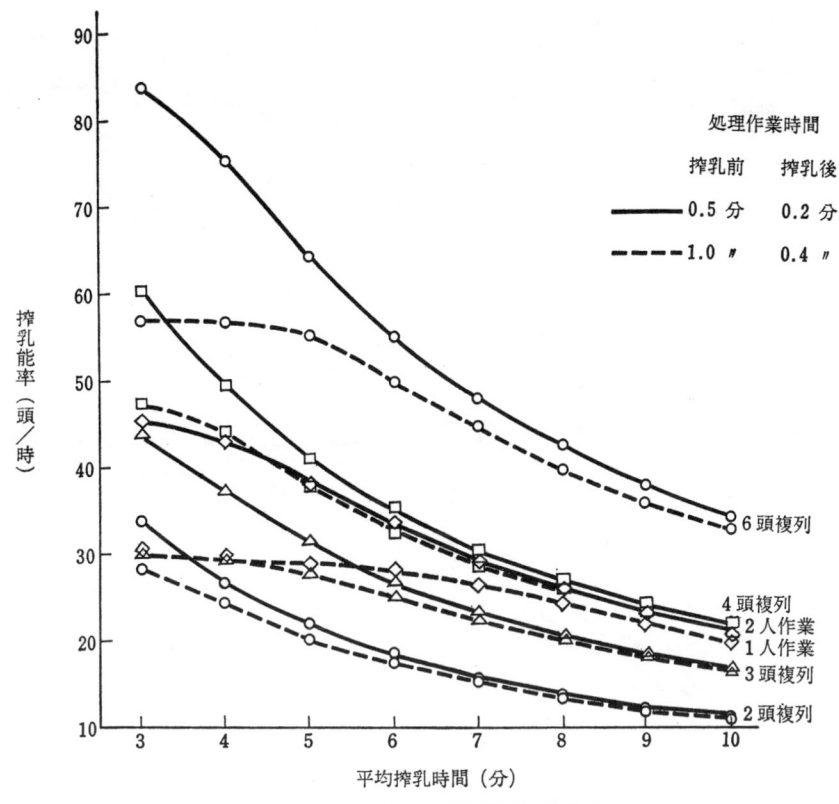

第9図 ヘリンボンパーラー・半装備の搾乳能率（試算値）

も，そのストールが出口までこないとその牛は出られず，したがって次の牛も入れないという特徴に由来する。

この方式の搾乳能率を左右する要因として，①パーラーのストール数と回転速度，②洗浄・清拭などの前処理作業時間，③マシンストリッピング・後搾り・ディッピングなどの後処理作業時間，④搾乳牛群の頭数，⑤牛群の平均搾乳時間・搾乳時間のばらつき，などがあげられる。

第10図にはストール数と平均搾乳時間および前処置作業時間・後処置作業時間を変えた場合の搾乳能率の変化を示した。

ストール数が多くなるにしたがって搾乳能率は高くなるが，一定限度以上では搾乳能率は頭打ちとなり，ストール数を多くした効果がなくなることがわかる。たとえば，前処理作業時間1分・後処理作業時間0.4分の場合で平均搾乳時間が5分の場合は，10ストール以上いくらストールが多くても搾乳能率は向上しない。また前処理作業時間0.5分・後処理作業時間0.2分の場合は，平均搾乳時間が5分なら16ストール以上にしても搾乳能率の向上は望めなくなることがわかる。これは，パーラーの処理可能頭数が前処理作業時間・後処理作業時間と平均搾乳時間に支配され，その結果，パーラーの回転時間が制限されるからである。また逆に，パーラーのストール数が多いほど，前処理作業時間・後処理作業時間を短縮することによって搾乳能率が高まることもわかる。したがって，12ストール以上のパーラーでは，前処理作業時間・後処理作業時間をできるだけ短縮するような方策を考えなければ，ストールを多くしたメリットは出ない。

第11図には搾乳頭数が搾乳能率に及ぼす影響を示した。搾乳頭数が多いほど搾乳能率は高くなることがわかるが，それも平均搾乳時間が短いほど，また前処理作業時間が短いほど，その傾向は大きくなる。その傾向も60〜70頭までは

搾乳牛

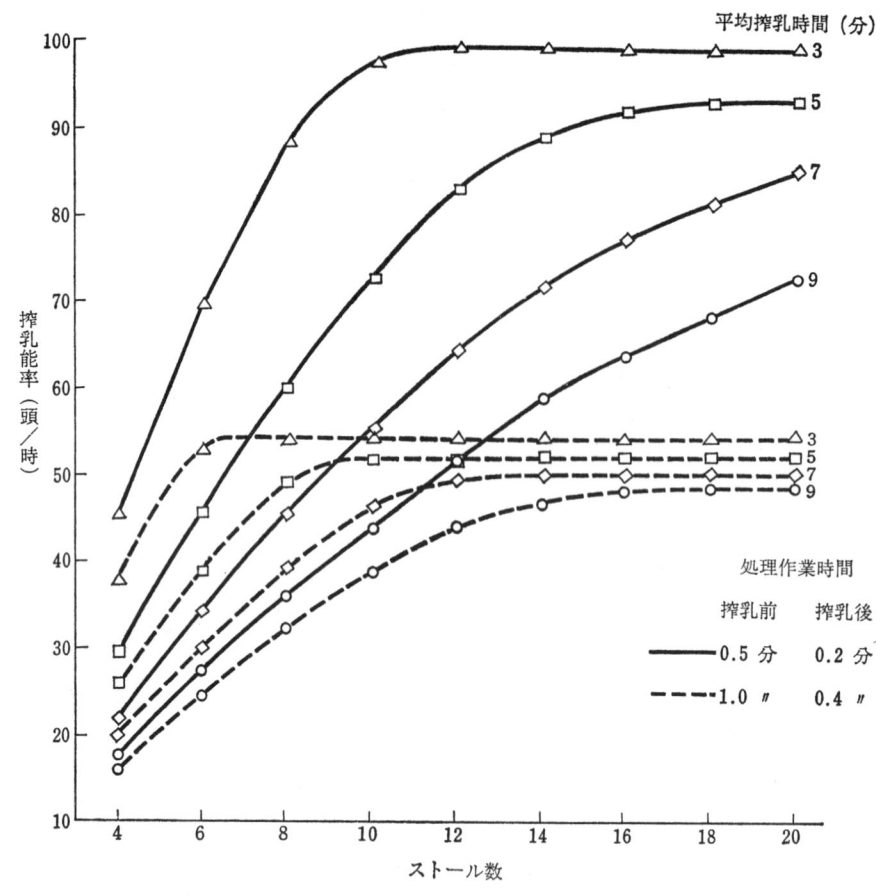

第10図　ロータリーパーラーの搾乳能率（試算値）

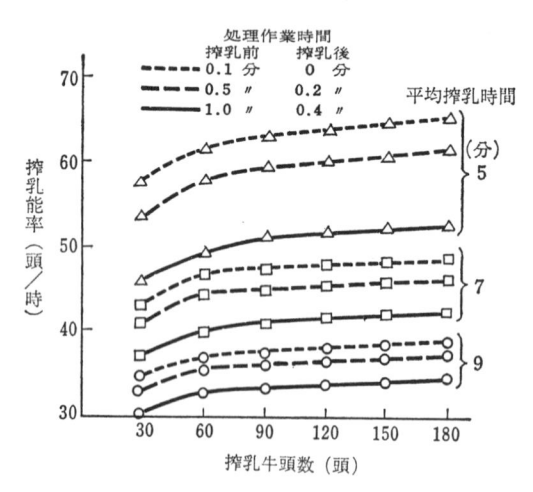

第11図　9ストール・ロータリーパーラーの搾乳能率（試算値）

顕著であるが，それ以上の頭数ではゆるやかになる。これは，パーラーで搾乳が開始されてから最初の牛が出口に到達するまでの時間，すなわち空ストールがなくなるまでの時間に支配されるからである。したがって，搾乳頭数が多くなるにしたがって最初の空ストール分の時間が全作業に占める割合が少なくなり，その結果，搾乳頭数が多くなっても搾乳能率はあまり増加しないことになる。

⑥パラレルパーラー

この方式は，ライトアングル・パーラーとも呼ばれ，乳牛はパーラーのピットに対して直角のストールに並んで後ろから搾るもので，ヘリンボンパーラーの魚の骨状を人のあばら骨状に押し縮めたものと考えればよい。ヘリンボンパーラーと同じ長さに2倍の牛を並べることができる。乳牛の入室は，ストールへの導入部が直角であるので，誘導路の広狭によって所要時間に長短がでる。パーラーからの退出は乳牛の前

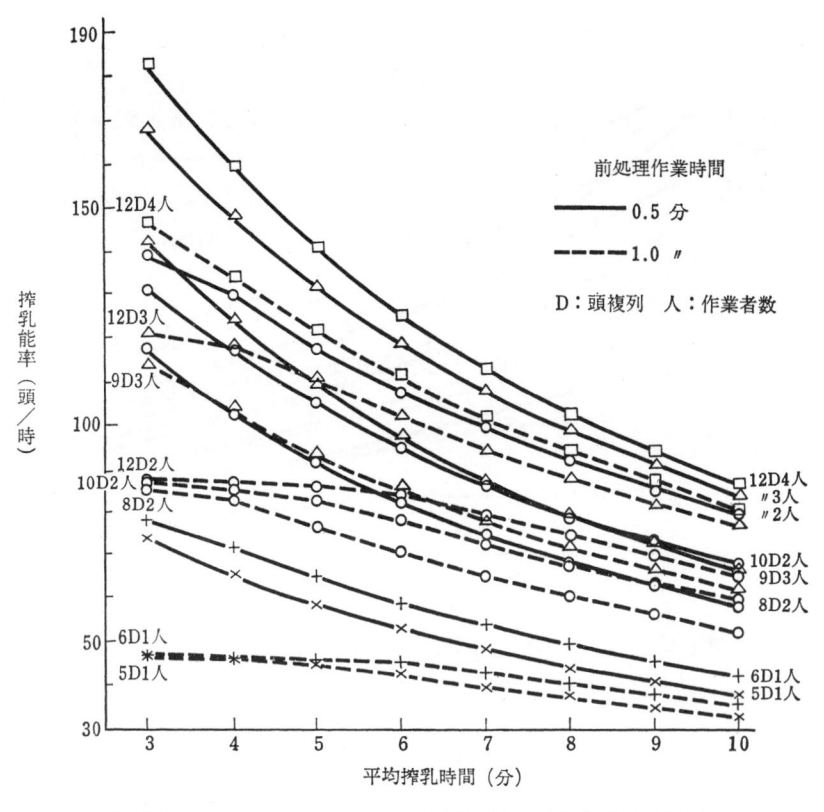

搾乳と牛乳の処理＝搾乳施設の作業能率

第12図　パラレルパーラー（5～12頭複列）の搾乳能率（試算値）

面が油圧駆動で一斉に開くので退室時間は短い，ゲート方式およびストールの隔柵・隔壁・飼槽を同時に持ち上げる方式（ラピッド・エキジット方式）が導入されている。退去用の誘導路の幅は牛体がストールから出られるだけの長さ（2.4m以上）が必要であり，パーラーの1ストール当たりの面積はヘリンボンパーラーと同程度である。

この方式は，1980年に米国で最初に建造され，米国では現在，1,500頭規模で30頭複列，600～800頭規模で20頭複列の例がある。日本には1989年に十勝に導入されたのを契機に，現在北海道の十勝を中心に5～20頭複列のパラレルパーラーが二十件導入されており人気が集中しているが，ストール数が多いだけに，搾乳牛の能力や作業者の対応によって搾乳能率が大きく異なるものと考えられ，またストールが多いことはミルカーユニットや自動離脱装置などの装備が多くなるので高価（建物を除いた施設だけ

の価格は，10頭複列で約2,000万円，14頭複列で約4,200万円，20頭複列で約6,000万円）となり，導入の場合には充分な検討が必要である。

第12図には片側12ストール以下の場合の搾乳能率を示した。前処理作業時間が1分かかる場合は，2人作業では平均搾乳時間をいくら短くできても搾乳能率は88頭／時以上にはならないことがわかる。このことより，1人当たりの片側対応ストール数は，前処理作業時間1分の場合，平均搾乳時間が4分のときは4ストール，5分では，5ストール，6分では6ストールが限界となる。また逆に，作業者を3～4人にふやすことによって1人当たりのストール数が少なくなるので，平均搾乳時間が短くなるにしたがって搾乳能率が向上することがわかる。

12頭複列では，平均搾乳時間5分のとき，前処理作業時間が1分の場合は，2人作業で88頭／時，3人作業で110頭／時，4人作業で122頭／時であるが，前処理作業時間が0.5分の場合

搾乳牛

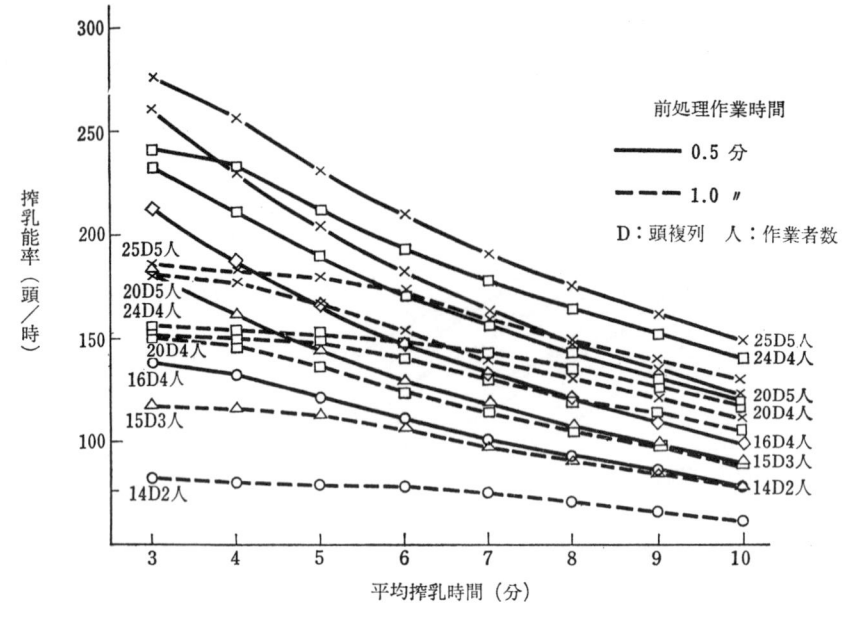

第13図 パラレルパーラー（14〜25頭複列）の搾乳能率（試算値）

は，2人作業で118頭／時，3人作業で132頭／時，4人作業で140頭／時が可能となる。

第13図にはパーラーの片側14ストール以上の場合の搾乳能率を示した。前処理作業時間が1分かかる場合は，平均搾乳時間が6分以下では搾乳能率は向上しなくなることがわかり，前処理作業時間を0.5分に短くすることができれば搾乳能率が向上することがわかる。

平均搾乳時間が5分のときで前処理作業時間が1分（かっこ内の数字は0.5分で可能な場合）の場合は，14頭複列で2人作業で88頭／時（127頭／時），15頭複列で3人作業で120頭／時（150頭／時），5人作業で148頭／時（170頭／時），16頭複列4人作業で140頭／時（170頭／時），20頭複列で4人作業で152頭／時（192頭／時），5人作業で170頭／時（207頭／時），24頭複列で4人作業で156頭／時（213頭／時），25頭複列で5人作業で182頭／時（232頭／時）となる。

以上のように，この方式では，平均搾乳時間が長い場合はストール数が多いほうが搾乳能率が高い。今後一般的に導入が考えられる10〜12頭複列では，平均搾乳時間が約5分以下，1頭当たりの前処理作業時間が0.5分以下にできるような牛群と飼養形態であることが重要である。

1991年記

搾乳施設（パイプライン，処理施設）洗浄での課題

有賀秀子（帯広畜産大学）

飲用乳はもちろん，高品質の各種乳製品を製造する原料として，衛生的な環境で処理された生乳が要求される。搾乳環境が衛生的に完備していれば，そこで処理される生乳の衛生的品質が高いことは当然である。本稿では，生乳の衛生管理からみた搾乳施設の洗浄の問題点について述べてみよう。

（1）パイプラインの衛生管理

①搾乳後のパイプライン洗浄

パイプラインは，牛から分泌された直後の乳が直接壁に接触しながらバルクタンクまで搬送される部分であるから，まず衛生的に管理されていなければならない。

パイプラインでは，一般には搾乳完了後にただちに温水で予洗し，大部分の生乳成分を除去する。この場合，水温が高すぎても低すぎても，予洗の効果を充分あげることはできない。通常40℃程度の温水を用いるとよいといわれている。これは乳脂肪がほぼ融ける温度である。もしこれよりかなり高すぎた場合には，一部乳成分の熱凝固により除去が不完全となったり，必要以上のエネルギーの損失をもたらしたりする。逆に低すぎた場合には，乳成分が管壁から除去されにくく，予洗効果が低下する。

第1表　調査対象パイプラインミルカーの機種と洗浄タイプ

機種	製造国	調査例数	洗浄方式
ALFA-LAVAL	スウェーデン	1	アルカリ洗浄
Gascoigne	イギリス	1	
WESTFARIA	ドイツ	1	
ORION	日本	1	
Fullwood	イギリス	1	
Fullwood	イギリス	4	酸洗浄
BOUMATIC	米国	2	アルカリ洗浄・酸リンス
SURGE	〃	4	
Universal	〃	4	

第2表　予洗時の洗液の温度変化

農家番号	開始時温度（℃）	終了時温度（℃）
1	29	27
2	55	41
3	64	43
4	41	38
5	40	35
6	47	44
8	35	32
14	34	28
15	36	33
16	35	31
17	40	36
18	52	41
19	35	27

われわれは1992年に，ミルキングパーラーにより搾乳している十勝管内の酪農家を対象として，洗浄についての立会い調査を実施した（第1表）。

その結果によると，19例中予洗を実施していたのは17例で，通常は予洗が行なわれていることが確認された。予洗を実施していなかった2例はいずれもアルカリ洗浄型にみられた。実施17例中40℃前後の湯を使用していたのは半数で，他は35～18℃のきわめて低い温水または全く加温していない水，あるいは50～60℃の高温水を使用していた。予洗開始時と終了時の洗液の温度変化の状態を第2表に示した。これらの実態は，予洗の効果が現時点において充分期待されるものではないことを示している。

次に本洗浄であるが，同調査において観察された本洗浄タイプは3種に大別された。すなわち①アルカリ洗浄型，②酸洗浄型および③アルカリ洗浄・酸リンス型である（第1表）。

アルカリ洗浄型はアルカリ洗剤で毎日の本洗浄を行ない水すすぎで洗浄を完了するが，本洗浄の後に酸洗浄を週に2～3回組み込むもので，従来の牛舎内パイプライン搾乳方式で一般にみられる典型

的な洗浄タイプである。この場合の洗浄効果は，洗剤の濃度，洗浄液量，循環時間と洗浄液の温度，特に循環開始時と終了時の洗液の温度などによって大きく影響を受けるといわれる。洗剤の適正使用濃度は，製造業者の指示に従うとよいが，通常アルカリ洗剤については，0.5％程度の濃度で使用することが推奨されているものが多い。この濃度における洗浄液の適正温度は，洗浄開始時には70℃以上で，10分前後の循環洗浄が終了する時点での温度は38〜40℃を下らないことが要求される。先の調査結果ではこのタイプにおける洗浄には，特に問題と考えられる例は見出せなかった（第3表）。

次に酸洗浄型についてみると，日常の洗浄は酸洗剤を熱湯と混合して循環排水し，引きつづき熱湯によってすすぎを行ない本洗浄を完了する。週に1回程度はアルカリ洗浄を組み込み，洗浄の効果を高める。本洗浄に90℃以上の熱湯を用いるのが特徴で，洗浄効果は温度に依存するので，充分高温の熱湯が供給されなければならない。

洗剤の使用推奨濃度は製品により異なるが，一般には0.5％から1％程度である。今回の調査のなかではパーラー機種 Fullwood の4例においてのみ観察された方式で，調査結果では洗浄時における循環時間が若干短い例がみられたが，他の条件についてはほぼ良好な状態にあった。

3番目のアルカリ洗浄・酸リンス型は比較的新しく導入された方法である。本調査では BO-UMATIC, Universal, SURGE の3機種にみられた洗浄方式である。アルカリ洗浄の後，酸性のすすぎ液によってすすぐ方式で，水すすぎをせずに洗浄工程は終了する。

われわれの調査結果からみたこの方式の実態は，本洗浄段階のアルカリ洗浄では特に問題視される点は認められなかったが，酸リンスの方法において酪農家間での格差が大きく，製造業者が酸リンス専用として推奨しているすすぎ液の使用は10例中5例にすぎず，他は酸性洗剤を適当に希釈し，リンス液として使用していた。一般に，リンス液を使用する場合には専用のリンス剤を0.1％程度の濃度で使用することが推奨されているが，今回の調査では，酸性洗剤を洗浄時に近い濃度で使用しているものもみられ，酸リンス液の濃度，循環時間ともに酪農家間の格差が大きいことが確認された（第4表）。

われわれの調査対象のなかで，設置してからの期間がまだ短い洗

第3表 アルカリ洗浄時の洗浄液温度の変化

農家番号	開始時温度(℃)	終了時温度(℃)
4	63	37
5	60	37
6	73	41
7	70	43
8	77	41
9	71	49
10	58	50
12	73	45
13	63	47
14	68	35
15	62	40
16	68	31
17	74	39
19	72	50

第4表 アルカリ洗浄・酸リンス方式の使用洗剤濃度と循環時間

農家番号	アルカリ洗浄		酸リンス		
	洗剤濃度(％)	循環時間(分)	洗剤濃度(％)	循環時間(分)	リンス・洗剤の別
6	0.60	11	0.60	9	洗剤
7	0.19	12	0.07	4	リンス
8	0.41	10	0.36	4	洗剤
9	0.40	11	0.17	6	リンス
12	0.38	12	0.13	7	〃
13	0.38	9	0.19	5	〃
14	0.30	6.5	0.09	2.5	洗剤
15	0.57	10	0.27	5	リンス
16	0.56	11	0.15	2.5	洗剤
17	0.61	12	0.15	3.5	〃
平均±標準偏差	0.44±0.14	10.5±1.7	0.22±0.16	4.9±2.0	
変動係数(％)	31.8	16.2	72.7	40.8	

浄液水槽表面に，その上部にセットされている排水用のパイプからの残液が原因と判断される錆色の変色帯がすでに形成されているのが確認された。リンス液の排水後の残液のpHは4程度であった。

本方式では水すすぎがなされないため，酸リンス液の濃度に統一性がみられないということは，たとえば実際に充分懸念される高濃度で使用された場合，次回の搾乳時にパイプラインをはじめ，機器類の表面にリンス液（洗剤）の残留の可能性が疑われ，乳中への混入の影響あるいは機器との長時間の接触による損耗の促進などが懸念される。そのため，これらの点から厳格な使用方法が速やかに確立され，実行されなければならないと考えられる。

②搾乳前のパイプラインの殺菌・洗浄

搾乳開始時にライン内の殺菌が行なわれることが多い。殺菌工程には一般に，次亜塩素酸ナトリウムを主成分とする殺菌剤が用いられるが，通常は6％溶液で販売されている。使用時にこれを約300倍に希釈し，有効塩素濃度200ppmで用いることが指示されている。

われわれの調査では，対象19例中5例で搾乳前殺菌が実施されていなかった。しかしそのうちの4例においては，搾乳後の洗浄終了時に充分量の熱湯または水によるすすぎを実施しており，残りの1例では，搾乳後洗浄段階で塩素剤を循環していた。

一方，搾乳前殺菌は14例で観察され，そのうち12例は塩素剤によるものであった。この12例のすべてにおいて6％次亜塩素酸ナトリウム溶液を希釈して用いており，その有効塩素濃度は77から360ppmの範囲にあった。このように，酪農家間での使用濃度に大きな差のあることが確認された（第5表）。前述したように，適正濃度は200ppmとされており，この濃度および10％程度の誤差範囲での使用はわずか2例がみられたのみで，これより低濃度での使用は7例，高濃度での使用は4例であった。基本的には，塩素殺菌の後には清浄水ですすぎを行ない，機器内面に残留している塩素剤を除去することが推奨されている。しかし実際には，いずれについ

第5表 パイプラインの搾乳前殺菌の状況

農家番号	搾乳前殺菌方法	搾乳後洗浄の最終処理
1	──	熱湯（95℃）循環
2	──	熱湯循環
3	──	〃
4	──	水（15℃）循環
5	──	塩素剤循環（180ppm）
6	塩素剤循環（360ppm）	酸剤循環
7	〃 （ 77）	酸リンス液循環
8	〃 （216）	酸洗剤循環
9	〃 （200）	酸リンス液循環
10	〃 （ 77）	温水（50℃）循環
11	〃 （ 91）	水（20℃）循環
12	〃 （126）	酸リンス液循環
13	〃 （171）	〃
14	〃 （128）	酸洗剤循環
15	〃 （161）	酸リンス液循環
16	〃 （305）	酸洗剤循環
17	〃 （251）	〃
18	熱水（72℃）循環	熱湯循環
19	熱水（82℃）循環	温水（34℃）循環

注（ ）内数字は有効塩素濃度

いてもすすぎの工程はみられず，配管の勾配により殺菌液を自然排水したり，空気を強制的に通過させて乾燥したりすることにより除去する方法が一般的に行なわれていた。この方法によると，搾乳直前の機器内面は実際には乾燥状態にはなく，殺菌液で濡れているのが通常の状態であった。これらのことから，高濃度での塩素剤の使用は，機器内に残留する塩素剤がバルク乳に混入する可能性が充分考えられ，完全で上質な乳質を保持するという観点から好ましいものではない。

通常，自動洗浄方式では一度プログラムをセットすると，なんの疑問ももたずに毎日洗浄・殺菌をくり返すことが一般的に行なわれていることが多い。しかし自動洗浄システムを使う場合には，どこかの条件が少しでも変わることにより洗剤濃度や殺菌剤の濃度が変わったり，循環時間が変化し，それに気づかずスイッチを入れつづけているという事態が起こる可能性がある。自動化しても定期的に点検を自ら行なうという姿勢が，安心して受け取ることのできる生乳を生産するうえで大切なことである。

一方，適正濃度に比べ低濃度で使用した場合

第6表　3洗浄方式の特徴

洗　浄　方　式	特　　　　　徴
アルカリ洗浄	・従来最も多く採用されている方式 ・牛舎内パイプライン搾乳方式で主流となっている ・洗剤の多くが適合 ・水すすぎが通常なされる ・定期的な酸洗浄が必要 ・全自動化が困難で手動で殺菌が必要
酸　洗　浄	・熱湯により殺菌効果が高く短時間で洗浄終了 ・高性能の給湯設備が必要 ・定期的なアルカリ洗浄が必要 ・手動で殺菌
アルカリ洗浄・酸リンス	・洗浄・殺菌の全自動化による省力型 ・次回の搾乳まで酸性下で細菌の増殖を抑制 ・リンス剤の入手難から洗剤でのリンスがある ・水すすぎがないため薬剤の残留の可能性がある ・自動装置の定期的な点検が必要

には殺菌効果が低減することが考えられるので，推奨濃度で使用することが適当と考えられる。この場合も殺菌後のすすぎが必要である。

　以上，われわれの調査の結果から3種類の方式による洗浄・殺菌について述べたが，これを第6表に要約した。

　すなわち，アルカリ洗浄型は，従来の牛舎内パイプライン搾乳方式で通常採用されている方法で，酪農機器洗剤の多くはこの方式に適合するように調製され，販売されてる。したがって，洗剤の選択の幅は大きい。この方式は水すすぎ（予洗）に始まり，水すすぎで終わるのが基本型である。水質がよく，水量が豊富なわが国では感覚的にはなじみやすい方法である。しかし，洗浄システムが完全に自動化されているわけではなく，酸洗浄を定期的に手動で行なう必要がある。また，搾乳前の殺菌工程が自動化されていない場合もある。手動で洗浄・殺菌工程を操作する場合には，使用薬剤の濃度・温度・循環時間などに細心の注意をはらい，正確を期することが大切である。

　酸洗浄型は，1機種のみにみられた方式であるが，高性能の給湯設備を備え，洗浄，すすぎに熱湯が用いられる。洗浄効果は高温のため短時間で得られるが，それだけに洗浄液の温度管理が大切である。アルカリ洗浄を定期的に組み込むことにより汚れを完全に除去するよう努めなければならない。また，搾乳前の殺菌は手動により実施する必要がある。

　アルカリ洗浄・酸リンス方式は，洗浄・すすぎ・殺菌など全工程が高度に自動化されたシステムにより開始され，終了するので，搾乳前後に殺菌や洗浄のために人の労力を必要としない。したがって，作業従事者にとって労力的にも精神的にも大変らくな方式である。この洗浄方式の特徴は，予洗に温水が用いられるのみで，洗剤の使用後に水または湯が単独で使用されることは全くないという点である。アルカリ洗浄後，強酸によりアルカリを中和し，さらに管内を酸性条件下に保持することによって微生物の繁殖による汚染を予防しようとするものである。

　この方式の最大の難点は，洗浄の最終段階に用いられる酸リンス液が入手しにくいことである。酸洗剤と酸リンス液とは異なった成分組成のものであり，推奨使用濃度も前者が約1～0.5%であるのに対し，後者はその1/5～1/10程度と大きく異なる。

　本調査の結果から指摘したように，酸リンス液の種類と使用濃度が各農家間で大きく異なり，その結果から生じる洗剤残留と機器表面の腐食が問題となっている。さらに，完全自動化されているため，機械を過信して監視を怠ると，予

期しないトラブルが生じることもある。われわれの調査対象のなかで，洗浄開始前に洗浄液水槽から洗浄液があふれ出したり，洗剤が注入される以前に循環洗浄が開始されたり，アルカリ洗剤と酸リンス液の注入パイプが逆にセットされていたなどの誤操作が見出された。通常は無人のなかで洗浄が実施されているので，このような誤操作は発見されにくい。したがって，このような省力化された自動化装置は，定期的に日常の点検を行なうことが大切である。

③パイプラインの乾燥について

前述のアルカリ洗浄方式では，パイプライン内の残水回収のためにスポンジを用いる場合がある。われわれの行なった調査では，酪農家で使用後，次回の搾乳まで保管しているスポンジ1個から中温性細菌が10^5〜10^7レベル検出され，低温細菌もほぼ同程度検出された。つまり，スポンジは保管状態が適正でなければその使用はかえって管内の汚染を促す原因ともなりかねないのであって，残水回収の手段としてはあまり適切ではなく，もし使用する場合は充分な注意が必要である。

完全自動化された洗浄方式では，パイプライン内の乾燥は自然乾燥もしくは強制通風乾燥による方法が採用されている。自然乾燥の場合にはパイプの設置時に適正勾配が必要であるし，強制通風システムにおいては，微生物的にあるいは化学的に清浄な空気の供給が必要である。エアーインジェクターの周囲は臭気のない環境であることが必要である。

(2) パイプラインミルカーの衛生管理

①汚れの著しい部位と汚れの原因

汚れの著しい部位は機種によっていくらか異なるが，共通して汚れの落ちにくい部位はジャーの内部，ジャーの底部，ジャーの上部，ジャー内の感知棒，バルクタンクまでの輸送パイプ，トラップまでのパイプ，切替えコックなどが主な汚染箇所である。

レシーバージャーの内部のセンサーに汚れが見えたり，さわったときに滑りやすかったりしている場合は洗浄不良と判断される。また，レシーバージャー内面にフィルム状の汚れが残っていたり，水滴で曇ったりしている場合も洗浄不良である。バルクタンクへの送乳チューブの内部にフィルム状の汚れが確認されたり，水滴で曇ったりしている場合も洗浄不良と考えられる。これらのなかには手洗浄のできない部位もあるので，日常の洗浄が適切になされていることが大切である。

これらの部位に汚れが生じる原因としては，まず第一に，アルカリ洗剤による洗浄が不適切であることが多い。なかでも洗剤の濃度が不足していること，洗浄液の温度が低いこと，循環時間と流速が不足していることがその主たる原因と考えられる。これに加えて，酸性洗剤による洗浄を定期的に取り組むことが実施されていない場合，汚れの除去が完全になされず，汚れの蓄積が著しくなる。

②汚れの除去

毎日の洗浄の基本が忠実に守られなければならない。

アルカリ洗剤は製造業者の指示に従い使用するが，パイプラインミルカーの洗浄には一般に0.5％程度の洗剤を用い，洗浄液の温度は，循環開始時では70℃以上，終了時には40℃を下回らないことが大切である。循環時間は10分間前後で，短すぎると充分な洗浄効果が期待されないし，長すぎると液温が低下して汚れが再付着することがあるので注意しなければならない。

(3) ミルキングユニットの衛生管理

①ティートカップライナーの衛生管理

ライナーはミルキングユニットを乳頭に装着する部分で，搾乳機器のなかでは唯一乳頭と直接接触する。したがって，その衛生管理状態は生乳の衛生的品質に直接的に影響を及ぼすことが考えられる。ライナーは合成ゴムまたはプラスチック製が一般的で，使用に伴って温度，洗剤，減圧などの影響により変質が起こり，弾力が低下し亀裂，伸び，穿孔などが生じる。このため，劣化したライナーは表面のこれら損傷部分に乳成分が残存して細菌の増殖源となることが知られている。

搾乳牛

第7表 ティートカップライナーから検出された細菌数
(cfu/本ライナー)

農家番号	ライナーNo.	中温菌($\times 10^3$)	低温菌($\times 10^2$)
1	1	1,100	460
	2	1,000	720
	3	840	640
	4	560	540
2	1	960	2.6
	2	640	0.8
	3	120	2.2
	4	80	1.4
3	1	4,000	8.4
	2	440	6.8
	3	0.4	6.8
	4	0.1	2.0
4	1	200	0
	2	5.8	3.0
	3	0.7	0
	4	0.7	0
5	1	120	7.6
	2	84	2.0
	3	32	1.6
	4	20	9.0
6	1	11	5.6
	2	8.4	10
	3	3.6	6.4
	4	3.2	2.8
7	1	3.4	0
	2	1.6	0
	3	0.8	0
	4	0.2	0
8	1	3.8	2.4
	2	0.4	4.4
	3	0.3	0.4
	4	0.2	2.8

われわれは，かつて隔日集荷のバルク乳8試料を選定し，バルク乳中生菌数を調べた。さらに各対象から搾乳・洗浄後，次の搾乳までの間保管してあったミルキングユニット4台を任意に選び，さらにそのユニットからティートカップライナー1本を抜き取り，チオ硫酸ナトリウムを含むリンゲル液を一定量注入してもみ洗いし，その洗液中の生菌数を調べた。

生乳中の中温菌は10^3から10^4の範囲に，低温菌は10^2から10^3レベルにあった。このようなバルク乳の生産に用いていたライナーから検出されたライナー内部付着菌数は，中温菌では多いもので10^6程度で，32本中5本がこのレベルにあり，10^5が8本から検出された。低温菌では1対象酪農家において10^4レベルが検出されたが，他の大部分が10^2レベルであった。また，全く検出されなかったのは7本であった。中温菌が10^6レベルで検出された酪農家では，低温菌も10^4程度と高かった（第7表）。

これは多分，ライナーの使用限度を上回った使用によるもので，ライナーの老朽化に伴う損傷が菌数を高めているものと思われる。各4本のライナー間で検出された菌数の差が大きかった酪農家では，ライナーの取替え時にすべてのライナーを同時に取り替えていなかった可能性が考えられる。生乳は各ライナーから1基のバルクタンクに集められるので，ライナー取替えはすべてを同時に行なわなければ効果は期待できない。また，指定使用限度を確実に守ることが必要である。ライナーの使用可能日数は搾乳頭数，1日の搾乳回数，使用ユニット数などにより異なるが，次式により算出することができる。一般に，使用指定限度は1,500回の搾乳とする。

$$\frac{\text{指定使用限度}\times\text{使用ユニット数}}{1\text{日搾乳回数}\times\text{搾乳頭数}}$$

注）指定使用限度＝総搾乳回数

例：搾乳頭数40頭，ユニット4台，1日2回搾乳とすると以下の式から75日（2か月半）に1回交換するとよい。

$$\frac{1,500\times 4}{2\times 40}=\frac{6,000}{80}=75\text{日}$$

さらに，交換するときはシェル内へのライナーの装塡は正確に行ない，パルセーションチャンバーに水が入らないように気をつけるなど細心の注意をはらうことが必要である。

②クローの衛生管理

クローは4本のティートカップから送られた生乳が集まり，さらにロングミルクチューブに送り出される中継点である。クローは形状が複雑なため洗浄時に汚れが完全に除去されにくい。したがって洗浄の適正化を判断する指標となるところである。汚れを完全に除くためには，定期的に分解して内部をていねいに洗浄することが必要である。

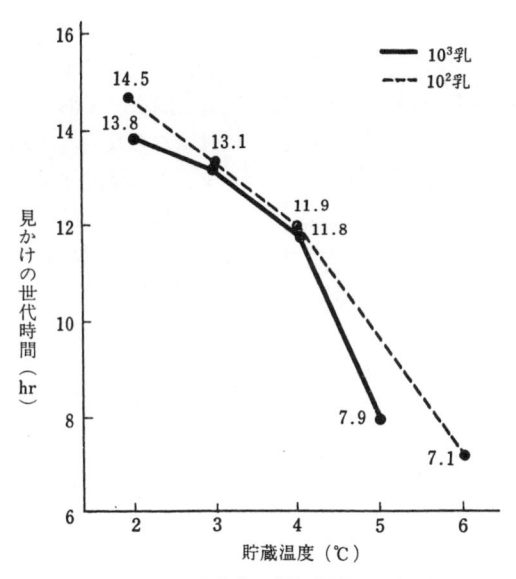

第1図　低温貯蔵乳中の低温細菌の世代時間

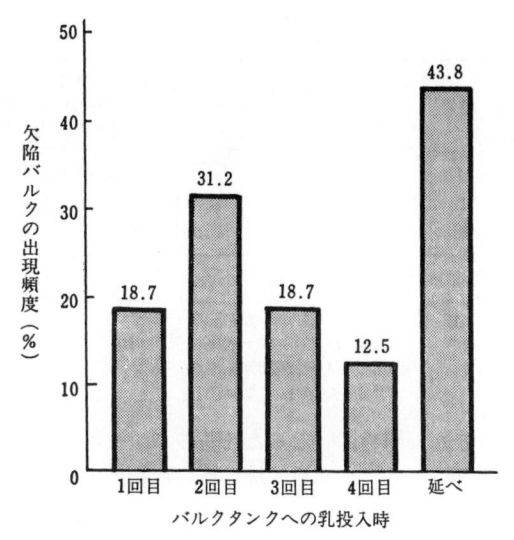

第2図　欠陥バルクの出現頻度

第8表　バルク乳温(投入時最高温度と回復時間の積)と乳中生菌数(cfu/ml)　　(1988年調査)

バルク番号	最高乳温と*回復時間の積(A)	安定時乳温(℃)	乳中の生菌数(B)(cfu/ml)
1	740	3.5	2,200[b]
2	930	0	9,700
3	1,300	3.5	11,000[a]
4	890	2.0	1,800[b]
5	1,600	2.0	9,600[a]
6	630	4.0	3,500[b]
7	930	3.5	4,500[b]
8	1,100	5.5	2,800
9	1,200	1.5	8,000[a]
10	740	3.0	5,800[b]
11	730	5.5	7,800
12	1,700	6.5	28,000[a]
13	640	5.5	10,000
14	630	3.0	2,600[b]
平均±標準偏差	977±336	3.5±1.7	7,700±6,500

注　*：2回目搾乳から4回目搾乳の投入時の最高温度と回復時間の積(A)
　　[a]：(A),(B)ともに高い値が得られた
　　[b]：(A),(B)ともに低い値が得られた

(4) バルククーラーの衛生管理

①バルククーラーの温度管理と細菌的乳質

バルククーラーは生乳を一定の低温下で貯乳しておく容器で，直接乳と接触する時間が一番長い機器である。貯乳温度は一般に4.5℃前後であるが，種々の条件により，乳温管理が適切に行なわれていない例が認められる。特に隔日集荷の場合には，最初の搾乳から4回目の搾乳が終わり搬出されるまで40時間以上を要する場合が珍しくないので，このようなケースにおいては乳温管理の不適切さが乳質に与える影響を無視することはできない。バルククーラーの洗浄が不適切で汚れが残存していた場合，貯乳温度領域で充分増殖できる低温細菌が増殖し，乳質を劣化させる可能性が考えられる。

われわれの行なった試験のなかで，初発低温菌数が10^3レベルのバルク乳を用いて2℃から5℃までの温度で貯蔵し，見かけの世代時間(対数増殖期において細胞が2分割するのに要する時間)を調べた結果，2℃で約14時間，3℃で13時間，4℃で12時間，5℃では8時間であった。また，10^2レベルのバルク乳を用いた同様の試験でも，4℃では12時間と10^3レベルのバルク乳と同じ値が得られ，6℃では7時間であった。この結果から，日常のバルククーラーの貯蔵温度下では，低温細菌は確実に細胞分裂を開始していることがうかがわれた。特に，4℃では増殖抑制効果は大きいが，5℃以上に貯乳温度が上昇すると，世代時間が著しく短縮され，乳質への影響が大きくなる可能性が示唆された(第1図)。

第9表 乳温の変動とバルクタンク容量に対する乳量比

類型	乳量/バルク容量 (％) (M/B)	4.4℃への回復時間（分）			
		1回目	2回目	3回目	4回目
I	97.2±5.6	98.0±25.6	94.2±11.8	84.8±10.5	81.7±13.1
II	80.0±6.3	78.3±11.0	88.7± 6.5	95.0±14.1	90.0±12.8
III	51.5±2.5	50.0± 5.0	61.5± 6.5	50.0± 5.0	53.0± 5.0
乳温と(M/B)との相関係数		0.743**	0.703**	0.433*	0.458*

注　類型 I：(M/B)が90％以上のバルク
　　　　II：(M/B)が60〜90％未満のバルク
　　　　III：(M/B)が60％未満のバルク
　　**：$p<0.01$，*：$p<0.1$

また，同時に行なった16基のバルク乳温の実測調査から，1回目の搾乳時に最初の1時間以内に10℃に，次の1時間以内に4℃に回復しなかったバルクは19％，2回目以降搾乳の投入時に10℃を超えてしまうバルクは38％みられ，このような冷却能力に欠陥のみられたバルクは延べ44％にも達していた（第2図）。

この調査のなかで，2回目投入時から4回目投入時までのバルク乳温（投入時の最高乳温と回復時間の積）と乳中生菌数との関係をみたところ，14バルク乳中で4試料がバルク乳温が高い場合乳中生菌数が高く，バルク乳温が低いと生菌数が低いのが6試料みられた（第8表）。つまり70％以上の試料で，バルク乳温と乳中菌数との間に有意な関係が認められたのである。このことからも，バルク乳温の管理はバルククーラーの衛生管理と同時に，乳質にとっても大切なことがわかる。

バルク乳温の変動に影響を与える要因は種々考えられ，バルククーラーの冷却能力そのものの欠陥も考えられるが，われわれの試験結果からは，バルクタンクの貯乳容量に対する貯乳量の比が，特に乳温変動に対する影響が大きい可能性がうかがわれた（第9表）。

このことから，生産乳量に対するバルクタンク容量の適正化は乳質の保全にとって大切なことであると思われる。

②バルクタンクの日常的洗浄の適正化

次に，バルクタンク洗浄について考えてみよう。第一に，乳が搬出された後ただちに洗浄を行なうことが原則である。もし作業時間がうまく合わないときでも，最低，水洗いによって残乳を除去しておかなければならない。バルクタンクには従来よく用いられている開放式と，比較的容量の大きい密閉式とがある。

開放式バルクタンクの洗浄は，プラスチック製バケツの高温水に塩素化アルカリ洗剤を2.5％程度の濃度になるように加え，タンクの中に置く。ブラシを用い，この洗浄液をつけてタンクの内部などをよく洗浄する。特に汚れの残りやすい部位あるいは低温細菌が検出されやすい部位としては，カバーの隅，ブリッジの裏面，アジテーターのシャフト，羽根，排水コックとそのパッキング，計量尺などがあげられるが，これらの箇所は，特に入念に洗浄しなければならない。次にバケツをタンク外部の排乳コックの下に置き，洗浄液を回収する。排乳コックをはずしてブラシ洗浄を行ない，残った洗液でタンクの外部を洗浄する。タンク内外を水道水で完全にすすぎ，排水する。酸性すすぎ液が使用できるときには毎回酸性すすぎを実施する。そうでない場合にも3〜4日に1回の割合で酸性洗剤による洗浄が必要である。搾乳直前に塩素剤を用い，有効塩素濃度200ppmでタンク内部を殺菌し，その後排水して水すすぎをする。

密閉式バルクタンクの洗浄は，乳排出後ただちにタンク内面を温水（40℃程度）でよくすすぎ，残乳や水分を排出する。それぞれの機種の指定に従って塩素化アルカリ洗剤を用い洗浄する。自動洗浄がなされるタイプでは，洗剤の必要量を付属のコンテナに入れておくとよい。次に，高温のアルカリ洗浄液でタンク外部をブラッシで洗浄する。排乳バルブは必ず取りはずし，手洗浄を行なう。水道水の流水でタンクの内部や外面を完全にすすぐ。酸性すすぎ液が使用できるときには毎洗浄時に酸性すすぎを実施する。そうでない場合にも3〜4日に1度は酸

性洗剤による洗浄を行なう。

　搾乳直前に,塩素剤により殺菌する。有効塩素濃度200ppm程度での殺菌が一般的である。この場合,排水後に水すすぎを行なうことが必要である。自動洗浄では装置を過信してしまうことが多いが,セット条件に少しでも誤りがあれば,その累積効果は大きなものとなってしまう。したがって,装置の取扱いについては充分注意しなければならない。また自動洗浄方式であっても,月に1回は内部に入り洗浄効果を点検し,不完全な部位については手洗浄をしなければならない。この補助洗浄が必要となる箇所としては,一般にデッキのふた,アジテーターのシャフトや羽根,計量尺などがあげられる。

　以上,バルクタンクの洗浄について述べたが,これら日常的な洗浄が適正になされることは当然であるが,さらに次の点についても留意しなければならない。

　バルクタンク内部の表面は充分研磨されており,これを金属で摩擦すると微細な傷が残る。傷には汚れが残りやすく,傷に入った汚れは日常の洗浄では落ちにくい。この汚れが細菌増殖の原因となることがある。したがって,バルクタンクの洗浄時には金属ブラシや金属バケツあるいは金属たわしなどの使用は避けなければならない。

　これまで種々の角度から搾乳機器の取扱いにおける衛生的管理について,特に洗浄との関連を中心に述べてきたが,衛生的管理とは生物的衛生と化学的衛生の両面から考えられなければならない。そして,当然のことであるが,搾乳機器の衛生管理は乳の衛生管理のためでなければならない。最終目的は生乳が衛生的であることなのである。生物的にも化学的にも心配のない生乳を提供するための機器類の衛生管理が,さらに完全なものとなることを期待したい。

1994年記

日常の観察と管理

日常の観察

執筆　小沢　泰（北海道北根室農業改良普及センター）

(1) 観察の意義

乳牛の生産性や体調の変化は，経営の内容を左右するといっても過言ではない。不健康な牛が1頭程度だと，その損失は微々たるものと感じがちだが，1乳期を通した経営損失を概算すると無視できない大きさになる。

しかも，不健康の程度によっては，次産以降にも影響を与える。廃用となった場合には，それまでの治療費のみならず，更新用の育成牛をそれだけ多く飼養しなければならず，施設や労力の負担が増すことになる。

このような悪循環を回避するには，乳牛を観察し異常を未然に防止することが重要である。このため，乳牛の体調は確実に把握しておきたい。

現在の乳牛の姿は，

　1) 過去の飼養管理や施設の状況を示す。
　2) 現在の飼養管理や施設が適正であるかの尺度となる。
　3) 将来の飼養管理や施設の方向性を決定づける。

以上の3点として位置づけることができ，問題点を発見し改善することの繰返しは，確実に経営を向上させるものとなりうる。

(2) 観察の要点

①汚れや被毛

牛体の汚れや被毛の状態は，栄養のバランスや代謝の判定材料となる。

適正な管理下にある乳牛は，一般的に汚れが少なく，被毛は薄く，また白黒の輪郭が明確である。

被毛が長くなるのは，体熱の損失を減らそうとする生理現象であり，エネルギー不足が原因と考えられる。低エネルギー状態が長く続いた場合には，乳房まで長い毛で覆われることもある。体表面に埃のような「フケ」が見られ，白黒の輪郭が不明確になることがあるが，これもエネルギー代謝の不良が原因である。

また，牛体が極度に汚れやすい環境では，糞が牛体の後部にびっしりと付着する状況が見られる。このような牛が多い場合には，牛床の長さや敷料の量や質・除糞の回数などを検討したほうがよい。

②糞の状況（マニュアコンディション）

穀物の加工状態（特にコーンなどの加工），粗飼料の形状，反芻の程度によって，糞の性状や未消化の穀物量，繊維の形状が変化する。

糞の性状から，第1表のようにエネルギーと蛋白質の給与バランスをある程度推測することができる。なお，未消化の穀物や繊維の形状を調べたい場合は，糞のスクリーニングテストを行なうことが望ましい。このことによって，摂取されたえさの評価ができる。

糞が落ちる位置とストールの適否には関係がある。糞が尿溝または除糞通路にきちんと落ちていない場合，繋ぎ飼いではカウトレーナーやスタンチョン・ません棒などの寸法や位置，フリーストールではネックレールの位置や高さなどの修正が必要となる。

③飼槽のチェック（バンクスコア）

残飼の量など飼槽の状態は，現在の飼料給与量が適正かどうかの目安となる。

第2表のスコア2のように軽く残っているのが理想で，きれいになくなっている場合には不足していると考えられる。逆に，残飼が多い場合は，給与した量を十分に採食していないことになり，摂取栄養の不足が起こっている可能性が

搾乳牛

第1表 糞スコア（Manure Score） (Andrew Skidmore, DVM, Ph. D., 1996)

スコア	糞の状態
1	スコア1はきわめて液体状の糞を代表し，豆のスープのような密度である。病気にかかっていないときは，飼料プログラム中の分解性蛋白またはデンプンが多すぎることを示している。過剰な蛋白の消化によって増加した尿素は，尿中に排泄されるばかりでなく，後部消化管にもリサイクルされる。そして，後部腸管での過剰な尿素は浸透圧の傾斜（勾配）をつくり出し，体組織から水分を腸管に引き出すため，下痢の原因となる。カリのようなミネラルも浸透圧傾斜をつくり出し，下痢を起こす
2	スコア2は糞が軟らかすぎて，ちゃんとしたパイル（円盤状でくずれない）を形成しない状態で，春先の若い草に放牧した牛で典型的に見られるものである。これは繊維の少ない飼料プログラムで，比較的分解性蛋白が多いことを示している。繊維の少ない飼料プログラムを採食している牛は乾物摂取量が多くなるので，その結果として通過スピードが早くなりうる。通過スピードが早くなれば，デンプンと分解性蛋白がルーメンをエスケープし後部消化管に移行するのが増加し，そこで発酵される可能性がある。後部消化管で過剰な発酵が発生すると，糞は水分の含量が多くなる。またそのことがデンプンと窒素が糞中にロスすることにもつながる
3	スコア3はオートミール状の密度であり，地面や床面に落ちたとき "ぺたんっ（Plopping）" というような音がする。また，長靴のつま先を糞の中に突っ込んだとき，長靴の先が糞にくっつくかどうかで判断できる。長靴の先にくっつけばスコア3で，蛋白と水のバランスが上手くいっていることを示す
4	スコア4は中程度の固さの糞である。長靴にはくっつかないくらい乾いているが，つま先でつついても転がったり割れたりはしない。これは，多くの乾乳牛や育成牛で行なわれている，主として乾草と，あってもほんのわずかのグレインで構成される飼料プログラムで典型的に見られる。繊維の多い飼料プログラムを採食している牛はデンプンの摂取量が少なく，ルーメンの通過スピードが遅い。そのため消化率が高くなり，デンプンやその他の消化する可能性のある物質の後部消化管や糞中へのロスが減少し，糞が固めになる
5	スコア5は固いボール状の糞である。消化管内に何も病理現象がなければ，わらだけの飼料プログラムか重度の脱水状態になっていることを意味する

第2表 フィードバンク（飼槽）スコアシステム
(Five Point Feed Bunk Scoring System)
(A. L. Skidmore)

スコア	飼槽の状態
0	飼槽にえさがまったく残っていない
1	わずかにえさが散在している コーンサイレージの芯のかけらとか，乾草の茎のようなものだけが残っているが，飼槽表面のほとんどが露出している
2	飼槽全体に薄い（1インチ，2.5cm以下）えさの層が残っている えさ自体は給飼したときの状態と同じように見える
3	飼槽全体に2～3インチ（5～7.5cm）のえさが残っている（前回の給飼量の25～50%）
4	前回給飼量の50%以上のえさが飼槽全体に残っているが，飼槽全体はかき回されている
5	えさはほとんど触れられていない

注 バンクスコア0：そのグループの給飼量はおよそ5%増やさなければならない
バンクスコア1：そのグループの給飼量はおよそ2～3%増やさなければならない
バンクスコア2：そのグループへの給飼量は変える必要がない
バンクスコア3以上：なぜえさを残すのかという点に関する原因究明が必要であり，その結果給飼"量"だけが原因であるとしたら，量の調整をする

大である。施設の構造が原因で牛が採食できないことも考えられるので，寸法や換気・暑熱などをチェックすることも必要となる。

飲水量によっても採食量が左右されるので，飼槽のチェックと同時に飲水量が十分に得られるか（水量・水圧・配管の太さ，など）をチェックしたい。

いちいち飼槽の状態を見なくとも，牛舎に人が入ると牛が一斉に立ち上がる状況では採食量が不足している可能性が高い。これは人を見るとえさをくれるかもしれないという期待感の現われである。

④反芻回数

適正に粗飼料を採食している場合，1回当たりの反芻回数は50回以上である。

数頭の反芻回数を数えることで，採食量が十分かどうかを判断することが可能である。反芻回数のチェックは，飼料の変更などがあったときなどは意識的に行ないたい。

反芻行動は，牛群全体を眺め，5割以上の牛が反芻を行なっていれば粗飼料の採食量は適正で

あると判断できる。

しかし，牛群として大丈夫な場合でも，分離給与の場合は濃厚飼料の選び食いや盗食が心配され，フリーストールなどで群飼の場合は，負け牛（特に初産牛）がかため食い（スラグフィーディング）をすることが原因でアシドーシスになることもあるので，個体観察は十分に行なう必要がある。

⑤横臥率

ストールの安楽性（カウコンフォート）が不十分な場合，乳牛が佇立している時間が長いことが知られており，さらにストールでの横臥率が落ちるという現象が発生する。また，フリーストールで牛床に問題がある場合，通路に寝てしまう牛もでる。

根釧農試の研究結果による，適正な横臥率の目安は，乳牛の行動が安定する時間帯（搾乳終了から1.5～2時間後。搾乳後給餌の場合にはその2時間後）に行なった2時間程度の観察結果から，ストールが快適で横臥しやすい場合は80％以上となり，平均的な場合は70～80％と報告されている。70％を下回る場合には，ストールの安楽性に問題があることが示唆されている。

しかし，横臥時間が長くても安心できない場合もある。ストールの安楽性が悪い場合に，牛は起きるのが嫌になりギリギリまで採食行動をとらず，結果的にかため食い（スラグフィーディング）を引き起こす可能性が高い。

このため，牛の寝起きの状態も併せて確認することが必要であり，問題がある場合には改善を要する。

⑥ボディーコンディションスコア（BCS）

BCSは摂取エネルギーの過不足を，体脂肪の蓄積度合い（太り方）によって5段階で示したものである。測定法のなかでも，ファーガソンの手法が比較的簡易なため用いられることが多いので第3，4表に紹介した。

BCSを特に注意したいのは次の時期である。

乾乳期 BCSが3.75を超えると，それ以下の乳牛よりも分娩後の乾物摂取量が押さえられ，周産期病の発生率が高くなることが知られている。しかし，低すぎてもエネルギーの蓄積が少

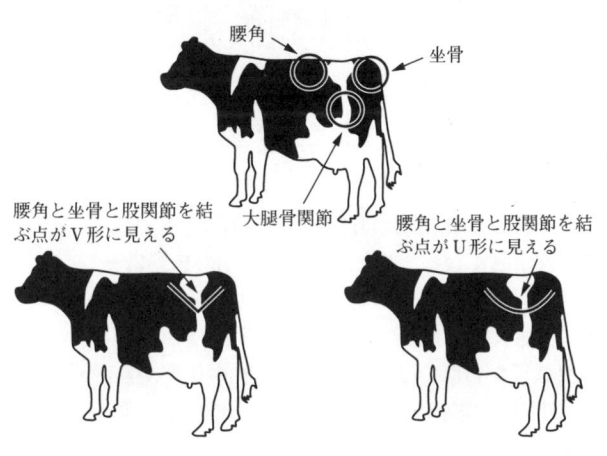

第1図 ボディーコンディションの観察部位

第3表 ボディーコンディションフローチャート

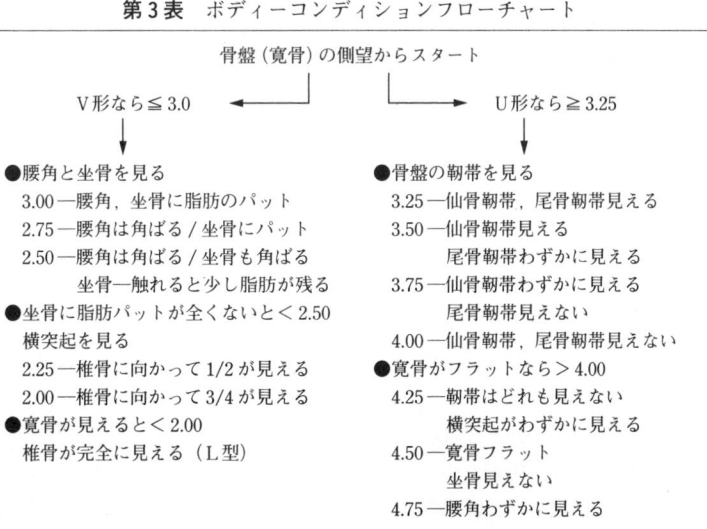

骨盤（寛骨）の側望からスタート

V形なら≦3.0　　　　　　　　　　　　U形なら≧3.25

●腰角と坐骨を見る
3.00—腰角，坐骨に脂肪のパット
2.75—腰角は角ばる／坐骨にパット
2.50—腰角は角ばる／坐骨も角ばる
　　　坐骨—触れると少し脂肪が残る
●坐骨に脂肪パットが全くないと＜2.50
　横突起を見る
2.25—椎骨に向かって1/2が見える
2.00—椎骨に向かって3/4が見える
●寛骨が見えると＜2.00
　椎骨が完全に見える（L型）

●骨盤の靭帯を見る
3.25—仙骨靭帯，尾骨靭帯見える
3.50—仙骨靭帯見える
　　　尾骨靭帯わずかに見える
3.75—仙骨靭帯わずかに見える
　　　尾骨靭帯見えない
4.00—仙骨靭帯，尾骨靭帯見えない
●寛骨がフラットなら＞4.00
4.25—靭帯はどれも見えない
　　　横突起がわずかに見える
4.50—寛骨フラット
　　　坐骨見えない
4.75—腰角わずかに見える

注　初出：「Dr. Fergusonのボディコンディション評価法」ウイリアムマイナー農業研究所発行

搾乳牛

第4表　ボディーコンディションスコアリング

スコア	寛骨	腰角	坐骨	仙骨靱帯	尾骨靱帯	横突起	腰部の角	椎骨
5.00	平らで丸い	丸い	見えない	見えない	見えない	見えない	滑らか	フラット―丸い
4.75	平らで丸い	丸い	丸い/見えない	見えない	見えない	見えない	滑らか	フラット―丸い
4.50	平ら	丸い	丸い	見えない	見えない	見えない	滑らか	フラット
4.25	平ら	丸い	丸い	見えない	見えない	見えない	滑らか	フラット
4.00	U型	丸い	丸い	見えない	見えない	見えない	滑らか	フラット/スロープ
3.75	U型	丸い	丸い	見える(−)	見えない(−)	端より1/10見える	丸い(+)	スロープ
3.50	U型	丸い	丸い	見える	見える(−)	端より1/4見える	丸い	スロープ
3.25	U型	丸い	丸い	見える	見える	端より1/2見える	丸い	スロープ
3.00	V型	丸い(−)	丸い/パット	見える	見える	端より1/2見える	丸い(−)	ゆるいスロープ
2.75	V型	角ばる	丸い/角ばる	見える	見える	端より1/2(+)見える	鋭い	ゆるい曲がり
2.50	V型	角ばる	角ばる/パット	見える	見える	端より2/3見える	鋭い	ゆるい曲がり
2.25	V型	角ばる	角ばる	見える	見える	端より3/4見える	鋭い	ゆるい曲がり
2.00	V型	角ばる	角ばる	見える	見える	端より3/4見える	鋭い	ゆるい/鋭い
1.75	V型	角ばる	角ばる	見える	見える	端より3/4見える	鋭い	鋭い
1.50	V型	角ばる	角ばる	見える	見える	端より3/4見える	鋭い	鋭い
1.25	V型	角ばる	角ばる	見える	見える	端より3/4(+)見える	鋭い	鋭い
1.00	V型	角ばる	角ばる	見える	見える	端より3/4(+)見える	鋭い	鋭い

注　初出：「Dr. Fergusonのボディコンディション評価法」ウイリアムマイナー農業研究所発行

ないため，泌乳初期の乳量や繁殖率が低下する可能性が高くなる。したがって乾乳期のBCSは，3.25～3.5が望ましい。なお，乾乳期は胎児が急激に大きくなる時期であり，この期間はBCSの調整は行なわないほうがよく，泌乳中後期から3.5を目安に調節し，乾乳期はBCSを維持する飼養管理が必要である。

　泌乳初期　まだ採食量が低い時期なので，産乳のために蓄積した体脂肪が動員される。このとき，エネルギーの供給量が間に合わない場合，急激にやせてしまいその後の乳生産や繁殖に多大な悪影響を与える。泌乳初期にある程度やせるのは当然であるが，スコアの減少は分娩後1か月半～2か月間で1以内に押さえるのが理想である。かつ，BCSが2.5を下回らないような飼養管理が望まれる。そして，遅くても分娩後70～90日くらいで回復基調に入るべきである。

⑦乳頭の色（アダーカラー）

　主にエネルギーの充足と蛋白のバランスを見ることができる。

　摂取エネルギーが十分な乳牛は，血行が良くなるために乳頭の色がピンク色になっている。アダーカラーが白っぽい場合には，エネルギーと蛋白の量とバランスをチェックする。

⑧跛行・肢蹄

　乳牛の歩様がおかしい（歩くときに背中を丸める，痛がる，ひきずる），佇立しているとき交互に脚を踏み替える，尿溝に脚を落としている，なかなか横臥しない，などの場合には，蹄疾患やルーメンアシドーシスによる蹄葉炎，不良発酵したサイレージを採食したことによる跛行などが疑われる。

　跛行により採食量が減少するので，特にフリーストールでは，飼槽へのアクセス回数が極端に減る場合もある。

　後肢の飛節付近の外傷は，ストールの安楽性や柔らかさ（敷料量やストールの材質）に問題がある場合が多い。蹄疾患の予防には，フットバスなどの利用や，搾乳時の蹄への薬液噴霧などが有効である。極端な跛行を呈する牛は，獣医師に治療を依頼する。

　蹄底の損傷が跛行の原因となることも多い。パドックや放牧地への通路は，ぬかるみや小石などがないよう整備を行ないたい。

　跛行の程度は，第5表の跛行スコアを参考にチェックし記録を残したい。顕著な跛行を呈する牛の佇立姿勢は，両膝が接近したX脚となり蹄尖が外向する姿勢を示すこともある。

　定期的な削蹄が一番の予防策となるので実施

したい。年に2～3回実施するのが理想である。

⑨乳検（乳成分）

生乳は血液中の成分から産生されるため，乳検などで乳成分を把握することは，代謝プロファイルテストを間接的に行なっているとも考えられる。このため，毎月の個体乳量の変動からも栄養の充足度が伺える。

経産牛であれば，前産の泌乳曲線と比較するのもよい。乳量（泌乳曲線）が同じか向上していれば飼養管理の状態が維持されていることを示し，下がっていれば何らかの問題が発生していることになる。

個体の乳成分には特に注意したい。無脂固形分からは，エネルギーや蛋白質の充足度合いを見ることができる。泌乳初期に乳蛋白が2.9％を切った場合は，繁殖率が低下する可能性が高い。コンピュータの表計算ソフトを利用し，分娩後日数で乳量・乳成分の推移を見ればさらに細かい分析が可能となる（乳牛によって個体差があるが，牛群の傾向をつかむことは可能）。この場合重要となるのは，泌乳初期の乳蛋白の低下はもちろんであるが，それ以降の回復の状況に注意する必要があり，速やかに回復が図られるのが理想である。

また牛群情報からも，空胎期間や乾乳日数，初産牛平均の能力など飼養管理に活用できるデータは多い。

⑩飼料の状態

粗飼料の質や水分，切断長や切断面の状態，二次発酵の有無，TMR混合度合いなどは，乳牛の採食量に影響を与える。

(3) 毎日行なう観察事項

①発情の観察

分娩間隔を短縮するためには，発情の発見は確実に行ないたい。

観察は，発情が強く現われる朝晩に行ないた

第5表 跛行スコアの基準と牛の臨床的特徴
(Criteria used to assign a lameness score and clinical description to cattle)
(Dave Sprecher and John Kaneene)

跛行スコア	臨床的な特徴	背線の姿勢[1]	評価の基準
1	正常	─または─	牛は背線が水平な姿勢で立ち，歩く。歩様正常である
2	やや跛行	─または⌒	牛は背を平らにして立っているが，歩いているときは背をアーチ状にする。歩様は正常なままである
3	中程度の跛行	⌒または⌒	立っているときも歩いているときも背線のアーチ型姿勢が明瞭である。歩様は1本かそれ以上の肢のストライドが短いことにより影響される
4	跛行	⌒または⌒	アーチ型の背線は常に明瞭で，歩様は一歩一歩を慎重に運ぶという特徴がある。1～3本の肢で立つことを好む
5	重度の跛行	三本肢	牛は歩けないことを示そうとし，ある特定の肢に加重することを嫌がる

注 [1]背線の姿勢は，牛が立っているか歩いているときである。記号は
　─：平らな背中，⌒：アーチ型の背中を示す

いが，搾乳時間と重複するため搾乳しながら観察する例も見られる。しかし，搾乳時間内で十分な観察を行なうことは難しいため，理想的には発情だけを観察する時間をつくりたい。

この際に，繁殖管理板などを用い，特定の乳牛のみ観察を行なうようにすると発見の精度が高まる。また，牛の日常の動作を把握しておき，異常な行動を確実に捕らえるために，特定の人間が同じ時間帯に専属で観察を行なうと，さらに発見効率が高まることが知られている。

発情兆候が弱い場合には，以下の3点が原因になっている場合が多いか，その究明が大切である。

1) 乾乳期に十分な栄養が得られなかったために卵胞の発達が不完全。

2) 分娩後に急激な乳蛋白の低下が見られ回復に時間がかかっている。

3) 通路が滑りやすくスタンディングがしにくいなど。

②異常牛の発見

下痢や発熱などの兆候は，可能な限り早急に発見し対応を行ないたい。ごく軽微なものであってもその後の生産性に影響を与える。万が一伝染性の疾患であった場合は，その牛群はもち

搾乳牛

ろん，近隣の酪農家にも被害を及ぼす可能性すらある。明らかに異常と判断された場合には，獣医師の診察を受ける。

③哺育牛の観察

哺育期の体調不良や病気は，将来の発育に悪影響を与えるため，こまめな観察を行ない，何か起こった場合には速やかな対応が必要である。たとえば下痢になり1日程度で治れば，発育の停滞は3日程度にとどまるが，治療が遅れ重い下痢になってしまった場合には，半月程度発育が停滞する。

また，哺育牛の糞の状態は必ず確認したい。発熱などの体調不良は，子牛の活気（目や耳の動き）で判断できる。子牛は音にも敏感に反応するので，その反応速度を確認することでも活気がわかる。いつもより反応がにぶい場合には，何らかの不調を疑いたい。

（4）育成牛の発育の観察

初産から十分な利益（乳量）を得るためには，初産分娩までに適正な大きさに発育させる必要がある。このことは，難産の防止とも関係がある。良好な発育を実現するためには，体重よりも体高（フレームサイズ）を充実させる飼養管理が必要である。よく知られているように，蛋白質の充足が骨格の形成を促す。

一般的に見られるケースは，体重は十分に標準発育曲線の許容範囲に入っているが，体高が劣る（特に種付け時に小さい）ことである。体高のモニターが必要となる。個体ごとに体高を測定するのは困難なので，柱などにその月齢に見合う高さに印を付けると，日常の観察とあわせて体高を推し量ることができる。

適正な飼養管理をするためには，育成牛は可能な限り小グループで月齢ごとに群分けして管

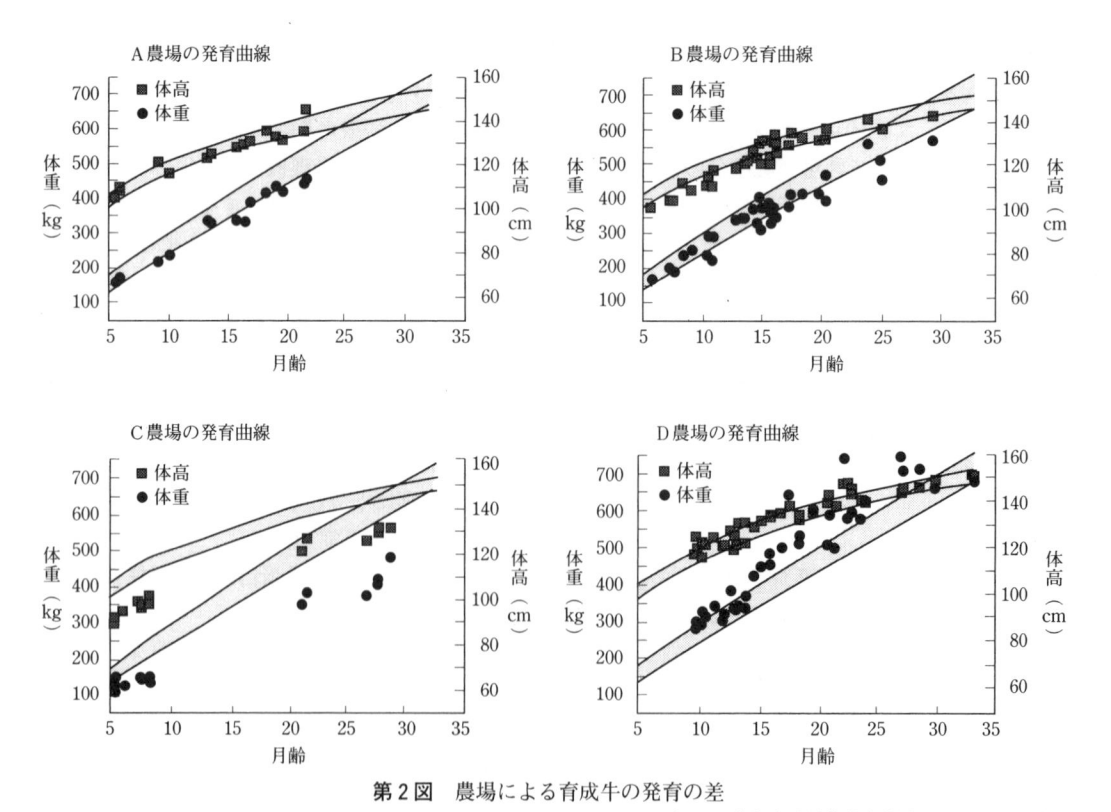

第2図　農場による育成牛の発育の差

(1998, 北根室地区農業改良普及センター調べ)

アミかけ部分は上段は体高の，下段は体重の発育のガイドラインを示す。体高・体重ともに，この範囲におさまるのが理想である

理したい。第2図は4戸の酪農家で育成牛の発育状態を測定し，グラフ化したものである。ほぼ適正値におさまっている2戸の事例では，月齢を目安に群分け飼養をしている。体重や体高が適正値から外れている事例は，2戸とも2群管理であり個体間のバラツキが大きい群構成であった。

(5) 観察を十分に行なうために

①わずかでも観察の時間をつくる

牛群の観察を十分に行なうためには，「観察だけ」の時間をもつのが理想である。しかし，日常の作業に追われ，なかなか時間をつくれないのが実態ではないだろうか。

ここで逆の発想をしてみよう。「なぜ忙しいのか？」である。作業量が本当に多い，人手が少ない，作業効率が悪い，疾病など予測不可能の作業が多い，会合などが多い，事務に手間どるなど，さまざまな理由があると思われる。しかし，それらが本当の原因なのだろうか。何か，むりやむだがないのだろうか。

作業をしながらでも構わないので，自分の1日の作業を見直してみよう。

たとえば，えさ寄せに時間がかかるとすれば，用具の買換えだけですむかもしれない。台帳などを整理していれば，もっと牛を探す時間が短縮できるかもしれない。具合の悪いスタンチョンを直しておけば，牛を繋ぐ時間が短くなるかもしれない。パドックで牛が乳房を汚すのであれば，パドックを補修することで搾乳時に乳房を拭く手間が減り，さらに乳房炎まで減少するかもしれない。

大事なことは，「少しのことだ」と思わないことである。仮に，そういう作業が30秒ずつの短縮にしかならなくとも，20か所改善できれば10分になる。1年間で3,650分，60時間にも及ぶ。このように常に疑問を持ちながら作業を行なうと，余裕を生みだすヒントが必ず得られるはずである。改善を繰り返すことが大事である。コストがかかる改善項目でも，前述した乳房炎の減少のように，時間的な余裕以外にも見返りは多い。

得られた時間的余裕が，さらに余裕を生む可能性は高い。忙しいから観察などを怠る，そのことが原因で疾病や生産性の低下をまねけば，金銭的余裕が減少し，よけいに働かなければならない。この悪循環はどこかで断ち切らなければならない。疑問を持たずに機械的に作業を行なっていては，いつまでたっても何も変わらないばかりか，経営内容は徐々に悪化するおそれがある。

②優先項目を決める

すべての項目を観察しようとしても，時間的・労力的にむりが生じる。まず，自分の飼養管理や経営内容から弱点を探し出し，最優先項目を決め，それを重点に観察を行なう。その際には，乳検や乳成分データ，繁殖成績など，数値的なデータをもとにすることで，何を優先的に改善しなければならないかが見えてくる。

目標が達成され余力が生じてきたら，また違う目標を設定する。大事なものから少しずつ観察・改善を行ないたい。

③作業手順を変えてみる

観察を十分に行なうためには，ある程度の時間が必要である。日常の作業順序を変えると効率が良くなる場合もある。一度日々の作業をすべて書き出し，作業動線などを考慮に入れてむりやむだがないように手順を構築しなおしてみるとよい。そのなかで浮いた時間を観察に向けたり，作業の合間を観察に活用できるようにする。意外に行ったり来たりしている作業があるもの。作業の組立てを検討する必要もある。

④施設のレイアウトを考える

新規施設をつくったり，移設する時が作業動線を変える最大のチャンスである。施設は，単にスペース的な問題だけで建ててはいけない。前述のように作業動線を改善するチャンスと考え，どこにつくれば一番効率的かを考えたい。近代酪農は機械に作業を依存する部分が大きいので，作業機の動線も考慮する必要がある。

施設は建ててしまうと，位置の変更は難しい。既存の施設を図面に書き込み，建設予定地を検討するという方法もある。頭の中で考えるのは，失敗しても問題ないうえに何時間かかろうとも

搾乳牛

タダである。

⑤将来目標を定める

何事も明確な目標がないと長続きしないものである。このため，数年間を考慮した経営方針を立てるのも励みになる。

たとえば，3年後には個体乳量2,000kg向上させる，平均分娩間隔を13か月にする，周産期疾病をなくす，などの目標でもよい。目標は観察による管理作業の精度向上のために必要な要素である。

どれほど目標に近づいたかというチェックと評価は，数値の分析を基にするとよい。

⑥情報機器を活用する

乳検などのデータを表計算ソフトなどで読み込めるように加工し，通信によって引き出せる地域もある。コンピュータで各種の数値などの図表化が簡易に行なえることで，データはより理解しやすいものとなり，有効活用が図られる。コンピュータは使いようによっては，このように記録にも使用できる。

多頭化されている農場では，乳牛の記録，たとえば繁殖記録を探すのにも時間がかかる場合が多いのではないだろうか。このような用途では，コンピュータは時間短縮に役立つものといえる。

また，近年1人1台は持っているのではないかとも思われる携帯電話も，作業の効率化に一役買っていると思われる。異常牛を発見したときの獣医師への連絡や，酪農資材が切れていたときに注文するなど，いちいち家に戻らなくともよく，時間短縮の道具となっている。また，牧草収穫作業を集団で行なっている場合には，その連絡用にすでに活用されている方も多いと思われる。有効に活用されたい。

⑦人を使う

緊急を要する観察には不向きであるが，たとえば施設の牛への安楽性などは農協や獣医師・普及員にも依頼できる項目である。時間も，呼ぶときと結果を聞くときにしかかからないというメリットがあり，さらに他の改善点についてもアドバイスを受けられる可能性が高い。

人に任せることの寛容さが必要である。たとえば，搾乳ヘルパーも最初の頃は牛の管理を他者に任せるデメリットが強調されたが，最近ではメリットのほうが重視されてきたようである。

他者に任せる任せないを最終的に判断するのは自分である。自分だけでは観察時間がとれない場合は，人の時間を使うのも手である。場合によっては，収穫作業などの繁忙期も，コントラクターなどの活用で，日常と変わらない時間を確保できる。

1999年記

参 考 文 献

根釧農業試験場. 1999. フリーストール牛舎における乳牛行動と快適判別法.

牛の行動と群管理

執筆　谷本光生（北海道南根室農業改良普及センター）

(1) 群管理とは

群管理とは，栄養要求量や体格などで似た者同士を集めて飼養する方法である。群管理の考え方は，1群を1頭の牛とみなして管理することにある。フリーストール飼養により牛の飼養頭数が増えると，群管理の考え方がますます重要になる。

乳牛は，群れの中で一定の秩序をもって生活をする習性をもつ。その秩序を社会的順位と呼ぶ。社会的順位の目的は，個体間の競合や闘争の防止にある。

順位が下位の牛は，上位の牛が近づくと回避して別の場所へ移動する。社会的順位に伴うストレスは，1頭当たりの占有面積の大きさによって異なり，大きいほど社会的ストレスは小さくなる。

社会的順位の下位牛がストレスなく行動しているかを見極めることは，群管理の観察項目として重要である。

(2) 乳牛の行動と群管理のポイント

第1表は，フリーストール牛舎牧場12戸の搾乳牛の行動を調べた結果である。この表の各行動の最も少ない時間と多い時間の差に表われているように，牛の行動は環境や管理方法によって大きく変化する。そして，各行動の時間の長短は，生産性や健康と密接な関係がある。

①横　臥

横臥時間は1日のうち，最も少ないもので8.4時間，最も多いもので14.7時間であった。

横臥とは，疲労を癒すために行なう休息行動の一つである。休息には佇立休息と横臥休息の二つがある。横臥休息は，肢蹄の筋肉が弛緩しエネルギーの消耗が少ない。さらに，乳房を流れる血流量が，佇立時よりも30〜50％程度増加する。同じ栄養摂取量であれば，横臥時間が長いほど泌乳量は多くなる。

高泌乳牛群の特徴は「よく寝て，よく食べ，よく飲み，よく反芻する」ことである。群管理のポイントは，乳牛が本来持っている行動型を群全体がどの程度示すかを見ることである。

横臥時間は最低12時間は確保したい。「よく寝る」ための条件は，①清潔，②乾燥，③快適性の3つである。群管理の場合はさらに，④頭数と牛床数の関係を考慮すべきである。

牛床素材と横臥時間の関係を第2表に示した。吸水性の良い，やわらかな素材を使うと十分な横臥時間が得られることがわかる。

横臥時間は社会的順位にも左右される。1頭当たりの牛床の数と1日の横臥時間の関係を第3表に示した。牛床数が牛の頭数より少なくなる（1.0以下）と，初産牛の横臥時間が減少する。

初産牛群はその体格差から下位に位置しやすい。可能であれば，初産牛群をつくって管理することが望ましい。

第1表　フリーストール牛舎牧場での1日の牛群の行動
（単位：時間/日）

時　間	横　臥	牛床佇立	通路佇立	採食	反芻
最も少ない	8.4	1.3	1.1	3.3	5.9
最も多い	14.7	6.1	4.3	5.6	7.2

注　12戸調査，根釧農業試験場，1999より改変

第2表　床材の種類と乳牛の休息時間
（牛のフットケアガイド，1997より抜粋）

床材の種類	牛床で休息を取る時間（時間/日）
むき出しのコンクリート	7.2
硬いゴムマット	9.8
切断した麦わらを敷いたコンクリート	14.1
専売されているカウクッション	14.4

第3表　1頭当たりの牛床数と1日の横臥時間
（根釧農業試験場，1999より改変）

1頭当たり牛床数	1日の横臥時間（時間/日）		
	牛群全体	初　産	2産以上
1.0以下	10.9	10.4	11.2
1〜1.05	10.9	11.0	10.9
1.1以上	13.6	13.6	13.6

搾乳牛

②牛床佇立

1日の牛床佇立時間は1.3時間〜6.1時間と、かなり大きな幅であった。

牛の行動は「立って採食、寝て反芻」するのが本来である。牛床佇立は、牛舎の快適性を表わすバロメーターであり、牛床で佇立している牛が多い牛群は、何らかの問題を抱えていることが多い。牛床佇立の目安は、搾乳後1.5〜2時間の行動観察で得られる次式により計算する（根釧農試、1999）。

牛床横臥率
＝牛床横臥頭数/牛床利用総頭数×100

注）牛床利用頭数には、牛床に足かけをしている牛も含む。

牛床横臥率の目標は、80％以上である。牛床横臥率が70％以下の場合は、清潔、乾燥、快適性について牛床および牛舎環境の改善が必要である。

③通路佇立

採食、飲水、搾乳のために通路で佇立する時間は、最短で1日1.1時間、最長で4.3時間であった（第1表）。その間、牛の蹄はコンクリートと糞尿に曝されている。

蹄の保護は、牛の健康や生産性と密接な関係がある。蹄の障害による跛行は、乳房炎と繁殖障害に並ぶ経営損失の主な原因である。

跛行の発生は①管理的なもの、②栄養的なもの、③環境的なものに分けられる。

管理的要因には、通路の衛生状態があげられる。1日2回以上の除糞作業を行ない、糞尿ができる限り残らないようにする。また、過度の佇立をまねく密飼いや、不十分な削蹄も跛行の素因となる。ゴムチップマットレスを敷いたフリーストールでは、蹄の摩耗が比較的少ないので年間3回以上の削蹄が必要である。

蹄浴は跛行の予防に効果がある。第1図に示したような蹄浴槽（Blowey, 1997）を使う。蹄浴は、効果の確認された薬剤を使うこと。

④採食

採食時間は1日3.3時間から5.6時間の間であった。群飼した牛は、各個体の採食・休息行動のリズムが斉一化する。したがって、採食時間がどの個体もほぼ同じ時間帯となる。

飼槽には常にえさがある状態にする。フリーストールの場合は、1頭当たりの採食スペースとして、腰角幅（60cm）プラス10cm程度あればよい。

しかし、ここでも先に述べた個体の優劣関係が働く。根釧農業試験場の調査（1999）では、1頭当たりの飼槽幅が狭いと、社会的順位の低い初産牛は、2産以上の牛と時間帯をずらして採食する行動が観察されている。このように「食べたいときに食べられない牛」が多く存在する牛群では、乾物摂取量が制限される。

また、飼槽のコーティング幅、あるいは給餌柵や連動スタンチョン（第2図）といった構造が、採食行動に及ぼす影響も考慮する必要がある。コーティング幅が狭く、腐敗した飼料が異臭を放つような飼槽では採食量が減少する。コーティング幅は、最低でも90cm以上とし、可能な限り広くしたい。

連動スタンチョンなどにより、口が届く範囲が制限される場合は、えさ寄せ回数を増やすなどの配慮が必要となる。連動スタンチョンは第2図のように20度の角度で前方に少し傾ける。

第3図のような「ません棒式給餌柵」は、採

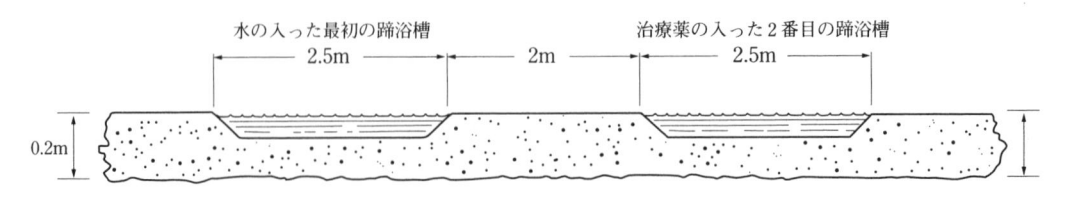

第1図　蹄浴槽
最初の蹄浴槽は泥や石ころを除去して蹄の汚れを取り、2番目の蹄浴槽には薬剤が含まれている

食行動を妨げにくい（Bickert, 1990）。

⑤反 芻

牛は採食した後，必ず反芻を行なう。1日の反芻時間は，5.9時間から7.2時間であった。全反芻時間に対して，佇立姿勢で行なわれる割合はおよそ20％〜40％，横臥姿勢では60％〜80％，といわれる（近藤誠司，1998）。

フリーストール牛群内では，搾乳と給餌直後を除き，30〜40％の牛が常に反芻している（根釧農試，1999）。牛舎内を見渡して，反芻している牛の割合を数え，さらに横臥反芻している牛の割合を数えることで，牛群の状態をモニターすることができる。このとき反芻牛が30％以下であったり，横臥反芻している牛の割合が反芻牛中の50％以下の場合には，飼料あるいは牛舎環境に問題が生じている可能性が高い。

(3) 牛の感覚と群管理のポイント

①嗅 覚

牛は優れた嗅覚をもち，糞尿臭や飼料の腐敗臭などを容易に嗅ぎ分ける。

前述したとおり，飼槽の異臭は採食量を低下させる。

②視 覚

牛は顔の両側に眼があり，300度以上の視野をもつ。そのため，牛の側方や後方での作業は，牛の視野に入っていることを認識する必要がある。牛との間にフレンドリーな関係を築くためには，牛の視野を考慮した接し方が大切である。

また，飼槽や飲水施設に視野を妨げるような構造があると，順位が下位の牛に採食量や飲水量の低下が起こる。

牛は日の出によって明るさが増すと採食を開始する。このことから，光と採食行動には何らかの関係がある

ことが推察される。海外の研究では，日長が短い冬季間に点燈によって明期を16〜18時間，暗期を8〜6時間とし，乳量において好結果が得られたという報告もある。

③聴 覚

牛は人間よりも高周波の音に対して感度が高い。牛の聴覚の感度は8,000ヘルツといわれている。ちなみに，人間の聴覚の感度は1,000〜3,000ヘルツといわれている（Pennsylvania Univ. 1995）。

ミルキングパーラーの高周波の雑音や機械音などは，牛にストレスを与えていると思われる。

第2図　連動スタンチョンからの採食
20度の角度で前方に傾けて設置すると採食しやすい。

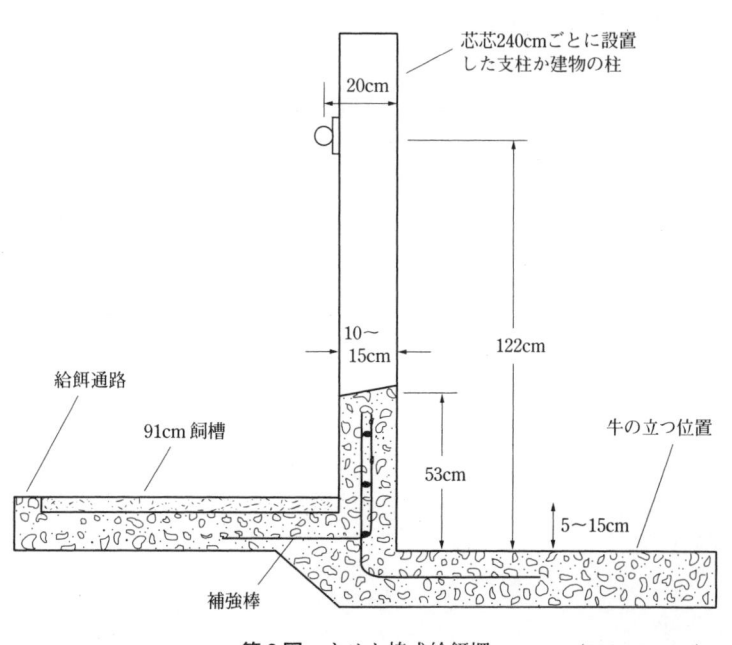

第3図　ません棒式給餌柵　　（Bickert, 1990）

搾乳牛

筆者の経験では，牛は柵の開閉による金属音や，クラクションのような音を嫌う。

④記　憶

牛の記憶能力は高く，放牧地への通路や自分の牛床を容易に覚える。また，過去に粗暴な扱いを受けたことをよく記憶する。

管理者は粗暴に牛を取り扱うことをやめなければならない。たとえば，牛の捕定作業で手痛い経験をさせることは，それ以降の管理を難しくする。ゲートや一時隔離用のスペースを設けるなど，牛にも人にも安全な捕定の仕組みを設ける必要がある。

管理者だけでなく，他の牛との関係においても，記憶能力を考慮する必要がある。放牧地で，30から50頭以下の群は一群として行動するが，70頭を超すと群が分かれサブグループ化するという報告がある。

50頭以上の牛群で，攻撃行動が頻繁に起こるようであれば，群を分けることも検討する。

1999年記

参　考　文　献

Bickert, William G. 1990. Feed Manger and Barrier Design. NORTHEAST REGIONAL AGRICULTURAL ENGINEERING SERVICE. **38**, Cooperative Extention.

Blowey, R. 1997. 牛のフットケアガイド. チクサン出版.

北海道立根釧農業試験場．1999．フリーストール飼養における省力的管理技術．北海道農業試験会議資料，平成10年度．

近藤誠司．1998．乳牛の行動と群管理．酪農総合研究所．

Pennsylvania State University. 1995. Dairy Reference Manual. 3 ed. Cooperative Extention.

搾乳牛の放牧

草種の選択・維持管理と栄養特性

執筆　栂村恭子（農林水産省草地試験場）

(1) 放牧酪農の効果

酪農国であるオーストラリア，ニュージーランドは放牧によって低コストな牛乳生産を実現させている。ところが日本では，十分な土地がないことや，従来の粗放な放牧では生産性が低く，高泌乳化した乳牛の個体能力を十分に発揮させられないことから，放牧は敬遠されるようになった。しかし最近，集約的な放牧によって生産性が向上したことと，低コスト生産，ゆとり酪農，ふん尿問題，牛の健康保持などの観点から，放牧が見直されつつある。

北海道では放牧を始める酪農家がふえつつあり，それらの酪農家では肢蹄や消化器の病気の減少，繁殖成績の向上，耐用年数の向上，濃厚飼料の節減が，低コストにつながると放牧のメリットをあげている。集約放牧については北海道向けのマニュアル（集約放牧マニュアル策定委員会，1995）がすでに発行されている。

また，山間地での山地酪農については，日本草地畜産協会で技術習得のための研修制度や紹介ビデオが準備されている。

(2) 放牧に用いる草種とその利用特性

合理的な放牧を行なうためには，気候・立地条件や経営目的にあった草種と放牧方式を選定することが重要である。以下に，放牧向きの主な草種についてその利用特性を述べるが，第1表に目安となる概略を示した。

一般に，傾斜地などの条件不利地では粗放な管理が主体となるため，そこで維持できる草種は栄養価が低く，個体乳量の高い牛を飼養することは難しいが，省力的で有効な土地利用が行なえる。一方，緩傾斜地や平坦地では，寒地型牧草を用いた集約放牧で，高い土地生産と個体生産を達成することが可能である。

寒地型牧草は生産量と栄養価に季節変動があるため，生産量の平準化と栄養価の低下を防ぐ必要があり，春の余剰草の採草利用や早期放牧開始，多回利用による短草利用を行なう。

① シバ

適応地域は北海道南部から九州と広いが，冷涼地では寒地型牧草と比べて利用期間は短い。乾燥に強く，土壌被覆力に優れるため，急傾斜地での利用に最も適した草種であるが，シバ草地の造成には3～5年の長い年月を要する。いったん草地ができあがれば，蹄傷に強く，低施肥条件でも再生力が強いので，定置放牧で常に再生草を食べさせながら，他の雑草の侵入を防ぎ，省力的で安定した生産が行なえる。低投入で持続的に環境と調和した生産が行なえることから，山地酪農でよく使われている。

生産量や栄養価の季節変動が少ないため，補助飼料の設計はしやすい。TDN含量は50～55％，CP含量は8～12％程度であり，個体乳量としては4,000kg程度の農家が多い。

第1表　土地条件に適した草種と利用法

土地条件	傾斜地		平坦地	
放牧方式	放牧専用 定置放牧		放牧・採草兼用 輪換放牧	
草　種	シバ	ケンタッキーブルーグラス	オーチャードグラス，トールフェスク	チモシー，メドウフェスク，ペレニアルライグラス
個体乳量 (kg)	3,500～4,500	4,500～5,500	6,000～7,000	8,000～9,000

②ケンタッキーブルーグラス

寒地型牧草で北海道から本州の冷涼地に適応し，密な芝生状になり，永続性と蹄傷に強い。定置放牧向きの草であるが，採草には適さない。高温期はさび病がでやすいので伸ばしすぎに注意する。

低施肥条件下の利用では，平坦地でよく管理されている寒地型牧草に比べて生産量，栄養価は劣る。

③オーチャードグラス

永年草地の基幹草種として北海道，東北地方を中心に，本州から九州の高標高地帯にも広く用いられている。寒地型牧草のなかでも生産量，栄養価の季節変動が大きい。

適切な利用草丈の目安は30cm程度であるが，ペレニアルライグラスに比べて多回利用には適さず，年10回を超えると衰退しやすい。

④トールフェスク

他の寒地型牧草より耐暑性に優れ，暖地に適応する特性がある。しかし，嗜好性がやや劣るため，育成牛や繁殖牛に用いられることが多い。嗜好性や消化性が改善された品種としてホクリョウがあるが，耐暑性がやや弱い。

暖地では晩夏から初秋に禁牧し，草地に牧草を備蓄し，放牧期間を延長するASP草地用の草種としても利用されている。

⑤チモシー

耐寒性が強いが，夏季の高温・干ばつには弱く，北海道，東北を中心に栽培されている。栄養価，嗜好性とも優れた牧草であり，刈取り後の再生が悪く採草向きの品種が多いが，晩生のホクシュウはオーチャードグラスと同程度の放牧適性があるとされている。

季節生産性が大きいため，放牧と採草の兼用で短草利用することにより，草の栄養価も高く保つことができる。利用頻度および放牧強度が高いと，植生を維持することが難しいので注意する。

⑥メドウフェスク

冷涼な気候に適し，関東以西の暖地では病害が多発するため，本州中部以北の高標高地，北海道に適地が限られる。他の草種に比べて季節生産性は小さく，栄養価，嗜好性に優れた草種であるが，永続性にやや難がある。

⑦ペレニアルライグラス

耐暑性と耐干性に劣り，雪腐病にもかかりやすく，本州では東北から中部の高標高地に，北海道では土壌凍結のない地域に栽培が限られる。

栄養価，嗜好性とも優れており，最も集約的な放牧利用に耐えられる草種であるが，逆に利用回数が少ないと衰退する。夏に高温になる地域では，再生が劣るので夏季の過放牧に注意する。

⑧シロクローバ

イネ科草種と1～2割程度混播することにより，草地の生産性，栄養価の改善および施肥の節減が行なえる。密度を維持するためには，イネ科牧草を伸ばしすぎず，窒素の多用や土壌の酸性化を避ける。

(3) 放牧時の養分要求量の考え方

①養分要求量

放牧牛は舎飼いの牛と比べて，採食や運動に要するエネルギー消費の増加により，維持に要するエネルギーが多く必要とされる。その増加の程度は放牧地の条件によって異なる。NRCや日本飼養標準を参考にすると，舎飼いに対する維持量の増加分は，集約放牧が行なえるよい草地で10～15％，傾斜地を1日歩き回るような山地酪農では放牧に慣れた牛で30～40％，初めて放牧を経験する牛では40～50％と推測される。また，暑熱の影響が強い場合は，舎飼い時の維持エネルギーの10％をさらに加算する。

産乳に対するエネルギーの要求量は，放牧でも舎飼いと変わらない。蛋白質の要求量は，放牧で増加することはなく，舎飼いの牛と同じように計算してよい。

放牧時のエネルギー要求量を求めるときは，舎飼い時の維持エネルギーに放牧条件によって増加分を加算する。これに舎飼い時の産乳に要するエネルギーを足せば，放牧搾乳時のエネルギー要求量が計算できる。搾乳牛を放牧した場合の要求量と養分含量を，乾物摂取量は舎飼いと同じとし，日本飼養標準を基に計算した（第2

表)。

②放牧での採食草量

放牧では採食量が正確に把握できないため,補助飼料の給与量や質を決定するのが難しい。放牧地からの採食量に影響する要因としては,1頭当たりの可食草量,牧草の消化率,分娩後日数(乳量),補助飼料の給与などさまざまな要因がある。

期待採食草量の推定の仕方は,1頭当たりの草地面積によって2つの方法がある。どちらも泌乳初期の牛は,舎飼いと同じく採食量が制限されることに注意する。

1頭当たりの草地面積が十分にあり,昼夜放牧の場合は,寒地型牧草で春や秋の牧草の消化率が高い時期は体重の2～2.3%,乾物でおよそ13～15kg,夏の消化率が低下する時期は体重の1.7～2%,乾物でおよそ11～13kg程度を期待採食草量とする。草地の状態が悪いときはこれよりも採食量を少なく見積もる。

シバ草地の場合は,その消化率から考えて乾物で10～12kgの最大採食量が見込まれる。しかし,シバだけでは養分要求量が不足するので,補助飼料の給与が行なわれている。実際の酪農家での補助飼料の給与量と乳量から推測したシバの採食量は,約6kg程度までと考えられる。

乳牛の採食時間はおよそ8時間程度なので,放牧時間がこれより短い場合は,採食量が減少する。

1頭当たりの草地面積が狭く,上記の期待採食草量を確保できない場合は,草地の草量×利用率/頭数から採食量を推定する。季節別の草地の生産量を把握して,寒地型牧草地の利用率はおおむね春は60～70%,夏は50%,秋は60%として推定する。

(4) 放牧草の栄養特性に対応した補助飼料

①寒地型牧草の栄養特性

高い個体乳量を望む集約放牧では,牧草の栄養価の特性や季節変動に合わせた補助飼料の設計が必要とされる。そこで,ここでは集約放牧における補助飼料の給与法について述べる。

第2表 搾乳牛を放牧したときの摂取飼料中の養分要求量と必要養分含量

体重(kg)	乳量(kg)	乾物量(kg)	養分要求量(kg)		摂取飼料の養分含量(%)	
			CP	TDN	CP	TDN
集約放牧* 650	20	16.9	2.1	11.3	14	67
	30	20.9	2.9	15.0	14	72
	40	25.0	3.7	18.8	15	75
	50	29.0	4.6	22.7	16	78
低投入型 放牧** 600	10	12.4	1.2	8.4	14	67
	15	14.4	1.6	10.1	14	70
	20	16.4	2.0	11.9	14	72
	25	18.4	2.4	13.7	14	74

注 乳量15kgにつき要求量を4%増しにする補正を行なっている
2産以下の搾乳牛の場合は維持に要する養分要求の補正を行なう
*維持のTDN10%増し,**維持のTDN30%増し

集約放牧では,牧草の消化率,粗蛋白質含量はともに高く維持されるが,エネルギーと蛋白質のバランスでみれば,蛋白質が過剰となる。そのうえ,牧草の粗蛋白質は第一胃での分解性が高く,アンモニアに分解される部分が多い。過剰なアンモニアは飼料中のエネルギーが不足すると,血液に吸収され尿素となり無駄になるうえに,繁殖成績や肝機能に悪影響があるといわれており,牛の健康面でも好ましくない。

過剰なアンモニアの生成を抑えるには,摂取飼料中のエネルギーと蛋白質のバランを適正に保つようにする。飼料全体のTDN/CP比が4以上に保つようにすると,血中尿素窒素が正常値になることが示されている。

また,舎飼いと同様に高泌乳時には,第一胃で合成される蛋白質のみでは要求量を満たせないので,補助飼料には非分解性の蛋白質の割合を高める必要がある。

放牧草のNDF含量は40%前後あるが,繊維としての性質は弱いといわれている。日本飼養標準では飼料中のNDF含量を35%以上としているが,集約放牧での試験では飼料全体のNDF含量を35%程度に設計しても,乳脂率が低下することがしばしば認められる。現在まで行なわれている試験では,集約放牧においては飼料全体の

搾乳牛

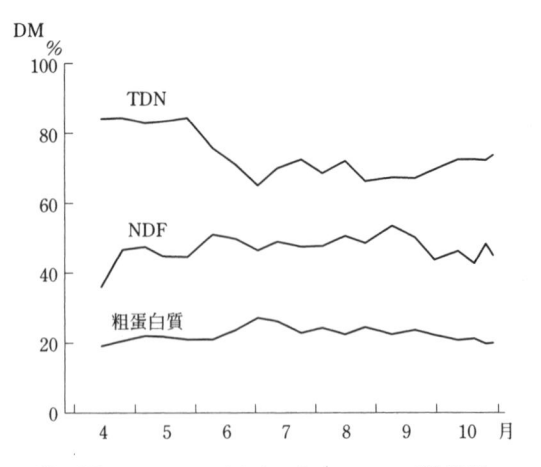

第1図 ペレニアルライグラスとシロクローバ混播草地を集約放牧したときの牧草の栄養価
（草地試験場）

第3表 草種および季節による栄養価のちがい
（福島県畜産試験場）

時期	ペレニアルライグラス草地		トールフェスク草地		オーチャードグラス草地	
	CP	IVDMD	CP	IVDMD	CP	IVDMD
6月	21.4	82.3	19.9	67.6	16.7	65.8
7月	17.5	70.6	18.2	63.6	21.0	63.2
8月	18.4	66.5	17.9	61.2	18.8	53.3
9月	22.0	73.6	21.9	53.5	20.4	63.5

注 CP：DM％，IVDMD：インビトロ乾物消化率

第4表 草種による生産量および栄養価のちがい
（北海道立新得畜産試験場）

	年間生産量(DMkg/10a)	CP(DM%)	乾物消化率(%)
メドウフェスク	1,010	29	77
オーチャードグラス	990	18	71
チモシー	910	19	74
トールフェスク	1,200	20	74
ケンタッキーブルーグラス	970	19	67

注 イネ科草種にシロクローバが混播されている。年間生産量は造成後2～5年目の平均値

NDF含量を40％以上にすることが望ましいとされている。

次に放牧草の栄養価は季節変化をするので，それに合わせた補助飼料について述べる。第1図に示したように，春の牧草はTDN含量が約80％と濃厚飼料に匹敵するほど栄養価は高い。乳量が40kgでもTDN含量は充足するが，繊維含量が不足する。そこで，放牧草は濃厚飼料と同じと考え，補助飼料としては，繊維不足にならないように繊維源に配慮する。また，乾乳牛を放牧する場合は過肥に注意する。

夏季の牧草はTDN含量が65％程度まで低下し，かつ暑熱の影響で採食量が低下する。補助飼料は，エネルギー含量の高い濃厚飼料の割合を高め，繊維含量を確保するため，消化率と嗜好性の高い一番草やトウモロコシサイレージを用いる。

第3，4表に示したように，牧草の栄養価は草種，地域，管理法によって異なる。オーチャードグラス，トールフェスクはペレニアルライグラスより消化率が劣る。メドウフェスク，チモシーはペレニアルライグラスと同じくらいの栄養価をもつ。また，冷涼な地域では夏の消化率の低下は温暖地より小さい。

②乳量と草質に応じた補助飼料の給与

放牧で搾乳牛を適切に飼養するには，搾乳牛に必要な要求量を満たし，放牧草の栄養価の特性および変化に合わせた補助飼料の給与が重要である。第2表は放牧での採食量を舎飼いと同じとしているので，条件によっては養分含量に差異が生じるが，どれぐらいの乳量の牛が放牧で適切に飼養できるのか，第2表を参考に見てみよう。

集約放牧の場合，体重650kg，乳量40kgの搾乳牛では，飼料全体のTDN含量は75％程度必要である。放牧草のTDN含量が70％以上あれば飼料全体に占める割合を50％以上に高めても飼養できるが，65％まで低下すると放牧草の割合を下げ，補助飼料に高品質の乾草やサイレージを用いないと要求量を満たせない。また，夏に牧草のTDN含量が65％以下に低下する地域は，牧草にとっても夏の過放牧は草地が荒廃する原因になる。そのため，このような地域では牛と牧草の両方にとって，夏は放牧での採食量を制限する必要がある。

乳量が50kgでは，飼料全体の必要TDN含量は78％程度となる。このような牛では放牧草の

TDN含量が75％以上ないと飼料設計は非常に難しくなる。また，このような高泌乳時には採食量が制限され，十分な採食量は確保できない。したがって，高泌乳牛では泌乳初期は時間制限放牧や舎飼いで採食量を確保し，栄養管理を行なうほうが飼養しやすいと考えられる。牧草の栄養価が本州に比べて高い北海道では，乳量9,000kgレベルの牛が集約放牧で飼養できることが試験で実証されている。

乳量が35kg以下の牛では，TDN含量が65％に下がっても比較的容易に放牧で栄養要求量を満たすことが可能である。本州では現実的には8,000kg程度の牛が放牧で飼養しやすいのではないかと考えられる。

山地を利用した低投入持続的な放牧の場合，維持に必要なTDN量が増加するので，乳量が25kgの場合でも，飼料中のTDN含量は74％必要となる。寒地型牧草の草地であれば，補助飼料を多量に給与しなくても要求量を満たせる。しかし，TDN含量が55％程度のシバ草地では，乳量が15kgでも全摂取飼料に占めるシバの採食量を半分以下に抑え，補助飼料は濃厚飼料を主体にしなければ要求量を満たせない。このようなことから，シバ草地では乳量4,000kg程度が妥当な生産量と考えられる。

③家畜，草地の状態から総合的に判断する

放牧がうまくいっているかどうかは，最終的には家畜，草地の状態から判断する。搾乳牛では，採食量の低下は比較的早く乳量に反映する。ボディーコンディションも，栄養状態を判断する重要な指標となる。放牧地での牛の採食の様子を見れば，草質や，十分草を食べているかの判断ができる。草地の状態を見ながら，放牧計画を臨機応変に変えていくなど，観察結果を草地管理や牛の飼養管理に生かすことが，搾乳牛の放牧では大切である。

1998年記

参 考 文 献

集約放牧マニュアル策定委員会. 1995. 集約放牧マニュアル.

搾乳牛

土地条件，乳量水準と放牧導入の考え方

執筆　落合一彦（農林水産省北海道農業試験場）

(1) 土地条件と放牧方法

　土地利用型酪農が成立するためにはある程度の広さの土地が必要である。その土地でできる作物や草を収穫利用し給餌する形態として，サイレージ体系や放牧利用体系，両者の混合体系などがある。

　それらの体系のうち，どれが土地生産性（面積当たりのTDN生産量）が高く，生産コストが安いかということで選択すればよい。もし放牧利用体系のほうが土地生産性が高く，生産コストが安いのであれば放牧利用を選択することになろう。ただし，搾乳牛の放牧を行なうためには搾乳場と放牧地が地続きでなければならない。

　実際に，いろいろな与えられた面積条件のなかで放牧利用が可能か，可能とすればどんな放牧ができるかを以下に述べてみたい。

①狭い土地（1頭当たり15〜20a）での放牧

　低コストで，牛が健康になる放牧を行ないたくても牛舎のまわりに草地が少ない場合，朝搾乳と夕搾乳の間だけ放牧することもできる。この方法をとると，1頭当たりの草地面積がそんなに広くなくても放牧できる。昼間のみ（夜間のみ）放牧するのであれば，1頭当たり15〜20aもあれば可能である。牛舎のまわりに5〜6haの土地があれば，40頭くらいまでの搾乳牛群を昼間のみ（夜間のみ）放牧できる。

　日中のみ，または夜間のみ放牧することで，餌の給与回数を1〜2回減らすことができるし，牛の足腰が丈夫になる，発情がはっきりする，分娩前後の事故や障害が少なくなるなど，牛の健康面でのメリットが期待できる。

　放牧方法としては，ワンデーグレージング（毎日転牧）がお勧めであるが，2牧区にして1〜2週間間隔で交互放牧してもよい。たとえば，搾乳牛が30頭で，牛舎のまわりに5ha程度の土地が確保できるなら，全体を7牧区程度に大きく仕切って，簡易電気柵でさらに半分に仕切って14牧区（1牧区35a）とし，日中のみ（朝搾乳と夕搾乳の間）放牧する方法が考えられる。春は3haを9日輪換して，残りの2haを1番草として刈り取ってもよい。

　狭い放牧地の最大の問題点は，未分解のふんの蓄積による不食過繁地の蓄積である。年に1〜2回，掃除刈りをすると草丈は短く保たれ，不食過繁地を減らすことができる。放牧地に落ちたふんは，さまざまな小動物や昆虫や微生物のえさとなり分解されていくが，この分解速度を速めることがポイントとなる。通気性のよい，ふかふかした土壌には生物がたくさん棲んでいる。また，放牧密度の高い草地では窒素とカリが蓄積しやすい。2年に一度くらいは土壌分析を行なって，バランスを回復するような施肥を行なう。

②やや広い土地（1頭当たり30〜50a）での放牧

　1頭当たり30〜50aが確保できるなら，通常の

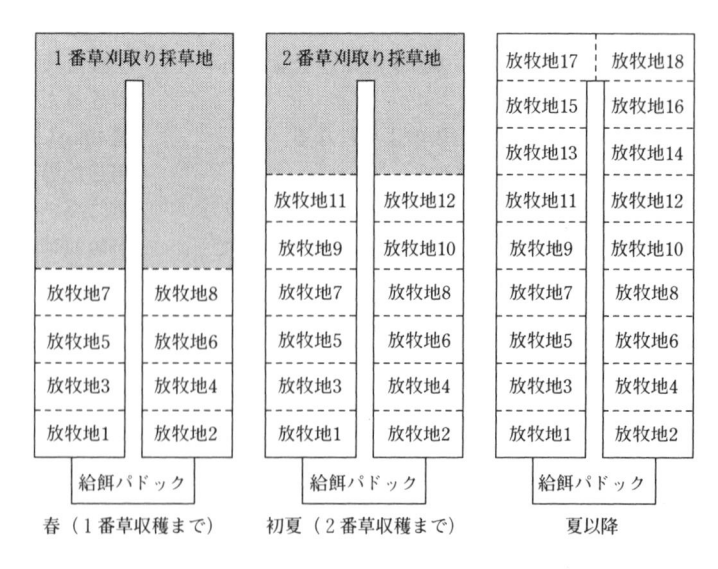

第1図　典型的な集約放牧（刈取り，放牧兼用利用）

第2図　典型的な集約放牧

第3図　山地酪農のようす

集約的昼夜放牧が可能で，放牧による飼料費の大幅な低コスト化が可能となる。

地域によって異なるが，たとえば春は草の生育速度は非常に速いので，8牧区を8日輪換で放牧利用し，残りの草地は1番草として収穫する。そのあとは草の生育速度がやや低下するので，12牧区を12日輪換する。残りの草地を2番草として収穫する。2番草のあとは草の伸びは一段と遅くなるので，放牧利用が可能な全草地を牧柵で仕切って放牧に使う（第1，2図）。

③広い土地（1頭当たり60a以上）での放牧

1頭当たり60a以上の放牧地が手当できるような条件では発想を転換して，土地から乳を搾るという考え方に徹することで，大幅なコスト削減が可能となる。この場合，牛1頭当たり何kg搾るということより，1ha当たりから何kg搾っていくら利益を出すかを目標にする。牛にも人にも無理がかからない7,000kg前後の乳量の牛が適している。

以上をまとめると第1表のようになる。

④山地酪農

牛舎のまわりに傾斜地しかない場合，刈取り兼用利用は難しく，細かい輪換放牧も無理で，大牧区を定置放牧的に利用することになる。このような場合，西南日本ならシバやセンチペドグラス，東北日本ならケンタッキーブルーグラスやペレニアルライグラスなどのシバ型草種の利用が適する。草の栄養価にあわせて，前者なら4,000kg程度，後者なら6,000～7,000kg程度の乳量の牛が適する（第3図）。

(2) 乳量水準と放牧方法

牛の乳量水準によって必要とされる飼料のTDN含量や正味蛋白質必要量が異なるので，利用する草の種類，使い方も乳量水準によって適するものが異なる。また，当然給与する補助飼料の量や質も異なってくる。第2表に乳量水準と放牧方法，草種との関係をまとめた。

①乳量水準が8,000～9,000kg台の場合

乳量水準が8,000～9,000kg台の場合，高栄養草種を使った集約放牧で，放牧草のTDN含量をできるだけ高く維持する必要がある。特に日乳量40kg以上の泌乳前期が問題となる。短草で利用した場合，放牧草のTDN含量は70～80％と非常に高いので，TDN含量については問題はないが放牧草の水分含量が高いので乾物摂取量が十

第1表　搾乳牛1頭当たりの土地（牛舎に隣接した）面積と放牧方法

搾乳牛1頭当たりの面積	放　牧　方　法
15～20a/頭	時間制限放牧。パドック放牧。牛の健康回復が主目的。一部，採草兼用利用。放牧草によるTDN供給割合は20～40％
30～50a/頭	昼夜放牧。集約放牧。採草兼用利用が前提。放牧による飼料費の大幅節減が期待できる。放牧草によるTDN供給割合は40～60％
60a/頭以上	昼夜放牧。集約放牧，省力放牧も可能。採草兼用利用が前提。1頭当たり乳量より1ha当たり乳量を追求するほうが利益が出る。放牧草によるTDN割合は60％以上，できるだけ多く

搾乳牛

第2表 乳量水準と放牧方法，草種

乳量水準 (kg)	放 牧 方 法	補助飼料の割合		草 種
		泌乳前期 (%)	泌乳中・後期 (%)	
8,000～ 9,000	集約放牧，短草・多回利用，1日1～2回転牧，兼用利用	55～45	45～20	ペレニアルライグラス，メドウフェスク，チモシー。シロクローバを混播
6,000～ 7,000台	集約的放牧，できるだけ短草利用，1～3日滞牧，兼用利用	45～30	30～0	リードカナリーグラス，オーチャードグラス，トールフェスク，ケンタッキーブルーグラスなどその土地に合った永続性のある牧草
5,000前後	大牧区省力放牧，兼用利用で季節にあわせた放牧面積にする	30～20	30～0	牛が食う，その土地に合った草。ノシバ，ケンタッキーブルーグラス，シバムギ，野草も可

第4図 高泌乳牛の放牧

第5図 乳量4,000～5,000kgの牛を草地の開拓者として使う旭川のS牧場

分でないこと，繊維不足による乳脂肪率の低下，蛋白質の分解性が高いことによる下部消化管へのアミノ酸供給量の不足，血中尿素態窒素の上昇による繁殖への悪影響，アンモニア過剰によるエネルギーロスなどの問題がある。結果として乳蛋白や無脂固形分の低下も懸念される。

そのため，乳量の多い時期は繊維を十分補い，第一胃内で発生するアンモニアが少しでも多く菌体蛋白に合成されるようエネルギーを十分補ってやる必要がある。その結果，泌乳前期は補給飼料の割合が必要TDN量の半分以上になる。泌乳中・後期になって牛が妊娠して，乳量が30kgを切るようになると補給飼料の量は思い切って減らすことができる。しかし，いずれにしても乳量の多い牛は補給飼料を多く使わざるをえない（第4図）。

②乳量水準が6,000～7,000kg台の場合

乳量水準が6,000～7,000kg台の場合，最大日乳量も30数kgであり，泌乳前期をある程度気をつければ，泌乳中・後期にはしっかり放牧草を食い込ませて，利用率を上げることができる。草種も難しいことは必要なく，オーチャードグラスや，場合によってはケンタッキーブルーグラスでも可能と思われる。その土地での永続性や，草種構成の多様性を大事にすべきである。

③乳量水準5,000kg前後の牛群の場合

乳量水準5,000kg前後の牛群の場合，草地のほうを重点に考えた放牧が可能。つまり，このクラスの牛群であればエネルギーや蛋白要求量がかなり緩やかになるので，草地の効率的・省力的利用と，補助飼料の徹底した節減を目指せる。泌乳後期になれば掃除食いをさせることもできるし，個体乳量4,000～5,000kgの旭川のS牧場では牛を草地の造成開拓者として使っている。できるだけ草地造成や管理にお金をかけなくともすむ，その土地で永続的に利用できる草が最適。ケンタッキーブルーグラスやシバムギ，タンポポがあっても，安く維持管理ができればそれでよいと考えるべきである（第5図）。

1998年記

放牧方法と年間の飼養計画

執筆　落合一彦（農林水産省北海道農業試験場）

(1) 牧区の面積, 数, 利用率など, 放牧方法

放牧は牛に餌を与えることである。牛にいかに草地をきちんと食わせるかが放牧管理のポイントである。短くきちんと食ってくれると, 若い葉が再生して, 次の放牧のときに栄養価の高い嗜好性のよい放牧草を準備できる。牛に,「今, 多少まずい部分でもできるだけきれいに食ったら, 次もおいしい草が食えるよ」と教えたい。そうさせるには, あまり大きな牧区に一度に放すのはよくない。1日輪換放牧が基本である。餌を一度に与えすぎると無駄にするのは舎飼いでも放牧でも同じである。1日で食える量よりあまり多く与えない。

毎日, 新しいおいしい草を準備してやると, 牛は搾乳後いそいそとその草地へ向かうようになる。

①1牧区の面積

昼夜放牧の場合：1頭当たり1.5～2aを用意する。40頭の牛群なら60～80a。

昼間（または夜間）のみの放牧の場合：1頭当たり0.7～1a, 40頭の牛なら25～40aを毎日準備する。

②利用率

現存量のうちどこまで食ってくれるかが, 放牧の良否を決める。草丈が伸びすぎたり, 消化率が低下したり, 成分に何か牛が好まないもの（たとえば硝酸態窒素やアルカロイド）が含まれていると利用率は高くならない。

牛の種類・ステージによっても適正な利用率は異なってくる。放牧は牛と草との妥協点を探ることだといわれるが, 牛にどこまで我慢してもらうかである。牛に腹を空かせればある程度までは食ってくれる。乾乳牛や肉牛の妊娠牛なら, 相当腹を空かせて頑張って食い込ませることもできる。しかし, 泌乳初期の搾乳牛をそんなに追い込んだら乳量, 乳成分に大きな悪影響

第1表　牛の種類, ステージによる利用率および退牧時の草高の目標値

牛の種類・ステージ	利用率(%)	退牧時の草高(cm)
乾乳牛・育成牛	60	7.5
搾乳牛（泌乳中・後期）	50	10～12
搾乳牛（泌乳前期）	35	13～15

第2表　飼料需給計画の例

	これまで（通年舎飼い）	これから（放牧）
頭数は？		
経産牛	40	40
育成牛大	12	12
育成牛小	15	15
乳量は？	7,500kg	7,500kg
年間必要TDNは？		
搾乳牛	34× 12.6×365＝156t	
乾乳牛	6× 5.0×365＝ 11t	
育成牛大	12× 5.0×365＝ 22t	
育成牛小	15× 4.5×365＝ 25t	1日660kg
計	214t	（放牧による増飼い10%含む）
	1日当たり586kg	

が出るし繁殖もうまくいかないかもしれない。

牛の種類, ステージによる利用率および退牧時の草高の目標値を第1表に示した。

③先行後追い放牧

泌乳牛と乾乳牛では適正な栄養水準が大きく異なり, 食い込ませる草高が異なるので, はじめ搾乳牛を放牧して, その後乾乳牛・育成牛にしっかりと食い込ませると次の放牧のときによい再生草が期待できる。

(2) 放牧導入による1年間の飼養計画

放牧草は最も低コストでしかも栄養価の高い飼料なのだから, 放牧草を最大限に利用するため, 草の生育に合わせて無駄にならないように放牧地を準備する。

まず, 家畜の種類, ステージ別にこれまでの年間の飼養頭数をまとめ, 年間飼養計画を立てる。次に, 年間の必要TDN量および, 日必要TDN量を求める。正確には日本飼養標準やNRC飼養標準に基づいて計算するが, ここでは大ざ

搾乳牛

第3表 季節別飼料準備（給与）計画

		これまで（通年舎飼い）	これから（放牧）
春～秋 (180日)		ロールサイレージ（水分60%，TDN60%） 650kg/個　1日2個 650×2×0.4×0.6×0.85＝265kgTDN	放牧草　TDN70%　11DMkg/日 　搾乳牛　11×0.7×34頭＝262kgTDN 　育成・乾乳7×0.7×33頭＝162kgTDN
		乾草1日60kg（TDN55%） 60×0.85×0.55×0.85＝24kgTDN	ロールサイレージ1日0.5個＝66kgTDN 乾草1日20kg＝8kgTDN
		ビートパルプ　120kg/日＝78kgTDN 配合飼料　　8kg/日/搾乳牛 　　　　　　2kg/日/育成・乾乳牛 (8×34＋2×33)×0.75＝254kgTDN	ビートパルプ　90kg/日＝59kgTDN 配合　　5kg/日/搾乳牛 　　　　0.5kg/日/育成・乾乳牛 (5×34＋0.5×33)×0.75＝140kgTDN
		合計　621TDNkg/日	合計　694kgTDN/日
冬（185日）		621TDNkg/日（春～秋と同じ）	621TDNkg/日（舎飼いと同じ）
年間		ロールサイレージ　　730個 乾草　　　　　　　　22t 配合飼料　　　　　123.4t ビートパルプ　　　730梱包	ロールサイレージ　　460個 乾草　　　　　　　　15t 配合飼料　　　　　96.1t ビートパルプ　　　640梱包

っぱに，日必要TDN量を乳量7,500kgレベルの搾乳牛なら12.6kg，乾乳牛や1年以上の育成牛は5kg，1年未満の育成牛なら4.5kgとする（第2表）。

年間および1日当たりのTDN必要量が決まったら，春～秋（放牧期間）と冬（舎飼い期間）の飼料給与計画を立てる（第3表）。

たとえば，舎飼いのときの1日の飼料給与量はロールサイレージ2個，乾草60kg，ビートパルプ2梱包，配合飼料は搾乳牛8kg/頭，育成・乾乳牛2kg/頭とすると，ほぼ1日の必要量を満たす。放牧をとり入れた場合，放牧期間は放牧草の採食量が，搾乳牛11kg，育成・乾乳牛7kg程度見込めるので，そのほかに，ロールサイレージ1日0.5個，乾草20kg，ビートパルプ1.5梱包，配合が搾乳牛には5kg/頭，育成・乾乳牛には0.5kg/頭を給与すると，必要TDN量の1割増しくらいが供給できる。

1998年記

放牧地の設計・施工

執筆　落合一彦（農林水産省北海道農業試験場）

(1) 1牧区の面積，形

1牧区の面積は1日分1頭当たり1.5～2aが目安で，40頭の牛群だったら70aくらいの設定となる。70aを恒久的な柵で囲ってしまうと掃除刈りや施肥，あるいは1番草の収穫などのトラクター作業がやりにくくなるので，2牧区（1.4ha）か3牧区分（2.1ha）を1牧区としてまとめて恒久柵をまわし，中仕切りをポリワイヤーやリボンワイヤーなどの一時柵で仕切るとよい（第1図）。

牧区の形は四角形が原則で，あまり細長い牧区は遠くの隅の利用率が低くなりがちなので望ましくない。タテ，ヨコの比が4：1以内くらいに収めたい。やむを得ず三角形の牧区をつくるときはあまり尖ったコーナーをつくらないようにしたい。

(2) 通路の設計

通路のつけ方は大変難しい。通路には経費がかかるからできるだけ短い距離になるように設計する。

牛が戻りやすい方向で通路をつくることが大切である。牛が牛舎に戻るとき，常に牛舎に近づいていくように設計し，大きく迂回したり，一時的に後に戻るところはつくらない。そのような場所では牛は滞ってしまうことがよくある。牛は1日2回牛舎に戻らなければならないので，牛が自分で帰ってくるか，それとも人間がいちいち呼びに行かなければならないかで作業時間がずいぶん違う。

第2図に牧区と通路の配置の基本形の例を示した。通路はできるだけ短く，牛舎に向かう方向で，どの牧区からも水を飲める，牧区はあまり細長くしないように，できれば庇陰林があるとよい，などの条件がみたされている。また，ロールサイレージなどの，補助飼料を給餌できる場所も必要である。

こんなにまとまった土地が，形よく牛舎に隣接している牧場はなかなかないであろうが，それぞれのおかれた条件で工夫をしてこの基本をできるだけ満たすようにしてほしい。

通路の幅はトラクターが余裕をもって通れるように最低5mはとる。

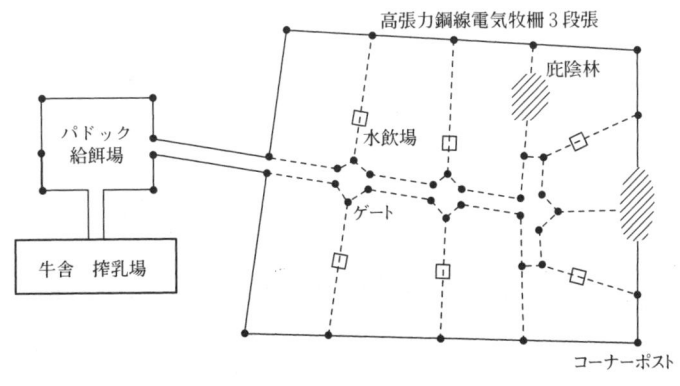

(3) ぬかるみの防止策

日本は雨が多く，通路はぬかるみやすい。

泥濘化対策は大変重要であり，お金と手間暇をかけてもぬかるみにならないようにしたい。場合によっては牧柵と同じくらいの経費がかかる。

安いぬかるみ防止策は，自分の牧場の近くの素材を使うことである。砂利や火山灰は

第1図　ポリワイヤーとリボンワイヤー
リールで簡単に巻きとれる

第2図　M牧場の放牧地レイアウト

搾乳牛

第3図　砕石と火山灰土による通路の施工例

第4図　牧区のコーナーゲートの張り方

輸送費がコストのほとんどを占めるので，輸送費の安い近くのものがよい。自分の敷地内に火山灰や砂利があれば最も安くすむ。自分でトラクターや建設機械を使って少しずつ通路を改良できる（第3図）。大雨が降り，通路の上を水が走るとせっかく敷いた資材が流されてしまうので，要所要所に土管などを入れて水を逃がす。

(4) 牧　柵

牧柵は牛のコントロールのための基本施設である。牛が脱柵せず，安くて，維持管理が楽で耐久性があるものが望ましい。もうひとつ大切なことは安全性と美しさである。緑の草地で牛が草を食むイメージを大切にするなら牧柵の与える景観，イメージも大切にしたい。さびたバラ線（有刺鉄線）はうらぶれた，収容所的なイメージを与える。有刺鉄線は人や牛を傷つけやすく，特に乳房や乳頭を傷つけると致命的になる。

①電気牧柵

搾乳牛にはバラ線（有刺鉄線）は危険である。20年くらい前も電気牧柵が使われたことがあった。その当時はまだ半導体技術などが発達していなかったせいか，電圧が低下しやすく，漏電しやすいものだったので，牛がよく脱柵して，評判がよくなく，あまり使われなくなった。

しかし，最近の電気牧柵は改良が進んで，性能がよい。多少草が触っても草を焼き切るか炭化させるなどで漏電を防げる。また多少の漏電では電圧が落ちないようになっている。乳牛ならほとんど脱柵の心配はない。

常に一定以上の電圧がかかっているように漏電のチェックをしたり，電気牧柵機の管理をするなど普段の管理に手間がかかることが欠点である。

積雪地帯では，特に電気牧柵が有利である。根雪のくる前に，放牧が終わり次第緊張器を緩めて線間保持材とともに倒しておく。この作業はバラ線に比べると数分の一の手間ですむ。春の立ち上げも楽である。

②一時柵

中仕切りなどは，ピッグテイルポールやプラスチックポールに，リールに巻いたポリワイヤーやリボンワイヤーをかけて張るだけで十分である。掃除刈りや施肥のときはリールに巻きとって撤去すればよい。撤去も設置も実に簡単に行なえる。電牧で外柵をまわしておけば，一時柵で中を自由に仕切ることができるのも電牧のよい点である。

③ゲート

ゲートも毎日使うものであり，使い勝手の善し悪しで作業能率が大きく異なる。合理的にゲートを配置すれば，牛の移動が楽に行なえる。

牧区のコーナーゲートの張り方は第4図のようにすると，牛の移動やトラクターの出入りが楽である。コストはかさむが1牧区に2か所ゲートをつけると牛の移動が楽に行なえる。

(5) 水飲み場

牛がどの牧区にいても常に容易に水を飲めるようにしておかなければならない。よく，半日くらい放牧地に出して，その間は水が飲めない

ような放牧をしている農家があるが，水飲み場が近くにないと採食量が低下する。牛は生草をある程度食うと，発酵熱を冷やすためか，pHや浸透圧の調節をするためか，水を飲みたがる。水を飲んでからまた草を食い出すのである。

　水飲み施設は比較的安くできる。黒ポリパイプを通路の牧柵沿いに這わせて，必要な個所にT型チーズで分岐をとって水槽に繋げばよい。黒ポリパイプや分岐のT型チーズ，水槽との繋ぎの道具はそんなに高くはない。これらを自分で買ってつけると安くできる。ポリパイプは柔らかいので，冬になる前に，元栓を締め，パイプ内の水を出しておくと凍結で破裂することはない。春になって凍結しないようになればまた使える。

　フロート付きの水槽はいつも水がたまっている状態なので，たまに水を空けて，洗ってやる。水槽に木炭を入れておくと比較的いつまでも水がきれいなようだ（第5図）。

第5図　水　槽

1998年記

搾乳牛

集約放牧の草地管理と購入飼料削減効果

執筆 的場和弘 ((独)農業・食品産業技術総合研究機構畜産草地研究所)

(1) 短草利用と短期輪換

集約放牧技術が粗放的な従来型の放牧や採草利用と大きく異なる点は、「短草利用」と「短期輪換」である。採草なら草高が50cm以上に伸びるまで待って刈り取ったり、従来型の放牧では30～40cm程度まで伸ばしてから牛を放していたが、集約放牧では、20cm程度の短い状態で放牧を開始する（草種や時期によって異なる）。かつ広い面積の牧区に何日間も放牧するのではなく、その牛群が半日や1日といった短い期間で牧草を食べきる量（面積）になるように1牧区を設定して、順次次の牧区に転牧していき、最初の牧区が所定の草高に達したら戻って次の輪換に入る。こうすると、春の牧草の伸長が早い時期では、1週間ほどで1巡することになる。

①短草利用のメリット

短草で利用する利点はいろいろ考えられるが、牧草・草地に対するものをいくつか挙げてみる。草丈が高いと、牛は上部の葉のあるところだけを食べ下部の茎だけのところは食べ残す。つまり、草の利用率が低下する。さらに草地を牛が歩くことにより、丈の高い草が踏み倒され、食べ残されると、それが隣の株を覆い、牛の採食や牧草の生育を妨げる。一方、集約放牧の草地のように草丈が低いと、牧草の株同士の相互被陰が少なくなり、小さい株も枯死することなく生存できるため、草地の株の密度が高く維持される。また株元まで太陽光が届くことから、低い位置の葉も枯死することなく緑度が維持され、牛の好まない枯死部が少なくなるとともに茎の割合も少なくなるため、可食部の生きている葉の割合が多くなる。白クローバのように草高の低い草も被陰することなく生存し、他の草種と混生できる。低いところまで葉があることから、

牛は低いところまで採食するが、それでも葉の部分が残って光合成を行なうことができる。また、低く維持されることにより生長点の位置も低くなり、次の再生にも有利である。さらに、低いところまで食べられることにより、分げつが促進されて茎の密度が高まり、密度が高まれば低い草高でも草地の草量は多くなる、などが考えられる。

②嗜好性と栄養面のメリット

次に牛に対する利点を考えてみる。

牛は枯死した部分や茎の部分は好まず、葉を好んで食べる。そのため、葉部の割合が多いと嗜好性が高い。また、白クローバは嗜好性が高いことから、クローバが共存・混生することにより草地全体の嗜好性の向上が期待される。栄養的な面では、葉部は茎部に比べ消化性がよく、蛋白質の含有率も高いことから、可消化養分総量（TDN）および粗蛋白質（CP）割合が向上し、濃厚飼料並みの値（TDN＝70％以上、CP＝20％以上、ともに乾物中）が期待できる。また、白クローバの混生も同様の効果がある（第1図）。

③草地の生産性のメリット

草地の利用の仕方について採草と放牧を比較すると、採草のほうが単位面積当たりの収量が高く、放牧は収量が低く効率が悪いと考えられていた。粗放牧では確かに放牧のほうが収量が低く、牛の飼養可能頭数も少なくなってしまう

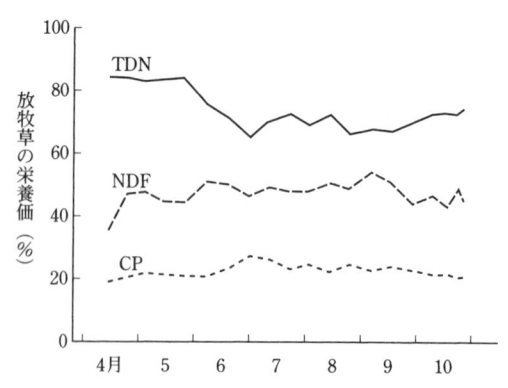

第1図 放牧草の栄養価の年間変動 (梼村ら、1997)
ペレニアルライグラスと白クローバの混播草地
TDN：可消化養分総量
NDF：中性デタージェント繊維
CP：粗蛋白質

第1表　混播草地の放牧利用および刈取り利用の生産性の比較　　　（落合，1997）

	刈取り利用 (年3回刈り，N—P—K各12kg/10a 施肥)	放牧刈取り兼用利用 (一番草刈取り，その後放牧，9—6—4kg/10a 施肥)	放牧専用利用 (年8回利用，6—4—2kg/10a 施肥)
草地における乾物生産量 (kg/10a)	一番草（6月中）420 二番草（7月下）420 三番草（10月中）280 　　　　　　計 1,120	一番草（6月中旬）420 二番草以降放牧　　560 　　　　　　計 980	 　　　　　　計 840
実際の乾物収穫量 (kg/10a)	1,120×0.75＝840	420×0.75＋ 560×0.85＝795	840×0.85＝710
平均 TDN 含量 (%) TDN 収量 (kg/10a)	60 840×0.6＝500	60（刈取り），70（放牧） 315×0.6＋ 475×0.7＝520	70 710×0.7＝500
家畜の口に入る TDN 量(kg/10a)	500×0.85＝425	190×0.85＋330＝490	500

第2表　牧草の生育ステージ別のTDNおよびCP含有率（%）（日本標準飼料成分表より）

	生育 ステー ジ	TDN		CP	
		オーチャードグラス	ペレニアルライグラス	オーチャードグラス	ペレニアルライグラス
一番草	出穂前 出穂期 開花期	68.8 63.6 57.4	71.3 69.7 57.9	17.6 11.8 9.1	17.1 10.3 9.6
再生草	出穂前 出穂期	67.7 60.7	69.4 —	17.4 12.3	15.9 —

が，集約放牧ではどうなのであろうか。

年3回刈りの採草利用と，一番草は採草し以降は放牧利用，通年放牧利用の3つの体系の乾物収量と栄養収量を試算・比較した（第1表）。乾物収量をみると確かに採草利用のほうが2割近く高いが，実際に牛の口に入るTDN量を試算すると，放牧利用のほうが高い結果となった。さらに投入資材などについて，第1表では肥料の投入量は放牧は採草の半分，収穫のコストは，採草は刈取りからロール（ラップ）して持ち出し，牛に給与するまで数回トラクタで圃場を周回するなどの必要があるが，放牧は掃除刈りのため1〜2回の運行は必要であるが採草に比べ格段に少ない。

(2) 放牧草の栄養価

①採草利用と放牧利用の比較

牧草の栄養成分の年間を通しての変化について，採草利用と放牧利用を比較する。

採草利用の場合（第2表）は，一番草の出穂期から開花期ではオーチャードグラス，ペレニアルライグラスともTDNで60%程度，CPで10%程度であり，二番以降の再生草ではオーチャードではTDNで65%程度，CPで15%程度，ペレニアルライグラスだと69%と16%であり，TDN，CPとも草の生育ステージの違いにより大きく変動する。

放牧草の場合について，前出の第1図に栃木県内のペレニアルライグラス放牧草地のTDN，CPの年間変動を示したが，TDNについて春の出穂前の4〜5月は80%を超える高い値を示し，出穂期ごろには65%程度まで低下したが，その後は70%程度で安定している。CPについても年間を通して20%以上と高い値で安定している。

このように，採草利用では，天候などにより収穫が遅れステージが進んでしまうと，得られる飼料の栄養価が大きく低下してしまうが，放牧利用の場合は年間を通じ栄養価の高い，とくに高CPの牧草を供給できる。

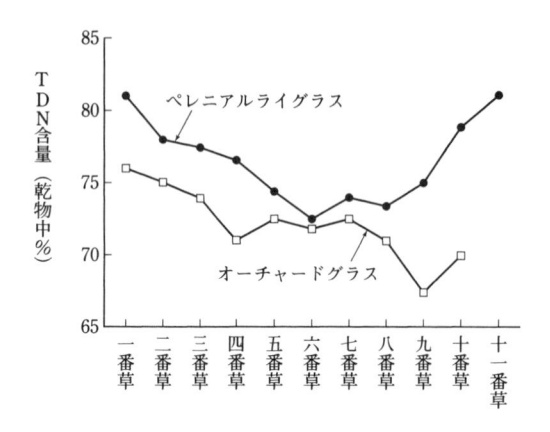

搾乳牛

第2図 ペレニアルライグラスとオーチャードグラスのTDN含量 （天北農試，1992）

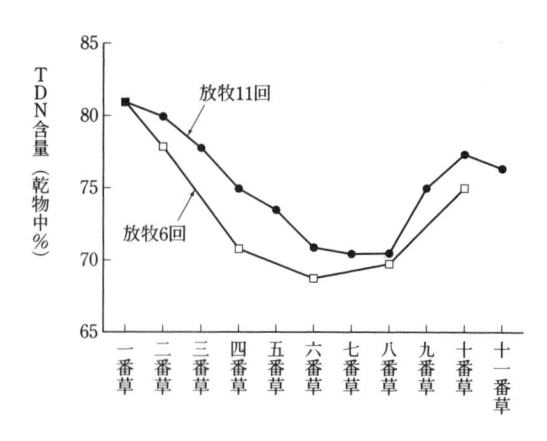

第3図 ペレニアルライグラスの放牧回数の違いとTDN含量 （天北農試，1990〜1992年平均）

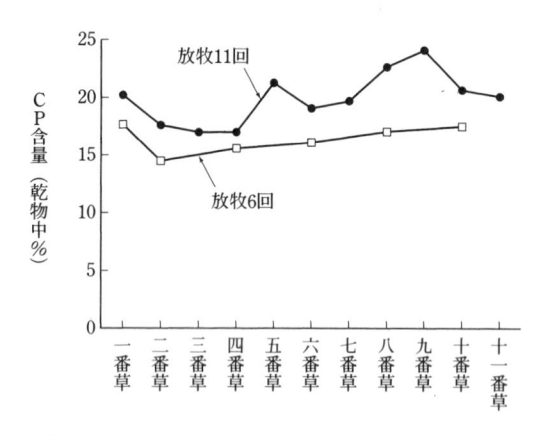

第4図 ペレニアルライグラスの放牧回数の違いとCP含量 （天北農試，1990〜1992年平均）

②草種と放牧方法の比較

地域・気候によって適合する牧草の草種は異なるが，同じ放牧のやり方をしても草種によって栄養価は異なる。同じ間隔でオーチャードグラスとペレニアルライグラスを放牧利用した場合の，TDN含有率の推移を第2図に示した。これによると，常にペレニアルライグラスのほうがオーチャードグラスよりTDNが5％程度高く，また短草利用した場合の再生速度もペレニアルライグラスのほうが高いことから，放牧利用を前提とした場合はペレニアルライグラスのほうが有利と考えられる。

では，同じペレニアルライグラス草地を放牧利用した場合でも，放牧方法が異なった場合，その栄養価への影響はどうであろうか。第3，4図に，年間放牧回数の違いによるTDNとCPの推移を示した。年間の放牧利用回数を11回と6回の2水準として比較すると，TDN，CPともに11回放牧のほうが6回放牧より高い値で推移している。放牧利用回数を多くする，つまり利用の間隔を短くしたほうが，より高栄養の放牧草が得られることがわかる。放牧間隔が短いということは牧草が再生するための期間が短くなることであり，放牧後の草丈が同じであれば，次回の放牧開始時の草丈は放牧回数の多いほうが低くなる。

では，草丈と栄養価の関係はどうなっているのか。低ければ低いほど高くなるのであろうか。

草丈が異なる状態でペレニアルライグラスを利用した場合の，利用時ごとの乾物消化率およびCPの推移をみてみる。乾物消化率は，草丈が20cm，30cm，40cmの間では40cmが若干低めで推移するが，大きな差はない（第5図）。しかし50cmになると大きく低下する。CPについては6月までは草丈の短いほうがより高い値で推移しているが，以降は経過とともに差が小さくなっていく（第6図）。

以上のように，ペレニアルライグラス草地の場合は，草丈は短く管理・利用したほうがより栄養価の高い放牧草が利用できる。しかし，極端に短くすると現存量が少なすぎたり，夏期高

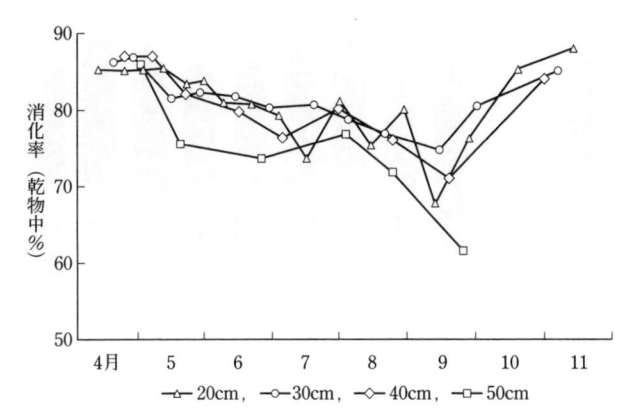

第5図 ペレニアルライグラスの草丈と消化率
(栂村ら, 1997)

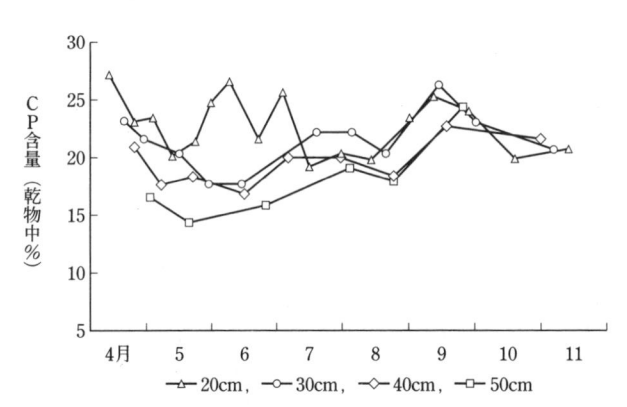

第6図 ペレニアルライグラスの草丈とCP含量の推移

温となる地域では越夏性が低下するなどの弊害も生ずることがある。また、ペレニアルライグラスでは問題のない草丈でも、草種によっては密度や再生力の低下をきたすことがあるので注意する。

(3) 集約放牧導入の効果

このような集約放牧の導入により、北海道では生産力の増加や経営の改善が図られた酪農家が増加しているが、集約放牧導入の効果は北海道のように経営面積に余裕があり、かつ牛舎近くにまとまった面積の草地がある酪農家で、昼夜放牧の実施による放牧草主体の飼養が可能でないと効果がないのであろうか。府県のように飼養頭数に対し経営面積の小さな酪農経営において、その少ない土地を使って集約放牧を導入した場合、どの程度の効果が期待できるのであろうか。草地植生や収量については面積には関係なく効果は期待できるが、草地管理のための投入資材・コストの削減量は、面積が小さいとその差も小さくなり、得られる効果も少なくなるであろう。ただし、収穫関連機械については放牧の場合は必要ない。それでは、家畜の栄養摂取に対する影響・効果についてはどうであろうか。

①小規模放牧での購入CP量削減効果

北海道以外であっても、中・小規模の酪農家のなかには、1頭当たり10a程度の草地であれば牛舎周辺に所有しているところもあるであろう。このような条件を想定して、搾乳牛1頭当たり5～15aの面積で放牧試験を実施した。試験は栃木県内の畜産草地研究所内において春期と夏期の2回実施し、給与飼料は自給飼料として、放牧草のほかに乾草とコーンサイレージ（春期の試験のみ）を、購入飼料としてルーサン乾草と濃厚飼料を給与し、飼料設計は日本飼養標準に準じて行なった。放牧草地はペレニアルライグラスを主体とした草地を使用し、放牧時間は朝の搾乳後から午後までの4～5時間の時間制限放牧である。1頭当たりの草地の割当面積は、春期は放牧なしの舎飼いと5a（放牧L）、10a（放牧H）とし、夏期は舎飼い、5a（放牧L）、15a（放牧H）とし、この草地を区切って輪換放牧した。

本試験で放牧草の乾物（DM）摂取量は、春期の放牧Lで3.4kg、放牧Hで5.9kg、夏期の放牧Lで2.5kg、放牧Hで6.6kgであり、この春期と夏期の差は季節による草地の日生産量の差である。

乳生産については、舎飼い、放牧L、放牧Hの間で、乳量・乳質には大きな差はみられなかった。それぞれの試験時で搾乳牛が摂取した栄養量の各飼料からの摂取割合を第7図に示した。舎飼い時の栄養摂取にしめる自給飼料の割合は、DM≧TDN＞CPと、CPが最も低くなっており、

搾乳牛

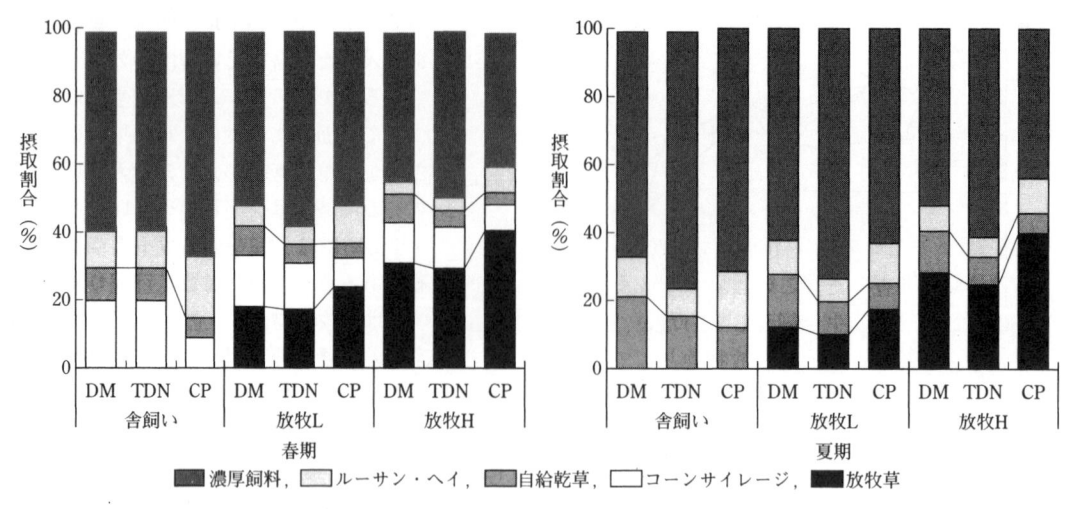

第7図 搾乳牛放牧試験の飼料構成と栄養配分

この不足分を購入飼料で補完しなければならない。しかし、放牧時の放牧草からの栄養摂取割合はTDN≦DM＜CPとなり、舎飼い時とは逆に放牧草からはCPを多く摂取できており、その分、購入飼料からのCP供給量を削減できる。

この試験による結果から、小面積の放牧草地を利用した時間制限放牧実施時の効果は、集約放牧時の放牧草の特徴である高CP含有率により、日乳量が25kg程度の搾乳牛で、放牧草の日乾物摂取量が3～4kgの場合では、総TDN摂取量の1～2割、CP摂取量の2～3割を摂取することができ、放牧の導入によってTDNで1割、CPで2割程度購入飼料を削減できる。

放牧草地の生産量は季節によって異なり、とくに北海道以外では夏期の高温による草生産力低下により、春と秋の2山型の形となる。草地の所有面積が広く放牧主体の飼養形態であれば、春の高生産期は放牧面積を小さくして余剰草を採草に回し、生産量の落ちる夏、秋は放牧面積を広げて放牧草の要求量を確保する。しかし、面積が小さい場合はその草地の生産量≒採食量となるため、季節によって摂取可能な放牧草の量が変化し、さらに栄養価も変動するため草地からの栄養摂取量も変わる。この変動を考慮して、放牧草地10aから得られる年間の栄養摂取量割合を試算した（第3表）。試算の条件、補正、放牧草の栄養価の設定は第3表の下部に記載したとおりである。春の高栄養、高生産の時期でみてみると、放牧により日乳量30kgの搾乳牛でTDNの33％、CPの43％を放牧地から確保することができる。この表から、年間乳量8,000kgで春分娩した搾乳牛を4～10月まで放牧したと仮定して試算すると、10aの放牧地から得られるCP量は年間要求量の2割程度となり、この分を他の飼料から削減することが可能となる。

②A農家（50頭規模）の小規模放牧導入効果

実際に採草利用していた飼料畑の一部を放牧

第3表 10aの放牧草地から供給できる栄養量の試算結果

日乳量(kg)	季節	採食量(DMkg)	要求量に対する割合(%)		
			DM	TDN	CP
40	春	6.5	26.2	26.5	33.4
	夏	3.0	12.1	9.9	15.2
	秋	4.0	16.1	14.6	20.6
30	春	6.5	31.2	33.3	43.0
	夏	3.0	14.4	12.4	19.5
	秋	4.0	19.2	18.4	26.5
20	春	6.5	38.6	44.0	59.4
	夏	3.0	17.8	16.3	26.7
	秋	4.0	23.8	24.3	36.6

注　条件、補正（日本飼養標準・乳牛に準拠）
　　牛：体重650kg、3産、乳脂率3.8％
　　放牧による補正：維持量の10％増、夏期暑熱に対する補正：維持量10％増
　　放牧草の栄養価：TDN；春78％、夏65％、秋70％。CP；20％

第4表　A牧場での放牧導入前後の乳生産と濃厚飼料給与の変化

	乳量 (kg/日・頭)	乳脂率 (%)	濃厚飼料 (kg/日・頭)	蛋白質サプリメント CP含有率（%）	乳飼比 (%)
導入前（年平均）	29.4	4.0	14.0	42.0	22.3
導入後（4～10月）	29.7	3.8	10.3	26.0	16.6

地に転換し，1頭当たり6～10aの集約放牧を開始した酪農家を調査した。この牧場はそれまで50頭の繋ぎ牛舎で搾乳牛を飼養していたが，牛舎に隣接する飼料畑の3～5haを放牧地として利用し放牧を開始した。放牧導入による変化を第4表に示した。

放牧導入前（年平均）と導入後（4～10月平均）を比べると個体日乳量に変化はなく，乳脂率は若干低下した（0.2％）が，導入後には冬期間が含まれていないためこちらも差がないといえる。大きく変化したのは濃厚飼料の給与量で，それまで1日平均14kg給与していたものが10.3kgとなり，約25％減少した。また，蛋白質補給用として給与していたサプリメントを，CP含有率42％のものから26％のものに交換し，給与量の減少分とあわせて，乳飼比を22.3から16.6へと大きく削減することができた（乳検データより）。また，飼料関係以外でも，牛舎で排出される糞尿の処理量の減少や，平均産次数が増加するなどの効果もみられている。

（4）集約放牧導入の留意点と今後の可能性

牧草の栄養価と生産量を集約放牧によって高く維持するためには，採草利用以上に草地管理に気を遣い，草地の状態に対して目配りを行ない放牧（草地の利用）計画を立てる必要がある。さらに夏期高温となる地域では，集約放牧に適した寒地型の牧草は夏以降植生の悪化が起きやすいため，越夏前の管理や秋の追播，草地更新についても考慮する必要がある。

飼料，草地に関する以外の放牧導入の効果には，健康性や繁殖性など多くの報告があるが，その理由についての科学的な証明は十分ではない。しかし，放牧導入によりコストが低減できれば，個体乳量を減らすことができ，それは牛への負担の軽減にもつながり，ひいては障害の減少や繁殖性の向上にもつながると考えられる。さらに牛を飼う人のストレスも低減される。

以上のように，酪農において経営面積の大小にかかわらず実施可能なところでは，集約放牧技術を導入することにより購入飼料の削減などの効果が期待できる。酪農における一つの"道具"として，集約放牧の導入を検討してもらえれば幸いである。

2007年記

搾乳牛

チモシー基幹草地を用いた集約放牧
—— 昼夜放牧で乳量8,600～8,800kg

執筆　原　悟志（北海道立根釧農業試験場）

(1) 放牧草の役割と放牧の現状

放牧草は乾草や牧草サイレージに比べて，栄養価の高い飼料である。また，収穫するための機械や調製作業もいらない。そのため，放牧することにより，少ない費用で牛乳を生産することができる。また，乳牛の健康管理からみても消費者ニーズからみても，優れた飼養方法である。

しかし，近年の規模拡大，高泌乳化とともに放牧する農家が年々減少している。北海道の有数の酪農地帯である根釧地域でも放牧農家は少ないのが実態である。根釧地域に放牧が普及しない背景には，一つはペレニアルライグラスのような放牧に適した草種がなかったこと，もう一つは乳量の高い牛のための放牧飼養方法が示されていなかったことがあげられる。

この解決のため根釧農業試験場では乳牛の放牧方法について一連の試験を実施している。ここでは，近年の試験成績であるチモシー基幹草地を用いた集約放牧の成績について紹介してみたい。

(2) 根釧地方に適した放牧草

①根釧地方に適した草種

根釧地域で放牧できる期間は，5月下旬から10月下旬の約150日間である。このように放牧期間の短い条件では，草地造成後，少なくても5年間，放牧草地が良好に維持できる草種が必要である。しかしながら，北海道の東に位置する当地域では，冬季の降雪量が少ないため土壌凍結が厳しく，放牧草として優れた特性を有するペレニアルライグラスはほとんど越冬できない。オーチャードグラスであってもしばしば冬枯れの被害を受け，安定性に問題が残る。

このようななかで，越冬性に優れた草種であるチモシーの放牧利用が検討されてきた。従来，チモシーは放牧のような多回利用に弱いという問題があったが，熟期の異なる新しいタイプの品種が登場し，チモシーの放牧利用の可能性が広まってきた。

②放牧に適したチモシー品種

放牧に適した品種を明らかにするため，熟期の異なるチモシー品種を用いて造成した草地に牛を放牧し，植生の変化を6年間調査した。用いた品種は，「クンプウ（極早生）」「ノサップ（早生）」「キリタップ（中生）」「ホクシュウ（晩生）」の4品種である。

その結果，極早生の「クンプウ」では，放牧6年目のチモシー割合（乾物重量割合）が約50％と低く，雑草が30％以上も進入してしまい，放牧利用に適さないことが明らかになった。その他の品種では，雑草の進入割合は低く草種構成も良好で，晩生種ほどチモシーの植生が良好に維持される傾向がみられた。したがって，放牧専用地用としては「ホクシュウ」がおすすめの品種ということになる。一方，兼用地では，一番草の刈取り時期が遅い晩生種の「ホクシュウ」を用いた場合には，放牧利用開始時期が遅れてしまう。そのため，採草放牧兼用地には「ノサップ」「キリタップ」の2品種が適している。

(3) チモシー基幹草地の特徴

①チモシー基幹草地の利用上の注意点

放牧に適した品種を用いることにより，チモシーは放牧草として十分利用できる。しかしながら，チモシーの特性として再生力が弱く，ペレニアルライグラスの利用条件である草丈20cmで放牧利用するとチモシーが衰退してしまう。放牧草の栄養価の面では，草丈30cm利用時の放牧草のTDN含量は71％であるのに対し，45cm利用時の放牧草では69％と低く放牧草の利点が十分生かせない。

なお，3年間放牧草地の永続性を検討した試験では，草丈30cm利用した場合は，45cm利用に比べてややチモシー割合が減少している傾向がみられているので，チモシーの維持の面から草

搾乳牛の放牧＝チモシー基幹草地を用いた集約放牧

丈30cm以下での利用はさけるべきと考えられる。

そのため，チモシー基幹草地では，放牧草の永続性と栄養価を考慮して過度の短草利用を避け，草丈約30cmの状態で入牧する。そして，放牧は草丈15cmまでとし，やや草を残した状態で次の牧区に転牧することが必要になる。

放牧草地にいったん裸地ができてしまうと，雑草が多くなってしまう。チモシーには，チモシーに適した利用方法を守る必要がある。

②放牧草地の利用方法

チモシー基幹草地の利用条件，すなわち入牧時の草丈を30cmとして草丈15cmまで採食させる場合，牛が利用できる放牧草の量は7月までで77乾物kg/10a，それ以降は63乾物kg/10a，年平均で70乾物kg/10aが期待できる。

この年平均の草量と泌乳牛の放牧草採食量13kg/日から，1日1頭当たりの必要面積は1.9a/頭となる。そして，放牧頭数を50頭とすると，1牧区95a必要となる。

放牧草地の牧区数は，放牧草が回復するまでに要する日数，すなわち休牧する日数から計算される。生長速度が遅いときは，この休牧日数が長くなり，多くの牧区が必要となる。

第1図にチモシー放牧草の季節生産性を示した。7月頃まで草の再生は速く，5〜7kg/10a/日である。8月以降になると生育速度は急速に低下し，2〜4kg/10a/日と遅くなる。放牧草の生長速度は月により変化するが，一番草刈取り後の草地を放牧草地として用いることを想定して，おおむね7月下旬までを6.5kg/日，それ以降を3kg/日と設定すると，休牧日数は次式によって算出される。

7月下旬まで
採食量：70kg/生長速度：6.5kg/日＝11日
8月以降も同様にして23日と計算される。

牧区数は，必要休牧日数に当日使用分として1牧区をプラスして，7月下旬までは12牧区，8月以降では24牧区必要となる。

全放牧草地面積は，1牧区面積（放牧頭数50頭：0.95ha）に牧区数を乗じることで求められる。すなわち，7月下旬までは11.4haである。8月上旬以降は，一番草採草利用後の草地を用いて，2倍の22.8haに放牧草地面積を増やす必要がある。

③牧区の設計例と維持管理

放牧草地の設計例を第2図に示した。これは，当場の泌乳牛24頭で1日1牧区輪換している放牧草地の牧区配置である。

1牧区の面積は45〜50aで，牧区数は春から7月下旬までは12牧区，草の成長が低下する7月

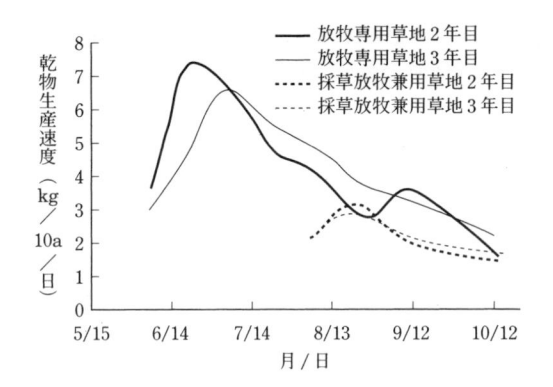

第1図　チモシー草地の乾物生産速度

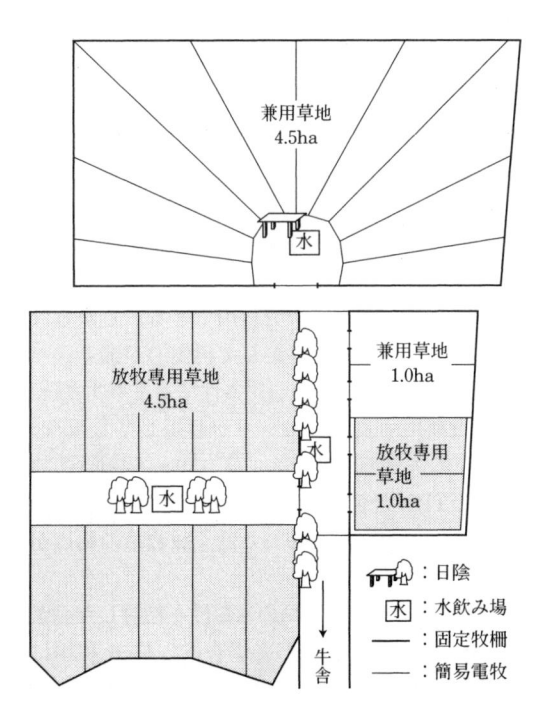

第2図　放牧地の配置例

下旬以降は兼用地を加えて約2倍の面積の24牧区とする。このような条件で放牧した結果，入牧時草丈は30～40cm，退牧時草丈も12～16cmであり，チモシー放牧草を適正な条件で維持しながら10月中旬まで放牧することができた。また，放牧期を通して余剰草が少なく，掃除刈りすることなく放牧草地を良好に維持することもできた。

④チモシー基幹放牧草の栄養価

このように利用した場合の放牧草の栄養価を第1表に示した。

放牧草の乾物中蛋白質含量は，季節変動が少なくほぼ一定で約23％，またTDN含量は春で77％，秋で68％で，季節の進行とともに低下する傾向がある。この結果からみると，年平均して約72％のTDN含量が期待できる。

⑤チモシー基幹草地の収量

利用形態別のチモシー基幹草地の乾物収量を第2表に示した。

放牧専用地は年に8回利用することができ，年間乾物収量は563kg/10aになる。採草利用では刈取り・調製・貯蔵ロスなどがあって単純には比較できないが，放牧専用地の収量は採草利用に比べて約6割と少ないことがわかる。したがって，放牧を新たに取り入れる際には，草地に余裕があることが条件となる。

（4）放牧牛の併給飼料と乳生産

3か年間で延べ373頭の泌乳牛を用い，併給飼料として牧草サイレージ乾物2kg給与と無給与の条件で放牧した成績を第3表に示した。放牧方法は1日1牧区輪換の昼夜放牧（放牧18時間）で，放牧草地の条件は第2図と同じである。

①放牧草の採食量

放牧草の採食量は，牧草サイレージ給与時で12～13乾物kg/日，牧草サイレージ無給与時で14～15乾物kg/日であった。また，補助飼料が少ない泌乳中後期には泌乳前期に比べて多い傾向がみられた。

飼料設計する場合の放牧草採食量は，安全率を見込んで，牧草サイレージ乾物2kg給与時で泌乳前期11kg，中後期12kgである。牧草サイレージを給与しない場合は，放牧草に対する牧草サイレージの代替率が0.7～0.8とされているので，牧草サイレージ給与時よりも1.5kg程度多くし，泌乳前期12.5kg，中後期13.5kg量に設定するのが適当と考えられる。

②放牧時の牧草サイレージ給与

乳脂率の低い泌乳前期では，牧草サイレージ給与により乳脂率が高まる傾向がみられる。一方，乳脂率が3.6％を上回る泌乳中期では，牧草サイレージの給与効果はみられない。このことから，泌乳前期のように濃厚飼料の給与量が多く繊維不足となりやすい場合には，牧草サイレージの給与によって乳脂率の低下を防止することが期待できると考えられる。

ところが，泌乳前期では牧草サイレージ給与区であっても基準となる3.5％を下回る値を示した。通常は，飼料全体の総繊維（NDF）含量を40％前後にすることにより，放牧時の乳脂肪率

第1表　チモシー基幹放牧での放牧草の成分組成，TDN含量の推移

（単位：乾物中％）

	5月	6	7	8	9	10	平均
CP	26.6	21.8	20.9	23.0	25.0	22.0	22.8
NDF	44.9	51.5	48.5	52.0	44.8	45.7	48.6
TDN	77.4	77.2	73.7	71.4	69.3	68.4	72.3

第2表　チモシー基幹草地の利用形態別収量

（単位：乾物kg/10a）

	1番草	2番草	放牧	収量計	放牧回数
放牧専用地	—	—	563	563	8
兼用地	672	—	197	869	4
採草地	655	306	—	961	

第3表　昼夜放牧牛の飼料採食量と乳生産

	GS給与区			GS無給区	
	前期	中期	後期	前期	中期
放牧草（kg/日）	11.9	12.7	13.0	14.1	15.1
牧草サイレージ（kg/日）	1.8	1.9	1.9	0.0	0.0
濃厚飼料（kg/日）	9.2	6.2	3.5	9.2	6.5
乳量（kg/日）	36.4	27.6	21.2	37.5	28.0
乳脂肪率（％）	3.44	3.67	3.77	3.33	3.66
CP充足率（％）	133	153	171	129	163
TDN充足率（％）	106	114	113	106	116

注　GS：牧草サイレージ

を基準の3.5%に維持できるとされている。しかし，泌乳前期ではエネルギー充足率を高めるために濃厚飼料を多く（乾物10kg）給与する必要があること，また牧草サイレージの給与によって放牧草の採食量が低下することから，牧草サイレージ乾物2kg程度を給与してもNDFの増加はあまり期待できないことになる。したがって，牧草サイレージを給与しても乳脂肪率を3.5%以上に高める効果は期待できないと考えられる。

牧草サイレージを給与しない場合，泌乳前期の脂肪率はやや低くなるが，乳牛の健康上問題がなく，バルク乳（牛群全体）としては3.5%以上の乳脂率が維持される。以上の点からみて，夏期のサイレージの品質維持，飼料給餌作業の軽減を考慮すると，必ずしも牧草サイレージを給与する必要がないと考えられる。

③放牧時に給与する濃厚飼料

本試験では，蛋白質含量約14%（乾物中）の濃厚飼料を用いた。この蛋白質含量は，一般的に用いられている濃厚飼料よりも低いものだが，蛋白質充足率はいずれも高く，やや蛋白質過剰の傾向がみられた。これは，放牧草中の蛋白質含量が乾物中約22%と想定よりも高かったためである。そのため，放牧時に給与する濃厚飼料の蛋白質含量は，さらに低くすることができると考えられる。

④昼夜放牧の有効性

昼夜放牧の有効性を検証するため，放牧牛に顎の動きを記録する装置を取り付け，放牧草の採食時間を調査した（第3図）。

牛は主に日中（11:00～17:00）に多く採食しているが，夜から早朝（20:00～7:00）の食草も1日の20～40%を占めている。夜から早朝までの食草時間を放牧草の採食量に換算すると，早春から夏の期間で約5～6乾物kgにもなり，夜間の放牧は放牧草の摂取を増やすために有効であることがわかる。

なお，9月以降では，気温の低下とともに夜間の食草は，20%前後に減少する。しかし，放牧による糞尿処理の軽減を考慮すると，秋以降であっても昼夜放牧は有効な飼養方法といえるだろう。

⑤チモシー基幹草地の乳生産性

さきの成績をもとに一乳期の乳生産を試算した結果を第4表に示した。

第4表　チモシー基幹草地での乳生産

	サイレージ給与	サイレージ無給
牛群平均乳量（kg/日）	28.4	28.9
乳脂率（%）	3.59	3.55
一乳期乳量（kg）	8,629	8,776
濃厚飼料給与量（kg）	1,940	1,938
TDN自給率（%）	65	66

牛群平均の日乳生産量は，牧草サイレージ給与の有無にかかわらず28kg程度で，差はみられなかった。乳脂肪率は，牧草サイレージ無給与体系では牧草サイレージを給与する場合に比べて若干低いものの，いずれも基準となる3.5%を満たしていた。一乳期に換算した乳量では，乳脂肪生産量に差はみられず，いずれの給与体系とも，8,600～8,800kgの乳量が期待できると考えられる。

本試験で検討した併給飼料の構成では，泌乳前期に乳脂肪率は低い傾向となったが，栄養供給量に不足はみられないとともに，第一胃液と血液の性状も正常であり乳牛の健康上の問題がみられず，牛群平均乳脂肪率が3.5%以上である。これらの点からみて，この併給飼料の構成は放牧の給与体系の一つとして十分成り立つと考えられる。

また，牧草サイレージ給与の有無にかかわらずTDN自給率が65～66%と高く，放牧草を高度に利用する昼夜放

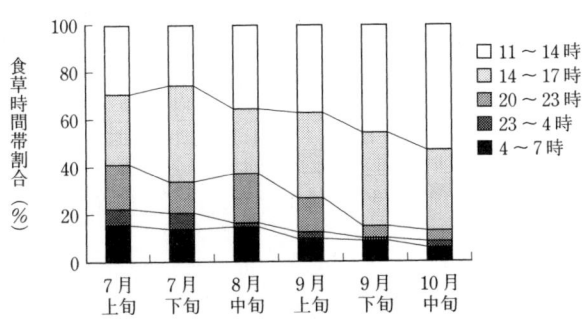

第3図　昼夜放牧での季節別食草時間

搾乳牛

牧は生産性の高い飼養法ということができる。

⑥昼夜放牧での乳牛の繁殖性

放牧草に多く依存する昼夜放牧，特に乳量の多い牛を昼夜放牧する場合では，乾物摂取量不足から繁殖が問題になるといわれている。そこで，本試験の供試牛を用いて，その受胎成績を検証した。

実施した放牧試験では，放牧期に分娩した牛が23頭，早春（2月下旬～4月上旬）に分娩した牛が9頭いたが，これらの牛の初回発情日数はそれぞれ35，40日，初回授精日数は56，63日，空胎日数は113，103日といずれもよい成績であった。また，繁殖障害もそれぞれ3頭ずつと比較的少なかった。

繁殖の問題が生じなかった理由として，放牧期分娩牛，早春分娩牛とも放牧草採食量が乾物12～13kgと高く，蛋白質含量の低い濃厚飼料（乾物中14％）を乾物9.7kg給与されたため，エネルギー摂取量の不足と蛋白質の過剰が生じなかったためと考えられる。また，発情時のスタンディング行動をテイルペイントを用いて毎日朝夕にチェックしたことも，大きな要因と考えられる。

このことから，適切な補助飼料の給与，発情発見などの繁殖管理が十分であれば，昼夜放牧であっても受胎率の低下などの問題を避けることができる。

(5) チモシー基幹草地を用いた飼料給与指針

放牧試験の結果から，一乳期9,000kg牛群のための飼料給与例を作成した（第5表）。これは，

第5表　昼夜放牧での飼料給与例（放牧サイレージ無給与体系）

	乳　期		
	前期	中期	後期
設定乳量（kg）	38	30	21
設定乳脂肪率（％）	3.3	3.7	3.8
放牧草期の待採食量（乾物kg）	12.5	13.5	13.5
濃厚飼料給与量			
トウモロコシ（乾物kg）	6.2	4.9	3.1
大豆かす（乾物kg）	0.8	—	—
ビートパルプ（乾物kg）	3.5	1.7	—
濃厚飼料計（乾物kg）	10.5	6.6	3.1

放牧草を最大限に利用する牧草サイレージ無給与の昼夜放牧を行なう場合の飼料給与例である。併給飼料としてトウモロコシ，大豆かす，ビートパルプを用いて調製した濃厚飼料を，泌乳前期の牛で10.5kg/日，中期牛で6.6kg/日，後期牛では3.1kg/日給与する。このときの濃厚飼料全体の蛋白質含量は，泌乳前期で乾物中12％となる。放牧草の蛋白質含量が高いため，放牧時には蛋白質含量の低い濃厚飼料を給与する。

緑の草地のなかで草をはむ牛の姿は，いつ見てもよいものだ。放牧飼養では，牛舎周辺にまとまった放牧草地が必要となるが，土地条件が許す限り，放牧飼養の特徴を理解して，放牧を取り入れ，ゆとりのある生活をすごしていただきたい。

2000年記

参　考　文　献

北海道立根釧農業試験場．1995．根釧地域における高泌乳牛の集約放牧技術．平成7年度北海道農業試験会議（成績会議）資料．

低投入酪農への転換技術

草地型酪農地帯

執筆　久保田学（北海道釧路地区NOSAI標茶支所）

(1) 低投入酪農の考え方

　これまで多頭化と増産の意識は乳飼比を高め，放牧を敬遠する方向へ向かってきた。しかしそれは糞尿問題をはじめさまざまな問題を引き起こし，1頭当たりの収益性は逆に低下し，それを補うためにさらなる規模拡大と増産を強いてきた。われわれ獣医師も含めた周辺の技術者もこぞってこの方向で突っ走ってきた。しかし今，環境負荷，化石燃料の浪費，持続的農業などという問題から目をそらすことはできず，また動物福祉という問題も出てきた。

　酪農は命と向かい合い，育み，そして人間の糧を得る農業である。私は一人の臨床獣医師として牛の健康を守ることが一義的な仕事であり，蹄や四変（第四胃変位）の手術と廃用診断書に追われる毎日は非常に不本意である。そんななか，これまでの多投入酪農を反省し，低投入化による経営改善，エネルギー消費の減少，窒素負荷量の減少など問題解決へ向けたひとつの道筋が示され，購入飼料を低減し規模や生産を縮小しながら本来の土地利用型酪農を志向した酪農家達が現われている。

　これまでは高泌乳牛を飼うための技術的な指導書は数知れず報告されているが，低投入酪農に関するものはほとんど見当たらない。ここでは低投入酪農へ向かう際のさまざまな問題に対してどのように理解し，対応すべきかという点について，酪農家自身の経験をもとに具体例を示しながら紹介したい。

　なお，本論に入る前にこの舞台となる診療所管内の概況を説明すると，北海道の東端に位置し，年間平均気温5℃，海霧の影響で夏も20℃を超えず，逆に冬は雪が少なく土壌凍結深度が50cmに達する。このような気象条件のため牧草以外の飼料作物はなく，典型的な草地型酪農が営なまれている。平成8年現在で農家戸数は60戸，1戸平均の草地面積は50ha，搾乳牛54頭，育成牛46頭，出荷乳量は約370t。以下管内全戸という表現はこれらの農家のことである（非加入，自家授精，組勘取引の有無など調査項目により若干の変動はある）。

　低投入酪農とは，生産のために投入する化石エネルギーや窒素負荷を少なくすることである。化石エネルギーとは酪農経営にかかわる軽油，灯油，水道，電気の使用量および購入飼料，化学肥料，農薬，敷料の購入量と輸送距離などすべてが含まれる。また窒素負荷とは牧場へ入ってくる窒素（飼料，肥料，敷料）から，出ていく窒素（牛乳，肉）を引いたものをいう。道東H町での試算によると投入エネルギーの約50%，窒素負荷の約70%を配合飼料が占めることから，配合飼料への依存度を下げることが低投入酪農へ向けた，大きな方向性であることは明白である。

　ちなみに低投入酪農や多投入酪農の表現はあくまでも相対的なものであって，絶対的な定義はない。

(2) 飼養適正頭数の限界と低投入酪農の方向性

　現在のところ畜産の環境問題は糞尿処理問題（家畜の糞尿の適正利用に関する法律）として対処されているが，最終的に環境問題の行きつくところは他国に見られるように飼養頭数の規制である。

　2001年の秋，北海道根釧農業試験場は根釧地方での環境基準としての飼育頭数限界を草地1ha当たり2頭（成牛換算頭数として。育成は2分の1として計算），適正頭数は1.5頭とした。第1図

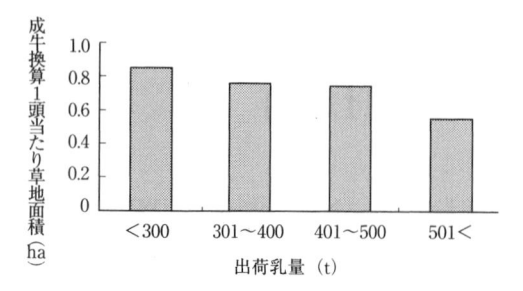

第1図 年間出荷乳量と1頭当たり草地面積

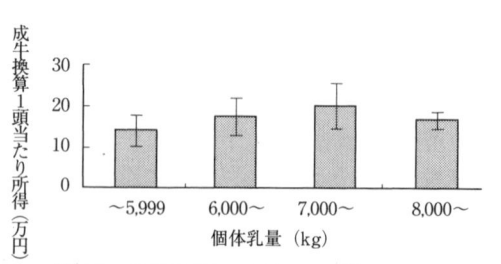

第2図 個体乳量と1頭当たり所得の関係

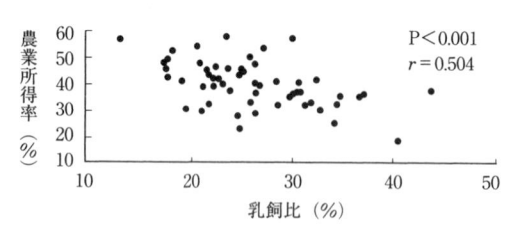

第3図 乳飼比と農業所得率

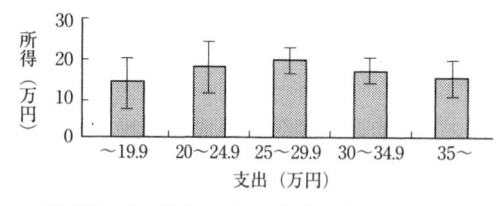

第4図 成牛換算1頭当たり支出と所得の関係

は北海道道東のある地域の年間出荷乳量と1頭当たりの草地面積の関係をグラフにしたものだが，全体的には1頭当たりの面積を減らしながら出荷乳量を伸ばしている実態がわかる。すでに出荷乳量500tを超える農家では1頭当たり0.5haの限界に近づいているのが明白である。

一方21世紀は飢餓の時代ともいわれ，食料難は必至である。草食獣である牛に大量の穀物を与え続けることがいつまでできるのか。口蹄疫やBSE問題を経験した今，行政的にも国民世論としても穀類に偏重した酪農への批判が高まり，自給粗飼料の比率を高める声が大きくなっている。草を中心に自給飼料の比率を高めながら購入飼料への依存を抑えるという方向は，北海道の草地型酪農専業地帯において，生産力にはある程度の限界があるものの環境と牛にやさしい，いわば環境保全型持続的酪農と成り得る。すなわち21世紀酪農のキーワードは「環境にやさしく，牛にもやさしく，そして人にもやさしく」である。このように，低投入酪農の方向性はこれからの酪農を語るにふさわしいものと考える。

(3) 転換後の経営面の変化

①収益頭打ちの現状

第2図は診療所管内全戸について個体乳量階層別に成牛換算1頭当たりの所得を示したものだが，8,000kg以上で所得が頭打ちの状態になっているのがわかる。第3図は乳飼比と農業所得率の相関をみたものであるが，明らかに負の相関があり乳飼比が上がると所得率が低下することがわかる。すなわち購入飼料に依存するほど所得率は低下するという関係がわかる。第4図は成牛換算1頭当たりの支出と所得の関係を階層別にグラフ化したものである。途中までは支出に伴い所得も増えているが，その後は支出が増えても所得へ跳ね返ってこず，逆に所得は低下している状況がわかる。

以上のように，えさ代による支出を増やして乳量を増やし収益に結びつけようとしても，なかなか結びつかないというのが現実なのである。

②放牧と購入飼料減への転換

第1表はO牧場の87年から96年までの生産状況，飼養頭数，経営収支の推移である。88年以前は放牧を取り入れていたが，規模拡大と増産を進めるにあたり，89年から通年舎飼い，通年サイレージへ移行し，92年には約500tを出荷するまでになった。しかし93年の春から方向転換し，その結果出荷乳量は約150t減少し現在に至っている。

低投入酪農への転換技術＝草地型酪農地帯

第1表　O牧場の経営内容の推移

	87年	88年	89年	90年	91年	92年	93年	94年	95年	96年
出荷乳量の推移（t）	325	346	415	458	463	494	415	299	366	347
飼養頭数の推移：搾乳牛	46	51	44	57	60	67	60	46	54	52
育成牛	56	56	61	47	49	56	68	41	25	33
経営状況の推移（万円）										
支出計	2,741	2,571	2,875	3,071	2,799	3,101	2,078	1,302	1,597	1,605
飼料費	686	875	1,042	1,308	1,170	1,283	741	382	455	454
その他の経費	2,055	1,696	1,833	1,763	1,629	1,818	1,337	920	1,142	1,151
収入計	3,230	3,858	4,421	4,541	4,061	4,421	4,044	3,020	3,175	3,062
乳代	2,670	2,844	3,443	3,759	3,793	4,029	3,293	2,308	2,863	2,614
個体販売	476	335	978	782	268	392	751	164	247	241
収益	489	1,287	1,546	1,470	1,262	1,320	1,966	1,717	1,578	1,457
乳代所得率（％）*	2	13	26	21	29	26	40	45	45	39

*乳代所得率（％）＝（（乳代－（支出－支払利息））／乳代）×100

転換の内容は，まず通年舎飼いから放牧利用の飼養形態へ切り替えたことである。放牧はできるかぎり昼夜放牧とした。そして配合，ふすま，ビートパルプ，ルーサンペレット，圧扁トウモロコシなどの購入飼料が最高で1日12kg，6回に分けて給与されていたものが，放牧期には4kg，舎飼い期でも8kgと大きく減少した。なお現在は種類も3種類（夏は配合飼料とビートパルプ，冬はルーサン）とし，給与量も夏3kg，冬6kgが最高となっている。理由はより単純にと考えてのことで，栄養の底上げに配合飼料，エネルギー摂取を目的にビートパルプ，蛋白質接種を目的にルーサンを使用している。飼料計算は低投入転換後は行なっていない。

また牧草の調製作業も，転換前は三番草まで収穫していたので延べ採草面積が120haあったが，転換後は一番草のみの30haだけである。ちなみに乾乳牛には乾草給与が基本だが，二番草から一部放牧している。

③収益と乳代所得率の改善

牧場の飼養頭数の推移を転換前後の3年間（90～92年と94～96年）を平均して比較すると，搾乳牛は61頭から51頭へ，育成牛は51頭から33頭へと大幅に減少した。総飼養頭数ではじつに25％減少したことになる。当然だが，出荷乳量の多いときは収入は多く，転換後乳量が少なくなると収入は少なくなっている。

転換前後の3年間の平均で比較してみると，

第2表　出荷乳量と支出項目別の相関関係

肥　　　料	$r = 0.453$	$P < 0.001$
生産資材	0.578	$P < 0.001$
水道光熱費	0.881	$P < 0.001$
飼料費	0.917	$P < 0.001$
養畜費	0.591	$P < 0.001$
診療衛生費	0.675	$P < 0.001$
農業共済	0.834	$P < 0.001$
家畜共済	0.847	$P < 0.001$
賃料料金	0.696	$P < 0.001$
修理費	0.662	$P < 0.001$
租税負担	0.679	$P < 0.001$
支払利息	0.447	$P < 0.01$
その他経費	0.875	$P < 0.001$
農業支出	0.948	$P < 0.001$

転換前は収入が約4,340万円，飼料費が1,250万円，そしてその他の経費が1,740万円で，差し引き収益は1,350万円。それが転換後には収入が3,085万円（29％減），飼料代が430万円（65％減），そしてその他の経費が1,070万円（40％減）で，差し引き収益が1,584万円（17％増）となった。このように総収入は減ったが，それ以上に経費，特に飼料費が大幅に減少したために収益は逆に増加する結果になった。

乳代所得率は，乳代から利息を除いた経費を引いてどれくらいの所得が残るかというもので，負債の大きさに関係なく純粋に所得率を比較することができる。ちなみにO牧場の乳代所得率は転換前は20％台だったが，転換後は40％前後へ上昇しており，生産効率が大きく改善されて

搾乳牛

第3表 O牧場の低投入転換前後3年間の繁殖成績の比較

	92〜92年	94〜96年
初回授精日数（日）	89	102
分娩間隔　　（日）	417	444
授精回数	2.11	1.96
平均産次数	2.4	2.9

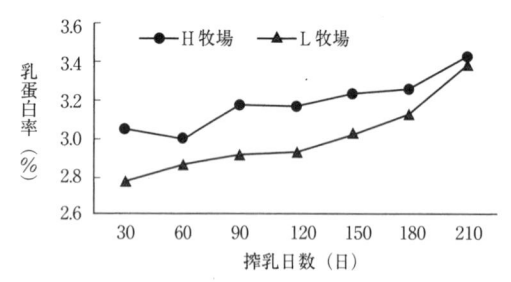

第5図 多投入（H牧場）と低投入（L牧場）における搾乳日数と乳蛋白率の推移

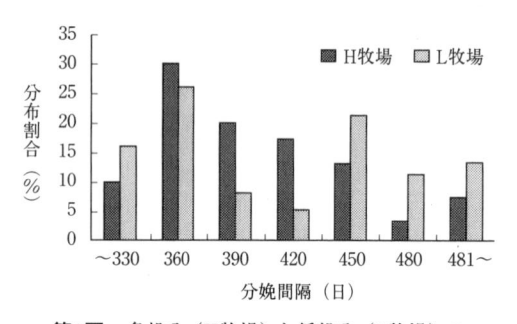

第6図 多投入（H牧場）と低投入（L牧場）の分娩間隔比較

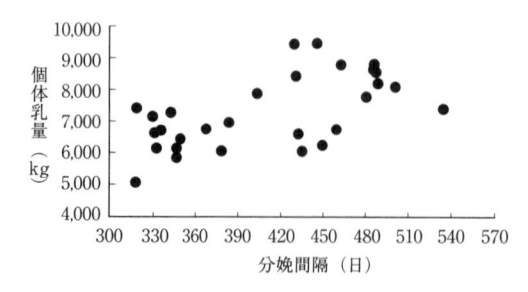

第7図 低投入牧場における個体乳量と分娩間隔

④出荷乳量と支出項目の相関関係

頭数が減れば生産量が減り，収入も低下するが，配合飼料を主体とする支出が全体的に低下し，所得率が上がり，1頭当たりの所得は増加する。逆に考えると，生産量を増やすためには飼料費を考えるだけではすまないということである。よく「乳代―飼料費」が経営指標とされ，乳量が高いほど収益が多くなると考えられているが，そう単純なものではない。

第2表は管内全戸の出荷乳量と支出項目の相関関係を調べたものである。すべての支出項目と出荷乳量には強い相関があることがわかる。すなわち出荷乳量が増えるとすべての支出項目が増加し，出荷乳量が減るとすべての支出項目が減るという関係がある。「乳代―飼料費」だけで経営を評価することが大変危険だということがわかる。

(4) 繁殖への影響

低投入酪農では相対的に繁殖は伸びるようだ。これは方向転換したほとんどの酪農家が経験している。「酪農の基本は繁殖である」「1年1産は酪農の終局的目標」「繁殖は酪農経営の柱」，耳にたこができるほど聞かされてきた。ある試算では，分娩間隔が1日伸びると1頭当たり1,200〜1,600円の経済的損失があるという。では繁殖問題は経営を本当に圧迫しているのか。目標を達成すれば経営は大丈夫なのか。

まず前述したO牧場の転換前後3年間の繁殖状況を比較した（第3表）。授精回数に差はないが，初回授精日数が延びて，分娩間隔が約1か月伸びているのがわかる。しかし平均産次数は2.4から2.9へと伸びている。O牧場でも転換後，確実に繁殖は伸び，産次数が伸びるという現象が見られた。

第5図は多投入（厳密な栄養設計による飼養管理）と低投入（決まった量の配合に粗飼料を飽食）の初産牛における搾乳日数と乳蛋白率の推移を比較した図である。多投入では乳蛋白率が3％を下回ることはないが，低投入では分娩後4か月まで3％を下回っているのがわかる。両

牧場の分娩間隔をグラフにすると第6図のようになる。多投入では12か月をピークに徐々に低下しているのに，低投入では12か月と15か月にピークがある。これは低投入では分娩後早期か，もしくは分娩後4か月以降に受胎しやすい時期があることを示している。さらになぜ2峰性の分娩間隔になるのか調べてみると，乳量の高い牛ほど分娩間隔が伸びているということがわかった（第7図）。

すなわち乳量の高い牛ほどエネルギーが不足し，乳蛋白率が下がり，繁殖活動への影響が大きいということである。

(5) 繁殖とエネルギーバランスに対する発想の転換

①分娩間隔と所得は連動しない

次に第8図は診療所管内全戸の経営状態（成牛換算1頭当たり所得）と分娩間隔（2年間）をプロットしたものだが，この図を見るかぎりでは分娩間隔が短い酪農家ほど収益が上がるという単純な関係は見られず，同じ所得層でも分娩間隔に大きな較差があることがわかる。すなわち繁殖と経済には直線的な関係はなく，大きなバラツキが存在するということである。

繁殖問題はこれまで栄養的な解決方法が優先され，栄養濃度を上げるためには購入飼料への依存を高めることもやむを得ないとされてきた。えさ代をつぎ込んで分娩間隔を縮めることは確かに可能であるが，飼料代が総支出の3分の1を占めることから考えても，経済へ与える影響は非常に大きい。

ここで大切なことは，配合飼料への依存度を少なくすることにより，やや繁殖は伸びるが，牛の健康を優先させることと経済とは決して別物ではなく，ある程度両立できるということなのである。結局，酪農はトータルバランスであり，繁殖は管理上の重要な柱ではあるが，すべてではないということである。

②乳量に追いつかない乾物摂取量

低投入への転換，すなわち低エネルギーで牛を飼うということをどのように考えたらよいか。

栄養不足は動物にとって大きなストレス状態

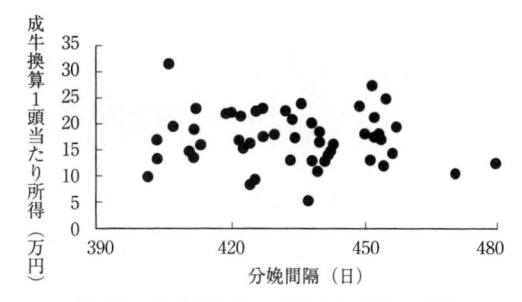

第8図 分娩間隔と1頭当たり所得の関係

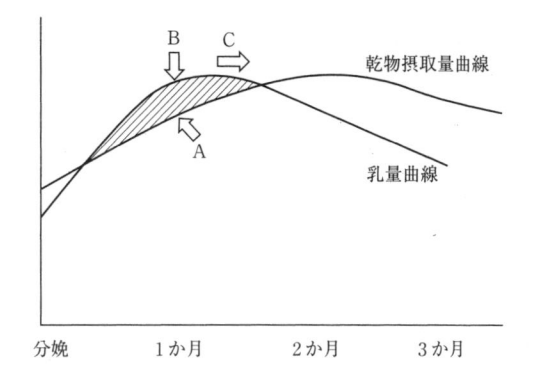

第9図 エネルギーのマイナスバランスをどう考えるか

である。そのとき体内では生命の維持を優先させるためのホルモン（ACTH）が分泌され，その分泌が多くなると繁殖や成長にかかわるホルモン（性腺刺激ホルモンや成長ホルモン）は分泌されなくなる。そのために動物は成長がとまり，繁殖活動は停止する。すなわち動物は栄養状態が回復するまで繁殖を再開しないのである。この一連の流れは，自分の命を守るための防衛反応といえる。

第9図は，分娩後の泌乳曲線と乾物摂取量曲線の時差から生じるエネルギー不足（斜線部分）を説明するのによく使われるものである。これまで，乳量のピーク（分娩後4～8週）よりも乾物摂取量のピーク（10～14週）が後へずれるためにエネルギー不足の状態を招いてしまう，といわれてきた。だから乾物摂取量を落とさないように，そして栄養濃度を上げるための技術開発（第9図中A）が行なわれてきた。しかし現実

搾乳牛

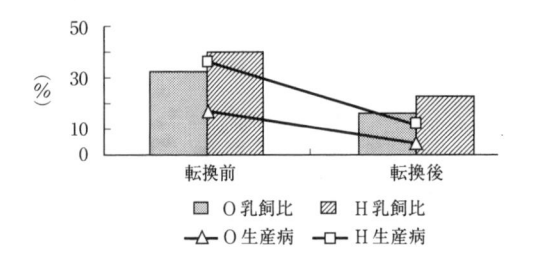

第10図 低投入酪農転換前後（3年間）の乳飼比と生産病発生率の推移（O牧場，H牧場）

は乳量のピークがさらに早く高くなり，エネルギー不足の解消からはどんどんかけ離れ，乳検統計上でも繁殖成績は毎年伸びているのが実状である。

③分娩と泌乳を分けて考える

ここで発想を転換してみよう。乳量を落とす（第9図中B）なり，乳量ピークを遅く（第9図中C）すればバランスがとれるのではないか。"分娩"と"泌乳"をきちんと分けて考えることで乳量のピークを遅くすることができるのではないか。分娩と泌乳を同時進行させることにやはりむりがあるのではないか。すなわち健康的に分娩を終えて，それから泌乳に取りかかるということである。

たとえば分娩前から始める増し飼い（リードフィーディング）をやらず，配合飼料は必要最小限にし，同じえさの内容で分娩を乗り切る。分娩と泌乳を分けて考え，飼養することで乳量のピークがやや後方へずれて乾物摂取量のピークに近づけばエネルギー不足の期間は短くなるはずである。

④乳蛋白率と繁殖成績

乳蛋白はエネルギーバランスの指標としてよく用いられ，繁殖管理上分娩後3.0％以下にならないことが求められている。乳検上の繁殖成績と乳蛋白率の年度別推移を見ると，乳量が毎年伸びるのと同じくして，乳蛋白率も確実に上昇している。

この乳蛋白率は1年間を通しての成績なので個々の繁殖時期を直接反映しているわけではないが，乳蛋白率が高いということは繁殖との関係上からも好ましい状態といえるはずである。

しかし実際の繁殖成績，分娩間隔のほうも毎年伸びている。さらに管内全戸についてバルク乳の乳蛋白率と分娩間隔について調査したところ，何の関係もないことがわかった。乳蛋白率と初回授精日数についても同じく関係はなかった。

しかし乳蛋白率と乳飼比は有意の正の相関があり，乳蛋白率を上げるのに購入飼料に依存している体質がわかったが，その努力は繁殖成績に結びついていないのである。

繁殖はエネルギーバランスと表裏一体であり，繁殖を縮めるには飼料の栄養濃度を高めるしかない。栄養濃度を高めるということはすなわち購入飼料に依存するという足し算の理論である。しかしバランスをとるには引き算の理論もある。乳量レベルが高くても低くても，バランスがとれれば卵巣は動き出す。牧場の飼養形態により繁殖の目標に差が出るのは当然であり，どんな管理手法をとろうが構わないが，繁殖問題が病的なのか生理的なのかを考えることが大切である。

(6) 低投入飼養と病気

第10図に低投入酪農へ転換した2戸の，前後3年間の乳飼比と生産病発生率の変化を示す。転換により生産病が減少しているのがわかる。しかし，低投入へ転換する時に牛はさまざまな症状を呈する。そこで，高泌乳牛を飼うためのさまざまな対策があるように，低投入の時の牛の病気の考え方を整理しておく必要がある。

①乳　熱

乳熱（いわゆる腰抜け）は乾乳期から分娩までの飼養管理が大切である。特に分娩前に放牧していると乳熱にかかりやすくなる。これは，青草からのCaとPの摂取量が多いために分娩後に骨からのCaとPの溶出が鈍くなるためで，統計的にも実験的にも証明されている。

従来から乳熱の予防には骨からのCaとPの溶け出しを敏感にすることが第一とされるが，そのためには牛の体にCaが足りないという状態（Caストレス）を感じさせる必要がある。放牧時期のCaストレスには乾草給与で最低1週間"ほす"（もちろんCa剤は与えない）必要がある。

しかし，むりに舎飼いにして寝起きの難しい場所で乾草を給与し，分娩を迎えるよりも，牧草地でそのまま分娩させ，たとえ起立不能になっても寝起きしやすい場所がよいという考えもある。臨床現場では放牧地やパドックでの乳熱の治癒率は明らかに高い。パドックで乾草が給与できれば条件としては最高である。

ビタミンD_3（注射で1,000万単位，もしくは経口投与で最低600万単位）投与ももちろん効果がある。なおビタミンD_3は投与後，肝臓と腎臓で代謝されてはじめて活性型になるので作用発現には最低3日ほど必要なため，分娩3日前までに投与していないと効果は期待できない。

最近腰抜け予防の先端理論とし「アニオン・カチオンバランス」が述べられ分娩前の高Ca飼養を推奨しているが，これはK（カリウム）含量の高いアルファルファ主体の粗飼料基盤で開発されてきた技術である。チモシー主体の地域では必要ない。

②第四胃変位

第四胃変位（いわゆる四変（よんぺん））は乳牛の現代病の代表である。「すべての飼養管理の失敗は四変へ通じる」といっても過言ではない。四変の成因にはさまざま挙げられているが，配合飼料が多くなるとどうしても増加するようだ。

第一胃内にはルーメンマットという繊維の塊があって，給与された配合飼料はこのルーメンマットと第一胃内の微生物を介してキャッチボールをしながら消化されていく。ルーメンマットがすべての配合飼料とキャッチボールできていれば問題はないが，ルーメンマットが小さかったり，配合飼料が多かったりするとキャッチボールからはずれた配合飼料が第一胃で消化されずにそのまま第四胃へ流入し，そこで発酵し，メタンガスを産生して風船を膨らますように四変が起こってしまう。したがって，四変の予防は大きなルーメンマットをつくることと配合飼料の多給をやめることに尽きる。

ルーメンマットは繊維なので，一番草の乾草がベストである。二番草の繊維は期待できない。どんなに乾燥した二番草でも，糞が軟らかくなるのは繊維が足りない証拠と考えたほうがよい。

食欲の低下しているときはルーメンマットも縮小する。特に分娩前後は必ず食欲は低下するので，この時期に配合飼料は増やすべきではない。また産褥熱などで食欲がなくなった場合も同様である。「配合だけは食べる」という状況がまずい。熱が出て食欲が低下し，胃袋が小さくなり（ルーメンマットが小さくなる），治療で熱が下がって，食欲が出る。食欲が出始めて草を食べていないうちから配合をバクバク食べると決まって四変になる。食欲のないときは配合をひかえ，草を食べるようになってから配合を与えだすことが大切である。

全体的な傾向として配合飼料の給与量が多くなると四変の発生率が増えるといわれているが，配合飼料の給与量が少ないのに四変が多発する場合もある。分娩前後の粗飼料の品質と給与量に問題（特に二番草のサイレージに偏っていないか，水分が多すぎないか，蛋白が高くないかなど）がある場合が多い。まずは粗飼料が十分か，配合飼料の増やし方をチェックする必要がある。

③ケトージス

ケトージスは泌乳に必要なエネルギーが足りずに，体脂肪を溶かしてエネルギーとして利用するときになる病気である。低投入の場合常にその危険はあるが，極端なリードフィーディングさえやらなければ無難に乗り越えることができる。後でも述べるが，"牛をその気にさせない"ことである。特に，ある日突然低投入へ転換するときに危ない。昨日まで10kg給与していた配合飼料を5kgに減らすと間違いなくケトージスになる。十分な草の量が給与されていれば牛は痩せても乗り越えることはできるが，食欲がなくなれば治療が必要となる。

また配合だけ減らして，草を十分増やさないと乾物不足となり牛はガタガタになってしまい，ケトージスから飢餓性の脂肪肝へと進行する。特に放牧前にこの状態になると最悪のケースとなり，放牧初期の急激な栄養改善から乳量が増え，その代謝に肝臓がついていけずに低Mg，低Ca血症となり，放牧場から牛舎までたどりつかずに起立不能に陥ってしまうというケースも経

④蹄や関節の病気

蹄の病気は外見上，外からの傷で始まったように見えるが，じつは蹄の中の出血から始まっている。この蹄の出血はルーメンアシドーシスが引き起こすといわれている。ルーメンアシドーシスとはルーメン（第一胃）が酸性化（pHが下がる）することで，配合飼料が多給されたときに発生する。通常はルーメンpHは少々のことでは変化しないような機能が備わっているが，配合飼料が急に多くなると対応できずにpHが下がってしまう。ほんの一時的なルーメンアシドーシスでも蹄の出血は起こるといわれている。

ちなみにルーメンpHに変化を与えない配合飼料の増給は1日当たり250gといわれている（一昔前は1日500gまで大丈夫だといわれていた）。したがって配合飼料を増やす場合，おおまかな目安として1週間に2kgまでとなる。また分娩前後には最大で3割ほど食欲が低下しているので，このとき配合は増やしていなくても草の摂取量は減っており，相対的に胃袋の中では配合を増やしたのと同じ状態になっている。それを計算に入れた場合，分娩前後の配合の給与量は約2kg（せめて3kg）までが無難かと思われる。

削蹄は蹄病の予防としてきわめて有効である。しかし歩けば歩くほど蹄は適度に削れるので，放牧中の給水をわざと牛舎付近に置いて，牛を歩かせることで削蹄が必要なくなったという事例もある。

⑤乳房炎

今も昔も乳房炎は酪農家にとって最も頭の痛い問題である。毎日の搾乳作業が楽しいものか辛いものかは乳房炎しだいともいえる。私自身臨床現場で最も力を注いでいるところでもあり，紹介したいことは多いが，低投入的な立場から問題点を絞り報告する。

分娩前後の乳房炎対策　パンパンに乳房を腫らせることで乳房炎の危険性は増大する。乳房内圧が高くなり乳頭口が緩んで漏乳しやすくなるからである。このことはリードフィーディングと直接関係があり，分娩へ向けて栄養濃度を高めると乳房はパンパンに腫る。この状態で乳熱（腰抜け）が心配だからといって手加減搾乳をし，漏乳が続くと乳房炎の危険が高くなる。あまり乳房を腫らさない飼養管理（リードフィーディングを止める）に徹し，分娩と泌乳を分けて考えることが必要である。

もし分娩前に漏乳を見つけた場合は，バケットを使って搾乳を開始したほうがよい。分娩前から搾乳しても子牛や分娩に対する悪影響はない。しかしここで大切なことは，初乳は期待できないので別に確保する必要があり，搾乳が始まったのでCa剤の給与が必要なことである。

また分娩前に見つけた乳房炎はその分房だけでなく，4分房とも搾乳しながら治療するのがよい。1分房だけの搾乳と治療は他の分房へ搾乳刺激を与えてしまい，漏乳と乳房炎の危険が増すことになる。分娩後は初乳中に乳房炎を発見し治療する。たとえ血乳でも乳房炎でないかぎりPLの反応はない。分娩後3～4日に再度検査し，出荷への準備をする。

一発乾乳にこだわらない　これまでは一発乾乳法が一般的にすすめられてきた。しかし現場では一発乾乳という方法にこだわりすぎるために，乳房炎のトラブルが頻繁に起こっている。乳量が多い，乳が軽い牛は一発乾乳すると漏乳を起こしやすい。ましてや一発乾乳するには搾乳刺激を避けることが必須条件とされるが，搾っていた場所でそのまま一発乾乳に入ってしまうケースが多いのが現状である。確かに施設や環境を整える必要はあるが，その条件が揃っていないのに一発乾乳の技術だけを取り入れるのにはむりがある。

乾乳軟膏を入れて一発乾乳したけれど，漏乳が続いて初めは軟膏の青色が出ていたがしだいに白くなったという話を聞くが，これでは乾乳軟膏も意味がないし，乳房炎の危険性も高い。この場合は一発乾乳にこだわらずに，少しずつ乳量を減らしていくこれまでの乾乳方法でよい。一発乾乳できる牛，できない牛を見きわめて応用することが大切である。

(7) 牛群のバラツキと病気

多投入から低投入へ転換することで，いわゆる生産病が減ることは多くの事例で証明されているが，ではこの過程でどのようなことが起こっているのだろうか。方向転換した酪農家における牛群の平均乳量と標準偏差（バラツキ）の推移を調べたところ，個体乳量が増えているとき（多投入過程）はバラツキが大きくなっているが，個体乳量が低下してくる（低投入過程）とバラツキが小さくなっていることがわかった（第11図）。

個体乳量のバラツキが大きいということはさまざまな乳量の個体が同居し，群としての管理が難しいということであり，逆に個体乳量のバラツキが小さいということは群としての管理がしやすいということである。したがって，個体乳量のバラツキと生産病の発生は関係が深いと考えられる。

当然牛群のバラツキが小さいほど生産病の発生が少ないことは理解しやすい。牛群の飼養環境を常に変えながら，右肩上がりに乳量を増やしている状況は牛群のバラツキを大きくしていることであり，飼養管理が行き届かず事故が増えるのは当然であろう。どのようなレベルにしろ，安定した飼養環境で牛を飼い続けることが牛群の安定と事故の低下に結びつき，そしてその安定した状況こそ収益性の高い経営へ結びつくのである。すなわち乳量レベルが問題なのではなく，牛群のバラツキが問題なのである。気候，風土，牧場の立地条件，労働力，これらさまざまな要因のなかで酪農が営まれている。どのレベルで牛群を落ち着かせるか，ここがキーポイントである。

(8) 低投入酪農のキーポイント

第4表に乳飼比の高い順に10戸（上位10戸）と低い順に10戸（低位10戸）について比較した。生産拡大を目指し購入飼料への依存を高めたものの，逆に生産効率は低くなり，十分な収入が得られることもなく，そのうえ牛の死亡廃用率が高くなっているという実態がわかる。

次に第5表に管内全戸について放牧を取り入れている農家（放牧群）と通年舎飼いの農家（舎飼い群）を比較した。舎飼い群のほうが頭数，個体乳量，出荷乳量が多く，規模，生産量の拡大と舎飼い化への移行は深く結びついていた。しかし草地面積の拡大を伴っておらず，乳飼比に見られるように，これは購入飼料に依存した拡大であった。

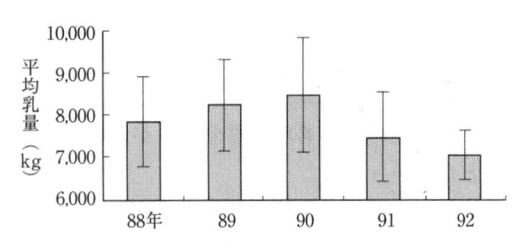

第11図 低投入転換前後における牛群平均乳量とバラツキ（SD）の推移

第4表 乳飼比上位10戸・低位10戸の比較

		低位10戸	上位10戸	
乳飼比	(%)	18 ± 2.2	35 ± 3.0	P<0.001
1頭当たり面積	(ha)	0.8 ± 0.15	0.8 ± 0.21	NS
出荷乳量	(t)	292 ± 102.5	334 ± 58	NS
個体乳量	(kg)	6,499 ± 952.3	6,869 ± 1,382	NS
農業所得率	(%)	45 ± 9.4	32 ± 3.3	P<0.001
成牛換算1頭所得	(万円)	18 ± 4.2	13 ± 3.1	P<0.05
病傷頭数危険率	(%)	86 ± 35.2	90 ± 48.7	NS
死廃頭数危険率	(%)	3.5 ± 2.4	6.0 ± 1.4	P<0.05
生産病発生率	(%)	13 ± 8.4	18 ± 10.7	NS

第5表 放牧利用と通年舎飼いの比較

		放牧	舎飼い	
成牛換算頭数		71 ± 20.3	93 ± 30.2	P<0.01
1頭当たり面積	(ha)	0.8 ± 0.20	0.7 ± 0.23	NS
出荷乳量	(t)	334 ± 109.0	460 ± 188.5	P<0.01
個体乳量	(kg)	6,585 ± 1,013.4	7,376 ± 1,172.0	P<0.05
乳飼比	(%)	24 ± 5.1	30 ± 5.8	P<0.01
農業所得率	(%)	41 ± 8.4	34 ± 7.6	P<0.05
成牛換算1頭所得	(万円)	18 ± 5.2	15 ± 3.4	NS
病傷頭数危険率	(%)	95 ± 36.2	105 ± 39.8	NS
死廃頭数危険率	(%)	4.3 ± 2.7	6.2 ± 2.5	P<0.05
生産病発生率	(%)	15 ± 8.9	18 ± 8.4	NS

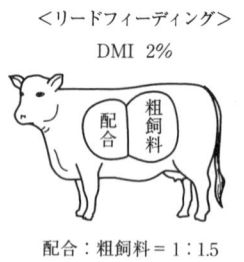

搾乳牛

<リードフィーディング>　　　　<分娩時の食欲低下>
DMI 2%　　　　　　　　　DMI 1.4%

食欲が3%低下

配合：粗飼料 = 1：1.5　　　　配合：粗飼料 = 1：0.75
4kg　6kg　　　　　　　　　4kg　3kg

第12図　分娩時の食欲低下がもたらす粗濃比の逆転

しかし1頭当たりの所得では，有意差は見られないものの放牧群がやや高く，所得率では放牧群が有意に高くなっている。このことは放牧群のほうが生産効率が高いということを示している。また死廃率も放牧群のほうが低いということがわかった。

すなわち低投入酪農のキーポイントは，配合飼料を減らすことと放牧を利用することである。

①配合飼料を減らす

改良されている現在の乳牛は配合飼料を与えるとすぐ"その気"（乳を出そうとする）になるので，"その気"を起こさせないようにすることが大切である。リードフィーディングで分娩時に4～5kgまでの配合を与えていた牛に，分娩してから2～3kgしか増給しないとどうなるか。牛はすっかり"その気"になってスタートダッシュよろしく，ピーク乳量40～50kgもいこうと思っているが，その後追加される2～3kgの配合では極度のエネルギー不足に陥ってしまい，ケトージスなどの代謝障害を起こしてしまう。すなわち配合の量を6～8kgで頭打ちにしようと思っているならば，リードフィーディングは必要ないのである。

もう一つ，分娩前後の飼養管理で潜在的なルーメンアシドーシスの問題がある。第12図を見てほしい。初産の体重500kg，DMIは体重の2%として10kg。リードフィーディングで4kgまで配合飼料を給与し，分娩前後にDMIが30%低下すると仮定した場合，DMIは7kgとなり，配合飼料だけは何とか食べるので，粗濃比が1.5：1からいきなり0.75：1に逆転してしまう。

この状態は間違いなくルーメンアシドーシスを引き起こし，急性，亜急性，慢性など各段階の蹄葉炎（蹄の中の出血）を引き起こし，趾蹄疾患などに起因する運動器病の下地をつくってしまう。

このように分娩前後には同じ量の配合飼料を給与しているつもりでも，DMIそのものが低下しているので，ルーメン内では見かけ上配合飼料が増量されたのと同じ状態にある。1日の配合飼料増量は0.5kgという説に従ったとしても，分娩前後の食欲低下を見越した場合，リードフィーディングで許される配合飼料は2kgまでである。ある農家で1万kg牛群を四変を起こさずに飼うことができても，蹄病だけは防げなかった経験があるが，どうもこの辺に原因があったようだ。

特に初産の場合は成長過程にあるため，分娩，産褥期，泌乳をきちんと分けて考えるべきである。初産から搾って儲けようなどと考えていると牛の寿命を縮めてしまう。利益が出てくるのは3産目からである。

②放牧を利用する

低投入酪農において代謝プロファイルテストの手法を用い舎飼いから放牧，放牧から舎飼いへと1年間追跡調査した。その結果舎飼い期はエネルギーも蛋白もバランスよく低いが，放牧期には低エネルギー，高蛋白のアンバランス状態にあった。

低コスト化の切り札として放牧が見直されてきてはいるが，個々で行なわれている放牧は時間放牧，集約放牧，昼夜放牧，粗放牧までじつに千差万別である。また放牧のマニュアルをつくっても，気候，土地条件，面積，頭数など細かな対応はむりである。しかし放牧により出てくる可能性のある問題点は「高蛋白」「低エネルギー」「乾物不足」と明らかになっており，そのモニターもバルク乳の尿素と乳蛋白率，そして乳脂肪率でおおよそ可能である。

では放牧時の栄養的な問題をどう解決するか。バルク乳成分をモニターとして乾物摂取量は乳脂肪率，エネルギーの過不足は乳蛋白率，そして蛋白過剰はMUNで見る。あくまでも一つの目

安ではあるが，乳脂肪率が3.7％を切るようだと乾物不足，乳蛋白率が3.0％を切るとエネルギー不足，そしてMUNが15mg/dlを超えると蛋白過剰だと理解したほうがよい。

では，そのようなときどうするか。乾物とエネルギーを補給する必要がある。最も使いやすいのがビートパルプである。ビートパルプは濃厚飼料と粗飼料の中間に位置するタイプのえさで，エネルギー補給だけでなく，乾物と繊維の補給にもなる。エネルギーの補給を考えた場合，コーン，大麦，糖蜜なども応用できる。乾物の補給を考えると乾草やサイレージになる。

しかしここで注意しなければならないのは，補給飼料として二番草の乾草やサイレージを使うのはよくないということである。あくまでも二番草以降への放牧草のクッションとして補給するのは，一番草の乾草やサイレージである。

では，いつから補給飼料を始めるか。これは放牧のやり方（面積，昼夜，ローテーションなど）によって一概には決められないため，いつからパルプを何kg，乾草を何kgなどとマニュアル化することはできない。そこで，バルク乳成分を見てえさを調節する必要がある。蛋白過剰，エネルギー不足，乾物不足などの症状が出てきたら前述の補給飼料で手を打てばよい。放牧の方式などをあまり難しく考えないことである。当然牛自体も毛づや，腹の張り，便の状態などでそのときそのときの状態を表わしているはずである。放牧地を自分で歩いて，牛を見て，糞を見て，そしてバルク乳成分を参考にして，手を打っていく。バルク乳成分は大きな手助けになる。自分で一年，一年と経験を積み重ねていくことが大切である。

（9）転換のための技術

低投入酪農への転換には，頭の切替えと全体のバランスを考えることが大切である。以下，私自身常に注意してきた点について箇条書きにした。

1）自給飼料の割合が増えるため，飼養可能な頭数は減る。最重要点。

2）牛の健康は栄養濃度ではなく，あくまでも乾物摂取量で決まる。

3）粗飼料の確保も栄養濃度ではなく，量の確保に重点を置くべきである。ここに適正規模の概念が必要である。

4）一番草と二番草の使い分けを意識する。一番草は健康維持，二番草は泌乳飼料と考える。したがって，乾乳から分娩にかけて健康的に乗り切るためには一番草が必要である。

5）放牧はできるだけ取り入れたほうがよい。方法にはあまりこだわらない。たとえフリーストールであっても放牧の採用に問題はない。

6）飼料計算はしない。配合飼料の給与量は一定量とするため計算の意味がない。同じ飼養管理を続けていると人も牛もむだな部分がどんどん削れていき，しだいに乳量が増えてくるようになる。このときこそ牛が能力を発揮している状態なので，配合の増給に走らないことが肝要である。

7）リードフィーディングはいらない。分娩，産褥期，泌乳と一つ一つハードルをクリアしていく。

8）配合飼料の増給は牛乳出荷が始まってから。1週間に2kgぐらいの増量ペースとする。乳量のピークをより早く，より高くとの考えが諸悪の根源だ。ピークは2か月でよいはずだ。

9）産褥熱など食欲低下のときは配合飼料をひかえる。草は食べないが配合だけは食べるという状況は，明らかに粗濃比の逆転が起きている。食欲が十分に回復してから配合を再給与する。

10）繁殖はどうしても伸びがちであるが，"おりもの"などの異常がなければエネルギーバランスが戻るまで待つという方法もある。

11）能力のある牛は配合を減らしても乳を出す。このような牛は特に低エネルギーの影響を受けて発情がこない。何とかしようとして配合を増やすと，発情はくるが収益性は落ちると考えるべきである。どの辺で折り合いをつけるか，そこが酪農家としてのスタンスである。はたしてこれまでのホルスタインの改良がこのような飼養管理に適しているかどうかは大きな疑問である。

12）バルク乳成分の数字に振り回されるので

搾乳牛

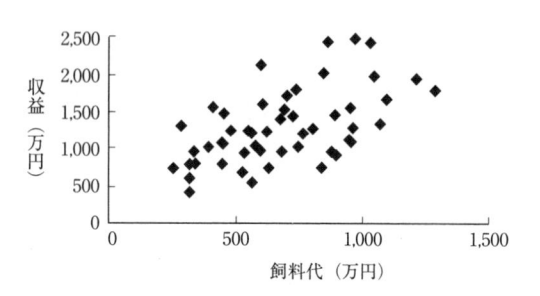

第13図 飼料代と収益の関係

はなく, 数字を積極的にモニターとして利用できるようにしていく。また五感を十分に働かせて牛に接する。

13) 糞尿問題をきちんと考える。放牧利用により糞尿処理量は大きく減少するはずである。糞尿処理方式だけを考えるのではなく, 飼養形態との絡みから牧場内でのサイクルを考えることが大切である。

14) 飼養形態の選択は酪農家にとってはライフスタイルを選択するに等しい。経済性だけに偏った飼養形態の選択は, 自分達の好ましいライフスタイルとのミスマッチを引き起こすかもしれない。特に後継者が帰ってきたときとお嫁さんを迎えるときが最も危険である。まずライフスタイルを描いたうえ (おぼろげでもよい) で農場としての飼養形態を考えていくことが大切だと思う。もちろんライフスタイルを描く際には夫婦, 家族の話合いが必要なことはいうまでもない。

＊

低投入酪農における牛の生理, 生産, 飼養管理などはまだよく理解されていない。さまざまな考えの人がいるわけだから, 発情のこない牛を見て, 栄養が足りないといわれたら, 気持ちが揺らいでしまい, また配合を増やしてしまうかもしれない。投入量を抑えて牛を飼うということと牛を放ったらかすということとは違う。地域にはさまざまな酪農家が存在することを知ること, そしていかに自分の経営を相対的に評価することができるかである。

たとえば第13図は飼料代と収益の関係をみたものであるが, 飼料代をつぎ込むと一応収益が上がるという関係は存在する。しかし大切なのは同じ飼料代でも収益に大きな差があるということである。1,000万円の収益を上げるのに飼料代の幅が400万円から1,000万円まであるということが大切なのである。この分布のなかで自分の牧場はどこに位置しているか, ということを考えるだけでも, これからどの方向へ進むべきか, という問いかけに大きな示唆を与えてくれるはずである。それぞれの地域でこのような図を作成してみることから始めてはどうだろうか。

2002年記

地域資源活用による集約的輪換放牧
―足寄町の放牧酪農研究会―

執筆　須藤純一（北海道酪農畜産協会）

(1) 自給飼料を生かした低コスト「ゆとり」酪農

現在の北海道酪農が直面している諸問題は，規模拡大と生産量の拡大に大きく傾斜した生産方式や生産技術の組立てのなかに潜在しており，それが近年に至ってより顕在化してきていることである。その焦点は，酪農経営における飼料利用内容の大きな変貌であり，購入飼料への依存体質が大きく進んでいることである。その結果，飼料自給率は限りなく低下している。土地利用に対する奨励金がその面積利用程度によって交付されてはいるが，その効果は不十分といえよう。単なる面積の所有ではなく，その利用度合い，つまり飼料自給率向上に貢献しているかどうかが確認されていないことが問題である。

このような生産環境のなかにあって，自給飼料を重視した経営の探求とその構築を図り，低コスト生産による高収益経営を確立すると同時に生活の「ゆとり」を実現している経営が実現されてきている。それらの先駆的取組みをグループ活動で組織的に実践している足寄町の放牧酪農研究会がその一つである。彼らは従来の規模拡大による生産量拡大追求のみの生産方式の矛盾に気づき，その反省から購入飼料依存型の経営方式を見直し，地域の飼料資源を生かした自給飼料活用型の生産方式に取り組んだのである。地域条件を生かした自給飼料活用の方途として集約的輪換放牧の導入を行ない，自給率を向上して経営改善を図った。

(2) 足寄町の地域環境とその集約的輪換放牧導入の経緯

①地域の自然環境と酪農の現実

足寄町は，北海道を代表する畑作農業主産地である十勝地域の東北部に位置し，畑作と畜産経営が混在して営まれている農山村である。東は阿寒，西は大雪の両国立公園に隣接している立地条件から，大半が高台丘陵地で占められ，いくつかの山麓から流れる河川沿いに広がる平坦地から構成されている。したがって，広大な平野が広がる十勝地域の農村のイメージとはかなり様相が異なる。

気候は，十勝地域特有の内陸性の気候に加え，山麓地域の気象条件から年間の寒暖の差も激しく，冬は－20℃以下になることも珍しくない。また同町村内でも山麓地域では，積雪もかなり多い。総面積の8割強は山林原野が占めており，耕作地は少ない。加えて土壌条件は，全体として火山灰で覆われており，低地には泥炭土壌も散在する。気象条件だけでなく，土壌条件からも作物栽培には厳しく，恵まれた営農条件とはいえない。

平坦地域には主として畑作が行なわれ，河川沿いや山麓地域では畜産経営が展開している。町の中心地から奥の河川沿いや山麓の丘陵地域は，戦後開拓によって農地開発された歴史をもっている。入植当初は畑作主体の農業だったが，厳しい気象条件から冷害が重なり，畑作中心の

第1図　放牧酪農の秋の風景

経営から畜産主体経営へと方向転換され、酪農と肉牛中心の経営が構築され現在に至っている。

1996年4月、研究会の会長である佐藤智好氏（当時46歳）を中心とした足寄町の酪農家有志7戸による放牧酪農研究会が発足した。開拓農家2代目の佐藤氏は、規模拡大最盛期の昭和40年代の就農当初から地域の多くの酪農家と同様、規模拡大と高生産乳牛の育成と飼養を目指した資本投下による経営構築を進めてきた。しかし、規模を拡大し生産量は増大したものの投資の回収は思わしくなく、多額の負債の償還に苦しむ経営運営を余儀なくされていた。面積は多かったが、その利用は低く放牧も粗放利用だった。このような悪循環から抜け出すため生産方式の転換を模索し、道内の放牧成功経営やニュージーランドの放牧経営の視察を行なった。

それらの模索から経営転換を図るためにはグループによる推進が有効と北海道畜産会出葉副会長（当時）からの助言を受け、佐藤さんは地域の有志に働きかけ放牧研究会を立ち上げたのである。この研究会が目指したのは、生産量を下げることなく生産費用を低減できる集約的輪換放牧の導入であった。放牧研究会は、この方式の導入に向け1年間各種の研修を積んだ。

②集約的放牧酪農の概略

それまでも夏期だけの一時的で粗放的な大区画放牧（1牧区が3〜5ha以上）は広く普及しており、草資源に恵まれて北海道では半数以上の酪農家が実施している。この粗放的な方式と集約的林間放牧方式との違いは、放牧地を電気牧柵によって仕切った牧区に乳牛を輪換採食させながら移動していく点にある。牧草地を集約的に利用できるのが特徴で、よく管理された牧草地であれば、従来の粗放的な放牧に比べて生産乳量の低落が小さく、一方で購入する濃厚飼料の量を減らして所得を増大させようとする方式である。

それまでは大牧区による粗放的な方法で、昼間のみの利用で利用率は低かった。集約放牧利用のためには、放牧地への牛道や、輪換利用するための牧柵、あるいは放牧地への水飲み場の設置などの各種の整備が不可欠である。これらの整備は、国の補助事業として畜産再編総合対策事業のなかの集約放牧酪農技術実践モデル事業があり、それを活用した。事業は、農協（足寄町開拓農協）が事業主体となって放牧酪農研究会が受益組織となり、1997年から開始した。この事業はハード面のみでなく、各種研修や先進地視察あるいは土壌分析や経営分析などのソフト事業もセットされた総合的事業であった。このことは、研究会組織として事業を効果的に推進するうえで大きく役立った。

以上のように放牧酪農研究会は各種の研修会や検討会など行ない、その際には研究会の構成員全員（夫婦）の参加を基本とし、それぞれの経営内容や条件を夫婦お互いが理解し、またそのことの実現に努めた。各経営が相互に理解を深め、さらに家族が一丸となって取り組める放牧酪農の探求と実践に努めてきたことが当研究会の事業推進の大きな特徴である。

③足寄町放牧酪農研究会の取組み

放牧酪農研究会メンバーの経営概要は、第1表のとおりである。各経営の経営規模は小規模から大規模経営まで多様であり、牛乳生産量は格差が大きく負債額にも格差が大きかった。参加戸数は7戸と少ないものの、まさしく多種多様な経営者の集まりであった。しかし、このことが各人各様の多くの経験をともに共有できたことにつながり、事業実施とその効果的推進のうえでプラスに

第1表 農家の経営概要（1999年）

農家 No.	1	2	3	4	5	6	7
経営主年齢（歳）	50	50	51	52	52	46	58
家族数（人）	5	6	5	4	6	5	6
労働力（人）	2.1	2.1	2.0	2.0	2.0	2.0	2.0
飼料栽培面積（ha）	77.5	53.0	64.6	46.5	72.0	43.0	28.9
うち借地（ha）	20.0	19.0	24.6	19.0	12.0	5.0	15.5
うち放牧地（ha）	29.0	23.0	22.0	15.5	20.0	9.1	9.0
飼養頭数（頭）	105.0	77.0	112.1	80.6	87.0	80.0	63.3
うち経産牛（頭）	55.5	44.7	68.4	48.6	47.0	41.0	32.7
販売乳量（t）	463.8	251.2	513.7	342.7	330.8	311.5	199.0

作用したものと考えられる。

第2表は，集約的輪換放牧の導入にあたって実施した，各経営における事業の内容である。事業の主なものは，牧柵と牧道の整備と放牧地への給水施設の設置である。7戸のうち補助事業を活用した酪農家は6戸であり，1戸は実施が遅れたが自己資金による整備を行なっている。また，各種の整備内容や事業費は，経営の諸条件や各メンバーの考えによって多様である。なお，集約的輪換放牧とは，毎日放牧する牧区を変えて短草利用による高栄養の牧草を採食させる方式で，昼夜放牧も行なうのが基本である。

事業の実施にあたっては，北海道農業試験場の放牧利用の研究者や牧柵専門メーカー，あるいは放牧利用の先進経営などからのアドバイスを得ながら，また定期的な研究会の検討会での相互の意見交換を繰り返し行ないながら実施してきた。したがって，放牧技術は画一で押しつけではなく，各経営の立地条件や現状経営の内容などを十分に踏まえた多様な方式である。たとえば農家No.1の経営は農地が施設に集約していたので小牧区でより集約的な利用ができたが，

第2表　放牧導入に伴う整備内容

農家 No.	1	2	3	4	5	6	7
放牧地造成（ha）	—	3.5	—	—	—	4.1	—
放牧地整備（ha）	—	7.5	10	1.5	—	1.1	9.0
牧道整備（m）	890	210	700	—	400	385	342
牧柵整備（km）	6.6	1.7	6.0	3.7	1.0	3.6	2.3
給水施設（基）	10	2	10	3	3	2	2

第3表　各経営における集約輪換放牧の取組みと経緯

農家 No.	年次	取組みの内容
1	1991年まで	舎飼中心の飼養方式，サイレージ用トウモロコシの栽培，通年サイレージ給与
	1994年まで	放牧開始，時間放牧（半日），購入飼料依存経営
	1995年から	昼夜放牧の開始
	1996年から	放牧地の整備と拡大を行ない放牧主体経営に移行，トウモロコシ栽培中止
	1997年から	牧道，牧柵整備により集約放牧の開始（小牧区）
2	1992年まで	傾斜地の放牧地で昼間放牧，サイレージ用トウモロコシの栽培
	1995年まで	一番草採草後に放牧利用する兼用地の拡大
	1997年から	牧道，牧柵整備により集約放牧の開始，トウモロコシ栽培中止
		昼夜放牧開始，平坦地と傾斜地とを交互に放牧利用（中牧区）
3	1997年まで	昼間放牧，採草・放牧兼用地の拡大，自己資金により牧柵の整備
		グラスサイレージ主体の飼養
	1998年から	昼夜放牧の開始（試行数回），放牧地22ha，兼用地10haに拡大
		搾乳牛頭数規模の拡大，育成牛頭数の削減
	2001年から	自己資金による牧道・牧柵の整備，昼夜放牧の開始（小牧区）
4	1995年まで	昼間放牧（午後半日），傾斜地の採草・放牧兼用利用
		グラスサイレージ主体の飼養
	1996年から	昼夜放牧の開始
	1997年から	牧道，牧柵整備により集約放牧の開始，借地増加により自給基盤の拡大
5	1996年から	昼間放牧の開始
	1997年まで	昼間放牧，大牧区利用，グラスサイレージ主体給与
	1998年から	牧道，牧柵整備により集約放牧の開始，および昼夜放牧の開始（中牧区）
6	1995年まで	昼間時間放牧（午前中），グラスサイレージ主体給与
		購入飼料依存型経営
	1998年から	牧道，牧柵整備により集約放牧の開始，昼夜放牧の開始
7	1996年まで	昼間時間放牧（午前中4～5時間），グラスサイレージ主体給与
		サイレージ用トウモロコシの栽培
	1997年から	牧道，牧柵整備により集約放牧の開始，昼夜放牧の開始
		兼用利用地の拡大

搾乳牛

第4表 経営成果の年次比較

農家No.	1		2		3		4		5		6		7		1996年平均	1999年平均	効果 1999/1996
年次	1996	1999	1996	1999	1996	1999	1996	1999	1996	1999	1996	1999	1996	1999			
酪農部門所得（万円）	887	1,573	820	1,079	1,539	1,810	626	1,092	585	1,289	1,212	1,394	725	787	913	1,289	1.4
所得率（%）	23.4	36.5	37.5	49.3	37.3	40.7	26.8	36.7	20.3	43.5	35.5	48.8	31.9	42.3	30.4	42.5	1.4
経産牛1頭所得（千円）	175	283	198	241	249	265	166	225	121	274	291	337	232	241	205	267	1.3
生産原価（円/kg）	65.7	48.7	62.0	46.4	53.3	49.5	64.2	56.5	70.2	53.7	62.4	55.8	73.6	65.4	64.5	53.7	0.8
利息算入原価（円/kg）	71.3	53.5	62.1	46.4	53.9	49.7	70.6	60.8	77.3	57.7	63.3	56.1	73.7	65.7	67.5	55.7	0.8
総原価（円/kg）	79.8	62.9	72.1	55.5	62.0	58.6	80.5	68.5	87.8	66.9	72.8	65.0	83.6	76.3	76.9	64.8	0.8
生乳販売価格（円/kg）	75.2	76.2	73.0	74.0	74.9	74.6	73.4	72.2	74.2	73.4	76.7	75.4	76.5	73.7	74.8	74.2	1.0
自給TDN原価（円/kg）	40.7	26.0	41.1	19.9	37.5	36.7	53.3	25.1	37.8	28.1	48.8	37.5	39.2	33.2	42.6	29.5	0.7
経産牛1頭当たり																	
生産費用（千円）	707	567	533	381	536	533	706	532	612	567	689	592	742	647	646	546	0.8
うち購入飼料（千円）	188	126	98	43	162	134	151	134	160	120	169	103	154	62	155	103	0.7
乳牛減価償却費（千円）	52	54	55	54	52	51	45	51	51	34	43	49	55	55	50	50	1.0

No.2の農家では傾斜地などもあって小牧区利用はできないことなどである。つまり，事業の導入と経営展開は，個々のペースを大事にしたむりのない放牧スタイルの確立とその尊重に努めたのである。このため各経営者は，グループ内の検討会だけでなく積極的な先進地視察や現地研修会などにも出かけ，貪欲なまでの放牧の知識や智恵の吸収とその蓄積に努めてきた。多忙な日常生活のなかでも，1年間の検討会は，じつに10回に及び，先進地視察は3回実施している。なお，一定の成果が確立されたため，平成13～15年は海外放牧先進地のニュージーランド視察に3組の夫婦が出かけている。

このような研究会メンバーの経営改善にかける真摯な熱意と姿勢は，各関係機関や関係者へと伝わり，多方面からの多くの支援を引き出して短期間での多大な経営成果を産みだす原動力となったものと考えられる。

第3表は，研究会メンバーの集約放牧開始に至るまでのそれぞれの生産方式や取組みの経緯を整理したものである。表に示すように，集約的輪換放牧導入に至る経営内容は，経営個々によって多様である。改善前の飼料利用の面で共通していたのは，グラスサイレージの通年給与であり，多くの経営ではサイレージ用トウモロコシを栽培していたことである。放牧の利用は，大牧区利用による昼間の時間放牧が多いという内容であった。

(3) 経営経済の成果

集約放牧導入による自給飼料活用型経営への転換は，生産方式の仕組みを変え，最終的には費用や収益性へと波及する。ここでは，飼養方式の転換による収益性や生産コストについて実績を紹介する。経営実績は，飼養転換前（1996年）と転換後3年目（1999年）の実績を経営分析によって比較検討したものである。

①収益性と生産コスト

第4表は，経営経済の成果について，各経営の損益計算書作成による収益性とその成果の要因となった生産コストの変化を要約したものである。2か年次間の成績を経営ごとに分析した結

果は，ほとんどの経営で所得が拡大されている。これは，転換後の経営収支が大きく改善されたためである。収益性は，個々の経営に合ったペースでの取組みのため経営間の格差がみられるが，全戸で所得の向上が実現されている。なかでも顕著な所得向上のあった経営は5事例という内容である。対象経営のなかには，もともと経営内容の良かった事例も含まれているが，所得率は軒並み向上し，40％以上の高水準の経営が5戸認められる。経産牛1頭当たりの所得額は，25万円以上の高水準経営が4戸，北海道酪農畜産協会指標の20万円以上の経営でみると全戸が含まれている。

生乳生産コスト 全戸で明らかに低減された。このうち，生乳1kg当たり生産コストは，50円以下経営が3戸，当面の目標値である60円以下（北海道酪農畜産協会目標）の経営は3戸，65円が1戸という構成である。生乳生産コストに大きく影響する自給飼料生産コストについても検討した。自給飼料生産に要する費用や生産コストは，牛乳生産費用にも大きく影響する。

自給飼料生産原価 自給飼料の調製量からTDN生産量を算出して，TDN1kg当たりの生産コストを計算した。この結果，全戸で生産コストが低減されており，集約的輪換放牧活用による自給飼料生産への効果が大きく発揮され，その影響が顕著に示された。このうち4戸は，TDN1kg当たり20円台というきわめて安価に自給飼料が生産されており，牛乳生産コスト低減に大きく貢献したと考えられる。

集約的輪換放牧実施以前のコストとの比較や，TDN生産1kg当たり指標値の40円からみてもそのコスト低減の効果が大きい。これは，放牧の拡大と効率利用によって投入費用が低減されたと同時に，牧草の高栄養利用が進んだことによる相乗効果が反映された結果である。経産牛1頭当たりの生産費用は，1996年との比較では1999年は全戸で明らかに低減された。生産費用のなかでも特に大きな比率を占める購入飼料費が大きく低減されているのが特徴的である。

②経営規模と生産技術の年次比較

飼料給与内容の転換に伴う経営経済の改善と向上には，生産方式の内容転換が大きく影響している。ここでは，収益性の大幅な向上をもたらした，経営規模と生産技術内容の変化について検討した。

経営規模 第5表に示すとおり1998年に飼養規模の拡大を図った2戸（No.3，4経営）以外の経営では若干の拡大に止まった。したがって，生乳生産量も若干の増大で，うち2戸（No.6，7経営）は若干の減少である。飼料栽培面積は，3経営（No.2，4，6）がやや拡大したが，ほかは横ばいである。

経産牛1頭当たりの年間乳量 年間乳量の変化は，経営によって3とおりに区分される。すなわち，1996年時に年間乳量が比較的低かった経営では向上し，一方の高泌乳生産経営は横ばいか低下したことである。つまり，大牧区による粗放的な放牧を行なっていた経営は，集約放牧への転換により高栄養牧草が給与されたことによって乳量が向上したのである。また，従来の高泌乳経営では，濃厚飼料給与のコントロールによって乳量が横ばいあるいは低下した。しかし，それでも経営の収支は好転している。このように，集約的輪換放牧の導入は，濃厚飼料依存型の生産方式からの転換をもたらし，これを可能にしたのが自給飼料の高度活用への方向転換だったのである。

経産牛1頭当たりの年間濃厚飼料給与量 明らかに全経営で減少している。4経営（No.1，3，6，7）は，経産牛1頭当たり2t台の給与量から1t台に大きく低減している。この結果，飼料効果（濃厚飼料1kg当たりの乳量）は低い経営でも3.6（No.4経営），最高では9.7（No.2経営）へと大きく向上し，濃厚飼料の産乳効果が著しく向上した。このことは，乳飼比に波及して，5経営は対経産牛で20％以下に大幅に低減された。

この背景として，6経営ではTDN自給率が60％以上へ大きく向上し，そのうち3経営（No.2，6，7）ではTDN自給率が70％以上の高水準を確立したことが注目される。

なお，従来の放牧利用の大きな欠点としては，放牧期の乳成分の低下があった。しかし，集約的輪換放牧利用では，この欠点をクリアーでき

搾乳牛

第5表 規模・生産技術の年次比較

農家 No.	1		2		3		4		5		6		7		1996年	1999年	効果
年次	1996	1999	1996	1999	1996	1999	1996	1999	1996	1999	1996	1999	1996	1999	平均	平均	1999/1996
生乳生産量 (t)	420.6	463.8	228.7	251.2	478.8	513.7	255.6	356.3	299.6	330.8	349.3	311.5	231.3	199.0	323.4	346.6	1.1
経産牛頭数 (頭)	50.6	55.5	41.5	44.7	61.9	68.4	37.6	48.6	48.4	47.1	41.7	41.3	31.3	32.7	44.7	48.3	1.1
自給飼料面積 (ha)	77.5	77.5	49.5	53.0	64.6	64.6	33.0	46.5	72.0	72.0	35.0	43.0	28.9	28.9	51.5	55.1	1.1
経産牛1頭乳量 (kg)	8,313	8,370	5,512	5,627	7,500	7,520	6,797	7,333	6,189	7,096	8,378	7,550	7,391	6,087	7,154	7,083	1.0
乳脂率 (%)	3.81	4.02	3.82	3.9	3.89	3.94	3.74	3.67	3.84	3.9	3.92	3.94	3.96	3.85	3.85	3.89	1.0
無脂固形分率 (%)	8.71	8.75	8.42	8.48	8.60	8.6	8.63	8.66	8.57	8.62	8.65	8.71	8.67	8.55	8.61	8.62	1.0
経産牛濃飼給与量 (kg/頭)	2,501	1,738	1,084	581	2,010	1,565	2,234	2,016	1,891	1,816	2,436	1,725	2,147	765	2,043	1,458	0.7
乳飼比 経産牛 (%)	27.6	17.7	21.2	9.4	26.1	17.8	28.3	20.3	31.4	20.4	23.3	16.8	25.4	12.2	26.2	16.4	0.6
乳飼比 全体 (%)	30.1	19.8	24.4	10.3	28.0	20.1	30.2	25.3	35.9	23.2	26.3	18.3	27.3	13.8	28.9	18.7	0.6
飼料効果	3.3	4.8	5.1	9.7	3.7	4.8	3.0	3.6	3.3	3.9	3.4	4.4	3.4	8.0	3.6	5.6	1.5
TDN自給率 (%)	46.6	61.6	61.0	80.5	48.9	60.8	60.7	61.3	64.2	61.7	58.2	73.2	53.1	79.4	56.1	68.4	1.2
成牛換算1頭面積 (ha)	1.04	0.92	0.78	0.82	0.8	0.65	0.55	0.73	0.99	1.08	0.55	0.67	0.58	0.58	0.76	0.78	1.0

ることが従来方式との大きな相違点でもある。1996年の実績値と比較して，5経営では，明らかに乳成分の向上が認められており，低下したのは1経営（No.7）のみである。

以上のように，集約的輪換放牧の導入は生産方式の転換をもたらし，特に飼料給与の濃厚飼料給与量の大幅な低減となった。このことは，濃厚飼料の産乳効果を向上させ，飼料効果の大きな向上となって反映された。同時にTDN自給率は，ほとんどが60％以上という高水準へ向上した。この結果，購入飼料費は大きく節減されて，乳飼比の大幅な低下となって表われた。このような自給飼料活用への生産方式の転換は，収益性の向上に大きく寄与したと考えられる。なお，放牧方式は経営ごと，あるいはその年の気象条件などから蓄積した経験により柔軟な方式を採用している。

③生産費用の変化と低減内容

飼養方式の転換は，生産技術内容に波及すると同時に費用内容にも影響しており，生産費用の低減に大きく貢献した。ここでは，その費用内容について検討した。分析は，飼養転換前後の変化について行ない，自給飼料生産費用と生乳生産費用の内容変化を比較検討した。

自給飼料生産での投入費用内容の変化 第6表には，自給飼料生産部門における投入費用内容の変化を示した。自給飼料の生産費用は10a当たりの費用に換算して示した。費用の低減は3経営で認められる。すでに述べたように個々の経営のペースを重視した推進のため，経営によっては放牧利用とその取組み内容に格差があり，まだ十分その効果が発揮されていない経営もある。このような経営は，放牧地の草生改良や放牧草種の定着，放牧期間の延長，飼料給与技術の向上など，今後の放牧内容の充実によっては，生産コストの低減が十分期待できると考えられる。

自給飼料内容の変化 集約放牧導入に伴う自給飼料生産内容の変化も第6表に示したが，経営により放牧利用度合いの格差が認められる。10a当たりの生草収量は，向上した経営が多いが注目されるのは1ha当たりで示した栄養生産

低投入酪農への転換技術＝集約的輪換放牧

第6表 自給飼料生産費用の内容と変化（飼料面積10a当たり） （単位：千円）

農家No.		1		2		3		4		5		6		7	
年次		1996	1999	1996	1999	1996	1999	1996	1999	1996	1999	1996	1999	1996	1999
肥料種子農薬		22	26	38	28	31	38	50	29	36	31	23	19	32	31
労働費		10	9	24	4	16	13	16	11	14	12	21	18	45	45
燃料費		2	2	5	4	5	3	8	2	5	3	9	6	9	8
減価償却費		23	17	28	12	31	30	39	19	16	12	99	37	45	48
賃料料金		10	6	6	0	2	7	12	0	6	11	18	22	8	33
修繕費		7	22	8	7	20	30	12	5	11	20	9	9	10	8
諸材料		17	7	7	7	9	11	6	7	0	4	7	10	13	5
借地料		15	19	18	16	18	22	17	15	15	10	20	25	0	0
合計		106	108	134	78	132	154	160	88	103	103	206	146	162	178
調製利用	放牧 (t)	770.0	1,166.0	261.5	617.0	680.4	714.0	198.8	425.3	375.0	421.2	200.0	333.8	135.0	334.8
	乾草 (t)	40.6	71.8	36.0	28.0	49.5		20.4	21.0	62.7	60.0	15.0	15.8	21.0	35.0
	C・サイレージ (t)			153.0										90.0	74.6
	G・サイレージ (t)	442.0	561.0	417.3	455.0	595.0	728.0	315.3	375.0	442.0	773.1	390.0	464.3	463.8	246.4
生収量 (kg/10a)		2,889	3,968	2,735	3,563	3,753	3,728	2,739	3,630	2,811	3,390	4,417	3,044	3,834	3,909
TDN収量 (kg/ha)		2,589	4,159	3,256	3,880	3,515	4,278	3,002	4,034	2,697	3,669	3,912	3,466	4,796	4,142
堆肥散布面積 (ha)		40.0	40.0	14.0	12.0	30.0	15.0	5.0	5.0	0.0	10.0	20.0	17.0	28.9	20.5
堆肥散布量 (t)		520	450	260	156	1,770	750	150	150	0	276	400	340	470	334

（TDN量）の向上である。1ha当たりのTDN生産は，ほとんどの経営で向上しており，4tの高位生産が4経営で確認される。一部低下した経営は，サイレージ用トウモロコシ栽培を縮小あるいは中止した経営である。このように集約放牧導入の成果は，投入費用の低減だけでなく，自給飼料の栄養生産の向上をもたらしたのである。それを可能にしたのは，放牧導入後には共通して糞尿の活用が高まったことであり，環境保全型と同時に資源循環型のリサイクル生産へと転換したことによるものでもある。

自給飼料生産の変化は，飼養転換に伴う土地利用の変化によるものである。共通しているのは，放牧地面積の増加だけでなく，一番草採草後に放牧利用する兼用地が増加していることである。なお，従来から放牧を行なっている経営は，放牧面積が同様でもその利用内容が変化（大牧区から小牧区利用）しており，粗放的利用から集約的利用へとその方法が転換されている。

生乳生産費用構成の変化 次に第7表は，生乳生産費用構成について経産牛1頭当たりで示したものである。集約放牧の導入が，生乳生産費用の構成にどのような変化をもたらしたかを検討した。当期の費用合計は，1999年では1996年に比べてすべての経営で費用が低減していることが確認できる。また，生乳生産費用の主要費目は，飼料費と労働費および減価償却費であり，この3費用のコントロールが生産コストの低減に大きく貢献したと考えられる。この視点から検討してみると，飼料費（自給＋購入）は，全経営で低減されており，経営によって格差はあるものの最大で5割程度，最小でも1割低減された。このように飼料費は，集約放牧導入の効果が大きく表われた部分である。次いで労働費の低減であり，最大で3割強，最小で1％程度低減された。

減価償却費 減価償却費は，施設への新規投資を行なった1経営（No.4）以外はほとんどの経営で節減されている。その内訳では，搾乳牛の減価償却費が3経営で低減している。これは，放牧利用の充実強化によって乳牛の健康が回復，あるいは増進して病気や事故などによる淘汰が減少した結果，供用年数が延びて年間の減価償却費負担が低下したためである。濃厚飼料への過度な依存から自給飼料重視への飼料給与改善は，これらの疾病への抵抗力を強めあるいは減

第7表　生乳生産費用の構成と変化（経産牛1頭当たり）　（単位：千円）

農家 No.	1		2		3		4		5		6		7		1996年	1999年	効果
年次	1996	1999	1996	1999	1996	1999	1996	1999	1996	1999	1996	1999	1996	1999	平均	平均	99/96
飼料費　自給	171	151	160	91	138	148	140	87	152	157	161	152	173	121	156	130	0.8
購入	188	126	98	43	162	112	151	134	160	120	169	103	154	62	155	100	0.6
計	359	277	258	134	300	260	291	221	312	277	330	255	327	183	311	230	0.7
労働費	148	109	135	88	79	67	185	129	151	139	175	173	192	171	152	125	0.8
診療・種付費	20	19	17	15	15	17	13	12	16	19	20	17	20	16	17	16	1.0
光熱水費	24	31	15	14	19	21	15	25	17	21	20	27	24	21	19	23	1.2
減価償却　乳牛	52	54	55	54	52	44	45	51	51	34	43	49	55	55	50	49	1
建物施設	28	21	8	7	12	9	11	24	9	6	33	21	19	15	17	15	0.9
機械	2	1	1	2	9	10	4	1	2	1	13	7	3	0	5	3	0.6
計	82	76	64	63	73	62	60	76	63	42	90	77	78	70	73	67	0.9
賃料料金	15	11	2	18	24	26	5	24	6	18	16	4	79	52	21	22	1
修繕・材料費他	45	31	35	34	23	48	28	38	25	48	34	29	18	30	30	37	1.2
資産処分損益	13	12	6	13	-3	-23	-1	8	23	8	5	10	7	4	7	4	0.6
当期費用合計	706	566	532	379	530	479	596	533	612	571	689	592	742	546	630	524	0.8

注　飼料費の自給飼料費は当部門の直接経費以外に減価償却費や労働費などを含む総生産費用である

少できたということを示すものと考えられる。

収益性の変化　収益性の変化は，経産牛1頭当たりの損益計算を第8表に示した。経産牛1頭当たりの収益は，拡大が2経営で減少5経営である。一方の生産費用は，全経営で減少したことが明らかに認められる。また，酪農収益と生産費用との関係をみれば，飼料給与転換前後の変化が明瞭で，転換後の1999年では収益に対する生産費用割合が大きく低減されていることがわかる。このように，飼料給与の転換によって，収益性は大きく変化していることが認められる。つまり，所得の拡大は，収益の拡大よりも生産費用の低減によって相対的に実現されたという内容が明らかである。

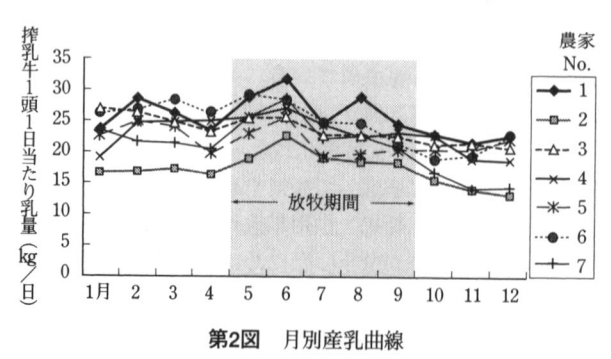

集約放牧への転換は，生産費用の内容を大きく変え，全体的に低投入型の費用内容になる。その内容は，生産費用の大半を占める3大費目の飼料費をはじめ，労働費と減価償却費の低減である。このことによって，収益性は大きく変化し大幅な所得拡大が実現されたのである。

すなわち，集約的輪換放牧への転換は，生産コストを節減できる放牧期間の乳量を伸ばし，生産費用が多く必要となる舎飼期間の乳量を低下させているのである。飼料給与転換を中心とした生産システムの変更は，全体の投入費用のコントロールに波及して生乳の単位当たりコストを押し下げたのである。このような牛乳生産の原点は，ニュージーランド酪農にみることができるもので，現在世界一生産コストの安い牛乳生産方式を確立している国として国際的にも注目されている。

④牛乳生産と労働時間の年次変化

ここでは，年間の牛乳生産の変化と労働内容について検討したい。第2図は，生乳生産量の内容の変化を，月別に搾乳牛1頭1日当たりの泌乳曲線で示したものである。年間産乳のカーブに

第2図　月別産乳曲線

低投入酪農への転換技術=集約的輪換放牧

は経営によって相違がみられるが,放牧期間(5～9月)の乳量を増加させていることが共通した変化である。これは,集約放牧の成果が十分発揮された結果とみることができる。

第9表には,集約放牧導入後の労働時間の変化を示した。労働時間は,各経営の生産方式により多様な傾向を示している。多少の差はあるものの,すべての経営で年間総労働時間の低減が図られ,省力化が進んだことが認められる。最大では約4割の低減である(No.2経営)。集約放牧の導入は経営内条件やその取組み内容に差があるため,このような格差になったと考えられる。

酪農経営の労働内容は,年間を通じて行なう飼養管理時間と,季節に集中する自給飼料生産時間との2つに大きく区分される。飼養管理時間は1割程度低減した経営が多いが,なかには2割から3割低減した経営もみられる。自給飼料生産は経営によって格差があり,No.2経営における省力化が際だっているが,この経営は集約放牧の開始前はサイレージ用のトウモロコシを作付けしていたため,その栽培と調製に多くの時間を投入していたことによる。

北海道酪農は,規模拡大に伴う家族労働の強化が顕在化している現状にある。年間の1人あたりの労働時間は,放牧酪農研究会のなかでも年間3,000時間という過重労働の経営がみられるが,一方では2,000時間以下の労働に軽減した経営もあり,経営間の格差が大きい。労働の省力化という課題は,経営装備や生産内容の相違もさることながら,各経営者の考え方も大きく反映されるものなので画一的な判断は難しい。しかし,集約的輪換放牧の導入は,省力化にも大きく貢献していることは明らかである。調査対象経営は,なお過渡的な経営が多いということを考慮すれば,今後の放牧体系の充実によっては,より以上の省力化は十分期待できるし,実現可能と考えられる。

⑤飼料給与内容の変化

集約的輪換放牧の導入は,飼料給与内容を大きく変化させた。これが契機となって経営全体の生産方式の転換をもたらしたと考えられる。

第8表 収益性の変化(損益計算書:経産牛1頭当たり)(単位:千円)

農家No.		1		2		3		4		5		6		7		1996年平均	1999年平均	効果99/96
年次		1996	1999	1996	1999	1996	1999	1996	1999	1996	1999	1996	1999	1996	1999			
酪農収益	牛乳販売	628	644	398	415	575	569	484	530	453	519	639	570	574	457	536	529	1.0
	育成牛販売	36	54	92	25	19	9	68	38	36	53	98	31	66	63	59	39	0.7
	初生牛販売	16	10	16	17	26	19	32	9	37	13	20	15	32	12	26	14	0.5
	その他	69	67	21	33	47	52	36	35	68	45	60	76	54	36	51	49	1.0
	計	749	775	527	490	667	649	620	612	594	630	817	692	726	568	671	631	0.9
費用	当期費用	706	567	533	381	536	478	706	533	612	567	689	592	742	547	646	524	0.8
	育成牛増価額	81	71	83	78	79	77	158	71	61	120	28	43	79	73	81	76	0.9
	差引生産費用	625	496	450	303	457	401	548	462	551	447	661	549	663	474	565	447	0.8
	売上総利益	124	279	77	187	210	248	72	150	43	183	156	143	63	94	106	183	1.7
	販売一般管理費	117	119	56	51	67	68	111	87	109	94	87	69	74	66	89	79	0.9
	事業利益	7	160	21	136	143	180	−39	63	−66	−89	69	74	−11	28	18	104	5.8
	当期純利益	18	162	35	149	158	185	−33	85	−51	116	97	146	−2	38	32	126	3.9
所得		175	283	198	241	249	265	166	225	121	274	291	337	232	241	205	267	1.3

第9表 労働時間の変化（単位：時間）

農家No.	1		2		3		4		5		6		7		1996年平均	1999年平均	効果99/96
年次	1996	1999	1996	1999	1996	1999	1996	1999	1996	1999	1996	1999	1996	1999			
飼養管理																	
自給飼料生産	5,489	4,612	4,156	2,920	4,941	3,500	5,141	4,776	5,565	4,937	5,380	5,219	4,219	3,886	4,984	4,264	0.9
経営管理ほか	593	507	926	150	779	662	418	400	763	685	566	579	1,010	798	722	540	0.7
	40	50	123	120	42	50	213	60	45	91	158	273	120	411	106	151	1.4
年間総労働時間	6,122	5,169	5,205	3,190	5,762	4,212	5,772	5,236	6,373	5,713	6,104	6,071	5,349	5,095	5,812	4,955	0.9
労働1人当たり年間時間	2,915	2,461	2,263	1,450	2,305	2,106	2,886	2,618	3,187	2,857	3,052	3,036	2,675	2,548	2,755	2,439	0.9
経産牛1頭飼養管理時間	108.5	85.4	100.1	71.9	79.8	47.9	136.7	105.7	115.0	96.1	129.0	129.8	134.8	127.0	115	95	0.8
飼料面積1ha当たり	7.7	6.5	18.7	2.8	12.1	10.2	12.7	10.1	10.6	9.5	16.2	13.5	34.9	27.6	16	11	0.7

ここでは，その飼料給与内容の変化について分析検討した。

第10表は，飼料給与内容の変化を，経産牛1頭当たりの飼料給与を分析することによってみたものである。転換後の1999年には，全経営で自給飼料のDM，TDN，CP給与量ともに大きく増加している。転換後の経産牛1頭当たりの年間DM給与量は，1996年と比較して1,000kg以上増加した経営が多いことが認められる。また，TDN給与量は3,000kg水準へと大きく向上した経営が多い。

一方，購入飼料は，転換後には逆の傾向が明らかである。購入飼料はその種類が減り，かつ放牧重視によって夏季の配合飼料はCPの低いもの（CP15～16）に変化した。経産牛1頭当たりの購入TDN給与量は，転換後にはすべての経営で年間2,000kg以下に大きく低減された。また，自給飼料重視への飼料給与転換は，TDN自給率を大きく向上させた。同時にTDNとCPのバランスは4以上と適正であり，乳牛の健康にも大きく影響する粗濃比は，転換後には70：30あるいは80：20へと大きく改善されている。

(4) 放牧利用の課題と展望

このような短期間による大きな成果は個々の経営のみでは難しく，放牧酪農研究会というグループ活動によって経営者相互の交流と夫婦間の相互認識・研鑽に努めたことが功を奏したものと考えられる。また，ハード事業（電気牧柵や牛道，給水施設などの整備）と同時にソフト事業（集約放牧導入のマニュアルや草地と乳牛の管理などの生産技術）も並行して実践した成果でもある。

足寄町の酪農家7戸による集約放牧の取組みとその成果は，北海道酪農が抱える課題に対してその解決の1つの方途を示唆していると考えられる。

しかし，放牧の導入はそのための条件づくりが重要な課題となる。その基本的な条件は，一定の牧草地が施設周辺に集積していることである。集約放牧を導入した7戸の経営には，そのような一定の面積があり，基本的な条件を具備

低投入酪農への転換技術＝集約的輪換放牧

第10表 飼料給与内容の変化（経産牛1頭当たり）

農家No.	1		2		3		4		5		6		7	
年次	1996	1999	1996	1999	1996	1999	1996	1999	1996	1999	1996	1999	1996	1999
自給飼料給与内容	G・サイレージ 放牧 乾草	G・サイレージ 放牧 乾草	G・サイレージ C・サイレージ 放牧・乾草	G・サイレージ 放牧 乾草	G・サイレージ 放牧	G・サイレージ 放牧	G・サイレージ 放牧 乾草	G・サイレージ 放牧	G・サイレージ 放牧	G・サイレージ 放牧	G・サイレージ 放牧	G・サイレージ 放牧 乾草	G・サイレージ C・サイレージ 放牧・乾草	G・サイレージ C・サイレージ 放牧・乾草
年間給与量 DM (kg)	3,708	4,896	3,406	4,997	3,714	4,704	4,203	4,497	3,991	4,919	4,754	5,220	3,991	4,786
TDN (kg)	2,312	3,213	2,140	3,258	2,309	3,102	2,557	2,986	2,530	3,104	2,957	3,430	2,480	3,025
CP (kg)	572	846	504	835	570	832	554	810	642	804	695	937	536	734
購入飼料給与とその種類	配合18 配合16 コーン ビートパルプ ヘイキューブ	配合18 配合15 ビートパルプ ヘイキューブ	配合20 ビートパルプ キューブ	配合18 配合16 配合14 ビートパルプ	配合18 コーン ビートパルプ ヘイキューブ	配合18 配合16 コーン・キューブ ビートパルプ	配合18 配合16 大豆かす ヘイキューブ	配合18 配合16 ビートパルプ	配合18 ビートパルプ ヘイキューブ	配合18 配合16 キューブ ビートパルプ	配合20 配合18 大豆フレーク 大麦・キューブ ビートパルプ	配合18 ビートパルプ ヘイキューブ	配合18 配合16 ふすま・大麦 ビートパルプ ヘイキューブ	配合18 ビートパルプ
年間給与量 DM (kg)	3,381	2,546	1,892	985	3,154	2,600	2,611	2,385	2,403	2,295	2,695	1,549	2,956	1,012
TDN (kg)	2,658	1,955	1,366	791	2,416	1,996	1,976	1,889	1,771	1,803	2,127	1,255	2,193	787
CP (kg)	624	411	358	154	538	423	527	413	462	510	538	305	528	190
自飼料給与量合計 DM (kg)	7,089	7,442	5,298	5,982	6,868	7,304	6,814	6,882	6,394	7,214	7,449	6,769	6,947	5,798
TDN (kg)	4,970	5,168	3,506	4,049	4,725	5,098	4,533	4,875	4,301	4,907	5,084	4,685	4,673	3,812
CP (kg)	1,196	1,257	862	989	1,108	1,255	1,081	1,223	1,104	1,314	1,233	1,242	1,064	924
年間充足率 DM (%)	100.7	103.0	95.4	103.5	101.6	100.1	114.4	105.5	106.6	111.4	107.3	101.3	107.1	101.1
TDN (%)	94.0	97.0	89.6	97.4	94.6	98.3	104.1	102.0	100.0	105.9	98.0	94.2	97.6	98.0
CP (%)	119.0	126.0	120.1	131.2	117.1	126.5	133.4	137.0	139.4	150.6	123.4	132.4	116.9	128.0
TDN自給率 (%)	46.5	62.2	61.0	80.5	48.9	60.8	56.4	61.3	58.8	63.3	58.2	73.2	53.1	79.4
TDN/CP	4.2	4.1	4.1	4.1	4.3	4.1	4.2	4.0	3.9	3.7	4.1	3.8	4.4	4.1
粗濃比	52:48	66:34	64:36	84:16	54:46	64:36	62:38	65:35	62:38	68:32	64:36	77:23	57:43	83:17
自給飼料産乳 (kg)	258	2,446	1,373	3,230	179	1,472	809	1,609	822	2,086	1,928	3,293	746	3,464

注　年間充足率は、日本飼養標準にもとづいて計算した年間必要養分量に対する自・購給与量の割合
　　自給飼料からの産乳量＝濃厚飼料由来の産乳量　年間乳量－濃厚飼料TDN給与量÷1kg生産に要するTDN量（濃厚飼料TDN給与量÷1kg生産に要するTDN量）
　　年間乳量の試算は次式によった。

搾乳牛

していた。北海道酪農での近年の規模拡大の過程では，離農跡地の取得や借地などで飼料栽培面積を確保してきたという経緯があり，飼料生産基盤の分散化・飛び地化をもたらしている。したがって，今後交換分合などによるいっそうの土地の集積が不可欠である。この点では，農家個々の課題と同時に地域の行政上の課題として取り組むことが重要と考えられる。

また，集約的輪換放牧は自給飼料活用の延長線上にあるものであり，北海道酪農の強さをより良く発揮できる生産方式である。同時に集約放牧は，従来の高生産・高費用型の生産から，省力的で低投入型の生産方式として大いに期待できる。今後はさらに環境保全的でエコロジカルな安全性の高い生産方式としての新たな方向を担うことも期待される。

集約的輪換放牧の導入については，近年自給飼料の活用という視点から酪農政策のうえからもいくつかの補助事業が行なわれ，またその普及に向けたいくつかのマニュアルが作成されている。しかし，その導入には，すでに検討したとおり各地域や経営の条件によってもいくつかの条件整備が必要である。また，その具体的な推進方法には，多様な方式が考えられるものであり，各地域や経営の諸条件の整備と同時に多様な方式による展開も期待できると考えられる。

「第3次および第4次酪農肉用牛近代化計画」によれば北海道では放牧可能地域では自給率の向上や生産コストを大きく低減できる方式として放牧生産が提唱されている。当グループの取組みは，放牧による実現の可能性が高いことを示唆している。

2004年記

参 考 文 献

北海道の酪農・畜産データブック99．
北海道酪農畜産協会編．2000．北海道の畜産経営．
木田克弥．1996．牛群検診と個体能力の向上．酪総研選書．No.43．（粗濃比とは粗飼料と濃厚飼料の乾物（DM）比を示し，この比が50：50のバランスを崩し濃厚飼料の割合が高まると乳牛の各種の疾病が多発するとされる。）
中央畜産会．1997年版．日本飼料成分表．
落合一彦．1998．放牧のすすめ．酪農総合研究所．
酪農総合研究所．2003．放牧で牛乳生産を—北海道での放牧成功の条件—．酪総研特別選書．No.76．
集約放牧マニュアル．1995．放牧の手引き—集約放牧を中心として—．酪農における放牧導入のためのマニュアル．
須藤純一．1999．「農」．酪農再興への取り組み．農政調査委員会．No.248．（当著書において当対象グループの経営概要や取組みについて紹介した。）

マイペース酪農への科学的アプローチ
―北海道中標津町・三友盛行さんの草地に学ぶ―

執筆　佐々木章晴（北海道当別高等学校）

(1) 高TDNの飼料給与と本来の酪農

現在，日本の酪農家は，生産資材や配合飼料の価格上昇のなかで，生産コストは上昇し，その一方で乳価は上昇せず，経営環境は厳しくなってきている（干場，2007）。また，堆肥処理施設の整備にもかかわらず，河川や湖沼・沿岸域の水質汚染はさほど改善せず（小川，2000），漁業者から対策を求められている現状もある。

酪農を取り巻く情勢は厳しい。しかし，「酪農の原点に立ち帰ること」「乳量に振り回されないこと」「乳牛のえさは草であると再認識すること」「草地はつくるものではなく，できていくものであると考えること」「堆肥の質について思いを巡らすこと」が，これからの時代の酪農経営像へのキーワードとなるであろう（三友，2000）。現在の経営にとらわれずに，大胆に，酪農の基本に立ち帰るという意識が必要であり，そのことが閉塞した状況を切り開く大きな力になるはずである（津野，1975）。

今までは，規模を拡大し，生産乳量を増やすことによってより収入が増える，という図式で経営を発展させてきた。そしてそのために，高TDNの飼料を乳牛に与える必要があった。高TDNの飼料を確保するためには，配合飼料や高栄養粗飼料生産のためのさまざまな生産資材が必要となった。しかし今，高TDNの飼料を乳牛に与えることが，コストを増大させているのである。日本の酪農は，乳牛に高TDN飼料を与える，この一点にこだわりすぎてきた。このため酪農の全体像・基本が，酪農家自身にも見えづらくなってきていた（三友，2000；荒木，1992a・1992b・1992c；干場，2007）。

酪農の基本は，土・草・牛・堆肥の循環である。生産資材に過度に頼らず，この循環の環を太くすることによって生産乳量を確保するのが，本来の酪農の姿である（三友，2000）。これに近い酪農経営は日本に存在しないのだろうか。

(2) マイペース酪農

数はまだまだ少ないとはいえ，酪農の基本を大事にしている酪農家は日本に存在する。その一つが，北海道東部・根釧地方を中心に活動している「マイペース酪農」を実践している酪農家の方々である（三友，2000）。

ほぼ全域が火山灰土であり（佐々木ら，1979），冷涼な気候のため一面草地が広がり，粗飼料基盤が豊富と思われている。しかし，この根釧地方でも，高TDN飼料給与による生産乳量の拡大が続いてきた。そのなかで，マイペース酪農は「適正規模とは何か」を合い言葉に，酪農の基本を考え，実践し続けてきた。

『マイペース酪農―風土に生かされた適正規模の実現―』（農文協刊）の著者でもある，根釧地方中標津町の酪農家，三友盛行さんはマイペース酪農を実践しており，三友農場を観察し，これからの日本酪農・農業の姿を考えるきっかけにしたい（三友，2000；佐々木，2002）。

(3) 窒素の効率がよい経営

まず，マイペース酪農がどのようなものかを知るために，三友農場の経営規模，草地管理・利用法・生産性を紹介する。

①経営規模と草地管理・収量

草地面積は，兼用地（借地）5ha，放牧専用

第1図　三友農場の秋の放牧風景

搾乳牛

地25ha，兼用地25ha，合計55haであり，大部分の草地は入植以来39年間，草地更新は行なわれていない。

化成肥料投入量は，草地化成122を20kg（10a当たり，以下同），数年ごとに熔リン20kgで，兼用地にはさらに完熟堆肥を2年ごとに2t施用している。窒素投入量は，化成肥料から2kgN，堆肥から10kgNであり，合計年間12kgN投入されている。根釧地方の慣行的な酪農では，21kgN程度の窒素投入量と推定されることから，三友農場は慣行の6割弱の窒素投入量となっている。

草地の利用方法は，放牧専用地は5月から11月まで放牧利用，兼用地は7月下旬採草利用し，以降放牧利用している。

三友農場の草地の年間生産実態は，兼用地では乾物生産量550kg，TDN生産量320kgと推定される。根釧地方北部の作況調査の平均値によれば乾物生産量は710kg，TDN生産量は426kgであり，これと比較すると，三友農場の草地生産量は慣行の7～8割弱となる。

家畜頭数は，経産牛40頭（現在では30頭前後），育成牛20頭であり，およそ1haに経産牛1頭となっている。三友農場の草地生産量から考えると，1日1頭当たりの牧草の乾物割当量は15.1kg，TDN割当量は8.8kgとなる。1日1頭当たりの配合飼料給与量は，夏1～2kg，冬2～4kg，ビートパルプ給与量は最大4kgである。

根釧地方の平均給与量と比べると三友農場は3分の1程度しか給与していないが，牧草と配合飼料を合わせた1日1頭当たりの乾物割当量は20kg程度，TDN割当量は12.5kg程度であり，理論上の乳生産量は21.7kg（年間6,300kg程度）と推定される。つまり，1頭当たり平均乳量5,500kg，年間220tの乳生産量は十分可能となる（中央畜産会，1987）。

②減資材・高効率＝低コスト

このことから考えると，乳生産量は慣行の6～7割弱となる。一方，年間1300万円程度の粗収入にもかかわらず，900万円程度の所得を実現している。これは，所得率が70～80％弱と非常に高いためである（荒木，1992a・1992b・1992c）。生産コストが低いためであるが，その理由を考えてみたい。

窒素肥料1kgN/10a当たりのTDN収量は，慣行酪農20.3kgに対して，三友農場は26.7kgとなる（第1表）。同じように窒素肥料1kgN/10a当たりの年間10a当たりの乳生産量は慣行酪農38.1kgに対して，三友農場は45.8kgとなる。三友農場では，肥料や配合飼料を減少させてコストを削減しているだけではなく，同じ窒素投入量でもより多い生産を実現していることがわかる。減資材で高効率，これが三友農場の低コスト経営を支えている。

(4) 肥料は全部草に吸収され水も汚さない

次に環境面を検討する。水産3種の水質基準は総窒素で1ppm以下とされているが（半谷・小倉，1995），この基準に対し，三友農場の放牧地を流れる明渠（近くの当幌川に注いでいる）は平均0.32ppmであり，少なくとも窒素では三友農場は水質汚染の原因とはなっていない。この明渠の周辺は，ぎりぎりまで草地（放牧地）になっているが，少なくとも窒素に関しては，水質は良好な状態といえる（小川，2000；半谷・小倉，1995）。

この原因として，窒素の利用効率が高いことが考えられる。三友農場の牧草の年間窒素吸収量は12.4kgN/10a（以下，同）と推定される。一方草地への窒素供給量は堆肥と化成肥料合わせて12kgである。差し引きー0.4kgとなり，堆肥と化成肥料の肥料はほぼすべ

第1表 三友農場の酪農としての効率

	窒素施用量 (kgN/10a)	草地TDN収量 (kgN/10a)	乳生産量 (kg/10a/年)	窒素肥料1kg当たりのTDN収量 (kg)	窒素肥料1kg当たりの乳生産量 (kg)
三友農場	12	320	550	26.7	45.8
慣行酪農	21	426	800	20.3	38.1

注 三友農場は，減肥料で高効率＝低コスト

て吸収されていると考えられる。

このように，三友農場は，慣行法の7割程度の生産量を維持し，経営収支も悪くなく，かつ，環境に悪影響を与えない酪農経営を実現できている。

次にこの仕組みを詳しく検討する。

(5) pHと窒素から見える，牧草優勢になる草地

三友農場の低コスト経営は，草地土壌に施用される窒素の利用効率が高いことによって支えられている。つまり草地土壌がカギを握っていると考えられる。このカギを探すために，三友農場兼用地（第2図）を中心に観察した。

未熟な堆厩肥やスラリー，化成肥料を多投した結果，牧草の色が濃くなり，倒伏する危険が大きくなる。逆に炭カルや熔リンを施用した草地では，黄緑で倒伏しない牧草になる可能性が高くなる。未熟な堆厩肥，スラリー，化成肥料に多いのは窒素であり，炭カルや熔リンに多いのはカルシウムとマグネシウムである。ここから草地土壌の特徴を解明しようと試みた（藤原ら，1996）。

そこで，土壌と牧草の1）土壌pH（H_2O）（塩基系のミネラル），2）窒素，3）牧草の汁液糖度を測定した。硝酸態窒素（以下，窒素と省略）を易有効態窒素の目安とした。土壌pH（H_2O）は塩基飽和度と比例する関係にあるため（松中，2003），塩基系ミネラル（カルシウム，マグネシウム，カリウムなど。以下塩基系ミネラルと省略）の目安とした。汁液糖度は，光合成が十分に行なわれているかの目安とした（安部，1997）。

中標津町11軒の酪農家の草地と三友農場の草地を観察すると，窒素と塩基系ミネラルのバランスによって，草地の植生は大きく変わることが示された。

土壌中の塩基系ミネラルに対して窒素の割合が低下すると，イネ科牧草やマメ科牧草の割合（冠部被度）は減少しにくくなる（第3図）。しかし，塩基系ミネラルに対して窒素の割合が上昇すると，イネ科牧草やマメ科牧草の割合は減少することが多くなる。塩基系ミネラルに対して窒素の割合を高くしすぎないことが必要と考えられる。

塩基系ミネラルに対して窒素の割合をひかえめにすると，牧草汁液糖度は増加する（第4図）。また，牧草汁液糖度の増加は草丈再生速度を増加させる傾向がある（第5図）。このように窒素をひかえめにして土壌のバランスが整うと，イネ科草の生長が良くなり，その結果雑草の少ない，良好な植生が実現できると考えられる。

(6) 施用時期にこだわった春施肥のタイミング

①一般の施肥時期と一番草収穫期

窒素が過剰にならず良好な植生を維持するためには，必要な時期に窒素を牧草に十分吸収さ

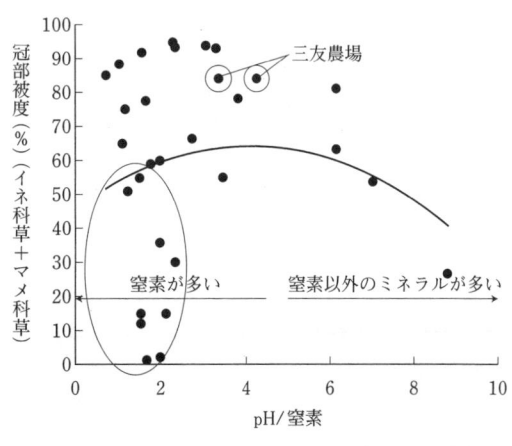

第2図　秋の兼用地植生のようす

第3図　pH/窒素比とイネ科牧草％＋マメ科牧草％の関係
窒素が多いと，牧草が少なくなることが多い（楕円内）

搾乳牛

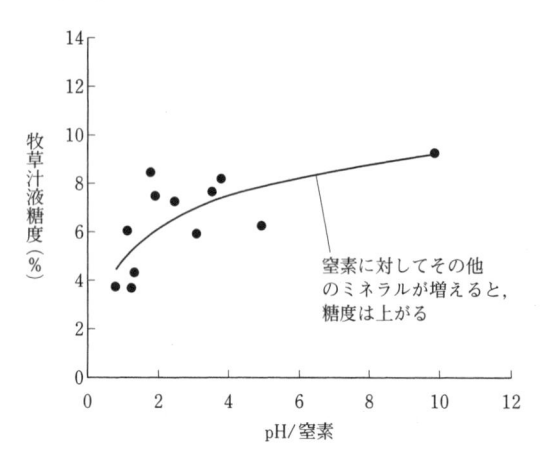

第4図 pH/窒素比と牧草汁液糖度の関係

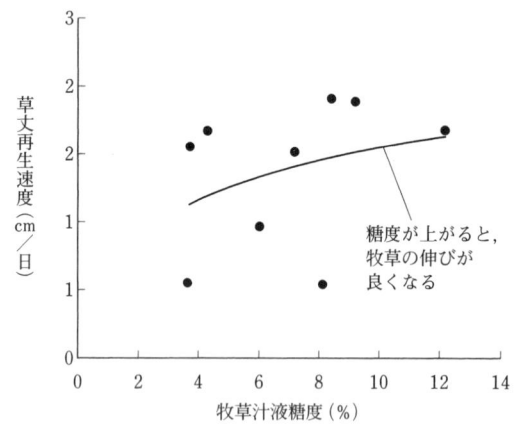

（グラフ中注釈：窒素に対してその他のミネラルが増えると，糖度は上がる）

第5図 牧草汁液糖度と草丈再生速度の関係

（グラフ中注釈：糖度が上がると，牧草の伸びが良くなる）

せることが必要である。

北海道根釧地方では，採草地の牧草が窒素を最も必要とする時期は6月中旬の伸長期である。この時期に牧草が十分に窒素を吸えるように施肥時期を考えなくてはならない。

飼料作物は一般に，葉茎野菜のように茎葉の収穫が最大に，つまり多くの穂数と茎数を確保することを考えて栽培される（北海道立根釧農試，1987）。そのため5月上旬の萌芽直後に多くの窒素を効かせることが必要となる。施肥が早すぎると，牧草の窒素吸収が追いつかずに土壌から流出してしまうおそれがある。また，牧草のTDN％を高めるために6月下旬の出穂期に一番草を収穫する（北海道立根釧農試，

1987）。

②三友農場の場合

しかし，三友農場の兼用地一番草では，あえて実とり，つまり種子をとるように育てることを目標にしている。ここで注目すべきポイントは二つある。一つは「結実期まで置いておけること」，もう一つは「茎の数ではなく，茎一つ一つが充実して重くすることを重視していること」である。この育て方は，兵庫県の稲作農家，井原豊氏が提唱した「穂数」よりも「穂の充実」を目標とする「への字稲作」に非常によく似ている（佐々木，2007）。

「への字稲作」は，基肥ゼロ，疎植，生育中期のドカン肥を施肥することで，穂数ではなく穂重を増やし多収する栽培技術である。慣行稲作に劣らない収量を確保し，化学肥料の投入量を3分の1程度と大幅に減らし，病害虫の発生も少ない技術として注目されている。

への字稲作と三友農場との共通点を探るうえでカギとなるのが「生育中期のドカン肥」である。への字稲作の場合，ドカン肥（化学肥料）の時期は，イネの草丈が急速に伸び始める幼穂形成期の直前となる。

さて，イネをチモシーに置き換えた場合のドカン肥の時期を考えてみた。チモシーの幼穂形成期は5月下旬であり，この直前の時期は，チモシーの葉数が3～5枚のとき，季節的には根釧地方で5月20日前後と推定される（第2表）。実際，三友農場の春施肥は，例年5月20日前後に化学肥料では窒素2kg/10aと，施肥標準の4分の1程度で行なわれており，そのときの三友農場のチモシーの葉数は平均5枚であった。

少量の窒素を牧草が一番欲しいときに与え，

第2表 ドカン肥の生育ステージ

	イネ	チモシー（推定）
出穂までの生育日数	120日	63日
止葉枚数	16～12枚	6～8枚
ドカン肥葉数 （幼穂形成期直前）	11～8葉	3～5葉 （5月20日ころ[1]）
ドカン肥までの生育日数	約80日	約18日 （ただし萌芽から）

注 1）三友農場の春施肥時期と一致

一番草収穫時期は，穂と茎が重くなる7月下旬から8月上旬という草地管理を実施している。ところが，これは結実期に刈ることを意味しているので，当然TDN％は55％程度しかない（慣行酪農の出穂期早刈りでは60％以上）。この意味についてはあらためて考えてみる。

(7) 少ない窒素を興奮剤に土壌窒素を引き出す

三友農場の兼用地では，一番草の収穫までの間，土壌中および牧草中（チモシー）の窒素はどのような動きをしているのか追跡した。

春施肥をすると，土壌は興奮状態になったかのように窒素を多く放出する。これには，土壌中の窒素と炭素のバランス，C/N比が関係している。この値が高いと土壌は窒素をあまり放出せず，逆に低下すると窒素が多く放出される（安西，1985）。

三友農場の草地表層の春先のC/N比は約19である。この状態では土壌はあまり窒素を放出しない。ところが，草地表層に化成肥料が散布されると，表面のわずか3〜4cmのC/N比は17以下と，大きく低下する。これが春施肥によって多くの窒素が放出される理由である。そして，ちょうどそのころ，チモシーは多くの窒素を必要としている（第6図）。

ところが6月中旬以降になると，放出された窒素がチモシーに吸収されると同時に，地下20〜30cmに流出する。この深さのC/N比は約28であり，微生物にとっては窒素が少ない状態である。このため，流れてきた窒素は微生物に取り込まれ，窒素放出量が減少・抑制される（安西，1985）。そして，ちょうどそのころ，チモシーの窒素吸収量は鈍る。

最終的には，土壌窒素の放出量とチモシーの窒素吸収量はほぼ一致する。チモシーの肥料および土壌からの窒素利用効率は約94％になる。化学肥料を使い切るチモシーの育て方，これが三友農場の

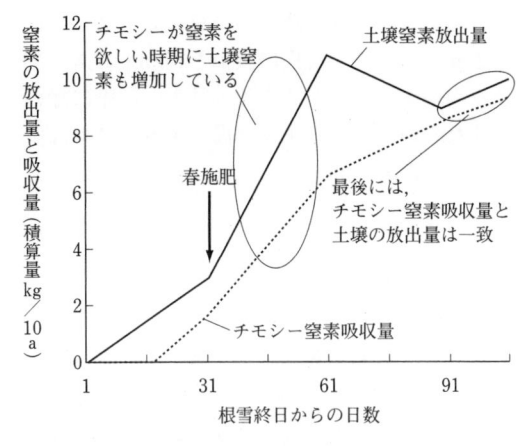

第6図 三友農場の窒素放出量とチモシーの窒素吸収量の推移

低コスト経営と低い環境負荷を実現している。

(8) 遅刈りの乾草は牛の病気を減らす

TDN％の低い草では乳量が少なくなるので経営的にはマイナスといわれるのが一般的である。ここでは，このことの意味を考えてみたい。

一般的な乾草と三友農場の乾草を分析し比較した（AOAC，1990，第3表）。三友農場の乾草は，一般的な牧草に比べて灰分（ミネラル），糖度（これが高いと一般にビタミン類が多い）は高く，硝酸態窒素は低い傾向がある。また，結実期に採草利用するため，ADF（難分解性繊維が中心）は高く，CP（粗蛋白質）は低い傾向がある（中央畜産会，1995）。ADFが高く蛋白質が低いことはTDN％が低いことを意味する。つまり三友農場の乾草はTDN％が低く，乳生産量を抑制する。しかし，ミネラルが多く糖度が高く，硝酸態窒素が少ないという特徴は，乳牛疾病を減少させると推定される。

第3表 実とりをするように草を育て収穫（乾草の比較）

	刈取り時期	粗灰分（ミネラル）（%）	糖度（%）	硝酸態窒素（ppm）	ADF（繊維）（%）	粗蛋白質（%）
三友農場	結実期	8.2	12	7.8	45.2	7.1
慣行（飼料標準などを参考）	出穂期	7.6	4	33.1	39.7	10.1

注 乳生産量は抑制，しかし乳牛疾病減少＝コスト抑制

搾乳牛

このように，三友農場の乾草は乳生産量を低下させるが，乳牛疾病の減少という，コスト削減を実現することができる。乳牛が健康に働いてくれるおかげで，三友農場の生産コストは低下し，所得率は向上し，経営は安定するのである。

(9) 繊維の多い糞はゆっくり完熟堆肥になる

さらに，もっと重要なことが，「ADF（難分解性繊維が中心）は高く，CP（粗蛋白質）は低い」ことに込められている。この乾草などを乳牛に採食させ，配合飼料の給与量を制限すると，乳生産量は当然抑制されるが，蛋白質に対して繊維が多い糞尿を生産することになる。この糞尿にさらに食べ残しの乾草を混ぜ合わせると，さらに繊維が多くなる。

繊維が多く蛋白質が少ない糞尿，これは次のように言い換えることができる。繊維の主成分は炭素（C）であり，蛋白質の主成分は（N）である。つまり三友農場の糞尿は炭素が多く，窒素が少ない，つまりC/N比が高い。

一般的な乳牛糞尿のC/N比は約11である（中央畜産会，1974）。この状態は窒素が多い状態であり，糞尿中の窒素はアンモニアとして揮散していく。一方，三友農場の糞尿のC/N比は約20である。この糞に食べ残しの乾草を混ぜ合わせるとさらに繊維が多くなり，C/N比が高くなる。

この状態は窒素の少ないいわゆる「のんびり型堆肥」であり，アンモニアの揮散は少なく分解がゆっくりと進むと考えられる。三友農場では数年間，切返しと熟成を行ない，完熟堆肥を生産している。この完熟堆肥が三友農場の経営にとって重要なのである。

(10) 腐植酸が豊富な堆肥を投入する意義

一般に堆肥は肥料成分の投入効果が期待されている。しかし完熟堆肥が重要なのは，それだけではない。窒素をひかえめにしてじっくりと時間をかけて発酵させた完熟堆肥には，土壌を黒くする物質である「腐植酸」が多く含まれている（土壌や堆肥中の腐植酸はピロリン酸ソーダという薬品で抽出できる）（コノノワ，1977）。事実，三友農場の堆肥・草地土壌からはかなりの腐植酸が抽出された（第7図）。この腐植酸を土壌に供給することが，完熟堆肥を投入する重要な意味の一つなのである。

この腐植酸が豊富な完熟堆肥を草地に散布することにより，草地土壌中の腐植は増加すると考えられる。実際，三友農場草地の腐植含量は約18％であるが，周辺の中標津町俵橋地区の平均的な腐植含量は13％である。このように，三友農場の腐植含量は5％も高い。

土壌中の腐植酸は粘土と結合し，粘土腐植複合体をつくると考えられている。この粘土腐植複合体の増加が，CEC（塩基置換容量）を大幅に増加させていると考えられる（コノノワ，1977）。肥料をつかまえる力が大きいと，雨水などの水流によってプラスイオンの肥料成分が流亡しにくくなる。粘土腐植複合体はマイナスの電気を帯びるために，プラスイオンの肥料成分，たとえばアンモニア態窒素，カリウム，カルシウム，マグネシウムなどを引き寄せて保持する。

腐植含量の多い三友農場の土壌は本当にCECが高いのか，塩化カルシウム液（シュウ酸アンモニウムで白濁させている）を吸着させる実験で確認すると，三友農場の草地土壌のほうがN高校草地土壌よりも，カルシウムをより強く吸着し，塩化カルシウム液の色は淡くなっ

第7図 三友農場の土壌と堆肥から抽出された腐植酸
左：兼用地土壌，中：中熟堆肥，右：完熟堆肥

第8図 肥料をとらえる力の比較結果
左：滴下したカルシウム液，中：三友農場の兼用地土壌を通過したカルシウム液，右：N高校の採草地土壌を通過したカルシウム液

た（第8図）。三友農場草地土壌は，より強くミネラルをとらえるようである。

(11) 完熟堆肥はコスト削減の要

これらのことを少しまとめてみる（第9図）。完熟堆肥には腐植酸が多く含まれている。この腐植酸は，肥料をとらえる力を増加させる。このことは土壌中のミネラルの流亡を抑えることを意味する。ミネラルの流亡を抑えることは，炭カルや熔リンなどの土壌改良資材の投入量を減少させる。そして，窒素を適期少量投入することにより，熔リンや炭カルの投入量が少なくとも，窒素に対して塩基系ミネラルが多いバランスが整った土壌になる。この土壌では，牧草の糖度は増加し，牧草の育ちが良くなり，雑草が減少する。つまり，完熟堆肥の投入は，土壌改良資材投入の大幅削減，というコスト削減を実現すると同時に，土壌改良資材に過度に頼らなくとも，土壌のバランスがほど良くなり，牧草が育ちやすくなる，と考えられる。

遅刈りの乾草を生産・給与することは，牛の病気が減る，完熟堆肥ができて土壌改良資材が少なくすむという二つの意味でコスト削減になる。「堆肥つくりこそ農民の仕事」という三友さんの言葉は，科学的にも説明がつく可能性が見えてきた。

堆肥つくりは切返しに始まるのではなく，そのずっと手前から始まっている。つまり，肥料や配合飼料を必要最低限の量にして，繊維が多く蛋白質の低い草を牛に腹いっぱい食わせること，糞尿に多くの残草を混和することが，酪農経営にとって重要なのである。完熟堆肥ができる酪農経営が目標であって，乳量が目標ではないのである。

(12) 窒素がむだにならない適正規模

完熟堆肥を目標とする酪農には，もう一つ考えなければならないことがある。それは，草地面積1ha当たりの牛の頭数である。三友さんは，酪農において完熟堆肥をつくることを何よりも大切にしている。そのためには，根釧地方では1ha当たり1頭が適正規模である，といわれている。

1ha当たり1頭にすると粗飼料を牛に腹いっぱい食わせることができ，配合飼料は補助的に与える程度の最低限ですみ，牛を健康的に飼える。配合飼料が少ないと糞中の窒素が少なくなる。敷料となる残草も自給でき，それを糞に混ぜると繊維（炭素）が多くC/N比の高い腐植酸の豊富な完熟堆肥がつくれる。完熟堆肥を散布した草地では牧草が結実期まで倒れずにしっかりと生育し，繊維の豊富な牧草をまた収穫できる。

完熟堆肥をむりなくつくることができ，よけ

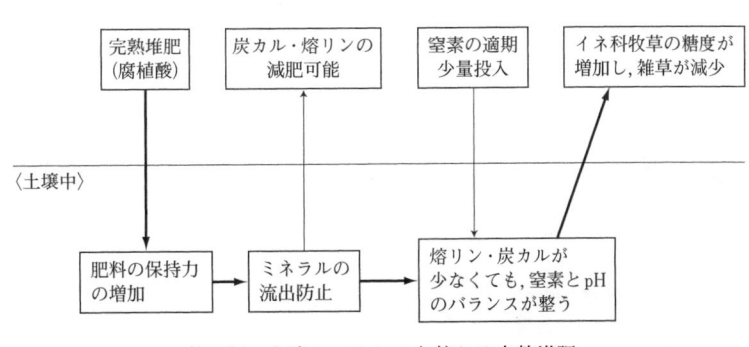

第9図 土壌のバランスを整える完熟堆肥

(13) 表層5cmが窒素を保持

①三友農場の土壌表層の特徴

さて、完熟堆肥と草地土壌の関係についても う一度考えてみたい。完熟堆肥を施用できる草地と、そうではない草地には地下5cmに大きな差が現われる。

N高校採草地の土壌表層は、全体が黒っぽい火山灰である（第10図）。1年ほど寝かせた堆肥を散布しているが、糞中の窒素が多くC/N比の低い腐植酸の少ない堆肥であった。完熟堆肥を散布している三友農場兼用地の土壌表層は、N高校採草地の土壌表層と違い、大きく4つの層に分かれている（第11図）。一番上は枯れ草が堆積したL層、次は枯れ草が多少分解したF層、3番目は枯れ草がかなり分解したH層、最後は黒っぽい火山灰であるA層である（レオポルド、1992）。

②ルートマットではない有機物層の発達

さらに特徴を比較すると、三友農場兼用地の土壌は、L層、F層、H層という分解されつつある有機物の多い層に覆われているが、N高校採草地の土壌はそうではない。三友農場兼用地の土壌は、有機物でマルチをされたようになっている。これは、完熟堆肥と枯れ草が放牧により乳牛の蹄に押しつけられることによってできているようである。

この有機物の層によって、A層の腐植含量は三友農場兼用地の土壌のほうが高くなっている（第4表）。また、アンモニア態窒素含量も、N高校採草地の土壌よりも三友農場兼用地土壌のほうが高くなっている。三友農場兼用地の土壌は、肥料を吸着する力（CEC）が高いために、アンモニア態窒素として土壌に保持されている量が多いのではないかと推定される。また、硝酸態窒素を見てみると、有機物層の中のほうがA層よりも硝酸態窒素が多くなっている。これは、有機物層のなかでは微生物が活発に活動して、有機物をアンモニア態窒素へ、さらに硝酸態窒素に分解しているためだと考えられる。

一般的には、土壌表層に枯れ草や牧草根が集積する現象を「ルートマット」と呼び、草地生産力が落ちる原因として嫌われるものである。しかし、腐植

第10図 N高校採草地土壌の断面
F層、L層、H層が見られない

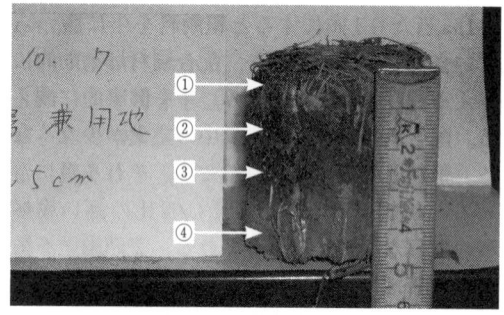

第11図 三友農場草地土壌の断面
①L層：枯れ草が堆積した層、②F層：枯れ草が分解し始めた層、③H層：枯れ草がかなり分解した層、④A層：火山灰が主体の層

第4表 腐植・アンモニア態窒素・硝酸態窒素含量の比較

	腐植（有機物）含量（%）		アンモニア態窒素（mg/100g乾土）		硝酸態窒素（mg/100g乾土）	
	三友農場	N高校	三友農場	N高校	三友農場	N高校
L層	42.3		3.1		1.3	
F層	35.2		2.9		1.0	
H層	40.1	17.6[1)	3.2	2.8[1)	1.4	0.4[1)
A層	23.1	11.1	4.7	2.5	0.5	0.2

注 1) N高校採草地にはH層は見られないが、有機物がわずかに見られる地表1cmを測定
　　測定は2007年10月

酸に富んだ完熟堆肥を長年施用し，耕起しない草地管理を続けると，表層にルートマットではない有機物層が発達すると考えられる。

(14) マイペース酪農への転換と課題

根釧地方は，日本のなかでは冷帯に属する冷涼な気候であり，保水性と排水性をある程度両立している火山灰土がほぼ全域を覆っている（佐々木ら，1979）。この風土に適するのは寒地型牧草の草地である。三友農場ではこの草地を使い切るための工夫を凝らしている。

まず，適正飼養頭数である必要があり，北海道根釧地方では1ha当たり1頭となる。適正飼養頭数になると完熟堆肥がつくりやすくなり，ここがスタートとなる。

腐植酸が豊富な完熟堆肥を散布すると，塩基系ミネラルと窒素のバランスが良い土壌になる。5月中旬に「への字稲作」のドカン肥を打つように少量の化学肥料を投入する。この結果，結実期収穫を可能とする糖度の高い草をつくり，乳牛に採食させ，配合飼料の給与量を制限すると，乳生産量は抑制されるが，繊維の多い糞ができあがる。この糞は発酵しやすく，完熟堆肥となる。トラクタのマニュアフォークだけで完熟堆肥ができることが，マイペース酪農経営の目標となる（第12図）。

しかし，根釧地方の乳牛飼養密度は1.6頭/haであり（松中ら，2003），マイペース酪農の適正飼養密度よりも大きくなっている。乳牛飼養密度を低下させることは個々の酪農家の乳牛頭数減少，生産乳量減少，粗収益の低下をもたらす。粗収益が低下しても生産コストを低下させれば純収入は維持されると考えられるが，草地・土壌の状態と施肥削減可能量との関係，搾乳牛の状態と配合飼料削減可能量との関係，集約放牧とは異なる放牧のあり方など，慣行酪農からマイペース酪農への転換を決断するための技術的情報はまだまだ不足しているのが現状である。

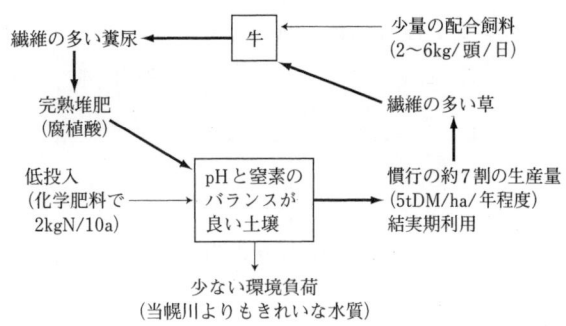

第12図　三友農場の酪農のまとめ

(15) 森林生態系との類似

日本酪農は，配合飼料と化学肥料の大量投入によって飼養頭数と生産乳量を飛躍的に増大させてきた。しかし，所得の増加傾向は鈍り，生産コストは上昇し，水環境汚染をまねいている（干場，2007）。酪農の生産コスト削減と水環境保全への重要なカギとして，マイペース酪農の果たす役割は非常に大きい。

完熟堆肥つくりを大事にするマイペース酪農は，肥料も配合飼料も減らし，乳牛の疾病が少なくなり，低コスト・高効率となる。この結果，高い肥料養分の利用効率を誇る森林生態系に似た草地をつくり出す。たとえば上流が森林の渓流は，硝酸態窒素濃度が1mg/l程度とされているが，三友農場の草地内明渠の硝酸態窒素濃度は0.3mg/l程度である。また，森林土壌の表面土壌は一般的に，L層，F層，H層，A層に分かれており，この点からも三友農場の草地と共通点が見られる。このように河川への肥料養分の流出から見ても，また，土壌表層の状態から見ても三友農場の草地は森林によく似ている。

森林生態系に似た草地は，つくろうとしてできるものではない。酪農の充実によってできていく。酪農の充実とは，完熟堆肥をつくり草地へ散布できること，ということができる。

低投入持続型酪農，マイペース酪農は，堆肥づくりを大事にする酪農経営といえると同時に，農業・水産業の産業基盤である気候風土・自然を保全しつつ最大限生かし，地域の持続的発展への多くのヒントを与えてくれる酪農の行

搾乳牛

ない方といえる（三澤，2008）。

2009年記

参 考 文 献

Association of Official Analytical Chemists. 1990. Official Methods of Analysis. 15th Edition. AOAC, Washington DC. p69—89.

安部清悟．1997．活力診断で高品質を実現する．ピーシー農法．農山漁村文化協会．東京．p.1—160.

安西徹郎．1985．農業技術大系．土壌施肥編．第6-①巻．作物別施肥技術．イネの施肥技術－肥効を左右する諸要因．有機物施用と施肥．農山漁村文化協会．東京．p.16—20.

荒木和秋．1992a．風土に生かされた北海道酪農を求めて．乳量5500kgで儲かっている経営がある．現代農業．1992年9月号，300—303.

荒木和秋．1992b．風土に生かされた北海道酪農を求めて．草地の更新なしで上手な放牧ローテーション．現代農業．1992年11月号，308—313.

荒木和秋．1992c．風土に生かされた北海道酪農を求めて．家風にあった牛だからできる1日4—6時間労働で高所得．現代農業．1992年12月号，294—299.

藤原俊六郎・安西徹郎・加藤哲郎．1996．土壌診断の方法と活用．農山漁村文化協会．東京．p.1—281.

北海道立根釧農業試験場．1987．チモシーを基幹とする採草地の効率的窒素施肥法．昭和61年度北海道農業試験場会議資料．札幌．p.1—43.

半谷高久・小倉紀雄．1995．第3版水質調査法．丸善株式会社．東京．p.1—335.

干場信司．2007．酪農生産システム全体から牛乳生産調整問題を考える．北畜会報．**49**，11—13.

松中照夫・湯藤健治・花田正明・須藤賢司・原悟志・石田亨・須藤純一・小岩政照・三枝俊哉．2003．放牧で乳生産を．―北海道での放牧成功の条件―．酪農総合研究所．札幌．p.1—138.

松中照夫．2003．土壌学の基礎．農山漁村文化協会．東京．p.1—389.

三澤勝衛．2008．三澤勝衛著作集．風土の発見と創造．第3巻風土産業．農産漁村文化協会．東京．p.1—336.

三友盛行．2000．マイペース酪農．風土に生かされた適正規模の実現．農山漁村文化協会．東京．p.1—226.

M. M. コノノワ．1977．土壌有機物．農山漁村文化協会．東京．p.1—300.

小川吉雄．2000．地下水の硝酸汚染と農法転換．流失機構の解析と窒素循環の再生．農山漁村文化協会．東京．p.1—195.

レオポルド・バル著・新島渓子・八木久義訳監修．1992．土壌動物による土壌の熟成．博友社．東京．p.1—405.

佐々木章晴．2002．マイペース型酪農の草地実態調査（予報）．北畜会報．**44**，77—83.

佐々木章晴．2007．マイペース酪農の草地実態調査 第4報．TYの生育追跡調査．北海道草地研究会報．**41**，p.43.

佐々木龍男・勝井義雄・北川芳男・片山雅弘・山崎慎一・赤城仰哉・山本肇・塩崎正雄・大場与志男・木村清・菊池晃二・近堂祐弘・三枝正彦・中田幹夫．1979．北海道の火山灰と土壌断面集（1）．北海道火山灰命名委員会．札幌．p.1—68.

津野幸人．1975．農学の思想．農山漁村文化協会．東京．p.1—252.

中央畜産会．1974．家畜ふん尿処理・利用技術の理論と実際．中央畜産会．東京．p.1—189.

中央畜産会．1987．日本使用標準・乳牛（1987年度版）．中央畜産会．東京．p.1—107.

中央畜産会．1995．日本標準飼料成分表（1995年度版）．中央畜産会．東京．p.1—293.

土，草と放牧酪農の基本

1. 放牧の本来の姿

　放牧を成功させるための要因は多い。その第一の基本は，放牧の生態系である。

　放牧とは何か。英語ではグレイジング（grazing）という。それは動物が草地で草を食う行動を意味する。それに対して日本語の放牧は，動物を単に草地に出すという意味合いが強い。

　草食動物の進化を考えると，自然草地で動物が草を食べて歩く行動は自然本来のことであるといえよう。もちろん，そこには柵など存在していなかった。歴史的にはヨーロッパ，アフリカの自然草地では，牛や他の動物が本能の導くままに草を食い移動していた。そこでは草地が消えたかというと，そうではない。永年に続いてきた。人はその自然の生態系のなかで肉とミルクを得ていた。つまり，永年草地は自然本来の姿であり，動物がそこで"放牧"されるのは自然の姿であった。

　草が多い年には動物の数は増え，食物連鎖の最後にくる肉食動物が増加することで，草食動物の数はコントロールされた。また，干ばつで草が伸びないときにはその数が減ることで放牧圧は調整されてきた。それは地球の歴史のなかで数万年続いてきた生態系である。

　現在でも，地球の半乾草気候地帯では自然草地が優占する植生であり，それに近い動物生産が行なわれている。オーストラリアは世界で最も乾燥した島大陸であるが，自然草地，サバンナ的地帯が多く，そこでの動物生産は以上に述べた形に近い。そこでは放牧以外の方式は考えられないのである。

　世界には，穀物生産には向いていない土地，地形のところは少なくない。日本もその70％以上は丘陵，山の地形である。そのようなところで食料生産をするにはどうするか。これは，20世紀に急激に人口が増加した人類に与えられた最大の課題であろう。

　その解決の重要な鍵を放牧はもっているのである。穀物を与えて牛を飼い乳肉を生産することがあたかも当然のように考えられている現在の酪農，畜産がいつまで続けられるか。数百万人の人々が毎年餓死している世界で，そのような動物の飼育形態がつづけられること自体，モラル，倫理に沿うものとはいいがたい。それは，地球の生態系のなかでも不自然な形態であり，また非常にエネルギーのむだの多い食料生産の方法であるといえよう。

第1図　放牧は草食動物の本来の姿

（北海道・大矢根牧場）

搾乳牛

放牧動物は，本来草を求めて行動し，人類が利用できない草という資源を食料に転換してくれる重要な役割をもっているのである。永続的農業の基本は，草食動物をその本来の姿，役割（ニッチェ）に戻すことであろう。

2. 牛のグレイジング（草を食う行動）

(1) 放牧動物の行動と草地の再生

広い草地では，牛は毎日同じ場所で草を食い続けることはせず，移動していく。そしてある一定の期間がたつと，また最初に放牧した場所に戻ってグレイズ（草を食う行動）していく。この点は1980年代にスコットランドの草地学者ホジソンらが研究し，生産性の高い草地でも同様な行動が見られることを示している。

つまり，放牧動物は一定期間休牧することで草地の再生を確保しているわけであり，これは放牧における重要な基本となる事実である。

スコットランドは，乳牛のルーメン栄養学では世界的に名が知られている国である。揮発性脂肪酸の酢酸とプロピオン酸の比率が牛の乳生産に重要であることを最初に示したが，それは草食動物にとって繊維質の多い草がいかに重要であるかを証明している。

草地の研究でも丘陵地農場試験研究所がエジンバラの近くにあった。そこでは草地の専門家，ホジソン，キング，グラント，パーソン博士らが草の生理，生態，栄養，放牧の専門知識を集積し，数年にわたり共同研究したグレイジングについての優れた研究成果を，1985年に京都で開かれた国際草地学会で発表したのである。

その研究の基礎はイギリス，ニュージーランドにおける多くの優れた草地に関するあらゆる角度からの研究の成果に基づくものであった。日本と世界の酪農家，草地農家はその研究の恩恵を大きく受けていることを十分認識し感謝すべきであろう。

英語圏の世界を知ることは，農業を営む人たちにとっても知識と世界観を大いに広げてくれる。若い農業者には大いに英語を学ぶことをお奨めする。さらに放牧をマスターすることは，単なる技術の断片を身につけることではなく，それ以上にその世界と生態系の深い考え方を学ぶ機会でもある。

動物による頻繁な草の収穫は，草地にある草の種類を制限し，牛にとって価値のある草を残す。人間による刈取りでは不可能なことである。動物の踏みつけ（トレッディング）が，そこでは重要な意味をもっている。それは1960年代にニュージーランドの草地学者エドモンドの5年間の研究に示されている。

ペレニアルライグラスはその代表的な例である。それは"牧草"が，本来放牧という体系のないところでは生存できない性質のものであることを示している。

(2) 草の条件と1回の採食量

放牧における動物の行動をもう少し深く考えてみよう。

DMI（ドライマターインテイク）とは乾物摂取量という意味の略である。DMIを左右する行動には口の動き，1回のバイト（噛む）でどのくらいの量の草が採食されるかが重要である。1分間で何回バイトするか，そして1日のグレイジング時間を合わせて考えると，牛の1日当たりのDMIが判明する。

ペニングら多くの研究によると，それは第1表のようになる。

放牧動物がグレイジングによって必要な栄養を充足しようとするとき，もっとも重要な要因は1回のバイト当たりどれだけの草が採食できるかということは明らかである。それは草地の草の高さと密度，草種，草種構成，成熟度などによって左右される。表の数字に大きな幅のある

第1表 放牧時間と乾物摂取量（DMI）

	羊	牛
放牧時間（グレイジング）（時間）	6～13	6～11
バイト　（1分間当たり回数）	20～90	20～66
バイト当たり乾物摂取量（DMI）（体重1kg当たりmg）	11～400	70～1,600

理由はそこにある。

たとえば草が3cm以下の場合には，1回のバイトからのDMIは非常に少なくなり，1分間のバイト数が増えると同時にグレイジング時間も長くなる。このことから「放牧（牛を外に出す）」と「グレイジング」の違いがわかるであろう。つまり放牧時間はグレイジング時間とイコールではないのである。草地の条件がよく，牛の採食に適する草の高さと密度，葉茎の量と割合であった場合には，牛は短時間で栄養必要度を満たすことが可能となり，十分なDMIを達成することができるのである。

放牧には反芻時間も含まれるが，グレイジングは採食とその行動を意味し，反芻時間は含まない。この事実が，草地の面積が放牧動物の数に比べて大きいとき，なぜ一箇所だけを短く食い続けることをしないで移動していくかという，放牧システムを確立するうえで重要な要因を説明している。

事実，草が十分に生育する期間には，放牧の仕方として牧区を細かく分けなくても牛が草地を回ってグレイジングするのである。

均一の採食が可能かどうかは，上に述べた草の条件だけでなく，さらに土の肥沃度の問題があるが，それは次項で述べることにする。

(3) 草の高さと採食量

バイトの回数は草の量と高さが増すと減少する。それは，1回に口に入る草の量が増えた場合，それを咀嚼するための時間が長くかかるためである。それは茎と葉の割合によっても変わってくる。またマメ科草が多い場合にも異なることは，草地で牛のグレイジング行動を観察するとよくわかることである。

草地の草の高さが短いときはバイト回数（頻度）も高まる。放牧時間を長くすることでDMIを上げることが可能であるが，その補償作用には限度がある。

3. 採食量を左右する要因

放牧を成功させるうえで，この問題は特に重

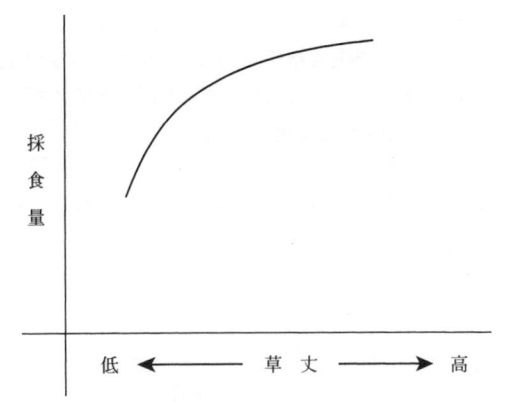

第2図　草丈と採食量

草丈がある一定の高さ以下では，その高さと採食量は比例し，DMIは草が高いほど上昇するが，ある程度高くなると採食量はほとんど変わらず，高すぎると逆に低下する。10〜15cmが牛にとって適切な草丈であろう。これは草の種類と密度によって左右される

要である。牛を草地に出せば確かに放牧したことになるといえる。しかし，牛が草地に出ている間，どの程度のグレイジングをしているのか，DMIはどの程度であるかを農家は知らなければならない。

一般に牛は体重の3〜3.5％のDM（kg）を採食できるとされている。自分の草地で牛がどれだけ草を採食しているかを調べることは，放牧で成功するための一つの条件である。

では，草地でどのくらい牛は草を食べているのか。それは大きく分けて次の要因によって左右される。

1) マメ科草の草生における比率
2) イネ科草の成熟度
3) 草の種類
4) 土の肥沃性
5) ストッキングレート（単位面積当たりの飼養頭数）
6) 気候条件

(1) マメ科草の草地に占める割合

クローバの草地での比率を見分けることは，一見容易なことのように思われる。しかし，実際にフィールド研修では多くの農家にこの作業をしてもらうが，正確な答を出せた人は多くな

搾乳牛

いのである。多くの人はクローバを過大に推定する。その理由は単純である。クローバの葉は水平に開いているのに対して，イネ科草は垂直方向に伸びているためである。

そのため，クローバの比率が過大評価され，牛の草地からの栄養摂取量を正しく見極めることができないという問題がある。

マメ科草は多くの点から草地農業に次のような重要な役割をしている。

1) 空中窒素の固定：その量は温帯地方では200kgN（ha当たり）にも達することが，ニュージーランドにおけるシアースらの試験で証明されている。しかしその固定量は土の条件によって大幅に異なり，また窒素肥料が多く施される場合には根粒菌のN固定作業は停止し，N固定量は減少する。

2) マメ科草はイネ科草に比べて良質の蛋白質およびミネラル含量が多い。これは泌乳中期の牛にとっては特に重要な点であり，カルシウムとリンの比率を例にとっても，マメ科草なしでは1.5の値に近いものにすることは不可能に近い。さらにマメ科草は動物の栄養，生理，特に繁殖に重要なミネラル成分のマグネシウムや銅，亜鉛などの微量元素も多く含んでいる。

3) シロクローバはその匍匐茎で裸地となった部分を占拠する力をもっている。これは永年草地での生産性を維持するうえで重要なばかりでなく，草地に雑草が侵入するのを防ぐ役割もしているのである。

4) マメ科草には多くの種類があるが，放牧の場合，グレイジングの頻度が高ければフィアなどのニュージーランド系のものが適している。グレイジングの頻度が低い場合には草高の高いラジノタイプ，アカクローバなどが適している。刈取り用にはアルファルファが用いられている。

以上の理由によって，放牧を成功させるためには自分の草地にどれだけのマメ科草が存在するかを常に観察することが重要である。マメ科草がない草地，その割合が低い草地では牛の採食量が上がりにくく，また良い牛はできないからである。

(2) 草の成熟度と牛の生理的要求

草地の嗜好性と牛の採食量は草の成熟度に大きく影響される。青い草，若い草が牛に好まれると一般には思われがちであるが，必ずしもそうではない。逆に，茎の立った成熟した草が牛に拒否されるということも，必ずしもそうではないのである。

なぜ牛が草を食ってくれないか。青々したライグラス草地に牛を放したとき牛はただ歩き回るだけで食わなかった。解決策は，その牛群を隣のパドックの成熟してやや黄色がかったオーチャードグラスの草地に移動させることであった（宗谷地区の酪農家の例）。

若い草には相対的に葉の部分が多く，蛋白質が多い。これは高泌乳牛にとっては適するが，乾乳牛には不適である。後者にとって重要な点は蛋白質のレベルを下げることである。

冬の長い国では冬期間，牛は牛舎内で飼育され，配合えさとサイレージ，乾草が与えられる。さらに乳量の高い9,000kgかそれ以上の能力をもっている牛群がほとんどの酪農では，草地からのDMIだけではとても不十分であり，牛の要求量の3分の2が満たされるのが限界で，多くの場合は半分くらいである。

日本はこのカテゴリーに入る農家が大部分だろう。そこでは，特に草の成熟度が放牧で成功するための重要な点となる。

一般には草の蛋白質はCP（粗蛋白質）で表現されているが，窒素肥料が過剰に投下されていない場合には，CPは春先で20～22％，初夏で16％，成熟した夏の段階で12％かそれ以下に下がる。

どの段階の成熟度が，牛の泌乳段階と生理的要求にマッチするかを知ることが重要である。草を最大限に利用するためには草の成熟度と牛の生理的欲求，つまり泌乳段階，繁殖のステージ，牛舎で与えるえさの内容などを十分に見極め，それにマッチする飼養管理をしなければならない。そうすることで牛の最大DMIを達成できるが，それができないと牛は草を食ってくれないのである。

この点は，放牧を草の最大利用率のみの観点から考えることが，日本では酪農経営上，必ずしも正しいとはいえないことを教えてくれている。

(3) 草の種類

牛が好む草とそうでない草があることは，酪農家は誰でも観察してきたことであろう。草の化学性は重要な要因であり，毒性のあるものは論外であるが，ルーメン微生物の繁殖活動に最も適する化学性，つまりミネラル含有量とそのバランスをもつ草，エネルギー，蛋白質を適切にもつ草が牛に好まれる。いわゆる嗜好性の高い草である。

多くの牧草の種類がこの範疇に入るが，嗜好性は同じではない。一般に，可溶性炭水化物の多いイネ科草，良質のアミノ酸含量の多いマメ科草は泌乳中の牛に好まれる。

ペレニアルライグラスとシロクローバのミックスは，その比率が2対1前後のときエネルギー，蛋白質，ミネラルの全体のバランスに優れ，牛によるDMIも高く維持されるため，世界の多くの酪農国で使われている。

オーチャードグラス，トールフェスク，ケンタッキーブルーグラスなども比較的良好な草である。

リードカナリーグラスは水はけのよくない土に生えるが，非蛋白性窒素を体内に蓄積しやすいため牛に嫌われることがあるが，土の改善によって免れることができる。

チコリーなど広葉性の植物も多くのミネラル，ビタミン，酵素が含まれていることがあり，牛に好まれる。タンポポ，プランタンなども好まれる場合がある。

永年草地ではこのような草種が5種類以上並行して共存している場合が多く，そのバランスは土壌，気候などの条件により左右され，また放牧方法によっても左右される。そのバランスを牛の栄養要求に合わせることが草地管理の技術である。

(4) 土の肥沃性

①ミネラル含量

肥沃な土とはいったい何だろうか。人により意見が違う。堆肥が十分に入った有機質の多い土が肥沃であるという意見は多い。また，NPK肥料が十分に含まれた土が肥沃であると思う人は多い。さらに，土の酸性土pHから肥沃性を判断する人もいる。pHの高いこととカルシウム含量が高いことを一致させている場合が多い。

温暖な日本では比較的有機質の多い土が多く，窒素も十分であるため光合成による炭水化物の生産は活発である。しかしミネラル成分が不足していることがしばしば見られる。こうした土壌に生育する草は，牛の嗜好性も劣りがちである。北海道のように寒冷多雨気候のもとでミネラルの欠乏している土地では草地の嗜好性も一般に低いことが多く，放牧の効果が上がりにくいのはそのためである。

亜熱帯気候の土地では有機物の分解が速く，腐植の欠乏，ミネラルの流亡などで，繊維質の多いイネ科が優占する嗜好性の悪い草地が多い。

オーストラリアの内陸では雨量が少ないため，ミネラルの流亡は多くないが，腐植のレベルが低いため炭水化物の生産性が低いことが多い。つまり動物にはよく食われるが，その乾物生産量そのものが低い。

生産性の高い農業を営むうえで，草地はその嗜好性が高いだけでは不十分であり，また炭水化物の生産量（乾物生産）が多いだけでも不十分である。腐植が多い土を維持しつつ，そのミネラル含量を高めることが必要条件である。

②ミネラルバランス

さらに，そのミネラルの間の比率が重要である。pHが高いだけでは不十分であり，これまでの日本の草地開発事業の欠陥はそこにあった。かりにpHが6.5であったとしても，それは水素イオンが少ない，つまり酸性度が弱いということであって，そのミネラルの内容がどのような比率であるかを示すものではないからである。

これまでの筆者らの研究の成果では，カルシウムは草地の肥沃性のなかで最も重要な成分で

搾乳牛

第3図 ミネラルバランスのよい土に育つ草を食む牛たち

あり，置換性ミネラルの約3分の2が必要である。それに続く成分はマグネシウムであり10分の1強，そしてカリが20分の1程度必要である。その他の微量元素では，特にマンガン，銅，亜鉛が重要である。ルーメンの栄養学の基本はこのミネラルのバランスをいかに牛の飼料に保つかにあり，それがルーメン微生物の活動を盛んにする鍵を握っている。こうした条件が実現した土壌で育つ草は，牛の食い込み，つまり嗜好性を高めていることになる。

草は単に青々としていれば嗜好性が良い，枯れてくれば悪くなると考えられがちであるが，筆者のオーストラリアにおける研究では，枯れた草地でも土のミネラル肥沃性が充実している場合には，少量のサプリメントを与えるだけで牛の繁殖を十分に達成できることが証明されている。

③土が牛をつくる

以上に述べたミネラル成分を，土の正確なテストを毎年行なっていくなかでバランスよく維持していくことが，草地の嗜好性，乾物生産を高める基本である。そのような草地は動物の必要とする栄養成分をバランスよく保持することができ，高泌乳牛の健康と生産を維持するための基礎である。

事実，その実践が土を探求する北海道SRU（Soil Reseach Union）酪農家グループの基本であり，多くの優れた成果を上げているのである。そのことが平均1万kgの乳量を出す牛群の健康を維持することを可能にしている。江別市の中田牧場は優れた乳牛を出す種牛牧場として名が知られているが，土のバランスづくりを始めて10年以上になる。そこでは放牧はしていないが，自給の草を牛が大変よく摂取するため仔牛の発育がよく，第一胃が発達した牛の生産を続け，共進会でもチャンピオンの賞をとっている。"土が牛をつくる"ということを示す大変よい例といえる。

土のミネラル成分が不十分で腐植が多い場合（これは雨量の多い土地での共通している現象であるが），普通一般に行なわれている施肥管理ではN，P過剰となり，草は青々としているが，粗蛋白質含量が高く，ミネラル含有量の低い，牛の食い込みの悪い草地となる。

また，リン酸肥料の過剰施肥はごく一般的に行なわれていることであるが，このことが微量要素の銅，亜鉛の作用を阻害する原因となっている。草が牛にとっての栄養要求に合わなくなる原因になるだけでなく，牛が本来もっている，病気や寄生虫に対する抵抗力を失わせる原因となっており，表面的には嗜好性の低下をまねく。注意することが重要である。

これらの現象は日本では多く見られることである。

牛が好んで食う草は一般にミネラルが豊富で，そのバランスがとれている草である。それは第一胃の微生物の活動を盛んにすると同時に，牛の生育，生理，繁殖に必要な成分を含むものである。

(5) ストッキングレート

自分の草地に牛を何頭放牧することができるか。ha当たり何頭飼養できるのかということは，

土，草と放牧酪農の基本

A. 2004年天皇賞受賞の大矢根牧場の土
（分析サンプル数3点）
リン酸，カリはまだやや過剰であるが，Ca，Mg，硫黄，微量要素のレベルは最適値に近くまできている

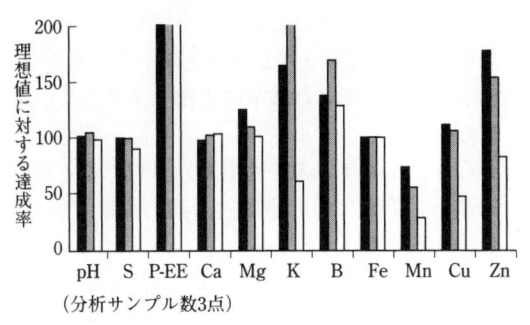

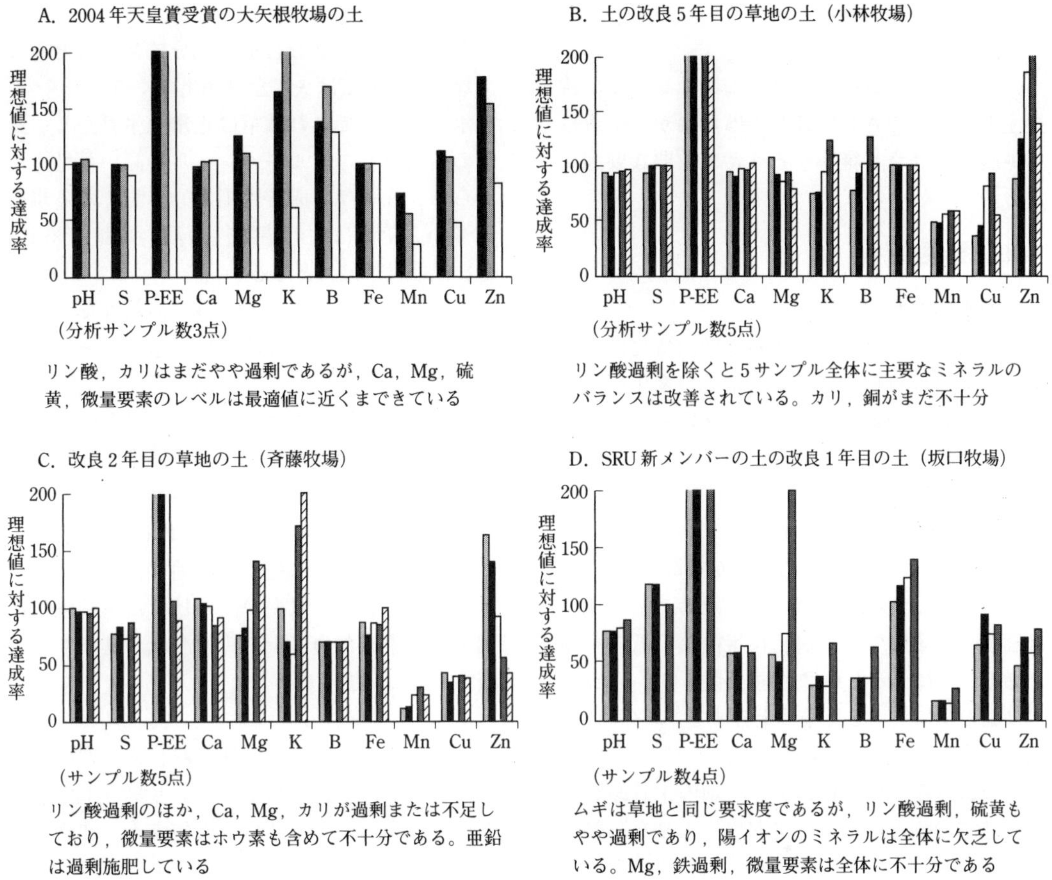

B. 土の改良5年目の草地の土（小林牧場）
（分析サンプル数5点）
リン酸過剰を除くと5サンプル全体に主要なミネラルのバランスは改善されている。カリ，銅がまだ不十分

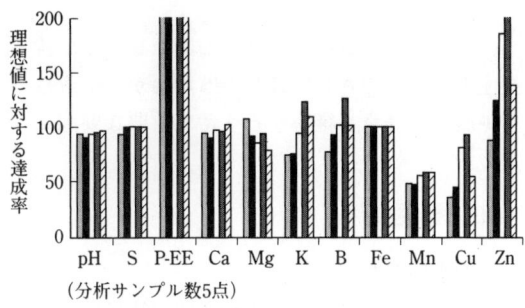

C. 改良2年目の草地の土（斉藤牧場）
（サンプル数5点）
リン酸過剰のほか，Ca，Mg，カリが過剰または不足しており，微量要素はホウ素も含めて不十分である。亜鉛は過剰施肥している

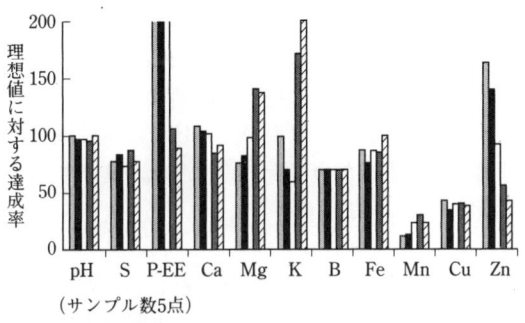

D. SRU新メンバーの土の改良1年目の土（坂口牧場）
（サンプル数4点）
ムギは草地と同じ要求度であるが，リン酸過剰，硫黄もやや過剰であり，陽イオンのミネラルは全体に欠乏している。Mg，鉄過剰，微量要素は全体に不十分である

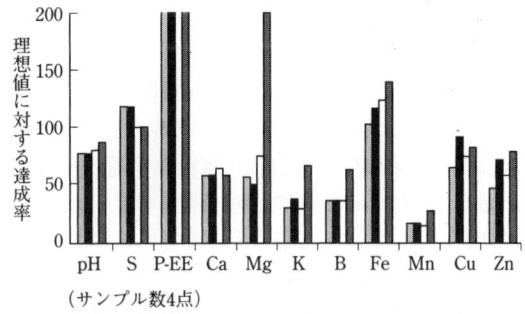

第4図　草地のミネラルバランス
理想値は100。全体を通じていえることは，マンガン欠乏の土が日本には多いということである

多くの農家の知りたい点であろう。それはストッキングレート（SR）と呼ばれている。SRが高すぎれば，牛の草地からの栄養摂取量は低く不十分となるが，採食されることによって草地の草の高さは低くなる。しかし，嗜好性の高い草地を維持することは可能である。

逆にSRが低くなれば，草地の過剰な生育をまねき，成熟した繊維の多い蛋白質の低い草となり，それだけでは牛の嗜好性の低い草地となる。

SRは草地の植生の構成にも影響する。一般にはSRが低い状態が続くとマメ科草の割合が急速に低下し，草地の栄養価を下げることになるため，その嗜好性も下がっていく。これは日本の放牧草地で多く見かけられる現象である。

草地の生育は季節によって大幅に異なるため，SRは季節により常に調整される必要がある。放牧システムはこの調整のために必要となるが，それはある一つの原理により定まった形式的なものではなく，複数の要因により左右される。それぞれの牧場で最も適したシステムを応用性をもってつくるべき性質のものである。

高泌乳牛群では，草地への放牧だけで十分な栄養を確保することは不可能である。そのため，配合えさ，コーンなどのいわゆる濃厚飼料を与えることが必要となるが，それに対するSRも求められることになり，それを適切に維持することが草地の嗜好性を高め，草の摂取量を最大限確保することが可能となる。

気候の温暖なニュージーランドでは，年間を平均して1haに2頭またはそれ以上のSRを維持

し、草中心で酪農経営を営んでいる農家も少なくないのである。

ストッキングレートを常に適切なレベルに維持することはやさしいことではないが、それは草地農業の経営を維持するうえで重要な要因である。

(6) 気候条件

①四季の気候の変化

季節による草の生長とその生理的変化は、草地としての放牧動物に対する栄養の変化を意味する。これは頻繁なグレイジングのもとで修正され、変化するが、その変化をなくすことは不可能である。

春先の草は葉の茎に対する比率が高く、水分、粗蛋白質の多い草地であることが特徴であるが、盛夏には草は生殖の段階に入るため、茎の比率は高まり、繊維質の多い、粗蛋白質の低い草地となる。秋に入ると草は生殖段階をすぎるため、再び葉の茎に対する比率は上昇する。そのため、粗蛋白質のレベルは上昇する。

このような気候条件による草地の栄養的質の変化は牛の嗜好性とその摂取量に大きな影響を及ぼすため、それを的確に判断し、えさの給与システムをつくることが放牧を成功させるうえで重要である。

②天候の変化

さらに、気候の変化に加え、天候の変化も草の栄養を左右する要因である。

雨の多いとき、雨の降る日数が長引くときには、草の水分含量が増加し、牛の乾物摂取量は減少する。さらに、草の吸収する窒素成分がアミノ酸に形成される速度が低下する場合が多く、硝酸態窒素のレベルが上昇しやすい。それは牛の嗜好性を悪くする原因となっている。

この現象は土のミネラル含量が低いとき、そのバランスがとれていないときには特に問題となる点である。窒素肥料の施肥にはこの問題をさらに大きくし、牛はそのような草地を拒否し、最少量の食い込みとなるばかりでなく、硝酸中毒による生理障害、繁殖率の低下、乳房炎、足の問題、急死などの問題を起こす。

では、その逆の場合はどうか。晴天の日が続いた場合、土の水分含量が十分であるのとそうでない場合とでは大きな差が出てくる。

水分が十分であれば草は正常な生育をし、良質の蛋白質とエネルギーレベルの高い草地をもたらし、ミネラル成分も相対的に高くなる場合が多い。それは牛の嗜好性の高い草地であり、乾物摂取量も最大となる。

しかし、もし水分が不十分であれば草は成熟段階に早く移行するため、葉・茎の比率は低下し、早期出穂を起こし、蛋白質の低下、繊維含量の急速な上昇をまねく。干ばつはその極端な例であり、草の生育そのものも停止するが、葉の栄養成分は保存される場合が多く、枯れた草でも嗜好性が下がらず牛に好まれる。

気温が草の生育に重要な要因であることはいうまでもないが、気温の低い日には草の生理作用が低下するために蛋白質の形成が進まず、硝酸態窒素の増加がある。

*

以上、牛の草地の嗜好性を左右する要因を述べてきたが、放牧酪農はハードとソフトの両方が十分に満たされて初めて成功する。建物、牧柵、電牧と牛がいかに立派なものであっても、草地の管理で放牧システムをたとえば毎日牛を移動させるローテーション放牧をした場合でも、もし草の栄養と嗜好性が維持されなければ、放牧酪農を成功させることは難しいといえよう。牛が喜んで食べる草を維持することである。

4. 放牧の限度と補助飼料給与

(1) PMR（牧草混合飼料　Pasture Mix Ratio）

PMRというと聞きなれない言葉と思う人が多いだろう。この考え方そのものも比較的新しいものであり、まだアメリカの栄養学者の間でも確率されたものとはいえない。また、放牧の先進国であるニュージーランドでもあまり聞くことがない。しかし、放牧と取り組んできた北海道の酪農家は、理論的な裏付けは別として実際

に行なってきたことである。

　冬の気候が比較的温暖で草がほぼ一年中青いニュージーランドでは，草をいかに効率的に乳，肉に転換するかという観点から草地農業が研究され発展してきた。さらに乳価格が低いので，価格の高い購入配合飼料を牛に与えることは経営上望まれなかった。しかし，放牧のみでの限界が存在することは事実であり，サプリメントとしての補助飼料は基本的にコーン，グラスサイレージが主体で自給飼料である。

　それに対し，アメリカ酪農は高泌乳の牛群にTMRとして完全配合飼料を設計して給与することで，牛の栄養要求を満たしている。アメリカ中西部の酪農家のほとんどは，そのTMRの原料となる作物を自分で生産している。そのために土の改善に取り組んでいる農家も少なくない。しかし，酪農科学が完全配合飼料という観点から発展してきた弊害として，放牧を栄養学上あいまいな方式であるとして無視してきた。余剰穀物の市場としての農業の側面も無視できないが。

　放牧の必要性が最近認められるなかで，その栄養をいかに満たすかが重要視され，PMRつまり，完全（トータル）ではないが部分的に飼料設計をする必要があることを認め，ハッチェンらの栄養学者が言い出した言葉である。

（2）草地の栄養と補助飼料の設計

　筆者は放牧におけるサプリメント飼料給与の栄養学的必要性を早くから感じ，その研究を続けてきたことから，このPMRシステムを独自に確立し，北海道の多くのSRU農家メンバーで指導してきた。これはニュージーランドにもアメリカにも確立されていない創造的システムであるといえる。

　その原理は，放牧条件下の草地の栄養を季節的変化，土壌との関連，牛の生理的段階，ルーメン栄養学的要求を基にして判断することがあくまでも基本であり，そのうえで補助となる飼料の設計をすることにある。

　これまで述べてきたように，気候条件の厳しい環境では，草地での放牧期間が限定されるという事実が存在する。

　さらに，ニュージーランドの2倍以上の乳量を出す高泌乳牛群を管理するためには，放牧からの乾物摂取量では絶対的に不足となる。計算上放牧での乾物摂取量は16kgであるが，これは高泌乳牛の要求量の約3分の1にすぎない。さらに栄養バランス上，放牧ではこれだけの草を摂取することは不可能であろう。

　草地の春の粗蛋白質過剰とエネルギー供給とのバランス，夏の蛋白質不足，イネ科草のカルシウム不足とリン酸，カリ過剰は一般的に起こる現象であるが，それをどのように矯正するかが大きな課題である。

　さらに，春の草地では繊維成分の不足は，ルーメン内の微生物の活動とVFA（揮発性脂肪酸）の構成に大きな問題となる。また，夏の繊維過剰にどう対処するか。

　土壌に微量要素の欠乏している農家は多く，これは世界的現象でもある。草地の栄養がそれに左右されることはいうまでもないが，それを補うことは牛の繁殖，健康を維持するうえで必要不可欠である。飼料会社は近年微量要素を多量に配合飼料に添加しているケースがあるが，過剰な微量要素の添加は危険であり，牛の健康を損ない，繁殖問題を起こすので注意しなければならない。

　このようにその時々，農家の与えられた条件のもとで，草地の栄養を正しく評価し，それを補うえさの組合わせで飼料設計をすることが必要であり，それが草地からの牛の乾物，栄養摂取量を最大にするために重要である。

5. 農家への手引き

　放牧を実践することは，多くの農家にとって大変勇気のいることである。特に日本では，動物を広い土地で放して飼育するという習慣が馬以外にはなく，あっても限られた地域であった。

　アメリカの栄養学者がいうように，牛を草地に放すということは農家がコントロールを失うことではないかという危惧が強いのであろう。また，放牧すると乳量が下がると一般に思われ

搾乳牛

ていることも障害となっている。コストが高い日本の酪農では，乳量は下げる余地が少ないことは確かである。

一方，酪農家のコストを上げている理由は，えさ代，施設，病気が多いための獣医治療代金などであり，また牛舎の掃除，えさ給与，サイレージをつくるための草の刈込みと造成などの労働時間も莫大である。

放牧は，それが正確に実践に移されるとき，これらのコストを下げる方式であるといえよう。

面積はかりに2〜3haでもよい。まず草地の土のミネラルをテストし，そのバランスをチェックすること。必要な肥料を必要な量だけ施す。

石灰はpH調整剤ではない。カルシウムとマグネシウムのバランスに気をつけること。

マメ科草を必ず入れること。イネ科草にはライグラス，オーチャードグラス，トールフェスク，ケンタッキーブルーグラスなどをいれる。

できた草地に，小面積の場合は1〜2時間でもよいが時間制限放牧をし，電牧で最低8牧区程度に分け，草を割当て給与する。草が旺盛に生育しているときには2〜3日間同じ牧区に入れてもよい。少ないときには毎日移動すること。

面積が大きい場合には牧区の数は2〜6，さらに18牧区程度あるとよいが，その数は酪農家自身の考えできめ，固定して考えないことである。草地は草の根元が黄色くならないように短めに食わせるとよい。

草地のマメ科草が草地構成の半分くらいに見えるように維持する。牛のグレイジング行動を観察し，乾物摂取量を判断する。

牛の生理段階，つまり泌乳のレベル，離乳期の栄養要求の違いと草地の栄養をマッチさせる。その不足分を牛舎で与えるミックス（配合，コーン，ビートパルプ，大豆かす，サイレージ，乾草など）を適切に設計して給与する。

草地と牛を常に観察することが重要である。健康な牛，健康な草地はつやがよいのが特徴である。牛は足もきれいで丈夫でなければよい放牧はできない。草は葉が光り輝き，茎が倒れず草丈もやたらと高くない草地が望まれる。

ホルスタイン牛では白と黒の色がハッキリしてつやのある牛群が，クローバの多いつやのある草地でのんびりと腹いっぱい草を食べている光景をつくり出すのが酪農家の最大の喜びであろう。

それが，放牧をうまくやっているかどうかの最良の基準である。

執筆　エリック川辺（オーストラリア在住農業コンサルタント，農学博士）

2005年記

著者略歴

1940年東京世田谷に誕生，自然の豊かな環境で幼少時代をすごす。

1962年東京農工大学卒，1966年ニュージーランド，マッセイ大学農学部牧草地学修士課程留学，ワトキン教授のもとで放牧に関する論文をまとめる。その後ニュージーランドに帰化，オセアニアにおける草地農業プロジェクト管理に専従する。

1981年よりオーストラリアにて独立農業コンサルタントを開業，200余の大小牧場，農場にアドバイス。現在2代目の農場オーナーにアドバイスを継続しているケースもあるほか，国際的にアメリカのブルックサイド協会の上級コンサルタントとして世界各国で活動してきた。

1995年オーストラリアでの大規模実験牧場の成果をまとめ日本大学にて博士号を取得。現在北海道を主にSRU農家（酪農家約90戸）の土壌，草地，乳牛栄養管理の指導に専念している。妻ジェラルディーンとともに現在はオーストラリアに在住，今年ニュージーランドへ帰還する予定。

飼養標準と
　　その使い方

日本飼養標準の考え方と使い方

家畜や家禽の飼養標準は家畜などが健康かつ正常に発育して，乳，肉，卵などを効率よく生産するために，成長過程・生産量に応じたエネルギー，蛋白質，ミネラル要求量を示したものである。なかでも，酪農経営ではいかにして良質の安い飼料を生産し，確保するかが問題となるが，同時に各種飼料をうまく組み合わせて合理的に与え，乳牛の生産性を高めるための給与技術の適否が経営に直接ひびいてくる。このような日常の合理的な飼料給与量を決定するために飼料標準が用いられている。さらに，飼養標準は日常の飼養を円滑に行なうためだけではなく，飼料の生産計画や需給計画を立案する際の基礎になり，将来の給与計画を改善するためにも役立つ。

飼養標準は世界各国で独自のものが作成されている。各標準はそれぞれ表現する単位，養分の量的関係も異なることがある。それは，それぞれの飼養標準がそれぞれの国の実情に応じた条件のもとで作成されているからであり，したがって，作成の基礎となった数値や標準の利用・活用の方法を十分に理解したうえで用いなければならない。また，利用に際しては，その標準に飼料成分表を用いることで効率的な利用が図られる。

わが国における乳牛の最初の飼養標準は1963年に設定され，以降5次にわたって改訂が行なわれ，1999年版以降，自給飼料の増産・利用，低・未利用飼料資源の利用促進，畜産環境問題など畜産を巡る情勢の変化に対応して最新の知見を導入してきており，最新版として2006年版が発行されている。

また，飼養標準と一対となって利用される日本標準飼料成分表も，1960年に設定されて以来，6次にわたる改訂が定期的に行なわれている（最新版は2001年版）。

1. 日本飼養標準（2006年版）の基本的な考え方と特徴

(1) 基本的な考え方

1) 養分要求量は，いろいろな機能を維持するために要求量の総和として求めることができる。たとえば泌乳牛であれば，その養分要求量は体を維持するために必要な養分量と，牛乳生産のために必要な養分量とを足したものになる。

2) 養分要求量の単位として，蛋白質は粗蛋白質（CP）を，エネルギーは代謝エネルギー（ME）を基本としている。ただし，蛋白質については第一胃での分解性に基づく蛋白質要求量について内外の文献を参考に検討し，より精密な評価体系を解説の項で提案する。エネルギーについては利用者の便宜を考慮して可消化養分総量（TDN）も併記することにしている。

3) 本標準に示されている値は，それぞれの時点での必要量である。したがって，長期的な視点での利用はまた別に考慮すべきである。

4) 本飼養標準で示した養分要求量の数値は，わが国の平均的な乳牛の標準的な飼養条件下での数値であり，かつ安全率を見込まない最小必要量で示す。

5) 環境への負荷軽減を考慮し，窒素およびミネラル排泄量の低減，メタン産生の抑制について解説の項の充実を図る。

6) 「養分要求量に影響を与える要因および飼養上留意すべき事項」および「飼料給与上注意すべき事項」において，現場で関心が高い事項を中心に解説の充実を図る。

7) 多数の成績に基づき乳牛の発育曲線の見直し，最近の飼養試験データに基づいて泌乳期，乾乳期および暑熱時の乾物摂取量推定式の

見直し，移行期の飼養管理および放牧に関する解説の充実を図る。

8) 養分要求量計算ソフトと最小限の飼料成分表を参考資料として添付し，より利用しやすい形をめざす。

(2) 2006年版の主な改訂点

上述の方針に従って作成された2006年版の主な改訂点は次のとおりである。

①泌乳牛・育成牛の乾物摂取量推定式の提案

乳牛の飼料設計を行なう場合には栄養要求量とともに，乾物摂取量を求めることが必要となる。これは，乳牛用飼料の設計を行なう場合に，実際に採食できるかが栄養要求量を充足させるうえでポイントになるためである。

1999年版では乳牛の乾物摂取量推定式はかなり精度の高いものになったが，さらに新たなデータを加えて幅広い解析を行なった。泌乳初期（1〜10週）では泌乳量に対応するだけの飼料摂取ができないため，泌乳初期乾物摂取量の補正式を示しているが，2006年版では初産と2産以上に区分してそれぞれ乾物摂取量推定式を示している。また，乾乳牛の乾物摂取量では，わが国で一般に給与されている飼料資源を想定して，分娩2週間前と1週間前に区分した乾物摂取量推定式を示している。

1) 泌乳安定期（分娩後11週齢以降）
・2産以上（経産）
 乾物摂取量 (kg/日) = 1.3922 + 0.05839×代謝体重 (kg) + 0.40497×4% FCM (kg/日)
・初産泌乳牛
 乾物摂取量 (kg/日) = 1.9120 + 0.07031×代謝体重 (kg) + 0.34923×4% FCM (kg/日)
 FCM：4％脂肪補正乳量 (kg) = 乳量 (kg) × (0.15×乳脂肪率 (%) + 0.4)

2) 泌乳初期（分娩後10週間）
分娩後10週間は乾物摂取量が種々の要因によって抑制されることから，次の式で補正することとしている。
・2産以上（経産）
 泌乳初期乾物摂取量補正係数 = 1.0 − 0.3531×exp (−0.3247×分娩後週数)
・初産泌乳牛
 泌乳初期乾物摂取量補正係数 = 0.6558×exp (−0.0498×分娩後週数)

3) 乾乳牛の乾物摂取量
乾乳牛の乾物摂取量については，わが国で一般に給与されている飼料資源を想定して乾物摂取量推定式を示した。なお，分娩1週間前には乾物摂取量が低下することから，乾乳期を2つに分けた。
 乾乳牛乾物摂取量 (kg) = 0.017×体重 (kg)
分娩の1週間前では
 乾乳牛の乾物摂取量 (kg) = 0.016×体重 (kg)

4) 暑熱期の乾物摂取量の減少
暑熱期ではエネルギー要求量が増加するため，1999年版ではそれに見合う分として乾物要求量の増加のための補正係数が示された。しかし，暑熱期では第一胃運動が低下し，消化管内滞留時間の増加により採食量が減少するため，実際にエネルギー要求量を充足させるためには飼料の質や給与方法などを工夫する必要があった。

西南暖地で飼育されている乳牛について，延べ4,000点以上の乾物摂取量と1日の平均気温のデータを検討した結果，初産牛では23℃，経産牛では21℃を超えると乾物摂取量が低下することから，平均気温に対応した乾物摂取量の低下率を第1表に提示した。

②エネルギーの単位と要求量

反芻家畜での飼料エネルギーの利用は第1図のように区分される。摂取した総エネルギー(GE) から糞中へのロスを差し引いたものが可消化エネルギー (DE)，さらに尿およびメタンとしてのエネルギーロスを差し引いたものが代謝エネルギーである。そして，これらの熱としてのロスを差し引き，体を維持するために直接使われる，あるいは牛乳そのものに合成されるエネルギーを正味エネルギー (NE) と呼んでいる。

エネルギーの評価法としてはNEが最も優れていると思われるが，飼料エネルギー値の測定値を収集することは困難であることから，従来はTDNを用いて表示してきた。しかし，わが

国では飼料中のME測定データの蓄積が進んだことから、1994年版以降MEをその表示単位として使用し、そのNEへの利用効率を考慮する形での正味エネルギーシステムに移行しつつある。

近年、早期発育技術が注目され、日増体量を高めに設定するケースが多くなっている。育成期のエネルギー要求量を高増体時の要求量と旧来の要求量の整合性にスポットをあてて検証した結果、育成牛の成長のエネルギー効率は飼料の栄養価に強く影響を受け、高増体を目指した飼料給与を行なう場合に、1999年版で示した成長の要求量は若干多いことが明らかとなった。そのため、2006年版では育成牛（120kg以上）の維持要求量を代謝体重当たり118.3kcalから116.3kcalに変更した。

さらに、育成期の乳牛の飼養試験成績から、寒冷期にエネルギー要求量が増加することが明らかとなり、育成期の成長の要求量に一律に設けられていた安全率（7％の増給）を乗ずるのを止め、寒冷期（12月、1月、2月）では7％、北海道などの厳寒地では15％増給することとした。

③成長曲線モデル

家畜の成長に伴う栄養要求量を求めるためには、標準的な発育モデルが必要となる。1999年版では、育成牛の成育モデルは3か月齢から初産分娩時まで日増体量0.74kg/日の直線的な生育モデルが示されていた。しかし、実際には妊娠に伴い体重増加が生じることから、実際の体重増加と育成牛の体重増加モデルとが一致しない場合があった。2006年版では、全国の関係機関から多くのデータの提供を受け、直線的な発育モデルではなく実態に見合った非妊娠発育モデルを提案し、妊娠による体重増加を発育モデルとは分離して示した。

0～50日齢まで

体重 (kg) $= 43.17 + 0.05105 \times$ 日齢 $+ 0.01388 \times$ 日齢$^2 - 7.666 \times 10^{-5} \times$ 日齢^3

第1表　暑熱期の乾物摂取量の減少量と減少率

気温（℃）		20	22	24	26	28	30
初産牛	減少量 (kg)	0	0	−0.2	−0.7	−1.4	−2.2
	減少率 (%)	0	0	−1.3	−4.0	−7.9	−12.9
経産牛	減少量 (kg)	0	−0.2	−0.9	−2.1	−4.0	−6.3
	減少率 (%)	0	−0.7	−4.1	−10.0	−18.5	−29.5

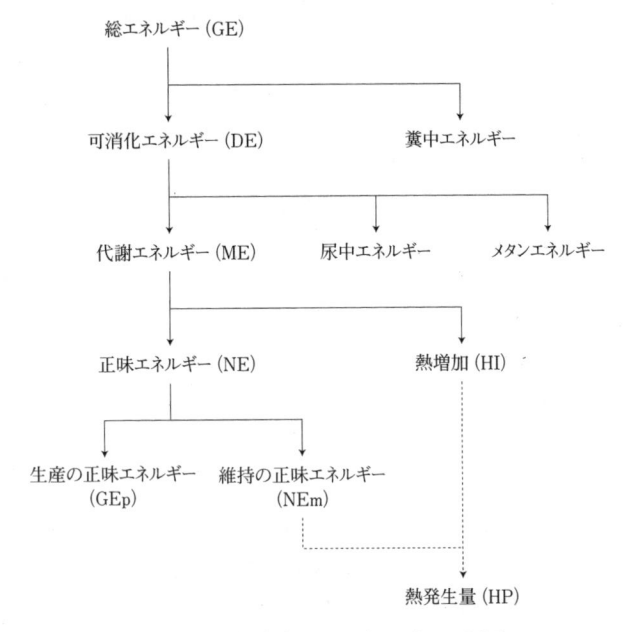

第1図　反芻家畜でのエネルギーの利用

51日齢以降

体重 (kg) $= 707.1277309 \times (1 - 0.9517559 e^{-0.0018804 \times 日齢})^{1.1439116} + [0.233001 \times$ 妊娠日数 $+ 4.95 \times 10^{-4}$ 妊娠日数^2]

[　]内が妊娠効果による体重増加分である。

④有効分解性蛋白質

日本飼養標準での蛋白質の基本単位はCPであるが、牛などの反芻家畜では第一胃に生息している多数の微生物により飼料の蛋白質や窒素化合物が分解され、微生物体蛋白質に合成される。微生物体蛋白質は第一胃内で分解されなかった蛋白質（非分解性蛋白質：CPu）とともに下部消化管に流入して消化・吸収される。第一胃内微生物の合成量は第一胃内で分解する蛋白質（分解性蛋白質：CPd）やエネルギーの供給バランスに影響を受ける。第一胃内での蛋白質

の動態を正確に把握し，蛋白質の必要量を提示する蛋白質給与システムを代謝蛋白質（MP）システムと呼ぶ。1999年版から飼料蛋白質の第一胃内での分解性に関する記述がされ，代謝蛋白質システムへの移行を念頭に，飼料蛋白質の第一胃内分解性を評価する分解性蛋白質システムが記載されている。

1999年版では飼料のCPdおよび非分解性蛋白質（CPu）含量は固有値であるため，飼料の消化管内通過速度が速いほど微生物による分解作用を受けにくくなる結果，CPu含量が高まることになる。一方，飼料の分解率が高く，分解速度が速いほどCPd含量が高くなる。そのため，1999年版では乾物摂取量の変化による第一胃内での蛋白質利用性の変化を要求量側で調整している。

一方，2006年版では有効分解性蛋白質（ECPd）システムへの移行を図ったが，第一胃内で利用可能な炭水化物量から第一胃内微生物合成可能量を求めるもので，これがECPdの要求量に相当する。一方，乾物摂取量の変化に伴う蛋白質利用性の変化を飼料の消化管内通過速度による分解率の変化で調整するが，これがECPdの供給量に相当する。ルーメン微生物のCP要求量とルーメンに供給される分解可能なCP量が一致する飼料構成が，第一胃内微生物の合成量を最大にするとの考え方に基づくものである（第2図）。

飼料中での適正なECPd含量は次の式で求める。

ECPd（乾物中％） = 0.131 × TDN（乾物中％） + 0.00106 × 乳量（kg/日） + 0.557

2006年版ではわが国で用いられている飼料の有効分解率のデータベースが記載されているが，第一胃内での飼料蛋白質の分解率や分解速度は，飼料の種類や加工法などによっても変化することから，それぞれの飼料について第一胃内での蛋白質の分解性を把握することがより正確な飼料設計を行なうために必要である。飼料の通過速度は次の式で求める。

通過速度（kp, ％/h） = 0.1649X + 乾物摂取量（kg/日） + 2.071 （R^2 = 0.9997）

⑤自給飼料をより多く用いた酪農について

わが国の飼料自給率は低いことから，2005年度に見直された食料・農業・農村基本計画では2015年度までに粗飼料の自給率を100％にする目標が設定されている。そのため，2006年版では自給飼料多給を基本とする効率的な家畜生産に向け，イネ発酵粗飼料などの自給飼料や製造副産物の飼料特性や利用法についての解説を充実させている。また，飼料の物理性に関しては，従来の粗飼料価指数（RVI）に新たなデータを付け加えたほか，新たに物理的有効繊維（efNDF）について記載した。

⑥畜産環境問題の解説の充実

酪農経営での規模拡大や泌乳能力の向上に伴い，家畜糞尿による環境負荷が大きな問題となっており，2006年版では糞尿の貯留施設容量や環境負荷量の算出基礎とするための乳牛の糞尿量や窒素排泄量を提示した。たとえば，乳量34.2kg/日，乾物摂取量22.2kg/日の2産以上の牛で糞量51.8kg/日，尿量15.1kg/日となり，乳量23.7kg/日，乾物摂取量15.8kg/日の初産牛で糞量36.8kg/日，尿量14.3kg/日である。また，制限給与条件で乾物摂取量が9.9kg/日の乾乳牛では，糞量20.5kg/日，尿量12.1kg/日である。

また，糞尿量および窒素排泄量に及

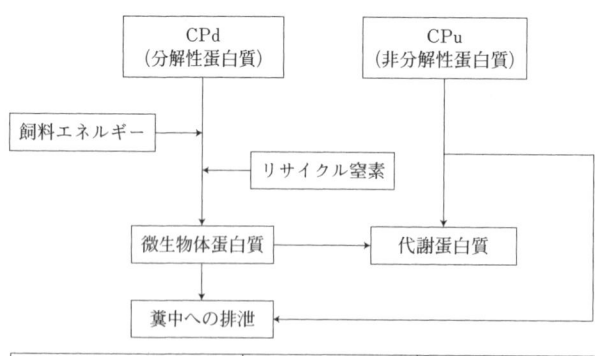

	CPd		CPu	
飼料の第一胃内分解速度 第一胃内通過速度	速い 速い	多い 少ない	遅い 遅い	少ない 多い

第2図 第一胃内での飼料蛋白質の動態

ぼす飼養的な要因を解析し，糞尿量や窒素の排泄量とともに，リン，カリウムの排泄量の低減法を示した。

糞量と尿量に及ぼす飼料的要因については，

糞量（kg/日）＝－8.4753＋1.8657×乾物摂取量（kg）＋0.4948×中性デタージェント繊維含量（％）（R^2＝0.40）

尿量（kg/日）＝－8.3575＋0.0167×N摂取量（g/日）＋0.0509×K摂取量（g/日）（R^2＝0.79）

以上の式が求められた。一方，糞中，尿中および乳中に排泄されるN量は前述した2産以上の牛が順に，190g/日，151g/日，166g/日，初産牛が147g/日，85g/日，111g/日である。また，乾乳牛が排泄するN量は糞中が64g/日，尿中が88g/日である。リンやカリウムは摂取量が増えると糞尿中への排泄量が増え，体内にはほとんど蓄積されないことから，給与量の低減や，リンでは利用性の向上が重要であることを示している。

2. 乳牛の養分要求量

(1) 育成に要する要求量

育成牛に要する要求量を第2表に示した。これには，そのときの体重を維持するために必要な養分量と，1日当たりの増体に必要な養分量との和で示してある。

(2) 維持に要する養分量

成雌牛の維持に要する養分量を第3表に示した。維持に要する養分量は体重の0.75乗に比例する。現実には維持の状態で乳牛が飼養されることはまれであるが，妊娠や産乳のときの養分要求量を求める基礎となる重要な数値である。

(3) 妊娠末期2か月間の維持に加える養分量

胎子とその付属器官は，妊娠末期の分娩前2～3か月ごろから急速に発育する。従来，分娩前2か月間に一定量を加えることにしていたが，これを分娩前9～4週間と分娩前3週間の2期に分けて示した（第4，5表）。これは，栄養素供給量の適正化と効率化を図るとともに，分娩前の栄養濃度を高めることによって，スムーズな分娩後飼料への移行を促すことを目的としたものである。

妊娠末期は乾乳期であり，この時期は養分の不足のないように心がけるとともに，過肥にならないように注意する必要がある（BCSを参照）。また，飼料中のカチオン・アニオンバランス（DCAD）の制御による分娩時の疾病予防法が普及しつつあるが，添加剤に安易に頼るのではなく，自給飼料中のカリの過剰を防ぐことも重要である。

(4) 産乳に要する養分量

牛乳1kgの生産に要する養分量を第6表に示した。牛乳中のエネルギー含量は乳脂率から計算することができ，本標準では次式により求めている。

牛乳中のエネルギー含量（Mcal/kg）＝0.0913×乳脂率（％）＋0.3678

また，乳生産に対するMEの利用効率は給与飼料の品質によって影響を受けるものの，わが国の平均的な飼料構造であれば，62％程度と見なすことができる。したがって，産乳に要するME量は，「牛乳中のエネルギー含量÷0.62×乳量」によって求められる。

(5) 高泌乳時の飼養

分娩後は泌乳量が急激に増加するので，乳牛は養分要求量に見合う飼料を摂取することができない場合が多い。その対応策としてリード飼養法などが考えられている。また，この時期には養分の補給のために，エネルギー含量の高い濃厚飼料を多く与えることがあるが，生理障害が起こる場合があるので注意する必要がある。

混合飼料（TMR）は選び食いを防ぐことができること，採食パターンが平準化し，ルーメンに対する負荷を軽減できることなどから，採食量の増加と養分要求量の充足が期待できる。その場合，飼料設計にあたっては，養分要求量よりも飼料中の養分含量が重要になる。

飼養基準とその使い方

第2表　非妊娠雌牛の育成に要する1日当たり養分量

体重 Body Weight (kg)	週齢 Age (week) (週)	増体日量 Daily Gain (kg)	乾物量 DMI (kg)	粗蛋白質 CP (g)	可消化粗蛋白質 DCP (g)	可消化養分総量 TDN (kg)	可消化エネルギー DE (Mcal)	代謝エネルギー ME (Mcal)	代謝エネルギー ME (MJ)	カルシウム CA (g)	リン P (g)
45	1	0.35	0.54	122	108	0.76	3.33	2.73	11.44	8	4
		0.40	0.56	135	120	0.79	3.46	2.84	11.88	9	5
		0.50	0.60	160	143	0.84	3.72	3.05	12.75	11	6
50	3	0.50	0.72	163	144	0.91	4.02	3.30	13.80	12	6
		0.60	0.80	188	167	0.97	4.30	3.53	14.75	14	7
		0.70	0.87	214	190	1.04	4.58	3.75	15.70	16	8
		0.80	0.94	240	213	1.10	4.85	3.98	16.65	18	9
75	7	0.80	2.55	390	274	1.56	6.89	5.65	23.64	18	10
		0.90	2.64	423	301	1.65	7.29	5.98	25.02	20	11
		1.00	2.73	455	328	1.74	7.70	6.31	26.40	22	12
100	11	0.80	2.99	413	282	1.94	8.55	7.01	29.34	18	10
		0.90	3.09	446	308	2.05	9.05	7.42	31.05	19	10
		1.00	3.18	478	335	2.17	9.55	7.83	32.76	20	11
150	19	0.60	3.69	492	307	2.34	10.33	8.47	35.44	19	11
		0.80	3.88	569	368	2.66	11.75	9.63	40.30	20	12
		0.90	3.97	608	398	2.82	12.45	10.21	42.73	21	13
200	26	0.60	4.58	552	332	2.91	12.82	10.51	43.97	20	14
		0.80	4.76	628	391	3.30	14.57	11.95	50.00	22	15
		0.90	4.85	666	421	3.50	15.45	12.67	53.01	23	15
250	35	0.60	5.46	611	356	3.44	15.15	12.42	51.98	22	16
		0.80	5.65	687	414	3.91	17.23	14.13	59.11	24	17
		0.90	5.74	725	444	4.14	18.27	14.98	62.67	25	18
300	44	0.50	6.25	633	351	3.67	16.18	13.27	55.51	23	17
		0.70	6.44	708	409	4.21	18.56	15.22	63.68	24	18
		0.90	6.62	783	467	4.75	20.94	17.17	71.86	25	19
350	55	0.50	7.14	692	374	4.12	18.16	14.89	62.31	23	18
		0.70	7.32	766	432	4.72	20.84	17.09	71.49	25	19
		0.90	7.51	840	489	5.33	23.51	19.28	80.66	26	20
400	67	0.40	7.93	714	369	4.22	18.60	15.25	63.81	24	18
		0.60	8.11	788	426	4.89	21.55	17.67	73.95	25	19
		0.80	8.30	861	483	5.56	24.51	20.10	74.09	26	21
450	81	0.40	8.81	773	392	4.61	20.32	16.66	69.70	27	26
		0.60	9.00	846	449	5.34	23.54	19.31	80.78	28	28
		0.80	9.18	919	506	6.07	26.77	21.95	91.86	29	29
500	98	0.20	9.51	758	359	4.19	18.49	15.16	63.44	27	26
		0.40	9.70	831	415	4.99	21.99	18.03	75.43	27	27
550	119	0.20	10.40	817	382	4.77	21.04	17.26	72.20	27	27
		0.40	10.58	889	438	5.89	25.98	21.30	89.13	27	28
600	149	0.10	11.19	839	378	4.46	19.66	16.12	67.46	26	27
680	257	0.00	11.56	840	367	4.28	18.89	15.49	64.80	26	28

第3表　非妊娠雌牛の維持に要する1日当たり養分量

体　重 Body Weight (kg)	乾物量 DMI (kg)	粗蛋白質 CP (g)	可消化粗蛋白質 DCP (g)	可消化養分総量 TDN (kg)	可消化エネルギー DE (Mcal)	代謝エネルギー ME (Mcal)	代謝エネルギー ME (MJ)	カルシウム CA (g)	リ　ン P (g)	ビタミンA Vitamin A (1,000IU)	ビタミンD Vitamin D (1,000IU)
350	5.95	365	219	2.60	11.48	9.41	39.38	14	10	14.8	2.1
400	6.80	404	242	2.88	12.69	10.40	43.52	16	11	17.0	2.4
450	7.65	441	265	3.14	13.86	11.36	47.54	18	13	19.1	2.7
500	8.50	478	287	3.40	15.00	12.30	51.45	20	14	21.2	3.0
550	9.35	513	308	3.65	16.11	13.21	55.26	22	16	23.3	3.3
600	10.20	548	329	3.90	17.19	14.10	58.99	24	17	25.4	3.6
650	11.05	581	349	4.14	18.26	14.97	62.64	26	19	27.6	3.9
700	11.90	615	369	4.38	19.30	15.83	66.22	28	20	29.7	4.2
750	12.75	647	388	4.61	20.33	16.67	69.74	30	21	31.8	4.5
800	13.60	679	408	4.84	21.33	17.49	73.20	32	23	33.9	4.8

注　産次による維持に要する養分量の補正（泌乳牛のみを対象とする）
　　初産分娩までは，成雌牛の維持に要する養分量の代わりに，育成に要する養分量を適用する
　　初産分娩から2産分娩までの維持要求量は，増体を考慮し成雌牛の維持の要求量の130％，また，2産分娩から3産分娩までは115％の値を適用する。ビタミンAおよびDについてはこの補正は行なわない
　　ここでいう維持のエネルギー要求量は秘乳牛用の飼料を想定して算出しており，乾乳牛（妊娠末期のものを除く）に対して用いる場合は，給与飼料の代謝率の違いによる代謝エネルギーの利用効率の低下を考慮して，エネルギーについてのみここで示した要求量の110％の値を用いる。乾物量は体重の1.7％摂取するものとして算出した

(6) 水分要求量

乳牛での水の占める割合は体重の56～81％であり，水分摂取および水の体内での移動や放散は，家畜体内でのさまざまな働き（体液・胎水の恒常性維持，飼料の消化管内移動，消化・吸収，細胞内での物質代謝，代謝産物の運搬・排泄および体温調節など）に関与している。泌乳牛では水は糞や尿へ排泄されるばかりではなく，各種の蒸散や泌乳によっても体内から消失するが，消失量は給与飼料，飼料摂取量，乳期，年齢や環境などの条件で変動する。乾物摂取量と泌乳量以外に，体温調節のための水分蒸散量は泌乳牛の水分要求量に影響を及ぼす主な要因となる。

泌乳牛の水分およびMFWB（Milk free water balance：維持・乳生産に利用可能な水）の要求量はそれぞれ次の式によって推定できる。

　　水分要求量（kg/日）＝5.2＋乾物摂取量（kg/日）×2.86＋泌乳量（kg/日）×0.7＋水分蒸散量（kg/日）×0.86

　　MFWB（kg/日）＝12.7＋可消化エネルギー摂取量（Mcal/日）×0.58＋水分蒸散量（kg/日）×0.97

(7) 無機物の要求量

無機物は家畜の骨や歯の主要な構成成分であるとともに，蛋白質や脂質の形成，酵素の活性化，あるいは浸透圧，酸塩基平衡，情報伝達など，体内の恒常性維持に重要な役割を担っている。乳牛に必須な無機物はカルシウム，リン，マグネシウム，カリウム，ナトリウム，塩素，イオウ，鉄，銅，コバルト，亜鉛，マンガン，ヨウ素，モリブデンおよびセレンである。鉄，銅，コバルト，亜鉛，マンガン，ヨウ素，モリブデンおよびセレンは飼料中や動物体内の含量がわずかなことから微量無機物と名づけられ，これに対してカルシウム，リン，マグネシウム，カリウム，ナトリウム，塩素，イオウを主要無機物と呼ぶ。それ以外に，クロムのように乳牛に必須と考えられている無機物や，フッ素のように毒性が問題になる無機物もある。

乳牛の無機物要求量は，維持，成長，妊娠，

第4表　分娩前9～4週間に維持に加える1日当たり養分量

胎子の品種 Breed of fetus (胎子数 Number of fetus)	出生児体重 BW at Birth (kg)	乾物量 DMI (kg)	粗蛋白質 CP (g)	可消化粗蛋白質 DCP (g)	可消化養分総量 TDN (kg)	可消化エネルギー DE (Mcal)	代謝エネルギー ME (Mcal)	代謝エネルギー ME (MJ)
初産：乳用種 Dairy (S)	42	1.94	364	218	1.23	5.40	4.43	18.54
経産：乳用種 Dairy (S)	46	2.13	398	239	1.34	5.92	4.85	20.31
肉用種 Beef (S)	30	1.45	221	133	0.91	4.02	3.30	13.80
肉用種 Beef (T)	48	2.29	335	201	1.44	6.37	5.22	21.86
交雑種 Cross Bred (S)	35.6	1.70	250	150	1.07	4.73	3.88	16.23

注　カルシウム，リンおよびビタミンは母牛の体重によって必要な養分量が異なる。ここでは母牛の妊娠時体重を600kgと
　　(S) は単胎 Single，(T) は双胎 Twin
　　交雑種 (F1)：ホルスタイン種と黒毛和種の交雑種 (Holstein × Japanease Black Breed)

第5表　分娩前3週間に維持に加える1日当たり養分量

胎子の品種 Breed of fetus (胎子数 Number of fetus)	出生児体重 BW at Birth (kg)	乾物量 DMI (kg)	粗蛋白質 CP (g)	可消化粗蛋白質 DCP (g)	可消化養分総量 TDN (kg)	可消化エネルギー DE (Mcal)	代謝エネルギー ME (Mcal)	代謝エネルギー ME (MJ)
初産：乳用種 Dairy (S)	42	2.44	485	291	1.63	7.21	5.91	24.72
経産：乳用種 Dairy (S)	46	2.67	531	319	1.79	7.89	6.47	27.08
肉用種 Beef (S)	30	1.82	289	173	1.22	5.36	4.40	18.40
肉用種 Beef (T)	48	2.88	437	262	1.93	8.49	6.97	29.15
交雑種 Cross Bred (S)	35.6	2.14	327	196	1.43	6.31	5.17	21.65

注　カルシウム，リンおよびビタミンは母牛の体重によって必要な養分量が異なる。ここでは母牛の妊娠時体重を600kgと
　　(S) は単胎 Single，(T) は双胎 Twin
　　交雑種 (F1)：ホルスタイン種と黒毛和種の交雑種 (Holstein × Japanease Black Breed)

第6表　産乳に要する養分量（牛乳1kg生産当たり）

乳脂率 Milk fat (%)	粗蛋白質 CP (g)	可消化粗蛋白質 DCP (g)	可消化養分総量 TDN (kg)	可消化エネルギー DE (Mcal)	代謝エネルギー ME		カルシウム CA (g)	リン P (g)	ビタミンA Vitamin A (1,000IU)
					(Mcal)	(MJ)			
2.8	64	41	0.28	1.23	1.01	4.21	2.6	1.5	1.3
3.0	65	43	0.29	1.26	1.04	4.33	2.7	1.5	1.3
3.5	69	45	0.31	1.35	1.11	4.64	2.9	1.7	1.3
4.0	74	48	0.33	1.44	1.18	4.95	3.2	1.8	1.3
4.5	78	50	0.35	1.53	1.26	5.25	3.4	1.9	1.3
5.0	82	53	0.37	1.62	1.33	5.56	3.6	2.1	1.3
5.5	86	56	0.39	1.71	1.40	5.87	3.9	2.2	1.3
6.0	90	58	0.41	1.80	1.48	6.18	4.1	2.3	1.3

注　乳量15kgにつき，維持と産乳を加えた養分量を分離給与の場合は4%，TMR給与の場合は3.5%増給する
　　ビタミンDの産乳に要する要求量は，乳量にかかわらず体重1kg当たり4.0IUである

| カルシウム | リン | ビタミンA | ビタミンD |
| CA | P | Vitamin A | Vitamin D |
(g)	(g)	(1,000IU)	(1,000IU)
13.6	6.2	20.2	2.4
13.6	6.2	20.2	2.4
9.5	4.4	20.2	2.4
15.0	6.9	20.2	2.4
11.6	5.3	20.2	2.4

した

| カルシウム | リン | ビタミンA | ビタミンD |
| CA | P | Vitamin A | Vitamin D |
(g)	(g)	(1,000IU)	(1,000IU)
18.2	8.3	20.2	2.4
18.2	8.3	20.2	2.4
12.7	5.8	20.2	2.4
20.0	9.2	20.2	2.4
15.5	7.1	20.2	2.4

した

泌乳などの生理的状態，飼料中の無機物の化学的形態や飼料中の各無機物間の含有比率などの要因によって異なる。

(8) ビタミン要求量

ビタミンには脂溶性と水溶性があり，脂溶性ビタミンに属するのはビタミンA, D, EとKで，水溶性ビタミンに属するのはビタミンB群とCである。第一胃の発達した乳牛では，ビタミンB群とビタミンKが第一胃内の細菌によって合成されることやビタミンCは組織内で合成されるため，実際の給与にあたってはビタミンA, D, Eが問題となる。しかし，第一胃が未発達の子牛では，ビタミンA, D, Eとともにビタミン K とビタミンB群を給与しなければならない。

ビタミンAとDは，従来から知られていた正常な視覚を維持する作用やカルシウムの代謝調節などの機能以外に，免疫細胞をはじめとする細胞の分化誘導を調節する物質であることが明らかにされている。高泌乳時にはナイアシン，コリン，チアミンなどが不足する場合がある。

3. 飼養標準の使い方と注意点

(1) 養分要求量に影響する要因

本標準で示された要求量はわが国の標準的な飼養条件下における平均値であって，異なった条件下で使用するためには補正が必要となる。たとえば，飼料給与量を算出する場合には，乳牛の維持要求量をベースに，妊娠，泌乳，成長に必要な養分量などを算定して求めるが，その際に暑熱・寒冷，放牧，妊娠および泌乳ステージを考慮する必要がある。

また，乳量が多くなると乾物摂取量が増加し，それに伴って消化率が低下することが知られている。このため，本標準では乳量15kgにつき給与量を分離給与の場合4％，TMRの場合3.5％増すこととしている。

(2) 要求量の計算例

1日当たりの養分要求量を計算するには，搾乳牛の場合，維持要求量と産乳に要する要求量を加え，さらに産乳水準による補正（乳量15kgごとに分離給与の場合4％，TMRの場合3.5％増）を行なう。家畜の養分要求量の計算式は，研究の進展とともに複雑になっている。さらに，泌乳ステージに，気温などの環境条件，妊娠のステージ，胎子の品種による養分要求量の増減などについても考慮されるようになっている。そのような状況のなかでパーソナルコンピュータの利用が不可欠になっている。

計算に際して，必要に応じて維持量にさらに暑さや寒さなどの環境条件や放牧などの運動による増給量を加える。また個体の能力の差異や飼料成分の変動を考慮した安全率についても考慮する必要がある。また，分娩前後や高泌乳期にはその牛の生理状態を考慮することも必要で

```
乳量35kg, 乳脂率3.5%, 体重650kgの3産次の乳牛 (非妊娠) の養分要求量

       維持要求量        産乳水準による補正項
TDN = (4.14kg + 35kg×0.31kg) × (1+35/15×0.04) = 16.39kg
      乳量×乳脂率3.5%の牛乳1kgを生産するために必要なTDN量

CP = (581+35×69) × (1+35/15×0.04) = 3,276kg
Ca = (26+35×2.9) × (1+35/15×0.04) = 139kg
P = (19+35×1.7) × (1+35/15×0.04) = 86kg
ビタミンA = (28+35×1.3) = 74 (1,000IU)
ビタミンD = (3.9+650×0.004) = 6.5 (1,000IU)

(注 ビタミンA, Dについては産乳水準の補正を行なわない)
```

第3図　養分要求量の計算例

ある。

(3) 飼料給与設計の実際と注意点

飼料給与設計は次のような手順で行なうとよい。

1) 養分要求量を計算する (第3図)。
2) 粗飼料生産や購入の実情にあわせて、用いる粗飼料を選択する。
3) 飼料成分表や試料成分分析サービスの結果を利用して、給与する飼料の養分量を把握し、給与量を決定する。
4) 養分要求量から粗飼料による養分要求量を差し引いて、不足する養分量を計算する。
5) 不足養分量を適当な濃厚飼料の組合わせによって充足するように、それらの給与量を決定する。乾物中の栄養素の濃度についても確認する。
6) 以上の計算で求めた値に、安全率を見込んで補正を行なう。
7) 飼料給与量が乾物摂取量の目安を大きく超えていないことを確認する。
8) 最後に、各飼料の給与量からカルシウム、リン、ビタミンAおよびDの供給量を計算し、それらの要求量を満たしているか確認し、不足量があるものについては添加強化を行なう。

飼料計算を行なう場合、単に要求量を満たすだけでなく、栄養素のバランスにも注意することが大切である。さらに、家畜の嗜好性や原料の入手量、価格なども検討しておく必要がある。

*

飼養標準の活用にあたっては要求量の数値はおおよその基準を示すものと理解して、それに合わせるための計算に必要以上にこだわることはない。それよりも大切なことは、その飼料給与計画で家畜を飼養しつつ、体重や乳量の変化、飼料摂取状態、排糞、健康や肉付きなどの影響状態を観察し、家畜の反応を見ながら必要に応じて給与量を加減しつつ、効率のよい生産をめざすよう留意することである。また、経済性を絶えず念頭におくことが大切なことはいうまでもない。

執筆　永西　修 ((独)農業・食品産業技術総合研究機構畜産草地研究所)

2008年記

二本立て給与法と新二本立て給与法

二本立て給与法とその現代的意義

執筆　日本NGO河北省鹿泉市酪農発展協力事業メンバー

　乳牛の「二本立て給与法」とは，千葉県の共済獣医師であった故・渡辺高俊氏が，20万頭に及ぶ繁殖障害治療などで直腸検査や飼料調査を実施するなかからつかんだ，牛を健康に飼うことと乳量の大幅アップを両立させるための飼料給与法である。渡辺氏は卵巣の触診によって，卵巣が正常な牛しか発情しないこと，卵巣が正常な牛こそが健康であること，牛が健康でこそ良い発情がきて受胎することを発見し，乳牛1頭1頭の給与飼料の量と内容，卵巣の状態を照合し，その結果から導き出した給与法であった。

　本稿は，1970～1980年代，酪農家のあいだに大きな反響を呼び，成果をあげ，現在も酪農家と獣医師の方々によって工夫と改善が続けられている二本立て給与法について，その基本となる考え方と実際の給与法を渡辺氏に学び，さらには二本立て給与法が現在の高能力牛に対してもつ飼養技術上の意義について考えてみたものである。

(1) 二本立て給与法の基本—基礎飼料と変数飼料

　二本立て給与法では，酪農家であれば誰でもわかるように，牛に給与する飼料を二つに分けて考える。ひとつは「基礎飼料」，もうひとつは「変数飼料」である。基礎飼料とは牛の体を健康に維持するもの，変数飼料とは乳量に応じて与えるもので，この両方をその牛が満足するように給与する方法である。

　そもそも牛は草食動物として，草のみで生きてきた動物である。草によって自らの健康を保ち，草によって受胎し，子牛をはぐくみ，出産したあとは草によって子牛を育てるだけの乳（およそ5kgほど）を生産してきた動物である。渡辺氏は，この乳牛本来の営み，すなわち自分自身のからだの維持と妊娠・出産・子育てという一連の基礎的サイクルを維持する飼料を，土台になる飼料という意味で「基礎飼料」と名付けた。一口で言えば，基礎飼料とは乳牛の本来の営み＝自分と子孫の再生産を維持する飼料で，当然，基礎飼料は草などの粗飼料である。

　しかし，基礎飼料だけでは，改良された経済動物としての乳牛の健康を保つことはできない。現実の乳牛は，自分たちが必要とする以上のたくさんの乳を生産するように改良されてきたからである。そこで渡辺氏は，経済動物としての乳牛の泌乳能力は本来の牛がもっていた能力に人間が付け足したものであり，それに対応する飼料は粗飼料ではなく，消化の良い飼料でなければならないと考えた。すなわち，穀類，製造かす類などの濃厚飼料である。この濃厚飼料は牛乳の産量に応じて給与しなければならないので，「変数飼料」と名付けた。

　このように，乳牛のえさを，自分と子孫の維持・再生産を首尾よくこなす飼料＝基礎飼料と，人間のために牛乳を生産する飼料＝変数飼料の2つに分けて，両方とも過不足なくしっかりと給与するのが，渡辺氏の二本立て給与法の基本的な考え方である。

　日本飼養標準（1999年版）では，維持に要する養分量（「維持飼料」），産乳に要する養分量（「産乳飼料」），妊娠末期2か月間に維持に加える養分量で表現されている。以後の展開のために，ここで，日本飼養標準にいう「維持飼料」と「産乳飼料」について，第1表に示しておく。

(2) 基礎飼料と変数飼料の規格

　最初に，渡辺氏がつくりあげた「基礎飼料」

飼養基準とその使い方

第1表　日本飼養標準での，維持飼料と産乳飼料にかかわる主な数値

A：母牛の維持に要する1日当たり養分量（維持飼料）

体重 (BW) (kg)	乾物量 (DM) (kg)	可消化粗蛋白質 (DCP) (g)	可消化養分総量 (TDN) (kg)
550	7.0	310	4.30
	7.0	308	3.65
600	7.5	330	4.60
	7.5	329	3.90
650	8.0	350	4.90
	8.0	349	4.14

B：産乳に要する養分量（産乳飼料，乳脂率3.5%の牛乳1kg生産当たり）

DCP 45g	TDN 305g
45g	310g

注　それぞれの項目について，上段が渡辺氏が使った1965年版，下段が1999年版（2002年時点での最新版）である

---

①粗飼料の乾物重（DM：dry matter）
　体重比　　1.6±0.2%　（1.4〜1.8%）
　体重600kgの牛なら9.6±1.2kg　（8.4〜10.8kg）
②粗飼料の可消化養分総量
　（TDN：total digestible nutrients）
　体重比　　1±0.1%　（0.9〜1.1%）
　体重600kgの牛なら6±0.6kg　（5.4〜6.6kg）
③栄養比（NR：nutrient ratio）
　……基礎飼料の栄養内容
　　8.5±1　（7.5〜9.5）
NRとはそのえさに含まれる栄養のうち，可消化粗蛋白質（DCP；digestible crude protein）と，それ以外のすべての養分（デンプン，脂肪，繊維など）の割合を示す指数で，蛋白質1に対してそれ以外の養分がいくらあるかを表わす。したがって，数字が大きいほど蛋白以外の養分割合が高く，低蛋白な飼料であり，逆に数字が小さいほど蛋白以外の養分割合が低い高蛋白な飼料であることを示している。前者をNRが広いといい，後者を狭いという。
　　　NR＝（TDN－DCP）/DCP

第1図　基礎飼料の規格

---

①　可消化粗蛋白質（DCP）
　飼料重量の13.3±0.5%
　10kgの濃厚飼料を給与しているとしたら，その中にDCPが1.33kg±50gあること
②　NR　4±0.2　（3.8〜4.2）

第2図　変数飼料の規格

るとともに，妊娠して胎児を育てる栄養分，さらには出産して子牛を育てるのに必要な乳（およそ5kg）を出すに足る栄養を備えたもので，粗飼料のみで構成する。

基礎飼料の規格を第1図に示す。

②**変数飼料の考え方と規格**

変数飼料とは，すべて産乳飼料として組み立てられるもので，濃厚飼料で構成する。消化能力の高い牛であれば，粗飼料，とくにNRの狭い高蛋白の粗飼料を充てることもできる。

第2図に変数飼料の規格を示す。

ただし，飼料によっては「変数飼料」の二つの規格（DCPとNR）が両立しないときがある。そのときはNRだけを規格に合わせる。

この規格にあった変数飼料を，乳量に合わせながら増減させていく。変数飼料1kgで乳2〜2.5kg出るのが標準であるが，この乳量の幅はできあがった変数飼料のTDNやその牛の産乳能力による。

③**代表的な飼料の組合わせ例**

以上の規格にかなったえさの組合わせ例をあげる。ここではえさの養分や栄養比（NR）の計算は省略し，結論だけ掲げる。基礎飼料は体重600kgの牛1頭1日当たりのもの，変数飼料は下記のように組み合わせたものを乳量に応じて必要量を給与する。

＜基礎飼料の組合わせ例＞
〔畑作地帯〕
例①
　トウモロコシ実付きサイレージ（黄熟期）　　　　　　　　　　　　　25kg
　アルファルファヘイキューブ　　　3kg
例②
　トウモロコシ実付きサイレージ（黄熟期）　　　　　　　　　　　　　25kg

と「変数飼料」について，その飼料の規格と基本的な組合わせ方を紹介しておこう。

①**基礎飼料の考え方と規格**

基礎飼料とは，母牛自身の体を健康に維持す

アルファルファ（生，開花期）	18kg

例③
トウモロコシ茎葉サイレージ	23kg
ビートパルプ	4kg
アルファルファヘイキューブ	3kg

例④
トウモロコシ茎葉サイレージ	23kg
トウモロコシ粉＊	2kg
アルファルファヘイキューブ	3kg

＊この献立のトウモロコシ粉は本来，濃厚飼料であり，変数飼料に用いる。あくまでもビートパルプがないときの代替物と考える。

〔水田地帯〕

例①
稲わら	4kg
アルファルファヘイキューブ	4kg
ビートパルプ	4kg

例②
稲わら	3kg
あぜ草	20kg
アルファルファヘイキューブ	1.5kg
ビートパルプ	1.5kg

＜変数飼料の組合わせ例＞

例①
トウモロコシ穀実	65％
加熱ダイズ	35％

例②
トウモロコシ粉	50％
ふすま	30％
綿実かす	5％
ダイズかす	10％
ラッカセイかす	5％

（3）二本立て飼料規格はどのように導き出されたか

前述した規格を，渡辺氏はどのような調査・分析から導き出したのだろうか。渡辺氏が1960～1970年代に明らかにしていった歩みを追いながら説明していこう。以下の説明で出てくる乳量は現在に比べて低いが，1960～1970年代のものであることをお含みおきのうえお読みいただきたい。

①可消化養分総量（TDN）給与の基準

乳生産TDNの給与量と卵巣機能 渡辺氏はまず，乳牛に与えられている飼料全体の養分から体を維持する分（日本飼養標準の「維持飼料」）を差し引いた，産乳飼料（濃厚飼料）の可消化養分総量（以下，乳生産TDNという）の給与率と卵巣機能の関係を調べた。乳生産TDNの給与量の多い少ないが，卵巣機能の健康不健康にどう関係しているかの実態を調べたのである。その理由は，濃厚飼料の乳生産TDNは卵巣の正常，不正常を大きく左右するからであった。

多くの牛を調べた結果，全正常卵巣機能牛の51.7％は，乳生産TDNの給与量が日本飼養標準の80～100％の間に存在することがわかったのである（第3図）。乳脂率3.5％の牛乳1kg当たりでは，TDN給与量305g×（80～100％）＝244～305g。40kgの乳を出している牛であれば，305g×（80～100％）×40＝9.76～12.2kg。これだけの量の乳生産TDNを給与している牛に卵巣が正常な牛が多かったということである。もっと大まかに言えば，TDN給与量が80％を前後して，卵巣は正常か，不正常かが分かれてしまうということである。

さらに，乳生産TDNの給与量と牛の産乳能力と卵巣機能の関係を調べた渡辺氏は，1）最高乳量期10日間の1日当たり平均乳量（以下，最高乳量期平均乳量という）が28kg以上の能力牛は，乳産TDNの給与量が日本飼養標準の基準に対し80～100％のところに正常卵巣牛が多いこと，2）同乳量が19kg以下の低能力牛では，卵巣が正常なのはすべて乳生産TDN100％以上給与の牛たちであること，3）その中間の20～27kgの牛（並牛）たちもどちらかというと100％以上の高めの給与でないと卵巣が正常ではないことを発見する（第4図）。

そうした丹念な調査と分析から，渡辺先生は「能力の高い牛は栄養分の使い方のじょうずな牛だ。だから能力の低い牛に比べて少ない栄養分で乳をつくることができる。卵巣機能も保てる」と結論づけた。

以上のことをまとめると＜飼料基準1＞のとおりである。

飼養基準とその使い方

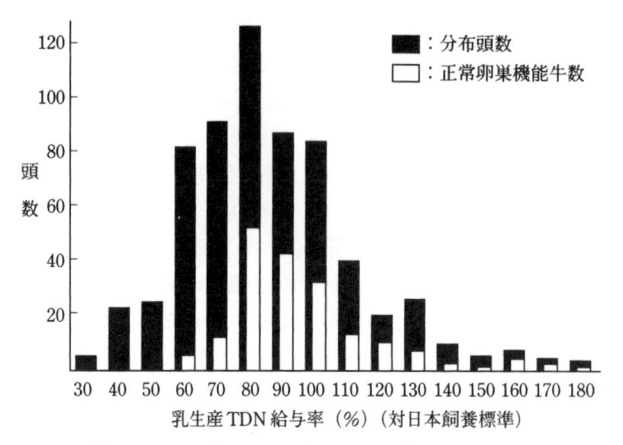

第3図 乳生産TDN給与率と卵巣機能との関係

調査頭数：615頭，調査期間：昭和44年10月～47年3月，調査地域：千葉県安房郡一円

(A) 能力牛（乳量28kg以上）の最高泌乳時の乳生産TDN給与率と卵巣機能

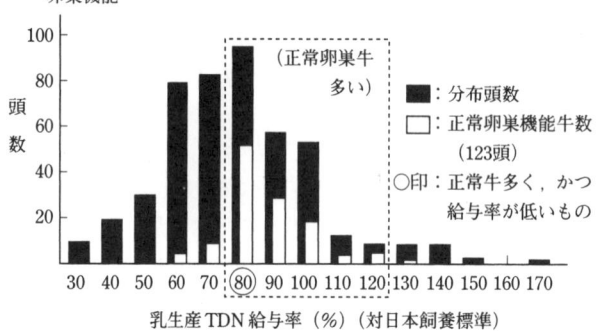

調査頭数：462頭，調査期間：昭和44年～48年1月，調査地域：千葉県安房郡

(B) 並牛（乳量28kg以下）の最高泌乳時の乳生産TDN給与率と卵巣機能

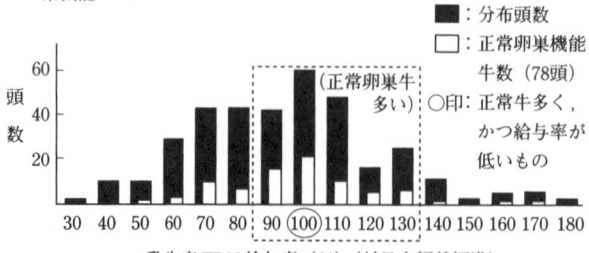

調査頭数：358頭，調査期間・地域：(A)に同じ

第4図 乳生産TDN給与率と卵巣機能の関係

＜飼料基準1＞乳生産TDN（対日本飼養標準）

能力牛：80～120％
　すなわち乳脂率3.5％の乳1kg当たり244～366g

並牛：100～130％
　すなわち並牛乳1kg当たり305～397g

注）能力牛：最高乳量期平均乳量28kg以上
　並牛：最高乳量期平均乳量28kg未満

②蛋白質の給与量と卵巣機能

多くの場合，蛋白質の給与率を上げたほうが乳の出もよく，体も立派になってくるので，熱心な酪農家ほど高蛋白給与になる傾向が見られる。しかし，高蛋白給与は，限界を超えると体をこわしたり卵巣の働きを悪くしたりして逆効果であることも多くの研究によって実証済みである。

渡辺氏の調査・研究によって，1）給与量が100％（乳1kg当たりDCP45gとして）を切ったものでは正常な卵巣機能の牛がほとんどいないこと，2）正常な卵巣機能の牛が多いのが130～160％の給与をされている牛たちで，最も多いのが130％であることが明らかになった（第5図）。

さらに，TDNの調査と同様に，最高乳量期平均乳量が28kg以上の能力牛とそれ未満の並牛に分けて，正常な卵巣機能の牛がどのように分布しているのかを見ると，1）能力牛では130％，2）並牛では140および160％のところに卵巣機能が正常な牛の割合が多くなっていた。また，3）並牛では乳生産DCPの給与率が160とか180％とかなり高くても卵巣機能が正常な牛がいるが，高能力牛では，150％をすぎると正常な卵巣の牛が激減することが明らかになった。

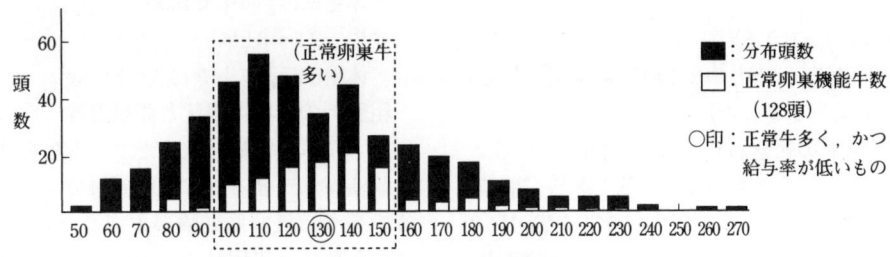

(A) 能力牛（乳量28kg以上）

頭数

調査頭数：439頭，調査期間：昭和44年～48年1月，調査地域：千葉県安房郡

乳生産DCP給与率（％）（対日本飼養標準）

■：分布頭数
□：正常卵巣機能牛数（128頭）
○印：正常牛多く，かつ給与率が低いもの

（正常卵巣牛多い）

(B) 並牛（乳量28kg以下）

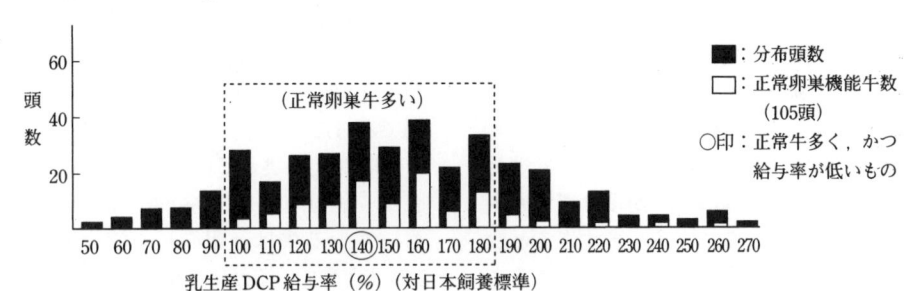

頭数

調査頭数：371頭，調査期間・調査場所：(A)に同じ

乳生産DCP給与率（％）（対日本飼養標準）

■：分布頭数
□：正常卵巣機能牛数（105頭）
○印：正常牛多く，かつ給与率が低いもの

（正常卵巣牛多い）

第5図 乳生産DCP給与率と卵巣機能のとの関係

このことは，与えすぎるととんでもないことが起きてしまうということである。さらに乳生産DCP給与量が150％を超えた牛では，並牛でも能力牛でも肝臓，腎臓などに障害が多くなることが多くの研究でわかっている。

以上の調査により，渡辺氏は，乳生産DCP給与率は能力牛も並牛も100％以上で，かつ150％を上限とすることで，乳牛は健康で卵巣機能が正常で1年1産できて，疾病も減少し，乳量が増加するということを明らかにしたのである。より範囲を狭めて言えば，能力牛で130％，並牛では140％のDCPを与えられている牛に正常卵巣牛が最も多かった。

日本飼養標準の乳生産DCPの基準では，乳脂率3.5％の牛乳1kgを生産するのに必要なDCPは45gとなっている（粗蛋白では69g）。これは現在でも変わりはないことは第1表のとおりである。

以上のことをまとめたのが＜飼料基準2＞である。

＜飼料基準2＞乳生産DCP（対日本飼養標準）
並牛，能力牛とも：100～150％

第2表 9つの飼料給与型

DCP \ TDN	低 (C) 並牛 100％以下 能力牛 80％以下	適 (B) 並牛 100～130％ 能力牛 80～120％	高 (A) 並牛 130％以上 能力牛 120％以上
低 (c) 100％以下	Cc	Bc	Ac
適 (b) 100～150％	Cb	Bb	Ab
高 (a) 150％以上	Ca	Ba	Aa

注 並牛＜乳量28kg＜能力牛

すなわち，乳脂率3.5％の乳1kg当たり45～67g

（＝45×100～150％）

（並牛で140％，能力牛で130％給与が，最も高い正常卵巣率を示した）

TDNとDCPの組合わせ　TDN，DCPという2つの基準をまとめたものが第2表である。酪農家が給与する飼料献立は，乳生産DCPとTDNの面から見れば必ずこの表の9つの型に分類される。CcはTDNもDCPも少ない，BcはTDNは適正だがDCPが足りない。真ん中のBbの飼料献立のみが，繁殖障害を起こさない合格飼料ということになる。

③**給与飼料全体の乾物体重比と卵巣機能**

乳牛を健康に飼い，もてる能力を十分に発揮してもらうためには，さらに飼料の全体のカサ＝乾物重が問題になる。なぜなら，牛の消化吸収力の問題から，全体のカサが多すぎても少なすぎてもいけないからである。多すぎると食滞を起こしたり，少なすぎると低栄養によるさまざまな障害や第一胃でのえさの発酵がうまくいかず牛乳生産に支障をきたす。とくに濃厚飼料は粗飼料に比べて乾物量が多いので，乳量欲しさに与えすぎるのは食滞その他の事故のもとになる。

そこで渡辺氏は，給与しているえさ全体（粗飼料と濃厚飼料の両方）の乾物体重比が卵巣機能の正常とどんな関係があるかを調べた（第6，7図）。

その結果は，1）最高乳量期平均乳量が28kg以上の能力牛では，体重の2.7％から3.5％の乾物重を与えられている牛に正常卵巣牛が多いということ，2）28kg未満の並牛では体重の2.3％から3.2％のあいだであった（第6図）。

もうひとつ言えることは，能力牛はそれ以上の乾物重を食べても，能力を維持しつつ，卵巣機能も正常に保つことができるということである。といっても限度があるわけで，4％を大きく超えるような量は与えすぎである。

まとめると＜飼料基準3＞のようになる。

＜飼料基準3＞全給与飼料の乾物体重比（1日1頭当たり）

能力牛：2.7～3.5％
　体重600kgの牛で16.2～21kg
並牛：2.3～3.2％
　体重600kgの牛で13.8～19.2kg

粗飼料の乾物体重比と卵巣機能　前述したのはえさ全体の乾物体重比だが，乳牛の体すなわち組織を働かせる基本は粗飼料である。つまり体の栄養は低級脂肪酸が主でなければならず，そのためには粗飼料の一定量が必要になるからである。渡辺氏はさらに一歩調査を進めて，えさ全体ではなく，給与粗飼料の乾物体重比と正常卵巣機能牛の関係はどうなっているかを調べた（第7図）。

その結果は，粗飼料の乾物体重比は能力牛で1.0～1.8％，並牛で1.0～1.6％が必要だということであった。

興味深い事実がこの調査でわかってきた。それは，能力牛でも並牛でも，正常な卵巣機能をもっている牛は，粗飼料を乾物体重比で最低1％は食べているという事実である。つまり，卵巣機能の弱い牛というのは必ず，粗飼料給与の少ない牛だったのである。粗飼料の乾物体重比1％というのは，それより絶対に下げてはいけない下限であるという事実であった。さらに，能力牛では，正常な卵巣の牛が粗飼料乾物体重比1％といわず，ずっとたくさんの粗飼料を食べているものにも多いことがわかった。

まとめると＜飼料基準4＞のようになる。

＜飼料基準4＞粗飼料の乾物体重比（1日1頭当たり）

能力牛：1.0～1.8％
　体重600kgの牛で6～10.8kg
並牛：1.0～1.6％
　体重600kgの牛で6～9.6kg

④**4つの飼料基準から規格を導き出す**

これまで述べてきた4つの飼料基準から，渡辺氏は基礎飼料と変数飼料の規格を次のようにして導き出した。

基礎飼料の規格　日本飼養標準が定めている乳牛の維持飼料TDN（第1表）を体重比で求めると，0.75～0.78％のあいだとなる。その養分をもつ粗飼料を乾物体重比の形で概算すると，1.1

二本立て給与法と新二本立て給与法＝二本立て給与法の現代的意義

(A) 能力牛（乳量 28kg 以上）

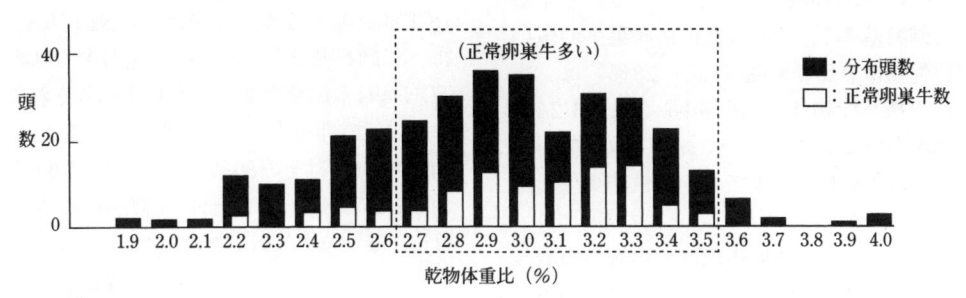

調査頭数：360頭

(B) 並牛（乳量 28kg 以下）

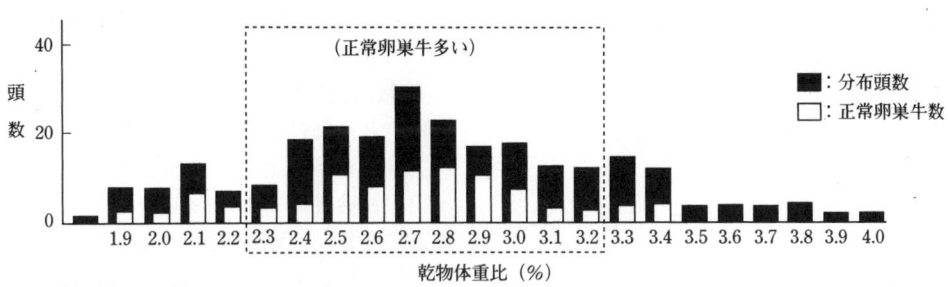

調査頭数：255頭

第6図 飼料の乾物体重比と卵巣機能

(A) 能力牛（乳量 28kg 以上）

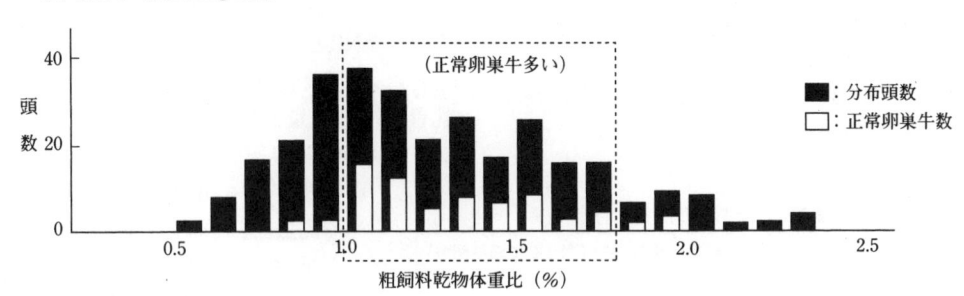

調査頭数：360頭

(B) 並牛（乳量 28kg 以下）

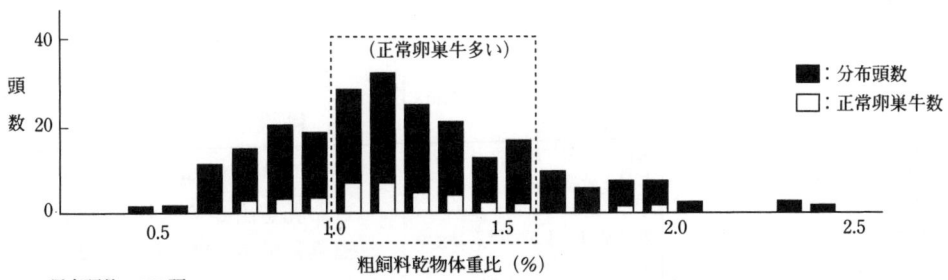

調査頭数：255頭

第7図 粗飼料の乾物体重比と卵巣機能

～1.2％程度と見積もることができる。とすると、＜飼料基準4＞で示した正常卵巣牛の多い粗飼料乾物体重比の範囲（1.0～1.8％）は、維持飼料の概算乾物体重比の範囲（1.1～1.2％）より幅が広いことになる。つまり、幅が広い分だけさらに粗飼料を与えても、正常卵巣牛の出現率に悪い影響はないということになる。

以上のように考えた渡辺氏は、粗飼料の給与は乾物体重比で1.8％を上限とし、平均を1.6％と決めた。粗飼料で確保するTDNはそこから逆算する。TDN含量は、粗飼料では平均して乾物量の65％程度に見積もることができる。したがって、粗飼料乾物体重比1.6±0.2％から導き出されるTDN体重比は

　　（1.4～1.8）×65％＝0.91～1.17％

となる。

一方、NR8.5±1という規格は、次のようにして導き出された。

体重600kg、乳脂率3.5％を前提に説明すると、必要な基礎飼料TDNは体重比1％として6kg。このうち第1表の規格により維持飼料分4.6kgを差し引いた1.4kgが産乳飼料として使われることになる。それに対応する必要DCPは（乳1kg当たり産乳DCP45g、TDN305gとして）207gとなる。＜飼料基準2＞により、乳生産DCPは130～140％給与で卵巣正常牛が最も多いことから、そ

のあいだをとった135％給与とし、必要な乳生産DCPは280gとなる。このときのNRが8.8。さらに、＜飼料基準1＞により、能力牛では乳生産TDNは日本飼養標準の80％以上給与されている牛群に正常卵巣牛が多く分布していることから、前述の1.4kgはその80％、すなわち1.12kgでもよいことになる。この場合の基礎飼料のTDN総量は5.72kgとなり、NRは8.38と導き出すことができる。そのことから渡辺氏は、基礎飼料の標準的なNRを8.5とし、前後プラスマイナス1を許容範囲と設定したのである。

こうして渡辺氏は、基礎飼料の規格を冒頭に示した第1図のように定めた。

変数飼料の規格　変数飼料の規格は＜飼料基準1＞と＜飼料基準2＞から導き出されている。すなわち、卵巣正常牛の最も多かったのが乳生産TDN給与率は100％前後、乳生産DCPは130％前後という調査結果から、渡辺氏は、乳生産TDNはkg当たり305g、同DCPは45gと示している日本飼養標準にもとづいて、

　　NR＝（305g×100％－45g×130％）／（45g×130％）

　　　＝4.21

を適正なNRとして基準にした。

ただ、＜飼料基準1＞で述べたように、最高乳量期平均乳量28kg以上の能力牛では乳生産TDN給与率は低めの80％以上から正常卵巣牛が多く出現していることから、やや高蛋白、すなわちNRが狭くてもよいと推定することができる。これらのことから、変数飼料のNRを4±0.2を規格とした。なお、この変数飼料は、1kgで乳2.0～2.5kgを生産する能力をもっている。

(4) 乳質を左右する正味有効繊維とRVI

乳牛が健康で毎年子牛を産み、たくさん乳を出してくれて出荷できても、酪農家が必ず儲かるとは限らない。儲けるには、牛乳の量とともにその質が問われるからである。そのことを考え

第3表　母牛への飼料給与

	基礎飼料（粗飼料）	変数飼料（主として濃厚飼料）
分娩後1週間	規定量	ゼロ（原則として与えない）
8日目	規定量	500g
9日目	規定量	1kg
10日目以降	規定量	牛が健康であれば、以後、毎日1kgずつ増やす
13～15日目	規定量	5～7kg
16日目以降	規定量	乳量が2kg上がるごとに0.8～1kg増やす
最高乳量期（分娩後30～40日目から、その後50～60日間続く）	規定量	最高乳量期に達したときの給与量を続ける
乳量下降期	規定量	乳量が5kg下がったら1kg減らす
乾乳	規定量	乳量が12～10kgになったら与えない（変数飼料全廃）

ると，これまで述べてきた基礎飼料，変数飼料のDMやTDN，DCP，あるいはそのNRという範疇に，もうひとつ，繊維の問題も加えなければならない。それは，牛が食べるえさの中に一定水準の繊維分がないとルーメン微生物が胃の中にわずかしか存在しないため，分解・発酵作用がきわめて弱くしか働かず，質の良い牛乳ができないからである。

渡辺氏は晩年，RVIというものに注目した。RVI（Roughage value index）とは，「乳牛が飼料を食べる時間＋反芻する時間」を意味している。与える粗飼料のRVIが8〜12時間の範囲であることが，乳牛の健康や良質な牛乳生産にとって大切だということがわかってきた。RVIを上げるためには，反芻するだけの繊維がある長さ3cm以上の粗飼料を与えることが望ましい。また，繊維の質も問題で，消化が良いだけの繊維（RVIの低い繊維）が多いと，胃の中で酢酸になる繊維が不足して牛乳の中に含まれる脂肪率が下がってしまう。逆に繊維が多すぎても脂肪率が下がる。

渡辺氏が明らかにした結論は次のようなものであった。

＜基礎飼料の繊維分の規格（1日1頭当たり）＞

正味有効繊維　　800g以上
　　　　　　　　（なるべく1kg以上1.5kg以内）
ただし，繊維消化率が41〜69％の飼料のみ
正味有効繊維＝飼料中の粗繊維含量（CF）×消化率
RVI　　　　　10±2時間
TDN/DM　　　58％以上
　　　　　　　　（なるべく60％以上）

「基礎飼料」と「変数飼料」について理解していただいたところで，二本立て給与法による給与の実際に入ろう。全体のイメージをつかむために，母牛の飼料給与の概要を第3表に示す。

(5) 給与法の実際—乾乳期

二本立て給与法の大きな特徴の一つは，乾乳期の飼料給与の方法にある。一般に行なわれていた「乾乳期の増し飼い」は病気のオンパレードをまねくとして，基礎飼料のみを与えるとしたのである。

①乾乳期は基礎飼料のみ給与

乾乳期は，母牛に健康な子牛を産むことに専念してもらう大事な時期である。胎児を育てるための健康を第一に考え，他の仕事はさせないほうがよい。つまり，この時期与える飼料は母牛の体の維持飼料プラス胎児の発育に必要な栄養分だけでよいということである。粗飼料のみで組んだ基礎飼料を与え，牛が痩せも太りもしない飼い方をする。この時期の飼料給与を間違えると，その乳期全体の調子を狂わせ，場合によっては次の乳期にまで悪影響が及ぶ可能性がある。

二本立て給与法の実践者であり私たちの先輩酪農家であった故・鈴木茂氏は，多くの酪農家が乾乳期に濃厚飼料で増し飼いするのは，1）10か月にもわたる搾乳で牛が非常に疲れている。乾乳に入ってその疲れを十分癒してやらなければならない，2）胎児が急速に大きくなり，分娩を迎え，さらにその後は泌乳が始まるため，この乾乳期のあいだに十分な栄養を与え体力をつけておかなければならない，という観念がそうさせていると指摘している。そのために，主として濃厚飼料による増し飼いが行なわれている，と述べている（鈴木，1977）。

泌乳末期から乾乳期に過剰に与えられた栄養分は，全身の脂肪組織に蓄積される。そして，この状態が続くと乳牛は肥満状態となり，分娩が近づくにつれて食欲は減退し，選び食いや残飼が目立つようになる。産後，乳房が大きく，硬く張りすぎるのは，産前・乾乳期の増し飼いによるものなのである。そして難産，腟裂傷，後産停滞，腰抜け，乳熱，ケトージス，心衰弱症など病気のオンパレードをまねく。乾乳期の飼料給与は，乾乳に入ったときの体重が維持できればよいのである。

乾乳期を体力増強期と考える通説的なやり方に対して，渡辺氏の二本立て給与法では最高乳量期をすぎて受胎したあと，胎齢5〜7か月のころまでを体力増強期と位置づける。そのやり方

は，乳量の低下に対するえさの減らし方をワンテンポずつ遅らせることによって母牛の体力をつける。このころには乳量も減ってきて，胎児もまだあまり大きくない時期なので，体力回復・増強に最適な時期だと考えたのである。

予防策のポイントはただひとつ，分娩前後の食欲を落とさない飼養管理を心がけることである。食欲が落ちなければ，その日に食べた飼料でエネルギーは間に合い，体脂肪の動員という流れは抑えられる。年間を通じて十分な基礎飼料を組んで与え，そして乾乳期は基礎飼料のみを与えて，分娩を迎えさせる。そうすることで，牛は分娩直後からモリモリ食べてくれる状態を維持することができるのである。

さらに付け加えると，二本立て給与法では，産後の変数飼料給与開始を分娩後8日目とする。そうすることで乳量の立ち上がりがゆるやかになり，体脂肪の動員をゆるやかにして，肝臓への負担を軽くすることができる。

②乾乳期によけいな仕事をさせない

従来，お産の近づいた牛は浮腫を伴って乳房が張り裂けるようになり，十分に乳がたまったという感じでの分娩でなければ，たくさんの乳が出ないものだと思われてきた。しかし，実際は，このような牛は，後産停滞，乳熱，産褥麻痺，産褥熱，腰痿，ケトージス，第四胃変位，乳房炎，急性子宮内膜炎，食滞，難産，等々たくさんの病気に襲われる。

泌乳の準備などといって乾乳期に2割増し給与をすると，母牛は必ず太ってくる。それは，妊娠末期の余分な栄養はまず胎児に向けられるからである。すると胎児が大きくなりすぎて分娩を重くする。

その次に，余分な栄養は，そのときには必要ない泌乳の準備にまわる。母牛が太ってくるということは，両方が満たされて，栄養が余っていることを意味する。

二本立ての基礎飼料は母牛の健康の維持と胎児の発育を保障するよう設計されている。実際に，乾乳期の母牛を二本立て給与法の基礎飼料だけで飼育すると，分娩前に乳房が硬く張る牛はなく，浮腫のくる牛もない。お産も自力で自然分娩するので，人間が子牛を引く必要もない。後産も3～4時間で下りるようになっていったのである。

母牛の変化はそれだけではなかった。病気はほとんどでない，産後の搾乳は1回目から搾り切っても心配なくなった。カルシウムについても，産前の欠給によって骨カルシウム溶解性が高まるといったことへの配慮も必要なくなった。添加剤もふだんどおりに与えてかまわない。食べる力が安定しているので，食欲を最大限に保つことができ，ケトージスから牛を守り，第四胃変位の心配もなくすことができた。

乾乳期は基礎飼料のみでよい。渡辺氏は，多くの牛たちの実態を調査することから，乾乳期は母牛の維持飼料と胎児が発育する栄養分だけでよいと考えたのである。

（6）給与法の実際―泌乳期

第3表でわかるように，二本立て給与法では，基礎飼料は全期間を通じて同じ規定量を与え続ける。

産乳飼料である変数飼料は分娩後1週間は与えず，その後徐々に増やしていき，乳量上昇期は乳量が2kg増えたら1kg増やし，乳量下降期は5kg下がったら1kg減らす。乾乳期は全廃して粗飼料だけを給与する。

このときに注意することは，1）粗飼料の給与量を正しくつかむ。毎朝きちっと決めた量を計ってから給与する，2）実際に食べているかどうかを確認する，3）食べ残したえさは捨てる，という点である。

食べ残すというのは，えさが多すぎるか，えさの質が悪いか（腐っているなど），牛の体調が悪いか，のどれかが原因である。3つの原因のどれかをはっきりさせ，その原因を除去するのが先決である。

牛が食べ残しているからといって飼槽にえさを置きっぱなしにして何時間かかっても食べてもらおうとすると，牛はビートパルプやヘイキューブ，濃厚飼料など"ごちそう"を選び食いして，ガサもの＝粗飼料らしい粗飼料を食べなくなる。そうすると胃袋の中は繊維分がわずか

となり，胃内pHが下がり，胃をだめにする。また，食べ残しを食欲旺盛な隣の牛が食べてしまうこともある。これは第一に，盗食した牛が過剰栄養になる危険がある。第二に，盗食しようと体を斜めにすることで，もっとも清潔にしておかなくてはならない乳房の下のあたりの牛床が糞尿のたまり場になってしまい危険である。母牛が残したえさをもったいないからといって育成牛に与える人もいるが，これも厳禁である。育成牛は栄養過剰になり太ってしまう。

いずれにせよ牛が食べ残しをしたら自分のほうに何か不手際があったのだと考え，罰金のつもりでただちに捨てることが大切である。

(7) 給与法の実際──分娩から最高泌乳期まで

①分娩後1週間

分娩後1週間は基礎飼料（粗飼料）のみとする。乾乳期に基礎飼料だけを給与してくると，お産による牛の疲れがない。お産してもすぐ元気に食べ始める。なぜかというと，乾乳期の母牛に胎児を発育させることに専念してもらったからである。もうひとつ「お産したあと，おなかが大きい」ということを観察することができる。これは，乾乳期に粗飼料を過不足なく食べてきたので，第一胃内のプロトゾア（原虫）やバクテリアが豊かに存在していることを示している。また，乳が張ってこない。だから乳房をいためることがない。分娩後乳房にたまった乳をすべて搾っても乳熱の心配がなく，乳房炎の心配もない。

分娩後，7日間は産前と同じ基礎飼料のみ給与する。

母牛の食欲が強ければ粗飼料の割増しもよいが，多少不足気味のほうが牛は元気になるようである。

②8日目から最高乳量期まで

基礎飼料に加えて，乳量に応じて変数飼料を与えていく。

変数（濃厚）飼料の与え方は次のとおりである。変数飼料は，前述した二本立て給与法の変数飼料NR4±0.2に設計した飼料である。

7日目まで 基本的には基礎飼料（粗飼料）のみ。

8日目から変数飼料（濃厚飼料）も与え始める。

8日目 基礎飼料＋変数飼料500g
9日目 基礎飼料＋変数飼料1kg
10日目以降 基礎飼料＋牛が健康であれば変数飼料1日1kgずつ増やしていく。

濃厚飼料を急増すると，バタッ！ とえさを食べなくなる「食い止まり」を起こすことがある。これは，濃厚飼料を急に増やしすぎたとき起こりやすく，10日目以降は毎日1kgずつ増給するのが原則であるが，牛をよく観察して軟便になったり食い止まりを起こしたりしたときは増給をやめたり，増給を500gにしてみるなど臨機応変に対応しなくてはならない。

産後10日目から毎日1kgずつ濃厚飼料を増やしていくと，13日目には5kg給与，15日目には7kgを給与するということになる。最高日量が28kgに達しないだろうと思われる牛は5kg給与の水準でいったん，ようすを見る。食欲が旺盛でそれ以上搾れるだろうと思われる牛は7kgまで増やす。

ここからは，乳が2kg増えたら濃厚飼料を800g～1kg増やしていく。ただし，牛によってはある時期から軟便になったりすることがあるので，濃厚飼料の増給を機械的に与えるのはやめて，ようすを見る。

さて，今までの記述でわかるように，二本立て給与法では，変数飼料（主として濃厚飼料）の給与は，乳量を引き出すためのものではなく，乳量が増えたらそのご褒美として濃厚飼料を増やしてやる，という感覚で与えていく方式。乳量を引き出そう引き出そうと濃厚飼料を与えるのではないことを銘記していただきたい。

最高乳量期 やがて日による多少のでこぼこ（日量差）はあっても，乳が一定の水準で増加しなくなるときがやってくる。この時点が最高乳量期である。こうなったら濃厚飼料の給与量は据えおきにし，そのままの給与量を維持する。二本立て給与法式で飼ってきた牛なら，分娩後30～40日で最高乳量期に達し，それが50～60日くらい続く。

③乳量下降期の変数飼料の減らし方

最高乳量期は40～50日続いたのち、やがて乳量が緩やかに落ちてくる。最高の乳量から5kg下がったとき、変数飼料を1kg減らす。その後また5kg下がったら1kg減らす。乳量が下降するあいだそれを繰り返す。乳量が10kgになる頃には乾乳（分娩前およそ60日）ということになる。

この時期は、乳量の下降に対して後追いで変数飼料（濃厚飼料）を減らしていくので、結果として少しずつ増し飼いしていることになる。つまり体力増強期をこの時期に設定している、ということになっているわけである。

なお、牛が最高乳量期に極端に痩せている場合や、良い発情がこない場合は、乳量が最高乳量期の8割に落ちるまで最高乳量期の変数飼料給与量をそのまま続け、その後、5kg落ちたら1kg減らす、という方法をとる。

なお、肉付きによる判断であるが、体力増強期と乾乳期のあいだで胸囲差が5cmまでがよく、それ以上は太りすぎである。

基礎飼料も濃厚飼料も、特別な支障がない限り、何年も、何十年も、同じことを繰り返して牛を飼育して何ら支障はない。二本立て給与法は原則をきちんと押さえれば、ほかに面倒なことを考える必要はいっさいない。

（8）種付け時期はできるだけ分娩後100日ころに

二本立て給与法を守って飼料給与すると、必ず1～2回の種付けで受胎する。そのため分娩後の初回発情などであせって種付けする必要はない。そもそも分娩後75日までは種付けしてはいけない。1年に2回分娩することになるからである。分娩後75日までは牛乳生産の時期、76～100日が種付けの時期である。

（9）乳量1万kgへの二本立て給与法の展望

乳牛の素質も上がって年間7,000～8,000kgの段階になると、給与飼料の吟味、繊維、ミネラルなども含む栄養価が確かであることがいっそう求められる。しかし、いずれにせよこの段階

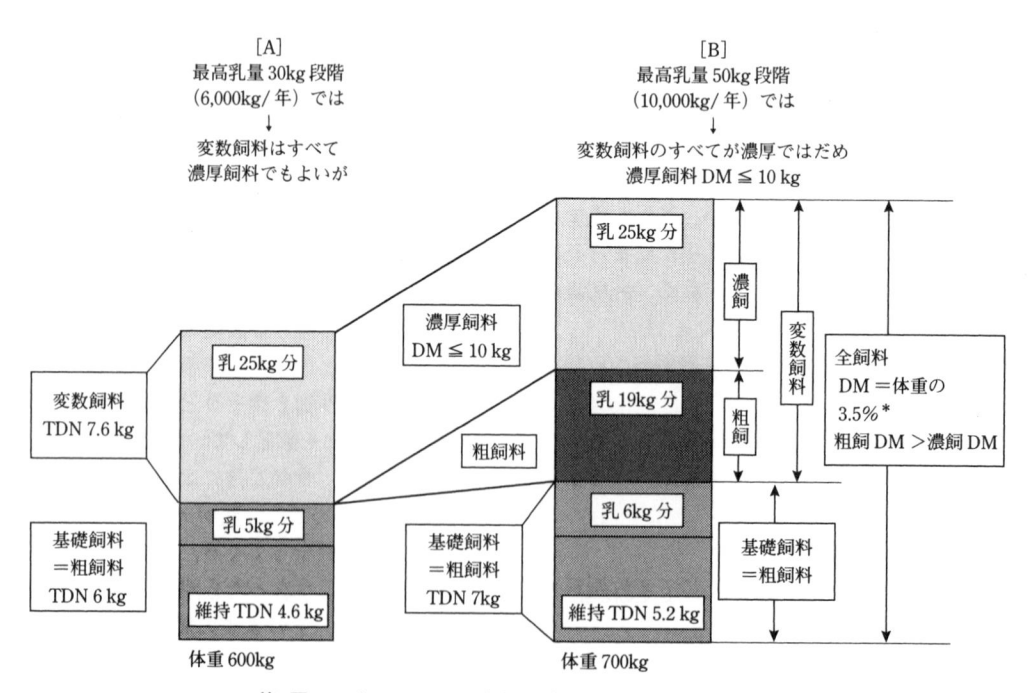

第8図 1万kgクラスの高能力牛に対する給与概念図

＊うち最低1.8%は粗飼料

までは，本稿で説明してきた二本立て給与法，すなわち，産後1週間は乳5～6kgを生産する余裕のある基礎飼料だけを給与し，8日目から変数飼料（濃厚飼料）を上乗せ給与するという方法で何ら支障はない。

しかし，乳量9,000kg，1万kg段階となると話は少し違ってくる。

酪農家なら誰でも体験するものだが，経験を積んできて乳牛飼育というものについていろいろわかってきたなと思うころ，産後7日以内に30kgも40kgも乳を出す牛が出てくる。このような牛が9,000kg，1万kgの高能力の牛で産後1週間，乳5～6kgしか生産しない基礎飼料だけでは明らかに足りない。しかし，不足するからといってこの時期に濃厚飼料を給与すると，食い止まり，食滞・第四胃変位等を起こす。乳牛の能力が1万kgに近づいたら，もう一度，原点に立ち返ることが必要になるのである。

① 変数飼料にも粗飼料をとり入れる

原点とは，乳牛とは草を食べて牛乳を生産する動物であり，食べた量しか牛乳を生産しないということである。乳牛は本来，子牛に乳を与えるためだけの乳生産をしていたのだが，人間が改良して大量の牛乳生産をしてくれる経済動物にした。人間が改良した分の乳量は穀類などで補わなければならないが，その穀類などの濃厚飼料や配合飼料は乳牛の特性から食べられる量に限界がある，ということである。その限界量は，乾物（DM）で粗飼料給与量とほぼ同じ10～11kg（現物で12～13kg）。それ以上の量を食い込める牛もいるが，必ず胃腸障害を起こす。つまり，濃厚飼料を主体にして平均乳量1万kg前後を搾るのはむずかしいということである（［粗飼料DM≧濃厚飼料DM］の原則）。

9,000kg，1万kg段階では，濃厚飼料への依存度を低くした飼料給与を講じる必要がある。そのためには，乳をつくるえさ＝変数飼料にも粗飼料を大幅にとり入れなければならない。「乳を出すにも粗飼料のほうが優れている」という命題は低・中位の乳量水準でももちろんあてはまるが，1万kgクラスの高泌乳水準では，さらに積極的に適用すべき命題となる。

以上のことを第8図に示した。

左のA：体重600kg，最高乳量期の1日当たり平均乳量30kg段階（年間6,000kgクラス）の，右のBにはそれぞれ体重700kg，最高乳量期の1日当たり平均乳量50kg（1万kgクラス）の給与飼料概念図を掲げた。

この図および説明は，前提として全給与飼料の乾物（DM）の上限は体重の3.5％，その粗飼料と濃厚飼料の割合はとくに高泌乳のBでは粗飼料が過半数を占めなければならない。

Aでは，乳量30kgのうち基礎飼料から生産される約5kg分を除く25kgの生産に必要な変数飼料を全量濃厚飼料でまかなっても支障はない。25kgの乳を生産するための濃厚飼料給与量はkg当たり2kg生産する内容のもので12.5kg，2.5kg生産する内容のもので10kg。85％のDMとしてそれぞれの乾物重は10.6kg，8.5kgとなり，体重の1.75％以内，あるいはDM絶対量10～11kg以内という基準を満たしている。

それに対してB，最高乳量50kg，年間1万kgクラスの牛では，変数飼料のすべてを濃厚飼料でまかなってはいけない。50kgのうち基礎飼料から生産される6kgを除いた44kgをすべて濃厚飼料でまかなおうとすると，Aと同じ濃厚飼料を与えるとして現物で17～22kg，乾物で14.4～18.7kgも給与しなければならなくなる。これだけ多量の濃厚飼料を牛は食べることはできない。かりに食べることができたとしても，食滞や第四胃変位などを引き起こすだけである。

そこで，濃厚飼料による乳量の確保はAと同じ25kgくらいにとどめ，残り19kgは高蛋白，かつ，TDN/DM比の高い高栄養の粗飼料で生産するよう考えるのである。

② 乳の良く出る粗飼料とは

そうした条件に合う粗飼料としては，たとえばイタリアンライグラスやアルファルファなどの出穂前乾草，アルファルファミール，ダイズ青刈り，レンゲ，ラジノクローバ，イネ科・マメ科混播牧草，クリムソンクローバ，コンフリー，サツマイモ，ジャガイモ，さらに野菜のカブ乾草やキャベツ，カボチャなどをあげることができる。

これらを単品または適宜組み合わせて養分計算をし，10kg，20kgの牛乳を生産する献立をつくり，乳量に応じて与えるのである。これらの高蛋白，高栄養の粗飼料を4～5kg給与すると5～15kgの乳が生産できる。

分娩後7日以内に30kgも40kgも泌乳するような9,000kg～1万kgクラスの牛には，この粗飼料でつくった変数飼料を，7日以内でも乳量に応じて与える。しかし，濃厚飼料の変数飼料はこのあいだ与えない。

③産乳量の高い変数飼料配合に

一方で濃厚飼料は，1kg当たり産乳量の高い配合をつくる。トウモロコシと加熱大豆の組合わせであれば，1kg当たり2.7kgくらい産乳できる配合である（乳脂率3.5％でkg当たりTDN820g以上）。こういう組合わせをつくれば少ない給与量で多くの乳を搾ることができ，濃厚飼料は10kgくらい，乾物で8.5kg程度に抑えることができる。これを分娩後8日目以降から与え始める。乳量に応じた増量は前述のとおりである。

ただし，ここで強調しておきたいことは，このように粗飼料で10kgとか20kgの乳量を確保するには，質，量とも高品質・豊富な粗飼料体系を構築する必要があるということである。脆弱な粗飼料体系では絶対量がそもそも足りない。粗悪な粗飼料では，高能力の牛でもその能力を発揮することはできない。

ただし，乾乳期は，1万kgクラスの高能力牛であっても，乳5～6kg生産するだけの基礎飼料（＝粗飼料）のみにすることはいうまでもない。

2004年記

参 考 資 料

渡辺高俊．1976．乳牛の健康と飼料計算．農文協．東京
鈴木茂．1977．乳牛の新しいエサ給与法—繁殖障害を乗り切る渡辺方式．農文協．東京．

本稿は，中国の酪農家と交流を続け，二本立て給与法を普及・実践することで大きな成果を上げてきた「日本NGO河北省鹿泉市酪農発展協力事業メンバー」によって中国の酪農家に向けて出版された単行本をもとに編集したものである。執筆メンバーは，岩瀬慎司（獣医師），渡辺宏（獣医師），小沢禎一郎（酪農家）である。

新二本立て給与法による高能力牛の安定飼養技術

執筆 佐々木富士夫（宮城県酪農家）

(1) 二本立て給与法との出会い

私は昭和47年に20頭の成牛舎を新築し，そのまま，まったく同じ規模で現在に至っているきわめて零細な酪農専業農家である。私の経営方針は「完全循環型の自給」方式で，牧草地約4ha，デントコーン・ライムギの飼料専用畑が1haの耕地面積で，人も牛もむりをしないバランスのとれた経営を目指してきた。しかし，経営を拡大した直後しばらくは飼養技術の未熟さから，ありとあらゆる病気や金欠病に悩まされ，年末には借金の返済のために牛の数が減ったこともあった。昭和52年，まさに土壇場に置かれた状態のときに，千葉県共済連の故・渡辺高俊氏にめぐり合い，初めて「乳牛の健康と二本立て給与法」を知ることになった。渡辺氏が提唱した二本立て給与法とは，1)「基礎飼料」（維持飼料＋乳量5kg分の飼料。NR8.5±1に調製した粗飼料で給与）と，2)「変数飼料」（基礎飼料に含まれる5kgの栄養を差し引いた産乳用の飼料。NR4±0.2に調製した濃厚飼料で給与）で組み立てられており，基礎飼料は常に与え続け，乳量にあわせながら変数飼料を増減していく方法である。地域ぐるみでこの二本立て給与法の勉強会を続け，間もなく地域の酪農家の成績が大きく安定していった。平成6年度，私は二本立て給与による「日本農業賞・個別経営」の部で優秀賞を受賞した。

これから記するものは，渡辺氏が提唱した二本立て給与法に改良を加えた，現在の高能力牛に対応できる技術内容と，それを使う実践的手法について記すものである。私はこれを「新二本立て給与法」と名づけている。

(2) 新二本立て給与法の基本スタンス

二本立て給与法は，渡辺氏が，20万頭に及ぶ乳牛の膨大なデータを集約して確立した，乳牛の健康を求めたえさ給与技術である。乳牛母体の健康と繁殖障害の関係から，一般酪農家の誰でもが実行できる「理想とされるえさ給与」を追及してできあがった。その二本立て給与法の技術は間もなく日本全国に広がりを見せ，すばらしい成果を生んだ。しかし，時代が変化するに伴い，また，乳牛の改良が進んだこともあって，酪農家のあいだから「二本立てでは乳は搾れない」という声があがり始め，より多くの産乳を求める熱心な酪農家は，徐々にチャレンジ方式やTMR方式をとり入れ，その目覚しい産乳効果により爆発的に全国に普及して現在に至っている。

ただ，このような背景にあって，われわれ酪農家にとって避けて通れない大きな問題が浮上してきている。チャレンジ方式やTMR方式が波及するのに同調する形で急激に乳牛の疾病が多くなり，数年前から「家畜共済制度」がパンク寸前の状態に陥っていることは何を物語っているのか。われわれ酪農家の経営を見た場合，この状態はたとえ乳量が増えたにせよ，本当にプラスになっているのか考えてみる必要性を感じるものである。

第1図　筆者と愛牛

現在，二本立て給与法は影を潜めているが，その技術が衰退しているわけではなく，「健康第一」と考える酪農家は現在でも二本立てをベースにしてえさ設計を組み立てており，表面には出ていないが今も着実な成果を上げている。ただ，乳牛改良が進み，高能力の資質をもっている現在の牛には，確かに従来の乳量6,000～8,000kgに対応した二本立て給与法では，濃厚飼料給与量の面などで問題が生じてくる。

「新二本立て給与法」は，このように改良が進んだ現在の乳牛にいかに対応して，いかに健康を維持しながら，10,000kg平均の成績をむりなく実現させるかを追及してきたものであり，以下，具体的な技術手法について述べてみたい。

(3) 理想とする台形の泌乳曲線

①最高乳量のおとし穴

乳牛の能力を判断する一つの目安として，「最高乳量kg」という表現が用いられるが，乳牛の側にしてみればこれは想像以上に迷惑なことではないかと考えられる。分娩後，泌乳開始から乾乳までの泌乳期間のうちで，最も乳牛に負担がかかる時期といえば間違いなく最高泌乳期そのものである。もし，最高乳量50kgの高能力牛であれば，限りなく大量のえさを食って，それをすべて乳にして産出するのである。大変な労働をじっと体を動かさないで，消化から栄養代謝の臓器のみがフル回転している状態，しかもそれを何日間も連続して順調にやらないと畜主は喜んでくれないのである。そのためには薬を飲み，栄養剤を飲みながら，牛は必死に頑張っているのである。牛は早く乳量が下がってらくになりたいが，畜主はできるだけ長い期間最高乳量を続けて欲しいから，必死になって手をつくす。栄養補給や乳房炎・食帯などの病気発生予防に神経を集中させなければならないのである。

②最高乳量はゆっくり到達したほうが有利

通常のパターンでは，最高乳量には分娩後約1か月以内のできるだけ早い時期を目指す指導がなされている。しかし，なぜ急がなければならないのか。最高点に達すれば後は下がるだけである。また，この手法の特徴はえさで乳量を引っ張る形であり，どうしても牛にむりがかかると考えられる。確かに一時は乳量の上昇に結びつき，最高乳量も高い地点に到達するが，この状態は長くは続かずに，上昇が早い分，いったん下降し始めると，低い乳量で安定するまで直線的に下がってしまうようである。

この現象は，最高泌乳期の栄養過剰に大きなカギがある。チャレンジ方式やTMR方式では乳量を早く引き上げようと，実際の乳量に見あう以上の量を給与する。牛が求める栄養のみを満たしていれば問題は生じないのだが，栄養過剰な状態が続いている場合には，牛は1) 乳を出す，2) 消化するという大変な労働をしながら，さらに余分な栄養を処理するために，内臓器官に大きな負担をかけることになる。この期間，乳牛に同時に2つの仕事をさせることは人間が考える以上に牛にとっての負担が大きく，牛の複雑な生理機能やホルモンバランスにまでマイナス的に働き，栄養処理が優先して，生理的な泌乳サイクルが二の次になってしまい，結果的に乳量低下が加速される事態が考えられる。

しかし，一般的には乳量の下降が早いときには，最高乳量はできるだけ高く上げなければ10,000kg搾れないと考えてしまう。また，「最高乳量がいくら？」という評価が謳歌されるかぎり，飼養技術もそこに集中させなければならないと思いがちである。最高乳量のおとし穴に畜主が気づかないかぎり，牛も人も苦労しながら悪循環が繰り返される。

「新二本立て給与法」では，二本立て給与法と同様，えさは後追い方式（乳量の増加を確認してから，その増加分のえさを増給する）なので，最高乳量をできるだけ高く，しかもできるだけ早く到達させることにむりをさせないで，ある程度の高乳量をいかに長く持続させるかを重視しているのである。つまり，たとえば45kgぐらいの最高乳量でも，その到達時期が分娩後2～3か月後になり，その間に緩やかに乳量は安定的に上昇していく。やがて下降が始まっても，やはり上昇時と同じように安定的に緩やかな下降を続ける。つまり，台形の泌乳曲線となるので

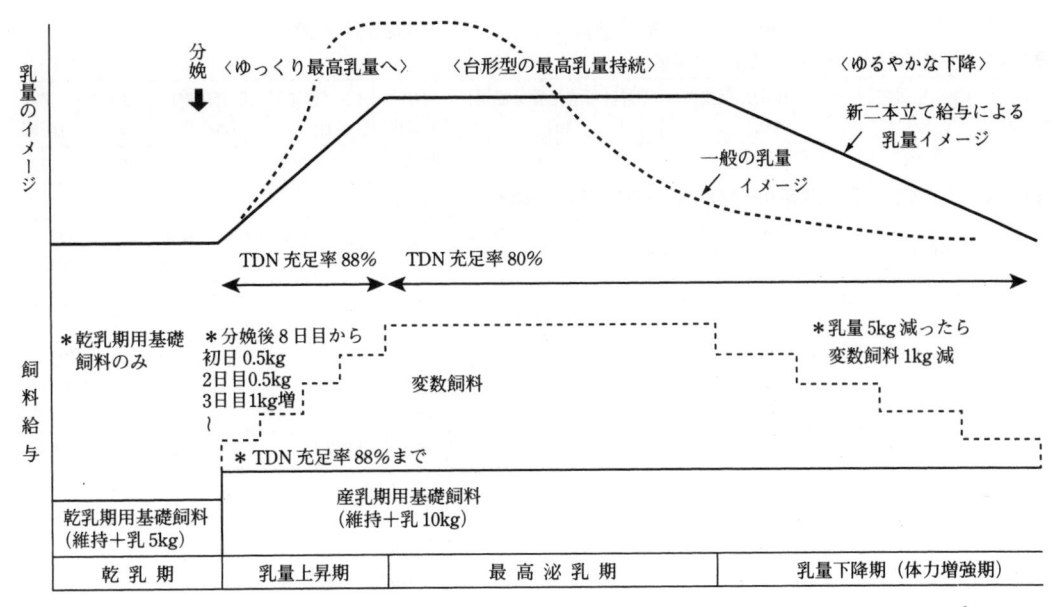

二本立て給与法と新二本立て給与法＝高能力牛の安定飼養技術

第2図 新二本立て給与のイメージ

ある。新二本立て給与法では，40kg以上の期間を何か月持続させるのかがえさ給与の技術的なポイントになる。だいたい5か月前後この乳量が持続すれば，その間にきちんと妊娠しながら乳量はトータルで6,000kg以上になる。それ以後は，体力を増強しながら徐々に乳が下降していっても，残りの5～6か月で4,000kgぐらいの泌乳量は自然的に搾ることができる。病気の心配もほとんどなく，牛も人もらくに10,000kg搾乳が可能になるわけである。

第2図に，新二本立て給与法による乳量と飼料給与のイメージをまとめてみた。

(4) 新二本立て給与法の理念

①二本立て給与法の壁

酪農経営は「いかに多くの乳を搾るか」が大きなポイントになることはいうまでもない。二本立て給与法は「乳牛の健康」を追求したえさ給与法であり，あくまでも健康な母体を前提にした産乳量の増加を目的としている。いかに産乳のためのえさ給与技術が進んでもあるいは，その産乳能力的改良が進んでも，「健康あっての能力発揮」の考え方こそ最も理に叶ったえさ給与法であるはずである。

乳牛改良が飛躍的に進んだ現在は，最高乳量が60～70kgも出る牛も珍しくない。しかしそのわりには，しばらく以前から，高成績の酪農家でも牛群の平均産乳量が30kg平均の近辺で推移しているようである。それだけの高能力牛が揃っているならもっと成績が伸びていいはずであるが，それ以上大きく伸びているという実績も聞こえてこない。このことは背景に牛の事故多発が絡んでおり，頻繁な牛の更新により，かろうじて産乳成績を維持しているとも考えられる。

牛を健康に飼うためには第一胃を正常に働かせることが絶対条件である。給与するえさは，濃厚飼料多給型ではなく，草などの粗飼料が一定量入ることにより正常に働くことはいうまでもない。能力の低い牛も高い牛もこのことには何ら変わりはないはずである。しかし，乳を多く出す牛への栄養補給は草だけでは不足することから，濃厚飼料が必要になる。濃厚飼料は多くなればなるほど第一胃の働きに害を及ぼす。経験的にいえば，濃厚飼料の給与量が10kg前後であれば問題はない。私は，その上限を12kgで抑えるのが安全であると考えてきた。二本立て給与法に変数飼料の上限10～12kgを当てはめると，最高乳量40kgくらいまでしか対応できなく

第1表 新二本立て給与法における「基礎飼料」の設計

●従来の二本立て給与法の標準値（産乳性：5kg）

DM (g)	CP（粗蛋白）(g)	DCP（可消化粗蛋白）(g)	TDN（可消化養分総量）(g)	NR（栄養比）	CF（繊維）(g)	CF消化率（%）	有効CF (g)	RVI（時間）
11,000	1,400	800	6,800	7.5	3,000		1,300.0	9.5

●新二本立て給与法での産乳期用の改良型「基礎飼料」（例）（産乳性：11.6kg）

飼料名	現物 (kg)	DM (g)	CP (g)	DCP (g)	TDN (g)	NR	CF(g)	CF消化率（%）	有効CF (g)	RVI（時間）
ライムギサイレージ（出穂）	12.0	3,300	372	216	1,908	7.8	1,272	61	775.2	227.64
イタリアン	2.5	2,153	203	93	1,158	11.5	723	59	426.3	213.00
稲わら	1.0	877	43	3	381	122.7	284	60	161.8	122.70
デハイ	4.5	4,023	878	684	2,372	2.5	878	50	438.8	202.95
ビートパルプ	3.5	3,038	305	144	2,352	15.4	595	80	0.0	15.40
合　計	23.5	13,391	1,801	1,140	8,171	6.2	3,752		1,802.0	平均13.00

なる。この場合の泌乳量はだいたい8,000kgぐらいである。これが二本立て給与法の，高能力牛に対応するときの「壁」になっていたのである。

②高能力牛の健康維持のカギは基礎飼料にある

酪農家なら誰でも，牛たちに10,000kgの泌乳量を維持しながら毎年子牛を産み，健康で長生きしてもらいたいと思う。新二本立て給与法では変数飼料（濃厚飼料）10kg前後でむりなく50kgレベルの産乳が可能になっているが，そのカギは以外にも栄養価の高い濃厚飼料にあるのではなく，草などの基礎飼料にあることが判明した。

第一胃を正常に働かせるためには，濃厚飼料の給与量を10kg前後に抑える必要があることは先に述べた。本来，二本立て給与法では，基礎飼料には体の維持分と妊娠分（子牛を育てるだけの乳）5kgの産乳栄養を備えていれば十分であったが，8,000kg以上の高泌乳牛に対しては，体の維持分のほかに妊娠分5kgではなく10kg以上の産乳栄養を備えたものを設定する必要が絶対条件になる。当然，このことは基礎飼料を構成する粗飼料の質や種類をより良質なものに選定する必要がある。まず，その設計の仕方・要点を概略的に説明する。

注）この上乗せ分を「基礎飼料」と考えるのか，良質粗飼料による「変数飼料」と考えるのかについては議論のあるところで，佐々木氏は前者の立場をとっている（編集部）。

③新二本立て基礎飼料設計

新二本立て給与法の基礎飼料とは，乳牛の体の維持分にプラスして，産乳栄養10kg分を含んだ献立を基本的な考え方として作成する。第1表に，その配合例を示す。

この場合の10kg産乳分の設定根拠とする裏づけを最初に説明しておく。

基礎飼料の産乳分を10kgと設定するのは，あくまでも基本的な考え方であって，正確には個々の産乳能力に合わせて設定するのが正しい。その判断は，正常な分娩を経過して3〜4日目の乳量を基準にする。かりにこの時点の乳量がすでに30kgに達している高能力牛の場合，その50％分の産乳栄養分，つまり30kg÷2で15kg分を基礎産乳飼料に組み込むのである。通常20〜25kgの乳量の牛がふつうであるから，その50％。だいたい10kg分くらいで基礎飼料設計して差し支えない。

なぜ産乳量の50％を粗飼料に組み込むかだが，粗飼料による栄養摂取量が50％を割り込むのを防ぐことが最大の理由である。つまり，濃厚飼料を与えない状態で，粗飼料のみで最低限栄養を賄え，体調を整える目的に最も適した栄養充足手法なのである。

個々の牛はそれぞれ体重や産乳能力などまちまちであるが，粗飼料を中心として組み立てているので，決して神経質に正確な数字にこだわ

る必要はないが，高能力牛を飼いこなすための重要な「まさに基礎」となるものである。計算数値よりも実際の栄養分が足りない事態だけは避けなければならない。

＜新二本立ての基礎飼料の設定基準＞
・DMは体重比2％を目安に
・TDNは，体の維持TDN＋組み込む産乳分TDN
・NRは6～7
・CFは3.0kgを目安に
・RVIは12時間以内
・CP/DMは12％以上
・TDN/DMは61％以上
・CP/TDNは5.4以下

これらの条件を満たすように献立を設計するが，新二本立ての基礎飼料設計は，あくまでも分娩後3～4日後から乾乳に入る前の産乳期間だけに使用されるもので，乾乳期間中は通常の牛も高能力の牛も，従来どおりの5kg産乳分を含んだNR8.5の献立を使わなければならないので注意が必要である。この場合，「乾乳期用」と「産乳期用」の2種類の基礎飼料設計をつくることになるが，両者で共通して使用しているビートパルプとヘイキューブの量を変えるだけの作業で容易に可能である。それと，DM体重比2％の粗飼料主体の献立でRVIを12時間以内に抑えるためには，従来のように稲わらを使う場合，それ以外の粗飼料の質と消化時間などに配慮した献立メニューが必要とされる。単にTDN，DCPなどの栄養部分だけではなく，全体の規格・バランスをとることに注意されたい。

（5）新二本立て給与法の実際

以下は，実践的な対応手法を各ステージごとに説明する。

①乾乳期

まず，妊娠が確定してから乾乳に入るまでの間に，十分な体力を蓄積させていることが絶対的な前提条件であることを認識しておかなければならない。十分な体力が蓄積されていれば，乾乳期には，必要とされる栄養分を満たしているかぎり基礎飼料のみで十分その目的が果たされる。必要栄養分とは，母牛の体の維持分と妊娠にかかわる栄養の総量をいうもので，少なすぎても多すぎても，分娩あるいは分娩後の泌乳に対するマイナス要因となり得る。

＜乾乳期の給与基準＞
・DMは体重比1.6％±0.2％
・TDNは維持養分プラス産乳5kg分の栄養充足で，体重比1％強
・NR（TDN÷DCP－1）は8.5±1

これは，渡辺氏が従来の二本立て給与法で提唱された「基礎飼料」の組立てそのものである。この3点に合致した献立を粗飼料のみで組み立てる（第2表）。注意しなければならないのは，特にビールかすなどのかす類や泌乳効果の高い飼料は，乾乳期の献立としては好ましくないということである。可能なかぎりそれ以外の粗飼料で設計するほうが安全である。また，粗飼料が不足する場合には多少の濃厚飼料も拒むものではないが，基礎飼料だけで乾乳期を経過した場合は，急激・複雑に変化する分娩に伴う生理的な生体維持メカニズムを正常に働かせ，直ちに開始される泌乳への移行もスムーズになるようである。分娩時の体のむくみ（妊娠中毒症）や乳房の張り，しこりも最小限に抑えられ，ストレスや母体の苦痛を軽減できる。粗飼料主体

第2表　乾乳期に給与する「基礎飼料」

飼料名	現物(kg)	DM(g)	DCP(g)	TDN(g)	NR(栄養比)	
ライムギサイレージ	12.0	3,300	216	1,908	7.8	泌乳期と同じ
イタリアン	2.5	2,153	93	1,158	11.5	
稲わら	1.0	877	3	371	122.7	
デハイ	2.3	2,056	350	1,212	2.4	
ビートパルプ	2.2	1,910	90	1,478	15.4	
合計	20.0	10,296	752	6,127	7.2	

（6,127g － 4,600g）÷ 305g ＝ 5.0065573…5kg 産乳となる

注　昭和51年発行の渡辺高俊著『乳牛の健康と飼料計算』（農文協）に依拠したもの。『日本飼養標準1999』に依拠し，体重650kg，乳脂率4.0％の条件設定では当然，数値は異なってくる

という給与が最も適していることを多くの実践が物語っている。

もう少し具体的に述べると、分娩が間近になってくると乳房が徐々に張ってくるが、早くから乳房が張り始めるのは決して喜ばしいことではない。理想とされる本来の形は、分娩前1週間～10日ぐらいの間に乳房が急激に大きくなって分娩を迎えるのが最も好ましいパターンである。分娩後のしこりや浮腫も少なく、泌乳経過が大変スムーズに推移する。

この時期に濃厚飼料を給与してしまい、栄養過多で経過すると、1）肥満をまねき、産道周辺への脂肪蓄積により分娩時に産道の弛緩拡張を阻害し、通常の発育状態の子牛でも難産になる要因となり得る。2）また、胎児への栄養補給が過剰になり、生まれる子牛が大きく育ち過ぎて、1）と重なれば非常に危険な難産の原因となる。3）さらに母体が肥満体の状態で分娩すると、急激に増大する分娩後の栄養・生理代謝にさまざまな悪影響を及ぼす。さらには血中カルシウム濃度の低下をまねき、乳熱や産後起立不能症を引き起こしやすい。

②**分娩期**

健康な状態で分娩したかどうかのポイントは、「食欲」の状況である。正常なら牛の「食欲」は分娩前も後も変化なく、通常と変わらない旺盛な食い込みを見せる。ここで食欲不振の状態を示す牛は、その後もケトージスや第四胃変異などの消化代謝に関する病気に陥るケースが多く、最も注意を要する。これらは肥満になった牛にかぎって起こっていることも経験上明白な事実である。

また、分娩後の乳房は強弱の差はあるものの「しこり」が生じている。「しこり」は少ないほうが牛にとってはらくであるが、高能力牛になるほど「しこり」は生じやすい。それでもえさ給与によってかなり軽減できる。逆の見方をすれば、乾乳期に濃厚飼料を給与したり、たとえ粗飼料のみであっても栄養が多すぎて肥満の状態になると、「しこり」が強くなりやすい。乳房も必要以上に膨張し、牛に過度のストレスや苦痛を与えることになる。また肥満に比例してカルシウム代謝異常にもなりやすく、乳熱や起立不能などの重大事故に直結する可能性を秘めていることを認識しておきたい。なお、分娩時には急激なカルシウムやミネラル・ビタミン代謝が要求されることから、分娩間近と分娩後のビタミンAD剤の補給は効果を奏する。

分娩後の初搾乳は早急に行なうが、これも一度に多量の搾乳は急激なカルシウムの排出を伴い、乳熱や起立不能につながる危険性がある。高能力牛であっても、1回目の搾乳は4～5kgにとどめ、完全に搾りきるのは2回目以降になってからのほうが無難なようである。牛の個体差を認識する必要がある。

＜分娩後のえさ給与理念＞

分娩後1週間は、泌乳の開始に伴い急変する栄養代謝システムの対応準備や分娩ストレス・乳房のしこりを除去する期間である。牛体がもつ本来の生理的機能を活発化させる意味から、この1週間は濃厚飼料の給与は行なわない。

最近では、乾乳末期から濃厚飼料を与え始めて産乳効果を高めたほうが乳の出も良いということから、この方法ができるだけ早く最高乳量に達するための最新的な技術のように考えられているが、よく考えてみれば、これはマラソンランナーが出発直後のグラウンド内で一生懸命スピードを上げてトップを走っているようなもので、決して好ましいレース配分とはいえない。いくらグラウンド内でスピードを上げて惰性をつけても（乳量を引っ張っても）、42.195kmの長い道のり、牛の場合10か月にも及ぶ長期のレースにどんなメリットがあるのかを考えれば論ずるに足りない。

濃厚飼料の給与は、ゆっくり体調を整えてからの2週目（8日目）に入ってから、ルーメンと乳房の正常性を最大限注意しながら少しずつ増やしていく。絶対的厳守事項である。この分娩後1週間の栄養充足度を見ると、きわめて不足の状態にある。この部分の栄養代謝に関する理論付けは、現在までのところ明確ではない。ただ、実際の経験上からいえば、この時期の栄養充足率は50％近辺ですこぶる好調を示し、この分娩直後の時期は決してえさをいじらないこと

が私たちの定則になっている。つまり，乾乳から分娩時のえさ給与量をそのままで経過したほうが，その後の濃厚飼料への対応もきわめてスムーズにいく。逆に，この時期に100％の栄養充足を目指したために病気を発症させてしまった例はずいぶんと耳にしている。

以下については泌乳曲線を台形にもっていく，新二本立て給与法の最重要ポイントの変数飼料給与に関する部分なので詳しく説明する。

③乳量上昇期

まず，基礎飼料であるが，分娩後3～4日目までは乾乳期のものをそのままの形で給与することは前に述べたとおりである。ここから後は，通常のパターンから高能力牛まで，それぞれ個体乳量に合わせた対応が求められる。現在は多頭飼育が当たり前になってきて，「牛群管理」の名のもとにその個体管理が難しくなってきているが，高能力牛を飼養している以上は，乳量の把握ぐらいは最低限やらなければならない。特に二本立て給与法はその基準をすべて産乳量から算出する形になっているので，経営形態の差に関係なく実施したい。

＜分娩後3～4日目から産乳期用基礎飼料に＞

分娩後3～4日目になったらその時点での乳量を確かめる。その乳量から計算して50％栄養充足をめやすに基礎飼料に含める産乳量を決定し，先に示した「新二本立て方式の基礎飼料のつくり方」に従って献立を作成する。ただちにその時点からこれまでの「乾乳期用基礎飼料」から「産乳期用基礎飼料」に切り替えて差し支えない。

ただし，ここでの基礎飼料設計は1頭1頭別々につくる必要はなく，明らかに大きく体重や乳量が異なる場合を除き，自分の牛群に合った平均的な形でかまわない。たとえば，10kg産乳分を含んだ産乳期用の基礎飼料を設計しておけば十分である。この基礎飼料に分娩後3～4日目の時点で切り替え，それ以後は乾乳に入るまで泌乳期全般にわたって与え続けるのである。

さて，ここで，変数飼料（濃厚飼料）の設計基準を述べておく。

＜変数飼料の設計基準＞

・TDN75％以上（kg当たりの産乳量は2.5kg以上）
・NRは4.0±0.2
・CP/DMは18.0％以上
・TDN/DMは85.0％以上

この規格に合うように献立を設計し，よく撹拌して準備しておく。最も簡単な一例では，コーン圧扁3対大豆かす1の割合で，TDN79％，NR4.0，CP/DMが20.9％，TDN/DM90.9％という文句なしの変数飼料ができる。

第3表に，産乳期に与える「基礎飼料」（産乳期用）と「変数飼料」の設計例を示す。

変数飼料は市販の濃厚飼料でも対応できるが，

第3表 産乳期の「基礎飼料」と「変数飼料」の設計例

		現物 (kg)	DM (g)	CP (g)	DCP (g)	TDN (g)	NR (栄養比)	RVI (分)	Ca (g)	P (g)
基礎飼料（粗飼料）	ライムギ（出穂期・サイレージ）	12	3,300	372	216	1,908	7.8	227.64	22.08	13.8
	イタリアン（開花期・乾草）	2.5	2,153	203	93	1,158	11.5	213	11.4	4.95
	稲わら	1	877	43	3	371	122.7	122.7	2.6	1.1
	デハイ（アルファルファミール）	4.5	4,023	878	684	2,372	2.4	202.95	18.18	29.295
	ビートパルプ	3.5	3,038	305	144	2,352	15.4	15.4	17.9	2.7
	合計	23.5	13,391	1,801	1,140	8,161	6.2	781.7	72.1	51.9
変数飼料（濃厚飼料）	コーン圧扁	6	5,190	528	414	4,794	10.5	26.4	1.6	16.1
	圧扁大麦	2	1,750	220	158	1,464	8.2	26.2	1.2	6.7
	大豆かす	2	1,764	926	852	1,530	0.7	10.4	5.9	12.4
	ミルクバランサー	2	1,740	500	460	1,520	2.3	14	20	16
	合計	12	10,444	2,174	1,884	9,308	3.9	77	28.7	51.2
	（1kg当たり）	—	870	181	157	776	3.9	6.4	2.4	4.3

注 基礎飼料は11.6kg産乳で，乾乳期は5kg産乳に戻す。変数飼料は乳量に応じて給与量が変わる

二本立て給与の特徴的な考え方として，できるだけ濃厚飼料の絶対量を少なくする意味からkg当たりの産乳効果を高める「自家配合」を設計して給与している。変数飼料の給与回数と1回当たりの量であるが，まず，1回当たりの給与量は3kgまでと考えたほうが無難である。通常の給与パターンでは朝と夕方の2回給与なので合計6kgまでとなるが，朝と夕方の給与時にさらに2回に分けて与えれば，朝3kg×2回，夕方3kg×2回で合計1日給与量12kgまでむりなく与えることができる。2回に分ける場合の間隔は，変数飼料1kgのRVIが6～7分であることから，20分以上の間があれば十分だが，私は搾乳前に1回目，搾乳後に2回目と分けて与えている。したがって実質上は変数飼料を4回給与していることになる。経過はすこぶる良好である。

＜変数飼料は8日目から0.5kgずつ＞

分娩後7日目までは変数飼料の給与は行なわないことは先にも述べたとおりである。変数飼料の給与は，分娩を終えた牛に本格的な泌乳作業への準備がひととおりできたころ，つまり8日目になってからである。初めて変数飼料0.5kg給与が開始する。次の日も0.5kg増やすから，最初の2日間で合計1kgになる。そして，その翌日からは1日に1kgずつゆっくり増やしていく。従来の二本立て給与法では「並牛なら5kgまで，能力牛は7kg」まで増やす手法であったが，この手法では個々の牛に合わない場面も出てくる。この時期は乳牛本来の力を発揮する本番部分に差しかかっていることから，それをスムースに推移させるためには個々の乳量をきちんと把握し，乳量に合った適正なえさ給与が絶対的必要不可欠だからである。ここから先の最高泌乳期までは，わずか1kgの変数飼料の増減が乳房炎や食滞などにはじまり，さらには取り返しのつかない致命的な病気につながる危険性がある。

＜泌乳曲線を台形にもっていく変数飼料の適正量の決め方＞

8日目から0.5～1kgずつ増やしていくが，果たして現在出ている乳量に対してどれだけの量を与えればよいのかが的確にわかれば，乳牛の健康は8割方，保証されたも同然である。

二本立て給与法では，最高泌乳期は日本飼養標準のTDN給与量の80％が最も好ましいとされている。その状態のときに乳量は安定し，立派な発情がきて種もきちんと止まっている。それを実践してきた私はその誤りのないことを確信している。ただ，乳量上昇期に最高乳量時と同様にきっちり80％給与にしてしまうと，翌日に乳量が増加した分の栄養が80％を割り込む心配があり，以後の乳量増加にブレーキをかけることになる。また，この期間に栄養の不足状態が続けば健康維持にも支障をきたすおそれがあり，このような事態を避けるために乳量上昇期にはTDN88％給与を目安に設定している。このことで，乳量上昇時期での産乳量に対する充足率はTDNで日本飼養標準の80％（DCPで100％）を割り込むことなく経過し，乳量の伸びは安定的にごくゆっくりと増加を続け，分娩後20日目にはきれいな初発情が見られる。やがて，乳量が増えなくなる最高乳量期まで，乳房炎の心配もなく楽しみながら安心して経過をみることができる。以後「充足率88％」の記述に関しては，基本的にTDN80％給与の考え方であることを理解してもらいたい。

基礎飼料に10kgの産乳栄養を含ませていることを頭において現在乳量を測定するが，分娩後8日目から毎日増やした変数飼料が5kgになった時点で，一応そのときの乳量に対する栄養充足率を計算してみることから始める。乳量によって当然給与するえさの充足率は変わるが，まず，基準とする「充足率88％」の見つけ方を説明しておく。ただし，もし食欲不振など異常があればただちに濃厚飼料を削減し，牛の状態が回復するまでそのままの給与量を維持し，必要なら早めに獣医師の診療を要請する。

＜変数飼料88％給与の具体的作業＞

1）まず，現時点での乳量を確認し，そのTDN給与充足率が85～89％（目標値88％）に達していなければ，その範囲に達するまで以後も毎日1kgずつ増やしていく。ただし，決して90％以上には増やさない。

2）その後も乳量は少しずつ増加していくのが通例であるが，乳量と給与充足率をチェックし

ていくと，やがて，ぴったり88％近辺に合致するところが見つかる。

たとえば，分娩後13日目で現在乳量が31kgも出ている牛がいたとしよう。この牛には変数飼料を6kg与えていたとする。変数飼料のkg当たり産乳量が2.55kgであるとすると，(31−10)÷2.55は8.2kgになる。この88％は7.2kg。現在の給与量の6kgにもう1kg増やして7kgにすればよいわけである。これ以上の変数飼料を給与することは一時的には効果が見られるかもしれないが，同時に突発的な病気もあり得る。決して好ましいとはいえない。

3）これ以後は，この時点をスタートとして，乳量が3kg増えたら変数飼料を1kg増やしていく。単純な繰返しを実行すればよい。

④最高泌乳期

分娩から2か月目以降になると，乳量が安定してそれ以上伸びなくなる。これが最高泌乳期であり，えさの増加もストップする。この時点での栄養充足率はTDN80〜85％，DCP108〜120％になっている。しばらくは安定的に同量の給与を続け，やがて乳量の下降が始まるまでこのままの状態を保つ。

乳量は搾乳時間などの関係で多少上下するのが常であるから，3〜4日の平均として最高乳量を確認するのが望ましい。この最高乳量を中心とした安定期はふつう1か月以上続き，牛の能力が高い場合や体調経過がきわめて良好なら2か月以上続くことも珍しくない。この高い乳量を保ちながら長期間搾乳するためには，その牛の「健康維持」が絶対的条件である。いかに高い能力をもっていても，ちょっとでも体調を崩せばたちまち泌乳量低下に直結する。したがって，この時期のえさ給与は，「いかに第一胃の健康を維持できるか」の一点に集中すればよい。原則的に「えさはいじらないでそのまま」のパターンを保てれば十分である。また，高能力になるほど体内からミネラル類が多量に排出されることから，定期的なミネラル・ビタミン剤の補給は必要不可欠である。私は一定の時期を決めて投与するようにしている。

最高泌乳期のTDN産乳栄養充足率を対日本飼

第3図　愛牛たち

養標準の80％台に設定することは，きわめて重要な意味をもっている。牛が最高に乳を出す時期に栄養をTDN80％台に抑えて本当に栄養不足が生じないのか？　という疑問が生じてくるが，次の点に注目してもらいたい。

1）渡辺氏は過去に胸囲の変化を調査した。TDN80％給与の二本立てでは分娩後1か月目は低下（これは分娩に伴う生理的なもの），2か月目は横ばいで，3か月目からは1cmずつ胸囲は伸びている。これは牛の要求を満たしていると考えられる。これに対しTDN，DCPを100％に設定して給与する日本飼養標準では，TDN100％の飼料を牛が食べきれずに，結果的にDCPも不足を生じていた。二本立てではTDNが80％でもDCPは108％に設定されているから，これを食べていればDCPの不足はないわけである。この蛋白充足が体力を維持していると思われる。

2）二本立ての飼料をもとにTDNを100％にして給与すると，牛は栄養が過多の状態になってしだいに太ってくる。しかし，80％給与では，最高泌乳期の最も栄養が欲しい時期に生理的に体はスッキリするものの，特に痩せることもなく，牛は非常にいきいきとして，長期間連続して安定した高い泌乳量を可能にしている。さらに，分娩後20日〜1か月をすぎる頃から立派に発情が現われる。したがってTDN80％給与で栄養が不足しているとは考えられない。

⑤分娩後の種付けと体力増強期

分娩後の種付けは，1年2産になるのを防ぐ意味から3か月目以降に行なう。通常1年1産のた

めの種付け適期とされているのが分娩後3か月目頃である。この時期は，最高泌乳期～やや降下の頃になるが，濃厚飼料の給与量はTDN85％前後になっている。順調に経過すれば1か月すぎたあたりから発情が現われるが，2～3回の発情を見送り，分娩後3か月目の発情を目安に人工授精を行なう。

＜乳量下降期は乳が5kg減ったら変数飼料を1kg減＞

最高泌乳期をすぎて乳量が減り始めるとき，あらかじめ最高乳量をチェックしておき，それから5kg乳が減ったら初めて濃厚飼料を1kg減らす。通常では実際に1kg減らすには1か月以上もの期間を経過する場合が多いので，ぜひとも乳量に関する必要最小限のポイント的記録は実施しなければならない。このようにして，種付け後2か月ほどで妊娠確認がなされれば，それ以後は同じように乳が5kg減ったら濃厚飼料を1kg減らすやり方を繰り返す。ここで，体力増強期における目安となる「皮膚の触診」による，体力チェックの仕方を述べておく。

＜体力増強期の着眼点と触診によるチェックの仕方＞

まず，触診部位としては肋骨の皮膚の厚みと腰角の状態である。

肋骨のチェックは，最後の肋骨から2～3本前の肋骨上に軽く手のひらを乗せ，この手のひらを乗せた感触から判断する。

1) 骨の上にすぐ皮がある感じで，左右に揺らしてみると皮の動きが明瞭。

2) 骨と皮の間に若干厚みが感じられるが，皮膚に張りがあり，1) と同じ状態。

3) 手を乗せたときに皮膚が軟らかく，張りがなく，指先が沈む状態で左右にゆらしてみると，動きに重みが感じられる。

4) 3) の状態がより進んだ状態で，皮膚がブヨブヨでまったく張りがない。

この4段階は実際にやってみると簡単で，容易に判断できる。搾乳の合間などでもちょっと触診して大変重宝している。1) の状態は乳の出盛り期のもので，2) 以降は乳量下降時に見られるもので，体力増強期の状態である。私は経験

上，2) ～3) までを許容範囲とし，できれば2) の状態で乾乳に入るのがベストとしている。

体力増強期には体にある程度脂肪の蓄積が必要であるが，それが行きすぎては決してよい結果をまねかない。4) の状態で分娩を迎えた場合には，ほとんど100％に近い確率でお産に絡んだ病気に至る。3) の状態でも腰角に鋭角性がある場合は許容範囲であるが，腰角に丸く脂肪がのった状態になると太りすぎで要注意の判定になってしまう。もちろん，1) と2) の場合の腰角は明瞭に鋭角性を示しており，この状態の牛は非常にスッキリしていて，動きも鋭敏でいきいきとしている。したがって，体力増強期（乳量下降期）にこのような触診と合わせて変数飼料の給与量を決定することは非常に大切で，乾乳が近づいたら機械的に「5kg減ったら1kg減らす」だけではなく，実際の体力チェックをうまく活用したい。

＜種が止まるまでは80％給与＞

もし，「発情の見すごし」など何らかの理由で，分娩後3か月をすぎて「種付け適期」に妊娠させることができなかった場合，通常のえさの減らし方をやめて，ただちに乳量を確認して濃厚飼料のTDN給与率を80～85％に下方修正する。通常の減らし方のままでいくと，しだいに発情が不明瞭になり，牛は肉がついて肥ってくる。そのまま経過すると繁殖障害への第一歩になりかねない。乳量の低下があったとしてもきわめて少量であるから，まずは給与飼料を減らして「種付け優先」の考え方に頭を切り替えることが非常に大切である。濃厚飼料を80％給与に修正しても，実際的には牛の生理的な乳量低下以上には乳の減りはないのがふつうである。種が止まらなければ，乳牛にとって未来はないに等しい。

⑥後継牛の育成は粗飼料の飽食で

最後に育成に関していえることは，必要な栄養確保はいうまでもないが，牛にはその栄養分を苦労させてとるようにしたほうがよいようである。この育成期に濃厚飼料を与えすぎると，人間の子供と同じでまずい粗飼料をだんだん食べなくなり，うまい濃厚飼料だけを食べたがる。

このような育て方をすると，どうしても胃袋の発育が不十分で，分娩後の大量のえさを食べきれずに病気になったりして，牛群に馴染めなくなってしまうようである。

　私は原則として子牛には濃厚飼料は与えない。メニュー的には乾乳期の基礎飼料に準じて，月齢によって加減して与えているだけである。第4図は生後6か月齢の子牛のようすである。粗飼料育成では1年未満の発育は確かに劣るようであるが，そこでしっかりと粗飼料を食べさせることによって胃袋をつくっている子牛は，育成後半に入って完全に発育の遅れを取り戻し，初産分娩時には体高140cm以上の立派な体格にできあがる。さらに，初産分娩後も泌乳を続けながらきちんと発育するための食欲も旺盛で，健康な経過を見せてくれる。

＊

　酪農は本来ゆったりと余裕をもって楽しみながら運営していくべきものと思われる。今，新

第4図　粗飼料育成による子牛（6か月齢）

しい「高能力牛対応の健康な牛飼い技術」が自分の酪農技術として確立されたことにより，牛群すべて10,000kg以上の高能力牛を揃えていくのが非常に楽しみになっている。

2004年記

代謝プロファイルテストによる栄養診断

1. 生産獣医療

(1) 生産獣医療（プロダクションメディスン）の目的

現在までの産業動物臨床獣医療は，飼養管理の失宜によって発生した疾病の治療に追い回されて，真に獣医学的知識や技術を駆使して行なう診断や治療に専念できないのが現状である。疾病が発生してしまえば，当然のごとく生産性が低下する。その生産性の低下を最小限にくい止めることは重要ではあるが，疾病発生を未然に防ぐほうが農家の経済的損失が少なくなり，臨床獣医師の仕事の効率も向上する。この考え方に立脚したのが予防獣医療であり，ワクチネーションや衛生管理を中心として進められてきた。

生産獣医療はこの予防獣医療をさらに進化させ，獣医学的知識と技術に基づいて疾病の発生を防止するとともに，生産性の向上を図ることを大きな目的としている。これは従来，プロダクションメディスンといわれてきたものであり，そのプロダクションメディスンについては第1表のような定義がなされている。すなわち，生産獣医療とは栄養管理，繁殖管理，搾乳管理をベースとして，病気を出さず，繁殖成績と産乳成績を向上させる獣医療である。その武器として代謝プロファイルテストによる栄養診断が注目されている。

(2) 生産獣医療の武器としての代謝プロファイルテスト

①歴 史

代謝プロファイルテストは，1960年代後半，イギリスのコンプトン研究所が提示した代謝障害試験から始まった。その後，Payneが代謝プロファイルテストの概念を確立し，血液生化学検査用オートアナライザーの進歩・普及に伴い，さまざまな代謝プロファイルテストが考案され実行されてきた。たとえば，運動のモニタリング，成長状態の把握，疾病の予測，不妊・ストレス・先天性疾患の検出などがある（Payne, 1987）。

代謝プロファイルテストはヒトでも行なわれているが，それは個体の代謝プロファイルテストである。一方，乳牛の代謝プロファイルテストは牛群，それも泌乳ステージにより分類した群に分けて統計的に解釈するものであり，医療と小動物獣医療には存在しない概念で，今後の産業動物獣医療の最も特徴的な分野になるものと思われる。

②概 念

栄養状態の評価方法としての代謝プロファイルテストは，摂取した栄養分と生産のために消費した栄養分とのバランスを血液性状から診断するものである（第1図）。繁殖牛，肥育牛あるいは育成牛に応用することも可能であるが，乳牛において広く行なわれているので，本稿では乳牛の代謝プロファイルテストについて記述することとする。

③健康診断との違い

代謝プロファイルテストと健康診断は根本的に異なるものである。代謝プロファイルテスト

第1表 生産獣医療（プロダクションメディスン）の定義
(Brain Gerloff)

1	繁殖管理
2	搾乳管理（乳房炎コントロール）
3	栄養管理
4	育成管理
5	ワクチンコントロール
6	経営者の教育（獣医学・畜産学）
7	注射を使わないでの問題解決
8	緊急診療を含む古典的診療

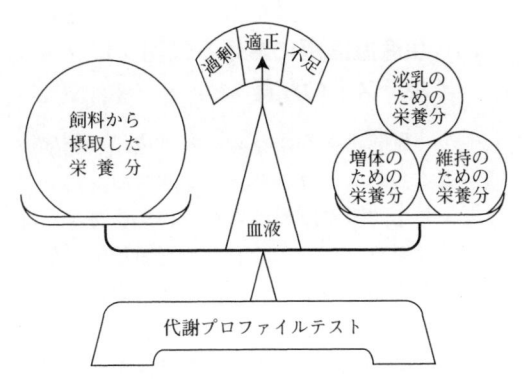

第1図 代謝プロファイルテストの概念

はあくまでも健康牛を対象に長期的な視野に立って飼養管理の改善を図るための道具であるのに対して，健康診断はあくまでもその時限りのものである。そのため，健康診断は疾病の早期発見・早期治療にしかつながらないため，毎年繰り返す必要がある（第2表）。

2. 代謝プロファイルテストに基づく牛群検診

(1) 目的と概要

①目　的

代謝プロファイルテストに基づく牛群検診は，一般的には栄養管理を中心に行なわれている。その直接的な目的は，産乳成績（乳量，乳成分）の向上，繁殖成績の向上，疾病発生の予防の3点である。これは，牛の生理に合った飼養管理を追求することにより，牛個体の本来もつ能力を十分に引き出すことにほかならない。

これらの能力を左右する要因には遺伝，環境その他数多くのものがあるが，一般的に牛群検診では飼料給与に焦点を絞って実施する。

②概　要

牛群検診では，その牛群の現状を把握し，問題点を明らかにしたうえで，改善の指針（飼料設計）を提示する。

その際，第3表に示したようなデータを分析する。牛群の現状把握なくして血液診断のみを行なっても改善の指針を立てることは困難であり，また誤診につながる確率が高くなる。牛群診断の誤診は牛群全体の疾病発生の増加や生産性の低下につながり，その弊害は長期に及んでしまうので，それを防ぐために基礎データを完璧に収集することが重要である。

事前に収集された産乳成績，繁殖成績と疾病発生のデータの問題点について，飼料診断と代謝プロファイルテスト診断に基づいて，その原因を明らかにする。そして，そこで明らかになった問題点を改善できるような飼料設計と管理指導を行なう。

(2) 代謝プロファイルテストデータの分析の基礎となる情報

①牛群検定成績

牛群検定成績表からは，乳量，乳成分と繁殖成績に関する多くの情報を得ることができる。これらの情報はその牛群の問題点を最もよく反映しており，検診実施のうえで最も貴重な情報源である。

また，これらの情報は，牛群検診では乳量と乳成分の向上，繁殖成績の向上を大きな目標と

第2表 代謝プロファイルテストと健康診断との違い

	健康診断	代謝プロファイルテスト（MPT）
目的	潜在疾病の摘発	給与飼料と生産物のバランスの評価
方法	毎年継続 ↓ 短期的	2～3年連続，年1～3回 ↓ 長期的（2～3年かけて修正）
対象	病牛でも可 個体ごとに診断 ↓ 個体管理の手段	健康牛 牛群として診断 ↓ 群管理の手段
効果判定	疾病発生の減少	疾病発生の減少 産乳成績の向上 繁殖成績の向上

第3表 牛群検診の基礎となるデータ

牛群検定成績（産乳成績，繁殖成績）
過去1年間の疾病発生状況
飼料給与状況（給与方法，回数，順序，内容）
ボディコンディションスコア（BCS）
代謝プロファイルテスト成績

しているので，効果の判定にも必要である。

②疾病発生状況

家畜共済組合の家畜共済金支払通知書あるいは診療カルテから，過去1年間の疾病発生状況を調査する。特に代謝病や消化器病は，飼料給与に起因するものが大部分であり，飼料給与の問題点を推定できる。

代謝病（ケトーシス，脂肪肝，低カルシウム血症，第四胃変位）や消化器病は泌乳初期に発生しやすく，泌乳曲線の立ち上がりを決定的に悪くする。これはその泌乳期の乳量を大きく左右するため，この時期の疾病をできる限り予防しなければ，農家の経済的損失は大きなものとなる。この時期の疾病予防が生産獣医療にとって最大のポイントである。

また，乳房炎や関節周囲炎などは，飼養管理を改善することで発生を限りなく少なくすることが可能であり，牛群検診ではこれも大きな目標の一つである。

③飼料給与状況

すべての飼料の実際の給与量を秤で実測する。これは乳量ごとに行ない，さらに可能であれば粗飼料分析を行なう。また，飼料の給与回数，給与順番を聞き取り，これらに基づいて給与飼料診断を行なう。

飼料給与状況は産乳成績，繁殖成績と疾病発生状況を左右する最も大きな要因である。給与飼料診断と代謝プロファイルテスト成績から，牛の栄養の吸収状況が推定でき，また農家の牛群管理能力も推察可能である。

④ボディコンディションスコア

ボディコンディションは，牛の体脂肪を触診することで判定する。いろいろな方法があるが，実施者が一定の基準で行なえば問題はない。ボディコンディションは畜産農家が自分の牛群の栄養状態を把握するためにとるものであるので，牛の現状について代謝プロファイルテスト成績との関係を農家に理解してもらううえで有効である。

(3) 生産獣医療における代謝プロファイルテストの意義

牛が一見健康そうに見え，産乳成績や繁殖成績がよく，ボディコンディションスコアの変化にも大きな問題がみつけられない場合でも，血液的には栄養バランスの崩れや肝臓機能の低下が認められる場合が多い。特に絶好調な牛群ほど血液的に問題点が見出されやすく，その後数か月～1年くらいで不調となる場合が多々見受けられる。

このような場合に，繁殖成績や産乳成績は特定時期の指標にしかなりえず，分娩から分娩までの全期間を通しての評価はできない。飼料設計はあくまでも設計であり，飼料給与から牛の血液中に栄養分が入るまでには第4表のような多くの不確定要因が介在するため，飼料からの牛群の現状診断へのアプローチには限界がある。

一方代謝プロファイルテストは，摂取された栄養と消費される栄養のバランスを牛の血液で見るものであり，これ以上正確な栄養診断はない。さらに代謝プロファイルテストは，臨床獣医師が十分な専門教育を受けてきた血液診断により牛群の客観的なデータを得ることができ，これを基にした飼養管理指導が可能である。こ

第4表 飼料設計と乳生産の間に介在する変動要因とそれに対する対応

変動要因	牛群検診での対応
飼料設計の問題 　飼料成分 　設計者の哲学・力量	粗飼料分析と濃厚飼料成分推定 代謝プロファイルテストの繰返しによるチェック
畜主の問題 　個体乳量の把握 　個体給与量の認識 　給与回数・順番・間隔 　飼料の保存状態	牛群検定実施農家のみを対象 牛群検定実施農家のみを対象 聞き取り・現場確認による指導 現場確認
牛と畜舎の問題 　盗食・嗜好性	現場確認
第一胃の問題 　第一胃内環境	血中乳酸・アンモニアでチェック
栄養の吸収と乳生産による消費の問題 　吸収と消費のバランス	代謝プロファイルテスト

のように科学的手法による客観的なデータを基にした飼養管理は、特に高泌乳牛群では必要不可欠なものである。

また、飼料設計は同一標準あるいは同一ソフトウェアを用いたとしても、設計者の思想や力量により千差万別の設計ができる。一方代謝プロファイルテストを基礎として飼料設計を行なう場合は、臨床獣医師は血液検査成績が病的な値を示すことを許容しない場合が多いので、牛の健康を維持して牛が本来もっている生理的機能を十分に引き出すという考え方に自然に行き着くと思われ、飼料設計の思想上、共通の認識がもてるものと思われる。

3. 代謝プロファイルテスト実施上の留意点

(1) 代謝プロファイルテスト実施者の注意すべきこと

①精度管理

代謝プロファイルテストは、血液成分を正常値範囲内での値の高低で診断するので、病牛の異常値検出のための検査よりも高い精度が要求される。また、検査結果に従って飼料設計をするので、結果が間違っていれば、個体の疾病の診断と異なって牛群全体が一気に代謝病へと突き進んでしまう可能性があり、農家の大きな経済的損失となる危険性がある。そうならないためには、検査機器の選択はもちろんのこと、器械のメンテナンスと精度管理を十分に行なう必要がある。

②採血時刻・時期

検査値の日内変動 摂食する飼料や給与の順番にもよるが、採食後2時間にはコレステロール、トリグリセライド、尿素窒素、無機リンなどの増加とグルコース、遊離脂肪酸、アンモニアなどの低下がみられる場合が多い（岡田ら、1997）。本来なら飼料給与時刻から一定時間に採血するのがよく、1日2回の飼料給与が当たり前の時代には13～16時の採血が適当とされてきた。

しかし、3～4回給与や不断給与が一般化してきた今日、昼食給与の有無が午後の採血における測定値に大きな影響を与える可能性がある。そのため、代謝プロファイルテストのための採血は、採食後4時間以上経過した昼食前に行なうことが適当と考えられる。TMRの場合も、給与直後の採食量が多いので、それから4時間以上経過している時間帯が適当と思われる。

検査値の季節変動 最も大きな変動は、暑熱ストレスによるものである。暑熱ストレスによる摂食量の低下やルーメン内温度の上昇は、血液成分に大きな影響を与える。また、畦畔草や生牧草を摂食する機会が多い繁殖和牛では、夏と冬では粗飼料の内容が全く異なり、これも大きな変動要因となる。そのため、代謝プロファイルテストは季節ごとに行なうか、季節を定めて行なう必要が生じる。その場合、地域にもよるが、暑熱ストレスによる影響が大きい盛夏から初秋にかけての実施は避けるべきである。

③サンプルの採取・分離・保存

採血時、保定によるストレスや、採血手技の未熟による長時間の拘束、溶血などは検査値に大きな影響を与えるので、保定・採血は熟練した者以外は行なわないほうが、検査値の信頼性が高まる。

血液の採取後分離までの時間や、その後測定までの保存温度、測定までの時間は、検査結果に大きな影響を与える（第5表）。また、尾静脈・尾動脈と頸静脈では成分の異なる項目がある。そこで、筆者らが行なっている代謝プロファイルテストでは、ほとんどの検査項目について、血清分離剤入りの真空採血管を用いて頸静脈から採血し、15分間37℃インキュベート後ただちに分離した血清を冷蔵保存して、当日中に測定している。

ヘパリン血は、反応が阻害される項目があり、またフィブリンの存在が測定上悪影響を与える場合が多いため、推奨されない。血清分離剤無添加の場合は室温保存後2時間以内に分離するが、グルコースや遊離脂肪酸の測定には適さない。グルコース測定用の血液をただちに分離するのが不可能な場合はフッ化ナトリウム入り真

第5表 血清生化学検査に供するサンプルの条件

		材料				全血保存		血清保存			備考
		血漿	溶血	Bil	乳び	室温	冷蔵	室温	冷蔵	凍結	
酵素	ALP	↑	○	○	○	1d		×	1d	6m	
	AST	△	↑↑	○	○	↑↑	↑	×	1w	1m	駆血3分以上で↑
	ALT	△	↑	○	○	↑↑	↑	×	3d	×	駆血3分以上で↑
	γGTP	△	○	○	○	×		2d	1w	1w	
	LDH	↓	↑↑	○	○	↑↑		×	3d	3d	全血振動で↑
	CK	(↓)	↑↑	○	○	↓↓	↓↓	×	1w	1m	遮光保存
	アミラーゼ	△	(↓)			○	○	×	1w	2m	
	リパーゼ	×	↓			×	×	3d	1w	1y	
エネルギー代謝関連	グルコース		(↓)			×	×			1y	NaF血は12時間
	遊離脂肪酸	↑	(↑)			↑↑			×	×	
	総コレステロール	△		○		↑			1w	1y	
	中性脂肪	△			↑	↓			1w	1m	
	リン脂質	△	(↑)			↑			1w	3m	
	βリポ蛋白								1w	×	
	リポ蛋白分画								×	×	
	アセト酢酸							2h	×	1w	
	βヒドロキシ酪酸							1d	1w	2w	
蛋白質代謝関連	総蛋白質	↑	↑	○	○	(↓)	(↓)	2d	1w		
	アルブミン	△				(↓)	(↓)	1w	1m		
	蛋白質分画	×	↑						1w	×	
	尿素窒素	△	↑	○	○				1w	6m	
	クレアチニン	△	↑	↓	○				1w	6m	
その他	総ビリルビン	△	(↓)		○	↓				1m	遮光保存
	直接ビリルビン		○		○	↓				1m	遮光保存
	カルシウム		(↓)	○		↓				1m	
	無機リン		↑↑	↓		↑↑	(↑)		1w	1m	

注 ↓：減少，↑：増加，○：影響なし，（ ）：可能性あり，△：ヘパリン規定量の場合のみ可，×：不可，空欄は不明，
h：時間，d：日，w：週，m：月，y：年

空採血管を用いるが，その測定値はただちに分離した血漿に比べて10％程度低下する。

また，グルコースを全血で測定すると，血漿に比べて約10％低値を示す。そのため，測定サンプルの種類により正常値の使い分けが必要となる。乳酸は，測定方法によっては除蛋白操作が必要となり，また採血前に運動をさせたりすると高値を示す。アンモニアは，採血や測定に際して環境中のアンモニアを拾わないようにする必要があり，測定法によっては除蛋白操作が必要となる。一般的にはオートアナライザーによる測定には適さない。乳酸とアンモニアについては，現場で測定できる携帯用の機器が市販されている。

④標準値の設定

代謝プロファイルテストに用いる標準値は，地域ごと，季節ごとに設定する必要がある。また，測定器械や試薬が変われば測定結果が異なったものになるので，成書に記載された正常値は参考にならない。

そこで，代謝プロファイルテストを行なうに当たっては，地域の優良牛群の検査をあらかじめ行なって，独自の標準値を設定しなければならない。検査項目は目的により選択する。無目的に検査項目を増やすと解析が難しくなるだけで，何の役にも立たないデータが増えるだけである。逆に絞りすぎても間違った結果を導く可能性が高くなるので，ケースバイケースでやっ

ていくしかない。

筆者らの優良牛群の選定基準とその牛群の現状の平均を第6表に示した。また，その牛群の代謝プロファイルテストデータの平均を第7表に示した。

(2) 牛群検診の手順

①事前調査

対象農家の選定　牛群検定を実施していて牛群改善の意欲があり，飼料を変更してから3週間以上経過している農家を選定する。飼料変更直後はルーメンコンディションが不安定であり，そのため飼料効率も低下しているので，正確な代謝プロファイルテスト診断はできないからである。

検診対象牛の選定　臨床的に健康な経産牛を各乳期ごとに4頭以上選定する。3頭以下では統計的有意性が失われる。病牛，分娩直前と分娩後7日以内の個体は，栄養診断には適さないので排除する。これらの個体の混入は誤診のもととなる。初産牛は3産以上の牛に比べて成長のために消費されるエネルギーが大きいので，群を区分したほうがよい。現在，一般的に行なわれている泌乳期の区分を第8表に示した。

牛群の基礎データの収集　牛群検定成績表から牛群の産乳成績と繁殖成績，さらに牛個体情報（産歴，分娩後日数，乳量，乳成分など）を調査する。また，カルテなどから疾病発生状況を調査する。

飼料診断データの収集　飼料給与状況（飼料品目，量，給与順序）の調査を行ない，さらに可能であれば粗飼料の採取と分析を行なう。

②現地検診

検査個体の確認後，適切な時間に採血を行ない，速やかに凝固させた後，ただちに血清分離を行なう。血液の処理をしている間に，ボディコンディションスコアの評価，給与飼料の評価をする。血液検査と粗飼料分析のデータを解析し，それに基づいて飼料診断と代謝プロファイルテスト診断を行なう。さらに事前調査のデータと合わせて牛群診断を行ない，指導書と飼料設計書を作成する。

③検診結果の検討会

事前調査のデータ，代謝プロファイルテスト診断と給与飼料診断による牛群の現状を説明し，飼料の給与方法の改善，飼料設計，その他の指導を行なう。

④アフターケア

牛群検診は1回でうまくいくことは少ない。1年に2～3回，3年連続が理想的とされている。その後の経過が思わしくない場合は，検診担当者は再検診を勧める必要がある。農家のその後の実態の把握は効果判定も含めて必要である。また，以後の検診の精度を高めるために，検診実施農家あるいは個体のその後の繁殖成績や産乳成績，疾病発生状況の調査が必要不可欠である。

繁殖検診，搾乳立会などを組み合わせて，総合的な牛群管理にもっていくことが理想的である。

第6表　優良牛群の選定基準と結果

選定基準
1　牛群検定実施農家
2　空胎日数が120以下
3　代謝病の発生合計が牛群の20%以下
4　乳脂肪率3.6%以上，乳蛋白質3.1%以上
5　年間の乳脂肪と乳蛋白の生産量が多い上位10群

優良牛群のデータの平均

項目		平均	±	標準偏差
産乳成績（牛群の年間成績）				
乳量	補正乳量	9,511	±	383kg
成分率	乳脂率	3.93	±	0.18%
	乳蛋白率	3.18	±	0.1%
	無脂固形率	8.66	±	0.07%
成分量	乳脂量	374	±	21kg
	乳蛋白量	303	±	12kg
繁殖成績				
	分娩間隔	398	±	17日
	空胎日数	113	±	5日
	授精回数	1.7	±	0.3回
疾病発生状況				
発症率	第四胃変異	5.6	±	4.6%
	乳熱	3.3	±	3.2%
	ケトーシス	2.6	±	2.7%

第7表　優良牛群の成乳牛の乳期別血液成分標準値

乳期名	エネルギー					
	血糖 (mg/dl)	遊離脂肪酸 (μEq/l)	総コレステロール (mg/dl)	βリポ蛋白 (mg/dl)	リン脂質 (mg/dl)	βヒドロキシ酪酸 (μmol/l)
泌乳初期	57±5	225±173	181±46	36±16	163±46	711±175
泌乳最盛期	57±5	146±61	224±45	37±21	202±45	708±145
泌乳中期	57±4	135±42	245±50	40±22	226±46	743±163
泌乳後期	58±6	130±47	203±52	40±24	179±48	665±117
乾乳期	61±5	185±77	111±31	54±23	87±22	572±146

乳期名	蛋白質		無機質		ルーメンコンディション	
	アルブミン (g/dl)	尿素窒素 (mg/dl)	カルシウム (mg/dl)	無機リン (mg/dl)	アンモニア (μg/dl)	乳酸 (mg/dl)
泌乳初期		15±3			32±13	6.0±2.5
泌乳最盛期		14±3			29±10	6.3±3.8
泌乳中期	4.1±0.2	15±3	10.4±0.6	5.3±0.9	34±14	7.6±3.8
泌乳後期		14±3			29±12	6.8±2.4
乾乳期		13±3			38±13	6.9±3.5

乳期名	肝臓酵素		その他					
	AST (IU/l)	γGTP (IU/l)	グロブリン (g/dl)	トリグリセライド (mg/dl)	ACAC (μmol/l)	ALP (IU/l)	CPK (IU/l)	CRE (mg/dl)
泌乳初期		28±3		6.7±2.1	29.9	134	530	0.7
泌乳最盛期		34±6		7.3±1.8	24.3	143	510	0.7
泌乳中期	70±14	33±5	4.2±0.5	7.3±1.8	25.1	143	435	0.7
泌乳後期		34±5		7.5±2.3	22.1	160	351	0.7
乾乳期		28±3		22.0±5.1	18.7	183	300	0.9

(3) 効果的に牛群検診をするためのポイント

①農家の選択

牛群検定を実施していない農家は，基礎となる情報がほとんど得られないため，検診の対象になり得ない場合が多い。また，他の牛群と比較する共通のものさしがないため，実施者側のデータの蓄積にもならない。さらに，ときに農家の検査個体誤認もあるため，個体管理のしっかりしたところでないと効果が上がらない。

同一農家で1年に2回，3年継続して行なうと効果的である。毎回異なる農家を広く浅く巡回する顔見せ興業的なやり方は，成果が上がらない場合が多い。

②農家の意識と牛群検診の効果

牛群（あるいは経営）改善に対する意欲の差が効果の差となって現われる。そのため，事故

第8表　牛群検診対象牛の群分け

乳期名	分娩後日数	備考
泌乳初期	7～49日	
泌乳最盛期	50～109日	
泌乳中期	110～219日	
泌乳後期	220日～乾乳	365日を超えるものは除く
乾乳期	乾乳～分娩1週間前	305日に満たないものは除く 425日を超えるものは除く

多発農家ほど効果が上がらず，逆に意欲的な農家ほど著明な効果が現われる傾向がある。また，料金を徴収したほうが，実施する側も農家も真剣になり，効果的である。

検診結果に基づいた総合的な指導の一部分のみを取り入れ，逆効果となる場合がある。ある農家では有効な飼料も，別の農家では害にしかならない場合もある。断片的な知識による高泌乳牛群の管理が困難であることを，農家が認識する必要がある。特に勉強熱心な農家ほど，あちこちの講習会で聞いたことや酪農雑誌で得た

情報を自分なりにアレンジするため，結果として泥沼にはまりこみやすい。

③獣医師の認識の相違と牛群検診の成績・効果

獣医師の牛群検診に対する認識の相違は，牛群検診の成績や効果を大きく左右する。事前調査の精度や当日の作業の能率は，成績に大きな影響を及ぼす。アフターケアは当然必要になる。このような点から，牛群検診は従来の単なるばらまき型サービス事業ではなく，農家と産業動物獣医師がともに生き残るための重要なキーポイントと位置付ける必要がある。

また，牛群検診担当者には，データの整理・解析，飼料診断・設計，アフターケア，蓄積データの整理・解析など，従来の臨床獣医師が行なってきた診療業務と明らかに異なる業務が相当時間加わってくる。主にデスクワークが中心となるため，診療所全体が牛群検診に対する理解をもてないと，牛群検診担当者も日中は一般診療に駆り出され，夜間のプライベートな時間を割いて検診業務をせざるを得なくなる。このあたりの業務の仕訳を十分に考慮する必要がある。

④効果判定を生かす方向

代謝プロファイルテストに基づいた牛群検診の効果判定は，目的とする3つの項目について半年から1年後に判断する。すなわち，牛群検定成績における牛群の過去1年間の補正乳量の平均と乳成分の平均，平均分娩間隔，代謝病の発生割合によって，その効果を判定する。牛群検定を実施していない農家の場合，産乳成績は年間出荷乳量で見るしかないが，分娩頭数や産次によって変動するため正確ではない。繁殖成績についても，繁殖台帳があればそれから拾う，という方法しかない。結局，疾病発生割合くらいしかまともなデータが得られず，これでは代謝プロファイルテストではなく，単なる健康診断の域を出ない。

牛群検診の実施者側から見れば，効果の判定をすることにより，自分の飼料設計の適否の確認ができ，いろいろなケースの牛群の血液データを蓄積できるので，検診の精度がしだいに高まっていく。しかし，牛群検定を実施していない農家を対象とした場合，その農家の現状把握が十分にできず，他の農家との共通の比較基準もないため，蓄積データになりにくい。

結局，検診を実施する側にとっても受ける側にとっても，牛群検定のデータが利用できない場合は，検診のメリットが非常に少ない。現在のところ，採算を度外視した非常に安価な料金設定で牛群検診を行なっているところがほとんどである。このような時期だからこそ，牛群検定を行なっている優良農家を対象として多くのデータを蓄積して検診の精度を高め，将来的には内容に見合った料金を徴収できるようにすべきだと思われる。

4. 代謝プロファイルテストデータの解釈

(1) エネルギー代謝検査

エネルギー代謝検査の項目には乳酸もあるが，乳酸についてはルーメンコンディション検査の項で述べる。

①グルコース（Glu）

A) 由来

・糖新生（肝臓で90％，腎臓で10％）
　VFAの10％を占めるプロピオン酸から（55％）
　筋肉蛋白の分解による糖原性アミノ酸から（25％）
　運動時，筋肉等で発生する乳酸から（10％）
　体脂肪の分解によるグリセロールから（5％）　（絶食時は30％）
・腸管からの吸収はごくわずか

B) 変動要因
　恒常性強い，DM摂取量と関連
　↑：ストレス，穀類の多給，糖新生の亢進（エネルギー不足の初期）
　↓：採食後2時間前後，肝機能障害（脂肪肝）
　サンプルの全血での保存

抗凝固剤にフッ化ナトリウムを使用した場合（混合時に1割程度低下するが，その後は安定）
　C）変動の結果
　　乳量，乳蛋白率と正の相関
　　↓：無脂固形↓
　　　繁殖障害（Gn－RH分泌↓）
《ポイント》エネルギー不足の初期には↑，その後↓。高ければよいというわけではない。
②遊離脂肪酸（FFA）
　A）由来
　　体脂肪からの脂質の動員，食餌性，リポ蛋白の代謝
　　血中ではアルブミンと複合体形成
　B）変動要因
　　高能力牛は負のエネルギーバランス時に↑
　　（低能力牛はBUNが↑）
　　↑：負のエネルギーバランス（ケトーシス，脂肪肝，第四胃変位など）
　　　（濃厚飼料の多給時には増加しないこともある）
　　　（鋭敏に反応→慢性化すると徐々に低下して正常値に復する）
　　　飢餓，採血時の興奮，全血の室温保存，採血翌日以降の測定
　　　高脂肪食の場合，カイロミクロン由来のものにより高値となる場合がある
　　↓：低アルブミン血症
　C）変動の結果
　　乳脂肪と正の相関（特に泌乳初期），乳蛋白率と負の相関
　　↑：繁殖成績の低下，脂肪肝
《ポイント》1食抜いても↑。急性のエネルギー不足の指標。略号はFFA。NEFAと略すと非エステル化脂肪酸の訳である。
③総コレステロール（T－Cho）
　A）由来
　　食餌性，体脂肪からの脂質の動員，肝臓と脂肪組織で合成
　　牛では大部分がHDLに含まれる
　B）変動要因
　　摂取エネルギーと正の相関

　　↑：脂質（油脂）の多給，全血の室温保存
　　↓：DM不足，エネルギー不足，肝機能の低下
　C）変動の結果
　　乳量と正の相関（乾乳期には低値）
　　↑：食餌性脂肪肝
　　↓：繁殖成績の低下，肝機能の低下
　　　乾乳期の過剰な低下：周産期疾患多発
　　　（100mg/dlで注意信号，80mg/dlで危険信号）
《ポイント》肝臓機能を表わす有力な指標。比較的鋭敏。
④トリグリセライド（TG）
　A）由来
　　食餌性（カイロミクロン），肝臓性（VLDL，LDL）
　B）変動要因
　　乳脂肪の原料
　　↑：脂質（油脂）の多給
　　↓：肝機能の低下，全血の室温保存
　C）変動の結果
　　↑：食餌性脂肪肝
　　↓：繁殖成績の低下，肝機能の低下
《ポイント》乳牛の泌乳期の濃度は，変動要因が多く診断価値が低い。乾乳期の濃度は肝臓機能の有力な指標。繁殖和牛では診断価値が比較的高い。
⑤βリポ蛋白（β－Lipo）
　A）由来
　　肝臓で合成（脂質の転送系の指標），LDLとほぼ同義
　　ヘパリンカルシウム法では，VLDLの一部も測定値に含まれる
　B）変動要因
　　↑：サンプルの凍結融解
　　↓：肝機能の低下（脂肪肝）
　C）変動の結果
　　ステロイドホルモンの原料の運搬，V.E.の運搬，乳脂肪の供給，体脂肪の供給
　　↓：繁殖成績低下，感染症多発（関節周囲炎，乳房炎など）
《ポイント》βリポ蛋白は肝臓機能の有力な

指標であるとともに，繁殖成績と密接な関連がある。現在，牛のリポ蛋白の分画と代謝は十分には解明されていない。ヒトのそれとは大きく異なるため，この部分を明らかにしようとすると，リポ蛋白の分画（PAGE法，超遠心法）とアポB100の測定を併用するとよいが，その測定は高価で手間が必要。βリポ蛋白は肝臓から脂質を体組織に転送する系であり，この値が増加しないとボディコンディションスコアは増加してこない。しかし，この検査キットはほとんどがヒトのモノクローナル抗体を用いた方法であり，牛の血清を測定できるのはヘパリンカルシウム法のキットのみである。この方法は，ヒトではVLDLの一部も含めて測定しているといわれており，精度に多くの問題がある。しかし，実際に測定してみると牛群の現状をかなり正確に表わしており，何を測定しているかはともかくとして筆者らはこの値を重要視している（第2図）。

⑥リン脂質（PL）
A）由来
　コレステロールと同
　ルーメン微生物，胆汁酸
B）変動要因
　摂取エネルギーと正の相関，総コレステロールと強い正の相関

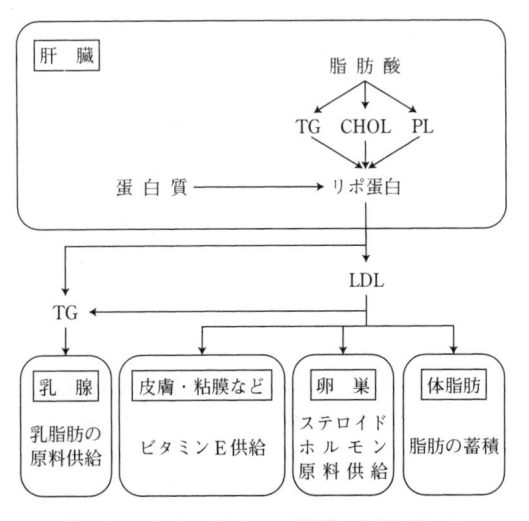

第2図　乳牛の体内での脂質の転送系とその役割

C）変動の結果
　コレステロールと同
《ポイント》コレステロールとほぼ同じ比率でリポ蛋白を構成する成分。

⑦βヒドロキシ酪酸（BHB）
A）由来
　ケトン体の1つ。3種類のケトン体の中では最も安定している。肝臓に入ってきたFFAのうち，TCAサイクルに入れなかったものがケトン体となる。ルーメンの脂肪酸由来のものも考慮する必要がある。特に脂肪多給の場合は，ルーメン由来の割合が増加している可能性がある
B）変動要因
　↑：肝臓の処理能力を上回る長鎖脂肪酸の肝臓への流入，高脂肪食
C）変動の結果
　↑：血中ケトン体の増加，肝臓の脂肪化
《ポイント》大量のFFAが肝臓に入ってきても，肝臓の処理能力が高ければBHBは増加しない。逆に，FFAが低値でも肝臓機能が低下していれば増加するので，FFAとの組合わせで肝臓での脂質代謝能を推定することが可能。

⑧アセト酢酸（ACAC）
《ポイント》βヒドロキシ酪酸と同じ。ただし安定性が悪いため，採血後2日以内に測定する必要がある。

(2) 蛋白質代謝検査

蛋白質代謝検査の項目にはアンモニアもあるが，アンモニアについてはルーメンコンディション検査の項で述べる。

①アルブミン（Alb）
A）由来
　肝臓で合成
B）変動要因
　長期の蛋白質代謝を反映（半減期2週間）
　↓：肝機能低下
　飼料給与の問題（蛋白質不足・デンプン過剰・繊維不足）
C）変動の結果
　乳量と正の相関，繁殖性と正の相関（授精

時に低下が少ないと繁殖性良好）
　　↓：乳成分の低下，繁殖性の低下
《ポイント》肝臓機能が長期間低下していると↓。

② 尿素窒素（BUN）
　A）由来
　　飼料中の窒素の最終代謝産物
　B）変動要因
　　短期の蛋白質代謝を反映
　　↑：飼料給与の問題
　　　　蛋白質過剰，エネルギー不足の飼料給与（アンモニア利用率低下）
　　　　濃厚飼料の多給，高窒素牧草の給与，採食後2時間前後
　　　　暑熱ストレス，腎臓障害，飢餓，溶血
　　↓：蛋白の給与不足
　C）変動の結果
　　↑：20mg/dl以上で，精子，卵子，胎児に悪影響
《ポイント》摂取窒素量を直接的に反映し，健康牛においては他の要因は無関係。食欲の有無の判定にも有効。

(3) 無機質代謝検査

① カルシウム（Ca）
　A）由来
　　飼料中カルシウム，骨からの動員
　B）変動要因
　　恒常性強い
　　↑：V.D過剰，低リン飼料
　　↓：カルシウム給与の不足，リンの過剰給与，過剰のカルシウム摂取
　　　　低アルブミン血症（血液中ではアルブミンと複合体を形成）
　　　　エネルギー不足によるFFA↑（このとき脂肪組織へのCaの取り込み↑）
　C）変動の結果
　　↓：起立不能，骨軟症，繁殖障害
《ポイント》各乳期を通して安定していることが大切。高ければよいわけではない。

② 無機リン（iP）
　A）由来
　　飼料中リン（濃厚飼料に多い）
　B）変動要因
　　飼料からの摂取量を反映
　　↑：濃厚飼料の多給，飢餓，TDN/CPの不適正，体重減少
　　　　全血の室温保存，溶血，尾静脈採血
　　↓：カルシウムの給与不足，リンの給与不足，マグネシウムの過剰給与
　　　　エネルギー不足による糖新生の亢進（リン酸の消費による）
　C）変動の結果
　　↑：尿石症
　　↓：骨軟症，繁殖成績低下
《ポイント》繁殖和牛の代謝プロファイルテストでは，無機リンは濃厚飼料の給与量を推定する有力な指標。ただし，乳牛では総リンの変動が大きく，それは有機リンであるリン脂質の動きに支配される傾向にある。そのため，健康な乳牛での無機リンの診断的価値は低い可能性がある。また頸静脈血では，唾液腺からのリンの分泌のため尾静脈より低値を示す。そのため，頸静脈血では唾液の分泌量に左右されやすく，診断的価値が低い。尾静脈血では尾動脈と血中濃度がほとんど変わらず，診断的価値が高い。しかし，真空採血管による大量採血には向かない（溶血しやすい）ため，検診ではこの方法は用いないほうが無難である。

(4) ルーメンコンディション検査

① アンモニア（NH$_3$）
　A）由来
　　飼料中の分解性蛋白質（SIPを含むDIP）
　B）変動要因
　　↑：CPの多給，相対的な炭水化物の不足
　　↓：CP不足
　C）変動の結果
　　↑：ルーメン機能の低下，下痢・軟便，栄養障害，繁殖障害
　　↓：低栄養
《ポイント》不安定な物質のため，採材と測定には十分な配慮が必要。現場で測定する場合は環境中のアンモニア濃度も十分に考慮し，ア

ンモニア臭のない場所を選ぶ必要がある。
  ②乳酸（LA）
    A) 由来
       飼料中の炭水化物
    B) 変動要因
       ↑：炭水化物の多給，濃厚飼料の先行給与，1回当たりの給与濃厚飼料の過剰
       ↓：炭水化物の不足
    C) 変動の結果
       ↑：ルーメン機能の低下，下痢・軟便，栄養障害，繁殖障害
       ↓：低栄養，ケトーシス
《ポイント》不安定な物質のため，採材と測定には十分な注意が必要。吸収速度はVFA（揮発性脂肪酸）の10分の1以下であり，鋭敏ではない。長期間の炭水化物過剰給与がなければ変化しない。言い換えれば，この値が異常を示す場合，かなりの長期間，誤った飼料給与が行なわれていた可能性が高い。炭水化物の長期間多給の場合，D型乳酸が増え，L型乳酸は低下することがある。

5. 代謝プロファイルテストデータと生産性の関連

（1）エネルギー供給が適正な場合

給与飼料の構成，給与の回数と順番が適正で，維持や生産に消費されるエネルギーとのバランスがとれている場合のエネルギー代謝は第3図のようになる。

摂取した炭水化物と分解性蛋白質のバランスが適正であれば，ルーメンコンディションが適正に保たれ，VFAの産生量が増加する。このVFAを含む脂質と炭水化物はTCAサイクルに入ってエネルギーを産生すると同時に，エネルギーの貯蔵形態である脂肪酸やグリコーゲンとなる。この脂肪酸は胆汁酸として消化管に分泌されたり，肝臓で合成されたアポ蛋白とともにリポ蛋白を構成して，肝臓外に分泌される。

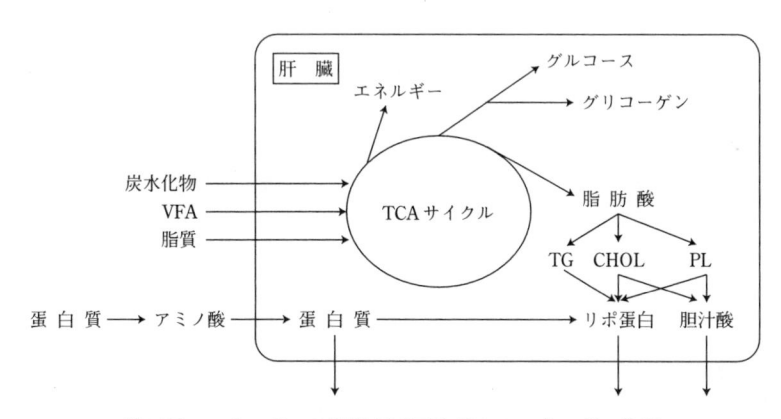

このような状態が維持できれば，血液成分は安定し，生産性はその個体がもって生まれた生理的能力の範囲内で無理なく伸びる。その結果として，その牛群は乳量が多く乳成分が高く，繁殖成績も良好で疾病の発生が少ない。長期間このような状態が維持できている牛群を優良牛群として，代謝プロファイルテストデー

第3図　エネルギーの供給が適正な場合のエネルギー代謝

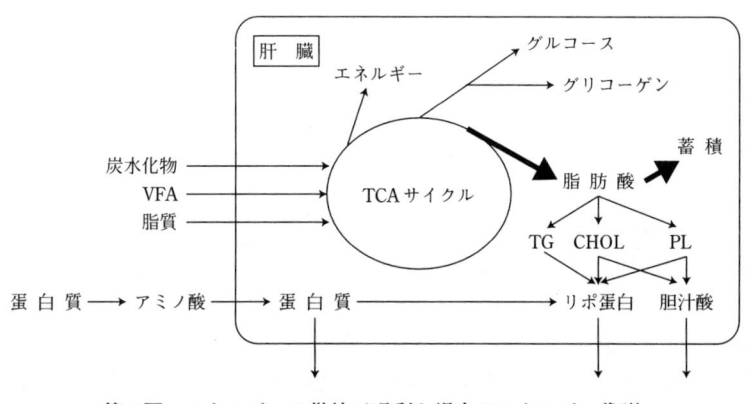

第4図　エネルギーの供給が過剰な場合のエネルギー代謝

タの判読の基準とする。

(2) エネルギー供給が過剰な場合

体に入ってくるエネルギーが生産に要するエネルギーを大きく上回る場合を第4図に示した。

①炭水化物の過剰

炭水化物が過剰な場合（デンプン濃度22％以上）は，その程度によりルーメン微生物の活性が高まってVFAの産生が増えると同時に，プロピオン酸もエネルギー源としてTCAサイクルに入る。それらは糖新生系を亢進するので，グルコースは高値を維持するが，最終的にはTCAサイクルの回りが低下する。また，余剰の炭水化物は過度の脂肪酸合成を促進し，それが肝臓に蓄積されて食餌性の脂肪肝となる。脂質の転送系も亢進されるので体脂肪も増加し，過肥となる。

こような飼料給与を長期間行なうとルーメン内のpHの低下と乳酸濃度の増加が起こり，それに伴って血中乳酸濃度が増加する。ルーメン液のpHの低下と血中乳酸濃度の増加には相当のタイムラグがあるので，血中乳酸濃度の増加が認められるようであれば，ルーメンコンディションは相当に悪化していると推定できる。ルーメンコンディションの悪化によりVFA産生が低下し，飼料計算上過剰に給与されているはずのエネルギーが実際には不足してくるばかりでなく，他の養分の吸収も低下する。

よく見られる事例として，泌乳初期からの高デンプン飼料（デンプン濃度26％程度）の給与がある。この場合，グルコースが高値を維持し，乳量の増加，繁殖成績の改善，ケトーシスの減少が一時的に見られるため，農家はこのような飼料設計に飛びつきやすい。しかし泌乳量は，分娩後10〜20日にピークとなり，1〜2か月で減少する場合が多い。

これは牛のエネルギー代謝が糖新生系に傾いて脂質代謝が低下することと，ルーメンコンディションが悪化することによる。この時期，肝臓機能の指標となる項目（アルブミン，コレステロール，βリポ蛋白）の検査値の低下と乳脂肪率，乳蛋白率の低下が見られる。高デンプン飼料を継続するとグルコースは高値を維持し続ける場合が多いが，泌乳量の再増加はなく，肝臓機能はさらに低下し，肝臓からの逸脱酵素（AST，γGTP）も増加する。

②脂肪の過剰

脂肪が過剰な場合（脂肪濃度5％以上）は炭水化物に比べてエネルギー効率がよく，ルーメン環境に対する害も炭水化物に比べれば少ない。しかし，余剰の脂肪は過度の脂肪酸合成を促進し，それが肝臓に蓄積されて食餌性の脂肪肝となる。脂質の転送系も亢進されるので体脂肪も増加し，過肥となる。

このような場合，コレステロールが高値を示し，泌乳量は増加する。同時に食餌性の遊離脂肪酸やβヒドロキシ酪酸が高値を示し，乳脂肪率は高値を示す。長期間高脂肪食を継続すると，コレステロールが異常な高値を示しながら，他の肝臓機能の指標（アルブミン，βリポ蛋白）が低下し，その後に肝臓からの逸脱酵素（AST，γGTP）が増加してくる。

③蛋白質の過剰

蛋白質が過剰な場合は，それに見合った炭水化物が給与されていれば目立たないが，そうでないと，ルーメンでの微生物によるアンモニアの処理が追いつかず，ルーメン中のアンモニア濃度が増加し，血中アンモニア濃度に反映する。血中アンモニア濃度の増加は種々の生体機能を低下させるが，特に繁殖成績の低下をもたらす。また，余剰の蛋白質は過度の脂肪酸合成を促進し，それが肝臓に蓄積されて食餌性の脂肪肝となる。脂質の転送系も亢進されるので体脂肪も増加し，過肥となる。そうすると，供給過剰であるはずの蛋白質から肝臓で合成されるはずのアルブミンが低下し，乳蛋白率も低下する。また，ルーメンコンディションは悪化し，他の養分の吸収も低下する。

(3) エネルギー供給が不足する場合

摂取エネルギーが不足する（第5図）と，生体にはあらゆる手段を講じてでもつじつまを合わせて生体の機能を維持しようとする機構がある。そのため，通常は肝臓で飼料の蛋白質由来のアミノ酸から蛋白合成が行なわれるが，エネ

ルギーが不足した場合は蛋白合成が低下し、アミノ酸がTCAサイクルに入り、エネルギー源となる。そのため、肝臓で合成されるアルブミン濃度が低下し、乳蛋白率も低下する。このアミノ酸や脂質、炭水化物を利用して糖新生が活性化されてグルコース濃度を維持しようとするので、TCAサイクルの回転が低下する。

一方、ホルモン感受性リパーゼ（HSL）が活性化され、脂肪組織から長鎖脂肪酸が血中に遊離する（遊離脂肪酸）。これが肝臓に入って、アセチルCo-Aとなり、TCAサイクルに入ってエネルギー源となる。しかし、エネルギー不足が長期化するとTCAサイクル内の物質が糖新生に使われてしまい、TCAサイクルの回転が低下しているので、肝臓に入り込んだ脂肪酸はアセト酢酸やβヒドロキシ酪酸、アセトンなどのケトン体になり、これがエネルギー源として使われる。このとき、肝臓に脂肪酸が蓄積され、脂肪肝となる（飢餓性脂肪肝）。

こうして、エネルギー不足の初期にはグルコースが高めに推移し、遊離脂肪酸も高値を示す。エネルギー不足が慢性的になると遊離脂肪酸が低下する。さらに肝臓機能を表わす諸検査値（コレステロール、リン脂質、βリポ蛋白、アルブミン）が低下し、さらに進むと肝臓からの逸脱酵素（AST、γGTP）が増加する。

6. 飼料診断と代謝プロファイルテスト診断の食い違いの原因

代謝プロファイルテストの成績を解読するにあたって、その結果がすべて飼料に由来すると考えてしまうと誤診につながる。代謝プロファイルテスト検査の結果と給与飼料の計算結果の不一致の原因として、以下の4点が考えられる。

(1) ルーメン環境

牛はルーメン内の微生物と共存することで自身の生理的機能を維持している。そのため、ルーメンが適正な環境に保たれていないと、給与した飼料は十分に消化・吸収されず、軟便として排出されてしまう。ルーメン環境に異常を来す原因としては、粗飼料の給与量不足、飼料中の分解性蛋白質やデンプン量の不適切、飼料給与順番の不適切、1回当たりの濃厚飼料給与量の過剰などがあげられる。

そのため飼料給与が適切になされていない牛群の代謝プロファイルテスト診断では、グルコース、コレステロール、リン脂質、遊離脂肪酸、ケトン体、アルブミン、尿素窒素、無機成分などに飼料計算と異なった結果が出る可能性がある。

この対策としては、飼料の構成、給与回数、給与順番などの聞取り調査を詳しく行なうこと、さらに代謝プロファイルテストの項目に乳酸とアンモニアを入れることが有効である。

(2) 肝臓機能

肝臓は糖代謝、脂質代謝、

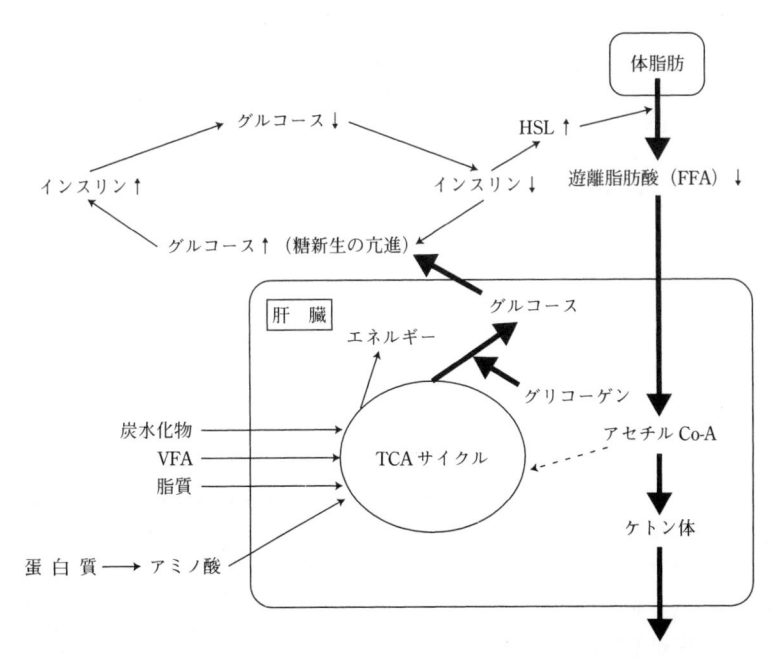

第5図　エネルギーの供給が不足している場合のエネルギー代謝

蛋白質代謝に大きな役割を果たしている。したがって，肝臓機能が低下すると代謝プロファイルテストの検査項目の測定値は大きく変動する。影響を受ける項目としては，グルコース，コレステロール，リン脂質，βリポ蛋白，トリグリセライド，アセト酢酸，βヒドロキシ酪酸，アルブミン，間接的には遊離脂肪酸などがある。乳脂肪率と乳蛋白率も影響を受ける。実際，これらの項目は飼料給与の状況が直接反映されるというより，肝臓機能を介して反映する，すなわち肝臓機能の指標になると考えられる。また，これらの項目が異常値を示していても，肝臓障害の指標であるASTやγGTPは正常である場合が多くみられる。

したがって，代謝プロファイルテストでは，現時点での飼料給与診断を血液で行なうというより，これらの肝臓機能の指標の値が低下するような飼養管理の原因を追究することが中心になる，と考えたほうが実体に近いかもしれない。

(3) 農家の牛群管理能力

農家の牛群管理能力としては，牛個体の乳量や体重，飼料給与量を認識しないで飼料を給与している場合，実際の飼料給餌者と給与状況の申告者が違う場合，繋ぎ牛舎で牛が隣のえさを盗食している場合，パドックで自由採食をさせているため実際の採食量が把握できていない場合などがある。

こうした状況の場合，採血時に牛群の管理状況を観察すると同時に，畜主からきちんと聞き取りすることで対処せざるを得ない。特に飼料給与者と搾乳担当者が完全に区分されている牛群では，往々にして両者間の会話がなく，両者から話を聞かないととんでもない誤診をする場合がある。

(4) 獣医師の問題

代謝プロファイルテストを行なう獣医側の要因としては，採食から採血までの時間が不適切であった場合，保定と採血技術が未熟であった場合，採血後のサンプルの保存や処理が不適切であった場合，データの解釈が未熟である場合，測定器械のメンテナンスが不良な場合が考えられる。

採血時間に関しては，飼料採食後の血液成分が変動するため，採食後4時間以降に採血を行なうことが適切な代謝プロファイルテストを行なううえで重要となる。また，採血時の牛へのストレスを減らすことや溶血を防ぐことは最も基本的なことである。データの解釈の未熟さは勉強と経験で補うしかない。代謝プロファイルテストのデータ解釈のためには，病気の診断に要するよりもはるかに詳しい血液データの解読技術が必要である。

代謝プロファイルテストは飼料を消化・吸収した最終的な結果，すなわち消化管から取り込んだ栄養分と生産に使われた栄養分のバランスを示している。もし，飼料診断と代謝プロファイルテストに食い違いが生じた場合，飼料設計から吸収までの間のどこにその原因が存在するかを見極めることが，飼養管理の改善を指導するうえで重要となる。

この飼料診断と代謝プロファイルテストの間に介在するものをすべて消去して初めて，飼料と代謝プロファイルテストはダイレクトにつながることができる。ここまで到達できて，やっと粗飼料成分の変動や濃厚飼料の保証値の問題に言及することが可能となる。ただし，代謝プロファイルテストの精度をここまで高めるためには，それなりの測定項目の充実が必要である。裏をかえせば，少ない測定項目では誤診する危険性が高いといえる。

執筆　岡田啓司（岩手大学）

2000年記

参 考 文 献

岡田啓司・佐藤忠弘・佐々木重荘ほか．1997．飼料摂取前後における乳牛血液成分の変動．日獣会誌．**50**，220－223．

岡田啓司・佐藤忠弘・下山茂樹ほか．1997．高蛋白・高デンプン飼料給与乳牛における血中アンモニア・乳酸濃度．日獣会誌．**50**，705－708．

Payne, J. M. and S. Payne, ．臼井和哉監修．1992．代謝病のプロファイルテスト．

栄養素の機能・動態と給与

ミネラル

1. 見直されるミネラルの役割

現在，乳牛の栄養に関する研究は，乳牛の生産にみあった適正な養分要求量の解明に重点がおかれている。そのため，乳牛の能力向上や研究の進展に伴って，養分要求量は改定を重ね，ミネラル要求量も乳牛の生産性にみあった数値に変わっている。

しかし，近年，乳牛の健康とミネラル栄養との関係の解明が進展したことから，乳牛に対するミネラルの役割のとらえ方が変わってきている。すなわちミネラルの役割は，乳成分として生産に直接必要なこと，それとともに乳牛の活発な体内代謝を維持する生体調節機能（恒常性維持機能）にあることが明らかにされている。

また，乳牛の繁殖機能，免疫機能にもミネラル栄養が深く関与していることから，乳牛が健康を維持しながら高水準の生産性を保つためのミネラル要求量は，従来の要求量より高いことも示唆されている。

そこで，ここではミネラルによる乳牛の生体調節機能を紹介するとともに，高泌乳牛で問題になるミネラルを示すことにする。

2. 乳牛の健康とミネラル要求量

乳牛の養分要求量は，維持，成長，妊娠，乳生産に要する要求量によって求められるため，産乳などの生産性向上にはよく適合している。しかし，乳牛の繁殖機能や免疫機能などと家畜としての養分要求量の関係がまだ十分に解明されていないことから，乳牛の健康維持を考慮した要求量にまでは到達していない。

一方，最近，食品中にヒトの健康に有効な働きをする機能性成分のあることが認められ，健康増進のためにそれらの機能性成分を有効利用

第1表　飼料中成分の生体調節機能

機　能	飼　　料
一次機能 （栄養機能）	家畜の生産性を高めるために必要な飼料中の栄養素の機能 （従来の養分要求量）
二次機能 （感覚機能）	家畜の飼料摂取量を増加させる機能 （嗜好性）
三次機能 （生体調節機能）	生産性の高い家畜の恒常性維持に必要な飼料の調節機能 1. 生体防御（免疫） 2. 繁殖成績の向上 3. 疾病の予防（回復）

しようという気運が高まっている。乳牛の場合も同様に，飼料中の栄養素の機能を評価することができるが，その概念を第1表に示した。

この概念の基本は，"家畜の生産性を向上させるためには，まず家畜が健康であることが最低条件である。したがって，あらゆる条件下でも家畜の恒常性が維持されるように栄養面からも努めなければならない"ことを前提としている。この考えは，家畜栄養においても，養分要求量に示されている維持だけではなく，より高次の恒常性維持に視点をおく必要性に由来している。

第1表で示された「三次機能」が飼料成分の有する生体調節機能で，具体的には免疫も含めた生体防御，受胎率などの繁殖成績の向上，疾病の予防など，家畜の神経・内分泌・免疫系に有効に働く機能が考えられる。

家畜のミネラル栄養の研究は，最近では従来の養分要求量である一次機能の研究よりも健康や恒常性維持（三次機能）に重点がおかれ，繁殖機能や免疫機能に対するミネラルの有効な作用が近年数多く報告されている。

3. ミネラルの生体調節機能と栄養素全体のバランス

動物に対するミネラルの必要性についての認識は，家畜の欠乏症や中毒症から起因したものも多い。なかでも銅（Cu），セレン（Se）など微量ミネラルの必須性については，家畜の栄養研究による貢献度が非常に高かった。しかし，最近ではミネラルの研究は医学，生化学分野での進展が顕著であり，家畜栄養においてもそれらの成果を応用する機会がふえている。

一方，ヒトでは健康維持がまず第一に尊重されるのに対して，家畜では生産性向上を主体にした健康維持を目標にしている。したがって，ミネラルによる生体調節機能はヒトと家畜では異なり，家畜では生産性向上に適合した生体調節機能の正常化が必要なのである。

従来，乳牛の生産性向上に適したミネラルの利用方法に求められていたものは，乳牛のミネラル要求量を満たすとともに，そのバランスを最適に保つことであった。しかし，乳牛の生産性が急激に向上した結果，ミネラル給与が適正であっても，ミネラルによる機能障害の発生がふえている。

このことは，急激な乳生産増加に対して，乳牛がミネラル代謝を適応させることができなくなったのが原因である。特に高泌乳牛の場合は，体内のミネラルバランスが少しでもかたよると健康が著しく阻害されることが認められている。

これらは乳牛の生産性向上に伴う一種の生産病ともいえるものである。しかし，逆にそれが，今までそれほど注目されなかったミネラルによる生体調節機能を評価するよい機会になり，ミネラルと乳牛の健康に関する研究の進展をもたらしたといえる。

こうして現在，ミネラルによる生体調節機能の適正な評価とともに，乳牛が健康を維持しながら高水準の生産性を保つためのミネラル給与方法の開発が，従来とは異なった視点から取り組まれている。その点では，必須ミネラルによる単独の機能とともにミネラルバランスが注目され，さらにミネラルとビタミンやエネルギーなど栄養素全体のバランスの正常化も強調されるようになっている。

4. 高泌乳牛とミネラルの生体調節機能

家畜のなかでも，とりわけ乳牛の生産性向上が近年非常に著しく，またそれが原因となってミネラルによる機能障害が多数発生している。そこで，ここでは生産性向上に伴って乳牛で問題になるミネラルの主な機能障害とその改善方法を紹介する。

（1）ミネラルと骨代謝

①乳牛の骨代謝異常の仕組み

ミネラルが関係する高泌乳牛の代謝障害としては乳熱〔低カルシウム（Ca）血症〕が代表的なものである。これは酪農家の経済的損失の最も大きいものの一つといえる。

Caとリン（P）は骨の主要な成分であるが，最近では体内の情報伝達などを制御する最も基本的な成分の一つとしての注目度が非常に高い。

泌乳牛は乳生産によりCaなどのミネラルを大量に体外へ排出し，高乳量時にはCaとPの出納がマイナスになる（第1図）。そのため，成長過程で産乳を開始することとあいまって，骨代謝に異常をきたしやすい状況にある。骨がミネラルの主要な貯蔵器官であることを考慮すると，

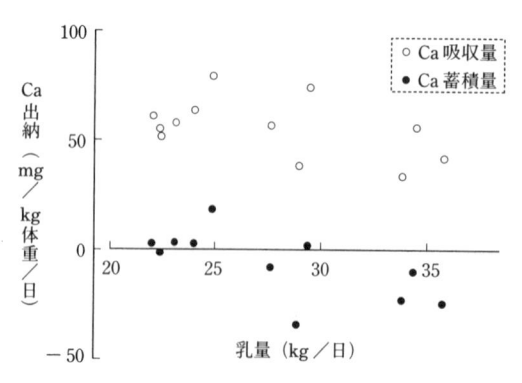

第1図 泌乳牛の乳量とCa吸収量，Ca蓄積量との関係

乳牛では骨代謝の正常化がミネラルによる生体調節機能の適正化の基本になるといえる。

動物では骨の成長が筋肉や脂肪の成長より早いことがよく知られているが，乳牛の骨のミネラル含量は1歳齢のころに最大に達し，その後泌乳開始や体脂肪などの増加により体内で骨の占める比率は低下する。特に，初産月齢の早期化や高泌乳化により，高泌乳牛では乳中へのミネラル分泌量が激増しているため，高泌乳牛の骨は多大のストレスを受け，異常を起こしやすい状態になっている。

高泌乳牛では分娩直後における乳中へのCaの急激な分泌が生理的に避けられないため，血漿中のCa濃度が分娩直後に一時的に低下する。そのさい，泌乳開始時に消化管と骨から乳腺へのCaの動員が遅れると，血漿中のCa濃度が急激に低下し，乳熱の発生に至る。この原因としては，内分泌系の働きが阻害されることよりも，レセプターの機能阻害の影響が大きく，3産以上の老齢牛ではその影響により乳熱発生の確率が高まる。

②骨代謝の活性化

骨代謝の恒常性維持には，Ca以外にP，マグネシウム（Mg），亜鉛（Zn）などの骨を構成する主要なミネラルとともに，ビタミンDとビタミンAも重要な働きをしている。

以上のCa，P，ビタミンDなどの働きを理由に，乳熱の予防方法として，分娩前のCaとP給与の抑制やビタミンDの給与などが推奨されている。しかし，それらの方法でも乳熱を完全には防止できていない。

このことから，乳熱予防も含めた乳牛の骨代謝の正常化のためには，分娩前後の短期的な対処療法だけでなく，長期的な骨代謝の適正化に努めることが大切である。その場合に，ミネラルと脂溶性ビタミンの適正給与とともに，適度な運動と日光浴が必要といえる。特に，育成期における骨代謝の正常化が重要である。

子牛では骨の成長が早いため，骨代謝と関係する血漿中のCaやPの濃度が成牛より高いものの，経産牛から生まれた子牛の血漿中Ca濃度は初産牛から生まれた子牛より低いことが知られている。また，育成期には適正な骨の成長が重要であるが，成長過程の初産牛から乳量の増加とともに乳中へ大量にミネラルが失われると，骨代謝への悪影響が大きくなる。したがって，子牛から初産牛にかけては，運動も含めた骨代謝の活性を高めるような飼養管理方法が特に望まれる。

(2) ミネラルと酸塩基平衡

①K，Na，Clの役割

家畜体内におけるミネラルの重要な生体調節機能の一つとして，酸塩基平衡や浸透圧の調節がある。これらは，生産性の高い家畜では，健康保持のために厳密に制御することが求められている。家畜体内ではカリウム（K）が細胞内液に，またナトリウム（Na）と塩素（Cl）が細胞外液に多量含有され，ミネラルのなかではこれら3元素が酸塩基平衡や浸透圧の調節に重要な役割をはたしている。

一方，家畜の生産性向上を目指すミネラルの給与方法として，最近これらの機能を応用したカチオン・アニオンバランスの概念が非常に注目されている。これは現在，主に高温時における乳牛の生産性低下の防止あるいは乳熱発生の防止を目的として，乳牛でよく利用されている。

②緩衝剤の利用によるK欠乏対策

Kは牧草や乳中に最も多量に含まれているミネラルで，その含量はCaやPよりも多い。また，汗をかくとミネラルも同時に失われるが，ヒトではNaが最も大量に失われるのに対して，草食動物である牛ではKがNaより多く失われる特異性がある。そこで，夏季における防暑対策の一つの方法として，重炭酸Naや重炭酸Kなどの緩衝剤を泌乳牛に給与する方法が従来からよく行なわれ，実際に飼料摂取量，乳量，乳成分などの改善効果がみられている。

緩衝剤による乳生産の改善効果は，ルーメン環境の適正化とともに体内の酸塩基平衡の適正化を反映した結果といえる。すなわち，緩衝剤に含まれるNaとKが消化管から吸収されやすく，また重炭酸塩によるルーメンの緩衝作用が比較的速やかなためである。

③Kの過剰摂取

ミネラルのなかでもKは消化管で溶解・吸収されやすい（第2図）ため、牧草中に過剰に蓄積されたKは消化管あるいは乳牛体内でCa, Mgなどの吸収や利用を阻害することになる。特に、わが国ではふん尿の大量還元により、牧草中のK含量が3％を超えることも珍しくないため、Kの過剰摂取が問題になる。

Kの過剰摂取は乳牛のMgの利用性を低下させ、グラステタニー発生の一因になることがよく知られている。また最近では、Kの過剰給与が乳熱発生の原因の一つとされ、分娩前にKの過剰給与を避けることが推奨されている。

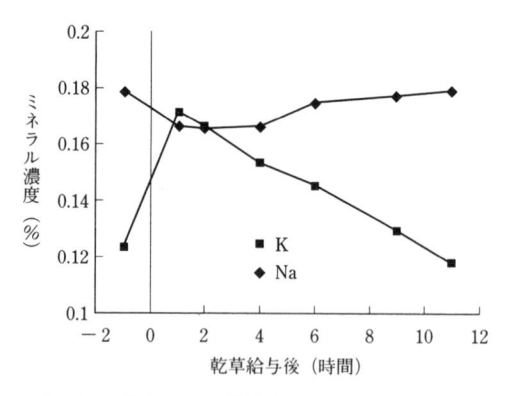

第2図　乳牛への乾草給与後のルーメン液中へのKとNaの溶出

第2表　乳牛への乾草多給区と配合多給区のK摂取量とイオンバランス

	乾草多給区	配合多給区
乳牛頭数	4	4
乾物摂取量（kg/日）	11.5	10.1
ミネラル摂取量（g/日）		
Ca	57	61
P	36	43
Na	14	16
K	298	196
Cl	167	106
S	26	23
イオンバランス（ミリ当量/kg）	167	128
血漿中ミネラル濃度（mg/dl）		
Ca	10.0	10.1
Pi	4.6[b]	5.2[a]

注　[a, b] $P < 0.05$

④粗濃比の改善によるK摂取量の適正化

第2表は、分娩前の配合飼料と乾草の比率を5：5（配合多給区）と1：9（乾草多給区）にした場合のK摂取量とイオンバランスを示している。TDN要求量を満たすように給与すると、TDN含量の低い乾草多給区で乾物摂取量が多くなり、K摂取量も多くなるが、イオンバランスはそれほど変わっていない。また、血漿Ca濃度は変わらないが、血漿Pi濃度は乾草多給区で低くなった。

これらの結果は、飼料の粗濃比によりK摂取量が大きく変わるため、分娩前の適正な粗濃比が重要なことを示している。

乳牛の分娩前のエネルギー摂取量を増加させるためには、従来よりもエネルギー濃度の高い飼料が求められている。このことは、配合飼料摂取量の増加につながるが、一方で、K摂取量の減少にもつながる。飼料中の繊維の充足を考慮すると、分娩前には配合飼料と粗飼料の比率を3：7程度にすることが、エネルギー摂取量の増加とK摂取量の低減のためにほぼ適当と考えられた。

⑤エネルギーの増給とK摂取の低減

次に、分娩前のエネルギー摂取量の増加、K摂取量の低減とイオンバランスの適正化を調べるために、夏季と秋季に計16頭の乳牛による試験を実施した。配合飼料とサイレージの比率を3：7にした飼料を用い、日本飼養標準によるTDN要求量給与（MP）区とMP区の1.2倍給与（HMP）区を設けて実施したものである。

この試験の結果、夏季のサイレージ中のK含量3.5％に対して秋季に2.4％と低かったことから、秋季のK摂取量が少なく、イオンバランスも27ミリ当量/kgと夏季の241ミリ当量/kgよりはるかに低くなった。また、サイレージのCl含量が、夏季と秋季でともに1.7％と高かったことが、秋季にイオンバランスを低下させた一因でもある。

その結果、HMP区ではMP区より血漿中グルコース濃度が高く、遊離脂肪酸濃度が低くなり、飼料増給により乾乳期の体脂肪の動員が減少し、ケトーシスや脂肪肝の危険性が低減されること

が示された。

また，血漿Ca濃度の推移を第3図に示した。分娩時には各区とも低下しているものの，秋季には夏季よりも血漿Ca濃度が有意に高くなり，K摂取量とイオンバランスの低減効果が認められた。

このように，エネルギーの増給とK摂取の低減という飼養管理を同時に実施できると，乳熱だけではなく，脂肪肝などの分娩前後の疾病を予防したり，分娩後の乾物摂取量，乳量を増加させたりすることも期待できる。また，粗飼料中のK含量を減らすことが可能になると，アニオン化した飼料を使わなくてもイオンバランスを低下できる。そのため，分娩前には2％程度の低K含量の粗飼料を使うことが推奨される。

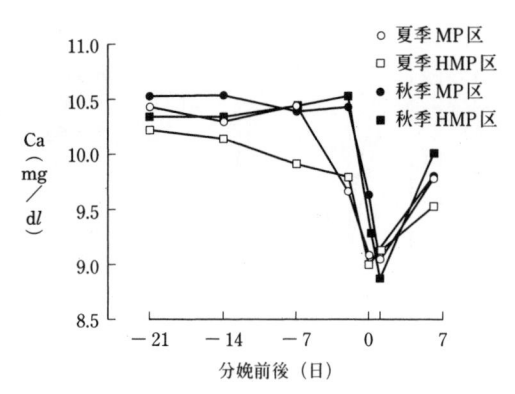

第3図　乳牛の血漿中Ca濃度の推移
MP：配合飼料：サイレージ＝3：7とした飼料を，日本飼養標準によるTDN要求量で給与
HMP：MP区の1.2倍給与

(3) 微量ミネラルと造血機能・抗酸化作用

家畜体内のエネルギー代謝や物質代謝を高進させるには大量の酸素を必要とするため，家畜の生産性向上には酸素を運搬するヘモグロビンなどの造血機能の改善が不可欠である。

①鉄（Fe）の役割

微量ミネラルのなかで，鉄（Fe）はヘモグロビンの構成成分として造血機能の改善に重要な働きをし，家畜の生産性向上にはたす役割も大きい。母牛と比較して新生子牛では貧血が発生しやすく，子牛の貧血はミネラルの欠乏による機能障害の代表的な例の一つにあげられる。

出生直後の新生子牛は体温を一定に保持することが困難なため，造血機能を高進させるFeの機能が特に重要である。新生子牛が体温の恒常性を維持できなくなると，有害微生物が子牛体内に侵入しやすくなり，下痢，肺炎などが発生して，子牛の生存率が低下する。

②活性酸素の有害作用

このように，乳牛は高水準の生産性を維持するために大量の酸素を必要とする。しかし逆に，体内で酸素を利用したさいに生成する活性酸素などの代謝産物が，生体膜の損傷など，細胞機能を障害する有害作用を持つことが注目されている。特に，代謝活動の旺盛な高泌乳牛では体内で大量に生成される活性酸素が健康を阻害する因子として重要視され，繁殖成績の低下や疾病の増加に直接あるいは間接に悪影響を及ぼしている。

それに対して，活性酸素の重要な機能として，殺菌作用が知られている。貧血症状の子牛では活性酸素による殺菌作用が損われることも推察される。

③抗酸化作用成分

これは酸素や活性酸素の有する二面性ともいえるが，一方で活性酸素の有害作用を消去するために，抗酸化作用を有する栄養素に対する関心が高まっている。なかでも微量ミネラルは，スーパオキシドジスムターゼ〔Zn，Cu，マンガン（Mn）含有酵素〕，カタラーゼ（Fe含有酵素），グルタチオンパーオキシターゼ（Se含有酵素），アルデヒドデヒドロゲナーゼ〔Fe，モリブデン（Mo）含有酵素〕など抗酸化作用のある酵素の構成成分として，β—カロテン，ビタミンEなどの抗酸化作用を有する成分とともに，家畜の健康保持に対する機能が重要視されている。

乳牛の代謝障害や繁殖障害は，分娩前後から高泌乳期に多発する。その主な原因は，乳中への栄養素の急激な分泌や，分娩に伴う種々のストレスに対して生体調節機能を適応できないことにある。乳牛の微量ミネラル栄養もこの時期に多大の影響をうける（第4図）ため，微量ミ

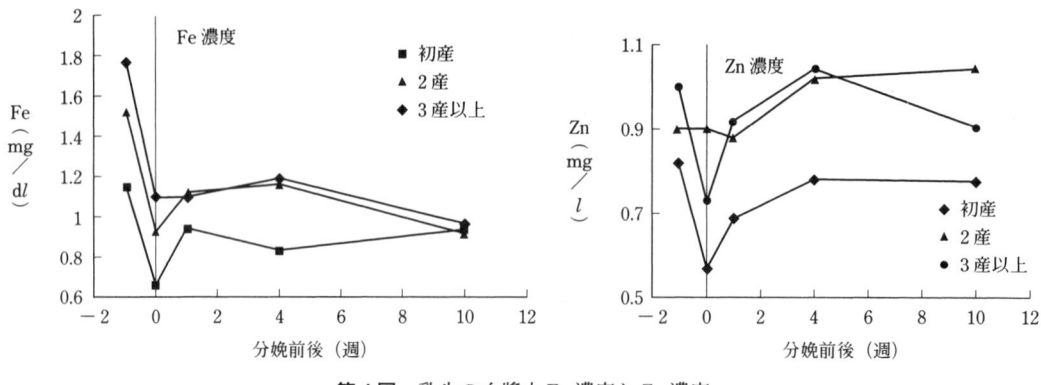

第4図 乳牛の血漿中Fe濃度とZn濃度

ネラルの適正給与による抗酸化作用や免疫機能などの改善が重要といえる。

5. 乳牛のミネラル栄養と給与方法

乳牛の飼養管理においてはミネラルの不足や過剰がおきやすいので，酪農家にとってその改善が必要になる。

(1) 乳牛のミネラル不足

一般に，反芻家畜のミネラル栄養は，家畜が飼養されている土壌や牧草に依存する比率が高い。そのため，土壌や牧草中のミネラル含量に不均衡のある地域では，ミネラルに起因する欠乏症や中毒症が発生しやすい。わが国の乳牛の場合，銅（Cu）欠乏症，コバルト（Co）欠乏症，セレン（Se）欠乏症，モリブデン（Mo）中毒症などの発生が報告されている。

しかし，最近では濃厚飼料の多給，通年サイレージやTMRの普及，購入粗飼料の増加など，乳牛の飼養管理方法が大きく変わった。したがって，自給飼料に由来するミネラル不均衡を防止するだけでなく，栄養素全体におけるミネラルバランスを適正に保つことが重要になっている。特に，Ca，P，Mg代謝はエネルギーや蛋白質とも密接な関係があるため，エネルギーと蛋白質の適正給与も同時に行なうことが必要である。

乳牛のミネラル要求量と比較すると，わが国の牧草ではZn，CuおよびSeが極度に不足し，またP，Mg，Na，Coなども不足する確率が高いことが知られている。

それに対して，配合飼料は各ミネラルの要求量を満たすように設計されている場合が多い。しかし，筆者が第3表に示した飼料を給与した乳牛の肝臓の微量ミネラル含量を調べた結果，肝臓中のZn，CuとSe含量が同時に低下していた。このことから，わが国で乳牛に微量ミネラルが不足する場合にはZn，CuとSeが同時に不足する可能性が高

第3表 飼料中の微量ミネラル含量（乾物当たりppm）

飼 料	例数	Fe	Zn	Cu	Mn	Se	Mo	Co
配合飼料	7	262	60	9.5	33	0.21	0.89	0.07
トウモロコシサイレージ	6	1,309	40	7.7	82	0.07	0.64	0.16
稲わら	4	240	46	1.7	332	0.03	0.68	0.09
ミカンジュースかす	4	164	20	3.0	12	0.02	0.30	0.04
イタリアン乾草	1	295	21	3.6	108	0.01	1.14	0.04
混播牧草	1	628	22	9.5	102	0.22	1.19	0.21
野草	1	434	45	7.0	159	0.14	0.75	0.13
豆腐かす	1	141	39	13.7	18	0.11	1.16	0.03
ウイスキーかす	1	1,329	230	114.3	44	0.29	0.66	0.13
要求量		50	40	10	40	0.10	—	0.10

注 要求量は日本飼養標準（1994年版），酪農家10戸から採取

い。

(2) 乳牛のミネラル過剰摂取

乳牛の飼料給与においては過剰摂取が問題となるミネラルもある。

一般に，給与飼料中にはCaが多量に含まれているのに対して，Pが比較的少ないため，Ca多給によるCa：P比の不均衡や，トウモロコシのホールクロップサイレージ多給によるCa：P比も含めたミネラル不均衡など，Caと関係するミネラルバランスの不均衡が生じやすい。

また，わが国ではふん尿の多量還元による牧草中へのKの過剰蓄積が問題である。その他，サイレージあるいは乾草調製中に土壌から過度に混入したFeが，消化管におけるP，Cuなどの利用性を低下させるなど，実際に過剰給与が問題となっている例も多い。さらに，最近では諸外国からの粗飼料の輸入が急増しているが，輸入粗飼料中にMo，Coなどが過剰蓄積されていた例もあるため，輸入粗飼料中のミネラル含量も今後問題になるものと思われる。

(3) 乳牛に対するミネラルの給与方法

乳牛へのミネラル給与では，各ミネラルの要求量とミネラルバランスを適正に保つことが求められる。実際の飼料給与においては，主要ミネラルではCaとPの，また微量元素ではZn，CuとSeの栄養状態に注意することが，現状では特に重要といえる。

また，最近では飼料分析が普及し，Ca，Pなどの主要ミネラルについては配合飼料だけでなく粗飼料の分析も進んだため，酪農家が飼料給与においてそれらを比較的適正給与できる体制になっている。しかし，乳牛に必須な微量ミネラルであるFe，Zn，Cu，Mn，ヨウ素（I），Se，MoおよびCoの分析はほとんど実施されていないため，乳牛に対する微量ミネラルの過不足はまだ正確に把握されていないのが現状である。

乳牛へのミネラルの補給方法として，固形塩による給与もよく行なわれている。しかし，乳牛の固形塩摂取量は個体差が非常に大きいこと，固形塩からのミネラル摂取量を正確に把握できないことから，放牧などのミネラル補給が困難な状況を除くと，適当な補給方法とはいえない。また，酪農家ではTMRによる飼料給与が増加している。

こうした現状を踏まえると，TMR調製時などに，乳牛に不足しやすいミネラルをミネラル剤などで重点的に補給する方法が効果的である。その場合にも，飼料中の微量ミネラル含量を定量できる体制が整えば，さらに効果が高まるといえよう。

執筆　久米新一（農林水産省北海道農業試験場）

1998年記

蛋白質・アミノ酸

1. 蛋白質の給与の基本

　蛋白質は，20種類のアミノ酸が通常50個以上ペプチド結合により重合した高分子化合物である。家畜により摂取された蛋白質は，小腸でアミノ酸あるいは低分子のペプチドにまで分解されたのち，体内に吸収され，再び各組織で蛋白質として合成されて主要な体構成成分となる。栄養的には，エネルギー源の中心となる炭水化物とならんで最も重要な要素といえる。

　ところで豚や鶏などの単胃家畜では，飼料として摂取した蛋白質がそのまま胃や小腸に移行して消化・吸収されるのに対し，反芻家畜では，家畜そのものが利用する前にルーメン内の微生物による分解・代謝をうける。

　飼料中の蛋白質はルーメン内で微生物蛋白質に変換されるため，家畜の生産性が低い場合には飼料中蛋白質の「質」を考慮する必要はない。生産性が高くなるにつれ，微生物蛋白質の合成だけでは家畜の要求を満たすことが困難となる。エネルギーとは異なり体内の蛋白質蓄積量には限度があるため，蛋白質供給量の不足は直ちに生産の低下へと結びつく。しかし，いたずらに飼料の「質」を高めても，それが家畜の生産性に直接反映するとは限らず，むしろ利用性が高い蛋白質はルーメン内での分解性も高く，かえって栄養成分の損失をきたす場合が多い。

　宿主である家畜自体が利用可能な蛋白質を，いかに供給していくかが高泌乳牛の蛋白質栄養における最大の課題である。それを解決するために，欧米の飼養標準をはじめとする新しい飼料評価システムでは，飼料として摂取する粗蛋白質（CPシステム）ではなく，宿主である家畜そのものが体内の代謝に利用できる代謝蛋白質を推定するシステム（MPシステム）が考えられている。

　本稿では，このMPシステムの考え方に沿って，まず最初に，摂取した飼料からどれだけの代謝蛋白質が家畜そのものに供給されるかを述べ，次に，吸収された蛋白質が家畜にどのように利用されるかを述べる。また最後に，アミノ酸レベルでの蛋白質栄養および給与に関しても触れる。新しい飼料評価システムの多くは，コンピュータで動くソフトとして与えられつつあり，数値を入力しただけで結果が出てくる簡便さを備えている。本稿ではそれら新しいシステムを「読み解く」ことに主眼をおいた。

　注）各国のシステムでは，同じ内容を示すのに異なる略号を採用しているが，本稿では以下の略号を使用した。

　MP：代謝蛋白質または吸収蛋白質，BCP：微生物蛋白質または細菌蛋白質，RDP：ルーメン分解性蛋白質，RUP：ルーメン非分解性蛋白質。

2. ルーメン内における蛋白質代謝

（1）インビトロ試験におけるルーメン細菌の増殖効率

　家畜に飼料として摂取された蛋白質の一部は，ルーメン内で分解され，微生物が増殖するための素材となる。しかし，ルーメン内の微生物が増殖するためには，材料となる蛋白質＝窒素化合物以外に，それを微生物蛋白質（BCP）に変換するためのエネルギーが必要となる。実際にグルコースをエネルギー源として用いた場合には，細菌が消費するエネルギーの55％から60％は蛋白質の合成，それも大部分がアミノ酸からポリペプチドへの重合に用いられている（ストウサマー，1973）。そこで，ルーメン内における蛋白質代謝を述べるにあたり，最初にルーメン微生物（ここでは主に細菌に関して述べる）が

利用できるエネルギーとその増殖との関係に触れる。

細菌の増殖とそのために必要なエネルギーとの関係は，エネルギー基質（多くは炭水化物）単位量当たりの細菌増殖量で表わす場合が多く，それをその細菌の増殖効率（growth efficiency）あるいは増殖収量（growth yield）と呼んでいる。ところで実際には，基質中のエネルギーすべてが微生物の増殖に利用可能なわけではなく，特にルーメン内のような嫌気条件下ではそのごく一部しか利用できない。BCPの合成にはATPという形のエネルギーが必要となるが，酸素を用いた呼吸ではグルコース1モル当たり38モルのATPが産生されるのに対して，嫌気発酵での産生量はわずか2〜5モルである（第1表）。さらにそのATPの産生量も基質の種類や細菌のおかれた環境条件によって異なるため，細菌間の増殖効率を厳密に論じるときには，ATP当たりの増殖量（Y_{ATP}）で表わすことも多い。

細菌におけるY_{ATP}は，当初約10g/モル前後の均一の値をとるものとされていたが，その後，個々のルーメン細菌あるいは混合ルーメン細菌を用いた多くのインビトロ試験により，それより高い値をとることが示された（第1表）。しかしそれでも，生化学反応から理論的に求められた約30g/モルという値（ストウサマー，1973）と比べるとどれも低く，細胞の維持や無駄な代謝（無益サイクル）によるエネルギーの損失が予想外に大きいものと考えられる。また，ATPの産生経路として従来考えられていた基質レベルのリン酸化以外にも，電子伝達系や代謝産物の排出に伴うプロトン駆動力の産生などの新たな経路も想定されているところから，確かなY_{ATP}値はまだ定まっていないのが現状である。

ところで，以後の議論として，摂取飼料の特性とルーメン全体でのBCP合成を結びつける必要から，ATP当たりではなく，エネルギー基質（ここでは単純化するためにグルコースを想定した）当たりの細菌増殖量を用いることにする。第1表に主としてインビトロ試験で求めたルーメン細菌における基質当たりの増殖効率を示したが，このうちグルコースを用いた場合の平均値が59g細菌/モルグルコースとなるの

第1表　ルーメン細菌におけるインビトロでの増殖効率
（ラッセルとウォレス，1988）

細菌種	基質	$Y_{基質}$[a]	Y_{ATP}[b]	ATP/基質
A.lipolytica	グリセロール	20	10	2.0
	フラクトース	60	15	4.0
	フラクトース	59	16	3.7
P.ruminicola	グルコース	66	17	3.9
	グルコース	88	15	5.9
	グルコース	82	21	3.9
	キシロース	62	20	3.1
	アラビノース	68	19	3.6
	アラビノース	36	16	2.3
	グルコース	46	20	2.3
	グルコース	95		
F.succinogenes	グルコース	64	15	4.3
	グルコース	42		
B.fibrisolvens	グルコース	72		
	グルコース	62	15	4.1
M.elsdenii	グルコース	73		
	グルコース	51	21	2.4
	乳酸	11	11	1.0
R.albus	セロビオース	102	11	9.3
R.amylophilus	マルトース	160	20	8.0
	マルトース	101		
	マルトース	76	13	5.8
R.flavefaciens	セロビオース	92	16	5.8
	グルコース	29	13	2.2
S.ruminantium	グルコース	62	15	4.1
	グルコース	29	14	2.1
	グルコース	100	25	4.0
	グルコース	49	16	3.1
	グルコース	30	19	1.6
S.bovis	グルコース	57		
	グルコース	36	18	2.0
	グルコース	25	13	1.9
混合細菌（インビトロ）	グルコース	84	27	3.1
	ヘキソース	95	26	3.7
平均		64.2	17.0	3.68
平均（グルコースを基質とした時）		58.8	17.9	3.28

注　[a] $Y_{基質}$は基質1モル当たりの細菌増殖量（g）
　　[b] Y_{ATP}はATP1モル当たりの細菌増殖量（g）

で，以後これを一つの基準として考えてみたい。ちなみに，このときの対応するATP産生量とY_{ATP}の値は，それぞれ3.3モルATP/モルグルコースおよび18g細菌/モルATPであった。また，グルコースの分子量180およびエネルギー含量686kcal/モルから，上述の増殖効率はそれぞれ330g細菌/kgグルコースあるいは86g細菌/Mcal（または21g細菌/MJ）とも表わされる。

(2) 飼養標準で示された微生物蛋白質合成量

現在，MPシステムを採用している欧米の飼養標準では，ルーメン内でのBCP合成量をいかに推定するかが，ひとつの焦点となっている。その多くは，十二指腸にカニューレを装着した動物を用いて，実際に小腸に流入してきた微生物蛋白質量をマーカーにより推定している。そしてBCP合成量の基本は，上述したインビトロでの値と同様に，飼料中からのエネルギー供給に対してどれだけのBCPが合成されたかといった形をとる。

アメリカのNRC（1989）では，280の実測値から最も相関の高かったTDN摂取量との回帰式により，BCP合成量（g/日）＝－199＋164×TDN（kg/日）と推定している。ただしNRCではエネルギー単位として正味エネルギー（NE）システムを採用しているため，これからNEを用いた式へと変換している。いっぽうイギリスのAFRC（1993）では，発酵可能な代謝エネルギー（ME）1MJ当たり9〜11gのBCPが合成されると推定している。ここで発酵可能なMEとは，MEのなかでも脂肪に由来するものや，またサイレージ給与の場合はそのなかの揮発性脂肪酸に由来するものはルーメン微生物のエネルギー源とはならないため，これらを差し引いたものである。また増殖効率に範囲があるのは，家畜の生産段階によりこの値も異なってくることを示している（すなわち維持状態では低く，泌乳状態では高い）。また，フランスのINRA（1989）では，ルーメン内で発酵可能な有機物1kg当たり145gのBCPが合成されるとしているが，ここでの発酵可能な有機物とは，上述したように可消化有機物から脂肪と揮発性脂肪酸などを差し引いたものである。

ところで，これら3国のBCP推定量はエネルギーの表わし方が異なるため，直接の比較は困難である。しかし，AFRCとINRAの発酵可能有機物およびエネルギーはその主体が炭水化物であることから，上述のグルコースにおける値を用いた近似が可能であると考えられる。また，NRCに関しては，TDN中の可消化有機物含量を80％（NRC，1985）として，可消化有機物当たりの値を計算した。その結果を第2表に示したが，INRAで低く，NRCで高く，AFRCでその中間をとる傾向にあるものの，どのシステムも大きくかけ離れた値とはいえない。

上述したインビトロ試験での値は細菌乾物中の値となっているが，細菌乾物中の蛋白質含量は細菌の増殖条件によって異なることが知られている。たとえば，エネルギーが過剰になれば貯蔵多糖類が増え，蛋白質含量が減ることになる。しかしここでは，標準的な値としてNRC（1985）で示された値（多糖類貯蔵細胞48％，高蛋白質細胞65％），コーネル大学のシステム（CNCPS）で示された値（63％），およびオルスコフ（1992）が示した値（53％）の平均値57％を用いて計算すると，インビトロで求められた細菌の増殖効率は188gBCP/kgグルコースとなる。これは，上述した各国の飼養標準の値に比べると多少高めの値ではあるが，インビトロとインビボ，純粋培養細菌と混合細菌という増殖・測定条件が大きく異なる点を考えれば，きわめて一致した値であると考えられる。

第2表 各種システムにおけるルーメン細菌合成効率推定値

システム	増殖効率 (gBCP/kg 可消化炭水化物)
NRC[a]	165〜195
AFRC[b]	144〜175
INRA	145
インビトロ[c]	188

注 [a] TDN摂取量により異なる
　　[b] 維持，増体，泌乳で異なる
　　[c] 第1表でグルコースを基質とした場合

ここまではいろいろなシステムで測定・採用されているBCP合成効率を述べたが，実際にはこれらの値はひとつの固定した値ではなく，条件によって変化していく。次にこれら合成効率に影響を及ぼす要因に関して述べる。

(3) 微生物合成量に影響を与える要因

①維持要求量

細菌も家畜などの動物と同様に，摂取したエネルギーがすべて増殖に結びつくわけではない。最初は細菌の活動を維持していくために使われ，それを満たした超過分が増殖にまわされるため，増殖効率はエネルギー基質供給量と維持要求量の相対的な関係により決まる。すなわち，基質供給量が少ない場合は，相対的に維持に使われる部分が大きいために増殖効率は低いが，供給量が増加するにつれて増殖効率は高まる。その関係式は連続培養装置を用いた結果から以下のように示される（ピートの式，1965）。

$$1/増殖効率＝維持要求量/希釈率＋1/最大増殖効率$$

ここで維持要求量は，全く増殖していないときの細胞1g当たりの単位時間での基質消費量（g）を示し，最大増殖効率は，維持要求量がゼロと仮定したときの基質1g当たりの細菌増殖量（g）を示す。連続培養を用いて希釈率を変えていき，横軸に希釈率の逆数を，縦軸に増殖効率の逆数をプロットしたときに，その傾きが維持要求量に，切片の逆数が最大増殖効率となる（第1図）。

コーネル大学のシステム（CNCPS，1990，1994）では，ルーメン細菌増殖量の推定にこのピートの式を用いている。上述した各国の飼養標準が実際の動物試験から得られた「経験的」な値に基づいているのに対して，CNCPSでは実験室で得られた「理論式」を実際の動物に応用しようという点で大きな違いがみられる。

そのCNCPSでは，過去に求められた結果からルーメン細菌の維持要求量の値は繊維利用菌（SC細菌）では0.05g/g/時間，可溶性糖・デンプン利用菌（NSC細菌）では0.15g/g/時間という値を，また最大増殖効率は菌種に関わらず0.4g/gという値を採用している。またCNCPSでは，希釈率の代わりにエネルギー基質（すなわち繊維利用菌なら可消化繊維，デンプン利用菌ならデンプン）のルーメン内消化速度を用いており，消化速度が速いほど増殖効率も増加するようになっている。

②ルーメン内pH

CNCPSでは，細菌の増殖効率に影響を与える他の要因として，ルーメン内のpHとアミノ酸・ペプチドの存在をあげている。そのうちルーメン内pHは，その値の低下に伴い微生物増殖効率も低下することが知られている。これは繊維分解菌をはじめ，pHの低下に対して抵抗性の低い微生物の増殖効率が低下したためだと考えられる。CNCPSではルーメン内pHの低下に伴う微生物増殖効率の変化を示した数式を導入しているが，ルーメン内pHは通常，飼料中の繊維成分の減少に伴い低下するため，このシステムでは増殖効率の変化を飼料中の有効繊維（eNDF，梶川，1997）含量の関数として表わしている。

CNCPSで示された飼料中eNDF，ルーメン内pH，およびSC分解菌の増殖効率間の関係を第2図に示した。飼料中のeNDFが25％以下になるとルーメン内pHが低下し始め，15％でpHが6を下回るようになる。SC分解菌の増殖効率はpHの低下に従い徐々に減少し始めるが，特にpH6以下ではその減少が著しく，pH5.7で増殖がほぼ停止する。

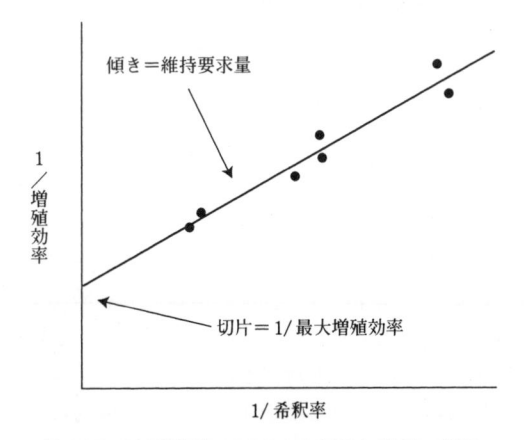

第1図 連続培養における希釈率と細菌の増殖効率との関係　（ピート，1965）

ルーメン内細菌の増殖効率は，エネルギー基質の消化速度の増加に従って改善されることを上述したが，発酵性の高い炭水化物(すなわち可溶性糖類やデンプン)の多給はしばしばルーメン内pHの低下をきたし，かえって細菌の増殖効率を抑えることにもなる。飼料の消化性発酵性とルーメン内pHのバランスをとるためには，上述したように飼料中のeNDF含量が20～25%(できれば25%)以上，NDF含量が30～35%(できれば35%)以上，および非繊維性炭水化物(NFCあるいはNSC)含量で35～45%(できれば40%以下)といった値に従うことが目安となろう。

③アミノ酸，ペプチド

pHの低下は細菌の増殖に対してマイナスに働くが，ルーメン内におけるアミノ酸やペプチドの存在は，反対にプラスに作用する。アンモニアなどの非蛋白態窒素化合物(NPN)だけでもルーメン細菌のほとんどは増殖可能であるが，アミノ酸やペプチドの存在でその効率が改善される。

CNCPSで採用されている関係式を第3図に示したが，ルーメン内の可溶性有機物中のアミノ酸およびペプチドの含量が3%のときに10%，15%のときは18%の細菌増殖効率の改善が期待できる。これは，細菌がNPNではなくアミノ酸やペプチドを体蛋白質合成に使うことで，それらの合成に必要なエネルギーを節約できるためとも考えられる。しかし，アミノ酸の合成に必要なエネルギーが蛋白質合成に必要な総エネルギーに占める割合はたいして高くないので(約7%，ストウサマー，1973)，他の未知の効果が働いているのかもしれない。

CNCPSの関係式はインビトロ試験の結果をもとにしているが，実際の乳牛を用いた試験においても，飼料中RDP含量の増加に伴いルーメン微生物増殖効率が改善されることが報告されており(フーバーとストークス，1991)，これもルーメン内のアミノ酸・ペプチド量の増加が影響したものと考えられる。しかし，単に飼料中RDP給与量を増やすだけでは，急速にアンモニアに変換される可溶性部分も増加する可能性が

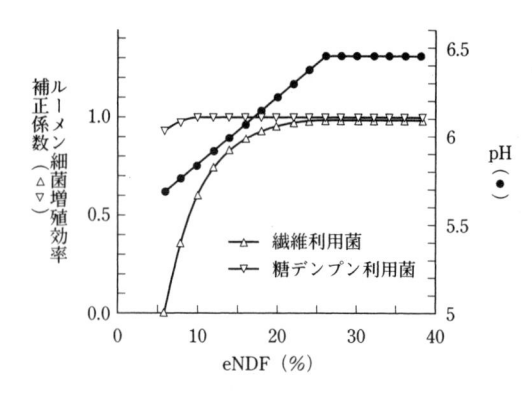

第2図 飼料中有効繊維(eNDF)含量とルーメン内pHおよび微生物合成効率の関係

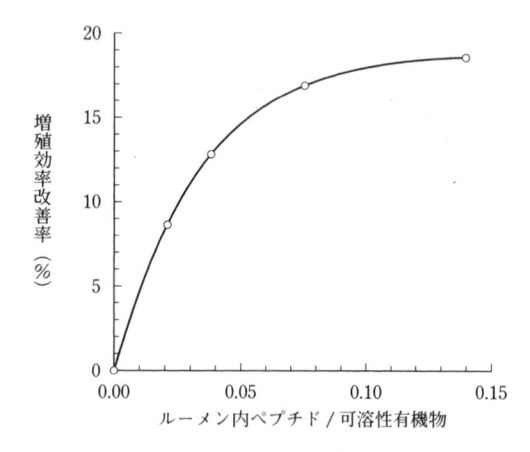

第3図 ルーメン内ペプチド濃度と細菌増殖効率改善率との関係

高いので，たとえばCNCPS中の成分表に従えば，蛋白質中のA分画(NPN)を少なくし，B1分画(高分解性蛋白質)を高めることで，ルーメン内アミノ酸・ペプチド増加の効果がみられるかもしれない。

④ルーメンからの流出速度

次に，ルーメン内の細菌増殖効率に影響を及ぼす要因として，飼料のルーメンからの流出速度が考えられる。連続培養試験では，流出速度＝希釈率(これはすなわち基質の供給速度でもある)の増加に伴い細菌の増殖効率も増加することを，上述したピートの式で示した。実際のルーメンの中でも流出速度が早まるにつれて微生物の増殖効率も増加するものと一般的には考えられているが，その逆の結果を示した報告もあり，連続培養試験ほど明確ではない。これ

はルーメン内では流出速度（または通過速度）イコール基質供給速度とはいえず，また流出速度も液体部分と固形部分では異なった値をとるなど，物質の流れがきわめて複雑なことが原因であると考えられる。

さらに流出速度に影響を与える要因としては，飼料摂取量，粗濃比，飼料給与回数，飼料粒度，ミネラル含量，飼料添加物，環境温度など多くのものが知られており，流出速度の制御を通じた微生物の増殖効率改善は，あまり現実的であるとはいえない。

(4) ルーメン微生物への窒素供給

①ルーメン分解性蛋白質

ところで，ここまではルーメン内でのBCP合成量を決定するのは，微生物の増殖に必要なエネルギー基質量であると述べた。しかしBCP合成には，それ以外に合成の材料となる窒素化合物も当然必要となる。ルーメン内での窒素化合物はそのほとんどが飼料に由来するが，そのうち微生物によって利用されうるものは，ルーメン内で分解可能な分画（RDP）のみである。

飼料中RDP量を求める方法として比較的広く採用されているものに，小腸に流入してきた飼料由来の蛋白質を測定するインビボ法，試料を入れたナイロンバッグを実際にルーメン内で培養するインサイチュ法，および種々の緩衝液，酵素や界面活性剤を作用させて分解率を推定するインビトロ法がある。前二者はインビトロ法に比べて，実際のルーメン内での反応を反映したより正確な値が求められるものの，測定にカニューレ装着動物が必要で，かつ得られた値の変動が大きいという問題がある。

NRC（米）やINRA（仏）の飼養標準では，各種飼料のルーメン内での分解率（あるいは非分解率）の値を表で与えている。しかし実際には，ルーメン内における蛋白質分解率は（蛋白質のみではなくすべての成分に関して同様であるが），常に特定の一つの値をとるわけではない。分解率の高い飼料であっても分解速度が低ければ，完全に消化される前にルーメンから流出してしまい，ルーメン微生物に対する蛋白質の供給は低いものとなる。その点を考慮して，1993年のAFRC（英）の飼養標準では有効RDPとして以下の式で表わしている。

$$\text{有効RDP} = a + b \times c / (c + r)$$

ここでaはNPNなどの可溶性蛋白質量を，bはルーメン内での潜在的な分解性蛋白質量を，cはb区分の分解速度を，そしてrは飼料のルーメンからの流出速度を表わしている。最後の項のc+rは「分解」と「流出」というルーメンからの「全消失」速度を表わしており，cをこの項で除することで「全消失」における「分解」の割合を表わしている。これにb分画を乗じると，RDP中，実際にルーメン内で分解される量が示され，それにa区分を加えることでルーメン微生物が利用可能な飼料中蛋白質の総量を示したことになる。

これらの変数のうちrは，飼料摂取レベル（L：維持レベルのとき1）によって変わる値として表わされ，L=1, 2, 3のときでそれぞれ2, 5, 8%/hという値を取ることになる。各種飼料のa, b, cの値はAFRCの成分表中に与えられている。コーネル大学のCNCPSも同様な考え方に基づいているが，飼料をインビトロでの化学分析によって5つの分画に分け，それぞれの分画で異なった分解性を与えている。A分画（NPN）では分解率100%，C分画（非分解性蛋白質）では分解率0%とし，その間のB1（高分解性），B2（中分解性），B3（低分解性蛋白質）の3分画では，AFRCで示されたような分解速度と流出速度との相対的な関係から分解率を推定している。

②リサイクル窒素

以上，ルーメン微生物が利用可能な飼料由来の蛋白質に関して述べたが，その他に，一度体内へ吸収された窒素が，唾液内もしくはルーメン壁から直接ルーメン内へ尿素として分泌されるリサイクル窒素も，蛋白質合成材料として微生物に供給される。ルーメン壁を通じた尿素の輸送は拡散によって行なわれているため，そのルーメン内への分泌は血中尿素濃度の上昇により促進されるが，ルーメン内アンモニア濃度の上昇により反対に抑えられる。飼料中の蛋白質含量が増えるにつれ血中尿素濃度は増加するが，

ルーメン内のアンモニア濃度も増加するため，このリサイクル窒素の割合は飼料中蛋白質の増加に伴い徐々に減少する。しかし，飼料中CP含量が15%以上では，リサイクル窒素も一定の値を取るようになるため（第4図），NRC（1985）では，泌乳牛用飼料中CP含量を15%以上と想定して，この値（すなわち蛋白質摂取量の約15%）をリサイクル窒素の量として採用している。ところで，このリサイクル窒素および飼料由来のRDPがルーメン内でのBCP合成の材料となるが，アンモニアとしてルーメンから吸収されるものが常に存在するため，そのすべてがBCPに変換されるわけではない。NRCとINRAではその変換割合として90%という値を採用している。これに対してAFRCでは，リサイクル窒素を想定しておらず，またRDPの利用効率も可溶性蛋白質では80%，それ以外のRDPでは100%という値を用いている。

③エネルギーと窒素のバランス

ルーメン内でのBCP合成において，飼料中のエネルギー成分から合成できる蛋白質量と，BCP合成材料として利用可能な窒素量を比較して，エネルギーと窒素のどちらが制限要因となるかを考慮にいれながら，その両者をバランスさせるのが最も効率的な飼料設計であると考えられる。ちなみにフランスのINRAでは，BCP合成量を各飼料のエネルギーおよび窒素の両成分から求め，そこから推定されるMP量を併記（それぞれPDIEおよびPDINと表現）するシステムを採用している。このシステムでは，低いほうの値が実際のMPとなり，また飼料ごとの加法性も成り立つため，エネルギー，窒素間のバランスが容易に計算される。

3. 宿主としての家畜における蛋白質代謝

（1）小腸における蛋白質の消化と吸収

家畜の第四胃および小腸には，ルーメン内での分解を免れた飼料中のRUPと，飼料中の発酵可能有機物およびRDPを材料にして合成された

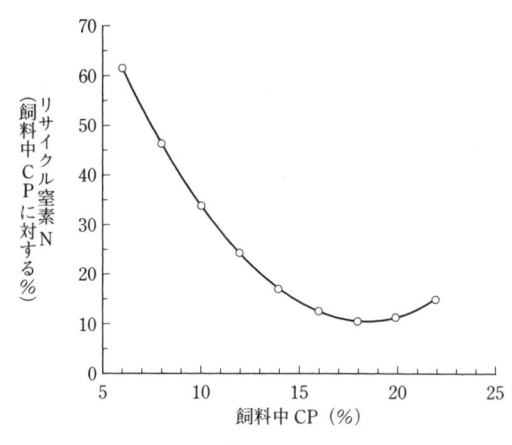

第4図 飼料中CP含量とリサイクル窒素量との関係

BCPが流入して，宿主に対する蛋白源として利用される。これらの蛋白質は第四胃で分泌されるペプシンや，膵臓から分泌されるトリプシンおよびキモトリプシンなどのエンドペプチダーゼによってオリゴペプチドにまで消化され，さらに膵液中に含まれるカルボキシペプチダーゼと小腸粘膜から分泌されるアミノペプチダーゼによってアミノ酸へと分解される。

ペプシン（前駆物質はペプシノーゲン）は第四胃中の塩酸およびペプシン自体によって活性化され，ポリペプチド鎖中のアスパラギン酸やグルタミン酸などの酸性アミノ酸部位やフェニルアラニン，チロシン，ロイシン，メチオニンなどの疎水性アミノ酸部位を切断する。トリプシン（前駆物質はトリプシノーゲン）は十二指腸粘膜上のエンテロキナーゼおよびトリプシン自体によって活性化され，塩基性アミノ酸であるリジンおよびアルギニンのC末端側ペプチド結合を切断する。キモトリプシン（前駆物質はキモトリプシノーゲン）はトリプシンおよびキモトリプシン自体によって活性化され，フェニルアラニンやチロシン，トリプトファンなどの芳香族アミノ酸のC末端側ペプチド結合を切断する。カルボキシペプチダーゼはオリゴペプチドのC末端から，またアミノペプチダーゼはN末端からアミノ酸を順に分離していくエクソペプチダーゼである。

蛋白質・アミノ酸

生成したアミノ酸は，小腸粘膜の刷毛縁において，その濃度が高いときは主として単純拡散や促進拡散などの受動輸送により，また濃度が低いときは一次輸送（ナトリウムポンプ）によって生じたナトリウム勾配を利用した能動輸送（すなわちナトリウムとの共輸送）により体内に取り込まれる。また，ジペプチドやトリペプチドなどのオリゴペプチド吸収活性は，むしろアミノ酸吸収活性よりも高い値を示すことが知られており，その輸送にはナトリウム勾配以外にもプロトン勾配や膜電位を駆動力として用いるシステムの関与が報告されている（ウェッブ，Jr. とバーグマン，1991）。

ところで宿主としての家畜に対して供給されるMP供給量は，小腸に流入してきた真の蛋白質量（微生物とは異なり宿主そのものはNPNを利用できない）に，その小腸内での消化率（実際には消化管からの"消失"をみているので，消化・吸収率となる）を乗じて求められる。BCPの小腸消化率として，NRC（米）およびINRA（仏）ではBCPの真の蛋白質含量（80％）にその消化率（80％）を乗じた64％という値をBCP中のMPとしている。またAFRC（英）でもほぼ同じ値（真の蛋白率75％×その消化率85％）を採用している。ルーメンをバイパスしてきたRUPの消化率としては，NRCでは一律に80％という値を採用している。

これに対してウエブスター(1992)は，酸性デタージェント不溶性の窒素（ADIN）は家畜に利用できないとして，次の式を提案している。

RUP由来のMP＝0.9（RUP－6.25×ADIN）

この式を用いると，ADIN含量の高い飼料（たとえば蒸留酒粕）では，RUP消化率が50％を下回るものも出てくる。AFRCはこの方式をとり入れて，付属の飼料成分表にはADIN含量を示している。またINRAも同様に，飼料によって異なったRUPの消化率を採用しているが，個々の消化率そのものの値（55～95％の範囲で分布）を表により示している。またCNCPSでは，個々の蛋白質分画ごとに異なるRUP消化率を採用しているため（すなわちB1，B2，B3，C区分でそれぞれ100，80，80，0％），結果的には飼料ごとに異なった消化率を示すことになる。

(2) 吸収された代謝蛋白質の配分

消化・吸収されたアミノ酸およびペプチドは各組織に運ばれ，家畜の要求に応じて蛋白質として再合成される。家畜は乳・肉・卵などの畜産物を生産するものであり，その生産物に蛋白質が含まれている限り，飼料中に蛋白質もしくは窒素化合物を供給する必要がある。しかし，なんら生産をしていない状態においても，いわゆる「新陳代謝」の結果としての蛋白質の消耗を常に伴う。体内に吸収された蛋白質はまずこの体を維持するために優先的に用いられる。この維持分を満たしたうえで，次に妊娠してできた胎児を育て，分娩後の子牛を哺乳するために使うことが，種を保存するために必要な蛋白質消費の順番であるといえる。そして最後に家畜そのものの増体・蓄積にまわることになる。

これら「維持」「妊娠」「泌乳」「増体」の各要素ごとに必要な部分を求めて加えた総和が，家畜の蛋白質要求量となるが，各要素の必要量は，基本的には各要素ごとの蛋白質含量（あるいは消費量）をもとに求められ，正味蛋白質（NP）要求量として表わされる。しかし，飼料RUPあるいはBCP中のアミノ酸組成が，体蛋白質あるいは生産物中のアミノ酸組成と完全に一致することはあり得ないため，吸収された蛋白質が100％の効率で維持もしくは生産物合成に用いられることもない。家畜のMP要求量は，各要素ごとのNP要求量をその蛋白質利用効率で除したものとして求められる。

ところで，各国の飼料評価システムで採用されている蛋白質利用効率を第3表にまとめたが，測定方法の困難さもあって，残念ながらシステム間でたいへん大きなバラツキがみられている。他の部分をいかに精密にしても，この数値一つで要求量そのものが大きく左右されるため，正確な利用効率を求めることがMPシステム自体の最大の課題の一つであるといえよう。

(3) 維持に使われる蛋白質

体内で組織蛋白質として合成されたアミノ酸は，血中に存在する飼料由来のアミノ酸と共に，必要に応じて動員可能ないわゆるアミノ酸プールとしての役割も果たしている。この組織中のアミノ酸プールは，乳牛では体蛋白質の27％にまで達することもある（NRC，1985）。

しかし，あるアミノ酸が体内で永久に再利用されることはなく，用途とアミノ酸組成が一致しない場合や，エネルギーなど他の要因が制限になったときなどには，酸化されて尿中に排泄される。無蛋白質飼料給与時に尿中に排泄されるものが維持の内因性尿中窒素量として求められ，その量は家畜の体重（もしくは代謝体重）に比例する。たとえばNRC (1989) では，体重$^{0.5}$1kg当たり2.75g，AFRC (1993) では，体重$^{0.75}$1kg当たり2.19gが維持の内因性尿中窒素量として推定されている。

また，尿以外の経路で再利用されずに損失する蛋白質として，脱落した皮毛中の蛋白質があり，その量は尿中窒素量と同様に体重（もしくは代謝体重）に比例すると考えられる。NRCでは体重$^{0.6}$1kg当たり0.2gを，AFRCは体重$^{0.75}$1kg当たり0.11gを脱落皮毛蛋白質として想定している。

また，この他にNRCでは，無蛋白質飼料給与時にふん中に排出される蛋白質を，代謝性ふん中蛋白質（MFP）として維持蛋白質に準じた項目として扱っている。飼料の消化に伴い消化管内に多量の消化酵素が分泌され，また自己消化に対抗するため消化管粘膜自体も迅速に再生・脱落を繰り返す。それらの内因性蛋白質は小腸内全蛋白質の50％に達するという報告や，消化管蛋白質の合成が体蛋白質合成全体の30〜40％を占めるという報告もある(NRC, 1985)。これら多量の消化管内因性蛋白質のうち，再吸収されずにそのままふん中に排泄される部分がMFPとして表わされる。

NRCではその量は消化管内を通過する飼料乾物量に比例するとして，飼料中不消化成分量の9％をMFPとして想定している。これに対してAFRCでは，無蛋白質飼料給与時のふん中窒素

第3表 各種システムにおけるMP利用効率

	維持	妊娠	泌乳	増体
NRC（米）(1989)	0.67	0.50	0.70	0.50
ARC（英）(1980)	0.75	0.75	0.75	0.75
AFRC（英）(1993)	1.00	0.85	0.68	0.59
INRA（仏）(1989)	—[1]	0.60	0.64	0.40〜0.68[2]
CSIRO（豪）(1990)	0.70	0.70	0.70	0.70
CNCPS[3] (1991)	0.67	0.50	0.65	0.50

注 [1] MP (PDI) をバランス試験で直接推定
　　[2] 家畜品種・体重により異なる（INRA中の表9-3）
　　[3] 1994年版では必須アミノ酸ごとに異なる値をとる

排泄は，消化管粘膜や消化酵素由来ではなく，ルーメン内でリサイクルした窒素がBCPとして合成され，その不消化物が排出されたものであるとして，維持蛋白質の要素としては扱っていない。そのため，AFRCの維持MP要求量は常にNRCよりも低い値をとることになる。他の国のシステムでは，オーストラリアCSIROとオランダDVE/OEBシステムでNRCと同様にMFPを考慮しているが，INRAは維持要求量の算出に要因法を採用してはいないものの，その要求量が体重のみによって決まるところからMFPを考慮していないものと考えられる。これらのシステムの維持MP要求量は，NRCとAFRCの中間の値をとる傾向にある。このMFPの扱いも，蛋白質の体内利用効率とともにMPシステムの大きな課題であるといえよう。

(4) 生産に使われる蛋白質

維持の必要量を充足したMPの超過分は，妊娠，泌乳，増体といった生産に使われる。そのうち，妊娠のための正味蛋白質は胎児の体重によって決まり，胎児体重は妊娠日数の関数として扱うことができる。CNCPSではこの正味蛋白質を，さらに胎児，胎盤，胎盤葉，子宮増大分および胎児の代謝に必要な部分に分割し，それぞれの蛋白質要求量を妊娠日数の関数として求めている。イギリスの以前のシステム（ARC 1980）でも同様な方式をとっていたが，AFRC (1994) では胎児蛋白質ひとつにまとめて推定している。いっぽう，NRCは胎児蛋白質の1日当

たりの平均増加量として，母体重（kg）によって決まる一定量（g：$1.136×母体重^{0.7}$）を妊娠210日後に毎日一律に加えるとしている。妊娠一定期間後に一定量の蛋白質を加えるという点では，日本飼養標準も同様な方式を採用している。妊娠のためのMP要求量としてはCNCPSが高く，AFRCで低い値を示す。NRCは，1日当たりのMP要求量としてはCNCPSに近いが，妊娠期間全体の要求量でみるとAFRCに近い値となる。

乳生産に必要な正味蛋白質は，乳蛋白質生産量によって決まる。CNCPSでは，乳蛋白質生産量をその合成効率（65％）で除したものを泌乳のためのMP要求量としている。いっぽうAFRCでは牛乳中の真の蛋白質量を正味蛋白質としているために，泌乳に必要なMP量としてはCNCPSと比べて10％ほど低くなる。泌乳に必要な蛋白質量は絶対量が大きいため，この差は大きなものとなる。これに対してNRCでは，かつて乳蛋白率測定が困難であったという経緯もあって，乳脂率を泌乳のための蛋白質量推定の根拠にしている。CNCPSと比べてみると，NRCで乳脂率3.8％のときと，CNCPSで乳蛋白率3.2％のときとがMP要求量としてはほぼ一致する。わが国の牛群検定試験成績（1996年度）では，全国平均で乳脂率が3.8％，乳蛋白率が3.2％であったため，この水準ではCNCPSでもNRCでもほぼ同じ値を得ることになる。

乳牛の泌乳能力には遺伝的，生理的に限度があるため，その超過分のMPは増体につながることになる。ところで，生育の進んだ個体ほど増体分中の蛋白質含量が減少する（すなわち脂肪含量が増加する）ため，増体の正味蛋白質要求量は増体量そのもののほかに，組織中の成分変化を補正する項目が入ることになる。すなわち，加齢の進んだ個体ほど，増体当たりのMP要求量は少なくなる。NRCではその補正項目として増体のためのエネルギー要求量を，CNCPSでは体脂肪含量を用いているが，その両項目とも家畜日齢の関数として表わされている。またAFRCでは，増体のMP要求量推定に日増体量と体重を用いているが，そのうち体重が結果的には補正項として働いている。

以上，吸収されたMPがどれだけずつ体内で配分され，家畜の生産に結びついていくかを説明したが，吸収されたMPがこれらすべての要素を満たさない場合は，充足されなかった項目に影響が現われる。泌乳牛では，通常，「泌乳」の要素が量的に最も多く，かつ体内での蓄積蛋白質にも限度があるため，MPの不足は直接，乳生産の減少へと結びつく。

4. 乳牛におけるアミノ酸栄養とその給与

(1) アミノ酸バランスの重要性

これまで述べてきたMPシステムは，あくまで蛋白質全体での栄養およびその給与をいかに精密に行なうかという点を問題にしてきた。しかし，体組織および牛乳中蛋白質のアミノ酸組成はほぼ一定しており，またアミノ酸の半数（必須アミノ酸）は体内で合成できないため，蛋白質利用をより有効に行なうには，MP中の必須アミノ酸要求量と供給量間のバランスをとる必要がある。このバランスが十分でないと，せっかくMP量全体としては充足していても，期待通りの生産が得られないことになる。これは逆にいえば，アミノ酸バランスが制限要因となっている飼養条件では，アミノ酸バランスを考えることにより生産量が向上しうることを示している。

通常の飼養条件では多くの場合，必須アミノ酸のうちリジンまたはメチオニンが第1制限アミノ酸となる。しかし，これらのアミノ酸が不足しているからといって，飼料中のこれらのアミノ酸含量をそのままふやしても，ルーメン内で微生物による分解・代謝を受けるため，小腸内でのリジンやメチオニンがふえるとは限らない。そのため，これら制限アミノ酸の給与基準としては，MP中での量または割合で表わすことが有効な表現法（今後，これらを代謝アミノ酸と称する）であるといえる。

現在，フランスでの研究では，代謝リジンおよび代謝メチオニンの推奨レベルは，MP（フラ

ンスではPDIで表わされる）中でそれぞれ7.0および2.2％という値を示している。このレベルに満たない飼養条件下の泌乳牛に，代謝リジンおよび代謝メチオニンの供給をふやすことにより，以下のような生産性の向上が期待されうる（スローン，1997）。

①乳蛋白率（約0.1～0.2％の改善）および乳蛋白質生産量が増加し，その効果は泌乳ステージを問わない。

②泌乳前期（泌乳開始後100日まで）において，乳量が増加する。

③飼料摂取量には変化がないため，乳生産当たりのエネルギーおよび窒素の利用効率が改善される。

④代謝メチオニン供給の増加に伴い，肝臓におけるエネルギー代謝が改善され（血中ケトン体の減少，VLDLの増加），脂肪肝やケトーシスなど代謝病発生の危険性が減少する。

⑤排卵前後の血中プロスタグランディン濃度の増加を引き起こし，受胎率の向上および分娩間隔の減少等，繁殖成績が改善される。

以上のようにアミノ酸バランスの改善に伴う生産性の向上は多岐にわたると考えられるが，代謝アミノ酸供給の時期としては，泌乳前期が乳量の増加も含め効果が高いため，泌乳開始直後からのアミノ酸バランスの改善が望まれる。

ところで，分娩前2か月間の代謝アミノ酸増給により，分娩後の乳蛋白質生産が増加したという報告もあるが，代謝リジンと代謝メチオニンのバランスを欠いた供給は，かえって飼料摂取量の低下をまねき，乳生産の減少につながったという報告もある。

代謝アミノ酸を供給するにあたっては，常にどのアミノ酸がより制限になっているかを考慮に入れる必要がある。すなわち，どんなに代謝メチオニンの供給をふやしても，リジンが第1制限アミノ酸になっていればその効果は期待できないし，その逆も同様である。

ところで，上述したように，飼料中蛋白質はルーメン内で微生物による代謝・分解を受けるため，代謝アミノ酸の供給は飼料中のアミノ酸組成と同時に，蛋白質の分解性も考慮に入れる必要がある。代表的な蛋白質飼料のルーメン内分解性と代謝リジンおよびメチオニン含量を第4表に示した。通常，トウモロコシ由来の飼料を給与したときにはリジンが，また大豆由来の飼料を給与したときにはメチオニンが第1制限アミノ酸となりやすい。特にルーメン内分解性の低い飼料（コーングルテンミールや加熱処理した大豆かすなど）ではその傾向が顕著である。また，動物性飼料は一般に代謝リジンのよい給源であり，特に魚粉は代謝メチオニン含量も高い。さらに，ルーメン内で分解を受けないよう処理した保護アミノ酸も生産されており，非常に有用な代謝アミノ酸の給源と考えられる。ただし保護アミノ酸の有効率には製品により差があるため，その測定法や表示法に関する検討が必要であろう。

(2) CNCPSによる代謝アミノ酸の算定

代謝アミノ酸の供給には，RUP由来のものだ

第4表　各種飼料中蛋白質のルーメン内分解性と代謝アミノ酸

	CP (DM中%)	ルーメン非分解率	リジン (UIP中%)	メチオニン (UIP中%)
アルファルファミール	18.9	0.59	6.7	1.4
ビールかす	25.4	0.49	2.2	1.3
コーングルテンフィード	25.6	0.22	1.5	1.7
コーングルテンミール	46.8	0.55	1.2	2.1
綿実かす	45.6	0.53	4.5	1.0
カノーラミール	40.6	0.28	6.7	1.4
大豆かす	49.9	0.14	5.4	1.0
フェザーミール	78.0	0.71	2.6	0.5
ブラッドミール	93.8	0.82	9.3	1.1
魚粉	66.7	0.60	7.1	2.8
ミートボーンミール	54.1	0.49	5.1	1.3
			(DM中%)	
BCP			8.2	2.7
体組織蛋白質			6.4	2.0
乳蛋白質			7.6	2.7

注　CP含量と非分解率はNRC (1989)（但しフェザーミールとブラッドミールはCNCPS）。また代謝アミノ酸含量はCNCPS (1994)

けでなく,ルーメン内で合成されたBCP中の可消化蛋白質も含まれている。そのため代謝アミノ酸供給の算定は,ルーメン内での発酵可能なエネルギーやBCP中のアミノ酸含量も含んだ複雑なものとなる。また,より効率的な生産を追求するためには,リジンやメチオニンだけではなく,豚や鶏で行なわれているような第3,第4制限アミノ酸の制御も有効な手段となろう。

1994年版のコーネル大学のシステム(CNCPS)は,MPの算定に加えて,代謝アミノ酸供給量および要求量の推定も行なっており,これらの問題を扱うことも可能である。このシステムにおける代謝アミノ酸の算定は,MP推定量にMP中の各必須アミノ酸含量を乗じる方法を基本としている。すなわち,代謝アミノ酸の供給に関しては,飼料中のエネルギー基質である各炭水化物含量からルーメンBCP合成量をもとめ,それとルーメン細菌細胞質中のアミノ酸組成から,BCP由来の代謝アミノ酸量を算出している。また,飼料由来の代謝アミノ酸量は,RUPにRUP中の各アミノ酸含量を乗じて求めている。いっぽう,代謝アミノ酸要求量の算定は,維持・妊娠・泌乳・増体の各MP要求量にそれぞれ関連するアミノ酸含量を乗じて行なっている(すなわち,維持・妊娠・増体には体組織中および一部はケラチン中の,また泌乳には牛乳中のアミノ酸組成を使用)。また,MPの利用効率は各アミノ酸および目的(維持・妊娠・泌乳・増体)別に,異なった値を用いている。これら各種飼料RUP中の必須アミノ酸含量,細菌細胞,組織,ケラチンおよび牛乳中の必須アミノ酸組成,および各代謝アミノ酸の利用効率は,その代表値がCNCPS中に与えられている。またこのうち,飼料RUP中のアミノ酸含量は使用者による変更が可能である。

このCNCPSシステムは,採用しているいくつかの数値に対する疑問点があがっているものの,代謝アミノ酸レベルの栄養管理という今後の方向性を示すひとつのモデルであるといえよう。

以上,乳牛の蛋白質栄養に関する最新のシステムと,その基本となる原理を示した。高泌乳牛に対する蛋白質・アミノ酸栄養の精密な制御は,生産性を高めるとともに,地球上の資源を有効に利用し,かつ環境に対する負荷を減少させる意味でも,今後よりいっそう求められていくものであろう。

執筆 梶川 博(農林水産省畜産試験場)

1998年記

参 考 文 献

ARC. 1980. The nutrients requirements of ruminant livestock. CAB. Farnham, UK.

AFRC. 1993. Energy and protein requirements of ruminants. CAB International. Wallington, Oxon, UK.

CNCPS. 1991, 1994. The Cornell net carbohydrate and protein system for evaluation cattle diets. Cornell University. Ithaca, NY, USA.

CSIRO. 1990. Feeding standard for Australian livestock, Ruminants. CSIRO. East Melbourne, Australia.

Hoover, W.H. & Stokes, S.R. 1991. J. Dairy Sci. **74**, 3630-3644.

INRA. 1989. Ruminant nutrition, Recommended allowances & Feed tables. John Libbey Eurotext. Paris.

梶川博. 1998.「ルーメン5」. 69-85. デイリージャパン社.

NRC. 1985. Ruminant nitrogen usage. National Academy Press. Washington, D.C., USA.

NRC. 1989. Nutrient requirements of dairy cattle (6th ed). National Academy Press. Washington, D.C., USA.

Φrskov, E.R. 1992. Protein nutrition in ruminants (2nd ed). Academic Press. London.

Pirt, S. J. 1965. Proc. R. Soc. Lond. **163B**, 224-231.

Russell, J.B. & Wallace, R.J. 1988. The rumen microbial ecosystem. 185-215. Elsevier Appl. Sci. London.

Sloan, B.K. 1997. Recent advances in animal nutrition. 167-198. Nottingham University Press. Nottingham, UK.

Stouthamer, A.H. 1973. Antonie van Leeuwenhoek. **39**, 545-565.

Webb, Jr. K.E. & Bergman, E.N. 1991. Physiological aspects of digestion and metabolism in ruminants. 111-128. Academic Press. San Diego, USA.

Webster, A.J.F. 1992. Recent advances in animal nutrition. 93-110. Butterworth - Heineman. Oxford, UK.

ビタミン

1. 現代のビタミン問題の特徴

ビタミンA, D, Eとβ-カロテン（プロビタミンA：ビタミンAの前駆物質）は繁殖機能に関係が深く，ビタミンDはカルシウム代謝と関係が深いと考えられている。

①免疫力に関与するビタミンAとD

ビタミンAとDは，従来から知られていたこれらの作用のほかに，最近では免疫細胞をはじめとする細胞の分化誘導を調節する物質としてとらえられるようになってきた。

つまり，ビタミンAやDは単なる栄養素というよりも，ビタミンAの活性型であるレチノイン酸や，ビタミンDの活性型である$1,25(OH)_2D_3$は，標的細胞の核内のレセプターを介して，標的遺伝子の発現を転写レベルで制御するシグナルであることが明らかになってきたのである。

ビタミンA, Dの欠乏は免疫力の低下としてもあらわれるのである。また，ビタミンAやβ-カロテンには抗癌作用があることが明らかになり，人でも摂取量が問題となっている。

②β-カロテン，ビタミンE含量の少ない購入乾草

ビタミンAの前駆体であるβ-カロテンやビタミンEは飼料作物のなかに多量に含有されている。サイレージの場合では，生草から調製されるときに予乾によってβ-カロテンがある程度低下するが，貯蔵中の低下は少ないので，サイレージ中のβ-カロテン含量は30〜40mg/kgある。

ところが，生草を人工的乾燥によらないで乾草に調製すると，乾燥中のβ-カロテンの低下が著しく，また貯蔵中にも減少しつづけるのでβ-カロテンの含量は10mg/kgときわめて少なくなることが多いのである。ビタミンEも乾草にはサイレージの約半分の量しか存在していない。

したがって，購入粗飼料の給与量が1日6〜9kgに達する都府県の泌乳牛では，サイレージを給与されていた時期に比べてビタミンEとβ-カロテン（ビタミンA）が不足していると考えられる。

③高泌乳牛で不足するビタミンB群

ビタミンB群はこれまで，第一胃の発達した成牛では添加する必要がないとされてきた。しかし現在，高泌乳牛では摂取エネルギー量が非常に増加している。ビタミンB群の要求量は摂取エネルギー量の増加にともなって増加するので，チアミン（ビタミンB_1），ナイアシン（ニコチンアミド），コリンは微生物の合成する量だけでは不足する。したがって，これらを添加する必要性が指摘されている。

2. わが国におけるビタミンの添加試験

ビタミンの欠乏は，典型的な臨床症状を示すというよりも，性成熟期，妊娠期，泌乳最盛期などの限定された期間の軽度の栄養欠乏（潜在性欠乏）による繁殖障害の発生として観察される場合が多い。

ビタミンの添加効果については，外国の文献を引用して説明されることが多いが，わが国でも優れたビタミンの添加試験が実施されている。以下，その試験成績から，とくに繁殖におけるビタミンの重要性について説明していきたい。

これらの試験は使用した牛の頭数が多く，さらに多項目について観察，測定をしているので，いろいろな解析が可能であった。試験を実施したグループは，まず乳牛の分娩前後の飼養法に関する研究からリードフィーデングをとり入れた高泌乳牛の飼養法を研究し，その成果を普及してきた。次に，この飼養法を泌乳と繁殖の両機能が整合された，より安全な実用的技術として発展させるために，2回のビタミンの添加試験を実施した。

1回目は，脂溶性ビタミンとβ-カロテンの添

加試験「高泌乳牛の繁殖率向上のための脂溶性ビタミンとエネルギー給与水準」で，4年間行なわれた。茨城，埼玉，秋田，宮城，福島，静岡，京都，鳥取，福岡，熊本の各府県と農水省の畜産試験場が協力している。

この添加試験では，分娩9週前から分娩後20週まで，体重，飼料の摂取量，乳量，乳質，子宮回復，卵巣の動き，受胎率，繁殖障害などを調査するとともに，分娩後50日に血液を採取して血液中の成分を分析した。

乳量とともに繁殖が非常に重要な項目であったので，繁殖障害の規定やその治療法などについても統一をはかっている。

2回目は，ビタミンB群の添加試験「乳牛の栄養分配の改善に関する研究」で，同様に4年間行なわれた。

添加されたビタミンB群は，ケトーシスの予防や乳蛋白質の合成促進，乳生産に効果があるといわれるナイアシン，乳脂率の増加に関与するといわれるコリン，炭水化物利用に必須のチアミンの3種類である。

3. 脂溶性ビタミン添加と効果

(1) 脂溶性ビタミンの作用

①ビタミンA

ビタミンAは牛で最も欠乏しやすいビタミンである。とくに妊娠後期に欠乏すると，流産，胎盤停滞，死産がみられたり，虚弱または盲目の子牛が分娩されたりする。

ビタミンAは動物起源のビタミンで，植物質飼料には存在しないが，ビタミンAの前駆物質であるカロテノイド（β-カロテンなど）が主に粗飼料やトウモロコシ（粒）に含まれている。

β-カロテンの一部は腸管粘膜でビタミンAに転換されるが，残りはそのまま腸管粘膜を通過して血液，肝臓，黄体，副腎，脂肪などに存在している。このβ-カロテンは肝臓や黄体でもビタミンAに転換される。牛ではその転換率が他の動物よりも悪く，1mgのβ-カロテンは400IUのビタミンAに転換される（ビタミンAの単位にはIUとμgが使用されているが，1IUは0.30μgと等しい）。

β-カロテンの場合，ビタミンAの前駆体としての働きとは別に，β-カロテンそのものが繁殖に必要であると考えられている。ビタミンAが十分給与されていても，β-カロテンの血漿中濃度が低いと繁殖障害の発生率が高いことが示されているからである。

ビタミンAの血液中の正常値は25～50μg（80～160IU）/dlで，大部分のビタミンAは肝臓に貯蔵されている。

血液中のビタミンA（レチノール）は，肝臓で合成されるレチノール結合蛋白質（RBP）と結合していて，RBPの量が血液中のビタミンAの量を規制している。そのため，多量のビタミンAを給与しても，β-カロテンのように摂取量に応じて血液中の濃度が上昇することはない。血液中の濃度が30μg/dl以上の牛にビタミンAを給与しても，それ以上に濃度がなかなか上昇

第1表 脂溶性ビタミン，β-カロテン添加試験における区の構成とビタミン添加量

区 分	ビタミン添加量（1日1頭当たり）
添加区	ビタミンA 50,000IU，ビタミンD₃ 6,000IU，ビタミンE 1,000IU，β-カロテン 300mg
無添加区	ビタミンA 50,000IU，ビタミンD₃ 6,000IU

注 体重の1.2%の粗飼料（DM，サイレージ）給与

第2表 脂溶性ビタミンとβ-カロテンの添加効果

項 目	添加区	無添加区
頭 数	105	99
子宮復古日数（日）	26.0	28.8*
初回排卵日数（日）	21.6	25.8*
受胎率（%）	69.5	64.6
胎盤停滞（%）	7.6	22.2*
繁殖障害（%）	34.3	33.3
乳房炎（%）	25.7	19.2
140日乳量（kg）	4,084	3,989
（305日乳量）	(7,461)	(7,288)
分娩50日後の血中濃度		
β-カロテン（μg/dl）	276	137*
ビタミンE（μg/dl）	522	362*
ビタミンA（μg/dl）	34.4	32.7

注 *5%水準で有意差あり

しないが，これは給与されたビタミンAが肝臓に蓄積されていくためで，添加量が少ないからではない。

② ビタミンE

ビタミンEは植物由来のビタミンで，良質の粗飼料を十分給与されている牛では不足しない。ビタミンEの場合，ビタミンAやDのように特定の臓器と強い親和性を持たず，細胞全体に分布して生物的抗酸化剤として全身的に作用している。そのためビタミンEによる過剰症（中毒）は発生しないといわれている。

(2) 脂溶性ビタミンの添加と繁殖成績

① 繁殖成績への効果

第1表に脂溶性ビタミン，β-カロテン添加試験における区の構成と添加したビタミンの種類と量を示した。ビタミンAとDは添加区と無添加区のいずれにも給与し，β-カロテンとビタミンEは添加区のみに給与した。添加量は分娩後の量であり，分娩前はこの半量を添加した。供試した牛の頭数は添加区105頭と無添加区99頭であった。

試験の結果を第2表に示した。分娩後50日に採取した血漿中のビタミンEとβ-カロテンは添加区のほうが高く，ビタミンAは両区間で差がない。添加区の胎盤停滞の発生率は低く，子宮復古日数と初回排卵日数も添加区で短縮されている。

しかし，繁殖障害の発生状況と受胎に関して明確な効果がみられないので，別な角度からデータを集計しなおした。すなわち，添加区と無添加区を合わせた全体について，ビタミンの濃度別に繁殖障害や胎盤停滞の発生率を比較した。その結果が第3表である。

ビタミンA濃度は，受胎率や胎盤停滞の発生率には影響を与えていないが，繁殖障害の発生率は$25\,\mu g/dl$以上の牛で23.7%（40/169）で，$25\,\mu g/dl$未満の牛の54.6%（12/22）より低い。

ビタミンEについては，受胎率と繁殖障害の発生率に差がない。しかし，胎盤停滞の発生率は$200\,\mu g/dl$未満で31.3%（5/16）であるが，$200\,\mu g/dl$以上では15.4%（23/149）で低い。

β-カロテンの濃度別に繁殖障害の発生率を比較すると，$100\,\mu g/dl$以下（39.3%）の牛で高い傾向がみられる。また，$400\,\mu g/dl$以上（48.0%）の牛は$100\sim300\,\mu g/dl$（25.5%）の牛より繁殖障害をおこしやすいことがわかる。したがって繁殖障害は，β-カロテンの欠乏と過剰の双方で発生すると考えられる。

② 繁殖成績の種類とビタミン濃度

繁殖障害の内容と血液中のビタミン濃度との関係を第4表に示した。この場合の繁殖障害は卵胞のう腫，子宮内膜炎，鈍性発情，黄体のう

第3表 ビタミンの繁殖成績に対する効果（%）

試験	ビタミン	血漿中濃度	繁殖障害	胎盤停滞	受胎
I	ビタミンA	$25\,\mu g/dl$未満 $25\,\mu g/dl$以上	54.6 a 23.7 b	—	—
I	ビタミンE	$200\,\mu g/dl$未満 $200\,\mu g/dl$以上	—	31.3 a 15.4 b	—
I	β-カロテン	$100\,\mu g/dl$未満 $100\sim300\,\mu g/dl$ $400\,\mu g/dl$以上	39.3 25.5 a 48.0 b	—	—
II	ビタミンB群		（＋）19.7 c （−）48.5 d	—	（＋）77.3 a （−）63.6 b

注　a,b間に5%水準で有意差あり。c,d間に0.05%水準で有意差あり

第4表 繁殖障害の種類と血漿中のビタミン濃度（$\mu g/dl$）

繁殖障害の種類	ビタミンA	ビタミンE	β-カロテン
正　　常（n=135）	34.2±0.8	441±23	197±12
卵胞のう腫（n=23）	29.0±1.7	565±48	230±36
子宮内膜炎（n=17）	32.9±2.2	439±82	208±46
鈍性発情（n=14）	33.1±1.8	391±44	174±31
黄体のう腫（n=8）	33.1±4.6	408±57	257±61
排卵遅延（n=6）	30.2±1.4	335±71	145±40
卵巣静止（n=6）	28.0±2.0	560±127	218±83
黄体遺残（n=5）	33.8±5.9	424±78	312±61

注　平均値±標準誤差

腫，排卵遅延，卵巣静止，黄体遺残などである。

卵胞のう腫では，正常牛よりビタミンEとβ-カロテン濃度が高く，ビタミンA濃度が低い。鈍性発情では，ビタミンEとβ-カロテン濃度が少し低い。排卵遅延では，ビタミンA，Eとβ-カロテン濃度すべてが正常牛より低い値を示している。卵巣静止はビタミンA濃度が低く，黄体遺残はβ-カロテン濃度が高かった。

卵胞のう腫は繁殖障害の3分の1以上をしめ，発生率はβ-カロテン濃度100μg/dl未満で13%（8/60），300μg/dl以上で17.3%（9/52）であった。これに対して，100以上300μg/dl未満の牛で6.5%（6/92）と低かった。これが100〜300μg/dlの牛の繁殖障害発生率の低かった理由の一つである。

(3) 飼料給与と脂溶性ビタミン添加の方法

牛では胎盤が障壁となって，出生時子牛にはビタミンAとEの蓄積がほとんどない。そのため，ビタミンAとEを多量に含有する初乳が果たす役割は大きい。したがって，妊娠後期に母牛に十分なビタミンA，Eとβ-カロテンを給与して，初乳中のこれらのビタミン濃度を高めておかなければならない。

初乳には，常乳の30〜100倍もの脂溶性ビタミンが含まれている。分娩後1週間以内に母牛の血漿中ビタミン濃度は最低になる。したがって，分娩後3週間はビタミンの添加量を増加して，血漿中の濃度を回復させなければならない。

牛乳100ml中には110IU以上のビタミンAが含有されており，乳量が増加すればそれだけ多くのビタミンAが体外に排出される。そのため，牛の維持に必要な量以外に乳量に応じた量を給与しなければならない。

4. β-カロテンの作用と効果

(1) β-カロテンと高産次牛の繁殖成績

β-カロテンの添加効果をみるために，6産以上の牛の繁殖成績を第5表に示した（添加区，無添加区それぞれ13頭）。β-カロテン無添加区の6産以上の牛で，血漿中のβ-カロテンとビタミンE含量が，それぞれ72と251μg/dlと低い値を示している（初産から5産までの無添加区のβ-カロテン血中濃度は141〜160/dl）。一方，6産以上の添加区では，β-カロテンとビタミンE値が200と363μg/dlと高くなり，繁殖障害の発生率が低く，受胎率の向上が著しい。

以上のように，高産次の牛では，おそらく腸管におけるβ-カロテンの吸収能力が低下するので，β-カロテンが欠乏しやすく，適量のβ-カロテン投与（300mg/日）が繁殖成績の改善に効果的である。

第5表 6産以上の牛に対するβ-カロテンの添加効果

項　目	添加区	無添加区
頭　数	13	13
受胎率（%）	76.9	38.5*
胎盤停滞（%）	0	46.2*
繁殖障害（%）	7.7	46.2
β-カロテン（μg/dl）	200	72*
ビタミンE（μg/dl）	363	251

注 *5%水準で有意差あり

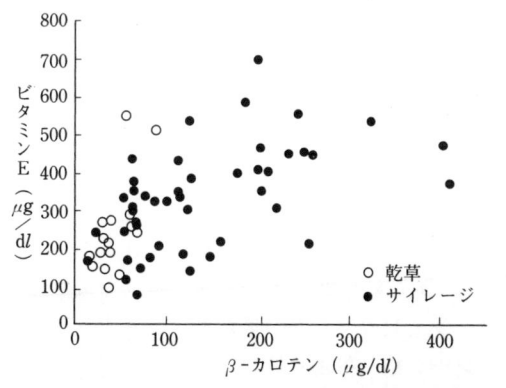

第1図 乾草とサイレージを給与した牛の血漿中のβ-カロテンとビタミンEの関係

（脂溶性ビタミン添加試験より）

(2) 飼料の種類と血漿中β-カロテン含量への影響

ドイツやアメリカの報告では，トウモロコシサイレージのβ-カロテン含量が低いので，これを給与した牛でβ-カロテン欠乏が発生すると述べられている。日本においても北海道農業試験場の報告によると，冷害のため何度か被霜したトウモロコシサイレージのβ-カロテン含量はほとんど0であった。

第1表のβ-カロテンの添加試験で，添加効果を明確にするために，無添加区の血液中のβ-カロテン濃度を低く抑える必要があり，粗飼料にトウモロコシサイレージを使用した。しかし，秋田県と宮城県の牛では血液中のβ-カロテンが低下したが，他府県の牛では低下しなかった。

北海道や東北地方の，刈取り時期が遅れたトウモロコシサイレージを給与すると，ドイツやアメリカの報告のようにβ-カロテンが欠乏することがある。しかし，それより南の地方では，むしろイネ科乾草を給与した場合に欠乏しやすかった。

現在の日本の酪農では，配合飼料だけでなく粗飼料の自給率が著しく低下していて，ある報告によると府県の飼料の自給割合は30％まで低下している。府県の泌乳牛は購入乾草を給与される割合が増加している。

そこで，この試験において乾草とサイレージを給与した牛のβ-カロテンとビタミンE濃度を第1図に示した。

第1図から，乾草給与牛のβ-カロテン濃度が100μg/dl以下であることがわかる。すなわち，乾草給与牛では，β-カロテンとビタミンEの量がサイレージ給与牛より低いのである。

脂溶性ビタミンの添加試験で使用した，トウモロコシサイレージ35サンプルのβ-カロテン含量の平均値は27.2±22.9mg/kgであり，イタリアンライグラスサイレージでは36.9±27.4mg/kgであった。それにたいして，チモシーやイタリアンライグラス乾草には，4.7±3.8mg/kgしか存在していなかった。

給与粗飼料と血漿中のβ-カロテン，ビタミンEとの関係についてNOSAI兵庫・家畜臨床総合研修所の芝野らが調査した結果を第2図に示し

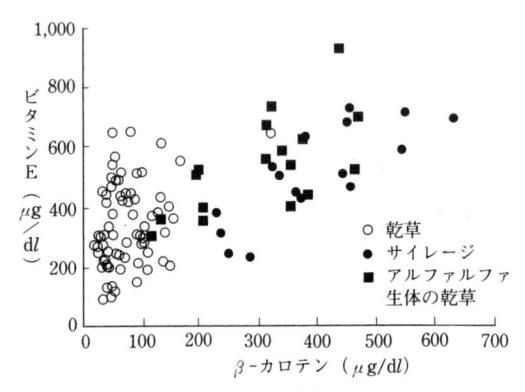

第2図 給与粗飼料と血漿中のβ-カロテン，ビタミンEとの関係　（芝野らの結果より）

第6表 飼料中のカロテン含量（現物中）

飼　　料	鹿児島畜産試験場 (β-カロテンmg/kg)	全農中央飼料研究所 (総カロテンmg/kg)
〔サイレージ〕		
トウモロコシ	22.3 (16.5〜26.8)	
イタリアンライグラス	75.8 (24.4〜109)	
ソルガム	2.2	
〔乾草〕		
アルファルファ		17.5 (5.5〜30.9)
ヘイキューブ	22.0 (10〜34.6)	15.7 (11.3〜18.2)
イタリアンライグラスストロー	3.2	2.3
スーダングラス	6.7 (1.4〜12.4)	9.1 (5.8〜16.5)
バミューダストロー	0.8	2.0
バミューダヘイ		19.3
トールフェスク	0.4	1.3 (0.7〜2.2)
北海道チモシー	1.7 (1.0〜2.8)	
USチモシー		48.5
カナダチモシー	8.7	16.6 (7.7〜22.3)
オーツヘイ		1.8 (1.3〜2.2)
稲わら	3.1 (0.8〜5.3)	1.6 (0.9〜2.3)
〔穀類〕		
圧扁トウモロコシ	4.4 (2.6〜6.1)	

た。

アルファルファ乾草以外の乾草が給与されている牛では，β-カロテンが150 μg/dl以下であり，ビタミンEも低い場合が多い。このように粗飼料として乾草を給与されている牛では，ビタミンEとβ-カロテンが不足するおそれがある

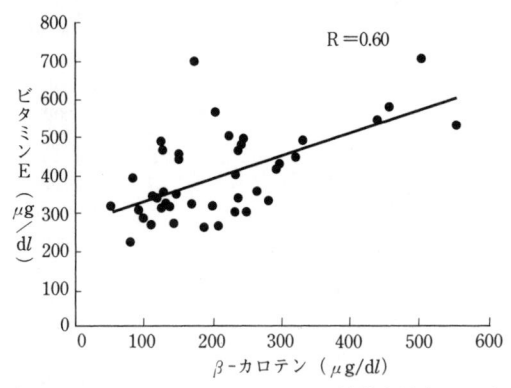

第3図 トウモロコシサイレージと乾草を給与した牛の血漿中のβ-カロテンとビタミンEとの関係

第7表 粗飼料中のβ-カロテンとα-トコフェロールの含有量（mg/kg DM）

粗　飼　料	β-カロテン	α-トコフェロール
トウモロコシサイレージ	25.4±12.2	27.9±16.7
イタリアンライグラスサイレージ	15.4±16.7	23.8±15.3
イタリアンライグラス・チモシー乾草	6.9± 4.5	14.2± 6.5

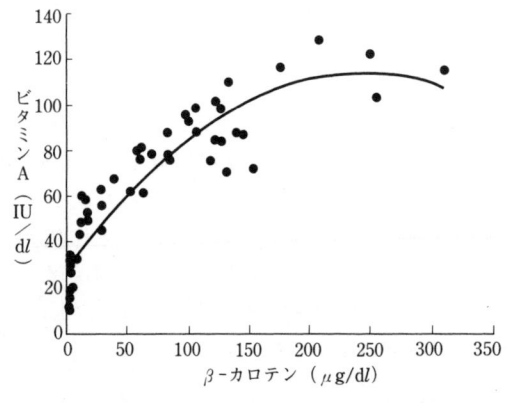

第4図 β-カロテンとビタミンAの関係

る。ただし，ビタミンDは乾草に多く存在しているので，ビタミンDについては乾草給与が有利に作用する。

粗飼料のβ-カロテン含量について，鹿児島県畜産試験場が日本食品分析センターに分析依頼して得られた値と，全国農業協同組合連合会中央飼料研究所が粗飼料中の全カロテン量を測定した結果を第6表に示した。ここでも，アルファルファと一部のものを除くと，乾草中のβ-カロテン含量は低かった。

(3) β-カロテンとビタミンA，Eとの関係

トウモロコシサイレージを給与した牛において，血漿中のβ-カロテンとビタミンEの間に高い正の相関が認められた（第3図）。これは粗飼料中のビタミンEとβ-カロテンの存在量が似ていることによる（第7表）。しかし，乾草などの調製過程や貯蔵期間中に，光や酸素にビタミンEより弱いβ-カロテンが多く破壊されていくようである。

血漿中のβ-カロテン濃度（黄色）から，その他のビタミン含量がある程度推定できる。肉牛にビタミンA剤を給与しないときの，β-カロテンとビタミンAの関係を第4図に示した。試験開始以前に給与されていたビタミンAを差し引いて考えれば，β-カロテンが150 μg/dl以上あればビタミンAは25 μg/dl以上，ビタミンEも200 μg/dl以上あると推定される。

このように，ビタミン添加物を使用していない場合，血漿のβ-カロテン濃度を測定する（ある程度は肉眼で可能）ことによって，ビタミンAとEが欠乏していないかどうか予測できるわけである。

(4) 飼料給与とβ-カロテン添加の方法

β-カロテンを添加しなければならないほどβ-カロテンが低下している牛では，ビタミンAは当然であるが，同時にビタミンEも低下している可能性が高い。このような牛にはβ-カロテンとビタミンEを同時に添加すべきである。

また，大量のビタミンAやβ-カロテンを投与

すると，血液中のビタミンEが低下する。β-カロテンを粗飼料から摂取するときには，同時にビタミンEも摂取することになるので問題はないが，添加物でβ-カロテンのみを給与したときにはビタミンEの不足が予想される。

大量のβ-カロテンの投与は人間では害作用はほとんどないと考えられている。しかし牛の場合は，ビタミンDの利用を阻害し，乳量の低下がみられる，との報告もある。

5. ビタミンB群の添加と効果

(1) ビタミンB群の作用

ビタミンB群の作用のほとんどが，補酵素としての作用である。ビタミンB群はエネルギー代謝と関係が深いので，人の場合，ビタミンB群の所要量は摂取1,000calに対して何mgというように表示されている。すなわち，摂取カロリーが増加すれば，ビタミンBの要求量も増加する。

チアミンは，エネルギー生産のための炭水化物利用に必須のビタミンである。泌乳牛は，代謝量が増大するためチアミンの要求量も増加する。

ナイアシンは存在量が一番多いビタミンで，エネルギー生産に関与する補酵素の構成成分である。第一胃内微生物による蛋白質合成のためのアンモニア利用を促進する。

ビタミンB群を補給することによる主な効果として，ケトーシスの予防，乳蛋白質の合成促進および生乳生産量の増加などがあげられている。

(2) ビタミンB群添加と乳量・乳質

第8表にビタミンB群試験において添加したビタミンB群の種類と量を示した。この試験では，脂溶性ビタミン類（β-カロテンを200mgに減らす）とミクロミネラルを添加区と無添加区の両区に投与している。粗飼料としてはトウモロコシサイレージ（1/2）とアルファルファ乾草（1/2）を組み合わせる。供試牛は添加区と無添加区それぞれ66頭である。

第9表にビタミンB群の添加効果を示した。産乳成績では各項目とも有意差はみとめられなかったが，140日乳量で添加区が無添加区を81kg上回った。乳量の推移は第5図のとおりで，分娩後10週はほぼ同様に推移したが，それ以降は添加区において乳量の減少が穏やかであった。

乳脂率，無脂固形分率，乳蛋白質率などの乳成分にも差はなかった。

第8表 ビタミンB群添加試験の区の構成と添加量

	添加物名	添加量
添加区	ニコチンアミド（ナイアシン）	9g
	コリン	20g
	チアミン（B₁）	1g
	硫酸銅	352mg
	硫酸亜鉛	2,321mg
	硫酸マンガン	1,100mg
	亜セレン酸ソーダ	8.8mg
	ビタミンA	50,000IU
	ビタミンD	6,000IU
	ビタミンE	1,000IU
	β-カロテン	200mg
無添加区	硫酸銅	352mg
	硫酸亜鉛	2,321mg
	硫酸マンガン	1,100mg
	亜セレン酸ソーダ	8.8mg
	ビタミンA	50,000IU
	ビタミンD	6,000IU
	ビタミンE	1,000IU
	β-カロテン	200mg

第9表 ビタミンB群の添加効果

項目	添加区	無添加区
頭数	66	66
受胎率（%）	77.3	63.6*
胎盤停滞（%）	12.1	16.7
繁殖障害（%）	19.7	48.5**
乳房炎（%）	12.0	20.0
140日乳量（kg）	4,754	4,673
（305日乳量）	(8,685)	(8,538)
乳脂率（%）	3.9±0.5	4.0±0.4
無脂固形分率（%）	8.4±0.3	8.4±0.3
乳蛋白質率（%）	2.9±0.2	2.8±0.2

注 *5%水準で有意差あり，**0.05%水準で有意差あり

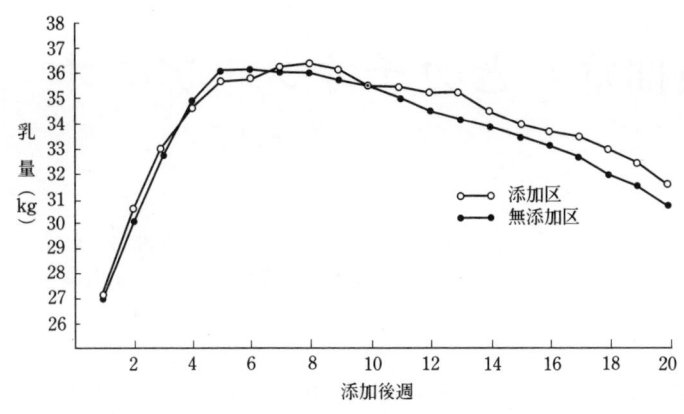

第5図 ビタミンB群の添加と乳量の推移（1日1頭当たり）

第10表 ビタミンB群の添加と繁殖障害の発生（頭数）

項　目	添加区 (n=66)	無添加区 (n=66)
鈍性発情	7	10
卵胞のう腫	3	14**
子宮内膜炎	1	4
卵巣静止	1	1
排卵遅延		1
黄体遺残		2
子宮蓄膿症		1
膣炎	1	
リピートブリーダー		1

注　1頭で複数の発症あり，**1％水準で有意差あり

(3) ビタミンB群添加と繁殖成績

繁殖成績では，受胎率が添加区において77.3％で，無添加区の63.6％より有意に高かった。

繁殖障害発生率も添加区において19.7％で，無添加区の48.5％より有意に低下した。繁殖障害の発生内容をみると第10表のように卵胞のう腫と鈍性発情が多いが，添加区では卵胞のう腫の発生が低下している。

ナイアシンは泌乳初期の乳生産の低下や飼料への油脂添加による乳蛋白質率の低下を防ぎ，ケトーシスの発生を防止するといわれているが，繁殖に対する効果についての報告はない。ビタミンB群の繁殖にたいする作用機構は，現在のところ不明なままである。

臨床的なケトーシスは添加区で1頭発生した。市販の乳汁中のケトン体測定試薬によるケトーシスの判定では，1～5週目の偽陽性が添加区と無添加区でそれぞれ30％と34％で，差はなかった。

(4) 飼料給与とビタミンB群添加の方法

ナイアシンはビタミンではあるが，第一胃以外の体内でもトリプトファンから効率は悪いが合成される。トウモロコシにはトリプトファンが少なく，またトウモロコシに含まれるインドール酢酸がナイアシンのアンチビタミンなので，トウモロコシ給与時に要求量が増加する。

加熱していない大豆かすはナイアシンまたはトリプトファンの有効率を低下させる。

第一胃内のpHが低下すると微生物によるビタミンB群の合成も低下するので，塩基性無機物を投与して第一胃内のpHを高めることも大切である。

以上述べた添加試験の各年ごとの詳細な情報を知りたい方は，茨城県畜産試験場研究報告第9～12号（脂溶性ビタミンの添加試験），第19，20，22，24号（ビタミンB群の添加試験）を参照していただきたい。第12，24号には，それぞれの4年間の試験結果がまとめて掲載されている。

執筆　甫立京子（農林水産省畜産試験場）

1998年記

栄養素の機能・動態と給与

Ca代謝（低Ca血症）とカチオン・アニオンバランス

乳熱（低Ca血症）は発生のメカニズムや予防方法も解明されてきているが，いまだに発生が減らない疾病である。乳牛が乳熱にかかると治療やその後の乳量低下，関連する疾病（第四胃変位など）の増加などにより，酪農家にとっては経済的損失が非常に大きくなる。そのため，乳熱をどのように予防するかが，乾乳期の栄養管理の大きな課題になっている。

乳熱予防のポイントは分娩前後のCa代謝を正常に維持することであるが，この簡単そうなことが実は非常に難しいため，現在でも最適な乳熱予防法が見つかっていない。最近はカチオン・アニオンバランス（後述）が注目されているが，この方法にも問題点がいくつか指摘されている。そこで，わが国や欧米（特にNRC標準・乳牛の2001年版）の乳熱発生・予防についての最近の知見を紹介しながら，高泌乳牛の栄養管理におけるカチオン・アニオンバランスの重要性について検証してみたい。

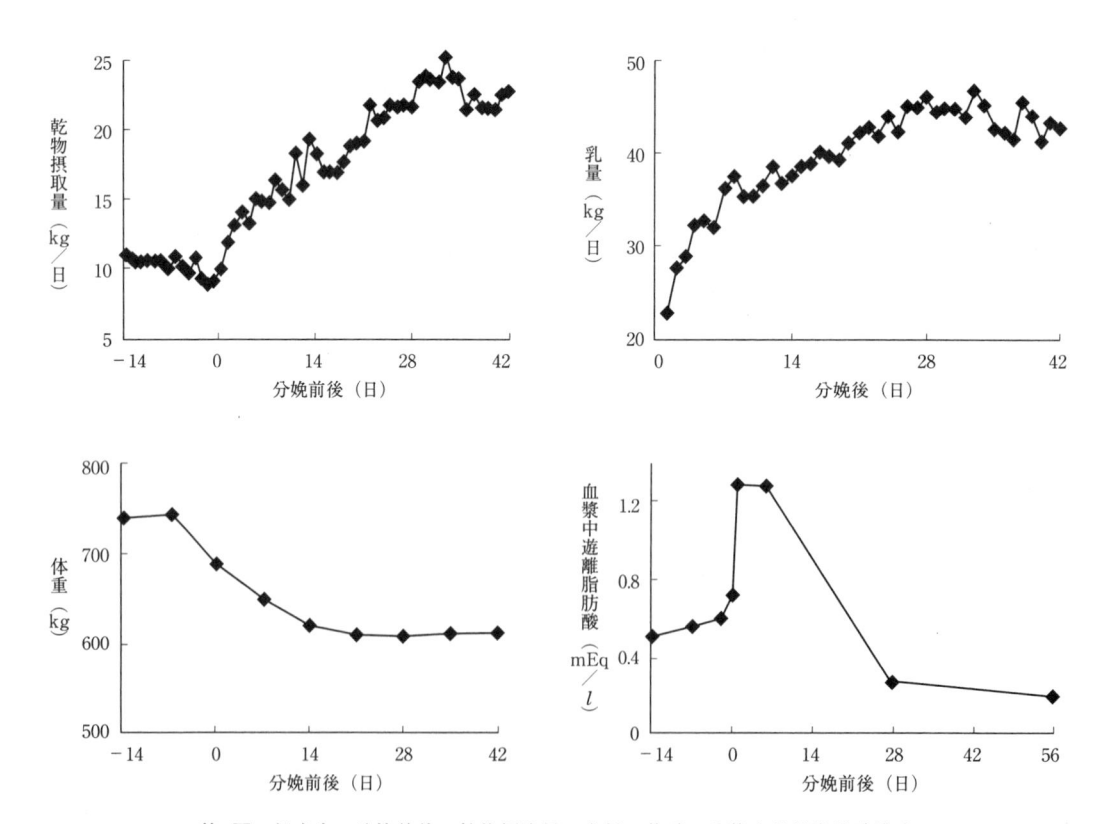

第1図　経産牛の分娩前後の乾物摂取量，乳量，体重，血漿中遊離脂肪酸濃度

1. 高泌乳牛の栄養管理と乳熱の関係

(1) 分娩後に極度のエネルギー不足になる高泌乳牛

乳熱予防では，乳牛の生産性向上の急激な促進とそれに関連した栄養管理の改善を考慮することが前提になる。乳牛の栄養管理の基本は，低コスト・高品質乳生産のために必要な栄養素を適正給与することであるが，育種改良の急速な向上に伴って，乳牛の分娩直後の乳量増加が顕著になり，分娩後にエネルギーが極度に不足する事態が生じている。

第1図にその典型的な例を示したが，分娩直後に乳量が30kgを超えているものの，乾物摂取量がそれほど増加しないため，分娩後2週間の体重減少が非常に大きくなっている。また，大量の体脂肪を乳生産に利用するために，血漿中の遊離脂肪酸濃度が急激に増加し，乳牛は脂肪肝やケトーシス発生の危険性が高まっている。このような事態を防ぐために，分娩後の乾物摂取量を早期に増加させることが，高泌乳牛の栄養管理の最も重要なポイントといえる（久米，2000）。

なかでも，分娩3週間前から分娩3週間後の期間を移行期（Transition period）としてとらえ，この時期の栄養管理の重要性が高まっている。移行期は，胎児，乳腺などの発育促進や泌乳開始に伴う内分泌機能の変化などにより，乳牛体内における栄養素（エネルギー，蛋白質，ミネラル，ビタミン）の代謝産物が非常にダイナミックに変動する時期であり，特に分娩時の変動が著しい。また，ルーメン機能を分娩後の飼料に馴致させ，ルーメンの絨毛の発達を促進するためには最低でも3週間を要する。

(2) 乳量増加とCa代謝の乱れ

分娩直後の急激な乳量増加と乾物摂取量の早期増加のための栄養管理，実はこれが乳牛のCa代謝を乱す大きな要因になっている。分娩後の急激な乳量増加によって乳中へ大量のCaが失われるため，小腸からの吸収と骨からの移行でCaがただちに補給されなければ，血中のCa濃度が急速に低下し乳熱発生に至る。特に，高泌乳牛が増えるに従って乳中へのCa損失量がいっそう増加しているため，経産牛ではCa代謝の対応がうまくいかないケースが多くなり，加齢とともに乳熱発生の危険性が高まっている。

(3) 濃厚飼料・高品質粗飼料によるCa摂取量の増加

一方，乾物摂取量の早期増加のための栄養管理では，分娩前からルーメン環境・機能を分娩後の飼料構成に馴致させ，分娩後の乳量増加にあわせて乾物摂取量を急増させることが大切である。そのために，乾乳後期から濃厚飼料の給与比率を高め，分娩前後の給与粗飼料はほぼ同じものを使い，乾乳後期の乾物摂取量も従来より高めなければならない。

さらに，分娩後の乾物摂取量を増加させるためには，粗飼料としてはグラスサイレージよりも栄養価の高いアルファルファやコーンサイレージが適している。アルファルファは消化管通過速度が早いこと，コーンサイレージはエネルギー濃度が高いため，高泌乳牛の分娩後におけるエネルギーの早期充足を可能にする。これらの高品質粗飼料を利用すると分娩後の乾物摂取量を30kg近くまで増加できるので，米国では分娩前でもコーンサイレージやアルファルファを多給するようになっている（第1表）（Kellogg et al. 2001）。

ところが，濃厚飼料やアルファルファの多給

第1表 米国のDHI（乳牛群改良事業）の高泌乳牛群（n=133）の粗飼料の利用　（Kellogg, 2001）

	泌乳牛	乾乳牛
給与粗飼料（利用している農家の%）		
コーンサイレージ	91.0	82.0
マメ科ヘイレージ	81.2	36.8
マメ科乾草	57.9	25.6
イネ科ヘイレージ	18.8	20.3
イネ科乾草	17.3	59.4

注　平均乳量：13,346kg（平均搾乳牛：223頭）

はCa摂取量の増加に直接つながり，乳熱予防の最善の方法と考えられていた分娩前のCa給与の低減をほとんど不可能にし，逆に乳熱発生を促す要因になった。このような状況下において，Ca給与の低減にかわって米国で考えられた乳熱予防法がカチオン・アニオンバランスである。

2. 乳熱発生のメカニズムと乳牛の適応

乳牛の生産性を向上しながら乳熱を予防することは難しいようであるが，これが乾乳期の栄養管理に求められる。そのためには，乳熱発生のメカニズムを理解することがまず必要である。第2図は乳熱発生の危険性に対する乳牛の適応を示したものであるが，このなかのどれか一部，あるいはいくつかが反応できないと乳牛に乳熱が発生することになる。

第2図を簡単に説明すると次のとおりである。泌乳開始に伴って初乳中へのCa損失量が増加すると，血漿中のCa濃度の急激な低下を防ぐために，副甲状腺ホルモン（PTH）産生量が高まる。PTHの主な働きは，骨の破骨細胞を活性化して骨から血液へのCaの移行（骨吸収）を高め，また腎臓からのCa再吸収を増やすことと，肝臓，腎臓でビタミンDを活性化して活性型ビタミンD産生量を高めることである。

腎臓で活性型ビタミンD分泌量が高まると小腸からのCa吸収量が増加し，骨吸収の増加と組み合わせて血漿中Ca濃度を正常範囲内に維持し，乳熱発生を防止する。

これらのことから，乳熱予防ではPTH，活性

第2表 乳牛の分娩直後の血液成分

	初産	2産	3産	4産以上
頭　数	27	14	8	14
月　齢	25.5	38.2	49.1	76.0
体　重, kg	602^c	648^b	666^b	762^a
血漿成分				
Ca, mg/dl	8.8^a	8.6^{ab}	8.1^{bc}	7.5^c
Pi, mg/dl	4.8^a	4.7^{ab}	3.9^{bc}	3.7^c
PTH, pg/ml	166^b	425^b	385^b	1,012^a
NEFA, mEq/l	566^b	479^b	520^b	793^a

注　^{a,b,c}：5%水準で有意差あり

型ビタミンDの活性化とこれらのホルモンに反応するレセプターの適応が最も重要と考えられている。

3. 乳熱発生と加齢の関係

乳熱発生には加齢の影響が大きく，乳牛の血漿中Caと無機リン（Pi）濃度は加齢とともに低下するものの，血漿中PTHおよび遊離脂肪酸濃度（NEFA）は加齢とともに上昇し，4産以上の老齢牛で高い値を示した（第2表）。また，経産牛の血漿中Ca濃度とPTH濃度の関係を調べると，PTH濃度の上昇が不十分な場合に乳熱の発生することが推察された。

このことから，初産牛はPTH分泌量が少なくてもCaとP代謝を正常に維持できるが，加齢とともに骨などの働きが弱まるため，老齢牛，特に3産以上の牛ではPTH分泌量が少ないと乳熱発生の危険性が高まることが考えられる。また，加齢とともにケトーシス・脂肪肝発生の危険性が高まるため，経産牛ではエネルギー摂取量を

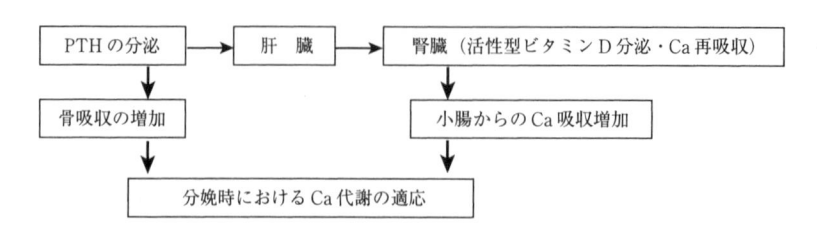

第2図 分娩時におけるCa代謝の適応（乳熱発生の危険性に対して）

PTH：副甲状腺ホルモン

適正に保つとともに，CaとP代謝を活性化させる飼養管理法が重要と考えられる．

4. 乳熱発生と給与飼料の関係

（1）分娩前後の窒素・ミネラル出納

乳牛の乳熱発生には給与飼料の影響も大きい．第3表は経産牛の分娩前後のミネラル出納を調べた結果（Kume et al. 2001）であるが，分娩前のミネラル吸収量は各試験区とも正であったが，分娩2～4日後には乳量が30kg/日以上に急増したため，体重減少が4.8～6.5kg/日と非常に著しく，また窒素，Ca，P，Mg，K出納もマイナスになった．したがって，分娩直後の高泌乳牛は体重減少，窒素，ミネラル蓄積量の減少が非常に顕著なため，分娩後の乾物摂取量を早期に増加させ，同時に窒素・ミネラル蓄積量を増加させる飼養管理が最も重要になる．

また，分娩直後にミネラル蓄積量はマイナスとなるものの，低K含量（1.9％）のアルファルファ給与では血漿中PTH濃度が高まり，骨吸収と消化管からのCa吸収が促進された．

（2）K過剰摂取の影響

一方，乳牛の分娩前のK吸収率は74～87％と高い範囲にあり，特に高K含量（3.37％）のアルファルファを給与した場合には，供試牛4頭のうち2頭に乳熱が発生した（第3図）．このケースでは，血漿中PTH濃度はやや上昇したものの，骨吸収の指標となる血漿中ハイドロキシプロリン濃度が低かったことから，骨のPTHレセプターの適応が不十分と思われた．しかし，アルファルファとコーンサイレージ給与により分

第3表 乳牛の分娩1週間前（3日間）と分娩2～4（3日間）後のミネラル出納

(Kume, 2001)

	分娩前		分娩後	
	グラス区	アルファルファ区	グラス区	アルファルファ区
体重 (kg)	754	711	711	643
増体 (kg/日)	0.15	0.65	-4.79	-6.50
乾物摂取量 (kg/日)	10.0	11.0	13.3	13.3
乳量 (kg/日)	—	—	29.5	31.9
窒素出納 (g/日)				
摂取量	218	240	309	322
蓄積量	49	64	-93	-72
Ca出納 (g/日)				
摂取量	46.6	81.3	69.5	111.0
蓄積量	11.7	18.9	-20.3	-1.4
K出納 (g/日)				
摂取量	194.8	203.7	218.9	192.5
蓄積量	0.1	2.9	-50.2	-18.9

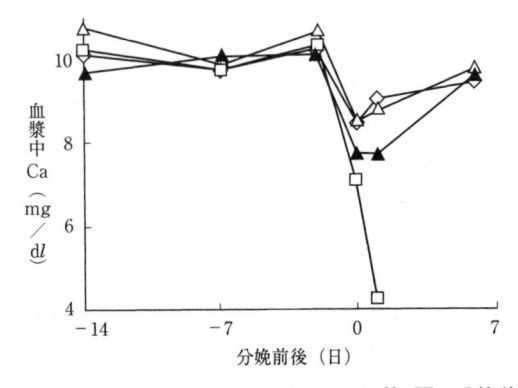

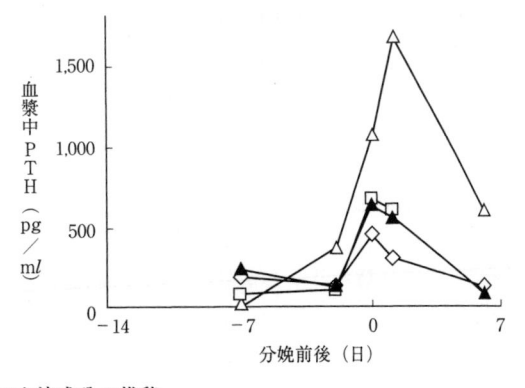

第3図 分娩前後の血液成分の推移

グラス（◇）区，アルファルファ35％給与・正常（△）区，アルファルファ35％給与・乳熱（□）区とアルファルファ20％給与（▲）区の血液成分

娩後の乾物摂取量と乳量が増加し，繁殖成績にも悪影響が認められなかったことから，アルファルファは乳熱発生の危険性を軽減できれば，分娩前後の乳牛に最も適した粗飼料と考えられる。

以上のことから，高K含量のアルファルファなどの給与ではPTHのレセプター機能が阻害され，乳熱発生を促すことが推察される。

乳牛の分娩前後のCa代謝を理解するためには，NRC標準・乳牛の改訂版（2001年版）が非常に役立つ。新NRCでは最も重要な乳熱発生因子としてカチオン・アニオンバランスをあげ，特にK過剰摂取による代謝性アルカローシスの悪影響を指摘している。周産期の乳牛がアルカローシスになるとPTHの機能，なかでもPTHレセプターの機能が損なわれ，活性型ビタミンD産生量の低下に伴う消化管からのCa吸収減少と骨吸収の減退により乳熱が発生するとしている。

また，第二の乳熱発生要因としては低Mg血症をあげ，低Mg血症ではPTH分泌量減少とPTHレセプターの反応低下を生じ，乳熱発生を促すとしている。

一方，興味深いことに従来から指摘されていたCa過剰摂取の悪影響はほとんど問題にしていない。米国でカチオン・アニオンバランスを普及させているGoffらの研究グループは，乳熱発生にはCa過剰摂取ではなく，K過剰摂取の影響が大きいことを報告している（第4表）（Goff et al. 1997）。ミネラルのなかでもKは溶解・吸収されやすいため，牧草中に過剰に蓄積したKは消化管あるいは乳牛体内でCaやMgなどの吸収や利用を阻害する。

第3表でも乾乳後期の飼料中のK含量は1.9%と，乳牛の要求量（0.65%）の3倍近くに達し，また新NRCの飼料設計でも飼料中のK含量が高くなる傾向が強いので，実際の飼養管理ではK低減を常に注意することが乳熱予防では必要といえる。

第4表 乳牛のK，Ca摂取量と乳熱発生，低Ca血症（7.5mg/dl以下）の関係 (Goff, 1997)

飼料中K	1.1%	2.1%	3.1%	全Ca
Ca, 0.5%（発生頭数/供試頭数）				
乳熱発生	0/10	4/11	8/10	12/31
低Ca血症	9/10	11/11	10/10	30/31
Ca, 1.5%				
乳熱発生	2/10	6/9	3/13	11/32
低Ca血症	9/10	9/9	12/13	30/32
全K				
乳熱発生	2/20	10/20	11/23	
低Ca血症	18/20	20/20	22/23	

5. 乳熱予防とカチオン・アニオンバランス

新NRCにはカチオン・アニオンバランスに基づく周産期（移行期）の給与法が記述されているため，乳熱予防では今後カチオン・アニオンバランスに注目がいっそう集まることになろう。

ここで，カチオン・アニオンバランスを簡単に紹介すると，飼料中のカリウム（K），ナトリウム（Na），カルシウム（Ca），マグネシウム（Mg）などのカチオン（陽イオン）と，イオウ（S），塩素（Cl），リン（P）などのアニオン（陰イオン）との差をみたもので，一般に（Na＋K）−（S＋Cl）をミリ当量で示した式で計算し，この値がマイナスになると分娩前後のCa代謝が正常に保たれ，乳熱予防に効果があるとされている。これは，実際にカチオン・アニオンバランスをマイナスにすることによって乳熱予防の効果があったことから推奨されているもので，そのメカニズムは新NRCに記述されている。

ところが，カチオン・アニオンバランスによる給与法の問題点も指摘されている。最大の問題点は，Clなどを添加した陰イオン塩飼料は嗜好性が悪いために分娩前の乾物摂取量が減少し，分娩後の乾物摂取量の増加に支障をきたすことである。また，陰イオン塩飼料を給与すると，母牛だけではなく，生まれてきた子牛もアシドーシスになる問題が生じている。

それ以外にも，カチオン・アニオンバランスの新しい式が次々に提案されるため，とまどい

第5表　飼料のカチオン・アニオンバランス
（DCAD）の換算値

イオン	原子量 (g)	当量 (g)	換算値
Na^+	23.0	23.00	435
K^+	39.1	39.10	256
Ca^{2+}	40.1	20.05	499
Mg^{2+}	24.3	12.20	823
Cl^-	35.5	35.50	282
S^{2-}	32.1	16.05	624
P^{3-}	31.0	10.33	968

を覚える人も少なくないであろう。

新NRCでは、カチオン・アニオンバランスとして以下の3式を提案している。

1) Enderの式：$(Na+K)-(Cl+S)$
2) Monginの式：$(Na+K)-Cl$
3) Goffの式：$(Na+K+0.15×Ca+0.15×Mg)-(Cl+0.6×S+0.5×P)$

1) は最も一般的に使われる式であり、2) は乳熱予防よりも暑熱ストレスや泌乳牛でよく利用される式である。3) はミネラルの吸収率を考慮した式で、少し複雑になっている。

ここで、最もよく使われる1) 式の計算方法を紹介しておきたい。第5表はカチオン・アニオンバランス（DCAD）を簡単に計算する場合の換算値を示した。たとえば、第6表に示した配合飼料では、Kの飼料中1kg当たりのミリ当量は0.81％を0.0391で割って求めるが、変換値の256をかけても同じ値である。ここで、配合飼料のDCADは $(0.10×435+0.81×256)-(0.20×282+0.22×624)$ で計算でき、結果は57となる（表の値は3点の平均値なので、59と少し異なっ

Ca代謝（低Ca血症）とカチオン・アニオンバランス

ている）。2) と3) 式も同様な計算でDCADを求めることができ、どの式を使うかは、基本的には使用者の判断による。

6. カチオン・アニオンバランスのわが国への適用

(1) 飼料構成と経営規模の相違

カチオン・アニオンバランスは基本的に米国で応用された技術であり、新NRCが対象としている経営体も米国の農家である。そのため、カチオン・アニオンバランスをわが国でそのまま利用できるかを検証しなければならない。

わが国と米国の酪農経営で大きく異なるのは、給与飼料の構成と経営規模である。このことは、わが国の乳牛の生産性は欧米とほぼ同じレベルに達したが、給与飼料などが異なるため、欧米で考えられた技術をそのまま利用するのではなく、わが国に適したように応用することが必要なことを意味している。

特に、米国の飼料構成は第1表に示したようにアルファルファ、コーンサイレージが主体であるが、一方で規模拡大が急速に進み、現在では飼養頭数500頭以上の経営規模が米国の乳生産の3割以上を占め、家族経営から法人的な経営に生産基盤が大きく移行している。このような経営体ではTMRを数種類作成し、ミネラル給与もきめ細かく行なうことが可能になっている。

それに対してわが国では、アルファルファやコーンサイレージを利用してはいるものの、大部分は購入粗飼料やグラスサイレージ主体の給

第6表　飼料中のカチオン・アニオンバランス（DCAD）

	例数	Na	K	Cl	S	DCAD
		乾物当たり（％）				(mEq/kg)
配合飼料	3	0.10	0.81	0.20	0.22	59
大豆かす	3	0.02	2.33	0.02	0.40	350
魚粉	1	0.55	0.83	0.79	0.95	－361
イタリアングラスサイレージ	5	0.08	3.13	1.79	0.24	184
オーチャードグラスサイレージ	5	0.27	2.11	1.17	0.21	201
アルファルファサイレージ	8	0.05	3.23	1.02	0.29	379
コーンサイレージ	2	0.03	1.00	0.27	0.09	139

注　DCADは $(Na+K)-(Cl+S)$ で示した

与で，乳牛の飼養頭数も100頭以下，特に都府県では50頭前後の規模が多い。

(2) 飼料成分の相違

また，飼料中のミネラル含量もわが国と米国では異なり，特にわが国では糞尿の大量還元により牧草中のK含量が3％を超え，なかには4～5％と非常に高い値に達することもある。もう一つ異なる点は，第6表で示しているようにわが国の粗飼料はKが高いだけではなく，Cl含量も高く，1％を超えることが多い点である。

「ミネラル」の章で紹介した第2表には粗飼料と配合飼料の給与比率を変えた試験結果を示したが，カチオン・アニオンバランスはほとんど違わないものの，粗飼料を多給するとKとCl摂取量が極端に増えることを示している（技278の33ページ参照）。このことは豪州の研究者も同様なことを報告し，豪州では牧草中のCl含量が高いのでカチオン・アニオンバランスをそのまま応用できないことを指摘している。

たとえば，ここでカチオン・アニオンバランスをマイナスにするために，Clをさらに添加すればどうなるであろうか。電解質（K，Cl，Na）の体内代謝の特徴は，消化管から吸収されやすいものの，体内に保持できる量が限定されているために，過剰に吸収された電解質は大部分が尿中に排泄される。このことは，乳牛は電解質を多量摂取すると尿中の電解質濃度を高めたり，尿量を増やしたりして，これらを体外へ排泄しなければならないことを意味する。その結果，腎機能に多大の負担がかかり，腎臓におけるCaの再吸収や活性型ビタミンDの産生に悪影響を及ぼすことが推察される。

このようなことから，わが国でカチオン・アニオンバランスに基づく飼料給与を行なう際には，飼料中のK含量を可能な限り低減することと，Clの添加は必要最小限にとどめることが必要であろう。

7. わが国での乳熱予防法

乳熱は発生のメカニズムや予防方法などが明らかにされ，なかでも新NRCは最新情報を取り入れた非常に優れた乳牛の飼養標準で，乳熱予防で参考になる点も非常に多い。しかし，新NRCでは分娩前の最適なCa給与量を明らかにしていないことなどから，カチオン・アニオンバランスを含めた乳熱予防法はまだ改善される余地が多いと考えられる。そこで，わが国の現状や新知見を取り入れながら，わが国における乳熱予防法を最後に検討してみたい。

(1) K含量の低減

乳牛の生涯生産性を高めることが酪農家には最大の経済的メリットを生みだすが，乳牛は老齢になるほど骨と腎臓の機能が低下し，乳熱が発生しやすくなる。カチオン・アニオンバランスの考え方に基づくと，乳熱予防ではコーンサイレージや低K含量の粗飼料を利用して粗飼料のK含量を2％以下に低減させ，飼料中のK含量を可能な限り低下することがわが国では第一に求められる。

(2) 陰イオン塩利用の注意

また，乾乳期の飼養管理では分娩後の乾物摂取量を早期に高めるような飼料構成が重要なため，陰イオン塩の飼料給与では乾物摂取量の減少を避けるような工夫が必要である。特に育成雌牛では，分娩前後に乳熱はほとんど発生しないことと，成長のための増体が必要なことから，陰イオン塩の利用は推奨できない。したがって，陰イオン塩の利用は高K飼料を利用せざるをえない経産牛だけに限定することが必要である。

その場合でも，新NRCでは（Na＋K）－（S＋Cl）の式で0ミリ当量/kg以下にする（この値はこれまで推奨されていた値よりも低くなっている）と乳牛の血液を酸性化可能としていることから，過剰な陰イオン塩の利用は避けなければならない。

(3) Mg剤利用の注意

新NRCではそれ以外に飼料中のMg含量を0.35～0.40％に高めることを推奨しているが，Mg剤も嗜好性がよくないので乾物摂取量の低下

に注意が必要なことも指摘できよう。

(4) 分娩後のCa剤投与

一方，乳熱予防の効果はあるものの，分娩前の低Ca飼料（15g/日以下）給与は実際の飼料設計では不可能と新NRCでは否定的な見解を示している。それに加えて，実際によく給与されている35〜45g/日のCaレベルでは乳熱予防効果はないとしている。第3表のグラス給与区でも分娩前のCa摂取量は47gであったが，わが国でも飼料中のCa給与量を15g以下にすることは不可能なので，現状ではCaを低減して乳熱を予防することは困難と考えられる。

さらに，わが国でよく行なわれている分娩直後のCa剤の経口投与は，省力的でないことや肺炎発生の危険性などを理由にあげて新NRCでは否定的な見解を示しているが，わが国の飼養規模では適正な管理をすることにより実用化が可能な方法といえよう。

(5) TMRとミネラル給与

実際の分娩前後の飼養管理で，今まで述べたことを可能にする給与方法はTMR給与である。各栄養素を適正に含有した飼料を乳牛に充足させ，ルーメン機能を正常に保ち，分娩後に乾物摂取量を急速に増加させるためには，TMRを利用することが最も良い方法といえる。

ところが，飼料設計における栄養素充足の優先順位は，エネルギー＞蛋白質＞ミネラルの順になるため，どうしても実際のミネラル給与量は過不足となりやすい。移行期の飼料設計では，ミネラルが不足していればミネラル剤を添加して要求量を満たすことは比較的容易であるが，過剰になったミネラルを低減することは困難である。また，自給飼料の利用やコストを考えて飼料設計をすると，ミネラル含量は変動が大きくなる。そのため，移行期の飼料中のミネラル含量は変動要因が多いことを念頭におき，各ミネラルをできるだけ過不足のないように飼料設計することが基本といえよう。

一方，分娩後の泌乳初期には体内からのミネラル損失量をなるべく少なくするように飼料中のミネラル含量を高めることが必要であり，ミネラル剤などによる補給，特にCaとPの飼料中への添加が有効といえる。また，Ca代謝の促進のために適度な日光浴と運動が分娩前後に大切なことも忘れてはならない。

執筆　久米新一（独・農業技術研究機構北海道農業研究センター）

2002年記

参考文献

Goff *et al*. 1997. Effects of the addition of potassium or sodium, but not calcium, to prepartum rations in dairy cows. J. Dairy Sci. **80**，176—186.

Kellogg *et al*. 2001. Survey of management practices used for the highest producing DHI herds in the United States. J. Dairy Sci. **84**，E120—127.

久米新一．2000．高泌乳牛の栄養管理とカルシウム代謝の制御．北農．**67**，80—84．

Kume *et al*. 2001. Relationships between crude protein and mineral concentrations in alfalfa and value of alfalfa silage as a mineral source for periparturient cows. Anim. Feed Sci. Tech. **93**，157—168.

飼料の使い方と給与技術

トウモロコシサイレージの使い方

1. 刈取り時期とサイレージの飼料特性

(1) デンプンと総繊維の比率

トウモロコシも牧草と同じようにその生育の時期によって成分組成が大きく変化し，どの生育時期で刈取り調製したかによって，サイレージの特性も異なってくる。それを第1表に示す。

生育に伴って子実部分が充実すると水分は減少し，乾物率は上昇する。同時にサイレージ中のデンプン含量が増加し，相対的に総繊維の減少を引き起こす。これらは茎葉部分の生育に伴う重量比率の低下による。第1表に示すように，黄熟期以降に調製したトウモロコシサイレージでは，意識をしないまでも1kg前後の「トウモロコシ子実」を給与していることになる。

生育に伴って減少する総繊維の性質はどのようになるだろうか。茎葉部分の老化（リグニン化）によってしだいに高消化性繊維の含量が減少し，その結果総繊維消化率もしだいに低下する。トウモロコシサイレージのデンプンの消化率は，多くの試験をおおまかにまとめると85～90％である。糊熟期のデンプン消化率は黄熟期のそれよりも高い傾向は示すが，生育に伴うデンプン含量の増加はその差を，可消化デンプン含量に強くは反映しない。つまり，可消化炭水化物の内容は，未熟期から成熟期にかけてしだいに可消化繊維から可消化デンプンに置き換わってゆくという姿を示す。一方，乾物中のTDN含量は生育が進んでも変動は小さい。

つまり，トウモロコシサイレージで重要なのはTDN含量ではなく，デンプンと総繊維の比率なのである。トウモロコシサイレージの評価ではこの視点を優先させなければならない。

サイレージのpHは未熟のサイレージで低く，それは高乳酸含量で説明できる。生育時期が早く可溶性糖類に富んだ茎葉部分が多い時期に調製されたサイレージは，ルーメンに対する易可溶性炭水化物をデンプンではなく，高消化性繊維と乳酸で供給していると考えてよい。

(2) カルシウムとリンの比率

また，カルシウムとリンの比率を見ると，未熟なサイレージではカルシウムの比率が高いが，生育が進むにつれてしだいにリンの比率が高まってくる。これも子実部分の増加に由来する。

(3) 子実蛋白質の比率と分解特性

子実部分の増加によるサイレージ飼料特性の変化は炭水化物，ミネラル含量のみではなく，

第1表 トウモロコシサイレージの刈取り調製時期とサイレージの組成（乾物率以外は乾物中％）　　（阿部）

調製時期	乾物率(%)	サイレージ10kg中の子実量(g)	デンプン(%)	粗蛋白質(%)	子実由来粗蛋白質(%)	TDN(%)	サイレージpH	乳酸(%)	カルシウム(%)	リン(%)	総繊維(%)	高消化性繊維(%)	総繊維消化率(%)
乳熟初期	13	60	3.4	12.4	1.7	65.9	3.50	14.7	0.23	0.27	57.3	16.7	53
乳熟中期	15	190	9.1	10.3	1.4	66.4	3.60	11.8	0.16	0.25	51.3	14.6	53
糊熟期	16	340	15.1	9.5	3.1	65.2	3.85	9.1	0.18	0.27	51.5	12.9	50
糊熟後期～黄熟期	21	710	24.3	8.5	3.5	67.4	3.82	5.2	0.14	0.21	45.0	9.2	49
黄熟期	25	910	26.3	7.9	5.1	66.6	4.00	3.7	0.10	0.23	43.0	8.3	48
黄熟後期～過熟期	32	1,330	30.0	7.5	5.3	64.2	4.25	2.6	0.11	0.25	38.4	4.6	40

蛋白質にも引き起こされる。生育が進むにつれて，全粗蛋白質中の子実粗蛋白質の比率が高まり，黄熟期では65%程度に達する。

トウモロコシ子実の蛋白質ツェインは，ルーメン中での分解率が麦類や大豆かすなど油かす類よりも低い。したがって，子実の充実したサイレージの給与は，意識をしないまでもバイパス蛋白質を給与していることになる。この点が易分解性蛋白質比率の高い牧草サイレージ給与時と大きく異なるところである。

都府県型の飼料給与，つまり年間をトウモロコシサイレージと牧草サイレージの繋ぎで通年サイレージ給与を行なっているところでは，切替え時にこの点に留意することが必要である。もちろん，蛋白質だけではなく，デンプンと繊維への配慮も並行することを忘れずにである。

2. 給与量と飼料設計・飼料給与診断

(1) 給与量の実態

筆者はわが国酪農の飼料給与の類型を自給飼料多給与型，自給飼料添加型，自給飼料無給与型の3つに分けている。

自給飼料多給与型酪農は北海道が中心であり，そこでのトウモロコシサイレージ給与量は，牧草サイレージや牧乾草の量あるいは飼料給与設計の相違から一概にはいえないが，20kg前後の給与例も多い。

第3表 トウモロコシサイレージと種々の飼料の咀嚼・反芻時間 （E. M. Sudweeks ら）

飼　　料	咀嚼・反芻時間（分/kg乾物）
アルファルファ乾草	
細切・キューブ	44.3
ペレット	36.9
長もの	61.5
トウモロコシサイレージ	
粗切断長	66.1
微小切断長	40.0
中程度切断長	59.6
混播乾草[1]	
微小切断・ペレット	13.2
良品質乾草	87.1
中品質乾草	103.1
2番草	77.0
イネ科牧草サイレージ	99～120

注 [1] イネ科主体の混播乾草

自給飼料添加型酪農は，都府県の大多数がその範疇に属すると考えてよい。なぜ，自給飼料添加型というのか。第2表は茨城県での調査例である。先にも述べたように，1年をトウモロコシサイレージとイタリアンライグラスを中心とした冬作牧草サイレージを繋いですごしている地域である。トウモロコシサイレージの給与量はどのくらいか。C農家のような例もあるが，多くは10kg程度，平均で12～12.7kgである。12kgとすると，乾物で3.4kgとなる。今，日量35～40kgの乳量で1日の乾物給与量が23kgであったとすると，トウモロコシサイレージという自給飼料の地位は15%となる。そこで筆者は，このタイプを自給飼料添加型酪農といっている。

(2) 飼料給与設計・診断のチェックポイント

第3表を見てわかるように，酪農家の調製しているサイレージの組成は多様である。ゆえにまずは，飼料分析による飼料特性の把握が必要となる。そのうえでの飼料給与設計と診断である。

平成4年に行なった自給飼料添加型酪農地域（栃木県）16戸の，35～40kg日乳量の乳牛に対する飼料

第2表 茨城県の10酪農家が調製したトウモロコシサイレージの飼料特性（乾物率以外は乾物中%） （阿部ら）

農家名	熟期	切断長(mm)	給与量(kg/日)	乾物率(%)	乳酸(%)	デンプン(%)	総繊維(%)	粗蛋白質(%)
A	黄熟	15	15～20	26	3.6	14.5	53.4	6.3
B	黄熟	12	17	33	4.4	17.4	43.6	7.5
C	糊熟	20	23	27	4.3	14.8	53.0	8.0
D	黄熟	20	10	26	5.9	19.5	45.6	8.8
E	黄熟	10	6～7	34	2.6	28.3	38.9	7.9
F	黄熟	11	10	32	2.4	17.7	52.6	7.9
G	糊熟	26	10	26	6.0	19.8	43.0	9.1
H	乳熟	20	10	25	8.5	13.2	46.7	9.0
I	黄熟	10	10	23	7.2	7.6	54.9	8.8
J	黄熟	16	10	33	7.2	21.3	43.4	7.9

乾物給与の平均的な姿は，自給飼料が3.8kg，乾草（各種輸入乾草）が6.4kg，そして濃厚飼料が14.9kgであった。濃厚飼料には配合飼料，穀類，大豆かすなど油かす類，ビートパルプ，コーングルテンフィード，コーングルテンミール，大豆皮，綿実，大豆，魚粉などが含まれる。添加をする水準の自給飼料に何を求めた調製の努力をするのか，あるいは自給飼料の性質に調和させたどのような乾草，単体飼料を選択するのかが課題となる。

飼料給与診断は，現在の状況を把握し，改良するために行なわれる。したがって，しばしば飼料設計に先立つことが多い。そこではどのようなチェックポイントが必要か。

まずチェックポイントの適否を判断する個体・牛群成績として，乳量，一般的な乳質，乳の衛生的な品質，飼料投入価格，乾物給与量，健康状態（飼料採食状況を含む），繁殖成績（空胎日数，搾乳日数など）を把握しておく。

そして栄養管理のチェックポイントとしては以下の要素を包含させる。大切なことは以下に示す各項目を総合的，複眼的に解釈するという姿勢と努力である。それは「要求量に対するTDN，粗蛋白質，カルシウム，リンの給与比率」「デンプン給与量・乾物中含量（トウモロコシサイレージ給与でとくに大切，NFC＝非繊維性炭水化物でも可）」「高消化性繊維給与量・乾物中含量」「ルーメン内発酵性炭水化物給与量・乾物中含量」「NDF（中性デタージェント繊維）給与量・乾物中含量」「NDF中乾草・サイレージ由来NDF比率」「粗蛋白質中ルーメン非分解性蛋白質給与比率」「粗脂肪給与量・乾物中含量」「フォレージ繊維の給与量・比（イネ科牧草，トウモロコシサイレージ，アルファルファ）」などである。

（3）トウモロコシサイレージの切断長

近年，乾物摂取量とルーメン発酵の安定性を保つための栄養管理指標の一つとして，飼料の物理性が重要視されている。第3～5表にその関連のデータを示す。ここでのキーワードはフォレージの切断長である。

イネ科牧草の場合，切断長の小さいものは咀嚼・反芻時間が短く，咀嚼・反芻時間が長い粗切断長の乾草よりも乾物摂取量は増大する。しかし，極端な話ではあるが，粉砕してしまうと，フォレージがもつべき一定の咀嚼・反芻時間と唾液の流入機能を失って，ルーメン発酵混乱の

第4表 トウモロコシサイレージの採食量，切断長とルーメン通過速度（％/時） （C.J. Sniffenら）

飼料	維持量に対する摂取レベル		
	1×	2×	3×
トウモロコシサイレージ　黄熟期前後			
通常切断長	2.0	2.5	3.0
微小切断長	4.0	5.0	6.0
トウモロコシサイレージ　糊熟期前後			
通常切断長	1.5	2.0	2.5
微小切断長	3.0	4.0	5.0
トウモロコシサイレージ　乳熟～糊熟期			
通常切断長	1.0	1.5	2.0
微小切断長	2.0	3.0	4.0
マメ科草（アルファルファ）　通常品質			
長もの	2.0	2.5	3.0
20％＞2.54cm	2.5	3.0	3.5
0.635cm	3.0	3.5	4.0
イネ科草			
長もの	2.0	2.5	3.0
20％＞2.54cm	2.0	3.0	4.0
0.635cm	3.0	3.5	4.5

注　維持量に対する摂取レベルは，1×は乾乳期の，2×と3×は泌乳期の飼料給与をイメージすればよい

第5表 トウモロコシサイレージの切断長とサイレージの特性 （坂東）

切断長の分布（mm）	1.0＜	1.0～2.5	2.5～5.0	5.0～10.0	10.0～20.0	20.0～30.0	30＞
設定切断長　5mm	3.8	13.4	33.0	36.4	11.1	1.3	1.0
10mm	3.1	9.0	20.1	41.0	20.7	4.2	1.9

消化率・栄養価	乾物消化率（％）	粗繊維消化率（％）	TDN含量（％乾物）
設定切断長　5mm	66.9	54.8	70.0
10mm	66.6	57.9	69.5

①咀嚼・反芻時間と切断長

トウモロコシサイレージの切断長は第2表に見られるように10～20mmの範囲の例が多い。第3表に見られるように，切断長によって咀嚼・反芻時間は異なる。この表ではトウモロコシサイレージとアルファルファ，そしてイネ科乾草の草種で比較をしていただければよい。

今，トウモロコシサイレージの粗切断長を20mm以上のもの，中程度切断長が10mm程度のもの，微小切断長を5mm以下のものと仮定（イメージ）すると，アルファルファの長もの乾草は粗のトウモロコシサイレージよりも咀嚼・反芻時間が短く，中程度切断のものとほぼ同じ値である。しかし，トウモロコシサイレージの粗・中程度切断は混播乾草の比較飼料が異なるので中品質乾草よりもかなり小さな値しか示さない。

②切断長とルーメン通過速度

第4表は給与水準と切断長がフォレージのルーメン通過速度に及ぼす影響を相対的な値として示している。1×（乾物の維持要求量）は乾乳期の，2×，3×（乾物の維持要求量の2倍，3倍）は泌乳期の飼料給与をイメージすればよい。トウモロコシサイレージでは生育が進んでから調製したものが，同じ切断長ではルーメン通過速度が速くなる。そして同じ刈取り調製時期のものでは，切断長の小さなもののルーメン通過速度が速くなる。

③総繊維消化率への影響

それではトウモロコシサイレージの切断長と飼料の消化率にはどのような関係があるのか。第5表にそれを見る。ここでは5mmと10mmとの比較である。

乾物消化率，TDN含量にはほとんど差がないが，粗繊維消化率は10mm区が高い値を示している。この理由について坂東は，「切断長が長いサイレージほど消化管内の通過速度が遅いために，第一胃内で微生物による消化作用を受ける時間が長くなる」と考察している。

また，設定切断長に対する測定切断長の分布をみると，かなりの変動のあることがわかる。

3. トウモロコシサイレージの繊維水準

前項では，繊維の特性評価法の一つとして切断長というフォレージの物理性について述べた。ルーメン内の物質移動，発酵状態，乾物摂取量に強い影響をもつ要素としてはフォレージの物理性とともに，飼料乾物中の繊維水準がある。これに関して現在，「飼料乾物中の繊維（NDF）水準は泌乳牛で28％でよい。しかし，その75％はフォレージ由来であることが望ましい」（NRC飼養標準）とか，「第一胃発酵，乳脂率，乳量を総合的に判断した場合に，給与飼料中のNDF水準は乾物中35％が適当である」（千葉県，栃木県，群馬県，東京都，山梨県，長野県，愛知県協定研究）といった指標が示されている。さて，それでは繊維の水準とフォレージの種類についてはどのように考えたらよいのか。

第6表には北海道新得畜産試験場で原らによって行なわれた仕事の成果を紹介する。

これはフォレージNDFの素材としてトウモロコシサイレージと牧草サイレージを用い，それぞれの給与区でNDF含量を2水準設定し，泌乳安定期の乳牛による飼養試験を実施した結果である。フォレージNDF水準は乾物中30％と20％とした。サイレージの設定切断長はトウモロコシ，牧草ともに10mmとし，飼料はTMRの形で給与した。1試験区の試験期間は21日間とし，その間の乾物摂取量，乳量，乳成分含量，ルーメン液性状を観察している。第6表に即しながら，原らの資料（参考文献参照）を要約・紹介する。

1）トウモロコシサイレージのNDF含量が40.6％であるのに対して，牧草サイレージのそれは64.3％であったところから，各設定NDF水準での濃厚飼料給与比率が牧草サイレージ区とトウモロコシサイレージ区とでは異なった。

2）用いた牧草サイレージの乾物中TDN含量が69.5％と高かったために，TMRのTDN含量は同一NDF水準の比較では牧草サイレージ区が高い値を示した。

3）乾物摂取量および体重当たりのNDF摂

第6表 フォレージ素材としてトウモロコシサイレージと牧草サイレージを利用した場合の乳牛の反応

(原ら)

フォレージ	トウモロコシサイレージ		牧草サイレージ	
乾物中フォレージ由来NDF水準(%)	30	20	30	20
飼料構成(%)				
トウモロコシサイレージ	73.1	51.6	—	—
牧草サイレージ	—	—	42.8	30.2
大豆かす	13.9	13.0	8.4	9.0
トウモロコシ	1.4	23.8	37.2	49.2
アルファルファペレット	5.0	5.0	5.0	5.0
ビートパルプ	5.0	5.0	5.0	5.0
ミネラル剤	1.6	1.6	1.6	1.6
濃厚飼料割合	26.9	48.4	57.2	69.8
飼料組成(乾物中%)				
粗蛋白質	15.7	16.1	16.2	16.3
NDF	35.5	29.0	36.4	29.6
フォレージ由来NDF	29.7	21.0	27.5	19.4
デンプン	19.7	27.7	22.6	29.8
TDN	71.2	74.3	75.0	76.9
飼養成績				
乾物摂取量(kg/日)	20.2	22.3	20.4	21.3
NDF摂取量(kg/日)	1.04	0.94	1.12	0.96
フォレージ由来NDF摂取量(kg/日)	0.87	0.68	0.84	0.62
乳量(kg/日)	27.2	29.9	30.4	31.1
乳脂肪率(%)	3.69	3.65	3.67	3.69
乳蛋白質率(%)	3.05	3.17	3.18	3.25
ルーメン液性状				
pH	7.02	6.79	6.94	6.88
アンモニア態窒素(mg/dl)	5.8	5.9	4.1	3.8
総VFA濃度(モル/dl)	7.5	8.4	7.8	7.7
VFA中酢酸比率(%)	66.5	65.8	68.9	65.7

量はNDF含量が少なくなるとともに増加したが、フォレージ間の差は認められなかった。

4) 乳量では、トウモロコシサイレージ30%区がトウモロコシサイレージ20%区および牧草サイレージ30%区に比べて低い傾向がみられた。しかし、トウモロコシサイレージ20%区と牧草サイレージ20%区では、いずれも30kg前後で差はみられなかった。

5) 乳脂肪率ではNDF含量間、フォレージ間で差は認められなかった。

6) 乳蛋白質率では、トウモロコシサイレージ30%区はトウモロコシサイレージ20%区および牧草サイレージ30%区同20%区に比べて低い傾向がみられた。

7) ルーメンpHはNDF含量の低下によって低くなる傾向がみられたが、フォレージ間には差はみられなかった。

8) ルーメン中のアンモニア態窒素および総VFA濃度でも処理間差は認められなかった。

9) VFA中の酢酸比率はいずれも65%以上の高い値が観察された。

4. トウモロコシサイレージの飼料特性と給与方法

(1) 泌乳前期のトウモロコシサイレージ、チモシー乾草、アルファルファ乾草給与の比較

ここではトウモロコシサイレージと2つの乾

飼料の使い方と給与技術

第7表 トウモロコシサイレージ，チモシー乾草，アルファファ乾草の比較飼養試験
（千葉県，群馬県，愛知県，東京都，栃木県，山梨県，長野県協定研究）

①飼料設計

	トウモロコシ サイレージ区	チモシー乾草区	アルファファ 乾草区
飼料給与内容（原物%）			
チモシー乾草	—	18.0	—
アルファファ乾草	9.0	—	20.0
トウモロコシサイレージ	37.3	—	—
アルファファキューブ	4.1	10.0	6.0
アルファファペレット	—	3.0	—
ビートパルプ	4.1	6.0	7.5
綿　実	9.0	12.0	12.0
トウモロコシ	11.2	22.0	23.0
大　麦	6.3	8.0	8.5
フ ス マ	3.5	3.1	4.8
大豆かす	6.7	9.0	7.0
アマニかす	2.2	2.2	3.0
大 豆 皮	3.4	2.5	4.0
糖　蜜	1.6	2.1	2.1
ミネラル剤	1.6	2.1	2.1
飼料組成（乾物中%）			
TDN	75.6	76.9	76.5
粗蛋白質	17.7	17.3	17.7
NDF	34.0	36.7	32.7
デンプン	20.2	20.4	21.5
粗 脂 肪	5.2	5.2	5.2
RVI値（計算値）（分/kg乾物）	35.4	36.8	31.5
RVI値（実測値）	32.3	30.1	25.4

②試験成績

	トウモロコシ サイレージ区	チモシー乾草区	アルファファ 乾草区
乾物摂取量（kg/日）	24.7	25.0	24.6
乾物摂取量/体重比（%）	3.97	3.97	3.92
TDN摂取量（kg/日）	18.7	19.2	18.8
NDF摂取量（kg/日）	8.40	9.17	8.04
デンプン摂取量（kg/日）	4.99	5.12	5.28
乳　量（kg/日）	39.5	39.2	41.3
乳脂肪率（%）	3.53	3.70	3.51
乳蛋白質率（%）	3.11	3.12	3.10
ルーメンpH	6.80	6.76	6.63
酢酸比率（%）	60.1	61.2	57.8
プロピオン酸比率（%）	23.9	22.8	25.4
酪酸比率（%）	11.3	11.7	12.0

草（チモシー乾草とアルファファ乾草）の比較試験の結果を示す。

飼料設計を第7-①表に，飼養試験成績を第7-②表に示す。これは千葉県，群馬県，愛知県，東京都，栃木県，山梨県，長野県の協定研究の成果である。自給飼料であるトウモロコシサイレージと，購入乾草としてよく用いられるアルファファ乾草，そしてイネ科輸入乾草の代表としてチモシー乾草の比較という視点で見ればよい。

供試乳牛頭数は61頭であり，これがチモシー乾草区，アルファファ乾草区そしてトウモロ

コシサイレージ区に20～21頭ずつ配置された。試験は分娩前2週間から分娩後110日の間に実施されたが、第7-2表に示す飼養試験成績は分娩後5日から110日間の平均値である。飼料の給与はTMRの形で行なったが、乾草の切断長は20mmとした。

試験の結果について第7表に即しながら協定研究報告書（千葉県畜産センター特別研究報告）の記述を以下に要約する。

1）チモシー乾草、アルファルファ乾草、トウモロコシサイレージ（アルファルファ乾草を含む）と、フォレージ部分を変えた飼養試験であるが、飼料内容のTDN含量、粗蛋白質含量、デンプン含量、粗脂肪含量は一定とする内容の試験である。しかし、NDF含量はアルファルファ乾草区が低く、実測のRVI値（咀嚼・反芻時間）はアルファルファ乾草区が他に比べて大きく低下した。

2）乾物摂取量、乾物摂取量の体重比、TDN摂取量では区間に差はなかったが、NDF摂取量はチモシー乾草区が最も高く、次いでトウモロコシサイレージ区、アルファルファ乾草区という順で低下した。

3）乳量ではアルファルファ乾草区が他よりも高い傾向を示した。アルファルファ乾草区は5週時に44.3kgのピークに達し、4～11週時には他の2区よりも乳量が高い傾向を示し、8、9週時の他区との差は有意であった。

4）乳脂肪率はチモシー乾草区が他の2区に比べてやや高い値であったが統計的には差はなく、乳脂肪生産量は同一水準となった。

5）平均の乳蛋白質率は各区とも3.1％程度で差はなかった。

6）ルーメンpHはアルファルファ乾草区が他の2区に比べて低かった。ルーメンpHがアルファルファ乾草区で低かった原因については、飼料中のデンプン含量に差がなかったことから、アルファルファ乾草区の咀嚼・反芻時間が短かったためにルーメンを中和する唾液分泌量が少なかったことが原因と考えられる。

7）ルーメンVFA組成ではアルファルファ乾草区の酢酸比率が60％を下回る低い値を示した。

8）アルファルファ乾草のNDFはイネ科植物に比べて「ルーメン内での消化速度が速いか、物理的に脆い」ために、反芻刺激性がイネ科乾草に比べてやや少ないことが示唆された。

執筆　阿部　亮（日本大学生物資源科学部）

1999年記

参考文献

坂東健. 1993. トウモロコシサイレージを基本飼料とする牛乳生産に関する飼養学的研究. 北海道立農業試験場報告. 81号, 1-85.

原悟志・大坂郁夫・糟谷広高・遠谷良樹・小倉紀美・森清一・田村千明・所和暢. 1995. 北海道農業試験会議・平成6年度成績会議資料. 単味飼料の成分組成と混合飼料中のNDFとデンプンの給与比率. 北海道立新得畜産試験場. 20-23.

Sniffen, C.J., J.D.OConnor, P.J.Van Soest, D.G.Fox and J.B.Russell. 1992. A net carbohydrates and protein system for evaluating cattle diets : Carbohydrates and protein availability. J. of Animal Sci. **70**, 3562-3577.

Sudweeks, E.M., L.O.Ely, D.R.Mertens and L.R.Sisk. 1981. Assessing minimum amounts and form of roughages in ruminant diets : Roughage value index system. J. of Animal. Sci. **53**, 1406-1411.

低コスト・高品質牛乳生産のための乳牛飼養管理技術の開発に関する研究. 1998. 千葉県畜産センター特別研究報告. 3号, 88-105.

飼料の使い方と給与技術

破砕処理トウモロコシサイレージの泌乳牛への多給による購入穀類の低減

輸入穀類価格の高騰により，飼料自給率の向上は，酪農を含めた畜産経営を安定して継続するために，以前にも増して重要な課題となっている。飼料作物のうち，飼料用トウモロコシは単位面積当たりの収量と栄養価に優れた作物であり，泌乳牛へ多給することにより自給率の向上が期待される。

近年，コントラクターやTMRセンターなどの大規模な飼料生産・供給組織では，自走式ハーベスタの一機構である破砕処理機の導入が進んでいる。破砕処理は，黄熟期以降において，登熟にともない低下するデンプンと繊維の消化性を改善すると考えられることから，収穫適期の延長により，収穫・調製作業の柔軟な組立てと作付け面積の拡大が期待される。また，破砕処理はトウモロコシの切断長を破砕しない場合の推奨値10mmの2倍程度（16〜19mm）と長くしても，良質なサイレージ発酵に必要なサイロ密度が確保されることから，反芻に有効な物理性繊維の確保も期待できるため，泌乳牛への多給により購入穀類の節約が可能と考えられる。

以上の背景から，当畜産研究所では2006年度から「破砕処理によるトウモロコシ収穫適期の延長」「泌乳牛への破砕処理トウモロコシサイレージの多給による購入穀類の節約効果」を明らかにすることを目的として試験を実施している。

1. 破砕処理の利点

(1) 採食性と栄養価の向上

①消化性と採食性

破砕処理によるトウモロコシ子実は，その大部分に傷がつくか，完全に破砕されている（第

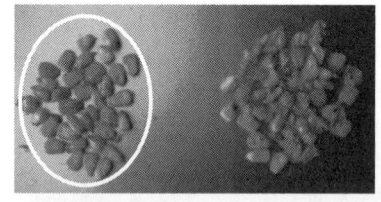

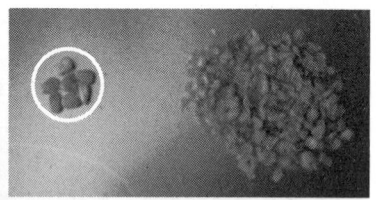

第1図 破砕トウモロコシサイレージの子実（上），茎葉および心（下）
ペンステートパーティクルセパレータによる分節。アメリカのペンシルヴェニア大学で飼料用に開発された，3段もしくは4段重ねの篩で，上段ほど篩の目が粗く，下段にいくほど目が細かくなる。篩の目（のサイズ）は，飼料の粒度の反芻への影響や，選び食いに影響を与えないかなどを考慮し，適切なサイズに設定されている
具体的な使い方は，200gの試料を最上段に入れたあと，水平に保ちながら人力で縦横に40回動かし，各段に残った試料の割合が，どのように分布するかを測定することで，飼料中の粒度割合が給餌するうえで適当に分布しているかどうかを調べる
写真上の子実は19mm＜8mmの篩の段で，未破砕（左）は傷が付いていない子実の割合が多いのに対し，破砕処理（右）では少なくなっている
写真下の茎葉および心は，19mm＞の篩の段で，破砕処理（右）のほうが量が少なくなっている。コーンサイレージを給与した場合，雌穂の心や長めの茎葉は，形状などの理由で牛が採食しづらく，残飼となる割合が多くなってしまう

破砕処理トウモロコシサイレージ1図)。

破砕処理により，糞中に現われる未消化の子実量が少なくなっており，デンプンの利用が高まると考えられる（第2図）。

また，トウモロコシの茎葉および心も破砕処理により粒度が小さくなっている（第1図）。また，残飼の状態（第3図），給餌前後のNDF％およびNFC％（第4図）からは，破砕処理により選び食いが少なくなると推察される。

これらのことから，破砕処理によって子実の消化性が高まる

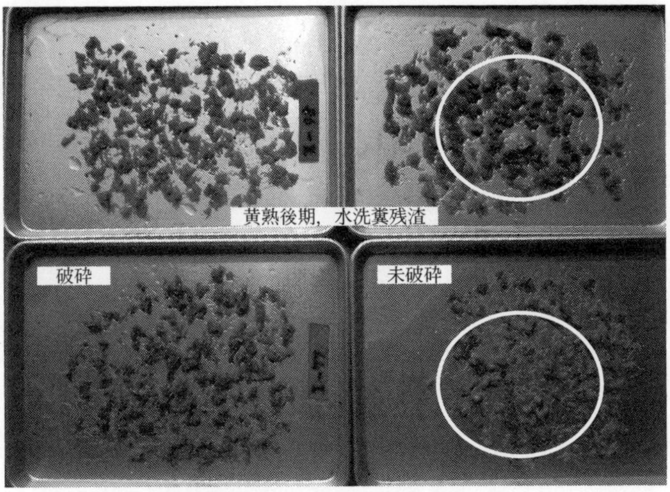

第2図　破砕処理と糞中の未消化子実
乾乳牛4頭（上下2頭ずつ）への黄熟後期トウモロコシサイレージ多給試験。未破砕（下段右）では消化されないで出てくる子実がある

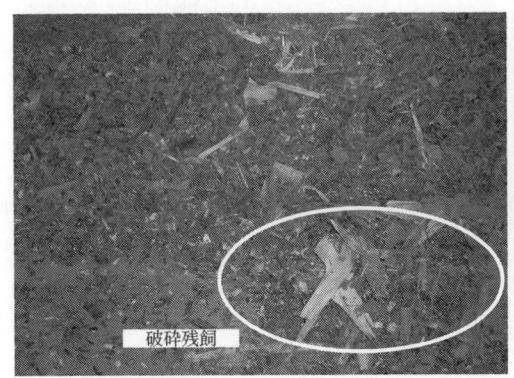

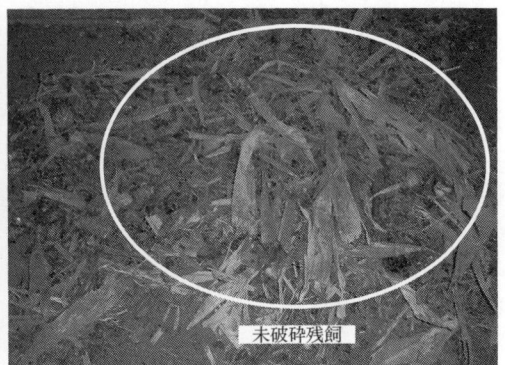

第3図　TMRとしての給餌後の残飼
乾乳牛への黄熟後期トウモロコシサイレージ多給試験

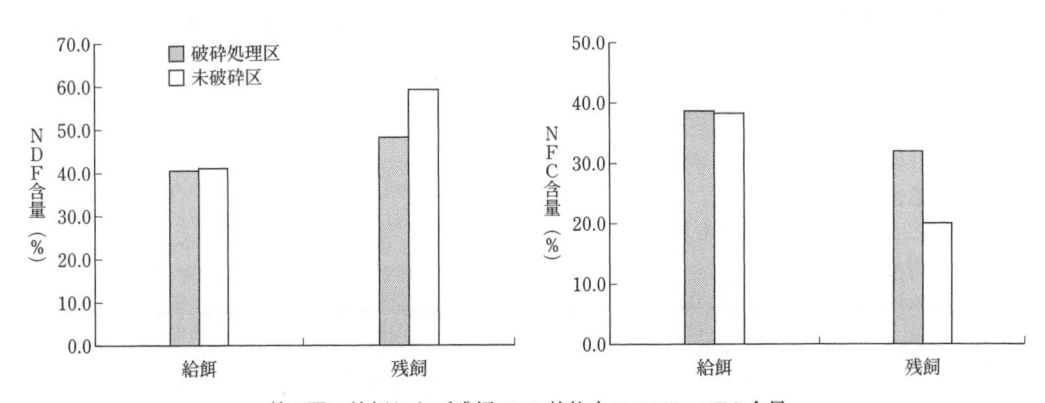

第4図　給餌および残飼TMR乾物中のNDF，NFC含量
乾乳牛への黄熟後期トウモロコシサイレージ多給試験。破砕処理は，給餌・残飼間の差が少なく，TMRとして最後までほぼ均一性を保てているが，未破砕は，残飼にNDFが多く，NFCが少なく，繊維が選び食いによりはじかれていることがわかる

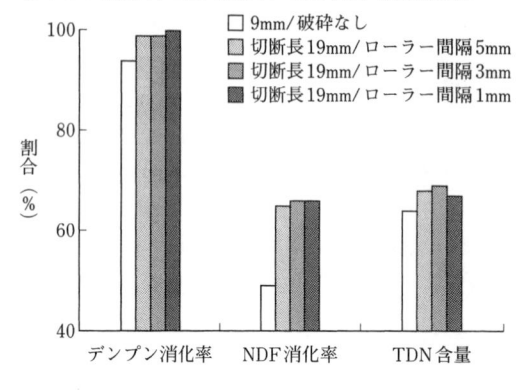

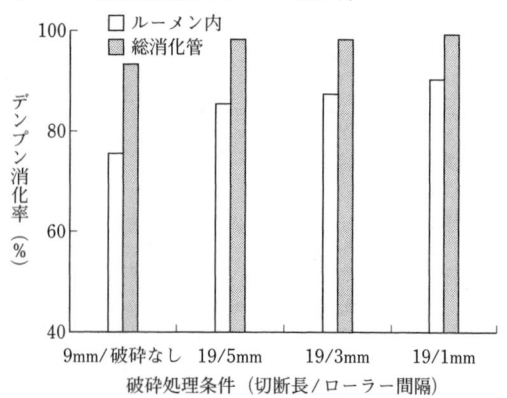

〈デンプン消化率，NDF消化率，TDN含量（総消化管）〉　　〈ルーメン内と総消化管のデンプン消化率〉

第5図 破砕処理条件の違いによるデンプン・NDF消化率，TDN含量と，ルーメン内および総消化管でのデンプン消化率

とともに選び食いが緩和され，繊維も十分に摂取されると考えられる。

②デンプン・NDFの消化と栄養価

北海道立畜産試験場の谷川ら（2005）によると，破砕処理条件が異なる場合のトウモロコシサイレージ（黄熟期）のデンプン消化率，NDF消化率は，ルーメン内と総消化管双方で破砕により高まり，TDN含量が3～5％増加している（第5図）。また，この黄熟期ではローラー間隙による消化率と栄養価に差はなく，乳脂肪分率の安定性（第6図）を考慮して，切断長19mm・ローラー幅5mmが推奨されている。

なお収穫適期ではないが，糊熟期では切断長19mm・未破砕，完熟期は切断長19mm・ローラー間隙3mmが推奨されている。

(2) 収穫適期の延長（完熟前期）

前出の谷川らの研究報告のとおり，黄熟期ではTDN含量が数％向上することから，黄熟期よりもTDN含量が低くなる完熟前期においても破砕処理を行なうことにより，黄熟期・未破砕のTDN含量に近い栄養価を得ることが期待される。この点については試験を継続中である。

(3) 反芻を促す物理的有効繊維の確保

サイロの密度を確保し，嫌気性発酵を促すた

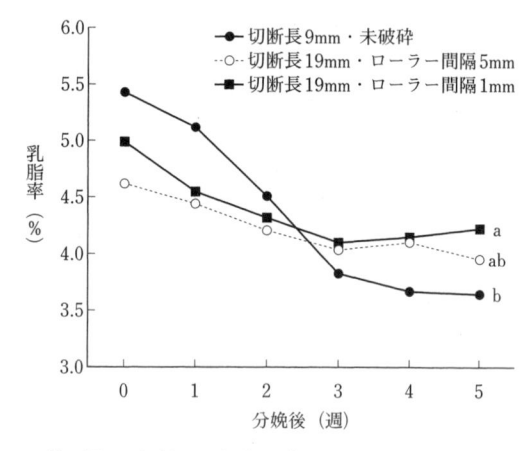

第6図 破砕処理条件の違いによる乳脂肪分率の安定性
ab：$P<0.05$。異符号間に有意差あり

めに，無処理の場合はトウモロコシの切断長を10mm以下とすることが推奨されるが，破砕処理を行なうと，倍の切断長（16～19mm）でも高いサイロ密度の確保が可能である。このことから，乳牛の健康維持に不可欠である物理的有効繊維が，従来より多く確保される。

谷川らの研究報告のとおり，総消化管におけるNDF消化率と乳脂肪分率の安定性は，破砕・切断長19mmのほうが高く，これは反芻を促す物理的有効繊維が十分得られていることによる。

第1表　TMRの構成

	対照区		多給区	
	原物(kg/頭・日)	乾物構成(%)	原物(kg/頭・日)	乾物構成(%)
オーチャード一番草グラスサイレージ	14.0	24.4	3.0	4.9
破砕・黄熟後期コーンサイレージ	15.0	24.7	37.0	60.2
大豆かす	1.0	4.2	3.6	14.9
配合飼料(TDN74%, CP18%)	10.5	45.6	4.3	18.5
リンカル・ビタミン・重曹・塩	0.24	1.1	0.33	1.5

注　泌乳牛への黄熟後期トウモロコシサイレージ多給試験

第2表　乾物摂取量と飼料成分

		対照区	多給区
乾物摂取量（kg/頭・日）		19.0	18.5
飼料成分（%/DM）	TDN[1]	75.3	73.1
	CP	16.6	17.6
	NFC	38.2	38.3
	NDF	34.9	32.9
	K	1.48	1.43

注　泌乳牛への黄熟後期トウモロコシサイレージ多給試験
　1）出納試験より

第3表　乳量，乳成分への影響

	対照区	多給区
乳量（kg/頭・日）	28.8	29.0
乳脂肪分率（%）	4.56	4.66
乳蛋白質率（%）	3.51	3.52
無脂乳固形分率（%）	8.95	8.96
MUN（mg/dl）	11.9	12.5

注　泌乳牛への黄熟後期トウモロコシサイレージ多給試験
　　N＝20，泌乳中・後期中心のデータ

第4表　破砕処理トウモロコシサイレージを使用したTMRの粒度割合（単位：原物重%）

	対照区	多給区	指標値(参考)
上段[1]（＞19mm）	25.2	3.7	2〜8%
中段（8〜19mm）	22.6	39.4	30〜50%
下段（＜8mm）	52.2	56.9	40〜60%

注　乾乳牛への黄熟後期トウモロコシサイレージ多給試験
　1）ペンステートパーティクルセパレータにより分篩した上段〜下段。上段ほど篩の目が粗く，下段ほど細かい

2. 乳量・乳成分と購入穀類の節約効果

破砕処理トウモロコシサイレージを多給することにより，購入穀類を節約した場合の乳量と乳成分は次のとおりである。

TMRの構成，摂取量および飼料成分は，第1，2表のとおりである。破砕処理トウモロコシサイレージとして，多給区はTMR乾物中60%，対照区は25%とした。なおトウモロコシサイレージは黄熟後期を用いた。また，対照区と多給区の乾物摂取量，飼料成分はほぼ同等であった。

乳量，乳成分はともに対照区と多給区に差はなく，乳生産は同等であった（第3表）。このことから，TMR乾物中に60%の破砕・黄熟後期トウモロコシサイレージを用いても，乾物摂取量と産乳性は維持されるものと考えられる。また，この結果として，配合飼料を現物給与量で約6割低減できた。しかし，トウモロコシの多給により低下したCP%を補正するために，蛋白源（今回は大豆かす）を増給したため，購入穀類でみると約3割の節約となった。

飼料費は，自給飼料の生産費と購入穀類の価格などが経営体により異なることから，一律ではないが，おおむね搾乳牛1頭当たりで90〜150円/頭・日の低減になると推察される。

また，破砕処理によって採食性が向上するが，破砕処理トウモロコシサイレージを多く用いたTMRは，TMRの飼料粒度が細かくなり（第4表），先述した給餌前後のNDF%およびNFC%の差が小さい（第4図）ことから，選び食いを緩和する効果があるものと考えられた。

3. 多給する場合の留意点

破砕処理トウモロコシサイレージの多給を行なう場合，留意しなければならない点は次のと

①カビ・不良発酵サイレージの多給は厳禁

基本的なことであるが，飼料の大部分がトウモロコシサイレージであるため，品質には十分留意しなければならない。

②切断長の推奨は19mm

破砕処理トウモロコシサイレージを多給する場合，物理的に有効な繊維を十分に確保することが重要であり，切断長は19mmとすることが望ましい。

③併給するデンプン源の発酵速度

前出の谷川らは，圧扁小麦を併給した場合，ルーメン内のデンプン消化率が高まる一方で，ルーメンphが急激に低下し，5時間半後には亜急性アシドーシスの指標値であるph5.5に近い5.9まで低下したことを報告している。このため，破砕処理トウモロコシサイレージはデンプンの発酵速度が比較的速いため，これを多給する場合は，併給するデンプン質飼料の成分だけでなく，ルーメン内での発酵速度を考慮した飼料の組合わせが必要と考えられる。

④その他の留意事項

トウモロコシサイレージを多給する場合，飼料中CPとカルシウム含量の充足が必要である。

また，TMRの飼料粒度が細かくなるため，給水槽が汚れやすくなる場合があり，水槽の清掃回数を増やす必要がある。

分娩前後は，トウモロコシサイレージ多給に対する馴致を十分に行なうべきであり，何らかの異常に気がついたら，トウモロコシサイレージの給与量を減らすとともに，乾物摂取量の確保と周産期疾病予防対策を行なう。

4. 今後の課題

①完熟前期の破砕処理トウモロコシサイレージの消化性の確認と多給技術

破砕処理による収穫適期を明らかにするために，完熟前期の消化性と多給の水準を確認する必要がある。完熟期においては，黄熟期よりも飼料粒度が細かくなることが想定されるので，とくに泌乳前期牛では多給の水準を詳細に検討する必要がある。

②CP源の確保と併給CP源

トウモロコシサイレージを多給する場合，飼料中CP含量を充足する必要がある。既存の収穫・調製体系を中心とした低コスト自給蛋白質飼料の探索と生産技術開発が今後の大きな課題である。また，破砕処理トウモロコシサイレージは発酵速度が比較的速いため，併給蛋白質飼料の発酵速度も併せて考慮する必要がある。

③飼料用トウモロコシ作付け面積の確保と栽培体系の効率化

作付け面積の拡大が必要であり，可能な限り効率的な栽培体系を構築する必要がある。近年，不耕起播種機や大型の収穫機械（自走式ハーベスタ），細断型ロールベーラなどの導入が全国的に広まっている。導入は，大規模なコントラクターやTMRセンターが中心であることから，これら外部委託組織の機能拡充による個別農家への供給が待たれる。

④破砕処理機以外による破砕効果

個別の酪農経営体でも導入が可能な，破砕処理効果が期待できる機械の検討や開発なども望まれる。

執筆　齋藤浩和（岩手県農業研究センター畜産研究所）

2009年記

参 考 文 献

茂呂勇悦・堀間久己・越川志津．2007．泌乳牛への破砕処理・黄熟後期トウモロコシサイレージ多給による自給飼料利用の向上．岩手県農業研究センター平成19年度試験研究成果書．

谷川珠子・大阪郁夫・川本哲・原悟志・小林泰男・古川研治．2005．とうもろこしサイレージの破砕処理が乳牛の養分消化率および乳生産に及ぼす影響．北海道農業研究センター平成17年度新しい研究成果．

谷川珠子．2006．破砕とうもろこしサイレージの活用：基礎から普及まで―（3）破砕とうもろこしサイレージの養分利用性および乳生産―．畜産の研究．第60巻9号，986―992．

食品製造かすの利用

1. かす類の発生量と利用の現状

酪農分野では従来食品製造かす類（以下，かす類と表記）が重要な飼料資源として利用されてきた。特に都市近郊のかす酪農では，ビールかす，豆腐かすと稲わらが給与飼料の中心だった。しかし，昭和61年以降の急速な円高で穀物価格が下がり，トウモロコシなど飼料穀物の輸入量が急増してかす類の使用が減少した。さらに，昭和62年の生乳取引基準の改定（乳脂率3.5％に引上げ）は，粗飼料購入量の増加とともに，乳成分を変動させやすい生かすをやめる傾向を促進した。

第1表に，かす類の国内発生量と飼料への仕向け率，輸入量などを示した。醤油かすは牛乳へ匂いが移行するため，また稲わらは価格が下がった輸入乾草に押されて利用が激減し，飼料仕向率が低い。また，飲食店残渣は多くの場所から少量ずつ発生し，成分も不安定なため利用が少ないものと思われる。

肉骨粉，血粉など屠場残渣は，狂牛病の関係で「反芻動物由来の組織は，飼料として用いない」むね，農林水産省の指導があり，タローなどを除いて給与されていない。

2. かす類利用によるコスト削減

コスト削減が大きな命題である配合飼料の分野では，さまざまなかす類が利用されている。酪農経営でも，低乳価，多頭飼育に伴う施設投資額の増大を抱えたなか，生産費の約40％を占める飼料費の低減は大きな課題である。飼料穀物の価格が高値のときには，比較的価格が安定しているかす類によるコスト削減が可能である。

かす類は，生かすと乾燥かすに大きく分けられる。

第1表 かす類の国内発生量と飼料への利用状況

(梶川 博，1996を改変)

	乾物率(％)	国内発生量(原物，千t)	飼料としての利用量(乾物，千t)	飼料仕向率(％)	輸入量(乾物，千t)
大豆かす	88	2,835.0	2,288.0	91	829
菜種かす	88	1,110.7	625.4	64	199
ふすま	87	1,106.2	962.4	100	730
米ぬか	88	529.2	365.6	79	
脱脂米ぬか	87	415.5	323.9	90	
コーングルテンフィード	89	576.8	512.8	100	
コーングルテンミール	90	160.2	143.7	100	
コーンジャームミール	89	98.3	87.1	100	
ジャガイモデンプンかす	8	776.8	43.5	70	
魚粉	93	833.5	338.9	44	279
フェザーミール	40	167.6	67.0	100	
ビールかす	26	670.3	161.9	94	
ウイスキーかす	24	379.7	74.8	84	
清酒かす（ぬか）	90	160.2	27.2	19	
ビートパルプ	18	1,208.8	217.6	100	605
糖蜜（甘蔗，輸入）	73	41.0	0.0	0	75
豆腐かす	21	671.8	124.7	90	
醤油かす	74	85.9	40.3	64	
稲わら	88	1,042.0	149.1	16	277
飲食店残渣	21	1,794.8	84.5	22	
学校，ホテル残渣	21	847.6	38.8	22	
ミカンジュースかす	19	210.4	33.8	87	
リンゴジュースかす	18	44.3	5.2	64	
パン屑	62	36.4	12.2	54	

注 梶川 博，「わが国における副産物飼料の利用と特性」から抜粋，畜産の研究，第50巻，5号

生かす類は水分含量が多く，夏場には変敗しやすく，輸送コストがかかり，発生時期に偏りがあったりなど利用しにくい。その反面，超低コストの飼料源となりうる。

乾燥かすは保存性が高く，取扱いや輸送も容易な流通かすといえる。多くは火力乾燥コストが価格に上乗せされ，TDN当たり価格が飼料穀物と大差ない場合もあり，利用時には飼料コスト，収益性に留意する必要がある。ある「かす」が飼料として利用できるかどうかは，供給量，発生時期，品質の安定性，栄養価当たりの価格またはコスト，さらに嗜好性，過剰給与による問題点の有無などが決定要因となる。

3. かす類利用の注意点と効果

(1) 一般的な注意点

生かす類では水分含量の変動が大きいほか，カビや細菌により変敗しやすいので注意を要する。

脂肪含量の多い生米ぬか，豆腐かすなどでは，多給すると，第一胃内で繊維が脂肪酸に包まれて消化率が下がる。このため，微生物へのエネルギー供給が不足して微生物蛋白質合成量が減少し，乳量が低下する可能性がある。

ビールかす，ウイスキーかすを多給すると，色素類が牛乳へ移行することが報告されている（褐色化）。また，大豆や綿実などの全粒飼料は別として，脂肪含量が多い飼料の嗜好性はやや劣り，特に脂肪が酸化した飼料は下痢の原因となる。

かす類は加工工程で粉砕処理を受けて飼料の粒子サイズが小さい場合が多い。そのため，繊維含量は多くても，反芻を刺激するのに必要な第一胃内の繊維性マットを形成できない。つまり，かす類の繊維は粗飼料由来の繊維が十分あってはじめて有効な繊維といえる。かす類の給与が多い場合には飼料中のNDF含量を多めに設定し，第一胃機能やpHを正常に保てるよう，飼料の物理性にも留意する。

(2) TMRへの利用

最近のTMR（混合飼料）の普及により，単品ではやや嗜好性が低い飼料も十分利用可能となってきた。生かす類は新鮮なうちに給与するかサイレージ処理などを行なうことで，TMR用の低コスト飼料源，水分供給源としての積極的な利用が考えられる。最近増えてきたTMRセンターでは大量の生かすを利用でき，鮮度保持やコストの面で有利である。

(3) 繊維質飼料としての利用

乳牛に濃厚飼料（デンプンに富む）を多給すると，急速な発酵により第一胃pHが低下し，繊維分解菌の活性が減退して繊維消化率が下がる。このため，乳脂肪の原料である酢酸の生成量が減って乳脂率が低下し，採食量も減少する。また，恒常的な低pHは第一胃炎（角化不全症），さらに蹄葉炎の原因となり，牛群に大きなダメージを与える可能性がある。

その点，ビートパルプ，コーングルテンフィード，リンゴジュースかす，豆腐かす，ビールかす，大豆皮などの消化性の高い繊維質飼料は，比較的エネルギー含量が高く，第一胃にやさしい飼料といえるだろう。これらを飼料中のデンプンの一部に置き換えることで，牛へのエネルギー供給を減らすことなく，第一胃を健康に維持することが可能と考えられる。

4. かす類の化学成分の違いと分解特性

(1) 繊維含量

かす類の牛と豚でのTDN含量，化学組成を第2表に示した。

大豆かす，菜種かす，アマニかす，ヤシかす，米ぬか，ふすま，専管ふすま，ビートパルプ，ミカンジュースかすなどは，豚・鶏など単胃動物でも効率よく利用される。

一方，ビールかす，豆腐かす，大豆皮，コーングルテンフィード，ウイスキーかすのように

第2表 かす類のTDN含量および化学組成（乾物中%）　　（梶川 博, 1996を改変）

	TDN			粗蛋白質	粗脂肪	糖デンプン	ペクチン＋ヘミセルロース	セルロース＋リグニン
	牛	豚	牛/豚比率					
大豆かす	86.8	80.4	1.08	52.2	1.5	18.3	12.4	8.9
大豆皮	71.0	55.2	1.29	17.6	5.6	2	30	41.8
菜種かす	73.6	68.3	1.08	42.3	2.5	13.1	12.7	22.1
ふすま	72.3	67.7	1.07	17.7	4.7	29.1	28.3	14.4
米ぬか	91.5	85.8	1.07	16.8	21.0	26.6	13.9	11.7
脱脂米ぬか	64.3	60.3	1.07	20.4	2.2	35.5	15.3	13.2
コーングルテンフィード	82.7	65.1	1.27	22.3	2.7	31.3	25.9	11.8
コーングルテンミール	90.2	85.1	1.06	71.5	3.6	4.3	11.3	7.0
コーンジャームミール	83.5	82.1	1.02	24.0	3.7	4.5	49.5	14.8
ジャガイモデンプンかす	69.2	71.7	0.97	6.2	0.5			
魚粉	82.6	78.6	1.05	64.2	10.3			
フェザーミール	68.3	77.9	0.88	91.8	4.8			
ビールかす	71.2	48.8	1.46	27.0	9.4	2.3	37.4	19.4
ウイスキーかす	64.5	51.2	1.26	23.7	10.4	15.1	23.2	24.1
清酒かす（ぬか）		85.9		36.9	1.7	34.7	18.7	6.8
ビートパルプ	74.6	70.4	1.06	12.6	1.2	11.6	42.6	26.3
糖蜜（甘蔗, 輸入）	83.2	81.2	1.02	13.1	0.1	68.2	0.0	0.0
豆腐かす	92.2	71.5	1.29	27.4	12.7	12.1	23.2	22.4
醤油かす	76.5	64.7	1.18	29.1	14.8	4.4	11.3	27.2
稲わら	42.8			5.4	2.1	10.3	25.7	39.2
飲食店残渣	108.8			25.7	25.2			
学校, ホテル残渣	100.7			19.0	14.4			
ミカンジュースかす	80.5			7.2	1.4	58.4	18.5	9.8
ミカン皮	81.8	60.4	1.35	6.6	1.4			
リンゴジュースかす	81.0			7.4	9.0	48.1	1.6	31.7
コーンコブ	49.8	25.8	1.93	2.8	0.5			37.0
パン屑	100.1	99.0	1.01	14.6	5.2			

注　梶川 博, 「わが国における副産物飼料の利用と特性」から抜粋, 畜産の研究, 第50巻, 5号

繊維含量が多いかす類は, 第一胃内に繊維分解細菌が生息する牛のほうが消化率は高く, 反芻家畜に適したかす類といえる（第2表, TDNの牛豚比較）。反芻動物の特徴である繊維消化能力を最大限利用することは, 飼料資源の有効利用と乳牛の第一胃を健全に保つ意味からも重要である。

（2）繊維の消化率とTDN含量

化学成分からかす類を分類すると, 重複はあるが蛋白質飼料, 高脂肪飼料, 糖デンプン飼料, 繊維質飼料などに区分できる。

繊維質飼料では, 消化阻害物質のリグニンとケイ酸含量の多少により飼料消化率に大きな違いがある。飼料摂取量に制約がある泌乳前期の牛では, 繊維の消化率が高くてTDN含量の高いかす類を選択する。繊維の消化率が高い大豆皮, 豆腐かす, コーングルテンフィード, ペクチンに富むビートパルプ, ミカンジュースかすなどは高泌乳牛に適した高エネルギー繊維質飼料である。

また, ビールかす, ウイスキーかす, ビートパルプはある程度の粗飼料性をもち, 摂取量が不足しがちな高泌乳時や暑熱期, さらに低コスト化のための代替粗飼料としての利用も期待できる。

（3）化学成分の含量と機能

第一胃という大きな発酵タンクに生息する細菌, 原虫, 糸状菌が, 飼料を酢酸やプロピオン酸などの揮発性脂肪酸, 二酸化炭素, メタンなどに発酵・分解して, 微生物が増殖するのに必

要なエネルギーを得ている。牛は揮発性脂肪酸をエネルギー源として，微生物体を蛋白質源や脂肪源として利用する。飼料の各成分（＝基質）ごとに発酵に関わる微生物の種類と発酵産生物が異なるため，飼料の化学的評価は牛の栄養を理解するうえで便利である。

第2表では，特に炭水化物を細かな成分に分けているが，通常は，セルロース＋リグニンが酸性デタージェント繊維（ADF），セルロース＋リグニン＋ヘミセルロースが中性デタージェント繊維（NDF）である。ADFは飼料の消化率や乾物摂取量と，また，NDFは飼料のがさや咀嚼時間と関連が深い成分である。これらは，酸性または中性の洗剤（＝デタージェント）で飼料を煮沸抽出した残渣である。

糖とデンプンは，デンプン分解菌や糖分解菌によって速やかに分解され，主に乳酸が産生されるが，通常は乳酸利用菌によって直ちにプロピオン酸に変換される。しかし，分娩直後から急激にデンプンを多給すると，乳酸利用菌が少ないため第一胃内に乳酸が蓄積してpHを低下させる(乳酸アシドーシス)。

セルロースはセルロース分解菌によって分解され，主に酢酸，酪酸が産生される。ヘミセルロースはセルロースに比べて柔らかな繊維であるが，セルロース同様に不消化物質のリグニンやケイ酸の結合度合により消化率が大きく影響される。ヘミセルロース分解菌によって分解され，発酵産生物は繊維タイプである。これらの繊維分解菌は中性から弱アルカリ性の環境が適し，pH6.2以下の弱酸性条件では活動が停止する。

ペクチンは水に溶ける繊維で，発酵産生物は繊維タイプであるが，発酵の速度はきわめて早い。

(4) 第一胃内での分解特性

かす類の飼料特性，貯蔵法，近赤外反射分光法（NIRS）などに関しては，長野県ほかの協同研究で詳しく検討されている（食品製粕等有用低利用資源飼料の栄養価測定法とその有効利用技術，平成3年9月）。ここでは，そのうちの第一胃内での分解特性を紹介しよう。

第1図は各飼料を粉砕してナイロン布製の袋にいれ，カニューレを装着した牛の第一胃内に留置したときの，飼料乾物（DM），粗蛋白質（CP），繊維（OCW＝細胞壁物質）の経時的な消失（分解）状況を表わす曲線である。

豆腐かすは，配合飼料と比べても分解速度が速く，ペクチンを多く含むミカンジュースかすの分解速度も速い。ここでは検討されていないが，大豆皮，コーングルテンフィードも分解速度が速い繊維質飼料である。

ビートパルプやリンゴジュースかすなどでは分解速度は配合飼料に比べて遅いが，消化性が高い繊維を含んでいることがわかる。ビールかす，ウイスキーかすはこれらに比べて繊維の消化率がやや低く，ブドウ酒かす，トマトジュースかすは硬い種子が主体であり，さらに低い。

5. 主なかす類の特徴と利用法

(1) 豆腐かす

磨りつぶした大豆から豆乳を取った残渣で，大豆皮やその他の不溶性成分が含まれる。乾燥豆腐かすは主に配合飼料の原料として利用されている。生豆腐かすは，踏圧して空気を遮断すれば好気性微生物による変敗を防ぐことができる（神奈川畜試；田仲，1994）。

今井（1995；新潟畜試）は，豆腐製造所にプラスチックコンテナを置いて密閉保存すれば，品質保持と取扱い性が良好であるが，一方で，コンテナ洗浄が不十分で細菌が増殖した豆腐かすを給与して消化器障害や流産が発生した例があることを報告している。水分を含んだ豆腐かすは，飼槽や飼料攪拌機などにこびりつき腐敗しやすいので，定期的な清掃作業や飼槽の樹脂塗装が必要である。

井出（1994；長野畜試）は，綿実，大豆かす，濃厚飼料などの一部を生豆腐かす14kgで置き換えたTMR（飼料乾物中NDF37～38％，デンプン15％）を泌乳初期に給与したところ，嗜好性や乳生産，繁殖性に影響しなかったという。

豆腐かすは濃厚飼料と同様に，第一胃内分解

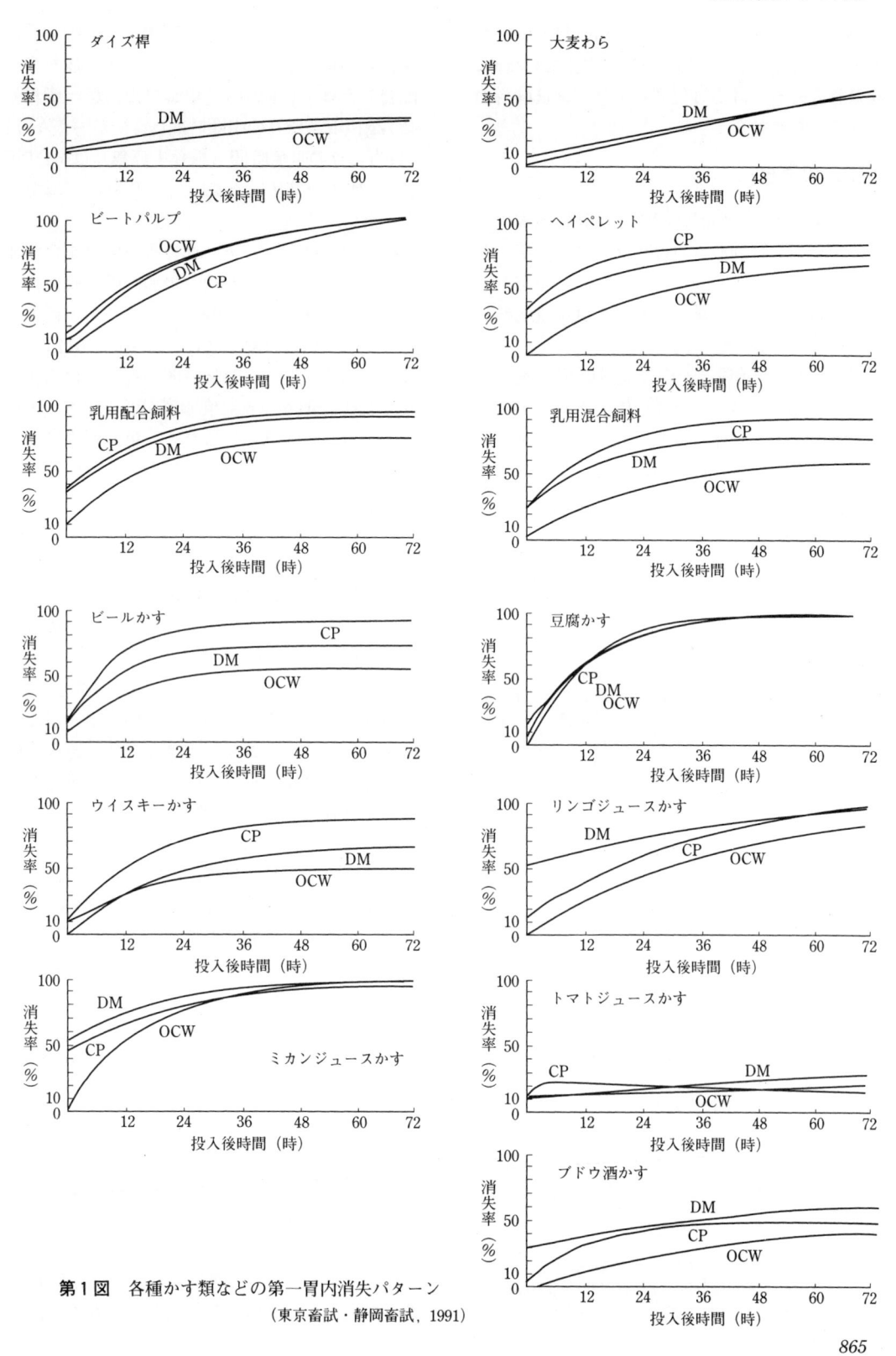

第1図 各種かす類などの第一胃内消失パターン
(東京畜試・静岡畜試, 1991)

性がきわめて速いため，十分な粗飼料の併給が不可欠である。また，糖デンプンが少ないため，乳量を高めるにはある程度のデンプン質飼料の給与も必要である。

(2) 大豆皮

流通量は多くないが，消化性が高い繊維に富み，デンプン質飼料との置き換えによる第一胃安定性向上のための飼料，あるいは，粗飼料摂取量が減少しやすい夏場に適した繊維質飼料として期待できる。

第3表は，千葉県ほかの公立試験場で実施した乳牛59頭を供試した試験結果である。チモシー乾草の一部を成分が似ている大豆皮で置き換えて，TDN，粗蛋白質，NDF，デンプン含量が等しい3種類の混合飼料（TMR）を調製し，分娩後15週間にわたって比較した。大豆皮を多く配合したほど，RVI値〔粗飼料価指数＝飼料乾物1kg摂取当たりの咀嚼時間(分)〕が短くなり，1日当たりの咀嚼時間（採食＋反芻）は，CT短区：524分，CT中区：621分，CT長区：755分となった。

咀嚼中には弱アルカリ性の重曹成分を含む唾液が多く分泌されるため，咀嚼時間が長いほど第一胃内の揮発性脂肪酸を中和する力＝緩衝能が高まり，繊維分解に適したpH範囲（6.2以上）に保たれる。一方，咀嚼時間が短いと緩衝能が低くなり，pHが下がり乳脂率が低下する。大豆皮は柔らかい繊維であるため，第一胃内に繊維のマットが形成できず咀嚼時間が短くなった。

(3) ビールかす

大麦を発芽させて麦芽根を除去し，温水と副原料を加えてデンプンを糖化した後の搾りかすで，主に大麦の皮や胚芽が含まれる。NDF（乾物中で50〜65％程度と変動が大きい），粗蛋白質（25％程度）が多く含まれ，脂肪含量も多く，蛋白質のバイパス率も60％と高い。ビールの銘柄や種類によって成分に大きな変動がある。ビール製造量の13％程度の生ビールかすが発生するが，発泡酒ではかすの発生量が少ない。

生のビールかすは水分が80〜85％，脱水したもので65％で，特に夏場には腐敗しやすい。火力乾燥したものは運送費が減り，品質も保持される。生かすに乳酸菌や糖蜜を添加し，大型バッグに入れたビールかすサイレージは夏場でも変敗しにくく，使いやすい。

群馬県ほかの7公立試験場が実施した試験成績を第4表に示す（乳牛約60頭供試，分娩後15週間）。乾燥ビールかすを主にチモシー乾草の一部と置き換えて乳生産性を検討した。その結果，飼料乾物摂取量，乳量，乳脂率には差がなかった。繊維含量，RVI値にも大きな差がなかったため，第一胃液にも大きな影響は見られなかった。

ビールかすは，牛の嗜好性もよく，比較的栄養価が高く，ある程度の粗飼料性をもち，乳牛

第3表　粗飼料源としての大豆皮の給与量と咀嚼時間，泌乳成績

（千葉県畜産センターほか，1991）

	CT[1] 短	CT中	CT長
【原物混合割合（％）】			
チモシー乾草	6.5	12.8	19.4
大豆皮	19.0	12.5	5.9
ルーサンキューブ＋ミール	6.4	6.1	6.3
ビートパルプ	7.0	7.3	8.4
大豆かす＋アマニかす	11.5	12.0	12.7
圧扁トウモロコシ	18.0	19.2	19.8
圧扁大麦	8.8	8.6	8.0
ふすま＋脱脂米ぬか	17.9	17.1	15.6
その他	4.9	4.4	3.9
【乾物中の成分値（％）】			
TDN	74.6	74.5	74.5
CP	16.4	16.4	16.4
NDF	35.3	35.2	35.2
デンプン	17.9	18.4	18.4
RVI[2]	23.0	26.1	32.0
【泌乳成績】（分娩後15週間の平均値）			
乾物摂取量（kg/日）	22.8	23.8	23.6
乳量（kg/日）	37.1	35.5	34.3
乳脂率（％）	2.76	3.15	3.32
【第一胃内容液】			
pH	6.66	6.74	6.68
酢酸/プロピオン酸比	2.0	2.1	2.5
受胎率（％，150日以内）	55.6	76.5	78.9

注　[1] CT：チューイングタイム＝咀嚼時間
　　[2] RVI：粗飼料価指数（分/kgDMI）＝飼料乾物1kg摂取当たりの咀嚼時間（分）の実測値

に適したかす類の一つといえよう。最近，飼料の陽イオン・陰イオンバランス（DCAD）が乾乳牛の栄養分野で話題になっている。ビールかすはカリウムなどの陽イオンが少なく，乾乳牛に給与するのに適したDCAD値の低い飼料である。

(4) 米ぬか

玄米の精米時に出る果皮，種皮，外胚乳および糊粉層の一部が含まれ，玄米の7～8％発生する。米ぬかは虫が発生しやすく，また脂肪含量が多いとともにリパーゼ活性をもつため，脂肪が分解されて変敗しやすい。加熱処理を行なって殺虫し酵素を失活させることで，保存性が高まる。変敗したものでは嗜好性が劣り，給与すると下痢を起こす。小規模な精米所で利用できる加熱形成処理機械が，新潟県畜産試験場で開発されている。

未脱脂の米ぬかは脂肪を約20％含むためTDNが高いが，第一胃内微生物が利用しやすい炭水化物が少ないため，デンプンと置き換えて多給すると微生物蛋白合成が減って乳量が低下する。このため，飼料中のデンプン含量を15％以上とする。脱脂米ぬかは，エネルギー含量が高くないので，多給するメリットはない。

また，生米ぬか，脱脂米ぬかともに，単胃動物では利用できないフィチン態リンを多く含むが，牛では第一胃内微生物の働きで消化吸収できる。反面，米ぬか多給時にはリンの過剰給与に注意する。

(5) ふすま

ふすまは小麦製粉時に小麦の約25％発生する。専増産ふすまは，高デンプン低コスト飼料であるが，制度の廃止により平成14年度末で製造が中止される。

ふすまは繊維に富み，粗蛋白質，デンプン（17％程度），エネルギー濃度が中庸で，牛の嗜好性もよく，牛に適したかす類の代表である。繊維の分解速度は中庸で使いやすいが，多給すると飼料のエネルギー濃度がやや下がるため，泌乳初期乳牛への給与は最大でも1日当たり3kg

第4表 乾燥ビールかすをチモシー乾草へ置き換えたときの，置換え量と泌乳成績

（群馬県畜産試験場ほか，1996）

	対照区	B 5区	B 10区
【原物混合割合（％）】			
チモシー乾草	24.0	20.0	16.0
アルファルファキューブ	5.2	4.2	3.2
乾燥ビールかす	—	5.0	10.0
アルファルファヘイ	2.4	2.7	3.0
圧扁トウモロコシ	29.0	29.0	29.0
圧扁大麦	8.0	8.0	8.0
大豆かす	10.0	9.0	8.0
綿実	12.0	12.0	12.0
ビートパルプ	4.5	4.7	5.0
その他	4.9	5.4	5.8
【乾物中の成分値（％）】			
CP	16.4	16.8	17.2
TDN	78.3	78.6	78.7
NDF	35.5	35.9	36.4
粗脂肪	5.2	5.6	6.0
デンプン	24.9	25.1	25.3
RVI[1]	31	31	30
【泌乳成績】（分娩後15週間の平均値）			
乾物摂取量（kg/日）	23.6	23.5	23.7
乳量（kg/日）	38.9	38.1	39.0
乳脂率（％）	3.64	3.63	3.58
乳蛋白質率（％）	3.00	3.04	3.09
SNF率（％）	8.60	8.65	8.70
TDN充足率（％）	101	102	102
【第一胃内容液】			
pH	6.78	6.70	6.72
酢酸/プロピオン酸比	2.7	2.59	2.4
受胎率（％，150日間）	61.9	57.9	75.0

注 [1] RVI：粗飼料価指数（分/kgDMI）＝飼料乾物1kg摂取当たりの咀嚼時間（分）
平成8年度研究成果情報，123-124，群馬県畜産試験場，畜産-草地，関東東海，農業研究センター

程度であろう。米ぬか同様，リンを多く含むほか，蹄の強さに必要な亜鉛も比較的多く含む。

(6) ビートパルプ

ビートパルプは甜菜から砂糖を抽出した残渣で，糖デンプンは少なく，分解性の高いセルロースのほかに，キシラン，ペクチンなどのヘミセルロースを豊富に含む。北海道では秋に生パルプが発生するが，輸入品が一般的である。

エネルギー濃度も比較的高く，乳牛の嗜好性

もよく，非デンプン系の高エネルギー炭水化物飼料として利用しやすい。配合飼料の一部をビートパルプで置き換えて給与したところ，第一胃内容液の酢酸/プロピオン酸比が高くなり，乳脂率が改善されたという報告がある（農水省畜産試験場，梶川）。これはビートパルプの繊維的な性質が，デンプン多給で乱れた第一胃内微生物叢を回復させたためと考えられる。

(7) 糖　蜜

糖蜜には甜菜，サトウキビ由来の2種類があるが，国内流通品は主に後者で，ほぼ100％が輸入品である。25％程度の水分を含む粘稠な液体で，固形分のうちの約60％がショ糖である。かす類としてはまれな糖質飼料で，やや苦味があるが，嗜好性を高める添加飼料としてTMRに利用できる。夏季には飼料の変敗を早めるので，調製後直ちに給与する。

6. 都市近郊酪農での給与指標

かす類の高度利用は，生産コスト削減と同時に，食品産業廃棄物の有効利用という意味合いを含めて，今後も存続しうる都市近郊型酪農の一つの形態であろう。そのため，粗飼料が豊富な北海道やアメリカ・EU諸国などとは異なる給与指標が必要となる。

筆者も携わった千葉・群馬などの公立試験場研究グループでは，高泌乳牛に適した混合飼料（TMR）メニューを検討している。そこで，泌乳前期に利用可能な高エネルギーかすである，乾燥豆腐かす，乾燥ビールかす，生米ぬか，専管ふすま，糖蜜についての泌乳試験を以下に紹介しよう。

(1) 豆腐かす，ビールかす，生米ぬかの多給

トウモロコシと大豆かすの一部を生米ぬか，乾燥豆腐かす，乾燥ビールかすに置き換えた3種類の混合飼料を調製し，乳牛66頭に分娩後15週間自由採食させた（第5表）。飼料の粗飼料割合，TDN，CPは各区とも同水準に設定したが，かす類割合の増加に伴いNDFは35％から40％に，粗脂肪は4.5％から7.6％に高まり，デンプンは12％まで低下した。これは，かす類を配合

第5表　生米ぬか，乾燥豆腐かす，乾燥ビールかすの多給と泌乳成績

（群馬県畜産試験場ほか，1998）

	LB区	MB区	HB区
【原物混合割合（％）】			
チモシー乾草	16.0	16.0	16.0
アルファルファ乾草	16.0	16.0	16.0
圧扁トウモロコシ	30.0	22.0	14.0
大豆かす	10.0	6.0	2.0
豆腐かす（乾）	—	5.0	10.0
ビールかす（乾）	—	3.0	6.0
生米ぬか	—	4.5	9.0
綿実	8.0	8.0	8.0
ビートパルプ	9.0	9.0	9.0
その他	11.0	10.5	10.0
【乾物中の成分値（％）】			
CP	17.1	17.0	16.9
TDN	76.5	76.4	76.2
NDF	35.0	37.4	39.9
粗脂肪	4.5	6.1	7.6
デンプン	21.6	16.6	11.6
RVI[1)]	32.0	33.9	32.5
【泌乳成績（分娩後15週間の平均値）】			
乾物摂取（kg/日）	23.4	22.5	23.4
乳量（kg/日）	40.8	38.7	36.9
乳脂率（％）	3.57	3.77	3.82
乳蛋白質率（％）	2.97	2.99	3.00
SNF率（％）	8.49	8.58	8.53
TDN充足率（％）	97	96	103
【第一胃内容液】			
pH	6.74	6.73	6.75
酢酸/プロピオン酸比	2.6	2.6	2.4
アンモニア態窒素（mg/dl）	7.4	8.6	7.6
受胎率（％，150日以内）	56.5	61.9	50.0
CPMDairy予測（kg/日）			
ME予想乳量[2)]	45.9	43.3	46.5
MP予想乳量[2)]	47.2	40.2	40.0
微生物蛋白供給量[3)]	1.56	1.39	1.37
UIP供給量[3)]	1.30	1.25	1.28

注　[1)]：粗飼料価指数（分/kgDMI）＝飼料乾物1kg摂取当たりの咀嚼時間（分）
　　[2)]：エネルギー（ME），小腸で消化される蛋白質（MP）量から予測される乳量
　　[3)]：小腸へ流入する第一胃内微生物蛋白質量と，飼料由来の分解されなかった蛋白質量（UIP）
　　日本畜産学会大会にて口頭発表，1998年3月

飼料と置き換える場合の一般的な傾向といえる。

その結果，かす類の多給によって飼料コストは下がったが，HB区では乳量が大きく低下した。そのため，乳代から飼料費を差し引いた粗収益は，MB区＞LB区＞HB区となった。この結果を最近アメリカの大学などで開発された乳牛の給与診断プログラムのCPMDairyを用いて検討すると，MB区とHB区では，第一胃内微生物のエネルギー源であるデンプンが不足し，微生物合成量が低下したため乳量が減少したと考えられる。

以上のことから，かす類を多給する場合にも，デンプン含量は乾物中15％以上，粗脂肪は5％以下が適当と考えられる。

(2) 豆腐かす，ビールかす，専管ふすまの多給と粉砕トウモロコシ

トウモロコシと大豆かすの一部，および，綿実を，乾燥豆腐かす，乾燥ビールかす，およびデンプン含量が高い専管ふすまに置き換え，乳生産性を比較した（乳牛65頭，分娩後15週間）。なお，トウモロコシは，飼料コスト削減の一方法として丸粒購入・粉砕処理を考え，ハンマーミル粉砕（3mmスクリーン）と蒸気圧扁（ロール間隔3mm）したもので比較した。試験区は，かす類の配合割合で2水準，トウモロコシの加工法で2水準（圧扁，粉砕）の3区とした（第6表）。なお，前項の試験結果を踏まえ，飼料乾物中の脂肪は約5％，デンプンは20％程度とした。

その結果，圧扁・粉砕ともかす多給区では乳量が多く乳脂率が低い傾向であった。また，トウモロコシに関しては，圧扁と粉砕で差がなかった。

この試験では，かす多給区ではUIP源（バイパス蛋白質）として魚粉とコーングルテンミールを1％ずつ加えているが，アミノ酸組成を考えたUIP添加は少量でも効果が高いようである。

第7表は現在実施中の平成10年度試験で，乾物摂取量が1日23kgの場合の原物の給与量で示した。HB区はトウモロコシ，大豆かす，綿実を高消化性の繊維質かす類に置き換えたもので，乾物中のNDFは43％，デンプンは12％である。

HB糖蜜区はHB区に糖を強化し，HB低粗飼料区は高価な購入粗飼料を最低限に設定した。

飼料計算プログラム「CPMDairy」による推定では，都市近郊の購入粗飼料主体酪農での低粗飼料区のような飼料構成も可能と思われる。しかし，低粗飼料区では第一胃pHを下げるデンプン含量を低く設定し，粗飼料を減らした分の飼料の物理性を粗飼料性のあるビールかすとビー

第6表 豆腐かす，ビールかす，専管ふすまの多給とトウモロコシ加工形態の影響

(群馬県畜産試験場ほか，1999)

	トウモロコシ加工形態・量		
	圧扁 32％	圧扁 25.1％	粉砕 25.1％
【原物混合割合 (％)】			
チモシー乾草	13.5	13.5	13.5
アルファルファ乾草	13.5	13.5	13.5
圧扁トウモロコシ	32.0	25.1	—
粉砕トウモロコシ	—	—	25.1
大豆かす	10.0	2.0	2.0
綿　実	9	—	—
豆腐かす（乾）	3	11	11
ビールかす（乾）	3	11	11
専管ふすま	2.0	8.0	8.0
ビートパルプ	8.0	8.0	8.0
魚粉＋グルテンミール	—	2.0	2.0
その他	6.0	5.9	5.9
【乾物中の成分値 (％)】			
ＣＰ	17.2	17.2	17.2
ＴＤＮ	78.4	77.3	77.3
ＮＤＦ	33.2	34.7	34.7
粗脂肪	5.3	5.2	5.2
デンプン	23.0	20.2	20.2
ＲＶＩ[1]	30.8	32.6	27.4
【泌乳成績（分娩後15週間の平均値）】			
乾物摂取量　（kg/日）	23.5	24.0	24.8
乳　　量　（kg/日）	41.2	43.0	43.8
乳　脂　率　（％）	3.71	3.52	3.48
乳蛋白質率　（％）	3.08	3.05	3.02
ＳＮＦ率　（％）	8.64	8.62	8.58
ＴＤＮ充足率（％）	97	98	98
【胃液性状】			
第一胃内容液 pH	6.67	6.68	6.71
酢酸／プロピオン酸比	2.3	2.4	2.6
アンモニア態窒素(mg/dl)	8.0	6.5	6.5
受胎率（％，150日以内）	56.5	61.9	50.0

注 [1]：粗飼料価指数（分/kgDMI）＝飼料乾物1kg摂取当たりの咀嚼時間
日本畜産学会大会にて口頭発表，1999年3月

第7表 平成10年度試験設計と飼料計算プログラムCPMDairyによる予測泌乳成績

(群馬県畜産試験場ほか, 1999)

	対照区	HB区	HB糖蜜区	HB低粗飼料区
【原物給与量（kg/日）：乾物摂取量＝23kg/日の場合】				
チモシー乾草	4.4	4.2	4.3	3.7
アルファルファ乾草	4.4	4.2	4.3	2.0
粉砕トウモロコシ	8.1	4.1	4.1	4.1
綿実	1.5	—	—	—
大豆かす	2.5	0.3	0.9	—
ふすま	1.5	0.9	0.8	—
豆腐かす（乾）	—	2.9	2.7	3.2
ビールかす（乾）	0.3	1.4	1.0	4.2
コーングルテンフィード	0.3	2.9	2.7	3.1
ビートパルプ	2.0	2.9	2.6	4.2
糖蜜	0.7	0.7	2.0	0.7
大豆皮	0.3	1.4	1.2	0.6
その他	0.3	0.3	0.2	0.3
【乾物中の成分値（％）】				
CP	16.6	16.3	16.5	16.9
TDN	76.7	75.3	75.8	76.9
NDF	35.7	43.0	40.2	45.0
粗脂肪	4.2	4.7	4.3	5.4
デンプン	22.4	12.2	12.0	12.1
RVI[1]	33.0	33.0	32.0	31.0

	対照区	HB区	HB糖蜜区	HB低粗飼料区
【CPMDairyによる予測泌乳成績】[2]				
予測乳量（kg/日）[3]				
エネルギー	44.0	43.5	43.5	45.2
蛋白質	41.9	42.5	43.1	47.4
アミノ酸	41.0	43.0	44.7	41.8
第一胃pH	6.37	6.33	6.30	6.24
小腸への蛋白質供給量（kg/日）				
微生物由来	1.57	1.50	1.55	1.46
UIP由来	1.02	1.18	1.13	1.43
有効NDF（kg/日）[4]				
要求量	5.20	5.36	5.33	5.38
供給量	5.77	5.65	5.41	5.11
摂取限界量	5.94	5.94	5.94	5.94
アミノ酸充足率（％）				
メチオニン	115	113	115	119
リジン	120	105	110	103
アルギニン	124	105	109	103
ロイシン	112	111	111	111

注 [1]：粗飼料価指数（分/kgDMI）＝飼料乾物1kg摂取当たりの咀嚼時間（分）
 [2]：推定値は，乾物摂取量＝約23kg/日，乳量40kg/日，乳脂率3.5％で計算した
 [3]：エネルギー（ME），小腸で消化される蛋白質（MP），アミノ酸の量から予測される乳量
 [4]：「CPMDairy」では，第一胃内で反芻を刺激するためのマットを形成すると考えられる，1.2mm以上の長さを持つ飼料片の割合を篩で測定し，これにNDF含量を掛け合わせた値を有効NDFと定義している

トパルプで補い，RVIも乳脂率3.5％の維持に必要とされる31分/kgDMIを確保している点に注意してほしい。

しかし，短期間の試験成績と長期的な乳牛の健康や連産性は別の問題であり，酪農家ではもう少し慎重な設計が求められる。

7. 飼料のトータルバランス

「ある安いかすを配合飼料や粗飼料と単純に置き換える」だけの発想では飼料のバランスが崩れて，十分に乳牛の能力を発揮できない場合がある。栄養素含量，嗜好性，収益性，牛の健康保持を含めた飼料のトータルバランスをとることが大切で，給与飼料の栄養成分の把握が不可欠である。粗飼料の栄養成分を知るには各都道府県の自給飼料分析センターを利用できる。また，配合飼料の成分値は以前に比べてオープンになっており，パソコンを利用すれば比較的簡単なワークシートで飼料計算できる。CPMDairyも有料であるが，入手できる。不慣れな人は普及センターなどに相談するとよい。

(1) 目標成分値と物理性の評価

飼料設計の目標成分値としては，嗜好性・第一胃内微生物への影響から脂肪は5％程度が望ましい。次いで，デンプン（pH低下要因）とRVI値（第一胃内緩衝力）のバランスをとる。デンプンがふつうのレベル（15～25％）であれば，1日当たりの各飼料の原物給与量に，原物当たりのRVI値（第8表）を掛け合わせて，合計した値（1日当たりの採食・反芻時間）を700～800分/日とする。800分/日を超える飼料では，牛の咀嚼能力を超えるため，採食量が抑制され

第8表　各飼料の有効NDF含量（「CPM Dairy」）と粗飼料価指数[3]

	NDF （乾物%）	eNDF[1] （NDF中%）	eNDF[2] （飼料中%）	乾物のRVI （分/kgDMI）	原物のRVI （分/kg原物）
アルファルファ乾草	43	93	40	60	54
アルファルファキューブ	46	85	39	40	36
アルファルファミール	44	40	18	25	23
チモシー乾草	69	100	69	80	72
スーダン乾草	68	100	68	75	63
オーツヘイ	63	100	63	75	63
バミューダグラス	65	100	65	60	54
コーンサイレージ	41	85	35	50	12
グラスサイレージ	55	92	51	50	[4]
グラスサイレージ	67	95	64	60	[4]
混播サイレージ	57	87	49	60	[4]
大麦わら	73	100	73	150	135
コーングルテンミール	9	36	3	6	5.4
菜種かす	29	48	14	6	5.4
アマニかす	25	20	5	6	5.4
大豆かす	14	23	3	6	5.4
リンゴジュースかす	41	34	14		
ビールかす（生）	42	35	15	30	10.5
大豆皮	66	20	13	15	13.5
醤油かす	34	23	8	15	13.5
コーングルテンフィード	36	36	13	15	13.5
ふすま	51	33	17	15	13.5
大麦	18	35	6	15	13.5
生米ぬか	31	30	9	6	5.4
脱脂米ぬか	32	5	2	6	5.4
ビーパル	36	55	20	37	33
ミカンジュースかす	23	33	8	15	13.5
コーンコブミール（粉砕）	87	80	70	15	13.5
綿実	52	85	44	40	36

注　[1]：1.2mm以上の飼料片の割合（%）
　　[2]：飼料乾物中のeNDFの割合（%）＝（乾物中NDF%）×（1.2mm以上の割合）
　　[3]：粗飼料価指数は，Sudweeksのデータなど
　　[4]：乾物割合の変動が大きいので，実測の乾物割合を掛ける

る。なお，表にない飼料のRVI値は，性状の似た飼料から大体の感じで推定するしかないが，RVIのチェックは給与飼料を大まかに評価するうえでとても有効である。

CPMDairyでは，NDFの物理性評価法として，1.2mmの篩上に残る飼料の割合に基づいて有効NDF（eNDF）（第8表）を提唱している。有効NDFの最低必要量は乾物の22～23%，摂取上限は体重の1.05%としている。なお，第8表で，有効NDF含量（eNDF）とRVI値間に高い相関があることが興味深い。

NDFとデンプンは，高消化性かす類の給与量が多い場合には，NDF40%，デンプン15%，少ない場合にはNDF35%，デンプン20%程度が目標成分値であろう。

(2) 嗜好性

牛の嗅覚は鈍感だといわれるが，最近では乳牛の安楽性を改善することが乳生産や抵抗力を高めるといわれ，「餌がおいしいこと」は重要なことだろう。嗜好性の低い餌としては，生米ぬかなど高脂肪飼料（大豆，綿実など全粒を除く）や，苦味や異味がある（販売当初の脂肪酸カルシウム，重曹，ビタミン剤），粉っぽいか歯ごたえがない（粗飼料不足），粗飼料が硬すぎる，腐敗・酸敗飼料などがある。また，嗜好性を高める飼料として糖蜜，フレーバーなどが利用できるが，多くの繊維質かす類は比較的嗜好性が高いようである。

筆者らの研究グループではこれまで「極端な餌」をテストしてきたが，まずそうな試験飼料でも乾物摂取量は各区で同じというのがふつうで，思っているほど差がないことが多い。

しかし，食い付きが悪い，一口一口の量が少ない，給与直後に食い付かない，他の牛の餌や粗飼料を食いたがるなどの牛の態度が，嗜好性の低さを表わしていると思われる。食わなければ身が持たないというのが，きっと乳牛の本音だろう。飼い主が自分で口に入れられるような

清潔で新鮮な飼料を乳牛に給与することが，牛の安楽性に貢献することだろう。

執筆　石崎重信（千葉県畜産センター）

1999年記

参考文献など

藤城清司ら．1991．千葉県畜産センター特別研究報告第2号．

今井明夫ら．1995．豆腐粕の保存と流通利用方式の確立．新潟畜試研究報告．No11．

「CPMDairy」：ウィリアムマイナー農業研究所（東京都千代田区九段北3－2－2）．

片山信也．1998．食品製造粕（生粕）をうまく利用するために知っておきたいこと．デイリージャパン4月号．

TMR（混合飼料）の配合と給与

混合飼料（TMR）の給与は，もともとは欧米の大規模な飼養農家に普及し効果をあげている技術であったが，1980年代前半からわが国でも普及が進められ，つなぎ飼い方式が中心の日本の飼養条件で，飼料基盤や頭数規模に適応した技術改良が重ねられていった。

今日，フリーストール飼養方式などの群管理飼養が増加するなかで，飼料給与作業の時間短縮や乳牛の養分要求にかなった飼養管理を実現するための技術として，この給与方式を採用する農家が増加している。この間，新しい飼養管理技術がとり入れられ，大きな進展がみられる。

1. TMR給与技術の基本

TMR（Total Mixed Ration）は混合飼料とも呼ばれ，すべての飼料原料（粗飼料，濃厚飼料，ミネラルなど）を混合したものであり，自由採食が基本となっている。したがって，泌乳初期のように養分が不足しがちな時期には乾物摂取量をできるだけ高める必要があり，乳量が少なくなってきたら乾物摂取量は少なくして飼料の容積を大きくし，満腹感を与えるような制御が必要になってくる。同時に，摂取した飼料中には，生産に必要な栄養分をすべて含めて給与するという考え方である。

しかし，刻々と変化する泌乳量にあわせて給与量を変化させることは困難なので，泌乳期を泌乳前期，中・後期などに分けて，それぞれの区分に応じた養分設定により給与する方法が採用されている。

これらのTMR給与方式の技術は，飼料設計，飼料の混合，飼料給与および牛のグループ分けなど，一連の技術から成り立っている。

2. TMRの利点と欠点

TMRの利点，欠点としては，これまでの調査や経験から次のように整理できる。

(1) TMRの利点

1) 粗飼料と濃厚飼料を混合した均一な飼料を給与することにより，第一胃内の発酵が安定する。これによって，乳量，乳成分を高く安定させ，疾病，特に消化器病の発生を少なくすることができる。
2) 自由採食により乾物摂取量を高めることができる。
3) 群管理飼養に対応した飼料給与ができる。
4) 飼料給与の機械化が可能になり，飼料給与作業の省力化が可能になる。
5) 乳期に対応した給与飼料の養分濃度設定に容易に対応できる。

(2) TMRの欠点

1) 飼料混合のためのミキサーが必要になる。
2) 乾草，稲わらなどの粗飼料の細切が必要になる。
3) 泌乳期に応じて牛群のグループ編成が必要になる。
4) 飼料の混合作業が新たに必要となる。

第1図 混合飼料の給与風景

以上のような事項があげられるが、特に混合機械の購入や施設の設備では過剰投資にならないよう注意が必要である。

3. 主な飼料原料と特性

TMRに必要な養分は蛋白質、炭水化物、脂肪、ミネラルなどであり、混合原料を選定するときは、CPやTDNなどの養分含量を考慮することになる。しかし、最近では反芻家畜である乳牛の「第一胃内の発酵を最適にする考え方」に移行しており、そこに生息する「微生物の増殖効率を高めるための給与」が重要視されるようになっている。したがって飼料特性が重要となる。ここでは、実態調査から農家で利用されている飼料を成分から大まかに区分して第1表に示した。

蛋白質飼料として高乳量期には、第一胃内で利用される分解性蛋白質（DIP）と非分解性蛋白質（UIP）の両方の要求養分量を満足させることが大事である。このうち、DIPは第一胃内微生物の栄養源となる素材であり、牧草、飼料作物、穀類中の蛋白質をはじめとして大豆かすが多く利用されている。また、UIPについてはアミノ酸組成に優れた飼料が必要である。

炭水化物飼料は微生物のための主要なエネルギー源であり、炭水化物の供給量と微生物蛋白生産量は正比例の関係が見られる。このことから、構造性炭水化物（NSC）と非構造性炭水化物の両方をバランスよく給与する。前者は繊維質飼料としてNDF、OCW、後者はNSC、NCWFE（糖・デンプン・有機酸）あるいはデンプンとして測定され評価される。

飼料調製にあたっては次の点に留意する。

1) デンプンを多く含むトウモロコシや大麦などの穀類は、エネルギー（TDN）含量が高く、第一胃内での発酵速度も速い。したがって採食性も高いが、急速な発酵は第一胃内のpHを低下させ、微生物の活動を抑制して乳脂率を低下させるので注意が必要である。

2) チモシー乾草のように繊維の多い牧乾草、飼料作物は、繊維を供給するだけでなく採食・反芻を促進させたり、消化管で一定の容積を占有して満腹感を与える効果をもっている。一般に発酵速度が遅いために、エネルギー供給はゆるやかであり、給与量をだんだん増やしていくと採食量が低下する。繊維は、生理的に必要とされる最低量を示した下限値が設定されているのでこれを下回らないようにする。

3) 蛋白質飼料が不足した場合は十分な乳生産があげられない。また、飼料設計による充足率を満たしたとしても、エネルギーが不足した場合には、微生物に利用されない過剰なアンモニアの発生をまねくことになり、非効率なばかりか繁殖成績への悪影響が指摘されている。この場合はデンプンをはじめとするエネルギー給与量を増加させる。

蛋白質給与は、量と質を加味すると、エネルギーに比べて至適範囲が狭いので注意する。

以上に述べてきたように、CP、TDN、NDF、デンプンおよび粗

第1表 TMRの主な飼料原料と利用

（群馬畜試、1993）

分類項目と飼料名
《蛋白質飼料》
・高DIP‥‥大豆かす、アマニかす
・高UIP‥‥加熱大豆、魚粉、コーングルテンミール
・中UIP‥‥乾燥ビールかす
《炭水化物飼料》
（構造性炭水化物）
・高繊維‥‥アルファルファ乾草、チモシー乾草、トウモロコシサイレージ、スーダン乾草、イタリアンライグラス乾草、オーチャードグラスサイレージ・乾草、リードカナリーグラス乾草、ビートパルプ、エンバク乾草、バミューダ乾草、オーツヘイ、稲わら、ケイントップ、ヘイキューブ、アルファルファミール（デハイ）、大豆皮、ふすま、ビールかす
（非構造性炭水化物）
・高デンプン‥‥トウモロコシ、小麦、大麦、ふすま、乳牛配合
《脂肪質飼料》
・高脂肪‥‥米ぬか、全粒綿実、豆腐かす、醤油かす

注 TMR農家実態調査

4. 泌乳期別の要求養分特性とTMR給与

第2図は，分娩後週次に伴う要求養分に関係する要素（乳量，乾物摂取量，体重）の変化を，調査をもとに模式的に示したものである。乳量，乾物摂取量および体重の推移から，泌乳ステージは泌乳前期，泌乳中・後期，乾乳期に一般的に区分される。それぞれのステージの分娩後週次には調査によって若干の違いがみられるが，この区分は，最適乳量生産，繁殖および健康管理上の目的を達成するために重要な意味をもっている。

TMR給与では，飼養試験によって得られた成績を基に泌乳ステージ別の飼料給与ガイドライン（第2表）が提示されているので，この推奨値に合わせて飼料設計を行なう。

（1）泌乳前期（分娩から分娩後20週次）

分娩後，乳量はしだいに増加して5～7週次で最大となる。一方，乾物摂取量は乳生産に遅れてピークを迎えるので，この時期のエネルギーバランスはマイナスを示す。乳生産のために体脂肪を動員することになり，養分不足の状態が続くと体重が減少する。したがって，泌乳初期には乾物摂取量をできるだけ高める必要がある。

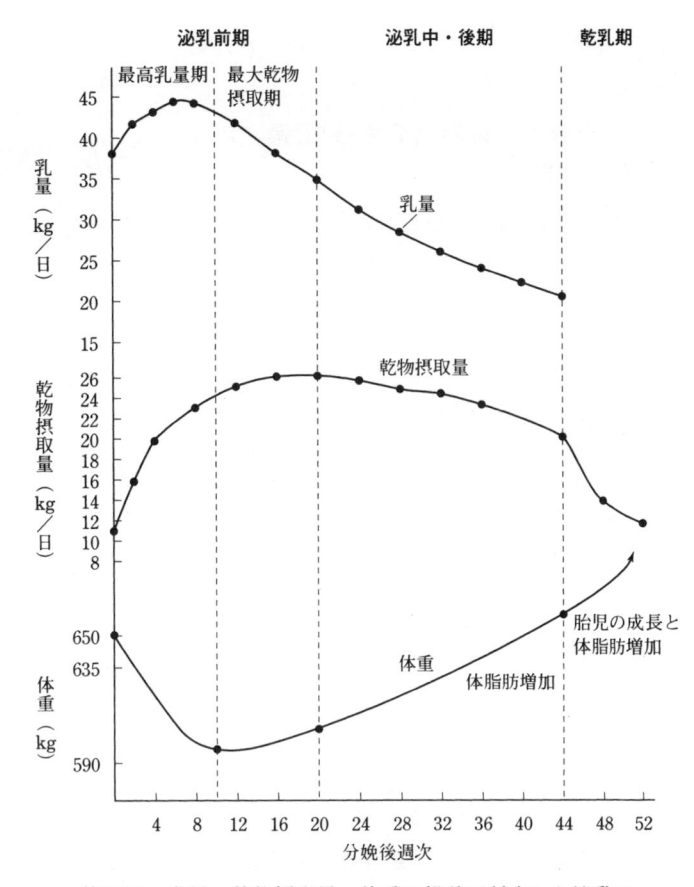

第2図 乳量，乾物摂取量，体重の推移に対応した泌乳ステージ区分
（米国ミネソタエクステンションサービス（1994）資料の抜粋）

この時期の最大乾物摂取量は体重の4.0％前後となり，養分バランスを最適にする必要がある。泌乳前期では，NDF含量が35％のときに乾物摂取量が優れ，乳量，乳成分のバランスが良い結果が得られている。また乾物中の蛋白質は16～

第2表 泌乳ステージ別の飼料給与ガイドライン（乾物中％）

泌乳ステージ	泌乳前期	泌乳中・後期	乾乳前期	乾乳後期
乳量の目安（2産以上）	35～45kg	25～35kg	乾乳～分娩2・3週前	2・3週前～分娩
乾物摂取量（％/体重）	4.0前後	2.5～3.5	1.5～2.0	1.5～2.0
可消化粗蛋白質：CP	16～17	13～14	10～12	14～15
非分解性蛋白質：UIP/CP	35～40	30～35	—	—
可消化養分総量：TDN	74～76	68～70	61～66	67～72
中性デタージェント繊維：NDF	34～35	38～40	40以上	35～40
総繊維：OCW	39～41	45～48	45以上	42～45
酸性デタージェント繊維：ADF	19～21	21～25	27以上	22～27
デンプン	18～22	13～16	13以下	15～20
粗脂肪	3～5	2～4	2～4	2～4

17％が適正値となっており，TDNは74～76％が適正値となっている。

(2) 泌乳中・後期（分娩後20週次以降～乾乳前）

泌乳中・後期は，高泌乳期のストレスから解放され，健康回復期の時期と呼ばれている。乳量は低下し始め，乳牛は妊娠期間に入る。養分摂取は充足されるか，要求量を上回って体脂肪蓄積を助長する。

この時期は比較的乾物摂取量が多く，体重が急速に増加する時期なので，穀物や蛋白レベルを下げて構造性炭水化物の割合を高める。特に泌乳後期にはボディコンディション（BC）管理に注意する。乾乳時のBCスコア3.5を目安に養分含量を調整する。

(3) 乾乳期（乾乳～分娩）

乾乳期間は，60日程度設けるのが普通となっている。乾乳は乳腺組織の回復，胎児発育のための養分供給，分娩および泌乳の準備期として重要である。乾乳期のエネルギー過剰給与による脂肪蓄積は，泌乳期での乳生産の効率を下げたり，肥満やケトーシスなどの代謝障害の発生をまねくので注意が必要である。この時期は胎児が急速に発育するので妊娠増飼い分を増給する。

乾乳期は前期（乾乳～分娩予定日2～3週前まで）と後期（分娩予定日2～3週前から分娩まで：クローズアップ期）の2期に分けて給与する方法が浸透しつつある。いずれの時期も粗飼料を中心に給与し，前期はCP，TDNは低くし，後期は少し高めに設定する。泌乳期の飼料へ馴らすために，粗飼料はなるべく泌乳前期と同じ物を給与して第一胃内微生物を順応させる。

5. TMR給与での注意点

TMRの利点を生かすためには，次の点に注意する必要がある。

(1) 粗飼料分析の実施

飼料設計が優れたものであっても実際に設計どおり養分が含まれていないと，牛が痩せてきたり，乳量が期待どおり伸びなくなる。また，養分含量が多すぎた場合にはオーバーコンディションをまねくことになる。したがって，飼料原料は分析を行なうのが基本となる。このうち粗飼料は変動が大きいので分析センターを利用して分析を行なう。特に，サイレージは水分変動が大きいので必ず実施する。

(2) 泌乳前期の飼料

飼料によっては特別な目的をもって給与されるものがあり，バイパス蛋白，バイパス油脂などがこれに該当する（第3表）。これらは高乳量条件で効果を発揮するものであり，高価なものが多いので，飼養コストを考えて適正な乳期に使用する。

(3) 給与飼料と乳成分

乳成分の改善は，従来の乳脂肪から乳蛋白質をはじめとする無脂固形分に移行しており，給与飼料の面から乳蛋白質改善が重視されている。これまでの試験成績では，デンプン，飼料エネルギーの増給は，蛋白質が充足されているときにはプラスに作用することが知られている。また，脂肪酸カルシウム添加によって乳量が増加傾向を示した場合，乳蛋白質率は低下している（第4表）。

(4) 採食量を高めるための工夫

飼料の摂取量を高めるためには，飼料の嗜好性を高めなければならない。一般に混合飼料の種類が多ければ多いほど嗜好性は高まる。たと

第3表 泌乳前期など特別なグループに給与する飼料

飼料名	泌乳前期	泌乳中・後期
脂肪添加		
・脂肪酸カルシウム	○	
・全粒綿実	○	△
バイパス蛋白質		
・加熱大豆	○	
・魚粉	○	

注 ○：基本，△：少量給与可能

第4表 給与飼料と乳蛋白質への影響

養分給与目標	乳蛋白質への反応
飼料エネルギーの増給	＋
デンプンの増給	＋
飼料蛋白質の増給	±
脂肪酸カルシウム添加	－

注 ＋：増加，±：変化なし，－：減少

第5表 混合飼料の給与回数と採食行動
(群馬畜試，1987)

	春期		夏期	
	2回	4回	2回	4回
乾物摂取量（kg/日）	19.7	20.1	24.3	22.8
採食時間（分/日）	204	159	265	235
給餌採食時間（分/日）	130	125	112	182
自発採食時間（分/日）	74	34	153	53
反芻時間（分/日）	437	473	483	476
咀嚼時間（分/日）	641	632	748	711
採食期回数（回/日）	11	11	11	9

えば5種類より7種類，7種類より9種類となるが，一方で労力的に問題があるので，使用する飼料は5～14種類の範囲で，単味飼料を用いる場合10種類前後が一般的である。

なるべく少ない種類で混合労力を減らすには，嗜好性に富んだ飼料を使用する。この代表的なものをあげると，穀類では蛋白質やデンプン濃度の高いもの（大豆かす，トウモロコシ，ふすま），粗飼料では早刈りの牧乾草（アルファルファ乾草，良質サイレージ），適当な水分をもったもの（水に浸したビートパルプ，根菜類）などを牛は好んで採食する。特にサイレージや乾草は混合割合が多いので良質なものが必要である。

（5）飼料の水分

粗飼料としてコーンサイレージと乾草を主体に混合したTMRの水分は30～50％の範囲が一般的であり，飼料原料の水分によって調製する方法が通常行なわれている。

夏期の変敗防止を目的に水分を40％，50％，60％として，飼料堆積後の発熱や乳牛の嗜好性を調査した成績では，60％と高い場合には発熱しやすく，水分が少なくなるにつれて発熱が少なくなり，40％が嗜好性も優れていたと報告されている（群馬畜試，1994～1995）。

この40％の水分率は，1頭分の調製量としてトウモロコシサイレージ12kg，ビートパルプ3kgに，2倍量（30kg）の水を加え，濃厚飼料を加えて混合飼料を調製したときと同等の水分であった。

（6）給与回数

自由採食のためには，一日中飼槽に飼料があって乳牛がいつも採食できる状態になっていることが必要である。いつも飼槽に飼料がある状態にするのは容易であるが，混合飼料は水分が多くて変敗しやすく嗜好性も低下するので，混合・給与回数をなるべく多くして新鮮なものを給与することが望ましい。しかし，50頭分の給与量は1.7～2.0tにも及び，多回給与のための労力は相当なものになるため省力化の方向に進んでいる。

第5表は，トウモロコシサイレージと乾草を粗飼料の主体としたTMR給与試験であり，1日の給与時間を8：30～18：30（10時間）の範囲で，2回給与と4回給与を比較したものである。この結果，給与回数の間で採食パターンの差異が認められたものの，乾物摂取量，咀嚼時間および乳量・乳成分に差は認められなかった。たとえば，夏期の暑熱時では，飼料給与直後の給餌採食時間が増加するが，2回給与では自発採食時間が長くなるので，給与回数による採食量の差がなくなる。これらの結果から，朝・夕の2回給与で十分対応が可能であると報告している。

酪農家のなかには1日1回給与で成功している例もみられ，サイレージの発熱防止や飼槽上の飼料を均平にするなど，こまめな飼槽管理を行なうことで省力的な給与を達成している。

最近では全自動タイプのTMR給餌装置を設置した農家が出現しており，24時間，6回給与も実施されている。

6．TMRの調製と給与の実際

（1）配合設計と調製

混合飼料は，牛の生理条件に合わせて，泌乳

第6表 混合飼料（TMR）給与表

乳　期	泌乳前期	泌乳中・後期	乾乳前期	乾乳後期
飼養条件				
産次（産）	3	3	3	3
体重（kg）	630	660	700	700
乳量（kg）	35〜40.0	20〜25.0	（妊娠増飼い）	（妊娠増飼い）
乳脂率（％）	3.60	3.90		
飼料名（kg）				
トウモロコシサイレージ	13.0	16.0	5.0	
チモシー乾草	2.5	3.5	3.0	2.0
オーツヘイ			5.0	2.0
アルファルファ乾草	3.0	2.5		
ヘイキューブ	2.0	2.0		
大豆かす	2.2	0.2		
圧扁トウモロコシ	5.8	2.2		
圧扁大麦（皮付き）	1.6	0.5		
乳牛配合（cp17）	—	—	2.0	
泌乳前期用混合飼料				9.0
ビールかす	5.0	5.0		
ビートパルプ	1.0	1.0		
全粒綿実	1.5	—		
ふすま	2.0	1.5		
第三リン酸カルシウム	0.25	0.1		
食塩	0.07	0.04		
（合計）	(39.92)	(34.54)		
乾物中（％）				
乾物体重比	3.87	2.72	1.46	1.27
CP充足率	113	118	101	125
TDN充足率	100	110	104	100
Ca充足率	112	128	76	82
P充足率	150	143	106	86
Ca：P比	1.3	1.5	1.2	1.6
CP	16.6	14.0	9.7	13.7
UIP/CP	37.0	33.0	—	—
TDN	74.9	68.9	61.2	67.7
NDF	36.4	45.6	56.0	48.5
ADF	21.5	26.8	32.2	28.5
デンプン	22.4	16.0	8.5	13.8
粗脂肪	4.5	3.5	2.5	3.7

注　充足率の計算は日本飼養標準（1994年版）による
　　ビタミン剤添加

前期用，中期用，後期用および乾乳期用に区分して4種類調製できれば理想的であるが，労力を考えて泌乳前期と中・後期用の2種類とした。また，乾乳前期は従来の分離給与とし，後期は分娩前から馴致期間2〜3週間を設けて泌乳前期用混合飼料を給与する方法を採用した（第6表）。

飼料の設計は，試験場で開発したものや市販のソフトを利用し，コンピューターによって行なう。また，公立や民間の粗飼料分析と飼料設計のサービスセンターが設置されているので，これを活用すると便利である。ここでは，日本飼養標準を基本とした配合設計と調製量設定の手順について給与例を参考に説明する。

1）最初に，設計に使用する牛の飼養条件は，牛群検定成績などの測定値を使用し，牛群を代表する体重，乳量および乳成分を設定する。泌乳期2群管理では，牛群の泌乳レベルにもよるが，前期は35〜40kg，中・後期は20〜25kgの乳量条件設定が通常使われている。

2）泌乳期の給与飼料は，自給飼料の生産状況から1頭当たりの給与量を決める。これをベースにして穀類，糟糠類，かす類などの給与量を決め，不足する繊維や粗飼料を購入乾草などで補うようにする。

給与量は，繊維，デンプンおよび粗脂肪含量がガイドラインに一致すること，CP，TDN含量が飼養標準を満たすように設定する。このとき，ぬか・ふすま類や食品製造副産物が多い場合には，ガイドラインとの間に少し差がでることがあるが，この場合は繊維の下限値を下回らないように注意する。

チェック項目

1．体重当たりの乾物摂取量割合（％，DMI/体重）
2．CP，TDN含量（％，CP/DM，TDN/DM）
3．CP，TDN，Ca，P充足率
4．繊維，デンプン，粗脂肪含量（％，NDF/DM，デンプン/DM，粗脂肪/DM）
5．粗蛋白質中の非分解性蛋白質割合（％，UIP/CP）

3）設計が完了したら混合飼料調製量を算出す

第7表 混合飼料調製量（泌乳前期）（単位：kg）

飼 料 名	給与量 (kg/日)	混合割合 (%)	給与頭数別調製量 (kg/日)					
			25	26	27	28	29	30
トウモロコシサイレージ	13.0	32.57	325.0	338.0	351.0	364.0	377.0	390.0
チモシー乾草	2.5	6.26	62.5	65.0	67.5	70.0	72.5	75.0
アルファルファ乾草	3.0	7.52	75.0	78.0	81.0	84.0	87.0	90.0
ヘイキューブ	2.0	5.01	50.0	52.0	54.0	56.0	58.0	60.0
大豆かす	2.2	5.51	55.0	57.2	59.4	61.6	63.8	66.0
圧扁トウモロコシ	5.8	14.53	145.0	150.8	156.6	162.4	168.2	174.0
圧扁大麦（皮付き）	1.6	4.01	40.0	41.6	43.2	44.8	46.4	48.0
ビールかす	5.0	12.53	125.0	130.0	135.0	140.0	145.0	150.0
ビートパルプ	1.0	2.51	25.0	26.0	27.0	28.0	29.0	30.0
全粒綿実	1.5	3.76	37.5	39.0	40.5	42.0	43.5	45.0
ふすま	2.0	5.01	50.0	52.0	54.0	56.0	58.0	60.0
第三リン酸カルシウム	0.25	0.63	6.3	6.5	6.8	7.0	7.3	7.5
食塩	0.07	0.18	1.8	1.8	1.9	2.0	2.0	2.1
合　　計	39.92	100.0	998.0	1,037.9	1,077.8	1,117.8	1,157.7	1,197.6

る（第7表）。

　各飼料の混合割合は飼料調製量の表から読みとる。たとえば，1頭当たり給与量が39.9kgで，泌乳前期牛が30頭の場合，飼料仕上がり量は1,198kgとなる。各飼料原料の配合量は給与頭数30頭の欄から実量を読みとる。

　4）各飼料を計量してミキサーで混合する。

　5）乾乳期は，粗飼料が主体となるため分離給与する場合が多い。ここでは乾乳前期は乳牛用配合飼料，乾草，サイレージを給与し，後期では泌乳前期用混合飼料と乾草を給与して馴致を行なう方法を示してある。

(2) 飼料の混合

　飼料は，牛がえり好みできないように，各飼料を均等に混合することが大切である。ミキサーの種類によって混合の方法も異なるが，定置式のカッターのない混合機では，乾草や稲わらはあらかじめ3～4cmに切断しておくと均等な撹拌ができる。またヘイキューブは粉砕の形で購入すると均等に混合することができる。

　飼料をミキサーに投入するときは，乾草やサイレージのようにガサのあるものは最初に投入して，穀類やかす類を最後に投入するとよく混ぜることができる。飼料の撹拌時間が長すぎると，繊維が砕けたり穀物が粉々になったりして物理性が低下する。そればかりか嗜好性も低下

するので，短時間でよく混ぜるようにするのが混合のコツである。

　混合調製量とミキサーの必要容積の関係は，混合機械の種類や混合する材料と水分率などによって異なるが，サイレージ主体の場合は，目安として$1m^3$で300～400kgの混合が目安となる。たとえば，30頭給与で1,198kgであれば4～$3m^3$の容積が必要になる。したがって，前期30頭と中・後期30頭を給与するには$4m^3$のミキサーを2回転利用して混合給与することになる。

(3) 給与の実際

①給与量の調製

　自由採食のためには，原物で10～15％程度の残餌が出るように給与する必要があるが，実用上は5％程度を目安に給与する。そのためには，牛によっては飼槽にえさが残る状態に差があるので，給与後2時間程度経過した頃，飼料を牛側にかき寄せたり，均平にしてやる作業が必要である。

　一般に泌乳前期の飼料を計算量給与すると残餌量が多くなりすぎるので，残量をみて仕上がり量を少なく調製する。また，中・後期牛に必要頭数分給与すると不足する場合が多くなる。牛の状態によるが，この乳期は自由採食させると過肥になることが多いので，制限給餌で対応するとこれを防止することができる。

②牛群のグループ分け

牛群のグループ編成は，泌乳前期，中期，後期および乾乳期の1～4群までの方法がとられているが，最低でも泌乳前期，中・後期，乾乳期に分けたい。この場合，飼料の切替えは泌乳前期から中・後期のときとなるが，この飼料の切替えは分娩後日数，乳量，ボディコンディションが判断基準となる。これまでの実証試験では，分娩後3～4か月，乳量30kg（初産28kg）が適正とされている。最近では乳量水準も9,000～10,000kgの高泌乳農家も増えており，これより高い33kgを基準としている例もみられる。

また，牛群が揃った農家では，泌乳前期と中期の間よりちょっと高めの養分含量を設定して，1群管理で高乳量生産を成功させている農家も見られる。

(4) 日常管理

TMRは，分離給与方式に比べて，混合作業が必要になることと新鮮な飼料を給与するための作業体系の検討が必要になる。2回給与の場合は，午前10～11時に混合作業を実施した場合は夕方の給与となり，午後混合した場合は夕方と翌日の朝の給与となる。

冬場ならサイレージの発熱による変敗の問題はないが，夏期は混合後なるべく早めに給与する工夫が必要である。

執筆　斉藤友喜（群馬県農業技術課）

1999年記

牧草サイレージの品質と給与・北海道

1. 牧草の刈取り時期と栄養価・産乳性

(1) 刈取り時期と栄養価

牧草の生育に伴い化学成分および消化率は変化し，一番草の乾物消化率は1日当たり0.3～0.5％低下する。したがって，牧草の刈取り時期が遅れると，乾物収量は高まるが栄養価は低下する。また，草種により栄養価の低下割合も異なり，イネ科牧草ではオーチャードグラスがチモシーより大きく低下し，マメ科牧草ではアルファルファが最も低下割合が大きい（第1図）。

(2) 刈取り時期と産乳性

北海道では，サイレージ調製用にチモシー主体牧草が最も利用されている。チモシー主体の一番草サイレージの乾物中TDN含量は，出穂始期で約72％，出穂期で63％，出穂揃期で59％である。

このような栄養価の違いは乳牛が採食できる牧草サイレージの量にも影響する。出穂始期の牧草サイレージを濃厚飼料なしで飼養した場合，体重650kgの乳牛は乾物で15.2kg/日採食可能だが，出穂揃期では12.6kg/日となる（第1表）。また，高泌乳牛を健康に飼養するには，濃厚飼料給与量は粗濃比で50％程度とするのが安全であるが，その場合，牧草サイレージの採食量は出穂始期で10.3kg/日，出穂揃期で8.5kg/日となる。全TDN摂取量から算出される産乳可能量は粗濃比50％の場合，出穂始期で41.5kg/日，出穂揃期で29.5kg/日となり，一乳期ではおのおの10,200kg，6,920kgと大きな違いとなる。

このように，栄養価の高い牧草サイレージを給与することは，乳牛の健康度および生産性を高めるうえから重要であるが，牧草の同一生育期でのサイレージ調製は容易ではない。しかし，チモシーの品種間では，生育差が約2週間に及ぶので，品種を考慮した適正な草地配分とサイレージ調製の機械・作業体系の見直しにより，多くの牧草を出穂期に調製することが可能にな

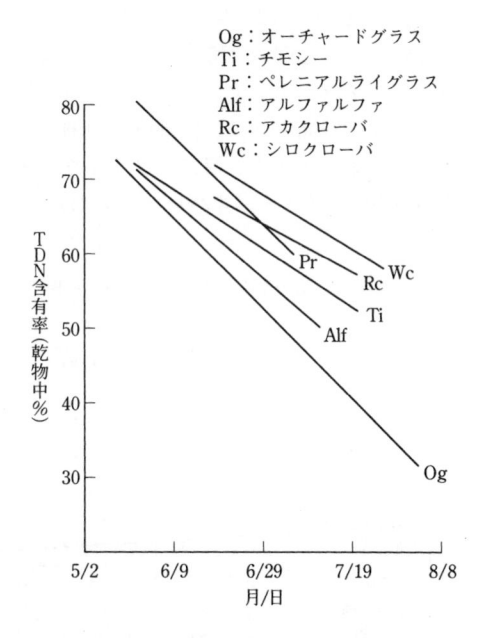

第1図 牧草品種別一番草の刈取り時期と栄養価との関係 （石栗，1991）

Og：オーチャードグラス
Ti：チモシー
Pr：ペレニアルライグラス
Alf：アルファルファ
Rc：アカクローバ
Wc：シロクローバ

第1表 生育期別牧草サイレージ採食量と産乳可能量（単位：kg/日） （和泉，1988）

生育期		牧草サイレージ	乾草	濃厚飼料	全TDN摂取量	産乳可能量
出穂始期	多給	15.2	1.7	0	12.0	22.5
	併給	10.3	1.7	12.0	18.0	41.5
出穂期	多給	13.3	1.7	0	9.3	13.9
	併給	8.9	1.7	10.6	15.1	32.3
出穂揃期	多給	12.6	1.7	0	8.4	11.1
	併給	8.5	1.7	10.2	14.2	29.5

注 産乳可能量は体重650kg，乳脂肪率3.7％で算出
多給：粗飼料のみ給与，併給：粗飼料と濃厚飼料比50％で給与

2. 牧草サイレージの調製条件と品質

(1) 牧草サイレージの判定基準

①評価の方法
サイレージの品質は栄養価と発酵品質で判定される。栄養価は先に述べたように刈取り時期により決まるが、原料草の栄養価がどれだけ損なわずに保存できたかを示すのが発酵品質である。

サイレージ貯蔵中には乳酸菌などの微生物の働きにより、糖などの可溶性炭水化物は減少し、乳酸、酢酸、酪酸などの有機酸が増える。また、蛋白質は貯蔵中分解し続け、良質サイレージでも50～60％はアミノ酸やアンモニアに分解される。これらの生成物を分析しサイレージの品質を評価する方法もあるが、ここでは比較的簡単に測定できる水分、pHおよび官能検査からなる判定基準を紹介する。

②水分含量
この判定基準は高・中水分用と低水分用に分かれている（第2表）。高水分サイレージ（水分含量75％以上）および中水分サイレージ（同65～75％）では、水分含量が高くなると乾物や養分損失が大きくなるので判定ランクが下げられている。

しかし、低水分サイレージ（水分含量65％未満）では、逆に収穫作業中の乾物や養分損失を考慮して、水分含量が低くなると判定ランクが下げられ、水分含量44％以下になると薫炭化の危険性があるためEランクとなっている。

③pH
高・中水分サイレージでは、発酵品質の重要な指標としてpHが用いられ、4.1以下がAランクとされている。しかし、低水分サイレージでは有機酸組成と密接な関係がないので判定項目から除外されている。

④官能検査
官能検査の項目は色択、香味および感触に分けられ、明黄緑色で、快甘酸臭・芳香があり、さらっとした感じのものがAランクとされている。なお、実際の判定は各項目の重要度に応じた配点に従い合計点で評価するが、詳細については北海道農場試験会議資料「牧草サイレージ品質判定基準」(1989)を参考にされたい。

⑤不良サイレージの問題
発酵不良のサイレージを乳牛に給与した場合には、採食量が著しく低下するばかりでなく、酪酸含量が高いと酪酸ケトージスとなり乳量が低下する。また、カビの発生したサイレージは、乳牛が採食を嫌がるばかりでなく、カビが産生する毒素（マイコトキシン）により、乳量の減少、下痢・流産の発生および体細胞数の増加などがみられる場合がある。特に、フザリウム属のカビが産生するデオキシニバレノール（DON）

第2表 牧草サイレージの品質判定基準 （北海道農業試験会議, 1989, 抜粋）

	判定項目	A	B	C	D	E
原料草	刈取り時期	出穂始め	出穂期	出穂揃期	開花期	結実期
	マメ科割合(%)	50～30	29～20	19～10	9～1	0
	雑草・枯草割合(%)	0	1～3	4～6	7～9	10<
発酵品質 高・中水分	水分含量(%)	65～70	71～75	76～80	81～85	86<
	pH	4.1>	4.2～4.4	4.5～4.7	4.8～5.0	5.1<
	香味	快甘酸臭 芳香	甘酸臭	若干の刺激 不快臭	わずかカビ・アンモニア臭	カビ・アンモニア臭
低水分	水分含量(%)	64～60	59～55	54～50	49～45	44<
	香味	快甘酸臭 芳香	甘酸臭	若干の刺激 不快臭	わずかカビ・アンモニア臭	カビ・アンモニア臭

注　A～Eは品質の良否を示すランク

は，北海道の牧草サイレージからも高率に検出され問題視されている。

(2) 調製条件と蛋白質分画

飼料中蛋白質は，従来，粗蛋白質（CP）として評価されてきたが，近年，乳牛の消化生理を考慮して溶解性蛋白質（SIP），非分解性蛋白質（UIP），中性デタージェント繊維（NDF）中CP（NDFIP）および結合蛋白質（BP）に分類されるようになっている。

サイレージの調製・貯蔵過程では蛋白質が変成することから，第一胃内分解性も調製条件により異なることが考えられる。そこで，根釧農試では牧草の水分含量，刈取り時期，貯蔵形態および添加剤の利用などにより，蛋白質分画がどのように変化するか検討している。

牧草サイレージの水分含量では，水分含量55％以上になるとサイレージ発酵が進み，SIPの割合が高まり，UIPの割合が低下する（第2図）。しかし，発酵が進んだ状態では高水分と中水分サイレージで蛋白質分画に差はみられない。

刈取り時期では，生育ステージが進むとSIPの割合が低下し，UIPの割合が高くなる（第3表）。特に，分解速度の遅い蛋白質分画（NDFIP）および乳牛が分解・利用できない蛋白質（BP）の割合が高くなる。また，一，二番草を比較すると，二番草はSIPの割合が低く，UIP，NDFIPおよびBPの割合が高くなる。

貯蔵形態としては，ロールサイレージは細切サイレージに比べ，pHが高く発酵品質が劣っているが，蛋白質分画に差はみられない。また，ギ酸添加ではサイレージ発酵が抑制され，SIPの割合がやや低く，NDFIPの割合が高い傾向にある。

(3) 調製条件とβ-カロチン含量

β-カロチンはビタミンAの前駆物質であるばかりではなく，乳牛の繁殖機能にも関与すると考えれている。

牧草には本来多くのβ-カロチンが含まれているが，乾草やサイレージの調製過程で日光に破壊され，β-カロチン含量が著しく低下する。牧草刈取り後のβ-カロチン含量は二次曲線的に低下し（第3図），乾草に調製される頃には原料草の10％以下に低下していることも少なくない。しかし，中・高水分サイレージのように刈取り後1～2日で調製される場合には，調製・貯蔵中

第3表 牧草の刈取り時期・番草と蛋白質分画との関係 (根釧農試，1999)

		pH	CP (%DM)	SIP (%CP)	UIP (%CP)	NDFIP (%CP)	BP (%CP)
細切	出穂期	4.3	16.4	61	24	13	4
サイレージ	結実期	4.1	14.0	54	31	18	7
ロール	一番草	4.7	13.8	62	28	16	7
サイレージ	二番草	5.3	14.7	52	38	24	10

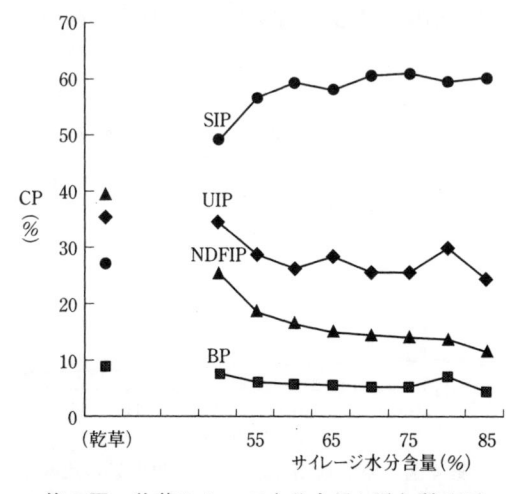

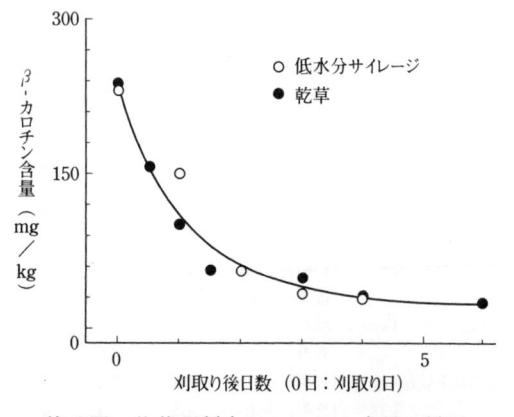

第2図 牧草サイレージ水分含量と蛋白質分画
(根釧農試，1999)

第3図 牧草調製中のβ-カロチン含量の低下
(根釧農試，1991)

の低下は50％程度で，根釧農試で測定した中水分サイレージのβ-カロチン含量の平均値は乾物1kg当たり110mgであった。日本飼養標準では分娩前後の乳牛にビタミンAとともに，1日200～300mgのβ-カロチンの摂取が望ましいと述べられているが，牧草サイレージ主体飼養では十分な量のβ-カロチンが供給されることになる。

3. 牧草サイレージを主体の給与と乾物摂取量

(1) トウモロコシサイレージ主体との乾物摂取量の比較

牧草サイレージを主体にした給与での乾物摂取量(DMI)の特徴を明らかにするために，牧草サイレージ主体で飼養する根釧農試(以下，根釧)の成績と，トウモロコシサイレージ主体で飼養する新得畜試(以下，新得)の成績を紹介する。データは1987～1997年に行なわれた飼養試験で，根釧77頭および新得147頭の泌乳前期牛の成績をとりまとめたものである。給与飼料の構成と栄養含量は第4表に示した。

泌乳安定期である分娩後11～15週のDMIは，根釧，新得おのおの21.7，23.8kg/日，DMI/体重は3.37，3.76％と，根釧は新得よりDMI/日で2.1kg，DMI/体重で0.39ポイント低い(第5表)。しかし，乳量は根釧，新得ともに34.9kg/日，4％補正乳量は34.1，34.0kg/日であり，乳成分にも差がみられていない。

また，一般的に，泌乳初期は第一胃容積，消化・代謝機能および内分泌系の順応が遅れ，乳牛は要求量に見合う乾物量を摂取できない。根釧では分娩後1週目のDMIが15.2kg/日と低く，2週目から6週目にかけ漸増し，6週目には21.4kg/日と分娩後11～15週の値に近くなっている(第4図)。一方，新得では分娩後1週目のDMIが16.6kg/日であり，その後漸増し続け11週で23.7kg/日となっている。

このように，牧草サイレージ主体飼養ではトウモロコシ主体飼養に比較して，泌乳前期のDMIが低いことから，同程度の乳量水準を得るには併給飼料からの養分補給により，給与飼料全体の養分含量を高める必要がある。

(2) 全飼料中NDF含量とDMIとの関係

DMIを最大にするには，全飼料中NDF含量は30～35％がよいとされている。しかし，根釧では全飼料中NDF含量の平均が39.9％と高かっ

第4表 牧草サイレージ主体とトウモロコシサイレージ主体の給与試験での給与飼料の構成と栄養含量

	飼料構成（DM比, %）			栄養含量(DM%)		
	牧草サイレージ	トウモロコシサイレージ	濃厚飼料	CP	TDN	NDF
根釧	52.4	0	47.6	16.0	77.8	39.9
新得	22.5	38.8	38.7	16.8	75.0	36.6

第5表 牧草サイレージ主体飼養（根釧）とトウモロコシサイレージ主体飼養（新得）の分娩後11～15週における飼養成績

		平均	標準偏差	最大	最小
乾物摂取量（kg/日）(DMI)	根釧	21.66	2.36	26.62	14.95
	新得	23.80	2.75	33.20	15.58
DMI/体重（%）	根釧	3.37	0.32	4.20	2.55
	新得	3.76	0.39	4.80	2.44
乳量（kg/日）	根釧	34.9	4.2	45.4	26.9
	新得	34.9	5.4	49.5	16.1
4%補正乳量(kg/日)	根釧	34.1	3.8	44.2	27.2
	新得	34.0	4.8	46.4	14.6
体重（kg）	根釧	645	56	773	503
	新得	636	58	815	509

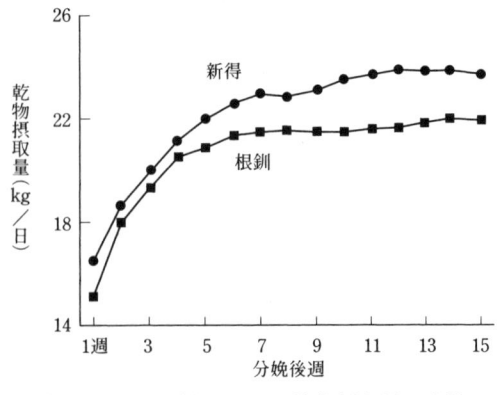

第4図 泌乳前期における乾物摂取量の比較
根釧：牧草サイレージ主体飼養，
新得：トウモロコシサイレージ主体飼養

た。そこで，根釧および新得のデータを用いてDMIとNDF含量との関係について回帰分析を行なった。その結果，DMIとNDF含量とは有意な負の直線的関係（$R^2=0.20$，$P<0.001$）がみられ，NDF含量が高まればDMIが低下する傾向が認められた（第5図）。

このように，牧草サイレージはNDF含量が高く，発酵品質が飼料摂取量に大きく影響することから，牧草の適期刈りとサイレージ調製の基本を遵守し，栄養価の高い良質サイレージを十分に給与することが，高泌乳牛を飼養する場合にも最も大切な技術である。

執筆　扇　　勉（北海道立根釧農業試験場）

1999年記

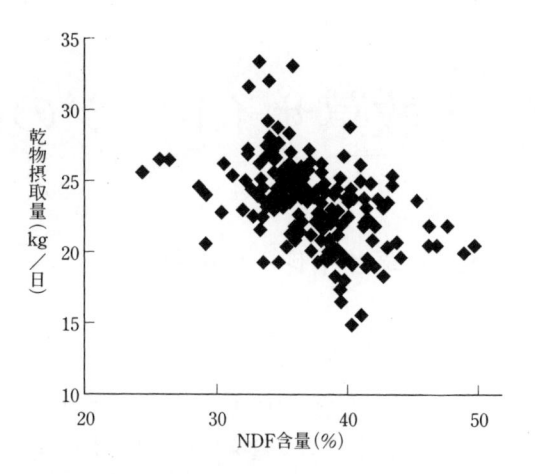

第5図　全飼料中NDF（中性デタージェント繊維）含量と乾物摂取量との関係

参考文献

石栗敏機．1991．牧草の消化・採食特性の生育時期別変動．北海道立農業試験場報告．**75**，35－36．

和泉康史．1988．サイレージ多給による搾乳牛の飼養技術に関する研究．北海道立農業試験場報告．**69**，1－77．

北農試・道立農畜試．1989．牧草サイレージ品質判定基準．北海道農業試験会議（成績会議）資料．

根釧農試．1991．βカロチンおよびビタミンA製剤の乳牛に対する添加効果に関する試験．北海道農業試験会議（成績会議）資料．

根釧農試．1999．牧草サイレージの調製条件と蛋白質分画との関連．北海道農業試験会議（成績会議）資料．

根釧農試．1999．フリーストール飼養における省力的管理技術　IV．牧草およびとうもろこしサイレージ主体飼養における乳牛の乾物摂取量．北海道農業試験会議（成績会議）資料．

牧草サイレージの品質と給与・都府県

1. 牧草サイレージの品質

(1)「良質」の意味

「高泌乳牛には良質の牧草サイレージを給与することが大切」という表現をよく耳にする。この良質という意味はあまりに抽象的で、実際自分のところでつくった牧草サイレージは良質と判断してよいのか、とまどう農家が見受けられる。

この場合の良質とは、発酵品質が良好で、飼料成分的にも高栄養であるという意味である。さらに付け加えるならば、硝酸態窒素やカビ毒などの中毒物質のない安全なものということになる。最終的には、牛がよろこんでよく食べるということが良質なサイレージの条件である。

(2) 発酵品質の評価方法

サイレージ調製は、乳酸発酵させてpHを低くし、草を貯蔵する方法である。この場合、発酵品質を化学的に評価するには、pHや酢酸・酪酸・乳酸などの有機酸含量を調べて判断する。しかし牧草サイレージの場合、予乾して水分が50％以下となったヘイレージやロールベールサイレージなどはこの評価方法にはなじまない。

これらのヘイレージやロールベールサイレージは低水分にすることで酪酸菌の増殖を防ぎ、さらには乾草に近い水分に調製することですべての細菌の増殖を防いで貯蔵する方法である。そのため、pHや有機酸含量だけではサイレージ品質の良否は判断できない。

そこで、柾木ら(1994)はV－SCOREという評価方法を考案した。これは、VBN/TN(全窒素に対する揮発性塩基態窒素の割合)とVFA(揮発性脂肪酸)の含量から、第1図の配点に従って点数化する方法で、満点は100点である。

VBN/TN濃度は蛋白質が変敗している割合を示す指標で、この濃度は低いほどよい。第1図からVBN/TNが5％以下であれば50点が配点される。一方、サイレージ発酵によって酢酸、プロピオン酸、酪酸、吉草酸、カプロン酸などのVFAや乳酸(揮発性でない)が生成される。このうち炭素数が4以上の酪酸、吉草酸、カプロン酸は不良発酵の場合に多く生成されるので、この濃度は低いほどよい。第1図から酪酸以上のVFA濃度が原物中0％であれば40点が配点されるが、0.5％以上あった場合は配点は0点である。また、酢酸とプロピオン酸はサイレージ発酵のさいに必ずといっていいほど生成されるが、この濃度もあまり高くないほうがよい。これらの酸が原物中に0.2％以下であれば、第1図から10点が配点される。

この3つの配点を合計したものがV－SCOREで、100点に近いほどよいサイレージ(ヘイレージ)である。V－SCOREがpHや乳酸含量を考慮に入れないのは、低水分のサイレージにも適用できるようにしたためである。

高水分サイレージでは、V－SCOREと従来か

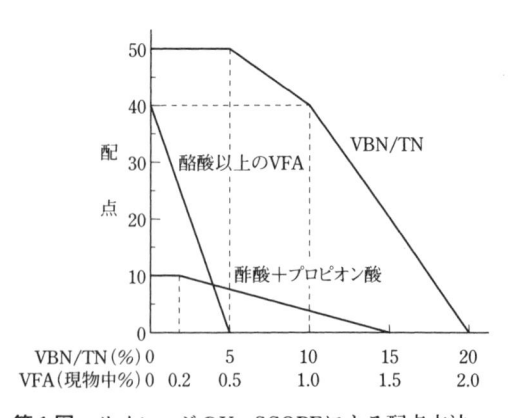

第1図 サイレージのV－SCOREによる配点方法

VBN/TN：全窒素に対する揮発性塩基態窒素の割合
酪酸以上のVFA：C4以上の揮発性脂肪酸(酪酸＋吉草酸＋カプロン酸)

ら使われてきたフリーク評点との相関は高い。一方，低水分サイレージでは，フリーク評点は低いものの，V-SCOREは高いものがみられ，それらは発酵が抑制されているが変敗はしていない良質サイレージであった。

(3) 飼料成分の特徴と使い方

①良質繊維率を高める刈取り時期

第1表に示すように，牧草の飼料成分のうち50％以上はNDF（中性デタージェント繊維）が占める。つまり，牧草に何を求めるかといえば繊維であり，それも良質の繊維であろう。良質とは消化性が高いという意味である。繊維の消化性は生育ステージが出穂前，出穂期，開花期，結実期と進むにつれて大きく低下する。

一方，単位面積当たりの収量は出穂前ではかなり少ない。そこで，イネ科では出穂期に，マメ科では開花期に収穫するのがよいとされている。また，輸入粗飼料は収量を得るために遅刈りの傾向にあり，わら同然のものが見受けられる。これは牧草の流通が，飼料成分によって適正な単価を設定されていないためである。

このため，繊維の消化性の高い良質粗飼料は自給飼料で確保する必要がある。このような事情を考慮すると，牧草サイレージの収穫時期はやや早めて，イネ科で出穂始め～出穂期，マメ科で開花始め～開花期とするのがよい。

②乾草との違いと給与の注意

牧草サイレージの飼料成分でさらに注意しなければならない点に，乾草と比較してSIP（可溶性蛋白）が多いこと，NFC（非繊維炭水化物）中の糖・デンプンの比率が低いことがある（第2表）。これらは，飼料設計で重要な項目であるが，SIPを分析するのは手間がかかる。また，NFCは計算で求められるが，本来の意味である糖・デンプンを表わしていないので注意を要する。

可溶性蛋白 SIPが多くなるのはサイレージに特有の現象であり，牧草に限らずコーンやソルガムなども同様である。これは，サイレージ発酵によって，蛋白質がアミノ酸やアンモニア態窒素に分解されたり，または消化のよい状態で蛋白質が保存されたりするためである。

それではヘイレージについてはどうするか。藤田ら（1991）はヘイレージも高水分のサイレージと同様にSIPが多いと報告している。たしかに低水分化によりアンモニア態窒素の含量は減少するが，可溶性の蛋白質はそのまま保存されると推定される。分析データが得られない場合，乾草に近い水分（たとえば25％以下）でなければSIPは多いとみたほうがよい。

SIPが多すぎると，その分は，最終的に尿として排泄され，無駄となる。サイレージやヘイレージを給与する場合，他の餌と組み合わせてSIPが多すぎないようにしたり，糖蜜や大麦などルーメン微生物にすぐに利用されやすいエネルギー源を組み合わせたりするとよい。

第1表 牧草サイレージの成分・栄養価
（日本標準飼料成分表，1995年版）

	粗蛋白	NDF	TDN	ME
		%DM		Mcal/kg
オーチャード一番草出穂期	13.8	62.3	64.6	2.39
オーチャード一番草開花期	11.7	65.7	56.5	2.07
オーチャード再生草出穂期	15.6	58.7	57.6	2.10
アルファルファ一番草開花期	16.1	50.4	55.6	2.02
アルファルファ再生草開花期	19.4	48.8	53.6	1.93

第2表 牧草サイレージの成分
（CPM-dairy, 1998）

	SIP	UIP	NFC	デンプン[1]
	――%/CP――		――%/DM――	
グラスサイレージ (10Cp67Ndf)[2]	40.0	32.6	17.2	8.3
グラスサイレージ (16Cp55Ndf)	50.0	30.0	24.2	15.2
アルファルファサイレージ (17Cp46Ndf)	50.0	28.5	28.1	25.0
アルファルファサイレージ (20Cp40Ndf)	60.0	22.5	30.6	24.5
参考：チモシー乾草 (11Cp61Ndf)	25.0	41.0	20.4	16.3

注 [1] 糖・デンプン・可溶性繊維
　　[2] 粗蛋白（CP）が乾物中に10％，NDFが67％のもの

非繊維炭水化物中の糖・デンプン比率　NFCは次の式で求められる。

$$\text{NFC} = \text{DM} - 粗灰分 - 粗蛋白 - 粗脂肪 - \text{NDF} + \text{NDFIP}$$

ここでNDFIPはNDF中の蛋白質であり、この量がわからない場合はとりあえず粗蛋白中の20％がNDF中に含まれると考えて補正する。

さて、サイレージのNFC中の糖・デンプンの比率が低い大きな原因は有機酸にある。有機酸は飼料分析で乾燥する過程で一部蒸発するが、一部は塩となって残り、計算上NFCに含まれる。NFCはルーメン内で細菌に利用されるエネルギーの指標であるが、有機酸は細菌にエネルギーとして利用されない。このため、給与飼料に占めるサイレージの割合が多い場合、NFC含量は高めに設定して飼料設計をしないと、ルーメン内細菌に利用されるエネルギーが足りなくなる場合がある。

しかしヘイレージであれば、サイレージ発酵は抑制され有機酸含量は少ないと考えられるので、この心配は比較的少なくなる。

(4) 高栄養粗飼料としての利用

①高泌乳牛に最適の粗飼料

牛は草食動物であり、ルーメンの機能を維持するためにはある程度の粗飼料が必要である。一方、高泌乳牛の場合粗飼料だけではエネルギーが足りず、濃厚飼料を多給することになるが、このときルーメンの恒常性が乱され、疾病や事故などが発生しやすい。そこで濃厚飼料をひかえると、牛の能力を生かしきれないジレンマが生じることになる。

ここで濃厚飼料を多給しても、ルーメン環境を乱さないほどに粗飼料を食い込ますことができれば問題は解決できる。それには採食性の良い粗飼料でなければならない。すなわち、牧草サイレージであれば発酵品質が良く、しかも消化性の良い高栄養のものということになる。

なお、サイレージに含まれる乳酸は自由採食量を抑制する効果があり、トウモロコシサイレージではこの点を考慮する必要があるが、牧草サイレージでは影響はないと考えてよい。

②採食量とNDFの関係

第3表にイタリアンサイレージの自由採食量を示した。牛の体重による採食量の違いをなくすため、代謝体重（体重の0.75乗）当たりで表わしている。4種類の収穫ステージの異なるサイレージで調べた結果、NDFと自由採食量には強い相関があり、NDF含量が少ないほど自由採食量は増加する。そして注意して欲しいのは、自由採食量とNDF含量を掛けた自由採食NDF量もNDF含量の少ないサイレージほど多い点である。

NDFは牛の採食性と関連が深いが、NDFのルーメン内消化速度や通過速度が速いほど、より多くのNDFを採食することができる。サイレージのNDF含量が少ないということは、刈取りステージが若くNDFの消化性が高いということにほかならない。そしてこのようなサイレージであれば自由採食NDF量が多くなり、より多くの濃厚飼料を給与してもルーメン性状は安定させることができ、高泌乳を実現できる。

2. 牧草サイレージを用いた給与例

実際に、高泌乳牛での飼料の給与例を考えてみる。この給与例のもとは搾乳牛1頭当たり年間乳量1万kgの牛群で用いているTMRである。ただしあまり餌の種類が複雑にならないように簡略化し、第4表に挙げた飼料を用いることにする。飼料成分で粗蛋白とNDFは分析値が得られるが、NFCや蛋白の分解性は現状では難しい。この値については過去の報告などを参考に推定

第3表　イタリアンライグラスサイレージの成分・自由採食量およびその相関関係　（甘利, 1998）

	出穂前	出穂期	開花期	結実期
NDF（DM%）	54.3	57.4	63.0	65.9
ADF（DM%）	34.3	34.8	38.7	40.2
自由採食量 (g/体重$^{0.75}$)	79.8	71.6	61.5	54.2
自由採食NDF量 (g/体重$^{0.75}$)	45.2	41.8	39.3	36.9

注　自由採食量(g/体重$^{0.75}$) $= -2.12 \times \text{NDF} + 194.2$
　　$r = -0.997$

第4表　給与飼料の成分組成

飼料名	乾物	粗蛋白	NDF	NFC	SIP	UIP
		──%/DM──			──%/CP──	
配合飼料	88.0	18.2	19.3	56.8	15	25
ヘイキューブ	88.2	20.1	42.4	22.7	25	40
ビートパルプ	88.8	10.2	46.1	39.4	25	55
コーン圧扁	86.5	10.2	10.6	69.4	10	60
大豆かす	88.1	52.6	14.5	28.4	25	35
全粒綿実	90.7	22.6	46.2	8.8	40	30
スーダン乾草(輸入)	90.4	9.2	68.5	11.1	20	30
コーンサイレージ	34.9	6.9	44.4	43.0	55	20
牧草サイレージ	33.1	13.6	55.9	18.1	45	30

第5表　牧草サイレージを用いた飼料給与例

	A	B	C
	── 給与量（kg原物）──		
配合飼料	8	8	8.8
ヘイキューブ	2	2	2.2
ビートパルプ	2	2	2.2
コーン圧扁	3	3	4.4
大豆かす	2	2	1.1
全粒綿実	2	2	2.2
スーダン乾草（輸入）	3	1	0
コーンサイレージ	10	10	0
牧草サイレージ	8	14	19.8
	── 成分組成 ──		
粗蛋白/DM%	16.7	17	17
NDF/DM%	35.9	35.1	33.4
NFC/DM%	38.4	38.8	39.6
SIP/CP%	26	27	26
UIP/CP%	33	33	34
粗飼料/NDF%	61.9	61.4	64.6
	── 充足率 ──		
TDN 充足%[1]	97.3	98.3	96.3
CP 充足%[1]	102.7	105.2	102
DM/BW%	3.94	3.97	3.84

注　牛体重　650kg，乳量　45kg/日，乳脂率　3.5%，産次　3
[1]　日本飼養標準1994年版

した。

　第5表には牛の条件として，体重650kg，日乳量45kg，乳脂率3.5％，3産次の場合の飼料給与量，飼料成分および充足率などを示した。A，B，Cの3例を挙げたが，いずれも自給飼料基盤の弱い都府県の状況を考慮し，サイレージは1頭当たり18～24kg（原物）程度にしてある。

　飼料給与の指標として，粗蛋白は17％/DM，NDFは35％/DMを目安とし（千葉県畜産セ他，1987および1991），UIP/CPは35％を目安とする（NRC，1989）。さらに，SIP/CPは30％程度，NFCは35％/DM程度が今のところ望ましいとされており，これを目安に考える。

(1) 代表的な給与例

　Aの給与例はもっとも代表的な例として挙げた。購入乾草3kgにコーンサイレージ10kgと牧草サイレージ8kgを主な粗飼料源とし，配合飼料などを組み合わせるプランである。このときの乾物摂取量/体重％は3.94％となる。食い込ませる量としてはほぼ限界に近い。

　さらにこの例では，購入乾草がもっとも嗜好性が悪いと予想される。特に粗剛な刈遅れの乾草であればこれを残すようになり，相対的な粗飼料の不足から反芻時間の低下やルーメン発酵の異常を起こし，ひいてはルーメンアシドーシスなどの疾病のおそれがある。TMRであればこの心配は比較的少なくなるが，いずれにしても乾草の品質がポイントとなる。

(2) 低品質の乾草を牧草サイレージで補う例

　Bの給与例は乾草の品質が悪い場合にその給与量を1kgと抑え，その分を牧草サイレージで増給するプランである。この場合は牧草サイレージの品質が問題となってくる。今まで述べてきたような発酵品質が良く，消化性も良く，採食性の良いサイレージでなければ，これを残すことが予想され，Aの例と同様の問題が発生する。

(3) 牧草サイレージが豊富な場合の例

　Cの給与例は品質の良い牧草サイレージが比較的豊富にある場合のプランであり，購入乾草やコーンサイレージの給与量はゼロとしてみた。デンプンや粗蛋白の調整のためにコーン圧扁を1kg増やし，大豆かすを1kg減らしてある。指標にあげたNDF35％のうち粗飼料由来のNDF比率は60％程度がよく，35％×60％＝21％が粗飼

料からのNDF含量となる。一方，NRCではNDFの推奨量を28％としているが，この場合，粗飼料に由来するNDFはNDF全体の75％である必要があるとしている。つまり粗飼料のみのNDF含量としては，28％×75％＝21％と同じになり，良質粗飼料を多給できる場合はNDFの含量を低くできることが示唆される。

この点を考慮すると，Cの例では牧草サイレージを18kg給与したとき，粗飼料のみのNDF含量としては，33.4％×64.6％＝21.6％となり，給与飼料全体のNDF％は33.4％と低めに抑えても支障はない。

さらに，乾物摂取量/体重％に余裕があることから，牧草サイレージ以外の飼料を1割増給することが可能となり，高泌乳を目指せる飼料構成となる。この場合でも乾物摂取量/体重％は3.84％とまだ余裕がある。

(4) 飼料設計修正の注意点

A，B，Cの3例のいずれもNFCは推奨値よりはやや高めで，逆にSIPはやや低めである。しかし，これをすぐに修正するのはひかえ，まず牛の反応を見るべきである。

なぜなら，NFCもSIPも実測値ではない推定値であり，計算結果のとおりとはいえない。特に，乳牛用配合飼料はこれらの値の推定が困難である。一方で，乳牛が摂取する栄養の多くを配合飼料に依存しているため，その影響は大きい。さらに同じ銘柄であっても穀物相場によってその配合割合が変わるため，蛋白やTDNといった値は変動しなくとも，蛋白の分解性やNFCは一定とはいえず，問題は深刻である。

また，NFCはルーメン内で細菌に利用されるエネルギーを表わしているが，サイレージの比率が増えるほど有機酸がこの中に含まれるので過大に表わされる傾向にある。さらには，NDFを分析するさいに溶けてしまう繊維（ペクチンやβ-グルカン）もNFCに入ってしまう。これを糖・デンプンと同列に扱っていいかという問題もある。

UIPは牛の消化管通過速度にも影響され，飼料固有の値はありえない。以上のようにあまりにも不確定な要素が多いのである。

これに比べて牛からの情報は確実である。たとえば乳量や乳成分を調べたり，糞の状態や反芻の状況を観察することで多くの情報を得ることができる。これらのデータをもとに飼料給与を再考することが重要である。

執筆　古賀照章（長野県畜産試験場）

1999年記

参考文献

藤田裕ら．1991．乾草と牧草サイレージ蛋白質の第一胃内分解特性の比較．日畜会報．**62**，76-82．

甘利雅拡ら．1998．乳牛におけるイタリアンライグラスサイレージの自由採食量の推定．畜産研究成果情報．**11**，農水省畜試．

柾木茂彦ら．1994．粗飼料の品質評価ガイドブック．日本草地協会．

藤城清司ら．1987．高泌乳牛飼料給与技術の体系化に関する研究．千葉畜セ特別研報．**1**．

藤城清司ら．1991．乳牛における繊維・澱粉質飼料の効率的給与技術の確立に関する研究．千葉畜セ特別研報．**2**．

NRC飼養標準第6版日本語版．1990．デーリィ・ジャパン社．

CPM-Dairy version 1.0. Copyright . 1998. by Cornell University et al.．ウイリアムマイナー農業研究所．

輸入乾草の品質と評価方法

　平成11年の2～3月のトウモロコシ相場がt当たり15,000～16,000円であるのに対し，輸入乾草の価格（京浜地区港渡し，円/kg）はアルファルファが42～43円，アメリカ産チモシーが44～45円，オーツが38～39円，ライグラスストローが26～27円である。デンプンよりも繊維の高い時代が続いている。

　アルファルファキューブ，稲わらをも含めて，わが国は約230万tの乾草類を輸入・利用している。どのような内容の乾草を利用しているのか，その評価法をも含めて述べる。

1. 都府県酪農での輸入乾草の位置づけ

　第1表には平成4年の栃木県16酪農家の飼料給与構造を示す。ここでは給与飼料をサイレージ，乾草，濃厚飼料部分の3つで示してあるが，サイレージにはトウモロコシサイレージと牧草サイレージが，乾草にはアルファルファキューブと梱包乾草が，濃厚飼料部分には配合飼料，穀類・綿実など単体，ビートパルプが含まれる。

　給与サイレージ乾物の全乾物に対する比率は平均で15％である。筆者はこのような自給飼料給与水準の経営を自給飼料添加型酪農といっているが，都府県酪農の大部分はこの飼料給与類型に属する。したがって，都府県酪農の飼料給与構造は第1表の範疇にあるとみることができる。

　乾草の乾物給与比率は9～36％と変動するが，平均では26％とサイレージを大きく上回る。乾物給与量の平均値は6.4kgで，10kg以上給与しているケースも存在する。平均値の水準では粗飼料自給率は37％と計算される。

　それではTDN給与量およびTDN給与比率ではどうであろうか。ここではサイレージとの差が縮小し，濃厚飼料部分との差が拡大する。TDN含量の数値がその理由を如実に述べている。

　つまり，輸入乾草による乾物給与量依存度はサイレージよりもはるかに高いが，乾草のTDN含量が低いために栄養価（TDN含量）の依存度では乾物の場合よりも低下する。

2. 輸入乾草の成分と栄養価

(1) 栄養価とその変動

　第2表には輸入チモシー乾草7点の成分と栄養価を示す。比較的小範囲に散在する酪農家群から同一時期に採取した試料である。総繊維含量をはじめとしてまずいえることは，試料間の変動が大きいことである。粗蛋白質では5～10％，総繊維では62～73％，高消化性繊維では6～14％，TDNでは53～58％の幅をもつ。

　次にいえることは，このような成分変動とともに，栄養価値として期待される項目・成分の

第1表　都府県酪農での乾草の地位（栃木県調査例，平成4年）
（阿部ら）

	全量	サイレージ	乾草	濃厚飼料部分
乾物給与量（kg/日）				
平均	24.8	3.8	6.4	14.9
変動幅	20.5～29.9	0～7.0	2.3～10.9	11.1～19.3
乾物給与比率（％）				
平均	100	15	26	59
変動幅		0～30	9～36	50～75
TDN給与量（kg/日）				
平均	18.4	2.4	3.3	12.7
変動幅	15.4～22.4	1.2～4.5	1.3～6.0	9.2～17.2
TDN給与比率（％）				
平均	100	13	18	69
変動幅		0～26	6～30	60～82
TDN含量（乾物中％）				
平均	74.1	62.7	54.2	85.4
変動幅	69.2～81.7	53.5～69.1	49.0～58.5	80.3～94.1

数値水準が低いものが多いということである。乾物中TDN含量が60％以上，粗蛋白質が10％程度，そして高消化性繊維が20％程度という「望みたい」水準とはかなりの差がある。

第2表のEとGの乾草では乳牛飼養でどのような差異を生ずるだろうか。搾乳牛40頭，チモシー乾草給与量を2kg，乳価85円として計算する。両乾草のTDN含量の差は1日1頭乳量としては0.3kgに相当し，搾乳牛40頭では1日約1,000円，月で3万円の収入差を生ずる。しかし第1表にみたように，乾草給与量は平均で6.4kgである。チモシー乾草と組み合わせている他草種でも同じことがいえる。良質のものを選んだ場合と低質のものを選んだ場合の差は，この額の3倍にも及ぶ場合があると認識すべきである。

(2) 輸入乾草の成分変動の実態

第3表には各種輸入乾草の組成，栄養価の成分変動の調査結果を示す。栃木県酪農試験場が平成3年から平成6年の間に12草種262点の梱包乾草について調査した成績で，ここにはその一部のデータを借用し掲載した。調査研究報告（参考文献参照）には以下の要約がなされている。

1) オーツヘイはTDNが57％（標準偏差が2.4％）で，全草種中最も高かった。しかし，バラツキが大きいため，購入の際に注意が必要である。

2) アルファルファのTDNは再生草開花期程度のものであり，ADFはそれよりも高め，粗蛋白質含量はそれよりも低めであった。

3) オーチャードグラスおよびフェスクグラスは種子採取後の茎葉部分（ストロー乾草）であったため，OCW（総繊維）およびOb（低消化性繊維）が高く，かなり栄養価が低かった。

4) スーダングラスはTDNが比較的高く，バラツキも少ない草種であったが，硝酸態窒素含量が3,000ppmを超えるものが約15％存在するため，給与の際は注意が必要である。

5) チモシーは刈取り時ステージが開花期以降のものであるようで，粗蛋白質含量は非常に低かった。

乾草の成分変動は有機物成分のみではなく，現在のように給与量が多くなっている飼養形態ではミネラルの含量，バランスについても関心がもたれる。第4表にはアルファルファ乾草7点について微量成分をも含

第2表 輸入チモシー乾草の成分例（乾物中％,硝酸態窒素はppm）
（阿部ら）

飼料	総繊維	粗蛋白質	糖・デンプン・有機酸類	高消化性繊維	低消化性繊維	TDN	硝酸態窒素
A	63.3	9.4	18.9	9.9	53.4	56.2	352
B	65.3	5.4	22.9	5.9	59.4	55.7	208
C	69.6	4.6	19.1	7.2	62.4	53.9	38
D	69.4	6.3	18.4	8.8	60.6	54.9	50
E	61.6	10.1	17.9	14.0	47.6	57.8	686
F	68.5	5.1	20.0	6.8	61.7	54.1	28
G	73.2	5.2	16.4	6.6	66.6	52.8	50

第3表 輸入乾草の成分変動の実態（乾物中％,硝酸態窒素はppm）
（斎藤ら）

草種（調査点数）	総繊維	高消化性繊維	低消化性繊維	粗蛋白質	TDN	硝酸態窒素
オーツヘイ（66点）						
平均値	64.1	10.2	53.9	5.2	57.0	275
標準偏差	4.5	2.2	4.8	1.0	2.4	318
アルファルファ（53点）						
平均値	58.0	11.8	46.2	13.6	53.2	637
標準偏差	5.1	2.1	5.2	1.9	1.8	393
オーチャードグラス（41点）						
平均値	78.2	8.0	70.3	4.5	49.7	318
標準偏差	2.9	1.8	3.1	0.5	1.4	137
スーダングラス（30点）						
平均値	67.8	13.1	54.6	8.8	55.1	1,785
標準偏差	2.6	1.9	3.3	1.6	1.4	1,101
フェスクグラス（26点）						
平均値	74.2	8.1	66.1	5.6	52.1	337
標準偏差	3.3	1.8	2.6	0.6	1.3	208
チモシー（24点）						
平均値	68.9	8.6	60.3	5.2	53.8	165
標準偏差	4.9	1.7	5.7	0.9	2.1	151
イタリアンライグラス（11点）						
平均値	66.1	11.5	54.6	—	55.4	319
標準偏差	8.1	3.1	10.5	—	4.0	254

めたミネラル含量の変動を示す。カルシウムの変動も比較的大きく，微量成分では特にセレンの含量差が大きい。

(3) 生産地での刈取り・調製例

それでは，生産地ではどのような刈取り・調製が行なわれているのだろうか。オーストラリア産のオーツヘイについて紹介する（栃木県三和酪農業協同組合，山田政文氏私信）。

1) オーツヘイは輪作体系のなかで栽培されている。

2) 冬場の雨期（5～6月）にかけて播種され，夏場の乾期（10～11月）に刈取り・乾草調製が行なわれる。

3) 刈取りステージとしては出穂～開花，遅くとも乳熟期までには刈り取っている。刈取り後7～12日間乾燥させ，角形のビッグベールのかたちで集草・保管する。

4) 品質管理については生産者名，栄養成分分析値，品質グレードが即座に確認できるシステムになっている。

5) 嗜好性についてもオーストラリア国内の研究機関と協力して，栄養分の分析と同時に茎の繊維の柔らかさを数値に表わす手法の採用が開始されている。

3. 輸入乾草の乾物摂取量とその評価方法

前項で試算したTDN含量と乳代金との関係は，給与乾草が全量採食されたという前提での話である。成分含量，TDN含量以前に，輸入乾草ではその採食性の評価が重要である。

(1) 乾物摂取量と低消化性繊維含量の関係

第5表には輸入チモシー乾草の乾乳牛での乾物摂取量（代謝体重当たり摂取量）と，乾物中の低消化性繊維（Ob）含量の値を示す。低消化性繊維含量の値が高くなるにつれて，乾物摂取量は低下する。乾草の乾物摂取量は牛の第一胃（ルーメン）の膨満度に強く左右される。そして，

第4表 アルファルファ輸入乾草のミネラル含量の変動（乾物中%，Fe以下はppm）

（畜産技術協会・阿部ら）

試料	A	B	C	D	E	F	G
Ca	1.23	1.22	1.25	0.79	0.92	0.84	1.02
P	0.23	0.30	0.34	0.30	0.26	0.25	0.34
Mg	0.42	0.35	0.43	0.36	0.40	0.40	0.25
K	2.16	2.17	2.59	2.92	3.55	3.25	1.53
Na	0.392	0.150	0.301	0.169	0.357	0.479	0.111
S	0.28	0.21	0.43	0.21	0.50	0.30	0.22
Fe	159	188	148	111	78	77	564
Cu	9.8	7.2	8.1	7.0	11.5	8.6	8.3
Zn	23	23	23	21	25	3	17
Mn	31	29	25	20	31	27	42
Se	0.098	0.381	0.334	0.166	0.057	0.075	0.166

第5表 輸入チモシー乾草の低消化性繊維含量と乾乳牛での乾物摂取量　　（甘利ら）

乾　草	A	B	C	D
乾物中低消化性繊維含量(%)	56.2	59.7	61.1	69.8
乾物摂取量(g/代謝体重)	78.8	71.7	68.6	56.9

膨満度は乾草のルーメン内での微細化速度と消化速度（繊維の分解速度）の両方によって制御される。

微細化速度は乾草の切断長をより小さくすること，刈取り時期が早く物理的に強固でない性質のものを選択することで制御できる。しかし，刈取り時期の早いものを選ぶことは，輸入乾草の場合，その指定が難しい。

一方，繊維の分解速度は総繊維中の高消化性繊維と低消化性繊維の含量によって強く支配される。分解速度が速く，消化率も100％に近い高消化性繊維の含有率の高い乾草ほどルーメンからの消失率が高くなり，乾物摂取量が増加すると考えてよい。低消化性繊維はその逆の性質をもち，その含量が増大するとルーメンの膨満度を維持し乾物摂取量が低下する。

第5表はその関係を示している。

(2) 採食TDN量の把握と品質評価

第5表の試験にあわせて，国内各試験研究機関が協力してデータの蓄積が行なわれた。そして，イネ科乾草およびイネ科主体混播乾草の乾物摂取量推定のために，以下の式が提案・推奨

飼料の使い方と給与技術

第6表 種々の乾草の繊維組成（乾物中％），乾物摂取量，乾物中TDN含量と採食TDN
(阿部)

試料	総繊維 (OCW)	低消化性繊維	乾物摂取量 (kg/600kg体重)	TDN含量 (％)	採食TDN (kg/600kg体重)
オーチャードグラス乾草					
出穂初期	56.2	31.5	15.1	66.5	10.0
開花期	65.3	49.3	11.1	53.3	5.9
チモシー乾草					
出穂期	57.6	36.5	14.0	61.2	8.6
開花後期	72.9	59.2	9.0	56.2	5.1
オーツヘイ輸入乾草					
A	65.9	54.3	10.1	52.8	5.3
B	55.3	44.3	12.3	60.4	7.4

されている（参考用文献参照）。

代謝体重当たりの乾物摂取量（g）
＝－1.856×乾物中Ob％＋183.9

ここでObは低消化性繊維を意味する。このような手法を用いながら輸入乾草の採食量を事前に評価し，よりその値の高いものを選択するという努力が酪農関係者の情報提供の場面を含めて大切である。

このシステムを基本としながら，より理想的な乾草の栄養価評価には採食TDN量の情報提供が重要である。採食TDN量は，低消化性繊維含量から乾物摂取量を予測し，それにフォレージテストから提供されるTDN含量を掛けて算出するのである。もちろん，低消化性繊維含量もフォレージテストから提供される。

第6表のオーチャードグラス乾草でTDNの値と採食TDNの値の出穂初期乾草と開花期乾草の比較をしてみる。TDN含量の評価では開花期乾草は出穂初期乾草の80％と評価される。しかし，採食量を加味した採食TDNでは59％と評価は低下する。

フォレージ給与比率が高まる乾乳期では，特に乾草の採食性が分娩後の疾病，繁殖成績，乳生産に及ぼす影響は大きい。したがって，輸入乾草を選択するときは強い消費者意識をもちながら，栄養価と採食性の両面からその事前評価を行ない，そのことによって飼料費低減，ひいては低コスト牛乳生産を図るようにしたい。

執筆　阿部　亮（日本大学生物資源科学部）

1999年記

参 考 文 献

自給飼料品質評価研究会幹事会．1997．フォレージテストの分析項目，表示法，分析手法に関する提案．**51**(10), 3－13.

斉藤憲夫・木下強・小野崎敦夫．1994．流通粗飼料の品質調査．栃木県酪農試験場研究報告．118号，17－32.

ホルスタイン以外の品種の特徴と飼育技術

ジャージー種

1. ジャージー種の特性

(1) ジャージー種の原産地と分布

ジャージー種の原産地は，イギリスとフランスの間のイギリス海峡フランス寄りイギリス領ジャージー島である。1789年以来，法律によって本島外からの牛の輸入を禁止しており，また1834年にはジャージー種の品評会における体格採点法が定められ，一定の目標のもとに改良が進められた結果，体格，資質，能力の均一化が図られた。現在は，アメリカ，オーストラリア，ニュージーランド，イギリスをはじめフランス，デンマーク，ブラジル，南アフリカなどで飼育されている。

日本には，1877年以来輸入され，さらに1953年から集約酪農地域の指定に伴って，オーストラリア，ニュージーランド，アメリカから約15,000頭が輸入され，その後，飼養頭数は3万頭近くまで増加したが，1986年には約3,900頭まで減少した。しかし最近は，ジャージー牛乳の特性が認められつつあり，岡山県，熊本県，群馬県，長野県，岩手県，秋田県，香川県を中心に，1997年で8,800頭まで増加している（農林水産省畜産局家畜生産課，平成9年）。

(2) 一般的な生理・形態的特徴

①ジャージー種は乳牛のなかでも小型

ジャージー種は，ケリー種を除くと一番小さい乳牛であり，体高は成雌で120～125cm，成雄で130～145cm，体重は成雌で350～450kg，成雄で550～700kgである。アメリカ産のジャージー種は，ジャージー本島産に比べると一回り体格が大きい。日本に多数輸入されたオーストラリアおよびニュージーランド産のジャージー種は，本島産に近いといわれる。ジャージー種の基本的な毛色は，いくぶん濃い黄褐色であるが，毛色は非常にさまざまで，白に近い淡褐色から黒がちな濃褐色まであり，一枚毛のものが普通である。一般に体の下部や四肢の内側の色が淡く，雄は雌に比べて黒い傾向にある。鼻口部，眼の周囲，陰門のあたりなどは一般に色が濃いのが本種の特徴である。

②ジャージー種の品種の特徴

ジャージー種の品種の特徴は，すばらしい上品さと質のよさである。特に，頭および頸のあたりの容貌，また，胸と胴の容積は，相対的に考えれば，大きな部類に入るため，他の品種より小型だがきわめて容積のある印象を与える。ジャージー種は，他の品種より体型および型の斉一性は高い。一般にこの品種の尻はほとんど水平に近く，坐骨間は比較的広い。乳房の形状あるいは乳頭の形状と配列で，ジャージー種よりすぐれた品種はいない。また，ジャージー種は乳牛品種全体の平均よりも3～4か月早く成熟するため，繁殖供用開始時期は発育がよければ14～15か月を目標にする（Yapp）。

③環境温度に対する抵抗力

ラグスジィールらの試験によると，湿度50％における気温の泌乳に対する影響は，乳量の低下がホルスタイン種では21℃，ジャージー種は24℃でおこり，その低下はホルスタイン種では顕著であるが，ジャージー種は著しくない。泌乳の臨界温度は，ホルスタイン種では24～26.6℃，ジャージー種では29.5℃であるが，それ以上の気温では乳量の低下は著しく40.5℃では泌乳が止まるといわれている。

④ジャージー種の性質

ジャージー種は，乳用種のなかでも，神経質な性質が長所であり，短所でもある。どの家畜もその傾向があるが，通常の扱いをていねいに行なえば，従順によくなつき，管理も容易になるが，逆の場合は驚きやすく警戒心が高くなる。

また運動性があり、活発である。当場で、ホルスタイン種とジャージー種を同じ牛舎で飼い、放牧をしたときの行動は、ジャージー種は敏捷で、ホルスタイン種を抜いて先頭を切っていき、よい牧草を食べ、搾乳時にはジャージー種がホルスタイン種を先導して、牛舎に帰る。そのようすをみても、ジャージー種の足の運びが軽快速であることがわかる。

⑤飼料効率

ブレイクはジャージー種とホルスタイン種の飼料効率の比較を、コーンサイレージ主体の混合飼料を自由給与したもとで試験した。その結果は第1表に示すとおりで、エネルギー効率は、泌乳前期ではジャージー種が0.03上回ったが、泌乳中期ではホルスタイン種が0.24上回った。これは、ジャージー種の泌乳中期の乾物摂取量が、泌乳前期に比べ約4％増加したためであるとしている。

平成8年の牛群検定におけるジャージー種の体重能率指数（305日間乳量／平均体重）は14.1で、ホルスタイン種の13.7より0.4高い。このことから、ジャージー種の飼料効率は、ホルスタイン種に劣らないといえる。

⑥泌乳能力

わが国のジャージー種の泌乳能力は乳用牛群能力検定成績のまとめによると、第2表のようである。ジャージー種は、ホルスタイン種に比べて、乳量は67％程度であるが、無脂固形分率、乳脂率および蛋白質率で、それぞれ107％、131％、120％と高い。牛乳組成からみると、ジャージー種はホルスタイン種に比べ優れている。

2. ジャージー種の生かし方

(1) 消費者の求める牛乳

「完全栄養食品」といわれる牛乳も、ここ数年は消費の伸びは鈍化傾向にある。しかし、最近はおいしさの追求や嗜好の多様化など、新しい消費動向がはっきりと現われてきた。したがって、牛乳ではおいしさを向上させることが、消費拡大の重要な決め手になると思われる。

牛乳のおいしさでは、乳脂率4.0％、無脂固形分率8.5％の牛乳より、乳脂率3.5％、無脂固形分率9.0％の牛乳のほうが好まれたという全国乳質改善協会の調査がある。また、高田らや岡崎の試験でも、牛乳のおいしさが、乳脂肪分とともに無脂固形分の割合の変化によっても左右されることが確認されている。これまでの試験をまとめると、乳脂率3.5〜4.0％前後、無脂固形分率9.0〜9.5％前後のところが、消費者にアピールできる牛乳のおいしさで、ジャージー種の牛乳はその条件にピッタリである。

第1表　ホルスタイン種とジャージー種におけるエネルギー効率

（ブレイクら、1986）

項　目	ホルスタイン種 前期*	ホルスタイン種 後期**	ジャージー種 前期*	ジャージー種 後期**
FCM（kg）	25.7	22.5	19.7	14.7
305日間FCM量（kg）	8,015		6,129	
体重（kg）	527	546	371	384
DM（kg）	17.7	16.7	13.3	13.8
DM／体重（％）	3.4	3.0	3.6	3.7
エネルギー効率***	.86	.81	.89	.65

注　*分娩後40〜117日
　　**分娩後97〜176日
　　***エネルギー効率＝固形分補正乳量（kg）／摂取飼料の正味エネルギーMcal

第2表　牛群検定牛における平均乳量、乳成分について

（家畜改良事業団、1997）

項　目	ジャージー種	ホルスタイン種
検定牛頭数	1,324	276,202
乳量（kg）	5,705±1,230 *	8,463±1,702
	(4,475〜6,935) **	(1,141〜19,528)
無脂固形分率（％）	9.29±0.29	8.68±0.30
	(9.00〜9.58)	(8.38〜8.98)
乳脂率（％）	5.00±0.64	3.82±0.45
	(4.36〜5.64)	(3.37〜4.27)
蛋白質率（％）	3.82±0.27	3.18±0.21
	(3.55〜4.09)	(2.97〜3.39)

注　*平均±標準偏差
　　**（　）内は変動範囲

(2) 秋田県におけるジャージー牛乳の生産，乳製品の流通

ジャージー種の特徴を生かした酪農経営は全国にいくつかあるが，ここでは秋田県の例を紹介してみたい。

秋田県では，矢島町を中心とした鳥海山山麓地域に，1958～1959年にオーストラリアからジャージー種が輸入された。矢島町立花立牧場の設置など町当局を中核とした関係者の努力により，多くの課題を克服しながら，平成8年現在で飼養戸数15戸，頭数441頭と定着している。

秋田県におけるジャージー種の生乳の流通は，集乳路線により，県外送乳，県内利用，自家産生乳の加工販売の3ルートがある。県外送乳は，福島県のメーカーに出荷され，加工されている。その1,000ccパック「鳥海高原　ジャージー牛乳　成分無調整」の一部が，県内のスーパーなどで販売されている。

県内利用は，県内農協系乳業会社で加工された1,000ccのテトラパック「成分無調整　鳥海高原　ジャージー4.4牛乳」として県内のスーパーなどで販売されている。

自家産生乳の加工販売を行なっている仁賀保町のT牧場（飼養規模：経産牛64頭，未経産牛28頭，牧草地37.5ha，水田0.9ha）は，昭和60年から東京のメーカーに生乳の販売をしたが，平成3年4月に東京への生乳の出荷をやめ，山形県の業者に「低温滅菌法」加工を委託し，約400軒の宅配をはじめた。さらに，飲食店の許可を取り，ジャージー牛乳と，それを原料としたソフトクリームの販売，また，牧場に消費者を呼び込んで生産現場を見てもらうための「ミルクハウス」を建設し，ヨーグルト，チーズケーキ，チーズ，さらにはジャージー牛肉のソーセージを開発して，年間2,500万円も販売するようになっている。

また，ジャージー牛乳を原料とした，低脂肪，低アルコール（7％未満）のヘルシーな発泡性乳酒飲料「ミルシュ」が，秋田県総合食品研究所と天寿酒造（株）および矢島町との共同開発により誕生している。

このように，ジャージー種の特徴を生かした加工，販売が地域で取り組まれ，新しい酪農経営を切りひらきつつある。

3. ジャージー種の育成法

(1) ジャージー種育成牛の養分要求量と発育標準

ジャージー種雌牛育成に要する養分量は，「日本飼養標準　乳牛」（1994年版）を参照されたい。また，同飼養標準によるジャージー種雌牛の発育値は第3表に示すとおりである。参考として，アメリカのホルスタイン種とジャージー種の育成牛の2か月ごとの成長ゴールの目安について第4表に示した（瀬良，1997）。

(2) 生後～3か月齢までの飼養管理

①初乳の給与

酪農家は初乳の価値について理解していると思われるが，生後数時間内に十分な初乳が与えられていないことがある。グロブリンの吸収率は，生まれた直後の最大50％程度から，6時間

第3表　ジャージー種雌牛の発育値

（日本飼養標準　乳牛，1994）

月齢	雌		
	例数 （頭）	体重 （kg）	胸囲 （cm）
生時	110	26.1	67.2
2	156	53.0	85.4
4	153	92.2	102.9
6	145	132.5	116.4
8	121	171.4	129.2
10	139	205.1	137.2
12	133	237.6	144.7
14	128	266.4	151.0
18	119	320.3	161.9
24	102	394.4	172.5
30	75	407.3	176.2
36	57	435.7	180.2
48	30	475.2	185.1
60	17	482.5	185.9

第4表 育成牛の2か月ごとの成長ゴールの目安
(瀬良, 1997)

月齢	ホルスタイン種 体重(kg)	ホルスタイン種 体高(cm)	ジャージー種 体重(kg)	ジャージー種 体高(cm)
分娩時	43	81	25	66
2	84	86	52	76
4	127	94	89	86
6	182	104	125	99
8	236	112	175	104
10	295	117	209	109
12	352	125	236	112
14*	397	127	261	114
16	443	130	295	117
18	447	132	331	119
20	522	135	363	122
22	579	137	397	127
24	608	137	436	130

注 *体重と体高が,ほぼ,これらのレベルに達したら14か月で種付けしても構わない

第5表 早期離乳方式の飼料給与例

生後週齢(週)	牛乳(kg/日)	人工乳A*(g/日)	人工乳B**(g/日)	乾草***(kg/日)
0〜1	3			
1〜2	3	100		
2〜3	3	200		
3〜4	3	300		0.1
4〜5	3	500		0.1
5〜6	3	700		0.1
6〜7			800〜1,500	0.1
7〜8			1,700	0.2
8〜9			1,800	0.3
9〜10			1,900	0.4
10〜11			2,000	0.5
11〜12			2,000	0.7
12〜13			2,000	0.8

注 *人工乳A:CP17.5%,TDN78%
　**人工乳B:CP16.5%,TDN75%
　***乾草は良質なものを自由採食とする。乾草の給与量は目安である

で平均的吸収率の20%程度にまで急速に落ち,さらに10%へと落ちる。その後は,時間の経過とともに落ち,24時間でほとんど閉鎖された状態になる(瀬良,1997)。

初乳は,できるだけ分娩後15〜30分以内に初生子牛の吸う力に応じて1.0lの初乳を哺びんなどで確実に飲ませる。おそくとも,分娩後4時間以内に,確実に1〜2lの初乳を飲ませる。

また,母牛が病気になった場合や,初乳の出が少ない場合に備えて,余った初乳は1lずつポリエチレン袋で冷凍して貯蔵するとよい。給与するときは子牛の体温程度に温めて行なう。

②早期離乳法

初乳給与期間が終わったあとは,個々の酪農家の条件に最も適した給与システムを選択すべきである。ジャージー種の子牛は,ホルスタイン種に比較して体重が30〜40%くらい小さいことから,「日本飼養標準」(1994年)のホルスタイン種の早期離乳方式の飼料給与例を若干変更し,さらに下記の文献を参考にして作成したジャージー種の全乳給与による早期離乳プログラムを第5表に示した(Quigley,1996;中村,1993;草薙ら,1993;中垣ら,1994)。

給与量は出生時の体重の10%に相当する牛乳または代用乳を給与し,子牛が成長しても増量しない。子牛用濃厚飼料(カーフスターター)を毎日自由に与えるが,個体によってはカーフスターターの食いつきの悪い子牛がいるため,2〜3日間は強制的に口に入れて食べさせるようにする。3〜6週齢までのカーフスターターの採食量は,個体差があるので注意する。乾草は3〜4週齢から良質なものを与える。

離乳の目安は,一定量のカーフスターターをコンスタントに食べるようになったときであり,量的な目安としては450〜650gとするのが一般であるが,900gを主張する人もいる(伊藤,1979)。早期離乳は,遅くて40日前後というのが一般的である。

カーフスターターを自由摂取させると,子牛の摂取量は離乳直後から増加して10〜11週齢で2.0kgになる。しかし,カーフスターターを多給すると,離乳後の乾草の摂取量がふえず,繊維

質の消化率が低く推移してしまうため，第一胃の発達によい影響を与えないおそれがある。そのため，ここでは，カーフスターターの給与量を2.0kgに制限してある。

子牛は，衛生的な面とストレスを防ぐため，できれば1頭ずつ独立したカーフハッチ（屋外簡易施設）で飼育するのが望ましい。ミルクや代用乳は毎日同じ時間に給与する。給与ミルクの温度は，何度でもよいが，毎日，同じ温度にする。カーフスターターなどの固形飼料を与えるときには，必ずバケツなどで新鮮な水を毎日与える。子牛房には体温計を備え，出生後，毎朝体温をはかる。子牛の体温は38.3～39.2℃くらいであり，39.5℃以上の体温を示したら何らかの処置をする。

(3) 3～12か月齢までの飼養管理

3か月以降，群飼育に移行する。この時期は，子牛にグループとして飼料を食べさせ始める段階に入る。群飼養に入った後も，一定量の配合飼料と良質乾草を与える。日本飼養標準（1994年版）により算出した給与基準は第6表に示した。

3～6か月齢の間は，反すう家畜の特性である粗飼料主体の飼育に入るまでの移行期間であり，良質な粗飼料と育成用配合飼料を給与し，この間に粗飼料主体の飼育に切り替えられるようにする。

この間の子牛の増体量（DG）が大きいほどよいかというと，必ずしもそうではない。子牛に高栄養の飼料を多給すると，子牛は太りすぎとなり，乳牛として大切な乳腺の発育や消化器の発達が悪くなり，見かけだけ立派な牛になりがちである。このため，育成牛のボディーコンディションもチェックする。分娩直後の子牛のスコアは，2.0である。その後，初産分娩時に3.0～3.5を目標にして育成するが，12か月以前にはスコア3.0以上には絶対にしないことが大切である（伊藤，1997）。

実際に，乳腺発達と栄養条件との関係をみると，性成熟より以前に高栄養で飼育すると，乳腺の実質の発達が明らかに阻害されるが，性成

第6表　雌子牛飼料給与量の目安　（単位：kg）

月齢	配合飼料*	乾草
4	2.0	1.2
5	2.0	1.3
6	2.0	1.7
7	1.5	2.8
8	1.5	3.2
9	1.5	3.7
10	1.0	4.7
11	1.0	5.2
12	1.0	5.4
13	1.0	5.7
14	1.0	5.9
15	1.0	6.2
16	1.0	6.6
17	1.0	7.0
18	1.0	7.3
19	1.0	7.6
20	1.0	7.9
21	1.0	8.2
22	1.0	8.6
23**	2.0	10.7
24	2.0	10.7

注　各月齢の給与量は「日本飼養標準ジャージー種雌牛育成」による養分量を参考に計算した
　*CP16.0%，TDN71%
　**妊娠増し飼い分も含まれる

熟期以降になると高栄養水準で育成しても乳腺の発育は影響をうけない（スジマセン，1983）。

子牛の群飼養に関しては，2～4か月齢の間は，グループ内の週齢幅が大きすぎると，食いまけのため発育が遅れることがあるため，週齢幅は最大3週以内にとどめる。理想的には，同じ時期に離乳した子牛を3～5頭，グループとして飼うことが望ましい。4～6か月齢になれば6～12頭をグループとして扱ってもいいだろう。グループ内の月齢幅は最大2か月としたい。このように，個体で管理していた子牛を，月齢が進むにつれて，まず少し大きいグループにし，次いでさらに大きいグループで飼うよう移行させていく（ハインリックス，1996）。

(4) 12か月齢～初産分娩までの飼養管理

12か月齢以降の給与基準は第6表に示したが，

ホルスタイン以外の品種の特徴と飼育技術

第7表 体重別, 乳量別乾物摂取量

乳量 (kg)	乳脂率 (%)	体　重 (kg)			
		350	400	450	500
10	4.0	10.2*(2.9)**	10.7 (2.7)	11.2 (2.5)	11.7 (2.3)
	4.5	10.5 (3.0)	11.0 (2.8)	11.5 (2.6)	12.0 (2.4)
	5.0	10.8 (3.1)	11.3 (2.8)	11.8 (2.6)	12.3 (2.5)
15	4.0	12.4 (3.5)	12.9 (3.2)	13.4 (3.0)	13.9 (2.8)
	4.5	12.8 (3.7)	13.4 (3.3)	13.9 (3.1)	14.4 (2.9)
	5.0	13.3 (3.8)	13.8 (3.5)	14.3 (3.2)	14.9 (3.0)
20	4.0	14.5 (4.1)	15.0 (3.8)	15.5 (3.4)	16.1 (3.2)
	4.5	15.2 (4.3)	15.7 (3.9)	16.2 (3.6)	16.7 (3.3)
	5.0	15.8 (4.5)	16.4 (4.1)	16.9 (3.7)	17.4 (3.5)
25	4.0	16.7 (4.8)	17.2 (4.3)	17.7 (3.9)	18.2 (3.6)
	4.5	17.5 (5.0)	18.0 (4.5)	18.5 (4.1)	19.0 (3.8)
	5.0	18.3 (5.2)	18.9 (4.7)	19.4 (4.3)	19.9 (4.0)

注　*乾物摂取量, **（　）内は体重比

この時期は配合飼料を制限し, この期間のDGは500g前後程度を目安とした. 乾物摂取量は, 1989年のNRC要求量より体重の2.2%として計算した.

この時期になると, 相当劣質な粗飼料でも利用できるが, あまり繊維分が高くなると乾物摂取量が落ち込むことがあり, 粗飼料の質により給与する配合飼料の量および成分を考えなければならない. また, この時期の給与飼料中の粗濃比（乾物中の粗飼料と濃厚飼料との割合）は, 80～20：90～10である. 育成牛に給与する飼料の80～90%は粗飼料であるので, 粗飼料の質がわからなければ, この期間の給与はできない. 粗飼料の分析が必要になってくる. また, 体重と体高が, ほぼ260kg前後, 114cmに達したら, 14か月で種付けをして構わない（瀬良, 1997）.

妊娠7か月以前は胎児のための特別な養分補給を必要としないが, 妊娠中の7か月以降のジャージー種の平均増体量は, Becker（1950）によると, 妊娠210日で20kg, 240日で34kg, 270日で50kg, 分娩直前で55kgになる. この増体は胎児, 胎膜, 子宮の大きさが増加したことによるもので, このように胎児の発育が急速に進む7か月以降は養分を多く補給する必要がある.

初産分娩牛の給与養分量は, 成雌牛の維持に要する養分量の代わりに育成に要する養分量を

そのまま適用し, さらに分娩前2か月間は, 維持に加える養分量を加算する. このときの飼料の補給は妊娠時の増し飼いとよばれ,「日本飼養標準」（1994）では, 妊娠末期分娩2か月間は, 維持要求量に加えて1日当たりCPで367g, TDNで1.63kg, Ca15g, P7g, ビタミンA2単位を給与することをすすめている（付表2～4参照）.

4. ジャージー種泌乳牛の飼料給与法

（1）泌乳牛および乾乳牛の養分量

飼料給与の基本は, 飼養標準をもとに乳牛の体重, 乳量などから養分要求量を計算し, 適正な量の飼料を給与することである. 実際には, 乳牛頭数が多くなる場合は, 泌乳水準別にグループ分けをし, それぞれの標準的な給与法を考えるようにするとよい.

なお, ここでの養分量などの計算は「日本飼養標準　乳牛」（1994年版）により行なっている.「成雌牛の維持に要する養分量」「産乳に要する養分量」「妊娠末期の維持に加える養分量」は同飼養標準を参照されたい.

（2）乾物摂取量および粗飼料給与量の基準

①ジャージー種の乾物摂取量

ジャージー種の体重別・乳量別の分娩5週目以降の乾物摂取量を, 次に示す計算式による結果を第7表に示した.

$$\text{DMI}(kg/日) = 2.29481 + 0.01008 \times W\,(kg) + 0.43579 \times \text{FCM}\,(kg/日)$$

なお分娩後1か月間については, 乳牛の食欲も十分に回復せず, 乳生産に必要な養分を飼料から摂取することは困難である. したがって, 分娩後1か月間は上記で求めた数値から, 1週目で28%, 2週目で18%, 3週目で10%, 4週目で4%減ずることにする（「日本飼養標準　乳牛」

1994年版)。

②粗飼料給与量の基準

粗飼料は，残食などによる損耗はさけられないので，多少余裕を見込んで給与する。

食欲の6～7割をみたす粗飼料給与の目安は，乾草換算で見積もると，体重100kg当たり2.0kgであり，体重の2％に相当する。乾物換算では体重の1.7％になる。生草類は乾草の4倍，体重の8％に相当するが，水分の多い生草を与える場合は，5倍あるいはそれ以上与える必要がある。

コーンサイレージは，乾草の3～4倍，グラスサイレージは5倍量であるから，この割合で前記体重当たり乾草給与量の一部を，場合によっては全部をおきかえる。

なお，乳量が少ない場合は濃厚飼料の給与量も少なくなるので，体重100kg当たり乾草換算で2.5kg，生草で12～15kg給与できる。

③給与飼料の計算法

①乳牛の体重，乳量，妊娠月齢，産次などにあわせ，飼養標準から少なくともTDN，CP，Ca，Pの要求養分量を求める。

②粗飼料の給与量にもとづいて，与える粗飼料の種類と量を定め，それでまかなえる養分量を求める。

③全要求養分量から粗飼料による供給養分量を差し引き，濃厚飼料の給与量を定める。

このように，養分供給量の目安を計算するにしても，体重，乳量および粗飼料の水分含量を含めた成分量の判明が必要になってくる。濃厚飼料の給与割合が多くなりすぎると，乳脂率，牛乳生産効率も低下するため，粗濃比（粗飼料と濃厚飼料の給与割合）を乾物換算で50：50（40：60～60：40）とすることが大切である。

ここで，体重450kg，乳脂率5％，3産以上のジャージー種成雌牛の飼料給与例を算出する。450kgのジャージー種の乾草給与基準量は

　　2kg×4.5＝9kg

である。これに乾草3kgを与え，残りをコーンサイレージにすると，その給与量は18kg（6kg×3）である。前述の算出の手順により計算した飼料給与例は第8表に示すとおりである。

第8表　飼料給与量の目安

(体重450kg，乳脂率5％，3産以上)

乳量（kg）	10	15	20	25
乾草（kg）	9.0	9.0	9.0	9.0
配合飼料（kg）	3.7	6.4	9.0	11.7
乾物量（kg）	10.7	13.1	15.4	17.7
乾物量/体重（％）	2.4	2.9	3.4	3.9
TDN摂取量（kg/日）	7.11	9.00	10.82	12.71
TDN/FS*（％）	100	100.4	100	100
CP摂取量（kg/日）	1.462	1.813	2.151	2.502
CP/FS（％）	115	108	103	100
Ca（g/日）	87	124	161	198
Ca/FS（％）	160	172	178	183
P（g/日）	43	59	109	91
P/FS（％）	126	134	198	140
粗飼料DM/DM（％）	70	57	49	42

注　*FS：日本飼養標準
　　配合飼料：DM87.0，CP13.0，TDN70.0，Ca1.4，P0.6
　　乾草：DM85.0，CP11.0，TDN50.0，Ca0.32，P0.19

5. ジャージー種泌乳牛の飼養管理

(1) 泌乳前期の飼養管理

乾乳から泌乳への移行期は，通常，分娩前3週間から分娩後3週間の期間をいう。この移行期の飼養法が，その後の泌乳，繁殖に及ぼす影響が多い。分娩後の乾物摂取量は，分娩前の乾物摂取量と強い相関があるため，分娩前の乾物摂取量を最大にする必要がある。このため，分娩3週前から，ルーメン微生物を分娩後の飼料に慣しておくため，第1図に示すように，分娩3週前から分娩4日目までTDN必要養分量の120％を給与する。

その時期の粗飼料はDM/体重比で1.2％を給与し，分娩前の飼料構成を分娩直後は大きく変更しないことが大切である。乾乳時の体重を400kgとすると，濃厚飼料は3.7kg，粗飼料は体重DM比で1.2％を給与すると，乾草（風乾物）で5.7kgとなり，粗濃比は60：40となる。分娩

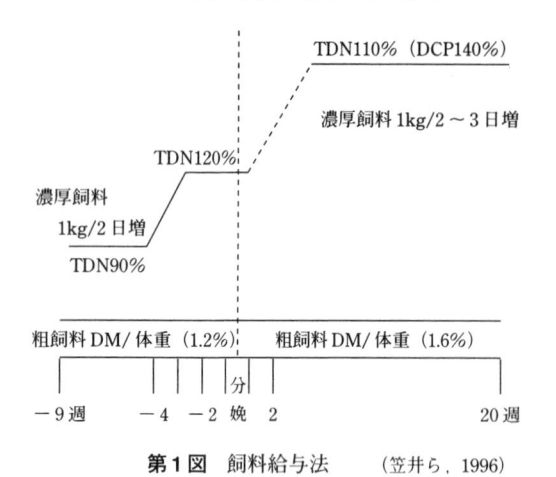

第1図　飼料給与法　（笠井ら，1996）

後5日目からの飼料給与は、粗飼料を分娩後体重の1.6％（DM換算）を給与する。また濃厚飼料は、4日目の給与量に2～3日ごとで1kgずつ増給し、分娩後4週でTDN水準で110％まで給与し、その後20週までこの水準で飼育していく。また、必要に応じてビタミンA，D剤を給与する。

(2) 泌乳中期～後期にかけての飼養管理

泌乳量も最高泌乳に達し、泌乳曲線もいくぶん下降カーブをとり始めるため、比較的楽に養分を充足させることができ、体重も回復の時期である。泌乳のステージが進むにつれて乳量も減少するため、必要な養分要求量もさがり、飼料中の濃厚飼料を代替してより多くの粗飼料を給与することができる。

とくに、この時期の飼料給与は乾乳、泌乳初期の一連の流れのなかでも大事な時期であり、搾乳を続けながら、体力の回復を図ることが大切である。しかし、給与計画を注意ぶかく行ない、この時期のボディーコンディションスコアは2.75～3.5の範囲にあるようにし、太らせすぎないようにすることが必要である。痩せすぎの牛は、ボディーコンディションスコアで2.5を下回る牛である。また、太りすぎの牛はこのスコアが3.5を上回る牛である。牛が、これらのポイントの間にあれば、そのボディーコンディションスコアは満足できる状態にある。泌乳後期の牛は、乾乳時のボディーコンディションスコア

が3.25～3.5になるようにすべきである（伊藤，1997）。

(3) 乾乳期の飼養管理

妊娠末期には、摂取した栄養分は胎児に優先的に利用させるため、また、乳腺細胞の修復のために、搾乳しない乾乳期間が60日は必要である。胎児の発育により増し飼いをするが、飼料を給与しすぎて過脂になると、難産を始め、産後に乳熱、ケトーシスなどの過脂症候群といわれる一連の病気にかかりやすい。

乾乳期の必要養分量は、体重450kgの場合、TDNで維持分として3.14kg、胎児の発育に要する分として1.66kg、合計4.77kgであり、粗飼料だけでこの養分量は満たすことができる。

このため、コーンサイレージや乾草を与えすぎると過脂になる危険がある。適正な栄養状態は、ボディーコンディションスコアで3.25～3.5の範囲になるようにチェックする。

泌乳前期の必要養分量が採食量に追いつかず体重の減少した分は、泌乳末期に回復させる。分娩前後の飼料給与法は、乾乳期の前中期では濃厚飼料の給与をいくぶん押さえぎみにし、分娩3週前より飼料の増し飼いをする、リードフィーデング方式がとられるようになってきている（中垣ら，1988；足立ら，1997）。

乾乳期の飼料給与は第1図に示すように分娩前9週より5週目までは、粗飼料はDM/体重で1.2％とし、TDN必要養分量（維持＋妊娠増し飼い）の90％とする。分娩前の4週目以降は、4～3週にかけて濃厚飼料を1kg/2日の割合で増給し、3週目から分娩後4日までは、TDN必要養分量の120％を給与する。

(4) 乳　熱

ジャージー種は、ホルスタイン種にくらべ、分娩後の乳熱の発生が比較的高いといわれている。乳熱の予防のために、乾乳期でのCaやPの摂取量を抑制することがすすめられてきた。しかし、近年、乾乳期の飼料中のCaやPの含量より陽イオン（Na＋K）と陰イオン（Cl＋S）のバランスが関係していることが示された。

泌乳牛の飼料では陽イオン飼料が，分娩20日前の乾乳牛は陰イオン飼料が適当である。乳熱の発生は飼料中のCa濃度が主な要因ではなく，分娩前の牛で飼料中の陽イオン，特にカリウムイオンが代謝性のアルカリ血症を引き起こし，乳牛によるCaの恒常性の維持能力を低下させていることが明らかになった（Goff, 1997）。

給与する粗飼料のなかで，肥料を多量に施用した牧草のカリウム含量は，2.5～4.0％（DM中）と多い場合があり，これらは妊娠末期の粗飼料として不適当である。このため，乾乳用の粗飼料として施肥を制限した牧草地からの低Kの粗飼料を準備するか，高K粗飼料の給与量の一部を他の粗飼料に替えることにより，イオンバランスをマイナスにするか，もしできない場合は，陰イオンの補給を行なう。

執筆　中垣一成（秋田県畜産試験場）

1998年記

参考文献

足立憲隆・鈴木和明・笠井勝美・廣木政昭. 1998. 乳牛の分娩前後の飼養法に関する研究. 茨城県畜産試験場報告. **25**, 3－55.

Blake, Robert. W., Angel. A. Custodio, and Wayne, H. Howard. 1986. Comparative Feed Efficiency of Holstein and Jersey Cows. J. Dairy Sci. **69**, 1302－1308.

家畜改良事業団. 1997. 乳用牛群能力検定成績のまとめ. 平成8年度.

農林水産省岩手種畜牧場. 1990. ジャージーセミナー90資料.

農林水産省農林水産技術会議. 1994. 日本飼養標準・乳牛.

岡崎良生. 1997. おいしさを演出する無脂固形分. デイリーマン. **47**, 36－37.

Quigley, J. D. 1996. Influence of Weaning Method on Growth, Intake, and Selected Blood Metabolites in Jersey Calves. J. Dairy Sci. **79**, 2255－2260.

瀬良英介. 1997. アメリカの新しい子牛・育成牛の飼養管理. アメリカ大豆協会.

多賀伸夫・山下政道・高山介作・伊藤述史・岡田和明・森大二. 1994. ジャージー牛乳安定生産技術の確立. 岡山県総合畜産センター研究報告. **5**, 15－19.

高田修・大川浩一・加登岳史・久米治. 1991. 乳成分率からみた牛乳のおいしさ指数作成の試み. 兵庫県淡路農業技術センター研究報告. **3**, 68－71.

《付表1～4》

付表1　育成時の栄養水準と乳腺の発達　　　　（スジマセンら, 1983）

性成熟以前の栄養水準の影響

	制限給与	自由採食
月齢（月）	7.4～14.9	7.8～10.9
初回発情月	10.8	9.7
開始時体重（kg）	180	172
初回発情体重（kg）	258	278
終了時体重（kg）	320	321
期間中のDG（g）	637	1,271
乳腺の実質組織（g）	642	495
乳腺の脂肪（g）	1,040	1,708

性成熟以後の栄養水準の影響

	制限給与	自由採食
月齢	13.1～20.9	13.1～16.9
開始時体重（kg）	302	304
終了時体重（kg）	440	438
期間中のDG（g）	558	1,164
乳腺の実質組織（g）	987	957
乳腺の脂肪（g）	1,751	2,113

（付表2～4は次頁へ）

付表2　成雌牛の維持に要する養分量　　　　　　　　（日本飼養標準　乳牛，1994）

体重 (kg)	乾物量 (kg)	CP (g)	TDN (kg)	Ca (g)	P (g)	V.A (1,000IU)	V.D (1,000IU)
350	5.0	365	2.60	14	10	15	2.1
400	5.5	404	2.88	16	11	17	2.4
450	6.0	441	3.14	18	13	19	2.7
500	6.5	478	3.40	20	14	21	3.0
550	7.0	513	3.65	22	16	23	3.3

注　産次による維持に要する養分量の補正（泌乳牛のみを対象とする）。初産分娩までは，成雌牛の維持に要する養分量の代わりに，育成に要する養分量を適用する

初産分娩から二産分娩までの維持要求量は，増体量を考慮し成雌牛の維持の要求量の130％，また，二産分娩から三産分娩までは115％の値を適応する。ただし，ビタミンAおよびDについては，この補正を行なわない

付表3　産乳に要する養分量

（日本飼養標準　乳牛，1994）

乳脂率 (％)	CP (g)	TDN (kg)	Ca (g)	P (g)	V.A (1,000IU)	V.D (1,000IU)
3.5	69	0.31	2.9	1.7	1.2	2.4
4.0	74	0.33	3.2	1.8	1.2	2.4
4.5	78	0.35	3.4	1.9	1.2	2.4
5.0	82	0.37	3.6	2.1	1.2	2.4
5.5	86	0.39	3.9	2.2	1.2	2.4
6.0	90	0.41	4.1	2.3	1.2	2.4

付表4　分娩前2か月間に維持に加える養分量

CP (g)	TDN (kg)	Ca (g)	P (g)	V.A (1,000IU)	V.D (1,000IU)
367	1.63	15	7	20	2.4

乳質とその改善

乳 蛋 白 質

1. 乳蛋白質の合成と乳脂肪・乳糖との相互関係

乳蛋白質の合成は，第1表に示すように，乳腺に供給されるアミノ酸によってなされる。アミノ酸の供給は，そもそもは飼料蛋白質に源を発するが，乳牛の小腸から吸収されるアミノ酸の原資は，第一胃（ルーメン）内での微生物分解を免れた蛋白質（非分解性蛋白質）とルーメンから流失した菌体蛋白質の2種類からなる。

非分解性蛋白質と菌体蛋白質に関しては次項に述べることとして，ここでは乳脂肪，乳蛋白質，乳糖の相互関係について述べる。

(1) 乳蛋白質を左右する乳脂肪・乳糖

第1表に見られるように，蛋白質合成素材であるアミノ酸は，また同時に乳糖，乳脂肪の合成素材でもある。したがって，乳糖合成素材のプロピオン酸や糖新生（グルコース）あるいは小腸から吸収・供給されるグルコースの量が少ないときには，乳糖合成のためにアミノ酸が動員され，その結果，乳蛋白質の合成量が減少するということも起きる。それゆえに，給与飼料のエネルギー濃度，換言すれば糖・デンプン・有機酸類の含量が乳蛋白質合成に大きく影響するといえる。

(2) 大きい乳糖の影響

また，乳成分率の相互関係については，乳糖の性質に注意を払わねばならない。乳腺においては，乳糖の合成によって浸透圧が高められ，細胞内が等張になるまで水が吸い込まれる。乳糖は乳量を増加させるのである。阿部らは54頭の乳牛について乳量と乳糖量の相関を計算しているが，朝乳では0.97の，夜乳では0.95の非常に高い相関係数を得ている。つまり，乳量は乳糖に支配され，さらには乳脂率や乳蛋白質率も乳糖量に影響されることになる。これは，脂肪給与時に乳蛋白質率が低下する傾向にあることの説明にも用いられている。

(3) 脂肪給与で乳蛋白質が低下する理由

現在では綿実，加熱大豆，脂肪酸カルシウムなど，脂肪を多く含む飼料の給与が日常的となっている。第1表を見ていただきたい。脂肪の給与，つまり血中からの長鎖脂肪酸の乳腺への供給は，相対的に酢酸・酪酸からの脂肪酸合成量を低下させる。ここで脂肪酸合成のために準備されたエネルギーは乳糖の合成に向かい，乳糖の生成量が増加する。一方，乳蛋白質の合成量がそれに見合って増加するような措置が採られていない場合には，乳量の増加に対応して乳蛋白質の濃度は低下する。

第1表 乳成分の合成素材

乳成分	合成素材		由来
乳脂肪	脂肪酸	炭素数4〜16←酢酸・酪酸	飼料炭水化物
		炭素数16〜18←長鎖脂肪酸	飼料脂肪，体脂肪
	グリセロール	←グルコース，アミノ酸	飼料炭水化物
			飼料蛋白質
			ルーメン微生物
乳蛋白質	アミノ酸		飼料蛋白質
			ルーメン微生物
乳糖	プロピオン酸，アミノ酸，グルコース		飼料炭水化物
			飼料蛋白質
			ルーメン微生物

2. 乳蛋白質率を高める飼料給与の要点

(1) ルーメンでの菌体蛋白質合成量を高める

ルーメンにおける菌体蛋白質の合成量を高めることが,反芻家畜としての乳牛の総合的な生産性を恒常的に維持する最優先の課題である。そのための手法と考え方を列記すると,以下のようである。

①基本的には,多様な微生物相を維持するルーメン環境をつくることである。それはつまり,ルーメン発酵を正常に維持することである。

②そのためには,採食性の高いサイレージと乾草を適切な範囲の粗濃比の中で給与し,ルーメンの希釈率を高めることが必要である。

③希釈率とは,ルーメン内の液相部分が1時間当たりに入れ替わる割合のことであり,希釈率が高い条件でルーメン微生物は増殖量を増す。

④濃厚飼料の一定時間内における多給は,ルーメン希釈率を低下させ,微生物の増殖を抑制する。

したがって,濃厚飼料の分散・多回給与がルーメン内発酵性炭水化物当たりの菌体蛋白質合成量を増加させるという有名な試験データがある。これは,TMRの多回給与あるいは濃厚飼料の自動給餌機による多回給与が,乳質の向上に効果があることの理論的な根拠となろう。

⑤定量的な意味合いでいうと,ルーメン内で合成される菌体蛋白質の量はルーメン内の発酵性炭水化物の量によって規定される。一般に発酵性炭水化物1kgから20～40gの菌体窒素が生成するが,上記のようにルーメン性状によってもその量は大きく影響を受ける。

(2) 給与飼料中のデンプン濃度水準

上記のルーメン内発酵性炭水化物は,糖・デンプン・有機酸類とルーメン内可消化繊維の総量であると,大まかには考えてよい。第2表に,給与飼料中のTDNと粗蛋白質濃度を一定にした条件で,糖・デンプン・有機酸類濃度(この場合には主にデンプン)レベルを変化させた場合の飼養試験成績である。1区20頭前後,分娩後105日間の平均値である。

飼養試験成績では,糖・デンプン・有機酸類含量が32.7%と高いA区が,他の区に比べて乳蛋白質率も高い値を示している。その原因の一つは,発酵性炭水化物の投与量に比例してルーメン内での微生物蛋白質合成量が高まり,腸管から吸収されるアミノ酸の供給量が多くなるので,それが乳蛋白質増につながっていることが考えられる。もう一つはA区におけるプロピオン酸の寄与である。プロピオン酸からの糖新生,さらには乳糖合成量は,A区がB,C区よりも大きいことが予測される。その結果,アミノ酸の乳糖合成やエネルギーとしての利用と消費が抑制され,乳蛋白質合成に向かう比率が高くなるのである。

(3) 飼料中非分解性蛋白質の含量の目安

ルーメンでの微生物分解を免れて下部消化管に到達する蛋白質の比率は,飼料によって大きく異なる。第3表に,乳牛に一般的に用いられる飼料を中心に,粗蛋白質中の非分解性蛋白質

第2表 給与飼料中のデンプンと繊維の水準が乳成分含量に及ぼす影響

(千葉県畜産センター特別研究報告, 1991)

	試験区A	B	C
飼料配合割合(原物%)			
チモシー乾草	6.5	14.8	22.9
トウモロコシ	24.0	13.6	4.4
飼料組成(乾物中%)			
粗蛋白質	16.9	17.0	16.9
TDN	75.9	74.8	74.6
NDF	30.5	35.4	40.1
糖・デンプン・有機酸類	32.7	25.8	19.9
飼養試験成績			
乾物摂取量(kg/日)	23.5	23.8	23.3
乳量(kg/日)	36.4	37.4	35.9
乳脂率(%)	3.28	3.50	3.71
乳蛋白質率(%)	3.10	2.86	2.86
第一胃液性状			
酢酸比率(%)	59.0	61.5	63.7
プロピオン酸比率(%)	26.5	24.3	22.2

第3表　各種飼料における粗蛋白質中の非分解性蛋白質の割合

(日本飼養標準・乳牛, 1994)

飼料	非分解率(%)	飼料	非分解率(%)
トウモロコシ	49〜65	血粉	77〜82
大麦	27〜30	魚粉	48〜72
大豆かす	15〜28	羽毛粉	71
加熱大豆かす	59	トウモロコシサイレージ	27〜31
綿実	17	アルファルファ乾草	18〜28
ふすま	15〜29	アルファルファサイレージ	14〜23
ビートパルプ	45	アルファルファキューブ	22〜30
乾燥ビールかす	53	アルファルファミール	59
ウイスキーかす	44	イタリアンライグラス乾草	31〜45
コーングルテンフィード	25	イタリアンライグラスサイレージ	22
コーングルテンミール	55〜86	チモシー乾草	27
醤油かす	51	スーダングラス乾草	31

の比率を示す。

　穀類ではトウモロコシが大麦よりも，そして粗飼料では乾草がサイレージよりも高い値の非分解率を示す。食品製造副産物ではビートパルプ，乾燥ビールかす，コーングルテンミールが高い値を示すが，特異的なのは血粉，魚粉，羽毛粉などの動物質飼料における非分解性蛋白質含有比率の高さである。

　一般的に高泌乳時には給与蛋白質の35〜40％を非分解性蛋白質で給与することが推奨されている。

3. 飼料給与方法と蛋白質分解率の変動

　第4表は，緬羊を供試して，乾草と各種小粒度飼料を7：3の比率でトップドレス給与する消化試験を行なった結果である。各飼料区に4頭の緬羊を配置している。表には総繊維と粗蛋白質の消化率を示してある。データを見る視点は下記のとおりである。

　①総繊維の消化はその大部分がルーメンで行なわれるのに対して，蛋白質の消化はルーメンと下部消化管の両方で行なわれる。

　②乾草では，総繊維消化率，蛋白質消化率の双方とも，4頭間の変動はほとんどない。しかし，小粒度飼料では，総繊維の個体間消化率の変動が非常に大きい。ところが，そのような場合で

第4表　小粒度飼料における総繊維と蛋白質の消化率（緬羊の場合）

(阿部, 日本畜産学会報, 1985)

飼料	総繊維消化率(%)		粗蛋白質消化率(%)	
	最大個体	最小個体	最大個体	最小個体
乾草	65	67	62	62
大豆かす	72	88	92	92
綿実かす	25	42	73	76
アマニかす	28	50	79	86
ふすま	22	79	78	92
コーングルテンフィード	55	72	78	84
ウイスキーかす	51	86	72	75

も，蛋白質の消化率は2段階消化のために個体間変動が小さい。

　③総繊維消化率の低い個体の蛋白質は，ルーメン滞留時間が短いことから非分解性の蛋白質比率が大で，逆に，総繊維消化率が高い個体の蛋白質はルーメン滞留時間が長いことから非分解性蛋白質比率が小であると予測できる。

　④このようなことは乳牛でも起こっているものと判断される。

　⑤したがって，非分解性比率の値そのものに細かなこだわりをもつ必要はない。

　⑥むしろ，ルーメンマットの形成を促し，小粒度飼料がどの乳牛でも同様なルーメン内移動をするような環境をつくることが大切である。それには，自給飼料の質と切断長，さらには飼

第5表 各種飼料における非分解性蛋白質中のアミノ酸組成（飼料乾物1kg当たりの吸収アミノ酸量(g)）

(Chalupa and Sniffen, 1994)

飼料	メチオニン	リジン	アルギニン	トレオニン	ロイシン	ヒスチジン
トウモロコシサイレージ	0.12	0.31	0.27	0.31	0.92	0.15
マメ科乾草	0.52	1.36	1.03	1.39	2.70	0.27
トウモロコシ	0.61	0.90	0.99	1.53	5.85	1.12
コーングルテンミール	7.46	4.42	11.32	10.45	57.88	8.74
コーングルテンフィード	1.35	1.21	5.62	1.38	5.67	1.76
大豆かす	1.56	10.67	15.60	6.09	12.53	4.52
加熱大豆	1.75	11.93	17.44	6.81	14.01	5.06
綿実	1.08	2.85	6.67	2.34	3.77	1.36
乾燥ビールかす	1.32	2.26	2.74	2.90	8.90	1.55
魚粉	12.76	32.04	32.31	18.79	31.51	10.34
血粉	7.10	61.94	33.22	31.37	88.86	42.77

第6表 魚粉の給与が乳量・乳成分に及ぼす影響

(扇ら, 北海道農業試験会議・成績会議, 1995)

	魚粉区	対照区
試験飼料の配合割合(乾物中%)		
牧草サイレージ	50	50
トウモロコシ	39	38
魚粉	5	0
大豆かす	6	12
飼料組成(乾物中%)		
粗蛋白質	15.4	15.0
NDF	39.3	40.2
TDN	76.5	76.8
飼養試験成績(分娩後3〜16週)		
乾物摂取量(kg/日)	20.4	21.2
乳量(kg/日)	37.8	36.8
乳脂率(%)	3.76	3.81
乳蛋白質率(%)	3.08	2.91
乳蛋白質量(g/日)	1,161	1,062

料給与法に留意しながら，飼料の特性を十二分に発揮させなければならない。具体的な対応技術としては，粗飼料の切断長を長くしたTMRの調製と給与，そして分離給与では小粒度飼料の多回給与である。

4. 非分解性蛋白質のアミノ酸組成と給与効果

ルーメンで分解を免れた蛋白質の下部消化管での消化率とアミノ酸組成は一様ではない。第5表にアミノ酸のデータを示す。

植物性由来の飼料構成の場合には，メチオニン，リジンを初めとするアミノ酸が乳蛋白質合成の律速となることが多い。そのために，魚粉あるいはルーメンバイパスメチオニンの効果を期待する試験が数多くなされている。第6表に，扇らが行なった魚粉の試験結果を示す。試験の要約を以下に引用する。

①魚粉は嗜好性が劣るとされているが，乾物中に5％程度の混合飼料として用いる場合には乾物摂取量への影響はない。

②乳蛋白質率は，魚粉区が大豆かす区に対して有意に高かった。これは，魚粉のメチオニン，リジン含量が高いのとルーメン内での分解率が低いところから，乳成分合成において制限アミノ酸を効率的に補給した結果によるものであろう。

③魚粉区においては血清メチオニン，リジンの濃度が大豆かす区に比べて高かった。これは魚粉に含まれる非分解性のメチオニンやリジン含量の高さを反映したものであろう。

5. 乳蛋白質に関する飼料給与診断

第7表に，4戸の酪農家における飼料給与診断表の一部を示す。視点を以下に示すが，複眼的な観察・思考が重要である。

①飼料費の高投入イコール好成績ではない。1日1頭当たりの飼料給与の金額と乳蛋白質率な

どの飼養成績は，必ずしも比例していないからである。つまり，費用対効果比という点では，飼料給与設計および診断に期待されるところが大きい。

②調査時は7月の暑熱期に入りかけたときであり，乳蛋白質率は農家間で大きく異なり，かなり異常な値さえも見られる。

暑熱期においては消化管運動の停滞とそれに伴う採食量の低下，特に粗飼料の採食性の低下が見られる。それはルーメン希釈率の低下に結びつき，微生物蛋白質の合成量の減少，ひいては乳蛋白質率の低下をひき起こす。したがってこの時期には，早刈りサイレージあるいは良質（採食性の高い）乾草の給与が必須である。

③どの経営においても粗蛋白質，TDNの充足率，非分解性蛋白質比率に関して大きな問題はない。しかし，エネルギー，蛋白質に関する基本的な要求量を満足しながらも，乳蛋白質率に関しては問題のあるところが多い。乾物摂取量の制御，ルーメン発酵の制御，アミノ酸の供給などまでをも視野に入れた，体系的な栄養学の飼養技術への移転・整備が必要である。

④デンプン含量の農家間差が大きい。デンプンからの揮発性脂肪酸（とくにプロピオン酸）の生成量が低い場合には，上記のように乳糖合成のためにアミノ酸の動員が起こり，乳蛋白質の合成量が抑制される。粗濃比に留意しなければならないが，現在の高泌乳生産状況下では，

第7表 乳蛋白質に関する飼料給与診断

(阿部ら, 1992)

診断項目	農場A	B	C	D
飼養成績(調査対象5頭の平均値)				
乳量(kg/日)	34	38	39	37
乳蛋白質率(%)	3.06	2.64	2.81	3.21
乳脂率(%)	3.99	2.99	3.63	3.34
飼料給与内容				
飼料投入価格(円/日)	926	1,310	1,405	1,539
乾物給与量(kg/日)	21.2	26.8	25.6	29.2
粗蛋白質給与量(kg/日)	3.1	3.8	4.2	4.8
(粗蛋白質要求量)	3.3	3.3	3.3	3.3
TDN給与量(kg/日)	15.5	18.8	20.9	22.4
(TDN要求量)	16.0	17.5	17.9	17.2
デンプン含量(乾物中%)	14.0	9.6	17.5	19.4
非分解性蛋白質比率(%)	36	37	40	42
飼料給与タイプ	I-c	III-a	III-a	III-b

注　飼料給与タイプ　I-c：TMRを調製し，1日3回給与，III-a：1日2回の分離給与，III-b：分離給与ではあるが，昼と夜に乾草，濃厚飼料をサシエサとして給与

乳成分の維持のためには20%強のデンプンの給与が必要であろう。

⑤飼料給与タイプがルーメン発酵，ひいては乳蛋白質に関与する。分離給与か，混合給与か，そして1日当たりの給与回数が前述のようにルーメンでの微生物合成能に大きな影響を及ぼすことを考慮しなければならない。

執筆　阿部　亮（日本大学生物資源科学部）
1998年記

乳脂率の改善

1. 乳脂肪の合成と乳脂率制御の方法

　乳脂肪は脂肪酸とグリセロールとから成るが，量的に主要な構成成分である脂肪酸はその合成・移行経路が二つに分かれる。一つは炭素数が4から16の脂肪酸で，これは第一胃（ルーメン）で生成した酢酸と酪酸とから乳腺で合成される。一方，炭素数16から18の長鎖脂肪酸は，飼料由来の脂肪と体脂肪が血流から乳腺に取り込まれ，乳脂肪に移行する。したがって，乳脂率制御の手法としては，①ルーメン発酵を安定した酢酸優勢型に維持し，炭素数4から16までの脂肪酸の合成量を高める，②炭素数18脂肪酸を含む脂肪含量の高い飼料を給与して，長鎖脂肪酸の乳腺での乳脂肪移行率を高める，の二つが考えられる。

2. 乳脂率改善の方法

(1) 酢酸優勢型ルーメン発酵の維持

①NDF含量と粗飼料因子（RVI）

　まず「酢酸優勢型ルーメン発酵の維持」について述べる。
　給与飼料の構成をチモシー乾草とトウモロコシの比率によって変え，中性デタージェント繊維（NDF）含量を乾物中30, 35, 40％に調製したときの，乳牛による飼養試験の結果によれば，ルーメン内の酢酸比率はNDF含量の上昇に伴って増加し，乳脂率も同様の動きを示す。さらに乳脂率を3.5％に維持するためには，給与飼料の乾物中NDF含量は35％が適当であるという結論も，この試験結果は示している。

　NDFの効果は何か。一つは「反芻・咀嚼をくり返させ，唾液のルーメン内への供給を促進して，ルーメン内pHを維持」させる機能であり，もう一つは「その微生物消化によって酢酸・酪酸の供給量を増加」させる機能である。
　それではすべてのNDFがそれらの機能を十分に持ち合わせているであろうか。否である。反芻・咀嚼の誘起機能は，粗剛で，ある程度長い飼料片のほうが小粒の飼料片よりも強い。つまり，NDF35％という栄養管理指標に加えて，この機能をも飼料設計に反映させることが必要である。
　Sudweeksはそれを粗飼料因子（RVI）という指標で説明している。RVIは飼料乾物1kgが負荷する反芻・咀嚼時間を分で表現したものであり，乳脂率3.5％を維持するのに必要なRVIは31分であるとされている。第1表に種々の飼料についてのRVI値を示す。

②高消化繊維で酢酸生成量を高める

　このような栄養管理指標を用いて飼料設計を行なうが，次の問題は摂取形態である。特にトップドレス分離型給与の場合には，均一な飼料摂取がなされずに選択採食が行なわれることがあり，そのような場合，NDF摂取比率つまり摂

第1表　各種飼料の粗飼料因子（RVI）の値（分／乾物1kg）

アルファルファ乾草		牧草サイレージ	99～120
細切	44.3	ソルガムサイレージ	67.3
長もの	61.5	小麦サイレージ	68.9
キューブ	44.3	コーンコブペレット	15
オーチャードグラス乾草		綿実	40
早刈り	74.0	大豆皮	8.4
遅刈り	90.0	脱脂米ぬか	6.0
チモシー乾草		ビートパルプ	36.9
出穂～開花期	90.0	挽き割りトウモロコシ	8.1
稲わら	107	粉砕トウモロコシ	5.1
トウモロコシサイレージ		大麦	15.0
切断長1.9mm	66.1	マイロ	11.0
〃　1.2mm	59.6	配合飼料ペレット	12.0
〃　0.6mm	40.0	油かす類	6.0

第2表 トップドレス給与時における乳牛個体間のルーメン性状の変動と高消化性繊維質給与によるルーメン性状改善効果

(梶川・阿部ら, 1990)

	乳牛No.1	2	3	4	5	6	7	8
対象飼料区	(平均乳脂率 2.1%)							
A/P比	1.26	1.47	1.79	1.84	1.94	2.07	2.09	2.33
プロトゾア数	0.01	0.05	0.03	0.22	0.01	4.64	0.01	5.78
ビートパルプ区	(平均乳脂率 3.0%)							
A/P比	3.10	3.79	3.21	2.61	2.48	2.94	3.71	3.69
プロトゾア数	33.8	58.5	64.4	61.5	1.56	18.9	10.9	91.2
	乳牛No.9	10	11	12	13	14	15	16
対象飼料区	(平均乳脂率 3.6%)							
A/P比	2.93	3.08	3.10	3.51	3.68	3.86	4.15	4.48
プロトゾア数	19.1	20.9	58.6	48.2	38.8	76.3	71.4	67.4
ビートパルプ区	(平均乳脂率 3.8%)							
A/P比	3.71	3.48	3.52	3.33	3.95	3.74	3.96	3.99
プロトゾア数	52.1	66.7	44.1	47.0	66.3	61.4	47.1	106.7

注 プロトゾア数：×10,000

第3表 トップドレス給与時における乳脂肪酸の生成量 (各8頭の平均値, g/日)

(梶川・阿部ら, 1990)

炭素数	乳牛No.1～No.8		乳牛No.9～No.16	
	対照区	ビートパルプ区	対照区	ビートパルプ区
C4	4	13	16	17
C6	17	14	16	17
C8	5	9	10	11
C10	12	23	24	27
C12	17	28	29	33
C14	48	81	84	95
C16	101	174	179	218
C18:0	23	38	50	47
C18:1	150	170	190	190
C18:2	18	18	18	17
C18:3	11	11	13	12

注 第2表と同じ試験

取粗濃比の個体間差を生ずる。

その例を第2表に示す。これは，16頭の泌乳牛にトップドレスでトウモロコシサイレージ（乾物3.5kg），大豆かす（乾物2kg），配合飼料（乾物8.9kg）を朝夕2回に分けて3週間，牛の思うがままの自由な採食に任せた結果である。ある牛は配合飼料を主体に，ある牛はサイレージを主体に，またそうではなく均一に全飼料を採食した個体もある。

3週間の試験終了前に，ルーメン内の酢酸/プロピオン酸比率（A/P比）とプロトゾア数を測定した。安定的な酢酸優勢型発酵時のA/P比は3前後あるいはそれ以上である。第2表上段の乳牛はA/P比の低い不安定発酵群であり，下段の牛は安定的酢酸優勢型牛群である。トップドレス給与ではこのようなことが起きているという事実に配慮しなければならない。不安定発酵群ではプロトゾア数が減少し，微生物相に大きな偏りが生じていることを想起させるし，乳脂率もこの試験では大きく低下している。

このような牛群にビートパルプを加えたらどうなるか。この試験では3週間の第一次試験の後，配合飼料の半量をビートパルプに置き換えて，さらに3週間の飼養試験を継続した。その結果を第2表でビートパルプ区として示してある。

第2表で明らかなように，不安定発酵群（No.1～8）では顕著な改善効果が，A/P比，プロトゾア数そして乳脂率で観察される。これは，ビートパルプのRVI効果も関係するが，より大きくは「繊維消化率の高さ」による。ビートパルプの総繊維は90％の高い消化率を示す。

トップドレス給与時の穀類デンプンの一部がビートパルプに置き換わって採食され，適当な速度の繊維分解がルーメン発酵を改善し，プロトゾア数を増加させ，高い繊維の消化率はルーメン内の酢酸生成量を増加させたのである。その結果は，第3表にみられるように，乳腺における炭素数4～16脂肪酸の合成量を増加させ，乳脂率を上昇させている。この効果を，ビートパルプに限らず消化性の高い繊維の持つ機能に

(2) 脂肪の給与

乳脂率改善の次なる手段は脂肪の給与である。
第4表は第2, 3表に示した試験と同様な性質のものであるが，第一次試験（トウモロコシサイレージ，大豆かす，配合飼料）の選択採食の結果生じた不安定発酵群に対する綿実の効果を検討したものである。配合飼料の一部を綿実2kgに置き替えた場合のルーメン性状，乳脂率，牛乳の脂肪酸組成を示してある。

まず，ルーメン発酵については少しの改善（酢酸比率の増加）はみられるが，それはビートパルプ給与（高消化性繊維）のときほど劇的ではない。しかし，乳脂率は確実に上昇している。その理由は炭素数18脂肪酸の増加によっている。綿実は乾物中に約20%の脂肪を含み，そのなかには炭素数18脂肪酸が多く含まれていることが，この結果をまねいているのである。

脂肪を多く含む飼料として綿実のほかに加熱大豆，脂肪酸カルシウム，豆腐かす，ビールかすなどがある。しかし，脂肪の給与にあたっては，脂肪のルーメン微生物に対する毒性についても考慮しなければならない。飼料設計では，飼料乾物中5〜6%の範囲内に，粗脂肪含量を制限することが適当であろうといわれている。

3. 乳脂率に関する飼料給与診断

乳脂率の改善にあたっては，上記の「ルーメン発酵の安定」「繊維消化率の向上」，そして「脂肪の力を借りる」といった要素を飼料設計あ

第4表 低乳脂率牛群（8頭）に対する綿実給与（2kg/日）の効果

(梶川・阿部ら, 1991)

	低乳脂率牛群 （対照区）	綿実給与後牛群 （綿実区）
ルーメン性状		
酢酸比率（％）	52	56
プロピオン酸比率（％）	30	26
乳脂率（％）	1.9	3.1
乳脂肪酸生成量（g/日）		
C4	4	15
C6	6	11
C8	4	6
C10	10	14
C12	15	16
C14	50	57
C16	104	171
C18:0	23	98
C18:1	157	288
C18:2	19	27
C18:3	11	13

第5表 乳脂率に関する飼料給与診断例

(阿部ら, 1992)

診断項目	農家A	B	C	D	E	F
乳量（調査牛5頭平均,（kg/日）	34	38	39	37	32	36
乳脂率（％）	3.99	2.99	3.63	3.34	3.55	3.38
給与飼料乾物中のNDF含量（％）	39.6	39.7	35.2	31.1	34.8	38.7
乾物中デンプン含量（％）	14.0	9.6	17.5	19.4	14.9	11.1
高消化性繊維（Oa）給与量（kg/日）	2.4	2.8	3.0	2.6	2.2	2.0
低消化性繊維（Ob）給与量（kg/日）						
ビートパルプ	2.5	2.4	4.1	2.2	2.1	1.4
イネ科草・トウモロコシサイレージ	1.5	2.6	2.8	3.9	1.8	4.3
アルファルファ	2.6	4.8	0.8	1.7	2.8	2.0
綿実給与量（kg乾物/日）	1.7	0.5	1.3	1.7	1.1	—
加熱大豆給与量（kg乾物/日）	—	—	—	0.7	1.1	—
脂肪酸カルシウム給与量（kg/日）	—	—	—	0.1	—	—
飼料給与類型	I-c	III-a	III-a	III-b	II	IV

注　飼料給与類型 I-c：TMRを調製し，1日3回の給与，II：混合飼料主体，個別飼料での個体調製，III-a：1日2回の分離給与，III-b：1日2回の分離給与ではあるが，昼と夜に乾草，濃厚飼料をサシエサとして給与，IV：分離給与ではあるが，1日4〜5回の均等多回給与

るいは飼料給与診断に加えていかねばならない。

第5表に6戸の酪農家における飼料給与診断表の一部を示す。この表をも含め、乳脂率改善の視点を以下に示す。

①給与乾物中のNDF水準は適正か。

②乾草あるいはサイレージの採食性はよいか。つまり飼料設計の意図が採食ベースにそのまま反映されるような粗飼料の質となっているか。

③給与類型はどうか。上記の試験のような偏った成分の採食になるような方法をとってはいないか。

④繊維の消化能はどうか。

第5表では、繊維の区分を高消化性繊維給与量（100％の消化率）と低消化性繊維給与量とに分けて示し、さらに低消化性繊維はその消化性によって3つのグループ分けを行なっている。「ビートパルプ」（80％程度の非常に高い繊維の消化能を持つ）、「イネ科・トウモロコシサイレージ」（40％前後の中庸な繊維消化能を持つ）、「アルファルファ」（23％程度の低い繊維消化能を持つ）である。

B農家は乳脂率が2.99％と非常に低い値である。なぜか、一つには1日2回のトップドレス給与が不安定なルーメン発酵をもたらしている可能性がある。もう一つは低消化のアルファルファ給与の影響もあろう。一方、C農家はB農家と同一の1日2回のトップドレス給与ではあるが、乳脂率は高い。これはビートパルプの多量給与が効果を発揮しているのであろう、と考察ができる。

⑤脂肪の給与量は適正か。

執筆　阿部　亮（日本大学生物資源科学部）

1998年記

細菌汚染乳

1. 細菌汚染乳問題の現状

 生乳中の細菌数の減少を目指した衛生的乳質改善運動は，昭和30年代に始まった。酪農家や関係者の限りない情熱と資金の投入，科学的な対処の実施などにより，今日では乳質は全体として総菌数30万/m*l*以下の酪農家が常に95％をしめる程度にまで向上している（第1表）。

 日本の生乳の約4割を生産する北海道では，平成9年度において，ローリー乳の培養法による細菌数が1万/m*l*以下の割合が91％となり，夏季に菌数が増加する問題が残されているものの，著しい改善が認められている。本州やほかの地域でも，バルク乳の一部は培養法での細菌数が5,000/m*l*以下の生産が話題となる状況になった。

 一般に，ブリード法による総菌数の約3分の1が培養法による細菌数に相当すると考えられているが，培養法での細菌数は欧米の酪農国に匹敵するというよりむしろ凌駕する状態ともいいうる。通常の飲用乳向け生乳としては，数の側面からは細菌汚染はそれほど問題のない水準に達している。

 しかし，これらの生乳が牛乳やヨーグルトなどの製造に仕向けられるのにさいしては，単なる細菌数だけでははかれない，それぞれの製品に特有の微生物学的品質特性が重視されるようになっている。

 また，製品の多様化とともに生物学的，化学的，物理的危害の発生を最小限にするよう，生産・処理，流通の各段階をシステム化する，新しいHACCPシステムの導入が進行している。HACCPシステムは食品，特に牛乳や乳製品の処理・加工にあたって，世界的に広く採用されつつあり，原料生乳の生産，その処理，流通の各段階でのきちんとした対応が求められている。

 すなわち，飲食に起因する人の健康被害を，

第1表　生乳の総菌数の推移（バルク乳）（単位:％）
（全国乳質改善協会）

総菌数 年度	<30万/m*l*	31～50万	51～100万	101万/m*l*≦
平成1	92.0	3.9	2.9	1.2
2	91.9	4.6	2.4	1.1
3	93.2	3.8	2.0	1.0
4	92.7	4.2	2.0	1.1
5	94.4	3.1	2.0	0.5
6	93.5	3.3	2.1	1.1

①病原菌などの生物学的危害，②抗生物質の残留などの例にみられる化学的危害，③異物などの混入にみられる物理的危害，に3区分し，各危害の発生を最小限にするよう生産，加工などのシステムの設計が求められている。

 食品衛生法に基づくHACCPシステムをふまえた総合衛生管理製造過程においては，生物学的危害はリスクの高い病原菌と腐敗細菌とに分けられているように，それぞれの側面から牛乳などの安全性や衛生の確保のための新しい視点の検討が必要となっている。

2. 生乳の細菌汚染

 一般に，健康な乳房で飼養管理が適切な場合の生乳中の細菌数は500～5,000/m*l*程度が普通である。細菌は乳中に分布するわけではなく"前しぼり"の例のように搾乳開始時の生乳中に多く，ストリッピングでは少なくなるのはよく知られている。

 生乳中の細菌は，乳頭や乳房から，あるいは搾乳のために使用されるミルカーやパイプライン，バルククーラーのほか畜舎環境条件の影響を受けて生乳中に入る。そして保存温度や時間の延長により増殖し，菌数が増加するのが普通である。

 これらの細菌群を区分すると，乳頭ではミク

ロコッカス（球菌，第1図）やブドウ球菌，アルカリゲネスやフラボバクテリウムと呼ばれるグラム陰性の桿菌が比較的優位である。また，バルククーラーなどでは低温増殖性があり，熱抵抗力のある細菌や大腸菌などがよく見出される。さらに，生乳の残りや乳石も大腸菌などの汚染源としてきわめて重要なポイントとなっている場合が多い。

近年，生乳のチルド流通が増加している。このような場合は生乳中の細菌も低温増殖性のあるシュードモナスやアクロモバクター，大腸菌などが主要となってくる。

また，洗浄不十分なバケツ，パイプやタンクなど搾乳機器の表面の乳膜には，低温でも増殖するバチルスが多く存在する。この細菌は，乾燥などのように生育条件が悪化すると，胞子と呼ばれる休眠状態となって種を維持する特徴がある。さらに，この胞子は耐熱性がきわめて大きいため，殺菌処理でも生き残っていることが多く，製品の保存性などとの関係で問題となる場合が多い。

生乳中のこれらさまざまな細菌の量とその種類は，乳牛の飼育管理あるいは搾乳の環境を正確かつ端的に反映する。乳房，乳頭あるいは臀部などの牛体，牛舎や周辺の土壌や植物相などの状況により，細菌数もそしてその種類も相当に変動することが知られている。

3. 生乳で問題となる病原菌

以下，生乳の生物学的危害のなかで取りあげられている病原菌とその特徴を述べてみたい。

(1) スタヒロコッカス・アウレウス（ブドウ球菌）（第2図）

国際酪農連盟の定義によれば，「乳房炎とは乳腺の炎症性の変化で，微生物学的な変化にともない体細胞数の増加や乳腺組織の病理学的変化の認められる状態」とされているが，治療技術の高度化などにもかかわらず，その発生率はあまり低下していない。

乳房に炎症を生ずる微生物の主要なものは，ブドウ球菌，連鎖球菌，コリネバクテリウム，大腸菌および真菌である。連鎖球菌が主な起因菌である欧米の乳房炎症とは異なり，本邦での主要な感染種はブドウ球菌である。起因菌の6〜7割がこの細菌によるものと推定され，生乳中からも相当な菌数が検出される。

ブドウ球菌で特に注意すべき点は，細菌自体は熱抵抗がないのに，生産された毒素エンテロトキシンは，210〜240℃で30分間加熱しないと破壊されない点にある。

この細菌は，化膿の起因菌としても知られている。人の皮膚，咽頭などの粘膜，扁桃腺，腸管などに存在しており，人や動物と挙動を同じくしている。このため，乳房炎に罹患した乳牛の群からの分離や搾乳順序の工夫などが大切な

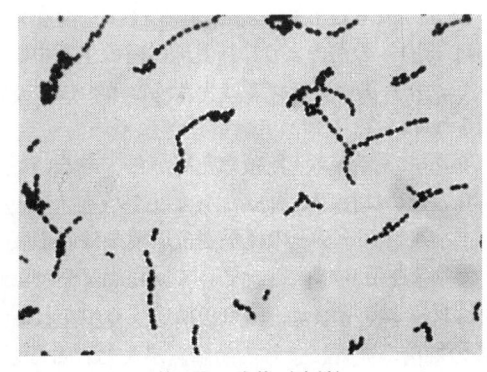

第1図　球菌（連鎖）

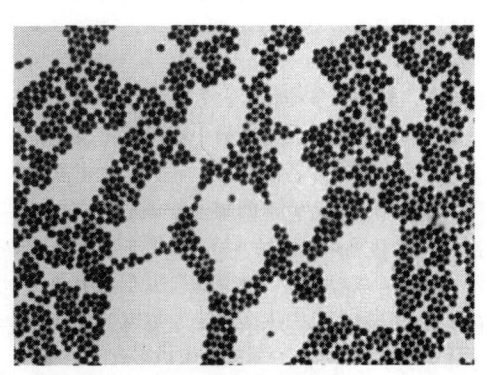

第2図　ブドウ球菌

ことは，すでに指摘されている。

また，人間の3割以上がこの細菌の保菌者である事実をふまえると，飼育管理にさいしての従事者の健康管理や手洗いの励行など，基本的な衛生管理の履行が大切となる。

(2) 病原大腸菌（第3図）

近年，腸管付着性大腸菌O－157関連のニュースが話題を集めた。この細菌についての報告は1984年と比較的新しく，宿主動物として最も注目を集めているのが牛である。牛の腸管内に広く分布し，ふん便を通じて体外に排出される。しかし，病原大腸菌は牛の腸管内に相当量存在するにもかかわらず，牛自体は無症状である。最近の調査によれば，牛のふん便中26.7％にO－157の存在が認められ，牛個体に換算すると100頭中1頭が保菌牛と推計される。

牛の健康状態や牛体の状況——"よろい"を着ていないか，その程度はどうか——などで生乳汚染の確率は異なるが，一定の汚染率があることを承知しておく必要がある。

(3) リステリア・モノサイドゲネス

自然界（土，水，動物や昆虫など）に広く分布し，土そのものが病原巣となり，特に地表面での検出率が高い。したがって，土から牛体が汚染され，さらに生乳が汚染される。乳牛での保菌率は2％，羊で2.4％，人では0.1％程度であるが，常時家畜などに接している人の保菌率は高い。1980年ごろからこの細菌の検出技術が進歩したこともあり，食品の汚染状況が徐々に判明し，生乳などで注意を要する病原菌として注目されている。諸外国での生乳の検出率は，米国7％，フランス6％，オランダ4.4％，日本ではバルククーラー単位で最大5.3％という報告がある。

乳幼児や老人などで髄膜炎などの症状を呈し，最悪の場合は死亡することもあり，汚染の排除への注意が大切となっている。牛体や牛舎など飼育環境の清潔性の保持，特に排水処理の徹底がポイントとなろう。

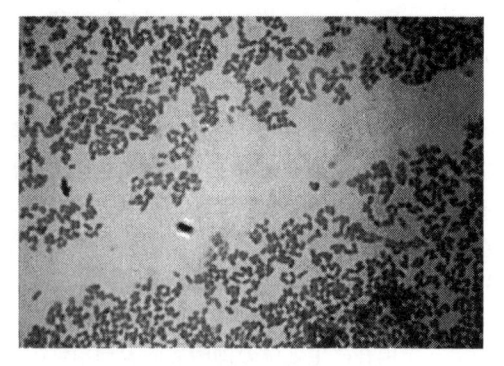

第3図　大腸菌

(4) その他の注目される病原菌

広範な生活環境汚染とのかかわりで注目されるサルモネラ，牛体や生乳からの検出率が高いキャンピロバクター・ジエジュニコリ，エルシニア・エンテロユリチカなどにも注意が必要である。

4. 処理加工上問題となる細菌

最近，生乳の特徴を十分に生かした多様な製品が注目されている。たとえば牛乳では，生乳の風味を生かす殺菌処理との関係で，耐熱性細菌が問題になることがある。低温保持殺菌法などで処理された牛乳では，加熱でも生き残る細菌が存在する。従来，この割合は細菌数に大きく関係すると考えられていたが，今日のように生乳の細菌数レベルが低い状況下では，細菌の殺菌に対する生残率は一様ではない。そして，このバラツキは生乳中の細菌の耐熱性により変化する。

一般に，耐熱性細菌とは63℃30分間の加熱処理に耐性を示す細菌とされ，ミクロコッカス，ミクロバクテリウム，ストレプトコッカス，コリネバクテリウム，バチルス，クロストリジウムなどがあげられている。特に，前述のとおりバチルスは胞子（第4図）を形成するが，この胞子の耐熱性が非常に大きくなり，殺菌後これらの細菌の発育により商品価値が失われることがある。

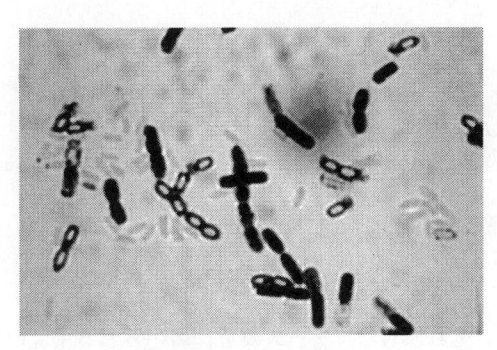

第4図 バチルスと胞子
白く抜けているのが胞子

したがって，低温殺菌牛乳やナチュラルチーズなどの製造に仕向けられる生乳からは，これら耐熱性細菌をできるだけ排除する工夫が求められる。ナチュラルチーズの製造にさいして，胞子を大量に含むサイレージなどを給餌しないようにすることなどは，すでに実施されている例といえよう。

搾乳機器からの汚染については酪農学園大学菊池教授らの調査がある。これによれば，細菌の汚染源をクロー，パイプライン，ティートカップ，レシーバーで比較すると，洗浄不十分なミルククローのゴムパッキングが主要な汚染源で，クロー内側には耐熱性細菌が高濃度に存在したが，パイプラインやレシーバーからの汚染は少なかったという。

最近では，耐熱性菌以外にも50〜55℃の高い温度で生育する高温菌数も，用途によっては問題となる場合がある。

生乳に求められる品質特性は多様化しつつあり，単に細菌数だけで品質を判断できない状況にある。

5. 基本技術の励行と今後の課題

以上は，生乳中の主要な病原菌や処理加工上問題となる耐熱性菌を中心に，細菌汚染のごく一部を記してきた。これらの問題点解明へのアプローチは，従来からの手法と基本的に異なるわけではない。敷料やふん尿，ふん尿溝，牛床，さらに通路，飼槽などの清掃や消毒，牛体の手入れ，衛生的な搾乳など"汚さず，ふやさず"が基本であることに変わりはない。新しい知見をふまえ，これらの基本を確実に励行することが大切といえよう。

付言すれば，従来は細菌のみが注目されてきていたが，生乳に求められる品質の高度化を考えると，微生物学的な品質が大切となっているように考えられる。すなわち，細菌以外に生乳を汚染しているカビや酵母についても現況を知り対応を行なうことが，より価値のある生乳生産，すなわち品質高度化対応の視点として重視されよう。

執筆　中野　覚（(財)日本乳業技術協会）

1998年記

加工からみた乳成分・乳質と飼料・飼育管理

1. 発酵乳とチーズ

(1) 発酵乳の製造と牛乳の条件

牛乳を原料とした乳加工製品は発酵乳とチーズに代表される（第1図）。

発酵乳は牛乳を乳酸菌で発酵させたものである。牛乳中の乳糖をエネルギー源として乳酸菌が増殖する過程で乳酸を排出し、この乳酸の働きで牛乳のpHが酸性となる。一方、牛乳蛋白の80％を占めるカゼインは、酸性下では沈澱を形成する性質がある。したがって、乳酸菌の増殖にともない牛乳のpHが4台となると、カゼインは均質な凝固物を形成する。この状態が発酵乳の完成であり、酸味とクールな食感がもたらされる。

発酵乳のメリットは原料牛乳をすべて利用できる点にある。また、製造法がきわめて簡単であり、付加価値を付与しやすい製品である。

発酵乳の風味は、乳酸による酸味のほか、発酵にさいして乳酸菌が生産するアセトアルデヒドのクールな味が特徴で、原料牛乳の特徴はあまり現われてこない。これは製造から消費までの期間が短いためであるが、そのほかにも原料乳を100℃で20分程度加熱する過程で牛乳由来の酵素が完全に失活していること、発酵乳のpHが低すぎて乳酸菌由来の酵素も十分に働かないことに起因している。

したがって、発酵乳製造に適した原料乳の品質はチーズほど厳格ではない。しかし、細菌汚染の進んだ牛乳、リポリシス（脂肪の加水分解による脂肪酸の遊離）やランシッド（遊離した脂肪酸の酸化）状態の牛乳や、乳房炎乳からは良質の発酵乳が製造できないことはいうまでもない。

(2) チーズ製造の特徴

それに対してチーズ製造に用いられる牛乳の品質は、チーズの良否に直接影響する。チーズ製造に適した牛乳を論ずる前に、チーズについての基本的知識を整理しておこう。

チーズは牛乳中のカゼインと脂肪からつくられる。製造にはまず牛乳を殺菌する。殺菌は63℃30分や75℃10秒の低温殺菌でなければならない。100℃やUHT（140℃瞬間）で殺菌した牛乳からは良質のチーズができない。

殺菌後、牛乳に30℃で乳酸菌と凝乳酵素（カゼインに作用し、牛乳を凝固させる酵素。一般

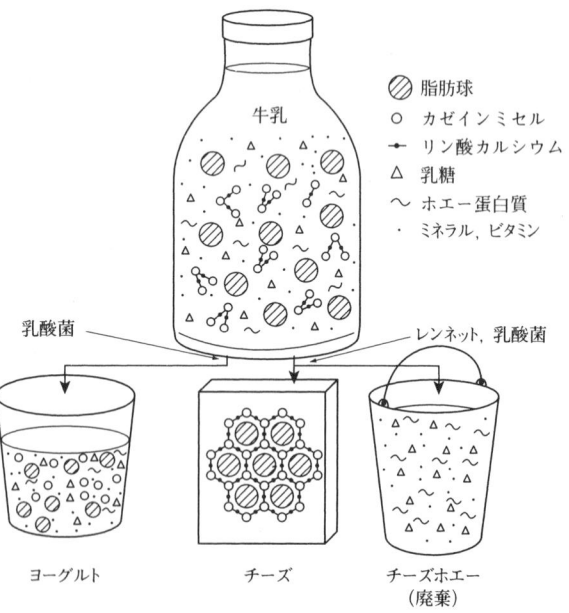

第1図 牛乳からヨーグルト、チーズへの加工と成分の消長

ヨーグルトは、牛乳すべてが利用される。ただし、カゼインに結合していたリン酸カルシウムは遊離する。チーズでは、牛乳成分のうち、カゼイン蛋白質と脂肪および一部のリン酸カルシウムを利用する。乳糖、ホエー蛋白質、ミネラル、ビタミン類の多くはチーズホエーとして棄てられる

に子牛の胃から抽出されたレンネットを用いる）を加え，牛乳を豆腐状に固める。

この豆腐状の固まり（カードと呼ぶ）をさいの目に切断し，温度を徐々に上げながら37℃にする。こうするとカードが収縮してくる。カードの中には脂肪が取り込まれているが，水溶性のホエー蛋白質や乳糖，ミネラル，ビタミンはカードの外に追い出される。こうして得られたカードを集めて食塩を加え熟成させたものがチーズである。

チーズらしい風味は製造時に加えた乳酸菌によってもたらされるが，青かびや白かびで熟成させるチーズでは，カビの働きにより独特の風味がもたらされる。世界のチーズの種類は200を超えるが，これは製造工程が複雑で，使用する原料乳（牛，羊，山羊），乳酸菌，カビとの組合わせが幾通りもあるからである。

日本でなじみの深いチーズはパルメザン，ゴーダ，チェダー，ブルー，カマンベールであろう。パルメザンはパスタの粉チーズの原料であるが，このチーズは製造期間が1～3年を要する超硬質チーズで，日本では製造していない。ブルーは青かびチーズで，塩味が強く，舌先をしびれさせるような強烈な風味が特徴である。一部の根強い人気はあるが，日本人にはあまり好まれていない。日本人が一般に食しているチーズはゴーダ，チェダー，カマンベールであり，国内で製造されているチーズもこれらに限られる。

2. チーズ製造に用いる原料乳の条件

(1) 健康な牛から生産された牛乳

チーズ製造に適した牛乳の条件としていろいろあげることができるが，前提条件は健康な牛乳である。

(2) 脂肪球の健全な牛乳

チーズ製造の現場でしばしば問題となっているランシッド乳は，脂肪球皮膜が破損し，内部

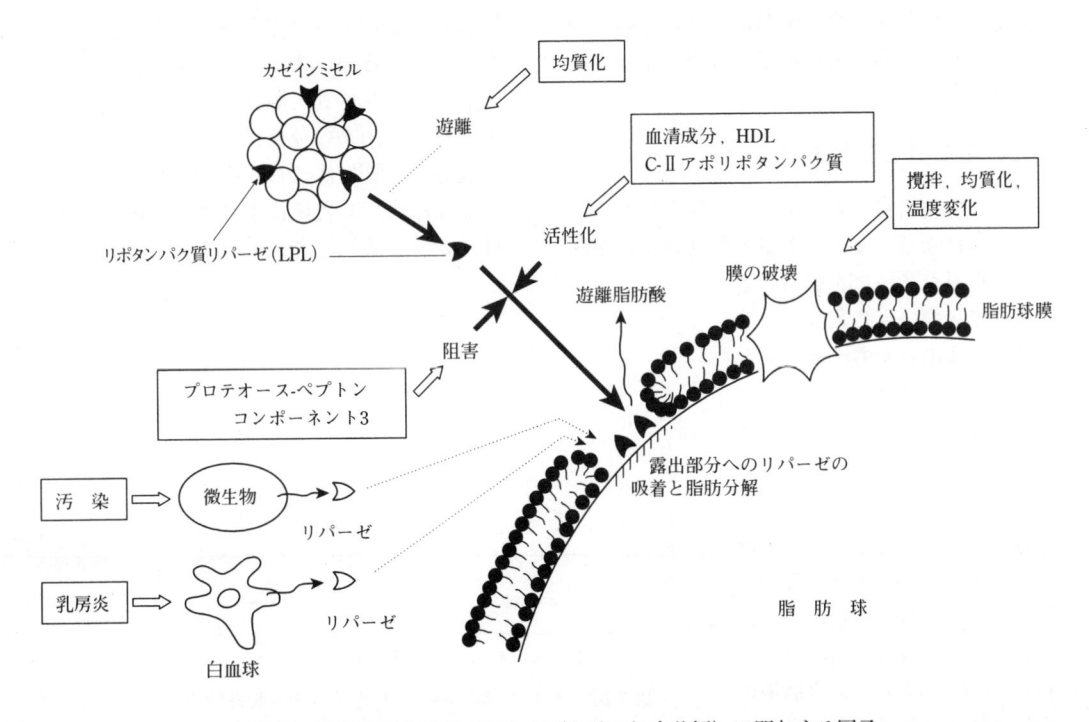

第2図　乳中で起こるリポリシス（脂肪の加水分解）に関与する因子

の脂肪が脂肪分解酵素（リパーゼ）によって加水分解（リポリシス）され，遊離脂肪酸が多くなった状態の乳である。このような乳は酸度が高く，炭素鎖C_4〜C_{12}の多い場合は強いランシッド臭（酸敗臭）が発生する。ランシッド乳からは良好なフレーバーのチーズは製造できない。

牛乳のリポリシスは，脂肪球皮膜の一部が攪拌や均質化などの，物理力や温度変化によって破壊されることから始まる。露出した部分の脂肪へ，カゼインミセルに付着していたリパーゼ（脂肪分解酵素）や汚染した微生物，白血球由来のリパーゼが作用しリポリシスを起こす（第2図）。

ランシッド乳の原因は主として搾乳時に牛乳が過激な物理的刺激を受けるためだとされてきたが，筆者はそれ以外の，乳牛の生理に由来しているケースが多いのではないかと考えている。

すなわち，現在の乳牛は高乳量を確保しながら高脂肪も達成しているケースが多い。当然総脂肪量は多くなっているので，脂肪を包む乳腺細胞膜も多く必要となる。しかし正常な脂肪球皮膜を形成させるに十分な量を供給するには限度があり，脂肪球皮膜が脆弱化しているのではなかろうか（牛乳の成分と栄養の項，脂肪の構造を参照）。

（3）蛋白質と脂肪のバランス

一般に脂肪含量の多い牛乳から製造したチーズは軟質になる。また，多量の脂肪含量を確保しつつ良質なチーズを製造することはできない。良質なチーズには蛋白質のなかのカゼインと脂肪の含量が適当なバランスで存在する。

良質なチーズを製造するためには，原料乳中のカゼイン含量に対する脂肪含量の割合が0.7前後が望ましい。イギリスでの伝統的なチーズ製造地帯の牛乳はこのゾーンにある（特に秋の牛乳）。一方，バター製造地帯の牛乳では脂肪含量が高く良質なチーズ製造ゾーンを大幅に下回っている（第3図）。

チェダーチーズの場合はカゼイン/脂肪が0.7程度が望ましいとされている。蛋白質含量が3.20％の原料乳では，カゼインはその8割であるから2.56％含まれている。したがって，脂肪含量は2.56/0.7＝3.66％となる。ゴーダやカマンベールではチェダーチーズよりも脂肪含量が高い。

チーズ工場では原料乳の脂肪含量を調整しているが，原料乳を無調整で使用する場合は蛋白質と脂肪のバランスのとれた牛乳が必要となる。

（4）カゼイン含量の高い牛乳

チーズが牛乳蛋白質のうちカゼインを利用していることから当然であるが，原料乳中の蛋白質含量が高くてもカゼイン含量の低い牛乳からは良質なチーズは製造できないし，収量も低下する。

カゼイン含量の低い牛乳の典型は乳房炎乳である。もちろん血液が漏出したような牛乳は，あらゆる意味で製造に用いられない。また，潜在性乳房炎にかかっている牛からの乳は，蛋白質含量は正常牛乳と差がみられず，むしろ多いケースもあるが，カゼイン含量に著しい差がみられる。潜在性乳房炎乳ではβ－ラクトグロブリンや血液由来の免疫グロブリンが多く，チーズ製造に必要なカゼインが少ないのである。

正常牛乳でも乳期によりカゼイン含量は変化するが，一般に泌乳末期の牛乳でカゼイン含量

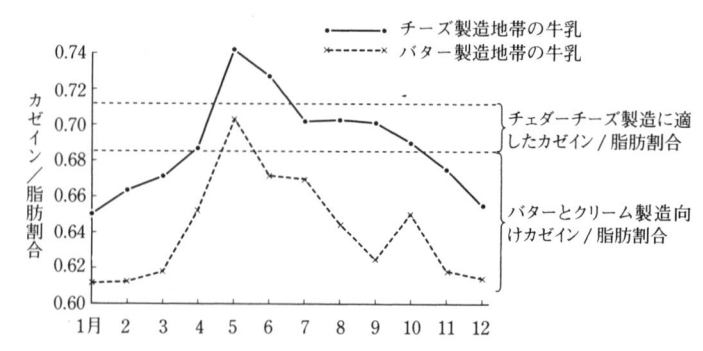

第3図　チーズ製造地帯の牛乳とバター製造地帯の牛乳のカゼイン/脂肪割合（イギリス）

は低い。

（5）ミネラルバランス

チーズ製造に重要な役割を果たしているミネラルはカルシウムである。乳中のカルシウムが少ないと均質なカードの形成が達成できず，多すぎると硬すぎるカードとなり，ともに良質なチーズにならない。牛乳中のカルシウムの平均含量は100mg/100mlであるが，酪農の現場で問題となるのはカルシウムの少ない牛乳であり，90mgを下回るような牛乳は好ましくないだろう。

カルシウム以外に，カードの品質はカリウム，ナトリウムなどの陽イオンによっても影響される。乳房炎乳ではナトリウム含量が高くなり，泌乳末期ではカリウムが多くなったりする。

チーズ製造に適したミネラルのバランスは何らかの不都合のない牛乳であればそう問題にならないと考えられるが，これらの成分値が標準的な値を大きく超える場合は原料乳として不適である。

（6）細菌で汚染されていない牛乳

最近の微生物的乳質は非常に向上し，出荷段階での生菌数は10万/ml以下のものが多い。したがって，乳製品原料中の生菌数もあまり気にする必要はないといえるが，チーズ製造に用いる場合は低温細菌による汚染に気を配る必要がある。

ヨーグルト製造では原料乳を100℃で20分程度加熱するため細菌はほとんど死滅し，また細菌由来の酵素も失活してしまうのに対し，チーズ製造時の63℃30分や75℃10秒程度の低温殺菌では一部の細菌や酵素はそのまま原料乳に残存する。特に低温細菌由来の脂肪分解酵素や蛋白分解酵素は耐熱性が強く，チーズ熟成中に苦味や不快臭を発生させる事例が報告されている。

搾乳後長期間低温状態に貯蔵しておくと低温細菌による汚染の危険性が高まるので，なるべく新鮮な原料乳を用いるべきである。

チーズ製造時に問題となる細菌に酪酸菌がある。酪酸菌の胞子は耐熱性があり，チーズ中に取り込まれると長い時間をかけて発芽，増殖し，水素と炭酸ガスを多量に発生させる。これを後膨張と呼んでいるが，チーズがぼろぼろになり，商品とならない。カマンベールのように製造期間が短いチーズや，チェダーチーズのように酸味の強いチーズでは問題にならないが，ゴーダチーズでは深刻な問題となる。

酪酸菌は非常に空気を嫌う性質が強く（嫌気性），土壌から牧草に混入した場合，サイレージ発酵による嫌気的条件下で増殖する。もっとも，十分な乳酸発酵が確保されたサイレージでは強い酸性環境下のため死滅し，胞子形成に至らないが，乳酸発酵が十分でない場合は胞子形成の危険性が高まる。オランダでサイレージ給与牛からの牛乳でゴーダチーズを製造するさいには，後膨張防止の目的で硝酸塩を加えているほどである。

（7）体細胞数の少ない牛乳

体細胞は血液中の白血球が牛乳に漏れだしたものである。乳工場では原料乳を遠心分離し，ゴミや細菌とともに体細胞も除去するのが普通である。こうすることにより，清潔で品質の安定したチーズが製造される。牛乳をそのまま用いる場合，混入するゴミ，細菌数，体細胞数が少ないほど望ましい原料乳といえる。体細胞に含まれる酵素はチーズのカゼインや脂肪に対して何らかの作用をすると考えられており，通常の牛乳（30万/ml）以下の体細胞数が望ましい。

3. 飼養管理と原料乳の加工適性

（1）乳牛の種類と原料乳

ジャージー牛乳は脂肪含量が高いのが特徴である。また，β－カロチン含量が多く脂肪が強い黄色を呈しているため，できあがりのチーズは強い黄色を呈する。ジャージー乳を原料としてゴーダやカマンベールを製造しているケースもみられるが，脂肪含量が多いため軟質で滑らかな製品となる。

ホルスタイン乳の脂肪は乳白色が基本であり，

出来上がりは黄色が薄いため，黄色の色素を添加するケースが多い。ホルスタイン乳にジャージー乳を一部混ぜたチーズを製造すると，色調をよくする効果がある。

乳牛のカゼイン蛋白質には，一部のアミノ酸が置き換わった変異体が存在する。この変異体について，チーズの収量，品質に関与するとして問題にする報告がある。すなわち，カゼイン蛋白質のκーカゼインにはAタイプとBタイプの二種類の変異体があるが，Bタイプのほうが収量，品質とも良好であった，とする報告である。

一方で，変異体の存在はチーズの収量，品質に関係ないとする報告もある。筆者は変異体は原料乳の重要な性質とは思っていない。ちなみにホルスタイン種ではAタイプが多く，ジャージー種ではBタイプが多い。

(2) 飼料，飼養条件と原料乳

一般的に乳成分は給与飼料によって影響を受けるため，加工原料乳としての適性も違ってくる。たとえば濃厚飼料主体の飼養条件で高蛋白質・低脂肪乳が生産されるとすれば，できあがったチーズは硬いものとなろう。一方，放牧のように粗飼料主体の飼養条件で高脂肪・低蛋白質乳が生産されるとすれば，チーズは軟らかなものとなる。

しかし，常にそうとは限らない。チーズ製造に適した原料乳かどうかは実際に製造してみなければわからない部分も多い。乳蛋白質含量が高くてもカゼイン含量が少なかったり，脂肪含量が多くても脂肪球が正常でなかったりすれば，良質のチーズにならないからである。

以上の点から，また前項で真っ先に述べたように，加工原料乳は健康な乳牛から生産された牛乳でなければならないのである。健康な牛乳であれば，飼料の如何に関わらず一定の品質のチーズが製造できるはずである。

牛乳中のβーカロチン含量は飼料中の含量によって変化する。放牧時の牛乳からは舎飼い時よりも黄色の強いチーズが製造されるが，これは乳脂肪が青草由来のβーカロチンによって黄色となったためである。チーズ製造にはプラスであるが，クリームは乳白色が好まれる。

(3) 季節の変化と原料乳

季節の面からみると，チーズ製造上の問題と乳質の問題がある。梅雨から夏期は高温多湿であり，チーズ製造に適した時期とはいえない。乳質の面では，春先から初夏にかけて舎飼いから放牧へ，あるいはトウモロコシサイレージからグラスサイレージへの切り替えにより乳成分の変動が生じるため，安定したチーズ製造は難しいかもしれない。

乳成分，品質ともに安定する季節は秋から初冬である。この時期の原料乳から良質なチーズが製造できないならば，チーズ製造に不適な牛乳といえるだろう。

執筆　鈴木一郎（農林水産省畜産試験場）

1998年記

ジャージー種の生乳脂肪色の改善——緑茶がらのTMRへの利用

岡山県北部の蒜山高原は，2,000頭を超えるジャージー種が飼養される国内随一の産地である（第1図）。ジャージー種の特徴はなんといっても乳成分の濃さにあるが，同時にβ―カロチン濃度が高いことも知られている。β―カロチンは体内でビタミンAに変化して，皮膚や粘膜の保護，さらには体内の酸化防止に働く重要な成分である。

一方でオレンジ系色素としても機能するため，β―カロチンを多く含むジャージー種の乳は黄色みが強く，飲み口だけでなく見た目にも濃厚感が演出されている。

地元農協ではこの黄色みもジャージー乳製品のポイントに加えているが，放牧時と舎飼い時での変動が品質管理の課題となっている。そこで，β―カロチンが豊富に残っているとされる「緑茶がら」を利用して，ジャージー乳の特色強化に取り組んだ。

1. ジャージー種生乳黄色度の変動要因

(1) 飼料のβ―カロチン含量

生乳の黄色みをつくっているβ―カロチンは飼料から摂取されたものであり，牧草などの粗飼料がβ―カロチンの主な供給源である。とくに生の牧草にはβ―カロチンが多く含まれており，同じ草種であれば緑色が濃いほど含有量が多い。放牧牛の生乳色が濃いのはβ―カロチンを多く含む生草を食べているからである。

草の中のβ―カロチン含量は，光，酸素，熱および植物内酵素などさまざまな要因の影響を受けやすく，予乾などを経て調製されるサイレージでは生草の2分の1，乾草になると3分の1程度にまで減少してしまう（小林ら，1986）。つまり，放牧により十分な生草を摂取した牛と，舎飼いでサイレージや乾草を摂取した牛ではβ―カロチンの摂取量が違うため，生乳の黄色度が異なってくるのである。

第2図は，夏期に放牧している農場と，通年舎飼いの農場のバルク乳黄色度について，年間の推移を調べたものである。

黄色度とは黄色の強さ（濃さ）を示す数値であり，「YI値」としても表わされる。放牧時に十分な量の生草を食べた牛群では放牧期間にあたる春～夏期に黄色度は高くなり，退牧後，舎飼いとなる冬期には低くなるのがわかる。

(2) 乳脂肪率

一方で，通年舎飼いの農場の黄色度は秋～冬

第1図 ジャージー牛の放牧風景

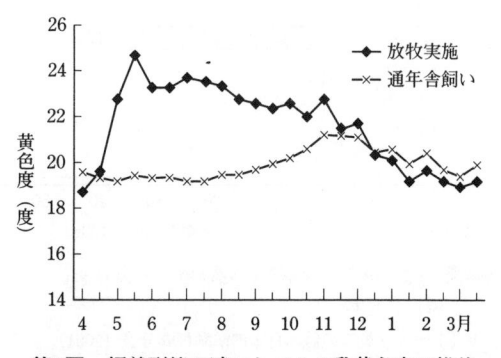

第2図 飼養形態の違いとバルク乳黄色度の推移

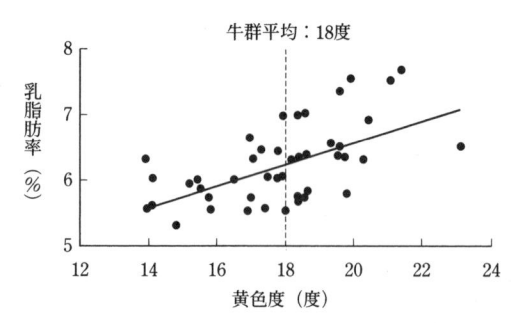

第3図 牛群内生乳黄色度の分布と乳脂肪率の関係
● は各個体の黄色度
実線は黄色度と脂肪率の相関を表わす (r=0.58)

期のほうが高く，放牧実施農場とは逆の傾向を示している。この変動パターンを解析すると乳脂肪率の季節変動と似ていることに気づく。

第3図は同一牛群内のジャージー牛50頭を対象に，黄色度の分布と乳脂肪率との関係を調べたものである。牛群平均は生乳黄色度18度であり，一般的なホルスタイン牛群が12度前後であるのに比べると明らかに高い。しかし，全体では14〜23度と10度近い開きがあり，牛群内でも個体差が大きいことがわかる。

このような黄色度のバラツキを乳量や乳成分と比較した場合，最も高い関係が見られるのが乳脂肪率であり，第3図からも両者の関係が見てとれる。つまり，黄色度の変動は飼料から摂取したβ―カロチン量が主要因ではあるが，これが一定の場合には乳脂肪率が第2要因として働いていることがわかる。

2. 緑茶がら給与による生乳の黄色度向上

(1) 緑茶がらの利用特性

生乳の黄色度の季節変動を少なくして一定の品質を保つためには生草に代わる新たなβ―カロチンの補給源が必要となる。そこで注目したのが「緑茶がら」である。

緑茶がらにはβ―カロチンが多く含まれ，一般的な牧草のサイレージや乾草と比較しても含有量の多さは明らかである（第4図）。また，カテキン，ビタミンEといった有用成分も多いことから，緑茶がらは飼料利用が検討されている食品製造副産物のなかでもとくに期待が高い。

緑茶がらの飼料成分を第1表に示す。粗蛋白質（CP）が乾物中約32％と高いのが特徴である。その消化性を，食品製造副産物のなかでも一般的なビールかすと比較したのが第5図である。第一胃内での24時間後の乾物消失率はビールかすが60％程度であったのに対し，緑茶がらは90％を超えていた。CPも同様の結果であった。加熱工程を経た食品製造副産物は，高い消化率が期待でき，消化に要する時間が短いといった特徴があり，緑茶がらにも同様のことがいえるようである。

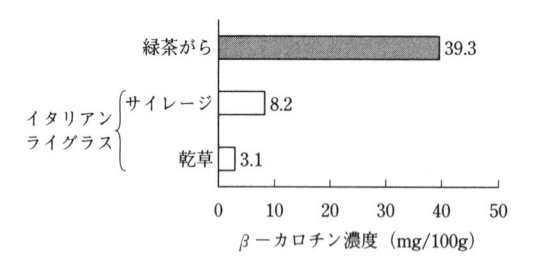

第4図 緑茶がらと牧草類の乾物中β―カロチン濃度の比較
サイレージ・乾草の値は日本標準飼料成分表（2001）から引用

第1表 緑茶がらの飼料成分

項　目	測定値
水　分	83.0 ± 1.3
粗蛋白質	31.7 ± 1.0
粗脂肪	6.1 ± 1.3
可溶無窒素物	47.4 ± 3.3
粗灰分	3.1 ± 0.1
粗繊維	11.6 ± 2.0
ADF	27.6 ± 1.1
NDF	45.5 ± 3.9
β―カロチン濃度	39.3 ± 15.5

注　値は平均値±標準偏差
　　単位は乾物中％。ただし水分は％，β―カロチンは mg/乾物100g

(2) 緑茶がらの保存性

工場から回収した緑茶がらは水分が80％を超えているため，直ちに利用しない場合は腐敗を防ぐための処理が必要となる。そこで乳酸菌を添加し，水分調整することなく密閉してサイレージ化する方法を検討した。

できたサイレージは高水分および高蛋白質という調製条件の悪さから，酪酸や酢酸の発生が多く，発酵品質は必ずしも良好とはいえなかった。しかし，pHは4前後まで低下しており，においもとくに気にはならなかった。特筆すべきはβ—カロチンで，8週間の保存期間中に濃度はほとんど低下しなかった（第2表）。すなわち，調製段階で遮光および脱気を行なうサイレージ処理は，β—カロチンの保存という点で非常に有効な手段であるといえる。

なお，緑茶がらは乳酸菌のえさとなる糖分がお茶の抽出とともに流出するため，水分調整材としてふすまなど炭水化物の多いものを補ってやることで良質な発酵が期待できる。

(3) 生乳黄色度の改善効果

緑茶がら給与による生乳黄色度の変化を第6図に示した。緑茶がらはTMRの形で給与し，添加量は乾物比10％に設定した（第3表）。調製したTMRは4週間程度サイレージ発酵させてから給与した。

黄色度は給与開始の1週間後から上昇が見られ，効果は比較的速やかに現われた。3週間の給与終了時には緑茶がら区の黄色度は対照区と比較して4度増加しており，両者の生乳は目視によっても色の違いが確認できるほどであった。同

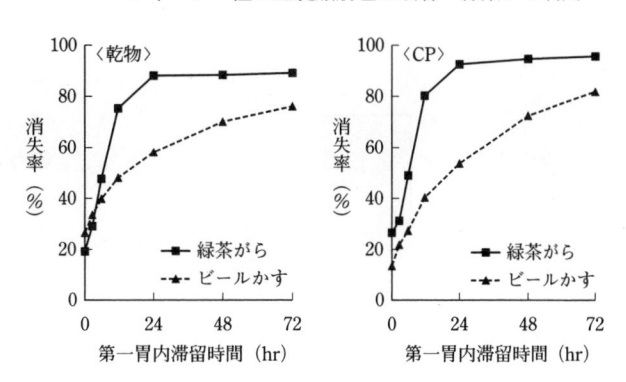

第5図 緑茶がら成分の第一胃内消失率の推移

第2表 緑茶がらサイレージの発酵品質

項　目	水分(%)	β—カロチン(mg/乾物100g)	pH	有機酸割合（対総酸%）		
				乳酸	酢酸	酪酸
保存前	84	54.8	5.6	—	—	—
8週間保存後	85	57.2	4.2	39	44	17

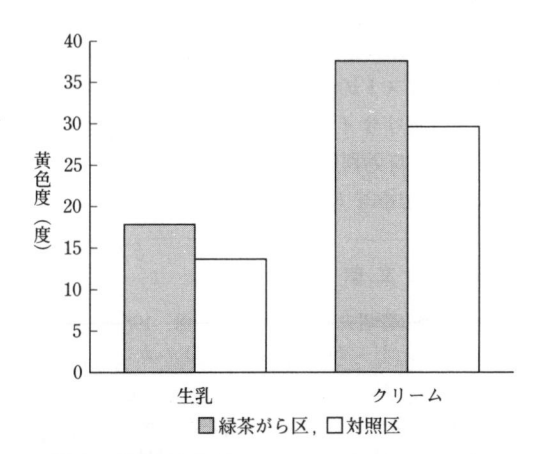

第6図 緑茶がら給与による生乳およびクリーム黄色度の変化

第3表 緑茶がら添加TMRの構成内容

	項　目	緑茶がら区	対照区
構成内容	緑茶がら	10.4	—
	濃厚飼料	30.5	41.2
	ビートパルプ	14.3	9.2
	大麦圧扁	11.0	9.3
	オーツ乾草	14.9	14.3
	スーダン乾草	19.0	24.2
	大豆かす	—	1.9
飼料成分	水　分	38.0	39.0
	TDN	74.6	75.0
	CP	16.6	16.5
	NDF	41.1	39.8
	β—カロチン	2.9	0.1

注　単位は乾物中%。ただし水分は%，β—カロチンはmg/乾物100g

乳質とその改善

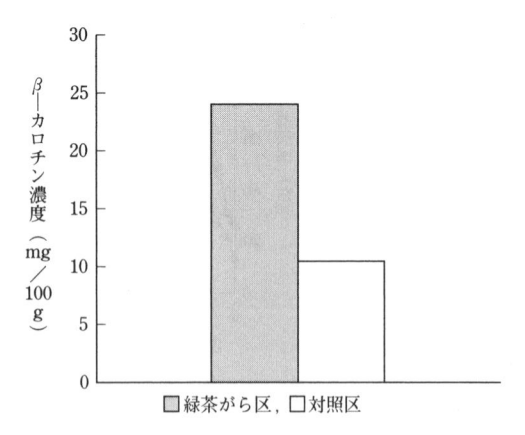

第7図 緑茶がら給与による生乳中β―カロチン濃度の変化

時に，遠心分離により回収したクリーム層の黄色度についても調べたが，こちらは対照区に比べ8度の差があり，クリームを使用した乳製品ではさらに高い効果が得られることが確認できた。また，乳中のβ―カロチン濃度は給与前の約2.5倍に増加した（第7図）。

（4）生産性への影響

あわせて，乳量，乳成分および血液成分など生産性への影響も調べた。血液成分のうち蛋白質に関連する項目（アルブミンおよび尿素態窒素）は正常値を示しており，乳量，乳成分とともに対照区に比べ大きな差は見られなかった。緑茶がらはCPが高く，第一胃内での分解も速やかであることから，添加量によっては体内に悪影響を及ぼすことも心配されたが，今回の添加量では乳牛の生産性に影響を与えるものではなかった。

（5）緑茶がらの嗜好性

このように黄色度の改善効果が確認できた緑茶がらであるが，牛の嗜好性は高いとはいえなかった。今回の給与では，給与開始直後は各牛とも緑茶がら添加飼料を嫌う傾向を示し，最初の1週目では10％を超える残飼が見られた。しかし，2週目以降は慣れもあり，問題なく採食するようになった。

TMRでの給与に続いて分離給与にも取り組んだが，個体ごとの嗜好性の違いがよりはっきり現われる結果となり，緑茶がらの給与量はTMR給与時の半分以下に減らさざるを得なかった。したがって，安定した給与効果を期待するのであれば，やはりTMRでの給与がすすめられる。なお，この場合でも混合直後のものより，サイレージ調製したもの，さらにはより発酵期間が経過したもののほうが緑茶がらの臭いが穏やかで，嗜好性も良くなる傾向が見られた。

3. 入手方法

緑茶がらの入手先は茶系飲料を製造する飲料工場である。近年の"茶系飲料ブーム"により，排出量自体は増加傾向にあるとはいえ，おからに比べて工場が偏在しており全国各地で入手可能なわけではない。また，工場によっては排出の時期および量が不定期という問題もある。

しかし，今回のように放牧牛の生乳黄色度を補完する目的であれば，黄色度が低下する冬期など給与時期を限定できる。必要となる時期までに排出される緑茶がらをサイレージとして貯蔵しておくなど，利用法を検討することにより対応は可能と考えられる。さらに，緑茶以外にもウーロン茶，ブレンド茶など他の茶がらにもβ―カロチンが含まれている可能性は十分にあるので，入手できる場合はβ―カロチン濃度を調べてみるとよい。

緑茶がらをはじめとする食品製造副産物の利用は飼料コストの低減につながる有効な手段であり，資源リサイクルの点からもこのような未利用資源の有効利用をぜひ検討したい。

執筆 田辺裕司（岡山県総合畜産センター）

2007年記

参 考 文 献

小林亮英・山崎昭夫・三上昇・蔦野保．1986．アルファルファとオーチャードグラスのβ-カロテン含量に及ぼす貯蔵方法の影響．日畜会報．**57**，881—886．

農業技術研究機構編．2001．日本標準飼料成分表2001年版．194—195．

生乳の品質（風味）と生産環境

1. 生乳の品質と風味

(1) 正常乳

普通は牛乳といえば牛から搾った乳の全体を意味するが，厚生省令では殺菌して密封したもの（市乳）を牛乳といい，未殺菌のものは生乳という。健康な乳牛，良質の飼料，適切な管理，正しい搾乳，ていねいな生乳の取扱いにより良好な風味をもつ生乳，すなわち正常乳が生産される。何らかの欠陥により正常乳の風味が損なわれたものが異常風味をもつ生乳であり，異味，異臭の種類と程度によりその評価が低下する。

正常乳の味は温和で，甘味以外は明確ではない。脂肪とタンパク質は無味，無臭のものであるが口当たり，コク，まろやかさの本体である。乳糖は甘味を与え，塩類は塩味に関与する。したがって，これらの含量の変動が風味に影響をするのは当然であるが，多くの成分が共存する場合には相互作用があるので，風味に及ぼす影響は複雑であり，いろいろな成分の微妙なバランスが保たれて，よい風味をもたらす。

(2) 成分組成

脂肪と無脂固形分の含量が高く，塩類含量が適当であれば良好な風味が得られる。脂肪以外は比較的に含量の変動が少なく，さらに，脂肪含量の高い生乳は一般に無脂固形分含量も高いので，脂肪含量と風味の関連性が強く，正常な組成の範囲内であれば，脂肪含量の高いものは風味の評価も高い。また，脂肪含量が高いと無脂固形分の差がわかりにくく，逆も同様であるという。

(3) 微生物

生乳中で微生物が増殖すると，いろいろなにおいや味をもった代謝産物をつくり，生乳の風味を悪くする。微生物が生乳中に混入するのを完全に防ぐことはできないし，その増殖を全く止めることも不可能である。充分に冷却しても低温菌の発育を防ぐことはできない。しかし，微生物の混入や，その増殖を最少にとどめることにより，異常風味が感知されるようになる前に生乳を処理してしまうことは容易である。実際に，細菌数30万/ml（生菌数10万/ml）以下の生乳がほとんどを占めるようになり，古くから報告されていた微生物由来の異常風味はほとんどみられなくなった。しかし，冷却装置や洗浄装置の故障や取扱いの間違いなどの事故により細菌数が増加することがあるので油断はできない。

微生物のなかでも細菌は，発育が早く短時間で異常風味を感じさせるようになる。乳酸菌は自然界に広く分布しているので，冷却が不充分であると増殖し，乳酸などの酸をつくる。乳酸は揮発性がないが，同時につくられる酢酸などの揮発性酸により酸臭が感じられる。その後，乳酸などにより酸味が感知されるようになる。この場合，ヨーグルトのように快い酸性風味にならないのは，同時に大腸菌群など他の細菌も増殖し，不快なにおいや味を示す物質を生成するからである。低蔵期間が長くなり，低温菌が増殖した場合は，必ずしも酸味を呈するとはかぎらず，むしろアルカリ性に傾く場合もある。タンパク質の分解も関与した腐敗臭，不潔臭，苦味や，脂肪の分解による脂肪分解臭，果実臭を感じさせることもある。

カビや酵母は発育が遅いので，生乳中で増殖することはないが，飼料や飼槽の中で増殖したり，牛舎内にカビが多かったりすると，その臭気が生乳中に移行しカビ臭となることがある。微生物による異常風味を第1表に示す。

第1表 微生物による異常風味の発生
(Bodyfelt ら，1988より抜粋)

異常風味	特徴，原因，本体
ハイアシッド，酸味	乳酸菌の増殖，冷却不充分
麦芽臭	ハイアシッドと同様，*S. lactis* subsp. *maltigenes*．3メチルブタナール
果実臭（リンゴ臭）	低温菌による，エチルブチレート，エチルヘキサイエート
果実臭，発酵臭	特定の細菌，酵母による，エステル類
むれ臭，発酵臭	悪質の乾草，サイレージ，腐臭を伴う水の摂取，特定の細菌汚染
腐敗臭	低温菌によるタンパク質分解，不潔臭のすすんだもの
脂肪分解臭	脂肪分解性細菌（低温菌），物理的処理
不潔臭	低温菌，大腸菌群の増殖
苦味	低温菌によるタンパク質分解．ある種の雑草，不適当な飼料の摂取によっても発生する
チーズ臭	タンパク質分解菌による
器具臭	洗浄不充分な搾乳器具の使用，不潔臭と同じ
カビ臭	カビの生育，洗浄不備
酵母臭	酵母の生育，冷却不充分

（4） 乳房炎と潜在性乳房炎

乳房炎になると，乳腺における生乳特有の成分の合成機能が低下し，血液成分の生乳中への移行が増加する。すなわち，脂肪，乳タンパク質，乳糖は減少の傾向を示し，カルシウム，カリ，リン酸も減少する。一方，血液由来のタンパク質，塩素，ナトリウムなどは増加する。さらに，体細胞は増加し，血液や炎症産物の混入もみられる。したがって風味は悪くなり，生臭さや不快な臭気も感じられるようになる。しかし，肉眼的には乳房や生乳に異常は認められないが，体細胞の増加などで異常が発見される程度のいわゆる潜在性乳房炎の場合には，風味の変化はあまり明確ではない。それでも，多かれ少なかれ乳糖が減少し，塩素が増加するから塩味が感じられるようになり，血液成分の移行により脂肪分解臭が発現しやすくなると考えられている。

体細胞が増加するのは，潜在性乳房炎の場合ばかりではない。泌乳末期やストレスを受けた場合などにも生理的にみられる現象であり，正常な細胞数の限界といわれる30万/ml以下であれば，体細胞数と風味の間には明らかな関連性はみられない。

2．風味を左右する要因

風味を悪くする要因はたくさんあるが，最も大きな要因である微生物に由来するものは乳質が著しく改善されたことによりほとんどみられなくなった。一方，搾乳の機械化，冷蔵時間の延長により，かつてはみられなかった異常風味も報告されるようになった。たとえば脂肪分解臭や酸化臭である。さらに環境によって生乳中に移行するにおいや，異物の混入による異常風味がある。その内容によって，ある程度は仕方がないといえるもの（飼料臭）もあれば，あってはならぬもの（異物臭）もある。主要な要因について以下に説明をする。

（1） 飼料臭，雑草臭

強いにおいや不快な臭気を与えないものが飼料として用いられてきているが，それでもいろいろな揮発性成分が含まれ，何らかのにおいを有しているからそれが生乳に移行する。生乳には多かれ少なかれ飼料臭がついているが，殺菌時に真空処理をするとほとんど消失する。生理的異常や細菌汚染とは別のものであるから，特に強い飼料臭や不快なものでないかぎり，風味上の重大な欠陥とはされない。良質の飼料によるものであれば，飼料臭は必ずしも不快なものではなく，後味は悪くない。しかし，カビが生えたサイレージや，腐敗したかす類による不快なにおいは大きな欠陥とされる。

飼料中の揮発性成分が反芻時に肺を通して血液に入り，生乳に移行する。一方，揮発性の有無にかかわらず，消化器から血液に入り生乳に移行するものもあるが，肺を通しての移行がすみやかであり主な経路とされている。牛舎内に飼料が放置されていると，そのにおいが牛舎内の空気とともに肺に入り生乳中に移行する。かつては空気中から直接生乳に吸収されると考えられたこともあるが，肺を通しての移行が中心である。

サイレージやアルファルファを与えると30分で生乳中に飼料臭が現われたという。アルファルファ乾草2.3kg，あるいは同青草4.5kg給与では，2時間後の搾乳において生乳は明らかな飼料臭を与え，好ましくないと判定されたが，5時間後には飼料臭を示さなかったという。さらに，第2表によれば，アルファルファやクローバは飼料臭の原因になりやすいことがわかる。青刈ダイズ，青刈オオムギ，ライムギ，キャベツ，カブ，ビート類なども飼料臭の原因になる。飼料にもよるが，搾乳前3時間くらいは飼料を与えず，放牧地にも出さないことと，搾乳後に飼料を与えることによって飼料臭を防ぐことができる。

雑草臭は飼料臭に似ているように思われるが，ずっと大きな欠陥になる。飼料として使われていないにおいの強い植物（アイヌネギ，ニンニク，ニラ，アサツキ，ハッカなど）が乾草やサイレージに混入して採食されたために，そのにおいが肺や消化器から血液を通して生乳に移行したものである。このように，雑草臭発生のしくみは飼料臭の場合と同じであるが，飼料臭の原因物質とはちがい，揮発性が低く，肺を通して体外に発散されることが少ないので，持続して生乳の風味を悪くする。放牧地に生えているにおいの強い雑草を採食することも多いので，放牧時期に発生しやすい。放牧地ににおいの強い雑草があるときは，それを除去するか，搾乳時よりも4～7時間前に放牧地から移動させることが大切である。雑草臭は生乳から除去しにくく，後味として不快な感じを与えるので重大な欠陥とされている。

（2） 脂肪分解臭

ランシッドといったほうがわかりやすいが，脂肪の酸化を中心とした変敗をランシッドということが多いので，脂肪分解臭とした。乳脂肪は，酪酸，カプロン酸，カプリル酸，カプリン酸など，揮発性を有し，ある程度水にとける脂

第2表 飼料の量，給与時間と飼料臭の関係

(Hedrick, 1945)

飼　　料	給　与　量	搾乳までの時間	飼料臭
アルファルファ乾草	0.9～2.7kg	2時間	著しい，不適
〃		4	ときどき発現
〃		5	なし
アルファルファサイレージ	2.3	1	明らか
〃	6.8～11.3	11	なし
クローバ乾草	2.7	2	強い
〃	6.8～9.1	11	なし
クローバサイレージ	2.3	1	明らか
〃	6.8～9.1	11	なし
青刈トウモロコシ	2.3	1	弱い
〃	6.8～9.1	11	なし
乾燥ビートパルプ	3.2	1	弱い
エンバク乾草	5.4	2	なし

肪酸を構成成分として含んでいる。脂肪分解酵素（リパーゼ）により乳脂肪が加水分解され，これらの脂肪酸が遊離になると生乳の風味が著しく悪化する。これを脂肪分解臭という。ごく少量の遊離脂肪酸は生乳の好ましい風味をつくる成分のひとつであるし，チーズの場合には，独特の風味を形成するために遊離脂肪酸を必要とすることもあるが，生乳や市乳では，遊離脂肪酸の増加をできるだけ防がなければならない。

生乳中には，1～2分間で風味を損なうのに充分な遊離脂肪酸を生成するリパーゼと乳脂肪が含まれているにもかかわらず，通常は脂肪分解はほんのわずかしかみられず，風味を悪くすることもない。それは，脂肪球表面が脂肪球膜物質におおわれ，リパーゼの作用から脂肪が保護されているからである。したがって，泡立て，乱暴な攪拌，均質化，などにより脂肪球が損傷すると，たちまちリパーゼが働き脂肪分解臭が発生する。

一方，生乳を静かに冷蔵しておくだけでも遊離脂肪酸がわずかながら増加する。これは，冷却によって脂肪球に吸着したリパーゼによると考えられている。通常は脂肪分解臭を感じさせるには至らないが，その程度は牛によって大きな差があり，同じ牛でも時によってちがいがある。第3表は，個体乳を24時間冷蔵した場合の遊離脂肪酸の増量を示したものである。これは

第3表 個体乳の冷蔵(0～2℃, 24時間)中にみられる遊離脂肪酸の増加*

(斎藤, 1992)

牛番号	調査回数	増加の範囲	平均
1	22	0.046～0.448	0.249
2	13	0.092～0.331	0.191
3	31	0.035～0.991	0.180
4	23	0.034～0.354	0.161
5	26	0.012～0.440	0.149
6	25	0.012～0.289	0.140
7	32	0.014～0.383	0.134
8	15	0.004～0.319	0.123
9	27	0.003～0.446	0.112
10	13	0.028～0.251	0.110
11	32	0.031～0.289	0.109
12	21	0.019～0.297	0.107
13	21	0.022～0.321	0.103
14	19	0.008～0.356	0.094
15	17	0.000～0.290	0.084
16	22	0.024～0.170	0.078
17	23	0.000～0.093	0.036

* パルミチン酸mg/ml, 夕方搾乳

第4表 飼養管理と脂肪分解臭の関係

条件	発現しやすい場合	発現しにくい場合
乳量	減少	増大
泌乳期	末期	
搾乳間隔	短縮	12時間間隔
飼料	不足, 低品質	青草, 放牧
栄養状態	不良	良好
季節・気候	冬期	夏場
気温	関係なし	
生乳の脂肪率	関係なし	

バケットミルカーにより搾乳したものであるが, 遊離脂肪酸増加量の多い生乳を生産する牛のいることがわかる。他の研究者によれば, 脂肪分解臭を示す個体乳は3～35%, あるいは21%にも及ぶといわれるが, 遺伝的には関連性がないという。

多くの実態調査の結果, 脂肪分解臭と関連する要因がかなり明らかになった。一般的には, 乳量の減少があるような条件のもとで脂肪分解臭が発生しやすいとされている。泌乳末期には乳量が低下し, 遊離脂肪酸が増加しやすくなる。したがって, 特定の時期に末期乳が集中しないようにすることも大切である。

脂肪分解臭の発現に関係のある要因を第4表に示したが, これらの要因は互いに関係している場合が多い。たとえば, 朝の搾乳と夕方の搾乳の間隔を6時間にすると, 夕乳の量は減少し, 遊離脂肪酸の増加は朝乳の2倍にもなる。また, 季節の影響は気温よりも飼料, 栄養状態の変化, 末期乳の割合の増加, などの影響が総合したものと考えられている。脂肪率が脂肪分解臭の発現とあまり関係がないのは意外に思われるであろう。泌乳末期など乳量の減少をともなう場合は, 脂肪率が増加し脂肪分解の程度も増大する。一方, 搾乳の進行により脂肪率は増大するが脂肪分解は低下する。また, 夕乳, 朝乳, 混合乳のいずれも, 脂肪率と遊離脂肪酸増加量は有意の相関を示さなかった。脂肪分解の進行は, 脂肪率やリパーゼ活性よりも, 脂肪球の状態が大きく影響するからである。

パイプラインミルカーが開発されたとき, 脂肪球の損傷を防ぐような配慮がなかったため, 空気の取込みやパイプ内の生乳がうまく流れない, などによる攪拌作用や泡立ちにより, 脂肪球は均質化効果をうけ, 脂肪分解臭が多発した。しかし, 空気もれを防ぎ, 生乳を流れやすくすると防止できることが判明したので, 立上り配管をなくする, パイプを太くする, パイプへの流入口の位置を高くする, などの対策が立てられ, 一応解決された。特に低位置配管搾乳方式は有効であった。

バルククーラーの導入, あるいはパイプラインミルカーとバルククーラーの組合わせによって脂肪分解臭が発生しやすくなるといわれたが, それは現在では正しくない。バルククーラー入口のパイプを延長し生乳が入るときの泡立てを少なくする, 攪拌羽根が完全に生乳中に没してから回転させる, 羽根の形状を改良する, などの方法により脂肪球が損傷しないように配慮されている。

注意すべきは, 夕方搾乳の冷却した生乳に翌朝の温かい生乳を加える場合の温度上昇である。朝乳は量が多いから, バルククーラーの冷却能力が充分でないと短時間であるがかなりの温度上昇がみられる。温度活性化といって, いったん冷却した生乳の温度を20℃近くまで上げる

と，その後の冷蔵中における脂肪分解は加温しない場合にくらべて大きくなる。一時的な温度上昇を防ぐため，充分な冷却能力を備えたバルククーラーを用いることが大切である。

なお，バルククーラー内において部分的な凍結があると，氷により脂肪球の損傷をともなうためと思われるが，脂肪分解臭を発生することがある。

（3）酸化臭

金属イオンによる酸化臭は，均質化しない殺菌乳に出現しやすい異常風味であるが，生乳には発生しないとされていた。しかし，生乳の細菌数が少なくなり，冷蔵期間が長くなると目立つようになった。現在では，飼料臭に次いで多い異常風味といってよい。

アメリカにおける調査では，48～72時間冷蔵したバルク乳では18％に酸化臭が認められた。特に銅含量の高い生乳や，トコフェロール含量の低い生乳は酸化臭が強かった。生乳中にはL－アスコルビン酸（ビタミンC）が含まれているが，銅イオンと酸素が共存すると，銅イオンの触媒作用により，脂肪球表面のリン脂質（レシチン）に含まれる不飽和脂肪酸が酸化され，酸化分解物が酸化臭の原因となる。L－アスコルビン酸は抗酸化剤であるが，生乳中に含まれる程度の含量では抗酸化効果はなく，むしろ酸化臭の発生を促進する。その理由はよくわからないが，銅イオンに対し還元作用を示すためと考えられている。

（4）牛　臭

牛体臭とか乳牛臭ともいわれる。牛くさいにおいである。生乳にはアセトン体（アセトン，アセト酢酸，β－ヒドロキシ酪酸の総称でケトン体ともいわれている），メチルサルファイド，低級脂肪酸などの揮発性成分によるほのかな香りがある。これらの成分（特にアセトン体）が多すぎると牛臭といわれる異常風味になる。後味が悪く，不快なにおいである。

アセトン体は血液中にいつも微量に存在するが，体脂肪の分解が多いときはアセトン体が増加する。高能力の牛がかかりやすいケトーシスの場合も血中のアセトン体が増加する。アセトン体は尿中に排泄されるが，生乳中にも移行し牛臭を示すばかりでなく，呼気とともに牛舎内に発散し，正常な牛の生乳にも呼吸により牛体を通して移行し，牛臭を感じさせるようになる。

3．風味をよくする技術，課題

生乳の風味に異常が感じられた場合，異常風味の内容を判断し，その原因を探らなければならない。そのためには，何に似たにおいや味であるか，突然発生したか，時々みられるものか，ある期間継続するか，搾乳直後から認められるか，冷却後時間がたってから認められるか，個体乳に発生したか，飼料の種類，飼料給与から搾乳までの時間，細菌数，体細胞数，などを確認する必要がある。第5表はすでに述べた内容をまとめたものになるが，異常風味の原因とその特徴を示している。また，異物臭以外の異常風味は季節と密接な関係がある。第6表は，やや古い資料であるがアメリカにおける異常風味の発生と季節の関係を示すものである。

いかに成分組成や細菌数の面ですぐれていても，香りのない気の抜けた生乳や，異常なにおいを感じさせる生乳は高く評価されない。欧米では，昔から風味検査が乳質検査の中心をなしてきたが，わが国ではその重要性は認識されていても補助的なものであった。

今まで乳質改善のためになされてきた努力，すなわち成分含量を高め細菌数を低くし，乳房炎を予防する，などの努力は，すべて風味をよくするためのものでもあった。固形分含量の低い生乳は風味が劣るし，細菌数が多いと何らかの風味異常があった。

最初に述べたとおり，健康な乳牛，良質の飼料，適切な飼養管理，正しい搾乳・冷却，ていねいな生乳の取扱い，が大切である。要するに，昔からいわれてきた注意を忠実に守ることが風味をよくする技術である。さらに，生産者が，乳量や脂肪率と同じように，風味に関心をもつことが大切である。搾乳や集乳のたびごとに自

第5表 生乳，市乳の異常風味の原因と特徴　　　　　　　　　　　　　　（Bodyfelt ら，1988）

原因	特徴
細菌の増殖	細菌数が多い。生菌数300万〜500万
飼料または雑草	細菌数は高くない。搾乳直後から感知される。夕乳に強い。搾乳直前に不快な飼料をとったときににおいが強い
直接吸収	発生はまれである。においの強い場所に放置した場合。搾乳直後にない。容器による
間接吸収（呼吸による）	細菌数は高くない。不潔感を感じさせる。搾乳直後から感知される。牛舎臭をともなう
生乳の成分組成	搾乳直後から感知される。塩味，牛臭。個体乳で強い。混合乳には少ない。泌乳末期，乳房炎，病牛に多い
化学反応	搾乳直後にはない。低温（4℃以下）で発生，細菌数は低い 次の3タイプに分類される 1）脂肪分解臭（ランシッド）生乳に発生。苦味，石けん様 2）酸化臭：生乳，均質化しない殺菌乳に発生。厚紙臭，金属臭，牛脂臭，濡れた厚紙のようなにおい 3）光誘導臭：殺菌乳に発生。タンパク臭の焦げたにおい
異物混入	生乳，殺菌乳に発生。貯蔵により変化しない。薬剤，ペンキ，殺虫剤などの混入
殺菌処理	加熱臭，調理臭，冷蔵中に低減する。硫黄様の臭気

第6表 季節と異常風味の関係　　　　　　　　　　　　　　　　　　　（Nelson and Trout, 1951）

異常風味	1月	2	3	4	5	6	7	8	9	10	11	12
アルファルファ臭							+	#	+			
草臭					+	±			+	±		
ライ麦臭				+	±							
サイレージ臭	+	#	#	±								
牛舎臭	+	+	±							±	+	+
脂肪分解臭	+	#	+							±	+	+
酸化臭	+	#	#	#							±	+
塩味	+	#	#	±				±	±		+	+
ハイアシッド，酸味					±	#	#	#	+	±		
麦芽臭					±	+	#	#	+	±		
異物臭	±	±	±	±		±	±	±	±	±	±	±

±：ときどき発生，+：多発，#：重大な問題となる

分で風味を確かめるべきであろう。生乳の風味に馴れ親しむことにより味覚が発達し，異常がある場合はただちに感知し対処することが可能になる。

執筆　斎藤善一（北海道大学）

1992年記

参考文献

Bodyfelt ら. 1988. The sensory evaluation of dairy products. Van Nostrand Reinhold, New York.

ホクレン農業協同組合連合会・北海道乳質改善協議会. 1989. 乳質改善ハンドブック第3号. 55.

Nelson and Trout. 1964. Judging dairy products. 4th Ed. Olsen Pub. Co. Milwaukee.

牛乳の多様化, 高品質化と消費動向

1. 生乳生産の状況

　乳牛から生産される生乳(原料乳)は,殺菌処理されてはじめて飲用可能となる。日本の場合には飲用牛乳仕向けの需給関係を前提とし,乳製品は余剰乳処理の形で製造されている。

　生乳を大量に生産する酪農地帯は北海道,東北,九州などであり,生産した生乳・飲用牛乳の長距離輸送を可能にする効率的で衛生的な流通技術(大型タンクローリーなど)の進歩と高速道路(海上)事情を含む輸送手段の高度化によって消費圏(東京,京阪神経済圏など)へ移送されている。この生乳の処理(殺菌)工場数は92年末で883工場(うち飲用牛乳製造工場は794)で,年々減少しつつ集約・大規模化の方向に向かっている。また都市周辺へ立地移動し,北海道から首都・関西圏向けに生乳を輸送する高速専用船も就航している。

　農水省「牛乳・乳製品統計速報」の93年版では,生乳生産量は862万5,223tで,この用途別処理量は「飲用牛乳等向け」が503万3,273t,「乳製品向け」が347万1,942t,「その他向け」が12万0,008tとなっている(第1,2表)。

　生乳生産は9月以降4か月連続の減産で,11月では各地区(ブロック)とも前年割れとなっており,全国的に生乳の減産計画が進行していることが裏づけられる。その減産幅も9月0.9%,10月1.5%,11月0.6%,12月0.5%と,大幅な過剰在庫(特にバター)となっている乳製品向けの乳量の増加に着実な歯どめをかける方向で,生乳生産には厳しい環境がつづいている。

　飲用牛乳向け処理量　飲用牛乳等向けは,92年が不振であっただけに,93年は酪農・乳業界双方が期待したが,梅雨が長びき冷夏にみまわれたうえ,景気低迷による消費者の買い控えムードの浸透から,需要は前年を大幅に下回り厳しい実績となっている。

　乳製品向け処理量　国内の乳製品需給は92年下期から過剰へと転じ,93年は景気の低迷に加

第1表　生乳の生産量　　　　　　　　　　　　　　(単位:t,%)

年次	生乳処理量	飲用牛乳向け	乳製品向け	その他向け	対前年比(%)		
					飲用乳	乳製品	その他
90	8,180,348	5,050,835	3,001,640	127,873	101.6	102.3	100.4
91	8,250,134	5,001,836	3,043,713	123,585	100.9	100.8	101.4
92	8,576,442	5,131,254	3,328,995	116,193	103.8	100.8	109.4
93	8,625,223	5,033,273	3,471,942	120,008	100.6	98.1	104.3

第2表　飲用牛乳の生産量　　　　　　　　　　　　(単位:kl,%)

年次	飲用牛乳計	普通牛乳	加工乳	乳飲料	対前年比(%)		
					普通乳	加工乳	乳飲料
90	4,952,808	4,260,584	692,224	810,136	102.4	107.4	106.4
91	4,969,673	4,242,017	727,656	820,331	99.6	105.1	101.3
92	4,980,908	4,242,465	738,443	847,665	100.0	101.5	103.3
93	4,916,587	4,174,637	741,950	852,449	98.4	100.5	100.6

資料　農林水産省統計情報部「牛乳乳製品統計」速報

第3表 飲用牛乳の年度別流通形態の変化　　（単位：％）

年度	家庭配達	大規模店 （スーパー）	小規模店， パン菓子店	学校給食	集団飲用	自動販売機
71年	55	10	25	5	5	—
75	38	21	20	17	4	—
80	17	47	12	15	4	5
85	11	58	9	15	4	3
86	10	61	7	14	4	4
87	9	60	10	14	3	4
88	9	68	5	13	2	3
89	9	69	5	12	2	3

資料　農林水産省畜産局牛乳乳製品課の推定

えて，記録的な冷夏という逆風下で飲用牛乳消費量が落ち込んだことで，乳製品向け生乳処理量は大幅に増加している。特にバターは，93年8月現在で7.6か月分（5万3千t）と，適正在庫の2か月分を大幅超過する近年にない水準にまで積み増しされたが，ここ数年の消費者の脂肪離れの風潮はバター・脱粉の需要に跛行性をもたらし，需要に見合うバランスのとれた生乳計画生産の実施をいちだんと難しくしている。

2. 飲用牛乳の流通と需要

(1) 飲用牛乳の流通

飲用牛乳の流通は，1965年度までは牛乳専販売店による家庭配達（宅配）が大部分を占めていた。しかし，紙容器によるワンウエイ化を手段とした宅配制度を持たない農協系プラントの製造・販売市場への進出により，大規模小売店（量販店）の取扱い量が進展してきた。宅配を組織していた大手メーカーも，大規模店でのワンウエイ化による量販にのり出したため，76年度には大規模小売店による店頭販売が宅配の割合を超え，87年度には全流通量の6割を占めるにいたり，逆に宅配は71年度の55％から89年度には9％に低下している（第3表，第1図）。

飲用牛乳における大手3社の市場掌握率である累積集中度は，生乳生産団体（農協系企業を含む）などの「農協牛乳」や量販店PB（プライベートブランド：自主開発商品）の進出などの影響が現われはじめたことにより年々低下しており，集乳量の専有率でみると約40％，飲用牛乳販売量の専有率で45％となっている。しかも大手乳業メーカーは，牛乳消費の鈍化傾向から事業を多角化し，かつ飲用牛乳部門も多様化しているのに対し，中小メーカー，農協系プラントは零細規模のものも多数存在し，それらは機械設備，資本の制約もあって普通牛乳などを製造，販売している。

その結果，生乳および牛乳流通のいっそうの広域化や産地間競争，南北問題など構造変化がすすむなかで，量販店での販売権確保のための牛乳乱廉売がつづいている。東京のある量販店の牛乳コーナーには1ℓ188円を最多アイテムとして398円から特売の158円，北海道から熊本までの8銘柄が並んでいる。この売り場の状況からもわかるように，飲用牛乳は広域流通と価格競争激化の様相をみせている。

しかし，生乳生産地帯である北海道の札幌市では1ℓが通常198円，特売でも178円である。運賃を含む東京の通常188円に対し，生産者に最も近い消費者が一番高い牛乳を買っているわけで，この矛盾も考えるべきときであろう。

さて飲用牛乳市場は，90年後半から生乳原料が逼迫し始めて普通牛乳の供給に支障をきたしたことから，市場正常化を図るためにメーカーが出荷制限を行なったこともあって，市場の伸びは鈍化し始めた。91年後半から原料事情が好転したものの，天候不順や景気低迷の影響で92年も需要の伸びは前年並みにとどまっている。

93年も普通牛乳の需要は低迷がつづいており，堅調な伸びをつづけていた加工乳にもかげりがみられ，そのうえ記録的な冷夏の影響に左右されるなど，日本の乳業界からはいまだに「お天気乳業」といった言葉は消えそうもない。さらに，円高によりオレンジやリンゴといった輸入果汁の低価格化がすすみ，天然果汁飲料等と牛

乳との価格差がさほどなくなって消費が天然果汁飲料等にシフトしはじめていることの影響も大きい。

93年6～10月の減産が響いて,「飲用牛乳合計」は1.3%減の491万6,587kl(「普通牛乳」1.6%減の417万4,637kl,「加工乳」は0.5%増の74万1,950kl),「乳飲料」は0.6%増の85万2,449klと需要低迷をいまだ脱しきれていない。

(2) 普通牛乳

飲用牛乳の生産量は,清涼飲料やスポーツドリンクなどに押されて,85年後半から86年前半にかけてマイナス現象を示していたが,86年9月から上昇傾向に転じた。業界はその理由を,87年4月から普通牛乳の乳脂肪表示が3.0%から3.5%に改められ,コクが出て,以前よりおいしくなったためであるとしている。

普通牛乳のなかでは,低温殺菌の動きも見のがせない(第4,5表)。低温殺菌牛乳は,飲用牛乳全体の生産量からすればわずか2.3%の低い数字であるが,ようやく"ほんものの牛乳"として理解され,グルメ志向の波のなかマスコミにも盛んにとり上げられ,農協系の全酪連,全農直販といった中堅メーカーの参入もある。種類別には雑菌数の厳しい規定による認定制度もあり,横這いとなっているが,低温殺菌牛乳の今後の市場拡大は,東京,大阪,名古屋といった大都市圏での普及が可能かどうかに大きく関わっている。

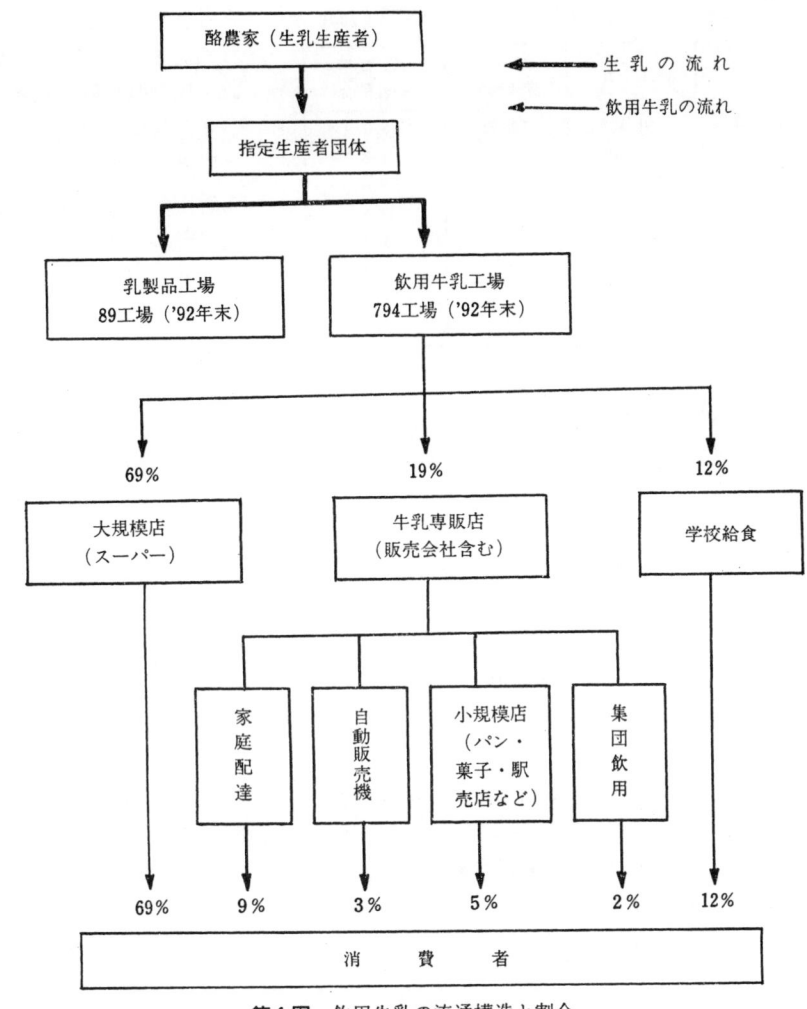

しかし,消費者の一部には低温殺菌牛乳を「絶対的なもの」とし,ともすると一般に市場流通している大多数の高温殺菌牛乳を「悪いもの」扱いする風潮もあるが,すべての牛乳は食品衛生法に従って厳しい管理のもとに製造された食品であり,こうした風潮は打破すべきである。

(3) 加工乳(乳飲料含む)

69年に異種脂肪混入問題で"まがいもの"の批判を受けた加工乳は,85年まで引き続き減少傾向を示したが,普通牛乳を補完するものとし

第1図 飲用牛乳の流通構造と割合
資料 農林水産省畜産局牛乳乳製品課推計('89)より作成

第4表　LL牛乳販売量の推移　（単位：kl，％）

年次	LL牛乳	対前年比(％)	対飲用牛乳割合
85年	91,800	108.0	2.1
86	106,500	116.0	2.5
87	115,200	108.2	2.6
88	121,100	105.1	2.6
89	120,000	99.1	2.5
90	123,000	102.5	2.4
91	122,300	99.4	2.5
92	118,700	97.1	2.4

資料　㈱富士経済調べ

て再び消費が急速に回復してきた。このことが飲用牛乳全体の消費増に寄与している（第6表）。

①ハイファット牛乳

ハイファットは商品のバラエティー化が進展したこと，さらに消費者の嗜好の変化により，従来のまがいものという位置づけから脱却し，逆にコクがあり，牛乳より美味しい商品と位置づけられている。

②ローファット牛乳

ローファットは一般に乳脂肪分が3～1％，ノンファットは1％以下のものを指している。ローファットは一時期，非難された「ニセモノ」というマイナスイメージを，7～8年前から各社が名称を低脂肪乳と変えて完全に払拭された。また乳飲料には乳糖分解乳，カルシウム・鉄分強化飲料などもある。

主な対象はダイエットを目的とした若い女性や肥満を意識し始めた中高年層で，低カロリーで訴えかけ，カロリー過剰の食生活の反動から消費者ニーズにマッチし，市場は急速に拡大している。このように加工乳が伸びている背景には，かつてのようなビタミン剤などの微量栄養素を添加したものではなく，低脂肪から4.5％の高脂肪，あるいはカルシウム，鉄分を強化したものなど，製品のアイテムがバラエティー化し，消費者の選択の幅が広がったことも消費に好影響している。

3・成熟時代の「牛乳」の価値

飲用牛乳は健康食品として手軽で栄養もあり，ある時期には最も重宝された食材である。しかし，牛乳も単に飲物の一つにすぎないという時代にきている。

事実，若者たちの間に牛乳離れが起きている。オレンジ・リンゴジュースなどの天然果汁，清涼飲料，コーヒーなど多くの種類の飲料があるなかで，現状の認識のまま「牛乳＝単に生乳を殺菌」の形だけでは"消費者の必要としない，欲しくない部分"である脂肪も含まれており，万人が現行の「牛乳」に以前ほどの価値を等しく見出さない時代といえる。

一方，食生活の面からも「牛乳」のある朝食のイメージが崩れ始めている。昔は朝食は牛乳とトーストとマーガリンでよかったものが，メニューの多様化とともに，今は両親はコーヒーかジュースを飲んでいるのだから子供に牛乳の強制は無理であり，飲料も多様化している。

「牛乳」は店頭の価格競争だけではなく，中身の質によって選

第5表　殺菌温度別牛乳処理量　（単位：kl，％）

	年次	牛乳計	無殺菌	殺菌温度62～65℃	殺菌温度75℃～	瞬間殺菌
処理量	85年	4,278,017	—	21,790	136,750	4,119,477
	86	4,260,976	—	28,319	132,701	4,099,956
	87	4,482,590	3	42,721	151,479	4,288,387
	88	4,575,474	12	64,953	160,546	4,349,963
	89	4,786,241	12	78,017	230,275	4,477,917
	90	4,894,261	32	84,992	203,299	4,605,938
	91	4,946,127	43	124,990	231,632	4,589,462
	92	4,918,809	41	113,714	226,200	4,578,854
構成比	85年	100.0	—	0.5	3.2	96.3
	86	100.0	—	0.7	3.1	96.2
	87	100.0	0.0	1.0	3.4	95.7
	88	100.0	0.0	1.4	3.5	95.1
	89	100.0	0.0	1.6	4.8	93.6
	90	100.0	0.1	1.7	4.1	94.1
	91	100.0	0.0	2.5	4.7	92.8
	92	100.0	0.0	2.3	4.6	93.1

資料　厚生省大臣官房統計情報部「衛生行政業務報告」

択され，その価値に対して相応の対価を支払うという域に達した成熟時代に入っている。本当においしくなければ，あるいは機能的に何らかの付加価値がなければ，いくら安くても要らないということになる。冷夏の影響とはいえ，牛乳の消費が一向に拡大しないのは，ここに原因がある。

消費者は付加価値のついたプレミアム牛乳と，低価格の経済牛乳とを使い分けている。しかも，牛乳の値付けは量販店などの販売者側に誘導されるきらいがあり，余乳設備を持たない中小メーカーや農協プラントは，牛乳の在庫を抱えるよりも，安くても早く売り切ったほうがよいと考えがちである。これは，今の消費者ニーズを無視した昔ながらのやり方であり，一般的に低価格志向といえば聞こえはいいが，市況の本来の選択実情に全くそぐわない価格訴求方法（ペットボトル入りの水よりも安く売られる牛乳が出現することなど）をとっている。

今のままでは，新鮮な生乳からの製品である「普通牛乳」は駄目になる。新鮮な牛乳のよさを何とか普及拡大しようと努めてきた良心的なメーカーも，赤字をつづけてまで，牛乳販売に取り組んでいくには限界がきているのではないだろうか。

加工乳，特殊乳あるいは他の乳飲料のような周辺製品へシフトしても，乳利用製品の幅を広げなければ「乳」の本当の意味での消費拡大につながらず，変わりつつある消費者ニーズにも遅れをとることになる。

安易に「乳」の消費拡大策だけをつづけ，せっかくの消費が拡大した数量部分を，単に安い海外からの乳製品に代替させられてきた苦い経験がある。この現実が今までの消費拡大策ではなかったか反省すべきである。新鮮な国産生乳を原料とした乳周辺製品に，いかに付加価値を付けた商品群を開発するかが大事となる。

このようなメーカーや流通・販売業者の姿勢，考え方に対して，酪農家の頭の中はあくまでも「何も手を加えない牛乳」であり，加工乳やそ

第6表 ハイファット・ローファット販売量

（単位：kl，％）

年次	ハイファット	ローファット	対前年比（％）	
			ハイファット	ローファット
85年	182,000	102,000	101.4	100.0
86	185,700	112,000	102.0	109.8
87	190,500	136,000	102.6	121.4
88	223,800	152,000	117.5	111.8
89	265,200	226,500	118.5	149.0
90	284,800	321,500	107.4	141.9
91	327,000	397,000	114.8	123.5
92	328,000	419,000	100.3	105.5

資料 ㈱富士経済調べ

の他乳製品づくりについては邪道と否定的であるのは，いかがであろうか。

本来は生産者自らの商品開発が必要であるのに，生乳は他に売るものとして惰眠を貪り自家の牛乳プラントの所有はいうに及ばず，新鮮な自家製バターやチーズの生産経験のない酪農家の多いことこそ，本当の牛乳消費低迷の原因の第一であり，生産者の怠慢である。

現状では販売数量の推移からみると，牛乳以上の伸びを示しているのは乳飲料類が多いのも事実である。

牛乳消費低迷の打開に，乳業メーカーは牛乳とそれに変わる乳周辺製品のバラエティー化を図っている。酪農家も生乳を搾りっ放し，売りっ放しではなく，乳業メーカーとともに消費者ニーズに合わせた乳周辺製品の販売促進に協力して消費拡大に結びつける努力が必要で，販売店舗に対して牛乳・乳製品のトータルで魅力ある商品群（アイス，ヨーグルト，デザートを含む）をも揃えた乳周辺製品としての展示ショーケース，売り場づくりのマーケティングが不可欠である。

4．牛乳の課題と方向

数年前に牛乳の消費が大きく伸びた時期があった。その要因としては，①消費者の本物志向，グルメ志向と高脂肪への乳質転換があった，②生産・処理・販売者側からの消費拡大キャンペーンが効を奏した，③洋風に馴染んだ人口が増

乳質とその改善

加した，などの諸説があるが，消費者の嗜好に起因する問題に対する回答は，一定していない。しかし，ミルキーテースト嗜好が高まるにつれて，飲用牛乳類の消費増につながる製品政策，販売施策が要求されている。

牛乳・乳製品の原料，製品の規格および衛生・管理方法は，食品衛生法と厚生省「乳及び乳製品の成分規格等に関する省令（乳等省令）」によって牛乳は無脂乳固形分8.3％以上，乳脂肪分3.5％以上，殺菌温度は最低温度は62℃30分間以上の効果のあるものと定められているため，製品の差別化，付加価値を高める余地が非常に限られている。

そのため，パッケージに産地イメージなどを付加するものや，乳脂肪率が3.0％以下には『健康』，4.0％以上は『濃厚』としてそれを「売りもの」にしているものが多い。脂肪率は商品価値のものさしではあるが，なぜ乳脂肪率の競争なのか。それは脂肪検査が簡単で，消費者に数字で明確に表示できるためである。

乳業メーカーや販売側のスーパーも，多くが乳脂肪率，パッケージデザインなどを前面に出すことで，商品を消費者に売り込み販売競争に勝ち，生き残っていこうとしており，牛乳もターゲットをしぼった販売方法になっている。その方法は，商品＋地方名（牧場など）をつけてストーリーやキャラクターを与え，商品の魅力度を増加させる「こだわり商品差別化」がすすんでいることで，たとえば，ローファットのメインターゲットは若い女性である。ファッション性をねらったプラスチックボトルを採用し，デイリー的なものから好きなときに飲む飲料へとイメージを変化させており，容量も200mlは女性，300mlは若い男性，500mlは全消費者対象，1,000mlは家庭用とイメージしている。加えて，ローファットは「健康志向，ダイエット，病気予防（骨粗鬆症，高血圧），離乳後の育児」向けである。一方，ハイファットは「高級志向，ブランド志向（産地限定やジャージー乳など），グルメ，ファッションスタイル」としてプレミアムキャンペーンの販売促進などの宣伝広告に力を入れている。

最近の消費者はフレッシュでナチュラルな牛乳を求めており，日付は重要な意味をもち，製造年月日を確かめてから買うことは消費者にとってすでに習慣である。そのため，飲用牛乳の市場競争は依然として安易に日付と価格としてのみ展開される傾向にある。

現在の日本では高脂肪率の生乳生産が推進されているが，欧米の主要酪農諸国では，味をそのままに牛乳の脂肪率を低下させる方法が研究されたり，乳脂肪と無脂乳固形分（乳蛋白質）のバランスをいろいろと変化させたりして，消費者の味覚をさぐる状態にある。わが国でも，牛乳本来の本当のおいしさを求めて無脂乳固形分重視の方向へ展開していかなければ，やがて消費者の支持は得られなくなるのではないだろうか。

今後は各乳業メーカーも，独自に牛乳の価値観の啓蒙をはかるとともに，乳を使用した新商品の開発をさらに強化し，消費者のニーズをとらえた魅力ある商品を提供することにより需要拡大に寄与する必要がある。たとえば，骨粗鬆症などでカルシウムに関心の高い女性や高齢者層に，カルシウム補給の機能性飲料として支持された宅配用商品や，1本で1日分の鉄分が補給できる鉄分強化新商品が大きく伸長している。これは牛乳本来の栄養素である「カルシウム，鉄分」と，美味しさを充分に訴えかけて消費拡大に結びついた好例である。

飲用牛乳市場は飽和状態に達しており，その今後の方向は次のように考えられる。

①普通牛乳は需要増加に努めるよりも，価格正常化など市場適性化を目指すことが有効となろう。また低脂肪，栄養素付加を求める志向は高まり，加工乳，乳飲料の販売拡大を重視する方向へすすむと予想される。

②低温殺菌牛乳は，品質管理，生産，流通のすべての点で一定の需要は確保しているとはいえ，カルシウム強化の宅配専用商品との競合がつづくものとみられる。しかし，一般的には低温殺菌牛乳に対する認知度は充分得られている状態とはいえず，品質面からのアピールなど，訴えかけ次第では需要拡大の可能性は大きい。

③ハイファット牛乳は，景気後退による価格へのシビアさ，低カロリー志向の2つの大きな要因を背景に，拡大の可能性はますます低下している。

④ローファット牛乳は，低カロリー志向を背景とし，特売による割安感も手伝って高い成長性を保持しているが，1 l のファミリーサイズによる展開のなかでパーソナルユース開拓の必要，また割安感だけを求める傾向から，品質，味覚面でより満足度の高い商品を求める傾向が強まる。

⑤乳飲料では，味覚面での多様化を図るだけの展開から，鉄分，カルシウムなど栄養素強化商品が近年のヒット商品で，これへの需要の流れは一段と高まり，大人向けからヤング層向けの味覚変化がすすんでいくと思われる。

平成7年以降の乳製品自由化に対応するためにも，国産の新鮮な生乳100％を使用した乳周辺商品表示の普及強化は最重要テーマである。

今回「乳等省令」，「食品の日付表示」の改訂が行なわれ（第7表），より輸入しやすい体制をつくることが狙われている。①牛乳へのビタミンD添加の容認問題は，牛乳＝成分無調整という原則が崩され，②乳脂肪分測定法の改訂は酪農家の手取り価格の下落（R・G法は，現測定法に比べ乳脂肪が0.1％ほど低下）を意味する。

第7表 厚生省の乳等省令改正案の要点

○牛乳へのビタミンD添加容認
○バター調整品（乳脂肪率15％以上），チーズ調整品（乳固形分30％以上）の位置付け
○牛乳細菌数にガイドライン導入
○乳脂肪分測定法を国際基準に沿いR・C法に改定
○日付表示を製造年月日から品質保持期限にする

③「製造年月日」から「品質保持期限」への日付表示問題は，日米構造協議でも非関税障壁の一つとしてとり上げられていた。確かに，無菌包装，冷蔵輸送システムなどの技術的発展で，食品の日持ちが特段によくなったことが理由とされているが，表示変更は消費者の新鮮なものを求める"権利"の封殺であり，ロングライフミルクなど海外原料への道を開くものといえる。

激しい価格訴求型の販売競争や過度な新鮮志向に伴う多頻度配送など，同業者間の不健全な過当競争を早急に解決し，高齢化のすすむ日本において，大規模店（量販店）ではカバーができない障害者や高齢者，妊婦のいる家庭への宅配制度の見直しも必要である。さらに『牛乳の多様化，高品質化』に向けて国産の新鮮な生乳を100％利用を表示した乳周辺製品の消費拡大策に，生産・処理・販売の各業界が一致協力して努力し，牛乳市場の健全な育成・発展を図ることが望まれる。

執筆　鈴木忠敏（酪農学園大学）

1994年記

環境管理

牛の快適環境と牛舎構造

 牛に快適な牛舎内環境を与えることは,生産性を向上させるうえで非常に重要な要素であることは誰もが認めている。しかし,快適な環境を与えるということは,次にあげた二つの理由によりなかなか容易ではない。一つは牛舎内環境は目に見えないものであるからであり,もう一つは牛の感覚と人間の感覚が異なるからである。

 ここでは,牛にとって快適な牛舎内環境とはどのようなもので,それをどのようにして与えることができるかについて述べる。

1. 牛が必要としている環境と環境管理

(1) 熱環境だけでは説明できない子牛の死廃率

 牛はどのような環境を必要としているのかについて,子牛を例にとって考えてみる。

 古くから,子牛は暖かい環境で飼われるべきだといわれてきた。子牛の生産環境限界(生産を著しく阻害しない温度域)は10~26℃といわれたり,5~32℃といわれたりしてきた。このため北海道のような寒地では,乳用雄子牛の集団哺育牛舎に暖房機がよく用いられてきた。

 しかし,このような暖かさ(熱環境)に対する配慮にもかかわらず,子牛の死廃率はいっこうに下がらなかった。たとえば農水省の調べ(1979)では,7日齢から3か月齢の乳用雄子牛の24.4%が死廃となっていた。そのうち54%が呼吸器系疾患で,消化器系疾患との合併症とを合わせると,実に72%もの死廃が呼吸器系疾患と関係があることになる。

 このような高い死廃率は,子牛にとっては熱環境以外にも重要な環境要素があるのではないかという疑問を抱かせた。

(2) 空気の新鮮さが重要

 この疑問に対して非常によく説明してくれたのが,カーフハッチという子牛の哺育施設である。カーフハッチとは,生まれて間もない子牛を屋外で1頭ずつ隔離して飼育するための小屋であり,厳寒期でも用いられている哺育施設である。

 カーフハッチがなぜ有効なのかを,第1図を参照しながら考えてみよう。

 飼料効率を低下させているのは,冬季間の厳しい熱環境(寒さ)であることは,子牛の生産環境限界を考えるならば論をまたない。それでは,なぜ総合成績で優れているのであろうか。それは,疾病による発育停滞や死廃が少ないためと考えるのが妥当であろう。

 そして,子牛の良好な健康状態を支えている重要な要素の一つとして,空気の新鮮さをあげることができる(第2図)。もちろん,子牛の疾病の減少の理由は空気の新鮮さだけとはいえない。隔離飼養に基づく接触感染の防止も大きな理由の一つであろう。しかし問題となっていた疾病の大部分は,呼吸器疾患であることを考えると,空気の新鮮さはカーフハッチの有効性を支えている非常に重要な要素であるといえる。

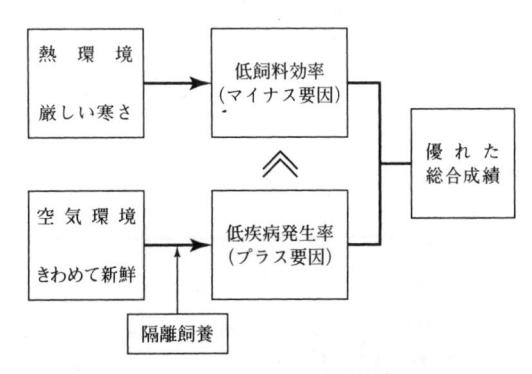

第1図 カーフハッチはなぜ有効か(冬期)
(干場)

環境管理

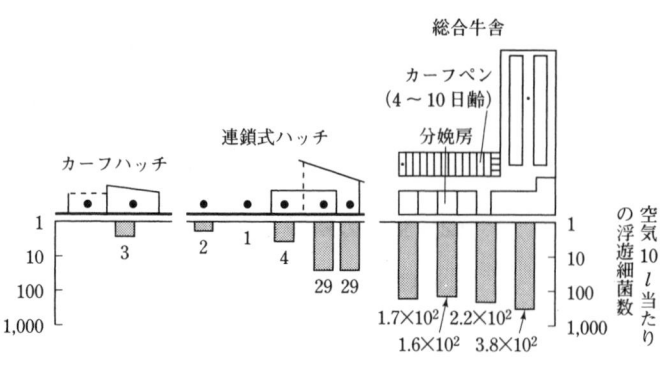

第2図 カーフハッチでの空中浮遊細菌数（冬期）（干場）

子牛の健康にとっては熱環境が多少劣っていても，空気の新鮮さを確保することのほうがより大切であることを，カーフハッチは教えてくれた。すなわち，子牛にとっては，空気の新鮮さが熱環境に匹敵するか，あるいはより重要な要素であると考えられる。子牛以外の発育ステージの牛でも空気の新鮮さは同様に重要と考えられる。

(3) 環境要因の分類

この空気の新鮮さの位置付けを明確にするため，熱環境と対比することができ，また，実際の環境管理との関係をみることのできる環境要因の分類を行なった（第1表）。

熱環境とは，平易な言葉で表現すると，暖かさ・寒さを表わす環境要素であり，一方，空気環境は空気の新鮮さ，空気の質，空気の衛生的環境を表わす。また空気環境の要因は，具体的には空気中の各種汚染物質をさすことが多くある。

第1表 熱および空気環境の各要因と環境管理 （干場）

環境要素	環境要素	環境管理	学問分野からの分類
熱環境 （寒さ・暖かさ）	放射熱 温度 湿度 空気の流れ	断熱 または 補助熱	物理的環境
空気環境 空気の新鮮さ 空気の質 空気の衛生的環境 空気成分	粉じん 微生物 炭酸ガス アンモニアガス その他のガス・臭気成分	換気 と その方式	生物学的環境 化学的環境

第1表で注目すべきことは，換気は空気環境だけでなく，熱環境にも影響を及ぼすという点である。つまり清浄な空気環境を得るためには，実際の管理として換気を行なうわけであるが，厳寒地の冬季間では，換気は同時に気温の著しい低下をもたらすことになるのである。このことが「熱環境と空気環境のバランス（どちらを優先させるべきか）」という環境管理上の問題を生じさせている。この意味では，カーフハッチは空気環境を優先させた施設であるといえる。

2. 環境管理からみた牛舎の分類

アメリカ北部では，これまで牛舎をその環境に基づき，ウォームバーンとコールドバーンとに分類してきた。これらは特に冬季間の牛舎内温度を分類の基準としており，冬季間でも適温域（5℃以上）を維持している牛舎をウォームバーン，ほぼ外気温と等しくなる牛舎をコールドバーンと呼んでいる（第2表）。

(1) ウォームバーン

ウォームバーンは強制換気方式であり，十分な換気を保証する（換気をしても適温に保つ）ために，十分な断熱構造が必要となる。この意味で，ウォームバーンを「断熱・強制換気牛舎」と呼ぶことができる。具体的には，換気扇は2種類に分けられ，一方は最低換気量を得るための連続運転換気扇で，もう一方は温度を一定に維持するためのサーモスタット制御された換気扇である。

断熱は北海道のような寒地では，壁面で3.3m²·h·℃/kcal（押出しポリスチレンフォーム約10cm），天井で6.7m²·h·℃/kcal（約20cm），また布基礎部で

1.6m²·h·℃kcal（約5cm）の熱抵抗値（熱の逃げにくさを表わす指標）であることが望まれる。

また計画的な換気を行なうためには，牛舎の気密性が高くなくてはならない。そのためには，放熱が大きく，しかもすきま風の原因となりやすい窓の面積をできるだけ小さくする必要がある。

この牛舎の長所は，牛にとって最適環境が得られているだけではなく，作業者にとっても良好な環境が得られることである。しかし建築コストおよび換気扇のための電気代は非常に高いので，この方式の採用にあたっては，十分経済性を考慮する必要がある。また，夏季のウォームバーンの環境は，非常に大きな換気量を得ることのできるコールドバーンに比べ，必ずしも優れていないことにも注意を要する。

(2) コールドバーン

一方，コールドバーンではその換気方式が風力と温度勾配とを利用した自然換気なので，通常天井はなく，棟部および軒下を連続開放とし，壁面も開閉可能な構造となっている。一般に断熱の必要はないが，屋根裏には25mm程度の断熱材を用いることが望まれる。これは，冬季には結露防止のために，夏季には日射の遮断のために用いるものである。以上の点から，コールドバーンを「自然換気牛舎」と呼ぶことができる。

この自然換気方式が有効に働くためには，牛舎の方向，主風向，開口部の構造が建築の際の重要なポイントとなる。

この牛舎の特徴はウォームバーンに比べて非常に低廉な建設コストですむことであるが，糞尿の凍結，不凍結給水の必要性，低い飼料効率などの問題点もあげられる。しかし，府県ばかりでなく北海道の牛舎としても，非常によく適合していると考えられる。

第2表　環境面からの牛舎の分類　　　（干場）

タイプ	コールドバーン 自然換気牛舎	簡易環境調節牛舎	ウォームバーン 断熱・強制換気牛舎
冬季の温度レベル	ほぼ外気温に同じ	0℃より若干高めを維持	適温度を維持
環境管理　換気　断熱　補助熱	自然 / 不要または若干必要 / 不要	自然または強制 / 必要 / 不要	強制 / 必要 / 必要
建設可能な搾乳牛収容施設	フリーストール牛舎	フリーストール牛舎 タイストール牛舎	フリーストール牛舎 タイストール牛舎
備考	低廉な建設コスト 糞尿凍結 不凍結給水を要す 低飼料効率	糞尿凍結問題低減 換気管理が難しい	最適環境（作業者にも） 非常に高い建設コスト 電力消費多大

(3) 簡易環境調節牛舎

以上述べたウォームバーン，コールドバーンのほかに，これらの中間的なものとして，簡易環境調節牛舎という分類がある。これは冬季の牛舎内温度を0℃より若干高めに維持するようにした牛舎であり，そのために断熱材が若干用いられている。換気方式は強制換気でも自然換気方式でもかまわない。この牛舎はウォームバーンとコールドバーンの欠点を補うために考えられたものであり，フリーストール牛舎としてはすでにわが国でも試みられ，十分な成果が得られている。

(4) 換気量の確保が共通の原則

タイプによって，つまり温度レベルによって換気の方式は異なっていても，新鮮な空気を得るための十分な換気量を確保するという点は共通の基本原則である。

なお，これらの分類と収容方式による分類との関係をみると，フリーストール牛舎は，いずれのタイプの牛舎としても建設可能であるが，タイトストール牛舎は簡易環境調節牛舎とウォームバーンとしてのみ建設可能であり，コールドバーンとすることは難しい。

環境管理

3. 換気法の基礎と実際

換気の目的は，まず第一に牛舎内の空気の新鮮さを確保することであり，次に温度・湿度の調節があげられる。

換気の方式は大きく二つ，すなわち自然換気方式と強制換気方式とに分けられる。

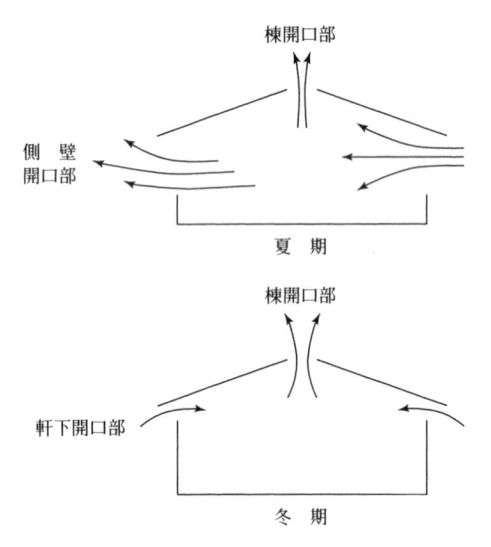

第3図　自然換気牛舎の特徴
（MWPS－7，日本語版，1987）

(1) 自然換気方式

①空気の流れ

自然換気方式での空気の流れを模式的に表わしたのが第3図である。自然換気が行なわれる原動力は，風と内外温度差の二つである。冬季間には棟開口部を横断する風が，棟開口部から舎内の暖かく湿った空気を引き出し，軒下や壁面開口部から新鮮な空気を牛舎へ引きいれる。また，夏季間には壁面開放部を大きくとって，風が舎内をよく通過するようにする。

自然換気方式の長所は換気量が豊富であること，施設費がとても安いことであるが，欠点は

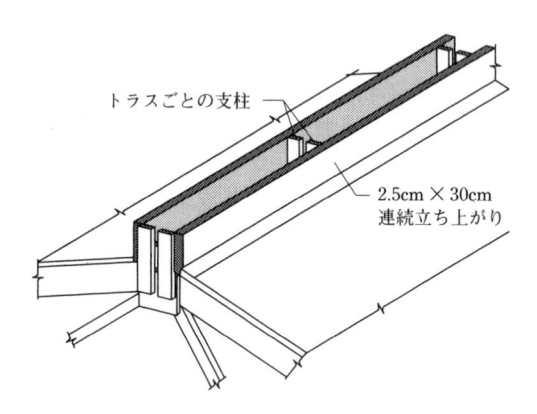

30cmの立ち上がりまたはバッフルを付けることにより，突風や雪から棟開口部を保護することができる。さらに，風が棟に対して直角に吹いているとき煙突効果を高める役割を果たす

第5図　自然換気牛舎の棟開口部（オープンリッジ）の立ち上がり
（MWPS－7，日本語版，1987）

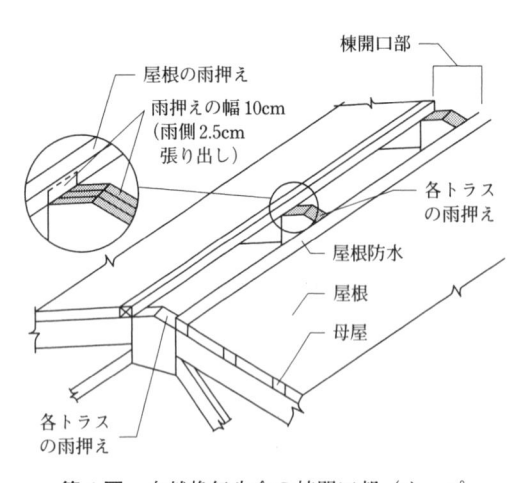

第4図　自然換気牛舎の棟開口部（オープンリッジ）の雨押え
（MWPS－7，日本語版，1987）

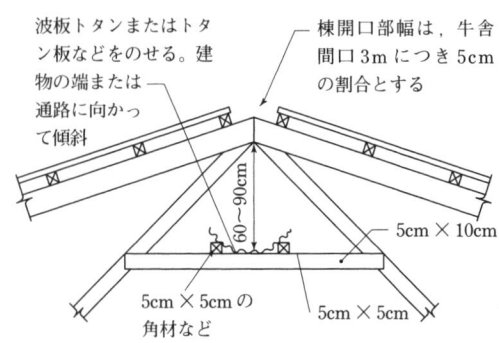

第6図　自然換気牛舎の棟開口部（オープンリッジ）における内部の雨どい
（MWPS－7，日本語版，1987）

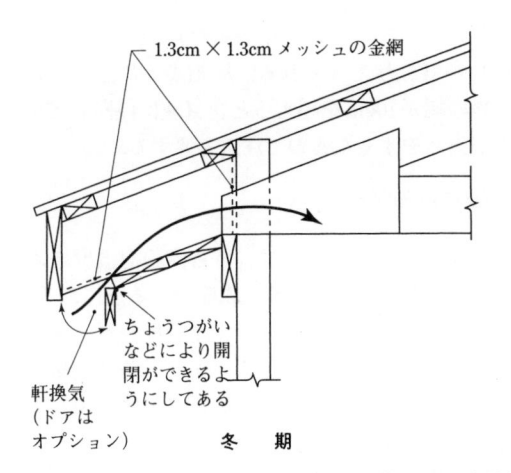

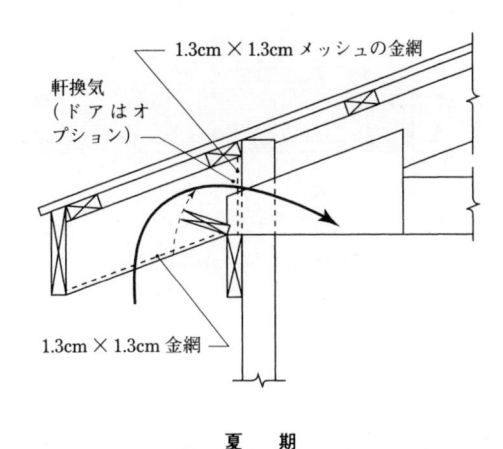

第7図　自然換気牛舎の軒下開口部　（MWPS－7，日本語版，1987）
軒の換気ドアの長さは換気部の長さの約75%にする

外気条件に強く左右されることである。

②棟，軒，壁の開口部

自然換気牛舎の開放部は，棟，軒，壁の三つに分けられる。棟開口部は，牛舎の幅3mにつき5cmの割合で連続開放とする。たとえば幅12mの牛舎では20cm幅の棟開放部となる。牛舎の構造材を保護するため，棟部のトラスを雨押えで覆う必要がある（第4図）。

雨や雪は棟開口部の幅が適切であれば，棟から排出される空気のために流入を妨げられるので，あまり問題とならないはずである。もし何らかの覆いを設けるとしたら，第5図のような立ち上がりが有効である。また雨の流入をどうしても止めようとするためには，第6図のような雨どいを設置するとよい。

牛舎の両側の軒下には，第7図に示したような連続開口部を設ける必要がある。気流を調節できるように，バッフルを設けるとよい。道北の宗谷のような強い吹雪が発生しやすい地域で

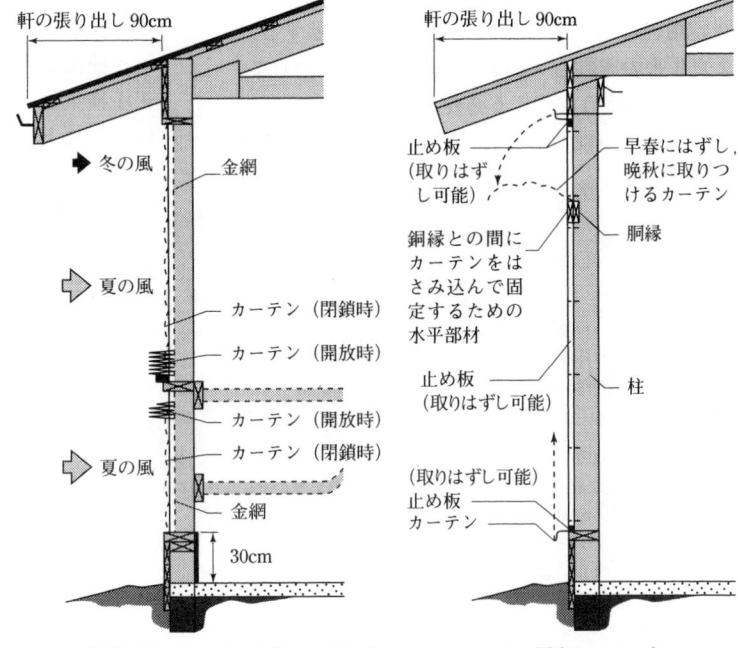

第8図　自然換気牛舎の側壁カーテン
（MWPS－7，1995）

は，吹雪時に軒下開口部をも完全密閉できるような構造にしなくてはならない。

夏季間に十分な換気を行なうためには，壁面開口部を大きくとる必要がある。第8図はその例であるが，牛のいるところの通風をよくするために，開口部の下端は1.2mの高さにするとよ

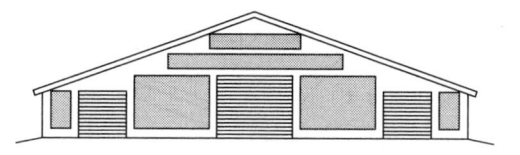

■ 取りはずし可能なパネルまたはカーテン
目 出入口（オーバーヘッド）

第9図 自然換気牛舎の妻面の開放
(MWPS−7, 1995)

い。また幅の広い牛舎では，妻面にも換気用の開口部を設ける必要がある（第9図）。

③牛舎の位置・方向・屋根勾配

その他の注意事項としては，まず牛舎の位置があげられる。風を受けやすくするため高い場所を選定し，他の施設や樹木から十分離すべきである。どうしても隣接して建てなければならない場合には，他の施設の西側か南側とする。また牛舎の方向も大切で，風が棟方向に対して直角に吹くように建てる必要がある。

さらに，屋根勾配は大きすぎても小さすぎても好ましくない。3分の1から2分の1の勾配が適正な換気を与えてくれる。屋根裏面に沿った母屋材の幅が10cmを超えると，気流は停滞して結露が生じやすくなるので注意を要する。

(2) 強制換気方式

強制換気方式の長所は，牛舎内の温湿度をあまり変動なく希望の条件に調節できる点にある。しかしそのための換気扇などの設備費や，電気代などの経費は大きくなる。また，強制換気だけで夏季の牛舎に十分な換気量（通風）を与えることは，なかなか難しい。

強制換気方式は牛舎のなかに空気を送り込む正圧方式と，牛舎内空気を外へ排出する負圧方式とに分けられる。しかしどちらの方式を選ぶにしろ，十分な量の新鮮空気を牛舎内に与えることに変わりはない（第3表）。

①正圧換気方式

正圧換気方式は，換気不良なストール牛舎の環境改善によく用いられる。新鮮な空気を舎内の家畜の頭部を中心に均一に分散させるためには，第10図のようなビニールダクトを用いることが特策である。ビニールダクト換気法で用いる換気扇の風量は，第3表に示した値のなかで牛が舎内に滞在している時期の最大値（最大換気風量）を用いるとよい。

ビニールダクトの直径は，換気扇の直径と同じかそれ以上のものとする。典型的なビニールダクトと換気扇の関係を第4表に示した。たとえば，ビニールダクトの直径が300mmのときは，換気扇のワット数は125〜190W，換気風量は500〜570l/秒，最長ダクト距離は30mとするのが一般的である。穴の数は，穴による開口部総面積をビニールダクトの断面積で割った値（開口比）によって決め，約1.5となるようにする（第5表）。穴の数

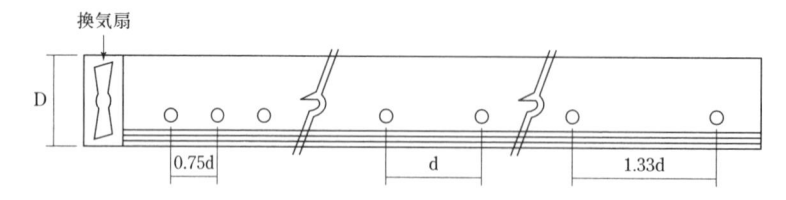

第3表 乳牛舎の換気量の推奨値
(MWPS—7, 日本語版, 1987)

	換気量(m³/分/頭)		
	冬季	夏季	暑熱時
哺育牛(0〜 2か月齢)	0.405	+0.945＝1.35	+1.35 ＝ 2.70
育成牛(2〜12か月齢)	0.540	+1.08 ＝1.62	+1.89 ＝ 3.51
(12〜24か月齢)	0.810	+1.35 ＝2.16	+2.70 ＝ 4.86
成牛　　500kg	1.35	+3.24 ＝4.59	+8.10 ＝12.7

注　換気システムのサイズは畜舎容積を基礎に計算する。表の値は加算式になっており，たとえば哺育牛の夏季の1頭当たりの換気量は0.405+0.945＝1.35m³/分となる
　冬季における1分間当たりの換気量を畜舎容積の1/15としてもよい。また，暑熱時では畜舎容積の2/3としてもよい

第10図 ビニールダクト換気法
(アルバータ農業工業サービス, 1988：高橋圭二訳)

均一な空気拡散を行なうために穴の間隔を変える
d＝平均の穴の間隔＝ダクトの長さ/片側の穴の数
図示したように0.75d〜1.33dの間で穴の間隔を変える

はダクトの両側に半分ずつとする。穴の大きさは，直径50mmのものでビニールダクトに直角方向に3.6～5m程度の吹き出しとなることを考えて決める。また穴の間隔は，45m以上のダクト長の場合には均等でよいが，それ以下の場合には，換気扇に近い部分と末端部では第10図に示したように間隔を変える必要がある。

②負圧換気方式

負圧換気方式は，ストール牛舎（繋ぎ飼牛舎）では最も一般的な強制換気方式である。負圧換気方式では新鮮な空気を舎内に十分に分散させるため，入気口の構造が問題となる。第11，12図は，負圧換気方式での空気の流れ方を示している。図のように入気は両側の軒下に連続して設けたスロット入気口を通して，また間口が長い（12m以上）牛舎では天井入気口を通して行なわれる。スロット入気口と天井入気口の構造を第13図に示す。冬季間には，冷たくて重い入気空気を天井面に沿って流れるようにバッフルが取り付けられている。夏季間には逆に，バッフルを調節して，入気空気が下方へ向かうようにする。

また換気扇の2.4m以内には入気口を設けてはいけない。入気口の大きさも，入気風速と関連して重要である。入気風速は3.5～5m/sになる

ようにする。入気風速が弱い場合には冷気が牛の周りに停滞するし，逆に強すぎる場合には舎内の上部だけが換気される。スロット気口の幅は次式で求めることができる。その際，換気風量には最大値を用いて最大幅を決め（次式），そ

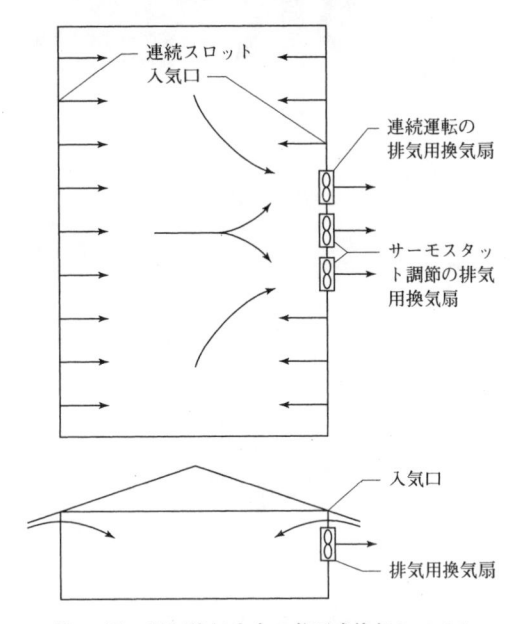

第11図 強制換気牛舎の負圧式換気システム
(MWPS－7，日本語版，1987)

両方の側壁に連続したスロット入気口を付ける。ただし冬期間はファン上部とその両側2.4mを除く。奥行30mから45mまでの畜舎ではファンを1か所（ファンバンク）に集める。それ以上の長さの畜舎は2か所以上のファンバンクを設ける

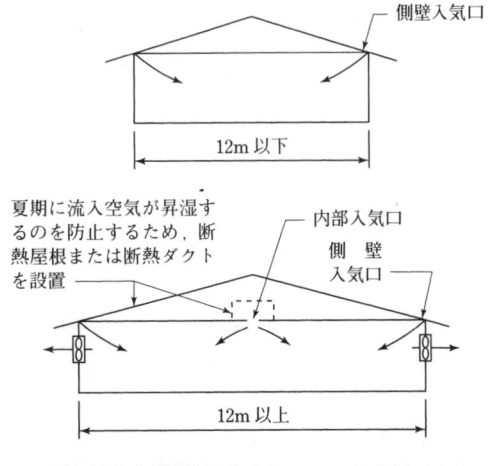

第12図 強制換気牛舎のスロット入気口の配置 (MWPS－7，日本語版，1987)

第4表 ファンとビニールダクトのサイズ
(アルバータ農業工学サービス，1988：高橋圭二訳)

ダクト径 (mm)	ファン (w)	空気量 (*l*／s)	最長距離 (m)
300	125～190	500～ 570	30
450	190～250	1,400～1,500	60
600	250～375	2,350～2,550	110
750	375～560	3,775～4,000	120

第5表 ビニールダクトの穴の直径と穴の数
(アルバータ農業工学サービス，1988：高橋圭二訳)

ダクト径 (mm)	穴の直径 (mm) 別の穴数			
	25	38	50	75
300	220	95	54	24
450	490	220	120	54
600	860	380	220	96
750	1,350	600	340	150

注　ビニールダクトの長さは第4表の最長距離と同じ
計算式：穴の数＝$1.5 \times (ダクト径)^2 / (穴径)^2$

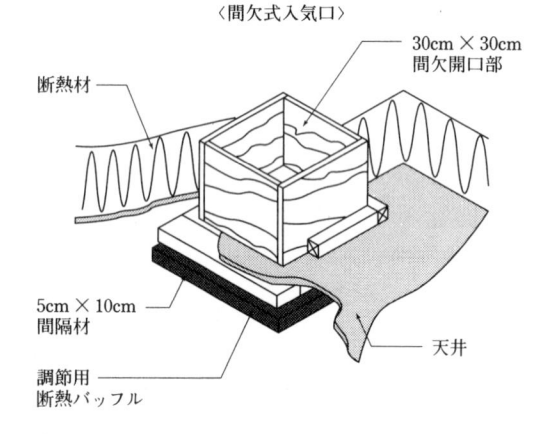

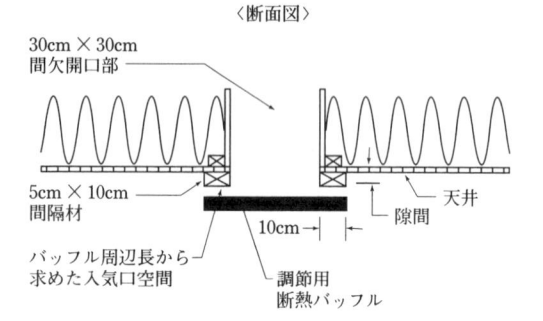

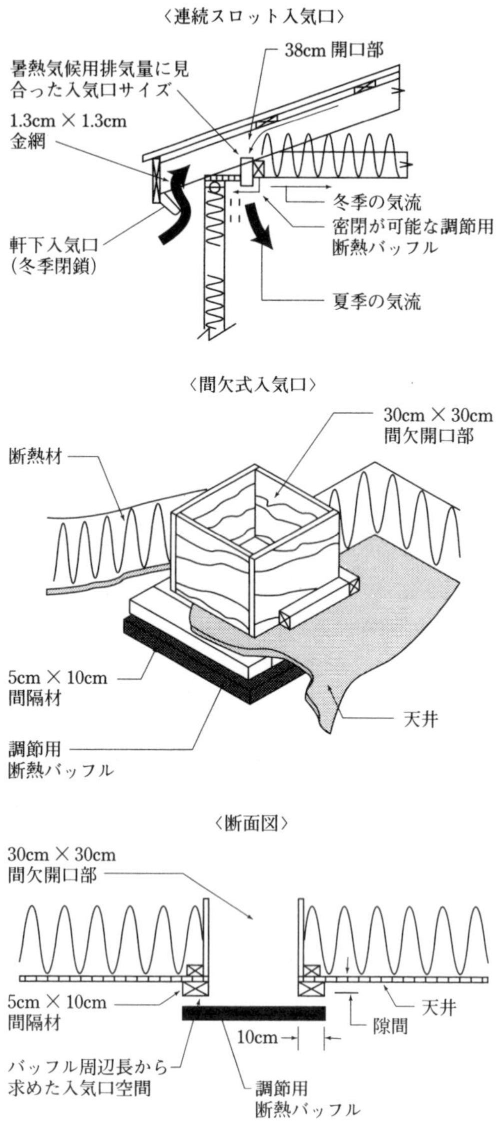

環境管理

〈連続スロット入気口〉

第13図　強制換気牛舎の天井吹出し型バッフル付入気口（MWPS−7, 日本語版, 1987）

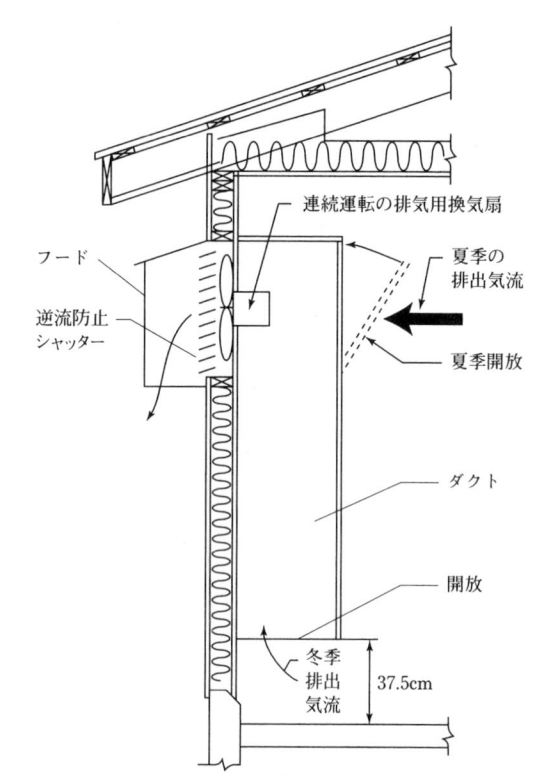

第14図　連続運転の排気用換気扇の保温ダクト（MWPS−7, 日本語版, 1987）

れ以下の風量の換気時にはバッフルによって調節を行なうようにする。

$$W = 5.9 \times 10^{-4} V/L$$

W：スロット幅（cm），V：換気風量（m³/min），L：スロットの全長（m）

③**換気扇**

換気扇は，牛舎内外の静圧差が水柱で8mmであっても，十分に働くもの（有圧換気扇）を選ぶようにする。スロット入気口を備え，入気口以外は気密な構造の牛舎では，換気扇の位置は入気空気の分散にはほとんど影響しない。連続換気用の換気扇は，間口が12m以下の牛舎では風下側の側壁に，また12m以上の牛舎では両方の側壁に設けるようにする。他の強制換気方式の牛舎とは，少なくとも10m離して建設し，隣の牛舎の汚れた空気を引き込むことがないようにする。

第3表の寒冷気候用の換気量は，連続換気用の換気扇で確保させる。この連続運転用換気扇には第14図のようなダクトを設け，床面付近の冷たい空気を排出するようにする。このときには，舎内気温を低下させないようにするために暖房機を使用しなくてはならない。

温暖気候用の換気扇はサーモスタットによって制御される。つまり温暖気候用換気扇のなかで最小風量のものを，牛にとっての最適温度帯

牛の快適環境と牛舎構造

の下限（約7℃）より約2℃高い温度（約9℃）に設定する。他の換気扇は舎内気温が1〜2℃高くなるごとに1台ずつ始動するように設定するとよい。

また，これらサーモスタット制御された換気扇には，逆流防止用のシャッターを設ける。

4. 断熱法の基礎と実際

①無断熱（コールドバーン，換気不足の例）：（表面結露）壁の畜舎側の表面温度は低い。換気不足で畜舎内が暖かいと結露はさけられない。壁の内表面温度がマイナスであれば結露する。換気量を減らしてコールドバーンを暖かくしようとしてはならない

②断熱＋防湿層（ウォームバーン，良い例）：（結露なし）壁の畜舎側の表面温度は高い。防湿層によって水分は断熱材の中に入り込まないため，断熱材の内部でも結露は発生しない

③断熱（透湿性）（ウォームバーン，悪い例）：（壁内結露）壁の畜舎側の表面温度は高い。しかし防湿層がないため水分は断熱材の中に入り込み，壁の内部の露点温度よりも低いところで結露する。断熱材は水分を含むと断熱性が急激に低下する

第15図　牛舎の結露と断熱

(1) 断熱材の効果

断熱材を用いることの効果を冬季と夏季に分けて記すと，以下のようになる。

〔冬季間〕
1) 牛舎からの熱損失の防止。
2) 結露防止。
3) 牛舎内表面温度低下の防止。

〔夏季間〕
1) 日射の遮断（牛舎内表面温度上昇の防止）。

牛舎内表面温度を低下させたり（冬季間），上昇させたりしたくない（夏季間）理由は，牛と内表面（壁，天井面）との間の放射による熱の移動を防ぐためである。たとえば真夏の炎天下には，断熱材の施されていない屋根の内表面温度は著しく上昇し，そこからの放射によって牛は実際の気温以上に暑さを感じることになる。

(2) 断熱材使用上の注意

①防湿層の設置

断熱材を使用する際の注意事項としては，まず防湿層を断熱材の内側（牛舎内側）に設けることがあげられる。吸湿性の断熱材（グラスウールなど）を用いる際には特に注意が必要である。防湿層を用いない場合には，第15図のように，せっかく断熱材を使用してもその内部で結露するので，断熱の効果がほとんどなくなって

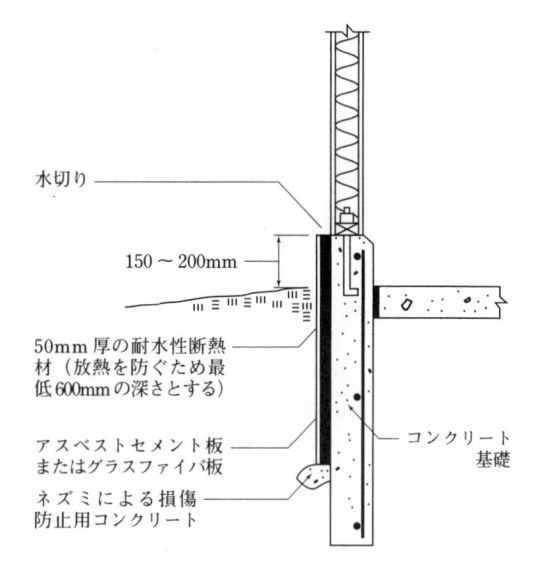

水切り
150〜200mm
50mm厚の耐水性断熱材（放熱を防ぐため最低600mmの深さとする）
アスベストセメント板またはグラスファイバ板
ネズミによる損傷防止用コンクリート
コンクリート基礎

第16図　基礎の断熱
(MWPS－7，日本語版，1987)

基礎回りの断熱材（R＝0.45）は外側に設置する。耐久性の断熱材を使用し，高密度のグラスファイバー板または厚さ6mmのアスベストセメント板のような硬く耐久性のある材料で保護する。厚さ6mmのハードボードや厚さ10mmのコンクリートパネル用合板は，機械的または水分による損傷を防ぐことはできるが，ネズミによる損傷は防げない。断熱材の上端から150〜200mm以内となるよう盛土する

しまう。断熱材の使用では建築業者にこのことを十分確認する必要がある。

また壁面に断熱材を設置する場合には，基礎部にも第16図のように断熱すべきで，これにより床からの熱損失や床面での結露を防止することができる。

②熱損失

窓や戸口からの熱損失も無視できない。特に断熱構造の牛舎では窓や戸口の面積は小さいにもかかわらず，すき間風の原因ともなり，予想以上に大きな熱損失となる。したがって断熱構造の牛舎では，窓面積をできるだけ小さくすると同時に，気密な二重構造とする。同様な理由で断熱牛舎ではスチールシャッターなどは使用せずに，断熱性をもった戸にする必要がある。

③鳥・ネズミからの保護

さらに断熱材を鳥やネズミから保護することも大切である。そのためには断熱材をむき出しで使用せずに，ベニヤ板などで覆う。また，換気口からの鳥の侵入を防ぐため，入気口に約12mmメッシュの金網を，排気口には約20mmメッシュの金網を用いるとよい。

5. 防暑・防寒対策の考え方

(1) 防暑対策

「牛は寒さには強いものの，暑さには弱い」ということはよく知られている。1989年の夏には，北海道で600頭以上の牛が日射病や熱射病に患ったということもあった。

暑さ対策の具体例にはいろいろ見られるが，基本的には次の二つしかない。
1) 日射熱を遮断すること，
2) 通風をよくすること。

日射熱の遮断に最も影響しているのは，屋根材外表面の日射反射率である。一般によく使われている屋根材の日射反射率の測定例を示すと，概数ではあるが，スレートが40％，灰色トタンが40％，白色トタンが75％，白色塩ビ波板（畜産波板）が85％となっている。

昔から畜舎の屋根の色はその外観から，赤や緑がよく用いられている。しかし，赤色・緑色トタンは，スレートや灰色トタンと同様日射をあまり反射しないので，暑さ対策としては好ましくない。それに対して，白色塩ビ波板は日射をわずかに透過するために，防暑に適していないように思われることもあるが，日射熱から考えると，透過するのはほんの一部で，ほとんどは反射している。したがって，構造強度上の問題はあるが，防暑効果のある屋根材といえる。

結局「屋根外表面は白色にする」ことが日射熱遮断の最も有効で，しかも安価な方法なのである。

既設の牛舎で，日射熱を遮断するにはどうしたらよいだろうか。まず，屋根外表面を白色塗装することである。正式な塗装が高価であれば，石灰の吹付けでも効果はある。

また，屋根散水も有効な方法である。屋根散水といっても，冷水を多量に掛け流すという意味ではない。棟部に，施設園芸で用いられているドリップ（点滴）灌がい用のチューブを取り付け，屋根面で蒸発してしまう程度の水量をシトシトと流してやり，蒸発の潜熱を奪ってやろうというものである。これも有効で安価な方法である。

通風をよくするための最初の手段は，牛舎の側壁や妻面を思い切って開放することである。また，牛舎内に通風を妨げる障害物をつくらないように，建築計画の段階から注意する。

側壁などを開放しても風が通らない場合には，送風用ファンの利用も考えてみる必要がある。あまり高い位置ではなく牛の体高より若干高めの位置にファンを取り付けて，斜め下方へ送風させ，牛体周辺の空気を動かしてやるとよい。

妻面上部の三角形をなす部分を両妻面ともに開放可能にすることも効果がある（第9図）。

(2) 防寒対策

「牛が寒さに強い」ということは前述したようによく知られているが，ここでいう「寒さ」というものの中身はどういうものなのであろうか。このことを考えることによって，寒さ対策の基本的な考え方がみえてくる。

牛の快適環境と牛舎構造

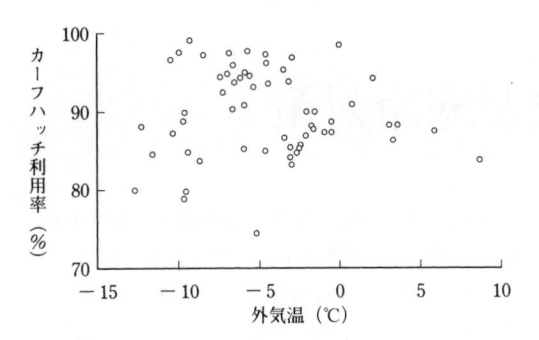

第17図 カーフハッチ利用率と外気温との関係　　　（干場）

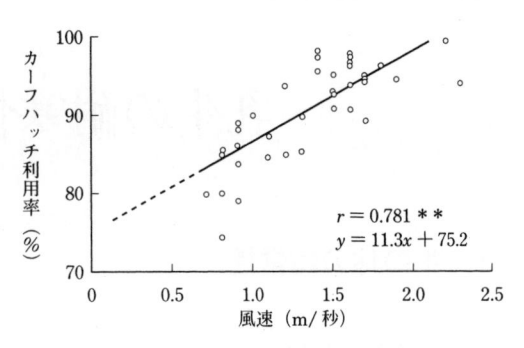

第18図 カーフハッチ利用率と風速との関係　　　（干場）

$r = 0.781**$
$y = 11.3x + 75.2$

　生まれたばかりの子牛の例で見てみよう。第17，18図は冬季間カーフハッチで飼われた牛が，どのようなときにカーフハッチの箱の中に滞在しているかを外気温との関係および風速との関係で示したものである。

　これによると，子牛は，外気温が低いときにカーフハッチの箱を利用するというわけではなく，風速が強くなったときに利用するということが明らかである。つまり，子牛は風さえしのげれば外気温の低さそのものに対しては結構強いといえる。

　この傾向は，成牛になるほど強くなる。なぜなら，成牛になるほど第一胃で発生する発酵熱が増加するため，低温自体には強くなるからである。

　一方，牛の被毛の断熱性は，風や雨・雪によって著しく損なわれる。

　したがって，牛にとっての寒さ対策は，風や雨・雪を防ぐということになる。コールドタイプの搾乳牛舎では，厳寒期に風が牛に直接あたらないようにしなくてはならない。そのためには，軒下を連続開放して，外気が均一に導入されるようにするとよい。

　北海道の日本海沿いのような暴風雪の地域には本来牛舎は建てるべきではないが，どうしてもフリーストール牛舎などを建てざるを得なくなったとしたら，特別な配慮が必要である。

　牛舎にとって換気は非常に重要であり，一般的には気象にかかわらずに連続開口部（軒下の入気口や棟の連続開口部）を開放のままにしておくことが必要である。しかし，暴風雪地域では，これらの開口部から雪が舞い込み，付着したり積もったりする。したがって，換気は強風によるすき間風にまかせて，完全に閉じることのできる構造とする。

　そのかわり，天気のよい日には，すべてを開放する細心の環境管理が不可欠となる。

　執筆　干場信司（酪農学園大学）

1999年記

乳牛の耐寒性と寒冷対策

1. 牛の体の恒常性

(1) 恒常性と外部環境

　家畜は品種の成立過程で永年適応してきた環境のもとで、最も無理なく能力を発揮するものである。反面、適応した環境条件から逸脱すれば、これに耐えるための生理的な努力を家畜に強いることになる。わが国の乳牛の大部分はホルスタイン種であり、原産地はオランダとドイツとの国境地帯である。この地域は夏は冷涼で、冬の寒さはあまり厳しくない。乳牛はこうした環境で優れた能力を発揮することを認識しておきたい。

　また、家畜は特定の目的に適合するよう人為的に改良されてきた動物である。乳牛では大量の乳汁を分泌するように、乳腺やこれに関連する組織や器官が異常に発達している。牛体は、このように高度に発達した器官の機能を発揮させつつも、内部環境を一定に維持する必要がある（恒常性、ホメオスタシスという）。生産機能が発達すればするほど、内部環境の恒常性維持は困難になるので、外部環境の適応域からわずかに逸脱してもこれを攪乱することがある。内部環境の変動方向が、生産活動と外部環境によって相殺されれば影響は少なくてすむ。しかし、助長する方向で影響しあうと内部環境の恒常性は著しく攪乱され、生産性が減退する。

　乳牛をとり巻く環境にはさまざまな要素があるが、暑熱や寒さなどの温熱環境も主要な要素の一つである。

(2) 体温の恒常性と末梢の温度変化

　家畜にとって最も重要な内部環境要素は温度、すなわち体温である。生体内のあらゆる反応は化学反応であるから、その反応速度は温度に依存する。たとえば、反応温度が10℃上昇すれば、反応速度は2～3倍になる（温度係数、Q_{10}）。ところが、個々の生体反応の温度係数は微妙に異なるので、生物活動が複雑になればなるほど全体としての統制がとれなくなる。そこで、生体の中心部の温度をきわめて狭い範囲に調節する機能をもった動物群が進化した。乳牛はこうした恒温動物に属する。

　恒温動物の体温が一定に保たれているという場合、体温とは脳や主要臓器を含む中心部の温度のことで、家畜では通常直腸温で代表される。これに対して、耳、四肢、尾、皮膚など（中心部に対して末梢という）の温度は、外部の温熱環境によって大きく変化する。

　じつは、動物は末梢の温度変化を利用して中心部の温度恒常性を保っているのである。中心部の温度を一定に保つということは、そこで生産される熱量と運ばれてくる熱量の和が、放散される熱量と等しくなるよう調節するということである。

　寒冷環境のもとでは、外部への熱放散が多くなり、それを補うために熱生産を増加させる生理反応が活発になる。熱を発生させるために栄養基質が多量に消費され、乳腺への基質供給が不足するようになると乳生産が低下するおそれがある。

(3) 体熱の由来

　生体内で発生する熱はすべて飼料に由来する。体内の蓄積物も熱源となるが、これも飼料に由来する。採食される総エネルギー量は飼料のエネルギー濃度と採食量によって決まるが、消化・吸収され代謝されうるのは、糞、尿、メタンなどの排泄物やルーメンでの発酵熱を除いた部分である。これを代謝エネルギーという。

　代謝エネルギーの一部は成長、胎児、乳汁などの生産物や体脂肪の蓄積などに姿を変えるが、

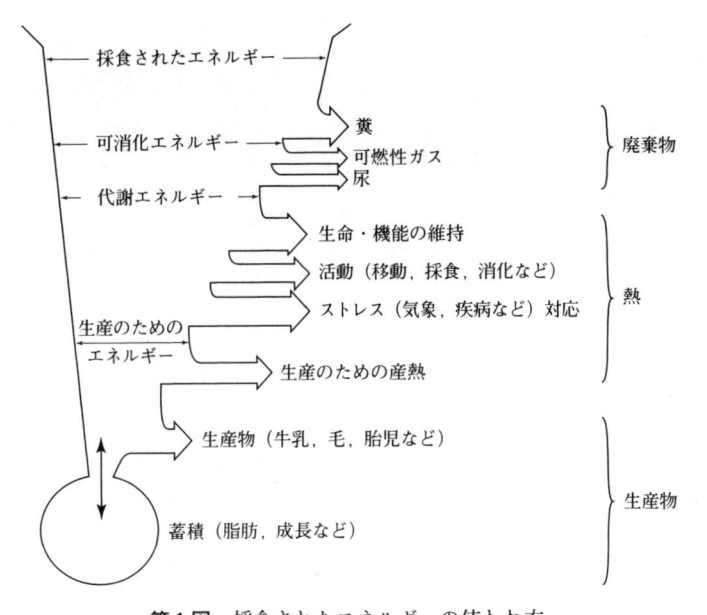

第1図 採食されたエネルギーの使われ方
(ヤング，1988)

残りはすべて熱となる。したがって，生産性をあげるには熱として放散されないタイプのエネルギー（これと基礎代謝による熱生産量の和を正味エネルギーという）を給与することが大切である。熱生産のうち，飼料の摂取にともなって増加する部分を熱増加という（第1図）。

こうして生産された熱は寒冷環境では体温維持に役立つが，温暖な環境ではむだになり，暑熱環境では負荷となる。なぜなら，体温（中心部温）を一定に保つためには，同量の熱を放散させなければならないからである。

2. 環境温度と体温調節

(1) 下臨界温と寒冷適応限界

寒冷から暑熱までの幅広い環境での体温調節の様相を，模式的に第2図に示す。図中，CとDの間は体温調節のための生理機能がもっとも不活発な領域で，寒冷に対する反応としては皮膚血管の収縮や立毛だけで体温を維持できる。これらに要するエネルギーはごく少ないので，代謝量（熱生産）はほとんど増加しない。Cより厳しい寒冷にさらされると，熱生産を増加させなくては体温を維持できなくなる。Cを下臨界温という。

熱生産の増加は生産のための栄養を体温維持のために消費してしまうことを意味し，生産効率の低下をともなうので，下臨界温は家畜の耐寒性の重要な指標となる。熱生産の増加は筋肉のふるえによるものと，筋肉や臓器などにおけるふるえによらないものの両者による。初生子牛では褐色脂肪組織でのふるえによらない産熱も重要である。

さらに厳しい寒冷にさらされ，寒冷適応限界Bを超えると放熱が熱生産の上限（頂上代謝，厳密には体温低下をともなった状態における最大熱生産量とは異なるが，実際上同一視してよい）を上回って体温が低下し，やがて凍死する。

下臨界温より低温側での放熱は顕熱放散の増加によるが，暑熱側では顕熱放散は減少し，代わって発汗や呼吸による潜熱放散が増加する。

乳牛の飼養環境としては，体温維持のために余分な熱生産を必要としない下臨界温より温暖な環境が望ましい。寒冷適応限界より厳しい寒冷環境では，家畜の生存すらおぼつかないので論外である。

(2) 乳牛の下臨界温

下臨界温は，被毛の状態や皮下脂肪の厚さなどによる熱伝導度（断熱性の逆数）と，熱的中性圏での熱生産（代謝量）の水準によって変化する。第1表に各種の生理状態での乳牛の下臨界温を示した。条件は皮膚が乾燥しており，無風の場合である。下臨界温以上の環境でも生産性は低下する傾向があり，これを生産性に影響のある寒冷環境の指標とするには問題がなくはないが，よい指標であることに疑いはない。この生産性の低下は，主として寒冷適応による熱

環境管理

第2図 温熱環境と産熱・放熱の関係
（マウント，1974）

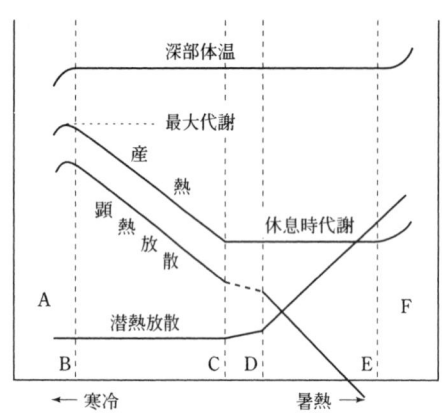

A：低体温域，B：寒冷適応限界
C：下臨界温，D：潜熱放散増加温
E：上臨界温，F：高体温域

研究者によって潜熱放散増加温を上臨界温とする場合がある

第1表 乳牛の下臨界温
（ウェブスター，1981）

	体重（kg）	下臨界温（℃）
初生子牛	40	＋9
1か月齢	50	0
育成牛	100	－14
育成牛	250	－32
乾乳	500	－18
泌乳牛（9kg）	500	－17
泌乳牛（23kg）	500	－26
泌乳牛（56kg）	500	－33

的中性圏での代謝水準の上昇による。

第1表から，乳牛（成牛）の下臨界温が人間の感覚からみると驚くほど低く，乳量が増加するほど低温となることがわかる。下臨界温とは，まだふるえるほど寒くはないが，立毛（人間では鳥肌）や末梢（耳や四肢など）への血流を抑制し，体表温を低くすることによって熱の放散を抑制するだけで耐えうる温度状態である。乳牛は実際上，風がなく，皮膚が乾燥していれば，－20℃程度までは寒さのために熱生産を増加させる必要がないのである。

また，乳牛の寒冷適応限界温はさらに低くなり，わが国ではありえない温度領域となる。

したがって，乳牛のことだけを考えるならば，牛舎を設計するさいに効果的な屋根（皮膚の湿潤防止）と壁（防風）さえあれば，保温自体は考慮する必要はない。ただし，作業する人間は衣服によって保護されるものの寒さに弱いこと，水系統が凍結すると多くの支障が生じることなどから，つなぎ飼い牛舎ではウォームバーンが採用されることが多い。これに対して，人間の労働環境としての配慮が少なくてすむフリーストールバーンではミルキングパーラーを除き，コールドバーンが多い。

3. 初生子牛の耐寒性

（1）寒冷適応限界と凍死事故

子牛や育成牛の下臨界温は成牛に比べてかなり高く，特に初生子牛では＋10℃前後である。したがって，飼料効率がよい状態で育成するためには，真冬には保温が必要になる。

ただし，子牛にとって配慮されるべき環境は温熱環境だけではない。子牛の損耗の二大原因は下痢と肺炎である。肺炎はアンモニアなどの刺激性ガスによる粘膜の損傷部に，病原微生物が感染することが主因と考えられるが，これはすなわち換気不足である。換気とは畜舎内外の空気を入れ換えることだから，補助熱なしに十分な換気をすることは舎内温の低下に直結する。コストをかけない条件では，保温と換気は両立できない関係にある。

そこで，下臨界温より一歩すすめて，初生子牛の寒冷適応限界（第2表）をみてみよう。寒冷に対する抵抗性が最も弱い初生子牛でさえ，正常な産熱能力をもち，体表が乾き，風がなければ，わが国の最低記録気温でも凍死することはない。

第2表 初生子牛の寒冷適応限界（℃）
（Okamoto, 1989）

	無風・乾燥	風速1.6m	皮膚濡れ	風＋濡れ
正常な子牛	－63	－52	－52	－34
産熱能力の低い子牛	－14	－8	－8	＋1.5

え産熱組織である褐色脂肪組織は消滅し，多くの病原微生物の感染も受けている可能性が高いからである。

なお，厳寒期の北海道での誕生初日からのカーフハッチによる育成は，カーフスターター（人工乳）の摂取量が30％程度多くなる（飼料効率が悪くなる）ことを除き，増体速度などにはまったく問題はなかった。飼料費の増加は保温，断熱，換気に要する経費からみれば軽微であった。

4. 乳牛の寒冷への適応

(1) 飼養環境・季節と耐寒性

これまで，乳牛の成牛の下臨界温は十分低く，通常の飼養条件では深刻な寒冷ストレスにさらされないこと，健康な若い子牛では自然環境下ではふるえなどによって熱生産を増加させないと体温が維持できない程度のストレスは受けるが，皮膚の濡れを防ぎ，防風に配慮した環境下では凍死の危険はないことを解説してきた。しかし，牛の耐寒性は一定不変ではなく，飼養環境や季節によって変化しているのである。

第3図に春生まれの肉用子牛が，厳しいカナダの冬を体験する過程での下臨界温の変化を示した。秋から冬にかけて気温の低下とともに下臨界温は低下し，春になり気温が上昇すると下臨界温も上昇する。

(2) 緊急避難的な適応と長時間を要する適応

ただ，下臨界温の変化は気温の変化より約1か月遅れて変化している。これは牛が季節変化に対応して適応することを示しているが，適応にもいろいろある。一般に，短時日のうちに緊急避難的に起こる適応変化より，数か月を要する適応のほうが熱収支が経済的に行なわれる。たとえば，ふるえによる産熱は緊急避難的で，産熱部位が体表に近く，ふるえによって表面の断熱層が攪乱されるので，せっかくの熱が体外へ逃げやすいのである。

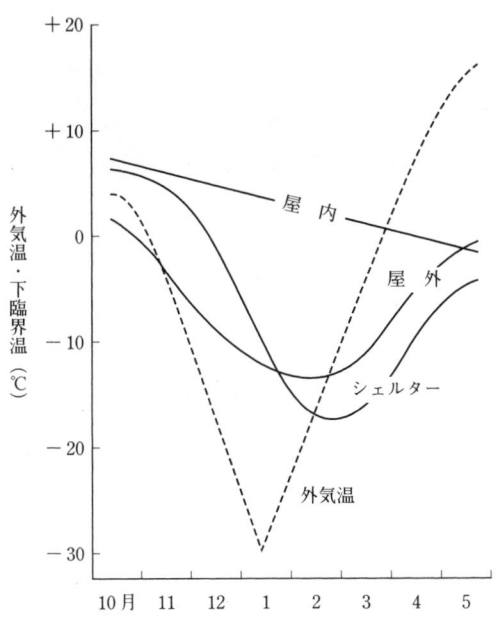

第3図 屋内，屋外，シェルターで飼育した子牛の下臨界温の変化

これは寒地で子牛を育成する者にとって心強いことであるが，実際には子牛の凍死事故は発生している。事故は夜間，屋外での分娩に集中しているが，分娩時には子牛は羊水に濡れ，低温に加えて風がある場合が多い。また，産熱能力の低い子牛も15％程度は生まれるようであり，悪条件が重なれば氷点以上でも凍死事故は起こりうる。そこで，分娩房は屋内におき，5℃以上に保つことが安全である。

(2) カーフハッチの効果

初生子牛は当初の数日間は褐色脂肪組織（普通の白色脂肪組織とは異なり，組織自体が発熱する。白色脂肪組織を毛布にたとえるならば，褐色脂肪組織は電気毛布に相当する）をもち，体温調節機能を備えているので，十分に初乳を摂取し，体毛が完全に乾燥した後は，−20℃でも問題はない。防雨，防風効果に優れ，厚く敷わらを敷いたカーフハッチが有効な理由である。

むしろ，1週間程度温暖な場所で育成し，その後カーフハッチに出すような場合には問題が多くなる。なぜなら，新生時に最も有効な非ふる

一方，第4図の例では断熱性の向上や熱的中性圏での代謝量の上昇が下臨界温を変化させた。これらは長時間を要する寒冷適応の典型である。

(3) 牛体の断熱性の向上

家畜の断熱性が高ければ，下臨界温以下の温度での産熱の上昇率（第4図の傾斜）は小さいが，断熱性が劣ると傾斜は急になる。すなわち，熱的中性圏での代謝水準が等しければ，断熱性の高い家畜の下臨界温は寒冷側に大きくずれ込む。また，下臨界温より厳しい寒さにさらされた場合にも，体温維持のために要求される熱量に大きな差が生じる。このように，断熱性の向上はエネルギー経済上きわめて優れた寒冷適応である。

家畜の断熱性は被毛の密度や長さ，皮下脂肪の厚さ，血流などによって大きく変化するが，風速や体表の汚れによっても大きく変化する。コールドバーンでは防風に徹する（換気は良好に保つこと）ほか，冬期に不必要な毛刈り，糞・尿による被毛の汚染などによる断熱性の低下は極力避けるべきである。いくら耐寒性に優れる乳牛でも，断熱性の低下は余分な基質の消費につながり，生産性を低下させるおそれがある。

(4) 代謝水準と耐寒性

一方，熱的中性圏での代謝水準が高ければ，同じ断熱性（傾斜）であっても下臨界温は寒冷側にずれ込む。乳量が多ければ多いほど，生産のための代謝は活発になり，下臨界温は低下する。すなわち，耐寒性は高くなるのである。

ところが，牛乳の生産過程で必然的に発生する熱量水準で体温が維持できないような寒冷（その時の下臨界温）にしばしばさらされると，乳牛は熱的中性圏での代謝水準を高める方向に適応する。下臨界温は温度で示されるが，実際は体の濡れ，汚れ，風速などにより総合された環境の冷却力が問題となるので，気温が下臨界温より高いからといって油断はできない。熱的中性圏での代謝水準が上昇すれば，乳腺に向けられるべき基質が産熱水準の増加のために使わ

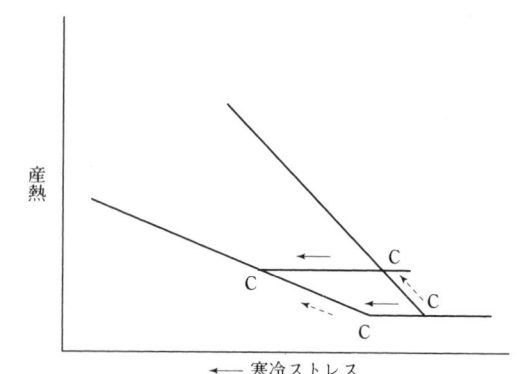

第4図 断熱性，熱的中性圏における産熱水準と下臨界温の関係
　←　は断熱性の改善による下臨界温の移動
　←---　は熱的中性圏における産熱水準の上昇による下臨界温の移動を示す。
　傾斜の小さな斜線は断熱性の高い場合の，傾斜の大きな斜線は断熱性の低い場合の産熱の変化を示し，2本の水平線は熱的中性圏における産熱水準の大小を示す

れ，乳生産が低下する可能性がある。

さらに，温熱環境への適応は気温変化より約1か月遅れるが，このことは季節の変わり目の突然の気象変動に対処しにくいことを意味するので，注意したい。

5. 寒冷による消化機能への影響

(1) 消化率の低下

寒冷な環境下では甲状腺ホルモンの分泌が活発になる。このホルモンは細胞の酸素消費量を高め，熱生産を助長することによって生体が寒冷に対処しやすくする。同時に，消化管の運動を亢進させる働きもある。そこで，厳しい寒冷に連続的にさらされるようになると乳牛の消化管の運動が活発になり，消化管内容物の通過速度が速くなる。

このことは粗飼料の主要な消化部位である第一胃（ルーメン）でも同様であり，採食された粗飼料の第一胃内滞留時間が短くなるから，発酵消化に長時間を要する繊維成分の消化率が低下する（第5図）。環境温の1℃の低下によって，乾物消化率は約0.2％の割合で低下するとされて

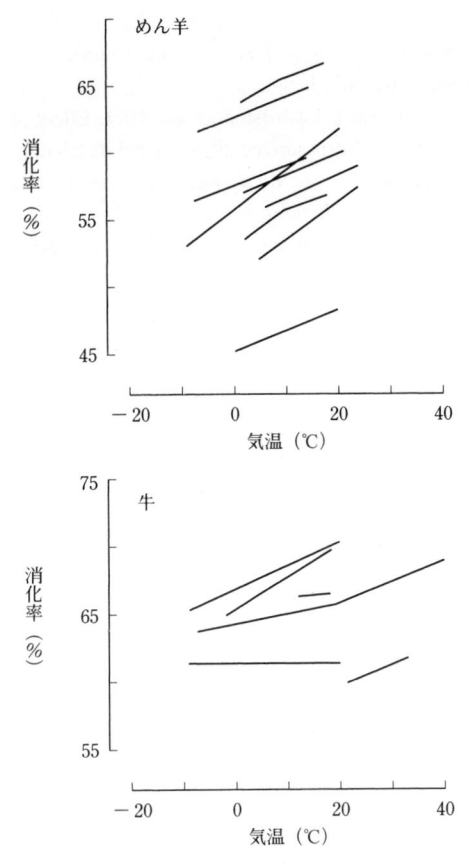

第5図　気温と消化率の関係
(ヤングら，1974)

いる。

(2) 飼料効率の低下

 家畜は消化率の低下にみあう程度に採食量を増加させるので，生産量にはそれほどの影響はないが，飼料効率はかなり低下する。つまり，採食する割に生産があがらないことになる。

 なお，牛は必要があって多量の粗飼料を採食しているのだから，飼料計算の結果だけを過信して，飼料給与量を制限してはならない。粗飼料は第一胃発酵で酢酸の割合を高くし，熱増加による産熱に寄与する。このことからも，乳牛が寒冷によく耐えるからといって，体熱が奪われやすい状態に放置するのは問題である。

 特に，体表の濡れ（厳寒期の乾燥した雪より，融けやすい雪や冷雨のほうが問題），体表の汚れ，風などからの保護に注意したい。屋外飼槽の周辺に水がたまり，雪がシャーベット状になっている状態を見かけることがあるが，水中では空気中とは比較にならないほど熱が奪われるので，乾燥した状態に保つ必要がある。

6. 寒冷下での注意点

(1) 凍　傷

 このように，乳牛総体の熱収支からみると，驚くほど耐寒性に優れるのであるが，いくつか注意すべき点がある。まず，局所の損傷（凍傷）である。局部が急速に冷却されると凍傷が発生する。たとえば，搾乳後，皮膚が濡れた状態のまま低気温のパドックに牛を出すと凍傷になることがある（とくにディッピング後の乳頭に注意）。子牛では，耳のなめ合いや川から発生する霧によって耳が凍傷によって脱落した事故があった。

(2) 乳量の減少

 また，寒冷下の乳牛は末梢への血流を制限し，末梢部の温度を低下させて熱収支の均衡をはかる。ところが，乳房は温度の恒常性を厳密に保つべき中心部とみなされず，末梢の一部として血流が制限される可能性がある。当然，牛乳は乳腺組織で血液から基質を取り込んで合成されるのだから，乳腺への血流が制限されれば乳量は減少することになる。また，ヤギの乳房の片側局所冷却によって，他方より乳量が減少したという実験結果が得られている。こうしたことから，濡れた乳房を寒風に曝すような飼養環境は避けるべきである。

 実験的な寒冷によって筋硬直などが起き，子牛の脚部関節に障害が起きたという報告や，初乳からの免疫グロブリンの吸収が阻害されたという報告もあるが，実際上の影響は不明である。

執筆　岡本全弘（酪農学園大学）

1999年記

参 考 文 献

Mount, L.E. 1974. The concept of thermal neutrality. 425－439. In Heat loss from animals and man. J.L. Monteith and L.E. Mount (eds.). Butterworth. London.

Okamoto, M. 1989. Cold tolerance of newborn calves. 64－72. Proc. 1st. Intern. Symp. Agric. Tech, Cold Regions. Obihiro.

Young, B.A. 1988. Effect of environmental stress on nutrient needs. 456－467. In The ruminant animal. Digestive physiology and nutrition. D.C. Church (Ed.). Prentice Hall. New Jersey.

Young, B.A. and R.J. Christopherson. 1974. Effect of prolonged cold exposure on digestion and metabolism in ruminants. 75－80. In Livestock environment. Proc. Intern. Livestock Environ. Symp. ASAE.

Webster, A.J.F. 1981. Weather and infectious disease in cattle. Vet. Rec. 108: 183－187.

牛舎環境の改善による暑熱対策

　温度が高ければ暑く感じるが，それだけではなく，風，湿度，放射などの温度以外の環境要因が深くかかわっている。「暑さ」を温度ということだけで考えるよりは，熱をどれだけもらうか，あるいは熱をどのように牛体から逃すかという観点で防暑対策を考えることが大切である。

1. 牛舎での熱の伝わり方

　熱というのは，温度差に基づいて物質間を移動するエネルギーと定義されている。熱は温度の高いほうから低いほうへと流れる，あるいは伝わる。この一見当たり前の現象を牛舎の中で見出せれば，牛体に入る熱を遮断する方策がみえてくる。そこで，温度差に基づく熱の伝わり方を知っておくことは重要である。熱の伝わり方には3つある。それらは，熱伝導，対流伝熱，熱放射である。

(1) 熱伝導

　熱伝導は，温度の違う相接する領域間の分子活動によってエネルギーが伝達される現象である。金属のような固体では，自由電子による伝達が大きい影響をもっている。領域間での温度差が大きいほど伝わる熱量も大きい。

(2) 対流伝熱

　対流伝熱は，物質がある場所から他の場所に移動することによって熱が運ばれる現象である。流体と固体壁間の対流による熱移動を対流熱伝達といい，流体と固体との温度差，流速に比例する。

(3) 熱放射

　固体・液体およびある種の気体は，熱エネルギーを電磁波として放射する。それは相互に離れている他の物質に受けられて，再び熱エネルギーになる。これが熱放射で，熱を運ぶ媒介を必要としない。やりとりする熱は，放射を行なっている2つの物質間の温度差の4乗で影響する。

　以上の伝熱形態によって，牛と畜舎内環境，畜舎と畜舎外環境のそれぞれで熱のやりとりが行なわれている。これらを防いだり促進したりして，畜体に望まれる環境を提供するのである。

2. 牛体と環境との熱の流れ

　牛体と環境との熱のやりとりの模式図を第1図に示す。図中の熱は大きく潜熱と顕熱に分かれている。潜熱とは物質の相変化をもたらす熱で，物質の温度を上げたり下げたりしない。一方，顕熱は物質の温度変化をもたらす熱である。

　この図からわかるように，夏季の牛舎－環境での熱源は，太陽と牛体自身である。この場合，牛体に入ってくる熱は，放射によるものだけである。この熱は以下に述べるようにして伝わる。

(1) 牛体への熱の伝わり方

　日射熱が屋根に到達し，日射の一部は反射され，残りが屋根に入る。これによって屋根表面の温度が上昇する。屋根に入った熱の一部は伝導で屋根の裏側まで伝わり，残りは舎外の気流によって持ち去られてしまう。この気流による熱の持ち去りが対流熱伝達にあたる。伝導で屋根材を熱が伝わりながら屋根材の温度を上げていき，屋根裏面の温度が上がり，屋根裏面から放射熱が牛体に入る。

　放射は熱を伝える媒介がないので，直接牛体への熱負荷となる。空気中の温度よりも体感温度は2～5℃ほど高くなる。

(2) 牛体からの熱の放散

　もう一つの熱源は牛体自身である。家畜は自

環境管理

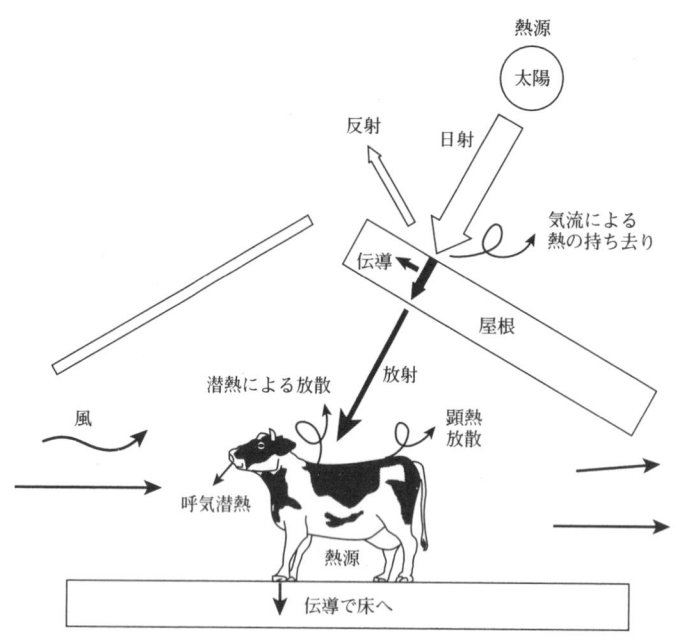

第1図 牛体と環境との熱の流れの模式図

身の熱を体外に逃さなければ死んでしまう。夏季では，体から逃す熱の量が制限されるためヒートストレスが生じる。牛体からの発生熱は顕熱と潜熱とに分けて考える。

　まず顕熱について。送風機や換気による気流が対流熱伝達で牛体から熱を奪う。牛体にあたる気流が速ければ，牛体からの顕熱放散も大きくなる。これは牛体から熱を奪うのであるから，防暑効果がある。

　また，気流温度（舎内の空気温度）を低くすれば，牛体から熱を多く奪うことができる。牛体温度よりは舎外の空気温度のほうが低いので，できるだけ舎外空気を直接流して当てるほうがよい。

　潜熱には，呼気からのものと体表面からのものとがある。夏季の高温時には，牛体からの発生熱は顕熱よりも潜熱で放散する割合が高くなる。舎内の空気が水蒸気を多く含んでいる場合は，体表面からの潜熱による熱の放散が進みにくくなる。

　また，牛体と床との接触のため，牛体から床へ伝導で熱が伝わる。フリーストール牛舎では時折，糞尿が貯留している通路で牛が横臥しているのを見かけるが，これは床面の糞尿の温度のほうが牛体温度より低いので，熱を体から伝導で逃すことができるためである。

　これらが，第1図に示した代表的な牛舎の熱の伝わる経路である。牛体に入ってくる熱に対しては，その経路を遮断する方策，牛体から出ていく熱に対しては，それを促進する方策が防暑対策ということになる。

3. 日射からの熱の遮断法

　牛体に入ってくる熱を防ぐことを考えてみよう。第1図で牛体に入ってくる熱は，太陽を熱源とする放射である。放射は畜舎の開口部から直接牛体に達する場合と，屋根を介してくる場合とがある。

（1）屋根材と色

　屋根裏からくる放射を遮断するには，屋根に到達した日射熱の熱の経路を，どこかで断たなければならない。

　これには屋根表面での日射の反射を多くし，屋根に侵入する熱を少なくすること，屋根材中を伝導で伝わる熱を抑えて，屋根裏に達する熱を少なくすることが考えられる。

　屋根表面で日射の反射を多くするためには，反射率のよい色を屋根の表面に塗布するか，そのような材で屋根をつくるかである。筆者ら(1990)が測定した日射反射率を第1表に示す。

　スレート（灰色）の日射反射率は約40％であるが，白色塗装されたFRPでは約90％の日射反射率があった。同じガリバリウム鋼板でも，銀色のものの日射反射率は約50％で，白色では78％であった。一般に銀色が日射反射がよいように思われがちであるが，白色のほうが日射反射率は高い。

　同じ白色でも表面の性状によって日射反射率

第1表 屋根材と色による日射反射率

材	色	反射率（％）
スレート	灰色	40
ガリバリウム鋼板	銀色	50
ガリバリウム鋼板	白色	78
塩化ビニール波板（畜産波板）	白色（半透明）	86
FRP	白色	88

第2表 乳量と気温，送風

温度（℃）	風速（m/s）		
	0.18	2.24	4.02
適温	100 100	100	
21	— —	—	
27	85 95	95	
35	63 79	79	

注 適温を100としたときの各環境温度での乳量の割合

が異なり，FRPでは約90％近い日射反射率に対して，白色のガリバリウム鋼板では約80％の日射反射率である。

屋根表面の塗装が経済的に困難であれば，石灰の塗布だけでも効果はみられる。

(2) 屋根の断熱

屋根裏に断熱材を敷設することによって，屋根表面で受けた熱を裏面に伝えるのを抑えることができる。それではどれくらい防ぐことができるのか，試算をしてみた。

ガリバリウム鋼板（表面が銀色，厚さ0.3mm）と，ガリバリウム鋼板に厚さ50mmの発泡ポリスチレンをつけた場合での，夏季晴天時の屋根裏温度は前者では76℃，後者では37℃となった。牛体に入ってくる熱量としては，前者は後者の約20倍以上になる。

また，同じガリバリウム鋼板であれば，表面を白色に塗装するよりは，断熱材を敷設したほうが防暑効果は大きい。しかし，コストの点では塗装のほうが有利である。

(3) 屋根散水

この方策は日射から屋根が受けた熱を逃す方法である。屋根表面を流れる水が蒸発することによって，屋根から熱を奪うのである。

問題は散水の方法である。滝のように流したりしてはいけない。畜舎棟部にドリップ灌がい用のチューブを敷設し，屋根表面で水が蒸発してしまう程度の量を流すのである。

屋根の表面温度が低ければ，それだけ屋根材の内部に侵入する熱量も小さくなるので，屋根表面に井戸水などの低い温度の水を散水するのも効果がある。散水量は，気象条件や水の温度，目標とする屋根表面温度によって異なる。

4. 送風による熱の放散

(1) 換気の重要性

この方策は，牛体からの熱の放散を促進させるものである。送風による効果がどのくらいであるかを第2表に示す（柴田ら，1984）。これによると，気温35℃のとき2m/s以上の送風で，無風時と比較して乳量の低下を37％から21％に抑えることができる。

このように畜舎内に風があることが，防暑の点からも非常に重要である。すなわち，換気が重要だということである。そのためには，風が畜舎内を抜けるような立地条件を選択して畜舎を建設することが最優先である。

すでに畜舎が建っているのであれば，畜舎の周囲に風の抜けを遮るものがないか，確認してみよう。周囲に他の建物があるようならば，自然の力で換気，送風するのは困難なので，機械や装置で強制的に風を送ることが必要となる。

日本の酪農牛舎の多くは側壁のない，あるいは側壁に大きな開口部のある開放型と呼ばれる畜舎である。その換気方法は自然換気といい，舎外の風と，舎内で牛体から発生する熱で暖められた空気が上昇していくことによって換気が行なわれている。

現実的にはいつも舎外に風があるというわけではないので，畜舎の棟には開口部を設けたほうがよい。そうしなければ，夏季に暑い空気が屋根下部に滞留して，舎内の温度が上昇してしまう。

環境管理

牛舎は屋根と柱だけで，ほとんどが開口部である場合が多い。一般にこのような牛舎では，舎内の環境と舎外は同じであると思われがちである。しかし，風が十分に抜けて換気がされていない限りは，舎内の温度などの環境は舎外とかなり異なる。したがって，特に夏季では開口部が十分であっても，換気を促進するための送風機を設置することを推奨する。

それでは，送風方法について見てみよう。

(2) 懸垂型送風機による送風

送風を行なうには送風機を使用するが，その使用方法は案外研究されていないのが現状である。ここでは懸垂型送風機の設置法を述べる。

直径約1mのプロペラ式の農業用送風機を，梁から懸垂させて使用しているのをフリーストール牛舎などでよく見かける。どのように設置して，どのように運転すればよいのだろうか。

場合によっては舎内の空気を撹拌するのみで，高温・多湿の汚れた空気を牛体に与えてしまう

第2図　送風機を真下に向けた場合

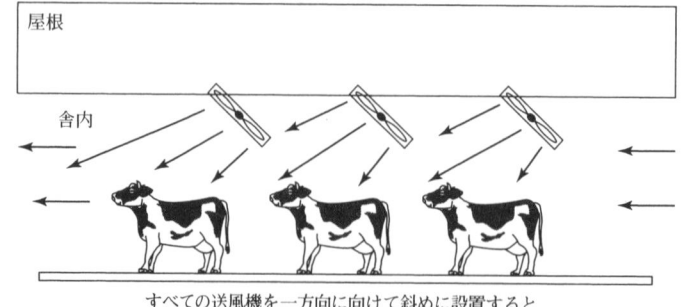

すべての送風機を一方向に向けて斜めに設置すると，風が畜舎を抜けるようになり，換気が促進される

第3図　送風機を斜めに設置した場合

①真下に向けた場合の弊害

第2図に示すように，通常よく見られるのは真下に向ける場合である。この設置でも牛体に風は当たるが，舎内の高温・多湿で汚れた空気を供給するだけになってしまう場合がある。

夏季の高温時には，牛は潜熱で熱を逃がす。だから，多湿の空気が牛体に当たるようでは，潜熱放散もできなくなってしまう。この設置のしかたでは，舎内の空気を単に撹拌しているだけで，舎外の新鮮な空気を供給していない。換気というのは，内と外の空気を入れ替えて初めて達成される。

②すべて同方向で斜めに設置する

外の空気を取り入れながら送風するには，第3図に示すように，斜めに設置して，なおかつすべて同じ方向に向けるのがよい。このようにすれば，舎内空気を一方向に追いやるので，空気が舎外から舎内を抜けるように流れる。これによって，舎内より低湿度の外気を牛体に供給することができるようになる。

③平面配置

次に，平面配置も考慮しなければならない。牛舎の妻面方向を風上・風下とすると，風下側にいくに従って，温度，湿度，アンモニア濃度が高くなる。できれば側壁方向で抜けるようにするのがよいが，飼桶などの配置によっては餌が風で舞い上がったりするので，送風機の位置や向きに注意が必要である。これは，繋ぎ飼いでも同じである。

④設置位置

ストール配置によって送風機の設置位置の検討も必要である。第4図（池口ら，1997）に対頭式のフリーストール牛舎の例を示す。この例では，ストール上部と牛通路の2系列の送風機列がある。各送風機は斜めに設置され，図の右から左へと風が流れる。

ストール上にも送風機があるた

め，日中，牛通路で横臥する牛はおらず，すべての牛がストールで休息をしていた。牛通路だけに送風機がある場合は，牛は涼むために通路に出て，さらに横臥することになる。

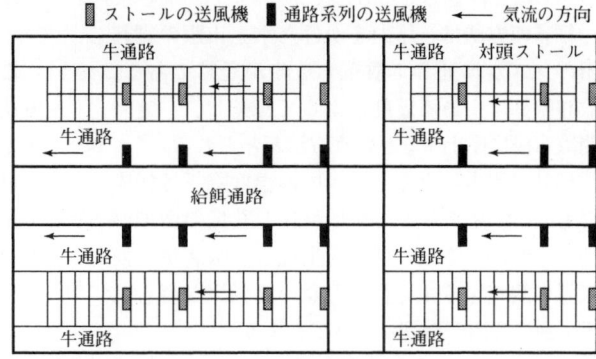

最近の送風機では，舎内温度によって回転数を変えて送風量を変化させる，インバータ制御が付いているものが多くなってきている。電気代の節約や細かい制御が可能となる。しかし，周波数制御であるのできちんとした電気工事を行なわないと，ノイズが電源にのって，搾乳機の誤動作などを引き起こすので注意したい。

⑤夜間送風

夏季の高温期では夜間の涼しい時間帯に菜食活動がみられる。夜間の気温が低いほうが，乳量の低下を抑え，乾物摂取量，乳成分が高くなるなど（塩谷，1997）の報告もある。したがって，温度制御もさることながら，夜間でも送風を継続するほうが全体として防暑の効果があがる可能性がある。

(3) ダクト送風

繋ぎ飼い方式でよく見られる防暑対策である。牛体のみに直接気流を当てることを目的にしている。この方法の留意点は，ダクト内に圧力勾配ができるため，同じ径の穴を等間隔で開けておくと，風上側と比べて，風下側で穴からでる気流の速度がかなり遅くなってしまう。これを補正するには，開孔の間隔を変えるか，開孔の径を風上側から変えていくしかない。

家庭用などのクーラーから冷風をダクトで流すと，かなりの効果は期待できる。経済性の問題があるため，日中の高温となる時間帯だけにクーラーを使用し，あとの時間は送風機を使用するなどの使い方も考えられる。

5. 気化冷却を利用した冷房

冷房の方法は大きく3つに分類することができる。①水の気化熱を利用するもの，②冷水の冷却力を利用するもの，③冷凍機を利用する方法がある。経済性を考慮すれば，③の方法は受け入れがたい。②の方法では多量の冷水で空気を洗って舎内に送り込む。うまくいけば除湿も可能であるが，①の何十倍もの水量が必要である。結局，現実的には①の方法が選択される。

(1) 冷水のドリップ

繋ぎ飼い方式でよく見られ，牛に直接冷水（井戸水など）をかける方法である。体温は1〜2℃低下する。即効性があり，体温を下げるには最も効果的な方法である。しかし，牛体にかけた水の処理などの問題がある。

(2) 細 霧

細霧冷房は，細霧を気流で輸送して舎内で蒸発させるのであるが，効果は後述するパッド・アンド・ファン法よりも劣る。これは冷水のド

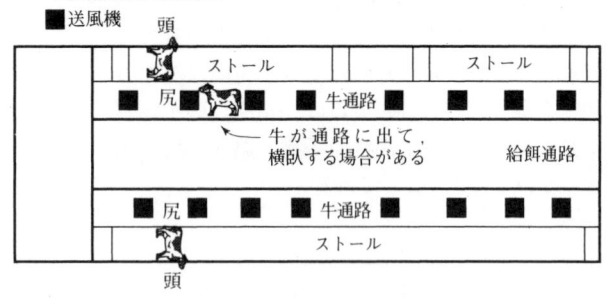

第4図　送風機の平面設置例

リップと異なり，舎内空気の温度を下げて，牛の熱放散を促進させる方法である。

細霧の方法は，圧力をかけた水を市販の細霧用のノズルに通して散布するのが通常である。散布制御は，ある温度によって稼動し，一定時間散布後に停止するという方法がとられる。

相井の報告によると，舎内の温度降下は最大でも1℃程度であった。しかし，乳量の増加が認められた。空気の状態を把握し，噴霧量と換気量の調整をうまく行なわないと効果が得られず，逆に舎内が湿潤になってしまう。

(3) パッド・アンド・ファン

第5図のように多孔資材のパッドに水を流して，そこに空気を通すことで通過後の空気の温度を下げ，温度が下がった空気を舎内に流す方法である。この方法の欠点は，初期投資が細霧よりも高く，パッドからの距離で温度勾配が大きくついてしまうことである。

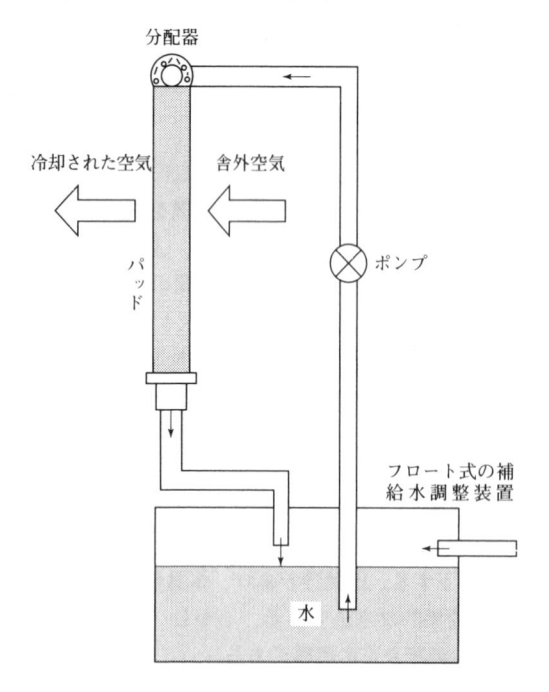

第5図 パッド・アンド・ファンの模式図

6. 夜間電力の利用

ここで述べることは，実際に使用されている方法ではなく，将来考えられる防暑法ということである。

料金が安くなる深夜電力を利用して，夜間にアイスポンド（氷蓄熱槽）で氷をつくる。これを，昼間冷水として取り出して，バルククラーの冷却に利用するというシステムが実際に稼動している。このシステムの目的は，電力使用のピークを押さえて，電力消費を平準化することである。この冷水やアイスポンドは防暑に利用できると考えられる。

たとえば，冷水自体を散布すれば，通常の水よりは効果が大きい。また，冷水を利用して空気を冷却，除湿し，舎内に送風することも可能である。ストールの下に配管し，冷水を循環させて，牛体を冷やすという方法も考えられる。

いずれにしても，実現可能な技術である。しかし，現場で使用できるまでには，さらに研究される必要がある。

執筆 池口厚男（農林水産省畜産試験場）

1999年記

参考文献

藤田世界・池口厚男・千場信司・奈良誠・相原良安．1990．畜舎用外装材の日射熱特性．平成2年度農業施設学会大会要旨．65－66．

柴田正貴・向居彰夫・久米真一．1984．牛乳品質．特に無脂固形分含量向上技術の開発に関する研究．成果シリーズ．**152**，26－27．農林水産技術会議事務局．東京．

池口厚男（伊藤稔編集）．1997．環境ストレス低減化による高品質乳生産マニュアル．100－103．農林水産省北海道農業試験場．

塩谷繁（伊藤稔編集）．1997．環境ストレス低減化による高品質乳生産マニュアル．91－92．農林水産省北海道農業試験場．

相井孝允．1989．防暑対策装置としての改良気化冷却装置について．乳質改善資料．**77**，1－28．

夏バテの予測方法と「夏バテ警報装置」

1. 暑熱被害の現状と課題

　乳牛の暑熱対策は，古くから西南暖地を中心に精力的に行なわれてきた。しかし，現在も夏季には多数の暑熱被害が発生しており，依然として暑熱対策技術の確立は乳牛飼養上の重要な課題である（第1図）。

　暑熱被害が解消しないのは，飼養管理面のほかに，乳牛の遺伝的能力の向上も大きな要因である（第2図）。1日30kgの牛乳を生産する乳牛の発熱量は1.4kWの電熱器に相当するといわれており，日乳量が40kg，50kgにも達する現在の乳牛は，さらに発熱量が増加していると推測できる。そのため，高泌乳牛は暑さの影響を非常に受けやすくなっている。

　暑熱対策技術については，これまでいくつかの方法が検討・実施されてきたものの，その効果は必ずしも十分でなかった。その理由は，暑熱対策開始時期の基準が不明確であったからである。実際の生産現場では，乳量水準が高くなったにもかかわらず，気温が何度になれば，あるいは暦のうえでいつごろになれば，という習慣的な基準で暑熱対策を開始している。こうしたあいまいな基準が暑熱被害を助長している。

　そこで，四国4県の畜産試験場では，農林水産省の研究助成事業を得てこの問題に取り組み，根拠となる暑熱環境と牛体の生理生産反応の関係から，暑熱対策の明確な開始時期を明らかにし，その技術適用の効果を実証した。

2. 夏バテの反応

(1) 夏バテの現われ方

　乳牛が暑熱にさらされると，体温調節中枢が温度変化を処理して調節指令を発し，これを受けて血流量の増加，発汗，呼吸数の増加，ホルモン分泌などさまざまな生理的な反応が発現する。

　そして，体温調節機能の限度を超えるような高温になると，乳牛の体温は上昇し，飼料摂取量の減少，泌乳量の減少や泌乳の停止など生産面に影響が現われるようになる。そして，さらに高体温状態が続くと，ついには熱死に至る。

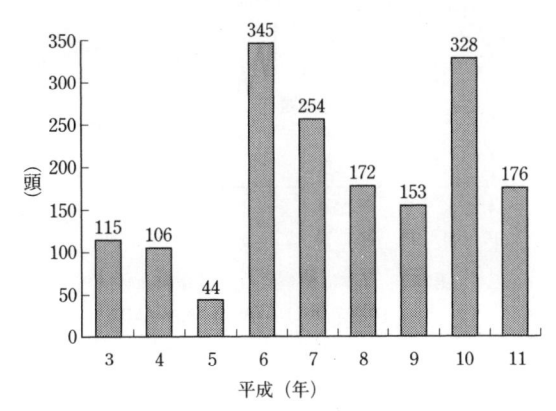

第1図　四国地域の乳牛の暑熱被害発生状況
四国4県の家畜共済調べより作成，熱射病と診断された頭数

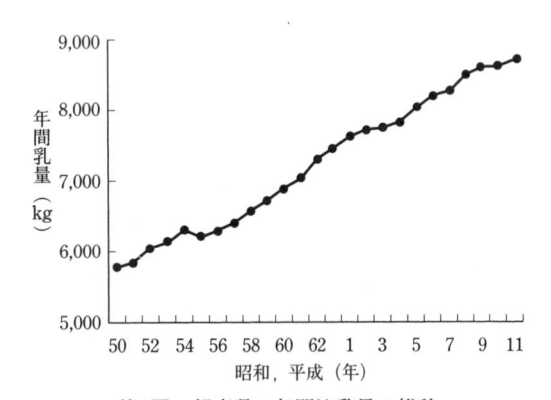

第2図　都府県の年間泌乳量の推移
（「乳用牛群能力検定成績のまとめ」より）
都府県でもこの25年間に泌乳量は1.5倍に増加しており，乳牛自身の発熱量も相当増加しているものと推測される

環境管理

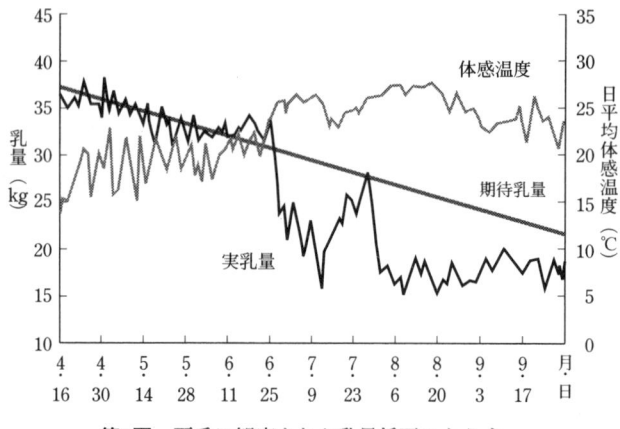

第3図 夏季に観察された乳量低下のようす
（期待乳量はHAYASHI・NAGAMINE. 1993による）

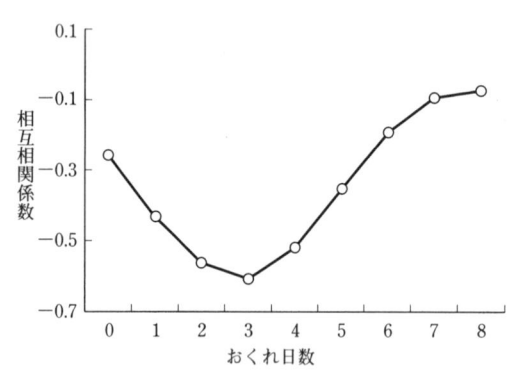

第4図 日平均体感温度変動と乳量変動の時系列的関係

おくれ日数：日平均体感温度の変動に対する乳量変動のタイムラグ

日平均体感温度上昇の後、乳量は2〜3日遅れて影響が現われる

(2) 乳量の低下

夏季に乳量が低下することは周知の事実であるが、実際に春から秋にかけて乳量が低下する調査事例を、期待乳量と比較した（第3図）。乳牛は高温環境では、温度よりも湿度の影響を強く受けるとされているので、ここでは環境指標として、乳牛の体感温度（0.35×乾球温度＋0.65×湿球温度）を用いた。

この例では、6月上旬までは期待乳量に沿った泌乳量を示しているが、日平均体感温度が上昇した6月下旬には乳量が激減し、その後7月中旬に日平均体感温度が低下すると、これに呼応するかのように乳量は一時的に増加している。しかし、7月下旬に日平均体感温度が上昇すると再び乳量は減少し、以降秋まで本来の乳量に戻ることはなかった。この期待乳量と実乳量の差が真の暑熱被害と考えられる。

夏季には、日中の牛舎内気温が35℃を超えることが普通である西南暖地では、暑熱の影響を完全に回避することは難しいが、少しでも期待乳量に近づけることが経営上重要である。

暑熱環境下の乳量の推移を詳細に検討すると、6月下旬以降の日平均体感温度の変動に対し、乳量はワンテンポ遅れて反対方向へ変動している。そこで、乳量と日平均体感温度との間の時系列的関係をみると、環境温度が上昇すると乳量は2日から3日遅れて減少（両者は負の関係にある）することがわかる（第4図）。なお、この第4図では横軸は日平均体感温度の変動に対する乳量変動のタイムラグ（おくれ日数）を、縦軸は両者の相関関係を示している。

つぎに、乳量が減少し始める環境温度を6牛群44頭でみると（第1表）、牛群により差が見られたが、日平均体感温度では20.4℃から26.1℃の範囲であり、平均値は22.2℃である（第5図）。この平均値は一般的な数値であるが、重要なのは牛群により変化温度に差があることである。つまり、乳量の変化温度は、乳量の多い牛群では低く、乳量の少ない牛群では高い傾向だからである。この傾向はほかの各反応についても同様である。

(3) 飼料摂取量の変化

飼料摂取量の変動は、乳量の変動のような明確なタイムラグは見られない（第6図）。飼料摂取量は、環境温度が上昇した当日直ちに減少するといえる。

また、飼料摂取量が減少し始める環境温度は、日平均体感温度では20.4℃から24.8℃の範囲で

あり，平均値は21.7℃である（第7図）。飼料摂取量が減少し始める環境温度は，乳量が減少し始める温度と比べ，日平均体感温度でわずかに0.5℃程度低いだけであるが，乳量に先行して減少するものと判断される。

(4) 呼吸数の変化

呼吸数に反応が現われる環境温度は，体感温度17.7℃から20.6℃の範囲であり，平均値は19.4℃である（第8図）。四国地域で体感温度17.7℃を記録するのは例年3月であり，19.4℃は4月に記録される。酪農家が自分自身の感覚を基準に暑熱対策を開始するのは，通常5月か6月になってからである。この人間と乳牛との暑さに対する感覚の差が暑熱被害を引き起こすのである。

(5) 直腸温の変化

もう一つの重要な指標である直腸温の変化する環境温度は，体感温度20.2℃から23.0℃の範囲であり，平均値は21.6℃である（第9図）。直腸温の上昇は，呼吸数の増加では平常体温を維持できなくなったことを意味しており，このような状態が比較的短期間続いただけで，直ちに生産に影響が出始める。

(6) 牛体へのその他の影響

実際の生産現場では，初夏に出荷乳量が減少した時点で初めて暑熱の影響に気付くことが多い。あわてて暑熱対策を行なうが，その時点ではすでに乳牛の体温は上昇し始めている。発見と対策がさらに遅れると，高体温が長期間持続し，発情兆候の微弱化，発情回帰の消滅，初期胚死滅など，夏バテ症状は繁殖障害として顕著に現われる。

こうした症状の乳牛は，秋以降に長期不妊牛として多数が廃用されることになる。実体をつ

第1表　調査に用いた牛群の概要

県	年度	頭数	乳量（範囲）(kg)	分娩後日数（範囲）
徳島	平成9	8	32.0（21.3〜43.3）	73（14〜134）
徳島	平成10	7	31.6（25.2〜37.3）	57（15〜107）
香川	平成9	7	29.3（18.3〜35.4）	196（25〜316）
香川	平成10	8	22.2（18.3〜30.4）	88（8〜152）
愛媛	平成9	8	27.3（17.3〜38.0）	124（54〜251）
愛媛	平成10	6	26.5（21.0〜33.7）	110（33〜156）

注　乳量は4月あるいは5月の試験開始直後2週間の平均，分娩後日数は試験開始時

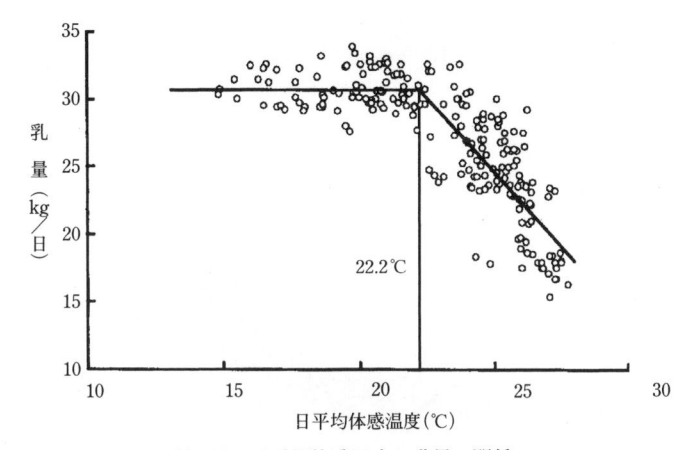

第5図　日平均体感温度と乳量の関係
乳量は日平均体感温度22℃付近から低下し始める

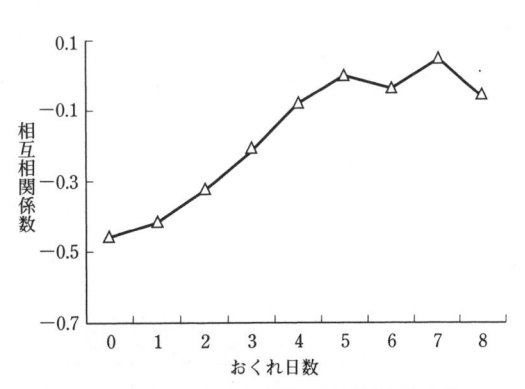

第6図　日平均体感温度変動と飼料摂取量変動の時系列的関係
おくれ日数：日平均体感温度の変動に対する飼料摂取量変動のタイムラグ
飼料摂取量には日平均体感温度上昇の影響が直ちに現われる

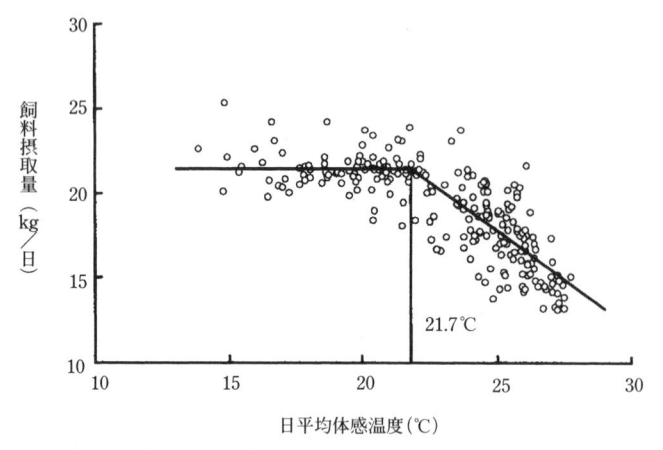

環境管理

第7図 日平均体感温度と飼料摂取量の関係
飼料摂取量は日平均体感温度22℃付近から低下し始める

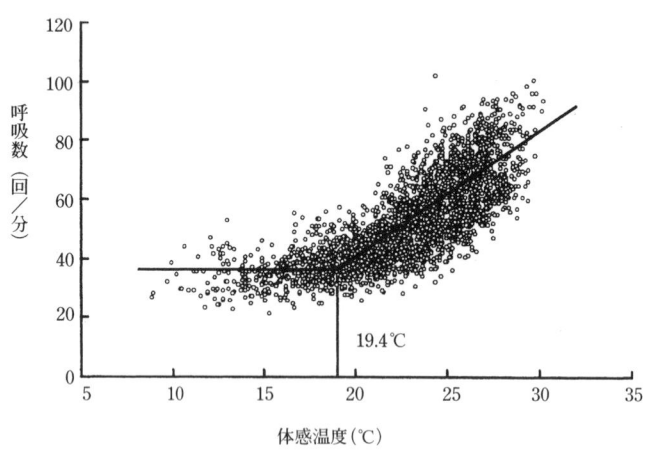

第8図 体感温度と呼吸数の関係
呼吸数は体感温度19℃付近から増加し始める

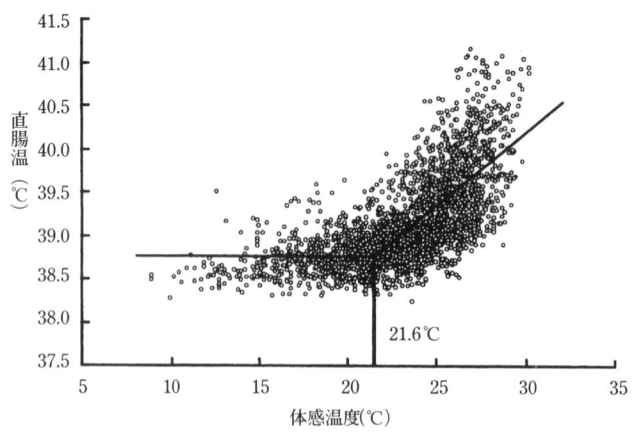

第9図 体感温度と直腸温の関係
直腸温は体感温度22℃付近から増加し始める

かみにくいが，経営を圧迫する最大の暑熱被害である。

3. 夏バテの予測方法

(1) 予測法の指標となる反応

乳牛の夏バテによる反応は，心拍数，呼吸数，直腸温，血液性状，飼料摂取量，乳量などにみられる。このなかには，測定に特殊な器具機材を必要とするもの，分析結果が判明するまでに日数を要するもの，測定条件によって誤差の大きいものなどさまざまである。予測法の指標とするには，酪農家自身が日々の管理作業のなかで簡便に測定でき，しかも的確に把握できるものでなければならない。

こうしたことから，予測法の指標として呼吸数と乳量を選定した。呼吸数は朝の搾乳前の観察により，乳量は毎日の出荷乳量の確認により簡便に知ることができる。

(2) 夏バテ予測式

これまでは牛群の平均値をもとに述べてきたが，牛群間に見られたように乳量水準により生理生産反応の変化温度は異なる。そこで，夏バテの予測には，個体ごとの検討を行なう必要がある。この個体ごとの検討により，乳量水準ごとに暑さの感じ方が異なることが明らかとなり，暑熱ストレスの程度によりきめ細かな暑熱対策を実施することが可能となった。

乳量水準と呼吸数増加体感温度の間には回帰式1の関係がある（第10図）。これは，体感温度24.16℃を基準として，乳量1kgにつき0.17℃

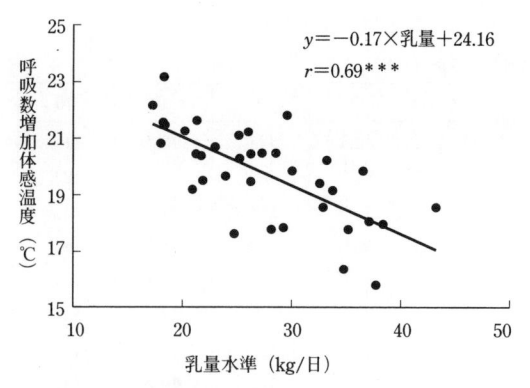

第10図　乳量水準と呼吸数増加体感温度の関係
乳量水準の高い個体ほど，より低い温度から暑熱ストレスを受け始めている
yは呼吸数が増加し始める体感温度

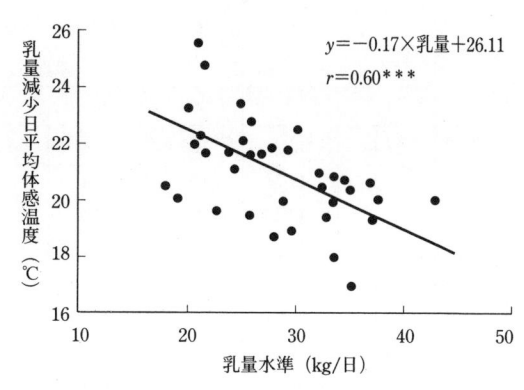

第11図　乳量水準と乳量減少日平均体感温度の関係
乳量水準の高い個体ほど，より低い温度から暑熱の影響を受け乳量が減少し始める
yは乳量が減少し始める日平均体感温度

の割合で不快感を感じる環境温度が下がることを示している。したがってこの回帰式は，呼吸数を指標とした乳量水準ごとの夏バテ発現時期の予測に利用できる。

式1：$y=-0.17×乳量+24.16$（$r=0.69***$）

一方，乳量水準と乳量減少日平均体感温度の間には回帰式2の関係がある（第11図）。これは，日平均体感温度26.11℃を基準として，乳量1kgにつき0.17℃の割合で乳生産に影響が出る環境温度が低下することを示している。こちらの回帰式からは，暑熱対策機器の運転の強度を切り替える時期が判断できる。

式2：$y=-0.17×乳量+26.11$（$r=0.60***$）

直接農家と接する技術者にとって，これまでは農家ごとに異なる乳量水準によって，暑熱の影響に違いがあることに気付きながらも，気温が何度になったら暑熱対策を開始すべきなのかの問いには，明確な指導を行なうことができなかった。今後は，この予測式を用いることによって，農家ごと，あるいは同一牛群内でも特に乳量の多い個体に合わせた，的確な暑熱対策の開始時期が判断できる。

(3) 乳牛体感温度早見表

四国地域ではこの予測技術を応用し，簡便に暑熱対策開始時期が判断できる乳牛の体感温度早見表をすでに酪農家に配布している（第2表）。縦方向には乾球温度を，横方向には乾球温度と湿球温度の差を表示してあるので，両者の交わったところを見れば簡単に体感温度を知ることができる。さらに，予測式をもとに，安全，注意，危険の3段階に色分けし，暑熱対策開始の目安として利用できるようにしてある。

この色分け基準は，四国地域の3月から4月の1日1頭当たり平均乳量が26〜27kgであることから，注意域を19℃以上とした。また，日中の最高体感温度が25℃を超えるようになると，日平均体感温度が，乳量が減少し始める22℃前後になることから，危険域を25℃以上とした。

また，体感温度の測定には乾球湿球温度計を用いるが，実際には湿球温度計の取扱いが難しい。そこで，一般的に湿度計測に用いられている相対湿度計を考慮した体感温度早見表も示した（第3表）。

これらの早見表を利用し，対象牛群の乳量水準に合わせて暑熱対策開始温度域を色分けし直した早見表を作成するとよい。

実際に利用する場合には，注意域になれば牛体への送風を開始し，危険域に達すれば，24時間送風と日中の細霧散水を併用するなど，暑熱対策の強度を切り換えればよい。

第2表　乳牛体感温度早見表（乾球・湿球温度計を使用する場合）

		乾球温度と湿球温度の差（℃）									
		1	2	3	4	5	6	7	8	9	10
乾球温度（℃）	18	17.4	16.7	16.1	15.4	14.8	14.1	13.5	12.8	12.2	11.5
	19	18.4	17.7	17.1	16.4	15.8	15.1	14.5	13.8	13.2	12.5
	20	19.4	18.7	18.1	17.4	16.8	16.1	15.5	14.8	14.2	13.5
	21	20.4	19.7	19.1	18.4	17.8	17.1	16.5	15.8	15.2	14.5
	22	21.4	20.7	20.1	19.4	18.8	18.1	17.5	16.8	16.2	15.5
	23	22.4	21.7	21.1	20.4	19.8	19.1	18.5	17.8	17.2	16.5
	24	23.4	22.7	22.1	21.4	20.8	20.1	19.5	18.8	18.2	17.5
	25	24.4	23.7	23.1	22.4	21.8	21.1	20.5	19.8	19.2	18.5
	26	25.4	24.7	24.1	23.4	22.8	22.1	21.5	20.8	20.2	19.5
	27	26.4	25.7	25.1	24.4	23.8	23.1	22.5	21.8	21.2	20.5
	28	27.4	26.7	26.1	25.4	24.8	24.1	23.5	22.8	22.2	21.5
	29	28.4	27.7	27.1	26.4	25.8	25.1	24.5	23.8	23.2	22.5
	30	29.4	28.7	28.1	27.4	26.8	26.1	25.5	24.8	24.2	23.5
	31	30.4	29.7	29.1	28.4	27.8	27.1	26.5	25.8	25.2	24.5
	32	31.4	30.7	30.1	29.4	28.8	28.1	27.5	26.8	26.2	25.5
	33	32.4	31.7	31.1	30.4	29.8	29.1	28.5	27.8	27.2	26.5
	34	33.4	32.7	32.1	31.4	30.8	30.1	29.5	28.8	28.2	27.5

注　□安全，□注意，□危険
色分け基準は乳量水準が26～27kg/日の乳牛を対象としている。乳量が10kg増すごとに基準を約1～2℃低く設定する必要がある

4. 夏バテ警報装置の利用

（1）装置の内容

　家畜管理の基本は，いうまでもなく日常の観察を欠かさず行なうことである。春先から乳量の多い個体を中心に，呼吸数，食欲，反芻行動などを観察するとともに，牛舎内の温湿度も細かくチェックする習慣をつけることが，夏バテの早期発見につながる。

　しかし，気象条件は日々刻々と変化し，時には思わぬ時期に，思わぬような高温になることもある。さらに，夜間の温度上昇にも注意を払う必要がある。こうした牛舎内環境の観測は容易ではない。

　そこで，牛舎内環境の観測と暑熱対策機器の稼働制御を自動的に行なう「夏バテ警報装置」を考案作成した。

　装置の構成は，牛舎内の温湿度を計測する温度・湿度センサー，乳牛の暑熱ストレスの程度を予測して送風機，細霧装置など対策機器を自動運転させる演算装置，稼働条件を画面上で設定する液晶タッチパネル，暑熱対策機器の電源を入り切りするスイッチなどからなっている（第12, 13図）。

　本装置に送風機と細霧装置が接続されている場合の作動は，まず，乳牛が不快と感じる体感温度を超えた時間帯にだけ牛体への送風を行ない，日中の体温上昇を抑制する。さらに気温が上昇し，1週間のうち一定割合の送風稼働日数が記録されれば，乳牛にとっての夏が到来したものと判断し，昼夜を通し24時間の送風を開始する。

　そして，乳量に影響が出始める日平均体感温度に達したら，日中の細霧散水と24時間送風を併用し，最大強度の暑熱対策を自動的に実施するものである。

第3表　乳牛体感温度早見表（温度・相対湿度計を使用する場合）

		相対湿度（%）										
		45	50	55	60	65	70	75	80	85	90	95
乾球温度（℃）	18	13.8	14.2	14.6	15.0	15.4	15.8	16.2	16.6	16.9	17.3	17.7
	19	14.6	15.1	15.5	15.7	16.0	16.8	17.1	17.5	17.9	18.3	18.6
	20	15.5	16.0	16.4	16.8	17.3	17.7	18.1	18.5	18.9	19.3	19.6
	21	16.4	16.8	17.3	17.8	18.2	18.6	19.0	19.5	19.9	20.2	20.6
	22	17.2	17.7	18.2	18.7	19.1	19.4	19.9	20.4	20.8	21.2	21.6
	23	18.1	18.6	19.1	19.6	20.0	20.5	20.9	21.4	21.8	22.2	22.6
	24	19.0	19.5	20.0	20.5	21.0	21.4	21.9	22.3	22.8	23.2	23.6
	25	19.8	20.4	20.9	21.4	21.9	22.4	22.8	23.3	23.7	24.2	24.6
	26	20.7	21.3	21.8	22.3	22.8	23.3	23.8	24.3	24.7	25.2	25.6
	27	21.6	22.2	22.7	23.2	23.8	24.3	24.8	25.2	25.7	26.1	26.6
	28	22.4	23.0	23.6	24.2	24.7	25.2	25.7	26.2	26.7	27.1	27.6
	29	23.3	23.9	24.5	25.1	25.6	26.1	26.7	27.1	27.6	28.1	28.6
	30	24.2	24.8	25.4	26.0	26.5	27.1	27.6	28.1	28.6	29.1	29.6
	31	25.1	25.7	26.3	26.9	27.5	28.0	28.6	29.1	29.6	30.1	30.5
	32	25.9	26.6	27.2	27.8	28.4	29.0	29.5	30.0	30.6	31.1	31.5
	33	26.8	27.5	28.1	28.7	29.3	29.9	30.5	31.0	31.5	32.0	32.5
	34	27.7	28.4	29.0	29.7	30.3	30.8	31.4	32.0	32.5	33.0	33.5

注　□安全，□注意，□危険
色分け基準は乳量水準が26～27kg/日の乳牛を対象としている。乳量が10kg増すごとに基準を約1～2℃低く設定する必要がある

秋になり，気温が低下するようになると，装置は季節の変化を判断し，対策強度を自動的に弱め，ランニングコストも最小になるよう稼働する。

また，細霧散水の稼働可能な湿度条件，細霧動作のインターバルなど，立地条件や構造により，それぞれ異なる牛舎環境に合わせた細かな条件も設定できるようになっている。

(2) 装置の利用方法

本装置は，酪農家の要望に応えられるよう，有限会社カワノテック（〒770-8076　徳島市八万町内浜　TEL. 088-625-3352，FAX. 088-625-3387）より商品化されている。現在のところ，装置本体，温湿度センサー1台付きで約60万円である。利用にあたっては，本体およびセンサーの取付け工事，既存の送風機や細霧散水装置の配線接続工事などが別途必要である。

操作方法はいたって簡単であり，タッチパネ

第12図　牛舎内に設置された夏バテ警報装置
写真中央の四角い箱が夏バテ警報装置本体。操作は本体前面のタッチパネルの入力画面で行なう。入力時以外は，タッチパネル上に現在の気温，湿度，体感温度，前日の最高・最低体感温度，過去24時間の積算体感温度などが表示されており，一目で牛舎内の温湿度環境が把握できる

右下の小さな四角い装置は，ダクト送風機のモーター回転数の制御装置である。送風開始時の急激なダクトの膨らみ，騒音を抑える

環境管理

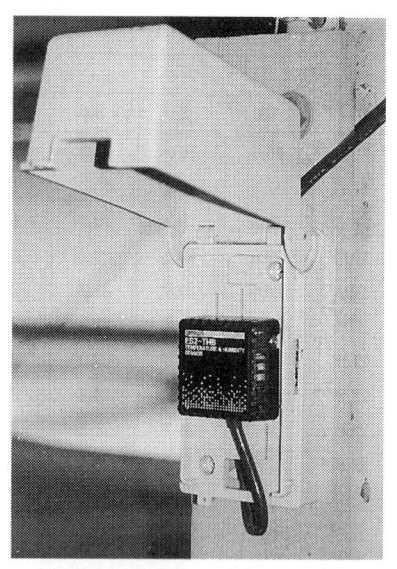

第13図　牛舎内に設置した温湿度センサー

メンテナンスフリーとするため，センサーには温度・相対湿度タイプのものを使用している。センサーの設置は直射日光の当たる場所を避け，床から1.5m程度の高さで，乳牛の繋留位置の温湿度をよく代表した場所（できればスタンチョンフレームなど）に取り付ける

ル上で対象牛あるいは対象牛群の乳量を入力するだけであり，あとは暑熱ストレスの程度に合わせ最適な方法で暑熱対策機器の自動運転を行なう。

*

共同研究者：香川県畜産試験場（現：香川県畜産課）川田建二，愛媛県畜産試験場　戸田克史

《夏バテ警報装置に関する問合わせ先》

徳島県立農林水産総合技術センター畜産研究所（乳肉用牛担当）

〒771-1310徳島県板野郡上板町泉谷字砂コウ1
TEL. 088-694-2023，FAX. 088-694-6211

執筆　中井文徳（徳島県農業大学校）

2001年記

参　考　文　献

中井文徳．2000．乳牛の防暑対策技術四国地域における防暑対策．畜産技術．**8**，15-18.

中井文徳・渡辺裕恭・井内民師．1998．乳牛夏バテ症候群の実用的早期発見技術の開発と効果的適応技術の実証．徳島畜試研報．**39**，9-22.

渡辺裕恭・中井文徳・井内民師．1999．乳牛夏バテ症候群の実用的早期発見技術の開発と効果的適応技術の実証（第2報）．徳島畜試研報．**40**，5-14.

簡易で効果的な暑熱対策「ダクト細霧法」

　暑熱の乳生産への悪影響は古くから知られ，昭和20年代にはすでに高温環境下での乳牛の生産性低下について研究が始まっている。ここ数年の被害状況を見ると，四国だけでも暑熱を原因とする死廃牛は毎年150頭以上発生し，乳生産量も15～20％減少していると推定される。また，平成6年の猛暑には北海道，東北でも牛乳生産量に大きな影響を与えるなど，暑熱の影響は全国的に酪農経営上の大きな問題となっている。この暑熱の影響は高泌乳牛ほど大きくなる傾向にあるので，高泌乳牛の導入によって経営の高度化を図ろうとする際の深刻な問題となっている。

　こうしたことから，これまで酪農家はもとより，多くの試験研究の側からも積極的な取組みが行なわれてきた。しかし，依然として有効な対策技術は得られておらず，被害は例年行事のように繰り返されている。

　このため四国4県の畜産試験場は，四国農業試験場の統括のもと，農水省の研究助成事業を得てこの問題に取り組み，簡易で効果的，画期的な暑熱対策技術として「ダクト細霧法」を完成し，その効果を実証した。

1. ダクト細霧法の構成機器

　ダクト細霧法を構成する機器は，ダクト送風機，細霧散水装置，換気扇と制御装置である。それぞれの構成機器は市販されている製品を使用するため，酪農家が容易にとり入れることができるが，製品を選定するうえでの留意点は次のとおりである。

(1) ダクト送風機

　この機器は牛体に直接風を吹き付けるとともに，細霧を牛舎内へ飛散させることなく牛に当てる作用をもち，牛床列のすべての牛に均等な風（風速2m/秒程度）を当てることができる能力が必要である。機種の選定にあたっては，牛の背から天井までの高さなど，ビニールダクト設置に必要な空間を考慮して選ぶ必要がある。

　ダクト送風機には音量が大きい製品があり，住宅などと隣接している牛舎では機種の選定に特に注意を要する。羽根径が大きく，回転数の低い送風機が音量は小さい。

　また，天井までの高さが低い場合，漏斗型のジョイントを使用すると，低音量である大型の送風機に直径の小さいダクトを接続できる（風速は若干低下する）。

(2) 細霧散水装置

　この機器は水（細霧）の気化熱で牛体の熱を奪う作用をもつ。細霧散水装置は間欠運転を行なうので，停止時に水滴が垂れず牛床が濡れにくい製品を選ぶ必要があるが，送水ポンプは使用圧力が20kg/cm²程度のものでよい。

　なお，送水管はステンレスのものが耐久性は高いが，舎内全体に散水する従来の細霧システムに比べて使用する水圧は小さいので，安価な塩化ビニル管も使用できる。

(3) 換気扇

　換気扇は牛舎内の熱や水分を速やかに舎外に運び出すためのものである。換気扇は吊り下げ式の送風機（羽根径90cm程度）を用いるが，既設の送風機がある場合はこれを移設して利用するとよい。

(4) 制御装置

　制御装置はダクト送風機，細霧散水装置と換気扇の動作を制御するものである。四国4県で開発した制御装置（夏バテ警報装置）は，温度，湿度や乳牛の暑熱ストレスの状態を判断して，1台でダクト送風機，細霧散水装置と換気扇を自

環境管理

動制御することができる。

このほかに、細霧散水装置や送風機とともに売られている制御装置も使用できる。これらの製品は温度センサーやタイマーなどで構成されているものが一般的であるが、むだな運転を抑制し、牛床を濡らさないために、湿度が高くなると細霧散水を止める製品がよい。

2. 設置方法

ダクト細霧法では送風ダクトの直下に細霧ノズルを設置する。設置時の留意点は次のとおりである（第1図）。

最初にダクト送風機を取り付けると、後の細霧ノズル設置時に位置の調節が容易になる。ダクトは底面が牛床から2〜2.5mの高さに設置し、送風機本体は外気を取り込むように取り付ける。

ダクトの送風口は、牛が起立した状態で肩から十字部に風が当たるように直径5〜8cmの穴を1頭当たり3つ程度あけるが、送風機の能力や牛床の数を考慮して穴の数を調節する必要がある。穴は牛床の中心よりも送風機側へ5〜20cm程度ずらす。これは送風口からの風が斜めに出てくるためである（第2図）。

細霧ノズルは、ダクト送風口から10〜20cm程度下に設置する。細霧ノズルは各牛に1個設置

第2図 ビニールダクトの穴あけ
野菜の穴植え栽培などで使用するカッターは、押すだけで簡単に円形の穴をあけることができる。ダクトを膨らませてからカッターで送風口をあけるとよい

すればよい。

換気扇は、ダクト送風機の風と干渉させないよう中央通路上に設置する。

3. 運転方法

ダクト送風機と換気扇は、牛群の平均乳量が27〜28kgの場合、乳牛の体感温度（乾球温度×0.35＋湿球温度×0.65）19℃を目安に運転する。これは日乳量が27〜28kgの乳牛は体感温度が約19℃になると、暑熱の影響で呼吸数が上昇し始めるためである。暑熱の影響は体温よりも呼吸数に早くから現われ、体温が上昇を始めてから送風を開始したのでは手遅れになる場合がある。また、乳量が多い牛は暑熱の影響を受けやすく、より低い体感温度から呼吸数が上昇する。そのため、35kg以上の日乳量の牛がいる場合は、1〜2℃低く設定する。気温を運転の指標として用いる場合は20〜23℃を目安とする。また、夜間も同様の設定で運転する。細霧散水装置は、

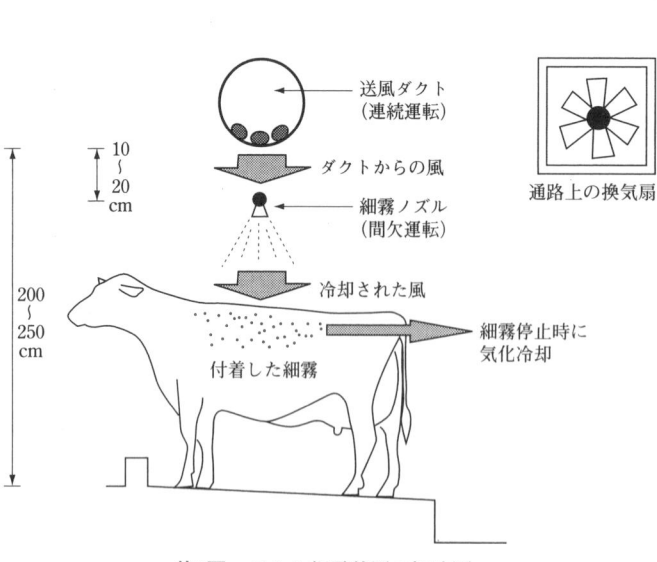

第1図 ダクト細霧装置の概略図

第1表　ダクト細霧法による牛体周辺の温度低下

測定項目		測定時刻	
		13：00	18：00
牛舎内温度	（℃）	31.2	29.3
牛舎内湿度	（％）	71.1	78.0
ダクト細霧法使用時の背上周辺の温度	（℃）	25.4	24.4
背上周辺の低下温度	（℃）	5.8	4.9

注　愛媛県畜産試験場に設置したダクト細霧装置での値

第2表　ダクト細霧法が搾乳牛の呼吸数および体温に与える影響

測定項目	測定時刻	ダクト細霧法	ダクト送風のみ
牛舎内温度（℃）	7：00		24.1
	10：00		29.5
	13：00		32.5
	18：00		29.5
呼吸数（回/分）	7：00	52.9	55.8
	10：00	43.4	62.5＊＊
	13：00	66.8	76.3＊＊
	18：00	55.6	67.4＊＊
体温（℃）	7：00	39.0	38.9
	10：00	38.8	39.2＊＊
	13：00	39.3	39.7＊＊
	18：00	39.9	39.7＊＊

注　細霧散水および送風は8：00に開始した
＊＊：1％水準で有意差あり

日中（8～19時が目安）に30秒散水，90秒休止を目安として間欠運転を行なうが，牛体や牛床の濡れ具合を観察して，散水間隔や運転の時間帯を調節する。散水開始の温度設定は送風機よりも2～3℃高くし，雨天の場合は日中でも散水を停止し送風だけ行なう。

4. 経　費

ダクト細霧法は牛の周辺のわずかな環境を改善するものであるため，牛舎全体の温度を低下させる従来の細霧システムと比較して運転経費が安価である。なお設置費は同程度である。

(1) 設置費用

設置に必要な費用は，牛舎の規模や導入する製品により変動するが，40頭規模で2列の繋ぎ飼い牛舎の場合，ダクト送風機は2台で10～20万円，細霧散水装置（細霧ノズルや送水ポンプなど）の費用が50～80万円であり，制御装置が30～50万円程度である。なお，夏バテ警報装置は約60万円である。

各機器の設置は酪農家自身が行なえるが，電気工事などを依頼する場合は，さらに工事費が数万円必要になる。

(2) 運転経費

運転経費は40頭規模の場合，1頭1日当たりの電気使用料は8～15円程度，水道使用料は2～3円程度が目安である。

5. ダクト細霧法の効果

(1) 牛体周辺の温度低下

ダクト細霧法は開放型牛舎でも牛体周辺の温度を4.9～5.8℃と大きく低下させることが可能である。これはダクト細霧法が牛舎全体ではなく，牛体周辺のわずかな空間だけを常に冷却するためである（第1表）。

なお，開放型牛舎は冷却された舎内の空気が短時間で外気と入れ換わるために，従来の細霧システムでは低下温度は1～2℃程度である（相井ら，1989）。

(2) 牛体への効果

ダクト細霧法はダクト送風に細霧散水を併用することによって防暑効果をより高くしている。ダクト細霧法，ダクト送風だけの場合を比較すると，ダクト細霧法を行なった牛は呼吸数と体温がより低く推移している。

これはダクト細霧法が散水時には気化熱で冷却された風を牛体に当て，散水休止時には牛に付着した細霧が送風機の風で気化し，牛体から効率的に熱を奪うためである（第2表）。

環境管理

第3表 細霧送風装置が搾乳牛の乳量，乳成分および乾物摂取量に与える影響

		細霧送風区	自然換気
乳量	(kg)	21.85	19.87**
FCM	(kg)	22.19	20.16**
乳脂率	(%)	4.16	4.15
乳蛋白率	(%)	3.56	3.46**
無脂固形分率	(%)	9.12	9.01**
乾物摂取量	(kg)	19.99	17.25**

注　**：1％水準で有意差あり

第3図 ダクト細霧設置牛舎（篠藤氏牛舎）
ダクトの直径は80cm。ダクト送風機の音量は約60デシベルと静かで，舎外に音が漏れない。通路上に既設の送風機を移設し，換気量を確保している

第4表 篠藤氏牛舎でのダクト細霧法と従来の暑熱対策の比較

暑熱対策方法	牛体送風（従来）	ダクト細霧法（現行）
機器の構成	羽根径80cm送風機　3台 羽根径45cm送風機　4台	ダクト送風機　2台 細霧散水装置　1台 換気扇（80cm）1台 （従来の送風機を移設）
機器の制御方法	篠藤氏の感覚によって送風機を作動	夏バテ警報装置 体感温度20℃で送風機作動 体感温度23℃で細霧作動 散水30秒，休止90秒 相対湿度85％以上で散水停止
設置経費	約40万円	約130万円
1日当たりの運転経費	電気使用料　約770円	電力使用料　約610円 水道使用料　約10円
搾乳牛の体温**	39.3±0.4℃	38.9±0.3℃
搾乳牛の呼吸数**	76.0±11.5回/分	53.3±15.2回/分
飼料摂取量	飼槽に前日の乾草が大量に残っていた	残飼がなくなったため，購入乾草の給与量を増やした
乳量	期待乳量に対して約20％減少	期待乳量の98％まで回復
繁殖成績	経産牛は夏季には受胎しなかった	6頭の人工授精で4頭受胎 （平成12年8～9月の成績）
暑熱による廃用牛の発生	熱射病や不受胎による廃用が年に1～2頭程度発生した	発生しなくなった

注　ダクト細霧装置を設置した日は平成12年7月24日
　　呼吸数と体温の調査頭数は22頭
　　呼吸数と体温は7/18（設置前）と8/10（設置後）の13：00に調査した。そのときの気温は設置前後ともに約32℃，湿度約60％であった
　　**：1％水準で有意差あり

(3) 乾物摂取量，乳生産への効果

ダクト細霧法により乾物摂取量は自然換気の場合と比較して15％増加し，乳量は約10％増加した。また，乳成分は乳蛋白率と無脂固形分率が明らかに上昇した（第3表）。

これはダクト細霧法により体温をほぼ正常値で維持したため，乾物摂取量が増加し，エネルギー充足率が上がった結果であろう。

なお，乳脂率には差がないが，これは調査した牛群が泌乳中期以降の牛であったためと考えられる。

6. ダクト細霧法の導入事例

(1) 導入前の暑熱対策

愛媛県野村町の篠藤敬一氏は，平成12年7月にダクト細霧法を導入し，良好な防暑効果を得ている。

篠藤氏はこれまで28頭の対頭式繋ぎ飼い牛舎に大型送風機3台，小型送風機4台を設置して暑熱対策を行なっていたが，乳量が期待乳量に対して約20％減少し，不受胎牛や熱射病の発生に例年悩まされていた。特に，高能力の牛が暑熱の影響で年に1～2頭廃用になることがあり，牛群の改良によって経営の高度化を図ろうとしている篠藤氏にとって暑熱対策は大きな課題となっていた。

以下に篠藤氏が導入した機器の概要と導入の効果について述べる（第3図，第4表）。

(2) 経　費

導入したダクト細霧法と従来の暑熱対策での機種の構成と制御方法は第4表のとおりである。

工事費を含むダクト細霧法の導入費用は約130万円であるが，送風機の数が従来の7台からダクト送風機2台と換気扇1台へ減少したため，電気使用料が削減され，1日当たりの運転経費は水道使用料を含めても従来法よりも安価である。

(3) 導入後の改善効果

体温は従来の送風機の対策では38.9～39.7℃であるのに対して，ダクト細霧法導入後は牛舎内温度が32℃と高温であるにもかかわらず，38.6～39.2℃とほぼ正常な体温であり，呼吸数も明らかに低下している。また，導入後は翌朝に粗飼料が残ることがないため，給与量を増やしている。その結果，平成12年8月の乳量は期待乳量の98％まで回復している。これは過去3か年と比較して，10～30％の増加に相当する。

さらに，過去3か年の8月には経産牛は受胎しなかったが，導入後6頭に人工授精を行ない，4頭が受胎している。これは正常な体温の維持と飼料摂取量の増加による結果であろう。

また，導入後は熱射病が発生しなくなったため，治療費や廃用による牛の更新費などが削減されている。

さらに，従来は雨天や夜間に篠藤氏が牛舎へ行き，機器を制御しなければならなかったが，夏バテ警報装置による自動運転により，暑熱対策の作業負担が軽減しているという。

篠藤氏の結論は，乳量の増加はもちろんのこと，熱射病の発生がなくなり，夏季の受胎率が向上することにより治療費などが不要となり，牛群の改良を計画的に進めることが可能となるため，ダクト細霧法は投資に対して十分な効果が得られるというものである。

ダクト細霧法は経済性を含めて効果的な暑熱対策であるが，ほかの環境管理や飼養管理の改善を併せて行ない，防暑効果を上げてほしい。

執筆　戸田克史（愛媛県畜産試験場）
　　　萩原一也（高知県畜産試験場）

2001年記

参 考 文 献

相井孝允ほか．1989．高温時における改良型気化冷却装置の運転が牛乳の各種生理・生産反応に与える影響．九農試報．**25**，291-316．

中井文徳．2000．乳牛の防暑対策技術―四国地域における防暑対策―．畜産技術．（社）畜産技術協会．**8**(1)，5-18．

戸田克史ほか．1998．暑熱環境が搾乳牛の乳生産及び生理機能に及ぼす影響（1報）．愛媛畜試研報．**16**，7-16．

戸田克史ほか．1999．暑熱環境が搾乳牛の乳生産及び生理機能に及ぼす影響（2報）．愛媛畜試研報．**17**，27-36．

環境管理

飼料給与の改善による暑熱対策

乳牛をとりまく環境には，遺伝的環境，牛舎環境，飼料環境の3つがあり，それぞれが十分に機能を発揮することによって乳牛の能力が最大限に活かされる。しかし，近年の乳牛の遺伝的改良のスピードに対し，牛舎環境および飼料環境の改善が立ちおくれ，遺伝的能力を十分に発揮しきれない例が見受けられるようになってきた。特に，夏季は畜舎および飼料の環境から受けるストレスが大きくなることから，両者の改善が重要となる。

近年では，北海道や東北などの地域でも夏季の乳量や繁殖成績の低下が指摘されるようになってきた。これは，泌乳量の増大に伴う養分要求量の増加により，乳牛が暑熱のストレスを受けやすくなったことが一因だと考えられる。さらに，地球温暖化が叫ばれる現在では，暑熱対策は今後の乳牛飼養の最も重要な課題の一つといえる。

1. 夏季の乳牛の栄養状態

最初に，夏季の飼料給与の問題点を明らかにするために，乳牛の栄養状態についての血液代謝プロファイルの一例を第1表に示した。

血糖，遊離脂肪酸およびコレステロールはエネルギーの代謝を表わす指標であり，泌乳初期から乾乳期のすべての乳期で，秋から春にかけての標準的な値と比較してエネルギーが不足している。乳牛は，エネルギー不足が続くと自分の蓄えていた脂肪を血液に溶かし，肝臓でエネルギーに変えて補おうとする。

しかし，エネルギー不足が著しい場合，一度に体脂肪が肝臓に移行するために処理しきれない脂肪が肝臓に付着して，脂肪肝の原因となる。泌乳初期の乳牛ではエネルギー不足に加え，多くの遊離脂肪酸が血液中に溶けだしているので，この状態が長く続くと肝機能に障害が出るおそれがある。実際，GOT，γ－GTPの数値からも肝機能の低下，すなわち脂肪肝への進行が推察される。

尿素窒素，総蛋白およびアルブミンは，蛋白質代謝の指標であり，エネルギーと同様に不足傾向を示しており，この牛群では飼料全体の摂取量が不足していることを表わしている。血液中の尿素窒素は，第一胃内の発酵によって発生したアンモニアガスが肝臓でつくり変えられたものであり，この値が大きいとアンモニアの量が多いことを意味し，肝機能障害が懸念される。

このように，夏季の乳牛は飼料摂取量の不足によってエネルギー不足の傾向にある。このため，乳量・乳成分の低下だけでなく，肝機能障害を引き起こしやすいことから種々の疾病にもかかりやすい状態にある。

2. 飼料摂取量が減少する原因

それでは，なぜ夏に飼料摂取量が減少するのかを乳牛の生理面から考えてみよう。第1図に，実験的に暑熱の感作を加えた際の乳牛の生理変化を示した。

第1表 夏季の乳牛の血液代謝プロファイルの一例

成分	単位	標準値	泌乳初期	泌乳中期	泌乳後期	乾乳期
血糖	mg/100ml	45～60	**41**～55	**42**～50	47～48	49～55
遊離脂肪酸	mg/100ml	150～450	212～316	**98**～154	**121**～138	**92**～166
コレステロール	mg/100ml	100～200	**68**～113	104～235	128～166	**73**～111
尿素窒素	mg/100ml	10～40	**5**～11	**10**～20	15～16	**10**～16
総蛋白	g/100ml	6.0～8.0	7.2～7.5	7.0～7.7	7.4～__8.2__	7.0～__9.4__
アルブミン	g/100ml	3.0～4.0	**2.6**～3.3	**1.9**～**2.5**	**2.1**～**2.5**	**1.0**～**2.4**
GOT	mU/ml	10～50	__54__～__91__	__55__～__70__	__51__～__55__	40～__75__
γ－GTP	mU/ml	15～25	18～20	15～24	16～17	16～__27__

注　数値は各乳期3～8頭の最小値と最大値を示し，数字の下の ＝＝ は標準値の下限以下の値，＿＿ は標準値の上限以上の値を示す

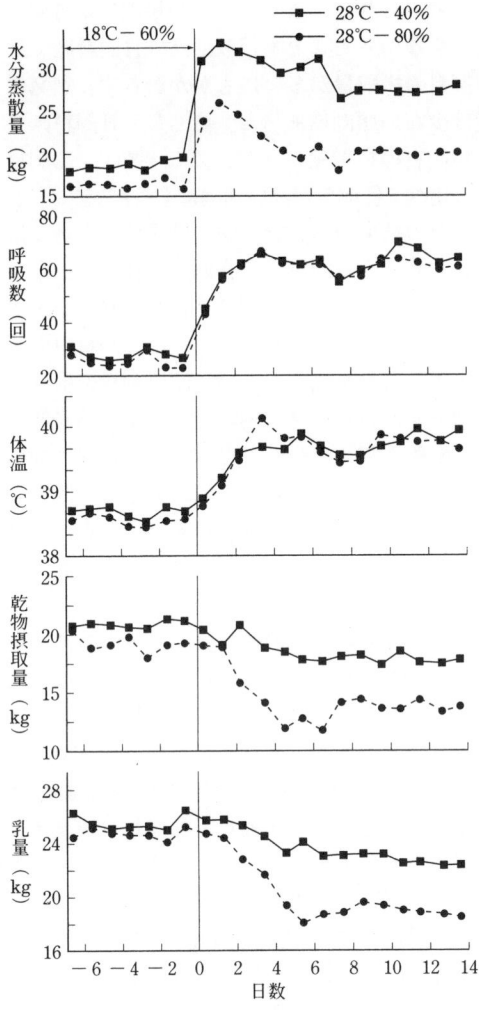

第1図　温度－湿度条件の変化に対する
　　　乳牛の生理・生産反応

(1) 温度の影響

気温18℃，湿度60％の快適な環境から，28℃の高温条件にさらされると，乳牛の体温は直ちに上昇する。やがてそれを追うように呼吸数も増加する。呼吸には，呼気中の水分が蒸発することによって体に溜まった熱を放散する働きがあり，それによって体温を一定以下に保とうとしていると考えられる。

呼吸数は，湿度40％，80％のどちらでも3日後にほぼ最高値に達したが，体温もそれとともに上昇し続けている。これは，呼吸数の増加だけでは体温を一定値以下に保つことが困難であることを示しており，体温上昇の原因となる体熱の発生自体を抑える必要がある。このため，体熱発生の原因である飼料の摂取量が抑制され，乳量が減少するのである。

その後，飼料摂取量の減少によって体温が40℃，呼吸数が70回前後で安定している。いい換えると，暑熱期では，体温40℃，呼吸数70回前後が安定的に乳生産するための生理的な上限と考えられる。

(2) 湿度の影響

また，湿度40％の条件では，呼吸数が増加するにつれ水分蒸散量が約2倍に増加して体熱を効率よく放散しているので，飼料摂取量の減少は少なくて済んでいる。一方，湿度80％の条件では，呼吸数を最大まで増加しても熱放散が十分できず，飼料摂取量が大きく減少している。

このことは，湿度が高い日本の夏の気候は，乳牛にとって過酷な条件であることを示しているとともに，気温が低くても湿度が高い条件では，高温時と同様のストレスが乳牛に加わっていることを示している。

(3) 夏季の飼料給与の課題

このように，乳牛の生理から暑熱期に飼料摂取量が減少する原因を考えてみると，暑熱期の飼料給与の課題が見えてくる。すなわち，体熱の増加が暑熱の影響を増強することから，暑熱期には，体熱の発生量が少なく，嗜好性のよい飼料を給与する必要がある。それとともに，呼気からの水分蒸発が体熱の放散の重要な働きをしているので，水分の補給が重要であることがわかる。

3. 暑熱期の飼料給与の留意点

(1) エネルギーとデンプン質飼料

高温時のエネルギー要求量　高温時には，飼料摂取量が減少しがちであるが，たとえ適温時と同じ量の飼料を摂取させても，乳量，乳成分

が減少する。これは，呼吸数や血流量の増加など熱放散機能の亢進などに伴うエネルギー消費量の増加によるもので，日本飼養標準（1994）では，高温時の維持に要する代謝エネルギー要求量の増加分を約10％としている。エネルギーが不足すると，特に乳成分のうち無脂固形分や蛋白質率が減少する。

一方，暑熱時には，食欲が低下し採食量が減少するので，増加したエネルギー要求量を満たすために，エネルギー含量が高く，利用効率の高い飼料が必要となる。そこで，夏季の高エネルギー含量の配合飼料給与の有効性を検討したので紹介する。

高エネルギー飼料の給与と粗飼料摂取量　試験は，日本飼養標準によるTDN要求量の約75％に相当する配合飼料を2種類（TDN含量78％のH飼料区と72％のL飼料区）給与し，残りをバヒアグラス乾草の飽食とし，その泌乳成績を比較した。その結果を第2表に示したが，H飼料区では，配合飼料の摂取量が少なくても十分なエネルギーを摂取することが可能で，その分L飼料区よりも多くの粗飼料を摂取することができ

たと考えられる。また，合計の摂取量がH飼料区で少なかったことを反映して，H飼料区では粗飼料の摂取量が多いにもかかわらず，熱発生量は少ない傾向にあった。さらに，H飼料区では粗飼料の摂取量が多かったことから，L飼料区に比べて乳成分が高い傾向にあった。

以上の結果から，暑熱期の乳成分の向上にはエネルギー含量の高い配合飼料を利用し，余った胃の容積で十分に粗飼料を採食させることが有効であると考えられる。一般に，飼料中のエネルギー含量を高めるために濃厚飼料の給与量を増やすと，ルーメン内のプロピオン酸が増加し，酢酸の割合が少なくなる。その結果，乳量と無脂固形分率は増加するが，乳脂率は低下するので，エネルギーの給与量を高める際には良質な粗飼料を40％以上給与し，乳脂率の低下を抑える必要がある。

易分解性炭水化物の給与量　飼料中のエネルギー含量を高めるために，トウモロコシや大麦などの，デンプン質を多く含んだ穀類がよく用いられる。こうした飼料中のデンプンや糖，ペクチンなどは易分解性の炭水化物（またはNSC；非構造性炭水化物）と呼ばれ，ルーメン発酵の重要なエネルギー源となる。ただし，多くなりすぎると粗繊維の分解が悪くなり（デンプン減退），乳量，乳成分の低下につながる。易分解性の炭水化物の含量は，25～30％程度が適当であると考えられる。

穀類の種類・加工方法の影響　また，穀類の種類や加工方法も乳脂率に影響し，ルーメンで急速に発酵される穀類ほど酢酸の生成割合が低下し，プロピオン酸が多くなるので乳脂率が低くなる。逆に発酵の遅い穀類では，乳脂率の低下が少なくなる。また，同じ穀類でも加熱処理やフレーク加工によりルーメンでの分解が速まるため，乳脂率が低下しやすくなる。

トウモロコシの有用性　穀類のなかでもトウ

第2表　配合飼料のエネルギー含量の違いが夏季の泌乳成績に及ぼす影響

	H飼料区	L飼料区
体重（kg）	622	629
摂取量（原物，kg）		
乾草[1]	6.26	5.82
配合[2]	14.79	16.32*
合計	21.05	22.14
乳量（kg）	33.89	32.00*
乳脂率（％）	3.49	3.37
乳蛋白率（％）	2.86	2.80
SNF（無脂固形分）率（％）	8.53	8.52
熱発生量（MJ/日）	112.6	114.7
体温（℃）	39.21	39.47
呼吸数（回/分）	53.6	59.5**
横臥時間（分/日）	621	568

注　[1]：バヒアグラス乾草
　　[2]：HおよびL飼料区の配合飼料組成（単位：％）
　　*：$p < 0.05$，**：$p < 0.01$

	トウモロコシ	ビートパルプ	大豆かす	魚粉	大豆皮	アルファルファミール	綿実	脂肪酸カルシウム	ビタミン・ミネラル類
H飼料	50.0	16.9	12.0	6.0	6.6	0	4.0	3.3	1.2
L飼料	46.4	15.4	11.6	0	6.3	19.1	0	0	1.2

〈窒素の収支と移行〉

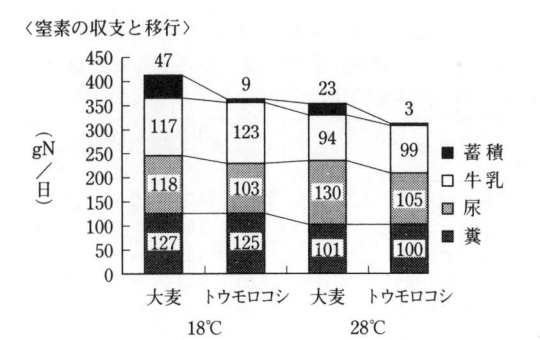

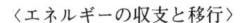

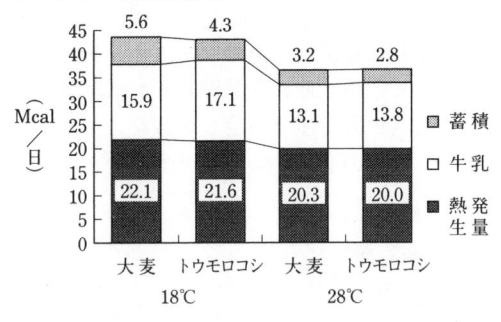

第2図 大麦，トウモロコシ給与での窒素とエネルギーの収支，移行の違い

大麦またはトウモロコシを30～35％含む飼料を給与し，18℃または28℃の環境で飼養

モロコシは，ルーメンでの消化が遅く，ルーメンの恒常性維持の観点から優れた飼料といえる。そこで，夏季の産乳飼料としてのトウモロコシの有用性を検討した。試験は，大麦またはトウモロコシを30～35％含む飼料を給与し，18℃または28℃の環境で飼養した際のエネルギーや窒素の収支について比較した。

第2図に示すように，トウモロコシは糞や尿に排出される窒素の量が気温に関係なく大麦より少なく，より多くの窒素が牛乳中に移行していることがわかる。また，エネルギーも牛乳に移行する割合が高いといえる。

(2) 油脂類

油脂類はデンプンなどに比べて約2倍のカロリーをもっているので，高エネルギー飼料の原料として用いられることが多くなってきた。油脂類の添加によって乳量は増加し，乳脂率も高くなるが，油脂の種類によってその効果に差が

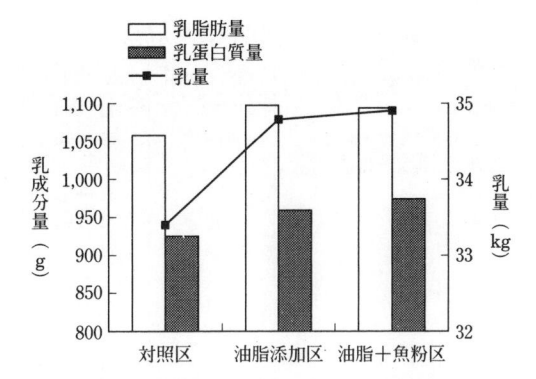

第3図 飼料への油脂の添加，魚粉併給と乳量，乳質

対照区：蛋白質源として大豆かすを使用
油脂添加区：対照区に脂肪酸カルシウムを添加（乳量10kg当たり110g）
油脂＋魚粉区：対照区の大豆かすを，魚粉に変更して油脂を添加

みられる。一般に，飽和度の高い脂肪酸を含むタローやココナツ油などは乳脂率を高めるが，不飽和脂肪酸の多い大豆油やひまわり油などでは乳脂率を下げることがある。

また，ルーメンバイパス油脂（脂肪酸塩など）は，ルーメンの発酵を阻害せずに乳量，乳脂率を高める効果がある。その添加効果と効果的な給与方法について検討したので紹介する。

試験は，蛋白質源として大豆かすを用いた標準的な飼料を対照区とし，対照区の飼料に乳量10kg当たり110gの脂肪酸カルシウムを添加した油脂添加区，さらに対照区の大豆かすに替えて魚粉を用いた油脂＋魚粉区の3区を設け，乳量と乳成分を比較した。第3図に示すように，油脂添加区では対照区よりも乳量，乳脂肪量が増加している。乳蛋白質量も増加しているが，乳量に比べると増加率はやや少なくなっている。さらに，油脂＋魚粉区では乳量，乳脂率，無脂固形分率ともに増加し，乳量，乳成分の改善に効果があった。

このことから，油脂の添加により乳脂量は乳量の増加とともに増加するが，無脂固形分量は乳量ほど増加せず，相対的に無脂固形分率が低下することがわかる。一般に，油脂の多給は乳蛋白質率を低下させるといわれており，その改善には魚粉の併給が効果的である。

第3表 主な飼料蛋白質の分解率

飼料名	NRC (1988)	ARC (1980)
牧草サイレージ	71	71～90
トウモロコシサイレージ	69	51～70
アルファルファ乾草	72	—
マイロ	46	31～50
大麦	73	71～90
大豆かす	65	71～90
ビートパルプ	55	—
ふすま	71	—
魚粉	40	—
ホワイトフィッシュミール	—	51～70

第4表 暑熱期のNDF（中性デタージェント繊維）水準の違いが乳量などに及ぼす影響

項目	NDF水準（%）			
	34	36	38	40
乳量（kg）	22.64	22.72	22.52	22.05
乳脂率（%）	3.40a	3.60ab	3.77bc	3.92c
乳蛋白率（%）	3.34	3.31	3.29	3.31
SNF（無脂固形分）率（%）	8.83	8.74	8.72	8.71
DM摂取量（kg）	18.96	18.70	18.68	18.25
RVI（粗飼料因子）（分/kg）	38.1a	43.0ab	46.5b	46.8b

注 a, b, c：異なる文字間に有意差あり（$p < 0.05$）

油脂の添加量が多くなりすぎると，ルーメンの発酵が阻害されて，粗繊維の消化率が低くなり，可消化エネルギーが減少する場合がある。したがって，添加量の上限は，配合飼料の5%，1日1kg以下が目安となる。

また，油脂を添加すると，カルシウムやマグネシウムの吸収が阻害されるので，要求量よりも20～30%多く給与することが望ましい。

(3) 蛋白質

通常の飼料給与では蛋白質は過剰になりがちであるが，夏季には飼料摂取量が減少するので，蛋白質も不足傾向にある。加えて，高温時には蛋白質の要求量自体も増加する傾向があるので，採食量の減少にあわせて飼料中の蛋白質含量を高める必要がある。

しかし，蛋白質は脂肪や炭水化物と比較して代謝の過程で発生する熱量が大きいので，蛋白質の過給は暑熱のストレスを増強する。さらに，過剰の蛋白質がルーメン内で分解されると大量のアンモニアが生成され，その排泄によけいなエネルギーを必要とするだけでなく，肝臓への負担となる。このため，蛋白質の過給に注意するとともに，ルーメンでの分解率にも配慮する必要がある。第3表に主な飼料蛋白質の分解率を示した。

暑熱期の給与飼料中の粗蛋白質（CP）水準およびCP中の非分解性蛋白質（UIP）の割合には，CP16%でUIP40%からCP19%でUIP50%程度の範囲が望ましく，CP水準が高くなるほどUIPの割合を高める必要がある。非分解性蛋白質を多く含む飼料としては，加熱大豆，コーングルテンミール，魚粉，血粉などがあるが，なかでも魚粉には，牛乳生産で不足しがちなメチオニンやリジンなどの必須アミノ酸が多く含まれている。

(4) 繊維

暑熱時にルーメン発酵の恒常性を維持するには，粗飼料中の繊維の質と量がとりわけ重要となる。繊維は，植物体の骨格となる細胞壁を形成する成分で，ヘミセルロース，セルロースおよびリグニンからできている。これらすべてを合わせたものをNDF（中性デタージェント繊維）または総繊維と呼び，これは粗飼料の「かさ」に関係して採食量の調節因子となる。また，NDFからヘミセルロースを差し引いたものはADF（酸性デタージェント繊維）と呼ばれ，粗飼料の消化率に関係し，ADF含量が高くなると消化率が低くなる。日本飼養標準（1994）では，飼料中のNDF水準として35%，ADF水準として19%以上を推奨している。

一方，繊維は消化性の違いから，高消化性繊維（Oa）と低消化性繊維（Ob）に分けられる。ヘミセルロースとセルロースを主体としたOaはルーメン内で容易に分解され，酢酸などの低級脂肪酸生成の原料となる。また，リグニンとセルロースの一部を主体とするObは，ルーメン壁を刺激して反芻を起こさせる物理的特性をより多くもっている。反芻動物にとって，どちらもルーメンの恒常性を維持するためには不可欠な要素であり，どちらか一方が不足しても乳量，

乳成分の低下を引き起こすので、両者のバランスが重要となる。

第4表に、暑熱期の飼料中のNDF（総繊維）水準の違いが、乳量、乳成分などに及ぼす影響について示した。NDF含量が増加すると乳脂率は増加するが、40％にもなると乾物摂取量が低下し、乳量が低下する。日本飼養標準（1994）ではNDF水準として35％を推奨しているが、この試験結果から、暑熱期に乳量を低下させずに乳脂率3.5％以上を維持するには、NDF含量として36～38％を必要とすることが示唆される。

また、粗飼料因子（RVI）についても、暑熱期では日本飼養標準（1994）で示された31分/kgより多くのRVIを必要とする可能性がある。

いずれにしても、粗飼料の採食量が減少する暑熱期には、ルーメン内での発酵熱生成を抑えるために、良質で嗜好性のよい粗飼料を給与する必要がある。特に、低質な粗飼料はルーメンでの発酵熱が高く、乳牛が受ける暑熱ストレスの影響を増強するので、給与を避ける必要がある。

(5) ビタミン、ミネラル類

カロチン 品質の悪い粗飼料や、コーンサイレージなどカロチン含量の少ない飼料を給与すると、ビタミンAが不足しがちとなる。乳成分に対するビタミンAとDの添加効果は明らかではないが、繁殖成績には効果が認められている。このほか、β－カロチンには体細胞数を減少させる効果があるといわれており、十分な量を給与する必要がある。

特に、最近の研究では硝酸態窒素含量の高い飼料を給与した場合、カロチンの給与量を通常の2～3倍にする必要があるといわれている。また、夏季に分娩した牛では、分娩のストレスと暑熱のストレスが重なり、繁殖性が極端に低下するので、十分な量のカロチンを給与する必要がある。

ナイアシン ビタミンB群のひとつであるナイアシンは、ケトーシスの発生を抑え産乳量の増加に効果があるといわれており、暑熱期に1日6gの給与によって乳量が約5％増加したという報告もある。高泌乳牛の泌乳前期では、ナイアシンが不足する可能性もあるので十分に注意する必要がある。

ミネラル類 高温期には発汗や流涎が増加するが、糞の水分含量も高くすることで潜熱の放散量を増やしている。こうした体内からの水分の排泄とともに、暑熱期にはミネラルの排泄量が増加し、なかでもカリウムやナトリウムの損失が著しいといわれている。日本飼養標準では、暑熱期の維持に要するミネラルの要求量を適温期の約10％増しとしている。高温時には、泌乳牛の血清中カルシウム、リンおよびマグネシウム濃度が低下するので、これらのミネラルの補給が重要である。

また、暑熱期のバッファー類（炭酸水素ナトリウム；重曹や炭酸水素カリウムなど）の給与は、ルーメンの恒常性維持や、血液pHの適正化に役立ち、乳量や乳成分の低下を抑制する。

高温期には、通常不足しないと考えられる微量ミネラル類の補給が暑熱ストレスの緩和に役立つという報告がある。高温期は、環境性乳房炎や蹄病の発生が多くなるが、硫酸亜鉛メチオニンを給与することによって乳房炎、体細胞数の減少および乳房炎からの回復が早くなり、蹄の状態が改善されるといわれている。

また、繊維の消化率の向上にはコバルトの給与が有効であると考えられている。

さらに、高温時の大きな問題の一つである繁殖性の改善には、銅とマンガンが有効であるとされている。

(6) 水　分

夏季には水分の蒸発が体熱放散の重要な役割を果たしているので、新鮮で清潔な水を常時補給することがきわめて重要である。水分の要求量は乳量のおよそ4～5倍といわれており、フリーストールのような群飼育方式では、飲水に競合が生じるため十分な数の飲水器と水量を確保する必要がある。

さらに、飲み水の温度は飲水量に影響し、適温は10～15℃で、20℃を超えると飲水量が減少する。汲み置き方式の飲水器や配管が日射によ

環境管理

り暖められているような場合は水温が上昇し、衛生的にも問題がある。牛が飲むたびに新鮮で冷たい水が供給されるように工夫する必要がある。

最近の農家の工夫では、水温が10℃以下の深層地下水を利用したり、古いバルククーラーを利用して水を冷やしてから給水する例がある。

4. 暑熱期の給与方法

(1) TMRの利用

暑熱期には粗飼料の採食量が低下するため、乳脂率が低下しやすくなる。粗飼料の給与量は、粗飼料と濃厚飼料の給与比率で40：60以上とする必要があるとされているが、これだけの粗飼料を採食させ、ルーメンの恒常性を維持するには、TMRの利用が最適と考えられる。

TMRは粗飼料の嗜好性を引き上げ、乾物摂取量を増加させる。さらに、粗飼料と濃厚飼料の発酵パターンの違いによるルーメン内pHの変動を少なくする効果があり、乳成分、特に乳脂率によい影響を与えると考えられる。

選び食いが起こらず嗜好性の高いTMRを調製するには、粗飼料を3cm以下に切断し調製する。切断長が長いと、うまく混ざらずに選び食いを起こす原因となったり、採食性が低下したりする危険がある。逆に短すぎると、飼料の物理性が損なわれ、乳脂率の低下をまねきかねない。

夏季のTMRは発熱しやすく、発熱したTMRの嗜好性は低下する。このため、乾草主体としたTMRでは、水分を30％以下にすると発熱をほとんど抑制することが可能である。また、やむを得ず高水分のサイレージを調製、利用する場合は、ギ酸アンモニウムなどの添加剤をサイレージ調製時またはTMR調製時に添加すれば二次発酵を抑制できる。

(2) 給餌回数と夜間放牧

給餌回数を増やすとルーメン発酵が安定し、TMRと同様の効果が期待できる。特に、夏場に気温が低下する夜間は、採食によって発生した熱を効率よく体外に放散できることから、採食量の増加が期待できる。

また、牛体や牛糞も畜舎内の熱源となることから、夏場は飼養密度を少なくし、除糞をこまめに行なうことが有効である。そこで、農家で行なわれている方法を紹介しよう。

高泌乳牛ほど暑熱のストレスを強く受けるので、高泌乳牛を畜舎内で最も涼しい場所、すなわち扇風機の正面などに配置し、低乳量牛や乾乳牛を夜間放牧に出す。通常、夜間放牧は全牛または泌乳牛を対象にしがちである。しかし、扇風機の揃った畜舎では、かえって夜に扇風機を回したほうが屋外より涼しく、飼料摂取にも都合よい場合が多い。こうすることによって、夜間の畜舎内の乳牛の密度が半分となり、牛同士による熱の負荷が軽減される。また、昼間熱せられた畜舎を効率よく冷やして、翌日に熱を持ち越さない効果も期待できる。手間はかかるが、畜舎周辺にパドックのある農家では有効だと考えられる。

5. 分娩前後の飼料給与

泌乳初期は、適温期でも養分要求量に摂取量が追いつかないため各種の障害を起こしやすく、泌乳期全般の乳量、乳成分に大きな影響を及ぼす重要な時期である。したがって、暑熱期では格段の管理が必要となる。泌乳初期は、十分な採食ができないため、飼料の養分含量を高めるなどの工夫が必要となる。この時期の各飼料成分の含量として、NRC飼養標準（1988）では、TDN73％、粗蛋白質19％、粗繊維17％およびカルシウム0.77％をそれぞれ推奨している。また、この時期をうまく乗り切るためには、分娩前の乾乳期に十分な体力と養分を補給しておく必要がある。乾乳期の管理としては、栄養状態を中の上程度に調整し、分娩前2週間前から泌乳期の飼料に順次慣れさせる。

分娩後の起立不能や乳熱などに備えるために、通常、カルシウムの給与量を飼料中0.4％程度に抑えることが推奨されている。これは、カルシウム不足に体を慣れさせる効果をねらったもの

第5表　飼料および飼料給与方法が乳量と乳成分に及ぼす影響

	乳量	乳脂率	SNF率
飼料摂取量			
低	減少	増加	減少
高	増加	減少	増加
エネルギー含量			
低	減少	増加	減少
高	増加	減少	増加
油脂添加	増加	増加	減少
蛋白質含量			
低	減少	不変	減少
高NPN[1]	不変	不変	牛乳中のNPN増
高UIP[2]	微増	不変	増
繊維含量			
低	増加	減少	増加
高	減少	増加	減少
給与方法			
多回給餌	増	増	不明
搾乳方法			
多回搾乳	増	微減	不変

注　[1]：非蛋白態窒素
　　[2]：非分解性蛋白質

であるが，暑熱期には各種ミネラルの要求量が増加しており，分娩後の必要量を考えると，この時期からカルシウムを十分に与えておきたいものである。

そこで，注目されるのは，近年のミネラルバランス（アニオン―カチオンバランス）の研究成果である。これによれば，アニオン（陰イオン）飼料，具体的には塩化アンモニウム，硫酸アンモニウム，硫酸マグネシウムなどを，分娩前の2～3週間から分娩まで1日200g程度給与することによって，起立不能や乳熱の発生が抑えられるというものである。ただし，カルシウムは十分に与える必要があり，1日100g以上を給与する必要がある。

これらの研究成果は，その因果関係がまだ十分に解明されたわけではないが，現状でよい結果が得られているので，低カルシウムの飼料を給与できない条件では採用できるものと考えられる。

以上述べてきたように，暑熱対策には畜舎環境の整備とともに飼料環境の改善が重要である。そして，暑熱ストレスへの影響は飼料中の各栄養素によって異なるので，飼料の給与にはきめ細かな対応が必要となる。最後に飼料および飼料の給与方法が乳量と乳成分に及ぼす影響を第5表に整理した。

執筆　塩谷　繁（九州農業試験場）

1999年記

参考文献

農林水産技術会議事務局編．1994．日本飼養標準・乳牛．1994年版．農林水産技術会議事務局．東京．

National Research Council. 1989. Nutrient requirements of daily cattle. 6th revised ed. update 1989. National Academy Press. Washington DC.

柴田正貴．1983．高温環境下における乳牛の熱収支と乳生産．日畜会報．54，635－647．

塩谷繁・寺田文典・岩間裕子．1997．暑熱環境における泌乳牛の生理反応．栄養生理研究会報．41（2），61－68．

久米新一・高橋繁男・栗原光規・相井孝允．1989．乳牛の血清及び牛乳中の主要ミネラル含量に及ぼす高温環境の影響．日畜会報．60，885－887．

環境管理

フリーストール牛舎設計上のポイント

1. ケース別レイアウト

(1) 搾乳牛50頭規模, 既存施設の活用

搾乳は, これまでのスタンチョン牛舎（30頭のパイプラインミルカー）をそのまま利用して, 繋ぎ変えながら搾乳する。

フリーストール牛舎（休息舎）は別棟に新築する。1ロー（列）または2ローか, 3ローでもよい。建屋構造は, 木造, 鉄骨を問わないが, 換気と断熱の点を考えると, 樹脂系, D型ハウスはすすめたくない（第1図）。

飼槽は舗装した運動場の一部に設ける。運動場は南面とし水勾配をとる。10m²/頭以上の広さが必要である。飼槽の幅は充分余裕をみて60～70cm/頭が望ましい。ふん尿処理の方向, 汚水の流下方向も設計の段階から考えておく。その他の施設, たとえば, 育成舎, 乾牛舎, バンカーサイロの取出し方向, 堆肥盤, 汚水溜など, 住宅, 道路を含む農場の配置図は必ず書き, その動線を検討しておく。

(2) 搾乳牛100頭以上の規模での新設

前計画同様, フリーストール, ミルキングパーラー, その他の施設の配置図をつくる。既存の施設でも新しいシステムのなかで活用できるものは利用する場合もある。

気象, 地域的特性もあるので, 基準設計を示すことは困難であるが, 比較的北方型の標準的パターンを示し検討してみる。次に示す平面図（第3図～第6図）は最も普通にみるフリーストール牛舎である。中央の飼槽路によって2群に分離され, 平行した2列のストールが設けられている。1ストールの幅が1.22mならば, 同時に飼槽に近づいても頭当たり0.61mの採食幅が確保できる。各通路は袋小路になっていない。通路幅も充分にとってあるので作業に支障がない。この計画は両妻側に拡張が可能である。ストールは尻合わせになっている（第7図）。最近流行している外壁のない畜舎では雨や雪が侵入するおそれがある。飼槽沿いの通路は幅3.6mは必要である。壁側のストールの長さは, 起き上がるとき頭を伸ばすので余裕をみて2.4mにする必要がある。

第5図の場合には, ストールが頭合わせなので前プランのようにベッドがぬれる心配もない。また, 前柵が開放されているので通気がよい。頭が交叉する可能性があるから, ストールの長さは2mを切ってもよいという説もあったが, 牛が落ちつかない理由もあって, 2ストール合

第1図 休息舎と飼槽

第2図 1ローのフリーストール
移動もできる, 自家建設。敷料も充分で牛はきれい

フリーストール牛舎設計上のポイント

下図の牛舎と運動場

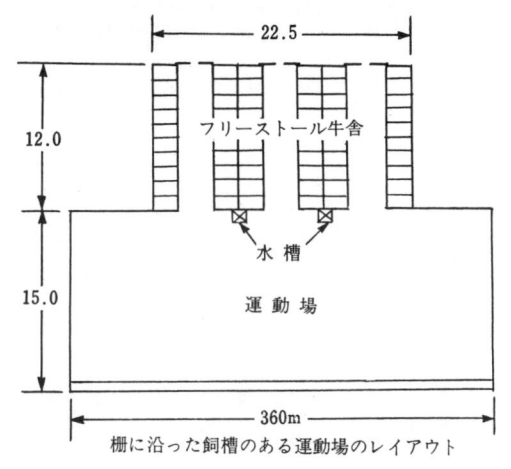

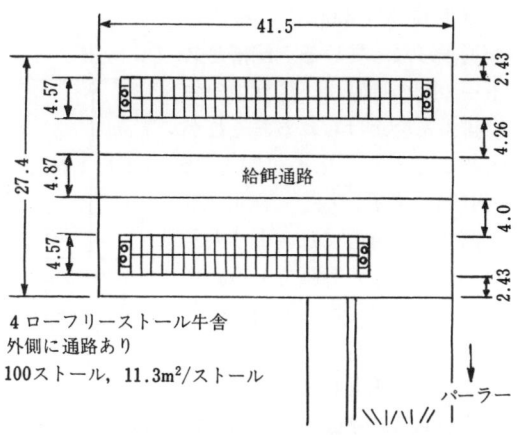

第5図 頭合わせのストールの配列は通気がよい
4ローフリーストール牛舎
外側に通路あり
100ストール，11.3m²/ストール
給餌通路はタップリとる
（単位：m）

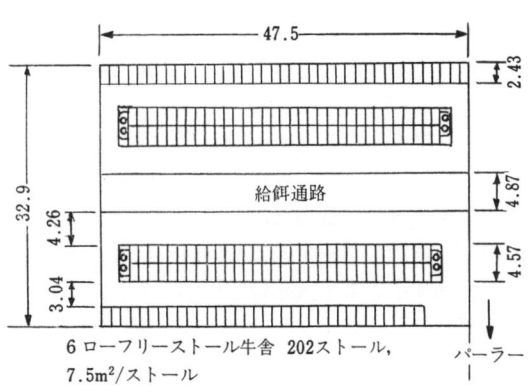

第3図 イリノイ型フリーストール （単位：m）
4.5m²/ストール，運動場 9m²/ストール
最も低コストなフリーストール牛舎。自家建設で400万円，旧スタンチョン牛舎にアブレスト牛舎建設約500万円，8ストールミルカーも含むコンクリート工事待機場20m³(生コン)

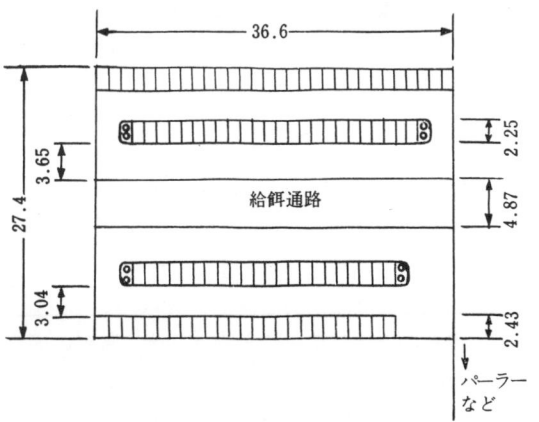

第6図 過密なプラン （単位：m）
6ローフリーストール牛舎 202ストール，7.5m²/ストール
飼槽の幅がせまい，ストレスの多いプラン

第4図 標準的レイアウト （単位：m）
伝統的配列。壁側のストールには雨や雪が吹き込むことが問題点

第7図 尻合わせのフリーストール（3ロー）

わせた長さを4.6mにすることが通説になっている。飼槽とストール間の通路は，採食中の牛に排ふんをかけられるおそれがあることから，広めに幅を3.6～4.3mにする。

第6図の場合には，より大きな牛群に適した計画である。ストール当たりの畜舎面積は少なく低コストを意図したが，除ふん作業時，搾乳時の牛の移動に支障がある。1頭当たり給餌幅が短いため，牛に与えるストレスも大きいことから，高泌乳牛群の能力を発揮するためには不適であるともいえる。初産牛群，弱小牛の分離飼育を考えるTMR（混合給餌）の給与回数を増すなど，一般の管理に細心の注意をはらう必要がある。

2．フリーストール各部の設計

牛体をきれいに保つためには，フリーストール各部の設計が適正であると同時に，日常の管理が関係することも大きい。

適正に設計されたフリーストール床の条件は，清潔，乾燥，よい空気の循環する場所であり，牛にとって他の家畜から守られ，けがや脚がはさまることのない安全な休息場所でなければならない。

ストール床の良否を牛の行動から判断すれば，牛が常に利用している，牛の後軀が汚れず，飛節をいためている牛もみられないなどである。もし牛が窮屈な動作，起きるとき犬坐姿勢（前軀から起きる）をとる場合には，何らかの欠点があるものと判断しなければならない。

（1）ストールの長さ

第1表を参考にしていただきたい。牛が起きるときの自然の姿は，頭を前方に伸ばし，後軀から立ち上がる。その時点で，膝と鼻端間の距離は，おおよそ0.7～1.0mとされている。前柵に障害物がなければ，ストールの長さは2.3m

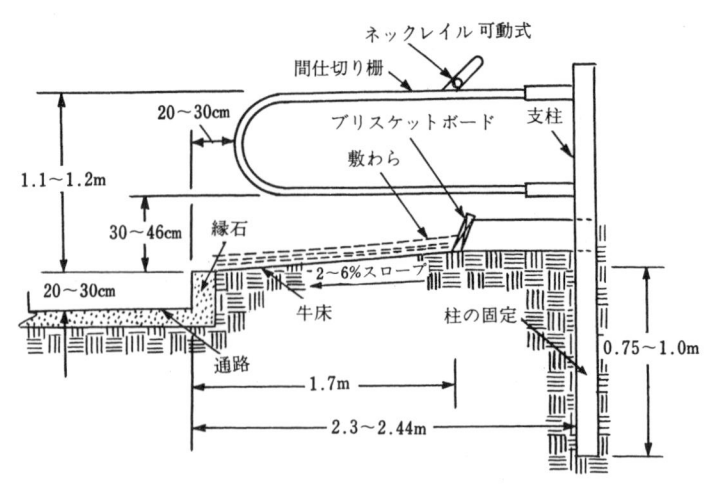

第8図 フリーストール各部の名称と標準寸法

第1表 推奨値フリーストールおよび隔柵の寸法

体　重	長　さ（m）		幅	高　さ
(kg)	A	B	(m)	(m)
135～180	1.2～1.3	0.9	0.7	0.7～0.8
180～270	1.5～1.7	1.2	0.8	0.86～0.9
270～360	1.7～1.8	1.3	0.9	0.9～0.97
360～450	1.8～2.0	1.4	1.0	0.97～1.0
450～500	2.0～2.1	1.5	1.1	1.0～1.1
500～590	2.1～2.3	1.6	1.2	1.1～1.12
590～725	2.3～2.44	1.7	1.22	1.12～1.22

注　Aカーブの後端から隔柵の取付け柱面まで
　　Bカーブの後端からブリスケットボードの後端またはネックレイルまで

あればよく，前に壁があれば2.44mは必要とするとしているが，牛の大小，隔柵の形状にもより，頸が横に出せるような形なら，ストールが若干短くてもがまんができる。隔柵のデザイン（第9図）参照。

（2）後部縁石

通路側の縁石の高さは20～30cmにする。しかし，乳房の下がった牛では，30cm以上高い縁石は，牛がストールに出入りするさいに乳頭をいためる危険がある。

縁石の上に敷料止めを設けると，敷料の節約になる。5cm×10cmの大貫か，2インチのパイプをクランプで固定する。

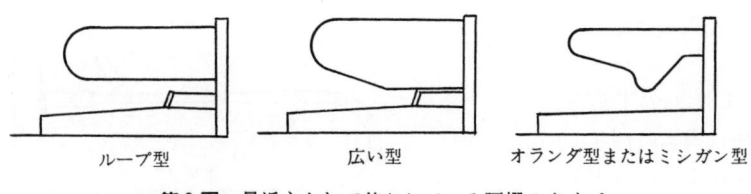

第9図 最近主として使われている隔柵のタイプ
ミシガン-タイプには通常胸板を付けない。頭を側方に出すのにじゃまになるからである。前柵が開放されているストールでは胸板を付けたほうがよい

（3） 床の勾配

ストール床の前縁、またブリスケットボードから縁石に向かって、2～6％の勾配を床の面に設ける。牛は横臥するさいに前方が高いことを好むので、後方に向く習慣のある牛の矯正になるとされている（育成中に覚えた悪癖を治すことは困難である）。

後述の床の構造である砂、火山砂を敷料に使用した場合には、こまめに整地をしておかないと隔柵の下に脚をとられる事故の要因になる。また、ストール後部をぬらしておくと乳房炎の原因になる。

（4） 隔柵（間仕切り柵）

各種のデザインが出回ったが、最近では、脚部の腐蝕、脚関節の事故の少ない形のものに統一されてきた。サスペンド型またはループ型である。安全を図るため、取付け金具類も着脱の容易なものを使用するようになってきた。各部の寸法は、牛の大小に応じて、取付け後、汚れ、安楽状態を再点検する必要がある。

（5） 前柵の寸法

牛の立ち上がるときの頭部の動きについて前述したが、前柵の先に頭部を伸ばす余裕があれば、側方伸ばしよりはらくに立ち上がることができる。したがって、前柵は、床上60cmに5cm×10cmの大貫を、水平に前の支柱に固定する。

（6） ネックレイル
　　　（トレイニングレール）

牛が起立したとき、ストール内で排ふんするのを防止する。また、前方にいきすぎて立てなくなるのを防ぐ（ブリスケットボード同様）。

その標準的な位置は、縁石後部より1.7m、ブリスケットボードの直上にする。また、その高さは、隔柵の上面、後部縁石から水平に測って1.07から1.22mと仮りに定め、牛のようすをみてから調節すべきである。あまり低かったり、後方すぎると牛は嫌がることになる。

資材は少なくとも φ25～50mmパイプが使われている。ワイヤーは頸の皮膚をいためるため、あまり使われていない。"フローティング"（浮き形）と称するものは、牛が持ち上げることができる可動型のもので、事故が少ないため推奨されている。

（7） ブリスケットボード（胸板）

最近しばしば使われるようになった。牛がストールの前にズリ寄り、柵にはさまり立てなくなるのを防ぎ、また床の後方に寝るようにする制御板である。余裕をみて固定しないと、牛にとっては窮屈になるだろう。

木材で角（かど）をとり、床の表面から若干上がり、前方に45度の傾斜をとる。角材、丸太などを加工して前柵の土台などに固定する。

（8） ストールの床各種

牛は1日の半分をストール内ですごす。牛が好んで横臥する場所は、乾いた、平坦な、軟らかい、敷料の多い（弾力性）場所である。それらの条件を充たすストールの床の構造と敷料の組合わせは、地域に応じて経済的かつ入手しやすい資材であり、また最終的産物のふん尿処理に支障のないものでなければならない。

①土　間　床

基礎は切込み砂利で埋め戻し、その上を粘土質の土で突き固める。粘土タタキと称するもので、その地方独特の配合がある。石灰またはセメントを加え、敷わらの量によって出来上がりの表面の高さを決める。補修を年に数回やり敷

料を充分に投与すれば，理想的な環境になる。

②火山砂，川砂床

基礎床は砂利，粘土で表層より20cm下がる程度に一定の勾配をつける。牛は適当に掘って横臥してらくな姿勢をとる。週に2回は表面を均らし，砂を補充しておく。ぬれた砂，深い穴を埋めておくなどの手入れを怠ると，重大な事故また乳房炎の要因になる。最近火山礫の粗めのもので蹄底をいためる牛があると聞く。均質な砂を選び，常に蹄の手入れに留意するべきである。

③木 質 床（第10図）

土間床，敷わらの減耗を防ぐために木材のすのこを敷く床がある。充分に突き固めた基礎をつくり，その上に5～10cmの大貫を一定の間隔でストールに向かって横に並べ，縦に隔柵の下にタルキを釘づけして，砂で埋めて固定する。

敷料は，敷わら，砂いずれでもよい。マットレスもまたよい。穴を掘ることもなく維持管理はらくになる（木材には防腐剤を塗布しないこと），気づいた補修は早期に実施する。

④コンクリート床

施工が比較的容易であり，耐久性に富み安定している。しかし，家畜にとって最も嫌われる床である。弾力性，吸湿性に欠けるので，このままでは使えない。

タイヤとの組合わせ 基礎を打った上にタイヤを配列し，さらにコンクリートを流して，タイヤの表面が出る程度の高さに仕上げる（第11図）。敷料を薄く散布して使用する。弾力性が改善される。タイヤを2分の1に切って使用すると水切れがよくなる。吸湿性を改善するため敷料を使用することが望ましい。

ゴムマットとの組合わせ 従来床の弾力性の改善に使用しているが，弾力の不定，ぬれると滑りやすく，後肢付近の表面が細菌の繁殖する培地になる。乳房炎のほかに，飛節やその他の骨の突起部の表皮の擦過傷を生じ，悪くすると染毒のおそれがある。マット自体も短期間に劣化が始まる。欧州に多いスラット床の牛舎では，ゴムマットの代替品の模索が始まった。

マットレスとの組合わせ マットレスの研究

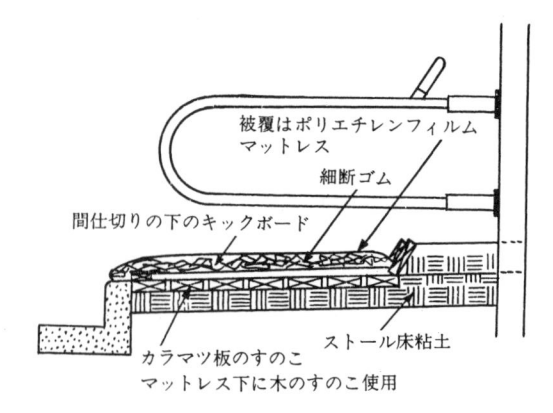

第10図 木 質 床
カラマツ材のすのこ，上面マットレス使用
敷わらを投与すればいっそうよい

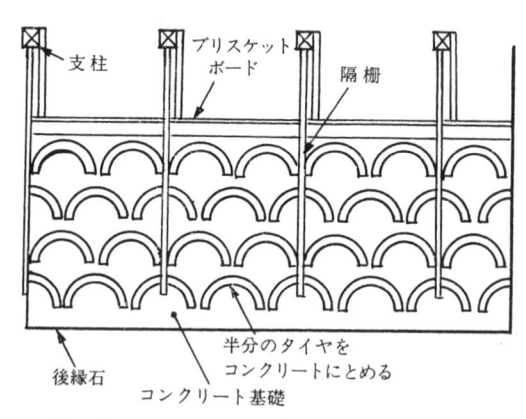

第11図 コンクリート床にタイヤ半切りを使用したもの
敷料は吸湿性のある麦稈類，木質系を使う

は，弾力性の改善と同時に敷料の節約も重要課題である。

素材は，ポリ系フィルムおよびその繊維であって，耐久性に富むことが開発の目標である。

マットレスは，コンクリート床はもちろん，土間床にも使用されている。被覆の方法は，一方を木材で巻き込み，ブリスケットボードに釘づけする。他の断端を同じく後縁石に連結したタルキに釘で巻き込んで固定する。

マットレスの中身は，わら類，木質系敷料か，タイヤの細断したものを充填して，沈下したときに10～15cmに落ちつく量にする。また表面を丈夫な包装用テープで押さえ，キックボードに結着することもある。マットレスの中綿の片

第12図 舎内給餌
セルフロッキングスタンチョン

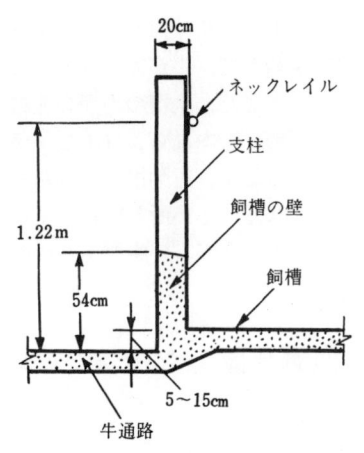

第13図 ネックレイルを飼槽側に20cm
出すと採食が広くなる
（Bickert, 1990）

寄り，ぬれた場合，また不足した場合には補充・交換など，常に快適性を保つよう手を加える。

マットレス用市販の生地も出回り，いたんだ位置を変えて使用すれば数年の耐用があるといわれている。

3．給餌・給水施設

レイアウトで述べたが，規模や気象条件で舎内と舎外給与に大別される。

飼養体系の違う牛群，乳牛の能力別，乾乳牛，育成牛で何種類か給与飼料が異なり，給与する牛舎も別棟，最低でもパドックの分離が必要になる。

濃厚飼料の給与別方法では，大規模ではTMRによって1～2群までの給与を実施しているが，特に能力の差がある個体には，コンピュータにより個体識別給与方式を導入している経営もある。

中規模経営では，セルフロッキング（第12図）また搾乳時に個体別の給餌を実施している。

まだ一般に解決されていないのが粗飼料の調製と給与方式である。購入粗飼料に依存している経営はよいが，自給度の高い地域では，牧草の収穫方式がまだ統一されていないことが，機械体系，給与体系を複雑にしている。たとえば，グラスサイレージ主体給与には，ハーベスタによる細切調製型とロールベール調製型に分かれる。また乾草の調製給与も残されている。さらに，コーンサイレージも栽培可能な地帯では，捨てることのできない自給作物である。この現況から，生産者はシステム転換のための技術的，コスト抑制方法を模索中である。これが決定しなければ給餌施設のシステム化も決定できない。

（1）飼槽設計の要点（第13図）

飼槽の底の高さは，牛の通路から5～15cmくらいの高さがよいといわれているが，10cmあればよい。20cmになると牛が飼料を飛ばす量が多くなる。ネックレイルは，2インチの亜鉛びき鉄パイプが使われる。高さは牛の通路から1.2m程度，ワイヤーは頸の皮膚をいためるので使わないほうがよい。ネックレイルを飼槽側に20cmほど出して固定すると，飼槽の表面の到達距離が広くなる。ステップ（40cm×15cm）を設けると，ふんを押すのに都合がよい。何種類かの給餌柵があるが，育成用には斜めの柵を使うと牧草の損耗が少なくなる。セルフロッキングスタンチョンは，個体管理にはぜひ必要なものである。

（2）給水槽

凍結のおそれがある地帯では不凍水槽を設ける必要がある。生産者のなかには新鮮な水を飲ませたいとの要求から，流水式か水槽の表面が解放されたものを使用されることが多くなった。

何れの水槽であれ，時々掃除して，清潔な水を常に供給して，牛がガブ飲みするようにしたい。また，水槽の周囲の凍結を防止するため，舎内ならフロアヒーティングを設けるとか，運動場なら陽だまりに設ける。20頭に1か所といわれているが，管理にも都合がよい場所が一つの条件である。

4．換気装置（ベンティレーション）

換気の必要なことが，寒冷地でも徹底してきた。海外の先進酪農地帯においてフリーストール牛舎は，自然換気牛舎が主流になっている。

北海道の道東地帯のフリーストール牛舎の換気方式は，コールドバーン（自然換気）方式，建屋構造は，木造また鉄骨，片流れか切妻が普通になったが，まだ屋根に断熱材を施工しているところは少ない。壁は全面開放するものが多くなったが，寒地では，50％開放が適当である。開口部はプラスチックのカーテンで換気量を制御する。排気口はオープンリッジか片流れ牛舎なら，南面の最上端を開放している。

コールドバーンは，外気温が−20℃ならば，舎内は−10℃になるだろう。厳寒期であれば，給水は不凍給水器を使わなければならない。ふん尿処理も日中凍結が緩和されたときに掃除をする。堆肥盤に押し出されたふん尿は，凍結したままで堆積する。液肥処理を希望する場合には，簡易環境調節牛舎にまで格上げする必要がある。

コールドバーンの他の問題点は，
・オープンリッジから雪や雨の侵入
・壁や屋根裏の結露
・夏の過熱対策
・冬のすき間風
・管理者の苦痛，などである

コールドバーンの最大の長所は低コストである。一般には，寒冷のため生産が落ち，建物や機械の損耗を促進すると考えていたが，しだい

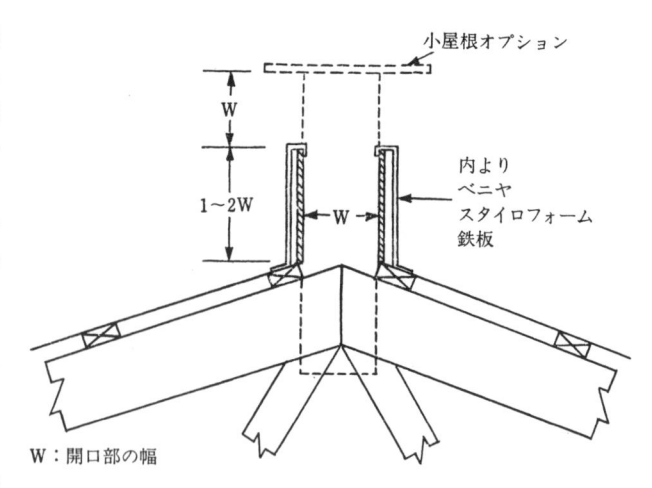

第14図 連続したオープンリッジ

第15図 フラッシュ牛舎（水洗循環）
暖地型牛舎。壁面全開であるが，暑いときは扇風器はフル回転する（フロリダ）

に生産の落ちるのは夏であり，断熱材を使う簡易環境調節牛舎では，冬季間でも屋根裏の断熱強化程度（固形断熱材2.5〜5cm）で窓は非断熱プラスチックカーテン，または断熱をした厚いカーテンなら，普通のオープンリッジで，外気温が−20℃でも，舎内を2〜4℃に保つことが可能なことが立証された。冬季間の気象条件でも，水やふん尿の凍結を防止するのに充分であり，結露も少なくなる。夏季間では蓄熱を減ずる。

ウォームバーンは，断熱および換気効果は顕著であるが，欠点は建設費および維持管理費が加わることである。それで換気方式のどのタイプのものを選択するかは，生産者にゆだねると

第16図　厚手カーテンをウインチ作動する

して，機能とコストの面で検討を要する課題になろう。

換気装置の各部　従来の開転のパネルやサッシは，風の流れに対する抵抗があるのですすめられない。パネルやカーテンは，ケーブルやウインチで作動する（第16図）。断熱パネルはカーテンよりは気密性があり，耐久性もあるが，コスト高である。

オープンリッジ（第14図）　この排気装置は，すでに酪農家の間では周知のとおりだが，要約すると，その幅は建物の幅3mに対して5cmとし，両妻2.4mを除いて，全面開放する。わが国は雨が多いので，リッジの上に小屋根をかけるものが多くなった。しかし，若干換気量が落ちる。

また，畜舎の暗いのを嫌って，ダッチ型のオープンリッジにする場合もある（中央棟75～90cm樹脂板をドーム形に張る）。その他，屋根の一部に明かりとりに樹脂板を張る。片流れ，セミモニター屋根にするなどあるが，いずれも一長一短である。

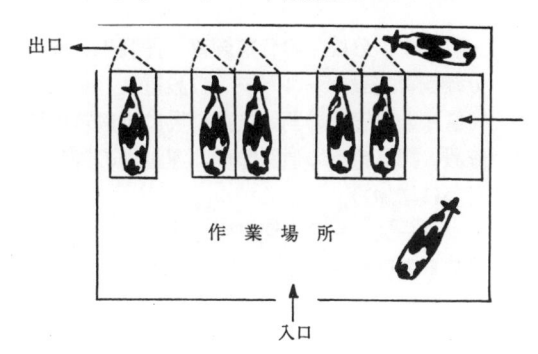

フリーストール牛舎設計上のポイント

第17図　アブレスト型パーラー
アブレスト型パーラーは6～8頭規模で1ユニット当たり50～70万円で受注生産されている。搾乳の効率は大型ヘリンボーンに比較して遜色がない

5．ミルキングセンター

フリーストール牛舎とミルキングパーラーはペアで考えるのが当然であるが，本格的なパーラーは大型投資が必要なことから，中小規模の簡易アブレスト型ミルカーを導入した実例と，大型経営の本格的ミルキングパーラー設置の考え方を紹介しておく（第17図）。

（1）簡易アブレスト導入の順序

酪農の日常作業のうち搾乳作業は最も過重なものと考えられがちであるが，意外と中小規模の場合，パイプライン搾乳からパーラー搾乳に切り変えたための時間的短縮は少なく（第18図），最も省力になったのは飼料の給与時間であった。

重複することになるが，システム転換に伴って作業が軌道にのるために必要な事項と，作業者と家畜が馴れるための時間を要することを理解していただきたい。

システム転換に伴って必要となる事項
・群飼育のための育成と管理（カーフハッチから始め，初産分娩に至る群飼育の実施）

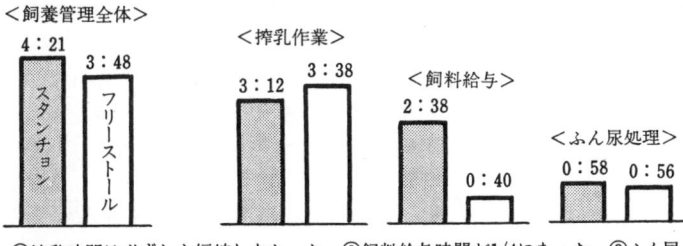

＜飼養管理全体＞　4：21（スタンチョン）　3：48（フリーストール）
＜搾乳作業＞　3：12　3：38
＜飼料給与＞　2：38　0：40
＜ふん尿処理＞　0：58　0：56

①搾乳時間は必ずしも短縮しなかった。②飼料給与時間が1/4になった。③ふん尿処理はほとんど変わらない。④トラクター，ペイローダーの作業が多くなり手作業が少なくなった。3人制から2人制になった

第18図　作業別にみた労働の拘束時間（搾乳70頭経営）の変化
（十勝南部地区農改調査資料，1993）

本格的パーラーの能力を発揮するのは70頭以上で，最大のメリットは作業中の腰の屈伸からの解放である。労働の短縮は給餌作業が大きい

環境管理

・乾涸牛，分娩牛の分離飼育（搾乳牛と乾牛の分離飼育施設ルーズバーンの設置）
・乳牛の群管理の開始（運動場に粗飼料の給与施設，搾乳舎への通路整備，運動場の舗装〈しだいに増加〉）
・フリーストールの簡易牛舎建設
・乾草調製からサイレージに転換（バンカーサイロ建設，コントラクター利用）
・パイプラインの搾乳（増加した牛は交換して搾乳）
・簡易パーラーの建設（旧搾乳牛舎）（第19図）
・ふん尿処理施設の整備（堆肥盤の拡張と汚水溜の建設）

第19図　簡易ミルキングパーラー
10頭シングル，パイプライン改造，セルフロッキングスタンチョン，入れ替えて搾乳（手前が牛床）。工費50万円

（2）　大型規模の搾乳施設

100～200頭規模の経営者は，それなりの知識と資金を準備してから計画を立てているのであるから，総体のレイアウトを原点に立ちもどって検討する。

待機場，パーラー，乳室の設計は，決定したメーカーの技術者と相談のうえ，施工業者に発注する。機種の選定は，その地方に代理店があり，パーツの供給，点検，修理を充分に対応してくれる業者のなかから決定する。

最近完成されたパーラーをみて感じた点をあげておく。
・搾乳頭数に比してパーラーの規模が過大なもの。
・パーラーの付属施設の多すぎるもの。
・バルクタンクの容量バランスがとれていないもの。
・換気設計が理解されていないもの。
・洗浄の能率向上のため，壁，天井の建材の選択が適正でないもの。床の排水をよくするための勾配，ドレインの位置の悪いものが多い。

最も大切なことは，生産に対する投資のバランスがとれていることである。自動車の場合と同じように，スタンダード装備を買うべきである。

6．ふん尿処理施設

（1）　堆きゅう肥処理

現在の大型規模のフリーストール方式の酪農経営でも，生産者が意図しているふん尿処理は堆きゅう肥処理である。しかし，現実には，フリーストール方式の管理は，繋ぎ牛舎方式ほど敷料は必要としないのである。調査によれば，フリーストールは繋ぎ方式の3分の1の消費量で間に合う。

従来どおりの水分量の堆肥をつくるためには，敷料不足，労力も不足，施設，堆肥盤，汚水溜など，いずれも容量，能力不足である。したがって，ふん尿は必然的にヘドロ状にならざるをえない。日々産出されるふん尿は，畜産公害へとヒタ走ることになる。

本題の堆きゅう肥処理を要望するならば，生産者も堆肥の受益者も直接採算のとれない至急不用の投資を省くことが必要である。

（2）　セミソリッドふん尿処理（第20図）

フリーストール牛舎は，敷料節約型施設であり，充分な敷料の投与が間に合わない現在，運動場や通路をトラクターの排土板で押しつけ搬出したふん尿は，当然ヘドロ状となる。この処理の設計のポイントは，
・牛舎の通路方向に堆肥盤を設け，牛舎より落

第20図　セミソリッドふん尿用堆肥盤を充分に広くとる
右手の壁にピケットガムをつけるとさらによい。手前にすのこがあり、液部は流下してラグーンに集まる。雨量の少ない地帯ならこれでもよいが、わが国では早急に搬出散布するより方法はない（カンザス州立大学）

第21図　スラット床牛舎
労力は全くかからない（ノルウェー）

差をつける。必ず牛舎と一定の間隔の搬出路（10m以上必要）を設ける。
・押しつけの方向に、L形（高さ1m以上）の堤で囲い、手前に勾配をつける（L形の堤に向かう勾配では水が切れない）。堆肥盤には5％程度の強い勾配をつけ横に水を切る。
・末端にピケットダムという丸太の柵か、コンクリート柵のいずれも2cmの間隙をつくり、その絞り水が流れてコンクリート溜か、ラグーンに溜める。その量は雨水が加わると膨大な量になる。

ヘドロ状堆肥は、専用の散布機で早めに搬出散布するか、冬季間流亡のおそれのない圃場に堆積し貯溜する。

（3）液肥処理（スラリー）

欧米では液肥処理用の牛舎が普及している。建設費は若干高くなるが、管理労力がかからないメリットが大きい。

スラット床（すのこ）牛舎（第21図）は、地下溜の深さ2.4mあれば200日間のふん尿とミルキングセンターの汚水の貯溜が可能で、適正に設計したスラット床は、牛がすべることもなく、新しい換気方式の牛舎であれば、スラリーの汲出し作業時でも、アンモニアガスによる牛に対する被害は少ないといわれている。さらに大きなメリットは、スラット床では、戸外貯溜方式のように雨水が加わるので容量を大きくする必要から施設費、管理費ともに割高になる、というようなことがない。

ただし、敷料として、火山砂、川砂は使うことはできない。その理由は、ポンプなど機械類の損耗が大きいこと、特にスラット床の牛舎ではピットの底に砂が沈殿すると、除去するのが面倒だからである。

（4）フラッシュ型牛舎

水洗循環式牛舎は暖地向きのものと考えていたが、北米カナダでも増加の傾向であると聞いている（第15図参照）。フラッシュ型牛舎は舎内は清潔で牛も汚れず、特に肢蹄のきれいな点は望ましい。

わが国の畜舎および機械類は、欧米に比して割高である。欧米では、スラット床の牛舎にしても、考えられないほど安く、耐用年数もはるかに長い。スラット床の牛舎の建設は、プレハブ化しているので、工期も早い。

わが国でも、早急に実用的畜産施設の研究をすすめなければならない。

執筆　太田竜太郎（酪農施設アドバイザー）

1994年記

環境管理

カウコンフォート（快適性）の向上
——岡山県での実践

1. 牛の居住空間を快適にするカウコンフォート

　カウコンフォートとは，身近な表現をとれば，乳牛の「住み心地」をよくすることである。多くの酪農経営で，乳牛は汚れた空気，まずい水，さまざまな苦痛や恐怖，やりたいことが思うようにできない欲求不満など，いろいろなストレス要因に囲まれながら毎日をすごしている。住み心地のよくない牛舎に住み，ストレス漬けの日々を送っているのである。

　人間より牛はストレスに強そうに見えるが，改良によって格段に泌乳能力を高めてしまった今の乳牛は，ストレスに弱い生きものになっている。それがわかりにくいのはストレス漬けでありながらも，ちゃんと毎日お乳を出してくれるし，人間にわかる言葉で文句や不満を話さないからだ。

　牛舎内を歩き，牛の体に起こっていることや牛の行動をじっくり見てほしい。厳しいストレスにさらされ，助けを求める牛の声なき悲鳴が聞こえてくるはずだ。自分の家の牛が，今どんなストレスの要因にさらされているかを知り，それを取り去ったり，軽減して，牛の住み心地をよくする。まさに，そのことがカウコンフォート向上の取組みである。

　牛の住み心地をよくすることは，単に牛を幸せにするだけではない。ストレスの要因が減っていくことで，乳牛は本来もっている能力を十分に発揮するようになり，免疫力も高める。さらにえさの食い込みを増やす。これらの結果として乳量・乳質が向上し，事故や病気も減少する。このことは，多くの先進的農家，優れた指導者の手により実証されてきている。

2. 牛舎改造による改善効果

（1）改造前の状況と工事内容

　岡山県勝央町の植月勝広さん（57歳）は奥さんとともに成牛40頭・育成牛10頭を飼育していた（第1図）。ご夫婦は日頃から牛舎内の状況に疑問を感じていた。「今の牛舎は，牛にも，働く人間にも快適とはいえない」「もっと，人も牛もらくになれないだろうか」「きれいな水を思う存分飲ませてやりたい」などなど。

　そんな折，講演で中田悦男氏（現・根室地区農業改良普及センター）からカウコンフォート向上の高い効果や取組み方法について聞き，これをきっかけに牛舎改造を決意した。

　具体的な改造内容については鳥取県青谷町の加藤牧場を参考にした。

　2004年5月に工事に着手したが，改造の内容は，送風と換気を強化し，牛床・飼槽を牛にやさしい材質・構造に替え，連続水槽を導入し，牛のつなぎ方をより自由度の高い方式に替えるものだった（第2図）。

　改造工事は，牛舎内の牛を移動しながら4回に分けて実施した。土地に余裕のない府県の酪

第1図　植月勝広さんと，奥さんの露子さん

第2図 植月さんはこんなふうに牛の住み心地を改善
①牛床には軟らかく,滑りにくいマットを敷いた,②送風機は3頭に1台設置,③飼槽の表面にステンレスを張り,連続水槽を設けた,④壁を壊し,カーテンに替えて通風をよくした

農では「改造期間中に乳牛をどこにおくか」が悩みのタネだ。このため,完成まで2か月と長期間を要してしまった。これが乳牛にとって大きなストレスになり,ふつうでは感染しない種類のウイルスで一部の牛が発熱したこともあった。

しかし,牛群全体のえさの食い込みは順調で,乳量は減らず,工事が中盤にさしかかるころには上昇し始めた。これについて植月さんは,「カウコンフォートの改善によって,工事以外のストレスが除かれていった結果ではないか」と考えている。

(2) 改造後の牛の変化

改造後の牛の変化について植月さんは「牛がおとなしくなり,作業がらくになった。えさの食い込みも格段によくなった。牛の眼の輝きが以前とは違う」と語る(第3図)。

事故や病気については「足を腫らす牛が減ったし,乳頭を踏む牛がいなくなった。前は獣医の先生が3日に一度はきていたけれど,改造後はずいぶん減ったなあ。産前産後の病気(ケトージス,第四胃変位など)で年に20頭ぐらい治療してたが,ほとんどなくなった」。

この夏は酷暑だったが,「喘ぐ牛がおらず,えさの食い込みも落ちなかった。いい発情がき

第3図 住み心地よい牛床で休む牛たち

環境管理

て受胎率もよかった。こんな夏は初めて」。また、「飼槽の掃除がとてもらくになった」など、多くの変化を感じている。

改造から半年程度経過すると、成績にも効果が現われてきた。この夏の出荷乳量は地域全体では6月から8月にかけて1割下がったが、植月さんはほとんど変化なく夏を越すことができた。また、10月の乳検成績では改造前の2月に比べて空胎日数が約20日短縮し、平均種付け回数も2.2回から1.8回に減少した。搾乳牛1頭当たり乳量は27.1kgから31.2kgに増えた。

(3) 実施農家の声

植月さんはこれまでの取組みについて「牛舎改造には100％満足している。やってよかった」と自信を深めている。

植月さんの事例をモデルとして、地域内のほかの農家にも、乳牛の住み心地向上のための牛舎改善を推進した。推進を受けて、カウコンフォート向上に取り組んだ農家の感想は次のとおりである。

「やってよかった。乳量がぐっと増えた」（給水改善農家）。

「足が原因の廃牛がいなくなった。投資と回収から考えてもやるべきと思う」（牛床改善農家）。

「この改造には初めから自信があった。ねらいどおりの成果が出ている」（牛床・給水改善農家）。

「夏場の牛の状態、繁殖が改善できたと思うが、もう1年ようすを見たい」（送風改善農家）。

「えさの食い込みが向上した」（送風改善農家）。

「牛もだが、搾乳しているときに人間が涼しいのがいい」（送風改善農家）。

以下、植月さんを中心に、改造実施農家の事例を紹介しながら、飼養環境の改善対策を見ていく。

3. 暑熱対策

(1) 気温より体感温度

暑い季節を牛が心地よくすごすには何が大切だろうか。「暑さ＝気温の高さ」と、つい考えてしまうが、牛は気温よりも体感温度（体で感じる温度）でストレスを感じる。だから、暑い季節の牛の住み心地は体感温度を目安にして考える必要がある。

第1表は気温と湿度から計算した牛の体感温度を示したものである。たとえば、気温25℃、湿度50％のときの体感温度は20.4℃で「注意」である。人間ならすごしやすい気温であるが、牛は暑熱ストレスを感じていることになる。

第1表 乳牛体感温度早見表（単位：℃）

		湿度（％）									
		45	50	55	60	65	70	75	80	85	90	95
温度（℃）	18	13.8	14.2	14.6	15.0	15.4	15.8	16.2	16.6	16.9	17.3	17.7
	19	14.6	15.1	15.5	15.9	15.9	16.8	17.1	17.5	17.9	18.3	18.6
	20	15.5	16.0	16.4	16.8	17.3	17.7	18.1	18.5	18.9	19.3	19.6
	21	16.4	16.8	17.3	17.8	18.2	18.6	19.0	19.5	19.9	20.2	20.6
	22	17.2	17.7	18.2	18.7	19.1	19.6	20.0	20.4	20.8	21.2	21.6
	23	18.1	18.6	19.1	19.6	20.0	20.5	20.9	21.4	21.8	22.2	22.6
	24	19.0	19.5	20.0	20.5	21.0	21.4	21.9	22.3	22.8	23.2	23.6
	25	19.8	20.4	20.9	21.4	21.9	22.4	22.8	23.3	23.7	24.2	24.6
	26	20.7	21.3	21.8	22.3	22.8	23.3	23.8	24.3	24.7	25.2	25.6
	27	21.6	22.2	22.7	23.2	23.8	24.3	24.8	25.2	25.7	26.1	26.6
	28	22.4	23.0	23.6	24.2	24.7	25.2	25.7	26.2	26.7	27.1	27.6
	29	23.3	23.9	24.5	25.1	25.6	26.1	26.7	27.1	27.6	28.1	28.6
	30	24.2	24.8	25.4	26.0	26.5	27.1	27.6	28.1	28.6	29.1	29.6
	31	25.1	25.7	26.3	26.9	27.5	28.0	28.6	29.1	29.6	30.1	30.5
	32	25.9	26.6	27.2	27.8	28.4	29.0	29.5	30.0	30.6	31.1	31.5
	33	26.8	27.5	28.1	28.7	29.3	29.9	30.5	31.0	31.5	32.0	32.5
	34	27.7	28.4	29.0	29.7	30.3	30.8	31.4	32.0	32.5	33.0	33.5

注　□安全：ストレスなし、▨注意：ややストレス、■危険：きびしいストレス

『助成試験事業による試験研究成果概要（四国地域）　平成12年度終了課題　平成13年10月』から抜粋

(2) 冬から始める暑熱対策の準備

岡山県では5月上旬にこの程度の体感温度になることがある。暑熱対策はストレスの始まる2週間前から実施すべきなので、岡山県では4月下旬からということになる。皆さんの地域でも気温（最高気温）と湿度の平年値を調べ、開始時期をつかんでほしい。

さらに、暑熱対策には準備が必要で、開始時期になってから牛舎の中をゴソゴソするようでは、牛にいっそうのストレスがかかる。送風機の羽根やガードの掃除、ベルト交換、取付け場所の移動・修正、電気関係の点検など、やるべきことがたくさんある。まだ寒い時期から、暑熱対策の準備を始めなければならない。

(3) 牛体への風のあて方

①毎秒1m以上の風をあてる

体感温度は気温と風速から求める方法もある。次のような式である。

気温 $-6 \times \sqrt{風速\,(m/秒)}$

この式から「風速1mの風を牛に送ると、体感温度は気温より6℃も低くなる」ということがわかる。つまり、牛に風を送ることは非常に有効な暑熱対策なのである。私は、牛体にあたる風の理想的な強さを風速2m以上とし、最低でも、風速1m以上の風があたるよう指導している。

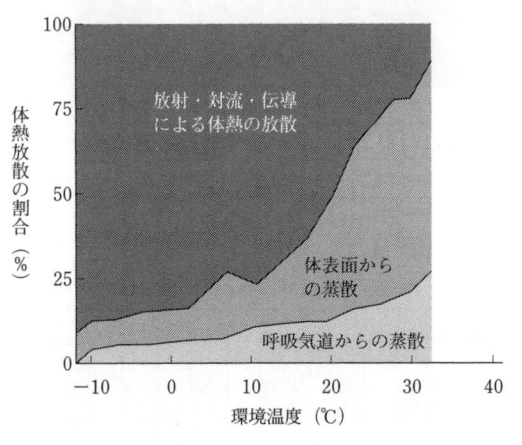

風を直接牛体にあてると「牛が風邪をひくのでは」と不安がる酪農家もいる。しかし、今の搾乳牛が体から発する熱は並たいていではなく、700Wの電気ストーブ2台分に相当するそうである。実際に指導農家で送風が原因で牛が風邪をひいた例はない。

②送風は肩口周辺をねらう

牛が体を冷やす方法には大きく分けて2つある。体と周囲の環境（空気など）との温度差を利用する方法と、汗や呼気中の水蒸気の蒸発で温度を下げる方法である。第4図は気温の上昇につれて、牛が体を冷やす方法がどう変化するかを示している。気温が上がると、牛は汗や呼気中の水蒸気の蒸発に大きく頼って体を冷やそうとする。

一方、第5図は牛体の発汗量の分布であるが、肩口周辺の発汗がとくに多いことがわかる。以上のことから、送風は車でいえばラジエーターにあたる肩口周辺をねらう。この場所は鼻や口にも近く、呼気に含まれる大量の水蒸気を牛の前から持ち去ることも期待できる。

③手の平をかざして風の芯をつかむ

植月さんは第6, 7図のように送風機を設置変更および増設し、牛舎の北側の壁を壊してカーテン方式にするなどの改造を施した（改造後の写真が第2図である）。

送風機の設置で最も大切なのが、送風方向の確認である。送風機が目標に向いていても、風の方向は結構ずれている。これは古い送風機ほ

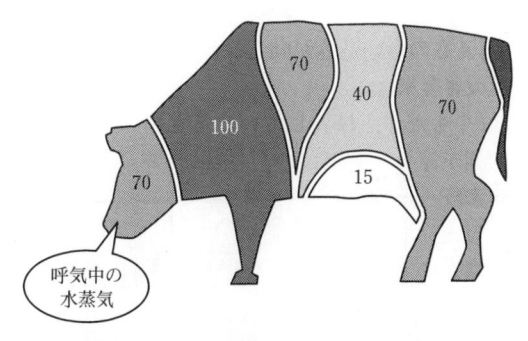

第4図 環境温度と牛の体熱放散経路との関係 (Kibler)
牛は温度が上がると蒸散で体を冷やす

第5図 牛の発汗部位と発汗割合（単位：%）
牛は肩口周辺の発汗が多い

環境管理

ど注意が必要である。送風機の前に手の平をかざし，最も風がきている場所"風の芯"を探す（第8図）。もし方向がずれていたら，送風機の吊下げチェーンを調整するなどして修正する。

(4) 夏の乳量が落ちず，発情も改善

送風改善によって第9図のように風速1m以上の箇所が増えた。その結果，その年の夏は地域全体で乳量が約10％低下したにもかかわらず，植月牧場では乳量の低下を見ることなく乗り切った。また，8月に7頭授精し，うち4頭の受胎が確認できた。植月さんは「例年ならば夏はいい発情がこず，種付けすらできなかった。改造後は非常によい発情がきた」と満足している。

植月さんの主治獣医である共済連の豊田先生から「繁殖検診で手を入れてみたが，今年は中が熱くない」という話を伺った。そこで，牛の直腸温を測定してみたところ，同じく送風改善を実施したY牧場とともに，明らかに分布が低いところにあった（第10図）。これも夏場の発情，受胎を改善できた理由のひとつと考えている。

(5) 送風機の増設

K牧場は第11図のように送風機を並べている。この方法の長所は風が障害物（牛体）に邪魔されずに流れていくことである。隣の牛の動きで風が影響を受けることもない。さらに，K牧場は空気の取入れ側の木を残して林にしている。林を通ってくる風は涼しくさわやかである。こんなやさしい気配りに，経営主の牛に対する思いを感じる。

しかし，風速の分布を測定してみると2つの

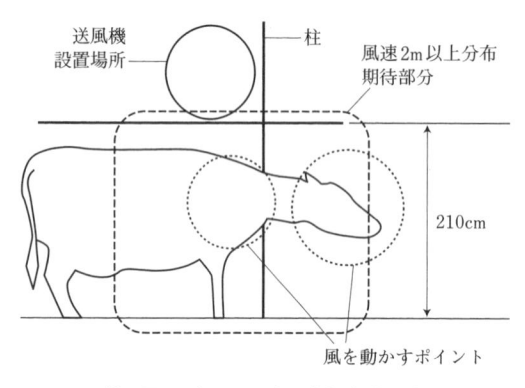

第6図　肩口と口元の空気を動かす

第8図　風の芯を探しているようす

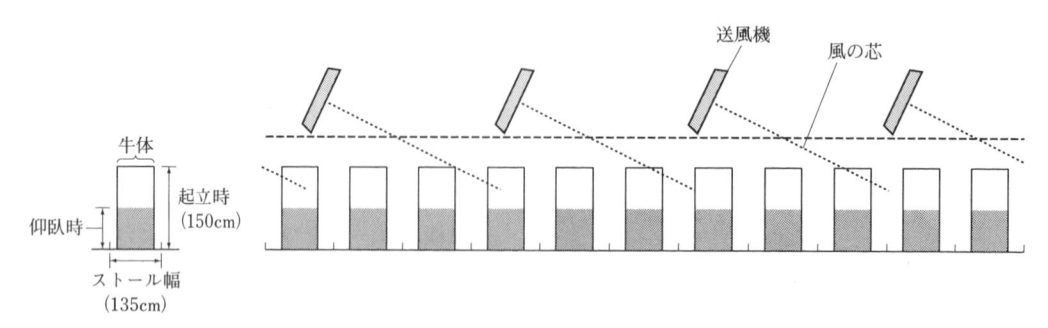

第7図　送風機は3頭に1台設置し，次の送風機直下の牛背上部に風の芯が行くように傾ける

カウコンフォート（快適性）の向上

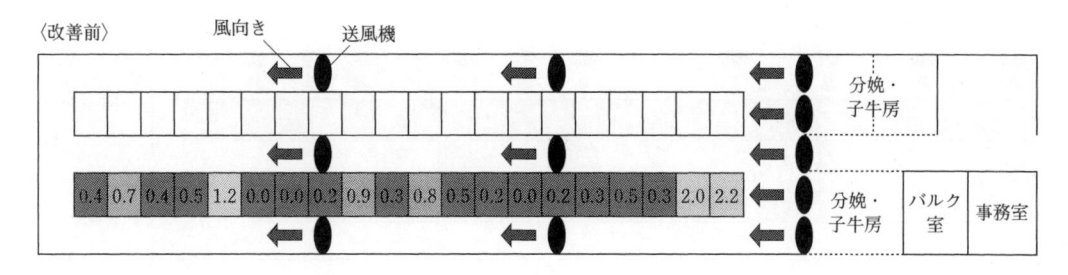

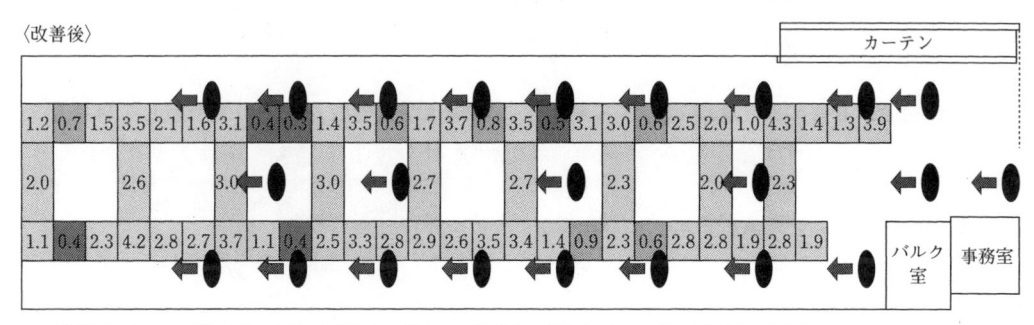

〈改善前〉

| 0.4 | 0.7 | 0.4 | 0.5 | 1.2 | 0.0 | 0.0 | 0.2 | 0.9 | 0.3 | 0.8 | 0.5 | 0.2 | 0.0 | 0.2 | 0.3 | 0.5 | 0.3 | 2.0 | 2.2 |

〈改善後〉

1.2	0.7	1.5	3.5	2.1	1.6	3.1	0.4	0.3	1.4	3.5	0.6	1.7	3.7	0.8	3.5	0.5	3.1	3.0	0.6	2.5	2.0	1.0	4.3	1.4	1.3	3.9
2.0			2.6		3.0			3.0			2.7			2.7			2.3			2.0			2.3			
1.1	0.4	2.3	4.2	2.8	2.7	3.7	1.1	0.4	2.5	3.3	2.8	2.9	2.6	3.5	3.4	1.4	0.9	2.3	0.6	2.8	2.8	1.9	2.8	1.9		

数値はストールごとの牛の肩口の風速で，■1.0m/秒以上，■0.6〜0.9m/秒，■0.5m/秒以下

第9図　植月牧場での風速分布

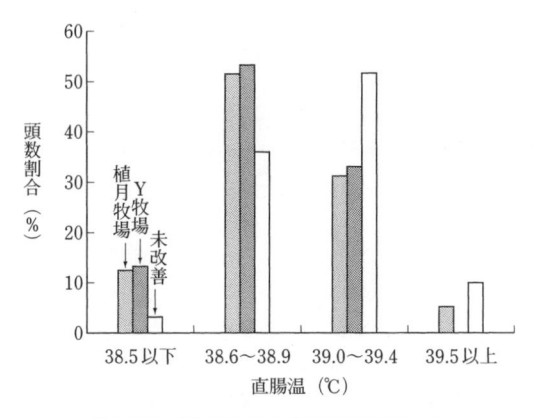

第10図　送風改善で直腸温が下がった

第11図　K牧場に設置されている送風機

問題点が出てきた。ひとつはストール（牛）によって風速にバラツキがあること（第12図）。もうひとつは風下側の列の牛に十分な風がきていないことである。

そこで，送風機の風の分布を詳しく調べたところ，第13図のようになっていることがわかった。このような送風機の置き方をした場合には，少なくとも3頭に1台の割合で設置することが必要だった。K牧場の場合，5頭に1台だから，台数が不足していた。

このことを経営主に説明したところ，さっそく送風機を2台増設した。第14図は増設後の風下列の風速分布である。経営主は「搾乳で牛の間に入ると，涼しくなったのがわかる」といった。なお，送風機の増設個所と風速が増したストールがずれているのは，送風機の向きと実際の風の芯がずれているためと考えられる。

K牧場のような場所に送風機があると，作業中の人間が接触することがあるので，安全上，送風機にガードをつけたほうがよい。もしも，小さなお子さんが出入りするような牛舎であれば，とても危険なので，かりにガードを設置するにしても採用すべきではない。送風機の設置

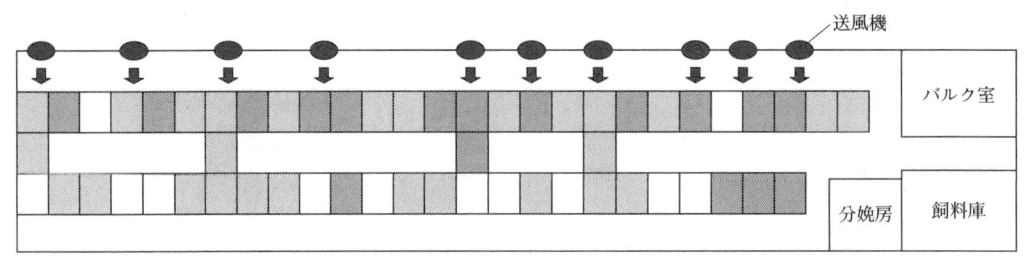

環境管理

□風速0〜0.5m/秒　□風速0.6〜0.9m/秒　■風速1.0m/秒以上

第12図　ストールによって風速にバラツキがある（K牧場）

場所は家族構成も考えて決める必要がある。

4. 経費のかからない暑熱対策

牛の住み心地をよくするといっても、送風機の台数を増やすなど改善に経費が必要になる場合は決断が難しい。しかし、経費のかからない方法もある。

(1) 送風機を飼槽寄りに移動、高さも下げて角度も強く

W牧場は、経産牛100頭を飼育するフリーストール経営である。この牛舎では飼槽付近の風の流れがやや弱く、給餌通路を歩いていると糞の臭気を感じる場所があった。

そこで、送風機の移動と角度の変更を提案した。第15図は改善前後の送風機の設置位置である。送風機を飼槽寄りに寄せるとともに、設置高さをやや下げ、角度を強くした。

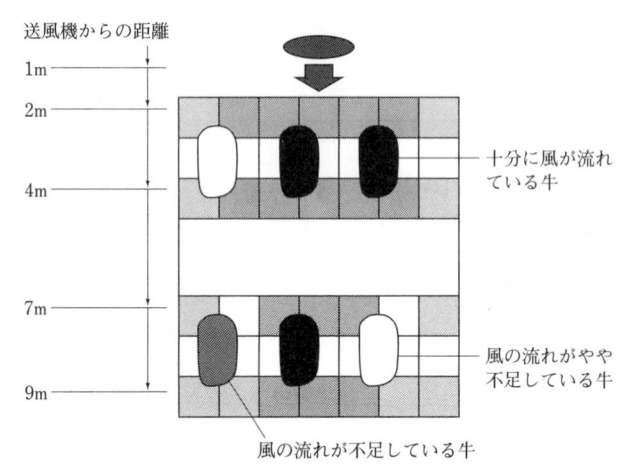

□風速0〜0.5m/秒　□風速0.6〜0.9m/秒　■風速1.0m/秒以上

第13図　K牧場では風下列で風の流れが不足

改善後の風速を測定したところ、採食する牛の肩の部分に満遍なく十分にあたっていた。おがくずを敷くときに観察すると風がスムーズに流れているのが確認できた。これまでになく、えさの食い込みがよく、夏場の発情・受胎も良好だった。W牧場ではこの結果を受けて、ストールの上の送風機の角度も変更した。

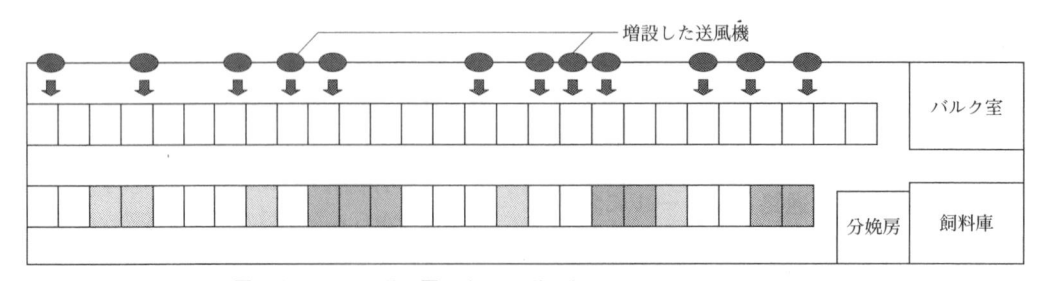

□風速0〜0.5m/秒　□風速0.6〜0.9m/秒　■風速1.0m/秒以上

第14図　送風機を2台増設。K牧場での改善後の風下列の風速分布

カウコンフォート（快適性）の向上

第15図　W牧場では採食通路で送風改善
左は改善前，右は改善後

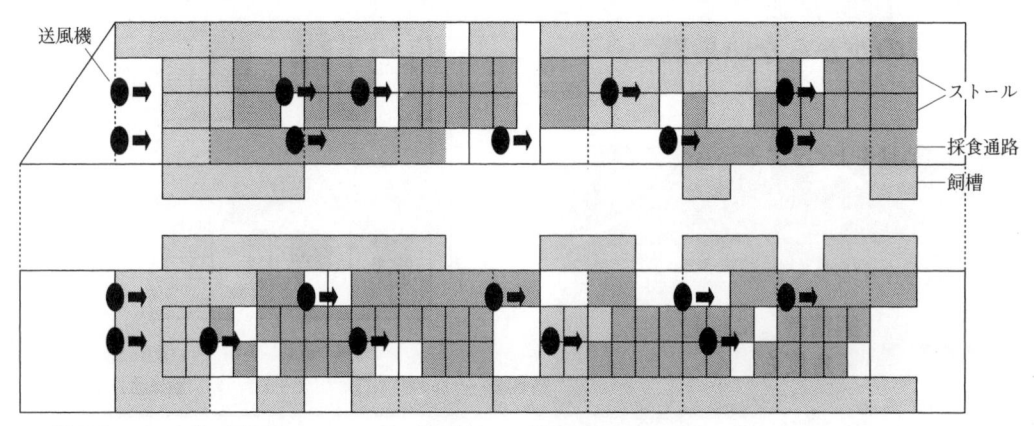

■風速0〜0.5m/秒　□風速0.6〜0.9m/秒　■風速1.0m/秒以上

第16図　M牧場では採食通路とストールに送風機を集中

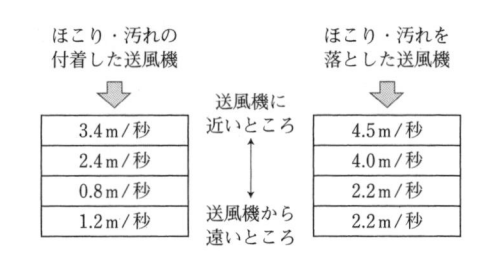

ほこり・汚れの付着した送風機		ほこり・汚れを落とした送風機
3.4m/秒	送風機に近いところ	4.5m/秒
2.4m/秒		4.0m/秒
0.8m/秒	送風機から遠いところ	2.2m/秒
1.2m/秒		2.2m/秒

第17図　送風機を掃除するだけで風が強くなる
（風速が増す）
筆者実験。送風機から離れた場所の改善効果が高い

(2) 送風機を採食通路とストールに集中

M牧場は経産牛80頭を飼育するフリーストール経営である。送風機台数が5頭に1台と不足しており，風速の足りない場所が多くあった。事情があって送風機の増設ができなかったため，牛舎全体に満遍なく風を送ることはあきらめ，牛にとって最も涼しさを必要とする採食通路と寝場所（ストール）に送風機を集中した（第16図）。

(3) 送風機の羽根の掃除

Y牧場では，送風機台数を増やしたときに，既存の送風機の羽根の掃除もすることにした。羽根がほこりで汚れると送風能力は大きく低下する（第17図）。送風効果の面からも，コスト効率の面からも，羽根の掃除は有効な防暑対策である。

Y牧場が羽根の掃除を何年かぶりにしたところ，びっくりするぐらいのほこりがでた。第

環境管理

18図は新品の送風機が一夏越したあとのほこりである。たった1年でこれだけ付着する。何年も掃除していなければ相当のほこりになるが，3年分くらいなら，濡れ雑巾でこすれば驚くほどきれいな羽根がよみがえる。

Y牧場では改善後の効果として，「今年は喘いだり，よだれを垂らす牛が見られなかった。例年になく夏場の発情・受胎がよかった」と話してくれた。

(4) 裏ガードの除去

R牧場では，送風機の裏ガードにほこりがたくさん付き，送風能力が低下していた。このほこりをすべて取り除くのは大変な作業である。

そこで，送風機が牛や人間に危険のない高さであることを確認したうえで，裏ガードの除去を提案した。その結果，強めの風がより遠くまで届くようになった（第19図）。経営主も「風の勢いが変わった」と効果を感じている。

(5) 後ろの壁の除去

ある牛舎で調べたところ，送風機の後方（風の吸込み側）に壁があるかないかで，風の温度に1〜2℃の違いが生じることがわかった（第20図）。わずか1〜2℃の差であるが，厳しい暑熱ストレスを受けている牛にとっては大きな

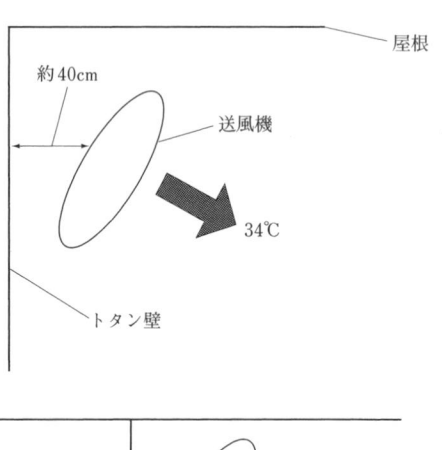

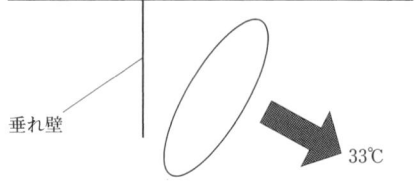

第18図 ほこりが付着した送風機
わずかワンシーズンで付着したほこり。指で字を書いてみた

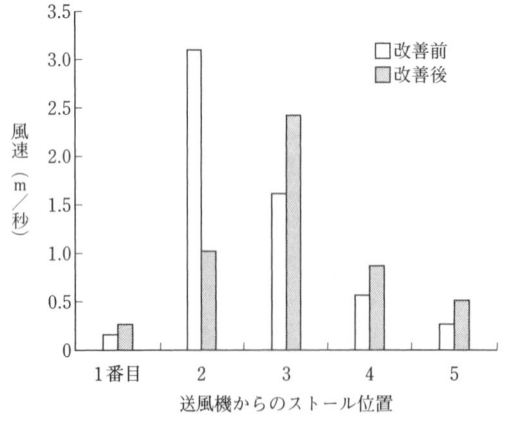

第19図 送風機の裏ガードを除去したら風速が増した（R牧場）

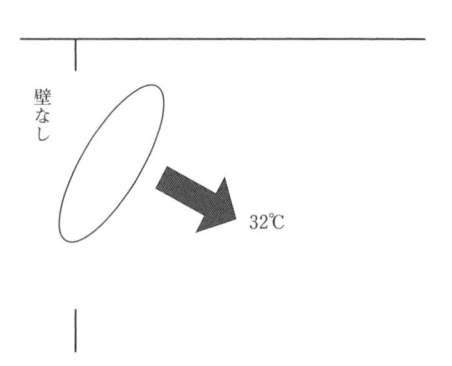

第20図 送風機の後ろの壁をなくしたら風の温度が下がった
測定時の気温33℃

差である。

S牧場では送風機の後ろ側に垂れ壁があった。垂れ壁は増設した牛舎の旧部分との境目に壁の一部が残っていたものである。これは，風の温度を調査した先の牛舎と同様の状況だった。また，風上側に壁があるため，汚れやすい場所（バーンクリーナーの排出ライン）に沿って空気が入ってきており，風の質に問題を感じた（第21図）。

これらを経営主や家族に説明し，牛舎東側（第21図の左側）の壁と垂れ壁の一部を除去してもらった（第22図）。

5．給水改善

(1) 牛は水を「食うために飲む」

「牛飲馬食」という言葉があるが，これには牛のカウコンフォートで重要な2つの内容が含まれており，昔の人は本当にスゴイ，と思う。

ヒツジやヤギのようなほかの反芻動物と比べて，牛の糞はとくに軟らかく水分も多い。これは水を体に吸収する能力が低いためで，その分だけ牛はほかの反芻動物よりもたくさん水を飲む必要があるのである。また，牛は水を「飲むために飲む」のではなく「食うために飲む」ので，十分に水を飲めないと，えさをしっかり食い込めない。

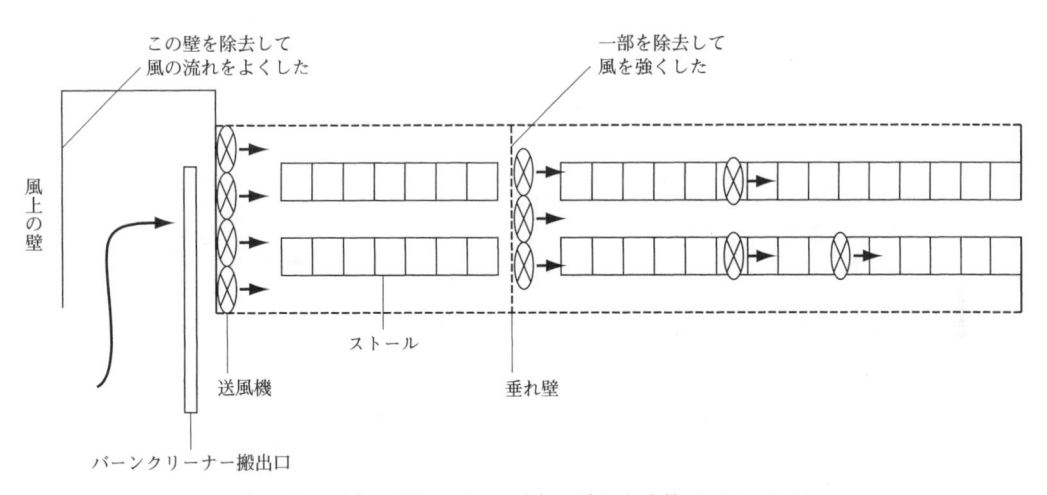

第21図　風上の壁をなくして空気の流れを改善（S牧場の構造）

第22図　送風機の垂れ壁の一部を除去し，風上の壁も除去（S牧場）

環境管理

第23図 フロート方式水槽
飼料が溜まりやすく掃除も大変。十分な水が出ない場合もある

このように牛にとって水を飲むことは大変重要な行動なのである。このことが「牛飲馬食」のカウコンフォート的解釈その1である。牛が気持ちよく水を飲むための条件は，新鮮で清潔な水がほかの牛に邪魔されずに，飲みたいときに不足なく飲めることである。

(2) フロートからウォーターカップに

Aさんはつなぎで経産牛50頭を管理している。給水施設はフロート方式の水槽だった（第23図）。

第24図はAさんの牛群の血液検査結果で，初産牛でヘマトクリットの値が高い牛が多く見られた。一方，第25図は給餌30分後のフロート水槽の水位の低下を測定したもので，初産牛がつながれていた牛舎右奥の水位低下がとくに目立った。

この2つの事実から，「初産牛を中心に深刻な飲水量の不足がある」と判断し，給水施設をフロート方式からウォーターカップ方式に切り替えた（第26図）。給水は第27図のように中古のバルククーラーに貯水した水をループ方式の配管（30mm径）にポンプで押し込む方法である。ウォーターカップも吐水口の大きなタイプとした。吐水量を測定したところ，目標（20秒間で4ℓ以上）に近い吐水量が確保された。

Aさんによると「水の飲み方が変わり，乾草の採食量が増えた」とのことである。Aさんは飼料給与も同時に改善し，給水施設改善との相乗効果で，第28図のように経産牛1頭当たり乳量が1年間で約1,500kg伸びた。

(3) フロート水槽から連続水槽に

植月さんはフロート水槽から連続水槽に改善した（第29図）。

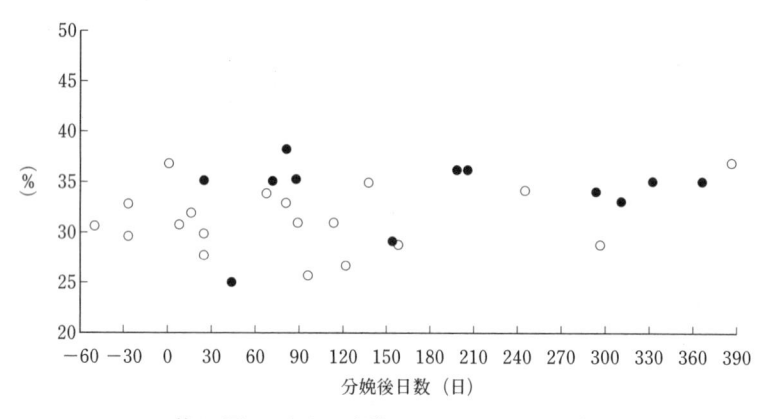

第24図 Aさんの牛群のヘマトクリット分布
ヘマトクリットは一定の血液量に対する赤血球の割合
値が高いと脱水，ルーメンアシドーシス，一過性のストレス，値が低いと長期的飼料蛋白質の不足が考えられる。初産牛（●印）の値が高い
資料提供：岡山県農業共済連家畜臨床研修所

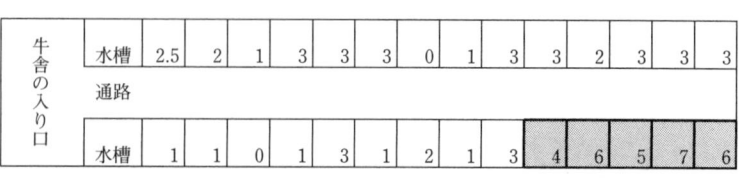

牛舎の入り口	水槽	2.5	2	1	3	3	0	1	3	3	2	3	3	3
	通路													
	水槽	1	1	0	1	3	1	2	1	3	4	6	5	7	6

第25図 Aさんの牛舎の給餌30分後のフロート水槽水位の低下
（単位：cm）
初産牛がつながれていた水槽（右奥）の水位低下が著しい（灰色の部分）

カウコンフォート（快適性）の向上

舎改造によって成績が改善したのは，連続水槽の導入も大きな要因」と評価している。

ただし，連続水槽は水質管理のための作業が必要となる。植月さんは1日2回，底にたまった飼料をすくい網で掃除する。さらに，夏は毎日，冬は3日に1回，水を落とし，スポンジで表面のヌメリをこすり取ることで，常に清潔な水の供給を心がけている。

(4) カップは吐水口が大きなものに

Bさんは，自力でウォーターカップの配管を第30図のように75mm径に改造した。これは酪農雑誌でもよく紹介されている改善方法で，水源からの給水量が十分でない場合などに，配管に貯水機能を持たせて対応する。しかし，改善はしたものの，水の出が十分ではなかった。

そこで，配管を75mm径に太くした場合にウォーターカップ吐水量を制限する原因を検討した。その結果，最も吐水量を制限したのは配管を吸排気できないようにすることだった。次の要因はウォーターカップ自体で，第31図のように旧式のカップに比較して，最近の吐水口が大きいタイプは吐水量が56％多くなった。

Bさんの場合，吸排気口は確保していたが，旧式のカップを使用しており，吐水量も実験の旧式カップの値とほぼ同じ（20秒間で1.6〜1.8l）だった。そこで，試しに吐水口が大きいタイプのカップに付け替えてみたところ，吐水量が3.4倍に増え，5.8lになった。

この結果にはBさんだけでなく，私も大変驚いた。Bさんは，とりあえず飼料を最も食い込まなければいけない分娩前後各1か月の牛のウォーターカップを吐水口が大きいものに変更することにした。

第26図 Aさん設置のウォーターカップ

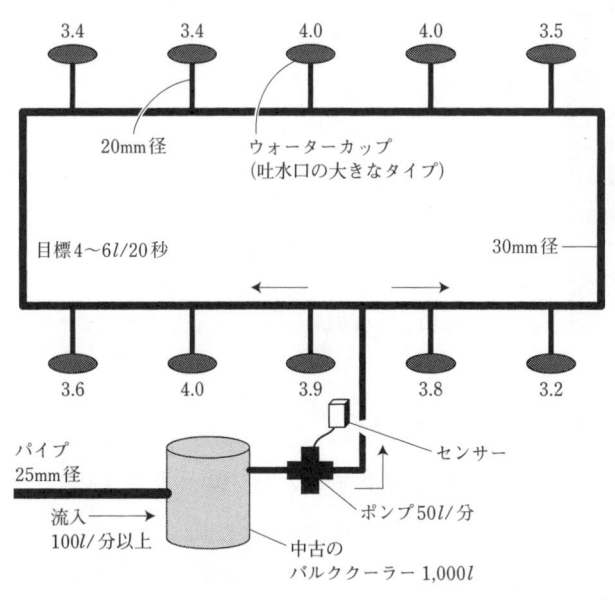

第27図 Aさんが新しく導入した給水方法とウォーターカップの吐水量（単位：l/20秒）

ウォーターカップ1台を強い牛と弱い牛で共有した場合，強い牛の牽制で弱い牛が水を飲めない。さらに，強い牛も牽制に忙しくて水を十分に飲めない。そのため，2頭の乳量が大きく減った。こういう冗談のような海外の試験成績もある。これに対し，連続水槽はどの牛も隣を気にすることなく水が飲め，清掃もしやすいのが長所である。

連続水槽への改善後はゆったりと水を飲む牛の姿が見られるようになった。植月さんは「牛

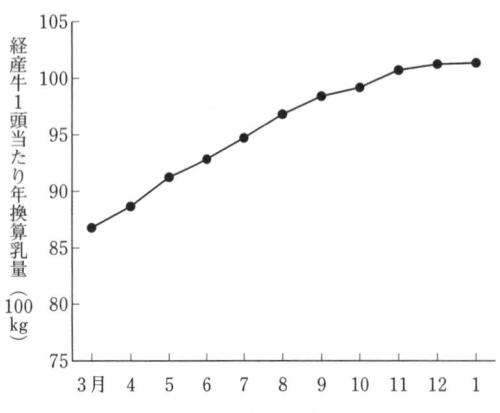

環境管理

第28図　Aさんの改善（2月実施）後の乳量推移

第29図　植月さんの連続水槽

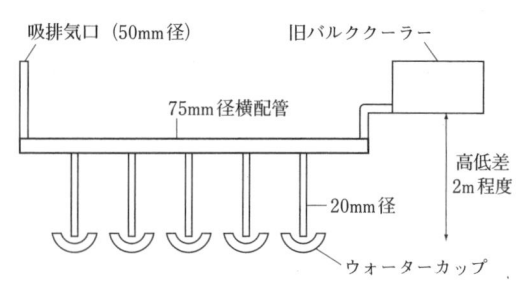

第30図　Bさんの横配管設置

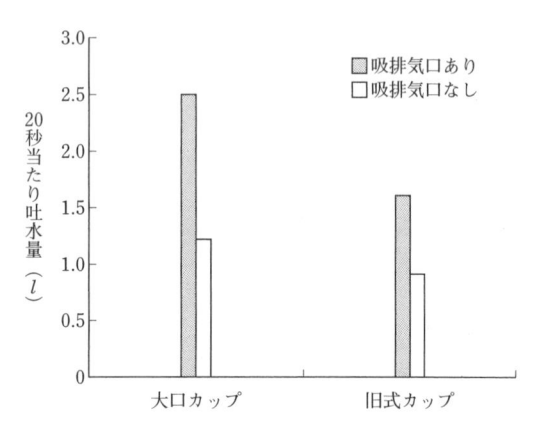

第31図　給水方法による吐水量の比較（普及センターでの試験）

6. 飼槽の改善

自由にえさを食べられる条件では，馬は1日に15時間も採食するそうである。一方，乳牛では3〜5時間しか採食しない。まさに「牛飲馬食」である。しかし，採食量は乳牛のほうが多いので，結果として乳牛は馬の3分の1程度の時間で倍近くのえさを食い込まなければならない。このことは，採食を邪魔するような要素や食べたくない原因があった場合の影響が乳牛ではかなり大きいことを意味している。そのひとつが飲水であることはすでに説明した。

牛はえさを食べるとき，いやなことや不快なことがあったら，「まっ，いいか……」と食べるのをあきらめてしまうと考えてほしい。限られた時間で，いかにあきらめさせずに気持ちよくえさを食べさせてあげるかが重要なポイントとなるのである。

(1) 飼槽を牛床から10cmかさ上げ

植月さんの改造前の飼槽は牛床とフラットにつながっていた。これは岡山県のつなぎ牛舎では一般的なスタイルである。また，飼槽表面にはFRP塗装があったが，長年の使用ではがれたり，削れたりして凹凸ができ，古い残飼が入り込んでいた。このような凹凸は，底の細かい飼料を舐め取るときに，舌に痛みを与えるといわれている。さらに牛床に給与量の1割以上の飼料が掻き込まれている状況だった。

そこで，飼槽を採食しやすい高さ（牛床から10cm）にかさ上げし，飼槽表面をステンレス板で覆った。給餌通路もえさ集めや掃除をしやすくするため，飼槽と同じ高さにした。さらにえさの掻込みを防ぐため，飼槽と牛床の間に仕切板を設置した（第32図）。

カウコンフォート（快適性）の向上

改造後の状況について植月さんは「えさの掃き寄せや掃除が非常にやりやすくなった。底の細かい飼料をきれいに気持ちよく舐め取る。食い込み量も増えた。掻込みが大幅に減った」と感じている（第33図）。

なお，関係者からは仕切板の設置に慎重な意見もあった。起立横臥時に前膝を仕切板にぶつけて痛めることが予想されたからである。しかし，改造後のほうが前膝を痛めている牛がむしろ減った。もっとも，この結果には滑りにくい牛床，自由度の高いつなぎ方，適時な削蹄の組合わせも関係していると思う。

(2) プライマー樹脂で安上がりな飼槽表面の改善

飼槽表面の改善にはレジンコンクリートがよく使われている。しかし，レジンコンクリートのコーティングには資材の混合など，複数の工程が必要である。

奈義町のYさんはフリーバーンの飼槽づくりに，簡単に自力で施工できる資材を使った。この資材は，プライマー（塗料などを塗る面に下

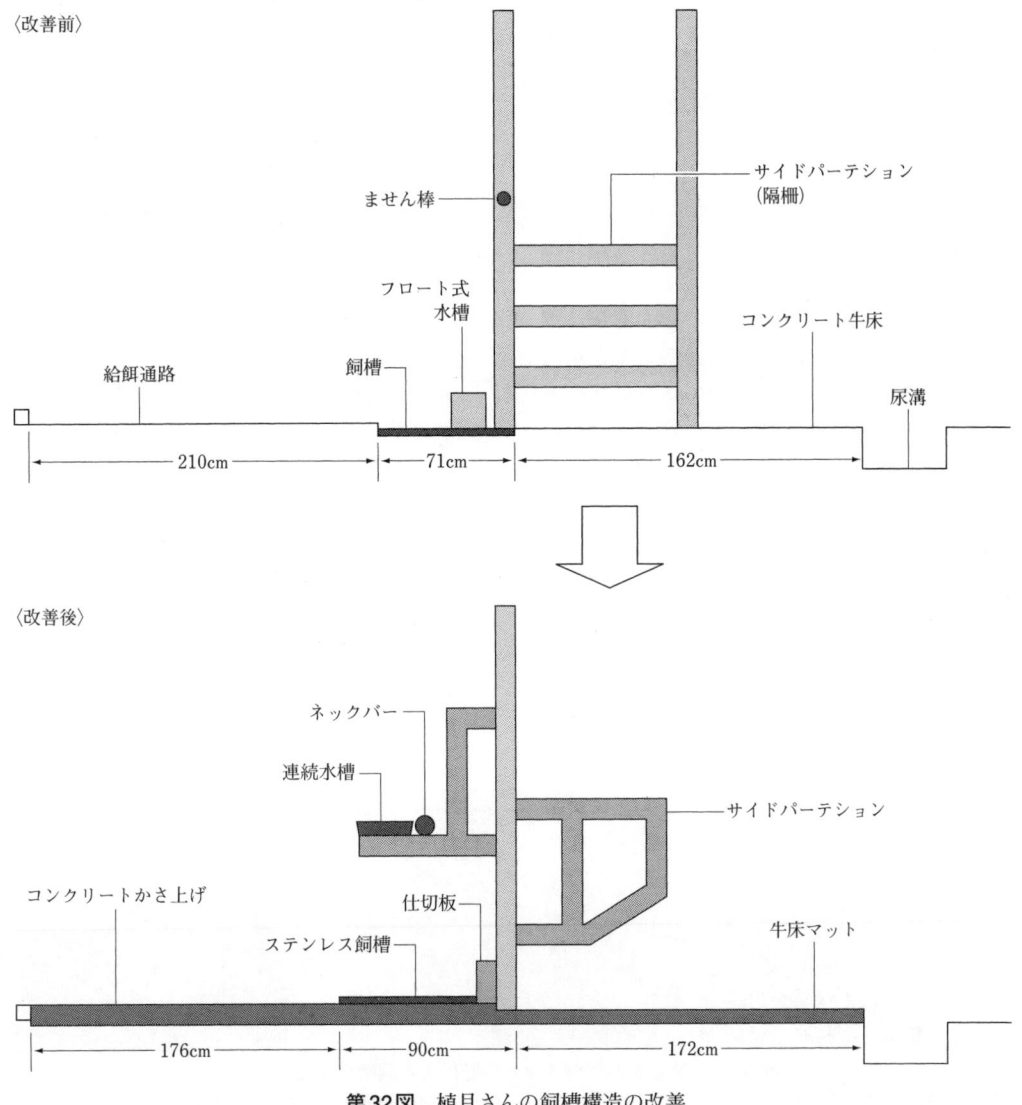

〈改善前〉

〈改善後〉

第32図　植月さんの飼槽構造の改善

環境管理

第33図 植月さんの改善後の飼槽
食い込み量が増え、掻込みが減り、掃寄せや掃除もらくになった

地として塗布するもの）の一種で、作業は樹脂（液体）をそのまま飼槽に4回程度重ね塗りするだけである。Yさんの場合、作業時間は60m×1mの飼槽で2時間20分だった。施工してから2時間程度で利用できることや、レジンコンクリートの3分の1程度の費用でできることも魅力である（第34図）。

ただし、下地のコンクリートの表面を粗く仕上げるとそのままの形状が出てくる。Yさんはそのことを考慮して、飼槽表面のコンクリートを金テコ仕上げとし、表面をできるだけ滑らかにした。その結果、満足できる表面ができたと考えている。

(3) 飼槽表面の資材

飼槽改造をする場合に用いる表面の資材としては、上記のほか、御影石を使った例もある。

隣県（鳥取）では2007年から、エポキシ系樹脂を利用した飼槽改造が行なわれている。エポキシ系樹脂も自力施行が可能で、前述(2)の資材より耐久性に優れ、作業終了後5時間程度で飼槽が使える。1頭当たりの施工コストも5,000～8,000円（レジンコンクリートの6～9割）と安い。

(4) 放し飼い牛舎は飼槽幅を十分に

最近では放し飼い方式で乳牛を飼う家が増えてきた。放し飼い方式では、1頭当たりの飼槽の幅が61cmは必要とされており、高泌乳牛では70cm以上ともいわれている。

Yさんはつなぎ牛舎を改造してフリーバーン方式にしたが、移行後、爪が軟らかくなり、蹄疾患が急増した。また、えさをよく食い込むようになったのに乳量が落ちてきた。さらに糞の状態からルーメンアシドーシスの発生が疑われた。

この牛舎では、1頭当たりの飼槽幅（等間隔に立つ柱の幅も考慮した長さ）は56cmとやや不足ぎみで、牛同士の競合が強まり、固め食い（短い時間でえさを食い込む）が発生していることが推定された。また、TMR（混合飼料）の水分が低く、選び食いをしていた。これらはいずれもルーメンアシドーシスを助長する。

そこで、飼養頭数が少ないことを理由に利用を休止していたスペースを開放し、1頭当たりの飼槽幅を70cm以上にするとともに、TMRの加水量を増やして選び食いの緩和を図った。改善1週間後の状況を確認したところ、糞の状態がよくなり、乳量も持ち直してきた。Yさんはとくに1頭当たり飼槽幅の確保の効果が大きかったと感じている。

第34図 Yさんのプライマー樹脂による飼槽表面の改善
樹脂は液体（左）。そのまま飼槽表面に塗るだけだから簡単（中）。作業完了後、2時間程度で使用可能に（右）

7. 牛床の改善

(1) 寝起きに「勇気と決断」を要する牛床とは

つなぎ牛舎で飼われている牛たちにとっては，畳1畳半程度の牛床（ストール）が唯一の生活の場である。ここの住み心地をよくすることは牛に計り知れない快適性を与え，健康や生産性を向上させる。しかし現実には，コンクリートの上に敷料が少しあるだけの牛床や，硬化してクッション性がなく，滑りやすくなったマット，長さが不足する牛床が多く見られる（第35図）。

牛が寝起きするのに「勇気と決断が必要」と感じたことはないだろうか。幼い子が広い溝を飛び越えようとするときに何度も溝幅を確認したり，小刻みに足を踏みつける動作をするが，これは牛が寝ようとするときの行動によく似ている。

もし子供が飛び越えに何度も失敗して痛みを経験したら，しばらくは飛ぶ勇気をなくすだろう。牛も同じで，寝起きするときに不快な思いや痛みを経験すると，自信や意欲を失い，寝起き回数を減らすようである。このことが固め食いや蹄の負担増といった問題に結びつくことになる。

(2) 厚みのあるマットを敷いてやる

Tさんはコンクリート牛床にクッション性の

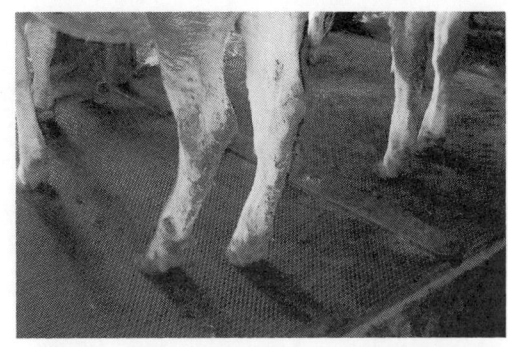

第36図　Tさんはクッションのよい厚さ約4cmのマットを敷いた

高い，厚みのあるマットを敷設した（第36図）。ビデオを使ってマット敷設前後の牛の行動を比較したところ，寝起き回数が倍増した（第37図）。これは厚みのあるマット設置によって，寝起きに対する自信や勇気を取り戻した牛が，より正常なストレスの少ない行動に復帰したと考えている。

もうひとつの変化は寝ながら反芻する割合が2割程度増えたことである（第38図）。反芻は立ってするより寝ながらのほうが省エネかつ効率的に行なわれる。寝ながらゆったりと反芻することは，牛にとって「癒し」の効果があることも指摘されている。

厚みのあるマット設置農家の全戸が「乳頭を踏まなくなった」「牛がリラックスした」「足の痛みで廃用になる牛がいなくなった」などと満足している。福岡県酪連の調査結果によれば「年間1頭当たり乳量で611kgの増加効果がある」とされており，厚みのあるマット設置はカ

第35図　寝起きへの自信や意欲を失わせるコンクリート牛床（左）や硬化したマット（右）

環境管理

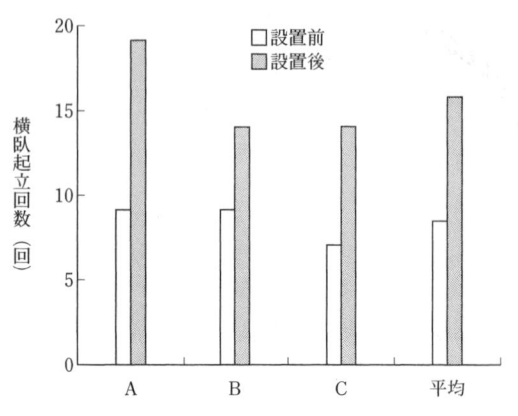

第37図 マット設置で横臥起立回数が増えた（T牧場）

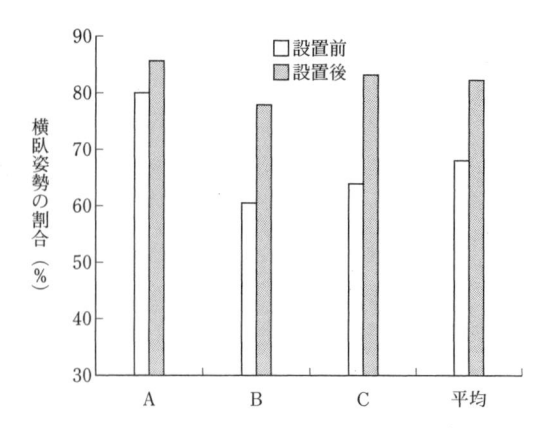

第38図 マットの設置で反芻に横臥姿勢をとる割合が増えた（T牧場）

ウコンフォートの改善では優先順位の高い項目である。

(3) 牛床の延長，特別席づくり，障害除去

植月さんの牛床の長さは162cmで，牛群の体長から考えて10cm程度不足しており，延長の必要があった。牛床延長は尿溝上に鉄板などを固定する方法が一般的である。しかし植月さんの場合，尿溝幅が広くないため，飼槽と牛床の境にある柱分だけ前方に10cm牛床を延長した（第39図）。もちろん厚みのあるマットも敷いた。改造後はゆったりと休む牛の姿がよく見られるようになった。

一方，資金面などの関係で牛舎全体の改造には踏み切れない経営もある。そのような場合には分娩前後各1か月の牛のためだけの住み心地よい特別席づくりを勧めている。これを「プチ・カウコンフォート」と名付けている。第40図はプチ・カウコンフォートの実施例で，5

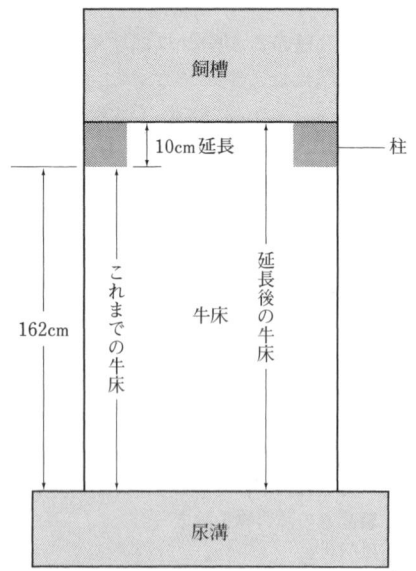

第39図 植月さんの牛舎では牛床を前方に延長し，牛はゆったりと休む

カウコンフォート（快適性）の向上

第40図 一部の牛床だけ厚みのあるマットを敷いた「プチ・カウコンフォート」

頭分の牛床に厚みのあるマットを設置したものである。

フリーストール牛舎での改善例もある（第41図）。80頭の成牛を飼育するMさんはストールベッド（牛の休息場所）が寝起きを邪魔する構造となっていたので、牛舎の一部を改造した。未改造の牛舎との行動比較をしたところ、ベッドでの休息時間が1時間増え、ボーッと立っている時間が2時間も減り、採食時間が36分長くなった。Mさんはこの効果を高く評価し、ほかの牛舎についても改造を実施した。

8. つなぎ方の改善

(1) 首にこぶ・シワをつくる、ません棒方式

岡山県内のつなぎ牛舎は「ません棒」方式がほとんどである。ません棒方式は牛床と飼槽の境に高さ110～130cm程度の横木を渡して、牛が前に出るのを防ぎ、糞尿を尿溝に落とそうとするものである。このません棒の位置をうまく決め、牛体をきれいに保っている酪農家もいる。牛ごとにていねいに高さを変えている人もいる（第42図）。

しかし、ません棒方式の牛舎では、首にこぶやシワのできた牛が目立つ（第43図）。ある牛群のこぶ・シワをネックスコアで数値化してみた（第2表）。ネックスコアの数字が大きくなるほどこぶやシワが激しい。その結果、ネックスコア3以上の牛が70％以上もいた。

この傾向はほとんどの、ません棒牛舎で見られる。こぶやシワのできる環境が、牛にとって住み心地のよいものであるかどうかをいちど、考えてみるべきである。

(2) ません棒で牛床が30～40cm短縮

一般に、首のこぶやシワは「えさを食べよう

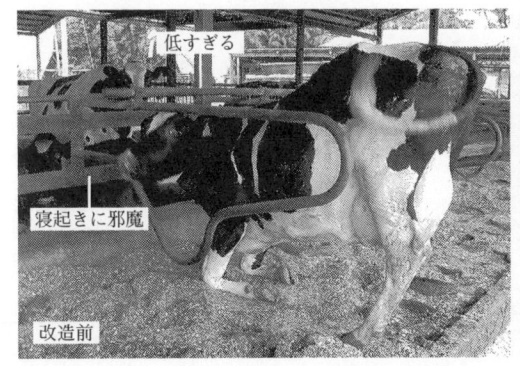

	改造後	改造前	効　果
横臥時間	12.7	11.6	10時間
佇立時間	3.1	5.0	−1.9時間
飼槽アクセス時間	4.9	4.3	0.6時間

第41図 Mさんの牛舎ではフリーストール牛舎で寝起きの障害物を除去

環境管理

第42図　ません棒方式
牛ごとにていねいに高さを変えている

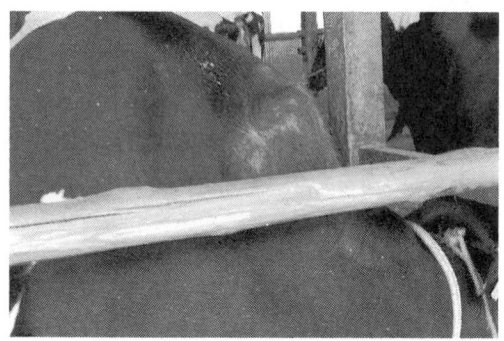

第44図　えさを食べていないときでも，ません棒に首を押し付けて立っている

第43図　ません棒で牛体はきれいに保たれるが首にこぶができる

第2表　ません棒方式の牛舎には首にこぶ・シワのある牛が多い（ネックスコアの分布）

1	2	3	4	5
2%	24%	45%	24%	5%

注　スコアが1→5と高いほど首のこぶ・シワが激しい

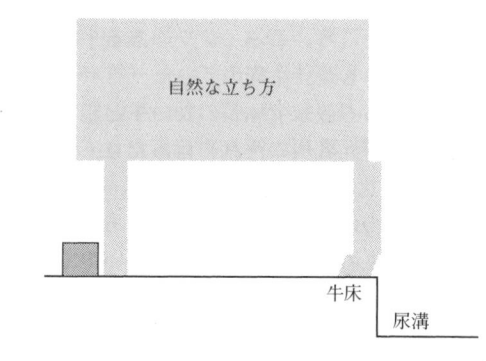

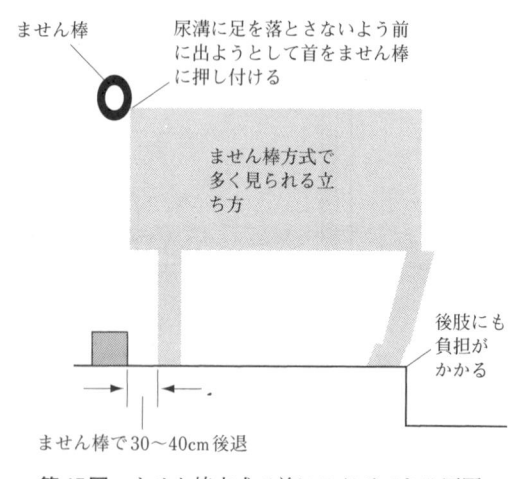

第45図　ません棒方式で首にこぶができる原因

とした牛が，ません棒にぐいぐいと首を押し付けるからできる」といわれている。しかし，牛舎で観察していると，えさを食べていないときでも，ません棒に首を押し付けて立っている牛を見かける（第44図）。このことから私は，ません棒牛舎の首のこぶやシワは牛床の長さと関係があると考えている（第45図）。

たとえば，体の長さが肩端から尾端まで170cmの牛がいたとする。この牛には170cmの長さの牛床を準備すれば，問題がないことになる。しかし，ません棒により牛は30〜40cm後ろに立つことを余儀なくされる。本来170cmだっ

た牛床が実質130〜140cmになってしまうのである。牛の前肢の蹄の先が牛床の前端からどれぐらい離れているかを一度見てほしい。

牛は特別な理由がある場合を除いて，尿溝に足を落として立つことを好まない。そこで，ま

せん棒に首を押しつけて，できるだけ牛床の長さを確保しようとする。これが，ません棒牛舎で首にこぶやシワが出やすい大きな原因と考えている。

(3) 首と足の痛みで大きなストレス

ません棒方式では「牛床が実質短くなる→首あたりが強くなる→牛が後肢に負担の強い立ち方になる→後肢が痛みやすい→結果として首も足も痛く大きなストレスになる」という図式があると考えられる。

ある農家で首のこぶ・シワと後肢の痛みの関係を見たところ，こぶ・シワのある牛はそうでない牛よりも後肢を痛めていた（第46図）。

また，ある農家で体長の長い牛と短い牛を数頭ずつ選び，乳房の汚れや首あたり，後肢の痛みなどを比較した（第3表）。長い牛は汚れが少ないものの，首にこぶ・シワがあり，足を痛めているものが多く見られた。短い牛では首のこぶ・シワや足の痛みは少ないものの，乳房を汚していた。牛床長の比較でも長ければ牛の体が汚れ，短いと首と足を痛めやすい傾向があった。

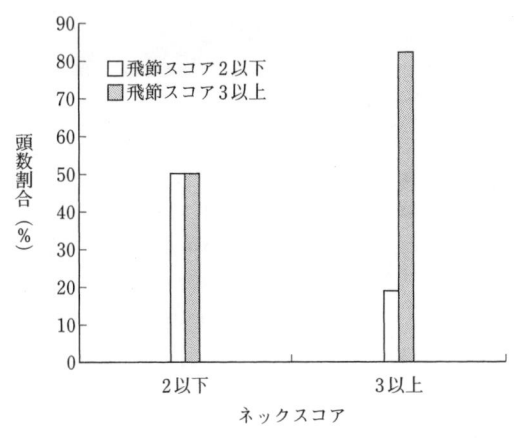

結論として，ません棒方式では，一部の匠（たくみ）的な農家を除き，牛の居心地を快適にしながら，牛の体をきれいに保つことは至難のわざではないかと私は考えている。

(4) ニューヨークタイストール＋カウトレーナー

そこで，私は，ニューヨークタイストール方式への変更を勧めている。ニューヨークタイストールは，ません棒を低めに前に出す方法である（第47図）。これによって，牛は牛床の長さを全部使うことができ，ません棒を首に押し付けることもなくなる（第48図）。

しかし，ニューヨークタイストールに変えただけでは牛の体が汚れるので，カウトレーナーという電気ショックによる学習器具を取り付ける。これは牛床内を汚すような位置で排泄しようと背を丸めたときにビリッと刺激し，後ろに下がるように訓練するものである。取付け位置は，牛に近づけすぎると拷問器具になるので注意する。牛床を汚す場所で背を丸めたときにあたるようにする（第49図）。

1戸の農家の調査ではあるが，排尿時は全頭，排糞時は9割の牛が背を丸めていた。このことから9割の牛はカウトレーナーで制御が可能であるが，残りの牛では敷料を十分入れること

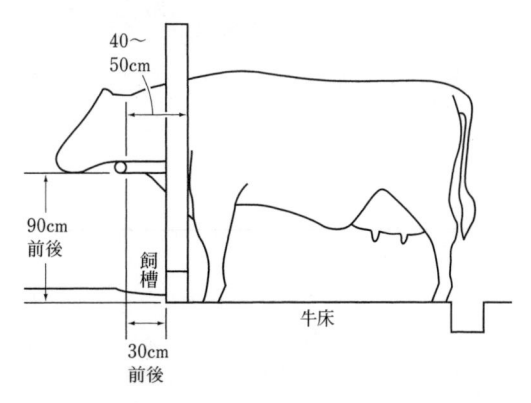

第46図　首のこぶ・シワが激しい牛ほど後肢の痛みが大きい
飛節スコアが高いほど後肢の痛みが大きい

第3表　牛体が短い牛ほど体が汚れ，長い牛ほど首・足を痛めやすい

牛体長	乳房汚れ	ネックスコア	X脚	つなぎ弱	飛節	後肢角度
短い牛	1.4	2.4	0.4	0.2	2.3	0
長い牛	0	3.75	1	0.25	2.75	0.25

注　数値が大きいほど問題あり

第47図　ニューヨークタイストール方式

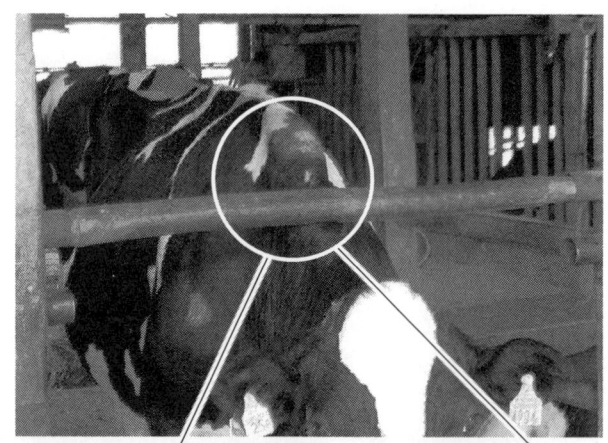

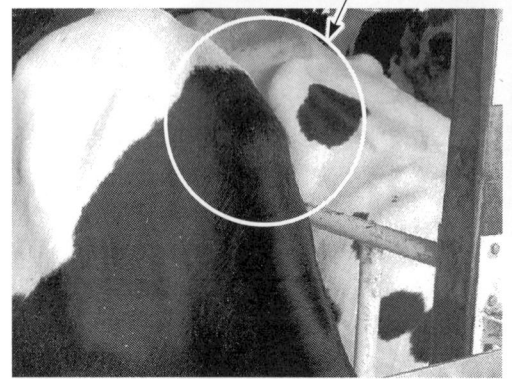

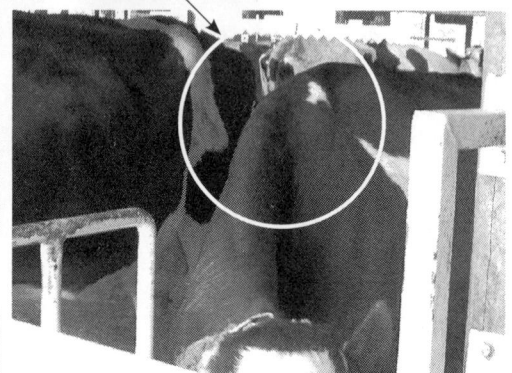

環境管理

第48図 ません棒方式→ニューヨークタイストール方式でこぶが消えた

第49図 カウトレーナーの設置例

や，気がついたときには糞掻きをすることが必要である。

ただし，ニューヨークタイストールには問題もある。「牛の行動範囲が広くなるので隣の牛の飼槽から盗食しやすくなる」「獣医さんが治療しにくい」「体調の悪い牛，ニューヨークタイストールに慣れない牛，寝起きのへたな牛がぐいぐい前に出てしまい，にっちもさっちも，いかなくなってしまう」ことがある。

とくに3つ目の問題はいつも発生するわけではないが，酪農家には大変困った状況で，カウリフトで牛を曳き出さねばならなくなる場合もある。その対策として管内の例では，ニューヨークタイストールの棒を1頭ずつはずせるようにして，前に出すぎても対応できるようにしている。

ただし，そのような対策が必須というわけではない。植月さんの牛舎（第32図参照）では，改造直後に2頭ほど前に出すぎて困った牛がいたが，現在は牛が慣れてきたためか，ほとんどいない。

ません棒方式からニューヨークタイストール

方式への移行は，飼槽や牛床などの改善と異なり，不安を感じる人が多いかもしれない。しかし，先に述べたようなません棒方式の問題点を考えると，牛の住み心地を改善するには避けられないハードルであると，私は考えている。

9. 牛舎改造の心構え

(1) 施工業者との入念な打合わせ

牛舎を改造する場合には，経営者がその内容をよく理解することは当然であるが，普及員などの指導者を交えたうえで，施工業者と十分に打ち合わせる必要がある。これまで私は，図面を作成して経営者に渡しておけば，施工業者が図面どおりに仕事してくれるものと安易に考えていた。しかし，出来上がった工事を見て愕然とすることがよくあった。

そのひとつの例は連続水槽の工事だった。連続水槽の設置位置は重要である。高すぎたり遠すぎたりすると水を飲みにくくなり，近すぎたり低すぎるとえさを食べるのに邪魔になる。そこで工事前に3か月にわたり3頭分の実験区を設置し，連続水槽に見立てた雨樋を上下前後に1cm単位で動かしながら牛を観察し，位置を決定した。

ところが，現場に行ってみると，図面で指定した位置より8cmも離れた場所に連続水槽が設置してあったのである（第50図）。そのため，工事をやり直さなければならなくなった。送風機や飼槽，通路の設置工事でも同じような経験がある。

それぞれについて可能な範囲でやり直してもらったが，こうしたことは労力・経費の大きなむだである。施工業者にとっても，それなりの理由があってしたことだから，やり直しはとても不愉快だろう。工事前に農家，施工業者，指導者が集まって十分な意識統一をはかること，工事中もお互いにチェックし，不明な点や判断を要する場面があれば必ず三者で相談することが大事である。

(2) 「牛は正直じゃのう」

植月さんが牛舎改造を行なった翌年の夏も非常に暑く，えさの食い込みや乳量を落とす経営が多くあった。植月さんの場合は，送風を改善しているため，他経営と比べれば牛への影響はかなり少ないはずだった。実際，前年の調査では，未改善の農家に比較して直腸温が低いことを確認していた。

ところが，繁殖検診をした共済連の豊田先生から「1頭だけ直腸の熱いのがおるぞ」という指摘があった。その牛を観察すると呼吸がとくに速く，喘いでいた。肩口の風速を測定してみると0.5m/秒しかない。奥さんの話では「この牛と隣の牛の2頭がいつも暑そうにしている」ということだった。

そこで，はたと気がついた。牛舎改造後に送風分布を測定したところ，ほとんどの牛床で風速2m/秒以上の風がきていたが，数か所で1m/秒に満たない場所があったのである。しかし，風速調査は自然の風などに影響されやすく，また，全体としては以前よりも大幅に改善できたことに満足して，「これで大丈夫」と判断してしまったのだった。奥さんが「暑そう」と感じた2頭分の牛床がまさにその妥協した場所だった（第51図）。

緊急の対応として，喘いでいる牛を風がよくきている牛床に移動したが，結果として前月55kgあった乳量が一気に44kgに下がってしまった。「牛は正直じゃのう」という豊田先生の

第50図 工事の現場で愕然。連続水槽の位置が図面よりも8cm遠くなっている。これでは水が飲みにくい

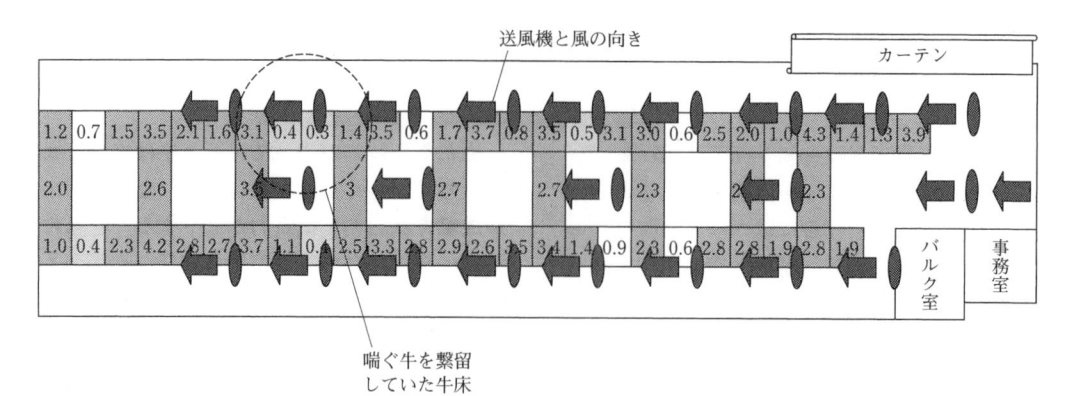

環境管理

第51図 送風改善後も風の不足する牛床があった

数値は風速。色がうすいところほど風が不足

送風機と風の向き

喘ぐ牛を繋留していた牛床

第4表 つなぎ牛舎のモニタリング項目

区 分	項 目	平 均[1]
後肢関係	球節・蹄冠の腫れ	30%
	蹄の発赤	32%
	X脚	32%
	蹄角度問題	36%
	つなぎ弱	22%
	後肢位置問題	29%
	飛節擦れ	66%
	後肢・飛節腫れ	25%
えさ摂取量	ルーメン充実不足	24%
肝機能	牛体フケ	45%
牛体管理	乳房汚れ	22%
	牛体汚れ	44%
前肢関係	前膝擦れ	65%
	前膝腫れ	14%
首あたり	ネックスコア	2.7

注 1) モニタリングした8農場で，項目に該当する個体が全頭に占める割合を平均したもの。ただし，ネックスコアは8農場の平均値

第5表 モニタリングによる改善策の提示例

優先順位	重要度	緊急度	取組み難易
1. 送風機の増設	A	A	A
2. 壁部分の開放（妻，横壁）	A	A	B
3. 牛床にマット設置	A	A	B
4. 牛床の改善・延長	A	B	B
5. ウォーターカップの設置	A	B	B
6. いつも短い粗飼料が牛の前に	A	A	B
7. 乾乳牛舎の改造	A	B	B
8. 餌槽の改善	A	B	C

注 取組み難易は，難A→B→C易

何気ない言葉が深く心に突き刺さり，植月さんにも牛にも大変申し訳ないことをしたと悔やみ切れない。まさに牛は妥協を許してくれないことを痛感した。

(3) 技術相互の関連性

牛舎の改造を検討する際には，牛をじっくり観察して，「今の自分の牛舎・牛群では，まず何を改善したらよいか」を判断する必要がある。これには指導者の協力が必要と思う。私は改造を勧める前にモニタリングという作業を行なっている。これはポイントを決めて牛の状態や牛舎施設の状況を観察するもので（第4表），この結果から改善する項目の優先順位を判断し，農家に提案している（第5表）。

また，ひとつの技術は他の技術と関連している。たとえば，牛床に厚めのマットを設置すれば牛の寝起きはずっとらくになるが，飼槽が牛床よりも低くなるため，えさを食べにくくなる場合がある。つまり，牛床と同時に飼槽の改善もしなければならないという悩ましい問題が出てくる。もっとも，牛床改善の必要性がきわめて高い場合は，飼槽改善は後回しにしてでもやってしまうべきである。

第52図は，フリーストール経営でベッドの送風を改善した事例である。この送風機設置方法には風上の牛が立つと風下の牛の風が弱くな

る欠点がある。そのため，改善効果をまんべんなく発揮させるには，ベッドで牛が寝ることが条件となる。

しかし，写真では立っている牛が多くいる。原因は牛が寝にくいベッドの構造にあると推定され，送風効果を上げるにはベッドの改善が必要と考えられる。送風とベッド構造，一見まったく関係ないような2つの技術が関係しているところが興味深い。

すでに牛舎改造に取り組んだ農家や指導者の話をよく聞けば，改善内容の相互関係について重要な情報を得ることができるだろう。

10. 牛のサシバエ対策

(1)「残酷ダンス」

8月中旬……あなたの牛舎のようすを思い浮かべてほしい。フリーストールなどの放し飼い牛舎で，牛がギュウギュウと1か所に立って固まっていないだろうか（第53図）。つなぎ飼い牛舎では，コツンコツンと牛床を蹄で叩く音が聞こえないだろうか。中を覗き込むと，牛が皆立って，尾を打ち振り，足を引き上げ，ひっかくような動きを見せている。私は，これを「残酷ダンス」と呼んでいる。

原因は，サシバエという小さな吸血昆虫である。サシバエは，乳量や飼料効率，子牛の発育を低下させ，さらに炭疽病や白血病などの疾病を伝搬するともいわれている。実際に，牛が1か所に固まってえさを食べなくなり，1日の出荷乳量が200kg以上も減った酪農家（120頭搾乳）を知っている。

またサシバエが入ってくると牛は立ったままとなり，ゆっくり休まないようになるので，繁殖成績や病気への抵抗力が低下する。さらには蹄病の発生，ひいては廃用に結びつく場合もあると考えねばならない。

(2) 発生場所と飛行距離

サシバエは，牛舎の敷地内にあるカーフハッチや育成牛舎の敷料，こぼれたえさ，水槽の下などから発生する。1匹のサシバエが産む卵800個から40匹が成虫に育つとすると，卵から成虫になるまでをおおむね1か月で計算すれば，5～8月の3か月の間にサシバエの数は1万6,000倍に増える勘定である。しかもサシバエは，雄も雌も吸血する。

サシバエ対策の基本は，牛舎敷地内の清掃である。北海道では，発生源となるこぼれえさや機械で掻き取れずに残った糞などの掃除を1か月に1回したら，サシバエが非常に減少したと聞いた。

しかし怒濤のように押し寄せる仕事に追われている酪農家には，たとえ月に1回でも，新たな作業が増えるのは，精神的・肉体的な負担となる場合がある。

さらにサシバエは4kmの距離を飛ぶとされているので，発生源対策は，近隣農場を含めた地域単位での実施が必要と考えられる。

第52図 立っている牛が多く，送風改善の効果が十分に上がらない

第53図 サシバエにたかられて1か所に固まった牛たち（集合）

環境管理

(3) 牛舎をネットで囲む

「何か良い方法はないか」と思いあぐねていたとき，愛知県の獣医の先生から牛舎をネットで囲む方法を聞いた。すでに兵庫県や鳥取県でも導入され，効果を上げているとのことである。

私は鳥取県の澤田寿和普及員のご厚意で，ネットを設置した酪農家を訪問する機会を得た。現場を見たときに背筋を駆け上った震えを，今も忘れられない。

ネットの地際に，高さ10cm，直径70cmほどの黒い山があった。これがなんとサシバエの死骸だったのである。しかも死骸の山は，牛舎の内側にあった。サシバエは牛舎の内外を行き来しながら生活するためか，たとえ牛舎に入ってしまっても，ネットで出入りを邪魔すると生きていけないようである。

8月，管内2戸の酪農家にネットを設置してもらった（第54図）。設置後は牛が固まらなくなり，ゆったりと寝るようになった。調査データからも効果は一目瞭然である（第6表）。

ネットは2mmのメッシュのものを使う。これより大きいと，ハエが抜けてしまう場合がある。牛舎周囲にネットを留める鉄材（園芸用パイプハウスで使う材料）を設置してからネットを取り付ける。機械や人の出入口は，カーテン方式にした。

なお，メッシュは，2mm×4mmでも差し支えなく，ネットの色は耐久性に優れる黒がよいとの情報がある（鳥取県）。また屋根の下ギリギリまでネットを張るのは難しいが，文献からサシバエは3.5mの高さまでしか飛ばないと知り，ネットの高さは4mとした。

設置費用は搾乳牛60頭前後の牛舎で30～40万円だった。このうちネットは消耗品なので，2～3年で交換するようになるだろう。その場合の費用は11～13万円程度だから，大きな負担にはならないと思う。鳥取県では，防風ネットや自分で持っている資材をじょうずに使って数万円でつくってしまった例もある。

なおネットを導入する場合には，十分な数の

第54図 ネットを設置した牛舎
屋根の下には少し隙間があるが，4m以上の高さならとくに問題はない

第6表 ネット設置後のサシバエ集合発生率
（9月7～25日）

農　家	区　分	集合発生日数率(%)
事例1	設置	11
事例2	設置	0
対照1	未設置	95
対照2	未設置	100
対照3	未設置	79
対照4	未設置	87

注　ネットを設置するとサシバエ集合はほとんど発生しなくなった

送風機設置が必要である。ネットが通風を妨げるからである。また，大きな機械から乗り降りしてのネットのカーテン開閉は苦痛なので，出入口でのネットの設置方法に工夫が必要である。これについては，まだ具体的な解決策を見出していない。

酪農家がサシバエの存在を最も意識するのは，搾乳のときだろう。ミルカーを蹴落とす牛を恨めしく睨んだのは一度や二度ではないはずである。でも搾乳が終わり，牛舎を出てしまえば，次の搾乳までサシバエの存在は酪農家の頭から消えてしまいがちである。その間，飼い主の見ていないところで，牛たちは，童話「赤い靴」の女の子のように残酷ダンスを踊り続けている。「誰かタスケテー」。

執筆　佐藤和久（岡山県真庭農業普及指導センター）

2010年記

健康診断と病気対策

病気対策の基礎

1. 乳牛の健康と病気の特性

(1) 健康と病気

健康とは、生体のすべての器官が外部の環境にうまく適応して、調和をとりながら正常に働く状態をいう。乳牛では、これに乳の生産力が維持・向上されるという条件を追加することになる。しかし、畜産経営では、少ない労力と経費で最大の生産を上げようとするため、しばしば生産性が健康性よりも優先され、飼養管理や衛生管理が省力化されたり、乳牛に対して過剰な生産を強いることになる。このような畜産経営では、乳牛は時として健康が阻害され、病気が起きやすくなるので、一時的に生産力が高くなっても健康とはいえない。

病気とは、生体の生理機能が正常に働くことができない状態をいう。生理機能に異常が起こると、その異常の部位や大きさに応じた反応が見られる。このような反応は発育の停滞、泌乳の低下、代謝異常やさまざまな臨床症状となって現われ、重症の場合は死亡することがある。

(2) 乳牛の病気の特性

乳牛の生活環は妊娠、分娩、泌乳開始、泌乳期、乾乳期、そして再び分娩、というサイクルのくり返しが基本となっている。したがって、乳牛ではほとんどの病気が分娩前後に集中する宿命になっている。第1表には乳牛の分娩前後に発生しやすい病気を示した。

近年、わが国の酪農経営は高泌乳牛化時代を迎え、年間8,000〜10,000kgの乳量生産を維持している高能力牛が多くなってきている。このような乳牛に対しては良質な粗飼料を十分に与えることが必要条件であり、遺伝的な泌乳能力があっても飼料バランスが不適当な場合にはさまざまな病気や、乳量、乳質の低下をまねく結果となりやすい。

しかし、現実には、乳量の生産性増加のためには濃厚飼料依存型の飼養形態に変わらざるを得なかった状況がある。この傾向はわが国での粗飼料の生産が不十分なこともあって、ますます浸透している。

牛は本来、草食動物であり、その体にも草を食べて乳や肉に換える機能が備わっている。しかし、穀類などの濃厚飼料を過剰に給与すると、草食動物としての本来の生理を乱すばかりでなく、エネルギー摂取過剰となって泌乳後期から乾乳期にかけて肥満となる。その結果、乳牛特有の代謝障害や繁殖障害が発生しやすくなる。

これらの病気による死亡・廃用頭数は、その総死・廃用頭数の約60％を占めている。しかも、これらの病気は発病してからでは手遅れになったり、回復まで長期間かかる場合が多く、乳牛としての経済的な価値を失ってしまうことがある。そのため、われわれに必要な病気の対策の基本は、健康な乳牛と異常な乳牛とを速やかに見分ける技術を身につけることである。

2. 病牛の早期発見

家畜は身体に異常があっても、これを言葉で訴えることはできないが、態度でこれを示す。だから、飼育者は細心の注意と愛情をもって常に牛に接していれば、健康状態や異常を発見することは困難ではない。

ことに牛は他の動物と比べて、異常を態度にあらわすのは病状がかなり進行してからのことが多いので、飼育者は常時接しながら、健康時の状態を熟知しておくことが大切である。

細部の観察点は次のとおりである。

健康診断と病気対策

第1表 乳牛の分娩前後に発生しやすい病気

疾病・その他	原因	発生の時期	予防法
単純な消化不良	分娩前数日または分娩時の飼料の変更	分娩後数日間	分娩前後に給与飼料の著しい変更を避ける
肥満牛症候群	乾乳期のエネルギー摂取の過剰	分娩前数日にも発生するが，大部分は分娩後数日間	乾乳期の栄養は維持と妊娠の給与とし，個別給餌を行ない，肥満状態を検査する
乳熱（分娩性低カルシウム血症）	乾乳期間中の高カルシウム摂取	分娩前と後の48時間以内，泌乳中にも発生する	乾乳中は低カルシウム飼料を給与する。分娩前のビタミンDの注射も代謝を促進する
血中マグネシウム低下症（泌乳性テタニー）	若い牧草中のマグネシウムの不足と寒冷ストレス	分娩後数週間	危険な時期にマグネシウムを飼料に添加する
起立不能症候群	乳熱の合併症（創傷性，長期間の横臥）	カルシウム治療後も起立不能で横臥の場合	早期に診断と治療を行なう
盲腸の膨張と捻転	不明であるが，泌乳初期に穀類の多給が関係する	分娩後2～4週間	泌乳初期に良質の粗飼料の多給を行なう
原発性ケトン血症	物理的採食不能，飼料中の低エネルギー，または食欲に影響する二次的疾患によるエネルギー摂取量の不足	通常分娩後2～6週間で最高乳量に達する直前	泌乳初期のエネルギー摂取量の増加を確かめる
分娩後の血色素尿症	リン摂取の不足	分娩後2～6週間	飼料中の適正なリン含有量を確かめる
泌乳初期の乳量低下	分娩時のエネルギー摂取不足とボディーコンディションの低下であり，体脂肪の動員が行なわれない	分娩後6～8週間	分娩後6～8週間までのエネルギーと蛋白質の適正な摂取を確かめる
牛群の乳量低下	飼料の品質管理の不備によるエネルギー，蛋白質，ミネラルの摂取不足	通常，泌乳の初期から中期にみられる	常に飼料の品質と摂取量に注意する
発情開始の遅延	発情診断の不備。エネルギー摂取量の不適当と，泌乳初期の体重減少の著しいものに関係	分娩後8～10週	分娩後40日までに良好な発情が開始できるようにする。ボディーコンディションとエネルギー摂取を追跡調査する

(1) 外部の変化

①挙動の変化

体内に異常があれば，外貌や挙動に変化が表われることは人間と本質的に同じである。元気がなく，行動が不活発で沈鬱な状態を示し，横臥して起立が困難な場合や給餌しても食べにこない場合などは，身体に異常がある証である。

②顔貌の変化

顔，眼 顔や眼は健康状態をよく表わしており，顔を見れば健康か否かの判断がつく。とくに眼は健康な場合，輝きがあり，温和で，眼球の表面には潤いがある。

異常な場合は眼球の動きが不活発となり，遠くを見つめたようで混濁した感じがあり，眼やにが付着したり，眼結膜の血管が赤く浮き出たりすることもある。また，急激に眼球が眼窩に陥没している場合は重症の病気である。

鼻 健康牛の鼻鏡は湿っており，表面には光沢があり，小さな水滴が付着して清潔であり，鼻の臭いは無臭である。

異常な状態では鼻鏡が乾燥しがちで，汚物が付着し，高熱が続くとひび割れ状態となる。鼻の臭いも腐敗した果実臭などの悪臭がある。

耳 健康牛では，音などの刺激によく反応し，耳をよく動かす。異常状態では耳の動きが鈍く，下垂する。また，耳根部を握って熱感や異常に冷たいときには注意を要する。

口　口粘膜は湿っており，口唇には唾液が付着しており，ときどき舌で口唇部を舐める。異常な場合は，粘膜は乾燥したり，極端に唾液が出たりする。

③体表の変化

被毛　飼養管理がよく，健康な牛であれば，被毛に光沢があり，ホルスタイン種では黒毛と白毛の境界がはっきりしている。逆に，管理不良，栄養不良，消化器病，皮膚病などがあれば，被毛が粗剛で光沢がなく不潔感がある。換毛期が遅れたり，換毛が不良なことも正常ではなく，全身的な異常が疑われる。

皮膚色　皮膚の色は被毛に覆われて見にくいが，乳房や趾間など比較的薄い皮膚の部分にあらわれる。暗紫色は局所の打撲などによる皮下出血もあるが，全身的には呼吸および心臓障害でもあらわれる。なお，乳房では壊疽性乳房炎の場合，異常分房は変色する。

発汗　汗は皮膚の汗腺から分泌され，生理的には体温の調節に重要な役割を果たしている。牛の汗腺は比較的発達しており，前駆の皮膚に多く，額・胸垂・後駆には少ない。

病的な発汗過多は，神経の興奮をまねく病気，疼痛が大きい病気，呼吸困難などの重症な場合にみられる。

痒覚　痒みが強い場合は，動物はその部分を舐めたり壁などにすりつけたりする。そのためその部分が脱毛し，あるいは傷を受けているので，注意して観察すれば発見は困難ではない。痒覚が過敏となる原因は，皮膚炎や吸血昆虫に刺された場合などである。

浮腫　浮腫（むくみ）とは組織内の体液が皮下や皮下の組織に停滞した状態であって，指圧を加えると陥没し，しばらくはそれが消失しない特性をもっている。

浮腫にはその局所に熱感があるものと，冷性のものとがある。熱性のものは急性の炎症があるときに生じ，熱感ばかりでなく発赤や疼痛を伴う。冷性の浮腫は，心臓機能の減退による循環障害や貧血などの場合にみられる。

④粘膜の変化

日常注意しなければならない粘膜は口腔粘膜，眼粘膜および腟粘膜で，この色の状態によって血液循環の良否や血液性状の変化などが推察できる。健康な粘膜はきれいなピンク色をしているが，充血汚色や蒼白あるいは黄色を示しているときは病的な場合が多い。

⑤歩　様

歩き方の異常を跛行というが，多くは四肢の炎症や外傷があるときにみられる。最近では乳牛の蹄病がその原因になることが多く，疼痛のため乳量の低下をまねくので問題となっている。これは濃厚飼料の多給による肥満が原因で，蹄部の負重による物理的圧迫や，代謝異常により，蹄や骨を形成している成分に変化をきたしているためと考えられている。

重度の跛行を発見することは容易であるが，軽度な場合にはむずかしい。しかし，常時牛に接し，あるいは他の牛の歩様と比較すれば，比較的早期に異常を見つけ出すことができる。

(2) 内部の変化

①食欲・飲水と反芻の変化

食欲　牛が1日に消化できる採食量は，乾物に換算して体重の1.1〜3.5（平均2.7）％である。その回数も一度にたくさん与えるよりは，3〜4回に回数を増やしたほうが採食量も増し，栄養分の摂取もよい。食欲は健康のバロメーターであり，飼育者が病牛を早期に発見するために最も大切な目安となる。

ただし，急激な飼料の変換，粗悪な飼料，外気温・湿度の変化，とくに高温多湿などのために，健康牛でも食欲が一時的に不振あるいは減退することがある。また食欲があっても，採食あるいは咀嚼障害などがあれば採食量は減少するので注意を要する。

飲水　多量の乳を出す乳牛では，水分を大量に必要とするので，飲水はきわめて重要である。乳牛が1日に必要とする水の量は，季節・飼料の種類などによって多少の差はあるが，泌乳中の牛では乳量の約3倍を目安としてよい。しかし，自由に欲するだけ与えるのが望ましい。

水分は飲料水で補給されるだけでなく，飼料中の水分や，体内で代謝の結果生ずるものも利

用される。

一般に下痢を伴わない胃腸病，中枢の神経障害などでは飲水量は減退し，発汗・下痢などで水分の消失が多い場合には渇欲が亢進する。

第2表　乳牛の生理的な数値

体温	成牛　37.5～39.5℃
	幼牛　38.5～40.0℃
	子牛　38.5～40.5℃
脈拍	成牛　36～80回
	6～12か月齢　80～110
	2～60日齢　110～134回
呼吸数	12～15回（脈数の1/4～1/5）
第一胃運動	2～4回（1分間）
反芻回数	食後30～40分で約1時間，1日に6～8回
排糞回数	12～18回（1日）
排尿回数	5～7回（1日）

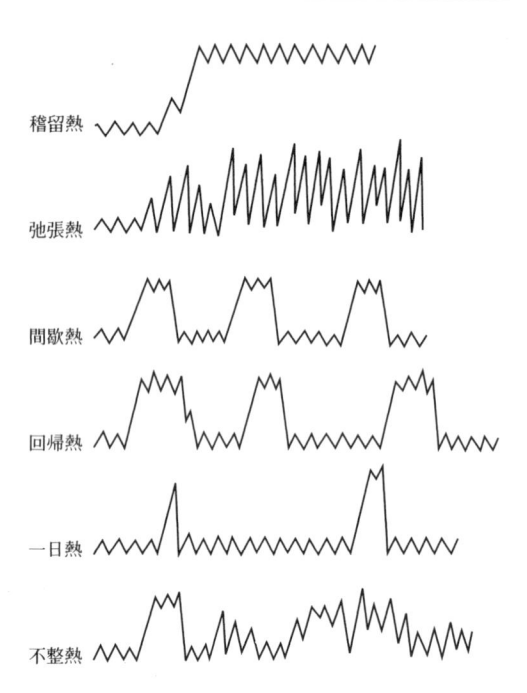

第1図　牛のいろいろな熱型と健康・疾病

稽留熱：日差が1℃以下で，高熱が持続する（炭疽，肺炎など）
弛張熱：日差が1℃以上で，高低の差が大きく，容易に平熱に戻らない（敗血症，小型ピロプラズマ病など）
間歇熱：平熱と高熱が2，3日ごとに交互に出る
回帰熱：高熱の持続時間が数日で，発熱と発熱の間は不定（ダニ熱，結核）
一日熱：高熱が突発し，1日で平熱となる。健康な牛でも原因不明の一日熱を発することがある
不整熱：不定な経過をたどり，通常認められる熱型で，多くの病気にみられる

反芻　反芻は第2表のように正常時では採食終了後30～40分で始まり，1反芻時間は40～50分，1日に6～8回行ない，その量は50～60kgとされている。

反芻の回数減少，反芻が緩慢なこと，反芻の停止などは，病牛を早期発見するうえで重要な症候である。一般に前胃の疾患，第四胃，腸，肝臓の疾患などでは反芻に異常を発する。反芻異常の有無は牛の健否を知るためのよい指標となる。

②体温の変化

体温の測定は，早期に病気を発見するために重要な役割を果たすので，牛舎にはつねに体温計を用意し，体温の変化を観察することが大切である。

牛の生理的な体温は第2表のようであるが，これはあくまでも標準である。したがって，個体によってかなりの差があるので，それぞれの牛の正常体温を日常の検温によって知っておくことが大切である。

検温は通常，体温計を肛門内に挿入して行なう。夏季は0.5～1.0℃高めであるが，体温が40℃以上，または38℃以下になったときは異常の警告である。検温は朝晩行なって体温表に記録し，発熱の有無や状態を知ることができる。

病気がある場合は病気によって一定の型を示し，これを熱型と称する（第1図）。

③脈拍と呼吸の変化

牛の脈拍は，一般に尾根部の内側，第2～3尾椎部の内両側部に指をあて，尾中動脈の拍動で検査する。健康牛の脈拍数の標準は第2表のようであるが，生理的にも年齢，性，妊娠，分娩，興奮，運動，気温などによって変化する。

脈が異常に増加するのは，痛性や熱性の病気，心臓の病気や重度の貧血などのときで，緩徐となるのは栄養不良などのときである。

なお，脈の検査では，数の増減だけではなく，調子が均一かどうか，強弱などにも注意しなければならない。

呼吸の測定は，鼻孔の開閉を見るか，斜め後方から胸廓の拡張する回数を計算する。呼吸数の変化は，脈数の変化と一致することが多い。

呼吸では数だけではなく，吸気・呼気の強弱，呼気の臭気，異常音の有無などにも注意する。

④糞と尿

牛の排糞と排尿の数量は，生理的にも飼料の種類・量，飲水の多少などによって若干の相違がある。成牛では，排糞回数は1日に12～18回，量は32～37kg，排尿回数は1日5～7回，6～25l である。

糞は消化器の機能の良否を判断する好材料である。糞については回数と量も大切であるが，糞の性状，とくに硬軟，色，臭気に注意するとともに，異物の存在に注意しなければならない。

水分の多い生草を与えると下痢便に近い緑色便を排するが，水様下痢とか糞に血液，粘液，粘膜などが混じっている場合は異常と考えるべきである。酸臭・腐敗臭の強い糞や，白色や黒色を示す糞，飲水不足による乾燥した糞にも注意しなければならない。

尿は排尿の状態と尿の色，臭気に注意する。健康牛の尿は透明で，芳香性の臭いがし，わずかに黄褐色を帯びている。混濁したり，褐色が強かったり，また，血液・膿が混入している場合は，腎臓，膀胱，尿道などの病気が疑われる。

3. 異常牛の見分け方

乳牛の病気は専門の獣医師が各種の診察を積み重ね，加えて長年の経験に基づいて診断し，はじめて病名がつけられるものである。重症の病気，緊急を要する病気と判断したときは，できるだけ早く獣医師の診療を求めるべきである。

しかし，病気には伝染病や重症のものばかりでなく，軽症で少し注意すれば予防することができ，また簡単な治療が可能なこともある。このためにも，乳牛の主な症状と病気との関連は知っておいたほうがよい。

第3表には，乳房炎と繁殖障害を除いた病気で，日常，比較的遭遇する症状と主な病気との関連性について示した。しかし，病気の症状は複雑であって，必ずしも症状と病名が一致しない場合がある。

4. 病牛の看護

動物が病気になった場合，動物自身がこれを取り除こうとする防衛力があり，これを手助けするのが各種の治療法と看護である。看護のよし悪しは，応急手当の適切さとともに，病気の回復に大きな影響をおよぼすことになる。理想的な看護を行なうためには，まず動物に対する愛情がなければならない。もちろん，動物そのものの生理や性質，また病気そのものについての知識があればさらによいが，それらを身につけることは容易ではないので，その点は獣医師の指示をあおぐべきである。

(1) 獣医師のくるまで

まず牛舎を清潔にしておき，温度，通風，換

第3表　症状と関連する主な病気

症　状	主　な　病　気
よだれを流す	口内炎，○中毒（農薬など），○食道梗塞，○流行性感冒
せきをする	気管支炎，肺炎，感冒
顔がはれる	骨軟症，放線菌腫，○マムシの咬傷
鼻出血	○炭疽病，鼻炎，鼻の腫瘍
涙を流す	結膜炎，角膜炎，ピンクアイ，目の寄生虫
目が赤くなる	○熱射病，○中毒，○急性鼓脹症
目が青白くなる	寄生虫病，その他の貧血
目が黄色くなる	黄疸，ピロプラズマ病
食欲あり食べず	歯の異常，○食道梗塞，○破傷風の初期，咽喉頭麻痺，舌の病気
息が荒い	○鼓脹症，気管支炎，肺炎，○甘藷中毒，その他の中毒性の病気
胸前がはれる	○創傷性心膜炎，○心臓病
腹がふくらむ	○急性鼓脹症，○破傷風
激しい腹痛	○尿閉症，腸閉塞の初期，○食道梗塞
消化が悪い	胃腸カタル，歯の病気，ケトン症
下痢をする	胃腸病，○発熱を伴うときは伝染病，ケトン症
糞がでない	○腸閉塞，便秘
排尿が多い	腎臓病，膀胱の病気
排尿がない	○尿閉症，○尿結石，○尿毒症
尿が赤い	血尿症，腎臓病
下腹部がはれる	ヘルニア，○心臓病
狂ったようになる	脳炎，神経性ケトン症

注　○印は緊急を要する病気

気に注意し、病牛に少しでも快適な環境を準備する。手術などに備えて大量のお湯の準備も必要である。

起立不能牛に対しては、褥創（床ずれ）を防止しなければならない。褥創は外観上たいした病変にはみえないが、非常に危険な炎症であって、直接生命に危険を与えるものである。褥創は化膿菌の感染などをまねき、局所だけでなく、全身的な病変をおこすので、多量の新鮮な寝わらを与える。

獣医師の来診にさきだち、現在までの経過、手当ての概要をメモしておく。とくに繁殖障害の診療の際は、発情の日時、授精の有無などを確実にしておく。

乳房炎での乳汁の検査を受ける場合は、最終の注入薬を用いた日時を明らかにしていないと、検査の意義がなくなることがある。

飼料や植物中毒などの場合は、摂取した飼料・植物が診断や治療の決め手になるので、現物を保存しておくとともに、食べた量も正確に伝える。

(2) 診療の前後

家畜の診察にあたって、問診は必要な事項なので、飼い主は病牛に関して観察したことを獣医師に正確に話す。また獣医師が診療を行なう前に、器具類をならべる場所を準備しておく。場所や広さが適切でないと、注射針や外科手術器具などが飼料の中に混入して不測の事故につながることがある。

治療後は注射薬のアンプル、空瓶などを始末し、看護上の注意や投薬方法、飼料の給与方法、搾乳方法などを指示してもらい、確実に守ること。なお次回診療の日時も確認しておく。

(3) 診療後の看護

病牛は回復するまで一般に食欲が不振となるので、飼料は消化が容易で、栄養価のあるもの、あるいは種類を替え、さらには牛が好む良質な青草や根菜類をバランスよく給与する。

起立ができず横臥しているような牛は、体重が重いので褥創ができやすい。そのため、とくに安静の指示がない限り、1日数回寝返りをさせてやる。そして、褥創を起こしやすい腰角、肩および四肢の外側は寝返りさせるつど、マッサージをして血行をよくし、褥創を発見したときにはヨード剤などで消毒をする。

5. 常備薬と応急手当の手順

(1) 常備薬

酪農家が常備しなければならない薬品および器具類などは、いずれも応急手当用のものであって、獣医師に依頼するまでの処置のために用いられると理解するべきである。酪農家がみずから治療することは避けなければならない。とくに抗菌性物質や駆虫剤などのように「要指示」と表示されている薬剤は、獣医師の処方、指示なく投与することを禁止しなければならない。

しかし、獣医師不在で緊急の処置が必要な場合もあるので、必要と思われる常備薬を第4表にまとめた。なお、商品名や用量などは獣医師の指示によって準備したほうがよい。

(2) 応急手当の手順

①食欲不振・反芻停止

まず検温する。体温が40℃以上または38℃未満のときは、至急獣医師に連絡して診療を求める。

平熱で下痢があるときは整腸剤を、下痢がないときには健胃剤を投与する。ただし、一昼夜しても回復しない場合は、獣医師に診察

第4表 酪農家に備えたい常備薬と器具類

内用薬	外用薬	検査薬と器具	消耗品
・健胃剤	・外傷、蹄病用	・乳房炎診断用器具・試薬	・体温計（獣医用）
・整腸剤	ヨード剤	・ケトーシス診断用試薬	・包帯（4裂1反）
・消泡剤	オキシドール	・小試験管	・ガーゼ
・植物油	木タール		・脱脂綿
	蹄病軟膏		・晒木綿
	・消炎剤		
	パップ製剤		
	パスター製剤		
	・産道粘滑剤		

を求める。

②急性鼓脹

まず巻き尺などで腹囲を測定する。よだれが少ないときは、食用油300〜500mlを投与して観察し、1時間しても腹囲が縮小する傾向がなければ獣医師に診察を求める。

よだれが多いときは食道梗塞を疑い、至急獣医師に求診する。

③急性胃拡張

まず盗食の量を調査する。濃厚飼料10kg以上のときで食欲があれば、自由飲水を禁止して、2時間に3〜5lの制限給水とし、粗飼料を給与し、健胃剤を投与してから獣医師に求診する。食欲がないときは、自由飲水を厳禁し、至急獣医師に求診する。

濃厚飼料10kg未満で反芻があるときは、制限給水をして健胃剤を投与する。この間、良質の粗飼料を自由に採取させる。反芻がないときは、獣医師へ連絡し、診察を求める。

④外　傷

出血が多いときは、四肢など出血部の上部を縛れる場合は、晒木綿で強く縛って止血し、傷口にヨード剤を塗布し、ガーゼで圧定して包帯をし、獣医師に連絡する。

出血が少ないときは、傷口に付着した汚物を除去したのち、ヨード剤を塗布し、圧定包帯をする。傷口が小さくても深い外傷の場合はオキシドールを用い、創内の汚物を泡とともに創外に湧出させるようにくり返し消毒し、圧定包帯をする。

⑤急性乳房炎

まず体温を計る。体温40℃以上または38℃未満のときは至急獣医師に連絡し、乳房の冷湿布または冷水をそそぎかけ消炎に努め、来診を待つ。

平熱のときは乳房に消炎剤を塗布し、搾乳回数をふやし、獣医師の指示によって薬剤（乳房内注入剤）を使用する。

執筆　元井葭子（農林水産省家畜衛生試験場）

1999年記

牛舎の衛生管理と病気対策

牛群の管理衛生のレベルと生産物の量や品質との間には，密接な関連性が広く認められている。病気を予防し生産性を高めるとともに乳生産現場の環境改善のためにも，牛舎の衛生管理は重要な課題の一つと考えられる。畜舎の衛生管理には，広義の意味では個体や牛群の飼養，栄養，泌乳，繁殖，糞尿などの管理や病気の予防対策が含まれよう。

本稿では，牛舎の衛生管理と病気予防について，牛舎環境を中心に牛舎の衛生環境，牛舎・牛床の調査事例，牛舎環境の改善による乳生産衛生の向上事例，衛生管理と疾病予防についてその概要をとりまとめた。

1. 牛舎の衛生環境と管理のポイント

(1) 牛舎環境と乳牛の快適性，搾乳衛生

乳牛に提供すべき環境は，乳牛が生活するすべての居住空間に共通して換気が良く清潔で乾燥し，安楽性と安全性が保持されることが理想である。牛舎内の通気と換気の改善が最も重要な項目である。

①牛舎の快適性と横臥率

牛床の快適性は，乳牛の横臥率（牛床横臥頭数/総頭数）で表わされる。平均の牛床横臥率は70〜80％，快適で横臥しやすい場合には80％以上，何らかの問題がある場合には70％以下とみられている。夕方の搾乳後1.5時間頃の横臥の観察により，平均的な1日の牛床横臥率が得られるとされている（高橋，1999）。横臥率が低い場合には，その原因が牛床か，空間か，敷料か，その他の原因かのいずれかを特定する必要がある。

しかし，牛床での横臥率が高くても牛体が汚れ，乳房炎の発生が多い場合には，横臥動作や歩行動作を観察し，牛舎全体の快適性や管理上の問題点を検討する必要がある。

②牛舎管理と搾乳衛生

バルク乳の体細胞数と搾乳手順および管理項目の実施度との関係では，適正な管理作業の実施牛群では乳体細胞数の低値かつ安定化が証明されており，適正推奨管理（GDP）の有効性が証明されている（河合，1999）。詳細は搾乳マニュアル（畳ら，1993）に譲る。

搾乳衛生および搾乳作業が体細胞に与える影響度において，最も寄与度の高いものは牛体の清潔度であることが示されていることからも，牛舎管理の重要性が指摘されている。また季節により体細胞数に変動が認められ，夏季に環境性乳房炎の発生増加と体細胞数の増加が起こりやすいが，暑熱ストレスによる乳牛の生体防御能の低下とのかかわりが指摘されている。

第1図 牛床スペース，換気，採光を考慮したタイストール牛舎

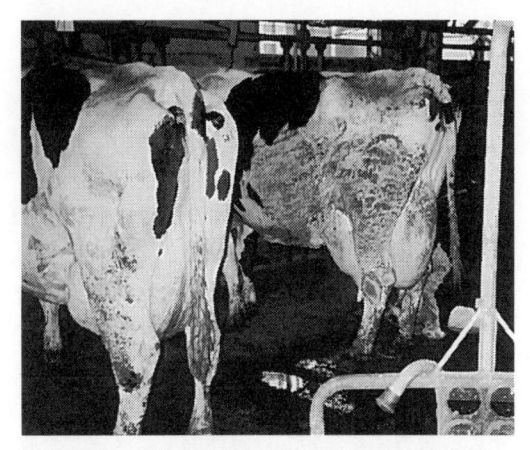

第2図　牛床に敷料がなく牛体の汚れが著しい

第3図　敷料（麦稈）が十分に入れられ牛体が清潔である

(2) 環境管理のポイント

①牛床環境

牛床の役割は，乳牛に休息のための居住空間と安楽性を保証することにある。

牛床に求められる乳牛側の条件として，快適である，横臥・起立が容易である，牛体が清潔に保たれる，採食・飲水が容易である，拘束ストレスがない，牛体が清潔に保たれるなどがあげられる（高橋，1999）。管理側の条件としては個体・群管理が容易である，衛生的である，維持管理が低コストである，作業効率が高いなどがあげられる。

②牛床空間

牛床の幅と長さ，ネックレールの位置，ブリスケットボードの位置，乳牛の頭の突き出し空間の有無が重要な要因である。

牛床の幅は牛の横臥姿勢と起立動作に影響する。牛床幅は腰角幅の2倍程度は最低でも必要であり，搾乳作業のためのスペースも必要である。牛床の長さは乳牛が横臥したときに必要なサイズであり，座骨端から肩端までの長さである。標準的な牛床空間として牛床幅120〜130cm，ブリスケットボードから牛床後端までの長さ170〜175cm程度，ネックレールの位置は牛床後端から165〜175cmとされている。牛が起立するときに首を伸ばすために必要な空間と自由度を考慮にいれ，乳牛の起立，横臥，採食，糞尿の落下状況を観察して調節する。

牛床が長すぎると牛体および牛床を汚しやすい。短すぎると牛に不自然な姿勢を強制し，横臥時に乳房や乳頭を汚し環境性細菌の付着を増すことになる。また起立時に乳頭踏傷や隣の横臥牛の乳頭を損傷しやすい。

③換　気

換気の目的は，牛舎内の温度と湿度を調整し，新鮮な空気を供給することである。

タイストール牛舎の換気は，夏季は可能な限り壁を開放した横断換気にし，冬季では牛舎を密閉して自然換気で舎内気流を大きくする場合は，排気口の面積を入気口より大きくすることが推奨されている（菊地，1996）。

④敷　料

種類およびその量と質は，乳房炎発生と密接な関係がある。タイストール牛舎ではコンクリート＋敷料（麦稈，おがくず，稲わらなど），コンクリート＋硬質マット，コンクリート＋おがくず，コンクリートのみが大部分を占めている。フリーストール牛舎では，ゴムチップマットレス＋敷料，コンクリート＋敷料が多い。ゴムチップを詰めたマットレスなどでは糞尿が付着すると湿潤になるので，環境性乳房炎が問題化しやすい。

2. 事例にみる牛舎環境の問題点と改善

(1) 牛舎環境の実態と問題点

①牛床構造
表1に示すように，牛群Aは牛体長に対して牛床が短いため，後肢を尿溝に入れ起立している状態が観察された。特に，牛群Cでは牛床が短く幅も狭いため通路に踏み出したり，隣の牛床に後肢を入れている個体を多数認めた。そのため，大型送風機を備えているにもかかわらず，湿度が高く牛床は乾燥不十分であった。それに対して，牛群Bでは牛床の長さ幅ともに十分あり，特に問題を認めなかった。

②乳房炎と体細胞数
乳房および乳頭を糞尿で汚している個体が多い牛群Aでは，乳房炎の発生が高率に認められ，体細胞数の増加と環境性乳房炎が問題となっていた。また，牛群Cは体細胞数，乳房炎発生率ともに高値であった。体細胞数50万/ml以上の個体も多い。送風機があるにもかかわらず気流の動きが悪く，湿度が高いことが原因と思われる。しかも，牛床が短いため不自然な姿勢を示している個体が多く，拘束ストレスの影響も推察された。換気と牛床サイズを改善するとともに，牛体の汚れを防ぐ方法が課題と考えられた。

牛群Bは大型送風機を稼動しており，畜舎内は常に清潔で牛床も乾燥しており，体細胞数，乳房炎発生率ともに低値であった。

③牛舎環境の問題点
これらの事例からも，牛群のサイズとその斉一性，ネックレールの位置，牛床の傾斜，頭部の自由度や敷料の種類と量などが，牛への快適性，安楽性，清潔度に影響を与えていることがわかる。

現有施設の有効活用のための改造事例については解説書が出されているのでそれを参照されたい。なお，送風機は通路上に設置されている牛舎が多いが，これでは各個体にはあまり効果が及ばないので，ダクトを用いた牛体背部への送風が理想である。

(2) 牛舎環境改善事例

夏季に大腸菌性乳房炎が多発し，酪農家および獣医師ともにその対策に苦慮していた一生産農場に対して，搾乳立会を実施し搾乳作業の実態，乳房炎の原因菌，畜舎構造，牛舎内微気候などを調査し問題点を明らかにするとともに，その改善方法を決定し一定期間モニターした成績を次に示す。

①牛舎環境と搾乳作業の実態
飼養概況 この農家は，成乳牛45頭，育成20頭飼育で，平均乳量9,500kg/頭，乳脂率3.93%，無脂乳固形分9.05%の成績である。牛舎はタイストールで，平成8年度に牛舎を増築している。

牛舎環境 ストールサイズは長さ170cm，幅130cmであった。ストールには革製マット（輸入）が敷かれ，その上におがくずが2～3cm程度入れてあるが，糞尿により敷料が湿潤な状態になっていた。

従来の牛舎に直角に増築したため，牛舎全体は「L字型」構造になっている。

そして，牛舎内湿度は，外湿度に比較して9.4～10.6%高値であった。

搾乳作業の概要 前搾りは乳頭清拭前に行なうことが推奨されているが，乳頭清拭後に前搾

第1表 生産農場での牛舎構造の例

	A (35)	B (36)	C (25)
牛群（泌乳牛頭数）	A (35)	B (36)	C (25)
牛群の平均体長 (cm)	174	171.3	174.3
タイストール	スタンチョン	スタンチョン	スタンチョン
牛床サイズ（長さ×幅，cm）	170×130	180×130	150×125
尿溝（幅×深さ，cm）	47×15	43×32	38×21
軒高 (cm)	215	230	230
カウトレーナ	有	有	有
大型送風機（台）	1（夏季稼働）	2（夏季稼働）	2（夏季稼働）
乾カタ冷却力[1]	18.1	22.8	25.9
湿カタ冷却力[1]	20.9	30.7	33.1

注 1) カタ冷却力：温度，湿度，気流による空気の総合的な冷却力の指標で，値が大きいほど冷却力は大きい。乾カタ冷却力は乾燥状態，湿カタ冷却力は湿潤状態での空気冷却力を示す

りを実施していた。乳頭接触後からティートカップ装着までの時間は，平均1分5秒であり短いもので24秒，長いもので1分10秒（1分～1分30秒が適正），搾乳時間は平均5分40秒（5～6分が適正）であった。

ポストディッピングは良好であった。

②衛生上の問題点

乳汁検査成績 乳汁検査をすると，分房乳の23.9％(42/176)から乳房炎の原因菌が分離された。原因菌はコアグラーゼ陰性ブドウ球菌(61.4％)，コリネバクテリウム・ボビス，環境性連鎖球菌であった。

牛床環境 本農場のストールサイズは体重630kg以上，胴回り200cm以上に適するものであり，それに満たない牛に対してはやや長い傾向にあった。さらに，ロープタイでの頭頸部の固定が不十分で飼槽部へ移動するため，排糞・尿は尿溝ではなくマットや敷料の上へ落ち，汚染源となっていた。革製マットの上のおがくずが常に湿潤であり牛体を汚していた。

さらに「L字型」の牛舎構造のため気流の流れが悪く，換気不良場所が確認された。

③改善項目と改善効果

ロープタイによる頭頸部の固定を確保し，自由度をもたせながらも牛体の飼槽部への移動に制限を加え，排糞・尿が糞尿溝へ落ちるよう調整を試みた。牛床の乾燥化を目的に強制換気用の大型送風機を設置・稼動した。大腸菌群の一菌種であるクレブジェラ・ニューモニエ対策を目的に敷料のおがくずに消石灰を2～3％量加えて利用することを試みた。7月に大型送風機稼動後の牛舎内気温は外気温に比較して0.2～0.3℃，また湿度は0.3～5％の範囲で改善された。指摘していた搾乳作業の問

第2表 乳生産環境と衛生管理項目と要点 （永幡，1999）

〔施設・環境〕
　〈地域環境〉
　　寒冷地，西南暖地，季節風，特質，地形，方角，規模，周辺環境
　〈牛舎施設〉
　　タイストール式（スタンチョン）
　　　牛床サイズ（長さ，幅，ネックレール位置），隔柵，カウトレーナ，尿溝（幅，深さ），バーンクリーナ，通路（幅，滑走防止），軒高
　　フリーストール式
　　　ベッド（数，サイズ）ストールサイズ，給餌・水場の泥濘化
　　改善要・否の診断
　　　牛：快適性，安楽性―横臥率，清潔度―指標，
　　　ヒト：個体・牛群管理―作業効率，経済性
　　　牛舎改造が必要な場合はマニュアルに準拠して計画。不要な場合は日常の管理作業の改善で対応
　〈ミルキングシステム〉
　　バケット，パイプライン，パーラ（ヘリングボーン，ロータリー），搾乳ロボット
　　システムの適正な取扱いと維持管理（定期点検）―基準マニュアルに準拠
　　搾乳衛生―搾乳マニュアルに準拠
　〈その他〉
　　パドック整備，育成牛舎，水質，糞尿処理―改善の方針と方法
〔牛舎内外の環境〕
　牛舎内の良好な空気環境の維持が基本
　〈物理化学的要因〉
　　温度，湿度，気流，二酸化炭素，アンモニア，臭気，カタ冷却力，塵埃
　〈生物要因〉
　　浮遊微生物，ベクター
　〈管理項目〉
　　換気改善（自然・強制，気流確保―窓・壁撤去），夏季暑熱対策（大型送風，庇蔭樹，冷水噴霧・散布，牛舎屋根断熱，白色塗装）
　〈牛床衛生〉
　　構造：コンクリート＋マット，板
　　敷料：種類（麦稈，牧草，稲わら，おがくず），量，交換方法と頻度，発酵堆肥の利用
　　管理：強制換気
　　石灰乳の噴霧・塗布：牛舎内と乳処理室
　　通路の消毒：消石灰の散布，踏込み消毒槽
　〈牛舎外環境〉
　　整備：周辺環境などの整備
〔生乳生産現場へのHACCP（危害分析・重要管理点）〕
　食品生産の場としての生産農場：点検，評価，まずGDPの基準が基礎
　抗菌性物質の適正な取扱い：薬物残留の阻止，記録義務
　生菌数の削減と乳房炎乳の混入防止：衛生的乳質

題点は改善されていた。

　その結果，送風機の稼動により換気不良場所の改善に効果が認められた。夏季間の乳房炎発生状況は1998年6月では臨床型乳房炎1頭(大腸菌)および潜在性乳房炎7頭(大腸菌，表皮ブドウ球菌，環境性連鎖球菌)であった。7月は潜在性乳房炎2頭，8～10月には臨床型乳房炎(黄色ブドウ球菌)1頭と潜在性乳房炎5頭(黄色ブドウ球菌，表皮ブドウ球菌，その他)であった。これは対策前(1997年度)に比較して，大腸菌性乳房炎および臨床型乳房炎の発生率が70％減少したことになる。体細胞数も低値に安定した。

　このように，牛舎内微気候の改善をベースに，推奨される手順に準じて搾乳作業を行なうことにより，乳房炎防除と衛生的乳質の改善効果が実証された。なお，その他の牛舎衛生にかかわる管理要因とその項目を第2表に示した。

3. 衛生管理と病気

　管理衛生とかかわりのある感染症，ここでは乳房炎，蹄病，飛節周囲炎，子牛の下痢・肺炎，サルモネラ感染症，ヨーネ病，その他の病気について，その概要と予防管理対策を説明し，主な管理項目にふれる。

(1) 乳房炎

　高品質乳の生産のためには，適切な搾乳管理が実施されなければならない。乳房炎は，原因菌により感染様式および防除法が異なり，大きく伝染性と環境性の2つのタイプに分類される(第3表)。伝染性乳房炎は，搾乳時に病原体と接触し感染する。環境性乳房炎は，搾乳中にも感染するが，搾乳と搾乳の間にも感染する。乳房炎牛の分房乳については，原因菌の同定と薬剤感受性についての情報が必要となる。原因菌の種類に応じて，その発症原因や要因を明らかにし改善や予防対策を立てる。代表的な菌種についてその特徴を次に示す。

①2つのタイプの乳房炎

　伝染性乳房炎　黄色ブドウ球菌によって発生し，乳房炎防除で最も問題となる菌である。感染源は感染分房乳であり，感染様式として搾乳者の手指，タオルやミルカーを介して伝播する。

　本菌による乳房炎は乳腺内で小膿瘍を形成し，抗生剤に強い抵抗性を示す。感染牛であるにもかかわらず，3～4か月と長期間排菌を認めないこともある。乳房内注入剤などで乾乳前および乾乳期治療を行なうが，その治癒率は低い。

　予防として，感染牛の隔離と淘汰，ディッピング，搾乳順位の変更(最後に)が重要である。搾乳時にはビニール手袋を使用する。また導入牛など新規参入牛については，乳汁の培養検査が必要である。分房乳は牛床に排乳しないことも重要である。

　環境性乳房炎〈環境性連鎖球菌(無乳性連鎖球菌以外の連鎖球菌)〉　泌乳期に感染するとその約半分の分房は臨床型乳房炎を起こす。感染源は牛床，敷料，パドック，乳房洗浄水などが問題になる。環境性連鎖球菌の感染が特に高いのは，乾乳後2週間と分娩後2週間である。したがって，乾乳初期と分娩時は，清潔で乾燥した状態を整備することがこの乳房炎の防除のポイントである。

　搾乳時の水の使用を極力避け，乳頭清拭後は

第3表　伝染性乳房炎と環境性乳房炎

分類	主な原因菌	感染源	感染経路	対　策
伝染性乳房炎	黄色ブドウ球菌	感染分房乳	搾乳時に手指，タオル，ミルカーを介して分房へ	搾乳方法の改善，ディッピング，隔離・淘汰，乾乳期治療
環境性乳房炎	環境性連鎖球菌 大腸菌群(大腸菌・クレブジェラ菌)	環境(牛床，敷料，糞など)	環境から乳頭へ	搾乳方法の改善，牛舎内外の整備・管理，乾燥に留意 乾乳期治療
		乳頭表皮から	搾乳時に乳頭表皮から	乳頭清拭・消毒 ディッピング

注　乳房炎乳の細菌検査は必要である。なぜならその後の予防対策が異なるからである

ペーパタオル（乾いたタオルでもよい）などで乳頭を拭いて乾かすことが重要である。主な菌種を次にあげる。

〈大腸菌群〉大腸菌やクレブジェラ菌が問題になる。大腸菌群の感染の多くは乾乳期中に起こっており、分娩時あるいは分娩後に甚急性の臨床型乳房炎を起こす。なお、発症は乾乳後2週間と分娩後2週間で高い。特に、分娩時の清潔と乾燥が、感染を減少させるために必要である。乾乳期中に大腸菌に感染した場合は、乾乳期治療では防除が困難な場合が多い。

おがくず床牛舎では、特に夏季に、分娩後2週以内の牛に重篤な乳房炎が発生することが多いので、この期間はおがくずの使用は避ける。

なお、クレブジェラ菌による乳房炎の予防には、敷料の2～3％程度消石灰を加えると効果があることが報告されている。

②乳房炎の発生例

北海道十勝管内11市町村で発生した乳房炎乳から分離した15,228株の原因菌を調査すると、環境性連鎖球菌30.2％、大腸菌群20.4％、表皮ブドウ球菌19.6％、黄色ブドウ球菌12.8％、その他17％であり（河合ら、1998）、環境性連鎖球菌による環境性乳房炎が最も問題となっていることが示されている。

発生状況をみると、分娩後10日以内の発生が最も多く全体の22.5％を占めており、乾乳期から分娩直後の環境性連鎖球菌に対する乳房炎のコントロールの重要性が示されている。

季節変動の点からは、伝染性乳房炎はあまり変化はみられないが、夏季の環境性乳房炎の増加傾向が示されている。

③乳衛生管理の基本である搾乳方法

搾乳作業は、乳質や乳房の健康状態に大きな影響を与えるので、次の点の改善が重要である。1）乳頭の洗浄・清拭のために過度の水の使用は避ける、2）洗浄水を使用する場合は、乳頭のみを正しく拭く、3）乳頭消毒のために適切な薬剤の使用と、薬剤と乳頭との接触時間をとる、4）十分な射乳刺激を与える、5）乳頭表面の汚れを十分取り除く、6）搾乳者間での搾乳作業のバラツキをできるだけなくす、7）搾乳前準備に時間がかかりすぎないようにする、などである。なお、基本的な搾乳手順を第4表に示す。

④乳房炎のコントロールのために

予防プログラムを実施しても、効果が現われるには一定の時間が必要であるが、確実に実施することにより乳質改善効果が期待される。

なお、予防プログラムの実施では、次の点が重要である。1）搾乳システムは適正な稼働状態に維持する、2）適正な搾乳手順を守る、3）搾乳後は効果のあるディッピング液で直ちに乳頭を浸漬する、4）感染牛は正常牛の後に搾乳する、5）分娩直後の牛に対しては、環境性乳房炎の発生に留意して搾乳を行なう、6）牛舎環境を整備し清潔と乾燥を心がける、7）臨床型乳房炎の発見と治療方針を考える、8）乾乳期治療とその管理を考える、9）乾乳前の体細胞数と分娩後1か月後の体細胞数を比較しチェックする。

(2) 蹄病

蹄病に罹患することにより、乳量の減少、廃棄乳、治療費、淘汰率の上昇、乳用牛としての価値の低下など、経済的損失は大きい。蹄病のなかでも、後肢の外側蹄に発生する蹄底潰瘍と白線病が多いことが知られている。また最近では、フリーストール牛舎において、肢の皮膚の疾病で肢皮膚炎あるいは肢乳頭腫症が多発し問題となっている。

蹄病は、牛の産次、乳期、体重、蹄の過剰生長、飼料の種類・品質と給与法、環境、床の構

第4表 推奨されている基本的な搾乳手順

1. ユニットを牛の側に用意してから搾乳の準備を始める
2. 乳頭を拭く前に、ストリップカップに前搾りをする
3. 消毒液に浸した1頭1布のタオルで乳頭のみ清拭・消毒する
4. 乾いたタオル（ペーパータオル）で乳頭を拭き乾燥させる
5. 乳頭刺激（15～20秒必要）から1～1分半でティートカップを正しく装着する
6. マシンストリッピングはやめる
7. 搾乳時間は5～6分間とし、真空を解除してティートカップを4本一緒にはずす
8. 直ちに効果のある薬剤でディッピングをする

造，敷料，牛舎環境，行動状況など多くの要因の影響を受ける。牛群の蹄病について特徴を把握するためには，年間の発生時期，発生率，蹄病の種類，特徴，産次，乳期，飼養場所などについて記録をとることが重要である。

管理要因として，適切な除糞作業，パドックやストール，牛床の改善，蹄浴，栄養管理などの改善により効果が認められたか否か評価する。

削蹄を含む護蹄衛生の不十分な牛群で蹄病，運動器病，外傷事故の発生率が高い。定期的な削蹄の実施が必要である。

(3) 飛節周囲炎

後肢の飛節周囲に重度の腫脹を示す疾患で成牛に発生する。本症の発生には種々の要因があるが，最大の要因はコンクリート牛床上での繋ぎ飼育で生ずる，飛節部への頻繁な擦過と打撲および感染によっている。誘因として，濃厚飼料の多給，異常蹄，体型の大型化，抗病力の低下などが影響している。

対策としては，牛床サイズと構造の改善，十分な敷料の利用，削蹄による異常蹄の矯正など，飼育環境の見直しが必要である。

(4) 子牛の下痢・肺炎

新生子牛へ，出生後12時間以内に初乳を2～3lを適切に給与し，移行抗体の賦与をはかる。新生子牛は日当たりと換気の良い場所に設置したカーフハッチもしくは独房で飼育し，適切な哺乳とともに下痢や呼吸器症状に注意する。哺乳容器は適切に洗浄し清潔に取り扱う。カーフハッチの定期的な移動と，その後の生石灰などによる消毒と乾燥を励行する。独房の場合には，アンモニアの発生を防ぐために敷料を定期的に交換し換気に留意する。

(5) クリプトスポリジウム下痢症

クリプトスポリジウム下痢症は，人畜共通の原虫消化器病で新生子牛に多発する。本症に感染した子牛は，黄色水様下痢便と脱水が特徴所見である。有効な治療法はない。感染牛の糞便中にはオーシスト（嚢状の卵子）が排泄されて

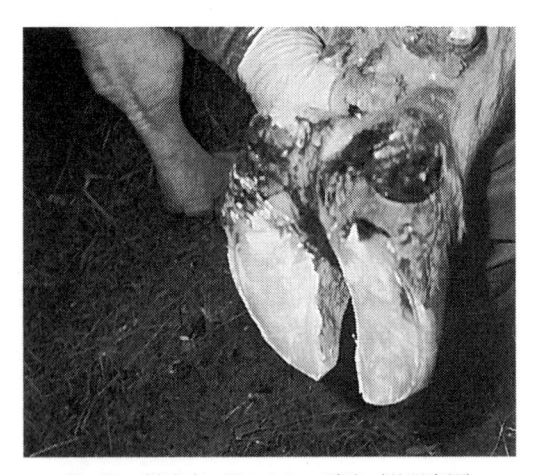

第4図　削蹄時に認められた蹄病（趾間腐爛）

おり，他の子牛や人への感染源（経口感染）になるので注意が必要である。オーシストは水中で長期間生存が可能なので，水道水，河川，プールなどからの水系感染が起こるため，公衆衛生の上からも大きな問題を有している。

対策は，慢性・難治性の下痢症の糞便検査を獣医師に依頼し，原因を明らかにする。本症に罹患した子牛は隔離し，牛舎の出入り口は生石灰を散布する。また専用の長靴を用意する。オーシストは消毒薬に最も抵抗性が強く排除が難しい。

(6) サルモネラ感染症

サルモネラ属の細菌の感染によって起こる。本症は症状を示さないものから下痢，発熱，元気消失を示し死亡する急性感染症まで多様である。サルモネラ感染症は，環境や媒介物を介して糞便―経口あるいは経口―経口汚染で感染する。感染により体の免疫能が低下したときに症状が現われ，抵抗力の弱い個体（新生子）や分娩後に発生しやすい。成牛のサルモネラ感染は分娩期が近くなると多発し，呼吸器疾患などの併発症の発生と関連するものと考えられている。

感染牛は排菌しており，糞便1g中に10^8から10^{10}個の菌を排泄しており，感染は10^9から10^{11}個の菌数（糞1～2g中）で成立するとされている。

感染が流行した農場の子牛は，誕生から数日

以内にサルモネラ菌に感染する場合が多い。感染源は初乳，乳汁，乳房，作業者，器具，環境を介して起こる。症状として，発熱，下痢，食欲不振，脱水がみられる。

　汚染を防ぐには飼養器具を洗浄し殺菌するとともに，牛環境の消毒による清浄化が必要である。予防対策として，1) 牛舎の石灰乳塗布消毒＝日常的に塩素剤による消毒や石灰乳塗布消毒を実施する。踏み込み消毒槽や牛舎専用の長靴を設置する，2) 異常牛の早期届け出＝下痢，発熱，元気のない異常牛を発見したときはすみやかに獣医師に連絡する，3) 導入牛からの感染防止＝導入牛は導入時に専用のカーフハッチを設置し，2週間程度子牛の異常の有無を観察し，異常のある場合には獣医師へ連絡する，4) 個体の適切な飼養管理や衛生管理を励行する，などである。

(7) ヨーネ病

　ヨーネ菌の感染により，主として成乳牛が慢性・反復性の下痢を示す疾患である。法定伝染病である。潜伏期は1年以上であり，感染牛の早期摘発と清浄化対策がすすめられている。

　対策としては，牛舎ごとの踏み込み消毒槽の設置，専用の長靴の使用，牛舎やパドックなどの石灰乳塗布消毒の実施をすすめる。北海道では平成10～11年度において，2歳以上の乳用牛・肉用牛の雌牛および種雄牛全頭の検査が実施され，発症前ヨーネ感染牛の摘発，まん延防止の徹底による早期清浄化，撲滅へ向けての防疫措置がとられた。

4. 主な衛生管理

(1) 消　毒

　家畜の飼養環境の消毒は，畜舎，畜舎入り口，飼槽・飲水器，糞尿溝，運動場などが対象になる。対象別の主な消毒薬を参考までに第5図に示す。

　畜舎の消毒は，床および壁に消毒薬をあらかじめ散布して塵埃などによる病原微生物の飛散を防ぎ，水洗またはアルカリ洗浄し，最後に消毒薬を散布する。牛体の消毒は，刺激の少ない，毒性の低い界面活性剤やハロゲン系剤を選択する。運動場などの消毒は，生石灰やサラシ粉が利用される。法定伝染病が発生した場合は，家畜防疫員の指示に従う。

　牛舎消毒の手順の概要は，牛舎洗浄，マスキング（覆い），石灰乳の調製・噴霧・塗布，塗布面の乾燥である。石灰乳の調製は，生石灰：水＝1：4に混和溶解する。使用量は1m^{2}当たり1lで，ブラシまたは専用の石灰乳散布機を用いてスプレーガンで吹き付ける（黒沢，1999）。牛床，通路には消石灰を散布する。牛床に過度に散布すると，乳頭が荒れることがあるので敷料を加えたり散布量を調整する。

(2) 牛舎内外の衛生害虫

　ヌカカやカなどの媒介昆虫により媒介される疾病として牛流行熱，アカバネ病，イバラキ病，アイノウイルス感染症などがある。予防は，地域で問題になる感染症に対するワクチンの接種をプログラムに準じて実施する。

（病原体）	（消毒薬）	生石灰	カセイソーダ	アルデヒド系	ハロゲン系	アレキシジン	クロヘキシジン	フェノール系	オルソ剤	両性石けん	逆性石けん
ウイルス	（エンベロープあり）	○	○	○	○	○	○	○	○	○	○
	（エンベロープなし）	○	○	○	○						
細菌	（芽胞）		○	○							
	（抗酸菌）	○	○		○						
	（一般細菌）	○	○	○	○	○	○	○	○	○	○
真菌	（カビ）	○	○	○	○		○				
寄生虫	（オーシスト）	○		○			○				

○印は有効

第5図　病原微生物と消毒剤の関係

(飯塚, 1992)

(3) 搾乳施設などの衛生対策

個体の搾乳衛生を含めた搾乳施設などの衛生環境や管理の適否は，生産物である生乳の衛生的品質すなわち乳体細胞数や生菌数に大きく影響する。搾乳システムはミルカーのライナーやクローなどを介して，牛から牛，また同一牛の感染分房から非感染分房に，乳房炎の原因菌を伝播させる危険性を有している。乳房炎防除の点からは，搾乳システムの真空度の周期的変動および非周期的変動により最も感染のリスクが高まるので，乳頭先端部の非周期的な真空度の変動を抑える必要がある。搾乳システムの適正な能力の確認とその定期点検は重要である（西部ら，1994）。

搾乳システムの洗浄プログラムとして，搾乳ごとのアルカリ洗浄後，毎日の酸性すすぎを行なうアルカリ―酸性すすぎ型と，3～4日ごとに酸性洗浄を行なうアルカリ―酸性洗浄型の方法があり，搾乳システム内面に付着した生乳が乾燥する前に洗浄し除去する必要がある。洗浄の方法はミルキングシステムの指示に従う。

洗浄後の残水回収にはスポンジは使用しない。洗浄効果のチェックとして，ライナーなどのゴム製部分の表面に抵抗がなく滑りやすかったり，牛乳配管内部やレシーバジャー内面などのフィルム状の汚れや，水滴が曇っている場合などは洗浄不良である。

搾乳システムの殺菌として，6％次亜塩素酸ナトリウムを常温から43℃の温湯に300倍希釈（200ppm）し，5分間循環させる。

(4) その他の管理

夏季間は暑熱の影響により生理的変調を起こし，乳量や乳成分の低下，抵抗性の減弱，乳体細胞数や乳房炎の発生増加，受胎率の低下，疾病（熱射病，日射病）の発生が問題となる。乳牛の生産性の低下は24～27℃以上で現われる。

第6図　石灰乳塗布を施した牛舎
牛舎内部が明るく，清潔である

対策としては，気流確保と強制換気，太陽放射熱を避けるための日よけの設置，断熱剤の使用，反射効果を期待した塗料の使用，蒸発冷却を目的にした屋根上への水の散布，糞尿の処理，牛体への冷水噴霧など，温暖地では暑熱対策は重要な管理課題である。

　　執筆　永幡　肇（酪農学園大学）

1999年記

参考文献

河合一洋．1999．乳房炎発生要因と防除対策について．乳房炎防除対策研究会誌．1-10．

菊地実．1996．乳房炎と牛舎内環境．乳房炎防除対策研究会誌．1-11．

黒澤篤．1999．石灰で効果的な消毒―牛舎内外の衛生対策．デーリイマン．**49**(2)，50-51．

西部潤・笹島克己・大西孝・菊地実．1994．搾乳システムの利用と管理．乳房炎防除マニュアル．乳房炎防除対策検討会編．

高橋圭二．1999．乳牛に快適な牛床とは．デイリージャパン．**44**(6)，17-21．

畳伸吾・緒方篤哉・菊地実．1993．正しい搾乳手順と搾乳衛生．乳房炎防除マニュアル．乳房炎防除対策検討会編．

寺田浩哉．1992．牛舎ミニ改造．酪農ジャーナル．No. 2, 3, 4, 5．酪農学園大学エクステンションセンター．

松本英人・松山茂監修．1995．家畜衛生．消毒．179-188．

慢性・潜在性乳房炎牛の対策──ステビア抽出発酵液の経口投与

1. ステビアとは

　牛乳の需給バランスの崩れや食品に対する安全・安心面への関心の高まりから，酪農家の生産目標は乳量や成分的乳質から衛生的乳質面での高品質化へと移りつつある。衛生的乳質は主に細菌数や体細胞数で評価されるが，細菌数はミルカーやバルクの保守管理（洗浄・殺菌など）の徹底により比較的基準をクリアしやすい。一方，体細胞数は乳房炎によって増加するが，そのうち慢性・潜在性乳房炎は泌乳期の抗生剤などによる治療効果が期待できない。そして，そのような個体が牛群内に少数存在するだけでもバルクの体細胞数は大幅に増加してしまう。このように体細胞数のコントロールは容易ではないが，最近，地域によってはペナルティ（罰則）の基準が厳しくなりつつある。そのため，酪農家は体細胞数が高い牛の乳を廃棄したり，個体淘汰をせざるをえない状況にあり，慢性・潜在性乳房炎に対する効果的な対処法が切望されている。

　ステビアは南米パラグアイ原産のキク科植物で，一般にはダイエット甘味料として利用されているが，免疫賦活化・抗酸化・抗菌などの作用も報告されている。そこで，われわれはステビアを慢性・潜在性乳房炎の治療に活用できないかと考え，ステビア抽出発酵液（以下，ステビア液と記す）の経口投与を試みた。その結果，乳中の体細胞数や細菌数を大幅に低減できることが明らかになった。

2. 乳房炎の分類と特徴

　すでに「慢性・潜在性」といった乳房炎のタイプを表わす用語を用いたが，それらの用語解説を兼ねて乳房炎の分類と特徴について簡単に説明しておく。

　乳房炎は，細菌などの病原微生物が乳頭口から乳房内へ侵入し，定着・増殖することによって発症する。その症状や経過によって臨床型と潜在性に大別され，さらに臨床型は甚急性（壊疽性を含む），急性および慢性に分類される。急性乳房炎はいわゆるブツなどの乳汁異常に加え，乳房の腫脹・硬結・発赤・疼痛といったいわゆる炎症が見られ，さらには発熱や食欲不振といった全身症状を伴うことも多いので，容易に発見できる。急性乳房炎による全身症状が治まっても，乳房の硬結やブツの排出などが長期間にわたって継続するものが慢性乳房炎である。

　一方，急性や慢性のような乳房炎の諸症状は表わさないが，CMT変法による乳房炎簡易診断（以下，PLテストと記す）で陽性反応を認め，乳汁から細菌が検出され，体細胞数が多いものを潜在性乳房炎と呼び，近年とくにその対策が重要視されている。

　以上の分類法とは別に，防除対策の観点から病原微生物の感染方法によって伝染性と環境性に大別する場合もある。それぞれの主な病原菌として，伝染性乳房炎では黄色ブドウ球菌や無乳性レンサ球菌があり，環境性乳房炎では環境性レンサ球菌，コアグラーゼ陰性ブドウ球菌および大腸菌がある。

3. ステビア液投与試験の概要と成果

（1）試験の方法

　われわれが使用したステビア液は韓国で栽培・製造されたもので，原料のステビアを乾燥・粉砕後，煮沸してエキスを抽出し，その濃縮液を発酵・熟成した褐色の液体である（第1図）。ステビア液は100mlを水100mlで希釈（2倍

健康診断と病気対策

第1図 試験に使用したステビア液

希釈）し，1日1回，3日間連続で経口投与した。

投与試験には体細胞数が30万個/mℓ以上，または乳房の硬結や乳汁の異常（ブツ）などの臨床症状が慢性的に認められた泌乳牛15頭（初産3頭，経産12頭）を使用した。これらの産次は1～7産（平均2.9産），分娩後日数は27～373日（平均198日），乳量は15.8～33.2kg（平均25.1kg）であった。

試験期間中，朝夕の搾乳後にPLテストを実施した。その凝集反応レベルをスコア化（−：0，±：1，＋：2，＋＋：3，＋＋＋：4，＋＋＋＋：5）し，一日のスコア合計を検査分房数で除して日平均スコアを算出した。一般乳成分と体細胞数は投与前，投与3日後および7日後に，朝夕の搾乳ごとにミルクメーターのサンプラーから合乳*を採取し，多成分赤外線分析装置（Sys4000，Foss）で分析し，朝夕の乳量に基づいて加重平均した。乳汁中細菌は，体細胞数計測と同じ日の朝の搾乳前に無菌的に分房別の乳汁を採取し，一般細菌・黄色ブドウ球菌・大腸菌の生菌数を計測した。

*体細胞数測定用の乳汁サンプルを手搾りで採取すると，搾乳前後や分房間でのバラツキが大きいため，正確に把握できない。極力，ツルテストなどのサンプラーから乳頭4本の合乳を採取すべきである。

効果の判定は投与7日後に行なった。

PLテストは，日平均スコアが0となれば著効，投与前に比べ低下すれば有効，維持または増加すれば無効とした。

体細胞数は投与前に比べ半減以下となれば著効，低減すれば有効，維持または増加すれば無効とした。

細菌数は投与前に細菌が検出された分房を対象に，細菌が消失すれば著効，投与前に比べ細菌数が減少すれば有効，維持または増加すれば無効とした。

(2) 試験成績

①乳量・一般乳成分への影響

15頭中，乳量は9頭，一般乳成分は14頭の平均値を比較したところ，いずれの項目も投与前と投与3日後および7日後の間で差はなかった（第2図）。

②PLテスト日平均スコアへの影響

14頭中，著効2頭（14.3％），有効4頭（28.6％）および無効8頭（57.1％）で，著効・有効合わせて42.9％の有効率であった（第1表）。しかし，体細胞数とは必ずしも連動しておらず，著効または有効例6頭の日平均スコアは，投与後の日数が経過するにつれ低下する傾向にあるものの，各個体とも大きな変動がみられた

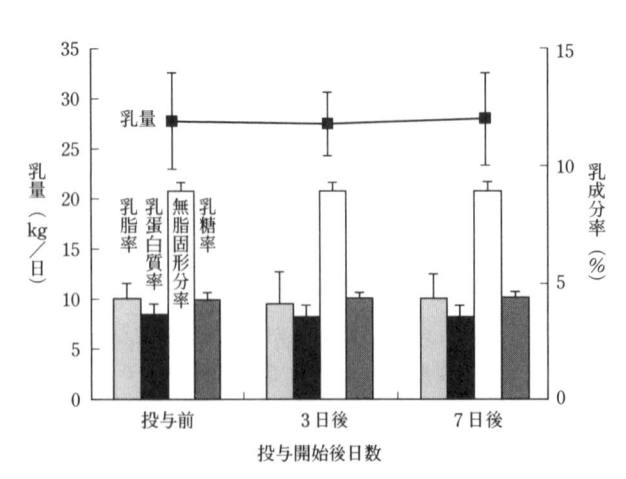

第2図 ステビア液投与による乳量および乳成分率への影響

第1表 体細胞数とPLテストによるステビア液投与の効果判定

	効果：判定基準	PLテスト（凝集反応）				頭小計／頭計（割合）
		著効：消失	有効：低下	無効：維持・増加	実施せず	
体細胞数	著効：半減以下	1頭	4頭	3頭	1頭	9/15 (60.0%)
	有効：低減	1頭		2頭		3/15 (20.0%)
	無効：維持・増加			3頭		3/15 (20.0%)
	頭小計／頭計（割合）	2/14 (14.3%)	4/14 (28.6%)	8/14 (57.1%)		

(第3図)。

③体細胞数への影響

15頭中，著効9頭（60.0%），有効3頭（20.0%）および無効3頭（20.0%）で，著効・有効合わせて80.0%の有効率であった（第1表）。著効例9頭の体細胞数の変化をみると，投与前に100万個/mℓ以上あったものが，投与3日後には約10分の1以下に低減する事例もみられ，全般的に低減傾向が顕著だった（第4図）。

④乳汁中細菌数への影響

乳汁細菌検査の結果，大腸菌は検出されなかった。一般細菌に対する低減効果は，37分房中，著効6分房（16.2%），有効18分房（48.7%）および無効13分房（35.1%）で，著効・有効合わせて64.9%の有効率であった。一方，黄色ブドウ球菌に対しては31分房中著効10分房（32.3%），有効11分房（35.5%），無効10分房（32.3%）で，著効・有効合わせて67.8%の有効率であった（第2表）。

(3) 乳房炎の改善効果

ステビア液の経口投与によって，体細胞数は80%の個体で，黄色ブドウ球菌は70%近い分房でそれぞれ低減効果があった。

泌乳期の臨床型乳房炎に対する抗生剤の治療効果は，乳房の臨床症状が改善しても，体細胞数や細菌数に対する改善効果は50%に達していない（久米，1984）。一方，乾乳直前ではマクロライド系抗生剤を用いた場合，黄色ブドウ

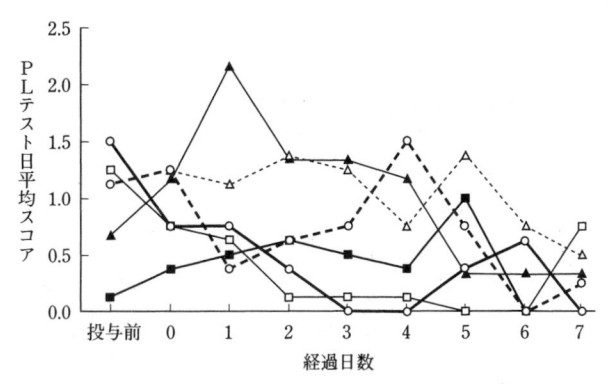

第3図 ステビア液投与後のPLテスト日平均スコアの変化
（著効・有効例）

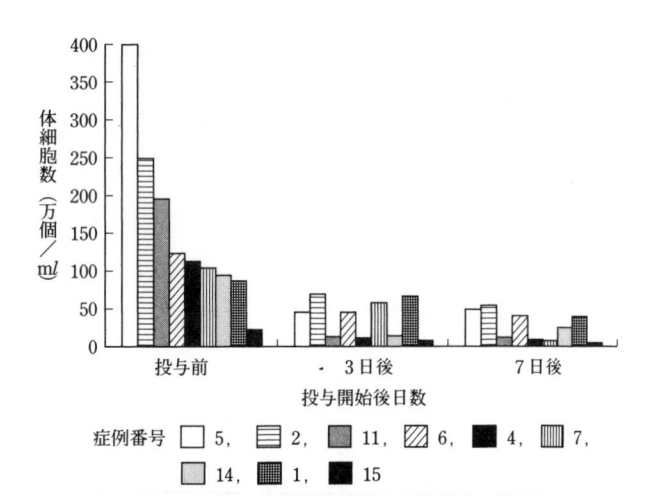

症例番号：-△- 2, -■- 3, -▲- 5, -□- 11, -○- 14, -●- 15

第4図 ステビア液投与による乳汁中体細胞数への影響（著効例）
各経過日数の棒グラフは左より順に同一症例を示す

症例番号 □ 5, ▤ 2, ▨ 11, ▧ 6, ■ 4, ▥ 7, ▤ 14, ▦ 1, ■ 15

第2表 乳汁中細菌数の低減効果

効果：判定基準	一般細菌		ブドウ球菌	
	分房数	割合(%)	分房数	割合(%)
著効：消失	6	16.2	10	32.3
有効：減少	18	48.7	11	35.5
無効：維持・増加	13	35.1	10	32.3
計	37		31	

球菌感染分房の治癒率が83％という報告もある（三木ら，2002）。この試験では対象が泌乳期の慢性乳房炎であることを考慮すれば，ステビア液の経口投与による改善効果は非常に高いものと判断される。

最近，ステビアと同様に天然植物エキスを投与することで，体細胞数や細菌数を低減できることが報告されており，オレガノ抽出成分を主体とする製品（大場ら，2005；アロマックスK，コーキン化学）や，植物多糖体を含む数種の植物乾燥粉末（種村ら，1998；ケイアップ，コーキン化学）などが市販されている。ステビアを含めこれらの天然植物エキスは，薬剤ではなく飼料として投与できるため生乳出荷の休薬期間がないうえ，体細胞数の低減に加え生体がもつ免疫機能を活性化することで原因菌の殺菌効果も期待できることから，抗生剤によらない乳房炎対処法として非常に有用である。

4. 使用方法と注意点

ステビア液を投与する時間帯はとくに決めていなかったが，いつ投与しても効果には差がないようである。投与量や投与回数についてもさまざまなバリエーションが考えられるが，現時点ではまだ十分検討されていない。しかし，経験的に原液50m*l*以下では効果が不十分であることと，3日以上の長期連用は経費的に割に合わないことなどから，投与試験で用いた方法（100m*l*を2倍希釈し，1日1回3日間）を推奨している。2週間以上の間隔をあけて再発（体細胞数の増加）したものに対して再投与を繰り返し，そのつど効果が認められた症例もある。

ステビア液がどのようにして体細胞数を低減させるのかについてはまだ明らかになっていないが，ステビアは免疫草とも呼ばれ，免疫賦活化作用が報告されていることから，免疫系を介した消炎・殺菌作用と考えられる。また，われわれの使用経験からも，暑熱期や産褥期のように牛が強いストレス下にあり，免疫力が低下していると思われる場合には効果が低いことも，免疫に関連した作用機序を裏付ける現象と考えられる。したがって，ステビア液の投与効果が期待できる個体は，泌乳中・後期で肢蹄疾患などほかの慢性疾患がない慢性・潜在性乳房炎牛である。

酪農家を対象とした野外試験では，効果の現われる農家とそうでない農家に分かれることから，牛舎・牛床の環境衛生とミルカーの点検整備や正しい搾乳方法の励行など，基本的な搾乳衛生の適否も効果を左右するものと考えられる。したがって，投与効果が期待できる条件に合致する牛数頭にステビア液を試してみて効果が現われない場合は，根本的な部分からの改善が必要である。

以上のように，ステビア液は決して乳房炎に対する万能薬ではない。現在，抗生剤との併用による治癒促進効果なども検討中ではあるが，あくまで，急性乳房炎に対しては早期の抗生剤による治療が原則である。

5. ステビア液の入手方法

ステビアを原料とした商品は，人用の健康食品から農業資材まで，多種多様なものが数多く市販されている。粉末状で飼料添加するタイプもあるが，短期間で効果を期待するなら液状タイプがよい。また，製品によって製造法や有効成分の濃度が異なるので，どの商品を用いても一様に効果が期待できるわけではない。

ステビアは天然植物由来の飼料であることから，投与に際して化学薬品のような厳しい規制や制約はないが，「A飼料」や「牛用混合飼料」などの表示のある商品を使用すべきである。われわれの研究グループでは投与試験を基に「ス

テビア液の投与方法」の特許を申請中（特願2005-142155）である．その試験で用いたステビア液（第1図）の問合わせ先は次のとおりである．

《問合わせ先》広島市中区千田町3丁目11―7
　　　　　　（株）アライジン
　　　　　　TEL.082-504-0661
　　　　　　（フリーダイヤル：0120-821-565）
　　　　　　FAX.082-504-0677
　　　　　　URL.http://www.araijin.co.jp
　執筆　生田健太郎（兵庫県立農林水産技術総合センター淡路農業技術センター）
2007年記

参 考 文 献

久米常男．1984．牛の乳房　炎乳房の感染と抵抗―その一断面．近代出版．45―64．

三木渉・河合一洋・大林哲・安里章．2002．Staphylococcus aureus乳房炎牛に対するタイロシンの乾乳直前時治療の効果．家畜診療．**49**，19―24．

大場敏明・佐藤衛・嶺和正．2005．生乳の体細胞数に及ぼすオレガノ精油製剤の効果．畜産の研究．**59**，187―191．

種村高一・吉田正明・若林篤・大塚義一・湯浅卓也・小黒幹史・奥田勝・津曲茂久・武石昌敬・吉田哲．1998．植物多糖体C－UPⅢによる乳牛のバルク乳・個体乳体細胞数に対する抑制効果と乳房炎の予防効果．獣畜新報．**51**，109―112．

健康診断と病気対策

フリーストール牛舎での疾病予防

　フリーストール牛舎での疾病の発生は，牛舎構造と栄養管理の違いから従来の繋ぎ牛舎とは若干異なってくることが考えられる。とくに，フリーストール牛舎は群単位での多頭飼育を目的として，今後日本でも広く普及してくると考えられることから，繋ぎ牛舎との違いや子牛の育成の問題，そして育成牛からフリーストール牛舎へ移行してくるときの問題なども含めて，フリーストール牛舎における疾病予防について，概略を記載する。

1. フリーストール牛舎と繋ぎ牛舎との疾病発生の違い

　第1表は，繋ぎ牛舎とフリーストール牛舎との違いを簡単に比較したものである。その違いと疾病発生の違いとを比較してみる。

(1) 畜舎構造の違いと疾病

　最近の多くのフリーストール牛舎は，壁面が季節によって自由に取り外しができるように設

第1表　フリーストール牛舎と繋ぎ牛舎の比較　　　　　　　（岩手県畜産研究所，1998）

	畜舎方式 項　目	繋ぎ飼い式牛舎 スタンチョンバーン・タイストールバーン	放し飼い式牛舎 フリーストールバーン・ルーズバーン	備　考
畜舎構造	牛床・飼槽・糞尿溝	1頭ごとに専有	すべて共有	
	繋留装置	あり	なし*	飼槽に連動スタンチョン設置
	牛舎面積	少なくてすむ	大きい面積が必要	
	建築コスト	一般に多くかかる	比較的少ない*	パーラーを含めると同程度
搾乳牛	泌乳能力・分娩時期	不揃いでも対応できる	1群では対応しにくい。群分けにより対応	
	行動	拘束	自由	
	採食時の競合	あまりない	ある*	連動スタンチョン設置により減少
	牛体汚染	少ない	多い*	敷料を十分に入れ，定期交換すれば繋ぎよりもむしろ少ない
飼養管理	管理方式	個体管理	群管理	
	管理労力	多い	少ない*	機械化・自動化が容易
	飼料給与	個体別給与 混合飼料給与困難	個体別給与困難* 混合飼料給与容易	コンピューター制御装置により可能
	飼料のロス	少ない	多い	
	敷料	少なくてすむ	多く必要*	糞尿処理方式によっては使用できない
	繁殖管理	発情発見がしにくい	発情発見がしやすい	
適合条件	粗飼料の確保	不足がちの場合	十分確保できる場合	
	飼養頭数	40〜50頭以下	50〜60頭以上	
	管理労力	ゆとりのある場合	ゆとりの少ない場合	
	経営方針	小頭数で個体管理により能力を高く引き出す場合	斉一性のある牛群で多頭群管理を行なう場合。将来規模拡大を予定している場合	

注　*のあるものについては備考欄で説明

計されている。そのため，換気と日光照射が優れており，呼吸器疾患を中心とする感染性疾患は繋ぎ牛舎に比較して少なくなる。一方，フリーストール牛舎では餌槽，通路，牛床のすべてが共通空間であるため，接触感染による乳房炎や蹄病などの疾患が群単位で増加する傾向がある。また，通路は常に糞尿で滑りやすくなっていることから，転倒事故などの運動器疾患が繋ぎ牛舎よりも増加する。さらに，フリーストール牛舎におけるミルキングパーラーの設置は，その種類と特徴をよく理解して導入しなければ乳房炎の多発を引き起こす。

(2) 乳牛の行動と疾病

フリーストール牛舎では通路や牛床をすべて共有しているため，繋ぎ牛舎や小さなペンからフリーストール牛舎へ牛群を移動すると，移動当初は序列を決めるために牛群内で闘争が起こり，弱い牛はストレスや採食低下に陥り，種々の病気に罹りやすくなる。しかし，フリーストール牛舎では行動が自由なため，一定の序列が決定すると牛へのストレスは軽減される。また，運動が自由なため足腰が強くなり，繋ぎ牛舎にみられるような四肢の一定部位の挫傷や関節炎は少ない。

(3) 飼養管理と疾病

フリーストール牛舎では牛個体の観察が難しいため，初期の病気を見逃す危険がある。また，機械化や自動化になっているために，時にはスクレーパーに牛が挟まれたり，牛舎の機械による破損部位によって牛が傷害を受けたりすることがある。飼料は群として給与されるため，その適正な管理がなされない場合には乳熱やケトーシスのような特定の病気が多数発生することがある。

また，フリーストール牛舎では飼養頭数を比較的容易に増加させることができるために，頭数に対する労働力や糞尿処理の対応などを考慮せずに頭数を増加させると乳房炎や生産病の多発をまねく。とくに，糞尿を牧草地に過剰に散布することにより，牧草中の窒素やカリウム過多による第四胃疾患や乳熱，あるいは蹄疾患の発生原因の要因をつくることとなる。

2. フリーストール牛舎の構造と疾病予防

(1) 子牛牛舎と疾病予防

子牛と若い育成牛は，呼吸器病や下痢に非常に罹りやすい。2か月齢までの子牛は換気のゆき届いた十分なスペースと敷料，清潔で乾燥した施設で育成する。子牛間の接触感染からの病気の伝搬を減らすために，子牛は個別飼い（カーフハッチか個体ペン）にする。子牛の群は，年長の牛から分離して病原体の感染を防ぐ。

離乳後は，小さいグループペンに移す。その際に，子牛の飼料と水の摂取量をモニターし，病気になっていないことを確認した後に移す。離乳した子牛をグループペンに移動させることは，突然の変化である。他の子牛との新しい社会的相互作用や飼料と水に対する競合などのストレスは，子牛の成長と疾病の発生に大きく影響する。

①カーフハッチの管理

典型的なハッチは，120×240×120cmの中に1頭ずつ子牛が入る。ハッチ前部は開放し，ワイヤーフェンスで囲んで，子牛が外に出られるようにする。ハッチのフェンスは南か東向きに位置させて，日中は太陽が差し込むように設置する。排水の良好なところにハッチを設置し，砂利や砂を基礎として，冬期間には敷料を十分に使用して地面と子牛との間の断熱をはかる。子牛を出した後は，最低2週間は使わないでおけるだけのハッチを用意するとともに，ハッチを移動して洗浄し，病気の伝染サイクルを断つ。

冬期間は，作業者が快適に作業できるように，十分に換気された小屋または構造物の中にハッチを設置する。これにより冬期間にハッチが地面に凍りつくことを防ぎ，夏期間の日陰の役目をする。

②個体ペンの管理

子牛の個体ペンは，120×210cmの大きさで，

可動式のものを用意する。開放牛舎（コールド牛舎）の内部で使用できるもので，ペンとペンとの間，ペンの前部にはパネル式の仕切り板を設けて子牛間の接触感染を防ぐ。砂利やコンクリート床を基礎として，敷料を入れてペンを設置する。個体ペンはカーフハッチと同じ形態の管理を必要とする。

③グループペン（3～5か月齢）の管理

300×720cmの連続したペンには，もし採食通路を除糞するならば6頭，全体に敷料を入れるならば8頭を収容できる。牛舎は日光が入るように，南側か東側を開放にすべきである。後部の壁のひさしは，冬期間の湿度コントロールのために開放する。夏期間は，後部や両端の布やカバーを外して自然換気を行なう。

建物内の温度は，冬期間は舎内温度を外気温よりやや高くし，夏期間は外気温よりわずかに低くすることが重要である。夏期間の換気と冬期間のすきま風の防止が，呼吸器疾患と消化器疾患の発生予防には大事である。

(2) 育成牛（6～24か月齢）牛舎と疾病予防

牛舎のタイプに関係なく，牛群を最低でも種付け月齢グループと初妊牛グループとに分ける。群の規模と構成は休息のために必要とされるスペースを推定するガイドに準拠するが，通路の幅，給水スペース，餌槽スペースも牛に適応できるように，牛に快適な環境を設けるように考慮しなければならない。

①フリーストール牛舎

若い育成牛は，月齢と大きさに従ったストールサイズをもつフリーストール牛舎で飼養する。育成牛の期間にフリーストール牛舎で飼養することは，早くからフリーストール牛舎に慣れ，搾乳牛期間のトラブルが少なくなる利点がある。

フリーストール牛舎にはいくつかの様式があるが，その疾病予防の管理は搾乳牛と同様である（搾乳牛牛舎と疾病予防，参照）。

②ルーズバーン

砕石を休息エリアの地面に使用する。コンクリートを使用するならば，除糞通路の方向に傾斜をつけて排水できるようにする。必要に応じて休息エリアの上部に敷料を加える。このような様式では，糞尿の排出と敷料の交換は1年に2～4回でよい。コンクリートの床で傾斜がない場合には，牛体を清潔にするためにはフリーストール牛舎よりも敷料を多くする必要がある。

(3) 搾乳牛牛舎と疾病予防

フリーストール牛舎の設計と管理に注意を払うことは，即疾病の予防と直結する。牛体が清潔に保たれ，牛が快適に過ごせることが病気の予防の第一である。とくに，ストールへの出入りが容易で，横臥起立に支障がなく，通路に寝る牛をつくらないことが，けがや乳房炎の予防につながる。フリーストール牛舎の設計面の詳細は省略して，とくに牛舎構造と疾病予防に重要と思われる点だけを記載する。

①牛舎形式

フリーストール牛舎には開放牛舎（コールドバーン：第1図）と非開放牛舎（ウオームバーン）とがあるが，牛の衛生管理には開放牛舎が適している。それは寒冷に強い乳牛の特性を利用し，防寒より換気を重視したことによるものである。

冬期間の防寒は風よけ程度のカーテンシステムが一般的で，強い風が吹き込む施設の場合には，風の当たる壁面（北や西面）にコンパネなどの強度のある資材を用い，夏期は取り外しのできるような半固定式壁をつくるのがよい。冬期間は日光が射し込み，夏は遮光ネットなどで日陰をつくることが牛を快適にすごさせるため

第1図　フリーストール牛舎（開放牛舎）

に重要である。

開放牛舎の欠点は，鳩や鳥，野良猫，キツネやタヌキなどの野生動物の自由な侵入が，病原体の持込みや感染性疾患の伝搬者となることである。そのためには牛舎周辺を常に清潔に保つとともに，特定の野生動物の侵入がみられる場合にはその動物の習性を調べ，それに対処する工夫が必要である。

②牛床の材質

コンクリート 最も一般的に使われる。ただ，弾力性がないため，敷料を入れても牛はあまり好まない。糞尿処理をスラリーで対応しているところでは，スラリー処理の妨げとなるために敷料を使わず，コンクリートにゴムマットを敷いているところが多い。敷料を使わないと通路の糞尿を足で持ち込んだりして，牛体の汚れや乳房炎の原因となりやすい。

土・砂 適度の弾力性があり，牛の身体に合わせることができるため，牛の選択性は非常によい。とくに火山灰のような粒子の細かい土や砂が手にはいるところでは牛床材料としては牛が最も好むところである。また，無機質であることから細菌の増殖巣とならないので衛生的にも優れている。

一方，牛床に片寄りができたり，スラリー処理や固液分離機を使うところでは，機械の磨耗やスラリーピットの底に沈澱して機械の故障の原因になるので使用しないほうがよい。また，濡れた砂が蹄に付着し，蹄病が増えるともいわれている。

合成繊維ストール 最近アメリカで普及しつつあるもので，固めた床の上にゴムチップ（タイヤ屑）を盛り上げ，丈夫な合成繊維の布で覆い端を固定した牛床で，その上に糞が絡める程度の敷料を敷いて使用する。日本においても北海道を主体に導入が始まっている。一方，布の上に乳を漏らしたり，糞をすると滑りやすくなり，脱臼などの運動器傷害を誘発することがある。

枕木 ある牛舎では枕木を利用することで，上記の牛床よりも良いとの成績もある。しかし，硬いために適宜おがくずなどを敷料に用いないと関節炎を誘発する。

③敷　料

一般的にはおがくずがよく使用されているが，乳房炎の原因としてその管理が問題とされている。使用されるおがくずには国産材と外国産材のものがあるが，外国産材のおがくずによるクレブシエラ乳房炎が多発したとの報告がある。それを防ぐために消石灰を3％程度混合することで，ある程度の予防効果を果たしているが完全な予防はできていない。おがくずは極力乾いたものを使用し，雨期が長く続く時期には多くを堆積して置かないようにする。

また，戻し堆肥を敷料に利用している例があり，乳房炎対策と糞尿処理対策で今後の利用が期待される。しかし，この利用も戻し堆肥の水分含量が問題であり，現在のところ温暖で乾燥した地域での利用にとどまっている。また，糞尿処理施設の経費が大きいことも問題が残る。

バークは乳房炎の要因になりやすいので，牛床には使わないほうがよいとされている。

（4）乾乳牛牛舎と疾病予防

乾乳牛の管理は，できることなら乾乳牛用のフリーストール牛舎かルーズバーンで飼養するのが良い。乾乳牛は糞が硬いので，ルーズバーンで飼養しても牛体への汚れは少ない。

一方，フリーストール牛舎で飼養していた搾乳牛を，乾乳中に繋ぎ牛舎で飼養すると事故が多発する。それは，フリーストール牛舎に慣れた牛にとって，繋ぎ牛舎はかなりのストレスとなっている可能性があるためである。とくに，

第2図　枕木を使用した牛床

繋ぎ牛舎での足の故障がみられるようになる。よって，先の育成牛舎のルーズバーンと同一牛舎内に，乾乳期間の違いによって，頭数により2～3群に分けて飼養できるスペースを設ける。

(5) 特殊管理用施設（分娩牛舎と病牛舎）と疾病予防

フリーストール牛舎では群管理を目的としていることから，分娩直前の牛（分娩前1～2週），出産牛，分娩直後の牛（分娩後0～1週），乾乳初期，病牛は群から分離して観察しやすい施設で管理する。

①分離，捕獲

フリーストール牛舎では群から目的とする牛を分離することに労力を要するので，待機場でゲートを用いるか連動スタンチョンを設置して分離，捕獲する。哺育育成期から牛をかわいがり，いじめなければ捕獲は比較的容易である。

また，その時期に引き綱により訓練させることが必要である。多頭飼育のところでは自動運動器を用いているところもある。

②分娩房

飼養頭数の20～25頭ごとに1つの分娩房（3.0×4.2m）が必要といわれている。しかし，分娩房の設置は施設のスペースが大きくとられることと，壁面や柵で囲まれた狭い分娩房が牛の寝起きに支障をきたすことから，広いルーズバーンに分娩間近の牛を群で入れて敷料を豊富にして分娩を行なっているところもある。これによっても決して，新生子を踏んだりするような事故はみられないという。

③枠場の設置

フリーストール牛舎では，多頭飼養となるため人工受精や出産後の検査，妊娠鑑定，病気の検査，手術などの施用が多くなるため，枠場の設置は疾病予防上も必要である。とくに蹄病の治療には固定した枠場の設置は欠かせないものである。

3. フリーストール牛舎内での異常牛の早期発見

フリーストール牛舎では，個々の牛の観察ができにくいことが欠点で，とくに個々の牛の採食量と糞の状況を把握することは困難である。しかし，日常，牛群を注意深く観察している管理者は，異常牛を発見することはそれほど難しくないといっている。観察の要点は以下のとおりである。

(1) 乳房の状況と乳量

乳房の異常を知ることは，乳房炎の早期発見のために最も重要なことである。フリーストール牛舎ではそれができるのは，搾乳時以外にはない。搾乳作業に追われて乳房のわずかな異常を見逃すことのないように，常に以下のポイントに注意し，作業場に異常所見をすぐにメモできる小さなノートを備えておくことが大事である。

①乳房の温感と形状の異常

乳房のわずかな熱感・冷感と腫脹・萎縮を知ることが，乳房炎を早期発見できる大事なポイントである。そのほか，乳頭や乳頭端の傷の有無や乳房の皮膚の異常に気をつけ，わずかなことでもメモしておく。

②乳性状の検査

乳房の異常が発見された際には，すぐに乳の色調や濃度の異常，あるいは異常な含有物を観察するために，ストリップカップかCMT（乳房炎検査器具）の容器に採取して検査する。その際に臭気も記載しておく。

③乳量

ミルキングパーラーでは，個々の牛の乳量は自動的に記録される。したがって，常に個々の乳量の変化に注意し，その変化に異常があるときには，牛の身体に何らかの異常をきたし始めている前兆と見て，個別に牛の観察を行なう。フリーストール牛舎では，乳量の変化が異常牛を発見できる最初の兆候と見てよい。

(2) 行　動

　フリーストール牛舎では，牛は一定の群行動を示している。その際に，ある牛が群から離れて行動していることがある場合には，以後の観察に注意する。異常牛の行動を発見しやすい場所は，搾乳のために牛群を待機場に追い込む時である。

①日常行動

　牛群は特別なことがない限り，パーラーに入る順序や歩き方，牛床での寝起きなどは，牛の性格によりある一定の行動様式を取る。そのため，その牛が普段と違った行動をとる時には，何らかの異常がある場合が多い。

②外からの刺激（音や光など）

　健康な牛では，突然の音や光の刺激に対して鋭敏に反応する。もし，反応が鈍感であったり，動物が正常な刺激に無関心を示すときは異常と捉える。これには，発熱がある場合やケトーシス，まれには中枢神経の障害などの時に見られる。一方，外からの刺激に異常に強い反応をする時には破傷風や低マグネシウム血症などを想定する。

③姿　勢

　起立時の姿勢を観察する。背中や腹部の緊張している様子があるときには，腹部や生殖器に炎症がある場合が多い。また，前肢が開いているような姿勢は，心臓や肺に異常を伴う。頭と頸部を低く伸ばして保持し，時には舌を露出している牛は，咽頭，食道，あるいは呼吸器系に異常がある場合がある。跛行は蹄病や四肢の外傷などによって起こる。

(3) 栄養状態

　群の中での個々の比較により行なう。牛が揃っている群では飼養管理が一定なため，栄養状態に差を生じることが少ない。しかし，その中に皮膚の汚れが目立ち，眼光に精細がなく，肩甲骨や骨盤付近の筋肉が薄くなっている牛に注意する。

　フリーストール牛舎では牛に接触する機会が少なくなるため，意識的に接触することに努める。それには時々のボディーコンディションスコア（BCS）のチェックが有効である。

(4) 新しい診断方法

　最近，各種センサーとコンピューターの組合わせにより，1) 乳量変動＝乳房炎，その他の疾患，2) 万歩計（行動量）＝発情，病気，3) 乳温変動＝発情，病気，4) 乳汁の電気伝導度＝乳房炎，などができるようになり，今後はこれらの組み合わせた数値により異常牛を発見することも検討されている。

4. フリーストール牛舎と関連する疾病

　フリーストール牛舎において多発しやすい疾病を挙げ，その予防対策を示す。

(1) 蹄　病

　フリーストール牛舎における蹄病は，趾間皮膚炎や蹄底潰瘍が多い。いずれも角質部および知覚部に傷害が生じているものが多く，管理上の失宜や削蹄の遅延が重要な誘因となっている。趾間フレグモーネと趾間皮膚炎，蹄球びらん，蹄底潰瘍を併せて蹄病として概説する。

①原　因

　1) フリーストール牛舎内の通路が常に湿潤した状態で飼養されていると，蹄が柔らかくなり細菌感染が起こりやすくなる。2) コンクリートの粗造な表面による蹄底の過度の磨耗も原因となる。3) *Bacteroides nodosus* や *Fusobacterium necrophorum* が主要な病原菌である。4) 削蹄の遅延による過長蹄や変形蹄などが本症の誘因となる。

②症　状

　1) 起立を嫌い，横臥を好む。2) 初期には，跛行は呈しないか，または軽度であるが，皮膚に浅い損傷が生じそれが進行して蹄球びらんが継発して重度の慢性跛行を示す。3) 後肢に発生することが多く，後肢に発生すると頭部を下げ，前肢を後ろに位置させて後肢の負担を軽減させる姿勢を示す。

③予防対策

1）育成から十分運動し肢蹄を鍛える。2）牛舎内の通路は，あまり粗造にせず，蹄が接触する部分は角のないように牛舎を施工する。3）通路はできるだけ除糞に心がけ，蹄を乾燥させることに努める。4）牛床を快適にし，通路に起立している時間を少なくする。5）牛床に砂を用いたことによって蹄病の発生が多くなったとの例もあるように，蹄に敷料などが付着しないようなものを選択する。6）フリーストールごとに約3kgの農業用消石灰を床に散布し，年に1～2回の大掃除を実行する。7）定期的な削蹄を励行する（年に2回を目標とする）。8）日頃から牛の歩様や姿勢に注意を払い，異常牛を早期に発見する。

④発症後の対策

1）軽症で比較的多数に発症が見られた場合には定期的な3％ホルマリン液または5％硫酸銅液による蹄浴を実行する。2）早期の治療を怠ると，趾間皮膚炎→蹄球びらん→蹄底潰瘍と進行し，治療に困難を極めるので，発見後は，乾燥した清潔な場所に移し，獣医師の治療を受ける。3）草地へ放牧することも治療に効果的である。

（2）乳房炎—大腸菌群性乳房炎—

乳房炎は，フリーストール牛舎に限らず，乳牛の疾患としては最も重要であり，その対策に苦慮しているのが現状である。本稿では，フリーストール牛舎の敷料によって発症することの多い，大腸菌群性乳房炎の予防対策を中心に記載する。本症は，レンサ球菌やブドウ球菌による乳房炎に比較して，急性なため発見が遅れがちとなり，その被害を大きくしている。

①原　因

1）フリーストール牛舎では，牛の通路が常に糞尿の排泄場と一緒であるため，腸内細菌であるグラム陰性桿菌の大腸菌やクレブシエラ菌などに乳房が汚染されやすい。2）とくに敷料が培地の役割を果たすことによって菌数の増加をもたらす。3）その敷料は，外材のおがくずに最も菌数が多く，バークや国産おがくずでも菌数は増加しやすい。4）発症牛における起因菌の多くは大腸菌（E. coli）であるが，そのほかには Klebsiella pneumonia も多く分離される。5）分娩後起立し難い牛や乳熱に罹って起立不能に陥り，乳房や乳頭が糞尿に汚染されたものに多い。

②発　生

1）感染の比率は高いものではないが，臨床型乳房炎の症例の80％以上が本症に罹患していたとの報告がある。2）発症は牛体の免疫が低下する分娩後2～3日に最も発生しやすい。3）大腸菌群とクレブシエラの乳頭末端における総菌数は，おがくずに寝る牛が最も多く，かんなくずが中等度，わらが最も少なかった。4）乾乳牛の発生は少ない。5）老齢牛に発生が多いが，これは乳頭管口の開放性と関係している可能性がある。

③症　状

1）前回の搾乳に異常が見られなかったものが，急に発症していることが多い。2）多くは，食欲廃絶，抑うつ（元気消失），ふるえ，発熱（40～42℃）をみる。3）発症後6～8時間以内に横臥し，起立不能となる。4）経過は早く，症状が現われてから6～8時間で死亡することがある。5）罹った分房は，普通腫脹して熱感があるが，あまり顕著でないので見逃すことがある。6）分泌物には特徴があり，水様性で濃度が薄く，黄色の漿液性の液体になる。7）早期の適切な治療により回復させることができる。

④予防対策

1）牛床とミルカー使用時に乳房と乳頭への大腸菌群の高度の汚染を防ぐ。2）ミルカーの不規則な真空度の変動が本症を発生させやすいため，その機能に注意する。3）大腸菌群が付着，増殖しやすいおがくずを避けるか，消石灰（2～3％）あるいはアンモニアガスなどで消毒後に使用する。4）気温と湿度が高くなってくる梅雨の時期に発生が多いので，用いる敷料の保管と消毒には十分留意する。5）通路や待機場はできるだけ乾燥した状態を保持し，乳房や乳頭へ糞尿が付着することを防ぐ。6）高泌乳牛や老齢牛では分娩前10日くらいより乳頭の消毒剤による浸漬を始めることも本症予防につながる。7）分娩前に漏乳する牛は，乳頭感染の機会を防ぐために絆

創膏あるいはコロジオンで密閉したほうがよい。
 8）分娩時からその後の数日間は乳牛の免疫機能が低下し，ビタミンAやD，Eなどの必要成分も低下する。その時期に高単位（1,000万単位）のビタミンAやビタミンA・D・E剤を分娩前から投与しておくことも予防効果を有する。

⑤発症後の対応
 1）早期の適切な治療により回復することが多いので，乳汁の特徴的な異常や元気の消失などに注意し，異常牛をできるだけ早くに発見する。
 2）横臥し，立てなくなった牛に対しては，清潔な乾燥した敷わらに寝かせ，乳房を1日2回洗い，乳頭消毒剤で浸漬する。

（3）第四胃の疾患

 フリーストール牛舎に限らず，濃厚飼料の多給と運動量の制限された飼養条件下では第四胃への負担が増し，第四胃の疾患が発生しやすくなる。第四胃の疾患には第四胃左方変位，第四胃右方変位，第四胃捻転，第四胃潰瘍，および食餌性第四胃食滞が含まれる。本稿ではそれらのなかで，第四胃左方変位が他の疾患の基礎となっていることから，本症を中心に記載する。

①要　因
 1）高泌乳牛は，通常，大量の穀物で飼われており，トウモロコシやそのサイレージの多給が重要な発症要因である。2）機械的要因としては，妊娠末期の妊娠子宮による第一胃の圧迫とTMRの多給による第四胃のアトニー状態下で，分娩後の圧迫解除が発生の要因と考えられる。3）生理的要因としては，マクロミネラルの代謝障害（カルシウム不足，カリウム過剰），栄養要求量の増大と乾物摂取量の減退に起因する脂質代謝障害，飼料変換による第一胃機能障害，免疫反応の障害の4つがある（第3図）。4）その具体的な飼養管理の失宜としては，高カリウム飼料の多給，乾乳期の過肥，急激な飼料変換，不衛生な分娩処置と牛舎環境が挙げられる。5）同一牛における再発率が高いことから遺伝的な要因も考えられている。

②発　生
 1）高泌乳牛で年齢の高い牛が発生しやすい。2）北海道道東のある調査では分娩頭数に対する第四胃変位の発症率は1.7〜2.4％との報告がある。3）通常は，分娩後数日から1週間以内に発症する例が多い。4）軽度の低カルシウム血症やケトン症，ルーメンアシドーシス，胎盤停滞，子宮炎などに関連して発症することがある。5）飼料を変更したときに数頭続けて発症することがある。6）第四胃変位の発生は乳量と乳糖率が上昇し，乳脂肪と乳蛋白率の減少する時期に多くなるとの調査がある。

③症　状
 1）最も普通の症例では，食欲の不振は間欠的で，一定の飼料とくに牧乾草だけを摂取するようになる。2）糞便は通常少量で泥状を示すが，一定期間にはげしい下痢を見ることもある。3）乳量は急激に減少する。4）削痩し腹部が巻き上がる様相を示す。5）第四胃左方変位はあまり症状を示すことなく，時々発症していることがある。6）ケトン尿を見ることから，ケトーシスと誤らないことが大事である。7）左方変位では発熱や心拍数の増加は普通見られない。8）第四胃右方変位や第四胃捻転では元気消失が顕著で，脱水が強く現われることがあり，経過は急性である。

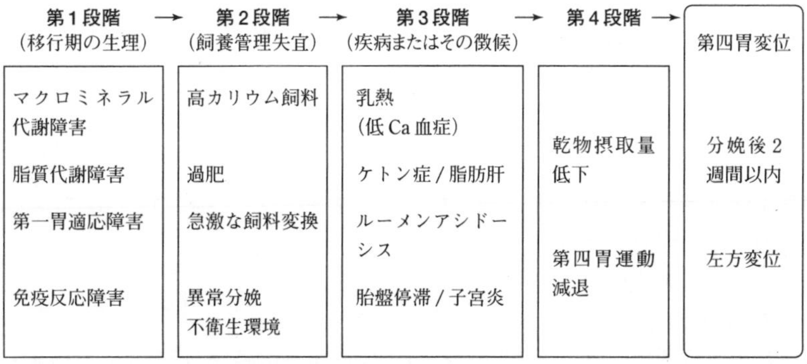

第1段階 (移行期の生理)	第2段階 (飼養管理失宜)	第3段階 (疾病またはその徴候)	第4段階	
マクロミネラル代謝障害	高カリウム飼料	乳熱 (低Ca血症)	乾物摂取量低下	第四胃変位
脂質代謝障害	過肥	ケトン症／脂肪肝		分娩後2週間以内
第一胃適応障害	急激な飼料変換	ルーメンアシドーシス	第四胃運動減退	左方変位
免疫反応障害	異常分娩 不衛生環境	胎盤停滞／子宮炎		

第3図　第四胃変位の発生過程　　　　(田口，1999)

④予防対策

1）第四胃アトニーが本症の重要な素因と考えられていることから，それを引き起こす可能性のある妊娠後期の穀物飼料，とくにトウモロコシサイレージの多給を抑え，粗飼料を増やす。2）牛が自由に運動できるスペースを確保する。3）乾乳期に肥満させない。4）ケトーシスや低カルシウム血症が本症の誘因となるので，それらの発症予防に努める（各項を参照のこと）。5）フリーストール牛舎では個々の採食状況は把握しにくいので乳量の推移に注意し，極端な乳量低下は本症を疑う。

⑤発症後の対応

1）乾乳期の給与飼料を再検討する。2）分娩後2週間以内の牛の尿検査（ケトン体）を実施し，潜在的なケトーシスまたは本症の有無を調べる。3）フリーストールの飼養農家は多頭飼育が多いため，草地への糞尿散布が過剰になっていないかを再検討する。とくにカリウムの過剰散布に注意する。4）アルカリ化飼料は本症を発生させやすいといわれているので，TMRの陽陰イオンバランスの検査を実施する。

（4）ケトーシス

フリーストールで飼養されている牛群の多くは，高泌乳牛であるため，泌乳初期は負のエネルギー平衡状態にある。その結果，泌乳初期は体脂肪を燃焼して泌乳にまわしているため潜在的なケトーシス状態にあり，そこにわずかな栄養または代謝障害が加わることによって臨床型のケトーシスが発症する。

①要　因

1）泌乳初期から泌乳最盛期までの期間，乳量の増加に摂取する炭水化物が追いつけず，エネルギー不足から体内にケトン体が蓄積しやすくなる（第4図）。2）飼料中のサイレージや高蛋白質飼料はケトン体の体内蓄積を促進させる。3）群の中の弱い牛は時に採食量の低下に陥り，ケトーシスに罹りやすくなっている。4）乾乳期の過肥は泌乳初期にケトン体の増加をもたらす。5）第四胃変位，外傷性第二胃炎，子宮内膜炎，乳房炎などの病気の際に食欲が低下し，二次的に本症の発現を見る。

②発　生

1）発生率は飼養管理に大きく影響されるが，おおよその推定発生率は1～5％である。2）泌乳開始1か月が最も多く，2か月目には減少し，妊娠末期になるとまれとなる。3）年齢にはあまり影響しない。4）高泌乳牛に多発する生産病の一つである。

③症　状

1）食欲の低下が徐々に進行する。2）体重は急激に低下しとくに皮下脂肪の低下が目立つ。3）糞は硬く少量となる。4）乳量も徐々に低下する。5）元気は消失し，動作は緩慢となる。6）時には興奮し，円運動，肢の開張や交差などの神経症状を示すことがある。7）吐く息が甘い匂いを示すことがある（ケトン臭）。8）尿検査（乳検査）を行ない，ケトン体の陽性により発症を知る。

④予防対策

1）乾乳期では肥満になりやすいので，BCSを3～4の範囲に維持する。2）妊娠末期には食い込みを良くするために糖蜜などの添加とミネラルやビタミンの添加にも配慮する。3）泌乳初期の20～30日に最も発生しやすいので，第一胃の機能と食欲を維持する。とくに乳量と飼料給与とには細心の注意を払い，サイレージの多給を抑えながら良質の乾草と蛋白質を含むTMRを給

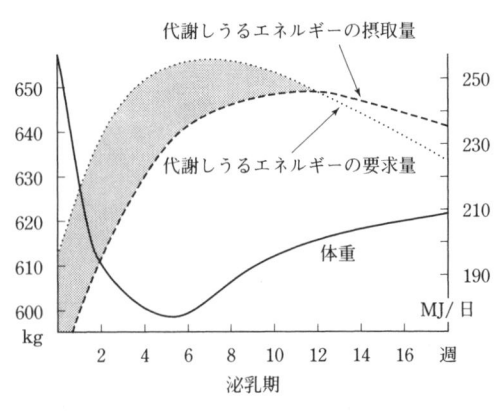

第4図　泌乳初期のエネルギー平衡と体重の変化
(川村, 1990)

エネルギー不足は泌乳初期から泌乳最盛期に起きやすく，体内にケトン体を蓄積しやすくする

与する。4）乾乳期の盗食に注意する。5）飼料へのプロピオン酸ナトリウムの添加は発生を減少させる。6）乳量が減退してきている個体には尿検査あるいは乳検査を実施する。

⑤発症後の対応

1）ケトン尿（ケトン乳）が検出され，食欲低下が軽度の場合には糖蜜（1回200〜250g）を1日2回，数日間飼料に混ぜて与える。2）プロピレングリコール（225gを1日2回，2日間，続いて1日110gを2日間）を水に溶いて，あるいは飼料に添加して投与する。3）尿検査（乳検査）の結果から，数日経過しても陽性が続く場合には診療を依頼する。

（5）乳熱と産前産後起立不能症

乳熱と産前産後起立不能症（起立不能症）は，いずれも分娩前後とくに分娩直後から3日以内に起立不能を特徴とする疾患である。乳熱と起立不能症は症状が似ており，また起立不能症の主因が乳熱のため，本稿では乳熱を中心に記載する。

①要因

1）泌乳開始時のカルシウム平衡が負に陥ったときに発症する。2）カルシウム含量の高い初乳の分泌に対して，消化管からのカルシウムの吸収が対応できず，血中カルシウム濃度が正常の2/3〜1/2に低下すると発症する。3）妊娠末期に高カルシウムや高リン含量の飼料で飼養された牛に発症が多い。4）妊娠末期の飼料に陽イオンのカリウム含量が多く，陽陰イオンバランスがアルカリ化すると発症率が高くなるといわれている。5）乳熱を主因として，筋肉や神経の虚血（第二次要因）からさらに筋断裂など（第三次要因）を起こし，起立不能が持続する（第5図）。

②発生

1）産歴と密接に関係し，初産分娩では0.2％であったものが6産以上になるとその発生は9.6％に増加する。2）分娩前後の発生率は，分娩前に発生する症例が22％，分娩後1日目60.7％，2日目14.5％，3日目2.8％である。3）品種ではジャージ種の発生率が最も高く，ホルスタイン種が最も低い。4）高泌乳牛の発生率は高くなる傾向にある。5）フリーストール牛舎では起立が自由なため，起立不能症に陥って廃用になる率は低いと考えられる。

③症状

1）分娩前後において歯ぎしり，食欲不振やふるえが見られ，ふらふらした様相を示す。2）その後，起立不能となり意識がぼんやりしたようすを見る（第6図）。3）起立不能の姿勢は，横臥あるいは伏臥を示し，皮膚に触ると冷たい感じがする。4）起立不能症では後躯の筋肉が麻痺したり脱力して起立できない。5）時には呼吸が著しく早くなり，四肢を投げ，口腔から流涎（よだれ）を流して倒れる例も少数例に見られる。

④予防対策

1）分娩前3週間から低カルシウム飼料（DM比で1％以下）で飼養し，分娩直後カルシウム

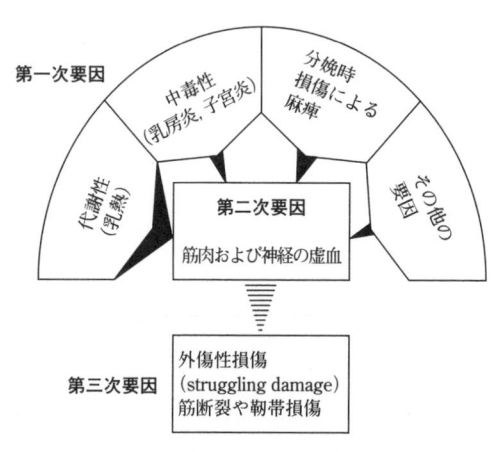

第5図　産前産後起立不能症の原因
（内藤，1997）

第6図　乳熱の典型的な症状

剤を経口投与する。その製剤には色々あるが，カルシウム含量が50～100gに相当する量が通常用いられている。2）分娩前4週間からTMRに1日塩化アンモニウム100～120gを添加して，酸性化飼料として給与することにより発生率が低下したとの報告がある。しかし，嗜好性が悪くなる欠点がある。3）産歴が高く，高泌乳牛に対しては分娩前2～8日の間に1,000万単位のビタミンD_3を1回筋肉注射する。4）分娩房は広くとり，分娩牛が数頭同居させるペンでの飼養でも問題はない。その際には敷料を豊富にし，床が滑らないように工夫する。

⑤発症後の対応

1）早期に発見してできるだけ早くに治療を施すことが回復につながる。2）飼料の変更により発症率が高くなることがある。その時には飼料中のカルシウムとリン，カリウムの含量を調べ原因を探る。3）発症した牛は広い房に移し，敷料を豊富にして寝返りを頻繁にして筋肉の血行障害を防ぐ。

執筆　内藤善久（岩手大学）

1999年記

参 考 文 献

Bickert, W. G. et al.（伊藤紘一・高橋圭二監訳）．1996．フリーストール牛舎ハンドブック．ウイリアムマイナー農業研究所．

幡谷・北・黒川・西川・竹内・渡辺．1995．家畜外科学（牛蹄の疾患）．753－772．金原出版．

岩手県農業研究センター畜産研究所編．1998．フリーストール牛舎の手引き．岩手県畜産会．

川村清市．1990．牛の代謝障害（ケトーシス）．1－50．学窓社．

村上・本好・長谷川・川村・内藤・前出編．1997．新獣医内科学（栄養障害および代謝病）．499－592．文永堂．

内藤善久．1990．牛の代謝障害（分娩性起立不能症）．129－165．学窓社．

田口清．1999．牛の第四胃変位を考える．臨床獣医．**17**（1），14－17．

趾皮膚炎の発生と対策

1. 発生の状況

乳用牛の趾間に発生する趾皮膚炎は，近年フリーストールの大型酪農場を中心に全国的に発生が増加している。一度牛舎内に侵入し蔓延してしまうと，運動障害やBCS（ボディコンディションスコア）および泌乳量の低下など，酪農経営に大きな経済的損失を及ぼす（内藤ら，1998；大竹ら，1999）。

当診療所管内では1998年にフリーストール酪農場で初めて趾皮膚炎の発生を確認して以降，増加する傾向にあった。1999年にはタイストール形式の酪農場でも初めて発生した。そこで，牛舎内への蔓延防止と発症牛対策を目的に，タイストール形式で多頭飼育を行なっているA酪農場で搾乳牛全頭の四肢を検査し，発症牛には外科的切除および化学療法剤（オキシテトラサイクリンとゲンチアナバイオレットの混合剤）による治療を実施した。

A酪農場は，ホルスタイン種乳用牛115頭を飼養している対尻式タイストール牛舎の農場で，泌乳ステージ別に3棟の牛舎に分かれており，乾乳牛舎（I），分娩後～泌乳最盛期牛舎（II），泌乳後期牛舎（III）と順次移動させながら搾乳をしている。

この農場では1998年までは趾皮膚炎の発生はみられなかったが，1999年に初めて16頭の発生があり，その後治療頭数が急増した。2000年に搾乳牛105頭の蹄底を観察したところ，46頭（43.8％）の牛に趾皮膚炎を確認した。

各牛舎の発症牛は第1図に示したとおりであり，発症牛の繋留場所は1か所に集中しているといった傾向はみられず，3棟の牛舎ともにまんべんなく分布し，すでに牛舎全体に趾皮膚炎が蔓延していた。

2. 臨床症状と治療内容

発症牛の臨床症状としては，感染初期は両後肢の踏みかえや軽い跛行といった程度であったが，重症牛では起立を嫌い，趾間から蹄球にかけて発赤と腫脹が認められ，病変部は有毛イボ状に広範囲に隆起，重度の跛行と食欲不振，全身の削痩，泌乳量の低下が認められた。

発症牛のうち，臨床症状の軽度な症例には，化学療法剤の噴霧を実施した。

病変部が広範囲に認められ，疼痛や跛行などの臨床症状を呈した重症例に対しては，外科的

第1図 A酪農場での趾皮膚炎発症牛の分布

I：乾乳牛舎，II：分娩後～泌乳最盛期牛舎，III：泌乳後期牛舎

第2図 趾皮膚炎の軽症例の病変M（矢印）

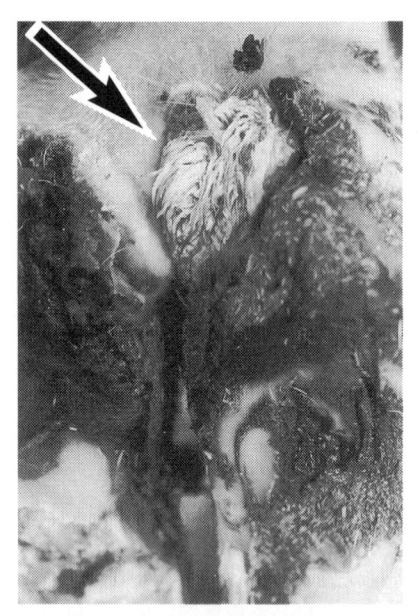

第3図　趾皮膚炎の重症例の病変（矢印）

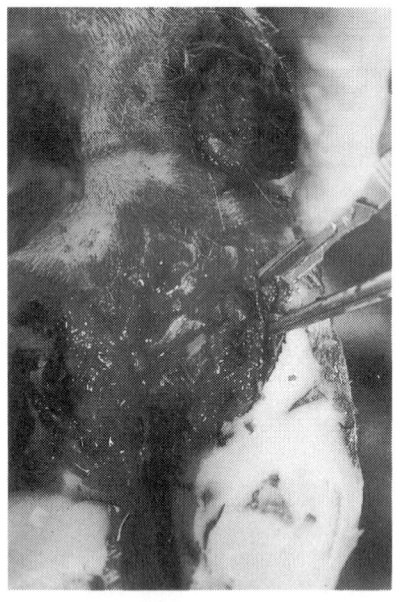

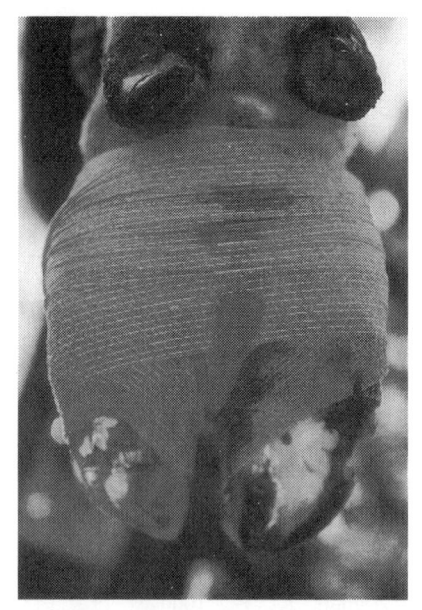

第5図　趾皮膚炎の重症例の手術後包帯処置

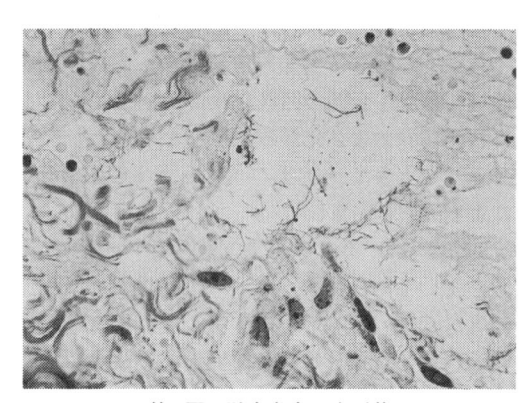

第4図　趾皮膚炎の重症例の外科切除

第6図　趾皮膚炎の病原菌
中心の黒く細長いものがトレポネーマ

に病変部を切除した後，化学療法剤を塗布し包帯処置をした。

重症，軽症例ともに治療後は跛行や踏みかえなどの臨床症状は消え，潰瘍状に湿潤化していた病変部も乾燥し病状は回復した。

3. 発生原因と対策

趾皮膚炎の原因は，トレポネーマというラセン型の細菌で，この病原菌が乳用牛の趾間付近の皮膚に付着すると感染が起こり，皮膚の中に入り込んで病巣をつくることにより趾皮膚炎が発症する（木村ら，1993；三好ら，1999）。

趾皮膚炎は，感染牛の導入や舎内移動により蔓延し，症状が進行すると跛行，BCSの低下，さらに泌乳量の減少といった経済的な損失をも

たらすため，早期に適切な処置を行なう必要がある。

フリーストール牛舎での趾皮膚炎を含めた蹄病予防対策としては，通路にフットバスを設置して，抗生剤や木酢酸，硫酸銅など消毒薬での蹄消毒が推奨されていた。しかし，この方法では大量の薬剤を使用するため，経済的な面，薬液の汚染，廃液の処理などさまざまな問題がある。このため，実際にフットバスを使用した予防対策を実施している農場は少なく，また趾皮膚炎自体がこの方法では完治にまで至らない場合が多いので実用的ではなかった。

今回，治療薬として使用したオキシテトラサイクリンとゲンチアナバイオレット混合の化学療法剤は，治療費としてのコストも安価で，噴霧した患部を乾燥，消毒するため，趾皮膚炎の治療に有効であった。

今後は，趾皮膚炎の予防対策として次の項目を実行することが重要である。

1) 新規導入牛は全頭，蹄のチェックを行ない，感染牛は隔離し早期治療を実施する。

2) 蹄底や趾間が湿っていると細菌の繁殖と感染を促すため，牛舎環境は常に乾燥した状態にする。

3) 感染牛を発見した場合は，化学療法剤を使用し早期治療を行なう。

4) 年に1～2回の定期的な蹄観察（削蹄）を実施し，一斉治療による牛群の清浄化を図ることが大切である。

趾皮膚炎はいったん発生すると，牛舎内で短期間のうちに広範囲に拡がるおそれがある。健全な酪農経営を維持するうえでも趾皮膚炎による経済的な損失を最小限にし，牛群全体の健康を保つため，早期の対策が必要である。

執筆　永岡正宏（NOSAI兵庫東播基幹家畜診療所　丹波診療所）

2002年記

参 考 文 献

木村容子・高橋正博・松本尚武ら．1993．獣医畜産新報．**46**，899—906．

三好正一・落合謙爾．1999．家畜診療．**46**，27—31．

内藤克志・佐貫吉孝・滝尻親史ら．1998．家畜診療．**45**，533—538．

大竹修・野矢秀馬・奥山琢之．1999．家畜診療．**46**，163—168．

健康診断と病気対策

放牧牛の衛生管理

1. 放牧牛の病気と特徴

(1) 放牧牛に見られる病気

放牧牛での年次別・病類別の発病率と死廃率を、育成牛・成牛と哺育牛で比較したのが第1表である。これによると、例年哺育牛の発病率・死廃率が育成牛・成牛より高い。特に小型ピロプラズマ病、消化器病、呼吸器病の発生率が高いことが特徴であり、いわば衛生の基本にかかわる疾病が多い。

また、第1図に示すように、放牧経験牛と初放牧牛での発病率を見ると、いずれの疾病でも初放牧牛の発病率がきわめて高いことが特徴である。このことは、若齢牛を中心とする初放牧牛に対する衛生管理の難しさを示している。

また、第2図は全国38か所の共同利用模範牧場での乳用種と肉用種別にみた病類別の発病率と死廃率を示したものである。このように、乳用種と肉用種の間では病類別の発病率に差があ

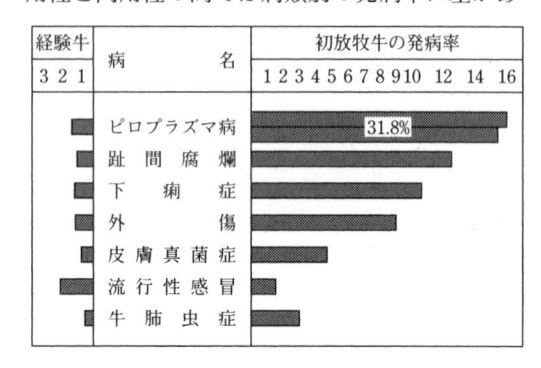

第1図 放牧経験の有無別にみた放牧牛の病類別発病率　　　（石原ら、1972）

第1表 放牧牛の疾病発生状況

畜種	年度	調査頭数	病類別発病率 (%)							発病率 (%)	病類別死廃率 (%)							死廃率 (%)	致死率 (%)
			寄生虫病	伝染病	ピロ病	消化器病	呼吸器病	泌尿器病生殖	外傷不慮	その他		寄生虫病	伝染病	ピロ病	消化器病	呼吸器病	泌尿器病生殖	外傷不慮	その他		
育成牛・成牛	H1	117,537	4.1		1.6	1.3	2.1	0.9	0.8	5.1	14.3	0.1		*	0.1	0.1	0.1	0.1	0.1	0.4	3.1
	H2	97,295	4.4		1.8	1.2	2.1	1.0	0.8	3.1	12.6	0.1		0.1	0.1	0.1	0.1	0.1	0.2	0.6	4.7
	H3	94,485	3.4		2.0	1.0	1.4	1.1	1.2	2.7	11.1	0.1		0.1	0.1	0.1	0.1	0.1	0.2	0.5	4.9
	H4	122,455	3.9		2.0	0.9	1.9	1.2	0.7	5.9	14.5	*		*	0.1	0.1	0.1	0.1	0.2	0.5	3.1
	H5	92,291	4.5		2.8	1.2	2.1	1.7	0.5	5.1	15.1	*		0.1	0.1	0.8	0.7	0.2	0.6	3.7
	H6	37,693	3.8		3.1	1.3	1.4	1.5	1.2	2.5	11.7	*		*	*	0.4	*	0.2	0.1	0.5	4.2
	H7	88,388	3.3		2.0	1.0	1.4	1.6	1.4	2.8	11.5	*		*	0.1	*	0.1	0.1	0.1	0.5	3.9
	H8	54,121	4.3		2.4	0.1	0.1	1.8	0.1	2.7	11.9	*		0.1	0.1	0.1	0.1	0.1	0.1	0.5	4.6
	H9	62,106	3.6		1.6	0.9	1.4	1.5	0.7	2.4	10.7	*		*	0.1	*	*	0.1	0.2	0.4	4.0
哺育牛	H1	13,544	12.3		9.9	12.4	7.6	0.4	0.8	4.2	37.8	0.2		0.2	0.5	0.4	*	0.2	0.4	1.7	4.6
	H2	14,495	9.2		10.9	9.1	5.7	0.2	0.8	6.8	31.6	0.2		0.2	0.5	0.4	*	0.2	0.2	1.5	4.7
	H3	18,800	10.4		8.5	11.4	6.0	*	1.0	0.4	33.2	0.4		0.4	0.8	0.5	0	0.3	0.3	2.2	6.5
	H4	17,517	9.3		9.7	11.9	6.7	0.2	0.6	4.1	32.2	0.2		0.2	0.9	*		0.2	0.4	2.1	6.3
	H5	14,561	8.2		8.0	12.4	6.8	0.1	0.5	2.7	30.8	0.2		0.2	0.8	0		0.1	0.4	2.1	6.9
	H6	6,390	2.6		2.3	10.4	5.1	0.5	0.6	2.0	21.3	0.1		0.1	1.5	*		0.3	0.1	0.4	17.7
	H7	11,175	8.0		6.9	13.1	6.3	0.2	1.2	3.2	32.0	0.1		0.1	0.6	0		0.3	0.5	2.1	6.5
	H8	9,060	9.7		8.0	12.4	5.4	0.2	0.4	3.4	31.5	0.1		*	0.5	0.3	*	0.2	0.9	2.0	6.4
	H9	9,234	7.6		5.8	6.6	3.8	0.1	1.1	4.1	23.2	*		0	0.3	0.4	0	0.1	0.9	1.8	7.7

注 *：発病率ないしは死廃率が0.04%以下（農水省畜産局衛生課：全国家畜衛生主任者会議資料より算出）
　　ピロ病：小型ピロプラズマ病

ることから，衛生管理のポイントも牛の種類によって調整が必要である。

(2) 放牧牛の病気の特徴

放牧牛に見られる疾病はウイルス，細菌などの感染に加えて，気象条件，飼料条件，牛群内での序列などの影響が複雑に絡んで発病することが多い。そのため，症状が複雑で診断が難しく，治療にあたっても，一つの原因や誘因を取り除くだけでは容易に回復せず，いわゆる"たちが悪い"ものの多いことが特徴である。このような疾病を総称して一般に「放牧病」と呼んでいる。

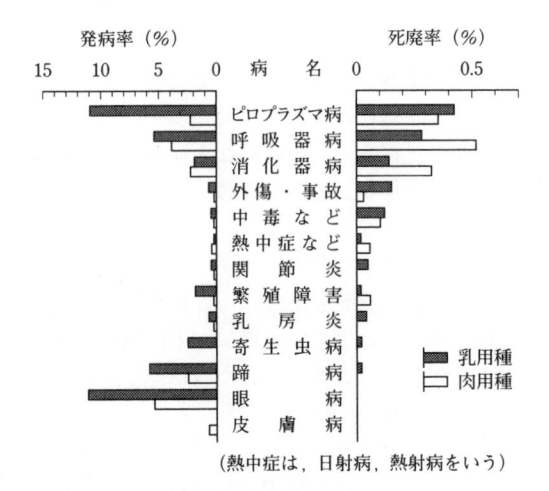

第2図 放牧牛の疾病別発病率および死廃率の乳・肉用種比較 （松本, 1980）

（熱中症は，日射病，熱射病をいう）

第2表 放牧牛の放牧への適応期間
（押尾, 1976）

項目	入牧後の週
第一胃内 pH	1～2週
VFA 組成	1～2
VFA 濃度	2～3
細菌叢	1～2
プロトゾア叢	3～5
赤血球数	2～3
白血球数	2～3
血清 Na, K	0～1
血清 P	2～4
血清 Alb, Glob	2～3
採食習性	4～5
群行動	4～5

したがって，その治療のためには対症療法はもとより，発病に関与している種々の要因を想定して対策を進めることが必要である。なお，放牧病の中心となる主な疾病として小型ピロプラズマ病（以下，小型ピロ病），ウイルスや細菌に起因する消化器病と呼吸器病などがあげられる。

2. 放牧牛の疾病発生の背景

(1) 気象の影響

放牧初期のいわゆる早春の気候は一般に寒暖の変化が大きく，特に北日本では「春の嵐」と呼ばれる低気圧がしばしば到来し，風雨が吹き荒れ，時には吹雪になることもまれではない。牛は一般に寒さに強いと考えられていることから，寒さに対しては等閑視されがちであるが，放牧初期の急激な寒冷作用は肉体的にも精神的にも大きなストレスとなる。

また，梅雨時の蒸し暑さは耐え難いほどの不快感であり，さらに梅雨明け後の高温と強い日射は大きなストレスとなり，いわゆる「夏ばて」の大きな原因となり，増体量の低下をまねくことが多い。

したがって，まず入牧前から屋外の気象条件に十分馴致させることが必要である。さらに，牧場内にも庇陰林や庇陰舎・避難舎，あるいは風雨や日射を避けることのできる簡単な遮蔽物などを，牛の利用しやすい場所に設置し，厳しい気象環境から牛自身で身を守ることができるように配慮することが必要である。

なお，夏季の利用を目的とする庇陰林は通風良好な場所に十分な広さで設けることが必要であり，通風の悪いところでは牛の利用性が著しく低下するので注意が必要である。

(2) 飼料の変化の影響

放牧前の舎飼い時には一般に配合飼料，サイレージ，乾草，ヘイキューブなど何らかの加工飼料を給与している場合が多いが，放牧と同時に青草単味に急変することが多い。牛では第一

胃内微生物叢が，舎飼い時の飼料から青草の消化に適合したものに変わるまでに2～5週間を要するといわれる（第2表）。このような飼料の急激な変化は，一時的とはいえ消化生理のバランスを乱し，消化不良，栄養素の吸収不全などから体力の消耗をまねく。

また，放牧期間中，牛は栄養のすべてを牧草から摂取しなければならない。そのためには牛の嗜好性に合い，食べやすく，質・量ともに優れた牧草を育成することが必要である。放牧地の造成当初はこれらのことも十分に考慮された草地管理が行なわれているが，経年変化によって品種構成のバランスがしだいに崩れていく。また，土壌条件の変化と相まって牧草の成分が変化したり雑草が増加し，質的にも変化していることが多い。その結果として，牛の嗜好性が低下し，時には硝酸塩中毒やワラビ中毒が発生することもある。

さらに，種々の有毒植物による中毒もみられるなど，放牧牛を取り巻く飼料環境の影響はきわめて厳しいものがある。

(3) 群構成の影響

入牧時に各農家から集められた牛は品種，性別，月齢，放牧目的，放牧経験，あるいは当該放牧地の管理方針に従って区分され，50～100頭の集団にまとめて放牧されることが多い。このように牛を急に一群にまとめた場合，牛の本能として順位争いの闘争が避けられない。

入牧時の順位争いに伴う闘争はきわめて真剣なものであり，角の折損をはじめ，皮膚や筋肉の損傷を伴うこともまれではない。しかも，順位が下位にランクされた牛は，放牧期間を通じて常に条件の悪いほうに追いやられる，いわゆる「いじめられっ子」になる場合が多い。

病牛は一般にこのような「いじめられっ子」にまっ先に発生することが多い。このような牛は，採食時，休息時，寒冷時，暑熱時などいずれの場合でも条件の悪いほうに押しやられるために，悪循環をくり返すことが多い。

したがって，同一牧場内に放牧されている牛群に1頭でも病牛が発生した場合には，群全体の生活環境や飼養環境を種々の角度から検討し，できるだけ改善の努力を払うことが必要である。また，日々の観察や定期検査のときなども，順位が中・下位に属する牛を重点的に観察し，異常牛の早期発見に努め，早期に処置することが必要である。

(4) エネルギー消費量の増加

牛は入牧直後から牧場内の移動はもとより，順位争い，採食，飲水，休息，遊びなどのために，舎飼い時に比べてきわめて多くのエネルギーを消費する（第3表）。しかも初放牧牛の場合など，入牧当初は急激な環境の変化によるとまどいから，採食も十分に行なえないままに運動量だけが増加し，体力的に著しく消耗しているものと思われる。

したがって，そのエネルギーを補うための十分量の牧草が必要であり，ここに草地管理の重要性がある。放牧の各時期に，牛の嗜好性に富んだ，栄養バランスのとれた牧草を十分に与えることが必要である。

さらに，草生条件が思わしくない放牧地の場合など，定期的に乾草や濃厚飼料を給与することが必要である。ただしこの場合，牛群全体が平均的に採食できるような工夫が必要であり，牧区内に連動スタンチョンなどを設置することも一方法である。

第3表 放牧条件と放牧牛の消費エネルギー増加の概略的関係

	草地条件と行動パターン		
基本条件	+10% 草量が十分あり，歩行距離は2km前後，採食時間は6時間程度		
	+25% 草量やや不足ぎみ，歩行距離は4km前後，採食時間は8時間程度		
	+40% 草量が不足し，歩行距離は6km，採食時間は10時間程度		
	地 形	気象条件	その他
付加条件	+0% 平坦地	+0% 臨界温度内	+10% 害虫などの影響
	+10% 丘陵地	+10% 臨界温度外	+30% 放牧初期（約3週間）
	+20% 急傾斜地	+10% 風雨あり	

注 各数値は，舎飼い時の維持エネルギーに対する増加割合を表わし，放牧牛のエネルギー増加割合は基本条件＋付加条件となる
日本飼養標準・乳牛（1994年版）：(社)中央畜産会

第4表　家畜害虫が放牧牛に与える影響　　（伊戸, 1988）

刺咬吸血	吸血量　アブ　50～400mg（小・大型，1回） 　　　　　マダニ　雌成ダニ飽血体重　200～300mgの3～5倍（濃縮）	
疾病媒介	ピロプラズマ病（小型・大型ピロプラズマ病など）	マダニ
	アナプラズマ病	マダニ，アブなど
	牛白血病	アブ
	未経産牛乳房炎	ハエ
	テラジア眼虫症，ピンクアイ	ハエ
	ウイルス病（異常産，イバラキ病，流行熱など）	カ，ヌカカ
行動阻害	採食・休息行動阻害	
生理的障害	ストレスの増大，栄養欠乏	
生産性低下	夏季の発育増体の停滞，産乳量低下	

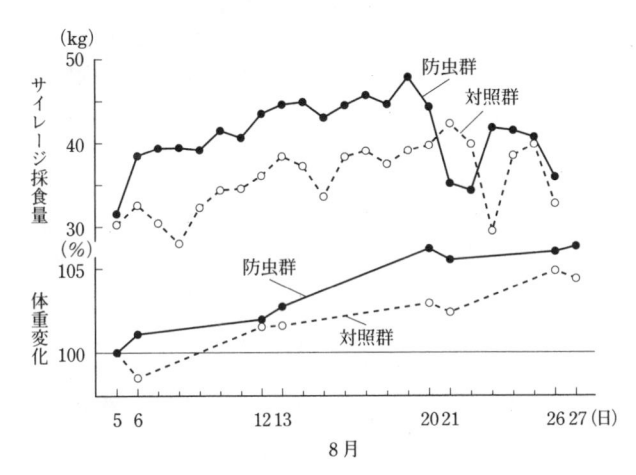

第3図　放牧牛の家畜害虫防除と体重の推移（試験開始時を100とする），サイレージ採食量
（沢村・鈴木, 1974）
防虫群：防虫網でイエバエ類とノサシバエの飛来を防止

(5) 家畜害虫の影響

放牧地では外部寄生虫の発生は避けられず，それらの寄生に伴う直接的・間接的な被害はきわめて大きい。第4表に放牧牛に対する家畜害虫の影響を示した。直接的な影響としては吸血昆虫やダニ類による刺咬と吸血のストレスがあり，間接的な影響としては病原体の媒介がある。

放牧牛では一般に，サマースランプと呼ばれる夏季の増体停滞，泌乳量の減少と乳質の低下などがみられる。その一因としてアブ，サシバエなどの刺咬と吸血による直接の影響があげられる。これら害虫の活動が盛んな夏季には放牧牛の害虫忌避行動が著しく，採食量の減少，休息時間の減少などが認められている。

第3図は防虫網でイエバエ類とノサシバエの飛来を防止した場合の，サイレージの採食量と体重の推移をみたものである。その結果，防虫群では対照群に比べて採食量が多く体重の増加も順調であり，飛来害虫の防止はサマースランプの防止に有効であることが示されている。

このように，家畜害虫は放牧牛に対して複合的な影響を及ぼし，その生産性を著しく低下させていることがうかがわれる。

一方，吸血や刺咬によるストレスのほかに，種々の病原体の媒介もその後の牛の健康に及ぼす影響がきわめて大きい。したがって，このような害虫の被害を防止するためにも害虫の種類をよく確かめ，適切な薬剤を選択し，適切な方法で防除することが望ましい。

(6) 微生物感染の影響

先に述べたように，放牧牛でも若齢牛では消化器病と呼吸器病の発生率はきわめて高く，その多くはウイルス，細菌などの微生物の感染を伴っている。特に哺育牛の場合，下痢は急速な脱水症状をまねき，数日以内に危篤状態に陥ることもまれではない。また，呼吸器病も寒冷や風雨の影響あるいは激しい運動で急速に悪化し，重度の肺炎をまねくことが多い。

このように，生命の基本にかかわる重要な器官に障害が発生すると，他の多くの器官や組織にも障害が波及し，多大な損失をまねくことになる。

したがって，例年若齢牛に肺炎や下痢が多発する放牧地ではその原因をできるだけ解明し，ワクチンで対応できるものはそれらを十分に活用し，予防を原則として対策を進めることが必要である。同時に環境の影響を少しでも緩和で

きるような避難施設の設置にも配慮が必要である。

また、母子放牧の場合、子牛を収容保護しなければならないような事態が生じた場合には、母子をペアで収容し、精神的に落ち着いた状態で療養できるような配慮が必要である。

3. 入牧前の衛生管理

(1) 入牧予定牛の選定と放牧馴致

入牧予定の牛は放牧の約2週間前までに一般衛生検査（主として臨床と血液検査）を行ない、異常のないことを確認する。同時に栄養不良、虚弱、伝染性疾患の疑いのあるものを除き、放牧適格牛を選定する。

初放牧の牛は特に入牧前の馴致を十分に行ない、入牧初期のストレス緩和に努めることが必要である。放牧馴致は屋外の気象環境、群行動、そして青草に対する馴致である。このうち群行動に対する馴致は一般農家で実施することはほとんど不可能であり、また、青草に対する馴致も早春に個々の農家で実施することは難しい。

したがって、農家では気象環境に対する馴致を行ない、さらに、濃厚飼料の給与量をしだいに減らし、粗飼料の量を徐々に増やして牧草の採食に耐えられるように第一胃を馴らしておく。

(2) 予防接種

放牧適格牛と判定されたものは早めに予防接種を行ない、あわせて削蹄、駆虫などもすませて放牧に備える。

4. 放牧中の衛生管理

(1) 放牧初期

①入念な観察と衛生検査

放牧初期の1か月間は特に疾病が発生しやすいので、入念な観察が必要である。また、若齢の初放牧牛などでは牧場で2～3週間の予備放牧（徐々に放牧時間を延長し、最後に完全な昼夜放牧に移行する）を行なうことが望ましく、十分に環境条件に馴れた段階で本放牧に移行させるとよい。

病気の初期症状は一般に食欲の減退として現われることが多いので、朝夕の活発な採食時間帯に観察することが、病牛の早期発見の一手段である。また、その際、他の牛と行動が異なるもの、歩様異常、元気不良、栄養状態に衰え、多量の目やにや鼻汁、激しい咳、下痢などの有無についても十分観察し、病状が悪化する兆しが認められた場合には、病畜舎に収容するなどして原因を究明することが必要である。

また、同様の症状を示す牛が同一牛群内に多数認められる場合には、何らかの感染病の疑いもあり、急いで集団検診を行なうことも考えなければならない。

例年、小型ピロプラズマ病などが多発する放牧場では、初放牧牛の放牧3週目頃から定期的に衛生検査を行ない、病牛の早期発見・早期治療に努め、被害の軽減を図ることが必要である。また、病牛の多発がなくても、定期的に牛の体重測定などを行なうことで草生状況、栄養管理などを見直す指標となる。少なくとも1か月1回の体重測定を励行することが望ましい。

②異常牛の処置と保護

衛生検査で異常を示す牛が発見された場合にはそのまま収容保護できるが、放牧中に看視人によって発見された場合には、発見時の所見をできるだけ詳細に記録しておくことが重要である。次いで現場での応急処置を行ない、牛の状態を確かめながら保護施設に収容し、さらに十分な処置を行なうことが望ましい。なお、調子の悪い牛を無理に移動させると急激に呼吸器や循環器の負担が増加し、時にはそのまま死亡することもあるので、十分な注意が必要である。

保護施設は風、雨、害虫などのストレスを避け、十分休養できるよう配慮する。また、母子を一緒に放牧する場合、子牛が発病し収容が必要な場合、母牛も一緒に収容し親子分離に伴うストレスを与えないような配慮が必要である。さらに、牧場内では処置が難しい場合でも、病状が安定するまではトラック輸送などは行なわ

ないほうがよい。

(2) 放牧中期

①衛生管理のポイント

放牧中期は環境や飼料，群構成などにもほぼ順応し，牧草や野草の生育も旺盛になるので順調な発育が期待できる時期である。

しかし，梅雨入りと雨天つづきの天候，雨による冷却と蒸し暑さ，梅雨明け後の厳しい日射など，放牧場の気象環境は目まぐるしく変化する。さらに梅雨時からはアブ，サシバエ，ダニなどの衛生害虫の活動も活発になるので，別種のストレスが増加する時期である。

さらに，小型ピロプラズマ病の多発放牧地では，病牛が継続して発生することが多い。また，この時期に牛肺虫症など寄生虫病が発生することもある。

したがって，入牧初期に比べると比較的落ち着いた時期ではあるものの，牛個体の差異が明確に出現する時期でもある。このため，定期的に健康検査を行ない，異常牛の早期発見に努め，損耗を軽減することが必要である。また，定期的検診の際には衛生害虫の駆除対策も同時に実施することが望ましい。

②家畜害虫の防除

また，放牧中期は吸血昆虫やダニなどの家畜害虫が多数出現する時期であり，牛の放牧効果が著しく阻害される時期なので，可能なかぎり防除対策を講ずる。駆虫薬の選択・使用にあたっては対象となる害虫の種類を確かめ（第4図），最も適切な方法で適切な薬剤を選択し処置することが望ましい。

また，薬剤の使用にあたっては，人畜への影響，環境汚染への配慮なども十分検討したうえで使用することが重要である。さらに，衛生害虫を完全に駆除することを考えるよりも，日常の生活に悪影響が出ない程度にまで減少させるように処置することが必要である。

(3) 放牧後期

放牧後期は牛も放牧に十分順応し，夏の暑さからも解放され，一般に最も落ち着いた状態で放牧が進行する時期である。しかし，朝夕は気温もしだいに低下し，牧草の伸びもしだいに衰え始めるので，牧草の絶対量の不足はもとより，質的な低下によって栄養面での不足が心配される時期である。

したがって，飼料草が量的・質的に低下しないように草地管理に十分留意する。また，不足が心配される場合には飼料の補給を行なうなど，栄養状態が低下しないように十分な注意が必要である。

5. 退牧時の衛生管理

終牧あるいは放牧途中の退牧いずれでも，病原体やその媒介動物を農家に持ち帰らないよう十分な注意が必要である。そのため退牧時には，入牧時と同様に個々の牛の健康状態を詳細にチェックし，異常があった場合には十分処置した

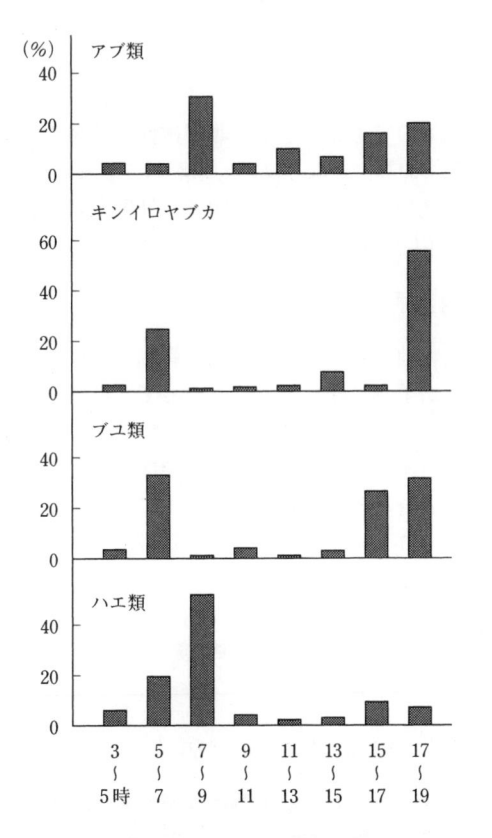

第4図 放牧牛を吸血昆虫が襲う時刻
（久米ら，1967）

後に退牧させるか，退牧後に適切な処置ができるように畜主に指示を行ない，病原体による汚染拡大を防止することが必要である。

さらに，退牧牛は入牧時とは逆の環境，飼料などの急激な変化を受けることになるので，入牧時とはちょうど逆の馴致に留意し，生産性のいっそうの向上を図ることが望ましい。

6. 衛生管理の施設

(1) 追込み柵と誘導柵

入退牧時や定期の健康検査，病牛や発情牛などの捕獲作業を安全・迅速・省力的に行なえるように，牛群を1か所に集めるための追込み柵と，牛を1列に誘導できる誘導柵を設置する。また，誘導柵の一部に体重計を設置しておくと，健康管理と同時に栄養管理にも好都合である。

(2) 検診柵と保定枠

牛の検診，治療，人工授精などが安全・容易に行なえるように，検診柵や保定枠を設ける。検診柵は誘導柵の一部を代用することも可能であるが，検査や治療の種類，あるいは直腸検査などの場合には，牛を確実に保定できる保定枠が必要である。保定枠には通常の4本柱の枠場のほかに三角枠場や連続枠場，また固定式あるいは移動式の自動ロックスタンチョンなど種々のものが考案されている。放牧地の実情に合わせて選択し設置する。

(3) 衛生害虫の防除施設

牛体に寄生する害虫の駆除のためには種々の方法がとられているが，薬剤を用いた化学的方法が一般的である。薬剤の散布には次のような方法があり，放牧地の実状に応じた方法で対処する。

ダストバッグ法 麻布製の袋に粉末の殺虫剤を入れ，給餌場や水飲み場の近くに吊るし，牛が歩くたびごとに牛の背に触れて薬剤が散布されるようになっている。しかし，雨に弱く，また牛がうまく袋の下をくぐれるようにすることがポイントである。

薬浴 薬液の入った薬槽に牛を追い込み，牛の全身を消毒する方法で，きわめて効果的である。しかし，多くの牛を短時間に薬浴させることは困難であること，薬液が汚れやすく短時間で効果が減退することなどが欠点である。

噴霧法 牛の誘導路の一部に薬液の噴霧装置を設置し，牛が通過するたびに上下左右から自動か手動で薬液を噴霧する方法である。きれいな薬液を無駄なく噴霧できるのできわめて効果的な方法であるが，設備の設置に多大な投資が必要である。

イヤータッグ法 合成樹脂に薬剤を混入させて耳票としたもので，他の牛との接触で薬剤が付着し防虫効果を発揮する。集団管理の場で効果がある。しかし，薬効成分が必ずしも強くないので，他の方法との併用が望ましい。

プアオン法 牛の背線に沿って各種薬剤（フルメトリン製剤，イベルメクチン製剤，ピレスロイド系製剤など）を直線状に散布し，体内に浸透した薬剤で血行を介して殺虫効果を発揮させるものである。また，非浸透性の薬剤も使用されており，かなり高い効果が期待されており，特に他の薬剤との併用で顕著な効果を発揮している事例も多い。

(4) 病畜舎の設置

放牧地ではいつどのような病気やケガが発生するか予測が難しい。したがって，常に不測の事態に備えた準備が必要である。病牛の保護はもちろんであるが，特に，伝染性の疾患が発生した場合などは直ちに牧場全体に伝播する危険性があり，病牛を隔離できる病畜舎を準備しておく。

7. 放牧牛の重要疾病

(1) 小型ピロプラズマ病

本病の原因である小型ピロプラズマ原虫はダニによって媒介されるほか，アブやシラミによっても吸血時に機械的に媒介されることが知ら

れている。発熱と貧血が主要な症状である。

入牧3週目頃から発症することが多く、病状が多少進んでも元気、食欲などに異常がないことが多いために、発見が遅れがちである。しかし、しだいに衰弱が激しくなり他の疾病を合併することが多く、増体量の減少はもとより病状が進行して死亡することも多く、経済的損失がきわめて大きい。病牛は病畜舎などに収容して治療を行なうことが必要であるが、病状の進んだものほど回復までに時間を要する。

現在のところ、早期に対症療法を行なう以外に良策はない。したがって、例年本病の多発する牧場では、定期的に検査を行ない、病牛の早期発見に努めることが肝要である。

予防法としては前項で述べた衛生害虫の防除法の中から、現場に即した方法を取捨選択して応用することが必要である。また、一つの方法だけではなく、いくつかの方法を併用することが必要である。

現在、各地で多くみられる方法では殺ダニ剤の定期的なプアオン処置、イヤータッグ、8-アミノキノリン製剤などの併用が効果的なようである。さらに栄養剤、ビタミン剤などを投与して体力の低下を防止し、好結果を得ている放牧地もあるなど、放牧地の実状に応じた対策が必要な疾病である。

(2) 消化器病

放牧牛では若齢牛を中心に下痢が多発し、脱水症状が急激に進展するため全身症状の悪化が早い。このため、早急に病畜舎へ収容し治療を要するなど、管理面でも多くの負担を伴うので、多くの放牧地で対策に苦慮している。

特に放牧牛の場合にはウイルス、細菌、コクシジウムなどの感染によるもののほかに、飼料の急変、輸送、気象条件の変化、特に気温の大きな日較差などの影響が誘因となって発生する、いわば複合病であることから、予防・治療はきわめて難しい。

症状は糞便が泥状から水様にまで軟化し、色も白色から黄褐色、赤色までいろいろである。子牛の場合には白色で一般に"白痢"と呼ばれるものが多い。下痢ではそのほかに元気と食欲の低下、脱水症状、皮膚温の低下、尾部付近の汚染などがみられる。

治療としては幼・若齢牛の場合はできるだけ病畜舎に収容し、敷料を十分入れて保温に努め、安静を心がけることが必要である。下痢の場合、程度の差はあるものの脱水を伴うことが多く、特に月齢の若いものほど脱水症状の進行が早い。したがって、下痢の場合には、まず十分な水分の補給を行なうことが大切である。応急の場合には微温湯を経口投与してもよい。そのほか電解質の入った経口補液剤、リンゲル液などの輸液などにより、速やかに脱水を防止することが重要である。また、発熱を伴う場合には抗生物質の併用も必要である。

下痢は一般に原因を特定することがきわめて困難なので、対症療法が中心となる。また、最近は何種類かのワクチンが市販されているので、下痢の発生状況によってはワクチンの接種も考慮することが必要である。

(3) 呼吸器病

入牧直後に多発することが多く、月齢の若いものほど発病率が高く、重症になりやすい。発生の原因はウイルス、細菌、マイコプラズマ、真菌、肺虫など種々の病原体の感染のほかに、急激な環境の変化や気象条件の影響などがストレスとなり、いわゆる日和見感染による場合が多いと思われる。しかし、一般に発病の原因を特定することは難しいことが多い。

症状は元気不良、食欲不振、発熱、呼吸速迫、咳、鼻汁、流涙などがみられるが、正確な診断は聴診でラッセル音を確認することである。病状が進むと呼吸困難、泡沫性の流涎、高熱の持続などが認められる。

治療としては病牛を気象環境の直接の影響を避けられる病畜舎などに収容し、安静を保つことが第一である。次に抗生物質による全身療法を行ない、必要に応じて強心剤や利尿剤あるいはビタミン剤、補液なども行ない、体力の低下を防止することが必要である。

予防法としては牧場の実状に応じ、各種のワ

第5表 放牧牛の衛生管理プログラム（例）

	実施事項	実施予定月日 （例）（月．日）	実 施 内 容
舎飼い	1. 入牧前の衛生検査 　1) 準備 　2) 実施 　3) 結果の検討	3. 8 3. 10～3. 14 3. 20	┌一般臨床検査　　　　　　　　┌検査牛 │血液検査　　　　　　　　　　│不適格牛 │精密検査（多発疾患が認め　　│要処置牛　放牧予定牛 └られる場合に実施する）　　　│健康牛 　　　　　　　　　　　　　　各農家への連絡，指示
放牧馴致	2. 放牧予定牛の準備 　1) 予防接種 　2) 放牧馴致	4. 1～4. 6 4. 10～	三種混合ワクチン，気腫疽ワクチンなど牧場の実情に応じて接種 入牧前の1か月間は，気象環境と飼料の両面から，できるだけ馴致を図る
	3. 放牧地での準備 　1) 施設，器材の点検・整備 　2) 草地の整備 　3) 有毒植物の除去 　4) 草地ダニの防除	4. 1～5. 8	牧柵の点検・補修，水槽と飼槽の整備，追込み柵，パドック，連続枠場，避難舎，病畜舎，体重計などの整備点検 牧区区分の再確認，草生状態の確認，危険箇所の整備など 例年発生する場合は除草剤の散布 ダニ汚染牧場では殺虫剤の散布
入牧	4. 入牧 　1) 入牧手続き 　2) 衛生検査 　3) 牛群の編成	5. 9～5. 10	番号の確認，写真撮影，体重，体高などの一般計測 臨床検査，血清検査などにより不適格牛の摘出 品種，月齢などに応じて牛群を編成
予備放牧	5. 予備放牧 　1) 時間制限放牧 　2) 配合飼料・乾草の給与 　3) 衛生検査	5. 10～6. 10	予備放牧は初放牧牛を中心に行なう 放牧経験牛は入牧当日から本放牧を行なってもよい 衛生検査要領
本放牧	6. 本放牧 　1) 昼夜放牧 　2) 衛生検査 　3) 殺虫剤散布 　4) 駆虫薬の投与	6. 10～終牧	1) 第 1回：入牧 1週目（ 5. 17） 2) 第 2回：入牧 2週目（ 5. 24） 3) 第 3回：入牧 3週目（ 5. 31）このころから貧血に注意する 4) 第 4回：入牧 4週目（ 6. 7） 5) 第 5回：入牧 6週目（ 6. 21） 6) 第 6回：入牧 8週目（ 7. 5） 7) 第 7回：入牧12週目（ 8. 2） 8) 第 8回：入牧16週目（ 8. 30） 9) 第 9回：入牧20週目（ 9. 27） 10) 第10回：入牧24週目（10. 25） 小型ピロプラズマ病の多発地帯では第4週以降，同病の早期発見・早期治療に留意し，牧場の実情に応じた検査体制をとる
退牧	7. 退牧 　1) 退牧手続き 　2) 衛生検査 　3) 諸記録の交付	10. 30～11. 20	臨床検査，血液検査 一般的計測（体重，体高，胸囲など） 病気を牛舎に持ち帰らないように注意する 発育記録，診療記録，繁殖記録などの交付

注　1. このプログラムは小型ピロプラズマ病多発放牧地での初放牧牛を想定したものである．放牧経験牛，清浄放牧地の放牧牛，あるいは肉用牛の母子放牧などの場合には，各牧場の実情を考慮のうえ，より実際的なものを作成するとよい
　　2. 毎日の監視日誌，診療日誌，検査記録はできるだけ詳細に記録する
　　3. 本プログラムは松本の案（1984）をモデルとして作成した

クチンを事前に接種することが効果的である．

8. 衛生管理プログラムの設定

　放牧衛生業務を円滑に推進するためには，牧場の実情に即した「衛生管理プログラム」を設定し，計画的に作業を進めることが望ましい．しかし，年度ごとに放牧地の状況や牛の資質も異なり，また，その年の気候条件，疾病の流行状況などが少しずつ異なるので，常に微調整や見直しを含めながら最適な手段を講ずるような配慮が必要である．第5表に例を示す．

　　　執筆　照井信一（日本全薬工業株式会社）

1999年記

参考文献

日本草地協会. 1991. 草地管理指標. 放牧牛の管理. 71－131.

全国肉用牛協会. 1990. 肉用牛放牧の基礎知識とその応用. 放牧の基礎知識. 放牧管理技術の実際及び新しい放牧技術. 84－199.

伊戸泰博. 1988. 外部寄生虫による家畜の被害. 畜産の研究. **42**（8），85－88.

岡本全弘. 1986. 放牧における環境の問題. 臨床獣医. **4**（6），38－42.

大森昭一朗. 1986. 放牧における栄養障害. 採食に関するいくつかの問題. 臨床獣医. **4**（6），43－48.

照井信一. 1988. 放牧牛の衛生実態. 畜産の研究. **42**（8），83－85.

照井信一. 1991. 放牧病とその対策. 臨床獣医. **9**（8），43－50.

針灸による治療

1. 針灸療法の沿革

 乳牛に対する針灸療法は針と灸という簡単な器具を用いて乳牛の病気の治療および予防を行なうが、その方法論は悠久の歴史に育まれた精緻な理論により構築されている。的確な治療を行なうためには伝統理論を理解する必要がある。
 古代人が火をさまざまに利用し、火の熱で痛みを癒したことが灸の起源と考えられている。約8,000年前の新石器時代の遺跡から石の針、砭(ヘン)が出土した。砭という文字の意味は、石を刺して病を治すことと解されている。
 その後、春秋・戦国時代に陰陽五行説が成立し、馬の治療で針、灸、焼烙などの治療法が進歩した。明代には「元亨全図療牛馬駝集」、清代には「養耕集」や「牛医金鑑」などの数々の名著が生まれ針灸理論、技術は大いに発展していった。阿片戦争以降、中国は半植民地状態となり伝統理論は低迷したが、新中国誕生以降さらに発展して今日に至っている。

2. 針灸療法の考え方

(1) 針灸療法はなぜ効くのか

 生命体は一つの統一された整体で外部の自然環境と密接に関連した複雑な矛盾の統一体と考えている(整体観)。病気の状態を客観的に認識する方法は証、すなわちパターンでとらえて治療の方針とする(弁証施治)。すべての現象を陰陽という概念でとらえ、基本物資およびその性質を五行(木、火、土、金、水)に分類し相互関係を定義している。生理機能および病理現象を臓腑理論で表現し、空気、栄養物質、病因、生命体の機能活動を気と認識し、さらに血、津液(体液、分泌液)を分類している。

 針灸治療にあたっては、経絡と経穴(ツボ)が重要である。経絡は血管系、神経系、リンパ系のようなもので、そこは生命の根源であるところの＜気・血・栄・衛＞が全身を巡る運行路であると考える。
 生命体は生体内部が調和されているだけではなく、外部環境の変化に素早く自身を対応(調和と対応)することが健康を意味し、その健康がどちらかに傾けば病気となって現われると認識する。
 針灸が疾病に対して効果があるのは主に「鎮痛作用」「生体調整作用」「生体防御免疫作用」の3つの作用によるものと思わる(蔡武ら、1978)。
 具体例では、鎮痛作用は針麻酔に、生体調整作用は卵巣、子宮疾患での針灸療法として、生体防御免疫作用は新生子牛での疾病予防や慢性疾患での補助療法などに応用されている。

(2) 経絡と経穴

 針灸療法の特徴は経穴すなわち"ツボ"(第1図)を治療の重要なポイントにしている。経絡は14条あり、牛の経穴は『中国獣医針灸学』(農業出版社)には104穴の記載がある。経絡および経穴の位置、深さ、効用については参考文献としてあげた3書籍に詳しく解説してある。
 筆者が、北海道十勝管内鹿追町に飼育されている乳牛の各種疾病500症例に対して、1985年から1990年の間実施した5年間の治療では使用した経穴は58穴である。ツボを1穴のみで用いることはまれで、腰中や気門のように左右対象のツボは同時に用い、天平、百会、腰中、気門などのようにいくつかのツボを組み合わせた、いわゆる組穴も多くの症例に採用した。
 経絡では督脈(第2図)つまり背線を走り天平、百会、交巣などの重要なツボを含み、産後起立不能症や腸カタルなどに用いた。

針灸による治療

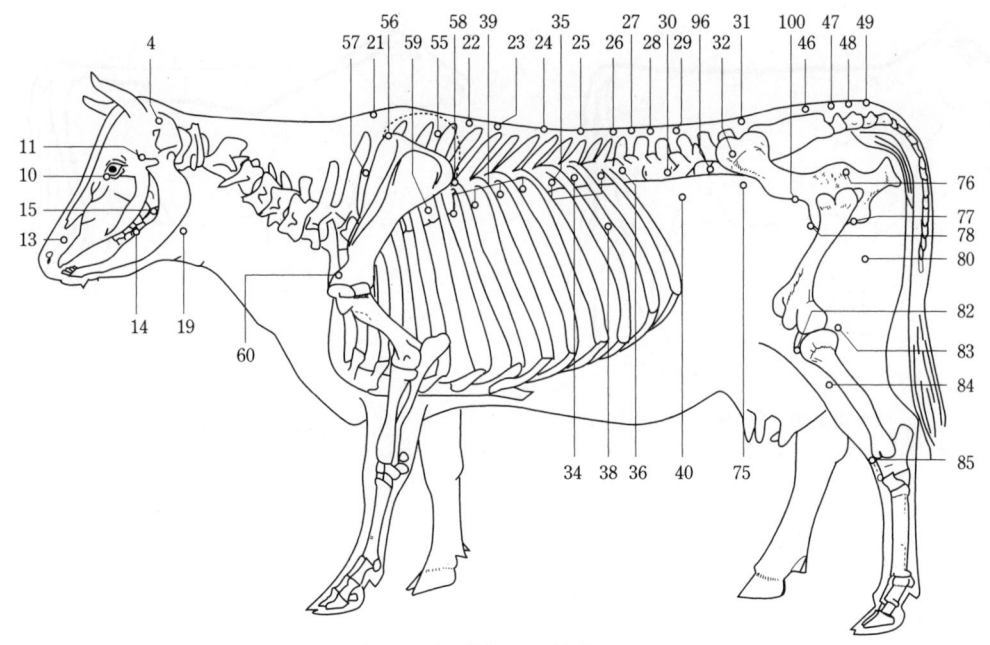

牛の骨格および穴位

1.耳根　10.睛明　11.太陽　13.鼻兪　14.開関　15.搶腮　19.喉門　21.丹田　22.鬐甲　23.三川
24.蘇気　25.安福　26.天平　27.後丹田　28.命門　29.安腎　30.腰中　31.百会　32.腎兪　34.六脈
35.脾兪　36.左関元兪（肚角）　38.食脹　39.通竅　40.䐃兪　46.開風　47.尾根　48.尾節　49.尾干
55.軒堂　56.膊尖　57.肺門　58.膊欄　59.肺攀　60.肩井　75.居髎　76.大胯　77.小胯　78.大転
80.仰瓦　82.掠草　83.陽陵　84.後三里　85.曲池　96.腎棚　100.環跳

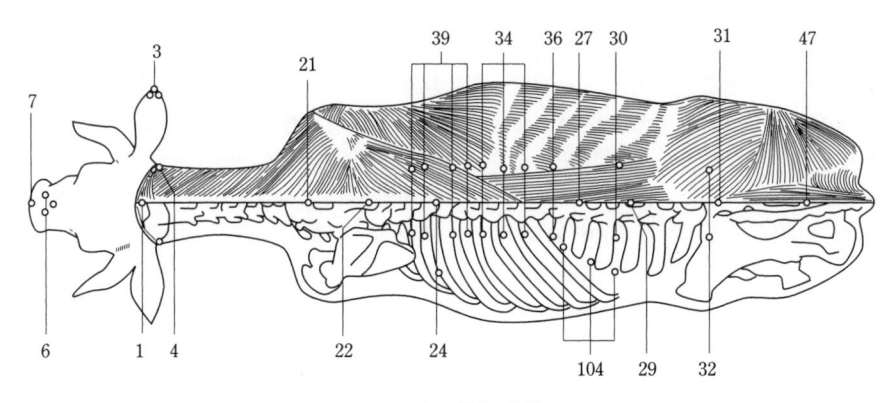

牛の背側の穴位

1.天門　3.耳尖　4.耳根　6.山根　7.鼻中　21.丹田
22.鬐甲　24.蘇気　27.後丹田　29.安腎　30.腰中
31.百会　32.腎兪　34.六脈　36.関元兪　39.通竅
47.尾根　104.腰旁三穴

第1図　牛の側面と骨格の穴位

(干船ら，1988)

健康診断と病気対策

第2図 督脈
会陰部に起こり脊柱正中線にそって前行し，前頭より脳に入り前頭にそって前行し唇に至る（蔡武ら，1978）

第3図 後肢膀胱経
外眼角に起こり頭頂，頚，脊柱にそって両側を後行し，腰に至り，内に入り腎に連絡し膀胱に所属する。支脈は腰仙にそって後行し，後肢の外側縁にそって下行し蹄に入る
（蔡武ら，1978）

その両側を走る後肢膀胱経（第3図）は膊尖，膊欄，関元兪，腎棚，腎兪，後纏腕などのツボを含み肩部，呼吸器，消化器，生殖器疾患に応用した。

後肢胆経には邪気，仰瓦，陽陵などがあり，後躯神経麻痺などに応用した。

3. 針灸療法の対象と効果

(1) 針灸療法の対象症例

前記5年間に行なった症例は，1週齢の哺乳牛から14歳の老齢牛までを対象とした。また，針灸療法の種類と方法は以下の9種の療法があるが，単独で行なうだけでなく，2～3種類組み合わせて治療することが多い（第1表）。

運動器病では産後起立不能症，後躯神経麻痺，肩部神経麻痺など10病種184症例。消化器病では食滞，腸カタル，盲腸アトニーなど9病種154症例。生殖器病では卵巣静止，長期在胎，胎盤停滞など13病種131症例。その他の疾病では乳房炎，気管支炎など8病種31症例，合わせて4疾患60病種500症例に応用した。

症例のうち前後躯神経麻痺など214症例（43％）は針灸療法のみを行ない，残りの286症例（57％）は針灸療法のほかに薬物投与なども併用した。

以上のように適用症例は広く，急性症，慢性症にも応用できる特徴がある。

(2) 主要症例に対する治療効果

運動器病，生殖器病，消化器病，その他の疾患の治療効果は，短時日に症状がいちじるしく改善した著効例は334症例（67％），1～2週間の経過で改善された有効例は31症例（6％），長期の経過を要したが改善されたやや有効例は34症例（7％），症状が改善されなかった無効例は101症例（20％）であった。やや有効以上の効果を認めたものを有効症例として，症例数が10例以上の主要症例の有効率を第2表に示した。

運動器病は産後起立不能症，後躯神経麻痺，腰萎症，肩部神経麻痺，股関節症は有効率80％以上あり，生殖器病では，卵巣静止にいちじるしく効果があり，胎盤停滞などは80％近い効果

第1表 主要症例別の針灸療法の組合わせ

症 例	白針	電針	水針	レーザー針	もぐさ灸	酢酒灸	灸頭針
後躯神経麻痺など		◎	◎	○	○		
人工分娩処置など	○				◎	◎	○
卵巣静止など				○	◎		
消化器疾患	○	○	◎		○		
乳房炎，関節炎など				◎			

第2表　乳牛への針灸療法の効果

病種	症例数	著効	有効	やや有効	無効	有効率(%)	無効率(%)
産後起立不能	81	56	6	5	14	83	17
産後神経麻痺	42	37	0	1	4	90	10
腰萎症	17	17	0	0	0	100	0
肩部神経麻痺	14	14	0	0	0	100	0
股関節症	11	10	0	0	1	91	9
胎盤停滞	40	23	3	5	9	78	23
卵巣静止	20	20	0	0	0	100	0
低受胎牛	14	8	1	0	5	64	36
子宮蓄膿症	11	4	0	0	7	36	64
産褥性子宮炎	10	5	0	0	5	50	50
腸カタル	73	50	8	2	13	82	18
子牛下痢	48	26	5	1	16	67	33
食滞	10	6	1	0	3	70	30
乳房炎	15	5	0	4	6	60	40

があった。

子牛の下痢症，乳房炎，子宮蓄膿症などの症例では無効が30％以上であることから，針灸療法の適応症としては慎重な対応が必要と思われる。

4. 針灸療法の種類と方法

①新針療法（白針療法）

ツボに針を刺し数分そのままにしておく方法（留針）や針を指先で左右にねじる方法（捻針），小刻みに前後に振動を加える方法（提挿），ごく短小な針を刺しそのまま放置し自然の脱落に任せる方法（置鍼）などがある。針の種類はさまざまなものがあるが，著者が入手し現在

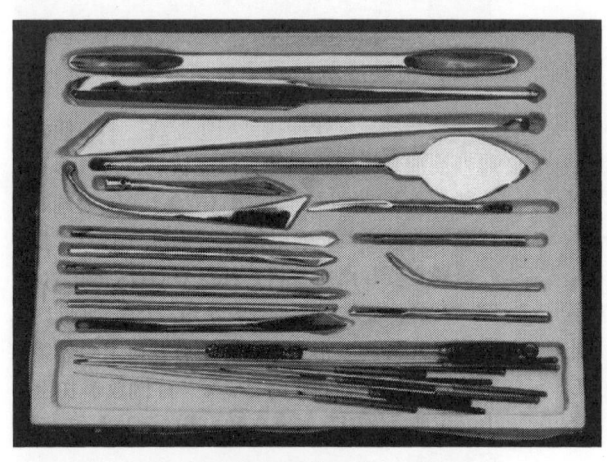

① 伝統中獣医組合針具

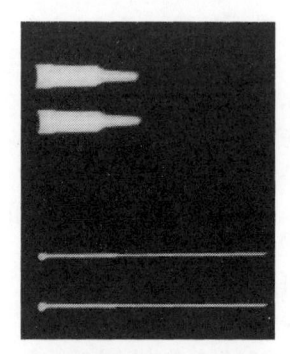

③ フランス製DNニードル（下）とASP鍼（動物専用置鍼）（上）

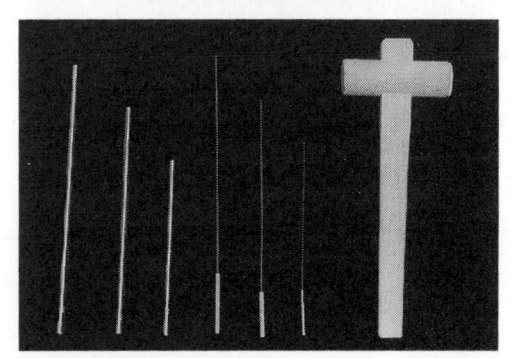

④ 日本製針（中），針管（左），木づち（右）

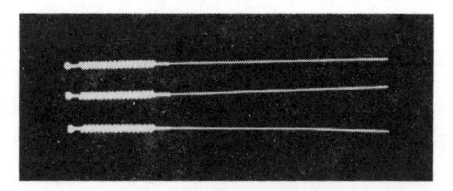

② 中国製人体用針

第4図　針の種類

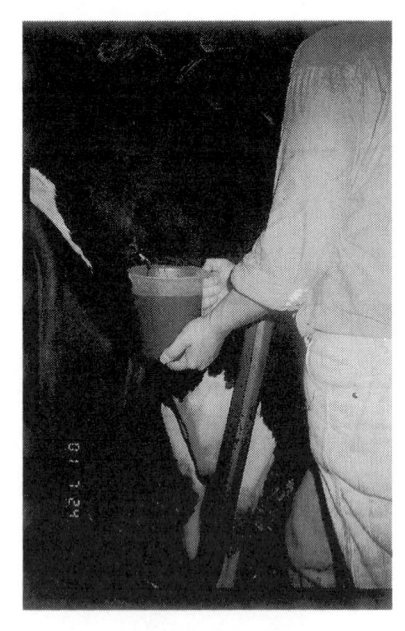

健康診断と病気対策

第5図　血針（瀉血）

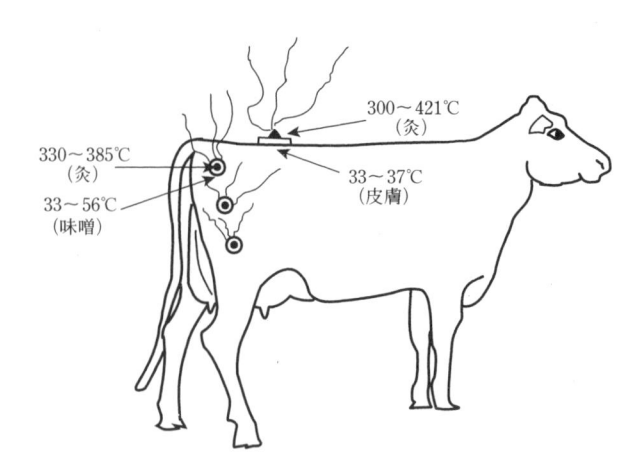

第6図　もぐさ灸（灸，味噌，皮膚面の温度）

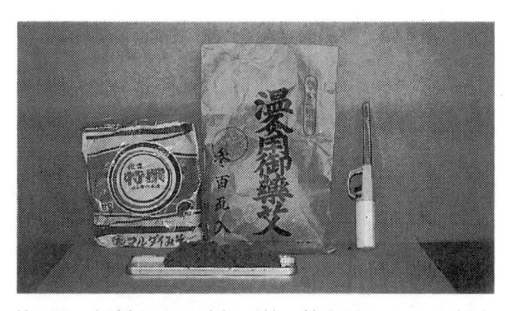

第7図　粗製もぐさ（中，前），着火用ライター（右），味噌（左）

使用しているものの一部を第4図に紹介した。

中国の刺針法は針をそのまま皮膚に刺すため比較的太く，刃が付いているものもある。日本ではツボに針管をあてがい，刃のない比較的細い円針を木づちで打ち込む。フランスのものは図のように滅菌され，ディスポタイプである。日本製は人体用では針と針管が滅菌されたディスポタイプのものがある。

②血針療法

頸静脈から瀉血する方法である。ディスポーザブル14G50先の動物用注射針を用い，瀉血を行なう（第5図）。

③もぐさ灸療法

直接灸と間接灸がある。乳牛には主に後者を用いる。

もぐさの燃焼による温熱は，経穴を通じ陰寒を除去し陽を招来する効果がある。

・ツボにもぐさと皮膚を接着させるため味噌をぬる。味噌ともぐさの間にニンニクやショウガをスライスし，針で小孔を開けたものを挟む方法もある。

・丸めた1cm前後のもぐさをのせ，柄の長いガスライターで着火する。

・火が完全に消えない間に次のもぐさをのせ，それを3～5回繰り返す。

・最後に芯に火が少し残っているとき，水に浸し，硬く搾った布を灸の部分に押し付け，軽い火傷を起こさせると同時に火を消す。

・味噌と炭化したもぐさは次回までそのままにしておく。

・症状が改善するまで何日か続ける。

・火災の危険を避けるため，尾をどちらかの足に縛りつけ実施する。なお，風の強いときは避ける。灸には粗製もぐさを用いる（第6図，第7図）。

④もぐさ灸温針療法（灸頭針）

ツボに針を刺し，針頭にもぐさ灸を実施する方法。

⑤酢酒灸療法（布地アルコール灸）

希酢酸（食酢）に浸したネルの布地を患部にのせ工業用アルコールをかけ点火し，火力を持続させるためアルコールを噴霧しながら，10～

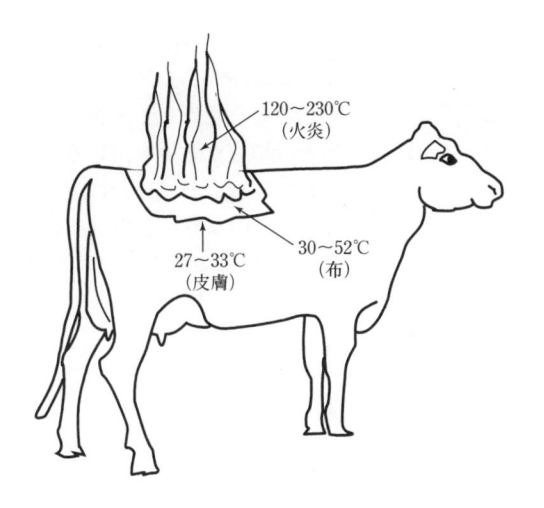

第8図　酢酒灸（火炎，布，皮膚面の温度）

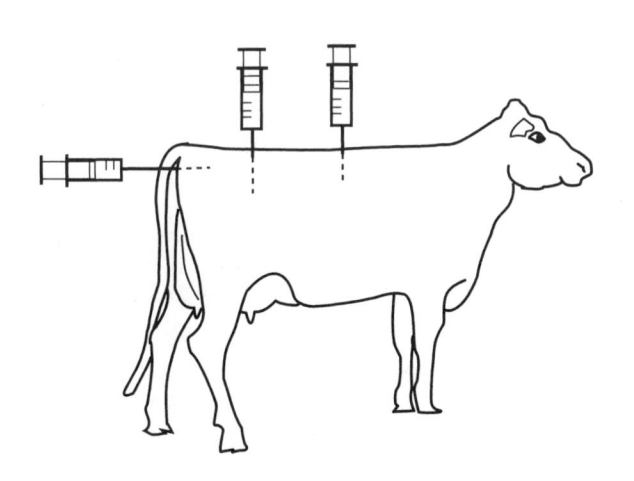

第9図　水　針

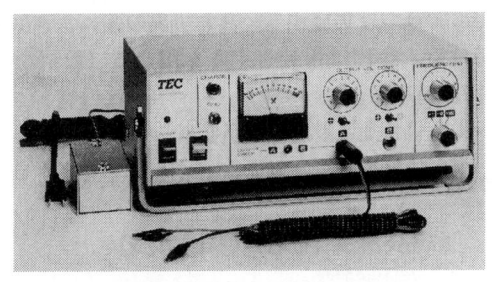

第10図　動物用ハリ電極治療器

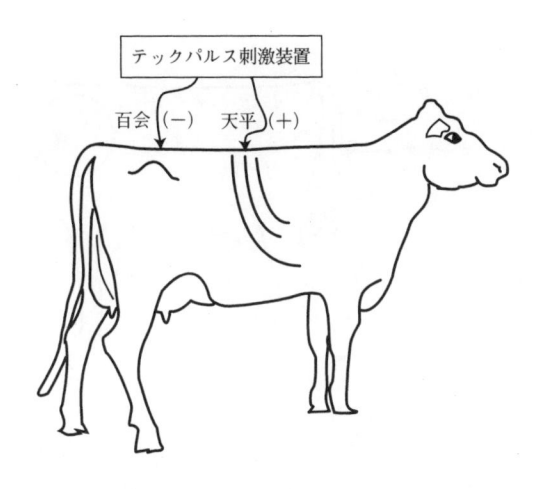

第11図　電　針（天平，百会組穴）

15分温める（第8図）。術後は患部に毛布をかけ保温に努め，暖かい牛舎内で休息させる。

⑥**水針療法**

ツボに薬物を注射する方法で少量の薬物で効果があがる（第9図）。ディスポ18G注射針と注射器を用いる。水針に使用する薬物は10％ブドウ糖液，生理的食塩水，スルファチアミン注射液，ベルベリン注射液などが多く使われている。

⑦**電針療法**

テックパルス刺激装置（第10図）を用い，2か所以上のツボを取穴し通電刺激する（第11図）。

⑧**レーザー針療法**

ツボにレーザー光線を照射する（第12図）。

レーザー針の臨床応用上の特徴として次の3点があげられる。

・一般の針灸療法が実施困難な部位にある穴位や知覚過敏な部位（肢端，乳房，外陰部など）への実施が容易である。

・稟性の高い個体に接触や疼痛を与えることがない。

・経穴（点）ばかりではなく経穴を中心とした領域（線ないし面）の治療が可能である。使用した機種は畜産用半導体レーザー治療器パナラス1,000Cおよびユニレーザーである。

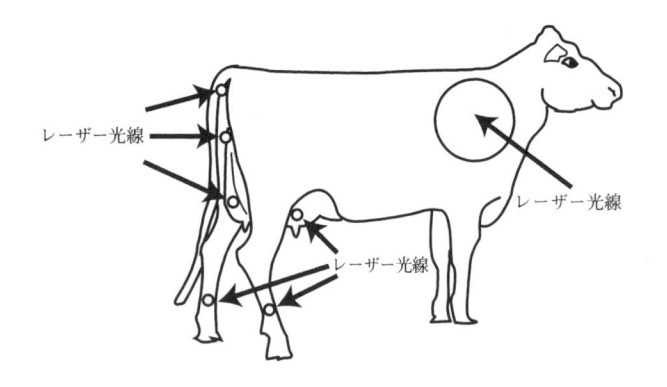

第12図　レーザー針（低エネルギーレーザー）

第13図　産後起立不能症での電針療法
（天平・百会組穴）

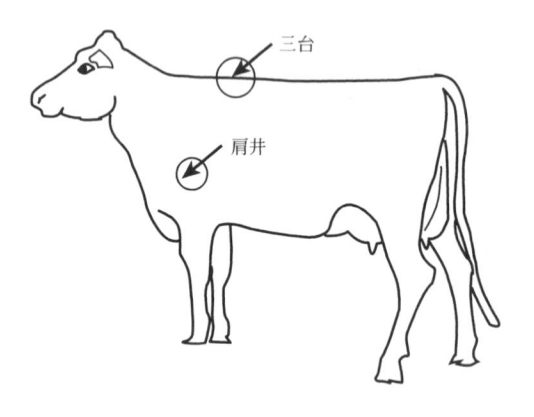

第14図　肩部神経麻痺の取穴

5. 各種疾患に対する応用

針灸療法を実施するには，症例の症状によりツボを選択し，組み合わせて治療する。後躯神経麻痺などは電針や水針を行なうが，障害部位によりレーザー針やもぐさ灸を選択，併用する。胎盤停滞，長期在胎には酢酒灸，もぐさ灸を選択し，卵巣静止にはレーザー針やもぐさ灸を用いる。乳房炎，関節炎にはレーザー針の応用が有利である。このように，針灸療法はそれぞれの特徴を生かした組合わせが，治療効果をあげると思われる。

（1）運動器病

①産後起立不能症

グルクロン酸カルシウム剤を点滴静脈注射しながらテックパルス（針通電装置）を用い2V, 2Hz,ツボは天平，百会，気門を取穴し，点滴が終わるまで30分～40分通電する（第13図）。同時に2種の治療を施すことが可能で，治療の効果もあがる。

②産後後躯神経麻痺

座骨神経，閉鎖神経，脛骨神経・腓骨神経などの麻痺でそれぞれの特有の症状を現わすが，ツボは百会，気門，大転子，仰瓦，陽陵，などを取穴する。

針灸法の選択順序は通常第1にもぐさ灸（味噌灸），第2に電針，第3に水針法（アリナミン，デキサメサゾンなど）である。慢性経過をたどったときは酢酒灸の応用も効果がある。

もぐさ灸や酢酒灸は火を用いるため実施する場所に制限があり，電針は神経質な牛や時間の余裕のない場合は選択できない。水針療法は簡便なので選択の頻度は多いと思われる。

③肩跛行（肩部神経麻痺）

三台・肩井を取穴し（第14図），灸や水針療法も応用するが，電針（6V, 6Hz, 30分）は特に効果がある。

これは左橈骨骨折のためウオーキングキャスター（固定具）を3週間装着し，神経麻痺の後遺症があり，針灸療法により治癒した症例である。

（2）消化器病

①腸カタル

交巣（第15-上図），天平への水針（ベルベリ

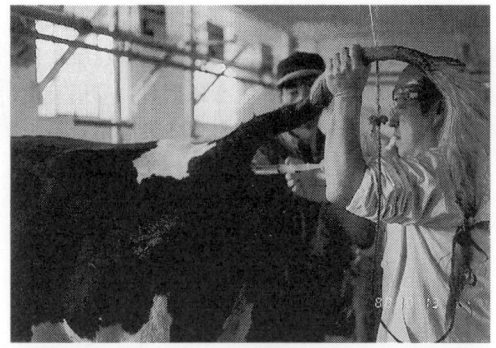

第15図 交巣（上），食脈（下）への水針療法

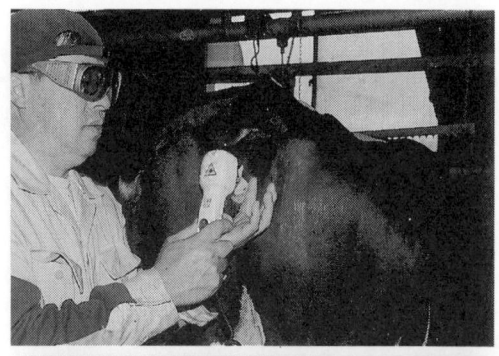

第16図 ユニ・レーザー（下）およびパナラス 1,000C（上）の陰核へのレーザー針療法

ン製剤など）は簡便なので応用する機会が多いと思われる。コクシジウム症などの慢性に経過する下痢の場合に六脈，脾兪，関元兪，腎兪へのもぐさ灸や水針療法は子牛の活力を引き出す効果がある。

②食滞

食脈（第15-下図）へ水針や天平，百会，食脈を取穴し，電針（6V，30Hz，30分）を行なう。

（3）繁殖障害および周産期病

牛乳生産のうえで人工授精，分娩，産後の卵巣および子宮の回復，早期の種付けは非常に重要である。しかし，獣医師が1回の直腸検査で症状をすべて把握することはまず不可能であり，早期治療をねらって最初からプロスタグランデジン（PG）や血清性性腺刺激ホルモン（PMS）の投与は実施しないことが賢明である。粘液が汚れているときは産後1週間以内でも検診を受ける。また，発情がないときは45日以内に検診を受けることが重要である。1〜7週の間で針灸療法の応用は大変に有効と思われる。

針灸療法を応用した繁殖障害の治療は幅広い症例に応用でき，副作用も少なく，経済的で，そのうえ，後躯背側の腰椎より会陰部に分布する督脈や後肢膀胱系など穴位は生殖器と関連があり，背面にあるため施灸や刺針ともに容易であり，もぐさ灸療法などは農家が修得しやすい技術である。

①卵巣静止，黄体遺残

陰核，交巣，会陰部にレーザー針療法（8mW，分/1日，3日間）（第16図）を行なう。レーザー針療法は確実な効果が期待できる。

百会，開風，尾根，気門を取穴して電針（6V，6Hz，30分）やもぐさ灸を施すこともある。

②人工分娩

百会に灸頭針および十字部より仙部にかけて酢酒灸（第17図）を行なう。本法はミイラ胎児の摘出にも有効で，エストリオールやPGに劣らない効果がある。

③胎盤停滞，子宮蓄膿症

腰仙部への酢酒灸や百会，開風，尾根，気門にもぐさ灸を施す。

健康診断と病気対策

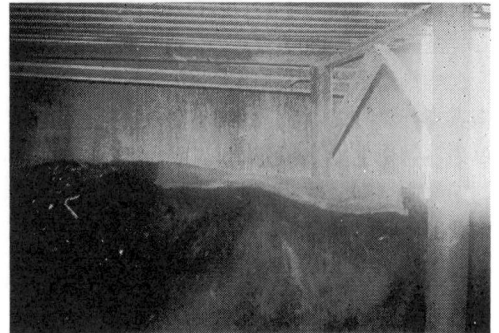

第17図 灸頭針（上）と酢酒灸（下）を併用した人工分娩処置

④子宮脱

百会，交巣，膣脱を取穴し通電しながら整復する。分娩直後の弛緩，腫大した状態でも，分娩後数日を経た子宮の整復も容易である。

⑤子宮頸管開口不全による難産

天平，百会，交巣に電針（2V，2Hz，30分）を行なう。

(4) 乳房炎

乳房炎に効果のある穴位（陽明，乳基，通乳，乳根（第18図）），乳頭口および硬結に畜産用半導体レーザー治療器パナラス1,000Cおよびユニレーザー（8mW,3分/1日，5日間）を応用し，体細胞の減少および乳頭口の糜爛の治療および硬結の緩解を図ることができる。

(5) 気管支炎，肺炎

一般的な治療に用いる薬物を前肢肺系（頸脈，肺門，肺攣，肺兪など）および督脈（三台，蘇気，安福，天平など）のツボに水針療法を行なう（第19図）。

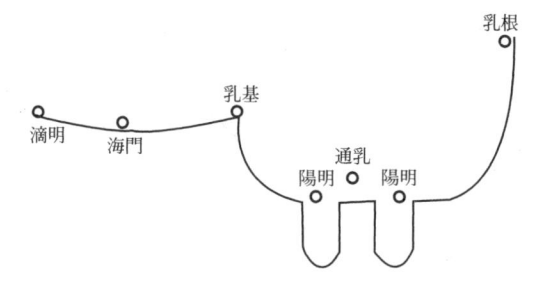

第18図 潜在性乳房炎に対するツボ

滴明：乳静脈の入口（2穴）　　陽明：乳頭基部外側（4穴）
海門：臍の両側（2穴）　　　　通乳：前後乳房の中間（2穴）
乳基：前乳房の基部外側（2穴）　乳根：乳房上リンパ節の部位（2穴）

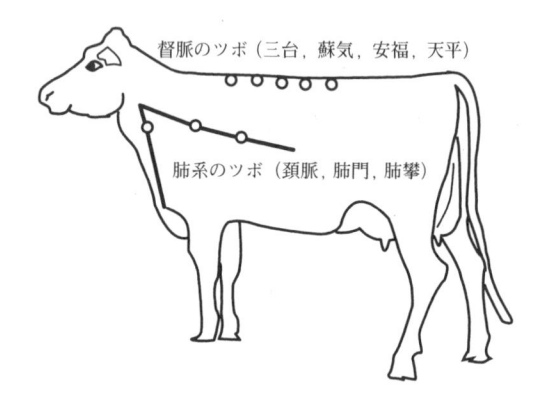

第19図 呼吸器疾患に対するツボ

日射病（肺充血）のときは頸脈から瀉血（血針療法）する。

(6) 農家が所有する乳牛に対して行なえる予防と治療

電針，レーザー針の機器は獣医師以外は使用ができず，水針は針と注射器と薬物などが必要であり，入手に制限があり，刺針用ディスポーザブル針の一部は医療器具のため入手できない。そこで，農家が簡単に実施できる方法は味噌灸や布地アルコール灸が中心となる。もぐさはよもぎの葉から簡単につくることできる。周辺の野原に自生してるよもぎを8月のお盆すぎに刈り取り，陰干ししてから葉を手で揉んでつくる。淡い緑色で燃やすと心地好い芳香が漂うもぐさができる。

①味噌灸

胎盤停滞（12時間を経過しても出ない），無発情のとき（分娩後1か月しても発情が見つからない），低受胎牛（発情予定日の3日前から）百会，開風，尾根，気門などを取穴し，1回に3度，3日間，味噌灸を施す。

②布地アルコール灸

分娩の遅延（285日しても分娩しない，乳漏れあり），悪露停滞（体温39℃以下，1週間しても悪臭のおりものあり），難産による腰麻痺のとき，腰仙部に施す。

③慢性疾患に対する灸

慢性に経過した下痢，食滞，呼吸器疾患，跛行などのとき，当該のツボを取穴し施灸する。

④低周波治療器

低周波治療器は針を使わないだけで，電針療法に用いるテックパルス刺激装置と構造や機能は同一であるため，応用可能である。

治療法には制約はあるが，乳牛の健康をいかに維持するかを思考する過程で種々の方法を考案していただきたい。

6. 針灸療法を学ぶには

近年，酪農の大規模化によるひずみが顕在化するなかで，搾乳牛の頭数を最小限にして経費をおさえ，さらに労働時間を短縮する，いわゆる"ゆうゆう酪農"を実践している農民が現われている。乳牛に対する針灸療法が酪農の分野で活かせるときがきた感があるが，残念なことに日本国内の各大学の獣医，畜産学部に針灸の講座は設けられていない。数少ない成書を参考に独学することになるが，日本獣医針灸学研究会（日獣針研）の会員となり仲間同士で研鑽することも有意義である。また，北京農業大学には海外の学徒のための講座があり，志高き方の留学を奨めたい。

日獣針研（1996年4月現在）は1979年に発足し，全国で現在130名余りの会員がいて研究発表会，学術講習会，技術講習会，会報発行などの事業を行なっている。1996年度の日獣針研会長は亀谷勉先生で，事務局は岩手大学獣医学科外科学教室（副会長，原茂雄助教授）にある。年会費3,000円で研究会報も出ている。

日本国内で出版されている成書は次の書籍があり，それぞれ特色があり，参考となる。

執筆　小田雄作（獣医師・北海道河東郡鹿追町）

1996年記

参 考 文 献

蔡武監修,森谷信行・安原茂訳編・中国獣医針灸療法,三景,東京（1978）．

笹崎龍雄・清水英之助共著・中国の獣医と家畜針灸,養賢堂,東京（1987）

于船主編,中国畜牧獣医学会編・竹中良二・高橋貢訳・中国獣医針灸学,文永堂出版,東京（1988）

少量モグサとデンプンのりを用いた施灸技術

1. 施灸による弊害の現状

畜産分野における灸は，繁殖障害（低受胎，鈍性発情，子宮内膜炎，排卵障害，卵巣静止および尿膣）や泌尿器障害（尿石症）の治療，消化器障害治療後の機能回復に用いられている。2006年度にポジティブリスト制度が導入され，農薬，飼料添加物および動物用医薬品の農産物中への残留濃度がより厳しく規制されている。

このような状況のなか，家畜の診療にあたる農業共済の獣医師は，治療に灸を積極的に用いるようになったところ，施灸後の火傷から瘢痕が残ったり，さらには灸後に化膿創が形成される例もあり，施灸を敬遠する農家が増加した。また，治療に施灸を用いた場合，火事などに注意を払う必要から消火するまでその場に留まるようになり，その観察に時間を要することから診療時間が長くなる弊害も生じていた。

そこで，従来行なわれている灸を基本的に見直し，火傷がなく，施灸時間が短くかつ効果的な灸への改良を試みた。

2. 火傷を防止できる条件

(1) モグサ量と接着剤の選定

施灸時のモグサの燃焼温度を測定するため，市販のモグサを常法で用いる2gから1.5g，1g，および0.5gの4段階の量を用いた。また，生体へ施灸し温度測定ができないことから，ホルスタイン種の白い皮（20cm×20cm）を生体に見立てて施灸し燃焼時の温度を測定した。モグサを毛皮に接着する材料は味噌とデンプンのりを用いた。また，燃焼温度の測定は防水型デジタル温度計（SK-1250MCⅢa）と，温度センサーは－30℃から150℃まで測定できるものを用いた。

モグサの燃焼温度の測定方法は次のとおりである。ホルスタイン種の白い皮の上に接着材料である味噌とデンプンのりをそれぞれ直径20mm，厚さ2mm程度の円形に塗布し，皮と接着材料の間に温度センサーを挿入したあと，モグサを接着材料の上に置き着火した。着火後30秒ごとに温度を測定し，最高温度に達したあと，低温火傷の目安である50℃以下となった時点で施灸終了とした。したがって，施灸時間は着火から50℃以下になるのに要した時間とした。また，燃焼温度の測定は，各モグサ量で3回実施した。

(2) 燃焼温度と施灸時間

モグサの使用量および接着材料別の燃焼温度，施灸時間を第1表に，燃焼時の温度の変化を第1図に示した。

接着剤として味噌を用いた場合，常法で用いる2gのモグサの燃焼時の最高温度は平均144.2℃であった。モグサ量1gでも燃焼時の最高温度は90℃近くあり，モグサ量0.5gで最高温度が72℃となった。

次に接着剤を水分含量の多いデンプンのりに換えた場合，モグサ量1gで燃焼時の最高温度の平均は75℃となり，モグサ量0.5gでは最高温度は67℃となった。

常法で用いる2gのモグサを味噌で接着した

第1表 モグサの燃焼試験成績

接着剤	味噌				デンプンのり	
モグサ量	2g	1.5g	1g	0.5g	1g	0.5g
最高温度（℃）	144.2	95.9	89.9	72.3	75.1	66.5
所用時間（分）	18.0	16.7	13.7	8.7	11.7	8.3

注　各項目の数字は燃焼試験3回の平均値を示す

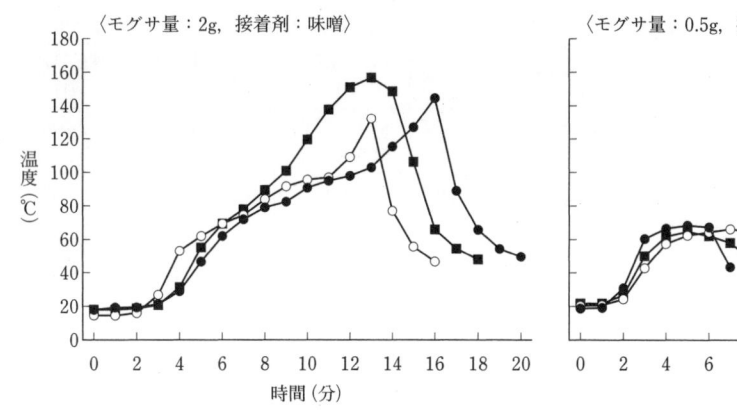

少量モグサとデンプンのりを用いた施灸技術

〈モグサ量：2g，接着剤：味噌〉　　　〈モグサ量：0.5g，接着剤：デンプンのり〉

燃焼温度測定
●─ 1回目
○─ 2回目
■─ 3回目

第1図　灸の温度変化

ときの温度変化は，12～16分で最高温度に達し，その後急激に温度が低下し，50℃以下となるのに16～20分必要であった。また，0.5gのモグサをデンプンのりで接着したときの温度変化は，5～7分で最高温度に達し，その温度を2～3分保持したあと急激に温度が低下した。このことから，モグサ量を0.5gまで減少させ，デンプンのりを接着剤として用いることで，燃焼時の最高温度を70℃程度にできることがわかった。

次に，火傷を防止するための最適温度を推測するため，人用市販灸の施灸時の温度測定を行ない，参考にした。測定に用いた人用市販灸は「普通」から「強」までの4種類で，これらの最高温度は67℃であった。

このことから，火傷が発生しない限界温度は70℃以下で，施灸時間が短ければ火傷の発生を防止できると推測された。この条件を満たすには，モグサ量0.5gで，デンプンのりを接着剤として用いることが最適と考えられた。

3. 改良した施灸方法の効果

(1) 生体反応と施灸後のカサブタ

0.5gモグサとデンプンのりを用いた施灸を繁殖牛に行なったときの生体の反応を調査し，常法の2gモグサで施灸したときと比較した。常法の2gモグサで味噌を用いた施灸での牛体の反応は，排糞，排尿，流涎および舌なめなどが観察された。0.5gモグサとデンプンのりを用いた施灸でも，排糞と排尿が観察されたことから，2gモグサと同程度の効果が期待できると思われた。

しかし，施灸後にカサブタの形成された部位が見られたことから，接着剤であるデンプンのりの塗布方法を改善した。デンプンのりを使用する場合，のりは直径10mm，厚さ5mmとし，モグサが牛体にできるだけ接しないように，モグサの片側を平らにし，接着剤上に載せた。これにより施灸後にカサブタを形成することはなかった（第2図）。

第2図　デンプンのりの使用例とモグサを載せたようす
牛体に接着剤としてデンプンを用いる場合，直径10mm程度，厚さ5mm程度になるようにのりを絞り出し（左），モグサの片端を少し平らに整形してのりの上に載せた（右）。これによりモグサが牛の皮膚に直接接触しないようになった

1085

(2) 繁殖機能回復への効果

改良した灸の効果を実証するために，黒毛和種繁殖牛延べ28頭を用いた実証試験を行なった。10頭は分娩後自然哺乳とし，その他の繁殖牛は，分娩後3日以内に母子を分離して子牛を人工哺乳する超早期母子分離を行なった。

実証試験で用いた施灸のツボは第3図に示したとおりで，分娩後の繁殖機能回復を目的とした。施灸の時期は分娩後15日目と30日目で，3日間連続で灸を実施した。そして灸の効果を判定するため，分娩から初回発情の日数，初回授精までの日数および空胎期間を調査した。

0.5gモグサを用いた施灸の実証試験の結果を第2表に示し，常法の2gモグサを用いた施灸試験の結果も併記して示した。

第2表 少量モグサ (0.5g) の灸を実施した黒毛和種雌牛の繁殖成績

施灸 (モグサ量)		頭数	産次	発情回帰日数 (日)	分娩～初回授精 (日)	空胎日数 (日)
自然哺乳	0.5g	10	4.1	33.1 ± 13.0a	48.2 ± 18.5	89.7 ± 51.8a
	無	7	5.0	94.5 ± 46.6b	99.9 ± 76.2	147.9 ± 66.0b
超早期 母子分離	0.5g	18	2.9	21.0 ± 5.4	44.6 ± 6.7a	63.5 ± 29.1
	2g	10	2.7	21.9 ± 4.3	44.7 ± 8.8a	61.5 ± 26.5
	無	10	3.0	21.1 ± 5.9	61.8 ± 37.5b	74.2 ± 38.3

注 異文字間に有意差あり ($P<0.05$)。施灸2gは常法のモグサ量

自然哺乳における0.5gモグサの施灸は，分娩後の発情回帰日数を有意に短縮させ，その結果分娩間隔が有意に短縮した。0.5gモグサの灸を実施した繁殖牛は空胎期間が89.7日となり，一年一産を達成していた。

また，分娩後子牛を3日以内に母牛から分離する超早期母子分離は，分娩後授乳のストレスがないことから速やかに受胎するといわれている。超早期母子分離した繁殖牛に施灸を行なうと，分娩から初回授精までの日数が有意に短縮し，その結果空胎期間が短縮する傾向となった。モグサ量2gと0.5gのそれぞれの成績を比較しても差がなく，今回開発した0.5gモグサにデンプンのりの施灸は従来の方法と効果が変わらないことが実証された。

(3) 生体反応の改善と火傷痕の消失

2gモグサを用いて施灸を行なった繁殖牛10頭と，0.5gモグサを用いて施灸を行なった繁殖牛28頭の施灸時の生体反応および火傷痕の状況を第3表に示した。

常法である2gモグサの施灸では排糞が40％，排尿が20％の個体に発現し，火傷の痕跡はすべての個体で確認された。

これに対して，0.5gモグサを用いた施灸では排糞が75％，排尿が39.3％の個体に発現し，

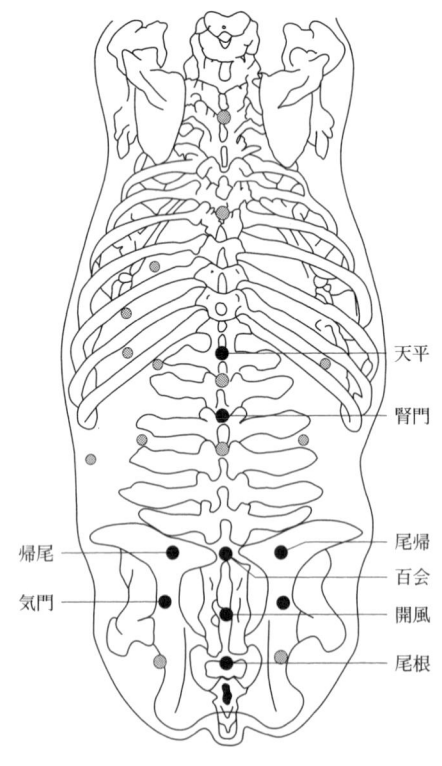

第3図 繁殖障害治療のツボ

第3表 施灸時の牛体の反応および火傷の痕跡の状況

施灸区分 (モグサ量)	頭数	排糞 (％)	排尿 (％)	火傷の痕跡 (％)
2g	10	40.0	20.0	100
0.5g	28	75.0	39.3	0

火傷の痕跡はどの個体にも確認できなかった。このことから，施灸温度が高すぎた場合，その温度がストレスとなり生体の反応を抑制したと思われた。

4. 現場での展開

施灸を用いた家畜の治療は繁殖障害や泌尿器障害，さらには消化器疾病の手術後の機能回復など広い範囲で用いられている。また，農家自身が実施できることもあり民間療法（保坂ら，1997）として親しまれてきた。灸は家畜の診療に携わる農業共済の獣医師も治療に積極的にとり入れ，実績を上げている（保坂．1985；岩田，1980；田村ら，2002）。

しかし，その治療効果を期待するあまりモグサ量を増やした結果，施灸した牛体で火傷を発生させ，さらには化膿創となり，農家で灸を敬遠する傾向がみられるようになった。また，モグサ量の増加とともに施灸時間が長くなり，診療時間が長くなる傾向にあった。そこで火傷がなく，施灸時間が短い灸の開発が必要となり，モグサの燃焼温度の測定に始まり，改良した灸による実証試験まで行なってきた。

今回開発した0.5gモグサとデンプンのりを用いた施灸は，火傷の危険がなく，施灸時間も10分以内ということで農業共済の獣医師にいち早く紹介し，診療に活用してもらっている。また，人工授精師の研修会でも紹介し，受胎率向上の一助となるよう期待している。

灸は化学治療薬を用いる西洋医学とは異なり，その効果の発現が穏やかであり，副作用も少ない。したがって，2006年度から施行されたポジティブリスト制度においては，施灸など東洋医学療法を効果的に使うことで動物用医薬品を低減できると考えられる。

執筆　恵本茂樹（山口県農林総合技術センター畜産技術部）

2009年記

参 考 文 献

保坂虎重．1985．牛の消化器病に対する灸治療．獣医畜産新報．第768号，21—25．

保坂虎重．1997．家畜のお灸と民間療法．

岩田一孝．1980．灸による乳牛の繁殖障害の治療．家畜診療．第201号，41—43．

田村英則・岡村真吾・美濃成憲・水原孝之．2002．灸療法による繁殖障害牛の受胎成績の検討．家畜診療．第49巻8号，507—511．

生産獣医療から見た酪農の展開と乳牛の飼養

1. 生産獣医療の目的と考え方

　生産獣医療は，従来「プロダクションメディスン」といわれてきたものであり，概念も考え方も実際の獣医療もアメリカからの受売りのものであった。それを，日本の風土，産業，生活，食料事情にあわせてつくり上げていこうとしているのが生産獣医療である。

　生産獣医療の目標は，最終的には農家が儲かって生き残れることである。酪農の場合，具体的には1）産乳成績が向上すること，2）繁殖成績が向上すること，3）病気が出ないこと，の3点を同時に満たすこと。これは，牛が持って生まれた能力を最大限に引き出すことにほかならない。何かむりがあると，この3つのうちのいずれかが悪くなる。酪農家や畜産指導者は，どうしても1）にばかり目がいってしまいがちであるが，2）と3）を満たした結果として乳量・乳成分があると考えたほうが，動物福祉の面からも妥当と思われる。

　獣医療というと治療行為が考えられがちであるが，病気を出さないことが最高の獣医療である。「獣医療ができなければ生産獣医療はできない」というのも間違った認識である。酪農家は，結果がすぐに直視できる治療獣医師を大事にする傾向が強いが，生産獣医療の獣医師のほうが大きな儲けをもたらしてくれることを認識してほしい。治療にかける経費をはじめ，牛が病気になることによって生じる直接的・間接的な損失を，そうなる前に生産獣医療に振り向けることを考えてほしい。牛群検診・牛群検定・飼料指導などの牛群管理に出費を割くことで，長い目で見れば牛群は大きく変わっていく。

2. 優良牛群の飼養管理

　筆者らが行なっている牛群検診では，その対照として優良牛群を選定し，これとの比較で牛群診断をしている。優良牛群の選定方法は第1表のとおりである。この選定法にしたがって，蓄積データから選定し直した優良牛群のデータは第2表のとおりである。

　1990年に最初の選定を行なってから10年以上，優良牛群の繁殖成績や代謝病の発生割合はほとんど変化していない。乳成分についても，乳蛋白率はほとんど変化がない。しかし，優良牛群の年間補正乳量と乳脂肪率は著しい伸びを示してきた（第1図）。

　では，こうした優良牛群，すなわち繁殖や産

第1表　岩手県における優良牛群の選定基準

1. 牛群検定実施農家
2. 検定成績で空胎日数が120日以下
3. 代謝病の発生合計が牛群の10％以下
4. 乳脂肪率3.6％以上，乳蛋白率3.1％以上
5. 年間の乳脂肪と乳蛋白の生産量が多い上位10群

第2表　岩手県における優良牛群のデータの平均
（2003年）

項目			平均±標準偏差
産乳成績 （牛群の年間成績）	乳量	補正乳量	9,828±441　kg
	成分率	乳脂率	4.02±0.42　％
		乳蛋白率	3.22±0.07　％
		無脂固形率	8.72±0.08　％
	成分量	乳脂量	395±42　kg
		乳蛋白量	317±15　kg
繁殖成績		分娩間隔	414±25　日
		空胎日数	112±4　日
		授精回数	1.8±0.2　回
疾病発生状況	発症率	第四胃変位	2.2±2.1　％
		乳熱	3.3±3.1　％
		ケトージス	0.8±1.8　％

第1図 優良牛群の産乳成績の伸び

(縦軸：優良牛群の乳量の推移（100kg/頭）、乳脂肪率（%）／横軸：1990年, 1996, 1998, 1999, 2000)

第3表 岩手県内優良牛群の飼料給与法

・粗飼料（体を維持するための飼料）
　自給：チモシー，オーチャード中心のラップサイレージ，デントコーンサイレージ
　購入：チモシー，ルーサン，オーツなど
・濃厚飼料（牛乳を生産するための飼料）
　基礎配合，サプリメント（1日乳量が30kgを超えるあいだ），単味飼料（粗飼料とバランスをとるため一部の牛群で給与）

朝，夕とも搾乳をはさんで2回ずつ給与する変則4回給与（タイストール牛群の場合）
各給与時ともイネ科粗飼料を先に与えてから濃厚飼料（1日4kg以下）を給与。ルーメンマット形成を心がける

	乳期ごとのポイント
乾乳期	・急速乾乳，濃厚飼料を突然減らす ・濃厚飼料は1日約1.5kg ・良質の粗飼料を3種類以上 ・ミネラル添加剤，マメ科牧草は給与しない。カルシウム給与量は1日50g以下 ・分娩3週間前から濃厚飼料を増給。分娩時に1日約3〜4kgに
泌乳期	・分娩2日後ころから濃厚飼料を3日に1kgのペースで増給，サプリメントもいっしょに増給 ・乾物中デンプン濃度は最大でも22%くらい ・脂肪は5%以下

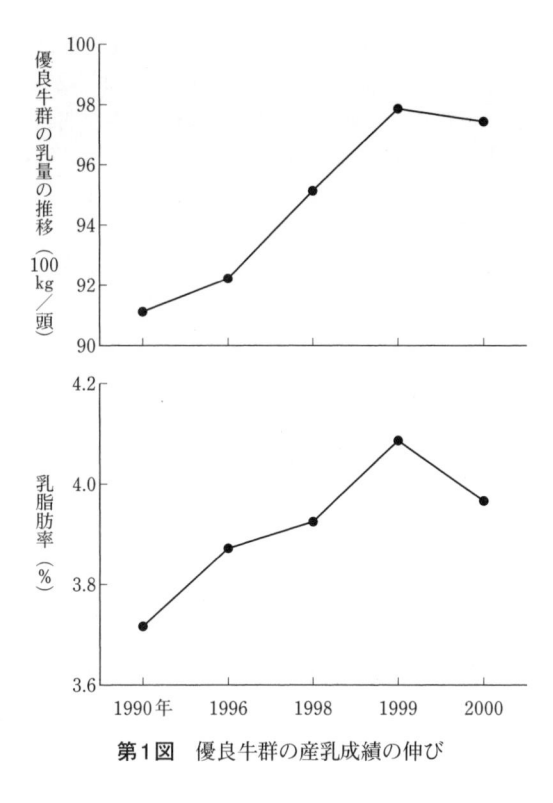

乳の成績が良くて代謝病発生の少ない牛群は，どのような飼養管理をしているのだろうか。第3表は，この岩手県の優良牛群10群の管理の平均的な像である。

(1) 飼料設計の基本的考え方

粗飼料は，自給するイネ科牧草（チモシー，オーチャードなど）のロールサイレージと購入乾草（チモシー，ルーサン，オーツなど）が全戸共通である。それに加えて，おおかたの農家はデントコーンサイレージを給与している。タイストール飼養が8群，フリーストール飼養が2群である。自動給餌器を導入しているところはない。

タイストール牛群の飼料給与は，いずれの牛群でも1日4回。朝夕の搾乳の前と後に濃厚飼料を分けて給与する変則4回給与で，1回の濃厚飼料給与量は最大4kgに抑えている。朝一番にイネ科粗飼料を給与し，1時間ほど経過してから濃厚飼料を給与している。搾乳後の濃厚飼料は，さらに粗飼料を食い込ませてから与え，極力ルーメンマットの形成を心がけている。夕方も同様である。

飼料設計の基本的考え方は，粗飼料を「維持飼料」，濃厚飼料を「産乳飼料」と位置づけている。濃厚飼料は，全頭に給与する基礎配合飼料と，分娩前後から開始して1日乳量が30kg以上のあいだ与え続けるサプリメントとの2種類が基本である。粗飼料とのバランスをとるために単味飼料を加えている牛群もある。ゆえに，濃厚飼料は最大で3種類。脂肪酸カルシウムを使用している牛群はない（詳しくは後述）。そのほかに，泌乳期にミネラル添加剤を，全期間を通してビタミン主体の添加剤を給与しているが，濃厚飼料や添加剤にはあれこれ凝らずに，粗飼料にお金をかける傾向が強くでている。

(2) 乳期ごとの給与方法

次に，これらの牛群の乳期ごとの飼養方法を見てみよう。

乾乳は急速乾乳法（一発乾乳）で、そのときの飼料制限はしていない。それまでの泌乳期の乳量に応じた濃厚飼料の量から、乾乳期の濃厚飼料量（1日約1.0～1.5kg）に突然変更する。

乾乳期の粗飼料は少なくとも3種類以上のものを給与しており、良質のものを与えるように考慮している。程度の差はあるが、いずれの牛群も、乾乳牛を泌乳牛から離して飼養している。

分娩予定のおよそ3週間前から濃厚飼料の増給を開始し、1日3～4kgくらいの給与量で分娩を迎えている。乾乳期間中はミネラル添加剤やヘイキューブはいっさい与えない。乳熱を発症させないように1日のカルシウム給与量は50g以下に抑えている。イオンバランスの調整で乳熱を防ぐ方法はとっていない。

分娩後2日頃から濃厚飼料の増給を開始するが、平均すると3日に1kgの増給ペースで、サプリメントも最初からいっしょに増給している。乾物中デンプン濃度は最大で22％程度。平均すると泌乳最盛期でも20％くらいである。脂肪は泌乳最盛期でも5％以下に抑えられている。高デンプン飼料給与はルーメンコンディションを悪化させ、脂肪酸カルシウムなど脂肪に依存した高エネルギー飼料の給与は肝臓障害を起こす危険がある。

なお、フリーストール農家の場合は泌乳期2群管理である。

結局、もっとも基本的なことを忠実に実行している牛群が優良牛群になっている。

3. 高乳量指向の弊害

優良牛群の乳量と乳脂肪率は10年にわたって著しい伸びを示してきた。しかしこれが、1999年から2000年にかけてはマイナス成長に転じた（第1図）。今まで右肩上がり一辺倒であった乳量と乳脂肪率に変化が生じたのである。この原因は何であったのだろうか。

(1) 脂肪依存の飼料で肝臓障害が続出

生産獣医療の目的は「牛が持って生まれた能力を最大限に引き出す」こと、言い換えれば牛のQOL（生活の質）を高めることであるが、乳量がここまで伸びてくると、いろいろな問題が生じてくる。

まず、泌乳最盛期の乳量が増加した。1日に50kgを超える牛が増えてきた。そうすると、大まかな目安としての濃厚飼料給与量は泌乳量の3分の1強といわれているから、17kgくらいになる。ところがルーメン微生物にやさしい濃厚飼料の給与は、1回当たり最大4kgを8時間以上の間隔をあけて給与することなので、1日に給与できる最大量（12kg）を超えてしまった。

そこで酪農家は、脂肪酸カルシウムなどの高エネルギー飼料を使わざるを得なくなった。ところが、それらを使い始めたことにより血中肝臓酵素が著しく高くなる農家が続出した。つまり肝臓障害が起きるわけである。しかし牛の状態には何の変化もないので、酪農家は血液検査をするまで気がつかない。使い方によってはうまくいっている酪農家もあるのだろうが、残念ながら筆者が回っている岩手県内では、うまくいっている酪農家は一軒もなかった。

(2) 高デンプン給与でルーメン発酵が悪化

次の流行として、牛はルーメン発酵で飼うという大原則にもどる意味で、高デンプン飼料給与が広がった。乾物中デンプン濃度を26％くらいまで引き上げるもので、これもTMR（完全混合飼料）ならばある程度うまくいく場合もあるが、分離給与ではトラブルのもとだった。デンプンはルーメン微生物のエネルギー源になるうえ、その代謝産物がルーメン壁から吸収され肝臓に入って血糖になる。ゆえに高デンプン飼料給与牛群は、血液検査をすると高血糖が認められるのですぐにわかる。

高血糖は、泌乳量の増大、繁殖成績の向上などの良い結果を招く。しかし十分に管理された牛群でないとルーメンコンディションが悪化する。ルーメン内で多量のデンプンが分解することでpHが下がり、それが原因となって微生物叢が変わり……という連鎖で、ルーメン発酵が

うまくいかなくなり，潜在性ルーメンアシドーシスになる。筆者が回っている岩手県内では，高デンプン給与をした酪農家の判で押したようなパターンは，最初のうちは好成績に喜ぶのであるが，しだいに牛群がおかしくなってくるというものだった。そのような牛群の泌乳曲線は，泌乳初期に乳量が著しく伸びるが，泌乳最盛期に低下し，中期にまた少し回復するパターンをとる。初期に乳量が伸びるため，農家は気づかない場合が多い。

血液検査をするとルーメンコンディションが悪化していて，粗飼料からつくられる，牛の重要なエネルギー源であるVFA（揮発性脂肪酸）のうちの酢酸と酪酸のレベルが極度に低下している。デンプンからつくられる血糖で体を維持できるうちはよいが，肝臓が酷使されることにより血糖の産生が低下してくると，もう救われない。ルーメン発酵を期待して給与した飼料でルーメン発酵がダメになるという，皮肉な事例が多く見られた。

(3) 粗飼料増給の壁

次の手として，今度は濃厚飼料の増給だけではなく，粗飼料も増給する，すなわち乾物摂取量（DMI）を増加させるという手法に手を出すことになる。どうするかというと，いろいろな手法はあるが，根本的にはTMRにするか，自動給餌器を導入して，1回当たりの濃厚飼料給与量を減らしてルーメンの恒常性を維持することになる。しかし，これには金がかかるため，酪農家はおいそれとは踏み切れない。

また，濃厚飼料での調整に失敗すると，粗飼料の質を上げざるを得ないという，あたりまえの結論に行きつく。しかし，ここでまた問題が生じる。岩手県は中山間地なので，採草地は細かく分散している場合が多く，さらに梅雨もある。良質粗飼料を採ろうにも限界がある。しかし採草設備を保持しているため，購入粗飼料に依存するわけにもいかない。結局，完全に行き詰まってしまった。

(4) 高泌乳と粗利益減少

筆者が飼料設計した場合の試算では，1日当たり乳量が50kgを超えると，乳代から飼料代を引いた粗利益は減少してしまう。高価な高エネルギーサプリメントが必要になったりするからである。それに，高泌乳になるほど肝臓障害が増える傾向がある（第2図）。これは臨床症状を示さないので，今のところあまり注目されてはいない。しかし，多くのトラブルの基礎疾患となったり，牛の耐用年数の低下をもたらしたりする可能性は否定できない。

このように，生産獣医療の目的である「牛が持って生まれた能力を最大限に引き出す」ことが，現状では困難になってきた。少なくとも，現在の高泌乳への改良路線に乗った繁殖を行なっていく限り，牛群の生産性が低下するか，借金を抱えるかの二者択一にならざるを得ない。乳牛の改良が極端に進んだのに対して，飼養技術が追いつかなかった結果である。

ヨーロッパ諸国の1.5

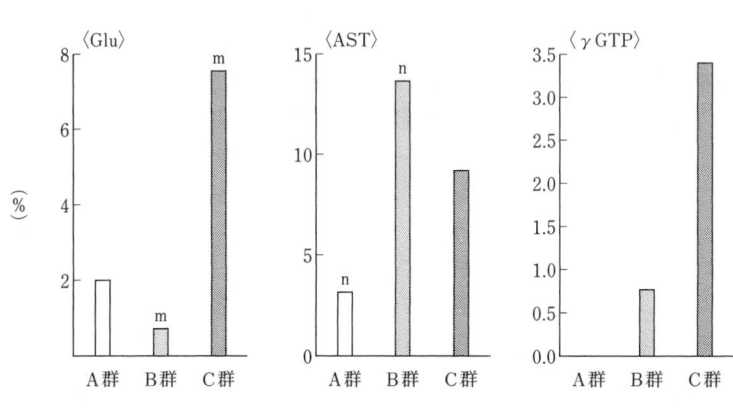

第2図 乳検農家における年間補正乳量別の血液検査成績異常値摘発割合
（NOSAI盛岡　深谷敦子，2001年）

高泌乳になるほど血液検査の異常値が増え，肝臓障害が多くなる
A群：乳量7,000〜7,999kg/年，B群：乳量8,000〜8,999kg/年，C群：乳量9,000kg/年以上。Glu・AST・γGTPはそれぞれ血液検査の項目
（m，n：同文字間で危険率5％以下で有意差あり）

倍もの個体乳量を出すような，世界でもトップクラスの乳量をさらに伸ばす必要があるのだろうか。それでも，自前の飼料で牛を飼い，糞尿は全量草地に還元できるのであればよいが，現実には物質循環が完全に破綻し，やり場のない糞尿とそれを処理するための多額の投資に，酪農の存立基盤そのものが脅かされるようになってきた。さらに環境中に放出された窒素は水系を汚染し，最終的にはヒトの健康被害につながるという皮肉な状況も生まれつつある。

4. これからの酪農形態

筆者らは，10年以上前から乳量マイナスの改良を酪農家に勧めてきた。スーパーカウを最先端の技術で飼うことが日本の酪農家の共通の夢のように思いこまされてきたが，それは一部の試験研究機関や余裕のある酪農家が追い求めればよいと割り切ることが必要である。優良牛群の305日補正乳量は1万kg程度である。そのレベルであれば，特殊な設備や特殊な飼養方法を用いなくても牛が飼える。このレベルの農家が安定して良い状態を保っていることから，これをひとつのモデルにしたいと考えている。

もちろん，高泌乳の牛をうまく飼いこなせれば，儲けは当然大きくなる。だからその道を歩む酪農家がいることは当然と思う。また，エコロジカルな低投入放牧酪農を目指すのもひとつの選択であり，地域内で物質循環を完結させるという環境問題の重要な命題からすれば，これがいちばんのお勧めだろう。しかし低投入放牧酪農に切り替えるには，放牧地とそれに適合した牛が必要になる。牛の健康を維持できない低投入放牧酪農では，動物虐待に近いものがある。少なくとも9,000kg以上の泌乳能力のある牛を6,000kgしか泌乳できない環境に投じることは，獣医師の立場から見れば無謀である。

どのような酪農形態がよいかは，地域により大きく異なると思う。放牧地がある程度確保できるのであれば，年間泌乳量8,000～9,000kgを目指した集約放牧，舎飼いであれば年間泌乳量9,000～1万kgが，現在の牛の能力と農家の状態からすれば適当と考えられる。

5. 牛群の自己診断

(1) 乳検は貴重な情報源

ここからは，牛の泌乳能力が現状を維持することを前提として，生産性の低い牛群の問題点を明らかにし，その対策を考えていく。

まず問題になるのは，飼い主は自分の牛群をきちんと把握しているかどうか，すなわち酪農家の牛群管理能力である。バケットミルカーで搾っていた時代は，搾乳後のバケットの重さで乳量を推定できた。しかしパイプラインミルカーが普及した今日，乳量を計測せずにそれを知る術はない。搾乳時間は乳量とは直結しない。そこで，牛群検定（乳検）が重要になってくる。

乳検成績表からは，乳量，乳成分および繁殖成績に関する多くの情報を得ることができる。これらの情報はその牛群の問題点を非常によく反映している。さらに乳検データは毎月得られるので，牛群の継続的なモニタリングが可能となる。

逆に，乳検を行なっていない牛群は，乳量に応じた飼料給与ができないので，安定した飼養管理ができない。筆者らは牛群検診で多くの酪農家を回っているが，乳検をやっている酪農家とやっていない酪農家では，牛群管理能力に非常に大きな差のあることを強く感じている。だから，筆者らが行なっている生産獣医療のサービスのひとつとしての牛群検診は，対象を乳検実施農家に限定している。

(2) 自分でできる牛群診断

筆者らが行なっているBCS（ボディコンディションスコア）評価法は，ヨーロッパで広く用いられているEdmonsonの方法をベースにして，とくに尻尾の付け根付近（尾根部）の評価に重点をおいて，エネルギー不足を早く発見できる方法である（第3図）。1か月に1回，自分の牛群のBCSを記録してみれば，今まで気づかなかった変化が発見できるかもしれない。

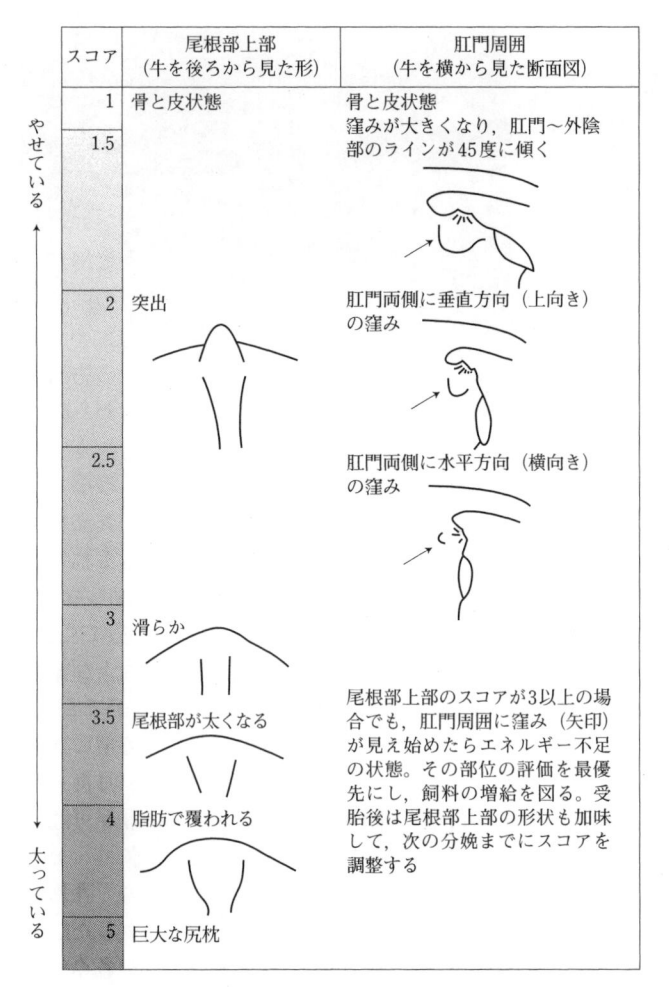

スコア	尾根部上部 (牛を後ろから見た形)	肛門周囲 (牛を横から見た断面図)
1	骨と皮状態	骨と皮状態 窪みが大きくなり、肛門〜外陰部のラインが45度に傾く
1.5		
2	突出	肛門両側に垂直方向（上向き）の窪み
2.5		肛門両側に水平方向（横向き）の窪み
3	滑らか	
3.5	尾根部が太くなる	尾根部上部のスコアが3以上の場合でも、肛門周囲に窪み（矢印）が見え始めたらエネルギー不足の状態。その部位の評価を最優先にし、飼料の増給を図る。受胎後は尾根部上部の形状も加味して、次の分娩までにスコアを調整する
4	脂肪で覆われる	
5	巨大な尻枕	

←やせている　太っている→

第3図　尾根部ボディコンディションの評価基準
牛のボディコンディションのコントロールがとくに重要なのは分娩から受胎まで。肛門周囲の窪みからエネルギー不足がわかる

繁殖成績は，エネルギー充足状況と密接に関連する。分娩後にはエネルギー不足（NEB）の時期があり，この期間をいかに短くするかが生産性向上のポイントになる。

エネルギーが不足している期間は，生体維持反応として血糖をつくる系が活性化されるため，その影響で視床下部—下垂体系の機能に偏りが生じ，繁殖に関係するホルモンの分泌が抑制される。だから，分娩後初回発情の発現日が早ければ，エネルギーバランスが早く正常化したことを意味し，それがおそければエネルギーバランスがいつまでも正常化していないことを意味する。鈍性発情や微弱発情も同様な原因で発生する。

そこで重要になってくるのはルーメン環境である。エネルギーの充足は，与えたものがそのまま吸収されるわけではなく，ルーメン環境に大きく左右される。移行期（乾乳後期〜泌乳初期）から泌乳最盛期にかけて，ルーメン環境の安定が保たれていないと，いつまでもエネルギーバランスは正常化しない。

また，初回発情の回帰は早いが，その後に発情が見られなくなる牛群がある。それは，いったんエネルギーバランスは正常化するが，その後に肝臓での血糖の産生が低下したことに起因する。その原因は高デンプン飼料給与によるルーメンアシドーシスの進行により，VFAの産生が低下したことにある。

乳量はエネルギー充足状況と相関する。泌乳最盛期の乳量が泌乳初期よりも低下している牛群は，泌乳最盛期になってもエネルギーが充足せず，肝機能も低下してきているので乳量が低下してしまう。その原因は，やはりルーメンアシドーシスである。逆に泌乳中期から後期にかけて乳量が低下しない牛群は，飼料給与過剰であり，次の分娩後にトラブルが生じやすくなる。

分娩前後の乳熱，ケトーシス，脂肪肝，第四胃変位，乳房炎などは，乾乳期から移行期の飼料給与の間違いが原因で起こるといわれているが，泌乳中〜後期の栄養過剰がそのベースとしてある。分娩後1か月以上経過してからの脂肪肝，第四胃変位，乳房炎，関節周囲炎などは，移行期から泌乳最盛期，あるいはそれ以降の飼料給与の間違いに起因して発生する。もちろん，乳房炎や関節周囲炎は感染症だから，別の原因がある場合もあるが，牛群として特定乳期に特定疾病が発生しやすい場合，その時期以前

の飼料給与の影響を考える必要がある。

以上のことを酪農家が自分でチェックしていけば，牛群の自己診断はある程度可能である。それに年1回程度の牛群検診を加えていけば，牛群管理レベルはさらに向上する。牛群検診は年に2～3回実施するのが理想であるが，乳検データで自己管理が可能であれば，年1回でも十分に効果は上がる。

6. 牛乳からわかる飼養管理の問題点と対策

乳汁や尿は，生体に異常が生じたときに血液の恒常性を図るために血液から排泄された成分によって大きく変化する。言い換えれば，血液ではとらえきれない変化をそこから検出できる可能性がある。

(1) 乳量不良

①乳量の伸びが悪い

乳量はエネルギーの充足状況に影響される。エネルギーの充足状況は，飼料のTDN（可消化養分総量）充足率だけではなく，ルーメンコンディションを適正化するうえでのエネルギーと蛋白質のバランス，ルーメンコンディションを左右する飼料給与方法などにより影響を受ける。また，暑熱ストレスも影響する。

乾乳期の飼養管理に問題のある群では，分娩後の疾病多発や乳量の伸び悩みのあることが認められている。改善方法としては，1）乾乳時に飼料制限をしないで急速乾乳を行なう，2）乾乳期間は3種類以上の良質粗飼料を飽食させると同時に濃厚飼料も1日1～1.5kg程度必ず給与する，3）分娩予定の3週間前から濃厚飼料を増給して，分娩時には1日3～5kgまで増給する，4）分娩後は濃厚飼料を1日300～400gの割合で計画的に増給する，などがある。要は，乾乳時，および乾乳後期から泌乳初期のいわゆる移行期に，ルーメンコンディションを大きく変動させないことである。粗飼料を先に給与してルーメンマットを形成してから濃厚飼料を給与することは基本中の基本である。

第4図 乳量や乳質も，牛の健康状態を知る大きな手がかりとなる

②初期の乳量が高く最盛期に低下

一方，このような例とは逆に，泌乳初期の乳量が高く，泌乳最盛期に低下する牛群がある。これは高デンプン飼料給与群に特徴的な所見である。泌乳初期にはデンプンから得られたプロピオン酸がエネルギー源となって乳量が出るが，デンプン過剰給与はルーメンpHの低下を招く。徐々にルーメン発酵が悪くなり，粗飼料から得られるエネルギー源であるVFAのうちの酢酸と酪酸の産生が低下する。結果的にエネルギー不足に陥るわけである。血液的に見ると，高血糖なのに低コレステロールなどエネルギー不足の所見が見られたりする。対策としては，分離給与の場合，高泌乳時でも乾物中デンプン濃度を22％以下に抑えることである。

③泌乳最盛期にピークがない

泌乳最盛期に泌乳ピークがなかったり，泌乳ピークが中期にずれ込んだりしている牛群は，移行期の管理に問題がある。そのほとんどは，ルーメン微生物叢をじょうずに飼い切れていないことによる。

分娩後は乳量が一気に増加する。しかし泌乳の飼料である濃厚飼料は，先述のとおり1日300～400gしか増給できない。これ以上早い増給をすると，ルーメン微生物叢は致命的な打撃を受ける。濃厚飼料の増給は「乳量を見ながら」という人もいるが，泌乳初期に乳量に見合った濃厚飼料を給与することは最悪のことである。早くエネルギーバランスをとるためには計画的な増給をするしかない。それでも，乳量に

見合った濃厚飼料量に到達するには3～4週間を要する。その後，ルーメンコンディションが安定してエネルギーバランスが正常化するまでにはさらに3週間以上かかる。この濃厚飼料増給過程でルーメンコンディションを悪化させてしまうと，泌乳ピークがなかったり，中期以降にまでずれ込んだりする。

経験的には，分離給与の場合の濃厚飼料の増給スピードは1日300g程度が無難なようである。濃厚飼料の給与は，1回4kg以下，8時間間隔がルーメンコンディションの恒常性を保つには理想である。

④泌乳中期～後期に乳量が低下しない

泌乳中期から後期に乳量の低下しない牛群がある。繁殖成績の悪い牛群でよく見られ，泌乳期が延長するぶん，濃厚飼料を増給して乳量を保とうとするからである。

これは食餌性脂肪肝や過肥の原因となり，次の分娩以降に大きな悪影響を残す。過肥牛は乾物摂取量が低下するため，次産での繁殖成績も伸びないので，過肥と繁殖不良の悪循環を繰り返す。また，乾乳期に減量することは脂肪肝につながり，分娩後に最悪の結果を招くことになる。泌乳中期以降は，次の分娩に備えたボディコンディションの調整や肝臓の休養期間と位置づける必要がある。

(2) 乳脂率の異常

①第一の原因はルーメン微生物叢

正常な乳牛の乳脂肪の原料は，ルーメンで粗飼料からつくられたVFA（酢酸・酪酸）が50％，肝臓を経由してきた，飼料中や体組織の脂肪が50％といわれている。すなわちルーメン由来の炭素数6以下の脂肪酸と，肝臓を経由してきた炭素数16以上の脂肪酸がほぼ等量含まれることになるわけであるが，これは飼養管理によって大きく変動する。

まず，VFAの多くは粗飼料に由来するものだから，粗飼料の量や質に影響され，ルーメン微生物叢の状態によって大きく変化する。すなわち，ルーメン微生物叢の状態が良ければ，粗飼料の消化が進んでVFAが増加し，乳脂肪率は高くなるが，微生物叢の活性が低下していれば乳脂肪率は低下する。

②脂肪の過剰給与，低乳量牛への給与

飼料中脂肪は，綿実，加熱大豆および脂肪酸カルシウムがおもな供給源となる。過剰に供給されれば乳脂肪率は高くなるが，これらの脂肪の多くは肝臓を介して乳汁に移行するので，肝臓機能が適正に保たれていないと乳脂肪率は逆に低下する。

また，過剰給与や低乳量牛への給与は脂肪肝の原因になる。綿実，加熱大豆は，1日乳量が30kg以上の牛に，上限2kgを給与し，低乳量の牛には与えないほうが無難である。脂肪酸カルシウムは肝臓への負担が大きいので，年間個体乳量が1万kg以下の牛群では使わないほうが良い結果が得られている。

また，VFA由来の乳脂肪の極端な増加が期待できないはずの泌乳初期に高乳脂肪率を示す牛群は，エネルギー不足による体脂肪の動員に起因する高乳脂肪率であり，体脂肪由来の飢餓性脂肪肝の危険性をはらんでいるので，注意が必要である。

(3) 乳蛋白率の異常

①ルーメンコンディションの悪化

乳蛋白はルーメン微生物やバイパス蛋白が第四胃以下で消化・吸収されてアミノ酸となり，それを原料にして乳腺上皮細胞で合成される。ゆえに，ルーメン微生物体蛋白あるいは飼料中のバイパス蛋白の量に相関する。

すなわちルーメンコンディションが良好な場合，あるいはバイパス蛋白率が適正範囲で高い場合，乳蛋白率は増加する。反対に，ルーメンコンディションが悪化すると乳蛋白率は低下するばかりではなく，体全体がエネルギー不足となり，本来ならば乳蛋白合成に使われるはずのアミノ酸は肝臓で糖新生に使用されてしまい，乳蛋白率は低下する。

ルーメン微生物叢の恒常性を維持することが乳蛋白率の低下を防止する。したがって，泌乳初期のエネルギーバランスがマイナスの期間を最小限にとどめることが重要なポイントにな

② バイパス蛋白を増やしても解決しない

では，飼料中のバイパス蛋白率を高めれば乳蛋白率は高くなるかというと，そうではない。バイパス率が高くなれば，ルーメンで微生物が利用する蛋白が減り，微生物体蛋白が低下してしまう。それはルーメン発酵を低下させることでもあり，良い結果は得られない。特定の飼料成分を増やしすぎたり減らしすぎたりすると，何らかの弊害が出てくる。結局，バランスのとれた飼料給与が重要になってくる。

(4) 体細胞数の異常

① 乳房炎のチェック

体細胞の増加でまず問題となるのは乳房炎である。黄色ブドウ球菌が原因の慢性乳房炎牛のいる牛群では，搾乳順番には細心の注意を払うとともに，定期的な乳房炎のチェックが必要となる。体細胞数が急に増加した場合は，獣医師に菌検査を依頼することが重要である。原因菌を突き止め，有効な抗生物質を選択する必要がある。

抗生物質を次々に変えていく光景を見受けるが，それは耐性菌をつくって治らない乳房炎を増やすばかりではなく，真菌性乳房炎を誘発する可能性がある。真菌性乳房炎は，抗生物質を使えば使うほど悪化する。

菌検査は抗生物質をいっさい使用しないうちに行なわなければならない。一度抗生物質を使うと，1週間くらい投薬を休まないと菌検査ができない。

② 肝機能の低下が原因の場合

乳房炎までいかない体細胞数の変動は，肝臓機能と密接な関係がある。肝臓機能が低下すると乳腺細胞が弱くなって感染を受けやすくなり，体細胞数が増加する。

泌乳初期の体細胞数の増加は，分娩前後の免疫力の低下の影響があるが，泌乳最盛期以降の特定泌乳期の牛の多くの体細胞数が増加した場合は，肝臓機能の低下があると考えるべきだろう。それが泌乳最盛期であれば，泌乳初期の飢餓性脂肪肝，中期以降であれば，それらの時期の食餌性脂肪肝を疑い，飼養管理を改善する必要がある。

7. 繁殖不良の原因と対策

(1) 繁殖不良の悪循環

繁殖不良による損失は軽く見られがちであるが，それは想像以上に大きいものである。極端な例であるが，1頭当たりの年間乳量を9,000kgとして，1年1産と2年1産を比較してみよう。1牛床（1頭当たりの床面積）から生産される2年間の総乳量は，1年1産は2年1産の倍の1万8,000kgになる。乳価を80円とすれば，1年1産牛群が1牛床で1年間に72万円の乳代を稼ぐのに対して，2年1産牛群は1牛床で年間36万円にしかならない。飼料代は1年1産牛群のほうが多くかかるが，管理の労働力は同等であり，人工授精代や精神的負担は2年1産牛群のほうが大きくなる。子牛の販売収入にも倍の開きが出てしまう。

低乳量の長期搾乳は異常風味乳の原因にもなり，管理の厳しい乳業メーカーに出荷している場合はバルク乳廃棄もあり得る。また，長期間泌乳させるために飼料の過剰給与が起こり，過肥となってしまう傾向が強くなる。その結果，周産期病が多発するばかりでなく，次の産次でも繁殖不良になりやすくなる。結局，繁殖不良牛群は，経営悪化の悪循環にはまりやすいといえる。

(2) 泌乳初期〜最盛期のエネルギー不足

繁殖不良牛群の泌乳初期から最盛期にかけての特徴的所見はエネルギー不足である。その最大の原因は，ルーメン環境の異常によるルーメン発酵の低下である。エネルギー不足の原因を飼養管理の面から探ると，2つのことが考えられる。ひとつは飼料の給与量が不足していること，もうひとつはルーメンの管理ができていないことである。

飼料診断上，繁殖不良牛群では泌乳初期から最盛期にかけてDMI，TDNの不足が認められ

る。酪農家のあいだでよくいわれている「体重の減っている牛は種がつかない」ということと符合する。

このような牛群では，低乳量と高乳脂肪がしばしば認められる。高乳脂肪に喜んで，「この牛は能力が高い」などといっている農家も見かけるが，それが間違いであることはすでに述べた。いずれにしても，この時期にルーメンで粗飼料から産生されるVFAが著しく増加することは考えにくいので，体脂肪の過剰な動員（まれに脂肪の過剰給与の場合もある）の結果といえる。この時期に乳脂肪率が5％を超える牛群はエネルギー不足とみて間違いない。体脂肪が動員されるということは，ボディコンディション（牛の太り具合）が低下することでもある。

さらに，分娩後のルーメン恒常性の維持に失敗して，牛に二重の苦しみを与えている牛群が多く見受けられる。ルーメンコンディションが良好に維持できないと，給与した飼料は消化不良のまま排泄されてしまい，飼料計算どおりの栄養が確保できない。さらにルーメン微生物による蛋白取込み量が低下するので，ルーメンや血液中のアンモニア濃度は高くなるものの，血液尿素窒素量は低下するといった矛盾がでてくる。そして，何よりも牛の最大のエネルギー供給源であるVFA産生量が低下してしまう。

(3) ホルモン注射よりもエネルギーバランスの回復

飼料不足，あるいはルーメンコンディション不良によるエネルギー不足は，ケトーシスや脂肪肝の原因となる。さらにエネルギー不足は，直接的に繁殖不良の原因となることが知られている。エネルギー不足が長期に及ぶと血糖が低下してくる。そうすると生体機能の維持が難しくなるので，生体維持反応として血糖を高めるシステムが作動する。そのとき，自動的に繁殖をつかさどるホルモンの分泌が低下してしまう。

これでは発情の発現が期待できるわけはない。このような状況で獣医師にホルモン注射を依頼しても，その効果は一時的でしかない。逆にいえば，エネルギーバランスがとれたときに初めて良い発情が発現するのである。分娩後の初回発情の回帰がおそい牛群は，泌乳初期から最盛期のエネルギー不足をまず疑わなければならない。

(4) 初回発情は早いが，その後見えなくなる

牛群によっては，初回発情は早く発現したものの，その後に発情が見えなくなってしまうことがある。これは2つの理由が考えられる。ひとつはルーメンコンディションの悪化が進行したこと，もうひとつは肝臓機能が低下したことである。

ルーメン機能については，乳量が低いあいだは濃厚飼料のエネルギーである程度まかなえるが，粗飼料から得られるVFAの産生が少ないと，乳量が伸びたときにエネルギーがまかなえなくなる。ルーメンコンディションは間違った飼料給与を続けていくとますます悪化するので，VFAの産生量はますます低下していく。そのため，その悪影響の出るタイミングは，原因の存在する時期から若干，遅れてくる。

とくに飼料中のデンプン濃度が高い場合，デンプンからつくられるエネルギーによって泌乳初期はエネルギーが充足し乳量も出るが，同時にルーメンコンディションの悪化も進行し，泌乳最盛期には最悪の状況になっているケースが多い。分娩後の増給の失敗も同様な事態になる。泌乳最盛期にVFA産生がうまくいかないと，その頃には体脂肪も消費し尽くされて牛はガリガリになっているから，どこにもエネルギー源を見出せなくなる。それが発情の悪化にもつながるわけである。

もうひとつの理由，肝臓機能の低下というのは，長期のエネルギー不足により，肝臓で体脂肪をエネルギーに変換するときに肝臓に脂肪が蓄積されることに起因する飢餓性脂肪肝である。飼料が充足し，ルーメンの状態が良くなってエネルギー的にバランスがとれたころになって，肝臓の機能の低下が現われ，エネルギーが充足しなくなる。このような状況では，乳蛋白

率の低下も見られ，乳脂肪率も低下する。

(5) 泌乳中・後期に欲をだすとますます悪化

繁殖不良牛群は分娩間隔が長くなるため，泌乳後期および乾乳期が長くなってしまう。とくに乳を生産しない乾乳期の延長を防ぐために，泌乳後期を延ばすことが多い。そして「どうせ泌乳するのなら高泌乳に」という欲がでて，濃厚飼料を多めに与えてしまう。その結果は如実に現われる。

このような牛群の泌乳中・後期は，血液にも濃厚飼料過剰給与の結果が出てくる。その結果として，目には見えないが肝臓機能が低下する。

さらにルーメンコンディションも悪化する。とくに長期間デンプン過剰給与を行なった場合は，ルーメンコンディションは最悪になる。ルーメンがいちばん安定していなければならない時期にこのような状態になると，当然ながらエネルギー不足が起こり，肝臓がさらに酷使され，この時期には本来起きるはずのない飢餓性脂肪肝になる。濃厚飼料過剰による食餌性脂肪肝とこの飢餓性脂肪肝が同時に現われる牛群も少なくない。潜在性の脂肪肝であるから臨床症状はいっさい示さない。しかし次の分娩後に大きな影響を残す。

(6) 乾乳期の飢餓状態

一方，泌乳後期後半から乾乳期にかけて，飼料不足の認められる牛群も多く見受けられる。これは，繁殖不良により泌乳期間が長くなったために過肥となってしまい，ボディコンディションの調整をこの時期になって行なうためである。このため泌乳後期に乳蛋白率が低下し，エネルギー不足あるいは肝機能の低下が認められる。

とくに乾乳期に飢餓状態となり肝臓に負担をかける飼い方をしている牛群は，当然ながら周産期疾患が増加する。周産期疾患の発生は，これまた当然ながら繁殖成績を低下させる要因となる。

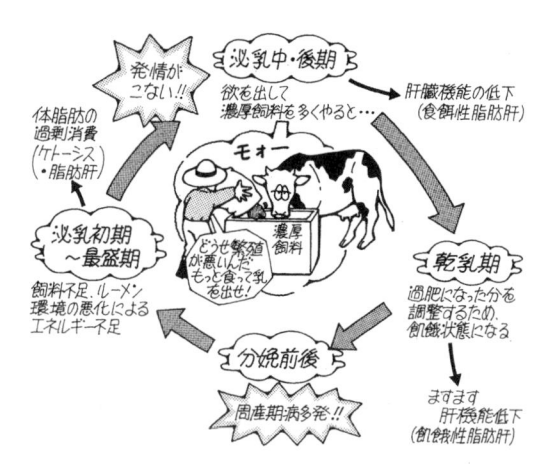

第5図 泌乳中・後期に欲をだすと，繁殖不良の悪循環にはまってしまう

結局，分娩間隔が延長したことをカバーするための泌乳後期の濃厚飼料増給が，泌乳後期から乾乳期に，飢餓性あるいは食餌性の潜在性脂肪肝を誘発し，それが次の産次の繁殖不良の原因となる悪循環にはまりこんでしまう。

1日当たり乳量の採算ラインは，乳価や飼料代，設備，労働力などで異なってくるが，20～25kgといわれている。高泌乳になればなるほど，乳代と飼料代との差額は大きくなる。つまり，利潤の大きな泌乳最盛期を早く回転させることが，儲かる酪農のコツである。したがって，泌乳中・後期は次の泌乳の準備期間と考えて飼養管理をすること。ここで欲をだすと，次の分娩後に損をすることになる。

(7) 乾乳期には体重を減らさない

繁殖管理の最大のポイントは，ルーメンと肝臓の機能維持である。直接的には，移行期に分娩前増給と分娩後増給をきちんと行ない，ルーメンコンディションを良好に保つこと，かつ，エネルギーバランスの回復を早めることである。単純なことではあるが，それはとても大変なことでもある。

発情が発現したら，「乳量が出ているから」と欲張り根性を出さずに人工授精することである。発情をとばして得することはまずない。

そして，すでに繁殖不良に陥っている牛群で

は，泌乳中～後期に濃厚飼料の過剰給与をしないことである。ボディコンディションを定期的にチェックしながら，乳量に見合った濃厚飼料を給与することで食餌性脂肪肝を防止し，次の分娩に備える必要がある。少なくとも，乾乳期には絶対に体重を減らしてはいけない。泌乳最盛期をすぎたら，いかに次の産次をうまく搾るかに焦点を合わせて飼養管理を行なうことが肝要である。

分娩前後のトラブルの多くは，泌乳中期から後期の飼養管理の間違いに起因しているのである。

8. 人工授精の迷信・思い込み

生産獣医療は栄養管理がすべてではなく，畜舎環境，繁殖管理，搾乳管理など多くの分野がある。繁殖管理と人工授精技術は切っても切れない関係にある。とくに近年は自家授精が増えており，生産獣医療にとっても人工授精技術は避けて通れない。繁殖学の研究は日々進んでおり，新しい技術も普及してきている。しかし人工授精の現場では，最終的には直腸検査がすべてという，指先だけが頼りの"目に見えない魑魅魍魎の住む世界"の話になってしまう。

栄養管理がうまくいっても人工授精に問題があってはどうしようもない。人工授精には多くの迷信や思いこみがあるので，基本中の基本を整理しておこう。受胎率を上げるための方策を，発情発見から順に説明していく（第4表）。

(1) 適期判断が早すぎる

授精適期の判断は，一般的に早すぎるきらいがある。「牛が鳴く」「牛が騒ぐ」「粘液を排出する」などを発情発見の指標としていると思うが，これらの多くは発情発現前に認められる傾向がある。本来は，他の牛に乗られてじっとしている，いわゆる乗駕許容（スタンディング）の開始が発情の開始であり，これから半日～1日後が授精適期である。しかし，タイストールでこれを確認するのは難しいのが現状である。

発情開始前の臨床所見としては，うるさい，他の牛や人に乗りかかろうとするが他の牛を乗せない，外陰部が大きく腫大し真っ赤に充血する，硬い粘液を流す，などがある。これが，スタンディング以降にはおとなしくなり，外陰部は軽く収縮し，充血も引いてくる。このときに尻尾を持ち上げると軽く上がるのも特徴である。

豚で行なわれている「バックプレッシャーテスト」を行なうのも一法である。これは，発情期の豚の尻を上から押さえつけて逃げるか否か，すなわち乗駕許容するか否かを試すもので，牛でも臀部を上から押すことで実施可能である。乗駕許容の場合には，逃げずに尾を少しずらしたりして交尾しやすい体勢をとる場合が多い。

フリーストールやパドック，あるいは放牧場をもっている農家では，ヒートマウントディテクター，テールペイント，チンボールなどの発情発見補助用具があるので，省力化のために使用することも選択肢としてはあるだろう。しかし自分の牛群の朝夕の観察までも"省力化"することは，疾病牛の発見の遅れにもつながり"省略化"でしかない。

出血は排卵とは無関係に起こるので，出血したから発情が終わったと考える必要はない。さらに，排卵後の授精でもそこそこの受胎率は確保できるので，授精しないで3週間牛を遊ばせることを考えれば，排卵後でも授精したほうが経済的かもしれない。ただし老化した卵子が受精した場合，胚の早期死滅などにつながる確率が高いともいわれており，妊娠確認までできめ細かな観察が要求されるようになる。

近年，授精のタイミング調整による雌雄産み分け法が注目されている。確かに産み分けはできるようであるが，タイミングをずらしすぎると受胎率が低下するので，注意が必要である。

(2) 直腸検査の繰返しは授精に最悪

自家授精している農家や人工授精師の農家では，発情前後に何度も直腸検査をする光景がよく見られる。受胎率が下がってきたり発情発現が悪かったりすると，受胎率を上げるために直

第4表　発情の状態と授精適期

時期	時間	授精適期	他の牛に 乗駕	他の牛に 乗駕せず乗駕許容	咆哮起立歩行	尻の臭いを 嗅ぐ	尻の臭いを 嗅がれる	外陰部 腫大充血	粘液 粘稠(硬い)	粘液 水様	尾が軽い
発情前期			○		○	○		○	○		
	−9		○		○	○		○	○		
			○		○	○		○	○		
	−6		○		○	○		○	○		
			○		○	○		○	○		
	−3		○		○	○		○	○		
			○		○	○		○	○		
発情期	0			○	○		○	○			
				○	○		○	○			
	3			○	○		○	○			
				○	○		○	○			
	6	○		○	○		○	○		○	
		○		○	○		○	○		○	
	9	◎		○	○		○	○		○	
		◎		○	○		○	○		○	○
	12	◎		○	○		○	○		○	○
		◎		○	○		○	○		○	○
	15	◎		○	○		○	○		○	○
		◎		○	○		○	○		○	○
	18	◎		○	○		○	○		○	○
発情後期		◎	○							○	○
	21	◎	○							○	○
		◎	○							○	○
	24	◎	○							○	○
		○	○								
	27	○	○								
		○	○								
	30	○	○								
排卵		○	○								

腸検査の頻度はさらに多くなる。しかしこれは授精には最悪のことである。かえって受胎率低下の要因となってしまう。

授精適期の繁殖管理でもっとも重要なことは，卵胞には極力触れないことである。この時期の卵胞は，どんなベテランが触診しても内出血しやすい状態にある。内出血がひどくなると排卵障害の原因となってしまう。いまだに一部で行なわれている卵胞マッサージなども，受胎率向上にとっては最悪のことである。

(3) 腟鏡による観察

筆者は，授精適期の診断法として腟鏡の使用を勧めている。乗駕許容の牛では，人肌に温めた腟鏡を外陰部から挿入しても牛は嫌がらない。雄との交尾と同じ刺激だから，あたりまえのことである。これを嫌がるようでは雄との交尾もできない状態であり，人工授精の価値はない。

さらに，腟鏡で腟を観察することも受胎率向上のためには重要である。授精適期には，外子宮口は充血が若干引いたほんのりしたピンク色。軽く弛緩している。外陰部からは観察できなかったかもしれない，新鮮な粘液の性状もわかる。

それに，腟が下垂して尿腟となっているか否

かも診断できる。外子宮口の状態から子宮頸管炎の有無もわかる。現在では多くの人工授精師が腟鏡を使わないようだが，腟鏡を使わないで人工授精をする理由が筆者にはわからない。

(4) 授精器具の入れ方

人工授精時に，授精器具の先端をどこまで挿入するかも重要なポイントである。受胎率が下がった牛群ほど，卵胞の存在する子宮角の奥のほうに精子を注入する光景を見かけるが，これは百害あって一利なしである。子宮角の奥に授精器具を挿入するほど子宮粘膜を傷つけやすくなり，受胎率は低下する。また直腸検査の誤診から卵胞のない側に精液を注入した場合も受胎率が低下する。

むしろ子宮体へ注入するやり方のほうが，排卵側子宮角への注入と同等の受胎率を得ることができる。人工授精に慣れない場合は，子宮頸管で注入してしまっても受胎する。授精器具の挿入に時間をかけすぎたり，強引に挿入して子宮頸管を傷つけるデメリットを考えると，器具の挿入は，素早く，入れられるところまで入れたら優しく注入する，というのがよいようである。

人工授精前後のホルモン剤の使用も，本当に生殖器に異常があるのならともかく，そうでないならばあまり有効ではない。もし，頻繁にホルモン剤を使用し，それが有効に作用しているとすれば，そのような牛群はホルモン剤がなくてもうまくいく可能性が高いと考えられる。

結局，発情発現が悪かったり，受胎率が低下した場合，直腸検査や人工授精のテクニック，あるいはホルモン剤で何とかしようとすると，かえって泥沼にはまりやすいといえる。自分の牛群の繁殖が良くない場合，やはり周産期の飼養管理を見直さなければ，毎年同じことを繰り返すことになってしまう。

9. 飼料給与の間違いと代謝病

代謝病は，牛の能力に見合わない飼料給与がなされているときに発症する。そして牛群の中から1頭でも発症すればそれは氷山の一角で，発症までには至らないけれども，血液を見ると異常が発見される"代謝病予備軍"が，じつは数多く存在しているのである。代謝病の発症した個体の生産性が低下するのは，あたりまえであるが同一牛群内の牛は皆，同じ飼養管理をされているので，牛群全体の生産性が低下している。

以下に示す代表的な代謝病多発牛群の解説は，健康な牛から採血したデータをもとにそれと比較して調べたものである。代謝病の発生の責任はすべて飼い主にある。自分の牛群を思い浮かべながら読み進んでほしい（第5表）。

(1) 乳熱多発群

①乾乳期のエネルギー・蛋白不足，カルシウム過剰

乳熱は，分娩前後に発生する起立不能である。直接的には，泌乳の開始にともなって血液中のカルシウムが乳汁中に大量に移行するために血中のカルシウムが少なくなって，牛は立っていられなくなるのである。ふらふらしているときに変な姿勢になって，筋肉や靱帯を損傷してしまう場合もある。一般に乳熱は，分娩前後の多くの病

第5表 代謝病を発症させる飼料給与の問題点

代謝病	飼料給与の問題点
乳 熱	乾乳期のエネルギー・蛋白不足，カルシウム過剰（1日当たり50g超） 泌乳期の濃厚飼料過剰
第四胃変位	泌乳期の濃厚飼料過剰 乾乳期の飼料不足
ケトーシス	乾乳期の飼料不足 分娩後の飼料中脂肪濃度が低い 高乳量時の飼料中デンプン濃度が高すぎる
(乳房炎)[1]	高濃度濃厚飼料の過剰給与

注 1) とくに泌乳中期以降に乳房炎が多い牛群では，高濃度濃厚飼料の過剰給与によって肝機能が低下し，生体防御能が低下することが影響している

気の根幹にあるといわれている。

この病気の多発している牛群では、乾乳期にエネルギーが不足し、肝臓での蛋白合成能が低下している場合が多く認められる。また乾乳期の飼料中カルシウムが1日当たり50gを超えていると発症しやすくなる。分娩後の泌乳開始にともなって急激に消費されるカルシウムを食べ物から吸収するには限界があるので、このときには骨から血液中にカルシウムを動員して不足分を補っている。ところが、カルシウムの消費が少ない乾乳期に十分量のカルシウムを与えていると、骨からのカルシウム動員のトレーニングができないまま分娩を迎えてしまい、低カルシウム血症になってしまうのである。

だから乾乳期には、カルシウム添加剤はもちろんのこと、カルシウムを多く含むヘイキューブやルーサンなどマメ科粗飼料の給与も避けるべきである。

②泌乳期の濃厚飼料過剰

また、泌乳期の飼料給与では、濃厚飼料過剰によりルーメン微生物活性が低下している傾向がある。そのためルーメンでの蛋白の消化がうまくいかず、吸収される蛋白量は給与飼料とは逆に少なくなっている。

乳熱多発群では、飼料診断と血液診断が一致しない、すなわち飼い主が給与飼料量をきちんと認識していない傾向がある。とくに粗飼料が、飼い主の申告どおりには牛の胃袋に入っていっていないようである。そのためルーメンコンディションが悪化し、エネルギーも蛋白も不足し、給与しているはずの無機成分も吸収が低下している。このような牛群では、栄養分の多くは牛の体を通過してしまう。

(2) 第四胃変位多発群

①発症時期で原因は異なる

第四胃変位は、文字どおり第四胃が正しくない位置に動いてしまう病気で、第四胃の麻痺(アトニー)をともなう場合が多い。

原因はさまざまである。分娩直後に発症する場合は、分娩により子宮の体積が一気に小さくなったときに第四胃が物理的に変な位置に動いてしまうもので、これはすぐに治る。しかし分娩後1か月以内に発症するものは、分娩前後の濃厚飼料の増給方法に間違いがあるのが原因である。そのためルーメンコンディションが悪化し、不消化物が第四胃に流入して異常発酵を起こして発症する。また、分娩後1か月以上経過してから発症するものは、肝臓機能が低下していることが誘因となる。

②前の泌乳期の飼い方が原因

第四胃変位多発牛群の給与飼料は、まず乾乳期に飼料の絶対量が不足して飢餓の状態になっていることがもっとも特徴的である。本来ならば肝臓がいちばん休養しなければならないときに飢餓状態にすることが肝臓に負担をかけ、分娩後の第四胃変位発症の誘因になるのである。

分娩後では、濃厚飼料過剰による飼料中デンプン濃度過剰がある。デントコーンサイレージを与えている場合はデンプン過剰傾向になりやすいので、デンプン濃度の低い濃厚飼料を使う必要がある。いずれデンプン過剰の飼料給与ではルーメン発酵がうまくいかず、エネルギー不足になる。

乾乳期から肝臓がダメージを受け、泌乳期にはルーメンからのエネルギー供給が不足するようだと、分娩後の泌乳ピークが明瞭に現われない。泌乳初期から最盛期の乳量の伸びが悪くなる。また、エネルギー不足に起因した泌乳初期の高乳脂率もこの牛群の特徴である。

それに、慢性的にルーメンコンディションが悪いので消化吸収がうまくいかず、その結果として乾乳期のカルシウム濃度が低くなる。カルシウムは消化管の運動に重要な働きをしているので、これが低いと第四胃変位などの消化管障害を起こしやすくなる。ただし、乾乳期にカルシウムが低いからといって、そこでカルシウムを給与すると乳熱を発症させる。泌乳期間中にルーメンコンディションを良くして、カルシウムの吸収を改善することが重要である。

第四胃変位は、直接的には泌乳初期から中期までのルーメンコンディション異常が原因である。誘因としては乾乳期の飼料不足と泌乳初期から中期までのルーメンコンディション異常に

よる飢餓状態があり，それらを改善する必要がある。

結局，第四胃変位の発症には，前の泌乳期にまでさかのぼって，間違った飼い方が相当影響しているといえるだろう。対策をたてるのは，乾乳期や分娩後になってからではおそすぎる。

(3) ケトーシス多発群

分娩後のエネルギー不足が激しいと，それを補うために体脂肪が肝臓に集まってエネルギーになるが，そのときにケトン体が産生されて食欲不振を招く病気がケトーシスである。一時的なエネルギー不足であればブドウ糖を注射すれば治るが，もともと肝臓機能が低下していたり，エネルギー不足が長期間続いたりすると，ブドウ糖を注射してもなかなか治らない脂肪肝になる。

ケトーシス多発牛群の給与飼料の問題は，まず乾乳期に飼料不足があり，肝臓を休ませなければならない乾乳中にすでに肝臓の負担が大きくなっていること。そして分娩後の飼料中脂肪濃度は全般に低値で，そのためエネルギー不足が激しく，泌乳ピークがない。このときには肝臓機能も低下するため，乳脂肪率および乳蛋白率が低値を示している。飼料中デンプン濃度は高乳量のときに多すぎ，ルーメンコンディションの悪化が泌乳の進行にしたがって顕著になり，食欲も低下している。乾乳期のエネルギー不足は，このルーメンコンディション不良の延長線にある場合もある。

結局，直接的には移行期の飼料給与，すなわち分娩前増給と分娩後増給をきちんとしていないことがケトーシス多発の原因になっている。誘因としては，泌乳最盛期以降のルーメンコンディション異常と，乾乳期の牛に対する「働かざる者，食うべからず」的な飼養管理がある。

(4) その他の問題

①早すぎる助産

結局，すべての問題牛群に共通する点として，移行期（乾乳後期〜泌乳初期）を中心としてルーメンと肝臓の機能維持ができていないことがあげられ，その前段階として泌乳中〜後期の栄養過剰がある。

それに加えて「早すぎる助産」が，分娩後の牛の採食量低下を招き，種々の問題を起こしている場合を多く見受ける。分娩時，一般に酪農家は第二破水後，胎子の足が外陰部から出た段階で強引に助産して子牛を娩出させてしまうが，これは大間違いである。分娩は，陣痛によって胎子が少しずつ産道を押し広げながら進み，最終的に外に出てくるものである。羊膜が破れる第二破水から2時間以内に胎子が娩出されれば正常分娩である。

破水後でも臍帯が切れなければ，子牛は半日でも1日でも生きる。臍帯は正常な胎位・胎向であれば外陰部から肩が出たころ，逆子であれば腰が出はじめるころに切れるから，正常な体位・胎向の場合は生まれるまで放置しておくのがいちばんである。

産道が開いていないうちに助産してしまうと産道裂傷が起こり，その痛みのためにしばらく食欲が出ない。分娩後の食欲低下は万病のもとである。そればかりではなく，骨盤付近の神経や靱帯を痛めて起立困難にしてしまったりする。早すぎる助産は"小さな親切，よけいなお世話"以外の何ものでもない。

また牛には助産癖がつく。毎回助産をされていると，牛はそれが正常分娩だと思い込み，自力で娩出する努力をしなくなる。"小さな親切"は，じつは長期にわたり酪農家自身の仕事を増やしてしまう結果にもつながるわけである。

②子牛に与える乳

子牛に与える乳が子牛の病気を引き起こしている場合が多々ある。

まず初乳であるが，新鮮初乳がいちばんである。凍結初乳は新鮮初乳中に含まれる細胞成分の作用が期待できないため，その効果は万全ではない。また初乳の成分は分娩後2日のあいだに大きく変化する。分娩後2日以内の初乳を別の子牛に与えると下痢の原因になる。

ケトーシスなどの病気の牛の乳汁を与えることも子牛の下痢の原因になる。

初乳製剤の使用も増加しているが，その効果

は新鮮初乳に比べるとはるかに劣るので，初乳製剤単独での使用はあまり勧められない。補助的あるいは緊急避難的利用にとどめるべきであろう。

③乳房炎と栄養

乳房炎は感染症と割り切られがちであるが，栄養も大きく関係する。とくに泌乳中期以降の乳房炎の多い牛群は，肝臓機能の低下による免疫機能低下が関与する場合が多いようである。

原因は，必要以上の高濃度の濃厚飼料を過剰に供給したための食餌性の脂肪肝である。それにより生体防御能が低下したことによって発症しやすくなる。このような場合，特定泌乳期の牛の乳汁中体細胞数の増加が認められる。同時に，感染を受けやすい飛節や蹄球の腫れも多発する。

環境型乳房炎の多発牛群も同様なので，疑わしい場合は代謝プロファイルテストを受けてみることをお勧めする。乳房炎を搾乳衛生だけからアプローチしていると，とんでもない落とし穴にはまることがある。

執筆　岡田啓司（岩手大学）

2010年記

飼料給与の改善による乳牛の病気対策

近年，乳牛の高泌乳化にともない，それに対応した栄養補給が重要視されてきている。

牛はルーメンという消化管により微生物の力を借りた消化活動を行なうため，単胃動物のような栄養供給では健康が維持できない。体重，乳量，乳質などにより必要栄養量を算出するとともに，ルーメン微生物の消化活動を重視した栄養バランスに配慮する必要がある。

各種飼料成分の特性を十分に理解し，ルーメン内での分解において，発酵の機序，蛋白合成，低級脂肪酸の産生，pHの恒常性，ルーメンマットの確保などへの配慮が重要となる。つまり，乳牛の場合，必要栄養量の供給とルーメン発酵（消化）の両面からの給与設計が求められる。

最近の栄養学は日進月歩，乳牛の生理，病理と栄養学との関連が解明に向かって進みつつある。乳牛の高泌乳化に栄養学が追いつく日が近づいている。新しい知識の活用はむだのない給与となり，かつ泌乳能，繁殖能が発揮される。消費者への良質な牛乳の提供は酪農を楽しくするだろう。

1. TMR発酵飼料

(1) TMR発酵飼料の利点

乳牛の消化生理，泌乳生理にもっとも合った飼料給与は，粗飼料や濃厚飼料，ミネラル，ビタミンなどが混合されたTMR飼料の不断給餌（飽食）である。しかし，フレッシュ（未発酵）なTMR飼料では，牛が鼻先でかき回しながら採食してしまう。この選り食いを防ぐため，TMR飼料は水を加え，水分40％前後にする。しかし，夏期は朝つくったものが午後には劣化（腐敗）が始まり，食い込みが落ちる。酸剤の添加による腐敗防止も，嗜好性が悪くなるなどの問題がある。

そこで，水分を40〜45％にして約1か月間，乳酸発酵させたものがTMR発酵飼料である。pHは4.0前後で，コーンサイレージやグラスサイレージと同程度であるが，乳酸含量が10％前後と，良質サイレージの1.5〜2.0％よりも多い。そのため，夏期の外気にさらしても1週間は二次発酵しない。劣化が防げ，嗜好性も落ちず，残飼のむだもない飼料である。

夏期の食欲不振が暑さだけでなく，サイレージの二次発酵に起因している例が少なくない。サイレージは冬場だけで，夏場は与えない牧場もある。この点，TMR発酵飼料は，夏期の高温時，一日1回の不断給餌でも嗜好性は落ちず，選り食いもない多汁質性の飼料である。

TMR飼料で劣化がなく，選り食いされない飼料は，多食する高泌乳牛にとって必要栄養量がバランスよく摂取可能となり，高泌乳化や受胎の促進に対応できる，これからの飼料といえる。

(2) 消化・吸収の充実と疾病防止効果

発酵飼料は，内容をかす主体にしたり，自給飼料を多用すれば，それだけ安価になる。発酵が確実なので，設計が正しければ，牛の健康や生産性の向上など必ず期待できる結果となる。たとえば，筆者が設計した発酵飼料は原料の仕入れに左右されるものの，おおよそ1kg：30円前後で利用できる。

発酵飼料の給与で顕著に現われるのは，よく消化・吸収されることである。これは乳酸菌とその生産物質による整腸作用によるものと思われる。嗜好性が著しく向上し，牛は十分に食い込むものの，排糞量は2〜3割少なくなり，排尿量も少なくなる。飼料効率のよさが実感できる。

また，発酵飼料は十分量（1日20kg以上）を

継続的に給与すると，消化器系の病気や乳房炎などが減り，牛が健康になっていく（第1図）。乳房が赤色を帯びた泌乳最盛期の牛であっても可消化糞を排泄するようになり，慢性の下痢便が治った例が少なくない。

乳酸菌とその生産物質が腸管免疫系を刺激して白血球が活性化し，自然治癒力の回復，抗病力の充実にも貢献すると思われる。腸管内消化とルーメン内発酵の充実・安定は，肝臓への負担を軽減し，必要栄養素を蓄積させ，肝機能の充実につながるとも考えられる。

その結果，泌乳量の増加，産後の良好な発情発現，泌乳最盛期後の泌乳量の維持など生産性が向上する（第2図）。これには乾乳期の適正給与による分娩時の肝機能維持，ルーメン内半絨毛の伸長効果による産後の良好な食い込み（「異常発情」の項参照），乾乳後期の飼料の陽イオン・陰イオンバランスによる低カルシウム血症の防止策なども関与する。

(3) 発酵飼料のつくり方と給与法

かつてのかす酪と異なり，食品残渣そのままの利用ではなく乳酸発酵させることで，厄介な食品残渣が牛の健康，泌乳，受胎の改善，生産コストの低減など経営改善に貢献する（第1表）。TMR発酵飼料は，牛群の平均的な泌乳能力・体重，乳成分に配慮した設計によって原料を配合し，乳酸発酵させる（第2表）。そのた

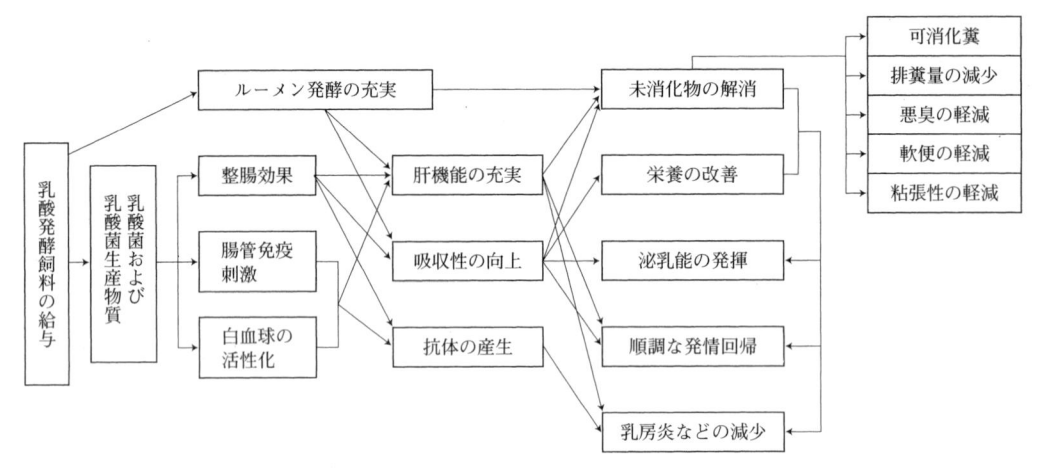

第1図 発酵飼料による健康増進

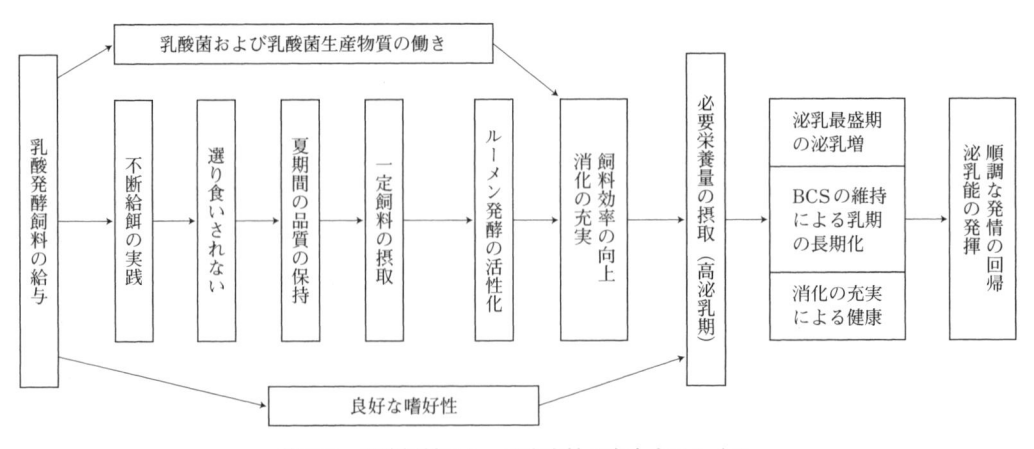

第2図 発酵飼料によって生産性が向上するしくみ

め，トウモロコシ圧扁，ふすま，米ぬか，大豆かす，菜種かすなどの一般的な単味飼料だけでなく，食品残渣も利用できるのである。ビールかす，豆皮，キノコ廃菌床，豆腐かす，茶かす，ジュースかす，醤油かす，麦芽根，餡かす，ミカン皮など継続的に入手できるものが利用できる。これにサイレージ，ヘイレージ，乾草，稲わらなどの粗飼料を加える。

原料は水分40～45％に加水調整し，攪拌・混合する。それを，内側にビニール袋を入れたトランスバッグに充填し，抜気・密閉する。原則として仕込み時に乳酸菌は添加しない。真夏時や厳寒時には利用する場合もあるが，自然に存在している乳酸菌による発酵となる。バッグは2～3日でガスが充満するものの，1週間後には消える。40日前後で出来上がりである（第3，4図）。

発酵飼料には，泌乳用のTMR発酵飼料とセミコンプリート発酵飼料，乾乳用発酵飼料がある（第3表）。セミコンプリート発酵飼料は乾草など農家で別給与される粗飼料を除いて発酵させたものである。乾乳用は同じく設計に基づいて配合されているが，泌乳用で代替可能な場合もある。

高泌乳牛にはトウモロコシ圧扁や加熱大豆，大豆かす，ミネラル，ビタミンなどを乳量に応じて加給（トップドレッシング）するか，泌乳量別の牛群分けによる適量給与とする。とくに不断給餌の場合，泌乳量20kg以下の牛は過肥に注意する。

2. 発酵飼料によるアルコール不安定乳の改善事例

長年，アルコール不安定乳に悩まされてきた

第1表 発酵飼料による経営改善

	給与前	給与後
平均乳量	25～26kg/日	30kg/日
乳代（85円/kg）	2,167.5円/頭日	2,550円/頭日
えさ代（全飼料）	1,050円/頭日	1,130円/頭日
乳飼比	48.4％	44.3％
乳代－えさ代	1,117.5円/頭日	1,420円/頭日
成牛50頭の年間粗利（305日）	17,041,875円	21,655,000円（＋4,613,125円）

第2表 乳酸発酵による飼料成分の変化（単位：乾物中％）

分析項目		TMR		セミコンプリート	
		発酵前	発酵後	発酵前	発酵後
乳酸		1.0	8.6	1.2	9.3
可溶性糖類		8.6	4.5	15.2	11.4
粗蛋白質（CP）		14.9	15.3	17.4	17.9
蛋白質分画	溶解性（RSP）	19.5	29.3	14.7	31.5
	分解性（RDP）	36.1	43.4	31.6	47.5
	非分解性（RUP）	63.9	56.6	68.4	52.5
	結合（BP）	—	—	10.5	8.0
酸性デタージェント繊維（ADF）		21.7	20.1	23.2	17.4
中性デタージェント繊維（NDF）		38.6	36.7	46.9	37.1
水素イオン濃度（pH）		4.9	4.3	5.6	4.1
水分		44.5	48.0	43.0	45.9

第3図 飼料原料は設計に基づいて混合後，トランスバッグで40日前後，乳酸発酵させる

第4図 筆者が開発したTMR発酵飼料（セミコンプリートタイプ）

第3表 発酵飼料の給与例 (単位：kg/日)

〈TMR発酵飼料〉

飼料名		乳量 (kg)					乾乳期	
		20	30	40	50	60	前期	後期
TMR発酵飼料	泌乳用	31	37.5	39	41.5	45.5		
	乾乳用						14	16
チモシー乾草							3.5	2.0
濃厚飼料				2	5.5	8		
ミネラルほか				0.07	0.14	0.19	0.01	0.06

〈セミコンプリート発酵飼料〉

飼料名		乳量 (kg)					乾乳期	
		20	30	40	50	60	前期	後期
セミコン発酵飼料	泌乳用	24	28.5	32	36	40		
	乾乳用						8.5	12.5
チモシー乾草		2	1	1	1	1	6.5	4.0
アルファルファ乾草		2	3.5	3.5	3.5	3.5	0.5	
濃厚飼料				2.0	4	6		
ミネラルほか					0.07	0.12	0.02	0.06

注 いずれも平均乳量30kg，乳脂肪3.8％。体重は泌乳期600kg，乾乳期650kg

酪農家が，発酵飼料を導入した飼料設計で改善した事例を紹介する。

発酵飼料導入前後の飼料設計を第4～6表に示した。ルーメン環境を急変させないよう，徐々に新しい飼料設計（セミコンプリートタイプ）に切り換えた。給与量は導入前の配合飼料が10kg余りだったが，発酵飼料は20kgである。しかし嗜好性が良く，どんどん食べる。悩まされ続けたアルコール不安定乳は2か月で解消した。乳量は30kgを超える一方，乳房炎などの不調は減っていった。改善のしくみは次のようである。

導入前の状態を見ると，数字のうえでは乾物摂取量が100％以上で充足率を満たしている。

第4表 発酵飼料導入前の飼料設計 (kg)

	乾乳期	泌乳期
アルファルファ	1.5	2.0
チモシー	2.0	4.0
オーチャード	2.0	1.5
稲わら	5.0	4.0
ビートパルプ	1.5	2.0
配合飼料	2.0	11.0

注 配合飼料は平均乳量24kgのときの給与量

TDNとCPを見ると，やや蛋白が高めだが，繊維も多いので問題になるほどではない。しかし，その繊維を見ると，NDFが46％で，かなり多い（指標では38％くらい）。このくらい繊維が多いと乳脂肪分が4.0％を超えるはずだが，3.6％だから決して高くない。

これらのことからルーメンの発酵が正常でないこと，牛が飼料を食べ切れていないことが推測できる。じつは残飼が相当出ているはずだが，稲わらなどに紛れて掃き込めば気づかない。つまり，アルコール不安定乳の原因として，実際の採食量が必要栄養量を満たしておらず，トータルな栄養不足が考えられる。ルーメン発酵のアンバランスが消化不良（軟便）を引き起こしている。牛の泌乳能力が高まっているにもかかわらず，それに対応した飼料設計になっていないのである。

そこで，必要栄養量を増やすために繊維（NDF）を減らした。乾物量の充足率もほぼ100％にし，TDNとCPの充足とバランスをとった。なお，ルーメン発酵バランスは，RDPが相対的に高ければアルカローシス，NFCが高ければアシドーシスに傾く。分解・吸収にすぐれる発酵飼料で両方をバランスさせながら増やしてルーメン消化の働きを活発にした。

この酪農家は以前，アルコール不安定乳の原因は栄養不足かもしれないことをよそで聞いていた。その不足を補おうと考え，濃厚飼料を増やした。その分のバランスをとろうと考え，粗飼料も増やした。分解しにくい繊維が増えるため牛が食い切れなくなり，さらに栄養不足になっていく。そういう悪循環に陥っていたのである。ルーメン内の発酵バランス設計（RDP，

第5表　発酵飼料導入後の飼料設計 (kg)

乳量 (kg)	乾乳前期	乾乳後期	20	25	30	35	40	45
自家産乾草	3.0	0.0	2.0	2.25	2.5	2.5	2.5	2.5
オーツヘイ	2.0	3.5						
稲わら	2.5	0.5	3.0	2.25	1.5	1.5	1.5	1.5
アルファルファ	0.5			1.5	3.5	3.0	3.0	3.0
泌乳用発酵飼料			22.0	24.5	24.5	26.0	28.0	30.0
乾乳用発酵飼料	9.0	13.0						
コーン圧扁			1.0	1.0	1.5	2.2	2.5	3.0
加熱大豆						0.8	1.7	1.7
大豆かす								0.5
綿実				0.5	0.5	0.5	0.5	0.5

注　体重は乾乳時790kg, 泌乳時740kg, 乳脂肪3.8％で設計
　　自家産乾草はオーチャード主体。12～翌5月はデントコーンサイレージ給与。乾乳時はオーツヘイ給与の設計だが自家産乾草給与。ビタミン類は省略

NFC, NDF, デンプン, 原料のルーメン内発酵の機序などによる) が不可欠な条件となる。

3. 低カルシウム血症

飼料の中身や給与のしかたを見直せば，ほとんどの病気や障害は防げる。薬剤に頼らず飼料で病気を防ぐ，次にそれぞれの病気ごとに見ていく。まず低カルシウム血症である。

(1) 症状と原因

低カルシウム血症（以下，低カルとする）とは，血液中のカルシウム量が正常低値9mg/dlを下回る病気である。2産以上の高能力牛で，老齢になるにつれて発症が多くなる。発症の時期は，分娩直後2日以内が圧倒的に多く，次いで分娩5日前後，まれには分娩直前の発症もある。低カルになると筋力が低下して，さまざまな症状が現われる。

骨格筋の機能低下は起立不能や起立異常を引き起こし，ルーメンなど消化器系の筋機能低下は，食欲不振や第四胃変位などの原因になり，子宮筋の収縮微弱は後産停滞症や，ときには産前の発症例では陣痛微弱や難産の原因になることもある。産直後の乳房炎は低カルからの発症が多く，乳頭口括約筋の収縮機能低下による弛緩が細菌感染の原因になる場合が多い。そのほか，体温の下降，体表の部位による温度差などの症状も示す。

第6表　発酵飼料導入前後での飼料設計の栄養比較

設定 (体重620kg)		導入前	導入後
	乳量	25kg	30kg
	乳脂肪分	3.6%	3.8%
NRC 充足率 (%)	DM (乾物量)	114	99.7
	TDN (可消化養分総量)	119	107.7
	CP (粗蛋白)	125	107.0
乾物中 含有率 (%)	DIP (分解性蛋白質)	6.8	9.9
	NDF (総繊維)	46	36.7
	NFC (非繊維性の炭水化物)	26.7	36.2

これらの症状のひとつ，ふたつの発症により，低カルは容易に診断できる。重度の発症は，神経症状をともない起立困難，食欲廃絶を引き起こす。早期の発見，治療が症状の軽重を大きく左右する。

乳牛は分娩により高濃度の乳汁が分泌され，初乳中には常乳の約1.6倍ものカルシウムが含有・流出される。そのため血液中のカルシウムが正常値を維持することができずに発症する。

しかしそのとき，カルシウムが血液中から乳汁中へ移行したあと，素早くほかからのカルシウムの補給があれば低カルは防げることになる。

血液中のカルシウムをコントロールする中心的な存在は，上皮小体ホルモン（PHT）である。上皮小体ホルモンの働きには，1) 骨からカルシウムを溶出して血中に送り込む，2) 腎臓からのカルシウムの再吸収を活性化する，3) 腸

からのカルシウムの吸収を促進する，4）活性型ビタミンDの合成，などがある。これらにより血液中のカルシウムの補給，維持を行なっている。

ところが，この上皮小体ホルモンの働きが弱くなると，血中カルシウムの低下を招いてしまう。したがって，「分娩にそなえて上皮小体を活性化させ，ホルモンの分泌を促すにはどうしたらよいか」が低カル防止のカギとなるわけである。

(2) 乾乳後期の強いアルカリ性飼料がおもな原因

じつは，分娩直後の上皮小体の働きは分娩前の栄養管理に深く関係している。分娩予定の20日前ころからの給与飼料，正しくは摂取された飼料の成分が上皮小体の機能に関係しているのである。すなわち，乾乳後期（クローズアップ）に強いアルカリ性の飼料が継続的に給与されると，上皮小体の機能が麻痺し，分泌機能が働かなくなるようである。そのため，不足している血中カルシウムが補充されず，低カルが発症するわけである（第5図）。

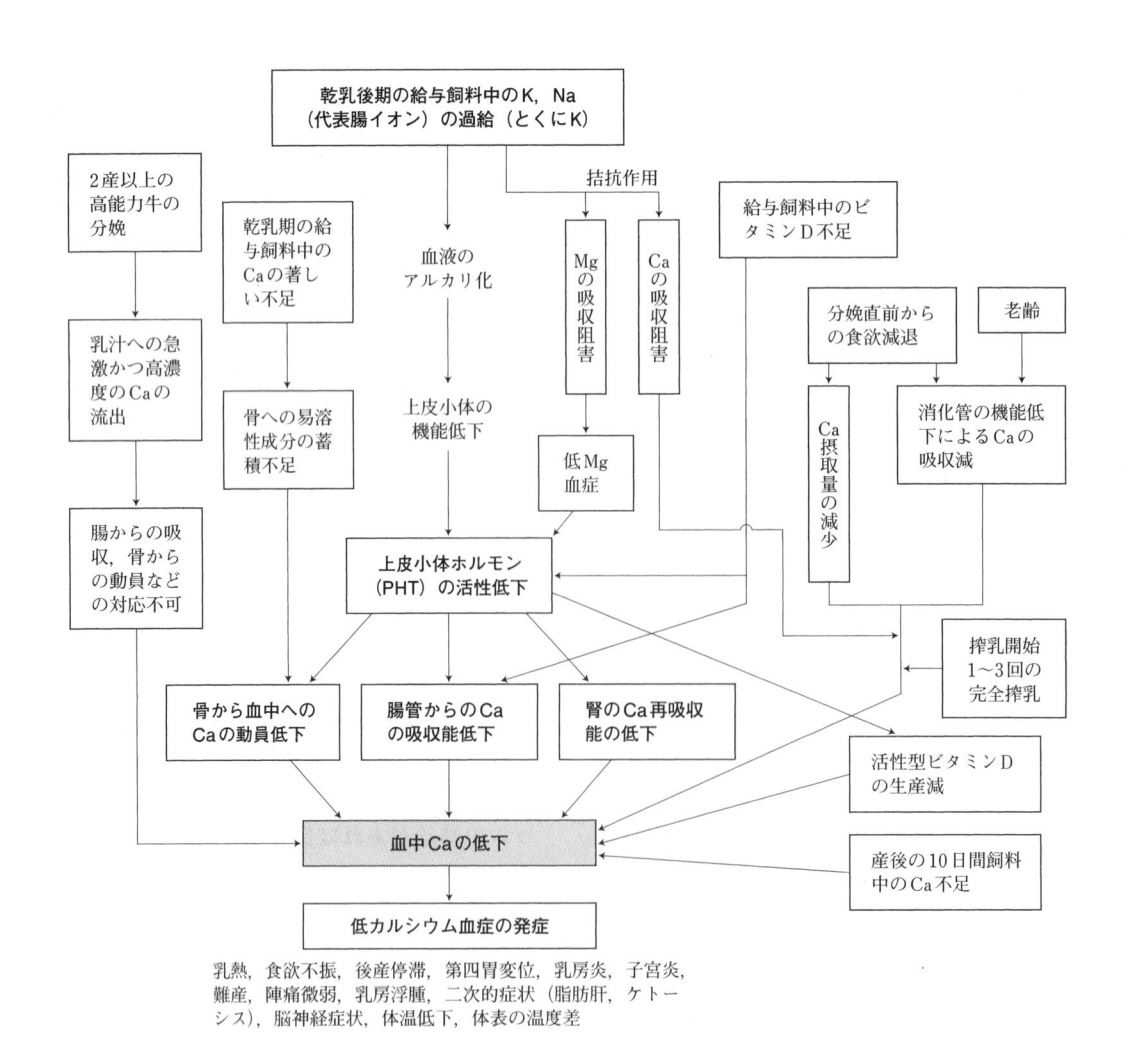

第5図　低カルシウム血症の原因

これが，乾乳後期の給与飼料成分が酸性または低アルカリ性の飼料の給与であれば，上皮小体ホルモンの分泌にも障害がなく，低カルは回避できる。では，実際の給与で乾乳後期の飼料成分をコントロールするにはどうすればよいか。

それには飼料中のカリウム（K），ナトリウム（Na）をアルカリ性の代表とし，塩素（Cl），硫黄（S）を酸性の代表とした次の式により酸性度，アルカリ度を算出する。

$$DCAD = [(Na\% \times 435) + (K\% \times 256)] - [(Cl\% \times 282) + (S\% \times 624)] = \pm mEq/kg$$

(3) 飼料のDCAD値を50以下にする

DCADは陽イオンと陰イオンのバランスを表わしており，その結果が50mEq/kg以内であれば，低カル発症は高い確率で防げる。このとき，カルシウムは必要量の給与とする。つまり，乾乳後期はDCADが50mEq/kg以内になるように飼料を組み合わせるのである。

第7表の事例1, 2, 3は，DCAD値が300mEq/kg以上と低カル発症が心配される事例である。

DCAD値の高い繊維質飼料の利用や濃厚飼料3kg/日以下と少ない給与がDCAD値の上昇となった。また，ミネラルの無添加がカルシウム

第7表　乾乳後期の給与例

飼料		DM(%)	事例（1日1頭当たりkg）						
			1	2	3	A	B	C	D
ヘイレージ	オーチャード①出	41.3				7.0	6.0		
	チモシー①出	49.5	4.0						
サイレージ	トウモロコシ黄	26.4			8.0				
	ソルゴー乳	23.7		7.0					
乾草	チモシー①開	85.2				4.0		5.0	7.5
	イタリアンストロ	86.5					4.0		
	スーダン（輸入物）	89.7	7.5		6.7				
	アルファルファ再開	86.9		1.0					
	トールフェスクストロ	89.6		3.5					
	オーツ（オーストラリア産）	88.0						2.0	
	稲わら	87.8		3.0					
濃厚飼料	トウモロコシF	85.5							2.0
	大麦F	88.5				3.0	3.0	3.0	
	菜種かす	88.2					0.3	0.3	
	ふすま	86.8	2.5	3.0	3.0	2.0		2.0	3.0
	ホミニーフェード	86.6					2.0		
ミネラル	炭酸カルシウム	99.6				0.1	0.08	0.11	0.11
充足率（W650）(%)	DMI		102.7	102.9	101.3	102.1	100.9	102.0	102.1
	TDN		106.5	104.0	107.5	119.4	120.9	117.4	117.1
	CP		116.1	100.0	107.1	116.1	111.6	107.1	100.9
	Ca		73.7	61.5	67.4	101.4	105.6	102.2	101.2
	P		163.9	153.0	170.3	134.9	117.9	134.6	138.0
DM（%）	NDF		61.9	56.7	57.8	50.3	45.7	50.3	52.5
	NFC		14.9	21.0	20.6	27.3	31.7	29.6	27.8
	デンプン		4.0	5.2	9.8	17.5	19.5	17.5	16.1
食塩の加不足（g）			－24	＋10	－178	＋15	＋4	＋24	＋3
DCAD（mEq/kg）			373.9	431.9	345.8	47.2	47.7	41.1	49.7

注　DM：乾物，DMI：乾物摂取量，NDF：総繊維，NFC：非繊維炭水化物
　　①：一番草，再：再生草，出：出穂期，開：開花期，乳：乳熟期，黄：黄熟期，F：圧扁

第8表 乾乳期に利用される飼料のDCAD値

分類	飼料名	DM (%)	DCAD (mEq/kg)	分類	飼料名	DM (%)	DCAD (mEq/kg)
ヘイレージ	オーチャード①出	41.3	91.0	乾草	イタリアン①結	86.5	138.3
	オーチャード①開	50.0	414.6		チモシー①開	85.2	−9.1
	オーチャード①結	48.0	583.4		トールフェスクストロ	89.6	715.5
	イタリアン①出	44.6	371.0		スーダン輸入品	89.7	416.0
	イタリアン①結	56.0	129.5		バミューダグラス	90.9	366.1
	チモシー①出	49.5	359.2		バミューダストロ	92.0	692.7
	チモシー再出前	44.2	385.4		アルファルファ再開	86.9	300.5
	ローズグラス①出	52.6	654.6		エンバク（オーストラリア産）	88.0	129.2
	稲わら	52.4	162.4		稲わら	87.8	209.5
	リードカナリー出	50.0	674.9	濃厚飼料ほか	トウモロコシF	85.5	−6.1
サイレージ	オーチャード①出	26.8	91.4		大麦F	88.5	−32.7
	オーチャード再出	27.6	426.6		玄米	85.2	42.2
	イタリアン①出	32.9	373.4		綿実	91.0	131.8
	イタリアン①開	23.6	187.0		菜種かす	88.2	−448.7
	チモシー①出	30.0	236.3		米ぬか（生）	88.0	325.0
	チモシー①開	23.2	298.0		米ぬか（脱脂）	88.0	469.9
	チモシー再出	33.6	293.4		ふすま	86.8	243.3
	トウモロコシ糊	24.3	115.8		大麦混合ぬか	89.9	132.2
	トウモロコシ黄	26.4	256.2		コーンハール	86.5	202.2
	ソルゴー乳	24.2	498.6		ホミニーフィード	86.6	−6.8
	エンバク出	19.0	352.2		コーングルテンフィード	90.3	240.6
	大麦出	23.3	404.8		ビートパルプ	88.5	195.2
	稲わら出前	25.5	−49.6		ビールかす	35.0	−124.0

注 日本標準飼料成分表（2009）による。実際には分析値を用いることが望ましい
　①：一番草、再：再生草、出前：出穂前、出：出穂期、開：開花期、結：結実期、乳：乳熟期、糊：糊熟期、黄：黄熟期、F：圧扁

や食塩の不足を招いている。

事例A，B，C，Dは，DCAD値が50mEq/kg以下と低く，低カル発症防止が期待される。DCAD値の低い繊維質飼料の選択と濃厚飼料5kg/日以上の利用がDCAD値を低下させた。

また，ミネラルの添加によりカルシウムや塩分も充足された。

なお，この第7表のDCAD値の算出は，日本標準飼料成分表（2009）に基いた算出だが，土壌によりミネラル成分が違うので分析値による算出をおすすめする。

(4) 乾乳後期の濃厚飼料を5kgに増やす

具体的な給与法としては，乾乳前期に給与量1日2～3kgの濃厚飼料（配合または単味）を，乾乳後期は慣らし飼いにより5kg前後に増給する。このとき，粗飼料はカリ含量が1～2％のものを飽食にし，濃厚飼料5kgを与える。給与飼料全体のカリが1％以内，DCADが50mEq/kg以下，NDF（総繊維）が45％以上，NFC（非繊維性炭水化物）が30～40％，デンプンが21％以内になるようにする（第6図，第9表）。

乾乳後期5kgの濃厚飼料給与は低カル防止以外に分娩に備えてのルーメン内面積の拡大や産直後の栄養補給の意味もある。

(5) 乳房炎，血乳，第四胃変位への対策

この場合，「分娩前に濃厚飼料を1日5kg前後も与えたのでは，乳房炎や血乳になってしまうのではないか」という心配がある。

これは5kgの濃厚飼料の内容による。大豆かすや加熱大豆を加えず，コーン圧扁，大麦圧扁，ふすま，ぬか類などで設計することである。このような濃厚飼料は5kg与えても，普通の配合飼料を3kg与えたときより乳房の張り込みは少

```
┌──────────────────┐
│分娩3週間前より給与飼料│
│中のカリの減給開始  │
└──────────────────┘
        │         ┌切換え期間（1週間）
        │←────────┤牧乾草の減給
        │         └濃厚飼料の増給
        ▼
┌──────────────────┐           ┌──────────────────┐
│分娩2週間前の給与飼料│           │分娩2週間前よりDCAD＝│
│中の成分          │           │50mEq/kgの調整飼料の給与│
└──────────────────┘           └──────────────────┘
                                        │
                                        ▼
                                    血液の酸性化
                                        │     ┌─────────────┐
                                        │←────┤Ca 150g/日投与│
                                        │     └─────────────┘
        ▼                               ▼
┌──────────────────┐           ┌──────────────┐
│上皮小体ホルモン（PHT）│           │ビタミンDの補給│
│の活性化          │           └──────────────┘
└──────────────────┘
```

第9表の乾乳後期

乾乳前期：2万IU/日
乾乳後期：2.5万IU/日
あるいは1,000万IU5日前
の筋肉注射

骨からのCaの動員
腎のCa再吸収の活性化
腸からのCaの吸収促進
活性型ビタミンD合成

Caの吸収促進

産前・後の消化機能低下によるCa吸収減への配慮

低カルシウム血症防止

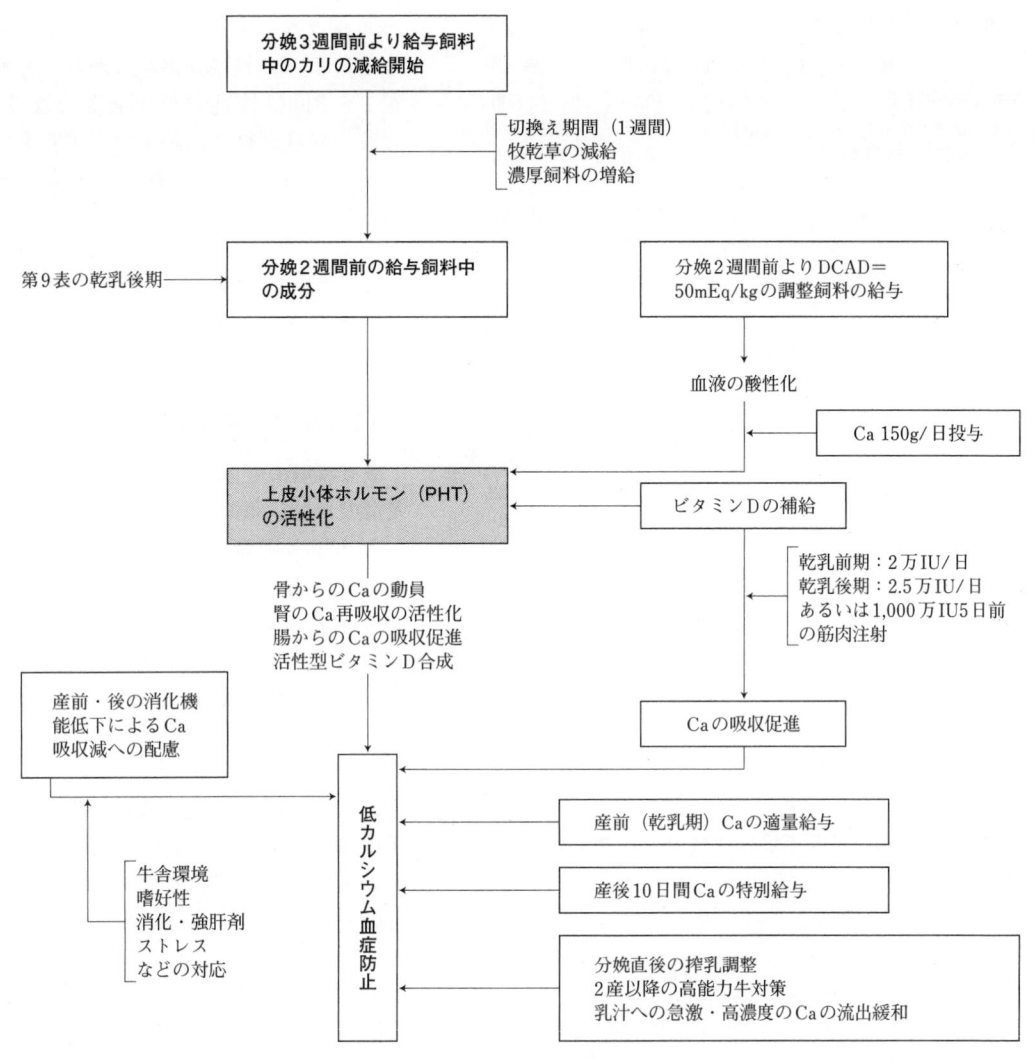

産前（乾乳期）Caの適量給与

産後10日間Caの特別給与

牛舎環境
嗜好性
消化・強肝剤
ストレス
などの対応

分娩直後の搾乳調整
2産以降の高能力牛対策
乳汁への急激・高濃度のCaの流出緩和

第6図　低カルシウム血症の防止策

ない。

また，「粗濃比が急激に低下して胃内容積が減少し，第四胃変位を発症させるのではないか」という心配もある。

経験的にはNDFが45％以上（ルーメン内容量対策），NFCが30〜40％以内（粗濃比対策），デンプンが21％以内（アシドーシス対策），1日2回以上の給与（ルーメン発酵の集中化対策）で問題は回避される。ただし，濃厚飼料を6kg以上給与する場合は，1日3回以上の給与か，TMRで与えないと第四胃変位の発症が心配される。

なお，DCAD値がマイナスとなる酸性飼料の給与は，カルシウムの尿中排泄が多くなる。そのため，カルシウムを1日150g以上与えなければならないが，それによって嗜好性が悪くなり，必要栄養量やカルシウム，マグネシウムなどが不足することのないよう十分に注意する。

(6) そのほかの低カル防止対策

1) 摂取飼料中にビタミンDが不足したり，体内の蓄積不足により，上皮小体ホルモンの活性や，腸からのカルシウムの吸収が低下する。これも低カル発症の原因となるので，とくに年

第9表　乾乳期成分量のガイドライン例（筆者の使用基準）

飼料成分		前期	後期
DMI（乾物摂取量）	(kg)	10.70	11.00
NEL（正味エネルギー）	(Mcal)	13.50	13.50～20.00
TDN（可消化養分総量）	(kg)	6.00	7.20
CP（粗蛋白質）	(kg)	1.12	1.12
Ca（カルシウム）	(g)	61.60	61.60
P（リン）	(g)	31.00	31.00
RDP（分解性蛋白質）	(%)	6.0～8.5	6.0～8.5
RUP（バイパス蛋白質）	(%)	3.0～5.0	3.0～5.0
CF（粗繊維）	(%)	25以上	18～25
ADF（酸性デタージェント繊維）	(%)	30以上	25以上
NDF（中性デタージェント繊維）	(%)	55以上	45以上
NFC（非繊維性炭水化物）	(%)	20～30	30～40
デンプン	(%)	5.0～10	21以下
脂肪	(%)	2～3	5以下
βカロテン	(mg)	150以上	200以上
ビタミンA	(万IU)	20.00	50.00
ビタミンD	(万IU)	2.00	2.50
Mg（マグネシウム）	(%)	0.16	0.16
K（カリウム）	(%)	2.00	1.00
Na（ナトリウム）	(%)	0.10	0.10
Cl（塩素）	(%)	0.20	0.50
S（硫黄）	(%)	0.15	0.20
DCAD	(mEq/kg)	450以下	50以下
濃厚飼料	(kg)	2.0～3.0	4.5～6.0

間舎飼いの牧場や日照不足の地域ではビタミンDの補給が必要である。

2）乾乳後期の食欲不振は，カルシウムの摂取不足と消化管からのカルシウム吸収の減少となるので，十分な対応が必要である。

3）乾乳期の給与飼料中のカルシウム不足は骨からの溶出にかかわる，易溶性骨成分の蓄積不足となり，低カルの原因になるので必要量の給与が必要である。乾乳期はカルシウムの無添加により不足の事例が多い。

4）分娩により泌乳用の飼料へ切り換えたときはカルシウム不足を招きやすいので，特別に添加投与が必要である。給与内容にもよるが，炭酸カルシウムを分娩直後2日間は1日300～400g，次の2日間は200g前後，その次の3日間に150g，さらに次の3日間に100g給与する。充足率150％の給与でもよい。

5）乳牛は高齢になるにつれて易溶性骨成分の蓄積が少なくなる。腸管運動の機能低下によってカルシウム吸収も少なくなる。そのため，カルシウムを十分に添加し，生菌製剤などによって整腸効果をはかり，分娩後1～3回は搾乳調整が必要となる。とくに搾乳調整は高齢牛や高泌乳牛に限らず，2産以上の分娩牛に必要である。

4. 着床障害——発情がきても種がとまらない

(1) 乳汁中尿素窒素量の上昇

ある牧場に生後13か月齢のころから発情のたびに毎回種付けするのに受胎しない25か月齢の牛がいた。その牛は正常に発育し，健康だったが，給与飼料が乳量30kgのTMR飼料に少量のチモシー乾草だった。これは高蛋白質飼料給与となっており，MUN（乳汁中尿素窒素量）の上昇（15mg/dl以上）が着床障害の原因になっているのではないかと考えた。「種付け直後，排卵してから1週間前後で受精卵が子宮内に着床するころ，MUN値が高いと子宮内腔のpHが低くなり，着床できない」というのが最近の説である。

そこで，生後25か月齢，体重520kgの標準設計による給与改善を行なった結果，2週間後の発情による種付けにより，1回の授精で受胎した。飼料給与でMUNを8～12mg/dlにすることにより，着床が期待できるので，改善策として給与飼料成分のRDPとCPを下げ，NFCを増給した。実際には30kgTMRを減給，コーン圧扁とチモシーヘイ加給によってバランスをはかった。

①乳汁中尿素窒素量上昇の要因

MUNとは，RDP（分解性蛋白質）が第一胃内でアンモニアに分解され，それが吸収されて肝臓で尿素に合成され，血行を介して乳汁中などへ移行したものである。したがって，MUNを下げるにはRDPを調整すればよいのであるが，ただ少量にするのではなく，適量が要求される。なぜなら，第一胃内で蛋白質やビタミン

B群，ビタミンKなどを合成（虫体蛋白化）するときにRDPが必要となるからである。RDPはアミノ酸合成という大事な役割を担っている。

MUNの上昇はRDPの過給のほか，RDPは適量であってもNFC（糖質，デンプン質，有機酸）が著しく不足した場合，虫体蛋白に合成されなかったアンモニアが過剰になっても起こる。RDPやNFCが不足して第一胃内の蛋白合成が不足すると，発育，成長，発情発現にもマイナスとなる。したがってMUNの適正値維持には，必要量のCP，RDPの確保と同時にNFCの適量給与が必要となる。

②発育ステージや栄養状態で給与を変える

飼養標準に沿って，12か月齢まではとくに多めの蛋白質給与とし，飼料の成分，品質，摂取量などで蛋白質が不足しないようにする。種付け開始の12か月齢ころから受胎するまでの間は，体重による必要栄養量の範囲内で，肥りぎみの牛はNFC，TDNを少なくする。栄養不良ぎみの牛には蛋白質は必要量とし，TDN，NFC（コーンフレークなど）を少し多めにする。目安は未経産でBUN（血中尿素態窒素量）9～12，泌乳牛でMUN8～12mg/dlである。

なお，発情誘起のために大豆かすなどを使う人もいるが，RDPの多い大豆かす，菜種かす，コーングルテンフィード，アルファルファなどは少量にし，それで蛋白が不足する場合はバイパス蛋白飼料を利用するとよい。

(2) ビタミンA添加の必要性

ビタミンAは別名「粘膜保護ビタミン」ともいわれ，表皮や粘膜の正常維持に不可欠な栄養素である。ビタミンAの不足は子宮内粘膜の異常を引き起こし，着床障害の原因になる。外観からは尾根部のフケや皮膚病で予測できる。

ビタミンAは飼料中になく，草類に多く含まれるカロテンが体内で転化して利用される。1mgのβカロテンが100％転化すれば400IUのビタミンAになるが，カロテンは黄体形成などにも利用される。そのため，給与内容にもよるが，カロテンがビタミンAに転化・利用されるのは30％くらいと考えられる。

草中のカロテン量は生草が最大で，刈取り後，水分の蒸発とともに減少する。生草と乾草とでは重量当たりの含量がほぼ同一になるが，乾草状態では時間の経過とともに減少していく。したがって，放牧していない限り，泌乳牛にはビタミンの添加が必要となる。とくに乾乳後期から受胎するまでの間は繁殖と乳房炎対策に多めの添加が必要である。

ビタミンAは卵の発育，成熟に関係することから，無発情牛に対し，必要栄養量の補給と並行して投与すると効果的である。卵巣機能は問題ないが，種どまりが悪いときは，日量50万～60万IUの投与で子宮内粘膜が充実し，BUN（血中尿素態窒素量）の正常化により，着床率が向上する。ビタミンAは月1～2回でもよいが，やせている牛は肝臓への蓄積が少ないため，経口投与（飼料に添加）は毎日が基本である。酸化による失効を防ぐため，密閉して冷暗所で保存する。

また，ビタミンAは硝酸態窒素の摂取によっても欠乏する（「乳房炎」の項参照）。

着床障害を防ぐ飼料設計の目安を第10表に示した。

5. 異常発情——発情がこない，おかしい

(1) 乾乳後期の増給で絨毛を伸ばす

乾乳後期の不適切な飼料給与は低カル，食欲不振，後産停滞，肝機能障害，ケトーシス，乳房炎などの原因になり，分娩後の卵巣や子宮の回復の遅れにつながる。分娩後の経過は乾乳後期の管理が深く関係するため，分娩に備えての対応が重要である。

分娩後の食い込みには第一胃の機能が直接関係する。食い込みをよくするには乾乳後期に第一胃内発酵産物の吸収面をより拡大しておく必要がある。具体的には第一胃内で急速に分解する揮発性脂肪酸，とくに酪酸発酵が重要で，第一胃内壁を構成する半絨毛の伸長を促す（この

第10表　着床率改善の設計

		W (体重) (kg)	DMI (乾物摂取量) (kg/日)	TDN (可消化養分総量) (kg/日)	CP (粗蛋白) (kg/日)	RDP (分解性蛋白質) (DM%)	NFC (非繊維炭水化物) (DM%)	Ca (g/日)	P (g/日)	βカロテン (mg/日)	ビタミンA (万IU/日)
未経産牛	11か月齢	300	6.8	4.32	0.70	8.1	35〜37	25.0	18.0	200	2.5
泌乳牛	乳量30kg	650	21.4	13.92	3.06	9〜10	35〜37	119.4	76.6	250	40.0
	乳量40kg	650	24.3	17.05	3.93	9.5〜10.5	36〜38	150.6	95.8	300	50.0
	乳量50kg	650	28.0	20.19	4.81	10.3〜10.7	37〜39	181.7	115.0	350	60.0
	乳量60kg	650	32.2	23.33	5.68	10.5〜11.0	38〜40	212.8	134.2	450	65.0

注　CP，TDNの充足を基本としRDPは少なめ，NFCは多めがよい

ときにビタミンAも必要）。

つまり，急速な分解と酪酸発酵が期待できる濃厚飼料を，乾乳後期に増給することで第一胃内の吸収面積が拡大し，産直後の食欲増進につながる。たとえば，乾乳期間を短縮した40日乾乳で通常の乾乳よりも発情の発現が良好になるのは，第一胃内面積の退縮が少ないので分娩後，順調に食い込めるからである。

いっぽう，第一胃の強力な蠕動運動に必要な筋層は，乾乳前期の長物粗飼料の多給によって充実する。

飼料給与は分娩25日前から乾乳後期用に切り換え，20日前から濃厚飼料4.5〜6kg（以降すべて日量）＋粗飼料とする。このとき，大豆類は配合飼料中も含めて0.3kg以内にし，コーンフレークやぬか類を給与する（「着床障害」の項参照）。これは乳房炎防止の点からも無難な対応である。

(2) 分娩後の増し飼いで不足を補う

お産による緊張・疲労，胎児の娩出による出血，腹腔内の臓器の大移動，ホルモンの働きの変化などにより，分娩後は生理的に食欲が低下する。そのいっぽうで泌乳開始による必要栄養量は増大する。この時期の栄養不足はやむを得ない乳牛の宿命ともいえる。どのようにして，この栄養不足を補い，分娩後の回復をはかればよいのだろうか。

栄養不足を補うには，飼料給与を乾乳後期から必要栄養量の2割増し以上にする。分娩後ただちに増し飼い（泌乳期用飼料の増給）を開始

し，乾乳後期用の飼料は分娩10日後から徐々に減給する。分娩から10日間は低カル防止のために400〜100gの炭カル添加も必要である。牛によっては栄養剤や食欲亢進，強肝剤などの補助も必要となる。産室から群飼への移動は分娩後10日後とする。

この泌乳の増加にともなう増し飼いで注意しなければならないのが，第一胃内の発酵を集中化させないことである。そのためには濃厚飼料の1回当たりの摂取量を3kg以下にしなければならない。しかし，1日2〜3回給与では高泌乳時，それをどうしても上回ってしまう。第一胃内の発酵集中化は異常発酵，消化不良の原因になる。これは生菌製剤などを利用しても根本的な解決にならない。

その手立てとして理想的な飼料給与はTMR飼料の不断給餌＋トップドレス（ふりかけ）である。

(3) TMR飼料の不断給餌＋トップドレスでルーメン発酵を安定させる

飼料がいつでも飼槽にあれば，牛はいちどにたくさん食べずに，少量ずつ食べる（第7図）。これは肥育牛の飼槽を見れば一目瞭然である。えさ箱には濃厚飼料がいつでもたくさんあるが，牛が少量ずつ食べることにより発酵が安定し，消化不良にならない。

また，乳量30kgのTMRのとき，40kg以上の必要栄養量を充足させるためには濃厚飼料によるトップドレスが必要である。このトップドレスを行なわないと，高泌乳の牛ほど栄養不足に

なり，卵巣まで栄養が回らず，機能停止などの状態となる。つまり，無発情，異常発情，遅排卵である。

TMR飼料の目的は給与作業の合理化だけではない。第一胃の消化を充実させ，トップドレスで高泌乳牛が必要とする栄養を補給するのに重要な方法なのである。このトップドレスは私の経験上，コーンフレークと大豆類，ミネラルの3種を与えることで，必要栄養量の不足を最少にすることが可能である。

高泌乳牛の給与では，軟便を理由に繊維質飼料が過給され，それが栄養不足の原因になっている例がしばしば見られる。しかも，その軟便の原因が濃厚飼料の給与量でなく，不適切な成分・バランスによる場合がある。分解性蛋白質の過給によるアルカローシスや，繊維以外の炭水化物（NFC）の過給によるルーメンアシドーシスなどである。

濃厚飼料は多回摂取によって第一胃内の発酵を安定させ（集中化させず），栄養量の少ない繊維質飼料の給与を最少とすることで必要栄養量の充足が見られ，正常な発情回帰が期待される。

（4）指標値ではビタミンAが不足

私はビタミン剤を配合設計し，それが多くの牧場で利用されている。そこで，よく耳にするのが「ビタミン剤が変わったら発情がよくなった」という声である。ビタミンは私の経験上，NRCなどの指標値では効果が判然としない例が少なくない。ビタミンAは第一胃で分解されたり，乳汁中に移行するなどにより，実際には指標値よりも多く必要と思われる。

ビタミンAと卵巣機能の関係については科学的な根拠が必ずしも判然としない。しかし，原始卵の発育成熟，黄体形成など一連の卵巣機能がビタミンAと深く関係しているのは事実である。卵巣の機能はホルモンの領域であるが，ビタミンやカロテン，ミネラル，蛋白のほか，炭水化物の不足による血糖値の低下などが関係している。それらが卵巣機能や分泌されたホルモンの伝導，卵巣の感受性を左右している。

第7図　TMR不断給餌の牧場

しかし，実際には「ビタミンの効果が認められなかった」という話もある。その牧場での原因について列記する。

1）やせている牛に1か月分の量をいちどに与えている。……これでは肝臓への蓄積利用が少なく排泄が多くむだになる。

2）投与量が月量300万IU以下と少ない。……ビタミン剤のA量は現物1kg中の含有量が5万〜1000万IUと大きな差があるため，不足の事例が多い。国際単位（IU）での確認が必要である。

3）硝酸態窒素の多いサイレージや牧乾草を多給している。……これではビタミンA，E，カロテンが酸化破壊されてしまう（「乳房炎」の項参照）。

4）牛が常に軟便である。……ビタミンの吸収ロスが多くなる。

5）ビタミンの取扱いが不適切。……冷暗所で，密閉して保存する。ミネラルと混合されているものは製造1か月以内が使用期限である。これらが守られていない。

（5）微量ミネラルの不足ほか

以上のほかに異常発情が考えられる原因を下記する。

1）微量ミネラルの不足，とくにマンガンや銅などの不足は発情に悪影響を及ぼす。これらの成分は大豆やビールかすに多く含まれている。ビタミンAの利用には亜鉛も必要である。

2）給与飼料の急激な切り換えはルーメン発酵の混乱を起こし，一過性の栄養不足となり，

卵巣の機能停止あるいは機能減退となる。

3) 排卵は確認されたが、発情兆候が残る。これは肝臓への栄養素の蓄積、とくにビタミンB群の欠乏などが肝臓でのホルモン不活化の障害となり、発情ホルモンがすぐに消えないことによる。

4) マメ科飼料の多給。これはマメ科に含有の多いエストロゲン様物質の働きによる発情異常と思われる（「後述の乳房炎」の項参照）。アルファルファヘイは1日5kg以内が無難。「4kgにしたら改善された」という事例がよく見られる。

6. 乳房炎

(1) ビタミンの投与が必要

「『体細胞数を下げるにはビタミンがよい』と聞いて、さっそく投与した。ところが1週間後の乳検では、30万個だった体細胞数が50万個に増えてしまった。ビタミンの効果を期待していたのに……」という例があった。

これは、この酪農家の牛群にビタミンAが欠乏していたためである。ビタミンA欠乏によって乳腺上皮細胞が蓄積しているところへ、ビタミンAが投与された。それによって一挙に乳腺上皮細胞が剥離し（角化現象）、体細胞数が上昇したのである。しかし、ビタミンAを継続して与えれば次回の乳検から改善されるはずである。

乳房炎の原因の大部分は乳頭口から病原菌が侵入することによる感染発症である。そこでビタミンAが欠乏していると、乳腺の粘膜上皮細胞の脱落異常などを引き起こし、それが細菌感染をさらに容易にする。

「ビタミンが乳牛に必要なことはなんとなくわかる。しかし、なんのために与えるのかはよくわからない」という酪農家が少なくない。ビタミンは使用目的を確認することにより、効果的かつ、むだなく投与したい。

第8図にビタミンA不足の原因をまとめた。乾乳開始時の乾乳用軟膏の使用は潜在性乳房炎などの治療に有効である。このとき、ビタミンAと微量の亜鉛を投与すると、さらに効果的である。分娩1週間前～分娩10日後は多めに日量60万IU投与すると乳房炎防止のほか、産後の回復、免疫力の強化、子牛の下痢、感冒、肺炎、泌乳への対応などにも役立つ。その後の高泌乳期間も、ビタミンは乳汁への流出やストレス、体力維持などで多く必要なため、不足して抗病力低下による乳房炎発症を招かないように、日量50万IU前後投与する。ビタミンの投与量はgでなく、IU（国際単位）で決める。

ビタミンB群はルーメン内で合成される。高泌乳やルーメン発酵異常によって不足すると、ホルモン代謝を狂わせ、着床障害の原因になる。ビタミンB群も肝臓への蓄積が少ないため、毎日の投与が必要である。

ビタミンDは紫外線が少ない舎飼いや冬季間の日照不足下で不足する。

(2) 高蛋白・低エネルギーの飼料、低カルも発症に関与

「泌乳最盛期は蛋白を十分に与えるようにした。しかし、それでは乳量が増えても乳脂肪分が落ちてしまうので、そうならないよう乾草を増給した。最近、BUNが上昇し、乳房炎が増えてきた」という例がある。

これは分解性蛋白の過剰、糖やデンプン質の不足で、高蛋白・低エネルギーの給与となったためである。蛋白質は大豆類やアルファルファなどで給与される。これらマメ科の飼料にはエストロゲン様物質が多く含まれ、それが乳腺への異常刺激をもたらすと考えられる。そして、エネルギー不足がルーメン発酵異常、肝機能減退、抗病力低下を引き起こし、乳房炎を誘発する。実際、やせていて軟便かつ悪臭の強い、いわゆる消化不良の牛に乳房炎の発症が多い。

適蛋白・適エネルギーのえさでBUNを適正に保つことが大切である。理想的には、そのような飼料を不断給餌または自動給餌機などで給与し、ルーメン発酵を安定化させ、必要量を食べさせることである。

また、産直前から産後2週間くらいまでは低

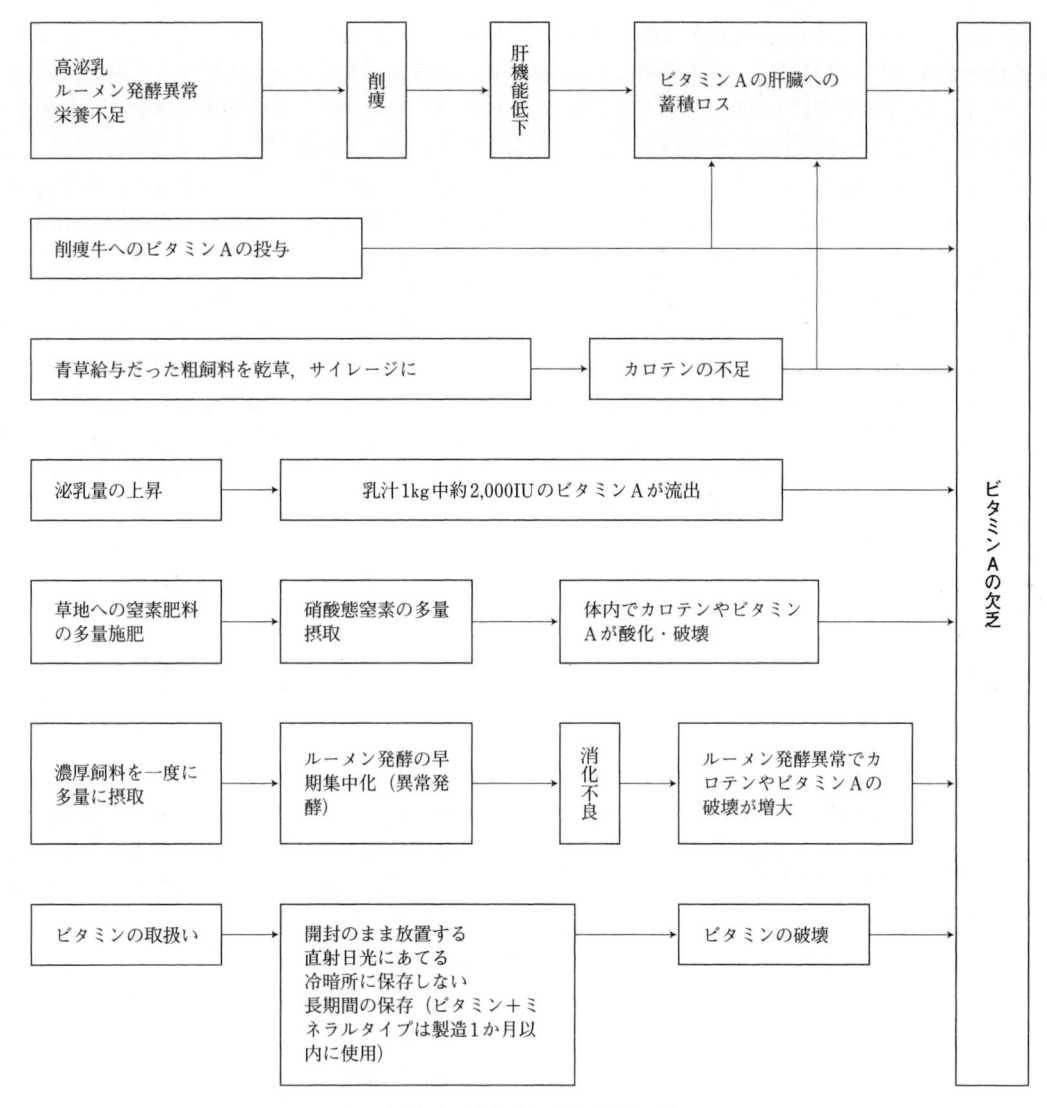

第8図 ビタミンA不足の原因

```
高泌乳
ルーメン発酵異常  → 削痩 → 肝機能低下 → ビタミンAの肝臓への蓄積ロス →
栄養不足

削痩牛へのビタミンAの投与 →

青草給与だった粗飼料を乾草，サイレージに → カロテンの不足 →

泌乳量の上昇 → 乳汁1kg中約2,000IUのビタミンAが流出 →

草地への窒素肥料 → 硝酸態窒素の多量 → 体内でカロテンやビタミン
の多量施肥      摂取              Aが酸化・破壊 →

濃厚飼料を一度に → ルーメン発酵の早 → 消化 → ルーメン発酵異常でカロ
多量に摂取       期集中化（異常発   不良   テンやビタミンAの
                酵）                     破壊が増大 →

ビタミンの取扱い → 開封のまま放置する       → ビタミンの破壊 →
                 直射日光にあてる
                 冷暗所に保存しない
                 長期間の保存（ビタミン＋ミ
                 ネラルタイプは製造1か月以
                 内に使用）
                                                    → ビタミンAの欠乏
```

カルによる乳房炎の発症が多い。これは血液中のカルシウムが低下すると筋力の機能低下を招くためである。乳頭口の括約筋の収縮機能が低下すると病原菌の侵入が容易になり，乳房に分布している平滑筋の機能が低下すると乳汁の排泄異常によって残乳が多くなる。つまり，乳房炎発症の条件が整うことになる。改善にはすでに述べた低カル防止策が有効である。

(3) 硝酸態窒素によるビタミンAの破壊

未発酵の糞尿の多量施肥や窒素過多の土壌で栽培されたソルゴー，コーン，牧草類，根菜類などは，根に近い部分に硝酸態窒素が多量に含まれる。ソルゴーやトウモロコシなどでは地上30cmくらいまでのところに多い。最近の輸入牧草ではアルファルファ，チモシーに多い傾向がある（1,000〜500ppm）。硝酸態窒素は

1,000ppm（0.1％）以上の摂取で赤血球の酸素運搬機能が失われ、窒息死にいたる恐ろしい成分である。硝酸態窒素は1,000ppm以下でも影響があり、乳房炎とのかかわりも深い。

硝酸態窒素は採食後、ルーメンで容易に亜硝酸に還元され、そのときカロテンやビタミンAが酸化・破壊される。これらの欠乏は乳腺上皮細胞の粘膜保護機能を低下させ、上皮粘膜の角化異常による下痢、乳房炎、体細胞、フケの発生、着床障害、抗病力の低下の順に発症する傾向がある。硝酸態窒素の目安は草類中50ppm以下がよい。

対応策は硝酸態窒素を多く含む飼料を与えないか、少量給与とする。自給飼料では刈取り1週間前、土壌に石灰などを施用して硝酸態窒素含量を低減させたり、高刈りなどで硝酸態窒素を多く含む根元部分を避けたりする方法がある。基本的には土壌を窒素過多にしないことである。

なお、ルーメン発酵が良好な牛ではビタミンAの破壊が少ないようである。ルーメン微生物の働きによるものと思われる。

(4) 微量ミネラルの不足

ある牧場で全体の3割近い牛に乳房や乳頭、体表（皮膚）に炎症が発生していた。各種の消炎剤なども効果がない。もちろん乳房炎も多発している。ビタミンAが不足すると粘膜や表皮に異常をきたすが、この農場ではビタミンAを十分に給与していた。

そこで血液検査を行なったところ、亜鉛の不足が確認されたため、亜鉛のみの補給で完治した。これは亜鉛の不足により、ビタミンAが効果的に働けなかったためである。亜鉛は、蹄冠部など損傷部の治療の促進や予防に働く重要な酵素を構成している。免疫能を高め、感染症を予防し、炎症の治療に深く関係している。

鉄、カルシウム、マンガン、コバルト、ヨウ素、セレン、モリブデンなどのミネラル類は乳房炎や卵巣機能と深く関係している。このうち、とくに不足しやすいのが微量ミネラルである。これには次のような要因が考えられる。

①飼料中の不足

1日乳量30kgの牛で、日本の酪農家が一般的に給与している飼料とNRCの推奨値とを比較すると、亜鉛を筆頭にマンガン、セレン、ヨウ素、コバルトの順に不足し、カルシウムが推奨値前後、鉄が過剰となる。これは乳牛が利用している濃厚飼料のほとんどが収穫量を追求するために化学肥料主体で栽培されているからである。有機質肥料（堆肥）主体で栽培された草のほうが微量ミネラルは多く含有される。これは濃厚飼料のみならず、輸入粗飼料についても同じである。そのため、一般的な飼料給与では不足する傾向にある。

②拮抗作用による吸収阻害

カルシウム、リン、マグネシウム、カリウム、ナトリウム、塩素、イオウといった、乳牛が大量に必要とするマクロのミネラル類の給与が不適切だと、わずかしかない微量ミネラルは容易に吸収阻害による不足が生じる。たとえば、リンの過給がカルシウム、亜鉛、マグネシウムなどに拮抗的に働き、その不足を招くことになる（第9図）。

③要求量の増大

近年、不受胎、乳房炎、肢蹄の障害などが多発しているが、これらは牛が高泌乳へと改良されているにもかかわらず、それに

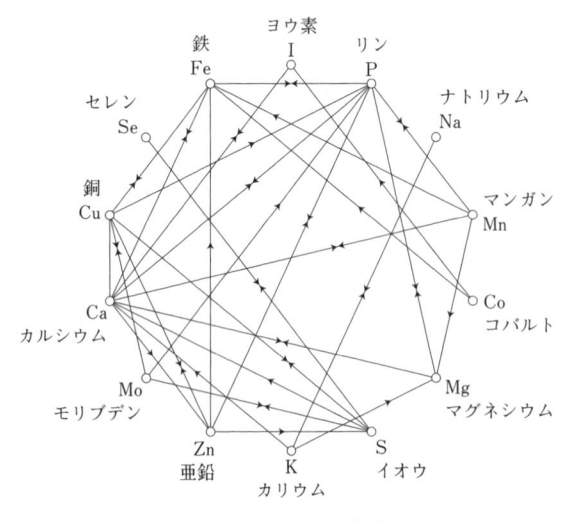

第9図 ミネラル間の拮抗作用

給与技術がともなっていないことによると思われる。今の乳牛は代謝が増大し，養分や蛋白のみならず，ミネラルやビタミン類の要求量も増大している。

再発のある乳房炎に対しては，ビタミンAの大量投与，ルーメン発酵の正常化，肝機能への配慮などに加えて，マクロミネラルのバランス給与，微量ミネラルの多給により，よい結果が期待される。微量ミネラルの添加量は推奨値を上回り，中毒発生限界量以内とする。

(5) クローズアップ期はマメ科を避ける

最近は牛の改良による泌乳能力の向上により，クローズアップ期（分娩後期）は乾乳期の2割以上に栄養量を増給しないと，産後の削痩が著しく，回復が遅れ，栄養不足によるケトーシスの発症や発情回帰の遅延などにつながる。そのため，クローズアップ期に1日当たり5kg前後の濃厚飼料＋粗飼料給与が一般化してきた。

しかし，産前の濃厚飼料の増給は乳房の異常な張り込みが生じる。これによって漏乳により，乳頭口からの細菌感染による乳房炎や血乳，異常硬結（軟化不全），水腫，浮腫などが発症する。

じつはクローズアップ期に十分な給与であっても，そのような乳房の異常張り込みが避けられる方法がある。それは飼料中からマメ科のえさをカットすることである。粗飼料もアルファルファやクローバを与えないようにする。これはマメ科の粗飼料，濃厚飼料中にエストロゲン様物質の含有量が多いためである。このエストロゲン様物質が乳腺を刺激し，分娩前に乳汁の生産が盛んになり，乳房などに腫張，硬結，浮腫などを引き起こすからである。

濃厚飼料は搾乳用の配合飼料や大豆かす，加熱大豆を与えず，コーン圧扁，大麦圧扁，ふすま，コーングルテンフィード，米ぬか（脱脂または生），麦ぬか，ハスク類，そのほかで5kg前後とする。もしも蛋白質の不足から，どうしても大豆類を与える必要が生じたときは0.3kg以内が無難である。アルファルファなどは1kgが限界である。なお低カル防止の点から給与総量中のDCAD値が50mEq/kg以下になるよう注意する。

また，乳房の異常硬結にはビタミンAの十分な添加投与（1日当たり50万IU）も有効である。とくに乾乳期の飼料中には，ビタミンAの前駆物質であるカロテンの含有量が少ないからである。さらに食塩の過剰摂取は水腫，浮腫の原因になるため，クローズアップ期には飼料に添加していない牧場が大半と思われるが，鉱塩などを夢中でなめる牛もいるので注意が必要である。ただし，適量は給与する。当然ながら飲水の制限は禁物である。

なお，発酵飼料の給与も有効である。これは発酵飼料でつくられた乳酸菌および乳酸菌生産物質が腸管内を通過する際，白血球が活性化され，抗病力が強化（抗体の産生）されるからである。発酵飼料は1日20kg以上の給与とする。

7. ルーメン内発酵の充実

ルーメンは牛の食べたものが最初に入る消化器官である。この中では微生物による飼料の分解活動が盛んに行なわれる。この細菌や原虫による分解活動をいかに充実させるかで，食べた飼料の消化率が大きく左右される。昔からいわれる「牛を飼うより虫を飼え」の言葉どおりである。この技術が確立されていない現況では，牛の状態を見ながらの給与となる（第11表）。

第11表　消化不良のチェックポイント

排糞中の水分量が多い	水様性下痢便など，起立時の排便で床に落ちた糞の広がりが大きい
排糞中の未消化残留物が多い	1回量の排糞をバケツなどにとり，水を加え，棒切れでよく攪拌したのち，5分ほど静置し，上水を流す。これを3～4回繰り返し，残った糞を観察する。未消化残留物は圧扁トウモロコシ，加熱大豆の半割れ，外側の白い綿のみ消化されて黒く見える綿実，ビートパルプのほか，トロッとした粘液の固まり，1～2cm以上の牧草など
そのほかの糞の異常	粘りがある。悪臭が強い。粘血便の混入など

しかし，日進月歩の乳牛の栄養学にあって，欧米ではここ数年，大きな進歩があった。飼料給与で最大の課題は「高泌乳時の軟便や下痢便といった消化不良を改善するにはどうしたらよいか」である。これは「栄養バランス」と「給与方法」の改善で大半が解決できるようになった。

(1) 蛋白質と炭水化物のバランス

ルーメン内では，蛋白質の分解により生じたアンモニアと，デンプンや糖でつくられた揮発性脂肪酸によって蛋白質（虫体蛋白）が合成され，吸収される。このとき，分解性蛋白質（RDP）と非繊維炭水化物（NFC）のバランスが消化を左右する（第12，13表）。

① RDP多給，NFC不足の給与例

この例では蛋白合成されない過剰なアンモニアが生じる。大半はそのまま吸収され，血液を介して尿や乳汁中に排泄される。これは高価な分解性蛋白質がむだになるだけでなく，BUN（血中尿素態窒素）の上昇が子宮内pHを低下させ，着床障害の原因になる。こういう状況の多くはトウモロコシ圧扁の増給により改善される。しかし，それでデンプン質が23～25%/DM以上になるようなら，ルーメンアシドーシスが心配される。その場合，分解性蛋白質を減給し，バイパス蛋白質に置き換えることも必要である。なお，MUN（乳中尿素態窒素）とBUNは10mg/dl前後が着床に最適である。

② NFC多給，RDP不足の給与例

この事例は高泌乳時によく見られる。分解性蛋白質はルーメン内でアルカリに働き，非繊維炭水化物は酸性に働く。そのため，非繊維炭水化物の多給はルーメンアシドーシスとなり，ルーメン微生物の不活化によって食欲不振，消化不良を引き起こす。これは非繊維炭水化物の給与を落とすか，分解性蛋白質の増給により，バランスを整えることで改善される。ルーメンアシドーシスは重曹1日当たり50～100gの添加でも改善されるが，やむをえないときのみとしたいものである。いずれにしても，適正な給与設計がえさのむだを少なくし，牛をより健康にする。

(2) 摂取回数を多くする

① 消化の早い炭水化物「まとめ食い」によるルーメン発酵の混乱（発酵の集中化）

えさの給与法によってはルーメン内で消化異常が起こり，飼料成分の吸収ロスが生じる。一般的に多発しているのは，ルーメン内で消化の早いえさが「まとめ食い」されることである。

ルーメン内では，微生物の分解により炭水化物から酢酸，プロピオン酸，酪酸という揮発性脂肪酸が生産される。炭水化物には，ゆっくりと分解する乾草類の繊維質と，すばやく分解する穀類のデンプン質や糖質（NFC）などがある。蛋白質にはルーメン内で分解されるもの

第12表　分解性蛋白質，非繊維炭水化物，デンプン質の指標
（単位：乾物中%）

適応＼乳量(kg)	30	40	50	60
分解性蛋白質（RDP）	9～10	9.5～10.5	10～10.7	10.5～11
非繊維炭水化物（NFC）	35～37	36～38	37～39	38～40
デンプン質	16～21	18～23	20～24	21～25

注　不断給餌の場合はこれより多めでも可

第13表　飼料中に含まれる分解性蛋白質，非繊維炭水化物（%）

分解性蛋白質（RDP）を多く含む飼料（CP中）		非繊維炭水化物（NFC）を多く含む飼料	
アルファルファ（開花前）サイレージ	85	玄米	82.0
モヤシ（生）	80	トウモロコシ圧扁	46.0
サフラワーかす	64	ミカンジュースかす	77.0
コーングルテンフィード	81	小麦仕上げぬか	69.7
ヒマワリかす（加熱）	54	酒米ぬか	69.1
アルファルファ（開花前）乾草	84	糖蜜	93.0
アルファルファヘイキューブ（良質）	72	大麦圧扁	65.5
アルファルファ乾草プレミアム	72	ミカン皮（乾燥）	62.3
大豆かす	74	菓子くず	61.9
菜種かす	78	パンくず	59.6

（RDP）と，ルーメンを素通りするバイパス蛋白（RUP）とがある。

乾草類やヘイレージ（ラップ）はルーメン内でゆっくり分解するので，一度にたくさん食べても消化不良の原因にならない。しかし，消化の早い非繊維炭水化物，すなわち配合飼料やトウモロコシ圧扁などの濃厚飼料を1回に3～4kg以上まとめ食いすると，ルーメン内で早期集中化による異常発酵を引き起こす。また，飼料給与の急変も微生物が対応できないため，3～10日間は消化不良となる。

② TMRの不断給餌がルーメン消化に最適

たとえば体重630kgの泌乳牛の必要栄養量を満たすには，乳脂肪分3.8％とすると，一日の乳量が40kgなら濃厚飼料は1日16.5kg，50kgなら20kgが必要となる（第14表）。しかし，これが朝晩2回の搾乳で，それぞれの前後に給与する変則1日4回給与の場合，1回当たりの摂取量は乳量40kgで4.1kg，50kgで5kgとなり，発酵の集中化によって消化不良となる。

発酵の集中化を回避するために1回当たりの摂取量を3kgにすると，1日の給与回数は乳量40kgで5.5回，50kgで6.7回となる。日量30kgの泌乳牛で可消化性を増し，むだを減らすには1日4回以上の給与が必要である。1回当たりに食べる量は少ないほど，すなわち1日の給与回数は多いほど，消化がよくなる。

TMRの不断給餌では牛が1日10回前後に分けて食べるので，50kg泌乳の場合でも1回当たり2kgの濃厚飼料摂取となる。TMR飼料では，ルーメン発酵の早いものからおそいものまで混入され，一緒に食べる。しかも飽食により，1回当たりの摂取量が少ないため，ルーメン発酵は充実する。青刈り，生草，生かす類も濃厚飼料と同様，ルーメンでの分解の早いえさとして給与する。

第14表 必要栄養量を満たす泌乳量別の飼料設計例（単位：現物kg）

	乳量40kg	乳量50kg
スーダン乾草	8	8
アルファルファ再乾草	4	4.5
乳配16-72	15	18
加熱大豆	1.5	2

注　体重630kg，乳脂肪3.8％で設計
　　乳配16-72と加熱大豆は濃厚飼料

(3) 汚れ，えさの切換え，えさの形状などに注意

以上が可消化性が高くて飼料効率のよい，飼料のむだのない給与ポイントである。これは飼料原料に食品残渣など安価なものを利用したときでも，飼料の成分分析による給与設計で同一の効果が得られる。そのほかのポイントについても列記しておく。

1) 夏場は飼槽や，ウオーターカップの舌の裏など，汚れ（カビ）に注意が必要である。「飼槽の清掃で食い込みがよくなった」とか「ウオーターカップの清掃で乳量が増えた」など，よく耳にする。牛の口から入るものはルーメン微生物と直接関係するので消化を左右する。

2) えさ給与の急変は消化不良から繁殖まで影響する。切換えは徐々に行なうことがルーメン消化生理のうえからも必要である。切換えの量は濃厚飼料で1日0.3～0.4kgがルーメン微生物に対しての限界である。それは排糞の状態から確認できる。

3) 発酵の速度は濃厚飼料の粒子の大きさによっても違いがある。ペレット状やマッシュ（粉体）状の小粒子では発酵が早く，フレーク状（圧扁）など形状の大きなものは多少ゆっくり分解，発酵する。これらの割合も消化性と深く関わる。

執筆　平井洋次（デイリーアドバイザー）

2010年記

健康診断と病気対策

牛の健康を保つ削蹄——その意義と方法

1. 牛の声

　私は，大学という教育・研究機関にあって，指導級認定牛削蹄師の認定証をもち，全国牛削蹄競技大会の審査委員を経験し，全国各地を巡る機会に恵まれ，多くの牛に接するチャンスを与えられた。なかでも，平茂勝号の治療を1995年から2008年まで依頼され蹄病の治療および削蹄をすることができたことは，私にとって，多くの経験と知識を得た。これらのことが，蹄病および削蹄の啓発普及に貢献したことと思う。

　牛は，生きるために食べ，食べるために動き，動くために肢蹄がある。牛の健康は，牛の構造と機能を熟知する必要がある。

(1) 牛の骨格と機能を考える

　第1図は牛の骨格を表わしたものである。この骨格の周りを筋肉が取り巻いている。人は人の形を，牛は牛の姿をしているが，これは骨格のなせる技である。骨格を形成する骨の骨組織や軟骨組織は身体の支柱であり，これを「骨格系」という。

　さらに，骨格系と筋をあわせて「運動器」という。骨格とそれに結合する靱帯，腱および骨格筋により，機能が発揮され，身体の保護（内部の器官を外力から護る）および体型を構成し，身体運動を可能にする。運動器の障害は筋肉と関節の異常として現われ，たとえば筋肉の萎縮，筋力の低下，関節拘縮，異所性骨化，骨粗鬆症，腰背部痛，関節可動域の変化，関節の変形などに結びつく。

　また，骨格系はカルシウムやリンなどの重要な硬質の貯蔵庫でもある。身体の多くの器官が正しく機能するためにはカルシウムが必要で，血液と骨組織の間で絶えずカルシウムの交換が行なわれている。

　骨の内部の骨髄は血液細胞の産生の場，すなわち造血の場である。骨格と筋により姿勢を保持し，体熱を産生している。骨は牛にとっても人にとっても非常に重要な器官なのである。

(2) 人は52個，牛は8個の骨で立つ

　第2図は牛を人のように立たせたとして，牛の蹄が人の足に対応しているかを示したものである。その横の写真は人の足である。

　人の足は趾（指），蹠（足の裏），踵（かかと）で立っている。骨にして趾骨14個，中足骨5個，足根骨7個の計26個，両足52個で支えられている。しかし，牛では踵が飛節で足根骨，蹠が管骨で中足（手）骨の部分にあたり，蹄の

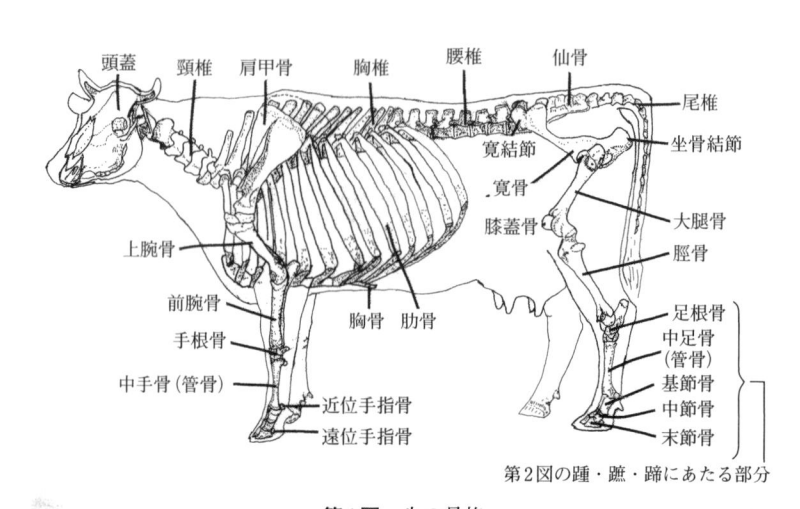

第1図　牛の骨格

第2図の踵・蹠・蹄にあたる部分

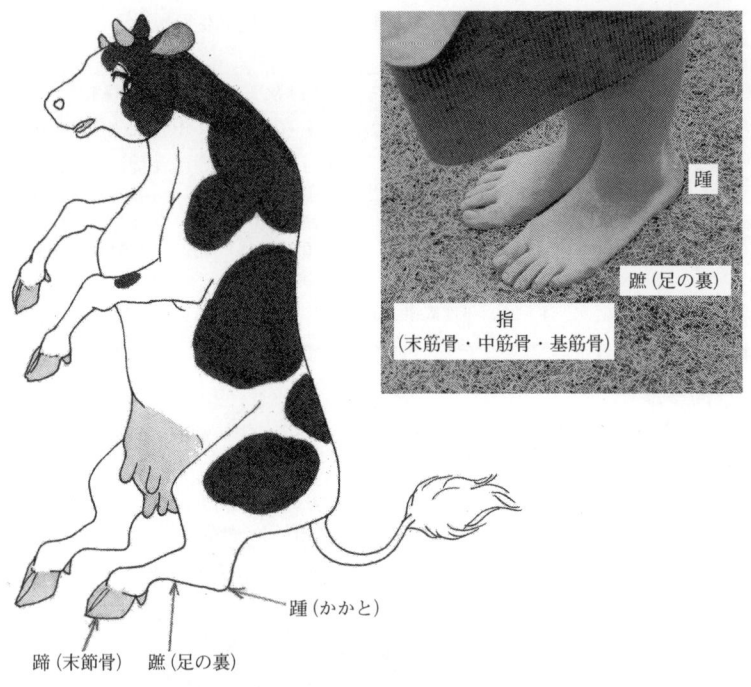

牛の健康を保つ削蹄－その意義と方法

意味する。床からの衝撃は，軟らかい人の足より，硬い牛の蹄のほうが分散できない。牛の蹄は衝撃を受けやすいのである。

以上のことから，牛の蹄は，人の足より負荷が伝わりやすく，骨だけでなく，筋の変性や関節の変形などの障害を招く。堅牢な蹄角質と末節骨との間に存在する蹄真皮も，蹄のわずかな変化に敏感に反応する。そのため，蹄の形状の変化は身体を構成しているすべての組織や器官に影響を及ぼす。基礎が傾けば家も傾くということである。

第2図　牛を人のように立たせてみると

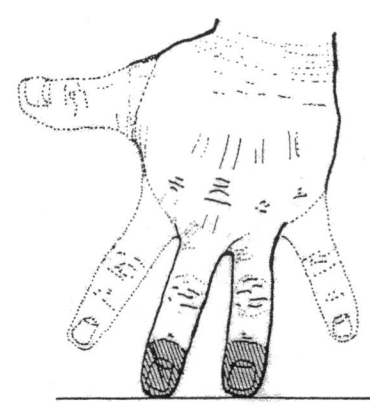

蹄のわずかな変化にともなう異常は牛の骨格系，運動器に大きな影響を及ぼす。そして骨格系，運動器の異常は蹄に現われる。蹄に現われる異常は，肢蹄の踏着を不均等にならしめる。

肢蹄踏着の不均等は蹄の不安定を意味し，滑る結果を招く。牛が滑ると生体組織や臓器の損傷を起こすことがある。皮膚の損傷（創傷），筋の損傷（筋挫傷，断裂），関節の損傷（捻挫・靱帯損傷，脱臼），骨損傷（骨折）などである。とくに関節の周囲では，血管や神経などの軟部組織が常に衝撃や打撃（直達外力や介達外力）を受けて損傷する。この衝撃が関節の許容範囲を超えれば，関節を捻り挫き，関節を包む関節包や骨と骨とを繋ぐ靱帯が損傷し，捻挫，筋断裂，脱臼を起こす。

第3図　牛の蹄は人の指のどこに位置するか

みが床に接している。しかも，蹄の骨は趾骨先端の末節骨2個のみ，前後左右の末節骨8個で支えられている。

第3図は牛の蹄が人の指のどこに位置するかを示したものである。牛は，わずかな斜線部分だけで体重を支えている。

人の足の骨と牛の蹄の骨数の違いは牛蹄の骨にかかる負担が人の足の6.5倍も多いことを

牛の声とは運動器系（皮膚・筋肉・関節・骨格）・呼吸器系・循環器系などの状態を表わす信号である。蹄踏着の不安定は，これら諸器系の悲鳴にかわる。骨の位置がずれると，骨は叫び，軋む。筋肉，血管，靱帯が泣きだし，神経は怒りだす。人でいう肩凝り，腰痛である。さらに進行すると呼吸器系や循環器系，消化器系

1125

や泌尿・生殖系，免疫系まで狂いだし，機能がおかしくなるのである。

2. 蹄の構造と機能

(1) 死廃・病傷・事故の要因となる蹄疾患

家畜共済の2003年度統計によると，運動器病は死廃事故頭数（死亡牛または廃用牛）の23.9%で1位，病傷事故件数（治療牛）の8.1%で5位だった。その運動器病を，さらに疾患別に発生頭数・件数を示したものが第1表である。

これによると蹄疾患は，病傷事故では45.9%と多いが，死廃事故では4.5%と少ない。しかし，死廃事故で72.9%を占める関節疾患は，肢蹄の継続的刺激による関節炎や，滑走などの衝撃や外圧による脱臼，靭帯断裂，捻挫などが原因である。その多くは蹄疾患が発生要因の一つとなって起こっていると考えられる。

蹄疾患予防の削蹄は，護蹄のみならず，牛の健康を守る護体管理法ともいえる。

(2) 構造と機能

本来，自然に歩くことのできた牛は，内・外二蹄を有する偶蹄で，重量の偏りや変化に対応できた。二蹄は相互に助け合い，荷重を軽減し，内・外で均等な摩耗によって同一蹄形を維持する。ところが，舎飼いのため歩く運動の少ない今の牛にはこれができない。片削れなどによって蹄が一度変形すると，まずもとに戻ることはない。

護蹄は，身体の基礎を構成する蹄の機能と構造を知ることから始まる。

第4図は（広義の）蹄の断面である。函形の蹄鞘が末節骨を被護している。この蹄鞘のうち，角質層の部分が（狭義の）蹄である。そして，蹄鞘と末節骨の間に存在する軟部組織が蹄真皮である。これは蹄の角質を産生する重要な組織である。

末節骨を被護するためには，その真下の蹄底

第1表 乳用牛の運動器病の疾患別発生頭数および件数と百分率

	死廃事故	病傷事故
合　計	27,571頭 (100.0%)	109,183件 (100.0%)
骨疾患	1,323頭 (4.8%)	1,524件 (1.4%)
関節疾患	20,113頭 (72.9%)	46,010件 (42.1%)
筋・腱の疾患	2,198頭 (8.0%)	3,423件 (3.1%)
蹄疾患	1,250頭 (4.5%)	50,160件 (45.9%)
その他の運動器疾患	2,687頭 (9.7%)	8,066件 (7.4%)

注　2003年度家畜共済統計表（農林水産省経営局2005年3月発行）から乳用牛における死廃および病傷病類別事故頭数と件数を抜粋

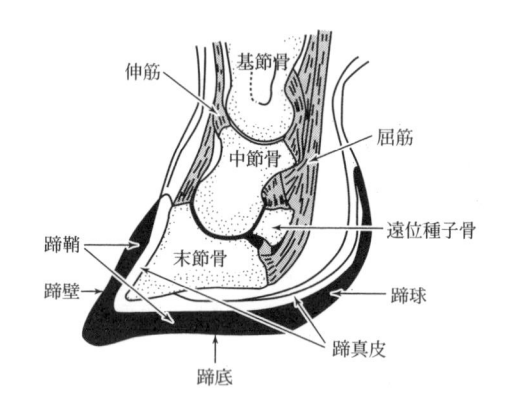

第4図　蹄の断面（矢状断面）

を護ることが肝腎である。蹄底は末節骨の圧力に耐え，底が抜けないよう，蹄球によって下からすくい上げられている。蹄底の前面もまた，末節骨の圧力から蹄底を護るため，蹄壁によって覆われている。つまり，末節骨を護るために皮膚が発達したのが，樽底のように底の狭い構造をした蹄（皮爪）なのである（第6図右参照）。

さらに，内部の骨は下から末節骨（蹄骨），中節骨（冠骨），基節骨（繋骨）である。これらの骨の間には関節があり，両骨端の運動を安全かつ自在ならしめている。関節で骨と骨を結合している関節靭帯は牛の場合，とくに強固である。

これらの骨には筋（筋肉）が付着している。筋には，伸筋と屈筋，内転筋と外転筋，回内筋と回外筋といった相反する作用を有する拮抗筋，伸筋群，屈筋群といった同じ方向の運動を営む協力筋などがある。

第5図は，牛の後肢の蹄と骨を並べたものである。右後肢の蹄は内蹄も外蹄もほぼ正常である。末節骨や中節骨，基節骨の面は滑らかで，形状もほぼ同型を示している。ところが，左後肢の蹄は内蹄が短く，欠損している。内蹄の末節骨は小さく，粗造（表面がゴツゴツ）で，伸筋付着部に骨瘤（新生骨が滑らかに増生したもの）が認められる。さらに，中節骨は内側，外側ともに骨棘（新生骨が尖って増生したもの）が認められる。つまり，内・外二蹄の違いは，骨との密接な関係を示している。

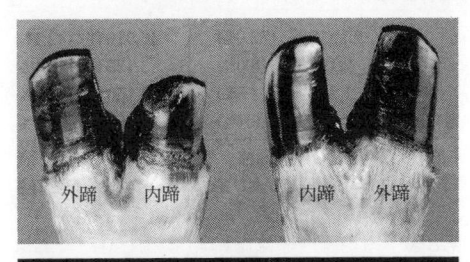

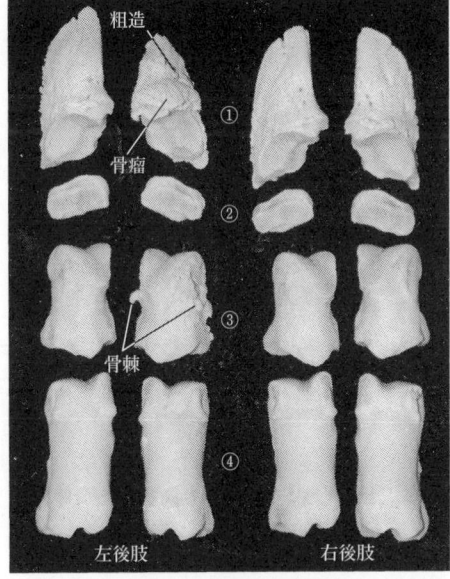

(3) 短い蹄で滑走と亀裂が

第6図の写真はほぼ正常な蹄底面で，図は蹄底と蹄壁・蹄球の関係を断面で示している。蹄は蹄骨（末節骨）を被護するために，その硬さに違いがあり，蹄球が最も軟らかく，蹄底，蹄壁の順に硬くなっている。さらに，最も硬い蹄壁でも，内側（軸側）壁と外側（反軸側）壁のうち，内側壁が硬くなっている。これは外側壁の成長が早く，内側壁の成長がおそいことを意味し，蹄の先が内側に曲がるこのような機能が

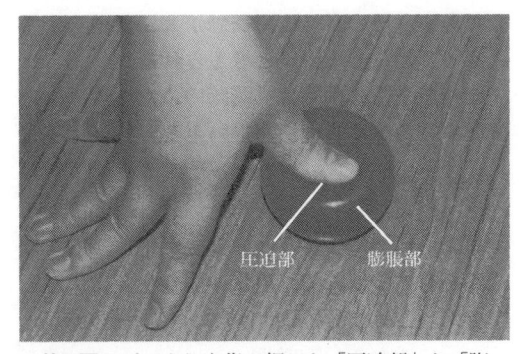

第5図 牛の後肢の蹄形と骨の状態——蹄の形は骨に大きく影響される
①末節骨（蹄骨），②遠位種子骨，③中節骨，④基節骨

第7図 ゴムまりを指で押した「圧迫部」と「膨脹部」

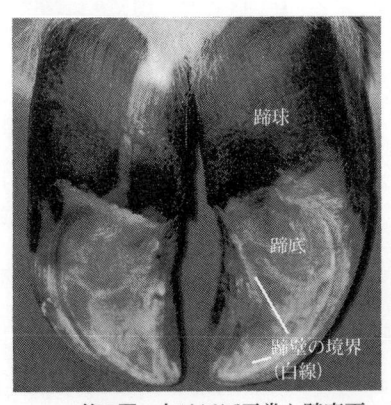

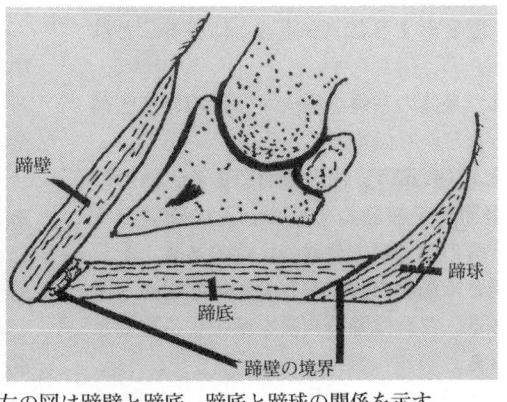

第6図 左はほぼ正常な蹄底面。右の図は蹄壁と蹄底，蹄底と蹄球の関係を示す

健康診断と病気対策

蹄形の維持に重要な役割を果たしている。

それは，あたかもゴムまりを指で押すようなものである（第7図）。まりに圧力をかければ，必ず圧迫部と膨脹部が生まれる。圧迫（重力）が蹄の中心からずれ，長期間そのままの状態が続いたり，圧迫が生理的限界を超えれば，組織の損傷（出血や亀裂）につながる。これは長すぎる蹄の場合でも同じことが起こる。

また，蹄壁は蹄底の前面を覆い，蹄球は蹄底をすくい上げる樽底のような，底の狭い構造である。このような蹄はあらゆる角度から，蹄骨を護るためにつくられたものである。言い換えれば，ゴムまりの圧迫・重力が蹄の中心にある限り，蹄角質の最も軟らかい蹄球と蹄底境界に体重がかかる限り，蹄底にかかる体重が均一になって摩擦力を増し，滑走と亀裂を防ぐ。

これが短い蹄になると，第8図のように踵・蹄球が高くなり，蹄底にかかる体重が不均一になって摩擦力を減じ，滑走と亀裂を招くのである。亀裂が蹄の真皮まで及べば蹄の外傷・損傷となる。

とくに従来の削蹄法のように高角度（45°以上）の蹄をつくるために，蹄尖を短くすることによる蹄尖の磨耗は知覚部を圧迫し，内・外蹄の損傷と負重の不均一を生じる。また，滑りやすいコンクリート床による摩耗は，牛に不安，蹄に不安定を招くのである。蹄にかかる負重は蹄の先ではなく，横に分散するしかなく，内小・外大の蹄が生じ，さらに損傷が加速され，蹄病の原因となる。

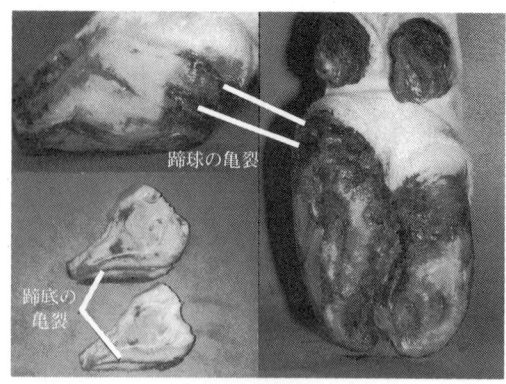

第8図　短い蹄——蹄壁蹄側部の圧迫による亀裂（左下：左後肢外蹄の矢状断）

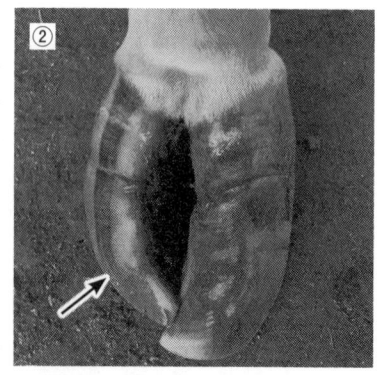

正確には牛の日常生活の活動，「動作学」に基づく育て方である。動作学では「動物の動き（運動・動作）は生きるためのものであり，日常の生活活動を科学することが，動物の健康を知るための最良の方法である」と考える。

牛の生活環境とは，簡単にいえば飼養形態である。放牧，スタンチョン，フリーストール，タイストール方式などを問わず，重要なのは，この構造と蹄とが直接接する牛床であり，観察の主眼は日常の生活活動・動作にギコチなさがあるかどうかである。飼養形態の構造，とくに牛床の違いによる蹄の変化を第9～12図で見

3. 牛床と肢蹄への影響

牛を正しく飼うには牛を知ること，牛の生活を全体で捉えた観察に基づく育て方が大切である。

第9図　牛床よりも飼槽が低い場合
①牛は前肢を広げて伸ばしたまま食べる。前肢内蹄に異常な負荷がかかって不安定，外側に滑り，伸びすぎた外蹄は折れることが多い
②左図の蹄の折れる前の左前肢の蹄。内蹄は狭く（矢印），内側に曲がり，内・外蹄の不同を呈し，左図の如く，外蹄は折れ，短くなる。飼槽は，マットの厚さにも考慮して，常に牛床より高い位置にすべきである。自然界で牛が採食する姿を思い描いてほしい

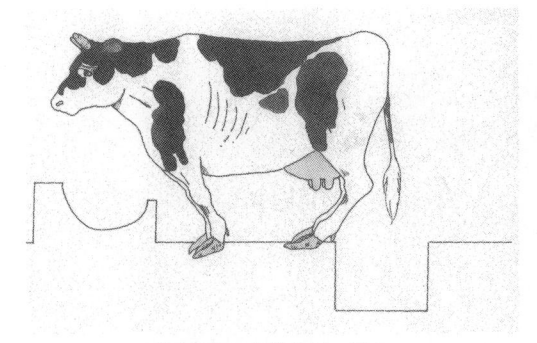

牛の健康を保つ削蹄—その意義と方法

てみよう。牛の蹄はコンクリートや鉄より軟らかく、その体は生身であることを忘れず、よく観察してほしい。

第13図の右上の後肢を見てほしい。飛節が腫れて擦れ、いかにも痛々しい。これを見て「牛が痛がっているのでは」と気になる人は比較的望ましい牛飼いである。「ちょっと皮膚や筋肉が腫れてるだけだろう。とくに痛がるようすもないし、乳はしっかり出ているし」などと軽く見る人が少なくないからである。

この飛節の腫れ、じつは牛にとって常に激痛が走っているのである。その左隣の写真がこのような牛の飛節のあたりにある中足骨の上部である。まず、関節炎を起こしているために「骨瘤」(骨膜炎による骨膜細胞の増生)が認めら

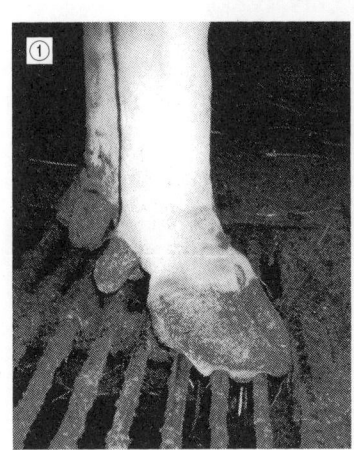

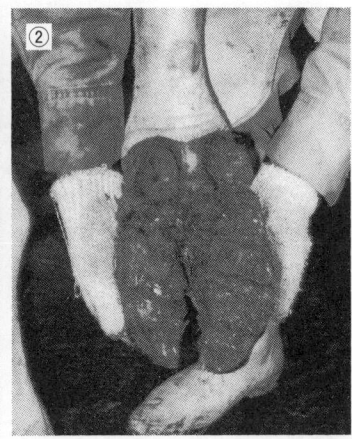

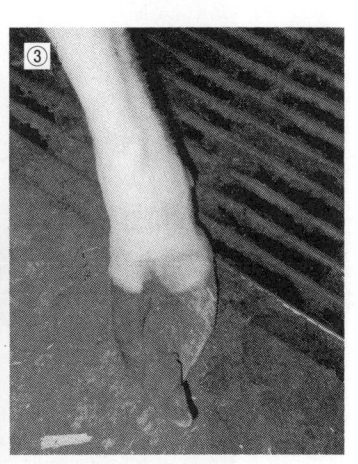

第10図 牛床が短い場合
牛は集合肢勢になる。牛の前肢蹄の位置は飼槽から約35±10cm、前肢蹄と後肢蹄の間隔は約135±15cmなので総合すると約170cm、牛の快適性を考慮すると、牛床は約180cm以上必要である。ただし、これは20年前の計測なので、今の牛はこの値より大きいと思う。牛床の短い牛は人に虐待されながら「乳を出せ」と、過酷な注文を受けているのである

第11図 牛床が短い自然流下式の場合
①牛床が短いため後肢は糞尿溝のロストルを踏む、②蹄は鉄より軟らかい。そのため凸凹が生じる。痛々しい限りである、③未経産牛の蹄の変形

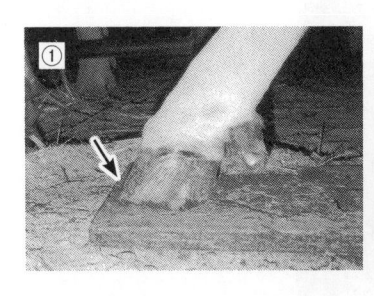

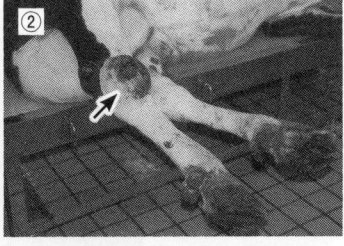

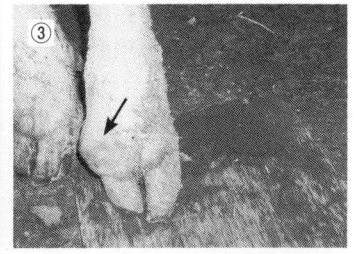

第12図 牛床が硬い——滑る
コンクリート牛床は滑りやすく、肢勢、蹄形ともに変形し、病気も発生しやすく、不安で落ち着きのない牛が多くなる
蹄の摩耗、とくに蹄の先(蹄尖)の摩耗が著しく(①)、蹄尖部が薄くなり、跛行の原因になる
床からの衝撃で関節周囲炎(②)や趾骨瘤(③)なども多くなる。牛床は滑らない材質を選び、牛に安心感を与えるべきである

健康診断と病気対策

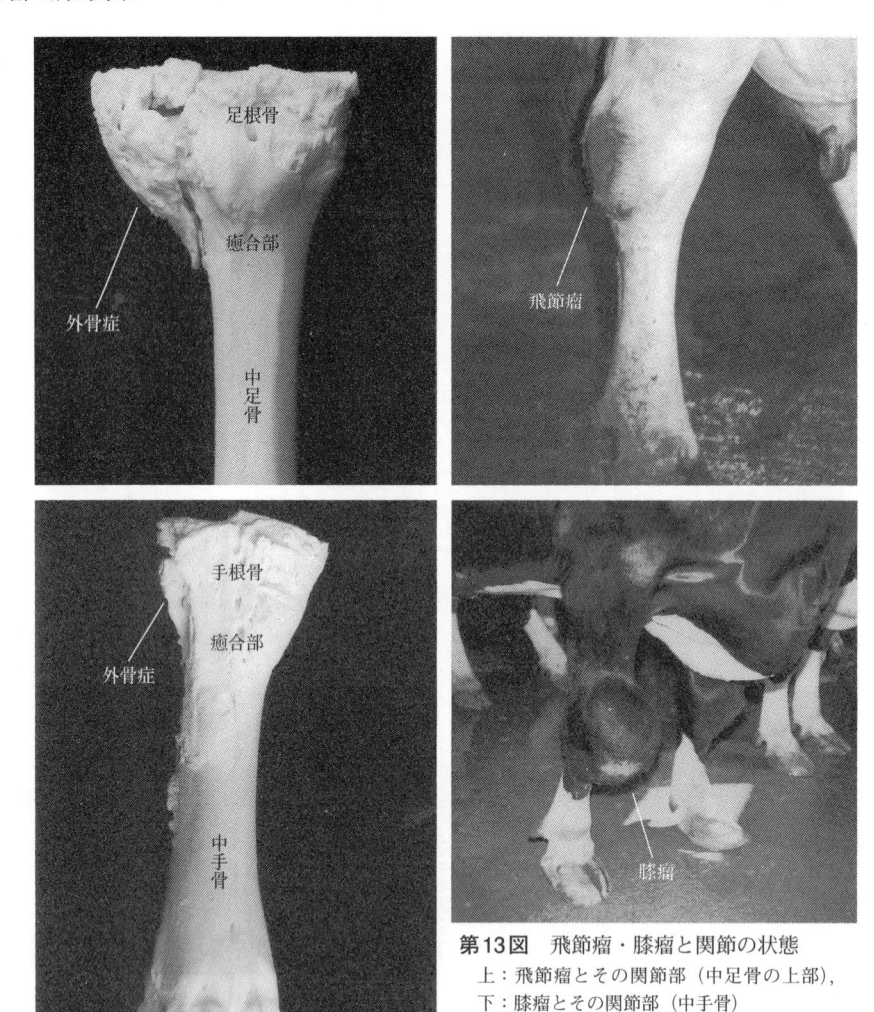

第13図 飛節瘤・膝瘤と関節の状態
上：飛節瘤とその関節部（中足骨の上部），
下：膝瘤とその関節部（中手骨）

れる。そして，中足骨の上に関節を介して分かれているはずの骨「足根骨」が癒合している（上面が平らになっているのは，筆者がこの位置で足根骨を切断したため）。さらに，関節の周りに新生骨が増生して「外骨症」を呈している。第14，15左図は正常な後肢の中足骨である。

先の第13図の下の写真は前肢を見たものである。いわゆる「膝瘤」が見られるが，「中手骨」はその上に分かれているはずの骨「手根骨」と癒合している。そして，関節の周りや手根骨面に新生骨が増生して外骨症を呈している。

人であれば，このように骨が変形するまで放

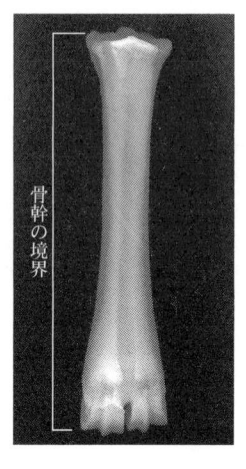

第14図 正常な後肢の中足骨
骨の表面は滑らかで骨幹の境界も明瞭

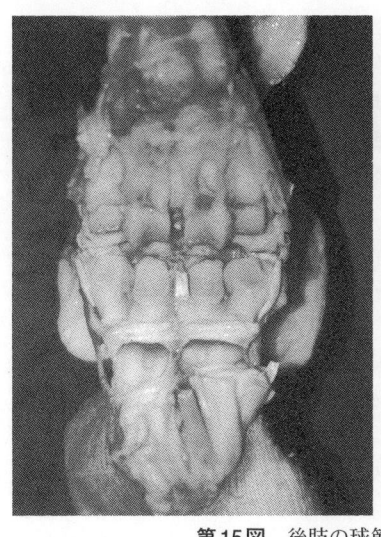

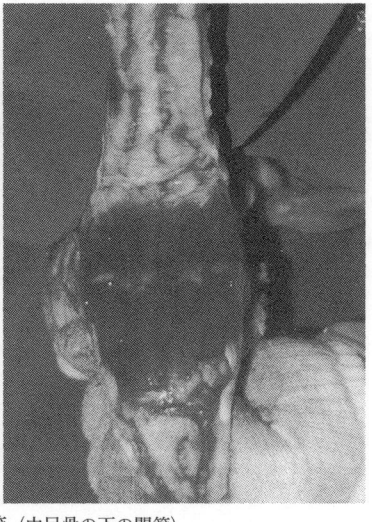

牛の健康を保つ削蹄－その意義と方法

置されることはない。モノいわぬ牛は激痛をずっとこらえ続けているのである。飛節や膝の見た目の腫れは、そのごくわずかな現われにすぎない。

4. 寝起きで滑ったら危険信号

(1) 管理不十分による蹄の凸凹

第16図は管理不十分な蹄である。生身の蹄は軟らかいので変形と摩耗

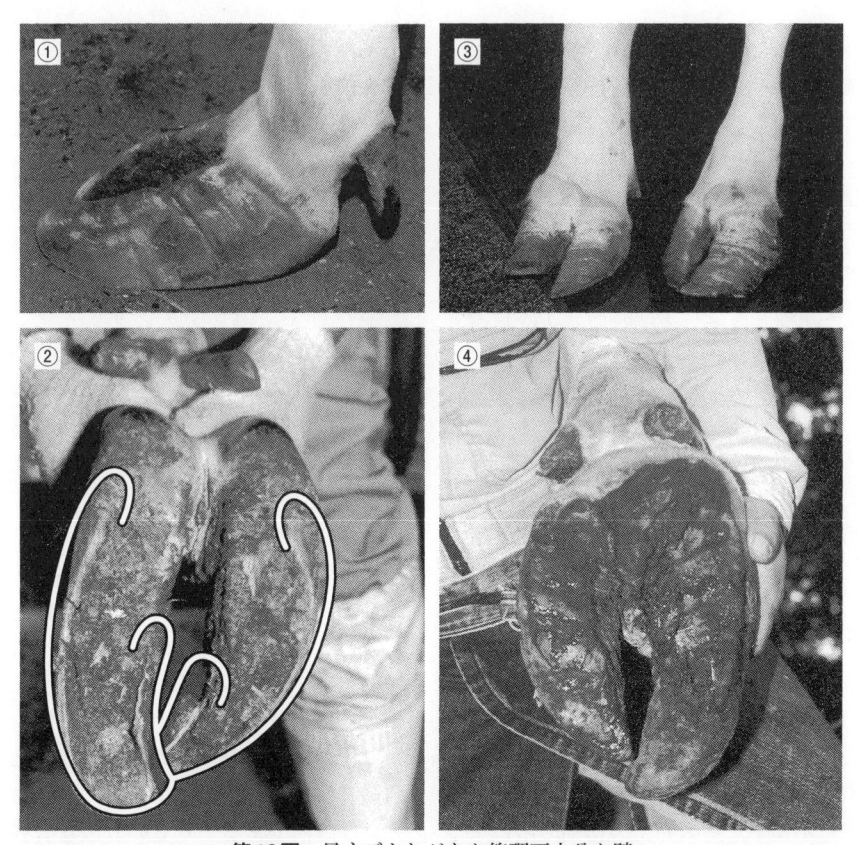

第15図　後肢の球節（中足骨の下の関節）
左は正常で骨が明瞭に判別できるのに対し、右は飛節瘤で球節に関節炎を併発し、関節が出血して赤く変色し、判別しにくい

第16図　見すごされがちな管理不十分な蹄
①②前肢の蹄と蹄底。蹄壁下端のみで体を支えている、③④後肢の蹄と蹄底。蹄底の隆起部分で体を支えている

1131

が容易に起こり，不安定な状態をつくり出す。その結果，負荷は不均一，蹄形は不同，蹄の発育を示す蹄輪は不正となる。心ある人はこれを見て，初めて「牛にすまない感情」が湧き上がると思う。蹄は少し伸びたと感じたとき，すでにおそく，蹄底に凸凹が生じる。この凸凹は伸びすぎた大きな蹄だけでなく，蹄尖摩耗の著しい，短く小さな蹄にも発生する。

蹄底に凸凹ができると，負重面（床や地面と接し，体重がかかる部分）が減少し，寝起きや起立時のわずかな所作で滑りやすくなる。これが持続すると精神的不安が起こり，落ち着きがなくなる。その結果，肢蹄＝支蹄・支底の機能低下が，役に立たない「死蹄・死底」を招き，生体の生理的機能も減退する。

(2) 牛床の勾配，硬いマット

牛舎新築後まもない農家で，半年過ぎたころから牛がフラついて元気のない状態が続き，そのうち1頭，2頭と死んでしまった。死亡した牛2頭を病理解剖した結果，第四胃の潰瘍（神経性胃炎・潰瘍）と判明した。状態の悪いほうの牛を屠場に出して解体した結果，胃潰瘍だった。「牛がよく滑る」と聞いて調べたところ，牛床は硬質マットで，勾配は1mで3cm（2mで6cm）の急な勾配であった。理想的な牛床は勾配がないことである。

そこで（牛床勾配の修復工事は時間がかかるので），すぐに約50頭全床を，軟らかいマットに取り替えてもらい，ようすを見た。効果はてきめん，その後，廃用牛は出なくなった。

牛舎を新築して「滑るな─，転ぶな─」と思いながら，何ゆえ放置したのだろう。「滑走は健康の最大の敵」という重大な認識がなかったのである。牛は不安で胃がキリキリと痛んでいたに違いない。滑走は，関節炎や骨折，脱臼，捻挫などの運動器病や，神経性胃炎などの原因にもなる。

ネズミや猫のように身体が小さく小回りがきけば，発する不安や，病気発生の初期段階に入った危険信号を，人も容易に受信できると思う。しかし，牛は牛歩といわれるごとく緩慢な動作を示すがゆえに，不安や危険に気づく人が少ない。体が大きいがゆえに，四肢の滑走も小さな蹄も今まで見すごされてきた。

牛が寝起きで滑り出したら，「蹄が死ぬ」「体がだめになる」と発する牛群の危険信号と判断しよう。

5. 従来の削蹄の間違い

従来の削蹄は「蹄を短く，角度を高くするように」削蹄の指導がなされた。高角度（45°以上）の蹄では，蹄尖の磨耗は知覚部を圧迫し，内・外蹄の損傷と負重の不均一を生じる。蹄にかかる負重は蹄の先ではなく，横に分散するしかなく，内小・外大の蹄が生じ，さらに損傷が加速され，蹄病の原因となる。この削蹄では，踵が伸びてきて「スマートでステキ」な足にはなるが，滑りやすく，放っておけば死廃事故につながる可能性もある。

乳用牛の死廃事故の原因になった疾患のほとんどは，肢蹄の不安定，すなわち「滑走」と関係するものだった。牛は，24か月齢以降は蹄骨が臥てくるので，41～45°がいい。

蹄踵を多削し，接地面を広く踏ませなければならない。

第17図は，滑りやすいコンクリートの床で飼育されていた牛である。左後肢内蹄の蹄骨を骨折したため，その肢で体重を支えられない状態が長期間続いた結果，右後肢の飛節の関節が癒着して曲げることができなくなり（関節強直），歩行困難，起立不能となった。この骨折は滑走によるものと考えられる。

この牛に「生体快復術」（「操体法」に似た療法）を施し，関節強直の除去と関節可動域の拡大を行ない，起立させた。しかし，骨折痛のために体重をかけられず，痛々しくも左後肢が痙攣していた。

骨折とは骨の堅牢性の限界を超えた外力が作用して起こる骨の損傷で，骨の完全あるいは不完全な離断である。知覚の鋭敏な骨膜が常に損傷を受けるので激しい疼痛がある。骨折部の鋭い圧痛を「骨折痛」と呼び，すべての外科的損

第17図　左は左後肢の蹄骨を骨折し，起立不能の牛。右は筆者の生体快復術により，起立した牛。2本の前肢と1本の右後肢で体を支える

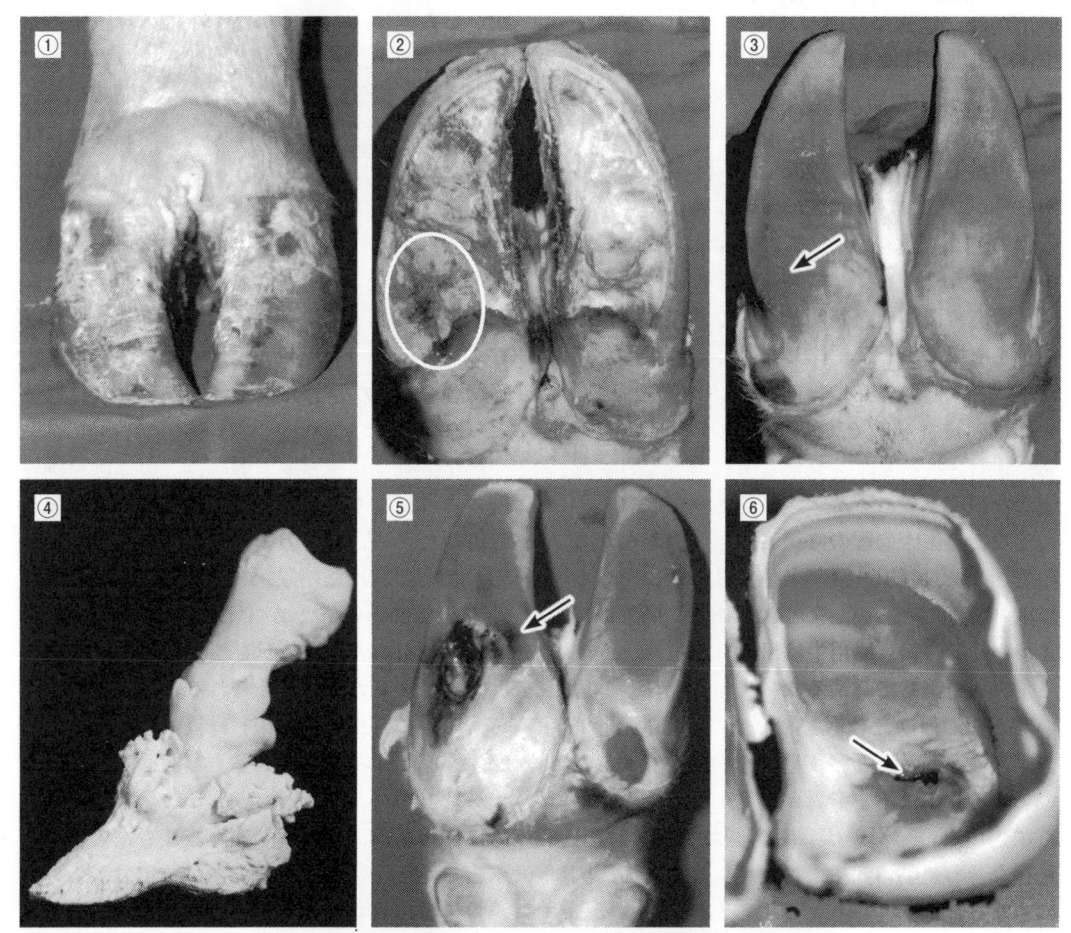

第18図　蹄底の白帯裂（上）の蹄底潰瘍（下）
①みなさんがいつも目にする角度からは，正常な蹄に見える，②しかし，蹄の裏側「蹄底」を見ると白帯裂を生じている，③蹄鞘（蹄角質）をはずすと，真皮にわずかな腫れ，④①のような不同蹄な状態を放置すると，経過の早い牛では，蹄骨は外骨症（新生骨増生）を呈する，⑤蹄真皮は蹄骨と蹄角質の圧迫により，死に至る（潰瘍），⑥蹄真皮の蹄角質産生障害により，穴があく

傷のなかでもっとも激しい痛みである。骨折部が動いたり圧迫があると疼痛は増強し，持続する。四肢の骨折では，長軸に加わる体重が骨折部に介達痛となって現われるため，患肢にはまったく体重をかけられない。

蹄骨（末節骨）骨折では，骨折片を取り除かない限り，蹄の痛みは消失しない。そこで，蹄から骨折片（腐骨……周囲の健康組織から分離した一片の壊死組織）を除去した。その後，日に日に回復し牛は元気を取り戻した。滑ることの怖さを教えてくれる症例である。

6. 蹄底の観察で削蹄適期をつかむ

第18図は牛の右後肢の蹄である。みなさんがいつも見ている角度の蹄表面には，蹄幅以外，蹄形・蹄質とも異常が見られない（第18図①）。しかし，その蹄底を見ると白帯裂が見られる（第18図②）。これは蹄鞘と真皮が剥離しつつあることを示している。その蹄鞘をはずすと，蹄真皮は全体が桃色を帯び，幅もほぼ均一である。しかし，白帯裂を生じているところがポツポツと肥厚している（第18図③）。

蹄真皮は蹄角質を産生する重要な役割をもち，血管・神経もよく発達している。それが蹄骨と蹄鞘に挟まれ，その刺激をもろに受けている。まだわずかな腫れであるが，半月もたたないうちに出血するだろう。3か月後には堅牢な蹄底に穴があき，蹄真皮には蹄底潰瘍を生じる。その原因は，末節骨（蹄骨）の異常（新生骨増生）によって起こる。

蹄の観察は蹄底に重点をおく。蹄底は削蹄の適期を教えてくれる。不同蹄や白帯裂を起こす前に削蹄すべきである。

牛の蹄はドッシリと踏むことはできても，人の足のように軟らかくないので，左右前後の力に対し，融通が利かない。そのため，蹄にかかる力が常に均一になるよう削蹄しなければならない。変形した蹄であっても，生体には治癒能力がある。私たちはそれを手助けすることで，

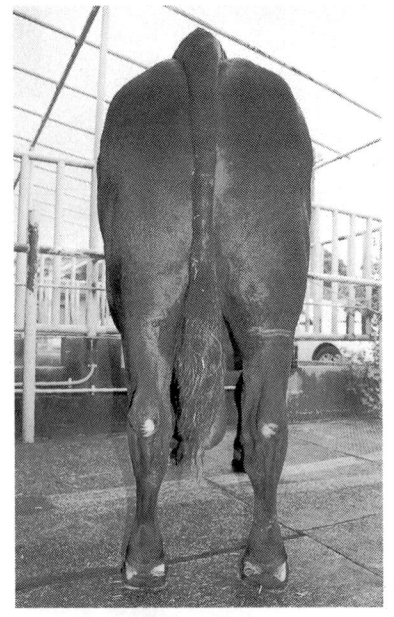

第19図　平茂勝の後肢
削蹄のおかげで左右の肢が真っ直ぐに立つ

その恩恵（乳・肉）に預かれるのである。

7. 適切な削蹄が牛を生かす

肉牛・乳牛に限らず，護蹄は，獣医師や削蹄師である私たちに喜びと感謝の念を与えてくれる。平成の名牛，平茂勝号（2008年10月没）の13年間にわたる，蹄病の治療および削蹄は，私に命の尊さを教えてくれた（第19図）。優秀な資質をもった肉牛でも，寿命短ければ，その資質は発揮されない。

病気は待ってくれない。蹄底の異常からわずか3か月で骨の異常が起こる。蹄底を見てほしい。すなわち，人間よりも病気の進行が早い。蹄内部の筋肉，腱，靱帯，真皮がどうなっているか，想像してほしい。病気は体内の多くの異常の一部の発現にすぎない。適切な削蹄は牛を生かし，不適切な管理・削蹄は牛を殺す。

執筆　川路利和（元日本大学）

2010年記

口蹄疫とその対応――とくに生産現場で知っておくべきこと

本稿では，前半部において，口蹄疫ウイルスを農場に侵入させないために注意していただきたい要点や農場で畜産農家の人たちが口蹄疫を早期に発見できるように，口蹄疫の症状の特徴や観察すべきポイントなどをわかりやすく記述してみた。

畜産農家の人たちや畜産農家を指導される人たちは，口蹄疫という家畜の病気をよく理解され，この感染力の強い病気を農場に入れないため，さらには地域ぐるみで口蹄疫ウイルスの侵入を許さずその発生を防止するため，また，万一発生が認められた場合には，感染の拡大を防止するための重要な事柄を記載したので参考にしていただきたい。

このようなことを理解することで，口蹄疫を防ぐという観点から自らの農場に口蹄疫ウイルスを入れないよう農場のバイオセキュリティー（衛生レベル）を高めることや，地域における口蹄疫の蔓延を防止することが可能となる。

具体的には，家畜を飼養する畜産農家自らが自分の家畜の健康状態をよく観察し，その異常をいち早く察知することが重要であり，このため日ごろから口蹄疫という経済的に大きな被害を及ぼす家畜の伝染病をよく理解していただきたい。ふだんから口蹄疫についての意識をもち続け，この発生に備えて十分な準備をしておくことが重要である。

また，後半部分においては，口蹄疫についてさらに詳しい学術的，科学的な内容も付け加えたので，口蹄疫への理解に役立てていただきたい。

1. 口蹄疫発生の概要

(1) 症状と世界での発生

口蹄疫は，口蹄疫ウイルスの感染によって起こる牛，水牛，豚，イノシシ，ヒツジ，ヤギ，ラクダなどのいわゆる偶蹄類の動物が感染する急性熱性の家畜の伝染病である。おもに口，鼻，蹄部や乳房周辺に水疱やびらん，潰瘍を形成する。

世界では，東南アジア，アフリカなどに常在し，南アメリカではワクチンにより口蹄疫の防圧にあたっているが，継続した発生が認められる。ここ数十年の間に口蹄疫の発生が確認されていない地域はオセアニアと北アメリカだけである（第1図）。近年，中国で口蹄疫の発生が多く確認されているほか，台湾でも発生が継続している。長く清浄国を維持してきた韓国や日本においても発生が確認され，2010年，東アジアで口蹄疫の広い流行があり，畜産業への大きな被害を与えている。

さらに，この地域においては口蹄疫の発生により畜産物の輸出入にかかわる貿易に支障をきたし，これによる経済的被害があるほか，その防疫のため発生地域での種々のイベントが中止されるなど社会的な影響も多く認められている。

口蹄疫は成獣では致死率は低いが，伝搬力は強く，主要な家畜に生産性の低下をもたらす。さらに，国際間の家畜の移動ならびに畜産物や畜産加工品の輸出が禁止されるなど貿易面での経済的被害が莫大となる（第1表）。

このため口蹄疫は，国際的に最もおそれられている家畜の伝染病であり，国際獣疫事務局（OIE）や国連食糧農業機構（FAO）などの国

健康診断と病気対策

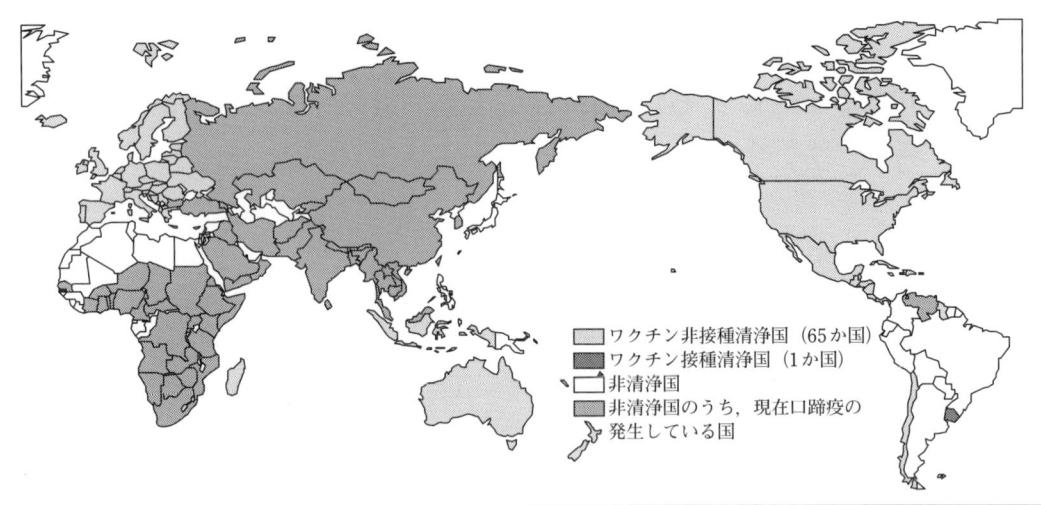

ワクチン接種清浄国（1か国）	ウルグアイ
ワクチン非接種清浄国（65か国）	**ヨーロッパ（39か国）** アルバニア，オーストリア，ベラルーシ，ベルギー，クロアチア，キプロス，イギリス，サンマリノ共和国，チェコ，デンマーク，エストニア，フィンランド，マケドニア，フランス，ドイツ，ギリシャ，ハンガリー，アイスランド，アイルランド，イタリア，ラトビア，リトアニア，ルクセンブルク，マルタ，オランダ，ノルウェー，ポーランド，ポルトガル，ルーマニア，スロバキア，スロベニア，スペイン，スウェーデン，セルビア，モンテネグロ，ボスニア・ヘルツェゴビナ，スイス，ウクライナ **アジア（3か国）** インドネシア，シンガポール，ブルネイ **オセアニア（4か国）** オーストラリア，ニューカレドニア，ニュージーランド，バヌアツ **アフリカ（4か国）** スワジランド，マダガスカル，モーリシャス，レソト国 **南北アメリカ（15か国）** カナダ，チリ，コスタリカ，キューバ，エルサルバドル，グアテマラ，ガイアナ，ホンジュラス，ニカラグア，パナマ，アメリカ，ベリーズ，ドミニカ共和国，ハイチ，メキシコ

第1図 口蹄疫の発生状況（2011年1月12日現在）

（出典：OIE，清浄国はOIE公式認定）

第1表 口蹄疫による経済的被害

発生年	国	対処動物	被害総額
1997	台湾	豚500万頭	当初1年4000億円
2000	日本	牛740頭	防圧までに約80億円
2000	韓国	牛2,200頭	牛85万頭にワクチン接種　300億円
2002	韓国	豚16万頭	250億円程度
2001	イギリス	感受性動物400万頭	1兆6000億円（他の推計4兆円）
2010	日本	牛，豚29万頭	2350億円（今後5年間，宮崎県推定）
2010	韓国	牛，豚150万頭	1500億円（補償額のみ2011年2月時点）

際機関によって世界的な規模でその発生が監視されている．

(2) 日本での発生

日本では，2000年に98年ぶりとなる口蹄疫の発生があったが，発生に関与した口蹄疫ウイルスの病原性が弱く，感染するとウイルスを多量に排泄する豚への感染がなかったこと，740頭程度の牛の殺処分と6万頭におよぶ血清検査などの迅速な防疫対応により，最終発生から6か月間という当時の国際獣疫事務局（OIE）が規定する最短の期間で清浄国に復帰した．

しかし，2010年4月に再び口蹄疫が国内で発生した．7月上旬までに29万頭のおもに豚と牛を殺処分する大きな被害を受けた．宮崎県を中心とする関係者全員の懸命の努力により，その

発生を当該県内だけにくい止めた。この防疫にあたっては国内で初めて口蹄疫ワクチンを用いた。2011年2月に日本が国際獣疫事務局から口蹄疫清浄国と認められた。

(3) 大切な日常的警戒と対策

日本周辺では、2011年1月現在、中国、台湾、韓国などで口蹄疫の発生が続いており、いつ再び国内に侵入してもおかしくない緊迫した状況にあり、水際検疫を含め、畜産農家は口蹄疫ウイルスの侵入を許さないように十分に警戒すべきである。このため、平素から農場の消毒を心がけ、口蹄疫ウイルスが付着している可能性のある人や車両を外部からむやみに農場へ入れならように細心の注意を払っていただきたい。

また、口蹄疫の発生の拡大を防ぐために、農場において口蹄疫を疑う症例を発見した場合は、かかりつけの獣医師や最寄りの家畜保健衛生所に速やかに通報する必要がある。

なお、日本では口蹄疫は、家畜伝染病予防法により「家畜伝染病」に指定され、「口蹄疫に関する特定家畜伝染病防疫指針」に基づきその防疫を実施することになっている。

2. 農家での口蹄疫の症状とその観察のポイント

(1) 潜伏期

口蹄疫の潜伏期間（感染して症状が認められるまでの期間）は、通常、牛で約6日、豚では10日、ヒツジで9日といわれる。

しかし、感染したさいのウイルス量や感染に関与したウイルスの宿主への感受性や親和性、また、その病原性の強さなどによってもこの期間は変動する。国際獣疫事務局（OIE）の輸出入にかかわる取決めを定める家畜衛生コードでは、貿易時における安全性をさらに考慮して、この期間をさらに通常の約2倍程度の14日と定めている。

(2) 症状

①一般的な症状

口蹄疫の一般的な症状としては、発熱、乳量の減少、流涎や跛行（異常歩様）などが感染家畜でよく観察される。

肉眼的な所見としては、口、蹄および乳房周辺の皮膚や粘膜に水疱形成やびらんが見られる。2000年と2010年の二度の国内発生において、黒毛和牛では口腔内や鼻腔内における水疱の形成より歯ぎんや舌におけるびらんがよく観察されている。

また、牛では蹄部の病変は少なかった。乳牛では発病前から泌乳量の低下が認められることが多い。幼若動物では心筋変性により高い死亡率を示し、2010年の国内発生においても哺乳豚で死亡が確認されている。

②症状の多様性

近年、口蹄疫ウイルス株の種類によりその病原性状に違いが認められ、このため症状にも多様性が認められる。

2000年に日本で発生した口蹄疫では感染牛（黒毛和牛）の症状はきわめて軽度であり、流涎のほか口腔、鼻腔内にびらん、潰瘍を認めたが、水疱形成はなく、蹄部には肉眼的病変はまったく確認されていない。また、感染実験においてホルスタイン種やヒツジ、ヤギでは症状はなく、ウイルスの排泄もないことが確認されている。

しかし、2010年の口蹄疫では、感染初期と思われるホルスタイン種の舌に典型的な水疱の形成が野外例から確認されている。

上述のように口蹄疫では口腔、鼻腔内の水疱やびらん、潰瘍が肉眼的に認められるが、牛では2000年に発生した口蹄疫のように典型的な症状を示さない場合もあるので注意を要する。すなわち、教科書に示されるような水疱形成などの典型的な症状が観察されない場合もあることから、典型的な症状がなくても少しでも口蹄疫を疑うときには、ただちに獣医師や最寄りの家畜保健衛生所に届ける必要がある。

③典型的な症状を示す豚

一方，海外の発生事例も含めて今までのところ，豚が口蹄疫ウイルスに感染した場合には，牛とは異なり典型的な症状を示すようである。

豚においては蹄部の水疱やびらん，潰瘍などの病変が顕著で，ときに出血を伴うケースも認められる。それにより感染した豚は，蹄部の疼痛のため跛行（歩行異常）を呈したり，歩行など運動を嫌い，一か所に立ち続ける場合がある。豚では跛行で口蹄疫が発見されることが多い。体重の重い出荷前の豚や繁殖豚などでは，蹄部病変の悪化や二次感染に伴い起立困難となることもある。

鼻周囲にも水疱を形成する場合がある。母豚では乳房周辺に水疱を形成する。口腔内にも病変が形成されるが，豚では農場における確認は難しい。哺乳豚は，心筋変性により死亡する場合も認められる。

(3) 観察と蔓延を防ぐポイント

農場において，家畜の臨床症状から口蹄疫を疑うときのポイントを第2表にまとめた。このような症状を農場において認めた場合には，ただちに最寄りの家畜保健衛生所か獣医師に通報することを徹底すべきである。

このことは，口蹄疫の蔓延を防止するうえできわめて重要なポイントであり，迅速な通報を家畜の飼い主はもとより，飼育に携わっている人たちにもぜひともお願いしたい。口蹄疫をいち早くその地域から排除するためにも，さらに，口蹄疫から日本の畜産を守るという観点からも，この迅速な通報が，口蹄疫を防圧するうえできわめて重要なポイントであることを認識していただきたい。

また，大規模な企業経営の農場では，管理獣医師の目が十分に行き届かないこともあるので，家畜の飼養者は飼料の食べ具合や流涎，歩様などに着目し，飼っている家畜をふだんから注意深く観察する習慣を身につけていただきたい。

上述のような口蹄疫を疑う兆候が家畜で確認された場合は，ただちに獣医師や家畜保健衛生所に届け出ることが肝要である。

口蹄疫に関して多くの有用な情報が得られるので，ぜひとも農林水産省のホームページを参照していただきたい（文献参考）。なお，口蹄疫の症状の写真を第2図に示した。

3. 口蹄疫の発生と拡大防止のために

(1) 農場，農家の対策

近隣の農家で口蹄疫が発生した場合には，畜産農家は自らが飼養する家畜の健康状態の観察を強化する。それとともに，ウイルスの畜舎への導入を防ぐ目的で，予防的な対応として口蹄疫ウイルスの不活化に有効な消毒液で，農場や畜舎の出入口や外部から農場へ出入りする人や車両などの消毒を徹底すべきである。

さらに，むやみに農場に外部から人や車両を入れないことや他の農場に安易に赴かないことにより，農場への口蹄疫ウイルスの侵入の阻止に努める。そのため，発生した地域では農家同士の集まりは極力避け，電話やインターネット，メールなどによる情報交換や収集に努め，ウイルスの拡散に全力を注ぐべきである。

2002年に韓国において豚で口蹄疫が発生したさいに，農家同士が携帯電話を利用して情報を交換して，消毒の徹底と人や物の移動を自ら厳しく制限したことで，その後の防疫活動が円滑に進んだ経緯もある。

このような口蹄疫の流

第2表　牛と豚における口蹄疫の特徴的な症状

牛	豚
発熱	跛行（歩行異常），移動を嫌がる
乳量減少	起立不能
流涎（泡状，初期には透明）	蹄部のびらん，潰瘍
びらん（水疱より観察される頻度は高い）	水疱（舌，口腔内，鼻腔内，乳房，乳頭）
水疱（舌，口腔内，鼻腔内，乳房，乳頭）	口腔内の病変は観察しにくい
蹄部病変は少ない	哺乳豚の死亡

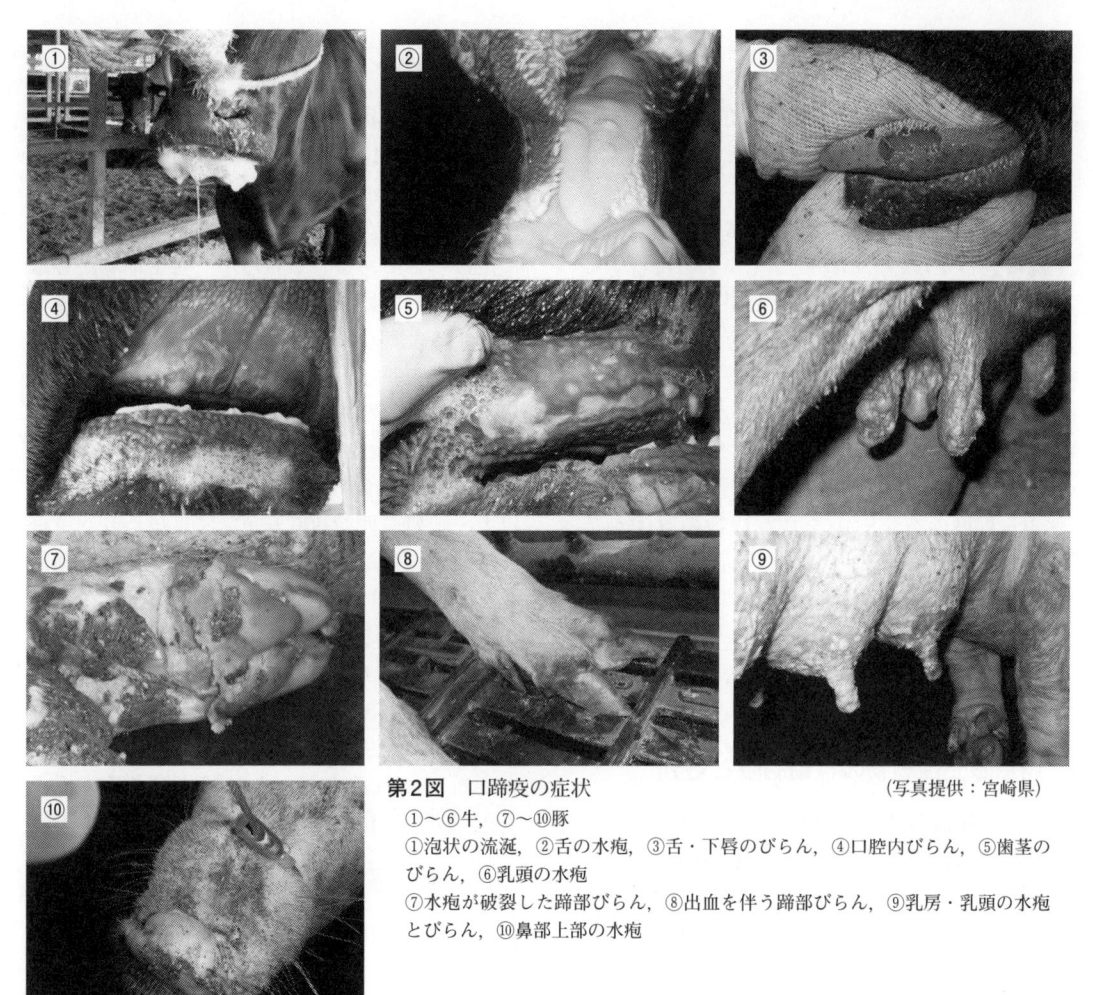

第2図　口蹄疫の症状　　　　　　　　　　　　（写真提供：宮崎県）

①〜⑥牛，⑦〜⑩豚
①泡状の流涎，②舌の水疱，③舌・下唇のびらん，④口腔内びらん，⑤歯茎のびらん，⑥乳頭の水疱
⑦水疱が破裂した蹄部びらん，⑧出血を伴う蹄部びらん，⑨乳房・乳頭の水疱とびらん，⑩鼻部上部の水疱

行地域では，ウイルスはいろいろな経路から伝播するので，畜産農家の人たちが集まる集会は，感染の拡大につながる可能性が高く，開催は避けるべきである。

(2) 発生地域での対策

発生地域では，同じような理由で，直接畜産に関係のない市民も，口蹄疫の防疫担当者の指示に従い，車両の消毒などの口蹄疫の感染拡大を防止するため防疫活動に積極的に協力すべきである。

口蹄疫ウイルスが人に感染することはないが，流行地域では口蹄疫の感染の拡大に人が関与し，口蹄疫ウイルスを物理的または機械的に運ぶことがあるので注意すべきである。つまり，無意識のうちに人に口蹄疫ウイルスが付着して，人により運ばれた口蹄疫ウイルスが何らかの形で感受性動物（牛，豚，ヤギ，ヒツジなど偶蹄類の動物）と接し，新たな感染が成立して感染の拡大が起こる。

人は家畜とは異なり，自由に行動できその行動範囲も広い。また，車両などを利用することによりさらに広範囲に移動することが可能であり，口蹄疫ウイルスの運び手となる。2010年の宮崎県の口蹄疫においても，また過去の海外の口蹄疫の発生事例においても，口蹄疫が発生している地域で人に口蹄疫ウイルスが付着して，未発生地も含めて他地域にウイルスを運

び，新たな口蹄疫の発生原因となった事例は数多くある。また，人自体ではなく，人が利用する車などの乗りものに口蹄疫ウイルスが付着して病原体を運び，新たな感染源となるおそれもある。

このため，発生地域においては，発生農場のそばに近づかない，口蹄疫ウイルスの付着する可能性の高い靴などの消毒を心がける，車両外部のみならず運転席も含めて消毒を徹底して行なうなど十分な配慮が必要である。

第3表に2001年にイギリスで大流行したさいの感染の拡がりの原因を示した。その70％以上が，ローカルスプレッドと呼ばれる半径1～3km程度の空気感染を含む複数の原因がそれにあたる。

流行が拡大している地域においては，口蹄疫はいつの間にか忍び寄ると考え，口蹄疫の防圧には移動制限と徹底した消毒は欠かすことはできない。

(3) 感受性動物の移動制限と処分

発生地域におけるそのほかの考慮すべきことは，口蹄疫は一般に伝搬力の強い疾病であり，その感染の拡大防止には，発生地域における牛や豚などの感受性動物やウイルスで汚染したものの移動を制限して，いち早く病原体を拡散させないように封じ込めることが挙げられる。

このためウイルスを増幅させる感染動物は速やかに殺処分され，埋却されるほか，感染や汚染の可能性のある同居動物や飼料なども適切に同様の処置がなされなければならない。

第3表 2001年イギリス国内における口蹄疫の拡がりの原因

伝播様式	割合(％)
感染動物	4
人	4
車	1
空気伝播	1
ミルクタンカー	1
その他の物	1
ローカルスプレッド	78
不明	10

(4) イベントなどの制限

このような状況から，口蹄疫の防疫活動下にある発生地域付近においては，口蹄疫ウイルスの拡散や防疫活動の妨げになると思われる，不特定多数の人が集まるイベントなどの開催は厳に慎むべきである。もちろん，発生地域から離れたところでは，一般市民の社会生活に大きく影響するような，行きすぎた規制はとるべきではない。しかし，どこからどこまでがとるべき規制で，またどのような規制が過度な規制であるか判断はきわめて難しい。

2001年に口蹄疫の大流行（発生件数2,000件以上，殺処分頭数600万頭）に見舞われたイギリスでは，総選挙が2回にわたり2か月間延期された。さらに競馬，サッカー，ラグビーなどの試合は次々と中止になった。湖水地方などにおける観光ツアーやハイキングもとりやめになり，観光業に大きな被害を与えた。2010年の宮崎県での発生でも，観客なしで高校野球の予選が行なわれるなど，人が多く集まるような300件以上のイベントが中止された。

(5) 発生国からウイルスを持ち込まない

また，日本に限ったことではないが，口蹄疫が新たに発生した国から到着した飛行機に搭乗した乗客に対して，空港で消毒液に浸した絨毯の上を歩かせるなどの防疫措置をとる。ニュージーランドでは入国カードに，動物や動物製品，土のついたゴルフシューズや登山靴を持っていないか，イヌ，ネコ以外の何らかの動物に接していないか，農場や牧場，屠畜場などに出入りしていないかなど明らかに口蹄疫を意識した質問事項もある。申し出とその事実が異なっていれば罰金が課せられることになる。

2002年日韓ワールドカップの直前に韓国で口蹄疫の発生があった。そのさい，イギリスは自国のサッカーファンに向け，口蹄疫の発生している地域や農場に決して近づかないよう警告している。

このようなことを日本国民も十分に理解して，国内外を問わず口蹄疫が発生している地域

から口蹄疫ウイルスを持ち帰ることのないよう注意を払い，その防疫活動に協力すべきである．

4. 口蹄疫ワクチンの使用について

(1) 国の責任で管理，備蓄，使用

口蹄疫に対しては不活化ワクチンがある．これまでにワクチン非接種清浄国で，口蹄疫が発生したさいにワクチンを用いた事例はいくつかある．

2000年に韓国では85万頭の牛にワクチンを接種し，1年半かけて撲滅に成功した．オランダは2001年に発生後ただちにワクチン接種をし，25万頭の接種動物を殺処分して清浄化した．2010年には日本と韓国でワクチンを使用している．

しかし，口蹄疫ウイルスの種類は多く，流行しているウイルスと抗原性が一致していないとワクチンの効果は認められない．ワクチンを予防的に用いて口蹄疫を防ぐことは不可能である．このため，国が周辺国での発生状況や流行ウイルスの抗原性などを疫学的に解析したうえで，口蹄疫ワクチンは国の管理のもと備蓄される．

また，発生にさいしては，流行ウイルスの抗原性状をいち早く明らかにして，備蓄ワクチンとの抗原性の一致を調べる．このため，抗原性が一致しなければ口蹄疫ワクチンが使用できない．このようなことから，ワクチンの使用は国が責任をもって判断することになっている．

畜産農家が独自にワクチンを海外から購入したり，使用したりするようなことがあってはならない．口蹄疫の防圧に混乱を招くばかりではなく，法律違反として処分の対象となる．

(2) ワクチン使用の判断

①1番目の防圧は摘発淘汰

そもそも，ワクチンを用いない口蹄疫の清浄国（ワクチン非接種清浄国）で口蹄疫が発生した場合，その防圧には，通常一番目の選択としてワクチンを用いずに摘発淘汰で防疫にあたり，移動制限と迅速な殺処分と埋却により口蹄疫を抑え込む．この方法は，ワクチン接種にかかる時間や労力を考慮しても有利な点が多い．また，その後の清浄国復帰へのプロセスに用いるサーベイランスや，復帰にかかる期間の短縮などで有利である．

②ワクチン利用の判断

この方法では，口蹄疫の防圧に十分な効果が得られないと判断される場合には，ワクチン使用による口蹄疫の防圧手法も検討される．しかし，必ずしも準備しているワクチンが発生している口蹄疫の原因ウイルスと抗原性が一致するとは限らないので，ワクチンの使用は専門家の判断が必要である．

③国内で初めて利用（2010年宮崎県）

2010年の宮崎県で発生したO型口蹄疫ウイルスによる口蹄疫では，その防圧に国内で初めて国が緊急用に備蓄している口蹄疫ワクチンを用いた．国内で備蓄されていたO型口蹄疫ワクチンが，発生した口蹄疫の防圧に有効であることが流行初期に明らかにされていたため，緊急時での利用が可能となった．日本国が30年以上にわたり，口蹄疫のワクチンを備蓄してきた危機管理体制が緊急時に役に立った瞬間であった．

繰り返すが，必ずしも口蹄疫ワクチンが利用できるわけではないので，ワクチンへの過剰な期待や依存はすべきでない．

農場に口蹄疫ウイルスを入れないこと，万一口蹄疫が発生した場合には，早期に通報し摘発淘汰によりワクチンを用いずに対処することが，口蹄疫の防疫の基本であることを念頭に置くべきである．

5. 口蹄疫ウイルスの特徴

(1) 口蹄疫ウイルスとは

自然界で口蹄疫ウイルスに感受性があるのは，偶蹄類の家畜（牛，水牛，豚，イノシシ，

ヒツジ，ヤギ，ラクダなど）および野生動物であるが，実験的にはほかの動物種が感染する場合もある。人がおもに食用に供する家畜に広く感染する特徴があり，このため，畜産業に与える影響は大きい。

口蹄疫ウイルスは，Picornaviridae（ピコルナウイルス科）のAphthovirus（アフトウイルス）属に分類される大きさが直径20数nmの小型球形1本鎖RNAウイルスである。Picornaは，pico（小さい）rna（RNA）で小さなRNAウイルスを意味する（第3図）。

この科に属するウイルスは構造，ゲノムも小さく，認識する蛋白質の数も少ないこと，重要な病気を含むことなどから，精力的に研究され，ウイルス研究の歴史上でもその果たした役割は大きい。

（2）口蹄疫ウイルスの仲間

ピコルナウイルスは，9種類の属から構成され，脊椎動物に感染する多くの種が含まれる。アフトウイルス属の口蹄疫ウイルスには，相互にワクチンの効かないO，A，C，Asia1，SAT1，SAT2，SAT3の7血清型が存在する。同じ血清型でも，ワクチン効果が部分的にしか認められないウイルス株も多く存在する。

その他の属としてCardiovirus（カジオウイルス）属には2血清型，Enterovirus（エントロウイルス）属には，ポリオウイルスやエンテロウイルスなど100血清型，Erbovirus（エルボウイルス）属には2血清型，Hepatovirus（ヘパトウイルス）属にはA型肝炎に関連する2血清型，Kobuvirus（コブウイルス）属には2血清型，Perechovirus（パレコウイルス）属には2血清型，Rhinovirus（ライノウイルス）属には呼吸器感染に関連する103血清型，Techovirus（テッショウウイルス）属には11血清型が含まれる。

（3）温度とpHへの感受性

ウイルス粒子は，エーテルク・クロロフォルム耐性でエンベロープ（膜状の構造）をもっていない。ライノウイルスとアフトウイルスは，pHに対して同じ挙動を示し，pH6以下で不安定である。その他の属は酸に耐性である。

上記2属はおもに呼吸器から感染し，他は消化管で感染増殖することから，このようなpHに対する感受性の違いが生じると考えられている。

口蹄疫ウイルスは低温条件下でpH7.0～9.0の中性領域では安定で，4℃ pH7.5では18週間生存する。pH6.0以下では速やかに不活化される。口蹄疫ウイルスの温度とpHに対する感受性を第4表に示した。

（4）ワクチン接種動物と感染動物の識別

口蹄疫ウイルスを含むピコルナウイルスは，4種類の構造にかかわる蛋白質，P1領域（VP1，VP2，VP3，VP4）とRNAポリメレースなどのウイルス遺伝子の複製などに関与する酵素や

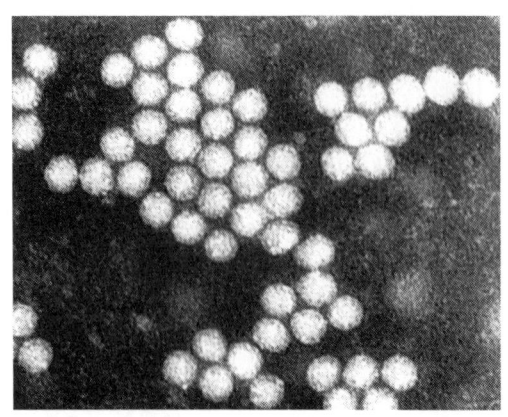

第3図　電子顕微鏡で見た口蹄疫ウイルス粒子
（原図：動物衛生研究所）

第4表　口蹄疫ウイルスを90％不活化する温度と時間，pHと時間　（Bachrach et al., 1975）

中性領域（pH7.5）		温度（4℃）	
温　度	時　間	pH	時　間
61℃	30秒	10.0	14時間
55℃	2分	9.0	1週
49℃	1時間	8.0	3週
43℃	7時間	7.0～7.5	＞5週
37℃	21時間	6.5	14週
20℃	11日	6.0	1分
4℃	18週	5.0	1秒

蛋白分解酵素など，ウイルスの増殖に必須な酵素類からなる非構造蛋白質を有する。これら蛋白質は1本の巨大なポリ蛋白質（polyprotein）が形成後に切断され，各構造や機能を司る蛋白質となる。

これら構造と非構造にかかわる蛋白質に対する生体の免疫応答を利用することで，ワクチン接種動物と感染動物を識別することは理論上可能である。

口蹄疫に用いるワクチンは，不活化ワクチンである。近年，この不活化抗原をろ過精製して濃縮する過程で非構造蛋白質が除去されるため，ワクチン中にはウイルス粒子を構築する構造蛋白質しか存在しないことになる。

このため，感染した動物から非構造蛋白質に対する抗体が検出されるのに対し，ワクチンを接種された動物ではこの非構造蛋白質に対する抗体は検出されない。しかしながら，精製度の低いワクチンやワクチンを頻回接種した場合には，ワクチン中に微量に存在する非構造蛋白質に対する抗体をワクチン接種動物が産生することもあるので，クリアーカットな両者の識別は難しくなる可能性がある。

6. 世界での発生状況と感染経路

近年の世界的な口蹄疫の発生状況を第1図に示した。この20年の間，口蹄疫は，北アメリカ，オセアニアを除くすべての大陸で発生が認められており，O，A，Asia1などさまざまなタイプが報告されている。

(1) 東アジア

東アジアでは，1997年に台湾で，豚に親和性の強いOタイプウイルス株による口蹄疫が発生して，養豚業を中心に大きな被害を及ぼした。この防圧においては400万頭以上の豚を殺処分し，全土にワクチン接種を施した。

その後，1999年にも台湾で，異なるウイルス株による牛の口蹄疫が発生した。この口蹄疫ウイルスは，2000年の日本や韓国などの東アジア地域，2001年イギリス，2002年韓国で発生した原因ウイルスと同一で，Oタイプのなかの PanAsia グループと呼ばれている。

このウイルスグループによる口蹄疫は，1990～2001年までにアジア地域，中近東，南アフリカ，イギリスなどヨーロッパ地域で広く認められた。現在でもこのウイルス株による口蹄疫はアジアを中心に認められている。

(2) 東南アジア

① 3タイプのウイルスがある

東南アジア諸国では，Oタイプのほかに Aタイプや Asia1 タイプによる口蹄疫の発生がある。

最近，タイやマレーシアでAタイプによる口蹄疫が激増し，ベトナムでも複数の血清型の口蹄疫の流行が確認されている。2005年にはベトナム，マレーシアでOタイプによる大きな発生があった。

この地域では，インドネシア以外は，口蹄疫が常在的に発生している。フィリピンでは発生は確認されていない。

② Asia1 タイプの広がり

Asia1 タイプのウイルスはこれまで東南アジアに限局していたが，近年流行の拡大が見られ，2005年3月，香港の屠畜場で牛に Asia1 タイプによる口蹄疫が発生した。香港はOタイプが常在化しておりワクチン接種による撲滅を計画・実施していたが，Asia1 タイプの発生は初めてであった。

2005年5月以降，中国本土においても Asia1 タイプによる口蹄疫の発生が全国で確認され，同2005年6月には中国国境の極東ロシア地域の牛でも Asia1 タイプが確認された。国際的な口蹄疫研究機関の報告では中国，ロシアおよびモンゴルで分離された Asia1 ウイルスはいずれも近縁で，遺伝的に同一起原であることが明らかにされている。2007年には北朝鮮の平壌近郊で中国から輸入した牛に Asia1 タイプによる口蹄疫が発生し，中国の株と遺伝的に同一であることが明らかにされた。2009年にも同タイプの口蹄疫が中国で発生していることが確認されている。

③ A, Oタイプの広がり

さらに，同時期には中国で異なる血清型であるAタイプによる口蹄疫が発生した。

2010年1月には韓国で2002年以来となる口蹄疫が発生し，Aタイプ口蹄疫ウイルスによることが明らかにされた。その後4月にOタイプによる口蹄疫が確認された。9月に清浄化に成功したのも束の間，11月に再びOタイプによる口蹄疫が発生したため，感染の拡大を抑えるために大規模なワクチン接種に踏み切った。

また，2009年には清浄化を目前にしていた台湾でOタイプによる口蹄疫が発生した。2010年4月に日本でもOタイプによる口蹄疫が10年ぶりに発生した。この防疫に国内で初めてワクチンを用いた。

この中国，韓国，日本での発生に関与したOタイプの口蹄疫ウイルスの遺伝子型には類似性（SEAトポタイプ）が認められている。

中国では複数の血清型による口蹄疫の発生が認められることから，わが国も含め，近隣諸国は十分に注意しなくてはならない。

(3) 南　米

南米ではウルグアイとチリが口蹄疫の清浄化に成功し，1999年には新たにアルゼンチンがワクチン不使用の清浄国に認められた。しかし，アルゼンチンでは清浄化した矢先の2000年にパラグアイからの密輸により，症状が認められない牛からAタイプ口蹄疫ウイルスが分離され，密輸牛と接触のあった牛約3,000頭を殺処分したが，その後2001年になり，大規模な口蹄疫の発生が認められて，1400万ドーズのワクチン接種を実施した。これによりアルゼンチンはワクチン非接種清浄国の地位を放棄せざるを得ない状況となった。

ウルグアイでも同時期にブラジルからの密輸によりOタイプによる口蹄疫が発生し，数万頭の牛が処分されたが，その後も発生が引き続き起こったことから大規模なワクチン接種に踏み切った。

パラグアイでは，2002年にもOタイプによる口蹄疫の発生が認められる。その他の南米のいくつかの国でも，散発的に繰り返し発生している。

(4) イギリス

2007年には，イギリスで口蹄疫の研究施設に隣接するワクチン製造工場から口蹄疫ウイルスが漏洩し，周辺農場で飼育されていた牛に口蹄疫が発生した。

(5) 口蹄疫の感染経路

口蹄疫に罹患した動物は，水疱形成前からウイルスを排出するので，接触によって容易に周囲の感受性動物が感染する。

牛は一般に口蹄疫ウイルスに感受性が高いとされ，豚は牛に比べて低いものの，感染後のウイルス排泄量は牛の100～2,000倍といわれる。ヒツジやヤギでは口蹄疫の症状が明瞭でなく，気づかれないまま移動する場合があり，口蹄疫の伝播に重要な意味をもつ。

気象条件（高湿度，短日照時間，低気温）によっては空気伝播が起こり，100km程度に及ぶ距離を風で移動したという報告もある。

伝播では，汚染家畜，汚染畜産物の流通，船舶や航空機の汚染厨芥，風や人，鳥によって物理的に運ばれるものなど原因はさまざまである。とくに汚染畜産物内のウイルスは長期間残存するため汚染源として危険度が高い。

感染耐過後やワクチン接種されたあと口蹄疫ウイルスに感染した反芻獣では，咽頭部にウイルスが長期間持続感染する場合があり，これをキャリアと呼ぶ。牛では，その期間は数か月から長くて2.5年程度といわれ，新たな感染源となる場合もある。

7. 2010年宮崎県で発生した日本の口蹄疫

(1) 発生の経過

2010年4月19日に宮崎県から口蹄疫の緊急病性鑑定依頼があった。遺伝子検査で翌20日未明に口蹄疫ウイルス遺伝子が確認された。

その後，数日間の検査の結果，宮崎県川南町を中心として感染の拡大が認められ，4月下旬には豚での感染も確認された。5月上旬から感染農場は飛躍的にふえ，殺処分の対応や埋却地の選定と確保などに遅れが生じ始めた。また，この時期に口蹄疫では初めて自衛隊に協力要請が出された。

しかし，5月中旬すぎには殺処分できずに待機している感染動物の数がピークに達した。このためウイルスの発生地域における環境中のウイルス濃度の減少と感染の速度を遅らせて感染の拡大を防止する目的で，感染地域の半径10km以内の感受性動物にワクチン接種が実施された。

その後，殺処分の処理能力の向上や埋却地の選定・確保などが多くの関係者の努力で以前より早期に実施できるようになったこと，ならびにワクチンの効果が現われ始めたことなどの相乗効果で，発生件数は減少に転じた。

7月5日の最終発生までに292件（農場単位）の発生があり，ワクチン接種動物も含め約29万頭の家畜を殺処分した（第5表）。今回このように大きな被害となったが，発生を宮崎県内に封じ込めることができたことは，宮崎県と関係者の懸命の防疫活動の賜であると思われる。

(2) 今後への教訓

疫学的な解析では，口蹄疫ウイルスの侵入は，3月中旬と推測されている。

発生の初期，3月下旬から4月上旬にかけて感染動物の症状が特徴的でなく口蹄疫を疑うことが困難であったため，発見が遅れ，その後の防疫に影響を与えた。初発の農場において典型的な症状が認められなかったことが悔やまれるところである。

さらに，ウイルスの侵入経路については，人または物に付着して国内に導入したと推定されるが，その証拠は得られていない。

第5表 宮崎県での発生件数と殺処分頭数

発生件数：292件
殺処分頭数：総数288,480頭
　　患畜・疑似患畜（ワクチン接種動物）
　　牛：37,412（30,854）頭
　　豚：174,132（45,902）頭
　　その他：64（116）頭

8. 2010年に発生した韓国の口蹄疫（2011年2月現在）

(1) 発生の経過

2010年11月末から，韓国で再びOタイプによる口蹄疫が発生し，大きな流行となっている。9月にOIEにより清浄化を認められて，わずか2か月で口蹄疫が再び発生したことになる。

これまでに発生農家から半径500mなどの予防的殺処分も含め，すでに300万頭以上の豚（300万頭）や牛（15万頭）を殺処分した。初期に感染の拡大を抑えることができなかったため，12月下旬からワクチン接種に踏み切った。ワクチン接種の範囲は，初めは多発生地帯の牛で実施されたが，感染の拡大が抑えらず，韓国全土で実施されている。発生に関与したOタイプ口蹄疫ウイルスは，4月の発生に関与したウイルスと遺伝子的近縁であることが明らかにされている。

(2) 感染拡大の原因

感染が拡大した一つの原因に，日本と同じく発見の遅れが指摘されている。韓国では2010年1月，4月，11月に口蹄疫発生があり，報道によればいずれも陽性例を簡易検査で陰性と判断している。韓国で用いられている簡易検査は抗体検出検査である。抗原検出検査は，口蹄疫ウイルスの拡散に繋がり，発生を拡大させる可能性があるため，現場での使用は許可されていない。しかし，このような誤った結果が報告されることから，韓国では今後，簡易検査の実施

をひかえるように指示している。

　慶尚北道安東市から始まった口蹄疫は，最初に感染した養豚場の主が2010年11月初め，口蹄疫が発生していたベトナムに行ってきたことが明らかになっているが，これが原因か今のところ確証が得られていない。

　さらに，2010年1月のA型による京畿道抱川で発生した口蹄疫でも，最初に発生した農家の中国人労働者が中国に帰省し，戻ってすぐに勤務を開始していたことがわかっている。また，4月のO型による仁川市江華郡で発生した口蹄疫も，農場主が口蹄疫危険地域の中国に旅行し，そのまま農場に戻り発生したとされている。

　これらすべての原因の確証が得られたわけではないが，日本では畜産農家の方やその従業員が発生国に赴かないように心がけていただきたい。また，国内に口蹄疫ウイルスを持ち込まないよう生産現場の人たちに指導していただきたい。

9. 口蹄疫の歴史

(1) 400年以上前から発生

　口蹄疫に関する記述は古く，少なくとも400年前に遡る。17～18世紀には，ヨーロッパ大陸で口蹄疫がしばしば発生していた。イギリスでの最初の発生は，アジアでの発生と同様に1800年代前半であり，南米やアフリカでの口蹄疫の初めての記述は1800年代後半である。

　世界的に蔓延していたと思われる口蹄疫も消滅した地域もあり，北米での最終発生は，アメリカで1929年，カナダ1952年，メキシコで1954年である。

　日本国内では，口蹄疫は1900～1902年に発生したことが記録されている。また，動物検疫所での1919～1933年に口蹄疫に感染した牛の摘発を最後に，国内発生は認められていなかった。その後，日本は清浄性を維持していたが，2000年に98年ぶりの発生をみた。

(2) 口蹄疫ウイルスの発見とワクチンの開発

　ウイルス研究の歴史でも，口蹄疫は特記される。口蹄疫がろ過性病原体であるウイルスによって引き起こされる疾病であることを，1897年にレフラー(Loeffler)とフロッシュ(Frosch)が，動物の感染症で初めて明らかにした。1920年には，ヴァルトマン(Waldmann)とポープ(Pope)らは，感染牛の病変組織の乳剤の接種によってモルモットが口蹄疫ウイルスに感染することを証明し，実験動物における感染系を他のウイルス病に先んじて確立した。1951年には，乳飲みマウスも口蹄疫ウイルスに感染することが明らかにされた。

　1920年代には，口蹄疫が異なる血清型のウイルスによって引き起こされ，異なる血清型間では交差防御反応が認められないことが明らかにされ，ワクチンによる感染症予防の重要な知見となった。

　1930年代には，試験管内での口蹄疫ウイルスの培養が可能となり，1947年にはフレンケル(Frenkel)が，舌上皮細胞を用いた口蹄疫ウイルスの大量培養系を開発したことで，ワクチン量産体制に道を開いた。その後，腎臓細胞の浮遊培養による近代的なワクチン製造へと受け継がれた。

10. 動物衛生研究所（旧称：家畜衛生試験場）での口蹄疫研究

(1) 研究のスタート

　口蹄疫ウイルスのような国内に存在しない病原体を安全に取り扱うためには，内部が常時陰圧に保たれる特殊な施設（BSL3）が必要である。このため，農林水産省は1984年5月～1987年3月にかけて，高度封じ込め施設を東京都小平市にある家畜衛生試験場（動物衛生研究所の旧名称）海外病研究部に建設した。その後3か年の準備期間を経て，アフリカ豚コレラウイルスが海外から導入されて，この施設は本格

稼働に至った。

しかし，行政的な判断により，ウイルスが施設外に漏洩した場合の危険性を想定して，口蹄疫ウイルスの海外研究機関からの導入は許可されなかった。このため，国内には研究資材である口蹄疫などの病原体がないことから，実質的な口蹄疫の研究には大きな制約があり，おもに海外での実証試験や海外技術協力で実施せざるえない状況であった。

そんななかでも，国内でも診断および研究体制の強化が重要であることから，まずは，発生時にワクチンを使用した際の感染抗体とワクチン抗体の識別を研究する目的で，1999年に口蹄疫ウイルスの一部遺伝子断片（非構造蛋白質遺伝子領域）をイギリス研究機関より導入した。

(2) 2000年の国内発生以降の進展

2000年の国内発生時に初めて口蹄疫ウイルスの分離に成功してからは，2004年に口蹄疫ウイルス遺伝子のクローニングされた全領域をアメリカ口蹄疫研究機関から，また口蹄疫ウイルス代表株6株をイギリス研究機関から，2007年には口蹄疫ウイルス豚親和性株を台湾の研究所からそれぞれ導入し，診断や研究に有効に活用している。

これにより，国内でも口蹄疫研究が大きく進展し，以下のような研究を今までに実施している。

1) 非構造蛋白質の発現と診断への応用
2) モノクローナル抗体を用いたワクチン中の非構造蛋白質の定量
3) 日本分離株の全塩基配列の決定と動物実験
4) O/JPN/2000の動物試験による性状解明
5) 口蹄疫ウイルスの病原性に関する研究
6) 日本分離株ならびに代表株に対するモノクローナル抗体の作製とそれを用いた診断法の高度化
7) 非特異の少ない抗体検出法の開発
8) 口蹄疫に対する抗ウイルス剤の開発

11. 口蹄疫の診断と予防・治療

(1) 口蹄疫の診断

口蹄疫の診断や研究は，日本では唯一，上述の高度封じ込め施設内でのみ取扱いが許されている。

①病原学的診断法

病原学的診断法として，国際標準法として間接サンドイッチエライザ法があり，血清型まで決定できる。ウイルス分離には牛腎臓細胞や甲状腺細胞などの初代培養細胞が感受性に優れる。

そのほか分離法としては株化培養細胞や乳のみマウスなどを利用できる。キャリア動物からのウイルス分離には咽頭拭い液（プロバング材料）を用いる。遺伝子診断としてはRT-PCR法が利用できる。

②血清診断的診断法

血清診断的診断法には液層競合サンドイッチエライザ，中和試験，ウイルスの非構造蛋白質の一つであるVIA（Virus Infection Associated）抗原を用いたゲル内沈降反応がある。

牛では，ワクチン接種抗体と感染抗体の識別に非構造蛋白質を用いた，ELISA法が近年開発されている。これにより，防疫にワクチンを使用したさいの感染識別が牛では群単位で可能になる。

(2) 予防および治療法

口蹄疫の病性鑑定およびその採材方法や材料の運搬も含めて，「口蹄疫防疫指針」に基づいて実施される。実験室内診断は，独立行政法人動物衛生研究所海外病研究部施設の，高度封じ込め施設内で実施される。

口蹄疫が陽性と診断された場合は，家畜伝染病予防法に基づいて，患畜および感受性のある接触動物を殺処分する。汚染したおそれのある乳汁，糞便，飼料，畜舎，輸送車などの消毒，人および家畜の移動制限などを行ない，蔓延を

防止する。口蹄疫はきわめて伝播が速いため，患畜の早期発見と速やかな初動防疫が不可欠である。

清浄国での口蹄疫の防圧の基本は摘発淘汰であるが，場合によっては，不活化ワクチンが使用される。2000年に韓国では85万頭の牛にワクチンを接種し，1年半かけて撲滅に成功した。2001年オランダは発生後ただちにワクチン接種を施し，25万頭の接種動物を殺処分して清浄化した。わが国でも緊急用の不活化ワクチンを備蓄している。

ワクチン接種動物がウイルスに感染した場合にはキャリアになるおそれがあり，その後の感染源ともなる。精製度の高い不活化ワクチンを使用した場合には，ワクチン接種牛と自然感染牛との識別は群単位で可能とされるが，防疫でワクチンを使用する場合には十分な配慮が必要である。

治療は試みるべきではない。

12. 口蹄疫を防ぐために——「備えあれば憂いなし」

口蹄疫は経済病である。家畜や畜産物の流れに沿ってこの病気も拡がりを見せる。したがって，輸出促進型の自由貿易主義のもとでは，口蹄疫の防圧はきわめて難しい。

口蹄疫などの伝染病の防疫戦略は，清浄国か汚染国での発生か，口蹄疫の浸潤度，病原性，感染している動物の種類や流行している地域の家畜密度など，さまざまな状況や要因を考慮しなければならず，きわめて多岐にわたり，一定の戦略で解決できるものではない。

国の行政や研究・診断を担当する部署，実際に発生現場で指揮を執り，防疫措置を施す都道府県の関係部署，畜産関係団体，生産者団体，地域獣医師などそれぞれの段階で適切に対処できるよう常日ごろの準備や訓練が必要である。

口蹄疫清浄国を維持し続けているアメリカ合衆国，カナダ，オーストラリアでは，口蹄疫の侵入防止と侵入したさいの適切な対応のために種々の検討を行なっている。彼らはこれを危機管理（Crisis Management）と呼ばず，口蹄疫に対する準備（FMD Preparedness）と呼んでいる。日本でも昔から「備えあれば憂いなし」ということわざがある。準備のないところに口蹄疫は牙をむいて襲いかかってくることを肝に銘じ，畜産農家の人たちは，常日ごろからこの病気を意識しておくべきである。

また，口蹄疫がひとたび発生すると，発生拡大の防止の目的で不特定多数の人の集まる種々のイベントが中止されたり，目的地への移動が制限されたりなど，日常の社会生活にまで影響する。口蹄疫の発生地域においては，一般市民も，口蹄疫ウイルスを媒介する可能性があるため，自家用車の消毒や口蹄疫発生現場へむやみに近づかないなど積極的にその防疫活動に応じて，早急な撲滅に協力すべきである。これにより，口蹄疫をいち早く防疫でき，正常な社会生活を営むことができることを理解すべきである。

口蹄疫の防疫を確かなものとするためには，口蹄疫に対する正しい知識をふだんから身につけておく必要がある。ぜひとも農林水産省や動物衛生研究所ホームページの口蹄疫のサイトをご覧いただきたい。

執筆　坂本研一（(独) 農業・食品産業技術総合研究機構動物衛生研究所）

2011年記

参　考　文　献

動物衛生研究所ホームページ．http://niah.naro.affrc.go.jp/disease/FMD/index.html

村上洋介．1997．口蹄疫ウイルスとその病性について．山口獣医学雑誌．第24号，1—26．

農林水産省ホームページ．http://www.maff.go.jp/j/syouan/douei/katiku_yobo/k_fmd/index.html

Pharo. H. J. 2002. Foot-and-mouth disease. an assessment of the risks facing New Zealand. *New Zealand Veterinary Journal.* **50** (2), 46—55.

坂本研一．2009．口蹄疫VIRUS REPORT. Vol.16 (No.1)，81—87．

付録　関連機器・資材情報

放牧主体NZ輸入精液日本初上陸

　ニュージーランド（NZ）の酪農家は、「夫婦+1名の働き手で約300頭を飼養している」というのが標準的な姿です。そして生産した乳の95％は加工されて海外へ輸出されます。この圧倒的な国際競争力の源は、生産効率・利益効率第一の経営姿勢にあります。目の前にある限られた資源をどう活用し、いかに利益を生むか。外から飼料を買ってまで乳を搾ろうとは決して考えません。単純な大規模化が効率を上げる唯一の道とも考えていないでしょう。

　NZではほぼ100％が放牧をしており、土作り、草作りの研究と共に、放牧に合わせた牛の改良に地道に取り組んできました。そして、たとえ年間の乳量は少なくても、長寿命であり、粗飼料から乳への変換効率が高い、「生涯を通して確実に利益を上げる牛」を目指したのです。

　今回、このNZ凍結精液をはじめて日本に導入することができました。放牧タイプの「フイレンツエ」（NZH-103505）と日本事情を勘案した放牧＋濃厚飼料を併行できる「ピエリ」（NZH-672213）です。供給元のCRVアンブリード社では、3年前からアメリカへの精液輸出も始めました。日本の酪農家の皆さん、放牧を主体とした酪農スタイルを一緒に考えていきませんか。

テレシス ユーオン フイレンツエ（NZH-103505）

（精液のお求め・お問合せ）
各地の農協、NOSAI、家畜人工授精所まで
（輸入元）ファームエイジ株式会社
フリーダイヤル：0120-82-4390
URL：http://www.farmage.co.jp/

付録　関連機器・資材情報

ルーメンファイブ

近年の飼料価格の高騰と地球温暖化の観点から、飼料給与量の削減とルーメン由来のメタン産生の抑制が課題となっている。

ルーメンファイブのルーメン内壁刺激効果による粗飼料効果と粗飼料の量的代替、それに伴うメタン産生抑制効果について試験を実施。乾乳牛8頭を用いて数値を測定・検討した。

【材料と方法】

試験はホルスタイン乾乳牛（ルーメンファイブを投与した試験区4頭及び無投与の対照区4頭の計8頭）を用いた乱塊法で、消化試験及び呼吸試験を実施した。

供試飼料は同一原料で作ったTMR。

試験区TMRは粗飼料の混合割合を対照区TMRより5％低くなるよう設定。

試験は馴致期14日間、消化試験期5日間及び呼吸試験を2日間行い、全糞・尿採取法、エネルギー代謝試験、開放式フード法呼吸試験からメタン発生量と飼料の窒素及びエネルギー代謝の測定を行った。

【結果と考察】

消化率及び可消化養分含量を表1に示した。試験区TMRの各成分消化率は対照区TMRとほぼ同じ値を示し、有意差は認められなかったが、TDNは対照区より若干高い傾向を示したほか、乾物摂取量は試験区では5.6％低かった。

表2に呼吸試験成績、表3にエネルギー出納の成績を示した。尿中排泄エネルギーは高かったにも変わらず、糞中排泄エネルギー及びメタンエネルギーが顕著に低い値を示したことによりエネルギー蓄積量は試験区の方が29.6％高い傾向を示した。

【結論】

TMRの養分含量に差はなかったが、結果的に試験区の飼料給与量は対照区より5.6％低い値となった。

その結果、試験区のメタン生成量は対照区より21.6％有意に（$P<0.05$）低い値を示した。

しかし、両者のTMR消化率に有意差は認められず、窒素蓄積率、エネルギー蓄積量及び蓄積率は試験区の方が対照区より明らかに高い傾向を示した。また試験期間前後の体重は対照区及び試験区共に若干増加したが、両者間に差が示されなかった。

以上のことから、TMR給与下で維持給与量の25％低い場合であっても、ルーメンファイブを投与することによって飼料消化率には大きな影響は認められないだけでなく、窒素及びエネルギー出納の生産性指標に好影響を及ぼし、ルーメンメタン発生量を有意に抑制できるということが明らかになった。

表1　消化率及び可消化養分含量

	対照区TMR	試験区TMR
消化率（％）		
DM	76.29	78.21
有機物	79.46	81.07
CP	79.85	81.28
粗脂肪	75.97	86.54
NDF	58.85	58.44
ADF	49.46	47.44
可消化養分含量（％）		
TDN [1]	76.23	89.91

[1]. 実測値

表2　呼吸試験成績

	対照区	試験区
$L/kg^{0.75}/日$		
O_2	30.39	26.32
CO_2	21.96	19.43
CH_4	1.62[a]	1.27[b]

表3　エネルギー出納

	対照区	試験区
エネルギー出納（$kJ/kgBW^{0.75}$）		
GE 摂取量	1064.06	1019.12
DE 摂取量	807.12	793.69
ME 摂取量	719.91	709.65
糞中エネルギー	255.31	225.43
尿中エネルギー	21.81	34.25
メタンエネルギー	64.82	51.8
熱生産量	601.36	553.74
エネルギー蓄積量	118.7	153.89

（お問合せ先）　名和産業株式会社
〒600-8896　京都市下京区西7条西石ヶ坪町7-4
TEL：075-312-4728　FAX：075-313-1655
http://www.meiwa-sangyo.co.jp

酪農大事典
生理・飼育技術・環境管理

2011年3月31日　第1刷発行

　　　　　　　農　文　協　編

発行所　　社団法人　農山漁村文化協会
郵便番号　107-8668　東京都港区赤坂7-6-1
電話　03(3585)1141(代)　　振替　00120-3-144478

ISBN978-4-540-10285-1　　印刷／藤原印刷㈱・㈱新協
検印廃止　　　　　　　　　製本／田中製本印刷㈱
©農文協 2011　　　　　　　【定価はカバーに表示】
PRINTED IN JAPAN

― 農文協・図書案内 ―

最新農業技術 畜産 vol.1
農文協編
飼料高騰時代を乗り切る！
飼料高騰時代をしなやかに乗り切る新しい畜産のための最新情報。飼料イネ、残渣活用、地産地消など。
●5714円+税

最新農業技術 畜産 vol.2
農文協編
飼料イネで自給力アップ
飼料イネの栽培から収穫・調製、給与法、活用事例までを特集。低投入型・マイペース型酪農、他。
●5714円+税

最新農業技術 畜産 vol.3
農文協編
乳牛を健全・健康に飼う
健全・健康な飼育は大失敗が防げる農家のリスクマネージメント。放牧、脂肪酸評価、ブランド化なども。
●5714円+税

改訂 新しい酪農技術の基礎と実際 基礎編
（社）酪農ヘルパー全国協会編
酪農ヘルパー専門技術員必携
乳牛の特性、育種改良、繁殖技術、泌乳と搾乳、栄養と飼料給与、衛生管理さらには経営管理まで。
●3000円+税

改訂 新しい酪農技術の基礎と実際 実技編
（社）酪農ヘルパー全国協会編
酪農ヘルパー専門技術員必携
酪農現場で実際に役立つ作業体系、管理作業、繁殖管理、搾乳作業、飼料給与など紹介。
●2000円+税

農学基礎セミナー 新版 家畜飼育の基礎
阿部亮他編
生理・行動に基づいた牛、馬、豚、羊、山羊、鶏などの飼養・飼料・利用。在来種・バイテク活用。
●1714円+税

マイペース酪農
三友盛行著
風土に生かされた適正規模の実現
経費をかけない経営と本当の意味での省力（小力）を実現させ、所得率の高い経営のノウハウ公開。
●1714円+税

家畜のお灸と民間療法
保坂虎重・白水完治・他著
クスリに頼らず経営改善
モグサ灸、野草・薬草利用、クエン酸・キトサン利用、削蹄等、安全・安心な牛豚の自然療法。
●1800円+税

新 ルーメンの世界
小野寺良次監修 板橋久雄編
微生物生態と代謝制御
ルーメンの正確な理解とその機能を最大限生かした飼養法確立を目指し、内外の最新研究を集大成。
●7857円+税

ルミノロジーの基礎と応用
小原嘉昭編
高泌乳牛の栄養生理と疾病対策
臨床の知見も加え代謝障害、周産期疾病、高品質牛乳生産等の課題に応える、最新・反芻動物生理学。
●4286円+税

新版 土壌肥料用語事典 第2版
土壌編、植物栄養編、土壌改良・施肥編、肥料・用土編、他
藤原俊六郎／安西徹郎／小川吉雄／加藤哲郎編
土壌・研究現場の必須用語を現場の関心に即して解説したハンディな小事典。12年ぶりの改訂。
●2800円+税

堆肥・有機質肥料の基礎知識
西尾道徳著
連年の施用量と化学肥料削減量の計算など、効果的で過剰やアンバランス化を防ぐ使い方の基礎。
●2095円+税

土壌診断・生育診断大事典
農文協編
簡易診断からリアルタイム診断、生理障害、品質の診断まで
家畜糞尿を活かし、ムダなく肥料を効かせ、生産物の健康・流通価値もアピールできる実用事典。
●19048円+税

最新 農業技術事典
独立行政法人農研機構編著
NAROPEDIA
生産技術を軸に経営、流通、政策から食品の安全性、資源・環境問題、国際関係まで1万5千語収。
●36190円+税

作物学用語事典
日本作物学会編
基礎用語や知識・知見を定義して理解できるよう解説。飼料作物、牧草も収録。
●15000円+税